朝雲

2014

縮刷版

第3091号～第3139号

朝雲新聞社

1月

第3091号（1月 2日付）…… 1-12
第3092号（1月 9日付）…… 13-20
第3093号（1月16日付）…… 21-28
第3094号（1月23日付）…… 29-36
第3095号（1月30日付）…… 37-48

2月

第3096号（2月 6日付）…… 49-56
第3097号（2月13日付）…… 57-66
第3098号（2月20日付）…… 67-74
第3099号（2月27日付）…… 75-82

3月

第3100号（3月 6日付）…… 83-90
第3101号（3月13日付）…… 91-100
第3102号（3月20日付）……101-108
第3103号（3月27日付）……109-116

4月

第3104号（4月 3日付）……117-124
第3105号（4月10日付）……125-134
第3106号（4月17日付）……135-142
第3107号（4月24日付）……143-154

5月

第3108号（5月 8日付）……155-164
第3109号（5月15日付）……165-172
第3110号（5月22日付）……173-180
第3111号（5月29日付）……181-188

6月

第3112号（6月 5日付）……189-196
第3113号（6月12日付）……197-206
第3114号（6日19日付）……207-214
第3115号（6月26日付）……215-226

7月

第3116号（7月 3日付）……227-234
第3117号（7月10日付）……235-244
第3118号（7月17日付）……245-252
第3119号（7月24日付）……253-260
第3120号（7月31日付）……261-268

8月

第3121号（8月 7日付）……269-276
第3122号（8月14日付）……277-286
第3123号（8月21日付）……287-294
第3124号（8月28日付）……295-302

9月

第3125号（9月 4日付）……303-310
第3126号（9月11日付）……311-320
第3127号（9月25日付）……321-332

10月

第3128号（10月 2日付）……333-340
第3129号（10月 9日付）……341-350
第3130号（10月16日付）……351-358
第3131号（10月23日付）……359-366
第3132号（10月30日付）……367-376

11月

第3133号（11月 6日付）……377-384
第3134号（11月13日付）……385-392
第3135号（11月20日付）……393-400
第3136号（11月27日付）……401-412

12月

第3137号（12月 4日付）……413-420
第3138号（12月11日付）……421-428
第3139号（12月18日付）……429-438

「朝雲」主要記事索引

	掲載月日	ページ
〈防衛行政〉		
◆内閣・与党・野党		
国家安全保障戦略について（要旨）	1・2	4
日印首脳会談　US2輸出で作業部会	1・30	37
集団的自衛権　北岡氏、4月に報告書提出へ	2・27	75
首相「憲法解釈変更は閣議決定」	2・27	75
首相　武器輸出新原則の策定	3・20	101
防衛装備移転三原則を閣議決定	4・10	125
防衛装備移転三原則について	4・10	128
防衛装備移転三原則　全文	4・10	128
防衛装備移転三原則　大臣談話	4・10	128
三原則の運用指針	4・10	128
尖閣は安保適用対象　米大統領、初めて明言	5・8	155
国産・技術基盤で自民党提言	5・15	166
安保法制懇報告書　憲法解釈を見直し	5・22	173
集団的自衛権　与党協議を開始	5・22	173
高村自民副総裁　地理的な制限	5・22	173
政府の「基本的方向性」	5・22	176
「安保法制懇」報告書全文	5・22	176
「安保法制懇」報告書全文（続き）	5・29	184
日豪2＋2　防衛装備品協定　締結へ	6・19	207
豪外相・国防相　集団的自衛権容認に期待	6・19	207
集団的自衛権　限定行使を容認　閣議決定	7・3	227
首相「安保相」新設を	7・10	235
集団的自衛権　志方、佐藤両氏に聞く	7・10	237
集団的自衛権　閣議決定の全文	7・10	238
NSC審議で初　PAC2部品の海外移転	8・7	270
日印首脳会談　海上共同訓練定例化で一致	9・4	303
日スリランカ首脳会談　海自との共同訓練	9・11	311
日米豪　3カ国首脳会談　協力さらに促進	11・20	393
海外派遣部隊　衆議院選挙	12・18	429
衆院選　海外派遣隊員が不在者投票	12・18	437
◆防衛大臣等		
小野寺大臣　新春に語る	1・2	1
小野寺大臣　年頭の辞	1・9	13
日印防衛相会談　テストパイロット交流へ	1・16	21
米上院議員が防衛相と会談　日米同盟強化	1・30	37
防衛相、米国務副長官と意見交換	2・6	50
防衛相、米太平洋司令官と会談	2・13	57
日リトアニア情報共有　防衛相、国防相会談	3・6	83
防衛相、EU軍事委議長　ウクライナ情勢	3・13	91
木原政務官、車座ふるさとトーク	3・13	92
副大臣「水陸機動団」配備を説明　佐世保市	4・3	119
日米防衛相会談　米イージス艦2隻追加配備	4・10	125
日モンゴル防衛相会談　病院開院で陸自派遣	4・24	143
大臣豪などと会談　日豪防衛技術協力第1弾	5・8	155
防衛相　米下院議員団と会談	5・8	156
防衛相　南スーダン、ジブチ初訪問	5・15	165
防衛相と米海兵隊総司令官　沖縄の負担軽減	5・15	166
飛行差し止め　厚木基地騒音で防衛相	5・29	182
「シャングリラ会合」日米韓防衛相会談	6・5	189
9カ国の大臣と会談　シャングリラ会合	6・12	197
防衛相　日本最東端の南鳥島を視察	6・12	197
防衛相、米太平洋海兵隊司令官と会談	7・10	236
日米防衛相会談　ガイドラインに反映へ	7・17	245
多用途輸送艦　導入を検討	7・17	245
真の「統合」時代へ　防衛相　60周年企画	8・14	277
日仏防衛相会談　ACSA交渉入りで合意	8・14	277
鼎談　小野寺防衛大臣を囲んで	8・14	279
米下院議員一行が小野寺大臣と会談	8・21	287
車座ふるさとトーク　武田副大臣と意見交換	8・21	288
副大臣と米国防副長官　日米の緊密連携確認	8・28	295
大臣との会談で米長官　米艦防護に期待感	8・28	296
防衛・安保相に江渡前副大臣	9・4	303
江渡新大臣に聞く　抑止力強化に万全期す	9・11	311
江渡新大臣が初訓示　全身全霊で取り組む	9・11	311
小野寺前大臣　涙で離任あいさつ	9・11	311
小野寺前大臣　部隊視察　150超す	9・11	319
江渡大臣が掃海部隊を激励　横須賀	9・25	321
防衛相と米大使が会談　緊密な連携を確認	9・25	321
大臣、緊密な連携確認　米豪と電話会談	10・2	333
大臣が3自初度視察	10・2	334
ティルト・ローター機の佐賀配備　会合	10・16	352
日豪防衛相会談　F35、潜水艦で協力	10・23	359
日フィンランド防衛相会談　定期協議開始へ	11・6	377
日スペイン初の防衛相会談　技術協力で一致	11・13	385
初の日・ASEAN国防相会合	11・27	401
◆予算		
26年度予算案　防衛費2・2％増	1・2	1
26年度防衛費政府案・詳報	1・9	15
平成26年度予算　年度内成立へ	3・6	84
平成26年度予算成立	3・27	109
26年度行政事業公開レビュー	6・26	216
27年度概算要求　那覇に第9航空団	9・4	303
平成27年度概算要求	9・4	306
◇26年度防衛費　重要施策を見る		
1　全般	1・23	29
2　陸上自衛隊	1・30	37
3　海上自衛隊	2・6	49
4　航空自衛隊	2・13	57
5　統合幕僚監部	2・20	67
6　人事処遇	2・27	75
7　研究・開発	3・6	83
◆防衛省		
新春メッセージ2014	1・2	5
監察本部　入間、浜松基地で講習会	1・23	30
女性初の課長職　女性自衛官の活躍PR	2・6	49

サイバー駅伝スタート　防衛省独自の演習……2・13　57
「防衛審議官」新設へ　設置法改正案を決定　2・13　58
宇宙施策の検討本格化　5年ぶり利用推進委　3・6　84
自衛隊パイロット「割愛制度」5年ぶり再開　3・20　101
防衛省入省式　武田副大臣が激励……4・10　126
防衛省・自衛隊60周年記念　行事日程決まる　5・29　182
空自OBパイロット　予備自衛官に任用……6・12　197
新田原基地で講習会「法令順守」を学ぶ……6・19　208
防衛省「防衛生産・技術基盤戦略」策定……6・26　215
新指針策定で意見交換　7社幹部と防衛相……6・26　215
防衛相が指示　安保法制整備検討委を設置……7・10　235
海自「パセリちゃんツアー」に20人参加……7・10　243
コンプライアンス取り組みで講習会　大湊……7・31　262
26年版防衛白書「積極的平和主義」前面に　8・7　269
予備自衛官制度60周年記念式典……9・4　304
宇宙監視へ新組織　不審衛星や宇宙ごみ……9・25　321
自衛隊記念日　体験飛行楽しむ……10・9　349
エボラ出血熱で防衛省5人派遣……10・23　359
防衛省・自衛隊60周年「航空観閲式」……10・30　367
「女性職員啓発研修」男女共同参画で開催……10・30　367
「航空観閲式」首相訓示　要旨……10・30　368
自衛隊60周年記念航空観閲式　グラフ……10・30　369
防衛省・自衛隊60年史　フォトグラフ……10・30　370
自衛隊殉職隊員追悼式　首相が誓いの言葉……10・30　372
航空観閲式　祝賀の「60」大空に描く……10・30　375
栗田2陸佐をNATO派遣　女性施策貢献……11・6　377
九州防衛局　コンプライアンス講習会……11・6　378
入札談合防止へ研修　北海道防衛局……11・13　386
中央調達「60周年」祝う　装備施設本部など　11・27　401
栗田2佐　NATOへ　大臣に出国報告……11・27　401

◆人事

防衛省発令　12月20日付……1・2　1
防衛省発令　12月18日～12月27日付……1・9　13
1月定期昇任人事……1・9　14
将補昇任者略歴……1・16　21
防衛省発令　1月7日付……1・16　21
防衛省発令　1月14日～18日付……1・23　29
2、3海佐異動　12月2日～20日付……1・23　30
防衛省発令　1月23日～24日付……1・30　38
防衛省発令　2月10日付……2・20　67
2、3海佐異動　1月1日～31日付……2・20　68
防衛省発令　2月21日～24日付……2・27　75
防衛省発令　3月6日～10日付……3・13　91
昇任人事　将に4人、将補に9人……3・20　101
防衛省発令　3月13日～15日付……3・20　101
2、3海佐異動　2月3日～28日付……3・20　102
自衛官定期異動　将4人、将補に9人昇任……3・27　109
将昇任者略歴……3・27　109
将補昇任者略歴……3・27　110
1佐職春の定期異動……3・27　110
労管機構理事長に枡田氏……4・3　117
防衛省発令　1佐職春の定期異動……4・3　118
将補に1人昇任……4・3　118
将補昇任者略歴……4・3　118
防衛省発令　3月31日～4月1日付……4・10　125
1佐職春の定期異動……4・10　126
防衛省発令　4月15日～20日付……4・24　144
2、3海佐異動　3月3日～28日付……4・24　144
防衛省発令　4月21日～5月1日付……5・8　155
防衛省発令　5月9日付……5・15　165
2、3海佐異動　4月1日～30日付……5・22　174
防衛省発令　5月18日～23日付……5・29　181
防衛省発令　5月26日～6月1日付……6・5　189
中空司令官に平本空将……6・19　207
防衛省発令　6月14日～23日付……6・19　207
防衛省発令　6月16日～21日付……6・26　215
2、3海佐異動　5月7日～30日付……7・3　228
1佐職、事務官等異動を発令……7・10　237
自衛官7月定期昇任……7・10　237
防衛省発令　7月7日～14日付……7・17　245
新設「防衛審議官」に徳地氏……7・24　253
防衛省発令　7月15日～25日付……7・24　253
事務官等異動を発令……7・31　261
1佐職異動を発令……7・31　261
2、3海佐異動　6月2日～30日付……7・31　262
高級幹部異動……8・7　269
将昇任者略歴……8・7　269
事務官異動……8・7　269
1佐職　8月定期異動……8・7　271
防衛省発令　8月5日～10日付……8・14　277
将補昇任者略歴……8・14　278
防衛省発令　8月11日付……8・21　287
防衛省発令　8月18日～20日付……8・28　295
2、3海佐異動　7月1日～31日付……8・28　296
防衛省発令　8月22日～29日付……9・4　303
防衛省発令　8月31日～9月8日付……9・11　311
防衛省発令　9月15日～16日付……9・25　321
統幕長に河野海将　高級幹部異動……10・9　341
防衛省発令　10月14日付……10・9　341
2、3海佐異動　8月1日～29日付……10・9　342
防衛省発令　9月25日～10月14日付……10・16　351
将・将補昇任者略歴……10・16　352
防衛省発令　10月13日～14日付……10・23　359
防衛省発令　10月20日～27日付……11・6　377
2、3海佐異動　9月1日～10月31日付……11・13　386
防衛省発令　10月31日～11月15日付……11・20　393
防衛省発令　11月23日～25日付……12・4　413
総隊司令官に杉山空将　大湊総監に坂田海将　12・11　421
防衛省発令　12月15日～19日付……12・11　421
防衛省発令　12月1日付……12・11　422
防衛省発令　12月15日～19日付……12・18　429
将補昇任者略歴……12・18　430
2、3海佐異動　11月4日～21日付……12・18　430

◆叙勲・表彰

比国緊隊に1級賞状　伊豆大島災派部隊にも……1・9　13
海賊対処16次隊　清水1佐に1級賞詞……1・30　38
着艦5千回無事故　「ひゅうが」に3級賞状……2・20　73
海自72空に2級賞状　急患輸送600回……3・27　111
東音に2級賞状　三宅3曹ら大活躍……4・3　119
「いかづち」と厚木運航隊に2級賞状……4・10　126
6千基準時間超し無事故飛行　3海佐に賞詞……4・10　133
第22回　危険業務従事者叙勲……4・24　146
春の叙勲　防衛関係者122人が受章……5・8　156
83空、南警隊に1級賞状……5・22　174
31整補など「創意工夫功労者賞」……6・5　190
不明マレーシア機捜索400時間　1級賞状……6・19　208
海賊対処に寄与　田尻1佐に1級賞詞……6・19　208
データ移行ツール開発「創意工夫功労者賞」……6・26　216
南スーダン5次隊　井川隊長に1級賞詞……7・3　227
5次隊に特別賞状　千僧駐で帰国行事……7・3　227
茨城、東京、愛知の3地本に1級賞状……7・3　228
空幕長、3隊員に3級賞詞を授与……7・10　236
1空に2級賞状　3千基準時間以上無事故……7・31　262
防災功労者表彰　統合任務部隊が受賞……9・25　322
佐世保総監に米から勲章　同盟強化に貢献……9・25　322
無事故達成など3部隊に2級賞状……10・16　352
立川1佐に1級賞詞　海賊対処18次隊指揮……10・23　360
危険業務従事者叙勲……10・23　364
平成26年度防衛大臣感謝状贈呈式……10・30　372
秋の叙勲　防衛省関係者117人……11・6　378
古田准尉に米陸軍功労賞　信頼深化に尽力……11・13　391
優秀隊員表彰式　陸自30人、空自10人……11・20　394
部外功労者39団体61個人　陸海幕長感謝状……11・27　402
呉総監に米勲功章　ハリス司令官が伝達……11・27　402
海上自衛隊永年勤続功労隊員　11隊員顕彰……12・4　414
12業務隊に2級賞状……12・11　422

◆フォーラム・シンポ・セミナー・講演会・講話

統幕校、災害めぐりシンポジウム……1・9　14
日本戦略研究F、韓国テーマにシンポジウム……1・9　14
ナイ教授「米の東アジア戦略」テーマに講演……1・16　22
東京地本長が東大で講話……1・30　47
海幹校主催　14カ国参加し海大セミナー……2・20　68
防衛省シンポジウム　新たな武器輸出原則を……3・6　83
防衛医学セミナー　特性あるMC体制整備を……3・6　86
防衛衛生学会　自衛隊の防疫活動……3・6　86
集団的自衛権　石破氏、軍事バランス上必要……3・13　92
第22回防衛セミナー　森本氏らが講演……3・13　92
戦史に学ぶ講習会　3人の識者が講演……3・27　111
齋藤元統幕長「準有事」への準備を……4・17　135
WPNS　洋上行動基準を採択……5・8　155
研究会「集団的自衛権を考える」……5・8　157
在日米3軍歯科学会　日米の最先端技術……5・15　166
在日米軍司令官　米のアジア重視政策……5・22　174
防衛懇で防衛相　国際共同開発・生産……5・29　181
日本防衛学会　シンポジウム開く……6・19　208
キュービックアーギュメント　社会人参加……7・3　228
薬師寺執事招き部外講師講話……7・10　243
航安隊　空自安全の日に講話……7・24　254
西方で第1回セミナー　水陸両用ノウハウ……7・31　262
防大で国際防衛学セミナー　16カ国が参加……7・31　262
手嶋龍一氏が国際情勢を講話……8・21　288
空幹校で多国間セミナー……9・25　322
戦略研究フォーラム　台湾テーマにシンポ……9・25　322
ネットジャーナリスト協会　シンポジウム……10・2　334
シンガポール　山村海将補が講演……10・2　334
外務省主催のセミナー　装備品を展示……10・9　341
陸幕長　ワシントンで講演……10・23　359
戦略研究フォーラムがシンポジウム……10・23　360
防研主任研究官が航安隊で講話……10・23　360
黒澤統幕首席法務官　初訪問の豪で講話……11・20　393
北関東防衛局「首都直下地震」でセミナー……11・20　394
防衛協会シンポ　ウーマンパワーと国の守り……11・20　394
防衛学会秋季大会　これからの自衛隊……11・20　394
インドネシアで国際セミナー　日本が議長国……12・4　413
防衛協会シンポ　DVDを限定配布……12・4　414
陸上自衛隊セミナー「日米同盟」信頼が鍵……12・18　429
国際平和と安全シンポ　民軍連携を討議……12・18　429
兵器の輸出管理で講話　阪大で和爾企画官……12・18　430

◆経済団体・財団

経団連会長　防衛予算の増額を歓迎……1・16　22
装備工業会総会で防衛相　開発へ環境づくり……6・5　190
経団連　宇宙基本計画で安全保障強化訴え……11・27　401

◆防災訓練・自治体・災害協定

陸自補統　パン製造メーカーと協定締結……2・6　50
10普連と新十津川町　留守家族支援協定結ぶ……2・20　68
北方が初の協定締結　チャーター船利用へ……4・17　136
西部方面隊　通信確保の協定結ぶ……4・17　136
小牧基地　海保本部と災派協定……4・24　144
小笠原　オスプレイ導入要請　防衛相と会談……5・29　182
南海トラフを想定し　統合防災演習……5・29　182
自衛隊誘致を徳之島が要請……6・5　189
防災で情報交換会　海田市……6・12　198
日米3000人参加し統合防災演習……6・12　199
長崎県防災訓練　空陸一体で救出……6・12　199
22普連　水防演習に参加……6・12　199
那覇駐屯地　大津波想定して屋上に避難訓練……6・12　199
オスプレイ配備に理解　榛東村長が大臣に……7・10　233
鳥取県知事が大型ヘリ配備要望……7・17　246
佐賀にティルト・ローター機　意向伝える……7・31　261
海自初、電力3社と協定　呉地方総監部……7・31　262
奄美に陸自駐屯地を　市議ら誘致要望……8・7　270
沖縄市のサッカー場　ドラム缶汚染対処へ……8・28　296
巨大地震を想定　広域医療搬送を訓練……9・11　313
多数傷病者への医療対応　空自が初の訓練……9・11　313
みちのくALERT2014　米豪と……11・13　385

みちのくＡＬＥＲＴ　3自・米・豪が訓練……11・20　395
「みちのくアラート」に参加　青森5普連……11・27　411

〈日米関係・米軍〉

米国防総省ＱＤＲを発表　アジア重視を堅持……3・13　91
ＱＤＲ２０１４　全訳（1）……3・13　94
ＱＤＲ２０１４　全訳（2）……3・20　104
ＱＤＲ２０１４　全訳（3）……4・3　120
ＱＤＲ２０１４　全訳（4）……4・17　138
ＱＤＲ２０１４　全訳（5）……4・24　145
ＱＤＲ２０１４　全訳（6）……5・15　168
ＱＤＲ２０１４　全訳（7）……5・29　185
ＱＤＲ２０１４　全訳（8）……6・5　192
ＱＤＲ２０１４　全訳（9）……6・12　200
ＱＤＲ２０１４　全訳（10）……7・3　230
ＱＤＲ２０１４　全訳（11）……7・17　248
ＱＤＲ２０１４　全訳（12）……8・21　290
ＱＤＲ２０１４　全訳（最終回）……9・4　305
集団的自衛権でブレア元長官　会見……4・24　143
ブレア元長官、ガイドラインにきつい注文……5・22　174
年次報告「中国軍事・安全保障の進展」……6・26　218
Ｘバンド部隊発足　米軍経ヶ岬通信所……11・13　385

◆米軍再編・基地対策・訓練移転・普天間基地移設問題

普天間移設　防衛省、負担軽減で作業チーム……1・9　13
沖縄の負担軽減加速　副大臣トップに推進委……1・30　38
沖縄負担軽減推進委　目に見える形で実行を……2・27　76
ホテル・ホテル訓練区域　使用制限一部解除……4・3　117
横浜の米軍施設返還へ　日米合意……4・3　119
G・ワシントン艦載機　硫黄島で着陸訓練……5・8　156
G・ワシントン　日程変更して着陸訓練開始……5・15　166
沖縄負担軽減委　米軍と協力推進確認……7・10　235
県内企業へ優先発注を　沖縄県経済団体……8・28　296
沖縄防衛局　ボーリング調査開始……8・28　296
嘉手納、岩国の米軍機グアムへ　訓練移転……9・11　312
辺野古移設　大臣、知事らと会談……10・2　334
江渡大臣が初訪沖　知事と会談……10・9　342
沖縄知事に翁長氏　仲井真氏を破る……11・20　393
嘉手納の米軍機がグアムへ訓練移転……12・4　414

◆日米共同訓練

1月16日から「アイアンフィスト」……1・2　2
米Ｆ・アーウィンを初使用　派米訓練……1・9　14
指揮所演習「キーン・エッジ」始まる……1・16　22
日米共同統合実動防災訓練、行われる……1・30　38
西方普連、米で「鉄拳作戦」　離島奪還へ……2・6　49
2月25日から「フォレスト・ライト」……2・13　58
海自、日米共同の対潜特別訓練始まる……2・13　58
南海トラフ地震想定し日米共同統合防災訓練……2・20　69
海自と米海軍　ＢＭＤ特別訓練……2・27　76
米海軍大学校で日米指揮所訓練……3・6　84
日米豪共同訓練　コープノースグアム……4・10　127
6月17日からレッド・フラッグ……6・12　197
護衛艦とＵＰ３Ｄ多用機2機が訓練　グアム……7・3　228
北方、米と実動訓練　10月下旬北海道……7・31　262
レッド・フラッグ・アラスカ　グラフ……7・31　263
「むろと」グアムで訓練……8・14　278
震災対処の訓練「みちのく」実施へ……8・21　288
「雷神２０１４」10式戦車派遣……8・21　288
沖縄周辺で日米が対潜訓練……8・28　296
潜水艦「せとしお」　ハワイで訓練へ……8・28　296
日米共同で指揮所演習……10・2　334
日米が共同で衛生特別訓練　横須賀……10・16　352
キーン・ソード　豪が初のオブザーバー……11・6　377
米軍、空自部隊　小松基地へ訓練移転……11・6　378
みちのくＡＬＥＲＴ２０１４　米豪と……11・13　385
「フォレスト・ライト」12月1～12日……11・13　386
「YS67」12月2～15日……11・13　386
みちのくＡＬＥＲＴ　3自・米・豪が訓練……11・20　395
派米実射ＡＳＰ　米軍基地で記念行事……11・27　411

◆日米防衛交流

日米最先任下士官会議……1・16　22
海自幹部学校長が渡米　相互理解深める……1・16　27
日米のサイバー防衛政策　作業部会で一致……2・13　58
アンジェレラ在日米軍司令官が会見……2・20　68
「高速多胴船」の日米共同研究をスタート……3・13　92
日米最先任下士官　スキー訓練を見学……3・13　99
在アラスカ米陸軍兵士　極寒の名寄駐を研修……4・10　127
横須賀陸警隊　米軍用犬訓練を研修……4・10　133
日米兵站ハンドブック　2次案に向け協議……4・24　144
陸幕長、ＬＡＮＰＡＣで講演　日米同盟強調……5・8　155
メンタルケアで日米最先任等会同……6・12　198
米空軍司令官付先任下士官会議……6・12　198
米軍の川上弾薬庫研修……6・12　198
日米サイバー防衛第2回会合……9・4　304
ガイドライン中間報告　切れ目ない日米協力……10・16　351
日米ガイドライン中間報告（全文）……10・16　354
日米ガイドライン　江渡大臣が臨時記者会見……10・16　354
法務ネットワーク拡大へ　日米の連携強化……12・18　430
空幕長　空自Ｆ35Ａ操縦員の教育状況視察……12・18　430

〈国際平和協力活動〉

比派遣隊員が帰国　防衛省で出迎え式……1・2　1
自衛隊「サンカイ作戦」同行取材……1・2　3
比台風救援　土谷2佐に比軍から勲章……1・2　11
マレーシア不明機捜索で初の国緊隊……3・20　101
東ティ能力構築支援　隊員が帰国報告……3・20　101
自衛隊・米軍と文民、民間組織　初の研究会……3・20　102
広がる能力構築支援　モンゴル、東ティ軍……3・20　107
不明マレーシア機捜索　Ｐ３Ｃ豪に拠点移す……3・27　109
能力構築支援　カンボジア派遣隊員が帰国……4・3　117
国連ＰＫＯ　工兵マニュアルを作成……4・17　135
国緊隊　マレーシア機の捜索活動終わる……5・8　155
ＡＡＰＴＣ年次会合　ＰＫＯ活動マニュアル……6・12　198

PKO工兵マニュアル　来春にも完成へ……6・26　215
統幕校PKOセンター「上級課程」……7・10　235

◆ソマリア沖海賊対策

海賊対処行動終えた16次水上部隊が帰国……1・16　2
アデン湾　海賊船拿捕で連携プレー……1・23　29
ジブチ沖「さみだれ」遭難漁船救助……3・13　92
アデン湾海賊対処　派遣航空隊交代へ……4・17　136
「いなづま」遭難船救助……5・15　171
海賊対処航空部隊16次隊が出発……6・5　190
海賊対処水上部隊19次隊が出発……7・17　246
水上部隊18次隊達成　護衛通算3500隻……7・24　255
CTF151に初の司令部要員派遣……9・4　304
17次航空隊がジブチへ出発……10・16　352
海賊対処水上部隊　20次隊に交代……11・6　378
海賊対処　通算護衛600回達成……11・6　379
ジブチ派遣隊員　宇都宮駅で出迎え……11・6　383

◆南スーダンPKO

南スーダンで政府　韓国軍に弾薬1万発……1・2　1
UNMISS派遣4次要員が帰国……1・9　14
山下陸幕副長　5次隊員を激励……1・23　29
避難民の臨時救護所を撤収……1・23　29
韓国部隊から弾薬1万発返却される……1・23　30
南スーダン状況　大臣、隊長とTV会談……2・6　49
南スーダンに〝安定の架け橋〟……3・13　91
南スーダン　日印友好のパール・ブリッジ……3・13　98
活動範囲拡大せず　南スーダンPKO……5・15　165
6次隊400人出発へ　避難民キャンプ造成……5・29　181
PHOTOGRAPH　南スーダン5次隊……6・5　191
5次隊井川隊長「武器の携行命じた」……7・3　227
南スーダンPKO　パパおかえり……7・3　233
施設外での活動再開　6次隊が出陣式……7・24　253
笑顔の再会　女性隊が孤児院訪問……8・21　287
陸幕長　南スーダンを視察……9・4　304
PKO事務局長が視察……9・25　321
大臣6次隊を激励　隊長とテレビ会談……10・9　341
PKO4カ月延長　幕僚1人追加派遣……10・30　367
南スーダンPKO　豪軍の連絡幹部が交代……10・30　367
6師団主力　7次隊350人出発へ……11・13　385

◆エボラ対策

エボラ対策　自衛隊機を派遣　防護具を空輸……12・4　413
防護具に国連謝意　空自機ガーナ到着……12・11　421

〈国際交流・地域情勢〉

◆海外情勢

ミリタリーバランス「日中間の協議必要」……2・20　67
ミリタリーバランス　記者会見の要旨……2・20　69
英国際戦略研　戦略概観……10・2　333
戦略概観と会見要旨……10・2　334

◆多国間訓練

水上部隊16次隊　インドで共同訓練……1・9　14
2月11日からタイで「コブラ・ゴールド14」……1・23　30
海自、NZの西太平洋掃海訓練に参加……1・30　38
タイで多国間演習「コブラ・ゴールド」……3・13　93
海自「コモド」に参加　多国間共同訓練……4・3　119
ASEAN災害救援実動演習に初参加……4・24　144
「さざなみ」「さみだれ」親善訓練……5・22　174
タイ　国際救援活動を演習　自衛隊7人参加……5・29　183
PP14参加「くにさき」堂々出発……6・5　189
陸自初参加「リムパック」　護衛艦が呉を出発……6・12　197
PP14　越での活動終了「くにさき」出航……6・19　207
「リムパック2014」始まる……6・26　215
PP14　カンボジアの子供たち歯磨き交流……6・26　215
モンゴルでPKO訓練に参加……6・26　215
PP14　ベトナムとカンボジアで活動……6・26　217
「サザン・ジャッカルー」に陸自参加……7・3　229
PP14の「くにさき」　比タクロバンに到着……7・10　235
「リムパック2014」開幕……7・10　241
海幕長がリムパックを視察……7・17　246
海自が米印の共同訓練参加……7・31　262
日米韓　九州西方海域で訓練……7・31　262
PP14に参加「くにさき」帰国……8・7　272
自衛隊「南十字星14」参加……8・14　277
海自　豪主催「カカドゥ14」に参加……8・14　278
「リムパック2014」終わる……8・21　289
PP14「くにさき」4年ぶりカンボジア訪問……8・21　291
PSI　海上阻止訓練に参加……8・28　295
18次隊、モルディブ沿岸警備隊と訓練……9・11　312
陸自、オブザーバーで米比共同訓練に参加……10・2　334
海自、NATO軍　初めて共同訓練……10・2　334
「ぶんご」「やえやま」国際掃海訓練に参加……10・2　334
米西海岸で日米加訓練……10・2　334
カカドゥ14　防空戦で実射も……10・9　344
マラバール14　日米印が結束……10・9　344
日露捜索・救難共同訓練を実施……10・30　368
「たかなみ」がEU海上部隊と共同訓練……10・30　368
19次隊「たかなみ」がアデン湾で共同訓練……11・27　402
「たかなみ」蘭艦と訓練　ソマリア沖……12・4　414

◆防衛交流

露艦3隻舞鶴に　「しらね」がホスト……1・2　2
海幕長、シンポジウム参加でインドネシアへ……1・2　2
日仏2プラス2　輸出管理で委員会新設……1・16　21
日印作業部会　US2で協議……1・16　21
統幕・シンガポール　海賊対処などで協力……1・16　21
日ASEAN防衛次官級会合……2・27　76
陸幕長8年ぶり訪露　ハイレベル交流再開……2・27　76
空幕長はシンガポールへ　最新技術視察……2・27　76
河野海幕長　サウジで最高勲章受章……3・6　83
陸幕長、米陸軍参謀総長と会談……3・6　84
岩崎統幕長　仏など3カ国訪問……3・20　102
空幕長、豪で各国参謀長と意見交換……4・3　119

日印作業部会　US2に印高官が体験搭乗……4・17　135
岩崎統幕長　米国、カナダ訪問……4・17　136
海幕長、5年ぶり中国訪問へ……4・17　136
「北」の挑発抑止で日米韓が緊密連携……4・24　143
空幕長訪米　各国空軍参謀長と意見交換……4・24　144
インドネシア艦艇　佐世保を親善訪問……4・24　144
統幕長　英参謀総長と一致　防衛協力強化……5・8　156
日英「2＋2」開催で合意……5・15　165
日伊防衛相が協議　情報保護協定……5・15　165
米太平洋軍主催「軍事作戦法規国際会議」……5・22　174
仏艦「プレリアル」大湊、晴海に寄港……5・29　182
統幕長ミャンマー訪問　国軍司令官訪日へ……6・5　189
佐世保　インドネシア艦が初寄港……6・5　195
海幕長　スリランカ初訪問……6・12　198
空幕長インドネシアを公式訪問……6・26　216
日米韓、北の対応で制服組初のトップ会談……7・3　227
坂本1海佐が米で法律講義……7・3　228
海幕長　スリランカ初訪問……7・10　235
HA／DR専門家会合　指針作成で合意……7・17　245
統幕長　伊国防参謀長と会談……7・24　253
陸幕長　初のモンゴル訪問……7・24　254
インド艦艇が佐世保入港へ　合同音楽演奏も　7・24　254
日米豪SLS　さらなる連携強化を……7・31　261
空幕長　英APCでスピーチ……8・7　270
駐日韓国武官に空幕長が感謝状……8・7　270
統幕長、豪・NZを訪問……8・21　287
US2輸出問題で日印がテレビ会議……8・28　295
シンガポール艦艇　横須賀で親善訓練……8・28　296
カナダ海軍が3年ぶり来日……9・4　304
飛行警戒管制で日豪が防衛交流……9・4　304
陸幕長が豪比訪問　防衛協力の拡大で一致……9・25　322
統幕長、ミャンマー国軍司令官が会談……10・2　333
WPNS　宮前曹長　下士官交流に意欲……10・9　342
日ASEAN次官級会合　海洋安全保障強化　10・16　351
「きりさめ」アルバニー船団記念式典に参加　10・23　360
アジア・太平洋諸国参謀総長会議……11・20　393
武居海幕長が豪米を初訪問……11・20　394
アジア太平洋地域多国間協力プログラム……12・4　413
多国間兵站ハンドブック　17年度活用開始……12・11　421
日米豪幕僚会議　共同訓練さらに拡充……12・18　429

◆近隣情勢・領海領空

露軍機が日本周回……1・9　14
ロシア艦艇5隻が下対馬周辺を航行……1・9　14
沖縄本島付近では中国艦艇3隻航行……1・9　14
東シナ海に中国機……1・16　22
平成25年度第1～3四半期スクランブル……1・30　37
露艦2隻が対馬北上……1・30　38
対談　黒田氏、武貞氏　北朝鮮の内実と現状　1・30　40
露軍機2機にスクランブル……2・6　50
中国艦艇3隻が宮古島付近航行……2・13　58
ロシア偵察機　日本海を南下……2・20　68
露艦艇、津軽海峡航行……2・27　76
北朝鮮が弾道ミサイル発射　日本海上に落下　3・6　83
露軍機相次ぎ飛来　空自機スクランブル……3・6　84
中国機が尖閣諸島沖に飛来……3・6　84
中国艦3隻が宮古海峡南下……3・6　84
中国軍事費12・2％増　海空装備を近代化……3・13　91
太平洋往復の中国機Y8、H6に緊急発進……3・13　91
与那国島付近に中国艦艇が4隻……3・13　92
露、中国軍機にスクランブル……3・20　102
露艦艇3隻が対馬海峡南下……3・20　102
北朝鮮が弾道ミサイル発射　日本海へ2発……4・3　117
露軍機、山陰沖偵察　中国機は東シナ海に……4・3　119
宮古島　国籍不明潜水艦が接続水域内を航行　4・3　119
露軍機相次ぎ日本海を飛行……4・10　126
25年度スクランブル　冷戦期の水準に急増……4・17　135
露爆撃機が列島周回　防衛相「異常飛行だ」……4・24　144
露艦が津軽と宗谷海峡通過……5・8　156
中国艦艇2隻が宮古水道を通過　練習航海か　5・15　166
ロシア艦6隻が対馬海峡を南下……5・22　174
中国軍機が異常接近　自衛隊機に30メートル　5・29　181
露軍機相次ぎ日本海に飛来……5・29　182
露艦6隻対馬海峡北上　中国海軍と演習終え　6・5　190
中国艦艇3隻が宮古水道を通峡……6・12　198
中国機、また異常接近　東シナ海公海上……6・19　207
中国機異常接近　統幕長　隊員は冷静に対応　6・19　207
中国の公開映像　大臣「大国の対応望む」……6・19　207
露艦艇5隻が宗谷海峡を東進……6・19　208
中国艦艇3隻が大隅海峡を西進……6・26　216
北朝鮮、日本海上に弾道ミサイル発射……7・3　227
ロシア艦3隻が対馬海峡を北上……7・10　236
スクランブル340回　4～6月　過去最多　7・17　245
北朝鮮がまたミサイル発射……7・17　245
中国艦艇3隻が宮古水道を航行……7・17　246
北朝鮮がまたミサイル発射　日本海に落下……7・31　261
列島周回の露軍機に緊急発進……8・28　296
宗谷海峡では露艦10隻東進……8・28　296
露艦艇2隻が宗谷海峡東進……9・25　322
露艦艇2隻が宗谷海峡東進……10・2　334
尖閣沖東シナ海　中国軍Y9初視認……10・9　342
露艦艇12隻が宗谷海峡西進……10・9　342
9月下旬にも13隻確認……10・9　342
露軍偵察機が日本海を飛行……10・16　352
中国測量艦が沖縄付近を航行　確認は初めて　10・16　352
上半期スクランブル533回……10・23　359
露艦艇4隻が対馬海峡南下……10・30　368
露艦艇4隻が対馬海峡南下……11・6　378
日中「海上連絡メカニズム」合意……11・20　393
露艦艇2隻が対馬海峡北上……12・4　414
中国機相次ぎ宮古海峡往復……12・11　421
露艦艇4隻が対馬海峡を北上……12・18　430
中国艦艇が相次ぎ宮古島周辺を航行……12・18　430
中国機5機が宮古海峡を往復……12・18　430

〈各機関〉
◆防衛大学校
防大卒業式　首相が訓示……………3・27　109
防大卒業式　安倍首相訓示要旨………3・27　111
防大入校式で國分校長　強い正義感と情熱を4・10　126
防大校長がタイ、ベトナム訪問………4・10　126
国際士官候補生会議開く………………4・17　136
防大が「開校記念祭」実施　11月8～9日…10・23　360
防大開校祭　棒倒し　3大隊が3年ぶり優勝11・13　391
◆防衛医学・防衛医科大学校・自衛隊病院
防医大創立記念　若宮政務官ら激励……1・2　2
防医大卒業式　大臣、35期生を激励……3・13　92
職能センター　修了生が〝巣立ち〟………3・20　102
中央病院　6年制大卒初の薬剤官5人誕生…5・15　171
防医大高等看護学院　最後の戴帽式……6・12　205
防医大研究グループW受賞………………6・26　216
防医大辻本科長ら胃がんの新治療法開発…10・30　375
大湊病院　服務無事故4000日………11・6　378
◆防衛研究所
「中国安全保障レポート2013」を公表…2・6　49
「中国安全保障レポート2013」要旨…2・6　51
防研「東アジア戦略概観2014」………5・15　165
◆技術研究本部
XF5―1エンジン　地上試験順調に進む…6・12　197
先進技術実証機　完成機をHPで初公開…7・24　253
開発期間を2年延長　次期輸送機XC2…7・24　254
防衛技術シンポ2014開催……………11・20　393
防衛技術シンポジウム2014　挑戦と飛躍11・27　403
〈自衛隊〉
◆統合幕僚監部・3自衛隊
統幕を中心に法務ネットワーク構築へ……2・20　67
法務ネットワークの構築　統合の時代に対応2・20　68
「サイバー防衛隊」始動　24時間、90人体制4・3　117
統幕、体制強化へ新編　運用3課など……4・3　119
統幕　今年度統合訓練の大要発表………5・15　166
佐世保　陸海　初の合同パレード………7・3　233
統幕が検討「収容所」演練を本格化……7・24　253
統幕の長野1佐　国際法課程参加………7・24　254
河野統幕長　武居海幕長　離着任行事…10・16　351
最先任下士官　小畑元准尉にメリット勲章…10・16　352
河野統幕長　中国軍との交流に意欲……10・23　359
◆陸上自衛隊
5普連　山岳遭難救援隊の編成完結式行う…1・2　11
習志野　空挺団、父子そろって空挺降下…1・9　19
練馬駐屯地　陸自初のヤード式補給倉庫完成1・23　35
越国家主席を歓迎　特別儀仗隊が栄誉礼…3・20　101
海田市駐　巨大地震に対応の集約倉庫が完成3・20　102
給与担当者が集合訓練　陸幕、注意事項確認3・27　111
発足4年目迎える「国際防衛協力室」……3・27　113
西普連教育隊を編成　水陸両用の歴史的一歩4・3　117
57期生289人　高工校卒業式で大臣が訓示4・3　119
えびの業、無事故走行　333333キロ4・3　123
与那国島で起工式　陸自沿岸監視部隊発足へ4・24　143
北方警務隊　逮捕術競技会開く…………4・24　153
陸自、豪州で各種訓練　射撃競技会など…5・8　156
陸自　主要演習の概要発表………………5・15　166
陸幕トップら体力検定　陸幕長が呼びかけ5・15　171
沖縄　15高特連を新編……………………5・22　175
33普連　対戦車中隊を廃止、狙撃班新設…5・22　175
60年余の歴史に幕　1戦群が隊旗を返還…5・22　175
35普連　対戦車中隊廃止式………………5・22　175
10特連で編成完結式………………………5・22　175
49普連で隊旗授与式　中方混成団隷下に新編5・22　175
第4特殊武器防護隊　編成完結式………5・22　175
52普連　2個中隊を増強…………………5・22　175
陸自衛生隊　初の女性隊長誕生…………5・22　179
金沢駐　創隊60周年を記念し市中パレード…6・5　195
女性衛生隊長　原点に立ち返り考える…6・12　205
研本　初の「統合意見交換会」…………7・10　236
中音、初の欧州公演ハミナ音楽祭に参加…7・10　236
総火演抽選会　当選倍率は24倍…………7・17　246
守山駐屯地　初の女性定年退官…………8・7　275
陸幹校CGS　8カ国10人が入校…………8・21　288
富士総火演　2万9000人が来場………8・28　301
陸幕長がスピーチ「多国間枠組み」……10・16　352
創隊記念行事　東北方面隊　復興と再生誓う10・30　373
創隊記念行事　I　LOVE　そらち………10・30　373
創隊記念行事　空包射撃を展示　豊川……10・30　373
創隊記念行事　創立62周年記念行事　秋田…10・30　373
創隊記念行事　水際地雷敷設車登場　南恵庭10・30　373
創隊記念行事　60周年記念行事　桂………10・30　373
創隊記念行事　50周年で大島桜を植樹　国分10・30　373
需品学校でQMフェア　最新衣服や糧食展示12・4　414
◆海上自衛隊
しらせ、3年ぶりに接岸　氷状は変わらず…1・9　13
艦艇開発隊　新試験棟が落成……………1・9　14
海自2術校　史料室見学者1万人に………1・9　19
海自21空、米ヘリ部隊「姉妹部隊」を締結…1・16　27
「しらせ」順調　食料・燃料を越冬隊に輸送1・23　34
海自下総基地に新管制塔　最も高い地上38メートル2・6　50
海自2空群　恒例の海氷観測飛行………3・6　85
OH6D型ヘリの定期修理　27年の歴史に幕3・13　99
厚木着陸誘導管制所　無事故誘導30万回達成3・20　102
海自唯一の工兵部隊「機動施設隊」……3・20　103
海自幹部学校　61期36人が卒業…………3・27　111
吾妻島貯油所　最新式ローディングアーム…3・27　111
海自幹候校卒業式　近海・外洋練習航海へ…4・3　119
てんりゅう　航空標的発射400回達成…4・3　119
「しらせ」無事帰国…………………………4・10　125

PHOTOGRAPH　しらせの軌跡……4・17　137
さらばYS11　61空　46年間の労ねぎらう……4・17　141
入隊50周年記念に「桜基金」　海自10期生徒……5・8　163
P1世界のトップ　防衛相試乗……5・22　173
遠航部隊出発へ　中米等13カ国15都市を巡る……5・22　173
遠航部隊720人が出発　13カ国15都市訪問……5・29　181
厚木に高性能レーダー装置　室内で管制訓練……6・5　190
遠航部隊　米西海岸経由し中米諸国訪問へ……6・19　207
遠航部隊　パールハーバーに入港……7・3　229
遠航部隊　キューバ初訪問……7・10　235
海自艦艇　ガダルカナルから遺骨輸送へ……7・10　236
補本が新システムの運用開始……7・24　254
遠航部隊　ジャマイカなど初訪問……7・31　261
海自71航空隊　救難出動1000回……7・31　267
UH60J初号機「退役」　大村……7・31　267
大村に初の女性航空士……8・21　293
遠航部隊　再び太平洋へ……8・28　295
「しらせ」10月3日　名古屋港に寄港……9・11　312
遠航部隊が遺骨収集に協力　ソロモン諸島で……9・25　322
26年度「遠航部隊」キューバを初訪問……9・25　323
気象レーダー換装　大湊で落成式……10・9　342
第1回TRM講習に24人が参加……10・16　352
「しらせ」名古屋入港　SKE48招き広報……10・16　357
WPNS次世代海軍士官短期交流プログラム……10・23　360
遠航部隊5カ月ぶり帰国……10・30　367
艦内に遺骨安置し帰国　遠航部隊が引き渡す……10・30　368
創隊記念行事　岩国基地祭……10・30　373
創隊記念行事　新型P1が祝賀飛行　下総……10・30　373
「しらせ」再び南極目指す　海幕長ら激励……11・13　385
「しらせ」幼稚園児が〝壮行会〟……11・13　391
91空初の女性航空士　UP3D電波妨害員に……11・20　399
81空の臼見曹長　1万飛行時間達成……11・20　399
海自遠洋航海部隊の156日間……12・4　415
寄稿　宇都隆史氏　遺骨の帰国を実現して……12・4　415
イージス護衛艦「きりしま」乗艦記……12・18　432

◆航空自衛隊
政府専用機　首相乗せ中東アフリカ運航……1・16　22
戦闘機部隊支える空自KC―767　特集……1・23　31
政府専用機　首相乗せスイス、インド往復……1・30　38
政府専用機　五輪前にソチへ訓練飛行……2・6　50
空幹候校　元零戦パイロットが講話……2・6　55
政府専用機　首相乗せソチ五輪へ……2・13　58
入間で航空救難団空輪戦技競技会……2・13　59
新田原　UH60J救難ヘリ　用途廃止式……2・20　68
空幕に60周年記念の事務局……3・6　84
小牧航空管制　無事故50万回……3・13　92
政府専用機　首相乗せオランダへ……3・27　111
KC767　国外運航訓練でインド、タイへ……4・10　126
空自創設60周年を記念　ロゴなど決まる……4・10　133
603飛行隊新編　警空隊改編、那覇で式典……4・24　143
政府専用機、首相乗せ欧州へ……5・8　156
空自優良提案褒賞、1件3隊員が受賞……5・8　156
ブルーインパルス年間展示飛行予定……5・22　174
7移警隊　28年の任務無事完遂……5・22　175
9年ぶり心理技官採用　航空機の進歩に対応……5・22　179
空自創設60周年　入間で中央式典……5・29　181
60周年のキャッチフレーズ　横内航安隊技官……5・29　187
政専機、首相乗せシンガポール往復……6・5　190
政専機、首相を乗せてベルギー、イタリアへ……6・12　198
皇太子さま、政専機でスイスへ……6・19　208
航安隊、飛行安全巡回教育スタート……6・26　216
空自創設60周年を祝う演奏会……7・3　227
入間で1高群創立50周年……7・3　228
航安隊、富士重を研修……7・3　228
浜松で空自QCサークル第1回大会……7・10　236
航安隊　関連学会へ派遣……7・10　236
入間で開発集団　研究開発成果等発表会……7・10　236
浜松広報館　入館者500万人突破……7・17　251
首相、政専機でオセアニア歴訪……7・24　254
政専機、首相乗せ中南米諸国を歴訪……7・31　262
航空戦術教導団を新編　電子戦など連携強化8・14　277
空幹校　航空研究センター新設……8・14　278
空幹校60周年　目黒基地20周年　記念式典……8・14　278
政府専用機にB777　全日空が調達、整備8・21　287
韓国から学生10人が入校　FSOC入校式……9・4　304
政専機　首相乗せバングラディッシュ等へ……9・11　312
航安隊　部外向けHPを公開……9・11　319
首相乗せ政専機　ニューヨークへ……9・25　322
空自60周年　記念塗装お目見え……9・25　331
空幕広報室が那覇で巡回訓練……10・16　352
ベストMOに高橋3佐……10・16　352
「T4」60周年記念塗装　浜松エアフェスタ10・16　357
政専機　首相乗せミラノ往復……10・23　360
創隊記念行事　空自1高隊　創設50周年祝う10・30　373
ACDJ　8カ国の参謀長集結……11・6　377
入間で航空祭　秋空に「サクラ」……11・6　377
千歳管制隊　無事故管制500万回……11・6　383
航安隊　3学会へ技官派遣……11・13　386
政専機、首相乗せ中国　ミャンマー、豪歴訪11・13　386
航安隊、飛行安全特別講習　13人が講習修了11・27　402
空幕幹部が3キロ走　体力測定の資料を収集12・4　419
開発集団　26年度開発業務など説明会……12・11　422
政専機　皇后さま乗せベルギー往復……12・18　430

◆訓練・演習
海自護衛隊群　グアム島沖で訓練……1・2　2
海自、潜水艦派遣し米施設で訓練……1・16　22
習志野　初降下　尖閣見据え機動展開演練……1・16　23
海自航空部隊　24空皮切りに訓練始動……1・16　23
1ヘリ団年頭編隊訓練　初の陸地上空飛行……1・16　23
青空にブルー舞う　新春飛行……1・16　23
真駒内　訓練始め　雪上で駆け足と綱取り……1・16　23
西普連　高負荷で新年幕開け……1・23　32
海自4空群P3C部隊　富士山眼下に初飛行1・23　32

31空群　初訓練で遭難者の救助演練……1・23　32
空自部隊　一斉〝テークオフ〟……1・23　32
10特連　新春の空に向け空砲発射……1・23　32
49普連　饗庭野で射撃訓練……1・23　32
40普連　勝どきを上げ1年の精進誓う……1・23　32
20普連　雪舞う寒さの中　恒例「裸駆け足」……1・23　32
小平学校　訓練始めで1キロ力走……1・23　32
海自、伊勢湾で掃海訓練……1・30　38
1特団　米でSSM1実射訓練……1・30　39
4対艦連　八戸から沖縄に展開訓練……1・30　39
鹿児島地本、12普連など　桜島大爆発を想定……2・6　53
普教連　巨大地震に備え災害対処計画を作成……2・6　53
2師団　1400キロ機動し九州へ……2・13　64
空挺団　海面へ340㍍の降下……2・13　64
20普連　東北から九州へ　訓練検閲に参加……2・13　64
陸自5普連　猛吹雪の八甲田行軍……3・6　87
2空団　極寒の千歳川　水上サバイバル訓練……3・6　87
壮絶　コンピューターバトル……4・3　121
5戦闘団　6夜7日耐え抜く　冬季訓練検閲……4・3　121
空幹部候補生　長池演習場で厳しい総合訓練……4・10　127
島嶼防衛想定し訓練　陸海空1330人参加……5・15　165
無人島で統合訓練　3自が初めて……5・29　183
普教連レンジャー訓練同行ルポ（上）……6・19　209
2普連　13人が過酷な訓練に挑戦……6・19　209
13旅団　小銃持ち完走　20人が基礎教育……6・19　209
協同転地演習始まる……7・3　227
1地対艦ミサイル連隊　広域で訓練検閲……7・3　230
パイロットを救え　搭乗員救出訓練……7・3　230
普教連レンジャー訓練同行ルポ（中）……7・17　247
20普連が「胆力テスト」……7・17　247
太平洋方面で特輸機の運航訓練実施……7・24　254
陸奥湾で掃海訓練　P1哨戒機初参加……7・24　254
普教連レンジャー訓練同行ルポ（下）……8・7　273
山口駐屯地でレンジャー帰還式……8・7　273
西普連でレンジャー帰還式……8・7　273
33普連レンジャー帰還式……8・7　273
FTC訓練　35戦闘団が金字塔……8・14　280
2普連　左構えで射撃も　利き目に合わせて……8・14　280
七夕機動作戦　道東で大規模演習……8・28　297
陸自36普連「あべのハルカス」情報共有訓練……9・4　309
北部方面隊が実動演習実施……10・2　334
東北方面隊は協同転地演習……10・2　334
西普連が「リムパック14」に初参加……10・2　337
国緊隊総合訓練を実施……10・2　337
護衛隊群米国派遣訓練　UP3Dが支援……10・9　344
新短SAM　初の実射　半年の練成で成果……10・23　362
14普連　救護・避難誘導を演練……10・23　362
電力会社と協定後初の訓練　呉地方総監部……10・30　368
北方、東北方が西方と協同し九州で鎮西26……11・6　378
日向灘で掃海訓練……11・27　402
ライジング・サンダー2014……11・27　404
空自高射部隊が実弾発射訓練……11・27　404
1万6500人が島嶼防衛を演練　鎮西26……12・4　413
14普連　2普連　放射性物質の流出に即応……12・4　417
35普連　南海トラフ地震に対応……12・4　417
不審船対処で海保庁と訓練……12・11　422
離島への緊急展開に磨き「鎮西26」終了……12・11　423

◆装備・BMD・FX

陸自向け新野外通信システム「コータム」……1・16　24
次期輸送機XC2　加圧で貨物扉など損壊……1・23　30
護衛艦「すずつき」「ふゆづき」就役……3・27　111
潜水艦「じんりゅう」進水……10・23　360
最新鋭潜水艦「けんりゅう」乗艦記……11・13　387
C130輸送機が初配備　厚木……11・20　394
概算要求計上　V22オスプレイなど決定……11・27　401
陸自水陸両用車　AAV7に決定……12・11　421
YS11後継　C130R厚木に……12・11　422

◆災害派遣・急患空輸

大王崎沖　ヨットで遭難の69歳男性を救助……1・9　19
八丈島沖　漁船遭難にUS2捜索に協力……1・16　27
宮古島　不明の漁船を5空群が捜索……1・16　27
記録的大雪　各地で災派……2・20　67
大雪害、1都7県に出動　人命救助など……2・20　73
大雪災派5000人　陸空が空輸作戦展開……2・27　75
雪の壁　生活寸断　各地で集落孤立……2・27　77
P3Cなど漁船火災で乗員捜索に協力……3・13　99
北海道　行方不明のスノボ客　11旅団が捜索……3・20　107
潮岬沖　不明船長捜索でP3Cなど災派……3・27　115
沖ノ鳥島事故　海自飛行艇など災派……4・3　123
熊本　鳥インフルで災派　11万2千羽処分……4・17　141
鳥インフル　殺処分活動に延べ880人……4・24　153
熊本八代　山林火災で災派……5・15　171
山林火災　相次ぐ　空中消火や情報収集……5・22　179
陸自3普連　山菜採りの男性を捜索・保護……6・5　195
第1回防災パイコンミーティングを開催……7・3　228
海自1空群　不明漁船を捜索……7・3　233
25年度災害派遣　人員数、大幅に増加……7・17　246
陸自災派　4～6月　山林火災が増える……7・17　246
台風8号災派出動　停電の離島に15ヘリ隊……7・17　251
海自4空群　不明漁船を捜索……7・31　267
全国各地で災派相次ぐ　台風11号被害……8・14　285
7普連　豪雨つき出動　福知山で27人救助……8・21　287
7普連などが出動　集中豪雨での孤立者救助……8・21　293
南鳥島沖　4空群が乗組員捜索……8・21　293
土砂災害で13旅団災派　捜索活動に830人……8・28　295
広島土砂災害　救え！　懸命の捜索……8・28　297
渡河ボートで孤立者を救助　福知山……8・28　297
土砂崩れで倒壊の家屋捜索　丹波……8・28　297
土砂災害　大臣も広島視察……9・4　303
広島土砂災害「長期戦」に臨む46普連……9・4　309
呉貯油所　救助犬も捜索活動……9・4　309
全部隊が撤収　広島土砂災害……9・25　321
御嶽山噴火　12旅団災派……10・2　333

御嶽山噴火　緊迫の山頂……10・2　335
御嶽山噴火　ヘリ部隊、決死の搬送……10・2　339
御嶽山の捜索続く　ＣＨ47の輸送力活用……10・9　341
御嶽山　火山灰との格闘続く……10・9　343
御嶽山　初冠雪、捜索を中断　陸幕長が激励10・16　351
御嶽山捜索　疲労、二次災害とも闘う……10・16　353
御嶽山災派自衛隊撤収　小中学生ら感謝の歌10・23　359
平成26年度第2四半期災派実績……11・13　386
長野北部地震で災派　陸自機で首相が視察……11・27　401
徳島大雪　14旅団など２５０人投入……12・11　427
◆不発弾処理
日露戦争時の砲弾処理　神社祭壇に鎮座……1・16　27
大分県で民家から不発弾、１０４不処隊対処1・16　27
１０１不処隊　1トン級不発弾を安全化……2・6　55
米国製五百キロ不発弾　１０４不処隊が出動6・19　213
那覇空港沖で不発弾を水中処分　沖縄基地隊9・4　309
◆事故・不祥事
「おおすみ」、釣り船と衝突　瀬戸内海……1・16　21
「おおすみ」衝突事故　船長ら2人死亡……1・23　30
ブルーインパルス2機が訓練中に接触……2・6　50
「しらせ」が一時座礁　乗員無事……2・20　67
大雪でＰ３Ｃなど6機被害……2・27　76
ブルーインパルス　訓練再開……3・13　92
航空装備研究所でボヤ　被害はなし……3・27　115
「あたご」事故で乗員32人処分見直し……4・10　126
空幕がブルー空中接触事故で調査結果……5・8　156
「たちかぜ」判決　再発防止を徹底したい……5・8　163
大雪被害のＰ３Ｃなど　4機は修復不可能……5・15　166
訓練準備中の潜水士が死亡……6・5　195
潜水訓練事故　曹長も死亡……6・26　225
上司を書類送検　海自乗組員自殺……9・4　309
◆人命救助・感謝状・善行褒賞
伊豆大島災派で消防庁長官が感謝状……1・23　30
九州処富野支処　人命救助の隊員に感謝状……1・23　35
5普連隊員　立ち往生の小型バスを救出……1・23　35
香川地本が褒賞　予備自衛官が事故を防止……1・30　47
人命救助で「やまゆき」乗員に善行褒賞……2・6　55
東京消防庁、練馬駐屯地の3隊員に感謝状……2・13　65
埼玉高速鉄道と消防署　空幕1佐に感謝状……2・27　81
大雪災派　各自治体が感謝式……3・6　84
空自千歳の野球2チームを表彰……3・6　89
北川3曹に感謝状　盗撮男取り押さえ……3・27　115
山梨地本、34普連に豪雪災派で感謝状……4・24　153
71空　患者輸送8百回　東京都など感謝状……5・22　179
櫻井1佐に表彰状　成績優秀と文科相から……5・29　187
18団体20個人に感謝状　空自60周年記念式典6・5　190
21空群に感謝状　救急患者輸送８００回超す6・12　205
福知山駐2隊員　連携で人命救助……6・19　213
中方のナンバーワン射撃手に竹下3佐……6・19　213
鹿屋空分に感謝状　霧島山観測飛行……7・3　233
3空団事務官に米空軍下士官から感謝状……7・17　251
2普連の3隊員　熱中症で倒れた男性を救助7・31　267
杉並消防署長　中央病院看護師長を表彰……8・7　275
炎上した車から男性を救助　細谷1曹を表彰8・28　301
連携プレーで窃盗犯を逮捕　感謝状……10・2　339
小千谷市　2普連に感謝状　中越地震……11・6　383
2隊員が「長期無事故」で受賞……12・11　427
感謝状贈呈と餅つき大会支援……12・18　437
◆スポーツ・体校・ソチ五輪
飛躍の年〝人馬一体〟ジャンプ……1・2　1
6戦士、いざソチ五輪へ　冬戦教魂燃ゆ……1・2　7
近代五種日本代表　山中3曹、リオへ抱負……1・2　11
ソチ冬季五輪出場の5選手　防衛相が激励……1・16　21
ソチ冬季五輪　決意新たに結団式……1・23　35
銃剣道団体3連覇　北熊本に日本スポーツ賞1・23　35
冬戦教5選手、ソチへ出発……1・30　47
札幌地本　バイアスロン代表壮行会……1・30　47
東京五輪組織委が発足……1・30　47
戦うオリンピックに　吉田3尉が意気込み……2・6　55
ソチ冬季五輪開幕　冬戦教勢、各種目で健闘2・13　57
防大硬式野球部から女子日本代表候補に……2・13　65
ソチ五輪　女子10キロ　鈴木3曹、32位……2・20　67
ソチ五輪出場の冬戦教選手帰国　大臣に報告2・27　75
ラグビー　強くする会　自衛隊選手をリオへ3・27　115
全自女子サッカー　入間が初優勝……4・24　153
全日本競歩　体校選手が上位独占……5・8　163
陸自3選手　カヌー集合訓練　リオへ始動……5・29　187
少工校ＯＢが再会　元東京五輪代表ら……5・29　187
全日本合気道　１２０人が力強い演武……5・29　187
アジア大会代表　体校勢、続々名乗り　競泳6・26　225
女子ラグビー　目指せ！リオ五輪……8・7　275
富士登山駅伝　和歌山、24年ぶり復帰……8・28　301
朝霞　アジア大会壮行会……9・11　312
アジア大会　体校選手、メダル4個獲得……10・2　333
アジア大会　体校トリオが「銅」……10・2　339
アジア大会　体校選手メダル10個……10・9　341
アジア大会　メダリストが凱旋報告……10・9　349
アジア大会選手帰国　大臣、陸幕長ねぎらい10・16　357
国際山岳走で3位　滝ヶ原　宮原2曹……10・23　365
世界サンボ選手権　濱田2曹が優勝……12・4　419
◆防衛関係団体
防衛基盤整備協会　懸賞論文、4個人が受賞1・2　2
ＪＦＳＳ主催シンポ　韓国とどう付き合う……2・6　50
防衛施設学会　年次フォーラム２０１４……2・13　58
曹友会25周年を祝う　２２０人出席……2・27　76
目黒区防衛協会　空幹校が設立支援……3・13　92
隊友会総会　新理事長に先崎一・元統幕長……7・3　228
隊友会、体育振興互助基金へ助成……8・7　270
偕行社の慰霊祭……9・25　322
防衛施設学会がテクノフェア開催……10・2　334

偕行社総会　志摩理事長　偕行会助成に尽力 10・16 352
防衛基盤整備協会賞　4グループ表彰…… 12・4 414

◆「部隊だより」特集

くまモン参上　津波被害から復旧　松島基地 1・16 25
21普連2中隊が恒例の特養ホーム慰問…… 1・30 45
上富良野駐屯地恒例「雪中飛び降り」…… 2・6 52
36普連が大阪城に清掃攻勢…… 2・13 60
青森5普連　第36回あおもり冬まつりを支援 2・27 78
海自艦船補給処（SSD）創立15周年…… 4・10 131
桜前線北へ　私の原点…入隊当時を思い出す 4・17 139
首都守る1師団が創立記念行事…… 5・15 169
41普連と西方特が参加　別府八湯温泉まつり 6・5 193
日米対空ミサイル部隊　銃剣道で交流一本 6・19 211
呉貯油所　警備犬　国際救助犬試験に挑戦 7・24 256
オスプレイ　北海道　初披露…… 8・14 283
陸自中音、フィンランド国際軍楽祭で初公演 9・25 329
高田開府4百年祭「お輿入れ行列」を支援 10・9 347
37普連　和歌山城　命綱使い城壁を清掃… 11・6 381
三重地本　小学校で防災授業…… 11・20 397
名古屋まつり「郷土英傑行列」出陣　35普連 12・4 416

◆「募集・援護」特集

愛知地本、今春入隊者向け激励ビデオレター 1・2 9
北空音楽隊　広がる楽器の可能性…… 1・2 9
26年度予算案に見る募集援護…… 1・16 26
県警と長野地本　防犯情報を共有…… 1・16 26
高工校で推薦入試　前年比36％増…… 2・6 54
鳥取地本　貸費学生に4人がチャレンジ… 2・6 54
学校にリクルーター派遣　自衛官の魅力紹介 2・20 72
故郷で凱旋演奏　鯖江で「記念コンサート」 2・20 72
「未来の自衛官」にエール　各地で激励会… 3・6 88
松島かき祭りで自衛隊ＰＲ…… 3・6 88
奈良県に陸自部隊を　誘致活動活発化…… 3・27 114
各地で入隊予定者激励会…… 3・27 114
3・11　沖縄地本長　高校生400人に講話 4・3 122
6地本長が交代…… 4・3 122
滝川　60人が希望の出発…… 4・17 140
大津駐と今津駐　新隊員が抱負…… 4・17 140
熊本　勝ちどきで決意新たに…… 5・8 162
高工校入学者からお礼の手紙…… 5・8 162
各地で訓練開始式、採用試験…… 5・15 170
佐久間艇長の遺徳顕彰祭　米海軍大佐ら参列 5・15 170
各地で幹候生試験…… 6・5 194
陸海空女性自衛官のアニメ風ポスター好評 6・5 194
ポスターを作製　募集ツールに創意工夫… 6・19 210
艦艇が岸壁でお出迎え　くまモンとコラボ 6・19 210
教職員に募集広報　山形では体験搭乗… 7・3 232
和歌山　地本員らラジオで企業に呼びかけ 7・3 232
熊本地本の駐車場　軽装甲機動車を展示 7・17 250
自衛隊案内　水戸駅前でティッシュ配布 7・17 250
14地本　本部長が交代…… 8・7 274
職員募集　自衛隊・警察・消防がコラボ… 8・7 274
夏季休暇は訓練に絶好　予備自　本格始動 8・21 292
新聞販売センター　チラシ「絆」配布に協力 8・21 292
防大生　帰郷広報…… 9・4 308
銅メダリスト湯元1尉が高校生指導　島根 9・4 308
災害対策にノウハウ提供…… 9・11 318
「新たに事務官の魅力知った」大阪…… 9・11 318
地本が任期制隊員向けに企業説明会… 10・2 338
新潟　看護科説明会を開催…… 10・2 338
秋の試験シーズンがスタート！　航空学生 10・16 356
地本長が慶大で防災講話　学生ら強い関心 10・16 356
各地で援護活動推進　就職戦線本格化…… 11・6 382
「航空観閲式」事前公開…… 11・6 382
募集・援護担当者会議　迫られる少子化対策 11・20 398
福島駐屯地61周年記念　隊員に感謝の言葉も 11・20 398
各地で防大・防医大の1次試験スタート… 12・4 418
防大准教授が模擬講義　集団的自衛権　長野 12・4 418
各地で災害対処訓練　地本と自治体がタッグ 12・18 435
山梨など4地本長が交代…… 12・18 435

◆「地方防衛局」特集

近畿中部局　米軍再編を支援…… 1・9 18
北海道防衛局「ヤマサクラ65」参加… 2・13 63
米軍岩国基地めぐり市、県、中国四国局協議 3・13 97
九州局　番匠西方総監が講演…… 4・10 132
三沢市　第1配水場8年かけ完成…… 5・8 161
硫黄島の米艦載機着陸訓練を支援…… 6・12 204
グローバルホーク展開　東北局、地元に説明 7・10 242
深谷通信所　日本側に全面返還…… 7・10 242
普天間から岩国へ　ＫＣ130空中給油機… 8・14 284
米空中給油機部隊　岩国への移駐完了… 9・11 317
菅官房長官が岩国を視察　知事と市長に感謝 10・9 348
ティルト・ローター機　佐賀県に協力要請… 11・13 390
米軍機事故想定し訓練　東北局…… 12・11 426

◇「防衛施設と首長さん」

▽千葉県木更津市・水越勇雄市長（1・9）▽高知県香南市・清藤真司市長（2・13）▽沖縄県うるま市・島袋俊夫市長（3・13）▽京都府精華町・木村要町長（4・10）▽鹿児島県霧島市・前田終止市長（5・8）▽青森県八戸市・小林眞市長（6・12）▽北海道遠軽町・佐々木修一町長（7・10）▽新潟県上越市・村山秀幸市長（8・14）▽石川県小松市・和田愼司市長（9・11）▽神奈川県横須賀市・吉田雄人市長（10・9）▽広島県江田島市・田中達美市長（11・13）▽大分県佐伯市・西嶋泰義市長（12・11）

◇「リレー随想」

▽中国四国防衛局長・藤井高文（1・9）▽九州防衛局長・槌道明宏（2・13）▽東海防衛支局長・佐藤隆章（3・13）▽北海道防衛局長・島川正樹（4・10）▽熊本防衛支局長・飯田恭久（5・8）▽東北防衛局長・中村吉利（6・12）▽帯広防衛支局長・大井敏光（7・10）▽南関東防衛局長・丸井博（8・14）▽北関東防衛局長・渡邉一浩（9・11）▽長

崎防衛支局長・木島悦雄（10・9）▽九州防衛局長・槌道明宏（11・13）▽中国四国防衛局長・芹澤清（12・11）

◆「厚生・共済」特集

共済組合　優秀11支部を表彰……1・9　16
隊員クラブをリニューアル……1・9　17
退職時の手続き　お早めに……2・13　61
海上自衛隊　育休取得促進で代替要員……2・13　62
共済組合運営審議会　予算など2議案承認……3・13　95
部外講師招きメンタルヘルス講話……3・13　96
26年度「財産形成貯蓄」の申し込み受け付け……4・10　129
3師団が競技会支援　野外炊事の腕前お見事……4・10　130
育児休業手当金の給付率67％に引き上げ……5・8　159
神町　福利厚生など親身に……5・8　160
本部予約買取・あっせん商品　大幅割引き……6・12　201
各地で転入隊員、家族のオリエンテーション……6・12　202
ホテルグランドヒル市ヶ谷　金婚式……7・10　239
各地で任期制隊員にライフプラン教育……7・10　240
平成26年度「全自美術展」作品募集……8・14　281
空幹校で「目黒さんまカレー」開発……8・14　282
さぽーと21　充実の秋号……9・11　315
豪雨で被災の隊員家族　部隊宿舎に緊急入居……9・11　316
防衛省生協　26年度通常総代会を開催……10・9　345
ライフプランセミナー　40歳代に向け開催……10・9　346
グラヒル　年末年始のご宴会にぴったり……11・13　388
旭川で「北鎮カレー」がベールを脱ぐ……11・13　389
「禁煙倶楽部」を開設……12・11　424
座間業務隊「児童の預かり方」を研修……12・11　425

◇「年金QアンドA」

▽退職共済年金にかかる税金の手続きとは？（1・9）▽定年退職後、引き続きフルタイムで再任用（2・13）▽障害共済年金について教えてください（3・13）▽31年勤務、万が一の場合の遺族共済年金は？（4・10）▽被扶養配偶者となった妻の年金保険料は？（5・8）▽加給年金額とは（6・12）▽年金の請求が遅れた場合は（7・10）▽住所変更時の共済年金に関する手続き（8・14）▽定年近づく58歳事務官の退職共済年金（9・11）▽特別支給の退職共済年金（10・9）▽特別支給の退職共済年金（11・13）▽3歳未満の子を養育中の年金特例とは（12・11）

◇「余暇を楽しむ」

▽入間修武太鼓（1・9）▽新発田駐屯地バスケットボールクラブ（2・13）▽リラクゼーション・ストレッチ同好会（3・13）▽軟式野球チーム「ファミリーズ」（4・10）▽岐阜基地「英会話クラブ」（5・8）▽新田原救難隊自転車部（6・12）▽熊谷基地「みいずゴルフクラブ」（7・10）▽市ヶ谷空手道部（8・14）▽横須賀教育隊「HIPHOP部」（9・11）▽遠州舸（はやぶね）会（10・9）▽海自5空群エイサー部（11・13）▽三宿TRAILS（12・11）

◇「自慢の一品料理」

▽芋煮風ちゃんこ（1・9）▽千僧酒粕うどん（2・13）▽みそちゃんこ鍋（3・13）▽こだわりの豚角煮（4・10）▽鯛飯（ひゅうが飯）（5・8）▽ASPランチ（6・12）▽さつま揚げ（7・10）▽福ちゃんラーメン（醤油）（8・14）▽とり天（9・11）▽八雲スパゲティ（10・9）▽飯ホル丼（11・13）▽銀杏と牛ゴボウの炊き込みご飯（12・11）

◆「防衛技術」特集

「抵抗板付き砲弾」研究　技本・陸装研……1・23　33
水中警戒監視システム　経団連・防衛生産委……2・27　79
「高速多胴船」日米共同研究スタート……3・20　105
技本　装輪装甲車（改）開発に着手……4・24　151
耐災害ネットワーク　ナーブネット実用化へ……5・22　178
海自艦にも「艦尾フラップ」……6・26　223
技本陸装研「IED対処システム」……7・24　257
〝空飛ぶシビック〟ホンダジェット世界へ……8・28　299
高機動パワードスーツ　防衛省が研究に着手……9・25　324
「防衛装備庁」組織と機能……10・23　363
赤外線暗視カメラがカラー化……11・27　409
海、新哨戒ヘリ　陸、新多用途ヘリ試作へ……12・18　433

◇「世界の新兵器」

▽次世代ステルス長距離爆撃機（1・23）▽広域防護システム「EAPS」（2・27）▽車載型アクティブ防護システム（3・20）▽052D旅洋Ⅲ級ミサイル駆逐艦（4・24）▽PAK―DA（5・22）▽近接防空システムAI3（6・26）▽メタマテリアル（7・24）▽「タイプ26型」フリゲート（8・28）▽AC235（9・25）▽精密誘導砲弾エクスカリバー（10・23）▽対地ミサイル「CVS302ホップライト」（11・27）▽空母「ジェラルド・フォード」（12・18）

◇「技術が光る」

▽フローティング・ウオッチ／マルチック（1・23）▽Nikon1　AW1／ニコン（2・27）▽情報セキュリティサービス／伊藤忠テクノソリューションズ（3・20）▽コンクリート・キャンバス／太陽工業（4・24）▽船舶用植物工場ユニット／兵神機械工業（5・22）▽FOCUS―3D／ヤマイチテクノ（6・26）▽水電池／三嶋電子（7・24）▽ハンドクリーナー／徳重、ミヤコ自動車工業（8・28）▽ソーラーシステムハウス／ダイワテック（9・25）▽ドカヘリ／サイトテック（10・23）▽携帯型サーチライト「ALPHA―1」／ジャパンセル（11・27）▽スマートテレキャスター／ソリトンシステムズ（12・18）

◇「技術屋のひとりごと」

▽「技術は巡る」伊藤敏晴（1・23）▽「GOTSからCOTSへ」越智斉（2・27）▽「私の夢＝ロボット装備品」金子学（3・20）▽「実験棟のオジさん」間瀬元康（4・24）▽「矛盾技術」有澤治幸（5・22）▽「失敗を活かす」小島隆（6・26）▽「電磁気の単位に思う」里見晴和（7・24）▽「国際会議（AOC）について」田中幸一（8・28）▽「技術幹部の気概」柘尚人（9・25）▽「悠々と空を飛

ぶ鳥」向井保雄（10・23）▽「夢は叶えるもの」荒木哲哉（11・27）▽「恩師の背中」柴田昭市（12・18）

◆「ひろば」特集
昭和記念公園に「かき小屋」オープン……1・30 46
写経で〝断捨離〟 無我の境地に………2・27 80
実写版映画「パトレイバー」 インタビュー3・20 106
往年の名作『眼下の敵』がブルーレイに……4・24 152
サバゲーアイドル 自衛官に挑戦状!?……5・29 186
涙活イベント ストレス発散………6・26 224
話題呼ぶ 30分体幹トレ………7・31 266
酒造り・蔵「会津伝説」探訪………8・28 300
一ノ瀬泰造の足跡を訪ねて………9・25 330
日米海軍とも深い縁 ウイスキーの聖地余市10・30 374
内田康夫原作「靖国への帰還」を舞台化……11・27 410
映画「クロッシング・ウォー」トークショー12・18 436

◇マイヘルス
▽口臭（1・30）▽中高年の気管支喘息（2・27）▽メンタルリハビリテーション科（3・20）▽虫垂炎（4・24）▽子宮内膜症（5・29）▽好酸球性副鼻腔炎（6・26）▽動脈瘤（7・31）▽乳がん（8・28）▽尿路結石（9・25）▽閉塞性動脈硬化症（10・30）▽肩関節脱臼（11・27）▽皮脂欠乏性皮膚炎（湿疹）（12・18）

◆父兄会版
父兄会 全国理事会を開催 4議案了承……3・27 112
平成26年北方領土返還要求全国大会……3・27 112
父兄会定期総会「独自に事業推進を」……7・17 249
中部方面隊 緊急登庁支援を訓練……7・17 249
広島県父兄会 発災で初の「家族支援」……10・16 355
全自父 小川氏招き「防衛講演会」……10・16 355
全自父が各地で地域協議会開催……12・18 434
婦人部研修会（山形）に130人参加……12・18 434

〈話題〉
「永遠の0」原作者、T7に体験搭乗……1・2 11
旧海軍戦闘機「月光」の部品、見つかる……1・2 11
2師団の卓上カレンダー、プレゼント……1・2 11
20普連と山形市など やまがた樹氷国体……1・2 11
広島カープ入団、大瀬良選手 父は陸自1曹1・9 19
海自東音に「企画賞」 レコ大に初出演……1・9 19
空幕 安全飛行を祈念し、だるまに目入れ……1・9 19
記念切手作製に協力 築城基地にレプリカ……1・16 27
ソチ五輪結団式 陸自中央音楽隊がエール……1・23 29
空自がロケ協力「機動警察パトレイバー」1・23 35
ミネラル水ラベルに帯広地本キャラクター……1・23 35
新成人3隊員 ジブチで南極で新たな決意……1・30 47
300人が協力して123リットル献血……1・30 47
陸自20普連 親子9組が勤務……2・6 55
百里基地音楽祭に聴衆1200人……2・6 55
陸自八戸が雪像制作隊編成 十和田湖冬物語2・6 55
TVロケでお笑いタレント、訓練に悲鳴……2・13 65
35普連がパソコン競技会 速さと正確さ競う2・13 65
Mr＆Ms海自の2人を主役にHPで特別公開……2・13 65
2師団 第55回旭川冬まつり……2・20 71
11旅団 さっぽろ雪まつり 3隊が競作……2・20 71
陸八戸駐屯地 十和田湖冬物語を支援……2・20 71
10普連 第23回しんとつかわ雪まつり……2・20 71
「いせ」艦長 母校の小学校訪問……2・20 73
新春自衛隊演奏会……2・20 73
オーストリアで村田銃、100年ぶり目覚め2・27 81
伊豆大島の高校生 感謝の「夢待桜」植樹……2・27 81
防衛省版「サラ川」優秀作決まる……2・27 81
10普連隊員 独居老人宅で除雪ボランティア2・27 81
輪校副校長、独学で6資格取得……3・6 89
ブルーインパルスの映画「絆」……3・6 89
松本駐屯地と白馬村 スキー大会支援の協定3・6 89
空音が東京マラソン支援……3・6 89
高田駐屯地「レルヒ祭」支援……3・6 89
中音 波乱の沖縄巡回演奏会……3・13 99
小野寺大臣 被災地ランチ支援をアピール……3・13 99
陸自広報動画が話題に 再生1万8千超す……3・13 99
内閣府ソフトボール 事態室チーム初V……3・20 107
職能センター入所 技術身に付け原隊復帰……3・20 107
山口地本部員が座禅に挑戦……3・20 107
本田大三郎さん 日体大が特別卒業証書……3・27 115
〝アキバ〟に陸自CM 買い物客魅了……3・27 115
フットボール 米海軍と防大が試合……3・27 115
甲子園球児・宮﨑さん、防大入校……4・3 123
空自 女性用ネクタイ試行中……4・3 123
「安而不忘危」寄贈した吉澤秀香さん来省……4・3 123
大震災追悼式に21普連長ら出席……4・3 123
てつのくじら館 7年連続で入館30万人……4・3 123
初のXF2パイロット 三輪1佐が最終飛行4・10 133
75歳の入院患者が人命救助 中央病院が表彰4・10 133
新戦力1万3600人 桜の入隊式……4・17 135
高工校に3兄弟 父親も生徒出身……4・17 141
大湊初の女性鉄砲会員誕生……4・17 141
海自ツイッター 20万人を達成……4・17 141
「いなづま」呉市の藤本さん鉛筆一本で描く4・17 141
護衛艦16隻がカレーで競う……4・17 141
新潟地本広報 オリジナルペーパークラフト4・17 141
舞鶴地方隊 マイチ君らの2号完成……4・17 141
岩手・陸前高田 被災中学生が感謝の来省……4・24 153
女性公務員、交流深める……4・24 153
護衛艦カレー 15種7200食完売……5・8 163
ニコニコ超会議3「アパッチ」に人だかり5・8 163
「祈り」アンコール止まず 東音が2つ受賞5・8 163
目黒基地司令 区の「サクラ基金」に寄付……5・8 163
自衛隊を待つ日本最西端の島 与那国島特集5・15 167
滑走路ウオーキング 入間に1600人……5・15 171
「国防男子」「国防女子」写真集……5・15 171
空音・野外コンサートに500人酔う……5・15 171
呉貯油所警備犬が団体優勝 西日本競技会……5・22 179

「広報ROOM」リニューアル……5・22　179
中東アデン湾で　誕生日迎えた隊員を祝う…5・29　187
慰霊祭開き警備犬を追悼　空自岐阜・2補…5・29　187
さらば国立　ブルーも惜別……6・5　189
わが心の「国立」　3自が支援……6・5　195
旧海軍巡航の写真集　長野の北澤さんが寄贈6・5　195
防医大1期看護生　感謝のメッセージ……6・5　195
「ノルウェー軍楽祭2014」参観記：東音6・12　203
護衛艦「いずも」と富士駐屯地　ロゴマーク6・12　205
佐野2佐が製作　国際映画祭で最優秀作品賞6・12　205
〝天気の達人〟天達さん熱弁……6・19　213
防府南基地開庁60周年切手……6・19　213
曹友会長の長男　新十両・旭大星が里帰り…6・26　225
築城基地の警備犬　北九州競技会　優勝……6・26　225
えびの新隊員　母校に自転車10台贈る……6・26　225
静岡地本　10式戦車展示や迷彩服試着体験…6・26　225
W杯　本田選手の大叔父や同級の陸自隊員ら7・3　233
DVD発売前夜祭　機動支援橋に強い関心…7・3　233
海・空　女性自衛官　発足40周年……7・10　243
「WAVEの会」解散……7・10　243
呉地方隊60周年切手……7・10　243
浜松　女性協力会の賛助会員発足……7・10　243
パリ・軍事パレード　陸自中即団　初の参加7・17　245
各務原市の奥村さんから部隊に「感謝の詩」7・17　251
自衛隊コレクション〝総集編〟……7・17　251
壊准将と開発者の子孫が対面　村田銃が結ぶ7・24　259
内局野球部　現役とOBが試合……7・24　259
〝海軍のまち〟で「艦これ」全国から3千人7・24　259
かかみがはら博物館　技本研究機　航空遺産7・24　259
クイーンまいづる　第23航空隊の川崎士長…7・24　259
必見　宇宙博2014……7・31　265
米海軍基地内のNEXに東郷元帥のパネル…7・31　267
横音　元米空軍バンド指揮者迎えて……7・31　267
防大生260人がゴミ拾い　地元に感謝…7・31　267
芸人の亘健太郎さん　空自予備自衛官に採用8・7　275

ゾマホン大使が小野寺大臣に〝直訴〟……8・7　275
国民の自衛官　9人、2部隊を選出……8・7　275
体験飛行抽選会10倍超える……8・14　278
JMAS・中條氏に感謝状　ラオス……8・14　285
松田2佐　取得した国家資格109個……8・14　285
市ケ谷台探検ツアーに184人参加……8・14　285
「永遠の0」ロケ進む　空自木更津……8・14　285
若林曹長の長女・次女　空手大会で大活躍…8・14　285
KC767機内で初　空音　士気振作　演奏8・21　293
旧海軍小銃〝里帰り〟69年ぶり……8・21　293
日米潜水艦乗り富士山楽しむ……8・21　293
米軍スタイルで祝福　上級下士官昇任式…8・21　293
全国の駐屯地・基地　夏満喫……8・28　298
甲子園出場の防大生　出身地の町長を表敬…8・28　301
教官は夫　神町　妻が予備自訓練……8・28　301
2音に誕生　初の女性音楽隊長……9・4　309
横音に女性ボーカル　中川2士……9・4　309
「ブルー」2輪車隊などが登場……9・4　309
陸中音と米陸軍士官軍楽隊　初の合同演奏会9・11　319
「市ヶ谷美術展」開く　統幕長ら幹部が鑑賞9・11　319
東京ビッグサイト　ギフトショー……9・11　319
隊員200人がボランティア　福知山作戦…9・25　331
20普連に親子3人のレンジャー隊員誕生…9・25　331
脂のった「SUNまつり」　目黒幹校隊員…9・25　331
空音　東北3県の演奏会に住民感謝……9・25　331
空自60周年イベント　ブルーJr妙技披露…10・2　339
老人クラブの24人が見学　陸自仙台……10・2　339
中高校のカヌー大会運営に協力　20普連…10・2　339
「3代現役」自衛官……10・9　349
「国民の自衛官」9隊員・2部隊が受賞…10・9　349
中川2士が初舞台　熱唱に聴衆聞き入る…10・9　349
音楽まつり抽選会　当選倍率7・8倍……10・16　357
呉に警備犬の赤ちゃんが誕生　呉造補所…10・16　357
「靖国への帰還」が舞台化……10・16　357
戦闘服支える職人技　迷彩加工の現場を公開10・23　361

ゴルゴ13ポスター　さいとう氏に感謝状…10・23　365
みこしパレード　上曹会、米海軍が協力…10・23　365
グローバルフェスタ　PKOや災派を広報…10・23　365
小原1尉に男児誕生……10・23　365
空音コンサート　サクソホンの妙技に歓声…10・23　365
消防ポンプ班が近傍火災を消火　滝ヶ原駐…10・30　375
31空群　島民に感謝状　殉職者の慰霊30年…10・30　375
舞鶴警備隊　渡り鳥の生態調査を支援……10・30　375
目達原駐音楽部　病院で演奏会……11・6　383
3自の准曹が交流　横須賀地区141人…11・6　383
空自代表し熊谷基地　千鳥ヶ淵慰霊祭に参加11・6　383
中業支技官が資格認定　メンタルヘルス…11・13　391
新潟競馬で12音楽隊　盛大にファンファーレ11・13　391
「パックさん」4兄弟お披露目　1高射群…11・13　391
50回記念音楽まつり開催……11・20　393
自衛隊　音楽まつり　友好の証　音楽の絆…11・20　399
森秀樹氏の手で「戦国自衛隊」大胆リメーク11・20　399
「しらせ」のお酒　秋田県の酒蔵が販売…11・20　399
空自初の「スポーツ栄養士」千歳基地…11・27　411
大学生らの体験学習を支援　八戸駐屯地…11・27　411
空幕長　カメラ店の〝おねえさん〟と再会…11・27　411
米軍嘉手納　スペシャルオリンピックス開く11・27　411
中学生の職場体験学習を支援　出雲駐屯地…11・27　411
JMAS　ラオスでの活動終える……12・4　419
カレーグランプリが帰ってくる　佐世保…12・4　419
F104戦闘機の雄姿再現　千歳2空団…12・4　419
83歳の元准尉「生涯スポーツ功労者」表彰…12・4　419
りっくんランド　来場者150万人達成…12・4　419
警備犬西部日本競技会　築城基地の2頭優勝12・11　427
護衛艦カレーナンバー1グランプリ……12・11　427
猪木正道氏生誕百周年　祝賀会……12・11　427
中空音　1特団　ひと足早いXマス……12・18　437
警備犬2頭　チャンピオンガウン　呉貯油所12・18　437
犯罪撲滅呼びかけ警戒パレード支援……12・18　437
機動施設隊員が火災車両を消火……12・18　437

◇「こちら警務隊」
自転車やリヤカーも飲酒運転禁止の対象……1・2　11
成人式の進行など妨害　3年以下の懲役など1・9　19
援助交際目的の書き込みは百万円以下の罰金1・16　27
たばこの不始末で出火、失火罪に……………1・23　35
他人の封筒を無断開封　信書開封罪で懲役等1・30　47
自転車は左側路側帯　違反は懲役または罰金2・6　55
危険自転車に停止命令　従わない場合は罰金2・13　65
無免許運転の罰則改正　30万から50万円以下2・20　73
無免許知りながら同乗　車を貸したら懲役：2・27　81
女性へのわいせつ行為　酔っていても懲役刑3・6　89
スピード違反への処分　6カ月以下の懲役：3・13　99
児童の裸をネット投稿　5年以下の懲役など3・20　107
職員が個人情報漏えい　1年以下の懲役など3・27　115
「酒酔い」はさらに危険　懲役5年以下など4・3　123
恐喝罪になる可能性　直ちに警務隊に通報を4・10　133
通勤手当不正に受給　詐欺罪で懲役10年以下4・17　141
窃盗被害を避けるには誘発する環境作らない4・24　153
他人の作品を無断公開　10年以下の懲役など5・8　163
毒物、劇物の違いは毒性の強さで分類指定：5・15　171
マリファナは大麻の別称　5年以下の懲役：5・22　179
指定薬物の所持や購入　3年以下の懲役など5・29　187
準強制わいせつの罪で10年以下の懲役など：6・5　195
性的羞恥心を害す行為　6カ月以下の懲役等6・12　205
試着室の女性の着替え　見続ければ拘留等：6・19　213
禁止命令に従わず継続　1年以下の懲役など6・26　225
漁獲確保のための区域　違反者は罰金……7・3　233
接近や電話など禁止に　違反は懲役など……7・10　243
保護者が子供置き去り　懲役など…………7・17　251
例え殴らなくても成立　2年以下の懲役等：7・24　259
バイクの鍵穴に接着剤　3年以下の懲役など7・31　267
期間内に反則金を納入　従わないと刑事裁判8・7　275
法律では自転車も車両　罰則も自動車と同じ8・14　285
自転車で注意怠り事故　重過失傷害罪……8・21　293
注意を怠った例が大半「基本基礎の確行」：8・28　301
身体への損傷に限らず精神的攻撃も傷害罪に9・4　309
プライバシー漏えいは自衛隊法違反の恐れも9・11　319
正当な理由がなく侵入　3年以下の懲役など9・25　331
弾丸発射する銃砲所持　懲役に……………10・2　339
盗撮は迷惑防止条例違反　懲役など……10・9　349
営利企業に名義貸すな　1年以下の懲役など10・16　357
サイト使い児童を誘引　百万円以下の罰金に10・23　365
出火の半数近くが放火　付け込まれない工夫10・30　375
所持や製造も処罰対象　定義より明確に改正11・6　383
業務上横領罪に問われ懲役10年以下の処罰に11・13　391
覚せい剤恐怖の依存性　再犯率が60%……11・20　399
気の緩みが盗難の原因　基本的事項を忘れず11・27　411
一般有権者はOKでも自衛官の場合は違反に12・4　419
環境汚染する罪は重大　5年以下の懲役など12・11　427
薬物など飲み運転事故　最高20年以下の懲役12・18　437

◆投稿「みんなのページ」

▽日本百名山　全座登頂果たし、さて今年は…（1・2）▽「人生の八合目」を迎えて（1・9）▽我が心の北部方面隊（1・9）▽「戦車群魂」は永遠に（1・16）▽海自初のミャンマー寄港（1・23）▽人とのつながりを自分の「力」として（1・30）▽自信得たホーク組み立て（1・30）▽やりがいある任務（2・6）▽六ケ所対空実射訓練を支援（2・6）▽海自掃海部隊を研修して（2・13）▽よく視る・聴くそして自分自身で考える（2・13）▽生かしたい駐屯地体験（2・20）▽硫黄島で知った先人の思い（2・20）▽八ケ岳「冬季山地訓練」に参加して（2・27）▽「定演」企画陸曹　奮闘記（2・27）▽初の海外派遣　電子戦訓練を支援（3・6）▽素晴らしきマラソン（3・6）▽ビッグデータの危険性（3・13）▽「大動脈」担う責任と誇り（3・13）▽臨機応変、創意工夫し（3・20）▽強いなまりに苦労（3・20）▽父の足跡　見つけた（3・27）▽「階級」を得た喜び（4・3）▽先輩隊員の話に元気づけられた（4・3）▽陸自東方音と中学生が共演（4・10）▽自分たちで考え、創りあげる（4・17）▽物資調達に奮闘中（4・17）▽被災者の力になりたい（4・24）▽警察官へのレンジャー訓練（4・24）▽小隊長、我々に任せてください（5・8）▽「上級スキー指導官」を出発点に（5・8）▽ベトナムで「飛行安全セミナー」（5・15）▽考える事多い水陸両用車（5・15）▽頼もしい「継ぎ手」育成中（5・22）▽重要性増す下総航空基地（5・22）▽勢いのある幹部に（5・29）▽「真の海上武人」目指し（5・29）▽「おはよう」が活気の源（6・5）▽地に足の着いた幹部目指す（6・5）▽職務への意欲　新たに（6・12）▽強まった空自への思い（6・12）▽遠航部隊見送った　手作り横断幕（6・19）▽「即応」に挑戦（6・19）▽予備自から常備自衛官に（6・26）▽「全国武の会」への期待（6・26）▽生活体験の班長を務めて（7・3）▽「福祉ふれあいフェス」で（7・10）▽八十八ケ所　8日で巡る（7・17）▽戦国武将と夢のコラボ（7・17）▽予備自20年「永年勤続表彰」に輝く（7・24）▽空中消火を初体験（7・24）▽巨大だった護衛艦プロペラ（7・31）▽涙で始まり、涙で終わった（7・31）▽傷痕乗り越え復興へ（8・7）▽「陸」「海」新隊員が初交流（8・14）▽空自女性自衛官5期生が同期会（8・21）▽南スーダン派遣施設隊・6次要員の所感文（8・28）▽海幕広報室を研修（8・28）▽貴重な体験　後輩へ伝えたい（9・4）▽通信の重要性を再認識（9・4）▽乗員の絆深まった　利尻登山（9・11）▽中方ナンバーワン戦士目指して（9・11）▽航空機事故　未来に教訓を継承（9・25）▽訓練重ね自信持てるように（9・25）▽社会人として重要な行動規範（10・2）▽「はまぎり」で一日艦長を体験（10・2）▽79年前の事故に思い馳せる（10・9）▽父の墓前に捧げるレンジャー徽章（10・9）▽広島市大規模土砂災害派遣に参加して（10・16）▽機動施設隊が三陸復興国立公園を行軍（10・16）▽南スーダンPKO第6次隊に参加して（10・23）▽合同企業説明会に参加して考えた事（10・23）▽ダーウィン港で共同慰霊式（10・30）▽陸曹教育隊で学んだこと（10・30）▽モラル・ハザードについて考える（11・6）▽郷に入っては郷に従え（11・6）▽37普連

が和歌山城清掃作業（11・13）▽旅費のエキスパート　成長できる機会（11・13）▽砕氷艦「しらせ」で乗艦研修（11・20）▽陸上自衛隊第12音楽隊演奏会（11・20）▽「航空観閲式」に参加して（11・27）▽山岳気象を的確に観測（11・27）▽群馬県総合防災訓練に参加して（12・4）▽全社一丸で予備自を支援（12・4）▽御嶽山噴火災害に出動して（12・11）▽ホーク部隊実射訓練に参加（12・11）▽少しでも国防に尽くしたい（12・18）▽48連隊初の87ＡＴＭ実射（12・18）

〈連載〉

◆「朝雲寸言」（各号1面）

◆「春夏秋冬」

▽二宮清純「W杯の視界」（1・2）▽長谷川三千子「新年を寿ぐ」（1・9）▽森本敏「正念場」（1・16）▽笹川陽平「1本10円の善意」（1・23）▽二宮清純「得手と不得手」（1・30）▽長谷川三千子「靖国の基礎知識」（2・6）▽森本敏「世論は健全か」（2・13）▽笹川陽平「不撓不屈の91年」（2・20）▽二宮清純「フォルラン入団」（2・27）▽長谷川三千子「日本憲法のすすめ」（3・6）▽森本敏「小人の楽しみ」（3・13）▽笹川陽平「幻のメガフロート」（3・20）▽北岡伸一「治にいて乱を忘れず」（4・3）▽黒田勝弘「桜に罪はないものを」（4・10）▽田部井淳子「三春の桜」（4・17）▽童門冬二「独特な信長の褒賞法」（4・24）▽北岡伸一「もう1つの安全保障」（5・8）▽黒田勝弘「みな堂々としている」（5・15）▽田部井淳子「無事に帰るために」（5・22）▽童門冬二「ああ高良山」（5・29）▽北岡伸一「転換のとき」（6・5）▽黒田勝弘「家庭に非常袋がない」（6・12）▽田部井淳子「山笑う」（6・19）▽童門冬二「無精にわたる無かりしか」（6・26）▽北岡伸一「ソフトパワー」（7・3）▽黒田勝弘「韓国の中の中国人」（7・10）▽田部井淳子「クロアチア最高峰」（7・17）▽童門冬二「軍歌第一号」（7・24）▽北岡伸一「東大寺の歓進」（7・31）▽黒田勝弘「『援農隊』と『自衛隊』」（8・7）▽田部井淳子「富士登山」（8・14）▽童門冬二「〝人は城〟の真意」（8・21）▽北岡伸一「不戦と自衛」（8・28）▽黒田勝弘「済州島にも中国の影？」（9・4）▽田部井淳子「アンドラ公国」（9・11）▽童門冬二「幹部に必要な『風度』」（9・25）▽北岡伸一「歴史経験の共有」（10・2）▽黒田勝弘「韓国の軍神」（10・9）▽田部井淳子「東ティモールの山」（10・16）▽童門冬二「蒲生ぶろ」（10・23）▽北岡伸一「アルジェの印象」（10・30）▽黒田勝弘「韓国軍は強いか」（11・6）▽田部井淳子「巨木の力」（11・13）▽童門冬二「下意上達の異見会」（11・20）▽北岡伸一「日本とイラン」（11・27）▽田部井淳子「香港の山」（12・4）▽黒田勝弘「オンマには勝てない」（12・11）▽童門冬二「幕末のグローカリズム」（12・18）

◆時の焦点

◇国内

▽2014年の展望（1・2）▽野党再編（1・9）▽細川氏立候補（1・16）▽東京都知事選（1・23）▽靖国神社参拝（1・30）▽東京都知事選（2・6）▽雪景色の知事選（2・13）▽小泉元首相（2・20）▽出直し市長選（2・27）▽衆院補選（3・6）▽大震災3年の教訓（3・13）▽第3極勢力（3・20）▽予算成立後の課題（3・27）▽集団的自衛権（4・3）▽理不尽な訴訟（4・10）▽渡辺氏のつまずき（4・17）▽教育機会と女性活用（4・24）▽鹿児島2区補選（5・8）▽隣人関係の作法（5・15）▽民主党の現状（5・22）▽人口減への対応（5・29）▽低調な国会（6・5）▽選挙制度改革（6・12）▽拉致再調査（6・19）▽憲法解釈見直し（6・26）▽維新の会分裂（7・3）▽積極的平和主義（7・10）▽内閣改造（7・17）▽新ODA大綱（7・24）▽安倍政権の運営（7・31）▽民主議員の器量（8・7）▽石破氏の処遇（8・14）▽日中韓天気図（8・21）▽女性閣僚の起用（8・28）▽改造・党役員人事（9・4）▽石破の乱（9・11）▽民主党新執行部（9・25）▽拉致問題の解決（10・2）▽国土強靭化（10・9）▽消費税率引き上げ（10・16）▽女性が輝く社会（10・23）▽小渕氏の蹉跌（10・30）▽政治とカネ（11・6）▽拉致問題の解決（11・13）▽解散・総選挙（11・20）▽2014衆院選（11・27）▽頻繁なる選挙（12・4）▽首相が見る風景（12・11）▽自民党圧勝（12・18）

◇国外

▽大戦100周年（1・2）▽オバマ外交（1・9）▽アジア情勢展望（1・16）▽先進国の政権（1・23）▽アフガン戦争（1・30）▽一般教書演説（2・6）▽米一般教書演説（2・13）▽タイ政治混乱（2・20）▽露の軍縮違反（2・27）▽クリミア派兵（3・6）▽習指導部発足1年（3・13）▽ウクライナ危機（3・20）▽ウクライナの教訓（3・27）▽独とポーランド（4・3）▽アフガン情勢（4・10）▽中朝関係の悪化（4・17）▽イラン核問題（4・24）▽ウクライナ危機（5・8）▽日中間の瀬踏み（5・15）▽米の中間選挙（5・22）▽中国の挑発（5・29）▽議会選後のEU（6・5）▽米スキャンダル（6・12）▽ウイグル人テロ（6・19）▽米兵と捕虜交換（6・26）▽EU首脳会議（7・3）▽「イスラム国」（7・10）▽パレスチナ緊張（7・17）▽習近平「皇帝」（7・24）▽民間機撃墜（7・31）▽ガザの悲劇（8・7）▽周永康氏の立件（8・14）▽イラク情勢（8・21）▽混迷アフガン（8・28）▽トルコ新大統領（9・4）▽イスラム国（9・11）▽現下の重大懸案（9・25）▽IS包囲網（10・2）▽イラン核問題（10・9）▽米の武器禁輸緩和（10・16）▽米中間選挙（10・23）▽中国の習・王体制（10・30）▽ドイツの軍改革（11・6）▽米中間選挙（11・13）▽日中首脳会談（11・20）▽温室ガス削減（11・27）▽域内の移民規制（12・4）▽台湾と香港（12・11）▽不法移民問題（12・18）

◆「西風東風」

▽張氏処刑は「不吉な兆候」（1・2）▽中国の我慢の限界超える（1・2）▽米、在韓駐留軍を800人増派（1・16）▽北欧5カ国が連携強化（1・16）▽中国が滑空ミサ

イル実験に成功（1・23）▽中国軍とのホットライン必要（1・30）▽英軍が兵士募集キャンペーン（1・30）▽F35、ソフト開発に遅れ（2・6）▽中国核兵器、10年で米と均衡へ（2・6）▽予想上回る中国の海軍力増強（2・13）▽米空軍がF16改良計画中止か（2・13）▽燃料システムへのサイバー対応を（2・20）▽日本核武装ありうる―香港有力誌が特集（2・20）▽軍需企業の売上4・2％減（2・27）▽中型ヘリ「直20」配備へ（2・27）▽ウクライナ軍の不介入を評価（3・6）▽中国、自衛隊せん滅目指す　米大佐（3・6）▽ポーランドが米国との協力強化（3・20）▽対ウクライナ貿易縮小へ（3・20）▽アジアの「クリミア化」避けるべき（4・3）▽防衛費を増額　スウェーデン（4・3）▽中国、S400システム導入へ（4・17）▽欧州の軍事バランスに動揺（4・17）▽将軍18人が忠誠表明（4・24）▽世界の武器貿易14％拡大（4・24）▽18個集団軍の全トップ交代（5・15）▽ロシア脅威で軍事費増（5・15）▽墺、NATOセンターに参加（5・29）▽中国軍30万人が越国境移動（5・29）▽広州軍区に戦争準備を発令（6・5）▽反中国の同盟諸国を支持（6・5）▽冷戦後の英戦費は12兆円（6・12）▽中国JH7訓練中に墜落（6・12）▽ポーランド、チェコも軍拡へ（6・26）▽露艦隊がベトナム寄港（6・26）▽東シナ海にJ8戦闘機投入を（7・3）▽中韓同盟の可能性少ない（7・10）▽集団的自衛権、リバランスに合致（7・10）▽英軍の11％、体力テスト不合格（7・17）▽武装警備会社が業容拡大（7・17）▽トルコのミサイル入札再延期（7・31）▽7軍区で3カ月の長期演習（7・31）▽偽造電子部品追放へ規則（8・7）▽世界最大の飛行艇を試作（8・7）▽仏揚陸艦の売却見直しへ（8・21）▽「空自機を追跡」と中国発表（8・21）▽中国機、米機にまた異常接近（9・11）▽エボラ出血熱の対策検討・英軍（9・11）▽「遼寧」の離着艦で2人殉職か（9・25）▽米輸送軍契約企業にハッカー（9・25）▽スコットランド独立否決に安ど（10・2）▽太平洋軍司令官に初の日系人（10・2）▽尖閣奪取の試みに米は対抗（10・9）▽中華イージス、エンジン見劣り（10・9）▽世界最大の海警船の建造進む（10・16）▽ロシアはNATOの重大脅威（10・16）▽気候変動の影響で行程表（10・23）▽「殲20」、17年制式採用か（10・23）▽不審船の証拠判明せず（11・6）▽南シナ海で陸地造成加速（11・6）▽米リバランスに変化も（11・13）▽イリューシン78型機を配備か（11・13）▽リビア兵の訓練1カ月短縮（11・20）▽殲10Bが市街地に墜落（11・20）▽中ロが地中海合同演習へ（11・27）▽経済減速は紛争につながる（11・27）▽ロシア軍用機の探知倍増（12・4）▽海外補給基地20カ所建設へ（12・4）▽北朝鮮の平和的政権転覆促せ（12・11）▽米中戦争はネットワーク戦（12・11）▽予備役の年齢制限引き上げ（12・18）▽離島船艇部隊が猛訓練（12・18）

◆「ひと」

▽廣瀬律子さん（2・13）▽菊池博幸1曹（5・15）▽竹河内捷次元空将（5・29）▽浅野潔2海佐（9・11）▽角川威也3海尉（9・25）▽栗田千寿2陸佐（11・27）

◆「OBがんばる」

▽竹迫裕之さん（1・2）▽飯島忍さん（1・9）▽浮須一郎さん（1・16）▽成田重勝さん（1・23）▽桝田忠康さん（1・30）▽江藤章三さん（2・6）▽木皿孝さん（2・13）▽松野智浩さん（2・20）▽山田博道さん（2・27）▽岩根巧さん（3・6）▽坂本洋一さん（3・13）▽小金澤照昌さん（3・20）▽小倉文明さん（3・27）▽西澤弘充さん（4・3）▽大和田明さん（4・10）▽畑野秀男さん（4・17）▽青山浩一さん（4・24）▽小平盛雄さん（5・8）▽中村俊郎さん（5・15）▽村井祐太さん（5・22）▽小金澤剛さん（5・29）▽中島正人さん（6・5）▽續安男さん（6・12）▽杉山英美さん（6・19）▽髙尾正紀さん（6・26）▽見田一雄さん（7・3）▽中田登さん（7・10）▽柿本賢さん（7・17）▽善村昌雄さん（7・24）▽斜木忠良さん（7・31）▽大久保千明樹さん（8・7）▽池石勝さん（8・14）▽円山禄仁さん（8・21）▽小沼善靖さん（8・28）▽阿部俊之さん（9・4）▽齋藤祐一さん（9・11）▽松原徹さん（9・25）▽春名正徳さん（10・2）▽菅原幸吉さん（10・9）▽田中栄作さん（10・16）▽野尻幸吉さん（10・23）▽木村勝巳さん（10・30）▽新庄一夫さん（11・6）▽藤田晴輝さん（11・13）▽古川勝彦さん（11・20）▽出井一夫さん（11・27）▽多田道永さん（12・4）▽竹村浩行さん（12・11）▽小田長健一さん（12・18）

◆「朝雲・栃の芽俳壇」

▽1・2＝新春特別俳壇▽（1・9）▽（2・6）▽（3・6）▽（4・3）▽（5・8）▽（6・5）▽（7・3）▽（8・7）▽（9・4）▽（10・2）▽（11・6）▽（12・4）

◆「新刊紹介」

▽「探訪　日本の名城〈上〉」青林堂、「ゼロの決闘―零戦の天使」徳間書店（1・2）▽「『南極読本』―隊員が語る寒冷自然と観測の日々」成山堂書店、「幸福な生活」祥伝社文庫（1・9）▽「黒田官兵衛　不敗の計略」学陽書房、「昭和二十五年　最後の戦死者」小学館（1・16）▽「わが誇りの零戦」桜の花出版、「沖縄の絆」かや書房（1・23）▽「日本軍と日本兵」講談社、「あなたの習った日本史はもう古い！」並木書房（1・30）▽「むしろ素人の方がよい」新潮社、「NBCテロ・災害対処　ポケットブック」診断と治療社（2・6）▽「『軍隊を誘致せよ』―陸海軍と都市形成」吉川弘文館、「連合国戦勝史観の虚妄」祥伝社新書（2・13）▽「日本の防衛」内外出版、「2014年の『米中』を読む！」海竜社（2・20）▽「悪韓論VS悪日論」双葉社、「日本人のための『集団的自衛権』入門」新潮社（2・27）▽「エア・パワーの時代」芙蓉書房、「『連合艦隊の艨艟たち』―昭和の日本軍艦」海人社（3・6）▽「証言　自衛隊員たちの東日本大震災」並木書房、「漫画版自衛隊の“泣ける話”」ユーメイド（3・13）▽「黎明の笛」祥伝社、「武人の本懐」講談社（3・20）▽「海上自衛隊」マイウェイ出版、「ミリタリーユニフォーム大図鑑」文林堂（3・27）▽「サイバー・コマンドー」祥伝社、「海外進出

企業の安全対策ガイド」並木書房（4・3）▽「武器輸出三原則はどうして見直されたのか」海竜社、「政治の世界」岩波書店（4・10）▽「現代ミリタリー・インテリジェンス入門」潮書房光人社、「侵される日本」PHP研究所（4・17）▽「日本の名機をつくったサムライたち」さくら舎社、「世界最強兵器ＴｏＰ１３５」遊タイム（4・24）▽「大戦前夜のベーブ・ルース」原書房、「聯合艦隊軍艦銘伝」潮書房光人社（5・8）▽「最後の零戦乗り」宝島社、「ひとはなぜ平和を祈りながら戦うのか？」並木書房（5・15）▽「国家の危機管理」ぎょうせい、「エドワード・ルトワックの戦略論」毎日新聞社（5・22）▽「自衛隊、動く」ウェッジ、「歴史問題は解決しない」PHP研究所（5・29）▽「中国人韓国人にはなぜ『心』がないのか」ベスト新書、「長友佑都体幹トレーニング20」KKベストセラーズ（6・5）▽「日本政治ひざ打ち問答」日本経済新聞、「第一次大戦陸戦史」並木書房（6・12）▽「世界を『あっ！』と言わせた日本人」海竜社、「帝国海軍と艦内神社」祥伝社（6・19）▽「八月の六日間」KADOKAWA、「最後のゼロファイター」双葉社（6・26）▽「現代最強戦車の極秘アーマー技術」ジャパン・ミリタリー・レビュー、「日本の存亡は『孫子』にあり」致知出版社（7・3）▽「日本離島防衛論」潮書房光人社、「歴史家が見る現代世界」講談社（7・10）▽「時鐘の翼」シーライトパブリッシング、「写真・太平洋戦争の日本軍艦」KKベストセラーズ（7・17）▽「オロマップ」講談社、「破壊された日本軍機」三樹書房（7・24）▽「なぜ一流ほど歴史を学ぶのか」青春出版社、「映すは君の若き面影」青林堂（7・31）▽「もうひとつの『永遠の0』」ヴィレッジブックス、「官房長官　側近の政治学」朝日新聞出版（8・7）▽「最後の勝機（チャンス）」PHP研究所、「わくわく埼玉県　歴史ロマンの旅」学陽書房（8・14）▽「いちばんよくわかる！集団的自衛権」海竜社、「西伯利亜（シベリア）出兵物語」潮書房光人社（8・21）▽「ゼロの迎撃」宝島社、「戦艦十二隻」潮書房光人社（8・28）▽「『若き日本の肖像』―一九〇〇年、欧州への旅」新潮社、「２０２０年　日本から米軍はいなくなる」講談社（9・4）▽「自衛隊は尖閣紛争をどう戦うか」祥伝社、「『ウェーブ』―小菅千春三尉の航海日誌―」椎出版社（9・11）▽「安倍政権と安保法制」内外出版、「日本の軍歌」幻冬舎（9・25）▽「南太平洋戦記」中央公論新社、「孫子　戦争の技術」日経BP社（10・2）▽「マックス・ウェーバーを読む」講談社、「日本経済がなければ中国・韓国は成り立たない」海竜社（10・9）▽「ジャーナリズムの現場から」講談社、「テキサス親父の大正論」徳間書店（10・16）▽「写真・太平洋戦争の日本軍艦〈軽艦艇・篇〉」KKベストセラーズ、「韓中衰栄と武士道」KADOKAWA（10・23）▽「憲法改正、最後のチャンスを逃すな！」並木書房、「華麗なるナポレオン軍の軍服」マール社（10・30）▽「南シナ海　中国海洋覇権の野望」講談社、「帰化人が見た靖国神社のすべて」海竜社（11・6）▽「空母瑞鶴の南太平洋海戦」潮書房光人社、「中国が愛する国、ニッポン」竹書房（11・13）▽「思索の源泉としての鉄道」講談社、「図解　戦闘機の戦い方」遊タイム出版（11・20）▽「韓国人の研究」KADOKAWA、「ブルーインパルスの科学」SBクリエイティブ（11・27）▽「兵器・武器―驚くべき話の事典」河出書房新社、「吉田松陰の主著を読む」勉誠出版（12・4）▽「ケネディを沈めた男」潮書房光人社、「台南空戦闘日誌」潮書房光人社（12・11）▽「『米軍と人民解放軍』米国防総省の対中戦略」講談社、「元航空自衛官が20年間国会議員秘書をやってみた」ワニブックス（12・18）

◆社告・お知らせ

「朝雲4賞」決まる　最優秀記事賞に統幕……2・13　57
「朝雲賞」25部隊・7機関、7個人に……2・20　70
２０１４年版『自衛隊手帳』
景品当選者決まる……3・6　84
26年度朝雲モニター　陸海空65人に委嘱……4・3　118
２０１４朝雲10大ニュース……12・18　431

朝雲

発行所 朝雲新聞社
〒160-0002 東京都新宿区坂町26番地19 KKビル
電話 03(3225)3841
FAX 03(3225)3831
振替00190-4-17600番
定価一部170円、年間購読料9000円（税・送料込み）

本号は12ページ

2面 自衛隊無料宿舎2万2000戸に
3面 フィリピン台風被害災派同行取材
4面 「国家安全保障戦略について」要旨
5面 2014年新春メッセージ
7面 冬戦教6選手「ソチ五輪」へ闘志
9面 〈募集・援護〉郷土の有名人がエール
10面 〈みんなのページ〉百名山全座を登頂
11面 台風救援で比軍が陸自幹部に勲章
（6、8、12面は全面広告）

堅実な安全保障の年に

小野寺大臣 新春に語る

必要な日米の役割しっかり踏まえる

ガイドライン

日本を取り巻く安全保障環境が一層厳しさを増す中、昨年末には国家安全保障会議（日本版NSC）が創設され、我が国の外交・防衛の基本方針を示す初の「国家安全保障戦略（NSS）」を策定、これを踏まえ、「統合機動防衛力」を掲げる新たな「防衛計画の大綱」と「中期防衛力整備計画」が決定した。防衛省予算の11年ぶり増額や、隊員の即応性向上に向けた無料宿舎の拡大など、さまざまな施策を打ち出し自衛隊の態勢強化に取り組む小野寺五典大臣に、着任以来、激動の1年を振り返ってもらうとともに、新年を迎えての意気込みと抱負を聞いた。

（聞き手　中島毅一郎・朝雲新聞社社長）

「防衛省・自衛隊は世界からも大変高い評価を受けている」と話す小野寺大臣

――新たな防衛大綱・中期防が閣議決定されました。今回の策定に際してのポイントは何でしょうか。

「今回初めて『国家安全保障会議』のスタートと同時に、我が国初の『国家安全保障戦略』＝4面に要旨＝を策定し、その中で防衛大綱、中期防、防衛力はどうあるべきか、ということを政府全体として検討してきました。ここが従来の国防の考え方とは異なるポイントです。

前回の大綱までは、陸海空それぞれの能力の評価で対応を考えていましたが、今回は初めて、陸海空を含めた統合運用の中で能力評価を行いました。

安全保障事案に対しては、当然、陸海空が統合して対処することになりますし、災害についても陸海空が統合して対応しています。今回は通常行っている任務に沿って、それと同じ形の統合した中での能力評価を行い、欠けているもの、足りないものを補う形で防衛力整備を検討しました。今までと全然違う防衛力整備の考え方だと思います」

新・武器輸出原則

――集団的自衛権などは今年に持ち越されました。年末までには日米防衛協力の指針（ガイドライン）の見直しもあります。今後の防衛課題にどのように対応されていきますか。

「今回の新大綱・中期防では機動的な部隊配置を考えています。『統合機動防衛力』と私どもは呼んでいます。部隊が速やかに展開できる機動力を持たせるということで、従来の師団、旅団を『機動師団』、『機動旅団』という形に半分以上変えます。とても大きな変換だと思います。

それに合わせて防衛力整備も必要だということで、新しい中期防の金額は5年間で24兆6700億円となり、前回に比べて1兆2800億円の増ということになります。ただ、この中には7000億円程度の効率化を図ることが私どもの目標とされているので、できるだけ重要な装備を多く調達し、調達に当たっては、例えばまとめ買いのような形でコスト削減を図っていきたいと思っています。

今後の一番大きな内容としては、今年いっぱいをめどに日米ガイドラインを策定することになります。必要な日米の役割をしっかりと踏まえることが大切だと思っていますし、周辺の安全保障環境の中で、例えば北朝鮮のミサイルへの対応が十分なのか、今のBMDシステムの中で十分機能するのか、策源地攻撃能力についても、どのような対応ができるかの議論は必要だと思います。

装備の近代化の中で、開発や調達においても多国間で行うことが通常になってきています。その中で日本はF35の開発に参加できなかったのですが、今回、官房長官談話を出して、生産には参画できるようになりました。NSSの中で、今の時代に合った新しい武器輸出の原則を早いうちに日本として打ち出す必要があると思います」

不透明さを懸念

――北朝鮮では張成沢（チャンソンテク）氏が粛清されるなど、体制内での動きが加速しています。中国の軍事力の増強など東アジア情勢をどのようにご覧になっていますか。

「ますます不確定さが増大していると認識しています。昨年はアルジェリア人質事件に始まり、中国艦艇による海自護衛艦に対する火器管制レーダー照射事案、北朝鮮による核実験と相次ぐミサイル攻撃に関する威嚇的発言、外国籍の潜航潜水艦による我が国の接続水域への侵入、その後、度重なる中国公船による領海侵入、防空識別区の一方的な設定など、さまざまな事案が引き続き起きているのが最近の状況です。

また、北朝鮮の中の政治力学の構造も大きく変化するということですから、年初以降、北朝鮮の動きについてかなりの注意を払う必要があります。昨年に増して今年は安全保障環境の中で不透明さが一層強まることを懸念しています」

「いいね！」7万件

――海外に目を向けますと、ソマリア沖・アデン湾の海賊対処、フィリピンの災害派遣などで防衛省・自衛隊は著しい成果を上げ、その役割は年々大きくなっているように思います。今年も引き続き国際秩序の維持などに活躍されると思いますが、大臣の意気込みをお聞かせください。

「先般、朝日新聞と東大が行った調査で、最も信頼のおける組織・団体のトップに自衛隊がきました。

首相官邸のフェイスブック（FB）英語版には、自衛隊のフィリピンでの災害救援活動がアップされ、7万件の『いいね！』という高い評価を頂きました。首相官邸FBの1年間の『いいね！』の数をわずか1回で超えてしまったのです。

このように防衛省・自衛隊は世界からも大変高い評価を受けており、国際的にますます自衛隊への要請が高まると思います。

ソマリア沖・アデン湾での海賊対処では、昨年12月から海自護衛艦1隻が多国籍艦隊『第151合同任務部隊（CTF151）』に参加して、特定海域を監視する『ゾーンディフェンス』を開始しましたし、今年2月からは海自P3C哨戒機もCTF151に参加して多国間の協力の枠組みの中でこの地域の海賊対処を行うことになっています。

まさしく安倍首相の掲げる『積極的平和主義』を体現しています」

（2面に続く）

新年の課題と抱負について中島毅一郎朝雲新聞社社長（右）のインタビューに応じる小野寺防衛相（大臣室で）

飛躍の年〝人馬一体〟ジャンプ

「さらに飛躍します！」――。午（うま）年の平成26年が幕開けし、体育学校近代五種班（朝霞）で馬術競技に挑む女子3選手も決意を新たにした。

防衛省広報課の写真撮影の要望に応え、ロンドン五輪代表で自らも午年の山中詩乃3陸曹や、アジア選手権3位の島津玲奈陸士長＝写真＝らが体校馬術訓練場で練習を公開した。

3人は約1メートルの高さの障害を〝人馬一体〟となって数度飛び越え、高い練度を示した。

撮影された写真は1月6日から、会員制交流サイト「フェイスブック」の防衛省のページで公開される。

（11面に関連記事）

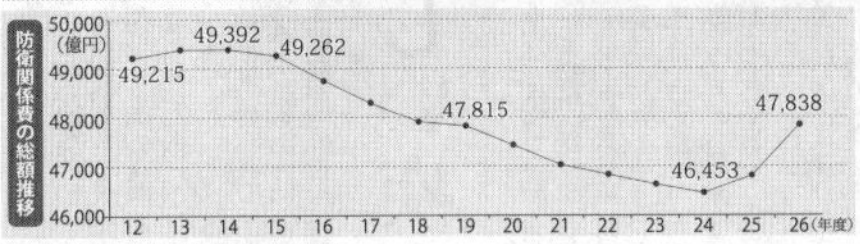

26年度予算案

防衛費2・2％増

2年連続増額　水陸両用機能を早期戦力化

政府は12月24日、一般会計総額95兆8823億円の平成26年度予算案を閣議決定した。SACO関係費などを除いた防衛費は前年度当初予算比2・2％増の4兆7838億円となり、11年ぶりにプラスに転じた25年度予算に続き2年連続で増額となった。2％台の伸びは8年度（2・58％）以来。15年度から10年連続で減少してきた防衛予算が19年度水準に復帰した形だ。防衛省は新たな防衛大綱で掲げる「統合機動防衛力」の構築に向け、島嶼防衛を念頭に、初年度の防衛力整備に着手する。（次号に詳報）

26年度予算案は一層厳しさを増す我が国周辺の安全保障環境に対応するため、南西諸島を念頭に置いた島嶼防衛、周辺海空域の警戒監視、弾道ミサイル対応能力の向上などに力を注ぐ。

島嶼防衛では、新たな中期防で掲げた「水陸機動団」の新編に向け、陸自に「水陸機動準備隊（仮称）」を編成。25年度購入分も含めた水陸両用車（26年度は2両17億円）などの運用検証を行うとともに、緊急脱出訓練用装置の新設など教育訓練基盤の整備に15億円を計上、早期戦力化を図る。

さらに水陸両用機能の強化に向け、陸自の火力戦闘指揮統制システムと海自の指揮統制システムを連接。陸自SSM（地対艦ミサイル）部隊に海空自のリンク機能を導入するための調査研究にも着手する。

部隊の迅速な展開を図るため、ティルト・ローター機（垂直離着陸輸送機MV22オスプレイ型）の平成27年度導入を目指し、性能情報などに係る調査費（1億円）を計上した。

警戒監視能力の強化では、27年度導入を目指す滞空型無人機の調査費2億円を盛り込んだ。新たな早期警戒（管制）機の導入に関する検討も行う（400万円）。

海自では、潜水艦救難母艦「ちよだ」の後継として災害派遣など多目的に対応する新型潜水艦救難艦（5600トン型）を建造（1隻507億円）。手術用寝台や医療機能を有し、大規模災害にも対応する。

空自では警戒航空隊を改編し、那覇基地に早期警戒機（E2C）による「第2飛行警戒監視隊（仮称）」を新編。見島（山口県）の固定式警戒管制レーダー（FPS2）を最新の「FPS7」に換装し、弾道ミサイル対処機能を付加する。

南スーダンで政府　韓国軍に弾薬1万発

政府は12月23日、南スーダンの政情不安を受け、国連南スーダン共和国ミッション（UNMISS）に参加している陸自PKO部隊の弾薬1万発を、国連の要請に基づき、現地の韓国軍に無償提供した。

政府は「緊急性、人道性が極めて高い」と判断、武器輸出3原則の例外と位置づけ、PKO協力法に基づく「物資協力」の枠組みで譲渡した。自衛隊の弾薬を海外で他国軍に提供するのは初めて。

比派遣隊員が帰国　防衛省で出迎え式

台風災害の救援のためフィリピンに派遣されていた現地運用調整所の隊員13人の出迎え式が12月20日、防衛省で行われ、各幕幹部や省職員に拍手で出迎えられた調整所隊員は、2階講堂で岩崎統幕長に帰国を報告した。

岩崎統幕長は「東日本大震災でフィリピンから受けた援助に報いることができた。ありがとう」と述べ、隊員をねぎらった。

現地運用調整所は11月15日、首都マニラに設置され、政府機関や各国軍などと調整活動を行っていた。

防衛省発令

▽大臣官房付、内閣官房出向＝兼任、内閣官房内閣参事官＝内閣官房副長官補＝安全保障・危機管理担当＝付（防衛政策局日米防衛協力課長）　増田　和夫
▽防衛政策局日米防衛協力課長（大臣官房付）　加野　幸司
▽大臣官房付、内閣官房出向＝兼任、内閣官房内閣参事官＝内閣官房副長官補＝安全保障・危機管理担当＝付（大臣官房広報課長）　伊藤　茂樹
▽解人事教育局人事計画・補任課兼務、大臣官房広報課長（大臣官房企画官兼人事教育局人事計画・補任課）　三原　祐和
（以上12月20日）

春夏秋冬

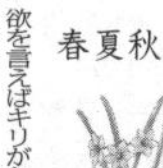

W杯の視界

二宮　清純

欲を言えばキリがないが、視界は良好だ。

14年サッカーW杯ブラジル大会、グループリーグの組分けが決まった。日本はC組。コートジボワール、ギリシャ、コロンビアの順に戦い、上位2チームに入れば、決勝トーナメントに進出できる。

4カ国の中で最強と目されるのはFIFAランキング4位のコロンビアだが、最高成績は90年イタリア大会のベスト16。優勝候補に挙げられた94年米国大会ではグループリーグで姿を消している。

コロンビアのW杯通算成績は3勝8敗2分け。これは日本の4勝7敗3分を下回る。加えて日本は決勝トーナメント（ベスト16）にも2度進出している。つまり〝位負け〟するような相手ではないのだ。

過去に日本は4度、W杯に出場している。ホストカントリーの02年日韓大会を除き、グループリーグには必ず「ちょっと勝てそうもないな」と思われる相手がひとつはいた。98年フランス大会はアルゼンチン、06年ドイツ大会はブラジル、そして10年南アフリカ大会はオランダ。実際、これらのチームには歯が立たなかった。

このような、いわばジャイアントがいないだけでも日本にとっては追い風だろう。コートジボワールとギリシャにいたっては決勝トーナメントに進出した実績が一度もない。もちろん楽観視はできないが、少なくとも最初から腰を引いて戦う相手ではない。

ちなみに英国のブックメーカー「ウイリアム・ヒル」によるC組の決勝トーナメント進出オッズは次の通り。コロンビア1・22倍、コートジボワール2・00倍、日本2・25倍、ギリシャ2・87倍。

ランキング47位の日本が12位のギリシャよりも高く評価されている点に、このグループの〝どんぐりの背比べ〟ぶりが見てとれる。

実力が拮抗（きっこう）しているチームが揃（そろ）った場合、より重要になってくるのが初戦である。先述したように日本は過去4度のW杯で2度、決勝トーナメントに進出しているが、2度とも初戦で勝ち点（02年はベルギーと引き分けて1、10年はカメルーンに勝って3）をあげている。

願わくば〝アフリカの雄〟コートジボワールから勝ち点3、悪くても1を獲って勢いに乗りたい。

（にのみや・せいじゅん＝スポーツジャーナリスト）

朝雲寸言

「失われた40年」という言葉があるそうだ。日本が1970年代に、人口を維持するために必要な出生率の「2」を割り込んでからの年月だという▼総務省が昨年夏に公表した人口推計の速報値によると、65歳以上の高齢者の割合は25％を超え、日本人の4人に1人が高齢者となった。比率は世界で最も高いが、深刻なのは、数字は単なる通過点に過ぎないということだ▼少子高齢化は労働や雇用の面から論じられることが多い。15歳から64歳までの生産年齢人口の減少を補うため、高齢者の就労を促進する施策が検討、実施されている。しかし、常に精強さが求められる自衛隊では、施策の多くは解決策とはならない▼自衛隊は今後、隊員の年齢や階級の構成比を、理想的なピラミッド形に近づけるため、陸士や海士、空士といった任期制の自衛官を増やす方針だ。だが、その実現を阻んでいるのが少子高齢化だ▼自衛官の募集対象となる18歳から26歳までの若者は、20年前の1700万人から昨年は1100万人にまで激減している。しかも、4年や5年の任期を終えて再就職しても、自衛官の経験を生かせる仕事は少なく、任期制自衛官を志す若者は、さらに減ってしまうだろう▼政府は昨年末、新防衛計画の大綱を策定した。だが、その文面からは自衛官募集の厳しさは伝わらない。精強性を維持し、大綱の一翼を担う任期制自衛官の在り方は、今年取り組むべき最優先の課題だ。

時の焦点

国内　2014年の展望

午年に相応しい疾走を

野生の馬が「発見」されたのは、1879年。ロシアの探検家で馬術教師ニコライ・ミハイロヴィチ・プルジェヴァリスキーがモンゴルの砂漠で「10頭ほどのウマが風のように駆け抜け、大自然の中に姿を消すのにぶつかった」（ヘルベルト・ヴェント著『世界動物発見史』）のだ。

米大陸で進化し、ベーリング海峡を渡り、各地で家畜化され、再び野生に戻る循環の中で、19世紀当時は、純粋な野生種は絶滅したと思われていた。そんな人と馬の長い歴史で、人が馬に乗る活用法の確立は、最近の出来事である。紀元前850～700年頃、鞍と鐙（あぶみ）の発明がきっかけだった。

このイノベーション以前の馬上の人間は不安定だったが、鞍と鐙は馬上で槍や弓を自在に操る騎馬兵を生み、騎馬戦法は瞬く間に世界の勢力図を塗り替えてしまう。

2014年の日本の展望も、成長をもたらす技術革新や経営革新、安全保障戦略を充実させる技術革新など、イノベーションがカギを握る。同時に、イノベーションによって、どんな国を目指すかという「国家目標」も重要だ。守るべき価値が不明確だと、最先端の技術が誤った方向で使われかねないからだ。

その意味で、13年末に安倍内閣が決定した外交・安全保障の指針となる国家安全保障戦略（NSS）の意義は大きい。NSC(国家安全保障会議)やNSC設置とセットの特定秘密保護法と絡め、「戦争への道に向かわせるもの」という批判が根強いことは残念だが、的外れと切り捨てず、できるだけ多くの国民が共有できる目標にしていくべきだろう。

14年には、国の理念である憲法の改正に向けた具体的議論が始まる可能性もある。安倍晋三首相はより丁寧に、国民に説明する努力をしなければならない。

まずは、日本が置かれた状況を国民に正確に理解してもらうことだ。

少子高齢化と人口減で国内市場が縮む中、成長を続けるには、国際競争に勝つ戦略とイノベーションが欠かせない。

安全保障分野では、軍事増強を続ける中国や北朝鮮の存在がある。今は日米同盟の力が中国のそれを凌駕していても、紀元前の中東三大帝国の一つアッシリアは馬が少なかったゆえに、騎馬兵の登場後は、馬を豊富に持つスキタイ人に滅ぼされた（ウィリアム・H・マクニール著『世界史』）。日本一人がいくら「平和」を唱えていても、相手の意図は変わらないとすれば、相手のイノベーションも視野に入れた備えを固め、つけ込む隙を与えないことが、「平和」の維持には肝要だ。

14年の干支は午（ウマ）だ。13年の有馬記念で人馬一体の走りを見せ、新年の露払いをした池添謙一騎手とオルフェーブルの如く、理念とイノベーションが一体になってこそ、午年にふさわしい疾走ができる。

東雲　次郎（政治評論家）

海外　大戦100周年

力の誇示に成熟の対応

今年は第1次世界大戦勃発から100周年にあたる。史上初の総力戦は4年余の長きに及び、ドイツ、オーストリア・ハンガリー、ロシア、オスマン・トルコの4帝国が消滅した。そして初の社会主義国家ソ連が誕生し、国際政治の枠組みは大きく変わった。

イタリアの歴史家クローチェは、「歴史はすべて現代史」と説いた。第1次大戦から汲み取れる現代世界への教訓に思いを巡らしながら、2014年の展望を試みる。

まず米国は11月に中間選挙を迎える。昨年から続いている民主党と共和党の財政協議は、選挙の前哨戦とみてよい。政府機関の一部閉鎖で国民の批判が高まったことを受け、共和党は14年2月までの連邦債務の上限引き上げに応じた。だが、党内強硬派は社会保障など歳出削減の主張は変えていない。

オバマ政権はアフガニスタンから国際治安支援軍（ISAF）の主力が撤退した後も、一部の部隊の残留を決めている。1月上旬に再開される財政協議が決裂すれば、この計画に待ったがかかる恐れもある。

イランへの制裁緩和問題や年を越したTPP（環太平洋経済連携協定）の合意も、中間選挙が近づくにつれて議会の同意取り付けが難しくなる。中間選挙までには、民主・共和両党の次期大統領候補の顔触れが決まる。共和党はオバマ大統領のレイムダック化に一層力を入れるだろう。

欧州では、アイルランドが構造改革努力の実績を認められて、昨年12月、EU（欧州連合）とIMF（国際通貨基金）による緊急支援プログラムを卒業するなど、ユーロ安定化に前向きの動きが兆してきた。ドイツで保守党と社民党の大連立政権が成立したこともプラス材料だ。

しかし、最大課題の銀行同盟の実現は、破綻処理基金や共通預金保険制度をめぐる加盟国間の利害対立が解けていない。予定された14年中に発足できるか、疑問が残る。

「アラブの春」以降、中東・アフリカ情勢はむしろ混迷を深めている。エジプトでは軍とモルシ前政権支持勢力が激しく対立しているし、リビア、チュニジアはアルカイダ系過激組織の介入で国内が分断状態になっている。シリアではアサド政権が化学兵器の引き渡しに応じたものの、反政府軍との戦闘は収まりそうもない。独立して間もない南スーダンでも政府軍と反政府軍の衝突で多くの犠牲者が出て、前途は楽観を許さない。

アジアに目を転じれば、習近平体制の中国で軍が発言力を増しているのは確かである。軍備増強と力による海洋権益拡大を目指す動きは当分、続くとみてよい。北朝鮮は予測が難しいが、経済重視の張成沢（チャンソンテク）氏の粛清に軍が絡んでいたとすれば、核実験やミサイル近代化の放棄は当面、望めそうもない。

だが、日本は米国のみに頼らず、韓国、東南アジア諸国、インドなどとの連携を強め、中国や北朝鮮に自制を促す「国際世論の包囲網」の構築に努めるべきだ。それこそがアジア随一の成熟国家として果たす役割であろう。

小倉　春樹（外交評論家）

無料宿舎大幅に拡大

30年度まで　2万2000戸に増やす

（1面から続く）

官舎は即応性重視

——国家公務員宿舎の問題では、大臣は自衛隊の無料宿舎の拡大や、上げ幅の圧縮にご尽力されました。

「東日本大震災の復興費用捻出などのため、国家公務員の人件費の削減を行っておりましたので、隊員も給与削減が続いていましたが、今年4月から元の給与水準に戻すことが決定しました。

国家公務員宿舎については、民主党政権下で約2倍に家賃を上げることが公表されました。私は大臣になってから隊員に細かくアンケート調査を行いました。『もし2倍に上がった場合、本当に今の官舎に住み続けるか』。その問いに、約半数の隊員と家族が『外にアパートを借りた方が安く済む』と答えました。

そうすると、自衛隊としての一致団結したチームワークや即応性に問題が出る。さらに外に宿舎を借りるとなると家賃補助や交通費がかかり、むしろ税金が余計に使われてしまうのではないか。このデータをもって財務省に要請させていただきました。

自衛隊は他の国家公務員と違って即応性が望まれます。従来の官舎の中で即応性が認められる無料宿舎はこれまで600戸しかなかったのですが、今回は中期防の間（平成30年度まで）に段階的に2万2000戸に増やすことになりました。これは自衛隊の官舎の半数弱です。半数弱の官舎がこの5年間に逐次無料宿舎の対象になるのです。

また、上げ幅は、無料宿舎に当たらない場合でも、地方の官舎は1・3倍程度にまで歯止めを掛けさせていただきました。単身赴任者は家賃を上げないとしており、防衛省・自衛隊全体で見ると、今まで払っていた宿舎料よりも結果としてかなり低くなるのです。

特に自衛隊は災害対応などを含めて社会的に認知度が上がっている中で、官舎については『そこに住みなさい』という居住義務の考え方がありますので、むしろ今までお金を取っていることがおかしくて、今回はそれを無料にする方向に一歩進んだと考えています。

安全保障環境が厳しい中、国民が『自衛隊が守ってくれているんだ』と思ってくれている。国民の自衛隊に対する印象が大きく変わり、政府の支援も厚くなり、予算も増え、中期防でも増える。自衛隊が国民から非常に信頼されていることの証左です。これからますます自衛隊に対してしっかりとした対応をしていきたいと思います」

目立たずとも力持ち

——この1年を振り返っていかがですか。

「安全保障面ではさまざまなことが起き、常に緊張感を迫られる1年でした。その緊張感は今でも解けていません。厳しい安全保障環境の中、日本版NSCをつくることを要請されました。さらにその会議の下で、NSSをつくることも初めて要請されました。

新たな大綱・中期防、そして日米ガイドライン協議もキックオフされました。まるで盆と正月が一緒に来て、安保環境が日々常に厳しいという、めったにない忙しい年でした。報道でも自衛隊の活動が多く露出し、国民の皆様にも多く知っていただいた、そんな激動の年でした。

防衛省・自衛隊の仕事は目立たないけれど、しっかりした守りをしている、そんな『縁の下の力持ち』的な大切な部署だと思います。

今年は自衛隊の活動が対外的に大きくクローズアップされなくても、しっかりとした安全保障はできている。そのような1年になればいいと思っています」

自衛隊の宿舎使用料の見直し

◆即応態勢の確保に向けた無料宿舎の拡大
（1）無料宿舎の駐屯地等からの距離要件を緩和
（現状）100m未満→おおむね2kmまで拡大
（2）緊急参集態勢強化のため、当該距離内への居住義務をかける無料宿舎対象者を自衛隊の規模にふさわしい数まで拡大
（現状）600戸→平成26年度：約1万3千人までを対象に戸数を拡大
→中期防期間中：おおむね2万2千戸まで拡大
（※3自衛隊の宿舎数の約5割弱まで拡大）

◆地方居住者の負担軽減
地方部（県庁所在地を除く人口30万人未満の市町村）の宿舎使用料引き上げ率を抑制
（昨年試算）おおむね2倍弱→1.3倍まで圧縮
（※3自衛隊の宿舎の55%をカバー）

◆単身赴任者の負担軽減
単身赴任先の宿舎使用料水準をおおむね現行水準並みに据え置き
（※隊員約1万人が現状維持となる見込み）

「期待はこれまで以上」

防医大創立記念　若宮政務官ら激励

防医大創立40周年記念式典で儀仗隊の栄誉礼を受ける若宮政務官（防医大体育館で）

【防医大】防衛医科大学校（埼玉県所沢市、三浦総一郎学校長）は11月27日、創立40周年記念式典を同校体育館で行った。

式典には若宮政務官、岩崎統幕長ら来賓80人、医・看護学生約370を含む約570人が出席。若宮政務官に対し防医大儀仗隊が栄誉礼を実施、三浦校長が「培ってきた良き伝統を継承しつつ、新しい時代の潮流を生み出し、誰からも信頼され末永く愛される防衛医科大学校を築こう」と式辞を述べた。

若宮政務官は国際情勢などについて言及しながら、「自衛隊衛生への期待はこれまで以上に高まっている。任務遂行能力を根底から支えている」と小野寺防衛大臣の訓示を代読した。

横倉義武日本医師会会長は来賓を代表して、「大規模災害が発生した際などに、（日本を含む）諸国が医療援助を行うことは人道上においても誠に尊い」と祝辞を述べた。

式典後、学校本部玄関前で若宮政務官と三浦校長が記念樹「ソヨゴ」を植樹。防医大1期生の加瀬勝一中央病院長らが出席して記念祝賀会も行った。

情報セキュリティ懸賞論文

4個人が受賞

防衛基盤整備協会（宇田川新一理事長）主催による、「ネットワークユーザーの情報セキュリティ意識向上とサイバー攻撃への対応」をテーマに公募した論文を審査・表彰する贈呈式が12月12日、東京都新宿区のホテルグランドヒル市ヶ谷で実施され、村山厚さんら4個人が表彰された。

宇田川理事長の式辞に続いてあいさつに立った鎌田昭良装備施設本部長は「防衛省としても守りが難しいサイバー攻撃対策は差し迫った課題。論文は意義深い」と述べた。

さらに真部朗防衛政策局次長は「優れた作品を拝見し、改めて省の取り組み強化の必要性を感じた」と語った。

受賞者は以下の通り。

最優秀賞「組織における標的型攻撃に対するセキュリティマネジメントモデルの考え方」（情報セキュリティ大学院大学・村山厚氏）▽佳作「進化するサイバー攻撃に対するリスクアセスメントの再考」（同客員研究員・新原功一氏）▽同「韓国における大規模サイバー攻撃事案から学ぶわが国の課題」（会津大学特任教授・山崎文明氏）▽同「身近に潜むセキュリティリスクとその対策法」（東京理科大4年・保福優樹氏）

共済組合だより

和食「ふじ」で新春の鍋　1月17日までグラヒル市ヶ谷

明けましておめでとうございます。

昨年末、「和食」がユネスコ無形文化遺産への登録が決まりましたが、共済組合の直営施設「ホテルグランドヒル市ヶ谷」（東京都新宿区）の和風レストラン「ふじ」では、和食を代表する「鍋」料理を1月17日（金）までの間、ご提供しています。

その一つ、「甲州健味鶏の水炊き鍋」（2名様より）は、肉厚でジューシーな甲州健味鶏の骨付きもも肉、自家製鶏つくねを多彩な野菜と共に盛り合わせたとてもヘルシーな鍋です。料金はお1人様1700円で、プラス420円で雑炊またはうどんセットにもなります。

また、「旨出汁仕立て寄せ鍋」（2名様より）は、タイ、カンパチのアラ、ホタテ、エビ、自家製鶏つくね、野菜盛り合わせの鍋です。お1人様1300円で、こちらもプラス420円で雑炊またはうどんセットになります。

このほか、「海鮮鍋」や「鮟鱇鍋」などもございます。（要予約）

和風レストラン「ふじ」は東館の地下1階にあり、営業時間は昼11時～14時30分（ラストオーダー14時）、夜17時～22時（同21時30分）で、土日祝祭日は定休となっております。予約・お問い合わせ等は「ふじ」（電話03－3268－0119）までお願いいたします。

指揮機関訓練など初実施

1月16日から「アイアンフィスト」

島嶼防衛などを目的とした陸自と米海兵隊の平成25年度実動訓練「鉄拳作戦（アイアンフィスト）」が1月16日から3月4日まで、米カリフォルニア州キャンプ・ペンデルトンなどで行われる。

訓練では、島嶼防衛訓練に効果的な施設を持つ米国に部隊を派遣、指揮機関を含む米軍との相互連携要領を演練する。

陸自の派遣部隊は西方総監の番匠幸一郎陸将を担任官に西方主力の約270人。米海兵隊は第1海兵機動展開部隊（1MEF）など約500人が参加する。

期間中、機能別訓練の中で西方総監部などの要員による指揮機関訓練を初めて実施。また、コロナド海軍基地を使用したヘリキャスト訓練とボート着上陸訓練を実施するほか、米海兵隊空地戦闘センター「29パームス訓練場」で120ミリ重迫撃砲の長射程射撃を演練する。

総合訓練では、離島奪回訓練に先立ち、地上の攻撃目標をレーザー照射して戦闘機が投下した実弾を誘導する総合火力誘導訓練がサンクレメンテ島で行われる。

露艦3隻舞鶴に

「しらね」がホスト

露海軍の駆逐艦「アドミラル・ヴィノグラードフ」、航洋曳船「カラル」、補給艦「イルクート」の3隻が12月16日から20日まで、海自舞鶴基地を親善訪問し、護衛艦「しらね」がホストを務めた。

18、20日には舞鶴湾内と若狭湾北方海域で日露共同の捜索・救難訓練も行われ、海自からは3護衛隊司令の伍賀祥裕1佐を訓練統裁官に「しらね」とミサイル艇「はやぶさ」、水中処分母船1号、P3C哨戒機1機、SH60哨戒ヘリ1機が参加した。

露海軍は太平洋艦隊艦艇団司令官のアンドレイ・クズネツォフ大佐を訓練統制官に来日した3艦が参加し、捜索・救難訓練や立入検査訓練を行った。

グアム島沖で訓練

護衛隊群

海自は12月7日から24日まで、米グアム島周辺海域などで「平成25年度護衛隊群米国派遣訓練」を実施した。

護衛艦部隊からは第2護衛隊群司令の岩崎英俊将補を指揮官に、護衛艦「たかなみ」「てるづき」「あまぎり」「あしがら」の4隻と人員約900人が、航空部隊からは第91飛行隊長の酒井徳史2佐を指揮官にUP3D多用機2機と人員約40人が参加した。

派遣部隊は洋上訓練を行いながらグアムに向かい、同島の米軍施設を利用して戦術技量と部隊運用能力を向上させた。

海幕長シンポジウム参加　インドネシアへ

河野海幕長は12月8日から12日までインドネシアを訪問し、同国海軍が主催する「国際海洋安全保障シンポジウム」（9～11日）に参加した。

シンポジウムは「海洋領域における意識向上のための協調戦略と国際協力関係」をテーマに行われ、57カ国の海軍や関係機関から約350人が参加、それぞれが抱える海洋安全保障の問題や課題などに関して意見交換した。

10日には日、米、中など12カ国の海軍トップが講演を行い、河野海幕長は「海洋テロ、海賊行為に対する作戦のための地域的枠組みにおける技術と能力のロードマップ」と題して講演した。

訂正　12月19日付1面「官舎家賃引き上げ」の記事で、「防衛省が公表した」を「財務省が公表した」に訂正します。

駐在官の情報基にきめ細かな支援

フィリピン台風被害 自衛隊「サンカイ作戦」同行取材

フィリピン救援のため、自衛隊の「統合機動防衛力」を最大発揮せよ――。台風30号で甚大な被害を受けたフィリピンに対し、自衛隊は昨年暮れ、人員1180人からなる過去最大の「国際緊急援助統合任務部隊」を派遣し、被災地で20日間にわたり救援物資の輸送、負傷者の治療、市街地の防疫などに当たった。統合司令部はレイテ湾の護衛艦「いせ」に置かれ、衛生部隊などは輸送艦「おおすみ」からヘリで展開。また被災地には「現地運用調整所」を置き、駐在官からの情報を基にきめ細かな救援活動を実施した。記者は派遣部隊に同行、自衛隊の「サンカイ（友達）作戦」を取材した。

（文・写真　横田大法）

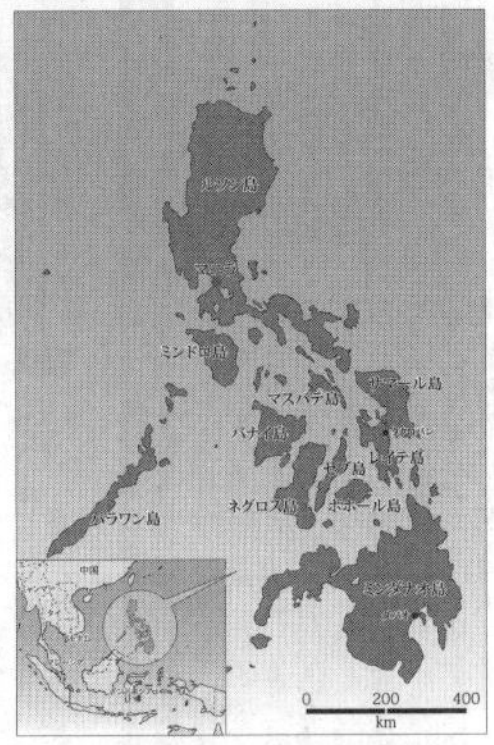

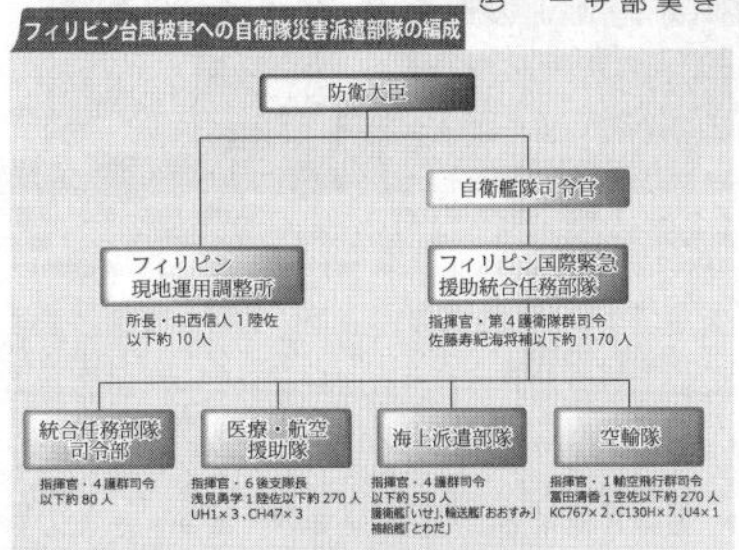

壊滅的な被害を受けたセブ、レイテ両島での自衛隊の医療活動を取材後、記者は12月3日、レイテ島タクロバン空港で陸自のCH47輸送ヘリに搭乗し、洋上に浮かぶ海自の〝ヘリ空母〟「いせ」に着艦した。

艦内の多目的ルームに統合任務部隊（JTF）の司令部が置かれ、指揮官の佐藤寿紀将補（第4護衛隊群司令）が陣頭指揮を執っていた。

活動はそれまでの医療から防疫に重点を移しつつあった。広い室内には「援助隊本部」「医療隊」などに分かれ、被災地に駐在した連絡官（LO）から送られてくる情報の整理や分析に当たっていた。

午後4時半、司令部全体会議が始まった。佐藤指揮官、浅見勇学医療・航空支援隊長らが出席し、翌日の活動予定を検討する。

最初に気象幕僚が「4日以降の気象状況」について発表。大型モニター3枚に映し出された天気図を示しながら天気予報を行った。

別のモニターには、フィリピンの地図が表示され、救援物資のテントや飲料水の輸送先、ヘリの飛行ルートなどを表示、隊員たちはメモに余念がない。

「被災地のニーズは1日単位で出るので、それに対応する毎日です」と隊員。「司令部にはマニラの多国間調整所をはじめ、各地に配置されたLOから報告が上がってくる。その情報を整理し、翌日の活動の概要を決めている」。

大型モニターに映し出された天気予報図を見ながら気象幕僚（奥）の報告を聞く（左から）浅見医療・航空支援隊長、佐藤ＪＴＦ指揮官（12月3日、護衛艦「いせ」多目的ホールで）

半壊した被災地の陸上競技場に駐在し、フィリピン軍などと調整活動を行った南條衛3佐（左から3人目）らタクロバン調整所の連絡官たち（12月4日、レイテ島タクロバン市で）

多目的ルームに設置されたJTF司令部で、フィリピンの被災地から届いた情報を処理する隊員たち（12月3日、護衛艦「いせ」で）

国際緊急援助統合任務部隊
過去最大の1180人派遣

全体会議後には、医療、輸送などの各部隊別にミーティングが行われた。

4機のヘリが同時に発着できる全通甲板を持った「いせ」には今回、陸自のUH1多用途ヘリ3機、CH47輸送ヘリ3機が搭載された。

ヘリは早朝に医療部隊などを乗せて被災地に運び、夕方に収容して「いせ」と輸送艦「おおすみ」に運ぶ。整備員は夜間に整備を行い、外国でも問題なくヘリを運用させた。

記者は3日夕、CHで宿泊設備が整った「おおすみ」に移動して一泊させてもらい、4日午前7時45分、防疫部隊を乗せたエアクッション艇（LCAC）に同乗しレイテ島に向かった。

海岸に近付いたところで「BMU（ビーチ・マスター・ユニット）」と呼ばれる上陸準備隊員5人を乗せたゴムボートがLCACから発進。フィリピン政府の担当者と調整を行い、LCACは9時50分、砂浜に揚陸し、防疫部隊を降ろした。記者も同隊に同行してタクロバン市内に入り、陸自隊員による市街地の防疫活動を取材した。

その後、市内の陸上競技場に置かれた「タクロバン調整所」を訪ねた。台風によって屋根が崩落した施設内にはフィリピンの政府機関をはじめ、国連など各国の救援機関やメディアセンターが置かれ、その中で自衛隊のLOも活動していた。

その1人、南條衛3佐（陸幕運用支援課）は「ここでは警護要員を含め4、5人で情報収集に当たっています。国連などが出す要望に対し、自衛隊が実際にできるか見積りを行い、部隊と調整し回答しています」と苦労を話す。

LOは市内の小ホテルに宿泊。一帯は停電中で、ホテルは自家発電機を使用している。朝になると〝オフィス〟の陸上競技場に出勤。ただし、あるのは観客席わきの小さな机とノートパソコンだけだ。

「夜9時を過ぎると防衛省や護衛艦と連絡を取るチャット回線も切れてしまいます」と苦笑いする。

空調が効いた艦内に宿泊できる派遣隊員に対し、現地運用調整所のLOは過酷な被災地で健康を保ちながら1カ月間にわたり自衛隊の活動を支えた。

11月24日に開始された自衛隊のフィリピンでの救援活動は12月13日に終了し、LOたちは20日までに全員が無事帰国した。

防衛省で隊員を出迎えた岩崎統幕長は「過酷な環境の中、長きにわたる任務ご苦労。これで2年前の東日本大震災で日本がフィリピンから受けた援助へ報いることができた」とねぎらい、一人ずつと握手を交わした。

マニラから到着した空自Ｃ１３０輸送機から救援物資を下ろす空自隊員と比空軍兵士（12月4日、タクロバン空港で）

フィリピン社会福祉開発省職員（中央）と調整を行う医療・航空援助隊の陸自隊員（右）＝12月3日、レイテ島のタクロバン空港で

ＬＣＡＣのレイテ島上陸準備のため、ゴムボートで海岸を目指すＢＭＵの海自隊員５人（12月4日、レイテ島沖合で）

（上）空自のＣ１３０輸送機に乗り、被災地のタクロバンに向かう小野寺防衛大臣（右）（12月8日、マニラのニノイ・アキノ空港で）。（右）自衛隊のタクロバン調整所がある陸上競技場に着陸したＵＨ１多用途ヘリに乗り、「いせ」に帰艦する医療支援隊員（12月4日、レイテ島のタクロバンで）

国家安全保障戦略について

平成25年12月17日 国家安全保障会議決定 閣議決定

《要旨》

Ⅰ 策定の趣旨

政府の最も重要な責務は、我が国の平和と安全を維持し、その存立を全うすることである。我が国の安全保障（以下「国家安全保障」という）をめぐる環境が一層厳しさを増している中、豊かで平和な社会を引き続き発展させていくためには、我が国の国益を長期的視点から見定めた上で、国際社会の中で我が国の進むべき針路を定め、国家安全保障のための方策に政府全体として取り組んでいく必要がある。

我が国は、これまでも、地域および世界の平和と安定および繁栄に貢献してきた。グローバル化が進む世界において、我が国は、国際社会における主要なプレーヤーとして、これまで以上に積極的な役割を果たしていくべきである。

このような認識に基づき、国家安全保障に関する基本方針を示すため、ここに国家安全保障戦略を策定する。

Ⅱ 国家安全保障の基本理念

1 我が国が掲げる理念

平和国家としての歩みを引き続き堅持し、また、国際政治経済の主要プレーヤーとして、国際協調主義に基づく積極的平和主義の立場から、我が国の安全およびアジア太平洋地域の平和と安定を実現しつつ、国際社会の平和と安定および繁栄の確保にこれまで以上に積極的に寄与していく。

2 我が国の国益と国家安全保障の目標

我が国の国益とは、まず、我が国自身の主権・独立を維持し、領域を保全し、我が国国民の生命・身体・財産の安全を確保することであり、豊かな文化と伝統を継承しつつ、自由と民主主義を基調とする我が国の平和と安全を維持し、その存立を全うすることである。

これらの国益を守り、国際社会において我が国に見合った責任を果たすため、以下の国家安全保障の目標の達成を図る。

第1の目標は、我が国の平和と安全を維持し、その存立を全うするために、必要な抑止力を強化し、我が国に直接脅威が及ぶことを防止するとともに、万が一脅威が及ぶ場合には、これを排除し、かつ被害を最小化することである。

第2の目標は、日米同盟の強化、域内外のパートナーとの信頼・協力関係の強化、実際的な安全保障協力の推進により、アジア太平洋地域の安全保障環境を改善し、我が国に対する直接的な脅威の発生を予防し、削減することである。

第3の目標は、不断の外交努力や更なる人的貢献により、普遍的価値やルールに基づく国際秩序の強化、紛争の解決に主導的な役割を果たし、グローバルな安全保障環境を改善し、平和で安定し、繁栄する国際社会を構築することである。

Ⅲ 我が国を取り巻く安全保障環境と国家安全保障上の課題

1 グローバルな安全保障環境と課題

（1） パワーバランスの変化および技術革新の急速な進展

パワーバランスの変化の担い手は、中国、インド等の新興国であり、特に中国は、国際社会における存在感をますます高めている。

他方、米国は、国際社会における相対的影響力は変化しているものの、軍事力や経済力に加え、その価値や文化を源としたソフトパワーを有することにより、依然として、世界最大の総合的な国力を有する国である。

また、グローバル化の進展や技術革新の急速な進展は、国家間の相互依存を深める一方、国家と非国家主体との間の相対的影響力の変化を助長するなど、グローバルな安全保障環境に複雑な影響を与えている。

（2） 大量破壊兵器等の拡散の脅威

我が国は、世界で唯一の戦争被爆国として、核兵器使用の悲惨さを最もよく知る国であり、「核兵器のない世界」を目指すことは我が国の責務である。

（3） 国際テロの脅威

我が国が一部の国際テロ組織から攻撃対象として名指しされている上、現に海外において邦人や我が国の権益が被害を受けるテロが発生しており、我が国および国民は、国内外において、国際テロの脅威に直面している。

（4） 国際公共財（グローバル・コモンズ）に関するリスク

近年、海洋、宇宙空間、サイバー空間といった国際公共財（グローバル・コモンズ）に対する自由なアクセスおよびその活用を妨げるリスクが拡散し、深刻化している。

特に南シナ海においては、領有権をめぐって沿岸国と中国との間で争いが発生しており、海洋における法の支配、航行の自由や東南アジア地域の安定に懸念をもたらしている。

（5） 「人間の安全保障」に関する課題

我が国としても、人間の安全保障の理念に立脚した施策等を推進する必要がある。

（6） リスクを抱えるグローバル経済

グローバル経済においては、世界経済から切り離された自己完結的な経済は存在し難く、一国の経済危機が世界経済全体に伝播するリスクが高まっている。

2 アジア太平洋地域における安全保障環境と課題

（1） アジア太平洋地域の戦略環境の特性

特に北東アジア地域には、大規模な軍事力を有する国家等が集中し、核兵器を保有または核開発を継続する国家等も存在する一方、安全保障面の地域協力枠組みは十分に制度化されていない。域内各国の政治・経済・社会体制の違いは依然として大きく、このために各国の安全保障観が多様である点も、この地域の戦略環境の特性である。

こうした背景の下、パワーバランスの変化に伴い生じる問題や緊張に加え、領域主権や権益等をめぐり、純然たる平時でも有事でもない事態、いわばグレーゾーンの事態が生じやすく、これが更に重大な事態に転じかねないリスクを有している。

（2） 北朝鮮の軍事力の増強と挑発行為

北朝鮮は、核兵器を始めとする大量破壊兵器や弾道ミサイルの能力を増強するとともに、朝鮮半島における軍事的な挑発行為や我が国に対するものも含めさまざまな挑発的言動を繰り返し、地域の緊張を高めている。

（3） 中国の急速な台頭とさまざまな領域への積極的進出

中国は、東シナ海、南シナ海等の海空域において、既存の国際法秩序とは相容れない独自の主張に基づき、力による現状変更の試みとみられる対応を示している。とりわけ、我が国の尖閣諸島付近の領海侵入および領空侵犯を始めとする我が国周辺海空域における活動を急速に拡大・活発化させるとともに、東シナ海において独自の「防空識別区」を設定し、公海上空の飛行の自由を妨げるような動きを見せている。

Ⅳ 我が国がとるべき国家安全保障上の戦略的アプローチ

経済力および技術力の強化に加え、外交力、防衛力等を強化し、国家安全保障上の我が国の強靭性を高めることは、アジア太平洋地域を始めとする国際社会の平和と安定につながるものである。これは、本戦略における戦略的アプローチの中核をなす。

1 我が国の能力・役割の強化・拡大

（1） 安定した国際環境創出のための外交の強化

国際社会の課題を主導的に設定し、能動的に我が国の国益を増進していく力を蓄えなければならない。その中で我が国や我が国国民の有するさまざまな力や特性を効果的に活用して、我が国の主張を国際社会に浸透させ、我が国の立場への支持を集める外交的な創造力および交渉力が必要である。加えて国連を始めとする国際機関に対し、邦人職員の増強も含め、より積極的な貢献を行っていくことが積極的平和主義を進める我が国の責務である。

（2） 我が国を守り抜く総合的な防衛体制の構築

国家安全保障の最終的な担保となるのが防衛力であり、これを着実に整備する。

実効性の高い統合的な防衛力を効率的に整備し、統合運用を基本とする柔軟かつ即応性の高い運用に努め、政府機関のみならず地方公共団体や民間部門との間の連携を深めるなど、武力攻撃事態等から大規模自然災害に至るあらゆる事態にシームレスに対応するための総合的な体制を平素から構築していく。

その中核を担う自衛隊の体制整備に当たっては、本戦略を踏まえ、防衛計画の大綱および中期防衛力整備計画を含む計画体系の整備を図るとともに、統合的かつ総合的な視点に立って重要となる機能を優先しつつ、各種事態の抑止・対処のための体制を強化する。

加えて、核兵器の脅威に対しては、核抑止力を中心とする米国の拡大抑止が不可欠であり、その信頼性の維持・強化のために、米国と緊密に連携していくとともに、併せて弾道ミサイル防衛や国民保護を含む我が国自身の取り組みにより適切に対応する。

（3） 領域保全に関する取り組みの強化

領域警備に当たる法執行機関の能力強化や海洋監視能力の強化を進める。国境離島の保全、管理および振興に積極的に取り組むとともに、国家安全保障の観点から国境離島、防衛施設周辺等における土地所有の状況把握に努め、土地利用等の在り方について検討する。

（4） 海洋安全保障の確保

シーレーンにおけるさまざまな脅威に対して海賊対処等の必要な措置をとり、海上交通の安全を確保するとともに、各国との海洋安全保障協力を推進する。

（5） サイバーセキュリティの強化

国全体として、組織・分野横断的な取り組みを総合的に推進し、サイバー空間の防護およびサイバー攻撃への対応能力の一層の強化を図る。

（6） 国際テロ対策の強化

民間企業が有する危険情報がより効果的かつ効率的に共有されるような情報交換・協力体制を構築する。

（7） 情報機能の強化

人的情報、公開情報、電波情報、画像情報等、多様な情報源に関する情報収集能力を抜本的に強化する。NSCに資料・情報を適時に提供し、政策に適切に反映し、こうした情報機能を支えるため、特定秘密の保護に関する法律（平成25年法律第108号）の下、政府横断的な情報保全体制の整備等を通じ、カウンター・インテリジェンス機能を強化する。

（8） 防衛装備・技術協力

武器輸出3原則等がこれまで果たしてきた役割にも十分配意した上で、移転を禁止する場合の明確化、移転を認め得る場合の限定および厳格審査、目的外使用および第3国移転に係る適正管理の確保等に留意しつつ、武器等の海外移転に関し、新たな安全保障環境に適合する明確な原則を定める。

（9） 宇宙空間の安定的利用の確保および安全保障分野での活用の推進

宇宙開発利用を支える科学技術や産業基盤の維持向上を図るとともに、安全保障上の観点から、宇宙空間の活用を推進する。

（10） 技術力の強化

安全保障の視点から、技術開発関連情報等、科学技術に関する動向を平素から把握し、産学官の力を結集させて、安全保障分野においても有効に活用するように努める。

2 日米同盟の強化

（1） 幅広い分野における日米間の安全保障・防衛協力の更なる強化

「日米防衛協力のための指針」の見直しを行う。装備・技術面での協力、人的交流等の多面的な取り組みを進める。

（2） 安定的な米軍プレゼンスの確保

3 国際社会の平和と安定のためのパートナーとの外交・安全保障協力の強化

（1） 韓国、オーストラリア、ASEAN諸国およびインドといった我が国と普遍的価値と戦略的利益を共有する国との協力関係を強化する。

（2） 日中で「戦略的互恵関係」を構築し、それを強化できるよう取り組んでいく。防衛交流の継続・促進により、中国の軍事・安全保障政策の透明性の向上を図るとともに、不測の事態の発生の回避・防止のための枠組みの構築を含めた取り組みを推進する。

（3） 北朝鮮問題に関しては、関係国と緊密に連携しつつ、6者会合共同声明や国連安全保障理事会（安保理）決議に基づく非核化等に向けた具体的行動を北朝鮮に対して求めていく。

拉致問題については、一日も早いすべての拉致被害者の安全確保および即時帰国、拉致に関する真相究明、拉致実行犯の引渡しに向けて、全力を尽くす。

（4） ロシアとの協力を進め、日露関係を全体として高めていくことは、我が国の安全保障を確保する上で極めて重要。

（5） 地域協力の枠組み、日米韓、日米豪、日米印といった3カ国間の枠組みや、日中韓の枠組みを積極的に活用する。

（6） アジア太平洋地域の友好諸国とアジア太平洋地域の安定の確保に向けて協力する。

（7） 国際社会の平和と安定に向けて重要な役割を果たすアジア太平洋地域外の諸国と協力関係を強化する。

EU、NATO、OSCEとの協力を含め、欧州との関係を更に強化していく。我が国が民主化に貢献してきた東欧諸国およびバルト諸国並びにコーカサス諸国と関係を強化する。

中東の安定に重要な問題の解決に向けて、積極的な役割を果たす。

アフリカの発展と平和の定着に引き続き貢献する。

4 国際社会の平和と安定のための国際的努力への積極的寄与

（1） 国連外交の強化

（2） 法の支配の強化

（3） 軍縮・不拡散に係る国際努力の主導

（4） 国際平和協力の推進

（5） 国際テロ対策における国際協力の推進

5 地球規模課題解決のための普遍的価値を通じた協力の強化

6 国家安全保障を支える国内基盤の強化と内外における理解促進

（1） 防衛生産・技術基盤の維持・強化

防衛装備品の効果的・効率的な取得に努め、国際競争力の強化を含めた我が国の防衛生産・技術基盤を維持・強化していく。

（2） 情報発信の強化

政府一体となった統一的かつ戦略的な情報発信を行う。多様なメディアを通じ、外国語による発信の強化等を行う。

世界における日本語の普及、戦略的広報に資する人材の育成等を図る。

（3） 社会的基盤の強化

諸外国やその国民に対する敬意を表し、我が国と郷土を愛する心を養うとともに、領土・主権に関する問題等の安全保障分野に関する啓発や自衛隊、在日米軍等の活動の現状への理解を広げる取り組み、これらの活動の基盤となる防衛施設周辺の住民の理解と協力を確保するための諸施策等を推進する。

（4） 知的基盤の強化

機関やシンクタンク等と政府の交流を深め、知見の共有を促進し、国家安全保障に知見を有する人材の層を厚くする。

（1面参照）

「2プラス2」協議後、握手する（左から）ヘーゲル米国防長官、ケリー米国務長官、岸田外相、小野寺防衛相。東京に日米の外務・防衛4閣僚がそろって開催されたのは初めて（平成25年10月3日、東京都港区の飯倉公館で）＝防衛省提供

西風東風

張氏処刑は「不吉な兆候」
―崩壊は時間の問題との見方も・米

北朝鮮で金正恩第1書記の義理の叔父であり、金氏に次ぐナンバー2とみられていた張成沢（チャンソンテク）氏が粛正、処刑されたことを受け、米国は北の政情が不安定さと危険度が増す「不吉な兆候」（ケリー国務長官）として、警戒感を強めている。「問題は金王朝が崩壊するかどうかではなく、いつ崩壊するかだ」（国防アナリストのスティーブン・メッツ氏）と、北朝鮮の崩壊は時間の問題だとして、崩壊後の朝鮮半島情勢に備えよとの声も出始めた。

米保守系シンクタンク、戦略国際問題研究所（CSIS）のシニア・アドバイザーで、ブッシュ前政権のアジア政策責任者だったビクター・チャ氏は、指導者の悪口をささやいただけでも収容所行きとなる北にあっても、「張氏の残忍で素早い処刑は異例」と指摘する。

チャ氏は北政府が処刑に関して「張氏が外部勢力と手を結び、党や軍に対する抵抗を組織した」との声明を出したことに触れ、「内情をうかがうことが困難な北が、政権基盤を揺るがす権力闘争が起きていることを自ら認めた」と、驚きを隠さない。

一方、中国との経済交流を積極的に進めていた張氏の処刑は、「張氏とつながりの強かった中国の影響力が急低下していることの表れ」として、正恩氏が唯一の「理解者」である中国も排除し、さらに無謀な行動に出かねないと警戒する声もある。

核兵器開発を推進する恐れもあり、ケリー長官は「中国、ロシア、日本、韓国、米国は北朝鮮の核の脅威を取り除くため足並みをそろえることが重要だ」と、周辺諸国が協力して対処することの重要性を強調している。

（ロサンゼルス＝植木秀一）

中国の我慢の限界超える
―「米艦の異常接近」で中国紙

12月初めに南シナ海で中国と米国の艦艇が異常接近した事件について、中国共産党機関紙、人民日報傘下の環球時報は21日、外国紙の記事を引用し、米側の行動が中国の我慢の限界を超えたために起きた、などと伝えた。

米太平洋艦隊によると、12月5日、米海軍のミサイル巡洋艦「カウペンス」が南シナ海の公海上で活動中、中国海軍の艦船と一時、異常接近したが、米側の回避措置で衝突を免れた。ヘーゲル米国防長官は19日、中国側の行動は「無益」であり「無責任」だと強く批判した。

環球時報は、仏紙・フィガロを引用し、米太平洋艦隊が中国沿海部と中国艦隊に対し監視活動を続けていることに、中国が怒りを募らせていたが、「カウペンス」が中国初の航空母艦「遼寧」に接近したことで、中国側の忍耐の限度を超えたなどと伝えた。

フィガロは「古い海軍強国と新興の海軍強国の間で突発的な衝突の危険が高まっていることを示す。中国周辺のその他の海上兵力との間でも危険が存在する」などと報じ、日本なども衝突の恐れが高まっていることを指摘した。ヘーゲル国防長官も「挑発的な行動が、誤った判断を招きかねない」と述べ、中国に強く自制を求めた。

環球時報によると、独ベルリン自由大の研究者は同紙に「ヘーゲル国防長官の突然の『発作』は、米国内の強硬派とアジア太平洋の同盟国に対する言い訳だ。米国は戦争をしたくないが、軍事的な主導権も失いたくないのだ」などと語った。

中国の軍事評論家で元海軍少将の張召忠氏は「1980年代半ばの米ソ海軍の対立と同じで、当時も両国軍艦が追跡や監視を行い、危険な状況もしばしば起きた。中国が強大化したことで、米国は不安になっている」と指摘した。

香港紙・亜洲時報は「中国は断固、海洋大国の地位を確立しようとしている。中国の海上輸送ルートのほとんどが、インド洋と西太平洋を通るためだ。米国と日本は、不安を感じつつも慣れるための一時期を過ごす必要がある」などと伝えた。

（香港＝中岡秀雄）

防衛基盤整備に尽力

防衛副大臣　武田　良太

新年おめでとうございます。国内外で任務に励む隊員諸官に、新春のお慶びを申し上げます。防衛副大臣として、諸官と共に、我が国の防衛という国家の基本的任務に再び携わることができ、大変光栄に存じます。

現在、我が国を取り巻く安全保障環境は一層厳しさを増しております。特に、北朝鮮は、昨年、核実験の実施や我が国に対するミサイル攻撃の示唆などの挑発的言動を行うなど、我が国の脅威となっております。また、中国も、我が国周辺海空域などにおいて活動を急速に拡大・活発化させています。

本年、防衛省・自衛隊は、新たな防衛大綱と中期防に基づき、統合運用の観点を重視しつつ、南西地域の防衛態勢の強化などにより、求められる役割に十分対応できる「統合機動防衛力」を構築してまいります。同時に、隊員が安んじて任務に従事できるよう、防衛力の能力発揮のための基盤整備にも引き続き力を尽くす所存です。

また、こうした我が国自身の努力と相まって我が国の安全保障の基軸を成す日米同盟をより一層強化するとともに、米軍の抑止力を維持しつつ、沖縄の負担軽減を図るための在日米軍再編計画についても着実に進めてまいります。

このほかにも、防衛省・自衛隊が取り組むべき課題は数多くありますが、私も副大臣として、省改革を進めつつ、防衛省・自衛隊発足60年、そして新大綱の初年度にふさわしい年となるよう、精一杯職務に励んでまいりますので、諸官の一層のご協力と、隊員のご家族をはじめとする関係者の皆様の倍旧のご理解・ご支援をお願いいたします。

本年が皆様にとって素晴らしい年となるよう祈念申し上げまして、私の新年の挨拶と致します。

実りの新大綱の年に

防衛大臣政務官　木原　稔

平成26年を迎えるに当たり、まず、全国各地で任務に精励する隊員、並びに「我が国の顔」としてソマリア沖・アデン湾での海賊対処やPKOをはじめとする国際任務に従事する隊員の皆様に敬意を表します。

日本を取り巻く安全保障環境は一層厳しさを増しています。特に中国は、領海侵入や領空侵犯を行うとともに、昨年1月の海軍艦艇による海自護衛艦に対する火器管制レーダー照射や、11月の我が国領空を含む東シナ海上空における防空識別区の設定など、不測の事態を招きかねない危険な行為を引き起こしています。

このような厳しい状況を踏まえて昨年末に策定された大綱・中期防に基づき、防衛省・自衛隊は、本年より南西地域の防衛態勢の強化をはじめ、抑止力と対処力を高めた実効性の高い統合的な防衛力を整備してまいります。その際、我が国の領土・領海・領空を断固として守り抜くとの観点から、周辺海空域における安全確保や、島嶼部攻撃への対応のための能力も強化してまいります。

昨年アルジェリアで発生した人質事件を受け、11月に自衛隊法が改正されました。これにより、在外邦人等輸送について、航空機や船舶に加えて車両による輸送なども可能となり、外国での緊急事態に対し、より適切に対応できるようになったと考えております。

防衛省・自衛隊が取り組むべき課題は山積しておりますが、本年が、新しい大綱・中期防のスタートの年にふさわしい実りある一年となるよう、私も政務官として、全力を尽くしてまいります。

最後になりましたが、隊員やご家族をはじめとする関係者の皆様の弥栄をお祈りして、新年の挨拶とさせていただきます。

東京五輪への備えを

防衛大臣政務官　若宮　健嗣

明けましておめでとうございます。隊員並びにご家族をはじめとする関係者の皆様におかれては、よき新年をお迎えのことと存じます。

昨年は例年にない大雨や台風に見舞われた年でした。伊豆大島の台風被害に際しては、自衛隊が保有する優れた輸送力を最大限に活用できるよう、一千名規模の統合任務部隊を編成し、救援活動を行いました。私も、現地で活動する隊員を激励しましたが、まさに「国民のための自衛隊」という言葉を実感いたしました。また、海外では、台風による甚大な被害を受けたフィリピンに、国際緊急援助活動としては過去最大の一千名規模の統合任務部隊を派遣し、援助活動に当たりました。

本年、防衛省・自衛隊では、こうした災害活動でも重視された統合運用の観点を引き続き重視しつつ、新たな大綱・中期防に基づき、宇宙空間やサイバー空間における対応を含め、各種事態に実効的に対応できる能力を保持できるよう、防衛力整備に努めてまいります。

本年は、ソチ・オリンピックが開催され、参加する隊員も含め選手の皆様の活躍を期待したいと思いますが、我が国としては、6年後の東京大会に向け、しっかりと準備をすることも大切です。防衛省・自衛隊としても、大会の成功に向けて、大臣の下、大会運営への協力、警備などの安全対策への協力、選手育成などに取り組んでまいります。

このように、防衛省・自衛隊は幅広いテーマに取り組んでおりますが、国民の皆様の期待に一層応えることができるよう、私も政務官として全力で職務に取り組む所存です。

最後に、本年が皆様にとって幸多き年となるよう祈念申し上げ、年頭の挨拶とさせていただきます。

次の60年の出発点に

防衛事務次官　西　正典

謹んで新年のお慶びを申し上げますとともに、旧年中に賜りましたご支援やご協力に対し厚く御礼申し上げます。

昨年末、新たに発足した国家安全保障会議（日本版NSC）における議論を経て、「防衛計画の大綱」と「中期防衛力整備計画」が策定されました。

本年より、防衛省・自衛隊は、この新たな大綱・中期防に基づき、統合運用に基づく機動性を重視した防衛力の構築に取り組んでまいります。

この統合機動防衛力は、高度な技術力と情報・指揮通信能力を有するものであると同時に、ハード・ソフトの両面で、即応性や持続性、強靱性、連続性を持ち、幅広い後方支援基盤に支えられた防衛力です。

同時に、防衛力整備の一層の効率化・合理化を図りながら、各種活動を下支えする防衛力の質と量を必要かつ十分に確保するため、実質11年ぶりの増額となった平成25年度の防衛予算に引き続き、26年度予算案においても必要な経費を計上したところです。

また、日米同盟を基軸としつつ、ASEANやインド・豪州などのアジア太平洋諸国や、英仏などの欧州諸国、ロシアといった国々との防衛協力・交流もさらに進めてまいります。

このように、我々が果たすべき役割は多岐にわたっておりますが、安倍総理、小野寺大臣のご指導の下、職員・隊員が一丸となって、その一つ一つを着実に前へ進めるとともに、昭和29年の防衛庁・自衛隊の発足から60年という節目の年である本年を、次の60年への新たな出発点とするべく、私も鞠躬尽力致する所存です。

最後になりましたが、皆様のご多幸とご健勝を祈念致しまして、年頭の挨拶とさせていただきます。

心一つに事態に即応

統合幕僚長　岩﨑　茂

朝雲読者の皆様、国内外の各地で勤務している隊員諸官に謹んで新年のご挨拶を申し上げます。

今日の国際社会では、安全保障環境は多様化・複雑化しつつあります。我が国および周辺では北朝鮮による核実験の強行、中国の東シナ海から太平洋にかけての海空域における活動の活発化など、我が国を取り巻く安全保障環境は不透明・不確実さが増しています。

昨年は、伊豆大島における台風26号による土砂災害に係る災害派遣では統合任務部隊を編成し、行方不明者捜索等の活動を実施しました。

一方、国外では昨年11月に、台風30号で甚大な被害を受けたフィリピンへ、国際緊急援助統合任務部隊を派遣し、医療・防疫、物資輸送等の救援活動を実施しました。南スーダンにおけるPKOでは、第5次要員が拡大された活動地域での本格的な活動を開始し、南スーダンの国造りに貢献しています。アデン湾における海賊対処では、護衛艦1隻を船舶護衛に割り当て、区域防護に1隻を割り当てる要領で活動し、昨年は護衛回数500回、任務飛行1000回を超え、船舶の安全な航行に寄与しています。

また、昨年は米国における統合訓練、11月の自衛隊統合演習により、島嶼侵攻対処に係る自衛隊の統合運用能力等の維持・向上を図っています。

自衛隊は、国民の皆様の期待に応え得るよう、陸海空自衛隊が心を一つにして統合運用を基本とした価値観を共有して、事態に即応し実効的に対応できる態勢を維持していく所存です。

本年も隊員諸官とともに、統合運用態勢のさらなる実効性向上に努め、与えられた任務の達成にまい進することを誓い、新年の挨拶とさせていただきます。

強靱な陸自の創造を

陸上幕僚長　岩田　清文

新年あけましておめでとうございます。希望に満ちた輝かしい新年をお迎えのことと、心からお慶び申し上げます。

昨年は、ゴラン高原およびハイチでの国連平和維持活動終結に当たり整斉と撤収を行う一方で、南スーダンでは活動地域を拡大し、伊豆大島の災害派遣やフィリピンでの国際緊急援助活動では統合任務部隊の主体として各種活動を行うなど、さまざまな任務に対応してまいりました。また、中国、北朝鮮およびロシアにおける軍事力の近代化、活発な軍事活動等により、我が国を取り巻く安全保障環境が、一層緊張感を増した一年でもありました。

このような中、昨年末に、新たな「防衛計画の大綱」および次期「中期防衛力整備計画」が策定されました。これらの構想を一言で表現するならば、将来の陸上自衛隊を「任務重視」かつ「即応機動型」に変えていくということです。即ち、統合運用の実効性向上のため、陸上自衛隊の運用を総括する陸上総隊を創設するとともに、島嶼防衛の重要な3段階である「平素の配置」「機動展開」「奪回」を実効性あるものにするため、初動に任ずる部隊の配置、島嶼部へ機動展開する機動師・旅団の改編および水陸両用部隊である水陸機動団の新編を推進します。これらの取り組みによる新たな陸上自衛隊の姿を「即応機動防衛力」と呼称し、その実現を図ってまいります。

今年も、常に「真に戦えるか、任務を完遂し得る態勢になっているか」という意識を保ち、何時如何なる任務が与えられようとも事態に即応して任務を完遂し得る「強靱な陸上自衛隊の創造」を目標に、奮励努力する所存です。

本年の皆様のご多幸とご健勝を祈念申し上げ、新年の挨拶と致します。

一丸で戦える態勢を

海上幕僚長　河野　克俊

皆様、新年おめでとうございます。海上自衛隊に対して旧年中賜りました数々のご支援、ご協力に対しまして厚くお礼申し上げます。

我が国周辺においては、昨年、北朝鮮によるミサイルの発射に備え警戒監視を強化致しました。

また、中国による海軍艦艇や公船の活動の急速な拡大・活発化に対する情報収集・警戒監視に万全を期しているところです。

一方、昨年10月には台風26号に伴う災害派遣に、輸送艦などを伊豆大島へ派遣し、統合任務部隊としてその対応に当たりました。

また、11月の台風30号の災害によるフィリピン共和国への国際緊急援助活動には、護衛艦、輸送艦および補給艦を派遣したほか、第4護衛隊群司令が統合任務部隊指揮官として、その指揮に当たり、多大な成果を上げております。

他方、ソマリア沖・アデン湾における海賊対処行動は、昨年12月からより柔軟かつ効果的な部隊運用を行うため、水上部隊の一部を多国籍の統合任務部隊に参加させ、区域防護の任務を開始しました。このことは、自衛隊の歴史においても大きな節目であると認識しております。

私は、海上幕僚長を拝命して以来、「真に『戦える』態勢づくり」にまい進して参りました。

本年も引き続き、私の指導方針である「精強・即応」および「伝統の継承」の下、常に原点に立ち返り、足元を見据え、変えるべきものの、そして守るべきものの峻別を適切に行い、海上自衛隊員一丸となって「真に『戦える』態勢」を構築していく所存です。

最後に、本年が皆様にとって幸多き年になることを祈念致しまして、年頭のご挨拶とさせていただきます。

60周年、原点忘れず

航空幕僚長　齊藤　治和

朝雲新聞をご覧の皆様に、謹んで新年のご挨拶を申し上げます。

昨年、政府は北朝鮮の核・ミサイル問題の深刻化や周辺海空域における軍事活動の急速な拡大・活発化など、一層厳しさを増す我が国周辺の安全保障環境を踏まえ、国家安全保障会議を創設するとともに、国家安全保障に関する基本方針を示した国家安全保障戦略を策定、併せて自衛隊が求められる役割に十分対応できる実効的な防衛力を効率的に整備するための新たな防衛計画の大綱と中期防衛力整備計画を策定しました。

航空自衛隊におきましては、国内では対領空侵犯措置や災害派遣などの任務を着実に遂行しながら、国外でも南スーダンおよびフィリピンにおける国際貢献等に関わる任務を着実に遂行してきたほか、国外訓練を含む訓練や演習等を通じ、統合運用・日米共同態勢の一層の強化に努めてきました。

また、複数の大規模な組織改編を行ったほか、松島基地の復興についても、ブルーインパルスの飛行運用を再開させるなど、着実に進めております。

本年、航空自衛隊は創立60周年を迎えますが、常に国民の皆様のために存在するとの我々の原点を片時も忘れず、精強にして健全、そして明朗闊達な部隊づくりに努めてまいります。

更には、新たな大綱・中期防に基づき、F35Aの取得やF15の近代化改修等を推進するほか、警戒航空隊の改編や固定式警戒管制レーダーの換装等、各種事態における実効的な抑止および対処並びに安全保障環境の安定化に資する防衛力整備を着実に実施してまいりますので、本年も宜しくお願い申し上げます。

最後に、読者の皆様のご健勝およびご多幸を祈念して、新春の挨拶と致します。

冬季五輪2月7日開幕

「いざ！ソチの舞台へ」――。2月7日に開幕するソチ冬季五輪に、陸自冬季戦技教育隊（真駒内）からもバイアスロンに井佐英徳2尉、小林美貴2曹、鈴木芙由子3曹、鈴木李奈士長、中島由貴士長の5人が出場を決め、またクロスカントリースキーで吉田圭伸3尉が出場を確実にしている。国民、自衛隊員を代表して挑む6人の戦士に意気込みなどを聞いた。

井佐英徳（いさ・ひでのり）2陸尉　新潟県小千谷市出身、小千谷西高卒。競技歴17年。五輪出場は冬戦教最多の4度目。37歳。

小林美貴（こばやし・みき）2陸曹　新潟県十日町市出身。日大卒。昨年の全日本選手権スプリントで2連覇。初出場。26歳。

鈴木芙由子（すずき・ふゆこ）3陸曹　北秋田市出身、米内沢高卒。バンクーバー大会は3種目で健闘。五輪は2度目。24歳。

鈴木李奈（すずき・りな）陸士長　北海道美幌町出身、美幌高卒。一昨年の全日本選手権マススタートで優勝。初出場。23歳。

中島由貴（なかじま・ゆき）陸士長　新潟県十日町市出身、十日町総合高卒。2歳上の兄有基3曹もバイアスロン班。初出場。23歳。

吉田圭伸（よしだ・けいしん）3陸尉　北海道音威子府村出身、中央大卒。昨年の世界選手権50キロは12位と健闘。初出場。26歳。

6戦士 いざソチ五輪へ

冬戦教魂燃ゆ

2月7～23日 7競技98種目

ソチ冬季五輪　黒海に面したロシア西部の都市、ソチで2月7日～23日の17日間行われる。ロシアでの冬季五輪の開催は初めて。バイアスロンやスキーなど7競技98種目で競われる。

冬戦教からはトリノ大会（18年）に菅恭司1尉＝バイアスロン班監督＝ら11人、バンクーバー大会（22年）に井佐英徳2尉、鈴木美由子3曹の2人が出場し健闘した。

ソチ大会には冬戦教勢の6人が出場を確定・確実にしているほか、カーリング女子代表などが出場を決め、100人強の選手の派遣が見込まれている。

バイアスロン　スプリントはコース周回間に射撃2回（伏・立射各5発）、ミス1発につきペナルティーコースを回る。

パシュートはスプリントの60位以内がその着順・時間差でスタート。射撃4回（伏・伏・立・立射各5発）でミス1発につきペナルティーコース。

個人は周回間に射撃4回（伏・立・伏・立射各5発）、ミス1発につき走行タイムに1分加算される。

クロスカントリースキー　クラシカルはスキーを真っすぐにしたまま、すり足のように滑る。フリーは一切の制限がなく、スキーの先を広げ左右に蹴り出すように滑る。

男子は距離別に15キロクラシカル、50キロフリーなどの種目がある。

井佐、4度目の挑戦

バイアスロン男子　出場最多　高所トレで弾みを

冬戦教バイアスロン班のベテラン、井佐2尉がソルトレークシティー、トリノ、バンクーバー各大会に続く4度目の冬季五輪出場を決めた。4度の出場は冬戦教では菅恭司1尉（同班監督）の3度を抜いて最多。

男子は一昨年、昨年の世界選手権の結果から一つの国別出場枠を獲得。今季海外遠征中の11月下旬～12月中旬に欧州3カ国で行われたW杯1～3戦の成績で代表が決められた。

W杯には4人が出場。代表争いは永井順二2曹とのほぼ〝一騎討ち〟となり、井佐2尉が1戦の10キロスプリントを54位で終えるなど成績で上回った。

W杯では「大会に調子を合わせるコンディショニングのうまさに驚いた。射撃の命中率も高い」と海外選手の強さを改めて実感した井佐2尉。

4度目の冬季五輪に向け、また海外強豪に立ち向かうべく、「（事前合宿で）高所トレーニングをしっかりやり遂げ万全の状態で臨む。結果は後からついてくると信じ、気負わず自分の力を発揮する」と話している。

開催都市ソチに向けてトーチをつなぐ市民＝「ソチ2014冬季五輪Facebook」より

W杯2戦の女子リレーで第1走者を務め上位の外国選手を追う鈴木芙3曹（12月12日、仏・アンネシェイで）

代表の最終選考を兼ねたW杯1戦の20キロ個人で力走する井佐2尉（11月28日、スウェーデン・オストスンドで）

4人の力を一つに

バイアスロン女子　鈴木芙が引っ張る

個人種目のほかリレーにもエントリーできる4人の国別出場枠を獲得していた

女子は、W杯とIBU杯1、2戦（11月下旬、欧州2カ国）での成績を基に鈴木芙3曹らが切符を手にした。

4人のうち2度目の出場の鈴木芙3曹は、前回バンクーバー大会では個人の全4種目中3種目に挑み、7・5キロスプリントを44位で終えるなど健闘した。

ソチに向けて、「細かいフォーム、下りから上りへのつなぎのテクニックなどを見直す」と課題を挙げる。また「目標は10位以内。本当に難しいけど、できると信じて挑む。リレーではみんなの力を一つにする」と意気込む。

小林2曹、鈴木李士長、中島士長はいずれも初出場。このうちW杯2、3戦で鈴木芙3曹とともにスプリントに挑んだ小林2曹は射撃ミスで上位に迫れなかったことから、「射撃の命中率を安定させる」ことが課題。「積極的な気持ちを持ち、少しでも世界のトップとの差を縮めたい」と話す。

鈴木李士長は「（五輪は）今までにない緊張や不安を感じると思う」と話す一方、「自分のパフォーマンスを最大限発揮する。緊張やつらさも楽しみながら思い切りレースをしたい」と全力でぶつかるつもり。

バイアスロン班の2歳上の兄有基3曹と一緒の出場を目指していた中島士長は、出場を逃した兄の分まで戦う。ソチでは兄の声援も受け、「分からないことばかりだけど、自分の力をすべて出し切る」という覚悟で大舞台に挑む。

クロカン吉田いける

1月上旬代表決定　目標の入賞へ闘志

冬戦教クロスカントリー班からは吉田3尉が出場をほぼ確実にしている。

スキーのクロスカントリーは男女7人の国別出場枠を獲得。全日本スキー連盟の第3次遠征（10月下旬～1月上旬、欧州5カ国）に派遣されている吉田3尉や、石田正子選手（JR北海道）ら8人を中心とした選手の中から、1月上旬に代表が決定する。

吉田3尉は昨年2～3月の世界選手権（伊）の50キロクラシカルを入賞に迫る12位で終えるなどスキー界をけん引。中央大在学中の前回バンクーバー大会は出場を逃しており、悲願の五輪出場を前に、「（出場すれば）戦うオリンピックにする。入賞を目標に自分を信じ、力を出し切る」と闘志を燃やしている。

全日本スキー・10キロクラシカル（昨年1月、札幌・白旗山競技場）で好レースを展開する優勝の吉田3尉

出場選手への支援呼びかけ

自衛隊体育振興互助基金（那須誠理事長）は、ソチ冬季五輪出場選手への支援を呼び掛けている。

基金は平成24年度に設立され、①国際規模の競技会へ出場する隊員が自己負担する遠征費等への援助②全国自衛隊大会等への助成―を主に行っている。

24年夏に協力を呼び掛け25年12月末で約630万円の賛同を得たが、ソチ、リオ、さらに東京五輪への派遣などを見据えると年間約2200万円が必要で資金が不足しているという。

那須理事長は「趣旨にさらなるご賛同を賜り、再度のご協力をお願い申し上げます」と呼び掛けている。

振込先などは次の通り。

◇口座＝埼玉りそな銀行朝霞支店（支店番号389）、普通口座4346042

◇名義＝自衛隊体育振興互助基金

※一口500円より。手数料は募金額から控除する。依頼人氏名欄には、部隊・機関等名及び代表者氏名を記入する。

募集・援護 特集

平和を、仕事にする。陸海空自衛官募集

ただいま募集中！
◇貸費学生（男女、技術）
◇高等工科学校生徒（男子、一般）
◇自衛官候補生（男子）
★詳細は最寄りの自衛隊地方協力本部へ

同郷の有名人がエール

今春入隊予定者向け 激励ビデオレター作製

SKE48、ドラゴンズの大島選手 "出演要請"を快諾

愛知地本がコーディネート

「日本のため、世界のため、ポジティブに笑顔を忘れず、夢に向かって頑張れ」――。自衛隊愛知地方協力本部は地元・名古屋のアイドルグループ「SKE48」とプロ野球「中日ドラゴンズ」の協力を得て、今春、3自衛隊に入隊予定の若者に向けた「激励ビデオレター」を作製した。ビデオは県内約50カ所の「入隊・入校激励会」会場で放映予定だが、地元で圧倒的な人気を誇る女性アイドルらから寄せられた応援メッセージは、当日、入隊予定者たちの間で大きな「サプライズ」となりそうだ。

【愛知】戦国時代に織田信長、豊臣秀吉、徳川家康の「三英傑」を生んだ愛知県。今日でも武人・自衛官への応援の意識が高く、愛知地本では県下の著名人の協力を得て、平成17年から自衛隊員を志す若者向けに毎年「激励ビデオレター」を作製している。

平成25年度の同ビデオに協力してくれたのは、地元で圧倒的な人気を誇るアイドルグループ「SKE48」の須田亜香里、柴田阿弥、高柳明音さん（ともに愛知県出身）と、県民が愛する「中日ドラゴンズ」の選手会長・大島洋平選手（名古屋市出身）。

「SKE48」は東京で活動する「AKB48」の姉妹グループで、2008年7月に名古屋・栄に誕生。活動テーマに掲げる"地域密着・地域貢献"は自衛隊と同じで、さらにメンバーたちは地域の安全・防犯活動にも積極的に参加する女性たちだけに、愛知地本の"出演要請"に快諾してくれた。

須田、柴田、高柳さんの笑顔が素敵なアイドル3人は、カラフルなステージ衣装で登場、カメラの向こうの未来の自衛官たちに向け、激励メッセージを送った。

「私たちと同じ愛知県出身の皆さんが自衛隊に入隊され、日本の防衛や災害派遣で活躍されることを非常に頼もしく感じています。皆さんがこれから立派な自衛官になるためには、幾多の困難が降りかかると思いますが、ポジティブに笑顔を忘れず、夢に向かって頑張ってください」と語り、ガッツポーズや応援ポーズを披露。そして最後に「日本のため、世界のために平和を守ってください」との応援メッセージで締めくくった。

一方、「ドラゴンズ」大島選手の撮影はナゴヤドーム内で行われ、シーズンオフながらユニホーム姿での収録にのぞんだ。

大島選手は「皆さんが入隊後に国民の期待に応え、信頼される自衛官になるには厳しい訓練や指導を受けると思いますが、チャレンジ精神を忘れず、目標を持って努力してください」とリーダーらしく、社会人として生きる術を直球でアドバイス。

続いて自身の夢を語り、「私の目標は日本を代表するリードオフマンとなり、世界の檜舞台で日の丸を背負いプレーすること。皆さんも同じ日の丸を背負う自衛官として、日本や世界の平和のために頑張ってください」とエールを送った。

収録されたこの「激励ビデオレター」は今後、県内50カ所の市町村で3月に開催される「自衛隊入隊・入校予定者激励会」で防衛大臣の激励ビデオとともに上映される予定。

「SKE48」メンバーと「ドラゴンズ」大島選手からのメッセージが入ったこの映像は、愛知県出身隊員たちにとっても「お宝ビデオ」となりそうだ。

日の丸を強調し、隊員へメッセージを送る中日ドラゴンズの大島洋平選手＝ナゴヤドームで

思い思いにポーズをとり、隊員へ激励メッセージを送るSKE48の（左から）須田亜香里さん、高柳明音さん、柴田阿弥さん

北空音

広がる楽器の可能性

中学で芸術鑑賞教室 音とユーモアで生徒魅了

生徒たちの前でステップを踏みながら演奏する北空音楽隊＝11月14日、弘前市立船沢中学校で

【青森】地本は11月14日、弘前市立船沢中学校で行われた空自北空音楽隊（三沢）の「芸術鑑賞教室」を支援した。

演奏会をメーンとした同教室には同中学生徒のほか、船沢、弥生小学校の児童や教職員、保護者約200人が参加。音楽隊は楽器の各パートを紹介しながら「オープニング」曲を奏で、次いで人気アニメ曲演奏や生徒の指揮者体験など、趣向を凝らした演奏教室を行った。

このうち「ぞうさんのひるね」の演奏では、生徒の目前まで隊員が近寄ってユーフォニウムで「ぞうさん」の鳴き声をまねると大きな歓声が沸き起こった。

演奏終了後、生徒代表の前田瑞歩さんから「自衛隊のパフォーマンスが笑えて、とても楽しかった。またぜひ聴きたい」と話していた。

神戸ときめきコンサート

「最終公演」有終の美

自衛隊音楽隊が出演

【兵庫】地本は12月1日、神戸文化ホールで「第17回神戸ときめきコンサート」を開催した。

この演奏会は阪神・淡路大震災の記憶が生々しい平成9年、被災県民を「音楽の力で応援したい」との目的で始まり、今年で17回目。ふるさとを思う音楽を通じて地域の復興に繋がってきたことからその役割を終え、今回が「最後の公演」となった。

演奏会は「17年の協力に感謝を込め、明るい未来へ共に歩んでいきたい」との趣旨で開かれ、今回は海自呉音楽隊、陸自3音楽隊、「姫路白鷺太鼓」が出演。さらに元宝塚歌劇団星組の鳴海じゅん、梅園紗千さんが「ミニ宝塚ショー」でステージを盛り上げた。

ラストステージにふさわしく、震災後設立された神戸市立なぎさ小学校の生徒50人と復興祈念曲「しあわせ運べるように」を作詞・作曲した臼井真氏が参加し、同曲を音楽隊の演奏で合唱した。

歌いながら震災当時を思い出して涙する観客も多く見られ、深い感動の中で「神戸ときめきコンサート」は最後の幕を下ろした。

復興祈念曲「しあわせ運べるように」を熱唱する神戸市立なぎさ小学校の生徒ら＝12月1日、神戸市で

山形地本

鍋イベントで広報展

20普連の協力で車両展示

【山形】地本は12月8日、天童市のNDソフトスタジアム周辺で行われた「第19回天童冬の陣～平成鍋合戦～」に初参加し、広報展を実施した。

今年は内外から33団体が自慢の鍋を出店し、一番美味しい「鍋将軍」を目指した。

地本は会場内の「働く車コーナー」に20普連（神町）の協力を得て軽装甲機動車を展示、このほかミニ制服の試着コーナーなどでイベントを盛り上げた。

子供たちは「自衛隊のクルマに乗れてうれしい」と大興奮、自衛隊を身近に感じてもらうことにも大成功し、鍋合戦初陣を「勝利」で飾った。

南極の氷に弾ける笑顔

島根地本 小学校で総合学習

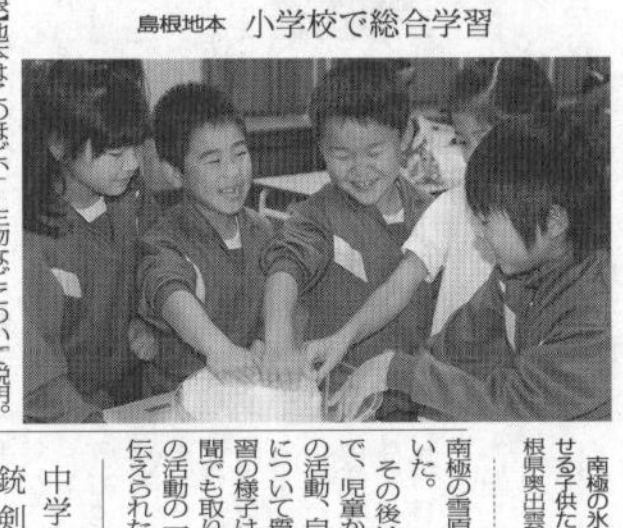
南極の氷に触れ、目を輝かせる子供たち＝12月2日、島根県奥出雲町立三成小学校で

【島根】地本はこのほど、海自砕氷艦「しらせ」が持ち帰った「南極の氷」を使用して、小学校で総合学習を行った。参加したのは奥出雲町立三成小、益田市立吉田小の児童計210人。

最初に地本広報室長の松浦水樹3海佐が「しらせ」の活動や南極の地理・気候・生物などについて説明。

この後、南極の氷と石に触れる時間が設けられ、児童たちは順番に南極の氷に触れた。

子供たちはビーカーの中に氷を入れ、溶ける際の気泡の音を聞くと、「サイダーみたい」と話し、数万年前の大気が閉じ込められた南極の雪原に思いをはせていた。

その後は質問コーナーで、児童からは南極観測隊の活動、自衛隊の制服などについて質問があった。学習の様子は地元テレビや新聞でも取り上げられ、海自の活動の一端が広く県民に伝えられた。

栃木地本

中学生を前に銃剣道実演

【栃木】銃剣道の展示説明（県銃剣道連盟主催）がこのほど、佐野市の佐野日本大学中学校で行われ、地本は宇都宮駐屯地の隊員6人と連携して銃剣道の実演を行った。

中・高校生33人が参加し、隊員による基本技、形の演武、模擬試合を見学した。その後、実際に生徒たちも木銃を手に銃剣道を体験した。

生徒からは「技やスピード、迫力がすごい」「突きだけのシンプルな技だが、奥深さを感じた」などの感想があった。

長野県縦断駅伝 松本地域事務所の広報官・藤原陸曹長が出場

12区10・1キロ たすきつなぐ

【長野】「第62回長野県縦断駅伝」が11月16、17日に開催され、地本から松本地域事務所の広報官・藤原克幸陸曹長が「安曇野市チーム」の代表として出場した。

同駅伝は県内15チームが出場し、長野市から飯田市まで2日間かけて駆け抜ける大会。藤原曹長は初日の第12区、諏訪市役所～岡谷市役所間の10・1キロを走り、11位でたすきをつないだ。

毎日約15キロ走ることを日課としている藤原曹長はハーフ・フルマラソンにも挑戦しており、昨年7月の「小布施見にマラソン」にも出場した。県縦断駅伝には6回目の出場。中学生から社会人まで郷土の実力者が揃う同駅伝は「他の大会とは違った重みがある」と話す。

今大会を振り返り藤原曹長は「体調はよかったが、オーバーペースになってしまった。次回は個人的にもチームとしても更にレベルアップしたい」と抱負を語った。

鳥取・ゆるキャラカップ

トピコ、地本の名誉かけ"参戦"

【鳥取】地本のゆるキャラ「トピコ」は11月3日、鳥取市で行われた「第8回ゆるキャラカップin鳥取砂丘」に参戦した。

このスポーツイベントは鳥取県観光事業団が中心となって行われ、今年は66体のゆるキャラが出場。サブタイトル「オレたちはゆるくない！」の通り、白熱した戦いが繰り広げられた。

当日はあいにくの雨天ながら約3000人が来場。平井県知事のあいさつで開会し、ゆるキャラたちは3種目の中から2種目を選び、競技に臨んだ。

トピコは「ゆるなわとび」「ゆるすもう」に参戦。戦いは意外に激しく、中には着ぐるみのパーツが取れたり、頭部が飛ぶキャラクターも。熱戦の結果、滋賀県の「ドウタクくん」が総合優勝した。

(世界の切手・日本)

情報に接する時間を少し節約して、その分を考えることにあててはいかが？

塩野　七生(作家)

「日本百名山」

全座登頂果たし、さて今年は…

2陸佐　林　宏(陸自小平学校・警務教育部研究科長)

㊤北ア・常念岳から憧れの槍・穂高の稜線を見つめる林2佐㊧北海道では大自然との戦いに。渓流を渡渉し幌尻岳を目指す林2佐

昨年10月4日夕刻5時、北アルプスの雄・槍ヶ岳に登頂し、私は足掛け5年で「日本百名山」全座を足下に印(しる)すことが出来ました。

私は若い頃、北海道の演習場で重い荷物を背負い、山野にゴロ寝した経験を持つがゆえに「今さら山なんか……」と思っていましたが、長年続けた海のダイビングも世界を行き尽くし、ここにきて子供の学費などがかさむようになり、「そこにある山ならタダじゃないか！」との軽い気持ちから山登りを始めました。

そして久々の富士山から九州・屋久島の宮之浦岳などを登っているうち、いつしか「百名山にトライしてみようか」となっていきました。「百座登頂」はおそらく陸自にも先達がいることと思います。それでも目標が出来ると追求するのが自衛官の常！　ここ数年続けるバイクツーリングで、ゴールデンウイークには西日本から九州、夏休みは東日本から北海道の旅が、いつしか登山メーンとなり、いわば遠方から「山を潰していく」形になりました。

2012年は、30座を目標にして28座に登り、昨年シーズン前の段階で「残り43座」となりました。そこで「定年までの2年で達成できるかな？」と考えていましたが、GWに西に残した大山、霧島、恵那山に登り、残りが30台になると「年内に登れるだけ登ってみるか」と火が点いて、手つかずだった北・中・南アルプスなどにほぼ毎週末出かける形となりました。

以前はバイクで行けるところまで登って、その日のうちに下る「日帰り登山」がほとんどでしたが、さすがに3000メートル級が連なるアルプスではそうもいかず、一昨年夏に北海道幌尻岳で出会った百名山先達からの助言を得て、山小屋利用の縦走登山で数をこなしていきました。夜行バスを利用し、白馬3座、奥黒部4座は山中各2泊、南アの塩見～間の岳～北岳は1泊、悪沢～赤石～聖岳は2泊というようにです。

「日本百名山」の100座目となる槍ヶ岳登頂を果たした林2佐（左）

最後に、北アの槍と穂高を残しました。この難関の2名峰を昨年夏休みに奥黒部で北から、笠ヶ岳で西から、焼岳で南から、そして常念岳で東から眺めて、その雄姿に惚れるとともに攻略のイメージトレーニングを重ねました。

そして昨秋10月、槍穂への挑戦を決行しました。上高地から歩を進め「日本一」と称される涸沢の紅葉を愛でつつ、穂高岳山荘に至り、翌早朝に奥穂高岳に登頂したのち、戻って涸沢岳～北穂高岳～大キレット～南岳～大喰岳を縦走して槍ヶ岳山荘へ。そして夕刻の槍ヶ岳山頂に立つことが出来ました。

下山時には、この偉業？を祝うかのように、空一面の高層雲そして霊峰が夕焼けで朱に染め上げられ、その場の山ガールが感激して涙ぐむほどの景色につつまれました。

振り返れば、自分は、人は、なぜあれほど苦しい登り、そしてさらにツラい下りがありながら山に登るのか？との自問を重ねつつの山行でした。そのたびに、定年を控えた「健康維持のための修行なり」と自分なりの言い訳も考えました。

山は初心者でしたが、そこでカモシカ、猿、リス、そして雷鳥の親子に出会い、また苦しくなる山頂への途を忘れさせるかのように咲き乱れる高山の植物に励まされました。なにより山を愛する方々との出会いや語らいに喜び、また大自然の中に一人身を置き、無常観にも浸ることができました。これらが「百の名山」を登り終えての私なりの山の魅力でしょうか。

他方、自衛官として考えれば、鍛えた隊員ならば「体力で技術を補う」要素もあって、特別な技術を要しない「百名山」の制覇は難しいものではないとの感想を得ました。最難関と言われる北アの剱岳とて「このくらいならば陸自の一個連隊全員が登りきれるだろうなぁ」と感じた日々が懐かしく思い出されます。

こうして私の百名山への挑戦はひとまず終わりました。今シーズンからは、これまでで気に入った山々や、天候不良で全容を目に出来なかった山々に「友と楽しく登れればなぁ、とりあえずは○○岳！☆☆岳！」と、すでに夏山に思いをはせる今日です。

皆さんも「すぐそこにある」感動に足を向けてはいかがでしょうか。

みんなのページ

「馬には乗ってみよ、人には添うてみよ」

1海尉　萱嶋　聡（宮崎地本・日南地域事務所長）

明けましておめでとうございます。

私は自衛隊生活17年となりますが、気持ちは今でも高校3年生です。海自隊員の私にとって日南地域事務所長は初めての地上配置で、当初は戸惑うことばかりでしたが、今年で3年目を迎えようとしています。

これまで「日南地域・県南地区を変えたい」との目標を掲げてやってきましたが、学校などとの関係構築はとても難しく、「でも変わらない……」との悔しい思いを持ちながら今日まで来ました。

特に痛感したのが、良きフォロワーの重要性です。「馬には乗ってみよ、人には添うてみよ」のことわざのとおり、何事も経験してみないと本当のことは分かりません。「あれこれ言う前にまずは行動が吉」ということでしょうか。

少子高齢化の日本では「自衛官募集」がいよいよ困難になってきています。手遅れになる前に、私たちも組織的募集体制の早期確立を企画し、良きフォロワーとなっていきたいと思います。

リーダーだけでなく、そのフォロワーたちも「つんつん」突つきながら、今年も1年、地本勤務にまい進したいと思います。

朝雲・栃の芽

新春特別俳壇

畠中草史　編（抽出）

初富士の薄墨色に明けて来し　木通　佳子
奥祖谷の奥深くまで初日射す　塩田　昌恒
若水を汲みつつ筑波仰ぎけり　宮本　立勇
代筆とあり友よりの初便り　棚橋　弘子
淑気満つ社の四方の御柱　井戸田盛勇
初詣苑に並ぶベビーカー　水野　正
数の子や子供は一人孫二人　川端　初枝
「アリ」「ヤア」「オウ」烏帽子傾がせ鞠始　江口　昌舟
子等帰り二人に戻る三日かな　渡辺　成典
三日はや禅道場に濯ぎ物　佐賀あかり
明石橋潜りて島へ初渡舟　高木　智念
なつかしき御用始の茶椀酒　山口　生右
父母に無き歳月を生き齋粥　米田ふさゑ

【選者紹介】畠中（はたなか）　草史（そうし）（本名則知）。昭和22年北海道旭川市生まれ。東京都町田市在住。自衛隊OB、自衛隊俳句誌「栃の芽」副会長兼編集長、「若葉」「岬」各同人・俳人協会会員、若葉社行事部長、岬同人会幹事長。

第1078回出題

詰碁

出題　日本棋院　九段　曲　励起

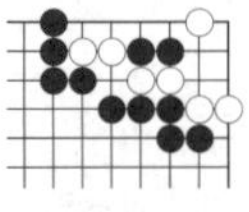

白先

『白を助けて下さい。最初の手が大切です』。5分でできれば中級。

▶詰碁、詰将棋の出題は隔週です◀

詰将棋

出題　日本将棋連盟　九段　石田　和雄

▲先手　持駒　金銀

≪第662回の解答≫

【正解】▲2二銀△同玉▲3二角成△同玉▲2三金△3一玉▲4三桂不成までの七手詰め。

【解説】まず▲2二銀と下から銀を打ちます。△4四玉なら▲4五金。三手目の▲3二角成も急所で、単に▲2三金では△1一玉で失敗します。最後▲4三桂不成のつるし桂でトドメ。

OBがんばる

早めに資格の取得を

竹迫　裕之さん　54

平成25年5月、空自防空指揮群（横田）を最後に定年退職（1空尉）。関東電気保安協会に就職、相模原事業所に配属され、各家庭の電気点検業務に従事している。

私は航空自衛隊を昨年退職し、現在、関東電気保安協会に勤務しています。当協会には従業員が約3000人いますが、自衛隊OBも数多く再就職しています。私が担当する調査業務は、4年に1度の定期点検が義務付けられている作業で、一般家庭を一軒一軒を訪問して漏電や電気設備に異常はないか点検しています。

半年勤務して感じたことは、1日に約50件調査をしなければならず、1件の時間が制約されるため、迅速な作業が要求されることです。また、お客様から質問を受けたときにはその場で即答できるよう、知識を得ておくことや、言葉遣いが大切となります。このため家庭訪問は大変気を使いますが、お客様から「ありがとうございました」とお礼の言葉を頂いた時の達成感は格別です。

さて私の就職活動ですが、定年10年前から資格取得を心掛け、宅建、消防設備士など年に一つ以上の取得に努めました。結果として当協会への就職は第2種電気工事士の資格が有効になりました。

援護を訪ねると、担当者から「何がやりたいのか」と聞かれますが、それだけでなく「何をさせてもらえるのか」も再就職では重要だと思います。希望を出しても年齢・階級・雇用の少なさなどで、思い通りにはなかなかいきません。

そこで援護協会でOBの就職データベースを調べ、自分に可能性のある職場を絞り、早めに必要な知識・資格の取得に努めることが重要だと思います。電気関連なら電建3種、電気工事士の取得をお勧めします。

新年の抱負は「必成」と「望成」

2陸士　高橋　喜朗（評価支援隊・滝ヶ原）

私は新年の抱負として「必成目標」と「望成目標」の二つを掲げました。

まず「必成目標」では、戦車中隊での自分の立場・役割を認識し、そこで出来ること、やらなければならないことを実行することです。そのためには隊長の要望事項である「積極果敢、失敗を恐れず、自ら考え行動する」ことを常に頭に入れ、一年間、行動したいと思います。

一方、「望成目標」は部隊の中で何か「賞」を取ることです。仕事上のことでもスポーツでも、結果として形に残るものは、自分の成長を実感できる財産となると思います。「賞」を取るには、積極果敢をより高い次元で実行しなければなりません。この一年、日々精進を重ね、自分を進化させていきたいと思います。

新刊紹介

「探訪　日本の名城〈上〉」

濱口　和久著

日本には大小さまざまな城が存在する。天守が現存する城、戦後天守が再建された城、一部に櫓（やぐら）や門が残る城、石垣のみの城跡などその形状は千差万別だ。

本書は日本文化チャンネル桜キャスター、拓殖大客員教授、防災検定協会常務理事など多方面で活躍する著者が、「夕刊フジ」に連載中の同タイトル記事に加筆、書籍化した城探訪の書だ。

現存する12城の天守からは弘前城、松本城、丸岡城、彦根城、宇和島城、伊予松山城の6城を収録。築城名手といわれた加藤清正や、さらには生涯17城もの築城を手がけた藤堂高虎など数多くの武将を登場させ、城にまつわる歴史や武将・城主に焦点を置き、合計50城を紹介する。

「武将は『軍人、行政マン、政治家』の三つの顔をもっていた」と著者は言う。城は築城した武将の人格や気質がにじみ出る。その歴史背景や武将の生きざまに思いをはせ城を訪ねれば、新たな面白さが見えてくるだろう。城巡りの旅をかきたてられる一冊だ。

（青林堂刊、1680円）

「ゼロの血統―零戦の天使」

夏見　正隆著

「スクランブルシリーズ」で空自F15戦闘機の活躍を描いた著者が、日中戦争を舞台に零戦小説を書き下ろした。8月に出版された「九六戦の騎士」に続くシリーズ2作目となる。

「風立ちぬ」「永遠の0」など零戦を扱った映画が相次いでヒットするなど、映像に注目が集まっているが、実際に搭乗していたかのような躍動感あふれる零戦小説の迫力は、映画に劣らぬものがある。

主人公の鏡龍之介二飛曹は、前作で満州国の皇女、愛新覚羅群羊（松村仁美）を90（式零）戦で上海に送る任務を果たし、今作では上官や敵機との格闘、秘密作戦に臨む。

龍之介は決して完全無欠なパイロットではなく、荒削りで試行錯誤をしながら、幾度となく危機をかいくぐっていく。仁美や女性記者、アグネス・スメドレーが随所に登場し、華やかに物語を動かす。

フィクションでありながら、蔣介石や汪兆銘など中華民国の歴史上の人物も登場、小説の臨場感を際立たせている。

メディアを使った情報戦や駆け引き、部隊の絆は現代にも通じる。一瞬の判断が勝敗を分ける空中戦は、手に汗を握りながら楽しめる。

（徳間書店刊、672円）

「もっと"ウマく"なりたい」
近代五種日本代表 山中3曹、リオへ抱負

練習を公開した（左から）山中3曹、伊谷士長、島津士長（12月12日、体校馬術訓練場で）

ロンドン五輪の近代五種日本代表で今年のえとの午年生まれの山中詩乃3陸曹（23）＝体校＝が12月12日、防衛省広報課の撮影のため体校馬術訓練場で練習を公開、抱負などを話した。（1面参照）

山中3曹は高知県出身。山田高時代は陸上で活躍し、全国高校駅伝では8位入賞した。平成21年に入隊し翌年、陸上経験を生かそうと体校へ。

入隊3年目、競技経験1年半で臨んだロンドン五輪では、フェンシング、水泳、馬術、コンバイン（射撃後1000メートル走×3）で「それぞれの種目で全力を出せた」と健闘。30位で終えた。

練習は昨年の全日本選手権を制した伊谷温子海士長、同5位の島津玲奈陸士長らとともに3人で公開。白馬「ダンツ号」に騎乗し、巧みにリードしながら、約1メートルの高さの障害を軽やかに飛び越えた。

練習公開後、今年最大の目標でリオ五輪の前哨戦にも位置付けられるアジア大会（9〜10月、韓国・仁川）に向けて「どうしてもメダルがほしい。アジアの中で3本の指に入る実力を身に付けたい」と話し、馬術についても「さらに"うまく"乗れるようになりたいですね」と決意を語った。

パイロットスーツに身を包み、敬礼する百田尚樹さん（12月12日、静浜基地で）

「永遠の0」原作者、百田さん T7に体験搭乗
静浜

【静浜】映画『永遠の0』（山崎貴監督）の原作者、百田尚樹さんが12月12日、空自静浜基地で体験搭乗を行った。

百田さんは基地司令の山下隆康1佐を表敬した後、11飛教団2飛教隊長の衛藤宏樹2佐とともにパイロットスーツに身を包み、T7初等練習機で大空に飛び立った。

澄み切った青空の中、富士山を眼下に約1時間のフライトを楽しんだ百田さんは「上空では判断力が鈍ることがよく分かった。その状態で計器、空も見ながら飛ぶのは並大抵のことではないだろう」と操縦の難しさを思い、感嘆していた。

零戦の特攻隊員を描いた小説『永遠の0』は累計350万部を超えるベストセラー。岡田准一さんの主演で映画化され、12月21日から全国東宝系の劇場で公開されている。防衛省・自衛隊では護衛艦「たかなみ」での撮影を始め、ロケ地の提供などで同映画の撮影に協力した。

2師団の卓上カレンダー
読者に10部プレゼント

2師団は、任務や訓練に励む隊員をモデルにした2014年の卓上カレンダー＝写真＝を制作した。地元の旭川市を中心に毎年、好評を得ており、今年も本紙読者に抽選で10部をプレゼントする。

カレンダーは各月12枚。第2師団広報室と第2通信大隊本管中写真班のプロ級カメラマンがとらえた迫力のシーンが魅力。大きさは縦12センチ、横16センチ。両面カラーで使いやすいよう工夫されている。

希望者ははがきに住所、氏名を記入のうえ、表にカレンダープレゼントと明記して次の宛先まで。

▽応募先＝〒160―0002 東京都新宿区坂町26の19 KKビル3F 朝雲新聞社編集局。

山岳遭難救援隊の編成完結式行う
5普連

【5普連＝青森】連隊は12月11日、青森駐屯地で冬季山岳遭難救援隊の編成完結式を行った。

救援隊は平成13年から行い13年目。冬季の山岳遭難者の救助は、冬山での人命救助の専門的知識と優れたスキー技術を必要とし、救援隊要員にはスキー指導官らが指定されている。19年には風速33メートルの猛吹雪の中、八甲田山系で雪崩に巻き込まれた遭難者を救助したことも。

編成完結式では、30人の隊員を代表して佐々木和孝3尉が青木広治連隊長に報告。引き続き第1次訓練が行われ、装備品の使用法、ビニールシートを利用した応急ボートの作成要領などを学んだ。

小休止

▽…市ヶ谷地区の各部隊は12月19日、隊員家族を招いて2年ぶりに「部隊餅つき大会」を行った。

▽…周囲からはやし立てられて、夫婦で杵を取った中央管制気象隊の黒木祐臣2曹＝写真。息子の麗生ちゃん（2）が見守る中、「よいしょ！」の掛け声に合わせて威勢良く餅をついた。

▽…「家では想像もつかない夫のパワフルな姿にちょっと驚きました」と妻のさち子さん。一年間の無事と新年の飛躍を願って餅をつく隊員の声が、東京の寒空にこだましていた。（市ヶ谷）

「やまがた樹氷国体」の覚書を交換
20普連と山形市など

【20普連＝神町】連隊は12月2日、駐屯地で国体冬季大会「やまがた樹氷国体」協力に関する覚書の交換式を行った。

交換式には連隊から西村和己連隊長ら、地元自治体から市川照男山形市長、横戸長兵衛上山市長らが出席。覚書では2月14日から25日までの12日間、151人の隊員がジャンプやクロスカントリーなどスキー各種目の運営に協力することが確認された。

交換式後の懇談では市長らから「自衛隊の皆さまの力をお借りできることを心強く思います」と期待が語られ、西村連隊長が「長年培ってきた冬季競技協力のノウハウを最大限に発揮したい」と応えた。

「やまがた樹氷国体」の覚書を交換した（左から）市川市長、西村連隊長、横戸市長＝12月2日、神町駐屯地で

フィリピン台風救援
円滑な多国間調整評価
土谷2佐に比軍から勲章

フィリピン災害救援のため、自衛隊の連絡幹部としてマニラの「多国間調整所」に派遣されていた土谷克弘2陸佐（陸幕防衛部国際防衛協力室）に12月13日、各国と連携してスムーズな多国間調整を行ったとして、フィリピン中央軍司令官からの「軍民協力勲章」が伝達された。同調整所には土谷2佐をはじめ、陸自主催で毎年開催されている「アジア太平洋地域多国間協力プログラム（MCAP）」のメンバーが各国から参加しており、土谷2佐は「平素からの人的ネットワークの構築と情報共有が緊急時の円滑な多国間連携を支えた」と話している。

多国間調整所で情報交換する日米豪3カ国の将校。右から2人目が土谷克弘2陸佐。左から米海兵隊と豪陸軍、右端は米陸軍（11月27日、比マニラで）

MCAPが原動力

土谷2佐は防衛省・自衛隊の「フィリピン国際緊急援助統合任務部隊」と併せて設置された「フィリピン現地運用調整所」の一員として11月20日から12月17日まで、比国防省のあるアギナルド基地の「多国間調整所」に派遣され、任務や役割をめぐって各国軍とさまざまな調整に当たった。

帰国を前に、比軍J5部長のジェフリー・デルガド陸軍少将から、比中央軍司令官の「軍民協力勲章（ミリタリー・シビック・アクション・メダル）」を伝達されるとともに、併せて同少将からも功績をたたえる表彰状を直接贈られた。

多国間調整所には各国の連絡幹部が詰めていたが、土谷2佐が到着して驚いたのは、救援に駆けつけた米英加の各国軍がそろって「MCAP」の参加者を派遣していたことだった。

調整所では「やあ、元気か?」から会話が始まったという。日ごろから人道支援・災害救援（HA／DR）に関する多国間連携について討議し、よりよい軍同士の連携や軍民連携の在り方を模索している気心知れた仲間たちとの再会が、スムーズな連携の原動力となったと指摘する。

各国の艦艇はどこに展開し、どんな医療支援や輸送支援を実施するのか。次の展開地はどこか。明日はどの国のどの航空機がどこに支援物資の空輸を行うのか。現地での民間NGOとの連携は?

土谷2佐はMCAPの机上演習で演練した成果を遺憾なく発揮し、比政府の指揮系統と要求を最大限に尊重しながら、各国軍関係者と任務の振り分けやスケジュール調整などを円滑に進めていった。英国のNGOから携帯電話に直接、相談の電話がかかってきたこともあったという。

こうした努力が実り、実任務で初めて、日豪の物品役務相互提供協定（ACSA）による、海自補給艦「とわだ」から豪艦艇への洋上給油も実現した。

また、MCAPを通じてフィリピン側の災害時の緊急態勢と組織編成を学んでいたことも功を奏し、同国の災害対策本部などに適宜適切な状況説明を行うことができたと振り返る。

土谷2佐は「MCAPの有効性が実証された」とした上で「今年4月から日本が拡大ASEAN国防相会議（ADMMプラス）のHA／DR専門家会合の共同議長国に就任するに当たり、MCAPの重要性はますます増大していると実感しています」と話している。

旧海軍戦闘機「月光」の部品 厚木基地で見つかる

地下壕内で見つかった夜間戦闘機「月光」の翼の一部（厚木基地で）

海自第4航空群（厚木、司令・森田義和将補）は12月17日、厚木基地内で発見された旧海軍の夜間戦闘機「月光」の翼の一部とみられる部品を公開した。

「月光」は太平洋戦争中期に作られた2人乗り戦闘機で、敵機の下方を進行して斜め上方に向かって攻撃する「斜め銃」が特徴。厚木基地に所在した第302海軍航空隊では、夜間に米軍のB29爆撃機を迎撃する任務などについていた。

見つかった部品は長さ約2・5メートル、幅約40センチのジュラルミン製。低速時や旋回時の失速を防止する高揚力装置の「前縁部スラット」（右翼）とみられている。

昨年5月31日、基地東側で作業を行っていた米軍委託の民間業者が大戦時の地下壕を発見。連絡を受け、その後の立ち入り調査中に部品を確認した。

現存する「月光」は米スミソニアン博物館に展示されている1機のみで、日本国内で同機の部品などが発見されたのは初めてという。今後は基地内の広報資料館で展示される予定。

4空群では「ここ厚木で海軍航空隊が奮闘していた証しが70年の時を経てよみがえったことに、感銘を受けている」と話している。

こちら警務隊
☎8・6・47651

自転車やリヤカーも 飲酒運転禁止の対象

道路交通法上、飲酒運転禁止対象車には、どのようなものがありますか?

道路交通法第65条第1項において「何人も、酒気を帯びて車両等を運転してはならない」と定め、対象が原動機を用いる車やバイクなどの「車両」と、これに準ずる「等」であると示しています。

「等」とは、同法第2条において、自転車、荷車その他、人や動物の力、または他の車にけん引され、レールによらないで運転する車で、身体障害者用の車いす、歩行補助車、小児用の車以外のものとされています。

要するに、健常な大人が使用する自転車、馬車、人力車、リヤカーなどが全て対象です。

（警本保安科）

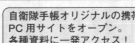

朝雲
発行所 朝雲新聞社
〒160-0002 東京都新宿区坂町26番地19 KKビル
電話 03(3225)3841
FAX 03(3225)3831
振替00190-4-17600番
定価一部140円、年間購読料9000円（税・送料込み）

主な記事

2面 災害での民軍連携テーマにシンポ
3面 26年度防衛費政府案・詳報
4面 〈厚生・共済〉25年度本部長表彰
5面 新田原基地にカフェバーがオープン
6面 〈地方防衛局〉米軍の移転訓練を支援
7面 広島カープ入団の隊員長男を激励
8面 〈みんなのページ〉「人生の八合目」

小野寺大臣　比国緊隊に1級賞状

伊豆大島災派部隊にも

台風30号で壊滅的な被害を受けたフィリピンを救援するため、昨年11月から約1カ月間、国際緊急援助部隊として過去最大の約1180人規模で同国での救援活動に当たった「フィリピン国際緊急援助統合任務部隊」などに12月末、小野寺防衛相から1級賞状が授与された。1級賞状はこのほか、昨年10月の台風26号による伊豆大島の災害救援に当たった陸海空約1100人から成る「統合任務部隊（JTF）」にも授与された。一方、南スーダンPKOに派遣され、昨年末に帰国した現地支援調整所長の土屋晴稔1陸佐と、第4次派遣施設隊長の梅本哲男2陸佐にはそれぞれ1級賞詞が贈られた。

南スーダンPKOでは1級賞詞

フィリピン救援で小野寺防衛相（右）から1級賞状副賞の盾を授与される佐藤寿紀海将補。後方左端は中西信人1陸佐（12月26日、防衛省で）

表彰式は12月24、26の両日、防衛省で行われ、小野寺防衛相から部隊などに1級賞状が授与された。南スーダンPKOの指揮官らには大臣から1級賞詞、フィリピン統合任務部隊の指揮官らには岩崎統幕長から2級賞詞がそれぞれ授与された。

12月26日に大臣室で行われたフィリピン統合任務部隊に対する1級賞状授与式には、木原政務官、西事務次官、岩崎統幕長、岩田陸幕長、河野海幕長、齊藤空幕長、中島運企局長、豊田人教局長が立会。大臣は「困難な活動環境を克服し、援助などを長期にわたり献身的に実施した」と賞状を読み上げ、「フィリピン国際緊急援助統合任務部隊」を代表して指揮官を務めた佐藤寿紀海将補と、現地運用調整所長を務めた中西信人1陸佐にそれぞれ賞状と副賞を授与した。

続いて同日午後、国際緊急援助活動で顕著な功績を収めた同任務部隊の指揮官4人に対し、岩崎統幕長から2級賞詞が授与された。

統幕長室で行われた表彰式には松村統幕副長、河村統幕運用部長、荒木統幕総務部長が立会。佐藤将補、中西1佐に加え、医療・航空援助隊長の浅見勇学1陸佐、空輸隊司令の冨田清香1空佐の4人に統幕長は「卓越した指揮と統率力をもって、誠実かつ積極的に職務を遂行した」と述べ、それぞれ賞詞を手渡した。

これに先立ち24日、南スーダンPKOで現地支援調整所長を務めた土屋晴稔1陸佐と第4次派遣施設隊長を務めた梅本哲男2陸佐に小野寺大臣から1級賞詞が贈られたほか、「伊豆大島災統合任務部隊」には1級賞状が授与され、部隊を代表して指揮官を務めた東方総監の磯部晃一陸将が大臣から賞状を受け取った。

武田副大臣、木原政務官らが立会する中、大臣は「大変厳しい環境だったと思うが、しっかり任務を遂行した。ありがとう」とねぎらいの言葉を述べた。

「普天間移設」動き出す

防衛省　負担軽減で作業チーム

沖縄県の仲井真弘多知事は12月27日、米軍普天間飛行場（宜野湾市）の名護市辺野古への移設に向けた政府の埋め立て申請を承認した。これを受け防衛省は1月6日、黒江哲郎官房長をトップする基地負担軽減策具体化のための特別作業チームを省内に設置した。

ヘーゲル米国防長官は4日行った小野寺大臣との電話会談で、日本側のこれまでの取り組みに謝意を表明。大臣は防衛省として沖縄の負担軽減策に全力を挙げて対応することを説明した。

特別作業チームは、沖縄における米軍施設・区域の早期返還とオスプレイの訓練移転などを含む負担軽減策について具体策を検討。沖縄県の要望を踏まえ、米側との調整にも当たる。

黒江チーム長のほか、真部朗防衛政策局次長と岡真臣地方協力局次長を副チーム長に、関係部局の課長などで構成する。

小野寺大臣　年頭の辞

発足60周年　成長の年に

小野寺防衛相は1月6日の仕事始めに際し、「年頭の辞」を部内回線を通じて全国の部隊に放送した。大臣の年頭訓示の全文は次の通り。

平成26年の年頭に当たり、国内外で日夜任務に精励している隊員諸君に新年のお喜びを申し上げます。

昨年は、東京が2020年のオリンピック・パラリンピックの開催地に決まるなど大変喜ばしい出来事がありました。

一方で、中国は火器管制レーダーの照射や、公海上空の飛行の自由を妨げる「東シナ海防空識別区」の設定、公船による度重なる領海侵入など、我が国周辺海空域において活動を拡大・活発化させ、片や、北朝鮮は核実験実施を含む軍事的挑発を行うなど、我が国を取り巻く安全保障環境が一層厳しさを増した年でもありました。

また、国内外で過去に経験したことのない豪雨や台風などに見舞われ、伊豆大島などで災害派遣を行ったほか、フィリピンにも自衛隊の国際緊急援助隊としては過去最大の1180名態勢で救援に当たりました。我が国としては自衛隊の高い災害対処能力を生かし、東日本大震災で同国から受けた支援に対する恩返しができたと思います。

私は防衛大臣就任以来、直接隊員諸君を激励するとともに、このような厳しい安全保障環境を間近で確認するため、北海道から沖縄まで50を超える駐屯地・基地を視察いたしました。

行く先々で黙々と真剣な眼差しで任務に取り組む隊員諸君に接してきました。

東日本大震災において、私の出身地、宮城県気仙沼市を含む、さまざまな被災地で献身的な救援活動に当たった多くの隊員諸君にも会うことができました。

今、そうした頼もしい諸君と共に2度目の新年を迎えることができ大変うれしく思います。

本年、防衛省・自衛隊は発足から60年を迎えます。この節目の年の初めに当たり、諸君と共に取り組むべき主な施策について、以下、申し述べたいと思います。

1点目は、現下の厳しい安全保障環境に対応した防衛力の強化です。

昨年末、外交・安全保障政策の司令塔として新たに発足したNSCにおける議論を経て、早速、外交・安全保障政策等の基本指針となる「国家安全保障戦略」が我が国として初めて策定されるとともに、この指針を踏まえた「防衛計画の大綱」および「中期防」が決定されました。

我々はこの方針に従い、国民の生命・財産、我が国の領土・領海・領空を断固として守り抜くという強い決意を持って、自衛隊に求められる役割に十分対応できるよう、防衛力の「質」と「量」を必要かつ十分に確保し、抑止力と対処力を高めていかなければなりません。

このために、幅広い後方支援基盤の確立に配慮しつつ、高度な技術力と情報・指揮通信能力に支えられ、ハード・ソフトの両面で即応性や持続性、強靭性、連接性を重視した「統合機動防衛力」を構築してまいります。

具体的には、統合機能のさらなる充実に留意しつつ、特に、警戒監視能力、情報機能、輸送能力、指揮統制・情報通信能力のほか、島嶼部に対する攻撃への対応、弾道ミサイル攻撃への対応、宇宙空間およびサイバー空間における対応、大規模災害等への対応、ならびに、国際平和協力活動等への対応のための機能・能力を重視して、統合防衛力を整備してまいります。

2点目は、各種事態に際し迅速かつ的確に対処し得る危機管理体制の強化です。

昨年の在アルジェリア邦人に対するテロ事件から得られた課題を解決するため、自衛隊法が改正されました。これにより、自衛隊による在外邦人等輸送について、従来までの航空機や船舶に加え、車両による輸送も可能となるなど、外国における緊急事態に際し、より適切に対応できるようになったと考えております。

また昨年は、北朝鮮による弾道ミサイル発射の示唆を含む挑発的言動に対処するため、必要に応じて所要の部隊を展開するなどの措置を講じてまいりましたが、今後とも、国民の生命・財産を守るべく、即応態勢を維持・向上させなければなりません。

さらに、6年後のオリンピック・パラリンピック東京大会の成功の基礎となる日本の安全を守るため、防衛省・自衛隊としても、平素から広域にわたる常続監視を行うとともに、各種事態への対処態勢の実効性を一層高めてまいります。

3点目は、日米同盟のさらなる強化です。

日米同盟は我が国の安全のみならず、アジア太平洋地域の平和と安定のために引き続き重要です。我々は昨年10月、初めて4閣僚が東京に集まる形で開催された歴史的な「日米2プラス2」において打ち出した方向性を踏まえ、「日米防衛協力のための指針」を見直すとともに、弾道ミサイル防衛、サイバー、共同訓練などの分野での防衛協力も拡大し、同盟関係をより強固にしてまいります。

同時に、米軍の抑止力を維持しつつ、沖縄をはじめとする地元の負担軽減を図るため、在日米軍再編計画も着実に進める必要があります。

また、オスプレイについては、昨年に引き続き沖縄県外での訓練の増加を図るため、自衛隊との訓練も含めさまざまな機会を活用してまいります。

4点目は、国際的な安全保障環境の安定化のための積極的な取り組みです。

自由と民主主義といった基本的価値を、安全保障上の利益を、我が国と共有する関係諸国との防衛協力・交流を一層進めてまいります。私自身、昨年はアジア太平洋や欧州・ロシアの国防大臣などの間で関係強化に努めたところでありますが、今後ともさまざまな機会を通じて関係を強化してまいります。

中国に対しては、不測の事態の防止・回避のための海上連絡メカニズムの早期運用開始に向け、引き続き対話を働きかけてまいります。

また、国際協調主義に基づく積極的平和主義の下、海洋国家たる我が国の繁栄に不可欠な海洋の安全確保のためにも重要なソマリア沖・アデン湾における海賊対処行動や、昨年派遣部隊の活動地域を拡大した南スーダンPKOなどについても、現地情勢を注視しつつ、引き続き取り組んでまいります。

現在、自衛隊は、諸君や諸君の先輩たちの60年にわたる積み重ねにより国内外から高い評価を得、大多数の国民から期待と信頼を集める組織となっております。

新年を迎えた今、諸君におかれてはこうした国民の期待と信頼に一層応えるべく、改めて一人ひとりが、「国民のための自衛隊」の一員として我が国を守り国民生活の基盤を守るという高い意識を持って、厳正な規律を維持しつつ、一層職務に精励されることを切に望みます。

私も諸君と共に、国民の生命・財産、我が国の領土・領海・領空を断固として守り抜くという決意を新たにし、全身全霊をもって職務に当たる所存です。

最後になりますが、隊員諸君ならびにご家族の皆様の益々のご健勝とご多幸を心からお祈りするとともに、本年が防衛省・自衛隊発足60周年という節目にふさわしい成長の年となることを祈念し、私の挨拶といたします。

3年ぶりに南極・昭和基地に到着した砕氷艦「しらせ」と接岸の作業を行う乗員たち（1月4日）

「しらせ」3年ぶりに接岸

昭和基地　氷状は変わらず

文部科学省の第55次南極地域観測隊を乗せ、南極の昭和基地に向かっていた海自の砕氷艦「しらせ」（1万2650トン、艦長・日高孝次1佐以下約170人）は1月4日、昭和基地に接岸した。基地に接岸できたのは3年ぶり。

11月8日に東京・晴海を出港した「しらせ」は、12月9日に氷海に進入すると、14日に搭載するCH101輸送ヘリで昭和基地に初輸送を実施した。

観測隊員らをヘリで基地に運んだほか、4日間かけてヘリと雪上車で生鮮食品など約202トンの荷物を越冬隊員のもとに届けた。

「しらせ」はその後もチャージングをしながら定着氷域を進み、1月4日午後4時半に昭和基地の1460メートル沖に到達、接岸した。

近年、南極は氷状が厳しく、53次では昭和基地沖約20キロ、54次は同約18キロ地点でいずれも接岸を断念している。今年も氷の厚さは約6メートル、積雪約2メートルと前年と同様に厳しかったが、海幕の南極観測支援班では今回接岸できた理由を「昨年あった定着氷域が大きく流れ去ったこと流氷域をスムーズに航行できたためではないか」としている。なお、往路のチャージング回数は計2227回に上った。

春夏秋冬

新年を寿ぐ

長谷川　三千子

子供の頃、正月というのは何となく退屈でつまらない祭日だった。

錦玉子と栗きんとんは楽しみだけれど、それ以外はあまり子供むきの味ではないし、羽子つきもひとしきり遊べばすぐ飽きてしまう。そもそも、「あけましておめでとうございます」と言って、何が「おめでとう」なのかが分からない。

「お誕生日おめでとう」ならよく分かるのである。その日は自分が主役になって、みんながこの自分の生まれてきたことのお祝いに、プレゼントをくれたりケーキをご馳走してくれたりする。一年で一番待ち遠しい祝日である。

でも、正月は格別に誰の誕生日でも記念日でもない。「ねえ、どうしておめでとうって言うの？」と尋ねても、大人たちは答えてくれない。「いや昔は正月が来るとみんなそこで年を取ったものな や「数え年」の習慣を知らない世代の私には、ますます訳が分からなくなって、憮然としていた記憶がある。

日本の正月というものの値打ちが実感として分かったのは、大学時代、留学中にパリで新年を迎えた時だった。

前日の雪にうすく覆われたパリの街は、いつもより静かではあっても、それはただ前夜の騒ぎに疲れて寝坊しているといった趣きで、家々の門に松が飾られ、なにか爽やかにシーンと澄み切った、日本の正月の静寂ではない。

子供の頃はただ退屈としか思わなかった日本の正月が、いかに独特の、精神性とすら言ってよいもという挨拶は、「お誕生日おめでとう」とも「メリー・クリスマス」とも、本質的に異なっている。この「おめでとう」の主役は、一人ひとりの人間でもなければ、キリストだのおシャカ様だのといった誰それではない。もちろん、革命だの独立だのの記念日でもない。これは、時間そのものが主役の「おめでとう」なのである。

時はただ過ぎ去って、すべてのものを老い衰えさせてゆくのみではない。良いことであれ悪しきことであれ、新たなことどもの到来を担って、時は日々実現してゆく。

この時の力を、大いなる畏れをもって、ことほぎ、祈り祭ることほかなるまい。

――これこそが「新年あけましておめでとうございます」の意味に

（はせがわ・みちこ＝埼玉大名誉教授）

防衛省発令

▽空将補に昇任（空幕技術課長）　1空佐　後藤　雅人
▽開発集団幕僚長（空幕技術課長）　空将補　後藤　雅人
（以上12月18日）
▽解空幕補任課兼務（空補本補給課長兼空幕補任課）　1空佐　荒武　香織
（12月13日）
▽退職を承認（開発集団付）　空将補　安川　隆廣
（12月14日）
▽南スーダン派遣施設隊長（南スーダン現地支援調整所付）　1陸佐　井川　賢一
（12月16日）
▽飛実団司令（開発集団幕僚長）　空将補　荒木　哲哉
▽自艦隊（13護隊司令）　1海佐　永井　一成
▽13護隊司令（訓指群）　同　池田　秀人
▽空幕補給課計画班長（空幹校）　1空佐　越谷登志幸
▽空幕技術課長（6空団整補群司令）　同　小島　隆
▽6空団整補群司令（空幕補給課計画班長）　同　阿部　智康
（以上12月18日）
▽21整補隊司令（22整補隊司令）　1海佐　与田　敦夫
▽22整補隊司令（装本調達企画課連絡調整官）　同　大久保和広
▽1潜群首席幕僚（1潜群）　同　松本　眞一
▽東業付（空補処下総支処長）　同　宮内　由幸
▽空補処下総支処長（21整補隊司令）　同　三浦　洋
▽装本調達企画課連絡調整官（海3術校研究部長）　同　平尾　尚文
（以上12月20日）
▽海幕経理課経理調整官兼経理班長（海幕経理課経理班長）　1海佐　佐々木　孝
▽佐監経理部長（海幕経理課経理調整官）　同　近藤奈津枝
▽東業司令（海補本需品部長）　同　余座　正一
▽東業付（東業司令）　[illegible]
[illegible]現地支援調整所長　1陸佐　土屋　晴稔
（12月25日）
▽解陸幕防衛課兼務（研本研究員兼陸幕防衛課）　1陸佐　井上　亙
（12月27日）

朝雲寸言

「ふざけんなよ」――。岩田清文陸上幕僚長は、そう怒鳴って机を強くたたいたという。矛先は、納入する機関銃のデータがデタラメだった住友重機だ▼自衛隊が保有する機関銃は12・7ミリなど3種類。そのすべてを住重1社だけで生産しているが、判明しただけでも、1974年から約40年にわたって、防衛省が求める性能に満たない機関銃約5350丁を納入していたという▼事の発端は、住重の品質保証責任者が「本年度不合格。過去にも性能未達があった」と、上司に報告したことだった。調査の結果、耐久射撃試験や発射速度のデータを改ざんするなどの不正が発覚、企業倫理も地に落ちたと言っていい▼一朝有事になれば、自衛隊が国民を守るために使う武器の精度をごまかすなど許されることではない。直ちに契約を破棄し、別の会社に製造を依頼したいが、現在、国内の機関銃メーカーは住重だけ。それが不正が続いた温床だ▼戦後、日本は戦争と関連する一切を忌避してきた。自衛隊が使う武器を製造していることも、企業イメージを損なうとして、会社案内などに載せない企業も少なくない。国民の目から「武器」を遠ざけてきたことも、事件の背景だろう▼「たまに撃つ、弾がないのが、たまにきず」――。自衛隊の予算や弾薬の少なさを嘆いた川柳だが、40年も不正を見抜けなかった言い訳にはならない。「ふざけんなよ」の矛先は、決して企業だけではない。

時の焦点

国内　野党再編

ロケット打ち上がるか

衆院解散の気配もなく、「凪」と言われる2014年の政局だが、注目しても良いのは野党再編の行方だろう。

みんなの党を離れ、新党「結いの党」を結成した江田憲司代表は、再編のシナリオを3段ロケットに例える。

1段目は、結いの結党。

2段目は、日本維新の会との合流。

3段目は、民主党の一部との合流。

2段目は夏、3段目は秋を想定しているという。

しかし、そう簡単ではない。

維新の会は、石原共同代表（元東京都知事）や平沼赳夫代表代行ら東京組と、橋下共同代表（大阪市長）や松井幹事長（大阪府知事）ら大阪組とで、政策の違いがあり、安倍政権との距離感も異なる。

東京組は、保守色が強く、原発は必要との立場。安倍政権との協力にも積極的だ。

大阪組は、脱原発依存が望ましいと考えており、安倍政権とも是々非々の立場を好む。

政策の一致を重んじる江田氏は、東京組を排除した維新と合流したいようだが、大阪組の一人は「東京組を党から追い出す気はさらさらない」と語っており、流動的な要素が残る。

3段目はさらに不透明だ。

結いの党は、民主党の細野豪志前幹事長らが離党して、結いの党と合流することを想定しているようだ。これに対し、細野氏は民主党代表の座をつかみ、民主党を核に、結いや維新を吸収する再編を描いているとみられ、同床異夢だ。

こんな気の利いた川柳も新聞に載っていた。

「言うは易し結うは難しの永田町」

江田氏らが唱える野党再編の大義は、安倍自民党に対抗する政治勢力の結集である。

しかし、今のところ、安倍首相にとって、そう悪い展開とはなっていない。

みんなの党の渡辺代表は、安倍首相に対し、重要政策について協議する戦略的対話を呼び掛けている。首相との近さを強調し、存在感を高める戦略だ。首相サイドも対話に前向きという。

首相は昨年12月18日、維新の会の石原、平沼両氏と昼食を共にした。石原氏は、憲法改正に協力する考えを伝えた。

一方で、首相は12月23日に橋下、松井両氏らと会談し、橋下氏らへの配慮も欠かさなかった。橋下氏としても、高い支持率を誇る首相とのパイプは維持したいということか。

政策ごととはいえ、野党の協力を取り付けることができれば、首相の政権基盤はより強くなるし、野党分断の効果もある。

野党のプレーヤーは、今のところ、首相の手のひらの上で、踊っているだけのようにも見える。

風間 二郎（政治評論家）

海外　オバマ外交

危機招くパワーの空白

2009年1月に発足した米国のオバマ政権は、14年1月から6年目に入る。過去5年間のオバマ外交を総括するとどうなるか。長年の同盟国の間で同政権の外交政策への評価が極めて低い事実は、銘記する必要がある。

オバマ政権が進めた外交を振り返ると、これがあの米国なのかと驚くほど、過去の政権との違いが際立つ。中東で唯一の民主主義国家イスラエルとの関係を破壊し、カダフィ政権を崩壊させた後のリビアは無政府状態に近い。エジプトではムバラク大統領の追い落としに加担し、中東の重要な同盟国を失った。

イランで起きた市民の民主化要求デモを支援せず、シリア情勢では優柔不断の失態から、ロシアに中東での影響力復活を許した。

アフガニスタンは大混乱に陥り、戦争に勝利していたイラク情勢も敗北のような状況に陥った。

イランの核協議も同国が得た「成果」を考えれば「次回」の行方は怪しい。北朝鮮の核をめぐる6カ国協議も全く進展していない。

最近の例では、ウクライナは欧州連合（EU）との関係強化を目指す協定への署名をロシアの圧力で見送り、イランはペルシャ湾で軍事力をちらつかせる。中国は一方的に東シナ海に防空識別圏を設定した。

これら三つの共通点は「オバマ外交の帰結」ということである。米国の勢力圏がどんどん縮小していく状況は、ロシア、イラン、中国には自らの勢力圏拡大の好機に他ならない。

特に深刻なのが防空識別圏設定で、航行の自由は米国の繁栄・経済安保に不可欠なのに、オバマの弱さ、優柔不断、一貫性の欠如を中国に見透かされた結果である。

設定直後に戦略爆撃機B52をグアムから同空域に飛ばしたので、テディ・ルーズベルト元大統領のプリンシプル、「大きな棍棒を手に、静かに話せ」の実行かと思ったら、「以前から予定されていた演習」と釈明。これでは「謝罪」と大差ない。

政権内の誰一人、「識別圏を撤回せよ」と中国に迫らず、超大国らしく対応しなかった姿勢は将来に禍根を残した。今後、同地域の同盟・中立国は中国との「妥協」を探らざるを得ず、それが米国の立場をさらに弱めていく。友邦の信頼と国際的調停者としての実績――この二つをオバマ政権は放棄した形だ。

オバマが歴代大統領と違うのは、空母や核兵器という旧来のパワーの補強として「ソフトパワー」を使うのではなく、両者の関係を逆転させた点だ。ソフトを現実のパワーに代用するなど、クリントンやカーターでさえしなかったことだ。

その収支決算が米勢力圏の崩壊で、パワーの空白地域は必ず危機を招く。旧東欧へ勢力再伸張を図るロシア、まずアジアでの覇権を目指す中国、中東の一大脅威に発展したイラン。次に来るものは一体何だろうか？

草野 徹（外交評論家）

民軍連携の重要性確認

統幕校　災害めぐりシンポ

民間NGOと軍隊（自衛隊）との連携の在り方を討議するパネリスト（壇上）＝12月6日、東京都内で

統合幕僚学校の国際平和協力センター主催による第3回「国際平和と安全シンポジウム」が12月6日、都内で開かれ、内外の有識者、実務者らが「大規模自然災害後の災害救援における民軍連携」をテーマに今後の課題をめぐって討議した。

今回は、海外の災害救援活動に関して「文民が主導、軍が支援」「軍の支援は最後の手段」などの指針を示した国連の「オスロガイドライン」（1994年）を踏まえ、民軍連携のよりよい在り方を模索した。

討議に先立ち、ドイツ陸軍のライナー・コルフ中将が「災害救助におけるドイツ連邦国防軍とNATOの役割」と題して基調講演。独国内での民軍連携の成功例を紹介するとともに、海外での救援活動の費用負担など、国際社会が直面する課題についても指摘した。

パネル討議は阪大大学院教授の星野俊也氏の司会で、国連人道問題調整事務所（UNOCHA）神戸事務所長の渡部正樹氏、NPO法人ピースウィンズ・ジャパン代表の大西健丞氏、JICA東・中央アジア部長の柳沢香枝氏、国境なき医師団のウグ・ロベルト・ニク氏がそれぞれの立場から意見を述べた。

渡部氏は、今回のフィリピン台風を例に被災地で民軍調整に当たったUNOCHAの役割を紹介。民軍間の情報共有と役割分担、共同での計画立案、平素からの民軍対話の重要性を訴えた。また、防衛省には災害対応窓口の一本化を提案した。

柳沢氏は民軍間の「共通言語化」を提唱。災害時にプロとして冷静に判断し、高度な仕事を行うためには、民軍が平素の訓練や交流を通じて互いの能力や組織文化に理解を深めておくことが必要だと指摘した。

大西氏は大規模災害に対応する民間主導のプラットフォームの構築を念頭に、NGOと軍による効果的な連携・運用を目指して普段からコミュニケーションのパイプづくりを行っておく必要性を訴えた。

スイス出身のニク氏は、国境なき医師団の立場を説明。軍隊には人道機関にない能力があるとした上で、目的の違いから軍との関係確立には慎重であるとした。また、自然災害は外国政府の思惑に利用される危険性があるとも指摘。ニーズと援助の釣り合いを常に注視する必要があると述べた。

最後に星野教授が総括し、円滑な民軍連携に向け、人的ネットワークの構築や人材育成の重要性を訴えるとともに、国際平和協力センターが「日本の代表窓口」として多国間交流や共同研究の中心的役割を果たしていくことを提唱した。

1月定期昇任人事

▽1陸佐に昇任

（航校）2陸佐 穐村 佳和
（陸幹校）同 粟田 博文
（同）同 伊藤 久史
（中方）同 岩塚 寿文
（西方）同 小田島 邦弘
（陸幹校）同 小原 誠也
（化校）同 笠畑 忠嗣
（陸幕）同 神園 雄一
（同）同 河口 弘幸
（東北補処）同 神田 敦
（陸幕）同 北島 一
（統幕）同 木村 顕継
（2曹教）同 藏野 隆洋
（陸幹校）同 栗木 茂幸
（統幕）同 黒羽 明
（陸幹校）同 桑畑 英紀
（同）同 小松 隆司
（陸幕）同 坂田 裕樹
（補統）同 坂間 輝男
（関東補処）同 山洞 啓義
（西方）同 清水 和彦
（9施大）同 末継 智久
（陸幕）同 末永 政則
（東北方）同 末永 吉孝
（阪神病院）同 菅澤 英一
（中方）同 髙橋 宏一郎
（北方）同 髙橋 洋二
（即応集団）同 田﨑 信夫
（陸幹校）同 田中 淳
（陸幕）同 田中 裕宣
（同）同 床鍋 繁富
（東北方）同 中山 幸男
（防医大）同 林 佐光
（7師団）同 日高 信行
（4施団）同 平野 善之
（陸幕）同 藤井 義勝
（中央病院）同 藤川 章
（陸幕）同 藤田 悟
（同）同 古内 弘樹
（陸幹校）同 牧野 雄三
（10師団）同 松﨑 早博
（陸幕）同 水沼 大
（陸幹校）同 満井 英昭
（補統）同 宮田 和正
（中方後支隊）同 森 英久
（陸幕）同 矢田 浩通
（6師団）同 柳沢 貴生
（陸幹校）同 渡邊 孝太郎

▽1海佐に昇任

（自艦隊）2海佐 安藤 明宏
（海幕）同 飯塚 浩道
（自艦隊）同 石田 徹
（統幕）同 一柳 公大
（海幕）同 大塚 裕孝
（統幕）同 大宅 学
（海幹校）同 川畑 信一
（81空）同 菊地 秀雄
（ちくま）同 今野 卓
（海幕）同 佐藤 哲朗
（同）同 髙梨 康行
（統幕）同 竹内 俊雅
（海幕）同 塚越 康記
（海幹校）同 辻 秀樹
（統幕）同 寺本 好孝
（海幕）同 西山 高広
（艦補処）同 橋本 剛
（護艦隊）同 平田 利幸
（海幕）同 藤原 直哉
（ゆうぎり）同 牧 孝行
（海幕）同 目加田 克彦
（海幹校）同 米山 博

▽1空佐に昇任

（空幕）2空佐 浅沼 千代忠
（空幹校）同 市川 佳弘
（空幕）同 大泉 光祥
（空幹校）同 大垣 雅之
（飛実団）同 大嶺 徳和
（空幹校）同 岡田 聡
（統幕）同 尾山 正樹
（空幕）同 川島 竜之介
（航安隊）同 川波 徳通
（空幹校）同 河野 学
（同）同 上林 晃
（空幕）同 小森 圭
（南混団）同 指田 俊博
（空幕）同 萱原 謙一
（南混団）同 杉本 浩志
（空幕）同 世良 達裕
（北空）同 田﨑 勤
（空幕）同 中川 一
（高教隊）同 中塚 千陽
（空幕）同 橋田 和浩
（西空）同 八家 百合
（総隊）同 林田 博行
（空幹校）同 松葉佐 欣史
（同）同 三輪 信一
（空幕）同 村上 博啓
（空幹校）同 村田 晶洋
（飛教隊）同 柳 享範
（空幕）同 米山 浩
（同）同 渡部 誠

（以上1月1日）

UNMISS派遣 4次要員が帰国

帰国を報告する南スーダン派遣施設隊4次隊長の梅本哲男2佐（12月21日、福岡県の小郡駐屯地で）

国連南スーダン共和国ミッション（UNMISS）に派遣されていた南スーダン派遣施設隊の第4次要員（隊長・梅本哲男2佐以下5施設団基幹の約330人）は半年間の任務を終えて12月20日までに帰国、21日、小郡駐屯地で帰国行事が行われた。

式典には武田防衛副大臣や番匠西方総監をはじめ、他省庁や自衛隊協力団体などから約50人が出席した。

最初に梅本2佐が任務完了を報告。武田副大臣が安倍首相からの特別賞状を伝達し、「自衛隊の高い能力と規律正しさはヒルデ・ジョンソン国連事務総長特別代表をはじめ、南スーダン政府などから極めて高い評価を受けている。これは諸君の現地での献身的な活動が評価された結果であり、我が国の誇りである」と述べ、労をねぎらった。

続いて土本英樹・国際平和協力本部事務局次長が本部長の安倍首相からのPKO本部長表彰を伝達した。

26日に防衛省を訪れ、岩﨑統幕長に帰国を報告した梅本2佐と現地支援調整所長の土屋晴稔1佐は記者団に対し、懸念される現地の治安について「陸自が派遣されている首都ジュバは比較的落ち着いている。ルワンダ軍の警護の下で任務に当たっている」と述べ、活動中の5次要員（隊長・井川賢一1佐以下3師団基幹の約400人）に対して「あくまでUNMISSの指示に基づき任務を進めていくよう伝えた」と話した。

露軍機が日本周回

ロシア哨戒機の航跡（12月19日）

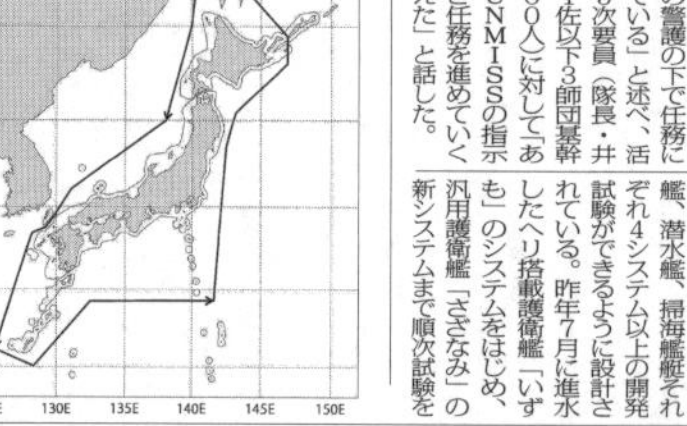

12月19日、ロシア海軍のツポレフTu142型哨戒機2機が日本列島を周回する偵察飛行をしたため、空自の全方面隊のF15戦闘機などが緊急発進して対応し、領空侵犯を未然に防いだ。

露軍機は北海道沖の日本海を山陰沖まで南下、隠岐島と竹島の間を抜け、対馬海峡東水道を通過し、尖閣諸島沖の東シナ海に到達した。

その後、2機は宮古海峡を経て太平洋に進出し、小笠原諸島沖から東北沖を北上、北方領土の国後水道を抜けてサハリン方面に飛び去った。統幕は同日、空自機が撮影した露軍機の写真と航跡図を公開した。

沖縄本島付近では 中国艦艇3隻航行

12月23日午前2時ごろ、中国海軍の「ジャンカイII」級フリゲート（満載排水量3963トン、艦番号570「黄山」、571「運城」）2隻と「フチ」級補給艦（887）が、沖縄本島の南西約600キロの海域を太平洋から東シナ海に向け航行しているのを、海自11護隊（横須賀）の「やまぎり」が確認した。

3隻は沖縄本島と宮古島間を抜け、東シナ海に入った。

米F・アーウィンを初使用

部隊訓練評価隊が派米訓練

陸自は1月13日から2月9日まで、米カリフォルニア州フォート・アーウィンの米陸軍戦闘訓練センター（CTC）を初めて使用した日米共同訓練を実施する。実戦的な環境の下で日米の相互連携要領を演練し、相互運用性の向上を図る。

陸自の派遣部隊は、部隊訓練評価隊（北富士、滝ケ原）基幹の約180人。米陸軍からは第1軍団第2歩兵師団の第3ストライカー旅団戦闘団（ワシントン州ルイス・マッコード統合基地）基幹約4000人が参加する。

期間中、第一線救護と障害処理の機能別訓練のほか、交戦訓練用装置を使用した小規模な対抗部隊の駆逐、大規模な対抗部隊に対する防御と反撃の各種戦術を行う対抗訓練を実施する。

部隊訓練評価隊は、国内唯一の実動訓練評価組織として北富士演習場で行われる訓練の支援に当たる部隊で、実戦的な訓練で敵役となる対抗部隊と、評価分析官からなる評価部隊で構成。平成11年の創設以来、年間平均約25回、約6000人を支援している。

インドで共同訓練 水上部隊16次隊

アデン湾での海賊対処任務を終え帰国中の海自水上部隊16次隊（指揮官・清水博文1佐以下約400人、護衛艦「ありあけ」「せとぎり」で編成）は12月21、22の両日、インド東海岸・チェンナイ沖で同国海軍と共同訓練を行った。

インド海軍からはS・ゴパラクリシュナ大佐を訓練統裁官に、駆逐艦「ランビジェイ」（5054トン）、最新鋭フリゲート「サプラ」（6299トン）、コルベット「クタール」（1350トン）が参加した。

日印の5隻は対潜戦、対水上射撃、戦術運動の各訓練のほか、不審船の臨検などを目的とした立入検査訓練を行った。

日印海上部隊の共同訓練は2012年6月に続き、2回目。

韓国テーマにシンポ 日本戦略研究F

日本戦略研究フォーラム（中條高徳会長）は1月31日、東京都新宿区のホテルグランドヒル市ヶ谷で「韓国はどこに向かっているのか」をテーマにシンポジウムを開催する。

ジャーナリストの櫻井よしこ氏、杏林大学名誉教授の田久保忠衛氏、ヴァンダービルト大学日米研究協力センター所長のジェームス・E・アワー氏など国内外の有識者をパネリストに招き、現在の日韓に横たわる諸問題について議論する。

問い合わせは日本戦略研究フォーラム、電話03（6265）0864まで。会費は2万円（当日受付可）。

◇東部方面音楽隊「第34回室内楽演奏会」

▽日時＝3月11日（火）午後7時開演

▽場所＝川口総合文化センターリリア音楽ホール（埼玉県川口市）

▽曲目はG・D・スピアー「6つのソナタ」より（金管5重奏）、J・S・バッハ「トッカータとフーガニ単調」（バスクラリネット2重奏）、クラウス・ディーター・ツィマー「フラジール」（マリンバ4重奏）など。

▽申し込み＝往復はがき（1枚につき1名）に郵便番号、住所、氏名、年齢、電話番号と演奏会名を明記。未就学児の入場は不可。2月25日必着。応募多数の場合は抽選。

▽応募・問い合わせ先＝〒178―8501東京都練馬区大泉学園町、陸上自衛隊東部方面音楽隊演奏会係。電話048（460）1711（内線3640）。

新試験棟が落成 艦艇開発隊

【艦開隊＝横須賀】艦艇開発隊（司令・篠村靖彦1佐）は11月29日、「艦艇システム開発試験棟」の落成式を行った＝写真。

同試験棟は、海自艦艇に最新の戦闘情報システムを取り入れ、優位性を持って海上戦闘を行えるシステムを構築していくため、護衛艦、潜水艦、掃海艦艇それぞれ4システム以上の開発試験ができるように設計されている。昨年7月に進水したヘリ搭載護衛艦「いずも」のシステムをはじめ、汎用護衛艦「さざなみ」の新システムまで順次試験を行っていく予定。

落成式には松下泰士自衛艦隊司令官をはじめ、横須賀総監、護衛艦隊、潜水艦隊司令官ら各級指揮官や来賓が出席。

最初に篠村艦艇開発隊司令が、「この艦艇システム開発試験棟を用いて、真に戦える海自のシステム開発に努める所存」と決意を表明、次いで松下司令官が「システムの早期戦力化と防衛力整備に関する発信サイトとしての役割を期待する」と述べた。

その後、テープカットと除幕が行われ、全員で試験棟の落成を祝った。

ロシア艦艇5隻が 下対馬周辺を航行

12月22日午前6時ごろ、露海軍の「ウダロイI」級駆逐艦、「ロプチャーI」級戦車揚陸艦、「ロプチャーII」級戦車揚陸艦、「ドゥブナ」級補給艦、「バグラザン」級救難曳船の5隻が、長崎・下対馬の南西約70キロの海域を北上しているのを、海自12護隊（呉）の「せんだい」と4空群（厚木）のP3C哨戒機が確認した。

5隻は対馬海峡を北上し、日本海に入った。

また、25日には別の「ウダロイI」級1隻が、北海道・宗谷岬の西南西約200キロの海域を日本海からオホーツク海に向け北東に航行しているのを2空群（八戸）のP3Cが確認した。その後、同艦はオホーツク海に入った。

26年度防衛費政府案・詳報

平成26年度防衛予算案が12月24日の閣議で決まった。防衛費は前年度当初予算比2・2％増の4兆7838億円（SACO等を含むと同2・8％増の4兆8848億円）。主要項目と金額などは次の通り。金額は契約ベース、薄緑部分は新規事業。

26年度予算の考え方

1 「平成26年度以降に係る防衛計画の大綱」（平成25年12月17日閣議決定）および「中期防衛力整備計画（平成26年度～平成30年度）」（平成25年12月17日閣議決定）に基づき、統合機動防衛力の構築に向け、初年度の防衛力整備を着実に実施。

2 各種事態における実効的な抑止および対処並びにアジア太平洋地域の安定化およびグローバルな安全保障環境の改善といった防衛力の役割にシームレスかつ機動的に対応し得るよう、統合機能のさらなる充実に留意しつつ、特に、警戒監視能力、情報機能、輸送能力および指揮統制・情報通信能力のほか、島嶼部に対する攻撃への対応、弾道ミサイル攻撃への対応、宇宙空間およびサイバー空間における対応、大規模災害等への対応並びに国際平和協力活動等への対応を重視し、防衛力を整備。

3 格段に厳しさを増す財政事情を勘案し、我が国の他の諸施策との調和を図りつつ、一層の効率化・合理化を徹底。

1 各種事態における実効的な抑止および対処

（1）周辺海空域における安全確保

①周辺海域の情報収集・警戒監視能力の強化

○固定翼哨戒機（P1）の取得（3機594億円）

・現有の固定翼哨戒機（P3C）の後継として、探知識別能力、飛行性能、情報処理能力、攻撃能力等の向上したP1を取得

○固定翼哨戒機（P3C）の機齢延伸（3機15億円）

・固定翼哨戒機の体制を維持するため、P3Cに機齢延伸措置を実施

○固定翼哨戒機（P3C）の能力向上（12億円）

・固定翼哨戒機（P3C）の探知識別能力を向上させるため、レーダーや赤外線探知装置の性能向上に必要な器材を整備

○哨戒ヘリコプター（SH60K）の取得（4機242億円）

・現有の哨戒ヘリコプター（SH60J）の後継として、対潜探知能力や攻撃能力が向上した哨戒ヘリコプター（SH60K）を取得

○哨戒ヘリコプター（SH60J）の機齢延伸（2機12億円）

・哨戒ヘリコプターの体制を維持するため、SH60Jに機齢延伸措置を実施

○護衛艦（DD）の建造（1隻729億円）

・「はつゆき」型護衛艦の減勢に対応するため、対潜探知能力や燃費を向上した汎用護衛艦（「25DD型」2番艦＝5000トン型）を建造

○護衛艦の艦齢延伸（艦齢延伸工事6隻および部品調達11隻分98億円）

・護衛艦の体制を維持するため、はつゆき型（5隻）、あさぎり型（6隻）、あぶくま型（5隻）、はたかぜ型（1隻）護衛艦に艦齢延伸措置を実施

○潜水艦（SS）の建造（1隻517億円）

・潜水艦を16隻体制から増勢するため、「そうりゅう」型10番艦（2900トン型）を建造

○潜水艦の艦齢延伸（艦齢延伸工事1隻および部品調達2隻分5億円）

・潜水艦を16隻体制から増勢するため、「おやしお」型潜水艦に艦齢延伸措置を実施

○災害派遣等多目的に対応する救難艦の建造（1隻507億円）

・事故発生時に潜水艦の乗員を救出し、人規模災害時には医療支援・被災者支援等を行うため、潜水艦救難母艦「ちよだ」の後継として、新型潜水艦救難艦（ASR）（5600トン型）を建造。

・大規模災害等に対応するため、手術用寝台2床と病床約10床を設置するなど医療機能を強化し、医療支援・被災者生活支援、入浴支援等の拠点として使用

・水難事故等に際し、飽和潜水の高い技量を有する潜水士による行方不明者捜索や、無人探査機（ROV）による沈没船舶の状況確認を実施

○艦載型無人航空機の海上自衛隊艦艇との適合性等に関する調査研究（2百万円）

・艦上での運用が可能な既存の無人航空機について、技術動向、各機種の飛行性能、操作性、武器やセンサーなど搭載装備品、海上自衛隊艦艇への艦載適合性の確認など、導入に向けた調査を実施

②周辺空域の警戒監視態勢の強化

○早期警戒（管制）機の導入に向けた検討（4百万円）※平成27年度予算に、新たな早期警戒管制機または早期警戒機の導入に係る経費を計上することを目指して検討作業を本格化

○早期警戒管制機（E767）の能力向上（137億円）

・現有のE767の警戒管制能力を向上するため、中央計算装置の換装および電子戦支援装置の搭載等を実施

・平成26年度は、4機の能力向上に必要な部品の一部を引き続き取得

○固定式警戒管制レーダー（FPS7）およびBMD対処機能の付加（1式49億円）

・見島（山口県）の現有レーダー（FPS2）をFPS7へ換装するとともに、弾道ミサイル対処機能を付加

③滞空型無人機の導入に向けた検討

○滞空型無人機の導入に向けた検討（2億円）

・搭乗員に対する危険や負担を局限しつつ、広域における常時継続的な警戒監視態勢の強化に資する滞空型無人機の性能情報や導入後の運用要領等の検討を実施

※平成27年度予算に、滞空型無人機の取得に係る経費を計上することを目指して検討作業を本格化

（2）島嶼部に対する攻撃への対応

①常続監視体制の整備

○与那国島への沿岸監視部隊の配置等（158億円）

・沿岸監視部隊の配置に向け、付近を航行・飛行する艦船や航空機を沿岸から監視して各種兆候を早期に察知するための沿岸監視装置を取得。併せて、平成25年度に実施する敷地造成や施設設計を踏まえ、庁舎等の工事を開始

○早期警戒（管制）機の導入に向けた検討（再掲）

○警戒航空隊の改編

・南西地域における常時継続的な警戒監視を安定的に実施する体制を整備するため、警戒航空隊を改編し、那覇基地に早期警戒機（E2C）による「第2飛行警戒監視隊（仮称）」を新編

○「第2飛行警戒監視隊（仮称）」の新編に伴う整備器材の取得（13億円）

・部隊の新編に伴い、那覇基地で必要な整備を実施するための整備器材を取得

②航空優勢の獲得・維持

○戦闘機（F35A）の取得（4機638億円※）

※1 国内企業参画の範囲を拡大することに伴う初度費として、別途425億円を計上

※2 その他関連経費（教育用器材等）として、別途383億円を計上

○戦闘機（F35A）の配備（三沢）に向けた教育訓練施設等の整備（27億円）

○戦闘機の能力向上改修（350億円）

・戦闘機（F15）近代化改修（12機151億円）

・戦闘機（F15）NVG搭載改修（1機0・8億円）

・戦闘機（F2）へのターゲティング・ポッド搭載試改修（1機＝試改修経費＝61億円）

○那覇基地における戦闘機部隊の2個飛行隊化に向けた施設整備および整備器材等の取得（54億円）

○救難ヘリコプター（UH60J）の取得（3機117億円）

○03式中距離地対空誘導弾の取得（1個中隊175億円）

③海上優勢の獲得・維持

○固定翼哨戒機（P1）の取得（再掲）

○固定翼哨戒機（P3C）の機齢延伸（再掲）

○哨戒ヘリコプター（SH60K）の取得（再掲）

○哨戒ヘリコプター（SH60J）の機齢延伸（再掲）

○護衛艦（DD）の建造（再掲）

○護衛艦の艦齢延伸（再掲）

○潜水艦（SS）の建造（再掲）

○潜水艦の艦齢延伸（再掲）

○災害派遣等多目的に対応する救難艦の建造（再掲）

○掃海艦（MSO）の建造（1隻177億円）

・深深度機雷への対処能力を向上するとともに船体を木造から耐性に優れたFRP製に進化させた掃海艦（「25MSO型」2番艦＝690トン型）を建造

○現有の88式地対艦誘導弾システムの後継として、射程や精度を向上した12式地対艦誘導弾を取得＝4個中隊（16両）309億円

④迅速な展開・対処能力の向上

迅速な展開のための輸送力および機動力の向上

○ティルト・ローター機の導入に向けた検討（1億円）

・ティルト・ローター機の性能情報や導入後の運用要領などに係る検討を実施

※平成27年度予算に、ティルト・ローター機の取得に係る経費を計上することを目指して検討作業を本格化

○輸送ヘリコプター（CH47J）の勢力維持改修（1機36億円）

○現有の輸送機（C1）の後継として、航続距離や搭載重量等を向上し、大規模な展開に資する輸送機（C2）の取得（2機398億円）

○民間輸送力の活用に係る施策の推進

・機動展開能力の強化に資するため、民間輸送能力（チャーター船）を積極的に活用した演習を実施（陸自）＝12億円

・機動展開における民間輸送力の活用施策に係る検討（統幕）＝0・4億円

○方面隊実動演習（陸自）

・離島侵攻対処をはじめとする各種事態に迅速かつ効果的に対処できるよう、方面隊規模による機動展開訓練等を実施し、方面隊の任務遂行能力の向上を図る

○協同転地演習（陸自）

・良好な訓練基盤を有する北海道や、九州・沖縄への機動展開訓練を実施し、海上・航空自衛隊との連携要領を演練する

○日米共同統合演習（キーン・ソード）の実施（統幕）

・我が国防衛のための日米共同対処を円滑に実施するため、我が国周辺海空域および基地等において、海上・航空作戦、部隊の機動展開等の実動演習を実施し、日米相互の部隊レベルによる連携要領を維持・向上させる

○統合後方補給訓練の実施（統幕）

水陸両用機能の整備

○水陸機動準備隊（仮称）の編成

・水陸両用作戦を専門とする部隊を可及的速やかに新編するため、陸上自衛隊に水陸機動準備隊（仮称）を編成し、水陸両用車等の各種検証等を通じて戦力化に資するノウハウを収集整理し、早期戦力化を推進

○水陸両用機能強化に向けた教育訓練基盤の整備（15億円）

・水陸両用部隊新編に向け、早期戦力化を図る必要のある水陸両用機能の強化に係る教育訓練基盤を整備

▽ヘリコプターからの緊急脱出訓練用装置の新設

▽水路潜入訓練装置の新設

○艦艇の水陸両用戦能力の向上（3億円）

・水陸両用戦に係る輸送能力を強化するため、海上自衛隊の「おおすみ」型輸送艦を改修

・平成26年度は、今後の大規模改修に向けた試設計等のほか、水陸両用車の収納に必要となるすべり止め塗料を「おおすみ」型輸送艦3隻のLCAC甲板へ塗布することにより、島嶼部への攻撃に対する即応態勢を構築

・また、水陸両用戦における司令部機能を強化するため、「いずも」型護衛艦の多目的区画への電子会議装置の整備等を実施

○水陸両用車の参考品購入（2両17億円）

・島嶼における不法行動および侵攻事態に備え、島嶼を奪回する機能として水陸両用機能の整備に着手

・平成25年度予算においては、海上機動力や防護力等の性能や諸外国における運用実績、早期取得可能性等を踏まえ、参考品として、AAV7RAM/RS（人員輸送型）を取得

・平成26年度は、上記AAV7RAM/RSの性能確認および運用検証等を行うとともに、AAV7RAM/RSの派生型である指揮通信型1両と回収型1両を追加取得

○米国における水陸両用機能強化のための実動訓練の実施

・米国における米海兵隊との実動訓練（アイアン・フィスト）

・リムパックへの陸上自衛隊の参加

南西地域の自衛隊の態勢充実

○南西地域の防衛態勢を早期に充実するための各種装備品を取得

・12式地対艦誘導弾の取得（再掲）

・中距離多目的誘導弾の取得（18セット72億円）

・LJDAM誘導装置の取得（9式3億円）

航空自衛隊F2から投弾されるLJDAM※を地上から誘導するためのレーザー誘導装置を陸上自衛隊に装備し、陸上・航空自衛隊による統合火力誘導を実施

※LJDAM＝レーザー精密誘導装置付爆弾

・60ミリ迫撃砲（B）の取得（6門0・1億円）

○初動担任部隊の新編に係る検討（0・6億円）

・南西諸島における災害を含む各種事態生起時の対応に万全を期すため、平成25年度に実施する候補地調査の結果を踏まえ、南西諸島において初動を担任する部隊の新編に係る基本構想を作成。基本構想とは、概略の施設配置図や工程表の作成、概算工事費の推算等を行い、事後の業務の基本とするもの

⑤指揮統制・情報通信体制の整備

○指揮・統制・通信機能の整備

・対空および火力戦闘指揮統制システムの整備により、南西地域において、陸上自衛隊による効果的な対空戦闘および対艦戦闘のための海上・航空自衛隊との連携を可能とする

▽対空戦闘指揮統制システムの取得（1式32億円）

▽火力戦闘指揮統制システムの取得（2式29億円）

▽火力戦闘指揮統制システムと海上自衛隊指揮統制システムの連接（0・9億円）

・さらに、海上・航空自衛隊等とのリアルタイムによる目標情報等の共有を実現するため、主に陸上自衛隊SSM（地対艦ミサイル）部隊に対するリンク機能の導入に係る調査・研究を実施

▽リンク機能の導入に係る調査・研究（0・4億円）

▽野外指揮・通信システム一体化（58億円）

○現用Xバンド通信衛星（スーパーバードC2号機）の後継衛星に関する技術調査およびPFI導入可能性調査（0・6億円）

○衛星通信システムの通信妨害対策に関する研究（0・1億円）

○衛星通信システムに影響を与える干渉波の分析方法等に関する調査

○Xバンド衛星通信機能の向上（112億円）

（3）弾道ミサイル攻撃への対応

①弾道ミサイル攻撃への対応

弾道ミサイル防衛関連経費606億円

○イージス艦の能力向上（2隻103億円）

・平成24年度に着手した「あたご」型護衛艦2隻のBMD艦化改修を引き続き実施

○PAC3ミサイルの取得（116億円）

・所要のPAC3ミサイルを取得し、弾道ミサイル対処能力を向上

○BMD用能力向上型迎撃ミサイル（SM3BlockⅡA）の日米共同開発（52億円）

・弾道ミサイル対処能力を向上させるため、イージス艦に搭載するBMD用能力向上型迎撃ミサイル（SM3BlockⅡA）の日米共同開発を継続

○PAC3部隊の市ヶ谷における展開基盤等整備（17億円）

○将来の弾道ミサイル迎撃体制についての調査研究（0・4億円）

・我が国に飛来する可能性のある弾道ミサイルに対し、新規装備品も含め、最も効果的で効率的な将来のBMD体制をシミュレーション等により探究

②ゲリラ・特殊部隊による攻撃への対応

（4）宇宙空間における対応

宇宙関連施策の推進

宇宙関連経費541億円

○宇宙を利用したC4ISRの機能強化のための調査・研究（4億円）

○宇宙状況監視等に関する取り組み

・宇宙状況監視システムの導入可能性調査（0・1億円）

○防衛省・自衛隊の衛星防護の在り方に関する調査研究（0・2億円）

（5）サイバー空間における対応

①運用基盤の充実・強化

サイバー関連経費205億円

○サイバー情報収集装置の整備（12億円）

○次期サイバー防護分析装置のシステム設計等（12億円）

○ネットワークサイバー攻撃対処技術の研究（8億円）

②人材育成・確保

③諸外国および民間企業等との連携強化

○民間企業等との連携強化（0・9億円）

（6）大規模災害等への対応

①災害対処拠点となる駐屯地・基地等の機能維持・強化

②大規模・特殊災害に対応する訓練等の実施

③災害対処に資する装備品の取得等

（7）情報機能の強化

○アフリカ地域等における防衛駐在官の体制の強化

○防衛政策局調査課に「調査研究室（仮称）」の新設

○防衛駐在官候補者に対する研修の強化

○地理空間情報用データ整備の拡充

○地理空間情報に関する研究の強化

2 アジア太平洋地域の安定化およびグローバルな安全保障環境の改善

（1）アジア太平洋地域の安定化への対応

○東南アジア諸国を中心とする国または関係機関の能力構築支援の実施

○日豪、日韓、日印、日米韓、日米豪を始めとする二国間・三国間・多国間の防衛協力・交流の推進

○海上連絡メカニズムの運用を始めとする中国との防衛交流・協力の推進

○外務・防衛閣僚級協議（「2＋2」）の開催等によるロシアとの防衛交流・協力の推進

○拡大ASEAN国防相会議（ADMMプラス）の下での取り組み

○パシフィック・パートナーシップ2014への参加

（2）グローバルな安全保障課題への適切な対応

海外での活動能力の強化

○装輪装甲車（改）の開発（48億円）

○ソマリア沖・アデン湾における海賊対処行動

・護衛艦およびP3Cによるソマリア沖・アデン湾における海賊対処行動の継続

国際社会が行う活動への取り組み

○アフリカ諸国のPKOセンターへの講師派遣

○南スーダンPKOへの自衛隊施設部隊等の派遣

・道路等のインフラ整備等の国際平和協力業務を実施

3 日米同盟の強化

（1）地元の負担軽減に資する措置＝1100億円

在沖米海兵隊のグアム移転

○在沖海兵隊のグアム移転に必要な事業への資金拠出等（14億円）

・南アンダーセン訓練場に係る設計費（10億円）

国内での再編関連措置（1085億円）

○普天間飛行場の移設（21億円）

・キャンプ・シュワブ内の陸上工事については、代替施設建設事業とは直接関係なく、着手済みの工事を完了させるもの等、継続的に整備が必要な設計費および工事費を計上

・必要に応じ、予備費および非特定議決国庫債務負担行為の活用も含め、様々な方法により対応

○嘉手納飛行場以南の土地の返還（3億円）

○厚木飛行場から岩国飛行場への空母艦載機の移駐等（904億円）＝岩国飛行場、空母艦載機離発着訓練施設等＝

○嘉手納飛行場等所在来軍機の日本国内およびグアム等への訓練移転（49億円）

○地域振興策（再編交付金等）（108億円）

（2）SACO関係経費＝54億円

4 人事教育に関する施策

（1）国防を担う優秀な人材を確保するための施策の推進

○募集機能の充実・強化

募集業務の強化（0・5億円）

・適正な情報発信と時代の変化に応じた募集広報等スマートフォンを通じた募集対象者に対する効果的な情報発信など、募集機能の充実・強化

再就職支援業務の強化

○職業訓練および援護広報の充実・強化（0・5億円）

○予備自衛官等の充足向上

予備自衛官等制度の広報の充実・強化および訓練基盤の充実（0・6億円）

（2）その他の施策

使命感を醸成し得る礼遇の付与

○防衛功労章の拡充（0・4億円）

・部隊功績に係る防衛功労章の新設

・礼装時の防衛功労章の形状変更

人事制度改革

5 効率化への取り組み

装備品取得の全般にわたり、更なる合理化・効率化を図るため、各種取り組みを推進させ、26年度以降で約660億円の節減を図る。

（1）維持・整備方法の見直し

定期整備間隔等の延伸により、維持整備コストの効率化を追求

○潜水艦ソーナー用ラバーウィンドウの換装間隔延伸

○艦艇用ガスタービンエンジンの整備間隔延伸

○掃海・輸送ヘリ（MCH101）エンジンのオーバーホール間隔延伸

○輸送機（C130H）の定期整備間隔延伸

（2）装備品のまとめ買い

○12式地対艦誘導弾のまとめ買い

4個中隊（16両）388億円↓309億円（節減見込額80億円）

○交戦訓練用装置のまとめ買い

22式142億円↓130億円（節減見込額11億円）

○護衛艦の近距離防空システム（CIWS）改修器材のまとめ買い

23隻分の高性能20ミリ機関砲（Phalanx CIWS）の改修器材

23隻分391億円↓227億円（節減見込額165億円）

○たかなみ型護衛艦の短SAMシステム機能向上用器材のまとめ買い

5隻分の垂直発射装置（VLS）の改修器材

5式66億円↓39億円（節減見込額27億円）

○戦闘機（F2）能力向上レーダーのまとめ買い

30式100億円↓88億円（節減見込額11億円）

（3）民生品の使用・仕様の見直し

費用対効果の観点から、民生品の使用や装備品の仕様の見直しにより、経費節減を追求

○災害派遣等多目的に対応する救難艦の建造にあたって商船仕様・民生品を活用（節減見込額49億円）

○P3C搭載レーダーの能力向上にあたってより費用対効果の高い装置を活用（節減見込額4式で14億円）

○港湾電話の民生品による代替（節減見込額6億円）

（4）装備品等の調達効率化に係る中長期的施策

○ライフサイクルを通じたプロジェクト管理の強化

・PM/IPT体制の常設化を図るため、PMとしてプロジェクト管理を専属的に担当する要員を配置（企画官＝プロジェクト管理担当＝4名）

・プロジェクト管理に関するPM/IPTの活動をサポートするため、プロジェクト管理のノウハウを有するコンサルタント等の民間能力を活用（0・5億円）

6 防衛省改革

（1）防衛省改革の方向性

防衛省改革とは

防衛省・自衛隊の各種不祥事案を契機として開始。不祥事再発防止策はもとより、厳しい安全保障環境の下、シビリアン・コントロールを貫徹しつつ、自衛隊をより積極的・効率的に機能させるとの観点から、防衛省の業務や組織の在り方の改革も実施。

平成25年2月の防衛大臣指示を受け、防衛副大臣を長とする「防衛省改革検討委員会」にて鋭意検討を実施。同年8月、「防衛省改革の方向性」を防衛会議へ報告・公表。

（2）防衛省改革関連の平成26年度予算事業

①文官・自衛官の相互配置

○内部部局における自衛官ポストの定員化（計40名）

・法律を改正し、内部部局に自衛官ポストを定員化

○統合幕僚監部および各自衛隊の主要部隊への新たな文官ポストの定員化（計17名）

【統合幕僚監部】運用部および指揮通信システム部に制度専門官（仮称）を新設（計4名）

【陸上自衛隊】各方面総監部に企画調整専門官（仮称）を新設（計5名）

【海上自衛隊】横須賀および佐世保地方総監部に政策補佐官（仮称）および企画調整専門官（仮称）を新設（計4名）

【航空自衛隊】航空総隊司令部および航空支援集団司令部に政策補佐官（仮称）および企画調整専門官（仮称）を新設（計4名）

②防衛審議官（仮称）の新設

○多様化する安全保障上の課題や飛躍的に増大している対外関係業務に対応し、防衛大臣を始めとする政務の補佐体制を万全にすべく、対外関係業務等を総括整理する防衛審議官（仮称）を新設

③装備品等のライフサイクルの一貫した管理

④防衛政策局の戦略立案機能の強化

○国家安全保障会議との連接

・国家安全保障会議と適切な連接を図るための体制強化（増員）

○日豪防衛協力室（仮称）の新設

・豪州との防衛協力・交流に関する体制強化のため、防衛政策局国際政策課に「日豪防衛協力室（仮称）」を新設

⑤情報発信機能強化のための取り組み

○報道センター（仮称）の確立

・危機管理時において、防衛省・自衛隊として一元的に発信すべき情報の集約・発信調整を行う仕組み＝報道センター（仮称）＝を確立するため、関連機材を整備（百万円）

⑥大臣官房の総合調整機能の強化

○企画調整室（仮称）の新設

・政務の補佐体制を強化するため、大臣官房文書課に「企画調整室」（仮称）を新設

7 その他

（1）編成・機構定員関連事業

各種事態における実効的な抑止および対処等に対応するため、各種部隊改編関連事業等を実施。

①主な部隊改編関連事業

○水陸機動準備隊（仮称）の編成＝再掲＝（陸自）

○第1空挺団の改編（陸自）

南西諸島防衛を見据えた実効的な抑止および対処態勢の構築・強化のため第1空挺団を複数の正面に対して同時に柔軟な対処が可能な体制へ改編

○陸上自衛隊中央輸送業務隊の改編（陸自）

○警戒航空隊の改編＝再掲＝（空自）

○航空戦術教導団（仮称）の新編（空自）

○航空自衛隊幹部学校航空研究センター（仮称）の新設（空自）

○航空開発実験集団司令部の府中基地への移動（空自）

○自衛官の実員増要求

・南西地域における警戒監視態勢および実効的な対処能力の充実・強化を図るため自衛官の実員を増勢し、事態への即応性を向上させる

②機構定員関連事業

○防衛政策の立案機能強化に向けた組織作り

・海上事案などの各種事態への実効的な対応のため、運用企画局事態対処課の体制を強化（増員）

（2）基地対策等の推進

①基地周辺対策経費＝1231億円

うち住宅防音435億円、周辺環境整備796億円

②在日米軍駐留経費負担＝1890億円

うち特別協定1374億円、提供施設の整備254億円、基地従業員対策等262億円

③施設の借料、補償経費等＝1342億円

○防衛施設用地等の借上経費、水面を使用して訓練を行うことによる漁業補償等に要する経費

（3）教育・研究体制の強化等

①防衛研究所

○研究交流の充実・強化

・ミャンマー国防大学との研究交流の強化

・モンゴル戦略研究所との研究交流の強化

・サウジアラビア国防大学との研究交流の強化

・オーストラリア戦略政策研究所等との研究交流の強化

○戦史編さんおよび調査研究の集大成

・「太平洋戦争史（仮称）第1巻」の刊行

②防衛大学校

・ブラジル海軍士官学校への留学

③防衛医科大学校等

○看護師養成課程の4年制化

・平成26年4月に防衛医科大学校医学教育部看護学科（仮称）を開講

（4）技術研究開発の推進

○無人潜水ロボット（UUV※）の長期間運用を可能とする燃料電池等の研究（5億円）

・水中における長期間かつ広範囲での警戒監視・情報収集や、水中機器等の搬送・敷設といった機能を有し、潜水艦の機能を補完できるUUVを可能とするため、燃料電池等に関する研究を実施

※UUV（Unmanned Underwater Vehicle）

○原子力災害等の脅威下において活用可能なロボットの研究（9億円）

○ステルス機等を探知するためのレーダーおよび射撃管制システムの研究（27億円）

島嶼防衛のため陸自が導入を進める水陸両用車。26年度は米海兵隊AAV7の指揮通信型と回収型を参考品として購入

主要な装備品

区分				25年度調達数量	26年度調達数量	26年度金額（億円）
航空機	陸自	多用途ヘリコプター（UH―60JA）		1機	―	―
		戦闘ヘリコプター（AH―64D）		1機	―	―
		輸送ヘリコプター（CH―47J）の勢力維持改修		（1機）	（1機）	36
	海自	固定翼哨戒機（P―1）		2機	3機	594(6)
		哨戒ヘリコプター（SH―60K）		―	4機	242(2)
		救難飛行艇（US―2）		1機	―	―
		初等練習機（T―5）		3機	―	―
		練習ヘリコプター（TH―135）		3機	2機	15
		固定翼哨戒機（P―3C）の機齢延伸		（2機）	（3機）	15(0.7)
		哨戒ヘリコプター（SH―60J）の機齢延伸		（2機）	（2機）	12
		固定翼哨戒機（P―3C）搭載レーダーの能力向上		―	4式	9(5)
		固定翼哨戒機（P―3C）赤外線探知装置の能力向上		―	4式	3
	空自	戦闘機（F―35A）		2機	4機	638(425)
		戦闘機（F―15）近代化改修		（6機）	（12機）	151
		戦闘機（F―15）NVG搭載改修		―	（1機）	0.8(13)
		戦闘機（F―2）空対空戦闘能力の向上	改修	（12機）	（12機）	126
			部品	（―）	（30式）	
		戦闘機（F―2）へのJDAM機能の付加		（11機）	（4機）	11
		戦闘機（F―2）へのターゲティング・ポッド搭載試改修		―	（1機）	61
		輸送機（C―2）		―	2機	398(3)
		救難ヘリコプター（UH―60J）		―	3機	117(4)
		早期警戒管制機（E―767）の能力向上	改修	（―）	（―）	137
			部品	（1式）	（1式）	
艦船	海自	護衛艦（DD）		1隻	1隻	729(14)
		潜水艦（SS）		1隻	1隻	517(3)
		掃海艦（MSO）		1隻	1隻	177(9)
		潜水艦救難艦（ASR）		―	1隻	507(26)
		はつゆき型護衛艦等の艦齢延伸	工事	（―）	（1隻）	6
			部品	（3隻）	（4隻）	
		あさぎり型護衛艦の艦齢延伸	工事	（2隻）	（2隻）	42
			部品	（4隻）	（3隻）	
		あぶくま型護衛艦の艦齢延伸	工事	（―）	（2隻）	25
			部品	（4隻）	（4隻）	
		はたかぜ型護衛艦の艦齢延伸	工事	（―）	（1隻）	25
			部品	（1隻）	（―）	
		おやしお型潜水艦の艦齢延伸	工事	（2隻）	（1隻）	5
			部品	（1隻）	（2隻）	
		とわだ型補給艦の艦齢延伸	工事	（―）	（2隻）	26
			部品	（2隻）	（2隻）	
		たかなみ型護衛艦の短SAMシステムの機能向上	工事	（―）	（―）	39
			部品	（―）	（5隻）	
		エアクッション艇の艦齢延伸	工事	（2隻）	（―）	3
			部品	（―）	（2隻）	
誘導弾	陸自	03式中距離地対空誘導弾		―	1個中隊	175(22)
		11式短距離地対空誘導弾		―	1式	45(18)
		中距離多目的誘導弾		11セット	18セット	72
		12式地対艦誘導弾		1個中隊（4両）	4個中隊（16両）	309
	空自	基地防空用地対空誘導弾		―	―	8
火器・車両等	陸自	9mm拳銃		90丁	―	―
		89式小銃		6,949丁	6,726丁	18
		対人狙撃銃		75丁	50丁	0.5
		5.56mm機関銃MINIMI		188丁	―	―
		12.7mm重機関銃		114丁	―	―
		60mm迫撃砲（B）		―	6門	0.1
		84mm無反動砲（B）		17門	24門	3
		81mm迫撃砲 L16		5門	1門	0.1
		120mm迫撃砲 RT		2門	1門	0.4
		99式自走155mmりゅう弾砲		6両	6両	59
		10式戦車		14両	13両	134
		軽装甲機動車		44両	30両	10
		96式装輪装甲車		11両	8両	12
		87式偵察警戒車		1両	―	―
		NBC偵察車		2両	1両	8
		車両、通信器材、施設器材 等		496億円	―	540(18)
	空自	軽装甲機動車		1両	1両	0.3
BMD	海自	イージス艦の能力向上		（2隻分）	（2隻分）	103

注1：25年度調達数量は、当初予算の数量を示す。

注2：金額は、装備品等の製造等に要する初度費を除く金額を表示している。初度費は、金額欄に（ ）で記載（外数）。

注3：調達数量は、26年度に新たに契約する数量を示す。（取得までに要する期間は装備品によって異なり、2年から5年の間）

注4：調達数量欄の（ ）は、既就役装備品の改善に係る数量を示す。

注5：戦闘機（F―2）空対空戦闘能力の向上および早期警戒管制機（E―767）の能力向上の調達数量については、上段が既就役装備品の改修役務の数量を、下段が能力向上に必要な部品等の数量を示しており、早期警戒管制機（E―767）の能力向上の26年度調達数量の1式は4機分の能力向上に必要な部品等の一部を示す。また、艦齢延伸等に係る措置の調達数量については、上段が艦齢延伸等工事の隻数を、下段が艦齢延伸等に伴う部品の調達数量を示す。

注6：イージス艦の能力向上の26年度調達数量については、平成24年度から実施している「あたご」型護衛艦2隻のBMD艦化改修にかかる部品等の調達数量を示す。

自衛官定数等の変更（単位：人）

		26年度末	増△減
陸上自衛隊		159,198	△40
	常備自衛官	151,023	△40
	即応予備自衛官	8,175	0
海上自衛隊		45,494	△23
航空自衛隊		47,073	△24
共同の部隊		1,253	26
統合幕僚監部		367	6
情報本部		1,910	3
内部部局		40	40
合計		247,160	△12
		（255,335）	（△12）

注1：各年度末の定数は予算上の数字である

注2：各年度の合計欄の下段（ ）内は、即応予備自衛官の員数を含んだ数字である。

注3：陸上自衛隊の増△減欄の「△40」のうち、△20については自衛官から看護学生への身分変更によるもの。

厚生・共済　**特集**

助成制度一覧

続柄		自己負担金額			
被扶養配偶者 任意継続組合員		5,000円	0円	0円	0円
配偶者以外の被扶養者		17,400円	7,400円	12,400円	0円
検査項目		生活習慣病健診A	生活習慣病健診B	生活C+婦人科	特定健診
診察等	(問診・既往歴等)	●	●	●	●
身体計測	身長・体重・腹囲・BMI	●	●	●	●
視力検査	視力(裸眼・矯正)	●	●	●	
聴力(オージオ)		●	●	●	
血圧検査		●	●	●	●
貧血検査	赤血球・ヘモグロビン・ヘマトクリット	●	●	●	△
血液一般検査	白血球	●	●	●	
	血小板数	●	●	●	
肝機能検査	AST(GOT)、ALT(GPT)、γ-GTP	●	●	●	●
脂質検査	HDLコレステロール	●	●	●	●
	LDLコレステロール	●	●	●	●
	中性脂肪(TG)	●	●	●	●
糖尿病検査	空腹時血糖	●	●	●	●
	HbA1c	どちらか	どちらか	どちらか	どちらか
腎機能検査	クレアチニン	●	●	●	
尿酸検査	尿酸	●	●	●	
尿検査	蛋白・糖	●	●	●	●
心電図	安静時心電図	●	●	●	△
胸部レントゲン検査		●	●		
便検査	免疫便潜血(2回法)	●			
眼底検査	眼底撮影				△
胃部レントゲン検査		●			
子宮頸部細胞診				●	
マンモグラフィー	[illegible]			●	
乳房エコー	[illegible]			●	

●は必須項目、△は医師の判断による追加項目

※年度末に向け、特に婦人科の予約がとりにくくなっています。お早めにお申込みください。
※続柄により自己負担金額が異なりますのでご注意ください。任継組合員の被扶養者は組合員の被扶養者と同内容です。
※人間ドックのご利用は、利用ガイドをご確認ください。被扶養者(配偶者以外)の方は助成金7,600円が上限です。
※共済組合助成金を利用した受診は年度内1回のみご利用いただけます。

特定健診等の申込方法

申込受付期間：平成26年2月28日(金)まで
受診実施期間：平成26年3月31日(月)まで

えらべる倶楽部会員証と防衛省共済組合員証をご用意のうえ、お申込みください。

インターネット
えらべる倶楽部 会員専用ホームページ
http://www.elavel-club.com/

郵送
〒135-0033
東京都江東区深川2-7-6
ネクストサイト深川ビル5F
「JTBベネフィット えらべる健診予約センター」宛
※利用ガイドに掲載している申込書をご利用ください。

電話
TEL 0120-688-477
月～金/10:00～21:00
(土・日・祝日・年末年始 休み)
お申込みには、20～30分かかります。

FAX
FAX 0120-338-538
24時間受付
※利用ガイドに掲載している申込書をご利用ください。

申込方法の詳細やご利用可能な健診機関は、既に送付している利用ガイドまたはえらべる倶楽部のホームページをご覧ください。
※利用ガイドの再送は行っておりませんので、ご了承ください。

「受診勧奨ハガキ」送付しました

特定健診　お申し込みは2月末日まで

防衛省共済組合では、40歳以上74歳以下の被扶養者と任意継続組合員を対象に、特定健診の補助を行っていますが、その申し込み期限が2月28日（金）までとなっています。

組合が提携するＪＴＢベネフィットから、まだ受診していない方向けに特定健診の「受診勧奨ハガキ」を発送しました。

対象者は、電話（えらべる健診予約センター0120-688-477）、ＦＡＸ（申込書に必要事項を記入の上、0120-338-538に送信してください）、「えらべる倶楽部」ホームページ（http://www.elavel-club.com）のいずれかからお申し込みください。特定健診費用は全額組合が補助しますので、自己負担なしで受診できます。

健診後、健診結果から「保健指導レベル判定」を行い、保健指導が必要な方には利用案内をお届けします。

健診受付は２月28日（金）までで、受診期間は３月31日（月）までとなっていますが、健診機関が混み合っていますので、お早めにお申し込みください。

共済組合

優秀11支部を表彰

組合員の生活向上に寄与　創意工夫たたえる

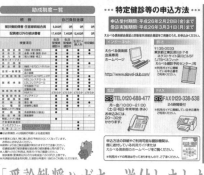

共済組合本部長の西防衛事務次官（前列中央）、同副本部長（その両側）らと記念写真に収まる陸・海・空自衛隊の受賞11支部代表

防衛省共済組合の優秀支部を表彰する「平成25年度本部長表彰式」が12月10日、ホテルグランドヒル市ヶ谷（東京都新宿区）で行われました。

25年度の受賞支部は、陸自が釧路、郡山、北宇都宮、三軒屋、高知、別府、海自が呉、下関基地隊、空自が築城、海栗島、宮古島の11支部で、表彰式には共済組合本部長の西防衛事務次官をはじめ、各副本部長らが出席し、本部長から受賞支部長代表に表彰状と副賞が授与されました。

西本部長はあいさつで、「表彰された11支部は支部長以下担当諸官が創意工夫をこらし、時々の要請や地域の特性に応じた施策を実施し、共済組合事業の的確な運営に寄与した。一例を紹介すると、九州北部豪雨の際は組合員のため速やかに現地調査を実施し、また（北朝鮮の）ミサイル発射への対応の際は派遣組合員のニーズに応じたサービスを提供するなど、適切かつ迅速に共済組合事業を実施した。このような努力に心より敬意を表し、御礼申し上げる。本日の受賞を契機に、組合員とその家族の生活の安定と福祉の向上等のため、益々ご尽力をお願いしたい」と述べました。

これに対し、受賞支部長を代表して航空自衛隊築城支部長の森川龍介第8航空団司令が「この受賞を大きな励みとして、さらなる改革・創意工夫を凝らし、共済組合事業の更なる発展のため、なお一層努力して参ります」と謝辞を述べました。

式後には記念撮影と祝宴が行われました。

共済組合本部長の西防衛事務次官（左）から表彰状を受ける受賞支部長（12月10日、ホテルグランドヒル市ヶ谷で）

受賞11支部の功績

〈陸上自衛隊〉

◇釧路
不測事態対処のため、支部独自に大規模地震の際の通報要領・初動対応行動表等をチャート化して全員の目に付きやすい場所に掲示し、初動時に混乱なく対処できるよう周到な事前準備を行った。

支部では年2回、賞与支給後10日間を「貯蓄奨励期間」に設定し、共済組合貯金の優位性を厚生ニュース、隊内放送、駐屯地幕僚会議等の場でＰＲし、貯蓄率の向上を図り、この結果、貯蓄高が前年比１０９％（北方管内第1位）となった。

また新隊員に対し説明会を実施し、団体生命保険・生命共済の加入率１００％を達成した。

◇郡山
独自の「宿舎キャラバン」を開催し、官舎地区に居住する隊員とその家族に厚生・共済事業の説明を行い、利用促進を図るとともに、懇談を通じてニーズを把握した。

また駐屯地の隊員クラブと連携し、各種イベントの開催や独自メニューの開発・追加により、年間の売上高を前年比37％増に伸ばした。

◇北宇都宮
家族支援イベント「家族とふれあい会」で共済セミナーや体験搭乗等を実施し、隊員・家族１０８名の参加を得、好評であった。

また特定健診、インフルエンザ助成について厚生ニュースの作成・配布を行うなど、共済事業の周知徹底、心身の健康保持・増進に寄与した。

航空機パイロットの教育スケジュールから窓口の利用時間が昼に集中するため、委託売店の年間販売統計を取り、売れる商品を重点的に置いたところ、年間30万円の売り上げ増を達成した。

◇高知
「生涯生活設計個別相談会」をライフプランセミナーと連携して実施し、年間参加者２２７名（陸自支部内第1位）の成果を得た。

各事業に数値目標を設置し、特定健康診査受診促進施策を継続的に実施したところ、被扶養者の受診率60・9％（前年度比20ポイント増）を達成した。

支部独自の東南海・南海地震対処計画に基づき、共済業務実施要領を作成するとともに、委託売店と協力し、初動派遣部隊隊員に対する委託売店代行業務の実動訓練を実施した。

◇別府
平成24年7月の九州北部豪雨に際し、現地調査を速やかに実施して給付金の支払いを迅速に行い、組合員の生活再建に貢献した。

新たに3業者（太陽光発電装置の設備業者2、宿泊施設1）と割引協定を締結し、組合員の福利向上に貢献した。

◇三軒屋
小規模支部の特性を活かし、顔と氏名が分かる組合員のニーズ（車・バイク展示会、パンフレット設置等）に対応、親身できめ細やかなサービスを提供した。

各担当者を課程教育や各種講習会等に積極的に参加させ、識能向上を図るとともに、「窓口レベルアップ研修」の成果を活かし、窓口業務の能力を向上させた。

支部独自に共済業務に関するサービス一覧資料を作成、各部隊に配布し、共済事業の広報と利用促進を図った。

〈海上自衛隊〉

◇呉
遠洋練習航海など長期不在となる海外派遣部隊と事前に綿密な調整を図り、乗員の被扶養者が不利益を被ることがないようマニュアルを作成、委任状の提出等を周知して対処した。

艦艇酒保のニーズを汲み、たばこ・日用品等の販売では売り上げを前年度比18％増加させ、組合員の福利厚生に貢献した。

基地に2台設置しているＡＴＭの運用時間の延長を図り、利用者は前年度比32％増加した。

◇下関基地隊
平成24年2月から業務支援系パソコンを活用し、委託売店（理髪店）の予約受け付けを実施したところ、売り上げが向上、前年度比77％増となった。

独自作成した「土産品カタログ」を窓口に設置、市価より安く組合員に提供した結果、前年度比13％増の売り上げがあった。

〈航空自衛隊〉

◇築城
ＪＴＢベネフィットと提携する施設が基地周辺に少ないため、支部独自に「隊員割引カード」を作成し、近隣の劇場、スポーツ用品店、温泉など8施設と割引利用協定を締結、組合員の好評を得たほか利用者数も増加した。

飛行部隊（第8航空団）が所在するため、委託売店等の営業時間をシフト勤務者等のニーズに応じて柔軟に変更した。この結果、売上高は前年度比３９３万円増となった。

◇海栗島
分屯基地内放送による広報活動や、厚生ニュースの配布、アンケート結果を反映させた結果、直営売店の売り上げが前年度より１００万円増となった。

支部所属所（対馬に所在する海自上対馬警備所）の組合員が窓口（海栗島分屯基地）の利用を容易にできるよう、水曜日の傭船の停泊時間を20分延長するよう依頼したところ、これまで共済組合の利用がほとんどなかったのが毎月10件程度に増加し、組合員の福利厚生に貢献した。

◇宮古島
平成24年11月の演習、同年12月の2度目の北朝鮮ミサイル対処の支援で、支部は「移動売店」において組合員のニーズに応じたサービスを提供した結果、11月の演習で55万円、12月のミサイル対処支援で１００万円の売り上げを得た。

支部独自にジェネリック医薬品を依頼する「お願いカード」を作製・配布し、ジェネリック医薬品の利用を組合員に推奨し、医療費抑制を推進した。

企業等向けの特典プログラム終了へ

ＵＳＪ・3月31日まで

大阪にあるテーマパーク「ユニバーサル・スタジオ・ジャパン（ＵＳＪ）」が企業等向けに展開していた福利厚生プログラム「スタジオ・ファンクラブ」が今年3月31日をもって終了します。

防衛省共済組合の組合員も同ファンクラブのオフィシャルＷｅｂサイトでコード番号等を登録することで、大人４００円、子供３００円割引で「スタジオ・パス」が購入できましたが、4月1日以降はこれら特典が利用できなくなります。

詳しくは各支部の保健係までお問い合わせください。

組合員と被扶養者向け

教育貸付制度のご案内

防衛省共済組合では「教育貸付（特別貸付）」の制度を設けています。

貸付対象となるのは、組合員と被扶養者（被扶養者以外の組合員の子を含む）の入学金や授業料です。

貸付資格は組合員期間が6月以上の者で、貸付は月収額（俸給、俸給の特別調整額、初任給調整手当、扶養手当、研究員調整手当、地域手当、自衛官候補生手当、学生手当および生徒手当の合計額）の14月分（1回の貸付限度額は6月分）となっています。

なお、弁済期間は１４０月以内です。

「教育貸付」を申し込む際は、借入申込書及び月収額等証明書に入学許可書、合格通知書または在学証明書のいずれか及び金額を証する書類を添付し、ご提出ください。また使途確認のため、領収書等及び在学証明書（申込時に入学許可書または合格通知書を提出した方のみ）が必要となります。

共済組合では「提携教育ローン」として、みずほ銀行との協定による低利率の教育ローンも取り扱っています。

これら教育貸付、提携教育ローンの詳細については、防衛省共済組合のホームページで確認していただくか、所属支部窓口に直接お問い合わせください。

年金Ｑアンド Ａ

退職共済年金にかかる税金の手続きとは？

一定額超の場合、所得税課税

税額の過不足は確定申告で精算

Ｑ　私は、3月に定年退職し、まもなく年金受給開始年齢を迎える組合員です。退職共済年金には、税金がかかると聞いていますが、どのようなものなのでしょうか。手続き等の概要について教えてください。

Ａ　公的年金には、所得税法上「雑所得」として、所得税がかかることになっており、退職共済年金の年金額が一定額を超える場合には、年金の支給時に所得税が源泉徴収されることになります。また、公的年金は給与所得のように、「年末調整」による税額の精算は行わないため、税額の過不足は確定申告で精算することになります。

源泉徴収の対象となる年金額は、その年中に受ける支給額が65歳未満の方については１０８万円以上、65歳以上の方については１５８万円（老齢基礎年金を受ける時は、80万円）以上のときです。

「公的年金等の受給者の扶養親族等申告書」（以下「扶養親族等申告書」という。）を国家公務員共済組合連合会（以下「連合会」という。）に提出すると、年金の支給額から所得控除（基礎的控除（受給者本人）、配偶者控除、扶養控除など）を受けることができます。年金決定後は、源泉徴収の対象となる方へ毎年10月に連合会から「扶養親族等申告書」が送付されます。

年金支給開始後、民間会社などに再就職している場合で、会社に「給与所得者の扶養控除等申告書」を提出し、連合会にも「扶養親族等申告書」を提出すると、会社の給与等と退職共済年金それぞれから重複して所得控除を受けることになり、確定申告の際に所得税を追加徴収されることがあります。このような場合には、連合会に「扶養親族等申告書」を提出する必要はありません。

退職共済年金のほかに給与所得等がある場合には、年金と給与所得等からのそれぞれの徴収税額を合算した「合計税額」と、年金と給与所得等とを合算した所得の総額に対する「年税額」との過不足額を確定申告で精算することになります。

また、不動産所得、事業所得などがある場合や、生命保険料控除、損害保険料控除、住宅取得等特別控除、医療費控除などを受けるときも確定申告が必要です。

なお、障害及び死亡を給付事由とする障害共済年金、遺族共済年金等は非課税となっています。

（本部年金班）

近隣の居酒屋まで徒歩1時間…要望受け施設を整備

隊員クラブをリニューアル

「行きつけにしたい、おしゃれなカフェバーを新田原基地に発見」——。国籍不明機への対領空侵犯措置や戦闘機パイロットの教育訓練に当たる空自新田原基地に、全国でも珍しいカフェバーラウンジ「火の鳥」が昨年末オープンした。近隣の居酒屋まで歩いて1時間という〝過酷な〟状況にある隊員たちのため、防衛省共済組合新田原支部と契約業者チムニーが2カ月かけて整備したもので、カウンターには4リットルのビールが入る「タワーピッチャー」がそびえ立ち、いまやすっかり隊員たちのオアシスとなっている。

「火の鳥」オープニングセレモニーでテープカットする（左から）田中祐三氏、内倉浩昭支部長、菅原政弘副支部長、坂本麻那美店長（12月6日、新田原基地で）

新田原　カフェバーラウンジ「火の鳥」オープン

「カフェバーラウンジがあるのは新田原基地だけ！」。隊員たちが誇る「火の鳥」の内装

【5空団＝新田原】基地に12月6日、カフェバーラウンジ「火の鳥」が誕生した。これは隊員クラブのリニューアルに伴い、基地隊員の要望を受けて整備されたもの。

田んぼと森に囲まれた新田原基地は、周辺にわずかな民家があるだけで公共交通機関もなく、近隣の居酒屋に行くのに1時間も歩かなければならない状況だった。そこで隊員の新たな「憩いの場」となる施設が要望されていた。

隊員クラブを運営する新田原支部では、契約業者のチムニーと協力し、施設を大幅にリニューアル。店舗内を一新したほか、建物外壁も高圧洗浄して見栄えをよくし、中庭の樹木も剪定して隊員のオアシスとして復活させた。

2カ月に及ぶ作業により、これまで活用されていなかったカウンター付のクラブ室はカフェバーラウンジとして生まれ変わり、クラブの愛称「フェニックス」にちなみ、新たに「火の鳥」と名付けられた。これはF15戦闘機のアフターバーナーとも重ねられている。

「火の鳥」の最大の目玉は、4リットルのビール（中ジョッキ10杯分）が入る「タワーピッチャー」。タワーを囲んで隊員が自らビールをジョッキに注ぎ、皆でわいわい楽しめる。

自慢の料理はビールやワインに合うビストロ風メニューがそろい、牛ハラミソテー、スペアリブ、マグロのカルパッチョなどがお薦め。お酒はバーボンウイスキー、ジンやウオッカベースのカクテルなどを用意。

6日のオープニングセレモニーには支部長の内倉浩昭空将補（5空団司令）、副支部長の菅原政弘1佐、チムニーの田中祐三氏、「火の鳥」の坂本麻那美店長が出席し、テープカット。その後、課業外に隊員たちがどっと押し寄せ、ラウンジは忘年会などで連日大盛況となった。

新田原支部では「この施設整備は支部長の要望事項『二』（心を一つに、ワンランク上に、一番を目指して）に通じる取り組みとなったと思う。他部隊の皆様も新田原にお越しの際は、ぜひ『火の鳥』にお立ち寄りください。お待ちしております」と話している。

余暇を楽しむ　入間修武太鼓

紹介者　3空曹　上杉　鷹視（ようし）（第3補給処・入間）

空自入間基地の太鼓部「入間修武太鼓」（部長・島津貴治基業群司令以下40人）は、平成7年に結成されました。メンバーは基地所在部隊の有志隊員で構成され、余暇を利用して活動しています。

入間基地の行事での演奏はもちろん、地本や近傍基地の行事などでも演奏しています。昨年11月に日本武道館で開催された「自衛隊音楽まつり」では、陸自中心のチームの中で、唯一空自のチームとして参加しました。

「航空自衛隊」をPR

一昨年はイギリス空軍参謀長から招待を受け、フェアフォード空軍基地で開催された世界最大の航空ショー「ロイヤル・インターナショナル・エア・タトゥー（RIAT）」へ第1輸送航空隊（小牧）所属の空中給油・輸送機KC767とともに参加。世界各国から集まった航空ファンや空軍関係者らの前で、「航空自衛隊」をアピールすることができました。

そして太鼓とは切っても切り離せない夏から秋にかけてのお祭りシーズンには、近隣地域で行われる納涼祭などに参加しています。お祭り以外に福祉施設などでも演奏を行い、もっと自衛隊を身近に感じていただけるよう地域住民との交流を大切にし、「部員全員が広報マン」という気概を持って活動しています。

もうすぐ3年が経過する東日本大震災では、発災直後から私たちもひたすら任務に徹していましたが、福島県の大滝根山分屯基地司令から「地域住民の方々に少しでも元気になってもらえるように！」との要請を受け、慰問演奏を行う機会も得ました。

この慰問演奏で私たちができたことは微力だったかもしれません。逆に被災された方々の復興へ向けて一丸となって歩む姿から、私たちが元気や勇気を頂くこともありました。このことを忘れずに、これからも多くの方の笑顔と出会えるよう頑張って活動します。

「自衛隊音楽まつり」第3章「烈火」に登場、空自から唯一出演の太鼓チームとして熱演する「入間修武太鼓」のメンバー（下も）＝11月16日、日本武道館で＝

年末恒例餅つき大会

上富良野　隊員家族など招待

父親と一緒に杵を持ち、楽しそうに餅つきする女の子（12月15日、上富良野駐屯地で）

【上富良野】駐屯地は12月15日、隊員家族や関係団体からの来賓を迎えて年末恒例の「餅つき大会」を行った。

体育館で行われた餅つきでは、隊員らが「よいしょ！」という力強いかけ声とともに杵を振りおろし、会場は熱気に包まれた。

その後の昼食会では来場者に餅やそばなどが振る舞われ、食事中に「駐屯地10大ニュース」が発表されると、参加者は大きな歓声や笑い声を上げながら一年を振り返った。

南スーダンPKO　留守家族宅訪ね　活動の様子説明

静岡地本

【静岡】地本はこのほど、南スーダンPKO派遣隊員の家族宅を訪問し、活動の様子などを伝えた。

地本では海外派遣隊員が安心して任務にまい進できるよう、留守家族に派遣部隊の活動状況の紹介や健康状態の確認などを定期的に行っている。

今回、山本健総務課長以下3人が県内に住む家族を訪問し、現地の状況や日本隊現地支援調整所に勤務する隊員との連絡要領を説明した。

地本では「今後も積極的に隊員の家族支援を実施し、不安解消に努めていきたい」としている。

家族ら迎え　音楽演奏や抽選

仙台駐屯地

【仙台】駐屯地は12月14日、隊員食堂で駐屯地年末行事を実施した。

行事は3部構成で、午前は「家族のための年末行事」として、東北方面音楽隊のコンサートと曹友会のイベントを開催。

コンサートでは「あまちゃんのオープニングテーマ」などを演奏。子供イベントでは抽選会が行われ、当選者には一足早くサンタクロースからプレゼントが。1等はなんと「楽天イーグルス銀次選手の直筆サイン入りボール」で、当選番号が発表される度に会場からどよめきが上がった。

昼の部は各部隊別に「家族の日」を実施、それぞれゲームや餅つきなどを行い家族と親交を深めた。

午後は「隊員のための年忘れ行事」が行われ、ジャズバンドや軽音楽部が演奏を行ったほか、第130特科大隊長夫人の岡村綾さんが見事な独唱を披露した。最後にお楽しみ抽選会が行われ、楽しい一日を締めくくった。

「匠の味」に舌鼓　家族と一緒にそば打ち

神町

【神町】第6施設大隊本部管理中隊（中隊長・木村喜和1尉）は11月24日、山形県村山市の「農村伝承の家」で家族と一緒に「そば打ち体験」を行った。

当日は11家族24人が参加。一行は最初に「そば匠」の実演を見学した後、講師から指導を受け、そば打ちに挑戦した。

初めての体験に苦戦しながらも、麺棒を使い薄く延ばす「本のし」、均等に切り刻む「そば切り」に取り組み、グループごとに味わい深いそばを完成させた。

お待ちかねの試食では、茹で上がったばかりの手打ちそばの風味に舌鼓を打ち、みな大満足だった。

池田譲3曹の長男・丈武（ひろむ）君は「お父さんと一緒にそばを切ることができ、うれしかった。また手作りのおいしいそばをみんなで食べたい！」と話していた。

同中隊では「今後も家族とのふれあいの場を企画して、隊員・家族の絆を強化し、中隊の結束力も高めていきたい」としている。

「そば切り作業」を行う池田譲3曹と長男の丈武君（11月24日）

自慢の一品料理　「芋煮風ちゃんこ」

紹介者　菅原美紀子さん（管理栄誉士）（霞目駐業糧食班）

江戸時代に活躍した伝説の大横綱「谷風」にちなんだちゃんこです。

「谷風」は霞目出身で、駐屯地近傍にお墓もあることから、平成20年、当時の駐屯地司令が考案しました。

この特製ちゃんこは東北の伝統食「芋煮」と掛け合わせ、地域への愛もたっぷり込められています。

醤油ベースのスープは柚子コショウが香り高く、具だくさん。サトイモ、シメジ、ニラ、ゴボウ、キャベツ、豚バラ肉、揚げ豆腐のほか、旬の食材を使用し、また地域の味として笹カマボコや曲がりネギも入ります。

熱々の椀をすすれば体がぽかぽか温まり、寒い時期にはまさにぴったり。隊員さんからは「あっさりしておいしい」と好評を頂いております。ちゃんこは栄養とボリュームがありながら、胃にも優しい消化に優れたメニューです。

霞目駐屯地では月に1回、献立に出しているほか、東北方面隊の記念日などにも提供しています。

糧食班では今後も隊員の皆様の声に耳を傾け、一緒になって新しい献立を考案していきたいと思います。

海自チームが特別賞　横須賀でBBQコンテスト

【横須賀】海自横須賀上級海曹会（会長・田村幸司曹長）は10月19日、横須賀市うみかぜ公園で行われた横須賀青年会議所主催の「第1回ヨコスカBBQコンテスト」に参加、うち1チームが特別賞に輝いた。

同コンテストは米海軍横須賀基地と横須賀市民の交流を深めることを目的に開催され、第1回目はアメリカ人が大好きな「ハンバーガー」で対戦。制限時間2時間、食材費5000円以内で、それぞれオリジナルのバーガープレート（ハンバーガー＋他2品）を作り、「味」「見た目」「アピールポイント」「技術とマナー」「交流イベントの成績」など五つの項目で競った。

コンテストには横須賀市民、米軍人、海自などから7チームが参加。海自は横須賀上級海曹会率いるA、Bチーム（隊員12人、家族9人で構成）が参戦した。

Aチームは和風を前面に出し、「三崎まぐろのじゅーしーハンバーグ」「BBQ日本の実りハーモニー焼き」「情熱餅とマロングラッセ風」を作製。一方、Bチームは「うまどりバーガー」「豚肉のスペシャルクリームチーズ包み、アップルに恋する」「カラフルクレープミルフィーユ」をそれぞれ5セット用意した。

当日は風が強く、調理中に材料などが飛ばされるほどだったが、参加者はチームワークを発揮し特製ハンバーグの調理に当たった。

審査では、海自Aチームがすべての部門で高得点を獲得し、見事「特別賞」に輝いた。休日を利用して子供と一緒に参加した隊員は「子供が加わったチームは他になく、親子で助け合いながらハンバーグを作る姿が評価されたのかもしれない。親子で料理でき楽しかった」と語っていた。

OBら北千歳駐屯地で冬囲い

【北千歳】駐屯地OB会（岡昭雄会長）による恒例の「冬囲い」が11月24日、駐屯地で行われた。

「冬囲い」は積雪による損傷や変形を防ぐため、添え木や縄で木々を補強する雪国ならではの作業。OB会員15人と第1特科団副団長の荒木智弘1佐をはじめ隊員24人が参加した。

当日は集合1時間前から作業を始めるOBもいて、時間通りにやって来た参加者に「遅いよ！もう終わっちまうぞ！」と冗談を言う場面も。作業は約4時間にわたり和気あいあいと進められた。

地方防衛局 特集

米軍再編を支援

騒音測定や連絡調整

近畿中部局

嘉手納から小松へ訓練移転

報道陣に公開された近畿中部防衛局の職員による騒音測定の状況（12月9日、小松基地周辺で）

【近畿中部局】航空自衛隊小松基地（石川県）で12月7日から14日まで、米軍再編に係る航空機訓練移転（日米共同訓練）が行われ、期間中、近畿中部防衛局は同基地内に「現地対策本部」を設置して米軍や地元自治体などとの連絡調整を行うとともに、基地周辺での騒音測定や市街地巡回など、多岐にわたる支援を行った。

米軍再編に係る航空機の訓練移転は、日米間の相互運用性の向上を図ると同時に、嘉手納、三沢、岩国の各米軍飛行場での訓練活動に伴って発生する騒音などの地元負担を軽減することを目的に行われている。

小松基地では平成22年11月以来、3年ぶり6回目の訓練となり、25年度の国内での訓練はこれで3回目。今回は6機の米軍機が参加する「タイプII」といわれる訓練で、小松基地では2回目となる嘉手納基地からの訓練移転となった。

訓練には嘉手納基地から飛来した米空軍第18航空団のF15戦闘機6機と、6空団（小松基地）のF15戦闘機6機が参加し＝写真㊤＝小松沖空域を使用した戦闘機戦闘訓練が行われた。

近畿中部防衛局は訓練実施に当たり、12月5日、小松基地内に不測の事態などに対応するため、同局の桝賀政浩企画部長を本部長とする同局職員約30人から成る「現地対策本部」を設置し、関係自治体等に設置を周知した。

「現地対策本部」は①米空軍や地元自治体、関係機関等との連絡・調整②騒音測定③外出時における市街地の巡回④事件・事故対応⑤物品および役務の調達――などを行い、あらゆる面から訓練を支援した。

騒音測定では、小松基地周辺の能美市と加賀市域に各1カ所の測定点を設け、騒音の状況を測定した。

12月7日、嘉手納基地からF15戦闘機とC130輸送機が小松基地に到着し、エプロンで出迎えた空自隊員に対し、米軍指揮官のモリス・フォンテノー中佐（第67戦闘中隊）は「訓練を通じて、お互いに学び合える機会になると信じている」と抱負を述べた。

ミーティングする現地対策本部の職員（12月14日、小松基地内で）

これに対し、小松基地の第306飛行隊長の三宅英明2佐は「最大限の成果が得られるよう、しっかり訓練に励みたい」と応じた。

同局は、航空機訓練移転に先立ち到着した米軍指揮官のフォンテノー中佐に対し、桝賀企画部長から訓練移転期間中における綱紀粛正と航空機の安全管理などについて申し入れをした。

飛行訓練は、初日の9日と11日の2日間を除き、あいにくの天候不良により中止となったが、予定された期間の訓練が無事に終了し、最終日の14日には日米の訓練指揮官による共同記者会見が行われ、小松基地の第303飛行隊長の渡辺信行2佐は「日米相互の信頼関係を醸成することができた」と述べた。

帰沖を前に同日、米軍人による基地周辺公園の清掃奉仕活動も行われ、同局はこれも支援した。

●米軍再編に係る航空機の訓練移転　当分の間、嘉手納、三沢、岩国の米軍施設からの航空機が、千歳、三沢、百里、小松、築城及び新田原の自衛隊施設で行われる移転訓練に参加する。（平成19年1月11日、日米合同委員会合意）

●タイプI訓練　1〜5機の米軍戦闘機が、1〜7日間参加する訓練

●タイプII訓練　6〜12機の米軍戦闘機が、8〜14日間参加する訓練

リレー随想

藤井　高文

岩国―ハワイチャーターフライト

当局管内の広島県および山口県は、ハワイに多数の移民を出したことで知られており、明治政府が斡旋したハワイへの移民（いわゆる官約移民）約2万9000人のうち約2万1500人を占めています。中でも、山口県周防大島町（旧大島郡）からの移民は多く、約3900人がハワイに渡っており、現在でも、周防大島の方々はハワイに親戚を持つ方が多いといわれております。

ちなみに、周防大島町には「日本ハワイ移民資料館」があり、官約移民の歴史コーナー、移民達の労働と生活コーナーや映像で紹介するシアタールームなどがあります（URL：www.towatown.jp/hawaii/）。

平成25年10月9日から14日の6日間にわたり、岩国錦帯橋空港・周防大島町カウアイ島姉妹島提携50周年記念事業として、岩国商工会議所などが中心となり、「岩国―ハワイチャーターフライト」が福田岩国市長および椎木周防大島町長をはじめとする207人の参加者を得て実施されました。24年12月に開港した「岩国錦帯橋空港」からは初の海外へのチャーター便となりました。

10月11日には、ハワイ州カウアイ郡庁舎の中庭において、周防大島町・カウアイ島姉妹島提携50周年の記念式典が開催されました。併せて、岩国市在住の中学生7人と周防大島町在住の中高生5人からなる青少年海外派遣団も編成され、滞在期間中には現地の青少年との交流やホームステイを経験し、友好親善を深めたと仄聞しています。

米海兵隊岩国飛行場の民間航空再開については、地元の方々の長年にわたる民航再開に向けた積極的な取り組みの結果、山口県、岩国市、岩国市商工会議所、防衛省も含めた関係省庁などとの連携により、24年12月13日、民航再開が実現しました。

中国四国防衛局として、岩国飛行場の使用に伴うさまざまなご負担をしていただいている地元の方々のご要望の実現のため、少しでもお力添えができたことは大変喜ばしいことです。今後とも防衛施設の使用に伴う負担軽減のため、地元の方々の声に耳を傾け、さまざまな施策を実施していきたいと考えています。

最後に、岩国錦帯橋空港を離発着する航空機の25年11月までの平均搭乗率は73・1％と高い水準を保っていることを報告して筆を置きたいと思います。

（中国四国防衛局長）

防衛施設と首長さん

千葉県木更津市・水越勇雄市長

74歳。1999年木更津市収入役、2000年木更津市助役。02年3月木更津市長に就任。現在3期目。

災派、有事に備える3自衛隊

「まつり」は市民が心待ちに

木更津市は千葉県のほぼ中央部、東京湾岸に位置し、昭和17年に1町3村が合併して千葉県下6番目の市として誕生しました。沿岸部には広大な自然干潟、内陸部には万葉集にも登場する美しい自然景観の上総丘陵を擁するなど、豊かな自然環境に恵まれています。

平成9年に本市と神奈川県川崎市とを結ぶ東京湾アクアラインが開通するとともに、館山自動車道、首都圏中央連絡自動車道といった広域幹線道路網が整備され、東京や横浜に1時間、羽田空港へは30分でアクセスできる交通利便性に優れた地域となっています。

市制施行70周年を迎えた24年度には、東京湾アクアラインの接岸地である金田東地区が「かずさアクアシティ」として街開きし、その後も「三井アウトレットパーク木更津」をはじめ大型商業施設が相次いで開業するなど大変な活況を呈しています。

さらに、今年の秋には本市南部の築地地区に関東最大級の規模を誇る「（仮称）イオンモール木更津」が開業するとともに、東京湾アクアラインを走る「第2回ちばアクアラインマラソン」の開催も予定されており、多くの皆様でますますにぎわうことと思います。

このような中、本市に配備されています陸海空の自衛隊基地では有事の備えから災害派遣まで、さまざまな任務を迅速に遂行するため、日夜、厳しい訓練に打ち込んでおられます。

3年前の東日本大震災における災害派遣では、ヘリコプターなどによる救援・消火活動が国民に勇気と感動を与えるなど、これも、日頃の訓練の賜物ではないかと思います。

また、本市内の各自衛隊は地域との関わりも大切にされ、陸上自衛隊の「航空祭」、海上自衛隊の「海の音楽まつり」、航空自衛隊の「盆踊り」などはすっかり地域に定着し、市民が毎年心待ちにするイベントとなっております。

本市には「防衛施設周辺の生活環境の整備等に関する法律」による制度を活用した道路整備、公民館の建設、消防ポンプ自動車や救急車など、防衛省の補助事業を受けた施設などが多くあり、市民の皆様から自衛隊に対する感謝の言葉を頂いています。

木更津は交通利便性に優れるとともに、自然豊かで、温暖な気候にも恵まれた住みやすい「まち」であると思います。この恵まれた条件を磨き続けると同時に、「自分たちのまちは住んでいて楽しく、魅力あるまちだ」と感じてもらえるようなまちづくりをしていきたいと思っております。

そして、多くの若い人たちが生まれ育ったこの「まち」でこれからも生きていきたい、生活していきたいと思えるまちづくりを推進してまいります。

防衛セミナー開催

八戸市　PKOをテーマに

【東北局】東北防衛局は11月27日、青森県八戸市内で「国連平和維持活動（PKO）〜国際平和のために〜」をテーマに防衛セミナーを開催した。八戸市には、南スーダン第3次派遣施設隊の主力部隊だった第9施設大隊（陸自八戸駐屯地）が所在している。

主催者を代表して中村吉利東北防衛局長、開催地を代表して八戸市の奈良岡修一副市長がそれぞれあいさつ。内閣府国際平和協力本部の髙橋礼一郎事務局長が「日本の国際平和協力（国連PKOへの協力）」と題して講演した後、南スーダン第3次派遣施設隊（第9施設整備隊長）の福井信之3陸佐が「南スーダン共和国における国際平和協力活動」をテーマにスライドやVTRを使って解説した。

聴講者からは「PKO活動の重要性や問題点などが良く理解できた」「現地の活動状況を詳しく知ることができて良かった」などの感想が寄せられた。

KC130空中給油機

岩国移駐へ前進

岩国市の福田市長（右から2番目）と会談し「目に見える形で沖縄の負担軽減を実現したい」と米軍空中給油機の先行移駐への理解を求める小野寺大臣（左から2番目）＝12月1日、岩国市で

【中国四国局】小野寺防衛相は12月1日、岸外務副大臣とともに福田岩国市長らと会談し、政府として沖縄の負担軽減を進める決意や普天間飛行場移設および全面返還の今後の進め方について説明した。

席上、小野寺防衛大臣は普天間飛行場の危険性の除去の第一歩として、米軍のKC130空中給油機の岩国飛行場への移駐について理解を求めるとともに、最終的には1日でも早くキャンプ・シュワブ沖への全面的な移設を目指すとの意向を伝えた。

9日には岩国市議会全員協議会が開催され、防衛省からは古屋地方協力局地方調整課長、藤井中国四国防衛局長らが出席し、市議会議員の質問に応じた。

その際、福田市長は「KC130の移駐時期について、15機が平成26年6月から9月の間に岩国飛行場へ移駐するということについて、これを認めることとしたい。今後、県とも協議した上で最終的な判断を行い、国へ回答したい」と述べるとともに、「空中給油機の移転によって普天間の全面返還が一歩でも進めば喜ばしい」と述べ、受け入れの意向を示した。

さらに、16日には、藤部山口県副知事、福田岩国市長、椎木周防大島町長、米本和木町長らが菅内閣官房長官、岸田外務大臣、小野寺防衛大臣と相次いで会談。

藤部副知事は「普天間飛行場が継続して使用されることがないよう政府が責任を持って取り組むとの不退転の決意を確認させていただいた。県および基地周辺1市2町としては、沖縄の負担軽減に協力すべきとの考えから、15機のKC130が来年6月から9月の間に岩国飛行場に移駐することについて、これを容認することとしたい」と述べ、受け入れを表明した。

新・札幌病院の見学会

16診療科、200床の病室

27年春開院

【北海道局】北海道防衛局は11月11日から21日にかけて、平成27年春の開院を目指して陸上自衛隊真駒内駐屯地に建設中の「自衛隊札幌病院」の建設現場で、同病院に勤務する医療関係者と自衛隊関係者約230人を対象に、建設現場見学会を実施した。

札幌病院は、昭和30年に陸上自衛隊豊平駐屯地に開院された北海道地区唯一の自衛隊病院。平成19年には保険医療機関に指定され、一般患者の受け入れも開始した。

札幌病院の完成予定図

現在の病院は、経年劣化による施設の老朽や最新医療をスムーズに導入できないなどの問題が浮上してきたため、真駒内駐屯地に新・自衛隊札幌病院を建設することになった。

建物は地上6階、地下1階、延床面積約2万2700平方メートル。内科、外科、整形外科、歯科、産婦人科、小児科および救急科など、計16診療科を配備した診療処置部門を持ち、計200床の病室を配備した総合病院となる。

参加者たちは、高い強度を有し建物内部に大空間を確保できる「プレキャスト・プレストレスト・コンクリート造」の柱や梁などの構造体や、建物と基礎の間に設置した免震層が大地震時に大きく変形することで建物本体の揺れを軽減する免震構造など、建設途中でしか確認できない個所や工法を見学した。

また、今後施工する病室のモデルルームでは、床、壁、扉などの色彩計画、洗面台や照明のスイッチなどの使い勝手や、各ベッドに備える医療機器の配置のほか、災害時に増床する際のベッドの配置や医療機器の接続などについて、実際に増床するベッドなどを配置して確認を行った。

ドラフト1位で広島カープ入団
大きく羽ばたけ 大瀬良大地さん
父は大村駐屯地1曹「日本を代表する投手に」

㊤隊員から花束を贈られる大瀬良大地さん（背広姿）と大瀬良1曹㊦投球を披露する大地さん＝12月12日、大村駐屯地で

隊員ら1000人が激励

【16普連＝陸大村】連隊本部管理中隊の大瀬良禎弘1陸曹の長男で、プロ野球の広島東洋カープにドラフト1位で入団した期待の投手、大瀬良大地さん(22)が12月12日、駐屯地を訪れ、隊員から歓迎を受けるとともに、自慢の右腕を披露した。

大地さんは大瀬良1曹の3男1女の長男。広島に期待の即戦力投手として入団したことを受け、入団会見（12月9日）の3日後、大村駐屯地に招かれた。駐屯地を訪れた大地さんは大瀬良1曹とともに司令室に濱本博文司令を表敬、司令から激励された。

その後、駐屯地グラウンドで歓迎セレモニーが行われ、勤務を終えた隊員や隊員家族ら約1000人が見守る中、投球を披露した。

大地さんはプロ野球選手らしくさっそうとしたスーツ姿で登場。グラウンド中央で濱本司令から経歴を紹介された後、野球経験のある4人の隊員とキャッチボールを行った。

150キロを超える球速を持つ大地さんが、130キロはある球を軽く投げると隊員らからはどよめきが起きた。

最後に隊員代表から花束を贈られた大地さんは「セレモニーに恥じないように戦います」と抱負を語った。大瀬良1曹は「けがをせず頑張ってほしい」と期待を寄せた。

大瀬良さんは長崎県大村市出身。小学4年の時に野球を始め、長崎日大高3年の時には甲子園に出場。九州共立大（北九州市）を経て昨年10月24日、ドラフト会議で広島に1位指名され、プロ入りを決めた。12月9日の入団会見では「日本を代表する投手になりたい。任された役割、場面で精いっぱい頑張る」（広島東洋カープHPより）と話した。身長186センチ、体重82キロ。

海自東音に「企画賞」
CD「祈り」レコ大に初出演

「レコード大賞」に出演し熱唱する三宅3曹。後方は海自東音隊員（12月30日、新国立劇場で）＝TBSテレビから

海自東京音楽隊（上用賀、隊長・河邊一彦2佐）が12月30日、東京都渋谷区の新国立劇場から全国へ生放送された「第55回輝く！日本レコード大賞」に出演、熱唱・熱演を披露した。同番組に防衛省関係者が出演するのは初めて。

東日本大震災からの復興を祈念し、東京音楽隊が昨年5～6月に制作・発表したCD「祈り～未来への歌声」が他の7作品とともに「企画賞」を受賞。CDに収められた12曲の中から、ミュージカル「アニー」のテーマ曲「トゥモロー」を披露した。

番組には河邊隊長や自衛隊音楽隊ただ一人の歌手、三宅由佳莉3曹らCD制作に携わった48人のメンバーがそろって出演。

司会の安住紳一郎アナウンサー、女優の上戸彩さんから紹介された後、河邊隊長が指揮し隊員が演奏する中、三宅3曹が透き通ったソプラノの歌声で会場を包んだ。

河邊隊長は番組出演後「歴史のある賞を頂き、本当に光栄。（番組では）短時間で調整したが、いつも通りの演奏ができた」と振り返った。

海自創設史料室 見学者1万人に
海2術校

【2術校＝田浦】海自2術校（学校長・下薗輝昭将補、神奈川県横須賀市）が海自創設60周年を記念して校内に設置した「海上自衛隊創設史料室」の見学者がこのほど1万人に達し、セレモニーを行った。

史料室は「伝統、創設、開始、多彩、充実、支援」の六つのテーマで構成され、前身の海上警備隊の創設経緯や術科教育の歴史などを写真や資料で分かりやすく説明している。

達成当日は2術校がコースに含まれるJR東日本の「駅からハイキング＆ウォーキング」が開催されたこともあり、多くの見学者が来場。東京都在住の女性が1万人目の来場者となった。セレモニーでは「おめでとう」と書かれたくす玉が割られ、下薗校長が女性に記念品を手渡した＝写真㊤。

下薗校長は「伝統あるこ田浦の地で勤務することを誇りに思い、引き続き独自の広報に力を注いでいきたい」と話した。

父子そろって降下
習志野 空挺団の基本課程で

そろって降着した後、速やかに前進する平松真司3尉（右）、勇紀2士父子（11月27日、習志野演習場で）

【空挺団＝習志野】空挺教育隊が行う第300期基本降下課程の1回目の空挺降下（全5回）が11月27日、習志野演習場で行われ、同隊管理班長の平松真司3尉(47)と長男で学生の勇紀2士(19)がそろって降下した。

2人は海自下総基地で空自C1輸送機に乗り、演習場上空へ。招かれた家族ら約100人が見守る中、機体から跳び出し、大空に舞った。降着後、「懸命に訓練に励む姿に憧れていた」と、父と同じ道を選んだ勇紀2士。「基本課程を無事に終えて空挺隊員になり、父の降下回数（現在122回）を超えたい」と語った。

平松3尉は「自己を磨く努力を惜しまず頑張れ。困ったことがあったら、私ではなく先任や班長を頼って精進せよ」と激励した。

だるまに目入れ
安全飛行を感謝、祈念し
空幕

安全祈願だるまに墨を入れる齊藤空幕長（12月27日、防衛省で）

【空幕】12月27日、1月6日の両日、安全祈願だるまへの目入れ式が空幕長応接室で行われ、1年間の安全飛行に対する感謝、祈念の思いを込め、齊藤治和空幕長ら参加者が墨入れを行った。

6日は平成26年の仕事始めにあたり、空自が安全を確保し、任務を整斉と遂行できることを祈念して実施。監理監察官を皮切りに准曹士先任、各部長、福江空幕副長の順にだるまに左目を入れ、最後に目の中心に齊藤空幕長が墨入れした。空幕長は「一人の隊員も失わない。一つの装備品も失わない。今年一年無事故で過ごすため協力をよろしく頼む」と出席した幹部に呼びかけた。

一方、12月27日は昨年1年間、大きな事故なく飛行したことを感謝して墨入れした。最後にだるまの両目を開眼させた齊藤空幕長は「今後も安全の確保に努力していこう」と述べた。

ヨットで遭難の69歳男性を救助
三重県・大王崎沖

一人乗りヨットで航海中だった東京都文京区の下川瑞士さん(69)が12月20日、三重県・大王崎沖で行方不明になり、捜索に当たっていた海自4空群（厚木）のP3C哨戒機が23日、発見した。

下川さんは東京都・父島から和歌山県に向け航行中、大王崎沖南約370キロの海域で遭難。SOSを受けた第4管区海上保安本部の航空機と巡視船が捜索したが、見つからなかった。

21日午後2時55分、第4管区本部長から森田義和4空群司令に災害派遣が要請され、午後3時半過ぎ、P3C1機が厚木基地を飛び立った。さらに午後10時過ぎと翌22日の午前5時前に各1機が現場に向かい、交代して活動を継続させた。

23日午前5時過ぎに4機目のP3Cが出発。捜索活動を再開し、午前6時半ごろに遭難ヨットを発見し、連絡を受けた海保庁の「すずか」が救出した。下川さんはけがもなく体調も良好だという。

長友 宗一郎氏（ながとも・そういちろう＝8空団監理部広報班新聞編集室、2空曹）12月25日午後2時45分、急性心筋梗塞のため死去、41歳。告別式は27日午後2時から大分県杵築市の「JAやすらぎ会館」で行った。喪主は父の剛（つよし）さん。

平成3年4月空自入隊。曹候補士1期。2術校、1術校、8空団整補群装備隊を経て、14年7月から同監理部広報班新聞編集室。基地新聞「ついき」の編集業務に尽力した。

こちら警務隊 ☎8・6・47651

成人式の進行など妨害 3年以下の懲役か罰金

毎年、成人式会場内で参加者が暴れているのを見ますが、あれは何か罪に問われないのですか？

暴れるなどの行為により、成人式の進行を妨害した場合「威力業務妨害罪」に問われ、3年以下の懲役または50万円以下の罰金に処されます。

この罪での「妨害」とは、暴力や脅迫によるものに限らず、特定の業務に使用を来す一切の行いを言います。

過去の成人式では、新成人が壇上で怒鳴り声を上げたり、クラッカーを市長に向けて鳴らしたことにより逮捕された例もあります。

このような行為に関与しては絶対にいけません。

（警本保安科）

小休止

▽…道北・稚内市最大級の冬のイベント「第32回稚内市名士カラオケ歌謡祭」が12月1日、同市の総合文化センターで行われ、海自稚内基地分遣隊長の金子洋介2佐以下7人が参加した。

▽…演目はシャネルズの「ランナウェイ」。顔を黒く塗り上げた7人がステージに登場すると、客席からどっと笑いが＝写真。約1000人の観客の前で完成度の高い歌とバックダンスを披露し、会場を沸かせた。

▽…約2カ月間、課業外の時間を利用して練習してきたメンバー。参加した関谷貴之3曹は「観客の声援を受けて苦労が報われた」と充実感をにじませた。（稚内）

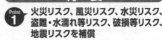

（世界の切手・豪州）

新しいことを始めるのは怖くない。怖いのは新しいことを始めなくなることだ。
マイケル・ジョーダン
（米国の元バスケット選手）

朝雲ホームページ
www.asagumo-news.com
<会員制サイト>
Asagumo Archive
朝雲編集局メールアドレス
editorial@asagumo-news.com

「人生の八合目」を迎えて

陸自OB　高橋　昭雄（青森県八戸市）

今年の干支は「午」である。午とは馬のことであり、皆さんも新年を迎えて「馬のごとく躍動する」目標を掲げられたことでしょう。

「一年の計」は元旦に立てるのが本当だという。皆さんもお屠蘇を飲みながら「今年こそ結婚しよう」とか「家を建てよう」「幹候試験に合格しよう」など、目標を立てたのではなかろうか。

計画を立てるには「反省」が大事になる。前年にできなかったことを、今年は一念発起してぜひ実現させたいものである。

私は毎年、大みそかに「自分の年間10大ニュース」を挙げてみる。一年を振り返ると喜怒哀楽いろいろあり、中には計画を達成できたものもあれば、実行できなかったものもある。改めて「10大ニュース」を列挙してみると、年初には予測できなかったことが案外多くあってびっくりする。

前年を反省すれば新年の計画も立てやすい。せっかく元気に生きているのだから、平平凡凡と一年を過ごして「今年は何もしなかった」ではこれほどむなしいことはない。

登山家の田部井淳子さんが書いた『人生八合目からがおもしろい』という本を読んだ。著者は山のほかにもいろいろなことに挑戦し「それをしている毎日が楽しくて仕様がない」とある。田部井さんが人生を見事にエンジョイしているのが分かる。

さて私は今年、82歳になる。改めて「自分の人生八合目は何歳くらいだろう」と考えたら「今でしょ」との結論が出た。そして十合目（登頂）は100歳だ。「それまで頑張らねば」と改めて自分に言い聞かせた。

いま20代、30代の人たちに「人生の八合目」を言うのは失礼だが、計画を成就するには、八合目、九合目を征服して初めて頂上を極めることができるのだ。

老いも若きも新年を機に「一年の計」を立て、その達成のために本年も毎日を頑張っていきたいものである。

『我が心の北部方面隊』

陸自OB　小島　肇（映像作家、札幌市在住）

私は陸自北部方面隊の隊員とOB向けにDVD『我が心の北部方面隊』＝写真＝を制作しました。長年にわたり北方各師団・旅団などの撮影取材を続け、これを「北方創隊60周年記念」として完成させたものです。サブタイトルが「隊歌映像集」とある通り、映像のほか北部方面隊歌、第2、第7師団歌、第5、第11旅団歌の映像もあり、全収録時間は35分です。

主な内容は北方創隊の経緯に始まり、バックには北海道の雄大な風景や、OBには懐かしい昭和40年代の冬季戦技競技会の映像なども入っています。また各師団・旅団についても創隊の経緯が紹介され、それぞれの隊歌が隊員たちの活動を背景に歌詞が字幕スーパーで表示される趣向となっています。

映像にはテレビ局から提供を受けた昭和30年代の札幌大通りでの自衛隊記念日パレードや「援農」の風景など、古き良き時代のレトロな映像も収録されています。

その一方、大災害に備えた大規模防災訓練「ビッグレスキュー」や、北方50周年記念行事での総監の訓示、さらに国際貢献活動、東日本大震災に際しての活動なども含まれ、OB・現役を問わず思わず見入ってしまう貴重な映像が多数収録されています。歴代の北方総監からも高い評価を得、また現役の皆さんからは「元気が出ます」との声を頂きました。

このDVDは現在、札幌市内の書店で販売されていますが、全国の隊員・OBでご関心のある方は、私の携帯電話までご連絡ください。なお、頒布価格は隊員・OBが2500円、一般が3000円となっています。売上金の一部は東日本大震災の復興支援に寄付します。連絡は小島の携帯、090（8896）8876もしくはEメールs−island@qa2.so−net.ne.jpまで。

みんなのページ

朝雲・栃の芽俳壇

畠中草史　選

初日さす世界遺産となりし富士　四街道・陸OB　堅田　湖風
昨年富士山が世界遺産となった。初日がさし始めた。頂からそして地上へと。

宿敵は隣の村の喧嘩独楽　青梅・一般　青柳　富也
何時も最後に競った相手は、村にはおらず隣村の子だった。懐かしい相手。

流れ星石鎚山に吸はれけり　愛媛・家族　青野ツルヱ

思ひ返し一枚羽織る冬立ちぬ　熊谷・空OB　高橋ふみ子

茶の稽古終へてもてなす栗御飯　宮城・陸OB　今野　萌子

初雪や紐締め直す菅の笠　今治・陸OB　疇谷　白濤

静けさの瀞の川岸木の葉舞ふ　熊谷・空OB　明田　眞雅

極月の水音たつる神田川　西東京・空OB　水島　孝雄

牡蠣鍋をはさみて夫婦地酒酌む　新座・陸OB　船田藤三郎

散る気配見せぬがかなし冬桜　千葉・空OB　榎　利風

隣人に倣いて落葉集めもし　府中・空自衛官　村上　智樹

山峡の崖つ縁まで茶の木咲く　大阪・空OB　高木　智念

つむじ風落葉の騒ぐビルの街　今治・陸OB　鎌田日出雄

口あけし実柘榴皿に売られをり　熊谷・空OB　佐藤　玲美

鍋囲み話しの尽きぬクラス会　千葉・陸OB　川又　勝彦

シャッターに景色移ろふ秋夕焼　熊谷・空OB　福元万理子

土瓶蒸し妻と楽しむ旅の宿　熊谷・空OB　蓮佛志向子

焔みな美しきかな榾の宿　大津・陸OB　丸岡　正男

小春日の揺り椅子ゆらりゆらりかな　浦安・海OB　晴山　雅之

涙見せカナダへ発てり秋の旅　熊谷・空OB　関谷　桂子

濁り酒バッハの曲を聴きながら　愛知・陸OB　若松　芳明

七五三衣ずれの音巫女の舞ひ　熊谷・空OB　関田　絹江

踏むまいと思いつつ踏む草の花　神奈川・家族　須田　紀子

切山椒香りほのかに柔らかく　浜松・空OB　牧田カツヱ

選者作品
極まりし紅葉の色に枯兆す

投句歓迎！
▽官製はがきの裏面に未発表の自作3句以内と氏名、年齢、職業（自衛官・事務官＝所属部隊＝、OB、家族など）、住所、電話番号を記入▽締め切り毎月15日▽あて先＝〒162−8801東京都新宿区市谷本村町5ノ1　防衛省D棟市ヶ谷記者クラブ朝雲記者室俳句係（☎03・5225・1750、専用線8・6・25512）

詰将棋

出題　日本将棋連盟　九段　石田　和雄

第663回出題

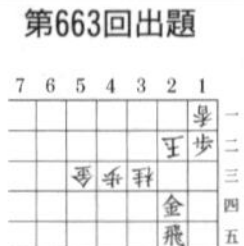

先手　持駒　角銀

【ヒント】金のさばきから飛捨てがトドメ。5分で二段です。

▶詰碁、詰将棋の出題は隔週です◀

詰碁

出題　日本棋院　九段　曲　励起

第1078回解答

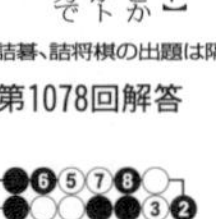

白⑨切る

【解答図】白先、白活。白①が先ず大切で、黒❷には白③黒❹の時、白⑤がまた大切で黒❻以下白⑨迄、石の下の筋で白活きます。

「南極読本」
―隊員が語る寒冷自然と観測の日々

南極OB会編集委員会編

先日、2代目「しらせ」が実に3季ぶりに南極の昭和基地に到達した。2度も「しらせ」を阻んだ南極の自然環境はどのようなものなのか。本書は南極についてのあらゆる情報が一冊に凝縮された〝南極ペディア（百科）〟だ。

執筆者は南極地域観測隊員OBたち。南極の環境や観測調査の成果など専門的な項目を分かりやすく解説するばかりでなく、観測隊の生活を経験者の視点で紹介する。

「解説」「南極セミナー」「知識の体系・キーワーズ表」の3部構成。「解説」では図表を効果的に用い、南極のいろはを記述。もちろん「しらせ」の南極観測支援についても多くのページが割かれている。

「セミナー」はQ&A方式で、高度な事項を理解できるよう工夫がなされている一方、「キーワーズ表」は南極用語を難易度順、重要度順に並べ、良い意味で受験参考書的なつくり。

本書の内容は観測隊員が南極に向かう船上で開く勉強会（通称「しらせ大学」）などの講義がもとになっているという。

手頃なサイズながら、ちょっと南極について知りたい人から、これから南極に行く人までのニーズに応える一冊だ。（成山堂書店刊、3150円）

新刊紹介

「幸福な生活」

百田　尚樹著

公開中の映画『永遠の0』原作者による短編集。50歳での作家デビュー以来、1作ごとにジャンルの異なる小説を発表、いずれもベストセラーになっている百田氏だが、短編でもその異彩を放っている。

「帰宅すると浮気相手が妻と談笑していた」「痴呆性老人の母親が実は」……など、平穏な家庭生活を脅かす話が満載。サスペンス、ファンタジー、ホラーなど、19作はどれもこれもエンターテイメント性に富む。

最後のページをめくると「衝撃のひと言」の1行が待っており、そのどんでん返しや落ち、ネタ明かしもさることながら、ページをめくることにも込められた読者サービスには脱帽する。前職がバラエティー番組の構成作家というのもうなずける。

ただ、決してすべてが後味の良いものでないだけに賛否は別れるところ。長編を好む読者も多いだろう。巻末解説は脚本家の宮藤官九郎氏。（祥伝社文庫刊、680円）

やりがいあった「フラッグ隊」

1陸士　木村　聡美（東北補給処補給部・仙台）

東北の被災地復興支援にも一役かった「東北方面フラッグ隊」

私は東北方面隊の平成25年度広報基幹要員として「フラッグ隊」に参加しました。先輩からは「練習はきついけど、すごくやりがいがある」と聞いていたので、すごく楽しみにして練習に加わりましたが、それは想像以上にきつい練習でした。

基本姿勢や歩き方から始め、それに慣れると演技の異なる多数の技を覚えなければならず、毎日が全力投球の日々でした。そんな中、私は扁桃炎となり、しばらく入院することになりました。ハードスケジュールの中の離脱だったので、早くフラッグ隊に戻りたいと思う半面、熱はなかなか下がらず、ようやく退院できたのは5日後でした。

案の定、練習は進んでいて、私はみなと別メニューで訓練しました。そこにはフラッグ2年目の先輩が付き添ってくれ、なんとか3日で追いつき、ホッとしたことを覚えています。

フラッグ隊は毎週水曜日の錬度判定と、東北の各駐屯地で休日に行われるイベントへの参加で、まさに「怒涛」の夏のシーズンを迎えました。錬度判定は難易度が上がり、駐屯地の祭り支援は、福島、八戸、仙台、霞目、船岡と続き、その間は体力的にもとてもきついものでした。

しかし、フラッグ隊の11人が支え合い、夜も練習して技能を高め、すべての演技日程を笑顔で踊り終えることができました。

業務多忙の中、私を送り出してくれた東北補給処の皆様、そしてご指導くださった東北方面音楽隊の皆様に大変感謝しています。フラッグ隊で学んだことを生かし、今年もより一層活躍できるよう努力していきます。

OBがんばる

経験が今に生きる

飯島　忍さん　55
平成24年4月、練馬駐屯地業務隊を最後に定年退職（准陸尉）。医療法人・山柳会に就職、介護付有料老人ホーム「コンフォルト朝霞」の新規開設・運営に当たる。

私は昭和52年4月に学生服姿で練馬駐屯地の正門をくぐり、平成24年4月に練馬駐屯地で自衛隊の制服を脱ぐこととなりました。

再就職してすぐ、私は介護付有料老人ホームの新規開設・運営という壮大な任務を命ぜられました。自衛隊時代とはまったく異なる介護付有料老人ホームの開設準備室勤務は大変荷が重いものでしたが、業務を進め、6日間の内覧会を経て無事オープンの日を迎えることができました。

内覧会までは会議の連続で、施設の名称、キャッチコピー、広告のデザイン、パンフレット図案、地域の調査、宣伝対象施設の選定、施設オープンと、この一連の流れを通常業務と同時に実施しました。

すべてが初めてのことばかりでしたが、お客様が住み慣れた自宅や、家族、友達と別れて当施設に引っ越しをして来られると思うと、緊張感と同時に、温かくお迎えしたいという気持ちが私の中に湧いてきました。

思えば、施設建設中は焦りと不安ばかりでしたが、お客様を迎える日が来て、今はとても感激しています。まずは健康に留意し、毎日の業務を欠くことなく任務に努めていきたいと考えています。

自衛隊時代を振り返ると、1普連、1通大、1混団、埼玉地本など、さまざまな分野の部隊・機関に勤務させていただいたことが良かったと思います。その経験が今に生きています。

「兵馬」として運気向上の年

陸士長　萩谷　涼（普教連1中・滝ヶ原）

私は今年、2回目の年男を迎えました。私は平成2年の「庚午」の生まれで、調べてみると、この年に生まれた人は「兵馬」と言うそうです。

この「兵馬」というのは、規律よく訓練された馬のことです。自衛隊も規律を重要視しており、自衛隊に私が入隊したのも「天職」であったのかもしれません。

昨年は私にとって「運気」が下降する年だったようで、人生の大きな壁にも直面させられました。しかし、今年は「運気」が向上するので、心機一転、入隊以来5年間で培った知識・技能・経験を訓練や隊務に生かしたいと思います。

そして目標の陸曹候補生試験にも合格し、さらなる向上に励み、今年一年、部隊に貢献していきたいと思います。

朝雲

発行所 朝雲新聞社
〒160-0002 東京都新宿区坂町26番地19 KKビル
電話 03(3225)3841
FAX 03(3225)3831
振替00190-4-17600番
定価一部140円、年間購読料9000円（税・送料込み）

主な記事

2面 日米最先任下士官会議を開催
3面 各地で訓練始め
4面 野外通信システム「コータム」初公開
5面 〈部隊だより〉くまモンが松島基地に
6面 〈募集・援護〉予算案に見る募集援護
7面 北海道で日露戦争時の不発弾処理
8面 〈みんなのページ〉「戦車群魂」永遠に

テストパイロット交流へ

日印防衛相会談

災害救援・対テロで関係強化

小野寺防衛相は1月6日、インドでアントニー国防相と会談し、自衛隊とインド軍との防衛交流のさらなる深化を目指し、航空自衛隊と印空軍との間でテストパイロットや飛行安全分野の専門家の交流に向け検討を進めていくことで一致した。技術の粋を集める戦闘機開発の分野などで、開発中の実験機や新造機を操縦し、航空装備品の研究開発の最先端に携わるテストパイロット同士の交流が実現すれば、安全保障分野で関係を深める両国にとって互いの運用能力や技術力を知り、協力強化を推進する上で大きなメリットがある。

防衛相の訪印は4年ぶり。テストパイロットの交流は今後、可能性を含めて検討が進められるが、まずは短期間の交流などを経て、将来的には空自のテストパイロット・コース（TPC、岐阜基地）とインドのテストパイロット・スクール（TPS、バンガロール）との間で中・長期の課程入校なども視野にパイロットの相互派遣や定期的な人材交流を目指すものとみられる。

会談では、空自と印空軍との間で将官級のスタッフ・トークス（幕僚会議）の実施や、輸送機部隊間の交流を検討することでも一致した。陸上自衛隊と印陸軍との間では、人道支援・災害救援（HA/DR）分野と対テロ分野で専門家交流を行う。人材交流や部隊間交流をこれまで以上に一歩踏み込んだ形にしたのが大きな特徴だ。

さらに、統合幕僚学校の国際平和協力センター（JPC）または陸自の中央即応集団（CRF）と、印国連平和維持センター（CUNPK）との間で国連平和維持活動（PKO）に関する交流を推進することでも合意した。

演習・訓練面では、2011年の日印防衛相会談の合意に基づき、海上自衛隊と印海軍が12年に初の2国間共同訓練を相模湾で実施し、2回目は昨年12月末にインドで行われたばかり。3回目となる今年は印海軍が来日して実施することが決まった。今後も同訓練を定期的に行っていく。

このほか、ハイレベルの相互訪問を引き続き年に1回実施。印国防相の年内の訪日のほか、3回目となる次官級「2プラス2」対話と4回目となる次官級の防衛政策対話をデリーで開催することでも合意した。

近年、中国の台頭を背景に防衛協力を進める日印両政府は08年、首脳間で両国の安全保障協力の指針を示す「日印間の安全保障協力に関する共同宣言」に署名。09年には「行動計画」を策定した。こうした流れを踏まえ、今回の会談では両国の「戦略的グローバル・パートナーシップ」を強化するため、さらなる防衛協力の強化、推進で一致した。

インドのアントニー国防相（右から2人目）と会談する小野寺防衛相（左から5人目）＝1月6日、ニューデリーで、防衛省提供

多様な機種を保有 独自の改修と運用

テストパイロットは開発途上の実験機を含む戦闘機からヘリコプターまで多種多様な機種を操縦、最先端技術を駆使した航空機の性能を試験、評価する。試験では超音速から失速速度まで前人未到の極限に迫る。

技術者と操縦士の高い資質が同時に求められるテストパイロットを養成する国は、世界でも高度な産業基盤を有する日本のほか、米英露仏印の6カ国などに限られる。各国とも主に空軍にテストパイロット・スクール（TPS）を置き、米TPSは宇宙飛行士の登竜門となっている。空自のテストパイロット・コース（TPC＝試験飛行操縦士課程）には宇宙飛行士の油井亀美也元2空佐が在籍していたことでも知られる。

印空軍は人員13万人以上、約1400機の航空機を保有し、機数は米中露に次ぎ世界4位。国産のヒンドスタン社製や英仏製のほか、政治的背景からミグ、スホイ、アントノフ、イリューシンなど旧ソ連・ロシア製の航空機を多く使用し、独自の改修と運用を行っている。日本にとってはテストパイロットの交流を通じ、インドの装備品能力の調査・研究につなげていきたい狙いがある。

US2で協議 日印作業部会

US2救難飛行艇に関する日本とインドとの初の合同作業部会（JWG）が12月23日、インドのデリーで開かれた。防衛省の西事務次官とインドのチャンドラ商工省産業政策促進担当次官の2人を議長に、日本側は同機に関する情報を提供する一方、インド側のニーズや調達主体などをめぐって幅広く協議を行った。

同部会は昨年5月の日印首脳会談での共同声明を受けて設置。協議には日本側から防衛省、外務省、経済産業省、新明和工業の関係者、印側からは国防省、外務省、商工省、財務省、民間航空省などの関係者が出席した。

海賊対処や災害救援で協力強化 統幕・シンガポール

統幕とシンガポール国軍との第5回「日星スタッフ・トークス」が11月29日、防衛省で開催され、海上安全保障分野や人道支援・災害救援（HA/DR）分野で両国が一層の協力強化を図ることで一致した。

会議には統幕から防衛計画部長の山村浩海将補以下約10人と、シンガポール国軍統合参謀部統合作戦部長のチア・チュンフン陸軍准将以下5人が出席した。

両国は2011年から拡大ASEAN国防相会議（ADMMプラス）の防衛医学専門家会合（EWG）で共同議長国を務めており、この3年間で域内の防衛医学分野の協力推進を図るなど大きな成果を挙げてきたことを確認した。

また、フィリピンの台風災害では、自衛隊と星国軍が行った緊急援助活動について相互に紹介。自然災害の多いアジア太平洋地域での人道支援・災害救援活動の重要性を再認識するとともに、両国が同分野で引き続き協力していくことで一致した。さらに、ソマリア沖・アデン湾で両国が参加している海賊対処活動について、これまでの成果と今後の方向性について議論。自衛隊は12月から同海域で米海軍などを中心とした多国籍艦隊「第151合同任務部隊（CTF151）」に参加しており、海上安全保障分野での協力をさらに推進していくことでも一致した。このほか、統幕長級のハイレベル交流や部隊間交流を継続していくことでも合意した。

ソチ冬季五輪出場の5選手 小野寺大臣が激励

ソチ冬季五輪に出場する陸自冬季戦技教育隊（真駒内）バイアスロン班の井佐英徳2尉、小林美貴2曹、鈴木美由子3曹、鈴木李奈士長、中島由貴士長の5人が1月14日、防衛省を訪れ「防衛省・自衛隊東京オリンピック・パラリンピック特別行動委員会」の第4回会合に出席、小野寺大臣に激励された。

会合には大臣をはじめ西事務次官、岩崎統、岩田陸、河野海、齊藤空各幕僚長ら約20人と5選手が出席。

平田雄嗣冬戦教隊長から紹介された後、選手らは、「4回目の今回は気負わず力を出し切る」（井佐2尉）、「今まで行ってきたことを精いっぱい発揮する」（小林2曹）、「10位以内という目標を必ず達成する」（鈴木美由子3曹）、「挑戦する気持ちを忘れずレースに臨む」（鈴木李奈士長）、「スタートからゴールまで元気よく戦う」（中島士長）とそれぞれ決意を述べた。

小野寺大臣は「防衛省・自衛隊だけでなく国民の期待、日の丸も背負って活躍してほしい。ソチでの経験を（6年後の）東京オリンピックに向けても生かしていただきたい」と励ました。

一方、バイアスロン班の5人に、出場を確実にしているクロスカントリー班の吉田圭伸3尉を加えた6人は、委員会出席に先立ち、岩田陸幕長に冬季五輪出場を申告した。

小野寺大臣（右から3人目）に激励され決意を新たにした（左から）鈴木美由子3曹、小林2曹、井佐2尉、鈴木李奈士長、中島士長＝1月14日、防衛省で

2プラス2終了後、共同記者会見に臨む（左から）小野寺防衛相、岸田外相、ファビウス外相、ルドリアン国防相（1月9日、パリの仏外務省で）＝防衛省提供

日仏2プラス2

輸出管理で委員会新設

安保協力拡大 装備品を共同開発へ

日仏間で初となる外務・防衛担当閣僚協議「2プラス2」が1月9日、パリで開かれ、防衛装備品の共同開発や、軍事転用可能な製品の輸出に関して協議する実務者レベルの委員会の新設を盛り込んだ共同文書を発表した。安全保障分野での協力をさらに拡大する。

昨年6月に安倍首相とオランド大統領との間で行われた日仏首脳会談の共同声明を受けて実現した。

日本にとって2プラス2開催は米、豪、露に続いて4カ国目。日本からは岸田外相、小野寺防衛相、フランスからはファビウス外相、ルドリアン国防相が出席。岸田外相は共同記者会見で「両国の安全保障分野に新たな次元を開いた」と開催の意義を強調した。

新設される「防衛装備品協力に関する委員会」ではコスト削減や性能向上に向け、両国が技術や調達に関する情報共有を図り、装備品の共同開発・生産などの産業協力を促進。日本は2011年の武器輸出3原則の緩和で米国以外の国との装備品の共同開発が可能となっており、今後は具体的な分野や項目の選定を急ぐ。

一方、「輸出管理メカニズムに関する委員会」では、武器や軍事転用可能な汎用品の輸出管理手続きなどについて積極的に情報共有を進め、輸出管理に関する多国間協力の可能性を検討する。日本としてはフランスから中国への軍事転用品の輸出を抑止したい考えだ。

世界第4位の武器輸出大国のフランスは、これまで「自由貿易」を盾にロシアへの「ミストラル」級強襲揚陸艦の輸出のほか、中国には荒天でもヘリコプターの着艦を可能とする装置の売却を行っている。ヘリ着艦装置については昨年、日本側が沖縄県の尖閣諸島周辺で軍事活動を活発化させる中国の艦船に利用される可能性を指摘し、仏側に懸念を表明していた。

2プラス2ではこのほか、中国の東シナ海における示威活動を念頭に、国際法に基づく航行と上空飛行の自由の行使、対話による紛争解決の重要性を確認。北朝鮮の核ミサイル開発にも強い懸念を表明した。

4大臣は地域と世界の安定のため両国が今後、①ソマリア沖・アデン湾の海賊対処②南太平洋駐留仏軍の人道支援・災害救援（HA/DR）演習への自衛隊のオブザーバー派遣の定例化③アフリカの平和維持に向けた支援④在外公館を通じた安全情報の交換⑤東南アジア・南太平洋地域における能力構築支援――で協力していくことで一致した。

次回の2プラス2は来年、日本で開催される。

「おおすみ」、釣り船と衝突

瀬戸内海 客ら2人が重体

瀬戸内海を航行していた海自の輸送艦「おおすみ」（8900トン、艦長・田中久行2佐）が1月15日午前8時ごろ、広島県大竹市の阿多田島沖で釣り客ら4人が乗る釣り船「とびうお」（全長7・6メートル、幅2・27メートル）と衝突した。船は転覆し、船長と客の2人が心肺停止の重体となっている。

同日朝6時半ごろ呉基地を出港した「おおすみ」は定期修理のため岡山県玉野市の造船所に向かっていたが、午前8時ごろ阿多田島沖北東約1・4キロの海上で釣り船と衝突。「おおすみ」は第6管区海上保安本部（広島市）に通報するとともに、乗員の救助に当たった。

連絡を受けた防衛省はただちに小野寺大臣を長とする「事故対策会議」を設置。大臣は同日の記者会見で「今回の事故は、防衛省・自衛隊の責任者としてまことに遺憾だ。海保庁の事故捜査に全面的に協力したい」と述べた。

海保によると「おおすみ」の左舷中央後部に衝突痕がみられるという。心肺停止の2人は船長の高森昶さん（67）と釣り客の大竹宏治さん（66）で、岩国市内の病院に搬送された。事故当時、現場周辺海域は晴れで、北東の風約5メートルと穏やかな天候だった。

春夏秋冬

正念場

森本 敏

今年は東アジアでリスクの高い状態が続き、日本の安全保障は極めて重要な課題に直面するであろう。

安倍政権は政権誕生以来、一貫して国家の体制を一層整える努力をしている。アベノミクスによる経済再生を図り、さらに税制・成長戦略・社会保障・農業改革・原子力・エネルギー政策など経済・財政・景気面で精力的に取り組んでいる。とりわけ原子力・エネルギー政策は成長戦略の基礎であり最重要の政策課題である。

安保・外交・防衛面では昨年、国家安全保障会議を設置し、国家安全保障戦略や防衛大綱・中期防の策定を決め、日米防衛協力ガイドライン見直しを合意し、特定秘密保護法を制定し、年末には普天間基地代替施設建設も軌道に乗せた。

今年はさらに、普天間基地代替施設問題を前に進め、武器輸出3原則を見直して新原則を打ち出し、安保法制懇による提言に基づいて関連法制の整備に取り組むとともに年末までに日米防衛協力ガイドライン締結に向けた作業に取り組むことになる。

課題は多いがこれらの諸政策の背後にある共通した考えは、戦後の誤った平和主義を是正し、日本が強いリーダーシップを取るため、国としてあるべき体制と制度を、一層、確実に整えることにある。それは国家・国民にとって望ましいことである。

問題は日中・日韓関係や北朝鮮・ロシアなど周辺情勢の変化である。中国や北朝鮮が尖閣諸島や防空識別区あるいは周辺国にどのような挑発行動をしてくるのか不分明である。

また安倍総理の靖国参拝以降、日米同盟関係も難しい局面に入っている。日米同盟を万全の状態に維持する努力は最重要の課題である。

北東アジアの緊張が高くなっても日本だけですべてのことに対応できる訳ではなく、日米同盟や国際協力は不可欠であるが、少なくても自衛隊が創設以来、経験したことのない大きな試練を受けると考えざるを得ない。

同時に国民にも相当な理解と覚悟が必要となるであろう。安倍政権が引き続き高い支持率を維持していなければ成し得ない事業である。

いずれにしても今年は北東アジアにとっても、日本の安全にとっても正念場となるであろう。そのためにも日本は国の体制と態勢をさらに整えていく努力をしていかなければならない。

（もりもと・さとし＝前防衛大臣）

将補昇任者略歴

12月18日付で昇任した後藤雅人空将補の略歴は次の通り。

後藤 雅人（ごとう・まさと）空将補 防大31期。昭和62年空自。平成13年2佐、17年1佐。同年ロシア防衛駐在官、20年空幕技術部航空班長、22年空幕人計課人計調整官兼企画班長、22年岐阜地本長、24年空幕技術課長、25年12月将補、航空開発実験集団幕僚長。徳島県出身。48歳。

防衛省発令

▽防衛書記官、大臣官房審議官、内閣官房出向兼内閣審議官＝国家安全保障局（内閣審議官＝内閣官房副長官補付）
内閣事務官 武藤 義哉
▽内閣官房出向、内閣審議官＝内閣官房副長官補＝事態対処・危機管理担当＝付（地方協力局次長）
防衛書記官 前田 哲
▽防衛書記官、地方協力局次長（装本航空機担当副本部長）
防衛事務官 山本 達夫
▽防衛事務官、装本航空機担当副本部長（大臣官房審議官）
防衛書記官 田中 聡
（以上1月7日）

朝雲寸言

安倍政権の2年目がスタートした。「地球儀を俯瞰する外交」をモットーに掲げるだけあって、年明け早々からアフリカ諸国を歴訪、1月下旬には訪印も予定されている▼今年の外交・防衛政策の焦点は、何といっても、集団的自衛権の行使をめぐる憲法解釈の見直しを決断し、実行することだろう。今春には議論を重ねてきた「安保法制懇」の報告書を基に政府案が作られ、議論は国会へと移る▼新聞やテレビは、新年から集団的自衛権を様々な角度から取り上げている。しかしそれを読んだり見たりする度に、もっと政治家や官僚ら政府の担当者は、うまく説明できないものかと思ってしまう▼例えば、昨年も議論になった「地球の裏側」で集団的自衛権を行使するのか、という問題では、新たに「サンフランシスコの近くで行使することはありません」などと答えているのを聞いて驚いた。とても真面目に答えているとは思えない▼そもそも親分が「地球儀を俯瞰する」と言っているのに、表や裏とか、米国に近い遠いはないだろう。「友人が困っていれば助けるのは当たり前。それは日本からの距離ではない。ただし、実際に行使されたケースは少なく、日本も慎重に判断する」程度のことがなぜ言えないのだろう▼理解を深めるためだった「4類型」がひとり歩きし、多くの国民は、憲法解釈を見直せばすぐにでも行使すると誤解している。タブーと向き合うことは難しい。

時の焦点

国内

細川氏立候補

『ローマ帝国衰亡史』を著した英国のエドワード・ギボンは、最終巻の「序文」で、刊行に12年かかった大仕事の後の生き方を自問している。新たな著作にとりかかるもよし、気ままな「雑学的研究生活」もよし。「積極的勤勉」か「静観的楽隠居」か、を決するのは「一に曲者『自愛心』の知恵だろうか」(中野好夫訳)と。

凡庸な身ゆえ、自愛心は静観的隠居に向かうと信じていたのだが、政治家は違うらしい。

猪瀬直樹前知事の辞職に伴う東京都知事選に、細川護熙元首相が立候補を表明した。76歳。陶芸にいそしむ静観的隠居の生活を捨てて「脱原発」を訴えるのは、自愛心ゆえか、利他心からか。細川氏と1月14日に会談、支援を約束した小泉純一郎元首相も、枯れていなかった。72歳。『ローマ人の物語』の作家、塩野七生さんが、小泉氏の「反原発」を「隠居生活に退屈したんでしょう」と論評していたのは、けだし慧眼であろう。

政治家の「自愛」と「抑制」

動機はともかく、小国を上回る人口と経済規模を持つ東京のトップ選びだ。多様なプレーヤーによる政策論争の盛り上がりは、歓迎できる。

「原子力政策は国が考えるべきもので、都知事選にはなじまない」「原発のない東京で原発を争点にするのはおかしい」との意見もある。とはいえ、原発の立地自治体の首長選は、供給サイドの側から原子力政策に影響する。最大の電力消費地である東京で、需要サイドから原発を考えることは、決して無意味ではあるまい。原発再稼働の可否で経営の行方を左右される東京電力の大株主の一つが、東京都であることも、念頭に置いておく必要がある。

地方選と国政は別だという考えもある。しかし、2020年東京五輪・パラリンピックの成功には東京都と国の連携が欠かせない。少子高齢化と人口減の中、東京一極集中をどう考えるかは、日本の方向性を決めるうえで極めて重要だ。都知事選の結果が国政に影響を与えることは避けられないのだから、むしろ、国の側が、都知事選の論戦から学ぼうとする姿勢をとる方が建設的だろう。

一説には、細川氏や小泉氏が隠居を捨てた一因は、安倍晋三首相の政権運営が当初の慎重さを失い、荒っぽくなったとの不満を抱いたからだともいわれる。

ギボンは、征服戦争を続けた共和制ローマの後に初代皇帝に就いたアウグストゥス帝を「全世界の征服などという野望はまず棄て、むしろ国家的諸会議の中に、いわば抑制の精神を導入」したと描く。「抑制」が「パクス・ロマーナ」の鍵だった。都知事選をめぐる騒動は、政権の長期安定には「抑制」の姿勢が重要だということを示唆しているようにも思える。

きょう1月16日は、アウグストゥス帝が即位した日(紀元前27年)であり、ギボンの命日(1794年)でもある。

東雲　次郎(政治評論家)

海外

アジア情勢展望

中国にどう対処するか

今年のアジア情勢を展望すると、昨年に引き続き、国力の増大を背景とした中国の習近平指導部の積極的かつ威圧的な海洋進出に伴う日本など関係国との確執や軋轢、さらには若い金正恩第一書記の後見人だった張成沢氏一派の粛清など恐怖政治を敷く北朝鮮独裁体制の冒険主義的政策の行方に大きな関心が集まるのではないか。

後者については昨年末の本欄で私見を披露したように、北朝鮮が核実験や長距離ミサイルの発射などの挙に出れば、朝鮮半島を舞台に短期的な軍事緊張は起きるにせよ、結局は自滅の道を歩むしかないとみており、北の出方に振り回される必要はないであろう。

その点で、2012年秋の尖閣諸島の国有化を機に対日強硬路線に大きく舵を切った中国指導部の内外政策、とりわけ海洋権益の確保と西太平洋における勢力圏の拡大を狙った海洋戦略の行方とそれへの我が国、日米同盟の対応が中長期的にははるかに重要な課題ではないか。

この問題を考える一つの手掛かりは、「中国の夢」実現をスローガンに掲げる発足1年余の習指導部の特徴と路線についての分析だろう。

たまたま、昨年末、都内で開催されたジャーナリスト出身の中国問題専門家の講演を聞く機会があり、現指導部の特徴、路線を考える上で非常に興味深い論考を提示していたので、そのさわりを紹介したい。

大学教授も務めたこの中国ウオッチャーは「習近平体制の特徴はイデオロギー、歴史・思想問題を重視し、毛沢東の政治哲学・スタイルを継承している」と分析。習総書記は中華世界の伝統的政治風土である「権威」の再建を目指しながらも、カリスマ性の欠如、中国社会の多元化などの要因によって、共産党の権威・威信の再建は事実上不可能であり、その困難を合法的暴力と愛国運動で乗り切ろうとしているとの見方を示した。

権威主義的な習近平体制を太子党(高級幹部の子弟)、国営企業、軍部が支えており、対外的には国威発揚、対日蔑視の言動などが目立つ結果になっているという。

歴史的な文脈で捉えた習近平体制に対する現時点での分析として、「目から鱗」の感想を持ったが、中国指導部が現在、民衆の抗議活動や人権弾圧への批判など厳しい内外状況に置かれている以上、海洋進出戦略や尖閣問題への対応で政策の軌道修正を図る可能性や余地は、残念ながら極めて小さい。

そうした中国の現体制に対処する方策はおのずと限られてくるが、確執や摩擦を軍事衝突などに発展させない枠組みづくりは喫緊の課題だ。もちろん、日米同盟や日本自身の軍事力整備による抑止力のさらなる向上と同時に、緊張緩和、共存・共栄に向けた外交の働き掛けは必須の条件となる。

関係が一筋縄でいかない隣国との外交や戦略対応は息の長いものとなるのを覚悟せねばなるまい。

伊藤　努(外交評論家)

相互理解、信頼深める

日米最先任下士官会議　50人参加し沖縄で開催

終了後、手を組み関係強化を確認する渡邊准陸尉(前列左から3番目)ら日米最先任下士官7人(12月3日、空自那覇基地で)

【統幕】統幕最先任下士官の渡邊満徳准陸尉が主催する第2回「日米最先任下士官等会議」が12月2日から5日まで、空自那覇基地で行われ、日米の下士官らが服務に関する情報共有や意見交換を行った。

会議には海自先任伍長の宮前稔明曹長、空自准曹士先任の新井岳志准尉、在日米軍最先任のジェームス・ローレント上級曹長のほか、沖縄に所在する日米各部隊の最先任上級曹長ら約50人が参加。

渡邊准尉の開会宣言のあと、日米各軍種が概要説明や服務の紹介を行い、参加者同士で意見交換した。

また、統幕副長の松村五郎陸将と在日米副司令官のオドネル少将がそれぞれ訓示。松村陸将は「日米最先任の交流は非常に重要。好奇心を持って相互理解を深め、関係をさらに強化することを期待する」と述べた。オドネル少将は「日米のカウンターパート同士が行動を共にするのは重要で、下士官レベルでも実行してほしい。交流を継続的に若い隊員にも実施させ、同盟強化につなげてほしい」と期待感を示した。

その後、在沖の陸海空自准曹士30名を交え、交流についての現状把握や意見交換が行われた。この中で参加准曹士から参加状況や参加に際しての障害、女性自衛官の最先任上級曹長への登用状況についての質問や意見が述べられた。

さらに一行は米空軍嘉手納基地、米海兵隊キャンプ・ハンセン、米海軍ホワイト・ビーチを訪問。各部隊の訓練を見学した後、能力回復センターでリハビリ要領や外出前の服務教育について説明を受けた。

渡邊准尉は「今回の会議では多くの日米最先任が参加し、さまざまな情報共有と意見交換を通じて十分に信頼関係を醸成し相互理解を深めることができた。これから日米下士官交流が准曹士隊員全体へ広がるように緊密な連携を継続したい」と意欲を示した。

「キーン・エッジ」始まる

日米共同統合運用の向上図り

平成25年度日米共同統合指揮所演習(CPX)「キーン・エッジ」が1月15日、市ヶ谷地区を中心に在日米軍横田基地や他の参加部隊の所在地などで始まった。2月4日までの予定。防衛に関する各種事態に際し自衛隊の対応と日米の協力について検証・演練し、共同統合運用能力の維持・向上を図る。

日本側は岩崎統幕長を統裁官に、内局、統幕、陸海空の各幕をはじめ、陸自が各方面隊、中央即応集団、中央管制気象隊、通信団、警務隊、中央情報隊、中央会計隊、中央輸送業務隊、陸自各学校、研本、補統本部が参加。海自は自艦隊、各地方隊、システム通信隊群、海補本、空自は航空総隊、支援集団、教育集団、空シス隊、空補本など。このほか指揮通信システム隊、中央病院、情本など人員計約6500人が参加している。

米側は在日米軍司令官のサルバトーレ・アンジェレラ空軍中将を統裁官に、太平洋軍司令部、在日米軍司令部をはじめ、在日陸海空、海兵隊などから人員約600人が参加。

前回の23年度CPXで初めて行われた省庁間調整の演練も1月15日から17日まで、内閣官房や外務省職員が参加して行われる。

CPXは昭和60年度に開始され、今回で20回目。日米共同統合演習は、指揮所演習の「キーン・エッジ」と実動演習の「キーン・ソード」が毎年交互に日本で行われている。

16次水上部隊が帰国

ソマリア沖で海賊対処行動

ソマリア沖・アデン湾での海賊対処行動を終えた水上部隊16次隊(護衛艦「ありあけ」「せとぎり」で編成、指揮官・清水博文1佐=7護隊司令=以下人員約400人)が1月中旬、帰国した。

護衛艦「ありあけ」(艦長・甲斐義博2佐以下乗員約185人)は1月15日に佐世保基地に、「せとぎり」(艦長・岩波俊行2佐以下乗員約185人)は同17日に大湊基地に入港する予定。2隻は帰国の途中、12月11日に米韓海軍と、同21、22日にインド海軍とそれぞれ共同訓練を行った。

「米の東アジア戦略」テーマに講演

ナイ教授が防大で

【防大】「ソフト・パワー」で知られる米ハーバード大特別功労教授のジョセフ・ナイ氏がこのほど、防衛大学校で「米国の対中・対日戦略」をテーマに講演を行った=写真。

ナイ教授は同大で教鞭を執る一方、国務次官補や国防次官補などを歴任した知日派の国際政治学者。1995年には「ナイ・イニシアチブ」と呼ばれる「東アジア戦略報告」を作成、日米同盟再定義の立役者となった。

約1時間にわたる講演の中で、ナイ教授は「日米同盟が東アジア安定の礎である」とした上で、米国が中国に対して「国際社会の一員として取り込むが、一方でけん制する」という政策的な幅を持っていることを強調した。

また、日米同盟の深化については「日本がより積極的に、同盟の対等化に向けて貢献することが重要だ」と述べた。

防大は「教授の講演は、東アジアの国際関係を我が国が考える上で、非常に有意義な機会となった」としている。

潜水艦派遣し米施設で訓練

海自は1月10日、潜水艦の「第2回米国派遣訓練」を実施すると発表した。

派遣されるのは2潜群の潜水艦「やえしお」(2750トン、艦長・渡辺将人2佐以下人員80人)で、1月14日に横須賀を出港後、2月上旬から3月中旬までハワイ方面に、4月上旬から中旬にグアム方面に滞在し、米海軍の施設を利用して訓練を行う。

同艦は4月24日に横須賀基地に帰港する予定。

東シナ海に中国機

沖縄県尖閣諸島付近の東シナ海に1月7日、中国国家海洋局所属の「Y12型」小型プロペラ機1機が大陸方面から東進し、久場島や大正島などの北方約160キロ付近まで接近したため、空自那覇基地のF15戦闘機などが緊急発進して対応した。中国機は付近を飛行した後、針路を北西に変えて自国領方面に戻った。領空侵犯はなかった。統幕は同日、中国機の写真と航跡図を公表した。

また、海上保安庁によると1月12日、尖閣諸島沖で中国海警局「海警」による領海侵犯が今年初めて確認された。

侵入したのは海警の3隻で、午前8時40分過ぎに尖閣諸島・久場島の北西から侵入。海保庁の巡視船が警報を発し、3隻は午前10時39分、魚釣島の北西から領海外に出た。

防衛予算の増額を歓迎

経団連会長

政府が12月17日、我が国初の「国家安全保障戦略」を策定するとともに、平成26年度から約10年間を見据えた我が国の安全保障政策の基本方針を示す新たな「防衛計画の大綱」と、その下で最初の5年間の主要事業と経費を示す「中期防衛力整備計画」(平成26～30年度)を決定したことを受け、経団連の米倉弘昌会長は同日、以下のコメントを発表した。

◇

「安全保障がますます重要になる中、国家安全保障戦略および防衛計画の大綱において、国際協調主義に基づく積極的平和主義の観点から、統合機動防衛力の構築が打ち出されたことを評価する。

また、中期防衛力整備計画で、5年間の防衛予算の総額が増加し、約[illegible]なったことを歓迎したい。

防衛力を支える防衛生産・技術基盤の維持・強化のため、将来ビジョンを示す戦略の策定が示されたことを評価する。

武器等の移転に関し、新たな安全保障環境に適合する明確な原則を定めるとされたことは前進であり、防衛装備品の活用等による平和貢献・国際協力や防衛装備品等の共同開発・生産等の推進が可能となる具体的な制度の設計を期待する」

首相乗せ中東アフリカ運航

政府専用機

空自特輸隊(千歳)のB747・400政府専用機は1月9日、オマーンとアフリカ3カ国を歴訪する安倍首相を乗せ、羽田空港を出発した。

同日、最初の訪問国オマーンの首都マスカットに到着。翌10日にはコートジボワールのアビジャン、12日にモザンビークの首都マプト、13日にエチオピアの首都アディスアベバに到着し、オマーン経由で15日に帰国した。

共済組合だより

入間学生・独身寮――「パークサイド入間」

組合員・子弟の入居者募集

防衛省共済組合の入間学生・独身寮「パークサイド入間」(写真・埼玉県狭山市入間川4-24-11)では、この春、大学・短大・専門学校等に進学予定の組合員子弟と独身・単身赴任組合員を対象に入居者を募集します。

入居基準は、学生寮が18歳以上で修業年限1年以上の学生・予備校生(いずれも夜学・通信教育を除く)が対象で、独身寮は寮から通勤が可能な独身または単身赴任の組合員が対象です。

募集は2回に分かれ、1次募集は2月3日(月)～10日(月)、2次募集は2月21日(金)～28日(金)となっています。

「パークサイド入間」は鉄筋コンクリート(RC)4階建及び5階建で、男女別棟となっており、学生寮が69室(男子39、女子30室)、独身寮が34室あります。

各室はフローリングのワンルームマンション形式で、広さ約19・05平方メートル。キッチン、ユニットバス、トイレ、バルコニー、エアコン、インターフォンが完備されています。

施設には管理人が常駐し、不在時の宅配便の受け取りや緊急時の対応が可能。給食施設はありませんので、食事は自炊となります。

入居費は月額4万円(寮費3万6000円、共益費4000円)で、駐車場28台(の駐車料金は月額3000円)です。(駐車場料金のみ値上げ予定)

交通は西武池袋線「稲荷山公園」駅から徒歩8分。同駅からの「池袋」へ急行で40分、「新宿」に60分です。

入居を希望する組合員は、所属支部の窓口に問い合わせください。また独身寮も随時入居者を募集していますので、こちらもお支部窓口にお問い合わせください。なお、施設の外観、内装は防衛省共済組合ホームページ(http://www.boueikyosai.or.jp/)でご覧になれます。

各地で訓練始め

2014年の幕開けとともに全国の部隊は一斉に訓練を開始した。陸自は1月7日、ヘリ団（木更津）が12機をもって編隊飛行、12日には空挺団（習志野）が降下訓練始めを実施した。南西諸島の防衛に当たる海自5空群（那覇）は8日にP3C哨戒機部隊が初飛行、空自では九州から松島に戻ったT4ブルーインパルスが母基地から飛び立ち、東北の新春の空に3年ぶりとなる爆音をとどろかせた。

空挺団の降下訓練始めを視察する（右から）小野寺防衛大臣、西事務次官、岩﨑統幕長ら

上空340メートルを飛行するC1輸送機から次々に降下する空挺団員（いずれも1月12日、習志野演習場で）

習志野

「離島奪回」に300人

尖閣見据え機動展開演練

陸自第1空挺団の「降下訓練始め」が1月12日、小野寺防衛大臣ら防衛省首脳と地元の観客1万2000人を迎えて習志野演習場で行われた。緊迫する尖閣情勢を踏まえ、今年も「離島奪回」をテーマに3自隊員約300人が参加した。

最初に空挺団伝統の指揮官降下を実施。上空340メートルのCH47輸送ヘリから岩村公史団長を筆頭に各級指揮官と最年少の阿部慧至1士（18）ら15人が新春の空に次々と跳び出し、鮮やかなパラシュートの花を咲かせた。

その後、「統合機動防衛力」を旗印とする離島奪回作戦を開始。島に見立てた演習場の上空に海自P3C哨戒機と陸自LR2偵察機が現れ、敵状を偵察。両機からの情報を受け、洋上の護衛艦が〝艦砲射撃〟を開始し、さらに空自戦闘機が〝対地攻撃〟、その空爆を示す火炎や煙が冬枯れの演習場に広がった。

直後、CHが飛来し、上空1400メートルから降下誘導小隊員が宙に舞う。彼らは自由降下で低高度開傘という敵陣潜入の高い技を鮮やかに披露した。

続いて現れたC1、C130両輸送機から主力40人が一斉に降下。風に流されて海面に落ちた場合を想定し、隊員は救命胴衣を膨らませた状態で着地。その後、素早く武器と弾薬を回収して橋頭堡を確保した。

この間、海上からは装備品が続々陸揚げされ、空自のPAC3対空ミサイルは飛来した敵機を撃墜、また敵主力に対してはAH64戦闘ヘリと初参加の10式戦車が空陸から突入、一気に敵を粉砕、状況を終えた。

小野寺大臣は参加隊員に対し、この日、尖閣で中国船3隻がまた領海侵犯したことを告げ、「機動展開を任務とする第1空挺団の役割はこれまで以上に重要になる」と述べ、空挺団のさらなる奮起を要望した。

「離島の奪回」で、敵陣に向け突入する初参加の10式（手前）など戦車とAH64戦闘ヘリ

海自航空部隊

24空皮切りに訓練始動

全国で一斉に飛行開始

海自航空部隊は1月5日の24航空隊（小松島）の初飛行を皮切りに全国で一斉に訓練を開始した。

6日に2空群（八戸）と徳島教空群、7日に21空群21空（館山）、同23空（舞鶴）、同25空（大湊）、31空群（岩国）、下総教空群、1空群（鹿屋）、22空群（大村）、8日に4空群（厚木）、5空群（那覇）、小月教空群がそれぞれ飛行訓練を行った。

南西諸島周辺海域に目を光らす5空群のP3C部隊では初訓練飛行に先立ち、5空隊司令の大西哲1佐が「東シナ海は安全保障上の焦点であり、これまで以上に状況の変化、兆候を見逃さないよう注視していかなければならない。南西諸島を断固として守り抜き、国民・県民の負託に応えることができるのは我々だけ。諸官にはそのことをもう一度自覚してもらいたい」と訓示した。

その後、P3C哨戒機3機が那覇基地を飛び立ち、慶良間諸島上空を通過し、久米島を周回、約1時間半のフライトを行った。

一方、31空群ではUS2救難飛行艇2機などが飛行。広島湾上空を飛行して柱島を折り返すと、岩国基地沖に着水し、さっそく救難訓練を行った。

南西諸島周辺海域を飛行し、警戒監視の目を光らす5空群のP3C哨戒機（1月8日、慶良間諸島上空で）

雲海を眼下に飛行する21空群23空（舞鶴）のSH60型哨戒ヘリ（1月7日）

初の陸地上空飛行実施

1ヘリ団の年頭編隊訓練

昨年、伊豆大島の災害派遣やフィリピン国際緊急援助隊で活躍した陸自1ヘリ団（木更津）は1月7日、年頭編隊飛行訓練を行い、団結の強化と士気の高揚を図った。今年は年頭訓練としては初めて、海上のみではなく陸地上空を飛行し、駐屯地の近隣住民にも訓練の一端を公開した。

訓練には隊員約140人のほか、CH47輸送ヘリ、EC225特別輸送ヘリ、LR2偵察機、OH6観測ヘリ、UH60多用途ヘリの計12機が参加。

管制塔前で行われた訓練開始式で団長の田中重伸陸将補は、「国民の期待に応え得るよう、高い即応性を維持しつつ、部隊の能力を最大限発揮できるよう練度の向上に努めなければならない」と訓示。午前10時半、クルー隊員らが各ヘリに搭乗し、一斉に離陸した。

ヘリの一団は、木更津を離陸後、富津から袖ケ浦沖を旋回、その先は地域住民への騒音を考慮し、CH47輸送ヘリなど9機で市原、袖ケ浦、木更津、君津、富津の各市上空を通り、木更津に帰投するコースを約2時間にわたり飛行した。

部隊は、第1海堡と袖ケ浦沖の間でEC225に搭乗したCRF司令官の日高政広陸将の視察を受け、日高司令官は無線で「国家の『最後の砦』である陸上自衛隊において、中央即応集団は『最後の砦の要』である。皆が将来の姿を見据え、『オンリーワン』イズ『ナンバーワン』を目指して、『所命必達』を体現することを期待する」と述べ、隊員を激励した。

木更津港上空を航通する1ヘリ団のCH47ヘリ（1月7日）

青空にブルー舞う

3年ぶり 母基地で新春飛行

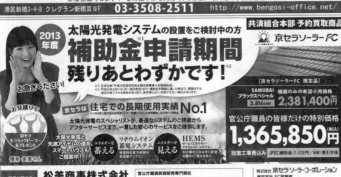

空自は全国の各基地で1月6日から一斉に飛行訓練を開始した。このうち、松島基地（宮城県）ではT4ブルーインパルスが3年ぶりに母基地での新春飛行を行い、快晴の青空にスモークを描いて雄姿を見せた。

ブルーインパルスは東日本大震災の影響で福岡県の芦屋基地に退避して訓練に励んでいたが、松島基地の復旧に伴い、昨年3月に帰還。6日、報道陣にも公開された訓練開始式では、基地司令の有馬龍也将補が「被災地の皆さんに夢と希望を届けられるよう頑張ってほしい」とパイロットや整備員らを激励した。

その後、エプロンでは整備員たちが入念に飛行前点検を行い、T4ブルーが次々と離陸。4機編隊で約40分間、背面飛行などの曲技飛行を披露した。午後は松島救難隊のUH60J救難ヘリなどが初飛行に臨んだ。

一方、日本海側で唯一の戦闘航空団が所在する小松基地（石川県）では7日、6空団の303、306両飛行隊が訓練を開始。午前8時過ぎ、F15戦闘機は朝日を受けて次々とテークオフし、日本海のG訓練空域で約1時間、飛行訓練した。

これに先立ち、基地司令の山本祐一将補は隊員を前に「緊張感を持って勤務し、限界への挑戦と安全確保の両立を目指し、はつらつと前進する部隊づくりにまい進する」と訓示した。

スモークの軌跡を描いて華麗な編隊飛行を披露するT4ブルーインパルス（1月6日、松島基地上空で）

雪上で駆け足と綱取り

真駒内 接戦制し1中隊Aチームが V

【52普連＝真駒内】連隊は1月7日、訓練始めとして雪上での駆け足と「綱取り」を行った。

最初に牧野正美連隊長が年頭の辞として「共に練磨しよう」「家族孝行しよう」「よき社会人であろう」と3点を隊員に要望。

その後、303普通科直接支援隊と合同で3キロの駆け足、続いて20人ずつ7個チームに分かれ、「綱取り」を行った。

同競技は雪上に置かれた3本の綱のうち、2本を自陣に引き込んだ方が勝ちとなる激しいゲーム。各チームが作戦を立てて奮闘し、接戦の結果、1中隊Aチームが優勝した。

52普連では年度末の部隊改編を控え、隊員たちは実りある1年にしようと一層心身を引き締めた。

西風東風

米、在韓駐留軍を800人増派

――北朝鮮情勢に対応

金正恩第1書記が義理の叔父だった張成沢氏を粛正、処刑したことで緊張が高まっている北朝鮮情勢に対応するため、米政府は在韓米軍約800人の増派などを決めた。2月1日付で駐留を開始、9カ月ごとに兵員を交代させるという。

兵員の増派はユン・ビョンセ韓国外相の訪米に合わせ、国防総省が発表した。

それによると、800人はテキサス州フォート・フッド基地所属の機械化歩兵大隊で、M1A2エイブラムス戦車約40両、ブラッドリー歩兵戦闘車約40両といった最新装備も配備される。

韓国への増派はまた、オバマ政権によるアジア・太平洋重視の「再均衡（リバランス）」戦略の一環。在韓米軍は一時期3万5000人が駐留していたが、ブッシュ前大統領時代までに削減が続き、同大統領が韓国政府との間で2万8500人を維持することで合意していた。その後、オバマ政権はアジア・太平洋重視の姿勢を打ち出したが、国防予算をめぐる議会での与野党の対立などもあり、増派は2008年以来初めてとなる。

ユン外相とともに記者会見したケリー米国務長官は、「韓国駐留軍ほど米国の東アジア地域へのコミットメントを示すものはなく、この（米韓の）関係の礎は今後も長く続く」と強調。国防総省は「増派により、在韓司令官は追加の能力を獲得する」とその意義を強調した。

（ロサンゼルス＝植木秀一）

共同調達や合同作戦部隊も

――北欧5カ国が連携強化

デンマーク、フィンランド、アイスランド、ノルウェー、スウェーデンの5カ国で構成する北欧防衛協力（NORDEFCO）は、従来の軍事面での協力関係を一段と強化、軍備の共同調達や、合同作戦部隊の創設まで踏み込む方針を決めた。昨年末、ヘルシンキで開かれた閣僚級会議で示された「ヴィジョン2020」に盛り込まれた。

加盟各国の軍事費の見直しが続く中、重視分野の経費を削減することで効率的な軍の運営を目指すのが狙い。将来的には地理的にも近いバルト三国に参加を呼び掛けることも検討している。

最も削減効果が期待されているのは、今年から実施されるアイスランド上空での航空輸送協力（CAT）の分野で、年間の予算規模は1億3000万ユーロ（185億円）。北大西洋の中間に浮かぶアイスランドは、独自の軍は持たず、2006年には米軍も撤退。その後は、地理的に対岸に位置するノルウェーが主となってNATOがアイスランド上空の監視任務を担ってきたが、非NATO加盟国のフィンランドとスウェーデンもこれに参加することが決まっている。そこで、NORDEFCO加盟国間で航空機の共同利用、合同訓練などの連携を深め、できるだけ低コストで監視業務を行いたい考えだ。

共通調達に関する「軍備分野の協力プログラム」の対象としては、兵士防護品、対地雷兵器、長距離照準器、対船ミサイル、長距離上空監視センサー、装甲車、移動式迫撃砲などが候補に挙がっている。

NORDEFCOは、従来の三つの枠組みを発展、統合して09年に成立した比較的新しい協力体制。構成国のうち、ノルウェー、デンマーク、アイスランドはNATOに加盟しているが、旧ソ連との関係が深く現在もロシアと国境を接しているフィンランド、中立外交を掲げるスウェーデンは非加盟。いずれも西側陣営に属するが、軍事的なスタンスには微妙な違いがある。（ロンドン＝加藤雅之）

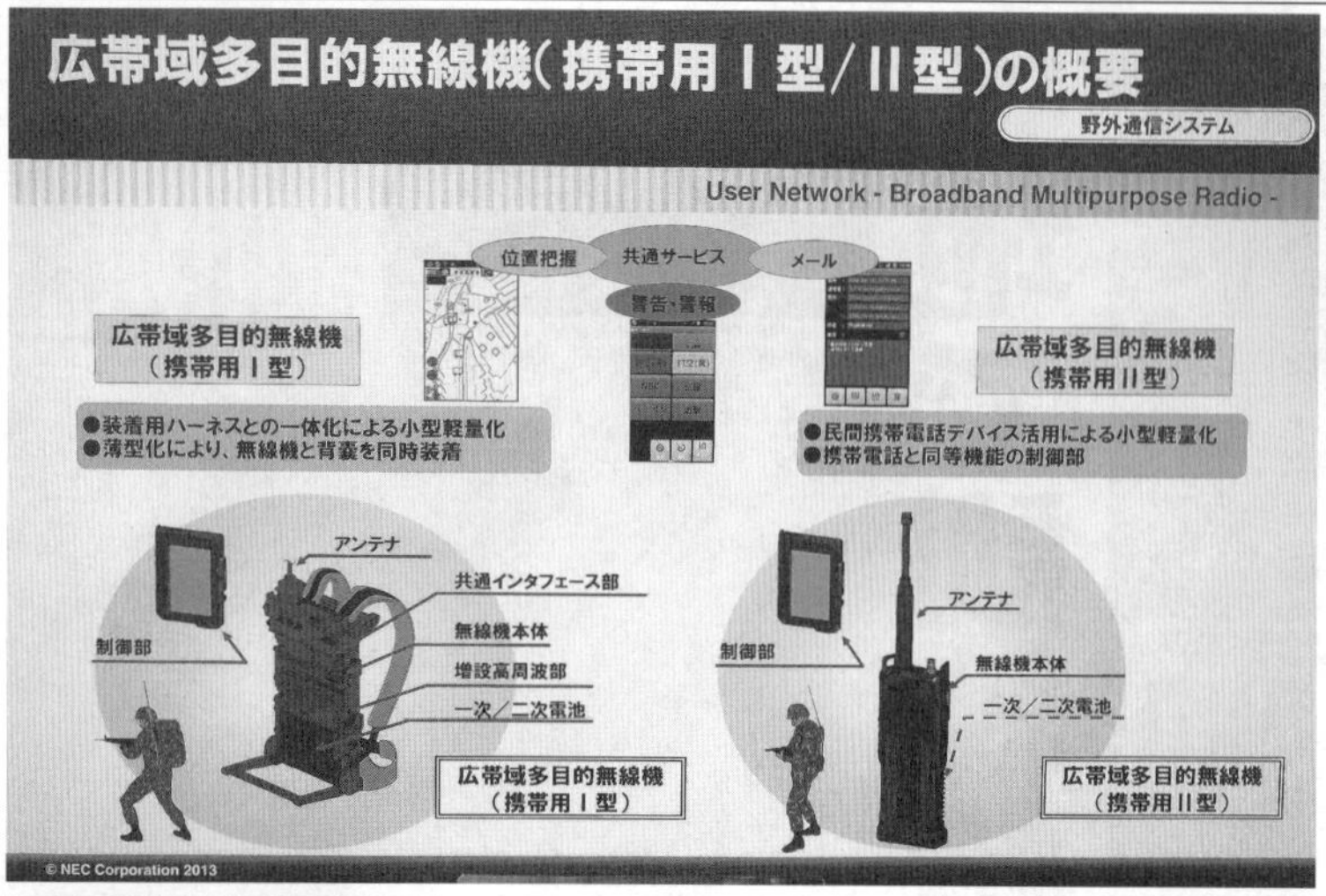

「コータム」車載型（左）と現有の無線機。サイズ・重量とも約半分に小型・軽量化されている

「コータム」NECが初公開
陸自向け新野外通信システム

ソフト入れ替えで他機関と交信
日米の相互運用性向上に期待

日本電気（NEC）はこのほど、陸自の新野外通信システムに用いる「広帯域多目的無線機（愛称・コータム）」を都内の府中事業所で初公開した。世界最先端の「コータム」は、ソフトウエアを入れ替えることで海・空自をはじめ、警察・消防、さらに米軍との通信も可能になる。また従来の音声に加え、文字・画像もメールで送れ、英会話に自信がなくても米軍兵士と確実に交信できる。日米のインターオペラビリティー（相互運用性）を高める上でも、「コータム」は陸自の重要なツールとなりそうだ。

文字や画像も伝送可能

「コータム」は正式名称「広帯域多目的無線機」の通り、野外展開した部隊が多目的に活用できる〝スーパー無線機〟だ。スマートフォンなどと同じアンドロイドOSが入った「コータム」は、メール、電子地図による位置情報、ナビゲーション、警告・警報などの機能を持ち、受話器を使えば、従来機との通話もできる。

「コータム」は昨年末から陸自への納入が始まり、現在、東部方面隊と中部方面隊に導入が進められている。これは大地震発生が予想される関東、東海、中部を担任する部隊に優先的に装備化するものだ。発災時、海・空自の災派部隊や警察、消防とも交信が可能になる。

会場ではNEC防衛ネットワークシステム事業部の受川裕部長が「コータム」について説明した。

「野外ネットワークの構成は中型トラック2台からなるアクセスノードで行われます。車両はC130輸送機やCH47ヘリで運べるので、被災地などでも迅速なネットワーク構成が可能です。電源を入れれば自動でネットにつながり、途中、回線が切れても自己修復機能で自動的に回復します」

「コータム」はフルIP（インターネット・プロトコル）、ソフトウエア無線、自律分散型ネットワークなどの技術を導入。立ち上げると数百キロの範囲で野外にネットワーク・インフラが構成され、数万人規模の陸自部隊の通信所要に応えられるという。

音声、データ、統合通信、次世代ネットに対応し、ソフトを入れ替えれば、各種無線機に対応。現在、14種類のソフトが用意され、それをインストールすれば他の機関とも交信できる。

発表会場には新旧の陸自無線機が並べられ、「コータム」の特徴がデモンストレーションによって示された。実物を見て驚かされるのはそのサイズ。従来機よりも大幅に小型化されていた。

野外ネットワークを構成するアクセスノード車。CH47ヘリやC130輸送機で空輸できる

「コータム」のタブレット型端末。電源を入れると地図が現れ、専用ペンで文字や記号を書き込める

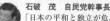

従来機より大幅に小型化

「コータム」端末は4種類からなる。野外で隊員が携行するのは背負子に似た「マンパック型（携帯用I型）」とトランシーバー型の「ハンドヘルド型（携帯用II型）」。このほか「車載型」「航空機搭載型」がある。

特に「車載型」は50%の小型・軽量化が図られ、これまでのように通信機1台で座席を一つ占有することもなくなった。本体はタイヤハウス上に設置し、車長はタブレット端末を使い、スマホを操作するように通信や情報収集ができる。

また、通信員が背負う「マンパック型」は背中の部分に薄型通信機が組み込まれ、アンテナ、電池を含めても重さ5キロと軽量だ。荷台には背のうなどの個人装具も積める。

タブレット端末を使い、デモンストレーションが行われた。電源を入れるとモニター上に電子地図が現れ、現在地が示される。また近くの「コータム」の位置も表示され、この結果、友軍の位置が一目で分かる。

地図は自在に拡大・縮小でき、その上には専用のペンで文字や記号を書き込み、それを伝送できる。この結果、これまで音声で伝えていた地名や座標も映像で示せる。

この機能を使えば、重要情報を上級部隊にも一斉送信できる。例えば、偵察隊員が敵部隊を森の中で発見した場合、その座標を端末の地図上に記入して送信。その後の偵察で敵の規模が分かれば、それを「I（中隊）」「…（小隊）」「φ（班）」など、さらに敵の進行方向を「→」などで示すことで、音声では時間を要した詳細な情報もメールならば簡単に送れる。これを関係部隊に一斉送信すれば、部隊は即座に防御・迎撃態勢を取ることができるだろう。

このメール機能は、日米共同作戦で特に大きな威力を発揮しそうだ。

日米共同訓練では通常、陸自隊員も英語で通信を行っているが、野外では音声が聞きづらく、単語を一つ聞き違えただけで、作戦に大きな影響を与えかねない。もし、攻撃開始時間や日米部隊の会合地点の座標などに誤りがあれば、共同作戦ができないだけでなく、相手を信頼できなくなる。

このため日米共同演習では毎回、指揮官や通信員は英会話に大きなストレスを感じているが、これがメールに替われば、通信記録は文字や映像で端末に残るため、これまで心配していた日米間の「聞き取りミス」はなくなる。

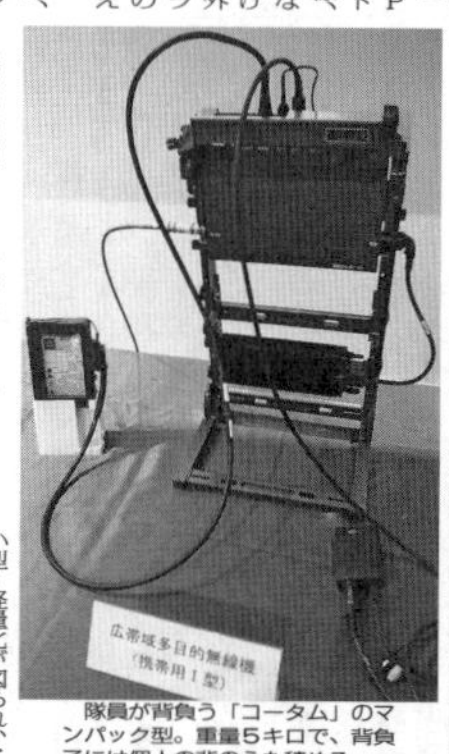
隊員が背負う「コータム」のマンパック型。重量5キロで、背負子には個人の背のうも積める

「コータム」は小型・軽量で、行進しながらでも端末を使ってメールや情報収集ができる

従来の通信機と交信するため、「コータム」には受話器も付いている

共同作戦時の通信環境一変

今後、新たに用意される「日米インターオペラビリティー用無線通信ソフトウエア」が「コータム」に導入されれば、日米共同作戦での通信環境は一変することになるだろう。日米隊員はお互いに意思の疎通がしやすくなり、作戦も効率化される。もともと「コータム」はNECと米レイセオン社の共同研究で開発された経緯があるため、米軍の無線機との連接はスムーズに進みそうだ。

日本防衛だけでなく、大災害への対処、国連平和維持活動など、活動範囲が広がる陸上自衛隊。その任務を有効に実施していく上で「コータム」は部隊にとって不可欠のツールとなる。

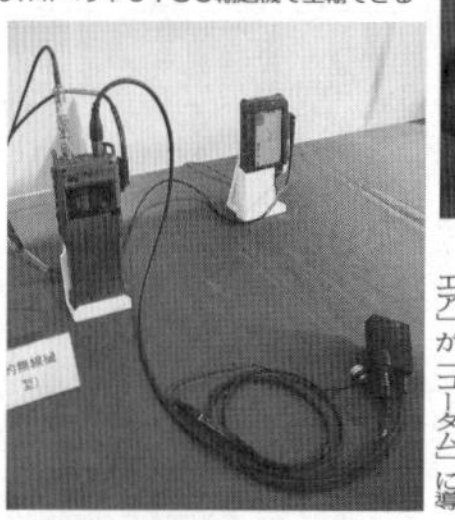
「コータム」で最も小さいハンドヘルド型。災害派遣先で警察や消防とも直接交信が可能だ

◇「コータム」　NECが開発した「広帯域多目的無線機」の愛称。自律分散型（アドホック）ネットワーク技術が利用され、車載化された「アクセスノード」を中心に通信エリアが構成される。主な特徴として、①マルチメディア対応「高速伝送」②ネットを自動構築し、自動加入する「自律ネットワーク」③回線が切れた際の「自己修復」④ウエポン系低遅延の「リアルタイム通信」⑤移動中のデータ伝送を可能とする「移動間通信」——などがある。

通信傍受や機材の盗難などセキュリティー対策も万全で、端末が敵の手に渡っても、その利用やデータ解析ができないよう、特別の対策が施されている。

部隊だより

陸

北千歳　千歳市立千歳中学校の生徒4人と同富丘中学校の生徒8人がこのほど「職場体験学習」のため駐屯地を訪れた。部隊は陸自の任務を詳しく説明し、その後、駐屯地内施設や隊員の働く職場を案内した。両中学校OB隊員との懇談もあり、生徒たちは元気いっぱいの質問で交流。「とても勉強になりました」と話し、自衛隊への関心と理解を深めた。

多賀城　駐屯地はこのほど、宮城県松島町磯島漁港で3年ぶりの開催となる「第7回松島大漁かき祭りイン磯島」に協力した。会場は来場者で埋め尽くされ、イベントでは44普連と6特連の合同音楽隊による演奏と地元「松島太鼓」の演奏が披露された。ブースでは陸自軽装甲機動車が展示され、来場者は自衛隊への関心と認識を深めていた。

仙台　東北方衛生隊で実施された部外技能訓練「住宅介護・介護職員初任者研修」に東北補の齋藤公一曹長が参加した。同研修は約8週間かけて介護の資格を取得するもので、齋藤曹長は訓練を通し、介護される目線に立っての気配り、目配りの大切さを知った。齋藤曹長は「介護の必要性を改めて認識できた。思いやりの大切さを学んだ」と話していた。

霞目　東北方面管制気象隊はこのほど、霞目飛行場で「無事故航空管制回数85万回」を達成した。霞目飛行場は松島基地、仙台空港と隣接し、空域の競合や頻繁に飛ぶ航空機の往来など、他の飛行場に比べて特性のある航空交通環境にある。管制官らは「今後も進歩する管制業務に対応し、無事故管制を継続していきたい」と気を引き締めていた。

米子　駐屯地は1月8日、成人行事を行った。成人を迎えた隊員21人はまず奉仕活動に臨み、米子市が管理する公共施設や駐屯地周辺の清掃を行った。その後、駐屯地体育館で行われた成人の誓いでは、池田駐屯地司令以下の隊員と来賓が見守る中、新成人たちは大人としての心構えや目標を「書き初め」とともに披露し、決意を新たにした＝写真㊤。

伊丹　36普連はこのほど、板野耕平准尉の定年退官式を37普連と合同で行った。板野准尉は原隊37普連の懐かしい仲間の顔ぶれに驚き、サプライズは大成功。式では、大庭37普連長からの祝電を近藤36普連長が大庭1佐のお面をつけ代読し、会場を沸かせた。板野准尉は隊員作製の特注神輿に乗り、正門まで部下たちに送られ駐屯地を後にした＝写真㊤。

南恵庭　北方施設隊は、陸幕が実施した「在京外国大使館付武官団北方研修」を支援した。各国の武官に北方の防衛態勢、国際平和協力活動と災害派遣活動に対する理解の促進と信頼関係の醸成に寄与することを目的とし、駐屯地を訪れた参加者30人に対し概況説明や装備品展示を行った。武官たちは熱心に研修し、北方施設隊への理解を深めた＝写真㊨。

岩見沢　駐屯地創立60周年、12施設群創隊38周年記念行事として、駐屯地は岩見沢市と合同で「岩見沢市安心安全・防災合同パレード」を行った。自衛隊、警察、消防の防災関係車両50両の市中行進に3000人の観衆から拍手と歓声が送られた。その後、312施設器材中隊による自走架柱橋の訓練展示が行われ、来場者は自衛隊への関心を高めた＝写真㊨。

津波被害から復旧した宮城県・松島基地

くまモン　参上

「元気とほのかな幸せ」届けたモン！

くまモン、津波災害からよみがえった松島基地の隊員を激励に参上―。自衛隊熊本地方協力本部はこのほど、熊本県の「くまもとから元気をプロジェクト！福島・宮城編」に協力し〝県営業部長〟くまモンに同行して宮城県の松島基地を訪れた。

T4ブルーインパルスの機体に跳びつき、ポーズをとるくまモン（いずれも空自松島基地で）

このプロジェクトは、くまモンが「元気とほのかな幸せを届ける」という趣旨で行われており、津波災害から復旧し、ブルーインパルスも〝疎開先〟の福岡県から戻った松島基地の隊員を激励するために実施された。

九州から遠路はるばるやって来るくまモン一行を歓迎するため、基地では東北の雄「むすび丸」（戦国武将の伊達政宗をイメージ）と東松島市の「イートくん」を招へいし、4空団司令・有馬龍也将補以下、大勢の隊員が待ち受け、出迎えた。

くまモンはその中に熊本出身隊員を見つけると、抱き付いて肩や背中をポンポン。その後の基地見学ではエプロンに「T4ブルー」を発見するや、駆け寄ってあこがれの機体にご対面。パイロットや整備員たちとの記念写真にも収まった。

くまモンはさらに原付バイクチーム「ブルーインパルスJr」も訪れ、機体に乗り込んで「ぜったい熊本県にも来るんだモン！」と、しっかり熊本県をPRしていた。

くまモンの熱い抱擁を受けた熊本出身隊員は「まさか東北の勤務先でくまモンに会えるなんて！熊本弁を聞いたらまた帰省したくなってしまった」とうれしそうに話していた。（熊本地本）

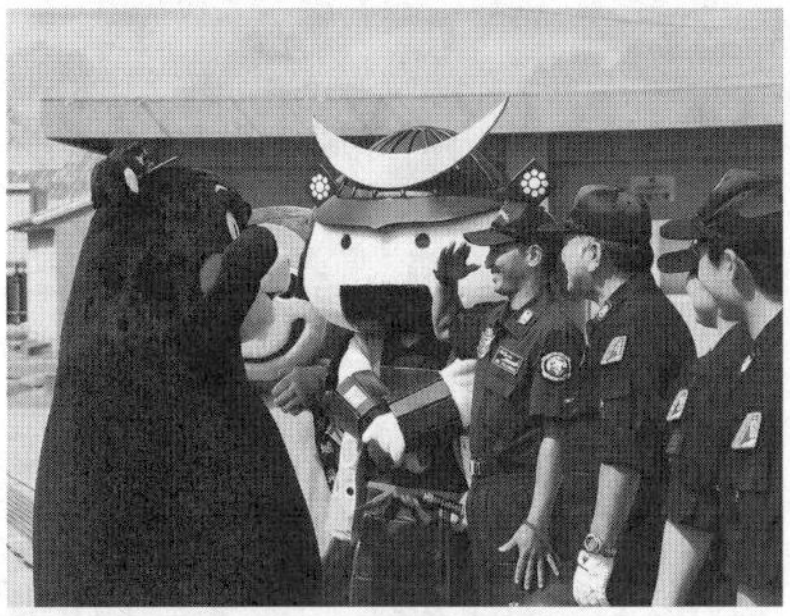

㊤激励任務を終えたくまモンを見送る基地隊員と宮城県のゆるキャラ、むすび丸（右）とイートくん㊧　㊦「ブルーインパルスJr」に乗り込んだくまモン

三軒屋　305施設隊は伊丹駐屯地で中部方面隊記念行事会場の整備を担任した。整備隊は「持ち場を全うしよう」を合言葉に一丸となって任務を遂行。会場整備は式典会場となるグラウンドの整地、メーンのロイヤルスタンドなどスタンド5棟の構築に当たった。特にメーンスタンドの装飾では、きめ細やかな作業を行い、記念日当日、来賓からも称賛を受けた。

目達原　駐屯地創立59周年、九州補給処創立61周年記念行事がこのほど駐屯地で行われた。観閲行進では部隊のフォークリフト隊も加わり、補給処ならではの車両行進となった＝写真㊤。このほかにも、OH1観測ヘリによる飛行展示や車両の体験試乗があり、また子供広場では音楽部の演奏などが行われ、会場は多くの来場者でにぎわった。

海田市　13旅団はこのほど、海田市駐屯地と海自呉地方隊で「旅団上級曹長集合訓練」を実施した。旅団各部隊の基本的行動、隊員の基礎的動作の改善について認識の統一を図ることが目的で、具体的な指導法や改善要領について討議。呉地方隊ではヘリ搭載護衛艦「いせ」を研修し、先任伍長と陸海自合同でできる施策など、さまざまな意見交換を行った。

那覇　15旅団創隊4周年、那覇駐屯地創立41周年を記念する「陸自祭」が駐屯地で開催された。式典では観閲行進・飛行、音楽隊とラッパ隊による演奏、エイサー隊による踊りが披露され、訓練展示ではその迫力に見学者からどよめきの声に続いて大きな拍手が送られた＝写真㊦。その後、車両体験乗車などがあり、会場は来場者の笑顔であふれた。

空

築城　基地はこのほど、自衛隊記念日記念行事の一環として、CH47輸送ヘリの体験飛行を行った。参加者約120人が基地を訪れ、搭乗の待ち時間には航空機や搭載装備品の見学をし、子供たちにはブルーインパルスのミニ飛行服の試着が行われた。CHに乗って飛び立った参加者は、上空から関門海峡を眺めるなど20分間の体験飛行を満喫した＝写真㊧。

美保　3輸空はこのほど、単体の部隊として初となる在日米軍横田基地の研修を実施した。准曹士先任の高津准尉以下12人の隊員が参加し、米空軍の輸送、補給、衛生などの研修を実施した。また米軍主催のパーティーも開催され、米5空軍最先任下士官のロレント最上級曹長も参加し、高津准尉らと意見交換、日米の親交を深めた＝写真㊨。

奈良　基地太鼓部はこのほど、社会福祉法人「奈良苑」から依頼を受け、同苑主催の祭りで太鼓の演舞を実施した。施設の本館と新館でそれぞれ約20分間、迫力ある太鼓を披露し、イベントを盛り上げた。太鼓部は奈良基地50周年を機に結成され、現在、部員5名で活動している。基地祭のほか、地元の各種イベントにも参加し、見事な演舞を披露している。

海

下総　P3C哨戒機などのクルーを養成する203教空はこのほど、31人の学生が課程教育を修了し、全国の航空部隊へ巣立った＝写真㊤。修業式では学生一人ひとりの胸に搭乗員の証であるウイングマークが授与された。女性初の非音響対潜員の古舘幸枝3曹が優秀賞を受賞、「早く部隊の戦力となれるよう、全力で頑張りたい」と力強く抱負を語った。

横須賀　非営利団体USO主催の「優秀隊員表彰式」が東京都内で開かれ、横監総務課の野間みゆき3曹が日米の相互理解、友好親善に寄与した功績で表彰を受けた。海自と米海軍の各種行事に積極的に参加、日米間の円滑な運営に貢献したことが高く評価された。「これからも日米親善の懸け橋になれるよう、努力していきたい」と野間3曹は喜びを語った。

呉　地方総監部は12月20日、フィリピンの台風被災地で救援活動を終えて帰国した護衛艦「いせ」と輸送艦「おおすみ」を出迎え、行事を実施した＝写真㊤。先に帰国した補給艦「とわだ」乗員と2艦に乗った3自代表隊員約200人が整列し、4護群司令の佐藤将補が木原防衛大臣政務官に帰国報告を行った。政務官は帰国隊員の労をねぎらった。

岩国　岩国駅前のメーンストリートでこのほど「岩国まつり」が行われ、31空群司令の眞木信政海将補以下約90人の隊員も「岩国総踊り」に参加した。歩行者天国となった道路では一行の先頭を務めたUS2救難飛行艇、MCH101掃海ヘリなどの張り子を身に付けた隊員が登場すると沿道からは大きな歓声が上がり、観客の注目を集めた＝写真㊤。

佐世保　今年度末に除籍予定の護衛艦「いそゆき」が12月14日、除籍前最後の任務行動を終え、佐世保港倉島岸壁へ入港した。最後の航海ではかつての母港・横須賀と呉にも寄港し、総監、歴代艦長、就役当時の艤装員を招いて昼食会も催された。搭載航空機は25年度遠洋練習航海時のSH60J哨戒ヘリが搭載され、最後の任務に花を添えた。

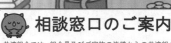

募集・援護 特集

平和を、仕事にする。 陸海空自衛官募集

ただいま募集中！
◇予備自衛官補（一般）
◇自衛官候補生（男子）
★詳細は最寄りの自衛隊地方協力本部へ

26年度予算案に見る募集援護

多様な施策推進へ

新大綱に初めて記載

情報発信にスマホ活用、中間管理職にも予備自訓練公開…

平成26年度以降の我が国の安全保障政策の基本方針を示す新たな「防衛計画の大綱」と、26～30年度の「中期防衛力整備計画」が12月17日、閣議決定された。新大綱には初めて募集・援護に関する内容が盛り込まれ、少子・高学歴化に対応する「多様な募集施策」や地方協力団体などと連携した「再就職支援」などがうたわれている。一方、新中期防でも募集・再就職支援の強化のほか、予備自衛官等の活用が強く求められた。これを受け、12月24日に決まった防衛省の26年度予算案には、「スマートフォンを活用した若者への情報発進」「予備自訓練の視察対象者を職場の中間管理職まで拡大」など、新たな施策が盛り込まれている。

新しい「大綱」「中期防」の決定を受け、防衛省の26年度予算案では、新たな時代の国防を担う優秀な人材を確保するための具体的な諸施策が盛り込まれた。

募集機能の充実・強化施策（5000万円）では、「適正な情報発信と時代の変化に応じた募集広報」に向け、新たにスマートフォンを活用、募集対象者に効果的な情報発信を行っていく。

再就職のための職業訓練・援護広報の強化（5000万円）では、退職予定自衛官の付加価値向上を図るため、通信教育受講枠数を拡大するほか女性自衛官向けの科目を設定し、訓練科目を複数取得できるようにする。

予備自衛官等の施策では、制度の広報の強化と訓練基盤の充実（6000万円）のため、予備自の訓練視察の対象者を職場の中間管理職まで拡大し、会社の内部まで広く広報できるようにする。

また、予備自が職場内で使える広報リーフレットも作製する。

これら新たな施策により、これまで以上にダイレクトに募集対象の若者や企業の採用担当者にアクセスし、より効果的な募集・援護環境を構築していく計画だ。

新・防衛大綱、中期防（抜粋）

新「防衛大綱」（抜粋）

V 防衛力の能力発揮のための基盤

3 人事教育

社会の少子化・高学歴化に伴う募集環境の悪化を踏まえ、自衛隊が就職対象として広く意識されるよう、多様な募集施策を推進する。

さらに、一般の公務員より若年で退職を余儀なくされる自衛官の生活基盤を確保することは国の責務であることを踏まえ、地方公共団体や関係機関との連携を強化すること等により、再就職支援を推進する。

（略）幅広い分野で予備自衛官の活用を進めるとともに、予備自衛官等の充足向上等のための施策を実施する。

新「中期防」（抜粋）

（ウ）募集及び再就職支援

社会の少子化・高学歴化に伴い募集環境が悪化する中、優秀な人材を将来にわたり安定的に確保するため、自衛隊が就職対象として広く意識されるよう、国の防衛や安全保障に関する理解を促進するための環境整備、時代の変化に応じた効果的な募集広報、関係府省・地方公共団体等との連携・協力の強化等を推進する。

一般の公務員より若年で退職を余儀なくされる自衛官の生活基盤を確保することは国の責務であることを踏まえ、地方公共団体や関係機関との連携を強化しつつ、退職自衛官の知識・技能・経験を社会に還元するとの観点から、退職自衛官の雇用企業等に対するインセンティブを高めるための施策の検討や公的部門における退職自衛官の更なる活用等を進め、再就職環境の改善を図る。

（エ）予備自衛官等の活用

より多様化・長期化する事態における持続的な部隊運用を支えるため、即応予備自衛官及び予備自衛官の幅広い分野での活用を進める。（略）また、制度の周知を図るとともに、予備自衛官等の充足向上のため、予備自衛官等本人や雇用企業等に対するインセンティブを高めるための施策を実施する。

募集卓上札を寄贈

佐賀地本 県内の全20市町に

市民相談コーナーに設置された、地本寄贈の卓上札（12月12日、佐賀市役所で）

【佐賀】地本は佐賀県内にある全20市・町の役場に「自衛官募集受付窓口」と書かれた卓上札を寄贈し、それぞれの窓口に設置してもらった。

これは自衛隊法第97条の規定に基づく法定受託事務として、募集事務の一部が都道府県知事及び市町村長に委託されていることから、組織募集の更なる連携・強化を図る目的で、市・町の担当者と調整を行い、このほど全自治体で実現した。

佐賀市役所では12月12日、佐賀募集案内所長の溝田浩1陸尉から市役所の自衛官募集事務担当者に卓上札が手渡され、早速、「市民相談コーナー」に設置された。

市の担当者からは「卓上札を設置することで、市役所が自衛官募集を行っていることを広く知ってもらえる。佐賀市民から1人でも多く入隊者の実現に貢献したい」とコメントがあった。

地本では今後も自治体と連携を密にして、更なる組織募集の強化に努めていく。

退職自衛官採用PR

鳥取地本 援護相談員向けチラシ作製

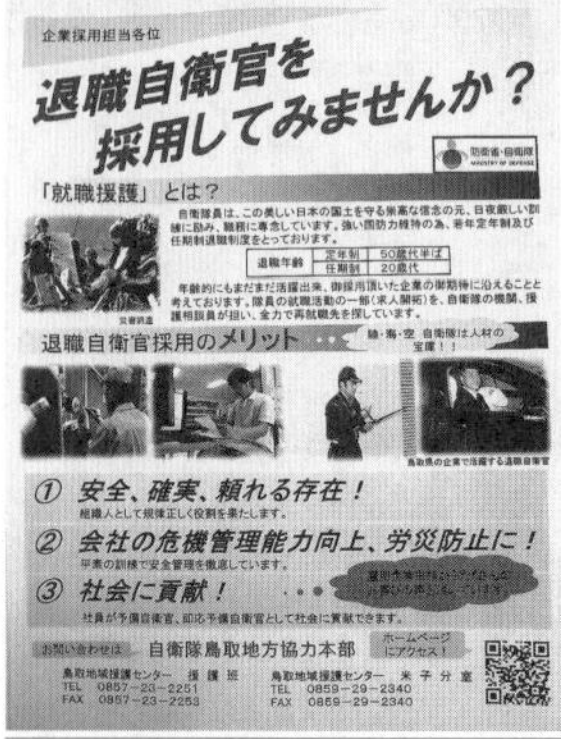

【鳥取】地本は、昨年8月・12月に実施した「援護相談員合同」での要望を受け、このほど援護相談員用の「援護広報チラシ」を作製した＝写真。

チラシには「就職援護とは？」「自衛官雇用のメリット」などの内容がA4サイズ1枚に記載されている。援護相談員が企業を訪問した際に、援護の説明の糸口として活用できる。

地本ではチラシの完成に向け、援護相談員と何度も話し合いを重ねて内容を決定。文章は短く分かりやすいフレーズとし、地本ホームページのQRコードもある。さらに県内の企業で活躍する退職自衛官の写真も入れるなど、企業主の目を引くさまざまな工夫が凝らされた。

地本ではこのチラシを存分に活用し、地域の企業主に「退職自衛官は有用な人材」であることを強くPRしていく。

予備自制度詳しく説明

和歌山地本 栫井1陸尉らラジオ出演

【和歌山】地本の2隊員と1事務官は12月19日、有田郡湯浅町にある「FMマザーシップ」に出演し、リスナーに広く予備自衛官制度をPRした。

この日は有田募集案内所長の栫井雄二1陸尉、予備自衛官班長の中西暢二1陸尉、恩田正浩予備自衛官専門官が出演し、放送局のパーソナリティーの質問に答える形式で、日本の防衛を支える予備自、即応予備自、予備自補に関する話を展開した。

今回は特に雇用企業給付金に関する点を話し、ラジオを聴いている企業主等に向けそのメリットを強調、予備自制度に対する理解と協力を求めた。

また、栫井所長からは、陸自高工校の生徒募集に関する話もあった。

今回のFMラジオへの出演は、中部方面総監が定める「予備自衛官等制度普及強調期間」の広報施策の一環として行われた。

番組に出演し、年頭のあいさつを行う山下地本長（1月4日、静岡県清水区のエフエムしみずで）

地域安全活動で協定

県警と長野地本 防犯情報を共有

「地域安全活動に関する協定」に調印し、固い握手を交わす福重地本長（左）と山崎県警本部長（11月7日、長野県議員会館で）

【長野】地本は11月7日、長野県警本部と「地域安全活動に関する協定」を結んだ。

募集業務等で県内をくまなく走り回っている地本と、県警本部が「地域の安全」に関する情報を共有することで、犯罪や事故を未然に防ぎ、地域の安全と安心を向上させるのが協定の目的。

内容は「部外において事件事故等特異事案を認知した際は直ちに警察に通報する」などとなっている。

調印式は県議員会館で行われ、調印後、地本長の福重毅尚1陸佐は「長野県内には本部のほか、6カ所の地域事務所があり、広報官は日々各地を巡回している。県警本部と連携し、地域の安全活動に地本も貢献していきたい」と述べた。また山崎晃義県警本部長も「自衛隊と協力し、県民の安全安心を確保していきたい」と意義を語った。

調印式に続き行われた出発式では、広報官の植木貴之3陸曹による決意表明の後、福重、山崎両本部長により「地域安全パトロール」のステッカーが自衛隊車両に貼られ、車両10台が続々と駐車場を出発した。

この模様は夕方のTVニュースで放映されたほか、新聞5紙にも掲載された。

自衛隊車両に貼られた「地域安全パトロール」のステッカーには、地本のゆるキャラ「しんちゃん・なのちゃん」と県警のマスコット「ライポくん」が描かれ、子供たちにも親しみやすいデザイン。地本ではこのステッカーで地域の子供たちにもアピールし、交通安全などを訴えていく。

FMラジオで年頭あいさつ

静岡地本

【静岡】地本長の山下愛仁1空佐は1月4日、FMしみずの放送番組「自衛TIMES（タイムズ）★静岡」に出演した。

同番組は清水自衛隊友の会提供で毎週土曜日の11時半から約10分間放送されており、自衛官等の採用制度や自衛隊イベント情報などが伝えられている。

山下地本長は「明けましておめでとうございます。本年も静岡県内から数多くの自衛官を採用できるよう、各種活動を通じて幅広く自衛隊をPRしていきたい」と年頭のあいさつと今年の抱負を語った。

目標掲げ精進誓う

愛媛地本の年頭行事

地本の年頭行事で、今年の目標を掲げる職員（1月7日、愛媛地本で）

【愛媛】地本は1月7日、年頭行事を実施した。各課・各所ごと新年の目標を掲げ、職員全員で1年の精進を誓った。

最初に地本長の天本博文1陸佐が年頭の訓示を行った後、各課・各所がそれぞれ目標を掲げた。

職員からは目標が発表され、募集目標の達成や良好な人材確保など抱負が発表された。中には流行語をうまく取り入れて、笑いを誘いながら発表する職員もいて、明るい雰囲気の中でのイベントとなった。

地本では「本年の目標を確実に達成できるよう、しっかりと業務を進めていきたい」としている。

近くの神社参拝 健康と安全祈願

山口地本

【山口】地本職員は1月7日、地本長の宮木浩1空佐から年頭訓示を受けた後、近傍の神社を参拝し、1年間の健康と安全を祈った。

宮木地本長は職員に対する訓示で、「募集面では担当した人が入隊すれば〝入隊おめでとう〟、援護面では就職先が決まれば〝退官おめでとう〟など、おめでとうという言葉が頻繁に出る。今年も〝おめでとう〟の言葉があふれる地本をつくっていこう」と述べた。

この後、宮木地本長と職員は近傍の神社を参拝し、全部員の「健康と安全、車両の無事故」を祈った。

日露戦争時の砲弾処理

年末年始 北と南で不発弾

新年を迎え、全国各地の駐屯地や基地で訓練始めが行われる中、11後方支援隊（真駒内）は1月6日、警察からの要請を受け、神社の祭壇に長年置かれていた日露戦争時代の不発弾の回収作業を行った。一方、昨年末には104不発弾処理隊（目達原）が、大分県宇佐市の民家の押し入れから発見された旧軍の砲弾を回収し、安全化を図った。同隊は年間平均120件の不発弾を処理している。陸自では昭和33年5月から昨年3月までの54年間に全国で約13万件（約6000トン）の不発弾を処理しており、国民の安全を支えている。

北海道・岩見沢
神社祭壇に鎮座
十数年前から 住民通報で11後支隊

11後方支援隊は1月6日、北海道岩見沢市北村中小屋の中小屋神社の祭壇に長年〝鎮座〟していた不発弾の回収作業を行った。

不発弾は日露戦争から第2次世界大戦にかけて旧日本軍が使用した「三八式野砲」の砲弾とみられ、長さ29センチ、直径7・5センチ、重さ6・7キロ。神社を管理する地域住民によると、砲弾は「数十年前から置かれており、以前から危険だという声もあって今回通報した」という。

午後3時40分、届け出を受けた岩見沢署が11旅団に撤去を要請。訓練始めの行軍中だった後支隊処理班長の高橋秀毅1尉と谷津透1曹が現場に急行し、午後4時に作業を開始した。

祭壇に祭られていた不発弾は信管がついていたものの、爆発の危険性は低いと判断。専用のケースに入れて搬送し、午後8時40分に駐屯地の火薬庫に格納された。

近隣に民家がなかったため避難勧告は出されなかったが、「警察や報道陣が近くにいたため、衝撃には注意して作業を行った」と高橋班長は語った。

11後支隊は25年度で14件の不発弾を処理しており、昨年11月30日には美唄市の住宅で見つかった戊辰戦争（1868−9年）時の「四斤砲弾」（長さ約20センチ、直径約10センチ）の回収作業も行っている。

長さ29センチ直径7.5センチ重さ6.7キロ

氷点下5度の極寒の中、慎重に不発弾の回収作業を行う11後方支援隊員（1月6日、北海道岩見沢市の中小屋神社で）

大分県では民家から
104不処隊が安全化

一方、昨年12月20日には大分県宇佐市院内町の民家から見つかった不発弾を104不発弾処理隊が回収した。

不発弾は長さ23・5センチ、直径5・7センチ、重さ2・25キロの旧日本軍が使用した57ミリ砲弾。遺品整理中に押し入れから見つかり、家主が宇佐署に通報、掛けつけた県警署員が実物を近くの駐在所に運び込んだ。

午後5時40分、県警からの要請を受けた処理隊長の高木光貞1尉と佐原秀治3曹が駐在所に出動。午後7時45分、同所で処理作業を開始した。

砲弾には信管が残っており、回収作業中は駐在所から半径50メートル内を立入禁止区域とし、住民約30人が避難した。

午後7時50分、信管を保護した不発弾を専用のケースに収納し、作業を完了。処理隊員は午後8時に帰投した。

高木隊長は「住民の負担軽減のため、細心の注意を払いながらも極力早く作業を進めた」と話した。

104不処隊は25年度に入り、109件の不発弾を処理（1月10日現在）している。

こちら警務隊
☎8・6・47651

「援助交際」目的の書き込みは100万以下の罰金

出会い系サイト規制法では、どのような書き込みが禁止されているのですか？

この法律では、出会い系サイト掲示板を利用して児童（18歳未満の者）に対して、「エッチできるJK（女子高校生）希望」といった性交などを誘う書き込みや「何でも買ってあげるからおじさんとデートしない？JC（女子中学生）★募集★」といった、金品を目的とした異性との交際を求める書き込みを禁止しています。

このような児童の健全な育成を害する書き込みをした場合、100万円以下の罰金に処されます。

後で「知らなかった」「そんなつもりはなかった」などの言い訳は通用しません。

（警本保安科）

記念切手作製に協力
築城基地にレプリカ
日本郵便九州支社

【築城】航空祭を記念し、築城基地が写真を提供した「記念切手シート」が10月21日、日本郵便九州支社から発売され、翌日、同社から記念レプリカが贈呈された。

この切手シートは、地元郵便局が地域PRの一環として、平成21年に九州初の企画として製作し、以来、毎年販売。例年好評なことから、25年も製作が決まった。福岡県行橋市上空を並んで飛行するF2、F15両戦闘機を表題として▽航空機（F2、F15、T4中等練習機、F1展示機）▽新型破壊機救難消防車（AMB2）▽軽装甲機動車▽管制塔の隊員の写真など10種類の図柄で構成されている。

発売翌日の10月22日、日本郵便九州支社長の山本満幸氏をはじめ京築・田川の各郵便局長が築城基地を訪れ、基地司令の森川龍介将補に記念切手のレプリカを贈呈した。

切手の作製数は前年を超え、1シート・1200円で京築・田川地区の65カ所の郵便局で販売。10月27日に開催された基地航空祭では会場と築城駅付近で販売され、好評を博した。

レプリカを手にする森川龍介空将補（右）と山本満幸日本郵便九州支社長（10月22日、築城基地で）

7人乗り漁船遭難
US2捜索に協力
八丈島沖

日本人など7人が乗り組む漁船「翔英丸」（14トン、沖縄県那覇市）が12月20日、東京都・八丈島沖南東約280キロの海域で遭難し、海自31空群（岩国）のUS2救難飛行艇が捜索に協力した。

マグロ延縄漁業に従事中だった「翔英丸」は同海域で航行不能になり漂流、20日午後7時半ごろ海保庁が船のSOS信号を受信した。

21日午前0時、第3管区海上保安本部長から眞木信政31空群司令に対して捜索・救助の要請があり、US2がただちに現場に急行。間もなく「翔英丸」を確認した。

US2は海保庁の巡視船が同船と会合するのを見届けた後、午前4時半ごろ要請により撤収した。

「翔英丸」の船員はすでにライフクラフトで脱出した後で、海保庁と僚船の「第3達栄丸」が協力して発見、無事救出した。7人にケガなどはなかった。

不明の漁船を
5空群が捜索
宮古島南方海域

沖縄県宮古島の南方海域で行方不明になったツバル船籍の漁船「MANDAI MARU」（108トン）を捜索するため、海自5空群（那覇）P3C哨戒機計4機は1月2日から6日まで周辺海域の捜索に当たった。

船長の日野富士夫さん（70）ら日本人6人が乗り組んだ同船は12月18日に広島県尾道市を出港。フィリピンで売却先に引き渡される予定だったが、22日に売買仲介業者が乗員と電話で話したのを最後に連絡が途絶えた。

1月2日午後4時半ごろ、第11管区海上保安本部長から大瀬戸功5空群司令に対して派遣要請があり、翌3日、P3C1機が基地を出発。現場に到着すると、捜索を実施した。

その後も3日間にわたり交代で捜索に当たったが見つからず、6日午後4時に要請を受けて撤収した。

「MANDAI MARU」は現在も見つかっておらず、海保庁が捜索を続けている。

21空、米ヘリ部隊と連携
「姉妹部隊」を締結

【21空群＝館山】SH60K、J両哨戒ヘリを装備する第21航空隊（司令・山内康司1佐）はこのほど、米海軍第77航空隊（厚木、指揮官・リチャード・ウィットフィールド中佐）と「シスター・スコードロン（姉妹部隊）」を締結した。

新型のMH60R多目的艦載ヘリを運用する77空（HSM77）は、昨年3月に米サンディエゴから厚木基地に移転してきたばかり。同部隊の主任務が21空と共通していることから、今回の「姉妹部隊」締結が実現した。

締結式当日、ウィットフィールド中佐以下4人は指揮官専用の特別塗装機で館山基地に到着。中佐はコックピットから降りると「コンニチワ。ハジメマシテ」と日本語であいさつし、山内司令と固い握手を交わした。

式では両指揮官が締結書にサイン、部隊の楯を交換した。最後に中佐が日本語を交えながら「姉妹部隊として21空との共同訓練や情報交換を緊密に行っていきたい」と述べ、日米同盟の重要性を強調した。

その後はSH60Kのシミュレーター体験や管制塔の見学などを実施し、全ての行事が終わるころには日米隊員はすっかり打ち解けた様子だった。

21空群では米海軍との姉妹部隊締結に力を入れており、昨年6月には73空が米太平洋艦隊（厚木）の12飛行隊と締結している。

司令部では「今後はスポーツ交歓などを開催するほか、部隊の語学能力向上にも努め、将来日米間で部隊運用を行っていく上で必要な連携を深めていきたい」としている。

日米の運用ヘリをバックに写真撮影する「姉妹部隊」の米海軍77空、海自21空の隊員（館山基地で）

福本学校長が渡米
教育・研究機関訪問

【海幹校＝目黒】海自幹部学校長の福本出海将は11月3日から6日まで米国に出張し、現地の教育・研究機関を訪問した。

初日はロードアイランド州ニューポートの米海軍大学校を訪問。福本学校長はカーター学校長と意見交換した後、同校の職員や留学生ら約100人に対し「東アジア情勢及び海上自衛隊の役割」と題して講話を行った。参加者からは「海自と中国海軍との関係構築はいかになされているか」「中国の海洋進出に関する日本の見解を知りたい」「今後の日米同盟は」などの質問が次々に出た。

続いて、ワシントンDCに赴き、元米国務副長官のリチャード・アーミテージ氏など安全保障研究家らと懇談。アジア太平洋地域の安全保障環境や日米同盟の深化などについて幅広く意見を交換した。

最終日にはメリーランド州アナポリスの米海軍兵学校を訪問。同校には海自創設に尽力したアーレイ・バーク海軍大将の墓地があることから、福本学校長の強い希望で墓参が実現＝写真。持参した横須賀の海水を供え、海自60年の歴史を振り返るとともに、幹部学校の教育、研究の発展に一層尽力する決意を新たにした。

小休止

▽…14普連は1月6日、駐屯地グラウンドで訓練始めを行った。

▽…「常に運用される可能性を認識せよ」という戒田連隊長の訓示に続いて登壇したのは、1月1日付で3曹に昇任した3人の隊員。そのうちの2人は今年のえとにちなみ馬のかぶり物とTシャツ姿で現れ、降りつける雪をものともせず参加隊員650人で「エイ、エイ、オー!」の〝雄叫び〟を上げて士気を高めた＝写真。

▽…かぶり物をした隊員の背中には「並」の一文字が。「今年は〝馬並み〟に力強くありたい」との願いを込めたという。

（金沢）

『戦車群魂』は永遠に

1陸尉　森　禎弘（1戦車群4科長・北恵庭）

北の大地で共に錬成してきた74式戦車に感謝を込め、お神酒を献上する1戦群の隊員（昨年11月1日、北恵庭駐屯地で）

今年3月、部隊廃止（発展的解編）となる第1戦車群は、部隊と共に歩み、ついに用途廃止となる74式戦車の「脱魂式」を昨年11月1日に北恵庭駐屯地で行った。

第1戦車群と74式戦車の歴史は、昭和53年に11両が装備された時から始まり、最大6個中隊に装備され、東西冷戦時代の「北の守り」の一翼を担ってきた。

その後、74式の後継として90式戦車が採用された以降も、第1戦車群には74式が装備され続け、我が国の主力戦車としてさまざまな訓練や演習などで活躍した。

「脱魂式」は防衛関連企業の関係者も臨席して、厳粛な雰囲気の中で行われた。式には74式戦車とともにキャリアを積んできた戦車群隊員をはじめ、臨席者全員が74式戦車のこれまでの活躍に感謝し、別れを惜しんだ。

石橋淳弘群長は「本日ここに戦車たちの魂は戦車から離れ、ここ北恵庭駐屯地と皆の心の中に刻まれる。我々はこの魂をしっかりと受け止め、《機甲科魂》および《戦車群魂》を永遠のものにしてもらいたい」と式辞。その後、隊員が74式戦車に花を供え、また感謝を込めて御神酒が献上され、式は粛々と終了した。

第1戦車群の隊員は、35年にわたり「人車一体」となって共に部隊の歴史を刻んできた74式戦車の一足早い旅立ちを見送った。北恵庭において、あの高く雄々しい74式のツーサイクルのエンジン音を聞くことは今後もうない。

昭和53年、1戦群に初めて74式戦車が装備され「入魂式」が行われた

（世界の切手・イギリス）

希望もなく、行きたいところに半分来たということは、道に迷ったということ。

中国のことわざ

新刊紹介

「黒田官兵衛　不敗の計略」

加来　耕三著

今年のNHK大河ドラマ「軍師官兵衛」の主人公で、秀吉を支え天下統一に導いた黒田官兵衛。名軍師としての活躍には数多くの計略の技法が駆使されている。

本書は中国三千年の歴史が生んだ兵書「兵法三十六計」を中心に、古典兵法に登場する権謀術数の中から代表的な兵法を厳選し、官兵衛やその周りで起きた戦国の名場面に当てはめ、現代社会で活用する方法を紹介する。

じっくりと腰を落ち着けて刻（とき）を待てばよい結果が得られる「欲擒姑縦（よくきんこしょう）の計」、味方に十分な休息を与え英気を養い、相手の疲れを待つ「以逸待労（いいつたいろう）の計」、友好的な態度で接近し、相手の警戒心を柔らげ油断させる「笑裏蔵刀（しょうりぞうとう）の計」など、合計50の権謀術数の技法を掲載。

著者は「歴史は活用してこそ意義がある」と主張する。戦国を生き抜いた勝利の法則は、現代の人間関係や組織運営にも当てはまり、人生の教訓としても役に立つ。

（学陽書房刊、819円）

「昭和二十五年　最後の戦死者」

城内　康伸著

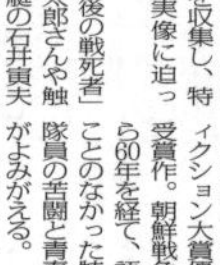

敗戦から5年余りの昭和25年10月。「戦争はもうこりごりだ」という当時の風潮の中、海上保安庁に「日本特別掃海隊」が秘密裏に組織され、朝鮮戦争で米軍の支援に当たった。

家族との涙の別れ、水も食料もない過酷な状況下での掃海任務、そして1隻の掃海艇の触雷――。本書で描かれるのは、日本のため、命懸けで朝鮮の海を開いたプロフェッショナルたちの活躍だ。

著者は現役の記者で、2度ソウル支局長を務めた韓国、北朝鮮情勢の専門家。北海道から九州まで、全国の元隊員を訪ね歩いて証言を収集し、特別掃海隊の実像に迫った。

表題の「最後の戦死者」こと中谷坂太郎さんや触雷した掃海艇の石井寅夫艇長をはじめ、従事した隊員のさまざまなエピソードを紹介。その責任感あふれる姿や仲間同士の固い絆には胸を打たれる。

「第20回小学館ノンフィクション大賞優秀賞」受賞作。朝鮮戦争休戦から60年を経て、語られることのなかった特別掃海隊員の苦闘と青春の日々がよみがえる。

（小学館刊、1470円）

みんなのページ

伊豆大島災害派遣に出動して　できること、精いっぱい発揮

1陸曹　酒井　翔（東方ヘリ隊2飛行隊・立川）

UH1ヘリの搭乗員として伊豆大島災害派遣に加わった酒井翔1曹

私は平成25年2月に「陸曹航空操縦課程」を卒業し、東部方面ヘリコプター隊に配置となりました。そんな私にとって、昨秋の台風26号に伴う伊豆大島救助活動は、UH1多用途ヘリコプター1の操縦士として初めての災害派遣となりました。

東方ヘリ隊の主要任務は、被害状況などの映像伝送と現地活動隊員の空輸などでした。その中で私は副操縦士として機長を補佐するとともに、地上勤務で機長の「フライト（任務）実施可否」の決心に資する気象情報の報告に当たりました。その任務を通じ、日頃からの訓練の重要性、任務時の心構えについて改めて深く考えさせられました。

スポーツなどで「練習の時にできないことは本番でもできない」とよく耳にしますが、自衛隊の任務でも同じことが言えると思います。伊豆大島での飛行任務を通じ「いま自分にできることを精いっぱいやるしかない」ということを非常に感じました。

これは消極的な意味ではなく、いまの自分の能力を最大限発揮することで、部隊の任務達成に自分も貢献できると感じたからです。

初めて災害派遣任務に加わり、私は自分の未熟さを痛感しました。これを教訓に、今年はさらに先輩たちに追いつけるよう日々努力していきたいと思います。そして伊豆大島の一日も早い復興を祈ります。

「予備自40年」の誇り

予備1陸曹　加藤　真人（岐阜地本）

防衛大臣からずしりと重い賞を頂き、身の引き締まる思いでいっぱいです。これもひとえに現職の隊員の皆様、そして岐阜地本の方々のお骨折りのおかげと感謝しております。この表彰に恥じぬよう、今まで以上に身を引き締めていかねばと思っております。

さて近年、日本国民がこれほどまでに「国の防衛」を意識したことがあったでしょうか。また国民がこれほど自衛隊に親近感を持ち、感謝したことがあったでしょうか。

近隣諸国との関係が不安定になり、国民はますます自衛隊の重要性を感じています。日本国民が安心・安全な生活を送れるのも強い自衛隊があってのこと。私も強い自衛隊の一員として40年間を勤め上げ、それを誇りに思っております。

一口に予備自衛官40年と言いましても、いろいろなことがありました。仕事の遅れを自衛隊の招集訓練のせいには決してしませんでした。それでも「（予備自を）もう辞めねばならないかもしれない」と追い込まれたことも何度かありました。

でも「このくらいで辞めてたまるか」と歯を食いしばり、残業もし、休日出勤もして出頭の日を空け、招集訓練に参加させてもらいました。いまでは顔なじみの仲間がいて、思い出もたくさんできました。

しかし、予備自衛官の任期もあとわずか。最後まで悔いのないよう、勤めさせていただきます。

OBがんばる　社会に貢献できる仕事を

浮須　一郎さん　57
平成24年8月、航空支援集団司令部（府中）を最後に定年退職（空将補）。現在、パナホーム法人営業部に勤務する。

「♪家をつくるなら～」。学生時代に聞いた懐かしいテレビコマーシャルのメロディー。当社では、松下電器の創業者、松下幸之助の日本の住まいづくりへの使命感を体現した「七精神」の唱和から1日が始まります。

私は岐阜、愛知、静岡での勤務経験を生かし、「パナホーム法人営業部」で、名古屋を拠点に活動をしています。

私は「家族と資産（家）を守り抜く、エコな住まいづくり」へのサポートを通じて、社会にお役立てできればとの思いから入社を決めました。当社の自衛隊OBは現在7人で、全国の自衛隊基地などで「住宅セミナー」や「住宅相談会」の開催に向けた企画・調整を行っています。バレーボールに例えれば、受注契約を取る営業マン（アタッカー）に良いトス（環境づくり）を上げるセッターのような役割です。また、耐震性や設備の経済性などを実感していただく「住まいとくらしの情報館」への研修案内や自衛隊広報誌などへの紹介記事も担当しています。

再就職に際しては、「七精神」にある「和親一致」「順応同化」「感謝報恩」の心を持つこと、「健康管理」および「自学研鑽」の努力を継続することが大切だと思います。住まいは「人間形成の道場」「家族の幸せを育む場」であり、より良き「住まいづくり」を提供するため日々努力をしています。

再就職に当たっては、早い時期から生涯設計を行うこと、いかなる職業であっても、その仕事を通じて社会に貢献する方策をしっかりと考えておくことが重要であると思います。

「質の高い職務遂行」を

陸士長　石橋　智美（9施群376施中・都城）

私は今年1月、20回目の誕生日を迎えます。私が今日までやってこれたのも、家族の理解、同期の支え、そして先輩方のご指導があったからだと思います。

今年いよいよ成人するにあたり、仕事面では一つ一つの任務に対して強い責任感と誇りを持ち、「質の高い職務遂行」を目指し、日々努力していきます。

生活面では、酒は飲んでも飲まれることがないよう、社会人としての節度を保ち、周囲への気配りと感謝の気持ちを忘れずに行動していきたいと思います。

「夫婦のいろは」教えてください

事務官　田内　麻里（都城駐業・厚生科）

平成22年4月の転入以来、約4年間、都城でお世話になっております。私は現在、貯金・貸付係として駐屯地業務隊厚生科に勤務しております。

現在27歳ですが、なんとか昨年11月に結婚することができました（ホッ）。お相手は中部方面隊の自衛官で、まだ一緒に生活しておらず、不安と期待が広がっています。

そこで人生の先輩方に「夫婦のいろは」を教えていただきたいと思います。男性の方からは「奥様にもの申したいこと」、女性からは「旦那様を掌（たなごころ）で上手に転がすコツ」を、ぜひ。皆様からの良きアドバイスをお待ちしております。

今年は仕事に、未来の家庭に、そして自分磨きを頑張っていきたいと思います。本年もどうぞよろしくお願い致します。

詰碁

第1079回出題

出題　日本棋院　九段　曲　励起

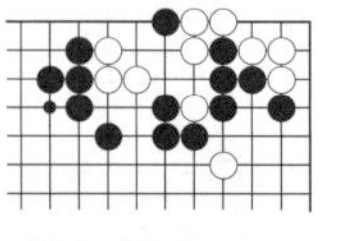

黒先

『白を取って下さい。最初の手が大切です』。5分で出来れば中級です。

▶詰碁、詰将棋の出題は隔週です◀

詰将棋

出題　日本将棋連盟　九段　石田　和雄

≪第663回の解答≫

【正解】▲2三金△3一玉▲3二金△同玉▲1四角△3一玉▲2一飛成△同玉▲3二銀△1二玉▲2三角成までの十一手詰め。

【解説】▲2三金から▲3二金と捨てて行く順が肝心。続く▲1四角は至当の一手。最大の急所は七手目▲2一飛成です。この手が読めないと本題は難題だったかも。以下は手順の追い詰みでしょう。

朝雲

発行所 朝雲新聞社
〒160-0002 東京都新宿区坂町26番地19 KKビル
電話 03(3225)3841
FAX 03(3225)3831
振替00190-4-17600番
定価一部140円、年間購読料9000円（税・送料込み）

26年度防衛費 重要施策を見る

全般 □1□

政府は12月24日、一般会計総額95兆8823億円の平成26年度予算案を閣議決定した。SACO関係費などを除いた防衛費は前年度当初予算比2・2％増の4兆7838億円となり、11年ぶりにプラスに転じた25年度予算に続き2年連続で増額となった。2％台の伸びは平成8年度（2・58％）以来。15年度から10年連続で減少してきた防衛予算が19年度水準に復帰した。防衛省は新たな防衛大綱で掲げる「統合機動防衛力」の構築に向け、島嶼防衛を念頭に、初年度の防衛力整備に着手する。今号の「全般」以降、「陸」「海」「空」「統幕」「人事処遇」「研究開発」についてそれぞれ重要施策を展望する。

島嶼防衛に欠かせない水陸両用車。陸自への導入を進める

防衛費2年連続増額

「統合機動防衛力」構築へ

水陸両用機能の早期戦力化

「防衛省として大変満足できる評価を頂いた。しっかり日本の安全を守ってまいります」――。小野寺防衛相は財務大臣との折衝を終えた12月20日、26年度の防衛予算案について記者団にこう語った。

我が国初の「国家安全保障戦略（NSS）」に基づき策定された新たな大綱・中期防のもとで初年度となる26年度予算案。軍拡を背景にした中国の海洋進出や北朝鮮の核・ミサイル開発など、一層厳しさと脅威を増す我が国周辺の安全保障環境に対応するため、南西諸島を念頭に置いた島嶼防衛、周辺海空域の警戒監視強化、弾道ミサイル対応能力の向上などに最優先で取り組む姿勢を鮮明にした。

島嶼防衛では、新中期防で掲げた「水陸機動団」の新編に向け、陸自に「水陸機動準備隊（仮称）」を編成。25年度購入分も含めた水陸両用車（26年度は2両17億円）などの運用検証を通じてノウハウを収集整理するとともに、緊急脱出訓練用装置や水路潜入訓練装置の新設など教育訓練基盤の整備に15億円を計上し、早期戦力化を図る。

さらに、部隊の迅速な展開を図るため、ティルト・ローター機（米軍の垂直離着陸輸送機MV22オスプレイ型）の平成27年度導入を目指し、性能情報などに係る調査費（1億円）を計上した。近い将来予測される南海トラフ巨大地震などの大規模震災や災害を想定し、「さまざまな部隊をいち早く必要な場所に展開する機動能力」（小野寺防衛相）の構築を急ぐ考えだ。

こうした水陸両用機能の強化は、地震や津波、台風などの自然災害が多発する島嶼国家の日本において、「島嶼防衛という主任務のほか、災害時に港湾が使えない場合に機動的な部隊があれば、災害救助にも非常に役立つ」（同）として、国土防衛の観点から防衛省・自衛隊に大いに期待される機能の一つといえる。

一方で、厳しい財政事情を踏まえ、装備品調達の効率化などに取り組む姿勢を明示。まとめ買いや民生品の活用などで26年度以降に約660億円の節減に取り組むとともに、中期防（平成26〜30年度）期間中の5年間で約7000億円の実質的な財源確保を図る目標を打ち出した。

将来的には防衛生産・技術基盤の維持・強化のため、多国間の国際共同開発・生産や、防衛省・自衛隊が開発した装備品の民間転用の推進を目指すことを新大綱・中期防に盛り込んだ。

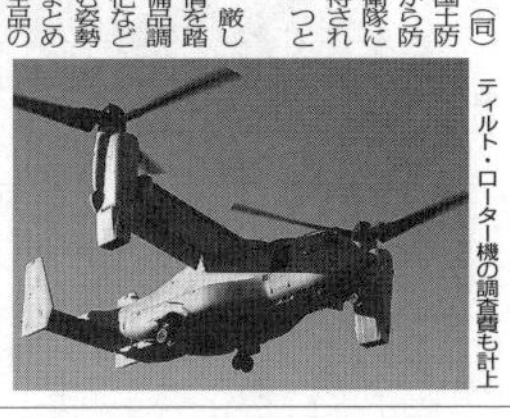
ティルト・ローター機の調査費も計上

このほか、警戒監視能力の強化では、27年度導入を目指し、滞空型無人機の調査費2億円を盛り込んだほか、新たな早期警戒（管制）機の導入を検討する。

海自では、潜水艦救難母艦「ちよだ」の後継として災害派遣など多目的に対応する新型潜水艦救難艦（5600トン型）を建造（1隻507億円）。手術用寝台や医療機能を有し、大規模災害にも対応する。

空自では警戒航空隊を改編し、那覇基地に早期警戒機（E2C）による「第2飛行警戒監視隊（仮称）」を新編。見島（山口県）の固定式警戒管制レーダー（FPS2）を最新の「FPS7」に換装し、弾道ミサイル対処機能を付加する。

国民の生命と財産、領土・領海・領空を守り抜くための防衛力の構築が始まった。

（日置文恵）

主な記事

2面 入間、浜松で入札談合防止講習会
3面 戦闘機部隊支える空自KC767
4面 陸海空第一線部隊が訓練始動
5面 〈防衛技術〉「抵抗板付き砲弾」研究
6面 「しらせ」順調に輸送作業完了
7面 入間基地で人気映画ロケ
8面 〈みんなのページ〉ミャンマー初寄港

春夏秋冬

1本10円の善意

笹川　陽平

手前みそで恐縮だが、日本財団では2008年から「あなたの善意で社会は変わる」を標語に寄付型自動販売機・夢の貯金箱プロジェクトを進めている。

飲料水1本ごとに10円を設置者から寄付してもらい、社会貢献に役立てる仕組みで、現在、設置台数は全国で約2000台。ミャンマーでの学校建設やホームホスピスの整備、犯罪被害者支援基金の設立などに活用されている。

そして今回、少年院出院者や刑務所出所者が社会復帰に必要な技術や資格を取得する奨学金制度の立ち上げに向け、この関連では第1号となる寄付型自販機を福岡空港ビルに設置していただいた。

犯罪白書によると、我が国の一般刑法犯は過去8年間、減少傾向にあるが、再犯者が占める割合は逆に増加、昨年は過去最高の45・3％に上り、法務省も12年7月、今後10年間に再犯を20％削減する目標を打ち出している。

3回以上、刑務所に入所した人の再犯率は約60％、初犯の2・5倍に上る、とのデータもあり、再犯防止は犯罪を減らす上で喫緊の課題である。

企業が親代わりとなって就労の場を提供する職親（しょくしん）プロジェクトなど意欲的な取り組みが始まっており、奨学金事業では福岡市で元受刑者らの社会復帰に取り組むヒューマン・ハーバー社と協力、当面、50人を対象に上限30万円の奨学金をスタートさせたいと考えている。

必要な寄付型自販機は約3000台。設置者から寄付される10円はもともと消費者の支払いの一部。

内閣府が昨秋、発表した再犯防止に関する特別世論調査によると、刑務所入所者や非行で保護観察下にある人を企業が積極的に採用すべきだ、とする意見が60％に上った。

10円が持つ意味が購入者に意識されれば再犯防止の裾野も広がり、寄付型自販機を設置する企業のCSR（企業の社会的責任）も上がる。

現在、国内に設置されている自販機は約230万台。1本10円の寄付を年間に直すと、1台当たり平均5万円となる。10％が寄付型自販機に変われば年間100億円の〝世直し資金〟が得られる計算となる。

同様の試みは、今後さらに広がろう。「1本10円の善意」が日本の新しい寄付文化となる日を夢見ている。

（ささかわ・ようへい＝日本財団会長）

ソチ五輪結団式 中音がエール

結団式で演奏協力し、日本代表選手団にエールを送る陸自中音隊員（1月20日、グランドプリンスホテル新高輪で）

ソチ冬季五輪に出場する日本代表選手団の結団式・壮行会が1月20日、東京都内のホテルで行われ、陸自中央音楽隊（朝霞、武田晃隊長）が演奏協力し、エールを送った。結団式・壮行会には選手団（橋本聖子団長、選手99人を含む226人）＝20日現在＝のうち、海外遠征中の選手らを除く126人が出席した。中音は武田隊長以下46人が支援。開会時にラッパでファンファーレを吹奏した。また来賓の秋篠宮ご夫妻が臨席、退席される際に「威風堂々」を、選手団が退場する際は「気持ちが高揚するように」（武田隊長）という思いを込めて選んだ「東京オリンピックマーチ」「勝利の父」の2曲を演奏して送り出した。

（7面に関連記事）

南スーダン

5次隊員を激励

山下陸幕副長 UNMISS高官とも会談

国づくり支援のため自衛隊がPKOの施設部隊を派遣している南スーダンを山下裕貴陸幕副長が12月29日から1月1日まで訪れ、施設活動や避難民の診療などに当たっている5次隊の隊員（隊長・井川賢一1陸佐以下、3師団基幹の約400人）を激励した。

同国では、昨年末に政府軍と反政府軍との戦闘が拡大、政情不安が伝えられているが、岩田陸幕長は「航空機が飛ぶ限り現地に行って隊員を激励してほしい」と山下副長に要請、訪問が実現した。

29日にジュバ空港に到着し、井川隊長とCRF幕僚長の伊崎義彦1陸佐の出迎えを受けた山下副長は、翌30日、井川隊長が毎朝参加しているUNMISS上層部による「フォース・コマンダー（軍事部門指揮官）モーニング・ブリーフィング」を視察し、指揮官のサチ少将と会談した。

この中で、12月16日未明に発生した政府軍と反政府軍との抗争について最新情勢と今後の見通しを確認。少将から南スーダン情勢や、現在と今後の作戦などについて説明を受けた。

同日はまた、日本隊が宿営地を構える国連トンピン地区内で、UNMISS（国連南スーダン共和国ミッション）のヒルデ・ジョンソン国連事務総長特別代表と会談し、昨年10月の訪日に謝意を伝えた。

これに対し、ジョンソン氏は日本隊の活動に対する感謝の言葉を述べるとともに、南スーダン情勢で政治的観点からの停戦合意の見通しを説明した。

翌31日にはUNMISSの人道支援担当高官を表敬。人道支援の必要性について説明を受けた副長は「現状を日本政府に報告する。日本隊を引き続きUNMISSに参加させる」と述べた。

続いて、UNハウスとトンピン地区の人道支援活動の現場を訪問。UNハウスでは敷地造成作業を視察し、現場指揮官を務める施設器材小隊長の習田浩二1陸尉から状況報告を受けた。トンピン地区ではトイレ構築作業現場を視察し、現場指揮官を務める第1施設小隊長の佐藤応百（かずと）2陸尉から報告を聞いた。

課業終了後の年末行事では、隊員一人ひとりを激励。前3師団長だった副長は、5次隊の基幹を成す3師団出身隊員らに対し、「派遣施設隊の活動を誇りに思う」と述べた。

元旦には日本隊宿営地の多目的広場で派遣隊員とともに初日の出を拝み、新年を祝った。この後、岩田陸幕長の年頭訓示を代読し、「日本代表としての意識を保持し、国外の地にあって任務を完遂せよ」「志高く高まいな使命感を誇り、誠実さと謙虚さをもって日々の隊務に邁進せよ」「状況の変化に応じて柔軟に対応し、安全確保に万全を期せ」――の3点を要望した。

井川隊長（右）の案内で国連トンピン地区を視察し、施設小隊長（左）を激励する山下陸幕副長（中央）＝12月31日、南スーダンの首都ジュバで

避難民の臨時救護所を撤収

南スーダン派遣施設隊5次隊（隊長・井川賢一1陸佐）は1月10日、UNMISS（国連南スーダン共和国ミッション）の要請により、ジュバ市の日本隊宿営地に開設していた避難住民のための臨時救護所を閉所した。救護所は同国の政情不安を受け、昨年12月17日に開設。期間中、延べ3797人の患者を診察した。

同隊によると、患者は幼児から老人まで幅広く、疾患の内訳は気管支炎などの風邪症状が多かったという。

現在はUNハウス内のレベル1病院に自衛隊の医官と衛生隊員を派遣し、引き続き避難民に対する医療支援を行っている。

海賊船拿捕で連携プレー

アデン湾で「さみだれ」搭載ヘリ

ソマリア沖・アデン湾で海賊対処のエスコート任務中だった海自護衛艦「さみだれ」の搭載ヘリは1月18日（現地時間17日）、海自P3Cとともに海賊船の動向監視と情報提供に当たり、フランス艦艇による海賊船拿捕と人質解放につなげる連携プレーに貢献した。

日本が昨年12月、米国を中心とする多国籍艦隊「第151合同任務部隊（CTF151）」に参加して初めての海賊対処実績となった。

海自の第17次海賊対処水上部隊の「さみだれ」は、「CTF151」から「民間商船がダウ船（木造帆船）に襲撃されている」との通報を受け、SH60哨戒ヘリを現場海域に急派。ヘリは不審なダウ船を確認後、警戒監視中の海自P3C哨戒機とともに不審船の動向を監視し、「CTF151」に情報提供を行った。

これを受け、現場海域を航行中だったフランス艦が海賊船（ダウ船）に立ち入り検査を行い、海賊とみられるソマリア人5人を拘束した。ダウ船はインド籍で海賊に占拠されていたが、乗員は無事解放、民間商船も無事だった。

防衛省発令

▽5施団付（5施団本部）1陸佐 橋本精一郎（1月14日）
▽統幕校教育課研究室長（空幹校主任教官）1空佐 門田和也
▽4護群（海幹校付）1海佐 夏井隆
▽71空司令（空団幕僚）2海佐 立石和孝
▽潜医隊（海1術校付）1海佐 清水彰一郎
▽空幕防衛課防衛班長（空幕防衛課）1空佐 佐川詳二
▽同装備課（空幹校）同 西克洋
▽総隊通信電子課長（空シス隊シス管群司令）同 吉田憲司
▽救難団副司令（2空団副司令）同 折戸優
▽同飛群司令（支援集団運用2課長）同 原田豊
▽救難団付（救難団副司令）同 鈴木昭一
▽2空団副司令（救難団飛群司令）同 中野弘幸
▽中警団27警群司令兼大滝根山分屯基地司令（空幕運用支援課）2空佐 蒲原正典
▽中警団付（5空団副司令）1空佐 西野厚
▽5空団副司令（空補本3部長）同 仲啓介
▽支援集団運用2課長（教育集団総務課長）同 畑中毅彦
▽1輸空基群司令（空幕装備課）同 大泉光祥
▽教育集団総務課長（中警団27警群司令兼大滝根山分屯基地司令）同 鴻巣学
▽同運用課長（空幕副監察官）2空佐 木村真一
▽同教育1課長（1輸空基群司令）1空佐 藤澤勲充
▽1空団副司令（11飛教団飛教群司令）同 池田五十二
▽11飛教団飛教群司令（教育集団運用課長）同 志村隆
▽空4術校1教育部長（教育集団教育1課長）2空佐 佐々木嘉一
▽空シス隊シス管群司令（空補本計画管理課長）同 岩崎正光
▽中業隊付（総隊通信電子課長）1空佐 里村守也
▽情本（1空団副司令）同 中川仁郎
▽空幹校主任研究開発官（空幕防衛課防衛班長）同 中岡和彦
同 亀岡弘
▽空幹校付（統幕校教育課研究室長）同 杉谷元
▽空補本3部長（空4術校1教育部長）同 芳賀郁則
▽同計画管理課長（中警団装備部長）2空佐 山本康貴
▽指通シス隊保監隊長（空幹校主任研究開発官）1空佐 佐藤雅俊（以上1月15日）
▽潜医隊副長兼教育訓練部長（潜医隊）1海佐 廣野成夫（1月16日）
▽情報群司令（自艦隊）1海佐 鎌形義憲（1月18日）

朝雲寸言

晴天、しかも風もなく穏やかな海面で、なぜ事故は起きてしまったのか。1月15日朝、瀬戸内海を航行中の海上自衛隊の輸送艦「おおすみ」と釣り船が衝突、釣り客ら2人が亡くなった▼事故原因については、海上保安庁が、双方の船の航跡を解析するなど綿密に調査しており、予断は禁物だ。だが、衝突の背景に〝一瞬の油断〟はなかったのだろうか▼2008年、房総半島沖でイージス艦「あたご」が漁船と衝突した事故は、米国での厳しい訓練を終えての帰路だった。翌年の護衛艦「くらま」と韓国のコンテナ船との事故も、観艦式で観閲艦という大役を果たして母港に帰る途中だった▼そして、今回の「おおすみ」も、昨年11月、陸海空統合演習中にフィリピンを襲った台風災害に駆け付け、見事な救援活動を繰り広げて帰国したばかりだ。事故は傷んだ船体を補修するためにドッグ入りする[illegible]際だった▼隊員たちの気持ちに緩みがあったとは思いたくない。見張りや監視も整然と行われていたに違いない。しかし、厳しい訓練や任務が終わった後に、事故が相次いで起きていることを、偶然で片付けることはできない▼「百里の道も九十九里をもって半ばとせよ」という教えがある。古くからの格言だが、先人たちも苦渋を味わってきたからこそ、「里」を使わなくなった今でも、時代を超えた戒めとして残っているのだ。最後の最後まで気を抜くな――。その教えを大切にしたい。

入札談合防止意識を

監察本部　入間、浜松基地で講習会

コンプライアンスのほか、セクハラ・パワハラ防止に関する講話を聴く隊員（12月18日、空自浜松基地で）

【監察本部】防衛監察本部（梶木壽・防衛監察監）は12月12日に空自入間基地、同18日に空自浜松基地でそれぞれ「コンプライアンス（法令順守）講習会」を開催した。

入間基地では、公正取引委員会事務総局経済取引局総務課の繁澤良課長補佐を講師に招き、基地所在部隊の補給、会計、調達関係職員ら約160人を対象に、入札談合防止に関する約90分間の講話を行った。

講話では、実際の入札談合事例を挙げ、談合の背景や経緯などを分かりやすく解説。受講した隊員は、入札談合防止に対する意識を新たにしていた。

浜松基地では、防衛監察本部の齋藤敏夫副監察監がコンプライアンスに関して約90分間講話し、教育集団隷下部隊などの隊員約300人が聴講した。

齋藤副監察監はコンプライアンスの意味をはじめ、セクハラやパワハラ防止の視点などを解説。受講した隊員からは「コンプライアンスに対する認識が深まった」「部隊における今後の隊員指導に役立てたい」などの声が聞かれた。

防衛監察本部は各種講習会などの機会を活用し、防衛省・自衛隊におけるコンプライアンス意識の普及、啓発に努めており、各部隊等からの講習依頼を随時受け付けている。

コンプライアンス講習に関する問い合せは、防衛監察本部総務課企画室まで。

1、2、3輸空隊に感謝状

伊豆大島災派で消防庁長官

空自1輸空（小牧）、2輸空（入間）、3輸空（美保）の計3輸送航空隊に1月17日、消防庁長官からの感謝状が贈呈された。昨年10月、伊豆大島で発生した土石流災害への部隊派遣で、緊急消防援助隊を迅速に輸送した功績が表彰された。

統幕で行われた贈呈式には消防庁長官の感謝状を同庁の室田哲男国民保護・防災部長が代読。1輸空隊司令の上ノ谷寛将補、2輸空隊司令の赤峯千代裕1佐、3輸空隊司令の野中盛1佐が部隊を代表して感謝状を受け取った。

授与後、室田部長は「消防援助隊を離島に展開する初の事態に、迅速かつ柔軟に対処していただいた。（生存者救助のためには）72時間以内という迅速な救助が必要なため、これからも連携を深めたい」と述べた。

空自は同災派で、1輸空のC130H輸送機と2、3両輸空のC1輸送機を中心に警視庁、消防隊員などの人員や通信機材、土のうを含む各種物資のピストン輸送を実施。さらに2輸空のC1は大島医療センターの入院患者を木更津駐屯地まで空輸するなど、島外避難も支援した。

消防庁の室田部長から感謝状を授与される上ノ谷1輸空隊司令。右端から野中3輸空隊司令、赤峯2輸空隊司令（1月17日、防衛省で）

時の焦点

国内　東京都知事選

小泉・安倍の人間模様

東京都知事選の影の主役は、小泉元首相と安倍首相であろう。

細川護熙元首相を担ぎ出した小泉氏と、舛添要一・元厚生労働相を支援する安倍自民党。

小泉・安倍の代理戦争と、とらえることも可能だ。師弟のぶつかりあいとも指摘される。

もっとも、義理人情とは縁遠い小泉氏である。世情言われる「師弟関係」とは違うように思う。

首相の座にあった小泉氏は、自らの後継を安倍氏と考え、自民党幹事長に抜てきし、官房長官にすえて、「帝王学」を学ばせた。

ただし、それは、師弟の情という要素より、安倍氏なら自らの構造改革路線を継承してくれるという現実的な判断が大きかったのではないか。後を継いだ安倍氏が1次政権でつまずき、退陣した時、小泉氏はこう言った。

「人生には上り坂も下り坂もある。もう一つある。『まさか』という坂だ。まさか安倍さんがあのような形で退陣するとは思わなかった」

さらに、参院の与野党逆転を踏まえ「民主党を協力勢力だと思って、良い所はどんどん取り入れた方がいい」とも語った。

その発言には、安倍氏への「情」は感じられなかった。

昨年から、小泉氏は「原発ゼロ」を唱えて、安倍氏を挑発してきた。

「首相の力は絶大だから、ゼロにしようと言えば、そんなに反対は出ない」と語り、安倍氏の決断を促した。

ところが、安倍氏は「今の段階でゼロと約束するのは、無責任だ」と受け入れなかった。

小泉氏は「原発ゼロ」を仕掛ける舞台として、都知事選を選んだということだ。「原発ゼロでも日本は発展できるというグループと、原発なくして日本は発展できないんだというグループの争いだ」と小泉氏は言う。

解せないのは、小泉氏はなぜ、自ら出馬しないかだ。

脱原発で脚光を浴び始めたころ、小泉氏はこう漏らしている。

「新党を作るつもりはない」「原発についてどう主張するか、息子の進次郎は自分の判断で決めればいい」

徹底的にやるという覚悟が今ひとつ伝わらない。都知事選で振り付け役に回った小泉氏のインパクトはやはり限定的だ。

安倍氏は、小泉氏の挑戦をまともに受けて立つのか、あるいは、いなそうとするのか。

かつて、安倍氏は自分の政治の師匠は、小泉氏と森元首相だと言った。

森、小泉、安倍各氏が所属した「清和会」が栄華を築いたのは、森氏の功績が大きい。小泉氏は一匹オオカミ的な存在だった。森氏への配慮を忘れないところが、気配りの人、安倍氏らしい。

安倍氏が本当のところ小泉氏をどう思っているのか。「小泉観」を聞いてみたい気もする。

風間 二郎（政治評論家）

海外　先進国の政権

リベラル米と保守の欧

2012年の米大統領選挙戦中、「オバマフォン（低所得者に無料で与えられる携帯電話）がもらえるんだから、彼に投票するに決まってるだろう」と報道陣に叫ぶ黒人女性のニュースがあった。オバマフォンのコストは年間16億ドルに上り、フードスタンプ（食料購入補助制度）受給者も2000年比358％増の4700万人。

シンクタンク「ヘリテージ財団」が、連邦支出の70％が社会保障を含む福祉に回ると指摘する現状は、「大きな政府」を是とする民主党、オバマ政権らしい政策だ。しかし、大企業批判、国防費大幅削減などでも顕著な「リベラル・左派」的色彩は、他の先進諸国とは違う道を行くようだ。

豪州では中道右派の自由党が昨秋の総選挙で労働党に圧勝。ノルウェーでも昨秋、中道右派の保守党（「小さな政府」を主張）や右派の進歩党（難民受け入れの厳格化を主張）など4党から成る野党連合が、労働党など3党の中道左派政権に圧勝し、8年ぶりに政権が交代した。

カナダは11年の総選挙で、ハーパー首相の少数与党・保守党が手堅い経済政策を支持され初めて過半数を獲得、安定政権を実現した。イスラエルのネタニヤフ首相と彼のリクード党（保守）は政府が干渉しない自由企業を推進。英国でも保守党政権は規制緩和や福祉制度改革を進めている。

スウェーデンは10年の総選挙で、穏健党率いる中道右派の与党連合が勝利。06年選挙で12年ぶりに中道左派から政権を奪還して以来、財政安定路線の推進が支持された。

スウェーデンとノルウェーは、社会主義政策の理想が実現した高福祉の国としてバラ色に描かれた例が多い。しかし、その両国とも現在は保守政党が政権のかじ取りをしている。この事実は重いのではないだろうか。

ドイツではメルケル政権（保守党と社民党の大連立）が3期目に入った。オランダでは保守政権が続き、弊害の多い多文化主義に基づく政策や福祉国家への反対で知られている。

スペインでは11年の総選挙で、中道右派の最大野党・国民党が与党・社会労働党に大勝。ポーランドは11年の総選挙で第1党を維持した中道右派与党・市民プラットフォームの政権担当が続いている。

ギリシャで12年の総選挙後に緊縮財政の新政権を発足させた新民主主義党は中道右派。ポルトガルは11年の総選挙で第1党・中道右派野党の社会民主党と第3党・民衆党（こんな名称でも保守系）の連立政権。アイスランドも昨春の総選挙の結果、進歩党と独立党（ともに保守政党）の連立政権になった。

こう見回すと、先進国の政権は保守、中道右派が優位で、歳出削減と福祉改革が経済危機への対応の柱。一方、オバマ米リベラル政権は歳出増と福祉増大を続け、欧州が過去の反省から方向転換した道を進み続けている印象だ。

草野 徹（外交評論家）

想定荷重1・2倍の加圧で貨物扉など損壊

次期輸送機XC2

防衛省は1月17日、開発中の空自向け次期輸送機XC2が地上で荷重試験中、貨物扉や後部胴体などが損壊する不具合が発生したと発表した。

1月7日、空自岐阜基地の地上試験装置を使用し、機内気圧を一定に保ちながら高高度飛行を行うための機体構造の強度確認を行っていたところ、この機体損壊が起きた。

同試験では、設計時に想定した荷重（機内外の気圧差）の約1・2倍の圧力を機内に加圧した際、同機の貨物扉や後部胴体などに損壊が生じた。

防衛省では開発に当たる技術研究本部やメーカーの川崎重工業などと今回の不具合事案の確認を行い、損壊発生の原因を究明するとともに、今後の対応策を検討していく。

XC2は海自向け次期固定翼哨戒機XP1と同時開発された国産機で、XC2は試作機2機が製造され、すでに飛行試験や上空からの物料投下、空挺降下などの試験が行われている。

2月11日からタイで「コブラ・ゴールド14」

国際的な人道支援想定

米・タイ共同主催の多国間共同訓練「コブラ・ゴールド14」が2月11日から同21日までタイ国内で行われる。防衛省・自衛隊からは約100人が参加して、今回初めて空自C130H輸送機を派遣しての在外邦人輸送訓練などの実動訓練や、国際的な人道支援を想定した指揮所演習が行われる。

今年は米、タイ、日本、シンガポール、インドネシア、マレーシア、韓国に加え、中国が初めて参加する。期間中、8カ国が連携して医療活動や公衆衛生教育の人道民生支援活動などを行う。

日本からは内局、統幕をはじめ、陸自から陸幕、中方、中央即応集団、中央情報隊、空自から航空総隊、支援集団、教育集団、空補本、このほか防医大、情報本部の隊員が訓練に臨み、統合運用能力の向上を図る。

自衛隊は同訓練に2005年から参加しており、今回で10回目。

韓国部隊から弾薬1万発返却される

南スーダン

南スーダンの政情不安を受け、日本政府が昨年12月、国連の要請に基づき、現地の国連南スーダン共和国ミッション（UNMISS）に参加している韓国PKO部隊に避難民防護のため無償提供していた陸自PKO部隊の弾薬1万発が1月16日、UNMISSを通じて日本側に返却された。

小野寺防衛相は翌17日の記者会見で、「韓国側に弾薬の補給が行われ、日本側が提供した弾薬が必要なくなったということだ。韓国側の補給がうまくいったことに関しては良かったことだと思う」と述べた。

船長ら2人死亡

「おおすみ」衝突事故

海自の輸送艦「おおすみ」と民間の釣り船「とびうお」が1月15日に広島県・阿多田島沖で衝突した事故で、心肺停止状態だった船長の高森昶さん（67）と乗客の大竹宏治さん（66）が同日深夜から翌16日未明にかけて死亡した。

防衛省は事故直後に大臣を長とする事故対策会議を設置、長崎に出張していた若宮政務官を現場に派遣。16日には小野寺大臣が高森さんの通夜に参列。武田副大臣が救出された2人と対面した。

大臣は17日の記者会見で「改めて防衛省・自衛隊の責任者として亡くなられた方々のご冥福をお祈りしたい。海保庁の捜査に全面的に協力し、再発防止に心がけたい」と述べた。

「おおすみ」は現在も呉沖に停泊しており、海保庁の事情聴取と現場検証に協力している。

◇陸自第1音楽隊第38回定期演奏会

▽日時＝3月14日（金）午後7時開演

▽場所＝東京芸術劇場（東京都豊島区）大ホール

▽曲目はモーリス・ラベル「ボレロ」など

▽申し込み＝往復はがき（1枚につき2名）に郵便番号、住所、氏名、年齢、性別、電話番号、同行者氏名、年齢、演奏会名を明記。未就学児の入場は不可。2月17日必着。応募多数の場合は抽選

▽応募・問い合わせ先＝〒179－0081東京都練馬区北町4の1の1、陸上自衛隊第1師団司令部広報班「第38回定期演奏会A」係まで。電話03（3933）1161（内線218）。

人事異動

2、3海佐

▽対潜資研究科長（対潜資）2佐 福原幸博▽補本会計課長（31整補）岡本光▽海幕経理課契約班長（補本）福田理▽31補給隊長（海幕装需課）3佐 今野義男 （以上12月2日）

▽横造補所計調部長（海幕会計監査室）2佐 北村操▽自艦隊幕僚（自艦隊）石神正嗣▽2術校主任教官（2術校）豊嶋敏昭 （以上12月3日）

▽きりしま副長（きりしま）2佐 中大路真▽同船務長（海幕装体課）渡邉拓也▽73空副長（73空）脇田積▽総空基副長（61空）加藤進▽幹校総務課長（幹候校）白土俊昭 （以上12月6日）

▽艦補処艦補課長（練艦隊）2佐 鈴木伸輔▽練艦隊幕僚（艦補処）佐々木健▽開発群幕僚（海幕会計監査室）3佐 高機潔▽練艦隊幕僚（21教空）荒武之仁▽海幕会計監査官＝物品・国有財産管理（厚空基）矢作正人▽厚木厚生隊長（開発群）三池田英樹 （以上12月10日）

▽おおなみ砲雷長（しらゆき）3佐 兼安亮輔 （12月11日）

▽61飛行隊長（61空）2佐 村上中二▽61空副長（空団）新里勇人▽空団幕僚（61空）浅野一郎 （以上12月16日）

▽佐訓指機関科長（佐訓指）小川昌宏▽補本システム技術課長（補本）皆倉誠▽海幕会計監査官＝調達管理（海幕援業課）3佐 田村悟▽おうみ運用長（おうみ）櫻井昭男▽ひうち艦長（横訓指）那須靖司▽1術校教官（ひうち）中尾浩久▽ながしま艇長（函基）久田克彦 （以上12月20日）

共済組合だより

大学等の入学試験に挑む

「受験生応援宿泊プラン」

2食付、3月31日まで　グラヒル

夢に向かってがんばれ！防衛省共済組合の直営施設「ホテルグランドヒル市ヶ谷」（東京都新宿区）では、大学等の進学を目指す受験生の皆様を応援するため、夕・朝食とリフレッシュグッズ付の「受験生応援宿泊プラン」を用意しています。

受験生の皆様が本番でその実力を存分に発揮できるよう、部屋には入浴剤と、目の疲れを癒すホットアイマスクを用意。また、食事もゆったり取れるよう、グラヒルのレストランをご提供します。

夕食は午後5時～10時（ラストオーダー9時30分）の間、1階のレストラン「サルビア」または地下1階の和風レストラン「ふじ」で（土・日・祝日は「サルビア」のみ）。また朝食は午前7～10時の間、「サルビア」の和洋バイキングがご利用いただけます。

さらに室内で集中して勉強できるよう、加湿機能付空気清浄機や電気スタンドも貸し出します（数量に限りがあります）。また事前にご要望頂ければ、受験当日のお弁当も承ります。

同プランは3月31日（月）まで。料金はシングル1名8900円（2食付）、ツイン2名が1万3800円（同）です。

ホテルグランドヒル市ヶ谷は都心に位置し、JR総武線「市ヶ谷」駅から徒歩3分と至便。近くには上智大学、法政大学、中央大学、東京理科大学、日本大学などがあり、時間に余裕をもって受験に臨めます。どうぞご利用ください。

優れた輸送力と航続距離備えたマルチプレーヤー

戦闘機部隊支える 空自KC767

日本海上空 F15に給油

高度7千メートルの"職人技"

自衛隊で唯一の空中給油・輸送機として知られる空自のＫＣ767によるＦ15戦闘機への空中給油の様子が昨年11月27日、小松基地沖の日本海上空で初めて報道陣に公開された。小牧基地の１輸空404飛行隊に所属する同機は、日米共同演習「レッド・フラッグ・アラスカ」や日米豪共同演習「コープ・ノース・グアム」など海外演習へ向かうＦ15戦闘機への空中給油支援で活躍しており、昨年11月には台風30号で甚大な被害が出たフィリピンに自衛隊の医療チームを迅速に輸送するなど、自衛隊の国際貢献の一翼も担っている。小牧基地から飛び立った同機に同乗して空中給油の様子を取材した。（文・写真／菱川浩嗣）

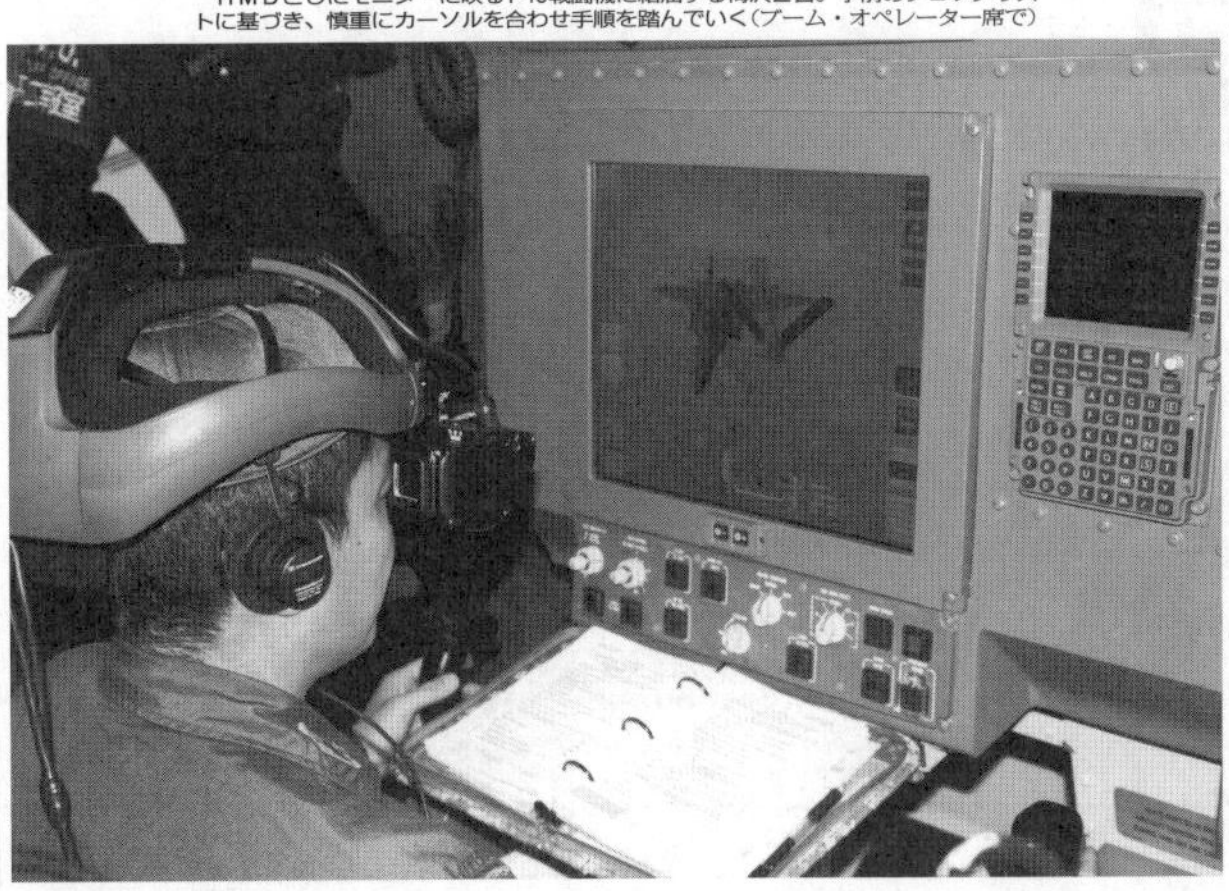

ＨＭＤごしにモニターに映るＦ15戦闘機に給油する梅沢２曹。手前のチェックリストに基づき、慎重にカーソルを合わせ手順を踏んでいく（ブーム・オペレーター席で）

キーン――。シャープな音とともに、世界に8機しかない最新の機体が飛び立った。11時30分、小牧基地を出発したKC767は、小松基地上空を経て、高度7000メートルを時速約750キロで日本海のG訓練空域に向かった。

民間の旅客機に匹敵する静かでスムーズな離陸。飛行中もキーンというエンジン音のみが聞こえてくる。

左右を見渡すと、客室には景色を望む窓は二つのみで、上部に収納棚がないことを除けば、200人が着座可能な座席は旅客機と見間違えても不思議ではない。前方の案内版にベルト着用サインが表示され、機内後方には食品を収めたギャレー（厨房設備）があり、海外飛行の長旅にも耐えうる仕様だ。

出発から30分ほどでG訓練空域に達すると、飛実団（岐阜基地）から飛来したF15戦闘機2機と会合、その雄姿が窓から確認できた。日本の領空を守る勇ましい戦闘機も燃料がなければ飛び続けられない。並んで飛行するF15を包みこむ母機のような存在感があった。

正午、いよいよ空中給油開始。給油されているのか心配になるほど静かで、記者が想像していたような大きな音は聞こえない。機体も安定している。搭乗した記者らは4人1組でコックピットと空中給油の操作を行う「ブーム・オペレーター席」に案内され、F15に対する空中給油の瞬間を見ることができた。

尾翼部分に位置する2次元3方向IRカメラ3台で各60度、計180度の視野でF15の位置を捉える。給油中は機体の腹部にある3次元立体視覚IRカメラ1台が赤外線で同機を確認する。

ブーム・オペレーターは右手に握るスティックでテレスコピック・チューブの上下左右を調整し、左手のスティックで燃料注入を操作する。KC767の真下にF15が誘導され、動力であるラダベーターが作動し、チューブが同機に伸びていく。

オペレーターの梅沢聡2曹がHMD（ヘッド・マウント・ディスプレー）越しに液晶モニターに映るF15にカーソルを合わせ、ボタンを押す。するとチューブが伸び、F15の左翼前方にある給油口に挿入(コンタクト)された。

同機とつながったことで、モニターに表示されていたR（準備完了）の文字はC（接続中）に変わり、最大16万ポンド（ドラム缶465本分）搭載できる燃料の一部をF15に注入。事前に設定した量を入れ終わると、自動で給油は止まった。伸ばしたチューブを引っ込めると同機はモニター画面から飛び出し、離れていった。

梅沢2曹の前にはノート型のチェックリストが置かれており、目視で手順を一つ一つ確かめながら慎重に給油作業を実施していた。

隣でその作業を見つめていたオペレーターの墨智勝曹長は「給油は30秒で終了することもあれば、10分以上かけて行うこともあります。必要な燃料量に応じて臨機応変に対応しています」と話した。報道陣に公開する約1時間の給油を終えたKC767とF15は、帰投のためそれぞれ小牧、岐阜基地へと向かった。

帰途の機内では、フィリピン国際緊急援助隊員に機内食として提供されたものと同じレトルトの具材（中華丼、マーボー丼、親子丼のうち二種類）とごはんが支給された。記者は、ほかほかの白ごはんにピリ辛のマーボー丼の具をかけて味わいながら、被災者救援のためレイテ島やタクロバン、タボゴンなどの被災地に向かった自衛隊医療チームに思いを馳せた。

円滑な給油と快適な乗り心地に、国際貢献に活躍する機体の有用性を改めて実感する。F15と分かれたKC767は午後1時30分、小牧基地に無事着陸した。

404飛行隊長の新崎秀樹2佐は空自のKC767について「世界に誇れる機体」と胸を張る。1輸空隊司令兼小牧基地司令の上ノ谷寛将補は「導入当初は課題も多かったが、現在は運用も落ち着いた。国際緊急援助部隊の活動に貢献した同機を、多くの人に知ってもらいたい」と話している。

ＫＣ767空中給油・輸送機　ボーイング社製旅客機Ｂ767・200を開発母機とし、敵味方識別装置のほか、カメラシステムやコンピューター制御化などの空中給油装置などが装備されている。平成20年から22年にかけて４機が初めて日本に導入され、22年４月、１輸空404飛行隊（小牧基地）での運用が始まった。同型機は現在、日本のほか、イタリア空軍に４機が配備されており、世界で計８機が運用されている。

高度約7000メートル付近で、ＫＣ767の左翼脇に現われ、時速約650キロで並んで飛行する飛実団（岐阜基地）のＦ15戦闘機（日本海上空のＧ訓練空域で）

川崎ランディー曹長（手前中央）の案内でＫＣ767に搭乗する報道関係者ら（小牧基地で）

KC767の後部貨物扉。主にLD3（強化プラスチック）コンテナの収納に使用される。最大積載量は3500ポンド(約1588kg)

Ｇ訓練空域を飛行するＫＣ767のコックピット（左はパイロットの秋吉慎也３佐）。給油中は時速約650キロに調整している

KC767の客室。A～Hまで座席を設置することができ、最大で200人が着座できる

西風東風

中国が滑空ミサイル実験に成功
――米BMD無力化か

米ニュースサイト「ワシントン・フリー・ビーコン」はこのほど、米国防総省の情報として、中国が米国の弾道ミサイル防衛システム（BMD）を突破する目的で、音速の10倍で飛行する極超音速滑空ミサイルの初の発射実験を行い成功したと伝えた。同省は、同ミサイルを「WU14」と呼んでいるという。中国共産党機関紙、人民日報系のニュースサイト、人民網などが伝えた。

中国国防部は「国内で計画に従い実験を行うのは正常なこと。いかなる国や特定の目標も対象にしたものではない」とコメントし、試射の事実を認めた。

中国の著名軍事評論家である陳虎氏は、中国中央人民ラジオ局の取材に対し「実験には滑空式運搬手段が使われた。大気圏に再突入後のターミナル段階で、弾道飛行から飛行機式の飛行に移り弾道が変えられる。BMDでは防げない」と述べた。

陳氏によると、従来の弾道ミサイルは放物線上を飛び、弾道が固定していた。新型ミサイルは大気圏突入後に揚力が生じ、グライダーのように滑空する。米国のBMDは、弾道が固定していることを前提に、速度と角度を推定して防御するため、弾道が変われば、応じるための時間的な余裕は失われる。

また、新型ミサイルは自由落下式の従来型の弾道ミサイルと異なり、ターミナル段階での飛行距離を大幅に伸ばせるほか、同段階での正確な誘導が可能となるなどの長所がある。

陳氏によると、通常の弾道ミサイルの飛行速度は音速の20倍以上。大気圏に再突入する際、弾頭が大気との摩擦で高温となり、プラズマに囲まれて通信が完全に遮断されるブラックアウト区間が生じる。新型ミサイルのように、速度が比較的遅ければ同区間の発生を回避でき、正確な誘導により、航空母艦のような動いた標的も狙えるようになる。

その上で陳氏は「ターミナル段階のBMDを無力化するための中核技術を獲得したことに、今回の実験の最大の意味がある」などと指摘した。

（香港＝中岡秀雄）

2014年 第一線部隊が始動

富士山を眼下に編隊飛行を行う4空群のP3C哨戒機（1月8日）

富士山眼下に初飛行
海自4空群P3C部隊

海自4空群（厚木）のP3C哨戒機部隊は1月8日、富士山を眼下に見ながら相模湾上空で初訓練飛行を実施した。

森田義和群司令が隊員に対し、「我が国周辺の情勢は依然予断を許さない状況にある。また、首都直下地震にも万全な備えを再構築する必要がある」と述べ、今年予定されるP1次期哨戒機の本格配備やC130輸送機の導入に向け、準備を進めるよう要望。

さらに「互いに切磋琢磨しながらも、同じ部隊の仲間が困っていたり、悩んでいるときには、友として助ける優しさも兼ね備えなければならない」と心構えを示した。

その後、森田群司令が「かかれ！」と号令。3空の隊員たちはP3C4機に分乗すると、新春の空に飛び立った。4機は富士山上空を周回、相模湾を見ながら初島方向に飛び、約3時間の初訓練飛行を行った。

新年の訓練始めとして、重さ約150キロの上陸用ボートを担いで走る西普連の隊員（1月7日、相浦駐屯地で）

高負荷で新年幕開け
〝陸自の海兵〟1年の無事故祈念
西普連

【西普連＝相浦】「九州・沖縄の正義と秩序のために今年も頑張るぞ」――。

陸自唯一の水陸両用部隊、西部方面普通科連隊は1月7日、相浦駐屯地で上陸用のゴムボートなどを担いで駆け足する「高負荷」の訓練で新年を始動させた。

グラウンドには正月も身体の鍛錬を欠かさなかった〝陸自の海兵〟約550人が集合、國井松司連隊長の「今年も頑張るぞ！」の力強い発声に元気に応えた。

「正義と秩序のために」をモットーとする西普連では、肉体だけでなく精神面も重視。そこで最初に水路戦技教育隊の「水陸両用隊員の心得」を全員で復唱・復命した。

隊員たちは代表陸曹の発声に合わせ、「我々は先を見通し周到に準備する！（先見性）」「我々は点検を欠かさない！（確実性）」「我々は変化をとらえ、即断・即決し速やかに行動する！（迅速性）」「我々はいかなる困難に直面しても決してあきらめない！（不撓不屈）」とそれぞれの決意を大声で合唱した。

この後、腕立て伏せ、V字腹筋などの「ボート体操」で各自身体を温め、いよいよ水路潜入に使う訓練用ボートの運搬訓練に臨んだ。

ゴムボートと言いながらも重量は150キロもあり、これを6人の隊員が肩に担いで持ち上げ、各チーム約1キロを走り、リレーした。

また、隊員たちはゴムボートと同じ大きさ・重さに設定した「組み丸太」も担ぎ、こちらも約1キロを力走。「組み丸太」には新年らしくダイダイやユズリハの付いた「しめ飾り」も飾られ、隊員たちは元気よく走りながら1年の訓練の無事故を祈った。最後に全員で「連隊歌」を合唱し、島嶼防衛を担う水陸両用部隊の新年をスタートさせた。

連隊長先頭に走り初め
秋田

【21普連＝秋田】21普連は1月6日、訓練始めを行った。訓練に先立ち、各中隊の年男代表6人が登壇して新年の抱負を発表。年男たちはそれぞれ「今年は馬車馬のように働くぞ！」「早く陸曹になります！」などと宣言、仲間たちから大きな拍手を受けた。

その後、橋爪良友連隊長が「各人目標を定め、何事も失敗を恐れず、今年1年チャレンジしていってもらいたい」と訓示。その後、連隊長を先頭に走り初めを行った。

寒空の下、各中隊は声を上げながら雪上を走り、最後に幹部候補生試験に合格した3隊員の音頭で勝どきを上げ、21連隊の力強い前進を誓った。

橋爪連隊長を先頭に「走り初め」を行う21普連の隊員（1月6日、秋田駐屯地で）

年明け初の実弾射撃訓練で猛吹雪の中、慎重に照準を定める49普連の隊員（1月9日、饗庭野演習場で）

目を凝らし集中！
49普連 饗庭野で射撃訓練

【49普連＝豊川】49普連は1月8日から11日まで、滋賀県高島市の饗庭野演習場で新年最初となる射撃訓練「第2次連隊射撃訓練」を実施した。

訓練には押川省三連隊長以下、常備自衛官147人が参加。9、10日は朝から猛吹雪の悪天候となったが、隊員たちはものともせず、冷静に射撃を行った。

最初に5・56ミリ機関銃の戦闘射撃、12・7ミリ重機関銃の対地射撃、個人携帯対戦車弾の射撃をそれぞれ実施。その後、軽装甲機動車のルーフに搭載した機関銃を使用し、走行中に狙いを定め、停車と同時に射撃する「躍進射撃」などを行った。

猛吹雪で十分に視界が効かず、また氷点下5度、積雪30センチと厳しい自然環境の中、隊員たちはこれまで錬成してきた射撃技量を遺憾なく発揮し、素晴らしい新年のスタートを切った。

雪舞う寒さの中 恒例「裸駆け足」
20普連

【20普連＝神町】20普連は1月6日、年明けの連隊の恒例行事「裸駆け足」を行った＝写真㊧。

最初に西村和己連隊長が「戦略機動師団内の普通科連隊、山形県の郷土部隊として、今年も1年、一丸となって地域の皆様の期待に応えていこう」と訓示。続いて西村連隊長と各中隊長がだるまの目入れを行い、1年間の安全を祈願した。

その後、男性隊員は上半身裸に、女性隊員はTシャツ姿になって「自衛隊体操」で身体を温めた後、駆け足行進ラッパを合図に全員で「裸駆け足」を開始した。

当日は雪がちらつく厳しい寒さだったが、隊員たちは連隊旗や中隊旗などを掲げ、気合の入った掛け声を上げながら駐屯地内を元気に行進した。

遭難者の救助演練
US2、岩国沖に着水
31空群

【31空群＝岩国】海自31空群は1月7日、71空のUS2救難飛行艇など10機の初訓練飛行を実施した。

訓練に先立ち、眞木信政群司令が隊員約700人に対して、「我が国周辺を取り巻く安全保障環境は一層厳しさを増しており、任務を遂行する上で、多くの障害や困難が諸官の前に立ちふさがることと思うが、各隊の垣根を取り払い、第31航空群の英知と技を集結してほしい」と訓示、続く「かかれ」の号令で、隊員が各機に乗り込み一斉に訓練を開始した。

訓練にはUS2のほか、電子戦データを収集する81空のEP3多用機や111空のMH53E掃海・輸送ヘリなど7機種10機と海上でサポートに当たる支援船1隻が参加。

各機は順に基地を飛び立つと、航空隊ごと編隊を組んで広島湾上空を飛行した。

このうちUS2は岩国沖に着水すると、引き続き遭難者救助訓練を実施、機上救助員が身を切るような冷たい海に飛び込んで遭難者役の隊員を救助する訓練を行った。

初飛行後、岩国沖に着水し救難訓練を行う71空のUS2救難飛行艇と機上救助員（1月7日）

新春の空に向け空包発射
10特連 155ミリ榴弾砲6門ずらり

新年の晴れ渡った青空に砲身を向けて、一斉に空包を鳴らす155ミリ榴弾砲FH70（1月6日、豊川駐屯地で）

【10特連＝豊川】10特科連隊は1月6日、訓練始めとして6門の155ミリ榴弾砲FH70を使い、新春の空に向け空包射撃を実施した＝写真。

訓練に先立ち、福元洋一連隊長が「3月に改編を迎えるが、即応態勢を維持し、着実に練度向上を図っていこう。そのためには隊員一人ひとりがこれまでと同様、『前傾姿勢』をもって各種業務にチャレンジしてもらいたい」と訓示した。

その後、隊員たちは訓練場に並べられた装備品にお神酒をささげ、今年1年の安全を祈願した。最後に155ミリ榴弾砲の砲身を澄んだ青空に向け、計12発の空包を発射し、1年の精進を誓った。

勝どきを上げ 1年の精進誓う
40普連

【40普連＝小倉】40普連は1月6日、訓練始めの持続走を実施した。

訓練に先立ち、五十嵐淳連隊長は「現状に満足することなく更なる向上を目指せ」と隊員約450人に訓示。

当日は雨がぱらつく天候だったが、隊員は団結の強化と指揮の高揚を図って駐屯地内を駆け足した。最後には全員で勝どきを上げ、今年の精進を誓った。

一斉〝テークオフ〟
空自部隊

【築城】空自は全国の各基地で1月6日から一斉に飛行訓練を始め、築城基地（福岡県）では6日に、8空団の6、304両飛行隊と施設隊消防小隊が訓練を開始した。

午後1時、F2、F15両戦闘機が次々とテークオフし、N（山口県沖）、P（九州西方）、L（九州東方）の各訓練空域で約1時間、飛行訓練した。一方、消防小隊ではエプロン地区で消火訓練を行った。

これに先立ち、基地司令の森川龍介空将補は隊員を前に「今まで以上に国民から期待と信頼の目が向けられていることを強く受け止め、対領空侵犯措置を厳正に実施せよ」と訓示した。空自の戦闘航空団をはじめ各基地では、年末年始も24時間態勢でスクランブル待機や救難待機などに就き、日本の空を守っている。

8空団の飛行訓練始めで、施設隊の消防車が放水する中、離陸するF2戦闘機（1月6日、築城基地で）

職員200人 1キロ力走

【小平学校】陸自の業務教育を一手に担う小平学校は1月6日、訓練始めを行った。

職員約200人がシステム教育部の統制のもと、駐屯地内で「小平学校ファイト！」「オー！」と掛け声を上げ、約1キロを力走した。

訓練後の朝礼で山内大輔学校長から「成すべきことを成せ！」との要望を受け、職員たちは清々しい気分で新年のスタートを切った。

技術が光る

>22<

腕に装着する浮力補助具

フローティング・ウオッチ　マルチック

▲大人の腕に付けられた「フウオッチ」。CO2ボトル（左側）を引き上げると、ガスが3秒でエアバックを膨らませる

南西諸島防衛のため、日夜、水陸両用訓練に当たる西部方面普通科連隊（相浦）。“陸自の海兵”を目指す隊員たちはゴムボートを使った着上陸など、過酷な環境の中で訓練を続けている。

重い武器を装備しての水路潜入には常に危険が伴う。このため隊員たちは基礎訓練では必ず救命胴衣を着けるが、実戦を想定した訓練では戦闘のじゃまとなるため着けない場合もある。

高速ボートからもし海に落ちた場合、頼りになるのは自分の泳力だけだ。しかし、高い波間では泳ぎ続けるのは難しい。

そんな時、命を守ってくれるのが「浮力補助具」だ。

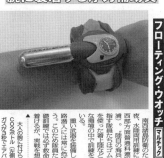

レバー引いて3秒、エアバッグ膨張　体重100キロの人も5時間浮遊に耐える

いま教育の現場やスポーツ指導者らの間で“緊急時の浮輪”として注目されるのが「フローティング・ウオッチ（フウオッチ）」。安価かつコンパクトで、非常に信頼性が高いのがその理由だ。

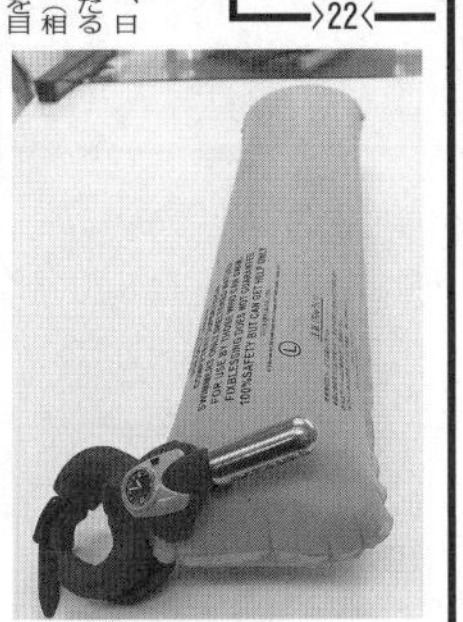

▲エアバックが完全に膨らんだ状態の「フウオッチ」。CO2ボトルを交換すれば繰り返し使える

「フウオッチ」はその名の通り普段は腕時計として使える浮具で、内部にエアバッグが組み込まれている。開発したのは台湾のエバークイック社で、安全基準が高い欧州の規格にも適合し、世界で販売されている。

その性能は過去にパラシュートやコンタクトレンズなどが発表されたフランスの歴史ある発明展「コンクール・レピーヌ」で金賞（2011年）に選ばれたことからも分かる。台湾のほか日米独豪中で特許が取得されている。

「フウオッチ」はエアバッグを膨らませる「CO2（炭酸ガス）ボトル」を含め、重さは約250グラム。大人は腕に、子供は二の腕に装着して使う。

使用法は簡単。溺れそうになった時、シリコンゴムのベルトに付けられた「CO2ボトル」を引き上げると、CO2が吹き出し、長方形のエアバックを3秒間で膨らませる。

その浮力は11・5キロ（CEスタンダード浮器具基準EN393に適合）で、体重100キロの大人を水面に浮かせることが可能。エアバッグにガスが充填されると羽口ノズルで完全密閉され、その後、ガスが漏れる心配はない。このため大人でも5時間以上浮いていられるという。

ウオッチ本体と「CO2ボトル」はネジで装着され、使用後は取り外し、新しいボトルと交換する。

自衛隊でも遠泳や水路潜入訓練時、泳ぎに自信のない隊員がこうした器具を装着しておけば、事故を未然防止できそうだ。

「フウオッチ」は日本では総代理店のマルチック（神奈川県平塚市）が販売しており、価格は9600円（税込）。予備の「CO2ボトル」1本が付いている。

防衛技術

″エアブレーキ″で射程短縮

「抵抗板付き砲弾」研究

技本・陸装研

風洞試験用の砲弾模型に取り付けられた円盤状の「抵抗板（大）」。右下に見えるのは中・小の抵抗板

砲弾に“エアブレーキ”を付け、射距離を短縮化できないか——。技本の陸上装備研究所（相模原）は、金属薬莢弾の信管部に円盤状の「抵抗板」を取り付け、射程を短くするユニークな研究を続けている。実現すれば、発射薬の量を変えることなく、曲射弾の射距離を制御することが技術的に可能になる。

戦車は「直接照準」で目標を狙い、砲弾はほぼ水平に飛び相手を仕留める。だが敵が遮蔽物に逃げ込めば、もう射撃はできない。

これに対し、「間接照準」の迫撃砲や榴弾砲は砲身を上方に向け、敵の頭上に弾を落下させることで、敵陣を広く制圧できる。

陸装研が研究中の「抵抗板付き砲弾」は、同じ発射薬で直接照準射撃と間接照準射撃の両方を可能にするものだ。これが実現すれば、離島防衛など限られた装備で戦わねばならない状況下で多様な役割を果たせる。

「これまで射程を抑えるには砲を上に向けるか、発射薬量を減らすしかありませんでした。しかし、戦車砲弾のように発射薬が充填された薬莢と弾丸が一体となった弾薬は、発射薬量を変えられないため後者の方法は使用できません。そこで第3の方法として抵抗板を付ける研究に着手しました」と同研究所火砲システム研究室の杉山精博主任研究官は話す。

これは砲弾に“エアブレーキ”を付けるユニークな方法。技本が平成22〜27年度で実施中の「軽量戦闘車両システム」の研究の一環で、将来の技術の確立を目指す。同研究では「抵抗板付き砲弾」と最大45度までの角度で発射可能で、軽量な車体にも搭載できる「105ミリ低反動砲」を組み合わせる計画だ。

抵抗板を付けた砲弾模型の風洞試験は昨年6月に行われ、マッハ2までの速度でデータを取得。抵抗板は大・中・小3種の円盤状の板を信管部に取り付けて実施した。音速を超えると衝撃波が生じたが、「特段、異常な動きや板の変形などは見られなかった」という。

離島防衛などで多様な役割

続いて9月に実物の105ミリ砲を使い、下北試験場（青森県）のドーム射場で実弾射撃試験を行った。ドームは長さ約310メートルで、内部に砲弾の飛翔を記録するカメラ・ステーションが設置されている。

「今回は16セット、32台のカメラを据え付け、連続的に弾の飛翔状態を撮影しました」と奥野航平主任研究官。

「ドーム内は暗室で、カメラはシャッター開放の状態で設置しました。弾が通過した瞬間にフラッシュがたかれ、その影が後方スクリーンに映ります。その写真を解析し、砲弾に加わる空気抵抗を確認しました」と話す。

この実射試験では抵抗板の効果を見極めるため、弾丸の速度を変えながら、射撃試験を行ったという。

「初めての実射だったので、高速で飛翔する弾丸を撮影するタイミングをミリ秒単位で調整するのに苦労しました」と武部良亮技官。

「軽量戦闘車両システム」の研究では、27年度に105ミリ低反動砲を使った直射・曲射の実射試験を計画。陸装研ではそれまでに「抵抗板付き砲弾」を完成の域まで持っていきたい考えだ。

試験に用いる弾は「擬製信管」（信管と同じ形状・質量・重心位置を持つよう疑似した信管）を砲弾に取り付ける際、「抵抗板」も同時にはめられる方式とする予定だ。

担当の研究員たちは「27年度の実射試験までに、弾丸を狙った地点に高い精度で到達させることのできる、射距離制御効果の高い抵抗板付き砲弾を作り上げたい」と話している。

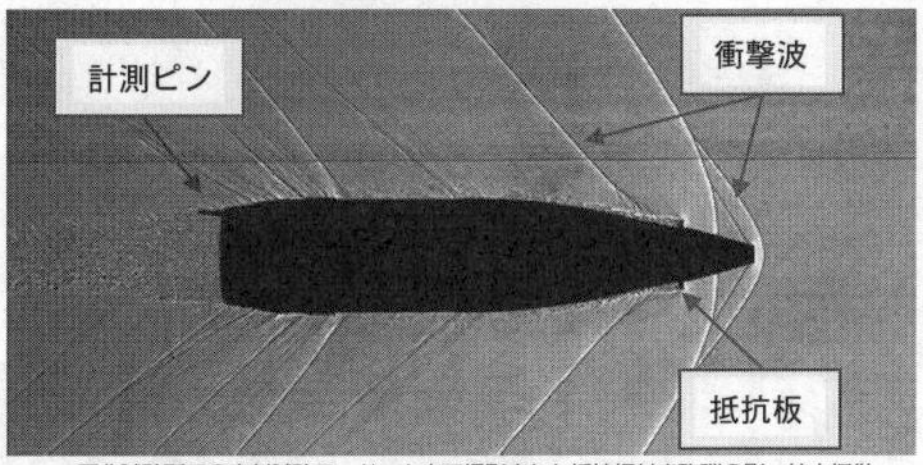

下北試験所での実射試験で、ドーム内で撮影された抵抗板付き砲弾の影＝技本提供

世界の新兵器 461

次世代ステルス長距離爆撃機（米）

昨年末、中国が一方的に宣言した東シナ海の防空識別圏内を2機の米空軍「B52」爆撃機が示威飛行を行ったことは記憶に新しい。この長距離戦略爆撃機B52は、1955年に運用を開始した旧型機で、これまで約740機が生産され、現在も約70機が第一線で活躍している。運用はすでに60年近くに及んでいるが、後述する後継機の不在や、数十回に及ぶ能力向上等（当初の核爆弾搭載任務から戦略思想の変化や核搭載時の航空事故等を考慮し、通常の精密誘導爆弾やミサイル搭載任務に変更等）により2045年頃まで使用される予定になっている。実に90年間に及ぶ「長寿命機」となる航空史上、異例の機体である。

このB52の後継機を目指した可変翼超音速戦略爆撃機「B1」は1986年に運用が開始され、これまで約100機が生産され、現在も約60機が運用されている。当初は超音速で敵地に低空侵入する運用思想であったが、ICBMや巡航ミサイルの出現等により、現在では主に近接航空支援任務に用いられている。このため現在も新型兵器を搭載するための改修が続いているが、B52の代替にはなりえなかった。

B52の真の後継機となれるか

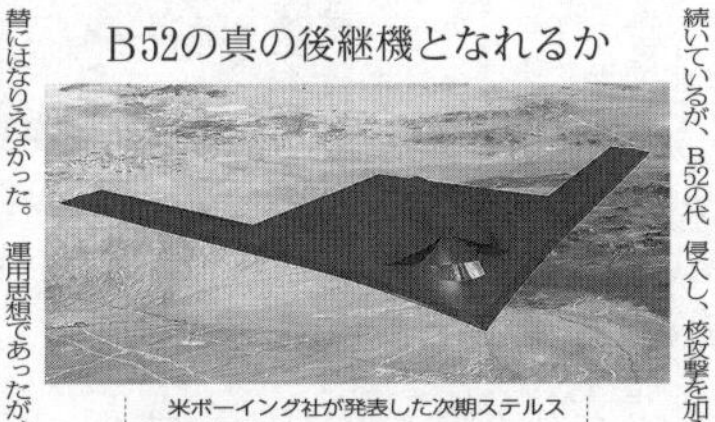

米ボーイング社が発表した次期ステルス長距離爆撃機「LRS—B」のイメージ

これに続く無尾翼の全翼式ステルス戦略爆撃機「B2」は1997年に運用が開始され、これまで約20機が生産され、現在も運用されている。この機体も当初、ステルス性を生かし低空で敵地に侵入し、核攻撃を加える運用思想であったが、前述と同等の理由で現在は通常の精密誘導爆弾やミサイルを搭載している。また1機2000億円と極めて高価なこと、兵器搭載量も少ないこと、機密保持が厳格なためほとんど米国内での運用に限られてきたこと等から代替機とはならなかった。

ここに来て、ついに「次世代ステルス長距離爆撃機LRS—B計画」が浮上してきた。既存技術を活用し、2020年代半ばの運用開始を目指して、1機約400億円で100機程度を装備する計画である。まだ機体構想は全く明らかになっていないが、有人・無人両方での運用が可能との報道もある。すでに各社が独自に、あるいは共同で開発に着手しているようで、試作機が砂漠の秘密基地で夜間に飛行試験を行っているとのうわさもある。今後の動向に注目したい。

高島秀雄（防衛技術協会・客員研究員）

潜水艦探知を目的とした水中警戒監視システム特集

経団連が『防衛生産委特報』

経団連の防衛生産委員会は12月27日、日本の領海に近づく外国潜水艦の探知に有効な「水中警戒監視システム」の動向を特集した『防衛生産委員会特報』第284号を発行した。

110ページからなる同誌では、対潜戦（ASW）用水中警戒監視システムのうち、特に開発に技術的困難が伴うセンサーの部分について世界的な開発動向を特集している。

日本が将来、最新の同システムを構築することになった場合、潜水艦の航走音と海流雑音を計測・分析できるシステムが必要とし、特に南西諸島の周辺海域は潮流が速いため、これに対応する装置が必要と解説。ただし、同海域は海底地形が比較的単純なため、潜水艦に関するデータ収集には最適な海域であるとしている。

一方、テロリスト等の攻撃から港湾の船舶を守る「港湾防備用警戒監視システム」については、すでに日本には確立された技術があると説明している。

技術屋のひとりごと

技術は巡る　伊藤　敏晴

私が勤務する飯岡支所は千葉県旭市にあり、広大な敷地と良好な電波環境から、屋外での電波関係の試験研究などによく用いられている。警戒管制レーダー「FPS5」の開発試作機も飯岡支所に設置され、技術・実用試験等が行われてきた。アンテナ面の被いが亀の甲羅に似た姿から「ガメラレーダー」などとも呼ばれ、飯岡支所のシンボル的存在でもあった。その試作機も昨年度で役目を終え、今年度は撤去作業が行われており、その姿はもうない。私も試作や試験に多少関係していたので一抹の寂しさを感じている。その一方で将来の警戒管制レーダーの研究が既に着手されており、アンテナを設置するための試験準備作業がこの飯岡支所で始まっている。時代の移り変わりを見るようで感慨深い。

ところで、私の研究室ではRCS（レーダー反射断面積）に関する研究を行っている。航空機や艦艇などがレーダーの電波をどれだけ強く反射するかを表す量がRCSであり、ステルス化によって小さくなったRCSを、雑音を抑圧してどれだけ精度よく計測・評価できるかということが課題となる。その課題の解明に、私が入庁後まもなく担当した試験や研究で得た知識や経験が役立っている。電波の反射源特定にISAR（逆合成開口レーダー）処理技術が適用され、計測精度向上には目標運動補正処理や長時間積分処理が必須の技術となっている。20年以上も前の技術であるが、その有効性は変わらないということだろう。

ふと、その当時のことを思い出したりするとき、苦労もたくさんあったはずなのだが、楽しかったりうまくいった事の方がよく思い出される。来年度からはRCSの研究も所内試験が始まる予定である。私たちの次の世代の技術者にもそのような経験となればと思っている。

（技本電装研・飯岡支所電磁特性研究室長）

越冬隊に食料・燃料1159トン輸送

「しらせ」順調

1月4日、3年ぶりに南極の昭和基地に接岸した海自の砕氷艦「しらせ」（1万2600トン、艦長・日高孝次1佐）は1月13日、観測隊員向けの食糧や燃料など物資計約1159トンの昭和基地への輸送作業を完了した。今年も基地周辺の環境は厳しく、他国の砕氷艦が次々と氷に閉じ込められる中での接岸達成は、燃料不足が深刻化し越冬が危ぶまれていた昭和基地にとってうれしい"しらせ"となった。現在、現地では隊員が元気に活動を続けている。

3年ぶりに昭和基地（右奥）への接岸を達成。オングル島沖合約600メートルに停留する「しらせ」（1月4日、国立極地研究所提供）

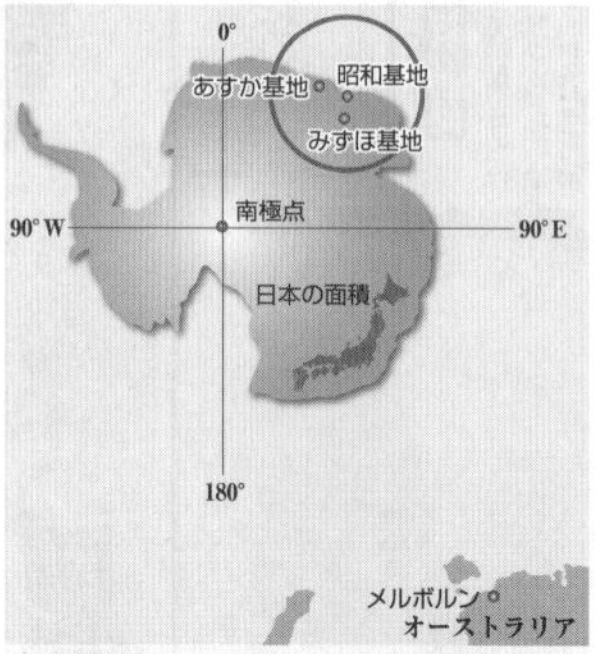

メモ

南　　極：南緯60度以南の大陸とその周辺の海洋
大陸の面積：約1400万平方キロメートル（日本の約37倍）
氷　　床：大陸の95%以上（約4000万年分の雪）
厚　　さ：平均1856メートル（最大約4000メートル）

豪州フリーマントルを経て昭和基地に向かっていた「しらせ」は、12月18日に最も海氷が厚い「多年氷帯」に進入。厚さ約6メートルの氷の上に約2メートルの雪が積もり、氷状は例年同様厳しかったが、チャージングを1900回以上繰り返して砕氷しながら進み、18日間かけて突破した。

日本時間の1月4日午後10時半に昭和基地の沖合約600メートルの定着氷に到達。

55次隊の宮岡宏隊長は「今、ようやく念願の目的地に到着し、感慨深く思う。今回も限界への挑戦の日々だが、『しらせ』の皆さんと緊密に連携しミッションを完遂させたい」と決意を述べた。

昭和基地に最終便を届けたCH101輸送ヘリ。宮岡宏隊長(右)に最後の荷物を手渡す日高艦長（1月13日）

その後は第55次観測隊の「行動実施計画」に基づき、必要物資の輸送を開始。越冬隊の観測活動を支える燃料1年分（約567トン）をパイプラインで送ったほか、雪上車で観測器材や設営資材などの大型資材を、また、CH101輸送ヘリで食糧・物資を搬送した。

作業終了後は観測隊員の荷物や廃棄物（約404トン）など計約525トンを「しらせ」艦内に運び入れ、同時に、砕氷航行で疲弊した艦の船体や機器の整備も行った。

今後、隊員たちは基地作業と野外観測支援を行い、2月17日に越冬隊が交代した後は、帰国隊員を収容して南極を離れる。日本には4月7日に帰国の予定。

「しらせ」は53次、54次と途中で昭和基地接岸を断念していたが、今年は①例年より3日早く日本を出国した②流氷域を短期間で突破できた③定氷域の一部が流れ去った——などの要因が重なり、接岸ができたとみられている。

昭和基地接岸　昭和基地は南極大陸沖のオングル島（南緯69度、東経39度、ノルウェー語で「釣り針」の意）上に位置する。同島には岸壁がないため、輸送が可能な基地沖合1キロ程度の氷海上に停留することを「接岸」と呼んでいる。

散水して氷を砕きながら航行する「しらせ」

㊦砕氷航行で疲弊した「しらせ」の整備をする隊員
㊧パイプラインで燃料油を昭和基地に輸送する隊員ら

持ち帰る荷物や廃棄物などを艦内に運び込む隊員

空自がロケ協力

クランクアップを迎え、映画制作スタッフからの花束を手に笑顔を見せる筧さん（右手前）と押井監督（その左）＝いずれも1月14日、入間基地で

「機動警察パトレイバー」
寒風の入間基地で熱のこもった撮影

1988年にコミック誌の週刊少年サンデー（小学館）で連載された「機動警察パトレイバー」の完全オリジナル新作実写映画（押井守監督）の撮影が1月14日、空自入間基地（埼玉）で行われた。この日は大ヒットしたTVドラマ「踊る大捜査線」（1997年、フジテレビ系）で警視庁捜査1課管理官役を熱演、朝の情報番組「ZIP!」（日本テレビ系）でも木曜日にレギュラーを務める俳優の筧　利夫さんが現場入りし、1月の寒風をモノともしない熱い演技を披露。ロケを見学中の隊員からは歓声が上がっていた。

基地に設けられたフェンスに立ち、後藤田継次役を演じる筧さん。後方はC1輸送機

ビュー、ビュー。肌を突き刺す寒風が吹き荒れる中、入間基地で行われたロケに、総勢70人のスタッフが集結し、2015年5月の大型連休に公開予定の映画『THE NEXT GENERATION パトレイバー（仮題）』の一場面を撮影した。

今回撮影されたシーンは筧さん演じる警視庁特科車両2課第2小隊長の後藤田継次が某軍事基地で重要人物と金網越しに密会するというもの。

朝7時から基地内に組み立てられた鉄条網と、特科車両2課のロゴマークが入ったパトカーがセットされ、撮影は行われた。午前9時50分、気合十分で現われた筧さんは撮影スタッフと冗談を交わし、場を和ませながら現場入りした。

ロケは入間基地の航空祭でメーンとなったエプロン地区から東に2キロ程度離れた滑走路の端を見下ろす高台で実施。遮る建物がないため猛烈な寒風が体を突き刺す。

午前10時、いよいよ撮影開始。基地内を通行する空自車両やランニングする隊員を通しつつ、タイミングを計りながら進行した。雲一つない快晴だったが、この日埼玉県の最高気温は8度で、猛烈な寒風のため体感温度は氷点下にも思えるほど。容赦なく体温を奪っていく。

スタッフから渡されたジャンバーを着た筧さんは、寒風に耐えながらセリフを入念に確認。本番ではあえて抑えた口調で密会の雰囲気を一瞬にして作り上げていた。

午後3時、ロケ終了。筧さんは今回のシーンでクランクアップ（撮影終了）となり、スタッフから花束を贈られ「長期間の撮影、お疲れさまでした。今年はパトレイバーのシリーズ全7章の公開が続くので、これからも頑張っていこう！」と持ち前の高い声と明るさで締めくくった。

押井監督と筧さんは撮影の合間を縫ってメディアのインタビューにも応え、撮影終了後、基地施設の見学を行い、入間を後にした。

防衛省・自衛隊では、押井監督の前作『機動警察パトレイバー2the Movie』で取材協力し、実際に自衛官が物語に登場、鍵を握る重要な役割を担った。今回はロケ地として映画の舞台となる。今月27、28日には空自築城基地（福岡）で撮影が行われることになっている。

ソチ冬季五輪

決意新たに結団式
バイアスロン監督ら出席

結団式に出席した（左から）武田晃中音隊長、冬戦教の竹田曹長、菅1尉、冨田1曹、体校の清水2尉＝1月20日、東京都港区で

ソチ冬季五輪に臨む日本代表選手団の結団式・壮行会が1月20日、東京都内のホテルで行われ、バイアスロン競技に井佐英徳2陸尉ら選手6人を送り出す陸自からも、バイアスロン監督を務める菅恭司1陸尉ら3人が出席した。

結団式では橋本聖子団長が「国民の皆さまに夢と感動をお届けできるよう勇往まい進する」と決意表明。続いて行われた壮行会には安倍首相も出席し「多くの国民の声援を力に代えて、結果を残していただきたい」と激励した。またロンドン五輪銅メダリスト、清水聡2陸尉（体校）がインターネット関連会社が制作した応援旗のプレゼンターを務めた。

バイアスロン競技には冬戦教から選手・スタッフ各5人の10人が出場。結団式・壮行会にはこのうち、自らも3度の五輪出場歴を持つ菅1尉とコーチ、技術スタッフ（ワックス）を務める竹田和正陸曹長、冨田誠1陸曹の3人が出席。菅1尉は結団式・壮行会終了後、「国民の大声援を受け、身が引き締まる思い。（選手が）悔いを残さず、力を全て出し切ったレースができるよう環境を整えたい」と語った。

国体3連覇後、熊本県庁を訪れた北熊本の（左から）角、原田、田尻各2曹

北熊本に日本スポーツ賞
国体銃剣道団体で3連覇

日本スポーツ賞（読売新聞社制定）の表彰式が1月17日、東京都内で行われ、銃剣道競技で国体3連覇を果たした陸自北熊本チームが表彰された。

日本スポーツ賞は各競技で特に優秀な成績を残した選手・団体を顕彰する制度。今回は24選手・21チームが表彰された。グランプリは体操の内村航平選手（コナミ）が受賞。近代五種は全日本選手権を制した体校（朝霞）の岩元勝平3陸曹が選ばれた。

北熊本は昨年9～10月、東京・練馬体育館で行われた東京国体の銃剣道団体戦に熊本県代表として先鋒・田尻竜三2陸曹（42普連）、中堅・原田将興2陸曹（8特連）、大将・角康大2陸曹（42普連）の3人で出場。決勝で開催地東京都を2－1で退け、3年連続5度目の優勝を果たした。

帯広　ミネラル水ラベルに地本キャラクター

【帯広地本】地本はこのほど、北海道の水を用いたミネラルウオーターに貼る独自キャラクターのラベルを作製した＝写真。

ラベルは各種広報活動、募集・援護活動をPRすることを目的に昨年作製。道東地域に生息するエゾシカ、アザラシ、オジロワシをモデルにした「びっきー」（陸自）、「ひマリン」（海自）、「ろっきー」（空自）の地本キャラクターを活用した。地本は「明るく前向きに創意と情熱をもって！」を合言葉にさらに存在感を示したい、としている。

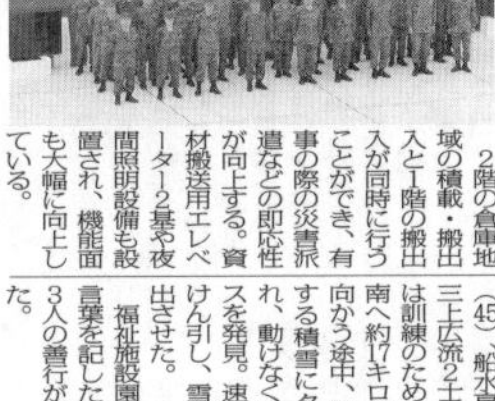

ヤード式補給倉庫の落成式後、倉庫の前に立つ練馬駐屯地各部隊代表ら（同駐屯地で）

陸自初のヤード式補給倉庫完成
練馬駐屯地

【練馬】駐屯地にこのほど、陸自では初めてとなるヤード式補給倉庫が完成、落成式を行った。

式には反怖謙一1師団長をはじめ来賓・関係者多数が出席。同師団長が「本倉庫を使用した後のけじめとして整理、整頓、清掃をしっかり行ってもらいたい」と述べ、駐屯地各部隊代表らによってテープカット、除幕などが行われた。

ヤード式倉庫はトラックが乗り付け、積み替え作業を行う施設。新補給倉庫はヤード部分約1700平方メートルを含む総面積約8400平方メートルの鉄骨3階建て。

2階の倉庫地域の積載・搬出入と1階の搬出入が同時に行うことができ、有事の際の災害派遣などの即応性が向上する。資材搬送用エレベーター2基や夜間照明設備も設置され、機能面も大幅に向上している。

人命救助の功績で感謝状を贈られる中村3曹（右）＝小倉北警察署で

人命救助の隊員に感謝状
九州処富野支処

【九州処富野支処】九州補給処富野弾薬支処の中村友紀3陸曹（25）はこのほど、人命救助の功績があったとして小倉北警察署長から感謝状を贈られた。

中村3曹は午前6時ごろ、富野分屯地の通用門付近を巡察中、隣接する道路上で事故のため負傷し出血している男性を発見。ただちに応急止血を施し、駆け付けた救急隊員へ引き渡した。男性はその後、順調に回復している。

中村3曹は「血を流して横たわっている男性を発見したときは無我夢中だった。止血処置ができたのは日ごろの救急法訓練の成果」と振り返った。

大雪で立ち往生の小型バスを救出
5普連隊員3人

【5普連＝青森】連隊近代2種訓練隊の隊員3人はこのほど、青森市で大雪のため動けなくなっていた児童福祉施設の小型バスをけん引し、子供たちを助けた。

バスをけん引し乗員を助けたのは和田政明曹長（45）、船水亨佑2士（23）、三上広流2士（24）。3人は訓練のために青森市から南へ約17キロの萱野高原に向かう途中、33センチに達する積雪にタイヤを取られ、動けなくなっているバスを発見。速やかにバスをけん引し、雪だまりから脱出させた。

福祉施設園長から感謝の言葉を記した礼状が届き、3人の善行が明らかになった。

小休止

▽…霞目駐屯地は1月11日、霞目飛行場周辺町内会連絡協議会との共催で「たこ揚げ大会」を行った。

▽…地域の伝統行事にもなっている大会で、40回目の今回は地域住民ら約130人が来場。広い駐機場では子どもたちが早速たこ揚げを楽しんだ。また隊員らが野外炊具1号で作ったお汁粉で体を温めた。

▽…この日はたこ揚げに適した強い風が吹き、支援した隊員らも、新年の抱負とともに冬晴れの空に高々とたこを舞い揚げた＝写真。（霞目）

こちら警務隊　☎8・6・47651

たばこの不始末で出火
物置小屋でも失火罪に

先日、自宅の近くで、たばこの火の不始末が原因とうわさされる火事がありました。火事を起こした人は、どのような罪に問われるのですか？

火事を起こした人は「失火罪」に問われます。

この罪は、人が居住する住宅や他人が居住していない物置小屋や掘立小屋などの建造物（自己または他人所有を問わない）をたばこの火の不始末やストーブの火の消し忘れなどの過失（不注意）によって火事にすることを罰するものです。

このようなことが生起しないためにも、たばこの火の始末は、確実に行うことが絶対に必要です。

（警本保安科）

びっくり 日本への強い関心

海自初のミャンマー寄港

3海尉 山口 翔平（「いそゆき」実習幹部）

ミャンマーを海自部隊として初訪問、ヤンゴンの「シュエダゴォン・パヤー」を研修する実習幹部たち

私は昨年、海上自衛隊の平成25年度遠洋練習航海部隊（「かしま」「しらゆき」「いそゆき」で編成）に実習幹部として参加し、世界一周航海中の9月30日、ミャンマーのヤンゴン港に寄港した。

ミャンマーは海自艦艇が初めて寄港する国だった。このため、私たちはこの訪問が今後の海自とミャンマー海軍の交流に大きな影響を及ぼすであろうことを強く自覚し、現地での交歓行事や研修に臨んだ。

ミャンマー連邦共和国の面積は日本の約2倍で、人口は約半分である。2006年に首都はヤンゴンからネピドーに遷都された。政治体制は共和制で、軍事体制はとっていない。国民のほとんどが仏教徒で、訪れたヤンゴン市内には多くの仏塔があった。公用語はミャンマー語、季節は乾季・雨季・暑季の三つに大別され、私たちが訪れた時期は雨季だったが、寄港中は比較的好天に恵まれた。

ヤンゴンには9月30日に入港し、2日目にミャンマー海軍基地、3日目に日本人墓地を訪れ、その後、市内研修を行った。

海軍基地は時間的な制約により、海軍工廠、海軍学校、艦艇のうちから1カ所を選ばねばならず、私は海軍工廠を希望した。バスで10分ほどの距離にあり、そこではあまり大きな艦艇は造られていないようだったが、設備は整っており、想像以上の造船技術を見ることができた。興味深かったのは、昔の日本の船があったことだ。その船を整備・改造して艦艇として復活させていた。日本でも第2次大戦中、日露戦争時の艦船を再利用しており、日本との共通点を見つけることができた。

日本人墓地では、旧日本軍将兵の英霊に対し献花を行った。ここはビルマで戦死した約19万人の日本人のための墓地で、20年ほど前にミャンマー人の協力を得て完成したという。墓地内は非常に広く、またよく整備されていて、現地の人々から大切にされていると感じた。

その後、ミャンマー最大の聖地「シュエダゴォン・パヤー（パゴダ）」を訪れた。日本の仏教寺院のような建物を想像していたが、金色の塔が建ち並び、仏像だけでなく象やヘビなど、さまざまな像が安置されていた。驚いたのは、仏像の後ろに電飾があり、非常に派手であったことだ。日本ではまず見られないものだった。同じ仏教でも、地域や文化により、全く別の形態になることが分かった。

ミャンマーのヤンゴンで演奏会を開いた海自遠航部隊の音楽隊

市内研修では、マーケットが特に印象に残った。非常に活気あふれており、果物から宝石まで多種多様なものが売られていた。そこでびっくりしたのは、日本語を話す人の多さである。ミャンマーと日本との交流はそれほどないものと考えていたが、ミャンマー人は日本に非常に興味を持っていることが感じ取れた。我々もこれからミャンマーに関心を持ち、両国の国際交流に少しでも寄与していければと思った。

あらためて街を見回せば、日本製品があふれ、特に自動車のほとんどが日本製だった。聞けば2012年に外国車の輸入制限が緩和されたとのことで、日本から大量の中古車が輸入されたらしい。しかし、急に自動車が増えたことで渋滞が多くなり、交通状況の改善が必要になってきている。日本もその改善に協力できないものであろうか。

今後、我々が部隊勤務していく上で、常に物事を先読みしていくことの重要性を感じた。問題点を予測して、その改善策を考えながら対処していかなければならないと思った。（現・護衛艦「おおよど」砲術士＝大湊）

みんなのページ

「味スタ6耐」に参戦、809チーム中で14位に入った空自補本チーム

大成功「味スタ6耐」

空曹長 福田 翔（空補本情報処理部・十条）

航空自衛隊補給本部の情報処理部長を筆頭とする同部の精鋭36人は昨年11月9日、東京都調布市で開催された「味の素スタジアム6時間耐久リレーマラソン（味スタ6耐）」に参加しました。

「味スタ6耐」は1周2キロのコースを1チーム2〜10人でタスキをつなぎ、ひたすら走り続ける競技です。大会には「6時間リレーの部」と「42・195キロリレーの部」があり、私たち補本チームは6時間リレーの部に参加しました。

私たちは「チーム兎と亀」と命名し、1チーム6人で「A〜F」の計6チームを編成しました。大会前に参加者全員で話し合い、「優勝を目指すチーム」「大会の雰囲気を楽しむチーム」に分け、その後、各チームごと当日の作戦を練って大会に臨みました。

当日はゲストとして、芸能人の武井壮さん、元マラソン選手の瀬古利彦さんなども来るということで、応援を含めると1万5000人もの人々がスタジアムに集まりました。

今大会には、なんと1350チームも参加したため、スタート時は選手による場所取りで大混雑しました。このため、スタートして人だかりを抜け、各自が自由に走れるようになるまで数分かかるほどでした。

私たちのチームは優勝を目指し、「1人が1周2キロを全力で走って交代する」作戦でいきました。途中、人が多すぎて次の走者が見つからず、タイムをロスする場面もありましたが、1周を7分30秒〜8分で走り通し、最終的に44周しました。これは「6時間リレーの部」で809チーム中14位で、思いがけぬ好成績を収めることができました。

今回の大会参加では、普段、職場では見られない仲間たちの一面を見ることができ、親睦を図る上でも大変有意義な1日となりました。36人もの同僚が休日に集まり、同じ目標に向かって努力し合うような機会はなかなかないので、これからもこういったイベントがあれば積極的に参加し、隊員間の交流を深めていきたいと思います。

陸曹を目指し 全力を尽くす

陸士長 小野 郁弥（17普連1中・山口）

私は成人を迎えるにあたり、二つの目標を立てました。その一つは「大人になる」ことです。

今までは未成年ということで、失敗しても甘く見てもらい、許されてきた面がありました。しかし、成人になれば、責任はすべて自分にかかってきます。いままでの考え方を改め、自分の行動や考えに責任を持ち、大人として振る舞っていきたいと思います。

二つ目は早く「陸曹になる」です。今後も自衛隊でやっていきたいので、早く陸曹になり、たくさんの経験を積んで、部隊の中でしっかりと役割を担える立派な隊員になりたいと思います。そのためには第1関門である陸曹候補生試験に合格しなければなりません。次の試験から受験できるようになるので、合格に向けて全力で取り組んでいきたいと思います。

成人を機に、これまでやったことのない事にもチャレンジしていきたい。今年はすべてのことに積極的に挑戦していこうと思います。

自立し周りが見える大人に

陸士長 新竹 未来（7普連5中・福知山）

成人となり、まずは「自立した大人」になりたいです。高校を卒業する時、大学か社会人か考え、最終的に自衛隊を選びました。

それまでは身の周りのことは全て母がやってくれましたが、入隊してから自分でやるようになり、母の苦労を知りました。また、給料も頂くようになって、金銭面の管理も大変なことが分かりました。そこで生活面でも精神面でも自立し、しっかりとした大人になりたいです。

もう一つは「周りが見える大人になる」です。学生の頃も自衛隊に入ってからも、私は周囲のことを考えず、自分を中心に考え、行動していました。でも、それではいけないと気付きました。私も先輩たちのように周囲に気を配り、よりよい雰囲気の中で仕事していけるようになりたいと思います。

「周りが見える」とは、心に余裕がないとできません。私は尊敬する先輩方に少しでも近づけるよう、日々精進していきたいと思います。

OBがんばる

成田 重勝さん 56
平成23年5月、青森地本の青森地区援護センター副長を最後に定年退職（1陸尉）。「昭栄広報」に再就職し、高校生を対象とする大学・短大・専門学校の進路相談会の企画・運営に当たる。

信頼関係をいかに作るか

私は平成23年5月、自衛隊青森地方協力本部の青森地区援護センター副センター長を最後に定年退職し、今年で3年となります。

退職後は昭栄広報に再就職しました。仕事は青森県内にある高校を訪問して、各学校が計画する進路関連の行事をお手伝いすることです。

例えば、高校1年生に対して各種職業について理解できるよう講演などを行い、また2、3年生に対しては進路に関係する講演やガイダンスなどを企画し、主に進路指導部の先生方に提案をしています。

自衛隊では任期制隊員に対して合同企業説明会を実施していますが、それと同様、大学・専門学校などの関係者を会場（ホテルなど）に招致して、説明会を行っています。

最初の頃はいろいろ苦労しましたが、最近ようやく余裕ができ、調整や打ち合わせなどもスムーズにできるようになりました。しかし、民間企業には同種の企業が多数あり、なかなか仕事がもらえず、苦戦しながら今日までやってきました。

現在の仕事に就いて感じるのは、人との関係を大事にして、いかに信頼され、仕事を頂けるかということです。いわば営業なので、相手に分かりやすく説明し、相手が何を望み、何をしてもらいたいかを正確に把握して、それに合致した企画を提案することが最も大切です。

上司から指導を受けながら、自分なりに仕事にまい進していますが、まだまだ未熟なので、今後も精いっぱい会社のために仕事をして、さらなるレベルアップを図りたいと思っています。

詰将棋

出題 日本将棋連盟 九段 石田 和雄

第664回出題

▲先手 持駒 桂歩

【ヒント】初手の捨て駒が急所。（5分で二段）

▶詰碁、詰将棋の出題は隔週です◀

詰碁

出題 日本棋院 九段 曲 励起

第1079回解答

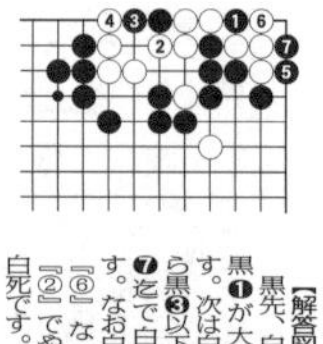

【解答図】黒先、白死。黒❶が大切です。次は白②なら黒❸以下、黒❼迄で白死です。なお白②で『⑥』なら黒『②』でやはり白死です。

（世界の切手・中国）

中国ビジネスでは、「昨日の中国を語るな」という鉄則がある。
深井 律夫（銀行員、作家）

朝雲ホームページ
www.asagumo-news.com
<会員制サイト>
Asagumo Archive
朝雲編集局メールアドレス
editorial@asagumo-news.com

新刊紹介

「わが誇りの零戦」 原田 要著

著者は大正5年生まれの元零戦パイロット。戦後は公職追放され、戦争の話は封印してきたが、97歳にして健在の今、かつて祖国のために命懸けで戦った人たちがいたことを「次世代を担う人たちにもっと知ってほしい」との思いで執筆した。

南京攻略戦、真珠湾攻撃、ミッドウェー海戦、ガダルカナル攻防戦など数々の修羅場をくぐり抜けてきた生き証人でもある著者は一操縦士の壮絶な経験に加え、朝雲新聞社刊行の「戦史叢書・ミッドウェー海戦」（防衛庁防衛研修所戦史室編）など多くの貴重な史料を引用し、戦況の全体像に客観的に迫る。

「アメリカの対日経済封鎖」「アジア各国の独立に貢献した日本人」「中国側の挑発と隠忍自重の日本軍」など、本文中に散りばめられた15に及ぶコラム解説は、あの戦争の真実と背景を知る上で若い世代には大いに役立つだろう。

「あの時代を知っている我々が一生懸命、真相をお話ししなければいけない。理解してくれる人が多くなれば、それが戦友に対する弔いに通じる」とする著者の真摯な思いがひしひしと伝わってくる。親子で読み継ぎたい一冊だ。（桜の花出版刊、1680円）

「沖縄の絆」 三根 明日香著

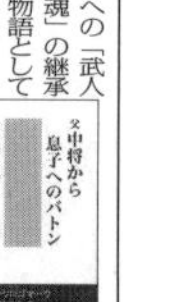

先の大戦末期に「沖縄県民斯ク戦ヘリ」の電文を残して自決した大田實海軍中将と、その子息で湾岸戦争後にペルシャ湾掃海派遣部隊を率い、自衛隊の国際活動の先駆けとなった落合畯・元海将補。

2人を取材し、指揮官としての活躍を描いた書物はあるが、本書ではその人間的魅力を発掘するにとどまらず、父から子への「武人魂」の継承物語としても新たな光を当てた。

ペルシャ湾掃海派遣部隊は34個の機雷を処理し、事故は皆無という成果を挙げた。以後の自衛隊の国際的活動に道を開いたが、海外に派遣された自衛隊に許される武器使用の範囲など20年以上未解決のままになっている問題は少なくない。

沖縄をめぐっては、基地負担の軽減と振興策の充実が議論される都度、「後世格別のご高配を」との大田中将の電文が引かれるが、若い世代には聞いたことがない人たちが激増しているという。

夫である防衛庁（当時）の事務官に連れられて新婚旅行に沖縄を訪れた著者が、職業軍人の存在に目覚めたのを契機に「偉大なる海の男」の矜持を現代によみがえらせている。（かや書房刊、1890円）

朝雲
発行所 朝雲新聞社
〒160-0002 東京都新宿区坂町26番地19 KKビル
電話 03(3225)3841
FAX 03(3225)3831
振替00190-4-17600番
定価一部140円、年間購読料9000円（税・送料込み）

本号は12ページ

2面 沖縄基地負担軽減推進委が初会合
3面 〈訓練〉米マグー射場でSSM実射
4面 〈対談〉北朝鮮情勢、黒田・武貞氏
5〜8面 （全面広告）
9面 〈部隊だより〉恒例の特養ホーム慰問
10面 〈ひろば〉昭和記念公園に「かき小屋」
11面 ジブチで、南極で、成人式祝う
12面 〈みんなのページ〉幹候校を卒業して

25年度第1～3四半期563回　前年1年分に迫る

対中スクランブル急増

23年ぶり最多更新へ

対露機も活発化

統幕が1月21日に公表した空自機による平成25年度第3四半期まで（昨年4～12月）の緊急発進（スクランブル）回数は、563回に上った。平成3年度以降で最多を記録した24年度全体の567回に迫り、年度ベースで23年ぶりに最多を更新することが確実となった。急増の背景には、中国機による東シナ海での飛行の活発化、長距離化がある。

このうち中国機に対するスクランブル回数は287回、これに連動して東シナ海など南西方面への対応に当たる南西航空混成団（那覇基地）の回数も295回を記録し、ともに前年度同期比で約1・8倍と急増が際立った。

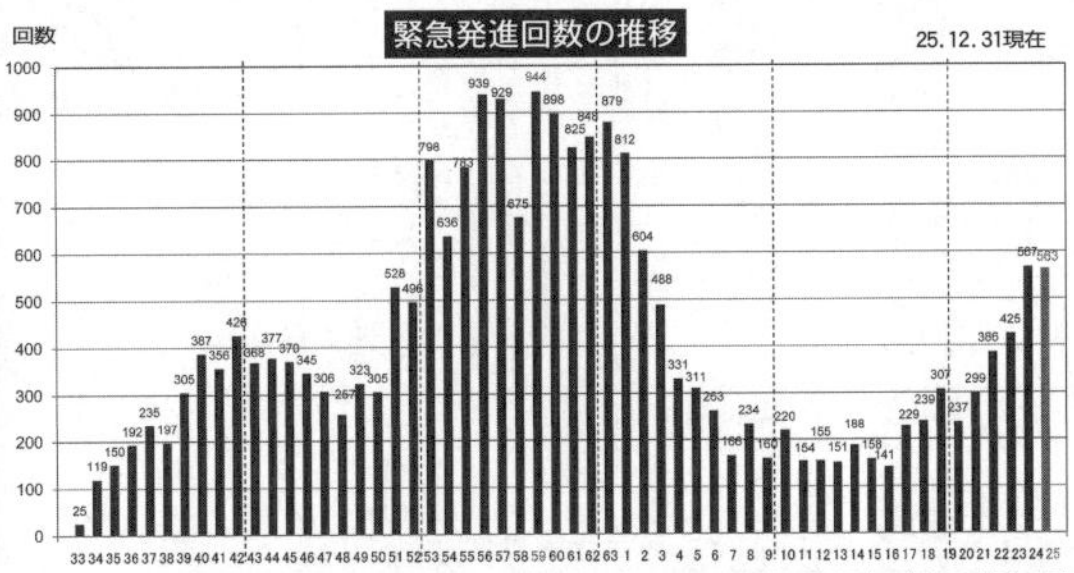

太平洋往復の長距離飛行増える

年々増加の一途をたどる中国機へのスクランブル発進。第3四半期（昨年10～12月）だけでも138回に上った。

平成7年に国籍別統計を開始して以来、最多となった24年度の中国機への発進回数306回を、25年度は大幅に上回ることが予想される。

中国機については、昨年7月に海軍のY8早期警戒機型が初めて第1列島線を越えて太平洋に進出したのを皮切りに、空軍のH6大型爆撃機などによる東シナ海―太平洋間の相次ぐ往復飛行など、太平洋進出の長距離飛行が際立っているのが大きな特徴だ。

11月には、露旅客機を改造した空軍のツポレフTu154型情報収集機の東シナ海への飛来が初めて公表された。また、個別の公表は行われていないものの、統幕によると、中国機の中では、戦闘機への緊急発進が多く行われたとしている。

緊急発進の総回数563回のうち、最多の対中国機に次いで、対ロシア機も246回と依然多く、日本列島を周回する特異な飛行が活発化している。8月には露空軍のツポレフTu95型爆撃機による福岡県沖の領空侵犯が1件あった。

北朝鮮機に対しては第1四半期の9回のみで、これは北朝鮮の弾道ミサイル発射に備えて日本海に展開したイージス艦の情報収集などが目的とみられている。

対台湾機は1回、その他が20回だった。その他の中には9月9日、日本周辺でスクランブルに上がった空自機が初視認した「国籍不明の無人機」が含まれる。

一方、方面隊別（第3四半期まで）では、北空が158回、中空60回、西空50回、南混団295回となっており、中国機への対応に比例して南混団のスクランブル回数が急増していることが浮き彫りとなった。

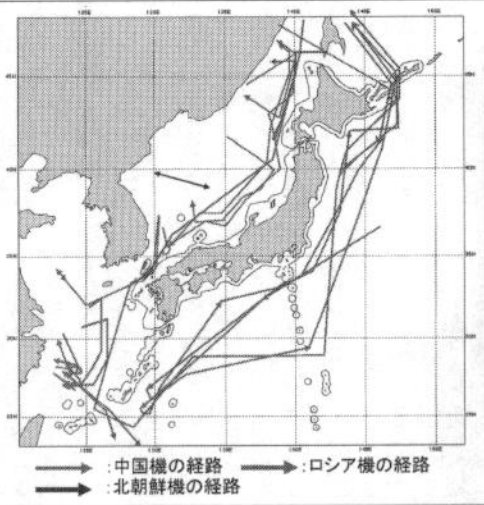

緊急発進の対象となったロシア機、中国機、北朝鮮機の飛行パターン

海空軍の急成長に冷静な対応が必要

志方俊之帝京大教授の話　陸軍を主体に成長してきた中国人民解放軍だが、ここにきて海空軍の急成長は著しく、〝伸び盛り〟の軍隊の活動活発化は当然のことといえる。東シナ海に限らず、南シナ海の三沙市を拠点に南沙諸島や西沙諸島へのプレゼンスもあり、海空軍は今後さらに勢力を拡大するだろう。

活発化、長距離化する飛行活動は訓練と情報収集を兼ねており、こちら側も試されている。我が国は常にきちんとスクランブル対処し、冷静に対応していくことが必要だ。

一方で、急成長の軍隊だけにパイロットの技量は未熟で危うく、国際ルールも末端までは未徹底な上、勇み足の判断をする可能性など不安要素は大きい。2001年の海南島沖での米中軍用機衝突事故のような接触事故が起きないよう、日本は無人機への対処を含め、対領空侵犯措置の手順やルールをしっかり公表しておくべきだ。

▲26年度予算案では南西諸島防衛に向けた防衛力整備に力点が置かれる。写真は上陸訓練中の西方普通科連隊の隊員

26年度防衛費　重要施策を見る　□2□

陸自　4・5％増

「本年は陸上自衛隊として大綱・中期防の趣旨を具現化し、実行に移す」――。岩田清文陸幕長は1月16日、年初の記者会見で26年度事業の重要性を力を込めて語った。

新大綱・中期防の初年度となる平成26年度予算案で陸自は前年度比4・5％増の1兆7690億円を計上した。

島嶼防衛

「部隊配置」「機動展開」「奪回」　3段階に分け強化

陸自は島嶼防衛に向けた防衛力整備を「平素からの部隊配置」「機動展開」「奪回」の3段階に分けて強化する。

第1の「平素からの部隊配置」では、沖縄・与那国島に沿岸監視部隊の配置計画が進められているほか、26年度から「水陸機動準備隊（仮称）」の編成に着手。大綱で新設が明記された「水陸機動団」は、将補クラスをトップに、3個「上陸部隊」と1個「支援部隊」の約3000人で編成される。「3カ所の事態に対して同時3個の初動部隊を投入できるようにする」と住田和明陸幕防衛部長は説明する。水陸機動団の隊員教育用に15億円が組まれ、着水したヘリコプターからの緊急脱出訓練装置や水路潜入訓練用装置を導入する計画だ。

第2の「機動展開」では、CH47J輸送ヘリの勢力維持改修（1機36億円）と、新規事業としてティルト・ローター機の27年度の本格導入に向け、26年度に調査費1億円が計上された。

新大綱の部隊編成では、全国七つの師団と旅団を「機動師団」「機動旅団」に改編、新たに機動戦闘車（MCV）を導入し高速機動できる態勢を整える。これらは島嶼防衛で水陸機動団に続く2次展開部隊として期待される。

中期防で99両の整備が計画されるMCVは一般道を時速100キロで走行でき、空自の次期輸送機C2で空輸も可能。対ゲリコマ作戦にも有効だ。中期防で、戦車の配置は北海道と九州のみとし、本州・四国はMCVを導入。28年度の装備化を目指し、現在、開発は最終段階にある。

第3の離島の「奪回」では、水陸両用車AAV7の運用検証を行うとともに、派生型の指揮通信型、回収型計2両（17億円）を調達。

個人装備では、新たに持ち運びが容易な60ミリ迫撃砲（B）6門、また空自F2戦闘機から投下された精密誘導爆弾「JDAM」を地上からレーザー誘導できる「LJDAM誘導装置」9式も導入する。

装備品をまとめ買いすることで、26年度は陸自だけで100億円近い〝節約〟ができたという。

また中期防で掲げた中央指揮能力の強化のため、中央即応集団を発展改編し、5個方面隊を束ねる「陸上総隊」の創設に着手する。

陸上総隊はこれまで何度も検討されてきたが、大きなハードルがあった。「しかし近年、急速に統合運用化が進み、陸自にも総隊が必要となった」（住田陸幕防衛部長）とその経緯を話す。「陸上総隊」の司令官は5人の方面総監よりも上位のポストとなる。

今年から陸上自衛隊の歴史的な組織改革が始まる。（横田大法）

日米同盟強化で一致

米上院議員 防衛相会談　中国非難決議を評価

小野寺防衛相は1月20日、米共和党のマルコ・ルビオ上院議員（上院外交委員会東アジア太平洋小委員会筆頭委員）と防衛省で会談、日米同盟の強化とアジアの安定を目指し連携を強化していくことで一致した。

ルビオ議員は安倍首相を表敬後、ケネディ駐日米国大使とともに来省。ルビオ議員は昨年、中国による海自艦艇へのレーダー照射や領海侵入事案などについて、「力による一方的な変更は許されない」とする対中非難決議を中心となって取りまとめた。小野寺大臣は同決議に感謝の意を表した上で、「日本は毅然とした対応を行い、対話で解決する姿勢を続けていく」と述べた。

これに対し、ルビオ議員は「日本の努力に対し、超党派の支持が取り付けられている」と米議会の立場を説明。さらに「日米同盟は分断しがたい。関係強化が進むほど、他国に対して強い模範になる」と述べ、日米同盟の強化がアジアの安定と繁栄につながるとの考えを示した。

同議員は、中国による防空識別圏の設定に懸念を表明する書簡を駐米中国大使に送付している。大臣は「いち早く懸念の書簡を出していただき、大変重要なことだと思っている」と述べ、同議員の外交活動を高く評価した。

日米同盟強化の方針を確認する小野寺防衛大臣（左）とルビオ上院議員（右）＝1月20日、防衛省で

US2輸出で作業部会

日印首脳会談

安倍首相は1月25日から27日までインドを訪問、25日にシン首相と首脳会談を行い、日本の救難飛行艇US2の輸出に向けた作業部会の継続や、日本の国家安全保障局長とインドの国家安全保障担当顧問による定期協議の立ち上げなど、安全保障面での関係強化を盛り込んだ共同声明に署名した。安倍首相がシン首相と会談するのは就任後、今回で4回目。

共同声明ではこのほか、①インド国防大臣の年内訪日②第2回サイバー協議③次官級「2プラス2」、日米印協議の継続④第3回日印海上共同訓練、日米印海上共同訓練の実施⑤航行の自由、紛争の平和的解決の重要性を確認⑥国際法、ICAOの基準などに従った上空飛行の自由⑦国際輸出管理レジームに関する日印協力――などが決まった。

首相は26日、首都ニューデリーで開かれた「共和国記念日」の軍事祝賀パレードに出席し、ムカジー大統領やシン首相らとともに特別席に並んで、戦車部隊をはじめ、戦闘機やミサイルなどを搭載した車両を約2時間観覧。詰めかけた約12万人の観客に日印の親密ぶりをアピールした。

インドは毎年、各国首脳の中から関係強化を目指す1カ国の首脳を主賓に招くが、日本の首相が招かれたのは初めて。

春夏秋冬

得手と不得手

二宮　清純

ともに45歳で野球殿堂入りを果たした野茂英雄と佐々木主浩には共通点がある。日米で活躍したことに加え、球種がストレートとフォークボールの二つしかないのだ。

もちろん2人とも、投げようと思えば他の球種も投げることができた。野茂はたまにカーブを投げたが、あまり曲がらなかった。佐々木もスライダーを試したことがあったが、コントロールがままならなかった。

昨シーズン、レッドソックスの「世界一」に貢献した上原浩治も基本的にはストレートとフォークボールの二つしか投げない。巨人時代はスライダーも投げていたが、メジャーリーグでは封印している。とりわけクローザーはひとつのミスも許されない。後悔しないためにも、自信のないボールは投げないということなのだろう。

近年は変化球花盛りだ。昔からのパームボール、ナックルボールに加え、カットボール、ツーシーム、SFF（スプリット・フィンガード・ファストボール）……。「今の球種は?」とアナウンサーに聞かれた解説者がつい口ごもる場面も少なくない。

レンジャーズのダルビッシュ有にいたっては十数種類もの球種を操ることができるという。しかも、どのボールも一級品。バッターにすれば「失投以外は手が出ない」というのが本音だろう。

しかし、どんなカウントでも、要求されれば何でも投げられるというダルビッシュのようなピッチャーは例外中の例外だ。ほとんどのピッチャーには得手と不得手がある。全てのボールに磨きをかけるのは至難の業だ。

これは仕事についても言えることだが、あれもできる、これもできるというのは、言葉を換えればあれもできない、これもできないに等しい。むしろ、自らの得手に徹底してこだわり、「これだけは誰にも負けませんよ」と胸を張れるくらいまで磨き上げた方が、組織にとっては有益な場合もあるだろう。

野茂と佐々木は、たった二つの球種ながら日米で大成功を収め、野球選手としては最高の栄誉である殿堂入りまで果たした。2人とも決して器用な選手ではなかった。それが功を奏したのかもしれない。

（にのみや・せいじゅん＝スポーツジャーナリスト）

朝雲寸言

[illegible]

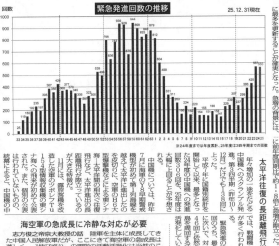

時の焦点

国内　靖国神社参拝

日米を覆う強い寒気団

政治が「凪」という時は、えてして、嵐の予兆を見落としているにすぎないことがある。

1月24日に召集された通常国会で政府が提出予定の80法案には与野党の全面対決型は乏しく、4月の消費税率8%が始まるまで波乱要因はないとも言われる中、あえて安倍政権の不安要因をあげるなら、外交であろう。

なにも、安倍晋三首相が外交に不熱心だというのではない。新年早々のアフリカ歴訪、ダボス会議、施政方針演説を終えてすぐのインド訪問は、「地球儀俯瞰外交」の名に違わない。

第1次安倍内閣でのインド訪問で安倍首相が体調を崩した苦い経験があるだけに、過密日程を心配する声があるほどだ。が、不安とはそのことではない。中国、韓国との冷え切った関係もさることながら、米国との関係である。

安倍首相の靖国神社参拝に対する米政府の「失望」という表現のハレーションが大きすぎたと感じてか、日米の外交当局はさまざまなチャンネルを通じ、「日中、日韓がうまくいかない状況を『失望』と言っただけ」などと沈静化を図っている。ただ、オバマ政権内には、参拝のタイミングが米国のプライドを傷つけたと感じる向きもあるようだ。

例えば、安倍首相は米軍普天間飛行場の移設を前進させるため、沖縄県が求めていた日米地位協定の改定を探った。結局、改定ではなく、新たな協定を補完的に結ぶ方向になったが、米側にしてみれば相当な譲歩だ。靖国神社参拝は、その直後のことだ。ジョー・バイデン副大統領がことあるごとに、安倍首相に自制を求めてもいた。

オバマ政権にしてみれば、「親切」も「警告」も無視されたと感じたのだろう。安倍首相の進める日米同盟の強化に資する政策を「免罪符」にするつもりもないようだ。首脳同士のケミストリーが合わないのか、ボタンの掛け違いなのか。米全土を麻痺させた寒波のせいでもあるまいが、日米を強い寒気が覆っている。

4月にはバラク・オバマ大統領がアジアを歴訪する。日本訪問は有力視されているものの、このところのぎくしゃくの影響か、1泊もせず、短時間の立ち寄りで済ませるとの観測も出ている。それが直ちに日米同盟の弱体化につながるわけではないにしても、どれだけ堅固なインフラも、手入れせずに放っておけば、錆もつくし、強度も落ちる。大統領の訪日の成否を決めるこれからの2カ月は、日米同盟の将来にとっても重要だ。

同盟が、国際情勢の変化や双方のエゴであえなく崩壊した例はある。日本にとっては、日英同盟がそうだ。互いに有用性を認めながら、他の枠組みに吸収される形で解消され、その後の日本の命運にも大きな影響を与えた。日米が、その歴史に学ぶことは多い。

日英同盟は1902年のきょう1月30日に署名され、1923年8月17日に解消された。

東雲　次郎（政治評論家）

海外　アフガン戦争

13年間で幕を引く米

オバマ米政権は、2011年末にイラク駐留米軍を全面撤収させたのに続き、今年末までに、現在3万5000人ほどがアフガニスタンに駐留する米軍の主力戦闘部隊をほぼすべて本国に引き揚げさせる方針で、ブッシュ前政権が米同時テロ（2001年9月）以降、テロとの戦いの最前線と位置づけてきた両国での戦争に幕を閉じる。しかし、皮肉なことに、イラクでもアフガンでも激しい流血の宗派抗争やイスラム過激派、テロ組織アルカイダ系勢力によるテロが頻発し、現地の状況は対テロ戦争に幕引きする環境には程遠い。

超大国の米国が長年にわたり巨費を投じ、何十万という大部隊を両国に派遣してきたにもかかわらず、治安は一向に改善せず、むしろ悪化した印象すらある。イラク、アフガンの政情や治安が安定を取り戻していないにもかかわらず、米国が両国から軍事的に手を引くのは、08年に大統領に当選したオバマ氏の公約を実現させるという政治的判断を優先させたためだ。

軍事戦略的に見れば、治安安定とテロ封じ込めという主要目標を達成できないまま、見切り発車の撤退を決めたという印象しかなく、戦争を始めるのは簡単だが、終結させるのははるかに難しいという格言がここでも通用する。

目を両国から他の中東、アフリカといった地域に向ければ、シリア、ナイジェリア、中央アフリカなど各国でさまざまな宗派・民族抗争が噴出し、イスラム過激派やアルカイダ系勢力の跳梁跋扈は勢いを増している。それぞれの国・地域の固有の事情、政治的背景はあるとはいえ、米軍主導の対テロ戦争に伴う反米、反外国感情の噴出や反発、憎悪が武装集団の狂気を生み出しているのはまず間違いない。

対テロ戦争の悪影響として考えられるのは、米軍がアフガンや隣国パキスタンなどでテロ組織幹部の掃討作戦の一環として実施している無人機によるミサイル攻撃で、地元住民らが巻き添えで多数犠牲になっていることがある。半世紀ほど前のベトナム戦争のときもそうだったが、誤爆などの犠牲となった民間人には家族もあれば、親戚もいる。あるベテランのジャーナリストが述懐していたが、1人の民間人の巻き添えは数十人、多ければ100人もの反米主義者をつくり出してしまう。

異教徒の欧米軍部隊を憎むイスラム過激派にとって、反米、反欧米の機運の高まりは、武装勢力にとっては影響力の回復や拡大に向け追い風となる。

多数の米兵の戦死という大きな代償を払ってオバマ政権が教訓として学んだのは、反発、憎悪の対象となる米軍は極力後方に退き、当事国の軍と治安部隊を強化するとともに、できるだけ周辺のパートナー諸国に米軍の肩代わりを担ってもらうという新たな対テロ封じ込め戦略だ。しかし、新戦略が奏功するかどうかは到底楽観できないというのが現時点での私見だ。

伊藤　努（外交評論家）

沖縄の負担軽減加速

副大臣トップに推進委発足

負担軽減推進委員会の初会合で「目に見える成果を」とあいさつする武田副大臣（中央）＝1月22日、防衛省で

沖縄県の米軍普天間飛行場（宜野湾市）の名護市辺野古への移設に向け、米軍施設の早期返還や訓練移転など沖縄の基地負担軽減を加速化させるため、防衛省は1月22日、武田副大臣を長とする「沖縄基地負担軽減推進委員会」を設置し、同日、初会合を開いた。

武田副大臣は、昨年末に安倍首相と会談した沖縄県の仲井真知事が、普天間代替施設の建設に伴う政府の辺野古沿岸部の埋め立て申請を承認したことについて、「知事からの要望、要請に我々は可能なものはすべてやるという姿勢で、実現に向け総力を挙げて取り組んでいかなければならない。沖縄の方の目に見えるよう、負担軽減の成果を挙げることが大事だ」と述べ、結果をしっかりと沖縄県に示していく姿勢を強調した。

同委員会は副大臣をトップに、若宮、木原両政務官、西事務次官、統陸海空の各幕僚長、官房長、関係各局長らで構成。その下に「普天間飛行場負担軽減推進チーム」（チーム長・真部朗防衛政策局次長）と「牧港補給地区返還推進チーム」（同・岡真臣地方協力局次長）を設置した。

「普天間飛行場負担軽減推進チーム」は、同飛行場に配備されている垂直離着陸輸送機MV22オスプレイの訓練の約半分を沖縄県外に分散させることなどを検討。「牧港補給地区返還推進チーム」は、米軍牧港補給地区（浦添市）の7年以内の全面返還に向けて米側と調整する。

防衛省は今月6日、黒江哲郎官房長をトップとする事務方の幹部による特別作業チームを発足させたが、今回、同チームを格上げする形で新たな委員会を設置した。防衛省が一丸となって沖縄の基地負担軽減に取り組み、辺野古移設に向けた沖縄県民の理解を得たい考えだ。

清水1佐に1級賞詞

海賊対処16次隊

ソマリア沖・アデン湾での海賊対処任務を終え帰国した水上部隊16次隊（護衛艦「ありあけ」「せとぎり」で編成）の指揮官・清水博文1佐は1月22日、小野寺大臣から1級賞詞を授与された。

大臣室で行われた受賞式で、清水1佐は「391人の隊員は1月17日をもって業務を終了し、全員帰国しました」と報告。

これを受け、小野寺大臣は「指揮官として卓越した指揮統率力をもって職務を全うし、自衛隊に対する国内外の評価を高めた」として、1級防衛功労章を添えて1級賞詞を手渡した。

16次隊と任務を交代した17次隊は12月10日に欧米軍を主体とする「第151合同任務部隊（CTF151）」に加わり、ゾーンディフェンスを開始。1月21日には海自部隊がフランス艦艇の海賊拿捕に協力したばかりで、大臣は「ごくろうさまでした。今回は海賊対処に対して、自衛隊が大変大きな功績をあげたと聞いています」と述べ、朗報とともに清水1佐をねぎらった。

小野寺大臣から1級賞詞を手渡される清水博文1佐（1月22日、大臣室で）

南海トラフ巨大地震を想定

2月7日、日米共同統合実動防災訓練

高知、山口、福岡　オスプレイも参加

マグニチュード9・1の南海トラフ巨大地震を想定した平成25年度「日米共同統合防災訓練」が2月7日、高知、山口、福岡、宮崎の各県自衛隊施設とその周辺海空域で、両国から計約500人が参加して行われる。米軍からは普天間基地配備の垂直離着陸輸送機MV22オスプレイ1機が参加する。

同訓練は昨年12月25日に策定した「自衛隊南海トラフ地震対処計画」に基づく日米共同で、統合による初めての実動防災訓練となる。昨年10月に予定されていたが、天候不良のため延期されていた。

高知県沖には海自護衛艦「ひゅうが」が臨時医療施設を備えた洋上救難拠点として停泊。陸自高知駐屯地（香南市）、空自土佐清水分屯基地（土佐清水市）、空自築城基地（福岡県）、空自新田原基地（宮崎県）、米軍岩国基地（山口県）などを使用して、各拠点間で日米の航空機による患者搬送、隊員派遣、県庁職員等の輸送、緊急物資空輸、捜索救難活動――などを行う。

訓練は岩﨑統幕長を統裁官に自衛隊から約450人と、陸自UH1多用途ヘリやCH47大型輸送ヘリ、海自US2救難飛行艇、SH60哨戒ヘリ、空自U125A救難捜索機、UH60J救難ヘリなどが参加。米側は沖縄の第3海兵機動展開部隊から約20人がオスプレイなどとともに参加する。

このほか、高知災害派遣医療チームDMATをはじめ、新行橋病院（福岡県行橋市）、内閣府（防災担当）などが参加する。

小野寺防衛相は1月14日の記者会見で、「極めて多くの被災者が見込まれる南海トラフ地震の対処の実効性を確保することが目的。東日本大震災のトモダチ作戦を通じて得た経験も踏まえ、災害対処における米軍との連携要領の確立を図り、関係機関と連携して災害対応能力を引き続き高めていきたい」と述べた。

NZの西太平洋掃海訓練に参加

2月9日から

海自は2月9日から3月8日まで、ニュージーランド海軍が主催する「第5回西太平洋掃海訓練（WPNS MCMEX2014）」に参加する。

訓練は2月17日から3月7日までデボンポート海軍基地やオークランド周辺海域で実施され、海自からは幕僚要員2人と潜水員5人の計7人が参加。掃海訓練や潜水訓練を通じて技量の向上と参加各国との相互理解の増進を図る。

海自は「第1回西太平洋掃海訓練」（平成13年5月）から参加しており、今回で4回目。

伊勢湾で掃海訓練

海自は2月1日から8日まで、伊勢湾で機雷戦訓練を行う。

掃海隊群司令の岡浩海将補を訓練統制官に、掃海母艦「うらが」「ぶんご」、掃海艦「やえやま」「つしま」「はちじょう」、掃海艇16隻、掃海管制艇2隻が、MH53E掃海ヘリ数機が参加する予定。

訓練では訓練機雷を使用した機雷敷設訓練、掃海訓練、EOD（水中処分員）による潜水訓練を行う。

露艦2隻が対馬北上

1月21日午後2時ごろ、長崎県・下対馬の南西約350キロの海域を北上するロシア海軍の「スラバ」級ミサイル巡洋艦（満載排水量1万1700トン、艦番号011「ワリヤーグ」）と「ボリスチリキン」級補給艦「ボリスブトマ」（同2万3000トン）を、海自5護隊の護衛艦「こんごう」と1空群のP3C哨戒機が確認した。

ロシア艦2隻はその後、対馬海峡を北上して日本海に入った。

スイス、インド往復

首相乗せ政専機

空自特輸隊（千歳）のB747・400政府専用機は1月21日から23日までスイスのダボス会議に出席する安倍首相を乗せ、羽田空港とチューリヒを往復した。

同機は引き続き25日、インドのシン首相と会談する安倍首相を乗せて羽田を出発、同日インドのデリーに到着。27日に帰国した。

訂正

1月23日付2面「おおすみ衝突事故」の記事中、「武田副大臣が救出された2人と面会した」とあるのを、「救出された寺岡章二さんと面会した」に訂正します。

防衛省発令

▽防衛事務官、防衛監察本部統括監察官（大臣官房訟務管理官）防衛書記官　柴田　直彦

▽防衛書記官、大臣官房参事官（防衛監察本部統括監察官）防衛事務官　神原　紀之

▽大臣官房参事官（人事教育局服務管理官）防衛書記官　末永　広

▽防衛書記官、大臣官房訟務管理官（大臣官房企画官）防衛部員　山野　徹

▽防衛書記官、人事教育局服務管理官（人事教育局人事計画・補任課、男女共同参画推進企画室長）同　廣瀬　律子

（以上1月23日）

▽防衛部員、大臣官房付兼防衛政策局調査課、内閣官房出向＝兼任、内閣官房内閣参事官＝内閣情報調査室（大臣官房参事官）防衛書記官　神原　紀之

▽防衛部員、大臣官房付兼防衛政策局調査課勤務、内閣官房出向＝兼任、内閣官房内閣参事官＝内閣情報調査室（大臣官房参事官）同　末永　広

（以上1月24日）

共済組合だより

究めた「婚礼料理」試食

2月9日 グラヒル ブライダルフェア

防衛省共済組合の直営施設「ホテルグランドヒル市ヶ谷」（東京都新宿区）では、開業50周年を記念し、〝グラヒル伝統の味〟を特別アレンジしてご提供する「ブライダルフェア」を2月9日（日）に開催します。

当日のフェアのメインとなる婚礼料理試食（無料）は、「50thアニバーサリー　和創作・洋創作〝究〟」と銘打ち、グラヒルが半世紀にわたり究めてきた和洋食の粋をご試食いただけます。要予約ですので、お早めにお申し込みください。

ブライダルフェアは午前10時から午後6時までで、このうち「婚礼料理試食」は正午～、午後4時～の2回となっています。また、チャペルでの模擬挙式も午前10時半～、午後2時半～の2回開催となっています。

フェア当日はこのほか、モデルルーム見学、ブライダル個別相談、花嫁体験ドレス試着（組数限定・要予約）などもございます。ご予約はネットが2日前まで、電話は前日までとなります。また無料の駐車場（95台）もございます。

詳細は当館のブライダルサロン（部隊線8―6―28853～4または電話03―3268―0115）までお問い合わせ下さい。午前9時から午後7時まで受け付けています。

◇

ホテルグランドヒル市ヶ谷ではこのほか、毎週土・日・祝日に「チャペル体感付きシェフ厳選『絶品料理』試食フェア」「無料試食付きオリジナル挙式体感フェア」を開催。また平日も「ウィークデー相談会」「月曜日限定試食付ナイトチャペル相談会」「水曜日限定イヴニング相談会」を開いています。こちらも是非ご利用ください。

訓練

離島防衛への即応力　米でSSM1実射

一発必中期す

着上陸侵攻してくる敵を沿岸で阻止せよ――。陸自の地対艦ミサイル（SSM）連隊は、射程100キロ以上の性能を持つ国産SSM1ミサイルを装備し、敵艦隊の迎撃訓練を続けている。各隊は派米実射訓練で「一発必中」を期し、また沖縄への長距離機動で、離島防衛への即応性を高めている。

1特団

国内で培った実力を発揮！

【1特団＝北千歳】1特科団は昨年末、米カリフォルニア州ポイントマグー射場で「平成25年度地対艦ミサイル部隊実射訓練」を実施した。

訓練には、3地対艦ミサイル連隊（上富良野）を皮切りに、2対艦連（美唄）、1対艦連（北千歳）が順次渡米、広大な米国の演習場を使ってSSM1の実射訓練を行った。

各隊は国内で培った実力を遺憾なく発揮し、敵艦隊の探知から目標の識別・標定などを段階的に訓練。そしてハイライトとなる実射では、長射程のSSM1の能力を最大限に発揮し、所定の経路を飛翔させた後に艦船に突入させる方式で訓練を行い、それぞれミサイルを目標に「命中」させた。

期間中、梶原直樹1特科団長も現地を視察に訪れ、SSM部隊の実力を確認した。

着上陸侵攻してくる敵の艦船に向け、SSM1ミサイルを発射する1特団の発射機（米国のポイントマグー射場で）

4対艦連

▲離島防衛のため、沖縄に配置された4対艦連のSSM1の複数の発射機

着上陸の敵艦隊を沿岸で阻止

八戸から沖縄に展開

「対艦戦闘」を演練

【4対艦連＝八戸】4地対艦ミサイル連隊は昨年末、25年度東北方実動演習と西方の「鎮西25」演習に参加し、沖縄の離島に展開、現地部隊との協同対艦戦闘能力を向上させた。

部隊は青森県の八戸から九州の鹿児島まで片道約2300キロを地上機動し、その後は船で沖縄の那覇港に上陸した。

引き続き部隊は西方の各部隊などと協同し、離島防衛訓練に対処。侵攻してくる敵艦隊を確実に捕捉し、SSM1を模擬発射してこれを撃破するまでの「対艦戦闘」を演練した。

71戦連　4特群　7飛隊　厳寒の中　勇躍の訓練始め

雲煙巻き上げ　鉄牛連隊行進

90式など30両

【71戦連＝東千歳】第7師団の〝鉄牛連隊〟71戦車連隊は1月7日、北海道大演習場東千歳地区で年頭訓練を行った。

最初に武田敏裕連隊長が「各人が持ち場において一隅を照らすという方針の下、1年間努力してもらいたい」と訓示。

この後、隊員約200人が90式戦車や73式装甲車など車両約30両に搭乗し、武田連隊長の90式戦車を先頭に、白銀の大演習場を雪煙を巻き上げて行進し、機甲科部隊の新年をスタートさせた。

雪煙を巻き上げ疾走する〝鉄牛連隊〟71戦連の90式戦車（1月7日、北海道大演習場で）

氷点下15度　スキー行軍

4特群

▲深雪をかき分けてスキー行軍する4特科群の隊員（1月7日、上富良野演習場で）

【4特群＝上富良野】4特科群は1月6、7の両日、訓練始めを駐屯地と上富良野演習場で行った。

訓練に先立ち、大場剛群長は「いざという時、与えられた任務を完遂できるよう、着実に練度向上を図ることが今年最大の目標」と述べ、「積雪寒冷地における冬季戦技能力の向上」と「特科としての戦技能力の向上」の2点を隊員に要望した。

続いて、主要装備の203ミリ自走榴弾砲と多連装ロケットシステム発射機にお神酒を注ぎ、総員で今年1年の安全を祈願した。

7日には初訓練となる上富良野演習場でのスキー行軍を実施。大場群長を先頭に、群本部、104、120、131各特科大隊などの隊員約500人が、深雪の中を総重量30キロの装備を背負い約6キロを行進した。

当日の気温は氷点下15度で、汗が凍り、ヘルメットに氷柱が出来る厳しい環境だったが、全隊員が元気に踏破した。

管内上空を初飛行

【7飛隊＝東千歳】7飛行隊は1月9日、年初編隊飛行訓練を行った。

最初に整列した隊員を前に梅木竜彦隊長が「今年は勝ちに行く」と宣言、「任務、訓練、航空安全の全てにおいて勝ちを追及していく」と述べ、全員で勝どきを上げた。

続いて、梅木隊長搭乗のUH1ヘリを先頭に、UH1とOH6観測ヘリの計4機が次々に離陸、5機は編隊を保ち恵庭、東千歳、苫小牧の各市と、日高町の上空を飛行した。

太田牧哉7師団長が搭乗したUH1と会合、師団長は無線を通じて、「いつ、いかなる任務も即応して完遂できるよう、隊長を核心に一丸となって奮闘努力せよ」と訓示、飛行隊員を激励した。

武装工作員テロ想定　佐賀県警と共同対処

4特連

【4特連＝久留米】4特科連隊はこのほど、佐賀県警察機動隊と共同訓練を実施した。

部隊からは約40人と車両6両、4飛行隊のUH1ヘリ2機、県警から警察官約40人、車両6両が参加し、主に「武装工作員への共同対処」の訓練に当たった。

統裁官の川間信太郎1大隊長は訓練開始式で、「日本でもテロリズムの脅威が増している。自衛隊・警察お互いの信頼感を醸成し、実りある訓練にしてほしい」と訓示した。

訓練では「テロ攻撃」が高まった状況下、自衛隊が迅速に現場に進出するため、警察車両が自衛隊の部隊を先導。このほか作戦中に負傷した警察官を自衛隊ヘリで緊急輸送するといった実戦に即した訓練を実施した。

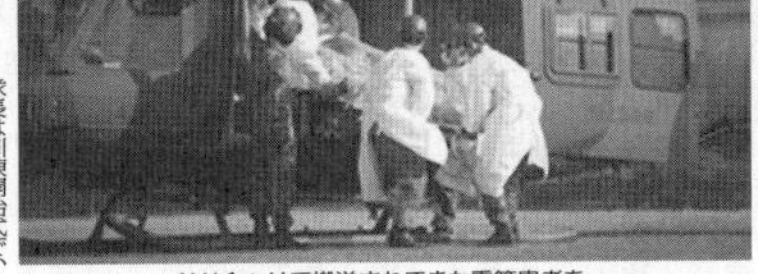

UH1ヘリで搬送されてきた重篤患者を受け入れる福岡病院の隊員（春日駐屯地で）

新型インフルエンザ　患者受け入れを演練

福岡病院

【福岡病院＝春日】自衛隊福岡病院は12月7日、福岡県保健衛生課、筑紫保健福祉環境事務所、春日・大野城・那珂川消防署と共同で「新型インフルエンザ対処訓練」を実施した。

訓練は平成25年6月に改定された国の「新型インフルエンザ等対策政府行動計画」などに基づき、患者の受け入れ態勢などについて共同で演練した。

まず患者の大量発生を想定し、陰圧エアードーム天幕を使った「帰国・接触者外来」を開設。患者から検体を採取し、保健所に検体を引き渡すまでの要領を訓練。

次いで「地域感染期」の状況では、体育館に「インフルエンザ外来」を開設、患者の診療を行うとともに「隔離病棟」を開設し、ヘリで後送された重症感染患者を受け入れ、病棟での「空間的分離対策」なども確認した。

福岡病院では現在、「新型インフルエンザ患者対応マニュアル」の改正なども進めている。

西風東風

中国軍とのホットライン必要

――米太平洋軍司令官が訴え

米太平洋軍のロックリア司令官は1月23日の記者会見で、有事の際に中国軍と緊急連絡を取り合う「ホットライン」がないことに懸念を示した。沖縄県・尖閣諸島をめぐる日中間の対立が続き、安倍首相の靖国神社参拝への中国の反発が強まる中、武力衝突のリスクを米軍トップが深刻に捉えていることを示した形だ。

米軍ではヘーゲル国防長官、制服組トップのデンプシー統合参謀本部議長が折に触れ中国側の対応相手とホットラインで連絡を取っているという。だが、太平洋軍については「米中間で検討したことはあるが、実現には時間がかかる」（司令官）ため連絡体制は現在ない。

日中の対立を背景に東シナ海では中国が昨年11月に防空識別圏を設定。また、12月には南シナ海で、中国軍艦艇と米軍のイージス巡洋艦「カウペンス」が異常接近する事態が発生した。

米軍は、中国側が自国艦隊の活動を事前に知らせていなかったとして、中国側に懸念を伝えたが、司令官は「こうした（異常接近という）事態は、米中間には有効に機能するホットラインが必要なことを示している」と訴えた。

日中間の対立について司令官は「心配だ。二つの経済大国、軍事大国同士が不協和を抱え、対話していなければ計算違いが起きるリスクは高まる」と懸念を表明。「互いに抑制し、プロ意識を持って外交対話を行うよう、これからも促したい」と述べた。（ロサンゼルス＝植木秀一）

英軍が兵士募集キャンペーン

――予備役中心、軍のリストラ影響

英軍が大規模な兵士の募集キャンペーンを開始した。英軍は2010年に10万2000人だった常備兵を17年までに8万2000人まで削減する一方で、予備役を10年の1万5000人から18年には3万人に倍増する計画を進めているが、これまで予備役の募集が予定通り進んでいない。また、健康管理、人事、建築、情報技術などの専門職も人員が不足している。このため、テレビや映画館での宣伝、オンラインでできる簡素な申し込み手続きといった手法で、職業キャリアの場としての軍をアピールする。

ハモンド防衛相は「募集活動が危機的な状況にあるという訳ではないが、アフガニスタン撤退後は状況が変化せざるを得ず、軍についてもっと人々に知ってもらう必要がある」と語っている。

英軍では今年中のアフガニスタンからの全面撤退などに伴う、大幅なリストラ計画が進められており、将来性への不安から若い兵士の募集が難しくなっている。また、予備役については職業としての実態が浸透しているとはいえず、キャンペーンを前に行った委託調査でも、給与が払われることを28%の人が、契約に柔軟性があることを全体の40%が知らなかったという。

また、同じ調査では23%が自分の現在のキャリアに満足していないと回答。具体的に不足しているものについては「国内外の移動を伴う仕事」(35%)、「ふさわしい給与」(30%)、「充実した訓練と自己の成長」(27%)、「やりがいがあり面白い任務」(25%)、「資格取得中の給与支払い」(18%)などが挙がった。この回答に対して英軍は「軍の勤務は国内外、平時、戦時を問わず、挑戦と冒険の機会を提供する」（ピーター・ウォール大将）として、兵士の応募増加につながることを期待している。

財政再建を進めている英国は、さらに軍のリストラを加速する方針だ。急激な規模縮小には内外からの反対意見も多く、最大の同盟国である米国からは「これ以上軍備が削減されれば英国は米国の軍事的なパートナーとは言えなくなる」（ゲーツ元国防長官）といった見解も示されている。（ロンドン＝加藤雅之）

対　談　北朝鮮の内実と現状

日朝首脳会談急ぐべき
権力掌握は9合目到達

黒田氏　武貞氏

昨年12月の張成沢氏粛清以後、北朝鮮の動向に目が離せなくなっている。権力内部に動きはあるのか、2月末に予定される米韓合同軍事演習に乗じ、さらなる挑発はあるのか。核・ミサイル開発の現状は——。最新刊『金正恩の北朝鮮　独裁の深層』（黒田勝弘・武貞秀士共著）発刊を機に、朝鮮半島情勢の第一人者である産経新聞客員論説委員の黒田氏と拓殖大学客員教授の武貞氏に北朝鮮の内実と最新情勢について縦横に語ってもらった。

（司会・小山哲哉朝雲新聞社編集局長）

対談する武貞氏（中央）と黒田氏（右）。左は司会の小山編集局長

武貞　秀士氏

たけさだ・ひでし　1949年神戸市生まれ。慶大法卒、同大院修了。防衛庁防衛研究所入所、韓国延世大留学を経て統括研究官。退職後、延世大国際学部専任教授。現在、拓殖大海外事情研究所客員教授。近著に『韓国はどれほど日本が嫌いか』。

黒田　勝弘氏

くろだ・かつひろ　1941年大阪市生まれ。京大経卒。共同通信入社、韓国延世大に留学しソウル支局長。産経新聞ソウル支局長に転じ、現在、ソウル駐在客員論説委員。92年ボーン・上田記念国際記者賞、2005年菊池寛賞、日本記者クラブ賞受賞。主な著書に『韓国　反日感情の正体』など。

中国に逃げる余裕なかった

——張成沢・元国防副委員長の粛清は予測されていましたか。金正恩第1書記の権力掌握はどの程度まで進んでいるのでしょうか。

黒田　彼はリーダーとして若いし、経験がないし、何が起きてもおかしくないと思っていた。権力基盤は安定していないですよ。期待も込め、今でもそう思っている。山登りに例えれば5合目。頂上に向かうかもしれないし転落するかもしれない。

武貞　予想していなかった。後見人として彼が自分の任務に没頭する限り安全だし、欲目を出してプラスアルファの役割を求めれば危険になると思っていた。合理的に考えれば後見人からはずれることはしない。ところがこの事件が起きた。粛清により権力の安定が証明されたというのが私の見方。

路線やイデオロギーの対立、権力抗争もなかった。公開裁判を行い、国家安全保衛部のトップ、金元弘（キム・ウォンホン）氏も利用して即日、残酷に処刑し、外国に発信した。ここまで権力を行使できる立場なんだと誇示した。まさに金正恩体制、準備期間を過ぎ、権力は固まり、掌握は9合目を超えている。

黒田　武貞さんの話は若干後知恵の印象がありますな。粛清は張成沢氏に反対する権力内部のグループがマイナス情報を集め、彼を排除しないと我が国は危ういと言い、金正恩もやむを得ないなという構造だったと思う。

武貞　反論したい。張成沢氏は処刑1カ月前にアントニオ猪木氏と会ってのうのうとしていたわけであり、けしからんという話が盛り上がって追及の手が伸びていれば、どこかのタイミングで川を渡って中国に逃げたっていい。金正恩氏は、崔竜海（チェ・リョンヘ）総政治局長とお兄さんと妹など、5、6人で昨年9月上旬に家族会議を開き、極秘に調べていた。トップダウンによる一握りの人しか知らず、本人は最後の最後まで知らなかったと思う。

——金正恩氏のイメージは変化しましたか。

武貞　以前と変わらない。1年前には父・正日が大事にしていた軍トップの李英鎬（リ・ヨンホ）総参謀長の首を査問委員会の末、切った。人事に関しては非情な決定を下す人物ということが確認された。31歳だが、危険なものをどうするかを含め、権力の行使の仕方まで熟知するすごく怖い人だ。

黒田　叔父まで殺してリーダーシップを誇示したのは新しい権力者の「認知」としてはプラス。ただ、人民が期待しているのは生活の向上で、人民に施しをしなければリーダーシップが固まったことにはならない。へたなことはいえないという恐怖政治への緊張感が出たが、人民にとっては金日成以来の「また緊張か」ということでプラスにはなっていない。

——ただ、「新年の辞」では一転、韓国に融和を呼びかけたようだが。

武貞　日本含め各国メディアはミスリードしている。「新年の辞」は過去1年の政策を総括し、これからの1年を指導者が語り、内外に発信する重要なもの。昨年は発足前の朴槿恵政権に「対話」を呼び掛けたが、今回は同政権に「南北関係の改善」を初めて呼び掛けた。「対話に出てきなさい」と「関係改善」とは違う。北としては韓国との関係改善を今回相当正面に据えた。

米国に対しても、昨年触れなかった核の脅威、核戦争に6回も触れた。北は米国に対して核攻撃する能力もあると誇示した。昨年3月31日の最高人民会議では核と経済の新しい併進路線を決定、4月1日には自衛的核兵器開発は続けるという法律を定めた。核を持つに至ったから、米国は北と戦うのでなく、軍事演習もやめて対話に出てらっしゃいよと呼び掛けた。「新年の辞」を読む風情も見習いのようでなく、自信に満ちていた。

黒田　ちょっと甘いね（笑）。近年、あの文章は結果的に1年過ぎてみるとほとんど意味がない。外部世界が期待するような路線上の変化もなく極めて守旧的だ。

武貞　いや、今年は全く様変わりした。社会主義や先軍などイデオロギーに関する言及が半減、主体（チュチェ）思想などは12回が2回になった。自然エネルギーの活用にも言及し、経済分野では水、電力、石炭を節約してそれが経済を効率化させるんだとした。

黒田　ただね、人民からしたらまた節約かと。自然エネルギーの活用だなんて、これまでだって薪や草を燃料にしてたわけだから。

カジノ、スキーで外貨獲得

——人民に夢を与えるための経済言及なのか、実体経済の本当のテコ入れなのか判別つかないが。

武貞　1年で造った馬息嶺（マシクリョン）のスキー場は1月末に第1次の客が入る。3泊ツアーで28万円から33万円。これは外貨獲得目的の観光地として開発している。金正恩体制になってから、外貨を稼げるものはメンツをかなぐり捨ててもどんどんやっちゃえというのが目立つ。年間80億円余りのお金が北の5万4000人の労働者に支払われる開城（ケソン）工業団地も、昨年8、9月の協議で北朝鮮が譲歩して再び稼働した。12月19日には南北経済共同委員会を開催し、外国の財務次官級クラスの人たちを開城工団に案内して、参加を呼び掛けた。これも外貨獲得。12万人規模の団地にしたらお金がより入るだろうとの計算がある。中国人がどんどんお金を落としている羅先（ナソン）市のカジノも外貨獲得目的だ。

一方、李雪主（リソルジュ）夫人と金第1書記が鉄板焼きを楽しんだり、遊園地の遊び道具に凝るのは彼らの趣味。二通りある。

黒田　今回、ある種の対外開放を志向していた張成沢氏の罪として、中国に石炭を安く売ったとか、羅津（ラジン）第3埠頭の50年の租借権を与えたとか、不正を働いたということで、対中関係はヘタにやると罪になるという構造になっている。これは経済の足を引っぱるのではないか。

武貞　中国との関係で言えば、安く資源を売り、そのお返しにもらったものを張氏が国庫に納めなかったことは想像に難くない。しかし、それだけであそこまでするだろうか。

粛清といっても更迭すればいいだけだ。権力に挑戦する行動があったのではないか。一種のクーデター、あるいは金正恩の隔離や暗殺など。いずれにしても権力の座から金正恩を追い落とすようなものがなければ、反逆ということまで判定されない。しかも叔父という立場だから、本当に邪魔だったら交通事故で死にましたという発表をしてもいい。過去には金洛淳（キム・ヨンスン）書記が交通事故でいなくなった。

二つ目は、中国は粛清に対して、介入しないという立場を決め込んでいた。極めて賢明だが、「内部の問題にはコメントしない」と中国外務省の洪磊（コウライ）副報道局長がいち早くその日に言った。米国が「残虐なことをした」と体制を批判したのと対照的だ。中国は金正恩体制との関係を保ったが、米国は中国に後れを取った。よその国の内部で権力者がおできをさっと手術したのを「残虐」といったら、それはお門違い。オバマ政権の最近のあらゆる問題についての一歩踏み込んだ、大国らしくない風格を失った発言の一つだ。

中国は早くから張氏が中朝関係の責任者でなくなりつつあるのを知っていた。おととし8月、張氏が北の代表ですという顔をして当時の胡錦濤中国首席と会っているが、去年の5月、習近平主席に会ったのは崔竜海（チェ・リョンヘ）総政治局長。朝鮮中央テレビがピョンヤン出発から報道し続けたが、中朝関係を取り仕切っているはずの張成沢氏の姿は一切なかった。何か起きてるなと中国は思ったでしょう。中朝首脳会談もやる時期ではないと。だから、中国が、大慌てで中朝関係の貢献者にひどいことをしたと、体制に一歩距離を置くことはない。今までより高いお金で石炭を買わなければいけなくてやだな、くらいですよ。

KADOKAWA／角川学芸出版

挑発すれば“倍返し”

——2月末の米韓合同軍事演習は中止しろと北が言い、それに韓国が反発している。北の挑発はありますか。

黒田　それはないと思う。ただ、米韓演習について、ことあるごとに非難するのは当然。気にすることはない。結果として、北は韓国内部に米軍不要論を含めた反米意識が醸成されるのを計算している。挑発があれば韓国軍はある意味やる気満々だ。延坪島砲撃事件や哨戒艦撃沈事件が韓国には相当トラウマになっている。なぜ、的確に報復できなかったかという世論や軍内部の不満がある。だからもし北がやれば“倍返し”ですよ。報復したからといって国際社会から非難されることはないと韓国は思っている。むしろ待ち構えている状況で、それを北も知っているから本格的軍事挑発に移ることはないと思う。

米国もオバマ大統領のアジア重視戦略があやしいとの雰囲気が広がったから、軍事面で証明しようと、在韓米軍を800人増派、空母の太平洋地域への増強も発表している。北の軍事的挑発は米国にとってもこれ幸いで、アジア太平洋重視を誇示できるチャンス。北朝鮮も分かっているので挑発はできないと思う。

武貞　2010年11月の延坪島砲撃でも、北が軍事的強硬姿勢を取ると、韓国内では65%くらいが「だから北と対話しないといけないんだ」との世論調査が出る。北の強硬姿勢は韓国の責任だと過半数が思っちゃうくらい韓国社会は左傾化している。

北はこれを知っているので言ってみるメリットは十分にある。ただ「新年の辞」に表われているように、今年前半は軍事挑発にチャンネルを合わせていないと思う。

黒田　朝雲風にいうと中国の軍事状況も見逃せない。中国軍は1月に入って、瀋陽軍区の強力な部隊が大々的な冬季演習をしたが、場所は（中朝国境の）白頭山ですよ。中国が朝鮮半島有事への軍事介入シナリオを持っていることを忘れてはいけない。中国軍は必ずしも海だけに膨張しているわけではないということですよ。

鴨緑江河口の経済特区のために中朝の新しい橋を造っている。豆満江でも新しい橋の構想があり、東北地方では中朝国境につながる高速道路の建設も進んでいる。基本的に中朝の物流、経済効果として話題になるが、当然軍事絡みで、有事における中国軍の迅速な展開を踏まえている。

——北の核・ミサイル開発の進展状況は。

武貞　見てきていないが、核保有はしていると思う。核には弾頭と運搬手段の二つが必要だが、運搬手段については、12年12月のテポドンミサイル発射では、3段ロケットを成功させている。驚くべき技術力だ。3段目の発射は液体燃料ではだめで、固体燃料でないといけない。今まで北には固体燃料の技術はなかった。人工衛星らしきものを大気圏外に打ちだした。周っているらしいことはNORAD（北米航空宇宙防衛司令部）も確認した。ただ3段目を大気圏外から大気圏内に再突入させる技術はない。ミサイルが5000～6000キロ飛ぶだろうというのは大体分かってきたが、東倉里（トンチャンリ）発射場からワシントン、ニューヨークまで届く1万2000キロ飛ばす技術があるかどうかはまだ分からない。ただ、新しい段階に達したのは間違いない。

弾頭数は8個から12個あると言われている。それは①最近の目覚ましいイランとの技術協力関係②中国のミサイル運搬車用車両がいとも簡単に搬入される中朝の軍事協力関係③核疑惑に対応した1994年の米朝枠組み合意から20年経過——などから、弾頭ができていないと考える方がおかしい。

大陸間弾道弾が北朝鮮の最終目標だということを見抜いた米国も、東倉里からワシントンを撃つ時に通過するアラスカ上空で、核迎撃のミサイル防衛システムを強化している。これに対応するため北朝鮮が必要とする核弾頭の最終目標は50～60個だろう。この数を造るにはウランを遠心分離機で97～98%に濃縮するしかない。分離機と大量の電気とノウハウがあればできる。2000基の遠心分離器はスタンフォード大学の教授が4年前に北に行って確認している。

空中給油機は20機必要

——金正恩は北内部で3年以内に統一するとしきりに言っているが。

黒田　朴槿恵大統領は新年に統一問題に言及、「南北問題はテバック（大当たり）です」と言った。統一を歓迎する、チャンスだから積極的に考えましょうということだ。粛清事件によって、北はとんでもない事が起こる国なんだというイメージが出た。北朝鮮有事イコール南北統一はあり得ることをリアリズムをもって考えた方がいい。

武貞　15年12月1日に米韓連合司令部の作戦統制権が韓国軍に移管される。有事の際、今は米軍の将軍が握っている指揮権を韓国軍に渡すことになっている。ピョンヤンは米軍が軍事コミットメントを低下させると楽観的に思い込んでいる。北のバラ色のシナリオは、在韓米軍が撤退し、米朝不可侵宣言くらいはできるかもしれない。大陸間弾道弾もできたから「ワシントン火の海」覚悟で、米国がもう1回38度線に軍隊を出してくることはないだろうということ。これは北の誤算だ。

——この状況下、日本の防衛体制はどうあるべきでしょうか。

武貞　張成沢事件後の韓国の新聞論調、さらには北の情報に接する韓国の大使館筋の発言を総合すれば、北の権力は安定に向かっているということだ。今すぐ崩壊が起きそうにないということは、軍事対峙が続くということ。韓国は800キロ飛ぶ弾道ミサイルを持つし、千数百キロ飛ぶ巡航ミサイルは既に持っている。日本の都市にも届きそうなものを韓国は造り続けるわけで、日本は中・長期的な韓国の軍事力強化、北朝鮮の飛躍的な大量破壊兵器の技術革新、米朝間でアメリカがたぶらかされ、北の核兵器保有を認めるかもしれないといったことを見据え、5年10年の幅を持った外交・防衛戦略を立てなければならない。

そして通常戦力の強化。千数百キロ飛ぶ巡航ミサイルの開発を急ぎ、弾道ミサイルも持てばいい。それと空対地ミサイル、航続距離の長い戦闘機の早期導入。空中給油機は20機以上持つこと。そのためには大幅な防衛費の増額を今決断しなければならない。現在の2、3倍はいるだろう。

黒田　対北朝鮮政策において日本政府は「韓国と緊密な連絡のもとに」を前提にしてきた。ただ残念だが朴政権になってから日本軽視、日本無視。日本も韓国への配慮、事前協議にこだわることはない。もう少し大胆な発想で独自のアプローチを考えてもいい時期だ。拉致問題についても、安倍さんが決断し、ピョンヤンに乗り込んでもらってトップ同士の談判で解決してほしい。

武貞　最後にぴったり意見が一致しました（笑）。

戦後、日本は国際社会に謝り過ぎた。お金を払い過ぎた。韓国のクレームに耳を傾け過ぎた。その呪縛を解いてくれかけているのが朴槿恵政権ですよ。今の韓国外交部の発言からは、日本さえコントロールすればよいという短期的なしたたかさを感じる。

今回、アントニオ猪木さんが行き、朝日友好親善協会の紙には日本の国会議員団来てくれと書いてあり、金永日（キム・ヨンイル）国際部長からは口頭で、古屋拉致問題担当相の訪朝を打診されたのは非常に重要なメッセージ。張成沢氏が粛清された後も猪木さんの役割を大事にしている北朝鮮の指導陣の意志をきちっと見分けなければならない。

ぜひ2月には国会議員団を派遣し、今年前半には日朝首脳会談ですね。日韓関係が大事だと思えば、韓国は日朝会談が行われる前に無条件で日本大使館前の慰安婦の像をとっぱらってでも誠意をみせて、日韓首脳会談を先にすべきですよ。

黒田　日韓首脳会談に関して安倍さんは手を差し伸べているが、韓国は拒否している。安倍さんはまず金正恩と首脳会談やりますよと、そういうドライな発想、動きをもう日本はこの地域でしないといけない。しかも金正恩はまだ習近平国家主席にもお呼ばれになっていない。安倍首相と金正恩第1書記が会うというのが東アジアの情勢改善には最もいい方法ですよ。

武貞　それは大ヒット。欧州はじめ国際社会は受け入れ、歓迎しますよ。

黒田　ぜひ我々もその雰囲気づくりに努力したいと思います。

【提携会社一覧】

<マンション・戸建>
・㈱アトリウム・㈱穴吹工務店・オリックス不動産㈱・㈱木下工務店・近畿菱重興産㈱・近鉄不動産㈱・㈱コスモスイニシア・サンヨーホームズ㈱・新日鉄興和不動産㈱・㈱ジョイント・コーポレーション・セコムホームライフ㈱・㈱大京・大成有楽不動産㈱・大和ハウス工業㈱・㈱タカラレーベン・東急リバブル㈱・東京建物不動産販売㈱・ナイス㈱・日本土地建物販売㈱・野村不動産㈱・野村不動産アーバンネット㈱・㈱長谷工アーベスト・㈱長谷工コーポレーション・㈱細田工務店・㈱フージャースコーポレーション・三菱地所レジデンス㈱・三井不動産レジデンシャル㈱・明和地所㈱・㈱リブラン・菱重エステート㈱

<注文住宅・リフォーム・太陽光発電・耐震工事・耐震シェルター>・㈱木下工務店・サンヨーホームズ㈱・大成建設ハウジング㈱・㈱東急ホームズ・古河林業㈱・㈱細田工務店・三菱地所ホーム㈱・㈱デリス建築研究所

<リフォーム・インテリア>・住友不動産リフォーム㈱**<家具・インテリア・照明・カーテン>**・㈱インデコ・㈱大塚家具　<太陽光発電・外壁塗装>・三和建創㈱**<ホームセキュリティ>**セコム㈱

<仲介・家賃>・㈱大京リアルド・大成有楽不動産販売㈱・東急リバブル㈱・㈱長谷工リアルエステート・三井不動産リアルティ㈱・横河パイオニックス㈱**<リロケーション>**東急リロケーション㈱

<引越>アーク引越センター・アート引越センター・おかだ引越センター・サカイ引越センター

部隊だより////

陸

松戸　需品学校教職員はこのほど、各課程教育を修了した学生たちをバンド演奏で見送り、卒業に華を添えた。バンドメンバーは神原学校長以下約8人で編成され、バンド名「QMOS」は需品の「Q」と陸自特技の「MOS」から「需品科有志としての特技を披露する」との意味を込めた。卒業生たちは学校長らからはなむけの演奏を受け、松戸から巣立った。

小平　駐屯地は12月20日、「年末点検・行事」を行った。点検は業務学校長が各執務室を回り、職員らを慰労。行事は昼休みを利用し、協力3団体の関係者を駐屯地に招き、餅つきや川柳発表会などを行った。川柳は各部隊代表が1年間の教育訓練や業務を詠み、会場を沸かせた。その後、太鼓部が見事な演奏を披露し、新年の飛躍を祈念した＝写真㊤。

金沢　駐屯地は1月8日、講堂で新成人隊員47人の成人式を行った。戒田駐屯地司令は式辞で「成人として各自が目標をしっかり決め、無限の可能性を信じ、挑戦し続けてほしい」と要望。これに対し、新成人代表の中元智士長が「成人としての自覚を持ち、立派な自衛官を目指して精進していきます」と述べ、47人は祝福を受けて第一歩を踏み出した。

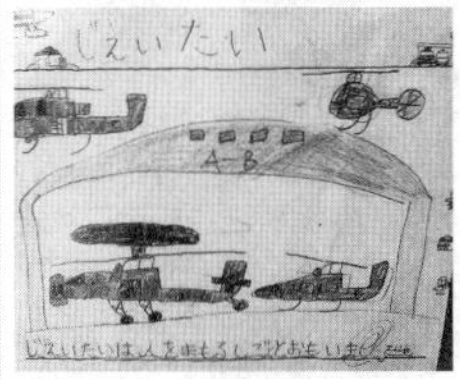

明野　駐屯地はこのほど伊勢市立明野小学校から「2年生生活科の学習発表会」の招待を受け、司令代理として広報班長が参加した。同発表会は先に行われた「駐屯地職場体験」について、児童からAH64戦闘ヘリなど各種ヘリや車両のイラスト＝写真㊤＝とともに自衛隊の仕事について感想が発表され、自衛隊への期待が寄せられた。

山口　駐屯地は1月10日、新成人隊員21人の祝賀行事を行った。新成人たちは駐屯地全隊員が見守る中、それぞれ「二十歳の決意」を述べ、気持ちを新たにした。その後、部隊長や先輩隊員とともに綱引きに挑戦。温かな声援を受けて必死に綱を引いた。新成人の大庭和真士長は「皆から信頼されるよう、自覚を持って頑張りたい」と抱負を語った＝写真㊤。

神町　20普連3中隊の隊員12人はこのほど、山形市消防署西崎出張所で行われた「緊急消防援助隊山形県隊研修会」に参加した。最初に消防援助隊の装備品展示があり、その後、負傷者搬送要領、倒壊家屋からの救出、消防救助隊と自衛隊が共同した負傷者救出などの訓練が行われた。両隊は同一地域で活動する組織としてお互いの連携強化を図った＝写真㊧。

八戸　青森県立三沢商業高校の1年生12人が12月4、5日の両日、「体験学習」のために駐屯地を訪れた。男子7人、女子5人の生徒は隊員から駐屯地の概要を聞いた後、基本教練や野外訓練のロープワークや衛生救護などの実習に挑戦した。学習を終えた生徒からは「隊員の皆さんから直接指導を受け、さらに自衛官への憧れが増しました」と話していた。

函館　28普連はこのほど、駐屯地内で2年ぶりの開催となる「連隊らっぱ競技会」を実施した。特別審査員に11音楽隊長を迎え、各中隊から選手3人を選抜。個人・合同吹奏の部で課題曲2曲を演奏し、吹奏能力、基本教練などを評価し勝敗を競った。選手たちは力強く美しい音色を響かせ、錬成成果を十二分に発揮。結果は中隊対抗の部で2普中隊が優勝した。

21普連2中隊が恒例の特養ホーム慰問

大掃除に餅つき、ミニコンサート

48回目の年末交歓

「おじいちゃん、おばあちゃん、また来たよ。今年は『あまちゃん』を演奏するから聴いてね」——。

21普連2中隊は12月20日、秋田市内の特別養護老人ホーム「松寿園」を訪れ、お年寄りたちを励ますとともに、施設の清掃奉仕などボランティア活動を行った。

この慰問は2中隊が昭和41年から毎年実施している年末恒例のイベントで、48回目。お年寄りたちも毎年隊員たちの来訪を楽しみにしており、今回もホームで大歓迎された。

午前中に施設に到着した2中隊長の佐藤智城1尉以下37人の隊員たちは、お正月を前にした施設の大掃除を手伝い、職員の手が届かない高窓の清掃をはしごを架けて行うなど、"自衛隊の忍者"ぶりを見せた。

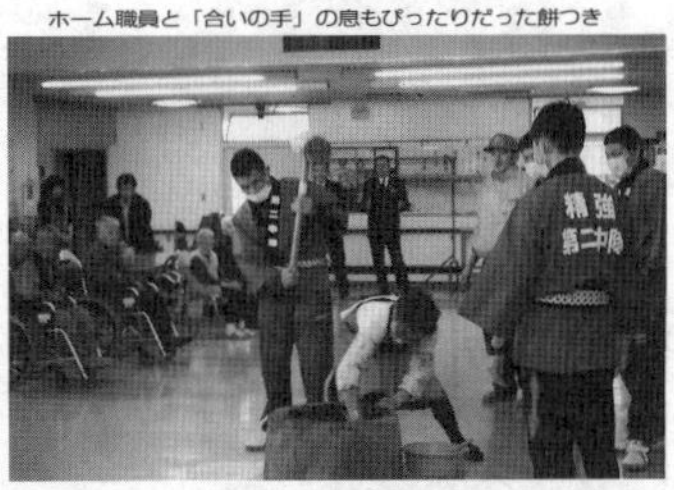

ホーム職員と「合いの手」の息もぴったりだった餅つき

老人ホーム「松寿園」を訪れ、はしごを架けて2階の窓を清掃する21普連2中隊の隊員たち

建物内外がすっかりきれいになった後は、職員の支援も受けて餅つき大会。昔ながらの臼と杵が用意され、隊員たちはお年寄りが「ヨイショ！ヨイショ！」と掛け声を発する中、リズム良く餅をつき上げた。

つきたての餅をみんなで堪能した後は、カラオケ大会に移行。この日のために練習してきた懐メロを隊員たちが見事に歌い上げると、お年寄りたちも大喝采だった。

アンコールに応え「青い山脈」を演奏する秋田駐屯地音楽隊

午後からは駐屯地音楽隊の12人が合流。ミニ・コンサートが開かれ、大震災からの復興を願う「花は咲く」や、東北を勇気づけたNHKドラマ「あまちゃん」のテーマ曲などを演奏。さらにアンコールで「青い山脈」が流れると、会場は手拍子で盛り上がり、お年寄りもメロディーに合わせて一緒に口ずさんでいた。

施設の職員からは「毎年この時期になると、皆さんとの再会のことで所内は持ち切りになります。今回もお掃除や素晴らしい歌と演奏をありがとうございました」とお礼の言葉があり、隊員たちはおじいちゃん、おばあちゃんに「また来るからね！」とにこやかに手を振って、ホームを後にした。

（秋田）

小郡　9施群は1月10日、駐屯地成人行事を行った。厳粛な式に続き、新成人5人は家族が見守る中、玄関のひさしの上から「二十歳の誓い」を高らかに表明。その後、ひさしから飛び降りた新成人は、先輩らが準備した幕体で受け止められた。先輩隊員たちから熱く手荒な激励があり、新成人たちには一生忘れられない二十歳の節目となった＝写真㊤。

大村　16普連の「格闘集合訓練隊」はこのほど、佐世保市の長崎県立武道館で開催された「福岡矯正職員柔道奨励大会」に参加し、格闘技演武を披露した。大会には九州地区の刑務官や法務教官が参加し、日頃の訓練成果を競った。試合後の訓練隊の演武では気迫に満ちた動作と掛け声に「レベルが高い！」と選手たちは目が釘付けになっていた＝写真㊧。

相浦　駐屯地はこのほど、創立58周年記念行事を行った。式は曽田駐屯地司令の式辞に続き、隊員256人、車両37両による観閲行進と航空機3機の観閲飛行が披露された。この後、迫力いっぱいの戦闘訓練が実施され、観客から大きな拍手が送られた。式後は高機動車の体験試乗や74式戦車の展示などもあり、駐屯地は3200人の来場者でにぎわった。

健軍　駐屯地は1月7日、成人祝賀行事を行った。式では新成人31人を代表して廣神貴之3曹が「目標を持ち、日々精進し国を守る自衛官として頑張ります」と誓いの言葉を述べた。この後、全隊員が見守る中、新成人たちが屋上から「決意」を発表。これを各部隊長が採点し、1位は西方通群の西牟田雅也士長、2位は同・椎葉水萌士長が獲得した。

空

防府南　航空教育隊はこのほど、新日鉄住金・大分製鉄所光鋼管部の社員12人の体験入隊を支援した。若手社員は2泊3日で入隊、訓練はベテラン班長の指導の下で行われ、体育や基本教練での指揮法、さらに3分間スピーチを実施した。参加者は「自衛隊は厳しさの中にも愛情があり、まとまりのある理想的な集団と感じた」と印象を語っていた＝写真㊧。

那覇　基地はこのほど、中高生が2泊3日で自衛隊生活を体験する「青少年防衛講座」を実施した。県内の中学校12校、高校11校から男女37人が参加し、基地やF15戦闘機の見学＝写真㊨＝をはじめ救急法や消防活動、警備犬訓練などを体験。指導教官の高山3尉以下6人は生徒たちと3日間寝食を共にし、仲間と協力して任務をやり遂げる方法を指導した。

熊谷　航空中央音楽隊はこのほど、熊谷市文化振興財団の支援を受け、熊谷文化創造館「さくらめいと」でコンサートを開いた。第1部はクラシック、第2部はミュージカルを中心に演奏し聴衆を魅了。アンコールでは1964年の東京五輪で使用されたトランペットを使いファンファーレと「東京五輪マーチ」を披露、迫力ある演奏に大きな拍手が湧いた。

海

余市　第1ミサイル艇隊の「わかたか」はこのほど、北海道を1周して広報活動を行った。母港余市を出発し、函館、浦河、枝幸、稚内、香深、天塩の6港に寄港して艦艇公開などを実施。計710人の地域住民や観光客が訪れ、熱心にミサイル艇内部を見学したほか、体験航海では高速航行も体験した。見学者は海自の北海道沿岸防衛の状況も理解した。

神戸　阪神基地隊はこのほど、神戸市立本庄小学校5年生の社会体験授業に協力し、砕氷艦「しらせ」が持ち帰った南極の氷を使い南極地域観測支援の講話を行った。児童たちは隊員のユーモアを交えた話に聞き入り、写真やビデオを熱心に観賞。南極の広大な自然に興味を持つとともに、地球温暖化が進む現状を知り、環境保護の大切さを学んだ＝写真㊤。

小月　教育航空群はこのほど「小月航空基地祭スウェルフェスタ」を開催、3500人の来場者があった。航空機を中心に据えたイベントは大盛況で、航空学生のファンシードリル＝写真㊤＝やT5練習機の飛行展示に注目が集まった。模擬店の海軍カレーは用意した500食が瞬く間に完売。来場者は隊員との交流を通じ、海自に対する理解を深めた。

下関　基地隊「関門太鼓部」の部員7人はこのほど、吉見蒲鉾団地で開催された「第6回下関蒲鉾ふれあい祭」と「吉見地区文化祭」に参加し、太鼓演奏を行った。同部は地域住民との交流や部隊の士気高揚を目的に創設され、今年で15年目を迎える。部員は業務や訓練の合間に練習を重ね、祭り当日は見事なバチさばきで多くの下関市民を魅了した。

佐世保　2掃隊は12月27日、在日米海軍7機雷戦部隊に手造りの門松を贈呈し、日米部隊の親交を深めた。今回で4回目となる門松贈呈は材料を移送し、高さ1・8メートルの門松を現地で組み立て、7機雷戦部隊司令部の玄関前に飾られた。米海軍士官は「毎年この門松を楽しみにしている。日本で良い新年が迎えられそうです」と笑顔で語った＝写真㊤。

ひろば

如月、梅見月、初花月、仲春——2月。3日節分。7日北方領土の日。8日〒マークの日。11日建国記念日。14日バレンタインデー。23日皇太子誕生日。

第65回さっぽろ雪まつり　昭和25年に地元中・高校生が当時雪捨場だった大通公園で雪像6体を作ったのをきっかけに始まった冬の札幌を代表する観光イベント。陸自が雪像作りに協力している。　5～11日

梅花祭　京都市上京区で菅原道真を祀る北野天満宮で約900年前から続く伝統行事。道真公の命日に冠に菜の花をつけた神職による神事や三光門前広場で北野大茶湯にちなんだ野点などが行われる。　25日

隊員愛読書ベスト5

<入間基地・豊岡書房>
❶別冊自衛隊装備年鑑　自衛隊総合戦力ガイド　朝雲新聞社　¥1260
❷ソードアート・オンライン　プログレッシブ2　川原礫著　電撃文庫　¥662
❸迎撃せよ　福田和代著　角川文庫　¥714
❹SAS・特殊部隊式　図解メンタルトレーニング・マニュアル　クリス・マクナブ著　原書房　¥1995
❺印刷するだけぴゅんぴゅん年賀状DVD2014　アスキー・メディアワークス　¥460

<防衛省・三陽堂>
❶永遠の0　百田尚樹著　講談社文庫　¥920
❷知られざる自衛隊の謎　自衛隊の謎検証委員会編　彩図社　¥651
❸迎撃せよ　福田和代著　角川文庫　¥714
❹自衛隊総合戦力ガイド　朝雲新聞社　¥1260
❺DEFENSE OF JAPAN2013　ミデアム出版社　¥4725

<神田・書泉グランデミリタリー部門>
❶太平洋戦争のロジスティクス　林譲治著　学研マーケティング　¥1575
❷ミリタリーユニフォーム大図鑑　坂本明著　文林堂　¥2600
❸まりんこゆみ2　野上武志著　講談社　¥1008
❹第5SS装甲師団「ヴィーキング」写真集　大平原の海賊たちⅡ　石井元章著　新紀元社　¥4200
❺最強！世界の未来兵器　大久保義信著　学研マーケティング　¥580

<トーハン調べ12月期>
❶ポケットモンスターX・Y公式ガイドブック完全カロス図鑑完成ガイド　オーバーラップ　¥1575
❷人生はニャンとかなる！　水野敬也・長沼直樹著　文響社　¥1470
❸ポケットモンスターX・Y公式ガイドブック完全ストーリー攻略ガイド　オーバーラップ　¥1260
❹長生きしたけりゃふくらはぎをもみなさい　槙孝子著　アスコム　¥1155
❺モンスターハンター4　ザ・マスターガイド　電撃Nintendo編集部編　アスキー・メディアワークス　¥1995

昭和記念公園に「かき小屋」オープン

震災復興支援の一助に

期間限定、90分食べ放題

炭火で殻ごと焼くうまみの詰まったかきを、90分間存分に食べ、それが東日本大震災の被災地支援にもつながる——。ネットの口コミなどを通じて「かきの食べ放題バーベキュー」が人気を集めている。テントと防風ビニールがほどこされ、真冬でも快適にかきを味わえるバーベキューを取材した。

（文・写真　菱川浩嗣）

磯の恵みがもたらす弾力と香ばしさに、思わず顔がほころぶ。1月26日、陸自立川駐屯地に隣接する国営昭和記念公園（東京都立川市）のバーベキューガーデンで実施されている「かき小屋」を訪れた。炭や道具は用意されており、手ぶらでバーベキューを楽しめることで知られる同ガーデンは、例年冬場は一年で最も訪れる人が減る。しかし今年の冬は「かき小屋」により熱気であふれている。

「かき小屋」はデジサーフ（本社・神奈川県藤沢市）が運営。横浜駅西口やデックス東京ビーチ（東京都港区）でも実施されていた期間限定のバーベキュー・イベントだ。

新鮮なかきが一日に1～2回直送され、宮城県産で3000円、広島、兵庫産で2500円（小学生は各1000円引き）で90分思う存分かきを食べられる（公園入園料は大人400円、小・中学生80円別途必要）。

「かき小屋」利用同意書にサインし、受け取り所でかきが6、7個乗せられたお盆をもらって意気揚々と、屋台を思わせる透明な横幕を開けて入場すると、炭火の"暖房"も相まって中は外の寒さを忘れるような暖かさ。家族連れを始め、多くの「かき好き」がビールで乾杯、談笑しながらかきを網の上に乗せている。記者も山のようにつまれた直径15センチはある殻付のかきを網に乗せ、金属鍋のふたをする。ふたがあることで焼き上がりを良くし、蒸す要素も加わりふっくらとできあがる。

席に置かれたストップウオッチを使い、まずは3分焼き、かきを裏返しにしてさらに4分待つ。まるで合図するように閉じていた殻がパカっと開いた。

用意された軍手で殻をつかみ、小さなナイフでさらに殻をこじ開けると身が現れる。貝柱を切り、口に運ぶと濃厚な旨みに思わず笑みが浮かぶ。磯の香りを感じながら、暖かいテント内で焼くバーベキューは夏場よりも快適だった。

三鷹市から来た自営業の藤吉理さん（54）は「新鮮でしっかりした味。醤油などもおいてあるがそのままで十分」と顔をほころばせ、友人で群馬県から来た会社員の黒岩弘明さん（53）や家族とかきを堪能していた。

イベントを企画したデジサーフ取締役の平井龍さんは「かきの産地である宮城県の石巻が被災し、力になる方法を考えた結果です」と話す。売上の一部は被災地に寄付されているという。

平井さんは震災時に、自衛隊の先導で被災地に入った経験があるという。恩義を感じている自衛隊に対し、「かきは栄養の宝庫。体力増進をはかる意味でも自衛官に来ていただければ」と話す。

国営昭和記念公園での「かき小屋」は毎日、午前10時から午後3時半の間の3部制で実施。同イベントは今後東京都23区内でも開催予定だ。PCサイト「デジキュー」（http://digiq.jp/）にて要予約、2人から可。3月31日まで実施される。

炭火で焼き上げたかき。ナイフ（右端）で殻を開けて食べる＝1月26日、国営昭和記念公園で

テント内で焼き上げたかきを食べる客。ビニールの横幕（右奥）があるため、寒さを気にせず味わえる＝1月26日、国営昭和記念公園で

マイヘルス Q&A

口臭

原因により対策異なる

歯科、全身疾患で発生も

Q　口臭について教えて下さい。

A　口臭とは自分以外の人（第3者）と身近に接する時に本人の吐く息が第3者にとって不快に感じられるものと定義されています。国際口臭学会の国際分類により「真性口臭症」「仮性口臭症」「口臭恐怖症」に分けられます。

「真性口臭症」とは実際に第3者が不快に感じる口臭を認める場合です。「真性口臭症」は「生理的口臭」と「病的口臭」に分けられ、「病的口臭」は更に「口腔由来」と「全身由来」に分けられます。「生理的口臭」とは明らかに原因となる疾患が認められないものです。「病的口臭」は明らかに原因となる疾患が認められるものです。

「仮性口臭症」とは社会的容認を超える口臭は認められず、検査結果の説明などにより口臭の訴えの改善が期待できるものをいいます。「口臭恐怖症」とは「真性口臭症」「仮性口臭症」の治療では口臭の訴えの改善が期待できないものをいいます。

Q　口臭の原因は何ですか。

A　「生理的口臭」の場合、どなたにでも認められる口臭で、特に起床直後、空腹時に強く認められます。その他、女性では生理中、妊娠中にも口臭が強くなることが知られています。「生理的口臭」では唾液の分泌が減少することにより細菌が増殖し、その結果、口臭の原因物質が増加することにより起こります。

「病的口臭」の場合、「口腔由来」であることが多いです。具体的には歯周病、舌苔（ぜったい＝舌の表面にこびりついた細菌の堆積物）、入れ歯の清掃不良、虫歯（進行した虫歯）、合わない詰め物などです。

これらの歯科疾患をそのまま放置しておくと口の中の細菌が歯垢や白血球の成分、死んだ細菌、食べかすなどのたんぱく質を分解することによって「揮発性硫黄化合物」が発生します。揮発性硫黄化合物の中でも特に硫化水素、メチルメルカプタン、ジメチルスルファイドの3種類が知られています。

硫化水素は「卵が腐ったような臭い」、メチルメルカプタンは「血生臭い臭い」、ジメチルスルファイドは「生ごみのような臭い」とよく表現されます。病的な口臭の原因として歯科疾患以外に全身疾患に関連して口臭を発生するものもあります。副鼻腔炎などの耳鼻咽喉の疾患、呼吸器疾患、糖尿病、肝疾患などが挙げられます。

Q　口臭の予防方法と治療について教えて下さい。

A　すぐにできる予防方法は、起床直後および空腹時に口臭が特に強い訳ですから、まずは朝食をきちんと摂り、よく噛んで唾液の分泌を促しましょう。食事をきちんと摂ることで「生理的口臭」は弱まることが知られています。そして「病的口臭」であれば該当する（病気の原因となっている）それぞれ専門の科で治療を受けることが大切です。

自衛隊中央病院診療科　第3歯科部長　森田　秀樹

変わるバレンタインデー

愛の告白より友チョコ

ユニーク、高級な商品が人気

「みんなで楽しむ日」に

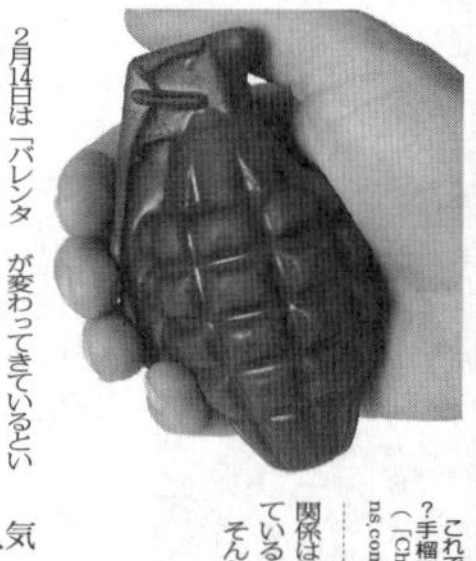

これでハートもイチコロ？手榴弾型チョコレート（「Chocolate weapons.com」HPより）

2月14日は「バレンタインデー」。日本では"女性が意中の男性にチョコレートを贈り、思いを伝える日"として、クリスマスや記念日と並ぶ一大イベントとなっている。この時期のデパート催事場は女の合戦場だ。

しかし、最近では傾向が変わってきているという。「バレンタインデー自体は縮小傾向にあります」と都内の製菓メーカー社員は話す。

「いわゆる『本命チョコ』より、『友チョコ』や『家族チョコ』などが盛んになってきており、期間、男女を問わず多種多様なチョコレートが売れるようになってきています」

あくまでバレンタインデーを基軸に、「義理チョコ」の定義が拡大した形だ。職場に配る「お仕事チョコ」や友達同士で交換する「友チョコ」、男性から女性に贈る「逆チョコ」、家族で楽しむ「家族チョコ」、果ては自分へのご褒美としての「自分チョコ」まで——。日本人とチョコレートの関係は着実に変化しているようだ。

そんな最近の風潮を象徴するのが、東京・新宿の伊勢丹本店で1月22日から27日まで開催されたチョコレートの祭典「サロン・デュ・ショコラ」。12回目となる今年のテーマは「ラ・マジ（La Magie・魔法）」で、「チョコレートの持つ幻想的な価値観や幸福感を表現」することがコンセプト。オープニング前夜祭で大西洋氏（三越伊勢丹ホールディングス社長）は「バレンタインとは全く別の、チョコレートの本質をご提案する」と力強く述べた。

売り場には五感に訴えかけるユニークで美しいチョコレートが並び、まるで美術展示場の様相。連日多くの客でにぎわった。

また、一風変わったチョコレートも人気。「Chocolate weapons.com」ではミリタリー好きにはたまらない本物そっくりの銃や銃丸、手りゅう弾型チョコを買うことができる。

見た目がカブトムシの幼虫そのものの「幼虫チョコ」（小松屋本店）はサプライズにうってつけ。また、神戸フランツの「工具チョコ」はスパナやボルト、電球ソケットなど男心（？）をくすぐるラインナップだ。

バレンタインが「皆でチョコレートを楽しむ日」に変わりつつある。チョコレートが女の武器ではなくなる日も近い!?

BOOK NOW　私が読んだこの一冊

乙武洋匡著「五体不満足」（講談社）

陸自10師団10通信大隊（守山）　工藤　実1陸尉　44

内容は、著者の半生です。実は、私自身気になる一冊でしたが、ふびん・可哀想と思う気持ちが先に出てしまい読むのを避けていました。

数年後、テレビに映る著者をみて、この本を思い出し読んだところ、自分が思ったものとは全く違う、チャレンジ精神溢れる内容で、逆に元気をもらいました。

著者の言葉「障害は不便である。しかし、不幸ではない」が胸を熱くします。ぜひ、一読してはいかがでしょう。

佐々木常夫著「部下を定時に帰す『仕事術』～『最短距離』で『成果』を出すリーダーの知恵～」（WAVE出版社）

海自2空群八戸航空基地隊運航隊　宮崎　信嘉3海尉　35

部下を定時に帰す「仕事術」という文字に惹かれ購読。著者の経験を基に、具体的で、実践に応用しやすい内容となっている。

例えば、本書で紹介されている「Eメールは結論から書く」という、結論から手際よく述べ、簡潔明瞭に相手に伝える術などは、大いに共感でき、自衛隊という特殊な環境で任務を遂行する我々にとっても、仕事のやり方、考え方の参考となる1冊である。

飯倉晴武監修「日本人礼儀作法のしきたり」（青春出版社）

中警団基業群会計隊（入間）　関原美枝事務官　38

日常生活における礼儀作法や伝統行事についての正しい意味などを、改めて問われると意外と答えられないものが多いのではないでしょうか。

本書は、古くから連綿と受け継がれてきた礼儀作法等をわかりやすく解説しています。そこに込められた心づかいなど、本来の意味を知ることで日本の良さを見直すことができます。日本人として、国を守る防衛省で勤務する者としておすすめしたい一冊です。

新成人3隊員「感謝忘れず精進」

ジブチで南極で　新たな決意

【統幕】1月13日の成人の日。海外任務中に成人を迎えた林祐輔陸士長(20)、小玉翔平海士長(20)、井坂悠祐海士長(20)の3人のために、海外展開中の二つの部隊・艦艇は成人式を行った。日本から遠く離れた厳しい土地で任務に当たる新成人3人から決意の声が届いた。

アデン湾で警戒監視任務に当たる海賊対処行動航空隊14次隊(司令・伊藤進吾1佐以下約190人、うち陸自隊員は約70人)は1月13日、警衛隊の林士長の成人記念行事を行った。

林士長は第1空挺団(習志野)3普通科大隊に所属。出身地の富山県で成人の日を迎えるはずだったが、昨年10月、航空隊の一員としてジブチに派遣された。

この日は隊員から第1空挺団伝統の温かい祝福を受け、皆の前でスクワットを激しく行いながら「灼熱のアフリカの大地で人生に一度しかない成人の日を迎えられたことは、一生の思い出。これからは、成人としての責任を自覚し、今まで以上に精進していきたい」と息を切らせつつ大声で叫んだ。

一方、1月4日に3年ぶりに昭和基地接岸を果たし、基地への物資輸送をすべて完了した砕氷艦「しらせ」(艦長・日高孝次1佐)でも同18日、新成人2人を祝った。

1人は運用科に所属する宮崎県日南市出身の小玉士長。平成24年3月に5期一般海曹候補生(横須賀)として海自に入隊した。小玉士長は「帰国したら、今まで見守ってくれた両親に感謝の気持ちを伝えたい。今後は自覚を持った行動で何事にも積極的に精いっぱい頑張りたい」と決意を示した。

もう1人の運用科の井坂士長は栃木県栃木市出身で、24年4月に357期練習員(横須賀)として入隊。「成人式を南極で迎えることは、同級生にはできない貴重な経験。今まで支えてくれた両親や先輩方への感謝の気持ちを忘れずにこれからも頑張りたい」と生き生きとした表情で述べた。

2人は日高艦長から記念品を手渡され、乗員全員から祝福された。

林士長は2月7日に、「しらせ」の2人は4月7日にそれぞれ帰国する予定。

ジブチの自衛隊拠点で伊藤司令(右)と固い握手を交わす林祐輔陸士長(1月13日)

成人を祝い、昭和基地に接岸した「しらせ」の前で記念撮影をする小玉士長(前列左から2人目)と井坂士長(同3人目)(1月18日)

300人が協力して123リットル献血

福知山曹友会

【福知山】福知山駐屯地曹友会は1月9日、「献血は未来へつなぐかけ橋」をスローガンに駐屯地で「100リットル献血運動」を行った。

駐屯地は年3回の献血を行っているが、特に輸血用血液が不足する冬季に合わせて今回、100リットルを目標に実施した。

午前7時半、献血車3両が駐屯地厚生センター前に配置され、隊員らが次々と献血した。地元メディアが取材、福知山市医師会会長らも励ましに訪れた。

今回は南スーダンPKOに派遣されている約90人の隊員の分まで、という思いも込め約300人が協力。目標を大きく超え、新記録となる123・2リットルを献血した。隊員の一人は「少しでも貢献できれば」と語った。

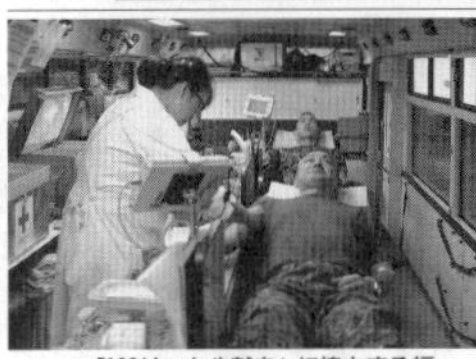
「100リットル献血」に協力する福知山隊員(1月9日、福知山駐屯地で)

こちら警務隊　☎8・6・47651

他人の封筒を無断開封　信書開封罪で懲役にも

他人宛ての封筒を無断で開けたら犯罪になりますか?

「信書開封罪」に問われ、1年以下の懲役または20万円以下の罰金に処されます。

この罪は、封筒に限らず、特定の人に対して送られた封をしてある文書(書類や郵便物)を、正当な理由がないのに開けた場合に成立します。

具体的には、信書の対象は、必ずしも郵便によって配達されたものに限らず、宅配便によって届けられたものや作成者本人が直接宛名人に手渡したものも含まれます。

他人のプライバシーを侵害する行為は、犯罪です。絶対にやめましょう。

(警本保安科)

「チームワークで戦う」

冬戦教5選手、ソチへ出発

冬季五輪史上初めて女子選手の数が男子を上回ったソチ冬季五輪の日本選手団。陸自冬季戦技教育隊(真駒内)から出場する選手も、6人中4人を女子が占めている。2度目の出場の鈴木美由子3陸曹ら5人は1月18、19日、札幌市の西岡競技場で行われた「ジャパンカップ」で国内での最後の調整を終え、25日、ソチに向けて出発した。

ジャパンカップの女子2戦のうち6キロ(射撃2回)には、ソチに出場する鈴木3曹ら4人を含む12人が出場。同3曹が伏射と立射の2回計10発の射撃をノーミスで終え、1位でゴールした。2位には49秒差で同じく日本代表の鈴木李奈陸士長が入った。

女子でただ1人出場した前回バンクーバー大会では、3種目に出場したものの上位をうかがえず、「何もかもレベルが低過ぎた。(この4年間)強くなりたい、世界で戦える選手になりたい、と思い練習を積んできた」という鈴木3曹。

個人3種目に加えてリレーにも挑む今回は「チームワークを大切にし、みんなの力を一つにする」と女子バイアスロンを引っ張っていくつもりだ。

バイアスロンの選手5人は25日に成田から出国、オーストリアで直前合宿を組んだ後、2月4日にソチに入る。

ソチ五輪前の国内最終レースで、競技前に集中力を高める鈴木3曹(1月18日、西岡競技場で)

「モコ」も「頑張って」

バイアスロン代表壮行会

札幌地本

【札幌地本】札幌地本の羊のキャラクター「モコ」は1月18日、札幌市内で行われた「ソチ冬季五輪バイアスロン日本代表選手壮行会」に出席し、陸自冬戦教(真駒内)から出場する5人を激励した。

ソチ冬季五輪に挑むのは井佐英徳2尉、小林美貴2曹、鈴木美由子3曹、鈴木李奈士長、中島由貴士長で、壮行会には北方総監部幹部、競技団体関係者ら約100人が出席した。

壮行会では甲斐芳樹北方幕僚副長が「積極果敢に挑戦してほしい」と激励。4大会連続の井佐2尉が「最後まであきらめない」、2大会連続の鈴木美由子3曹が「感謝の気持ちを1秒1発に込める」とそれぞれ決意を語った。

モコは日の丸の鉢巻きをして登場、選手一人ひとりと握手を交わして励ました。寄せ書きにメッセージを記し、締めのエールでは国旗を力いっぱい振った。

(上)ソチに挑む(左から)小林2曹、中島士長、鈴木美由子3曹、鈴木李奈士長を激励したモコ=1月18日、札幌市内で (左)6年後に向けて始動した東京オリンピック・パラリンピック組織委員会会長の森元首相(左から3人目)=1月24日、都庁で

東京五輪組織委が発足

東京オリンピック・パラリンピック競技大会組織委員会が1月24日、東京都庁で発足した。

組織委員会の会長には森喜朗元首相、理事には竹田恆和JOC会長ら5人が就いた。事務局は約50人で始動、6年間で3000人のスタッフ、8万人のボランティアを束ねる組織へ拡大する。2020年の大会に向けてスポーツ界、政財界等の支援・協力を得ながら準備、運営を行う。

森会長は就任後の会見で「オールジャパン体制を作り、関係者一丸となって献身したい。時間は刻々と進む。まだ6年ある、ではなく、もう6年しかない、という思いで一つ一つ階段を上るように進めていきたい」と決意を語った。

東京五輪・パラリンピックに向けて、防衛省も昨年9月、特別行動委員会を設置。体育学校(朝霞)所属選手の強化を柱とする取り組みを始動させている。

予備自衛官が事故を防止

香川地本が褒賞

【香川地本】香川地本の高坂政隆予備准空尉(62)は12月20日、重大事故を防いだ功績で善行褒賞を贈られた。

高坂予備准尉は11月15日、東北旅行ツアーに参加した際、乗っていたバスの運転手が体調を崩し、意識がもうろうになった。蛇行運転を始め対向車線に寄ったため運転席に駆け寄り、ガイドに「ハンドルを頼む」と指示するとともに、運転手に覆いかぶさってブレーキを踏み停車させた。

バス会社社長から感謝の手紙が届き、善行が判明した。地本では中村賀津雄本部長が善行褒賞を授与。高坂予備准尉は「バスが蛇行し始めたときは驚いたがとっさに体が動いた。大きな事故にならず良かった」と話した。

東京地本長が東大で講話

【東京地本】東京地本長の高田克樹陸将補はこのほど、東大工学部講堂(東京都文京区)で工学部学生と大学院生計約200人に対して講話を行った。

講話は「軍事と科学技術」と題して実施。軍事的変革に科学技術が与えた影響、将来の軍事科学技術の動向などについて、資料に動画を活用、経験談などを交えながら平易に解説した。学生からは「興味深い内容。他の話も聞いてみたい」などの感想が聞かれた。

小休止

▽…厚木基地陶芸部はこのほど、祭事用酒器36器を神奈川県大和市の山神社に奉納した=写真。

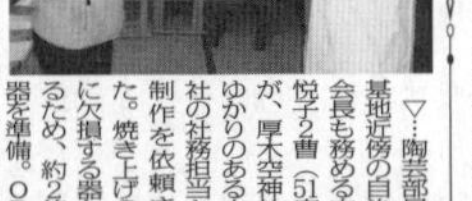

▽…陶芸部員で基地近傍の自治会会長も務める中村悦子2曹(51空)が、厚木空神社とゆかりのある山神社の社務担当から制作を依頼された。焼き上げの際に欠損する器もあるため、約2倍の器を準備。OBの力も借りて、同じ形の酒器を約1カ月かけて作り上げた。

▽…神社では「心のこもった見事な酒器を奉納いただいた」と、祭事に用いている。(厚木)

みんなのページ

人とのつながりを自分の「力」として

一般幹候生・陸曹長　吉田　英里子(陸幹候校2候隊3区隊・前川原)

「幹部候補生学校の数カ月間で、自分がはたして成長できたかどうかは分からない。でも、厳しい教育訓練を乗り越え、自信を得られたことにこそ意味があると思う」――。

これは私が幹候校入校前、卒業したばかりのI幹部から聞いた言葉です。

当時、私はその言葉に疑問を感じながらも、それを先輩のアドバイスとして受け取りました。しかし、本心では「せっかくの教育期間なのだから、自分は成長してやる。自信がつくくらいでは意味がない」。そう思いながら前川原に向かいました。あれから幹候校で9カ月間を過ごし、いま自分も卒業を控えています。そして改めてI幹部の言葉を思い出しては「自分も自信が得られたか」と自問しています。

幹候校の教育の中で一番身に染みたことは、小隊長等の「役職に就いた時」と一般の「列員である時」の心の持ち方の違いでした。列員の時は自分の仕事に集中し、それ以外は指示を待てばよい感じでした。

しかし、小隊長などの役職を務めた時はまったく違う対応が求められました。それは小隊全体を見回し、「次の行動を考える」「状況を把握する」「部隊の安全を確保する」など、部下の行動にも絶えず意識を働かせなければならないからでした。

そして、そうした役職に就くと、心身ともに疲れた状況でもアドレナリンが湧き出しているのか、普段以上に動き回れるようになっているのはとても不思議でした。おそらく自分の全神経が「任務達成」というベクトルに向かって集中していたためでしょう。

幹候校の教育で「指揮官」は常に与えられた任務のことを意識し、その達成のために全身全霊を捧げねばならない存在であると分かりました。常に任務の分析に努め、それを部隊が成し遂げられるよう、指揮官の「心の持ちよう」が非常に大切であることを知りました。

無論、一正面に全力を傾ける「列員」も組織の中では必要な役割です。大事なことは隊員が「自分に求められる役に徹する」ということでした。

それを幹候校で修得できたかどうかは分かりません。それは大きなテーマで、卒業後も付き詰めていかねばならないものであると思っています。今後、部隊の行動で得た反省や悔しさ、そして得られた自信を基に自分自身の判定基準を持っていきたいと思います。

今後、私が初級幹部になれば、これまでとは違い、部下を持つようになります。それは即ち、誰かの子であり家族である隊員に対して責任を持つことです。

「そのための自信がお前にあるのか」と問われれば、今の私には「もっと学んでおけば良かった」「自分はもっとできたのではないか」という反省ばかりです。

しかし、前川原の日々を思い起こせば、多くの方々から直接・間接に教えを請うことができました。またそこには一緒に乗り越えた同期がいて、また私たちを励まし、支援してくれた方々がいました。私たちはその大きなものに守られ、ここまで来ることができたのだと思います。それを思うと、自分の中に「自信」が湧いてくるのが感じられます。

人とのつながりは人を強くします。私には前川原での人とのつながりがあり、今後は部隊で人とのつながりがあります。私はその人とのつながりで得た力を隊務に注ぎ、部隊の任務達成に寄与できる幹部になりたいと思います。

(現・3普連＝名寄)

(世界の切手・ノルウェー)

「一貫性」というのは、想像力を欠いた人間の最後の拠りどころ。

オスカー・ワイルド
(アイルランドの作家)

朝雲ホームページ
www.asagumo-news.com
<会員制サイト>
Asagumo Archive
朝雲編集局メールアドレス
editorial@asagumo-news.com

新刊紹介

「日本軍と日本兵」

一ノ瀬　俊也著

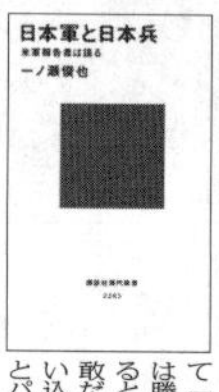

日本陸軍とはいかなる軍隊だったのか。かつては「空疎な精神論を振り回し、日本を破滅に追い込んだ非合理的な組織」と見なされていた。しかし、近年の研究で必ずしも「玉砕」ばかりを叫んでいたのではないことが明らかになってきた。著者は米陸軍軍事情報部が第2次世界大戦中、部内向けに発行した『情報広報』を基に、その実像に迫ろうとする。

米軍にとって、日本人は人種的にも文化的にも理解しにくい存在だった。そのため一般兵士は日本兵を卓越した肉体を誇る「超人」と恐れる傾向があった。これに対して『広報』は勝っているときは勇敢だが、追い込まれるとパニックに陥るとして「同じ人間」としての弱点を持っている」と結論づける。

著者は「それは米軍のプロパガンダに過ぎないという見方もできようが、私はたぶん多くの日本兵はほんとうにそういう人たちだったのだろうと思っている。その理由は、彼らの直系の子孫たる我々もまた、同じ立場におかれれば同じように行動するだろうと考えるからだ」と述べる。

戦いの相手の視点を借りることで、日本軍と日本人の実態に新たな光を当てる書だ。(講談社刊、840円)

「あなたの習った日本史はもう古い!」

荒木　肇著

日本史はこの30年で大きく変わっている。次々に歴史の新しい研究成果が発表され、昭和世代が学校の教科書で習った史実はことごとく覆されている。

本書は、現在の子供たちが学校で教わる、大人だけが知らない日本史の新常識を、昭和と平成の教科書内容を比較して解説。近代の戦争に関する項目については、軍事評論家ならではの視点で、昭和・平成の掲載内容にとどまらず、将来の教科書内容についても大胆に踏み込んでいる。

平成の教科書では、「大和朝廷」は「ヤマト政権」という言葉に変わり、「仁徳天皇陵」と習った前方後円墳は「大王の墓のひとつ」と改められている。聖徳太子をはじめ、源頼朝、足利尊氏などの肖像画は姿を消した。「イイクニ(1192)つくろう鎌倉幕府」と覚えた鎌倉幕府の成立年は、諸説あるが1185年に変わっている。「鎖国」という言葉はなくなり、「徴兵制度」は昭和と平成では微妙なニュアンスの違いがみてとれる。

教科書は時代とともに変化する。歴史の「今」を知る一冊だ。(並木書房刊・1575円)

自信得たホーク組み立て

陸士長　栁沼　旬(5高特群320高中・八戸)

私は昨秋、米国で実施された「ホーク部隊実射訓練検閲(ASP)」にミサイルの組み立て手として初めて参加しました。

今年度から評価要領が大幅に変更され、今回は「優秀」を獲得することが非常に困難であると予想されていました。そこで中隊では困難を克服すべく、早い時期から訓練を始めました。

私は初のASP、しかもミサイル組み立てということで、当初は不安でいっぱいでした。そこで基本・基礎を徹底し、「組み立て日本一」を目指し、確実性と早さを追求しながら訓練を重ねました。

派米実射訓練で対空ミサイル「ホーク」の組み立て作業に当たる隊員たち

どうしたら誤操作や不備事項をなくし、組み立て時間を速くできるか、毎日クルー間でミーティングを行い、少しずつではありますが練度が向上していきました。

また「ホーク指導班」の方々からもさまざまな指導を受けました。しかし、創意工夫で回を重ねるごとに指摘される数が減り、「大丈夫。自信を持ってアメリカへ行ってこい」と言われるまでになりました。

米国でのASP本番では緊張で落ち着くのが難しい状況でしたが、「悔いは残したくない」との思いで無心で臨みました。アクシデントはあったものの、時間内にミサイル組み立てを完了することができ、今までやってきたことは間違っていなかったと安堵しました。

結果は中隊目標の「日本一」には届きませんでしたが、部隊一丸となってASPを目指したことは本当に良い経験になりました。次回のASPでは陸曹として参加し、今回の経験を生かして絶対に日本一になりたいと思います。

感謝いっぱいの「方面優秀隊員」

技官　三村　郁夫(関西処三軒屋弾支・技術科整備班長兼検査班長)

中部方面隊の「方面優秀隊員」招待行事に夫婦で招かれ、堀口総監より表彰状と記念品を賜り、感謝の気持ちでいっぱいです。

当日は厳粛な中での表彰式、総監との記念撮影、また会食時に総監から直接お声をかけて頂き、感激と緊張の連続でした。さらにその後は中部方面音楽祭の鑑賞やヘリコプター体験搭乗などもあり、夫婦そろって大変思い出に残る1日となりました。

受賞後、堀口中方総監(左)と記念撮影する三村技官夫妻

このような賞を頂けたのも、上司や先輩、そして優秀な班員に恵まれ、日々の業務を積み重ねることができたからだと思います。関係各位に対して感謝の念に堪えません。また、これまで家庭をずっと守ってくれた家内にも感謝したいと思います。

会場では関西補給処長からも特別にお祝いのお言葉を頂き、夫婦ともに感無量の心地でした。今後、三軒屋弾薬支処からさらに多くの隊員がこの素晴らしい招待行事に参加できますよう、私も人材の育成に努めていきたいと思います。

守りました! 大阪モーターショー

3陸曹　篠原　伯佳(36普連広報室・伊丹)

㊤キャンペーンガールと一緒にポーズをとる大阪地本の「まもるくん」(中央)　㊧大阪トヨペットのブースで、カメラマンからキャンペーンガール(右)を守る36普連の隊員

第36普通科連隊は12月20日から23日まで、大阪市の国際展示場「インテックス大阪」で行われた「第8回大阪モーターショー」に陸上自衛隊の車両を出展しました。

このイベントは本部管理中隊と第2中隊が担任し、部隊が装備する82式指揮通信車と高機動車、偵察用オートバイを広い会場内に展示しました。

2年ぶりの開催となる「大阪モーターショー」は、前回を大きく上回る規模となり、4日間で来場者は30万人を超えました。

ホール内には国内外の自動車メーカーから多数の最新乗用車が出展されましたが、その中でも6輪装甲車の82式指揮通信車などが展示された「自衛隊ブース」は一際目立つ存在で、来場者は初めて見る陸自の車両に驚き、カメラを向け、しきりにシャッターを押していました。

最終日は、華やかな衣装を着けた大阪トヨペットのキャンペーンガールと、自衛隊大阪地方協力本部のゆるキャラ「まもるくん」のコラボレーションが実現し、お互いのブースで撮影会も行われました。会場にはたくさんのカメラマンが集まり、押し合いへしあいの状況だったので、連隊の隊員がステージ前に立ち、キャンペーンガールを守る一幕もありました。

自衛隊ブースを訪れた来客からは「隊員の方がみな親切で、自衛隊を身近に感じた」などといった声が聞かれました。「大阪モーターショー」という大きなイベントへの参加でしたが、来場者から大きな関心を集め、今回の装備品展示は大成功に終わりました。

OBがんばる

桝田　忠康さん　54
平成25年5月、海自佐世保教育隊教官(1海尉)を最後に定年退職、佐世保市にある特定医療法人・雄博会千住病院に就職、設備管理や車両運行、警備業務を担当する。

向上心と感謝忘れず

私は平成25年5月、佐世保教育隊での勤務を最後に定年退職しました。再就職で考慮したのは、自宅近くに勤務でき「人の役に立つ」仕事でした。その気持ちを佐世保総監部援護業務課に伝えたところ、地元のこの病院を紹介されました。

千住病院は内科専門の病院で、急性期医療から慢性期医療・介護まで対応できる地域医療完結型病院です。担当は電気・機械設備の管理のほか、各部署から依頼された修理業務などですが、これに加えて交代で車両運行や警備業務を行っています。

車両運行は、当院と市内に所在する診療所間のシャトルバス、他の病院を受診する患者の救急車による送迎、ショートステイ患者の送迎があり、「患者の安全」を最優先して細心の注意を払いながら運転をしています。

私にとっては全く経験のない業務で、当初は毎日が悪戦苦闘の連続で、失敗してくじけそうになったことも何度もありました。しかし、上司や病院の方々の親身で温かな教育指導を受け、大変勇気づけられました。病院に勤務して「仕事とは人と人との関わりに尽きる」ということをつくづく実感しています。これからも少しでも戦力となれるよう、常に向上心をもって一つ一つ経験を重ね、感謝の気持ちを忘れずに努力していく覚悟です。

会社は積極的でやる気のある人材を求めています。まずは健康を大切に、自分が希望する仕事に必要な資格の取得にも積極的に挑戦してください。また求職に当たっては、援護業務課などに積極的に足を運び、自ら情報収集に努めることをお勧めします。

詰碁

第1080回出題

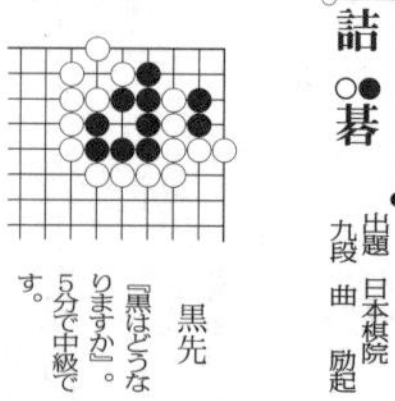

出題　日本棋院　九段　曲　励起

黒先

『黒はどうなりますか』。5分で中級です。

▶詰碁、詰将棋の出題は隔週です◀

詰将棋

出題　日本将棋連盟　九段　石田　和雄

≪第664回の解答≫

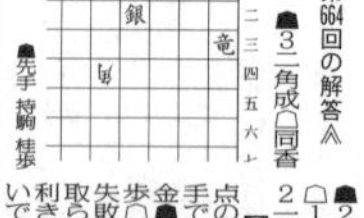

▲先手　持駒　桂歩

【正解】▲3二角成△同香▲2三竜△2二金▲1三桂△1一玉▲1二歩△同金▲2一竜までの九手詰め。

【解説】▲3二角成が焦点の盲点をつく好手。この手で単に▲2三竜は△2二金▲1三桂△1一玉▲1二歩△同金で5四角が利いて失敗します。△3二同香と取らせることにより、角の利きをなくすのが本題の狙いでした。

朝雲

発行所 朝雲新聞社
〒160-0002 東京都新宿区坂町26番地19 KKビル
電話 03(3225)3841
FAX 03(3225)3831
振替00190-4-17600番
定価一部140円、年間購読料9000円（税・送料込み）

主な記事

2面 災害時に備えパンメーカーと協定
3面 「中国安全保障レポート2013」
4面 〈部隊だより〉恒例「雪中飛び降り」
5面 桜島爆発と大地震を想定し訓練
6面 〈募集・援護〉受験生を全力サポート
7面 空幹候校で元零戦パイロットが講話
8面 〈みんなのページ〉比救援活動に従事

「中国安全保障レポート」防研分析

海上法執行機関の統一「警戒すべき動向」

防衛研究所は2月1日、中国の中長期的な軍事・安全保障動向を分析した年次報告書『中国安全保障レポート2013』を日英中の3カ国語で公表した。複数の組織が併存していた海上法執行機関が昨年、整理・統合され、新たに「国家海洋局／中国海警局」に統一されたことについて、「党中央指導部で海洋問題の重要性が認識されている証左。能力強化につながり、日本を含む周辺諸国にとって警戒すべき動向」と警鐘を鳴らした。新たに発足する「国家安全委員会」については「習近平国家主席がトップに就けば、安全保障政策の指導体制の制度化を通じて習主席の権力基盤が強化される」との見方を示し、今後の安全保障戦略の策定に注目していく必要があるとした。

（3面に要旨）

国家安全委員会発足　習主席の権力基盤を強化

刊行4年目に当たる今年は中国の危機管理体制に焦点を当て、外交・安全保障面での政策決定や執行のメカニズムを分析した。

中国の危機管理の特徴として、主権や領土などの「原則」に関わる問題には非常に強硬な態度を取る一方で、中国の立場や主張が守られると判断すれば比較的柔軟な行動を取ることもあると指摘。

さらに危機を「利益追求の好機」と捉え、「危機の責任は相手側にある」との体面を維持しつつ、軍事・外交・経済などの多様な手段を巧みに使い分け、「圧力と対話」の積極的な行動で主導権を確保し、自国の利益の最大化を図っている、と分析した。

その裏では政治的な判断が重視されており、「中央政治局常務委員会」が最終決定権を持つ中央集権的な政策決定は従来と変わりがないと指摘。中国の行動に表れる矛盾や不一致の要素は、中央指導部の意図をかなりの程度反映しているものと推測した。

こうした中で、人民解放軍は「中央政治局常務委員会」における政策決定の主体ではないものの、最高指導者への軍事情報の提供や政策提言を通じて「一定の大きな影響力を持つ重要な主体」であると位置づけた。

昨年11月に設置が決まった「国家安全委員会」の狙いについては、「国内外で生じている多様化した安全保障上の脅威に迅速かつ総合的に対応するため、国家安全保障戦略を策定し、関係各部門への統一指導と政策調整の制度化を行うこと」と分析した。

また、改編統一された「国家海洋局／中国海警局」は組織形態や権限関係が複雑で、中国海軍や党中央指導部との関係も含め「不透明な点が多い」と指摘。一方で、中国は他国の軍事活動への妨害行為を行う主体を海軍から海上法執行機関に移行させていることから、日本を含め周辺諸国は海軍のほか「国家海洋局／中国海警局」との安全基準の共有が重要だと訴えた。

これらの分析を踏まえ、レポートでは、日中防衛当局間で①年次会合や専門会合の開催②ハイレベルのホットラインの設置③海上連絡メカニズムの早期運用開始――を提言。不測の事故や衝突を回避し、日中間の摩擦が軍事的・政治的な局面に拡大することを防ぐ防衛当局間のメカニズム構築が喫緊の課題だとした。

離島奪回へ

西方普連　米で「鉄拳作戦」

陸自西部方面普通科連隊は1月23日、米海兵隊との実動訓練「アイアン・フィスト（鉄拳作戦）」を米カリフォルニア州のキャンプ・ペンデルトン基地などで開始した。訓練は最初にボート着上陸訓練やヘリ着水時に緊急脱出する「ヘリダンカー」など機能別訓練を行い、その後2月13日から23日まで、沿岸からの着上陸戦闘など離島奪回のための一連の作戦を総合訓練として演練する。

右の写真＝米海兵隊HPから＝は「ヘリキャスト訓練」で、米軍のCH64E輸送ヘリ上から右手に小銃、左手にフィン（足ひれ）をつかみ、海上に飛び降りる西普連の隊員。

森担当相に報告

女性自衛官の活躍PR

防衛省初の女性課長・廣瀬服務管理官

防衛省の本省採用で女性初の課長職に就任した廣瀬律子服務管理官は1月30日、消費者庁に森雅子男女共同参画担当相を訪れ、女性自衛官の活動状況や、防衛省における女性の活躍推進の取り組みなどについて報告した。

森大臣は、安倍内閣が女性の活躍を「成長戦略の中核」に位置付けていることを強調。「小野寺大臣のリーダーシップのもと、防衛省で初めての生え抜きの女性課長が誕生したことは大変うれしい」と祝意を表した。

これに対し、廣瀬氏は「少子高齢化の中で優秀な人材確保のためには男女共同参画が大事」と述べ、実力組織の自衛隊にあっても積極的な女性の登用や子育て支援などに取り組む防衛省・自衛隊の姿勢をアピールした。

特に、深夜早朝を問わず災害派遣などの緊急出動の際に子供を預かる仕組みや、駐屯地や基地内に設けられた24時間対応の託児所の活用などを通じ、現在、自衛官約23万人に占める女性の割合が5・5％に上昇していることを説明。

廣瀬氏は「女性だからといってチャンスが得られないのはよくない。自衛隊ではいろいろな職域を女性に開放し、さまざまなポストに就けるようにしている。災害派遣やPKOで女性自衛官の活躍がこれまで以上に期待されている」と力を込めて話した。

森内閣府特命担当大臣（中央）を訪問し、女性自衛官の活躍を報告した廣瀬律子服務管理官（左から2人目）＝1月30日、東京都千代田区の消費者庁で

26年度防衛費

重要施策を見る

□3□　海自

中国の海洋進出にらみ　無人機を本格導入

昨年7月、米海軍の無人機X47Bが空母「ジョージ・H・W・ブッシュ」への着艦に成功、メイバス米海軍長官は「軍事作戦全般で、有人機と無人機が共に活躍する日は近い」と述べた。世界は無人機の時代を迎えようとしていると同時に、海上における軍事戦略や軍事バランスの変化への対応を余儀なくされている。

海自では平成26年度予算案に「艦載型無人航空機の海上自衛隊艦艇との適合性等に関する調査研究」として200万円を計上、無人航空機導入を本格的に検討する陸自・空自に続くかたちとなった。

海上優勢を保つには、警戒監視をより広域に行う必要がある。艦載型無人航空機は有人機では対応できない場所にも容易に投入できるため、大きな期待が寄せられている。

今後は米軍や仏軍などが運用する全ての艦載型無人航空機（回転翼・固定翼タイプ）を比較調査し、最も海自に適合する機体を選別、導入に向けた準備を急ぐ。

また、日本の領海を守る海自が特に懸念するのは中国の動向だ。

南西地域の警戒監視を強化するため、現在活動中のP3C哨戒機より1時間当たりの捜索範囲が1・8倍に向上した最新鋭のP1哨戒機3機（594億円）のほか、SH60K哨戒ヘリ4機（242億円）を取得。P3Cには搭載レーダーと赤外線探知装置の能力向上を施す予定（4機、12億円）。

護衛艦1隻（729億円）、潜水艦1隻（517億円）、掃海艦1隻（177億円）を新たに取得するほか、引き続き艦艇26隻と哨戒機・ヘリ5機の艦齢・機齢延伸（159億円）を行い、「精強・即応」態勢を維持する。

島嶼防衛では、陸自の水陸両用機能強化に呼応。輸送艦「おおすみ」型3隻に水陸両用車AAV7を搭載するためのすべり止め塗料を施すほか、将来の大規模改修に向けた試設計も行う。陸空の指揮統制システムとの連携も注目される。

一方、高額な装備品を要する海自は率先して「効率化」を推し進める。

「ちよだ」の後継艦として新造する潜水艦救難艦（507億円）は、潜水艦事故の際に乗員を救助する任務に加え、地震など大規模災害では医療支援や被災者支援能力を強化。基準排水量は5600トンと現有の潜水艦救難艦「ちはや」と同規模で、寝台2台と病床約10を備える。

このほか、整備間隔の延伸や装備品のまとめ買い、民生品の使用などを積極的に行い、262億円の節減を見込んでいる。

海自の26年度予算額は1兆1298億円（全体4兆7838億円）で、伸び率は1％にとどまった。

少ない人員で多様化する任務に対応するため、海自は「変えるべきもの、守るべきものの峻別を適切に行い、真に『戦える』態勢」（河野海幕長）の構築を図っていく。（若林祥子）

米海軍が運用する艦載型無人ヘリMQ8（ノースロップ・グラマン社のHPより）

春夏秋冬

靖国の基礎知識

長谷川　三千子

昨年の暮れ、安倍総理大臣は一昨年来の約束通り、靖国神社の参拝をはたされた。一国の指導者が、その国の防衛のために生命を捧げた人々の慰霊をすることは当然の義務と言うべきであるが、これに対して、従来の中韓両国のみならず、米国政府までが「失望」を表明したのは、心ある日本人にとって、大いに失望させられる出来事であった。

このような事態を打ち破るためには、正しく公平な歴史認識を世界に広めていくことが大切であるのは言うまでもない。と同時に、そもそも日本の神社がどのようなものであるかの正確な知識を再確認しておくことも大切である。

たとえば、いわゆる「A級戦犯」が靖国神社に合祀されていることが問題視されたりするのも、まさに正確な知識の欠如によるのである。

神社とは本来、何かを賛美するための場ではない。神社とは、ひたすら清浄の場であり、そしてそのような場として、ただ端的に霊の坐します場なのである。

我々が神社に正式参拝するときお祓いを受けるのも、また、略式の参拝をするとき、まず拝殿の手前にある手水を使ってから柏手を打つのも、清浄なる霊に相対するには、ふだん日常生活の中でさまざまのケガレを負っている身を清めておくことが必要だからである。

ただ、ここで疑問を持つ人もあろう。神道においては、さまざまのケガレの内でも死が最も大きなケガレとされる。死者はケガレそのものである。とすれば、靖国神社に祀られる死者たちは、いかにして清浄な英霊となり得るのか？

実は、その[illegible]が「合祀」ということなのである。

死者たちは、或る一定の時を経たのち、合祀の儀式によって清められる。浄められた英霊は、それぞれ生前の名を残し、その個性と面影を残しながらも、この世に生きる者どもに共通したケガレを脱し、清浄なる霊となるのである。

したがって、講和条約発効以前に敵国の死刑判決を受け法務死を遂げた東條英機は、東條英機という一人の英霊として祀られているけれども、それ以上でもそれ以下でもない。

「A級戦犯」などというこの世のケガレ（それも全く拵えもののケガレ）は、彼の霊が合祀された時点で雲散霧消している。

「『A級戦犯』の合祀」という言葉自体が論理矛盾なのである。

我々はこうした知識をも、海外に発信していかなければなるまい。

（はせがわ・みちこ＝埼玉大名誉教授）

南スーダン状況「おおむね平穏」

大臣、隊長TV会談

小野寺防衛相は1月30日、南スーダン支援のためのPKO活動に当たっている陸自派遣施設隊5次隊の井川賢一隊長とテレビ電話会談に臨み、現地の治安状況について「おおむね平穏」との報告を受けた。

南スーダンでは昨年末、政府軍と前副大統領派との戦闘が拡大。死者数千～1万人、避難民数十万人を出す事態に発展し、1月23日、両者が停戦に合意した。

井川隊長は現在のジュバ市の様子について「散発的な銃声が確認されているが、おおむね平穏」と報告。銃声は戦闘によるものではなく、安全に問題ないとの認識を示した上で、「引き続き治安状況の収集を行い、隊員の安全確保に努めたい」と述べ、万全の態勢で任務に当たっていくことを強調した。

大臣の「持参装備で対応できるか」との質問に、井川隊長は「十分対応できている」と明言。「隊員400人は異常なく士気旺盛。困難な環境下にある南スーダンの方々に寄り添うよう、日々充実した任務を遂行している。今後も避難民のための活動を継続し、広い意味での国づくり支援をしていきたい」と語った。

陸自宿営地のある国連トンピン地区は今も約2万人の避難民を受け入れており、5次隊はこれまでに約4000人の避難民に医療活動を行い、1000トンの給水支援を実施した。

このほか、国連からの要請に基づき、避難民のための居住区域の整備や、国連警備施設の強化に最優先で取り組み、現在までに7万7000平方メートルの敷地造成を完了したという。

5次隊は中方（3師団主力）の約400人で編成。12月中旬に4次隊から正式に任務を引き継いだが、直後の政情不安を受け、宿営地外での施設活動を控え、国連施設内で避難民支援のための活動に当たっている。

朝雲寸言

そんなことあり得ない――。大した根拠もなく、そう思い込んできたことが現実に起きてしまった。南スーダンPKOでの話である▼一つは、昨年12月の韓国軍に対する弾薬の提供。反政府運動で治安が悪化し、万一の場合に弾薬不足が懸念されたからだ。もう一つは、1月中旬にパキスタン軍の武器輸送を依頼されたこと。いずれも国連からの要請だった▼それらは、自衛隊のPKO派遣を巡って盛んに議論された[illegible]った。質問は「他[illegible]ら武器や弾薬の輸[illegible]与を求められたら[illegible]るのか」だった。[illegible]は集団的自衛権が[illegible]きず、他国の軍事[illegible]一体となることが[illegible]れているからだ▼[illegible]決まっていた。「[illegible]織にとって、武器[illegible]輸送は最も重要な[illegible]まして、弾が足り[illegible]ることなど論外。[illegible]大事なことを他国[illegible]ますか。あり得な[illegible]った。「なるほど[illegible]に納得したことを[illegible]いる▼今回は、そ[illegible]得ないことが続い[illegible]が、その対応は正[illegible]った。韓国軍には[illegible]避難的措置として[illegible]提供し、パキスタ[illegible]は、軍事行動と一[illegible]る恐れがあるとい[illegible]で要請を断った▼[illegible]提供は「○」だが[illegible]の輸送は「×」と[illegible]とだ。その違いは[illegible]性の有無というこ[illegible]だろう。しかし、[illegible]島有事であっても[illegible]隊は米軍に弾薬と[illegible]提供できない。そ[illegible]あり得ないことだ[illegible]

時の焦点

国内

東京都知事選

「チャンバラ」を超えて

政治記者の大先輩の慧眼を改めて思う。先ほど亡くなったジャーナリストの岩見隆夫さんのことである。

2月号の中央公論に「政治記者の総決算」と題した一文を寄せている。

政治は「ヒステリー」、ジャーナリズムは「チャンバラ」、官僚は「冷笑」と定義づける。

ひとたび何かあれば大騒ぎになり、ヒステリーを起こすのが政治であり、それに対応して火をつけて、チャンチャン、バラバラやるのがジャーナリズム。その乱れを調整し、冷笑しながら国の格好をつけてきたのが官僚ではないか、というのが岩見さんの総括だ。

その上で、国民にも思いをはせ、「われわれサラリーマン記者がヒステリーに対峙して、チャンバラをやっている間に、(国民は)さっさと撤収している感じである」という。

岩見さんは、特定秘密保護法などを例に挙げて説明しているのだが、東京都知事選になぞらえるとどうだろうか。

小泉元首相が細川護煕元首相を担ぎ出し、マスコミはにわかに活気づいた。小泉氏が提示した「原発ゼロか、推進か」という選挙戦の構図は、わかりやすい。

舛添要一・元厚生労働相を安倍首相が支援することから、「小泉・安倍の代理戦争」という、ストーリーも加わった。

報道が過熱するのもわからないではない。

都民はどう受け止めているか。最近の新聞各紙の世論調査をみると、投票の際に重視する政策は、「景気や雇用」「医療や福祉」が上位にあり、原発はその次ぐらいの位置づけだ。都民が「原発騒動」に踊らされているようには感じられない。

言いたいのは、原発ゼロの是非ではない。

都民の求めるものに、候補者と我々報道に携わる者が応えることができているのか、ということである。

もちろん、原発・エネルギー政策は論点の一つだ。電力の大消費地として、電力をいかに効率よく使うか考えることは意味がある。東京は高齢化が進み、独り暮らしのお年寄り世帯も増える。この問題にどう対応するか。首都直下地震への備えは十分か。こうした問題を掘り下げ、都民に判断材料を示すことができているか。

もっと言えば、それは、選挙だからというのでなく、普段から、みんなで考えていくべきことでもある。

都知事選は、知名度の高い候補者が、出馬表明を遅らせて、話題を集め、欠点が見えぬうちに投票日に流れ込むのが必勝パターンと言われてきた。いわゆる「後出しジャンケン」だ。それが、選挙で政策論争が深まらない一因でもある。

こうした傾向にも終止符を打たねばならない。

風間　二郎(政治評論家)

海外

一般教書演説

主眼は支持率の浮揚に

オバマ米大統領は先週行った一般教書演説で、今年を「行動の年」と位置づけ、弱者保護・格差是正の基本路線を貫く決意を表明した。下院で多数を制する共和党に協調を呼びかけるとともに、医療改革保険(オバマ・ケア)などへの反対を和らげないのであれば大統領令で正面突破を図ると明言し、硬軟両様のカードを切ってみせた。

教書は外交政策面では新味に乏しく、アジア情勢への言及もごく限られた。大統領が11月の中間選挙をにらんで、低迷する支持率の浮揚を最重視し、内向き姿勢に転じたことを示すものといえよう。

大統領はまず、米経済がブッシュ前政権下のリーマン・ショックから立ち直り、失業率が過去5年で最低水準になり、財政赤字も半分以下になったと述べ、自らの実績を強調した。さらに所得、人種、性別などの格差が広がり、「大多数の国民は日々の生活を支えるのに精いっぱいで、中間層がしぼんでいる」と指摘し、公平な社会への是正を訴えた。

具体的措置として、連邦政府の契約職員に対する最低賃金の引き上げと、160万人を対象とする失業保険給付の再開を約束した。また1400万人と推計される不法移民に市民権取得の道を開くことを表明した。移民制度の改革は、昨年、上院で法案が採択されたものの、下院での審議が共和党の反対でストップしている。

大統領は昨年10月に加入手続きが開始されたオバマ・ケアに関して、共和党内の保守派が廃止を主張していることにも言及し、「数百万人がすでに恩恵を受けている。対案があれば示してほしい」と前向きの対応を促した。

そのうえで、「議会内の対立で多くの問題の解決が滞っているが、国に停滞は許されない」と強調し、議会の同意を必要としない大統領令で必要な施策を実施する決意を披瀝した。

だが、米欧の主要メディアは大統領令の実効性に疑問符を付ける。例えば最低賃金制度も議会で立法化されれば適用対象は約1700万人となるが、大統領令では数十万人規模しか恩恵は及ばない。オバマ大統領の狙いは、大統領令をちらつかせることで「共和党が国政運営を妨害している」というイメージを広げて中間選挙を有利に運び、自らのレイムダック化を防ぐことにあるというのだ。事実、共和党内では移民など少数派の支持獲得に向けて、一部議員が保守強硬派のティーパーティー(茶会)と距離を置く動きが出ている。

教書の外交政策に関する部分は、アフガニスタンからの戦闘部隊の撤退やシリア、イラン情勢への言及が主体で、新味はない。「アジア・太平洋地域の重視」をうたってはいるものの、中国や朝鮮半島情勢には触れていない。

この事実は、いつまでも米国との同盟のみに寄りかからず、ロシアを含む近隣国とのパイプを広げ、自前の強靭な外交能力を養う覚悟と一貫した努力を日本に迫っているように思える。

小倉　春樹(外交評論家)

陸自補統

長期間保存可能なパン
製造メーカーと協定

協定書を取り交わす(左から)陸自の草間需品部長とコモの木下社長(1月27日、十条駐屯地で)

陸自補給統制本部(十条)は1月27日、「大規模災害時における物資の供給要請に関する協定」を製パンメーカー「コモ」(愛知県小牧市、木下克己社長)と締結した。

東日本大震災では、物流の混乱から派遣部隊に対する糧食の調達・供給が困難を極め、非常用糧食の食事が長期間続いたこともあり、隊員はビタミン不足に陥った。

こうした教訓を踏まえ、補統本部では平成24年度から需品部が中心となって調達先の検討を開始。補給態勢の強化を図るため、災害時でも当面の在庫を保有する小売店との協力強化を進め、同年6月には、多種多様な商品を取り扱い、全国展開する小売店として「イオン」「セブン&アイ・ホールディングス」の2社と協定を締結した。

「コモ」は、乳酸菌を多く含むイタリア原産の天然酵母パネトーネ種を使用したパンを製造。製品は水分の含有量が低く最長90日間の保存が可能だ。

パンの特性に加えて、パンそのものが調理の必要もなく派遣活動中の短い休憩時間であっても手軽に食べられることから、今回、補統本部需品部が協定締結を申し入れた。

協定書を取り交わしたコモ代表取締役社長の木下克己氏は「自衛隊に製品を使ってもらうということは、日本国民の生命や財産の保護に寄与するということ。大変、名誉なことだと思う。よりよい製品を作り供給できるようにしたい」とあいさつ。

補統本部需品部長の草間幸弘1佐は「災害発生時における陸自の活動に深く理解をしていただいており、心強い」と感謝の言葉を述べた。

下総基地に新管制塔
9階建てオペレーションビルに

【下総基地】P3C哨戒機などの航空機搭乗員を養成する下総航空基地に、海自で最も高い地上38メートルの管制塔が完成、下総航空基地隊は1月14日、坂田竜三教育航空集団司令官ら来賓を招いて完成披露を行った。

旧管制塔は昭和37年の建設。以降、下総飛行場の運航支援の中核として、51年間にわたり航空管制の業務を担ってきたが、老朽化により建て替えとなった。

役目を引き継いだ新管制塔は「ベースオペレーションビル」としての機能を持ち、これまでの運航、気象、写真関連の施設に加え、地上救難車庫を備える。旧管制塔と比べると、運航隊の全機能が一体化し、6階建てから9階建てに高層化したこともあり飛行場全域の視認性が格段に向上した。

管制室内には最新型のデジタルコンソールが装備され、さらなる航空安全の確保と業務効率の向上が期待されている。

完成披露は基地隊司令の西川文敏1佐のあいさつで始まり、灘部航空管制隊司令の祝辞と祝電披露の後、テープカットが行われた。

拍手とファンファーレが鳴り響く中、地上救難班の化学消防車が冬空めがけて放水を行い、新管制塔の完成を祝った。

坂田教空団司令官は「管制塔の高さが海上自衛隊で一番となったからには、管制技量でも一番になってもらいたい」と述べ、海自航空部隊を教育訓練の面から支える下総基地隊員を鼓舞した。

完成した9階建ての新オペレーションビル(手前)

日米韓の連携推進
防衛相、米国務副長官と意見交換

小野寺防衛相は1月24日、バーンズ米国務副長官と会談し、日米同盟の強化と日米韓の連携推進で一致した。

会談で両氏は東シナ海をはじめとする地域情勢のほか、日米防衛協力、米軍再編など、日米が直面する安全保障上の課題をめぐって幅広く意見交換した。

小野寺大臣は昨年11月の中国による防空識別区の設定に言及。その後は特異な状況は起きていないとの認識を示し、日本は在日米軍と連携を取りながら通常の警戒監視体制を続けていると説明した。

これに対し、副長官は「米国として(中国側に)明確に懸念を表明している」とした上で、誤算やミスコミュニケーションによる危険性を減らしていく努力が必要だと訴えた。

副長官はまた、沖縄県の仲井真知事が米軍普天間飛行場(宜野湾市)の名護市辺野古移設に向けた沿岸部の埋め立てを承認したことなどを称賛。「非常に困難な問題を解決するため、日本政府が努力していることを評価する」と述べた。

ブルー2機が訓練中に接触
松島基地南東上空

1月29日午前11時25分ごろ、宮城県の空自松島基地から南東約45キロの太平洋上で、4空団11飛行隊のT4中等練習機(ブルーインパルス)2機が訓練中に空中で接触した。1機は機首部分、もう1機は左側の水平尾翼を損傷しながらも、両機は松島基地に無事帰投した。搭乗していた3人のパイロットにけがはなかった。

齊藤空幕長は1月31日の記者会見で「国民の皆様に大変なご心配をおかけした。本事故は曲技飛行という厳しい訓練中に発生したもので、その点に着目して調査を行っている」と述べるとともに、今後も事故防止に努めていく考えを示した。

空自は事故直後の29日、空幕監理監察官の前原弘昭将補を長とする航空事故調査委員会を設置。さらに、整備、運航、心理、医学分野で構成する20人規模の調査官を航空安全管理隊から松島基地に派遣し、事故原因を調べている。

空中接触で水平尾翼の一部が損壊した11飛行隊のT4練習機(1月29日、松島基地で=空自提供)

「反日・韓国」とどう付き合う
JFSSシンポ　有識者6人が提言

日本戦略研究フォーラム(JFSS、中條高徳会長)主催によるシンポジウム「韓国はどこに向かっているのか」が1月31日、東京都新宿区のホテルグランドヒル市ヶ谷で開催された。日韓関係が悪化している原因、背景はどこにあるのか、韓国とはどう付き合えばよいのかなどをめぐり、6人の有識者が現状を分析し提言を行った。

冒頭の基調講演で国家基本問題研究所理事長の櫻井よしこ氏は「韓国では内戦が起きている」と発し、朴槿恵氏が選ばれた大統領選挙の模様や韓国国家情報院の規制事例を挙げ、北朝鮮の思惑とそれを阻止する勢力のせめぎ合いを語った。朴氏の反日発言に反応するのではなく、「外交手段に反日が使われ、米国との関係を悪化させようとする動きを警戒するべきだ」と主張した。

続いて登壇した産経新聞ソウル駐在客員論説委員の黒田勝弘氏は「韓国メディアの突出した反日報道と一般国民の対日感情が乖離している」と指摘。韓国メディアの日本向けの過激な反日報道に、「政治と外交が影響を受けている現状が、関係悪化の原因だ」と現地の状況を踏まえて語った。

コリア国際研究所所長の朴斗鎮氏は「反日の政権でなければ正当な政権ではない」という太平洋戦争後の体制を現在も否定できない韓国の内情を指摘、さらに筑波大学院教授の古田博司氏は「朴大統領の反日表明は、李氏朝鮮時代の王の側近たちのイガンヂル(告げ口)と本質は同じ」と歴史学の視点から分析した。

ヴァンダービルト大日米研究協力センター所長のジェームス・アワー氏は米国と日韓の防衛関係に関して「対北朝鮮共同ミサイル防衛や共同水陸両用機能など、日米の防衛体制は洗練され、円滑。対して米韓の体制は洗練されていない。海軍力を強化し、3カ国で相互運用するべきだ」と述べた。

総括に立った杏林大名誉教授の田久保忠衛氏は「国家としての品格を韓国は持つ必要がある。日本は臆せず外向き外交を継続するべきだ」とした。

最後に司会を務めた拓殖大准教授の丹羽文生氏が「多方面にわたる提言がなされた。JFSSとしても韓国と健全な関係を築いていくため、研究調査、政策提言を進めていく」と力強く語った。

シンポジウム参加者を前に、基調講演を行う櫻井よしこ氏(1月31日、ホテルグランドヒル市ヶ谷で)

共済組合だより
悩みのある方は気軽に相談を
「あなたのさぽーとダイヤル」まで

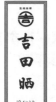

「職場に苦手な人がいる」「仕事でミスしたことが気になって安眠できない」「最近、妻との会話がなくなった」――。こうした悩みごとをかかえている人はいませんか。

防衛省共済組合では電話(フリーダイヤル)による相談窓口「あなたのさぽーとダイヤル」を開設し、組合員と被扶養者の心のケアに取り組んでいます。

相談内容は、職場の問題、心と体の悩み、妊娠不安、乳幼児の発育、高齢者介護、住宅取得・処分、冠婚葬祭などから、遺産相続、借財、離婚、異性問題、悪質商法、交通事故などまで、生活全般です。これら個人的な問題について、部外の経験豊かなカウンセラーが直接相談に応じてくれます。

電話相談は24時間・年中無休で、ほかにEメールでも受け付けています。相談の際は匿名でも話せますので、個人情報の面からも安心です。

「あなたのさぽーとダイヤル」は、0120—184—838(フリーダイヤル)で、一般電話のほか携帯電話、PHSでもOK。全国どこからでも通話料は無料です。

一方、Eメールはbouei@safetynet.co.jpで随時受け付け。メールを受けてから2日以内に回答致します。

悩みのある方は、お気軽にご相談ください。

露軍機2機にスクランブル

露軍機航跡図(1月28日)

ロシア空軍のツポレフTu95型爆撃機=写真=2機が1月28日、北海道の太平洋沖から北方領土、国後水道、オホーツク海、宗谷海峡を経て日本海側に進出し、山陰沖まで列島沿いに南下したため、空自の北空、中空、西空のF15戦闘機などが緊急発進して対応した。

山陰沖で2機は竹島と隠岐島間で特異なループを描く飛行をした後、北に針路を変え自国領方面に戻った。統幕は同日、空自機が撮影した露軍機の写真と航跡図を公表した。

五輪前に訓練飛行
政専機「ソチ」へ

空自特輸隊(千歳)のB747・400政府専用機は1月30、31日、国外運航訓練を実施した。参加人員は特輸隊副司令の岡本琢巳1佐以下29人の隊員で、目的地であるロシアのソチ国際空港で、飛行経路や航空交通管制の状況、駐機要領などを確認した。

中国安全保障レポート2013

≪要旨≫

防衛省防衛研究所編

◇要約

▼中国の対外危機管理体制

中国が多元化社会に向かう中、党・政府・軍のみならず、国有企業、地方政府、シンクタンク、世論が外交・安全保障政策に影響を及ぼすアクターとなった。しかし、中央政治局常務委員会が最終決定権を保有する中央集権的な政策決定に変化はない。その一方で中央政治局常務委員会では、集団指導体制に基づく決定がなされており、対外的な危機の発生に際して迅速な意思決定を阻害する場合もある。

人民解放軍は中央政治局常務委員会における決定の主体ではないが、情報提供や政策提言を通じて影響力を有する。外交・安全保障政策にかかる領導小組（中央外事工作領導小組／中央国家安全領導小組）は、中央政治局常務委員会の承認の下、情報提供・政策提言・政策調整等を行う。しかし、領導小組が制度化された役割を果たしてきたとは言えない。

2013年6月に国家海洋局／中国海警局に海上法執行機関が統合されたが、その組織形態や権限関係は複雑で不透明な点が多い。また、海洋政策にかかる協調メカニズムとされる国家海洋委員会や、2012年後半に設置されたとされる中央海洋権益領導小組の実態はほとんど明らかになっていない。

▼中国の危機管理概念

中国にとっての危機管理とは、危機のエスカレーションを抑制しつつ、同時に自国の利益を可能な限り追求することである。中国の危機管理には、①原則性と柔軟性の同時追求②正当性と主導性の追求③総合性と政治の優位という三つの特徴がある。すなわち中国は主権や領土などの原則に関わる問題については非常に強硬な態度をとり、これについて妥協することはほとんどないが、他方でこの原則が守られると中国自身が解釈できれば、比較的柔軟な行動をとることもある。

また中国は危機の責任は相手側にあるという体面を維持しつつ、実際の行動においては非常に積極的に出る。そして危機への対応において、中国は軍事・外交・経済などの多様な手段を巧みに使い分けようとする傾向にある。加えて、これらの特徴を実際の危機への対応において実現するために、政治的な判断や決定が重視されている。

▼危機の中の対外対応

2001年の米中軍用機衝突事件は、非が米国側にあり謝罪しなければならないという原則や正当性を中国が堅持した一方で、実際の対応で柔軟性を発揮した中国の危機管理のモデルケースとされる。しかし、初期段階における指導者間のコミュニケーションや各部門へのアクセスは確保されなかった。中国との危機管理に際しては、緊急時の連絡メカニズムを各レベルでいかに確保していくのかが課題となる。

軍事的な事故や衝突の可能性を低減させるべく、米中両国は軍事海洋協議協定（MMCA）の枠組みで平時の部隊運用の安全基準を議論してきた。しかし、MMCA会合の場で、中国は自国の排他的経済水域（EEZ）での米国の軍事活動を制約することも追及し、安全基準を共有するには至っていない。

加えて、中国周辺海域における米国等の諸外国による軍事活動を妨害する役割を海軍から海上法執行機関に移行させることを中国は決定をした。そのため、中国の海上法執行機関との間でいかに運用面での安全基準の共有を図っていくのかが、米国だけではなく日本を含む地域諸国の新たな政策課題となっている。

◇はじめに

▼利益追求を強める中国

中国は2000年代末以降、中国に有利なパワーバランスの変化が起きているという認識を背景に、自国の利益について自己主張を強めてきた。特に、2008年後半に顕在化したグローバルな金融危機を受けて、2009年以降、中国指導部や外交当局、人民解放軍は中国にとって妥協の余地のほとんどない「核心的利益」に関する主張を強め、より強いトーンでそれを「現実の行動で尊重する」（傍点は2009年以降に頻出するようになった表現）ように求めるようになった。

領有権をめぐる争いを抱える南シナ海においても、中国政府は2007年に「維権」（権益擁護）を旗印とする当時の国家海洋局の海監総隊（海監）のパトロール活動を定期化することを決定した。漁民保護活動についても、2011年以降、同じく「維権」を旗印とする農業部漁政局（漁政）の活動を南シナ海で強化した。この権益擁護活動においても、係争を抱える国の船舶に対して威嚇的な行動をとる事件が2009年以降頻発した。

最近では、中国とフィリピンの公船が2012年4月から2カ月にわたって両国が領有権を主張するスカボロー礁（中国名・黄岩島）で対峙する事件が発生した。中国はフィリピンへの外交、経済、軍事的な圧力を強化したほか、6月にフィリピンの公船がスカボロー礁内から撤退した後も、中国の公船は同礁に居座り続け、中国漁船も操業を継続した。これは事実上、中国による新たな島嶼の占拠であったが、中国政府は同礁に対する中国の「有効な管轄」を継続して実施する措置と説明し、正当性を強調した。

国益の追求を強めた中国の対外行動の結果、地域諸国にとって、中国との間で何らかの危機が起きる可能性が増している。

▼中国との危機管理は可能か

地域諸国の認識とそれに基づく対応は、中国にとっても安全保障環境の悪化を意味する。例えば、中国共産党中央対外連絡部の于洪君副部長は、南シナ海問題、尖閣諸島をめぐる日中間の摩擦、米国のアジア太平洋への「リバランス」の動きを指摘し、これらが「中国周辺の安全の重大な憂いとなっている」と指摘している。こうした認識を背景に、中国においても危機管理の重要性を訴える議論が見られる。

しかし、こうした中国の認識の一方で、実際の中国の行動は、国際社会や地域諸国の目には矛盾に満ちたものに映る。なぜなら、中国は時には非常に強硬な態度をとり、人民解放軍や海上法執行機関を使って危険な行動をとることがある一方で、抑制的な姿勢を同時に見せることもあるからである。例えば、上述したように南シナ海において海上法執行機関が挑発的な行動をとる一方で、外交部門は「良好な国際環境」や「ウィンウィンの関係」の重要性を強調する。そのため、周辺諸国から見ると、中国との間で危機管理が可能なのか、そしてどのような形でそれは可能なのかがつねに疑問とならざるを得ない。

『中国安全保障レポート2012』（2012年12月公表）は、中国の政策形成に関与するアクター数は増加しているものの、重要な政策課題に関する最終的な決定は党中央、特に党中央政治局常務委員会に集中していることを指摘した。つまり、中国の対外行動は基本的には党中央による統制が効いたものであるということである。これを前提とすれば、中国の行動に表れる矛盾するような要素は、それぞれ中央指導部の意図をかなりの程度反映しているということになる。

『中国安全保障レポート2013』では、まず対外的な危機に対応するための中国の国内制度を概観し、党中央に集中する政策決定のシステムとメカニズムを確認する。続いて、中国による対外的な危機への対応の前提として中国がどのような思考枠組みを有しているのかを明らかにするため、中国国内における研究動向を整理し中国の危機管理概念の特徴を確認する。

◇中国の対外危機管理体制

▼多元化社会での中央集権的な政策決定

1949年10月に中華人民共和国（以下、中国）が建国されて以降、中国では中国共産党による一党支配体制が堅持されている。中華人民共和国憲法でも、中国共産党が中国を指導することが明記されている。

現在でも、重要問題に関する政策決定を行う主体は、7人からなる中央政治局常務委員会および25人（中央政治局常務委員会の7人を含む）からなる中央政治局会議に限定されている。とりわけ、外交・安全保障分野の政策決定については、政治局会議ではなく、中央政治局常務委員会が最終決定権を有していると見られている。政治局常務委員会は必要に応じて、拡大会議を開催することで、指導部内の合意形成に努めるとされる。その意味では、多元化社会が到来したとはいえ、重要問題に関する政策決定は、従来通り、中央集権的に行われている。

人民解放軍は中央政治局常務委員会で直接的に政策決定に関与する権限こそ限定的であるが、最高指導者に対して排他的に軍事情報を提供したり、政策提言を行うことができる。こうした点に鑑みれば、人民解放軍は対外的な危機管理に関する政策決定過程において、決定の方向付けで一定程度大きな影響力を行使し得る重要な主体であると言えよう。

▼不透明な領導小組の役割

中央政治局常務委員会や中央政治局会議の諮問機関として、中国には領導小組と呼ばれる組織が存在する。領導小組は、党中央直轄組織とされ、その構成メンバーは担当する問題に基づき、党・国家・軍の関連部門から横断的に構成されている。また、領導小組の具体的な役割として、情報提供、政策提言、政策調整、政策形成などが指摘されている。外交・安全保障問題にかかわる領導小組の構成員は、公式には明らかにされていない。

2013年11月の第18期党中央委員会第3回全体会議（三中全会）において、国家安全委員会が設置されることが決定された。中国の国内外で生じている多様化した安全保障上の脅威に迅速かつ総合的に対応するため、国家安全保障戦略を策定した上で、安全保障政策にかかる関係各部門への統一指導と政策調整の制度化を行うことに設置理由があったと考えられる。

この国家安全委員会が米国のNSCのように、国家元首に対し、外交・安全保障政策について助言する主要な組織になるか否かは定かではない。

▼統合に向かう海上法執行機関

2013年3月、全人代において、ハイレベルの調整機関として国家海洋委員会を設置し、併せてこれまでの国家海洋局および傘下の中国海監総隊（海監）と公安部の中国公安辺防海警（海警）、農業部漁業局（漁政）、海関総署の海上緝私警察（海関）の組織と職責を統合し、新たな国家海洋局を組織することが発表された。また国家海洋局は、中国海警局の名義で海上での権益擁護と法執行を行うことになった。同年6月、新たな国家海洋局の職責・機構・編成などに関する通知が公布され、国家海洋局に海警司が設置された。新設された海警司は海警司令部と中国海警指揮センターとして、海上法執行に関する制度・措置の起案、各種規則の提案、海警部隊による海上法執行活動の統一指揮の調整、海警部隊の訓練などを担うことになった。

こうして、従来複数の組織が併存していた中国の海上法執行機関は、交通運輸部海事局（海巡）を除き、概ね統一されることになった。これらの動向は、党中央指導部の中で、海洋問題の重要性が認識されている証左だと思われる。今後の注目点としては、①国家海洋局／中国海警局が、統合された四つの機関のうちどこの主導で運用されるのか②国家海洋委員会の構成メンバーがどのように構成されるのか、特に人民解放軍がどのような形で参加するのか③領導小組の設置も含め、国家海洋委員会と国家海洋局／中国海警局が党中央指導部とどのような関係を構築し、いずれの政治局常務委員がこれらの組織を担当する指導者となるのか——などが指摘できる。

ただし、この国家海洋局と中国海警局は、複雑な組織形態を有している。中国海軍とどのような関係を有するのかも不明な点が多い。

こうした海上法執行機関の整理・統合は、その能力の強化に繋がるという意味では、日本を含む周辺諸国にとって警戒すべき動向である。さらに、旧海警を含めて統合された新たな中国海警局は、統合前の海監や漁政が有していなかった司法警察権を行使することができるとされる。その一方で、周辺諸国の危機管理という観点からみれば、従来分散していた各機関がおおむね統一されたことは、カウンターパートの一元化という点で、周辺諸国の海洋部門と中国のそれとの間のコミュニケーションの円滑化を可能とするものでもある。

◇中国の危機管理概念

▼二律背反する目標の追求

中国の危機管理に関する研究から、以下の三つの特徴を見出すことができる。すなわち①原則性と柔軟性の同時追求②正当性と主導性の追求③政治・外交・軍事など諸要素を巧みに使い分ける総合性と政治の優位——である。

中国が原則性と柔軟性を両立させるカギとなるのが、最低限満たされなければならないライン、中国語で言う「底線」の設定である。このラインを下回らなければ、中国にとってはある程度柔軟な妥協が可能となる。

▼政治がリードする危機管理

第1に、情報や意図の伝達である。危機が起き、相互の不信と敵意が高まる状況では、連絡・接触ルートを維持することが重要となる。

第2は強制という手段である。その目的は有利に交渉を進めることや、相手を交渉のテーブルにつかせることなど、相手の行動を自国に有利に変更させることにある。具体的には、強硬な言説や声明の発表、指導者の訪問や会談の中止、経済制裁などの他、海上法執行機関を使った主権主張の強化や、軍を使った示威行動や演習などが挙げられる。

第3は、宣伝活動である。中国は国際的・国内的支持を得ることを非常に重視しており、そのため宣伝活動を巧みに行おうとしている。

ただし、中国共産党は伝統的に、対外危機において相手に意志を見せつけ、かつ大衆を動員することで、国内的な求心力を高めるという操作を行ってきたことにも留意する必要がある。

◇危機の中の対外対応

▼原則性と柔軟性の両立——米中軍用機衝突事件

中国において対外的な危機管理の成功例とされるのが、2001年4月1日に海南島沖の公海上で発生した米中軍用機衝突事件への対応である。

第1に米国側に事故の非があり謝罪をしなければならないという原則と自己の正当性の維持に中国が一貫してこだわったということである。第2に、原則や自らの正当性を維持するために、実際の対応では中国は柔軟性を発揮し、「very sorry」との文言を謝罪として受け入れた。これらの点に関して強調すべきは、原則性や正当性を中国が堅持するに際して、米国との間で完全な一致を求めたわけではないということである。米国はあくまで、パイロットが人命を失ったこと等に対して「深い哀悼（very sorry）」の意を示したのであって、謝罪（apologize）したわけではない。米国の関係者もこの点をつねに強調しており、中国側もこれを問題視した形跡はない。すなわち、両者にとって、お互いの立場を維持させることが重要であったのである。第3に、「人機分離」の方針の下で問題の早期解決を図るという具体的な「大局考慮」の方針を党中央が示していたことによって、外交部が柔軟な対応をとることが可能になったことである。

◇おわりに

日中間では多層的な危機管理メカニズムの構築が不可欠となる。日中防衛当局間では、①年次会合や専門会合の開催②防衛当局間のハイレベルでのホットラインの設置③艦艇・航空機間の通信から海上連絡メカニズムが構成されることで合意が成立している。このメカニズムの早期運用開始を目指すことに加えて、中国の海上法執行機関に対する働きかけも強化されなければならない。すなわち、不測の衝突を回避し、日中間の摩擦が軍事的あるいは政治的な局面へ拡大することを防ぐ防衛当局間のメカニズムとともに、海洋関連省庁が参加する日中高級事務レベル海洋協議を継続させ、海上法執行機関間での事故の発生を回避するメカニズムも構築することが喫緊の課題となっているのである。

統合に向かう中国の海上法執行体制

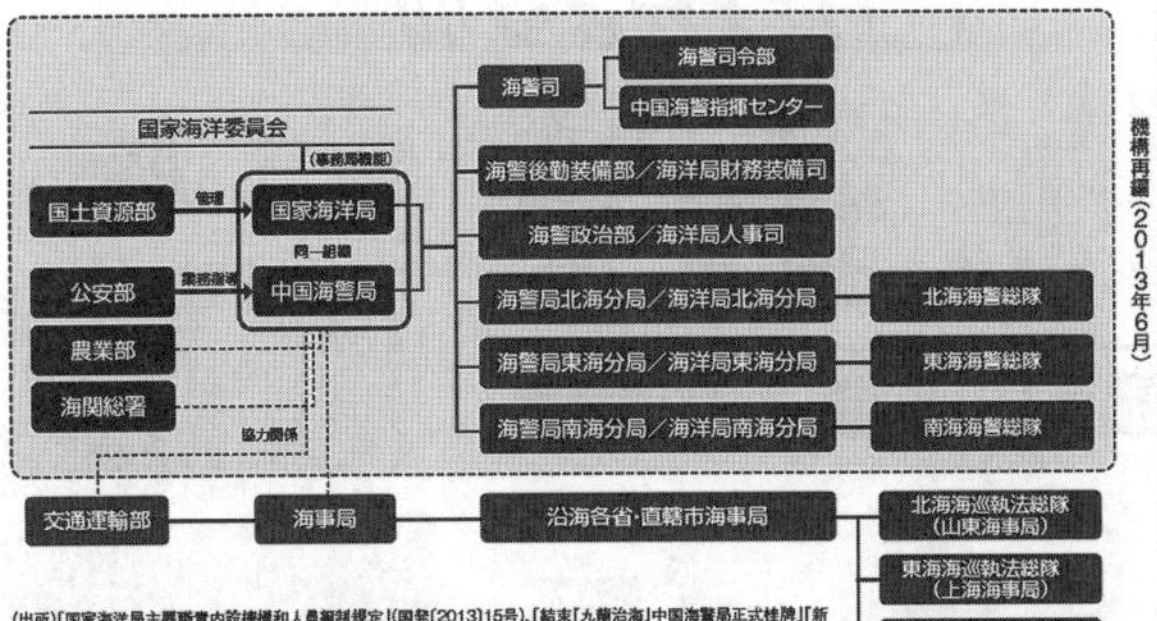

（出所）「国家海洋局主要職責内設機構和人員編制規定」（国発〔2013〕15号）、「結束『九龍治海』中国海警局正式桂牌」『新京報』2013年7月23日、山東海事局ホームページ、上海海事局ホームページおよび広東海事局ホームページから作成。

機構再編（2013年6月）

西風東風

F35、ソフト開発に遅れ

——配備1年先延ばしの可能性も

米国防総省はこのほど、兵器開発の現状に関する年次報告書を公表した。報告書は、日本など同盟諸国も調達を予定しているステルス戦闘機「F35」について、機体やエンジンでの亀裂発生などの問題を指摘。中でも、センサー制御などを司るソフトウエア開発が13カ月遅れる可能性があり、2015年7月とされる「海兵隊仕様」機の配備もこれに伴って1年先延ばしになるとの見通しを示した。

報告書は海兵隊仕様機、空軍仕様機の地上テストで機体やエンジン取り付けマウントなどに亀裂が生じた五つのケースを挙げ、部品の設計見直しなどが必要になる可能性を指摘した。

ただ、これら耐久性に関する問題について、製造元のロッキード・マーチン社は「既に知られており、このように大規模な開発計画では通常明らかになる種類の問題」と説明。国防総省と同社は今後、ソフト開発に注力する方針だが、現時点で海兵隊は15年7月の配備時期を変更していないという。

ロッキードは報告書について、非常に多くの前向きな内容を含んでいると指摘、F35は飛行パフォーマンスの点で期待に合致しているか、それを上回ると自賛している。

また、共同開発に参画している各国国防当局も、報告書で挙げられたソフト開発を含む問題について、既にロッキード、米国防総省が修正に着手していると認識、今のところ配備の大幅な遅れにつながることはないと楽観的に見ているという。

F35は米国が英国、カナダ、オーストラリア、トルコ、イタリア、ノルウェー、デンマーク、オランダの8カ国と共同開発し、総開発コストは3912億ドルに達する。日本、イスラエル、韓国も調達予定。米軍で2443機、共同開発諸国で700機以上の調達が見込まれており、日本も航空自衛隊が次期主力戦闘機として、18年度までに28機を調達する予定だ。（ロサンゼルス＝植木秀一）

中国核兵器、10年で米と均衡へ

——露専門家

露国営ラジオ局「ロシアの声」のウェブサイトはこのほど、中国の核兵器が画期的な進歩を遂げており、10年内に米国と均衡するレベルに達するという、ロシア戦略技術分析センターの専門家ワシリー・カシン氏の評論を掲載した。環球網など中国のニュースサイトも引用して報じた。

カシン氏によると、中国の核兵器は3、4年前の停滞状況を一新し、新たな段階に入った。かつては核による恫喝を免れるために、必要最低限の核保有を原則とし、政治家による言及も少なかった。現在は、中国の指導者による核戦力への言及が増え、国力増強の指標の一つになっている。

中国国内では、核兵器の先制不使用の原則も議論の対象となり、最新版の国防白書もついに触れなくなった。中国の著名軍事評論家、喬良少将も中国専門紙・中国航天報で、先制不使用の制限を撤廃し、核兵器を中国の平和的発展の後ろ盾とするべきだとの意見を述べている。

カシン氏によると、中国が開発中の戦略核兵器は、数量的には世界のいかなる国も上回っている。今後10年以内に少なくとも核弾頭600個を積んだミサイルなどを配備するとみられ、中国の核戦力は英、仏並みから、世界の核超大国である米露に次ぐ水準に達する可能性がある。そして、米国が戦略核兵器と連邦政府予算の削減を続けるなら、ある段階で中国に核弾頭数で追い付かれることは不可避となる。

カシン氏によれば、中国の核戦力の急拡大により、米国がアジアの同盟国に与えている安全保障の内容も再評価せざるを得ない。同氏は「中国と軍事衝突すれば、米国自体が徹底的な破滅につながるというのに、日本などは米軍の来援をあてにできるだろうか」と指摘した。

米ソ冷戦時、米国は欧州の同盟国に対する有事の支援体制を確立していたが、英仏両国は多額の費用を厭わず自前の核戦力を整備した。独伊両国が核武装に踏み切れなかったのは、先の大戦での敗戦が制約になっていたのに過ぎない、としている。

評論は、アジア諸国が中国への対抗上、核武装に踏み切る懸念が、ますます差し迫ったものとなると結論付けた。（香港＝中岡秀雄）

部隊だより////

海

函　館　基地隊の隊員10人は12月3、10の両日、函館市内にある花園、湯浜両保育園で「保育園研修」を行った。これは隊員の「緊急登庁」の際、幼児を保護する教育のために実施したもので、研修先では隊員が園児と一緒にゲームや散歩などで交流した。元気いっぱいの園児たちとのふれあいを通じ、育児体験のない隊員にとっても貴重な機会となった。

大　湊　音楽隊はこのほど、平賀地区自衛隊父兄会の支援を受け、弘前市立第3中学校の体育館で「大湊音楽隊演奏会」を開いた。会場には同校生徒のほか近隣住民など多くが来場した。演奏会は「音の動物園」と題し、動物の鳴き声や情景を楽器で表現した曲を演奏。またイントロクイズや指揮者体験などもあり、会場は拍手と笑顔であふれた＝写真㊤。

横須賀　2術校は12月6日、英会話教育を指導する米国人教師やATG教官、協力団体関係者らを招き、謝恩行事を行った。下園学校長らのあいさつに続き、法被を着た来賓らが鏡割り＝写真㊤、職員による餅つきもあった。その後、書道部の体験書道、茶道部のお茶会、英語課程学生の獅子舞などが披露され、多くの来賓もイベントに加わり親睦を深めた。

呉　造修補給所貯油所は12月7日、開所15周年記念の「地域との交流会」を行った。交流会は7回目で、今回は自治体関係者や地域住民280人が訪れた。イベントとして新型消防車をバックに消防服での撮影会や消防車体験走行、音楽演奏などがあった。海軍カレーの試食やビンゴ、射的などのゲーム大会もあり、基地は終日、来場者でにぎわった。

壱　岐　壱岐警備所はこのほど、壱岐市勝本町で開催された「勝本港まつり陸上パレード」に参加した。メーン通りで行われたパレードで、警備所隊員は壱岐では見る機会がない「おくんち」の勇ましい龍踊（じゃおどり）を披露＝写真㊤。子供たちが歓声を上げるなど観客の注目を集めた。また隊員たちは地元の福祉施設も慰問、地域住民との交流を深めた。

美　唄　2地対艦ミサイル連隊の隊員は12月5日、美唄市内の養護老人ホーム「恵風園」「恵祥園」を慰問し、餅つきなどでお年寄りたちと交流した。餅は雑煮にして一緒に味わい、その後、1特団音楽隊員がトロンボーンの生演奏を披露。続いてのカラオケ大会では全員で合唱するなど所内は笑顔であふれた。同隊の慰問は駐屯地創立以来36回目＝写真㊨。

青　森　5普連はこのほど、駐屯地で第125期陸曹候補生・一般陸曹候補生の2次試験を実施した。受験隊員64人は、気温0度で吹雪が視界をさえぎる悪条件の中、かじかむ手で銃を構え「小部隊の指揮」＝写真㊨＝に取り組んだ。さらに積雪33センチの雪原で体力測定や3000メートル走などの課目に挑戦、白い息を吐きながら力の限りを出し切った。

部隊だより////

陸

多賀城　駐屯地はこのほど、松島町特設会場で行われた「三陸みやぎ復興市in松島」を支援した。会場では軽装甲機動車の装備品展示や東日本大震災での自衛隊の活動を写真パネルで説明し、地域住民や他県から訪れた来場者にPR。多くの来客が足を止め、隊員に当時の状況を質問するなど、自衛隊への認識と信頼感を深めたイベントとなった。

松　本　駐屯地は1月10日、成人記念行事を実施し、新成人23人の門出を祝福した。隊員と来賓が見守る中、新成人を代表して小林健太士長が「家族のため、国民のため、責任ある行動をしていくことを誓います」と決意表明。式後は4階建て隊舎屋上から一人ずつ「二十歳の決意」を述べ、内容を記した紙飛行機を一斉に大空へ飛ばし飛躍を誓った＝写真㊤。

滝ヶ原　駐屯地曹友会はこのほど、静岡県内で実施された「交通安全県民運動」の事前啓発運動に協力、駐屯地の隊員に事故防止を呼びかけた。運動には曹友会長の豊澤曹長をはじめ駐屯地隊員、さらに富士教導団教育隊員も参加、昼食時の隊員食堂や退庁時の正門で「交通豆知識」付きポケットティッシュを配布し、隊員の交通安全への意識向上を図った。

大　津　駐屯地業務隊はこのほど、「隊歌制定40周年」を記念し、駐屯地スポーツセンターで各科対抗の「隊歌競技会」を実施した。創隊以来初の開催となった競技会は「業務隊歌」とこの日のために各科が作詞作曲した「科の歌」の2曲で行われ、審査員は中方音楽隊副長、業務隊OB、モニターの計11人が務めた。競技の結果、管理科が総合優勝に輝いた。

三軒屋　駐屯地は1月10日、成人行事を実施し、新成人隊員5人は書き初めで「二十歳の抱負」を披露した。各自初々しい文字で「一心不乱」「一期一会」などと書き上げ、それぞれの決意を披露。田中駐屯地司令は「その言葉と今日の気持ちを忘れずに頑張れ。これからも愛国心を持ち、隊務にまい進してほしい」と新成人たちに熱いエールを送った。

出　雲　304施設隊は12月1日、「南スーダン派遣要員壮行会」を行った。派遣隊員4人は器材小隊、第1器材班の油圧ショベル、グレーダー操縦手として参加し、約半年間のPKO任務に当たる。壮行会にはOBも訪れ、後輩を温かく激励。同9日には出雲市長らを迎えて駐屯地壮行会も実施され、4人の活躍を祈り、地域を挙げて励ました＝写真㊤。

上富良野駐屯地恒例「雪中飛び降り」

37人 誓った、飛んだ

氷点下13度の寒さの中、上半身裸で飛び降りる104特大3中隊の水谷俊彦士長

高さ3メートルのジャンプ台から恐怖心を押し殺してジャンプする4特群本部中隊の谷本杏奈士長

「中隊のため、ガンバルぜぇー!」「ゼッタイ陸曹になりまぁーす!」—。雪中の高さ3メートルのジャンプ台上から大声で叫び、果敢に空中に飛び出していくのは上富良野駐屯地の新成人たち。1月10日、雪が舞う氷点下13度の厳しい寒さの中で行われた恒例の「雪中飛び降り」のーシーンだ。

男女の新成人37人が未来に向けて飛躍できるよう、駐屯地隊員が愛情込めて準備されたジャンプ台には、部隊章と共に「翔け!未来へ」「新成人の主張」の飾り文字も取り付けられた。

上富良野駐屯地の「雪中飛び降り」は平成15年から続くイベントで、この日は息子や娘の晴れ姿を一目見ようと、両親ら家族も道内外から駆け付けた。

最初に大場駐屯地司令が「諸君は自分一人の力で成人したわけではない。常に感謝の気持ちを忘れず、謙虚に、他人に気遣いができる、模範となる自衛官を目指してほしい」

大場駐屯地司令（左）に対し、新成人を代表して選手宣誓する2戦連1中隊の大角一磨士長

これに対し、新成人を代表して大角一磨士長（2戦連1中）が「これまで育ててくれた両親に感謝し、指導してくださった部隊の皆様に感謝し、私たちは新成人らしく、はつらつと全力で雪中に飛び込むことを誓います!」と選手宣誓。"未来への飛翔"がスタートした。

新成人たちはそれぞれ部隊の上司や先輩から熱い激励を受け、決心を固めて恐怖のジャンプ台へ。中には上半身裸で、胸に「オトナ♥」などと描き入れて登場するおちゃめな隊員も。

台上に立った新成人たちは、下から見上げる家族や上司に対し、白い息を吐きながら「必ず親孝行します!」「中隊のために頑張ります!」などと宣言し、元気よく空中に飛び出した。

会場では、着地して深雪の中から全身雪まみれになって新成人が顔を見せるたび、周囲から盛大な拍手と喝采が送られた。

最後に先輩から記念品を受け取った新成人たち、間違いなく一生忘れられない一日となったようだ。

（上富良野）

小　倉　駐屯地は1月9日、新成人隊員44人の「成人祝賀行事」を実施した。最初に新成人を代表して阿多祐希士長が力強い決意の言葉を述べ、その後、五輪金メダリストの小原日登美1尉が「継続は力なり」と題した記念講話を行った。小原1尉の門出に相応しい前向きな人生論に、新成人たちも熱心に聴き入り、自衛官としての決意も新たにしていた。

福　岡　駐屯地は1月10日、新成人隊員40人の成人式を行い、駐屯地総員で祝福した。体育館で行われた式では多くの来賓が見守る中、新成人代表の奥村司3曹が「任務を遂行できるよう確固とした目標を確立し、努力していくことを誓います」と決意の言葉を述べた。その後、新成人全員が順に自己紹介し、自身の「二十歳の抱負」を力強く語った。

玖　珠　4戦車大隊はこのほど、駐屯地内の4キロコースで「大隊持続走競技会」を行った。各中隊が名誉と誇りをかけ、全所属隊員が参加。防衛・駐屯地モニターが応援する中、隊員たちは必死にゴールをめざし、全力を出し切った＝写真㊤。優勝に輝いたのは1中隊。見事な連覇達成に応援のモニターは「力強さと頼もしさを感じました」と話した。

国　分　駐屯地は1月7日、成人式を開催し、新成人22人の前途を祝し激励した。式では新成人が登壇し、一人ひとりが自己紹介、決意を表明した。その後の「記念植樹」では全員で梅の木を植樹し、各人それぞれの思いを込めて土をかぶせた＝写真㊨。新成人は「これからの人生、人のため、社会のために貢献できるような自衛官になりたい」と抱負を語った。

空

浜　松　広報館は1月19日、「気象講座」を開催し、静岡県内外から66人が参加した。気象隊の予報官が講師となり、「空自の気象観測要領」などを初心者向けに分かりやすく解説。また、同隊の業務や気象の基礎知識などをユーモアたっぷりに説明した。質疑応答では「気象状況での飛行訓練の影響は?」などの質問に答え、参加者は気象への理解を深めた。

奈　良　岩崎統幕長はこのほど、基地講堂「飛翔館」で幹候校の全学生に対し講話を行った＝写真㊨。主に自衛隊の統合運用について話し、幹部に必須の「プロフェッショナルであれ」「国際性を追求せよ」「精強化たれ」の3点を強く要望した。質疑応答では学生から統合運用や英語の重要性などに関し多数の質問もあり、学生にとって有意義な体験となった。

築　城　中島航空総隊司令官がこのほど、築城基地を初度視察した。U4多用途支援機で基地に到着した中島司令官は栄誉礼・儀仗を受け＝写真㊧、基地正門通りに建立された慰霊碑「殉国勇士之碑」に献花し、黙祷を捧げた。その後、整備補給群講堂で講話形式の司令官訓示を行い、南西防衛の重要性に言及。引き続き8基地防空隊と7高射隊を巡視した。

桜島大爆発を想定

鹿児島地本 12普連など　震度6強、津波に対処

大正の大噴火から100年

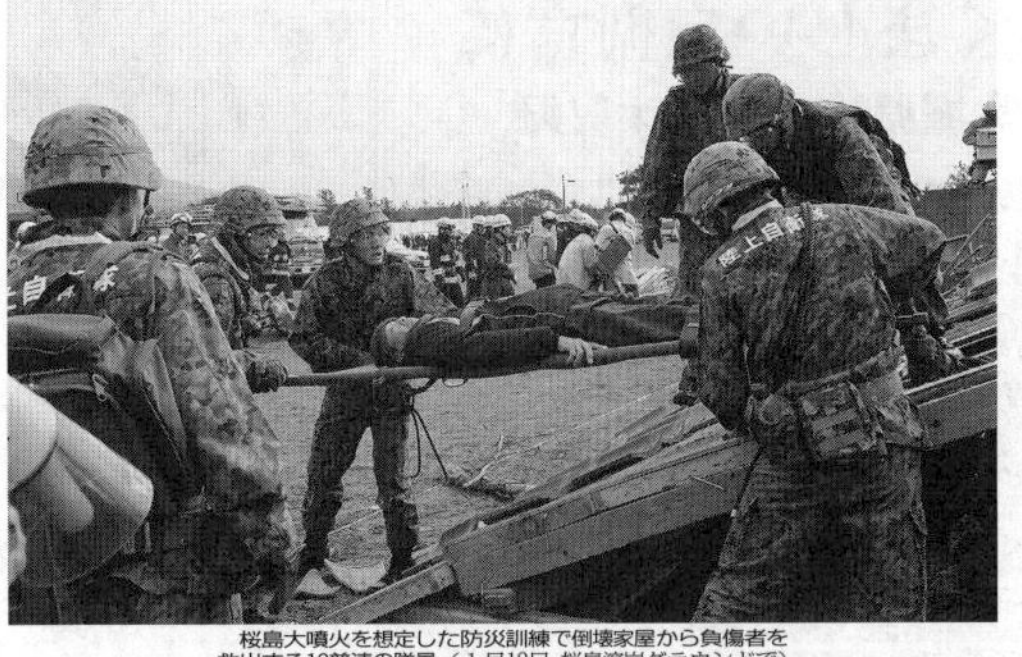

桜島大噴火を想定した防災訓練で倒壊家屋から負傷者を救出する12普連の隊員（1月12日、桜島溶岩グラウンドで）

【鹿児島地本、12普連＝国分】58人の犠牲者を出した「大正3年の桜島大噴火」からちょうど100年に当たる1月12日、鹿児島市内で「桜島火山爆発総合防災訓練」が行われ、154機関から地元住民を含む約2000人が参加した。

自衛隊からは陸自12普連（国分）、8飛行隊（高遊原）、海自1空群（鹿屋）、空自5空団（新田原）、鹿児島地本が参加し、それぞれ緊急速報への対応、火山被害状況の偵察、住民輸送、被災者の救出など災害対処に当たった。

訓練は「桜島が大爆発する中、鹿児島湾を震源とする震度6強の大地震が起き、津波も発生」との最悪の事態を想定し、連携して住民の防護に当たった。

12普連からは隊員約20人が現場に進出。桜島は昨年の爆発回数が835回を数え、現在も活発な火山活動を継続。参加者は100年前と同様の大爆発が起きた事態を見据え、緊迫した中で訓練が行われた。

「桜島の噴火活動が活発化し、警戒レベルが5（避難）に引き上げられた直後に大爆発し、火砕流が発生した」との想定で訓練を開始。緊急速報を受け連隊が被災地域に急行、警察や消防と共同して避難が遅れた住民を救助し、安全地域に搬送する訓練を実施した。

一方、鹿児島地本の10人は自衛隊の災害派遣部隊と自治体の間に立ち、連絡・調整に当たった。

内野誠本部長は災害対策本部長の森博幸鹿児島市長と行動を共にして市長を補佐、自衛隊の救援活動について随時報告し、市側からの要請は部隊に伝えた。

このほか訓練会場では、伊豆大島の土石流災害で自衛隊が実施した災派活動を写した写真パネル約30点を展示し、災害時の自衛隊の活動を広報した。

諏訪乃瀬島の火山も

12普連は同訓練に先立ち、薩南諸島・諏訪乃瀬島での防災訓練にも参加した。

同島の活火山・御岳の爆発を想定した訓練で、隊員6人が軽装甲機動者車をフェリーに積み、同島に進出した。

訓練には関係機関から約130人が参加、御岳が爆発した際の島民の避難手順などを確認した。隊員は現地災害対策調整所での活動や不明者の捜索・救助などに当たった。

御岳噴火を想定した諏訪乃瀬島防災訓練に参加するため民間フェリーで現地入りした12普連の軽装甲機動車

列島各地で防災訓練

防災協定後初の連携　市と調整事項を確認　10普連

【10普連＝滝川】10普連はこのほど、「滝川市災害対策本部図上訓練」に参加した。

訓練は市と駐屯地間で昨年9月に「大規模災害時等の連携に関する協定」「大規模災害時における派遣隊員の家族支援に関する協定」が締結されたのを受け、実施されたもの。訓練は河川氾濫など市内中心部での被害発生を想定して行われた。

駐屯地は市災害対策本部が置かれた市役所に連絡員を派遣、関係機関と共同で住民の避難誘導、人命救助などに対応した。

訓練を通じて避難者の輸送や行方不明者の捜索活動などで、市・警察・消防・自衛隊がいかに連携するか、調整事項が確認できたほか、互いの装備や能力についても認識を深めた。

不明者捜索で警察、消防、市の関係者と協議する滝川駐屯地隊員（右）＝滝川市役所で

石油コンビナート火災で曳船が放水　佐世保警備隊

【佐世保】海自佐世保警備隊はこのほど、九州電力相浦発電所（佐世保市）とその周辺海面で行われた「25年度長崎県石油コンビナート等防災訓練」に参加した。

訓練には県、市をはじめ、自衛隊、海保庁、長崎県警、九州電力など14機関から人員350人、車両26両、航空機3機、船艇11隻が参加。

「震度6強の大地震により陸上タンクから重油が流出した」との想定で始まった。

石油コンビナートでは被害を抑えるために陸自隊員が土のう積みを行い、海自の曳船はオイルフェンスを200メートルにわたり展張した。また火災発生を想定した場面では海自の大型曳船が放水による消火作業を行った。

コンビナート火災を想定、海上から消火活動に当たる佐世保警備隊の大型曳船（佐世保市で）

広島で航空機事故　13旅団が人命救助

【13旅団＝海田市】旅団は広島空港で行われた「広島空港航空機事故消火救難総合訓練」に参加した。

訓練には消防、警察、DMAT（災害医療チーム）などの機関から参加、自衛隊からは13後方支援隊衛生隊が加わり、負傷者の搬送に従事した。

訓練は「航空機が離着陸の際に滑走路に接触し、火災が起きた」との想定で、消火活動から開始。

その後、事故機から救出された負傷者を消防隊員らがトリアージ地区に搬送。衛生隊員は救護所に収用された負傷者を担架で救急車に搬送する役目を担った。

離島における津波対処能力を高める

【20普連＝神町】20普連は山形県警が酒田市で実施した「離島における津波災害対処合同訓練」に参加した。

2中隊長・寺崎英樹1尉以下5人が離島訓練に加わり、酒田海上保安部、会場となった飛島住民らと共に、大津波警報が発令される中、同島での救援活動に当たった。

隊員は飛島での現地調整所設置訓練に加わり、他機関と連携しながら被害状況の確認、偵察活動に当たった。オートバイ隊員は酒田港東埠頭から県警警備艇「はぐろ」に乗船して移動し、島内の被害状況を無線で現地調整所に報告した。

20普連は日本海に離島がある山形県で津波災害対処能力を高めた。

「航空機の回収法」披露

立川駐で防災航空祭

救助法を展示する自衛隊（左）や警視庁のヘリコプター（立川駐屯地で）

【立川】立川駐屯地はこのほど、立川広域防災基地連絡協議会を構成する国立病院機構災害医療センター、東京消防庁、警視庁などと連携し、「立川防災航空祭」を開催した。

今回は最初に「航空機の回収法」を披露。OH6D観測ヘリのメーンローターの取り外し、クレーンを使った機体吊り上げ、トラックへの搭載と一連の動作を展示した。

その後、災害救助活動が行われ、航空偵察、ヘリからの救助員のリペリング降下、ホイストを使った救助など、空地一体の人命救助活動を展示した。

普教連

南海トラフ巨大地震に備え　災害対処計画を作成

空自ＣＨ47Ｊ輸送機を初めて使用して行われた高機動車のヘリ搭載卸下訓練

【普教連＝滝ケ原、33普連＝久居、三軒屋弾支】南海トラフ巨大地震の発生に備えた防災訓練がこのほど、関東・中部・東海地域で一斉に行われた。

普通科教導連隊は、朝霞駐屯地の「指揮所訓練統裁システム」を活用し、実際的な図上防災訓練を実施。災害時の対処能力や、関係機関との調整・連携要領の向上を目的に5日間にわたって行った。

訓練に当たり、市野保己富士教導団長は「真に使える災害対処計画を作成せよ」「人命救助に全力を尽くすことを焦点に指揮幕僚活動を錬成せよ」の2点を要望した。

訓練は「四国沖でM8・9の巨大地震が発生、静岡県内で震度7を観測、大津波警報も発令された」という状況で始まり、連隊は緊急の災派出動準備に続き、各担任地区に部隊を派出する訓練を行った。

この間、システムでは道路の破損や余震、津波、火災などがリアルタイムで次々に付与され、隊員たちは関係機関や情報小隊などから送られてくる膨大な情報の処理をはじめ、各機関との調整、救援物資の調達・輸送の活動に当たった。

◇

33普連はこのほど、久居駐屯地など熊野、尾鷲両市で実施された「方面隊災害対処実動演習」に参加した。

初日はNEXCO中日本と連携し、災害時の高速道路を利用した進出、部隊集結要領や書類手続きなどを演練。

2日目は、空自CH47J輸送ヘリの支援を受け、高機動車のヘリ搭載卸下訓練を初めて実施。次いで東紀州の防災拠点へ車両等を空輸する機動訓練を行った。

また、久居訓練場など3カ所では人命救助や負傷者搬送訓練を実施した。

◇

三軒屋弾薬支処は、南海トラフ大地震発生の際、被災地に急行する派遣部隊の兵站支援を演練した。

インフラが破壊された地域での浄水習得要領や電源の復旧、整備所用天幕の設営などを訓練した。また、災害派遣の際、隊員の子供を預ける託児所の開設訓練も並行して行った。

川内原発の事故を想定し行われた訓練で、避難住民の健康状態を確認する陸自隊員

川内原発、住民避難を支援　12普連

【12普連＝国分】連隊はこのほど、薩摩川内市の川内原発周辺で行われた「原子力総合防災訓練」に参加した。

訓練は「震度6強の地震で原子炉が停止し、放射性物質が外部に放出された」という想定で実施。2011年3月の東日本大震災以降、初めて行われた原子力防災訓練で、130機関から周辺住民を含む3300人が参加した。

初日の訓練では、放射能漏れを受け、12普連の隊員や警察などが共同で半径5キロ圏の「PAZ（予防防護措置区域）」内住民を自衛隊車両やバスなどで安全な地域へ避難させた。

2日目は「より深刻な状況」を想定し、中央政府も参加。

首相官邸の安倍総理大臣から「原子力緊急事態宣言」が発令され、避難対象地域を半径30キロ圏に拡げ、住民が迅速に避難できるよう支援した。

自衛隊から参加した12普連は8化学防護隊、42普連、43普連、8施設大隊と共に車両の除染作業なども実施した。

◇

【46掃海隊＝勝連】海自46掃海隊の掃海艇「ししじま」も同日、防災訓練に参加した。

「ししじま」は地震による土砂崩れで孤立した川内市沿岸部の住民25人を川内港で収容し、安全地域に海上輸送を行った。

巨大地震＆大津波で　情報収集や医療支援　7師団　28普連

【7師団＝東千歳、28普連＝函館】7師団はこのほど、道南沿岸部の胆振や日高管内で行われた「平成25年度北海道防災訓練」に参加した。

訓練は巨大地震の発生と大津波警報の発令を想定、約100団体から関係者と住民計3700人が訓練に臨んだ。

7師団司令部、71戦連、7高特連、7通大、7飛行隊が参加。各部隊は連絡要員の派遣や航空機による情報収集・救助、医療支援、避難所での炊事支援などに当たった。

このうち、7飛行隊はヘリポートを設けた白老町の桜ヶ丘運動公園陸上競技場を拠点に、UH1多用途ヘリを使用し、航空偵察をはじめ、津波で浸水した白老東高校の屋上から負傷者2人をホイストを使っての救助や、重傷者を室蘭防災フロートに搬送するなど、多岐に渡る訓練を行った。

一方、11旅団隷下の28普連も同訓練に参加、海上保安庁と共同した情報収集活動や、医療救護活動などを担当した。避難所での炊事訓練も実施し、関係機関や地域住民との連携の強化を図った。

自衛隊車両で避難したお年寄りを介助しながら降ろす28普連の隊員

募集・援護 特集

平和を、仕事にする。

ただいま募集中！
◇幹部候補生（一般、歯科・薬剤）
◇医科・歯科幹部
◇予備自補（一般・技能）
★詳細は最寄りの自衛隊地方協力本部へ

一人でも多くの合格者を

各地で採用試験

最高の教育環境を誇る陸自高等工科学校に、我が地本から一人でも多く生徒を送り出したい――。将来の自衛隊のハイテク装備を担う隊員を育成する高等工科学校（横須賀市）の採用試験がいま山場を迎えている。1月11、12日の推薦採用試験では308人が受験し、64人が合格した。また一般採用（募集260人）では1次試験が1月18日、全国一斉に実施され、2次の口述試験、身体検査も2月1～4日に行われた。最終合格者は2月21日に発表される予定だ。各地本では一人でも多く地元から合格者を輩出することを目指し、受験生のサポートに全力を注いだ。

各地本、受験生を全力サポート

高工校推薦採用試験開始を前に、説明を聞く受験生（1月11日、高工校で）

高工校で推薦入試
前年比36%増 308人が挑む

【武山】高等工科学校（菊池哲也学校長）は1月11、12の両日、26年度生の「推薦採用」試験を実施した。

推薦採用は平成22年度に導入され、今回で4度目。

この採用は、全国から多様な能力・素養を持った生徒を広く募集するもので、今年度はインターネットなどを活用して広く募集、在学中にクラブ活動や生徒会活動で実績のあるリーダーシップのある生徒を募ったところ、前年比36%増となる308人もの中学生らが受験した。

中学校長や中等教育学校長から推薦された受験生は当日、寒風の中、高工校の正門をくぐり、講堂で受付を済ませた後、試験に挑戦した。

午前8時20分から作文、筆記の順で始まり、生徒たちは将来の自衛官を目指し、真剣に試験に取り組んでいた。今回からは数学力を問う問題も追加され、その後、口述試験、身体検査と続いた。

1日がかりの試験に受験生たちも疲れた様子だったが、それぞれが合格への期待を胸に秘め、横須賀再訪を誓って学舎を後にした。

難関突破目指し 真剣なまなざし
帯広

【帯広】地本は1月18日、雪に覆われた帯広、釧路、北見、美幌、中標津、根室の各試験会場で、高工校生徒の一般1次試験を実施した。

自衛官への熱い志望を抱く受験生138人は、厳寒のなか会場を訪れ、それぞれ難関突破を目指して終了時間まで真剣な表情で問題に取り組んだ。

地本では一人でも多くの受験者が夢を実現できるよう、今後実施される各種試験に向けても受験生たちをサポートしていく。

志願者全員が受験
インフルの影響を懸念 部員も一安心
鹿児島

【鹿児島】地本は1月18日、高工校生徒一般1次試験を県内の離島を含む8会場で実施し、中学生ら129人が試験に挑んだ。インフルエンザの猛威で欠席者が出るのではと心配されたが、志願者全員が元気に訪れ、部員をひと安心させた。

各試験場とも緊張感に包まれる中、受験生は合格を目指して真剣に試験に取り組んだ。

試験を終えた受験生からは「応援してくれた家族や担任の先生に合格を報告したい」「夢は自衛官となり、人の役に立つこと。ぜひ合格したい」といった声が聞かれた。

高工校一般採用試験を受験、緊張した面持ちの中学生ら（1月18日、鹿児島第2地方合同庁舎で）

鳥取 貸費学生に4人がチャレンジ

【鳥取】地本は1月25日、米子駐屯地で「自衛隊貸費学生」の採用試験を実施した。

貸費学生は、自衛官を目指して理工学系大学の3、4年生や大学院修士課程で学ぶ学生を対象に奨学金を支給する制度で、卒業後は幹部候補生への道が開かれる。

試験は英語、数学、物理、化学と小論文、口述試験、身体検査で、この日、受験者4人が試験に挑んだ。

口述試験では地本長の吉浦健志1陸佐を口述試験班長に、募集課長の大橋邦拓2空佐、空幕技術幹部の中路和法2空佐の3人が担当、受験者からそれぞれの志望動機などを聞き、多角的に未来の幹部候補生の資質を見定めていた。

古都を華やかに演出
春日若宮おん祭 奈良地本長ら参列

平安時代の装束に身を包み、祭りに参加した地本員ら。左から中錦援護課長、小畑副地本長、山下地本長、案内役、小宮募集課長、川村五條所長（12月17日、奈良市で）

【奈良】地本は12月17日、奈良市で行われた春日若宮おん祭の「お渡り式」に地本長の山下雅弘1陸佐以下10人が参加した。

春日若宮おん祭は、平安時代から続く祭礼で、天下泰平と五穀豊穣を祈願するもの。県内で最大規模の祭りで、国の重要無形民俗文化財にも指定されている。

お渡り式は正午に開始。平安時代などの古式ゆかしい装束をまとった第1～12番の行列が県庁前を出発し、近鉄、JRの奈良駅を経て三条通り、奈良公園一の鳥居まで約1時間にわたり行進した。

山下地本長以下の隊員は「十番力士」の姿で進み、途中3カ所で「ただいまお渡りいただいている第十番力士は自衛隊の皆様です」とのアナウンスも沿道に流れ、注目を集めた。

園児に南極の様子を説明
山梨地本

【山梨】地本はこのほど、甲府市の「かほる保育園」の園児約200人に対し「南極の氷勉強会」を開いた。

会場となった体育館には、園児たちが約400点のオーロラ、ペンギン、「しらせ」の写真を張り巡らせ、南極の空間を演出。この中で隊員が園児たちに南極の自然や動物、自衛隊の活動などを話した。

園児たちからは「なぜ南極にはシロクマがいないの?」「南極の氷はどうしてパチパチ音がするの?」などと質問があり、広報官の遠山幸夫陸曹長がやさしく説明した。

その後、園児たちは実際に南極の氷や石に触れ、ルーペでのぞいたり、氷の弾ける音に耳をすませた。

砕氷艦「しらせ」が持ち帰った南極の石に、興味津々の園児（11月25日、甲府市で）

県知事からの激励メッセージ
「たくましい自衛官に」
宮城県庁でビデオ収録

【宮城】地本は1月22日、仙台市の宮城県庁で「県知事からの激励メッセージ」のビデオ収録を、東北方面通信群の支援を得て実施した。

ビデオは今春の自衛隊入隊予定者向け。村井嘉浩知事は防衛大学校（28期）出身で、自衛隊勤務経験もあることから、親身になってビデオ収録にも協力してくれた。

村井知事はカメラを前に、自身の34年前の防大入校当時を振り返り、「4年間の防大での生活は楽しく、また苦しくもありましたが、充実した日々でした」と述べた。

さらに自衛隊への期待について、「宮城県民は東日本大震災において、過酷な任務を黙々と遂行する自衛官の姿に心から感謝し、心震えるほど勇気と感動を受けました。皆さんも素晴らしい先輩がいる自衛隊で広い視野と国際感覚を身に付け、たくましい自衛官になってください」と後輩に向けて期待と激励の言葉を送った。

収録は、多忙な知事のスケジュールを縫って短時間で実施されたが、収録は終始和やかな雰囲気で行われた。

完成したビデオは、3月に県内各市町村で実施される入隊・入校予定者激励会で放映される。

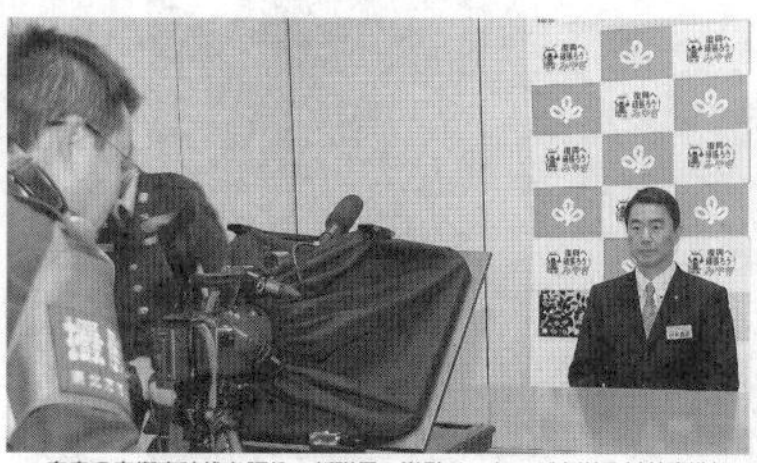
自身の自衛官時代を語り、新隊員へ激励メッセージを送る村井嘉浩知事（右）。左手前は撮影する森哲郎2陸曹（1月22日、宮城県庁で）

札幌地本の「モコ」
「お疲れさまです！」
雪まつり 雪像制作隊を激励

【札幌】地本のゆるキャラ羊の「モコ」は1月20日、「第65回さっぽろ雪まつり」の8丁目会場を訪れ、雪像制作を担当する自衛隊の第3雪像制作隊（隊長・瀧田雄司3陸佐）を激励した。

冬の風物詩「さっぽろ雪まつり」は今年で65回を数え、国内外から200万人の観客を迎える大イベント。今年は2月5～11日に開催され、会場では現在、18普連、11施設中隊、11通信中隊の隊員で構成された第3雪像制作隊がインドの霊廟「イティマド・ウッダウラ」の雪像を制作している。

会場を訪れた「モコ」は、隊員に交じって雪の運搬やブロック作製などを手伝った。最後に隊長を表敬して記念品を贈呈した。

雪を運搬する第3雪像制作隊員を手伝う地本のゆるキャラ「モコ」（1月20日、札幌市で）

自候生追加募集 チラシ使いPR
佐賀地本

【佐賀】地本は「追加募集」中の自衛官候補生募集を強化するため、1月10日から14日にかけ、駅やバスセンターで街頭募集を行った。さらに地元のラジオ番組にも出演、募集中の自衛官候補生をPRした。

街頭募集は佐賀駅と佐賀、唐津バスセンターで実施した。自衛官の仕事を分かりやすく説明するため、岡山地本の協力を得て「ジエイの仕事」という漫画を活用し、チラシを配布した。

一方、ラジオにはFM佐賀に古川さとみ1陸曹、FM唐津に和田弘樹3空佐が出演。番組では「自衛官ってもてるんじゃないですか」とパーソナリティからの突然の質問にとまどう場面もあったが、終始にこやかに募集広報を行った。

地本では「募集環境は依然として厳しいが、一人でも多く優秀な隊員を獲得したい」と話している。

「未来の千葉市」考える 新成人座談会に 梅木3曹が出席
市長囲み意見交換

【千葉】地本は1月13日、千葉市が行った「新成人座談会」を支援した。

これは熊谷俊人市長と新成人が「未来の千葉市」について意見交換するもので、今回で4回目。若者がどんな価値観を持ち、市や社会に対しどのような思いを抱いているかを把握し、社会人としての役割と責任を自覚することを目的としている。

自衛隊からは梅木知也3陸曹（高射教育直接支援中隊=下志津）が出席し、大学生らと共に市長を囲んだ。

熊谷市長から「市が改善すべき事項は?」などと質問を受け、梅木3曹は自分のアイデアを積極的に発言。市長はメモを取りながら真剣に聞いていた。

座談会後、梅木3曹は「同じ年代の意見を聞くことができ、大変有意義だった。自分も自衛官として負けないようにしたい」と話し、大いに刺激を受けたようだった。

命は惜しまないが死んではいけない

元零戦パイロットが講話

空幹候校

【空幹候校＝奈良】零戦搭乗員の心の葛藤を描いた小説・映画『永遠の0』が大ヒットする中、空自若手幹部を養成する幹部候補生学校はこのほど、元零戦搭乗員の笠井智一さん(87)を同校に招き、「元零戦パイロット語る」と題した部外講師講話を開いた。

講話は各分野から講師を招いて年に数回、実施している。この日は講演会場の「飛翔館」に各課程学生や基幹隊員ら約200人の聴講者が集まった。

笠井さんは兵庫県篠山町出身で旧海軍甲種飛行予科練習生（甲飛）10期生。大戦当時、航空機搭乗員として戦闘機「零戦」「紫電改」などに乗り活躍した。現在は伊丹市に在住し、学校協力団体「育鵬会」の幹事を務めている。

講話では過酷な戦いの経験を、大きな身ぶり手ぶりを交え、また一人ひとりの学生らの目を見つめながら話した。

フィリピン東方、太平洋上のヤップ島に拠点を置くヤップ島派遣隊に配属されていた際に、連日来襲する米軍爆撃機「B24」を上官の列機として迎撃して不時着水した体験や、戦友を亡くした時に「次は俺の番だと思った。命を惜しいと思ったことはなかった」という当時の心境などを語った。

また後年、ヤップ島を訪れた際に海面に見えた機体を機番から愛機と確認。持ち帰った同機の尾翼の一部を会場に持参し、学生らに触れてもらった。

講話の最後に笠井さんは「実戦は訓練とは違う。実戦となれば弾が飛んでくる。弾が当たれば戦闘機は被害を受ける。しかし、死んではいけない。『永遠の0』に描かれた考え方もあると思うが、私は『国のために』という一心で戦闘機に乗って戦っていた」と締めくくった。

㊤戦時中の実戦経験を語る笠井さん㊦若き日の笠井さん

講話に熱心に聞き入り、また笠井さんが持ち帰った尾翼の一部に触れる幹候校学生ら（空幹候校「飛翔館」で）

1トン級不発弾を安全化

沖縄 177世帯、480人が避難

101不処隊

【101不処隊＝陸那覇】101不発弾処理隊（隊長・錦織康二2佐）は1月26日、沖縄本島南西端の糸満市喜屋武で昨年12月12日に見つかった不発弾を安全化した。不発弾は長さ約180センチ、直径約60センチ、重さ約1トンの米国製で、同県で1トン級爆弾が見つかったのは平成2年以来、23年ぶり。

不発弾は海岸線沿いの防災林造成工事現場で磁気探査中に発見された。処理当日は半径1キロを避難区域とし、177世帯、約480人が避難した。

101不処隊に1トン級爆弾を処理した経験のある隊員が1人しかいなかったため、事前に模型を使ったシミュレーションを繰り返し、安全な作業を徹底してきた。

「処理する隊員の方がけがをされなければいいですね」――。避難所の喜屋武小学校体育館でお年寄りの心配する声も聞かれる中、午前9時35分に作業を開始した。

処理班長の内田輝彦3佐以下6人の精鋭が、弾底部信管を3回に分けて慎重に回し離脱した。次いで弾頭部も抜き取り、約1時間後に作業を無事に完了。錦織処理隊長の作業完了報告を受けた現地対策本部長の上原裕常糸満市長から安全宣言が出された。

101不処隊は沖縄本土復帰の昭和47年に編成された前身の那覇派遣隊弾薬班の活動を含め、平成26年1月30日までに3万4315件、約1700トンの不発弾を無事故で処理している。

信管の除去が完了した1トン級不発弾を回収車に搭載する101不発弾処理隊（1月26日、沖縄県糸満市で）

親子9組が勤務

そろって訓練に参加

陸自20普連

【20普連＝神町】連隊に1月末日現在、9組の親子が勤務し、訓練などに励んでいる。

9組のうち成澤龍二准尉(52)・優一士長(23)は、本部管理中隊と3中隊にそれぞれ勤務。昨年9月には宮城県・王城寺原演習場で行われた戦闘団訓練検閲に参加し、そろって指揮所警戒の任務に就いた。

検閲終了後、優一士長は「入隊して初の親子勤務。とてもいい経験になった」と話し、成澤准尉は「失敗を恐れず、自分の信じる道を胸を張って歩んで行け」と同じ道に進んだ息子を激励した。

一方、村山勝明副連隊長(53)は長男大輔2曹(28)＝1中隊＝と次男祐樹3曹(25)＝本部管理中隊＝の2人の息子とともに勤務。「同連隊で勤務できることをうれしく思うとともに、同じ道を選んでくれたことに感謝する」と、2人を見守っている。

9組の親子のうち、戦闘団訓練検閲にそろって臨んだ成澤准尉（右）、優一士長親子＝王城寺原演習場で

「戦うオリンピックに」

クロスカントリー 吉田3尉が意気込み

ソチ冬季五輪に出場する陸自冬季戦技教育隊クロスカントリー班（真駒内）の吉田圭伸3陸尉＝写真＝は2月1日、五輪前の最終戦となるワールドカップ（伊）に出場、15キロクラシカルを31位で終えた。吉田3尉は五輪開幕日の7日にソチに入り、16日に行われる4人×10キロリレーに挑む。

クロスカントリースキーの日本代表には、吉田3尉を含む6人（うち女性1人）が選ばれている。同3尉は成瀬野生選手（白馬村スキークラブ）ら他の3人とともに、リレーに出場する。冬戦教から五輪の同種目に挑むのはトリノ大会（平成18年）出場の曽根田千鶴2陸曹＝11後支隊・真駒内＝以来2大会ぶり。

初の五輪出場を前に吉田3尉は「戦うオリンピックにする。力を出し切る」と意気込んでいる。

一方、井佐英徳2陸尉ら冬戦教バイアスロン班の5人は2月3日にロシア入りした。8、9日の男女スプリント種目を皮切りに、各種目に挑む。

小休止

▽…春の訪れを告げる福岡県・太宰府天満宮の「梅の親善使節」の一行が1月22日、北千歳駐屯地を訪れ、梶原直樹司令に紅白の梅の鉢2鉢を贈った＝写真。

▽…使節は日本航空の千歳―福岡便就航を記念して昭和54年に始まり、今年で35回目。この日は天満宮の禰宜（ねぎ）、2人のみこら9人が来訪、梅の鉢や手作りの梅干しなどを贈った。

▽…梅の鉢を贈られた梶原司令は「枝ぶりもつぼみも素晴らしい。大切に育てます」と一足早い春の訪れを喜んだ。

（北千歳）

「やまゆき」乗員に善行褒賞

人命救助で

加藤司令から善行褒賞を贈られる山本2曹（右）

【横須賀】11護衛隊の護衛艦「やまゆき」の乗員、山本浩士2海曹(41)＝砲雷科短SAM員＝は1月17日、人身事故防止の功績で善行褒賞を受けた。

山本2曹は12月28日、東京都府中市のJR南武線府中本町駅で60、70歳代の男性がホームから線路内に転落したのを発見。直ちに線路内に飛び降り、男性を抱えて安全帯へ避難させた。男性にけがはなかった。

山本2曹は隊員の模範に値するとして、加藤雅巳11護衛隊司令から善行褒賞を贈られた。鉄道写真の撮影を趣味とし、普段から全国の駅・ホームに足を運んでいるという同2曹。表彰後「とっさの判断で意識せず、反射的に行動した。人身事故にならなくてよかった」と話した。

空音が迫力の演奏

百里基地音楽祭に聴衆1200人

【百里】基地は航空中央音楽隊（立川、隊長・水科克夫2佐）を茨城県小美玉市の小川文化センターに招いて、1月25日、第15回百里基地音楽祭を開催した。

基地周辺住民に対し音楽を通じて空自に対する理解を得てもらうもので、年に1度の恒例行事となっている。

基地協力者や地元の小中学校のほか、公募で当選した音楽ファンが来場し、1200席の会場はほぼ満席となった。

演奏は事前の会場ロビーでのミニコンサートの後、午後5時から2部構成で行われた。第1部は「ホーム・クラシック名曲選」と題し、気軽に楽しめるクラシック音楽を6曲、第2部は「イージーリスニング」で懐かしいポピュラー音楽など5曲が演奏された。

アンコールでは米ブラス・ロックバンド「チェイス」のデビュー曲「ゲット・イット・オン」と空自の行進曲「空の精鋭」が演奏された。

音楽隊の技術と迫力ある演奏に、集まった観客は惜しみない拍手を送った。

約1200人の観衆を前に、熱のこもった演奏を行う空音隊員（1月25日、茨城県小美玉市の小川文化センターで）

陸自八戸が雪像制作隊編成

「十和田湖冬物語」

【陸八戸】駐屯地は1月15日、青森県の十和田湖湖畔で行われる「十和田湖冬物語2014」のメーン雪像を作る雪像制作協力隊の出発式を駐屯地で行った。

協力隊は隊長の長谷川司偉2尉以下33人。出発式には藤丸幸二司令以下約700人が参加、長谷川隊長が藤丸司令に出発準備完了を報告し、同司令が「来場者の心を温かくするような雪像を作ってほしい」と励ました。

協力隊の隊員は厳寒の中、25日間にわたって作業し、イベントメーン雪像の「ねぶたと竿灯」（高さ8メートル、幅23メートル）を2月7日の開始セレモニーまでに作り上げる。

「ねぶたと竿灯」の模型を手にする雪像制作協力隊員（1月15日）

こちら警務隊

☎ 8・6・47625

自転車は左側路側帯を　違反は懲役または罰金

自転車で道路右側の路側帯を通行していたら、警察官に注意されました。何がいけないのですか？

以前は路側帯の左右どちらでも通行できましたが、昨年12月に道路交通法が改正され、自転車が通行できる路側帯は進行方向の道路左側に設けられた路側帯に限定されたため、警察官に注意を受けたのです。

路側帯とは、歩道がない道路のうち、道路の端に設けられた歩行者や自転車の通行スペースで、車道と白線で隔てられているものです。

この通行方法に違反すると、3カ月以下の懲役または5万円以下の罰金に処されます。

自転車の走行には十分気をつけましょう。

（警本＝市ヶ谷、田口1曹）

やりがいある任務

1陸曹　矢口　栄一（20普連2中・神町）

昨年11月、台風で大きな被害を受けたフィリピンの救援に当たるため、「フィリピン国際緊急援助統合任務部隊」が編成されました。この部隊に加わった神町駐屯地の隊員は、広島県の呉基地で海自輸送艦「おおすみ」に乗艦し、フィリピンのレイテ湾には11月20日に到着しました。

本格的な救援活動は25日から始まり、私たちは防疫活動などの衛生支援や救援物資の輸送支援活動などを12月11日まで行いました。この間、私たちは「おおすみ」艦内に宿泊し、輸送用エアクッション艇（LCAC）で車両とともに上陸しました。

私は2011年の東日本大震災でも災害派遣活動に従事しました。フィリピンの被災地は東北の津波被害を彷彿とさせるものがありました。しかし、そんな中でもフィリピンの人たちは日本の自衛隊に対して大変友好的で、困難な状況にありながら明るさを失わず、笑顔を絶やさないその姿には私たちも感銘を受けました。

任務を終えた部隊は12月13日にレイテ湾を出発し、「おおすみ」は17日に呉に帰国し、私たちも21日に神町駐屯地に無事帰隊できました。

帰国して思ったのは、国内外を問わず、被災者のために頑張ることは大変やりがいのある任務だということです。また現地では日頃接することのない海上自衛隊の乗員と寝食を共にし、自衛隊の統合任務についていろいろ見聞を広げることもできました。

任務中は連隊長、中隊長はじめ、国内の皆様からの温かな激励が私たち派遣隊員の糧になりました。大変ありがとうございました。

衛生状態が悪化したフィリピンの台風被災地で防疫活動に当たる陸自の国緊隊員（昨年11月、レイテ島で）

フィリピン被災地で救援活動に従事して

心を通じ合えた

2陸曹　川村　竜也（20普連重迫中・神町）

フィリピン国緊隊で、私は防疫担当の「小隊長付通訳」を務めました。初の国緊隊への参加で当初は不安を感じながらも、困難な状況にあるフィリピンの人々のために「自分も貢献したい」という強い思いを抱きながら出国しました。

レイテ島に到着すると、大勢の住民が避難する場所も確保できず、がれきのすぐ近くで生活を営んでいるのが分かりました。衛生状態も悪化しており、すぐに防疫活動を行わなければならない場所も多々ありました。

そこで自衛隊が防疫活動を始めるに当たり、私は通訳として小隊長を補佐し、地元との調整業務に当たりました。住民から要望を聞き取り、地域の実情とニーズに則した防疫活動ができるよう努力しました。

「通訳」という職務上、私は地域の人々と接する機会が多くあり、フィリピンの人々の自衛隊に対する好意と期待が強く感じられました。そのため、私は当初予想していたよりもずっとリラックスして通訳をすることができました。

私の語学能力は決して高いものではありません。しかし、友好的な雰囲気の中、フィリピンの方々と「心で通じ合えた」ように思います。

また、現地では輸送艦「おおすみ」に宿泊し、海上自衛隊の皆さんと協力しながら活動に参加できたことは大変有意義なものでした。この経験を私は今後の任務に生かしていきたいと思います。

みんなのページ

朝雲・栃の芽俳壇

畠中草史　選

冬天の藍を背に落下傘　千葉・空OB　榎　利風

空挺部隊の初降下の景である。雲一つない真っ青な空をそびらに連なり下りて来る。

淑気満つ磴をたどりて産土へ　新座・陸OB　船田藤三郎

産土神あるいはその土地の鎮守の神への初詣。苔生している磴はめでたい気配がある。

梵字ごと煮込む大釜大根焚　大阪・空OB　高木　智念

壁塗りも半ばに釣瓶落しかな　武蔵野・陸OB　渋江　一雄

杣小屋の屋根に干されし大根かな　浜松・空OB　宮本　立勇

柚子風呂に手足伸ばして安らぎし　熊谷・空OB　明田　眞雅

奉納の餅撒きて果つ里神楽　千葉・陸OB　棚橋　活明

日が暮れて師走の風に身震ひす　熊谷・空OG　高橋ふみ子

年の瀬の行き交う介護送迎車　熊谷・空OB　蓮佛志向子

こんな事あんな事あり年の暮れ　熊谷・空OG　佐藤　玲美

初春へ墨の香満つる納経所　今治・陸OB　疇谷　白涛

初富士の真白き姿動かざる　西東京・空OB　水島　孝雄

初日射す世界遺産の秀峰に　四街道・陸OB　樫田　湖風

初雪を当直室の窓に見る　府中・空自衛官　村上　智樹

雪積り住み古りし町最新た　東京・陸OG　石田　孝子

教室へ走る園児の息白し　熊谷・空OG　福元万理子

叡山の麓の坊の軒つらら　大津・陸OB　丸岡　正勇

世界遺産の富士包みゆく寒夕焼　浦安・海OB　晴山　雅之

気温の差日毎に低く冬厳し　熊谷・空OG　関田　絹江

飽きもせず絵手紙を描き冬籠　仙台・陸OB　加川　師亭

出初式東京湾に水放つ　青梅・一般　青柳　富也

江の電に揺られ鎌倉福詣　相模原・家族　棚橋　弘子

舞猿の客を見定めゐたりけり　所沢・空OB　藤井　功風

買初は揃ひの干支の根付かな　相模原・技OG　荒井　翠峯

選者作品

真っ新な雪を蹴立てて騎馬始

投句歓迎！

▽官製はがきの裏面に未発表の自作3句以内と氏名、年齢、職業（自衛官・事務官＝所属部隊＝、OB、家族など）、住所、電話番号を記入▽締め切り毎月15日▽あて先＝〒162−8801東京都新宿区市谷本村町5ノ1　防衛省D棟市ヶ谷記者クラブ朝雲記者室俳句係（☎03・5225・1750、専用線8・6・25512）

詰将棋

第665回出題

出題　日本将棋連盟　九段　石田　和雄

▲先手　持駒　角桂

【ヒント】角の捨て駒がトドメ。（5分で二段）

▶詰碁、詰将棋の出題は隔週です◀

詰○●碁

第1080回解答

出題　日本棋院　九段　曲　励起

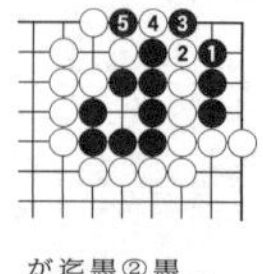

【解答図】黒先、黒劫。黒❶が大切で白②、白④の時、黒❺の劫取り迄、劫になるのが正解です。

OBがんばる

江藤　章三さん　55
平成24年3月、滝川駐屯地業務隊を最後に定年退職（2陸尉）。「JA新すながわ」に就職し、JA共済自動車事故処理の業務に当たる。

感謝の思い忘れずに

再就職を駐屯地援護センターに依頼するにあたり、私が希望したことは一つ、それは「日曜日だけは休みがほしい」でした。

しかし、いま思えば反省しきりです。やはり、人は勤労の場を与えられ、その労働に対して報酬を頂くことこそ、「生きとし生けるものの褒美」ではないかと思うのです。

私の現在の職場は農業協同組合、いわゆるJAで、JA共済自動車事故処理が私の職務です。事故が起きた時、登録した契約者と相手から状況を聴取し、過失割合を決定し、車両修理の調査から示談取り付け、支払いまでが今の私の仕事です。つまり我がJA契約者を満足させ、相手側も納得させる——これが全てです。

言葉にすれば簡単ですが、実際は「否、否、否」。何度逃げだそうと思ったことか、何度上司に退職を申し出ようと思ったことか。自衛隊で勢いだけで生きてきた、体力と若さにものを言わせて走り続けてきた33年間とは全く違う環境でした。現在は「別の人生を歩んでいる」と言えば、少しはご理解願えるかなと思います。

今、私が言えることは「一生懸命生きさせていただいている」でしょうか。組織に自分が「必要な人材」と思ってもらえる、勤労に対して報酬を頂ける——これこそ感謝です。この思いを忘れないで生きていたい、明日を見つめながら生きていけたらと思う今日この頃です。

その見つめる明日とは、もちろん「まぶし過ぎる明るい明日」です。

六ケ所対空実射訓練を支援

陸曹長　佐々木　義家（5高特群303無線誘導機隊・八戸）

携・近SAMの実射訓練支援のため、発射された低速標的機「RCAT」（六ケ所対空射撃場で）

第303無線誘導機隊はこのほど、平成25年度の「六ケ所対空実射訓練支援」を無事故で終了することができました。

25年度の特性としては、携帯・近距離地対空ミサイル（SAM）用の「低速標的機（通称RCAT）」での実射支援フライト数が前年度の約2倍になったことです。

このため八戸から六ケ所へのRCATの輸送、現地での機体の組み立て、点検・整備、そして格納スペースの確保まで、すべてが倍になり、支援業務は例年に比べ多少あわただしい状況となりました。

携・近SAMの実射訓練支援は、天候のほか、付近を航行する船舶の影響を受けて射撃チャンスが限られるため、「射撃を行えずに帰隊する部隊が続出するのでは」と心配しましたが、幸い順調に業務を進めることができ、忙しくも充実した訓練支援となりました。

今後も一丸となって射撃部隊の練度向上に寄与できるよう、また無事故で任務を完遂できるよう努力していきたいと思います。

「年女」の節目　目標は富士登頂

3陸曹　和田　祐亘（中方混成団本部・大津）

私は本年、「〇回目(!?)の年女」という節目を迎えました。

そこで二つの目標を掲げました。それは大それた抱負ではございませんが、第1は自衛官として「挑戦・献身・誠実」の心得を胸に、誇り高く職務にまい進することです。そして第2は、社会人として「思いやりの心」と「笑顔」を絶やさず、微力ながら地域社会に貢献できるよう一層尽力していくことです。

それから個人的には、世界遺産に登録された「日本の誇り・富士山」の頂を目指したいと思っております。こんな年女の私ではございますが、引き続きご指導ご鞭撻をよろしくお願い致します。

（世界の切手・オーストリア）

金メダルが僕の価値じゃない。これからの人生が僕の価値になるので、恥ずかしくないように生きていく。

村田　諒太（ロンドン五輪ボクシング金メダリスト）

朝雲ホームページ
www.asagumo-news.com
＜会員制サイト＞
Asagumo Archive
朝雲編集局メールアドレス
editorial@asagumo-news.com

新刊紹介

「むしろ素人の方がよい」　佐瀬　昌盛著

タイトルからはかつての防衛大臣を想起するが、本の誕生と全く無関係ではない。

著者は昨年2月の産経新聞「正論」に「素人、素人以下と三代の防衛相が続いた」と書き、この時「是が非でも防衛庁長官・坂田道太」を書かねばならぬと決心したという。

坂田道太は1960年代末の学園紛争のさ中、東大入試の中止を決断。丸眼鏡、文学青年風の風貌も相まって文部大臣としてのイメージが強い。

しかし、著者は坂田が文部大臣としてよりも防衛庁長官向きの人間だったと断言する。

その理由として①自衛官に温かい眼差しを向け「教育者的」影響を及ぼした②防衛を「素人」の目で眺め直し、あやふやだった国民の防衛意識の涵養に努めた——を挙げる。

「基盤的防衛力構想」や以後毎年出されることになる画期的な防衛白書の刊行など業績は多い。が、飄々としていながら、したたか。穏やかでありながら、少しもブレない。その生き方と政治姿勢こそが「玄人」だと思わされる一冊だ。（新潮社刊、1260円）

「NBCテロ・災害対処ポケットブック」　箱崎　幸也ほか編著

世界で初めて市民を標的に化学剤を散布したテロ「地下鉄サリン事件」。あの日、日本人は日常生活を不意に脅かすテロに「自分も巻き込まれるかもしれない」と震撼させられた。だが、時間の経過とともに事件がもたらした恐怖感は薄れ、テロに対する危機感も希薄になっているのが現実だ。

2020年の東京オリンピックの開催に合わせ、世界中から多くの観光客が日本を訪れる。市民を標的にしたテロが再び起こらないとは誰も断言できない。突如、眼に痛みを覚えて涙が止まらなくなり、やがて息苦しくなり、手足や顔には紅斑と水泡ができていることに気付いたとき、自分の命を救うための適切な対処法が思い浮かぶ人が何人いるだろうか。

本書は自衛隊中央病院や警視庁警備部、国立病院機構災害医療センターなど、テロや災害現場の初動対応に当たるプロフェッショナルたちが核（N）、生物（B）、化学（C）に加えて爆弾や中毒症状の兆候と症状、対処法を段階的に細部にわたって説明した一冊。

初動対応要員となる自衛官だけでなく、全ての人が不測の事態を予測し命を守るため、本書を手にする必要性があるかもしれない。（診断と治療社刊、1680円）

朝雲
発行所 朝雲新聞社
〒160-0002 東京都新宿区坂町26番地19 KKビル
電話 03(3225)3841
FAX 03(3225)3831
振替00190-4-17600番
定価一部170円、年間購読料9000円（税・送料込み）

本号は10ページ

2面 次官級「防衛審議官」ポスト新設へ
3面 入間で航空救難団空輸戦技競技会
4面 〈部隊だより〉大阪城に清掃攻勢
5面 〈厚生・共済〉退職時手続き早めに
6面 育休代替要員の事前登録制度を試行
7面 〈地方防衛局〉北海道局「YS65」参加
8面 島嶼防衛目指し、作戦能力磨く
9面 防大女子野球部員が日本代表候補に
10面 〈みんなのページ〉掃海隊を研修して

「サイバー駅伝」スタート

空間を防御せよ　防衛省独自の演習

防衛省は2月12日、総務省の実践的サイバー防御演習（CYDER）の一環として、コンペティション（競争）的要素を取り入れた独自のサイバー防御演習「サイバー駅伝（CYBER・EKIDEN）」を全省挙げてスタートさせた。ウイルス感染時のインシデントレスポンス（事案対応）能力の向上を目的とした各課題を駅伝の「区間」に見立て、クリアした時間を競う「タイムトライアル方式」に32チーム計100人以上が挑む。競争手法を取り入れたユニークな試みに、演習を主催する運用企画局情報通信・研究課は「競争心を喚起し、切磋琢磨して能力向上を図りたい」（担当者）と意気込みを話す。演習は東京都内で3月7日まで行われる。

タイムトライアルで能力向上

防衛省はサイバー攻撃への対応能力向上を急ピッチで進めており、今回は技術力の向上に加え、参加者が魅力を感じる演習形式にすることで、隊員のモチベーションアップを図る考えだ。大規模コンペティション（競争）形式の導入で、より効果的な人材の育成・確保に取り組む狙いがある。

演習は、総務省主催のサイバー防御演習「CYDER＝Cyber Defense Exercise with Recurrence」の一環として、防衛省独自の手法を用いて実施。総務省の構築したシステムを使用して同省の関連施設で始まった。

エントリーしているのは内局、陸自、海自、空自、統幕、装本、技本、防大、防医大、防研の10機関から計32チーム。各チーム4人を基本に期間中、2日間のプログラムに順次臨む。参加者は、職場のLAN管理や運用などに携わる実務担当者、技術者、研究者など。

演習ではウイルス発見から感染源や侵入ルートの特定、対処、攻撃手法の解析といった一連の対応の早さと正確さを競う。

各チームは通常レベルの「1区」から最難関の「3区」に向け、より難度の高いテーマにチャレンジ。区間ごとにタイムを競い、最速のチームには「区間賞」が贈られる。ペナルティとしてヒント1つにつき一定時間を加算。時間内に対処できない場合は「繰り上げスタート」が適用される。

こうした実技に並行して、各チームの「チーム旗」のデザインを競う「フラッグ・デザイン・コンテスト」も同時開催。優れたデザインのチームは3月末の結果発表の際に表彰される。

近年、ますます巧妙化、複雑化するサイバー攻撃に備え、防衛省は2012年9月に初の「サイバー指針」を策定。昨年7月には防衛省と防衛産業が官民一体となって協力を図る「サイバーディフェンス連携協議会（CDC）」を発足させた。

3月には24時間体制で防衛省・自衛隊のネットワークを監視する90人規模の「サイバー防衛隊（仮称）」の新設が予定されており、「第5の戦場」といわれるサイバー空間の防衛に全力で取り組む方針だ。

【サイバー駅伝の概要】

区間の設定
◆一定のマイルストーンそれぞれを、駅伝の区間として見立て「区間」を設定。計3区間設定。各区間ごとに区切って競技を行うことにより、具体的な競争心を喚起。

区間賞の設定
◆各「区間」ごとにクリアタイムを競い、区間毎にベストタイムチームに区間賞を授与。
◆ヒント一つにつき、一定タイムを加算。

繰上げスタート
◆各「区間」ごとにクリアすべき時間を設定し、その時間をすぎた場合、次の区間に繰上げスタート。
◆繰上げスタートした場合、一定タイムを加算。

前半優勝・後半優勝・総合優勝
◆問題レベルに大きな段差がある2区と3区を境界とし、前半と後半にわけ、前半優勝、後半優勝、総合優勝を競う。

日米同盟の強化で一致する小野寺防衛相（左）とロックリア米太平洋軍司令官（2月3日、防衛省で）

「サイバー防衛」連携を強化

防衛相、米太平洋司令官と会談

小野寺防衛相は2月3日、米太平洋軍司令官のサミュエル・ロックリア海軍大将と防衛省で会談し、日米防衛協力のための指針（ガイドライン）の見直しや、サイバーセキュリティー、ISR（情報収集、警戒監視、偵察）を含む防衛協力を推進していくことで一致した。

大臣はオスプレイの県外での訓練など、沖縄の基地負担軽減に向けて防衛省が全力で取り組んでいくことを説明し、米側に協力を求めた。両氏はまた、中国や北朝鮮への対応など、地域の平和と安定に向けて自衛隊と米軍が引き続き緊密に連携し、日米同盟を強化していくことで一致した。

これに先立ち、岩崎統幕長とロックリア司令官との会談が行われ、強固な日米同盟を維持しながら、自衛隊と米軍が共通の安全保障上の課題に効果的に対処するため、情報共有と共同対処の実効性の向上に努めていくことで合意した。

共同発表で両氏は中国に対し、「地域の安定と繁栄に責任ある建設的な役割を果たし、国際的な行動規範を順守するとともに、中国軍の開放性、透明性を促していく」ことを再確認した。

「ソチ五輪」バイアスロンの男子10キロスプリントでスタートする井佐2尉（2月8日、ラウラクロスカントリースキー・バイアスロンセンターで）

ソチ冬季五輪開幕

冬戦教勢、各種目で健闘

ソチ冬季五輪が2月7日、ロシア西部の都市、ソチで開幕した。自衛隊からも2競技に陸自冬季戦技教育隊（真駒内）から6人が出場し、健闘している。

8日のバイアスロン男子10キロスプリントには4度目の出場の井佐英徳2陸尉が臨み、87人中28番目にスタート。2回（計10発）の射撃で3発（伏射1、立射2）を外したことからタイムを縮められず、全体の71位で終えた。

一方、9日の同女子7・5キロスプリントには2度目の出場の鈴木美由子3陸曹ら4人が出場した。「（応援への）感謝の気持ちは結果で表すしかない。10位以内を目指す」という鈴木3曹は、84人中25人目にスタート。2回の射撃のうち、最初の伏射を全弾命中させ、続く立射もミスを1発に抑えてゴール。39位で終えた。

中島由貴陸士長は68位、鈴木李奈陸士長は80位、小林美貴2陸曹は81位だった。

この後、鈴木3曹ら4人は14日の15キロ個人と21日の4×6キロリレーに、井佐2尉は13日の20キロ個人に挑む。16日にはクロスカントリーの男子4×10キロリレーに吉田圭伸3陸尉が出場する。

最優秀記事賞に統幕

2年連続　丁寧な取材を評価

本紙掲載の優れた投稿を4部門に分けて表彰する「朝雲賞」の選考委員会（内局広報・厚生両課長、広報課先任部員・報道室長、厚生課共済企画室長・先任部員、各幕広報室長・厚生班長、朝雲新聞社社長・編集局長の14人で構成）が2月6日、防衛省で開かれ、平成25年の受賞部隊・機関が決定した。

選考対象となったのは、25年1～12月の1年間に全国の部隊、地本などから「朝雲」に寄せられた約5000件の記事、写真、所感文。25年は投稿件数を判断材料にする「送稿賞」に代わって、掲載基準による「掲載賞」（所感文を除く）が新設されたほか、「記事賞」「写真賞」「個人投稿賞」の3部門でそれぞれ最優秀賞が1点、優秀賞が6点選出された。

「掲載賞」では、投稿記事が最も多く掲載された築城基地が最優秀賞に輝いた。次いで、神町駐屯地、横須賀基地、新潟地本をはじめ、陸8、海3、空3、地本3の各部隊・機関が受賞した。

「記事賞」は20候補の中から、7月25日付9面掲載の「海自と海保がアデン湾でエール交換」（統幕）が最優秀賞に選ばれた。

アデン湾で民間船舶の護衛に当たる水上部隊15次隊の護衛艦「あけぼの」と実習航海中の海保庁練習船「こじま」が会合し、互いにエールを送り合ったという記事で、共に日本の海を守ろうという双方の意気を伝えている。

「写真賞」（24候補）で最優秀賞を獲得したのは、104不発弾処理隊（目達原）の高野信博3曹が不発弾の信管を取り出す瞬間をとらえた写真（10月10日付9面掲載）。

「個人投稿賞」は20候補のうち、長崎県・壱岐郷土史家の福田敏さんの寄稿文「山口常光先生の思い出」（3月28日付8面掲載）が最優秀賞に。最後の陸軍軍楽隊長を務めた山口先生の人となりを描いた貴重な回顧録で、その見事な筆致が評価された。

四つの賞に選ばれた部隊・個人には後日、表彰状が贈られる。（受賞部隊などの詳細は次号）

26年度防衛費　重要施策を見る　□4□

空自

南西空域に注力

6・5％増　航空優勢の確保へ

「うちには盆も、正月も、年始の訓練始めもありません。365日警戒、監視です」――。

1月9日、那覇基地の隊員は語気を強めた。昭和47年の沖縄返還の翌年から開始した同基地の緊急発進（スクランブル）回数は現在、3000回を超える。

空自の平成25年度第1～3四半期（昨年4～12月）のスクランブル回数も563回に上り、年度ベースで23年ぶりに最多を更新することが確実になるなど、日本周辺で中国機やロシア機による偵察、示威活動は活発化の一途をたどる。

昨年11月には中国が一方的に東シナ海上空に「防空識別圏」を設定し、領空をめぐる緊張感が一層高まっている。これを受け、空自の26年度主要事業は緊迫する南西地域に主眼を置いたものとなった。

まず注目されるのが編成面だ。警戒航空隊を改編し、那覇基地にE2C早期警戒機を配備、「第2飛行警戒監視隊（仮称）」を新編する。これにより、南西地域での常時継続的な警戒体制を構築する。部隊新編に伴い、整備器材の取得に13億円を計上した。

防空の「目」となる固定式警戒管制レーダーの換装には49億円を計上。今年は見島（山口県）のFPS2を最新のFPS7に換装し、弾道ミサイル対処機能を付加する。

戦闘機の強化・改修も、防空には欠かせない。F15戦闘機にNVG（夜間暗視装置、1機・8000万円）を搭載。F2戦闘機には、地上目標へのレーザー誘導を可能にする「ターゲティング・ポッド」の搭載試改修を行う（1機・61億円）。陸自と連携し、F2から投下されたLJDAM（レーザー精密誘導装置付爆弾）の精度を上げ、陸空統合火力誘導を強化する。

F35A次期戦闘機の導入では、4機分638億円を計上。最初の配備先となる三沢基地の教育訓練施設の整備にも27億円を投入する。

大規模災害対処に向けた装備取得も進める。C1輸送機の後継機として、搭載量や航続距離などが大幅に増大するC2輸送機（2機）に398億円を計上、部隊配備に向けた試験や調整も続ける。

このほか、統合的な部隊運用能力の向上に向け、「航空戦術教導団（仮称）」を新編する。飛行教導隊（新田原）、高射教導隊（浜松、千歳）、基地警備教導隊（百里）などを同団に統合し、一体となって研究、運用を行うことで電子戦も含めた対処能力向上を図る。

一方、厳しい財政状況の中で効率化も進める。C130H輸送機の定期整備の間隔を36カ月から45カ月間隔に延伸、30年度までに45億円、26年度単年度でも22億円を節減する。またF2の能力向上レーダーを30式まとめ買いし、11億円節減する計画だ。

日本を取り巻く安全保障環境が一層厳しさを増す中、齊藤空幕長は「断固として日本の領空を守り抜く」と力を込める。前年度対比1・9％減となった25年度から一転、26年度の空自予算は同6・5％増の1兆899億円と3自衛隊で最も高い伸びとなった。空自は決意を新たに、航空優勢の確保に乗り出す。（菱川浩嗣）

C1の後継機として、試験、調整が行われているC2輸送機。大規模災害対処に向け配備が待たれる＝防衛省提供

春夏秋冬

世論は健全か

森本　敏

いかなる国にも世論はある。世論は国民感情に根差しているので概して多様である。世論が率直に表われるかどうかは民主主義の成熟度による。日本はこの点でかなり成熟度が高い。

日本の世論を敢えて区分すれば横軸に右派と左派と中間層をとり、縦軸に親米・反中派と親中・反米派と中間層をとると、これらを組み合わせたマトリックスで構成される。

ただ、その境界線はあいまいであり、反米・反中の右派もあり、親米・反中の左派もいる。

そして、いずれにも属さないサイレント・マジョリティが中間にいるが、その多くは現状を急に変えたくないという保守的傾向の強い人々である。この世論が政党支持の傾向と重なっている。

こうした日本の世論には特色がある。第一は、左右両派は極端で共通項が少ない点である。

米国の共和・民主両党の支援者には多くの共通項があり、国家の尊厳や国益、自由・平等・人権の尊重などの価値観が共有されている。いかなる価値や利益を重視するか、政策上の優先認識は何かという点で政党支持が変わり、主義主張が変わる。

ところが日本は、右派と左派は価値観や国益の見方が全く異なる場合が多い。左派の中には国益という考え方さえ受け入れない人もいる。

第二に、日本の右派と左派は相容れないので、お互いに直接論争をしたがらない。

一方、中間にいるサイレント・マジョリティの意見を代表する論客は少なく、立場も穏健中庸なので目立たない。

しかし、右派と左派は中間層の支持者を増やそうとして中間層に働きかけるが、中間層から異論を言われると猛烈に反論し、反対側に押しやるのを防ごうとする。こうなると中間層は、右派も左派も忌避するようになり、健全な議論が敬遠されるようになる。

世論は時代背景や国際環境に影響されるが、右派と左派が本気になって争わないのは双方の本質が同根であるためであろう。とりわけ、公のために論じるのではなく、自らのために論じ、批判されるのを避けたがる人が多いことは問題である。

何が日本のためになり、何が多くの国民にとって正しいのかを、感情論ではなく、空想主義でなく、リアリズムに基づいて論じてほしいと思う。

日頃、見られるまやかしを積み重ねた建前だけの理屈と空論にはうんざりである。

（もりもと・さとし＝前防衛大臣）

朝雲寸言

日本はどうしますか――。2001年の米同時多発テロ。発生翌日の9月12日、ワシントンの防衛駐在官たちは、米国防総省でそう尋ねられた▼問われたのは日本だけではない。英国など欧州の武官たちも一緒で、「テロは世界の敵。米国は立ち向かうが、貴国はどうしますか。考えを聞かせてほしい」だった。何をしてほしいとは言わない。だが、すべての同盟国が米国に試されていると感じたという▼テロとの戦いでは、即座に小泉首相がブッシュ大統領に対米支援を表明し、北大西洋条約機構（NATO）も初めて、集団的自衛権の行使を宣言、米国とともに戦う姿勢を示した。同盟国の素早い対応の裏には、ペンタゴンでのこんなやり取りがあった▼今から思えば、米国が「世界の警察官」であった時代の終焉だったのかもしれない。その後のイラク戦争では、欧州各国の足並みは乱れ、昨年以降、イランとシリアへの対応を巡って、中東の友好国でも対米不信の嵐が吹き荒れている▼1月28日のオバマ大統領の一般教書演説。アジア重視と言いながら、北朝鮮や中国の脅威には口を閉ざした。テロとの戦いは、「私たちの国を攻撃させない」だった。それは警察官の姿ではなく、自宅を見張る警備会社のようだ▼日本でも今年、中国の脅威を想定したガイドラインの策定を巡って、米国への信頼を大きく揺るがす風が吹き始めるかもしれない。その時、米国はどうしますか――。

時の焦点

国内　雪景色の知事選

国の進路考えた都政を

東京が雪で覆われる日は、日本の針路を左右する決定や出来事が、しばしばあった。

例えば、1936年の二・二六事件。あるいは、政治改革関連法案をめぐって与野党トップが合意した際の1994年1月29日の未明の雪景色。前者は戦争への歩みを加速させ、後者は衆院が小選挙区制中心の選挙となったことで、政治家が人気取りの政治に走りやすくなった。

そして、今年2月9日。13年ぶりの大雪警報が首都に発令された前日の大雪が残る中で、都知事選の投開票が行われ、舛添要一・元厚生労働相が当選した。政治改革合意の際の首相だった細川護熙氏にとって、今回の雪は祝福の象徴にはならなかったようだ。

首都とはいえ、地方選である都知事選の結果が国の進む方向に影響を与えると言うのは、いささか大げさに響くかもしれない。しかし、新知事の任期4年は、2020年東京オリンピック・パラリンピックの準備を通じて、東京のあり方を決定づける期間になる。

森記念財団都市戦略研究所の「世界の都市総合力ランキング」2013年版で、東京は前年同様、ロンドン、ニューヨーク、パリに続く4位だった。人口集積や市場規模で強みを持ちながら、国際交通ネットワークや交通利便性が弱点とされる。東京五輪に向け、国際的なアクセスや東京圏の交通利便性を高める公共事業は一気に進むだろう。それが、東京の魅力をアップし、日本経済のエンジンとしてのパワーを増すことにもなる。

その時、考えておく必要があるのは、東京一極集中の評価だ。都市力の向上は、海外からの投資を呼び込むだけでなく、国内の人口の集中を進める。東京より上位の3都市がある英米仏はいずれも、国全体で人口が増え続けているのに対し、日本だけが人口減に突入している。労働力人口が東京に集中すると、それを補う労働力を新たに供給しにくいという意味で、上位3都市とは「集中」の副作用が違う。

既に、地方銀行の扱うマネーの大半は高齢者の年金だというのが現実である。東京と地方の格差を、東京五輪によってさらに拡大することを懸念する声は根強い。一方で、日本が成長を続けていくためには、東京がもっと稼ぐしかないとの意見もあり、「東京を世界一の街にする」（舛添氏）という訴えに呼応した有権者も多いはずだ。まさに東京のあり方が、日本全体の方向を決める。

東京に雪が舞った頃、ロシアではソチ冬季五輪が始まった。ソチのような地方都市での五輪開催は一時的な好況を呼び込んでも、国全体として経済効果を長続きさせることは難しい。首都で開かれる五輪は、その意味でも重みが違う。前知事の辞職による2か月の空費を早く埋め、東京のことだけでなく、日本全体の進む道を考えた都政の展開を願ってやまない。

東雲　次郎（政治評論家）

海外　米一般教書演説

対外課題に危機感欠く

オバマ米大統領は1月28日、2014年の施政方針に当たる一般教書演説を行った。所得格差是正などで中間層の浮揚を目指す「行動の年」にすると強調したのは、11月の中間選挙をにらんでのことだ。

しかし、65分間の演説中、政権の金看板のはずの福祉改革（通称・オバマケア）に触れたのは開始から40分後。国民に不評なため前面に打ち出せない苦しさが明らかで、与党・民主党内でも演説に冷めた反応の議員が多かった。

重大なのは、教書が外交・国防などで米国が引き続き直面している対外課題に十分な危機意識を欠いている点である。西側陣営の盟主の現状認識としては、大いなる不安材料と言うよりない。

例えば、国家安全保障上、今年の最重要問題になるのが確実なイラン核問題。オバマ大統領は外交的解決を目指すため、新たな制裁法案が送付されれば拒否権を行使すると議会を威嚇した。

だが、ロウハニ大統領が①昨年の核合意はイランの決意に軟弱な西側が屈した②ウラン濃縮計画は決して放棄しない――と公言しても、オバマは批判どころか何ら対応しなかった。

教書演説の翌日、クラッパー国家情報長官は上院情報委員会で、イランは今や核兵器製造能力を保有していると証言した。そして2月初め、凍結されていたイランの原油輸出収入42億ドルの解除第1弾、5億5000万ドルがスイスにあるイラン中央銀行口座に移された。事態がどこに向かっているかは明らかだろう。

シリア内戦に関し、オバマの「レッドライン（越えてはならない一線）」発言は世界中の外交サークルで物笑いの種になったが、教書は「シリアの化学兵器廃棄の実行は武力の威嚇を伴った米外交の成果」と自賛した。

演説の12時間後、29日朝のFOX－TVは「国外廃棄のためシリアから搬出された化学兵器は全体の5％以下」とのニュースを伝えていた。シリアとソ連、西側との合意では、2月5日が全化学兵器の国外搬出の期限になっていた。

ドイツ・ミュンヘンでの安保会議に出席したケリー国務長官は2日、同会議米代表団の15議員と会談し、①オバマ政権の対シリア政策は失敗した②ロシアは内戦解決に支援的ではない――などと説明した。教書とは違う実態を議員らにオフレコで明かしたのだ。

13年末、イラクのバグダッド西方ファルージャにテロ組織アルカイダの旗が翻るのを見て米軍は驚いた。同地は03年のイラク戦争で過激派の拠点となり、米軍と地元部族の共同掃討作戦で制圧した場所だった。

オバマは12年の大統領選キャンペーン中、「アルカイダは敗走中」と繰り返したが、「アルカイダの脅威は本物だ。手に負えなくなってきた」（ケリー国務長官が15議員に）が真実だろう。

対イラン、対シリア、対アルカイダ、まだまだあるが、教書は希望的観測に基づくレトリックの羅列に過ぎないのではないか。

草野　徹（外交評論家）

「防衛審議官」新設へ

次官級　設置法改正案を閣議決定

政府は2月7日の閣議で、防衛省に事務次官級の「防衛審議官」ポストを新設することなどを柱とする防衛省設置法改正案を決定し、国会に提出した。今国会での成立を目指す。

近年の防衛交流の活発化に伴い、これまで事務次官や局長クラスがその都度対応していた各国防衛当局の事務方トップとの防衛交流や技術交流などの分野を防衛審議官が専属的に担う。

小野寺防衛相は同日の記者会見で「防衛審議官の新設は我が国の安全保障、周辺国との防衛交流に大変重要なものだ」と述べた。

改正案ではこのほか、「内部部局における自衛官ポストの定員化」「航空戦術教導団の新設」「自衛官定数等の変更」「早期退職募集制度への対応」などが盛り込まれた。

空自に新設される航空戦術教導団は、飛行教導隊や高射教導隊、3空団の航空支援隊など、訓練支援機能を持つ全国の部隊を、その所在地を変えずに統合するもので、統合的な部隊運用能力を向上させ、各種事態への実効的な対応能力の向上を図るのが狙い。

「サイバー防衛政策ワーキンググループ」の初会合で意見交換する日米両国の関係者（2月3日、防衛省で）

日米の協力を加速化

サイバー防衛政策　作業部会で一致

日米防衛当局による「サイバー防衛政策ワーキンググループ」の初会合が2月3、4の両日、防衛省で開かれ、政策レベルを含めた日米の情報共有や、自衛官の米国派遣などを通じた人材育成、技術面での連携など、日米の協力を加速化させることで一致した。

日本側は真部朗防衛政策局次長ら、米側はデービス国防次官補代理代行らが出席し、今後の協力分野で包括的な意見交換を行った。作業部会は年に2回程度を予定しており、次回は今夏をめどに米国で開催する。

同作業部会は、昨年8月の日米防衛相会談で「サイバーセキュリティー分野での防衛協力の促進」が決まったことを受け、同10月に設置された。

関山、相馬原演習場で「フォレスト・ライト」　2月25日から

陸自は2月25日から3月8日まで、関山演習場（新潟県）と相馬原演習場（群馬県）などで米海兵隊との実動訓練「フォレスト・ライト」を実施する。

陸自からは12旅団長の富樫勝行将補を担任官に、2普連の1個中隊を基幹とする約200人、米海兵隊からは第3海兵師団長のヘルマン・クラーディ少将を担任官に第4海兵連隊第2大隊の1個中隊を基幹とする約170人が参加する。

訓練は、両国の部隊がそれぞれの指揮系統に従い、共同作戦を行う際の連携要領を演練し、相互運用性の向上を図る。

2月26日から3月2日までの機能別訓練では、作戦会議など指揮機関訓練のほかに、積雪寒冷地における機動・露営・攻撃などを演練。4日からは、米海兵隊のCH53輸送ヘリを使用したヘリボーン訓練を実施する。

対潜特別訓練始まる

海自は2月8日、東海から四国沖合に至る海域で米海軍と共同の対潜戦特別訓練を開始した。16日まで。

海自は鍛冶雅和潜水艦隊司令官を訓練統制官に、護衛艦8隻、潜水艦5隻、航空機数機が参加。米海軍はスチュアート・B・マンチ第7潜水艦群司令を訓練統制官に潜水艦1隻が参加している。

中国艦艇3隻が宮古島付近航行

2月8日午後5時ごろ、中国海軍の「ルーヤンI」級駆逐艦（満載排水量7112トン、艦番号169「武漢」）、「ルーヤンII」級駆逐艦（同、171「海口」）、「ユージャオ」級揚陸艦（基準排水量1万8500トン、989「長白山」）の3隻が、沖縄県・宮古島の北東約100キロの海域を太平洋から東シナ海に向け北西に航行しているのを、海自15護隊（大湊）の「おおよど」と5空群（那覇）のP3C哨戒機が確認した。

首相乗せソチ五輪へ　政専機

空自特輸隊（千歳）のB747・400政府専用機は2月7日、オリンピック冬季競技大会開会式に出席する安倍首相を乗せ、羽田空港を出発した。

首相は8日、ロシアのソチに到着後、式に臨み、9日にはトルコのイスタンブール経由で羽田に帰国した。

◇靖国神社「ひなまつり親子の集い」

靖国神社崇敬奉賛会は、3月2日、靖国神社で「ひなまつり親子の集い」を開催する。

今年のひなまつりは「桃の節句御神楽の儀」や「童謡コンサート」などを行う。イベントを通じて靖国神社や日本の伝統文化に触れることができる。

▽日時＝平成26年3月2日（日）午後0時30分参集殿集合

▽場所＝靖国神社（東京都千代田区）

▽プログラム＝映画「ポッポちゃんの靖国まいり」鑑賞、「桃の節句御神楽の儀」参列・昇殿参拝（成長・学業成就祈願）、合田道人・童謡コンサート「童謡には秘密がいっぱい」、遊就館クイズラリー

▽募集人員＝小学生以下の親子合わせ先着300人

▽参加費＝無料

▽参加条件＝家族に崇敬奉賛会員（年額3千円）、子供が遊就館友の会員（年額1千円）で当日の入会も可能

▽申し込み＝ホームページ（http://www.yasukuni.jp/~sukei/）の申込書に記入の上FAXまたはメールで受け付け

▽問い合わせ＝靖国神社崇敬奉賛会事務局、電話03（3261）8143、FAX03（3261）8625まで。

22社が最新の建設技術発表

防衛施設学会年次フォーラム

「年次フォーラム2014」で、企業ブースを視察する西防衛事務次官（右手前）＝2月5日、ホテルグランドヒル市ヶ谷で

防衛施設学会の「年次フォーラム2014」が2月5日、東京都新宿区のホテルグランドヒル市ヶ谷で開かれ、防衛施設関連企業などが研究発表を行ったほか、22社が土木・建設関連の最新機器・素材などを展示した。

最初に大野友則会長があいさつ、「建設業界は今後10年、大震災からの復興、東京五輪、防衛施設面などで需要が見込まれるが、特に防衛施設面では新たな土木・建設技術などが求められている」と述べた。

続く研究発表では、最初に防衛省装備施設本部の職員が建設工事の新たな概念「IPD（Integrated Project Delivery）コンセプト」について発表。これは施工主・設計者・建設会社の3者が初期段階から密接に連携することで、意思決定を短縮・確実化し、工期の延長やコスト増を防ぐ考え方で、今後、防衛施設にも導入すべきだと述べた。

引き続き12社が「防災・減災」「衝突・爆発」「施設防護」をテーマに最新の技術を発表、防衛省・自衛隊関係者も聴講した。会場には西防衛事務次官も訪れ、企業ブースなどを回り、最新の土木技術を視察した。

ひと

本省採用で女性初の課長職に就いた　廣瀬（ひろせ）　律子（りつこ）さん（46）

趣味は海外ミステリー。作家L・ケプレルがお薦め

1月24日、人事教育局服務管理官に着任した。「新鮮な気持ちです」と語る。

「規律正しく自衛隊が存在し、活動することは国民の信頼を得る上での基本。自殺防止やセクハラ対策でもきめ細かい対応に当たっていきたい」

平成2年、「恐る恐る入庁した」という防衛庁は、今や防衛省となり、女性がさまざまなポストに起用される時代になった。

人事第2課企画班長時代、「予備自衛官補」制度の創設に携わった。民間からどんな人に応募してもらい、どんな教育訓練を受けてもらうか――。

民間人に予備自衛官への道を開く初の試みに、陸幕の自衛官たちと膝を突き合わせて話し合った。後に、予備自補を経て予備自衛官になった女性から「いい制度です。私にとって非常によかった」と言われたのは、今でも忘れられない。

研究者としての一面も。政策研究大学院大学で「東アジアにおける共同軍事演習の変容」という論文を著し、昨年、博士号を取得した。

昭和59年に防衛庁に入った夫の行成さん（53）は現在、外務省大臣官房審議官（軍縮不拡散・科学部担当）。仕事や家事への理解も人一倍で、映画や読書の話題で盛り上がる。

後輩女性に「自信を持って第一歩を踏み出して」とエールを送る。佐賀県出身。

（文・日置文恵　写真・榎園哲哉）

とどろくローター音と舞う雪、緊張の一瞬――

入間で航空救難団空輸戦技競技会

2個目投下30センチ以内

4個ヘリ空輸隊出場　7年ぶり那覇がV

平成25年度の航空救難団空輸戦技競技会が2月3日から6日まで、空自入間基地で行われた。同競技会は、CH47J輸送ヘリを運用するヘリコプター空輸隊の空輸能力を評価するもので、平成18年度に初めて開催され、21年度から救難戦技競技会と毎年交互に実施されている。今年度は入間（埼玉）、三沢（青森）、春日（福岡）、那覇（沖縄）の四つのヘリ空輸隊から各10人が参加して指揮所、飛行、整備の各競技で技量を競った。熱戦の末、那覇ヘリ空輸隊が18年度以来7年ぶりに栄冠を勝ち取った。2月5日、雪が降り積もった基地で行われた2競技を取材した。（菱川浩嗣、星里美）

白い雪で覆われた滑走路脇の目標地点目がけ、入間ヘリ空輸隊のCH47Jがローター音をとどろかせて降りてくる――。

飛行競技の一つ、機外懸吊競技は、前日に降った雪が風圧で舞い上がり、吹雪のような条件下で実施。雪の舞う中、隊員は空輸隊の名誉を懸け、これまでの訓練成果を最大限に発揮して競技に挑んだ。

機外懸吊競技は、地上に設置した貨物をCH47Jで吊り上げ、迅速かつ正確に目標地点に降ろす技量を競う。

ヘリは、「発電機」に見立てた重さ約1・5トンのリキッドローラーの上でホバリングしながら、フックを引っ掛け吊り上げる。次は設置だ。赤い十字のマークが示された敷設目標地点を、CH47Jの窓から顔を出したロードマスターが目視で確認、パイロットに位置情報を知らせる。

突風で機体は前後左右に揺れ動き、連動してロープやローラーも振り子のように振動する。加えてトップバッターのため、草むらの雪がダイヤモンドダストのように吹き上がり、ロードマスターの視界を遮る。

ゆっくり、急いで、慎重に――。隊員は悪条件をものともせず、整斉と1個目の「発電機」を設置した。

続いて2個目を設置するが、1個目と30センチ以内につけなければ減点される。ロードマスターはさらに目を凝らし、目標を定めて慎重に降ろしていく。1、2個目とも投下後、待機していた3人の審査員が「発電機」に近づき、1個目の目標地点との距離、1個目と2個目の距離を計測した。

降下の際に「発電機」同士の衝突がなかったか、正しい向きで「発電機」が設置されているかも確認する。引き続き、三沢、春日、那覇の順で競技が行われた。

午後1時からは入間ヘリ空輸隊の搭載卸下競技がエプロン地区で始まった。貨物はドラム缶約10個をストラップで固定したパレットと、木箱など多種類の貨物を固定したパレットの2種類が用意された。貨物には、事前にドラム缶のキャップを緩めるなど、あえて不備が施されている。開始前には不具合を隠すため、ブルーシートがかけられた。

シートを開け、2人のロードマスターが積荷を吟味する。固定されたストラップを引っ張り、積荷を「指差し点検」しながら、入念に見て回る。

「ひび割れ発見！」「損傷なし！」などと点検結果を審査員に逐一報告。不備に気がつかなかった場合は減点されるため、目を皿のようにしてチェックする。

点検終了後、「搭載します！」の掛け声のもと、フォークリフトにパレットを乗せCH47Jに誘導。搭載口の直線上に来たところでいったん停止し、さらに入念な確認を行った後、搬入口前でもう一度チェックを行い、最後は手押しで搭載を完了した。

完了後は改めて元の位置に積荷を戻し、競技は終了。迅速さに加え、不備を発見する注意力も求められる。

午前中に春日、那覇の順で実施され、午後からは入間の後、三沢ヘリ空輸隊が競技に挑んだ。同日はこのほか、コース定点を経由し目的地に運航する航法競技が行われ、飛行競技の全3種目が終了した。

これに先立ち2月4日には航空機不具合を想定した指揮所競技、各種点検要領を審査する整備競技が行われ、5日の飛行競技と合わせて採点された。その結果、那覇ヘリ空輸隊が2度目の優勝を果たした。

那覇ヘリ空輸隊長の蜂谷賢治2佐は「勝因は団結力、周到な準備、プロ意識の三つ。部隊に残る全員が役割を理解し、訓練のサポートをしてくれたことが優勝に繋がった」と隊員の団結がもたらした快挙に、目を細めていた。閉会式で救難団司令の杉山政樹将補は「雪で波乱の幕開けとなったが、計画の変更によく柔軟に対応した。優勝した那覇は飛行競技で他を大きく引き離す優秀な成績。今後も本競技会で得た成果を生かし、各部隊とも精強化に取り組んでもらいたい」と講評した。

空自のヘリ空輸隊は、東日本大震災で被災者の空輸や救援物資の輸送をはじめ、消火バケットによる消火活動も実施した。有事に即応できる技量の高さは、戦技競技会をはじめ、日ごろの地道な訓練によって作り上げられている。

機外懸吊競技を前に、点検のため雪原に降り立つ入間ヘリ空輸隊のCH47J（2月5日、入間基地で）

支援員が操縦するフォークリフトを誘導する空中輸送員。（左から2人目）左端は審査員（2月5日、入間基地のエプロン地区で）

先に投下したリキッドローラー（右下）に近づけるため、2投目を慎重に降ろす三沢ヘリ空輸隊（2月5日、入間基地で）

積荷に不備がないか入念に確認する空中輸送員ら（2月5日、入間基地のエプロン地区で）

全競技を終え、記念撮影に臨む全参加隊員（2月6日、入間基地のエプロン地区で）

日が暮れる中、1投目を目標地点に運ぶ那覇ヘリ空輸隊のCH47J。手前左は計測する審査員（2月5日、入間基地で）

西風東風

予想上回る中国の海軍力増強

――米海軍情報局

米海軍情報局（ONI）はこのほど、中国海軍に関する報告書を米議会に提出した。報告書は、中国の海軍力増強が今後15年間で米国の予想を上回る早さで進むと予想、中国海軍は地球規模の攻撃能力を有する近代的海軍に変貌を遂げると予想し、中でも潜水艦について警戒を要すると指摘している。米メディア各社が報じた。

それによると、中国海軍は現在、海上艦艇77隻、潜水艦60隻超、水陸両用艦艇55隻、その他約85隻のミサイル装備小型艦艇を保有している。2013年には50隻超が軍に引き渡されたか、または進水、就役。14年もほぼ同数が増強される見込みだという。

1990年代後半時点で、中国の艦艇はほぼ全てが単一作戦にのみ対応可能で装備も貧弱だったが、最新艦の「旅洋Ⅲ」（Luyang Ⅲ）級ミサイル駆逐艦は位相配列レーダーを備えるとみられている。また、垂直発射式の対艦巡航ミサイル（ASCM）を装備し、水平線以遠の標的を狙えるようになると分析している。

報告書は特に、急速に増す潜水艦戦力への懸念を示している。現在保有する潜水艦の内訳は、5隻が攻撃型原子力潜水艦、4隻が弾道ミサイル原潜（SSBN）、53隻は攻撃型ディーゼル潜水艦。このうち14年に抑止哨戒任務に就役すると予想される「晋」級弾道ミサイル原潜は、核攻撃への海からの確かな反撃能力を中国に初めて付与するものだとしている。

晋級から発射される「JL2」潜水艦発射型弾道ミサイルは射程距離約7400キロと、ハワイ、アラスカはもちろん恐らく米本土西部をも、東アジアから攻撃できる能力を中国にもたらすと報告書は警戒する。

また、中国が今後10年内に建造するとみられる「095」誘導ミサイル攻撃型潜水艦は、地上攻撃能力を備え、アジア地域の米軍基地への攻撃力アップにつながる恐れがあると分析している。

（ロサンゼルス＝植木秀一）

米空軍がF16改良計画中止か

――台湾軍に影響

米軍事紙のディフェンス・ニュースは2月2日、米空軍が予算削減を理由に、F16戦闘機300機の電子装備改良計画（CAPES）を中止する可能性があると報じた。

台湾空軍が持つ「F16A／B」144機の能力向上計画に影響する恐れがあり、台湾中央通信社によると、台湾国防省も情報を把握している。

消息筋によると、米空軍はCAPESへの予算支出をやめ、一部をF16の耐用年数延長プログラム「SLEP」に振り向けることを決めた。CAPESの中核はレーダーと電子装備で、SLEPでも一部実施され、低コストでF16の性能向上が可能になる。F35導入の遅れを補うこともできる。

F16の開発元の米ロッキード・マーチン社は2012年7月、台湾航空天工業発展集団と、台湾空軍の「F16A／B」について、多機能レーダー「APAR」や空対空ミサイルの更新などを行うことで合意した。総額53億米ドル（約5420億円）のこの事業はCAPESを前提にしている。

専門家は「CAPESの予算が失われることで、台湾の国防部門はパニックに陥っているだろう」と述べた。

しかし、米国駐在の台湾の兵器調達グループは、F16A／Bの能力向上計画は、米空軍が中止しても継続できると指摘している。

ディフェンス・ニュースによると、米空軍のCAPESが中止になった場合、台湾は独自に予算を組んで推進することもできるが、自国の防衛予算が限られている上、金額も不明で実現する見込みはない。

台湾にはまた、米国のCAPESからは脱退し、韓国のF16の能力向上計画に相乗りする方法がある。韓国の計画は、米ミサイルメーカーのレイセオン、英BAEシステムズが共同で受注した。さらに、米国にF16C／DかF35の売却を求める方法もある。

米国の武器売却を主管する米国防安全保障協力局（DSCA）の元高官は「新型F16の購入は困難さが増しており、早く準備しないと手遅れになる。F35の売却は、米側が同意することはあり得ない」と話している。

（香港＝中岡秀雄）

部隊だより

陸

秋田 駐屯地音楽隊は12月12日、秋田市文化会館で「秋田自衛隊音楽まつり」を開催した。ステージは同音楽隊と9音楽隊、岩手駐屯地音楽隊が合同で行い、9音が「東京オリンピックマーチ」などを演奏。秋田・岩手音楽隊はらっぱ手とコラボ演奏を披露し、独特の自衛隊体操をアレンジした寸劇を交え＝写真㊦、満員の観客1100人を沸かせた。

立川 東京女子体育短期大学の学生約80人が1月22日、部隊見学のため駐屯地を訪れた。学生たちは駐屯地の概要や東方航空隊の任務に真剣な表情で聞き入り、続くUH1多用途ヘリ見学では実物のヘリを前に歓声を上げ、操縦士に「どうすればパイロットになれますか」などと積極的に質問。その後は写真撮影などで隊員と交流し自衛隊への理解を深めた。

武山 高等工科学校は1月16日、「書き初め大会」を行った。大会は昭和51年から続き、今回で40回目。生徒たちは3学年が「有終之美」、2学年が「上昇志向」、1学年が「温故知新」の課題を教室で書き上げ、その後、講堂に全校生徒917人の作品が集められた＝写真㊤。菊池学校長は生徒たちに「書をたしなみ、文武両道を目指そう」と訓示した。

高田 駐屯地は1月10日、「駐屯地成人式」を行い、51人の門出を祝福した。多くの来賓が見守る中、代表の坂井俊介士長が「自衛官として責任を全うできるよう、しっかりとした人間になるため日々精進します」と力強く決意を述べた。その後、「成人を祝う茶会」が催され、新成人たちは神妙な面持ちでお茶をたしなみ、茶道の精神に触れた＝写真㊤。

千僧 3後支連は1月14日、駐屯地で成人行事を実施した。新成人7人がそれぞれ抱負や決意を先輩の前で発表。その後、全隊員が見守る中、「戦車回収車との綱引き」に挑戦。懸命に綱を引いたが車両は動かず、これに河野連隊長以下50人が加勢。すると重さ約50トンの車両もゆっくりと動き出し、新成人7人は部隊一丸となることの重要性を学んだ。

多賀城 22普連2中隊は1月10日、訓練始めの「はだか駆け足」を実施した。今年で52回目となる行事は、約100人の隊員が上半身裸、頭に鉢巻をして参加。午前6時に駐屯地を出発し、氷点下4度の寒さの中、塩釜神社を目指し、約5キロを駆け足した＝写真㊨。最後は神社の石段202段を一気に駆け上がり、境内で中隊歌を合唱して部隊の団結を高めた。

函館 28普通連隊は「冬季連隊訓練検閲」を前に、第94期一般幹部候補生5人の猛特訓を行った＝写真㊨。スキー滑走・滑降訓練を駐屯地グラウンドと茅部郡森町のグリーンピア大沼スキー場で行い、5人は約1週間で初心者とは思えないほどのスキー技術を修得。隊員たちは教える側・教わる側双方の熱意と目標達成の意識が大きな結果を出すことを改めて認識した。

36普連が大阪城に清掃攻勢

400年目の「大阪冬の陣」

「400年前、大坂を守るため最後まで戦った真田軍に思いをはせ、城の清掃に当たってほしい」――。〝現代の真田軍〟第36普通科連隊は1月14日、大阪府のシンボル「大阪城」の清掃活動を自衛隊として初めて実施した。今年は豊臣軍が徳川方に最後の抵抗を示した「大坂冬の陣」（慶長19年）から400年。さらに来年は大坂城陥落の同「夏の陣」から400年に当たることから、市のイベントに協力した。

大阪城天守閣の下で清掃作業の開始式を行う36普連の隊員（いずれも1月14日、大阪市中央区の大阪城公園で）

連隊長の近藤力也1佐（中央）を先頭に隊旗を掲げて城内を駆け上がる36普連隊員

忍ジャー部隊

高さ20メートルの城壁にロープを使って取り付き、雑木を伐採する36普連のレンジャー隊員

連隊長・近藤力也1佐以下の隊員600人は早朝、伊丹駐屯地から渡河ボートなどを装備し、車両84両で大阪城へ進出。その後、連隊長を先頭に各中隊が隊列を組んで城内を駆け上がり、天守閣前広場に集結した。

最初に近藤連隊長が訓示。東軍総大将の家康本陣まで突入した真田軍に触れ「諸官も大坂を守るため最後まで戦った真田幸村に思いを致し、（隊区の）大阪・兵庫を守る使命を心に刻んでほしい」と述べた。

その後、観光客も見守る中、部隊ごとに清掃作業を開始。石垣や内堀も担当し、徳川軍を苦しめた高さ20メートルの城壁はレンジャーたちがロープを垂らして取り付き、生い茂った雑木を刈り取った。

内堀のごみは渡河ボートに乗った隊員が回収、石垣内にたまった枯れ草などもきれいに取り除き、4時間の作業で外観は見違えるほどきれいになった。

隊員の献身的な作業に、散歩中の市民から「お城をきれいにしてくれ、ほんまおおきに。これからもしっかり大阪を守ってや！」と励ましの声が掛けられた。

阪神地域を守る〝現代の真田36勇士たち〟にとっても、大阪城内での活動は自分たちの守るべきものを再確認する貴重な1日となったようだ。（伊丹）

長大な石垣の内側にたまった枯れ草を人海戦術で取り除く隊員たち

福知山 駐屯地は1月6日、訓練始めで部隊の士気高揚と団結を図った。式では司令代理の鹿島2佐が、現在、井川司令以下92人が南スーダンでPKO活動に従事していることに触れ、「年末には元気に帰国した派遣隊員とともに、一年を振り返ることができるよう今年も頑張っていこう」と述べた。その後、人文字を描き、飛躍を祈念した＝写真㊦。

山口 17普連と駐屯地音楽部は12月15日、防府市内で開かれた「防府読売マラソン」を支援した。大会には、4033人が出場した。埼玉県庁の公務員ランナー川内優輝選手も沿道の注目を集めた。17普連は監察や報道の車両支援、資材運搬などを、音楽部は表彰式の演奏などを担当した。川内選手は2位でゴールし、スタンドから大きな拍手が送られた。

桂 駐屯地は1月15日、新成人8人の祝賀行事を行った。新成人は早朝、宇治市の黄檗萬福寺（おうばくまんぷくじ）で、寒さの厳しい中、約1時間半にわたり「座禅」を組み、住職から姿勢・呼吸・心を整えること、人に感謝することの大切さを教えられた＝写真㊤。その後、駐屯地で祝賀会が催され、成人者一人ひとりがそれぞれの抱負を力強く語った。

別府 駐屯地はこのほど創立56周年記念行事を行った。式は岡本司令の式辞に続いて徒歩・車両部隊が観閲行進、上空では航空部隊が観閲飛行を行った。また別府、湯布院両駐屯地の音楽隊は合同でドリル演奏を披露した。その後、訓練展示が行われ、74式戦車などが空包を発射すると、どよめきが起きた。この日、駐屯地は5700人の来場者でにぎわった。

空

三沢 3空団検査隊は12月18日、在日米空軍35戦闘航空団整備隊の研修を行った。同整備隊が新たなシール剥離器材などを考案し、F16の主翼交換作業の大幅な時間短縮を図ったことを受け、F2への応用を期待して米軍を訪問した。F2適用は無理だったものの、米兵士の普段から改善意識を持ち、整備に当たる姿勢を垣間見ることができた＝写真㊨。

築城 整補群本部品質管理班の青沼正一郎曹長はこのほど、MO会総会で全国の整備職域空曹の中から「ベストメンテナンス」の表彰を受けた。青沼曹長は整備職域の顕著な功績とF2導入の整備基盤の確立、後進育成に大きく貢献したことが評価された。本人は「本表彰を誇りに今後も整備職域の活性化に尽力していきたい」と意気込みを新たにした。

芦屋 西空施設隊はこのほど、統合実動演習で「基地防護訓練」を実施した。訓練は、敵の攻撃から施設を防護する想定で行われ、大型土のうを使用して建物の周囲に設置し、窓ガラスの飛散を防護する防護壁を構築した。新田原の2作隊と築城の3作隊が芦屋基地に展開し、芦屋の1作隊とともに交代で3日連続の作業を行い、防護壁を完成させた＝写真㊧。

海

館山 航空基地体育館で1月19日、「第6回21空群司令杯南総地区小学生バレーボール大会」が開かれた。南房総地区の5年生以下の女子チームが参加し、巧みなトスさばきや大人顔負けの迫力あるアタックなどが披露されるなど、会場は選手や応援団の声援で盛り上がった。結果は「白浜マリーンズ」が優勝に輝き、日向群司令からメダルが授与された。

小松島 徳島市の新町川で1月19日、「新町川寒中水泳大会」が開かれ、24航空隊から飛行幹部候補生や新入隊員など18人が参加した。隊員たちは気温3度、水温8度の寒さの中、赤ふんどし1本で橋の上から新町川に飛び込み会場を沸かせた。さらに「水中阿波踊り」では「松空連」の踊りを披露。見学する800人の観客から大きな拍手が送られた＝写真㊤。

呉 日本警察犬協会は12月12日、広島市の太田川放水路河川敷で「中国訓練チャンピオン決定競技会」を開き、呉造補所貯油所の警備犬2頭と訓練士2人が参加した。大会初参加の大倉茉祐子2曹と警備犬「ベル号」は「臭気選別の部」で得点率95%以上の好成績を収め、見事チャンピオングループ入賞を果たし、輝かしい大会デビューを飾った＝写真㊤。

岩国 小野寺防衛大臣がこのほど岩国航空基地を視察した。栄誉礼後、真木31空群司令から報告を受けた大臣は、引き続きUS2救難飛行艇を視察。隊員に対する訓示では、洋上救難、情報収集、訓練支援、航空掃海などに当たる31空群の重要性を強調、地元・岩国市との良好な関係を維持するよう要望した。隊員は自らの職責の重さを再認識していた。

佐世保 2護群の「たかなみ」「てるづき」「あまぎり」「あしがら」は12月7〜24日、護衛隊群米国派遣訓練に参加した。グアム周辺海域でUP3Dの支援を受け戦術訓練を実施、米海軍との共同訓練も行った。グアム停泊中は「平和慰霊公苑」を訪れ、英霊に献花と黙祷を捧げた。帰路には沖の鳥島沖を航行＝写真㊤、領土・領海防衛の重要性を認識した。

厚生・共済 特集

学生寮「パークサイド入間」入居者募集

駅から徒歩8分

池袋まで40分、管理人も常駐

防衛省共済組合の入間学生寮「パークサイド入間」(埼玉県狭山市入間川4－24－11)では、この春、大学・短大・専門学校等に進学予定の組合員子弟を対象に入居者を募集します。

入居基準は、18歳以上で修業年限1年以上の学生・予備校生(いずれも夜学・通信教育を除く)が対象、募集期間(2次)は2月21日(金)～28日(金)までです。

「パークサイド入間」は鉄筋コンクリート(RC)4階建及び5階建で、男女別棟となっており、全69室(男子39、女子30室)。各室はフローリングのワンルームマンション形式で、広さ約19・05平方メートル。キッチン、ユニットバス、トイレ、バルコニー、エアコン、インターフォンが完備されています。

施設には管理人が常駐し、不在時の宅配便の受け取りや緊急時の対応が可能。給食施設はありませんので、食事は自炊となります。

入居費は月額4万円(寮費3万6000円、共益費4000円)です。

交通は西武池袋線「稲荷山公園」駅から徒歩8分。同駅から都心の「池袋」へ急行で40分、「新宿」に60分です。

入居を希望する組合員は、所属支部の窓口にお問い合わせください。なお、施設外観や内装は防衛省共済組合ホームページ(http://www.boueikyosai.or.jp/)でご覧になれます。

施設には管理人が常駐し、女子学生にも安心な入間学生寮「パークサイド入間」

健康保険や年金…お忘れなく

退職時の手続き お早めに

詳細は所属支部窓口へ

「さぽーと21」冬号でも特集

防衛省共済組合では、退職を迎える隊員の皆さまに、早めの共済手続きを呼び掛けています。自衛官・事務官等は退職日の翌日から共済組合の組合員ではなくなるため、退職前には、短期(医療)、長期(年金)、保健、貯金、貸付・物資、保険などの各種手続きが必要となります。『さぽーと21 2013冬号』にも「よくわかる退職時の共済手続き」として特集していますが、改めてここに主な手続きの概要についてまとめてみました。

1、短期(医療)

短期(医療)では、退職後は在職中に使っていた組合員証等が使用できなくなるため、所属支部の短期係に組合員証等を返納してください。

退職後、民間会社等に再就職した時は、会社等の健康保険に加入することになりますが、再就職しない場合は退職から2年間は在職中とほぼ同様の給付が受けられる任意継続組合員になるか、国民健康保険に加入することになります。

一般的に、退職時においては、国民健康保険の保険料の方が任意継続組合員の掛金より高くなりますので、任意継続組合員になる方が有利です。

任意継続組合員となる場合は、退職日から20日以内に申し出る必要があります。

2、長期(年金)

長期(年金)では、退職時に年金の支給開始年齢に達しておらず退職共済年金の受給権がない自衛官や事務官等については、組合員資格取得と喪失の年月日などを記入した「退職届」を所属支部の長期係に提出する必要があります。

また、退職後に住所や氏名が変わったときなどは国家公務員共済組合連合会へ「住所・氏名変更届」を提出してください。

3、保健

保健では、福利厚生サービスの「えらべる倶楽部会員証」を共済組合支部の保健係に返納してください。

任意継続組合員となった場合は、引き続き在職中と同様のサービスが受けられます。

また、定年退職者等は共済組合が無料で発行するOBカードを受けられます。OBカードを提示すると、ホテルグランドヒル市ヶ谷や共済組合が割引協定を締結している施設を組合員と同一料金で利用できます。

4、貯金

貯金では、普通貯金、定額積立貯金、定期貯金をしている組合員は、退職日までに解約の手続きを行ってください。

定額積立貯金及び定期貯金を定年退職等の理由で途中解約する場合、退職日の前30日以内にその理由を証明する書類を支部窓口に提出の上、解約手続きをすると普通貯金利率の利息が定額積立貯金利率又は定期貯金利率の利息になります。

5、貸付・物資

貸付・物資では、退職時における残高を一括返済することになります。

貸付・物資とも退職手当からの返済が可能ですが、所定の手続きが必要となりますので、早めに所属支部の担当者までその旨を申し出てください。

6、保険

保険については、団体生命保険、団体年金保険、団体傷害保険、団体医療保険に加入していた組合員は、所定の手続きが必要となりますので、早めに支部の担当者まで申し出てください。

また、退職後も保障(補償)を希望する場合、「一時払退職後終身保険」「退職後医療保険」「退職後団体傷害保険」がありますので、お問い合わせください。

隊友会関係では、「隊友会の団体保険(自衛隊退職者で隊友会入会者を対象にした団体生命保険)」があります。

団体取扱保険(一般の生命保険及び火災保険)については、一般の個人扱いで継続することができるので、加入している保険会社にお問い合わせください。

◇

事務官等の定年退職は、年度末と重なり窓口に混雑が予想されるため、お早めの手続きをお勧めします。なお、詳しい内容については所属支部の窓口にお問い合わせください。

係名	必要事項	留意事項等
短期	組合員証等の返納 任意継続組合員となる場合 ・「任意継続組合員となるための申出書」提出	短期給付が在職中とほぼ同様に受けられる。 退職の日から20日以内に申し出ること。
長期	「退職届」の提出	退職後年金受給年齢の時点で退職共済年金決定請求書を提出。(年金受給年齢の誕生日の1～2カ月前に退職時所属支部の長期係へ連絡すること)
保健	福利厚生サービス(※) 「えらべる倶楽部会員証」の返納 「OBカード交付申請書」の提出(希望者) 福利厚生サービス(※)(希望者) ・「えらべる倶楽部OB会員入会申込書」の提出 ・「えらべる倶楽部OB会員入会資格確認書」の提出	任意継続組合員となった場合は、引き続き在職中と同じサービスを受けられるため、「えらべる倶楽部会員証」は、任意継続組合員期間が終了した時点で返納。 防衛省共済組合の宿泊施設等を組合員と同一料金で利用できる。 利用施設については共済組合ホームページを参照。 JTBベネフィットの一般会員向けサービス(現役組合員のサービスとは若干異なる)を利用できる。入会には年会費が必要。 (えらべる倶楽部OB会員用会員証が発行される)
貯金	共済組合貯金の解約	任意継続組合員となった場合、退職前に預け入れしている定期貯金は、任意継続組合員期間中の預入期間満了日まで継続することができる。
貸付	貸付金残高の一括返済	退職時における残高の返済。 退職手当から充当できる。(事前に支部窓口へ連絡が必要)
物資	売掛金残高の一括返済	退職時における残高の返済。 退職手当から充当できる。(事前に支部窓口へ連絡が必要)
保険	団体生命保険の脱退 団体年金保険の請求 団体傷害保険の脱退 団体医療保険の脱退 その他団体取扱保険等	原則として告知等不要で加入できる一時払退職後終身保険がある。 年金・一時金いずれの受取りの場合も事前の手続きが必要。 退職後も継続できる退職後団体傷害保険がある。 退職後も継続できる退職後医療保険がある。 契約している保険会社ごとに手続きが必要。
その他 防衛省生協	火災共済・生命共済の脱退 …「脱退届」等の提出 長期生命共済保障期間へ移行(希望者) …「長期生命共済契約確定届」及び「保障開始申請書」の提出 ・掛金(保障必要原資額)一括納入	火災共済は退職後も終身利用できる。 退職後80歳までの間の死亡・入院保障。 (配偶者も加入できる)

(※)福利厚生サービスは平成26年4月以降、内容が変更になる場合があります。

開業50周年を記念

"伝統の味"特別提供

3月2日 グラヒルでブライダルフェア

開業50周年を記念し、グラヒルのブライダルフェアはより豪華に

防衛省共済組合の直営施設「ホテルグランドヒル市ヶ谷」(東京都新宿区)では、開業50周年を記念し、"グラヒル伝統の味"を特別アレンジしてご提供する「ブライダルフェア～グラヒルの味を皆様へ」を3月2日(日)に開催します。

フェアのメインとなる婚礼料理試食(無料)は、「50thアニバーサリー和創作・洋創作"究"」と銘打ち、グラヒルが半世紀にわたり究めてきた和洋食の粋をご試食いただけます。要予約ですので、お早めにお申し込みください。

ブライダルフェアは午前10時から午後6時までで、このうち「婚礼料理試食」は正午～、午後4時～の2回となっています。また、チャペルでの模擬挙式も午前10時半～、午後2時半～の2回開催となっています。

フェア当日はこのほか、モデルルーム見学、ブライダル個別相談、花嫁体験ドレス試着(組数限定・要予約)などもございます。ご予約はネットが2日前まで、電話は前日までとなります。また無料の駐車場(95台)もございます。

詳細は当館のブライダルサロン(部隊線8－6－2853～4または電話03－3268－0115)までお問い合わせ下さい。午前9時から午後7時まで受け付けています。

◇

ホテルグランドヒル市ヶ谷ではこのほか、毎週土・日・祝日に「チャペル体感付きシェフ厳選『絶品料理』試食フェア」「無料試食付きオリジナル挙式体感フェア」を開催。また平日も「ウイークデー相談会」「月曜日限定試食付ナイトチャペル相談会」「水曜日限定イヴニング相談会」を開いています。こちらも是非ご利用ください。

年金QアンドA

定年退職後、引き続きフルタイムで再任用

在職中は原則全額支給停止

収入額によっては一部支給も

Q 私は昭和28年8月生まれの組合員です。今年の3月31日付で定年退職し、引き続き4月1日より、フルタイムの再任用職員として採用される予定となっています。年金は61歳から請求できると聞いていますが、今後の年金手続きについて教えて下さい。

A ご質問された方のように定年退職後、引き続きフルタイムの再任用職員として勤務するような場合は、国家公務員共済組合法上の退職とはみなされませんので、定年退職後も引き続き組合員として在職することになります。

再任用期間中に受給開始年齢を迎える方の場合、受給開始年齢時点で年金を請求し、決定されます。在職中に決定される退職共済年金の支給については、組合員である間は、原則として全額が支給停止となりますが、ボーナスを含めた給与の月額と年金額の合計額によって年金額の一部が支給されることがあります。一部支給については、国家公務員共済組合連合会が決定しますので組合員自身が行う手続きはありません。

その後退職したときに「退職による改定請求」を行うことにより、退職までの組合員期間や標準報酬月額等を新たに加え再計算された年金額に改定が行われます。年金は、退職の月の翌月分から支給されます。

ただし、フルタイム勤務の再任用職員は雇用保険の対象者になりますので、退職後に失業給付を受けることになった場合は、退職共済年金と失業給付との調整により退職共済年金(職域加算額を除いた額)の支給が停止されます。

定年退職後、引き続き再任用される場合について説明しましたが、定年退職日に引き続かない再任用の場合や、フルタイムではなく、短時間勤務職員として再任用される方については、退職時に「退職届」の手続きが必要になります。年金の請求手続きについてもそれぞれ異なりますので、詳しくは所属支部の年金担当にご相談ください。

(本部年金班)

厚生・共済 特集

海上自衛隊

育休取得促進で代替要員

事前登録制度を試行

育児休業をより取得しやすい環境を創出するため、海自は1月から、「育児休業代替要員の登録」制度の試行を3自で初めて実施している。これまでは必要に応じて募集していた育児休業代替要員をあらかじめ登録しておくことで、確実な募集告知を行うことが狙い。スムーズに代わりの人員を確保できれば、業務の引継ぎなどを適切に行うこともでき、取得者とその代替者、周囲の人間の不安を取り除くことにつながる。

防衛省・自衛隊では平成19年9月以降、「防衛省における男女共同参画に係る基本計画」に基づき、育児休業を取得する自衛官の代わりに元自衛官や予備自衛官を「任期付き自衛官」として採用する「育児休業代替要員制度」を積極的に運用している。

海自では女性隊員を主に、年間約140人が育児休業を取得。19年以降の6年間で採用した「育児休業代替要員」の数は32人に上っており、これまでの採用職域は、航空管制、厚生、人事記録、文書、庶務一般事務など。

この制度を促進させ、隊員がより育児休業を取得しやすい環境を作るため、海自は新たに「育児休業代替要員」を事前に登録する制度に着手した。

同制度を活用すれば、育児休業の隊員が出た際、代替要員を迅速に確保できるだけでなく、部隊での再勤務を希望する元自衛官にとっても公募情報をよりタイムリーに入手できるメリットがある。

制度の試行期間は1月から12月までの1年間で、海自全ての部隊と機関が対象。1年間の試行でその有効性や問題点を検証し、その後、要改善事項を見極めて必要な修正を行い、本施行に移行する計画だ。

海幕によると、1月末の時点ではまだ登録した元自衛官はいないが、問い合わせは増えつつあるという。

今後はホームページを活用し、さらに周知徹底を図るほか、退職隊員に対し関係資料を配布し、協力を求めていく。

海幕人事計画課の担当者は「この登録制度の導入で、隊員の育児休業がスムーズに運用されることは、欠員を補う点からも海自の精強性につながる重要な施策と考えている」と話している。

防衛省では、平成26年度末までに育児休業取得率の目標を「男性職員で5％、女性職員で95％以上にすること」に設定。男性の場合、その取得率は徐々に上がっているものの、目標にははるかに届かない低さだ。同制度は、現状改善にも寄与してくれるものと期待されている。

仕事と育児の両立を支援する制度一覧表　（防衛省HPより）

	制度名	対象者 男性	対象者 女性		制度の概要等
育児休業等	育児休業	○	○	（概要）	子を養育するために一定期間勤務しないことを認める制度
				（期間）	子が3歳に達するまで
	育児短時間勤務（自衛官を除く）	○	○	（概要）	子を養育するため、週38時間45分より短い勤務時間で勤務することを認める制度
				（期間）	子が小学校就学の始期に達するまで
				（その他）	勤務時間は週19時間35分、23時間15分、24時間35分などの中から職員が選択
	育児時間	○	○	（概要）	子を養育するため、1日の勤務時間の一部を勤務しないことを認める制度
				（期間）	子が小学校就学の始期に達するまで
				（その他）	1日2時間まで取得可能（30分単位）
特別休暇	妊産婦の保健指導及び健康診査のための特別休暇		○	（概要）	妊娠中又は出産後1年以内の女性職員が保健指導及び健康診査のため勤務しないことを認める制度
				（期間）	妊娠中の期間又は出産後1年以内の期間
				（その他）	認められる回数は妊娠期間に応じて決定
	妊娠中の休息などのための特別休暇		○	（概要）	妊娠中の女性職員が母体又は健康保持のため、適宜休息し、又は補食するために必要な時間、勤務しないことを認める制度
				（期間）	妊娠中の期間
	通勤緩和のための特別休暇		○	（概要）	妊娠中の女性職員が通勤に利用する交通機関の混雑の程度が母体又は胎児の健康保持に影響があると認められる時に、勤務をしないことを認める制度
				（期間）	妊娠中の期間
				（その他）	勤務の始め又は終わりにつき1日を通じて1時間を超えない範囲
	産前特別休暇		○	（概要）	6週間以内（多胎妊娠の場合は14週間）に出産予定の女性職員に与えられる休暇
				（期間）	産前6週間（多胎妊娠の場合は14週間）から出産の日まで
	産後特別休暇		○	（概要）	出産した女性職員に与えられる休暇
				（期間）	出産の翌日から8週間
				（その他）	産後6週間は勤務に就くことは不可
	保育時間確保のための特別休暇	○	○	（概要）	生後1歳未満の子に対して授乳や託児所等への送迎等を行う職員に与えられる休暇
				（期間）	子が1歳に達するまで
				（その他）	1日2回それぞれ30分以内
	子の看護のための特別休暇	○	○	（概要）	小学校就学の始期に達するまでの子を看護する職員に与えられる休暇
				（期間）	年5日（小学校就学の始期に達するまでの子が2人以上の場合は10日）
				（その他）	「看護」には予防接種又は健康診断を受けさせることを含む
	配偶者の出産特別休暇	○		（概要）	妻の出産に伴う入退院の付添い等を行う男性職員に与えられる休暇
				（期間）	妻の入院から出産の日後2週間までの間に2日
	育児参加のための特別休暇	○		（概要）	妻の産前産後期間中に出産に係る子又は小学校就学の始期に達するまでの子を養育する男性職員に与えられる休暇
				（期間）	産前産後期間中に5日
その他	早出遅出勤務	○	○	（概要）	小学校就学の始期に達するまでの子を養育する職員、小学校に就学している子を放課後児童クラブ等へ迎え又は迎えに行く職員又は親族を介護する職員に1日の勤務時間を変更することなく、始業・終業の時刻を変更することを認める制度
				（期間）	子が小学校就学の始期に達するまでの間、小学校に就学している子が放課後児童クラブ等に通う間又は介護を必要とする間
	超過勤務制限（自衛官を除く）	○	○	（概要）	妊娠中若しくは出産後1年以内の女性職員、小学校就学の始期に達するまでの子を養育する職員又は親族を介護する職員の超過勤務を制限する制度
				（期間）	妊娠中若しくは出産後1年以内、子が小学校就学の始期に達するまでの間又は介護を必要とする期間
				（その他）	妊娠中若しくは出産後1年以内の女性職員又は3歳に満たない子を養育する職員については、請求により超過勤務をさせてはならない。小学校就学の始期に達するまでの子を養育又は親族を介護する職員については、請求により月24時間、年150時間を超えて超過勤務をさせてはならない。

（海自HP募集要項より）

＜自衛官＞	勤　務	育児休業（3年以内）	復帰して勤務
	▲出産	↑	
＜育児休業代替要員＞	（採用）	任期付の自衛官として勤務	（退職）

◇制度概要

【募集（登録）要件】日本国籍を有し、海上自衛官としての勤務期間が1年以上の人（採用予定階級が海士長の場合は18歳以上の年齢、3等海曹以上の場合は18歳以上で任期末日に定年に達する年齢以下であること）

【登録方法】登録は随時受け付ける。申請書（海自HPなどで入手）に必要事項を記入して、退職時に在籍した部隊、各地方総監部人事課、海幕人事計画募集班に提出する。

【登録後】募集の条件（保有資格等）に合致する場合に、登録者に対して募集要項を通知し、募集に応じるか確認する。口述試験や身体検査などを行い、志願者の中から要員を選考。

【その他】育児休業代替要員の登録は5年ごとに更新される。育児休業代替要員として勤務する意思を消失した場合は速やかに、登録を解除できる。

余暇を楽しむ

紹介者
監督　小山　圭3陸曹
（30普連本部管理中隊）

バスケットボールクラブ
「CAMP SHIBATA」

今年こそ全自優勝を

新発田駐屯地バスケットボールクラブ「CAMP SHIBATA」（部員21人）は昨年11月、「第27回全国自衛隊バスケットボール大会」で2年連続準優勝の成績を収めました。

チーム結成は平成10年で、今年で16年目を迎えます。前監督の高橋英俊元陸曹長が10年間、さらに22年に退官した後は私が監督を引き継ぎ、チームを引っ張ってきました。

ここまでのチームにする道のりはかなり厳しいものでした。私が陸士のころは練習日に人が集まらず、1人でシュート練習をする日も多く、それでも活動をしていないと体育館の練習日を確保できなかったので練習を続けました。そんなことを何年も繰り返し、耐えに耐え抜いてようやく信頼できるチームメートを獲得し始めましたが、当初、チームは全自出場どころか関東甲信越大会（全自予選）で敗退を繰り返していました。

それでも諦めず、チームの改善とスタイルを固めること（認識の統一）で、前監督の夢であった全国大会に退官前に連れて行くことができました。駐屯地司令や各部隊長のご配慮もあり、一昨年の全自大会で初めて準優勝し、昨年も続けて準優勝することができました。この結果は退職していった隊員や年齢や訓練のためにクラブを退いた隊員らとの下積みがあってこそだと確信しています。

高橋元曹長の「勝っても反省、負けても反省」という口癖を受け継ぎ、また大会後は試合のビデオを見ながら慰労会や祝勝会、退職者がいるときは送別会を行って、チームの団結を図っています。

今年は5人の新戦力が加わりました。チーム力を上げて予選を勝ち進み、全自大会では今年こそ優勝を果たし「新発田の名を全自衛隊員に覚えてもらいたい」と思っています。最後に駐屯地の皆さま、今年もどうかご協力とご理解、応援をよろしくお願いいたします。

全自大会で2年連続準優勝する強豪に成長した「CAMP SHIBATA」のチームメンバー（上）。（下）は全自大会決勝（朝霞）でシュートを決める選手

新潟地本

将来見据えて計画を

ライフプラン集合訓練　任期制隊員対象

【新潟地本】新発田駐屯地援護室（室長・川ノ口竜男2陸佐）は1月9日、入隊1年以上の任期制隊員38人に対して「第2回任期制隊員等ライフプラン集合訓練」を実施した。

新発田駐屯地で行われた訓練の冒頭では、新潟地本の北澤浩和援護課長が県内の援護組織とライフプランの意義について説明。

続いて援護室長が任期制隊員で陸曹候補生にする者が全体の2割という現状を指摘し、「入隊当初から将来を見越し、在隊間の目標を定め着実に努力していくことが大切」とライフプランの重要性を強調した。

県内外の雇用情勢や企業の現況、援護組織の活用法を講義した後、任期満了退職し一般企業に就職した退職自衛官の生の声を紹介しながら、「自衛隊と一般社会との違い」を示した。

最後に「援護室では退職自衛官の皆さんが安心して次の職場で活躍できるよう親身な援護をしている。援護依頼があればサポートするので、ぜひ相談しに来てほしい」と締めくくった。

午後はOBの小森重信氏（特定社会保険労務士）を迎え、ライフプランの作成演習を実施した。

冒頭で小森氏はプラン作成のポイントとして①目標を持って生活する必要性②作成方法③作成の基礎知識の概要④お金・健康・貯蓄の重要性⑤人生における自衛隊生活の重要性――の5項目を強調。

聞き入る隊員らに対し、「最も重要なことは綿密なプランより実行可能なプランを作成し実行に移すことだ」と述べた。

終了後のアンケートでは、94％の隊員が「本教育を受講して自分の今後の役に立った」と回答。援護組織の活用・部内外技能訓練を重点的に教育してほしいなど、再就職に向けた意欲ある回答が寄せられた。

「第2回任期制隊員等ライフプラン集合訓練」でプラン作成を指導するOBの小森重信氏（1月9日、新発田駐屯地で）

隊員家族向けスキー教室開催

上富良野

【上富良野】上富良野駐屯地曹友会（会長・竹内昭仁准尉）は1月8日から10日まで、上富良野町の日の出山スキー場で「曹友家族スキー教室」を開講し、隊員家族ら92人が参加した。

「曹友家族スキー教室」はスキー技術の向上と冬季の隊員家族の健康維持を目的に行われたもの。参加した幼稚園児や小学生低学年は技量に応じて九つの班に分かれ、各部隊のスキー指導員18人から指導を受けた。

教室に参加した母親は「初めてスキーを履いた子供が最終日には上手に滑れるようになって大変驚いています」と話し、我が子の上達ぶりに笑顔を見せていた。

最終日には恒例の豚汁が参加者全員にふるまわれ、「美味しい」と大好評だった。

自慢の一品料理

「千僧酒粕うどん」

千僧駐屯地が所在する兵庫県伊丹市は、清酒発祥の地として江戸時代より酒造りが盛んな土地です。駐屯地でもご当地メニューとして、酒造過程で抽出された酒粕を利用した「酒粕うどん」を考案しました。

使用する酒粕は、「山は富士　酒は白雪」でおなじみの創業460年以上を誇る銘柄「白雪」を製造する小西酒造さん（兵庫県伊丹市）から仕入れた上質なものです。酒粕は栄養価が高く健康づくりに役立つとされています。

白みそベースのお汁には、うるめ、めじか、かめの3種類の削り節と昆布から取ったダシがよく利き、ゴボウ、大根、ニンジン、サトイモ、コンニャク、厚揚げ、ネギなどの具材が入ります。

アツアツのうどんを前にすると、お酒のいい匂いが〝ほわっ〟と香り、一口すれば「体の芯から温まる」と隊員の皆さんからも大好評。酒粕の味自体はそんなに強くなく、まろやかなコクを楽しめます。

お酒を飲まない方からは「酒粕うどん」は酒の風味がしてあまり好きではないという声が多いのですが、「このうどんは上品な味わいでおいしく食べられる」と、特に年配の隊員さんに人気です。

「酒粕うどん」は毎年冬に1回ほど提供しており、体質に合わない方には別メニューも用意しています。

今後も給食の枠を決めてしまわず、千僧駐屯地らしい、いろいろなメニューに挑戦していきたいと思います。

紹介者
川田　美沙子さん（栄養担当官）
（千僧駐屯地業務隊補給科糧食班）

地方防衛局 特集

武力攻撃事態想定、対処要領を演練

北海道局

「ヤマサクラ65」参加

職員70人が24時間態勢 自治体と連携図る

【北海道局】北海道防衛局は昨年末に東千歳駐屯地（千歳市）で行われた平成25年度「日米共同方面隊指揮所演習」（ヤマサクラ＝YS65）に参加し、同局職員のほぼ半数に当たる約70人が24時間態勢で日米間の各種調整に当たったほか、会同や会議に出席して武力攻撃事態における地方防衛局の役割とその対処要領を演練した。

日米間の民事調整会議を行う参加者。背中に「防衛省」と書かれているのが北海道防衛局の職員（昨年12月11日、東千歳駐屯地で）

陸自隊員（中央）の通訳を介して米軍人（左端2人）と事前調整を行う北海道防衛局の職員（右端）＝昨年12月9日、東千歳駐屯地で

「ヤマサクラ」演習は、日米の陸上部隊がそれぞれの指揮系統に従って円滑な共同作戦ができるよう、方面隊以下の指揮幕僚活動を演練するもので、今回で65回目。

日米共同訓練として最大規模の指揮所演習で、相互運用性の向上を目的とする最も重要な訓練として位置づけられている。昭和56年度から毎年2回、奇数回は日本で、偶数回は米国で交互に実施されており、日本は平成7年まで北部方面隊が担当し、8年以降は毎年、各方面隊が持ち回りで実施している。

演習は昨年11月29日から12月12日まで行われ、陸自は田邉揮司良北方総監を統裁官に、北方の約4500人、米側は太平洋陸軍司令官のヴィンセント・ブルックス大将を統裁官に、太平洋陸軍司令部、在日米陸軍司令部、第1軍団、海兵隊などから約1500人が参加した。前回に引き続き、豪陸軍もオブザーバー参加した。

参加部隊は、日本への武力攻撃事態等を想定したシナリオに基づき、陸上自衛隊と米陸軍などが共同対処行動を実施する場合の指揮幕僚活動をコンピューター・シミュレーションで演練した。

さらに、今回は演習の場を活用し、「北海道で武力攻撃が生じた」というシナリオで、自治体との連携要領を図上で演練する「国民保護措置」訓練なども行われた。

訓練期間中は、全国の地方防衛局職員が次回以降のYS参加に備えるために現地を研修し、武力攻撃事態における地方防衛局の役割についてブリーフィングを受けた後、訓練地区内を見学した。

北海道防衛局は「今後も自衛隊と米軍の支援はもとより、国民保護計画における地方自治体との連携に取り組んでいきたい」と話している。

ホッキ貝パックに珍プレー続出

三沢で日米交流アイスホッケー大会

【東北局】東北防衛局は1月25日、青森県三沢市の三沢アイスアリーナで、三沢市内と米軍三沢基地内の小学生を対象とした日米交流イベント「MISAWA アイスホッキー」を開催した＝写真。

〝アイスホッキー〟とは、この日のためにホッキ貝をあしらって作った「パック」（球技のボールに相当）に由来する。

今回で2回目となる同イベントは、スポーツを通じてお互いの理解を深めてもらおうと昨年に続いて開催されたもので、今年は三沢市内と三沢基地内の小学生による計21チームが参加し、低学年と高学年に分かれて予選と決勝を行った。

同局では子供たちが安全に競技を楽しんでもらえるよう、今回もユニークな競技用具を採用。靴は長靴を着用してもらい、三沢市特産の「ニンニク」「ナガイモ」「ホッキ貝」をそれぞれモチーフにした「ヘルメット」「スティック」「パック」を用意した。

慣れない装備で試合に臨んだ子供たちは、スケートリンク上に不規則に転がっていく「ホッキ貝パック」に、パスやシュートのタイミングがつかめず悪戦苦闘。いつもと勝手が違う試合運びに勢い余ってスッテンころりんと転んだり、ずっこけたりと珍プレーが続出した。その姿を見て日米の両親たちは日本語と英語で精いっぱいの声援を送り、会場は大いに盛り上がった。熱戦の末、高学年の部では「岡三沢小学校ホッケーA」が優勝し、「同校ホッケーB」チームが準優勝した。

低学年の部では「柔道少年団三沢分団」が優勝し、「ソラーズ小学校ドラゴン2」チームが準優勝した。

小学生の一人は「滑ってなかなか走れないけど楽しかった。来年も大会があればまた参加したい」と笑顔で話していた。

試合の合間の昼食には「ホッキ貝の炊き込みご飯」や「ほたてせんべい汁」などが振る舞われた。

リレー随想 槌道 明宏

リアルな社会と向き合う魅力

福岡での初めての地方勤務も2年目を迎えました。地方勤務の魅力は、「現場」の仕事だということであり、それは、とりもなおさず「リアル」な社会と向き合うということだと感じています。

地元自治体や関係者の声を聞き、部隊をじかに見聞し、それらを踏まえて施策を具現化し、予算執行するまでの一部始終を経験できるのは、地方防衛局の勤務ならではです。また、その過程で現実に生じるさまざまな困難や不測の事態を協力して克服していく醍醐味もなかなか得難いものです。

翻って、私が長年勤務してきた本省での仕事は、いわば「ロジック」の世界です。そこでは、法的な論理構成や数字の整合性が求められます。それは、施策の一貫性や公平性・公正性を担保するために必要なことなのですが、気をつけないと論理や数字のつじつまさえ合っていればよいという陥穽（かんせい）に陥りかねません。

言うまでもなく、どの施策も、あくまでも「リアル」な社会の家屋や世帯の事情はそれぞれであり、そうした「リアル」な社会の所要を踏まえた施策でないと、騒音という障害を軽減して周辺住民の理解と協力を得るという本来の目的が達成できません。

基地対策、周辺対策事業、建設工事、施設管理、漁業補償など、地方防衛局の行う施策は、どれも「リアル」な社会と向き合い、丁寧に所要に基づくものであり、「リアル」な社会において実現できて初めて意味があるものです。

例えば、防音対策事業であれば、何千件と数字で表されるものの実体は、その一つ一つが航空機騒音に悩む世帯に対する補助事業であり、地方防衛局の担当職員が膨大な事務処理をこなしてようやく実現できるものです。そして、基地や地域の実態、コミュニケーションを取ることが求められるものばかりです。そして、多くの職員が気の遠くなるような手間をかけて初めて施策が実現できます。

これからの役人生活においても決して忘れることのないよう、「リアル」な社会をしっかりと目に焼き付けておこうと思っています。

（九州防衛局長）

防衛施設と首長さん

高知県香南市・清藤真司市長

48歳。立命館大卒。第一設券などを経て2003年7月夜須町長、07年4月高知県議会議員。12年7月香南市長に就任。現在1期目。

自然災害対処に心強い存在 広がる市民との〝交流の場〟

香南市は、平成18年3月に4町1村が合併して誕生した人口約3万4000人のまちです。南に太平洋、北には四国山地の一部の山々があり、その山を源流とする川が田園地帯を潤すように下流域に広がる、温暖で自然豊かな地域です。

香南市に陸上自衛隊高知駐屯地が創立されて約50年。台風の襲来等風水害に対する不安の大きい高知県にとって、駐屯地はとても心強い存在であると同時に、地域振興など地域の活性化につながっています。

特に東日本大震災以降、南海トラフ巨大地震の発生が懸念されている高知県にとり、駐屯地への期待は大きなものとなっています。

隊の改編等により、第50普通科連隊が現在の駐屯地へ移駐してきて4年。24年3月末に徳島県阿南市へ移駐した隊が築いた地域との絆を引き継ぎながら、地域行事への参加だけでなく、隊が独自で開催している3月の創立記念行事や8月の夏祭りなど、施設を開放してのイベントは多くの県民が楽しみに訪れる恒例行事となっています。

また、地域との交流を深める事柄の一つとして、連隊長が中心となり取り組んでくださっているのが、隊員との出会いのきっかけづくりです。実際、市役所の独身女性職員との合同コンパも開催されているようで、市役所の職員に限らず、そういった出会いのきっかけづくりの場から、香南市への定住人口と人口増につながっていくことを願っているところです。

そのほか、3連覇を成し遂げることができた高知県市町村対抗駅伝大会では、隊員の方がチームの中心選手として選手たちの士気を高め、優勝へと導くなど、その力強い姿は陸上をやっている地元中学生の目標ともなっています。

東日本大震災発災後、被害の大きかった宮城県石巻市で体力的にも精神的にも厳しい環境の中、使命感を支えに懸命に災害派遣活動を行ってくださった隊員の皆さん、その姿に多くの市民が感謝し、復旧に向けてたゆみなく活動を続ける姿に安心と頼もしさを感じました。しかし、隊員も日頃から訓練を行い、鍛えているとはいえ同じ人間です。過酷な状況と活動が長期化するほど、精神的な辛さは増してきます。

被災地での活動を終え、駐屯地へ帰って来られた隊員の方からさまざまな話しを聞くにつれ、災害での救助復旧活動に尽力している隊員を支えることができる組織が必要だと痛感しました。

そこで、もともと地域で組織されていた防衛協会や父兄会、隊友会を中心に近隣の市と村に声を掛け、24年12月に高知駐屯地協力会（25年度会員数・個人458人、56団体）を発足させることができました。

これからも部隊の活動を応援、サポートすることで隊員の皆さんが安心して任務にまい進できるよう、協力体制の輪を県下に広げていきたいと思っています。

走友会2チーム〝激走〟

17年連続「大阪実業団対抗駅伝」出場

一斉にスタートを切る各チームの選手たち（1月12日、大阪市の長居陸上競技場で）

部門11位と健闘した近畿中部局「走友会」Aチーム

部門8位に入った近畿中部局「走友会」Bチーム

【近畿中部局】近畿中部防衛局の職員でつくる親睦団体「走友会」は1月12日、大阪市の長居陸上競技場と長居公園周回コースで開かれた「第67回大阪実業団対抗駅伝競走大会」に2チームで出場し、Aチームが11位、Bチームが8位と健闘した。同大会には17年連続で参加している。

当日は冬空のもと、ランナーたちは日ごろのトレーニング成果を発揮してメンバーにたすきをつなぎ、熱いレースを繰り広げた。競技場内やコース沿道ではチームメンバーや同僚がランナーに熱い声援を送った。

今大会には府内の社会人チーム788チームが参加。走友会Aチームは「2部」（99チーム）、Bチームは「4部」（99チーム）にそれぞれ出場し、Aチームは1時間32分で11位、Bチームは1時間44分で8位と上位につけた。

総合1位は1時間8分の大阪府警陸上部だった。

大会は7部編成で行われ、性別を問わない1～6部(23・6キロ)のうち、1～5部は昨年の成績順に振り分けられ、6部には初出場と過去2年以上出場のないチーム、7部（20・3キロ）には女子のみの編成チームがエントリーした。

「走友会」は余暇を利用しての体力強化と健康増進のほか、職員の親睦を図ることで業務の円滑化、勤務意欲の高揚を目的に活動しており、各種マラソン大会や駅伝大会に参加して職場内の連携強化を図っている。

同大会ではこれまで最高レベルの「1部」で活躍するなど、社会人チームのトップクラスの成績を残しており、今後もさらなる活躍が期待されている。

キャンプ瑞慶覧跡地利用協議会を開催

返還実施計画案も

【沖縄局】第3回となる「キャンプ瑞慶覧（西普天間住宅地区）の跡地利用に関する協議会」が昨年11月22日、開催された。

同協議会では冒頭、武田副大臣が「返還に向けた作業にしっかりと取り組んでいきたい」とあいさつ。沖縄防衛局は返還ラインが確定したことや、返還実施計画案の内容などを説明した。

また、宜野湾市からは、西普天間住宅地区のまちづくり計画の見直しと、土地の先行取得に関する地権者アンケートの調査結果について説明が行われた。

これに先立ち、西普天間住宅地区の現地視察を実施し、武田副大臣、佐喜眞宜野湾市長、又吉宜野湾市軍用地等地主会会長、在沖米海兵隊基地司令官のハドソン少将、マグルビー在沖縄米国総領事、高田外務省沖縄大使による境界杭の設置式典が行われた。

森本前大臣ら招き 防衛問題セミナー 3月4日

南関東防衛局は3月4日、2人の講師を招き、「第22回防衛問題セミナー」を開催する。「新たな防衛計画の大綱」と題して防衛省防衛政策課長の芹澤清氏が講演、引き続き「東アジア情勢と日本の防衛政策」をテーマに拓殖大特任教授で前防衛大臣の森本敏氏が登壇する。

▽日時＝3月4日（火）午後6時～同8時15分

▽場所＝横須賀芸術劇場（ヨコスカ・ベイサイド・ポケット、横須賀市本町3の27）

▽入場料＝無料（先着500人、事前申し込み制）

▽問い合わせ＝防衛省南関東防衛局企画部地方調整課、電話045(211)7102、詳しくはホームページ（http://www.mod.go.jp/rdb/s-kanto/）

島嶼防衛　充実の訓練

2師団　1400キロ機動し九州へ
陸海空3ルートで一気に

侵攻を受けた島嶼を奪回せよ――。南西諸島の防衛をテーマとした陸自の機動訓練が列島を縦断して展開されている。北方の2師団（旭川）は1個戦闘団を九州に送り込み、「鎮西25」演習で8師団（北熊本）の対抗部隊を務め、東北方の20普連（神町）は民間フェリーで大分に上陸、島嶼作戦能力を磨いた。一方、空挺団(習志野)は鹿児島沖合で水上降下訓練を行い、離島奪回の〝先兵〟としてのその高い技量を示した。

【2師団＝旭川】新大綱で有事の際、南西諸島などに展開可能な「機動師団」への改編が計画されている第2師団は、このほど西部方面隊の実動演習「鎮西25」と連動し、九州に緊急展開する「25年度協同転地演習」を実施した。

演習には3普連（名寄）を基幹とする「第3戦闘団」と第2偵察隊の人員約900人が参加し、陸・海・空の手段を使い、それぞれ約1400キロを機動して九州に入った。

戦車、特科、高射特科、施設部隊などで増強された3普連主力は車両350両を使い、道内を南下した後、小樽、苫小牧両港で民間フェリーも使い、太平洋、日本海の2ルートで九州に上陸した。戦車や装甲車はJR貨物を使い鉄道で輸送、さらに緊急展開部隊は空自C1輸送機で一気に目的地近くまで進出した。

最初に熊本の大矢野原演習場に集結した部隊は田邉北方総監を検閲官にして、中隊検閲を含めた防御訓練を実施。その後、大分の日出生台演習場に移動し、西方が行う島嶼侵攻対処演習「鎮西25」に参加した。

地元・8師団（北熊本）の対抗部隊を務めた3戦闘団は敵空挺部隊として島嶼部に見立てた演習場に侵攻、これを排除しようとする8師団と壮絶な戦闘を繰り広げ、西方部隊の能力向上に寄与した。

㊤大分県の大矢野原演習場を目指し、九州自動車道を南下する３普連の装輪装甲車㊦陸自がチャーターした高速船「ナッチャンWorld」で九州・大分港に運ばれ、岸壁に上陸する99式自走榴弾砲

㊤民間トレーラーで車体と砲塔部を分解し、輸送されてきた90式戦車を組み立てる2戦車連隊員㊦西方の演習「鎮西25」で、対抗部隊として戦う3戦闘団の隊員（大分県の日出生台演習場で）

海面へ340メートルの降下
空挺団　24人がヘリから次々

【空挺団＝習志野】離島奪回作戦の〝先兵〟を務める第1空挺団はこのほど、鹿児島県大隅町の浜尻海岸沖で初の「水上降下訓練」を実施した。

訓練は洋上飛行中の航空機から連続降下を演練するもので、今回は高度340メートルを飛ぶCH47輸送ヘリから隊員24人が次々と降下した。

風が強く、波やうねりがある海面への降下は非常に危険が伴う。ましてや初めての環境のため、部隊は慎重に訓練に当たった。

飛行中のCH47から果敢に空中に跳び出した隊員たちは、パラシュートが開いた後、救命胴衣を膨らませ、ゆっくりと海面へ。そして足が波間に着く直前にパラシュートを切り離し、傘から完全に離れた状態で海面に落ち、浮き上がった。

その後、隊員たちは部隊が借り上げた漁船まで泳ぎ、船上に引き上げられた。

空挺団は普段、千葉県の保田海岸沖で水上降下訓練を行っているが、「島嶼防衛」のため新たな訓練地を九州で探していたところ、大隅町から申し出があり、岩礁が少ない同海岸沖合での降下訓練が実現した。

この日、海岸には地元住民約100人も見学に訪れ、上空から空挺隊員が次々と降下する様子に見入り、歓声を上げていた。

高度340メートルを飛行するＣＨ47輸送ヘリから降下、救命胴衣を膨らませて着水する空挺団員（鹿児島県の浜尻海岸沖で）

水上降下訓練を見学した地域住民の声援を受けながら港に上陸する空挺団の隊員

民間フェリーも利用　20普連
東北⇒九州　訓練検閲に参加

【20普連＝神町】20普連はこのほど、大分県の日出生台演習場で行われた「第4次師団訓練検閲」に参加するため、民間フェリーなどを利用し東北から九州に長距離機動した。

先発隊に続いて駐屯地を出発した西村和己連隊長率いる主力は、高田、伊丹、山口駐屯地を経由して九州に入った。一方、海路では軽装甲機動車などを民間フェリーに積み込み、日出生台を目指した。

同時に「25年度自衛隊統合演習」に参加していた3個中隊も沖縄から合流し、全部隊が延べ1600キロの機動を完了した。

検閲で20普連は対抗部隊を務め、22戦闘団が防御する陣地に対し、4日間にわたり攻撃を仕掛け、師団主力の練度向上に寄与した。

「自衛隊統合演習」参加後、民間フェリーで九州に移動するため沖縄県の那覇新港に集結した20普連の車両

周囲を警戒しながら前進する20普連１中隊の隊員（日出生台演習場で）

女子日本代表候補に

防大硬式野球部・笠原千鶴さん

9月のW杯目指す

防大硬式野球部に所属するただ一人の女子学生・笠原千鶴さん（防大60期、20歳）が昨年12月1日、野球日本代表「侍ジャパン」の女子代表（通称マドンナジャパン）候補選手に選ばれた。防大のみならず、大学野球の神奈川リーグでも初の女性選手として新しい道を切り開く笠原さんは、今年9月に宮崎県で開催される「第6回ワールドカップ」（W杯）出場を目指し、日々白球を追っている。

防大硬式野球部の部員は約60人。入学当初、「硬式野球部に女子は入れない」と聞き、いったん剣道部に入ったが、野球への情熱は絶ち難く、硬式野球部の門をたたいた。

小学校3年生で野球を始め、中学はソフトボール部に所属。高校は故郷の新潟県を離れ、女子野球の強豪校・埼玉栄高校に進学した。現在のポジションは捕手（控え）で、2塁への鋭い投球が持ち味。

自衛官を志したのは、有川浩さんの「自衛隊3部作」（『塩の街』『空の中』『海の底』）を読んで、パイロットに憧れたため。防大では情報工学科に属し、海上要員として「固定翼哨戒機の操縦士になる」という夢を持つ。

硬式野球部の捕手として、男子部員に交じって練習に励む笠原さん（1月29日、防大で）

「侍ジャパン」女子代表へは自らの意志でチャレンジした。募集はすでに終了していたが、「とにかく無我夢中で（日本女子野球協会に電話をかけました」。

昨年11月31日と12月1日の両日、駒澤大学（東京都世田谷区）のグラウンドで行われたトライアウト（選考会）に参加。参加者126人の中から見事、候補選手（23人）に選ばれた。

コーチの松尾健3陸佐は「男子部員も驚いていたようで、チームのいい刺激になってくれました。全力でやってもらいたい」と温かいエールを送る。

女子代表候補の捕手枠は2人で、同じく捕手で選ばれた西朝美選手（25）は何度も日本代表に選ばれたベテラン。代表登録選手は今後、女子プロ野球選手なども加えた中から、最終的に20人まで絞られる。

硬式野球部が普段練習に使っているのは、防大の一番奥に位置する「花立グラウンド」。旧軍時代のトーチカがそびえる野球場で、防具を身に着け練習に加わる姿は男子学生と全く変わらない。「部内では女子扱いされていません」とうれしそうに話す。

「今まで女性がやっていなかったことをやりたい。女子だからという前提に縛られたくありません」と話す瞳には強い情熱が宿る。

「侍ジャパン」女子代表候補に選ばれた23人。2列目左端が笠原さん（「侍ジャパン」公式HPから）

練馬駐屯地の3隊員に感謝状

東京消防庁

【練馬】業務隊業務室警備消防班長の天野豊彦准尉▽同室勤務の鈴木康修2曹（1普連5中）▽茨木淳3曹（1後支連2整大）に1月20日、迅速で適切な救護処置を行ったとして、東京消防庁消防総監から感謝状を授与された。

3人は1月10日朝、通勤中の女性隊員から「駐屯地西門付近で女性が吐血して倒れている」と通報を受けて現場に急行。倒れている女性に心臓マッサージを行っている同隊員を確認した。ただちに駐屯地からAED（自動体外式除細動器）と毛布を持参し、心肺機能回復と体温低下防止の処置などを施し、駆け付けた救急隊員に引き継いだ。他の隊員5人も救助に加わった。女性はその後、意識を回復し一命を取り留めた。

感謝状を贈られた天野准尉は「当日は気温も低く、吐血のショックによる低体温症になるのではないかと保温処置を行った。救急法教育を受けている者として当然の行為。救急隊員と連携して救助できたことがうれしかった」と語った。

鈴木2曹　天野准尉　茨木3曹

こちら警務隊

☎ 8・6・47625

危険自転車に停止命令 従わない場合は罰金に

ブレーキのない自転車（いわゆる「ピストバイク」）に乗っていたら罰せられるのですか?

昨年12月に道路交通法が改正され、警察官は、交通の危険を生じさせるおそれがあると認められるブレーキのない自転車を発見した場合は、当該自転車の運転中止を命じることができるようになりました。

警察官の命令に従わなかった場合、5万円以下の罰金に処されます。

また、自転車の検査を拒否した場合も同様に罰せられます。

ブレーキのない自転車に乗ってはいけません。

（警本＝市ヶ谷・田口1曹）

Mr&Ms 海自の2人を主役に HPで特別版公開

海自は1月30日、公式スマートフォンアプリ「Mr&Ms JMSDF」の投票結果（11月5日）を受け、男女各1位となった市橋徹也3曹（28）と松代淳子士長（24、現在は3曹）をそれぞれ主役にしたスペシャルムービーをHP上で公開した。

潜水艦救難艦「ちはや」の潜水士・市橋3曹が初めて飽和潜水に挑む姿を追った『深度100mの未知の世界へ～高度な潜水技術を追求せよ！』（7分50秒）では、手に汗を握るドラマが展開される。過酷な任務に当たる市橋3曹の緊張感が伝わってくるよう。

一方、補給艦「ましゅう」に乗り組む松代士長（現在は横須賀教育隊に入校中）が主役の『地域住民の理解を求めて～艦の魅力を伝えよ！』（7分34秒）は、艦艇の広報業務を紹介。松代士長がプロフェッショナルとして自覚していく様を感動的に描く。

2本とも飽和潜水や艦艇広報という普段、表に出ることがない海上自衛官の業務を扱っており、誇りと情熱を彼ら自身の言葉を通じて知ることができる。貴重な映像の数々にも注目だ。

TV番組ロケ お笑いタレント・馬場裕之さん 厳しい訓練に悲鳴

警備犬ゼノ号の襲撃訓練を体験する馬場さん（1月23日、入間基地で）

東貴久曹長（右）の指導で、あえて裸でスクワットをする馬場さん（2月4日、千歳基地で＝空自提供）

「さんまのスーパーからくりTV」（毎週日曜日午後7時、TBS系列）のロケが1月23日、空自入間基地で行われ、人気お笑いグループ「ロバート」の馬場裕之さんが各部隊の訓練に参加。隊員は体験入隊した馬場さんを限界まで〝厳しく〟指導した。

「本番ではやり直しはないぞ！ 全員腕立て用意！」。訓練指揮官の馬場修3曹の怒号が飛ぶ。消防服に身を包み、消防小隊の訓練に参加した馬場さんは60キロの人形を背負っての降下、救出訓練やホース展張、放水訓練に参加した。連帯責任での腕立て伏せに馬場さんは早くも苦しい表情。顔をしかめ続けながらも何とか訓練を終えた。

次に向かったのは警備犬舎。航空祭などで披露することもある警備犬ゼノ号に恐れおののく馬場さん。腕のプロテクトに勢いよく噛みつかれ、恐怖で目が泳ぐ。高橋晴彦3曹がゼノ号を離れさせると安堵の表情を見せた。「絶対逃げ切れないでしょ」と警備犬のスピードと勇猛さに感嘆していた。

犬の恐怖から解放されると、今度は64式7・62ミリ小銃を持った警備小隊が整然と隊列を組み、走って向かってくる。「見てないで訓練に参加しろ！」と指揮官の長野良平2曹に一喝され、共に走行後、休む間もなく懸垂、腹筋訓練へ。

腹筋訓練で馬場さんの腹筋は開始数秒でさっそく悲鳴をあげる。「あー、あー」。限界を超えた馬場さんの波打った声と表情に、警備小隊員は励ましつつも笑いをこらえきれない様子。

その後、馬場さんは入間ヘリ空輸隊の長島直仁3尉の説明を受け、CH47Jのカーゴスリング（機外懸吊）などを見学し、各隊の女性自衛官にお礼のハンドクリームを配付して回った。翌24日も入間基地の各隊で訓練などを体験した馬場さんと隊員の交流は、2月9日の同番組で放映された。4、13日には空自千歳基地でも同番組のロケが行われ、2月23日に放送される。

速さと正確さ競う

35普連がパソコン競技会

パソコン競技会でスピードと正確さを競い合う35普連の各中隊の代表隊員たち（1月24日、守山駐屯地で）

【35普連＝守山】35普連は1月24日、連隊初の「パソコン競技会」を実施し、普段は小銃を持って演習場を駆け回る普通科隊員たちがマウスとキーボードを手にして業務のスピードと正確性を競い合った。

競技会は、パソコンの新しいシステムへの対応力や本部業務能力向上を目的に行われた。開会式で田丸正勝連隊長は「部隊精強化のためには、将来を見据えた人材育成が極めて重要」と述べ、各中隊から選抜された39人の選手を鼓舞した。

選手たちは表計算ソフト「エクセル」や文章作成ソフト「ワード」などを駆使して、与えられた課題を規定時間内に作成できるよう、真剣な面持ちで競技に臨んでいた。

会場には大型スクリーンが設置され、選手の操作するパソコン内の映像をリアルタイムで放映。各中隊の応援者たちは選手のスピーディーなクリックさばきに息をのんで見守った。

接戦の末、団体の部では2中隊が、個人の部でも2中隊の吉川雄士2曹が高得点をマークして優勝した。

久山 辰治氏（ひさやま・たつはる＝元陸幕副長、元陸将）2月10日、急性心筋梗塞のため千葉県習志野市内の病院で死去、86歳。告別式は2月11日に行った。喪主は妻富子（とみこ）さん。

千葉県出身。陸士61期。昭和25年9月警察予備隊入隊、陸幕装備部長、11師団長などを経て59年3月から60年10月まで陸幕副長を務めた。

小休止

▽…「みんな、こんにちはなっしー♪」――。人気ゆるキャラの「ふなっしー」、「くまモン」、神奈川地本の「浜ニャン」を模した隊員が登場すると、子供たちは大歓声を上げた＝写真。

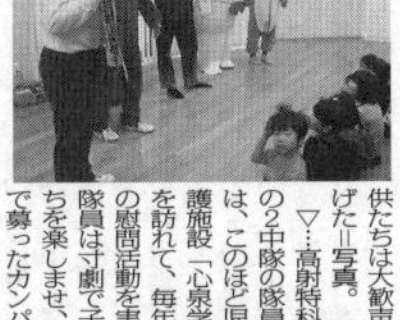

▽…高射特科大隊の2中隊の隊員8人は、このほど児童養護施設「心泉学園」を訪れて、毎年恒例の慰問活動を実施。隊員は寸劇で子供たちを楽しませ、部隊で募ったカンパで準備したプレゼントを贈った。

▽…半世紀にわたって続けてきた慰問活動。参加した山口茂樹准尉は「沢山の笑顔に元気をもらった。来年も会いに行きたい」と語った。

（駒門）

（世界の切手・スロベニア）

恋は下心。そんで、愛は真心。恋っていう文字には下に心があるから下心。愛は真ん中にあるから真心なんよ。

朝井　リョウ（作家）

朝雲ホームページ
www.asagumo-news.com
<会員制サイト>
Asagumo Archive
朝雲編集局メールアドレス
editorial@asagumo-news.com

「安全な海」へ誇りと気概

海自掃海部隊を研修して

横須賀基地モニター　岩崎　祐二（会社員、横須賀市）

掃海母艦「うらが」のヘリ甲板で。後列右から2人目が岩崎祐二さん

私は海上自衛隊横須賀基地のモニター研修で、掃海業務支援隊と掃海母艦「うらが」を見学しました。

最初に「掃海隊とは何か」について、掃海隊群司令部安全主任幕僚の須賀伸2佐と掃海業務支援隊副長の中矢潤2佐から説明を受けました。それによると、掃海部隊は太平洋戦争の終結直後から長きにわたり、四面を海に囲まれた日本の防衛に当たるだけでなく、敷設された機雷を掃海し、航路を啓開するノウハウを今日の国際平和協力活動にも生かしていることを理解しました。

戦後の残存機雷の掃海活動については驚かされました。説明によると、太平洋戦争以降の米艦船の被害の第1位は機雷によるものであり、安価で使いやすく航路閉塞に有効な機雷は、今日でも「戦略的な兵器」であると知りました。日本の生命線を守るには、まさに掃海部隊が不可欠であると再認識できました。

その後、「対機雷戦術訓練装置」を見学しました。これは艦艇と同じ艦橋や戦闘情報室（CIC）が模擬され、訓練が行われていました。隊員の皆さんは実戦さながら状況に即応し、見学する私たちの方が圧倒されてしまいました。その後、私たちもシミュレーターを操作させてもらいましたが、私の艦はあえなく「触雷」し、「轟沈」という結果でした。

午後から船越地区に移動し、掃海母艦「うらが」を見学しました。乗員の方の案内で機械室、乗員居住区、医務室、司令公室、艦橋などを見て回りました。士官室では艦長の触井園淳2佐と懇談し、そのご苦労をいろいろ伺いました。「うらが」は「たくさんの子（掃海艇）を抱える母親」として、危険な掃海作業に当たる掃海艇を支えているとのことでした。話からは「うらが」が旗艦として、日本の港湾を守っている、その誇りと気概をうかがい知ることができました。

今回の研修を通じ、「世界屈指の掃海部隊」が日本にあることを知り、非常に心強く感じました。見学の機会を設けてくれた掃海隊群の関係者の方々に御礼申し上げるとともに、皆さまの今後のご活躍を祈念致します。

みんなのページ

「よく視る・聴く」そして「自分自身で考える」

陸曹長　野中　小百合（20普連本管中・神町）

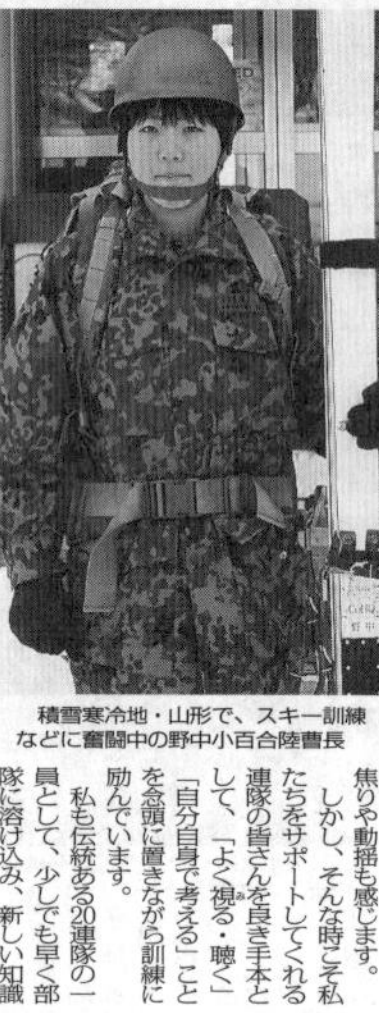

積雪寒冷地・山形で、スキー訓練などに奮闘中の野中小百合陸曹長

私は幹部候補生学校（前川原駐屯地）で約9カ月間の幹部候補生課程を終え、ここ第20普通科連隊で隊付教育を受けています。山形県、そして積雪地に来て、日々の部隊勤務や訓練に奮闘しています。

積雪地方ならではのスキー訓練など、九州・大分出身の私には慣れていないものも多く、連隊の皆さんの足を引っ張っていないか、焦りや動揺も感じます。

しかし、そんな時こそ私たちをサポートしてくれる連隊の皆さんを良き手本として、「よく視る・聴く」「自分自身で考える」ことを念頭に置きながら訓練に励んでいます。

私も伝統ある20連隊の一員として、少しでも早く部隊に溶け込み、新しい知識・新しいものの見方を一つでも多く得られるよう、精いっぱい努力していきたいと思います。

夫婦で野菜とハーブ育てたい

家族　吉川　智美（広島市）

私と自衛官の主人は2年半の交際期間を経て、昨年6月に結婚しました。

結婚して私自身、変わったことがあります。それは料理を作るようになったことです。朝ごはん、お昼のお弁当、そして晩ごはん。毎日のことなので「さて今日は何を作ろうか」と日々悩んでいます。

そこで料理のレパートリーを増やすため、料理の本を読んで、これまで作ったことのないアレンジ料理にもチャレンジしています。

交際期間中、自衛官の彼のことを友人に話すと、東日本大震災のことが話題になりました。主人も被災者を助けるために東北に行きました。改めて災害派遣のことを考えると、これからも同じような事が起こると思い、とても不安になりました。でも、主人は自衛隊で厳しい訓練をしているようなので、彼を信じて付いていきたいと思います。

私がいま考えているのは野菜の栽培です。日当たりのいいベランダがあるので、ここで野菜を育ててみようと思います。主人もハーブを育てたいと言っているので、2人で野菜やハーブを育て、それを使って料理を作ってみたいと思います。（46普連2中＝海田市、吉川剛史3曹夫人）

被災地を助けられる隊員に

高3　小林　千晃（新潟県上越市）

2011年3月11日は高校の合格発表日だった。私は学校から帰宅し、父と話をしていると、突然大きな揺れに襲われた。

テレビで映し出されている映像を見て呆然とした。東北が大きな被害に遭っていた。道路や田畑が津波によって流され、建物には火災が起き、映像を見ている間も車が何台も大波にのまれていった。

その後、現場には自衛隊が駆けつけた。私はテレビの前で一生懸命活動する人たちの姿をただ見ていることしかできず、自分の無力が悔しくてしょうがなかった。

あの日から3年がたとうとしている。東日本大震災の日以来、私は人のために行動できるようになりたいという気持ちをずっと持ち続けてきた。そのために私はある就職を選択した。それは自衛隊に入隊することだ。辛いことがあっても、諦めずにしっかりとした目標を持って仕事をしたいと考えている。

最近では自衛隊の救援活動は国内だけにとどまらない。台風によって危機的状況下にあったフィリピンへの救助活動などにも大きな役割を果たした。私も海外での支援活動に積極的に参加したい。

春から新しい生活が始まる。自分も1日も早く困っている人々を助けられるような隊員になりたい。

感激した「内定」通知

陸士長　岩橋　光博（30普連本管中・新発田）

企業説明会で会社側（右）に自身をアピールする退職予定隊員

私は自衛隊を退官して再就職するにあたり、新潟地方協力本部新発田援護室の方々に大変お世話になりました。

私は当初、メガネ関係の仕事に就きたいと考えていました。しかし、新潟県の援護求人企業にはなく、そこで働きたい職業を一から考え直し、その結果、人と関わることのできる営業関係の仕事を希望しました。

そこで援護室が行う「新潟県合同企業説明会」までの間、企業を絞り、インターネットなどを利用して仕事内容を調べました。

当日の企業説明会は3時間という短い時間でしたが、私は8社のブースを回り、その中で「新建ナガキタ」という会社に興味を持ちました。この会社は建物の仮設機材のレンタルを主に、営業から施工管理まで一貫した仕事をしています。その責任のある仕事に私は魅力を感じました。

そして何よりの決め手は説明をしてくれた人事担当者の人柄と、代表取締役（社長）の企業理念に感銘したからです。風通しが良く、社員一丸となって仕事ができる社風が気に入り、私もその中で働いてみたいと思いました。

私は何としてもこの会社に就職しようと、自衛隊で培った自分の長所を整理して面接試験に挑みました。試験でありながら面接はとてもアットホームで、程よい緊張感の中で私は自分の思いを伝えました。会社側からの手応えも感じられました。

1週間後、内定の知らせを頂きました。そのときの感激は今も忘れられません。これも新発田援護室の方々のサポートのおかげと心から感謝しています。

私の会社務めは4月から始まります。それまでの間、私は陸上自衛官として最後まで任務を果たし、新たな世界に向けて自己研さんを続けていきたいと思います。

OBがんばる

社会人の基本は同じ

木皿　孝さん　55
平成24年12月、空自第4航空団飛行群本部を定年退職（准空尉）。その後、「石巻エヌピーサポート」に入社し、守衛業務を担当している。

私は航空自衛隊を定年退職後、石巻エヌピーサポートに警備係として採用されました。現在は日本製紙石巻工場に勤務しています。

当社は日本製紙の下請けとして、守衛・施設管理・寮管理・社長ドライバーなどの業務を担っております。平成22年から自衛隊OBを採用し、現在は8人のOBが勤務しており、元自衛官にとっては馴染みやすい環境です。

私は再就職に向けての資格を持たなかったため「どんな仕事でもやらねば」と思っていたところ、退職時期と当社の採用タイミングがうまく重なり、背中を押してもらった感じで入社を決めました。

警備係の仕事は、入出者管理から構内・社宅地区での火災や盗難の予防、施設の巡回点検、災害発生時の初動対処、電話交換業務など、多岐にわたります。そこで空自時代に培った「情報の縦横の伝達要領」を参考に、常に緊張感を持って業務に臨んでいます。

特に受付業務では言葉遣いや身だしなみに気をつけ、来訪者に接しています。それでも上司からよく指導されます。「笑顔の対応」がうまくできないのは、元自衛官のマイナス部分なのでしょうか。しかし、OBの皆さんはそれぞれに切磋琢磨し、私も負けずに頑張らねばと気合を入れています。

現役の頃はよく「自衛隊の常識は民間の非常識」などと言われましたが、実際に勤務してみると、社会人として求められる基本的なところは変わらないように思います。これから退職される皆さんは、自衛隊で培ったそれぞれの素養に自信を持ち、再就職の準備を進めていってもらいたいと思います。

詰碁

第1081回出題

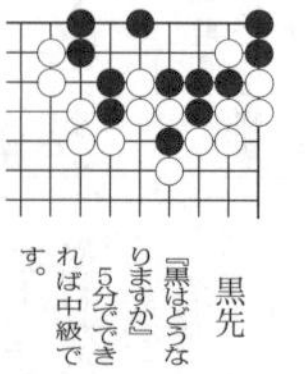

黒先

『黒はどうなりますか』5分でできれば中級です。

出題　日本棋院　九段　曲　励起

▶詰碁、詰将棋の出題は隔週です◀

詰将棋

▲先手　持駒　角桂

出題　日本将棋連盟　九段　石田　和雄

≪第665回の解答≫

【正解】▲1四桂△2二玉▲4三角△同金▲2四竜△3二玉▲2二竜までの七手詰め。

【解説】▲1四桂はまずこう攻めるもの。次の▲4三角が狙いの一手です。打ち場所はここしかありません。▲6五角と離して打って△5四桂と合駒をされ、以下▲同角△同金の後、4三の脱出口があって捕まらなくなります。以下は▲竜の働きでピッタリ。

新刊紹介

「軍隊を誘致せよ」―陸海軍と都市形成

松下　孝昭著

本書は明治～昭和前期に全国の各都市が軍隊を誘致した背景、状況を解明。「過熱する誘致運動」「軍隊の立地と水道・『給養』」など全7章で構成している。

日清戦争後、「地域振興の切り札」として各地で師団・連隊の誘致運動が沸き起こった。敷地献納なども受け、近衛師団（東京）のほかに仙台、広島、小倉などの各都市に12の師団が置かれる。

さらに日露戦争後、再び兵営誘致の動きが起こり、明治末期には師団の数は18に増えた。

軍隊が誘致されることで地域は大きな恩恵を受けることに。鉄道ネットワークが整備され、また兵営内で良質な水を確保する必要があることから、水道が普及する。

社会インフラのほか、兵営地域・都市には給養（物資供給）の機能も求められ商業活動も活性化。「営門前町」とも呼べる商店街区が形成されていった。

一方、著者は「1954年に陸上自衛隊になってからも各地で誘致運動が相次いだ」と述べる。経済効果や災害救援といった地域のニーズに、国防以外の役割をうかがうことができ興味深い。（吉川弘文館刊、1890円）

「連合国戦勝史観の虚妄」

ヘンリー・S・ストークス著

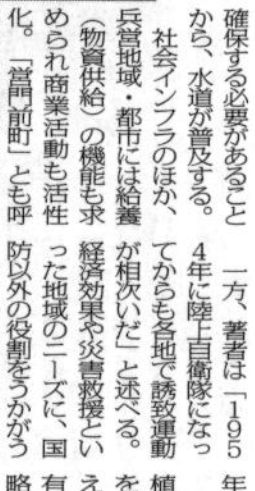

従軍慰安婦、靖国参拝、南京事件に関しては国内でさまざまな論議、主張があり、中韓両国の日本に対する誹謗・中傷もいつもの風景だ。が、欧米の大物ジャーナリストによるストレートな検証・主張は第三者的ゆえ新鮮だ。

英国出身の著者は「フィナンシャル・タイムズ」「ロンドン・タイムズ」「ニューヨーク・タイムズ」の各東京支局長を務め、滞日経験は50年。

西洋諸国の植民地化政策を指摘したうえで「白人が有色人種を侵略するのは『文明化』で、有色人種が白人を侵略するのは（略）神の意向に逆らう『罪』だった」「日中、日韓関係をゆがめてきたのは、日本が卑屈になって、両国に不必要に腰をかがめてきたことが原因だ」などと説く。

三島由紀夫との長年にわたる親交から「もしノーベル文学賞を受賞していたら自殺していなかった」との説を否定し、三島が死を賭した「目的」を代弁する。

堤清二、児玉誉志夫、金日成、金大中、シアヌーク殿下、白洲次郎―。数多くの交友や取材をもとに、来日当初は連合国戦勝史観をそのまま受け入れていた著者の“変遷”が正直につづられている。（祥伝社新書刊、840円）

朝雲

発行所 朝雲新聞社
〒160-0002 東京都新宿区坂町26番地19 KKビル
電話 03(3225)3841
FAX 03(3225)3831
振替00190-4-17600番
定価一部140円、年間購読料9000円（税・送料込み）

主な記事

2面 オスプレイ訓練、沖縄の半減可能
3面 南海地震想定し日米共同防災訓練
4面 「朝雲賞」25部隊・7機関、7個人に
5面 「雪まつり」支援に“熟練の技”
6面 〈募集・援護〉各地で説明会本格化
7面 記録的積雪 1都7県で災派活動
8面 〈みんなのページ〉貴重な駐屯地体験

軍種、国籍の垣根越え

法務ネットワーク構築へ

本格的な統合運用時代を迎え、統幕を中心に全国3自衛隊の法務職域が連携を強化し、「法務ネットワーク」の構築に乗り出す。米・豪軍との災害救援や共同訓練の増加で、法務官には軍種や国籍の垣根を越えた幅広い知識が求められているためだ。統幕は2月12、13の両日、陸海空の法務官らが一堂に会する初の「統合法務官等連絡会議」を開き、自衛隊を運用する法令の調査研究や教訓、課題などについて認識の共有を図った。統幕は同会議を継続・発展させ、法務部門の情報共有と相互理解を図る。

（2面に解説）

統幕、初の「連絡会議」開催

会議には統陸海空の各幕をはじめ、3自衛隊の主要司令部などの法務官、作戦担当者、学校・研究機関の関係者ら計約50人が参加した。

主催者を代表して統幕首席法務官の軽部真和1陸佐があいさつ。「今や法務官は他軍種に関する法的アドバイスまで求められる時代」と指摘。知見の拡大と相互理解の重要性を訴えるとともに、法的分野における統合運用の必要性を強調した。さらに「必要な時に近傍の他軍種の法務官に尋ねたり依頼できる関係を」と述べ、全国の法務職域の連携を呼びかけた。

法務職域の連携を呼びかける軽部統幕首席法務官（中央）＝2月12日

会議は発表形式で行われ、統幕法務官が「伊豆大島災害派遣、フィリピン国際緊急援助活動等」と題して統合運用に関する法務の状況を発表。続いて統幕運用部と指揮通信システム部が活動の現況を伝えた。

陸自の中央即応集団（CRF）は、日本との2国間の地位協定がないフィリピンへの国際緊急援助隊の派遣を例に、法的側面から部隊運用を支えたノウハウと実績を紹介。日本の医療法や道路交通法、国家賠償法などの適用をめぐって当局と細かな事前調整に当たった事例を挙げた。

このほか、各方面総監部▽自衛艦隊司令部▽航空総隊司令部▽支援集団司令部――などの法務担当者、海幕首席法務官らが各種事例に基づき、課題や調査研究成果を報告した。

米・豪軍人による講話は、隊員の英語力向上のため、通訳なしで行われた。南スーダンPKOで日本隊と連携する豪軍からは、在日豪大使館付副武官のスコット・モリス海軍少佐が「オーストラリア軍法務の概要」と題して講話。連携を深める上で必要な背景知識とともに、同国の軍法務の特徴を紹介した。

米軍からは、在日米軍司令部法務部長のシュルーズボリー空軍大佐が「米軍の諸権限について」をテーマにスピーチ。今後の課題などを指摘した。

一方、「サイバー防衛」の観点からは、ラック・サイバーセキュリティ研究所長の伊東寛氏（元陸自システム防護隊隊長）が講演。重要インフラなど国の中枢システムへのサイバー攻撃を「武力攻撃」と認定するか否かは国際法上の大きな懸案事項と指摘した上で、「第5の戦場（サイバー空間）」に対応するため、法的整備が急務との認識を示した。

法務官 訴訟、損害賠償、損失補償、隊員の災害補償、海難審判などに関する所掌事務を担う。統陸海空の各幕をはじめ、陸海空の各自衛隊の主要司令部（メジャーコマンド）などに計約250人の法務幹部等が配置されている。隊員の安全を守り、円滑な部隊運用に貢献するため、内局や内閣法制局、関係省庁とも連携。法の解釈・運用をめぐる現場部隊の悩みを解決し、法的側面から各級指揮官を支えている。

バイアスロン女子7・5キロスプリントの立射に臨む鈴木3曹（左）（2月9日、ラウラクロスカントリースキー・バイアスロンセンターで）＝時事

鈴木3曹32位 ソチ五輪 女子10キロ

ソチ冬季五輪は2月14日までに男女のバイアスロン個人6種目が行われ、女子10キロパシュートで陸自冬季戦技教育隊（真駒内）の鈴木美由子3陸曹が五輪自己最高位の32位で終える健闘を見せた。

前回バンクーバー大会に続いて2度目の出場の鈴木3曹は、最初の7・5キロスプリントを39位で終え、同種目の上位60人で争われるパシュートへ。

1周2キロのコースを5周する間に4回の射撃（計20発）を行うパシュートでは「どのように銃弾が飛ぶか感覚的に分かる。（的を）外す気がしない」と1～3回の射撃を全弾命中させ、一時順位を29位まで上げた。4回目の射撃を1発外したが、前回の54位を上回る32位でゴールした。

鈴木3曹はこの後、21日に行われる4×6キロリレーに小林美貴2陸曹、鈴木李奈陸士長、中島由貴陸士長とともに臨む。

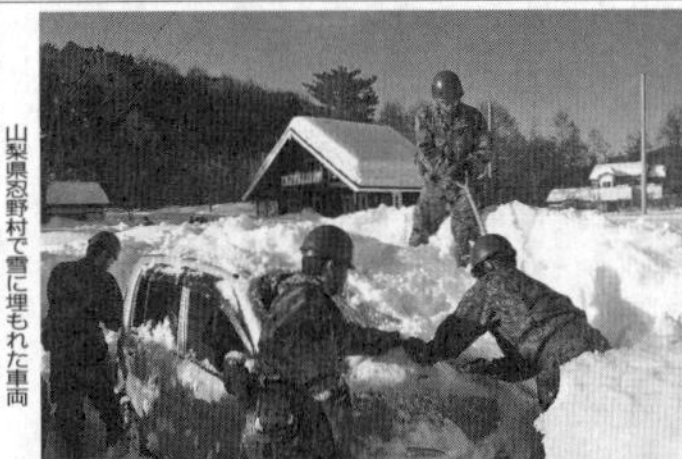

山梨県忍野村で雪に埋もれた車両の除雪に当たる陸自隊員（2月16日）

記録的大雪 各地で災派

2月14日から16日にかけて関東甲信地方などを襲った記録的な大雪で、自衛隊は1都7県の知事から災害派遣要請を受け、各地で孤立者の救出や除雪作業などを行っている。18日までの自衛隊による救助者は計61人、患者空輸2人、物資輸送3・4トン、除雪距離は約80キロに及んだ。

（7面に関連記事）

安倍首相は18日、政府の「非常災害対策本部」で自衛隊の態勢の大幅強化を指示。これを受け、防衛省は同日午後から1000人規模に拡大して救援活動に当たっている。

26年度防衛費 重要施策を見る □5□

「サイバー防衛」本格化

NATO国際会議に初参加

統幕

昨年3月、日本政府の招きで来日したエストニア共和国国防軍司令官のリホ・テラス陸軍少将が、同国軍司令官として初めて防衛省を訪れ、岩﨑統幕長とサイバー防衛に関して意見交換した。

エストニアには2008年、首都タリンに「NATOサイバー防衛センター」が設立され、サイバー空間の分野で国際的なイニシアチブを発揮している。テラス司令官はこうした同国の積極的な取り組みについて説明した。

これに対し、岩﨑統幕長は、統幕隷下に約90人体制の「サイバー防衛隊（仮称）」が14年3月に新設（13年度予算）されることを紹介し、政府・防衛省を挙げて情報セキュリティー対策に取り組んでいることを説明した。両氏は今後、対話を通じて両国関係の発展に貢献していくことで一致した。

◇

その「NATOサイバー防衛センター」で今年6月に開かれる「サイバー紛争に関する国際会議（CyCon 2014）」に、統幕が参加することが決まった（新規）。首席法務官と指揮通信システム部（J6）から出席する予定で、法的側面と技術面からの知見拡大の成果が期待される。

同センターでは一昨年、法律の専門家チームに委嘱して国際法の適用を試みる「サイバー戦に適用される国際法に関するタリン・マニュアル」を発表し、サイバー攻撃には一定条件のもとで軍事的対応を取り得るとの見解を示している。

◇

陸、海、空、宇宙に次いで「第5の戦場」と言われるサイバー空間の防衛に本格的に乗り出した統幕は、今年度予算で新たに「サイバー情報収集装置」を整備する（12億円）。年々巧妙化、複雑化するサイバー脅威の兆候を早期に察知し、攻撃を未然に防止するのが狙いだ。

さらに「次期サイバー防護分析装置」のシステム設計などにも新規に着手する（12億円）。旧装置の換装を控え、防衛省に対するサイバー攻撃への対処を統合的に行うものとなる。

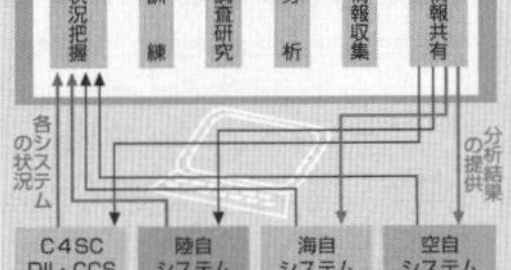

このほか、継続事業ではサイバー攻撃に係る情報収集、解析、対処演習機能を備えた「サイバー防護分析装置」を整備（3億円）。また、情報セキュリティー関連研究会などへの参加や部外委託教育を通じて、最新の攻撃手法や防御手法に基づく実践的、専門的な高度な技術を習得する。

06年3月の統幕創設から丸8年。9年目となる14年度予算は前年度当初予算比14・4%増の276億円を得て、約360人体制で新たな統合運用の時代に応えていく。

（日置文恵）

「日中間の協議必要」

ミリタリーバランス 緊張の高まりを憂慮

【ロンドン＝加藤雅之】英国の国際戦略研究所（IISS）は2月5日、世界各国・地域の軍事力を概観した年次報告書「ミリタリーバランス2014」を発表、記者会見で最新動向を踏まえた情勢分析を行った。この中で、尖閣諸島をめぐり中国が防空識別圏を設定するなど、日中間で緊張が高まっている状況を憂慮。「戦略的危機に至るのを防ぐために、両軍の間の協議のしくみが必要になるだろう」と提言している。

（3面に要旨）

世界全体の軍事費をみると、成長鈍化による税収不足、アフガニスタンからの撤退などで米国をはじめとする西側諸国で減少する一方、ナショナリズムの台頭が著しいアジア諸国では大幅に増加した。2013年のアジア諸国の実質軍事費の伸び率4・7%のうち、空母、ステルス機など、最新鋭の軍備の導入を進める中国の寄与度はほぼ半分に当たる46%に達している。

日本については安倍政権の誕生後、中国や北朝鮮に対する対応が「より強固なものになっている」と指摘。一方、安倍首相の靖国神社参拝に対しては、IISSのルミエル上席研究員（海上安全保障担当）が記者会見で「中国の防空識別圏設定で得た国際的な同情を失い、地域でのソフトパワーを損なった」と述べた。

また報告書は、北朝鮮が3回の核実験で「核開発計画に対して自信を深めた」との認識を示した。ただ、兵器としての実用性については疑問を呈しており「老朽化した航空機では核兵器で韓国や日本を攻撃することはできない」とみている。

「しらせ」が一時座礁

乗員無事、燃料流出なし

文部科学省の第55次南極地域観測を支援中の海自砕氷艦「しらせ」（1万2650トン、艦長・日高孝次1佐以下約180人）が2月16日午後1時40分（日本時間）ごろ、南極の露マラジョージナヤ基地沖700メートル付近で暗礁に接触し、座礁した。同艦は満潮時に合わせて離礁を試み、18日午後1時19分（同）、離礁に成功した。

防衛省などによると、浸水が確認されたものの、2重船底の内壁に損傷はなく、観測隊や乗組員は無事で、燃料流出もないという。

「しらせ」は昭和基地への物資輸送などを終えて帰国の途に就いており、途中、観測計画に基づき、今期は無人となっている露基地周辺の調査に向かっていた。

春夏秋冬

不撓不屈の91年

笹川 陽平

「最後の帰還兵」小野田寛郎氏が1月、91歳で逝去された。1991年、福島県・塙町に開設された「小野田自然塾」を長年、支援させていただいた関係で何度かお会いした。

新聞、テレビ、雑誌に膨大な“小野田論”が掲載されており、改めて論ずる立場にもないが、74年、フィリピン・ルバング島から29年振りに帰還された際、テレビ中継された両親との対面シーンは今も鮮明に記憶している。

母親のタマエさんは深々と頭を下げる息子に「母が言った言葉を最後まで守ってくれ、ありがとうございました」と言葉を掛け、一呼吸おいて「えらかったのう」と涙を流した。

その後、ご本人からうかがった話や手記などによると、陸軍中野学校を卒業して44年、フィリピンに派遣される際、タマエさんは「敵の捕虜となる恐れがある時は、これで立派な最期を遂げてください」と短刀を贈った。小学校1年の時、ささいなトラブルから友達の手にナイフでケガをさせた際には「人に危害を加えるような子は生かしてはおけません」と切腹を迫ったという。

両親を敬愛する氏にとって、80年、川崎市で起きた「金属バット事件」は信じ難い事件だった。浪人生が両親を金属バットで殺害し、移住先のブラジルでも邦字紙に大きく報道された。

事件を機に、自然との触れ合いを通じた青少年の健全育成を思い立ち、4年後、富士山麓に子どもたちのキャンプ場、さらに小野田自然塾の開設にこぎつけ、2万組を超す親子を指導してきた。

塾の精神は「不撓不屈」。「親は心を鬼にして子どもを叱らなければならない時がある」「親が変われば子も変わる」と説き続けた。

昨年1月、人生の同志でもある町枝夫人とともに訪ねて来られ「私どもの仕事も体力的に終わりに近づきました」と長年の協力に礼を述べられた。背筋をピンと伸ばした姿は90歳とは思えず、一層の活躍をお願いしたと記憶する。

戦後日本は新憲法の下、しつけから教育まで全てが変わり、親の存在感も希薄となった。しかし子どもは、尊敬し時には怖い親の存在があってこそ健全に育つ。

われわれの社会は、小野田さんがルバング島のジャングルで闘い続けた29年間に、大切な何かを失った気がする。（ささかわ・ようへい＝日本財団会長）

防衛省発令

▽解派遣海賊対処行動航空隊司令兼補（5空隊副長兼派遣海賊対処行動航空隊司令）1海佐 伊藤 進吾

▽兼派遣海賊対処行動航空隊司令（2空隊副長）同 浅沼 弘臣

（以上2月10日）

朝雲寸言

家の周りに降り積もった雪を眺めていて、雪には「そそぐ」という読みがあることを思い出した。恥や汚名を雪ぐ、というように▼ロシアのソチで開かれている冬季オリンピック。熱戦が続く競技の中でも、個人でのメダル獲得という悲願を、「7度目の正直」で果たした葛西紀明選手のラージヒル・ジャンプには、目頭が熱くなってしまった▼初の五輪は19歳の時のアルベールビル大会。しかし、結果は振るわず、雪辱を期して、ジャンプ台を後にしたに違いない。だが、その後のリレハンメル、長野、ソルトレーク、トリノ、バンクーバーでも悔しさを晴らすことはかなわなかった▼日本選手団の主将として臨んだソチ五輪。モーグルや女子のジャンプ競技の会場には、日本選手を激励して回る葛西選手の笑顔があった。迎えた本番。飛型の美しさは世界一と評されるジャンプは、見事な放物線を描いた▼結果は、41歳と254日での銀メダル。五輪のジャンプ競技にとって、最年長メダル獲得記録を大幅に塗り替える歴史的な快挙となった。心境を問われ、「諦めずに飛び続けて良かった」の言葉に、22年間の思いが凝縮されていた▼もちろん努力は報われるとは限らない。五輪だけでなく、勝負事には必ず敗者がいる。負けた悔しさを心に刻みつけなければ、敗者という汚名を雪ぐことはできない。雪のように、悔しさも溶けてしまうからだ。心を強く持つ大切さを教えられた。

時の焦点

国内　小泉元首相

敗北しても「落胆ゼロ」

「即原発ゼロ」を掲げた小泉純一郎元首相の挑戦がひとまず終わった。

東京都知事選で、小泉氏が推した細川護熙・元首相は敗れた。当選した舛添要一・元厚生労働相が獲得した得票の半分にも満たなかった。宇都宮健児・前日本弁護士連合会長にも遅れを取り、3位だった。

都知事選敗戦を受けた記者会見で、細川氏は、小泉氏から届いた自筆のファクスを読み上げた。

「残念な結果ですが細川さんの奮闘に敬意を表します。これからも『原発ゼロ』の国造り目指して微力ですが努力を続けてまいります」

投開票日にコメントを出して大勢のマスコミに伝わるようにしたのは、敗戦の責任を細川氏一人に負わせることはしない、という小泉氏なりの男気だったのか。

選挙戦での注目度は高く、細川、小泉コンビの街頭演説は大にぎわいだった。

小泉人気が、細川氏の得票には結びつかなかったと言える。

首相時代の小泉氏は衆院選で、「郵政民営化是か非か」と訴えて、自民党を大勝に導いたことがあるが、その再来はならなかった。

都民の関心は、医療や福祉、景気、雇用などにあり、そもそも原発1点で勝負するのは戦略上も無理があった。

自民、公明両党の支援を受けた舛添氏の組織力も勝った。

自民党筋は「細川陣営は仕切る人物がおらず、メディア対応を含め戦略に欠けた。小泉人気を生かせなかった」と指摘する。

小泉劇場はこれで幕を閉じたのか、まだ続きがあるのか。自民党内の見方は分かれている。「小泉氏の動員力は、引き続きあなどれない」との声もある。

本人はなお意気盛んなようだ。

2月9日に小泉氏と食事をした息子の小泉進次郎復興政務官は、父親の様子をこう話している。

「いやー、元気でしたね。『これからも原発ゼロでがんばる』と言っていましたから。まったく落胆ゼロでしたね」

細川・小泉組の参戦は、原発再稼働を目指す安倍首相に対する挑戦でもあった。

首相は、これを退けたことになる。

気になるのは、首相の高飛車な物言いが増えたことだ。知事選を乗り切り、高揚しているのか、気が緩んだのか。

都知事選翌日の10日の衆院予算委員会。民主党の海江田代表は、集団的自衛権の憲法解釈変更に関して「首相が言っていることは荒っぽい」と指摘した。

これに対し、首相は「外交では様々なことが起きる。それくらいのことを考えられなければ、指導者として資格がない」と言い放った。公党の代表に対する礼儀をいささか欠いていた。

その後も攻撃型の国会答弁が続いている。

首相がペースを乱したのも、小泉マジックの影響と言えるのだろうか。

風間　二郎（政治評論家）

海外　タイ政治混乱

議会軽んずる民主主義

我が国とも関係の深い東南アジアの有力国タイの政治混乱が一向に収拾する気配を見せない。2006年のクーデターで政権を追われたタクシン元首相の政治支配が依然続いているとして、実妹のインラック首相の退陣を要求するステープ元副首相らの反政府勢力と、2月初めの総選挙実施によって政権維持を図るタクシン派勢力による危険な綱引きに国内外から懸念の声が上がっている。

政治危機が起きるたびに国民の尊敬を集めるプミポン国王の鶴の一声、あるいは隠然たる力を持つ軍の政治介入、つまりクーデターで危機を乗り切ってきたタイだが、今回の混乱では両者とも静観姿勢を堅持している。

背景には、火中の栗を拾うのは得策ではないといった判断や計算があるのに加え、世上いわれる「タイ式民主主義」をそろそろ卒業し、政治家や議会が話し合いを通じて民主主義のルールを確立し、国家の安定と繁栄を図ってほしいとのかすかな期待があるためではないか。

タイではこの10年近く、数の力をバックにしたタクシン首相の強権政治、これに反発した軍のクーデター、反政府デモ隊による国際空港占拠、首都バンコクでの流血の騒乱、そして今回のタクシン氏帰国に道を開く政府提案の恩赦法の撤回要求に端を発した大規模デモと、政治混乱の連鎖が断ち切れない。

日本人にはなかなか理解できないが、政治に決着をつけるのは国民を代表する議会での言論、投票ではなく、支持者を大量動員したデモや軍の力に頼ろうとする傾向がこの国の政治風土としてあるためだ。

「微笑みの国」として知られるタイだが、タクシン派が地盤とする広大な農村部と、現在は最大野党・民主党の支持が多いバンコクなど大都市住民の貧富の格差や価値観の違いは大きく、極論すれば国家は分断状況にある。選挙をすれば、有権者が圧倒的に多い貧しい農村部の票を集めてタクシン派が勝利する構図はここ十数年変わらない。

民主党政権時代は治安を担当していたステープ元副首相が反政府デモを執拗に組織し、総選挙ボイコットを呼び掛けたのは、タクシン派による農民優遇策や票の買収工作など政治改革に大ナタを振るわなければ、いつまでも同派の天下が続くことに危機感を強めているためだ。

議会制民主主義が機能しないタイ情勢をみていると、一昨年のエジプト国会選挙後に誕生したイスラム組織出身のモルシ大統領が昨年7月の軍のクーデターで失脚した政変劇と二重写しとなる。

エジプトの場合は、識字能力も持たない貧困層の有権者が誕生させたイスラム政権は国益に反するとして軍が決起したが、議会制民主主義を否定する点では両国は共通する。流血も辞さない街頭民主主義や、いとも簡単な民意の否定には国民統合の危うさを感じざるを得ない。

原発稼働や特定秘密保護法などをめぐって国論が二分する我が国にとっても対岸の火事とは言えない。

伊藤　努（外交評論家）

オスプレイ訓練

沖縄半減は可能

在日米軍司令官が会見

防空識別圏　運用に変更なし

サルバトーレ・アンジェレラ在日米軍司令官は2月10日、雪のため日本記者クラブ（東京・内幸町）と電話回線をつないで記者会見し、米軍普天間飛行場に配備されているオスプレイの訓練移転について「50%削減に向け、問題はそれほどない」と述べ、沖縄以外への訓練移転は順調に進むとの見通しを示した。

アンジェレラ司令官は、フィリピンでの災害支援や日米共同演習「ドーン・ブリッツ」にオスプレイが参加した例を示し「こうした取り組みを続けることで、50%の訓練を移転させることに困難はない」との見解を示した。

また、沖縄県の仲井真知事が米軍普天間飛行場の5年以内の運用停止を求めながら、日米両政府は移設完了まで9年半を想定していることについて「年数の違いはあるが、負担軽減という共通目標に向かってゴールを目指すことはできる。新たな施設が早く完成するよう協力したい」と述べ、米側も調整に努める姿勢を示した。

一方、新たな防空識別圏を設定した中国に関しては「現状を覆す挑発的で一方的な試みだ。太平洋軍と在日米軍は、これに関して自衛隊とのいかなる運用も変更していない」と述べた。

さらに東シナ海での日中の衝突の可能性について、「国際法を守れば海の上で安全が脅かされることは起こり得ない」とする一方、「そういったことが起こる可能性も含めてロックリア太平洋軍司令官とは話し合いをしている」と述べた。

2月下旬の米韓合同軍事演習の中止を訴える北朝鮮に関しては「北朝鮮が極めて危険だという状況に変わりはない。在日米軍と在韓米軍および自衛隊とは極めて緊密に連携を取っている」との現状を示した。

協定書を交わす上田新十津川町長（左）と首藤連隊長（2月6日、北海道の新十津川町役場で）

留守家族支援協定結ぶ

災害時　10普連と新十津川町

【10普連＝滝川】連隊は2月6日、警備隊区の新十津川町と、「大規模災害時の連携に関する協定」および「大規模災害時における派遣隊員の留守家族支援に関する協定」を締結し、派遣される隊員が任務にいっそう専念できる環境整備を進めた。

協定により、大規模災害発生時に連隊と町が情報を共有、密接に連携を図り、迅速でスムーズな災派活動を実施できるほか、町は隊員の留守家族に対する支援を行う。

具体的には、健康相談や、臨時託児施設、保育施設、介護サービスに関する相談などを町が行い、側面的な支援を実施する。

締結式は同町役場で行われ、連隊長の首藤光太郎1佐と上田満町長が協定書を交わした。

上田町長が「災害時は隊員家族の支援をしっかりと行っていきます」と述べると、首藤連隊長は「協定を結ぶことで隊員の活動が円滑になると思う。町内には多くの隊員が住んでいますので、支援をお願いします」と応じ、固い握手を交わした。

新田原

UH60J救難ヘリ52号機

23年間の活躍に幕

約23年間の飛行を終えたUH60J52号機と関係者（1月23日、新田原基地で）

【新田原救難隊】空自で初めて導入したUH60J救難ヘリコプター52号機の用途廃止式が1月23日、宮崎県の新田原基地で行われ、23年間の同機の活躍をたたえた。

当日は、役割を全うした52号機を祝福するかのように雲一つない青空となり、式典には5空団飛行群司令の西野一行1佐をはじめ基地所在部隊、OB会（てげてげ会）、協力会（助くっ会）などから多数の来賓が出席した。

新田原救難隊長の横山省隆2佐による式辞の後、西野飛行群司令が登壇し「災害派遣で指揮所勤務の際、海保庁（のヘリ）が不可能だった任務を、UH60Jで救難隊が完遂した。機体の能力があってこその成功だ」と述べた。式典終了後、出席者全員で52号機の最後の飛行となる愛知県の小牧基地への空輸任務を見送った。

同機は当初米国で試験飛行し、分解後、日本で組み立てられ、平成3年3月に納入された。同年9月に航空救難団へ配属。救難教育隊で運用試験などを行い、4年7月に千歳救難隊に配備された。各救難隊で数々の災害派遣に出動し、その後は救助ヘリのパイロット養成に使用された。

共済組合だより

ホテルグランドヒル市ヶ谷

「開業50周年記念限定プラン」

デラックス、スーペリアツイン 50%オフで提供

ホテルグランドヒル市ヶ谷（東京都新宿区）は組合員の皆様に支えられ、今年の3月で「開業50周年」という大きな節目を迎えます。

皆様に「50年間の感謝の気持ち」を込め、当館では3月中、全館で2室だけしかない「デラックスツインルーム」と「スーペリアツインルーム」（ともに広さ約50平方メートル）を「開業50周年記念限定プラン」として50%オフの特別価格でご提供いたします。この機会に是非ご利用ください。

同プランの料金は、組合員が通常2万3500円のところ1万1750円、一般は通常3万円のところ1万5000円（ともに朝食付）です。

この他、ツイン、ダブルルーム対象の「開業50周年記念限定プラン」もご用意しております。料金は組合員2名1万4450円[illegible]のところ1万500[illegible]は2名2万1100[illegible]付）のところ[illegible]00円です（[illegible]ンは全て2名[illegible]とさせていただきます）。

これら50周年[illegible]の期間は、3月1日[illegible]インから同31日チェ[illegible]までとなっております[illegible]どうぞお早めにお申[illegible]ださい。ご予約・お[illegible]せは電話03-32[illegible]117へ。

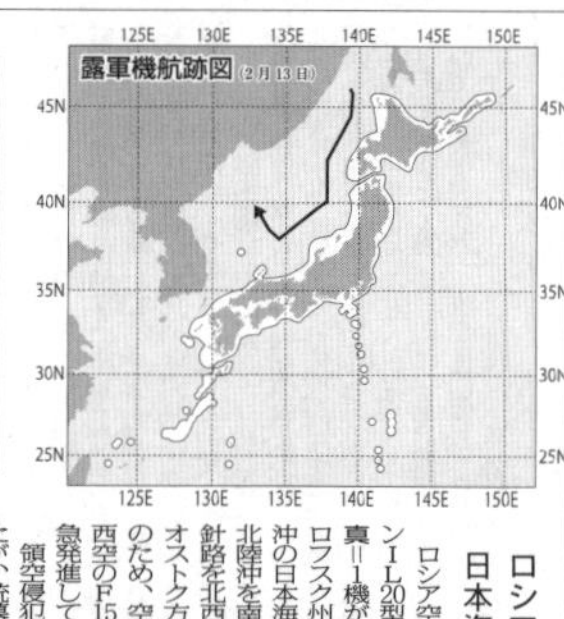

ロシア偵察機　日本海を南下

ロシア空軍のイリューシンIL20型電子偵察機＝写真＝1機が2月13日、ハバロフスク州方面から北海道沖の日本海に飛来。秋田沖、北陸沖を南下して舞鶴沖で針路を北西に変えてウラジオストク方面に戻った。このため、空自の北空、中空、西空のF15戦闘機などが緊急発進して対応した。

領空侵犯には至らなかったが、統幕は同日、空自機が撮影した偵察機の写真と航跡図を公開した。

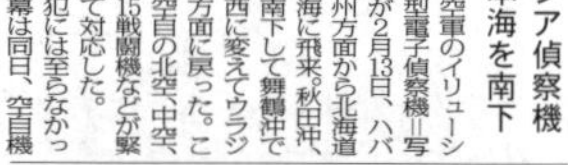

法務ネットワークの構築

「統合の時代」に対応

2006年3月の統幕の新設から間もなく丸8年。3自衛隊による統合運用が進み、米・豪軍と合同の実任務や共同訓練の増加、地位協定のない国への国際緊急援助隊等の派遣に伴う受け入れ国との調整など、法務職域も単一軍種だけでは対応困難な「統合の時代」となったことが今回の会議立ち上げの背景にある。

3自衛隊の若手法務幹部は陸自小平学校の幹部法務課程で共に学ぶ機会があるが、その後は交流が希薄となることも、連携を困難にしてきた要因だ。協力の拡大に伴い、法的分野での調整や連携が増えていくとみられる。一方、容易に国境を越えるサイバー攻撃は攻撃源の特定が困難な上、攻撃された場合の対抗手段に関する国際ルールも定まっていないのが実情だ。

海外では国の中枢システムへのサイバー攻撃を安全保障上の脅威とみなして軍隊が対処するが、現在の日本の法律では民間企業が攻撃を受けても自衛隊は出動できない。各省庁の役割分担もあいまいで、法務職域による関係法令の調査研究とともに、早急な法的整備が求められている。

（1面参照）

14カ国参加し　海大セミナー

海幹校

14カ国の海軍大学関係者らが「アジア太平洋地域における海洋安全保障の『将来』」をテーマに意見交換する「第17回アジア太平洋諸国海軍大学セミナー」（海自幹部学校主催）が2月16日から22日まで、東京・目黒基地の同校で開催されている。

同セミナーには米、韓、露、豪、仏、越などの海軍大学教官（大佐級）、英国王立防衛安全保障研究所（RUSI）の研究者をはじめ、国内からは海保庁、海洋政策研究財団（OPRF）、国際協力機構（JICA）職員が参加。

開会に当たり、副校長の北川文之将補は「互いの相違を前提として今後の地域の安全・平和に関わるさまざまな在り方を考察し、共通の理解に帰結することを望む」と述べた。

18、19日は研究会が行われ「気候変動がもたらす影響と海軍の役割」「大規模災害における多国間協力」「沿岸国の管轄権と航行の自由」「海洋における不測事態や偶発的事案の回避」の4テーマで各国の代表が発表、自由討論を通じ相互理解を深めた。

人事異動

2、3海佐

▽幹候校教官（幹候校）3佐 大石将也▽同（同）緒方亮▽同（同）赤松真次▽2術校教官（2術校）増本健明▽4術校教官（4術校）高田大輔▽幹候校教官（幹候校）松田忠

（以上1月1日）

▽補本航空機整備課長（補本）2佐 円山敏範▽誘武訓研究室長（誘武訓）松山秀夫▽佐警副長（同）諸角孝義▽2補給隊長（空補処）3佐 遠藤守▽空補処保管課長（202整補）伊藤貴之▽4空群幕僚（補本）岡本正太▽202補給隊長（艦補処）池田弘美▽舞監契約課長（4空群）白井登紀子▽艦補処保管課長（横造補所）長倉容子▽潜教訓教務科長（潜教訓）小林[illegible]彦

（以上1月10日）

▽むらさめ砲雷長（むらさめ）3佐 小林征太郎▽21[illegible]群幕僚（21空群）山口幸[illegible]

（以上1月14日）

▽空団幕僚（空団）2佐 清野賢一

（1月15日）

▽さわぎり艦長（おおす[illegible]2佐 白方将司▽開発群幕[illegible]（21空）3佐 小川哲幸

（以上1月17日）

▽3術校整備課長（3術校）2佐 上田秀和▽4術校総[illegible]課長（4術校）3佐 井上[illegible]一▽呉造補所資材1科長（[illegible]長野孝司

（以上1月20日）

▽幹候校教官（練艦隊）[illegible]佐 大久保豪▽練艦隊幕[illegible]（かしま）小助川桂悦▽い[illegible]づま機関長（せとぎり）佐[illegible]木拓哉▽かしま機関長（い[illegible]づま）津森聡

（以上1月31日）

南海トラフ地震想定し日米共同統合防災訓練

患者の搬送入など演練

荒天で訓練の一部中止も

高　知

マグニチュード9・1の南海トラフ巨大地震を想定した平成25年度「日米共同統合防災訓練」が2月7日、高知県とその周辺海空域で行われ、報道陣に公開された。荒天のため、米軍の垂直離着陸輸送機MV22オスプレイとCH53輸送ヘリが不参加となったほか、海自のUS2救難飛行艇による医療品輸送や、陸自のCH47J大型輸送ヘリによる物資輸送などの一部訓練が中止となった。訓練には岩崎統幕長を統裁官に3自衛隊を主体に約450人が参加した。

◀巨大地震と津波で海に流された遭難者を海上で発見、ホイスト救助する空自のUH60J救難ヘリ（2月7日、高知県沖で）

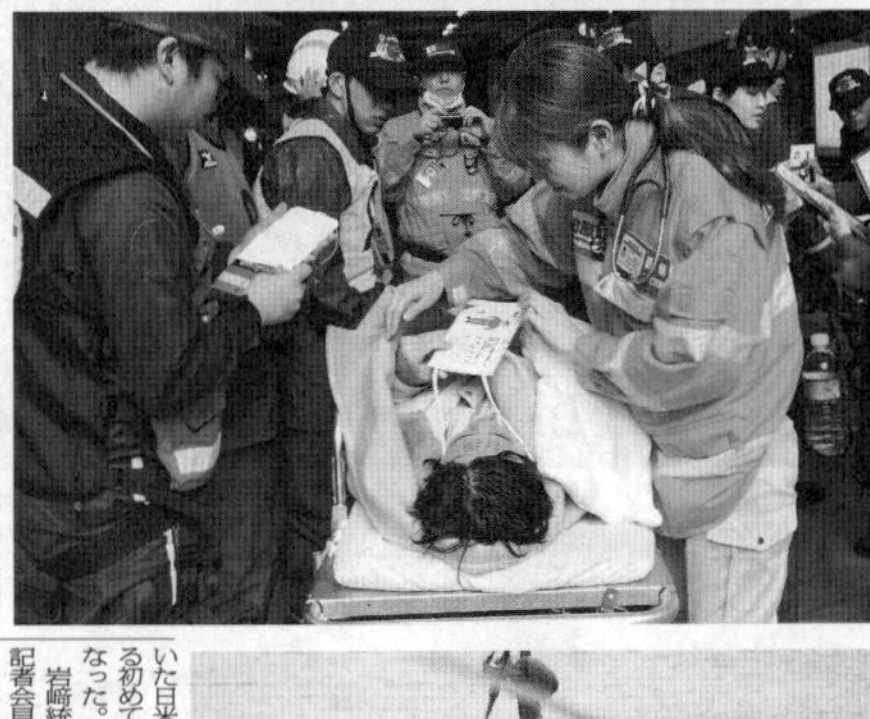

㊧患者の応急処置に当たる高知DMAT隊員。㊦「ひゅうが」の乗員によって艦内に収容された負傷者をトリアージするDMATの医師。（写真はいずれも2月7日、護衛艦「ひゅうが」艦内で）

高知県沖には海自護衛艦「ひゅうが」が臨時医療施設を備えた洋上救難拠点として停泊。甲板には、洋上で遭難者のホイスト救助に当たった空自のUH60J救難ヘリや海自のSH60J哨戒ヘリが着艦し、患者が次々と艦内に運び込まれた。

また、陸自のCH47J大型ヘリやUH1多用途ヘリなども高知駐屯地や北徳島駐屯地などから頻繁に飛来し、患者をはじめ、高知災害派遣医療チームDMAT隊員、自衛隊の衛生隊員、高知県庁職員、支援物資などの輸送に当たった。高知県の消防防災ヘリ「りょうま」も高知空港から飛来し、想定負傷者の搬送入訓練が行われた。

一方、「ひゅうが」の格納庫に開設された臨時救護所では、DMAT隊員が患者のトリアージ（重症度の判定）を行い、一刻を争う中で応急処置を実施。緊急手術が必要と判断された重症患者は直ちに自衛隊機で遠隔地の想定病院に向け搬送された。

訓練では洋上の「ひゅうが」のほか、主な陸上拠点として、陸自高知駐屯地（香南市）、空自土佐清水分屯基地（土佐清水市）などが使用され、各拠点間でも自衛隊機による患者搬送、隊員空輸、県庁職員等の輸送、緊急物資空輸が行われた。

今回の訓練は昨年10月に予定されていたが、天候不良のため延期されていたもので、その後、12月25日に策定された「自衛隊南海トラフ地震対処計画」に基づいた日米共同で、統合による初めての実動防災訓練となった。

遭難者をホイストで救助後、洋上医療拠点の「ひゅうが」に着艦する空自のUH60J救難ヘリ（2月7日）

岩崎統幕長は2月13日の記者会見でMV22オスプレイの不参加について「航空機は気象に影響を受ける。飛行場や経路の制限、沖縄（普天間飛行場）から雲の中を長く飛ぶ可能性などを考慮し、米軍の指揮官が総合的に判断した」と説明した。

その上で統幕長は「我々（自衛隊）はいろいろなアセット（財産）を持って救援体制を構築していかなくてはならない。自治体はもちろん、米軍を入れた訓練を今後も行っていきたい」と述べ、自治体を交えた日米共同統合による防災訓練の必要性を改めて強調した。

洋上救難を終えた空自UH60J救難ヘリから担架で救出者を運び出す海自隊員（2月7日、「ひゅうが」艦上で）

「ひゅうが」艦内に設けられた「広域搬送拠点臨時医療施設（SCU）本部」で全般の状況を確認するDMAT隊員ら（2月7日）

西風東風

燃料システムへのサイバー対応を

――米大が調査報告

産業界や政府機関などで、コンピューター・ネットワークに対するサイバー攻撃への対処の重要性が叫ばれる中、軍の燃料供給システムもサイバー攻撃への備えを強化すべきだとする調査がこのほど公表された。調査は、陸軍の依頼を受けた米ライス大学研究者らによってまとめられた。

調査は燃料や電力などの調達、兵站を管轄する米国防兵站局（DLA）の燃料調達システムが、マイクロソフト（MS）社の市販のソフトウエア「ウィンドウズ」ベースのクライアントサーバー方式や、インターネットのブラウザーを通じてデータのやりとりをする方式を使っている点を指摘。燃料管理に市販の技術を使用していることを問題視している。こうしたシステムは、ウィンドウズ搭載パソコンであれば利用することができ、ハッカーに攻撃される危険が高いという。

また、米国では2003年、北東部地域で起きた大停電により5000万人が悪影響を受けたが、停電の大本の原因はオハイオ州の電力会社でソフトに欠陥（バグ）があったため、警告が発せられなかったためと判明した。

国防総省はエネルギーインフラの85%、電力の99%を民間に依存しており、サイバー攻撃によって民間の送電網などが機能不全に陥れば連鎖により壊滅的な影響を受ける。

ただライス大学の調査は、軍が非公開の独自ネットワークを構築することに対しては、莫大なコストがかかるとして否定的。このため、国土安全保障省が民間のエネルギー供給企業と共同で「サイバー緊急時対応チーム」を設置して監視を強めている例に習い、サイバー攻撃を早期に探知する第三者機関を設置し、さらに攻撃探知能力やリスク管理能力を高めることが重要だと強調。

このほか燃料需要の急激な高まりや産油地域での紛争、燃料施設へのテロ攻撃などに関する信頼できる情報の収集力アップも求められるとしている。（ロサンゼルス＝植木秀一）

日本核武装ありうる

――香港有力誌が特集

香港の有力誌・亜洲週刊の最新号は、日清戦争開戦120周年の今年、日中両国の一触即発の緊張がますます高まっており、日本が核武装に踏み切る可能性があるとする特集記事を掲載した。中国国営通信社系の中国新聞網など中国メディアも要約を掲載した。

同誌は、国連総会の「核不使用」を訴える共同声明に日本が長らく賛同を避けていたことや、日本維新の会共同代表の石原慎太郎氏が、核兵器のシミュレーションが抑止力になると発言したことなどを理由に、日本が核武装に前向きだと指摘した。

日本の核武装の技術的可能性について「日本は完璧な原子力国だ」として肯定。原子力産業御三家の三菱重工業、日立製作所、東芝が原子炉の設計、核燃料、バックエンドまですべての技術を掌握し、3社を頂点に関連約200社からなる一大産業チェーンを形成していると説明し、日本の原子力大国ぶりを強調した。

同誌によれば、核兵器製造に必要な核物質も十分。先に試験運転を始めた青森県六ケ所村の再処理工場に蓄積できる使用済み核燃料は3000トン。毎年9トンの兵器級プルトニウムが生産できるため、少なくとも2000個以上の核爆弾が造れるという。

元台湾海軍中将の蘭寧利氏は、同誌に対し「日本はハイテク国家で、大量の核物質を持っており、決心さえすれば核兵器を持てる」と述べた。ただ、実際は国際関係からみて困難だとして「米国は第一の関門で、政府から市民まで核拡散に反対だ。日本が核武装に向かえば、米国だけでなく韓国、ロシアも反発する」と語った。

蘭氏によると、米国の日本に対する態度は、寛容と懸念の二面性がある。米国は日本に原子力潜水艦の保有を希望する一方、両国が永遠に同じ陣営にいるとも思っておらず、有事の際の日本の先制攻撃力を恐れている。日米は同盟国だが、猜疑心も抱いている関係だという。

（香港＝中岡秀雄）

◎ミリタリーバランス2014と記者会見の要旨（1面参照）

一、中国の東シナ海での防空識別圏の設定など、先鋭化するナショナリズムに起因する領土、領海紛争による緊張が、アジアでは引き続き高まっている。特に中国と日本では戦略的危機に至るのを防ぐため両国軍の間での協議のしくみが必要になるだろう。

一、軍事費については米国をはじめとする西側諸国の削減が続く一方、最新兵器の導入が進むアジアでは大きく増加。為替、インフレの影響を除いた2013年のアジアの実質軍事費は前年比4・7%増えた。寄与度は中国が46・0%で、インド（14・1%）、インドネシア（10・8%）の順。日本は5・7%。

一、安倍政権の誕生後、中国との尖閣諸島をめぐる係争、北朝鮮の核実験などへの日本の対応がより強固なものとなっている。台頭する中国への懸念に加え、政権の集団自衛権の制限見直しの意向が、日本の防衛方針の変化の要因。

一、北朝鮮は3回の核実験で、核開発計画に対しての自信を深めた。ただ、いまだ核搭載ミサイルに必要なすべての能力を実証しておらず、老朽化した飛行機では核兵器で韓国や日本を攻撃することもできない。

一、13年、中東、北アフリカの状況は悪化した。イラクではアルカイダ系の勢力が蜂起、シリアの内戦は激しさを増している。外部からの介入を招いたマリ、中央アフリカ共和国などでは、柔軟な対応の必要性が改めて認識させられた。

一、飛行機を中心とする無人兵器については、生死に関わる事がらの決定を機械に依存する形で行うことに、合法性にあいまいさが残るだけでなく、一般市民もこれを望んでいないという問題点が指摘されている。

一、サイバー戦では米国、英国、中国、ロシアが最先端の存在。これらの国の国際的な影響力や、軍事力に関する伝統的な考え方を反映している。一方、開発途上国はサイバー戦に関してはほとんど能力がない。

（ロンドン＝加藤雅之）

記事賞（6部隊・2機関）

部隊名は投稿窓口

【最優秀】「海自と海保がエール交換」（7月25日9面）統幕

【優秀】6件＝掲載順

▽「トモダチ通りに改称」（1月24日7面）仙台▽「息子4人が退官祝う」（4月11日9面）陸那覇▽「一家5人空自」（6月20日7面）百里▽「隊員の子供一時預かり」（8月8日6面）宇治▽「初の市中パレード」（10月10日9面）福井地本、鯖江▽「ラリー達成者38人に」（10月17日6面）新潟地本

写真賞（5部隊・2機関）

【最優秀】「慎重に不発弾の信管を取り出す高野信博3曹」（10月10日9面）目達原

【優秀】6件＝掲載順

▽「フレアーを射出するXC2」（2月14日3面）技本▽「『アキオ』競技でラストスパートをかける隊員ら」（3月14日7面）青森▽「ブルー日和」（3月21日7面）築城▽「サザン・ジャッカルー」（6月6日4面）陸幕▽「新潟県出身の女性新隊員ら」（7月4日8面）新潟地本▽「南スーダンにKIZUNAブリッジ」（8月8日1面）統幕▽「伊豆大島で行方不明者の捜索に当たる34普連の隊員」（10月31日3面）統幕

個人投稿賞（7人）

階級・所属は掲載時

【最優秀】「山口常光先生の思い出」（3月28日8面）福田敏さん＝長崎県・壱岐郷土史家

【優秀】6件＝掲載順

▽「子供たちの未来のために」（1月31日10面）倉田順2陸曹＝10普連3中・滝川▽「言葉の壁越え、整備教育」（3月7日8面）井坪裕貴3陸曹＝104施直支大2直支・三軒屋▽「隊員を兵士に育てるために」（5月16日10面）為季誠准陸尉＝13旅団最先任上級曹長・海田市▽「南スーダンPKOで広報」（5月23日8面）坂口良男1陸尉＝東北方輸送隊・霞目▽「戦没者の遺志、引き継ぎたい」（6月27日12面）内野誠1海佐＝鹿児島地本長▽「トモダチ作戦の原点」（7月11日10面）菊池繁道さん＝海自OB（元2海佐）・千葉県印西市

掲載賞（14部隊・3機関）

【最優秀】築城基地（空自）

【優秀】◇陸上（駐屯地・分屯地単位）＝神町、仙台、秋田、滝ヶ原、多賀城、福知山、青森、高田

◇海自（地方隊単位）＝横須賀、舞鶴、大湊

◇空自（基地・分屯基地単位）＝那覇、浜松

◇地本＝新潟、鳥取、兵庫

「朝雲賞」25部隊・7機関、7個人に

昨年1年間の『朝雲』に掲載された投稿記事や写真を表彰する「朝雲賞」が2月6日の選考会議で決まった＝2月13日付既報。平成25年は送稿数による「送稿賞」に代わり、掲載基準による「掲載賞」を新設、空自築城基地が最優秀賞に輝いた。各部門の最優秀賞を受賞した記事や写真の担当者、作者に話を聞いた。

25年は「掲載賞」を新設

朝雲新聞社は毎年、全国の自衛隊各部隊・機関などから寄せられた優れた投稿を表彰する「朝雲賞」を実施している。

平成25年は送稿数による「送稿賞」に代わり、紙面掲載回数を基準に評価する「掲載賞」を新設。これに「記事賞」「写真賞」「個人投稿賞」を加えた4部門で、陸海空各部隊の隊員65人に委託した「朝雲モニター」の意見などを参考に朝雲新聞社編集局が候補をまとめた。

選考は2月6日、編集連絡会議（内局広報・厚生両課長、広報課先任部員・報道室長、厚生課共済企画室長・先任部員、各幕広報室長・厚生班長、朝雲新聞社社長・編集局長ら14人で構成）で行われ、各部門（「掲載賞」を除く）の「最優秀賞」1件、「優秀賞」6件がそれぞれ決定した。

25年は南スーダンPKO活動やアデン湾での海賊対処、フィリピンへの災害救援といった自衛隊の海外派遣活動を伝える良質な投稿が目立った。また、普段の訓練の様子や家族支援、日米交流などにスポットを当てた力作も印象に残った。

【「朝雲」への投稿方法】

▽記事は書式、字数の制限なし。ワード等で「5W1H」を参考にできるだけ具体的に記入する。

▽写真は紙焼きかJPEG形式のファイルにして添える。

▽郵送（〒160－8801東京都新宿区市谷本村町5の1防衛省D棟市ヶ谷記者クラブ朝雲編集局）またはEメール（editorial@asagumo-news.com）で送付する。

慎重に不発弾の信管を取り出す104不発弾処理隊の高野信博3曹（9月19日、鹿児島県喜界町で）

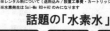

「海自と海保がエール交換」

最優秀記事賞　統幕報道官室

▽「船端（ふなばた）の　色は違（たが）へど　この海を　護る気概に　違（ちが）ひなし」（海自護衛艦「あけぼの」）

▽「押し寄する　白波の山　険しけど　守らん海は　祖国への道」（海保練習船「こじま」）

日本から遠く離れた灼熱のソマリア沖・アデン湾で洋上会合した海自艦と海保船が手旗信号で和歌を交換し、航海安全と任務完遂を祈念する様子を描いた記事が最優秀記事賞に選ばれた。

海自側の詠み手は、海賊対処行動水上部隊15次隊司令を務めた岩澤努1海佐（現・海幕指揮通信情報部）＝円内写真。「海上保安庁との交流の話題が最優秀の記事に選ばれ、とてもうれしい」と話す。

派遣当時、「あけぼの」に乗り組んでいた林亮治3等海上保安監による調整もあり、エール交換が実現した。

海自や海保は艦艇同士が洋上会合する際、古くからの伝統で和歌の交換が多く行われる。短い言葉の中に託した船乗りたちの思いは深く、熱い。

記事を担当した統幕副報道官の井上貴嗣2海佐＝写真右＝は、エール交換の第1報を受け、両艦に乗員のコメントと写真を依頼し、深みのある内容に仕上げた。

統幕報道官室には報道官の浅井玲空将補＝写真左＝以下9人が勤務。国際任務をはじめ、災害派遣、警戒監視や緊急発進任務まで、3自衛隊の実任務を担う統幕の報道窓口として24時間態勢で情報を発信。「朝雲」への投稿は任務の増大に伴って年々増加している。

井上2佐は「厳しい環境下で海上交通の安全を守る船乗りたちの気概を伝えることができてよかった」と話している。

最優秀写真賞　104不処隊・前田進曹長

最優秀写真賞に選ばれたのは、鹿児島県喜界町の住宅地で発見された不発弾から信管を抜き取る瞬間を捉えた緊張感あふれる1枚。104不発弾処理隊の前田進曹長（47）＝写真右＝が撮影した。受賞の報を聞き、「自衛隊の活躍を伝える数ある写真の中から選ばれ、大変光栄です」と受賞の喜びを表した。

被写体の高野信博3曹＝写真左＝は104不処隊に配属されてまだ1年半。「経験の浅い高野3曹に変な緊張感を与えないようこっそりとシャッターを切った」と撮影秘話を明かす。

不発弾の安全化作業は、万が一の事故の際に破片が飛散するのを防ぐために土のうをいくつも積み上げた中で行われる。当日は4人で実施。緊張感が狭い穴の中に満ちていた。

信管をほんのわずか回しては、その手応えで次の一手を見極める。抜き取っても、単に爆弾から信管が外れただけ。写真の高野3曹の厳しい目つきが現場の空気を物語っている。「現場は基本的に写真を撮れるような環境ではありませんので、安全化作業中の写真は珍しいのでは」と前田曹長。

機種は水や埃、衝撃に強いコンパクトデジタルカメラ「リコーG600」を使用。「部隊にカメラマンはいませんので、その時々に撮れる人間が対応します。受賞作はたまたま、私が担当し奇跡的にピントも合っていた一枚です」と照れる。

入隊のきっかけは自衛官だった父親の影響。「今後も事故なく安全に作業を続けていくと同時に、高野3曹など若い隊員たちの育成に力を注いでいきたい」と力強く語ってくれた。

最優秀掲載賞　築城基地

最優秀掲載賞を受賞した築城基地の広報関係者。前列右から森本3佐、吉田2佐、故長友2曹夫人・みどりさん、8空団副司令の太田徹1佐、古江2尉。後列右から原3曹、荒木准尉、石井曹長（2月18日、築城基地で）

「掲載賞」部門で最優秀賞に輝いた8空団（築城）監理部の広報担当者は、監理部長の吉田信也2佐、新聞編集室代理の森本滋3佐、広報班長の古江真夕2尉、班員の荒木健准尉、西村裕一曹長、石井一義曹長、原翔太3曹の7人。同基地の昨年の投稿は、各部隊からが約5割、編集室が直接取材したものが約5割と直接取材が比較的多かったことが特徴だ。

その取材を主に担っていたのが長友宗一郎2曹（故人）。基地新聞「ついき」（発行人・副司令）を毎月編集し、平成14年から継続して投稿窓口を担当。しかし、昨年12月に41歳で急逝した。

現在、基地新聞を編集する森本3佐は「受賞は長友2曹の継続した送稿の結晶です。遺志を受け継ぎ、朝雲新聞への送稿、基地新聞の充実化に努めたい」と語った。

広報班長の古江2尉は「受賞を待ち望んでいた長友2曹の真摯な取材姿勢は他の隊員の模範でした。彼の記事を皆様に紹介できたことを誇りに思います」と長友2曹を偲びながら、受賞した喜びをかみしめていた。

「山口常光先生の思い出」

最優秀個人投稿賞　福田　敏さん

（長崎県・壱岐郷土史家、元中学校校長）

自ら復元した「ココヤシ笛」を演奏する福田さん

平成24年9月18日、朝雲編集室に1通の手紙が届いた。

「壱岐が生んだ吹奏楽の父・山口常光さんについて朝雲紙上で読者の方々にお伝え願えれば」――。

この一文から始まる手紙には、最後の陸軍軍楽隊長を務めた山口隊長、そして郷土・長崎県壱岐市への熱い思いがつづられていた。

手紙の差し出し人は、壱岐防衛協会の理事を務める市岡賢さん（85）。この市岡さんを通じ、山口隊長にゆかりのある元中学校校長で郷土史家の福田敏さん（83）が朝雲に寄稿する運びとなった。

福田さんが執筆した「山口常光先生の思い出」は、3月28日付8面に掲載。山口先生との若き日の交流が描かれており、ドラマチックな筆致に引き込まれた読者も多いようだ。「なかなか語られることのない旧軍時代の偉人のエピソードを部外の方が紹介しているのが良かった」といった感想も多く寄せられた。

受賞した福田さんは作品を「市岡さんとの二人三脚で生まれた」と強調。「壱岐が生んだ偉人・山口先生を風化させてはならないという思いだけで執筆させていただきました。どうか先生の存在を頭の中にたたき込んでほしい」

現在も壱岐の歴史を伝えるため、市内で講演会を開いたり、壱岐市立一支国博物館のボランティアガイドを務めるなど精力的に活動中だ。「生前、お風呂で山口先生のような偉い方の背中をお流ししたことは、人生の誇りです」と、受賞の知らせに声を弾ませていた。

雪まつり〟熟練の技〟

北海道、東北各地で開催されている冬季イベントで今年も陸自部隊が〝温かい〟支援を行っている。北海道では2師団（旭川）が「旭川冬まつり」で〝世界最大級〟の雪像を制作。11旅団（真駒内）は「さっぽろ雪まつり」でソチ冬季五輪にちなんだ三つの雪像を造り、熟練の技術で観客を魅了した。「しんとつかわ雪まつり」を10普連（滝川）、「十和田湖冬物語」を陸自八戸駐屯地がそれぞれ手伝った。

ソチ冬季五輪を題材に制作を進める11旅団の第1雪像製作隊（2月2日、札幌市の大通公園で）

第55回旭川冬まつり

世界最大級雪像に感嘆　2師団

【2師団＝旭川】「来場者に夢と感動を！」――。2師団が雪像制作で協力した「第55回旭川冬まつり」が2月6日から11日まで、北海道旭川市の石狩川旭橋河川敷で開催された。期間中、約69万人が来場し、世界最大級の雪像に感嘆の声を上げた。

作業に先立ち、2師団では1月6日、編成式を実施。南浩2特連長の「イベントに訪れる人たちに夢と希望を与えられる雪像を完成させよ」の訓示を胸に、高山喜一郎2佐を核心に旭川冬まつり協力隊（2後支連、2高特大、2施大、2通大で編成）が氷点下20度近い厳しい寒さの中で作業を開始した。

今回、協力隊が制作したのは高さ約20メートル、幅約130メートル、奥行き約40メートルの大雪像。壁面には世界中で人気のロボットキャラクター「トランスフォーマー」の迫力ある姿を彫り込み、頂上から地上まで全長100メートルにわたる滑り台2本も設置した。

旭川冬まつりでは、市内を除雪して出てくる雪を利用している。隊員は運ばれてきた排雪の山を重機などで荒削りし、同時に雪像を形作るのに使う30センチ角のブロック状の雪約5万個（計7万立方メートル）を一つずつ手作業で切り出し、組み上げていった。

作業は連日、午前8時から午後4時まで行い、延べ2700人の隊員が川からの冷たい風に凍えながら、雪像の表面を手でなでるつや出し作業を進め、2月6日に完成させた。

夜間は、映像を雪像の形状に合わせて投影させる「プロジェクトマッピング」を使ってライトアップ。トランスフォーマーと打ち上げ花火のカラフルな演出に来場者の大きな歓声が会場に響いた。

ライトアップされた雪像と花火で盛り上がりを見せる旭川冬まつりメーン会場（2月6日、北海道旭川市の石狩川旭橋河川敷で）

7段の足場を組んで作業を進める2師団の協力隊（1月20日）

氷点下20度の厳しい環境の中、雪像を手やこてでなでて固める隊員たち（1月29日）

11旅団

躍動感と気品と　さっぽろ雪まつり 3隊が競作

【11旅団＝真駒内】11旅団は2月5日から11日まで札幌市で行われた日本最大の冬季イベント「さっぽろ雪まつり」に向けて雪像制作支援を行った。

昨年11月の協定調印式で、有吉登聖旅団長は「雪像の躍動感や気品を通じて見る人が感動できるものを造りたい」と抱負を述べ、その言葉を受けて12個部隊、延べ1万7600人が三つの制作部隊に分かれて作業を進めてきた。

第1雪像制作部隊（隊長・的場幸司郎3佐）は「ウインタースポーツ天国、北海道！」と題してソチ冬季五輪にちなんだスキージャンプやフィギュアスケート、アイスホッケーでの選手たちの躍動感あふれる姿を表現した雪像を造った。

第2雪像制作部隊（隊長・橋本光明3佐）はインドの霊廟「イティマッド・ウダウラ」、第3雪像制作部隊（隊長・瀧田雄司3佐）はマレーシアの旧連邦ビルをそれぞれ制作。建物の細かい所まで再現し、昭和30年から支援を続けて来た支援部隊の〝熟練〟の技を見せた。

イベント期間中は延べ240万2000人が来場し、三つの雪像に熱心に見入っていた。

オープニングセレモニーでインタビューに答える長谷川隊長（2月7日、青森県十和田市で）

十和田湖冬物語

「ねぶたと竿灯」題材に　幻想的に八戸駐

【陸八戸】駐屯地は2月7日から青森県十和田市で行われている「十和田湖冬物語2014」に雪像制作で支援している。イベントは3月2日まで。

雪像制作協力隊は5高特群の長谷川可偉2尉以下33人で編成され、今年は「ねぶたと竿灯」を題材に、高さ8メートル、幅23メートルの大雪像を造った。

寒空の下、隊員たちは雪に水をまいて凍らせながら作業を進めた。雪像には正面右側にねぶた、左側に竿灯を彫り、中に電飾を埋め込んだ。

7日に行われたオープニングセレモニーでは、長谷川隊長以下33人が紹介され、訪れた多くの来場者から盛大な拍手を送られた。

続いて、濱崎文明5高特群長と小山田久十和田市長らがカウントダウンに合わせて雪像の電飾を点灯。十和田湖に幻想的な光を浮かび上がらせた。

第23回しんとつかわ雪まつり

大人気ジャンボ滑り台　10普連

【10普連＝滝川】連隊は1月26日に行われた「第23回しんとつかわ雪まつり」に向けてジャンボ滑り台制作の支援を行った。

連隊では昨年12月初旬から連日約30人の隊員で作業に当たり、メーンステージと、高さ9メートル、長さ約30メートルのジャンボ滑り台を制作。来場する子供たちの期待に応えられるよう、昼夜を問わず作業を続けた。

イベント当日は約4500人が来場した。連隊では滑り台の点検のほか、温かい甘酒の配布も実施。駐屯地太鼓部「滝川しぶき太鼓」のメンバー10人による生演奏も披露した。

完成したジャンボ滑り台には列が絶えず、集まった子供たちが何度も繰り返し滑り降りる姿が見られた。

子供たちの列が絶えなかったジャンボ滑り台（1月26日、北海道新十津川町で）

◇北部方面隊

2師団	「第55回旭川冬まつり」など	全9個イベント
7師団	「第48回とまこまいスケートまつり」	全1個イベント
5旅団	「第51回おびひろ氷まつり」など	全5個イベント
11旅団	「第65回さっぽろ雪まつり」など	全5個イベント

◇東北方面隊

9師団	「弘前城雪燈籠まつり」など	全4個イベント
6師団	「新庄雪まつり」など	全2個イベント

募集・援護 特集

各地で説明会が本格化

来たれ若者！

学生の就職状況が好転しつつある中、地方協力本部では学生に少しでも早く「就職先としての自衛隊」を認知してもらおうと、年明けから大学や高校に出向き、説明活動を本格化させている。各学校にはその卒業生を「リクルーター」として派遣し、後輩たちに自衛隊でのやりがいや国家公務員としての待遇などを伝え、「ぜひ自衛隊へ」と呼び掛けている。

学校にリクルーター派遣
自衛官の魅力紹介

説明会に参加した大学生を前に、熱弁をふるう櫛田明日夢2尉（1月22日、皇學館大学で）

【三重】地本は1月22日、伊勢市の皇學館大学で、同大出身幹部隊員による自衛隊募集広報を行った。

地本では幹候生や予備自補の受験者獲得のため、県内の主要大学で説明会を開催。この日は自衛隊への受験を考えている3年生5人と、自衛隊を就職先に考える1・2年生6人が参加した。

最初に「カレッジ・リクルーター」として派遣された櫛田明日夢2陸尉（1特科隊）が、後輩たちを前に自己紹介、陸自幹候生に入校し、その後、幹部自衛官となった経緯や勤務の魅力を説明した。

聴講した後輩たちからは「受験に際し、どのような点に注意して勉強しましたか」「自衛隊の幹部として、どういった点で苦労してますか」などと質問も飛び交った。

この日は陸自幹候生試験に合格し、今春、同校に入校予定の同大4年生・牧田拓也さんも説明会に参加し、自分が受験に向けて準備したことなどを後輩に説明した。

参加学生からは「先輩の幹部自衛官から実際にいろいろな話を聞くことができ、自衛隊についての具体的なイメージができた」との感想が聞かれた。

就職先としての自衛隊をPR

スライドを使用し、教室を埋め尽くした学生に説明する田中哲郎3佐（1月23日、熊本大学で）

【熊本】地本は1月23日、熊本大学で1年生を対象とした企業説明会に参加し、集まった学生約500人に対し、就職先としての自衛隊について話した。

説明会は、入学直後から学生の就職意識向上を図るため、一般教養講義の一環として実施されている。24年度から始まり、自衛隊の参加は初めて。説明会の企画を担任する横瀬准教授が、地本募集班長の田中哲郎3佐の学生時代の恩師という関係から、今回の地本参加が実現した。

最初に県内企業4社による就職活動に向けたアドバイスが行われた後、地本担当者は陸・海・空自衛官の制服紹介を皮切りに、自衛隊の勤務内容、隊員・学生募集採用状況などについてユーモアを交えて説明した。

終了後に学生から得られたアンケートでは「自衛隊の勤務内容がよく分かった」「今まで思っていた印象とかなり違っていて新鮮だった」「制服がとても格好良かった」などの意見をはじめ、「女性志願者が多いことが意外だった」「先輩が入隊した動機について聞くことができ、親近感が湧いた」といった感想もあった。

地本では「翌年度も熊大の説明会に参加し、〝尚武の地・熊本〟から一人でも多くの学生が自衛官の道に進んでくれるよう、全力を挙げていきたい」と話している。

後輩を前に、ほふく前進をしながら自衛隊の魅力を語る陸井宏哉1曹（1月23日、市川高校で）

母校の後輩に講話
姫路駐屯地 陸井1陸曹　恩師の要請で

【兵庫】地本は1月23日、神崎郡市川町にある私立市川高校に「隊員リクルーター」を派遣した。

訪れたのは同校卒業生で、現在は姫路駐屯地の3特科隊に勤務する陸井宏哉1陸曹。2年生311人が聴講した。陸井1曹は高校時代に陸上部に所属し、卒業後も懇意にしている陸上部顧問の恩師から要請を受け、この日の講話が実現した。

陸井1曹は最初に姫路地域事務所長の岩元憲道1陸尉から紹介を受けた後、後輩に向け話し始めた。内容は高校時代の思い出から自衛隊での仕事、さらに「大人・社会人としてどう成長すべきか」について熱心に語った。途中、陸自隊員の特技として「ほふく前進」も披露、身振り手振りで自衛隊の魅力を伝えた。

講話後、学年主任の先生から「社会人としての心構えについて生徒の目線で話していただき、生徒たちにも大変勉強になった」と感謝の言葉があった。

三重地本の新庁舎が完成

庁舎開庁を祝い、テープカットする（左から）宮下地本OB会会長、溝添父兄会会長、木戸口地本長、竹林県防衛協会連合会会長、三石県隊友会会長（1月27日、三重地本新庁舎前で）

【三重】地本は1月27日、新庁舎の完成に伴い、OBらを招き「開庁式」を実施した。

旧庁舎は昭和37年3月に建設され、以後、半世紀にわたり国民と自衛隊の懸け橋となった。しかし、老朽化により建て替えが決まり、一昨年12月に建替工事が始まり、1年を経て新庁舎がついに完成した。

工事中、陸自久居駐屯地内に移転していた本部は元の拠点に復帰した。この結果、地本の所在地は同じだが、電話番号は変わり、059－225－0531～3、0534（FAX兼用）となった。

開庁式に先立って、歴代地連長・地本長26人の氏名が刻まれた銘盤が地本OB会会長の宮下健氏から地本に贈呈された。

続く式典には県防衛協会連合会の竹林会長、県隊友会の三石会長、三重県父兄会の溝添会長も出席。

地本長の木戸口和彦1陸佐は式辞で「新庁舎開庁にあたり、国民の皆様の期待にしっかりと応えるため、全部員一丸となって地本の伝統をよりよく継承していきたい」と述べた。

この後、来賓から祝いの言葉や部員への激励があり、最後にテープカット。地本にとって新たな門出となった。

京都地本が移転

【京都】地本は2月9日、京都市中京区の京都地方合同庁舎3Fに移転し、翌10日から新庁舎で業務を開始した。

新庁舎の住所・電話番号は次の通り。

〒604－8482京都市中京区西ノ京笠殿町38　京都地方合同庁舎3F　電話番号075（803）0820～1、FAXは075（803）0822。

災害時の心構えとは
岐阜地本　「命を守る講演会」中学生に講話

演会を終え、生徒から感謝の言葉をかけられる水上英夫2尉（1月22日、伊自良中学校で）

【岐阜】地本は1月22日、山県市立伊自良中学校の「命を守る講演会」に隊員を派遣し、中学生に対し災害時に必要な心構えや共生の必要性などについて講話した。

同校では、災害に対応する知識とスキルを育むことを目的に、従来の避難訓練から「命を守る訓練」に内容を拡大し、年間を通して防災教育や訓練を実施している。

第4回目となる「命を守る講演会」では、講師に災害派遣活動に従事した経験を持つ自衛官が招かれた。

要請を受けた地本では、美濃加茂地域事務所長の水上英夫2陸尉を派遣、全校生徒107人に対し、東日本大震災での自衛隊の活動や被災地の状況などについてスライドや映像を使って説明した。

水上2尉は防災の観点だけでなく、地域社会と共生することの大切さや、救援活動を通じ人の役に立つことの喜びなどについても語った。

生徒は真剣に聴き入り、「大変な活動をしているのに、当たり前のことのように話す水上さんの言葉が印象に残った」と語っていた。

地本では、この講演の後、自衛隊の制服なども生徒たちに紹介した。

福島大学生に募集チラシ配布
福島募集案内所

【福島】福島募集案内所は、2月1日から26年度幹部候補生採用種目の受け付け開始に伴い、同3日、福島大学近傍の「JR金谷川」駅前で所長以下全所員と福島県北地区募集相談員4人が協力して募集チラシを配布した。

学生たちの登校時間帯8時15分から9時30分の間、所長らは準備していたチラシ300部をすべて配り終えた。

チラシには2月19日に福島大学で行われる「学内ガイダンス」の案内も入り、学生への周知を図った。

福島募集案内所長の菅野勝広3陸佐は「今後も継続して募集チラシの配布等を募集相談員等と連携して進めていきたい」と話していた。

迫力の演奏に圧倒
ニューイヤーコンサート 1600人来場　越谷

【埼玉】地本は1月25日、越谷サンシティホールで開かれた東部方面音楽隊の「ニューイヤーコンサート」を支援した。コンサートは防衛協会青年部会が主催し、市が後援、越谷ロータリークラブ、自衛隊父兄会越谷支部などが協力し、招待者を含め約1600人が来場した。

第1部は行進曲「絆」で始まり、東京オリンピック・ファンファーレ&マーチなど、第2部はラテン・パーカッションやNHK連続テレビ小説「あまちゃん」のテーマ曲などが演奏された。

終了後もアンコールの拍手が鳴り止まず、音楽隊長の田村守3陸佐は「美中の美」で声援に応えた。

終了後、自衛官を目指す高校生は「迫力ある演奏に感動した。自分も吹奏楽部でトランペットを担当しているので、自衛官のレベルの高さ、パフォーマンスに目を奪われた。将来は僕も音楽隊に行きたい」と話していた。

故郷で凱旋演奏
中方音隊長 酒井3陸佐　鯖江で「記念コンサート」

【福井】「ふるさと鯖江の日・記念コンサート」が2月2日、鯖江市で開かれ、地本は中部方面音楽隊（隊長・酒井伊知郎3陸佐、鯖江市出身）の演奏と、同隊隊員による地元小・中・高の吹奏楽部員に対する演奏指導を支援した。

鯖江市は1月15日の市制記念日を「ふるさと鯖江の日」と定め、4年前から「料理を楽しむ会」などの記念事業を行っている。中方音の酒井隊長が同市出身ということで、この日の鯖江文化センターでのコンサートが実現した。

演奏曲は音楽隊が選んだ曲と観客のリクエストに応える「音楽のバイキング」の形式で行われ、観客は入場時に渡されたパンフレットの曲目リストから選んでリクエスト。この結果、内容はバラエティーに富んだものとなり、マーチ、J－POP、アニメ、ドラマ主題歌など7曲が演奏された。

最後は「となりのトトロ」で締めくくられ、超満員の観客1200人を沸かせた。

この後、サプライズとして「ふるさと栄誉賞」が酒井隊長に、感謝状が中方音楽隊にそれぞれ贈られた。

音楽隊は返礼として、「ふるさと」を隊員2人のボーカルを交えて演奏、観客も合唱し、ホールは舞台・客席が一つになった。

故郷でタクトを振った酒井隊長は「温かい拍手と故郷の誇りを胸に、これからも任務に取り組んでいきます」とあいさつした。

観客のリクエストに応え、迫力ある演奏を披露した中方音（2月2日、鯖江文化センターで）

大雪害 1都7県に出動

東京 山梨 群馬 長野 静岡 宮城 埼玉 福島

本州の南岸を北上する低気圧の影響で東北・関東甲信地方は2月14日から16日にかけて、各地で観測史上最大の記録的な積雪を観測した。自衛隊は、1都7県（東京、山梨、群馬、長野、静岡、宮城、埼玉、福島）の知事から人命救助や物資輸送などの災害派遣要請を受け、15部隊、延べ約700人、車両延べ約180両、航空機延べ約33機が活動に当たっている。（1面参照）

人命救助や物資輸送
15部隊700人 180車両 航空機33機

グレーダーを使用して住宅地の道路に積もった雪を除去する306施設隊の隊員（2月17日、長野県佐久市住友町で）

14日、甲府市近郊（甲府市―河口湖間）で雪崩が発生するなど、交通網が切断された山梨県では一時、県全域で孤立状態になるという深刻な事態に陥った。

富士河口湖町西湖付近では観光バス1両が立ち往生し、乗員含む19人が孤立。また、同町精進湖付近でも孤立者が発生した。

県では、警察・消防が懸命の救助を試みたが降雪のため救出に至らず、15日午前11時20分、横内正明知事から1師団（練馬）の反怖師団長に対して災害派遣要請が出された。

12時45分、1飛行隊（立川）のOH6観測ヘリ1機がFAST－Force（初動対処部隊）として出動。午後3時までに1飛行隊と東部方面航空隊（立川）のUH1多用途ヘリ各1機が物資輸送や人命救助活動を開始。地上からも1特科隊（北富士）の偵察部隊2両が偵察活動を行い、午後5時ごろから物資輸送を開始した。

1飛行隊のUH1は午後7時16分、西湖付近で滞留していたバスから19人全員を救出。次いで国道139号線本栖湖付近から同8時32分に4人、39分に1人の孤立者の救助を完了した。

災派部隊は夜通しの作業を続けた。翌16日の午前2時40分、364施設中隊（駒門）がバケットローダーやグレーダーなど3両で北富士駐屯地を目指し出発。午前10時からは1特科隊の除雪部隊が国道139号線から138号線にかけて除雪を開始した。

東部方面航空隊は、UH1を使用して午後1時半までに富士吉田市の不動湯温泉から4人、本栖レークサイドキャンプ場から1人、甲州市塩山大久保平から2人を救助した。また午後1時50分には1特科隊の第1捜索組が国道139号線と358号線が交わる赤池交差点近辺で孤立者1人を救助している。

山梨県での自衛隊の活動実績は、救助者数57人、患者空輸2人、物資輸送約0・3トン、除雪距離約50キロに及んでいる。

一方、長野県では15日、県道80号小諸軽井沢線と国道18号線沿いで車両約200両が孤立したため、午後9時48分、阿部守一知事から13普連（松本）の後藤孝連隊長に人命救助などの災害派遣要請が出された。

雪崩によって寸断されたトンネルの被害状況を確認する1施設団員（2月16日、東京都奥多摩町の桃ヶ沢トンネルで）

連隊は午後11時にFAST－Force（約10人、車両2両）、翌16日午前1時には主力部隊の80人が相次いで駐屯地を出発。大雪と立ち往生した車両に進路を阻まれながら約6時間かけて進み、県道小諸軽井沢線の浅間サンライン線で身動きの取れない車両40両、翌17日に国道18号軽井沢バイパスで大型車両約140両に対し、除雪と孤立者への非常食の配布を実施した。

1メートル近い積雪で除雪機材の投入が厳しく、連隊は手作業で除雪を敢行。延べ554人が懸命に作業を行い、翌17日午後3時45分に完了。3夜4日間、閉じ込められていた車両を救出した。同6時には県知事からの撤収要請を受け、部隊は帰投。現在は、306施設隊（松本）の約10人が佐久市住友町でのグレーダーなどを使用した除雪を行っている。

こちら警務隊 ☎8・6・47625

無免許運転の罰則改正 30万から50万円以下に

無免許運転に関する罰則が強化されたと聞きましたが、何が強化されたのですか？

昨年12月に道路交通法が改正され、無免許運転に関係する罰則では、改正前1年以下の懲役または30万円以下の罰金であったものが、改正後は3年以下の懲役または50万円以下の罰金に引き上げられました。

この処罰の対象は、無免許運転をした者のみならず、仕事で無免許運転することを命じ、許した者、また、偽りその他の不正な手段により免許証等の交付を受けた者です。

無免許運転は絶対にしてはいけません。

（警本＝市ヶ谷・田口1曹）

改正前	改正後
1年以下の懲役 又は 30万円以下の罰金	3年以下の懲役 又は 50万円以下の罰金

「感謝の継承大切に」
「いせ」艦長 母校の小学校訪問

贈られた「いせ」の絵画を手に記念撮影する佐志小学校の生徒と梅崎艦長（2月10日、佐賀県唐津市の佐志小学校で）

「フィリピンではどんな任務を？」「危険な目にあったことは？」――。

ヘリ搭載護衛艦「いせ」の艦長・梅崎時彦1佐は2月10日、出身地の佐賀県唐津市を訪れ、母校の佐志小・中学校や唐津東中・高校の生徒に海自の任務を紹介する防衛講話を実施、生徒からは昨年末にフィリピンで行った国際緊急派遣活動などについてさまざまな質問が飛んだ。

梅崎艦長は佐志中学校の前身、市立第2中学校の出身。昨年5月、「いせ」が唐津に寄港した際に佐志中学校の生徒約50人が部活の練習着のまま駆け付けて校歌を歌い歓迎したことに感激し、今回、「いせ」の修理期間を利用し、お礼を兼ねて4校をそれぞれ訪問した。

梅崎艦長は、フィリピンでの派遣活動を振り返り「70年前、レイテ島で敵同士だった日米が、今回は共同で救うことができた」「東日本大震災で日本が受けた比政府からの援助にお返しすることもできた」などといったエピソードを生徒に紹介し、「平和を維持するためには信頼関係をつくり〝感謝の継承〟を続けることが大切だ」と語った。

講話後、各校には「いせ」の絵画を贈呈。生徒たちは「感謝の気持ちを忘れないことが大切だと学んだ」と感想を話していた。

新春自衛隊演奏会
「美の国あきた」大好評の12曲

【秋田地本】地本は1月26日、県と共催で『「美の国あきた」新春自衛隊演奏会2014』を県民会館で開催した＝写真。演奏会は、自衛隊の活動を広めることを目的に毎年開催されており、今回で7回目。

1800人収容の会場はほぼ満席。「オリンピックマーチ」「私のお父さん」「翳りゆく部屋」「大いなる秋田（県民歌）」、など計12曲が披露された。

陸自東北方面音楽隊（指揮・高橋充3佐）の演奏技術やユーモラスあふれる演出で、演奏会は大盛況のうちに幕を閉じた。観客からは「県民歌の演奏に感動した」「毎年開催してくれて、ありがたい」などの声が寄せられた。

終演後、地本の広報官は「演奏会を通じてより多くの県民に自衛隊への理解と親近感が広がるように、今後も鋭意取り組んでいきたい」と話した。

着艦5000回無事故
「ひゅうが」に3級賞状

【ひゅうが＝横須賀】ヘリ搭載護衛艦「ひゅうが」（艦長・岡田岳司1佐）は1月29日、搭載ヘリの「着艦5000回」を無事故で達成した功績で、3級賞状を贈呈された。

海上自衛隊演習に参加中の「ひゅうが」は11月22日、25空（大湊）のSH60J哨戒ヘリ8291号機（機長・伊藤寿伸3佐）の着艦で5000回の無事故を記録。

無事故着艦5000回を達成し、「ひゅうが」ヘリ甲板で達成機のSH60J哨戒ヘリと共に記念撮影を行う乗員ら（11月22日）

飛行科をまとめる整備長の大内隆弘3佐は「今回の記録をさらに飛躍するための一通過点ととらえ、引き続き、艦上航空安全の確保に努めていきたい」と決意を語った。

表彰式では1護隊群司令の酒井良海将補が「この功績は、歴代艦長の適切な統率のもと、全乗員が旺盛な責任感と高い安全意識をもって職務に邁進したたまもの」と訓示。その後、岡田艦長に3級賞状を手渡した。

「ひゅうが」は平成21年3月18日の就役以来、各種訓練のほか東日本大震災の災害派遣、監視任務などで活躍。3自衛隊のみならず、米軍、海保庁、地方自治体などの多種多様な航空機の発着艦を行ってきた。

また、昨年6月には米カリフォルニア州で行われた米軍との共同統合実動訓練「ドーン・ブリッツ」に派遣され、垂直離着陸輸送機MV22オスプレイの発着艦・格納を自衛隊で初めて成功させた実績もある。

小休止

▽…横須賀音楽隊（隊長・樋口好雄3佐）は1月30日、宮城県気仙沼市の気仙沼商工会議所から〝大漁旗〟を贈呈された。

▽…同隊は一昨年、昨年と、気仙沼市民会館で復興を祈念した演奏会を行っている。今回、そのお礼として同市の商工会議所が大漁旗を製作、専務理事の春日敏春氏が横須賀音楽隊気仙沼後援会長の小野寺悟氏とともに来隊した。

▽…気仙沼では大漁旗のことを福が来る旗「福来旗（ふらいき）」という。春日専務理事は「三度にわたる演奏が被災者に与えた勇気や希望は計り知れない。音楽隊にますます福が来ることを市民一同祈りたい」と述べ、樋口隊長に旗を手渡した。

（横須賀）

（世界の切手・ロシア）

教会は近い。しかし道路は凍っている。酒場は遠い。私は注意深く歩く。

ロシアの格言

どこにも通じる自衛隊の行動基準
生かしたい駐屯地体験

公務員　村井　裕美子（三重県紀北地域活性局・地域活性化防災室）

「久居駐屯地生活体験」に参加した感想を一言でいえば「楽しかった！」です。隊員の皆さんに良くしていただいたことはもちろんですが、普段とは全く違う環境の中で同期入庁の仲間と一晩を過ごした経験がとても新鮮で、また貴重なものとなりました。

今回の久居駐屯地研修は「組織で行動する力」や「災害対応能力の向上」を目的に実施されました。初日は自衛隊の活動について説明を受け、その後、グループワークを通じて災害時の対処法を学び、2日目は歩測や地図判読を行いました。

隊員の皆さんからは応急救護法や集団行動で不可欠な基本教練など、日常生活にも役立つさまざまなことを教えていただきました。とても中身が濃い2日間でしたが、中で最も印象に残っているのが自衛隊における「任務分析」の考え方です。

自衛隊員が幕僚活動を行う際、自分の役割をしっかりと認識した上で行動に移るため、常に「任務分析」を行っていると知りました。この「任務分析」の考え方は、他のどんな場合の業務にも直結すると感じました。

また、組織活動をしていく上で、チームの役割をいかに共有するかという点も重要であると改めて実感しました。これら自衛隊で学んだことを私たちの普段の仕事でも生かしていきたいと思いました。

所属する組織の役割や、その中での自分の役割をきちんと認識し、個々がそれにしっかりと取り組んでいくことが組織の成果を引き上げることにつながります。

しかし、私たちは日常業務に追われ、深く考えることのないまま与えられた仕事のみをこなしていることが多いように感じられます。今回、自衛隊で学んだことを生かし、これからは自分のなすべきことを意識しながら仕事に臨んでいきたいと思いました。

1泊2日と短い期間でしたが、今回、久居駐屯地の研修で学んだことを、これからの業務にしっかりと生かしていきたいと思います。

みんなのページ

第4東ティモール派遣施設群の「10周年会」に出席した関係者。前列中央が当時・防衛庁副長官の浜田靖一衆院議員、その右が派遣群長・川又弘道4師団長

第4次東ティモール派遣施設群
10周年会を開催

1陸佐　角　謙二（9施設群長・小郡）
＝第4次東ティモール派遣施設群・首席幕僚

昨年末の12月14日、福岡県久留米市内のホテルで「第4次東ティモール派遣施設群10周年会」が盛大に催されました。

陸自PKO部隊である第4次東ティモール派遣施設群は、平成15年10月から約9カ月間にわたり、独立直後の東南アジア・東ティモールで国造り支援に当たりました。

あれから早10年。当時の派遣隊員たち（現職、退官者）から「ぜひ10周年会を開催しよう！」との声が多く上がり、そこで小郡・飯塚両駐屯地の所在隊員を主体に幹事会を編成して準備を進め、待望の「10周年会」を開催しました。

会場には当時の防衛庁副長官であった浜田靖一様（衆院議員）をはじめ、陸幕副長だった林様、第5施設団長だった未包様のご臨席も賜り、派遣部隊指揮官の川又第4次群長（現・第4師団長）以下約150人（派遣隊員は405人）が参加し、盛大に派遣10周年を祝うことができました。

この場をお借りしまして、10年前に第4次派遣施設群の編成・出国などでご指導・ご支援いただいた方々に対しても、心より感謝申し上げます。

硫黄島で知った先人の思い

空曹長　成清　嘉隆（空幹候校2中3区隊・奈良）

私は幹部候補生学校の「硫黄島現地訓練」に学生指揮官として参加しました。硫黄島では戦没者慰霊碑を参拝しましたが、所感を記すに当たり、ここに改めて英霊に対し哀悼の意を表したいと思います。

本訓練を通じて我々が得られた最も大きな成果は「戦史が形づくられた現場の状況を肌で感じ、先人たちがどのような思いで戦ったのか」を考える機会を与えられたことです。そして先人からじかに「軍人の精神」を学ぶことができたことです。

硫黄島は日米双方で2万7000人近い死者を出した太平洋戦争で最大の激戦地です。島に到着した我々は、最初に米軍の攻撃から身を守るため、日本兵が事前に掘った深い壕内に入りました。

壕の中はとても狭く、また硫黄の臭いが立ちこめ、冬とは到底思えないほどすごい暑さでした。兵士たちにとって、とても苦しい戦いであったことが容易に想像できました。

先人たちがこのように厳しい環境の中で1カ月以上にわたり戦い続けたことはまさに驚愕であり、しかも彼らは自らのことより、愛する祖国や仲間のために命を賭して戦ったのです。

今後、我々は幹部自衛官として隊員の先頭に立ち、任務を遂行していかねばなりません。硫黄島で知った先人たちの思いを胸に、自分も少しでも大きく成長できるよう、今後とも誠心誠意、努力していく所存です。

硫黄島に残された戦跡を研修する空自幹部候補生学校の隊員

新刊紹介

「日本の防衛」
日本安全保障戦略センター編

我が国の安全保障・防衛問題の本源を探ると、間違いなく「憲法」と1957年に策定された「国防の基本方針」に行き着く。

本書は両者に集約されている安保・防衛上の問題点を明らかにした上で、我が国の普遍的な地政学的地位や特性といった基本的部分から問い直し、新たな安保・防衛の方向を示す。

執筆には元陸自将官ら9人が当たり、それぞれ専門的立場から詳述。①我が国の国際社会における地位向上と責任②安全保障・防衛上の諸制約③我が国をとりまく安全保障環境の変化④我が国の安全を脅かす周辺諸国の軍事力の実態―などの観点から網羅的に論じている。

我が国の防衛はいかにあるべきか―。その問いに本書は、早期の憲法改正が望まれるとしながらも、その改正には相当の年月を要するであろうことから「国家安全保障基本法」あるいは「国防基本法」（いずれも仮称）の制定を提言。その骨格を構成するもの、あるいは国民が防衛について論議するための教科書として本書を位置付けている。（内外出版刊、1260円）

「2014年の『米中』を読む！」
古森　義久・矢板　明夫著

防空識別圏、海洋戦略、サイバー戦争―。日本は常に中国の動向に意識を向け、注視していかなければならない。

本書はそうした中国の動きに対して、米国がどう対処するかによって日本の命運が決まり、米中二つの国の国内情勢と対外戦略の思惑を知ることが世界を知ることだと明言する。

著者は産経新聞ワシントン駐在客員特派員の古森氏と北京特派員の矢板氏。取材現場からの最新事情はもちろん、習近平国家主席の就任の背景、米国がどう中国を分析し、どう習主席を評価しているかがよく分かる。

古森氏は米国を「オバマとしてはとにかく事を荒立てないで中国に対処したいのだろう」と読み、「『朝日新聞』の主張と逆のことをすれば日本はよくなる」と述べる。

矢板氏は習政権を「中国は再び毛沢東時代に戻ろうとしている」と語り、尖閣問題に対して「中国が行動に出たら今の日本では守れない」と苦言を呈する。いま知っておきたい米中の内実を記したリアルタイムのレポートだ。（海竜社刊、1575円）

旅団武装走で団結心学んだ

陸士長　藤見　尚行（17普連1中・山口）

私は13旅団の「旅団武装走競技会」に、Aグループ第1中隊第1分隊の一員として参加しました。

この競技で今回、私は二つのことを思いました。第1は、今回のコースは前回と少し違い、武装を着けてただ約4キロ走るのではなく、その間に「射撃」と「担架搬送」が加わり、より分隊としての団結が問われるようになったことです。

第2は、自分は分隊の中で体力が劣るため「分隊の足を引っ張ってはいけない」と強く思ったことです。

練成期間が少ない中、私は分隊の最後尾を走ることになり、途中、遅れをとることもありましたが、多くの応援もあって、結果的に目標であった表彰台に上ることができました。

武装走競技は、分隊で協力し合うことで成果が出せます。今回の競技会を通じて「どんなことでも協力すれば乗り越えることができる」ということを私は学びました。これからも仲間と協力し、いろいろなことに挑戦していきたいと思います。

「本物の自衛官」目指してまい進

陸士長　樫村　大輔（32普連5中・大宮）

私は今年、成人となりました。でも、まだ実感がありません。高校を卒業後、私は自衛隊に入隊し、社会人としての第一歩を踏み出しました。中隊に配置された時には、これから自分が本当にやっていけるか心配と不安ばかりでした。

しかし、先輩方は「家族の一員」として私たちを迎えてくれました。親身なご指導を受け、また同期の支えもあって、今日の自分があるものと感謝しています。これからは成人としての自覚を持ち「本物の自衛官」を目指して、目標に向かってまい進していきたいと思います。

まずは、家族に成長した姿を見せ、感謝の気持ちを伝えたいと思います。そして責任感をいま以上に持ち、大人としての行動力も示していきたいと思います。

同期と共に、さらに立派な自衛官を目指して頑張っていきますので、32連隊の皆様、これからもよろしくお願い致します。

OBがんばる

剛毅木訥仁に近し

松野　智浩さん　25
平成25年3月、8普連（米子）本部管理中隊を陸士長で退職、北四国クレーンに就職し、クレーンのオペレーターを務める。

私は平成25年3月、第8普通科連隊を依願退職、同年4月から高松市に本社を置く北四国クレーンに就職し、クレーン・オペレーターとして勤務しています。

仕事面では上司や先輩方の厳しい指導や励ましに支えられ、自衛隊で身に付けた忍耐力で頑張っています。技術や経験のない私にとって何事も常に挑戦ですが、甘えることなく、1日でも早く一人前になれるよう、孔子の言葉「剛毅木訥仁に近し（無欲で意志が強く素朴なことは仁に近い）」を座右の銘にして日々努力しています。

生活面では同世代の友人たちを集め、町内でボランティア団体を立ち上げ活動しています。休日には小・中学生を対象として柔道やレスリングの指導も行っています。即応予備自衛官にも志願し、各種の活動でとても充実した毎日を過ごしています。

これから再就職する方々へのアドバイスとしては、第1に民間企業は常に利益を求める所だということです。早期に仕事に慣れ、多くの知識を身に付ける必要があります。そのため在隊時から自分が本当にやりたい仕事を見つけ、資格なども取得しておくことが大切です。

第2に民間では一人一人が責任者です。自衛隊では「命令」で行動するため、指示に従えばいいのですが、民間では「自分で考えて」行動しなければならないので、自分の意見を持ち、積極的に発言できなければなりません。

そして最後は「精神力」です。難関にぶつかった時にこそ人間性が問われます。逃げ出さず、乗り越える能力が必要です。ぜひ皆さんも「剛毅木訥仁に近し」という言葉を胸に、再就職に挑んでもらいたいと思います。

詰将棋

第666回出題

出題　日本将棋連盟　九段　石田　和雄

先手　持駒　角桂香香

【ヒント】最初も香、トドメも香。（10分で初段）

▶詰碁、詰将棋の出題は隔週です◀

詰碁

第1081回解答

出題　日本棋院　九段　曲　励起

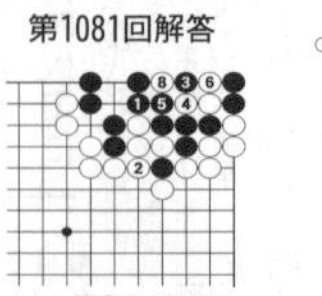

黒❼ホウリコム

【解答図】黒先、黒劫。黒❶白②は共に当然。次の黒❸が大切で、白④以下白⑧の劫取り迄、劫になるのが正解です。

朝雲

発行所 朝雲新聞社
〒160-0002 東京都新宿区坂町26番地19 KKビル
電話 03(3225)3841
FAX 03(3225)3831
振替00190-4-17600番
定価一部140円、年間購読料9000円（税・送料込み）

主な記事

2面 日ASEAN防衛次官級会合開催
3面 雪害災派写真グラフ
4面 〈部隊だより〉あおもり冬まつり支援
5面 〈防衛技術〉水中警戒監視システム
6面 〈ひろば〉写経で"断捨離"
7面 明治天皇が贈った村田銃みつかる
8面 〈みんなのページ〉八ヶ岳で冬季訓練

大雪災派5000人

1都7県 活動9日間に及ぶ

防衛省・自衛隊は2月23日、関東甲信と東北地方を襲った記録的積雪に対して行っていた人命救助などの災害派遣活動を、1都7県の知事からの撤収要請に基づき終了した。15日に始まった災派活動は、政府の豪雪非常災害対策本部（本部長・古屋圭司防災担当相）を設置した18日以降、被害の集中した山梨県を中心に全体の規模を1000人態勢に拡充。9日間にわたった自衛隊の活動は、延べ派遣人数約5060人に及び、雪害に対する災害派遣としては昭和55年12月から翌年3月にかけて北海道から近畿まで日本海側の地域を襲った「五六豪雪」以降、最大の派遣となった。（3面に関連記事）

救助態勢大幅に強化

孤立状態 山梨県 陸空が空輸作戦展開

孤立住民に薬を届けるため、陸自ＵＨ60ＪＡ多用途ヘリからホイストで降下する12後方支援隊の衛生隊員（２月19日、群馬県藤岡市上日野の奈良山地区で）

派遣部隊は15日午前11時20分の山梨県知事の要請を皮切りに、群馬、福島、長野、静岡、東京、宮城、埼玉で活動を開始した。

18日、小野寺防衛相は記者会見で「特に被害の集中している山梨県を現在の約300人から約800人に拡充し、全体として1000人態勢で対処する」と表明、同日午後12時12分に「平成26年豪雪に対する災害派遣の実施に関する自衛隊行動命令」を下した。

命令に先立ち、対策本部会議で安倍首相は、①孤立による凍死などの犠牲者の防止②自衛隊の人員・装備態勢を大幅に強化。関連機関と連携し、除雪対応を加速③天候の変化に備え、関係機関が情報を共有・連携し、新たな災害派遣要請に即応できる準備を整える――の3点を各省庁に指示。

これを受け、防衛省・自衛隊では、各都県の孤立地区に対して、CH47輸送ヘリとUH1多用途ヘリの計7機で行ってきた生活必需品の空輸を倍の14機に増強。山梨県で活動する隊員を拡充するとともに、積雪で重機を入れることのできない各都県の集落には人海戦術で対応していくことを決めた。

また、磯部晃一東部方面総監から空自救難団に協力要請が行われ、中島邦祐航空総隊司令官が同団などに出動を命令。県全体が孤立状態に陥った山梨県で、陸・空両部隊の協同作戦を開始した。

各派遣部隊は除雪活動や人命救助、物資輸送などを陸路、空路の両方から行った。撤収は23日午後12時に完了した。

派遣規模は延べ人員約5060人、車両約990両、航空機131機。9日間の活動実績は、患者空輸3人を含む救助者数76人、物資輸送約44トン、除雪距離約281・2キロとなった。

除雪や救助活動に際し、大雪で立ち往生した車両が妨げになったが、菅官房長官は17日の記者会見で同問題について、「（強制撤去時に）車両が損壊した場合の損失補償の法的根拠が存在していない」ことを指摘した上で、「大雪だけでなく、首都直下型地震などでも大きな問題になる可能性がある。政府として早急に検討する必要がある」と述べ、国や自治体の判断に基づいて車両の撤去を円滑に行えるよう災害基本法などの法整備を進める考えを明らかにした。

26年度防衛費 重要施策を見る □6□

募集・援護を充実

人的基盤さらに強める

平成26年度予算案の人件・糧食費は、前年度比5・2%増の2兆930億円で、防衛予算総額の43・8%を占める。防衛の多くを「人」が支えているとも言える。

防衛省は優秀な人材確保のための施策として、募集、再就職支援をさらに強化。5000万円ずつを盛り込んだ。

募集施策では「時代の変化に応じたツールを用いる」（人事教育局担当者）として、スマートフォンを通じた情報発信を行う。利用者はアプリ（ソフト）をダウンロード（取得）し、情報等を得る。

再就職支援・援護では、退職予定自衛官の付加価値向上などに力を入れる。任期制隊員（1任期後）の取得できる資格は現在、危険物取扱者など技能訓練による1科目のみ。これに通信教育による1科目を加える。医療事務など女性向け科目も新たに設ける。

学校の武道必修化を受け、武道有段の退職者らの指導者としての採用も目指し、業界紙でPRする。

予備自衛官等の充足向上にも6000万円を計上。就業しながら訓練（年5日間）に出頭する予備自衛官への理解を深めてもらうため、雇用主だけだった訓練視察の対象者を、「直属の上司の中間管理職まで広げる」（人事教育局担当者）。

隊員への礼遇付与として、防衛功労章の拡充にも4000万円を盛り込んだ。1～3級賞詞の受賞者に贈る功労章の礼装時の形状を変更、着用位置も右胸から左胸へ変える。また従来は贈っていなかった部隊表彰の対象者に対しても、過去にさかのぼって贈る。

安倍首相は1月の施政方針演説で「全ての女性が活躍できる社会をつくる」と述べており、省でも環境をさらに整える。

特定事業主行動計画（平成22～26年度、仕事と子育ての両立支援プラン）では、庁内託児施設の整備を進めている。これまでに三宿など4カ所に開設し、さらに27年4月に朝霞に開設を予定。防医大（所沢）にも開設を検討している。

処遇改善も行う。弾道ミサイル対処に当たった隊員への「対空警戒対処等手当」を護衛艦の乗組員に加え、乗組員以外にも支給。また南鳥島、硫黄島、父島の勤務者への「小笠原手当」の適用期間を、31年度末まで5年間延長する。

26年度は募集・援護などの強化で人的基盤をさらに強化する。写真は観閲式（朝霞、昨年10月）で行進する女性自衛官部隊

自衛官実員は前年に引き続き計133人（陸18人、海66人、空49人）を増員、南西地域の警戒監視などに万全を期す。定数も前年とほぼ同数の24万7160人を確保する。

省改革関連事業として、文官と自衛官の一体感醸成を目指し相互配置も進める。内局に自衛官（40人）を、統幕・3自衛隊の主要部隊に文官（17人）のポストをそれぞれ定員化する。

「召し抱えている諸士が城郭や甲冑である（意訳）」は先人の言葉。新大綱・中期防が定める「統合機動防衛力」の実行のために部隊改編、装備品取得などとともに防衛省・自衛隊は人的基盤の充実・強化をさらに進める。

（榎園哲哉）

人事処遇

集団的自衛権

行使のケース5要件

安保法制懇・北岡氏 4月に報告書

政府の有識者会議「安全保障の法的基盤の再構築に関する懇談会（安保法制懇）」の座長代理を務める北岡伸一国際大学長は2月21日、日本記者クラブで記者会見し、日本が集団的自衛権を行使するケースの要件として「放置すれば日本の安全に大きな影響が出る場合」など、5要件を示した。4月に安倍首相に提出する報告書に盛り込む。

北岡氏は憲法9条解釈の問題点として、自衛権行使の条件に挙げる「必要最小限度」の範囲を、個別的自衛権のみとし、集団的自衛権は不可としたことなどを指摘。

その上で集団的自衛権行使の要件として①密接な関係にある国が攻撃を受けた場合②放置すれば日本の安全に大きな影響が出る場合③当該国から明示の要請があった場合④第3国の領域通過には許可を得る⑤首相が総合的に判断し国会承認を受ける――の五つを明示した。

実際の行使に際しては「慎重に判断すべきだ」とし、「国際標準より抑制的」に運用する方針を併せて盛り込む。

憲法解釈の変更を経たあと、自衛隊法や周辺事態法、国際平和維持活動協力法（PKO法）など関連法の改正も必要になるとの見解も示した。

報告書は①在外邦人の救出を含む個別的自衛権②集団的自衛権③集団安全保障――を柱に構成する。

「憲法解釈変更は閣議決定」首相

安倍首相は2月20日の衆院予算委員会で、集団的自衛権の行使容認をめぐる憲法解釈の見直しについて、「政府の有識者会議の検討を受け、与党とも協議しながら、最終的には閣議決定する方向になる」と述べた。

その上で「実際に自衛隊が活動していくためには根拠法が必要」として、閣議決定案を国会で議論していく方向性を示した。さらに「必要があれば自衛隊法などの改正を始めていく」と述べ、関連法の整備にも意欲を示した。

また、政府が集団的自衛権の行使を憲法解釈上は認められないとしてきたことについては、「憲法解釈は内閣法制局も大きな役割を担うが、内閣法制局長官が決めることではなく、内閣が責任を持って決めていく。内閣において最終的な責任は私が負っており、責任者は私であるということを明確にしなければならない」と強調した。

一方、首相は特定秘密保護法について「法律が対象とするのはテロリストや工作、スパイ[?]で、こういう人々から国民の命や国益を守るための情報を守るもので、本来、一般の国民や報道機関を対象としたものではない」と明言。「一般国民の生活に悪い影響を及ぼすことはなく、一般の国民が罪に問われることもない」と述べた。

ソチ五輪出場の冬戦教選手帰国

小野寺大臣に報告

ソチ冬季五輪に出場した陸自冬季戦技教育隊（真駒内）の選手5人が2月25日、ロシアから帰国、防衛省で小野寺大臣らに帰国報告を行った。

帰国したのは冬戦教の6選手のうち井佐英徳2陸尉、小林美貴2陸曹、鈴木芙由子3陸曹、鈴木李奈陸士長、中島由貴陸士長（以上バイアスロン班）の5人。欧州遠征中の吉田圭伸3陸尉（クロスカントリー班）は3月10日に帰国する。

小野寺大臣への報告に先立ち、5人は陸幕で山下裕貴副長に帰国報告した。山下副長が「（今後に向けて）要望したいことはありますか」と問うと、今大会で現役引退する井佐2尉は「施設、道具面でのサポートもお願いします」と次世代の選手へのバックアップを求めた。

今大会ではバイアスロンの計11種目中の男女6種目に出場。女子10キロパシュートで、2度目の出場となった鈴木3曹が五輪自己最高位の32位で終えるなど健闘を見せた。17カ国・チームが出場した最終種目の女子4×6キロリレーでは、1走の鈴木3曹が2度の射撃のうちの最初の伏射を全弾命中(5発)させ、一時3位まで順位を上げたが、13位で終えた。

小野寺大臣（中央）に帰国報告を行った（左から）井佐２尉、小林２曹、鈴木美由子３曹、鈴木李奈士長、中島由貴士長＝２月25日、防衛大臣室で＝

春夏秋冬

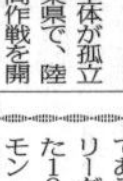

フォルラン入団

二宮　清純

これはウソのようなホントの話である。この国初のプロサッカーリーグ「Jリーグ」がスタートした1993年、横浜マリノスはラモン・ディアスという元アルゼンチン代表FWを獲得した。

このディアス、特別、足が速いわけでもなければ、ゴール前で派手な動きをするわけでもなかった。どちらかというと、動きはシンプル。絶妙なポジショニングとシュートの正確さでゴールを量産した。フィニッシュは左足と決まっていたが、誰も止められなかった。

93年6月26日、アウェイのジェフユナイテッド市原戦での出来事。ディアスは後半5分に得意の左足で最初のゴールを奪った。この時点でスコアはマリノスの1対0。「もう1点もやれない」とジェフGK加藤好男はディアスの左足を警戒した。

ところが、である。23分、ディアスはダビド・ビスコンティからのクロスを左足で打つと見せかけて、右足で流し込んだ。

次の瞬間、うなだれる加藤に近付くなり、ディアスはニコッと笑ってウインクしてみせたというのである。

アルゼンチン人の方が役者が1枚も2枚も上だった。ペナルティエリア内左で、ディアスは左足で打つと見せかけて加藤を右に振り、右足を使ってニアサイドを抜いたのである。逆を突かれた加藤は為す術もなかった。

あれから21年、Jリーグに久々の大物外国人FWがやってきた。2010年南アフリカW杯MVPにして得点王のウルグアイ代表ディエゴ・フォルランがセレッソ大阪の一員となったのだ。

フォルランはこの夏に開催されるブラジルW杯の目玉のひとりで、両足から正確かつ強烈なシュートを放つことができる。世界屈指のリーグであるリーガ・エスパニョーラでも2度、得点王に輝いている。

Jリーグ創設以降の21年間で、日本サッカーは長足の進歩をとげた。プロ化するまでは無縁だったW杯出場も、今回で5回連続となる。Jリーグ黎明期に加藤が味わったような屈辱を日本のGKがフォルランから受けることは、もはやあるまい。

とはいえ、彼を止めることは容易ではない。フォルランを通じてJリーグの現在のレベルを知ることもできる。

日本人DFよ、奮起しろ！

（にのみや・せいじゅん＝スポーツジャーナリスト）

朝雲寸言

雪は本当に恐ろしい。30年あまり前、日本海にほど近い小さな町で暮らしていたときの実感だ。報じられるニュースは連日、痛ましい事故ばかりだった▼車内で暖を取っているうちに、車が降雪に埋もれ、一酸化炭素中毒で亡くなったり、屋根の雪下ろし中に、足を滑らせ、下ろした雪山に頭から落ちて身動きできなくなったり……。子どもが除雪車に巻き込まれるといった悲劇もあった▼雪は時に牙をむく。山岳雪崩のように、がぶりとかみ付くこともあれば、毎日の暮らしの中でチクリと針刺すときもある。2月14日から16日にかけて、関東甲信地方などを襲った記録的な大雪は、各地に大きな被害をもたらした▼自衛隊には1都7県から、孤立した住民の救助や食料などの輸送、幹線道路の除雪といった災害派遣要請が相次ぎ、陸自東部方面隊を中心に、延べ約5000人の隊員が出動、白い悪魔と闘った▼温暖な静岡県では、雪で自衛隊を呼ぶことなど思いもしなかったかも知れない。どこで何が起こるか予測することは難しい。だが、何でも自衛隊に頼るのではなく、今回の雪害を機に地域社会と生活者の関係を考えたい▼かつて、災害が起きれば駆け付けたのは、地元の消防団だった。だが、この30年で団員数は大幅に減り、30歳未満の割合は2割にも満たない。少子高齢化はさらに加速する。地域社会を支える新たな組織の構築に、国は本腰を入れて取り組むときだろう。

防衛省発令

▽護衛艦隊付（いせ艦長）1海佐 梅崎 時彦
▽しらね艦長（舞基業補充部付）2海佐 甲斐 義博
▽いせ艦長（しらね艦長）1海佐 藤原 秀幸
（以上2月21日）
▽はたかぜ艦長（護衛艦隊付）1海佐 梅崎 時彦
（2月24日）

時の焦点

国内

出直し市長選

安倍内閣のある現職閣僚は、国会での議員辞職勧告決議案の採決をしばしば欠席した。有権者が選んだ議員の身分を奪うことができるのは、有権者だけだという思いがあったそうだ。

選良と言う。国会議員も地方議員も首長も、選挙で選ばれた政治家が背負う民意は重い。といって、選挙で選ばれたら何をしてもいいという考え方や、何でもかんでも選挙に問えばいいというやり方は、民主主義の形式を使った民主主義の理念と反する政治、即ち「選挙独裁」につながる。

きょう2月27日に正式に大阪市長としての辞職が確定する日本維新の会の橋下徹共同代表は、出直し市長選で行き詰まった大阪都構想を動かす構えだ。しかし、市民が選んだ市議会の説得を放棄し、有権者からもらった任期と地位を道具のように扱う発想は、選挙独裁そのものではないか。

7日に提出した辞職願は市議会が認めず、地方自治法の規定で提出から20日後の自動失職。この独善的な振る舞いを前にしても、主要政党は対立候補の擁立を見送る。橋下氏の再選は堅い。

慎重さと謙虚さの自問

一方、大阪都構想に慎重な勢力が多数を占める市議会の構成は変わらない。では、何のための市長選か。維新の会共同代表を務める元東京都知事の石原慎太郎氏でさえ「何も変わらない」と批判的だ。

橋下氏に近い衆院議員は「大阪都構想を話し合う府と市の法定協議会の各党構成比を、構想支持派が多数になるように変える。その前提として、民意を問うのは当然だ」と擁護する。

しかし、本当に市議会の理不尽さを訴えたいなら、名古屋市の河村たかし市長が2011年に行ったように、市議会解散の是非を問う住民投票と出直し市長選のダブル選の方が、まだ筋が通る。

無論、首長の政策を議会が阻止する度に出直し選挙をするというなら、代議制の否定だ。大阪や名古屋のような大都市での直接民主制は行政効率を落とし、住民生活が混乱するだけだ。ダブルなど、とても勧められはしないが……。

選挙独裁に走る政治家に欠けるのは、少数意見に耳を傾ける慎重さと、有権者からもらった地位と任期は「白紙委任」ではないと自覚する謙虚さであろう。

そこで、12年衆院選、13年参院選で大勝した自民党の安倍政権のことである。得票率に比した過大な議席ということもあって、政権運営に慎重さと謙虚さを欠くと、選挙独裁のそしりを受けやすい。

ところが、当面国政選挙がないせいか、最近は政権キーマンの思慮を欠く言動が目立つ。ごく限られた支持層しか意識していないと受け止められても仕方ない言動を、かの閣僚はどんな思いで見ているのだろうか。

出直し市長選の是非をめぐる議論が、選良たちに慎重さと謙虚さについて自問を促す契機になるのなら、6億円もの選挙費用も、全て無駄とは言えないかもしれない。

東雲 次郎（政治評論家）

海外

露の軍縮違反

ロシアが過去数年間にわたり、米国との間の中距離核戦力（INF）全廃条約に違反するミサイル実験を行ってきたことが明らかになった。ところが、オバマ大統領はその事実を承知しながらも、実効的な対抗措置を取らず、議会はこうした政府の不十分な姿勢に強く反発している。

INF条約は1987年にワシントンで、当時のレーガン大統領とゴルバチョフ・ソ連共産党書記長が調印した。これが冷戦の歴史的転換点になり、冷戦後の米国の対露関係の要とされてきたものだ。

しかし、「ニューヨーク・タイムズ」などによると、ロシアは米国のブッシュ前政権末期の2008年から、新型の地上発射中距離核ミサイルの発射実験を実施し、同条約の違反を開始した。

その後、米政府は広範な情報収集をした結果、12年末には「ロシアは条約に違反している」との結論に達していた。

禍根残す米の鈍い反応

また、疑惑が強まるに伴い、議会も政府に対し、ロシアの明白な条約違反をなぜもっと深刻に受け止めないのかと迫ってきた。

下院情報委員会と同軍事委員会はこれまでに3度、大統領に書簡を送り、「ロシアが核軍縮条約上の義務を順守しないのは、米国および北大西洋条約機構（NATO）同盟国にとって重大関心事である」と強調、ロシアの行動に明確な対応措置を求めてきた。

しかし、この件では国務省が13年5月、ロシア当局者に「不満」を公式に伝達したのみ。そして、驚くことに翌6月、オバマはベルリンで行った演説で、米ロの戦略核弾頭の配備数を現行上限からさらに3分の1引き下げる新構想を提案したのだった。

オバマ政権は対ロ「リセット」外交の追求を思いとどまらず、大統領も、既存の諸条約の完全な実行・順守をロシアに要求せずに、新たな核軍縮を提唱し続けたわけだ。

レーガン政権下でもソ連による弾道弾迎撃ミサイル（ABM）制限条約（1972年締結）の重大な違反が起きた。レーガンはこの時、政権の全力を挙げて同問題でソ連と公然と対峙した。その結果、ソ連は違反行為を撤回したのだった。

議会の3度目の書簡（2014年2月6日付）が、当時のレーガンの対応と「極めて対照的」と指摘したように、ロシアの条約違反とそれに対するオバマ政権の「鈍い反応」は、いずれより大きな問題になる。

ロシアの条約違反に毅然と対応せず、新たな譲歩の提案で応じたオバマの姿勢を世界中が目撃した。核開発問題で米欧と協議を続けてきたイランも、その中の一国である。

イランとの合意の第1段階は1月20日に発効した。オバマ大統領は1月28日の一般教書演説で、イランが合意事項に違反した場合には、「私が真っ先にさらなる制裁措置を呼び掛ける」と強調した。しかし、同演説を額面通りに受け取るのは極めて難しいだろう。

草野 徹（外交評論家）

祝賀会であいさつに立つ名誉会長の山下陸幕副長（2月18日、ホテルグランドヒル市ヶ谷で）

装備・技術協力で一致

日ASEAN防衛次官級会合 HA/DRなどに対応

防衛省が主催する第5回「日ASEAN諸国防衛当局次官級会合」が2月18日、沖縄県で開かれ、人道支援・災害救援（HA/DR）などの非伝統的な安全保障分野で日ASEANが装備・技術協力を行っていくことに、ASEAN諸国から大きな期待が示された。

HA/DRや海上安全保障などの課題に有効に対処するためには、共同での①早期警戒・探知②情報収集・通信③輸送など——に関する能力が極めて重要との認識で一致。実現に向けたアプローチとして、共同演習や装備品展示を通じた知識の共有や、専門家会合での意見交換の有効性が挙げられた。

一方、能力構築支援（キャパシティー・ビルディング）の今後のあり方をめぐっては、各国間で能力に大きな格差があることから、今後は人材育成や共同演習などを通じてギャップを埋めていく必要性を確認した。

また、拡大ASEAN国防相会議（ADMMプラス）の専門家会合の活動は、「非伝統的な安全保障分野の知見や経験の共有に極めて有効」であることを確認。引き続き、専門家会合の活動を通じて関係各国の実質的な協力を一層推進していくことで合意した。

会合は、防衛省から西正典事務次官が参加して議長を務め、ブルネイ、カンボジア、インドネシア、ラオス、マレーシア、ミャンマー、フィリピン、シンガポール、タイ、ベトナム、ASEAN事務局の次官クラスなどが参加した。

曹友会25周年を祝う

現役、OBら220人出席

陸自の陸曹を主体とした親睦団体「曹友連合会」（会長・吉田鉄也准尉、会員約8万人）は2月18日、創設25周年を祝し、記念祝賀会をホテルグランドヒル市ヶ谷（東京都新宿区）で開催。祝賀会には名誉会長である陸幕副長の山下裕貴陸将はじめ陸幕相談役、各方面曹長やOBが出席。さらに今年度末から運用される上級曹長制度に関連し、統幕最先任上級曹長、陸自最先任下士官、海自先任伍長、空自准曹士先任など約220人が参加した。

会に先立ち、元北方総監の志方俊之帝京大教授が「陸曹団のあるべき姿」と題して、自衛隊における陸曹の立場、今後の曹友会と上級曹長のあり方などについて記念講話を行った。

祝賀会は、東北方面隊の「カラーガード」による演技でスタート。主催者あいさつのあと祝辞に立った山下名誉会長が「縦糸の最先任上級曹長と横糸の曹友会は表裏一体となって頑張ってほしい」と述べた。

引き続き、曹友連合会の25年度褒賞が行われ、中方のサックスフォン演奏、北方の軽音楽演奏、西方沖縄エイサーによる「祝いの宴」が演奏された。

大雪でP3Cなど6機被害

2月15日朝、神奈川県大和市にある日本飛行機の整備格納庫の屋根が雪の重みで大規模に陥没しているのが見つかり、定期修理中の自衛隊機6機が大きな被害を受けたことが分かった。

被害を受けたのは、いずれも海自機で、P3C哨戒機3機をはじめ、OP3C電子戦画像収集機1機、EP3電子戦情報収集機1機、UP3D電子戦訓練支援機1機。周辺建物にも大きな被害が出ており、近づくことが危険な状態という。

小野寺防衛相は18日の記者会見で「具体的な損害は明らかではない」とした上で、「写真を見た限り、かなり損害は大きいという印象だ」と述べた。

現時点で直ちに警戒監視活動などの運用に影響はないものの、大臣は各幕に今後の運用について速やかな対応を指示。詳細の判明後、具体的な補償等の検討をする考えを明らかにした。

「一つひとつ積み重ね、目に見える形で負担軽減策を実行に」と述べる武田副大臣（中央）＝2月19日、防衛省で

「目に見える形で実行を」

沖縄負担軽減推進委で副大臣

防衛省は2月19日、「沖縄基地負担軽減推進委員会」の第2回会合を省内で開き、米軍普天間飛行場（宜野湾市）の名護市辺野古移設に向け、米軍施設の早期返還や訓練移転などを進める二つの作業チームの進ちょく状況を確認した。

委員長を務める武田副大臣は、昨年末の仲井真知事による「普天間飛行場の5年以内運用停止」など4項目の要望について、「積極的に果たす努力を重ねる」と決意を示した上で、「一つひとつ積み重ね、目に見える形で負担軽減策を実行に移していくことが重要だ」と述べ、結果を沖縄県に示していく姿勢を改めて強調した。

同委員会の下には「普天間飛行場負担軽減推進チーム」（チーム長・真部朗防衛政策局次長）と「牧港補給地区返還推進チーム」（同・岡真臣地方協力局次長）を設置。普天間飛行場に配備されている垂直離着陸輸送機MV22オスプレイの訓練の約半分を沖縄県外に分散させることや、米軍牧港補給地区（浦添市）の7年以内の全面返還に向け、米側と具体的な調整に着手する。

会合は、前日の18日に官邸で安倍首相が出席して開かれた政府と沖縄県など地元自治体による「普天間飛行場負担軽減推進会議」の初会合を受けて開催された。

陸幕長8年ぶり訪露 ハイレベル交流再会

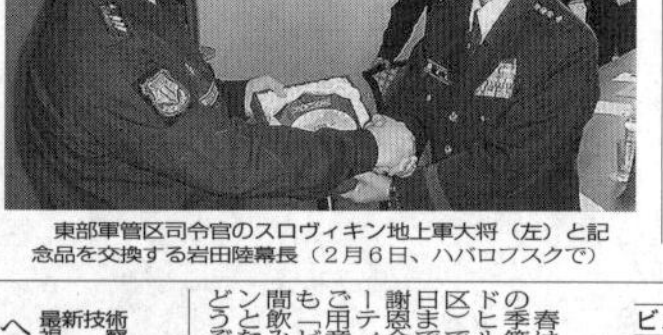

東部軍管区司令官のスロヴィキン地上軍大将（左）と記念品を交換する岩田陸幕長（2月6日、ハバロフスクで）

岩田陸幕長は2月2日から7日までロシア、9日から13日まで米国を相次いで訪問し、両国の陸軍トップらと会談、日米、日露の陸軍種間協力の深化に向け積極的に取り組んでいくことで一致した。

米国では陸軍参謀総長のオディエルノ大将や海兵隊総司令官のエイモス大将らと会談。幅広い分野での協力拡大を確認した。

一方、ロシアは陸幕長として8年ぶりの訪問。モスクワでは地上軍総司令官第1代理のレンツォフ中将、ハバロフスクでは東部軍管区司令官のスロヴィキン地上軍大将らと会談し、海を隔てて国境を接する陸自北部方面隊と露東部軍管区（司令部・ハバロフスク）との部隊交流をはじめ、多層的な交流を定例化させることで一致した。3月には北方総監が東部軍管区を訪問する。

「東部軍管区」は露軍が進めてきた軍管区の改編など大幅な軍改革に伴って2010年末に新編された。アジア太平洋から極東、シベリア東部を担任する。

こうした露軍の改革による混乱を受け、日露陸軍種間のハイレベル交流は2008年3月の露地上軍総司令官の訪日以来、途絶えていた。陸幕長は2月20日の記者会見で、今回のロシア訪問について「陸軍種協力の深化に向けた強い意志を相互に確認した」と述べた。

BMD特別訓練

海自と米海軍

海上発射型の「弾道ミサイル防衛（BMD）能力」を向上させるため、海自と米海軍は2月25日から28日まで、米海軍横須賀基地などで共同のBMD特別訓練を行っている。

海自からは松下泰士自衛艦隊司令官を訓練統制官に、同隊司令部、イージス護衛艦「こんごう」「きりしま」が参加、米海軍はロバート・L・トーマス第7艦隊司令官を訓練統制官に、同隊司令部、BMD搭載イージス艦などが参加している。

訓練はシミュレーション・システムを用いて行われ、発射された弾道ミサイルを早期に探知し、洋上でイージス艦がSM3対空ミサイルを発射してこれを迎撃するまでの戦術技量の向上や日米部隊間の連携強化を図る。同訓練は今回で4回目。

空幕長はシンガポールへ 最新技術視察

シンガポール空軍司令官のフー・チャー・マウ少将（右）と固い握手を交わす齊藤空幕長（2月11日、チャンギ・エキシビション・センターで）

齊藤空幕長は2月9日から12日までシンガポールを訪問した。フー・チャー・マウ同国空軍司令官の招待に応じたもので、10日にアジア太平洋安全保障会議に参加し各空軍参謀総長と意見交換。11日にはシンガポール・エアショーを視察した。

会議では「アジア太平洋地域の変化しつつある安保環境での空軍力の役割」をテーマに、講演やパネルディスカッションが行われ、空幕長は各国の参謀総長に対し日本の防衛政策、空自の取り組みについて説明した。

エアショーはチャンギ・エキシビション・センターで開催され、[illegible]

露艦艇、津軽海峡航行

2月22日午後4時ごろ、露海軍の「ウダロイI」級ミサイル駆逐艦（満載排水量8600トン、艦番号572「アドミラル・ヴィノグラードフ」）と「アルタイ改」級[illegible]ガズ級[illegible]のP3C[illegible]

この後、3隻は[illegible]に抜け日本海に入った。

共済組合だより

グラヒル ビュッフェ料理＆2時間飲み放題「春のパーティーパックプラン」

春は出会いと新たな出発の季節です。ホテルグランドヒル市ヶ谷（東京都新宿区）では、2月から5月末日まで、歓送迎会や同窓会、謝恩会など向けに「春のパーティーパックプラン」をご用意しています。いずれも「ビュッフェ料理＆2時間飲み放題」のお得なプランとなっておりますので、どうぞご利用ください。

「春のパーティーパックプラン」は20名様からの受け付けで、洋食ビュッフェ形式の「市ヶ谷の宴」が1名様4500円または5500円で、メニュー例としてオードブル盛り合わせ、鰆のポワレ、鶏胸肉のチーズ焼き、ローストポーク、カジキマグロのソテーなど料理12種類以上でご案内いたします。

また、[illegible]

3人の講師を招き「戦史に学ぶ講習会」

防衛基盤整備協会

防衛基盤整備協会（宇田川新一理事長）は3人の講師を招き、「戦史に学ぶ講習会」を開催する。防衛学基礎講習として開催するもので、今年度から実施している。今回が2回目。元防大教授の中山隆志氏が島嶼防衛作戦として「占守（しゅむしゅ）島の戦い」、元自艦隊司令官の香田洋二氏がシーレーン防衛作戦として「米英の対群狼作戦」、防大教授の源田孝氏が国土防空作戦として「バトル・オブ・ブリテン」について講演する。

[illegible]

チェーンを巻いたバケットローダーで日没後も除雪を続ける２施設団の隊員（２月16日、宮城県の丸森町で）

雪害で断水状態の孤立地域にミネラルウオーターを背負って運ぶ１特科隊員（２月16日、富士河口湖町の精進湖周辺で）

バケットローダーを使用して道路の雪を取り除く306施設隊員（２月17日、長野県佐久市で）

積雪で道路が埋もれた孤立地域で、除雪により歩道を確保する12後方支援隊員（２月18日、群馬県南牧村の草根地区で）

高齢者の住宅でストーブの修理を行う32普連の隊員（２月20日、埼玉県の皆野町で）

雪の壁 生活寸断

各地で集落孤立

2月14日から16日にかけ、関東甲信と東北地方を襲った記録的な大雪。この大災害で自衛隊は陸・空自隊員延べ約5060人を派遣し、雪に埋もれた車両からのドライバー救出や孤立住民の救助などに当たった。中でも1師団（練馬）は東京都と山梨、埼玉両県の要請に基づき、延べ約4000人を急派、空自救難隊ヘリ部隊と協同で孤立住民の救助に当たるなど、過去最大規模の雪害に対処した。15日から23日までの9日間に及んだ災派期間中、19日に陸自UH1ヘリに同乗し、山梨県早川町で展開された孤立住民救出の現場を見た。（横田大法記者）

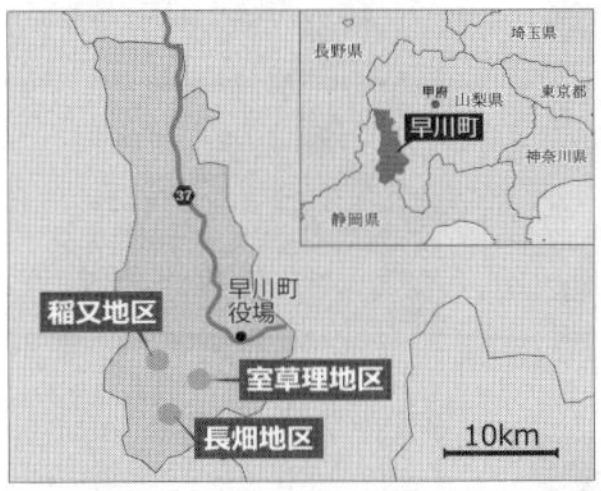

雪上に描かれた孤立者を示す赤い丸印（右下）上でホバリングし、救難隊員を降ろした空自救難教育隊員（2月19日、山梨県早川町の稲又地区で陸自中方航のUH1機内から撮影）

「山肌が見える場所は雪崩の跡です。まだ新しいです」――。報道陣に同行した東方総監部（朝霞）の隊員が指を差す。

激しかった雪が止み、青空が広がりつつある山梨県早川町の上空を飛行する中部方面航空隊（八尾）所属の陸自UH1多用途ヘリ。眼下には深い雪に覆われた山と平地が広がる。山腹の雪崩の痕が痛々しい。

雪上に着陸できるよう両脚に「スキー板」を取り付けたUH1は、この日午後1時15分、記者5人を乗せて朝霞駐屯地を山梨県早川町に向け離陸した。

2時50分、孤立住民の救助が要請されている稲又地区に到着した。雪に押しつぶされそうな家屋前の雪上に「赤い丸印」が見えた。これは先に到着した1特科隊（北富士）隊員が上空からも見えるよう赤色スプレーで描いたものだ。

UHクルーが空自ヘリの接近を知らせる。救助機をじゃましないようUH1は現場から離れて上空に待機。そこに右手から青黒い迷彩塗装の空自ヘリが現れ、「赤い丸印」にゆっくりと近づいていく。救難教育隊（小牧）のUH60J救難ヘリだ。

ローターによるダウンウォッシュで雪煙が周囲に広がる。同機が空中に停止すると、機体から救難員がするすると降下し、「赤い円」内に着地。根深い雪に苦労しながら救助者のもとに駆けていく。

巻き上げる雪煙を防ぐため、同機が一時的に現場を離れる間、隊員は救助者を連れて赤印の場所に戻った。合図するとUH60Jが頭上に接近し、隊員はホイストに身体を拘束すると救助者をしっかりと抱きかかえ、一緒に機内に収容されていった。陸・空協同による30分間にわたる人命救助のドラマだった。

その後、記者を載せたUH1は燃料補給のため3時40分、静岡県の滝ケ原駐屯地に着陸。約30分かけて補給し、朝霞駐屯地には5時に帰投した。

この日、空自ヘリは早川町の長畑地区で2人、室草里地区で3人、稲又地区で3人を救助し、町指定の避難所に空輸した。この中には95歳の女性もいた。

一方、地上でも5施設群（高田）が県道37号・南アルプス公園線を除雪し、開通させた。1特科隊は救難教育隊と協同し、3カ所で孤立住民の救助に当たった。

これら献身的な自衛隊の活動に、早川町役場職員は「自衛隊の救助活動に大変感謝している。おかげで県道も開通し、ライフラインの復旧もほぼ完了した。これからは雪崩の被害が心配されるので、そちらにも注意していきたい」と話していた。

山梨県下で災害派遣活動に当たっていた1師団は22日、横内正明知事からの要請を受け、同日10時30分に部隊を撤収させた。期間中の災派規模は延べ人員約2530人、車両約420両、航空機62機に上った。

灯油が足りなくなった被災地に向け、20リットル携行缶をCH47J輸送ヘリに搭載する入間ヘリコプター空輸隊の隊員（2月19日、立川駐屯地で）

災害派遣活動を終え、撤収を前に奥多摩町役場の女性職員から花束を受け取る１施設大隊の入来洋平１尉（２月21日、東京都の奥多摩町役場で）

西風東風

軍需企業の売上4・2%減
――米軍イラク撤退などで、2012年

スウェーデンのストックホルム国際平和研究所（SIPRI）が発表した「軍需企業トップ100社」の集計によると、2012年の売上高は3950億ドル（約40兆円）で、為替の変動の影響を除いた実質ベースで前年比4・2%減少、2年連続で前年を下回った。米軍のイラクからの撤退を機に、西側諸国で軍事費が大幅に削減されたことなどを反映した。

一方、ロシア企業は好調な輸出と、本国の軍事費の増大に支えられ、28・4%の高い伸びを示した。また、この集計には必要なデータ不足のため中国企業が含まれていないが、SIPRIは「国営防衛企業グループ10社のうち9社は100位以内に入るのは確実」としている。

100社のうち米国企業が42社、売り上げシェアで58%、欧州企業が30社、同28%と大半を占めるが、その他の地域の比率が年々高まっている。トップは米ロッキード・マーチン社、2位は米ボーイング社、3位が英BAEシステムズで変動はなかった。

防衛関連の中国企業グループ10社の総売上高は2680億ドルにのぼるが、それぞれが傘下に数百の多様な企業を抱えており、個別企業の内訳は不明。純粋な防衛関連の売り上げは2割強とみられている。

このうち4―6社はトップ20位に入り、中でも中国航空工業集団公司（AVIC）はトップ10入りの規模と推測されている。国内だけでなく、輸出にも力を入れており、現在はフランスに次ぐ世界第5位の武器輸出国になっている。

日本企業は三菱重工業が29位、NECが45位、川崎重工業が51位、三菱電機が55位、ディー・エス・エヌ（スカパーJSATグループ）が56位、IHIが76位と、6社がランキングしている。

また、韓国企業はサムソン電子など4社がランキング入りし、総売り上げも4・2%増と前年からほぼ倍増した。軍事的な緊張が高まっている東アジア地域の企業が好調を維持しているのが目立っている。

（ロンドン＝加藤雅之）

中型ヘリ「直20」配備へ
――島嶼奪還の利器

中国系香港紙、文匯報は、このほど、中国が10トンクラスの多目的軍用中型ヘリコプター「直20」の開発に成功したと報じた。機動性で米軍用ヘリ「UH60ブラックホーク」を上回る性能を持つという。中国軍の上陸や特殊作戦能力を向上でき、沖縄県・尖閣諸島をめぐる日中の争いで、中国側優勢を実現する利器となり得る。

直20は昨年12月、中国東北地区のある飛行場で初飛行に成功した。国有航空機製造会社の中国航空工業第二集団公司（北京市）が、広東省珠海市で開かれた2006年の航空ショーで、同クラスの多目的中型ヘリの模型を展示し、開発を始めたことが分かっていた。

中国軍のヘリコプターは、長らく種類不足が弱点で、近年の「直10」、「直19」の配備で偵察と攻撃用ヘリがようやく完備した。ただ、強襲用の輸送や後方支援などに幅広く使える多目的中型ヘリがなく、開発の動向が注目されていた。

同紙によると、米軍ではUH60シリーズが全ヘリの44%を占めるなど日米で主力。中国でも直20が、今後の多目的中型ヘリ開発のベースになるとみられる。

中国の装備の専門家、杜文龍・上級大佐によると、直20は今後「山、海、シリーズ化」の方向で発展するとみられる。「山」は、改良により従来型のヘリでは行けなかった3000メートル以上の高原地帯へ兵員、装備の輸送を可能にすること。強力なエンジンへの換装などが必要となる。

「海」は、護衛艦に搭載するタイプで、パトロール、対潜作戦、救援などに使えるよう改良する。機体を折り畳めるようにすれば、1隻に2機が積め、対潜能力が大きく向上する。

さらに重要なのはシリーズ化。杜・上級大佐は「陸軍、海軍の他、海軍陸戦隊（水陸両用部隊）へ直20をベースにさまざまな改良、改装が可能になる」と話している。強襲揚陸艦に搭載すれば、島嶼作戦へ投入できる。特殊部隊の低空での侵入や、事故の救援などでも活躍するという。

（香港＝中岡秀雄）

部隊だより

陸

八戸　小野寺防衛大臣がこのほど八戸駐屯地を視察した。丸幸二司令から概要報告を受けた大臣は9飛行隊格納庫で4地対艦ミサイル連隊と2対戦車ヘリ隊の装備品などを視察。さらにOH1観測ヘリにも搭乗した＝写真㊦。駐屯地全部隊を前にした訓示では「強い使命感を持ち、国民の期待と信頼に応えられるよう任務に精励を」と隊員たちを激励した。

神町　20普連は2月2日から10日まで、新庄市の最上公園で開かれた「新庄雪まつり」を雪像制作などで支援した。地主善章曹長以下21人の協力隊は時ならぬ雨の中、雪像制作に着手。その後も悪条件の下で作業を続け、雪像を完成させた。まつり当日の8、9日は多くの来場者があり、雪像を見学したり、隊員との触れ合いイベントを楽しんだ＝写真㊦。

大宮　駐屯地体育館でこのほど、「第24回駐屯地司令杯家庭婦人バレーボール大会」が開かれた。大会はトーナメント方式で行われ、近隣の15個チームが参戦。試合中は数々の好プレーが飛び出し、白熱した戦いが繰り広げられた。また、家族の応援にも力が入り、会場内は終始歓声が響き渡った。試合の結果、「OBSクラッカーズ」が7連覇を達成した。

板妻　援護室は2月13日、駐屯地で企業主との「就職援護懇談会」を行った。退職自衛官を雇用する企業主を招き、各部・中隊長らと意見交換するもので、最初に自衛隊の援護活動などが紹介された。その後、出席者たちは「企業が求める人材」「退職予定隊員への就職援護」「いかにして新卒者より抜きん出るか」など、具体的な内容について意見を交わした。

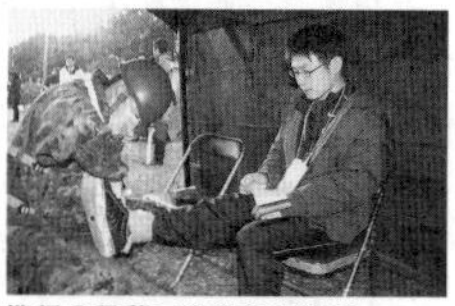

久居　33普連の衛生小隊員6人はこのほど、三重大学主催の「仮設診療所開設・運営訓練」に参加した。巨大地震が発生し、災害拠点病院の機能継続が不可能になった、との想定で実施され、隊員は三重大グラウンドに救護天幕を展張し仮設診療所を開設した。その後、被災患者の搬送など実践的な訓練が行われ、各防災機関との連携が図られた＝写真㊤。

仙台　凸版印刷OBで作る「トッパン友の会ウオーキング同好会」の25人が1月15日、駐屯地を訪れた。一行は防衛館で戦車をはじめ駐屯地の歴史、国際平和協力、災害派遣などの展示室を見学し、広報班長の説明を熱心に聞いていた。見学者は「貴重なものを見せていただいた。孫とまた来たい」「自衛隊について皆に伝えたい」などと話していた。

南恵庭　駐屯地は1月31日、体育館で「ジブチ共和国派遣隊員壮行会」を行った。協力団体の関係者も招き、全隊員で激励、任務完遂と無事帰国を祈念した。派遣隊員の警務隊南恵庭連絡班長の椎木靖之2尉は「必ず無事帰国する。必ず成長して帰ってくる。充実した派遣活動内容とする」と三つの約束で決意を語り、盛大な拍手を受け、アフリカに向かった。

北千歳　1特団の中級陸曹40人は1月11日から24日の間、北千歳駐屯地と北海道大演習場で「中級陸曹集合教育」を行った。精神教育、服務・防衛教養、戦術・戦闘訓練などを実施し、中級陸曹として必要な知識・技能の習得と資質向上を図った。参加隊員は「的確な状況判断が重要であることが再認識できた」と述べ、決意を新たにしていた＝写真㊨。

第36回あおもり冬まつり

青森5普連と「見て」「触れて」「食べた」

おいしい豚汁 かわいい「ねぶたん」

「雪のねぶたん、かわいー！」「アツアツの豚汁すごくおいしいね！」——。第5普通科連隊は2月1日から9日まで、青森駅周辺で開催された「第36回あおもり冬まつり」を雪像作りなどで支援した。

連隊の有賀義弘1曹（本部管理中隊）以下10人で編成した協力隊は1月27日から現地入りし、文化観光交流施設「ねぶたの家ワ・ラッセ」前で市のゆるキャラ3体の雪像制作を開始した。高さ約2メートルの「ねぶたん」などを隊員たちは丁寧に作り上げ、子供たちの反応を楽しみに当日を迎えた。

「ねぶたん」は青森の夏の風物詩「ねぶた」をイメージした男の子のキャラクターで「明るく元気」がモットー。さっそく多くの家族連れが訪れ、子供と一緒に雪像の前で記念写真を撮っていた。また、花笠をかぶったブタのキャラ「ハネトン」はかわいい出来だったため、こちらは女の子に人気が高かった。

会場では「東日本大震災での災害派遣活動」写真展も施設内で同時開催され、多くの人が来場。写真の前で足を止め、自衛隊の活動の様子に熱心に見入っていた。

そして最終日、連隊は炊事トレーラーを会場に持ち込み、豚汁を市民にサービス。厳しい寒さの中、豚汁の湯気と匂いがたちこめると「おお、豚汁だ！」とトレーラーの前にはすぐに長蛇の列ができた。隊員からアツアツの豚汁を受け取ると、みなおいしそうに舌鼓を打っていた。

用意した200人分は瞬く間になくなり、食べ終えた人からは「どうもごちそうさま。自衛隊の豚汁、とてもおいしかったです」とお礼の言葉があった。

青森市民は9日間にわたり「見て」「触れて」「食べて」郷土部隊・5連隊の隊員と交流を深めた。（青森）

行列を作って、熱々の豚汁を隊員から受け取る来場者

吹雪の中、豚汁の炊き出しをする5普連協力隊の隊員たち

子供たちに大人気だった「ねぶたん」㊤と「ハネトン」㊦の雪像

大津　駐屯地の滋賀県出身隊員は1月24日、滋賀県防衛協力会女性部から「激励袋」の贈呈を受けた。この行事は昭和34年、当時の同会婦人部が3自衛隊に勤務する滋賀県出身隊員を激励するために始めた。袋の中身はタオル、歯ブラシ、せっけんなどの日用品。隊員は激励袋を贈られ「より一層任務にまい進します」と身を引き締めていた＝写真㊦。

南スーダン　南スーダン派遣施設隊5次隊（中方主力の約400人）は1月29日、ジュバの宿営地内で「東京都知事選挙」の不在者投票を実施した＝写真㊧。臨時に設けられた不在者投票所では、隊長の井川賢一1佐を管理者に、第1科長、法務幹部の立会のもと、都知事選有権者4隊員が立候補者名を書いて投票した。投票用紙は直ちに日本に発送された。

海田市　13旅団はこのほど、原村演習場で「旅団武装走競技会」を実施した。競技会には136個分隊、約1600人の隊員が参加。小銃や個人装具を装着し、実弾射撃や患者搬送などもある3・3キロのコースを12人1組のチームでゴールを目指した＝写真㊤。各分隊は一致団結し仲間と連携しながら力走。競技の結果、46普連が価値ある2連覇に輝いた。

空

千歳　2空団基地業務群の新成人・川崎佳樹士長以下14人は1月、成人記念に基群のゆるキャラ「キグーン」の雪像作りに挑戦した。先輩たちに助っ人を依頼し、F104展示機の前に足場と木枠を作り、名人と言われるOBの助言も受け、3日間かけて重厚感ある雪像を完成させた＝写真㊨。現在も「キグーン」は鋭い眼光で基地内を見守っている。

市ヶ谷　空シス隊は2月18日、会津大学の山崎文明特任教授を講師に招き「サイバーセキュリティの現状と課題」と題した講話を実施した。パソコンなどシステム機器に潜む脅威やサイバー防衛に関する最新動向について説明を受け、情報通信専任部隊の要員としての見識を高めるとともに「第5の戦場」としての厳しい世界を垣間見た＝写真㊦。

岐阜　飛行開発実験団の堀口忠義1尉は1月30日、岐阜トヨタ自動車の情報誌「ヴィヴィ」の取材を受けた。記事は岐阜に関する人物にスポットを当てるコーナーで、元ブルーインパルス・パイロットの堀口1尉に白羽の矢が立った。堀口1尉は17日付で転入してきたばかりの多忙な身にもかかわらず快く取材を受け、空自や故郷岐阜への思いを熱く語った。

海

大湊　地方隊はこのほど、公正取引委員会東北事務所から講師を招き、「入札談合防止教育講習」を初めて実施した。北は稚内、南は八戸から調達関係職員約120人が出席し、「国民からの要請に基づく監視役」「入札談合に加担してしまう潜在的リスク」などについて専門家から説明を受けた。隊員たちは熱心に聴き入り、尊守の重要性を再認識した。

上用賀　東京音楽隊はこのほど、千葉県松戸市の森のホール21で定例演奏会を開催した。今回は「ソング・アンド・ダンス」と題してさまざまなジャンルの歌と踊りにちなんだ楽曲を中心に構成。テノール歌手の山本耕平氏をゲストに招き、ソプラノの三宅由佳莉3曹とコラボした＝写真㊤。会場に響き渡る2人の美声と音楽隊の演奏に大きな拍手が送られた。

呉　造補所貯油所の隊員は1月16日、海洋汚染防止のため東京都立川市の「海上保安試験研究センター」を研修。参加者は複雑な業務と充実した試験器材に関心を示し、意見交換会では貯油所が「作動油の汚染度評価」、センターは「海域に排出された油の分析」について発表を行った。双方が汚染防止業務に活用できる貴重な情報を得る研修となった。

佐世保　第16次派遣海賊対処行動水上部隊が1月15日、ソマリア沖・アデン湾での活動を終えて帰国した＝写真㊤。若宮防衛大臣政務官や家族ら400人が護衛艦「ありあけ」を出迎え、帰国行事で政務官は「国際的な公共秩序維持のため、日本の取り組みを世界に示すことができた」と乗員の労をねぎらった。同艦は現地海域で民間船舶116隻を護衛した。

大村　22空群は1月中、大村市の「かめりあこども園」の園児62人と「ふるまち保育園」の園児46人の基地見学支援を行った。基地に到着後、隊員に元気にあいさつした子供たちは、さっそくUH60救難ヘリや消防車を見学し、地上救難班作製のミニ消防車で放水も体験＝写真㊤。またブルーインパルスの紙飛行機を作って飛ばし、楽しい一時を過ごした。

南西諸島での潜水艦探知目指す

水中警戒監視システム

防衛技術

経団連・防衛生産委員会 『特報』で提言

経団連の防衛生産委員会はこのほど、潜水艦探知用「水中警戒監視システム」を特集した『防衛生産委員会特報』を発行した。日本沿岸で行動する外国潜水艦に対処するため、「あらゆる手段を講じて（日本は）水中における優位性を確実に維持することが重要」とし、同時に東アジアの「周辺国を刺激しないＡＳＷ（対潜戦）用水中警戒監視システムを目指すべきだ」と提言している。

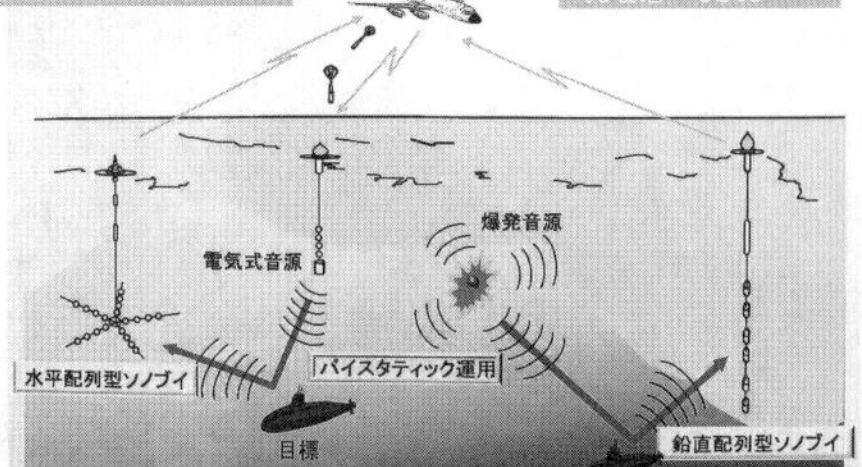

技本、海自も研究開発

サブタイトルを『水中警戒監視システムの動向』とする同誌（第284号、110ページ）は、執筆を防衛技術協会研究員や防衛企業技術者が担当。巻頭で防衛生産委員会の続橋聡事務局長が「近年、我が国の周辺海域が頻繁に周辺国からの干渉を受けるなど、海洋安全保障上の問題が生じている」とし、水上艦や航空機に比べ監視が困難な潜水艦について、「あらゆる手段を講じて水中における優位性を確実に維持することが重要」と記している。

本文は「我が国の水中ISR（情報収集・監視・偵察）の在り方」をテーマに、従来システムや各国の動向、米国の「SEAWEB（海グモの巣）」など最新のASWシステムを紹介。

米ソの冷戦期、西側はハイドロフォンを付けた水中ケーブル「SOSUS（Sound Surveillance System）」を海底に敷設し、ソ連潜水艦の探知に当たっていた。だが、この方式は海域が限定され、設置費用が高く、また攻撃に弱いことから、現在は所要の個所に短時間に設置でき、かつ安価な水中ネットワーク方式が主流となりつつある。

そこで同誌では、米軍の「SEAWEB」を特集。これはP3C哨戒機などにより短時間に多数のソノブイやUUV（無人航走体）を投入し、音響通信による水中ネットワークを構築するもの。探知した潜水艦の音波情報などは海面にアンテナを出した「ノード（ネット接合点）ブイ」を介してP3Cや通信衛星に向けて送信される。

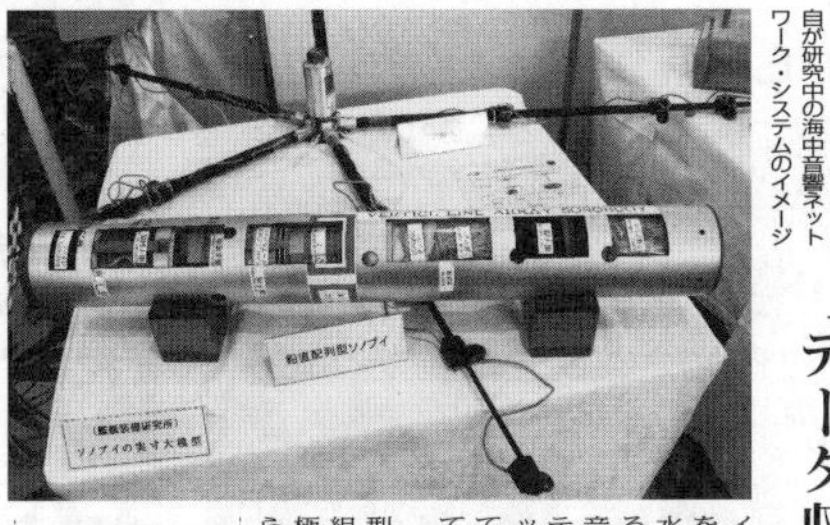

日本版「SEAWEB」構築を目指し、技術研究本部と海自が研究中の海中音響ネットワーク・システムのイメージ

周辺国刺激しない配慮必要

「データ収集」に最適な海域

ソノブイは「鉛直配列」型、「水平配列」型などを組み合わせ、迅速に位置を極限できるように配置。さらに潜水艦の追尾もできるUUVが加わり、「SEAWEB」が構成される。

潜水艦がこの「網」にかかると、エンジン音やスクリュー音はノードを介して直ちに哨戒機などに伝えられ、潜水艦の位置・深度・速力などが解析される。有事であれば、護衛艦や航空機から目標に向けアスロックや魚雷が発射される。

米軍の「SEAWEB」は現在も進化中で、味方潜水艦やUUVとも音響通信で結び、システムはより高度になっている。これまで米海軍は北極海やメキシコ湾などで40回以上にわたり試験を実施し、システムはすでに実用段階にあるとみられる。

展開すると傘の骨のような形となる「水平配列型ソノブイ」（奥）と従来の「鉛直配列型ソノブイ」のカットモデル（技本シンポジウムで）

同誌によれば、「SEAWEB」は「準備に5日、展開に1日、機材の起動～最適化に数時間」で構成が完了し、その後「90日間」にわたり警戒・監視ができるという。

なお、防衛省技術研究本部と海上自衛隊も同様のシステムの研究開発を続けており、こちらはP1哨戒機の就役に合わせて実用化が図られる計画だ。

同誌では「第1列島線を通過する潜水艦を平時から常続的に水中警戒監視できるシステム構築が重要。（我が国は）周辺国を刺激しないようにすることも配慮が必要で、それに対応できるシステムを目指すべきだ」と述べている。そして「南西周辺海域は潮流が速いのが欠点だが、海底地形は比較的単純で、潜水艦に関するデータ収集には最適な海域である」と結んでいる。

技術が光る >23<

Nikon1 AW1 ニコン

タフな水中カメラ

世界初

水深15メートルで撮影可能

耐衝撃レンズ交換デジカメ

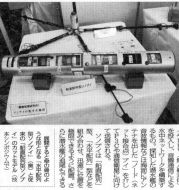

水路潜入偵察や水陸両用戦に使えるタフな水中カメラはないのか――。

これまで水中カメラと言えばプロ向けの高価な一眼レフか、レジャー用の簡易なものだけ。どんな天候、場所でも偵察活動を行わねばならない隊員にとって、土砂降りでも波打ち際でも故障を気にせず使えるカメラはなかなかなかった。

そんな中、水深15メートル、氷点下10度でも使える「防水・耐衝撃レンズ交換式カメラ」が発売された。ニコンの「Nikon1 AW1」がそれだ。

潜水艦の潜望鏡メーカーが作ったカメラだけに、細部にわたり高品質で、かつ頑強。レンズ交換式のため、陸上ならマウントアダプターを介して豊富にある既存のニッコールレンズが自在に使える。

「AW1は世界初のレンズ交換式水中カメラです。水中撮影のほか、ヨットやスキーなどアウトドア全般に使えます。岩にぶつけても壊れない構造なので、ロッククライミングなどにも最適です」とニコンプラザ銀座（東京都中央区）の女性担当者は話す。

AW1は幅113×高さ72×奥行38ミリで、重さはバッテリーなどを含め356グラム。専用の水中撮影用レンズは現在、11～27・5ミリ（35ミリレンズ換算で30～74ミリ）ズームなど2種類ある。

カメラ本体マウント部とレンズ接合部にはそれぞれOリングやシーリングゴムが組み込まれ、水や埃を完全にシャットアウト。

ボディーは塩害に強いステンレス製で、2メートルの落下に耐える。バッテリー／SDカードなど開口部はダブルロック式で、使用中に誤って開いたりしないよう配慮されている。飛び出し式のフラッシュは水中でも使える優れモノだ。

AW1では、厚手の手袋をしていても操作できるよう、特別の機能を搭載。その一つが「アクション操作」で、ボタンを押しながらカメラを傾けると撮影モードが切り替えられる。

また、「狙った一瞬」を逃さないようオートフォーカス追従機能も高性能で、「1秒間に約15コマ、連続最大22コマ」の撮影が可能だ。動画（フルHD）も「秒400コマ／秒1200コマ」で撮影でき、スローモーション機能を使えば「秒30コマ」で再生できる。これにより肉眼では見えなかった動きの速いものも再生して確認できる。また動画撮影中にシャッターボタンを押せば、中断することなく写真も撮れる。最大有効画素数は1425万画素で、写真を大きく引き伸ばすことで画像解析にも威力を発揮する。

水深15メートルで撮影できる防水・耐衝撃タイプのレンズ交換式カメラ「Nikon1 AW1」（ニコンイメージングジャパン提供）

このほか、カメラには電子コンパス、GPS機能、高度計、水深計も付属し、撮影時のデータも残せる。

AW1は、高速ボートで着上陸する部隊や雪中行軍中の隊員たちを至近距離から撮影できるため、陸自の広報用カメラとしても威力を発揮しそうだ。

世界の新兵器 462

広域防護システム「EAPS」 米

飛行場や基地の防衛用に配置

米国のロッキード・マーチン社は2013年から「EAPS（Extended Area Protection & Survivability）」と呼ばれる小型対空ミサイルを使った広域防護システムの試験を実施している。EAPSは、飛行場や基地などに向けて発射されたロケット弾や砲弾、迫撃砲弾などを探知し、これを空中で破壊する対空兵器で、別名「C-RAM（Counter-Rocket, Artillery and Mortar）」と呼ばれている。

EAPSの対空ミサイルは長さ750ミリ以下、胴体径70ミリ以下、質量3キロ以下で、飛んでくるロケット弾や砲弾に向けて地上から発射された後、弾頭部の電波シーカー（セミアクティブ誘導）で目標を捕捉し、距離2・5～3キロで迎撃する。

弾頭部に炸薬は搭載されておらず、目標を直撃し、その運動エネルギーだけで破壊するため、爆発による副次的被害は生じない。実射試験でEAPSは硬い迫撃砲や火砲の弾殻も打ち破れることを実証した。

発射されたロケット弾や砲弾を迎撃する「EAPS」の対空ミサイル（米ロッキード・マーチン社のHPから）

EAPSのシステムは、15発のミサイルが装填された発射機、通信システム、電子機器などで構成されたコンテナ収納式発射ユニット（CLU）からなる。CLUは米軍の高機動車「ハンヴィー」で輸送でき、大型の重高機動戦術トラック（HEMTT）なら1台にCLUを3セットと405発のミサイルが積める。

角錐状をした火器管制レーダーは、全周はもちろん、地平から天頂までの空域をカバー。同レーダーを中型戦術トラック（MTV）に、CLUを「ハンヴィー」に搭載すれば、C130輸送機でシステム一式を空輸可能だ。

EAPSの開発では、初期の設計段階から価格抑制が考慮され、ミサイル単価は1発1万6000ドル（約165万円）以下を目指している。

柴田 実（防衛技術協会・客員研究員）

海外

中国の高高度無人機

中国が新たに開発した高高度無人機「翔龍」とされるUAVの映像が昨年末から中国のインターネットに流れている＝写真。同機は米軍の「グローバルホーク」に相当する大型偵察機で、米空母を狙う対艦弾道ミサイルの誘導にも活用されるという。

「翔龍」は全長14メートル、全幅25メートル、最大離陸重量7・5トンで、巡航速度約700キロ、飛行時間は10時間。最大の特徴は機体強度を高めるため主翼と水平尾翼をつなげた「結合翼」を採用していること。就役後は東シナ海の偵察にも投入される見込み。

国内

技本はステルス戦闘機の隠密性を高めるため、シート型・塗料型の「電波吸収体」の研究を行っている。機体表面に装着される電波吸収体は厳しい耐環境性が求められ、試作品を使って柔軟性、耐振動性、燃焼性などの試験が実施された。

技術屋のひとりごと

GOTSからCOTSへ 越智 斉

昨今のシステム開発について思うことは、コンピューター技術の進歩の速さであり、そのライフサイクルの短さです。十数年前、艦艇システムで使用するコンピューター等は、運用目的に合致するように専用化された製品が使用されていました。しかし、民間におけるコンピューター技術の急速な進歩、またオープンシステム化の推進等により、専用化された製品より能力が上回り、なおかつ安価なため、艦艇システムにおいても汎用化された技術の活用にシフトしてきました。

民生技術の活用、すなわち「COTS」の適用です。旧来の専用化された技術を、このCOTSに対比して「GOTS（官製技術）」と呼んでいます。艦艇システムもGOTSの時代からCOTSの時代に変わり、現在に至っています。

GOTSを適用したシステムの開発においては、コンピューター・アーキテクチャー（CA）は不変であり、機能の向上を目指すのみであったものが、COTSを適用したシステムでは、CAの構築から始まり、運用時におけるCOTS製品の製造中止等によるCAの変更を行う必要があります。そのため、COTSの現状と将来の動向および技術情報の把握が必須となっています。

艦艇システムは、長期にわたり運用されるシステムであり、短命なCOTS技術とどう向き合うかが現在の課題です。そのため、予算の削減が求められる情勢の中、開発から運用、廃棄までのライフサイクルコストを勘案し、残すべき技術、変えるべき技術の見極めが重要であり、すべてをCOTS化するのでなく、あえてGOTSとして残すことも必要であると思います。

（海自艦艇開発隊技術調整官、技官）

ひろば

弥生、桜月、早花咲月、晩春――3月。3日ひな祭り。7日消防記念日。8日国際婦人デー。14日ホワイトデー。20日春分の日。23日世界気象デー。

鹿島神宮祭頭祭　茨城県鹿島市の鹿島神社で五穀豊穣祈願や防人の出発・帰還を再現したとされる祭り。甲冑姿の大総督に扮した男児を先頭に約300人が隊列を組み、参道で鳴り物にあわせ演舞を舞う。　9日

おいで祭　石川県羽咋市の気多大社を起点に行われる伝統行事。大国主大神が北陸道開拓の基礎を築いた故事にちなみ、神馬を先頭に正装の宮司ら50余人が2市2郡300キロを5泊6日で巡行する。　18～23日

日常を忘れ、無我の境地に

写経で〝断捨離〟

ため込んだものを手放し気持ちを整理

仏教の修行のひとつで、経典を書写する「写経」。成田山東京別院深川不動堂（東京都江東区）では3年ほど前から徐々に写経に訪れる人が増えている。男性は1人で、女性は3～4人のグループが多く、中でも30代から40代の女性が多いという。

「日常生活はインプットで、写経はアウトプットです」と話すのは僧侶の佐藤宥啓（ゆうけい）さん。

「私たちは普段、日常で多くの情報を得ます。その中には必要のないものも含まれ、それをため込んでいます。その取り込み過ぎたものを手放す時間が写経です」と説く。写経をして「無」になり、客観的に自分を見つめる時間をつくることで、気持ちの整理ができ、軽くなるという。つまり、心の断捨離だ。

堀座席に腰を落とし無心に写経に打ち込む星里美記者（2月18日）

深川不動堂の写経道場。15席あり、週末は1日に約20人が訪れる。

同寺院の写経は一般的な「般若心経」で、写経料は2000円。写経道場では筆や硯（すずり）などの必要な用具が準備されており、手ぶらで訪問できる。掘座席のため正座に自信がなくても安心だ。

写経には作法があり、初めての場合は、写経前に粉のお香で心身を清める「塗香（ずこう）」やご本尊に真言を唱え3度合唱する「三礼（さんらい）」などを僧侶から教授される。

写経は手本の上からなぞって書く。最初のうちは「なぞる」ことに意識が向くが、進めていくうちに無心になり、時が経つのを忘れ没頭していく。所要時間は約2時間。非日常の時を味わうことができる。

同寺院では、写経数が50回目と100回目、以後100回ごとに書き上げた写経を額装して贈呈される。参加者の最高齢は96歳の女性で、その回数は3000回に達するという。

以前は寺院内の看板などの案内を見て始めるのが主流だったが、現在はホームページ（http://fukagawafudou.gr.jp/）を見て直接訪れる人が多いという。

写経ができる寺院は全国にあり、参加費や作法はさまざま。日常を忘れ、無我の境地を体感してみてはどうだろう。

（星里美）

マイヘルス Q&A

中高年の気管支喘息

感染症などが引き金に

治療はステロイド吸入

Q　気管支喘息は中高年で初めての発症もありますか。

A　小児では乳児期に発症が多く、成人になるにつれて自然に改善した後に再燃して出てくることがありますが、それとは別に、小児喘息の既往がなくても成人での初発例は珍しくなく、中高年の発症は多いと言われています。その場合、風邪などの感染症が引き金になることがよくあります。

原因として、ダニやハウスダストなどのアレルギーが原因のこともありますが、原因物質が特定できないものもあります。環境要因と遺伝要因の相互が作用すると言われており、家族内に喘息の方がいた場合、発症リスクは高いようです。

風邪をひく度に咳症状が長引く方は、気管支喘息ではないか診てもらうことをお勧めします。夕方以降や明け方に咳が出やすかったり、あるいは1年のうちである季節になると症状が出やすくなったりするのも特徴のひとつです。

Q　気管支喘息と診断されたら、咳や苦しい時に薬を使うのですか。

A　気管支喘息の病態は、肺の中で枝分かれした小さな気道の慢性炎症です。炎症により気道が過敏となって咳となり、気道の内腔が細くなって空気が通りにくくなり、コロコロした粘っこい痰が出るようになります。

息苦しいという症状がないときでも、炎症は慢性に続いていることが多いので、知らないうちに気道の粘膜や平滑筋が厚くなって、気道がいっそう細くなり、薬も効きにくくなっていきます。

そのため、自覚症状がない時でも炎症を取り除く継続的な治療が必要であり、その基本はステロイドというホルモン剤の吸入療法となります。

Q　ステロイドの副作用が心配では。

A　内服するのと違って吸入により直接気道に作用させるためステロイドは微量で済み、全身の副作用はほとんどありません。

吸入後、しっかりとうがいを励行することにより局所的な副作用も避けることができます。

このステロイドの継続した吸入により喘息が安定してくると、低用量の吸入でも、風邪を引いても喘息症状が出なくなるという予防的効果がでてきます。

無症状が続くと薬を切ることも可能となりますが、その判断は自分ではなさらずに主治医とよく相談されることをお勧めします。

自衛隊中央病院呼吸器内科　鈴木　信哉

割烹着がブーム

小保方さん効果？　売り上げ倍増

万能細胞「ＳＴＡＰ細胞」を作り出すことに成功した小保方晴子さんが着ていたことで再び注目されている割烹着。ＮＨＫ朝のテレビ小説「ごちそうさん」やベルリン映画祭で銀熊賞を受賞した山田洋二監督作品「小さいおうち」の後押しもあり、割烹着メーカーからはうれしい悲鳴が上がっている。

「神楽坂えん」では割烹着美女が迎えてくれる

一番人気は白

楽天市場の「割烹着ランキング」で1位に輝くのは、「京都きもの町」の割烹着（3880円）。レースなどのついていないシンプルなタイプのものだ。

担当者の川崎さんは「最近のブームを受け、楽天市場では〝割烹着〟のアクセス自体が伸びているそうです。当店でも売り上げ、問い合わせとも増えています」と話す。

色は8点で、白いものがダントツで売れている。「着物と合わせやすいこと、何より清潔感があるのが理由だと思います」。

次いで人気がある色は紺やピンクで、一番売れない色は黒なのだそう。

最近は和装が若い女性の間で流行しており、同店では特に大正レトロ柄の着物が人気。それに合わせて伝統的な白い割烹着の需要が高まっているようだ。

江戸情緒の残る東京・神楽坂にある和食ダイニングバー「神楽坂えん」は、従業員の女性が和服に割烹着姿で出迎えてくれることで人気だ。

女将の坂本美智子さんは割烹着のよく似合うたおやかな女性。「私自身は、和服だと袖が邪魔ですので、利便性を考えて着ています」ときっぱり話す。「若い子の割烹着姿は新鮮な感じでいいですよ」。

客は年配の男性がほとんどという。「（割烹着は）お客さんから〝おふくろを思い出す〟とか〝落ち着ける〟と好評ですね。最近はやはり小保方さんブームもあって、反応が大きくなっている気がします」。

家庭的な料理が中心で、特に味の染みた関西風おでんが自慢。「割烹着を着ると、気持ちが引き締まります」。

男性にもひそかなブーム。「最初は冗談かと思いましたよ」と話すのは、メンズ割烹着を販売する「福本繊維」の店長。

「男性用割烹着はありませんか？」という問い合わせが何件もあったことから、男用白割烹着（1680円）の販売に踏み切ったという。

「ボタンをはずしたり、留めたりする手間が掛からず、かぶるだけなので、調理するときなどにラクチンだと好評です」と話す。売れ行きも好調で、同店では割烹着全体の売り上げが4～5倍に伸びているという。

「割烹着には大和魂が宿っていると思います。ぜひ自衛官の皆さんに着ていただいて、〝割烹着男子〟ブームを盛り上げていただきたい」

かつて〝昭和のお母さん〟の象徴だった割烹着。日本人を魅了してやまない何かがそこにはある。ブームがどこまで続くのか注目だ。

隊員愛読書ベスト5

＜入間基地・豊岡書房＞
- ❶永遠の0　百田尚樹著　講談社文庫　￥920
- ❷最後のゼロファイター　井上和彦著　双葉社　￥1365
- ❸ヒコーキ写真テクニック　イカロス出版　￥2100
- ❹世界の傑作機No.159ヤコヴレフYak-25／Yak-28　文林堂　￥1200
- ❺ビブリア古書堂の事件手帖5～栞子さんと繋がりの時～　三上延著　メディアワークス文庫　￥599

＜防衛省・三陽堂＞
- ❶知の武装　手嶋龍一・佐藤優著　新潮新書　￥798
- ❷迷わない。　櫻井よしこ著　文春新書　￥840
- ❸聞く力　阿川佐和子著　文春新書　￥840
- ❹自律神経を整える「あきらめる」健康法　小林弘幸著　角川書店　￥820
- ❺海賊とよばれた男（上・下）　百田尚樹著　講談社　￥1680

＜神田・書泉グランデミリタリー部門＞
- ❶航空母艦「赤城」「加賀」　大内建二著　潮書房光人社　￥800
- ❷ドイツ駆逐艦入門　広田厚司著　潮書房光人社　￥924
- ❸WW2イタリア軍用機入門　飯山幸伸著　潮書房光人社　￥830
- ❹まりんこゆみ（2）　野上武志著　講談社　￥1008
- ❺アプリ攻略大全vol.2　鎮守府防衛隊著　晋遊舎　￥840

＜トーハン調べ1月期＞
- ❶長生きしたけりゃふくらはぎをもみなさい　槙孝子著　アスコム　￥1155
- ❷人生はニャンとかなる！　水野敬也・長沼直樹著　￥1470
- ❸ポケットモンスターX・Y公式ガイドブック完全ストーリー攻略ガイド　元宮秀介＆ワンナップ著　オーバーラップ　￥1260
- ❹面倒だから、しよう　渡辺和子著　幻冬舎　￥1000
- ❺人間にとって成熟とは何か　曽野綾子著　幻冬舎　￥798

BOOK NOW　私が読んだ　この一冊

OJTソリューションズ著「トヨタの片づけ」（中経出版）
陸自第10特殊武器防護隊（守山）
佐々木歩3陸尉　25

本書はトヨタ社の元プロジェクトリーダー等の知見をまとめた一冊であり、「片づけは成果を出すためのビジネスツールである」と述べられています。

「5S（整理、整頓、清掃、清潔、しつけ）」のような理念から始まり、具体的な実践例、さらに発展した「そうじしないですむ仕組みを考える」まで順々に書き記されています。

単なる倉庫やデスク周りの整理に限らず、統率の参考になる事項も含まれていますので、一読をお勧めします。

中条高徳著「おじいちゃん戦争のことを教えて」（小学館文庫）
海自第2航空群第2航空隊第22飛行隊（八戸）
屋宜純平1海尉　31

著者は陸軍士官学校在校中に太平洋戦争の終戦を迎えています。その経験を基に自らが生きてきた時代を振り返り、終戦直前から現在に至るまでの近現代日本の流れを、高校生である孫娘からの質問に答える形で分かりやすく系統立てて記述しています。

この本を通して心の奥底から日本人としての誇りが湧き上がるような感動を覚えました。国防に携わる者だけでなく、日本国民すべてに読んでもらいたい一冊です。

松下幸之助著「道をひらく」（PHP研究所）
中警団中防管群警戒通信隊（入間）
高宮真由美3空佐　36

「自分だけしか歩めない大事な道ではないか」帯の言葉に惹かれ手にした。

自衛隊生活も約10年たち、家族を持ち、生活スタイルが変化。生き方に迷いが生じた時に、この本に出合った。人、組織、国の道等について短いエッセーが綴られており、読みやすい。

著者は、電機メーカーパナソニック創始者の松下幸之助氏。皆、道に迷うことがある。この本は、自分だけの道をひらくことを後押ししてくれる。ぜひ、一読していただきたい。

明治天皇がフェルディナント皇太子に贈る

村田銃 100年ぶり目覚め

明治天皇からフェルディナント皇太子に贈られた「村田銃」を持つ発見者のペッヒャー陸軍准将（1月31日、オーストリア・ウィーンの「世界博物館」で）

明治天皇がオーストリア＝ハンガリー帝国のフランツ・フェルディナント皇太子（1863～1914年）に贈った「村田銃」が今年1月、ウィーン市内の博物館の地下倉庫で100年ぶりに発見された。皇太子が世界一周旅行から持ち帰った貴重品の一つで、木製の化粧箱に入った状態で無傷で見つかった。サラエボで皇太子夫妻が暗殺されたのを機に第1次世界大戦が勃発して以降、忘れ去られていたものとみられる。日本の歴史に造詣の深いオーストリア陸軍のハラルド・ペッヒャー准将（57）が探し出した。

オーストリア 准将が"発掘"

ペッヒャー准将によると、見つかったのは当時最新鋭の「22年式村田連発銃」で製造番号は「61362」。銃弾と銃剣も付属していた。22年式は1889（明治22）年から10年間にわたって約15万丁が製造されており、この銃はフェルディナント皇太子が約1年間に及ぶ世界一周旅行の途上で日本に立ち寄った1893（同26）年夏、明治天皇から賜った品という。

日本を訪れた1893年夏、随行者らと浴衣を着てくつろぐフェルディナント皇太子（手前中央）＝ウィーンの「世界博物館」所蔵、ペッヒャー准将提供

所蔵していたのは、ウィーン歴史地区の新王宮（Neue Burg）内で長年、市民から親しまれてきた「民族学博物館（Museum für Völkerkunde）」を前身に、昨年、同所に新しくオープンした「世界博物館（Weltmuseum）」。皇太子の暗殺後、村田銃は所蔵リストから外され、木箱に入れられたままの状態で放置されていたものとみられる。

同博物館は皇太子が世界旅行から持ち帰った美術品などのコレクション約1万点を所蔵。今年4月には、サラエボ事件100周年を機に皇太子をしのぶ展示「Franz is here!（フランツはここ！）」を開催予定で、ペッヒャー准将は開催に向けて品目整理などの準備を進める関係者の協力を得て、一般には公開されていない所蔵庫への立ち入り調査を許された。

今回見つかった「22年式村田連発銃」は当時、欧州各国で採用され始めた連発式軍用銃を研究するため、1889年に再渡欧した村田経芳（むらたつねよし）陸軍大佐によって設計、製造された。従来の黒色火薬に代わって軍用銃で初めて無煙火薬を使用した小口径の8ミリ弾と、銃身下部にある8発収容の管状弾倉が特徴だ。

昨年、防大の客員教授として来日したペッヒャー准将は、12旅団長の冨樫勝行陸将補の招きで相馬原駐屯地を訪れ「オーストリア＝ハンガリー二重帝国と日本との軍事関係史」について講演。その際、小貫章嗣1尉（旅団通信課）から恩賜銃の行方を聞かれたことがきっかけで、帰国後、村田銃の"捜索"を開始した。

ペッヒャー准将は、日本にスキーを伝えたレルヒ少佐に関する研究をはじめ、日本の戦史、防衛産業に関する著書で知られる日本通。かつてオーストリア防衛駐在官を務めていた冨樫旅団長とは旧知の仲で、准将は「サラエボ事件、2度の大戦、冷戦をくぐり抜け、忘却の彼方からよみがえった村田銃に不思議な縁を感じる」と顔をほころばす。

冨樫旅団長は「ウィーン駐在時はボスニア・ヘルツェゴヴィナ防衛駐在官も兼務しており、サラエボ事件の現場を通って国防省を訪問していた。今回、村田銃発見のお手伝いができたことに喜びと運命を感じている」と話している。

源田孝・防衛大学校教授の話　22年式村田銃は初めてヨーロッパの水準に到達した国産小銃で、日本陸軍が軍用小銃の統一化を達成する契機となった記念すべき小銃。後の30年式歩兵銃、38式歩兵銃、99式歩兵銃の基礎となった。来歴が明白で保管状態が良いことからその歴史的価値は高い。皇太子の訪日は、海軍を有したオーストリア＝ハンガリー帝国の極東での存在感を高める狙いがあった。

感謝の「夢待桜」植樹

市ヶ谷記念館前 「懸命な活動、励まされた」

伊豆大島の高校生

市ヶ谷記念館の前に植樹した桜の苗木を囲んで記念撮影する若宮政務官（中央）と大島高校の生徒たち（2月22日、防衛省で）

昨年10月の台風26号で甚大な被害を受けた伊豆大島で捜索・救援活動に当たった自衛隊に、感謝の気持ちを伝えたいと2月22日、都立大島高校の生徒9人が同島の全学校を代表して防衛省を訪問し、若宮政務官に桜の苗木を贈呈、全員で記念植樹を行った。

訪れたのは、同校生徒会長を務める武田結海さんら、自宅が被害を受けた生徒を含む2年生4人と1年生5人。武田さんは「自衛隊の方々は昼夜を問わず、不明者の捜索や土砂の撤去作業を行って下さいました。雨が続く中で一生懸命、大島のために作業して下さる姿に自分たちも頑張ろうと励まされ、自分も他の人の役に立てるようになりたいと思うようになりました」と感謝の言葉を述べた。

続いて荒木新也君と水沼芳春君が同島の小中高計8校からの色紙26枚と感謝のメッセージが書かれた模造紙を、鈴木希惟君が大島高校農林科の生徒が育てた苗木を若宮政務官に贈呈した。

桜は伊豆大島で開発された冬に咲く「夢待桜」という珍しい新品種。同校が接ぎ木をして繁殖させるプロジェクトを展開中で、自衛隊と伊豆大島の絆の象徴として、市ヶ谷記念館前に植えられた。

懇談では、未だに残る被害の爪痕や「ダンプや重機が足りず、操作できる人の数も少ない」などの現状が生徒から報告された。これに対し、若宮政務官は島の復興に向けて全力を尽くすことを約束。「次の時代は自分たちが作り上げていくんだ、という気持ちで頑張って下さい」と激励した。

引率した務台（むだい）未来教諭は「生徒の発案で訪問が実現した。これを機に災害のショックから立ち上がってほしい」、藤原成一教諭は「感謝の気持ちが伝えられてよかった」と話していた。

埼玉高速鉄道と消防署

空幕1佐に感謝状

心肺停止の男性救う

空幕警務管理官の脇田健一1佐（47）は2月19日、人命救助の功績で、埼玉高速鉄道（SR）と川口市南消防署から感謝状を贈呈された。

脇田1佐（右）と近藤SR社長

脇田1佐は1月16日午前7時10分ごろ、SR鳩ヶ谷駅に停車中の電車内で心肺停止状態で倒れた男性を見つけ、心肺蘇生措置を施した。脇田1佐とともに救助にあたったSR鳩ヶ谷駅務助役の原裕史さん（32）、指導駅務係の釜山純一さん（30）、駅務係の中村友美さん（25）にも消防署から感謝状が贈られた。

表彰はSR鳩ヶ谷駅会議室で行われ、川口市南消防署の浅倉秀之署長が4人に感謝状を贈り「第一発見者、第一対応者の勇気ある行動と連携で尊い命が救われました」と謝意を表した。続いて近藤彰男SR社長が脇田1佐に感謝状を贈った。

脇田1佐は昨年12月まで1術校（浜松）で第1教育部長として勤務。部員とともに基地外での航空機の墜落を想定した野外、水上救難訓練を計画し、救命訓練を行っていた。

脇田1佐は「『もしもしかめよ』（唱歌「うさぎとかめ」の一節）のリズムで心肺蘇生を行うことが重要だと（部員に）指導していたので、駅でも実際に声を出した。男性が無事に社会復帰を果たしたことが何よりうれしい」と話した。

悩むより笑った方がパワーつく

防衛省版「サラ川」優秀作決まる

ドーランを落して冷や汗即メーク（アラフォーWAC）

「せんにん」ってすごいあだ名をつけるのね（新米女子隊員）

入隊のパンフで行けば今は2佐（春峰）

第一生命が主催する「第27回防衛省版サラリーマン川柳」の優秀作品3作がこのほど決まった。40歳前後の女性隊員とベテラン隊員たちの悲哀、新人ならではの勘違いをユーモアたっぷりに表し、自衛官として勤務する"時間"を感じさせる3句が選ばれた。

選考会は1月30日、東京都千代田区の第一生命本社で行われ、防衛省・自衛隊の各広報担当者8人が参加した。総応募数2073句から同社が1次選考した90句を対象に、防衛省・自衛隊ならではの独自性、客観性、共通性などを基準に優秀3、優良5、良好30の計38句が選ばれた。

優良作品は次の通り。

通信機「電源入れろ」とメールする（ケータイ命）

自衛隊ドラマみたいな恋したい（七色とうがらし）

顔よりも先に目が行く階級章（じゅん）

不都合な無線だけが「感悪し」（通信太郎）

発言力俺は小銃妻大砲（家庭版NSC）

無免許知りながら同情 車を貸したら懲役にも

無免許運転の幇助とは、どのようなことですか？

こちら警務隊 ☎8・6・47625

無免許運転の幇助とは、運転者が無免許（免許停止・取消中、免許外運転、全く免許を習得したことがない人）であることを知りながら、自動車および原動付自転車を提供したり、無免許運転の実行を要求または依頼し、かつ同情することをいいます。

罰則は、自動車などを提供した場合、3年以下の懲役または50万円以下の罰金に処され、要求・依頼して同乗した場合、2年以下の懲役または30万円以下の罰金に処されます。

無免許運転は、しない・させない・すすめないことを徹底し、交通事故の未然防止に努めましょう。（警本＝市ヶ谷・田口1曹）

独居老人宅で除雪

10普連隊員

【10普連＝滝川】連隊1中隊の隊員33人は2月7日、北海道赤平市内の一人住まいの高齢者宅11軒で除雪支援を行った。中隊は担当地区の赤平市の地域住民との交流と福祉への関心の育成などを目指し、例年除雪ボランティアを実施している。

独居老人宅で懸命に除雪を行う陸自10普連隊員（2月7日、赤平市内で）

隊員らは4班に分かれて高齢者宅を訪れ、屋根に積もった雪や軒下に硬く凍りついた雪山を砕き、作業を進めた。除雪作業後、住人の一人は「二人暮らしで除雪がままならず、本当に助かりました」と隊員に礼を述べていた。

林 博太郎氏

（はやし・ひろたろう＝元海自幹部学校長、元海将）2月18日、膵臓がんのため栃木県佐野市内の病院で死去、74歳。告別式は2月22日に行った。喪主は長男隆史（たかのぶ）氏。

栃木県出身。防大7期。昭和38年3月海上自衛隊入隊、自艦隊幕僚長、護艦隊司令官などを経て平成8年7月から9年7月まで海幹校長を務めた。

小休止

▽…東北補給処はこのほど、仙台市で行われた「第3回仙台リレーマラソン」に出場、準優勝の好成績を収めた。

▽…坂下栄治副処長自ら「補給処ランナーズ」の募集に力を入れたこともあり、15人の"精鋭"メンバーがそろった。

▽…あいにくの天候だったが、2チーム各7人が気持ちをひとつにして42・195キロで懸命にたすきをつないだ。力走の結果、「De P RC－A」が2位でゴール。レースを通して隊員らは仲間同士の絆も深めた＝写真。（仙台）

八ヶ岳「冬季山地訓練」に参加して

アイゼンとピッケルを雪氷に噛ませ、ゆっくりと岩場を登る隊員たち

恐怖乗り越えた感激

2陸曹　田中　新悟（13普連本中・松本）

第13普通科連隊の「山岳レンジャー訓練隊」は1月21日から24日まで、厳寒の八ヶ岳で伝統の冬季山地訓練を実施しました。

他部隊出身である私は、長年にわたりこの訓練に参加することが夢でした。今回、ようやく念願をかなえることができ、本当にうれしく思っています。

13連隊の冬季山地訓練を知ったのは、まだ埼玉県の32連隊に勤務していた頃です。昼休みに何気なく読んだ「朝雲」に掲載されていた冬季山地訓練の記事がきっかけでした。記事には写真もあり、隊員同士がザイルでつながれ、垂直に近い場所をトラバースしていく姿に衝撃を受けたことを今でも鮮明に覚えています。

妻も登山が趣味で、新聞を妻に見せたところ「こんな部隊で勤務できたら最高だろうね」と話し、その一言が私の転属を後押ししてくれました。そして松本に来てからは山岳レンジャー訓練隊に加わり、本格的に練成を開始しました。

しかし、見るとやるとでは大違いでした。多少の夏山縦走登山で培った技術など、全く役に立たないことが分かりました。氷点下25度の中で行動するため、凍傷予防から装備の熟達まで些細なことでも気を抜けば死に直結するからです。

まさに、気合を入れて立ち向かわなければ、生きて帰れないサバイバルの極致でした。私は訓練中にこれほどまで強く「死」というものを意識したことはありませんでした。

今回、八ヶ岳のバリエーションルート「石尊稜」登攀は、レンジャー課程教育の最終想定の「さらに次の想定」を思わせるほど過酷なものでした。雪と氷に覆われた標高2000メートル超の断崖絶壁で、アイゼンと両手のピッケルだけで登る恐怖は一生忘れません。しかし、その恐怖を乗り越えて登頂できた時の感激と達成感、そして仲間と生きて合流できたうれしさは、終生忘れられない貴重な経験となりました。

今回、私の訓練への参加を許し、常に温かくご指導して下さった教官・助教の皆様、本当にありがとうございました。この訓練で学んだことを糧とし、私の本職である衛生救護活動をどんな個所でも遂行できるよう、今後も鍛錬を重ねていきます。

雪の急斜面を慎重にトラバースする隊員たち

厳冬期の八ヶ岳・硫黄岳山頂で隊旗を広げ、登頂を祝う13普連の山岳レンジャーたち

「素直に教えを守る」大切さ

3陸曹　飯嶋　健（13普連2中・松本）

八ヶ岳での「冬季山地訓練」は想像を絶するほど厳しいものでしたが、同時に素晴らしい山岳の景色に感動し、まさに充実した4日間となりました。

我々13連隊の「アルペン・レンジャー」にとって、夏の訓練も厳しいことには変わりませんが、冬の山岳は酷寒であり、また天候が著しく変化するため、最悪の事態に備えた万全の準備が必要となります。どれか一つでも欠落していれば、大きな事故につながるほか、生命にも危険を及ぼします。

一方、山は仲間との信頼関係を強くしてくれ、全力を出し切って大自然に挑戦することの素晴らしさ、苦しい登山の先にある感動と、そこで得られたこともたくさんありました。

今回、特に印象に残ったのは「アイゼン登行」です。アイスバーンにしっかりアイゼンを噛ませて氷に乗る。手に持つピッケルもしかり。これらの技術を習得すれば、山でもっと成長できると感じました。また、私たちに同行し、指導してくださった教官の方々の技術にはまさに脱帽でした。アドバイスの一言、一言も身に浸み入りました。

「山では教えを素直に守ること。それを実行していけば危険な個所も確実に登れる」——。確かにその通りでした。山では決して勝手な行動は許されず、すべてチームで当たらねばなりません。改めて考えれば、これは自衛隊の行動と同じです。

これからは、山でも自衛隊でも自分の行動を常に振り返り、「素直に教えを守る」「チームを考える」の2点を血肉として、頑張って訓練をしていきたいと思います。

意外に難しい至近距離射撃

1陸士　榎本　邦夫（7普連2中・福知山）

私は福知山射場で実施された「至近距離射撃訓練」に射手として参加しました。

私は昨年3月に入隊し、中隊に配置されたばかりで、基本射撃もあまり経験がありません。そんな私が初めて至近距離射撃を行いました。この射撃法は、照準時間が短く、素早い動作で撃たねばならず、どうしても正確さに欠けてしまいました。距離が近いわりに命中させることが非常に難しいと感じました。

また今回は「ダットサイト（照準補助具）」を使用しましたが、私は未熟で、使い方が難しく感じられました。実際の戦場では、敵も動いているので、今の私だったら間違いなく先に撃たれてしまうと感じました。

あらゆる事態に即応するため、今回の経験を生かし、もっと練度を高めていきたいと思います。

（世界の切手・イタリア）

朝食が美味しいってことは、それだけで人生の半分以上は成功ってことだよ。
中村　航（作家）

朝雲ホームページ
www.asagumo-news.com
<会員制サイト>
Asagumo Archive
朝雲編集局メールアドレス
editorial@asagumo-news.com

新刊紹介

「悪韓論VS悪日論」

井上和彦、金慶珠著

安倍政権発足から約1年2カ月、日韓首脳会談が実現する見通しはなく両国関係は史上最悪とされる。なぜここまで関係が悪化したのか。ジャーナリストの井上和彦氏と東海大准教授の金慶珠氏が日本と韓国、それぞれの立場で激しく持論をぶつけ合う対談集だ。

第1章では「日韓の歴史認識はなぜ噛み合わないのか」をテーマに議論する。戦後補償裁判に話が及ぶと「一切認めるべきではない」とする井上氏に対し、金氏は「現実的にはさまざまな課題を抱えている」と反論。

第2章「今そこにある日韓問題」では外国人参政権問題などを論じ「（参政権を付与する）危険な転換は言語道断。実質的に（日本は）乗っ取られてしまう」と井上氏が危惧を示すと、「起きてもいないことを主張する背景には根強い不信と偏見があるからだ」と金氏が反発。

第3章「日韓文化比較論」では一転、韓国の美容整形の実態や日本の韓流ブームなど前2章とはうって変わり、両者は穏やかに論じる。知られざる日韓両文化の一面を知ることができる。

第4章で再び両者は激突。台頭する中国への日韓の対応を軸に、1978年に締結された日中平和友好条約を破棄するべきだという意見も飛びかう。過激な論戦を楽しみつつ、日韓の現状を理解できる。

（双葉社刊、860円）

「日本人のための『集団的自衛権』入門」

石破　茂著

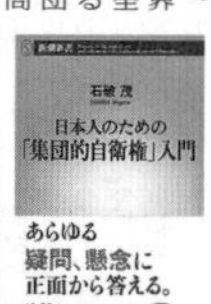

集団的自衛権の行使容認に向けた論議が本格化してきた。しかし、テレビではジャーナリスト出身のコメンテーターが「集団的自衛権」と「集団安全保障」をごっちゃに論じている場面に出くわしたりする。

本書は政界きっての安全保障通である著者が「集団的自衛権の問題は決して『軍事オタク』だけが知っておくべきことではない。これを考えることが戦争をしないことにつながる」との信条から初心者にも分かりやすく書き下ろした。

第1章は、2006年から07年にかけての自民党国防部会のもとで開いた10回の勉強会のレジュメをベースに解説。

第2章は、よくある疑問、反論、ツッコミを例示。▽地球の裏側で戦争するつもりでは▽アメリカは本当に望んでいるのか▽個別的自衛権で何とかなるのでは▽自衛官は嫌がっているのでは▽結局イケイケドンドンになるのでは——。

これらにできるだけ具体的、丁寧に答えるという中身で、「これまでに抱いたモヤモヤ感を解消できる」としている。

（新潮社刊、714円）

みんなのページ

「定演」企画陸曹 奮闘記

3陸曹　吾郷　輝行（13音楽隊・海田市）

12月7日に開催された第13音楽隊の「第34回定期演奏会」は盛会のうちに無事終了した。

「定演」は音楽隊にとって最も大きな行事で、我々の能力を最大限に発揮できる機会でもある。また普段なら楽器編成が大きくて演奏を行い難い曲も「定演」では他の音楽隊や部外演奏者の支援も受け、より本格的なプログラムが組める。

私は音楽隊の「企画陸曹」として、演奏会の企画やシナリオの作成、各種の調整業務などを担当している。最初は不慣れな仕事に戸惑い、苦戦したが、多くの方々の協力を得て何とか責任を果たせている。

思い返せば、平成19年3月に「普通科」から「音楽科」へ転任し、慣れない環境で奮闘してきた。演奏会では聴衆から毎回大きな拍手を頂き、身震いするほど感動した経験もある。

そして私は念願の企画陸曹となったが、いざやってみるとこれが難しい。問題も次々と起きた。「定演」まで2カ月を切った頃、係の長が教育で不在となり、残された私は不安に襲われた。演奏会までの大まかな道筋は把握できていたものの、調整がスムーズに進まなかったり、連携ミスがあったりと、慣れない業務で自分の楽器の練習もままならない状況となった。そんな時、私を支えてくれたのが音楽隊の方々、そして家族だった。先輩からは温かな言葉を何度もかけてもらい、家族は仕事で帰りが遅くなってもいつも待っていてくれた。

おかげで「定演」はその準備から撤収に至るまで、円滑に進行することができた。また大勢の観客から盛大な拍手を受け、それまでの疲れも吹き飛んだ。

企画陸曹となり、私は仕事のやり方も少し変わってきた。それはどんな仕事も同じだと思うが、いろいろな業務を経験し、それをパズルのように一つ一つつなげていくと、組織の仕組みがより立体的に理解できるからだ。

今回の経験を生かし、これからも部隊のために精いっぱい貢献していきたい。

OBがんばる

「前向き」に「誠実」に

山田　博道さん　55
平成25年9月、空自13飛行教育団（芦屋）司令部を最後に定年退職（1空佐）、医療法人恵愛会の福間病院に再就職、事務長補佐を務める。

私は平成25年9月に航空自衛隊を定年退官し、芦屋援護室の紹介で同年10月1日より自宅から徒歩20分の場所にある福間病院に再就職しました。

福間病院は精神医療に日本で初めて「解放療法」を取り入れた精神病院です。入口の薬医門（写真）を抜けると広大な敷地が広がり、患者の皆さんは「緑の大地」の中で治療に当たっておられます。そして、医師および看護師をはじめとする職員の皆さんも、創立者が立てられた「職員は全員まず看護者でなければならない」をモットーに、献身的に仕事に当たっており、その姿には本当に驚かされます。

そのような中、私は事務長補佐という役職を頂き、施設・保安・人材募集など、さまざまな業務に従事しています。もちろん入職3カ月では病院に関する複雑多岐にわたる業務全般を容易に理解できるわけもなく、毎日、手探りで一つひとつ模索しながらやっています。

幸いなことに上司である常務、事務長から懇親かつ適切なアドバイスを頂き、また職場全体が明るいため、のびのびと楽しく仕事をさせていただいております。

これから再就職する皆様には、「前向きの姿勢」と「誠実さ」の2点を助言させていただきます。これこそが自衛官の魅力であり、仕事に向かう第一歩だと思います。私は空自の制服を脱ぎましたが、これからも新しい職場で少しでもお役に立ち、信頼される人材となり、また仕事を一層やりがいのあるものとするため、今後さらに勉強し、精進していきたいと思っています。

詰碁

第1082回出題

出題　日本棋院　九段　曲　励起

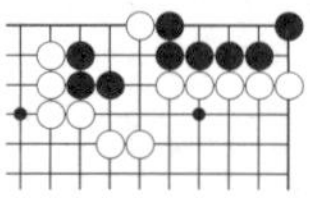

白先

『黒はどうなりますか』

5分でできたら中級です。

▶詰碁、詰将棋の出題は隔週です◀

詰将棋

出題　日本将棋連盟　九段　石田　和雄

≪第666回の解答≫

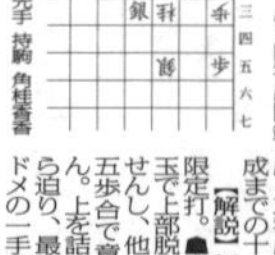
▲先手　持駒　角桂香香

【正解】▲2四香△同銀▲3四桂△2三玉▲3二角△1二玉▲2一角成△同玉▲2三香△3一玉▲4二銀成までの十一手詰め。

【解説】初手▲2四香は限定打。▲2三香では△同玉で上部脱出を阻止できませんし、他へ打っては△2五歩合で意味がありません。上を詰めて▲3四桂から迫り、最終▲2三香がトドメの一手で収束。

朝雲

発行所 朝雲新聞社
〒160-0002 東京都新宿区坂町26番地19 KKビル
電話 03(3225)3841
FAX 03(3225)3831
振替00190-4-17600番
定価一部140円、年間購読料9000円（税・送料込み）

主な記事

2面 「南西防衛強化」に米陸軍幹部が理解
3面 海自2空群の海氷観測飛行
4面 医療向上目指して2シンポジウム
5面 〈訓練〉5普連が猛吹雪の八甲田行軍
6面 〈募集・援護〉未来の自衛官にエール
7面 輸校副校長が通関士など6資格取得
8面 〈みんなのページ〉電子戦訓練を支援

世界に より評価される国に

防衛省シンポジウムで小野寺大臣

新たな武器輸出原則を

集団安全保障も討議

新たな防衛大綱をテーマにした防衛省主催の平成25年度シンポジウムが2月26日、都内で開催され、防衛産業の関係者や学生など約400人が聴講した。小野寺防衛相は基調講演で武器輸出3原則に触れ、自らの足かせによって日本が多国間の共同開発・研究の枠組みに入れない現状や、平和利用のために海外に持ち出す自衛隊の施設器材が「武器」とみなされる矛盾を指摘。時代に即した新しい武器輸出の管理原則を打ち出す必要性を示し、「日本の安全保障にとって何が必要か、国民の皆さんと共に議論し、日本がより世界に評価される国にしたい」と訴えた。

島嶼防衛など、「新大綱」について講演する小野寺防衛相（2月26日、東京都千代田区のイイノホールで）

小野寺大臣は、昨年12月の「防衛計画の大綱」策定の背景について、北朝鮮の核・ミサイル開発や尖閣諸島などをめぐって東シナ海で活発化する中国の示威活動を挙げ、「日本の領土、領海、領空を守るために防衛力整備を新たに見つめ直す必要があった」と指摘。

我が国が世界6位の広大な排他的経済水域を持つことから、「貴重な資源のためにも特に先島諸島などの離島防衛が重要」と強調した。その上で、水陸両用部隊などの必要性を訴え、新大綱で打ち出した陸海空の連携による「統合機動防衛力」の考え方を紹介した。

諸外国との関係では、初めて日露間、日仏間で実現した外務・防衛担当閣僚協議「2プラス2」を挙げ、「積極的に自衛隊の平和的な役割をアピールしたい」とし、安倍政権が掲げる積極的平和外交の一翼を担っていることを強調した。

一方、武器輸出3原則については、日本が中国で行っている旧日本軍遺棄化学兵器の処理作業で使う「防護服」や、PKOなど平和利用で海外に持ち出す自衛隊の「ブルドーザー」が武器輸出とみなされ、官房長官談話をその都度出して例外措置を取っている現状を指摘。同原則を見直す必要性を示した。

続いて、徳地秀士防衛政策局長が新大綱の詳細について講演した後、パネルディスカッションが行われ、島田敏男NHK解説主幹を司会に、森本敏前防衛大臣、齋藤隆・元統幕長、増田好平元防衛事務次官、神谷万丈防大教授が登壇した。

多国籍軍への参加など、日本の集団安全保障への参加について、森本氏は「日本が国連加盟国である限り、安保理決議に基づく多国籍軍などに参加するのは国家の義務」とした上で、1990年に廃案となった「国連平和協力法案」のような法整備の必要性を訴えた。ただし、現段階で国民が賛成できるのは後方支援までで、戦闘部隊で血を流すことではないと指摘した。

齋藤氏は「憲法を見直して議論をすべきだ」と述べ、まずは日本の周辺事態への対応への備えを訴えた。増田氏は「国益に沿うものをやっていく立場だ」とした。

神谷氏は、集団安全保障への参加を「何でもできて危険」と考えるのではなく、「必要なことは（法的に）可能にした上で、何が必要かを厳しく考える姿勢に」と発想の転換を促した。

森本氏は、日米同盟を基盤とする集団的自衛権の行使容認は賛否分かれるが、PKOなどで海外に派遣された自衛隊が非戦闘員を助けたり、駆けつけ警護や輸送を行ったりすることは、多くの国民が賛成しているとの見方を示した。

一方、武装難民など軍民の区別がつかないグレーゾーンへの対応について齋藤氏は「防衛出動の下令要件に合致するかなど多くの法的問題がある」と指摘。

森本氏は、海上警備行動から治安出動に至る際に、「武力攻撃とみなされない急迫不正の侵害」を受けた時に問題があると指摘し、「国際法上は自衛権を行使できるが、我が国はできないという法の隙間をどうやって埋めるのか。法整備が今年後半の大きな政治課題だ」と述べた。

北朝鮮が弾道ミサイル発射

日本海上に落下

北朝鮮は3月3日午前6時20分から30分ごろ、朝鮮半島東岸の元山（ウォンサン）付近から弾道ミサイル2発を東北東に向けて発射、いずれも半島の東約500キロの日本海上に落下した模様。防衛省、外務省などが公表した。付近を航行する船舶や航空機などへの被害は確認されていない。

北朝鮮は航行制限区域の事前設定や、各国の関係当局への事前通知を行っておらず、日本政府は安全確保の観点から「極めて問題ある行為」として同日、外交ルートを通じて北朝鮮に厳重抗議した。

小野寺防衛相（左）のエスコートで陸自302保安警務中隊による特別儀仗隊を巡閲するリトアニアのオレカス国防相（右）＝2月25日、防衛省で

サイバー、エネルギー、海賊対処

日リトアニア情報共有

防衛相会談

リトアニアのユオザス・オレカス国防相が2月25日、防衛省を訪れ、小野寺防衛相と会談、サイバー防衛やエネルギー安全保障、海賊対処などの分野で両国が協力し、情報共有を図っていくことを確認した。

両大臣はそれぞれの防衛政策を説明するとともに、北朝鮮や中国を含む東アジアの安全保障情勢のほか、グローバルな安全保障上の課題について意見交換した。リトアニアは今年1月から国連安全保障理事会の非常任理事国を務めている。

会談の冒頭、小野寺大臣は「海賊対処行動、アフガニスタンやアフリカの諸問題に協力して取り組んでいきたい」と述べた。

これに対し、オレカス国防相は、同国が主導してアフガニスタンで行っている自立・民生支援のPRT（NATO地方復興チーム）に対する日本の協力に謝意を示した。

リトアニアでは第2次世界大戦中、日本の外交官の杉原千畝（ちうね）がビザを発行して約6000人のユダヤ人らを救ったことから、小野寺大臣が「（リトアニアは）日本人になじみが深い」と述べると、オレカス国防相は「多くの市民の命を救ってくれた。地理的には遠くても親近感がある」などと答えた。

オレカス国防相は日本政府の招きで初来日。防衛省訪問に先立ち、外務省で岸信夫副大臣と会談した。

26年度防衛費 重要施策を見る □7□

研究・開発

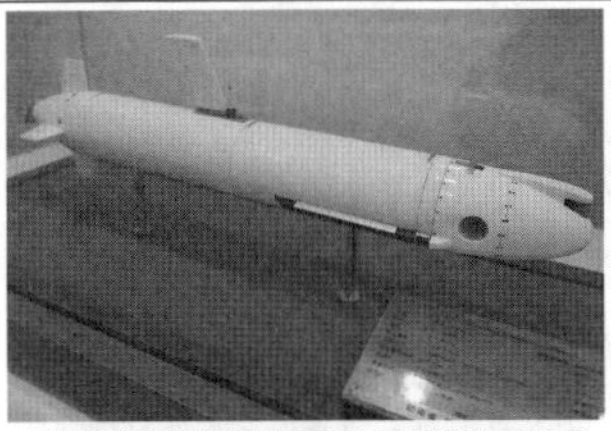

技本の艦艇装備研究所が試作した巡航型UUVの模型。これらUUVの運用時間を延伸させるため、燃料電池の開発を26年度から本格化する（技本シンポジウムで）

UUVの長期間運用が可能

燃料電池開発に力

水中警戒監視システム構築

P1就役に合わせ新ASWシステム

中国が防衛ラインとして設定する「第1列島線」。その北半分は日本から台湾に至る線だ。中国は有事の際、この内側（東シナ海）を自国の内海とし、米軍の進入を阻止する計画という。

だが、〝海の長城〟南西諸島の主権を握るのは日本。平時・有事を問わず中国の軍用機や艦艇が近づけば、必ず自衛隊の監視を受ける。つまり中国軍にとって宮古海峡など太平洋への出口は「チョーク（窒息）ポイント」となっている。

海上自衛隊と技術研究本部は、これら要衝を密かに突破しようとする国籍不明の潜水艦を確実に探知するため、音響ネットワーク技術を活用した「水中警戒監視システム」の研究開発を進めている。その中核の一つが海中でパトロールに当たるUUV（無人航走体）だ。

防衛省は26年度、5億円を投じて「UUVの長期間運用を可能とする燃料電池等の研究」に着手する。技本はすでに全長3・5メートルの巡航型UUVの試作を完了させている。同艇は航法装置、前方ソーナー、サイドスキャンソーナー、音響・衛星通信装置などを搭載し、速力7ノット（13キロ）で航行する。

ただし、現状では航続時間は12時間程度しかない。その理由は動力であるリチウムイオン2次電池の容量に限度があるからだ。そこで防衛省は航続時間を大幅に延伸できる燃料電池の開発に取り組む。水中で運用するには完全密閉された容器内での運転が前提となり、また小型化が必須だ。

昨年末、世界で初めて三菱重工業が「HEML（高効率マルチ・レス）海中燃料電池システム」の海洋試験に成功しており、これら民間の技術を導入することで早期のUUV用燃料電池の完成を目指す考えだ。

水中警戒監視システムでもう一つ注目されるのがP1哨戒機の就役に合わせて導入される「新ソノブイ・システム」だ。

P3Cなどがこれまで運用してきたソノブイは、音波を拾うハイドロフォンが「鉛直配列」型で、どの深度でも潜水艦の探知ができるものの、音源がどこか単体での解析は難しかった。

これに対し、新たに導入される「水平配列」型は海中で5本のアームを傘の骨のように広げ、水平配列のハイドロフォンで音を拾う。個々の受信時間のわずかなズレを即時解析することで、音源の方位が分かる。目標の座標が特定できれば有事に哨戒機や護衛艦から直ちに魚雷やアスロックが発射されることになるだろう。

これら新ASW（対潜戦）システムが整備されれば、静粛化の進む潜水艦なども確実に捕捉できるようになる。平時に得られた潜水艦のエンジン音やスクリュー音はASW作戦センターで解析され、有事に備えた準備が進められる。

（園田嘉寛編集委員）

……シリーズはこの回で終了します。

海幕長 サウジで最高勲章受章

湾岸3カ国高官らと会談

サウジアラビアを初訪問し、サルマン皇太子（右）から「最高勲章」を受章した河野海幕長（2月13日、リヤドのヤママ宮殿で）

河野海幕長は2月9日から18日まで、アラブ首長国連邦（UAE）、サウジアラビア、オマーンの湾岸3カ国を訪問し、各国の海軍高官らと会談、さまざまなレベルで防衛交流を強化させていくことで一致した。サウジアラビアでは海上自衛官として初めて「キング・アブドル・アジーズ最高勲章」を受章した。

海幕長のサウジ訪問は今回が初めてで、同勲章は「日本とサウジアラビアの友好と協力関係の強化に貢献した」として副首相兼国防大臣のサルマン皇太子から授与された。

同勲章は各国の閣僚や軍の司令官などに授与されるもので、近年では米、仏、パキスタンの司令官などが受章している。

日程中、海幕長はUAEのムシャラフ海軍司令官、サウジのワグダーニ海軍司令官、オマーンのライシ海軍司令官らとそれぞれ会談。ハイレベルや若手士官間での交流活発化で合意したほか、海賊対処など海洋安全保障分野でも協力していくことで一致した。

海幕長は「海自は引き続き各国海軍との協調的な取り組みを通じ、自由な海洋利用の維持に寄与していく」としている。

3人の講師を招き「戦史に学ぶ講習会」

防衛基盤整備協会

防衛基盤整備協会（宇田川新一理事長）は3人の講師を招き、「戦史に学ぶ講習会」を開催する。今年度から実施している防衛学基礎講習として開催するもので、今回が2回目。元防大教授の中山隆志氏が島嶼防衛作戦として「占守（しゅむしゅ）島の戦い」、元自艦隊司令官の香田洋二氏がシーレーン防衛作戦として「米英の対群狼作戦」、防大教授の源田孝氏が国土防空作戦として「バトル・オブ・ブリテン」について講演する。

◇日時 3月13日（木）午後1時15分～4時40分

◇場所 ホテルグランドヒル市ヶ谷西館「オリオン」

◇受講料 5千円（学生3千円）

◇問い合わせ先 防衛基盤整備協会防衛基盤研究センター業務第1課、末次、大槻氏まで。電話03（3358）8754、FAX03（3358）8735。

春夏秋冬

日本憲法のすすめ

長谷川　三千子

「日本憲法」とは耳慣れぬ言葉だ、とお思いの方も多いであろう。「日本国憲法」の誤植ではないかと思った方もあるに相違ない。しかしこれはれっきとした憲法学上の用語なのである。

昭和七年には佐々木惣一氏の『日本憲法要論』という著作が刊行されており、昭和二十七年刊の美濃部達吉著『日本国憲法原論』の第二章は「日本憲法総論」と題されている。これらはもちろん誤植などではない。

ではいったい「日本憲法」とはどんなものなのか。それは「日本国憲法」や「大日本帝国憲法」とどう違うのだろうか？

大学で憲法の授業を取った方は、「憲法」という語にもさまざまの意味があって、まず大きく「形式的意味」と「実質的意味」の二種があり、後者はさらに「固有の意味」と「立憲的意味」の二つに分かれる──そんな話を聞かされた記憶がおありだと思う。

これだけでは何のことやら解りにくい話であるが、具体的に言えば、わが国の大日本帝国憲法も日本国憲法も、十九世紀以来世界に広まった立憲主義を旨とする憲法としてつくられている。そしてそれは、成文憲法として一定の定まった形式を持ち、「形式的意味」からしても、「憲法」と呼ばれるものになっているのである。

しかしそれとは別に、どんな国にも、その国それぞれの体制、国がらというものがあり、そうした有形無形の根本秩序なしには国家が存続していくことはできない。

本来、「憲法」と訳される元の言葉constitutionとは、そうした根本体制を指して言う言葉だったのであり、憲法の実質的「固有の意味」とは、そのことを言っているのである。

美濃部氏は、この意味において「日本に於いても建国以来常に憲法が有ったので」ある、と述べている。つまり「日本憲法」とは、こうした意味におけるわが国固有の古来の憲法のことを言う言葉なのである。

その時々の憲法典、たとえば現行日本国憲法は、もちろん日本憲法の最も重要な法源になっている、と美濃部氏は言う。

しかし、日本憲法それ自体は、それよりもはるかに広い領域にひろがる慣習および条理として、わが国を秩序づけている。そして成文憲法典もそれによって解釈、運用していかねばならない──美濃部氏はこう説くのである。

われわれのこれからの憲法論議にとって、極めて示唆に富む明察ではあるまいか？（はせがわ・みちこ＝埼玉大名誉教授）

朝雲寸言

「自衛隊、歯止め喪失」「軍事介入正当化」「活動拡大、犠牲者も」……。なかには「法治国家の崩壊」というものまであった▼政府の有識者会議「安全保障の法的基盤の再構築に関する懇談会」は4月、集団的自衛権の行使を容認すべき理由をまとめ、政府に報告書を提出する。冒頭に並べた文言は、それに異を唱える新聞の見出しから、首をかしげたくなる類いを集めてみた▼それらの見出しに続く本文では、「同盟国とともに戦争をする」「平和憲法が空洞化する」といった主張が次々と登場し、最後は「軍国主義復活のたくらみ」など、中韓両国の専売特許である過激な対日批判で締めくくられている▼戦後、軍事や防衛を巡る論議は、ただ「平和」を唱えるだけで、現実から目を背け、異なる意見に対しては、徹底的に批判し、排除するという図式が続いてきた。湾岸戦争で、日本が国際社会から貼られた「一国平和主義」というレッテルは、その結果だった▼その後、自衛隊はPKOなどの国際活動に参加し、多くの国と一緒にテロとの戦いでも汗を流した。直面する中国や北朝鮮の脅威を考えれば、米国とのより密接な連携は欠かせない。集団的自衛権の行使を巡る問題は、そうした経験と現実から生まれてきた▼読者が「軍国主義復活のたくらみ」という意見に賛同するとは思えない。読者の方がよっぽど健全だという証しだろう。批判するだけの議論は終わりにしよう。

時の焦点 国内

衆院補選

消費増税克服できるか

補欠選挙といえども国政選挙である。安倍政権が評価される機会となろう。

徳田毅前衆院議員の議員辞職に伴う衆院鹿児島2区補選は4月15日告示、27日投開票の日程で行われる。

徳田毅氏は医療グループ「徳洲会」の公職選挙法違反事件の責任を取って辞めた。徳洲会が2012年の衆院選で、運動員らの買収などに充てた資金は総額2億円を超えるとされる。毅氏の父で、グループ創業者の虎雄氏の指示とも言われる。

根は深い。

1980年代から90年代にかけて、虎雄氏と、自民党の保岡興治衆院議員は衆院奄美群島区で激しく争った。「保徳戦争」と言われ、選挙違反で多くの逮捕者が出た。キャベツの葉の間に1枚1枚お札を挟み込み、「切らないで」と申し添えて有権者に渡したりもしたという。

当時は、中選挙区制でありながら、奄美群島区は全国で唯一、定数1の選挙区だった。そのことも選挙戦を激化させた一因と言われる。

その後、小選挙区比例代表並立制が導入され、保岡氏は鹿児島1区、虎雄氏は鹿児島2区とすみ分けた。時を経て、虎雄氏から毅氏に代替わりし、毅氏は自民党に入党した。

しかし、徳田ファミリーの金権体質は変わっていなかったということだろうか。

今回の事件発覚後、毅氏は自民党を離党したが、毅氏を公認した責任が自民党にあるのは言うまでもない。

4月1日から消費税率が上がるため、4月補選は避けたい、という空気がもともと自民党には強かった。

徳田氏の辞任が3月16日以降となれば、公選法の規定で10月補選となる。

しかし、最近は自民党の雰囲気も変わり、4月補選の容認論が広がっていた。

その理由は、①毅氏が辞任を遅らせると、居座っているとの批判が高まる②安倍内閣と自民党の支持率は高く、東京都知事選でも勝利して勢いがある③10月補選だと、消費税率を8%から10%に引き上げるかどうか、その是非が争点になり、自民党としてやりにくい――ということのようだ。

消費税と鹿児島の選挙というと、過去にはこんなことがあった。

消費税導入後の1990年衆院選鹿児島3区で、自民党税制会長を務め、消費税の生みの親と言われた山中貞則氏が落選した。実力者の山中氏が敗れたのは、反消費税の逆風がそれだけ強かったということだろう。

消費増税直後の選挙が、鹿児島の地で行われるのも、何やら因縁めいている。

ジンクスを破り、安倍自民党は信任を得ることができるだろうか。

風間　二郎（政治評論家）

時の焦点 海外

クリミア派兵

プーチンの逆襲と思惑

ウクライナで続く激しい政治変動の焦点が、首都キエフから南部のクリミアに移った。

2月28日から3月1日にかけて、ロシア軍約6000人がクリミア自治共和国の政府庁舎や黒海艦隊の基地があるセバストポリなど2空港を含め、半島全域を統制下に置いた。軍の援護を受けた自治政府は当初5月に予定されていた共和国の今後を決める住民投票を、3月末に繰り上げ実施すると発表した。

一連の強硬策がプーチン大統領の筋書きに沿って実施されたことは明らかだ。

大統領は親ロシアのヤヌコビッチ前政権が追い落とされ、親欧米の旧野党勢力が実権を握った政変に口をつぐんでいた。実は逆襲の機会を待っていたのだ。

共和国の人口の6割がロシア系。クリミアを懐に抱き込むことで反ロ色の強い新政権に痛打を与え、黒海艦隊基地の持続的確保も可能になるというわけだ。

大統領は「クリミア自治政府の要請を受けて、ロシア人保護のために軍を出す」との理由で議会に承認を求めた。これは形を整えるためであり、議会の同意前に軍は動き始めていた。

ウクライナ政府は「主権無視の領土侵害」とロシアを非難し、自国軍に総動員をかけた。だが、発足したばかりでロシアと向き合う力を欠くのは明らかだ。そのうえ巨額の債務を抱え、前政権崩壊で中止されたロシアからの融資抜きでは財政危機をしのぐのが難しい。これもプーチン大統領の読みだ。

ロシアが国外に派兵するのは、08年にグルジア内戦に軍事介入して以来2度目。オバマ大統領は1日、プーチン大統領に長い電話をかけ、ロシアの軍事介入を「明白な主権侵害」と批判し、部隊を黒海艦隊基地に撤収するよう求めた。だが、プーチン氏は「ロシア系住民と国益を守る権利がある」と要求を拒否した。

国連安全保障理事会は緊急会合を開いたが、ウクライナとロシアの論戦となっただけ。NATOとEUが打てる手も限られている。ロシアとの冷戦復活を覚悟して、ウクライナのために強い手段に踏み切れるのか。ロシア相手の武力行使は論外だろう。

プーチン大統領が米欧との関係悪化を知りながら強硬策に出たのは、黒海艦隊の安定運用維持を優先した軍事重視の反映であろう。

クリミアは1954年、ロシア領からウクライナ領に所属変えとなった。ソ連崩壊で艦隊の所属が問い直され、セバストポリ基地はウクライナが2017年までロシアに貸与する協定が結ばれた。ヤヌコビッチ前大統領は貸与期間を25年間延長したが、政変でこの合意が宙に浮いた。そこでクリミアをウクライナから分離独立させ、基地をロシア統制下に留め置こうというわけだ。

だが、クリミアが自治共和国である以上、共和国政府が貸与協定を結ぶ権限をキエフとの交渉で得る道もあったはず。なぜロシアはこの選択肢を採らなかったのか。疑問が残る。

なお、ウクライナ問題の今後の展開が日ロ関係に響くことも覚悟しなければなるまい。

小倉　春樹（外交評論家）

米陸軍参謀総長

「南西防衛強化は抑止効果に必要」

陸幕長と強固な同盟確認

同盟を確認する岩田陸幕長（右）とオディエルノ米陸軍参謀総長（2月23日、座間駐屯地のCRF司令部で）

米陸軍参謀総長のオディエルノ大将は2月23日、座間駐屯地の陸自中央即応集団（CRF）司令部で岩田陸幕長と会談し、新たな「防衛計画の大綱」で示された日本の南西防衛態勢を強化する取り組みについて「特定の国への対決姿勢を示すものではなく、抑止効果を高める観点から不可欠」として理解を示した。

CRF司令部は2006年の日米「2プラス2」合意に基づき、昨年3月、在日米陸軍司令部の所在する座間駐屯地に移転している。

参謀総長は訪中直後に来日。これに先立ち2月中旬には、訪露を終えた直後の岩田陸幕長とワシントンで会談したばかりで、今回、中露を含む地域情勢をめぐって改めて認識の共有を図った形だ。

会談で陸幕長は、昨年12月に策定した国家安全保障戦略（NSS）と新たな防衛大綱、中期防のほか、陸上自衛隊の将来態勢の方向性などについて説明した。

両氏は、日露、米中それぞれで陸軍種間の協力が進む中、アジア太平洋地域の平和と安定のためには、強固な日米同盟に基づく日米陸軍種間の揺るぎない関係が重要であることを再確認した。

宇宙施策の検討本格化

5年ぶり利用推進委　27年度要求目指す

防衛省は2月28日、安全保障分野の宇宙利用を検討する「宇宙開発利用推進委員会」を約5年ぶりに再開、平成27年度の概算要求への計上を目指し、省を挙げて宇宙開発施策に取り組んでいくことを確認した。スペースデブリ（宇宙ごみ）を監視する宇宙状況監視の取り組みなどを本格化させたい考えだ。

委員長を務める武田副大臣は「宇宙利用はさまざまな機関や部隊にメリットをもたらす。各自衛隊の垣根を越えて全省的な事業として進めていく」とあいさつ。

自ら委員長を務める「統合機動防衛力構築委員会」と連携し、27年度の概算要求をめどに検討成果を取りまとめるよう指示した。

委員会では新大綱が掲げる「統合機動防衛力」の構築に向け、自衛隊の衛星通信機能や情報収集機能の強化、宇宙状況監視機能のあり方などを検討し、各種施策を計画的に進めていく。

同委員会は平成20年8月の宇宙基本法施行を受けて設置。同年末の第3回会合の後は途絶えていたが、昨年末に策定された新大綱、中期防で初めて宇宙に関する項目が設けられ、自衛隊の宇宙開発利用の方向性が具体的に示されたことから、会合を再開した。

「各自衛隊の垣根を越えて全省的な事業として進めたい」とあいさつする武田副大臣（中央）＝2月28日、防衛省で

宇宙空間をめぐっては、人工衛星を損傷する恐れのある宇宙ごみの急増や、衛星機能を阻害する技術の発達、宇宙空間から自衛隊の能力を推察する機能を持つ国の増加など、多くの問題が指摘されている。

このため、不審な衛星や宇宙ごみをレーダーや光学望遠鏡などで探知・識別し、専用システムで軌道を解析、接近する物体と我が国の人工衛星との衝突回避を目的とした本格的な「宇宙状況監視機能」の保持は、政府全体として取り組むべき重要課題となっている。

防衛省の26年度予算には、宇宙状況監視システムの導入に向けた調査費や衛星防護のあり方に関する調査研究費などが新規に盛り込まれている。

27年度には高性能の次期Xバンド通信衛星を打ち上げる予定だ。

2014年版『自衛隊手帳』景品当選者決まる

白奥3陸曹　髙橋2空曹に旅行券

手帳賞20人、図書券50人

朝雲新聞社発行の2014年版『自衛隊手帳』の景品当選者が決まりました。応募はがき6256通の中から朝雲新聞社社長立ち会いのもと厳正な抽選の結果、「朝雲賞」のJTB旅行券ナイストリップ（5万円相当）には白奥拓磨3陸曹と高橋慎一2空曹の2人、「手帳賞」のJTBナイスギフト（5000円相当）には松村佳典3海曹はじめ20人、「図書賞」の全国共通図書カード（1000円相当）には野口英則准海尉はじめ50人が、それぞれ当選しました。当選者への景品発送は3月下旬ごろになります。

各賞の当選者は次の通り（順不同、敬称略、カッコ内は所属）。

なお「図書賞」当選者の氏名は左記の方々のほか、景品の発送をもって発表に代えさせていただきます。

【朝雲賞】▽白奥拓磨3陸曹（51普連）▽髙橋慎一2空曹（秋田救難隊）

【手帳賞】▽髙橋京子2陸曹（立川業）▽濱崎広明3陸曹（4後支連）▽佐藤幸恵3陸曹（25普連）▽池田直1陸曹（西方後支隊）▽下村勝典2陸曹（16普連）▽矢羽々裕史陸士長（38普連）▽上川慎吾3陸曹（46普連）▽菅原健二2陸曹（71戦連）▽吉武和哉1陸尉（中即団付）▽飯塚真2陸曹（34普連）▽吉村一成1海曹（潜訓）▽松村佳典3海曹（ひゅうが）▽佐々木瑞正1空曹（4空団）▽野田大輔2空曹（下甑島）▽三浦智2空曹（6空団）▽内田満子さん（一般）▽前田咲恵事務官（名寄業）▽藤原史浩3陸曹（帯広地本）▽内堀智成技官（東北方）

【図書賞】▽吉田隆之2陸曹（情本）▽富田譲治陸曹長（関西処）▽李原哲3海曹（1術校）▽野口英則准海尉（72空）▽永井龍郎さん（一般）ほか45人

大雪災派　各自治体が感謝式

坂本義次村長から感謝の花束を受け取る1施設大隊3中隊長の坂本鉄平1尉（2月21日、東京都西多摩郡檜原村で）

関東甲信、東北地方の大雪災害で1都7県の災害派遣要請に基づき、2月15日から除雪や人命救助などに当たっていた陸・空自部隊は23日、埼玉県秩父市の活動終了で全ての災派活動を終え、撤収した。

372世帯が孤立した東京都西多摩郡檜原村では21日、除雪作業に従事していた1施設大隊に対し、お礼のお別れセレモニーを村役場で開き、坂本義次村長から災派部隊に感謝状と花束が贈られた。

「ありがとうございました」と書かれた垂れ幕と職員の拍手で見送られた同3中隊の和田典久2曹は「村役場の方々と協力して任務を完遂出来た。夏は避暑に良い所と聞いたのでまた来たい」と話していた。

派遣部隊は次の通り。

【陸自】1飛隊（立川）、東方航（立川）、1特隊（北富士）、48普連（相馬原）、12ヘリ隊（相馬原）、12後支隊（新町）、12施中（新町）、13普連（松本）、306施隊（松本）、富士教導団（富士）、1施大（朝霞）、32普連（大宮）、1ヘリ団（木更津）、34普連（板妻）、4施群（座間）、12対戦中（相馬原）、364施中（駒門）、2施団（船岡）、44普連（福島）、12偵（相馬原）、東北航（霞目）、中方航（八尾）

【空自】ヘリ空輸隊（入間）、救難教育隊（小牧）、偵空隊（百里）

空幕に60周年記念の事務局

事務局の看板を掲げる荒木将補（右）と深澤1佐（2月10日、防衛省で）

【空幕】空自創設60周年行事などを計画・実行する「空自60周年記念行事推進事務局」が2月10日、空幕総務課に設置された。すでに設置されている「60周年行事等推進委員会」（委員長・荒木文博空幕総務部長）の下部組織として、記念行事の「推進役」を担う。

空幕総務課長の深澤英一郎1佐が事務局長に就任し、事務局長補佐、中央式典総括、空軍参謀長等招へい行事総括、広報総括などの各役職に、空幕総務調整官、総務班長、渉外班長、広報班長がそれぞれ就く。

今年は3年ぶりとなる航空観閲式が実施される。その準備と並行し、60周年記念ポスターの作成配布や5月に実施される入間基地での記念式典などに向け、「司令塔」として各機関を取りまとめる。

事務局立ち上げに際し深澤事務局長は「創設60周年の今年は原点を再確認し、将来へ飛躍するための基礎を固める年。記念行事などを通じて、着実に進歩する航空自衛隊の姿を部内外に広めたい」と述べた。

米海軍大学校で日米指揮所訓練

海自と米海軍は3月3日から13日まで、米ロードアイランド州ニューポートの米海軍大学校で「日米共同指揮所演習」を実施している。

海自からは海幕、自艦隊司令部などから約30人が、米海軍からは在日米海軍司令部、第7艦隊司令部、太平洋艦隊司令部、米海軍大学校などから約40人が参加。訓練では海自と米海軍の共同対処要領の確認と各種事態が起こった際の日米共同の指揮幕僚活動を演練。共同運用能力の維持・向上を図る。

露軍機相次ぎ飛来　空自機スクランブル

ロシア軍機が2月24、26、28日と相次いで日本領空に接近したため、空自の北空、中空、西空の各方面隊のF15戦闘機などが緊急発進して対応した。

24日は空軍のツポレフTu95型爆撃機2機とA50早期警戒管制機1機が日本海に飛来。Tu95型は2機で山陰沖から北海道西方沖まで北上した後、再び山陰沖に戻り、今度は長崎県対馬の東水道を抜けて東シナ海に進出した。A50は秋田県沖を周回した後、大陸方面に戻った。

26日には空軍のイリューシンIL20型電子偵察機1機が山陰沖から北海道西方沖まで日本海を北上。28日にはIL20型1機がハバロフスク方面からオホーツク、国後水道を抜けて太平洋に進出、宮城県沖まで南下した後、同じルートをたどって自国領に戻った。

領空侵犯はなかったが、統幕は各日、空自機が撮影した露軍機と航跡図を公表した。

中国機は尖閣諸島沖

中国空軍のツポレフTu154型情報収集機1機と、中国国家海洋局所属のY12型小型プロペラ機1機が2月21日、相次いで沖縄県尖閣諸島沖の東シナ海に飛来、久場島などの沖約100キロ付近まで近づいたため、空自の西空や南混団のF15戦闘機などが緊急発進して対応した。領空侵犯はなかった。

Tu154は大陸方面から東シナ海に進出。ガス田に沿うように南下した後、再び北上して周回する形で大陸方面に戻った。Y12もTu154より南の空域を周回して大陸方面に戻った。統幕は同日、空自機が撮影した写真と航跡図を公表した。

中国艦3隻が宮古海峡南下

3月1日午前5時ごろから午後7時ごろにかけ、中国海軍の「ルーヤンⅡ」級駆逐艦（満載排水量7112トン、艦番号150「長春」）と「ジャンカイⅡ」級フリゲート2隻（同3963トン、548「益陽」、549「常州」）の3隻が、沖縄県の宮古島北東約100キロの海域から宮古海峡を通って沖縄本島の南西650キロの海域を航行しているのを、海自3護隊（大湊）の「まきなみ」と5空群（那覇）のP3C哨戒機が確認した。

3隻は東シナ海から太平洋に抜け、南下した。

平成26年度予算　年度内成立へ

一般会計総額95兆8823億円の平成26年度予算案は、2月28日の衆院本会議で自民、公明両党などの賛成多数で可決、参院に送られた。衆院の優越規定により、予算案は仮に参院で議決されない場合でも年度内に成立することが確定した。当初予算案が2月中に衆院を通過したのは麻生内閣当時の21年以来、5年ぶり。

共済組合だより

転勤者らに「えらべる倶楽部」　引越らくらくお見積り　FAX、HPから申込みを

春の引越準備はお済みですか――。

防衛省共済組合が提携するJTBベネフィットの「えらべる倶楽部」では、春の転勤などに向けた「引越らくらくお見積り」のサービスを実施しています。

これは『えらべる倶楽部利用ガイド』冊子内にある「引越らくらく見積り依頼書」の欄に必要事項を記入してFAXで送付するか、ホームページからお申し込み頂ければ、簡単に引越の見積りが受けられるサービスです。

依頼を受けた引越会社の担当窓口から直接連絡が来ますので、調整をしていただくと後日、引越見積りの文書が届きます。各社の見積りを比較検討しながら希望の引越会社を選ぶことができるので、とても便利です。

提携する引越会社はアート引越センター、サカイ引越センター、クロネコヤマトの引越、ハート引越センター、アリさんマークの引越社、日本通運、ダック引越センターなどです。

このほか、賃貸物件情報やトランクルームなどがありますので、こちらもご利用ください。

お引越後は「あなたの街の安心MAP」で近くの病院や薬局を、「地図deえらべる」で近くで使える各種サービスをご確認ください。

海自2空群 恒例の海氷観測飛行──

海自第2航空群（群司令・明石健次海将補、八戸）は2月27日、気象庁からの依頼で毎年冬季に行っているP3C哨戒機による「海氷観測飛行」を報道陣に公開した。記者を乗せ飛び立ったP3C2機は一気に北上し、函館、稚内を経て宗谷海峡から右回りにオホーツク海上空を飛行し、海面を埋めた海氷の状況を観測、根室を経て八戸に帰投した。同隊は北海道沿岸のパトロールだけでなく、ローテーションで尖閣を含む南西諸島周辺海域の監視や遠くソマリア沖・アデン湾の海賊対処任務にも就く。この日、P3C5100号機に同乗し、搭乗員10人の高いプロ意識に触れた。 （文・写真 若林祥子）

上 配置について海氷観測任務に当たる航法通信士の福田晋一1尉。左 操縦スペース。左に操縦士、右に副操縦士、中央後部に航空機関士が座っている

眼下に広がる流氷の「地図」

昭和35年から2空群が実施している「海氷観測飛行」は、同群の多様な任務のうちの「民生支援」に当たり、今回で1065回目。

オホーツク海を南下してくる海氷は漁船などが海難事故を引き起こす原因となるため、気象庁はP3Cが集めたデータをもとに海氷の予報を出し、船舶の安全確保を図っている。

この日は前線が東の海上に去ったため、東北から北海道にかけて晴れ上がり、風も穏やかな観測日和となった。記者約16人は二手に分かれ、5100号機（機長・鈴木章二3佐）と5093号機（機長・藤岡慶一3佐）に分乗、P3Cは軽快なプロペラ音を響かせて、八戸基地を飛び立った。

有事には対水上戦や対潜戦に用いられるP3C。機内は電子機器で占められ、最前列の操縦エリアから後方に戦術航空士席（左）、航法通信士席（右）、三つの対潜員席、機上電子整備員席（左）、機上武器員席（右）を配置。約10時間のフライトを行うため、最後尾には休憩スペースとトイレがあり、他の自衛隊機に比べ居住性は良い。

この日、操縦士、航法通信士、第3対潜員が海氷観測任務に当たり、戦術航空士の桜井亩平3佐を中心とするクルーが記者の質問に答えてくれた。

「搭乗員はポジションごとに持っている任務や能力が異なる。若手だろうがベテランだろうが関係ない。全員でサポートし合う態勢ができあがっているんです」と桜井3佐。

1時間ほどの飛行で稚内上空に達すると「そろそろ海氷が見えてきますよ」とクルーから声が掛かる。

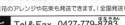

知床連峰を背に海氷が広がるオホーツク海上を飛行し、海氷観測を行うP3C哨戒機（2月27日）

オホーツク上空に達すると、機体はそれまでの高度6000メートルから一気に300メートルまで急降下、観測態勢に入る。窓から見下ろすと、それまで深いブルーだった海面が白いモザイク状の氷でびっしり覆われているのが見える。

窓の向こうに僚機の5093号機が現れた。強い太陽の光に照らされ、海氷の上に機の影が落ちている。「影の長さはだいたい30メートルです。それを基準に氷の大きさを観測しています」とクルーが説明してくれた。氷の表面がどれもつやつやで平らなのは、海氷の上に雪が降って風でなめされたためだ。時にはアザラシなどの動物が乗っているのが見られるという。

そのまま南東にフライトを続けると前方に高い雪山を抱いた知床半島が現れ、後方に国後島など北方領土が霞んで見えた。

その後、デモンストレーションのため2機がスピードを上げ、編隊での旋回を披露してくれる。それだけでも身体が激しく揺さぶられた。「今日は全然揺れてない方ですよ」というクルーの笑い顔に、こちらは青くなりながらP3Cの機動性の高さを実感する。

2機は根室半島を経由して八戸に帰投。驚きの連続の約4時間のフライトはあっという間に終了した。

引き継がれるサムライ魂

「年1回の点検では、機体に穴が開くんじゃないかというくらい機内隅々をきれいにします」と話すのはベテラン機上武器員の三上統2曹（40）だ。

P3Cは就役から30年以上たち、その後継機として新鋭のP1哨戒機の就役が予定されている。だが、三上2曹にとっては入隊してから21年間、共に働いた相棒。普段の任務中も機体の整備・掃除は怠らず、いまも床などはピカピカだ。

2空群のP3Cはこれまで4回、ソマリア沖・アデン湾の海賊対処行動に派遣されている。三上2曹も11次員としてアフリカのジブチに4カ月滞在した。

海賊船と一般の漁船はよく似ているため判別は難しく、船舶移乗用の長梯子の部分を手掛かりにすることもあるが、大抵は毛布で隠されているため、「上空から望遠レンズで何度も撮影し、そこに長梯子らしきものが確認されたら、直ちに通報した」と当時を振り返る。

外国まで行かなくても、国内でも活動領域は広い。ローテーションで沖縄・南西諸島にも飛び、空自戦闘機パイロットの従兄弟とも那覇基地でよく会うという。

「この国や家族を守りたいという気持ちが仕事に直結しているのでP3Cの勤務はやりがいがある」と三上2曹は言う。「皆さん、サムライなんですね」と水を向けると、「いいや、俺なんか。サムライといえば、やっぱりあの人かなあ」。

あの人とは4空（平成20年に廃止）に所属していた小平義則3尉（当時、平成12年に退官）のこと。平成11年、能登半島沖で起きた北朝鮮工作船の日本領海侵犯事件では、工作船が対空ミサイルを装備しているとの情報もあり、「誰が行くのか」と人選に頭を抱える中、小平3尉が一番最初に手を挙げた。

「お前ら、いつからタダの公務員に成り下がったんだ。俺たちはサムライだろ。俺が先に行くから、お前らも後に続け！」

幸い小平3尉の乗った1番機は無事帰投できたが、あの時ほど自分たちが「国防の防波堤」であるということを強く意識させられたことはないという。

「自分も小平3尉のようになりたいと思いながら若い隊員の指導に当たっている」と三上2曹。「大丈夫、サムライ魂はこの部隊に引き継がれていますから」。

バブルウィンドーから監視の目を光らす機上武器員の三上統2曹

西風東風

ウクライナ軍の不介入を評価 ──NATO事務総長

北大西洋条約機構（NATO）のラスムセン事務総長は、反政府運動によりヤヌコビッチ政権の崩壊したウクライナで、軍が政変に対して中立的な立場を維持したことを高く評価する声明を発表した。中東などでは政情が不安定になると軍が影響力を行使する例も多いが、文民統制（シビリアンコントロール）を重視する西側民主主義陣営の立場から、ウクライナ軍の姿勢を歓迎したものだ。

声明で同事務総長は「ウクライナ軍が政治危機に決して介入しないと明言したことを称賛する」とした上で、「この状態を続けることが重要」と続けた。さらに、「安定と繁栄を平和な対話と早期の選挙を通して実現し、双方が民主化への道を歩めるように、引き続き、沈着冷静と自制を求める」と要請した。

その上で、「ウクライナはNATOの緊密な提携相手であり、NATOはウクライナ人民の友人である」とし、冷戦終結時に結ばれたNATO─ウクライナ協定に基づいて、「協力を進めていく」と強調している。

ラスムセン事務総長は当初からウクライナ軍に対して、反政府デモ隊の排除に関与すれば、NATOとの関係を損なうと警告。さらに、ツイッターにも「軍を巻き込もうという動きに対して非常に憂慮している。ウクライナ軍は非常に尊敬されている存在であり、中立を保つべきだ」と書き込んだ。

ウクライナは旧ソ連の崩壊に伴い1991年に独立したが、西部を中心とする親西欧派と、東部を中心とする親ロシア派の対立が続き、不安定な政情が続いている。その中で、2010年に発足した親ロ派のヤヌコビッチ政権が、昨年11月、欧州連合（EU）との協定調印を棚上げすることを決めたことを機に、親西欧派の不満が爆発。長期間の抗議行動の後、首都キエフを占拠した反政府勢力と治安部隊との衝突などを経て、2月22日、同政権は崩壊した。

（ロンドン＝加藤雅之）

中国、自衛隊せん滅目指す ──尖閣、琉球奪取も・米大佐

米太平洋艦隊で情報部門を率いるジェームズ・ファネル大佐は2月13日、サンディエゴで開かれた海軍関連の会議で、中国軍が尖閣諸島と琉球諸島南部の奪取を目指した陸、海、空軍協同の大規模演習を行ったことを明らかにした。中国は以前から台湾侵攻を目指して3軍協同の演習を行ってきたが、対象を日本にも拡大したことになる。

米海軍協会（USNI）のニュースサイトが伝えたところによると、大佐は中国軍の演習について「3軍協同で軍の管轄地域を超えた大規模な演習『Mission Action 2013』を見て、中国軍は東シナ海で日本の自衛隊をせん滅する、短期かつ激烈な戦争遂行能力という新たな任務を課されたと確信した」と分析した上で、「その後予想されるのは、尖閣諸島はもちろん琉球諸島南部さえも奪取することだ」と警戒感を示した。

中国による南シナ海での行動パターンに関して大佐は、いわゆる「9断線」内海域の支配権を、近隣諸国の反対にもかかわらず、また現行国際法に照らして根拠がないにもかかわらず、主張をし続ける試みだという懸念が強まっていると指摘した。

中国が最近とった攻撃的な行動の例としてファネル大佐は、フィリピン海の南で「海洋権益保護」と称して行った演習や、その翌週に東シナ海で中国海軍フリゲート艦が日本の海上自衛隊護衛艦に対して、火器管制レーダーを照射した事件を挙げた。

特にレーダー照射について大佐は、「中国は1カ月にわたって否定し、その後照射を認めたが、『両艦の間が近すぎ、武器使用の危険はなかった』などと弁解した。こんなでたらめは許されない」と批判した。

さらに続けて大佐は、「南、東シナ海で中国の沿岸警備隊艦船が近隣諸国への嫌がらせを行う敵対者の役を演じる一方、海軍艦艇は各国の港を訪れ友好と協力を約束して回っている」と述べて、中国海軍の硬軟織り交ぜる戦略への不信感を表明した。

（ロサンゼルス＝植木秀一）

さらなるレベルアップ目指し

3自が特性あるMC体制整備を

防衛省・自衛隊の医療関係者による「平成25年度防衛医学セミナー」が2月25日、防衛省講堂で開催された。13回目となる今回は「メディカルコントロール（MC）」と「包括的健康管理」の二つをテーマにしたパネルディスカッションが行われ、特別講演ではJR東海会長の葛西敬之氏が「21世紀に求められるリーダーとは」と題し登壇した。翌26日は「第59回防衛衛生学会」（セミナー長兼学会長・石川卓志衛生学校長）が三宿地区（東京都世田谷区）の9会場で開催され、昨年のフィリピンにおける国際緊急援助での医療活動の報告などが行われた。

防衛医学セミナー

「防衛医学セミナー」でパネルディスカッション終了後、聴講者の質疑に答えるパネリスト（2月25日、防衛省講堂で）

東京・市ヶ谷の防衛省講堂で開催された防衛医学セミナーは、自衛隊衛生部隊や病院などの隊員、関係者ら約900人が聴講した。開会に当たり木原稔防衛政務官が「これからの防衛省・自衛隊衛生の在り方について議論が深まっていくことを期待する」とあいさつした。

テーマ1「メディカルコントロール」では、救急救命士が医師の指示のもとに医療処置を行うMCについて、自治体や3自衛隊のMC体制や、陸海空それぞれの方向性が発表された。

この中で陸自は、有事の救命救護を想定していると強調。一方、洋上など特殊な環境下にある海自は平時をターゲットにしていると述べた。

一般的なMCは心肺停止患者の処置に限られるため、有事・災害時の外傷患者の対応や3自それぞれの特性を持つMC体制整備の必要性が指摘された。

防衛医科大の齋藤大蔵教授は、自衛隊の救急救命士は准看護士などの資格を持つ隊員が多いことから、医療行為の幅が広がる可能性に言及し、一般のMC体制よりも一歩踏み込んだ「防衛省・自衛隊独自のMC構築が期待される」と述べた。

テーマ2「包括的健康管理〜即応性向上のため〜」では、健康診断で約4割が健全ではない結果となったことなどを受け、日々の訓練や災派活動に万全な状態で臨むためには日ごろの健康管理が重要として、技官、歯科医官、栄養士などがそれぞれの立場から健康管理やメンタルヘルスについての取り組みを発表した。

メディカルコントロール（MC）　救急患者を現場から医療機関へ搬送する間に、救急救命士が医師の指示のもとに医療行為を行い、医療の質を保障し、患者の安全性を確保すること。電話や無線などで具体的に指示を受けるオンラインMCとプロトコール（指示書）に基づく処置や事前教育・事後検証などのオフラインMCがある。現在の法律では、心肺停止患者のみに処置が可能となっている。

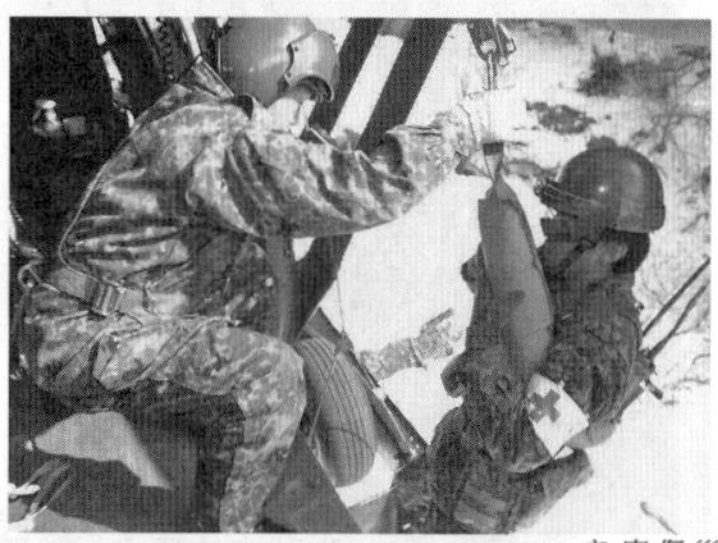

㊤首都直下地震を想定して行われた「平成25年9都県市合同防災訓練」で、負傷者の応急処置を施す東方衛生隊員（昨年9月1日、神奈川県相模原市の在日米陸軍補給廠で）㊦孤立住民に医薬品を届けるために陸自UH1多用途ヘリからホイストで降下する12後方支援隊の衛生隊員（2月9日、群馬県藤岡市上日野の奈良山地区で）

高い評価受けた自衛隊の防疫活動

防衛衛生学会

「防衛衛生学会」で「メディカルコントロール」をテーマに活発な意見交換をする参加者（2月26日、三宿地区高等看護学院講堂で）

三宿地区で開催された防衛衛生学会では、高等看護学院講堂を会場に「フィリピン共和国における国際緊急援助活動」「台風26号に対する伊豆大島災害派遣活動」の緊急報告会が行われた。

昨年11月、台風30号により甚大な被害が出たフィリピンで医療活動に当たった中央病院診療科の梶原由規2陸佐が、セブ島とレイテ島の住民への医療活動やワクチンキャンペーン、薬剤の処方、防疫などの活動内容を発表し、「防疫は自衛隊のみが行った活動で、現地での評価が高く非常に感謝された」と報告した。

昨年10月の伊豆大島災派報告では、島の病院が機能していたため、治療後送、健康管理、防疫など、隊員に対する衛生支援の実績を発表。第1後方支援連隊衛生隊の井上敬司1陸尉は「東日本大震災の教訓を反映することができた」と述べた。

さらに座長を務めた衛生学校教育部主任教官の徳野慎一2陸佐が遺体捜索活動に対するメンタル対策について質問したのに対し、ストレスハンドブックを現場の総隊長に配布するとともに実際に相談のあった隊員には、担当者と連携して巡回を実施するなどの取り組みが報告された。

続いて行われたミニシンポジウム「メディカルコントロール」では、現場の視点からMCの利点として①一定の質の医療を提供できるようになった②継続して教育することで質の底上げができた——などが指摘され、今後のMCの運用に際し、事前教育の重要性と事後確認の必要性が共通課題として挙げられた。

多くの被災者が避難生活を送る学校で、人体に害のない殺虫剤を散布し防疫活動を行う6後方支援連隊の隊員（昨年12月4日、比レイテ島のタクロバンで）

病気の幼児を連れて自衛隊の仮設診療所を訪れた母親に医薬品を処方する医療支援チームの隊員（昨年12月2日、比セブ島のダアンバンタヤンで）

20日間にわたる医療支援活動を終えて、活動地ダアンバンタヤンの町長（中央）からの感謝状を手にする山﨑俊宏2陸佐（左）と梶原由規2陸佐（右）＝昨年12月6日、比セブ島で

水上サバイバル訓練

2空団　極寒の千歳川で保命

"パラシュートで着水"

【2空団＝千歳】F15戦闘機部隊の2空団と千歳救難隊は2月13日、千歳市内を流れる千歳川で「冬季水上保命訓練」を実施した。

これは上空で緊急脱出したパイロットが、パラシュートで厳寒の洋上に着水した場合を想定したもので、参加者は身をもって緊急時の保命法を演練した。

このサバイバル訓練は、救命装備品の使用法体得と水上保命能力の向上を目的に夏（実施場所・支笏湖）と冬（同・千歳川）に行っており、今回で35回目。

パイロットが海上に緊急脱出した場合、まず救難隊のU125A救難捜索機が急行し、遭難者の捜索に当たる。次いでUH60J救難ヘリが救出に向かうが、発見・救助されるまでの間は、パイロットが自力で生き延びねばならない。

この日の気温は氷点下1度で、保命訓練に参加した搭乗員ら約20人のほか、支援要員として隊員約40人が参加した。

耐水服を着けた参加者は冷たい千歳川に飛び込むと、岸からロープで固定され、川中に浮かぶ「救命浮舟」に向けて上流から泳ぎ、苦労して乗り込んだ。その際に内部に入った水は、手やコップで排出し、保温と水の浸入を防ぐ「スプレーシールド」で上部を閉じ、寒さとの戦いとなる「漂流」を開始した。

急な流れで浮舟は揺れ、参加者は転覆しないようバランスを取るのに悪戦苦闘。ここに「波」を演出する救難隊員が近づいて浮舟を揺らし、水を浴びせ、転覆させるなど実際の状況を体感させた。

過酷な訓練は1人30分間に及び、参加者は耐水服の隙間から入る冷水に身体を震わせながら、生き残りを懸けて訓練に取り組んだ。

参加者の一人、F15パイロットの中條智仁2尉は「冷たい川の水で手足の感覚がなくなり、浮舟に乗り込むのが大変だった。死ぬことが頭に浮かんだ」と過酷な訓練を振り返っていた。

浮舟に乗ったF15パイロット（右）に水をかけ、「波」を演出する千歳救難隊員（いずれも2月13日、北海道の千歳川で）

岸辺から浮舟に泳ぎつき、乗り込んだパイロットと舟を実際の漂流状態に近づける千歳救難隊員

猛吹雪の八甲田行軍

45回目の演習

5普連　112年前と同様の天候　一歩一歩に魂

明治35年と同様の猛吹雪となり山中を整斉とスキーで前進する5普連の隊員（2月7日、青森県の八甲田山で）

【5普連＝青森】「旧5連隊の諸先輩の遺志を全うすべく八甲田演習に挑みます」――。5普連は2月7日、極寒の八甲田山系で部隊の全身全霊を傾けた恒例の雪中行軍「八甲田演習」を実施した。

この訓練は、日露戦争を2年後に控えた明治35年1月、旧陸軍8師団の歩兵第5連隊が八甲田山中で寒冷地訓練に臨み、参加隊員210人中199人が死亡した遭難事故と同じルートをたどることで、先人から遺訓を学び、部隊練度の向上を図るもの。5普連では旧5連隊将兵の慰霊を目的に昭和40年から同訓練を開始し、今回で45回目となった。

6日、行軍に先立ち、友伸治連隊長以下220人の隊員が青森市内の幸畑陸軍墓地を参拝し、当時指揮を執った2大隊長の山口鋠少佐など210柱の先人を前に、友連隊長が「諸先輩の遺志を全うすべく八甲田演習に挑みます」と決意を述べた。

翌7日午前7時半、連隊長以下640人は、先発の情報小隊に続いて各中隊が小峠からスキー行軍を開始した。天候は氷点下9度、風速5メートル。体感温度はマイナス27度。隊員たちはそれぞれ約20キロの装備を身に着け、さらに重さ約100キロのアキオ（大型ソリ）を4、5人で曳きながら7・4キロ先の銅像茶屋を目指した。

この日の天気は大荒れで、隊員たちは112年前と同じく、容赦なく吹き付ける吹雪に立ち向かいながら、雪の山中を一歩ずつ登り続け、午後1時25分、全隊員が無事に目的地に到着した。水分量の多い濡れ雪で隊員のヘルメットにはつららが出来ていた。

部隊は、さらに先の馬立場（標高732メートル）にある生存者の後藤房之助伍長の像の前まで進んで後藤伍長に行軍完了を報告し訓練を終了、午後3時には全隊員が青森駐屯地に帰投した。

目的地点の馬立場（標高732メートル）にある後藤伍長の像に任務完了を報告する友連隊長以下640人の隊員

17普連　「綿密な火網構成」　敵の攻撃食い止め遅らす

㊤雪上に突如現れ、敵に向けて機関銃を狙う17普連の軽装甲機動車。㊦雪の降る中、敵車両に向けて対戦車誘導弾を構える17普連隊員（いずれも「むつみ演習場」で）

【17普連＝山口】寒波に襲われた2月3日から6日までの間、17普連は山口県萩市のむつみ演習場で3中隊と衛生小隊の訓練検閲を実施した。

課目は「旅団から先遣され、陣地防御を行う連隊内（3中隊）の戦闘前哨と衛生小隊の行動」。演習場内は積雪が20センチ以上あり、また気温は氷点下7度と、厳しい環境の中で隊員たちは検閲に挑んだ。

3中隊長の赤松勝哉1尉は「綿密な火網構成」を指示、これを受けて隊員は強固な陣地の構築に当たり、敵の攻撃にもこれを頑強に食い止めて遅滞させ、その後、隊員は陣地を速やかに離脱し、整斉と防御任務を全うした。

一方、衛生小隊は敵の行動が活発化するにつれて増える負傷者を迅速に収容、医療設備が整った上級部隊に移送するなど、深い雪の中で確実に任務を遂行した。

初めて訓練検閲に参加した隊員は「山口県内と思えない雪と寒さで身体が思うように動かなかったが、先輩の足を引っ張らないよう頑張って戦った」と話した。

雪崩災害に備え　遭難者救出演練

【304施＝出雲】304施設隊は1月21～23日、第7次野営・積雪寒冷地部隊訓練を実施した。

最初の戦闘基礎動作では、スキーを装着しての射撃姿勢やほふく前進の要領を演練、また雪崩災害などに備えた遭難者救助訓練では隊員が一列になってゾンデ棒を差し込み、遭難者を捜索しながら前進する方法を学んだ。

総合訓練では災害派遣を想定した訓練を実施し、部隊はラッセル班とアキオ班に分かれ、5キロのスキー機動の後、遭難者の捜索・救助、応急露営施設の構築などを演練した。

暴風雪の中35キロ　行軍で敵を撃破

【28普連＝函館】28普連は1月25～30日、北海道大演習場島松地区と有明地区で行われた「25年度旅団冬季訓練検閲」を12年ぶりに受閲した。

課目は「雪中での接敵機動を含む助攻撃連隊の行動」で、佐藤和之連隊長は「翼・間隙からの潜入と果敢な攻撃前進」を隊員に要望、1年間の研究成果を遺憾なく発揮するように求めた。

隊容検査で装備品をチェックし、負傷者の応急処置法を確認した後、状況が開始された。最初に35キロの雪中機動に臨んだが、途中で天候が悪化、視界ゼロに近い暴風雪とマイナス16度の寒波の中、部隊は黙々と進軍を続け、敵に接触後は敵陣営の間隙を衝いて一気に突破、目標を奪取して任務を達成した。

ラッセルしながら前進　20年ぶり大雪の中で訓練

雪が降り続く夜間、隊旗を掲げて黙々と行軍する48普連の隊員（群馬県内で）

【48普連＝相馬原】48普連は2月8～11日の間、相馬原演習場などで「25年度第2次連隊練成（総合）訓練」を実施した。

8日未明から降り始めた雪は20年ぶりの大雪となり、部隊移動にも大きな影響が出るなど、予測のつかない中での訓練となった。

訓練には即応予備自156人をはじめ、その協同・支援要員を合わせた計326人が相馬原演習場に集結し、8日午後10時から状況を開始した。

部隊は当初、高崎市から安中市までの往復約30キロを夜間行進する計画だったが、激しい積雪などで距離を半分の15キロに短縮し実施した。それでも雪の積もり方が早く、先頭を行く情報小隊は約30センチの雪をラッセル（踏み固め道をつくる）しながらの前進となった。続く各中隊も降雪を考慮した装備で相馬原演習場に前進した。

その後、戦闘準備に移り、2・3中隊は4中隊の掩護の下、部隊展開や斥候の派遣などを行って情報収集。敵情を解明した部隊は10日、攻撃行動に移り、敵の防御陣地（1中隊が担当）に対し、特科・重迫中隊の火力支援を受けながら2・3中隊員は膝まで埋まる雪をものともせず総攻撃を敢行、今年度最後の連隊練成訓練を完遂した。

スキー機動、宿営　陣地攻撃を展開

【30普連＝新発田】30普連は1月27～30日、「第5次連隊練成訓練」を行った。

訓練は本部管理中隊と1・3中隊が大日原演習場、2中隊と通信小隊が関山演習場に展開し、それぞれスキー機動、宿営、陣地攻撃訓練を実施したほか、ビーコン、ゾンデ棒を利用した遭難者救助訓練も行った。

特に冬季訓練検閲を前にした2中隊は、積雪地での戦闘行動を演練し、行動能力を高めた。

敵機甲部隊侵攻阻止　雪原に地雷原を構成

【6施大＝神町】6施設大隊は2月11、12の両日、山形県の大高根演習場で1夜2日の1中隊冬季訓練検閲を行った。

前進命令を受けた1中隊は、約4キロの険しい山道を約20キロの背のうと器材を満載にしたアキオを分隊5人で曳行しながら雪中を前進。

集結地に到着後、部隊は速やかに雪洞を構築して白銀の世界に潜み、「大高根地区守備隊の障害構成支援」に当たった。隊員は敵機甲部隊の侵攻を阻止するため、雪原に地雷原も構成した。

この間、集結地では敵の遊撃行動で負傷者が出る中、警戒員を増援、陣地を固守した。

FTC遠征前に　雪中で練成訓練

【36普連＝伊丹】36普連は1月26～30日、鳥取県の日光演習場で増強第1中隊の「FTC（富士トレーニングセンター）」参加に向けた練成訓練を行った。

金子恭久1中隊長は「情報の獲得と共有」「有効な火力発揮」を隊員に要望、また砲迫火力の最大限発揮と損害を最小限に抑えての突撃を命じた。

28日早朝、1中隊は積雪1メートル以上という雪原で行動を開始、隊員の多くが初めて履くカンジキに悪戦苦闘しながら進んだ。

その後、敵と接触、激しい交戦となり、部隊は甚大な被害を受けながらも果敢に戦闘を継続した。

今回の訓練では、慣れない積雪地での戦闘要領や各種の教訓・課題も得られ、"強敵"が待ち受ける本番のFTC訓練に向けた態勢が整った。

重い防弾チョッキを着け、雪中で戦闘行動をとる36普連の隊員（日光演習場で）

募集・援護 特集

「未来の自衛官」にエール

今春、自衛隊等に入隊・入校する若者たちを激励する自衛隊協力会など主催の「激励会」が全国各地で始まった。会場には地元首長をはじめ部隊指揮官らが駆け付け、郷土を守る「未来の自衛官」たちにエールを送った。一方、著名人によるビデオレター収録も各地本により進められ、今年は小野寺防衛大臣をはじめ、各都道府県知事からも若者たちに熱いメッセージが寄せられた。

各地で激励会

知事や大臣からのビデオレターも放映

【函館】地本は2月8日、函館市民会館で開催された「函館市自衛隊入隊（校）激励会」（市・市自衛隊父兄会共催）を支援した。函館地区からは今春54人の若者が入隊・校の予定で、激励会には主催者の中林副市長をはじめ地元選出国会議員らも出席し、若人たちの門出を祝った。

最初に中林副市長から温かな激励の言葉があり、続いて来賓が「国防という崇高な使命に対する誇りを持ち、頑張ってください」とエールを送った。また小野寺防衛大臣、高橋北海道知事からビデオレターによる激励メッセージも披露され、防衛省、道庁それぞれのトップの励ましに自衛官のタマゴたちは身を引き締めていた。

この後、陸自28普連、海自函館基地隊に勤務する函館市出身の先輩からもアドバイスがあり、「失敗を恐れず、多くの経験を積んで立派な隊員になってほしい」との言葉を受けた。

最後に入隊・校予定者を代表して防大に進む土谷海斗さんが「函館市出身として恥じない自衛官になることを誓います」と決意を述べた。

地本管内ではこのほか、今後3月中旬まで1市14町で激励会が予定されている。

激励会出席者にお礼の言葉を述べる防大入校予定の土谷さん＝2月8日、函館市民会館で

【帯広】「北見地区入隊予定者激励会」（隊友会道東連合会北見支部主催）が2月23日、北見ピッツアークホテルで開催された。

同イベントは北見市、置戸町、訓子府町、津別町の1市3町合同で行われ、父兄や来賓も出席して若者28人の入隊・校を祝った。

主催者のあいさつの後、多くの来賓から激励の言葉があり、小野寺防衛大臣のビデオレターも放映された。その後、入隊予定者代表からお礼の言葉と決意が述べられた。

続く懇親会では陸自第5音楽隊の演奏をバックに会食が行われ、入隊予定者たちは自分の自衛官としての将来を想像しながら、期待に胸をふくらませていた。

激励会参加者を前に、決意を述べる入隊予定者＝2月23日、北見ピッツアークホテルで

激励会で記念撮影に臨む原田市長（前列右から3人目）らと入隊予定者（後列）＝2月24日、日田市役所で

【大分】地本は2月24日、日田市役所で開催された「自衛隊入隊予定者激励会」（日田市自衛隊協力会、同父兄会主催）を支援した。

日田市からは今春、14人の若者が入隊予定。激励会では最初に市自衛隊協力会会長でもある原田啓介市長があいさつに立ち、「自衛隊には災害派遣等で市も大変お世話になっており、今後も強固な協力関係を維持したい。これから自衛官となる皆さんも国民の生命と財産を守るために各部隊でしっかりと頑張ってください」と述べた。

また黒丸逸朗地本長は陸自の体験に基づき、「高い志を持ち、自分に厳しく国防の任に当たってほしい」と述べ、また父兄に対しても「自衛隊の訓練は厳しく、電話などで泣き言を伝えられることもあるかもしれませんが、どうか将来を見据えて見守ってあげてください」と理解を求めた。

最後に入隊者を代表して石井龍太郎さん（陸自一般曹候補生）が「自衛官はずっと憧れていた仕事なので、入隊後は国の防衛や災害派遣、そして国際貢献のために精一杯頑張ります」と力強く決意を述べた。

激励会ビデオ　各県知事からメッセージ

崇高な志持ち立派な自衛官に
宮崎・河野知事

【宮崎】地本は1月30日、県庁で河野俊嗣県知事の激励ビデオレターの撮影を行った。

河野知事は「入隊おめでとう。不透明な世の中で国の安全を確保するには自衛隊の存在が欠かせない。また宮崎県で起きた口蹄疫や鶏インフルエンザなどでは自衛隊に迅速に対応していただいた。崇高な志と決意を胸に、一日も早く立派な自衛官となることを期待している」と力強い応援の言葉を贈った。

このビデオレターは2月24日にえびの市で行われた激励会を皮切りに、県内各地で放映される。

㊨激励ビデオレター撮影終了後、地本の4コマまんが「岩手ぴこ」作者の佐藤事務官(左)から、似顔絵を贈られた達増知事＝2月7日、岩手県庁で。㊤入隊者への激励ビデオレターの撮影にのぞむ河野知事（右）＝1月30日、宮崎県庁で

県の代表として活躍に期待
岩手・達増知事

【岩手】地本は2月7日、岩手県庁で達増拓也知事のビデオメッセージ収録を行った。

達増知事は入隊・校予定者への激励メッセージで「自衛隊には東日本大震災、昨年の大雨災害などで多大な尽力を頂いている。地元部隊に県民からは『郷土の部隊』として厚い信頼が寄せられている。入隊される皆さんも岩手県の代表として一日も早く自衛官として活躍されることを期待します」とのメッセージが送られた。

収録後、岩手地本のホームページ「岩手ぴこ」の大ファンという達増知事に、作者の佐藤伸昭事務官から似顔絵が贈呈された。

地本は、この知事からのビデオ・メッセージを今後、県内各地区で行われる入隊予定者激励会で放映する。

思い切り人生の花を咲かせて
鳥取・平井知事

【鳥取】地本は1月20日、鳥取県庁で平井伸治知事の「激励会」向けメッセージの収録を行った。前年度に続く試みで、今回は県危機管理局との調整により実現した。

平井知事は若人に向けたメッセージの中で「皆さんの人生は前途洋洋。思いきり若い青春をぶつけて、人生の花を大きく咲かせてほしい」と述べた。

地本では「知事のメッセージが入隊予定者、ご家族に届くことで、鳥取県出身者が高い志を持って自衛隊に入っていける。彼らの活躍を受けて来年度以降も良い人材の確保に繋げていきたい」と語っている。

防大合格を報告し、記念撮影にのぞむ佐和田尚誉君（中央）と父・隆司さん（左から2人目）母・マリアさん（右端）、下地市長（左から4人目）、砂川所長（左端）＝2月5日、宮古島市役所で

「難関突破おめでとう」
宮古島から防大生誕生　佐和田さん、市長表敬

【沖縄】宮古島出張所長の砂川盛子3陸佐らは2月5日、26年度防衛大学校（前期）試験に合格した佐和田尚誉さんとその両親を宮古島市役所に引率し、下地敏彦市長への報告会を実施した。

下地市長は宮古島からの防大生誕生に「難関突破おめでとう。これからは幅広いバランスの取れた知識が必要となる。そのためにはいろいろな本を読んで見識を深めてほしい」と激励した。

佐和田さんは「昨年は受験に失敗したが、宮古島に戻り、1日10時間以上の勉強と出張所の皆様の親身な指導のおかげで合格できた。防大では災害派遣、防衛出動に必要な学力と体力をしっかり身に付けたい」と抱負を語った。

52普連1中隊の防御訓練を見学
旭川・予備自雇用企業主

【旭川】地本は2月16日、今年度3回目の「即応予備自衛官訓練見学会」を美幌駐屯地で実施した。

即応予備自雇用企業主らに訓練を見てもらい、制度への理解と協力を得ることが目的で、この日は52普連1中隊の防御訓練を見学した。

企業主と部隊幹部の懇談の場も設けられ、隊員が「朝5時から訓練をしています」と語ると、企業主からは「厳しい寒さと雪の中、真摯に訓練に励んでいる隊員の姿が見られて良かった。他訓練に参加中の当社社員も元気に訓練を終えてほしい」と話していた。

松島かき祭りで自衛隊PR
宮城地本　各種イベントを支援

東北方音の演奏で「潮騒のメモリー」を歌う雨宮1士（左）と大塚1士＝2月2日、松島海岸グリーン広場で

【宮城】地本は2月2日、松島海岸グリーン広場で開催された「第36回松島復興・未来かき祭り」での東北方面音楽隊の演奏会を支援した。

当日は、東日本大震災で慰問演奏を続けた陸自音楽隊の演奏を間近で聴こうと、観客2500人が詰め掛けた。

ステージでは東北方音の新人女性隊員、大塚透子1士と雨宮静1士がNHK連続テレビ小説「あまちゃん」の「潮騒のメモリー」を踊ると観客の大声援と拍手で盛り上がった。

また22普連（多賀城）は野外炊事車でかき鍋を調理、多くの来場者が自衛隊のアツアツのかき鍋に舌鼓を打っていた。地本は今後も各種イベントで被災地の復興活動を支援していく。

海自幹候生が市長を表敬

【香川】海自一般幹部候補生の吉鷹正人海曹長が1月6日、東かがわ市の藤井秀城市長を表敬した。

吉鷹曹長は県立三本松高校を経て、香川大学を卒業し、昨年4月、第64期海自一般幹部候補生学校に入校した。東かがわ市から自衛隊幹部候補生としての入隊者は、藤井市長の子息（防大51期・現35普連、藤井崇1陸尉）以来ということから、藤井市長は思いがけない来訪をとても喜んだ。

吉鷹曹長は江田島名物「海軍カレー」を市長に贈り、「候補生学校では逃げ出したいと思ったこともありましたが、もう大丈夫。3月に学校を卒業し、半年間の遠洋航海に出ます。世界を見て土産話を持ち帰り、またお伺いします」と述べた。

藤井市長と同席した上村副市長も「昨年3月に会った時より体格が良くなり、凛々しくなった。東かがわ市から頼もしい人材が出てうれしい」と目を細めた。

最後に藤井市長が故郷を思い出すようにと「市10周年記念切手」を吉鷹曹長に贈り、固い握手を交わした。

小学生向け親子職業体験に出展
新潟地本

【新潟】地本は1月26日、新潟市立葛塚小学校で行われた「親子職業体験」に参加した。同校PTA「わっかの会」が主催したもので、児童が幼少期から職業について広く学ぶことを目的に、今回初めて企画された。

八百屋、ネイリスト、ヨガのインストラクター、大学教授、警察、消防、自衛隊など計26の職種の関係者が参加した。自衛隊ブースでは地本の隊員が塗り絵やペーパークラフトを担当したほか、陸・海・空の写真カードなどを配布した。ミニ制服試着コーナーでは、壁際に救難ヘリと救難艇の大きなタペストリー（壁掛け）を掛け、それをバックに写真撮影ができるようにした。

広報官の内山力3海曹が講師になったロープの結び方教室にも多くの家族連れが訪れ、親子一緒にロープワークを真剣に習得していた。

ただいま募集中！
◇幹部候補生（一般、歯科・薬剤）
◇医科・歯科幹部
◇予備自補（一般・技能）
★詳細は最寄りの自衛隊地方協力本部へ

輸校副校長の有明忠文1佐

難関の通関士など独学で6資格取得

陸自輸送学校（朝霞）副校長兼企画室長の有明忠文1佐（54）は、このほど行政書士試験に合格、これまでに取得した通関士などと合わせ、あまり例のない6資格の保有者となった。複数資格の取得は、再就職活動のモデルケースとしても注目を集めている。

行政書士試験に合格し、6資格を保有する有明輸校副校長（3月3日、輸校で）

体力検定も8年連続1級

有明1佐は陸幕輸送課に勤務していた平成17年5月、朝霞駐屯地で行われた「グリーンプログラム」（現職業能力開発設計集合訓練）に参加。資格取得に取り組み始めた。

プログラム参加から約2年後の19年の宅建取引主任者試験に合格したのを皮切りに、管理業務主任者（20年）、マンション管理士（21年）、さらに22年には合格率10%未満で、全輸送科隊員の中でも現在までに6人しか取得していない難関の通関士に合格。

さらに翌年、2級FP（ファイナンシャル・プランナー）試験に、また昨年11月に2度目の受験で行政書士に合格した。

それぞれ秋ごろ行われる各試験に向けて、4月ごろから半年ほどをかけて準備し独学で勉強を続けた。

東北方面輸送隊（霞目）の勤務時は、東日本大震災の災派活動に従事しながらFP試験に備えた。

資格取得のほかに体力検定も8年連続で1級を達成。体力錬成のために通うスポーツジムでは「運動と勉強を一体化すれば効率的」とエアロバイク（自転車マシン）をこぎながら参考書を読み続けた。

自衛隊援護協会などでは、税理士など約30の主要な資格を勧めているが、六つの資格の取得に、「これだけ持っている人はいないのでは」（陸幕募集・援護課担当）と驚いている。

「（自衛隊も）民間と同じスキルを持っている」ことを伝えたいと有明1佐。

1年半後に退職を控え、「これからも目標を持ち、努力を継続していきたい」と、再就職という新たな"関門"の突破を目指している。

職業能力開発設計集合訓練　退職のおおむね10年前の幹部隊員を対象に、陸自各方面隊の援護業務課が行っている事業。年8回（各3日間）実施。部外講師を招きライフプランづくりをテーマに講話を開くなど、再就職に向けた意識改革、動機付けを行う。

ブルーインパルスの映画「絆」 6都道府県で上映へ

映画「絆—再びの空へ—」の1シーン©Banaple

空自4空団11飛行隊（松島）のT4ブルーインパルスを追ったドキュメンタリー映画「絆—再びの空へ—」（手塚昌明監督、2月15日から公開）の上映館が3月9日から、6都道府県に拡大される。

映画は平成23年3月の東日本大震災の直後からブルーインパルスが母基地・松島に帰還するまでを主に描いたドキュメンタリーDVD「ブルーインパルス『絆』」（23年12月発売）と同「ブルーインパルス『絆』II」（25年8月発売）を基に、新規撮影映像を追加して製作された。

すでに上映中のイオンモール石巻（宮城）、同シネマ名取（同）に加え、8日から小倉コロナシネマワールド（福岡）の他3館、9日からシネマート新宿（東京）で上映が始まる。5月31日からはシネマイーラ（静岡）で上映される。公開拡大に伴い、撮影者の山﨑隆一さんに話を聞いた。

撮影者・山﨑隆一さんに聞く

——DVD「ブルーインパルス『絆』」から映画化へと踏み切った理由は。

「『絆』を作成していた矢先に、震災が起きました。自分が撮らなければ、ブルーのパイロットたちの復興支援、復帰への活動が埋もれてしまう。そんな思いから芦屋、築城基地（いずれも福岡）へ通いました」

——今月8日から上映館が拡大されるが。

「4人の製作スタッフで作った映画で、資金も宣伝部もありません。そのため私やスタッフが直接劇場に足を運び、上映を頼んでいます。少しでも多くの方に見ていただくため、これからも交渉していきます」

——映画で伝えたいことは。

「自粛の空気の中、訓練ができない苦しみ、飛ぶことに対する葛藤をパイロットたちは抱えていました。彼らを救ったのは周辺住民など多くの人の支えと期待でした。平坦ではなかったブルーインパルス再生への道を、見ていただきたいですね」

空音が東京マラソン支援 五輪ファンファーレ演奏

「東京オリンピックファンファーレとマーチ」を演奏する空音。左端は64年の東京五輪で使用されたトランペットを演奏する古川1曹（2月23日、有明イーストプロムナードで）

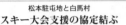

【空音＝立川】東京マラソンの参加ランナーを応援するイベント「東京大マラソン祭り2014」が2月23日に行われ、航空中央音楽隊（隊長・水科克夫2佐）が参加し、新宿区の防衛省前と江東区の有明イーストプロムナード前で演奏した。

スタートから3・9キロ地点の防衛省前に待機した空音は9時15分ごろ、最初の走者が通過するのに合わせ演奏を開始。指揮者の渡邉与秀3尉がタクトを振り始め、スタート間もない走者へ歌手、ZARDさんの「負けないで」など含め約70分間、18曲を届けた。ランナーからは「寒い中、ありがとう」とねぎらいの言葉が贈られていた。

続いて東京マラソンのゴール地点に近い、有明イーストプロムナード・メーンステージに移動。2020年の東京オリンピック開催決定を祝い「東京オリンピックファンファーレとマーチ」を1曲目に演奏した。

1964年の東京オリンピックで実際に使用されたファンファーレ・トランペットを古川隆一曹長が演奏。当時を知る年代の聴衆は、手拍子をしながら懐かしそうに聞き入っていた。

主催者によると、空音の演奏がメーン会場で最も多くの人だかりができたという。全5曲の演奏を終えた隊員は「（演奏が）心の懸け橋となり、マラソンに携わった全員の力となったのであれば幸い」と語った。

空自千歳の野球 2チームを表彰

千歳市体協

千歳市体育協会スポーツ賞を代表して受賞した（右から）桑原3曹、吉田2曹、田邉3曹

【千歳】千歳市体育協会スポーツ表彰の表彰式がこのほど市内のホテルで行われ、「3高群野球部」と「ファミリーズ」の二つの基地野球チームがスポーツ賞を受賞した。

千歳市のスポーツ発展に寄与、または大会などで奨励すべき成績を収めた選手・チームを表彰する制度で、今年は千歳の2チームを含む9団体2個人がスポーツ賞を、10団体19個人が同奨励賞を受賞した。

3高群野球部は、昨年7月の全日本軟式野球大会・南北海道大会1部で、また2空団検査隊隊員でつくる軟式野球部ファミリーズは同大会2部でそれぞれ優勝したことが評価された。

表彰式には3高群から吉田翔太郎2曹と田邉真也3曹、ファミリーズから桑原修平3曹が出席し、楯などを受け取った。

訂正　2月27日付7面「こちら警務隊」の記事と見出しで「同情」とあるのは「同乗」の誤りでした。訂正します。

こちら警務隊

☎8・6・47625

女性へのわいせつ行為 酔っていても懲役刑に

宴会の席で酔っ払って同僚の女性に抱き付き、無理やりキスをしてしまったようなのですが、犯罪になるのでしょうか？

質問のように、同僚の女性に対して、暴行（抱き付き）を用いてわいせつな行為（無理やりキス）をした場合、刑法第246条「強制わいせつ罪」に問われ、6カ月以上10年以下の懲役に処されます。

「酔っ払っていた」「覚えていない」などの行為者側の事情で責任を免れることはできず、犯罪が成立します。

性的犯罪は、相手に身体的被害を与えるのみならず、精神的な苦痛を与えるものです。絶対にしてはいけません。

（128地警＝滝ケ原・川名子3曹）

スキー発祥祝う 「レルヒ祭」支援

高田駐屯地

「レルヒ祭」セレモニーに出席した大崎連隊長（左から2人目）と高岡司令（3人目）

【高田】駐屯地は2月2日、上越市の金谷山スキー場で行われた「日本スキー発祥103周年レルヒ祭」で雪中行軍デモンストレーションと、音楽演奏支援を行った。

開会セレモニーには高岡久駐屯地司令、大崎達也2普連長も出席。レルヒ少佐が日本スキー発祥を告げた「メテレ！スキー！（スキーを履きなさい）」の言葉を合図に、鏡割りを行った。またゲレンデでは、部隊のスキー指導官13人が雪中行軍を披露した。

松本駐屯地と白馬村

スキー大会支援の協定結ぶ

【松本】駐屯地はこのほど、長野県白馬村とスキー大会支援協定書の調印を行った。

全日本スキー選手権大会クロスカントリー競技など2大会を支援するもので、駐屯地で行われた調印式には大会を主催する白馬村から太田紘熙村長ら2人が来隊。駐屯地隊員がコース整備などに協力することを確認し、後藤孝司令と太田村長が協定書に署名・押印、握手を交わした＝写真。

スキー大会支援は毎年、13普連と306施設隊のスキー特技保有隊員を中心に行っている。

小休止

▽…沖縄地本宮古島出張所は2月17日、市立北保育所の園児84人に北海道からの雪をプレゼントした。

▽…那覇駐屯地と東千歳駐屯地の両曹友会が平成15年に姉妹提携を結んだことを記念し、毎年南国の子供たちに雪を届けているこの事業。今年は東千歳から約2500キロ先の宮古島に雪60キロ分が届いた。

▽…「冷たい！」「ふわふわしてる」。初めて触れた雪に園児たちは大感激＝写真。雪はすぐに溶けてしまったが、子供たちの忘れられない思い出づくりに一役買った。（沖縄地本）

みんなのページ

朝雲・栃の芽俳壇

畠中草史　選

野火の炎の立ち上がりては這ひ寄れる　千葉・陸OG　佐賀あかり
炎の一点を描写して景の大きさを上手く引き出せた。野焼きを凝視して得られた句。

恋猫の片想ひかも鳴き止まず　東京・一般　三郷志保
猫の恋も人の恋と似ているところがあるとすれば片想い。声に新たな発見を見た。

母の作りし沢庵の包みとく　新座・陸OB　船田藤三郎

ペガサスの馳せ来る朝の御慶かな　江別・陸OB　鎌田日出雄

冬天は降りくる海の盛りあがり　西東京・空OB　水島孝雄

いつしかに日向選りゆく遍路笠　今治・陸OB　疇谷白濤

福を呼ぶ一番太鼓初戎　大阪・空OB　高木智念

柞葉(ははそば)の母の賀状のひらがな字　千葉・空OB　榎利風

紫に雲棚引ける初筑波　浜松・空OB　宮本立勇

しんしんと雪降る里の夜の静寂　浦安・海OB　晴山雅之

晴渡り風ひとつなき参賀かな　千葉・陸OB　川又勝彦

日中より鉄砲玉や恋の猫　青梅・一般　青柳富也

枝々の影曳きてをり冬木の芽　大津・陸OB　丸岡正男

積らざる雪にスコップ所在なし　府中・空自衛官　村上智樹

日の温み根方に集め冬木立　神奈川・陸OG　折口桂子

春荒れの浜に際立つ破れ垣　相模原・家族　棚橋弘子

子供らの駆け行く苑の草萌ゆる　四街道・陸OB　樫田湖風

紅梅や空の深さをほしいまま　東京・技OG　上野柳絮

茅屋根の日に痩せゆきし軒氷柱(つらら)　長野・陸OB　井戸田盛男

金縷梅の一枝活けし喫茶店　小牧・陸OB　松岡魚青

春の雪細枝に積る程ならず　浦安・陸OG　川端初枝

強霜や朝一番の列車待つ　熊本・陸OB　一ノ瀬恵昭

選者作品
どやどやと来て銘々に針納む

投句歓迎！
▽官製はがきの裏面に未発表の自作3句以内と氏名、年齢、職業（自衛官・事務官＝所属部隊＝、OB、家族など）、住所、電話番号を記入▽締め切り毎月15日▽あて先＝〒162-8801東京都新宿区市谷本村町5ノ1　防衛省D棟市ヶ谷記者クラブ朝雲記者室俳句係（☎03・5225・1750、専用線8・6・25512）

初の海外派遣でグアム島に向けて出発するUP3D多用途機と見送る31空群の隊員たち（岩国基地で）

UP3D多用途機　初の海外派遣

電子戦訓練を支援

2海佐　酒井　徳史（91飛行隊長・岩国）

海上自衛隊第31航空群に所属する第91航空隊（司令・山子啓介2佐）は、昨年12月16日から18日までの間、多用途機UP3Dを2機使用し、米グアム島方面で行われた「平成25年度護衛隊群米国派遣訓練」に参加した。

91空は、平成13年に新編された海上自衛隊唯一の「訓練支援航空部隊」である。主な任務は、UP3Dとジェット多用途機であるU36Aを使用して水上部隊が実施する対空射撃訓練や電子戦訓練を支援することである。

91空の訓練支援はこれまで日本近海だけであったが、今回のグアム派遣は開隊以来、初の海外派遣となった。今回の訓練支援では指揮官を私が務め、隊員36名が参加した。

訓練での我々の任務は、グアム島近海で訓練中の海自第2護衛隊群の護衛艦「あしがら」「てるづき」「たかなみ」「あまぎり」の4隻と、米海軍艦艇の計5隻に対する上空からの訓練支援であった。

このため、対空射撃訓練用の曳航標的と電子戦訓練用のチャフポッドをそれぞれ搭載したUP3D2機は、12月16日早朝、真木信政31空群司令以下の隊員に見送られて岩国基地からグアム島に向けて飛び立ち、同島のアンダーセン米空軍基地を拠点に以後3日間にわたって水上部隊に対する電子戦訓練支援を実施した。

今回、91空にとっては初の海外派遣となったが、日本周辺では実施できない高度な訓練支援を行うことができた。参加隊員は「派遣期間が3日間と短かったが充実した内容だった。これを足掛かりに、今後も海自唯一の訓練支援航空部隊として、艦艇部隊の訓練所要に応えるべく、いつでも訓練支援に赴きたい」と語っていた。

グアム島のアンダーセン米空軍基地で36航空団副司令官のアーマゴスト大佐（左）に記念品を贈る酒井91飛行隊長

素晴らしきマラソン

3陸曹　小松　浩貴（303高直支中・八戸）

私の趣味はマラソンです。走っていない周囲の人からは、「何が楽しいの?」「なんでそんな苦しいことをやるの?」「お金を払ってまでよく走るよね」と、よく言われます。

あんなに辛くて苦しくて、ただ走っているだけの地味なスポーツ。確かに走ることは苦しいけれど、走り終えた後の充実感や達成感は、私にとって苦しみ以上の喜びを与えてくれます。

「苦難を乗り越えられた」という達成感は、誰もが感じることだと思います。この達成感が「なんで走るのか?」に対する最初の答えになると思います。

また、レースに出ると「記録」が付いてまわります。最初の頃は走れば走るほど記録が伸びていきます。ここに大きな喜び（＝魅力）があります。記録は、努力を継続すれば確実に上がり、練習しなければ当然下がることに良い結果はでません。これは「頑張ったら頑張っただけ伸びていく」純粋な喜びだと思います。

走ることは「自分との戦い」です。他のスポーツに比べ、断然この要素が強い。だから目標を達成したときの充実感は、辛ければ辛いほど大きい。

そしてその後の食事やお酒は本当においしい。辛いからこそ日常の当たり前のことが、とてもありがたく感じられるのです。

それからもう一つ、マラソンで素晴らしいのは人との出会いや交流を楽しめることです。一緒に走る仲間がいると、苦しみ以上に見返りがあります。だから、みんなが仲良く走っているのだと思います。

ハンマー投げの室伏広治選手（中央）と肩を組む小松浩貴3曹（左）

新刊紹介

「エア・パワーの時代」

M・V・クレフェルト著、源田　孝監訳

19世紀末のエア・パワーの誕生から現代まで、軍事史における役割と意義を再評価し、その将来性を述べた「The Age of Airpower」（2011年）の全訳版。

著者はイスラエルのヘブライ大学教授。冷戦終結で、それまで正規軍同士の戦争では有用だったエア・パワーが、ゲリラやテロ集団などとの非対称戦争では格段に有用性が低下する、と指摘する。

第2次大戦後、戦場では絶対的な制空権を獲得していた大国の仏がアルジェリアで、米がベトナムで、米・ソ連がアフガニスタンで敗北し、非対称戦争でのエア・パワーの無力さをさらけ出した。

監訳者の源田孝・防大教授は、中東やアフリカで1世紀以上行われてきた対ゲリラ航空警察活動を分析して問題点を明らかにした第5部「住民の中の戦争」を高く評価。

本書の主張は「エア・パワーを含む兵器システムは現実の脅威に適切に対処でき、適切な価格で調達でき、適切な維持運用できなければならない」というものだが、古今東西にわたる事例分析は秀逸で、初心者にも興味深く読める。（芙蓉書房出版刊、4935円）

「連合艦隊の艨艟たち」

――昭和の日本軍艦

「世界の艦船」増刊

若い男性たちの間で艦隊育成シミュレーションゲーム「艦隊これくしょん（艦これ）」が密かなブームとなっている。本書は「艦これ」のガイドブックにもなる、まさにビギナー向け日本軍艦写真集だ。

巻頭で「若い読者向けに編集された」とあるとおり、戦艦「大和」に始まる有名どころの軍艦はすべて網羅され、選りすぐられた写真も迫力十分。新造時の戦艦「大和」と比島沖海戦時の空母「瑞鶴」がCGで再現され、折り込みカラーグラビアになっている。

各艦には短文でその一生が記される。例えば「雪風」の場合、「幸運の駆逐艦と呼ばれ、戦争中は数多くの作戦に参加し、ほとんど無傷で終戦を迎えている。22年中国に引き渡され、国府海軍の丹陽となった」とあり、それぞれの艦のイメージがふくらむ。

巻末では、海軍史研究家の雨倉孝之氏が「昭和の連合艦隊を彩った艨艟（もうどう）たち」と題し、大正11年2月のワシントン軍縮条約時から昭和20年の終戦まで、連合艦隊の命運と軍艦建造記録を記述。最終ページには太平洋戦争開戦時の「日本海軍艦隊編成表」があり、こちらも「艦これ」向きの格好の資料だ。（海人社刊、1800円）

（世界の切手・グリーンランド）

人は不合理で、わからず屋で、わがままな存在だ。それでもなお人を愛しなさい。
ケント・M・キース
（米国の教育者）

OBがんばる

岩根　巧さん　56
平成24年7月、陸自西部方面総監部援護業務課（健軍）を最後に定年退職（3佐）。熊本県の特定非営利活動法人「こころみ会トライハウス」に再就職し、職業指導員を務めている。

働く目的を考えて

私は平成24年7月に陸上自衛隊を定年退官し、翌日から「こころみ会トライハウス」で勤務しています。

私の職場は熊本県内に30カ所ある就労継続支援B型・生活介護を行う事業所の一つで、職員は所長以下、常勤・非常勤を含め15人、利用者が現在31人です。「トライハウス」はセリやキクラゲなど野菜の栽培を主に、畳の製造、リサイクル回収、下請け作業など、障害を持つ方々に働く場を提供し、得られた収益の一部を工賃として支給しています。私は昨年4月から、目標工賃達成指導員として作業の準備や振り分け調整、利用者への指導、請負業務の調整などを行っています。

この1年間を振り返って見ますと、自分が作業の中心となって働いてしまい、利用者の方々の役に立ったのか、利用者の作業をしてしまったのではないかと反省しきりです。

大切なのは利用者個々の能力をしっかりと把握し、最大限に発揮できるよう環境を整え、作業がスムーズにできるように繰り返し教えることです。そして利用者がやりがいを持って仕事できるようサポートしていくことだと思っています。

さて、隊員の皆さんも再就職に当たっては、まず何のために働くのか、何をモチベーションとして働くのかを真剣に考えることが重要だと思います。私の場合「人の役に立てる仕事がしたい」と考え、障害者の方々をサポートする仕事に行きあたりました。利用者や家族の皆さんから「トライハウスを利用して良かった」と言っていただけるよう、職務に誇りと情熱を持って元気に勤務していきたいと思います。

心の支えは被災小学生の年賀状

2陸曹　大石　誠（33普連本管中・久居）

今年のお正月、久居駐屯地に一通の写真付き年賀状が届いた。

その送り主は、宮城県岩沼市に住む小学3年生の小林優杜君。3年前の東日本大震災では、33普連など久居駐屯地の部隊は岩沼市を中心に災害派遣活動を行った。その際、優杜君は懸命に救援活動を行う隊員の姿を見て、自分の感謝の気持ちを1枚の紙につづり、隊員に手渡した。

現地での活動は約2カ月半に及んだが、優杜君の手紙は疲れて戻った隊員たちの心のよりどころとなり、部隊の活動を支えた。あれから3年、今度は本人の写真入り年賀状となって再び久居駐屯地の隊員の元に届いたのである。

岩沼市に災害派遣中、優杜君の応援メッセージにお礼を述べるため、直接本人に対面した連隊本部の青木英一朗1尉は優杜君の年賀状を見て特に感激していた。

「優杜君が立派に成長した姿を見ることができてうれしい」と青木1尉は目を細め、「いつか優杜君が我々の仲間になってくれることを願っています。そして困難に立ち向かう優杜君に負けないよう、我々もさらに訓練に励んでいきます」と力強く語っていた。

現在、優杜君の年賀状は「隊員への激励メッセージ」として駐屯地の掲示版で紹介され、3年前と同様に隊員たちの心の支えとなっている。

大震災から3年、成長した小林優杜君の写真に目を細める青木英一朗1尉

詰将棋

出題　日本将棋連盟　九段　石田　和雄

第667回出題

先手　持駒　角

【ヒント】
銀の活用です。（10分で初段）

▶詰碁、詰将棋の出題は隔週です◀

詰碁

出題　日本棋院　九段　曲　励起

第1082回解答

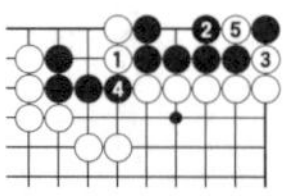

【解答図】
白先、黒劫。白①は当然です。次の黒❷が大切で、白③黒❹白⑤で劫になります。なお、黒❷で『❹』は、白『❷』で黒いけません。

朝雲

発行所 朝雲新聞社
〒160-0002 東京都新宿区坂町26番地19 KKビル
電話 03(3225)3841
FAX 03(3225)3831
振替00190-4-17600番
定価一部170円、年間購読料9000円（税・送料込み）

本号は10ページ

2面 「集団的自衛権」で石破幹事長講演
3面 コブラ・ゴールドにC130H初参加
4面 QDR（米国防計画見直し）全訳(1)
5面 〈厚生・共済〉「さぽーと21春号」完成
6面 明るい職場目指しメンタルヘルス
7面 〈地方防衛局〉福岡に新防災食育施設
8面 南スーダン 日印部隊の架け橋完成
9面 13人編成の中音演奏会を島民大歓迎
10面 〈みんなのページ〉ビッグデータとは

4年ごとの国防計画の見直し QDR

アジア重視を堅持

米艦船6割を太平洋に

米国防総省は3月4日、中長期的な軍事戦略の基本方針となる「4年ごとの国防計画の見直し（QDR）」を発表した。この中で中国の台頭を念頭に、アジア太平洋地域へのリバランス（再均衡）堅持の方針を示し、日本などとの同盟関係の深化を戦略の軸と位置付けた。また、財政の緊縮圧力の中で、大規模な地上作戦に必要な陸軍戦力を削減する一方、作戦の重点を空や海、宇宙、サイバー空間に移行する方針も示した。

（4面に全訳）

QDRの骨子

- □ アジア太平洋地域へのリバランス（再均衡）を堅持
- □ 日本などとの同盟深化はリバランスの柱
- □ 中国は接近阻止・領域拒否戦略で米国に対抗
- □ 朝鮮半島情勢の監視で日韓中露と協調
- □ 在日米海軍を強化、米艦船の6割を太平洋に
- □ 北ミサイル監視で日本に2基目のレーダー設置
- □ F35戦闘機、長距離ステルス爆撃機開発を重視
- □ 陸軍現役兵力を44万〜45万人に削減
- □ 沿海域戦闘艦の調達数を32隻に下方修正
- □ 特殊部隊を3700人増員
- □ 宇宙、サイバー空間での作戦を重視

リバランスの根拠となった中国についてQDRは、一部直接の名指しは避けつつ、軍事力の更新と近代化を急速に進め、米軍の展開を阻止する「接近阻止・領域拒否（A2／AD）」戦略をとっているとして警戒感を示した。

また北朝鮮の核・ミサイル開発にも、「重大な脅威」として北東アジアでの米軍のプレゼンスを維持する方針を表明している。

このため、2020年までに在日米海軍の増強を含め、海軍艦艇の60%をアジア太平洋地域に移すとの方針を堅持するとした。また、リバランス戦略の柱として「オーストラリアや日本、韓国、フィリピン、タイとの同盟を強化する」との戦略も提示した。

日本との関係では、北朝鮮の弾道ミサイルへの対応力を高めるため日本に2基目の監視レーダーを配備する計画を明記した。

米軍は今年末には、イラクに続いてアフガニスタンからも撤退する予定。12年におよんだ戦時態勢は終わりを迎えるが、世界的な景気の低迷から財政緊縮化への圧力が高まっている。15会計年度の国防予算案は、戦費を除く基本予算が4956億ドルと、前年度要求ベースと比べ5・9%減り、米軍は「小規模で筋肉質な」軍隊への移行を進めるとした。

こうした情勢を受け、将来の戦力構成計画では、陸軍現役兵力を戦時の最大57万人から44万〜45万人に削減するほか、沿海域戦闘艦の調達数も52隻から32隻に下方修正する。

またQDRは、財政に強制削減の仕組みが再度導入されれば、空軍では80機の航空機削減、海軍でも空母「ジョージ・ワシントン」の退役が早まる可能性があるとして警戒感を示した。

一方、新たな戦闘領域となっている宇宙、サイバー空間での作戦行動を重視し、技術力や機動力を強化する方針を強調。最新鋭ステルス戦闘機F35や新たなステルス長距離爆撃機を導入する方針も盛り込んだ。

また、01年の米同時テロ事件の首謀者とされるオサマ・ビンラディン殺害で知れ渡った特殊部隊も、3700人増員するとしている。

第2期オバマ政権が昨年1月に発足して以来、包括的な安保戦略を提示するのはこれが初めて。QDRは12年に発表された「新国防戦略」の上に構築される、安全保障政策の指針となる。

（ロサンゼルス）

4年ごとの国防計画の見直し（QDR）

米国の安全保障政策の最も重要な指針となる文書で、中長期的な基本戦略、兵力、装備体系を検討し、議会に報告する。日本の安全保障政策にも大きな影響を与える。

1997年に初めて策定し、4年ごとに改定している。2006年は対テロ戦争を打ち出し、10年は2地域の紛争に備える「2正面作戦」の見直しを盛り込んだ。今回で通算5回目。オバマ政権では2回目となる。

リバランスは戦略全体貫く

2014年版国防計画見直し（QDR）を発表した国防総省のウォーマス副次官は、「国防総省がいかにリバランス（再均衡）すべきかを示すものだ」と位置づけ、予算の制約の中で日本などとの同盟関係を強化するリバランスは、組織の在り方も含め戦略全体を貫くものとの認識を強調した。

一方、オバマ大統領が示した15年度の国防予算案について、米上院公聴会に出席したヘーゲル国防長官は、歳出の強制削減が再び実施されれば「米軍は世界の安全保障、ひいては自国の安全も維持できなくなる」として、予算削減への動きをけん制した。

（ロサンゼルス）

中国

軍事費12・2%増

4年連続伸び2桁 海空装備を近代化

中国財政部が3月5日、第12期全国人民代表大会（全人代＝国会）第2回会議に提出した「2013年の中央・地方の執行状況と2014年の中央・地方予算草案の報告」によると、14年の国防予算支出は前年比12・2%増の8082億人民元（約13兆6276億円）であることが分かった。中国の国防予算は2011年から4年連続で2桁の伸びを維持した。国営通信社、中国新聞社などが伝えた。

外電によると、西側の専門家の大部分は、中国の実際の国防費は、公表分を大幅に上回るとの見方で一致している。ロックリア米太平洋軍司令官が5日、米議会で「中国の軍備増強には、透明性の問題がある」と述べるなど、海外では増強の意図に対する疑念の声が挙がっている。

中国新聞社によると、英国駐在の劉暁明・中国大使は「中国の軍事力の拡大は、中国の経済社会の発展レベルと、国防上の必要に見合うもの」と語り、国防予算の2桁増加は合理的な範囲内との見方を示した。

また、「中国は2年ごとに国防白書を発行し、国防政策を詳しく紹介している。国防予算は毎年全人代で審議される」と述べ、透明性が高いことを強調した。

同新聞社によると、国防予算の増額分は、兵器・装備の近代化、軍人の待遇改善、部隊編成の改善の3方面が主な使途。具体的には、兵器・装備の充実、新型戦力の構築、情報化の充実、実戦訓練の実施、高い資質を持った軍人の養成などに重点が置かれるとみられる。

中国海軍軍事学術専門家の李傑上級大佐は国防費増加の理由として①物価上昇②海・空の防衛能力の強化③非戦闘的軍事行動の実施④国境領海防衛に当たる将兵の生活改善⑤新型兵器の研究開発——の五つを挙げた。

国防費の増加分は特に、海・空軍装備の拡充に投じられる可能性が高い。李克強首相は5日、全人代での政府活動報告で「中国は断固として海洋権益を守り、海洋強国の建設に大きな力を傾ける」と強調。国防では「国境防衛、海防、防空を強化する」と述べた。

李傑上級大佐は「海と空の権益維持の面で、中国軍の装備の量と質が明らかに不足している。このことは東シナ海への防空識別圏の設定以来さらに鮮明になった。国防費の増加は、海空の防衛能力の向上に必要だ」と話している。

装備拡充の他、訓練の予算も充実されそうだ。全人代代表（議員）で、海軍艦艇の艦長を務める華明氏は「海上訓練の日数も距離も、近年は目立って増えている。軍事訓練は金が掛かる」と話している。

（香港）

ウクライナ情勢で意見交換するドゥ・ルージェEU軍事委常任議長（左）と小野寺防衛相＝3月7日、防衛省で

平和的解決が重要

EU軍事委議長、防衛相 ウクライナ情勢で一致

小野寺大臣は3月7日、防衛省で欧州連合（EU）軍事委員会常任議長のパトリック・ドゥ・ルージェ仏空軍大将と会談し、緊迫するウクライナ情勢をめぐって意見交換、国際法を十分に尊重した平和的解決が重要との認識で一致した。

ドゥ・ルージェ議長はEU28カ国の軍を束ねるトップ。昨年11月に東京で開かれた日・EU定期首脳協議で決まった安全保障分野での連携強化の方針に基づき、外務省の招きで来日した。

同議長は、キャサリン・アシュトンEU外務・安全保障政策上級代表の軍事アドバイザーを務めるほか、EUの軍事活動の指揮官らとの窓口・調整役も担っている。

小野寺大臣はウクライナ問題について「日本は高い関心を持っており、平和裏の解決を望んでいる」と述べた。これに対し、議長は「平和的な解決策を見いだすことが重要で、アシュトン上級代表や、ヘルマン・ファン＝ロンパイ欧州理事会常任議長らに対し、適切な情報提供に努めている」と語った。

EU軍事委員会は、EU理事会に設置されている最高軍事機関。加盟国の制服組トップらで構成され、政治・安全保障委員会（PSC）に対し、あらゆる軍事問題に関する助言や勧告を行う。

南スーダンに"安定の架け橋"

昨年11月から南スーダン共和国ミッション（UNMISS）に派遣されているPKO派遣施設隊5次隊は2月22日、隣接するインド歩兵大隊との宿営地間に橋を架けた。橋は「パール（仲間）・ブリッジ」と命名され、任務を共にすることの多い両国部隊間の連携強化が期待される。隊長の井川賢一1佐は「この小さな橋がアジアの安定に資する大きな懸け橋となれば」と語った。（8面に関連記事）

太平洋往復の中国機

Y8、H6に緊急発進

中国海軍のY8情報収集機型1機と中国空軍のH6大型爆撃機2機が3月9日、沖縄本島と宮古島間の宮古海峡の公海上を抜けて東シナ海から太平洋まで往復飛行したため、空自南混団のF15戦闘機などが緊急発進して対応した。領空侵犯はなかった。

Y8は昨年7月24日、中国軍機として初めて第1列島線を越えて太平洋に進出しており、今回も「特異な長距離飛行」として統幕は空自機が撮影したY8の写真と航跡図を公表した。H6も昨年9月以降、今回と同様の飛行を繰り返している。

東シナ海では2008年ごろから中国艦艇による列島線越えが活発化し、太平洋での訓練が常態化。中国軍機も10年にY8早期警戒機型が初めて空自機によって目視確認されたのを皮切りに、日中中間線を越えて尖閣諸島周辺に接近するケースが増加。12年9月の尖閣諸島の国有化以降はさらに活動が活発化している。

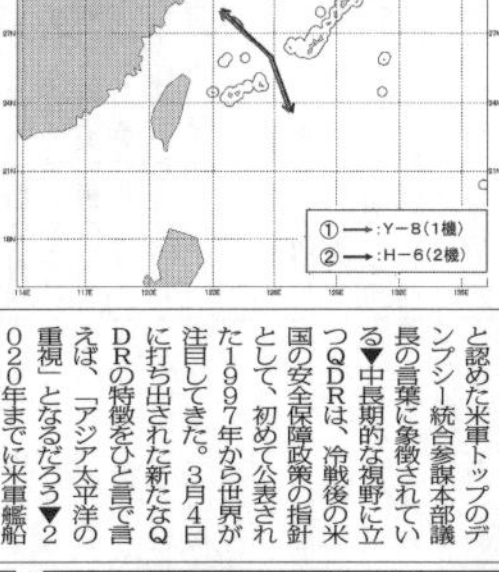

中国機航跡図（3月9日）

防衛省発令

▽統幕計画課（海幹校付）
1海佐 川村 伸一
▽統幕校教育課第1教官室教官（海幹校付）同 米山 博
▽海幕装備体系課
（3空副長）同 山形 文則
（海幹校付）同 門中 利昭
▽海幕運用支援課
（201教空司令）
同 大江 保友
（海幹校付）同 新妻 嗣礼
▽海幕装備需品課（海幹校付）
同 大森 浩昭
▽海幕航空機課（海幹校付）
同 山田 和呂
▽海幕武器課誘導武器班長
（海幹校付）
▽海幕武器課通信電子班長
2海佐 三好 昇次
（海幕武器課誘導武器班長兼通信電子班長）同 岸本 昌之
▽海幕技術課（海幹校付）
1海佐 三浦 則文
▽1護群（海幹校付）
同 能勢 毅
▽3空副長（教空団教育主任幕僚）2海佐 草野 信也
▽5空副長（81空副長）
1海佐 菊地 秀雄
▽掃海隊群（海幹校付）
同 平井 克英
▽海洋群（海幹校付）
同 上野 喜之
▽呉監防衛部（海幹校付）
同 堀川 雄司
▽舞監防衛部（海幹校付）
同 柳原 誠
▽教空団教育主任幕僚（海幹校付）同 櫻井 猛
▽201教空司令（5空副長）
同 伊藤 進吾
▽海幹校（統幕校教育課第1教官室教官）同 猪森 聡彦
（以上3月6日）
▽統幕総務課（空幹校付）
1空佐 市川 佳弘
▽統幕運用第1課（空幹校付）
同 霜田 豊英
▽空幕総務課渉外班長（空幹校付）同 玉﨑 正史
▽空幕援護業務課（空幹校付）
同 一木 秀徳
▽空幕教育課一般教育班長
（3輸空隊飛群司令）
同 青山 崇裕
▽空幕教育課個人訓練班長
（空幕総務課渉外班長）
▽空幕教育課（空幹校付）
同 橋本 里緒
▽空幕防衛課（空幹校付）
同 山下 龍太郎
▽空幕装備体系課（空幹校付）
同 浅木 恒二
▽空幕運用支援課
同 荒田 真一
（空幹校付）同 定免 克己
▽空幕装備課（空幹校付）
同 藤田 輝章
▽空幕補給課（空幹校付）
同 岡本 英樹
▽空幕整備課（空幹校付）
同 兼田 大助
同 樽崎 昇
▽3輸空飛群司令（空幕教育課一般教育班長）
同 狗田 将明
▽兼空幹校主任教官（空幹校技術主任研究開発官）
同 岸本 康男
▽空幹校主任研究開発官（空幹校付）同 平井 勇一郎
▽空幹校（空幹校付）
同 森部 樹司
（以上3月7日）
▽訓指群（ゆうぎり艦長）
1海佐 牧 孝行
（3月10日）

春夏秋冬

小人の楽しみ

森本 敏

よく人から趣味や健康維持法について聞かれることがある。答えはない。特段に何もしておらず、家で時間があると本を読んだりアメリカ映画を観ているだけである。

休日に身体を動かす方が良いと思い、妻と上野公園・寛永寺まで歩き回ることがあるが、取り立てて言う程の事もない。

しかし、よく休日に歩いておられますね、と周囲の人から言われるので、これもこのところ足が遠のいている。

結局、続いているのはドライブだけである。年に10回以上は長野・山梨・静岡・伊豆・千葉・北関東などに行くが、いつもドライブである。気に入っているのは奥飛騨・穂高・上高地と馬篭・妻籠・木曽路である。

海外でも同じように、最近では2007年にカナダのカルガリーからバンフ・ジャスパーの氷河まで往復。08年はオランダからドイツを縦断し、アルプバッハを経てオーストリアのウィーンまで10日間、2500キロ走った。

09年はスイスのベルンからインターラーケンを経てジュネーブまで。10年にはロンドンから南サセックス往復と、米西海岸のシスコからナパ・バレーに行き、モントレーを経てロスまで。11年は豪州キャンベラからブルーマウンテンを経てシドニーまで。12年は豪州ケアンズ、13年は北海道を一周して1200キロ。今年初めにニュージーランド南島のクイーンズタウン・マウントクック麓・クライストチャーチまでの800キロをこなした。

ドライブは小さな作戦計画である。目標は明確だが、プロセスと状況判断は個人に任されている。

今まで随分とリスクや危険に出合ったが、ひたすらこれをなんとかこなして視界に広がる新しい世界を思い描きつつ走る。突然、憲法条文や次の仕事に関する案が頭をよぎったりするのは小人の悲しさである。

徐々に体力が後退し、こういう乱暴なことがいつまで続けられるだろうかと思いつつも、いつも隣の席に座って音楽を聴いたり、眠ったりしている妻の様子を想像しながら次の目標を探しているこの頃である。

（もりもと・さとし＝前防衛大臣）

朝雲寸言

「QDR」の略称で知られる米国の安全保障戦略が、かすんでしまった。過去最大となる13兆円を超す国防予算を公表した中国の全人代と日程が重なったからだ▼米中両国の太平洋をはさんだせめぎ合いと言えば聞こえはいいが、QDRの落日ぶりは「米国が安全保障上の任務を達成するのが、より難しくなる」と認めた米軍トップのデンプシー統合参謀本部議長の言葉に象徴されている▼中長期的な視野に立つQDRは、冷戦後の米国の安全保障政策の指針として、初めて公表された1997年から世界が注目してきた。3月4日に打ち出された新たなQDRの特徴をひと言で言えば、「アジア太平洋の重視」となるだろう▼2020年までに米軍艦船の60%をアジア太平洋に配備する。安全保障網を構築するため、日本、韓国、オーストラリア、フィリピン、タイとの同盟を強める。文書には、中国の台頭と攻勢をけん制した言葉がちりばめられた▼心強い限りだが、少し前に発表された一般教書演説で、オバマ大統領は、中国の脅威に口を閉ざしているだけに、期待と現実との落差が広がることが心配だ。QDRと同時に示された国防予算の削減も気掛かりだ▼米国が示した同盟強化は、協力拡大の裏返しでもある。わざわざ「在日米海軍の強化が極めて重要」と明記したのは、自衛隊に役割分担の拡大を求めているからだ。悲鳴にも似た米国の本音だ。日本の姿勢が問われている。

集団的自衛権

抑制的方向で検討

石破幹事長 軍事バランス上必要

基調講演で集団的自衛権行使の必要性を説く石破氏（3月5日、東京都千代田区で）

「安全保障 日本の針路」をテーマにしたシンポジウム（読売新聞社主催）が3月5日、都内で開かれ、集団的自衛権の行使容認は現在の日本には必要との認識を共有した。基調講演に立った自民党の石破幹事長は「集団的自衛権は大国の横暴から小国を守るためにできた権利。どうすれば戦争にならないかを徹底的に考えなければならない」と述べた。

石破氏は、中国の国防費の伸びと米国の予算削減措置を指摘した上で、「日本だけが行使できない中で、アジア太平洋地域の軍事バランスを保てるのか、平和と安定を保てるのか、そこを論じなければならない」と述べた。

パネルディスカッションでは、政府の有識者会議「安全保障の法的基盤の再構築に関する懇談会」（安保法制懇）の座長代理を務める北岡伸一国際大学学長が「個別的自衛権だけで日本を守れるだろうか。強力なパートナーと手を組み、集団的自衛権を可能ならしめることがどうしても必要だ」と述べた。

元統幕長の齋藤隆氏は「日本の有事と周辺事態にはきちっとした集団的自衛権を行使できるようにした方がいい」と強調。

さらに東京財団上席研究員の福島安紀子氏が積極的平和主義の実践を求めたほか、礒崎陽輔首相補佐官が「たとえ集団的自衛権を認めたからといってアフガニスタンや米本土に行くことはない。我々の国を守るために必要な自衛権として行使する」とし、他国よりも抑制的な方向で検討する方針を示した。

「さみだれ」遭難漁船救助 ジブチ沖

ソマリア沖・アデン湾で多国籍艦隊「第151合同任務部隊（CTF151）」に参加し、海賊対処行動に当たっている海自水上部隊17次隊の護衛艦「さみだれ」（艦長・斎藤貴2佐以下約200人）は3月2日、ソマリア人ら10人が乗る漂流船の救助活動に当たった。

現地時間2日午後（日本時間2日夜）、僚艦の「さざなみ」（同・林泰弘2佐以下約200人）に搭載されたSH60K哨戒ヘリが、ジブチの東約270キロの海域で漂流するダウ船を発見。船上で乗組員が白い布を振っているのを確認した。ヘリからの通報を受け、ゾーンディフェンスを実施中の「さみだれ」が現場海域に急行。

漂流していたダウ船にはソマリア人9人とイエメン人1人が乗り、漁具があったことから漁船とみられている。ソマリア・ボサソ港からイエメン・ムッカラ港に向け航行中にエンジンが故障し、約10日間漂流していた。乗組員に呼びかけたところ、救助の要請があった。

これを受け「さみだれ」はダウ船に飲料水と食料を提供し、翌朝まで同行、その後「CTF151」を通じてイエメンの沿岸警備隊と調整し、同隊への引渡し予定海域までダウ船を曳航した。3日午後「さみだれ」はイエメン・アデン港の沖合でダウ船を同国沿岸警備隊に引き渡し、元の任務に戻った。

訓練再開 ブルーインパルス

空幕は3月6日、4空団11飛行隊（松島）所属のT4練習機（ブルーインパルス）2機が1月29日に空中で接触した事故原因の概要を発表した。事故発生時に新課目の訓練を実施するに当たって、①課目の危険性に関する事前検討が不十分だった②危険性を十分に認識しないまま初の4機編隊での研究飛行を行ったことで、事故発生に至った――と推定した。同隊は事故防止対策を行った上で12日から編隊曲技飛行訓練を再開した。

齋藤空幕長は7日の記者会見で事故原因に触れ、「新課目に取り組む中で、（パイロットの）危険予知、手順の認識が不十分だった。新旧の課目の洗い出しを行い、全員の認識を一致させる。安全、安心が何よりも大切だ」と述べた。

翌8日、小野寺防衛大臣は齋藤空幕長らとともに松島基地を訪れ「事故の重大さを真摯（しんし）に受け止め、準備を万端に整えて訓練せよ」と11飛行隊員に訓示した。

空幕は再発防止対策として①新課目研究飛行の見直し②現行課目の実施要領などの再確認③操縦者に対する事故防止教育――の3点を徹底していくとした。

「絶ゆまぬ努力を」 防医大卒業式 大臣、35期生を激励

小野寺大臣から握手で激励される海上要員代表の杉本学生（3月8日、防医大で）

防衛医科大学校（埼玉県所沢市、三浦総一郎校長）の卒業式が3月8日、同校体育館で行われ、医学科35期生63人に卒業証書と学位記が授与された。

式には小野寺防衛相をはじめ、西事務次官、岩田陸幕長、河野海幕長、齊藤空幕長、松村統幕副長のほか来賓、卒業生の家族など約251人が出席した。

式典は午前10時半過ぎから始まり、三浦校長から学生一人一人に卒業証書が手渡された。続いて大学評価・学位授与機構長からの学位記を山田道夫理事が卒業生代表の大塚義亮学生に授与した。授与式の後、卒業生は医師としての心構えや決意を表した「医師の誓い」を全員で斉唱した。

三浦校長は式辞で「医師や自衛官としての本当に必要な勉強はこれから始まる。世界の新しい動向に合わせて、自分で深く考え、広く学んでいく姿勢を貫くことが大切だ」と述べた。

小野寺大臣は「医官は精強な自衛隊を支える要。崇高な使命を担う自衛官として国民の負託に応えられるように絶ゆまぬ努力を続けてほしい」と訓示、将来の医官たちを激励した。

卒業式の後には任命式が行われ、陸上要員の秋田大地学生、海上要員の杉本直也学生、航空要員の大塚学生がそれぞれ代表して宣誓。最後に卒業生全員で帽子を宙に投げ、会場を勢いよく飛び出した。

35期生の内訳は、陸上要員41人（うち女性10人）、海上要員12人（同2人）、航空要員10人（同2人）。

時の焦点

国内 大震災3年の教訓

外国人労働者の育成を

コンクリートは圧縮する力には強いが、引っ張る力に弱い。鉄筋をコンクリートで覆えば、引っ張る力への強度も増し、鉄もさびない。この絶妙な組み合わせを発見したのは、フランスの造園師、ジョセフ・モニエだ。

モニエは陶器や木材より丈夫なコンクリートで植物用の鉢を作ったが、成長した根の引っ張る力で壊れてしまう。そこで、鉄を組み込んだ鉢を考案した。これが「鉄筋コンクリート」の起源だとされる。

1867年に新たな鉢で特許をとったモニエが1906年の今日、3月13日に亡くなってから108年。「コンクリートから人へ」をスローガンに、公共事業の削減を訴えた民主党政権が「コンクリートも人も」に変わる契機となった2011年3月11日の東日本大震災から3年が過ぎた。

3年という節目に、改めて、この悲劇から日本全体として学ぶべき教訓にスポットライトが当たっている。

復旧でなく復興を果たし、コミュニティーの再生・維持のためには私権優先から公共重視に発想を転換しようという、社会全体の変革につながるような議論も、一時の盛り上がりが見られなくなっている。薄れかけた関心を呼び戻し、もう一度、大切なことと向き合う。それこそ「記念日」の効用だろう。

この3年間の大きな変化は、自民党が政権に復帰し、国土強靱化の掛け声で「コンクリート」の文字が、よりくっきりと浮かび上がったことだ。

ところが、建設現場では人手不足が深刻で、お金を用意しても工事が進まない。2020年東京五輪・パラリンピックに向けた工事ラッシュも予想される。政府は外国人労働者で人手不足を埋めようと、新たな制度づくりの検討を進めている。

問題は、これが一過性の課題ではないということだ。少子高齢化で労働力人口は減っている。新たな力として女性や高齢者の活躍が期待されているが、人口減社会の構造が変わるわけではない。

その中で、外国人労働者をどう位置付けるのか、国民の考えをはっきりさせておく必要がある。

パッチワークのように人手不足を埋める手法を繰り返してきたこともあり、「技能実習生」名目で来日し、劣悪な環境で単純労働を強いられている外国人の事例が後を絶たない。

これでは、彼らが国づくりに生かせる技術を母国に持ち帰れないだけでなく、日本ファンになって、草の根の友好に貢献するという副産物も期待できない。

日本での「移民」受け入れの是非も、国民の大多数の合意をもとに、そろそろ方向性を打ち出すべき時だ。目先の苦境をしのげれば後は野となれ山となれという政策では禍根を残す。

鉄筋コンクリートの起源が木を育てるための器づくりだったように、コンクリートを介して日本に有益な人材を育てる仕組みができるなら、国民の理解も広がる。

東雲 次郎（政治評論家）

海外 習指導部発足1年

対日強硬路線への対処

中国の習近平指導部が発足してから1年がたち、目指す路線や対外戦略、政権の特徴がくっきりと浮かび上がってきた。この指導部は2期10年続く公算が大きいが、そうであるとすれば、尖閣諸島の国有化問題を引き金に一挙に険悪化した日中関係も短期的には好転に向かう可能性はまずないと覚悟する必要がありそうだ。

私事ながら、毎年のように訪中し、中国人研究者と胸襟を開いて意見交換する立場にある身には、角突き合わせる日中関係を日々目にするのは残念と言うしかない。

だが、東アジア、ひいては世界にとっても重要な二国間関係である両国だけに、慎重かつ冷静に尖閣問題の解決や関係改善の糸口を探る取り組みをあきらめてはなるまい。

習指導部の対外戦略の特徴は、共産党トップの総書記就任時にぶち上げた「中華民族の偉大な復興」のスローガンが物語るように、強硬かつ大国主義的な軍事・外交政策を推進していることだ。

具体的には、大国としての国際的地位に見合った国防力の強化、海洋強国実現の取り組み、かつての最高実力者鄧（とう）小平氏が敷いた「韜光養晦（とうこうようかい）」路線からの決別だ。

こうした対外戦略に基づくと、中国にとって現在の日本は自らの戦略に対抗するアクター（主体）に映り、それを押さえ込む対決政策をとらざるを得なくなるわけだ。

中国に盾突く行為と見なす尖閣国有化や、安倍首相の靖国参拝などを材料に日本の軍国主義路線を非難するのも、大方の日本人には詭弁にしか思えないのだが、対決路線を正当化する格好の材料になる。

先祖返りしたような対日強硬路線は、中国の大国化に伴うナショナリズムの高まりや民衆の体制不満のガス抜き、西太平洋進出といった面でも役立つカードとして活用する政治的思惑が透けて見える。

日本に対する的外れの軍国主義批判には、同盟国である米国、韓国を離反させ、あわよくば日米同盟に風穴を開けようとする戦略的魂胆が見え隠れする。

したたかな大国・中国と対等に渡り合っていくには、我が国も現在の複雑かつ一筋縄ではいかない内外状況を十分に分析した上で、相手に隙を与えぬ軍事的抑止力の強化とともに日中関係のこれ以上の悪化を避ける外交的取り組みが欠かせない。

3月前半に開催された全国人民代表大会（全人代）では、直前に起きた雲南省・昆明での無差別殺傷事件が如実に示す新疆ウイグルなどの民族問題や党・地方の末端にまで広がる汚職・腐敗、さまざまな格差の拡大、環境悪化といった現体制が抱える深刻な問題が取り上げられた。

こうした国内の矛盾をまず解決するのが、偉大な中華民族にとっての優先課題であり、国際社会はそれを歓迎すると思われるのだが、我が国の対中戦略構築はこの隣国の実像・虚像の認識と峻別を出発点にしたい。

伊藤 努（外交評論家）

薩摩川内市で「車座ふるさとトーク」

木原政務官、防衛省・自衛隊をPR

車座で市民と話す木原政務官（中央奥）＝2月21日、鹿児島県薩摩川内市で

木原政務官は2月21日、鹿児島県薩摩川内市で開かれた政府主催の「車座ふるさとトーク」に出席し、参加した市民に防衛省・自衛隊の役割をPRした。

「車座ふるさとトーク」は安倍内閣が進める取り組みの一つで、各省庁の大臣、副大臣、政務官が地域に赴いて地元の人々と少人数で車座の対話を行い、生の声をつぶさに聴いて政策に生かそうという試み。

今回は「南九州エリアの『守り』をどうするか〜自然災害・多くの離島・重要施設〜」をテーマに実施。県庁や市役所、地区コミュニティ協議会、社会福祉協議会、学校、漁協をはじめ、自衛隊の父兄会の関係者など、自衛隊と関わりのある17人が参加し、木原政務官と意見交換を行った。

自衛隊の広報について参加者からは「ベールに包まれたイメージがある」「自己アピールして、もっと交流してほしい」といった意見が上がったほか、地元の部隊に関しては「同市は重要施設を抱えた地域なので、駐屯地の隊員をもっと増やしてほしい」などの要望が寄せられた。

木原政務官は防衛省・自衛隊の役割を説明するとともに「皆様には防衛省・自衛隊の良き理解者、良き応援団となって、より一層深い交流を続け、いざという時にはしっかりと連携を取っていきたい」と述べた。

森本氏らが講演 第22回防衛セミナー

第22回防衛セミナー（主催・南関東防衛局）が3月4日、横須賀芸術劇場で行われ、前防衛大臣の森本敏氏が「東アジア情勢と日本の防衛政策」、防衛省防衛政策課長の芹澤清氏が「新たな防衛計画の大綱」をテーマに講演した。

主催者の丸井博・南関東防衛局長のあいさつに続いて吉田雄人・横須賀市長が登壇し「新大綱では防衛基盤の強化がうたわれており、市での自衛隊の安定的な運用に向け、基盤づくりを進めたい」と述べた。

芹澤氏はスライドを使い、大綱、中期防を解説。セミナー前日、北朝鮮が日本海方向に弾道ミサイルを発射したとの報道に触れ、「大綱でもBMD（弾道ミサイル防衛）の即応態勢を強化していく方針です」と力を込めた。

森本氏は安倍政権の目標と今年の取り組むべき課題を指摘した上で、東アジア情勢について、中国、北朝鮮、韓国の歴史と現在の状況を織り交ぜながら解説した。

特に中国に関しては「防空識別圏を設定するなど、国際ルールにのっとらず、他国に影響を及ぼしている。アジア太平洋地域の不安定化を生み出す一つの要因となっている」と述べた。韓国への対応については「感情的に見られているからこそ、日本の政策を丁寧に説明するべきだ」との考えを示した。

無事故50万回 小牧航空管制

【小牧管制隊】1輸空（小牧）のC130H輸送機が2月7日、小牧基地に着陸し、基地の航空管制が無事故50万回を達成した。これを受け26日、同基地で記念式典が行われ、基地司令の上ノ谷寛将補をはじめ、関係部隊から多数の来賓が出席し、達成を祝った＝写真。

小牧管制隊長の郡山透3佐は式辞で、「達成を一つの通過点と捉え、全隊員一丸となり運用要求に的確に対応する。民間機の定時性を確保し、飛行安全に貢献する」と決意を語った。

続いて祝辞に立った上ノ谷基地司令は「偉業に敬意を表するとともに、隊員の安全意識の高さを誇りに思う。さらなる無事故継続を祈念する」と述べた。

小牧管制隊は、平成16年12月に創設され、17年2月航空交通管制業務を開始した。以来、空自が管制業務を実施する飛行場の中では3番目に交通量が多い官民共用の管制機関として、多機種に対し業務を実施。12月には創設10年目の節目を迎える。

空幹校が設立支援 目黒区防衛協会

目黒区防衛協会設立総会が3月1日、目黒基地で行われ、空幹校（学校長・尾上定正空将）は総会実施を支援した。

同防衛協会は、東京都の区市町村の有志で結成されている東京都防衛協会の支部で、34番目の設立となる。区民の防衛意識の向上を図り、自衛隊への支援を行うことを目的としている。

総会では発起人の平間文男氏のあいさつのあと会長を選出。副会長、会計、監事、事務局長、顧問を会長が指名し承認された。

目黒区長の青木英二氏は「自衛隊には区民の生命財産を守る崇高な使命を期待する。区を挙げて支援していきたい」と祝辞を述べた。

会の締めくくりに尾上学校長は「東日本大震災発生時に被災者、帰宅困難者に目黒基地を開放したが、存在を認知されていればより多くの方が集まった可能性があった。協会の設立で、正式に区民と交流を深められることに感謝します」と述べた。

また同日、空幹校留学生への支援などを目的に設立された空幹校後援会設立総会も実施され、約30人の会員が会則と役員選出などを審議した。

目黒区防衛協会の役員は以下の通り（敬称略）。

会長・増田勝美▽副会長・小野瀬康治▽会計・菅野武子▽監事・川原井肇▽事務局長・新井恵美子▽顧問・青木英二、平間文男。

◇戦略研究学会 12回大会は「危機・リスク・クライシス」がテーマ。君塚栄治・前陸幕長が「東日本大震災対処におけるコマンドコントロール」と題して基調講演を行うほか、国際地政学研究所の柳澤協二理事長と前衆院議員の首藤信彦氏のシンポジウム、東アジア共同体研究所の孫崎享所長の特別講演が行われる。

▽日時＝4月26日（土）午前10時半

▽場所＝明治大学駿河台キャンパス「リバティタワー」（東京都千代田区）

▽受講料＝正会員2000円（一般3000円）院生・学生会員1000円（非会員1500円）、懇親会は一般4000円、院生・学生2000円

▽参加申し込み＝ホームページから申込書をダウンロードした上で、Eメール（jimukyoku@j-sss.org）もしくはFAX03（3813）4615まで。4月14日締め切り。

「高速多胴船」の日米共同研究をスタート

防衛省は3月4日、米国防総省と「高速多胴船の共同研究に関する細目取極」を行い、新たな日米共同研究をスタートさせた。

この日、日米相互防衛援助協定（MDA協定）に基づき、岸田外相とケネディ駐日米大使が「高速多胴船の最適化」に関する書簡を取り交わしたことを受け、防衛省と米国防総省間で「細目取極」が締結されたもの。

同研究は日米が共同で「高速航行、低動揺、広い甲板面積を確保できる高速多胴船（特に3胴船）」の設計を実施するもので、分担して各種試験などを行い、得られたデータを互いに提供し合うことで早期の成果取得を目指す。

日米間では現在、「新弾道ミサイル防衛用誘導弾」の共同開発と「ハイブリッド動力システム」の共同研究が進められている。

与那国島付近に 中国艦艇が4隻

3月7日午前7時ごろ、中国海軍の「ルーヤンII」級駆逐艦（満載排水量7112トン、艦番号150「長春」）と「ジャンカイII」級フリゲート2隻（同3963トン、548「益陽」、549「常州」）の3隻が沖縄本島の南南西約550キロの太平洋上を東に向け航行しているのを海自3護隊（大湊）の「すずなみ」が確認した。

10日午前7時ごろには同3隻に「フチ」級補給艦（2万3000トン、890「巣湖」）が加わり、沖縄・仲ノ神島の南西約44キロの海域を北東に向け航行するのを「すずなみ」と5空群（那覇）のP3C哨戒機が確認した。4隻は午前10時ごろ、沖縄・与那国島の北約44キロの海域で同島の接続海域を出て、太平洋から東シナ海に入った。

なお、7日には4隻が沖縄本島の南西約550キロの海域で艦載ヘリの飛行訓練と陣形運動を行っているのが確認されている。

C130Hが初参加

ウタパオ海軍航空基地などに8カ国結集

タイで多国間演習「コブラ・ゴールド」

空自機への搭乗を前にパスポートを見せて身分証明する在外邦人（2月16日、ウタパオ海軍基地で）

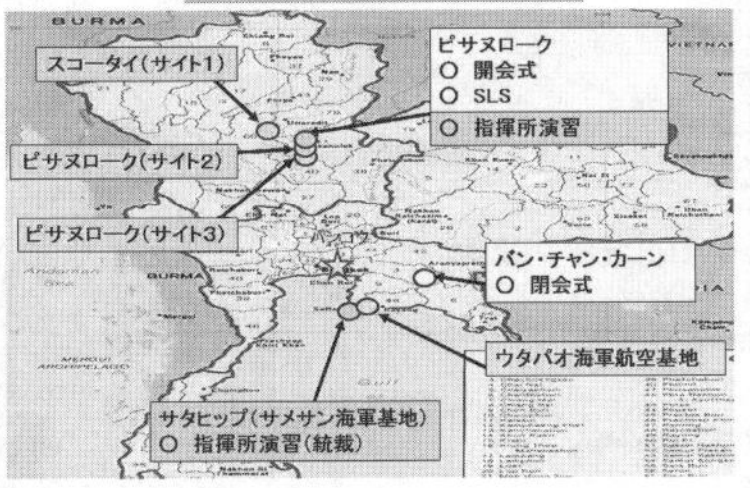

陸自隊員に警護されて空自のC130H輸送機に乗り込む在外邦人（2月16日、ウタパオ海軍基地で）

米国とタイが共催し、日本など計8カ国が参加する多国間共同演習「コブラ・ゴールド14」が2月11日から21日まで、タイのスコータイ、ピサヌローク、ウタパオ海軍航空基地などで行われた。自衛隊からは陸・空を中心とする隊員約100人と、空自から初めてC130H輸送機が参加し、在外邦人等輸送訓練などを行った。防衛省・自衛隊は2005年から毎年参加しており、今回で10回目。同演習に初参加の中国は、人道民生支援活動の一環として各国と連携して医療活動を行った。期間中、岩崎統幕長も現地を訪れ、自衛隊の活動を視察した。

陸・空中心100人

統幕長視察　在外邦人らを輸送

ウタパオ基地で行われた在外邦人等輸送訓練は「ある国で震度7の大地震が発生し、日本大使館の職員らが帰国できない中、混乱に乗じて反政府デモが各地で頻発し、治安が悪化。邦人の緊急退避が必要になった」という想定で実施。

訓練には在バンコク日本大使館員とその家族ら約30人のほか、中東、アフリカの日本在外公館などの関係者ら計約40人も加わり、隊員約50人とともに「在外邦人の集合」から「航空機への搭乗」までの一連の手続きを演練した。

基地のランプ地区では日本とタイが共同で「避難活動統制所」を開設。邦人役の日本大使館職員らは同所に集結し、搭乗前に身分を証明し、持ち物検査などを受けた。

搭乗までの間、邦人は隊員の警備に守られて行動し、空自C130H輸送機に搭乗するまでの一連の手続きを演練した。

共同医療チーム編成

一方、医療支援の分野では、日本は米、タイ、インドネシア、マレーシア、韓国、中国、シンガポールと共同医療チームを編成。タイ北部のピサヌロークやスコータイなど3カ所を巡回して医科診療や公衆衛生教育を行った。人道支援・災害救援（HA／DR）の会合では自衛隊の医療チームが「東日本大震災の教訓」をテーマに発表した。

人道的な国際救援活動を想定した指揮所演習では、模擬編成された国連の多国籍軍司令部に自衛隊から幕僚を派遣し、情報共有や調整要領を演練、多国間での統合運用能力の向上を図った。

このほか、10日から14日までの間、参加各国の幹部らが集う「シニア・リーダーズ・セミナー（SLS）」がピサヌロークで開かれ、日本から統幕副長の松村五郎陸将が参加し、各国との情報共有や関係強化などをテーマに各国将官らと意見交換した。

今回で33回目となる「コブラ・ゴールド14」には米、タイ、日本をはじめ、韓国、シンガポール、インドネシア、マレーシア、中国の8カ国から1万人を超える隊員が参加し、各種訓練が行われた。

指揮所演習で韓国軍の隊員（左奥2人）と連携して調整に当たる陸自隊員（2月13日、ピサヌロークで）

空自隊員の案内でセキュリティー・チェックを受ける在外邦人（2月16日、ウタパオ海軍基地で）

陸自の誘導隊による警護を受けながら空自機まで徒歩で移動する在外邦人（2月16日、ウタパオ基地で）

中国軍の隊員（グレーの迷彩服）と交互に並んで記念撮影する陸自の医療チーム（2月20日、ピサヌロークで）

画像を使って各国の隊員に公衆衛生の講義を行う陸自の医官＝中央奥（2月17日、ピサヌロークで）

自衛隊の活動を視察した後、米海兵隊（右側）を激励する岩崎統幕長（中央）＝2月21日、バンチャンカーンで

巡回診療で地元住民を診察する陸自の医官。左端は中国軍の隊員（2月13日、スコータイで）

東南アジア最大級　10000人規模

コブラ・ゴールド

米軍とタイ軍が共催する東南アジアで最大級の多国間共同演習で、数千人から1万人が参加する。

1982（昭和57）年から毎年行われており、今年で33回目。

日本は陸海空自衛隊の統合運用下でPKOや人道支援・災害救援（HA／DR）分野での国際活動能力の向上を図るため、2001（平成13）年からオブザーバーとして参加し、05（同17）年から正式に参加している。

派遣規模も当初の約40人から年々増加し、現在は防衛省・自衛隊から約100人が参加している。その成果は、昨年のフィリピン台風災害での救援活動などでも生かされた。

QDR 2014

米国防計画見直し　全訳

□1□

エグゼクティブ・サマリー（前半）

米国防計画見直し（QDR）の構成

国防長官から
エグゼクティブ・サマリー
序章
第1章：安全保障環境の将来
第2章：国防戦略
第3章：統合軍のリバランス（再均衡）
第4章：国防組織のリバランス
第5章：予算強制削減の意味合いとリスク
統合参謀本部議長のQDR評価

米国はめまぐるしく変わる安全保障環境に直面している。将来を決定付ける戦略的な困難と好機、すなわち、新技術、新しいパワーセンター、より変動し予想しにくく、時に米国にとってより脅威となる世界に注意を注ぐため、我々は自身の立ち位置を調整している。

世界中の同盟国、友好国にとっての課題、中でも北朝鮮、イランの体制がもたらす課題は流動的であり、予想しにくい。動乱と暴力は他地域でも続き、特にサヘル地域から南アジアへ伸びるぜい弱な体制の国々の暴力的過激主義は宗派間紛争の温床となり、海外の米国民に脅威を与えている。一方、現代の戦争形態も急速に変化し、空、海、宇宙、そしてサイバー空間は一層し烈な戦闘領域となっている。

我々が持続的に関心を払い関与することが、世界に生まれるトレンドを（良くも悪くも）形づくる上で重要になる。地球上がかつてないほどの水準で結ばれたことは、国際協力と行動規範共有への共通のインセンティブとなる。そして、地域の友好諸国の能力が増し、地域の安全保障に、より大きな、また主導的な役割すら担える機会を提供する。

変化する戦略環境に対処するに際し、米国は経済の強さ、強い同盟・友好関係ネットワーク、軍の人的資本と先進技術など多くの比較優位点に依拠する。そのためには、軍の形成、準備、配置を極めて敏捷に行うことが求められる。

国防総省はまた、不透明な財政環境にも直面している。国防総省は2012年度予算から、2011年予算管理法（BCA）で定められた10年間、4870億ドルの歳出削減の大きな影響を受け始めた。BCAはまた、年間約500億ドルの強制削減の仕組みを盛り込んでいる。13年超党派予算法は、若干ながら強制削減の影響を和らげる効果があったが、議会が動かない限り強制削減は16年に再び実行される。米国の安全保障上の利益を効果的に守る一方で、赤字削減という財政上の義務も認識し、大統領が提出した15年度予算案は国防予算を今後5年間で約1130億ドル、14年度予算案での要求ベースと比べて削減する。大統領の予算案は財政の不透明さを鑑みて、バランスを取りながら責任を持って前進する道を提供する。大統領予算案は超党派予算法が求める裁量的歳出への厳しい抑制を反映しているが、15年度以降の強制削減は受け入れず、国防総省には19年までの強制削減水準より1150億ドル多く振り向ける内容となっている。

こうした流動的な環境下で、「2014年版4年ごとの国防計画見直し（QDR）」は原則として、高まる財政制約の中で国防への取り組みをリバランス（再均衡）させることで、将来に備えることに焦点を絞っている。

2014QDRは以下の三つの重要イニシアチブを推進する。まず第1に、QDRは米国益を保護・推進し米国の指導力を維持する最新国防戦略を作成し、12年にまとめられた新国防戦略の上に構築する。

第2に、国防総省がいかに責任を果たしつつ現実的に、変化する環境の中で軍の主要構成要素をリバランスしていくかを説明する。

第3に、戦闘力の浸食につながりかねない内的な経費増の抑制の一環として、国防総省自身もリバランスする意思を示す。我々はこれらのイニシアチブを推進し、全志願制軍隊の健全性を守る決意だ。

QDRは、この最新国防戦略が国家にとって正しいものだということを示している。QDRは米国の世界での指導的役割を維持させ、軍を今後10年間にバランスのとれたものにして戦略的、財政的に不透明な状況で我々の立ち位置を調整するための決定を行う基盤を提供する。

大統領が求めた15年度予算案で示された歳出は、軍に米国益を守るとともに、最新国防戦略を実行することを可能にする。ただ、いくつかの作戦ではリスク水準は高まる。今後も当面、訓練と（戦力）維持のギャップは続き、長期的には流動的で変化する安全保障環境での、不確実性というリスクに対処する上で失敗の余地は狭まる。

大統領が提唱する「機会、成長、そして安全保障」というイニシアチブは15年度予算案にさらに260億ドルの国防投資を追加し、国防総省に即応態勢を再生、維持し、兵器近代化に投資し、必要な施設を改善することを可能にすることで、これらのリスクを大きく緩和する。

全体として、国防総省は大統領の15年度予算案でこれらのリスクに対処できるが、仮に16年度に強制削減が復活すれば、また、提案した改革案が受け入れられなければ、また、予算水準をめぐる不透明さが継続すれば、これらのリスクは拡大する。我々は議会と連携を密に協議し、国軍を正常にして国家安全保障を守るための十分な資源を提供する考えだ。

◇国家戦略指針の上に

米国は我々の利益を守るため、世界での指導的役割を発揮する。利益とはすなわち米国と同盟諸国、協力諸国の安全保障、開かれた経済システムの中での強い経済、世界的な価値感の尊重、平和と安全、協力を通じた機会を促進する国際秩序である。これらの利益を守り、推進し、国家安全保障戦略に沿った2014年QDRは、12年国防戦略指針で示された21世紀の国防優先事項を体現している。

これらの優先事項には、アジア太平洋地域の平和と安定を守るための同地域へのリバランス、欧州、中東の安全と安定に対する強いコミットメントの維持、中東、東アフリカに力点を置いた暴力的過激主義者やテロリストの脅威に対抗する地球規模のアプローチ、軍備が総じてより小さく、筋肉質化する中で技術開発への主要投資の確保と選別、そして斬新な協力関係構築と主要な同盟、協力関係強化に向けた新たな取り組みが挙げられる。2014QDRはこれらの優先事項の上に構築され、これらをより広範な戦略的枠組みに組み込む。国防総省の国防戦略は次の3本の柱を重視する。

1　国土の保全　米国への攻撃を抑止、打倒し、文民当局を支えて潜在的攻撃や自然災害の影響を緩和する。

2　地球規模での安全保障構築　この目的のため地域の安定を保ち、敵対勢力を抑止し、同盟国や協力関係国を支援し、安全保障上の共通の課題に他国と協力する。

3　強大な力を示し圧倒的勝利　これにより攻撃的行動を打倒し、テロのネットワークを分断、破壊し、人道支援と災害救援を提供する。

これらの柱は相乗効果を持つと同時に独立しており、軍の全ての任務がそれぞれにおいて重要な役割を果たす。我々の核抑止力は、米国への核攻撃への究極の防御であり、核抑止の延長により遠方の同盟諸国に対し、地域の攻撃的行動からの安全を保障する。

米核抑止力はまた、潜在的な核保有敵対国とのコミュニケーションの中で米国の力を示し、失敗した通常兵器による攻撃をエスカレートさせてはいけないと伝える能力を支える。

地球規模で安全保障を構築することは、同盟諸国や協力諸国に安心して能力増強を図らせるのみならず、中東や北アフリカといった地域の紛争を抑止して安定を増すことで、米本土の保全にも資する。イエメン、アフガニスタン、マリといった地域でテロと戦う力を示し、協力関係諸国がテロや大量破壊兵器（WMD）の拡散に対抗するのを支援することは、こうした脅威が米本土に到達する可能性を低める。

最新防衛戦略の3本柱のすべてにおいて、国防総省は目的を達成し戦略的な選択を行うことを支援するための、創造的、効果的、効率的な方途を探ることにコミットしている。革新（省内や各省間、国際パートナー関係における）は、その中でも中心的な取り組み。我々はプレゼンスを高める新たなパラダイムを見いだしている。

例えば、重要地域では前線展開する海軍戦力を潜在的に追加配置したり、船舶と航空機で配備される陸上戦力、危機対応部隊という新たな組み合わせを展開したりする。

そしてこれらはすべて、コストを最小に抑えながら効果を最大にする狙いだ。同盟諸国や友好諸国とともに、これら諸国が自らの安全保障や、多くの連携行動に対して行う貢献を最大化するよう調整する。

気候変動の影響は、国防の民間当局支援などの今後の作戦行動の頻度や規模、複雑さを高める可能性がある。同時に、訓練活動を行う国内施設の能力を弱体化させるかもしれない。エネルギー効率アップや新技術、再生可能エネルギー源への投資など、エネルギーや水の安全を確保するための行動も基地・施設の耐性を高め、気候変動の悪影響を緩和する。

この最新国防戦略の要請を反映する形で、米軍は本土を防衛し、持続的な対テロ分断作戦を実行、そして複数地域において前線でのプレゼンスと関与による攻撃的行動を抑止し、同盟国を安心させることを、同時にこなせるようになる。仮に抑止策が失敗しても、米軍は地域の敵対勢力を大規模かつ複数段階に及ぶ攻撃で破ることができ、別の地域で第2の敵対勢力が同様の目的を抱くことを否定する―あるいは受け入れ難い代償を課す―ことができるようになる。

大統領の予算案はこうした行動を実行できる能力を築き、維持する資源を提供する。ただ、いくつかの作戦ではリスク水準は高まる。予算案により、米軍はいかなる攻撃的勢力も破り、拒絶することができる。予算削減は必然的にリスクに対処する軍の余裕を狭め、規模が縮小された軍は、同時に複数の緊急事態に対応する能力が制限される。大統領の15年度予算案により、国防総省はこうしたリスクに対処することができるが、強制削減が16年に再び実施されるか、改革案が受け入れられなければ、または予算規模をめぐる不確実性が続けば、リスクは大幅に拡大する。

◇21世紀へのリバランス

広範な紛争に備えるリバランス

これからの紛争形態は、不釣り合いな手法を用いた代理集団との多様な有事から、WMDを保有または技術的に進んだ「A2／AD」能力を有する国家との高度な紛争まで、幅広くなる。これらの多様な課題を熟慮し、米軍は将来どういう紛争に備えるかという点で焦点をシフトし、全領域で考えられる作戦行動により大きな力点を置いていく。

米軍はもはや、大規模で長期の安定化作戦を実施する規模にはならないが、イラク、アフガニスタンでの過去10年間の反乱鎮圧と安定化作戦で得られたノウハウは保ち続ける。また、将来のニーズに対応する力を再生する能力も守る。

統合軍はまた、進んだ戦闘能力を用いる一方、米軍の宇宙・サイバー空間での優位を阻もうとする洗練された敵との戦いにも備えなくてはならない。我々は国防部門内外での科学、技術、研究・開発への優先投資を持続させる。国防総省は、全領域でのサイバー空間能力、潜在的に形勢を一変させる発明が最も見込まれる分野など、将来の課題に対応する上で最も重要な分野で進歩が続くよう対策を講じている。

我々は、いかに戦うか、いかに戦力を配置するか、また、いかに非対称戦力の強さと技術優位を利用するかについて、斬新な手法を用いて追究していく。今後遭遇する戦闘が一層複雑化することを考えれば、革新は最重要事項だ。

米国は今後も経済、外交、情報、司法、開発、軍事の手段を組み合わせ、暴力的過激主義に世界規模で対抗していく。国防総省は対テロへの取り組みをリバランスし、特にぜい弱な国家では、友好関係を築くことに力点をシフトする。

その場合でも、諜報、絶え間ない監視、正確な打撃、そして特殊部隊などの直接行動を行う強大な力は保持する。我々はまた、世界の安全を脅かすWMDへの対抗にも集中を継続。主要な同盟・友好関係の強化に努め、既存の関係を深化させ新たな、斬新な友好関係構築にも努める。そして、戦闘部隊司令官は変化する戦略環境をより反映させるように、有事対応策の調整に努める。

海外戦力・配置のリバランスで米国安全保障上の利益保護を増進

戦略目標の3本柱を実現するため、国防総省は世界での配置をリバランスし、維持する。米国のアジア太平洋地域へのリバランスに貢献し、米国政治、経済、安全保障上の利益にとって中心的地位を占めつつある同地域の平和と安定を求める。北朝鮮の長距離ミサイルとWMD計画（特に核兵器の追求）に直面し、米国は朝鮮半島の平和と安定維持に全力を挙げる。

アジア太平洋の安定に向けた取り組みの一環として、米国は北東アジアに強固な足場を維持する一方、オセアニア、東南アジアでもプレゼンスを高めていく。アフガニスタンでは戦闘行動が終了し、限定的な対テロ作戦やアフガニスタン治安部隊への訓練、助言、支援に移行しようとしている。

米国はまた中東にも永続的な利害を有し、地域の友好諸国の安全保障に全面的にコミットし続ける。また、欧州の安全と発展を維持・拡大するという、深く、変わらぬ関心を有し、同盟・友好諸国と地域の安定、欧州・大西洋統合に向けて協調を続ける。

統合軍内部の能力、容量、即応態勢のリバランス

予算削減が進む中、12年を超える紛争への関与で統合軍は現在不均衡の状態にある。13年度予算での強制削減実施により即応態勢はさらに悪影響を受け、戦力は近代化ニーズに対応していない。アフガニスタン作戦からの撤退を受け、統合軍を再構成するには時間と予算が必要。

大統領の15年度予算案は、国防総省が短期的に統合軍の均衡を回復するのに必要と確信する具体的領域において、現実的で責任ある調整を行う範囲を提示している。

統合軍は今後5年間でより小規模になるが、次第により近代的になり即応態勢も改善される。QDRで示されたステップを着実に実行することにより、短期的に国防総省の国家安全保障ニーズを満たす能力は、財政見通しが改善しなくても高まる。

予算上限の引き上げを期待して重要決定を先に延ばせば延ばすほど、そうした決定を実行するのはより困難で痛みを伴うものとなり、追加の資源なしでも戦略を遂行する我々の能力に与えるダメージも、より大きくなる。

本QDRで示す末端兵力と軍構成に関する主要決定事項は以下の通り。

1　最新国防戦略に欠かせない、地球規模で力を示せる空軍の維持。

我々は次世代の空軍戦闘機器を近代化する。これには戦闘機、爆撃機を含み、近代化されつつある防空システムに対抗する。これらの計画に必要な資源を開放し、必須の能力への投資を確保するため、空軍はいくつかの単一任務の能力を減らすか廃止する。16年度以降の予算で強制削減が課されれば、空軍はさらに80機の航空機の削減、統合打撃戦闘機の購入遅延、他にも困難な調整を強いられる。

2　陸上でのあらゆる作戦を実行できる世界最高レベルの陸軍の維持。

作戦には、大規模な統合・国際作戦の一環として実行される迅速かつ持続的な陸上戦などが含まれる。こうした戦力を維持するため、国防総省は陸軍内部、現役兵、州兵、予備役を通じたリバランスを実施する。

現役兵士は戦時の最大57万人から44万～47万人に、州兵は削減を継続して最大35万8000人から33万5000人に、予備役は20万5000人から19万5000人へとそれぞれ減らす計画。16年度以降に強制削減が実施されれば、現役兵士は42万人、州兵は31万5000人、予備役は18万5000人へとそれぞれさらに削減される。

3　地球規模で安全を構築し危機に対応できる海軍能力の維持。

調達コスト引き下げや一時的な保船を積極的に進め、海軍は海上船舶、航空機、潜水艦を21世紀の脅威に対応できるようにする。艦隊は全ての地域であらゆる紛争に対応可能でなくてはならない。沿岸域戦闘艦32隻以外の新たな追加計画はなく、海軍は小型海上艦艇の代替調達計画を提示する。16年以降の強制削減実施により、空母「USSジョージ・ワシントン」は定期の給油・点検前に退役せざるを得ない。国防総省は16年度予算申請で、11の空母打撃部隊となるこの決定を行わなくてはならなくなる。

4　危機対応戦力として欠かせない海兵隊の維持。末端戦力として現役兵18万2000人を見込み、うち900人超が大使館保安要員として上積みされる。16年度以降の強制削減実施により、海兵隊は末端戦力17万5000人に削減される。（ロサンゼルス）

〈以下次号〉

牛込署と共同で自衛消防訓練

「西館客室から出火」

グラヒル　初期消火や避難誘導など演練

〝火災発生〟でホテル屋上に逃れた避難者を救出する東京消防庁牛込署のはしご車（いずれも3月4日、東京都新宿区のホテルグランドヒル市ヶ谷で）

防衛省共済組合の直営施設ホテルグランドヒル市ヶ谷は全国春の火災予防週間中の3月4日、東京消防庁の牛込消防署と共同し、「総合自衛消防訓練」を実施しました。

本訓練にはグランドヒル市ヶ谷自衛消防隊長の三浦利春副館長以下、職員約50人が参加し、牛込消防署からの消防車3台（消防隊員約20人）と共に、「館内で火災が発生した」との想定で、宿泊客等の避難誘導、初期消火、屋上に避難した一般客の救出などの訓練を実施しました。

午前11時、〝西館5階の客室から出火した〟との想定で訓練をスタート。総務課長が指揮官となって館内に非常放送を実施するとともに牛込署に119番通報。非常時の部署が指定されている職員たちは直ちに持ち場に走り、初期消火、宿泊客の避難誘導、各階の避難状況の確認・報告などを行いました。

訓練後、講評が行われ、牛込署の岡部卓海警防課長は「館職員と消防隊員の連携がスムーズで素晴らしい訓練となった。まもなく3月11日、東日本大震災から3年となる。南関東も30年以内にM7級大地震が発生し、その死者は東京で9000人～1万3000人と予想される。これに備えるには事前準備こそ大切で、（グラヒルにも）日頃から被害を最小限に抑えるべく、客室の家具の転倒防止や自衛消防訓練、応急救護体制などの準備をお願いしたい」と述べました。

また、グラヒル自衛消防隊長の三浦副館長は「当館では日頃からお客様の安心・安全を第一に毎月訓練を実施している。3・11のような災害発生に備えて、さらに練度の高い訓練と防災対策を進めていきたい」と語りました。

ホテル屋上から〝救助された一般客〟（手前右）をエスコートする消防隊員とグラヒル職員

厚生・共済

特集

お待たせしました「さぽーと21春号」完成

防衛省共済組合の広報誌『さぽーと21　2014春号』が出来上がりました。今号は巻頭で「えらべる倶楽部活用術」として「日光・鬼怒川温泉の旅」を特集。施策の紹介では、国の社会保障・税一体改革で変わる年金制度や、「共済組合の保険制度」について分かりやすく解説しています。このほか「えらべる倶楽部の新サービス」なども詳述。『さぽーと21』は自宅に持ち帰り、ご家族でご覧ください。

特集「日光・鬼怒川温泉の旅」　お得情報盛りだくさん

世界遺産にも登録される多くの文化財が残る日光。徳川家康を祭る東照宮をはじめとする史跡群や、中禅寺湖、華厳の滝など豊かな自然が広がり、春の桜や新緑の季節は最高の旅行シーズンです。本誌では日本旅情を満喫させてくれる鬼怒川温泉、周辺のテーマパークなども併せ、日光・鬼怒川の魅力を伝えています。

年金ガイド「教えて！年金」は、国の社会保障・税一体改革を受け、変わる年金制度について分かりやすく解説。少子高齢化の中、社会保障の充実、安定財源の確保、財政健全化のため15の法律が成立しており、このうち本誌では公的年金について詳しく解説しています。

シリーズ「豆知識」は共済組合の保険制度を特集。組合員にお得な情報を紹介しています。

また、えらべる倶楽部は「新サービス特集」と題し、春からの新生活に活用できる関連会社のサービスや特典を列挙。QUOカードのプレゼントやキャッシュバックがある「住宅・引越」をはじめ、図書カードがプレゼントされる「子供教育」、老人ホームの入居一時金が割引される「介護・福祉」、カーシェアリング入会金が無料になる「レンタル」、商品が割引される「出産・育児」など、各社の多彩なサービスが紹介されています。

このほか、メタボ予防のための食事療法やジェネリック医薬品の案内など、本号も多彩な内容。『さぽーと21』はご家族と一緒にご覧ください。

予算など2議案承認

共済組合運営審議会

防衛省共済組合の平成26年度事業計画・予算（案）等について審議する運営審議会の豊田会長（左奥中央）と委員、幹事ら（2月25日、ホテルグランドヒル市ヶ谷で）

防衛省共済組合の平成26年度事業計画・予算（案）などを議案とする防衛省共済組合運営審議会が2月25日、東京都新宿区のホテルグランドヒル市ヶ谷で開催されました。

運営審議会には会長の豊田人事教育局長をはじめ、山崎陸幕人事部長、中西海幕人事教育部長、武藤空幕人事教育部長、森防大総務部長ら委員と事務局員ら計約40人が出席し、審議を行いました。

議案は「防衛省共済組合の平成26年度事業計画及び予算（案）」と「防衛省共済組合定款及び運営規則の一部変更（案）」の二つで、最初に統括参事から詳しい説明が行われ、審議会に諮られた後、全会一致で議案は承認されました。

引き続き質疑応答があり、委員から「物資経理は隊員に対する非常に大事なサービス。部隊隊員の声も受け止め、事業を進めていってほしい」「最近は集団で健康増進を図る部隊が増えている。そうした場を利用して共済組合事業の説明をすれば、広報活動もスムーズにいくのでは」といった意見が出されました。

USJのスタジオ・ファンクラブ　今月31日で終了へ

大阪にあるテーマパーク「ユニバーサル・スタジオ・ジャパン（USJ）」が企業等向けに展開していた福利厚生プログラム「スタジオ・ファンクラブ」が3月31日で終了します。

防衛省共済組合員も同ファンクラブのオフィシャルWebサイトでコード番号等を登録すれば、大人400円、子供300円割引で「スタジオ・パス」が購入できましたが、4月1日以降は利用できなくなりますのでご注意ください。詳しくは各支部保健係までお問い合わせください。

年金Qアンド A

障害共済年金について教えてください

在職中の傷病で生活に支障

請求には医師の診断書必要

Q　私は現在、在職中の自衛官です。病気やケガにより障害者になった場合の年金について教えてください。

A　公務員である間に初診日のある病気やケガにより、日常生活を営むことや就労が著しく制限されるほどの障害が残った場合には、障害共済年金が支給されます。

障害共済年金を受給するためには、次の要件を満たし、ご本人が請求を行う必要があります。

①初診日（障害の原因となった傷病について、初めて医師の診断を受けた日）が公務員期間中にあること。

②障害認定日（初診日から起算して1年6ヶ月を経過した日又はその症状が固定した日（※）のいずれか早い日）において、障害の程度（国家公務員共済組合法施行令で定める障害の程度をいいます。）が1級～3級までの障害の状態に該当した人、または、障害認定日に障害等級3級以上に該当しなかった人が、その後65歳に達する日の前日までの間に3級以上の障害状態になった場合。

（※　症状が固定した日：心臓ペースメーカー・人工弁装着日、人工肛門造設日、人工透析開始日（3ヵ月後等））

障害共済年金の請求は、所属の共済組合支部を通じて行います。請求には、診療した医師が作成した「診断書」、受診状況、日常生活や就労状況を申し立てるために本人が作成した「病歴・就労状況等申立書」、転院などがあり、初診日と現在の医療機関が異なり初診日が確認できない場合は、初診時の医療機関が作成した「受診状況等証明書」等が必要です。その他、必要書類は個人毎に異なりますので、詳しくは共済組合支部にご相談ください。

請求書等は、共済組合支部を通じて「国家公務員共済組合連合会」（以下連合会といいます。）に提出され、連合会が審査の上、障害共済年金を決定し、年金額を年金証書で通知します。

障害共済年金は在職している間は、原則として支給停止になります。ただし、障害等級が1級又は2級に該当するときは、公務員として在職中でも、国民年金の障害基礎年金が支給されますので、障害共済年金の請求とともに、障害基礎年金の請求を行うことになります。障害基礎年金の請求は「障害基礎年金裁定請求書」を共済組合支部に提出します。この請求書は、連合会から日本年金機構に送られ、同機構が障害基礎年金を裁定します。

障害共済年金の請求については、診断書等の書類の取得や申立書作成に時間と労力を要する上、請求から審査、決定についても時間がかかります。障害共済年金は、単純に、病名だけで支給が決定するわけではありませんが、請求について、気になる場合は、早めに所属の共済組合支部にご相談されることをおすすめします。

（本部年金班）

厚生・共済

特集

部外講師招きメンタルヘルス講話

明るい職場づくり推進

3月、4月は人事異動や配置転換、新年度のスタートなどが重なり、隊員にとってもストレスが増す季節。特に転勤で知らない土地に移ったり、初めての仕事に就いた隊員にとっては緊張の日々が続く。こんな時、心と体の健康を保つことは非常に難しく、本人だけでなく上司や同僚のメンタルヘルスに関する理解が必要になってくる。防衛省・自衛隊では隊員の働きやすい環境を整えるため、「メンタルヘルス強化月間」を設定しているほか、各駐屯地・基地なども「心の健康」の教育機会を設け、明るい職場づくりに努力している。

笑顔と気配りでストレス軽減

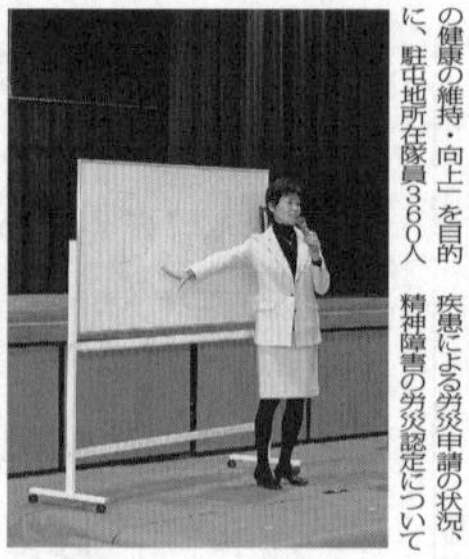

「心と体の健康」について話す日本産業カウンセラー協会の飯尾牧子講師

【桂】隊員に「メンタルヘルスの大切さ」を知ってもらうため、桂駐屯地（司令・飯田重喜1佐）は2月14日、日本産業カウンセラー協会の飯尾牧子氏を講師に招き、体育館で「メンタルヘルス講話」を行った。

この部外講話は、隊員の「心の健康の維持・向上」を目的に、駐屯地所在隊員360人が資料や筆記具を手に受講した。

講話は①メンタルヘルスの現状②ストレスに対する性格と傾向③コミュニケーションを考える④周囲の人への気づきと対応——の4項目。

最初に飯尾氏は、メンタルヘルスを取り巻く環境や精神疾患による労災申請の状況、精神障害の労災認定について説明。その後、受講者全員でストレスチェック・シートを使って現在のストレス度をそれぞれ自己確認した。

また、コミュニケーションに関しては「アサーション（適切な自己表現技法）」や「ハラスメント（嫌がらせ・いじめ）」などについて解説が行われ、飯尾氏は「間違ったコミュニケーションは、相手に不利益を及ぼすことがある」と不用意な発言が大きな影響を与える可能性があることを強調した。

また、周囲の人との関係については「相手の話をよく聞き、気持ちを理解してあげることが大事。もし、ストレス等による異変に気づいたら、すぐに相手に声を掛けてあげてください」とアドバイスした。

受講隊員からは「笑顔と相手を思う気配りの一言が、気持ちのよい職場作りにつながることが良く分かった」「ストレス・マネジメントの考え方を普段から意識し、職場のコミュニケーションを改善していきたい」といった声が上がった。

手に資料を持ち、メンタルヘルスの講話を聴く桂駐屯地の隊員たち（2月14日、桂駐屯地体育館で）

一人で悩まず「さぽーとダイヤル」活用を

職場や家庭で悩みのある隊員は防衛省共済組合の相談窓口「あなたのさぽーとダイヤル」に電話を——。

防衛省共済組合は電話（フリーダイヤル）による相談窓口「あなたのさぽーとダイヤル」を開設し、組合員とその家族の心のケアに取り組んでいる。

相談内容は、職場や家庭での問題をはじめ、心と体の悩み、高齢者介護、借財、異性問題、交通事故などまで生活全般。これら個人的問題について、部外の経験豊かなカウンセラーが直接相談に応じてくれる。

電話相談は24時間・年中無休で、ほかにEメールでも受け付けている。相談は匿名でも話せるので個人情報の面からも安心だ。

「あなたのさぽーとダイヤル」は、0120・184・838（フリーダイヤル）で、一般電話のほか携帯電話、ＰＨＳでもＯＫ。全国どこからでも通話料は無料。また、Ｅメールはbouei@safetynet.co.jpで随時受け付け。メール受信から２日以内に回答してくれる。

余暇を楽しむ

リラクゼーション・ストレッチ同好会

紹介者：
事務官　小林　正己
（情報本部・市ヶ谷）

無理なく楽に体ほぐす

皆さんはストレッチに対してどのようなイメージをお持ちでしょうか？　擬音で表すとどんな音になりますか？「ギュッ、ギュッ」という音が頭の中に浮かんだ方もいるかもしれません。私が提案しているストレッチの音は「ゆるっ、ゆるっ」です。

身体の固い方でも気持ちよく楽しむことができます。今の身体の状態で無理なく楽な範囲で行います。現在、私が主宰するリラクゼーション・ストレッチ同好会には10人程度の方が来てくれています。私の楽しみは、レッスン後に会員の皆さんのリラックスした笑顔を見ることです。

フェルデンクライス・メソッド、アレクサンダーテクニックといった身体訓練法、呼吸法などを習った経験から〝リラックス・メソッド〟として、皆さんに提供しています。これからもさまざまなボディーワークなどからヒントを得て、より気持ちのよいメソッドを提案できればと思っています。

その一環として、現在はコーチングというコミュニケーションテクニックを勉強しています。コーチングはソチ冬季オリンピックのスノーボード日本代表選手にも取り入れられた技術で、複数のメダルを獲得するなど成果を挙げています。そこで学んでいる「声掛け」などを活用し、さらにリラックスできる方法を提案できればと思っています。

最後に、簡単にリラックスできる方法をご紹介します。まず椅子に座ったまま軽く目を閉じます。次に呼吸に意識を向けます。鼻から吸って口から吐きます。この時、普通の呼吸を心掛けてください。「どのように鼻から空気が入ってきて、身体の中を巡り、口から出ていくか」を観察してください。1～2分程度、それを続けてみてください。

こつとしては、目をギュッとつぶらずに、口元を緩めて行ってください。私の提案しているメソッドでは〝観察〟することが最も重要です。今の身体の状態はいかがでしょう？　少し楽になっていただけたらうれしいです。

ご興味のある方は、毎週金曜日の昼休み（12時15分～45分）に、防衛省厚生棟3階の健康維持室でお待ちしています。

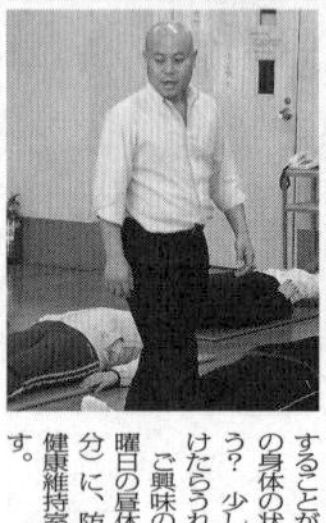

㊤ゆったりとしたストレッチでリラックスする同好会会員。㊧アドバイスする小林事務官＝3月7日、防衛省厚生棟で＝

手際よく自信作完成

3輸空基業群調理競技会

【3輸空＝美保】第3輸送航空隊基地業務群は1月24日、平成25年度の業務隊給養小隊員による「調理競技会」を実施、普段は基地隊員を食でサポートする給養小隊員が3チーム（2人1組）に分かれ、調理の腕を競った。

今回は「鶏肉を使用した料理」というお題で、第1チームは「鶏の葱塩焼き、鶏肉ときのこ入りおかずサラダ、挽肉と葱のにゅうめん、吉野の鶏飯」、第2チームは「サムゲタン、酢鶏、鶏つくねスープ、ささみサラダ」、第3チームは「親子丼、茶碗蒸し、和え物、お吸い物、漬け物」と趣向を凝らしたメニューで対戦。

選手らは手際よく調理を続け、制限時間内に自信作を完成させた。出来上がった料理は特別審査員の野中盛基地司令をはじめとする審査員が厳しく判定した。

審査員から次々と飛び出す質問に選手たちは緊張しながらも、自分たちの料理を一生懸命にアピール。審査の結果、第2チーム（祝部統2曹、浦川慎之介士長で編成）が優勝した。

審査員の野中基地司令（中央）と隅整補群司令（左）の質問に答える選手（1月24日）

ラジオ「函館基地隊特ダネ情報局ッ！」

名店社長とカレー対談

歴史やレシピ語り合う

【函館】函館基地隊（司令・五島浩司1佐）は1月9日、地元ラジオ局で放送中の広報番組『海ラジ　函館基地隊特ダネ情報局ッ！』の企画として、函館の老舗レストラン「五島軒」の社長・若山直氏をゲストに招き、〝カレー対談〟を行った。

創業134周年を迎える「五島軒」は、カレーで有名な函館の名店。初代料理長の五島英吉氏が明治12年に考案した「辛み汁掛けご飯」がそのルーツとなっている。

一方、海自のカレーは旧海軍が取り入れた英海軍のビーフシチュー（カレーパウダー入り）の伝統を受け継いでおり、艦艇ごとに独自のレシピを持っていることでも知られている。

ラジオでは若山社長と五島司令、調理員の阿部暢2曹がカレーを試食しながら、それぞれの歴史やレシピなどについて熱く語り合った。

途中、若山氏から「使用する食材は収穫時期によって水分量などが異なるため、季節によって微妙な調整が要求される」など、創業以来変わらぬ味を提供し続ける老舗ならではの苦労が語られ、カレートークは大いに盛り上がった。

函館基地隊員がパーソナリティを務める『海ラジ！』は毎月第1木曜日に「FMいるか」で放送中。同隊では「今後も一層地域密着の部隊を目指して、市民が親しめる番組作りを心掛けていく」と意気込んでいる。

函館の地域ラジオで〝カレー対談〟を行った「五島軒」の若山社長（前列右）と五島司令（中央）ら海自隊員（1月9日、「FMいるか」提供）

ライフプラン集合訓練実施

千歳基地援護室

【千歳】千歳基地援護室は1月21、22の両日、厚生センターのサークル室で「平成25年度北海道地区における任期制士に対するライフプラン集合訓練」を行った。

参加したのは入隊3年目以上の任期制空士44人。継続任用や昇任、任期満了退職を控える隊員に、進路や就職援護の状況を説明し、今後の生活設計に関する知識を身に付けてもらおうと企画された。

訓練では最初に援護室が導入教育を実施した後、部外講師の玉木勝氏（NPO日本プロフェッショナル・キャリア・カウンセラー協会）が近年の環境変化に対する心構え、自己分析の方法、ライフプランの考え方・作成方法などの指導に当たった。

参加した隊員らは「現在と将来の自分を見つめる良い機会になった」と話していた。

自慢の一品料理

「みそちゃんこ鍋」

白老駐屯地では冬季限定メニューとして「鍋」を提供しています。白老の冬はマイナス19度にも達する厳しい寒さのため、アツアツの鍋を囲んで隊員同士の絆を深めてもらおうと考案しました。

写真は人気の「みそちゃんこ鍋」（4人前）で、旬のネギをたっぷり使ったヘルシーな鍋です。ネギはとろりと甘く、ビタミンが豊富。他に名物のシイタケ、ニラ、ハクサイ、ニンジン、ダイコン、餅巾着、鳥もも肉などが入ります。

ちゃんこ汁はダシから手作りです。隊員さんが着席後、すぐに食べられるよう、鍋は火加減などを調整して準備しています。

駐屯地では1回の喫食者数が20～30人と少ないため、同席者も特に固定することなく、「普段話をしない人とも気軽に話せる」と好評を得ています。

また、若い営内者は鍋を食べる機会のない人も多く、月に1回の駐屯地のこの〝鍋会〟を楽しみにしているようです。他にもキムチ鍋や坦々鍋などのバリエーションがあります。

今後もさまざまな世代の隊員に「おいしい」と言ってもらえるようなメニューを考案したいと思います。

紹介者
新井　康太さん（栄養担当官）
（白老駐屯地総務科糧食班）

地方防衛局 特集

福岡県行橋市に「防災食育センター」

「行橋市防災食育センター」の外観

テープカットする槌道九州防衛局長（左から2人目）、八並行橋市長（右端）ら関係者（2月6日）

平時は学校給食を 災害時は食糧供給

新しい形態施設

【九州局】平時は学校給食を中心とした地域の食育を担い、災害時には食糧備蓄・供給の拠点となる新しい形態の施設「行橋市防災食育センター」が福岡県行橋市東大橋に完成し、2月6日、行橋市の主催で落成式が開催された。防衛省の「まちづくり支援事業」の補助金約12億円を得て総事業費約22億円で建設されたもので、式典には八並康一行橋市長をはじめ、来賓や多数の市民が出席した。九州防衛局の槌道明宏局長は「地域コミュニティーに貢献でき、この上ない喜び」とあいさつした。

防衛省「まちづくり支援事業」4月稼働

「行橋市防災食育センター」は鉄骨造り2階建て、延べ床面積は約4000平方メートル。防衛省の「防衛施設周辺の生活環境の整備等に関する法律」第8条の規定に基づく民生安定事業（まちづくり支援事業）の助成を受け、平成24年12月から昨年12月にかけて建設された。

平時は学校給食を中心に地域の食育に関する事業を担い、災害発生時には米や水などの食糧備蓄の拠点として被災者への食糧供給を行う。また、普段から防災知識を習得する講習会などを開催し、災害に備えるというコンセプトだ。

こうした防災対応設備として、停電時に自家発電設備で稼働する炊飯施設と電気釜を備える。さらに飲料水（約60トン）▽白米（約3トン）▽防火用水・生活用水（約40トン）――の備蓄が可能で、自家発電設備（約270キロワット）と太陽光発電設備（約30キロワット）も装備されている。

給食事業では、食物アレルギー対応の特別調理室を完備し、行橋市立の小中学校17校約7000食をカバーする。

防衛省の「まちづくり支援事業」は、航空機の騒音などを緩和するための施設整備を通じ、防衛施設と周辺地域との調和を図り、防衛施設を前提とした「まちづくり」に貢献するもの。

同センターは4月に稼働する予定で、今後の有効な活用が期待されている。

ゴーグ首席領事が「日米同盟」で講話

講話するゴーグ米首席領事（1月22日、北海道防衛局で）

【北海道局】北海道防衛局は1月22日、在札幌米国総領事館のジョエレン・ゴーグ首席領事を講師に招き、「日米同盟について」をテーマに職員に対する講話を行った＝写真。米国領事による講話は初めて。職員約70人が高い関心を持って聴講した。

首席領事は高校時代に国際ロータリークラブの交換留学生として来日。その後、語学指導などを行う外国青年招致事業のJETプログラムで青森県に数年間滞在し、ミネソタ州のカールトン大学では日本語の学士号を取得した日本通だ。

首席領事は、日米同盟はアジア太平洋地域の安全保障に寄与しており、自衛隊と米軍の協力による防衛力が日本に平和と経済発展をもたらしていることを強調した。

さらに、安全保障関係を幅広く理解することが日米関係にとって重要と指摘し、①国際的相互関係②安全保障関係③経済関係④人と人とのつながり――の四つの柱で関係が成り立っていると説明。「パスポートを持っていない人はぜひ取得してアメリカに来てください」とアピールした。

リレー随想　佐藤　隆章

防衛施設行政には若いころにも携わった経験がありますが、自衛隊に関する基地対策は、以前とは違い、随分と様子が変わってきたことを、つくづくと実感しているところです。

記憶をたどってみると、以前は、自衛隊に対するさまざまな意見がある中で、防衛施設局や防衛施設支局が、地元と調整しながら、業務を進めるという活動が多かったように思えます。防衛施設と周辺地域との調和という合言葉の下、地元の理解を得ながら、取得、補償、周辺対策などの業務を、粘り強く一歩ずつ進めていました。

しかし、最近、この調和という言葉は、あまり聞かなくなりました。ここ数年、世の中の状況が、急速に大きく変化してきており、これに伴い、職務の在り方や職務に携わる職員の意識も変化してきているのかもしれません。また、自衛隊に対する国民の理解が深まってきたこともあり、ことさらに、調和という理念を打ち出す必要も少なくなってきたのかもしれません。

「新たな調和を目指して」

ただ、実際に業務に携わって思うことは、地方防衛局や地方防衛支局の業務の目指すところは、従来とさほど変わっていないのではないかということです。防衛施設と周辺地域との調和という理念は、その底流においては、脈々と生き続けているように思えます。

変わってきていることは、目指す目的ではなく、この目的を達成するための業務の手順や在り方が多様化していることなのだと思います。登山に例えるならば、目指す山の頂上は変わらないのですが、登るためのルートは他にもいろいろあるのではないかというものだと思います。

防衛施設局（支局）から地方防衛局（支局）への組織改編に伴い、地方協力確保事務という新たな事務が与えられましたが、このことも、このような変化の一つの表れではないかとも思っています。

世の中の変化を積極的に受けとめて、新たな調和を目指していきたいものだと、つくづく思っているところです。

（東海防衛支局長）

現地連絡所を開設

Xバンドレーダー追加配備で

住民相談に近畿中部局

【近畿中部局】近畿中部防衛局は、京都府京丹後市の丹後庁舎2階に「現地連絡所」を開設し、空自経ヶ岬分屯基地への米軍のTPY2レーダー（Xバンド・レーダー）の追加配備に伴う地域住民からの相談に対応している。

同局では昨年11月に「現地連絡所設置準備室」を編成。関係機関などとの連絡調整を行っていたが、昨年末の日米合同委員会で米軍の経ヶ岬通信所に係る土地等の提供が合意されたことから、より万全な態勢をとるため、職員が常駐する「現地連絡所」を開設した。

また、米軍人等が関係する事件・事故の防止や、地域社会における日米の良好な関係について協議するため、「TPY2レーダー配備に係る連絡会（仮称）」の設置も計画している。

近畿中部局は、これまでも京丹後市や京都府への協力要請などに鋭意取り組んできており、「引き続き地域住民の安心・安全に貢献できるよう、関係機関との調整や地域住民からの相談に適切に対応していきたい」と話している。

◇近畿中部防衛局「京丹後現地連絡所」

▽電話＝090・9047・5234（携帯）▽住所＝京都府京丹後市丹後町間人1780（京丹後市丹後庁舎2階）▽開設期間＝当分の間▽勤務員＝近畿中部防衛局の職員2名▽勤務時間＝午前8時半から午後5時15分（年末年始の閉庁日を除く各日）

三沢飛行場周辺航空事故連絡協議会開く

【東北局】東北防衛局は2月6日、青森県三沢市の三沢市国際交流教育センターで「平成25年度三沢飛行場周辺航空事故連絡協議会」を開き、同局と三沢防衛事務所のほか、計29の機関から約60人が出席した。

同協議会は三沢飛行場周辺で米軍機、自衛隊機、民間機の航空事故や航空事故に伴う災害が発生した際の対処に万全を期すため昭和54年に発足。以後、毎年開催しており、今回で36回目。

主催者を代表して、東北防衛局の野中文勝企画部長が「航空機事故の発生時には事故現場の初動態勢の対応と連絡体制が重要。参加者の相互理解をより深めていきたい」とあいさつした。

この後、三沢市総務部総務課防災管理室防災企画担当が「三沢市地域防災計画に基づく航空災害対策について」をテーマに講話。続いて、国土交通省東京航空局三沢空港事務所先任航空管制運航情報官が「民間航空機の捜索救難及び航空機事故について」と題して講話した。

防衛施設と首長さん

沖縄県うるま市・島袋俊夫市長

61歳。沖縄国際大学短期大学部卒。三菱造船所などを経て平成2年旧具志川市議初当選、17年4月から21年3月までうるま市議、同年5月うるま市長初当選。現在2期目。

沖縄本島の中部東海岸に位置するうるま市は平成17年4月1日に隣接する旧具志川市、旧石川市、旧勝連町、旧与那城町の2市2町が合併して誕生しました。

「うるま」とは、珊瑚の島という意味で沖縄の美称です。海に面した素晴らしい景観を表し、新市が未来へ飛躍することと、美しい沖縄の心を世界に発信することを願い、名付けられました。

本市は、県内中部地域唯一の有人離島である津堅島を含む八つの島々や海中道路を有する、美しい風景と豊かな自然環境に恵まれた風光明媚なまちです。

世界遺産群の一つである勝連城跡をはじめ、貴重な歴史遺産や文化財も数多く、各地区のエイサーや獅子舞などの伝統文化も、若い世代にしっかりと受け継がれています。

さらに、本市は闘牛のメッカとして知られ、年間20回ほどの大会が開催されており、沖縄一の規模を誇る石川多目的ドームでの春、秋の全島闘牛大会などは、盛況を呈しています。

エイサーは青年男女が各地域を回りながら先祖の霊を慰める勇壮な踊りで、毎年旧盆に行われています。

特に勝連平敷屋、与那城屋慶名、具志川赤野のエイサーは県下でも有名で、旧盆の時期には近隣市町村からの見学者でにぎわいます。また、屋慶名、平敷屋エイサーは「日本の音風景百選」にも認定されています。

本市の自衛隊施設は、海上自衛隊沖縄基地隊、同基地隊具志川送信所、陸上自衛隊那覇駐屯地勝連高射教育訓練場（勝連分屯地）および同浮原島訓練場があります。

南西諸島唯一の艦艇の部隊

多様な行事通し住民と交流

海上自衛隊沖縄基地隊は勝連半島先端部にあって、米軍基地ホワイト・ビーチ地区に隣接しています。掃海艇、水中処分隊特務船、曳船、交通艇等を保有し、主として沖縄の沿岸、重要湾港等を防備するために設けられた南西諸島唯一の艦艇基地部隊であります。

平時から、防衛任務に必要な訓練を行う一方、災害救助、不発弾処理、島嶼における人命救助などの活動を通し住民生活に貢献していただき、心から感謝を申し上げます。

任務以外には、毎年行われるホワイトビーチフェスタでは、地元少年野球チームを招いての野球大会やボートクルージングが恒例となっているほか、海上自衛隊によるふれあいコンサートが市内のホールで開催されるなど、住民との交流が図られています。

また、旧暦5月頃、市内各地の漁港で豊漁を祈願して、ハーリー大会（爬竜船競漕「サバニ」での競漕）が毎年行われ、県内屈指の強豪として知られるチーム「はまゆう」と海上自衛隊の「沖縄水中処分隊」は、市内外の大会でも熱戦を繰り広げ、好成績を収めております。

このような行事を通して、自衛隊員と市民との親睦を深めていくことで、地域の結びつきが深まり、本市のさらなる活性化につながるものと考えています。

安心・安全対策で協議

米軍岩国基地めぐり市、県、中国四国局

【中国四国局】山口県の岩国市役所で2月21日、第9回「米軍岩国基地に関する協議会」が開かれ、岩国市の福田良彦市長をはじめ、山口県の小松一彦総務部理事、中国四国防衛局の藤井高文局長らが出席した。同協議会は、岩国市、山口県、中国四国局の3者が協力して米海兵隊岩国航空基地に係る安心・安全対策を協議し、問題解決を図るため、平成21年2月に設置された。

福田市長は「昨年、空母艦載機の移駐が3年程度遅れるとの説明を受けたが、岩国基地に係る安心・安全対策についての協議は遅らせることなく、問題解決を図っていく必要がある」と述べた上で、「まだ解決していない項目については、引き続き国において誠意を持って取り組んでいただくと同時に、国、県、市の緊密な連携のもと、さらなる協議を進めていきたい」とあいさつした。

藤井局長は、空母艦載機の岩国飛行場への移駐などの米軍再編事業について「地元の理解を得ながら進めていきたい」とした上で、「岩国飛行場周辺の皆様が安心、安全に暮らせる環境を確保するため、当局としてはこれらの対策について誠心誠意、対応していきたい」と述べた。

協議会では、住宅防音工事の拡充▽航空機騒音の状況▽航空機の騒音規制措置▽米軍の垂直離着陸輸送機MV22オスプレイへの対応▽米軍構成員等による事件・事故の防止▽民間空港の状況▽地域振興策等の現状や取り組み――などについて話し合った。

岩国市は、住宅防音工事の拡充に関し、いわゆる告示後住宅の防音工事が対象世帯の希望に沿って実施されていることや、平成26年度予算案でも相当の予算が住宅防音工事のために確保されていることに一定の評価を表明。今後も一層の事業促進を要望した。

これに対し、中国四国局は「現下の国の厳しい財政事情のもと、住宅防音事業に積極的に取り組んでおり、今後とも努力を継続したい」と回答した。

オスプレイへの対応については、山口県や岩国市などの基地周辺自治体が相互に連携して情報交換する中で、日米合同委員会の合意や岩国日米協議会の確認事項に違反する疑いがある飛行情報が把握された場合は、必要に応じ防衛省を通じて事実関係の照会を行うことを確認した。

これに対し、中国四国局は「自治体からの照会等には今後とも誠実に対応したい。オスプレイの訓練に関して情報が得られた場合は、速やかに情報提供したい」と回答した。

米軍人による事件・事故の防止については、第一義的には米軍が取り組むべきものだが、防衛省としては①隊員教育の徹底②実効性を伴った再発防止策の徹底――が重要との認識を示し、引き続き関係機関と連携して米軍人による事件・事故の根絶を目指す努力を約束した。

「岩国基地に関する協議会」であいさつする藤井中国四国防衛局長（2月21日、山口県岩国市役所で）

小牧基地航空祭で防衛省施策をPR

【東海支局】東海防衛支局は2月22、23の両日、航空自衛隊小牧基地で開かれた航空祭で、会場の一角に広報ブースを設け、平成25年版「防衛白書」のダイジェストを紹介したパネルを展示、支局の広報誌を配布するなど広報活動を行った。また、3月に名古屋市内で開催される同支局主催の「防衛問題セミナー」のポスターをブース前に掲示し、来場者にチラシを配布した。

航空祭は両日とも晴天に恵まれ、県内外から家族連れや航空ファンなど約3万5000人が訪れた。C130H輸送機やKC767空中給油・輸送機などによる「異機種多数機編隊飛行」のほか、今年は「災害派遣デモンストレーション」が初めて行われ、注目を浴びていた。

南スーダンPKO

日印友好のパール・ブリッジ

川を挟み隣り合っていた日本隊とインド隊の両宿営地が「パール（仲間）・ブリッジ」で結ばれた——。南スーダンで活動中の陸自南スーダン派遣施設隊5次隊は2月22日、隣接するインド歩兵大隊との間に車両も通行できる長さ約10メートルの橋を完成させ、両隊で竣工を祝った。これまで日印両隊は「お隣さん」でありながら、川のため相手を訪問するにはゲートの外に出なければならず、非常に不便だった。「パール・ブリッジ」の完成は今後、日印PKO部隊の協力と友好促進にも大いに貢献してくれそうだ。

日本隊とインド隊の宿営地をつなぐ橋「パール・ブリッジ」の完成を祝い固い握手を交わす施設隊5次隊長の井川賢一1佐（左）とインド歩兵大隊副隊長のタシャール中佐＝2月22日、ジュバの国連トンピン地区で）

【中即団＝座間】南スーダン派遣施設隊5次隊(隊長・井川賢一1佐以下、3師団基幹の隊員約400人）は現在、首都ジュバなどで施設作業による国造り支援や内戦で押し寄せた難民の人道支援活動に全力を挙げている。

日本、インド隊の宿営地は隣接し、互いに協力して任務を遂行しているが、「川」があるため行き来が不便で、このため両宿営地間に橋を架け、お互いの交流を促進することで合意した。

架橋工事は日本隊の施設隊員が担当して2月7日から開始。気温50度にもなる炎天下、隊員たちは最初に転圧機で川底を固め、次いで油圧ショベルで成形。その後、排水設備となる金属製の配管を並べてその上に土砂を重ね、増水にも耐える強固な構造物とした。

土台が完成したところで金属製の橋のフレームを溝上に架け、路面部分には角材を敷き詰めて橋を完成させた。

これを祝って22日、両国の隊員約50人が参加して竣工式が行われ、井川隊長とインド隊副大隊長のタシャール中佐が橋の中央で固い握手を交わし、記念すべき友好橋の竣工を共に喜び合った。

雨季に備えて排水設備を施した川の上に、限られた資材を無駄なく使用して橋を架ける陸自施設隊員（2月18日）

橋の名は、仲間や友達を意味する英語の「パル（Pａl）」と、第2次大戦後の東京裁判で日本を弁護した「パール（Pａl）博士」の偉業を称え、「パール・ブリッジ」と命名された。

これまで両宿営地間は雨季になると川となって交通が不可能だったが、今後は悪天候でも簡単に行き来できるようになる。竣工式では日印両隊員が固い握手を交わし、その後そろって記念写真に収まった。式後はインド隊員が橋を渡って日本隊宿営地を訪れ、陸自隊員は日本料理でもてなした。

「パール・ブリッジ」の完成に井川隊長は「この橋は小さな橋だが、インド隊との連携を強化し、両国隊員一人ひとりの友好にも通じる。この架け橋がインド、ひいてはUNMISS各国との連携強化につながればうれしい」と話していた。

また、建設に当たった資材運搬操縦手の阪田真弘3曹（1施設小隊）は「強い日差しの下、限られた角材を無駄なく加工し、橋板を均等に設置するのに苦労したが、完成した時は達成感でいっぱいだった。今後も南スーダンに形として残る良いものを構築していきたい」と語っていた。

南スーダンPKOで日本隊とインド歩兵大隊の関係は深く、2次隊（北方主力の約330人）は2012年10月、舗装が完了した道路で横断歩道の塗装作業に協力して従事。また3次隊（東北方主力の約330人）は13年5月、「ジュバ市孤児院」のグラウンド整備を共同で実施している。現5次隊はUNMISSの要請に基づき、インド隊の宿営地で南スーダン難民に対して1000トンを超える給水も行っている。

川底に排水用の大型の金属管を設置する陸自施設隊員。管にはごみなどを防ぐ網も設置している（2月11日）

竣工式の後、橋を渡って日本隊宿営地を訪れたインド隊員と会食する佐藤応百1施設小隊長（右から2番目）ら＝2月22日

◆　◆　◆

南スーダン国内では昨年12月ごろから反政府勢力の騒乱が頻発し、大量の難民が発生、首都ジュバにも避難民が押し寄せた。これを受け国連はPKO部隊に支援活動を命じ、日本隊もこれに協力している。

5次隊はUNMISSの要請を受け、避難民への給水、医療支援、トイレ構築などを行っているほか、「UNハウス」の民間人保護エリアで重機を使った約95000平方メートルの敷地を造成した。その周囲には全長約2・5キロの防護壁も築き、国連職員やNGOの安全確保に努めている。

このほか「UNハウス」から6・5キロ離れた国連トンピン地区に日本隊は井戸を掘り、飲料水を確保。また、避難民エリアの側溝などのごみを除去するなど、雨季を前に衛生環境の整備にも全力を挙げている。

水を求めてポリタンクを手に押し寄せた避難住民に対し、給水支援を行う陸自の施設隊員（今年1月、ジュバで）

反政府勢力の大規模な戦闘から逃れてきた避難民の保護エリアでトイレの構築作業に当たる陸自隊員（今年2月、ジュバで）

足を負傷した難民女性の手当てを行う陸自の衛生隊員（今年1月、ジュバ市のUNMISS司令部「UNハウス」で）

陸自の南スーダンPKO

2011年7月9日、約40年間に及んだスーダンの内戦を経て南スーダン共和国が独立した。これに伴い、国連は同国の国づくり支援のため「国連南スーダン共和国ミッション（UNMISS）」を設立。自衛隊は同年11月に第1次司令部要員を派遣したのを皮切りに、現在まで約半年ごとに330〜400人規模の施設部隊を派遣し、PKO活動を続けている。

治安が安定しない同国では昨年12月、政府軍と前副大統領派の民兵との間で戦闘が拡大。今年1月23日の停戦合意までに死者数1000〜1万人、避難民約80万人を出した。

首都ジュバの日本隊宿営地周辺にも約2万人の避難民が押し寄せ、これを受けて5次隊は国連職員の安全確保のための防護壁設置のほか、避難住民のためのトイレ構築、医療支援などを行っている。

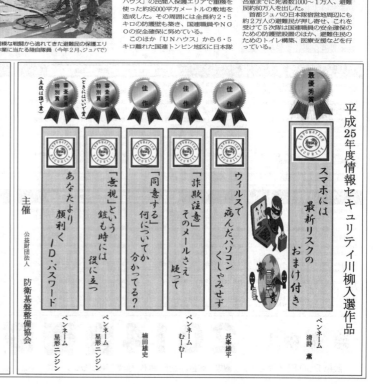

平成25年度情報セキュリティ川柳入選作品

最優秀賞
スマホには　最新リスクの　おまけ付き
ペンネーム　清詩　薫

佳作
ウィルスで　病んだパソコン　くしゃみせず
長峯雄平

佳作
「詐欺注意」　そのメールさえ　疑って
ペンネーム　むーむー

佳作
「同意する」　何についてか　分かってる？
楠田雄史

審査委員特別賞（ときにはいいで賞）
「無視」という　鈍も時には　役に立つ
ペンネーム　星形ニンジン

審査委員特別賞（主役は譲で賞）
あなたより　顔利く　ID・パスワード
ペンネーム　星形ニンジン

主催　公益財団法人　防衛基盤整備協会

中音　波乱の沖縄巡回演奏会

でも、与那国島民は盛んな歓声と指笛で応えてくれた

荒天でヘリ飛べず　わずか13人の編成

陸自中央音楽隊（朝霞）は2月2日から13日まで、沖縄本島のほか、与那国、石垣、宮古各島を巡り、南西諸島に自衛隊最高峰の音楽を届けた。中でも、陸自駐屯地の整備計画が進む与那国島では島民一体となって盛り上がり、また演奏会の裏には知られざるドラマもあった。

中央音楽隊の沖縄巡回演奏会は2日、与那国町「どぅなん特別演奏会」を皮切りに始まった。

普段、巡回演奏には音楽隊員約50人の編成で臨むが、会場となった島唯一の大型施設「与那国中学校体育館」の収容量と、島への移動手段の都合から、30人編成に変更。ところが当日の朝6時、CH47輸送ヘリが天候悪化により那覇から飛び立てないことが判明した。

「期待して待ってくれている人たちのことを考えると中止にできない」（武田晃隊長）ため、急きょ沖縄地本と調整し、民間航空機の午前10時と同12時の2便に14人と16人分の座席を確保した。

しかし、指揮者の武田隊長を含む14人が乗った先発機は離陸したものの、後続の航空機がまたしても強風のため欠航。中央音楽隊の主力となるトランペットもトロンボーンもないまま、前例のない最少人数の編成を余儀なくされた。

午後3時の開演時間が迫る中、13人編成で出来る楽譜がないため、欠けた楽器のパートを補うために楽譜を書き直した。

「よし、これでいける」―。武田隊長が判断したとき、時計はすでに午後2時30分を指していた。

与那国を舞台にしたドラマ『Dr・コトー診療所』の主題歌「銀の龍の背に乗って」、島唄「与那国小唄」「風のどなん」―。

巡回演奏会では、事前に調査を行い、地域で愛され誰もが口ずさむことのできる楽曲を取り入れている。今回の与那国でも島にまつわる楽曲を数多く採用した。

「（たった13人で臨み）国賓を迎える際に演奏する音楽隊という触れ込みで集まってくれた島民の人々が、中央音楽隊ってこんなものと思うかもしれない」との思いも武田隊長の頭に浮かんだ。だが、演奏が終わるたびに、来場した150人の島民からは指笛や歓声、拍手が送られた。

アンコール曲の「年中口説（にんじゅーくどぅち）」では客席から島民が立ち上がり、全員が踊り始めた。

「広報活動は一朝一夕ではないが、今回の巡回演奏はある一定の役割を果たせたのではないかと思う」と武田隊長。

以降、音楽隊は各島で2日ずつ公演。演奏の合間には小中高生に対する演奏指導や、障害者施設を尋ねて慰問演奏などを行った。

㊤大雨の中、来場した島民150人に異例の13人編成で演奏する中央音楽隊員。写真中央は指揮者の武田晃隊長（2月2日、沖縄県与那国島で）㊦地域に愛される演奏を行う巡回演奏会。宮古島ではご当地ヒーロー「雷神ミエルカ」が登場した（2月5日、沖縄県宮古島で）

被災地ランチ『うまい！』

小野寺大臣　支援をアピール

東日本大震災から3年。小野寺防衛相は3月11日、防衛省内の直営食堂で被災地の食材を使用したランチを食べ、省を挙げての被災地支援の取り組みをアピールした。

この日のメニューは、大臣の出身地である宮城県気仙沼市に隣接する登米地方の郷土料理「はっと汁」と、茨城県産のいわしを使った「いわし重」で、お米は福島県産の「コシヒカリ」。スタッフの説明を受け、さっそく「はっと汁」を頬張った大臣は「よくできていますね！」とニッコリ。

これに先立ち記者会見した大臣は東日本大震災で自らも被災して自衛隊の支援を受け、身内や親せきも自衛隊に救助されたことなどに改めて感謝の気持ちを表し「災害における自衛隊の役割は重要。役割をしっかり認識し、体制整備を着実に進めたい」と語った。

宮城県の郷土料理「はっと汁」に笑顔を見せる小野寺大臣（3月11日、防衛省で）

チームワークに感嘆

日米最先任下士官　スキー訓練を見学

スキー行動訓練を見学し、冬戦教隊員の技術とチームワークに驚く日米の最先任下士官たち（2月5日、真駒内駐屯地グラウンドで）

【統幕】統幕最先任下士官の渡邊満徳准尉をはじめとする日米の最先任下士官8人は2月5、6の2日間、北部方面総監部（札幌）と第7師団司令部（東千歳）、冬季戦技教育隊（真駒内）の3部隊を訪問した。

自衛隊からは海自先任伍長の宮前稔明曹長と空自准曹士先任の新井岳志准尉が、米軍からは在日米軍最先任上級曹長のローレント上級曹長らが参加。

初日に北方総監部で田邉揮司良総監から訓話を受けた後、北方最先任上級曹長の小山田英博准尉と任務環境などについて懇談した。

続いて冬戦教を訪問し、積雪地行動について説明を受けた。スキー行動訓練の見学では、隊員が縦一列になり、ロープでつながって行動している姿を見て、ローレント上級曹長が「チームワークが素晴らしい」と驚いていた。

6日には7師団で90式戦車などの装備品を見学。当日は晴天ながらも気温が氷点下10度と厳しい寒さだったが「こんな天候はまだいい。訓練では吹雪の中で3、4日間は野営することになる」との現場隊員の声を聞き、一行は隊員の高い能力に感銘を受けていた。最後に一行は7師団最先任上級曹長の植原康夫准尉と懇談し、准曹士隊員の現況と服務指導の施策について活発な意見交換を行った。

訪問を終え、宮前曹長は「北方総監から各部隊最先任が中心となってリーダーシップを発揮してほしいとの訓話を頂いた。より一層の情報交換を実施したい」と語り、新井准尉は「冬期の厳しい環境下での訓練管理、准曹士の服務指導、メンタル面の指導など植原准尉の熱意ある取り組みが印象に残った。陸自の施策を学んで参考にしたい」と感想を述べた。

今回の訪問を計画した渡邊准尉は「多くの支援を頂き、所期の目的を達成できた。今後も下士官交流を深く浸透させていきたい」と話している。

OH6D型ヘリの定期修理　27年の歴史に幕

鹿屋

【1空修隊＝鹿屋】第1航空修理隊（司令・安藤哲夫1佐）は2月3日、OH6DA練習ヘリ8782号機の修理を完了し、211教育空に引き渡した。これをもって、同隊はOH6D型ヘリ定期特別修理の27年の歴史に幕を下ろす。

1空修隊は平成10年に新編された海自唯一のヘリ修理部隊。前身の鹿屋航空工作所から数えて延べ400機もの回転翼航空機の定期・臨時修理を行った。

OH6D型ヘリの定期特別修理は昭和61年8月に開始。今までにOH6DJ、OH6DAなど47機を修理してきたが、TH135練習ヘリへの機種変更が進んだため、今回で終了することとなった。

最終機は約6カ月かけて、100カ所以上を修理。3日に行われた引き渡し式では、1空修隊員約70人が見守る中、機長の筑紫光徳3佐が試飛行を行った。その後、修理の中心となった田尾康朗技官が「精いっぱい整備しました。学生教育に役立ててください」と述べ、記念のレリーフ（加工科の村田祐樹技官が作製）とともにピカピカの完成機を引き渡した。

安藤司令は「OH6DA最後の定期特別修理搬入ということで感慨深いものがある。OH6D型の修理から得た多くの知識、技能を最新鋭のSH60K哨戒ヘリの修理に生かしていきたい」と決意を語った。

最後の修理を終えたOH6DAヘリを機長の筑紫3佐（右）に引き渡す田尾技官（2月3日、鹿屋基地で）

陸自広報動画が話題に

全世界で再生1万8000回超す

CGを駆使して統合機動防衛力について分かりやすく説明した動画「強靭な陸上自衛隊の創造」の1場面

「新たな防衛計画の大綱」の重要施策を映像化した陸自の広報動画が話題を呼んでいる。動画サイトYouTubeに2月26日、公開したところ、全世界で再生され、回数は1万8000回を超えた。

「強靭（きょうじん）な陸上自衛隊の創造―統合機動防衛力の実現に向けて―」と題した動画の構成は序言、第1章～第4章、結言からなる。迫力ある音楽と落ち着いたナレーション、立体感のあるCGを駆使し、14分52秒間、視聴者を引き付ける。特に島嶼部に対する攻撃への対応、弾道ミサイル、ゲリラ・特殊部隊による攻撃への対応のCGは圧巻だ。

今後は映像を収録したDVDパッケージを全国の各部隊へ配布する予定。新入隊者や基地見学者などに陸自の重要施策を理解してもらう用途に使用される。海外向けに英語版の動画も作成する。

陸幕広報室の制作担当者は「防衛大綱は視聴者にはなじみがない分、動画で理解していただければ」と話している。

漁船火災で乗員捜索に協力

P3Cなど

高知県・室戸岬沖の南約420キロの海域で3月2日、日本船籍のまぐろ漁船「第八海星丸」（19トン、神奈川県三浦市）から火の手が上がっているのを第5管区海上保安本部の航空機が発見、海自1空群（鹿屋）のP3C哨戒機と31空群（岩国）のUS2救難飛行艇が乗員捜索に協力した。

乗組員の姿が確認できなかったため、同日午後1時15分、第5管区海上保安本部長が重岡康弘航空集団司令官に捜索・救助を要請。直ちに1空群のP3Cと31空群のUS2が各基地を離陸、現場海域で捜索活動を行った。3、4日にもP3C各1機が鹿屋基地から派出されて捜索に当たったが、4日午後7時半ごろ、要請により撤収した。

小休止

▽…「軍師官兵衛の飛翔の地から日本を守ってくださる自衛官を応援するため、いざ出陣！」―。兵庫地本姫路地域事務所に2月27日、ご当地アイドル「KRD8」のメンバー3人が訪れ、かれんなあいさつで隊員を魅了した＝写真。

▽…KRD8は、NHK大河ドラマ『軍師官兵衛』にちなんで、姫路商工会議所青年部が企画。地元の女子大生やOLで結成し、ステージやネット上からPR活動を行っている。

▽…「自衛隊のみなさんは紳士的でした」。メンバーの宮脇舞依さんがフェイスブックに投稿したコメントには、現在、たくさんの「いいね！」が付けられている。（兵庫地本）

こちら警務隊　☎8・6・47625

スピード違反への処分　6カ月以下の懲役にも

スピード違反で捕まると、どのような処分が科せられるのですか？

一般道路で30キロ未満、高速道路で40キロ未満の速度超過をした場合、交通違反として反則金などの行政処分が科されます。

一般道路で30キロ以上、高速道路で40キロ以上の速度超過の場合は、行政処分が科せられるほか、刑事処分の対象として6カ月以下の懲役または10万円以下の罰金に処され、前科となります。

速度の出し過ぎは、認知、判断、操作が困難になるとともに衝撃力も増して死亡事故につながります。

交通ルールやマナーを守り、安全速度の維持を心掛けましょう。

（警本＝市ヶ谷・田口1曹）

（世界の切手・シンガポール）

森の分かれ道では、人の通らぬ道を選ぼう。すべてが変わる。
ロバート・フロスト
（米国の詩人）

「通信技術」から「諜報技術」の時代へ

ビッグデータの危険性

ITエンジニア　梅宮　隆司（東京都清瀬市）

昨年末のニュースに、中国系のインターネット検索会社大手「百度（バイドゥ）」が提供する日本語入力サポートソフト（バイドゥIME、Simeji）が、ユーザーの入力文字情報を無断で自社のサーバーに送信していたというものがありました。

そのニュースの隠れた重大性を感じ取った方も多いと思います。それは信用情報や個人情報の取り扱いについてでしょうか？　私はそれ以上に「入力文字情報というビッグデータの収集・解析からの行動予測」という行為の可能性の方に、より危険性を感じました。

最近見聞きすることが多くなった「ビッグデータ」というキーワードですが、ピンとこない方も多いと思いますので、ここで簡単に説明いたします。

多種多様で不定期に発生する大容量のデータを一般的にビッグデータと言い、現在では自然環境の予測や人間の行動予測などに使われています。皆さんが普段利用している「Suica」や「Tポイントカード」などでも同様に購入情報や移動情報などのデータが収集されています。それに時間や天気などの環境情報を合わせたビッグデータとして解析することで、その利用者に関して未来予測までできるのです。

このような未来予測は、メールやソーシャル・ネットワーキング・サービス（SNS）に入力される文字情報からでも実は十分に可能です。送信されてくる文字情報の端末を特定できるIDが付いていれば、利用者個人がどのような思想を持ち、これからどのような行動をするかも予測できるのです。

さて、バイドゥ社のケースですが、これは利用者一人一人の行動と思想の監視をバイドゥ社の〝善意〟に委ねることになります。仮に、その内容が（自衛官など）公務に携わる人間も対象となり、さらに個人を特定できるIDも一緒に管理されていたら、IMEを使って作成されるメールや書類はもはや「秘密」ではなくなります。

ここでは「バイドゥIME、Simeji」だけを取り上げましたが、実はIME以外でもビッグデータの収集方法はいくらでもあります。

インターネットが普及し始めた頃は先ほど述べたようなビッグデータの収集や解析は困難でしたが、今日の技術が大幅に向上した状態では、入力文字情報からの「漏洩」などの危険性はさらに高まっています。

もし、これに「ある意図」が加わった場合、利用者の文字情報は技術的に解析され、その利用者の将来の行動予測までができてしまうのです。

皆さんの知るITの「I」は、今では「インフォメーション」だけではありません。「I」はすでに「インテリジェンス」へと名前を変え、まさに「インテリジェンス・テクノロジー（諜報技術）の時代」へと突入しているのです。

防衛省・自衛隊の皆様も、ビッグデータの収集と解析の危険性について、真剣に考えてみなければならない段階にきているのではないでしょうか。

ジブチの日本隊拠点の通信システムを維持するため、機器の保守点検に当たる小西博和2尉

みんなのページ

「大動脈」担う責任と誇り

2陸尉　小西　博和（海賊対処航空隊14次隊・ジブチ）

私のジブチでの任務は、通信幹部として日本隊の活動に必要な通信の維持と運営です。具体的には衛星通信機器や拠点内ネットワークの保守管理、現地電話会社などとの業務調整です。

ジブチの特性として、たびたび停電が起きることです。このため日本隊の通信組織を維持するため、私たちは細心の注意を払っています。また停電が起きた際は、拠点内の通信状況を確認し、不具合があれば直ちに対応します。

ジブチに来て一番苦労したことは、現地人とのコミュニケーションです。ジブチはフランス語とアラビア語が公用語で、英語はなかなか通じず、当初は言語の壁に直面しました。交渉の際に自分の言いたいことがうまく伝わらない時もありました。しかし、業務を重ねるにつれて意思疎通もできるようになり、今では気軽に冗談を言い合えるまでになりました。

これからも通信は日本隊がジブチで活動をする上での「大動脈」であるとの責任と誇りを持ち、通信システムに関する知識も日々向上させ、任務にまい進していきたいと考えております。

（原隊・東方通信群＝朝霞）

パソコン競技会で優勝
平常心の大切さ実感

2陸曹　吉川　雄士（35普連2中・守山）

部隊に導入される将来の新システム・各種業務対応のため、1月24日に実施された「連隊パソコン競技会」に私も中隊代表選手として参加しました。

パソコン操作には少し心得はあったものの、いざ会場に入ると、目の前に多くの審査員や応援者、そしてパソコン操作をリアルタイムで映す巨大スクリーンが設置されており、一気に緊張してしまいました。

競技開始後も落ち着きを取り戻すのに精いっぱいで、周囲の選手のクリック音に焦りを感じ、時折、頭の中が真っ白になることもありました。しかし、中隊の皆の応援の声が耳に入って奮起し、なんとか自分の全力を出し切ることができました。

その結果、「個人の部」で優勝、中隊も「総合得点」で優勝することができました。優勝の喜びと共に、競技会独特の「プレッシャー」を経験できたことも貴重な経験だったと思います。

競技の場では平常心を保つこと、練習通りの力を発揮することの難しさを改めて感じることができました。実戦で成果を上げるには、やはり平常心が不可欠で、それを涵養するには「反復演練あるのみ」と肝に銘じています。

今回の経験を生かし、今後は後輩への教育や指導にも積極的に携わっていきたいと思います。

35普連のパソコン競技会に臨む各中隊の代表。円内は優勝した吉川雄士2曹

化学剤テロ対処訓練に参加して

2陸曹　庄司　陽平（32普連衛生小隊・大宮）

私は埼玉県行田市の総合体育館で実施された「平成25年度国民保護実動訓練」に参加しました。

訓練は「化学剤によるテロが発生した」との想定で、初動対処能力の向上と関係機関の連携強化を図ることを目的に、陸自、埼玉県警、行田市消防本部、市職員、深谷赤十字病院などが参加して行われました。

一連の流れはアナウンスで実況され、参加者は避難誘導、化学剤の特定・除染、傷病者の救護・搬送などを連携して訓練しました。

我が衛生小隊は救護所開設、負傷者の救護、救急車による搬送を担当し、私は救護所での任務に当たりました。この日は訓練開始直前に天候が急変し、風雨の中での訓練となりましたが、迅速に対応することができました。

小隊の各隊員は事前に十分な練成を実施して本番に臨んだので、各自が満足感と達成感を得ることができました。指導に訪れていた中隊長からも「良かった。感動した！」とのうれしい評価を受けました。

今回の訓練では部隊の団結・規律・士気の重要性を再認識するとともに、任務達成には何が必要なのか、改めて考えることができました。

思い出の別府駐屯地を再訪

元防衛庁事務官　築地　忠（佐賀県自衛官募集相談員）

自衛隊佐賀地方協力本部が主催する自衛隊研修に、佐賀県自衛官募集相談員20名の一員として参加しました。この研修を私は心待ちにしていました。なぜなら昭和58～59年、別府駐屯地業務隊総務科に「賠償・補償専門官」として勤務したことがあるからです。

初日は大分県の玖珠駐屯地を訪れました。そこで広報班員から第8戦車大隊（8師団）がここ4師団管内に移駐した経緯を聞き、納得しました。演習場が日出生台にあるため、戦車の移動に際し地域住民の理解が得られ、また演習効果も大であるとのことでした。

翌日は思い出の別府駐屯地を訪問しました。隊員から東日本大震災での41普連の活動状況を聞き、またビデオ映像で隊員の皆さんが被災者の思いを胸に行方不明者の捜索に当たる姿を拝見し、改めて心からの敬意と感謝を表した次第です。

研修の最後に福岡県筑前町にある「大刀洗平和記念館」を訪ねました。ここは旧陸軍の航空拠点・大刀洗飛行場があった所で、ここでは今日の平和の尊さを感じることができました。

このたびの研修で得た貴重な体験を、今後は「平和を仕事にする」自衛官の募集活動に生かしていきたいと思っています。

OBがんばる

坂本　洋一さん　54
平成25年11月、小月教育航空群先任伍長を最後に定年退職（海曹長）。瀬戸内海全域を担当する「内海水先人会」の門司支部に事務職として就職。

良好な人間関係を

私は昨年11月、海上自衛隊を定年退職し、就職援護室の紹介で北九州市の関門海峡沿いにある内海水先人会門司支部で「配乗業務」に従事しています。

明治34年に創立された内海水先区水先人会の任務は、瀬戸内海全域を航行する多種多様の船舶にスペシャリストである水先案内人（水先人）を乗船させ、船長へのアドバイスや操船サポートを行うことにより、船舶の安全、運航能率の向上を図るとともに、海洋環境の保全に努めながら船を目的地まで「嚮導（きょうどう）」することです。

仕事は、神戸本部から出される水先人の業務情報の処理や水先人を送迎するパイロットボートとの無線交話、業務状況の把握などで、そのほとんどが夜間の当直で、1人配置となります。

私は海自で30年間、通信員として勤務してきましたが、そこで学んだ船舶の運航や気象・海象に関する知識、無線などの技能が水先人業務の理解に役立っています。

水先人は一人ひとりが「船長」であり「スペシャリスト」です。その水先人と会社のニーズに応えるには、その職務を理解することはもとより、各人との良好な人間関係を構築することも重要になります。これらも部隊での経験が非常に役にたっています。皆さんも在隊時に「コミュニケーション能力」を磨いておくことをお勧めします。

事務所は関門海峡を一望できる場所にあります。先日、海士長の頃に乗っていた護衛艦が通峡していくのを見て、心の中で後輩にエールを送りました。隊員の皆様のご活躍を祈念するとともに、私も海上交通の安全に寄与すべく職務にまい進したいと思います。

第1083回出題

詰碁

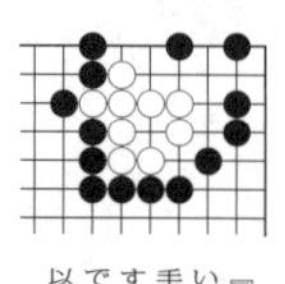

出題　日本棋院
九段　曲　励起

白先

『活きて下さい。最初と三手目が大切です』。5分できれば初級以上です。

▶詰碁、詰将棋の出題は隔週です◀

詰将棋

出題　日本将棋連盟
九段　石田　和雄

▲先手　持駒　角

≪第667回の解答≫

【正解】▲2二銀成△1三玉▲1二成銀△2三玉▲1三成銀△同角▲3三飛成△1二玉▲2一角△同玉▲3二竜までの十一手詰め。

【解説】▲2二銀成から▲1二成銀と手順に銀を捨てて行く手は自然な手。

眼目は次の▲1三成銀であります。△同玉なら▲3一角以下、△同香なら▲1二角で早詰み。9手目▲2一角でピッタリした詰み上がり。

新刊紹介

「証言　自衛隊員たちの東日本大震災」

大場　一石編著

国民を震撼させた3・11大地震から3年が経過した。本書は元空将補の著者が、取材に1年以上を費やし東日本大震災に携わった隊員約40人の証言をまとめたインタビュー集だ。

地震発生後、瞬時に判断を下した松島基地司令、捜索活動を行う隊員と地域住民への食事を提供した給養班、詰め寄せる報道陣に対応した広報室、夜中に懐中電灯を持ちながら電柱に登り、基地のインフラ復旧に努めた通信隊――。隊員たちは自らも被災し、家族との連絡もままならぬ状態で職務に従事した。

そして、濁る水中に潜水して遺体捜索に当たったEOD（水中処分員）、放射線防護衣を着用し身元不明遺体の検視を行った歯科医官、原発から200メートルの距離で原子炉内に真水を注入した「オペレーション・アクア」に臨んだ横須賀港務隊など、その活動は多岐にわたり、隊員一人ひとりがそれぞれの持ち場を全うし任務を果たした。彼・彼女たちの献身的な活動を支えた心の内が「生の声」から読みとれる。（並木書房刊、1680円）

「漫画版自衛隊の〝泣ける話〟」

監修　防衛省陸上幕僚監部広報室
漫画　中村　祥子

がれきの残る道を歩く親子。自衛隊員がお菓子を子どもに差し出した。東日本大震災の救出活動の1コマを写したカバーに目を奪われる。震災で隊員の活動は報じられたが、実際にどのような思いで隊員が救出活動に取り組んだのかは、意外と知られていない。漫画と写真で、震災時の隊員の奮闘をつづった書だ。

主な登場人物は22普連（多賀城）の隊員3人。実際に編集者が同駐屯地の合瀬教弘2尉、木下茂之曹長、119教育大隊（同）の有馬勝彦2曹にインタビューした話をもとにエピソードが組み立てられている。

隊員は震災発生の際、どう行動し、何を見たのか。漫画で見ることで当時の状況がよみがえり、隊員の葛藤、被災者の思いがあふれる。冒頭の被災者への食料の譲渡は、本来禁止されている。しかし隊員個人に配布された食料は譲渡できる。隊員は「自分が少しだけ、空腹を我慢すればいい」と笑った。

被災者との心温まる交流と、未曾有の大震災に奮闘する隊員の思いが詰まった一冊だ。（ユーメイド刊、1050円）

朝雲

発行所 朝雲新聞社
〒160-0002 東京都新宿区坂町26番地19 KKビル
電話 03(3225)3841
FAX 03(3225)3831
振替00190-4-17600番
定価一部140円、年間購読料9000円（税・送料込み）

主な記事

2面 欧州3カ国と防衛協力強化で一致
3面 海自唯一の工兵部隊「機動施設隊」
4面 QDR（米国防計画見直し）全訳(2)
5面 〈防衛技術〉高速多胴船共同研究開始
6面 〈ひろば〉「パトレイバー」来月上映
7面 広がる能力構築支援
8面 〈みんなのページ〉南スーダン施設隊

自衛隊パイロット

民間で能力活用へ

今夏にも 40歳以上、年10人ほど

「割愛制度」5年ぶり再開

防衛省は3月14日、陸海空自衛隊の現役パイロットに民間航空会社などへの転職を促し、再就職先で操縦士としての高い能力を活用してもらう、いわゆる「割愛制度」を約5年ぶりに再開した。早ければ今夏にも第1号が誕生する。当面は40歳程度以上を対象とし、毎年約10人規模で割愛を行う予定だ。格安航空会社の就航増などで即戦力を求める民間側と、一定の年齢に達して第一線を退いても「生涯現役パイロット」を希望する隊員も多い自衛隊側の双方にメリットがあることから、今後の制度継続に期待が寄せられている。

格安航空会社増で即戦力の期待

小野寺防衛相は同日の記者会見で、「自衛隊パイロットの無秩序な流出を防止し、その年齢構成の適正化を図るとともに、民間航空会社などにおける自衛隊パイロットの有効活用の観点から重要だ」と述べた。

同制度は民主党政権時代の2009年秋、公務員の天下り問題を受けて自粛が決まり、翌年度の転職から一時中断されていた。

近年、格安航空会社（LCC）の就航増や団塊の世代の退職などを背景に、民間航空会社ではパイロット不足が深刻化。制度復活を望む声が上がり、防衛省では再開に向けて関係機関と調整を行ってきた。

再開を機に、取りまとめ役の国交省が直ちに民間航空会社に呼びかけを開始。定期便（主に固定翼）を運航する航空輸送事業者25社のほか、三菱重工業、富士重工業、川崎重工業などの防衛関連企業が対象となる。

調整を担うのは、第三者機関の「一般財団法人自衛隊援護協会」（東京都新宿区）で、国交省を通じて民間側からのニーズを受け付けるとともに、防衛省と民間企業との間に立って候補者に関する調整を進める。

防衛省では同制度を適切に運用していくため、企業側に割愛対象年齢に達しない現役パイロットの採用などを原則禁止し、これに違反した場合は割愛制度の利用を禁じるとしている。

さらに、今回から同制度で民間に転出する自衛隊パイロットには予備自衛官としての活動を促すとともに、企業側にも「予備自衛官等制度」への理解を求めていく方針だ。

防衛省では転身者に自衛隊で培った技術や経験を民間に還元してもらうと同時に、防衛省・自衛隊に対する理解や認識を広める役割も担ってもらいたい意向だ。

自衛隊操縦士の割愛制度　高度経済成長に伴い、急速に拡大発展する民間航空業界からの強い要請を受け、1962年に開始。高い技量と優れたノウハウを持つ自衛隊操縦士を民間で活用することが目的。一時中断する2010年まで、多い年で約40人、少ない年でも数人が毎年同制度を利用して民間パイロットに転身していた。12年度までのトータル割愛者数は計747人。

首相

厳格な審査を強調

武器輸出新原則の策定

安倍首相は3月12日に開かれた参院予算委員会の集中審議で、武器と関連技術の原則全面禁輸を定めた「武器輸出3原則」に代わる新たな原則の策定について「審査基準や手続きなどの明確化、透明化を図り、政府全体で厳格な審査体制を構築する」とその意義を強調した。さらに「目的外使用や第三国移転についても適正に管理していく」とした。

首相は「これまで積み重ねてきた例外措置の実例（21例）を包括的に整理し、防衛装備の移転を認め得るケースを明確かつ適切な形で限定する。万が一にも、国際紛争の当事国に武器が渡ることなどがないよう、移転先の適切性や安全保障上の懸念などを個別に厳格に審査する」と強調。「新たな基準は国連憲章を順守する平和国家としての基本理念は維持した上で、防衛装備の移転手続きや歯止めを今まで以上に明確化していくものだ」と述べた。

首相は現状の問題点として①紛争後に遺棄された地雷除去のための装備②化学テロ等に対処する除染用装備③危険地帯に邦人が滞在するために必要な防弾チョッキ——などの海外持ち出しが一律に禁止されていることや、防衛装備品の国際共同開発に我が国が一切参加できない点を指摘。その上で「国民の生命・財産の保護、平和貢献、国際協力の積極的推進から見直しが必要だ」とした。

防衛相も意義強調

小野寺防衛相も、我が国が中国で行っている旧日本軍の遺棄化学兵器の処理支援で使用する防毒マスクや防護服、海外の復興支援に持って行く自衛隊のブルドーザーが現状では「武器」となり、官房長官談話をその都度出して一つ一つ例外措置としてきた問題点を指摘。「今までつぎはぎだらけの現状の中で、明確な基準を考えなければならない」と新原則策定の意義を強調した。

国賓として来日し、皇居内で陸自特別儀仗隊を巡閲するベトナムのチュオン・タン・サン国家主席（3月17日）

ベトナム国家主席を歓迎

特別儀仗隊が栄誉礼

国賓として来日したベトナムのチュオン・タン・サン国家主席夫妻を歓迎する式典が3月17日、皇居で行われた。式典には天皇皇后両陛下や皇太子さま、安倍首相らが出席され、サン国家主席は陸自302保安警務中隊特別儀仗隊の栄誉礼を受け、部隊を巡閲。式後は皇居宮殿「竹の間」で両陛下と会見した。

不明機捜索 初の国緊隊

マレーシア 自衛隊4機が参加

3月8日未明に消息を絶ったクアラルンプール発北京行きのマレーシア航空MH370便（ボーイング777—200型機）の捜索救難活動のため、防衛省は11日、マレーシア政府からの支援要請を受け、先遣隊の4隊員を同国に派遣した。翌12日には部隊を増派し、13日までに空自C130H輸送機2機が現地のスバン空港に到着、14日朝には海自P3C哨戒機2機も同空港に到着し、18日現在、航空機4機と、本邦待機を含む要員計約160人態勢で活動に当たっている。他国の行方不明機捜索で自衛隊が国際緊急援助隊を派遣するのは初めて。

現地では日本を含む14カ国が艦艇約40隻、航空機約60機を派遣し、大規模な捜索活動を行っているが、依然手掛かりは見つかっていない。

マレーシア政府から日本政府に要請があったのは10日。翌11日、外務大臣からの協議を受けて小野寺防衛相は「国際緊急援助活動の実施に関する自衛隊行動命令」を発出、先遣隊を派遣した。12日朝にはさらに本格的な活動を行うため、先遣隊を大臣直轄の「マレーシア現地支援調整所」（所長・杉本洋一1海佐以下4人）に改編するとともに、部隊の増派を決定。

自衛艦隊司令官の隷下にP3C哨戒機2機による海自の国際緊急援助飛行隊（隊長・岩政秀委2海佐以下約50人）と、航空支援集団司令官の隷下にC130H輸送機3機（うち1機は本邦待機）による空自の国際緊急援助飛行隊（隊長・天白雅也3空佐以下110人）を編成し、活動を開始した。

小野寺大臣は18日の記者会見で「一日も早く発見に努めたい」と述べた。

行方不明機には乗員乗客合わせて239人が搭乗。日本人は含まれていない。同機は消息を絶ってからも中央アジアやインド洋方面などに飛行した可能性があり、範囲を広げて捜索が続けられている。

将に4人、将補に9人昇任

政府は3月18日の閣議で、永井昌弘西方幕僚長と市野保己富士教導団長を陸将に、佐藤誠佐世保総監部幕僚長を海将に、前原弘昭空幕監理監察官を空将にそれぞれ昇任させる人事を了承した。将補には9人が昇任する。発令はいずれも3月28日付。これに伴う異動、昇任者略歴などは次号に掲載予定。

▽陸将に昇任
（西方幕僚長）陸将補 永井昌弘
（富士教導団長）同 市野保己
▽海将に昇任（佐監幕僚長）海将補 佐藤誠
▽空将に昇任（空幕監理監察官）空将補 前原弘昭
（以上3月28日）
▽陸将補に昇任
（陸幕会計課長）1陸佐 福田和彦
（同教育訓練課長）同 中村裕亮
（10師団副長）同 大庭秀昭
（西方特科隊長）同 渡邊金三
（高射校副長）同 星指隆
（阪神病院副長）同 鈴木通彦
▽海将補に昇任
（海幕経理課長）1海佐 大力政富
（同技術課長）同 大島孝二
▽空将補に昇任（空幕総務課長）1空佐 深澤英一郎
（以上3月28日）

防衛省発令

▽防大付（指発隊司令）1海佐 上野清昭
▽海幕総務課（海幕防衛課）同 藤原直哉
▽同技術課指揮通信技術班長（同技術課）同 三浦則文
▽自艦隊指揮通信主任幕僚（自艦隊）同 大野敏弘
▽指発隊司令（同指揮通信主任幕僚）同 浴哲生
▽海幹候校勤務（海幕技術課指揮通信技術班長）同 柴田篤
（以上3月13日）
▽統幕校教育課第1教官室教官（装本調達企画課連絡調整官）1空佐 沖野克紀
▽6空団付（航安隊教育研究部長）同 鮫田渉
▽航安隊教育研究部長（統幕校教育課第1教官室教官）同 吉廣敏幸
▽装本調達企画課連絡調整官（空幕装備課）同 岡本英樹
（以上3月15日）

東ティモール能力構築支援

隊員が帰国報告

防衛省の能力構築（キャパシティー・ビルディング）支援事業の一環として、東ティモール軍将校への自動車整備教育を終えて帰国した隊員9人のうち、代表して3人が3月11日、若宮政務官に帰国報告を行った。（7面に関連記事）

若宮政務官（左）に帰国報告する小山2陸佐（前列奥）、福光2陸尉（同手前）、阿部事務官（右端）（3月11日、防衛省で）

報告したのは小山幹生2陸佐（CRF国際活動教育隊）、福光雅之2陸尉（武器学校）、阿部和美事務官（国際政策課能力構築支援室）。

9人は昨年10月から約5カ月間、複数回に分けて東ティモールを訪れ、首都ディリから車で約1時間のメテナロ基地を拠点に、災害救援活動を支える部隊の工兵を対象に自動車整備に関する教育を行った。

若宮政務官は「能力構築支援は東ティモールとの協力関係を強化する上で極めて重要な事業。皆さんの功績は同国のみならず、地域全体の安全保障にとって非常に大きな役割を果たした」と述べ、帰国隊員の労をねぎらった。

防衛省は東南アジアなど開発途上国の軍隊を対象に、自衛隊の能力を活用した能力構築支援事業を2012年度に本格的に開始した。主に人道支援・災害救援など、非伝統的な安全保障分野での人材育成に当たる。

東ティモールには同事業初の派遣国として、自動車整備士の養成を担う第1陣の隊員を12年12月に派遣し、約4カ月間の座学教育を実施した。2回目に当たる今回は13年度の教育として実技を含む初級教育を完了。14年度は教官要員の育成を目指し中・上級教育を行う予定。

春夏秋冬

幻のメガフロート

笹川　陽平

4半世紀以上、世界各地でさまざまな事業に取り組んできた。記憶に残る一つに1995年から6年間続けられたメガフロートの官民共同研究がある。鉄製の箱を繋いで洋上に浮かべるメガフロートは「超大型浮体式構造物」「人口浮島」などと呼ばれる。

共同研究では政府、造船会社、鉄鋼会社、日本財団が資金を拠出して技術研究組合を立ち上げ、メガフロートが空港建設にどこまで利用できるか研究した。

前半は長さ300メートル、幅60メートルの浮体モデルを使った基本技術の研究開発、後半は神奈川県・横須賀沖に長さ1000メートル、幅121メートルの浮体モデルを浮かべ、YS11機などを使って250回を超す離着陸実験も実施。最終的にスーパージャンボジェット機の離着陸に必要な4000メートル規模の滑走路建設も十分可能との結論を得た。

メガフロートを使った浮体工法は、羽田空港再拡張・D滑走路の建設に向け国土交通省が入札対象とした3工法の一つにも選ばれたが、主体となる造船会社グループが建設業界などの協力を得られず、入札も不発に終わった。

最終的に鹿島建設を幹事社とする15社の共同企業体（JV）が落札したが、桟橋と埋め立てを組み合わせたJVのハイブリット工法に比べ、浮体工法がコスト、安全面で劣るなどといったことはなく、広い意味で造船業界の〝政治力の弱さ〟が敗因だったと記憶する。

実験用メガフロートはその後、4分割して各地のフェリー桟橋などに転用され、忘れ去られた存在となっていたが、東日本大震災の福島第1原発事故に伴い、静岡・清水港で海釣り公園に使われていた一つが急きょ汚染水の貯蔵タンクに活用され、思わぬところで脚光を浴びた。

もともとメガフロートは米空母艦載機の夜間訓練基地や難航する普天間基地の移設問題でも、しばしば候補に挙がった。

近年はメガフロートを使った太陽光や風力発電、さらには大規模な未来の水上都市構想まで夢多き企画が提案されている。各国の沿岸域は埋め立て、干拓による高度利用が進んだ結果、浅瀬や干潟が姿を消し、深刻な環境問題にもなっている。

メガフロートは水深の深い沖合にも建設可能で、環境にもやさしい。共同研究で得られた先端データには世界も注目している。メガフロートが幻から蘇る日も遠くないと感じている。（ささかわ・ようへい＝日本財団会長）

朝雲寸言

憲法に関する報道各社の世論調査が報じられているが、集団的自衛権の行使容認派の勢いにかげりが見えはじめている▼昨年の特定秘密保護法案の審議や靖国参拝、今年も集団的自衛権の議論をはじめ、武器輸出に関する新たな原則の導入など国のかたちに関わる重要な問題の取り扱いについて、安倍首相の手法に危惧を抱き始めているからだろう▼それでもなお、「もっと活発な議論をすべきだ」という意見が7割を超していることは特筆される。「番犬」などという言葉で相手を中傷する薄っぺらな議論ではなく、国民も一緒に考えられる議論であってほしいという願いだ▼それにはまず、議論の仕方を変えたらどうだろう。米艦防護や米国を狙った弾道ミサイルの迎撃など権利を行使する場面ばかりを議論すれば、自衛隊はすぐにでも武力を使うと、国民は思い込んでしまうだろう▼英国とアルゼンチンが衝突した80年代のフォークランド紛争で、米国は最も親しい英国であっても集団的自衛権を行使しなかった。薄情なようだが、米国に限らず、その時々の政治状況や外交関係など、各国とも国益に思慮すべき事情を抱えており、実際に行使されたケースは少ない▼ではなぜ容認か。東西冷戦時代、一朝有事になれば集団的自衛権を行使するという「絆」が、強い抑止力となったからだ。サイバー攻撃を含め多くの脅威に直面している日本にとって、今こそ強い絆が必要なのだ。

時の焦点

国内

集団的自衛権

公明党の主体的な判断

公明党代表だった神崎武法氏の選挙CMを覚えている人もいるだろう。悪徳商人が悪代官にワイロを渡そうとした瞬間、ふすまを開けた神崎氏が一言。

「そうは、いカンザキ」

高校時代は演劇部に所属していたというだけに、真に迫った演技だった。その神崎氏が政治の舞台で体を張ったのが2003年12月のイラク・サマワ視察である。

小泉首相（当時）はサマワに自衛隊を派遣し、積極的に復興に貢献する強い意向を持っていた。

公明党は本来、自衛隊の海外での活動に慎重だ。しかし、与党である公明党が首相方針に従わないなら、連立を揺らがす事態になる。公明党には派遣を容認する選択肢しかないとの指摘もあった。ただし、支持母体の創価学会には反対、慎重な意見が強い。どうするか。

神崎執行部が思い立ったのが、派遣決定に先立って、党として現地の視察を行うことだった。自分たちの目で安全を確認すれば、支持者への説得もしやすい。「現場第一主義の公明党」の実践だ。

神崎氏は防弾チョッキ姿で病院や自衛隊の宿営予定地を見て回り、記者団にこう語った。

「オランダ軍の司令官は『防弾チョッキもつけずに単身で町の理髪店に出かける』と話していた。もっと危ないと思っていた」

視察は、自民党のいいなりでなく、公明党として主体的に判断する姿勢を示す狙いもあった。

公明党は今、また安全保障上の課題に直面している。

安倍首相は、集団的自衛権行使が可能になるよう憲法解釈を変更する意向だ。

北朝鮮の脅威や中国の軍備増強に対処するには、集団的自衛権を行使できるようにし、日米同盟を強めるしかない。

しかし、公明党は解釈変更に慎重な姿勢を崩さず、国会での十分な審議を求めている。創価学会にも慎重論は強い。

今回は「現場主義」で乗り越えるのは難しいだろう。

北朝鮮や中国の脅威は、「今そこにある危機」ではあるものの、公明党幹部がその現場に立って、実感するわけにもいかない。危機への感度が試されている。

自民党の一部から、拙速に集団的自衛権の見直しを進めることに慎重論が出始めている。公明党は、そのことをひそかに歓迎しているようだ。

ただし、自民党の慎重論の背景には、トップダウンで物事を進めようとする首相の政治姿勢への反発もある。

もとより、自民党は、集団的自衛権行使を可能とすることを選挙公約に盛り込んでいる。

「時間稼ぎ」していれば、判断を迫られずに済むと、公明党が考えているとしたら、楽観的過ぎるだろう。

この局面でも公明党に求められているのは、「主体性」ではないか。

風間 二郎（政治評論家）

海外

ウクライナ危機

対露リセットの到達点

ロシア軍によるウクライナ侵攻直後の3月2日、ケリー米国務長官はCBS-TVの報道番組「フェース・ザ・ネーション」で「21世紀の今日、19世紀の手法で行動した」とプーチン露大統領を批判した。

しかし、プーチンにしてみれば、クリミアは過去約200年間、ロシアに帰属していた。東西冷戦の敗北で屈辱のうちに一時失ったが、それを今回取り返しただけ、ということだろう。

そういうメンタリティーを可能にした最大の要因は、オバマ政権の「弱さ」「未熟さ」だ。フルシチョフはケネディとの初の首脳会談で「弱さ」を見抜き、キューバへのミサイル配備を決断した。ブレジネフもカーターの幼稚な外交に元気をもらい、サミットでの抱擁から間もなく、アフガニスタンに侵攻した。

米政府はこの苦い経験からパワーの必要性が身に染みたはずだった。だが、「リセット」や「ソフトパワー」を掲げるオバマ政権が、エジプト、ベンガジ、シリア、イランで世界に見せたのは、弱さの投影でしかなかった。

オバマは2月28日の声明で、「軍事介入は代償を伴う」とロシアに警告した。これを「またレッドラインか」と感じたのは、プーチンだけではない。世界中がオバマの対シリア政策の無残な結末を忘れていない。

それと、国際危機への真剣さの欠如は、目を覆うほどのレベルだ。オバマは声明の30分後には、民主党の資金集めパーティーでコメディアンらに愛嬌を振りまいていた。

この図がプーチンにどんなシグナルを送ったか、容易に想像がつく。

翌3月1日午前、ウクライナ危機に関する国家安全保障の会議がホワイトハウスで開かれた。ヘーゲル国防長官、クラッパー国家情報長官、デンプシー統合参謀本部議長、ブレナン中央情報局（CIA）長官らが出席した。

ところが、オバマは欠席。大統領に公式日程がなかったことは確認されている。欠席の事実が漏れた夕方、ホワイトハウスは急きょ、大統領はプーチンと電話会談し、軍事介入はウクライナの主権、領土の侵害だと批判したと発表した。それが事実なら、なぜ事前の安保会議で電話会談に備えなかったのか？

対露リセットの経緯は示唆的だ。2008年のグルジア内戦の際、ロシアはグルジア内のロシア系住民を守ると称してグルジアを爆撃し、露・グルジア戦争に発展させた。これで米ロ関係は悪化したが、オバマは09年に就任後、ブッシュ外交を批判する一方でロシアには何も要求せず、リセットを図ったのだった。

しかし、08年大統領選挙の共和党副大統領候補サラ・ペイリンは「ロシアに毅然と対処しなければ、次はウクライナに侵攻する」と警告していた。12年大統領選の共和党大統領候補ミット・ロムニーもオバマとのディベートで、「地政学的に米国の第1の敵」との対露観を披歴した。炯眼の士はいた。国民の選択が違ったのである。

草野 徹（外交評論家）

PKO、能力構築支援、海洋安全保障
防衛協力強化で一致
岩﨑統幕長 仏など3カ国訪問

記念品を交換し握手するド・ヴィリエ仏統合参謀総長（右）と岩﨑統幕長（3月3日、パリの仏国防省で）

岩﨑統幕長は3月2日から8日まで、フランス、ベルギー、イタリアを公式訪問し、各国の参謀総長らと会談、PKOや能力構築支援などの分野で協力を強化していくことで一致した。

フランスではピエール・ド・ヴィリエ統合参謀総長、ベルギーではゲラルド・ファン・カレンベルク統合参謀総長、イタリアではルイジ・ビネッリ・マンテッリ国防参謀長らと意見交換。

統幕長は各氏との間で、人道支援・災害救援（HA/DR）や海洋安全保障など、国際社会の平和と安定のために多国間の枠組みによる協力を重視しながら、それぞれの国との関係を強化していくことを確認した。

特にフランスとは、今年1月にパリで開かれた外務・防衛担当閣僚協議「2プラス2」で安全保障分野での協力をさらに拡大することを盛り込んだ共同文書の意義を改めて確認。

岩﨑統幕長とド・ヴィリエ統合参謀総長は、同文書に基づいて①ソマリア沖・アデン湾での海賊対処②南太平洋駐留仏軍のHA/DR演習への自衛隊のオブザーバー派遣の定例化③アフリカの平和維持に向けた支援④東南アジア・南太平洋地域における能力構築支援——などに取り組み、自衛隊と仏軍との関係をさらに発展させることで一致した。

世界第2位のEEZ（排他的経済水域）面積を持つ仏は、ニューカレドニアなど太平洋上の自国領土に軍を駐留させていることから、両氏は中国の海洋進出などを念頭に「国連海洋法条約を含む国際法の順守」の重要性でも一致した。

統幕長は滞在中、ベルギーのフロレンヌ空軍基地でF16戦闘機を運用する第2戦術航空団を視察。イタリアではカメリ空軍基地でF35ステルス戦闘機の最終組み立て・検査施設（FACO）などを視察した。

修了生が"巣立ち"
中央病院職業能力開発センター

58期生を代表して答辞を述べる平野1陸尉（右）＝3月13日、職業能力開発センターで

自衛隊中央病院職業能力開発センター（三宿、日野原実センター長）で3月13日、第58期生の修了式が行われた。入院中の1人を除く修了生9人のほか、内局給与課長、陸海空自衛隊の給与・法務関係者、朝雲新聞社社長などの来賓と中央病院関係者約30人が出席した。

（7面に関連記事）

同センターは公務中の負傷、疾病で障害を負った隊員の円滑な部隊勤務や社会復帰に向け、技術修得指導を行っている。式典では、日野原センター長が更生指導の成果を報告。修了生全員に修了証書を授与した。

加瀬勝一中央病院長は式辞で「部隊復帰後は再び自衛隊・国民のために勤務に励み、初心を忘れる事なく精進し、さらに素晴らしい自衛官になってほしい」と要望した。

来賓代表の津田智雄給与課長は「訓練で得られた新しい知識・技能をもって、我が国のため、自衛隊のため、そして自身のために存分に実力を発揮してほしい」と激励した。

最後に修了生代表の平野裕久1陸尉（情報システム科）が「修得した知識、技能を余すことなく、それぞれが貢献できるよう努力していきます」と決意表明した。

同センターは昭和32年3月修了の1期生以来、792人の修了生を送り出している。

「無事故誘導30万回」達成を祝し、記念撮影する厚木着陸誘導管制所の隊員たち

厚木着陸誘導管制所　42年かけ無事故誘導30万回達成

【4空群運航隊＝厚木】厚木着陸誘導管制所は昨年12月21日、3空のP3C哨戒機5047号機の誘導をもって「無事故誘導30万回」を達成した。

海自機と米海軍機が共同利用する厚木飛行場は、飛行速度の異なる機種が多数混在しているだけでなく、近隣の飛行場と誘導経路が競合しているため、安全間隔設定の調整が非常に煩雑となっている。

海自では他に類をみない厳しい環境下で、厚木着陸誘導管制所は1日で最大159回、1年で最大1万回もの誘導を実施し、約42年かけて今回の記録を達成した。

森田義和4空群司令は「今回の達成は歴代運航隊長の指導のもと、現役の管制員、諸先輩が困難を克服してきたたまもの。自信と誇りをもち、さらなる航空安全の確保にまい進してほしい」と述べ、隊員を激励した。

露、中国軍機にスクランブル

ロシア空軍のイリューシンIL20型電子偵察機1機が3月12日、ハバロフスク州方面から北海道沖の日本海に飛来。秋田沖、北陸沖を南下して山陰沖で針路を北西に変えて自国領方面に戻った。このため、空自の北空、中空、西空のF15戦闘機などが緊急発進して対応した。

14日には中国空軍のツポレフTu154型情報収集機1機が九州西方沖から南西諸島沖の東シナ海を周回飛行したため、西空と南混団の戦闘機がスクランブル発進して対応した。

両日とも領空侵犯はなかったが、統幕は空自機が撮影した露中両国の軍用機の写真と航跡図を公開した。

露艦艇3隻が対馬海峡南下

3月16日午前3時ごろ、露海軍の「ウダロイI」級ミサイル駆逐艦（満載排水量8636トン、艦番号543「マーシャル・シャポシニコフ」）と「ドゥブナ」級補給艦（「イルクート」）、「イングル級」救難曳船（「アラタウ」）の計3隻が長崎県・上対馬の北東約170キロの対馬海峡を南西に向け航行しているのを海自5護隊（佐世保）の護衛艦「こんごう」と4空群（厚木）のP3C哨戒機が確認した。この後、3隻は対馬海峡を南下し、東シナ海に入った。

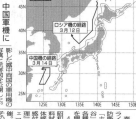

共済組合だより

4月の「ブライダルフェア」
ホテルグランドヒル市ヶ谷

春から初夏にかけてのブライダルシーズンを前に、防衛省共済組合の直営施設「ホテルグランドヒル市ヶ谷」（東京都新宿区）では各種「ブライダルフェア」を開催します。

4月の毎週土・日曜日と昭和の日（29日）には、【無料試食付】オリジナル挙式体感フェアと【チャペル体感付】シェフ厳選『絶品料理』試食フェアを開催。また、そのほかの日も【平日限定】婚礼料理試食フェアを実施し、アフターファイブの時間を利用して、気軽に挙式の相談ができます。

ブライダルフェアはいずれもグラヒル開業50周年を記念し、より充実した内容のイベントとなっています。

【無料試食付】オリジナル挙式体感フェアは午前9時～正午の開催で、グラヒル自慢の独立型チャペルでの挙式が体感できるほか、婚礼料理も無料で試食でき、充実した内容です。

【チャペル体感付】シェフ厳選『絶品料理』試食フェアは正午～午後6時の開催。こちらはグラヒル伝統の婚礼料理を無料で試食できます。当館で結婚式を挙げた先輩カップルも一押しのフェアです。

また、【平日限定】婚礼料理試食フェアは午前10時～午後9時（受付は午後7時まで）で、グラヒルの主要施設が見学できるほか、こちらも素晴らしい婚礼料理が試食できます。

ブライダルフェアご出席のご予約・お問い合わせは、当館のブライダルサロン（部隊線8-6-28853～4または電話03-3268-0115）までどうぞ。午前9時から午後7時まで受け付けています。

人道支援、初の研究会
自衛隊・米軍と文民、民間組織

自衛隊と海外で人道支援に当たる文民組織との相互理解を目的とした「国際平和協力活動民軍連携研究会」（IPCMCS）が2月6日、中央即応集団（CRF）の主催で初めて開かれた。

3月4日には、座間駐屯地で「民軍連携会同」（TTX）が行われ、出席者の専門的な知見に基づいた活発な意見交換が行われた。

自衛隊と米軍から司令部幕僚36人、文民側から関係省庁をはじめ、国際・国連機関、NGO、研究機関などから49人が参加した。

討議は「国際平和協力活動における民軍連携の現状と課題（文民の視点・自衛隊の視点）」をテーマに進められ、難民を助ける会理事長の長有紀枝氏、防衛研究所理論研究部長の吉崎知典氏、国際協力機構（JICA）の花谷厚氏、陸自研究本部の元南スーダン現地支援調整所長の土屋晴稔1佐がそれぞれ基調講演を行った。

会同後、JICAの花谷氏は記者団のインタビューに対し「南スーダンでの経験を共有し、これまでの活動を理論的に位置づける意義ある会同となった」と感想を述べた。さらに「南スーダンで活動を再開する際、自衛隊とはこれまでと同じ連携ができるか。もっと違う分野での支援を受けなければならないのか。IPCMCSのネットワークを利用し、今後の対応方針を考えたい」と語った。

また、CRF民生協力課長の持田将貴2佐は「国家安全保障戦略の中で、PKOではNGOと連携していくことが明記され、その専門の部署となる民生協力課が自衛隊で唯一CRFにある。上級部隊がないだけに、さまざまな知見が得られるIPCMCSは貴重な機会。今後も発展させていきたい」と語った。

巨大地震に対応した集約倉庫が完成
海田市駐屯地

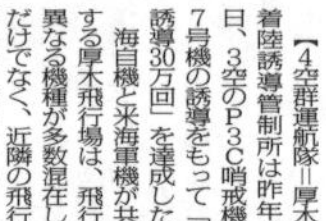

【13旅団＝海田市】南海トラフ巨大地震の発災時にも対応できる新しい集約倉庫が2月3日、駐屯地に完成し、運用開始式を行った＝写真。完成した集約倉庫は鉄骨造り2階建て、横200メートル、奥行き34・6メートル、延べ床面積1万5620平方メートルの大型倉庫。

南海トラフ巨大地震の発災時に海田湾で想定される3・6メートルの津波に対応できるようフロアラインを同じ高さに設置し、さらにコンセントを床から1メートルの高さに設けた。

倉庫は物資の出し入れをしやすいプラットホーム式で、トラックを横付けして各部隊の機材や物資などをシームレスに搭載できるため、即応性が期待されている。戦後間もなく建てられた木造倉庫は順次取り壊される。式典では駐屯地司令の原圭三1佐以下16人がテープカットをし、運用を開始した。

広島県は平成24年6月から11人の専門家から成る「広島県地震被害想定調査検討委員会」を設置し、より詳細な地理データを基に南海トラフ巨大地震の被害を想定した独自試算を実施している。

人事異動
海自2、3佐

▽佐衛1衛生科長（佐衛）3佐 風間祐介▽舞弾整補所火工整備科長（艦開隊）米下和宏
（以上2月3日）
▽硫空分遣隊長（73空）村井良一
（2月7日）
▽かしま船務長（すずなみ）3佐 池崎裕之▽すずなみ船務長（しらゆき）安富学
（以上2月12日）
▽2術校教官（2護群）2佐 安達佐知男▽せとぎり飛行長（25空）3佐 飯野俊一▽1術校港務課長（1術校）原口晋治▽2護群幕僚（2護群）大貫隆司▽あまくさ艦長（1術校）尾寄永幸
（以上2月14日）
▽ひびき測定長（海洋群）3佐 正木慎一
（2月17日）
▽ありあけ艦長（呉訓指）2佐 渡邊秀幸
（2月20日）
▽2術校研究部員（くらま）2佐 高橋徳雄▽203教飛隊長（4空群）新川栄作▽4空群幕僚（幹校）溝口五生▽21機整隊長（23空）3佐 植松厚夫▽くらま機関長（あしがら）川橋克樹▽あしがら機関長（2術校）須田大作
（以上2月28日）

10分ほどで組み上がったドラッシュシェルター。災害派遣などで活躍する優れもの

協力してドラッシュシェルターを展開する隊員

クレーンを使い、大がかりな土木作業に当たる

下総基地の貯水漕の工事を行う隊員

海自唯一の工兵部隊「機動施設隊」

基地整備に除雪に〝東奔西走〟

「艦艇・航空基地の施設整備や滑走路除雪などは当隊にお任せを」——。八戸航空基地に所在する「機動施設隊」(司令・榧森豊1海佐以下隊員約90人)は海自唯一の施設部隊だ。全国から集まった施設職種隊員で構成され、任務は施設整備、除雪、災害派遣と多岐にわたる。3年前の東日本大震災では被災地で瓦礫の除去に当たったほか、隊員は海自P3C哨戒機部隊が派遣されている東アフリカのジブチにも出向き、日本隊の活動拠点整備などにも従事している。2月28日、雪の残る八戸基地を訪れ、今年は除雪活動で大忙しだった同隊隊員に海自施設部隊の苦労を聞いた。

多様な任務に対応

「機動施設隊は訓練部隊でもあるんです。隊員はここで技術を身に付け、全国の部隊に戻っていきます」と海自の施設部隊を統括する榧森司令は話す。

機動施設隊は航空集団司令部(厚木)の隷下にあり、本部と第1〜4施設隊(各隊約20人)で構成される。装備するのはダンプローダー、クレーン付トラック、油圧ショベル、トラクターショベルなど計約30台だ。

隊員は第3術科学校(下総)の施設課程を終えたばかりの若手も多く、普段は〝出張工事〟に備えた訓練に汗を流している。第一線部隊から出動要請があれば、その名の通り機動して進出し、海自の艦艇・航空基地で施設補修や道路の整備といった土木作業を担っている。

通常は陸路機動が主だが、定期的に第1輸送隊(呉)と調整し、輸送艦に施設器材を搭載した海上機動も行っている。

2006年、海自の部隊がある小笠原諸島・南鳥島を台風が直撃した際は、輸送艦「しもきた」に乗艦して海路で南鳥島まで機動し、島にはエアクッション艇(LCAC)で上陸、施設車両により滑走路上に積もった土砂を除去し、航空機が発着できるよう基地を復旧した。

そして冬期には各基地の除雪に当たる。12月から3月までの間、八戸(2空)、大湊(25空)、舞鶴(23空)の3航空基地に部隊が展開し、滑走路に積もった雪を排除して、いつでも航空機が飛び立てるように施設を維持している。この作業には約半数の隊員が従事し、「雪が降り続く限り任務も続く」という。

災害救援や海外にも

同隊にとって、もう一つの重要な任務は災害発生時の救援活動だ。もともと機動施設隊は1995年の阪神・淡路大震災の発生を受け、それまでの航空施設隊に災害対応機能を付加して誕生した。このため大災害の発生に備え、同隊では月替わりで「応急出動隊」を編成し、即応態勢を維持している。

3年前の東日本大震災では八戸にも大津波が押し寄せ、大きな被害を出した。そこで同隊は被災地で災害廃棄物の処分と米海軍油槽所の応急復旧の支援活動を実施。作業は瓦礫撤去が20日間、油槽所の応急復旧が13日間に及び、隊員延べ523人、車両延べ162台(うち施設車両92台)が復旧支援活動に従事した。

同隊隊員の展開先は海外にも及ぶ。11年にはジブチに拠点を置く海自P3C哨戒機部隊の施設建設に携わったほか、その後も毎回人員2人が現地に派遣され、施設の整備や管理をジブチの業者と協力して実施している。

ただし、アフリカでの仕事は苦労の連続のようで、「ジブチ時間で動く現地の人と仕事をするのは大変。日本人とは時間感覚が全く違うので、初めの頃は作業の進め方で本当に苦労した」と派遣経験のある隊員は振り返っていた。

女性隊員は約1割

八戸基地を訪れた2月28日、同隊は格納庫で「ドラッシュシェルター展開」と「昇降式コンテナのトラック搭載」の訓練を実施していた。

ドラッシュシェルターは10人が宿泊できる大型テントで、災害発生時などに活用される。被災地で宿泊施設がない場合、隊員の宿営施設となったり、大量の傷病者が出た時、その医療拠点などとしても活用できる。

このテントは重さが131キロもあるため、隊員10人がかりの作業となる。だが、手慣れた隊員はチームワークを発揮し、わずか10分ほどでドラッシュシェルターの設営を完了させた。

その中で、女性隊員の新地菜見子3曹が同僚に指示を出し、テキパキと作業に当たっていたのが特に印象に残った。

機動施設隊で女性隊員の割合は約1割だ。新地3曹は「力仕事はどうしても男性にはかなわないので、他の事前準備や手順確認など、きめ細かく仕事をすることで積極的にチームに貢献できるよう努めている」と話す。

もう一つの「昇降式コンテナ」のトラック搭載は、重量物だけに慎重に積載作業が進められていた。このコンテナには災害派遣用の浄水装置、救助工具、エアジャッキ、エアテント、スタンド照明、発電機、簡易トイレなどが収納されているという。

コンテナとトラック荷台の横幅はほぼ同サイズのため、荷台からはみ出さないように搭載するのは非常に難しい。そこで運転手と作業員が息を合わせ、細かい調整を何度も繰り返しながら作業を進め、最後はピタリと所定位置に搭載して作業を終えた。

機動施設隊はちょっと海自らしからぬ部隊だと思っていたが、「目先が利いて、几帳面、そして負けず嫌い」という点では、まさに海自船乗りとしての血を引いているようだ。若い人が多く、和気あいあいと作業に当たる隊員たちの姿に、機動施設隊の底力を見たような気がした。

冬期(12〜3月)は海自の航空基地の除雪作業に当たる

東日本大震災で津波被害に遭った八戸市内で、瓦礫の撤去作業に当たる隊員

災害派遣用器材を格納した昇降用コンテナをトラックに搭載する隊員。幅がほぼ同一のため、根気のいる作業だ

27年3月就役予定の護衛艦「いずも」

ロゴマーク募集

海自は平成27年3月に就役予定の海自最大のヘリ搭載護衛艦「いずも」(1万9500トン)のロゴマークを募集している。4月18日(当日消印有効)まで。ロゴマークは「いずも」をイメージした分かりやすく、親しみの持てるデザインのものを募集。集まったものの中から、同艦の艤装員が1点(あるいは2点)を選考する。

▽応募形式=A4版縦長用紙1枚に1作品。応募作品の裏面に、応募者の住所、氏名、連絡先の電話番号を必ず記載して、郵送する。詳細は海自HP(http://www.mod.go.jp/msdf/)参照。

▽宛先=〒162−8803東京都新宿区市ヶ谷本村町5の1　海上幕僚監部総務部総務課広報室宛まで。

▽問い合わせ=海幕総務課広報室03(3268)3111、内線50165まで。

QDR 2014

米国防計画見直し　全訳

エグゼクティブ・サマリー(後半)

□2□

米国防計画見直し（QDR）の構成
- 国防長官から
- エグゼクティブ・サマリー
- 序章
- 第1章：安全保障環境の将来
- 第2章：国防戦略
- 第3章：統合軍のリバランス（再均衡）
- 第4章：国防組織のリバランス
- 第5章：予算強制削減の意味合いとリスク
- 統合参謀本部議長のQDR評価

統合軍がリバランスにより近代性を保ち、能力と即応態勢を保持し続ける中で、国防総省は戦略を追求する上で重要な能力を守るため、大統領の2015年度予算案に沿った以下の追加対策を講じる。

■サイバー

サイバー空間作戦の遂行能力を高め、世界中での軍事作戦を支援、戦闘部隊司令官の軍事任務立案と実行を支援、そして米国へのサイバー攻撃に対抗するため、新たなサイバー能力開発と既存能力の拡大に力を注ぐ。

■ミサイル防衛

地上配備型弾道弾迎撃ミサイルの数を増やし、早期警戒と追尾を可能にするため、日本に2基目のレーダーを配備する。防御型迎撃ミサイル、識別能力、センサーに的を絞って力を注ぎ、仮に追加の迎撃ミサイルが必要な場合、米国内での最適地を調査する。

■核抑止

最重要の核運搬手段の近代化、警戒、命令、制御、そしてエネルギー省との共同研究、核兵器とその支援インフラなどに継続して力を注ぐ。

■宇宙空間

より簡便、低コストで回復力に優れたシステム/システム・アーキテクチャーへの移行を進め、宇宙システムへの攻撃を抑止する多層なシステムを追求する。一方で、抑止力が失われた場合の対応能力は維持する。

■空/海

今後も戦闘機や長距離攻撃機、長期間存続可能な監視システム、回復力に優れたアーキテクチャー、そして、統合軍の「接近阻止/領域拒否（A2/AD）」への対抗策を向上させる海中戦闘力に力を注ぐ。

■精密照準爆撃

先端の空対地ミサイル調達により、戦闘機、爆撃機の目標範囲を広げ、また、広域の対艦船巡航ミサイル調達により、防衛空域内で行動する地上戦闘員と米空軍の共闘力を高める。

■諜報、監視、偵察（ISR）

戦闘など極めて厳しい環境下でも操作上の反応が早く効果的なシステム開発に注力する。同時に、非戦闘時に世界中の状況を認識し、対テロ作戦行動などを支援するのに適した能力も維持する。

■対テロ、特殊作戦

特殊作戦部隊の末端戦力を6万9700人に増強することにより、アルカイダを打倒し、勃興する他の国際的脅威やWMDに対抗、さらに友好国の能力を増強、通常の作戦行動を支援する目的で、粘り強く、ネットワーク化され、分散された作戦行動を行える能力を維持する。

◇戦闘部隊、後方支援部隊のリバランス

最後に、国防総省自身もコスト増を抑えるとともに戦闘力への支出に優先度を設けて効率化を図るため、内部的なリバランスを行う。国防総省はこれまで、効率化達成を目指した三つの包括予算案を提出してきたが、今度はさらに諸経費節減を図る追加の取り組みを実施する計画。

現在も進行中の重要な取り組みとしては、省本部予算を20%削減し、直接長官へ送付する報告書の数を減らすこと。これらによって省の運営コストは今後5年間で50億ドル節減でき、次の10年間ではその倍以上の節減になる。

また、民間職員や請負業者数も選択的に削減、健康保険費を節減するため民間保険の利用を進める。さらに、会計監査に耐えうる財務報告作成のためにも、財務管理の改善も図る。

調達改革の実施も継続する。その中心となるのが「Better Buying Power」と呼ぶイニシアチブで、コストを抑え、政府、企業の生産性向上と技術革新へのインセンティブを与え、非生産的なプロセスと官僚主義を廃し、効果的な競争を促進し、請負業者を通じて得たノウハウの習得度を向上させ、そして調達担当者トータルとしてのプロ意識を高めるのがその狙いとなる。国防総省は、調達の生産性を絶えず高めていくことに全力で取り組む。

仮に国防総省に不要となった基地・施設を廃止することが可能ならば、長期にわたって大きな節減が実現できる。我々の試算では現在既に必要以上の基地が存在し、末端戦力が削減されるにつれて不要度は高まる。

米国内で不要な基地を廃止する唯一の効果的な方策は「基地再編・閉鎖計画（BRAC）」を通じて行うことだが、米議会は国防総省によるBRAC実施を過去2年間、いずれの年も拒否してきた。国防総省が税金を効果的に使おうとするなら、議会が2017年に再度BRACを承認することが欠かせない。

◇全志願制軍隊の戦力維持と新たな改革の実施

統合軍と国防総省の均衡を再建する一方で、米国は米軍人との間に交わされた神聖な次のような二重の契約を守る。まず、軍隊の男女隊員、その家族に対し役務期間と除隊後の十分な保障とケアを提供する。そして、軍隊員に最高の訓練と装備を提供し、任務を果たさせる。

軍隊員は戦場の内外を問わず、公正・平等に扱われる。国防総省は昨年、女性の米軍での任務機会を拡大し、規制が残された数少ない軍務に女性を迎え入れようとしている。

性的暴行をなくすことは国防総省の最も優先度の高い課題であり、事態の改善には予防・対応プログラムの改善に粘り強く取り組み、軍隊員に危険のない安全な環境を提供していく。同性愛の男女隊員が堂々と軍務に就けるよう、必要な改革を実施する。

戦場から病気や負傷のため帰還した隊員、入院やリハビリが必要な隊員に対しては、最高のケアを提供する。また、国防総省は退役軍人省、労働省と共同で隊員が一般社会に復帰するに際して最高の支援を提供する。

財政上の制約の中で、国防総省は過去10年間のような給与や手当の伸びを維持することはできない。国防総省、米国民は10年以上にわたる戦争期間中、当然のことであるが軍隊員を支援し、払う代償に見合う以上に十分な軍隊給与や手当の増額を認め、軍務に就いている者、退役者、そして、その家族らの払う犠牲にふさわしい代価を与えてきた。

だが、国防総省は新規隊員を募集し未来の統合軍を維持するため、魅力的な報酬を提供し続けられるよう、変更を提案している。

すなわち、今後5年間の年間給与の増額を抑制▽非課税の住宅手当ての伸びを抑制▽国防厚生管理本部（TRICARE）プログラムを簡素化、近代化し、医療費自己負担分を小幅増額するなどにより、隊員が最も価格的に有利な保険を選ぶよう促し、薬局との負担の仕組みも調整、メディケア（高齢者向け公的医療保険制度）加入有資格の退役軍人をカバーする医療保険TRICARE for Lifeに小額の保険料を設定▽さらに、軍売店への補助金を削減する。

これらを完全実施することで、今後5年間で約120億ドルの節減となり、10年目の終わり時点の節減幅はこれをさらに大幅に上回る。

軍隊報酬の伸びを抑えるのに議会や米国民の支持が得られなければ、国防総省は将来必要な統合軍の出動能力を削る以外、選択の余地はなくなってしまう。国防長官以下、軍幹部は改革を目指すこの包括的アプローチを支持しており、議会、米国民とともに世界で最も優秀な軍隊を維持する決意だ。

◇予算強制削減の影響

大統領が要請した2015年度歳出予算は、軍が米国を守り米国益を追求し、最新国防戦略を実行することを可能にする。（一部任務ではリスクは拡大する）短期的には、米軍は主要地域での友好関係構築と地域の安定増進に積極的に関わり続ける。

しかし、その関わりの程度は地域に応じた形で、選択的なものとなる。中東や北アフリカでは高度な警戒態勢を維持する。要求予算の水準なら、短期的な戦略的優先事項に最も関連する適切な即応態勢、近代化を維持できる。

さらに、大統領の「機会、成長、安全」イニシアチブは、15年度国防投資に260億ドルを追加支出することになり、国防総省の即応態勢再建を加速、兵器近代化、施設の改善を支援する。世界のライバル国や潜在敵国が能力増強を図り精緻な兵器開発を行っていることが、米軍や米国の安全にとって、より大きなリスクとなるのは必然だ。

大統領の15年度予算案により、国防総省はこれらのリスクに何とか対処することができるが、強制削減水準の予算削減が16年度予算で再び実施されたり、提案した改革案が拒否されたり、また予算水準をめぐる不透明さが続いたりすれば、リスクは大幅に拡大する。

もし、小幅ながら強制削減からの速やかな緩和効果があった超党派予算法（効果は14年度の方が15年度より大きい）の後に強制削減水準の年度予算削減が再び導入されれば、国防総省は統合軍の規模、形態を大統領の予算提案で示した、バランスのとれたやり方で変えることはできない。

我々の国防戦略実行能力は、2011年予算管理法の施行期間中は大きく損なわれるだろう。国防総省の即応態勢に課される課題により、特に短期的には国としての確固たる行動と、危機に際しての素早い対応の能力が大きく低下するだろう。最重要の近代化計画は遅延ないし切り捨てられ、軍の技術力欠如をもたらす。

米国は将来の対立、紛争局面ではこれまで以上に同盟国や友好国の貢献に依存する必要があるが、それもこれら諸国が共有する利益を支え行動する意欲を持ち、能力があることが前提だ。容量、能力の削減は戦略的奇襲への我々の対応力にとって大きな課題となる。特に、大規模な近代的戦力を必要とする場合はそうだ。

対処を怠れば、強制歳出削減は今後10年間に米軍ができること、できないことへの重大な影響を及ぼす。米国民は、軍作戦実行のリスク拡大を受け入れなくてはならない。軍はバランスを欠き、いずれは国防戦略を実施するには小さすぎるようになり、紛争が起きればそれは長期化する戦争につながり、米国や同盟諸国の戦死者の増加につながる。

結局のところ、強制削減水準の予算は敵対国をつけあがらせ、同盟国、友好国の信頼に悪影響を与えることになり、それが回り回って我々の直面する安全保障環境をさらに厳しいものにする。

◇結論

米国は自国の利益を守り、リーダーシップを維持し、世界の安定と安全、平和を守ることに今後も全力を挙げる。現在の財政上の現実を踏まえ、国防総省は統合軍が財政上の制約から戦力削減を強いられる中においても、可能な限りバランスのとれた軍であり続けるよう多くの決定を下した。我々は国防総省を将来に備えさせ、改革を進める中で全志願制軍隊の健全性を保っていく。

大統領提案の15年度予算案は、強制削減の現実的な代替案を提供するものであり、国防総省の最新戦略実行を支え、よりスマートな軍隊への移行を開始するものだ。再び強制削減を行えば、戦略へのリスクはより早く訪れ、より厳しいものとなる。強制削減により最終的には、統合軍は国防戦略を実施するには規模が小さすぎ、時代遅れとなってしまう。

世界のリーダーとして米国は、国益を守り増進させ、同盟国と友好国の安全を確保する力強い国防戦略と、その国防戦略を効果的に実行する軍・民間の戦力を必要としている。これらのことは、国防総省が議会に提示し、議会に国防総省と共同で政治的に困難な決定を下すことを求められる、改革と削減の戦略的バランスをとることによってのみ、成し得る。（ロサンゼルス）

〈以下次号〉

西風東風

ポーランドが米国との協力強化

――ウクライナ危機に対応

政変後のウクライナへロシアが軍事力を背景にした介入を続ける中、ポーランドは米国との軍事協力体制を強化する方針を打ち出した。これを受け、米軍は12機のF16戦闘機と、300人の整備要員を派遣、ポーランド軍との合同演習を行った。合同演習は当初から計画されていたものだが、ウクライナ情勢の緊迫を受けて、規模を拡大して実施された。

ポーランドは歴史的な経緯や地政学的な位置から、ロシアへの警戒感が強く、西側諸国との連携強化に加え、防衛力の整備も加速させる。また、5月から7月にかけてはウクライナとの合同航空演習も行う予定だ。

トゥスク首相は議会証言で「東部国境の長期にわたる不安定な状況に対応しなければならない」として、2022年までに1300億ズロチ（約4兆4000億円）の予算規模を見込んでいる軍備の近代化を、前倒しする意向を示した。また、12年に始まったF16とC130輸送機による米国との合同演習も拡充したい考えだ。

ウクライナ危機への対応として、米国はリトアニアにもF15戦闘機6機とKC135空中給油・輸送機を派遣する予定。また、米軍のミサイル巡洋艦「トラクストン」がギリシャから、ルーマニアやブルガリアとの合同演習のため黒海に入っている。

かつて旧ソ連の勢力圏にあったポーランドは現在、北大西洋条約機構（NATO）の加盟国だが、旧ソ連を構成していたウクライナ、ベラルーシ、さらにロシアの飛び地のカニングラードなどと国境を接している。また、第1次大戦前にはロシア、プロシア、オーストリアに分割されて国が消滅した時期もある。

ポーランド軍は旧ソ連時代の軍備の近代化を進めているが、ミグ29を引き続き主力戦闘機として運用する姿勢を示している。ウクライナとの合同航空演習にも両国のミグ29とともに、ポーランドのF16、ウクライナのスホイ27が参加する予定。

（ロンドン＝加藤雅之）

対ウクライナ貿易縮小へ

――軍事面で中国

ウクライナは、政変とクリミアのロシアへの帰属替えをめぐる動きで緊迫した状況が続いているが、軍事面を主体とした中国との貿易には現在、大きな影響は出ていない。ただ、ウクライナ側の資金不足と技術革新の遅れで、両国の軍事貿易が長期的には縮小に向かうとの見方が出ている。南寧晩報が伝えた。

ロシアからの報道によると、ウクライナ・クリミア自治共和国フェオドシヤ市の造船所は、エアクッション型揚陸艇LCAC「ズーブル」の2隻目を近く中国に納入する。ウクライナの経済低迷と裏腹に、中国との軍事貿易は現在のところ活発に行われている。

ウクライナは旧ソ連の軍需産業の中で大きなウエートを占め、大部分の企業は、事業の大半が軍需関連に集中。ミサイル、宇宙、艦船、航空機などを生産していた。特に造船能力は強みで、旧ソ連の水上艦建造所6カ所のうち、3カ所がウクライナの黒海沿岸にあった。

ウクライナは海軍関連の技術で、中国に対し圧倒的な優位にあり、1990年代に大型艦3隻を相次ぎ対中輸出した。砕氷船「雪龍」、総合補給船「青海湖」、航空母艦「遼寧」（旧・ワリャーグ）で、中国でその名を知らない者はいない。

ウクライナが中国に輸出した軍事技術はこのほか、艦艇の動力、大型輸送機、超音速練習機、戦車用エンジンなど30項目以上。中国が戦闘機「蘇（Su）27」と「蘇30」の空対空ミサイルのグレードアップを図った際、ロシアが模倣を恐れて拒否したため、ウクライナ製を輸入した。

現在最も重要なのは航空機用エンジンで、中国はモトール・シーチ社の「D18T」エンジン設計技術の取得に執念を燃やしている。ロシアの戦略輸送機2機種に使われており、中国が入手できれば大型航空機の製造で大きく進歩できる。

両国の軍事貿易は20年間続いているが、空母輸入のような大型の商談は減っている。ウクライナの技術は停滞しており、大部分はソ連解体当時のまま。中国の技術レベルは既に旧ソ連を上回っており、両国の軍事貿易が今後縮小するのは避けられない。

（香港＝中岡秀雄）

日米共同研究スタート

「高速多胴船」

試験分担し効率化

「3胴戦闘艦」早期実現へ

将来の戦闘艦として有望な「高速多胴船」の日米共同研究が3月4日、正式にスタートした。日米両政府が相互防衛援助協定に基づき共同研究に合意、これを受けて同日、両国の防衛当局間で細目取極が締結された。日本側は防衛省技術研究本部が中心となり「高速航行、低動揺、広い甲板面積の高速多胴船（特に3胴船）」の研究を米側と共同で進め、海自向け「高速多胴艦」の早期実現を目指す。

㊤技本がデザインした3胴ステルス戦闘艦の模型。㊥豪オースタル社設計の3胴多目的艦。㊦無人機や高速ボートを搭載する仏CMN社の「オーシャン・イーグル43」

防衛技術

特別な技術が必要な2胴、3胴の「高速多胴船」の設計・建造は現在、豪州のオースタル（Austal）社が各国をリードし、民間フェリーから軍用の戦闘艦、輸送艦まで世界で圧倒的なシェアを誇る。

米海軍が整備中の3胴型の沿海域戦闘艦「インディペンデンス」級（満載排水量2800トン）も米国内の同社造船所で建造。日米も「多胴船」では豪州に後れを取っているのが実情だ。

こうした中、技本は平成25年度から「将来3胴船基礎技術の研究」に着手。米国も同様の研究を進めていることから共同研究が決まった。日米が船体強度試験などを分担すれば、時間と費用が節約でき、より正確なデータも取得できる。

3胴船は単胴船に比べ、数々の利点がある。細い主船体の両側にフロートを兼ねた副船体を繋げることで広い甲板が確保でき、これを飛行甲板や車両格納庫などに活用できる。

水上艦は近年「多目的化」が進み、対潜・対空・対水上戦のほか、無人機による偵察や無人潜水艇を使った機雷の捜索・処理まで要求される。これらを実現するには広い収納スペースが求められ、3胴艦ならこれを実現できるのだ。

技本が検討中の3胴船は常備排水量約1400トン、水線長約80メートル、ペイロード70トン以上、最高速力35ノット（65キロ）以上の艦だ。小型ながら高速で、陸自部隊の輸送能力もあり、南西諸島の離島防衛作戦などにも向く。

この高速多胴船を共同研究するメリットは大きい。なぜなら多胴船の設計では従来の単胴船のデータは使えず、基礎データからの取得が必要となるからだ。そのため作業量が多く、日米で分担すれば時間と費用を大幅に節約できる。

多胴船の設計で最も高いハードルとなるのは船体間の繋ぎ目の強度計算だ。太平洋のように荒れる海では繋ぎ目に非常に大きな負荷がかかるため、これに耐える艦とするには疲労強度試験などが特に重要。これらを日米共同で行えば、違った環境で考察でき、より正確なデータが取得できる。

3胴艦については、各国で設計競争が繰り広げられている。技本はステルス性を追求した斬新なフォルムの3胴艦を、仏CMN社は高速ヨットに似た3胴哨戒艇「オーシャン・イーグル43」を発表。また、豪オースタル社は哨戒ヘリを搭載する小型の「多目的艦」を提案し、中国はすでに3胴の「紅稗（ホウベイ）」型ミサイル艇（満載220トン）の建造を進めている。大型艦の設計にも着手しているようだ。

こうした中、日米が共同で「高速多胴船」の設計を進めれば、その成果は日米同タイプの"シスターシップ（姉妹艦）"として近い将来、姿を現すかもしれない。

防衛トピックス

国内

那覇基地で試作品紹介

第5回目・ASEAN次官級会合が沖縄で開かれたのに合わせ、技本は2月19日、空自那覇基地で「非伝統的安全保障分野での装備・技術協力の可能性」をテーマに試作品の展示を行った。爆発物処理ロボット、先進個人装備システム、壁透過人物探知装置、ソフトウエア無線機、手投げ式偵察ロボットなどが展示され、訪れたASEANの関係者から展示品について活発な質問があった。

海外

中国、空母2隻建造中

香港誌「鏡報」は3月号で中国が2隻の国産空母を建造中と報じた。いずれも通常推進型で、1番艦は大連、2番艦を上海で建造しているという。1番艦の予定艦名は「山東」で2018年に、2番艦「広東」は2019年に就役する予定。両艦の完成で中国は現有の「遼寧」と合わせ空母3隻体制となる。

技術が光る

>24<

「情報セキュリティサービス」

伊藤忠テクノソリューションズ

対象システムに"サイバー攻撃"

脆弱個所を捜索、改善点を提示

「情報セキュリティは防弾チョッキと同じ。いろいろな脅威から身を守ってくれるが、着用法が悪いとやられてしまう」——。

会社や官庁等の既存コンピューター・ネットワークシステムを「攻撃者の視点」から確認し、システムの改善をサポートしているのが伊藤忠テクノソリューションズ（以下CTC、本社・東京都千代田区）だ。

同社では、特別編成の「疑似アタック隊」が対象システムに対し実際に"サイバー攻撃"を仕掛け、脆弱個所を捜索、その改善点を提示する。さらに安全なシステムの構築や保守も担当、その後は監査やコンサルティングも実施している。

「単体では安全な製品も、組み上がってシステムになると、想定しない問題が発生することがある。弊社では専門チームを派遣し、その内容が適正であるか厳密にチェックします」と同社ITセキュリティサービス部の佐藤元彦部長代行は話す。

例えば、官庁の「情報システム監査」を3カ月かけ実施する場合、CTCから約10人の専門チームが派遣され、全システムを徹底監査し、外部からの不正侵入や情報漏洩、サービスの停止に繋がる脆弱性がないかを確認する。その際、「アタック隊」が疑似攻撃を仕掛け、防護側の「対抗策」を回避しながら脆弱個所を見極め、その改善を助言している。

「大きな組織の場合、本社システムはしっかりしているものの、末端との接続や末端独自のシステムに弱い個所も見受けられます。それが気になります」と佐藤さん。「例えば、大きな組織だと部署や現地事務所がホームページなどを独自に作成しています。大概、そのセキュリティ対策は不十分で、侵入されれば内容を書き換えられる恐れもあります」

インターネットだけでなく、外部と遮断されたクローズ系も「絶対安全」ではない。その侵入手口も巧妙だ。USBメモリーを端末近くに落としておき、拾った人が誰のものか調べるためパソコンに差し込んだ瞬間にウイルスを注入したり、メンテナンス業者のパソコンに仕込むといった方法も確認されている。それらウイルスは内部データを消去するといったものもあり、自衛隊指揮システムに侵入を許せば、部隊の作戦にも多大な影響が出る。

「弊社では様々な攻撃手法に対処するため、人材育成にも努めています。サイバー上に"観測網"を作り、敵の挙動を観測できるシステムを構築しています。そこでは"囮（おとり）"を立てて攻撃者を誘い、その新しい手口を分析しています。それら情報は弊社のCTC総合検証センターに集約して検証を行い、様々な攻撃への対処法を全社員に教育しています」

こう語るのは同社ネットワーク&セキュリティ技術部長補佐兼セキュリティ技術課長の伊藤英二さん。

「ミスしない人がいないように、絶対に破られないシステムというものもありません。私たちはそれを念頭にシステムに対することが重要です。そして専門家任せもダメ。最後は狙う人と狙われた人の1対1の戦いとなります。敵の巧妙な手口に騙（だま）されないよう、個々人が安全意識を高めることが大切。まさにそれは防弾チョッキの着用法と同じです」

サイバー攻撃の最新動向を研究する伊藤忠テクノソリューションズの総合検証センター

世界の新兵器

463

車載型アクティブ防護システム（イスラエルなど）

被弾直前に敵弾を破壊

戦闘車両の防護に用いられる「アクティブ防護システム（APS）」は、ロケット弾、対戦車ミサイル、戦車砲弾などの接近を検知し、車両側から金属破片や火薬爆発による衝撃波を浴びせ、被弾直前にこれらの脅威を破壊する能動的防御システムである。

装備例として、イスラエルのIMI・ラファエル社が開発した「トロフィ」とその改善型「アイアン・フィスト」を紹介しよう。これらはイスラエル陸軍の主力戦車「メルカバ」などに搭載され、システムは全周監視捜索追尾レーダー4基、砲塔左右の防護用擲弾発射装置2基、砲弾やミサイルの破壊用擲弾発射筒、ミサイルシーカー妨害装置、音響／光波センサーなどで構成され、全体重量は約800キロである。このほか対ロケット弾専用のシステム（重量100キロ）もある。

ともに全周への対処が可能で、脅威探知後、1秒以内に敵弾の成形炸薬弾頭を粉砕する破片弾と徹甲弾の弾芯を吹き飛ばす爆風弾を脅威の方向に向け発射する。これら破片弾等は高い指向性を持ち、市街戦などでも周囲に対する副次的被害は局限される。単価は20万～35万ドルで、カナダは同システムを2013年10月から8輪装甲車「LAVⅢ」に、米陸軍と海兵隊も同じく「ストライカー」に搭載して試験を開始している。

イスラエル陸軍の「メルカバ」戦車に設置された「トロフィ」システム（砲塔左右の突起物など）＝ラファエル社のホームページから

これとは別に米陸軍は独自に対装甲弾撃破システム「クイック・キル」を開発し、戦闘車両の防護手段としている。システムは検知装置（レーザー、赤外線、紫外線、音響、レーダーなど）、対処装置（妨害電波発射機、煙幕発射器、電子おとり散布器、長距離／近距離射撃火器など）、データ処理装置（検知装置の情報を要撃諸元に変換し、対処装置に伝送。同時に隣接部隊、上級指揮機関と情報交換）で構成される。こちらは12年に実用試験に成功している。

他のAPSでは、旧ソ連（ロシア）が世界で初めて戦車に装備した「アリーナ」がある。その後、ドイツ、南アフリカが同種のAPSを開発・装備し、現在はフランス、スウェーデン、ウクライナ、韓国が開発中である。中国はすでにT98戦車に搭載したとの推測情報もある。今後、APSは高速・高機動を主眼とする各国の機動戦闘車（MCV）の重要な装備ともなろう。

拓田　康雄（防衛技術協会・客員研究員）

技術屋のひとりごと

私の夢＝ロボット装備品　金子　学

私には夢がある。それは、最高のロボットを装備品として自衛隊に届けることである。私は、我々が目指している隊員のゼロ・カジュアリティー（ゼロ被害）に近づく上で、ロボットは欠かすことができない装備品であると確信している。

さて、民間では素晴らしいロボット技術が続々と研究開発されており、このデュアルユース（両用）技術を活用することが私の夢の実現への近道でもある。しかし、技術の活用と一言でいっても、特にソフトウエアの実装レベルでの技術移転は一筋縄ではいかない。これまでロボット製作者は各々が培った技術に基づき独自の構成でソフトウエアを開発してきている。従って、例えば他者が製作したセンサーシステムを自分のロボットへ実際にインテグレーションするのは簡単ではない。つまり、ソフトウエアに大幅な改修が必要となることが想定される。

そこで、コンペティションが現在行われている米国の「DARPAロボティクス・チャレンジ」を見ても分かるように、この課題を解決する手法として近年、ロボットの世界ではソフトウエアのオープン化、機能要素部品ごとのソフトウエアのモジュール化が提唱、推進されている。これはパソコンやスマホとアプリの関係と同じような概念で、ソフトウエア構成を標準化し、機能要素単位での技術移転、共有を容易にするものである。一日でも早い夢の実現のためには我々のロボットにもこういった設計思想を取り入れ、最新技術の導入を図りやすい環境をつくるのが重要ではないか、と私は考えている。

ロボットは将来、それ自身がパソコンやスマホと同じように、サードパーティ（他社製品に対応するメーカー）が開発した機能をプラグ＆プレイで追加していくといった姿に進化していくのではないだろうか。

（技本先進技術推進センター　ヒューマン・ロボット融合システム技術推進室長兼ロボットシステム技術推進室長）

ひろば

卯月、卯花月、孟夏、麦秋――4月。1日エイプリルフール。2日図書館開設記念日。7日世界保健デー。20日郵政記念日。29日昭和の日。

日光強飯式　栃木・日光山輪王寺三仏堂（重文・世界遺産）に伝わる独特の儀式。山伏装束の僧たちが「頂戴人」に山盛りの飯を食べるよう強いた後、頂戴人が一般参拝者に菓子を撒き厄除けなどを祈る。　2日

道成寺鐘供養　紀州最古の寺・道成寺に伝わる「安珍と清姫伝説」に由来する行事。一目惚れした僧・安珍に裏切られ、怒りで蛇になった清姫が隠れた鐘ごと安珍を焼き殺す様子などが再現される。　27日

実写版映画「パトレイバー」第1章 来月上映

隊員が見て納得できるものを

筧さん、押井監督インタビュー

C1輸送機の前でインタビューに答える押井監督（右）と筧さん（1月14日、入間基地で）

防衛省・自衛隊が撮影に協力した劇場版長編映画『THE NEXT GENERATION パトレイバー』（総監督・押井守）の来年5月の上映に先立ち、シリーズ映画の第1章が4月5日、2週間限定で全国の劇場で上映される。同シリーズは全7章で構成され、4月以降2015年1月にかけて順次上映される。1月14日に行われた空自入間基地の撮影で、物語のカギを握る警視庁特科車両二課第二小隊長・後藤田継次役を演じる俳優の筧 利夫さん、押井総監督に映画撮影への思いを聞いた。（聞き手・菱川浩嗣）

『機動警察パトレイバー』は1988年から週刊少年サンデー（小学館）で連載され、同時期にアニメと映画が製作され当時は珍しいメディアミックスを実施したことで話題となった。

アニメ版では主人公・泉 野明の上司である警視庁特科車両二課第二小隊長の後藤喜一が、その独特のキャラクターでファンの心を捉えた。

――入間基地でのロケはいかがでしたか。

筧「遮るものがない分、寒かったです。しかし隊員の方は半袖で走っていて（笑）慣れているなと思いました」

押井「警察映画はスケールを広げようとすると、どうしても自衛隊が世界観に入ります。人物同士が会うシーンはシチュエーションが全て。背景の意味を伝える上でも、脚本を書いた時からどうしても基地で撮影したいと思っていました」

――筧さんが演じた後藤田役（アニメ版では後藤）はアニメ版とは役が変わりましたが。

筧「役柄としては後藤と同じと思っています。私は〝隙を見せない〟ことを意識しました。普段脱力しているが、いざという時に鋭い指示を出せる隊長。それはどんな職業の人にも必要なことではないかと、演じていて思いましたね」

押井「そこが映画のテーマです。後藤田は後藤の影を意識し、悩みます。今日撮影したのは、その転機となるシーン。結果として後藤田は後藤と同じ道を歩みます。原作から20年経ち、時代、社会、人が変わっても、変えてはいけない部分はあるのではないでしょうか」

――ロケではお二人が打ち合わせする様子が何度もありましたが。

筧「私は役を〝演じる〟のではなく役を〝体現〟しようと常に思っています。シーンの方向性に対し、自分なりに表現しましたが、映像を見る人に伝わらないと意味がない。そこを監督に調整してもらっていました」

押井「実際の現場にいてこそ、初めて役者は生きます。筧君と話したのは間の取り方ぐらいですね」

――シリーズ7作を約10カ月にわたり順次上映し、最後に劇場版長編映画を制作する形ですが。

押井「色々な意味で、メリットがあります。パトレイバーという実績があればこそできたことかもしれません」

――どんな人に映画を見てほしいですか。

筧「人が人としてどうあるべきかということを改めて考えさせられます。普段仕事に忙しく、喜怒哀楽を抑えている方にこそ、見ていただきたい映画です」

押井「自衛隊は映画の後半部分に、中心的役割として登場します。正義の味方とは限りませんが（笑）。10年前では、基地での実写撮影は難しかった。撮らせてもらうからには、隊員の目から見て、納得できるものをつくりたい。一般市民が自衛隊に触れる機会は少ないと思いますので、この映画を見て自衛隊の存在を知ってもらうことは意義があると思います」。

隊員愛読書ベスト5

<入間基地・豊岡書房>
- ❶防衛実務小六法　平成26年版　内外出版　¥6600
- ❷麒麟（きりん）の翼　東野圭吾著　講談社文庫　¥735
- ❸兵器と戦術の世界史　金子常規著　中公文庫　¥1050
- ❹SAS・特殊部隊式図解実戦武器格闘術マニュアル　マーティン・J・ドハティ著　原書房　¥1995
- ❺下町ロケット　池井戸潤著　小学館　¥756

<防衛省・三陽堂>
- ❶日本人のための「集団的自衛権」入門　石破茂著　新潮社　¥714
- ❷黎明の笛　数多久遠著　祥伝社　¥1470
- ❸武人の本懐　高嶋博視著　講談社　¥1785
- ❹自衛隊兵器大全　菊池雅之　竹書房　¥683
- ❺下町ロケット　池井戸潤著　小学館　¥756

<神田・書泉グランデミリタリー部門>
- ❶日本海軍「艦これ」公式作戦記録　宝島社　¥1890
- ❷ヴァリアブルファイター・マスターファイル　SDF－1マクロスVF－1航空隊　GA Graphic著　¥2730
- ❸WWⅡイタリア軍用機入門　飯山幸伸著　潮書房光人社　¥830
- ❹前へ！　麻生幾著　新潮文庫　¥746
- ❺エル・アラメインの決戦タンクバトルⅡ　齋木伸生著　潮書房光人社　¥903

<トーハン調べ2月期>
- ❶ドラゴンクエストモンスターズ2　3DS版　Vジャンプ編集部著　集英社　¥1300
- ❷長生きしたけりゃふくらはぎをもみなさい　槙孝子著　アスコム　¥1155
- ❸冬物語（中）　西尾維新著　講談社　¥1575
- ❹人生はニャンとかなる！　水野敬也・長沼直樹　文響社　¥1470
- ❺呆韓論　室谷克実著　産経新聞出版　¥924

メンタルリハビリテーション科

マイヘルス Q&A

復帰に向け運動や講義
四つのプログラムを用意

Q　自衛隊中央病院に平成21年度に新設された「メンタルリハビリテーション科」は、どのような方を対象としているのですか。

A　原則、自衛隊員の方を対象としています。

Q　どのようなことをしているのですか。

A　以下のようなプログラムがあります。

◇「模擬職場プログラム」（月曜～木曜日の午前中）＝さまざまな理由で職場を長期間離れ、職場に戻るのにいろいろなご苦労をされている方もおられます。そこで、職場復帰を目指されている方に職場復帰訓練の準備段階としてのプログラムを用意しております。生活リズムの調整、仕事への慣れ、対人関係への慣れなど、復帰訓練の前段階の訓練として有効です。軽い運動や個人課題、グループ課題などで構成されています。

◇午後のプログラムには、主に仕事や対人関係での不安感や孤独感などを抱えておられる方を対象とした四つのプログラムを用意しています。

①「人付き合いトレーニング（HITT）」（隔週火曜日、シーズンⅠ5回、シーズンⅡ5回）＝人付き合いが苦手な方で、少しでも上手になりたいと思っていらっしゃる方同士で集い、プログラムされた講義やエクササイズなどを通じてお互いを支え合う体験をし、参加される方の人付き合いを改善するためのサポートとなる場を提供しています。

②「集団認知行動療法」（毎週水曜日、計10回）＝気持ちの落ち込んだ状態にある方は、ものごとを非常に否定的に捉え、自責的な行動をとる傾向にあると言われています。認知行動療法は、うつや不安を感じる方が、こうした否定的な思考（認知）や望ましくない行動のパターンを変えるのに役立つものです。

本プログラムでは、参加者の方が自分を肯定的に見て自分を大切にしようとする態度を取り戻すために、うつや不安などの否定的な感情を克服するのに役立つ具体的な考え方や技法を、他の参加者と一緒に学んでいきます。

③「復帰会」（隔週木曜日、計5回）＝職場復帰を目指されている方々や復帰された後の心理的ケアを希望される方々同士で集い、日頃の思いを語り合うことでお互いを支え合うための集会の場を提供しています。

④「断酒会」（毎月最終水曜日）＝飲酒にまつわるさまざまな問題を抱えられた方は断酒を勧められます。そのことを受け入れつつ、いろいろなご苦労をされている方々同士で集い、日頃の思いを語り合うことでお互いを支え合うための集会の場を提供しています。

Q　利用するにはどのような流れになりますか。

A　すでに当院精神・神経科を受診されている方は、主治医にご相談ください。初診の方は、当院精神科を受診し、メンタルリハビリテーション科プログラム参加希望の旨をお伝えください。他病院にて治療中の方は、紹介状を持参し、一度精神科を受診してください。

診察の後に、医官からメンタルリハビリテーション科への紹介があり、メンタルリハビリテーション科担当が改めてご案内することになります。

自衛隊中央病院診療科
第1精神科心理相談班
濱崎健太郎

カメラ手に潜水艦へ

山崎豊子「約束の海」執筆を全面サポート

担当編集者矢代氏に聞く

「『戦争をしないための軍隊』という存在を追求してみたくなりました」――。昨年9月に亡くなった作家の山崎豊子さんの遺作『約束の海』が2月20日、新潮社から刊行された。若き海上自衛官を主人公に、戦争と平和について考える同作品は『週刊新潮』に20回まで連載。惜しくも「なだしお事件」を描いた第1部（全3部を予定）で絶筆となった。足が悪かった著者の代わりに取材に赴くなど、執筆活動を全面的にサポートした編集担当の矢代新一郎氏（49）に、本書に託された「平和への思い」を聞いた。（若林祥子）

『約束の海』の主人公は海自隊員で潜水艦「くにしお」船務士の花巻朔太郎2尉（28）。父は旧日本海軍人だが、本人は「なんとなく防大を受け、入隊した」という至って普通の若者だ。しかし、花巻2尉の順風満帆な自衛隊生活は、「くにしお」と遊漁船の衝突事故を境に変化してゆく――。

同書に出てくる「くにしお事件」は、昭和63年の「なだしお事件」がモデル。潜水艦乗りについての取材中、「なだしお事件」を振り返っていた海自OBが突然泣き出した。聞けば事件の2カ月前まで潜水艦「なだしお」に乗っていたという。

山崎氏は「こんな立派な男性が泣き出してしまう『なだしお事件』とはなんだったのだろう」と正面から向き合うことを決意。

ダメもとで事故当時の「なだしお」乗員（OB、現役）にコンタクトを取ると、意外なことに快諾を得た。むしろ「事件を知らない人も多くなってきた今、自分が伝えなくてはならない」と積極的に協力してくれたという。

「奥さんにも仲間にも誰にも言えなかったことだと思う。彼らの肩の荷を下ろすことができた気がしました」と代理取材に当たった担当編集者の矢代さんは振り返る。

矢代さんは取材に出られない山崎氏の代わりに新潮社内に「山崎プロジェクト編集室」を設置。室長として海自の横須賀、呉、那覇などを飛び回った。特に思い出深いのは江田島の幹部候補生学校だという。

潜水艦「おやしお」にもカメラを持って入った。「潜水艦の中は思ったより狭くて、引きの画が撮れないんですよね」と苦労を語る。

山崎氏は潜水艦の描写に特に難儀していたが、元潜水艦隊司令官の小林正男氏などOB数人と何度もやりとりして細部を詰めた。

執筆に入る前の山崎氏は、むしろ自衛隊には懐疑的で、「自衛隊の話を書くのは冒険」と話していたという。しかし、自衛隊を見つめるうちに、次第にニュートラルな視点を得ていった。

山崎氏は本書の中で自衛隊を「戦争をしないための軍隊」と呼び、その意義を読者に問う。

「山崎さんは常々、戦争をしないためには、戦争を真正面から考え、意見を持つことが大事だと言っていました」と矢代さん。

「特に自衛官の方には自分がその立場だったらどうするかを考えながら読んでほしいですね」

「約束の海」の続編の刊行は未定だが、映像化の話が出ているという。続報を楽しみに待ちたい。

山崎豊子氏の思いを受け継ぐ、「約束の海」担当編集者の矢代新一郎さん

BOOK NOW

私が読んだ この一冊

西沢泰生著「壁を越えられないときに教えてくれる一流のひとのすごい考え方」（アスコム）

第3特科隊第1科（姫路）
大石真琴 1陸尉 35

本書は、「一流」と呼ばれる人の考え方の「エピソード」をクイズ形式にして、まとめた一冊です。

お仕事、勉強、お金、恋愛、家族、友人関係など、不安や悩みが多い現代ですが、「なるほど」と少し視点を変えることができる一冊です。仕事に行き詰まった際に読まれてはどうでしょうか。

ダン・ブラウン著「パズル・パレス（上・下）」（角川文庫）

海自硫黄島航空基地隊本部総務班
妹脊道寛 1海尉 46

暗号を解かないと国家機密情報が全世界で閲覧可能となってしまう！

ところが、暗号を作った者は死んでしまい、主人公を含む国防関係者が暗号を解くために命懸けで動き始めるが、鍵を握る重要人物が次々と何者かに殺されていく…という「時限暗号解読作戦」のストーリーです。

この本を読み始めると上・下巻、読み終わるまで手放せなくなります。

通信幹部の私にとっては、非常に興味深い本でした。是非、読んでみて下さい。

町田宗鳳著「生きてるだけでいいんだよー『臨済録』自由訳によるー」（集英社）

6空団基地業務群本部（小松）
東條正勝 2空佐 50

宗教学者である著者は、この世で受ける試練というのは大荒行よりはるかに厳しいもので、人は「生きてるだけでいいんだよ」と語りかける。

一方、隊員は存在するだけでは足りず、その性質上、常に向上することが求められている。

人が生きることと、向上することとの矛盾を調和させ、あるがままの「ジブン」を受入れた人の未来は明るいと著者は喝破する。閉塞感や虚無感、絶望感などに陥りそうなときに薦めたい一冊である。

㊨距離や角度を観測できる測量器材「トータルステーション」（左手前）の説明を受けるモンゴル軍の5人。左から2人目がダワードルジ大佐（3月12日、施設学校で）㊧25年度の車両整備教育を修了した東ティモール軍の隊員と笑顔で記念撮影する陸自隊員（2月27日、メテナロ基地で）

「日本の技術学びたい」

モンゴル軍将校

施設学校で測量研修

広がる能力構築支援

「日本の高い技術を学び、我が国の施設能力の向上を図りたい」――。南スーダンにPKO部隊を派遣するモンゴルから5人の将校が3月10日、4日間の日程で来日し、期間中、陸自施設学校（勝田）で道路構築など測量技術の一端を研修した。一方、東ティモールで同国の将校らに自動車整備技術を教えた陸自隊員らが帰国し、11日、若宮政務官に帰国報告を行った。東ティモールの受講者からは「もっと技術を学びたい」と期待の声が寄せられているという。防衛省が取り組む能力構築（キャパシティー・ビルディング）支援事業はまもなく3年目を迎える。人材育成を通じて安全保障環境の改善を目指す新たな試みは、着実に広がりを見せている。

（1面参照）

3月12日、勝田駐屯地ではモンゴル国防省行政局のダワードルジ大佐以下5人が道路構築の基礎となる測量の実地教育を研修した。

来日したのは、同大佐のほか、国防省対外協力局のムンフバヤル中佐、参謀本部工兵部のジャルガルサイハン中佐、工兵科部隊副隊長のガンブルグ中佐、国防大学工兵科教育・計画担当責任者のダワーフー中佐。

5人は施設学校教官の説明を受けた後、実際に土地の距離や角度を計測するトータルステーションなどの器材をのぞいて性能を確認。使用法などについて盛んに質問し、理解を深めた。

モンゴル軍は現在、ロシア軍から譲り受けた測量器材を使用しているが、「技術の高い日本がどんなモノを使用し、どのように測量しているのか学ぶことができた。今後はモンゴルにある日本企業から製品の導入を検討したい」（ダワードルジ大佐）と話していた。

モンゴルは現在、南スーダンPKOに1個大隊（約800人）を派遣。このうち、施設科部隊の1個工兵中隊（約180人）が宿営地や現地の建物の修理などの施設活動を行っている。

モンゴルへの能力構築支援は、平成24年1月の日モ防衛相会談で決まった覚書を機に、同11月の次官級協議でモンゴル側が工兵科部隊の技術向上に向けた日本の支援に期待を表明。これを受け、防衛省・自衛隊は同国のニーズを調査し、今回の研修が実現した。

研修を終えた同大佐は「我が国はロシア、ドイツ、韓国、カナダから装備品の提供を受けているが、能力構築支援の教育は日本だけ。最近は日本との交流が盛んなので、今後も期待している」と感想を話した。

東ティモールでは車両整備

一方、東ティモールで車両整備教育を終えて帰国した小山幹生2陸佐は、同国軍人の熱意と技術力向上の手応えを実感していると話す。

「教え子たちの成長を見たい」と平成24年度に続き2回目の派遣を希望し、受講者たちの能力向上ぶりを目の当たりにした。

前回は座学中心に屋内での整備要領を伝授したが、25年度は災害派遣の現場を想定し、荒天の野外でも車両整備ができるよう、実技を取り入れた教育を実施。

今回初派遣となった福光雅之2陸尉は「言葉が通じなくても技術は通じる。車両の可動率向上に貢献したい」と意欲を見せる。

「よき整備員である前によき軍人・兵士であれ」――。自衛隊の持つノウハウと技術移転を通じて築かれる両国の絆。新年度はいよいよ上級者の養成が始まる。

事態室チーム初V

内閣府ソフト

防衛省出向の11人活躍

【内閣官房副長官補（事態対処・危機管理担当）付】内閣の各部局内の親睦を深めることを目的とした「内閣及び内閣府本府等部局対抗ソフトボール大会」が2月22日、東大検見川総合運動場（千葉市）で行われ、防衛省からの出向者を中心とする「内閣官房副長官補（事態対処・危機管理担当）付」チームが初優勝を飾った。

チームの通称は「事態室チーム」で、防衛省から出向している自衛官7人、事務官4人を中心に、各省庁からの出向者20人で構成。監督は谷村博志1陸佐、部長は松本圭三3空佐が務めた。

初優勝した事態室チーム。谷村監督（前列中央右）、松本部長（同左）、エースの高橋健一郎3陸佐（前列右から2人目）ら（2月22日、千葉市で）

試合前には、週末返上で雪が積もる目黒基地グラウンドでの守備練習、官舎の自転車置き場の電灯の下で深夜のピッチング練習に励んだほか、バッティングセンターに通って個人練習を積み重ね、万全の態勢で試合に臨んだ。

当日は13チームが参加。そろいのユニホームに身を包んだ「事態室チーム」は予選リーグで「内閣官房副長官補（内政・外政）チーム」と「2020年オリンピック・パラリンピック東京大会推進室チーム」を破り、準決勝で「経済社会総合研究所チーム」、決勝で「大臣官房会計課チーム」を撃破して優勝を決めた。

これで事態室チームは、昨年春の「同バレーボール大会」での優勝と合わせ、2冠を達成した。

谷村監督は「先発メンバー19人中、6人が陸海空自衛官で、うち3人がレンジャー隊員という鉄壁のチーム。これで負ければ我が国の国防は大丈夫か、となるので、優勝できてほっとしている」と語った。

松本部長は「全試合を通じたチーム打率は『・630』で、バッティングセンターでの練習の成果が出た。全員が持ち前の能力を発揮し、各持ち場をしっかり守ったことが優勝につながった。この勢いに乗って自衛官の気力・体力を内閣官房内で発揮し、各省庁出身者と緊密に連携して政府の危機管理のためにまい進したい」と笑顔で話した。

防衛省からの出向者が所属する組織の名称は、今年1月の国家安全保障局（NSC）の設置に伴い、これまでの「内閣官房副長官補（安全保障・危機管理担当）付」＝通称・安危＝から、「内閣官房副長官補（事態対処・危機管理担当）付」＝通称・事態室＝に変更されたため、関係者は今回の優勝について「新たな名称を周知する良い機会となった」と話している。

技術身に付け原隊復帰

公務中の障害で職能センター入所

関西処の杉本曹長

公務中に障害を負った隊員の技術修得指導を行う自衛隊中央病院職業能力開発センター第58期生（木工科）の杉本強陸曹長（51）は3月13日、1年間の課程を修了し、翌14日、原隊の関西補給処祝園弾薬支処に復帰した。

杉本曹長は昭和57年陸自入隊。京都の大久保駐屯地45普連を経て平成6年、武器科職種に転換。9年、祝園弾薬支処で公務中、検査用の弾薬を運ぶ作業中に疲労骨折で膝から下の骨が全てねじれて割れ、障害認定を受けた。

翌年まではなんとか通常職務をこなせるまでに回復し、一昨年まで約15年間、部隊などで働いてきたが、これまで弾薬職種として身に付けた木材細工の技術をさらに向上させ、退職後も木工に関する仕事に就きたいとの思いから、上司に志願して25年4月、入所した。

作品を手にする杉本曹長。紅葉を貼った盆（左下）なども杉本曹長の作（3月13日、職業能力開発センターで）

弾薬職種は車両などで弾薬を移動する際、保定と呼ばれる弾薬を固定する作業があり、箱の隙間を埋めるために木材細工の技術が必要になる。

センターで身に付けた技術について杉本曹長は、「鑿（のみ）や鉋（かんな）などの刃物は『研ぎ』で作業が全く変わってくる。それを教わったのは非常に勉強になった。帰ってから後輩に伝え、職務に役立てていきたい」と話した。

1年間で作製した作品は本棚、盆、テーブルなど7点にわたる。「木工は楽しくてのめり込みます。教官に注意されながらも作品の出来上がりを早く見たくて、ついつい遅くまで作業してしまいました」と笑顔で語った。

浴槽で使うヒノキの椅子は「戻ったらのり付けして家で使います」と単身赴任から自宅に戻る喜びを垣間見せた。

中央病院の井内裕雅総務課長は「入所は1年間部隊を離れることになるので難しい問題はあるが、技術修得は職務に役立つとともに退職後の就職にも生かせる。とてもよい制度なので、ぜひ活用してほしい」と話している。

（2面参照）

雑念捨て心に余裕

山口地本部員が座禅に挑戦

【山口】地本は3月4日、地本部員の精神鍛錬のため山口市内の臨済宗洞春寺で座禅を二座行い、心を整え、集中力を高めて心に余裕を生じさせる修行に挑んだ。

住職は物事を正しく見て考えることができないことを、コップ（心）に水（雑念）が満ちている状態に例えて「このままでは、心に余裕がないため、正しいことをそのまま受け入れることができない。そこで座禅を通し、姿勢を正し、呼吸ごとに雑念を吐き出すことで、心を落ち着け自分を見つめれば、少しずつコップの水を減らすことができる。すると物事をきちんと見る余裕ができ、正しく考えることができる状態に近づける」と説いた。

早朝6時、身が引き締まる寒さの中、窓が開け放たれた広い本堂で鈴（りん）の音とともに座禅を開始。本部長の宮木浩1空佐をはじめ、部員たちは寒さと住職が見回る緊張感の中、20分間の座禅を行った。その後、休息を挟み再度20分間の座禅を組んだ＝写真。

参加者は「2度目の座禅の方が短く感じられた」と感想を話し、住職の教えを自ら"体感"し、今後の任務達成への士気を高めていた。

こちら警務隊

☎ 8・6・47625

児童の裸をネット投稿

5年以下の懲役や罰金

児童の裸などの画像を、インターネットの掲示板に投稿した場合、何か罪に問われるのですか？

インターネットの掲示板に、児童の裸などの画像を不特定多数の人に閲覧させる状態においた場合「児童買春、児童ポルノに係る行為等の処罰及び児童の保護等に関する法律違反」に問われ、5年以下の懲役もしくは500万円以下の罰金または併科（複数の刑を併せて科すること）に処されます。

なお、この法律でいう画像とは、裸に限らず、他人の性欲を高め、または刺激するものの全てを指します。このような画像を投稿しては、絶対にいけません。

（128地警＝板妻・福留2曹）

北海道キロロスキー場

11旅団が捜索

行方不明のスノボ客発見

北海道余市郡赤井川村のキロロスキー場でスノーボードをしていた男性（35）が3月9日、行方不明になった。地元警察と消防などが懸命の捜索を行ったが見つからず、翌10日午前11時、北海道知事から有吉啓聖11旅団長に災害派遣が要請された。

正午に11特科隊などで編成されたFast-force（11特科隊長・関口景1佐以下約60人、車両約30両）が真駒内駐屯地を出発。

次いで午後3時34分に11飛行隊のOH6観測ヘリ1機が丘珠駐屯地を離陸し捜索活動を開始した。

翌11日午前3時、11特科隊の捜索部隊（人員約60人、車両約30両）が真駒内駐屯地を出発、活動を行った。

午前8時20分ごろ、道防災航空隊がコース外の斜面中腹にできた雪穴で男性を発見し救助。午前11時に11旅団に対し撤収要請が出された。

派遣部隊は11特科隊（真駒内）、18普連（同）、11飛行隊（丘珠）、11偵察隊（同）。派遣規模は延べ人員約120人、車両約60両、航空機1機。

小休止

▽…「お兄さん、お姉さん、がんばって！」。2月18日、教育課程最終段階の100キロ行進に挑む94期陸自一般幹部候補生323人に、佐賀県武雄市の明信保育園の園児が沿道から声援を送った＝写真。

▽…後日、学校には「僕たちも4月からはランドセルをしょって小学校に行きます。重い荷物をしょって歩くお兄さん、お姉さんを見て勇気をもらいました」とメッセージ入りの横断幕が届いた。

▽…精一杯伸ばした小さな手と"ハイタッチ"を交わして過酷な訓練を終えた候補生も、春からは全国の部隊で国民を守る幹部自衛官となっていく。

（前川原）

臨機応変、創意工夫し

1陸尉　能見　高史（分遣隊・2施設小隊長）

施設小隊長として南スーダンに派遣されて2カ月がたとうとしています。

当初の計画では、我々5次要員から活動地域が拡大されることに伴い、私は分遣隊の施設小隊長として東エクアトリア州で施設活動を行う予定でした。しかしながら思わぬ情勢の変化により、現在はジュバ市内の国連施設に避難してきた住民に対する支援を行っています。避難民の生活環境は衛生設備の未整備や十分な食料が確保されていないことから非常に劣悪で、それを改善するために多くの国際機関が支援に来ています。

そうした中、我が施設小隊もUNMISS司令部などと連携しながら、避難民の生活環境を少しでも改善するために、簡易トイレの構築などに従事しています。ニーズは多種多様で、また資材も十分整っていない状況ですが、平素の訓練で培った能力を生かして、創意工夫しながら少しでも良いものを作れるよう努力しています。

避難民は過酷な状況に置かれていますが、我々には非常に協力的で、その環境に負けずに明るく暮らしています。私たちも情勢が安定し、通常の国づくり支援に戻れることを望みつつ、明るく前向きに任務に取り組んでいます。

我々がこうしてアフリカの地で活動できるのも、私たちを送り出し、留守を預かってくれている部隊や家族のおかげだと思っています。日本に帰るその日まで「任務完遂・無事帰国」を合言葉に任務にまい進していきたいと思います。

（原隊・3施大＝大久保）

ジュバ市内の国連施設に避難してきた難民の支援を陣頭指揮している能見高史1尉

（世界の切手・オーストラリア）

（戦友との別離に）
貴様と別れるのは、
貴様よりもつらいぞ。
笹井　醇一中尉
（ラバウル航空隊の中隊長）

南スーダン派遣施設隊・第5次隊に参加して

強いなまりに苦労

2陸尉　堀田　慎太郎（隊本部通訳）

私は隊本部通訳班の通訳幹部として南スーダンに派遣されました。任務は隊本部の業務に関わる通訳・翻訳支援であり、主な任務は派遣隊長が他国高官と面談・会議に参加する際の通訳です。

特に努力していることは英語の聞き取りです。国連南スーダン共和国ミッションの要員は世界中のさまざまな国から集まってきており、任務上、通訳する相手国はインド、モンゴル、スウェーデン、ルワンダの方々で、総じてなまりが強いのが特徴です。特にインド人の話す英語を聞き取るのに苦労しています。アメリカ英語だけでなく、幅広く英会話能力を高めなければいけないと感じています。

通訳班は幹部2名、陸曹1名に加え、各部署から若干名の支援を受け、一丸となって努力しています。私も「自分の発言は隊長の発言である」という職務の重要性と責任の重さを認識し、日々、通訳・翻訳能力の向上に努めています。

（14戦車中隊＝日本原）

井川隊長（右）と外国軍指揮官の通訳をする堀田慎太郎2尉（中央）

食堂を癒やしの場に

陸曹長　佐藤　哲彦（本部付隊・補給班）

私は本部付隊・補給班の炊事長として南スーダンに派遣されました。炊事長の任務は3個の炊事組を運用し、隊員の活力源となる栄養価が高くおいしい食事を提供することです。

業務上、一番気を使っているのは食材です。生鮮品を南スーダンの市場から仕入れていますが、野菜は日本とは違って傷んでいるものもあるため、十分な食材が準備できないことがあります。また、納入時期の延期や変更により仕入れ量が減少したり、献立通りにいかないこともあります。そんな時は組長が食材を見て、創意を凝らし、献立を変更して料理を作っています。

これからも一致団結し、食堂が派遣隊員の疲れた身体と心を癒やす場所となるよう、食事の面から支えていきたいと思っています。

（原隊・37普連＝信太山）

おいしい料理で派遣隊員の毎日の任務を支える炊事長の佐藤哲彦曹長

みんなのページ

方面戦車部隊合同射撃訓練

未経験の壁に挑戦

3陸曹　安井　厚喜（13戦車中隊・日本原）

私は滋賀県あいば野演習場で行われた「方面戦車部隊合同射撃訓練」に小隊長車砲手として参加しました。

我が隊には小隊長を含め戦車射撃競技会に参加した経験のある者がほとんどおらず、本番に向けての乗員の連携がいま一つ取れていませんでした。かくいう私も北部方面隊の競技会で予備車の砲手として出た経験しかありません。

それでも、私のつたない経験を少しでも伝えようと、射撃予習後のミーティングなどで私の経験を話しました。そして砂盤を使った射撃予習やミーティングを繰り返すうち、車長・砲手・操縦手・装填手の連携が次第に高まり、単車としてのまとまりも出てきました。

そして戦車4両のチームワークも向上し、小隊としての力が発揮できるようになっていきました。しかし、他の各種行事の支援や特別勤務、武装走競技会などに時間を取られ、競技会の練成時間はわずかしかなく、実車の射撃もほとんどできない状況で本番を迎えました。

射撃当日は天気が悪くて1日延期となったり、厳冬期で非常に寒く、待機しているだけでも大変でしたが、射撃予習で練成した成果を本番では十分に発揮できたと思います。

残念ながら結果は残せませんでしたが、次こそは競技会で優勝できる小隊となれるよう、さらなる練度向上に努めたいと思います。

冠雪の富士山の下で行われる「小川町内1周駅伝」

町内駅伝で3連覇

3陸曹　南　健志（普教連3中・滝ヶ原）

2年前、中隊のアンカー中村2曹が1位でゴールした時の興奮を私は今も忘れることができません。あの時は、「やっと勝てた……」としみじみ思ったものです。

あれから2年、我が3中隊がまさか「小川町内1周駅伝」で3連覇を達成できるチームになるとは夢にも思いませんでした。

私が初めてこの駅伝に参加したのは、11年前に「持続走練成隊」を挫折し、落ち込んで1人で走っている自分に、営内班の先輩が声をかけてくれたのがきっかけでした。

その時は営内班などから寄せ集めメンバーで駅伝チームを編成し、なんとか10位以内に入ることができました。予想より好成績だったためか、駅伝への出場が楽しくなり、その後、3中隊は毎年希望者を募り、駅伝に参加するようになりました。

その目的は順位・記録などに関係なく、楽しく走ることです。しかし、連隊の持続走競技会で毎年のように優勝する2中隊を見てうらやましくなり「どうせやるなら優勝したい」と思うようになりました。

しかし経験者が少なく、毎度10位以内がやっとで、2中隊のBチームにも勝てない状況でした。それでも陸上競技の経験がある転入者や新隊員が加わって徐々に優勝を狙える戦力が整ってきました。

2年前、期待できるチームが編成でき「勝てる確率は40%だな」と密かに思って臨んだ結果、スタート後からみんなが必死にタスキをつないでくれ、思いがけず初優勝を達成することができました。

その時に感じたことは「長い目で目標に向かって努力することの大切さ」でした。初優勝はチームに自信と勢いを与え、選手がさらに熱心に練習するようになった結果、なんと3連覇を達成できたのです。

この経験を後輩にも継承し、3中隊が駅伝で10連覇、20連覇を成し遂げ、また連隊持続走競技会でも優勝できるよう、今後も年間を通じて中隊を強くしていきたいと思います。

OBがんばる

小金澤　照昌さん　56
平成24年9月、自衛隊群馬地方協力本部を最後に定年退職（3陸佐）。群馬県の渋川市役所に再就職し、行政課消防防災対策室の防災専門官を務める。

自助・共助・公助

私は平成24年9月、陸上自衛隊を定年退職しました。再就職先は群馬県渋川市役所で、現在「防災専門官」として勤務しています。渋川市が元自衛官を受け入れるのは初めてのことで、地本の援護課長には大変ご苦労をかけてしまいました。

私の業務は、市の「防災・減災」の取り組みに関する市民への啓発活動です。主な仕事は防災訓練、災害図上訓練、避難所運営訓練、防災講話などの計画・実施です。特に防災講話については年間50回を超える要望があり、その都度、地域や住民に合った説明資料の作成に追われますが、とても充実した毎日です。

私が自治体の仕事を希望したのは、在隊間に「情報」や「地誌」に関する教育入校を通じ、その知識を他に生かしたいと考えたからです。また災害派遣の体験から命の尊さや行政の重要性を知り、できたら自分もその現場に立ち、地域住民の生命・財産を守る力になりたいと強く希望し、地本のご支援もあってその夢を叶えることができました。

誰しもいつか定年を迎えます。皆様にアドバイスしたいことは①自分の夢を持ち、諦めないこと②夢の実現に何が必要か考えること③現場に出て多くの人と接点を持つ――の3点です。

再就職も「防災」活動と同じです。自ら行動する「自助」、OBなどから情報収集する「共助」、最後は援護センターの力を借りる「公助」です。決して公助だけに頼ってはいけません。外に出て初めて分かったことは、自衛隊は素晴らしい組織であり、その中で働く皆さんも素晴らしい人材だと言うことです。自信を持って勤務に励んでください。

詰将棋

出題　日本将棋連盟　九段　石田　和雄

第668回出題

先手　持駒　なし

【ヒント】竜、馬の活躍です。（10分で初段）

▶詰碁、詰将棋の出題は隔週です◀

詰碁

出題　日本棋院　九段　曲　励起

第1083回解答

【解答図】白先、白活。白①黒❷白③が大切で黒❹なら白⑤で活きます。なお、白③で『4』は黒『3』で白いけません。

新刊紹介

「黎明の笛」　数多　久遠著

「竹島は陸上自衛隊特殊作戦群の占領下にある！」。衝撃的な宣言とともに、航空自衛隊総隊司令部の長い一日が始まった。空自総隊司令部を舞台に繰り広げられる、ミリタリーサスペンス小説だ。

著者は元空自幹部で、空自の基地や装備品にとどまらず、部署や階級、人間関係を詳細に記述する。他のミリタリー小説とは比較にならない現実感をにじませる。

主人公は航空総隊司令部情報課情報班長、倉橋日見子3等空佐。陸自特殊作戦群の秋津和生2等陸佐と婚約した彼女に、国家を揺るがす策謀が襲い掛かる。

作品を通じて一貫しているのは、自衛官同士の結束だ。腹心の安西依志夫1等空尉をはじめ日見子は部下、上司、ひいては自らを監視する陸自中央情報保全隊をも引き込み、前代未聞の非常事態に対処しようと奮闘する。

信頼と裏切りが交錯する中、竹島を占拠した秋津2佐の次なる作戦、そして日韓戦争を阻止できるのか。手に汗握る怒涛の攻防のすさまじさに、有事における自衛隊の体制、意識は万全か、考えさせられる。（祥伝社刊、1470円）

「武人の本懐」　高嶋　博視著

東日本大震災では、ともすると陸自の影に隠れがちだった海上自衛官の活動を、現場トップが日記形式でつづった。

著者は当時の横須賀地方総監。「思いをできる限り忠実に文字にした」とある通り、登場人物の発言や著者の一言一句から、震災のありのままの姿が再現される。

「知らない」ということは、半ば「罪」であるという場面が本書には何回も登場する。

例えば湾内に錨泊している「水船」の存在。これを知らない自治体は、住民が飲料水に苦労しているのに海自の支援を断り、この存在を教えられ支援を受けた自治体には、この小さな船が神様のように映ったという。

知ることには、「知らせる」義務も伴うが、マスコミの役割に加えて、自衛隊側の義務もある。

著者は自治体の防災会議から海自をはずした知事、副知事を訪ね、震災時における海自の役割を説く。

そしてこうした積み重ねが、何百年か1000年後かの大震災での貴重な教訓として生きると信じる。本書は英語版も予定しているという。

（講談社刊、1785円）

朝雲

発行所 朝雲新聞社
〒160-0002 東京都新宿区坂町26番地19 KKビル
電話 03(3225)3841
FAX 03(3225)3831
振替00190-4-17600番
定価一部140円、年間購読料9000円（税・送料込み）

主な記事

2面 1佐職 春の定期異動
3面 護衛艦「すずつき」「ふゆづき」就役
4面 〈父兄会版〉全国理事会を開催
5面 発足4年目迎える「国際防衛協力室」
6面 〈募集・援護〉奈良県で陸自部隊誘致
7面 東京五輪代表に日体大が卒業証書
8面 〈みんなのページ〉21年前の父の足跡

不明マレーシア機捜索

P3C 豪に拠点移す

南インド洋まで範囲拡大

小野寺防衛相は3月21日、行方不明となっているマレーシア航空機の捜索のため、自衛隊による捜索範囲をインド洋南方海域まで広げる行動命令を新たに発令した。これを受け、マレーシアを拠点に14日から捜索活動に当たってきた海自のP3C哨戒機2機が23日、オーストラリア南西部のピアース空軍基地に移動を完了。翌24日から同国南西沖約2500キロの南インド洋の現場海域で米豪軍と協力して捜索活動を開始した。同日にはマレーシア政府が、同機が南インド洋に墜落したとの見解を発表した。空自のC130H輸送機2機は25日、いったん日本に帰国し、待機態勢を続けている。

空自C130Hは帰国、待機

3月8日未明に南シナ海上空で消息を絶ったクアラルンプール発北京行きのマレーシア航空機について、豪政府は20日、人工衛星が撮影した画像を分析した結果、豪南西部のパースから約2500キロ離れたインド洋の南方海上で不明機の残骸の可能性がある浮遊物が見つかったと発表した。

これを受け、マレーシア政府は日本政府に対し捜索範囲の変更を要請。防衛省では省内協議を経て、P3Cの拠点をマレーシアから豪に移すことを決定した。

これに伴い、自衛艦隊司令官隷下のP3C哨戒機2機による海自の国際緊急援助飛行隊（隊長・岩政秀委2海佐以下約50人）は、23日までにパース近郊のピアース空軍基地に移動を完了、翌24日から現場海域での捜索活動を開始した。

岩政隊長は23日、待ち受けていた報道陣に「非常に困難なミッションだが、各国と協調して捜索に当たり、一刻も早い発見、捜索、救助に全力を尽くしたい」と述べた。

同時に、これまでマレーシアに拠点を置いていた大臣直轄の「現地支援調整所」は豪にも展開。23日までに所長の杉本洋一1海佐以下4人がピアース空軍基地に移り、米豪を中心とした各国などとの調整に当たっている。並行してマレーシアの「現地支援調整所」には日本から随時増派を行い、調整所要員は両国で計約10人に増強される予定だ。

一方、航空支援集団司令官隷下のC130H輸送機3機（うち1機は本邦待機）による空自の国際緊急援助飛行隊（隊長・天白雅也3空佐以下約110人）は、引き続きマレーシア半島とその周辺海域で活動を続けた後、25日に日本に帰国。引き続き捜索要請に即応できるよう本邦待機の態勢をとっている。

オーストラリアのピアース空軍基地に到着した海自P3C哨戒機。手前右（後ろ向き）は現地支援調整所長の杉本洋一1海佐（3月23日）

「守り抜く信念 固く持ち続ける」

首相、本科58期ら536人を激励

防大卒業式で訓示

防衛大学校（神奈川県横須賀市、國分良成校長）の卒業式が3月22日、安倍首相を迎えて記念講堂で行われ本科58期、理工学研究科前期課程51期、同後期課程11期、総合安全保障研究科前期課程16期、同後期課程3期の卒業生536人の新たな出発を祝福した。首相は「今ほど自衛隊が国民から信頼され、頼りにされている時代はかつてなかった。その自信と誇りを胸に、どんな困難な現場にあっても『国民を守る』という崇高な任務を全うしてほしい」と訓示し、卒業生を激励した。（3面に首相訓示要旨）

恒例の帽子投げを行う本科58期卒業生ら（3月22日、防衛大学校で）

式には首相をはじめ小野寺防衛相、木原政務官、岩﨑統、岩田陸、河野海、齊藤空幕長ら来賓、父兄など約1700人が出席。国家斉唱の後、國分校長が一人一人に卒業証書と修了証書を手渡し、野上智行大学評価・学位授与機構長が本科人文・社会科学専攻代表の秋島一弥学生ら卒業生に学位記を授与した。

國分校長は式辞で、国際平和維持活動や災害派遣活動を例に挙げ、「自衛隊の役割拡大に対する国内外の期待は高まり、災害に対する緊急・復旧支援の面でも絶大な信頼が寄せられている。時代が自衛隊に追い付いてきた」と述べた。

続いて登壇した安倍首相は1999年11月22日に起きたT33A練習機の墜落事故で、搭乗していた故中川尋史空将補、故門屋義廣1空佐が埼玉県狭山市の住宅街への墜落を最後まで避けたことを挙げ、「（殉職した2人は）最後の瞬間まで国民の命を守ろうとした」とした上で、「国家の存立に関わる困難な任務に就く諸君は、万が一の事態に直面するかもしれない。その時には、全身全霊を捧げて国民の生命と財産、日本の領土・領海・領空は断固として守り抜く。その信念を堅く持ち続けてほしい」と卒業生を激励した。

小野寺大臣も訓示に立ち「本校で養った誇りあるリーダーとしての資質を基礎とし、国民に信頼される精強な自衛隊をつくるため不断の精進を重ねることを切望する」と述べた。

最後に卒業生を代表し、本科の河野健学生（航空要員）が「ここで培った絆はかけがえのないもの。国民の期待に応えるべく、日々まい進していく所存です」と答辞を述べた。

本科学生は陸・海・空各幕僚長によって一般幹部候補生に任命され、陸・海・空要員を代表して秋島一弥、浦山修太朗、河野健各学生がそれぞれ宣誓。その後、全員で一斉に帽子を投げて卒業を祝った。

午後からは観閲式が同校の陸上競技場で実施され、観閲官の小野寺大臣が在校生の各隊を巡閲。陸海空の航空機18機が祝賀飛行し、在校生約1420人が整斉と観閲行進した。

今年の卒業生は本科58期が陸上要員207（うち女子13）、海上要員101（同7）、航空要員111（同9）、留学生14、任官辞退10を含む非任官者15の計448人。理工学研究科前期は陸25（同2）、海8（同3）、空25（同2）、技官4、留学生4、官公庁等1、特別研究員1の計68人。同後期は陸4、留学生1、特別研究員1の計6人。総合安全保障研究科前期は陸2、海2、空1、留学生1、官公庁等2、特別研究員2（同1）の計10人。同後期は陸1、海1、特別研究員2（同1）の計4人。

自衛官定期異動を発令

前原統幕運用部長 永井1師団長 市野2師団長

将4人、将補に9人昇任

政府は3月18日の閣議で将に4人、将補に9人を昇任させる人事を了承した（3月20日付既報）。統幕運用部長に前原空幕監理監察官、1師団長に永井西方幕僚長兼健軍駐屯地司令、2師団長に市野富士教導団長、空団司令官に佐藤佐監幕僚長がそれぞれ着任する。これに伴う将クラスの異動では、海幕副長に重岡空団司令官、自艦隊司令官に鮒田海幕副長、護衛艦隊司令官に河村統幕運用部長、佐世保総監に池田護衛艦隊司令官がそれぞれ着任。反怖1師団長、友部2師団長、松下自艦隊司令官、吉田佐世保総監が勇退する。発令はいずれも3月28日付。将補クラスでは24人が異動する。このほか、1佐クラスでは17、18、20、23、28の各日付で計約300人が動く。（2面に1佐人事）

前原統幕運用部長　鮒田自艦隊司令官　永井1師団長　河村護衛艦隊司令官　市野2師団長　佐藤空団司令官　重岡海幕副長　池田佐総監

防衛省発令

▽統幕運用部長（空幕監理監察官）　空将　前原　弘昭
▽1師団長（西方幕僚長兼健軍駐屯地司令）　陸将　永井　昌弘
▽2師団長（富士教導団長）　同　市野　保己
▽海幕副長（空団司令官）　海将　重岡　康弘
▽自艦隊司令官（海幕副長）　同　鮒田　英一
▽護衛艦隊司令官（統幕運用部長）　同　河村　正雄
▽空団司令官（佐監幕僚長）　同　佐藤　誠
▽佐世保総監（護衛艦隊司令官）　同　池田　徳宏
▽退職を承認
（1師団長）陸将　反怖　謙一
（2師団長）同　友部　薫
（自艦隊司令官）海将　松下　泰士
（佐世保総監）同　吉田　正紀
▽統幕運用部副長（1師団副長兼練馬駐屯地司令）　陸将補　蛭川　利幸
▽同首席後方補給官（海幕経理課長）　海将補　大力　政富
▽陸幕法務官（北方幕僚副長）　陸将補　甲斐　芳樹
▽北方幕僚副長（陸幕教育訓練課長）　同　中村　裕亮
▽中方幕僚副長（同防衛課長）　同　森下　泰臣
▽西方幕僚長兼健軍駐屯地司令（3師団副長兼千僧駐屯地司令）　同　金丸　章彦
▽1師団副長兼練馬駐屯地司令（2高特団長兼飯塚駐屯地司令）　同　藤田　浩和
▽3師団副長兼千僧駐屯地司令（統幕運用部副長）　同　岩谷　要
▽2高特団長兼飯塚駐屯地司令（高射校副長兼企画室長）　同　星指　隆
▽富士教導団長（中方幕僚副長）　同　山中　洋二
▽中央会計隊長（陸幕会計課長）　同　福田　和彦
▽海幕総務部長（呉監幕僚長）　海将補　菊地　聡
▽同装備部長（海幕技術部長）　同　船木　洋
▽同技術部長（海補本副長）　同　西山　中庸
▽同監察官（海幕総務部長）　同　道満　誠一
▽呉監幕僚長（統幕首席後方補給官）　同　春木　秀之
▽佐監幕僚長（海幕監察官）　同　淵之上英寿
▽海補本副長（同技術課長）　同　大島　孝二
▽空幕監理監察官（3空団司令兼三沢基地司令）　空将補　城殿　保
▽3空団司令兼三沢基地司令（空幹候校長兼奈良基地司令）　同　井上　浩秀
▽空幹候校長兼奈良基地司令（7空団司令兼百里基地司令）　同　深澤英一郎
▽7空団司令兼百里基地司令（空幕総務課長）　同　大浦　弘容
▽自衛隊情報保全隊司令（西方特科隊長兼湯布院駐屯地司令）　陸将補　渡邊　金三
▽中央病院1歯科部長（阪神病院副院長兼企画室長兼診療技術部長）　同　鈴木　通彦
▽退職を承認
（陸幕法務官）陸将補　林田　和彦
（中央会計隊長）同　本庄　俊弘
（自衛隊情報保全隊司令）同　立花　尊顕
（中央病院1歯科部長）同　河本　哲
（海幕装備部長）海将補　菊地　芳勝
（以上3月28日）

将昇任者略歴

永井　昌弘（ながい・まさひろ）陸将　防大25期。昭和56年陸自。平成7年2佐、12年1佐、19年将補。空挺団長、富士学校特科部長、14旅団長などを経て25年8月西方幕僚長。北海道出身。55歳。

市野　保己（いちの・やすみ）陸将　防大24期。昭和55年陸自。平成7年2佐、12年1佐、21年将補。中方幕僚副長、高等工科学校長などを経て、24年3月富士教導団長。愛知県出身。56歳。

佐藤　誠（さとう・まこと）海将　防大26期。昭和57年海自。平成8年2佐、13年1佐、21年将補。トルコ防衛駐在官、4空群司令、海幕監察官などを経て、24年12月佐世保総監部幕僚長。青森県出身。54歳。

前原　弘昭（まえはら・ひろあき）空将　防大27期。昭和58年空自。平成9年2佐、14年1佐、20年将補。3空団司令、総隊防衛部長などを経て、24年3月空幕監理監察官。長崎県出身。53歳。

春夏秋冬

新年度の執筆陣

北岡、黒田、田部井、童門氏（掲載順）

本紙人気コラム「春夏秋冬」の執筆陣が新年度から交代します。次号から登場する4氏は、首相の諮問機関「安全保障の法的基盤の再構築に関する懇談会」（安保法制懇）座長代理として今最も注目される政治・歴史学者、国際大学学長の北岡伸一氏。在韓30年、韓国人の「ホンネ」も「タテマエ」も熟知する産経新聞ソウル駐在客員論説委員の黒田勝弘氏。日本が世界に誇る現役バリバリ登山家の田部井淳子氏。おう盛な執筆活動の傍ら、その人生訓にも渋みが増す作家の童門冬二氏です。ご期待ください。

北岡　伸一氏　黒田　勝弘氏　田部井　淳子氏　童門　冬二氏

（きたおか・しんいち）国際大学学長。1948年奈良県吉野町生まれ。東大法卒、東大院修了。立教大法学部教授、東大法学部教授を経て2004年～06年国連日本政府代表部次席大使。12年から政策研究大学院大学教授。87年『清沢洌』でサントリー学芸賞受賞。11年紫綬褒章受章。歴史への洞察を踏まえ、安保法制懇で集団的自衛権行使容認に向けた議論をリードしている。

（くろだ・かつひろ）産経新聞ソウル駐在客員論説委員。1941年大阪市生まれ。京大経卒。共同通信入社、韓国延世大に留学しソウル支局長。89～2011年産経新聞ソウル支局長兼論説委員。92年ボーン・上田記念国際記者賞、05年に菊池寛賞と日本記者クラブ賞を受賞。朝鮮半島情勢のみならず食文化にも造詣が深い。近著に『韓国　反日感情の正体』。

（たべい・じゅんこ）登山家。1939年福島県三春町生まれ。昭和女子大英米文学科卒。75年、エベレストに女性として世界初登頂。92年に女性世界初の7大陸世界最高峰制覇。現在でも精力的に海外登山に出かけ、60カ国以上の最高峰に立つ。TV、ラジオへの出演や講演を通じ、山登りの楽しさを多くの人に紹介している。新刊に『それでもわたしは山に登る』。

（どうもん・ふゆじ）作家。1927年東京生まれ。旧制中学卒。44年土浦海軍航空隊に入隊し特攻隊を志願するが、翌年終戦。都庁で企画調整局長、政策室長などを歴任後退職し、50歳を過ぎて作家活動に専念。99年勲三等瑞宝章受章。「組織と人間」の問題を歴史小説の形で現代に問いかける。主著に『小説　上杉鷹山』『人生で必要なことはすべて落語で学んだ』。

朝雲新聞社

平成26年度予算成立

一般会計総額95兆8823億円の平成26年度予算は3月20日、参院本会議で採決が行われ、自民、公明両党などの賛成多数で可決・成立した。新年度予算が3月中に成立するのは、平成23年以来3年ぶり。

朝雲寸言

「輝かしい日本海軍の伝統」「海上自衛隊は世界有数の海軍です」――。短いあいさつの中に、何度もジャパニーズネイビーという言葉が繰り返された▼通称「赤レンガ」として知られる広島県江田島市の海上自衛隊幹部候補生学校。それらの言葉は、3月21日に行われた卒業式で、参列した米海軍第7艦隊の司令官が、220人を超す卒業生の門出に贈ったメッセージだ▼式を終えた卒業生たちは、瀬戸内に面した桟橋から小型艇に乗り込み、沖合で待つ護衛艦へと向かった。「帽ふれ」の号令と共に、彼らは日本列島を1周しながらの訓練航海を経て、半年間の遠洋航海に旅立つ。これらは全て、海軍兵学校時代のままだ▼海自が「伝統墨守」と評される由縁である。1888（明治21）年に、兵学校が江田島に建てられてから、敗戦で閉校するまで、この地は海軍の聖地として、57年もの歴史を刻んできた▼その伝統を有形無形に引き継いだ海自の幹部候補生学校も今年、1957（昭和32）年の開校から57年の節目を迎え、歴史は兵学校と肩を並べた。日清、日露の戦から先の大戦まで、戦続きだった兵学校と刻んだ歴史は違っても、海上防衛力の重要さは今も変わらない▼この国を守り、シーレーンを安定させる。大きな災害や事故が起きれば、駆け付けなければならない。「立派な日本海軍には、それにふさわしい責任があります」――。7艦隊司令官は祝辞をそう結んだ。

時の焦点

国内　予算成立後の課題

問われるアートの向上

政治はサイエンス（科学）とアート（芸術）で成り立つ。法や制度をつくる理論的な作業と、法案を国会で成立させ、国民に支持してもらうための根回しや説得。どちらを欠いても、政治は前には進まない。

3年ぶりに「年度内成立」となった新年度予算の過程を振り返ると、順調に見える安倍政権の課題が見えてくる。それは、アートの向上である。

4月からの消費増税の影響を和らげるため、通常国会では冒頭に大型の2013年度補正予算案を審議することが決まっていた。にもかかわらず、国会召集は1月24日と遅かった。理由は、安倍晋三首相の外遊だ。外交の重要性は認めるが、万が一、補正予算に手こずり、14年度予算が年度内に成立しなければ、景気を腰折れさせないという方針と矛盾する。

終わってみれば戦後3番目のスピード成立も、アートのたまものではなく、野党の弱さのおかげだ。それでも、年度内の自然成立を確保するための衆院での駆け引きは綱渡りだった。通常国会後半に向けた反省材料にすべきだろう。

安倍首相は集団的自衛権の行使をめぐる憲法解釈の変更について、5月の大型連休明けには閣議決定し、残る会期で国会審議を尽くしたいと考えているようだ。他の重要法案をどう処理し、集団的自衛権に関する国民理解を深める手だてをどう工夫するか、アートの力が問われるところだ。

外交でもアートが重要な局面を迎えている。日韓首脳がバラク・オバマ米大統領の仲介で会談する新展開はあったものの、中国、韓国との関係改善は道半ばだ。TPP（環太平洋パートナーシップ協定）交渉が行き詰まる中、4月下旬のオバマ大統領来日が日米首脳の対決の場に化せば、両国関係も緊張する。

それ以上に難しいのはクリミア併合を進めるロシアへの対応だ。

11世紀に編纂された古書『過ぎし歳月の物語』には、862年にノース人（バイキング）がキエフ（現在のウクライナの首都）にルーシ(ロシア)を建国したとある。土着のスラブ人はいったん抵抗したが、無政府状態に陥り、ノース人による統治を自ら要請した。この物語を真実と認める人々は今も「ロシアは西欧と同じ発展の道を進むべきだ」と主張し、スラブ人の役割を強調する反ノース派は「ロシアには独自の使命があり、西欧とは一線を画すべきだ」と唱える（『国家と国民の歴史』のロシアの章。ジーナ・ハバーエヴァ著）。

国際法のサイエンスだけでは割り切れない複雑な歴史を前に、国際社会がどんなアートを見せるのか。ウラジミール・プーチン大統領との関係を重視してきた安倍首相にとっても、正念場だ。

ちなみに、ロシアの版図を巨大にしたモスクワ公国のイワン三世（イワン大帝）が即位した日は、1462年のきょう、3月27日である。

東雲　次郎（政治評論家）

海外　ウクライナの教訓

尖閣透かす中国の思惑

親ロシア政権を打倒した2月下旬のウクライナ政変劇は「キエフの春」とはならず、これに強く反発したプーチン大統領による同国南部クリミア半島へのロシア部隊進駐、住民投票での自治共和国独立、そしてロシア連邦への編入（併合）と1カ月もたたずにこの地域の版図を塗り替える事態に発展した。欧米の猛反発を承知の上での電光石火とも言うべきクリミア併合作戦は、2008年のグルジア軍事侵攻と同様、秘密警察出身のプーチン大統領がかねて練っていた軍政戦略だったに違いない。

ロシアとクリミアの歴史的関わりや、現地では多数派のロシア系住民保護といった今回の併合作戦の表向きの狙いもさることながら、プーチン大統領を突き動かしたより大きな要因は、大国ロシアの勢力圏と見なすウクライナを、やすやすと欧米陣営に引き渡してはならないという断固たる決意ではなかったか。

クリミア半島南部のセバストポリにはロシア黒海艦隊の基地があり、艦隊基地の死守はクレムリンの主が誰であろうとロシア指導者にとっては至上命題と言っていい。

今後の焦点は、プーチン大統領がやはりロシア系住民の多いウクライナ東部にも手を伸ばすのかどうか、さらには対ロシア制裁強化に踏み切った欧米諸国との関係悪化の度合いに移りつつある。

後者については、主要8カ国（G8）からの除名など歯牙にかけない同大統領の姿勢を見れば、関係冷却の長期化や経済制裁による打撃は覚悟の上だろう。

今回のウクライナ危機での対応では、西側民主主義陣営の一員である我が国は、対ロ制裁で欧米と足並みをほぼそろえる必要がある一方で、北方領土問題の解決を政権の主要課題に掲げる安倍首相とプーチン大統領の個人的信頼関係もあり、難しい判断を迫られた。

しかし、ロシアによる武力を背景にしたクリミア併合は、戦後世界が築いてきた独立国家の領土保全の原則に真っ向から挑戦するものであり、これを看過すれば、前世紀の帝国主義列強を想起させる力による領土簒奪を許すことになる。

一連のウクライナ危機へのロシアの行動に理解を示した数少ない国の一つが中国だったが、中国系の香港誌に掲載された「ウクライナ事件が中国に示すもの」という見出しの軍事専門家の論考が目にとまった。要約すれば、ウクライナはロシアにとって地政学的な核心的利益に関わるものであり、中国にとっての東シナ海と同様な存在であるがゆえに、ウクライナへの軍事干渉は容認されるという主張だった。さらに、ロシアのクリミア出兵が中国のもたらす「真の啓示」に触れ、釣魚島（尖閣諸島）を電光石火の早業で軍事的に押さえる必要性に言及した。

ウクライナ危機で日本が教訓をくみとるべき問題は、制裁や対ロ関係の立ち位置の調整だけにとどまらない。

伊藤　努（外交評論家）

1佐職春の定期異動

3月17、18、20、23日付

▽中央病院医療安全評価官（中央病院1内科）1海佐　谷本　高男
▽同付（同医療安全評価官）同　松崎　宏治
（以上3月17日）
▽陸幕装備部付（陸幕開発課開発2班長）1陸佐　日浅　隆
（3月18日）
▽海幕総務課広報室長（海幕装体課航空機体系班長）1海佐　平木　拓宏
▽同装体課航空機体系班長（同装体課）同　山形　文則
▽海幕付（25空司令）同　春花　和広
▽護艦隊（あしがら艦長）同　小澤　豊
▽1護群首席幕僚（1護群）同　能勢　毅
▽あしがら艦長（1護群首席幕僚）同　川久保正彦
▽25空司令（海幕総務課広報室長）同　石川　一郎
（以上3月20日）
▽防大教授（航校霞ヶ浦分校長）1陸佐　山野　順良
▽防研教育課程運営室長（九州処総務部長）同　本間　敏弘
▽同主任研究官（研本主任研開官）同　中澤　剛
（監察本部統括監察官付3監察班長）同　大塚　和也
▽統幕運用1課防衛警備班長（陸幕総務課）同　泉　英夫
▽同運用1課（防研所員）2陸佐　齋藤　熊史
▽同運用2課国際地域調整官（鳥取地本長）1陸佐　吉浦　健志
▽同国際協力室長（統幕運用2課国際地域調整官）同　實藤　聖
▽同指通シス運用課コンピュータ・システム共通運用基盤管理室長（陸幕開発課開発4班長）同　木戸　泰雄
▽同首席法務官（海幕首席法務官）1海佐　黒澤　聖二
▽統幕校教育課2教官室教官（陸幕施設課総括班長）1陸佐　長浦　拓也
▽陸幕総務課渉外班長（陸幹校付）同　古舘　俊之
▽同総務課（同）同　栗木　茂幸
▽同会計課経理班長（補統装備主計課長）同　永富　直由
▽同人計課服務室長（1輪ヘリ群長）同　更谷　光二
▽同募集・援護課援護班長（研本研究員）同　青木　秀敏
▽同運支課運支2班長（陸幹校付）同　笹島　昭佳
▽同同陸上連絡官（西方防衛部）2陸佐　南野　延寿
▽同運支・情報部付（防衛政策局）1陸佐　岡　栄治
（北方情報課長）同　中川　修
（26普連長兼留萌駐屯地司令）同　山内　克己
（情本）同　山口　英明
▽同防衛課編成班長（研本研究員）同　富崎　隆志
▽同同国際防衛協力室長（陸幹校主任教官）同　野村　悟
▽同情通・研究課研究班長（研本研究員）同　井上　亙
▽同同情通室（富士校普通科部研究課長）同　二瓶　惠司
▽同武器・化学課火器班長（技本陸上担当技術開発官付3開発室長）同　中村　佳伸
▽同通信課電計班長（北方防衛課陸上連絡官）同　藤田　公徳
▽同航空機課総括班長（研本研究員）同　森　貴義
▽同同航空機班長（陸幹校付）同　内山　信吾
▽同施設課総括班長（統幕校教育課2教官室教官）同　鮫島　昭一
▽同開発課開発2班長（陸幹校付）同　大久保芳樹
▽同同開発4班長（情本）同　吉原　孝典
▽同教訓課訓練・演習班長（陸幕教訓課）同　宮崎　章
▽同教訓課（同募集・援護課）2陸佐　岩上　隆安
▽同副警務管理官（北方人事課長）1陸佐　河野　保之
▽北方総務課長（中方総務部）同　岩塚　寿文
▽同人事課長（研本研究員）同　藤田　尚樹
▽同援業課長（国際活動教育隊）2陸佐　横山　裕之
▽同情報課長（研本研究員）1陸佐　三笠　展隆
▽同防衛課長（陸幹校付）同　吉春　隆史
▽同同陸上連絡官（北方防衛部）2陸佐　坂口浩二郎
▽同訓練課長（3戦大長兼今津駐屯地司令）1陸佐　赤羽根禎英
▽同付（52普連長）同　牧野　正美
（北海道局防衛補佐官）同　遠藤　政文
▽真駒内駐屯地業務隊長（西方監察官）同　吉永　幸男
▽東千歳駐屯地業務隊長（東方会計隊長）同　小林　博一
▽東北方会計課長（統幕総務課）同　菅野　勝浩
▽同厚生課長（高射校）2陸佐　木坂　浩
▽同装備課長（関西処計画課長）同　藤原　宝
▽同施設課長（東北方装備部）同　高井　勝則
▽同付（東北方指揮所訓支隊長）1陸佐　浅川　紀明
▽東北方航隊長兼霞目駐屯地司令（陸幕航空機課総括班長）同　濵岡　清隆
▽同副隊長（航校2教育部長）同　橋本　哲彰
▽東北方指揮所訓支隊長（3対艦連長）同　清水　和人
▽東方総務課長（東北方施設課長）同　奥田　浩一
▽同会計課長（関東処）2陸佐　弥永　正一
▽同情報課長（陸幹校）同　山本　幹二
▽同防衛課長（研本研究員）1陸佐　加々尾哲郎
▽同付（防研教育課程運営室長）同　重岡　良昭
（東方混成団長）同　岡﨑　勝司
（会計監査隊東方分遣隊長）同　豊留　廣志
▽東方会計隊長（東京地本募集課長）同　松田　靖史
▽同衛生隊長（研本研究員）同　牧　範聡
▽朝霞駐屯地業務隊長（2施団副長）同　萩庭　賢了
▽武山駐屯地業務隊長（技本誘導武器担当技術開発官付総括室長）同　麻生　和彦
▽板妻駐屯地業務隊長（関西処桂支処総務部長）同　三宅　匠
▽中方地域連絡調整課長（東方人事部）2陸佐　河本　俊哉
▽同情報部長（情本）1陸佐　青木　義昌
▽同防衛課陸上連絡官（陸幹校）2陸佐　早崎　和寿
▽同訓練課長（28普連長兼函館駐屯地司令）1陸佐　佐藤　和之
▽中方会計隊長（陸幕会計課経理班長）同　永野　格
▽伊丹駐屯地業務隊長（補統調達会計部長）同　太田　久光
▽海田市駐屯地業務隊長（札幌病院総務部長）同　丹羽　浩之
▽西方総務課長（特科教導隊長）同　林　優
▽同募集課長（板妻駐屯地業務隊長）同　枇杷　利政
▽同情報部長（陸幕防衛課国際防衛協力室長）同　笠松　誠
▽同後方運用課長（即応集団後方補給部長）同　鶴村　和道
▽同監察官（5高特群長）同　濵﨑　文明
▽健軍駐屯地業務隊長（戦車教導隊長）同　大塚　元幸
▽那覇駐屯地業務隊長（西方募集課長）同　平田　喜彦
▽1師団監察官（中方地域連絡調整課長）2陸佐　松本　啓司
▽3師団幕僚長（即応集団幕僚副長）1陸佐　佐々木俊哉
▽4師団3部長（陸幹校付）同　丸尾　寿明
▽6師団3部長（同教官）同　大北　知史
▽7師団付（東千歳駐屯地業務隊長）同　遊佐　宏文
▽10師団3部長（陸幹校教官）同　荒木　貴志
▽同4部長（同）同　長濱　貴志
▽11旅団付（真駒内駐屯地業務隊長）同　島内　哲哉
▽12旅団副長兼相馬原駐屯地司令（3師団幕僚長）同　早渕　昇
▽同3部長（陸幹校付）同　根本　正之
▽13旅団副長兼海田市駐屯地司令（研本主任研開官）同　河井　繁樹
▽14旅団副長兼善通寺駐屯地司令（統幕首席法務官）同　軽部　真和
▽同付（航校企画室長）同　石原　四広
▽即応集団幕僚副長（即応集団防衛部長）同　高木　勝也
▽同情報部長（陸幕運支・情報部付）同　岡　栄治
▽同防衛部長（44普連長兼福島駐屯地司令）同　松坂　晋一
▽同後方補給部長（陸幹校付）同　齋藤　剛
▽2高特団高級幕僚（東方総務部）2陸佐　高田　雅之
▽同付（九州処企画課長）1陸佐　吉田　英紀
▽1ヘリ団高級幕僚（西方人事部）2陸佐　古賀　久敬
▽東方混成団長（陸幹候校副長兼企画室長）1陸佐　高橋　正州
▽同副長（研本5研究課長）同　徳田　俊彦
▽2施団副長（防大教授）同　土生　円徳
▽4施団副長（施校教育部長）同　米津　浩幸
▽5施団付（九州処健軍支処長）同　田代　勉
▽通信団付（通校総務部長）同　酒井　郁哉
▽開実団評価科長（技本航空機担当技術開発官付1開発室長）同　佐藤　孝
▽10普連長兼滝川駐屯地司令（陸幕運支課陸上連絡官）同　佐々木裕治
▽16普連長兼大村駐屯地司令（統幕運用1課防警班長）同　藤岡　史生
▽26普連長兼留萌駐屯地司令（6師団3部長）同　宮嵜　浩一
▽28普連長兼函館駐屯地司令（訓練評価隊副長）同　吉原　和宏
▽41普連長兼別府駐屯地司令（陸幕情通・研究課研究班長）同　德永　勝彦
▽44普連長兼福島駐屯地司令（同運支課運支2班長）同　濵田　剛
▽52普連長（西方総務課長）同　今村　浩富
▽7特連長（陸幕教訓課訓練・演習班長）同　南川　信隆
▽9特連長兼岩手駐屯地司令（10師団3部長）同　松本　英樹
▽北方施設隊副長（10施群長）同　中田　茂富
▽13施設隊長兼幌別駐屯地司令（研本研究員）同　渋谷　幹
▽2後支連長（陸幕防衛課編成班長）同　上田　和幹
▽6後支連長（同運支・情報部付）同　大澤　洋一
▽9後支連長（需校研究部長）同　高見　友康
▽14後支隊長（東北処計画課長）同　神田　敦
▽3地対艦ミサイル連長（情本）同　檜垣　明生
▽4特群長兼上富良野駐屯地司令（東方防衛課長）同　山﨑　誠一
▽5高特群長（中方訓練課長）同　西本　浩史
▽8高特群長兼青野原駐屯地司令（補統企画課長）同　川野　静生
▽1輪ヘリ群長（研本主任研開官）同　川崎　誠二
▽7施群長（陸幹校教官）同　寺西　孝之
▽10施群長（統幕運用2課国際協力室長）同　豊田　真
▽シス防護隊長（陸幕通信課電計班長）同　大澤　満
▽警本（東方警務隊長）同　堀　国秀
▽同付（小平校警教部長）同　飯田　裕久
▽中央警務隊長（東北方警務隊長）同　大西　延昌
▽東北方警務隊長（中央警務隊長）同　松下　重美
▽東方警務隊長（陸幕副警務管理官）同　長谷場修也
▽中方警務隊長（小平校主任教官）同　藤原　修
▽中業支印刷補給部長（情本）同　川野　克典
▽中業支（中業支印刷補給部長）同　宮城　英俊
▽同付（14旅団副長兼善通寺駐屯地司令）同　伊集院兼一
（関東処吉井弾支処長兼吉井分屯地司令）同　前田　光弘
（情本）同　松岡　寿
（同）同　加藤　利幸
（技本陸上担当技術開発官付総括室長）同　岡　和男
（近畿中部局東海支局次長）同　佐久間　充
▽中央情報隊付（統幕運用1課）同　木村　顕継
（陸幕防衛課）同　北島　一
▽特科教導隊長（北方援業課長）同　小野　真嗣
▽戦車教導隊長（防研主任研究官）同　阿部　昌平
▽訓練評価隊副長（12旅団3部長）同　中川　宏樹
▽会計監査隊東方分遣隊長（1師団監察官）同　豊原　敬三
▽陸幹校教務課長（研本研究員）同　小林　直行
▽同主任教官（北方施設隊副長）同　矢野　光宏
（化校副長兼企画室長）同　澤村　信
▽同教官（陸幕武器・化学課火器班長）同　瓜生　研二
（武山駐屯地業務隊長）同　福山　尚正
（陸幹校付）同　石川　貴茂
（同）同　能勢龍一郎
（同）同　牧野　雄三
（研本企画調整官）同　今田　将吾
（北海道処補給部長）同　池ノ本八郎
（同白老弾支処長兼白老駐屯地司令）同　酒巻　勝
▽陸幹校（陸幕開発課）2陸佐　上林　勝敏
▽同付（統幕運用1課）1陸佐　黒羽　明
（陸幕人計課）同　藤井　義勝
（同装備計画課）同　河口　弘幸
（同）同　古内　弘樹
（北方防衛部）同　高橋　洋二
（西方人事部）同　清水　和彦
（同防衛部）同　小田島邦弘
（12旅団副長兼相馬原駐屯地司令）同　荒瀬　弘毅
（14飛隊長兼北徳島分屯地司令）同　三浦　彰
（陸幹校教務課長）同　石田　和成
▽陸幹候校副長兼企画室長（13旅団副長兼海田市駐屯地司令）同　原　圭三
▽富士校普通科部研究課長（陸幹校付）同　小見　明之
▽同機甲科部研究課長（5戦大長兼鹿追駐屯地司令）同　中村　智志
▽同主任教官（陸幕情報課）同　水沼　大
▽航校企画室長（東北方航副長）同　庄山　聡
▽同2教部長（1ヘリ団高級幕僚）同　成山　誠
▽同霞ヶ浦分校長（伊丹駐屯地業務隊長）同　豊田　和男
▽施校教育部長（7施群長）同　重村　和幸
▽通校総務部長（通校主任教官）同　池岡　龍彦
▽同主任教官（九州処計画課長）同　堤　浩一郎
▽武校2教部長（東北方装備課長）同　伊東　昭夫
▽需校研究部長（研本研究員）同　野﨑　忠朗
▽需校付（関東処松戸支処長）同　室園　信宏
▽輸校総務課長（輸校管理課長）2陸佐　金桑　裕治
▽小平校総務部長（4施団副長）1陸佐　池原　伸浩
▽同総務課長（10普連長兼滝川駐屯地司令）同　首藤光太郎
▽同情報教育部1教課長（東方情報課長）同　濵崎　勝志
▽同警務教育部長（中方警務隊長）同　本田　誠
▽同主任教官（東方会計課長）同　渡邊　康雄
▽小平校付（小平校）2陸佐　山本　健
（同総務部長）1陸佐　藤本　和敏
（同総務課長）同　竹井　利和
▽衛校総務部長（北方衛生隊副長）2陸佐　岡村　純一
▽同研究部長（中央病院企画室）同　則武　政彦
▽化校副長兼企画室長（化校教育部長）1陸佐　岩熊　眞司
▽同教育部長（10師団4部長）同　田子　和明
▽同研究部長（陸幹校）2陸佐　佐藤　信義
▽化校付（朝霞駐屯地業務隊長）1陸佐　大橋　武夫
▽高工校教育部長（中方防衛課陸上連絡官）同　高橋宏二郎
▽同生徒隊長（北方総務課長）同　縄　義生
▽高工校付（東方混成団副長）同　山田伊織郎
▽研本企画調整官（陸幹校付）同　藤田　達也
▽同5研究課長（研本主任研究開発官）同　平野　剛
▽同主任研開官（防研主任研究官）同　辻本　正彦
（統幕指通シス運用課コンピュータ・システム共通運用基盤管理室長）同　中村　信也
（陸幕人計課服務室長）同　佐野　光
（西方情報部長）同　須田　道夫
（健軍駐屯地業務隊長）同　木上　英輔
（16普連長兼大村駐屯地司令）同　濱本　博文
（41普連長兼別府駐屯地司令）同　岡本　良貴
（7特連長）同　石丸　信二
（2後支連長）同　井山隆二
（6後支連長）同　浅見勇学
（4特群長兼上富良野駐屯地司令）同　大場　剛
（8高特群長兼青野原駐屯地司令）同　宮本　久徳
（シス防護隊長）同　嶌末　真
▽研本特殊武器研究官（技本陸上担当技術開発官付5開発室長）同　中島　要
▽研本研究員（陸幕募集・援護課援護班長）同　諏訪　国重
（同防衛課）同　田中　裕宣
（同情通・研究課情通室）同　大西　昌弘
（北方訓練課長）同　下本　昭司
（東方総務課長）同　財津耕一郎
（13施設隊長兼幌別駐屯地司令）同　後藤　一郎
（4戦大長兼玖珠駐屯地司令）同　伊藤　博幸
（化校研究部長）同　笠畑　忠嗣
（高工校生徒隊長）同　矢野　哲也
（仙台病院総務部長）同　髙峰　康行
▽補統企画課長（富士校主任教官）同　福尾　淳一
▽同装備主計課長（関東処調達会計部長）同　山洞　啓義
▽同調達会計部長（中方会計隊長）同　後藤　範雄
▽同補給計画1課長（武校2教部長）同　小川　泰規
▽同誘導武器部長（九州処装計部長）同　白川　誠
▽北海道処補給部長（12旅団4部長）2陸佐　二宮　秀治
▽同安平弾支処長兼安平駐屯地司令（補統）同　上原　幹大
▽同白老弾支処長兼白老駐屯地司令（5旅団4部長）同　古賀　昭博
▽東北処計画課長（西方装備部）同　前野　惠司
▽関東処調達会計部長（東北方会計課長）1陸佐　中山　幸男
▽同松戸支処長（研本主任研開官）同　和田　信之
▽同吉井弾支処長兼吉井分屯地司令（補統補給計画1課長）同　岩下　英生
▽関西処計画課長（北海道処安平弾支処長兼安平駐屯地司令）2陸佐　川末　一弘
▽同桂支処長（補統誘導武器部長）1陸佐　柳瀬　勝
▽同同総務部長（10師団1部長）2陸佐　西村　滋
▽同付（関西処桂支処長）1陸佐　森　茂敏
▽九州処総務部長（陸幹校主任教官）同　海田　英昭
▽同装備計画部長（9後支連長）同　野口　惠一
▽同企画課長（那覇駐屯地業務隊長）同　末吉　平興
▽同計画課長（陸幕副監察官）2陸佐　山本　哲
▽同健軍支処長（西方後方運用課長）1陸佐　大村　隆紀
▽海幕首席法務官（海幕付）1海佐　春花　和広
▽体校企画室長（2高特団高級幕僚）1陸佐　井上　秋美
▽同付（体校企画室長）同　鴻野　忠義
▽札幌病院総務部長（衛校研究部長）同　井上　敦稔
▽仙台病院総務部長（同総務部長）2陸佐　沖本　茂
▽福岡病院小児科（中央病院小児科）1陸佐　森西　洋一
▽同付（東方衛生隊長）同　岩田　克富
▽東京地本募集課長（北方防衛課長）同　貴島　康二
▽鳥取地本長（陸幕総務課渉外班長）同　佐藤　健
▽技本陸上担当技術開発官付総括室長（開実団評価科長）同　白井　一弘
▽同同3開発室長（富士校機甲科部研究課長）同　北崎　直弥
▽同同5開発室長（中央特殊武器防護隊副長）2陸佐　行方　聡
▽同航空機担当技術開発官付1開発室長（陸幕航空機課航空機班長）1陸佐　西川　亘
▽同誘導武器担当技術開発官付総括室長（陸幹校教官）同　自田　正俊
▽同空装研新島支所長（高射校）2陸佐　上田　眞巳
▽監察本部統括監察官付3監察班長（研本）同　中嶋　豊
▽北海道局防衛補佐官（東北方厚生課長）1陸佐　戸上　義隆
▽近畿中部局東海支局次長（14後支隊長）同　足立　哲彦
（以上3月23日）

将補昇任者略歴

福田　和彦（ふくだ・かずひこ）陸将補　防大30期。昭和61年陸自。平成12年2佐、17年1佐。幹校教官、陸幕運支課企画班長、同厚生課給与室長、同人計課給与室長、東北方人事部長を経て、23年8月陸幕会計課長。鹿児島県出身。50歳。

中村　裕亮（なかむら・ひろあき）陸将補　防大32期。昭和63年陸自。平成14年2佐、19年1佐。中央情報隊付、研本研究員、陸幕教訓課訓演班長、40普連長などを経て、24年7月陸幕教訓課長。香川県出身。48歳。

大庭　秀昭（おおば・ひであき）陸将補　防大30期。昭和61年3月陸自。平成12年2佐、17年1佐。幹校、西方防衛課長、37普連長などを経て、23年8月東北方防衛部長。北海道出身。50歳。

渡邊　金三（わたなべ・きんぞう）陸将補　防大26期。昭和57年陸自。平成8年2佐、11年1佐。マレーシア防衛駐在官、幹校教官、陸幕調査課運用室、7特連長、岩手地本長、研本主任研開官、東方調査部長、同情報部長、北方混団長を経て、24年7月西方特科隊長。埼玉県出身。54歳。

星指　隆（ほしさし・たかし）陸将補　防大27期。昭和58年3月陸自。平成9年2佐、14年1佐。幹校、同教官、陸幕厚生課厚生班長、幹校教官、同主任教官、5高特群長、西方人事部長などを経て、平成23年4月高射校副校長。東京都出身。53歳。

鈴木　通彦（すずき・みちひこ）陸将補　九州歯科大卒。昭和58年陸自。平成8年2佐、15年1佐。中央病院3歯科部長、札幌病院歯科部長兼准看院長、北方医務官兼札幌病院歯科部長、東北方衛生隊長、衛校教育部長、阪神病院副院長兼企画室長などを経て、25年3月阪神病院副院長兼診技部長。東京都出身。56歳。

大力　政富（だいりき・まさとみ）海将補　防大30期。昭和61年海自。平成12年2佐、17年1佐。海幕装需課資材班長、佐監経理部長、補本装計部長などを経て、24年7月海幕経理課長。大分県出身。51歳。

大島　孝二（おおしま・こうじ）海将補　防大29期。昭和60年海自。平成11年2佐、16年1佐。海幕技術課技術班長、海幕装体課装系班長、防研主任研究官、2整補隊司令などを経て、23年4月海幕技術課長。神奈川県出身。51歳。

深澤　英一郎（ふかさわ・えいいちろう）空将補　防大30期。昭和61年空自。平成13年2佐、16年1佐。イスラエル防衛駐在官、空幕総務課渉外班長、統幕運用1課運用調整官、3空団飛行群司令、空幕広報室長などを経て、24年12月空幕総務課長。福岡県出身。51歳。

「防大卒業式」安倍首相訓示要旨

卒業おめでとう。

諸君の誠に凛々しく、希望に満ちあふれた勇姿に接し、自衛隊の最高指揮官として、心強く頼もしく思います。

今日は22日。15年前の11月、中川尋史（ひろふみ）空将補と門屋義広1等空佐が殉職したのは、22日であります。まずは、諸君とともに、お二人のご冥福を心よりお祈りしたいと思います。

突然のトラブルにより、急速に高度を下げるT33A。この自衛隊機から、緊急脱出を告げる声が、入間タワーに届きました。

「ベール・アウト」

しかし、そこから20秒間。事故の直前まで、二人は脱出せず、機中に残りました。

眼下に広がる狭山市の住宅街。何としてでも、住宅街への墜落を避け、入間川の河川敷へ事故機を操縦する。5000時間を超える飛行経験、それまでの自衛官人生のすべてを懸けて、最後の瞬間まで国民の命を守ろうとしました。

二人は、まさに命を懸けて、自衛隊員としての強い使命感と責任感を私たちに示してくれたと思います。

「雪中の松柏（しょうはく）、いよいよ青々（せいせい）たり」という言葉があります。雪が降り積もる中でも、青々（あおあお）と葉をつけ、凛とした「松」の木のたたずまい。そこに重ねて「いかなる困難に直面しても、強い信念を持って立ち向かう」人をたたえる言葉です。

もちろん、このような事故は二度とあってはならない。我々は、そのために全力を尽くさなければなりません。

しかし、国家の存立に関わる困難な任務に就く諸君は、万が一の事態に直面するかもしれない。

その時には、全身全霊を捧げて、国民の生命と財産、日本の領土・領海・領空は断固として守り抜く。その信念を、堅く持ち続けてほしいと思います。

そのためにも、どんな風雪にもビクともしない、あの「松」の木のごとく、諸君には、いかなる厳しい訓練や任務にも耐えていってもらいたいと思います。

厳しい冬の中で、「松」の木の青々とした姿は、周囲の見る人たちを、大いに励ましてくれるものであります。

「雪中の松柏」たれ

2月の大雪災害においては、雪で閉ざされ孤立した集落の人たちが、昼夜を分かたず救助活動に当たる自衛隊員の姿に、どれほど元気づけられたことか。

昨年、豪雨被害を受けた伊豆大島でも、行方不明者の捜索を懸命に続ける自衛隊員の姿は、国民に大きな勇気を与えてくれました。

今ほど自衛隊が国民から信頼され、頼りにされている時代は、かつてなかったのではないでしょうか。

諸君には、その自信と誇りを胸に、どんな困難な現場にあっても「国民を守る」という崇高な任務を全うしてほしい。そして、国民に安心を与える存在であってほしいと願います。

常に国民のそばにあって、気高く存在する、「雪中の松柏」たれ。諸君には、こう申し上げたいと思います。

自衛隊員を頼りにするのは、今や、日本だけではありません。

マレーシアでは、行方不明となった航空機の捜索に協力しています。フィリピンの台風被害では、1200人規模の自衛隊員が緊急支援に当たり、世界中から感謝の声が寄せられました。

ジブチや南スーダンでも、セ氏50度にも及ぶ過酷な環境のもと、高い士気を保つ自衛隊の姿は、国際的に高い評価を受けています。

冷戦後の地域紛争の増加、テロによる脅威。変わりゆく世界の「現実」を常に見つめながら、自衛隊は、PKOやテロ対策など、その役割を大きく広げてきました。

自衛隊の高い能力をもってすれば、もっと世界の平和と安定に貢献できるはず。世界は、諸君に大きく期待しています。

今日、この場にはカンボジア、インドネシア、モンゴル、フィリピン、大韓民国、タイ、そしてベトナムからの留学生諸君もいます。

日本は、諸君の母国とも手を携えて、世界の平和と安定に貢献していきたい。ここでの学びの日々で育まれた深い「絆」をもとに、諸君には、母国と我が国との「友情の懸け橋」になってほしいと願います。

日本を取り巻く「現実」は、いっそう、厳しさを増しています。

緊張感の高い現場で、今この瞬間も、士気高く任務に当たる自衛隊員の姿は、私の誇りであります。

南西の海では主権に対する挑発も相次いでいます。北朝鮮による大量破壊兵器や弾道ミサイルの脅威も深刻さを増しています。

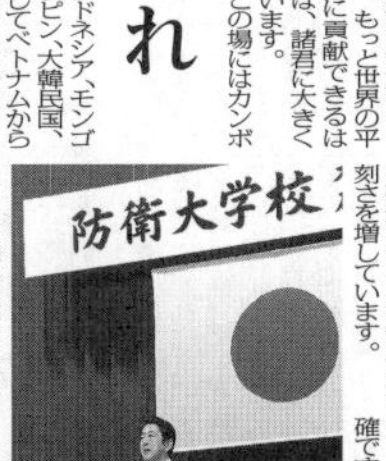

訓示を述べる安倍首相（3月22日、防衛大学校で）

日本近海の公海上において、ミサイル防衛のため警戒にあたる米国のイージス艦が攻撃を受けるかもしれない。

これは、「机上の空論」ではありません。「現実」に起こりうる事態です。そのときに日本は何もできない、ということで本当によいのか。

戦後68年間にわたる、我が国の「平和国家」としての歩みは、これからも決して変わることはありません。「現実」から乖離した「観念論」を振りかざして、これまでの「歩み」を踏み外すようなことは、絶対にない。我が国の立場は、明確です。

しかし、平和国家という「言葉」を口で唱えるだけで、平和が得られるわけでもありません。もはや、「現実」から目を背け、「建前論」に終始している余裕もありません。必要なことは、「現実」に即した「具体的な行動論」と、そのための法的基盤の整備。それだけです。私は、「現実」を踏まえた、安全保障政策の立て直しを進めてまいります。

すべては国民と主権を守るため。諸君におかれても、いかなる「現場」でも、現状に満足することなく、常に高みを目指して、能動的に任務に当たってもらいたいと思います。

「唯　至誠を以て　御奉公申上ぐる一時に至りては　人後に落ちまいと　堅き決意を　有している」

日露戦争のあと学習院長に親任された乃木希典・陸軍大将は、軍人に教育などできるのか、との批判に、こう答えたと言います。

どんな任務が与えられても、誠実に、まごころをもって、全力を尽くす。その一点では、誰にも絶対に負けない。

その覚悟をもって、諸君には、これからの幹部自衛官としての歩みを進めていってもらいたいと思います。

平成26年3月22日
内閣総理大臣　安倍晋三

『すずつき』『ふゆづき』就役

母港となる佐世保に向け出港、帽振れで見送られる「すずつき」（3月12日、三菱重工業長崎造船所で）

3月12、13日、海自の新型汎用護衛艦「すずつき」と「ふゆづき」（ともに5050トン）がそれぞれ就役、一方、旧型の同「いそゆき」と「はるゆき」（ともに2950トン）が13日に退役した。

「あきづき」型3番艦の「すずつき」（艦長・恒益俊春2佐以下約200人）の引渡式は12日、木原政務官、河野海幕長らが出席して長崎市の三菱重工業長崎造船所で行われた。

三菱重工の宮永俊一社長が同艦を防衛省に引き渡すと、木原政務官が恒益艦長に真新しい自衛艦旗を授与、乗員により艦尾ポールに掲揚され、「すずつき」は就役した。

造船所職員に見送られて出港した同艦は同日午後、母港となる海自佐世保基地に入港、8護衛隊に配備された。

一方、「あきづき」型4番艦の「ふゆづき」（艦長・北御門裕2佐以下約200人）は13日、岡山県玉野市の三井造船玉野事業所で就役。三井造船の田中孝雄社長、若宮政務官、河野海幕長らが立ち会った。

若宮政務官から授与された自衛艦旗を艦尾に掲げ、7護衛隊に就役した「ふゆづき」は、この日玉野を出港、17日に母港となる舞鶴基地に入港した。

新しい自衛艦旗を「ふゆづき」の艦尾に掲揚、就役の瞬間を見守る乗員たち（13日、三井造船玉野事業所で）

一方、昭和60年から約30年間にわたり共に海自の第一線で日本の海上防衛に当たってきた「いそゆき」（艦長・青木操2佐）と「はるゆき」（同・坂野祐輔2佐）の自衛艦旗返納行事が13日、佐世保基地で行われた。多くの隊員やOBが見守る中、自衛艦旗が降ろされ、両艦長が吉田正紀総監に返納、両艦は惜しまれながら退役した。

◇「すずつき」「ふゆづき」主要目　▽基準排水量5050トン▽全長151メートル▽最大幅18・3メートル▽深さ10・9メートル▽主機＝COGAG方式ガスタービン4基2軸▽出力6万4000PS▽速力約30ノット▽主要装備＝高性能20ミリ機関砲2基、垂直発射装置一式（VLS Mk41短SAM、アスロック兼用）

給与担当者が集合訓練

陸幕、消費税に伴う注意事項確認

防衛省で3月14日、陸幕給与室主催の「平成25年度方面等給与担当者集合訓練」が行われ、各方面総監部や大臣直轄部隊など全国から46人が参加し、消費税引き上げに伴う注意事項などを確認した。

訓練は、給与担当者の知識や技能を向上させることを目的に21年度から開催されており、今年で5回目。2佐から2曹までの自衛官27人と事務官19人が参加した。

給与制度の変更点などの説明を受ける訓練参加者（3月14日、防衛省で）

26年度は、東日本大震災の復興財源に充てるために平均7・8パーセントカットされていた給与削減の終了や、人事院による給与制度の総合的見直しなど、制度上の変化が著しいことから、訓練に先立ち人事部給与室長の牛島弘樹1佐は「来年度は給与上の変化が目白押し。疑問点の残らないように新年度に備えてほしい」と要望した。

訓練では「無料官舎の拡大による単身赴任手当への影響」や「早期退職者募集制度と若年退職者給付金との関係」などについて多くの質問が寄せられ、陸幕給与室からは「消費税引き上げ前に支給単位期間の最初の月が4月となる定期券を購入した場合、通勤手当は引き上げ後の額で認定する」など、業務の参考となるような特異事例や教訓を紹介した。

参加者は「今回教育を受けた内容は隊員に直接影響すること。しっかりと教育していきたい」などとして、次回の参加を強く希望する声が相次いだ。

海幹校61期36人が卒業

海自幹部学校（目黒、学校長・福本出海将）で3月19日、「第61期指揮幕僚課程」の学生36人の卒業式が行われた。

61期は海自隊員33人のほか、空自1人、陸自1人、韓国留学生1人が在籍。昨年3月に入校し、約1年間、上級指揮官・幕僚に必要な知識・能力を身に付けた。

大講堂で行われた卒業式には河野海幕長をはじめ、歴代海幕長や歴代学校長、部外講師、家族など来賓約60人が出席。

福本学校長は式辞で「内外の安全保障環境や、宇宙・サイバーなどの戦いの場がいかに変化しようとも、健全かつ合理的な結論を導く能力が不可欠。究極の場面では、本課程で身に付けた広く深い教養に基づく直感や人間力が諸君を問題解決に導くだろう」と述べ、卒業学生へのはなむけの言葉とした。

河野海幕長（右）から2級賞状を授与される72空司令の木内啓人1佐（2月21日、海幕応接室で）

急患輸送600回　72空に2級賞状

【72空＝大村】UH60J救難ヘリを装備し、24時間体制で急患輸送などに当たっている72航空隊（司令・木内啓人1佐）は2月21日、五島列島や南西諸島などから600回を超える急患輸送を行った功績で、河野海幕長から2級賞状を授与された＝写真。

海幕応接室で行われた表彰式には各部長らが立会。河野海幕長は「民生の安定と海自の威信の高揚に大きく貢献した」として、木内司令に表彰状と記念品を授与した。

なお、72空が所属する22空群は平成25年5月に長崎県知事から、鹿屋航空分遣隊が所属する1空群は20年12月に鹿児島県知事からそれぞれ災害派遣に対する感謝状を受けている。

ローディングアーム　利用の燃料輸送開始　吾妻島貯油所

【横須賀造補所】横須賀造修補給所の吾妻島貯油所は1月23日から最新式の流体荷役装置「ローディングアーム」を用いた燃料移送作業を開始した。

ローディングアームは液体燃料を船―陸上間で移送する時に用いる装置で、吾妻島貯油所への設置事業は平成4年に計画され、以後日米間の調整を経て22年に装置の共同利用について合意。同年から建設が始まり、施設は昨年7月に完成した。

初作業は補給艦「とわだ」からの軽油2号（艦船用）2800キロリットルの陸揚げで、従来のゴムホースだと3日かかるところをローディングアームでは10時間半で安全・確実に陸揚げし、作業効率は飛躍的に向上した。

設置場所のノースドック地区は、日米で岸壁設備だけでなく装備品まで共同使用するという初の試みが行われていることから、ローディングアームの運用開始は米軍からも高い注目を集めている。

首相乗せオランダへ　政専機

空自特輸隊（千歳）のB747・400政府専用機は3月23日、オランダで開かれるハーグ核セキュリティ・サミットなどに出席する安倍首相を乗せ、羽田空港を出発、同日午後、アムステルダムに到着。26日に羽田に帰国した。

おことわり　「米国防計画見直し全訳」と「西風東風」は休みました。

源田防大教授ら3人の識者が講演

戦史に学ぶ講習会

防衛問題に関心を持つ一般市民を対象に、有識者が講義を行う「戦史に学ぶ講習会」（主催・防衛基盤整備協会）が3月13日、東京都新宿区のホテルグランドヒル市ヶ谷で行われた。元防大教授の中山隆志氏が「占守（しゅむしゅ）島の戦い」、元自艦隊司令官の香田洋二氏が「米英の対群狼作戦」、防大教授の源田孝氏が「バトル・オブ・ブリテン」をテーマに講演した。3人はそれぞれ陸・海・空の元自衛官ということもあり、自身の経験による分析も交じえた。

講習会開始に当たり、防衛基盤整備協会専務理事の茶木哲義氏が「講習会が防衛問題に対する専門家と市民の意識の差を埋める機会になれば」とあいさつ。

中山氏は占守島の地理要因を説明し、日本軍の準備態勢からソ連軍の動き、攻防を解説。「この戦いによって、スターリンは北海道侵攻を断念した。意義はあった」と述べた。

続いて登壇した香田氏は第2次世界大戦におけるドイツの潜水艦作戦と米英の対抗作戦を七つの期間に分けて分析。「夜間に浮上し、攻撃するドイツの群狼作戦のように、実際の戦争では相手の弱点をつく。一つの攻撃要素を崩せば効果的だが、難しい」と臨場感あふれる解説を行った。

源田氏はランチェスターの第2法則（航空戦の損害比率は戦力の2乗に反比例する）などを駆使してドイツ、イギリス空軍の集団戦闘について解説。「ドイツ空軍の攻撃に、イギリス空軍は壊滅寸前だった。第2法則にのっとれば数に勝るドイツが勝利しただろうが、最後は指揮官の差が出た」と語った。

共済組合だより

「あなたのさぽーとダイヤル」

悩みのある人はお気軽に相談を

「職場に苦手な人がいる」「仕事でミスしたことが気になって安眠できない」――。こんな悩みのある人はいませんか。

防衛省共済組合では電話（フリーダイヤル）による相談窓口「あなたのさぽーとダイヤル」を開設し、組合員と被扶養者の心のケアに取り組んでいます。

相談内容は職場の問題、心と体の悩み、妊娠不安、乳幼児の発育、高齢者介護、住宅取得・処分、冠婚葬祭などから、遺産相続、借財、離婚、異性問題、交通事故などまで生活全般です。これら個人的な問題について、部外の経験豊かなカウンセラーが直接相談に応じてくれます。

電話相談は24時間・年中無休で、ほかにEメールでも受け付けています。相談の際は匿名でも話せますので、個人情報の面からも安心です。

「あなたのさぽーとダイヤル」は、0120－184－838（フリーダイヤル）で、一般電話のほか携帯電話、PHSでもOK。全国どこからでも通話料は無料です。

また、Eメールはbouei@safetynet.co.jp で、こちらも随時受け付け。メールによる問い合わせを受けてから2日以内に回答致します。

悩みのある方は、お気軽に「さぽーとダイヤル」までご相談ください。

父兄会版

＜連絡先＞
〒162-0845　東京都新宿区市谷本村町5―1　公益社団法人全国自衛隊父兄会事務局
電話03-3268-3111・内線28863
直通03-5227-2468

わたくしたちの信条　全自父

一、自らの国は自ら守る防衛意識を高めよう
一、自衛隊員を子弟に持つことを誇りにしよう
一、自衛隊を正しく理解し隊員の心の支えとなろう
一、力をあわせ組織を拡充し活動力を高めよう
一、身近な実践活動として自衛隊員の募集及び就職援護に協力しよう

事業計画など4議案了承

父兄会　全国理事会を開催
「家族支援」「会員拡充」訴える

全国自衛隊父兄会（伊藤康成会長）は3月20日、東京都新宿区のホテルグランドヒル市ヶ谷で平成25年度第3回「全国理事会」を開催し、26年度事業計画や収支予算など4議案を審議、了承した。防衛情報誌「おやばと」拡販や家族支援、会員拡大、創立40周年に向けた施策の検討などの重点事業についても各検討委員長が現状を報告した。

全国の理事らに26年度事業計画を説明する寺崎運営委員（右）。壇上は伊藤全自父会長（3月20日、ホテルグランドヒル市ヶ谷で）

理事会には全国から理事25人、監事1人、運営委員11人が出席。冒頭、伊藤会長があいさつで「家族支援という新しい仕事の協力が父兄会に求められている。地本などに支援を受けるのではなく、支援する立場として多くの会員が活動できるよう、各理事、各県会長にお願いしたい」と述べた。

議案の審議では、平成26年度の事業計画と収支予算、規則類の制定・改定、定期総会開催の4議案について担当理事らが説明した。

26年度事業計画に関しては「自らの国は自ら守る」という防衛意識の普及と高揚の運営方針のもと、「防衛講演会」を神奈川県と大分県で開催するほか、①「おやばと」の拡販推進②ホームページの充実③防衛セミナーの協賛④部隊行事などへの積極的参加と家族支援試行協力⑤地本への募集・援護情報の提供⑥北方領土返還要求全国大会への参加――などの項目が盛り込まれた。

また全国の支部代表が出席する定期総会を6月24日に開催することを決めた。

収支予算では東北3県の分担金について、高橋勇輝宮城県会長と星勇一福島県会長が「地域を離れ、仮設住宅に入っている会員がまだたくさんいる」などと先の見えない復興への悲痛な思いを述べた。

各議案は審議後、全会一致で了承された。事業計画と収支予算は3月中に内閣府に報告される。

この後、重点事業の在り方や現状を各検討委員会会長が報告。「おやばと拡販」では宗像久男理事が、今年度から実行している段階的拡販を目指すステップアップ作戦について引き続き実施していく考えを示したほか、「家族支援」では寺崎芳治運営委員が協力事業の現況と「家族支援の参考（3版）」作成などの実施事項について説明した。

「会員拡大」では安部隆志運営委員が、各都道府県の現状に応じた目標を設定して7年以内に入会率50%以上を目指す方針を示した。「創立40周年に向けた施策」では佐田重夫事務局長が28年の記念事業の準備に向けた構想を報告した。

このあと質疑応答に入り、地区協議会の存在意義の明確化や、パワハラ、セクハラに対する相談へのバックアップ態勢などについて活発な意見が交わされた。

「子供一時預かり所」見学
千歳　緊急登庁訓練に合わせ

子供たちの食事の世話をする東千歳業務隊の隊員たち

【千歳】道央自衛隊父兄会千歳支部は1月9、10の両日、道央父兄会長、千歳支部長、千歳支部家族支援推進委員会の主要委員などが参加して、東千歳駐屯地が実施した緊急登庁訓練「子供一時預かり所」を見学した。

同駐屯地は子供を一時的に預かる施設を常設。事前に利用登録が必要で、1月現在約50人の隊員家族が登録している。

訓練は「千歳市周辺に大災害が発生し、駐屯地に所在する部隊が隊員に緊急登庁を命じた」との想定で実施され、施設に登録している隊員20人、子供22人が参加した。

子供たちは施設で一泊し、駐屯地業務隊は子供たちの食事、用便、就寝管理、健康把握など12項目を実施した。

訓練を通じ①子供たちの食事②施設の維持管理費、備品などの充実③父兄会など関係団体からの協力を受けるための相互理解と信頼関係の醸成――などが課題として挙げられ、父兄会が部隊に協力できることを確かめた。

北方領土返還要求
「政府と国民、一丸で」
原・埼玉県父兄会長が決意表明　安倍首相あいさつ

署名活動を代表して決意を述べる原・埼玉県父兄会長

災害に備え、未集合家族の安否確認訓練を行う父兄会員

北方領土の早期返還を求める「平成26年北方領土返還要求全国大会」が北方領土の日の2月7日、東京都千代田区の日比谷公会堂で、安倍首相はじめ関係閣僚、各政党の代表、元島民、返還要求運動に携わる団体の代表者など約1800人が参加して行われた。

大会は北方領土の日が制定された昭和56年の翌年から毎年、官民が一堂に会して開催されており、今回で33回目。全国自衛隊父兄会からは、伊藤会長はじめ首都圏の父兄会員84人が参加し、原敬二埼玉県父兄会長が署名活動を代表して決意表明を行った。

第1部「私たちは故郷に帰りたい」では、元島民3世が参加し、若い世代の立場から北方領土返還を強く求めた。

第2部「北方領土の返還を求める」では、安倍首相があいさつで「北方領土問題は国民全体の問題であり、ロシアとの交渉を進展させるためには、政府と国民が一丸となって取り組むことが重要」と述べた。

原埼玉県父兄会長は「返還署名運動は決して容易なものではないが、私たち自衛隊父兄会は北方領土が返還されることを強く念じ、領土問題が解決するまで活動を継続していく」と決意表明した。

署名活動は昭和47年3月から実施。昨年末で約8536万人の署名を集めている。

全国初
「安否確認」を訓練
熊本　避難家族の掌握検証

【熊本】熊本自衛隊父兄会は2月16日、熊本市内の小学校で全国初となる「安否確認の検証訓練」を北熊本駐屯地業務隊、隊友会、隊員家族と合同で実施した。

父兄会は西部方面総監部に対して「家族支援の検討は安否確認を焦点に検討したい」とする意見を提出しており、昨年10月から北熊本業務隊の主導で4回の合同協議を重ねてきた。

訓練は「熊本県内に震度6強の地震が発生し、駐屯地隊員のほとんどが直ちに災害派遣に出動。県内全域で交通網が寸断し、インフラが被害を受け電話が不通になった」との想定で行われ、父兄会は①一時避難区域の相互確認要領②未集合家族安否確認要領③ネットワーク世話人（父兄会員）の任務――を検証項目とした。

訓練会場となった麻生田、清水、川上の各小学校に父兄会、隊友会員を事前に配置。統裁部を含め33人が訓練に参加し、25組の隊員家族の協力を得て、地震の発生とともに避難してくる家族を掌握。未集合家族に対してメモを頼りに安否行動確認を行った。

参加した父兄会員は「名簿だけで確認することの難しさを痛感した。これからはもっと隊員家族と顔見知りになるような機会をつくらなければいけない」と訓練での貴重な成果を語っていた。

夜間行進の新隊員に　うどん差し入れ
福知山地区会

【京都】京都府自衛隊父兄会福知山地区会はこのほど、後期教育を修了する新隊員91人の35キロ夜間行進訓練を支援した。

父兄会は福知山市内コースの大休止地点となる三段池公園駐車場で午後10時ごろから湯を沸かし、テーブル、照明などを準備して隊員たちの到着を待った。徐々に先頭が見えはじめ「ご苦労さん」と迎える父兄会の前を隊員たちが元気よく通過。全員が休止地点に到着した。

隊員は銃や装具などの点検を小声で静かに整斉と行い、差し入れのうどんを「ありがとうございます」と受け取り、ふうふう言いながらおいしそうに食べていた＝写真。

1時間の休憩後、隊員は再び重い背嚢を背負って装具をつけ、銃を持つと朝6時到着を目指し福知山駐屯地へ出発した。父兄会員たちは全員がそろって到着してほしいという願いを込めて、一人ひとりに「頑張って」と声を掛けていた。

初めて父兄会の活動に参加した会員は「こうした活動は充実感を感じる」と満足そうに話し、長谷川博彦地区会長は「91人の隊員のほとんどが7普連に配属になると聞き心強く感じる。夜間で隊員の顔はなかなか見えないが、隊員の母親は『目の前を通過する我が子はすぐに分かった』と言っていた。さすがに親だなと感心した」と感想を述べ、肌寒くなった夜半に参加した会員の労をねぎらった。

ビデオレターで　子と喜びの再会
庄内地区連絡協

【山形】山形県自衛隊父兄庄内地区連絡協議会の会員35人は2月23日、山形県鶴岡市の湯野浜温泉ホテル満光園で20普連長の西村和己1陸佐による講話を聴講した＝写真。

講話は「2013年、主要活動成果」と題して、昨年の連隊活動をスライドや映像を交えて約1時間にわたり実施され、最後に鶴岡市出身隊員4人のビデオレターが放映された。

その中で「昨年は天童市の給水支援やフィリピンの国際緊急援助活動に参加しました。困難な状況のなかにいる人のために頑張っています」という浦川裕2陸曹（重迫撃砲中隊）のコメントが映し出されると、会場で講話を聴いていた浦川2曹の母親は突然の息子の登場に驚き、目に涙を浮かべて活躍と映像での再会を喜んでいた。

参加者は「自衛隊の活動内容を聞く機会はほとんどない。今回、20普連の活動状況を通して、息子がどんな勤務をしているか、うかがい知ることができてよかった」と語っていた。

事務局だより

▽…去る3月20日、全国自衛隊父兄会は、平成25年度第3回理事会をホテルグランドヒル市ヶ谷で開催しました。公益社団法人に移行して間もなく丸2年。昨年6月に全自父会長と事務局長が同時に交代しました。

今回の理事会は、新しい体制になってから初めての大きな行事でした。そのためでしょうか、理事会には、緊張の中にも新鮮な空気が漂っていました。

▽…昨年12月に閣議決定された防衛計画の大綱に「任務に従事する隊員や留守家族の不安を軽減するよう、各種家族支援施策を実施する」ことが盛り込まれました。いわば、政府として正式に家族支援施策を実施することになったわけです。

全自父は、部外協力団体として、家族支援施策の協力要請を受けました。この事業を軌道に乗せるため、全自父本部と各都道府県父兄会の会員に至るまで、新たな決意を固めているところです。

▽…いま全国的に展開されている家族支援施策への協力は、陸上自衛隊が行う試行の段階であり、本格的な施策の実行は数年先になるでしょう。この協力は、父兄会にどのような影響を与えるのでしょうか。

父兄会は、自衛隊に対し国民の目が厳しい時期に、自衛隊員になったわが子を励まし、立派な隊員になってほしいという親としての純粋な気持ちから芽生えた組織と聞いております。

その精神は、わが子を思う親の心として、今も尊いことであることには違いありませんが、最近の環境の変化を考えると、今そこにとどまっている状況ではないのではないか。すなわち、父兄会は防衛省・自衛隊を真に支える組織に脱皮しなければいけない状況に直面したのではないでしょうか。

▽…昨年の夏以来、取材や編集を重ねてきた総合募集情報誌ディフェンスワールド14が完成しました。その内容は年々充実し、地方協力本部の募集活動に協力する有力なツールとして、活用されてきました。また、企業の社員や一般社会人が防衛の現況を知る情報源としても活用され始めています。（父兄会事務局）

発足4年目迎える「国際防衛協力室」

陸上自衛隊の防衛協力・交流を担う陸幕防衛部防衛課「国際防衛協力室」がまもなく発足4年目を迎える。「各国との懸け橋」として同室が地道に築き上げてきたフェース・トゥ・フェースの信頼関係や人的ネットワークが、フィリピン災害救援などの国際緊急援助活動における多国間連携や、南スーダンPKOをはじめとする実任務の現場で大いに生かされている。同室のこれまでの約3年間を写真と年表で振り返る。

＜国際防衛協力室が手掛けた主な事業＞

＜時期＞	＜実績＞
2011. 4 .22	国際防衛協力室新編。廣惠次郎1佐が初代室長に
4 .27	笠松誠1佐が第2代室長に着任
9 . 5 ～ 9	東日本大震災後初の「MCAP11」では東北の被災地を研修
2012. 1 .10～12	ベトナムとの幕僚懇談（スタッフトークス）を初めて定例化。ベトナムで第1回を開催
1 .30～2 . 5	日米共同方面隊指揮所演習（YS）に豪州から初のオブザーバーを受け入れ。日米豪3カ国協力の「歴史的第一歩」
3 .16～19	日中部隊間交流として、中部方面総監（荒川龍一郎陸将）が初めて中国済南軍区を訪問
3 .29	米陸軍士官学校に陸自から初の教官要員（兵庫剛2佐）を派遣
10.17	初の能力構築支援短期派遣事業（セミナー）をモンゴルで実施
12. 5 ～	初の能力構築支援長期派遣事業（車両整備教育）を東ティモールで開始
2013. 1 .26～30	陸幕長として約16年ぶりにインドネシアを訪問
2 .26～28	ジャカルタで第1回「日インドネシア幕僚懇談」
4 . 8 ～13	平成11年から毎年実施してきた「日韓初級幹部交流」に米軍を加え、初の「日米韓初級幹部交流」を韓国で実施
7 .15～17	従来から日米陸軍種間で実施してきた「シニア・レベル・セミナー（SLS）」に豪陸軍を加え、第1回「日米豪シニア・レベル・セミナー」をハワイで開催
7 .19～24	豪州での米豪共同軍事演習「タリスマン・セーバー」に陸自から初のオブザーバーを派遣
10. 1	米太平洋海兵隊司令部に陸自から初の連絡官を配置
10.16～18	豪州軍主催による東ティモール軍人に対する能力構築支援の場を活用し、陸自主催の能力構築支援（セミナー）を笠松室長が実施。能力構築支援における初の日豪協力を実現
11.19～12.20	フィリピン国際緊急援助活動で国際防衛協力室から土谷克弘2佐が派遣され、多国間調整所で各国軍人らと調整を実施。実任務で初めて、日豪の物品役務相互提供協定（ACSA）による海自補給艦「とわだ」から豪艦艇への洋上給油の実現に尽力
2014. 2 . 2 ～ 7	陸幕長として8年ぶりのロシア訪問。史上初めて陸幕長が東部軍管区（ハバロフスク）を訪問した

防衛交流を一手に

我が国外交の一翼担う

陸幕では従来、防衛課防衛班の中で数人の担当者が防衛交流業務を担っていたが、近年になっての交流の急速な拡大と多様化を受け、平成19年3月、防衛課の中に「防衛交流班」を新編。23年4月22日に同班が「国際防衛協力室」として新たに格上げされる形で、約10人体制で発足した。

同室では発足から5日目の4月27日、初代室長の廣惠次郎1佐（現・陸幕防衛部情報通信・研究課長）の後を継いで、笠松誠1佐が2代目室長に就任。26年3月23日まで、立ち上げの約3年間を牽引した。

この間、同室は陸幕長の海外公式訪問をはじめ、▽陸自の国際会議「アジア太平洋地域多国間協力プログラム（MCAP）」の主催▽日露・日豪など各国将官クラスとの幕僚懇談（スタッフ・トークス）▽日米豪の陸軍種トップが集うシニア・レベル・セミナー（SLS）の開催▽日米共同方面隊指揮所演習ヤマサクラ（YS）への豪軍オブザーバー受け入れ▽アジア太平洋各国への能力構築（キャパシティー・ビルディング）支援事業──など、数多くの防衛協力・交流事業を手掛けてきた。

筆頭となって各国に赴き、調整に当たった笠松室長の国外への出張回数は、陸幕長随行5回を含む約30回、世界14カ国、トータル出張日数は約160日間に及んだ。

政府方針に従って刻々と変わりゆく国際情勢を的確に読む一方、国益の異なる国々と「ウィン・ウィン」の関係となる共通目標を見出していく──。歴史、文化、思考様式も全く異なる相手と調整を進めることは容易ではない。そうした中で、同室は平素から各国と情報共有を図りながら、さまざまな事業を成功に導き、円滑な2国間・多国間関係の素地をつくり出してきた。

かつては会うことに意義があった時代から、今や中身が問われる時代になった。いつ、どこで、どの国とどのような協力を実現していくのか──。

陸上自衛隊として、日本として、具体的な協力の方向性や、将来の展望を明確に打ち出していく姿勢がこれまで以上に求められている。

笠松室長は「防衛協力・交流は『ミリタリー・ディプロマシー』として我が国外交の重要な一翼を担う存在となった。時代を見据え、同室の創設に尽力された先人の方々の先見の明と、血のにじむ努力に深甚なる敬意を表するとともに、常に誠実で献身的な努力でもって絶えることなき挑戦を続けてくれた室員全員に心から感謝を申し上げたい」と話している。

東日本大震災の被災地を訪れ、自衛隊が行った救援活動について研修するMCAPの参加者（平成23年９月）

史上初めて露東部軍管区を訪問した岩田陸幕長。左は司令官のスロヴィキン地上軍大将（26年2月、ハバロフスクで）

米留時代の同期としてインドネシアのユドヨノ大統領（右）を表敬する君塚陸幕長（当時）＝25年1月

ベトナムで初の日越幕僚懇談。右から2人目は吉田防衛課長（当時）＝24年1月

初の日米韓初級幹部交流を韓国で実施（25年4月）

初の日米豪SLSで連携を確認する3カ国の指揮官（25年7月）

東ティモール軍兵士に災害救援活動に関して講義する笠松室長（25年10月）

ジャカルタで初の日インドネシア幕僚懇談（25年2月）

中国人民解放軍兵士を巡閲する荒川中方総監（当時）＝24年3月

フィリピン災害救援の多国間調整所で米豪軍人と調整する土谷克弘2佐（右から2人目）＝25年11月

YS演習で陸自幹部の説明を受ける豪陸軍オブザーバー（右）＝24年1月

東ティモール軍兵士に車両整備の講義を行う陸自隊員（24年12月）

募集・援護 特集

平和を、仕事にする。
陸海空自衛官募集

ただいま募集中！
◇幹部候補生（一般、歯科・薬剤）
◇医科・歯科幹部
◇予備自補（一般・技能）
★詳細は最寄りの自衛隊地方協力本部へ

奈良県に陸自部隊を

大規模災害などに備え即応部隊を要望

誘致活動活発化

全国で唯一、陸上自衛隊の駐屯地がない奈良県で、いまその誘致活動が活発化している。県には空自幹部候補生学校（奈良市）があるが、大災害発生時に即応し、人命救助活動の中心を担うのは教育機関のため難しい。そこで五條市が陸自部隊の誘致に名乗りを上げ、国や県と協力して、その実現を目指している。3月1日には誘致活動の中核となる組織「奈良県防衛協会五條支部」が設立され、これを自衛隊奈良地方協力本部も支援。地本長の山下雅弘1陸佐が出席者60人を前に陸自の任務や活動概要を説明した。

「県防衛協会五條支部」発足

【奈良】県防衛協会五條支部の設立総会が3月1日、五條市のリバーサイドホテルで開催された。式典には来賓として荒井正吾県知事、地元選出の小林茂樹衆院議員、堀井巌、前田武志両参院議員をはじめ、県会議員ら地元自治体関係者や県防衛協会の前田武会長、自衛隊からは空自幹部候補生学校長の井上浩秀空将補らが出席し、支部の誕生を祝った。

五條市は紀伊半島の中央部に位置し、南海トラフ巨大地震など大規模災害の発生に備え、防災拠点の役割も期待されている。このため災害発生に即応できる陸自部隊の来駐に大きな期待を寄せており、誘致を成功させるため五條支部が設立された。

式では支部長に就任した榎信晴・元五條市長があいさつ。「今後、予想される南海トラフ巨大地震に備えるには、県にも陸自駐屯地が必要。今後、市民レベルで誘致を進めたい」と述べた。

また、荒井知事も祝辞で「紀伊半島で水害、津波があった時に大きな役割が期待される」と陸自部隊への期待を示した。

奈良県防衛協会五條支部設立を祝い、あいさつする荒井知事＝3月1日、リバーサイドホテルで

阪神・淡路大震災や東日本大震災での陸自部隊の活躍を目の当たりにした奈良県では、陸自部隊の駐屯地がないことに危機感を強め、今回、五條市の有識者らが誘致に立ち上がった。昨年から準備を進め、五條支部の設立がついに実現した。

五條市の熱いエールを受け、地本も全面協力。設立式典には地本長の山下雅弘1陸佐が出席した。さらに山下地本長は支部員に対する「防衛講話」も受け持ち、60人の出席者を前に陸上自衛隊の編成、平時の任務、災害発生時の出動態勢などについて30分にわたり熱く語った。

地本では防衛協会五條支部が設立されたことを受け、今後、五條市でさらなる防衛基盤の強化と自衛隊の理解促進に努めていく。同時に、地元市民の自衛隊への期待に応え、陸自部隊の誘致実現に向け関係機関との〝パイプ役〟となり、調整活動に寄与していく考えだ。

各地で入隊予定者激励会

入隊を決めたエピソードを語る小笠原さん（右）＝2月22日、三陸花ホテルはまぎくで

震災機に自衛官になろうと決意

【岩手】釜石地域事務所は2月22日、三陸花ホテルはまぎくで行われた釜石・大槌地区の入隊予定者激励会を支援した。

この日、8人の入隊予定者が出席、このうち「民謡青年部旗戦優勝」など数々の賞を受賞している釜石高校3年の小笠原啓さんが空自入隊予定として参加した。

小笠原さんは小学校2年から民謡を習い、25年度民謡民部全国大会で優勝。去年、日本有線大賞新人賞を受賞した大槌出身の歌手・白沢みさきさんの先輩でもある。

小笠原さんはあいさつで「3年前の大震災を経験していなければ、就職に際して自衛隊という選択肢はなかった」とのエピソードを明かし、「あの時の自衛隊の皆様の活躍を見て、私も自衛官になると決めました」とその胸の内を熱く語った。

陸海空音楽隊が演奏、門出祝う

【青森】地本は2月17日から25日にかけて県内6地区で開催された「自衛隊入隊・入校予定者激励会」を支援した。

東青地区は青森市自衛隊父兄会、その他5地区は募集事務連絡協議会が主催し、それぞれ自治体首長らから激励の言葉が送られた。

また、ビデオメッセージでは小野寺防衛大臣をはじめ、三村県知事、地元プロバスケットボールチーム「青森ワッツ」県出身メンバー、そして前年度入隊した先輩隊員らからも熱いエールがあった。

各会場では陸自9音楽隊、海自大湊音楽隊、空自北空音楽隊がそれぞれ整斉とした演奏で入隊予定者らの門出を祝った。

中弘南黒地区の入隊予定者代表・平岡亜佳子さん（弘前実業高校3年）は「郷土の安全のため、自衛官となって日々研鑽（けんさん）していきたい」と力強く決意を述べた。

入隊への決意を述べる平岡さん（左）＝2月20日、岩木文化センターで

ハーモニカを演奏し、入隊者を激励する市川地本長＝3月1日、名古屋市公館で

愛知地本長がハーモニカ奏でる

【愛知】地本は3月1日、名古屋市自衛隊入隊・入校予定者激励会を支援した。

会場となった名古屋市公館には自信と希望に満ちた118人の入隊・入校予定者が出席。来賓の河村たかし市長が「国の守りに就く仕事は最も尊いこと。名古屋は日本を引っ張っている所。皆さんも自衛隊で誇りを持って歩んでいってほしい」と独特のユーモアを交えた名古屋弁で力強く激励した。

続いて地本長の市川文一1陸佐がハーモニカでレミオロメンの楽曲「3月9日」を演奏し、やや緊張気味の会場の空気を和ませた。

ビデオレターによる激励では、小野寺防衛大臣の歓迎あいさつに続き、中日ドラゴンズの大島洋平選手とアイドルグループ「SKE48」のメンバーが熱いメッセージを送り、入隊予定者たちも大感激していた。

一般幹部候補生として陸自幹候校に入校予定の辻淳史さん（愛知大学）は「自衛隊では困難な任務、訓練もあると思いますが、今日の激励会で受けたお言葉を励みに、頑張ります」と決意を語っていた。

何事も「初心忘れるべからず」

【宮崎】地本の都城地域事務所は3月4日、都城市中央公民館で行われた入隊・入校激励会を支援した。都城市からは62人が入隊・入校予定で、この日は56人が参加した。

最初に防衛協会都城支部長でもある池田宜永市長が「初心忘れるべからず」などことわざを引用して入隊の心構えを述べた。また地本長の西谷正文1空佐は「同期と助け合えるので心配無用」とアドバイス、井土川一友43普連長は故郷のありがたさについて自身の思いを話した。

最後に昨年入隊した43普連の佐貫亮太1士が「入隊直後は持続走が苦手だったが、今では上位に入れるまでになった。辛いこともあるが、同期が助けてくれるから大丈夫。自分に負けないよう努力し、目標を達成してください」と体験談を交え激励した。

これに対し、防大に入校予定の永友航さん（都城泉ヶ丘高校）が「住み慣れた都城を離れて第一歩を踏み出します。郷土の皆さんの期待に応えられるよう頑張ります」と決意を述べた。

郷土の誇りを持って頑張ります

【福井】地本は2月23日、福井県国際交流会館で開かれた入隊・入校予定者激励会（主催・県自衛隊協力連合会）を支援した。

福井県からの入隊・入校予定者79人のうち、68人が家族と共に出席。最初に杉本達治副知事（県自衛隊協力会連合会会長）が「昨年、福井県出身の齊藤空将が空幕長に就任された。皆さんも入隊後は自己研鑽に努め、齊藤空幕長のような立派な人を目指して頑張ってください」とあいさつした。

その後、一人ずつ名前が呼ばれると、入隊・入校予定者は大きな声で返事を行い、自己アピール。来賓の滝波宏文参院議員、山本祐一6空団司令らから祝辞を受け、入隊予定者代表の小柳峰史さん（福井大学大学院）が「福井県人の誇りを持ち、精いっぱい努力します」と力強く抱負を語った。

式後は、海自舞鶴音楽隊や陸自金沢駐屯地太鼓部の演奏などがあった。

入隊者を前に祝辞を述べる滝波参院議員＝2月23日、福井県国際交流会館で

防大教授を囲み学校生活を聞く

【新潟】地本は2月18日、防大入校予定者とその父兄を本部に招き、防大教授である大久保英樹1陸佐との交流の場を設けた。

最初に大久保教授が防大での経験談を交え、具体的な学校生活を説明。これに対し入校予定者からは「進路選択で一般と技術幹部があるが、仕事や配属はどう違うのか」など質問があり、大久保教授は一つひとつに丁寧に答えていた。

その後の昼食会には地本長の宍戸勇1陸佐も同席し、食事をしながら防大談議に花が咲いた。地本では今後も入隊・入校予定者と部隊・学校の絆をより強化していく。

高工校合格者対象に説明会

熊本地本

【熊本】地本は3月2日、陸自高等工科学校の採用試験合格者に対し、健軍駐屯地で説明会を開いた。入校への不安解消を目的に行っているもので、推薦合格者2人、一般合格者12人とその家族が参加した。

冒頭、募集課長の長嵜秀也2空佐があいさつ、難関を突破した若者一人ひとりに「合格おめでとう」と祝福の言葉を贈った。

その後、陸幕広報DVD『小林生徒の一日』を放映し、同校OBの募集係長・木村保幸准陸尉が経験談を交えて同校の概要や卒業後の進路等を分かりやすく説明した。

質疑応答では5地対艦ミサイル連隊の同校OB米澤秀康3陸曹（54期生）と廣神貴之3陸曹（55期生）が質問に丁寧に答えた。

最後に、今年定年となる木村准陸尉が「多感な少年時代を武山で過ごすことができ誇りに思います」と締めくくり、希望に満ちた後輩たちの顔を前にして目を細めていた。

自衛官募集用スマホアプリ 26日から配信開始

【陸幕】自衛官募集用スマートフォンアプリ「未来のキミがキミを応援！〝キミにエールAR〟」の配信が3月26日から始まった。自衛隊への入隊を考える若者向けで、史上初の陸・海・空自公認アプリとなる。

使用方法はスマートフォンで顔を撮影し、専用のAR（拡張現実）マーカーにかざすだけ。〝自衛官になった未来の自分（アバター）〟が画面に現れる。

アバターは「敬礼」「休め」「ほふく前進」など全12種類のアクションを演じ、その場で自衛官になった気分が味わえる。さらに画面から励ましの言葉や偉人の名言、自衛隊トリビアなど、気持ちが前向きになるメッセージが送られてくる。

このアプリでは陸・海・空の制服（男女各9種類）に着替えさせたり、10式戦車や護衛艦「いせ」、F2戦闘機など装備品を背景画像（全10種類）とすることもできる。さらに画面の吹き出しにメッセージを書き入れてフェイスブックなどで楽しむこともできる。専用のARマーカーは自衛官募集ホームページhttp://www.mod.go.jp/gsdf/jieikanbosyu/からもダウンロードできる。利用料は無料（通信料は別）。

同アプリの制作に携わった陸幕募集・援護課の担当者は「手軽に楽しめるアプリです。若者が、自衛隊への興味や関心を持つきっかけとなれば」と話している。

好きな制服を選択し、自分自身にエールを送るアプリ画像

儀間2海曹に警察から感謝状

【沖縄】沖縄募集案内所の広報官・儀間武則2海曹はこのほど、沖縄警察署長から感謝状を受けた＝写真。

平素から「安全なまちづくり」活動などに大きな功績があった人物等に贈られる表彰状で、今回は個人48人と16団体が受賞した。

儀間2曹は平成17年4月から小学校の「PTA生活委員長」として児童の健全育成の牽引役となり、20年4月からは中学校のPTAで生活指導部に所属。祭りやイベント等で夜間パトロールを実施するなど、少年少女の安全に寄与した。

24年5月に沖縄警察署長の推薦を受け、県警本部長から「少年補導員」を委嘱され、儀間2曹は生徒の補導教育にも当たってきた。

感謝状は活動が高く評価されたもので、儀間2曹は「今後も地域の一員として地域の少年の健全育成に寄与していきたい」と語った。

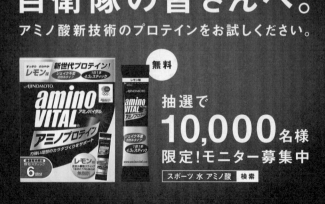

自衛隊などでの体育指導を評価
日体大が特別卒業証書
東京五輪カヌー代表・79歳本田大三郎さん
「これからは遠慮なく指導できる」

東京五輪カヌー日本代表で元体育学校教官の本田大三郎さん（79）は3月10日、スポーツ・社会活動の功績がたたえられて日本体育大学（東京都世田谷区）から特別卒業認定証を授与され、62年ぶりに卒業した。

本田さんは熊本県出身で昭和30年に入隊。姫路、久里浜両駐屯地勤務を経て36年、東京五輪（39年）を目指して創設された体校第2教育課特別体育課程に第1期生として入校。同五輪ではカヌーのカナディアン・ペア1000メートルに出場し、準決勝まで進んだ。

48年に退官し、横浜市消防訓練センターで体育指導などを担った。現在は神奈川県三浦市で「マホロバ・ホンダカヌースクール」を主宰している。

2人の息子をレスリング選手に育て、そのうち次男の多聞元2陸尉（元体校）は3大会連続で五輪に出場。また兄本田満さん（82）の孫でサッカー日本代表の圭佑さん（伊・ACミラン）に「練習日誌」を毎日つけるよう勧め、選手としての飛躍につなげたことでも知られる。

日体大には28年に入学したが、事情があって中退。スポーツ・社会活動での功績が評価され今回、サッカー解説者の松木安太郎さんとともに特別卒業認定証を贈られた。日体大の2人への同証授与は昨年の千葉真一さん（俳優）に続き2、3人目。

62年ぶりに卒業認定証を贈られ、卒業生代表らに囲まれる本田さん（3月10日、日体大メーンアリーナで）

競泳の北島康介選手（日本コカ・コーラ）ら多くのオリンピアンを輩出しているスポーツ強豪大学の日体大の卒業式には約1300人の学生や来賓、父兄らが出席した。

谷釜了正学長が「地域において体育指導者としての経験、能力を存分に役立ててほしい」と訓辞を述べ、陸上競技部で活躍した卒業生代表の福島大喜さんは「どんなにつらい練習も仲間と支え合い乗り越えた」と思い出を語った。

式の2部であいさつに立った本田さんは、日本体育大が当時、日本「體」育大と表記されていたことに触れ「（ハンドボール部で）朝から練習をしていた」と振り返り「皆さんとは同期。同期会には呼んでください」と、会場を沸かせた。

式終了後、「日体大が私の原点。卒業した人たちに（中退の）後ろめたさもあったが、これからは遠慮なく指導できる」と62年越しの卒業の喜びを語った。

不明船長捜索でP3Cなど災派
潮岬沖

和歌山県・潮岬の南約100キロの海域で3月9日、まぐろはえ縄漁船「大原丸」（12トン）から船長の男性が海中に転落し、行方不明になった。

同日午後0時45分、第5管区海上保安部長から重岡康弘航空集団司令官に捜索・救助の災派要請があり、5空群（那覇）のP3C哨戒機が現場で捜索に当たった。10日には31空群（岩国）のUS2救難飛行艇も加わったが見つからず、同日午後8時半ごろ撤収した。

こちら警務隊
☎ 8・6・47625

職員が個人情報漏えい 1年以下の懲役か罰金

行政機関の職員が、職務上作成した個人情報を漏えいした場合、どのような罪に問われますか？

「行政機関の保有する個人情報の保護に関する法律違反」に問われ、1年以下の懲役または50万円以下の罰金に処されます。

この法律での「個人情報」とは、生存する個人に関する情報で、特定の個人を識別できるもの（氏名、性別、年齢、生年月日、階級、職名、病歴、学歴、住所など）や職員番号などを介して他の情報と照合することにより個人を識別することができるものをいいます。

個人情報の漏えいは、個人のみならず、組織の崩壊にもつながります。絶対にやめましょう。（警本＝市ヶ谷・田口1曹）

“体当たり”で交歓
フットボール 米海軍と防大が試合

アメリカンフットボール・チームの防大「カデッツ」と米海軍横須賀「シーホークス」の交流試合が3月23日、米海軍横須賀基地で行われた。交流試合は東日本大震災後から毎年開催されており、今回で4回目。

「カデッツ」は現3年生を中心とする新チームで出場。4年前から試合の調整を行っているOBの加賀城志郎助監督は「学生にとって米海軍選手は怖い。度胸をつけるいい機会だと捉えています」と話す。

一方、「シーホークス」は米海軍横須賀基地に所属する兵士ら約45人で構成され、普段は週3回の練習のほか、在日米軍チームや社会人チームと試合を行っている。選手は空母乗員から陸上勤務者まで幅広く、幼い頃からの経験者も。

試合は午後1時にキックオフ。学生たちは体の大きな米兵に果敢にタックルして攻めの姿勢を貫いたが、大胆なランプレーに翻弄（ほんろう）され、0—42で敗戦。

点差が開いたが、日米両チームは一切手抜きをすることなく熱い戦いを繰り広げ、試合終了のホイッスルが吹かれると「サンキュー！」「アリガトゴザイマシタ！」と固い握手を交わしていた。

「シーホークス」のヘッドコーチを務めるジェームズ・プライス技官は「防大生はマナーもよく、何より試合に対する姿勢が良いので、対戦できるのは我々にとっても楽しみ」と話し、フットボールを通じた日米交流を歓迎していた。

試合後、お互いの健闘をたたえて握手するシーホークス（左）と防大選手

新採用の7人制ラグビー
自衛隊選手をリオへ
「強くする会」

BOB懇親会で自衛隊ラグビーのより一層の強化を求める武田副大臣（中央奥）＝3月19日、防衛省で

「自衛隊のラグビーを強くする会」（BOB、会長＝中谷元・元防衛庁長官）は3月19日、防衛省で懇親会を開き、リオ五輪から採用される7人制ラグビーへの自衛隊からの選手輩出を目指し、気勢を上げた。

懇親会には小野寺大臣、武田副大臣、玉沢徳一郎BOB顧問（元防衛庁長官）、中谷BOB会長ら来賓、関係者約100人が出席。

小野寺大臣は「東京オリンピックに向けて防衛省も強化を進めている。（リオから）7人制ラグビーが正式に採用され、自衛隊の役割も重要だと認識している」とあいさつ。

東京五輪に向け設置された防衛省・自衛隊特別行動委員会で、女子ラグビーの強化を図っている自らも元ラガーマンの武田副大臣は「全国（部隊）のいろいろな選手を発掘し、一つに束ねて世界に打って出なければならない」と人材の発掘、養成を求めた。

自衛隊ラグビーは、陸自船岡、習志野の“2強”が全自大会で例年優勝を争い、このうち船岡はトップイーストリーグでも健闘。また、平成24年の全自大会で初めて女子部門が実施されるなど、女子の強化も図られている。

“アキバ”に陸自CM
迫力映像、買い物客魅了

陸自の新しい広報用CMが3月下旬から、東京・秋葉原の街頭でオンエアされ、話題となっている。

陸幕広報室は、米海兵隊との共同訓練に臨む西方普通科連隊（相浦）の隊員がヘリから荒波の中へ次々に飛び込んでいく様子を映した15秒の動画「即応機動」を制作。JR秋葉原駅電気街口の「秋葉原UDXビジョン」をはじめ、ラジオ会館にある「ラジカメVISION」、中央通り沿いの「アキバビジョン」と「アドアーズビジョン」など計4カ所で、3月31日まで配信している。

また、京王電鉄井の頭線の車内の電子広告「K—DGチャンネル」のほか、動画共有サイト「YouTube」でも公開中。

街頭では海・空自のCMも併せて流され、迫力ある自衛隊の映像に若者や買い物客が足を止めて見入っていた。

陸幕広報室の担当者は「日本の若者だけでなく、世界中から買い物客が訪れる“アキバ”でCMを流すことによって、自衛隊の活動を知ってもらうきっかけになればうれしい」と話している。

多くの若者でにぎわう街頭でオンエアされている陸自の新CM（3月22日、秋葉原で）

呉業務隊
北川3曹に感謝状
盗撮男取り押さえ

【呉業】呉基地業務隊（司令・瀧口和宏2佐）補充部付の北川圭介3曹（30）は3月3日、電車内で女性を盗撮していた男を取り押さえて警察に引き渡し、広島県警海田警察署長から感謝状を贈られた。

北川3曹は2月5日午前6時半ごろ、通勤で呉線の呉駅へ向かう通勤途中、女性（21）の下半身を携帯電話で盗撮している男を発見。確証を取った上で、途中の小屋浦駅で男とともに下車し、駆け付けた海田警察署員に引き渡した。

海田警察署で行われた感謝状贈呈式で三輪秀樹署長は「痴漢行為は泣き寝入りする女性も多く、検挙が難しい犯罪。現行犯逮捕しただけでなく、画像の保存という証拠保全まで実施した功績は大きい」とたたえた。

北川3曹は「入隊以来、訓練などで培った道徳心と正義感から出た行動。自分が好きな乗り物内での不道徳行為が許せなかった」と語った。翌4日には瀧口呉基地業務隊司令から北川3曹に対し、善行褒章状が授与された。

三輪秀樹海田警察署長から感謝状を贈呈される北川圭介3曹（3月3日、広島県安芸郡の海田警察署で）

航装研でボヤ
被害はなし

3月18日午後3時10分ごろ、東京都立川市の技術研究本部航空装備研究所で民間業者が廃品の燃料制御系試験装置を撤去作業中、火花が装置の残留油に引火し、火災が発生した。

直ちに立川消防署に通報、消火活動が実施され、ボヤは同4時6分ごろ鎮火した。燃えたのは廃品の装置だけで航装研の人員や施設に被害はなかった。

小休止

▽…鹿児島地本は2月6日、県知事表彰「スポーツ部門」を受賞した鹿児島県国分市出身の濱田尚里2陸曹（体校柔道班）の表彰を代行した。

▽…同部門にはユニバーシアード大会（露）・サンボ女子80キロ級を制した濱田2曹ら3団体11個人が選ばれ、県庁で伊藤祐一郎知事から表彰された。

▽…当日は訓練参加で出席できない濱田2曹に代わって江口義隆広報班長が表彰状を受け取った＝写真。地本では「五輪を目指す県出身者を今後も広くアピールしたい」としている。（鹿児島地本）

みんなのページ

21年前のカンボジアPKO

父の足跡 見つけた

2陸曹 原 祐一(カンボジア能力構築支援現地チーム)

カンボジアPKO当時の陸自タケオ宿営地跡地に立つ原祐一2曹

防衛省の「能力構築支援事業現地チーム」の一員としてカンボジアに派遣された私は、業務の合い間をぬって12月21日、自衛隊初のPKO部隊「陸自カンボジア派遣施設大隊」が置かれたタケオに足を踏み入れた。

タケオ宿営地の跡地には当時、部隊事務所として使われていたプレハブの一部や「8EG(第8施設群)」と刻まれた井戸が残っていた。そこは紛れもなく21年前の平成4年(1992)、私の父が「国連カンボジア暫定統治機構(UNTAC)」のPKO部隊の一員として派遣されていた場所であった。

時を超え、父が勤務していた地に息子の私も立つことができた。そこで思い出したのは、当時中学生だった私が危険なカンボジアに向けて出発する父を見送り、涙したことである。その場所に21年後、今度は私が立った。その間、カンボジアは内戦の傷も癒えて平和な国となり、経済的にも発展した。タケオを訪れ、父をはじめとする当時のPKO隊員の偉大さが改めて分かり、思わず目頭が熱くなった。

父、原祐二郎(現在65歳)は当時、小隊陸曹として施設部隊が使う砕石生産の任務に従事していた。私は父が仕事場としていたトティ山にも足を延ばしてみようと思ったが、そこは離れた所にあるらしく、タケオ住民は誰もその場所を知らなかった。そこでトティ山訪問は3月の帰国までの課題とし、タケオを離れた。

自衛隊の活動を機に、日本とカンボジアの関係は深まった。現在、陸自施設学校はカンボジア能力構築支援事業に取り組んでいる。その一環として私たち4人の自衛官が教官等として派遣されたのである。

私たちは今、カンボジア王国軍の「施設分野に関する人材育成事業」の支援に当たっている。かつてPKO部隊を受け入れていたカンボジアは今日、他国にPKO部隊を派遣するまでになったのである。

私がカンボジアに行くことになったことを父に伝えると「親子2代でカンボジアか」と驚き、「お前のことを誇りに思う」と語ってくれた。

現地入りした私は12月11日からカンボジア軍の大佐から軍曹までの学生19人に対し、まず1週間にわたり「土質試験」の実習を行った。内容は土の分類、粘性テスト、コーン指数(地盤の堅さ)の計測・判定などで、学生たちは貪欲な姿勢で一生懸命に学んでいた。

その後は、施設教導隊での私の職務である器材班長としての知識と技術を生かし「建設機械概論」「揚重作業」「道路構築総合実習」の教育を担当している。

その間、タケオを訪問したのである。当時の陸自PKO部隊の宿営地跡に立ち、父をはじめとする先輩たちの思いを強く感じることができた。私も父に負けないよう、自分の知識や技術をカンボジアの若者たちに伝えたいと思う。そして機会を捉え、父が汗を流した砕石生産の地トティ山にも立てることを願っている。

(原隊・施設教導隊＝勝田)

「92・11・30(月)8EG」と刻まれた宿営地跡に残る第8施設群が掘った井戸

(世界の切手・カンボジア)

充実した1時間は、忘却と不注意の数世紀より価値がある。
イリナ・イオネスコ(フランスの写真家)

朝雲ホームページ
www.asagumo-news.com
<会員制サイト>
Asagumo Archive
朝雲編集局メールアドレス
editorial@asagumo-news.com

潮風と多島美が後押し

2海尉 大石 孝幸(海1術校21分隊長・江田島)

呉市の「とびしまマラソン」を完走した海1術校航海科の隊員たち

2月23日、広島県呉市蒲刈町で開催された「第5回呉市とびしまマラソン」に、海上自衛隊第1術科学校から航海科分隊長を筆頭に第2502期海士航海課程分隊付とその学生11人が初参加した。

このハーフマラソンは、県民の浜をスタートして激しいアップダウンを繰り返しながらも、瀬戸内の多島美を満喫できる大会で、毎年、県内外から1300人近くのランナーが参加している。

当日は気温10度で晴天に恵まれ、絶好のマラソン日和となった。そんな中、我が航海科チームは帝国海軍から引き継がれる桜に双眼鏡をかたどった「普信マーク」のエンブレムシャツを身にまとい集合した。そして航海科初の女性分隊付、大久保理佳教官(2曹)が同学生時代に頂いたという座右の銘「辛いのは一瞬、後悔は一生」を全員で声高らかに発してスタート地点に前進した。

午前10時、号砲と共にランナーが一斉にスタート、21キロの熱き挑戦が始まった。最初の2キロを過ぎるとすぐ上り坂が待ち受けていたが、これを得意とする航海科チームは一気にペースをつかみ、第1折り返し地点を次々と通過。その後、苦しいアップダウンを繰り返しつつ長いトンネルをくぐると、目の前に全長約900メートルの豊島大橋が現れた。横風が強かったものの、橋の上からはキラキラと輝く瀬戸の海と大小さまざまな島々を見ることができた。

第2折り返し地点に来ると、沿道では可愛いちびっ子や地元民から温かな声援があり、なんとか苦しい時間帯を乗り越え、最後は瀬戸の潮風に乗ってラストスパートをかけた。

この結果、総員が好タイムで完走。ゴール後は達成感と自分を出し切る舞台を提供してくれた多くの支援者に感謝しつつ、大会を終えることができた。

新刊紹介

「海上自衛隊」　マイウェイムック

「海上自衛官ってどんな人たち?」——。艦艇や航空機といった装備を特集した雑誌が多い中、あえて"働く自衛官"の姿に焦点を当てたビジュアルガイド。臨場感あふれる写真を多用し、隊員たちの等身大の姿を追求する。

護衛艦「きりしま」、練習艦「しまゆき」、P3C哨戒機への"潜入"取材では、隊員たちの一日を時系列で公開。訓練の様子ばかりでなく、隊員を支える食事―特にカレー―や海水風呂などの衣食住にも着目し、その生活を想像させる。

女性自衛官にスポットを当てた特集も。漫画家の三笠舞子さんが描く「艦女子これくしょん」は可愛らしい絵柄で、「しまゆき」で働く女性自衛官たちを紹介する。十人十色の隊員たちは魅力的で、いい意味でステレオタイプを壊してくれる。

隊員のインタビューや海自トリビアも豊富で、読み終わる頃にはすっかり海上自衛官になりたくなっていることだろう。最終ページには「リクルートガイド」がついているという親切設計だ。特に入隊を考えている人にお薦めしたい。

(マイウェイ出版刊、1050円)

「ミリタリーユニフォーム大図鑑」　坂本 明著

ミリタリーユニフォームはそれぞれの国の個性や時代を反映して、進化を続けている。

本書は世界主要各国・陸海空の第2次大戦から現代までの制服、戦闘服、個人装備や武器、装着する階級章、徽章などをオールカラーのイラストと写真で解説。21世紀以降の米独仏伊などの戦闘服や個人装備は類書が少ないため、特に力を入れてページを割いている。

パイロットをはじめとする航空搭乗員の装備については独立した章を設け、コックピットの与圧・暖房システムなどの機体内部や加速度(G)が人体に及ぼす影響などを図解で解説する。

ミリタリーユニフォームは、戦闘服の迷彩パターンひとつをとっても世界各国さまざま。自国の地形や植物の生態などを考慮したものから、コンピューターでデザインしたデジタル迷彩、シミや汚れの意味をもつフレクター迷彩など多彩なパターンがあり、好みの柄を見つけてみるのも面白い。

軍装ファンのみならず、服飾関係者やイラストレーターなどにもお勧めの一冊。

(文林堂刊、2600円)

優勝目指し特訓 会計実務競技会

1陸曹 置田 広司(352会計隊福知山派遣隊)

私は伊丹駐屯地で実施された「25年度持続走・会計実務競技会」に参加しました。中部方面会計隊の実務競技会は、平素の会計実務能力を遺憾なく発揮できる場で、その練成で得られた能力は駐屯地各部隊への支援に生かされます。

競技会は初級(陸士)・中級(陸曹)・上級(陸曹)・先任・幹部の部に分かれ、それぞれ個人戦と団体はブロック、派遣隊の部で競われました。私は上級の部に参加しました。

我が福知山派遣隊の目標は、もちろん「派遣隊の部」での優勝でした。実現するには隊長以下5人の平素の業務はもちろん、競技会に向けた特別の練成が必要です。そこで2カ月間にわたり課業前・課業後の練成を続けて当日を迎えました。

午前中に持続走競技会があり、3000メートルを全力で走りました。午後からいよいよ実務競技会が始まり、科目は主計・契約・給与・旅費で、学科と術科の2競技を実施しました。学科は難しく感じられましたが、術科は日頃の経験を生かし、力を全部出すことができました。

当隊は残念ながら第6位でしたが、「個人の部」で私は第1位になることができました。しかし、ここからが来年度に向けて新たな一歩の始まりです。会計隊の業務支援は部隊が活動する限り、休みなく続きます。

ますます募ったパイロットの夢

大学3年 村川 直希(山口・下関市立大)

2月15日に海上自衛隊小月航空基地で行われたSH60K哨戒ヘリの体験搭乗に参加しました。

私はヘリで空を飛ぶことに興奮してしまいました。特に離陸の瞬間は、感動と胸の高鳴りに声も出ませんでした。約20分のフライトでしたが、一瞬のように感じられ、もっと長く飛んでいられたらよかったのにと思いました。

今回の搭乗で自衛隊パイロットの技術の高さを知りました。離陸時の滑らかさとホバリング中の安定感、着陸の際の地面に着いたのが分からないほどのスムーズさには魅了されました。

同時に「自衛隊のパイロットになりたい」という思いはますます強くなりました。自衛隊に入隊したら、私もパイロットの側になり、操縦する機体に一般の人も乗せてあげたいと思いました。

OBがんばる

小倉 文明さん 55
平成24年5月、空自第1補給処(木更津)整備部を最後に定年退職(准空尉)。セコムジャスティック東関東支店に再就職し、施設警備を担当している。

「報・連・相」心掛けて

私は平成24年5月に航空自衛隊第1補給処を定年退官し、木更津基地援護室のご尽力で同年8月から警備会社のセコムが設立したセコムジャスティック東関東支店に入社し、現在は双葉電子工業派遣隊で施設警備員として勤務しています。

私が再就職で重視した条件は2点です。一つは自宅近傍の勤務であること。高齢の両親が農業に従事しており、将来は私が農地を管理するためです。

もう一つは自衛隊の経験が生かせること。特に求人枠が多く、当直勤務などの経験が生かせる警備関連業務を中心に考えました。地域の求人誌やハローワークで情報収集し、基地援護室に相談しながら条件に合致する会社を絞り込み、結果的の隣町にある電子部品製造工場の警備員を募集していた当社に落ち着きました。

警備業務は24時間体制で、立哨・出入管理・設備管理・防災機器監視と緊急対処などに当たっていますが、一番心掛けているのはメモと「報・連・相」です。メモは自分の記憶よりも事実を重視するためで、些細なことでもメモするようにしています。

また、組織においては報告・連絡・相談は常識ですが、時機を逸するとお客様とのトラブルに至ったり、人間関係が悪化してしまう恐れがあるので、積極的に発信するようにしています。

入社から1年半経過しても何かと後悔や失敗の連続で、まだまだ半人前ですが、やる気と健康第一をモットーに毎日頑張っています。

詰碁

第1084回出題

出題 日本棋院 九段 曲 励起

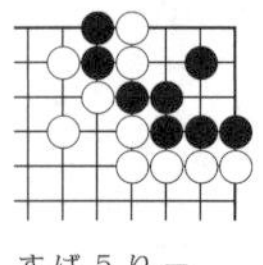

白先

『黒はどうなりますか』。5分でできれば初級以上です。

▶詰碁、詰将棋の出題は隔週です◀

詰将棋

出題 日本将棋連盟 九段 石田 和雄

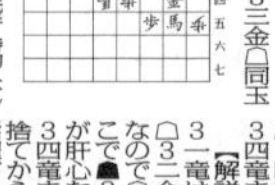

▲先手 持駒 なし

≪第668回の解答≫

【正解】▲3三金△同玉▲3一竜△2三玉▲3四馬△1四玉▲2四馬△同玉▲3四竜までの九手詰め。

【解説】▲3三金から▲3一竜はよどみない手順。△3二合駒は▲3四馬までなので△2三玉は最善。そこで▲3四馬から▲2四馬が肝心なところで、次の▲3四竜までがピッタリ。金捨てから始まり、竜、馬の活躍がテーマでした。

朝雲
発行所 朝雲新聞社
〒160-0002 東京都新宿区坂町26番地19 KKビル
電話 03(3225)3841
FAX 03(3225)3831
振替00190-4-17600番
定価一部140円、年間購読料9000円（税・送料込み）

主な記事

2面 1佐職 春の定期異動
3面 横浜の米軍2施設、返還へ
4面 QDR（米国防計画見直し）全訳(3)
5面 〈訓練〉壮絶コンピューターバトル
6面 〈募集・援護〉「3・11」風化させない
7面 甲子園球児・宮崎さんが防大入校
8面 〈みんなのページ〉我が故郷・隠岐

「サイバー防衛隊」始動

第5の戦場 24時間、90人体制

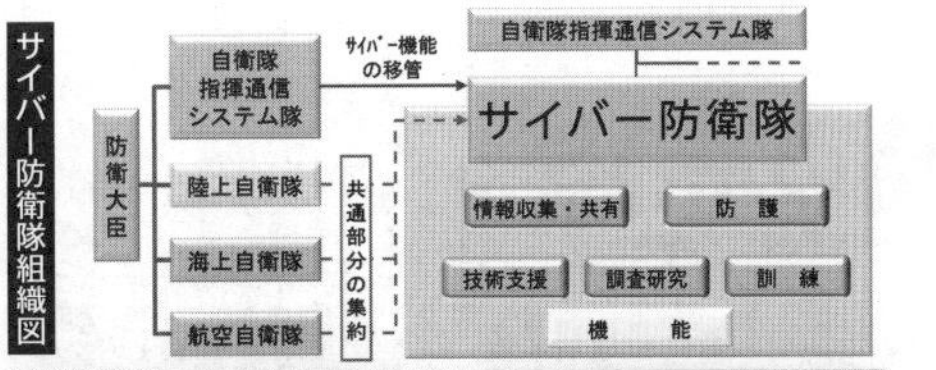

サイバー防衛隊組織図

小野寺大臣（壇上中央）を迎え、サイバー防衛隊の新編行事に臨む佐藤隊長以下、陸海空の自衛官と事務官ら計約90人の隊員（3月26日、防衛省講堂で）

小野寺大臣（左）から隊旗を授与される佐藤隊長（3月26日、防衛省講堂で）

24時間体制で防衛省・自衛隊のネットワーク監視とサイバー攻撃発生時の対処を行う「サイバー防衛隊」が3月26日、市ヶ谷に発足した。防衛省では同日、新編行事が行われ、約90人を率いる初代サイバー防衛隊長の佐藤雅俊1空佐に小野寺大臣から隊旗が授与された。一方、防衛省技術研究本部は同日、サイバーを含む電子情報通信分野の先進的な民生技術を取り入れるため、独立行政法人情報通信研究機構（NICT）と初の包括的な研究協力協定を締結した。陸、海、空、宇宙に次いで「第5の戦場」と言われるサイバー空間の防衛に省を挙げて本格的に乗り出した。

技本とNICT 初の研究協定

サイバー防衛隊は、統幕の自衛隊指揮通信システム隊の隷下に置かれ、陸海空の各自衛隊が持つサイバー攻撃に関する脅威情報の収集や防護手法などに関する調査研究を一元的に行うと同時に、その成果を省全体で共有する役割を担う。

防衛省は同隊の発足で、内閣官房情報セキュリティセンター（NISC）をはじめ、政府全体で推進するサイバー防護の取り組みにこれまで以上に積極的に貢献していく考えだ。

小野寺大臣は新編行事で訓示し、サイバー空間の安定的な利用の確保は「我が国の安全保障上、重要な課題」との認識を示した上で、「防衛省・自衛隊の情報システムと通信ネットワークを確実に防御することが、統合機動防衛力を支える。我が国の平和と安全を守るためにも必要だ」と強調。使命感を持って第一線で活躍することに期待を示した。

佐藤隊長は大臣に編成完結を報告するとともに、「サイバー空間の脅威は今そこにある現実の脅威。米国や関係機関と連携を密にし、陸海空の力を結集して心一つに任務にまい進していく所存」と答辞を述べた。

同隊では日々高度化、複雑化、巧妙化するサイバー攻撃に対処するため、訓練企画機能も備えており、今後は3自衛隊が連携するサイバー攻撃対処訓練も行われる予定だ。

◇

防衛省技術研究本部は同日、電子情報通信分野で最先端の民生技術を取り入れるため、独立行政法人情報通信研究機構（NICT）と初の包括的な研究協力協定を締結した。

NICTは独立行政法人の中で最も優れたサイバーセキュリティー分野の研究機構として知られており、防衛省ではその技術をサイバー演習環境の構築技術に取り入れることで、ネットワークの抗堪性の向上や安定的な利用の確保などを図っていく狙いがある。

◇防衛省の取り組み

サイバー脅威へ官民一体

解説 近年、ますます巧妙化、複雑化するサイバー攻撃に備え、防衛省は2012年9月に初の「サイバー指針」を策定。13年7月には防衛省と防衛産業が官民一体となってサイバー脅威への協力を図る「サイバーディフェンス連携協議会（CDC）」を発足させた。

サイバー防衛隊は現時点で防衛関連企業や重要インフラ事業者などの民間企業のシステムやネットワークそのものを直接防護することとは想定していないが、今後はCDCの中で将来的な体制についても検討が進められる。

国家としての防護対策必要

㈱ラック理事、ナショナルセキュリティ研究所長、伊東寛氏の話　サイバー防衛隊が現状で行うのは防衛省・自衛隊のネットワークの防護。言い換えれば、自衛隊が自衛隊自身を守るための組織であり、自衛隊の本来任務となる国民の生命財産、国土の平和と安全を守るための部隊ではない。

今日、我が国は内外からたくさんのサイバー攻撃を受けている。それらの攻撃の中に外国政府機関等によるものが含まれている。

こうした中、現時点では民間企業は自分で自分を守らなければならない。それは当然ではあるが、それでも「外国政府機関」対「民間企業」の戦いはアンフェアであると言わざるを得ない。外国からのサイバー攻撃に対しては国として何らかの防護対策をとる必要があるのではないか。

自分で自分を守れない者が他人を守れるはずもない。そこにはまだ解決すべき多くの問題があるとは言うものの、サイバー防衛隊の新編は自衛隊が今後、日本をサイバー領域においても守るようになるための小さな一歩を踏み出したということだ。

能力構築の技術支援

カンボジア 派遣隊員が帰国

若宮政務官（左）に帰国報告する岡崎倫明3陸佐（前列手前）以下5人の隊員（3月24日、防衛省で）

防衛省の能力構築（キャパシティー・ビルディング）支援事業の一環として、カンボジアで道路構築の教育に当たった隊員18人が3月23日までに帰国を完了し、24日、代表して基幹要員の岡崎倫明3陸佐以下5人が若宮政務官に帰国報告を行った。

報告したのは、岡崎3佐をはじめ、笠間英毅1陸尉、原祐一2陸曹、小笠原光輔3陸曹、国際政策課能力構築支援室の寺内こずえ事務官の5人。陸自隊員はいずれも施設学校（勝田）の所属。

派遣隊員は昨年12月から今年3月まで複数回に分けてカンボジアを訪れ、首都プノンペンから車で約1時間の都市ウドンにある「国家平和維持・地雷処理爆発性残存物除去センター（NPMEC）」の訓練所で、同国の施設職員に道路構築に関する実習教育を行った。

隊員は期間中、陸自OBらでつくる認定NPO法人「日本地雷処理を支援する会」（JMAS、折木良一会長＝前統幕長）の職員と協力し、PKOの実務に役立つ道路や橋の建設技術を伝授した。

若宮政務官は「一生懸命頑張ってくださった皆様のおかげで両国の関係は良好かつ意義あるものとなった。各国の自衛隊に対する厚い信頼は皆様方一人ひとりの蓄積の賜物と誇りに思う」と述べ、帰国隊員の労をねぎらった。

水陸両用の歴史的一歩

相浦駐屯地で完結式 西普連教育隊を編成

【西普連＝相浦】今年度「西部方面普通科連隊教育隊」の編成完結式が3月26日、相浦駐屯地で行われた。

西普連の隊員約700人が見守る中、連隊長の國井松司1佐が隊旗を初代教育隊長の田中健二郎3佐に手渡し、「本日をもって水陸両用の歴史的一歩を踏み出すことになる。隊員の育成が国防に直結することを肝に命じて教育にまい進せよ」と激励した。

同教育隊は、西普連から選抜された約30人の基幹要員が教官となり、今後、島嶼防衛に関する専門的な水路戦技の課程を教育していく。

教育は26年度から開始し、当面は西普連隊員の教育を担当。将来的には空挺教育隊のように全国から選抜された隊員を受け入れていく予定だ。

日米合意 「ホテル・ホテル訓練区域」

使用制限を一部解除

日米両政府は3月20日、外務・防衛当局者による日米合同委員会を開き、沖縄県の米軍基地負担軽減策の一環として、沖縄本島東岸の米軍「ホテル・ホテル（H・H）訓練区域」の使用制限の一部解除で正式合意した。

これにより、訓練区域の一部（約2300平方キロメートル＝青色部分）で、米軍が訓練に使用しない日時には船舶の航行や漁船の操業が可能となる。今後は実施協定の締結に向け調整を急ぎ、具体的な開始時期などの詳細を決める。

小野寺防衛相は同日の記者会見で「目に見える形で沖縄の負担軽減につながるもの。沖縄の皆様にできるだけ負担軽減を実感していただけるよう、引き続きさまざまな要望に応えて頑張ってまいります」と述べた。

米側は事前に次の各点で囲まれた水面域（青色と白色による三角形部分）の訓練日程を日本側に通告。▽北緯26度23分14秒、東経128度19分53秒▽北緯27度06分14秒、東経129度09分52秒▽北緯26度19分30秒、東経129度10分00秒。

日本側は、当該訓練区域において米軍が使用しない日時の通告を受けた場合、①漁具を船舶外に残さない漁法または延縄漁法を使用する②米軍の飛行訓練に悪影響を及ぼす恐れのある活動を行わない――ことを条件に、次の各点で囲まれた三角形の水面域（青色部分）において通過、漁獲を行うことができる。

▽北緯26度23分14秒、東経128度19分53秒▽北緯26度57分46秒、東経129度00分00秒▽北緯26度19分59秒、東経129度00分00秒。

今回の措置は、昨年10月の日米の外務、防衛担当閣僚協議「2プラス2」の共同発表の合意に基づき、同12月に原則的な取り決めが公表され、日米間で協議が行われてきた。

ホテル・ホテル訓練区域の一部における使用制限の一部解除

青色と白色の三角形部分＝米側から訓練の通告が行われる水面域
青色で囲まれた水面域＝使用制限の一部解除が行われる水面域

労管機構理事長に枡田氏

枡田労管機構理事長

政府は3月25日の閣議で、同31日に任期満了となる防衛省所管の独立行政法人駐留軍等労働者労務管理機構理事長に、元防衛省人事教育局長の枡田一彦氏（61）を充てる人事を了承した。長岡憲宗氏の後任。4月1日付で小野寺防衛相から発令された。

枡田氏は52年防衛庁（当時）入庁。横浜防衛施設局長、海上保安庁交通部長、防医大副校長、防研所長、人教局長などを歴任し、平成24年勧奨退職。25年1月損害保険ジャパン顧問。鳥取県出身。

北朝鮮が弾道ミサイル発射

日本海へ2発

防衛省によると、北朝鮮は3月26日午前2時30分ごろから同40分ごろにかけ、平壌の北方約50キロの朝鮮半島西岸から弾道ミサイル2発を日本海に向け発射した。いずれも600キロ以上を飛翔し、朝鮮半島の東方約500キロの日本海上に落下したと推定される。航空機や船舶などへの被害は確認されていない。

この事案を受け、小野寺防衛相は直ちに防衛省・自衛隊に対し、引き続き警戒監視、情報収集に万全を期すよう指示した。

菅官房長官は同日午前の記者会見で「北朝鮮側は航行制限区域の事前設定や、各国の関係当局への事前通知を行っておらず、今回の発射は3月3日の事案に続き、航空機や船舶の安全確保の観点から極めて問題のある行為。日朝平壌宣言や6者会合共同声明、国連安保理決議に違反するもの」と述べ、外交ルートを通じて北朝鮮に厳重抗議を行ったことを明らかにした。

春夏秋冬

治にいて乱を忘れず

北岡 伸一

私は国際大学の学長と政策研究大学院の教授を兼務している。政策研究大学院大学にいるほうが多いのだが、この大学は六本木にあって、国立新美術館と向かいあって建っている。

戦前、ここには歩兵第三連隊があった。少し離れたところに東京ミッドタウンがあるが、そこには歩兵第一連隊があった。

昔から、歩1と歩3は花形の連隊で、陸軍のエリートがよく連隊長を務めた。彼らは陸軍省や参謀本部の中枢に勤務し続けたが、昇進のためには一定期間の部隊勤務が必要だったため、時々、部隊勤務となった。その場合、なるべく便利なところがよいので、歩1や歩3の連隊長にはエリートが多かった。

田中義一は、1907年、歩兵第三連隊長となり、その後、陸軍省軍事課長、歩兵第二旅団長、陸軍省軍務局長、参謀次長と昇進し、18年には陸軍大臣となり、24年には退役して政友会総裁となり、総理大臣となった。

田中は第二旅団長時代に、その傘下の歩兵第三連隊に大隈重信を招いたことがある。長州閥の寵児である田中が、長年長州閥と対立していた大隈を招いたことは、世間を驚かせた。

田中は、軍が社会から孤立した存在であってはならないという信念を持っており、のちに政友会総裁になり、総理大臣となったのも、こうした信念と関係していた。田中は、確かに大正デモクラシーの時代の陸軍指導者だったのである。

しかし、第三連隊をめぐって時代は暗転する。田中と同様に第三連隊長を経験し、軍務局長となった永田鉄山は、35年、執務のさなかに斬殺された。その半年後、二・二六事件が起こるが、その主力は、歩1と歩3の下士官に率いられた兵士1500名だった。

その歩兵第三連隊のあとに、美術館と大学が立っている。これは戦後の日本が学問と文化の方向に進んだことを象徴している。大変結構なことである。しかし、もし軍事や安全保障を忘れてしまっていたら、手放しで歓迎することはできない。治にいて乱を忘れず、という。

幸い、政策研究大学院は軍事を忘れてはいない。日本のいくつかの大学では、未だに軍事研究を制約し、防衛省、自衛隊関係者の入学に対して制限を課しているが、政策研究大学院はそうではない。外交安全保障プログラムがあり、防衛省、自衛隊の諸君を積極的に受け入れている。

朝雲の読者の中から、さらにここに学ぶ人が出てくることを期待したい。（きたおか・しんいち＝国際大学学長）

朝雲寸言

佐世保市内を見下ろす標高364メートルの弓張岳。今年もまもなく、自衛隊に入隊したばかりの若者たちが、古参の隊員たちと一緒に、山道を登っていくことだろう▼ふもとの陸上自衛隊相浦駐屯地から山頂までは片道約7キロ。履き慣れない半長靴は歩きにくく、肩に掛けた小銃と背負ったリュックで、戦闘服はすぐに汗びっしょりとなる。途中、先輩が発する「番号」の号令に、「イチ、ニ、サン……」と、元気な声が山道に響く▼往復4時間。へとへとになって戻って来る新隊員たちを待っているのは、「頑張ったな」「お疲れさん」と、正門前にずらりと並んで、笑顔でねぎらう先輩たちの激励と拍手だ。その瞬間、目に涙を浮かべる若者も多い▼陸海空の教育部隊では、これから同じような光景が繰り広げられるだろう。新隊員の1日は、毎朝の点呼に始まり、駆け足、ほふく前進、射撃や銃の点検整備と続く。その上、集団生活となれば、戸惑うのは当たり前だ▼「PKOで汗を流したい」「災害現場で人助けがしたい」――。それらが自衛官を志す理由の上位だが、厳しい戦闘訓練とのギャップを埋められず、半年足らずで、自衛隊と縁を切ってしまう若者も後を絶たないという▼「どんな職業でも、3年続かないやつは、何をやってもだめ」――。私も新人の頃、行きつけのスナックのマスターの言葉に救われた。人間到るところ、青山あり。頑張れ、新しい防人たち。

1佐職春の定期異動

3月24、25 26、28日付

防衛省発令

▽海幕総務課副官(海幕総務課)1海佐 藤原直哉 ▽同艦船課船体班長(同艦船課)同 伊東圭市 ▽護衛艦隊後方主任幕僚(舞監4室長兼1室長)2海佐 青島忠俊 ▽うらが艦長(おうみ副長)同 高木征教 ▽むろと艦長(海業群首席幕僚)1海佐 落合健 ▽1訓支隊司令(むろと艦長)同 染田良弘 ▽海業群首席幕僚(海業群)同 上野喜之 ▽呉監3室長兼5室長(呉監防衛部)同 堀川雄司 ▽呉監付(1訓支隊司令)同 川波辰男 ▽舞監4室長兼1室長(みょうこう機関長)2海佐 上田知史 ▽同監察官(てるづき艦長)同 林田嘉信 ▽海幹校付(統幕防衛課)1海佐 大宅学 (海幕総務課副官)同 加治勇 (同防衛課)同 佐藤豊 (同装体課)同 門田正文 (同同)同 目加田克彦 (同艦船課船体班長)同 鷹尾潤 (ちくま艦長)同 今野卓 (呉監3室長兼5室長)同 渡邉雄一

(以上3月24日)

▽防大付(空幕運支課)1空佐 橋田和浩 ▽空幕人計課募集班長(北空援業課長)同 田﨑勲 ▽警戒航空隊=三沢=(空幕人計課募集班長)同 菅原謙一 ▽北空援業課長(同援業課)2空佐 青山圭一 ▽空幹校付(統幕計画課)1空佐 石井浩之 (空幕人計課兼防衛課)同 山ノ内慎二 (同防衛課)同 樫地慶一 (同同)同 小森圭 (同同)同 清水義之 (同装体課)同 角谷茂幸 (同同兼防衛課)同 世良達裕

(以上3月25日)

▽防大教授(防研主任研究官)1海佐 田中明 ▽防医大学生課長(防医大学生課)同 田中良典 ▽同教授(同学生課長)同 竹村俊哉 ▽防研主任研究官(航プロ隊司令)同 熊谷公夫 ▽統幕総務課教育班長(統幕総務課)1空佐 市川佳弘 ▽同総務課(総隊会計課長)2空佐 光永啓二 ▽同連絡調整課長(空幕総務課総務調整官)1空佐 増田友晴 ▽同連絡調整課連絡調整業務室長(統幕総務課国際人道業務室長)1陸佐 中西信人 ▽同統合人事室長(舞監管理部長)1海佐 西和男 ▽同国際人道業務室長(防指群副司令)1空佐 村岡正智 ▽同運用1課運用企画調整官(1特隊長兼北富士駐屯地司令)1陸佐 澤﨑伸二 ▽同同事態対処調整官(統幕運用1課運用調整官)1海佐 石橋督悦 ▽同運用1課(海幕運支課)同 大江保友 ▽同運用2課災害対策調整官(西空防衛部長)1空佐 軍司雅人 ▽同運用3課長(統幕運用2課訓練調整官)1海佐 杉本洋一 ▽同運用3課訓練班長(同同訓練班長)1陸佐 坂元秀明 ▽同同訓練評価・支援班長(同同訓練評価・支援班長)1空佐 北川英二 ▽同計画課統合防衛戦略室長(同計画課計画班長)同 齋藤拓也 ▽同同統合装体班長(同計画課)1海佐 川村伸一 ▽同同(陸幕防衛課)1陸佐 坂田裕樹 (あたご艦長)1海佐 山脇修 ▽兼統幕防衛計画部(陸幕防衛課)1陸佐 藤原修 ▽統幕指通シス企画課統合通シス研究班長(統幕指通企画課指通シス研究班長)2空佐 村上哲也 ▽統幕校教育課2教官室教官(海幹校)1海佐 檀之上明典 ▽同教育課(同運用教育研究部主任教官)同 中川哲男 ▽陸幕運支課企画班長(陸幹校付)1陸佐 岡部健 ▽同開発官付開発調整官(陸幕開発課長)同 木口雄司 ▽同同総括班長(同開発課総括班長)同 木之田進 ▽同同開発1班長(同同開発1班長)同 德田優一 ▽同同開発2班長(同同開発2班長)同 大久保芳樹 ▽同同開発3班長(同同開発3班長)同 八木聖二郎 ▽同同開発4班長(同同開発4班長)同 吉原孝典 ▽北方法務官(陸幹候校主任教官)同 前田貞一郎 ▽中方総務課長(信太山駐屯地業務隊長)2陸佐 谷口拓也 ▽4師団幕僚長(富士校機甲科部教育課長)1陸佐 篠村和也 ▽10師団監察官(中方総務課長)同 大元宏朗 ▽1特団高級幕僚(陸幹校)2陸佐 西島秀郎 ▽12普連長兼国分駐屯地司令(陸幕運支課企画班長)1陸佐 若松純也 ▽1特隊長兼北富士駐屯地司令(北方法務官)同 七嶋剛士 ▽15高特連長兼八重瀬分屯地司令(6高特群長兼八重瀬分屯地司令)同 藤田英俊 ▽陸幹候校主任教官(10師団監察官)同 松﨑早博 ▽富士校機甲科部教育課長(研本主任研開官)同 嶋本学 ▽研本主任研開官(12普連長兼国分駐屯地司令)同 照沼敏 (1戦群長兼北恵庭駐屯地司令)同 石橋淳弘 ▽兼北恵庭駐屯地司令(72戦連長)同 今村武 ▽海幕総務課(佐弾補所長)1海佐 土橋一男 ▽同人計課制度班長(海幹校企画課国際計画班長)同 井上高志 ▽同同募集班長(舞監3室長)同 松尾淳 ▽同防衛課(統幕計画課統合装体班長)同 尾畑典生 ▽同装体課装体班長(海幕装体課)同 門中利昭 ▽同施設課施設企画調整官兼施設班長(同施設課基地対策班長兼施設班長)同 藤木乾 ▽同同基地対策班長(同施設課)2海佐 工藤知幸 ▽同装需課装需班長(同航空機課航空電子班長)1海佐 木下周一 ▽同同後方計画班長(同装需課)同 大森浩昭 ▽同同輸送調整室長(作戦情報隊司令)同 窪田洋一 ▽同艦船・武器課長(海幕武器課長)同 柴田弘 ▽同艦船・武器課艦船・武器調整官(大造補所長兼大監技術補給監理官)同 山越博道 ▽同同艦船・武器班長(同武器課武器班長)同 星直也 ▽同同船体班長(同艦船課船体班長)同 伊東圭市 ▽同同機関班長(同同機関班長)2海佐 奥山裕一郎 ▽同同電気班長(同同電気班長)同 宮村剛志 ▽同同誘導武器班長(同武器課誘導武器班長)同 三好昇次 ▽同同水中武器班長(同同水中武器班長)1海佐 梅澤正明 ▽同同弾薬班長(同同弾薬班長)同 大平義隆 ▽同同通電班長(同同通電班長)2海佐 岸本昌之 ▽同同艦船計画室長(同装需課装需班長)1海佐 高橋賢悟 ▽同航空機課航空電子班長(同航空機課)同 山田和呂 ▽同装備部付(同艦船課長)同 門口欣也 ▽同首席衛生官付歯科担当衛生官(同首席衛生官付衛生企画室)2海佐 海老沢政人 ▽自艦隊監察主任幕僚(鹿空基司令)1海佐 壹岐浩一 ▽自艦隊研究開発主任幕僚(技本計画官付計画調整官)2海佐 小倉五十司 ▽4護群首席幕僚(4護群)1海佐 夏井隆 ▽みょうこう艦長(海幕人計課募集班長)同 松味利紀 ▽あたご艦長(4護群首席幕僚)同 宇仁健一郎 ▽呉指隊(みょうこう艦長)同 松井陽一 ▽佐指隊(徳島地本長)同 溝江和彦 ▽2空群首席幕僚(海1術校主任教官兼研究部員)同 浅岡哲史 ▽21空司令(海幕人計課制度班長)同 國見泰寛 ▽23空司令(21空司令)同 山内康司 ▽鹿空基司令(2空群首席幕僚)同 佐藤達朗 ▽厚空基付(23空司令)同 村上雅英 ▽村空基司令(大監防衛部)同 山田洋士 ▽1潜隊司令(統幕校教育課2教官室教官)同 岩村浩昭 ▽横潜基司令(情本)同 池田輝幸 ▽横潜基付(横潜基司令)同 末松勝弥 ▽作戦情報隊司令(情本)同 水間貴勝 ▽電子情報隊司令(自艦隊研究開発主任幕僚)同 平川眞治 ▽航プロ隊司令(海幕装需課輸送調整室長)同 大野敏明 ▽横監4室長兼1室長(同首席法務官付法務室)2海佐 膳亀智紀 ▽横監付(電子情報隊司令)1海佐 八田静士 ▽呉監監察官(海幹候校主任教官) [illegible] 同 大熊圭介 ▽海幹校企画課国際計画班長(海幹校)同 猪森聡彦 ▽同運用教育研究部主任教官(同)同 松田陽士郎 ▽海幹候校主任教官(海幹候校)同 柴田篤 ▽海1術校主任教官兼研究部員(南関東局防衛補佐官)同 向井強 ▽海3術校研究部長(海幕装需課整備管理班長)同 倉橋良明 ▽空補処(鹿児島地本長)同 内野誠 ▽空幕総務課総務調整官(空教隊1教群司令)1空佐 塩見泰子 ▽同会計課長(空幕装備課調達室長)同 岩城公隆 ▽同運支課演習・検閲班長(同運支課)同 定免克己 ▽同装備課調達室長(56警群司令兼与座岳分屯基地司令)同 小石弘文 ▽同整備・補給課長(空幕整備課長)同 樋山謙一郎 ▽同整備・補給課計画班長(同整備課計画班長)同 山脇康博 ▽同同整備1班長(同同整備1班長)同 伊藤政文 ▽同同整備4班長(同同整備4班長)同 秋本康雄 ▽同同補給室長(同補給課長)同 田實久志 ▽同整備・補給課(同補給課計画班長)同 越谷登志幸 (同同補給1班長)同 吉田行宏 (同同補給3班長)同 堀井道之 (同同補給4班長)同 日髙芳浩 (同補給課)同 兼田大助 (同整備課)同 楢崎昇 ▽総隊会計課長(4補立川支処長兼立川分屯基地司令)同 千秋進 ▽同運用課作戦室長(空幕防衛課)同 高草木浩寿 ▽作戦システム運用隊司令兼横田基地司令(防指群司令兼横田基地司令)同 柏瀬静雄 ▽作戦システム運用隊副司令(北防群司令)同 荒木俊一 ▽作戦システム運用隊作戦システム管理群司令(プログラム管理隊司令)同 櫻井義久 ▽北空司令部(統幕総務課総務調整官)同 甲部昭広 ▽北防群司令(空幕運支課演習・検閲班長)同 合間友康 ▽西空防衛部長(総隊運用課作戦室長)同 熊谷三郎 ▽56警群司令兼与座岳分屯基地司令(空シス隊)2空佐 井出信人 ▽航空機動衛生隊長(三沢病院副長兼診療部長)1空佐 辻本哲也 ▽空教隊1教群司令(統幕総務課人事室長)同 阿部博文 ▽空補本調達課長(4補調達部長)同 小林久幸 ▽4補調達部長(空補本)2空佐 猪里英樹 ▽4補立川支処長兼立川分屯基地司令(空補本調達課長)1空佐 米子誠二 ▽指通シス隊サイバー防衛隊長(指通シス隊保全監査隊長)同 佐藤雅俊 ▽指通シス隊サイバー防衛隊情報班長兼統幕指通シス企画課(統幕指通シス企画課統合通信体制班長)1海佐 稲崎精一郎 ▽解横須賀病院衛生資材部長兼補(横須賀病院副長兼企画室長兼衛生資材部長)同 大草康 ▽横須賀病院衛生資材部長(呉病院衛生資材部長)同 米倉明 ▽解舞鶴病院診療部長事務取扱(舞鶴病院長兼防医大講師)同 清住哲郎 ▽呉病院衛生資材部長(舞鶴病院副長)同 内田昌秀 ▽解佐世保病院副長事務取扱、解歯科診療部長事務取扱(佐世保病院長)同 藤野和浩 ▽佐世保病院副長兼歯科診療部長(海幕首席衛生官付歯科担当衛生官)同 飯塚浩道 ▽徳島地本長(統幕総務課教育班長)同 森真規 ▽鹿児島地本長(1潜隊司令)同 深谷克郎 ▽情本総務部長(空幕会計課長)1空佐 金子浩一 ▽技本計画官付計画調整官(中国四国局玉野事務所長)1海佐 寺地富明 ▽南関東局防衛補佐官(統幕校国際平和協力センター)同 中釜義之 ▽中国四国局玉野事務所長(統幕首席後方補給官付後方補給室)同 工藤博之

(以上3月26日)

▽陸幕会計課長(中会副長)1陸佐 上道英夫 ▽同同総括班長(陸幹校教官)1陸佐 濱松泰広 ▽同補任課人事1班長(陸幕補任課)同 柳裕樹 ▽同補任課(陸幕防衛課)同 末永政則 ▽同防衛課長(21普連長兼秋田駐屯地司令)同 橋爪良友 ▽同装計課後方計画班長(陸幹校付)同 小山和彦 ▽同開発官付開発調整官(7高特連長兼静内駐屯地司令)同 江頭豊一 ▽同教訓計画課企画班長(陸幹校付)同 岸良知樹 ▽同教訓課長(7高特群長兼竹松駐屯地司令)同 佐藤真 ▽北方会計隊長(陸幕会計課総括班長)同 中村博次 ▽東北方人事部長(陸幕開発官付開発調整官)同 木口雄司 ▽東方人事部長(岡山地本長)同 楠見晋一 ▽1師団3部長(陸幕補任課人事1班長)同 前島政樹 ▽21普連長兼秋田駐屯地司令(陸幕教訓計画課企画班長)同 堺一夫 ▽西方特科隊長兼湯布院駐屯地司令(福岡地本長)同 三宅優 ▽7高特連長兼静内駐屯地司令(沖縄地本募集課長)同 神田謙 ▽7高特群長兼竹松駐屯地司令(陸幕装計課後方計画班長)同 足立吉樹 ▽中会副長(北方会計隊長)同 中野智彦 ▽陸幹校教官(陸幕運支課)同 神園雄一 ▽高射校副長兼企画室長(札幌地本長)同 藤本憲司 ▽海幕経理課長(海幕装需課長)1海佐 岡﨑光博 ▽同装需課長(同装備部付)同 門口欣也 ▽同技術課長(同技術課技術調整官)同 山岡鉄司 ▽同技術課技術調整官(海3術校教務部長)同 坂上禎 ▽海3術校教務部長(空補処航空機部長)同 荒川純一 ▽空補処航空機部長(空補処)同 内野誠 ▽空幕総務課長(総隊装備部長)同 佐藤幸喜 ▽同援業課計画班長(空幕援業課援護1班長)同 松田哲也 ▽同援業課援護1班長(同援業課)同 一木秀徳 ▽総隊装備部長(4補木更津支処長兼木更津分屯基地司令)同 長井章夫 ▽4補木更津支処長兼木更津分屯基地司令(空幕援業課計画班長)同 山田敬 ▽阪神病院診療技術部長兼耳鼻咽喉科部長(阪神病院耳鼻咽喉科部長)2陸佐 野原理 ▽札幌地本長(東北方人事部長)1陸佐 岡本浩 ▽岡山地本長(1師団3部長)同 松尾幸成 ▽福岡地本長(東方人事部長)同 秋葉瑞穂 ▽沖縄地本募集課長(陸幹校付)同 伊與田雅一

(以上3月28日)

将補に1人昇任

3月26日付で小和瀬一4師団幕僚長が陸将補に昇任、同日付で高等工科学校長に就任した。これに伴い、5人の陸将補が異動した。

▽陸将補に昇任(4師団幕僚長)1陸佐 小和瀬一 ▽統幕防衛計画部副長(4施団長兼大久保駐屯地司令)陸将補 小野塚貴之 ▽陸幕開発官(陸幕装備部副長)同 川瀬昌俊 ▽東北方幕僚副長(4師団副長兼福岡駐屯地司令)同 大森丈義 ▽4師団副長兼福岡駐屯地司令(高工校長兼武山駐屯地司令)同 菊池哲也 ▽4施団長兼大久保駐屯地司令(東北方幕僚副長)同 髙田祐一 ▽高工校長兼武山駐屯地司令(4師団幕僚長)同 小和瀬一

(以上3月26日)

将補昇任者略歴

小和瀬 一(こわせ・はじめ)陸将補 東京理科大卒。昭和53年陸自。平成13年2佐、18年1佐。陸幹校、統幕校、陸幕人計課企画班長、2戦連長、陸幕総務課庶務室長などを経て、25年4月4師団幕僚長。群馬県出身。51歳。

時の焦点

国内

第3極勢力

真価問われる主役たち

ソチ五輪でまさかの4位に終わったスキージャンプの高梨沙羅選手。立ち直るのに時間がかかるかと思われたが、違った。すぐにワールドカップ(W杯)に目標を定め、見事に個人総合2連覇を果たした。

高梨選手は記者会見で、五輪後に女性から「高梨選手の姿を励みに頑張れている」という内容の手紙をもらい「(心が)折れているわけにいかないと、気持ちを切り替えることができた」と語った。

逆境にあって、人の真価は問われる。

17歳の彼女のひたむきさに感銘を受け、無駄に年を取った我が身を恥じるばかりだ。

政治家はどうだろうか。

大阪都構想への信任を得るため出直し選に打って出た橋下徹大阪市長。

主要政党が候補者を立てず、文字通り「独り相撲」だった。投票率は低く、無効票の多い異常な選挙と言えた。政党だけでなく、強引な政治手法を取った橋下氏にも責任の一端がある。

にもかかわらず、橋下氏は「歴代市長より多い37万票を頂いた。大阪都構想の議論を進め、最後は住民投票で是非を決めることへの信任を得た」と強弁した。

地方自治体は、首長と議員が別々の選挙で選ばれる二元代表制であり、橋下氏が大阪都構想を進めたいなら、議会と話し合い、理解を得るしかない。その努力をしようとはしない橋下氏の態度は、いかがなものか。

みんなの党の渡辺代表も往生際が悪い。

支援者から8億円もの大金を選挙直前に借りながら、「選挙資金ではない」と説明した。何に使ったのかと聞かれて「会議費とか交際費とか旅費とか」と答え、さらに、縁起物の熊手を買ったと主張した。

いったい、何回会議を開き、何本熊手を買えば、億単位のカネを使い切れるのだろうか。選挙資金と認めれば、公職選挙法などに触れる可能性がある。それを恐れて、言い逃れしようとしていると映る。

ニクソン元米大統領は著書『指導者とは』で、こんな風に記している。

「新人政治家で、びっくりするほど口が達者で、どんなテーマについても雄弁に所信を述べ、『何を語るか』より『いかに語るか』によって採点され始め、まもなく単なるおしゃべりでしかないことがわかる」

橋下、渡辺両氏を新人政治家と呼ぶのは失礼であろう。ただ、言葉の重みを問いたいのである。

自民党政権が行き詰まり、民主党が政権交代を果たしたのが2009年。ところが、民主党は稚拙な政権運営を続け、国民の失望を招いた。

そうした政治状況を背景に、自民、民主両党に対抗する第3極勢力は台頭したとの見方がある。橋下氏や渡辺氏が牽引役を務めたのは確かだ。リーダーのつまずきは、第3極勢力を一層失速させるかもしれない。国民の政治不信の高まりが心配だ。

風間 二郎(政治評論家)

海外

独とポーランド

共通の歴史教科書導入

ドイツとポーランドが2015年秋の新学期から高等学校(ドイツでは8年制ギムナジウムの上級学年)の歴史と地理の授業に共通教科書を導入することになり、編纂(へんさん)作業が進められている。

ドイツは06年にフランスとの間で共通の歴史教科書を導入しているが、東欧の旧社会主義国との歴史教育分野での本格的提携は初めて。

隣り合う両国は重く難しい過去を背負っている。共通教科書の導入は、両国の若い世代の間に、同じEU(欧州連合)の旗の下に生きる「欧州市民」としての連帯感を醸成することにつながるであろう。

連邦国家ドイツでは州が強い自治権を有し、教育行政も国ではなく州が握る。ポーランドとの共通歴史教科書は4巻から成り、第1巻は15年2月に刊行の予定。

共通教科書といっても、全国一率に採用されるわけではない。新刊教科書は各州ごとに行われる審査で合否が決まる。同じ州内でも、共通教科書と既存の教科書のいずれを用いるかは各学校が最終決定する。

フランスとの共通教科書もフランスに近い国内西部の州の限られた学校でしか用いられていない。

ドイツでは、フランス語に比べてポーランド語の普及度が低い。共通教科書を採用する学校はポーランドに近い旧東独地域に限られると予想されている。

だが、教科書の編纂作業に参加している歴史学者シュトローベル氏は、「両国が長年の恩讐を乗り越えて共通教科書導入にこぎ着けた意義は決して小さくない」と指摘する。氏の言葉通り、両国関係には敵対と侵略の歴史が重くのしかかっている。

18世紀後半、プロイセンなど3国による領土簒奪(さんだつ)でポーランド王国が滅亡。そして1939年9月、ナチス・ドイツのポーランド侵攻で第2次世界大戦の火蓋が切って落とされた。ポーランド側の死者はユダヤ系も含め約600万人にのぼり、反独感情が強かった。

他方、ドイツは敗戦でプロイセン時代から固有の領土であった東部がソ連領やポーランド領に組み込まれたため、1000万人を超える人々が強制追放され、多数の犠牲者が出た。被害者たちは「被追放者同盟」を結成し、謝罪と損害賠償を求めた。

こうした両国関係を大きく変えたのが、70年のヴィリー・ブラント首相(当時)のワルシャワ訪問だった。歴史教育面での対話が始まり、教科書から相手を敵視する記述が改められていった。90年の東西ドイツ統一後、ポーランドとの善隣友好条約が結ばれた。共通教科書の導入はその成果といってよい。

それにしても、歴史認識をめぐる日中・日韓の感情的対立のエスカレートは、余りにも大人気ない。数年前まで、3国の歴史学者や教師たちによる学術的な対話が行われ、東アジアの歴史の副教材(共同編纂)も出版されていた。政治家や圧力団体の声高な論争を凍結し、3国の専門家による冷静な歴史教育対話を日本の主導で再開させることを願う。

小倉 春樹(外交評論家)

朝雲モニターが交代

26年度 陸海空65人に委嘱

4月から翌年3月まで、『朝雲』紙面についてご意見を寄せていただく「朝雲モニター」の26年度の担当者65人(陸自25、海、空各20人)が各幕広報室の協力で決まりました。

モニターのご意見はより良い紙面づくりに生かすとともに、毎年2月に選定される「朝雲4賞」の選考資料とさせていただきます。

25年度モニターの方には業務多忙の中、1年間にわたりご意見を寄せていただき、ありがとうございました。

26年度モニターの氏名・所属は次の通り。

【陸自】▽北方=河瀬隆稔1曹(5旅団広報室)、類瀬明義曹長(2師団広報室)、榮晶子3曹(7師団広報室)、菅原一直2曹(11旅団広報室)、志田純一3曹(北方総監付隊)▽東北方=菅原宏幸1尉(9師団広報室)、島田篤史2曹(6戦大隊本管中隊)、石森さおり3曹(東北方後支隊本部付隊)▽東方=石坂陽3曹(1師団付隊)、日部賢2曹(12旅団付隊)、谷山尚隆3尉(武校)▽中方=本田成弘3佐(中方広報室)、前村幸弘3曹(3師団広報室)、石倉信三2曹(10師団広報室)、宮畝朋子3曹(関西処三軒屋弾支処)、長尾武則曹長(14旅団広報室)▽西方=西田由香里3空曹(長崎地本)、渡辺勝己准尉(西方通信群)、米森一也3佐(15旅団)、小松崎宏2曹(15通信隊)▽即応集団=稲葉幸俊1尉(即応集団)、齋藤勝志3佐(中央特殊武器防護隊)、嵩原芳之3佐(対特殊武器衛生隊)、船山大介1尉(国際活動教育隊)、堀江健一曹長(空挺団)

【海自】▽松本雅史1曹(横監)▽田中明2曹(佐監)▽高橋健太3尉(舞監)▽瀬川治1曹(大監)▽安喜義享2曹(呉監)▽水谷吉克2尉(1術校)▽中村俊雄2佐(2術校)▽松下祐忠2尉(3術校)▽重光利彦3曹(4術校)▽高原謙次1尉(幹 [illegible]

横浜の米軍施設返還へ

6月「深谷通信所」 来年6月「上瀬谷通信施設」

東京ドーム68個分、日米合意

小野寺防衛相は3月25日の記者会見で、神奈川県内の米軍施設・区域の日本への返還時期などが決まったことを明らかにした。横浜市泉区の「深谷通信所」は今年6月末、同市旭区と瀬谷区にまたがる「上瀬谷通信施設」は来年6月末までの返還をめどに、今後は返還に向けた手続きを開始する。日米合同委員会の下に設置されている施設調整部会で日米の認識が一致した。

一方、「池子住宅地区及び海軍補助施設」の横浜市域に整備する米軍家族住宅については、現在の鉄筋コンクリート3階建て385戸の整備計画を2階建て171戸に変更する。

小野寺大臣は「横浜市内の米軍施設・区域の約7割に相当する約320ヘクタール、東京ドーム68個分の返還について日米が合意できたことは大きな成果。今後とも日米間での協議を継続し、着実な返還の実施に向け努力していきたい」と述べた。

戦後、米軍に接収され、通信施設などとして使用された横浜市内の6カ所の施設について、日米両政府は平成16年の日米合同委員会で返還に合意していたが、一部の施設については返還時期が決まっていなかった。

南関東防衛局の丸井博局長は同日、横浜市の林文子市長と会談し、日米両政府が返還時期などで一致したことを伝えた。

適地候補に佐世保市

武田副大臣「水陸機動団」配備を説明

武田副大臣は3月24日、佐世保市の朝長則男市長らと会談し、中期防（平成26～30年度）期間中に新編を目指す「水陸機動団」に関し、相浦駐屯地に1個目の水陸機動連隊を配備する計画や、水陸両用車を運用する部隊の配置場所の適地の一つに佐世保重工業が所有する崎辺西地区を考えていることなどを説明した。

これに対し、朝長市長は「地元の理解と協力が不可欠」として、密接な調整が図られることを要望した。

武田副大臣はこのほか、以前より同市から要望があった潜水艦部隊の配備についてはその予定がないことや、現在米側と返還に向けた協議を行っている崎辺東地区について海上自衛隊による利活用を検討していることなども伝えた。

小野寺防衛相は翌25日の記者会見で「（3月2日に）相浦駐屯地を視察した後、空から崎辺地区を見学し、統合的な運用をする場合においても大変有効な地区だと認識している。南西重視の防衛力整備の中で、水陸機動団を含めた機動的な部隊の運用は大変重要。地元の理解を得ながら、今後とも進めていきたい」と述べた。

岩田陸幕長は27日の記者会見で「水陸機動団は3000人規模で、1個水陸機動連隊は西方普通科連隊（相浦、約700人）が基幹となる」とした上で、水陸両用車を装備する部隊の配置場所について「相浦に近く、海自艦艇との連携が取りやすいことから崎辺地区は適地と考えている」と述べた。

運用3課、連絡調整課など

統幕、体制強化へ新編

統幕は3月26日、統合運用体制のさらなる強化を図るため、①防衛計画部に副部長を新設②総務部に連絡調整課を新編③運用部に運用第3課を新編――する組織改編を行い、同日、防衛省講堂で改編式典を行った。

岩崎統幕長は「統幕は各部隊の先頭となり、安全保障環境の変化に柔軟に対応し、時代のすう勢に即した体制を構築していかなければならない」と訓示した。

①により防衛計画部長の業務の一端を副部長が担うことで、防衛力整備などの国内業務と、諸外国との信頼醸成などの対外業務を同時並行し、きめ細やかな対応が可能となる。

②は部外関係機関との連絡調整機能を強化するために新設。事態発生時における対応の実効性向上が期待される。

③では災害派遣やPKO活動などの業務と掛け持ちすることなく、訓練業務に専念でき、統合訓練の企画能力の向上や評価分析の客観性保持が期待される。

「新しい時代へ羽ばたけ」

57期生289人 高工校卒業式で大臣

菊池学校長から卒業証書を授与される高工校57期生。防衛大臣として初めて小野寺防衛相も出席した（3月21日、高等工科学校で）

【高工校＝武山】陸自高等工科学校（校長・菊池哲也将補）の卒業式が3月21日、同校講堂で行われ、小野寺防衛大臣、木原政務官、岩田陸幕長をはじめ、来賓や卒業生家族ら約750人が出席し、57期生289人の門出を祝った。

菊池学校長は卒業生一人一人に卒業証書を手渡し、式辞で学校規範の一つである「負けるな、やり遂げよ」とはなむけの言葉を贈った。

続いて小野寺大臣が「3年間で培った知識・技能を基礎とし、団体生活で得た仲間を思いやる気持ちを大切に、新しい時代を背負って立つ自衛官を目指して大きく羽ばたいてほしい」と訓示した。

岩田陸幕長は「本物で一流の軍事のプロフェッショナルとなれ」「自ら進んで先頭に立て」「高等工科学校の良き伝統の継承者たれ」の3点を要望した。

式後、グラウンドで在校生が送別パレードを披露、同校OB隊員が操縦する陸自ヘリが祝賀飛行を行った。卒業生は4月1日付で陸士長に任官され、各陸曹教育隊の生徒陸曹候補生課程に進む。一部は防大や海・空自の航空学生課程などに進んだ。

防衛大臣が同校卒業式に参加するのは初めてで、小野寺大臣は式に先立ち、2学年生徒約100人の儀仗隊から栄誉礼を受けた。

近海・外洋練習航海へ

海自幹候校卒業式

海自幹部候補生学校（江田島）の卒業式が3月21日行われ、第64期一般幹部候補生課程173人（うち女性19人、タイ留学生1人）と第66期飛行幹部候補生課程48人（うち女性3人）が卒業した。

一般幹候を修了した初級幹部は式後、学校職員らの見送りを受けて練習艦隊（司令官・湯浅秀樹海将補）の練習艦「かしま」「しらゆき」「せとゆき」、護衛艦「あさぎり」に乗り組み、近海練習航海に出発した。

4艦は海上訓練を行いながら桂島沖、大阪、佐世保、石垣島、那覇、鳥羽、大湊、舞鶴、三机、呉、横須賀を巡り、5月21日に東京・晴海に入港する予定。その後、初級幹部らは遠洋練習航海の準備に入る。

一方、飛行幹候修了の初級幹部はフィリピン方面の外洋練習航海に出発。池田秀人13護衛隊司令を指揮官とする護衛艦「あさぎり」「しらね」に分乗し、太平洋上での各種訓練に臨む途中、フィリピンのマニラ、米グアムに寄港して両国海軍関係者と交流し、4月22日に帰国の予定。

東音に2級賞状

河邊隊長、三宅3曹ら大活躍

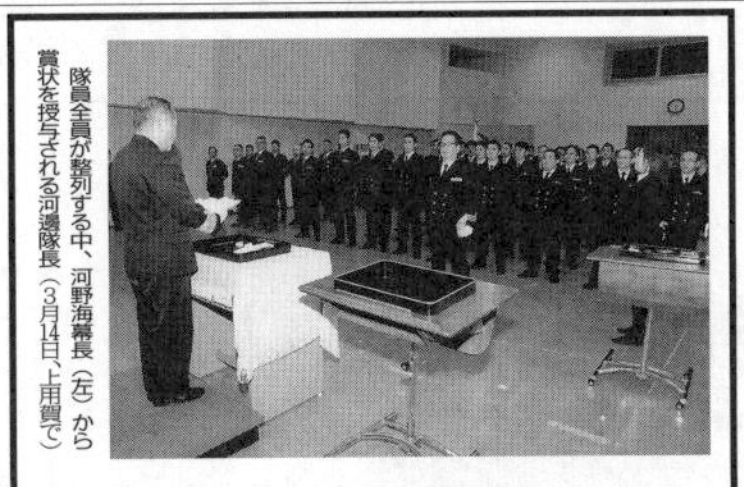

隊員全員が整列する中、河野海幕長（左）から賞状を授与される河邊隊長（3月14日、上用賀で）

【東音＝上用賀】東京音楽隊は3月14日、長年に及ぶ演奏活動の功績により河野海幕長から2級賞状を授与された。

同隊は昭和26年1月に発足、海自の中央音楽隊として全国各地で年間100回を超える演奏活動を行っている。特に25年度は河邊一彦隊長や〝海自の歌姫〟三宅由佳莉3曹の活躍もあり、各メディアに幾度も登場し多忙な一年となった。

表彰式は東京音楽隊奏楽堂で行われ、隊員全員が整列するなか、海幕長が「貴隊の高い演奏で多くの国民に勇気と感動を与え、海自に対する理解向上に大きく寄与した」と表彰状を読み上げ、河邊隊長に2級賞状と記念品を手渡した。

同隊が昨年8月に発売したCDアルバム『祈り～未来への歌声』は、3週間連続でオリコンチャートのクラシック部門第1位に輝いた。

12月には同CDで「第55回日本レコード大賞」の「企画賞」を受賞、今年2月には「第28回ゴールデンディスク大賞」の「クラシック・アルバム・オブ・ザ・イヤー」、3月には「第6回CDショップ大賞」の「2014年クラシック賞」をそれぞれ受賞し、海自東音の名を全国に広めた。

同隊では「25年度は、実りの多い年となった。今回の受賞はひとえに東音を支えてくれた皆様のおかげだと感謝している」と話している。

なお、これらの活動で功績のあった河邊隊長は3月27日付で退職した。

空幕長、豪で各国参謀長と意見交換

オーストラリア空軍本部長のジェフ・ブラウン中将（右）と記念品の盾を交換する齊藤空幕長（3月11日、オーストラリア空軍本部で）

齊藤空幕長は3月10日から14日までオーストラリアを訪問した。空軍本部長のジェフ・ブラウン中将の招待に応じたもので、11日にブラウン本部長をはじめ同空軍とのハイレベル交流を実施、オーストラリア戦争記念館を視察した。12、13日には同軍主催のエア・パワー・カンファレンスに参加し、各国空軍参謀長らと意見交換した。

同カンファレンスは首都キャンベラのコンベンション・センターで行われ、空幕長は有識者の航空戦力に関する講演を聴講した後、各国の空軍参謀長らに日本の防衛政策、空自の取り組みについて説明、14日に帰国した。

共済組合だより

「財形貯蓄」4月7日から申し込み受け付けます

全国の自衛隊駐屯地・基地等の厚生担当課（科）等では4月の第2週月曜日から第3金曜日までの間、「平成26年度財産形成貯蓄」の申し込みを受け付けています。

財形貯蓄は年に1度の申し込み機会となっており、防衛省では「平成26年度財産形成貯蓄制度のご案内」というパンフレット＝写真＝を配布し、隊員に申し込みを呼び掛けています。

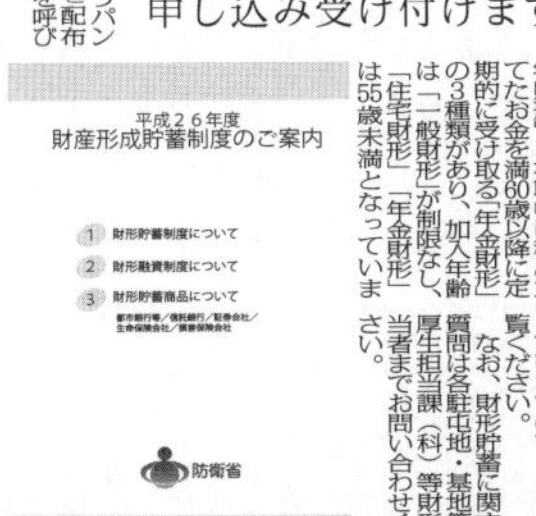

財形貯蓄は、使途が自由な「一般財形」、住宅購入等の資金を積み立てる「住宅財形」、在職中に積み立てたお金を満60歳以降に定期的に受け取る「年金財形」の3種類があり、加入年齢は「一般財形」が制限なし、「住宅財形」「年金財形」は55歳未満となっています。

パンフレットでは財形貯蓄と財形融資制度について詳しく説明しているほか、銀行・証券会社・保険会社等が取り扱う財形貯蓄商品について分かりやすく解説していますので、どうぞご覧ください。

なお、財形貯蓄に関する質問は各駐屯地・基地等の厚生担当課（科）等財形担当者までお問い合わせください。

航空標的発射400回達成

てんりゅう

【てんりゅう＝呉】無人標的機を洋上に打ち上げ、護衛艦の対空訓練をサポートする訓練支援艦「てんりゅう」（艦長・渡邊浩一2佐以下約140人）は2月7日、「航空標的発射400回」を達成した。

この記録は平成12年3月17日の就役以来、高速標的機「ファイアビー」と高速無人標的機「チャカⅢ」の2種類の標的機を運用し、13年11カ月かけて達成したもので、この間多くの艦艇の対空射撃訓練を支援した。

達成に当たり、渡邊艦長は「これは諸先輩方が培ってきた伝統を受け継ぎ、安全確実に各作業を実施してきたたまもの。今後とも艦艇の要望に応じた支援にまい進したい」と述べ、乗員の労をねぎらった。

「てんりゅう」では今後、後部甲板から無人機を発射し、遠隔操縦するという特別な技能が要求されることから、「新たな歴史をつくっていくためには人材確保が急務」とし、「訓練支援艦、特に航空標的科への理解を深めていただき、全国から希望者が増大することを切に願っている」と話している。

海自「コモド」に参加

多国間共同訓練

海自はインドネシア海軍が主催する多国間共同訓練「コモド」に参加するため、3月20日から護衛艦「あけぼの」（艦長・本山勝善2佐以下約200人）を同国のバタム島とその周辺海空域へ派遣した。帰国は4月9日の予定。

今回初めて開催される「コモド」は、人道支援・災害救援（HA/DR）に関する多国間共同訓練で、ASEAN諸国や米国など14カ国が参加。

「あけぼの」は期間中、海上での捜索・救難訓練、指揮所訓練、机上訓練を通じ、参加国との相互理解や信頼関係の増進を図る。

なお「コモド（KOMODO）」とはインドネシアにある島の名で、同島には全長2～3メートル、体重約70キロの世界最大級の肉食トカゲ、コモドドラゴンが生息していることで有名。

国籍不明潜水艦が接続水域内を航行

沖縄・宮古島

防衛省は3月20日、海自のP3C哨戒機が19日に沖縄県・宮古島東方の接続水域内を北西に向け潜没航行している国籍不明潜水艦を確認したと公表した。

同潜水艦は20日午前、宮古島の北東で接続水域を出ると、さらに北西に向け航行。領海侵犯はなかった。

露軍機、山陰沖偵察 中国機は東シナ海に

空自機が緊急発進

露・中国機の航跡図

3月26、27、29の各日、ロシア空軍のIL20型電子偵察機各1機が相次いで山陰沖を偵察飛行したため、中空、西空のF15戦闘機などが緊急発進して対応した。

各日とも露軍機はウラジオストク方面から山陰沖に進出。島根県竹島と隠岐島の間を抜けて山口県の見島沖、長崎県の対馬沖付近に到達した後、再び同じルートで自国領方面に戻った。27日と29日は山口県沖で特異な周回を行った。

露IL20型偵察機

一方、沖縄県尖閣諸島沖の東シナ海では23日、中国国家海洋局所属のY12型小型プロペラ機1機が飛来。久場島などの沖約100キロ付近まで近づいたため、空自南混団のF15戦闘機などが緊急発進して対応した。

いずれも領空侵犯はなかったが、統幕は空自機が撮影した露軍機、中国機の写真と航跡図を公開した。

QDR 2014 米国防計画見直し 全訳

□3□

序章

2014年版「4年ごとの国防計画見直し（QDR）」は、将来に備えた国防総省の体制づくりと緊縮財政下での優先順位付けに焦点を当てた、戦略主導の過程だ。

QDRは以下の3項目のイニシアチブを推進する。（1）12年の国防戦略の指針を基礎に、米国益を保護・増進し、米国の指導力を維持する。（2）QDRは財政環境の変化を踏まえ、統合軍の主要素をいかに責任ある現実的な方法でリバランス（再均衡）させるかを示す。（3）QDRは、緊縮財政下のコスト節減努力の一環として、国防総省自身のリバランスを行う意思を示す。我々はこれらの改革を断行し、全志願制軍隊の健全さを守り、高めていく。

QDR作成に当たり国防総省はまず、難しい国際安全保障環境を評価した。上層幹部は短期、中期、長期にわたり我々が直面する、妥当な戦略・作戦の将来の姿を確認しようと試みた。この過程で特に、12年国防戦略指針後に浮上した脅威、課題、機会に注目した。

この評価を受け、上層幹部は米国の国益を守るために国防総省が達成すべき目標を見極め、そのための統合軍戦力の規模、熟度を評価した。

この評価結果を基に、国防総省の戦力計画が立てられ、大統領の15年度予算要求案が作成された。またQDR作成過程を通じ、上層幹部は強制削減水準といった低予算が、国防総省の米国益を守る能力に与える影響についても検討を加えた。

本QDRの基礎は、目標を達成するための新たな手法と国防関連企業の改革への新たなアプローチを模索しながら、戦闘力を守ることへの確固たる決意である。

米国防計画見直し（QDR）の構成
国防長官からの手紙
エグゼクティブ・サマリー
序章
第1章：安全保障環境の将来
第2章：国防戦略
第3章：統合軍のリバランス（再均衡）
第4章：国防組織のリバランス
第5章：予算強制削減の意味合いとリスク
統合参謀本部議長のQDR評価

第1章　安全保障環境の将来

米国がアフガニスタンでの移行を完結し、将来を見据える中で、国際安全保障環境は依然不透明、複雑だ。米国は今後もあらゆる脅威と機会に直面し、そのいずれにも効果的に対応しなくてはならない。

強力な地球規模の力が台頭している。重心移動が小国や非国家勢力に力を与えている。世界のつながりが倍加され深化するにつれ、国家間、非国家間、民間人同士の相互交流も強まっている。

完全に国際化された世界では、アジアの経済成長▽米国、欧州、中国、日本の高齢化▽継続する中東、アフリカの不安定さ▽さらに多くの流れが動的に相互に作用する。

軍事作戦環境は技術の力により一層可能性が広がり、技術はかつて大国に限定されていた能力を、より広汎なプレーヤーに提供する。情報拡散が加速し、国民を抑えて秩序を維持することが難しくなる国の政府がある一方、情報拡散は戦争の戦い方を変え、勢力の動員、組織を助けるという役割も果たしている。

地域・世界の安全保障環境の動向、ますます強まる緊縮財政により、米国が世界のリーダーの地位を保つにはこれまでになく迅速に環境に適応し、より斬新なアプローチと友好関係を追求することが重要になっている。

◇地域の動向

米国は100年以上の間、太平洋地域で深くて永続的な安全保障関係を有する一大勢力であった。特に過去60年間、米国は自由で開かれた通商、公正な国際秩序、共有領域への開かれたアクセスへのコミットメントを通じ、アジア太平洋地域の平和と繁栄確保に貢献してきた。この地域における米国の経済、安全、人対人の結びつきは強く、そして拡大している。

アジア太平洋地域はより一層、世界の通商、政治、安全保障の中心的地位を占めている。この地域の国々が軍事、安全保障の能力発展を継続する中、長きにわたる主権をめぐる争いや天然資源の所有権争いでの緊張が、破滅的な競争、紛争の勃発につながり、地域の平和と安定、繁栄をもたらしてきた流れを押し戻すリスクも高まっている。

特に、中国の軍事力近代化は急速かつ包括的な領域で進んでおり、他国に比べ透明性と指導層の説明の欠如が目立つ。

東南アジア諸国連合（ASEAN）や地域勢力が人道支援、海洋安全保障、対テロ問題などで協力し合う、多国間の安全保障の仕組みが台頭し、緊張を抑制して紛争を防ぐのに役立っている。

地域安全保障で長い間、いかりの役を果たしてきたオーストラリア、日本、韓国といった諸国や、インド、インドネシアなどの新興諸国は、交流を深め理解を共有するために新たなリーダーシップを発揮している。

アジア太平洋諸国がより大きな繁栄を達成し、地域の規範を確立、安定的な軍事バランスを保とうとする中で、北朝鮮は依然、閉ざされた独裁主義体制のままだ。

アフガニスタンのカンダハル基地でタキシングする米空軍のMQ9リーパー無人機（QDRより）

北朝鮮の長距離ミサイルや大量破壊兵器（WMD）開発計画――中でも国際的義務に違反した核兵器の追求は、朝鮮半島や北東アジアの平和と安定にとって大きな脅威となり、米国にとっても直接の脅威となりつつある。

中東にも摩擦の種は依然存在する。宗教的な違い、中でもイスラム教スンニー派とシーア派の分裂は、地域内で国家を超えた分裂の源になっている。

エネルギー、水などの資源獲得競争は今後緊張を悪化させ、特にぜい弱な国家では、地域の対立を広範な紛争へとエスカレートさせる可能性がある。

この地域において、イランは依然として国際法を無視、核兵器開発能力を追求することで安全を脅かす不安定な存在だ。核兵器を求めないと宣言しても、イランによる他の行動は中東、とりわけ米国の同盟・友好諸国や、世界にとっての脅威であり続ける。

中東やアフリカ諸国の多くは、大きな政治・社会的変革を経験している。チュニジア、リビア、イエメン、エジプトといった国々の人々は、統治に自身の声を反映させようとして従来の権力を転覆させた。テロリスト集団は移行過程の政府を利用し、影響力の拡大を図っている。

シリア国内の派閥対立は続き、多くの人命が失われている。シリアは世界のジハード（聖戦）を引きつけるマグネットになった感があり、シリア支配層が居座り続ける限りこの状態は続くとみられる。

シリア内戦は外国戦闘部隊の流入と、近隣諸国への多数の難民流出という結果をもたらしている。これらの困難な政治移行過程は、中東では事態が全面展開するのに何年も、いや何十年も要するという事実を改めて想起させる。

アフリカではテロリスト、犯罪組織、傭兵、腐敗高官、海賊らが無政府地域や統治の行き届かない地域、その周辺海域を食い物にしている。

特にぜい弱な国での抗議デモやテロ攻撃など、急速に発展する潜在的脅威は米国益への挑戦となりうる。同時に、強固な統治の仕組みが誕生し、米国と友好関係を結ぶ強力で能力に長けた軍隊が誕生する大きな機会も存在する。

国連やアフリカ連合、準地域的組織が支援する多国籍平和維持活動（PKO）は、国際的な安全保障を維持・回復する上でますます中心的な役割を果たしている。こうした活動には、従来、多国籍活動が抑えられていた大量残虐行為の防止と仲裁も含まれる。

欧州は、世界の安全保障を促進する上で我々の中心的パートナーであり続ける。中東や北アフリカなどに混乱と暴力がはびこり続ける中、欧州はこれらの課題に対処する上で重要だ。

欧州には、我々に最も忠実で能力の高い同盟国、友好国があり、これら諸国が提供してくれる戦略的アクセスと支援は、米軍がグローバルな課題に対処する上でより機動的であり、遠征が可能で、即応態勢にあることを保証してくれる。

現在、大半の欧州諸国は安全保障をつくり出す立場だが、バルカン半島での不安と欧州周縁地域は依然、安全上の課題だ。米国はロシアと2国間の問題だけでなく、シリア、イラン、（米軍が撤退する）14年以降のアフガニスタンなど地域の問題解決に向け利害が一致すれば、安全保障協力を行う用意がある。

同時に、ロシアの多元的な防衛力近代化策と国防行動は近隣諸国の主権を侵害し、リスクとなる。我々はロシアに対し、透明性を高め軍事的誤算を減らすよう求めていく。

西半球地域において、主な安全保障上の問題はもはや国対国の紛争や右翼民兵組織、左翼反乱軍などから発生するのではない。今日の脅威は麻薬のまん延や、他の形態の国際的組織犯罪から生じ、その影響は自然災害、経済格差などによって増幅される。

これらの問題は各国に共有され、国境を無視して広がる。西半球諸国が一体となり、これら非国家集団がもたらす脅威を破断し壊滅させ、地域の能力を発展させることが、すべての国の利益にかなう。

◇世界の動向

将来の安全保障環境を定義付ける世界の動向は、その変化の速さと、互いに影響しあう多様な道筋から生じる複雑さによって特徴付けられる。その結果、世界中で得られる情報量は増大しているにもかかわらず、世界の脅威と機会がどう発展するかを予測することはますます困難になっている。

米国が注意を払い関与し続けることが、世界の動向――良い意味でも悪い意味でも――を形づくる上で重要になる。世界の多くの地域で新興の友好諸国が現われ、それぞれの地域で生産的な、場合によっては主導的な安全保障上の役割を果たしている。

技術、旅行、通商、ソーシャル・メディアのおかげで世界はかつてないほど相互に結ばれ、国際協力と共通の行動規範を育むことに、共通のインセンティブを提供している。グローバリゼーションの力は、世界の最貧地域にとって重大なマクロ経済変化をもたらしている。

そして民間部門での技術・科学の変革、とりわけエネルギー市場の変革は、エネルギー産業全体に革命的変化をもたらすのみならず、将来米国に新たな安全保障の提供手段を付与する可能性を秘めている。

一方で、技術が可能にする21世紀の軍事作戦環境は、国家やテロリストなどの非国家の敵対勢力に、非対称手法を採用して我々の弱点を突く新たな武器を提供することになる。

今後数年、中国などは米国の強大さに対抗するため「接近阻止／領域拒否（A2／AD）」戦略をとり、その他新たなサイバー／宇宙空間制御技術を使用している。これら諸国はまた、領土外の海／空域でのアクセスと行動の自由を制限できる、精緻な空域防衛システムの開発を続けている。

正確性を備えた通常兵器弾道ミサイル、巡航ミサイルの増加による脅威は、米国と同盟諸国の海軍、陸上配備部隊にとって、コストの上乗せ負担となる。

〈以下次号〉

西風東風

アジアの「クリミア化」避けるべき
――米太平洋艦隊司令官

米太平洋艦隊のハリー・ハリス司令官は3月、南シナ海での領有権争い問題について、ロシアによるクリミア自治共和国の一方的編入を引き合いに出し、「欧州で起きていることをアジアで起きないようにすることが重要だ」と述べ、中国を念頭に、領有権問題は対話を通じて解決するべきだとの考えを示した。

太平洋艦隊は、米海軍横須賀基地を拠点とする第7艦隊の上級部隊で、ハリス氏は2013年10月に就任した。母親が日本人の日系人。3月19日、ジャカルタで開かれた国際会議の場でアジア太平洋地域の安全保障問題について発言し、米ニュース・サイトのハフィントン・ポストがその内容を伝えている。

会議でハリス司令官は「クリミア半島で一つの国が隣国に対して行ったことが、現在の世界の緊張を生み出した」ことを引き合いに出し、アジア太平洋地域の全ての国がこうした事態が起きないようにすることが重要だと訴えた。

さらに全ての国、特に大国は国際法を順守し、近隣国の領土保全を害さないようにすべきだとし、暗に中国をけん制した。

領有権をめぐる問題で、米国は対立するいずれの国にも肩入れしないとの外交原則をとっているが、同司令官は「領有権主張のための脅しや強制、武力の行使には強く反対する。外交的な立場を誤解してはならない」と強調。東南アジア諸国連合(ASEAN)と中国が、南シナ海の領有権をめぐる争いの解決策として、行動規範を策定することが重要だとの認識を示した。

米軍はアジア太平洋地域に軸足を移す「リバランス」戦略を進めているが、オバマ政権の同地域への関与が見えにくいとの声も聞かれる。同司令官は、米太平洋艦隊が前線で強いプレゼンスを維持することに加え、「リバランスは国防中心ではなく外交、経済、政治、安全保障を含む政府全体としての取り組みであり、共同、協力に基づく」と解説。

「我々が前方駐留していることで、昨年11月に巨大台風がフィリピンを襲った際に迅速な対応ができた。また、先にマレーシア航空の旅客機が消息を絶った際、米海軍艦艇がマレーシア支援に駆けつけられた」と、リバランスが救援・支援に大きく貢献していると指摘した。

今夏、米海軍は初めて中国を招待しハワイ沖で23カ国が参加する、過去最大となる環太平洋合同演習(リムパック)を行うが、司令官は演習で協力と信頼構築、透明性の向上を図ることに意欲を示した。

（ロサンゼルス=植木秀一）

防衛費を増額
――NATO加盟も視野・スウェーデン

ウクライナの政変に伴いクリミア半島を併合するなど、ロシアの軍事的な脅威が顕在化する中、北欧のスウェーデンは、これまで削減を続けていた軍事費を増額の方向で見直すとともに、北大西洋条約機構（NATO）への加盟も視野に入れるなど、防衛政策を大幅に転換する方針を打ち出した。当面、16億ドル（約1600億円）を追加し、2隻の予定の次世代潜水艦の購入を5隻とすることを検討している。

2014年のスウェーデンの軍事費は62億ドルで、国民総生産（GDP）比率は1・05％、06年の1・5％に比べると大きく減少している。軍用機も冷戦時は400機余りを数えたが、現在は80―100機にとどまっている。一方、伝統的な中立政策からNATOへは加盟していない。

昨年3月29日、ロシア軍はスウェーデンに対してツポレフ22M3戦略爆撃機と、スホイ27戦闘機による夜間の模擬攻撃を仕掛けたが、スウェーデン軍のサーブ39グリペンは対応できず、リトアニアのNATO基地からデンマーク軍のF16がスクランブル発進する事態が発生している。

スウェーデンは本土沿岸から南東90キロのバルト海に、戦略的に重要なゴットランド島を領有する。NATO加盟国のラトビアから130キロ、ロシアの飛び地のカニングラードからは248キロ、島の東海域にはロシアから欧州へ向かう天然ガスのパイプランも通っており、この島の防衛力強化が当面の課題とされる。

ラインフェルト首相は「我々には、力があるが何をするか分からない隣人がおり、冷戦後につくられた国際的な枠組みに従って行動していない。この予見の不可能性のため、近隣諸国は不安定な状況に追い込まれており、我々も防衛費の見直しに入ることになった」と述べた。

また、ビョルクランド副首相は「ウクライナ危機で我々のバルト海での防衛力に不安があることが浮き彫りになった。長期的にはNATOへの加盟が最適な選択肢」としている。（ロンドン=加藤雅之）

壮絶 コンピューターバトル

田丸正勝35戦闘団長（左奥）を核心に作戦を練る幕僚たち（久代訓練場で）

敵の意図を見極め、対処部隊の投入を命じる戒田重雄14戦闘団長（前列中央）＝川西駐屯地で

陸自部隊は〝仮想戦場〟でも激しい戦闘訓練を続けている。中部方面隊では35戦闘団と14戦闘団が「遭遇戦」を課目にコンピューター上で激突、戦況が刻々と変わる中、一進一退の壮絶なバトルを繰り広げた。

不眠不休で命令　35普連

【35普連＝守山】35普連は1月29日から2月4日までの間、久代訓練場で「第13次方面指揮所訓練（BCTC）」に参加した。

連隊には10特連3大隊（豊川）、10戦大3中隊（今津）、10施大3中隊（春日井）、3直接支援中隊（守山）が加わり、訓練人員173人からなる「35戦闘団」を編成し、14連隊（金沢）を基幹とした「14戦闘団」との対抗演習に臨んだ。

いざ戦闘が始まると、1000人規模の戦闘団同士がぶつかる「遭遇戦」のため、各隊指揮官のたった一つの判断ミスが味方部隊を窮地に陥れることになることから、部隊長や幕僚は緊迫した中で命令を下し、不眠不休でコンピューターを介した戦闘を続けた。

状況がめまぐるしく変わる中でも隊員たちは高いモチベーションを維持し、冷静に敵の攻撃に対処。指揮所内には終始気合の入った命令や報告の声が飛び交った。

特科、戦車で打撃　14普連

【14普連＝金沢】連隊は「第13次方面指揮所訓練」に、35戦闘団の対抗部隊として参加した。

14戦闘団は川西駐屯地の指揮所訓練センター内に布陣。各中隊ブースでは隊員が険しい表情でパソコンをにらみ、状況に即応。各隊から「敵発見！」「敵と接触、交戦状態に入った！」など至急報が次々飛び込む中、各級指揮官はその対処法を部隊に指示、それぞれが持ち場を守って戦闘を継続した。

指揮所内では戦闘団長を中心に、特科や戦車など各種機能を有機的に組み合わせ、敵に打撃を与えた。

この結果、両戦闘団の戦いは双方ががっぷり四つに組んで互いに譲らず、勝敗が決する前に訓練は状況終了となった。

訓練後、14戦闘団長を務めた戒田重雄連隊長は「団本部から中隊まで〝兼六戦士〟の一騎当千の活躍ぶりは見事だった。心底誇りに思う。今後もこの心意気で任務に当たってほしい」と隊員をねぎらった。

1中隊が接戦制す
4戦車大隊が射撃競技会

【4戦大＝玖珠】4戦車大隊はこのほど、部隊改編後初となる戦車射撃競技会を日出生台射場で行った。

2個戦車中隊が74式戦車を使って105ミリ主砲の命中を競ったほか、駐屯地を共にする8戦車大隊の戦車も加わり、合同射撃で切磋琢磨した。

張り詰めた緊張感の中、初弾が命中すると隊員から歓声が上がり、その後、次々と砲弾が発射された。

接戦を制したのは1中隊で、九州の戦車部隊としての最高の栄誉を手にした。

前進しながら次々と105ミリ主砲を発射する4戦大の74式戦車（日出生台射場で）

40、41両戦闘団の戦況をモニター上で見る川又4師団長（手前から2人目）＝健軍駐屯地で

駐屯地結び、戦闘団対抗指揮所演習を実施　4師団

【4師団＝福岡】4師団は健軍、小倉、別府駐屯地を結び、「25年度戦闘団対抗指揮所演習」を行った。

40戦闘団と41戦闘団が対戦する「ホームステーション・プレイ方式」で実施され、最初に「指揮所訓練統裁支援システム（ICE）」入力訓練を行い、その後、小倉と別府に分かれて対抗演習を開始した。

戦闘は「自由統裁」方式で進められ、両団とも勝利への執念を前面に出し「適時適切な状況判断」「有機的な幕僚活動」を追求、幕僚の指揮能力向上と部隊の運用能力強化を図った。演習後は研究会が開かれ、作戦の問題点などについて討議を行った。

訓練

「ここは戦場」FTCで奮戦　22普連3中

【22普連＝多賀城】連隊の3中隊を基幹とする隊員約230人は2月10〜15日、北富士駐屯地で富士トレーニングセンター（FTC）訓練に参加した。

陸自最強の教官集団が待ち受けるFTCで、隊員たちはセンター長から「ここは戦場だと思え！」との一喝を受けて訓練に参加。

1夜2日は猛烈な吹雪の中での戦闘となり、隊員たちは小澤3中隊長の「連携しろ！」「常に考えろ！」の指示を受け、敵警戒部隊の駆逐に続いて吹雪の中、果敢に攻撃を仕掛け、激しいバトルを展開する中で状況終了となった。

小澤中隊長は「貴重な戦訓が得られた」と語った。

爆破訓練に参加「優秀」の評価　305施

【305施＝三軒屋】305施設隊は2月4日から14日まで、あいば野演習場で行われた4施団の「集中爆破訓練」に参加した。

最初に手榴弾の投てき、84ミリ無反動砲の射撃訓練を実施した後、団長に対し命題研究成果（FH70榴弾砲用軽掩蓋掩壕構築要領の一案）を報告した。

隊員は雪の降る中、所命の期間でFH70用軽掩蓋掩壕を構築、施設部隊としての高い技量を示した。

また投射訓練では92式地雷原処理車と70式地雷原爆破装置の実射を行い「優秀」の評価を得た。部隊ではこの成果を今後の訓練に反映させていく。

FH70榴弾砲用の軽掩蓋掩壕の構築に当たる305施設隊（あいばの演習場で）

勝ちにこだわり射撃・炊事競技　40普連

【40普連＝小倉】40普連はこのほど、曽根訓練場で小火器射撃・炊事競技会を行った。

隊員は「持てる力を最大限に発揮せよ」「勝ちにこだわり、魂を込めよ」との統裁官訓示を受け、1弾に全神経を集中し射撃に臨んだ。

競技の結果、小銃は2中隊、機関銃は3中隊、炊事は4中隊が優勝した。

各地で冬季訓練検閲
6夜7日耐え抜く
岩手山舞台に5戦闘団

雪中に陣地を構築し、機関銃を構える5戦闘団員（岩手山演習場で）

【9師団＝青森】9師団は2月16日から22日まで、岩手山演習場で5普連を基幹とする5戦闘団の訓練検閲を行った。

各隊はスキー行進に続き「積雪地で独立して行動する戦闘団の防御」を課目に検閲に臨んだ。深雪の中のスキー機動で疲弊した身体にムチ打って雪中に陣地を構築し、隊員たちは引き続き防御戦闘に移った。

部隊は敵ゲリラの遊撃活動、航空攻撃、さらに部隊システムへのサイバー攻撃にも耐え、6夜7日に及んだ激闘を戦い抜き、任務を完遂した。

吹雪の中、猛然と攻撃行動　20普連

【20普連＝神町】連隊は2月18〜19日、大高根演習場などで1中隊の冬季訓練検閲を実施した。

課目は「スキー行進に続く攻撃行動」で、部隊は吹雪の中、大高根演習場を目指し行進。途中、観音橋付近で山の内自衛隊協力会（井上俊信会長）の激励を受け、湯茶と漬物で隊員たちは体力を回復させた。

到着後は攻撃態勢に移り、前進を開始。強まる吹雪の中、猛然と攻撃行動に移り、敵警戒部隊を駆逐したほかFEBA（主戦闘地域前縁）解明にも成功した。

これを受け、部隊は主力を一気に動かし、総攻撃を敢行。目標の奪取に成功し、成果を確認した統裁官から状況終了が告げられた。

無線を通して各隊の状況を確認する1中隊長の佐藤和則3佐（右）

積雪に耐え任務を完遂　44普連

【44普連＝福島】連隊は2月18〜21日、王城寺原演習場で7次野営を実施、この間、3中隊、衛生小隊、補給小隊の冬季訓練検閲を行った。

夜間の車両行進に続いて11キロのスキー機動を行った3中隊は、敵の陣地攻撃を開始、衛生小隊はその支援に当たった。

補給小隊は対抗部隊の段列となり、防御陣地を構築、補給品の輸送や燃料給油などを担当した。

深い積雪に隊員たちは苦しんだが、それまで積み重ねてきた練成成果を十二分に発揮し、それぞれ任務を完遂した。

深い雪の中、重迫撃砲の発射準備に当たる隊員（王城寺原演習場で）

4人で息を合わせ、アキオを引く10普連隊員（滝川演習場で）

4年ぶりに冬季戦技競技会を実施　10普連

【10普連＝滝川】連隊は2月28日、滝川演習場で4年ぶりとなる冬季戦技競技会を実施した。

種目は個人走の部とアキオ曳行の部で、当日は朝から雪の舞うコンディションとなったが、各隊の練成成果が現れ、個人走の部では自己タイムを更新する隊員が続出した。また、業務隊の隊員もオープン参加し、「戦う業務隊」を合言葉に、連隊員に負けない好記録を出した。

後段のアキオ曳行には各中隊から3組が出走、激戦を展開し、3中隊が2連覇を達成。2位は本部管理中隊だった。

「陣地防御」課目に重迫撃砲中隊を検閲

【24普連＝えびの】24普連は霧島演習場で第23次即応予備自衛官招集訓練と併せ、25年度第2次中隊（重迫撃砲中隊）訓練検閲を行った。

検閲は「陣地防御」を課目に2夜3日の連続状況下で実施され、受閲部隊以外の中隊は即応予備自と常備隊員の協同練成に取り組んだ。

重迫中隊は集結後に重迫撃砲陣地を構築し、防御態勢を固めた。敵の攻撃が始まると、障害に連接した対機甲火力を最大限に発揮し、侵攻してくる敵機甲部隊を減殺した。同時に重迫3個隊が連携射撃を開始し、敵部隊に大きな打撃を与えたところで状況を終えた。

侵攻してくる敵部隊に向け、連携して重迫撃砲を連続発射する24普連の隊員（霧島演習場で）

レーダー基幹要員の集合訓練を実施　13旅団

【13旅団＝海田市】13旅団は海田市駐屯地などで「旅団レーダー基幹要員集合訓練」を実施した。

海自1術校（江田島）の支援を受け、「レーダー基幹要員」1期生を指導部に、2期生の練度を判定した。同時に航空機と連携した監視要領の技量アップにも努めた。

2期生はレーダー関連機器を駆使し、監視区域の監視に当たった。今後、その成果を部隊に普及し、各隊のレーダー監視能力の練度向上を図る。

山口県警と共同実動訓練　17普連

【17普連＝山口】17普連と山口県警の共同実動訓練が2月20日、山口駐屯地で行われた。

5回目となる今回は、武装工作員などが侵入、通常の警察力では対応できないとの想定で、自衛隊と警察が共同対処する際の連携要領を演練した。

最初に共同検問法について確認し、午後から警察車両による自衛隊車両の先導訓練が行われた。

山口県警の白バイの先導で前進する17普連車両（山口駐屯地で）

募集・援護 特集

平和を、仕事にする。

ただいま募集中！
- ◇幹部候補生（一般、歯科・薬剤）
- ◇医科・歯科幹部
- ◇自衛官候補生（男子）

★詳細は最寄りの自衛隊地方協力本部へ

「3・11を風化させない」各地で東日本大震災の教訓生かす

交流通じて心のケアを

沖縄地本長 高校生400人に講話

「3・11」を決して風化させない――。あの東日本大震災から3年。全国の自治体に展開する自衛隊地方協力本部では、大震災で得た教訓を地域住民と共有することを目的に、当時、被災地で救援活動に当たった隊員を自治体や学校、企業などに派遣。講話や防災訓練を通じて防災意識の向上に努めている。沖縄では地本長が自ら400人の高校生を前に講話、「災害が起きたとき何を為すべきか」を主題に、熱く語った。

本松地本長の講話に聞き入る嘉手納高校の生徒＝3月17日、同校体育館で

【沖縄】地本長の本松敬史陸将補は3月17日、沖縄県立嘉手納高校で在校生約400人を前に「防災について～東日本大震災の教訓から～」と題して講話を行った。

本松地本長は体育館を埋めた生徒たちに対し、「自衛隊の災害派遣の状況と震災から学ぶべきこと」「大災害が起きた時、君は何を為すべきか」の2点を中心に講話。その際、被災地で見られた隊員と子供たちの心温まるエピソードなども紹介し、「過酷な状況下でも人の交流は生まれ、それが双方の励みになった」と述べた。

その後、発生が予想される南海トラフ巨大地震や沖縄周辺の地震のメカニズムについても解説。嘉手納町周辺の津波被害予想やハザードマップを使用し、「生き延びるための方策」を生徒たちにアドバイスした。

最後に本松地本長は「防災の基本は自助・共助・公助。一人ひとりが防災意識を持ち、その場で何ができるのかを考えて冷静に行動することが大切」と結んだ。

講話後、生徒会長の松田清輝君は「自衛隊の皆さんが被災地で活躍されていることは報道で知っていたが、被災者との交流を通じて心のケアまでしていたとは知らなかった。私たちも災害が起こった時、何ができるのか考えさせられました」と感想を語っていた。

自衛隊の活動に感涙

岩手住民 映像見入り隊員と握手

【岩手】地本の一関出張所は3月10日から16日まで、奥州市で開催された「東日本大震災復興支援特別企画」に参加した。

会場となった「まちなか交流館」に自衛隊の災派活動写真や全国から寄せられた応援メッセージなどを掲示したほか、震災DVDの上映、自衛隊車両の展示を行った。

3月11日には全国一斉の「三・一一の灯り」に参加し、会館前のキャンドルに火をともして犠牲者の鎮魂と復興を願って祈りを捧げた。

特別企画として「東日本大震災の災害派遣活動について」と題し、所長の皆川博之1陸尉が大震災時、救援活動に当たった体験を踏まえ、次に災害が発生した時にどう対処すべきか、アドバイスを行った。

会場を訪れた人たちは、震災時の映像を食い入るように見つめ、「改めて自衛隊の力の大きさを感じた」「本当にありがとう」と涙ながらに隊員に握手を求めてくる人もいた。

地本は各自治体の震災関連企画に積極的に参加し、県民とともに「岩手復興」の一翼を担っていく。

スライドを使い、自衛隊の活動を説明する皆川所長（右奥）＝3月15日、奥州市まちなか交流館で

スライド使い 復旧活動説明

体験所長が講話

【秋田】大館出張所長の武藤公仁3陸佐は3月11日、東北電力大館営業所からの依頼を受け、同社の社員に対し東日本大震災での教訓に関する講話を行った。

武藤3佐は当時、神町駐屯地の6後支連1科長として勤務。発災後、直ちに現場指揮官として約100人の救援部隊を率いて被災地入りし、救援活動に従事した。

武藤3佐は社員40人を前にスライドを使って発災直後からの自衛隊の活動を説明。聴講者たちは熱心にメモを取り、当時、電力復旧の活動に加わった人は大きくうなずきながら聴き入った。

[illegible]教訓事項が発表された。「電力会社などの車はランプを回しても緊急車両として認識してもらえず、進出が遅れた。また、車両への給油が困難で電力復旧の業務に支障が出た」「今後、電力会社も自衛隊のように大災害に対応できる後方支援体制を検討し、整備していかなければならない」といった意見が寄せられた。

自治体・在日米軍間 災害に備えて連携を

賀茂地域で説明会

【静岡】伊東地域事務所は2月5日、県危機管理部が実施した「平成26年度静岡県・賀茂地域総合防災訓練全体説明会」に参加した。

8月に実施予定の訓練は、南海トラフ巨大地震発生直後の人命救助や応急復旧活動を演練し、地域関係者の災害対応能力の向上を図ることが目的。説明会では訓練の概要説明と現地視察が行われた。

重点事項としては「第4次地震被害想定」の反映、県内外の関係機関との調整・連携強化、観光客の避難・域外脱出方法などの検証。参加者は新たに策定された対処計画に基づき、関係する省庁や自治体、在日米軍などが共同で災害対処を演練することの必要性を確認した。

伊東地域事務所では、災害時、道路の不通により住民の孤立が予想される伊豆半島での救助態勢を強化するため、自治体や自主防災組織、陸海空自衛隊との連携強化を進めていく。

相談員の北方研修 地本長ら5人支援

【東京】地本長の髙田克樹陸将補以下5人は2月5日から7日まで、募集相談員連絡協議会（平礒和夫会長以下24人）の陸自北部方面隊研修を支援した。

初日は1特団長の梶原直樹陸将補を表敬。その後、1特団、71戦連を研修し、雪原での戦車体験試乗も行った。

2日目は真駒内駐屯地の11旅団と冬戦教を訪れ、副旅団長から北海道防衛の概要説明を受けた。駐屯地史料館を見学した後は札幌駐屯地に移動し、田邉揮司良北方総監（第3代東京地本長）を表敬した。

最終日は札幌地本で募集班員から北海道での募集の苦労を聞き、また現地の募集相談員3人と熱のこもった意見交換を行い、全日程を終えた。

県の企業説明会に 自衛隊ブース出展

【岐阜】地本は2月27日、JR岐阜駅の隣接施設「じゅうろくプラザ」で開催された「県企業ガイダンス」で募集広報を行った。

同ガイダンスは毎年企業の新卒採用が解禁となる12月から5回開催されている企業展。主催が岐阜新聞社のため、地域に根ざした中堅企業が数多く出展する。

当日は約350人の学生らが来場し、地本ブースにも多くの若者が訪れた。地本担当者はパンフレットやチラシを手渡し、個別対応で自衛隊の職種を説明した。学生たちは「特に陸自に興味が湧いた」「子供のころ自衛隊を体験したことがある。今度は職業にしたい」などと、今回は目的意識のはっきりした学生が多かった。

地本では「来場者の目を引くブース作りの重要性を改めて認識した。今後は見栄えのするブースを作製し、学生の熱意に応えられる場所にしたい」と話していた。

自衛隊の魅力について語る西川龍一1空曹（左手前）＝2月27日、じゅうろくプラザで

6地本長が交代

札幌 岡山 鳥取 徳島 福岡 鹿児島

3月23、26、28日付の定期異動で札幌、岡山、鳥取、徳島、福岡、鹿児島の各地本長が交代した。新任本部長の略歴は次の通り。

岡本 浩（おかもと・ひろし）1陸佐 札幌地本長。防大31期。昭和62年陸自。平成13年2佐、18年1佐。陸幕防衛課、中方防衛課長、陸幕募集・援護課総括班長、10特連長などを経て23年8月東北方人事部長。岡山県出身。49歳。

佐藤 健（さとう・たけし）1陸佐 鳥取地本長。防大34期。平成2年陸自。平成17年2佐、22年1佐。8飛隊長、陸幕総務課、研本研究員などを経て23年12月陸幕総務課渉外班長。大分県出身。46歳。

秋葉 瑞穂（あきば・みずほ）1陸佐 福岡地本長。防大30期。昭和61年陸自。平成12年2佐、17年1佐。東方防衛課長、国際教隊長などを経て24年3月東方人事部長。鹿児島県出身。50歳。

松尾 幸成（まつお・ゆきなり）1陸佐 岡山地本長。東洋大。昭和54年陸自。平成16年2佐、21年1佐。統幕防衛計画部、5特隊長などを経て24年3月1師団3部長。長崎県出身。50歳。

森 真規（もり・まさき）1海佐 徳島地本長。岐阜大。平成元年海自。平成16年2佐、22年1佐。空補処航空機整備課長、統幕人教課教育班長などを経て24年8月統幕総務課教育班長。岐阜県出身。48歳。

深谷 克郎（ふかや・かつろう）1海佐 鹿児島地本長。広島大。昭和61年海自。平成13年2佐、19年1佐。米中央軍司令部連絡官、情本画像・地理2課情報調整官、海幕運支課兼総務課渉外連絡官などを経て24年12月、1潜隊司令。広島県出身。50歳。

原発密集地での安全確保

空幕長が郷土で講話

「日本周辺の安全保障環境」について熱弁をふるう齊藤空幕長＝2月17日、福井県商工会議所で

【福井】地本は2月17日、県商工会議所で実施された県防衛協会主催の「齊藤治和航空幕僚長特別講演会」を支援した。

講演会は福井県出身で、昨年8月に空幕長に就任した齊藤空将を迎えて行われたもの。郷土からの熱い要望を受け、就任半年を経てようやく実現した。当日は自衛隊協力団体関係者や地元企業主など530人で会場は埋まった。

空幕長は「我が国周辺における安全保障環境等について」と題し、冷戦時代から現在までの安保環境の変化や現在の防衛省・自衛隊の取り組みについて熱弁。特に原発密集地でもある福井県での安全確保についても述べた。

最後に齊藤空幕長は「福井出身の隊員は全国的にみても少ない。強い心を持った若者がいたら、ぜひここにいる堀博幸地本長に連絡してください」と語り、聴衆を和ませた。

艦艇広報公開で 過去最高来場者

2万3448人

【鹿児島】地本は「平成25年度広報業務実績」で、年間艦艇広報20回・参加者2万3448人の過去最高記録を達成した。

25年度の艦艇広報は県内の5寄港地・7岸壁で行われ、「みょうこう」「さわぎり」など護衛艦5隻、「うらが」「やえやま」など掃海艦艇7隻、「おおたか」などミサイル艇5隻、輸送艦「おおすみ」が寄港し、延べ日数は21日に及んだ。

特に、昨年夏の「自衛隊みなとまつり」（鹿児島市谷山港）で8009人、今年2月の掃海部隊4隻の入港では2600人が訪れ、大きな成果を得た。

事前広報は地本ホームページへの掲載、有線放送での紹介、広報官によるチラシの配布など、地本挙げての積極的な活動が功を奏した。地本では「26年度も艦艇広報を最大限生かすため、部隊と調整を進め、来場者アップを図りたい」としている。

山口地本の玄関前に立てかけられた萌えキャラ『めかっ娘』。（右から）「美陸（みり）」、「美海（みみ）」、「美空（みく）」

地本の萌えキャラ 「めかっ娘」看板完成

【山口】地本はこのほど、26年度から各種広報イベントに使用予定の「めかっ娘」の立て看板を作製した。

この萌えキャラはイラストレーターで下関市募集相談員のとだかづき氏が地本に提供したもので、平成24年7月から地本ホームページに登場している。

3姉妹の「めかっ娘」は陸が「美陸（みり）」、海が「美海（みみ）」、空が「美空（みく）」で、立て看板も3体が作製された。自衛隊の「ソフト」なイメージを子供から青少年、女性層に向けて情報発信していく。

山口県には陸海空の駐屯地・基地があり、各種広報イベントでこの立て看板を活用する計画。

来場者が自衛隊の制服を試着して「めかっ娘」との写真撮影を楽しんでくれることを、地本では期待している。

甲子園球児・宮﨑さん、防大入校

文武両道でエースに

昨年夏 敗れても粘りの完投

【香川地本】昨夏の全国高校野球選手権大会に香川県代表・丸亀高校のエースとして出場した宮﨑耕大さん（18）が4月5日、防衛大学校（神奈川県横須賀市、人文・社会科学専攻）に入校する。高松市内で3月8日に行われた「香川県自衛隊入隊・入校予定者激励会」では、代表して抱負を語った。

激励会には地元選出国会議員、浜田恵造香川県知事、岸川公彦14旅団長をはじめとする各部隊長、入隊・入校予定者とその父兄など約350人が出席。

浜田知事、岸川旅団長の祝辞の後、88人の入隊・入校予定者が一人一人決意を述べた。小野寺大臣からのメッセージビデオも放映された。

激励会後半には、入隊・入校予定者を代表して宮﨑さんがお礼のあいさつを述べ、「香川県代表の誇りと自覚を持ち、一日も早く立派な自衛官になれるよう精進します。育ててくれた両親とご指導いただいた先生への感謝を忘れず、今後の成長の糧とします」と力強く語った。

宮﨑さんは香川県・宇多津北小3年生のときに野球を始めた。県下屈指の進学校の丸亀高ではエースを務め、県大会5試合で力投し、同高の13年ぶり4度目の甲子園出場に貢献した。

「小さいころからの夢の舞台だった。チーム全員で（出場を）つかみ取った」という甲子園では、1回戦で横浜高（神奈川）と対戦。9回を一人で投げ抜き、敗れたもののチームメートとともに粘り強い野球を見せ、球場を沸かせた。

防大進学を決めたのは、親戚の元空自幹部に勧められたことがきっかけ。野球と勉強を両立させ、合格を果たした。

防大入校後も野球は続ける。また「（陸海空の）どういう職種に就くか、多くのことを経験して決めたい」と勉強、訓練などにも〝全力投球〟する。

㊤「入隊・入校予定者激励会」で代表して謝辞を述べる宮﨑さん（3月8日、高松市内で）㊦甲子園のマウンドに立つ宮﨑さん＝本人提供

無事故走行「3333333キロ」

29年かけ、えびの業が達成

【えびの】駐屯地業務隊はこのほど、昭和60年7月以来、約29年をかけて無事故総走行距離「333万3333キロ」を達成した。

業務隊輸送班では、班長以下6人で輸送支援を実施。週に2回、国分駐屯地までの定期便と熊本病院までの通院車の運行などを行っている。また、技官が業務で運行している。

各隊員が遵法精神と安全運転を心掛け、記録達成につなげた。達成当日は藤本良樹業務隊長を囲んで記念撮影を行った。

こちら警務隊 ☎8・6・47625

「酒酔い」はさらに危険 懲役5年以下か罰金100万

ニュースで「酒気帯び運転」や「酒酔い運転」という言葉を耳にしますが、何が違うのですか？

「酒気帯び運転」とは、呼気1リットル中のアルコール濃度が0・15ミリグラム以上である状態で運転することをいい、危険な行為であるため、3年以下の懲役または50万円以下の罰金に処されます。

「酒酔い運転」とは、酒気を帯び、かつアルコールの影響により正常な運転ができないおそれがある状態で運転することをいい、さらに重大事故を起こす危険な行為であるため、5年以下の懲役または100万円以下の罰金に処されます。

（警本＝市ヶ谷・田口1曹）

「酒気帯び運転」は危険！
「酒酔い運転」は更に危険！
止まれ

7年連続で入館30万人

てつのくじら館 小5・押切さんに認定書

【呉】〝ホンモノ〟の「潜水艦」を見て触って体感できる海上自衛隊呉史料館「てつのくじら館」では2月22日、7年連続で入館者30万人を達成した。

この日は三木伸介呉地方総監をはじめ、史料館関係者や多数のボランティアが待ちわびる中、午後1時過ぎに30万人目となる押切琴音さん（11）＝小学5年、愛知県春日井市＝が家族とともに来場した。

突然の朗報を伝えられた琴音さんは、最初は驚いた様子で戸惑い気味だったが、多数の入館者の温かい拍手の中、三木総監とともにくす玉を割った＝写真。

その後、授与式が行われ、三木総監から認定書と記念品を贈られた。

押切さん家族は「たまたま呉に来たので大変びっくりしましたが、よい思い出になりました」とにこやかな笑顔で話し、琴音さんも「大勢の前で少し恥ずかしかったけどうれしかったです」と喜んだ。

呉史料館は「潜水艦と掃海艦艇」の史料館として平成19年4月に開館して以来、毎年30万人以上の入館者を迎えている。同館では「節目にふさわしい式典になった」と話している。

空自 女性用ネクタイ試行中

好評「垂れない」「ピン不要」

空幕は機能性向上などを狙いに、女性自衛官用の制服にコーディネートする新型ネクタイの平成26年度中の導入を進めている。市ヶ谷地区では昨年11月から、全国の基地では今年1月から隊員が試着、着け方やデザインに対する意見を集約して実用化する。

ネクタイは19年の制服リニューアル時にも検討されていたが見送られ、24年から再び製作が進められてきた。今年1月、試作品全150個が完成し、順次女性自衛官に試着されている。

試作品のネクタイは縦13センチ、横12・5センチで、生地は従来のネクタイと同じポリエステルを使用。着けてみると、ワイシャツの襟から三角タイが左右に顔をのぞかせる。

ネクタイを試着している空シス隊の浅野有香曹長は「最初は抵抗感があったが、周囲の反応も良く、今は気に入っています」と言う。

空幕総務部の山本里沙2曹も「来客に飲み物を出す時に、従来のネクタイでは垂れてきてしまうことがあったが改善された」と話すなど、お気に入り。

空幕人教部の町元直美3佐は「女性用のネクタイピンはなかなか売っていないので」と新型ネクタイに期待を寄せる。男性用のワイシャツが右前なのに対し、女性用は左前。市販されているネクタイピンの大半が右前用ということもあり、ピンを使用せず固定できることも魅力の一つだ。

空幕総務課の服制担当者は「5月までに試着した隊員の意見を取りまとめ、改良を加えて導入を目指します」と話している。

試作品の新型ネクタイを披露する（左から）浅野曹長、町元3佐、山本2曹（3月13日、防衛省で）

安くして危うきを忘れず「安而不忘危」

寄贈した吉澤秀香さん来省

「安くして危うきを忘れず」——。平成18年に防衛庁（当時）に書「安而不忘危」を寄贈した書家の吉澤秀香さん（81）＝本名・テツ＝が3月26日、都内で個展を開くために上京し、約8年ぶりに防衛省を訪れた。かつて書道の指導をしていた陸幕運用支援課長の鳥海誠司1佐とも旧交を温めた。

青森県を中心に活動する吉澤さんは、18年に同県出身の木村太郎防衛庁副長官（当時）が就任したことを機に、中国古典「易経」から取った言葉を書にしたため防衛庁に寄せた。

防衛省では「防衛庁が男性中心の社会だったので、女性的な優しい字で書きました」と振り返る吉澤さんに、弘前駐屯地司令時代に指導を受けていた鳥海課長は「いつもは男性的な厳しい字を書かれていますよね」と応じていた。

寄贈した書「安而不忘危」の前に立つ吉澤秀香さん（左）と鳥海誠司陸幕運支課長

海自飛行艇など災派

沖ノ鳥島事故

3月30日午前7時半ごろ、東京都・沖ノ鳥島で港湾整備事業に従事していた作業員16人が桟橋を工事台船から引き出す作業中、転倒した中央桟橋から海中へ投げ出された。救助された14人のうち、9人が負傷、5人が死亡、残り2人が行方不明になっている。

これを受け同日午後7時40分、第3管区海上保安本部長から重岡康弘航空集団司令官に「特殊救難隊の隊員及び装備品の輸送に係わる災害派遣」の要請があり、海自のUS2救難飛行艇とP3C哨戒機が出動した。

翌31日午前3時ごろ、31空群（岩国）のUS2が海保庁の特殊救難隊員6人と潜水器材（約400キロ）などを乗せ離陸。午前7時ごろ現場海域に着水し、搭載していた人員と器材を降機した。

一方、5空群（那覇）のP3Cも午前5時半ごろ現場海域上空に到達し、US2の運航支援活動を行った。2機は午後1時40分ごろ、任務を終え撤収した。

大震災追悼式に21普連長ら出席

岩手県釜石市

【秋田】岩手県釜石市の東日本大震災犠牲者追悼式が大震災から3年目の3月11日に釜石高校で行われ、同市で救援・復旧活動を行った21普連からも橋爪良友連隊長以下約300人が参加した。

追悼式に先立ち、釜石港公共ふ頭で感謝状贈呈式が行われ、野田武則釜石市長が「（各部隊の）ご支援とご協力に対し、市民一人ひとりが敬意を持ち、感謝しています。復興は半ばですが、希望と笑顔のあふれる街の実現に向けて全力を尽くします」と謝辞を述べた。

橋爪連隊長は「決してあの震災の記憶を忘れることはありません。国民の皆様の期待に応える強くたくましい自衛隊であり続けることをここにお誓いします」と応えた。また部隊は、大地震が発生した午後2時46分に黙とうを行い、犠牲者の冥福を祈った。

追悼式では、野田市長の式辞、遺族代表らの追悼の言葉に続き、橋爪連隊長が献花を行った。

岩手県釜石市の東日本大震災追悼式に先立ち、黙とうする21普連隊員（3月11日、釜石港公共ふ頭で）

小休止

▽…防衛省内の桜が3月下旬から咲き始め、隊員や職員、来省者を和ませている＝写真。

▽…気象庁HPによると、今年は沖縄県南大東島の1月7日の開花を皮切りに九州、近畿、関東へと〝桜前線〟が北上。靖国神社（東京・九段）境内の桜を基準木とする東京は、平年より1日早い3月25日に開花が認められた。

▽…省内に植えられている桜（ソメイヨシノ）は約230本。東京など関東は、4月上旬に満開に咲きそろう。（市ヶ谷）

朝雲・栃の芽俳壇

畠中草史　選

簡単なレシピを付けて独活届く　青梅・一般　青柳　富也

独活料理のとっておきのものを記してあるのであろう。レシピを入れた温かさが沁みる。

ご近所に聞こえぬやうに豆を撒く　熊谷・空OG　高橋ふみ子

誰しもが経験する遠慮がちな奥床しさが伝わってくる。自然体で素直に叙されて得た句。

山焼を了へどかどかと勢子ら来る　大阪・空OB　高木　智念

阿蘇谷に雲雀の声のほかはなく　熊本・陸OB　一ノ瀬恵昭

露天湯に聞くしんしんと雪の音　熊谷・空OB　蓮佛志向子

凍滝や時の止りし如くなり　熊谷・空OG　福元万理子

畦道に人声上がり蕗の薹　大津・陸OB　丸岡　正勇

舞ふごとく雪軽々と春隣　浦安・海OB　晴山　雅之

数多く眼鏡を拭きし黄砂かな　府中・空自衛官　村上　智樹

見渡せる四方の山々雪化粧　熊谷・空OG　関田　絹江

氷壁に双眸着し尾白鷲　江別・陸OB　鎌田日出雄

侮れぬ嵩となりたる春の雪　千葉・空OB　榎　利風

厳寒の富士の威容の極まれる　浜松・空OB　宮本　立勇

沈丁花香り苫屋にしのびくる　新座・陸OB　船田藤三郎

連なりて重なりあひて山眠る　熊谷・空OB　明田　眞雅

雛飾り子らの帰りを待ち侘びぬ　善通寺・陸事務官　平田　文

枯菊となれど残り香保ちをり　熊谷・空OG　佐藤　玲美

口笛で誘ひし初音姿見ず　今治・陸OB　晴谷　白涛

行き暮れて風の抜けゆく冬田道　熊谷・空OG　塚本　恵玉

頼もしき除雪に来たる自衛隊　千葉・陸OB　川又　勝彦

風冴ゆる荒波寄せる六角堂　熊谷・空OG　関谷　桂子

藪の中よりよき音色の初音なり　四街道・陸OB　樫田　湖風

片栗の花の呼びたる風かすか　千葉・陸OG　佐賀あかり

青年の去りゆく村や梅の花　長野・陸OB　井戸田盛勇

選者作品

草萌ゆる径自づと歩の伸びて

投句歓迎！

▽官製はがきの裏面に未発表の自作3句以内と氏名、年齢、職業（自衛官・事務官＝所属部隊＝、OB、家族など）、住所、電話番号を記入▽締め切り毎月15日▽あて先＝〒162-8801東京都新宿区市谷本村町5ノ1　防衛省D棟市ヶ谷記者クラブ朝雲記者室俳句係（☎03・3225・1750、専用線8・6・25512）

みんなのページ

伝説とロマンの故郷・隠岐

1陸尉　駒月　一成（鳥取地本・米子事務所長）

島根県の隠岐諸島は、島根半島から約50キロ北方の日本海に浮かぶ4島からなる。中世には後鳥羽上皇、後醍醐天皇も配流された流罪の島であり、今日では歴史ロマンを求める観光地にもなっている。また最近は食のブランド化や高校生の島留学などでも注目され、2013年9月には「世界ジオパーク」に認定された。

私は隠岐で生まれ、18歳まで育った。船で帰省するたび、水平線から近づいてくる島々を前に「帰ってきたなあ」と思う。かつて叔父から『隠岐島の伝説』という本をプレゼントされ、今日でもわくわくしながら繰り返し読んでいる。

本には「隠岐のあけぼの」についてこう記されている。

「隠岐のあけぼのは、伊耶那岐・伊耶那美の神のご夫婦が国造りの時に4番目に生んだ島であり、この島の大木を天照大御神がご覧になって『美しい御木（隠岐）国』の名が起こったらしい。最初に隠岐に住み着いた人は西方千里にある国から男女一組が、その後夫婦二組が北部に上陸、後に南方の出雲の国から多数の人が上陸し、二つの異種の古代人が助け合って暮らした」

著者の野津龍氏は「歴史とは異なる次元でそれ固有の価値を有するものであり、歴史のように信じられてきたことと、それに関する物的証拠が存在している」ことが特徴。事実起きたことのようでもあるし、うそのような話でもある」と記している。

数々の伝説が残る隠岐。その名は天照大御神の「美しい御木（隠岐）国」から（島根県のホームページより）

ここで島の伝説を一つ紹介したい。子供の頃、夏になると実家から40分ほどかけ海水浴場まで歩いたものだが、その途中、山の中腹に高さ6メートルほどある「だるま」に似た大きな石が見えてくる。これが「七尋女房の石」である。昔から「あの石に近づいてはならない。近づくと大きな口で食べられてしまう」と私も母に脅かされていた。この石にまつわる伝説もこの本にある。

「ある侍が町に行く途中、雲にとどくような大女が立ちふさいだ。その大女にはとてもかなわないと思った侍は、オムツを取り出して洗濯に行くと見せかけ、後ろから大女にそっと近づき、化け物が振り向いたところを斬りつけた。七尋女房は松林に飛んでいって、そのまま大きな石と化した」

この本をひもとくと、故郷・隠岐の自然やそこに住む人々に対する感謝の念を私の胸の中に抱かせてくれる。それと同時に、島の伝説の面白さや故郷のありがたさを改めて感じさせてくれる。

皆さんも、心の中に眠る「伝説」のロマンを訪ねてみてはいかがでしょうか。

「階級」を得た喜び

予備2陸士　三野　剛志（滋賀地本）

私にとって、自衛隊という組織は災害などに出動しているのをテレビで見るくらいで、これまでは全く関わることのない遠い存在でした。そんなある日、私の職場に滋賀地方協力本部の広報官が来られ「一般企業で働きながら訓練に参加できる予備自衛官補」の制度を聞きました。

私は大震災が起きてもすることといえば少量の募金くらいで、どちらかというと傍観者でした。そこで予備自衛官補になれば「募金よりもう少し人の助けになれるかもしれない」と思い、私は一歩踏み出しました。

予備自衛官補となって初めての訓練は、やること全て初めてで、覚えることが多いのに時間がなく、メモもできない状況でした。これで残り九つの課程を無事修了できるのか大変不安でした。

そこで次の訓練まで、仕事と家庭の多忙な中で一生懸命に復習しました。そして次の訓練では予備自補の仲間や班長に分からないことを積極的に聞き、少しずつ訓練に慣れていきました。

そして、したことのなかったアイロンがけを家でするようになり、また歩き方から規律の厳守まで、自分の生活にも変化が現れてきました。1年後には進んでランニングや筋トレもするようになり、自衛隊の一員としての自覚が深まり、国際社会への関心も高くなっていきました。

また、訓練班長の姿を見て自衛官の使命を悟り「誇り高き陸上自衛官」という言葉の意味も理解しました。また訓練を通じていろいろな方々と出会い、貴重な経験もしました。このような機会を与えてくれた自衛隊の制度に感謝するとともに、支援してくれた家族や職場の同僚には本当に感謝しています。

私はこれから「予備自衛官・2等陸士」として訓練に励んでいきます。

先輩隊員の話に元気づけられた

家族　松岡　友子（新潟県上越市）

2月23日、上越市で「平成25年度自衛隊入隊・入校激励会」が開催され、この春の入隊が決まっている長男と一緒に出席しました。

激励会では自衛隊父兄会高田地区競技会の横澤順仁会長のごあいさつをはじめ、上越市の村山秀幸市長から激励の言葉があり、とてもありがたく思いました。

続く入隊・入校者の紹介では、名前を呼ばれると各人が返事をして席を立ち、最後に全員で一斉に回れ右をして一礼しました。その一人ひとりの堂々とした姿に、私も何か熱いものが込み上げてきました。

その後、場所を移して懇親会が行われました。印象に残ったのは先輩隊員の関原孝平さんのお話でした。不安を感じている後輩を思いやり、自分の辛かったことや楽しかったことをDVDにまとめ、分かりやすくお話ししてくれました。

これに対し、入隊する側を代表して佐藤真由子さんが「困難なことがたくさん待ち構えていると思いますが、少しずつ前に進んでいきます」との抱負を述べました。

長男は「入隊前に上司の方々から話を聞くことができ、自分も頑張れそうな気がする」と話していました。これからも感謝の気持ちを忘れず、日々精進、切磋琢磨して、国の安全と平和のために貢献できるよう私も長男を支え続けていきたいと思います。

勤続25年迎え三つの感謝

陸曹長　佐々木　吉幸（7普連4中・福知山）

私はこのほど、陸上自衛隊で「勤続25年」を迎えることができました。今、振り返ると「あっ」という間でした。この間、大きな事故やけがもなく、たくさんの方々に支えられてここまで無事に勤務することができ、感謝の気持ちでいっぱいです。

ここでは、日頃、口に出せない方に思いを述べさせていただきます。まずは両親に対してです。入隊以来、父と母には面と向かって感謝の気持ちを伝えることはほとんどありませんでした。44年前、健康な体で産んでいただき、子供のころは「アメとムチ」で育ててもらったお陰で、いまの自分があると思います。身体に気をつけて、両親には1日でも長く元気でいてもらい、孫たちの成長を見守ってほしいと思います。

次に妻に対してです。私の勤続25年中、妻とは23年を共に過ごしてきました。3人の子供にも恵まれ、子育てで忙しい中、私のわがままを聞き入れ、愚痴も言わず、自分のやりたいことを我慢し、黙って付いてきてくれたことに感謝したいと思います。残る自衛隊生活の10年もよろしくお願いします。

そして自衛隊で同じ釜の飯を食べ、同じ目標に向かって助け合いながら頑張ってきた皆さんと巡り合えたことにも感謝したいと思います。あと10年、自分自身に新たな目標を見つけ、今度は皆のために尽くし、悔いの残らないよう頑張っていこうと思います。

OBがんばる

「リレー競技」の精神で

西澤　弘充さん　56

平成24年8月、陸自1戦車群本部（北恵庭）を最後に定年退職（1陸佐）。北海道の北広島市総務部危機管理課に再就職し、総合防災訓練などの立案に当たる。

昨年定年を迎え「防災専門官」への応募、書類選考・面接を経て採用され1年が過ぎました。現在は市民への防災講話、総合防災訓練、北海道図上演習・防災担当者会議などへの参加、気象警報発令時の情報収集など危機管理課の一員として職務に当たっています。

この間、職員の方々の市民に対する丁寧な窓口対応を目の当たりにし、東日本大震災で市民を守るため消防・救命・誘導・無線伝達などに当たり、殉職された自治体職員の姿が重なりました。被災地に赴いた自衛官もあまりに悲惨な被害を前にして、国民を守れなかった悔しさとやりきれない「思い」を感じたと思います。

災害においても「緒戦」が最も大切です。災害の発生を防ぐことは困難でも、悲惨な経験から学んだ教訓を生かし、被害を小さくすることはできます。私も災害に立ち向かい、殉じた自治体職員の「思い」をしっかりと受け止め、微力ですが市民、地域を守る自治体の一員として、また災害前線の第一線を担う一人でありたいと思います。

退職を控えた方へ。自衛隊時代に得た知識、管理された健康と体力はかけがえのない戦力です。多くの訓練経験もさまざまな職場で通じる貴重な財産です。再就職は陸上競技に例えるなら「リレー競技」。

皆さんもスピードダウンすることなく、新たな職場へバトンを受け渡す気持ちで臨んでください。再就職で受け継ぎ・受け渡すものは自衛官のひたむきな「思い」です。私の場合、それに加えて防災業務に殉じた自治体職員の「思い」も受け継いでいきたいと思っています。

（世界の切手・日本）

善をなすには努力が必要である。悪を抑制するには、さらにいっそうの努力が必要である。

トルストイ（ロシアの作家）

朝雲ホームページ
www.asagumo-news.com
<会員制サイト>
Asagumo Archive
朝雲編集局メールアドレス
editorial@asagumo-news.com

新刊紹介

「サイバー・コマンドー」

福田　和代著

新幹線が後続車に追突され、脱線。全国各地の工場の生産ラインが不具合を起こす。中国からのサイバー攻撃を発端に、日中米間でサイバー戦争が勃発。中国への報復のため、米国が南沙諸島に空母を向かわせる――。

「今この瞬間もサイバー空間で攻防が行われている」と思うほど、現実感あふれる小説だ。

主人公は神社の跡取りにして天才ハッカーの明神海斗。防衛省に設置されたサイバー防衛隊捜査小隊、通称「サイバー・コマンドー」の一員だ。

隊長の六車2佐、小隊長の外村1尉、鏑木渉の制服組自衛官と、外部との豊富な人脈を持つ出原しのぶ、海斗が力を合わせ、サイバー空間での戦いに挑む。

物語の中で強調されているのは、サイバー戦争は「対岸の火事」ではなく、現実と密接にリンクしている点だ。自衛権行使の問題はサイバー攻撃を受けた際にも影を落とし、決定的な反撃ができないことに海斗は苦悩する。

サイバー上の戦いが現実に顔をのぞかせる中、海斗たちは戦いをどう収束させるのか。読み進めるうちに、サイバー戦への知識、関心が高まっていくだろう。

（祥伝社刊、1836円）

「海外進出企業の安全対策ガイド」

菅原出、ニルス・ビルト共著

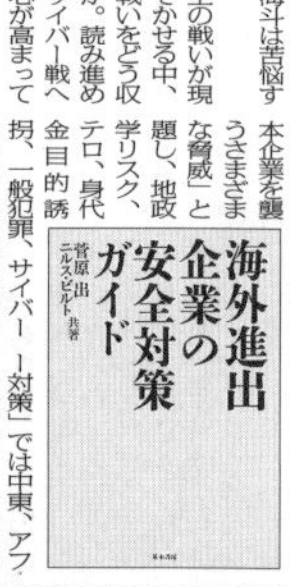

国際政治アナリストの菅原氏と元海軍将校のビルト氏が「『水と安全はタダ』という環境で育った日本人」に贈る啓蒙の書。セキュリティー・リスクの高い国や地域に進出する企業に向け、どのような安全対策を検討すべきかを教示する。

本書は2部構成になっており、パート1では「日本企業を襲うさまざまな脅威」と題し、地政学リスク、テロ、身代金目的誘拐、一般犯罪、サイバー攻撃などの脅威を挙げ、セキュリティー体制の整備の必要性を強調。

昨年1月にアルジェリアで発生した人質事件を受け、日本人が潜在的に持っている「日本人は狙われない」という考えを「犯罪組織には通用しない」と切り捨てる。

パート2「国別の地政学リスクとセキュリティー対策」では中東、アフリカ、アジア、南米など国によって異なるリスク傾向を的確にまとめる。

著者らは本書で適切な情報の入手と分析の重要性を説き、「想像力」と「応用力」を養うことを推奨する。「自分たちの社員は自分たちで守る」という企業を応援する一冊。（並木書房刊、2376円）

詰将棋

第669回出題

出題　日本将棋連盟　九段　石田　和雄

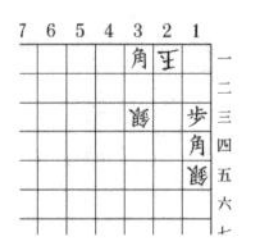

先手　持駒　金

【ヒント】今回は短手数。ノーヒント。（5分で三級）

▶詰碁、詰将棋の出題は隔週です◀

詰碁

第1084回解答

出題　日本棋院　九段　曲　励起

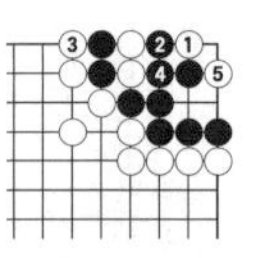

【解答図】白先、黒劫。白①が大切で黒❷白③黒❹まで必至です。次に白⑤とおち一手ヨセ劫ながら、劫になるのが正解です。

朝雲

発行所 朝雲新聞社
〒160-0002 東京都新宿区坂町26番地19 KKビル
電話 03(3225)3841
FAX 03(3225)3831
振替00190-4-17600番
定価一部170円、年間購読料9000円（税・送料込み）

防衛装備移転三原則を閣議決定

国際共同開発へ道

厳格審査、透明性を確保

政府は4月1日、防衛装備品の海外移転に関し、武器輸出三原則に代わる新たな原則として「防衛装備移転三原則」を閣議決定した。装備品と関連技術を原則全面禁輸とした従来の在り方を抜本的に見直し、厳格な審査と手続きの透明性のもとで、我が国の安全保障や平和貢献・国際協力の推進につながる場合に限って輸出を認める。新原則は①移転（輸出）を禁止する場合を明確化する②移転を認める場合を限定し厳格な審査と情報公開を行う③目的外使用や第三国移転は適正管理が確保される場合に限る――の3本柱。国内企業による国際共同開発への参画や、装備品の民間転用に道が開かれ、日本の防衛生産・技術基盤の維持・強化が期待される。（4面に詳報）

平和貢献等に限定し輸出認める

同日、閣議後に開かれた国家安全保障会議（NSC）の9大臣会合で、新原則に係る審査手続きや情報公開の在り方などを定めた初の運用指針も決まった。

小野寺防衛相は同日の記者会見で「同盟国を中心とした国際共同開発・生産に積極的に参画できる環境が整い、大変歓迎だ」と評価した上で、「防衛省はこれまで以上に平和貢献、国際協力に寄与し、同盟国の米国やそれ以外の諸国との防衛装備・技術協力を積極的に進めたい」と述べた。

新原則では、国連安全保障理事会決議に違反する国や紛争当事国への輸出を禁止した上で「平和貢献・国際協力」「我が国の安全保障」に資する場合に限り輸出が認められる。特に我が国と安全保障面で協力関係がある国に対し「救難・輸送・警戒・監視・掃海」に関する装備品の輸出が可能となったのが大きな特徴だ。

また、防衛装備品を輸出相手国から第三国に移転する場合は原則として日本の事前同意を相手国に義務付け、北朝鮮や中国などに輸出されないよう歯止めを掛ける一方、「平和貢献・国際協力」と判断されるケースや、「部品等を融通し合う国際的なシステムに参加する」場合などは日本政府の事前同意が不要となる。

これにより、煩雑だった手続きが簡素化され、国内企業にとっては国際共同開発・生産への積極的な参画が可能となった。ただし、海外移転後の防衛装備が適切に管理されていないことが判明した場合、移転した者等への罰則を含め厳正な対処が行われる。

さらに、国連とその関連機関等への輸出も可能となったことから、今後は自衛隊が海外のPKO活動や災害救援などで使うブルドーザーやトラックなどの施設器材、浄水セット、化学防護服といった平和目的の装備品の持ち出しについて「官房長官の談話をその都度発出せず、速やかに海外に輸送でき、その国の安定や平和維持に役立つ」（小野寺防衛相）体制が整った。

慎重な判断が求められる重要案件についてはNSCで輸出の可否を審議する。審議された案件は情報公開するとともに、輸出先などをまとめた年次報告書を公表し、透明性の確保を図る。

解説

1967年、佐藤首相（当時）の国会答弁により、①共産圏②国連禁輸国③紛争当事国等――向けの武器と関連技術の輸出を禁止する「武器輸出三原則」が示された後、76年に三木内閣が「武器輸出を慎む」とする政府統一見解を打ち出したことで、日本は事実上、全ての地域に対して原則全面禁輸となった。

その後、ソ連崩壊による冷戦終結で世界情勢は大きく変化。日本はPKO活動を開始し、国づくり支援などの国際貢献に20年以上従事している。装備品開発の分野ではコスト削減のため2国間、多国間の国際共同開発が主流となった。

基準を明確化し時代に対応

この間、日本は「武器」と見なされる自衛隊の施設器材等の譲渡や、米国への技術供与など21例についてその都度、官房長官談話を出して例外化措置を図ってきた。

新原則はこうした従来の在り方を大きく転換。例外化措置の積み重ねで複雑化した武器輸出の考え方を改めて整理し、基準を明確化することで時代に対応するものとした。

本号は10ページ

2面 新職員305人迎え入省式
3面 コープノース・グアム2014
4面 防衛装備移転三原則 詳報
5面 〈厚生・共済〉「えらべる倶楽部」
6面 陸自3師団が「炊事競技会」開催
7面 〈部隊だより〉SSD創立15周年祝う
8面 〈地方防衛局〉番匠西方総監が講演
9面 空自60周年記念のロゴなど決まる
10面 〈みんなのページ〉新潟音楽まつり

民間転用で海外への輸出が期待される海自のUS2救難飛行艇＝新明和工業提供

識者・企業などの見方

ギブ・アンド・テークのトレードが可能に

志方俊之・帝京大教授の話 日本の政治が長年避けてきた課題を解決した安倍首相の決断を評価する。世界のすう勢は共同研究・開発が主流となっており、日本が単独で装備品をつくることはもはやできない時代だ。

輸出先を厳選し、我が国の得意分野を輸出することで初めて「ギブ・アンド・テーク」のトレードが可能となり、それが相手国から優れた技術や装備品等を安く買う購買力にもつながる。

新原則によって共同開発や輸出が可能になれば、①相手国の得意分野の技術が手に入る②日本の立場を優位にする外交ツールとして使える③日本の装備品の単価も下がる――などメリットは大きく、まさに「1石3鳥」だ。まずは日本ならではの高い技術力で平和貢献や国際協力が可能な通信機や特殊車両、救難飛行艇などの航空機といった「ノン・コンバット製品」から輸出が開始されるだろう。

米国では国防省が装備品開発を決め、国務省が輸出先を判断するのと同様、日本では防衛省が装備品開発を担い、NSCが移転先などの良否を決断する仕組みとなっており、NSCの果たす外交的な役割にも期待できる。日本の新たな国際貢献の幕開けを歓迎する。

透明性を確保した厳格な審査に期待

経団連・米倉弘昌会長の話 政府が、国際協調主義に基づく積極的平和主義の立場から、「国家安全保障戦略」に基づき、武器輸出三原則等に代わる「防衛装備移転三原則」を定めたことを大いに歓迎する。

透明性を確保した厳格な審査が行われ、平和貢献・国際協力の積極的な推進、ならびに我が国の安全保障に資する防衛装備の移転に関わる案件が決まることを期待したい。

国際プレゼンスの向上などに繋がる

三菱重工業のコメント 新原則は、平和貢献・国際協力の積極的な推進または我が国の安全保障に積極的な意義がある場合に限り防衛装備の海外移転に道を開くものであり、ひいては日本の国際的プレゼンスの向上や防衛生産・技術基盤の維持・強化等にもつながるものと認識している。

当社はこれまでと同様、外為法などの輸出関連法規の順守に努めつつ、政府の方針に従って防衛装備の国際共同開発・生産や輸出、技術移転などにおいて、当社として可能な貢献に努めてまいります。

5カ月ぶりの再会を待ち切れず、「しらせ」のラッタルを駆けあがる家族や関係者たち（4月7日、東京・晴海埠頭で）

日米防衛相会談

米イージス艦2隻追加配備へ

日本の安保政策支持

小野寺防衛相は4月6日、ヘーゲル米国防長官と防衛省で会談し、核開発や弾道ミサイル発射など軍事的な挑発を繰り返す北朝鮮に日米が緊密に連携して対応することを確認、強固な日米同盟を基軸に日米韓、日米豪の3カ国の協力を進展させていくことで一致した。

ヘーゲル長官は会談後の共同記者会見で、北朝鮮に対する抑止力を高めるため、米国が2017年までに弾道ミサイル防衛（BMD）機能を備えたイージス艦2隻を日本に追加配備し、計7隻態勢にする計画を明らかにした。

会談で長官は、日本の集団的自衛権の行使容認に向けた憲法解釈の検討や、今年末までに改定を目指す日米防衛協力の指針（ガイドライン）の見直し、今月1日に閣議決定した防衛装備移転三原則など、安倍政権の進める安全保障政策の取り組みに支持と歓迎の意を表明。両氏は幅広い防衛協力を進め、日米同盟を強化するとともに、引き続き装備や技術協力で関係強化を図っていくことで合意した。

両氏は中国が領有権を主張する沖縄県の尖閣諸島は日本の施政下にあり、日米安全保障条約第5条の適用を受けることを確認。中国の海洋進出や防空識別区の一方的な設置を念頭に、改めて「東シナ海における力を背景とした現状変更の試みに反対する」ことで一致した。

小野寺大臣は普天間飛行場の5年以内の運用停止など沖縄県の米軍基地負担軽減に向けた同県の要望と、日本政府の取り組みを説明。これに対し長官は「沖縄県民の思いを理解しつつ、日本側の取り組みに引き続き協力していく」と述べ、具体的な協力をさらに進めていくことで一致した。

両氏の会談は昨年10月の日米の外務・防衛担当閣僚協議（日米安全保障協議委員会「2プラス2」）以来半年ぶりで、今回で4回目。

日米防衛相会談骨子

▽BMD対応型イージス艦2隻を日本配備
▽集団的自衛権の行使容認に向けた検討を支持
▽尖閣諸島への安保条約5条適用を確認
▽沖縄県の基地負担軽減に向け協力促進
▽日米韓、日米豪の協力強化

日米防衛相会談後の共同記者会見で握手を交わすヘーゲル国防長官（右）と小野寺防衛相（4月6日、防衛省で）

「しらせ」無事帰国

3年ぶりに南極・昭和基地への接岸を果たし、第55次南極地域観測の支援活動を完遂した海自砕氷艦「しらせ」（1万2650トン、艦長・日高孝次1佐以下約180人）が4月7日、東京・晴海に帰国した。

「しらせ」は午前8時ごろに入港。接岸後、待ち受けた家族らが乗艦して5カ月ぶりの再会を喜び合った。

その後、10時から帰国行事が飛行甲板で行われ、松村統幕副長、重岡海幕副長、武居横須賀総監らが出席。

松村統幕副長は統幕長訓示を代読し「過去2度にわたり行く手を阻んできた厚い氷を事前の入念な準備により見事に克服、観測業務の進展・継続に大きく寄与した」と乗員の功績をたたえ、日高艦長に2級賞状を授与した。

続いて海幕長訓示を重岡副長が代読。「輸送ヘリが1機という制約の中、綿密な航路計画と優れた砕氷能力を発揮し、3年ぶりの接岸を果たして輸送業務を効率的に実施したのは意義深い成果」と労をねぎらう一方、「暗礁乗り上げ事故は誠に遺憾。しっかり原因を調査した上で所要の対策と復旧を施し、次回につなげる必要がある」と述べた。

「しらせ」は昨年11月8日に晴海を出発、豪フリーマントルを経て1月4日、昭和基地接岸に成功した。燃料・食料・観測器材など物資1160トンを基地に輸送し、同22日に帰国の途に就いたが、観測支援中の2月16日、露マラジョージナヤ基地沖700メートルで座礁。18日に離礁に成功し、二重船底の一部を損傷したまま航海を続け、豪シドニーで観測隊員を降ろし、同日帰国した。総航程は約1万9000マイル、南極海でのチャージング（体当たりによる砕氷）回数は過去最高の4563回に達した。

（9面に関連記事）

防衛省発令

▽空将補に昇任（空幕人計課長）　1空佐　柿原　国治
▽空幹校副長（同）　空将補　柿原　国治
▽退職を承認（空幹校副長）　同　木村和彦
▽51掃隊司令（掃海隊群作戦主任幕僚）　1海佐　吉田圭司
▽空幕人計課長（空幕防衛課）　1空佐　今城　弘治
▽兼空幕防衛課（同運支課運用支援調整官）　同　稲月秀正

柿原　国治（かきはら・くにはる）空将補　防大32期。昭和63年空自。平成15年2佐、19年1佐。空幕防衛課編成班長、8空団基業群司令、統幕運用1課運用調整官などを経て、24年7月空幕人計課長。東京都出身。49歳。

春夏秋冬

桜に罪はないものを

黒田　勝弘

韓国も今年は桜の開花が早い。日本と同じく南部からスタートした「桜前線」が早くもソウルに達している。桜は近年、韓国でも楽しい春の話題になっている。

桜の季節になると思い出す話がある。もう20年以上も前のことだが、韓国のさる地方の市役所課長から電話があった。「クロダ記者が〝月刊朝鮮〟に書いた寄稿文に『日本の国花は菊』とあるが本当か？」というのだ。

韓国では以前から、桜は日本の国花だからケシカランといって排斥する声があり、お役所が既に植わっている公園の桜を引っこ抜いたりということもあった。くだんの課長は「日本の姉妹都市から友好親善で桜の苗木を贈ってきたのだが、日本の国花を植えることはまかりならんと市民団体の反対、抗議があって放置されている。日本の国花は桜ではなく菊というのが事実なら反対派を説得できると思って…」という。

そこで筆者は「菊で間違いない」と答え、ついでに「ムクゲが国花になっている韓国では国会や議員バッジ、パスポートの表紙にはムクゲのマークがあしらわれているが、日本では議員バッジもパスポートも在外公館の標章もみんな桜ではなく菊です。なぜ菊かというと、菊は日本では皇室の象徴だから」と教えてあげた。

課長は「これで桜が植えられます！」と喜んでいたことを覚えている。

ただ近年、桜が反日標的から〝解禁〟され、韓国人が喜々として桜の花見を楽しむようになったのは筆者のせいではない。実は「桜は韓国・済州島が原産地」という説が登場したからだ。済州島原産の桜もあったという話だが、しかしこれで韓国人も〝日本〟を意識せずに桜を楽しめるようになった。

今や桜に文句をいう人はいない。みんな開花を心待ちに楽しんでいる。ちなみに品種はほとんど日本から広まったソメイヨシノだけれど。

ソウルでは花見スポットが国会議事堂周辺など汝矣島（ヨイド）で、古代・新羅の古都である慶州も街中が桜並木で桜の名所になっている。以前、盛んだった〝桜反日論〟がウソみたいな風景だが、ただ韓国における「古都の桜」というのはいささか伝統無視ではないかと気になる。

（くろだ・かつひろ＝産経新聞ソウル駐在客員論説委員）

▽兼中央病院放射線科部長（中央病院総合診療科部長）　1陸佐　眞方　良彦

（以上3月31日）

▽内閣官房出向＝内閣官房内閣審議官＝国家安全保障局（大臣官房審議官）

▽防衛書記官、大臣官房参事官（大臣官房企画官兼大臣官房企画評価課防衛省改革推進室長）　武藤　義哉

（以上4月1日）

朝雲寸言

中国海軍が太平洋への進出を企図していたころ、海上自衛隊との防衛交流を積極的に進めていた時がある▼最初は2007年11月。中国海軍の艦艇が晴海に入港し、翌年6月には、海自護衛艦が中国南部の湛江に寄港した。艦艇の相互訪問が実現し、続いて中国海軍トップの呉司令員が来日、当時の赤星海上幕僚長も09年7月に中国を初訪問した▼行ったり来たり……。まさに防衛交流のお手本だが、その裏で中国は、海自に様々な注文をつけた。入港場所は首都東京の晴海を指定した。その一方で、海自の寄港地は北京から遠く離れた南部とし、入港時には、艦橋に中国国旗を掲げさせた▼中国の不遜な振る舞いはそれだけではない。呉司令員の来日にあわせ、海軍の艦隊が初めて津軽海峡を通過し、直後、今度は別の艦隊が南西諸島から太平洋に初進出した。さらに、海洋調査船が約9時間も尖閣諸島の領海内に居座り続けた▼防衛交流とは名ばかりで、中国は「中日関係は上下関係であるべき」という勝手な理屈を具現化しようとしたに過ぎない。もちろん当時も中国は、青島で開催した観艦式に海自艦船を招待しなかった▼それを思えば、4月末に開かれる中国の観艦式に、海自艦が招かれないのは想定内だ。行く必要もない。逆に中国の〝日本外し〟に反発して、米海軍が艦船派遣をやめたのは、中国にすれば想定外だろう。米海軍に座布団1枚。

時の焦点

国内

理不尽な訴訟

国際社会の潮目変化か

5月の再来日ツアーが発表された英国の歌手、ポール・マッカートニーさんが「ザ・ビートルズ」からの脱退を表明したのは、1970年のきょう、4月10日のことだ。ビートルズの曲もちりばめた昨年11月の日本公演では、この6月で72歳になるマッカートニーさんのビートルズへの郷愁がにじんだ。志向する音楽性の違いや不仲で解散したグループが年月を経て再結成される例も多い中で、ビートルズは、1980年のジョン・レノンさん殺害で再結成は永遠に不可能となった。

脱退という言葉には、勇ましさとともに疎外感が漂う。日本の歴史を振り返れば、あの戦争に突き進む一背景をなした国際連盟からの脱退が好例だろう。

今、ああしたことは起きないと思いつつも、最近の国際情勢をみると、日本にとっては理不尽な主張が諸外国に受け容れられる事態がしばしば見られ、威勢よく席を立つ政治家が出てこないか、心配にもなる。

例えば、豪州政府が日本の南極での調査捕鯨は国際捕鯨取締条約（ICRW）に違反すると国際司法裁判所に訴えた裁判で、3月31日、日本敗訴の判決が下された。これを受け、安倍晋三首相は今期の調査捕鯨中止を表明したが、自民党内は収まらない。安倍氏自身、訴訟で日本政府代表を務めた鶴岡公二氏を叱責したというから、相当不満だったのだろう。

鶴岡氏はこれまで、反捕鯨の立場をICRWなどに強要しようとしている豪州を「感情的背景は理解できるが、どう解釈すれば法的、科学的立場となるか理解できない」と批判してきた。タフ・ネゴシエーターとして知られる鶴岡氏の準備にぬかりがなかったか、検証も必要だろうが、この訴訟は「理」が「感情」に敗れた側面も大きい。

中国と韓国が展開している安倍政権批判に同調する反応が諸外国に見られるのも、中国系住民や韓国系住民の人口増を背景とした政治力の高まりに加え、理詰めではなく感情に訴えるやり方が奏功している。

政府間で決着済みの戦時賠償を中韓の個人が日本政府や企業に求める訴訟が起き、それを中韓の裁判所が受理したという事案も、理不尽だと切り捨てるのは簡単だ。だが、近年、欧州でもイタリアやドイツを相手に人々が同様の訴訟を起こし、受理されているという。国際社会の潮目の変化と見るべきかもしれない。

安倍首相は海外広報戦略を強化し、国際宣伝戦で後れをとるなとハッパをかける。それはいい。ただ、短兵急に日本の主張を理解させようとムキになれば、逆効果だ。まっすぐで短い道ばかりを進むことはできない。

マッカートニーさんのビートルズ時代の名曲「ロング・アンド・ワインディング・ロード」のごとく、長く曲がりくねった道を覚悟して臨まないと、国際社会の潮流から外れ、戻れない隘路に入りかねない。

東雲 次郎（政治評論家）

海外

アフガン情勢

限りなく不透明な将来

米軍主力の国際部隊が今年末に撤退するアフガニスタンで、4月5日、大統領選挙が実施された。最終結果は5月14日に出るが、反政府勢力タリバンのテロは続き、選挙後も混乱は必至。また、「米国離れ・露接近」の気配も示す同国の「将来像」は、限りなく不透明に近い。

タリバンは3月20日、首都カブールの高級ホテルを襲い、外国人4人を含む9人を殺害。29日には選管委員会本部を襲撃した。投票前日には東部ホスト州で、米AP通信の記者らが銃撃された。

来年以降も米軍の駐留継続を可能にする安保協定交渉での軋轢も一例だが、今回も懸念されるのは、カルザイ大統領が3月24日、ホテル襲撃事件に関し「外国情報機関の仕業」との見解を発表した姿勢だ。

タリバンや、国際テロ組織アルカイダとつながりのあるパキスタンの武装勢力ハッカニ・ネットワークの犯行との見方が一般的。だが、同国は「襲撃の手法が異なる」として「黒幕＝外国情報機関」説を譲らない。

アフガン政府が挙げた「外国情報機関」とは、隣国パキスタンの情報機関「3軍統合情報局」（ISI）か、米中央情報局（CIA）のどちらかを指している。

しかも、カルザイ大統領は1月、米国がアフガン内のテロ事件を扇動しているとの疑念を表明。同時に、米国の責任だと称する十数回のテロ事件のリストまで発表していた。この際も、タリバン以外を疑うものは他に誰もいなかった。

米軍は2001年10月、アルカイダをかくまっていたアフガンを攻撃し、タリバン政権を崩壊させた。カルザイは同年12月に暫定行政機構議長に就任、02年に国民大会議で大統領に選出され、以来、米国の防衛の恩恵をこうむってきた。一方、01年以来の米兵のアフガン戦死者は2176人に上る（米ABC―TV）。

こうした経緯にもかかわらず、「テロの黒幕」視をされては、米軍も正直、たまったものではない。そのカルザイの「米国との決別」を決定的に印象付けたのが、今回のクリミア情勢だった。

ロシアが掌握したウクライナ南部クリミア自治共和国で3月16日、ロシア編入の是非を問う住民投票が行われ、圧倒的な賛成多数で編入が承認された。欧米はロシアの軍事力を背景にしたこの動きに対露制裁を発動した。

ところが、カルザイ政権は3月下旬、「クリミアはロシアの一部とみなすクリミア住民投票の決定を尊重する」と発表した。ロシアによるクリミア併合を「住民の自由な意思表明」と公然と支持したのは、シリアやベネズエラのほか世界にそう多くない。

背景に、パキスタン領の一部の領有権を主張するアフガンが、その「奪還」に乗り出す際にロシアの支持表明を期待しているとの見方もある。いずれにしろ、アフガンの将来の混沌に思いを馳せれば、米兵2176人の血は一体何だったのかという思いが募る。

草野 徹（外交評論家）

防衛省入省式

「国防に正面から」

新職員305人 武田副大臣が激励

辞令交付に続き、入省者305人を代表して宣誓する笹岡祐衣事務官（4月1日、防衛省講堂で）

防衛省で4月1日、平成26年度の総合職・一般職（大卒程度・高卒者・社会人）と専門職の新規採用者305人の入省式が行われた。今年の入省者数は防衛省になって以来過去最多となった。

式典には武田副大臣をはじめ、若宮、木原両政務官、西事務次官、黒江官房長らが出席した。副大臣は冒頭の訓示で、「国防という崇高な課題に正面から取り組んでいただきたい。諸君が自ら選んだ進路は極めてやりがいに満ちたものだと言える」と新人職員を激励。

さらに「我々が国民の期待に応えられるか否かは諸君一人ひとりに懸かっている。国防は国家存立の礎であり、重い責任を負っているということを常に意識しながら職務に専念してほしい」と要望した。

辞令交付に続いて、入省者代表の笹岡祐衣事務官（大臣官房文書課）が宣誓。

西事務次官は説示で、「常に時代を捉えた工夫を考えてほしい。日頃からさまざまな問題に目を向け、さまざまな分野の人と交流を深め、相手の立場を理解し異なる意見を懐深く受け止める包容力を養ってもらいたい」と述べた。

この後、入省者を代表して鈴木祐梨事務官（防衛政策局国際政策課）と北原修事務官（同防衛政策課）が報道陣のインタビューに答えた。

鈴木事務官は「どんな事態になっても自分たちが国を守るんだという強い責任感と使命感を持って全力で職務に取り組んでいきたい」と述べた。北原事務官は「一日も早く防衛省・自衛隊の一員たるにふさわしい能力・知識を身に付け、日本の安全のため技力を尽くしたい」と意気込みを語った。

今年度の内訳は、総合職32（うち女性5）人、一般職254（同63）人、専門職19（同9、語学11、国際関係8）人。また、防衛省初の社会人採用枠として、6人が入省した。

「強い正義感と情熱を」

62期生ら681人 防大入校式で國分校長

防衛大学校（神奈川県横須賀市、國分良成校長）本科62期生など681人の平成26年度入校式が4月5日、武田防衛副大臣、各幕副長などの来賓と家族約1500人が見守る中、同校講堂で行われた。

式では割方誠一学生（本科理工学専攻）など各科代表の宣誓、申告が行われ、國分校長は式辞で「諸君は防大生の矜持である強い正義感と情熱を持った立派な防大生を目指す以外の道はない。いかに成長するかは君たちの意思と創意と工夫による」と述べた。

また、武田副大臣は訓示で「将来、幹部自衛官としてさまざまな課題に立ち向かうため、学生生活を通して、柔軟で創造的な思考力と国際的な視野を養ってほしい」と要望した。

来賓代表の松村五郎統幕副長は「同期と4年間同じ釜の飯を食べ、苦楽を共にし、切磋琢磨しあい、青春時代を過ごす共通の思い出が統合運用にとって大切な信頼と共感を生み出す。同期生の友情・絆を大いに育んでほしい」と激励した。

式典後は陸上競技場で武田副大臣を観閲官に、防大OB隊員によるCH47輸送ヘリやF15戦闘機などの観閲飛行と在校生による観閲行進が披露された。

入校式で訓示する武田副大臣（4月5日、防大講堂で）

平成26年度 防衛大学校入学者数 内訳

本科62期	理工学専攻	442(27)	571(52)
	人文・社会科学専攻	129(25)	
本科留学生	カンボジア2、インドネシア3、ラオス2、モンゴル4(1)、フィリピン2、韓国1、タイ5、東ティモール2、ベトナム4		25(1)
理工学研究科	前期53期		53(5)
	後期14期		9
総合安全保障研究科	前期18期		18(3)
	後期6期		5

※単位人数、カッコ内は女子学生

防大校長がタイ、ベトナム訪問

タイの防大OBたちと撮影に臨む國分校長（手前中央左）。その右はタイ陸軍士官学校のプロポル・マニリーン校長（2月25日、バンコク近郊で）

防衛大学校の國分良成校長は2月23から28日の間、防大に多くの留学生を派遣しているタイ、ベトナム2カ国の士官学校や軍教育機関を訪問し、防大とのさらなる関係強化をアピールした。

タイには防大卒業生が約200人おり、軍の枢要なポストで活躍している。國分校長は、同国の陸海空各士官学校で学校長や防大出身の勤務者らと意見交換。今後さらに交流を促進していくことで一致した。

また、バンコク市内でタイ人防大卒業生の同窓会に出席。家族を含め約100人が一堂に会する中、卒業生の一人は「防大での生活は一生の誇りであり、軍人生活の原点です」と話していた。

ベトナムでは軍事科学技術院を訪問。関係者と意見交換し、日越士官学校の交流深化について議論を深めた。

國分校長のASEAN諸国の士官学校訪問は今回が初めて。同諸国から多数の留学生を受け入れている防大は、安倍政権の掲げる積極的平和主義推進の観点からも、引き続き戦略的な国際交流を進めていきたい、としている。

国外運航訓練で インド、タイへ KC767

空自第1輸送航空隊（小牧）のKC767空中給油・輸送機は、インド、タイ方面の飛行経路や航空交通管制の状況などを確認し、部隊の国際緊急援助活動に関する国外運航能力向上を図るため、3月18日から20日まで国外運航訓練を実施した。

訓練には、同隊から訓練指揮官の肱岡良暁3佐以下19人と航空支援集団司令部（府中）から3人の計22人が参加。

18日に小牧基地を出発後、インドのバンガロール国際空港、タイのプーケット国際空港を経由し、3月20日、小牧に帰投した。

「いかづち」と厚木運航隊に2級賞状

河野海幕長（右）から2級賞状を授与される宮路艦長（中央）と吉田隊長（3月18日、海幕で）

【海幕】護衛艦「いかづち」と厚木運航隊は3月18日、河野海幕長からそれぞれ2級賞状を授与された。

「いかづち」（艦長・宮路貴幸2佐）は平成13年3月に就役。同5月にSH60J哨戒ヘリを搭載して以来、無事故飛行を継続し、特に20年5月から25年3月の間に「連続無事故着艦2000回以上（累計8000回以上）」を達成した。

一方、厚木運航隊（隊長・吉田孝幸2佐）は昭和46年7月に航空機の着陸誘導管制業務を開始し、42年間で「着陸誘導管制30万回」を達成。即応態勢を堅持し、多種多様な航空機の特性を踏まえ、常に的確な航空交通業務を遂行してきたことが評価された。

表彰式は海幕応接室で行われ、河野海幕長は「功績は推奨に値する」として、宮路艦長と吉田隊長にそれぞれ2級賞状と記念品を手渡した。

乗員32人処分見直し 「あたご」事故で

平成20年2月に海自のイージス艦「あたご」と漁船「清徳丸」が千葉県・野島崎沖で衝突し、漁船乗員2人が死亡した事故で、防衛省は3月28日、懲戒処分を受けた38人のうち32人の処分を見直すと発表した。

海難審判で「あたご」の有責が認定されると、防衛省は21年5月、「当直士官の不適切な見張り指揮とCIC（戦闘指揮所）の連携不十分が事故の直接原因」とする最終報告書を公表、併せて乗員38人を処分した。

23年5月に行われた刑事裁判の初公判では、業務上過失致死罪に問われていた元航海長の後潟桂太郎3佐（41）と元水雷長の長岩友久3佐（40）に無罪判決が言い渡され、続く2審でも東京高裁が「衝突回避義務はなく、過失は認められない」として再び無罪となった。

これを受け、防衛省は32人の懲戒処分等を見直すことを決定、後潟3佐は「停職20日」が「同1日」に、長岩3佐は「同30日」が「同5日」に変更された。給与面などに関しても「さかのぼって丁寧に再計算して万全を期す」としている。

また、再発防止策の追加も行われ、①護衛艦灯火の視認状況に対する配慮②衝突を避けるための最善の措置③漁船・小型船舶の運航特性等の把握および運航時の配慮――の3点が追加された。

露軍機相次ぎ 日本海を飛行

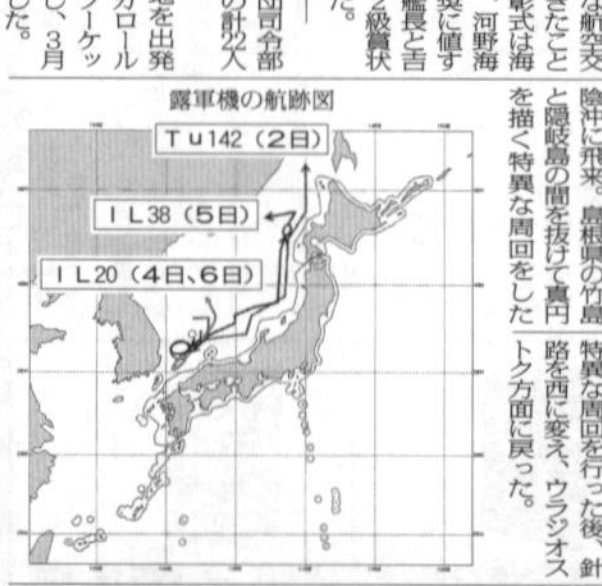

ロシア軍機が4月2、4、5、6の各日、相次いで日本海に飛来したため、空自の北空、中空、西空の各方面隊のF15戦闘機などが緊急発進して対応した。領空侵犯はなかった。統幕は空自機が撮影した露軍機の写真と航跡図を公表した。

2日は海軍のツポレフTu142型哨戒機（Tu95型爆撃機の海軍型）2機がウラジオストク方面から山陰沖に飛来。島根県の竹島と隠岐島の間を抜けて真円を描く特異な周回をした後、北海道沖まで列島沿いに北上し、日本領空から離れた。

4日と6日には空軍のイリューシンIL20型電子偵察機各1機が山陰沖に飛来。竹島と隠岐島の間を抜け、山口県の見島沖で楕円を描く特異な周回をした後、同じルートで自国領に戻った。

5日は海軍のイリューシンIL38型対潜哨戒機2機が2日のTu142型哨戒機とほぼ同じコースを飛行。奥尻島沖で楕円に近い特異な周回を行った後、針路を西に変え、ウラジオストク方面に戻った。

1佐職春の定期異動

4月1日

▽防大教授（防大付）1海佐 上野 清昭
▽防研軍事戦略研究室長（情報保全隊情報保全官兼副司令）1空佐 清水 健児
▽統幕運用1課総括班長（統幕運用1課）同 霜田 豊英
▽同計画課分析室長（1高群副司令）同 佐藤 正哉
▽陸幕医務・保健班長兼中央病院泌尿器科（中央病院臨床医学教育・研究部教訓課長兼泌尿器科）1陸佐 水口 靖規
▽北方医務官兼札幌病院兼防医大講師（陸幕医務・保健班長兼中央病院麻酔科兼防医大講師）同 森 知久
▽空幕総務課情報公開・個人情報保護室長（2空団基業群司令）1空佐 岡本 兼一
▽同教育課計画班長（空幕教育課術科教育班長）同 綿森 昭宗
▽同同術科教育班長（同教育課）同 山下 龍太郎
▽同情通課情通運用班長（統幕指揮シス運用課指揮通シス保全班長）同 濱崎 徹也
▽同装備課装備調整官（2補資計部長）同 坂本 浩一
▽同整備・補給課整備1班長（空幕整備・補給課）同 楢崎 昇
▽総隊司令部（同総務部）同 太田 勝
▽偵空隊司令（83空隊副司令）同 横山 寛
▽偵空隊付（偵空隊司令）同 飯島 正信
▽作情隊副司令（作情隊電情収集群司令）同 生村 徳朗
▽同電情収集群司令（空2術校1教部長）同 井川 博光
▽北空総務部長（北空）同 甲部 昭広
▽同防衛課長（空幹校）2空佐 原 陽一
▽同医務官兼三沢病院（三沢病院兼3空団）同 中畑 信一
▽同司令部（情本）1空佐 塩沢 昌博
▽2空団基業群司令（空幹校主任研開官）同 鋭持 暢子
▽2空団付（救難団飛群副司令）同 佐藤 徳弘
▽3空団副司令（8空団飛群司令）同 倉田 裕
▽北警団副司令（情本）同 山口 浩樹
▽18警隊長兼稚内分屯基地司令（空幕教育課計画班長）同 藤原 弘常
▽3高群司令（作情隊副司令）同 山口 裕康
▽中空総務部長（6空団基業群司令）同 加藤 雅彦
▽同装備部長（空補本1部長）同 笠 禎彦
▽同監理監察官（7空団副司令）同 飯髙 泰明
▽6空団副司令（統幕計画課分析室長）同 高橋 豊
▽同基業群司令（西空防衛課長）同 岡田 雄志
▽7空団副司令（空幹校主任教官）同 橋口 裕則
▽1警群司令兼笠取山分屯基地司令（監察本部統括監察官付5監察班監察調査官）2空佐 岩井田 智
▽1高群副司令（1高群）同 東 征一郎
▽西空防衛課長（教育集団教育2課長）1空佐 増田 信行
▽5空団飛群司令（統幕運用1課総括班長）同 壁島 栄一
▽同整補群司令（空幕整備・補給課整備1班長）同 伊藤 政文
▽8空団飛群司令（5空団飛群司令）同 西野 一行
▽8空団付（12飛教団副司令）同 宮野智加良
▽83空隊副司令（中空監理監察官）同 福永 充史
▽支援集団運用1課長（1輸空飛群司令）同 冨田 清香
▽同監理監察官（開発集団計画課長）同 菅野 聡
▽1輸空副司令（支援集団運用1課長）同 高垣 康二
▽同飛群司令（空幕運支課）同 平岡 文雄
▽管制群副司令（1警群司令兼笠取山分屯基地司令）2空佐 神田 俊英
▽気象群付（防研軍事戦略研究室長）1空佐 竹下 英治
▽教育集団教育2課長（空幕運支課訓練調整官）2空佐 松嶋 一成
▽4空団副司令（同総務課情報公開・個人情報保護室長）1空佐 太田 久雄
▽12飛教団副司令（空教隊2教群司令）同 宮本 敏明
▽空教隊2教群司令（管制群副司令）同 河田 泰明
▽空2術校1教部長（空シス隊保監群司令）2空佐 佐藤 信一
▽空3術校副長（北空総務部長）1空佐 福山 慎吾
▽開発集団計画課長（同防衛課長）同 仙波 浩
▽飛実団副司令（6空団副司令）同 森末 浩史
▽飛実団付（飛実団副司令）同 三輪 芳照
▽空シス隊司令（中空装備部長）同 堀本 章治
▽同保監群司令（空幕情通課情通運用班長）同 吉村 一彦
▽空シス隊付（空シス隊司令）同 加減 幸良
▽中業隊付（3高群司令）同 鈴木 幹男
（支援集団監理監察官）同 宮城 義尚
▽空幹校主任研開官（18警隊長兼稚内分屯基地司令）同 鈴木千佐加
▽空幹校（統幕防衛課兼空幕防衛課）同 尾山 正樹
▽同付（北警団副司令）同 佐藤 眞一
▽空補本補給課長（空幕整備・補給課）同 吉田 行宏
▽同1部長（空補本補給課長）同 荒武 香織
▽同監理監察官（空3術校副長）同 土田 賢二
▽空補本付（空補本監理監察官）同 櫻井 寛
▽2補資計部長（5空団整補群司令）同 廣明 一郎
▽4補副長（4空団副司令）同 木村 亮一
▽4補付（4補副長）同 池畠 暢也
▽兼情保隊副司令（情保隊情保官）1陸佐 安藤 隆太
▽情保隊情保官兼情保隊総務課長（1輸空副司令）1空佐 鈴木 雄三
▽中央病院メンタルリハビリテーション科部長（北方医務官兼札幌病院）1陸佐 伊藤 利光
▽同臨床医学教育・研究部教訓課長兼1内科（中央病院1内科）2陸佐 中家 和宏
▽中央病院付（中央病院メンタルリハビリテーション科部長兼防医大講師）1空佐 髙尾 雅也
▽岐阜病院副長兼診療部長兼防医大講師（北空医務官兼三沢病院兼防医大講師）同 野上 弥志郎
▽那覇病院副長（岐阜病院診療部長）同 宮島大二郎
▽技本航空機担当技術開発官付（3空団副司令）同 岩崎 仁彦
（以上4月1日）

コープノース グアム2014

日米豪 空戦技量磨く

米グアム島のアンダーセン空軍基地に勢ぞろいした日・米・豪の「コープノース・グアム2014」参加部隊。広大な太平洋上の訓練空域を活用し、3カ国のF2、F16、FA18戦闘機などが激しい空中戦の訓練を実施した（2月14日）

飛行訓練を終えて着陸したF2戦闘機をエプロンに誘導する空自隊員（2月13日）

日・米・豪エアフォースの共同訓練「コープノース・グアム2014」が米グアム島のアンダーセン空軍基地とその周辺空域で2月12日から同28日まで行われた。同訓練は1999年から日米の共同対処能力と戦術技量の向上を目的に始まり、2012年から豪空軍が本格的に加わった。今回、空自からは8空団（築城）、83空隊（那覇）、警空隊（三沢）、1輸空（小牧）が参加。3カ国の部隊はグアム周辺の広大な空域を使い、戦闘機戦闘、掩護戦闘、防空戦闘、空対地射爆撃訓練などを共同で実施した。

430人が参加

「コープノース・グアム」には空自から8空団飛行群司令で訓練指揮官の倉田裕1佐以下、隊員約430人が参加した。航空機は8空団のF2戦闘機8機、83空のF15戦闘機6機、警空隊のE2C早期警戒機3機、1輸空のC130H輸送機2機、KC767空中給油・輸送機2機がグアムの空を駆けた。

現地のアンダーセン空軍基地には米空軍のF16戦闘機、豪空軍のFA18戦闘機部隊などが展開し、合流後は3カ国の部隊共同で戦闘機戦闘、防空戦闘、掩護戦闘、空対地射爆撃訓練などを行った。またE2CやC130Hも加わり電子戦、空中給油、戦術空輸なども実施された。

メーンの射爆撃訓練にはF2部隊が参加。ファラロン・デ・メディニラ島の地上目標に向けてF2が次々と急降下し、500ポンド爆弾を投下、目標に命中させた。

輸送機部隊は2月16日から19日まで行われた人道支援・災害救援共同訓練にも参加し、フィリピン台風災害などを教訓に、航空輸送、物料投下、不整地離着陸、捜索訓練などを実施した。期間中、日米の整備員らは互いの航空機を説明し合う「整備交流」も行い、理解を深めた。空自隊員は米・豪兵士との交流会にも積極的に参加した。

E2C、C130Hも加わり電子戦、戦術空輸も実施

「コープノース・グアム」の3カ国の訓練指揮官。（右から）倉田1佐、豪空軍のベック大佐、米空軍のパーカー大佐（2月19日）

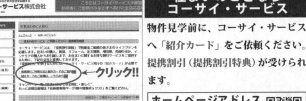

飛行訓練を前に、基地で綿密に調整を行う日米の隊員（2月17日）

アンダーセン空軍基地を離陸する空自のF15戦闘機（2月17日）

空自のE2C早期警戒機をバックに記念撮影する警空隊の搭乗員と整備員（2月20日）

極寒の名寄駐を研修

在アラスカ米陸軍兵士11人

【3普連＝名寄】在アラスカ米陸軍の主力、25歩兵師団・1ストライカー旅団戦闘団のブラウン旅団直轄大隊長（中佐）以下の米軍兵士11人が2月17日から22日まで、日本最北の名寄駐屯地を訪れ、3普連の部隊研修を行った。

この日米の最北部隊同士の交流は、今年1月、アラスカ米陸軍司令官のシールズ少将が来日して岩田陸幕長と懇談した際、日米の積雪寒冷地部隊がより連携を強化していく方向で一致し、その交流の一環としてブラウン大隊長らアラスカ部隊の兵士が来日したもの。17日に名寄駐屯地で歓迎セレモニーが開かれ、駐屯地全隊員が屈強な体格の米兵士11人を拍手で出迎えた。

日本側を代表して3普連長の坂本雄一1佐があいさつ。「アラスカの皆さん、ようこそ名寄へ。滞在は約1週間と短いですが、ともに日米の積雪寒冷地部隊としてお互いを良く理解し、共に刺激しあって日米の絆がより一層深まることを願っています」と述べた。

18日から米兵士の研修が始まり、3普連が装備する陸自の野外ネットワーク装備「基幹連隊指揮統制システム（ReCS）」などの運用法なども見た。

3普連の冬季戦技競技会にも参加

また、17～19日間にはちょうど連隊の冬季戦技競技会が開かれており、米兵士たちもスキー競技にオープン参加した。

米兵士たちはアラスカの大雪原で鍛えたスキー走行技術を存分に発揮し、競技隊員に劣らぬダイナミックな滑りを見せて陸自隊員を感心させていた。

このほか、米兵士たちは名寄市の自衛隊協力団体が開いた懇親会行事にも出席、茶道の体験や日本の音楽の鑑賞なども行い、日本文化にも親しんだ。

充実の名寄研修を終えた米兵士は22日、駐屯地の隊員たちに盛大に見送られ、アラスカへの帰路に就いた。

3普連の冬季戦技競技会にオープン参加し、アラスカで鍛えたスキー術を陸自隊員に披露する米陸軍兵士

㊤3普連が装備する基幹連隊指揮統制システム「ReCS」を研修する米陸軍の兵士たち。㊦名寄市の自衛隊協力会が開催した歓迎の懇親会に出席、女性会員からお茶の手ほどきを受ける米陸軍兵士（左）

長池演習場で厳しい総合訓練

空自幹部候補生

【空幹候校＝奈良】空自幹部候補生学校のU課程学生（一般大卒の幹候生）はこのほど、卒業を前に5日間の総合訓練を陸自長池演習場で行った。

訓練は「基地警備」を通じ、指揮幕僚能力を高めることが目的で、課程教育を通じて培ってきた能力を現場で試した。

期間中、気温は氷点下5度まで下がり、設置した通信機も凍り付くほど。学生たちは厳しい寒さの中、不眠不休の状況に耐え、敵の攻撃から基地を守った。だが戦闘状況が続く中、睡眠不足と過労から徐々に判断能力が鈍り、学生たちの士気も低下ぎみに。

そこで同期の小隊長や分隊長が疲れた仲間たちを叱咤激励、工夫を凝らして休憩や食事が取れるようにし、万全の警備態勢を維持した。

最終フェーズで小隊長を務めた1中隊3区隊の鮎澤柊介曹長は「隊員の心情を思うと、極限状態で命令を下さねばならない指揮の難しさを痛感した。今回の体験を教訓に、さらに自学研さんし、立派な幹部自衛官になりたい」と力強く話した。

訓練を終えたU課程学生65人は2月8日、奈良基地で行われた卒業式に臨んだ。約10カ月の入校期間を修了した卒業生たちは、その後全国の部隊に配属された。

基地警備訓練を行う空幹候校のU課程学生（1月13日、長池演習場で）

防衛装備移転三原則について

≪1面参照≫

本4月1日、政府は、昨年12月に定められた「国家安全保障戦略」に基づき、防衛装備の海外移転に関して、武器輸出三原則等に代わる新たな原則として、「防衛装備移転三原則」を策定しました。

1　防衛装備移転原則の策定趣旨

我が国を取り巻く安全保障環境が一層厳しさを増していることなどに鑑みれば、国際協調主義の観点からも、我が国によるより積極的な対応が不可欠となっています。我が国の平和と安全は我が国一国では確保できず、国際社会もまた、我が国がその国力にふさわしい形で一層積極的な役割を果たすことを期待しています。

これらを踏まえ、我が国は、国際協調主義に基づく積極的平和主義の立場から、我が国の安全およびアジア太平洋地域の平和と安定を実現しつつ、国際社会の平和と安定および繁栄の確保にこれまで以上に積極的に寄与していくこととしています。

こうした我が国が掲げる国家安全保障の基本理念を具体的政策として実現するとの観点から、防衛装備の海外移転に係るこれまでの政府の方針につき改めて検討を行い、これまでの方針が果たしてきた役割に十分配意した上で、新たな安全保障環境に適合するよう、これまでの例外化の経緯を踏まえ、包括的に整理し、明確な原則を定めることとしました。

2　防衛装備移転三原則の主な内容

我が国としては、国連憲章を順守するとの平和国家としての基本理念およびこれまでの平和国家としての歩みを引き続き堅持しつつ、今後は防衛装備移転三原則に基づき防衛装備の海外移転の管理を行うこととします。主な内容は以下の通りです。

（1）移転を禁止する場合の明確化（第一原則）

①当該移転が我が国の締結した条約その他の国際約束に基づく義務に違反する場合、②当該移転が国連安保理の決議に基づく義務に違反する場合、または③紛争当事国（武力攻撃が発生し、国際の平和および安全を維持しまたは回復するため、国連安保理がとっている措置の対象国）への移転となる場合は、防衛装備の海外移転を認めないこととしました。

（2）移転を認め得る場合の限定並びに厳格審査および情報公開（第二原則）

上記（1）以外の場合は、移転を認め得る場合を、①平和貢献・国際協力の積極的な推進に資する場合、または②我が国の安全保障に資する場合等に限定し、透明性を確保しつつ、厳格審査を行うこととしました。

また、我が国の安全保障の観点から、特に慎重な検討を要する重要な案件については、国家安全保障会議において審議するものとしました。国家安全保障会議で審議された案件については、行政機関の保有する情報の公開に関する法律（平成11年法律第42号）を踏まえ、政府として情報の公開を図ることとしました。

（3）目的外使用および第三国移転に係る適正管理の確保（第三原則）

上記（2）を満たす防衛装備の海外移転に際しては、適正管理が確保される場合に限定しました。具体的には、原則として目的外使用および第三国移転について我が国の事前同意を相手国政府に義務付けることとしました。

政府としては、国際協調主義に基づく積極的平和主義の立場から、国際社会の平和と安定のために積極的に寄与していく考えであり、防衛装備並びに機微な汎用品および汎用技術の管理の分野において、武器貿易条約の早期発効および国際輸出管理レジームのさらなる強化に向けて、一層積極的に取り組んでいく考えです。

防衛装備移転三原則　全文

政府は、これまで防衛装備の海外移転については、昭和42年の佐藤総理による国会答弁（以下「武器輸出三原則」）および昭和51年の三木内閣の政府統一見解によって慎重に対処することを基本としてきた。

このような方針は、我が国が平和国家としての道を歩む中で一定の役割を果たしてきたが、一方で、共産圏諸国向けの場合は武器の輸出は認めないとするなど時代にそぐわないものとなっていた。

また、武器輸出三原則の対象地域以外の地域についても武器の輸出を慎むものとした結果、実質的には全ての地域に対して輸出を認めないこととなったため、政府は、これまで個別の必要性に応じて例外化措置を重ねてきた。

我が国は、戦後一貫して平和国家としての道を歩んできた。専守防衛に徹し、他国に脅威を与えるような軍事大国とはならず、非核三原則を守るとの基本原則を堅持してきた。他方、現在、我が国を取り巻く安全保障環境が一層厳しさを増していることや我が国が複雑かつ重大な国家安全保障上の課題に直面していることに鑑みれば、国際協調主義の観点からも、より積極的な対応が不可欠となっている。我が国の平和と安全は我が国一国では確保できず、国際社会もまた、我が国がその国力にふさわしい形で一層積極的な役割を果たすことを期待している。

これらを踏まえ、我が国は、今後の安全保障環境の下で、平和国家としての歩みを引き続き堅持し、また、国際政治経済の主要プレーヤーとして、国際協調主義に基づく積極的平和主義の立場から、我が国の安全およびアジア太平洋地域の平和と安定を実現しつつ、国際社会の平和と安定および繁栄の確保にこれまで以上に積極的に寄与していくこととしている。

こうした我が国が掲げる国家安全保障の基本理念を具体的政策として実現するとの観点から、「国家安全保障戦略について」（平成25年12月17日国家安全保障会議および閣議決定）に基づき、防衛装備の海外移転に係るこれまでの政府の方針につき改めて検討を行い、これまでの方針が果たしてきた役割に十分配意した上で、新たな安全保障環境に適合するよう、これまでの例外化の経緯を踏まえ、包括的に整理し、明確な原則を定めることとした。

川崎重工業が提案する空自C2輸送機をベースとした民間輸送機のイメージ＝同社提供

防衛装備の適切な海外移転は、国際平和協力、国際緊急援助、人道支援および国際テロ・海賊問題への対処や途上国の能力構築といった平和への貢献や国際的な協力（以下「平和貢献・国際協力」）の機動的かつ効果的な実施を通じた国際的な平和と安全の維持の一層積極的な推進に資するものであり、また、同盟国である米国およびそれ以外の諸国との安全保障・防衛分野における協力の強化に資するものである。

さらに、防衛装備品の高性能化を実現しつつ、費用の高騰に対応するため、国際共同開発・生産が国際的主流となっていることに鑑みても我が国の防衛生産・技術基盤の維持・強化、ひいては我が国の防衛力の向上に資するものである。

他方、防衛装備の流通は、国際社会への安全保障上、社会上、経済上および人道上の影響が大きいことから、各国政府がさまざまな観点を考慮しつつ責任ある形で防衛装備の移転を管理する必要性が認識されている。

以上を踏まえ、我が国としては、国際連合憲章を順守するとの平和国家としての基本理念およびこれまでの平和国家としての歩みを引き続き堅持しつつ、今後は次の三つの原則に基づき防衛装備の海外移転の管理を行うこととする。また、武器製造関連設備の海外移転については、これまでと同様、防衛装備に準じて取り扱うものとする。

1　移転を禁止する場合の明確化

次に掲げる場合は、防衛装備の海外移転を認めないこととする。

①当該移転が我が国の締結した条約その他の国際約束に基づく義務に違反する場合

②当該移転が国際連合安全保障理事会の決議に基づく義務に違反する場合

③紛争当事国（武力攻撃が発生し、国際の平和および安全を維持しまたは回復するため、国際連合安全保障理事会がとっている措置の対象国）への移転となる場合

2　移転を認め得る場合の限定ならびに厳格審査および情報公開

上記1以外の場合は、移転を認め得る場合を次の場合に限定し、透明性を確保しつつ、厳格審査を行う。具体的には、防衛装備の海外移転は、平和貢献・国際協力の積極的な推進に資する場合、同盟国たる米国をはじめ我が国との間で安全保障面での協力関係がある諸国（以下「同盟国等」）との国際共同開発・生産の実施、同盟国等との安全保障・防衛分野における協力の強化ならびに装備品の維持を含む自衛隊の活動および邦人の安全確保の観点から我が国の安全保障に資する場合等に認め得るものとし、仕向け先および最終需要者の適切性ならびに当該防衛装備の移転が我が国の安全保障上及ぼす懸念の程度を厳格に審査し、国際輸出管理レジームのガイドラインも踏まえ、輸出審査時点において利用可能な情報に基づいて、総合的に判断する。

また、我が国の安全保障の観点から、特に慎重な検討を要する重要な案件については、国家安全保障会議において審議するものとする。国家安全保障会議で審議された案件については、行政機関の保有する情報の公開に関する法律（平成11年法律第42号）を踏まえ、政府として情報の公開を図ることとする。

3　目的外使用および第三国移転に係る適正管理の確保

上記2を満たす防衛装備の海外移転に際しては、適正管理が確保される場合に限定する。具体的には、原則として目的外使用および第三国移転について我が国の事前同意を相手国政府に義務付けることとする。ただし、平和貢献・国際協力の積極的な推進のため適切と判断される場合、部品等を融通し合う国際的なシステムに参加する場合、部品等をライセンス元に納入する場合等においては、仕向け先の管理体制の確認をもって適正な管理を確保することも可能とする。

以上の方針の運用指針については、国家安全保障会議において決定し、その決定に従い、経済産業大臣は、外国為替および外国貿易法（昭和24年法律第228号）の運用を適切に行う。

本原則において「防衛装備」とは、武器および武器技術をいう。「武器」とは、輸出貿易管理令（昭和24年政令第378号）別表第1の1の項に掲げるもののうち、軍隊が使用するものであって、直接戦闘の用に供されるものをいい、「武器技術」とは、武器の設計、製造または使用に係る技術をいう。

政府としては、国際協調主義に基づく積極的平和主義の立場から、国際社会の平和と安定のために積極的に寄与していく考えであり、防衛装備並びに機微な汎用品および汎用技術の管理の分野において、武器貿易条約の早期発効および国際輸出管理レジームのさらなる強化に向けて、一層積極的に取り組んでいく考えである。

日本も部品などの製造に参画する国際共同開発の「F35A」ステルス戦闘機。空自の次期戦闘機にも決まっている＝ロッキード・マーチン社提供

三原則の運用指針

平成26年4月1日　国家安全保障会議決定

防衛装備移転三原則（平成26年4月1日閣議決定。以下「三原則」）に基づき、三原則の運用指針（以下「運用指針」）を次のとおり定める。

（注）用語の定義は三原則によるほか、6のとおりとする。

1　防衛装備の海外移転を認め得る案件

防衛装備の海外移転を認め得る案件は、次に掲げるものとする。

（1）平和貢献・国際協力の積極的な推進に資する海外移転として次に掲げるもの（平和貢献・国際協力の観点から積極的な意義がある場合に限る）

ア　移転先が外国政府である場合

イ　移転先が国際連合もしくはその関連機関または国連決議に基づいて活動を行う機関である場合

（2）我が国の安全保障に資する海外移転として次に掲げるもの（我が国の安全保障の観点から積極的な意義がある場合に限る）

ア　米国をはじめ我が国との間で安全保障面での協力関係がある諸国との国際共同開発・生産に関する海外移転

イ　米国をはじめ我が国との間で安全保障面での協力関係がある諸国との安全保障・防衛協力の強化に資する海外移転であって、次に掲げるもの

（ア）物品役務相互提供協定（ACSA）に基づく物品または役務の提供に含まれる防衛装備の海外移転

（イ）米国との相互技術交流の一環としての武器技術の提供

（ウ）米国からのライセンス生産品に係る部品や役務の提供、米軍への修理等の役務提供

（エ）我が国との間で安全保障面での協力関係がある国に対する救難、輸送、警戒、監視および掃海に係る協力に関する防衛装備の海外移転

ウ　自衛隊を含む政府機関（以下「自衛隊等」）の活動（自衛隊等の活動に関する外国政府または民間団体等の活動を含む。以下同じ）または邦人の安全確保のために必要な海外移転であって、次に掲げるもの

（ア）自衛隊等の活動に係る、装備品の一時的な輸出、購入した装備品の返送および技術情報の提供（要修理品を良品と交換する場合を含む）

（イ）公人警護または公人の自己保存のための装備品の輸出

（ウ）危険地域で活動する邦人の自己保存のための装備品の輸出

（3）誤送品の返送、返送を前提とする見本品の輸出、海外政府機関の警察官により持ち込まれた装備品の再輸出等の我が国の安全保障上の観点から影響が極めて小さいと判断される場合の海外移転

2　海外移転の厳格審査の視点

個別案件の輸出許可に当たっては、1に掲げる防衛装備の海外移転を認め得る案件に該当するものについて、

○仕向先および最終需要者の適切性

○当該防衛装備の海外移転が我が国の安全保障上及ぼす懸念の程度

の2つの視点を複合的に考慮して、移転の可否を厳格に審査するものとする。

具体的には、仕向先の適切性については、仕向国・地域が国際的な平和および安全ならびに我が国の安全保障にどのような影響を与えているか等を踏まえて検討し、最終需要者の適切性については、最終需要者による防衛装備の使用状況および適正管理の確実性等を考慮して検討する。

また、安全保障上の懸念の程度については、移転される防衛装備の性質、技術的機微性、用途（目的）、数量、形態（完成品または部品か、貨物または技術かを含む）並びに目的外使用および第三国移転の可能性等を考慮して検討する。

なお、最終的な移転を認めるか否かについては、国際輸出管理レジームのガイドラインも踏まえ、移転時点において利用可能な情報に基づいて、上述の要素を含む視点から総合的に判断することとする。

3　適正管理の確保

防衛装備の海外移転に当たっては、海外移転後の適正な管理を確保するため、原則として目的外使用および第三国移転について我が国の事前同意を相手国政府に義務付けることとする。ただし、次に掲げる場合には、仕向先の管理体制の確認をもって適正な管理を確保することも可能とする。

（1）平和貢献・国際協力の積極的推進のため適切と判断される場合として、次のいずれかに該当する場合

ア　緊急性・人道性が高い場合

イ　移転先が国際連合もしくはその関連機関または国連決議に基づいて活動を行う機関である場合

ウ　国際入札の参加に必要となる技術情報または試験品の提供を行う場合

エ　金額が少額かつ数が少量で、安全保障上の懸念が小さいと考えられる場合

（2）部品等を融通し合う国際的なシステムに参加する場合

（3）部品等をライセンス元に納入する場合

（4）我が国から移転する部品および技術の、相手国への貢献が相当程度小さいと判断できる場合

（5）自衛隊等の活動または邦人の安全確保に必要な海外移転である場合

（6）誤送品の返送、返送を前提とする見本品の輸出、貨物の仮陸揚げ等の我が国の安全保障上の観点から影響が極めて小さいと判断される場合

仕向先の管理体制の確認に当たっては、合理的である限りにおいて、政府または移転する防衛装備の管理に責任を有する者等の誓約書等の文書による確認を実施することとする。そのほか、移転先の防衛装備の管理の実態、管理する組織の信頼性、移転先の国または地域の輸出管理制度やその運用実態等についても、移転時点において利用可能な情報に基づいて確認するものとする。

なお、海外移転後の防衛装備が適切に管理されていないことが判明した場合、当該防衛装備を移転した者等に対する外国為替及び外国貿易法（昭和24年法律第228号。以下「外為法」）に基づく罰則の適用を含め、厳正に対処することとする。

4　審査に当たっての手続き

（1）国家安全保障会議での審議

防衛装備の海外移転に関し、次の場合は、国家安全保障会議で審議するものとする。イまたはウに該当する防衛装備の海外移転について外為法に基づく経済産業大臣の許可の可否を判断するに当たっては、当該審議を踏まえるものとする。

ア　基本的な方針について検討するとき

イ　移転を認める条件の適用について特に慎重な検討を要するとき

ウ　仕向先等の適切性、安全保障上の懸念の程度等について特に慎重な検討を要するとき

エ　防衛装備の海外移転の状況について報告を行うとき

（2）国家安全保障会議幹事会での審議

防衛装備の海外移転に関し、次の場合には、国家安全保障会議幹事会で審議するものとする。イに該当する防衛装備の海外移転について外為法に基づく経済産業大臣の許可の可否を判断するに当たっては、当該審議を踏まえるものとする。

ア　基本的な方針について検討するとき

イ　同様の類型について、過去に政府として海外移転を認め得るとの判断を行った実績がないとき

ウ　防衛装備の海外移転の状況について報告を行うとき

（3）関係省庁間での連携

防衛装備の海外移転の可否の判断においては、総合的な判断が必要であることを踏まえ、防衛装備の海外移転案件に係る調整、適正管理の在り方において、関係省庁が緊密に連携して対応することとし、各関係省庁の連絡窓口は、次のとおりとする。ただし、個別案件ごとの連絡窓口は必要に応じて別の部局とすることができるものとする。

ア　内閣官房国家安全保障局

イ　外務省総合外交政策局安全保障政策課

ウ　経済産業省貿易経済協力局貿易管理部安全保障貿易管理課

エ　防衛省経理装備局装備政策課

5　定期的な報告および情報の公開

（1）定期的な報告

経済産業大臣は、防衛装備の海外移転の許可の状況につき、年次報告書を作成し、国家安全保障会議において報告の上、公表するものとする。

（2）情報の公開

4（1）の規定により国家安全保障会議で審議された案件については、行政機関の保有する情報の公開に関する法律（平成11年法律第42号）を踏まえ、政府と して情報の公開を図ることとする。情報の公開に当たっては、従来個別に例外化措置を講じてきた場合に比べて透明性に欠けることのないよう留意する。

6　その他

（1）定義

「国際共同開発・生産」とは、我が国の政府または企業が参加する国際共同開発（国際共同研究を含む。以下同じ）または国際共同開発の後に行う国際共同生産であって、以下のものを含む。

ア　我が国政府と外国政府との間で行う国際共同開発

イ　外国政府による防衛装備の開発への我が国企業の参画

ウ　外国からのライセンス生産であって、我が国企業が外国企業と共同して行うもの

エ　我が国の技術および外国からの技術を用いて我が国企業が外国企業と共同して行う開発または生産

オ　部品等を融通し合う国際的なシステムへの参加

カ　国際共同開発または国際共同生産の実現可能性の調査のための技術情報または試験品の提供

（2）これまでの武器輸出三原則等との整理

三原則は、これまでの武器輸出三原則等を整理しつつ新しく定められた原則であることから、今後の防衛装備の海外移転に当たっては三原則を踏まえて外為法に基づく審査を行うものとする。三原則の決定前に、武器輸出三原則等の下で講じられてきた例外化措置については、引き続き三原則の下で海外移転を認め得るものと整理して審査を行うこととする。

（3）施行期日

この運用指針は、平成26年4月1日から施行する。

（4）改正

三原則は外為法の運用基準であることを踏まえ、この運用指針の改正は、経済産業省が内閣官房、外務省および防衛省と協議して案を作成し、国家安全保障会議で決定することにより行う。

小野寺防衛大臣談話

小野寺防衛大臣

1　本日、国家安全保障会議および閣議において、「防衛装備移転三原則」が決定されました。

2　昨年12月に策定された「国家安全保障戦略」および「平成26年度以降に係る防衛計画の大綱」においては、「武器輸出三原則等がこれまで果たしてきた役割にも十分配意した上で、移転を禁止する場合の明確化、移転を認め得る場合の限定および厳格審査、目的外使用および第三国移転に係る適正管理の確保等に留意しつつ、武器等の海外移転に関し、新たな安全保障環境に適合する明確な原則を定める」こととされており、「防衛装備移転三原則」は、今後の防衛装備の海外移転に関する新たな原則を明確に定めたものです。

3　我が国を取り巻く安全保障環境は厳しさを増している中、防衛省・自衛隊は、これまで以上に我が国を守り抜くための総合的な防衛体制を構築するとともに、地域や国際社会の平和と安定のために必要な努力をこれまで以上に重ねていくこととしています。その一環として、これまでの武器輸出三原則等の例外化においても見られるように、防衛装備品を適切に海外移転することにより、より一層平和への貢献や国際的な協力を推進することができるようになっています。

4　例えば、国連ハイチ安定化ミッション（MINUSTAH）において自衛隊が携行した重機等を、被災したハイチ政府に供与することにより、同ミッションからの撤収後も引き続き同国の復興のために使われています。また、ソマリア沖で海賊対処にあたる自衛隊が携行する哨戒ヘリや通信機材は、同海域での民間船舶の安全な航行に寄与しています。

5　同時に、防衛装備品の高性能化を実現しつつ、費用の高騰に対応するため、国際共同開発・生産が国際的な主流となっています。厳しい安全保障環境と、限られた資源の中で我が国の防衛に必要な防衛力を整備するためには、このような動向に適切に対応し、我が国の防衛生産・技術基盤の維持・強化をはかりつつ、より一層効率的・効果的な防衛装備品の取得に努める必要があります。

6　更には、我が国の同盟国たる米国およびそれ以外の諸国との安全保障・防衛協力関係を一層強固なものにしていくためには、共通の装備品に係る部品や修理・整備等の役務の提供や、非伝統的安全保障分野等における能力構築支援のための装備品の提供等を通じ、装備分野での協力を拡大・深化していく必要があります。

7　このため、これまでも諸外国との防衛装備・技術協力を進めてきたところですが、今後は新たな原則の下でより一層の透明性を確保するとともに、相手国および防衛産業の予見可能性を高めつつ、我が国の防衛に重要な防衛技術はしっかりと保全した上で、関係省庁とも連携しながら責任ある防衛装備の移転の管理を行ってまいります。

8　防衛省・自衛隊としては、防衛装備移転三原則の下で、これまで以上に平和貢献・国際協力に寄与していくとともに、同盟国たる米国およびそれ以外の諸国との防衛装備・技術協力をより積極的に進めていくことを通じ、地域の平和と安定を維持し、我が国を守り抜くための必要な諸施策を、より一層積極的に推進してまいる所存です。

国民の皆様におかれましても、御理解と御協力を切に希望する次第であります。

おことわり　「米国防計画見直し全訳」と「西風東風」は休みました。

厚生・共済

特集

パソコン、携帯・スマホからのアクセス方法を図解で掲載

初めての方でもすぐOK 基礎知識と利用法紹介

防衛省共済組合の組合員とその家族をサポートするJTBベネフィットの各種サービスを掲載した『保存版・えらべる倶楽部2014年度利用ガイド』が完成しました。現在、組合員の皆様に配布中です。「えらべる倶楽部」は、育児・介護などの生活支援メニュー、宿泊施設、レジャー施設などでお得な会員特典を受けることができます。同ガイドをお手元に、「えらべる倶楽部」のサービスをご利用ください。

えらべる倶楽部2014年度利用ガイド

14年度版『利用ガイド』は「えらべる倶楽部のご案内」「各種健診のご案内」「各種申込書・Q&A・保育施設一覧」で構成。目次から対象のサービス内容が簡単に見つけられます。

巻頭では「えらべる倶楽部」の基礎知識と利用法を紹介。初めての方もすぐにご利用できるよう、パソコン、携帯電話・スマートフォンからのアクセス方法が図解で紹介されています。

続いては防衛省共済組合限定の会員専用ホームページ活用法。各カテゴリー別のサービス情報のほか、キャンペーン・限定企画なども紹介されています。

サービスは、旅行・レジャー、エンターテイメント、ショッピング、介護・子育て、健康、暮らし、ライフプラン、ウエディングなどからなり、「えらべる倶楽部」会員専用ホームページのトップ画面からそれぞれに簡単に進むことができます。

このほかトップ画面には「防衛省共済組合だけの専用サービス・利用方法のご案内」「防衛省共済組合おすすめサービス」「新着情報」「NEWサービス」などがあり、こちらにも簡単にアクセスできます。

利用ガイド中盤からは「各種健診のご案内」となり、各種健診の申し込みから代金支払いまでの流れが分かりやすく解説されています。また、特定健診・特定保健指導制度の内容、各種健診申込書、健診施設リストなども掲載され、ご自宅近くの受診可能な健診施設が確認できます。

巻末には「えらべる倶楽部」に関するQ&A、各種依頼書・申込書、保育施設一覧などを掲載。

『えらべる倶楽部2014年度利用ガイド』はご家族で自宅に持ち帰り、ご活用ください。

GWは「グラヒル」へ

開業50周年

感謝を込めた宿泊プランを

4月26日～5月6日

本年3月、「開業50周年」を迎えた防衛省共済組合の直営施設「ホテルグランドヒル市ヶ谷」（東京都新宿区）では、このゴールデンウィーク（GW）中、ご愛顧頂いた組合員の皆様への感謝を込めた宿泊プラン「組合員限定50thGWゴールデンウィークGO!GO!プラン（朝食付）」をご用意し、お越しをお待ちしています。

期間は4月26日（土）から5月6日（火）で、GW中の東京観光などの拠点としても大変便利です。この機会にどうぞご利用ください。

料金は2名様ご利用の「コンフォートツイン（朝食付）」が1万1740円～1万2760円（1名当たり5870円～6380円）、「シングル（朝食付）」が7200円～7720円と、ともに一般料金より大変リーズナブルに設定されています。なお料金は利用日により異なります。

朝食は午前7～10時まで東館1階のレストラン「サルビア」がご利用できます。4月26～30日はファミリー向けにフルーツコーナーも設置されます。

お車でお越しの場合は駐車場を無料で利用いただけます。宿泊予約は03-3268-0117（直通）または8-6-28850～2（専用線）までお申し込みください。

◇

ご宿泊に当たり、えらべる倶楽部の補助金をご利用する場合は、ホテルグランドヒル市ヶ谷に宿泊予約後、JTBベネフィットセンター（電話0120-924-022）に会員番号を伝え、補助金を申請してください。FAXと会員ホームページは7日前まで、電話は当日受付まで申請が可能です。GW直前は混み合いますので、希望者はお早めに。

26年度 「財産形成貯蓄」の申し込み受け付け

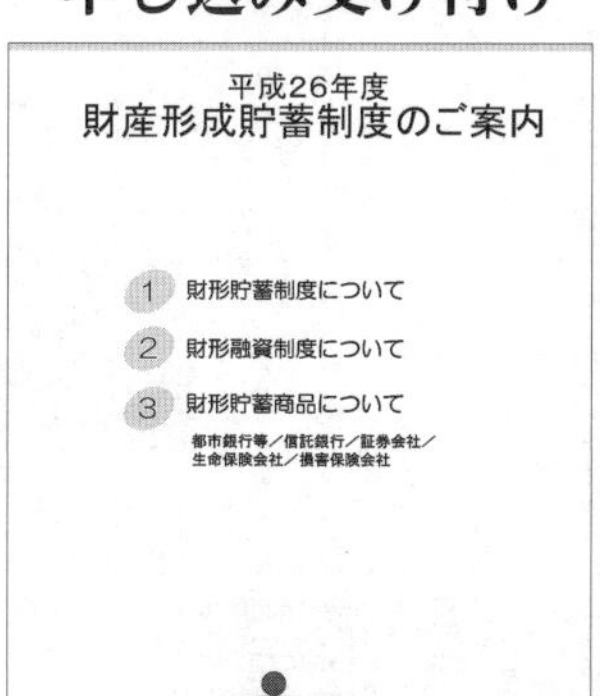

全国の自衛隊駐屯地・基地等の厚生担当課(科)等では4月の第2週月曜日から第3金曜日までの間、「平成26年度財産形成貯蓄」の申し込みを受け付けています。

財形貯蓄は年に1度の申し込み機会となっており、防衛省では「平成26年度財産形成貯蓄制度のご案内」というパンフレット＝写真＝を配布し、隊員に申し込みを呼び掛けています。

財形貯蓄は、使途が自由な「一般財形」、住宅購入等の資金を積み立てる「住宅財形」、在職中に積み立てたお金を満60歳以降に定期的に受け取る「年金財形」の3種類があり、加入年齢は「一般財形」が制限なし、「住宅財形」「年金財形」は55歳未満となっています。

パンフレットでは財形貯蓄と財形融資制度について詳しく説明しているほか、銀行・証券会社・保険会社等が取り扱う財形貯蓄商品について分かりやすく解説していますので、どうぞご覧ください。

なお、財形貯蓄に関する質問は各駐屯地・基地等の厚生担当課（科）等財形担当者までお問い合わせください。

お得な団体割引5%

団体取扱火災保険

防衛省共済組合が取り扱う「団体取扱火災保険」に新たに取扱損害保険会社が加わり、4月1日から計6社となりました。

これら各社の団体取扱火災保険は、団体扱一括払の場合、「団体割引5%」が適用され、一般の火災保険料と比べて保険料が5%お得です（ただし地震保険には適用されません）。

また、火災保険には「地震保険」も付帯できます。地震保険を付帯すると、地震・噴火またはこれらによる津波を原因とした火災、損壊、埋没、流出による建物・家財の損害が補償されます。

団体取扱火災保険のお申し込みは、左記いずれかの会社に電話（フリーダイヤル）でどうぞ。

①三井住友海上火災保険（0120-929-417）②東京海上日動火災保険（0120-789-139）③損害保険ジャパン・日本興亜損害保険（0120-381-166）④富士火災海上保険（0120-228-159）⑤あいおいニッセイ同和損害保険（0120-500-826）⑥朝日火災保険（0120-306-068）

「介護掛金率」4月から変更

掛金	組合員	現在の掛金率	平成26年4月からの掛金率	前年度との比率
短期掛金（福祉掛金を含む）	自衛官	37.94/1000	37.94/1000	変更なし
	事務官等	41.02/1000	41.02/1000	
	任意継続組合員	82.04/1000	82.04/1000	変更なし
介護掛金	自衛官	5.56/1000	8.02/1000	2.46/1000引き上げ
	事務官等	5.56/1000	8.02/1000	
	任意継続組合員	11.12/1000	16.04/1000	4.92/1000引き上げ

組合員の皆様の給与から徴収させていただいている「介護掛金」の掛金率が今年4月1日から別表の通り変更されました。

介護掛金（標準報酬月額および標準期末手当等×介護掛金率）は、国の介護保険制度の事業に必要な費用に充てるため、40歳以上の組合員から徴収させていただいています。今回の介護掛金率の変更は、今後、介護納付金の増大が見込まれるため、4月から引き上げられました。ご理解・ご協力をお願い致します。

なお、短期掛金（福祉掛金を含む）率の変更予定はありません。

年金Qアンド A

31年勤務、万が一の事があった場合の遺族共済年金は

受給には4つのケース

短期、長期で計算方法が変わります

Q　私は18歳で自衛隊に入隊し、今年で31年勤務することになります。もし私に万が一のことがあった場合、何らかの年金が家族に支給されるのでしょうか。家族は、扶養している妻（昭和40年生まれ）と既に成人している子供がいます。

A　組合員又は組合員であった方が、次の①から④までのいずれかに該当すると、遺族共済年金が支給されます。

①　組合員が死亡したとき。

②　組合員であった方が、退職後に、組合員期間中に初診日がある傷病により、初診日から5年以内に死亡したとき。

③　障害共済年金（1級又は2級）の受給権者が死亡したとき。

④　退職共済年金の受給権者又は組合員期間等が25年以上（生年月日により短縮される特例あり）である方が死亡したとき。

これらによる遺族共済年金のうち、①～③を「短期要件の遺族共済年金」、④を「長期要件の遺族共済年金」といいます。短期要件と長期要件とでは年金計算方法が若干変わってきます。「短期要件の遺族共済年金」の年金額の計算においては、組合員期間が300月（25年）未満のときは、300月とみなします。「長期要件の遺族共済年金」は実組合員期間数で計算します。

ここで言う「遺族」とは、組合員又は組合員であった方の死亡当時、その方によって生計を維持されていた方で、遺族の順位は次のとおりです。

第1順位＝配偶者及び子、第2順位＝父母、第3順位＝孫、第4順位＝祖父母

生計を維持されていた方とは、死亡の当時、組合員と生計を共にしていて（同居が原則）かつ収入が将来に渡って850万円未満の方をいいます。同居していることについては、単身赴任や親の介護等のやむを得ない事情がある場合は遺族と認められます。

あなたの奥様は、扶養認定をされているということですので、遺族に該当すると思われます。また、組合員期間が20年以上あるので、奥様が遺族共済年金を受ける場合、奥様が65歳に達するまでの間は「妻加算額」が年金に加算されることになっています（妻加算額57万9700円）。その後、奥様が65歳になったときには、奥様自身の老齢基礎年金が支給されるため、妻加算額が加算されなくなりますので、その分年金受給額が減額されることになります。

なお、お子様が18歳に達した日以後の最初の3月31日までの間にあるか、又は20歳未満であって障害等級が1、2級に該当する状態にあり、かつ婚姻をしていない場合、奥様は「子のある配偶者」となり、国民年金の遺族基礎年金も併せて支給されることになります。

（本部年金班）

厚生・共済

特集

余暇を楽しむ

紹介者：
3空曹　桑原　修平
（2空団・千歳）

2空団検査隊・軟式野球チーム「ファミリーズ」

切磋琢磨し全国大会へ

空自千歳基地・2空団整備補給群検査隊の軟式野球チーム「ファミリーズ」は、昨年の高松宮賜杯第57回全日本軟式野球大会2部全国大会で「ベスト8」の成績を残すことができました。

昨年のシーズン前は、このような結果を残せるとは誰も予想していませんでした。

昨年、強力な新部員の加入と、選手一人ひとりの意識の向上で、「ファミリーズ」は大きく変化しました。技術向上のために練習量を増やし、練習後も反省会等でチーム力を分析・評価しあうなど、試行錯誤を重ねました。

それらの成果を存分に発揮し、各予選を一気に勝ち抜き、南北海道大会の準決勝まで駒を進めるころには「全国」を意識し始めました。連日の試合の疲れと緊張感の中での強豪との戦いでしたが、選手たちの全力投球と諦めない気持ちが優勝へとつながりました。そして初の全国への切符を手にし、仲間と心から喜びあいました。

全国大会は富山県で開催され、立派な球場と快晴という最高の環境の下でプレーすることができました。選手たちは楽しそうに伸び伸びとプレーし、多くの好プレーを見せてくれました。控え選手も全力でサポートしてくれました。いろいろな場面での仲間の笑顔がとてもほほ笑ましかったです。

1、2回戦を勝ち進み、3回戦で岐阜県代表チームに敗れましたが、悔しい気持ちとともに、幸せな気持ちも感じました。

ここまでの大舞台で野球ができたのは、チームの力だけでなく、支援・応援していただいた全ての方々のおかげだと思っています。特に同僚隊員からは「頑張ってこいよ」と笑顔で送り出され、「おめでとう」と迎えてもらい、とてもうれしかったです。本当に多くの方々の温かい優しさに支えていただきました。この場をお借りしてあらためて感謝申し上げます。

今年から出場区分が変わり、今までとは違う環境での活動になりますが、仲間と力を合わせ、切磋琢磨（せっさたくま）しながら野球を楽しんでいきたいと思います。今後も「ファミリーズ」を注目していただけるよう頑張ります。

全国軟式野球大会2部に初出場、得点を挙げたメンバーを笑顔で迎える「ファミリーズ」の選手たち（富山県内で）＝写真㊦も＝

3師団が競技会支援

野外炊事の腕前 お見事

味　出来栄え　創意工夫　☆☆☆

東北の被災者元気付けよう　リアルな炊き出し追求

【兵庫地本】おいしい料理を作って被災者を元気づけよう――。陸自3師団は東日本大震災から3年目となる3月11日、千僧駐屯地で「炊事競技会」を開催した。今回は鈴木純治3師団長の意向で伊丹地区で避難生活を送る震災被災者17組も招待、出場各チームは「よりリアルな炊き出し」を追求、被災者に喜んでもらえる食事を調理した。兵庫地本からも西宮地域事務所の長尾真由美非常勤（38）が審査員として参加、〝主婦の目線〟で料理の善し悪しを厳しく審査した。

13部隊から14チーム

炊事競技会には師団隷下の13部隊から計14個チーム（各チーム7人）が出場。「災害発生から7日目。被災者に対する炊事支援」という訓練想定で、「野外炊具1号」（45分間で200食の炊き出し）を装備する11個部隊と「同2号改」（45分で50食）を装備する3個部隊が、それぞれジャガイモ、タマネギ、ニンジン、豚バラ肉、牛もも肉、豆腐など食材13品目で対戦した。

競技は午前9時にスタート。食材を受け取ると各チームは審査員の出身地や年齢なども考慮してメニューを選定、それぞれ肉じゃが、炊き込みご飯、牛すじの甘辛煮など3～8品を次々と作り上げていった。

正午過ぎに競技を終了、試食審査が行われ、部内外の審査員20人が各チームの料理を「味」「出来栄え」「創意工夫」の観点から評価した。審査員たちは被災者の立場に立った審査を心掛けていた。

この結果、「1号の部」は3通信大隊の「すきやき」など6品が、「2号改の部」では3後方支援連隊Bチームの「肉じゃが」など6品が最優秀に選ばれた。

一児の母・長尾非常勤は子供も問題なく食べられるか厳しく審査。「隊員の皆さんの料理はどれも素晴らしい味付けで、子供たちも安心して食べられる『星3つ！』の料理ばかり。この料理内容なら被災された方々もきっと元気が出ると思います」と主婦らしい感想を語っていた。

なお、作られた各チームの料理は千僧駐屯地の食堂でお昼のメニューとして提供され、賞味した隊員たちも大満足だった。

㊤「3師団炊事競技会」でそれぞれの部隊が調理した料理を試食し、採点する審査員。手前中央が長尾非常勤㊦調理した部隊の名前が伏せられ、料理は公平に審査された（3月11日、千僧駐屯地で）

緊急登庁時の子供預かり

施設開設訓練を実施

【補統＝十条】陸自補給統制本部は2月22日、大災害発生時に隊員が子供を連れて緊急登庁できるよう、「一時子供預かり施設」の開設・運営訓練を行った。

部隊の即応態勢強化が目的で、駐屯地での子供受け入れから親の不在中の預かり、親への引き渡しまでを一連の流れの中で演練した。

早朝、「首都直下型大地震が発生した」との想定で訓練を開始。隊員の非常呼集と同時に「子供の一時預り施設」の開設を行った。

部屋にはジョイントマット、トイレには子供用便座や踏み台などを設置して、子供が使いやすく安全に使用できるよう配慮した。この日、隊員と一緒にやって来た1～10歳の子供22人の受け付け後、年齢ごとに分けられた4部屋に子供たちは入室、保育係の隊員が世話をした。

また今回は「停電」も想定し、発電機を動かして電気を確保した。「預かり施設」の運営に当たった厚生課長の政岡修身事務官は「ほぼ問題なく運営できた。今後は（十条駐屯地の）陸・海・空部隊合同でこの緊急登庁支援訓練をやりたい」と話していた。

緊急登庁訓練で預かり施設の受け付けを行う職員とその子供たち（2月22日、十条駐屯地で）

自慢の一品料理

こだわりの豚角煮

紹介者：
天野江津子（栄養担当官）
（北富士駐屯地業務隊糧食班）

以前から駐屯地の人気メニューだった「手作り豚角煮」を、アウトソーシング導入に伴い、和食経験豊富な調理師さんのアドバイスを受け改良しました。味も見た目も今まで以上になり、まさに〝こだわり〟の一品です。

その秘密は「おから」。下処理の際に豚バラ肉と一緒に煮ると、豚特有の臭みや余分な脂を取り除いてくれます。以前は根ショウガやネギと煮ていましたが、仕上がりが全く違うので驚きです。

1時間ほど下煮をした後は、取り出した豚肉をきれいに洗ってから、しょうゆ、砂糖、みりんなど調味料を加え、その後、弱火でじっくりと煮込みます。火を止めて味を染み込ませたら出来上がり。手間はかかりますが、その分おいしくなっています。

角煮は大きめに切ってから、煮汁にジャガイモを溶かして作った特製あんをかけ、ゆでたチンゲンサイとからしを添えて提供しています。とろとろで甘い角煮は若い隊員さんから大好評です。

今後も栄養管理をしっかり行いながら、経験豊富な調理員さんと上手に連携して、より一層おいしい料理を提供していきたいです。

「心新たに生きる」セミナーに42人参加

【呉教】呉市で2月15日、生涯学習セミナー「心新たに生きる」（モラロジー研究所主催）が行われ、呉教育隊司令の茂津目晴道1佐ら隊員42人が参加した。

セミナーでは講師の能勢博氏と所一彌氏が、「財を残すために苦労するのではなく、徳を残すために努力しよう」「過去は変えられないが未来は変えることができる」などとアドバイスした。

海自からの参加者は教育隊の「第2502期初任准尉特別講習」に在籍する隊員らで、課程で「訓育のあり方」について研究しているため、みな真剣に聴き入っていた。

終了後、隊員たちからは「幅広い思想に基づいた道徳の大切さが理解できた」「人の品性を向上させることで、職場も家族も良い方向に向かっていくことが分かった」などたくさんの感想が寄せられた。

参加した茂津目1佐（右から5番目）と准尉講習員42人（2月15日、呉市内で）

福岡駐、唯一のクラブが閉店

【福岡】全国で唯一営業を続けてきた、福岡駐屯地の防衛省共済組合直営隊員クラブが2月28日、営業を終了した。

同クラブは昭和57年に開設されて以来、隊員の憩いの場となってきた。このため営業最終日には閉店を惜しむ多くの隊員が来店、130席が満席になった。

同クラブで20年にわたり調理の腕をふるってきた主任兼調理師の滝克己さん（60）＝写真㊧＝には大森丈義駐屯地司令＝同㊨＝から「長い間お疲れさまでした」とのメッセージが入ったケーキが贈られた。

滝主任は「もう少し駐屯地隊員のために頑張りたかった。やり残した事もあるし、まだ燃え尽きてもいないので、今後はOBとして隊員を支えたい」と話していた。

なお、クラブは民間に委託され、4月から営業が再開されている。

自衛官大人気　婚活最前線に　8人送り込む

【36普連＝伊丹】36普連は2月1日、千僧駐屯地で行われた「部外者との意見交換会」に20代の〝独身36戦士〟8人を送り込んだ＝写真。

これは近畿ブロック防衛協会青年部が主催する婚活パーティーで、近畿2府4県の3自部隊に所属する独身隊員250人と地元OLら一般女性180人が参加した。開催は2回目。

隊員が敬礼で迎える中、女性陣が入場。約2時間のトークタイムの後、女性側から告白があり、その後、隊員が逆告白を行った。

この結果、今回は52組ものカップルが誕生、36普連からも見事1組のカップルが成立した。カップルとなった隊員は「来てよかった」とうれしそうに語っていた。

松本盲学校の依頼で　マッサージ現場実習

【松本】駐屯地は3月6、7の両日、県立松本盲学校の依頼でマッサージ実習に協力した。

駐屯地は毎年、国家資格「あん摩マッサージ指圧師」の取得を目指す同校学生を受け入れ、実習に協力している。今回は20～61歳の学生15人と職員ら計26人が訪れ、延べ60人の隊員が施術を受けた。隊員たちは50分間のマッサージを受け、「なでる・押す・揉む・叩く」などの指圧技術の向上に協力した。

訓練で疲れ気味だったためか、マッサージを受けた隊員からは「疲れが取れた。明日からまた頑張れる」との声が聞かれた。普通の人より堅い筋肉を持つ自衛官は恰好の教材で、両者にとって〝一石二鳥の支援〟となった。

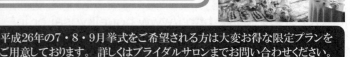

部隊だより

陸

北千歳　1特団音楽隊は2月7から9日の間、千歳市のグリーンベルトつどいの広場で行われた「光と氷のオブジェ」を支援した。会場は氷雪像が幻想的なイルミネーションで飾られ、音楽隊はAKB48の「恋するフォーチュンクッキー」やビートルズの「オブラディオブラダ」などを演奏＝写真㊦。雪の降る中、大人から子供まで多くの観客を楽しませた。

福島　駐屯地は2月14～21日の間、近傍の荒井小学校からの依頼を受け、駐屯地の一部を「通学路」として開放した。記録的な豪雪により通学路上に多数の危険箇所が発生。そこで児童が駐屯地内を抜けて学校に通えるよう一部を開放した。児童たちは連日、隊員たちに元気よくあいさつして正門から駐屯地に入り、西門まで抜けて学校に登校した＝写真㊦。

金沢　小野寺防衛大臣が2月9日、国務大臣として11年ぶりに駐屯地を視察した。慰霊碑に献花、黙とうを捧げた大臣は、体育館で儀仗・栄誉礼を受け、戒田重雄司令から「原発防護」の態勢などについて状況報告を受けた。雪のグラウンドでの隊員450人に対する訓示では、北陸3県の防衛・警備の重要性を述べ、隊員に更なる精進を要望した＝写真㊦。

守山　35普連は東海・北陸6県の警察官18人に対し、約2週間の「レンジャー訓練」を実施した。各種体力調整から始まり、レンジャー塔やヘリを使用したロープ訓練、さらには山岳地帯での救助活動訓練なども実施した。警察官たちは過酷な訓練に耐え抜き、一人も欠けることなく無事訓練を修了、光り輝くレンジャーバッジを田丸連隊長から授与された。

豊川　49普連は2月14日、豊川市陸上競技場で「連隊持続走競技会」を実施した。連隊番号の「49」から49キロの駅伝方式で行い、中隊対抗で198人の選手が出場した。雪の散らつく中、隊員たちは全力を出し切って走り抜き、最終走者へとタスキをつないだ。デットヒートの末、1中隊が3連覇を達成。個人MVPには1中隊の安田貴司2曹が輝いた。

岩見沢　302坑道中隊などの隊員約50人は2月15、16の両日に行われた「IWAMIZAWAドカ雪まつり」を雪像作りで支援した。1月20日から昼夜を問わず作業に当たり、メーンステージとジャンボ滑り台付雪像を製作。まつり当日は滑り台に行列が絶えないほどの人気で、イベント内の結婚式では中隊長がカップルに花束を贈呈し、会場を盛り上げた。

上富良野　4特群は2月16日、美瑛町の兵陵を舞台にしたクロスカントリースキーの「宮様国際スキーマラソン大会」に協力した。120特科大隊を主力に66人の協力隊を編成し、コース整備や競技中の通信などを担当。隊員たちは国内有数の規模を誇る大会を支える一員として早朝から準備に当たり、任務を積極的に遂行、大会の成功に寄与した。

滝川　11音楽隊はこのほど、新十津川中学校から依頼を受け、同校吹奏楽部員の演奏指導を行った。同部は昨年の全道大会で金賞を受賞、音楽隊員の個別指導でさらなる技術修得を図った。隊員たちはパートごとに楽器の基礎から日頃の練習の仕方、演奏のコツなどを重点に指導。生徒たちはアドバイスを熱心に聞き、個々の技術向上に熱中していた＝写真㊨。

海自艦船補給処
SSD創立15周年
米海軍関係者ら迎え、記念行事

㊤自衛艦旗をイメージしたバースデーケーキに入刀する（左から）バッツァライス司令、松浦処長、フィールズ司令㊦艦船補給処の15周年を祝い熱唱するソプラノ歌手の松永知史さん

人文字で「15th SSD」を描き、創立15周年を祝う処員たち

「ハッピー・バースデーSSD！」――。創立15周年を迎えた海自の艦船補給処（SSD＝Ship Supply Depot）はこのほど、横須賀市の田浦地区に在日米海軍補給廠関係者や歴代処長ら約140人を迎え、創立15周年記念行事を華やかに開催した。

同処は海自艦艇の運航や作戦行動に欠かせない各種部品の調達・保管・修理などを担当、部隊の各種ニーズに適時・的確に対応し、第一線部隊を後方から支える専門の機関だ。

式典は隊舎前で行われ、処長の松浦清1佐が隊員約180人を前に訓示。「我々の任務は限られた資源の中での業務となるが、一致団結、創意工夫をして多様化する海上自衛隊の任務を全力で支えていこう。我々も補給業務を通じ、国民の負託に応えていく」と力強く述べ、処員の自覚と今後の奮闘を要望した。

この後、グラウンドに隊員が整列して「15th SSD」の人文字を描き、総員で創立15周年を祝った。

続く祝賀会は来賓を迎えて倉庫内で実施。在日米海軍からは横須賀艦隊補給センター（FLCY）司令のフィールズ大佐（現在は離任）、米国防流通廠日本国横須賀支部（DLA）司令のバッツァライス大佐ら100人以上が駆け付けてくれた。

イベントは多彩で、来賓を交えての大樽の鏡開き、日米指揮官3人による特製ケーキへの入刀、ソプラノ歌手のリサイタル、ビンゴゲームなどと続き、会場は大いに盛り上がった。

熱唱「乾杯の歌」

特別リサイタルにはイブニングドレス姿のソプラノ歌手・松永知史（ちふみ）さんが登場。松永さんは横須賀市出身で内外のコンクールで多数の受賞歴もある新進歌手で、この日は電子ピアノ伴奏でオペラ椿姫より「乾杯の歌」などを美しい声で歌い上げた。

イベントを楽しんだ米海軍のフィールズ司令は「SSDの15歳のバースデー、オメデトウゴザイマス！　今日のイベントを通じて日米補給部隊の友好はますます深まったと思います。ただし餅つきだけは手をつかないように、ちょっと緊張したけどね」とジョークを交えてうれしそうに感想を語っていた。（田浦）

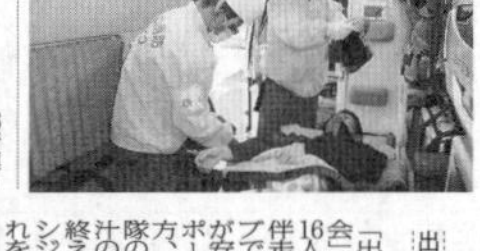

福知山　7普連の衛生科隊員14人はこのほど、福知山消防署の支援を受け「救急車同乗実務訓練」を行った。隊員が救急現場で患者対応から救急車での病院搬送までの一連の流れを体験するもので、期間中、37件の出動で実務を補佐した＝写真㊦。参加隊員は「救急隊員の迅速で適切な状況判断や処置は非常に勉強になった」と述べ、対処技能を大いに高めた。

出雲　駐屯地の隊員31人は2月11日、「出雲くにびきマラソン大会」を支援した。うち隊員16人は視覚障害ランナーの伴走者となり、段差やカーブでは声掛けを行い、選手が安全に走行できるようサポートした＝写真㊧。一方、13偵察隊と304施設隊の炊事支援要員はシジミ汁の炊き出しを担当、走り終えたランナーたちは熱いシジミ汁で身体を温め、疲れを癒やした。

伊丹　36普連3中隊はこのほど、大阪地本の女性防衛モニター18人の「隊内生活体験」を支援した。参加者はしつけ教育、連隊長講話、基本教練などを体験。行進訓練では雨の中も積極的に臨み、レンジャー塔での懸垂降下訓練では班長から叱咤激励を受け、全員が無事降下した＝写真㊤。体験者からは「隊員の皆さんはとても優しかった」との声が聞かれた。

海

佐世保　教育隊はこのほど、119期初任海曹課程学生（1、2分隊）の短艇競技を行った。競技は海面2キロのコースを分隊と各班対抗で実施。学生たちは体力・気力・チームワークを発揮し、闘争心あふれるレースを展開した。分隊対抗で2分隊が1位に輝き、各班対抗では2分隊2班艇が優勝し、それぞれ司令から金メダルが授与された＝写真㊧。

江田島　第47期一般幹候課程（部内）を卒業した106人の実習幹部は2月7日、河野海幕長ら多くの来賓・家族らに見送られ、カンボジア、シンガポール方面の外洋練習航海に出発した＝写真㊨。「しまかぜ」「やまゆき」「しまゆき」で編成した部隊は洋上で実習幹部の教育訓練に当たる。なお「しまゆき」は初の女性艦長による外洋練習航海となった。

鹿屋　1空群などの基地隊員20人は2月23日、鹿児島のシンボル・桜島を舞台とした「ランニング桜島」に出場した。大会は桜島の溶岩原を駆け抜けるユニークなコースで、地元小中学生による吹奏楽演奏や給水支援、さらに途切れることのない観客からの温かな声援があった。隊員たちはこれら支援に後押しされ、全員が最後まで諦めずに走り切った。

空

浜松　浜松広報館はこのほど、空自機の写真入り缶バッジを子供たちに無料配布した。来館者が36種の中から選び、隊員が目の前で特製バッジにしてプレゼント＝写真㊤。受け取った子供たちからは「新しいデザインがすごくカッコいい！」「こんなふうにバッジを作るんだ。すごい！」などと喜びの声があり、缶バッジを通じて空自の航空機に触れていた。

岐阜　2補給処業務部供給班は3月2日、各務原市内で行われた「かかみがはらシティマラソン」を支援した。班員はゴール地点のスタジアムで野戦釜5基を使い、地元・稲葉中学校の生徒たちと協力して豚汁の炊き出しを行い、5000食をランナーに振る舞った＝写真㊤。また基地から隊員約100人が選手として出場、日頃鍛えた成果を発揮した。

機関

静岡地本　地本は2月24、25の両日、海幕が実施した高校教職員の「進路担当海自研修」を支援した。県内6高校から7人が参加し、初日は厚木基地で海自の概要説明を受けた後、航空機や施設を見学。翌日は横須賀基地で艦艇見学や隊員との懇談を行った。参加者は「職種数はどのくらいありますか」などと質問、海自への関心の高さがうかがえた＝写真㊤。

兵庫地本　柏原地域事務所は2月17、18の両日、丹波市で行われた「柏原厄神祭」で父兄会主催の自衛隊パネル展を支援した。ブースに訪れた来場者は父兄会からぜんざいやお茶のサービスを受け、自衛隊の各種パネルに見入っていた。訪れた学生は「将来、自衛隊に応募したい」と話し、その熱心さに地本広報官だけでなく父兄会員も一緒になって喜んでいた。

和歌山地本　地本は2月16日、那智勝浦町で開催された地域イベント「南の国の雪まつり」を支援した。長野県から大量の雪を会場に運び込み、子供たちが雪遊びを楽しめる体験イベントで、3万2000人が訪れた。自衛隊ブースには約400人が訪れ、「しらせ」が持ち帰った南極の氷に触れたり、ミニ制服を試着して記念撮影、自衛隊への関心を高めた。

地方防衛局 特集

「西の守り」を強調
九州局 番匠西方総監が講演
福岡で防衛問題セミナー

【九州局】九州防衛局は3月4日、福岡市の「レソラNTT夢天神ホール」で「第25回防衛問題セミナー」を開催。この中で「我が国の防衛と西部方面隊」をテーマに講演した陸自西部方面総監の番匠幸一郎陸将が「西の守り」の重要性を強調した。

番匠西方総監は市民ら約250人を前に、西方が九州から沖縄まで距離にして青森県から山口県の距離と同じ広大な範囲を管轄していることを紹介。「（管内には）2522の島々があり、朝鮮半島と中国という二つの戦略正面を抱えている。南西諸島の守りを固めることは日本だけでなくアジア太平洋の安定にとって大事だ」と述べ、これらの島々を防衛する新たな部隊の配置を進める計画があることを丁寧に説明した。

南西島嶼防衛の重要性を訴える番匠西方総監（3月4日、福岡市で）

これに先立ち、防衛省の中嶋浩一郎防衛計画課長が「新たな防衛計画の大綱と防衛力整備について」をテーマに講演。

平成26年度から約10年間を見据えた我が国の安全保障政策の基本方針を示す新たな「防衛計画の大綱（新大綱）」で打ち出された「統合機動防衛力」の考え方を紹介するとともに、その下で最初の5年間の主要事業と経費を示す「中期防衛力整備計画」について聴講者全員に資料を配布し、▽我が国を取り巻く安全保障環境▽防衛力の在り方▽陸海空自衛隊の体制▽日米同盟の強化のための施策――などについて分かりやすく説明した。

来場者からは「報道に出てくるタイムリーな話題がよく理解できた」「防衛に関する細かな備えに安心した」「今後も同様のセミナーを聴講したい」といった多くの感想が寄せられた。

九州防衛局では防衛省の諸施策や自衛隊の活動についてより多くの市民に理解してもらえるよう、今後も各地で防衛問題セミナーを開催していく考えだ。

海自の活動状況を説明　東海支局
中国の軍事力増強で講話も

【東海支局】東海防衛支局は3月5日、名古屋市の中区役所ホールで平成25年度「防衛問題セミナー」を開催した。主催者を代表して佐藤隆章東海防衛支局長があいさつした後、講演が行われた。

第1部では、防衛研究所地域研究部北東アジア研究室の門間理良主任研究官が「日本の安全保障環境――中国情勢を中心に」をテーマに、中国の軍事力増強や転機を迎える日中安全保障関係などについて講話した。

第2部では、海幕総務部副部長の出口佳努海将補が「海上自衛隊の活動状況と将来体制等」をテーマに、海自の組織・編成、海上防衛力の意義、海自の活動状況と将来の体制などについて分かりやすく説明した。

来場者はメモを取るなど熱心に聴講し、終了後、「大変有意義で参考になった」などの感想が多く寄せられた。

過去最大の来場者
千歳でセミナー　北の防衛に理解深める

新大綱について講演する防衛省の中嶋防衛計画課長（檀上）＝2月22日

【北海道局】北海道防衛局は2月22日、千歳市の後援を得て、千歳市民文化センターで防衛問題セミナーを開催した。千歳市や近隣市町村から同イベントで過去最大となる470人超の市民が来場した。

島川正樹北海道防衛局長のあいさつに続き、後援者である千歳市の山口幸太郎市長が登壇し、北海道における自衛隊の体制強化を望む「北海道自衛隊駐屯地等連絡協議会」の要望が新大綱に反映されたことに謝意を示した。

セミナーでは、防衛省の中嶋浩一郎防衛計画課長が「新たな防衛計画と防衛力整備について」と題して講演。新大綱と中期防を踏まえ、統合運用の観点から、より実効的な「統合機動防衛力」を構築するために重視すべき機能や能力の整備、北海道における体制整備の方向性などについて説明した。

続いて空自の第2航空団司令兼千歳基地司令の小川能道空将補が「北海道を取り巻く安全保障環境と航空自衛隊」と題して講演。空自の対領空侵犯措置任務や弾道ミサイル防衛などについて体験談を交え解説した。

その後、陸自第7音楽隊が「美空ひばりメドレー」などの演奏を披露し、来場者から盛大な拍手が送られた。会場の一角には陸自7師団と空自2空団の「最近の活動状況」を紹介するパネル写真も展示された。

参加者は「新聞などでは分からない広範囲な防衛力の現状や将来の整備計画の概要が理解できた」などと話していた。

防衛施設と首長さん
京都府精華町・木村要町長

重要な役割担う祝園弾薬支処
安全・事故防止に万全の努力

74歳。京都府立木津高校卒。1977年5月から2003年10月まで京都府精華町議会議員（7期）。同町議会議長（6年3カ月）を経て、同年10月精華町長に就任。現在3期目。

京都府の南西端、近畿圏のほぼ中心地に位置するわがまち精華町は面積25・66平方キロメートル、平成25年に人口は3万7000人を超え、1年を通して温暖な気候に恵まれています。西部にはなだらかな丘陵地が、東部には平坦な農地が広がり、木津川が流れ、どの場所からでも里山を望むことのできる緑豊かなまちです。

また、神奈備（かんなび）丘陵を望む木津川流域に位置する本町は、万葉の時代以来、古くから人々の暮らしが営まれ続け、歴史と文化の香りあふれる農村集落のまちとして成り立ってきました。

それらを礎にして、「けいはんな学研都市」（関西文化学術研究都市）の中心地として都市建設が進められ、わが国が急速な少子高齢化により人口減少局面に入った今日にあっても、なおも都市としての成長を続けるとともに、関西ひいてはわが国全体の持続可能な新たな社会経済システム創造への寄与が期待されるという高まいな使命を帯びたまちでもあります。

その歴史においては、幾多の天災や人災に遭っても、人と人とが支え合い、自治を守り、美しい田園と里山の風景が引き継がれてきました。学研都市建設の開始以降も、開発と保全の調和のとれたまちづくりのもと、既存集落の住民と新市街地の住民がともに緑豊かな精華町を愛し、個性豊かな地域コミュニティーが育まれてきました。

一方で、これまでに学研都市建設としての都市建設は概ね3分の2の完成をみましたが、本町とて少子高齢化やグローバリゼーションの波と無縁でいることは許されず、今後の都市建設に当たっては、そうした社会経済の急変への対応と並行しながらの、より一層難しいまちづくりが求められています。

さて、本町の北西部には、陸上自衛隊関西補給処祝園弾薬支処が所在しております。祝園弾薬支処は、本町の面積の約6分の1を占めており、弾薬の保管施設という特殊な用途を有しています。関係法令に基づき、火薬庫の管理と事故防止に努めていただいています。

祝園弾薬支処は、国防の重要な役割を担う施設であり、当地で任務を遂行される自衛隊員のみなさまには、国民の生命・財産を守るために日々の職務に精励され、本町としましても、基地の安定使用と民生安定の立場から協力しつつ国家の平安を願い、本町の第5次総合計画の施策にも掲げる「安全・安心で健やかな暮らしのまちづくり」を推進することとしています。

今後も自衛隊と連携を図り、確固たる信頼関係を築きながら、「人を育み未来をひらく学研都市精華町」の実現に向けて、全力でまい進してまいります。

リレー随想　島川 正樹

明治以降、北海道には二つの第七師団が置かれています。一つは言うまでもなく、陸上自衛隊唯一の機甲師団である第7師団（だいななしだん）、もう一つは、旭川に司令部が置かれていた旧陸軍第七師団（だいしちしだん）です。昭和19年3月まで旭川市に駐屯していた同師団は、旭川の人々から畏敬の念を込めて「北鎮部隊」と呼ばれていたそうです。

一昨年、旭川駐屯地の第2師団司令部新庁舎の落成式典の際、友部師団長との懇談の席で、2師団と7師団の対抗演習の話題となった時、私が「2師団も旧軍では7（なな）師団ではないですか」と話したところ、「いえ、七（しち）師団です」と即座に訂正されてしまいました。2師団新庁舎には、玄関ホール床に北海道開拓使の「五陵の北辰星」のレリーフが、車寄せ庇には「北鎮」の表示と、「北鎮部隊」の伝統をしっかりと継承しています。

陸自広報施設の北鎮記念館の館員の説明によると、七師団創設当時は京言葉の発音で「なな」とは呼ばず「しち」と発音したことから、「しちしだん」と呼ばれるようになったそうです。

7師団と七師団

旧陸軍は、明治21年5月に本州各地の6鎮台を母体として、6個の常備師団を編成しましたが、北海道では北海道開拓と防衛を兼ねて設置された屯田兵を母体として日清戦争後の明治29年に屯田兵臨時第七師団が札幌で編成され、同年、正式に陸軍第七師団として再編成されました。4年後に第七師団は札幌から旭川に移転し、その建設工事は大倉土木組（現大成建設）が明治32年に一括随意契約で請け負い、現在の旭川駐屯地（面積約121ヘクタール）の約14倍にも当たる広大な衛戍地（駐屯地）を敷地造成から師団司令部などの諸施設まで1社で建設したそうです。契約の競争性が問われる現在とは異なり、旧陸軍の契約の大胆さに驚嘆する次第です。

また、第七師団工事の完成に当たり、大倉土木組が寄贈した旭川偕行社の建物（現中原悌二郎記念旭川市彫刻美術館＝現在改修工事のため休館中）は、陸軍臨時建築部が設計指導した2階建て木造洋館建築の瀟洒な外観の美しい建物で、2階バルコニー庇や室内装飾には旧陸軍のシンボルの星形のレリーフが随所に彫られた往時の陸軍を象徴する建築です。

建築後1世紀以上の時を経過しても外観デザインの美しい建築には、現代の防衛技官として脱帽です。当局の建設工事も後世の人々の批判に耐えうるものとしなければと改めて思う次第です。

北海道を訪れた際、機会があれば是非、新旧二つの七師団を訪問して下さい。

（北海道防衛局長）

岩国飛行場の藻場・干潟
回復状況を報告　中国四国局

【中国四国局】中国四国防衛局は3月3日、広島市内のホテルで第56回「岩国飛行場藻場・干潟回復調査研究委員会」を開催し、委員長を務める岡田光正・放送大学教授をはじめ学識経験者の委員のほか、同局からは北浦達也調達部次長らが出席し、25年度の調査結果を確認するとともに、26年度の調査計画案を検討した。山口県と岩国市の担当者もオブザーバーとして参加した。

同委員会は、岩国飛行場滑走路移設事業に伴い消滅した藻場・干潟について、その回復措置の検討に必要な指導や助言を得るために平成8年8月に設置された。

環境調査結果などを確認する参加者（3月3日）

今回、同局は平成25年度の周辺藻場・干潟における環境調査と回復モニタリング調査の結果を報告。アマモなどの生育基盤面積が目標面積に達していることや、水質が管理目標を満たしていること、食害生物のアイゴが確認されたことなどを示した。

プレゼンに当たっては水中カメラによる映像などを取り入れ、分かりやすく説明し、参加者から好評を得た。

審議の詳細は、中国四国防衛局のHP（http://www.mod.go.jp/rdb/chushi/）で公開している。

「ひな祭り」で交流
日米の親子110人が参加　東北局

「よいしょ！」の掛け声で餅つきに挑戦するアメリカの子供たち（3月1日）

【東北局】東北防衛局は3月1日、青森県上北郡東北町にある小川原湖交流センター「宝湖館」で「ひな祭り in TOHOKU town」を開催した。

このイベントは、東北町内と米軍三沢基地内の小学生とその保護者らを対象に、日本の伝統文化を通じて日米の親子に相互理解を深めてもらおうと昨年に引き続き開催。2回目となる今回は前回を大幅に上回る約110人が参加した。

子供たちは、押し絵型のひな人形作りや折り紙に挑戦し、保護者たちはひな祭り用の手まり寿司やハマグリの潮汁などを作った。臼と杵を使った餅つきも行われ、日米の子供たちが大人に手伝ってもらいながら「よいしょ！よいしょ！」の掛け声に合わせて重い杵を振り下ろした。この後、参加者全員で琴の演奏を聞きながら、ひな祭り料理を楽しんだ。

アメリカの子供は「ひな人形作りでは日本の子供たちが手伝ってくれた。少し分かる日本語を使ってお話もできた」と話し、日本の子供は「とても楽しい一日だった。おいしい料理も食べられたので、また来年も参加したい」などと元気よく答えていた。

次世代への継承……思いを込めて

空自創設60周年を記念
ロゴとキャッチフレーズ決まる

今年7月に空自創設60周年を迎えることを記念し、空幕が制作したロゴマーク＝写真＝と、全国の基地に公募したキャッチフレーズが3月20日、公表された。ロゴマークをあしらった、ブルーインパルスを見上げる子どもの写真を加えたポスターも同時に作成した。空自は4月1日にSNS（ソーシャルネットワーキングサービス）も導入。より多くの人への情報発信を行い、60周年を機に空自への理解を一層深めてもらいたい考えだ。

今年2月から制作された記念ロゴマークのデザインは、3月上旬に最終12候補が出そろった。これと並行してキャッチフレーズを全国の基地に公募し、部隊、基地司令の審査を勝ち抜いた10候補がリストアップされた。齋藤治和空幕長がそれぞれの候補の中からロゴマークとキャッチフレーズを決定した。

ロゴマークは60周年を記念したものであることが一目でわかるように60の数字を大胆に配置。その背景をブルーインパルスのスモークで彩ったものが選ばれた。

キャッチフレーズの座を射止めたのは航空安全管理隊（立川）の「蒼き空を明日へつなぐ（Blue Sky Leads to Tomorrow）」。

空幕の担当者は「ブルーインパルスのロゴマークのイメージにぴったりで、次世代への継承の思いが込められていたことが、決め手になったのでは」と話している。5月にはロゴマーク入りのポスターが全国の基地へ配られる予定だ。

ロゴマークとキャッチフレーズに加え、ブルーインパルスを見上げる子供の写真を入れて「次世代への継承」を表した空自創設60周年記念ポスター

SNS導入 情報発信を強化

60周年記念ロゴマークと連動する形で、投稿サイト「フェイスブック」「ツイッター」「アメーバブログ」、動画投稿サイト「ユーチューブ」「ニコニコ動画」の各コンテンツが空自の公式ホームページからアクセスできるようになった。

空幕の制作担当者によると、SNS導入は2011年から検討され、60周年を迎える14年度にスタートできるように調整を急いだという。

「ユーチューブ」「ニコニコ動画」を始めたことで、これまで空自の動画を見られなかったスマートフォンやタブレット端末でも簡単に視聴できるようになった。

空幕のホームページ制作担当者は「当面の目標はツイッターのフォロワー数で陸（10万人）、海（19万人）と肩を並べること。導入したことに満足せず、さらに利用しやすいホームページを作っていきます」と話している。

「6000基準時間」超し無事故飛行
浪花3佐に賞詞

「しらせ」艦上で武居横須賀総監（壇上）から3級賞詞を贈呈される浪花3佐（4月7日、晴海埠頭で）

南極から帰国したばかりの「しらせ」艦上で4月7日、武居智久横須賀総監から「しらせ」飛行科パイロットの浪花章弘3佐（46）をはじめとする乗員12人に賞詞が授与された。

浪花3佐は昭和63年12月12日から平成25年6月24日までの間に「6000基準時間」を超える飛行を無事故で達成。「しらせ」搭載のCH101輸送ヘリだけでなく、これまでUH60J救難ヘリ、SH60J哨戒ヘリなど多数のヘリを運用して、25年かけ6000時間に達した。

39次隊（平成9年）でも「3000基準時間以上」の飛行を達成して艦上で表彰されており「『しらせ』には並々ならぬ縁を感じる」と話す。

「先輩や関係者の方々に助けられて達成できた6000時間。これからも無事故を継続していきたい」と、3年ぶりの昭和基地接岸に立ち会えたということもあり、感無量の様子だった。

このほか、「しらせ」が座礁して浸水した際に遮防作業を行った乗員8人に「身を挺して被害の局限に努めた」として4級賞詞が授与されると、見守る家族たちから大きな拍手が沸き起こった。（1面参照）

「JAZZさん、お疲れさま」
初のXF2パイロット 三輪1佐が最終飛行

㊤ラストフライトを終え、記念撮影に臨む三輪1佐と関係者㊦夫人と娘から花束を手渡され、笑顔を見せる三輪1佐（いずれも3月24日、岐阜基地で）

「JAZZさん、お疲れさまでした」――。4月に退官する空自初のF2戦闘機テストパイロットで飛実団（岐阜）副司令の三輪芳照1空佐（55）が3月24日、岐阜基地でラストフライトを行い、同氏を慕う多くの関係者が見守った。

三輪1佐は防大を卒業後、1981年に空自に入隊。7空団（百里）、5空団（新田原）などを経て、89年に米国のテストパイロット課程に入った。修了後、96年3月に国産XF2戦闘機に空自パイロットとして初めて搭乗。以来XF2の試験フライトを54回行った。総飛行時間は4086時間に上る。

三輪1佐の愛称は「JAZZ」。防大在学中に亡くなった父親が大のジャズファンだったという。予科練（海軍予科練習生）でパイロット志望だった父の遺志を「JAZZ」の愛称に託して受け継いだ。

当日は晴天のもと、三輪1佐を慕う約100人の関係者に見送られ、約2時間にわたって日本海のG訓練空域などを飛行した。途中、中警団（入間）や岐阜基地の管制隊からねぎらいのメッセージが無線で送られる中、岐阜基地に帰投した。

消防小隊の祝福の放水アーチをくぐりながら帰還した三輪1佐の目に飛び込んだのは、花束を抱えた妻と娘の姿。当日まで秘密にされていた「サプライズ」に三輪1佐は満面の笑みを見せた。

フライトを終えた三輪1佐は「多くの人に支えられ、この日を迎えることができた。これから（テストパイロットに）なる人も感謝の気持ちを忘れずに仕事に励んでほしい」と後輩にエールを送った。

米軍用犬訓練を研修
横須賀陸警隊 高い練度に感心

研修を通して交流を深めた日米警備犬担当者ら

【横須賀陸警隊】横須賀陸警隊（隊長・小川昌彦2尉）は2月19日、米海軍横須賀基地憲兵隊の軍用犬専門部隊（通称「K9」）で研修を行った。陸警隊とK9は基地警備特別訓練などを通じて交流しているが、K9の施設を訪れての研修は今回が初となった。

当日は米軍独自に設定している軍用犬ハンドラー（訓練士）の認定試験が行われており、横須賀地方隊主催の警備犬講習に参加している各地方隊（大湊、呉、舞鶴、佐世保）の警備犬担当者9人を含む13人が見学した。

試験は、基本服従や障害飛越などを通して軍用犬との連携要領が試される「基本動作」と、巨大な物品倉庫に仕掛けられた10個以上の疑似爆発物を1時間以内に捜索・発見させる「応用動作」で構成。

参加した隊員からは「物が実際に置いてある倉庫を使って訓練していて驚いた」「軍独自の軍用犬訓練士の認定試験制度があるのはさすが」などの感想が聞かれた。

また、警備犬担当者は「最大40分程度とされる犬の集中力を維持させつつ、任務を完遂するという高い練度が要求される内容で、実践的な軍用犬運用に直接触れられた」と満足した様子だった。

研修を調整した小川隊長は「今後とも継続的にK9との情報共有を図り、訓練や実動で米海軍と連携が取れるよう、海自警備犬の能力向上に努めていきたい」と話している。

75歳の入院患者が人命救助
中央病院長から表彰

元パティシエで、現在は東京都世田谷区で地元の地域安全部長を務める中道晴男さん（75）は3月26日、自衛隊中央病院（三宿）の加瀬勝一院長から感謝状を授与された。

中道さんは3月13日早朝、入院中の同病院で日課の運動をしようとしたところ、部屋のドア付近に心肺停止状態で倒れている男性患者を発見。ナースステーションに連絡し、看護師の田島裕美2陸尉とともに男性を安全な場所に移動させた。

田島2尉が男性に心臓マッサージを始めたところ、中道さんは「上級救命技能認定を受けています。心臓マッサージができます」と申告し、田島2尉に代わり心臓マッサージを続行。その後、男性は駆け付けた医療従事者に引き継がれ、意識を取り戻した。

中道さんは資格取得後も3年に1度の講習を12年以上継続的に受講するなど、日頃から技能向上に励んでいた。救命活動について、3年前まで50年間スイーツを作り続けてきた経験から「頭で覚えた知識はすぐ忘れてしまうが、ケーキ作りと同じように体で覚えたものは忘れない。実践での心臓マッサージは初めてで最初は緊張したが、訓練で身に付けた動作を自然とすることができた」と語った。

加瀬院長は中道さんの行動を「常に高度な医療技術を保持するとともに、困難な状況においても勇猛かつ沈着冷静な行動は尊敬に値する」と称賛している。

加瀬院長（左）から感謝状を贈呈される中道さん

小休止

▽…統幕運用部に訓練班と訓練評価・支援班で編成された「運用第3課」が3月26日、新設された。

▽…災派やPKO活動の業務を担う運用第2課から独立した3課の新編式後の披露会には、河村運用部長（現・護衛艦隊司令官）をはじめ歴代の2課長らが出席＝写真。初代2課長の松村統幕副長が「平成18年の統幕発足以降、念願の3課がようやく誕生し、大変喜ばしい」と祝辞を述べた。

▽…初代3課長となった杉本洋一1海佐はマレーシア機捜索で豪州出張のため式に参加できなかったが、この春から3課を率いて統幕主導の訓練を企画、統合運用を支えていく。（市ヶ谷）

こちら警務隊
☎8・6・47625

「恐喝罪」になる可能性 直ちに警務隊に通報を

先輩から「痛い目にあいたくなかったら金を持って来い」と脅されています。どうすればいいですか？

ご質問の内容ですが、先輩は「恐喝罪」に問われる可能性があり、また、その後のトラブルを防止するためにも速やかに警務隊へ通報して下さい。

この罪は、言語、文章、動作などのあらゆる方法により他人を畏怖させ、金銭などの財物を交付させたり、財産上の利益を不法に得ることにより成立します。

ここでの「畏怖」とは、恐怖心は生じるが抵抗できないほどではないものをいいます。

警務隊は、このような行為を絶対に許しません。

（警本＝市ヶ谷・田口1曹）

陸自東方音と中学生が共演

心に残る「自衛隊新潟音楽まつり」

教諭　荻野　美智江（新潟・上越市立城北中学校）

「自衛隊新潟音楽まつり」で自衛隊と城北中の合同楽団を指揮した荻野美智江先生（壇上）

このたびは「第13回自衛隊新潟音楽まつり」に出演する機会を与えていただき、誠にありがとうございました。

私が勤務する城北中学校の吹奏楽部は、昨年9月の定期演奏会を最後に3年生が引退し、その後は1、2年生での部活動が続いていました。生徒たちは「観客の前で楽しく演奏できるようになりたい、パフォーマンスができるようになりたい、演奏技能も向上させたい」など欲張りな目標を掲げ、日々奮闘しています。

そのような中、陸上自衛隊東部方面音楽隊との共演のお話がありました。その演奏会は2月8日であるとお聞きし、私は真っ先に「チャンスだ！」と思いました。冬場のこの時期は練習時間が少なく、おまけに基礎練習が中心で、生徒たちの熱意が薄れてしまう時期です。もし「大勢の観客の前で演奏を成功させよう」という目標があれば、吹奏楽部を良い方向に変革させることができるかもしれないと思ったのです。

とはいえ、いきなり「1500人の観客の前」では生徒たちの頭の中も真っ白になります（ビビります）。そこで度胸をつけるため、10月に地域貢献活動としてのコンサート、12月にクリスマス・コンサートを入れて演奏経験を積ませました。

そして年が明けると「新潟音楽まつり」の入場券が配布され始めたとの情報が入り、プレッシャーが高まりました。生徒たちは3学期のテスト前でしたが、放課後も、そして土・日も練習しました。大勢の観客の前で演奏するからには、自分たちの納得がいく演奏をしたかったからです。生徒たちが一致団結し、工夫しながら演奏を仕上げていく過程が、生徒一人ひとりにとって貴重な勉強の機会になりました。

当日のリハーサルで陸上自衛隊の音楽隊の皆様と初めて一緒になりました。プロの演奏家の美しい音色に、生徒たちが圧倒されているのが分かりました。それでもリハーサルを通じて少しは慣れたようで、音楽隊の皆様からいろいろな技術を教えてもらっていました。時間があれば、音楽隊の皆様ともっと交流したかったと思います。

そして本番です。1500人もの聴衆の前で音楽隊と一緒に演奏できたことは、生徒たちにとって生涯心に残る素晴らしい体験になったことと思います。そして彼らにとって、まさに達成感のある学びの機会となりました。私も「楽団」の指揮をさせていただき、とても充実した、そして楽しい一時を味わうことができました。

後日、会場に来られた知人の方々から「感動しましたよ」という声をたくさん頂き、私は「自衛隊音楽隊との共演バンザーイ！」と心の中で叫びました。

最後になりますが、いろいろご支援いただきました新潟地本の皆様をはじめ、大勢の関係者の皆様に支えられて、自衛隊音楽隊との共演を実現できたことに深く感謝申し上げます。生徒たちにも貴重な体験をさせていただきまして誠にありがとうございました。

「一日群長」に上番しました

3陸曹　久保田　哲郎（5高特群319高中・八日）

私はこのたび第5高射特科群の「一日群長」を拝命しました。たぶん群内で一番幸せな隊員だったと思います。私が体験した「群長の一日」をごく一部ですが紹介したいと思います。

朝7時半、黒塗りの車で登庁です。正門通過時に警衛隊から敬礼を受けます。隊舎到着後、「天国への階段」を上り、群長室に向かいます。部屋で1日の行動予定を確認し、群朝礼に前進します。隊員の前で朝礼台に上がる時、緊張して左手左足が一緒に動きそうでした。

9時、群のミーティングに参加します。会議室では幕僚の皆さんが不動の姿勢で待っておられます。まるで超高層ビル群のようです。ここを通らないと群長の椅子までたどりつけません。

10時から各部隊の巡視が始まります。群長は部隊を駆け足で巡り、隊員に声をかけて激励します。

正午、疲れて群長室に戻ると、副群長がレストランまで優しくエスコートしてくれます（本当は大衆食堂がよかったナ）。

14時半、各所掌の幕僚の皆さんが決裁をもらいに押し掛けてきます。それぞれの内容を丁寧に説明してくれます。群長の印鑑を持つ私の手にも思わず力が入ります。

17時、「一日群長」の腕章を外します。体が一気に軽くなりました。「群長」という視点から初めて部隊を見て、それはごく一端を垣間見ただけですが、部隊運営の大変さを実感することができました。

さて、次の「一日群長」に上番する幸せな隊員はいったい誰でしょうか。

みんなのページ

名前も知らない君へ

3陸曹　板口　祐美（中方管制気象隊・八尾）

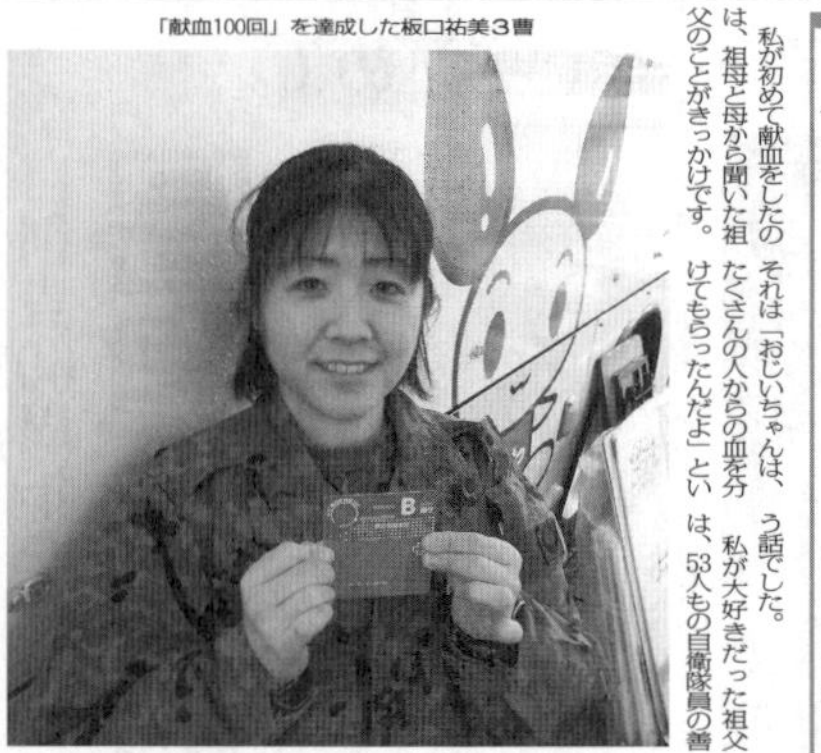

「献血100回」を達成した板口祐美3曹

私が初めて献血をしたのは、祖母と母から聞いた祖父のことがきっかけです。それは「おじいちゃんは、たくさんの人からの血を分けてもらったんだよ」という話でした。

私が大好きだった祖父は、53人もの自衛隊員の善意の献血により「奇跡の時間」を生きたのです。それを聞いた私は「自分も誰かの役に立ちたい」と思い、16歳の時、献血デビューしました。

その回数が約30回となった頃、赤十字センターからある封書が届きました。それによると、私の血液中にとても珍しい抗体「CMVマイナス」があることが判明したとの通知でした。聞き慣れないこの抗体は、臓器移植などで免疫機能が低下した患者に輸血する際に必要なもので、そのドナーはとても少ないということです。

それを知り、私の中の使命感に火が付きました。「私の血液を待っている人がいる」――そう思ったのです。すぐに私は詳細な適合検査と登録を行い、また献血も身体への負担を考慮し、採血方法もそれまでの全血から成分献血に変えました。

そして先日、「献血100回」を達成しました。でも、世の中には1000回以上も献血している方もいるので、私はまだまだ序の口です。

どんなに医療技術が進歩しても、血液だけはまだ人工では造れません。献血は健康だからこそできるボランティアです。皆様の中にも、私のように珍しい抗体が血液中に見つかるかもしれません。機会があれば、ぜひご協力をお願いします。

献血は、名前も知らない君へのプレゼント。私の血で命が芽吹き、美しい花が咲きますように。そして元気になった君と街角ですれ違える日を楽しみにしています。

OBがんばる

大和田　明さん　55
平成24年7月、空自航空保安管制群（入間）装備部を最後に定年退職（准空尉）。日本メックスに再就職し、神奈川支店環境サービス部で建物設備の維持・管理などに当たる。

事前の準備が大切

私は再就職に当たり、業務内容、給与体系、福利厚生、勤務場所などを総合的に判断し、この会社に決めました。私の場合、再就職ということで給与収入が大幅に減額となり、今後10年間、どのくらいの収入なら生活していけるかをシミュレーションし、次に自分のやりたい仕事・できる仕事は何かを考え、再々就職することなしに10年は同じ職場で働きたいと考えた結果、この会社を選びました。

仕事は建物設備の維持管理、補修などです。ビルやマンションは人々が安全に勤務・生活できるようにさまざまな設備が備わっていますが、当社はその基盤となる安全管理の業務を担っています。

職場は航空自衛隊の部隊環境とは別世界だったので、その仕事や雰囲気に慣れるのに苦労しましたが、一日でも早く仕事に慣れて会社に貢献できるよう、自分なりに努力しました。現在もそれが今の自分の課題であると考えて精進しております。

皆様へのアドバイスとしては、自衛官の定年は54、55歳と、とても中途半端な年齢であることから、その何年も前から定年後の自分をイメージし、その日に向かって事前に準備することが大切だと思います。

私が勤務する日本メックスは創業以来40年間、多くの会社建物の維持管理・保全を行っています。私もその一員として「安心・安全」なビジネス環境の構築に寄与し、最適なソリューション（問題解決）を皆様に提供していけるよう努力してまいります。

詰碁

第1085回出題

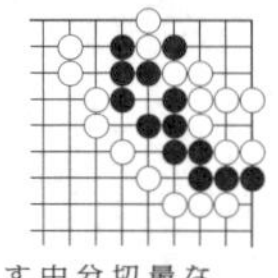

出題　日本棋院　九段　曲　励起

黒先

『黒はどうなりますか。最初の手が大切です』。5分でできれば中級以上です。

▶詰碁、詰将棋の出題は隔週です◀

詰将棋

出題　日本将棋連盟　九段　石田　和雄

≪第669回の解答≫

▲先手　持駒　金

【正解】▲1二歩成△同玉▲1三角成△同玉▲2三金までの五手詰め。

【解説】▲3二金では△1一玉で、また▲1二金では△3一玉で詰みません。▲1二歩成は手筋。続いて▲1三角成が決め手です。△2一玉と逃げると▲1二金で詰み。この方が難しかったかもしれません。本題は五手と短手数でした。

（世界の切手・ベルギー）

人生は、他人を打ち負かすなんてケチくさく、卑小なもんじゃない。
岡本　太郎（芸術家）

新刊紹介

「武器輸出三原則はどうして見直されたのか」

森本　敏編著

日本の防衛政策がいかにいびつなまま推移してきたかを改めて痛感させられる書だ。

編著者の森本氏は防衛大臣の職を降りたあと、2013年4月に「日米同盟と技術開発の将来を考える研究会」を立ち上げ、武器輸出三原則によって生じる現実のさまざまな問題と今後の在りようを議論してきた。

その成果をたたき台に実施した座談会の談論風発の模様を、本書は全員匿名で記している。

登場するのは、元統幕長、技本OB、元三菱重工業役員、経産省OB、米国務省OBらで巻末に実名を紹介。

第一線で防衛産業と武器輸出に関与した出席者の本音ベースの論議は分かりやすく、武器輸出を窓口に我が国および世界の防衛の置かれている現状が透けて見えてくる。

「自分のためには武器を輸入するが他国が必要としても輸出しない」日本のままでは、「再びバスに乗り遅れる」との危機感が伝わってくるが、今まで防衛産業に関する問題に正面から向き合ってこなかったツケの大きさに驚く読者も多いのではないか。（海竜社刊、3024円）

「政治の世界」

丸山　眞男著

「戦後」も、はや69年。広範な国民が政治に参加できるようになった現在、逆に政治不信や政治離れが拡大し、常態化している。その一方で、憲法改正をめぐる論議が徐々に頭をもたげてきて「政治の季節」が近づきつつある気配だ。

著者は「戦後民主主義」の〝旗手〟と称された政治学者。生誕100年を迎え、戦後直後から1960年の「安保闘争」に至る15年間に書かれた表題作など11編を新たに収録した。「政治の使命とは」「政治家に必要な資質とは」など、政治の基本を復習するには格好のテキスト。いずれも政治学を志す学生を対象にしているが記述は平明で、対話形式や講演を記録したものもあり、一般向けの教養書としても色あせていない。

「政治学は究極において『人間学』であり……広汎に人文諸科学の成果を吸収」する必要があること。さらに、人間行動をトータルに捉え、立体的、ダイナミックに描かれている優れた文学作品は「良い政治学の勉強になります」（「政治学入門」）などの指摘は、専門的な学問の枠を超えて、若い世代への貴重な提言だ。（岩波書店刊、1231円）

朝雲

発行所 朝雲新聞社
〒160-0002 東京都新宿区坂町26番地19 KKビル
電話 03(3225)3841
FAX 03(3225)3831
振替00190-4-17600番
定価一部140円、年間購読料9000円（税・送料込み）

主な記事

2面 災害時、チャーター船利用の協定
3面 グラフ「しらせ」151日間の軌跡
4面 QDR〈米国防計画見直し〉全訳(4)
5面 〈部隊だより〉桜前線、北上中
6面 〈募集・援護〉各地で入隊・入校式
7面 熊本の鳥インフルエンザで災派
8面 〈みんなのページ〉南スーダン所感文

国連PKO

工兵マニュアルを作成

日本が主導 来年3月目指す

国連の要請を受け、防衛省・自衛隊が主催する「国連PKO工兵部隊マニュアル」作成に向けた初の専門家会合が3月26日から28日まで東京都内などで開かれ、議長国の日本をはじめ米、英、中など計14カ国が参加して方向性や構成内容をめぐって意見交換した。日本が主導して各国の意見をまとめ、早ければ来年3月の完成を目指す。防衛省は20年以上に及ぶ自衛隊のPKO活動で培った経験とノウハウを反映させていく考えだ。

14カ国参加し、専門家会合

会合には各国から佐官クラスの実務担当者のほか、国連PKO局や国連地雷対策サービス部（UNMAS）など3機関から計約40人が参加した。

小野寺防衛相は開会に当たり「知識や経験を共有し、協力していくことは国際平和の実現に向けた多国間連携において極めて意義深い。我が国もこれまで蓄積した教訓を共有し、惜しみない支援を提供したい」とあいさつした。

続いて、陸幕運用支援・情報部長の納富中将補が「平和構築で工兵（施設）部隊が担うインフラ整備などの施設活動は、PKO活動の成功を左右する鍵となる」と述べ、工兵部隊が果たす役割と責任の重要性を改めて強調した。

マニュアルはPKO活動に参加する各国の指針となるもので、今回の会合では「能力」「任務」「編成・装備」といった章だてのほか、全体の構成や内容の方向性など土台部分をめぐって大枠で一致した。総ページ数は約100～150ページとなる見込みだ。

国連PKO工兵部隊マニュアル・ワーキンググループの議長を務めている陸幕装備部施設課長の石丸威司1佐によると、同じ工兵（施設）分野でも、①日本のように紛争後の国づくり支援に派遣される国②地雷処理などの工兵活動に従事する国③恒常的な停戦監視活動の支援に派遣される国――など、各国により派遣規模や任務は大きく異なる。

このため、会合ではマニュアルが対象とする派遣規模などが争点となり、記述の基準を大隊レベル（約1000人）にするか中隊レベル（約200人）にするかなどについて各国からさまざまな意見が出された。

今後はこれらの議題について調整を図った上で、6月に副議長国のインドネシアで第2回会合を開き、PKO派遣前の部隊の練度を示す評価基準などをめぐって最終調整を行う。議長国として取りまとめた原案は早ければ9月にも国連に提出、来年3月を目標に公表・配布を目指す考えだ。

石丸課長は初会合で方向性が一致したことに歓迎の意を示すとともに「各国の意見を反映させ、協力しながらマニュアルを作り上げていきたい」と意気込みを語った。

防衛省では運用局担当審議官をチーム長、陸幕運用支援・情報部長を副チーム長とするプロジェクトチームを立ち上げ、数十人態勢でマニュアル作成に臨んでいる。

国際協力課の担当者は今回の初会合の開催について「日本が長年培ってきたきめ細やかな国づくり支援のノウハウを他国と共有し、広めていく時代がきたことを象徴する出来事だ」としている。

◇PKO工兵部隊マニュアル　国連は昨年11月、PKO活動の11分野で部隊の行動規範を示すマニュアル作りに着手。各分野をリードする国がそれぞれの議長国に選ばれ、日本はPKOの施設活動で世界から高い評価を受けていることから、工兵部隊マニュアルの議長国に指定された。11分野（カッコ内は主要分野の議長国）は、航空（パキスタン）▽工兵（日本）▽輸送（バングラデシュ）▽司令部支援部隊（デンマーク）▽兵站（豪）▽憲兵（伊）▽海上▽偵察▽河川▽通信▽特殊部隊。歩兵と衛生は国連主導で完成済み。

工兵分野には21カ国が参加。このうち今回は14カ国（日本、インドネシア、米、英、中国、比、シンガポール、南アフリカ、ガーナ、スウェーデン、ノルウェー、ペルー、バングラデシュ、ブラジル）が出席した。

新戦力1万3600人

桜の入隊式

この春、約1万3600人の新戦力が陸・海・空の3自衛隊に加わった。各駐屯地・基地では一斉に入隊・入校式が行われ、地元首長や家族らも参列して新隊員を祝福。陸自第10特科連隊（豊川）では4月5日、自衛官候補生課程教育入隊式が行われ、新隊員120人が入隊、全員で「名誉と責任を自覚し、自衛官として必要な知識と技能の修得に励むことを誓います」と力強く宣誓した。自衛官候補生たちは満開の桜の下、初々しい敬礼姿で記念撮影を行った。

（6、7面に関連記事）

冷戦期の水準に急増

スクランブル 800回超す

対中国機が過去最多の415回

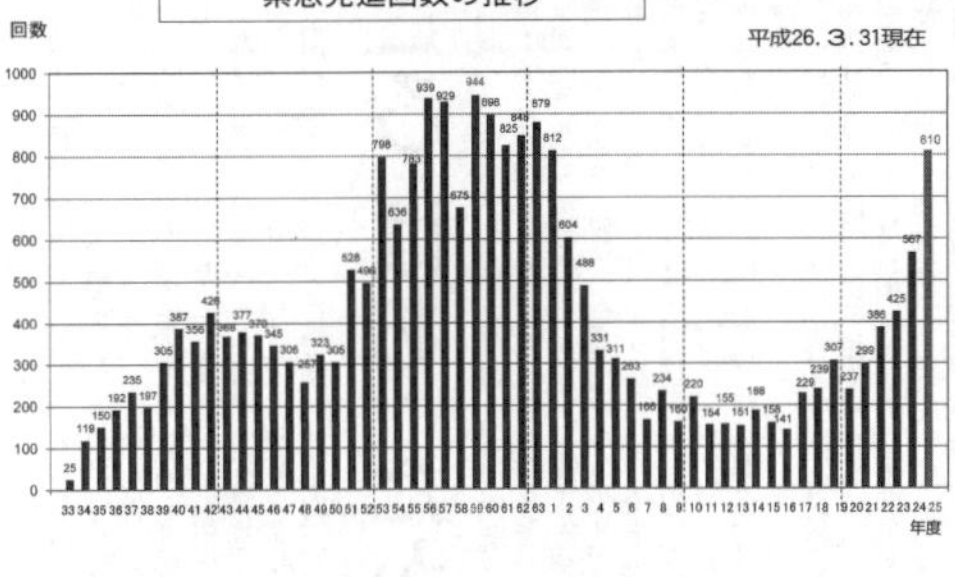

空自機による平成25年度（昨年4月～今年3月）の緊急発進（スクランブル）回数が810回を記録し、冷戦が終結した平成元年以来24年ぶりに800回を超え、冷戦期の水準に並んだ。昭和33年に空自が対領空侵犯措置任務を開始して以来、9番目に多い回数となった。統幕が4月9日に発表した。

急増の背景には、中国機とロシア機による日本周辺での飛行の活発化、長距離化がある。中国は経済成長をテコに急速な軍備拡大を進めており、ロシアはソ連崩壊による混乱から脱却して軍改革を完了、かつての軍事力を取り戻しつつあるものとみられている。

このうち、中国機に対するスクランブル回数は415回（前年度比36％増）と、平成7年に国籍別統計を開始して以来、過去最多を記録。ロシア機に対しても359回（同45％増）と急増し、冷戦期を除き、7年以降で最多を記録した。

全体では対中国機が約51％を占めて首位。次いで対ロシア機の約44％と、2年連続で対中国機が対ロシア機を上回り、中国機の活動の活発化を裏付けた。

中国機については、昨年7月に海軍のY8早期警戒機が初めて第1列島線を越えて太平洋に進出したのを皮切りに、空軍のH6大型爆撃機などが東シナ海から太平洋に至る長距離往復飛行を繰り返し、活動範囲の拡大化が顕著となった。

また、11月には露旅客機を改造した空軍のツポレフTu154型情報収集機の東シナ海への飛来が初めて公表された。個別具体的には公表されていないが、統幕は中国機の中では戦闘機に対する緊急発進が多く行われたとしている。

これに連動して、東シナ海など南西方面への対応に当たる南西航空混成団（那覇基地）の発進回数は402回（同26％増）と激増。全体の約半数を占めた。

ロシア機については日本列島を周回する特異な飛行が活発化。このため、北空222回（同60％増）、中空86回（同32％増）、西空100回（同122％増）と、北海道から九州にかけての各方面隊も軒並み上昇した。8月には露空軍のツポレフTu95型爆撃機による福岡県沖の領空侵犯が1件あった。

北朝鮮機に対しては第1四半期の9回のみで、これは北朝鮮の弾道ミサイル発射に備えて日本海に展開したイージス艦の情報収集などが目的とみられている。

対台湾機は1回、その他の中が26回だった。その他の中には9月9日、日本周辺でスクランブルに上がった空自機が初視認した「国籍不明の無人機」が含まれる。

緊急発進の対象となったロシア、中国、北朝鮮機の飛行パターン

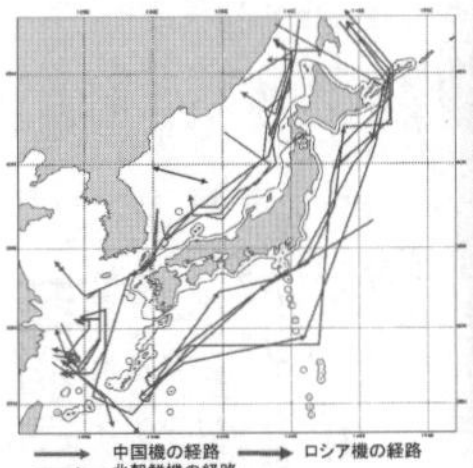

◇スクランブル（緊急発進）　日本領空に近づいてくる国籍不明機に対して戦闘機などを緊急発進させ、領空侵犯を未然に防ぐ任務行動。空自の各戦闘航空団では直ちに離陸できるよう、クルーと戦闘機などが24時間のアラート（スクランブル待機）に就いている。

冷戦最盛期の発進回数は900回前後で、そのほとんどが対ソ連機だった。昭和59年度の944回をピークに平成元年度以降は減少していたが、17年度から再び上昇に転じている。領空侵犯事例は平成25年度の1件を含む計37件。このうち、平成6年に台湾機、24年に中国機がそれぞれ尖閣諸島付近を侵犯した2件を除くと、全てロシア（ソ連）機による侵犯。

「準有事」への準備を

齋藤元統幕長 警察権の強化必要

元統合幕僚長の齋藤隆氏が4月15日、日本記者クラブで講演し、有事と平時の二元論では現下の状況には対応しきれないとして「『準有事』」とも言うべきグレーな事態に有効に対応し、『有事』を抑止していくことが重要だ」との見解を示した。

齋藤氏は機雷掃海、ミサイル防衛、米艦護衛など具体的事例を挙げて法制の問題と現状を指摘。日本がグレーな事態に対応しきれないことに危機感を示し「実際にオペレーションすることと準備することは違う」として、「準有事」に日本が切れるカードを用意するべきだと強調した。

領域警備については「外国の公船などの警戒に当たる際、防衛上の事態に至らせないため警察権の強化が必要」としたほか、日本一国で平和を保てない状況がより大きくなってきているとの認識を示した。

「準有事」への対応を訴える齋藤・元統幕長（4月15日、日本記者クラブで）

US2にインド高官が体験搭乗

日印作業部会

海自US2救難飛行艇に関する日本とインドとの第2回合同作業部会（JWG）が4月9日、東京で開かれた。昨年12月のインドでの初会合に続くもので、防衛省の西事務次官とインドのカント商工省産業政策・振興担当次官の2人が議長を務めた。日本側は同機に関する情報を提供、インド側は運用や調達の在り方などを説明し、輸出の可能性も含め、双方で幅広く協議を行った。今後も協議を継続することで一致した。

前日の8日にはインド側の関係者が海自厚木基地からUS2に体験搭乗し、同機のメーカーである新明和工業の甲南工場（神戸市）まで移動。同社の施設を視察し、同機の性能や製造組み立て、整備などに関して理解を深めた。

作業部会は昨年5月の日印首脳会談の共同声明を受けて設置。今回の協議には日本から防衛省、外務省、経済産業省、新明和工業の関係者、インド側からは国防省、外務省、商工省、民間航空省、国立航空宇宙研究所の関係者が出席した。

春夏秋冬

三春の桜

田部井　淳子

私は福島県の三春町生まれである。

梅と桃と桜の花が一度に咲くので三つの春と書いて三春という。三春小・中、田村高校と三春で18歳まで過ごし、毎年花見をして育った。

その中でも樹齢千年以上といわれる日本三大桜の一本と数えられる「滝桜」は小学校2年生の時の遠足の場所であった。

当時は畑の中に立つ大きな樹で、横に張り出した桜に登って遊んでいた桜である。もう65年以上も前の話だ。

今やこの滝桜は町一番の観光樹となり、周りに柵ができ、大事に大事に守られている。

どの位置からみても姿、形が良く、滝が流れるごとく見えることから滝桜と呼ばれ、4月中旬には全国から多くの人々が訪れる。

3月になり東京の各駅の掲示板に大きな滝桜のポスターが張られるのを見ると、これは私の町の桜ですよ、と周りの人達に教えたい衝動に駆られるのだ。

この滝桜があるすぐそばに今、福島第1原発20キロ圏内に住んでいた富岡町から避難してきた人達が住む仮設住宅がある。

大震災から40日後、この桜はあの大地震に一寸の揺るぎもなく見事に花を咲かせた。

仮設住宅に住む高校生は初めて見たこの桜の大きさに驚き、千年に一度くらいの大地震に耐え、しっかりと根を張って一面に花を咲かせた滝桜に「元気」と「勇気」をもらった。「負けてはいられない」と思ったと話していた。

また、女子高校生は「自分は福島県で生まれ育った。この地で大学に入り、この地で就職し、結婚し、おばあちゃんになり孫と一緒にこの桜を見る日を夢見、今与えられた環境の中で一生懸命勉強しようと思っている」と作文に書いた。

三春は小さな町だがお寺が11ある。そのお寺のすべてにしだれ桜が植えられている。

4月中旬、三春の町を歩くとまるで自然のぼんぼりに飾られているようで実に美しい。

滝桜だけ見て帰られる観光客が非常に多いが、ぜひ三春の町の中も歩いてほしいと思っている。

今、私は東北応援プロジェクトを立ち上げ、震災以来、避難生活を余儀なくされている人達を誘い毎月ハイキングを続けているが、この時期は三春を案内している。

「三春の町にこんなに桜があることは知らなかった。来て良かった。桜からエネルギーをもらった。前向きになった、ありがとう」という言葉に励まされ、今後もこの活動は続けていきたいと思っている。

（たべい・じゅんこ＝登山家）

朝雲寸言

来年春から小学校で使う教科書の検定結果が4月4日に公表され、島根県の竹島と沖縄県の尖閣諸島について、初めて「日本固有の領土」と明記された▼すでに中学と高校では、再来年度以降、順次、社会科の教科書に竹島と尖閣の領有権問題が反映されることが決まっている。小中高の現場で、領土問題に対する理解と関心が高まることを期待したい▼その一方で、教科書に載るのが初めてということは、教える先生たちも領土問題をきちんと習っていないということの裏返しでもある。子供たちが領土問題の歴史的な背景などをきちんと理解できるように、先生たちは教え方を工夫してほしい▼教育現場で「領土」について学ぶ道筋はつけられたが、問題は領土教育を受けてこなかった大人たちの方だ。「竹島ってどこにあるの」「中国と対立するくらいなら、尖閣は要らない」などといった意見が聞こえてくるのはその典型だろう▼日本として竹島や尖閣諸島が重要であるならば、まずNHKと民放は、天気予報の時間には必ず、「隠岐・竹島地方」「石垣・尖閣地方」の気象情報を放送したらいい。無人島でも、漁業関係者らにとって貴重な情報だ▼韓国のホテルでテレビをつければ、「鬱陵島・独島地方」という天気予報が、毎日何度も放送されている。聞けば50年ほど前からだという。こんな簡単なことがなぜできないのか。領土問題を学ぶのは、決して学校だけではない。

時の焦点

国内

渡辺氏のつまずき

「まごころ」はあったか

みんなの党の渡辺喜美前代表は2009年に出版した著書「『脱・官僚政権』樹立宣言」で、父美智雄氏の思い出を語っている。

父は、息を引き取る数時間前、ベッドのそばに息子を呼び、「お前、政治家になる気、あるのか」と聞いた。「はい、なりたいと思っています」と答えた息子に、父はこう言った。

「お前の話は理屈が多すぎる。理屈で人を説得しようと思うな。政治家にとって大事なことはまごころだ」

著書の中で喜美氏は、このエピソードを紹介しながら、「国民が政治家に対して、ああ、この人だったらある程度お任せでいいか、という関係ができていると、コミュニケーションというのはとっても容易になる。余計な理屈を述べなくてもいいようになるんです。これを私の親父は『まごころ』と言ったんです」と語っている。政治家渡辺喜美の原点と言いたいのだろう。

しかし、借入金問題への対応を見ていると、父の教えを守っているとは言い難い。

8億円を何に使ったのか、その不透明さが問われている。

使い道の説明は随分、変わった。

最初は「会議費、交際費、旅費。縁起物の熊手」としていたが、いつの間にか「党の選挙関係費用や政策策定、党勢拡大のための情報収集や意見交換の費用」などとなった。

「以前、熊手と言っていたが」と記者から突っ込まれると、「熊手ってのも選挙関係でね。これは願を懸けているわけです。票を集める。願を懸けて、おかげで選挙のたび議席は増えてきた」とかわした。

借りた金はもう手元にないと言っていたのに、妻の口座にあったと説明を変えたのも驚きだ。

あふれる言葉で説明するが、説得力に欠け、誠実さも感じられない。

確かに、政党を作ろうとすれば、お金がいる。

1996年の旧民主党結党時に、その資金として、鳩山由紀夫氏は9億8000万円を党に貸し付けた。8億円を金融機関から借り、1億8000万円は預金を取り崩した。弟の邦夫氏も7億円を党に貸した。さっとお金を用立てられるのは、資産家の鳩山家ならではとも言える。

喜美氏が2009年にみんなの党を作り、軌道に乗せるまで、お金で苦労したのは間違いない。しかし、だからといって、公明性を欠くことがあってはならないのは当然だ。

ミッチーの愛称で呼ばれた父は、時に失言はあったものの、気さくな人柄で親しまれた。

喜美氏はその強いリーダーシップを評価される一方、「独善的で、包容力に欠ける」との批判がつきまとう。昨年暮れに党が分裂した背景には、喜美氏の党運営の問題もあっただろう。

代表を辞めた喜美氏は「一兵卒に戻る」と話している。もう一度、来し方を振り返る必要があるのではないか。

風間 二郎（政治評論家）

海外

中朝関係の悪化

頼みの綱が細る北朝鮮

仕事柄、北朝鮮の公式メディアに日々接しているが、核実験の準備や弾道ミサイルの発射などで高まる軍事的脅威とは裏腹に、この独裁王朝国家が着実に体制崩壊の道をたどっているとうかがわせる公式報道は枚挙にいとまがないというのが率直な感想である。

最近、3代目の金正恩第1書記の下で初めて行われた代議員選挙によって選出された最高人民会議（国会）が開かれ、国家の人事や予算、内外政策などが承認され、名実ともに正恩体制を固めた格好となったが、内実をよく見れば、長く国際的孤立の道を歩んできた北朝鮮に明るい展望は全く見いだせない。

軍事優先の先軍政治によって強盛国家を目指すという北朝鮮のお寒い限りの国内事情は、「人民の食の問題とエネルギー問題が優先的に解決すべき最も差し迫った課題」（4月8日付の党機関紙・労働新聞）という記事からもうかがえる。

要するに、国民を飢えさせ、生活や産業に不可欠な電力供給もままならない苦境を率直に告白しているわけだ。

破綻寸前の経済状況を招いた原因は、何事も軍事優先のいびつな国家体制、長年の経済失政、自業自得とも言うべき国際的孤立の相乗効果によるものとはいえ、何とか生きながらえてきたのは、かつては血盟の関係にあった中国の手厚い支援があったからだ。

しかし、頼みの綱とも言える中国との関係は、昨年末に金第1書記の後見人だった親中派の張成沢氏とその一派を無慈悲に処刑・粛清したことを機にさらに険悪化。中国の習近平主席は中朝国境での異例の軍事演習や経済援助の削減、朴槿恵韓国大統領への外交的肩入れといった形で「北朝鮮圧迫戦術」に乗りだしている。

北朝鮮が拉致問題などをめぐって日本との政府間協議に応じてきたのも、中朝のとげとげしい関係が背景にある。ある北朝鮮通は「安倍政権に秋波を送れば、習近平もその対抗上、怒りを鎮めて北に振り向くと考えた敵の敵は友達作戦」と解説する。

日中関係の悪化に付け込んだこの種の外交戦術は歴代金王朝政権の得意とするところだが、中国の著名学者でさえ「国際的奇形児」と見なす北との関係を負担に感じている北京は、そんな仕掛けには乗ってこないだろう。

中国の人民日報傘下の環球時報（4月3日付）は、北朝鮮の核開発を厳しく批判する異例の社説を掲載した。その中で、北朝鮮の核実験やミサイル発射は同国の弱さを示すものだと指摘した上で、核技術も原始的で、米国を真に抑止するには不十分だと決め付け、北朝鮮指導部に孤立化路線を放棄するよう訴えた。

金第1書記にとっては、自らの先軍政治を全否定されたに等しい論説で、到底のめる相談ではない。中国が北を決定的に追い込む公算は小さいとはいえ、今後の中朝関係は北の現体制にとどまらず、朝鮮半島情勢を揺るがしかねない火種として目が離せない。

伊藤 努（外交評論家）

災害時

チャーター船利用へ

北方が初の協定締結

協定書を取り交わす田邉北方総監（左）と北海道旅客船協会の蔦井会長（3月3日、札幌駐屯地で）

【北方＝札幌】大規模災害時の輸送力確保を目的に北部方面隊は3月3日、道内のフェリー会社などでつくる北海道旅客船協会との間で「災害時における自衛隊等の緊急輸送に関する協定」を締結した。協定により、災害が発生またはその恐れがある場合に、派遣部隊や装備品、補給品をチャーター便で迅速に海上輸送することが可能となる。自衛隊が災害時の緊急輸送に関する協定を運航事業者と結ぶのは初めて。

協定に基づき、北方は協会や事業者と平素から連絡調整を行い、協力要請の手続きなどを円滑に進められる態勢を整備する。東日本大震災直後の部隊集中では、北方の全輸送のうち約96パーセントが民間フェリーの定期便に依存した。

定期便のため自衛隊が船舶の最大積載量まで利用することができず、燃料の積載にも制約があった。大規模な人員や車両を迅速に移動させるためには民間輸送力をチャーターで確保する枠組みが必要との教訓が示されていた。

同協会は平成25年2月に北海道警察、同3月に道庁との間で災害時の輸送に関する協定を締結しており、同隊はニーズの競合が予想される中、締結に向け、調整を進めてきた。

締結式は北方総監部で行われ、田邉揮司良総監と蔦井孝典会長が協定書に署名。田邉総監は「迅速な移動のための態勢づくりで一歩前進することができた」との期待感を示すとともに「対処態勢の充実は、より一層の民生安定化につながる」と述べた。

通信確保の協定結ぶ

巨大地震想定し2社と

西部方面隊

協定締結後、握手する西方防衛部長の吉見隆1佐（中央）とKDDI九州総支社の澤田和良社長（左）、沖縄セルラーの北川洋代表取締役（3月28日、健軍駐屯地で）

【西方＝健軍】西部方面隊は3月28日、南海トラフ巨大地震など災害発生時の相互協力を目的とした「災害発生時における通信確保のための相互協力に関する協定」をKDDI九州総支社および沖縄セルラー電話と締結した。同隊が南海トラフ地震を念頭に外部組織と協定を結ぶのは、今回で8回目。

協定では、被災地の災害復旧に関する情報を相互に提供し、迅速な復旧活動に向け広範に相互協力することを取り決めた。

同隊は、KDDIと沖縄セルラーが通信の復旧活動を行う際に、①ヘリコプターによる人員や可搬型基地局の輸送②障害物除去③物資集積場所と宿泊施設の提供④燃料・資材の提供――の面で協力。

一方、企業側は、災害派遣活動で必要とされる衛星電話やau携帯電話などデータ端末の通信サービスを優先的に提供する。また、協定に基づき連絡調整のための会議と協同訓練を年に1回以上実施する。

西部方面隊はこれまでに、NTT西日本やNTTドコモ、日本赤十字、九州電力、沖縄電力など企業・関係機関と災害時の相互協力を目的とした協定を結んでいる。

防衛協力強化を確認

岩崎統幕長 米国、カナダ訪問

カナダのローソン統合参謀総長（左）と防衛協力強化で一致し、握手する岩崎統幕長（4月4日、オタワで）

岩崎統幕長は3月30日から4月6日まで米国とカナダを公式訪問、米では統合参謀本部議長のデンプシー陸軍大将、カナダでは統合参謀総長のローソン空軍大将らとそれぞれ会談し、日本との防衛交流・協力をさらに強化していくことで一致した。

岩崎統幕長とデンプシー統合参謀本部議長との会談は4回目。核ミサイル開発や弾道ミサイル発射など軍事的な挑発を繰り返す北朝鮮などを念頭に、日米同盟を一層強化し、自衛隊と米軍による抑止力、対処能力を強化していくことを確認した。

また、日米が今年末までの改定を目指して見直し作業を進める日米防衛協力のための指針（ガイドライン）についても自衛隊と米軍の役割などをめぐって意見交換。両氏は引き続き、共同対処の実効性の向上に努め、情報共有を図っていくことで合意した。

米に滞在中、統幕長はコロラド州の空軍士官学校で「日米同盟の重要性について」をテーマに講演した。

カナダのローソン統合参謀総長とは多国間の枠組みでの協力を重視していく姿勢を打ち出すとともに、海洋安全保障、PKO活動、人道支援・災害救援活動などの分野で協力を強化していくことで一致した。

リーダーシップをテーマに

国際士官候補生会議開く

スライドを使用し、発表するオーストラリアの士官候補生ら（3月6日、防衛大学校で）

【防大】防衛大学校主催の第17回国際士官候補生会議（ICC）が3月4日から同11日まで、17カ国の士官候補生を同校に招いて開かれた。防大生は士官候補生との発表・討議を通じ、相互理解と信頼関係の促進を図った。

会議は平成10年から毎年行われており、今回は米英仏独豪加をはじめ韓国、インド、チュニジア、ブラジルなどから20人を招へい。今年のテーマは「リーダーシップと士官候補生のあるべき姿」。

参加者は6、7の両日「リーダーシップ教育」「士官候補生生活」「ジェンダーとリーダーシップ」の三つのセッションに分かれ、各国の学校や軍隊の違いを踏まえ、同校の本科学生約1900人と英語で活発な議論を交わした。また鎌倉や横浜を巡る文化研修なども行われた。

討議に先立ち、5日には統幕総務部長の荒木淳一空将補が同テーマで基調講演を行った。

共済組合だより

「附加給付」変更のお知らせ

防衛省共済組合では、組合員等の病気・出産・休業等に対する給付を行っています。その内容は法律に基づく「法定給付」のほか、組合の財政状況に応じて実施する「附加給付」がありますが、平成26年度から以下の通り附加給付について変更いたします。皆様のご理解をお願い申し上げます。

◇結婚手当金
25年度まで給付されていた結婚手当金（4万円）は、26年4月1日以降、廃止されました。

◇出産費附加金・家族出産費附加金
平成26年4月1日以降の出産の場合、出産費・家族出産費と併せて出産費附加金・家族出産費附加金が支給されます。金額は4万円です。

◇一部負担金払戻金
組合員ご本人（自衛官は除く）の医療機関等での窓口負担額が自己負担限度額を超えた場合、その額を一部負担金払戻金として、共済組合が後日支給していますが、標準報酬月額が「53万円以上」の方の自己負担額は今後、段階的に引き上げられます。

①対象となる一部負担金等が高額療養費の対象にならない場合及び1件の対象となる一部負担金等について高額療養費が支給される場合の自己負担限度額（3万円）は、26年4月1日から27年3月31日まで4万円に、それ以降は5万円に変更されます。

②2件以上の対象となる一部負担金等を合算して高額療養費が支給される場合の自己負担限度額（6万円）は、26年4月1日から27年3月31日まで8万円に、それ以降は10万円に変更されます。

なお、標準報酬月額が「53万円未満」の組合員は従前通りです。

海幕長、5年ぶり中国訪問へ

河野海幕長は4月21日から25日まで中国・青島で開催される「西太平洋海軍シンポジウム（WPNS）」に参加する。海幕長の中国訪問は平成21年7月の赤星海幕長以来5年ぶり。WPNS（22～24日）では、西太平洋地域の海洋安全保障環境安定化のため、関係各国の協力・交流の推進を図る。

海幕長は4月[illegible]の記者会見で「呉勝利[illegible]」会談を調整している」と述べた。

派遣航空隊交代へ

アデン湾海賊対処

P3C哨戒機でソマリア沖・アデン湾の警戒監視に当たる派遣海賊対処行動航空隊が6月、15次隊から16次隊に交代する。

16次隊は海自[illegible]（鹿屋）と陸自中央即応[illegible]（宇都宮）を基幹に編成され、[illegible]上旬に鹿屋基地を出発する。現地で任務を引き継いだ後、15次隊（[illegible]淺沼弘巳1佐以下[illegible]人）は6月中旬に帰国する予定。

なお、水上部隊[illegible]揮官・立川浩二[illegible]隊司令＝以下約[illegible]護衛艦「いなづま」[illegible]ぎり」で編成）[illegible]め、3月17日に[illegible]港した。

◇中央音楽隊「第142回」定期演奏会
▽日時＝平成26年6月1日（日）午後2時半開演
▽場所＝東京芸術劇場コンサートホール（東京都豊島区）
▽指揮＝隊長・武田晃1佐
▽曲目＝C・ケクラン「民衆の祭りのためのコラール」、P・スパーク「天と地をめぐりて～フォーレの主題にもとづく協奏変奏曲～」、H・O・リード「メキシコの祭り」ほか
▽入場料＝無料（応募後抽選）
▽申し込み＝往復はがきの往信面裏に、住所・氏名・年齢・電話番号・希望演奏会名を明記の上、〒178-8501東京都練馬区大泉学園町 陸上自衛隊中央音楽隊朝雲新聞係まで。5月9日（金）必着。往復はがき1枚につき1人。未就学児の入場は不可
▽問い合わせ＝陸自中央音楽隊演奏班、電話048（460）1711内線3622まで。

◇東部方面音楽隊「第61回定期演奏会」
▽日時＝平成26年6月21日（土）午後2時開演
▽場所＝和光市民文化センターサンアゼリア大ホール（埼玉県和光市）
▽指揮＝隊長・田村[illegible]3佐
▽曲目＝第1部がA・リード「アルメニアン・ダンス」パートI・IIほか、第2部が「JAZZ STAGE」
▽入場料＝無料（応募後抽選）
▽申し込み＝往復はがきの往信面裏に、住所・氏名・年齢・電話番号・希望演奏会名（「第61回定期演奏会」）を明記の上、〒178-8501練馬区大泉学園 陸上自衛隊東部方面音楽隊演奏会係まで。6月6日（金）必着。往復はがき1枚につき1人。未就学児の入場は不可
▽問い合わせ＝東部方面音楽隊演奏係、048（460）1711内線3640まで。

訂正 4月3日付[illegible]「東音[illegible]」の記事で、オリ[illegible]トに関して「3週間[illegible]」とあるのは「4週[illegible]算15週間）」の誤りでした。訂正します。

浸水を最小限に防ぐ「二重船殻」

【「しらせ」の二重船殻構造】2代目「しらせ」の特徴は、船体が二重船殻（ダブルハル）構造となっていること。環境保全のためタンカーなどに採用されている構造で、座礁などにより船底や船腹を損傷しても、内部船殻内の燃料タンクは保護され、燃料が漏れて海洋を汚染することを防ぐ。今回の南極での「しらせ」の座礁でも、この二重船殻構造により浸水は最小限に抑えられ、その後の航行も支障なく、安全に帰国することができた。

砕氷艦「しらせ」の構造

「しらせ」二重船殻構造

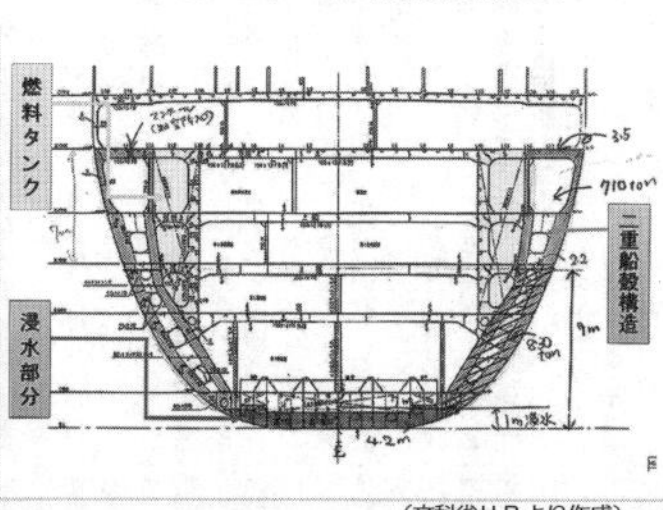

（文科省ＨＰより作成）

PHOTOGRAPH

しらせ

151日間の軌跡

3年ぶりに昭和基地接岸を果たし、南極観測の未来に希望を届けた海自の砕氷艦「しらせ」（1万2650トン、艦長・日高孝次1佐以下約180人）。今期も厚さ約6メートルの氷と2メートルの雪が行く手を阻む中、果敢に挑んで航路を切り開き、チャージング回数は往復路で過去最高の4563回に達した。南極・昭和基地では厳しい環境下で全搭載物資1159トンを送り届け、第55次南極地域観測隊を支え続けた「しらせ」乗員たちの151日間の軌跡を写真で振り返る。

昭和基地で大型大気レーダーの設置作業を行う乗員（1月30日）

昭和基地からの持ち帰り物資を「しらせ」に降ろす観測隊のヘリ（1月30日）

厚さ6メートルの氷と2メートルの雪

果敢に航路切り開く

3年ぶり昭和基地接岸

「しらせ」は昨年11月8日、東京港・晴海埠頭を出発。各種訓練を行いながらフィリピン海を南下、セレベス海に入りインドネシアを通過して、同22日、豪フリーマントルに入港した。

同地で第55次南極地域観測隊員（宮岡宏隊長以下58人）を収容すると、観測隊がチャーターしたヘリを搭載して27日に出発。洋上で海洋観測支援を行いながら、一路南極へと向かった。

12月9日にリュツォ・ホルム湾沖の流氷域に進入、16日には昭和基地まで約20キロの地点に達し、CH101輸送ヘリ91号機で生鮮食品などの「初荷」を基地で待つ越冬隊員に届けた。また、17日から輸送ヘリと雪上車を使って、燃料、食糧、観測・設営物資など1159トンの本格輸送をスタートした。

全搭載物資1159トン運ぶ

新年を氷海上で迎えた「しらせ」は1月4日午後4時半、昭和基地沖約600メートルの定着氷に到着し、3年ぶりとなる「昭和基地接岸」を達成。同日午後7時にはパイプラインでの燃料輸送を開始し、7日までに全量の527トンの輸送を完了した。

5日に雪上車での大型物資輸送、12日にヘリ空輸を再開し、13日までに全1159トンの物資を運び終えた。

接岸を断念した2年間、輸送物資は前々回の53次で約820トン（約1280トン中）、前回の54次で約670トン（約1100トン中）にとどまり、昭和基地では今後の越冬隊の観測事業などが危ぶまれていた。

無事に輸送任務を終えた「しらせ」は、海氷に閉じ込められる事態を防ぐため、1月22日に基地沖を離れたが、乗員たちはその後も大型大気レーダーや自然エネルギー棟の整備などの設営支援や野外観測支援を続けた。

2月1日に54次・55次隊が交代した後は、8日までに54次隊員らを順次収容して昭和基地を離れた。なお、持ち帰りの廃棄物や大型車両は約500トンで、過去最大量となった。

その後、南極沿岸での海洋観測支援で「しらせ」がロシアのマラジョージナヤ基地（無人）周辺の調査のために接近したところ、基地沖約700メートルの地点（南緯67度39分、東経45度49分）で、暗礁に乗り上げ運航不能になった。二重船底の一部に浸水が確認されたため、乗員たちは排水作業と状態調査を実施しつつ、4度目の挑戦で18日に離礁した。

航行には支障がなかったため、「しらせ」は予定通りタスマン海を北上し、3月15日にシドニーに到着。55次隊と54次越冬隊の66人を降ろし、4月7日に東京港・晴海埠頭に帰国した。「しらせ」にはこの日、統幕長からの2級賞状が授与された。

今回の南極観測の成果として、南極のやまと山脈付近の裸氷帯で回収された隕石から、新種の炭素質コンドライトが発見された。国立極地研究所では「太陽系の物質進化過程に新たな知見を与えることが期待される」としている。

「しらせ」艦内で配食の準備を行う給養員たち

CH101輸送ヘリ91号機に物資を搭載する乗員（1月15日）

空輸に備え、貨物用倉庫から格納庫に揚げられた物資（12月16日）

海水温や塩分の測定に協力するため、海水を採取する乗員（12月2日）

昭和基地に生鮮食品などを届けたCH101輸送ヘリ（12月16日）

南極海で観測隊の氷厚調査を支援する乗員（1月30日）

雪の舞う中、観測器材を海に降ろす乗員（12月3日）

雪上車を「しらせ」に収容する乗員（1月9日）

QDR 2014
米国防計画見直し　全訳

□4□

第1章　安全保障環境の将来

◇世界の動向（続き）

米国は新たな通信手法としてサイバー空間への依存を強めている。富の創出と保存、重要なサービスの提供、そして国家安全保障行動の実現などだ。サイバー空間は米国民生活―そして米国の安全―にとって重要であり、我々の安全と経済秩序に挑戦しようとする者にとり、サイバー空間は格好のターゲットになる。

サイバー空間は今後も機会を提供するが、同時に恒常的な紛争と競争ももたらし、ハードウエア、ソフトウエア、ネットワーク設定、利用者の行動パターンなどの変更によってぜい弱性が生み出される。サイバー空間の脅威は広範な国、組織、そして、活動が米国益にとって一段と大きなリスクとなっている個人から発せられる。こうしたサイバー脅威は、国防総省や防衛産業のネットワーク、インフラに日常的に不正にアクセスを繰り返すことで、国防総省の短期、長期的な軍事効果を削いでいる。

さらに、潜在敵対勢力は米国と友好諸国の重要インフラを調べあげており、このことが世界経済に大きな打撃を与え、安全保障環境に動揺を生み出し、増幅させる恐れがある。

宇宙空間も米国の安全と世界経済にとって重要。宇宙活動が日常的に行われ、無責任な活動もあって宇宙空間の混雑は増している。米国の宇宙空間能力、また、宇宙空間自体への脅威は着実に高まっている。

いくつかの国は幅広い対宇宙能力――可逆的、非可逆的影響を伴う――を開発し、我々が軍事作戦を遂行し、世界に軍事力を示す力を否定／減殺することを狙っている。加えて、多くの国は宇宙空間を利用して自らのシステムの正確性を高め、米国内資産がリスクにさらされることになっている。

他の精緻な技術の普及も多くの新たな難題となっている。対ステルス技術は、高度な先端兵器――かつては進んだ研究開発能力と大きな調達予算を持った国しか取得できなかった――が拡散し戦闘での力の均衡を変えてしまうかを示す一つの例に過ぎない。

自動化、自律化されたシステムやロボットは、既に幅広い商業、産業、軍事に応用されており、今後もこの傾向は続く。

低価格の3D（立体）プリンターは、戦争関連の生産と兵站に革命をもたらす可能性がある。大量破壊兵器（WMD）開発の新たな手法――バイオ技術革新など――は発見が非常に困難で、対抗するにはさらに困難を伴う、動きの速い脅威となる恐れがある。これらの技術や他の技術が戦場でどう使われるか、現状では不透明だ。

ハイテク器具を使用するか、先進度に劣る兵器を使用するかは別として、米国へのテロリストの脅威は01年以降大きく進化している。米国内でのテロ攻撃を計画、実行したアルカイダのメンバーの多くは拘束されているか、処刑されている。

アルカイダの「核」は力を大きく削がれているが、中東の不安定とシリア内戦により、アルカイダは勢力を世界に延ばし新たな活動拠点を得ている。テロリストは引き続き、米国、米国民、米国益に脅威を与える意思と力を持っており、大規模で高度に連携した攻撃から、より小規模で単純な攻撃まで対応する。

テロリストのネットワークは、WMDの入手に依然関心を示す。アルカイダ系の外国テロリスト集団、個人のテロリストらは西洋人を勧誘し、また警告なしでの米本土への攻撃をそのかすかもしれない。

米国育ちの暴力的過激主義者が、例えば国防総省の職員や施設を攻撃した例はある。米本土では危害を加えられない集団が、海外では米国益や職員らの脅威になる可能性もある。暴力的な抗議デモ、テロ攻撃といった急速に発展する脅威が瞬時にエスカレートし、国内外で米国益への直接の脅威になるといった可能性は、重大な問題だ。

気候変動は、米国と世界全般にとってのもう一つの大きな難題だ。温室効果ガス排出の増加で、海面は上昇、世界の平均気温は上昇、そして天候の異常が加速している。

これらの変動は、富裕層人口の増加と都市化の進展、インド、中国、ブラジルやその他諸国の大きな経済成長といった他の地球規模で起きる力学的変化と相まって、住宅、土地、インフラを破壊するだろう。

気候変動は水不足を増幅させ、食料価格を急騰させるかもしれない。気候変動がもたらす圧力は資源獲得競争を激化させ、世界中で経済、社会、政府への負担を増やす可能性がある。

これらの影響は脅威を倍加させ、外国での貧困、環境悪化、政治的不安定、社会的緊張といったストレス要因をさらに悪化させることになり、テロ行為やその他の暴力を生むことになる。

◇米国の強さと機会

この難しい環境に対処するため、米国は多くの比較優位点を活用する。米経済は、世界的な危機を経て強くなり、国力の源泉であり続けている。我々の経済力は、米軍と同盟諸国、友好諸国の軍事力に裏打ちされた、安定した国際秩序と密接に結びついている。そしてその秩序がアクセスの自由と世界貿易の自由を保証している。

シェールガスの発見と、炭化水素採取の新技術により、米国は今後数十年にわたってエネルギーの純輸出国になるとみられる。将来の米経済全般の見通しは強いといえる。

新田原基地の航空ショーで、子供と触れあう米海兵隊員。2013年はオスプレイも参加した（QDRから）

共通した利益と価値感の共有を基礎に、米国と同盟国における友好関係の強さは比類ないものだ。世界中の人々は米国民が享受する自由、平等、法の支配、民主的統治に引きつけられる。世界的な規範の設定からテロリストの脅威の打倒、人道支援の提供に至るまで、米国は同盟諸国や友好関係諸国と幅広い分野の目標を達成するために協調する。

我々は米国の指導的地位と能力を利用し、国連や他の多国間協議の場で安全保障問題での国際協力を推進する。近年だけでも、我々は欧州の同盟国、友好国と協力してアフガニスタン、リビアでの作戦行動を進め、アジアの同盟国、友好国と地域の安全保障問題で協力した。こうした同盟国、友好国とのネットワークが米国の将来の危機や緊急事態に対処する能力を補強することになる。

最後に、米軍は我々の技術的、人的強さを利用するのに良い態勢を保っている。米国は技術の開発と利用でリーダーの地位を保ち続ける。海中戦などで重要な能力上の優位となる、戦闘における米国の革新性は、強い国防産業基盤の上に築かれた国家的な資産であり、国防総省は今後もこの基盤を支え続ける。

先端技術は、新たな戦闘能力を提供するだけでなく、兵士の治療に人生を変えるほどの進歩を提供する。そして、厳しい訓練と戦場で得た経験に磨かれた我々の軍隊員の戦闘能力は、今後も誰にも負けないものであり続ける。

第2章　国防戦略

米国は、核となる次の4点の国益を支持する中で指導力を発揮することにより、世界の安全保障確保の責任を引き受ける。

1　米国と米国民、米国の同盟国と友好諸国の安全

2　機会と繁栄を促進する、開かれた国際経済システムにおける力強く、革新性に富み、成長する米国経済

3　国内、世界中における普遍的価値の尊重

4　世界の課題に向き合うためのより強い協力を通じ、平和と安全、機会を促進する、米リーダーシップが進める国際秩序

軍は我々が国家として国益を守るための一つのツールにすぎない。我々はこれらの利益を、可能な限り外交、経済開発、協力と約束、そして思想が持つ力によって追求する。必要とあらば、米国と同盟諸国は武力によって国益と共通の利益を守る意思と能力があることも示してきた。そして、軍がそうした要請に応えられるよう、国防総省は幅広い緊急事態に備えなくてはならない。

国益を守る上での国防総省の役割は、潜在的な紛争を減らす努力に根差している。すなわち、重要地域において攻撃的行動や強制を抑止し、行動を伴う約束を通じて世界の事象に前向きな影響を与えることだ。

米軍を危険な環境に投入する決定は、その費用や危険度だけでなく、根源的には危機にさらされる国益の性質によって決定されるべきだ。米国と米国民の安全を守ることは必須の国益である。

国家の安全が危機に直面すれば、国の指導層は武力を、必要なら一方的に行使する用意がある。我々は、外交力が信頼できる武力によって強化されるよう、軍を国際的で能力があり、維持可能なようにしておく。そして、軍事力を行使する際には原則に基づき選択的に行い、必要な時にのみ、あらゆる法規と米国の国益、価値観に沿う形で行う。

2014年版QDRは前政権のQDRを発展させたものである。10年版は基本的には戦時の戦略であり、イラク、アフガニスタンでの勝利という短期的取り組みと、紛争を阻止、抑止するという長期的な必須課題のバランスをとる一方、将来の広範な緊急事態に備え、それらを全志願制軍隊の健全性を維持・増進させる中で行うものだった。

12年版国防戦略の指針は21世紀の国防の優先事項を挙げ、進行中の戦争遂行から将来の課題に備えるという、国防総省の移行を開始。同時に、国防総省が予算管理法で定められた4870億ドルの歳出カットをいかに吸収していくかを示すものであった。

国家安全保障戦略に沿って米国益を保護・増進する14年版QDRは、12年版国防戦略指針が示した国防優先事項を表している。

優先事項とは、アジア太平洋地域へのリバランスにより地域の平和と安定を維持すること▽欧州、中東の安全、安定への強いコミットメントを維持すること▽暴力的な過激主義者やテロリストの脅威に対抗するため、中東、アフリカに力点を置きながら地球規模のアプローチを持続させること▽戦力規模が縮小、筋肉質化する中で、枢要な技術への投資の確保、選別化を継続すること▽そして、新たな形態の友好関係を築き、主要な同盟・友好関係を強化する取り組みを活性化させること――だ。

14年版QDRはこれら優先事項の上に構築され、これらをより大きな戦略の枠組みに組み入れるもの。米国がアフガニスタンからの撤退を進める中で、この最新の国防戦略は米国益を守り増進させ、米国のリーダーシップを支え、戦略的好機を利用することを意図するものだ。国防総省の戦略は以下の3本柱を強調する。

〈次号に続く〉

米国防計画見直し（QDR）の構成

国防長官からの手紙
エグゼクティブ・サマリー
序章
第1章：安全保障環境の将来
第2章：国防戦略
第3章：統合軍のリバランス（再均衡）
第4章：国防組織のリバランス
第5章：予算強制削減の意味合いとリスク
統合参謀本部議長のQDR評価

西風東風

中国、S400システム導入へ ――海外勢で初

ロシア紙コメルサントはこのほど、ロシア製最新型ミサイル防衛システム「S400」について、中国が海外で初の購入者になる可能性があると報じた。ロシアのプーチン大統領も同意しており、数量と価格について中露両国が交渉を進めている。国営放送局「ロシアの声」（中国語電子版）や中国のニュースサイト・環球網も引用して伝えた。

露連邦軍事技術協力庁は2012年に、中国国防部がS400の導入に意欲的であることを明らかにしている。同庁のアレクサンドル・フォーミン長官は3月27日、コメルサントに対し、中露両国が交渉中であることを認めた。

露大統領府の関係者は「今年初めには、供与が決まっていた。クリミアのロシア編入をめぐり、米欧とロシアが対立していることとは、何も関係がない」と述べた。

ロシア軍部は、輸出より自国軍への充分な配備を先行するよう要望。露連邦保安庁などは、中国がロシアから入手した技術を基に、同種のシステムを自主開発することを懸念していたが、どちらの問題もほぼ解決したという。

ロシア軍への納入は既に始まり、20年までに28組が配備される。スオボロン・エクスポルト社（ロシア兵器輸出公社）のアナトリー・イサイキン社長は先ごろ、コメルサント紙に対し「2年前、S400の売却について複数国と交渉を始めたことは確かだ。しかし、自国軍への配備を優先し、ロシア側が交渉を延期していた。輸出開始が16年より前になることはない」と話している。

また、軍事貿易に関する中露の知的財産保護協定が発効したことで、模倣の懸念も解消した。中国側は2～4組のS400の売却と、システムに関する技術情報全部の引き渡しを求めているとされる。

露ロスバルト通信によると、中国軍は07年の契約に基づきロシアのミサイル防衛システム「S300PMU2」15組とコマンドシステム「SU83M6E2」2組の納入を受け、北京、上海などの大都市に配備した。さらにS400を配備することで、中国は台湾と尖閣諸島（沖縄県）の防空が可能になる。

（香港＝中岡秀雄）

欧州の軍事バランスに動揺 ――ロシアのクリミア併合

ロシアが武力を背景にウクライナのクリミア半島を併合したことで、欧州の軍事バランスに大きな動揺をきたしている。

これまで、中立政策から北大西洋条約機構（NATO）に一定の距離を置いていたフィンランドとスウェーデンが加盟に向けた検討を始めたほか、冷戦終了後、削減が続いていた軍事費についてもウクライナだけでなく、スウェーデンなども増額の方向で見直しを進めている。NATOではデンマークのラスムセン事務総長の後任に、ノルウェーのストルテンベルグ前首相が今年10月に就任することが決まったが、ウクライナ、ロシア問題に対する難しい対応を迫られそうだ。

NATOの加盟についてはスウェーデンに比べて、フィンランドにはいまだに慎重論が根強い。ロシアと1300キロにも及び国境を接しており、かつて国土の一部カレリアを帝政ロシアに割譲させられた上、属国化された経緯があるためだ。

カタイネン首相は「NATOの完全なメンバーとなる選択肢は開かれているが、だからといってロシアとの2国間で良好な関係を維持できなくなるわけではない」と強調する。

NATOのメンバーにならない場合の選択肢として隣国、スウェーデンとの間での新たな防衛条約の締結も挙がる。軍備購入の一元化、連合軍の創設、作戦の共同展開などを行う案で、外海、沿岸とも警戒できる多目的哨戒艇の購入などがすでに話し合われている。

また、第3の可能性として、スウェーデン、フィンランドに加え、NATO加盟国のデンマーク、ノルウェー、アイスランドで構成する北欧防衛協力（NORDEFCO）との連携強化も探られている。いずれも、国民投票での承認が必要となる。

NATOは1990年、ロシアとの間で新加盟国には常備軍を配備しないことで合意しているが、NATO高官はウクライナに対する一連のロシアの行動で、この合意は無効になったとの見解を示している。

ポーランドが1万人規模のNATO軍の駐留を要請するなど、旧東欧圏の各国はNATOの存在感の増大を望んでいるが、これにどう対応するかが当面の課題となる。

（ロンドン＝加藤雅之）

部隊だより

陸

大和　6戦車大隊は2月22、23の両日、仙台市の夢メッセみやぎで開催された「第9回仙台モーターショー」に協力、96式装輪装甲車と高機動車を展示した。震災の影響で3年ぶりとなる同イベントには5万3700人ものファンが来場。「はたらくクルマ」会場の自衛隊車両も大人気で「震災の際はありがとうございました」と隊員にお礼を述べる人も。

大宮　32普連は3月9日、創立52周年記念行事を駐屯地で実施した。渡邊連隊長のあいさつに続き、各中隊が関係者約300人を前に一糸乱れぬ観閲行進を披露＝写真㊤。式後、レンジャー小隊が市街地戦闘訓練を展示。8階建ての隊舎屋上からロープを伝って潜入し、占拠した武装工作員を掃討するまでを披露し、来場者から大きな拍手が送られた。

金沢　14普連はこのほど、守山駐屯地で行われた「最強戦士選考会ラッパの部」に隊員6人を出場させた。競技会は10師団管内のラッパ特技者の錬成と能力向上を目的に、個人対抗のトーナメント戦を実施。起床や課業開始など課題曲を吹奏し優劣を決めた。競技の結果、準優勝を果たした杉木優太士長は「来年こそは優勝する」と決意を新たにしていた。

春日井　小野寺防衛大臣が2月22日、防衛大臣として初めて春日井駐屯地を視察した。柿野司令から状況報告を受けた大臣は、感染症対策用陰圧式エアテントシステムや87式偵察警戒車＝写真㊤＝など部隊の装備品を視察、日夜、大災害の発生に備える隊員たちを激励した。また訓示では東日本大震災での労をねぎらい、引き続き任務の遂行を強く要望した。

桂　駐屯地体育館で3月2日、「駐屯地司令杯バレーボール大会」が開かれた。トーナメント方式で行われ、近隣の12チームが参加。白熱した戦いが繰り広げられ、決勝では「西京極WIN」と一昨年から連続優勝の「御室クラブ」が対戦。激しい攻防戦の末、御室クラブが3年連続3回目の優勝に輝き、飯田司令からトロフィーが贈られた＝写真㊤。

霞目　駐屯地は3月2日、飛行場などに隣接する地域住民を対象に25年度4回目の研修会を実施した。55人が来駐し、司令から部隊の概要を聞き、配備されているヘリや各種車両、施設などを見学した＝写真㊧。ほとんどの人が初めての駐屯地訪問だったが、研修後「自衛隊の任務や訓練の重要性がよく分かった。これからも任務に頑張って」と話していた。

岩手　駐屯地は3月15日、盛岡市文化ホールで「ち・か・ら」をテーマに第28回岩手駐屯地音楽隊定期演奏会を開いた。初級らっぱ集合訓練中の隊員によるラッパ吹奏や巌鷲太鼓部の演舞などもあり、1400人の聴衆は陸自の「強さ・優しさ・楽しさ」を体感。最後に「あまちゃんメドレー」や駐屯地司令によるギター演奏なども披露され、大いに盛り上がった。

名寄　駐屯地は2月6〜23日の間、名寄市などで行われた「冬の祭典」に協力、延べ2500人の隊員が雪像造りなどに従事した。この時期の道北は連日氷点下30度を下回る厳しい寒さだったが、隊員たちは331台の車両を投入し、「なよろ雪質日本一フェスティバル」「北の天文字焼き」「しべつ雪まつり」「美深ウインターフェスティバル」などに協力した。

大津　駐屯地広報班の和田祐里3曹はこのほど、彦根市の中学1年生270人の「職業説明会」に参加した。自衛隊の他にもさまざまな職業の関係者が参加。生徒たちは興味のある教室を選び、50分間の説明を受けた。自衛隊の教室には20人が訪れ、質疑応答では生徒から「なぜ自衛官になったのですか？」など質問が飛び交い、自衛隊への認識を深めた。

前川原　シバタ工業（兵庫県明石市）の上級管理職15人がこのほど幹部候補生学校を研修し、組織管理について学んだ。一行は職員から「状況判断」について講義を受けた後、グループ討議を実施。組織内の地位に応じた役割を再認識するとともに「統率」の重要性を改めて確認した。参加者たちは「今後の事業展開への参考としたい」と話していた。

えびの　駐屯地はこのほど、えびの市の要請を受け、南九州最大の買い物市「京町二日市」に軽装甲機動車や人命救助システムなどの装備品を展示し、「自衛隊のまち、えびの」をアピールした。イベントには2日間で約15万人が来場。3年連続の出展となった陸自ブースには連日、大勢の親子連れが訪れ、珍しい車両をバックに記念撮影などをしていた＝写真㊧。

小倉　40普連は小倉市制50周年記念行事のフィナーレを飾る「北九州マラソン」で炊事支援を行った。炊事長の仲広文曹長以下、各中隊から選ばれた炊事要員36人は、ゴール地点の小倉北区の西日本総合展示場に展開。走者として参加した五十嵐連隊長ら約50人の隊員を含む1万人のランナーに豚汁1万2000食を提供し、心と体を温めた＝写真㊤。

桜前線北へ

「私の原点……入隊当時を思い出す」

全国の自衛隊の駐屯地・基地で「桜前線」が北上中だ。

九州・大分の玖珠駐屯地では4月2日、夜桜を楽しむ「花観会」が開かれた。東日本大震災での災害派遣などもあり、ライトアップしての夜桜観賞会は4年ぶり。地元の玖珠・九重自衛隊協力会の尽力により復活し、この夜は150人が出席した。

濵平信一司令は「皆様と満開の桜の下でお会いでき本当にうれしく思います。今後とも私たちは『地域の和』を大切に皆様との更なる協力関係を築いていきたいと思います」とあいさつした。

その後、出席者たちは心地よい花の香りの中で杯を酌み交わし、年に1度だけの至福の時を過ごした。

◇

500本のソメイヨシノが咲き誇る茨城・勝田駐屯地では4月5、6の両日、地元住民にグラウンドを一般開放した。

昨年3月に本部庁舎が完成してから初の桜の季節の開放とあって、待ちかねた市民約4000人がカメラを手に来場。さっそく桜の木の下にお弁当を広げ、お花見会を満喫していた。

来場者は「昨年は荒天で中止になり残念でした。2年ぶりに訪れましたが、やっぱり勝田駐屯地の桜は素晴らしいですね。地域の誇りです」と話していた。

◇

宮城・仙台駐屯地の「桜まつり」は4月19日に開かれる。隊員たちは大震災で被災した方々にも駐屯地の桜を楽しんでもらおうと、現在いろいろ準備中だ。

そんな中、ソメイヨシノやシダレザクラなど約750本ある駐屯地の桜のうち、1本が気象庁の予想より6日ほど早い4月2日に開花した。ボイラー管からの放熱などが理由らしいが、仙台市内で一番に開花したとの情報を受け、仙台放送のテレビクルーがさっそく取材に訪れた。

広報室の河野陽子2曹が開花したソメイヨシノの木に案内。「自衛隊の皆さんは桜が咲くとどんな気持ちになりますか?」との質問に、河野2曹は「やっぱり入隊当時を思い出しますね」と答えた。「入隊した頃、桜が満開だったので、桜は自分の原点を思い出させてくれます。桜の花を見るたび、あの時の新鮮な気持ちを忘れずに頑張らねばと思います」

仙台の桜が満開になる頃、今年も希望を胸に多くの新隊員が入隊する。満開の桜も彼らの前途を応援している。

（玖珠、勝田、仙台）

桜が満開となった勝田駐屯地のグラウンドでお弁当を広げ、お花見を楽しむ市民

「うまく撮れたかな？」。スマホで桜を撮影する女子学生（勝田駐屯地で）

夜桜見物もまた良し！　ライトアップされた玖珠駐屯地の桜を愛でる来場者

空

百里　基地は3月16日、地元の協力者ら120人を招待し、CH47J輸送ヘリ（入間ヘリ空輸隊）の体験搭乗を行った。招待者は注意事項を受けた後、ヘリに乗って基地を離陸、大洗海岸や鹿島サッカースタジアムなどの風景を高度約600メートルから20分間楽しんだ。搭乗を終えた参加者は「郷土の景色が遠くまでよく見えて感動した」と話していた。

岐阜　基地モニター6人は3月6日、近隣部隊研修として小牧基地を訪れた。一行は概況説明の後、1輸空でC130H輸送機、救難教育隊でUH60J救難ヘリを見学＝写真㊨。岐阜基地にも多くの航空機があるが、両機種は通常は見られないため、6人は隊員の説明に熱心に聞き入っていた。また、小牧での初の体験喫食もおいしそうに味わった。

奈良　基地はこのほど、社会奉仕活動団体「奈良ゾンタクラブ」の依頼を受け、1輸空（小牧）の望月寛子1尉を招いて奈良市で講演会を開いた＝写真㊧。望月1尉は約30人を前に「空自女性パイロットとして」と題して志望動機やこれまでの経験を話した。その後は質疑応答があり、会員からは「（自衛隊に）親しみが持てるようになった」との感想が聞かれた。

海

函館　1輸送隊（呉）所属の輸送艦「くにさき」（艦長・笹野英夫2佐）は3月12日から14日まで函館港町ふ頭に入港し、地域の防災関係者を招いて防災展示を行った。歓迎行事で三浦昌伸隊司令は「災害発生時に輸送艦が果たす能力を理解していただき、海自と防災関係者の関係を深めたい」とあいさつ。概要説明やLCACの体験航海などを実施した。

大湊　大湊造修補給所（所長・山越博道1佐）はこのほど、開所15周年記念行事を行った＝写真㊤。山越所長は所員への訓示で「専門家として技術向上に励み、『匠』としての実力を次世代に伝承するという使命感を持って業務に臨んでほしい」と要望した。午後にはミニバレーボール大会が実施され、出場10チームのうち「工作部Aチーム」が優勝した。

目黒　幹部学校の福本学校長は2月6日、金沢工業大学で学生150人に対し講演を行った。テーマは「東日本大震災における海上自衛隊の災害派遣活動について」。掃海隊群司令としての被災地での救援活動の状況を説明した。講演後、同大学の石川憲一学長は「学生たちは使命感を持って職務を遂行することの大切さを認識してくれた」と話していた。

横須賀　基地モニター7人は2月5日から7日までの3日間、海自の岩国、呉、江田島地区で研修を行った。初日は岩国基地でUS2救難飛行艇の着水訓練を見学した後、シミュレーターで乗り心地を体感。2日目は〝海自のふるさと〟呉を見学、最終日には江田島で「第47期一般幹部候補生」の卒業式に参列し、近海航海に旅立つ卒業生を見送った＝写真㊤。

岩国　海自唯一の航空掃海部隊・111航空隊（司令・樽澤勇樹1佐）は3月8日、開隊40周年を祝った。同隊は昭和49年に誕生、現在はMH53E、MCH101両掃海ヘリを有し、200人体制で任務に当たる。式には眞木31空群司令をはじめ岡掃海隊群司令、歴代司令や来賓らが出席。精強な航空掃海部隊を錬成していく決意を新たにした＝写真㊤。

募集・援護 特集

平和を、仕事にする。
陸海空自衛官募集

ただいま募集中！
◇幹部候補生（一般、歯科・薬剤）
◇医科・歯科幹部
◇自衛官候補生（男子）
★詳細は最寄りの自衛隊地方協力本部へ

力強く、初々しく

各地で入隊・入校式

「同期と切磋琢磨して立派な自衛官となれ」——。全国の自衛隊で4月初旬、一斉に入隊・入校式が行われた。各駐屯地・基地では部隊長や地元首長が熱く激励し、地域を挙げて新隊員たちを祝福。これに先立ち各地本では、入隊予定者たちの不安を一掃するため、式の前に部隊研修や引率業務を行って部隊のイメージを高めてもらい、若者たちが自衛隊にスムーズに溶け込めるよう後押しした。

60人が希望の出発

滝川　制服姿に感激の家族

入隊式で宣誓する浦田凌自衛官候補生（4月6日、滝川駐屯地体育館で）

【10普連＝滝川】10普連は4月6日、滝川駐屯地体育館で自衛官候補生60人の入隊式を行った。

多数の来賓や家族が見守る中、教育隊長（10普連副長・廣澤久伸2佐）から任命書を受け取った1区隊長の佐藤康平3尉、2区隊長の谷次正光1曹が新隊員一人ひとりの名前を読み上げると、自候生たちは緊張しつつも俊敏な動作で立ち上がり、力強く宣誓。初めて見る我が子のりりしい制服姿に家族たちも目を見開き、感激していた。

入隊した一人、上之園和弥自候生は、先に入隊した2人の兄にあこがれて入隊。兄たちから「おまえなら大丈夫。立派な自衛官になれる」と太鼓判を押されたという。

式後、陸自11音楽隊による歓迎コンサートが開かれると、ようやく緊張もほぐれ、新隊員に笑顔が戻った。

祝賀会食では隊員と同席し、部隊に早く慣れるようアドバイスを受けた。また、自衛隊協力会滝川隊区連合会会長を務める前田康吉・滝川市長からも熱い激励を受けた。

60人の自衛官候補生たちは3カ月後、立派な「自衛官」となるため、それぞれ胸に希望を抱いてスタートを切った。

「守る側に立ちたい」

大津駐と今津駐　新隊員が抱負

テレビ局のインタビューに答える山形りさ自衛官候補生（4月5日、大津駐屯地で）

【滋賀】4月5日に大津駐屯地で、翌6日に今津駐屯地で一般曹候補生と自衛官候補生の入隊式があり、入隊を担当した地本部員も参列、新隊員の晴れ姿を見守った。

大津では一般曹候生27人と自候生128人、今津では自候生49人が真新しい陸自の制服に身を包んで出席し、力強く宣誓した。

大津駐に入隊した梶取諒太一般曹候生は「これからは、いざという時、国民を守る側に立ちたい」と抱負を語った。また、山形りさ自候生は「厳しい教育だと思うが、班員と力を合わせて3カ月間を頑張り、制服の似合う自衛官になりたい」と決意を述べた。

一方、戦車部隊が駐屯する今津駐に入隊した山嵜良武自候生は「3戦車大隊で最先任上級曹長として勤務する父を目標に、私も機甲科職種を希望したい」ときっぱりと語った。

地本では新隊員たちが立派な自衛官として成長していけるよう、今後もしっかりとサポートしていく。

地元女子大で自衛隊説明会

神戸出張所

【兵庫】神戸出張所は地元の神戸女子大学から要請を受け、同大キャンパスで自衛隊説明会を実施した。

所員は1人でも多くの学生に参加してもらおうと、大学キャリアサポートセンターと数回打ち合わせを行い、女性自衛官の配置などに重点を置き説明会を行った。

当初、説明会は1クールの予定だったが、最終的には3クールに増え、公務員を志望する学生全員にメールで告知を行うなどして多くの学生を集めた。

当日は副所長の山口照子1尉がプレゼンを行い、自らの体験談を交えて女性隊員の活躍ぶりを詳しく語った。学生からは「自衛隊では女性も幅広く活躍していることが分かった」「今までは民間企業しか見ていなかったが、自衛隊も良いと思った」などの意見が聞かれた。

卒業生の姿に 出席者ら感動

海自幹候校

【島根】地本は3月20、21日の両日、島根大学副学長や県内高校教諭らを対象に呉基地と海自幹候校（江田島）の研修を行った。

初日は呉で訓練支援艦「くろべ」を研修、乗員の仕事ぶりや同艦の任務などの説明を受け、海自への理解を深めた。

翌日は江田島を訪れ、大講堂で行われた一般幹候生課程174人、飛行幹候生課程48人の卒業式を研修した。会場には首相夫人や武田防衛副大臣、米7艦隊司令官などの姿もあり、研修者たちからは「幹候校の卒業式は国家としても重要な行事だと知り、驚いた」という声も聞かれた。

卒業生の中に島根大学出身の房明2尉を見つけた副学長は「立派に成長した彼女の姿を見てとても感動した。海自に入隊して本当に良かった」と話していた。

地本ではこうした高校・大学教職員の部隊研修を通じ、26年度の募集目標達成にもつなげていく考えだ。

「こんごう」など公開

大分　新岸壁に来場者の列

【大分】地本は4月6日、海自佐伯基地分遣隊と連携し、「さいき春まつり」会場に広報ブースを開設した。完成したばかりの佐伯港女島岸壁に海自5護隊（佐世保）の護衛艦「こんごう」と1練潜隊（呉）の潜水艦「ふゆしお」が接岸、各種公開などを行った。

同岸壁は5万トン級の船舶が入港できるよう13年前から工事を進め、今年3月28日から運用を開始したばかり。来場者はメーン会場からシャトルバスなどで岸壁を訪れ、行列を作って「こんごう」と「ふゆしお」を見学した。

会場には地本が用意した制服試着コーナーなどもあり、艦艇をバックに記念撮影する家族連れなどの姿が見られた。

護衛艦「こんごう」の艦内を見物するために、列を作る見学者（4月6日、佐伯市女島岸壁で）

料理作品展に「戦闘糧食」展示

横須賀地域事務所

【神奈川】横須賀地域事務所はこのほど、横須賀市汐入町にあるヨコスカ調理師専門学校で行われた「第36回料理作品展」に自衛隊広報ブースを開設した。

この作品展は毎年開かれ、学生による料理作品の展示や実演、ホテル料理長らによる模範料理の展示、氷の彫刻制作などのイベントがある。

地本は提供を受けたブースに自衛隊の「戦闘糧食」などを展示。会場には約1000人もの見学者が訪れ、自衛隊の「戦闘糧食I型（缶飯）」や「II型（レトルト）」を物珍しそうに見つめていた。会場には小泉進次郎衆院議員も現れ、歓声が上がっていた。

旅立つ新隊員を激励

拍手に送られ北海道や長崎へ

宮崎地本

【宮崎】地本は3月24日から4月1日にかけ、全国に向けて旅立つ新隊員の入隊業務を行った。

3月25日に宮崎空港から出発したのは北海道・札幌市の真駒内駐屯地に向かう一般曹候生・島田晃佑さんと神奈川・横須賀市の武山駐屯地に向かう同・井上佑哉さんの2人。

島田さんは「僕も父のような陸上自衛官を目指し頑張りたい」ときっぱり。見送りに来た父親の島田久充3佐は「広い北海道で同期と切磋琢磨して頑張ってほしい」とエールを送っていた。

出発ゲートには入隊を支援した広報員も集まり、肩をたたいて激励。2人は盛大な拍手の中、大きな希望を胸に部隊へと向かった。

一方、3月30日には自候生（女子）となる9人が長崎・佐世保市の相浦駐屯地に向けて出発した。両親や広報官が見送る中、募集課長の筒井鋭達2佐が「いまここにいる9人が皆さんの最初に会った同期。共に宮崎県の代表としてお互いに助け合い頑張ってください」と激励した。

駐屯地に到着すると、さっそく身体検査などが実施された。9人は初めてのことに戸惑いを見せていたが、すぐに仲間たちと打ち解け、笑顔を見せていた。

引率した地本の日高早苗2曹は「今の若い女性は昔に比べて明るく、自信に溢れていて、頼もしい。間違いなく立派な自衛官になってくれるでしょう」と目を細めていた。

隊舎で入隊予定の仲間と記念撮影をする島田晃佑さん（前列左）＝3月25日、真駒内駐屯地で

先輩が任務を説明

入隊予定者の不安解消

三重地本

【三重】地本は3月4日、空自入隊予定者11人に対し、小牧基地の支援を受け、入隊前の部隊研修を行った。入隊予定者が不安なく空自部隊に着隊できるよう企画されたもので、陸・海要員に対しても別途、同様の部隊研修が行われている。

小牧では、PKO活動や国際緊急援助活動などに活躍するC130H輸送機の見学や三重県出身隊員との懇談などが行われた。

三重出身で1輸空補給隊に勤務する橋爪宏典士長が11人を出迎え、輸送機部隊の日々の任務を丁寧に説明。「私も入隊前はいろいろ不安があったが、部隊に来てみると楽しいことも多く、航空機を使った仕事はやりがいがある」と述べた。

橋爪士長は自分の入隊を担当した当時の広報官、奥谷俊美曹長と7年ぶりに再会。奥谷曹長は「あの橋爪君がこんなに立派な航空自衛官に成長したとは。まさに広報官冥利に尽きる。本当にうれしい」と感激していた。

C130H輸送機の前で記念撮影に臨む入隊予定者と1輸空の田中重光1尉（左端）、小池信佑子2尉（右端）＝3月4日、小牧基地で

トラックやタクシーに「募集用ステッカー」

加茂地域事務所

【新潟】加茂地域事務所は3月中旬から中・下越地区で「移動広報」を実施している。これはトラックやタクシーに本部募集課が作成した地本オリジナルの「募集用ステッカー」を貼付し、移動広報するもの。

きっかけは昨年、三条市から入隊した隊員の実家が輸送業を営んでおり、三条市父兄会長の小出茂氏を通じて同社（マルソーグループ）に協力を依頼したところ、快諾を得て実現した。

当初はトラック約100台の予定だったが、新潟県自衛隊援護協力会総会の席上、宍戸地本長が改めて要望したところ、同社のトラック約500台に加え、系列会社のタクシーや学校給食運搬用車両なども加わり、最終的に約550台の車両にステッカーが貼られることになった＝写真。

この結果、県内だけでなく県外でも「移動広報」が実現。これら車両を見て近隣の燕市からもステッカー貼付の協力の申し出があるなど、大きな相乗効果を挙げている。

事務所では今後、中・高校生向けに色違いの「プレミアム・ステッカー」を作製し、これを見つけた生徒には自衛隊グッズをプレゼントするなど、新たな広報企画も計画されている。

ドーラン塗り体験コーナーに人気

ミリタリーフェス

【岩手】地本は3月30日、都内で開かれた日本最大級のミリタリーフェス「ASGKフェスティバル・ビクトリーショー」に参加した。

隔月発行の漫画雑誌「戦国武将列伝」（リイド社）で連載中の『戦国自衛隊』（原作・半村良、作画・森秀樹）に協力したもので、自衛隊広報ブースを開設した。

訪れた約500人の若者に自衛隊の活動を説明したほか「陸自岩手駐屯地写真展」も行い、東日本大震災での部隊の活動を伝えた。

特に人気があったのは「ドーラン塗り体験コーナー」で、一関出張所長の皆川博之1尉と9特連（岩手）の小野寺舞華士長が支援＝写真。さらにトークイベントでも皆川所長と小野寺士長がサバイバルゲーム好きの女子らとともに登壇し、自衛隊の魅力について熱く語った。

さらばYS11

地球399周分を飛行

61空　46年間の労ねぎらう

ＹＳ11Ｍ輸送機9042号と共に記念撮影を行う61空、51空、４整補隊の隊員たち（３月28日、厚木基地で）

【61空＝厚木】全国の海自航空基地を結ぶ海自唯一の航空輸送部隊である第61航空隊（司令・井上健1佐）は3月28日、ＹＳ11Ｍ輸送機9042号機の用途廃止を受け、除籍セレモニーを行った。

ＹＳ11Ｍ輸送機は国産初の旅客機で、海自では貨物・人員輸送型のＹＳ11Ｍと機上練習機型のＹＳ11Ｔを保有している。

42号機は昭和43年3月14日に日本航空機製造で造られ、46年12月20日に61空の開隊に合わせて配備された。以来、約43年にわたり、輸送・広報任務に従事してきた。

北は八戸（下総経由）から南は南鳥島（硫黄島経由）、西は沖縄への定期航空便を運航したほか、全国各地の飛行場で体験飛行を実施。その飛行距離は1596万キロにも達し、月と地球を21往復、地球を399周という膨大な距離となった。

平成元年の昭和天皇の「大喪の礼」と今上天皇の「即位の礼」の際には、国賓として来日した海外要人の成田～羽田間の輸送に従事、12カ国の国王や大統領、首相を乗せた。また、阪神淡路大震災や東日本大震災でも生活物資などの輸送に活躍した。

除籍セレモニーには、61空隊員をはじめ、第4整備補給隊員、日本飛行機社員など89人が参加。井上司令は「9042号機が防衛大臣の認定を受け用途廃止になった」ことや機体の略歴を隊員に紹介した後、ノーズ付近に花輪を設置し、操縦室の窓から機体にシャンパンを注いで46年間の労をねぎらった。

42号機を操縦した経験のある鈴木浩美3佐と藤田和寛3佐も51空から駆けつけ、「輸送機パイロットとしての自分を育んでくれた航空機と別れるのはさびしい」と別れを惜しんでいた。

42号機は今後、残るＹＳ11Ｍ輸送機2機のために装備品や部品を提供することとなる。

大湊初の女性鉄砲会員誕生

大湊砲術会（会長・塩崎浩之1佐）が昨年11月18日に発足し、大湊初の女性射撃幹部である矢野ゆみ2尉（37）も会員に加わった。

海軍砲術会は2012年12月17日に23年ぶりに復活して以来、砲術術科の充実・継承・発展に寄与すべく活動を行っており、ほかに横須賀支部がある。

大湊砲術会の結成式では、OB会員と現役が〝鉄砲屋談義〟を楽しみ、護衛艦への乗り組みを控えた矢野2尉を鼓舞していた。

矢野2尉は現在、護衛艦「まきなみ」の砲術士として勤務しており、「与えられた職務を全うしていきたい」と力強く話している。

高工校に3兄弟

父親も生徒出身「息子達を誇りに」

空自岐阜基地に勤務する田中康一3空佐（45）＝飛実団飛行隊総括班長＝の三男、大雅（たいが）さん（15）がこの春、約12倍の難関を突破して晴れて陸上自衛隊高等工科学校（60期生）に合格し、田中家の3兄弟がそろって高工校出身となった。

父親の康一さんも実は空自生徒（30期）出身。親子4人がみな自衛隊生徒出身というケースは極めて珍しく、「息子たちを誇りに思う」と話している。

4月7日の入校式に出席した大雅さんは、東日本大震災で活躍する自衛官の姿を見て、幼いころからの憧れが目標に変わったと振り返り、「この国を守る仕事がしたいと思い始めた。休暇で帰省する兄たちは目標に向かっていつも輝いて見えた。入校式を終え、兄たちに少し近づいた気がする」と緊張気味に語った。

3学年（58期生）に進級した次男の努武（つとむ）さん（17）は「弟が自分と同じ制服を着てここにいることが信じられない」と照れながらも、「高工校の厳しさは全て話したつもり。それを承知でこの学校を選択した決意は立派だと思う。ぶれない根性で3年間を乗り切ってほしい」と温かく迎えた。

長男の勢士（せいじ）さん（19）は昨春、高工校（56期生）卒業と同時に空自の航空学生に合格。現在は士長に昇任し、山口県の防府北基地で航学課程2年目を履修中だ。「高工校は勉強以外に『人として』『社会人として』『自衛官として』大切な事を学べる機会が沢山ある。厳しい訓練や不自由な生活に戸惑うだろうが、全てに無駄なことはなく、自分を成長させてくれる。今の気持ちを忘れず努力を続けてほしい」とエールを送っている。

高工校の入校式に臨んだ田中大雅さん（左）と出迎えた3学年の努武さん。右上内は同校卒業生で長兄の勢士空士長（4月7日、武山駐屯地で）

鳥インフルで災派

熊本　11万2000羽処分

▲鳥インフルエンザウイルスに感染した鶏の殺処分作業を行う8特連隊員（4月14日、熊本県多良木町の養鶏場で）

熊本県球磨郡多良木町の養鶏場で4月12日、大量死した鶏から高病原性鳥インフルエンザウイルスが検出された。県は、経営者が所有する同県相良村の養鶏場と合わせ、約11万2000羽の殺処分と埋却を行ったが、両農場で使用するウイルス飛散防止用の消石灰が不足したことから、14日午前零時50分、蒲島郁夫熊本県知事が森山尚直8師団長に災害派遣を要請した。

同2時33分、8特科連隊（北熊本）の第1陣（大寺落健二2佐以下約20人、車両約5両）が相良村の養鶏場に消石灰約1トンの輸送を開始。

3時19分、同隊第2陣（山根木敏之3佐以下約150人、車両約30両）が両地区の養鶏場に消石灰約19トンを輸送した。

6時23分、8後支連隊（工藤日出夫1曹以下約10人、フォークリフト1台、フォークローダー1台、重レッカー1台を含む約5両）が同駐屯地を出発し、多良木町の養鶏所で消石灰の積み下ろしを実施した。

午後1時11分以降、8特連の隊員約170人が防護服を着て鶏の殺処分と埋却作業を続けている。

海自ツイッター　20万人を達成

海自の公式twitterアカウント（@JMSDF_PAO）のフォロワー数が4月8日、20万人を突破した。

アカウントを開設したのは2011年4月4日で、わずか3年で今回の達成となった。ツイート数は6376（4月15日現在）。

海自ツイッター名物は何と言っても金曜日の課業外に出現する【おとん】。「ブルブルブルブル！！！ブルブルブルブル！！！」という予鈴とともにアイコンが変わると、軽妙なツイートを開始する。

通常の真面目な広報ツイートとはまた違った切り口が好評を得ており、「おとんキター！」など多数のフォロワーから親しまれている。

【おとん】のほかには、【おかん】やその娘【まり鯛】といったキャラクターも存在している。性格などは〝中の人〟によって異なるようだ。

今回の達成に当たり、【おとん】は「みんなのおかげだよ。ほんとにサンキュゥ♪記念プレゼントを準備中だから、楽しみにしててくれよな」とツイートしている。

護衛艦16隻がカレーで競う

GC1グランプリ

〝カレーの街〟横須賀にGC1グランプリがやってくる！

横須賀基地に所属する艦艇16隻がカレーの味を競う「護衛艦カレーナンバー1グランプリ（GC1グランプリ）」が4月19日、横須賀地方総監部で行われる。

参加艦艇は護衛艦「むらさめ」「はるさめ」「たかなみ」「おおなみ」「くらま」「あまぎり」「はまぎり」「はたかぜ」「こんごう」「きりしま」「ちょうかい」「あたご」「あしがら」、補給艦「ときわ」、訓練支援艦「くろべ」、横須賀潜水艦部隊の計16隻。

カレーは1皿500円で6000食用意され、午前9時から提供が開始される予定（なくなり次第終了）。午後3時に投票が締め切られ、同3時半に〝NO・1〟が決定する。

GC1グランプリは今回で2回目。前回は12月に佐世保地方総監部で行われ、護衛艦「さわぎり」の「牛すじ入りイカ墨カレー」が1位に輝いた。

「いなづま」白波を立てて堂々の航行

呉市の藤本さん　鉛筆一本で描く

「いなづま」に鉛筆画を寄贈した藤本明弘氏（右）と可知艦長（3月11日）

鉛筆一本で描いた「いなづま」

【いなづま＝呉】白波を立てて堂々と航行するその艦は今にも画用紙から飛び出すよう――。護衛艦「いなづま」（艦長・可知俊一郎2佐）に3月11日、呉市在住の藤本明弘氏が訪れ、同艦を描いた鉛筆画1点を寄贈した。

過去に在日米軍で勤務した経験もある藤本氏は、現在フリーランスの通訳として活躍する傍ら、数多くの鉛筆画を描いている。その一部は海自に寄贈されており、これまでの作品に戦艦「大和」、護衛艦「ひゅうが」「いせ」、呉弾薬補給処などがある。

「いなづま」とは同氏が係船堀地区の休日一般公開で来艦して以来親交があり、その縁で今回の寄贈が実現した。

可知艦長は「素晴らしい出来栄えの立派な絵画を寄贈していただきとても感動している。このような形で地元・県の方から海自を支援していただけることに感謝しつつ、これからも任務を遂行していきたい」と話している。

オリジナルペーパークラフト開発

新潟地本広報

【新潟地本】高田地域事務所は新潟地本のオリジナルキャラクター「マモル」と「マイ」のペーパークラフト＝写真＝を完成させ、3月20日、地本でお披露目した。

製作に当たった広報官の青木龍吾3海曹はデザイン専門学校出身。地本のホームページの、「マモル・マイ立体化計画」コーナーを担当する。紙粘土や石粉粘土を駆使して製作を進めているうちに、簡単に作ることができるペーパークラフトに着目。手作業で作成した過程を「番外編」として同コーナーで公開した。その後も募集業務の傍ら、手作業でサイズや色彩の研究を続けた。

ペーパークラフトを販売する「コスパ」とデザイン集団「NC帝國」のグラフィックデザイナーNasoさんに、テンプレート（設計図）の提供の許可を得て、陸・海自バージョンが完成。残る空自バージョンを現在、製作中だ。

青木3曹は「子どもたちにペーパークラフトを作ってもらい、『マモル』、『マイ』をより身近に知ってもらいたい」と意気込む。ペーパークラフトは地本の募集イベントで活用される予定で、広報ツールとしての活躍が期待されている。

マイチ君とマイコちゃんの2号完成

舞鶴地方隊

舞鶴地方隊のイメージキャラクターの「マイチ君」と「マイコちゃん」の2号＝写真＝がこのたび完成し、4月5日、観桜会でお披露目された。

イメージキャラクターの作製は他の地方隊にはない試み。京都府の府鳥で冠島に生息する「オオミズナギドリ」（天然記念物）をモチーフにしており、1号は舞鶴地方総監部募集支援係が発案・デザインを担当した。

「マイチ君」はやんちゃで人なつっこい性格、「マイコちゃん」は恥ずかしがりやで子供が大好きな性格。今まで多数のイベントに参加しており、子供から大人まで大人気で、なくてはならない存在となっている。

同地方隊ではあまりに〝多忙〟で修繕修理ができないため、新戦力導入を決意。2号はデザインを一新し、総監部広報係が1号に基づいて作製した。

今後は4羽体制で活動していく予定で、広報係では「各種イベントで広報活動に貢献してもらいたい」と期待を話している。

小休止

▽…9師団司令部付隊は3月27日から29日まで、青森ダイハツモーターズの新入社員に対する隊内生活体験を青森駐屯地で実施した。

▽…参加した社員14人は概要説明を受けた後、基本教練などさまざまな訓練を体験。12キロに及ぶ行進訓練では、前日の体力検定＝写真＝での疲労で「腕と腹筋と太ももとふくらはぎが痛いです」――。参加者は気力を振り絞って歩き通し、無事すべての訓練を修了した。

▽…「だらだらした生活から社会人へ変わる良い機会となった」と新入社員たちは、自衛隊の仕事の一端に触れた達成感にひたっていた。（青森地本）

こちら警務隊

☎8・6・47625

通勤手当を不正に受給　詐欺罪で懲役10年以下

電車利用で通勤手段の申請をしている者が、実際は、常に自転車で通勤していた場合、どのような罪に問われますか？

人を欺いて通勤手当を不正に受給していた場合「詐欺罪」に問われ、10年以下の懲役に処されます。

この罪での「欺く」とは、人を錯誤（錯覚）に陥れることをいい、会計担当者にウソの事実を申告するほか、通勤手段・方法が異なって申請されていることを知りながら、これを利用することも「欺く」ことに含まれます。

不正受給は犯罪です。このような行為は絶対にしてはいけません。

（警本＝市ヶ谷・田口1曹）

（世界の切手・アメリカ）

自分が全く予想しない球が来たときに、どう対応するか。それが大事です。

イチロー（大リーガー）

南スーダン派遣施設隊・第5次隊からの所感文

活動変更に直面したが

1陸尉　習田　浩二（施設器材小隊長）

視察に訪れた山下陸幕副長（右から2人目）に施設活動の状況を説明する習田浩二1尉（その左）

南スーダン国内で政府側と反政府勢力が武力衝突するという不測の事態により、日本隊が予定していた首都ジュバ周辺での道路補修などの施設活動は中断され、代わって私たちは国連施設に避難してきた住民の人道支援活動を実施することになりました。

私は施設器材小隊長として「UNハウス」（UNMISSの文民職員が勤務する国連施設）にいる避難民の支援を命じられました。

「UNハウス」は未活用の土地が多く残されており、この場所をブルドーザーや油圧ショベル、ダンプを使って整地し、避難民が一時的に生活できる敷地の造成や安全確保のための防護壁の構築に当たりました。私たちの部隊は約9万5000平方メートル（甲子園球場5個分）の敷地造成と全長約2・5キロの防護壁を構築しました。

この間、最も苦労したことは、UNMISSからの要望でUN文民職員と避難民の地域を分ける境界柵を最初に構築したことにより、敷地造成作業の際、車両が出入りのたび遠回りをしなければならなかったことです。

しかし、地域の人々からは「ジャパニーズ・グッド！」と感謝の言葉を掛けられ、言葉や文化の違いはあっても心を通じ合わせることができました。また、一緒に作業したUN職員やNGOメンバーとの関係も深まり、プライベートでメールアドレスを交換するまでになりました。いろいろありましたが、南スーダンのために一緒に活動することができ、とても満足しています。

南スーダンの子供たちは顔を合わせるたび「ハウ・アー・ユー（元気）？」と声をかけてきます。この元気な子供たちの将来のためにも、私たちは限られた環境の中で最善を尽くしていきます。（原隊・7施群本部＝大久保）

自分たちで考え、創りあげる

3陸曹　日比野　優（隊本部3科・警備陸曹）

避難民がジュバに押し寄せる中、日本隊宿営地の警備に当たる日比野優3曹

3曹となって4年がたち、陸曹としての能力をさらに向上させたいと考えていた頃、中隊長から「国際活動教育隊に行ってみないか」と声を掛けられました。私は国際任務を熱望していたので迷うことなく希望し、PKO教育を受けることになりました。

国際活動教育隊では、南スーダンPKOの実任務が目前に控えていたことから、教育には熱が入っていました。私たちは過去のPKO活動の教訓を学び、予想される事態への対処も「自分たちで考え、創りあげていく」との意気込みで臨みました。そして原隊に戻った時は「南スーダン派遣施設隊本部第3科の警備陸曹」という補職が決まっていました。

本部勤務は初めてで「何をしたらいいのだろう」とちょっと不安も感じましたが、その後「警備資器材の維持・管理」という明確な任務を与えられ、先輩の助言もあり少しずつ不安は減っていきました。

昨年12月1日、ジュバに到着しました。現地では外柵を隔てたところに多くの避難民が集まるという想定外の状況となり、宿営地警備を担う私は日々緊張感を持って任務に当たっています。

このような事態は過去に事例がなく、初めてのことばかりで難しい面もありますが、「自分たちで考え、創りあげていく」ことの重要性を思い出し、部隊の安全確保に全力を傾注しています。皆で協力して任務を完遂し、全員無事に帰国したいと思っています。（原隊・7普連1中＝福知山）

物資調達に奮闘中

3陸佐　根本　昌美（対外調整班・ウガンダ調整班長）

日本隊への補給物資の調達や輸送業務を指揮する根本昌美3佐（左）

5次隊の分遣隊「ウガンダ調整班」は、南スーダン国内で活動する本隊から約600キロ離れた隣国ウガンダのカンパラ市で、総務・渉外・輸送調整・後方補給・会計を担当する隊員8人で勤務しています。

ウガンダは物資が豊富なため、我々は南スーダンでは手に入らない資材や物品の調達とその輸送業務など、後方補給支援活動に当たっています。

しかし、何がどこで売られているのかその掌握が難しく、当初、物品の調達には大変苦労しました。また日本と文化の異なるウガンダでは、業者に発注しても品質や納期、数量が守られないなど、問題も次々発生しました。そこで各担当者が情報を共有し、頻繁に市場調査を行い、慣れない英語で契約業務に奔走しました。

現在、南スーダンの情勢悪化で調達物資を所望の時期に届けるのが難しい状況ですが、さまざまな輸送手段を模索し、低価格かつ質の高い物品を調達して本隊の任務達成に寄与できるよう努力しています。

今年1月、本邦の政府高官が視察された際、「ウガンダ調整班の活動は南スーダンで活動する日本隊にとって非常に重要な役割を担っている」との激励を受けました。この言葉を胸に、今後とも全員が士気を高く保持して任務にまい進したいと思います。（原隊・補給統制本部＝十条）

OBがんばる

畑野　秀男さん　54
平成25年7月、第372施設中隊（鯖江）を最後に定年退職（准陸尉）。北陸銀行に再就職し、警備サービス業務に従事している。

就職活動は早めに

自衛官は定年が54歳と若く、年金生活を始めるまでにはさらに10年以上の期間があり、その間、家族の生活費や子供の学費などもかかることから、私も定年を前に早めに再就職活動をしました。福井地方協力本部の援護教育を受け、そこで元自衛官が数多く働いている企業の話を聞きました。

そこで私もそのような職場で毎日、緊張感と心の張りを持って勤務したいと思い、北陸銀行への再就職を決意しました。

私の銀行での仕事は主に警備サービス業です。銀行職員が出向くお得意先に私も同行し、集金や両替金の集配、支店などの連絡業務に当たっています。職員が移動する際は、車両の運転も大事な仕事であり、私は交通安全に留意して運転をしています。

お得意様回りは決まった集配コースがあり、最初はその場所と経路を覚えるのがとても大変でした。

また、自衛隊時代には経験しなかった仕事の内容を覚えることや、お得意様のニーズに応える業務については今も細心の注意を払って進めています。

退職が近くなったら、まずは先輩や援護担当者から直接、情報収集してください。

もし持病のある人は早めに治し、健康な身体で再就職できるよう努めてください。また、資格の取得だけでなく、自分が本当は何をやりたいのか、自分に何が出来るかをきちんと理解し、その上で仕事を絞り、早期の就職活動に着手することが大切であると思います。

3年前思い出し必死の顔で訓練

3曹　渡辺　めぐみ（6特連本部中隊・郡山）

6師団の「3・11防災の日訓練」に参加、物資をトラックに搭載する6特連隊員

第6特科連隊は東日本大震災からちょうど3年となる3月11日、第6師団が実施した「3・11防災の日訓練」に郡山駐屯地所在の6高特大、6後支連隷下部隊とともに訓練に参加した。

早朝5時、「発災に伴う第3種非常勤務態勢」が発令され、隊員の非常呼集から始まり、駐屯地業務隊と連携しての補給品受領、車両への積載を実施すると同時に、駐屯地に開設された「キッズルーム」での子供の一時預かりの訓練も行った。

一方、連隊本部は状況に伴う情報処理や派遣命令策定などに当たり、大隊は隊容検査を受け、被災地に向けての出動準備を完了させた。当日は小雪の舞う寒い日だったが、みな3年前の状況を思い出し、本番さながらの必死の形相で訓練に臨んでいた。

訓練後、6特連では「復興祈念式」を実施し、芳賀最先任上級曹長が当時の状況を振り返り、垂水連隊長が災害派遣での自衛官の使命等を訓示した。

この訓練を通じ、郡山部隊は災害発生直後の即応態勢を高め、同時に地域へ安心感も与えるなど、大きな成果を収めた。

新刊紹介

「現代ミリタリー・インテリジェンス入門」

井上　孝司著

そもそもインテリジェンスとは何か。本書には「軍事作戦を行う際に影響する事柄について、資料を集めて、整理・評価・分析といった作業を行うことで生み出す、意思決定の役に立つ情報資料のこと」と記されている。

著者は、1999年にマイクロソフトを退社し、IT分野をはじめ、航空・軍事・鉄道といった分野で著述活動を行うテクニカルライター。中でも、センサーや指揮管制、情報通信などのシステム分野を得意とする。

本書は、マスコミ報道や政府の公開資料はもとより、氾濫する多種多様な情報にアクセスするところから、さらに一歩進んで「読み解く」方法を指南。単なるデータを利用価値のあるインテリジェンスへと変える術を教えた一冊となっている。情報という武器を自在に扱えれば、戦局をも一度に変えてしまう力を持てる。

だが、著者が強調するのは「軍事にはあらゆる学問が関わっている」ということ。豊富な知識や鋭い判断力を養ってこそ、利用価値を見いだせる。本書はその足掛かりになるかもしれない。

（潮書房光人社刊、2808円）

「侵される日本」

山田　吉彦著

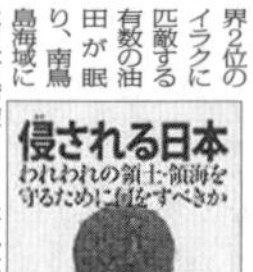

今、中国は水産業バブルにある。道路・鉄道網が整備され、冷蔵輸送も一般化。内陸部へ魚を運べるようになり、供給が追い付かない状況という。1隻1億円の小型船の水揚げ高は年間6000万円以上。著者は海洋と安全保障の専門家で、領土問題を海洋経済の観点からアプローチした。

尖閣諸島海域の海底には1000億バレル、世界2位のイラクに匹敵する有数の油田が眠り、南鳥島海域には日本人が使う230年分のレアアースが存在することが分かっている。日本の排他的経済水域（EEZ）の5分の1しか持たず、「海洋大国」になり得ない中国は「海洋強国」を目指し、海洋資源大国日本を狙い撃ちにしている。

著者は手詰まり感のある尖閣諸島問題解決のため、「海洋保護区」を設定し、そこに国際社会を取り込んだ管理体制を築くことを提唱。

北方領土、竹島、尖閣と「小さな譲歩」を積み重ねてきたことが取り返しのつかない事態を招来したとし、海外メディアをも利用した「威厳を持った」外交に本腰を入れる時期だとしている。

（PHP研究所刊、1620円）

みんなのページ

頼もしかった「普通科魂」

2陸尉　道上　和弘（普教連1中・滝ヶ原）

普通科教導連隊は、2月14日から15日にかけての大雪災害で、静岡県の要請を受け、静岡県小山町須走地区の道路啓開の災害派遣活動に当たった。

連隊からはバケット1台、ダンプカー6両、隊員14人が派遣され、3個作業隊に分かれて除雪を開始した。主要道路の作業は順調に進んだが、裏通りは道幅が狭くて器材の投入が難しく、またバケットが山梨県大月市に転用されたことで、その後の作業は難航した。

私は各隊を回り「夜間を徹しての作業になるが大丈夫か？」と隊員に聞くと「大丈夫です。任せてください」との力強い返事が返ってきて、大変心強く思った。難航していた作業もやがて軌道に乗り始め、また民間の施設器材も除雪を開始したことで18日の午後零時、知事から撤収命令が出され、我々の任務は終了した。

今回の災害派遣では改めて隊員たちの「普通科魂」を強く感じることができた。また地域の人たちから自衛隊が頼りにされていることを肌身で感じ、身の引き締まる思いだった。今後も物心両面の準備を進めて、災害発生に備えて即応態勢を整えていきたい。

詰将棋

出題　日本将棋連盟　九段　石田　和雄

第670回出題

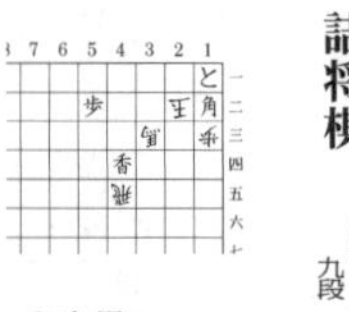

▲先手　持駒　金香

【ヒント】馬の利きを外す手順の妙。（10分で二段）

▶詰碁、詰将棋の出題は隔週です◀

詰碁

出題　日本棋院　九段　曲　励起

第1085回解答

【解答図】黒先、劫。黒❶のコスミが大切です。白②黒❸白④黒❺の時、白⑥と黒を取りにいけば、黒❼、白⑧黒❾で劫になります。

朝雲

発行所 朝雲新聞社
〒160-0002 東京都新宿区坂町26番地19 KKビル
電話 03(3225)3841
FAX 03(3225)3831
振替00190-4-17600番
定価一部140円、年間購読料9000円（税・送料込み）

与那国島で起工式

27年度末に約150人

陸自沿岸監視部隊発足へ

防衛省は4月19日、日本最西端の与那国島（沖縄県与那国町）で、陸上自衛隊の沿岸監視部隊の配備に向けた駐屯地施設の起工式を行った。小野寺防衛相はあいさつで「南西地域での自衛隊配置の空白を埋めるもので、部隊が担う役割や意味は大きい」と強調した。同隊は平成27年度末までに後方支援部隊と合わせ150人規模で新編される予定。一方、空自那覇基地では20日、E2C早期警戒機を運用する「第603飛行隊」が新編された。軍備増強で海洋進出を図る中国を念頭に、尖閣諸島を含む沿岸の艦船や航空機への警戒監視態勢を強化する。

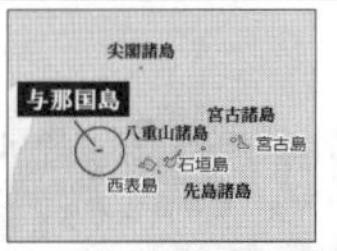

与那国島をめぐる主な経緯

昭和47年5月	沖縄返還で日本領に戻る
平成8年3月	台湾総統選への威嚇として中国がミサイル発射、うち1発が与那国島沖に着弾
17年4月	日本と台湾の防空識別圏が島上空を通過している現状を改めるよう与那国町が防衛庁長官に要請
21年6月	外間町長が浜田防衛大臣に「与那国島への自衛隊分屯地配置に対する要望書」を提出
23年7月	第1回住民説明会（与那国町主催）
9月	概算要求に当たり、与那国島への沿岸監視部隊の配置を決定
11月	第2回住民説明会（与那国町・防衛省共催）
25年6月	左藤章政務官が与那国島を訪問。町有地について停止条件付賃貸借契約を締結
26年2月	第3回住民説明会（与那国町主催）
3月	防衛省、町と賃貸借契約を正式締結

防衛相「南西地域の空白埋める」

与那国町離島振興総合センターで開かれた起工式には、防衛省側から小野寺大臣をはじめ、西事務次官、岩田陸幕長、齋藤空幕長、武田沖縄防衛局長、左藤章前政務官ら、沖縄県側からは外間守吉・与那国町長をはじめ県や町の関係者ら計約100人が出席した。

沖縄県内の自衛隊駐屯地・基地の設置は昭和47年の本土復帰以来、初めて。小野寺防衛相は起工式で「歴史的な機会に立ち会うことができ感無量。今後も地元関係者とコミュニケーションを図り、施設工事が進むことを祈願する」と語った。

外間町長は「町民の長年の念願だった計画が動き出した。町民を代表して心からお礼を述べたい。これまでなかなか進めることができなかったインフラ整備を、防衛省の基地周辺整備事業を活用してできることは、新たな島づくりのきっかけになる」と述べ、新駐屯地への期待感を示した。

沿岸監視部隊は情報科職種の隊員を主力とし、付近を航行、飛行する艦船や航空機をレーダーなどで監視、各種兆候を早期に探知する任務を担う。

駐屯地内には空自の移動警戒隊（約40～70人）が展開可能なスペースも設けられ、陸自の沿岸監視（固定式警戒管制）レーダーの換装・修理時の運用を補うとともに、同レーダーが捕捉困難な覆域をカバーし、警戒監視態勢の維持を図る。

島の中央部にそびえるインビ岳（標高164メートル）の西側にもレーダー施設が置かれる予定で、空白地帯の情報収集、警戒監視の能力を強化する。

駐屯地は島の西端・久部良地区の後方高台に置かれ周囲の景観に配慮した建物となる予定だ。町の要望を受け、島民が利用できる陸上競技場や医療施設も整備されるほか、災害時などに自衛隊の応援部隊を受け入れる万全の態勢を整える。

久部良地区の主な施設

くす玉を割って新駐屯地の起工を祝う関係者。中央で握手する外間町長（右）と小野寺防衛相（4月19日、沖縄県与那国町で）＝防衛省提供

603飛行隊新編

警空隊改編、那覇で式典

防衛省は4月20日、警戒航空隊を改編し、飛行警戒監視隊を飛行警戒監視群と改め三沢基地に配置、空自那覇基地に第603飛行隊（隊長・村上政雄2空佐）を新編した。これまで三沢からE2C早期警戒機を必要に応じて那覇に展開していたが、南西諸島防衛強化のため、三沢に配備されているE2C13機のうち4機程度を那覇に移し、約60人の人員を配置して警戒監視体制を整備する。

これに伴い那覇基地で同日、警空隊改編に伴う603飛行隊新編行事が行われ、小野寺防衛大臣、西事務次官、岩﨑統幕長、齋藤空幕長はじめ、来賓、三沢、浜松両基地の警空隊員ら計約100人が出席した。

開会の辞の後、村上隊長が小野寺大臣に編成完結を報告。大臣は隊旗を授与したあと訓示に立ち、「中国の活動は一層拡大、活発化している。固定レーダーを補完する新たな役割は極めて重要」と603飛行隊の意義を強調した。

警空隊は昭和51年の旧ソ連軍のミグ25亡命事件を機に再発防止を目的として61年に三沢基地で編成され、翌62年から対領空侵犯措置を開始。平成17年の部隊改編を経て現行の体制となった。

新編に伴い、三沢基地の旧飛行警戒監視隊が第601飛行隊となり、603飛行隊と合わせ約200人で発足。浜松基地でE767早期警戒管制機を擁する旧飛行警戒管制隊は第602飛行隊に改称した。

603飛行隊の新編を祝い記念撮影に臨む小野寺防衛大臣と警空隊関係者ら（4月20日、那覇基地で）

日モンゴル防衛相会談

病院開院で陸自派遣

能力構築支援を本格化

小野寺防衛相は4月17日、モンゴルのバトエルデネ国防相と防衛省で会談し、同国のPKO能力の向上に役立つ施設分野や、同国軍の病院開院に向けた衛生分野での能力構築支援のため、陸上自衛官を派遣することを約束した。「衛生セミナー」開催も視野に入れている。

小野寺大臣は「できるだけ早く自衛官を派遣し、本格的な能力構築支援を行っていきたい」と述べ、同国の要請に最大限に応えていく姿勢を示した。

また、国づくり支援のため南スーダンにPKO部隊を派遣している両国は、治安情勢に関して国連と緊密に連携しながら、引き続き現地で部隊間交流を行っていくことを確認した。

このほか、日本は米・モンゴル共催のPKO関連の多国間共同訓練「カーン・クエスト」に引き続き陸自の教官要員を派遣し、積極的に関与していくことを表明した。

バトエルデネ国防相は、防大のモンゴル人留学生の受け入れに謝意を示すとともに、防大出身者が母国で高い地位に就いて軍改革などに大きな役割を果たしていることを紹介した。

一方、核ミサイル開発を進める北朝鮮について小野寺大臣は強い懸念を示した上で、「核、ミサイル、拉致が包括的に解決すれば友好的な関係が築ける。日本の考え方を伝えてほしい」と述べ、北朝鮮と国交があるモンゴルに協力を求めた。

これに対し、バトエルデネ国防相は「対話での解決が必要だ。仲介的な役割ができればと考えている」と応じた。両氏は海洋進出を進める中国やウクライナ情勢などをめぐって意見交換し、「力による現状変更は認めない」ことで一致した。

モンゴルは東日本大震災に際し、臨時閣議を開いて同国初の緊急援助隊の日本派遣を決定するとともに、国家公務員全員が1日分の給料を我が国に寄付したほどの親日国として知られる。

連携を確認し握手するモンゴルのバトエルデネ国防相（左）と小野寺防衛相（4月17日、防衛省で）

自衛隊の役割に期待

集団的自衛権でブレア元長官

元米太平洋軍司令官のデニス・ブレア元国家情報長官は4月17日、東京・内幸町の日本記者クラブで会見し、安倍政権が進める集団的自衛権行使容認への動きについて、「民主主義の価値観を持ち、世界に秩序と安定をもたらす役割を果たせる国は一握りしかない。日本は十分な能力と装備があり、強い責任感と平和への意図を持つ優秀な自衛官を有している」と述べ、行使容認に強い期待感を示した。

ブレア氏は「（容認に向け）北朝鮮や中国が反対するなら分かるが、日本の国民がどうして疑いの念を持ち、世論調査で否定的な結果が出るのか理解できない」と述べた。

さらにホルムズ海峡の機雷掃海を集団的自衛権行使の好例として指摘、「北大西洋条約機構（NATO）、欧米、中国などとともに高い掃海機能を持つ日本の自衛隊が参加することが分かっていれば、イランが封鎖に動くことはないだろう。集団的自衛権の解釈が壁になることがないように願う」と述べた。

また年末までに見直す日米防衛協力のための指針（ガイドライン）を念頭に、「以前より対等の関係をベースに新しい政策をつくるべきだ。率直に言えば日本がもっと役割を果たし、積極的になってほしい」と注文をつけた。

また、尖閣諸島をめぐる日中対立について「尖閣は日本の施政権下にあり、力による現状の変更は認めない。そして（私が）こう発言すること自体、中国への実践的な警告につながる」と述べた。

「北」の挑発抑止で

日米韓が緊密連携

防衛局長級協議

日米韓3カ国の防衛当局による局長級協議が4月17、18の両日、米ワシントン郊外の国防総省で開かれ、3カ国は北朝鮮を核保有国として認めないことを再確認するとともに「北朝鮮の挑発行為を抑止するために緊密に連携する」ことで一致した。

3カ国は北朝鮮の核・弾道ミサイル開発計画は国際的な安全保障上の脅威だとして、国際社会との緊密な連携の必要性を再確認。さ

お知らせ

連休のため本紙5月1日付は休刊とし、5月8日付（3108号）から通常通りの発行となります。ご了承ください。

朝雲新聞社

本号は12ページ

2面 「日米兵站ハンドブック」作成を協議
3面 QDR（米国防計画見直し）全訳(5)
4面 935人に危険業務従事者叙勲
5～8面 〈全面広告〉
9面 〈防衛技術〉技本が新規開発を発表
10面 〈ひろば〉『眼下の敵』がブルーレイに
11面 全自女子サッカー　白熱の攻防
12面 〈みんなのページ〉看護師を志して

春夏秋冬

独特な信長の褒賞法

童門　冬二

陸上自衛隊の久留米幹部候補生学校（福岡県）や、目黒幹部学校（東京都）などで、講演をたのまれる。「徳育（操）」を目的とする話だ。私の生業は歴史に深くかかわっているので、材を歴史にとる。〝愛される自衛隊〟〝地域に溶けこんだ自衛隊〟として例にとるのが、織田信長の〝桶狭間の合戦〟だ。

この奇襲作戦に成功した信長は、その日のうちに現場で部下の論功行賞をおこなった。信長らしいスピーディーな行動だ。最高殊勲者として三千石の土地をもらったのが、梁田政義という地域に密着した武士だった。

ふつうなら敵将今川義元の首をとった武士が、最高殊勲者とされるのだが、信長はその功をたてた武士を次位にした。

部下たちは「梁田はいったいなにをしたのだろう?」と、顔をみあわせてヒソヒソ話をした。信長は説明した。「梁田は、ほろびる織田家を生かす情報をもたらした」と。

そのいきさつを次のように告げた。

・二万から四万もの今川軍が押し寄せる、というので三千しかいない織田方の家臣は狼狽し、軍議では〝籠城討死〟か〝敵に降伏〟という案に決まりかけた

・わし（信長）は不満で軍議をいったん中止した

・その時梁田がやってきて今川軍の動揺を伝えた

それによると

・今川軍は桶狭間と田楽狭間の二手に分かれ夜営した

・桶狭間は軍の大半、田楽狭間は約三百の兵数である

・それぞれ住民に朝めしの支度をさせている

・桶狭間は二ギリメシに水、田楽狭間は魚に地酒を用意している

「それをきいたわしは、桶狭間は一般の将兵で田楽狭間は大将と幕僚たちだ、と判断した。梁田の報告では地元の老人が明日の昼ごろ、田楽狭間にちょっとした嵐がくる、という。これもきょうおまえたちが経験したとおりだ。梁田の情報は実に正確であり、ほろびかけた織田家を救った。三千しかいないわれわれは桶狭間を無視し、田楽狭間だけを攻撃して勝ったのだ」と告げた。

そして梁田がなぜこういう情報を得られたか、といえば、

「梁田隊が普段から駐屯地域に溶けこんでいたからだ。かれの隊に地域住民が絶大な信頼感をもっていたからだ。ほかの隊も範とせよ」

とさとした、という。

（どうもん・ふゆじ＝作家）

朝雲寸言

清流で知られる四国東部の那賀川。体長10センチほどに育ったアユがベルトコンベヤーで運ばれ、センサーを通過すると、瞬時にオスとメスに振り分けられる▼実は[illegible]この技術、アユのしり[illegible]れがオスとメスでは形[illegible]違うことに着目し、対[illegible]ミサイルに搭載されて[illegible]る画像処理技術を応用[illegible]たものだ。ミサイルは[illegible]分の「目」で、船影を[illegible]認しながら飛行するが[illegible]その目の照準を船から[illegible]ユに変えたのが、この[illegible]別装置だ▼インターネ[illegible]トやカーナビ、ゴルフ[illegible]ラブなどに用いられる[illegible]量のカーボン素材、自[illegible]車のエアバッグ……。[illegible]れらは戦闘機などの軍[illegible]用に開発されたハイテ[illegible]技術で、今では生活必[illegible]品といっていい▼政府[illegible]4月1日、武器や関連[illegible]術の国際共同開発に道[illegible]開く「防衛装備移転3[illegible]則」を閣議決定した。[illegible]器の原則全面禁輸とい[illegible]従来の方針を転換させ[illegible]だけに、憂慮の声が聞[illegible]えるのも仕方がない。[illegible]用には慎重を期しても[illegible]いたい▼それにも増[illegible]て、原則の名称を「武[illegible]輸出」から「防衛装備[illegible]転」と改めたからには[illegible]幅広い関連技術の移転[illegible]は、細心の注意を払っ[illegible]ほしい。身近な所にも[illegible]軍事利用可能な技術は[illegible]ほどある▼例えば、J[illegible]東海がリニア新幹線の[illegible]術を米に無償供与する[illegible]いう。経済の視点から[illegible]迎する報道だが、リニ[illegible]技術は空母のカタパル[illegible]にも応用できるハイテ[illegible]だ。ノドから手が出て[illegible]る国も多い。それこそ[illegible]原則の出番のはずだ。

時の焦点

国内

教育機会と女性活用

「花子とアン」の先進性

NHKの朝の連続テレビ小説「花子とアン」で、吉高由里子さん演じる主人公のはな（村岡花子）は、貧しい農家に生まれながら授業料免除で富裕層が通う女学校に入り、英語を身につけ、『赤毛のアン』を翻訳する。低所得層の子女に対する教育機会と、女性の活躍という二つの要素がなければ、本国のカナダより日本での人気の方が高いと言われる作品に、日本人が出会うことはなかったかもしれない。

安倍晋三首相が取り組む「成長戦略」も、それを持続可能にするためには、この二つの要素が重要な役割を担う。

教育面では、親の収入の多寡で子供の教育の質が異なる格差の解消を急ぐことだ。テレビ小説の主人公は、娘の才能を信じた父親のアイデアと熱意で良質な教育を受ける機会を得る。所得格差と教育格差が直結していた時代に、幸運でもあった。ところが、今の日本では、赤ん坊を背負って小学校に行くことこそないが、受験戦争の開始年齢が下がり、中学入試の難しさは公立小学校で学ぶ水準ではなく、塾に通えない児童が不利になるという格差が広がっている。

OECD（経済協力開発機構）加盟国の政府予算に占める教育関係費の比率で日本が下位にいることは、政府レベルで取り組むべき課題の多いことを示唆している。少子化の中、所得格差拡大と教育格差が連動すれば、国の将来を支える人材も枯渇する。教育改革を金看板とする安倍首相が、教科書の中身を自らの思想や信条に近づけさせることばかりでなく、こうした格差対策にも力を入れることが待たれる。

一方、安倍首相が成長戦略の柱と位置づける女性の活用は、一過性に終わらせない制度設計と意識改革が要る。

第二次安倍政権の発足後、省庁や企業のトップに女性が就任する事例が相次いだのは、安倍首相の掛け声と無縁ではないだろう。最近も、4月に人事院総裁に就いた一宮なほみ氏や野村信託銀行社長となった真保智絵氏らが注目を集めた。

ただ、省庁や企業には依然、女性の幹部登用をイメージアップ戦略程度に考える傾向がある。だから、例えば幹部ポストの一定数を女性に割り振るクオーター制のような手法や発想に対し、女性の側から「能力のない人を女性だからというだけで起用すれば、かえって次に続く女性の道を閉ざす」との懸念が聞かれる。能力でなく性別に影響されるやり方が、長続きするはずもないからだ。

育児休業の拡充を訴えた「3歳まで抱っこし放題」構想や、女性の働く意欲を高めようという配偶者控除の見直しも、安倍首相の女性政策は、どうも女性の評判が悪い。村岡花子やアン・シャーリーから「女性活用とは口ばかり」と言われぬよう、再点検が必要だ。

4月24日は、アンを生んだ作家ルーシー・M・モンゴメリーの命日（1942年）である。

東雲　次郎（政治評論家）

海外

イラン核問題

「合意」の後も残る脅威

イラン核問題の包括的解決を目指す欧米など6カ国とイランの交渉は、依然、ウラン濃縮用の新型遠心分離機の取り扱いなどで大きな溝が残る。交渉期限は7月20日で、当事者は5月13日からの次回交渉で最終合意案の起草を開始する方針でいる。

しかし、「核合意」が中東での米国の立場に及ぼす戦略的影響に関して、これまでは十分に考慮されてこなかったのが実情。仮に欧米が望むような「合意」が成っても、イランの脅威は増す可能性がある事実を銘記すべきだ。

交渉の枠組みの共同行動計画では、イランの核保有を阻止する「包括合意」が目標。イランは見返りに、経済を停滞させてきた核開発に絡む制裁措置の大幅な解除と、世界主要国との正常な貿易の再開という大きな「恩恵」を受けることになる。

「恩恵」は既に始まっている。米政府は4月4日、米複合企業ゼネラル・エレクトリック（GE）が、1970年代終わり頃にイラン向けに販売した航空機エンジン18基の整備点検を行うことを認可した。

これは1月に合意した制裁の一部緩和に沿った措置で、航空機世界最大手米ボーイング社にも同様の理由で同日、特定の商用機用予備部品のイラン向け輸出の免許を与えた。

「資本家は自分の首をくくるのに使われるロープを売る」（レーニン）という文句を思い出さないでもないが、制裁がさらに解除されたイランの行方はどうなるか。

主要テロ支援国家の経済権限が強化される結果、「イランがシリア、レバノン、イラクおよびアラビア半島、パレスチナ地域などに悪影響を発揮する能力を高める」（ペトレアス前中央情報局＝CIA＝長官）恐れが十分ある。

「核」での合意に伴い、イランと欧米との広い意味でのデタント（緊張緩和）へと道が開かれる可能性はあるかもしれない。ならば、この時期に「軍艦に新世代の巡航ミサイルを装備した。『いかなる脅威』も致命的反撃に遭う」（海軍発表・4月14日）という西側への警告はどういう意味なのか。

より確実なのは、核交渉の成功が米国と中東の同盟国にとっては、「十分な資金を獲得し、ある意味でもっと危険になった敵」に直面する事態である。

だから、ペトレアス前長官らは①核交渉の結果にかかわらず、中東地域を不安定化させる行動を改めない限り、米国との真の和解はあり得ないとのメッセージを明確に伝える②経済的に強まったイランへの対処策に関し、イスラエルやアラブの同盟国との対話を強化する――などを主張している。

イランの合意事項履行が不十分だった場合、解除された制裁措置を即時に再発動する明確なプランも不可欠だ。

果たして、真に価値ある核合意が得られるのかどうか不明だが、その結果と影響については今こそ慎重に検討し、備えておくべきだろう。

草野　徹（外交評論家）

幕僚会議

「日米兵站ハンドブック」2次案に向け協議

「日米兵站ハンドブック」2次案の作成に向けて、活発に意見を交わす日米陸軍種の兵站幕僚（3月31日、防衛省で）

陸幕装備部主催の平成25年度「日米兵站幕僚会議」（BLST―T＝Bilateral Logistic Staff Talks―Tokyo）が3月31日から4月4日まで防衛省で行われた。会議は、23年3月に1次案として署名・合意した日米の兵站協力をマニュアル化した「日米兵站ハンドブック」の2次案作成に向けて協議、人道支援・災害救援（HA／DR）のシナリオを使って1次案を充実させていくことが決まった。

会議には、米太平洋陸軍や太平洋海兵隊をはじめ、初参加となった米陸軍第1軍団、アラスカ陸軍、第3海兵機動展開部隊（3MEF）などから兵站部門の大佐ら10人が参加。日本側は湯浅悟郎陸幕装備部長をはじめ、陸幕、統幕、中央即応集団、中央輸送業務隊、研究本部、補給統制本部などから約55人が参加した。

会議に先立ち、湯浅装備部長が「日米同盟は極めて重要であり、両国の兵站部門を担う幕僚が一堂に会する機会は非常に意義深い。ハンドブックをさらに使いこなすための転換点、新たな出発の会議にしたい」とあいさつ。

米太平洋陸軍第4部長のランス・コーニグ大佐は「兵站が表に立つことはないが、地域の防衛力は兵站にかかっている」と述べ、「前任者が時間をかけて製作したハンドブックを調整し、両国の友好関係を深めたい」と会議への期待感を示した。

2次案の作成要領の討議では、米側が、将来的に「あらゆる事態に適用できるハンドブック」にすると提案。これに対し日本側は「当面はHA／DRのシナリオを使用してアプローチする」ことを提示し、双方が合意した。

次回、ハワイで開催予定のBLST―Hで、HA／DRバージョンのハンドブック（2次案）の本格的作成に入る。

露爆撃機が列島周回

全方面隊 緊急発進

防衛相「異常飛行だ」

露軍機の飛行パターン（4月10～19日）

ロシア軍機が4月10日から19日にかけて、ほぼ毎日、日本周辺での飛行を繰り返したため、空自の北空、中空、西空、南混団の全方面隊の戦闘機などが緊急発進して対応した。領空侵犯はなかったが、統幕は空自機が撮影した露軍機の写真と航跡図を公表した。

日本に接近飛行を繰り返しているのは露空軍のイリューシンIL20型電子偵察機と、同ツポレフTu95型爆撃機の2機種。このうち、Tu95型爆撃機4機から6機による15日から18日にかけての日本周回飛行は「冷戦期にもないような異常飛行」（小野寺防衛相）となった。

Tu95型爆撃機

IL20型電子偵察機

一方、IL20は北海道から山陰沖までの日本海で偵察（10、11、13、14、16、19日）を繰り返したほか、14、16、17、19の各日はサハリンから国後水道を抜けて千葉県沖まで太平洋を往復飛行するいわゆる「東京急行」ルートを飛行した。

相次ぐ露軍機の飛来に小野寺防衛相は15日の記者会見で「我が国への近接飛行や演習・訓練が活発化している」と指摘した上で、「米韓軍事演習や北朝鮮の行動など、ロシアも東アジアの動向を注視している傾向がある」と述べ、引き続きしっかりと警戒監視を行っていくことを強調した。

海保本部と災派協定

小牧基地 連携強化を確認

署名した協定書を手に、握手を交わす上ノ谷基地司令（右）と長嶋第4管区海上保安部長（3月24日、小牧基地で）

【1輸空＝小牧】「海上における災派に関する空自小牧基地と第4管区海上保安本部との協定」の調印式が3月24日、小牧基地で行われ、基地司令の上ノ谷寛将補と第4管区海上保安本部長の長嶋貞暁1等海上保安監が同協定に署名。両者は海上での災派を想定した連携強化を確認した。（11面に関連記事）

協定は昭和35年に、当時の小牧基地司令と第4管区海上保安本部長の間でいったん締結したが、以来54年間、協定の見直しは行われず形骸化が指摘されていた。

しかし、東日本大震災の災派の際に、自治体や海保庁などとのシームレスな（継ぎ目のない）連携の重要性を基地側が改めて認識し、協定見直しにつながった。協定により、両者は実際の災派を想定した協同訓練と、定期的な協議会を実施する。

小牧基地は「国民の安全を日々守る自衛隊として、この協定を機に各機関との関係を密にしたい」としている。

各国空軍参謀長と意見交換――空幕長訪米

参加した空軍参謀長らと撮影に臨む齊藤空幕長（左から6人目）＝3月29日、米国ハワイ州の太平洋空軍司令部で

齊藤空幕長は3月28日から4月6日まで、米国で行われた第14回太平洋空軍参謀総長等シンポジウム（PACS）に参加、12カ国の空軍参謀長らと意見交換し、各国空軍の現状を理解するとともに信頼関係の構築を図った。

空幕長は28日にパールハーバー・ヒッカム統合基地（ハワイ州）の米太平洋空軍司令部に到着した。その後、各国の空軍参謀長らと共に米国（アリゾナ、ワシントンD・C・、フロリダ、コロラド）に点在する五つの基地を歴訪し、地域情勢や防衛政策など、各国の空軍が直面する懸案や課題について議論した。

人道支援・災害救援（HA／DR）作戦での空軍力の展開や航空宇宙とサイバー環境での作戦能力の向上についても意見交換し、安全保障上の関係強化を図った。

齊藤空幕長はパールハーバー・ヒッカム統合基地経由で、6日に帰国した。

ASEAN災害救援実動演習に初参加

タイで開催

防衛省・自衛隊は4月24日から5月2日まで、タイで開催される「ASEAN災害救援実動演習（AHX）」に初めて参加し、大規模災害発生時の多国間での救援活動に関する訓練を行う。

今回で3回目となるAHXは、毎年関係各国が持ち回りで開催しており、今年はタイとマレーシアの共催で行われる。これまで日本が参加してきた「ASEAN地域フォーラム（ARF）災害救援実動訓練」とは枠組みが異なるものの、ほとんど同じ訓練内容となっている。

ASEAN構成国をはじめ、日米中仏加など16カ国のほか、国連人道問題調整事務所（UNOCHA）、ASEAN防災人道支援調整センター、国際赤十字・赤新月社連盟（IFRC）、世界食糧計画（WFP）、世界保健機関（WHO）などから計約100人が参加。

訓練は「大型台風がA国（仮想国）に上陸し、大規模な被害が発生。A国の国家災害対策委員会がASEANや国際社会からの人道支援・災害救援に係る部隊の受け入れを表明した」との想定で行われる。

自衛隊からは統幕の4人が多国間の指揮所活動訓練に、陸自の医療関係者ら3人が医療活動訓練にそれぞれ参加する。

インドネシア艦艇 佐世保を親善訪問

インドネシア海軍のドック型輸送揚陸艦（LPD）「バンジャルマシン」（満載排水量1万1583トン）が4月30日から5月2日まで、佐世保を親善訪問する。同艦の来日は初めてで、同国艦艇の訪日も7年ぶり。

「バンジャルマシン」には艦長のジェールズ・ジャムカ・ジャヤマ中佐以下約130人が乗り組み、来日中は海自の護衛艦「しまかぜ」（艦長・後藤康二2佐以下約230人）がホストシップを務める。出港後に洋上で親善訓練も行う予定。

なお、4月30日には「バンジャルマシン」乗り組みのインドネシア士官候補生のマーチングバンドが海自佐世保音楽隊と共に佐世保市内で共同演奏行進を行う。

◇靖國神社崇敬奉賛会「こどもの日親子の集い」

靖國神社崇敬奉賛会は、日本の伝統を親子で楽しむイベントを開催する。

▽日時＝平成26年4月29日（祝）午後零時30分参集殿集合

▽場所＝靖國神社（東京都千代田区）

▽プログラム＝映画「ポッポちゃんの靖國まいり」、「端午の節句御神楽の儀」参列、劇・紙芝居、段ボール鎧兜着付け（小学校3年生以上、要事前申し込み）

▽募集人員＝小学生以下の親子合わせ先着300人

▽参加条件＝家族に崇敬奉賛会（年額3000円）もしくは子供が遊就館友の会員（同1000円）で当日の入会も可能

▽申し込み＝ホームページ（http://www.yasukuni.jp/~sukei/）から申込書に記入の上、メールまたはFAX

▽問い合わせ＝靖國神社崇敬奉賛会事務局、電話03（3261）8143まで。

【訂正】4月17日付2面「派遣航空隊交代へ」の見出しで「アデン湾海戦対処」を「アデン湾海賊対処」に訂正します。

共済組合だより

「産前産後休暇」も組合の掛金が免除に

――26年4月1日から――

これまで「育児休業」を取得した組合員について、休業期間中、組合員の申請により共済組合の掛金を免除する制度がありましたが、26年4月1日から「産前産後休暇」の期間（産前6週間、多胎妊娠の場合は同14週間、産後8週間）についても、組合員の申出により、共済組合の掛金が免除されるようになりました。

この掛金免除を受けるためには、組合員が共済組合支部窓口で手続きをしていただくことが必要です。

これから「産前産後休暇」を取得予定の組合員は、「同休暇の開始日の属する月から終了日の翌日の属する月の前月まで」免除されることになります。（26年4月前から産前産後休暇を取得中の方については、26年4月30日以降に産前産後休暇が終了となる場合、掛金が免除されます。）

また、これまで「育児休業」復帰時に3歳未満の子供を養育されている組合員については、勤務時間が短くなる等により給与の支給額が下がった場合、組合員の申出により共済組合の掛金計算のもとになる標準報酬月額を見直す制度がありましたが、こちらも今年4月1日から「産前産後休暇」終了後に引き続き「育児休業」を取得しない場合についても、組合員の申出により標準報酬月額を見直すことができるようになりました。

これら標準報酬月額の見直しの申請についても、各共済組合支部窓口で手続きが必要です。

防衛省発令

▽統幕校企画室長（舞指隊司令）1海佐 由岐中一生▽舞指隊司令（海1術校教務部長）同 小松永秀一▽開発群（長崎地本長）同 佐々木秀悦▽海1術校教務部長（統幕計画課）同 棚岡 充雄▽長崎地本長（統幕校企画室長）同 矢藤 久雄

（以上4月15日）

▽警空隊飛行警戒監視群司令（警空隊）1空佐 菅原 謙一▽空幹校主任教官（警空隊副司令）同 渡邉 弘之

（以上4月20日）

人事異動

2、3海佐

▽くらま砲雷長（練艦隊）2佐 馬場智也▽なるしお艦長（潜訓）堤田和幸▽練艦隊幕僚（練艦隊）坂井喜一郎▽はくりゅう艦長（海幕武器課）井関敬幸

（以上3月3日）

▽81空副長（舞教）2佐 高田正道▽舞教副長（情本）東真

（以上3月6日）

▽印刷隊司令（補本）2佐 髙橋裕文▽ゆうぎり艦長（海幕装体課）松尾巧▽大湊病院薬剤課長（横須賀病院）五十嵐咲子▽自艦隊幕僚（自艦隊）近藤伸二▽あまぎり艦長（3護群）青木邦夫▽3護群幕僚（同）竹嶋広明▽1潜群幕僚（潜訓）3佐 伊藤和典▽みちしお副長（くろしお）坂本勉俊▽いそしお副長（1潜群）岡澤智和▽くろしお副長（いそしお）下畦正伸

（以上3月10日）

▽すずつき副長（佐基業）2佐 深堀義人▽同艦長（同）恒益俊春▽同砲雷長（同）3佐 大熊寛章▽同機関長（同）板垣章司▽同飛行長（同）中平一樹▽同船務長（同）江澤斎高

（以上3月12日）

▽ふゆづき艦長（舞基業）2佐 北御門裕▽同副長（同）川田英司▽同機関長（同）3佐 後藤聖一▽同砲雷長（同）小山内徹哉▽同飛行長（同）吉田泰宏▽同船務長（同）杉田和己▽潜医隊運用科長（はるゆき機関長）中野健一郎▽あまぎり船務長（いそゆき船務長）吉田秀明

（以上3月13日）

▽かしま副長（かしま）2佐 小野修司▽横須賀病院衛生資材課長（横須賀病院）林崎博人▽呉造補所エアクッション整備科長（九州局）3佐 金高一成▽作戦情報隊電計科長（同）吉間勉

（以上3月14日）

▽うみぎり副長（うみぎり）2佐 恩蔵洋▽艦発隊潜水艦科長（艦発隊）吉田薫

（以上3月17日）

▽練艦隊幕僚（練艦隊）3佐 吉田克也

（3月18日）

▽すま艦長（はまな）2佐 秋元則仁▽あいしま艇長（1術校）3佐 松村和彦▽たかなみ機関長（2術校）夏目光太郎▽幹候校教官（とよしま）國田貴之▽うくしま艇長（なおしま）中山昇太郎▽2術校教官（2術校）渡邉弘▽みちしお船務長（みちしお）児山晶紀▽2術校教官（2術校）原口和彦▽てるづき飛行長（21空）出羽浩之▽じんつう船務長（あたご）中津郁雄▽ゆうだち砲雷長（1術校）吉田周司▽佐監契約課長（統幕総務課）鈴木紀貴▽はまな副長（海幕装需課）黒添洋一▽まつゆき機関長（いせ）尾上盛太郎

（以上3月20日）

▽ちちじま艇長（海幕情報課）3佐 尾崎公彦

（3月21日）

▽舞造補所武器部長（海幕武器課）2佐 荒木伸夫▽呉造補所工作部長（技本）清水隆▽舞弾整補所長（九州局）川上哲也▽村運長（徳空基）小松竜次▽大造補所武器部長（海幕武器課）髙橋一正▽3術校総務課長（技本）森洋孝▽45掃隊司令（横監防衛部）中井栄一▽幹校教官（九州局）渡辺正志▽2空修隊企調室長（近畿中部局）村山治▽しもきた副長（げんかい）中原俊行▽31整補副長（2空修隊）福田隆太郎▽海幕技術課航空機技術班長（31整補）坂倉成▽電子情報隊研究指導科長（しまゆき）大谷三穂▽2術校整備課長（しもきた）中村俊雄▽東音長（舞音）手塚裕之▽71飛長（71空）宮崎研三▽202教空副長（同）渡邉譲治▽せとぎり艦長（きりしま）中大路真▽1整補副長（1整補）礒貝晋二▽舞シ通司令（おおよど）二瓶篤▽気象隊長（にちなん）山口正之▽ちくま艦長（こんごう）斎藤夕祈雄▽しょうなん艦長（むろと）齊家裕一▽211学生長（211教空）梅田博之▽厚管長（統幕後方補給室）松岡和人▽3術校主任教官（4整補）上村祐二▽横監施設課長（厚空基）新井健二▽幹候校主任教官（うらが）触井園淳▽しまゆき艦長（ひゅうが）小笊聖一▽にちなん艦長（しょうなん）足立敏▽舞鶴病院薬剤課長（横須賀病院）北森茂樹▽佐世保病院薬剤課長（佐世保病院）中村まり▽横須賀病院薬剤課長（同）相葉啓子▽ひゅうが船務長（ひゅうが）仲井大介▽基礎情報隊3科長（91空）酒井徳史▽91飛長（同）芳賀良哉▽幹校教官（防研）大八木敦裕▽おおよど艦長（自艦隊）大島信吾▽43掃隊司令（同）野口泰志▽総教空群幕僚（総教空群）稲田俊一▽対潜隊音響1科長（教空団）中森善樹▽教空団幕僚（同）松岡弘紀▽1護群幕僚（横造補所）小長井基至▽佐指隊対戦術科長（佐指隊）松本明彦▽呉監経理課長（空補処）菅原英朗▽潜艦隊幕僚（潜艦隊）笹木雅仁▽とね艦長（2ミサイル隊）前久保一彦▽横造補所武器部長（舞弾整補所）森崎賢治▽12飛長（1空）興梠一人▽203補長（海幕装需課）平之山洋▽空補処補管課長（横造補所）見上龍也▽11検長（海幕航空機課）櫻木康雄▽てるづき艦長（いかづち）宮路貴幸▽1術校教官（海幕法務室）髙山裕司▽こんごう船務長（同運支課）田代操一朗▽教空団幕僚（同総務課）猪股健司▽なるしお副長（同防衛課）半崎誠▽やえやま艦長（同装体課）大松清生▽厚経長（同防衛課）長野晋作▽203学生長（203教空）根木大一▽21検長（東業）角亜希仁▽2ミサイル隊司令（副指群）谷雄一▽呉造補所艦船部長（補本）松川哲也▽横造補所武補科長（海幕武器課）中村慶昭▽補本計管課長（艦補処）中村雅俊▽いかづち艦長（護艦隊）外園和治▽護艦隊幕僚（同）宮上英征▽空団幕僚（21空）海野亨成▽自艦隊幕僚（22空）松尾聡▽223飛長（同）行松栄治▽73飛長（73空）黒田辰生▽舞指隊船航科長（電子情報隊）菊地良勝▽3術校主任教官（3術校）杉原俊明▽251飛長（25空）速水孝明▽呉造補所船体科長（中国四国局）3佐 田中洋志▽しもきた機関長（大監防衛部）吉井栄次▽舞弾整補所補給科長（那空基）渡邊隆幸▽徳運長（館空基）羽生光自▽みょうこう砲雷長（大監防衛部）岩瀬剛▽那運長（管制隊）西正博▽けんりゅう副長（呉監人事課）長野修司▽ふゆしお副長（防大）石澤哲也▽那厚長（舞監経理部）飯山明敬▽佐造補所水武科長（技本）寺田好顕▽203武整隊長（203整補）兵藤将光▽呉基業補充部長（呉基業）福田和志▽同総務科長（同）安藤恵理子▽ふゆしお機関長（ふゆしお）天宅理▽31空群幕僚（91空）久保田貫巳▽さわぎり砲雷長（さわぎり）横山雅芳▽同船務長（同）中村雄貴▽31空群幕僚（71空）花島正▽5列整隊長（同）田上禎浩▽自艦隊幕僚（統幕指通シス企画課）渡部永▽21空群幕僚（211教空）黒木一臣▽大造補所需管科長（空補処）田中孝幸▽自艦隊幕僚（やえやま）内桁浩二▽そうりゅう船務長（けんりゅう）里見幸恭▽呉衛生隊衛生科長（呉病院）池田浩丈▽東業施設科長（東京地本）森下浩一▽21空群幕僚（211教空）杉本俊則▽掃支隊戦支科長（はちじょう）小林倫彦▽1術校教官（81空）柴山央彦▽241整補隊長（いせ）髙橋徹▽3術校教官（2整補）奥村晋也▽空団幕僚（同）盛實之▽大シス通運用科長（シス通群）八木貴久▽自艦隊幕僚（自艦隊）大城直也▽潜艦隊幕僚（潜艦隊）尾崎忍▽佐弾整補所企調室長（佐造補所）井手芳和▽大造補所企調科長（横造補所）伊地知周吾▽横造補所艦補科長（同）山之口茂樹▽げんかい艦長（掃支隊）小林進▽護艦隊幕僚（統幕計画課）小松利崇▽おおすみ運用長（1輸隊）石田浩二▽舞弾整補所整管科長（舞弾整補所）米下和宏▽呉造補所武補科長（同）伊川好文▽海幕総務課副官（海幕総務課）伊藤靖名▽掃海群幕僚（掃海群）大川建二郎▽はちじょう艦長（同）本田和久▽みょうこう機関長（同）遠藤健一▽横造補所機関科長（大造補所）松野精一▽大造補所艦補科長（同）長川智憲▽舞造補所艦補科長（佐造補所）鈴木隆▽自艦隊幕僚（海幕装需課）新田善二▽2空整長（同）児玉紀子▽空補処契約課長（同）嵯峨俊樹▽111列整長（海幕技術課）池永成毅▽5空群幕僚（1空）鈴木一上▽自艦隊幕僚（同）鵜飼広之▽5空群幕僚（同）濱田穣▽2空群幕僚（2空）菊池謙秀▽幹候校教官（5空）関根正則▽海業群幕僚（同）舞原裕基▽せとぎり砲雷長（横指隊）佐藤友彦▽31電整長（海幕総務課）信國敬▽3護群幕僚（同教育課）福澤光恭▽艦補処会計課長（同）加藤裕一▽館運長（海幕援業課）大谷幸正▽はくりゅう副長（同防衛課）岡本雄二▽横造補所補管科長（同装備課）武田洋▽71列整長（同航空機課）吉本弘司▽空団幕僚（同運支課）勝又隆夫▽管制隊洋上管制隊長（同）佐藤仁▽徳管長（海幕施設課）俵啓司▽硫管長（同）小林久治▽4武整長（海幕航空機課）大石晨哉▽3術校教官（空補処下総支処）西川武▽同（空団）廣中正則▽教空団幕僚（空補処）中村重昭▽同（203教空）勝見康成▽月教空群幕僚（幹候校）鬼丸力▽1補隊長（2空群）田邉政之▽下対馬警所長（31空群）山口秀樹▽佐造補所艦補科長（海幕艦船課）中村博文▽舞監原価監査官（統幕指通シス企画課）清水慎一▽うずしお副長（うずしお）東垣洋介▽同船務長（なるしお）近藤唯▽たかしお副長（同）桐田輝▽海洋群幕僚（対潜隊）古原美登里▽3術校教官（空補処）笠原健治▽横造補所船体科長（補本）佐藤信一▽自艦隊幕僚（51空）木村大輔▽251整補隊長（補本）福田明浩▽3術校主任教官（同）岡田敦▽2検長（同）川崎修平▽航プロ隊プロ2科長（51空）米田一則▽22空群幕僚（22空群）伊藤彰一▽沖観所分析科長（沖観所）石田直之▽自艦隊幕僚（艦発隊）酒井孝則▽3術校教官（3術校）本田友成▽3護群幕僚（21空）米本美一▽護艦隊幕僚（23空）川畑幸▽2護群幕僚（22空）糀本一雄▽2空群幕僚（2空群）望月浩一郎▽自艦隊幕僚（2術校）本多康弘▽幹校教官（幹校）後潟桂太郎▽21空群幕僚（73空）平野博史▽1術校教官（1術校）大瀬光一郎▽21空群幕僚（72空）塩満謙二▽1術校教官（1術校）丹昭人▽村経長（4術校）川合真太郎▽佐造補所誘武科長（2術校）田中宗徳▽3術校教官（3術校）竹元勝志▽こんごう機関長（3護群）田中謙作▽しまかぜ砲雷長（1術校）金丸竜平

（以上3月24日）

▽舞鶴病院診療部長（佐世保病院）2佐 庄野聡▽阪基隊警備科長（阪基隊）3佐 藤原威織

（以上3月26日）

▽父基分長（横監）2佐 若木毅

（3月27日）

▽幹校教官（幹校）2佐 佐藤幸輝▽52飛長（5空）岩政秀委▽ゆうだち船務長（海幕総務課）3佐 藤原明永

（以上3月28日）

QDR 米国防計画見直し 全訳 2014

□5□

第2章 国防戦略（続き）

■本土防衛　米国本土への攻撃を抑止し、打倒する能力を維持することは国防総省の第一の優先事項であり、非国家と国家による米国益への脅威が高まる時勢にあって、本土防衛への永続的なコミットメントを反映する。本土防衛にはまた、米文民当局による空域、沿岸、国境の保護を支援する能力の保持や、国内の人為災害・自然災害へ効果的に対応することも含まれる。

■地球規模の安全保障構築　世界の事象を（良い方向へ）変えるよう米国が注力し続けることは、紛争を抑止・阻止し、同盟・友好諸国に対して安全保障への米国のコミットメントを保証する上で欠かせない。このグローバルな確約こそが、米国の指導力と影響力の基礎となる。

■力の誇示と圧倒的勝利　米軍が、敵を圧倒的な力の差で打倒する能力を保持し、攻撃的な行動を抑止することは安定維持に必須であり、世界のリーダーとしての役割の基礎でもある。米軍はまた、人道支援や災害救助の局面でも力を示す。

これらの柱は相乗効果を持ち、相互依存の関係にある。我々の核抑止力は米国に対する核攻撃への究極の防衛策であり、拡大抑止力を通じて離れた同盟諸国に、地域への侵略に対する安全保障を提供する役目を果たす。

我々の核抑止力はまた、潜在的核兵器保有国に対し、通常兵器からのエスカレートは許さないというメッセージを発する。

地球規模で安全保障を構築することは、同盟・友好諸国に安心を与え、新たな友好関係を築くだけでなく、中東、北アフリカといった地域での紛争を防ぎ安定を増進することにより、本土防衛に資する。

遠くイエメン、アフガニスタン、マリといった地域で、テロと戦う我々の戦力を示し、友好諸国がテロや大量破壊兵器（WMD）の拡散と使用に対抗するのを支援する力を築くことが、こうした脅威が米国に達する可能性を低めることになる。

大統領が2015年度予算案で求めた歳出規模は、米国益を守り増進し、最新版の国防戦略を実行可能にする。いくつかの作戦ではリスク水準は高まるが、15年度予算案ではこうしたリスクに対処できる。

しかし、強制削減水準の予算カットが16年度に再度導入されたり、提案している改革案が否決されたり、予算をめぐる不透明さが継続したりすれば、これらのリスクは大幅に高まることになる。

◇国防戦略の柱

米本土の防衛

国防総省の最も根源的な任務は米国民の安全を守ること。本土は米軍にとって、もはや聖域ではなく、我々は本土への攻撃可能性が高まることを予想しなければならない。

多様・多面的で、高まる脅威に対抗するため、我々は能動的で多層的な本土防衛策を今後も講じていく。また、安定した戦力と、作戦の遂行を支援する柔軟なインフラ、限定的な弾道ミサイルによる本土攻撃から守る強固なミサイル防衛力を維持する。さらに、必要に応じ文民当局への支援にも備える。

ミサイルの技術進歩と新たな敵対勢力への能力の拡散は、米軍の本土防衛にとってますます大きな挑戦。我々は北朝鮮やイランといった地域勢力による限定的な弾道ミサイルの脅威の先を行き、攻撃を抑止または、阻止しなくてはならない。

そのために、ミサイルを探知して本土防衛の距離と高度を常に拡げることで、弾道ミサイルの脅威に能動的に対処することを一層重視している。こうしたミサイルの脅威を抑止、打倒することが米国を守り、同盟・友好諸国を安心させ、対ロシア、中国での戦略的安定性を確保する。

米国の核戦力の基本的な役割は、米国と同盟・友好諸国への核攻撃を抑止することである。米国は核以外の攻撃を抑止する上では、今後も核兵器の役割を減らしていく。しかしながら、核兵器を保有する国や核非拡散の拘束に縛られない国が引き起こす脅威に対しては、これからも限定的ながら極めて重要な役割を果たす。

そうした潜在的な敵に対しては、我々の核戦力は本土への戦略的な攻撃を抑止し、仮に抑止が機能しなかった場合には効果的な反撃手段となる。

我々は核戦力保有により、米国や同盟諸国の多くの地域における利益に対する攻撃的な行動を抑止し、同盟諸国に拡大核抑止力の保証が信頼に足るものだとの確証を与え、抑止力が機能しない場合は攻撃的行動を打倒または反撃できると示すことができる。

米核戦力はまた潜在敵に対して、米国や同盟・友好諸国への通常の攻撃的行動が失敗に終わっても、エスカレートさせることは許されないと納得させる効果も持つ。

米フロリダ沖で米空軍ＫＣ135空中給油・輸送機（手前）と編隊飛行するＦ35ＡライトニングⅡ。Ｆ35Ａが配備されているフロリダ州エグリン空軍基地の第33戦闘航空団は、米軍のほか各国のＦ35運用者や整備員に対する訓練を行っている（ＱＤＲより）

米国は今後も、安全で効果的な核戦力を保有する一方、戦略核戦力は第4次戦略兵器削減条約（新ＳＴＡＲＴ）に基づき減らしていく。ロシアとはさらに削減交渉を行っていく。

新たな交渉での削減では、米国は配備された戦略弾頭数の上限を、最大、新ＳＴＡＲＴ水準の3分の1を下回るレベルまで減らす用意がある。

米国はまた北大西洋条約機構（ＮＡＴＯ）同盟諸国とともに、米、ロシアが欧州に配備する非戦略核兵器の大幅削減を求めていく。

サイバー空間の脅威が一層増大し、複雑化する中で、我々はサイバー防衛、サイバー能力に大きな優先度を置く。国防総省は米国益を脅かす敵対的なサイバー空間行動を抑止し、大統領の承認と国防長官の命令を得てこれを分断、阻止する。

そのためには、我々のネットワークと主要システムを守り、命令を受け効果的なサイバー行動を行い、そして米国の重要な利益に迫る破壊的なサイバー攻撃から守る能力を持たなくてはならない。

米軍は米国民のプライバシーと自由を保護する関連法規、政策、諸規則に従う。さらに、国防総省は戦時国際法に関係する政策原則と法の枠組みに沿って行動する。

サイバー脅威を抑止、打倒するには、強力かつ複数の利害関係者が協力して対処する必要がある。こうした協力関係により、米国内外の関連当局、産業界などの能力を法規に従って動員できる。

我々は連邦政府のサイバー安全保障チームを支え、国土安全保障省（ＤＨＳ）とともに重要インフラのサイバー安全対策の向上に取り組み、さらにＤＨＳ、連邦捜査局（ＦＢＩ）と協力して警察活動の支援に当たる。

また、産業界や国際パートナーとも協力、脅威に関する情報を共有し、国防産業基盤の分野に特化した機関としての国防総省の役割といったものも含め、米国の重要インフラを守り、防御することに全力を挙げる。

さらに、同盟・友好諸国のサイバー防衛能力向上を助けることで、同盟・友好関係をサイバー脅威に有効であるものに保ち、共同行動により脅威を減殺する。

本土へのハイテク脅威に対抗するだけでなく、先進度合いでは劣るものの、潜在的には壊滅的打撃を与えうる脅威に対しても、国防総省は防衛できる態勢を保持する。また、空と海からの直接的な攻撃を抑止し、これらからの防衛態勢も保持する。空域への注意を絶えず保ち、有能で素早い反撃が可能な防衛力を保持する。

また、国内の危機に際しては、文民当局に支援を提供する。米国民は国防総省に対し、異常気象、疫病、産業事故といった自然・人為災害に際して、文民当局による人命救助活動を支援することを期待している。

潜在的な攻撃を阻止する最も確かな方法は、脅威の発生を防ぐことだ。高度に多様化し、一段とネットワーク化するテロリストによる米国内への攻撃を防ぐには、同等に多様化しネットワーク化した対抗策が求められる。

国防総省の本土防衛行動は我が国の国境にとどまらない。省庁を超え、海外パートナーと共同で紛争の根本原因に取り組む。同盟・友好諸国と能力向上を図ったり、テロ計画を探知、分断、打破する世界規模の取り組みを継続したりすることなどだ。

大量破壊兵器（ＷＭＤ）の危険が米本土に及ぶのを防ぐには、世界規模での阻止、探知、反撃への取り組みが欠かせない。例えば国防総省は、ＷＭＤの拡散と脅威を減らす世界規模での協力への資金提供を続けている。この取り組みには、海外のＷＭＤの取得を阻止し、動作不能にし、安全に確保し、そして廃棄する──すなわち、現在シリアで進行中のプロセスだ。

世界規模での安全保障構築

米軍は部隊を前線に送り、交代させながら配備しており、日常的なプレゼンスとなっている。また、訓練、演習など軍対軍の活動を提供するなど、世界規模での安全保障構築を通じて米国の安全保障の利益に貢献している。これらの目的のため、国防総省は世界での配置のリバランスを継続する。

リバランスの中で、我々は同盟・友好諸国と密接に連携して規範を設定し、共通の脅威に対抗する。なぜなら、我々が全体として直面する世界規模の挑戦に対し、単独で対処できる国はないからである。

米国の利益は、アジア太平洋地域の平和および安全と密接不可分の関係にある。国防総省は、大統領の目的であるこの地域へのリバランスを実現するため全力を挙げる。

アジア太平洋地域の平和と安全に対する我々のコミットメントには、攻撃的行動を抑止し、全領域で効果的に行動し、勃発する危機、緊急事態に断固とした対応をとれる持続的な能力が求められる。これらの目標のため、我々は同地域での防衛関係、配置、能力の増進、近代化を図っている。

アジア太平洋リバランス戦略に対する国防総省の取り組みの中心となるのは、オーストラリア、日本、韓国、フィリピン、タイとの安全保障上の同盟関係の強化、近代化だ。

それぞれの同盟国と、地域で生じる挑戦に最も効果的に対処するため、統合能力を最新のものとし、将来をにらんだ役割と作戦を生み出す措置を講じている。また、シンガポール、マレーシア、ベトナムといった主要な友好諸国との間で防衛関係の深化を図っている。

同盟・友好関係を通じ、ミサイル防衛、サイバー空間の安全、宇宙空間の回復力、海洋安全、災害救助などの分野での地域課題に対処する、パートナー諸国の能力を高めることに焦点を当てている。

中国については、国防総省は人民解放軍との間で、海賊行為への対処策、平和維持、人道支援・災害救援（ＨＡ／ＤＲ）といった具体的、実践的な分野で協力を図れるよう持続的かつ実のある対話を築いている。と同時に、国際規範・原則に沿い、地域の平和と安定を向上させるようなやり方で、競争的な側面にも対処していく。

国防総省のアジア太平洋地域への関与策全ての基盤となるのが、この地域の平和と安全に欠かせない重要な原則と価値観に対する我々のコミットメントだ。

我々は、この地域で根付きつつある国際機関や取り決めのネットワークを支援し、拡大させるよう務めている。責任ある行動を促し、判断ミスと破壊的な競争を防ぎ、紛争につながりかねないエスカレーション行動を避けるような仕組みを確立することに焦点を当てている。

これには3国間の取り決めや演習、拡大ＡＳＥＡＮ国防相会議への参加を通じ、当該地域におけるＡＳＥＡＮの中心的役割を強化することなどが含まれる。

戦闘行動を終えるアフガニスタンでは、テロへの対抗策、アフガン治安部隊への訓練、助言、支援に焦点を当てた限定的な任務への移行に備える。また、中央・南西アジア地域の安定化にも務め、アジアへのリバランスを強化するためインド洋地域への関与も深めていく。この取り組みの中で、パキスタンの安定と南アジアの平和は依然として重要だ。米国はこの地域での能力ある国としてのインドの台頭を支援し、防衛・通商・技術イニシアチブなどの戦略的関係を強化している。

〈以下次号〉

米国防計画見直し（ＱＤＲ）の構成

- 国防長官からの手紙
- エグゼクティブ・サマリー
- 序章
- 第１章：安全保障環境の将来
- 第２章：国防戦略
- 第３章：統合軍のリバランス（再均衡）
- 第４章：国防組織のリバランス
- 第５章：予算強制削減の意味合いとリスク
- 統合参謀本部議長のＱＤＲ評価

西風東風

将軍18人が忠誠表明
──習主席の軍掌握進む

中国軍機関紙・解放軍報は4月2日付の紙面で、馬暁天・中央軍事委員会委員兼空軍司令や7大軍区司令ら将軍18人が寄せた、習近平・国家主席（中央軍事委員会主席）への忠誠を強調する文章を2ページを使って掲載した。

香港紙・明報は専門家の発言を引用し、1970年代末に改革開放政策が始まってからの35年間で、軍の最高幹部が集団で指導者に忠誠を誓うのは初めてと報じた。台湾紙・中国時報は、習主席による軍掌握がさらに進んだことを示すとともに、後日予定される軍の再編に向け地ならしをする目的があると報じた。

18人は他に総参謀部の乙暁夫・総参謀長助理ら「4総部」（総参謀部、総政治部、総後勤部、総装備部）の幹部、海軍の田中副司令、第2砲兵（戦略ミサイル部隊）の王久栄副司令、武装警察部隊の王建平司令、国防大学の宋普選ら3大軍事学校のトップなど全軍の最高幹部が名を連ねている。

18人はそれぞれの視点から、中華民族の偉大な復興を目指して習氏が掲げる「中国の夢」、その一部である「強い軍への夢」に対し、強い支持を表明。香港誌・亜州週刊によると、2ページ中、「習主席」という言葉が220回も使われている。空軍の馬司令は「習主席と中央軍事委員会の命令の一つで、確実に任務と使命を果たそう」などと書いている。

明報によると、中国軍防化学院の元副院長、徐光裕少将は「最近、軍事委員会の巡視団が軍内で汚職取り締まりの調査を進めていることと関係している」と話している。このほど巡視団の視察を受けた北京軍区の張仕波司令は、解放軍報に寄せた文章で「誰であれ法規を順守するべきだ」などと法規の厳粛な施行を呼び掛けている。

亜州週刊によると、軍内の検察機関である軍事検察院は3月31日、総後勤部の谷俊山・元副部長を収賄罪や公金横領罪などで起訴した。中国時報によると、有罪が確定すれば、2006年に海軍の王守業元副司令が1億6000万人民元（約26億円）の収賄で無期懲役の判決を受けて以来、最大規模の汚職事件となる。亜州週刊などによると、軍上層部の忠誠表明で、汚職取り締まりが軍を聖域とせず、さらに進展する可能性がある。（香港＝中岡秀雄）

世界の武器貿易14％拡大
──中国、第4の輸出国に

スウェーデンのストックホルム国際平和研究所（ＳＩＰＲＩ）がこのほど発表した「国際的な武器移動の動向」調査によると、通常兵器の国際貿易の規模は2009年から13年までの5年間で、その前の5年間（04年―08年）に比べ14％拡大した。中国が武器輸出国として世界第4位となり、ドイツ、フランスと並ぶ水準に躍進。輸入ではインドが2・11倍の伸びを示して中国を抜き世界最大の武器輸入国となったほか、北朝鮮との緊張関係が続く韓国も8位となった。

輸出国の順位をみると米国、ロシア、ドイツの上位3カ国は前回と変わらず。5位にフランス、6位に英国が入っている。4位の中国は3・12倍と大きく伸び、世界の輸出全体に占める割合も2％から6％に増えた。

中国の輸出先は35か国で、内訳はパキスタン47％、バングラデシュ13％、ミャンマー12％の順。アルジェリア、モロッコ、インドネシアなどでもロシア、米国、欧州連合（ＥＵ）諸国の企業と競合している。

輸入国はインド、中国、パキスタン、アラブ首長国連邦（ＵＡＥ）、サウジアラビアの順。かねてから緊張関係にあるインド、パキスタン両国は空軍力の強化に多額の投資を行った。

インドの輸入先は75％がロシアで、スホイ30ＭＫＩを90機、ミグ29Ｋを27機購入した。一方、パキスタンは中国から54％、米国から27％を輸入、内訳は中国と共同開発したＦＣ１（ＪＦ17）が42機、米ロッキード・マーチン社のＦ16Ｃが18機など。

また、中国の輸入先はロシアが64％、フランスが15％。

韓国の輸入先の80％は米国で、北朝鮮のミサイル迎撃システムの構築のため21機のＦ15Ｋなどを購入している。

また今回の調査では、南シナ海での島嶼領有権をめぐる対立などから、アジア諸国で潜水艦を配備する動きが加速していることを紹介している。

インドがロシアから原子力潜水艦を購入したのをはじめ、韓国はドイツのライセンスで3隻の潜水艦を建造、シンガポールも2隻をスウェーデンから購入した。また、初めて潜水艦を導入した国も多く、ベトナムが6隻をロシアから、マレーシアはフランスとスペインからそれぞれ1隻ずつを購入。バングラデシュも中国から2隻を調達することで同意している。

（ロンドン＝加藤雅之）

元自衛官(准尉〜2佐)935人受章

第22回 危険業務従事者叙勲

政府は4月8日の閣議で第22回「危険業務従事者叙勲」の受章者を決め、12日、受章者氏名を発表した。発令は4月29日付。防衛省関係では935人が受章した。危険業務従事者叙勲は自衛官、警察官、消防士など危険性の高い業務に精励し、社会に貢献した元公務員を表彰する制度で、関係省庁の大臣の推薦に基づき受章者を決定。今回は計3630人が受章した。防衛省関係者935人(うち女性6人)のうち、「瑞宝双光章」(従来の勲5等相当)は304人、「瑞宝単光章」(同6等)は631人(うち女性6人)。2佐から准尉までの61歳から67歳までの元自衛官が受章した。勲章伝達式は、5月13日に海・空自関係者、14日に陸自関係者に対して防衛省講堂で行われ、防衛大臣から伝達される。受章者はこの後、皇居で天皇陛下にお目にかかる。防衛省関係の受章者は次の通り。(階級、所属は退職時)

瑞宝双光章(304人)

▽塩田徹2陸尉(北方会)▽師玉明敏1陸尉(6高特)▽中山一明2空尉(救難団)▽那須公徳2海尉(海補本)……

瑞宝単光章(631人)

TOPICS＊TOPICS＊TOPICS＊TOPICS＊TOPICS＊TOPICS＊TOPICS＊TOPICS＊TOPICS＊TOPICS＊TOPICS＊TOPICS＊TOPICS＊

◆新規提携のお知らせ

会社名　総合地所株式会社（平成 26 年 4 月 2 日提携）
提携割引　新築マンション　＜販売価格（税抜）の１％＞
　　　　　新築戸建　　　　＜建物価格（税抜）の１％＞

会社名　株式会社木下の介護（平成 26 年 2 月 1 日提携）
提携割引　入居一時金 20 万円割引
　　　　　体験入居優待（1 泊 2 日）13,650 円 → 8,400 円

◆提携特典拡大のお知らせ

会社名　東急リバブル株式会社（平成 26 年 4 月 1 日変更）
提携割引　（仲介）５万円の商品券 → 仲介手数料の 10%割引

会社名　株式会社大京リアルド（平成 26 年 4 月 1 日変更）
提携割引　仲介手数料の 10%割引 → 仲介手数料の 20%割引

◆各社のキャンペーン情報などは
コーサイ・サービスのホームページ
会員様専用ページ「得々情報ボックス」をご覧ください
ログイン ID：teikei ・パスワード：109109（トクトク）

提携特典のご利用には必ず紹介カードをご依頼ください

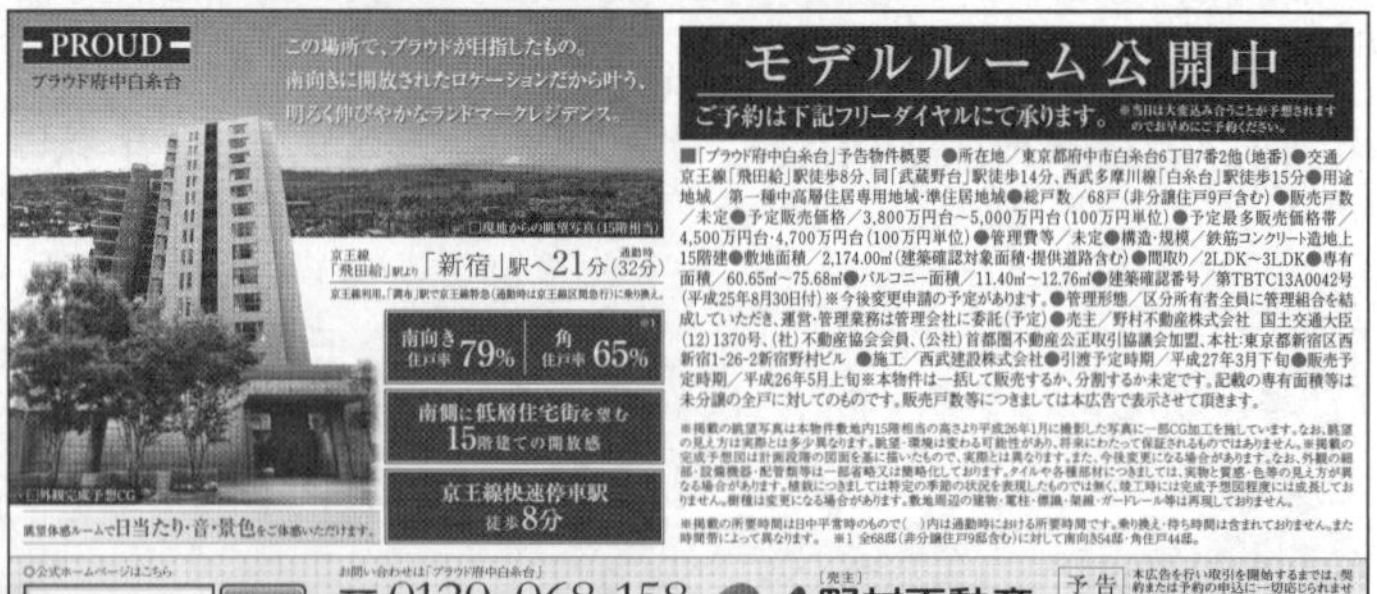

本誌掲載の物件に　❶ご紹介カード発行　❷お電話予約　❸モデルルーム来場で　マックカード 2,000円分プレゼント!

（ご予約・お問合せ先）（株）タカラレーベン 提携企業従業員様窓口
ご予約の際は、コーサイ・サービスニュースを見てとお伝え下さい。
0120-017-771
http://www.leben-teikei.com / E-mail teikei@leben.co.jp
定休日：水・土曜日 営業時間 9:00～18:00

コーサイ・サービスニュース

朝雲

コーサイ・サービスがお届けする物件情報　No.35

紹介カードで様々な特典が受けられます

住宅ご成約キャンペーン実施中

コーサイ・サービス発行の「紹介カード」をご持参のうえご成約(購入・売却)された場合には、図書カード2千円分プレゼント！

提携特典のご利用には必ず紹介カードをご依頼ください

紹介カードのご依頼は(スマートフォン・携帯からもご利用いただけます。)

http://www.ksi-service.co.jp/publics/index/3

防衛省にご勤務のみなさまの生活をサポートいたします。

〒160-0002 東京都新宿区坂町26番地19 KKビル4階

TEL 03(3354)1350

コーサイ・サービス株式会社

URL http://www.ksi-service.co.jp/

新世代エコマンション

福岡市博多区麦野にサンヨーホームズの分譲マンション

サンメゾン南福岡エルド

◆オール電化で 家計をアシスト　◆認定低炭素住宅で 購入をサポート

家計にやさしい オール電化　エコキュート＆IHクッキングヒーター

福岡県初 「認定低炭素住宅」取得マンション

販売価格(税込) 2,270万円～

西鉄「雑餉隈」駅徒歩6分　JR「南福岡」駅徒歩14分　静かで穏やかな住環境　駐車場100%確保

物件に関するお問い合わせ・資料請求は「サンメゾン マンションギャラリー」

フリーコール 0120-919-347

サンヨーホームズ　ライフステージ

自衛隊の皆様へ［ご来場特典］ 交通費として商品券(5,000円相当)進呈！

The Parkhouse　ザ・パークハウス 追浜

地上約59m、海を一望する天空のガーデンシティ。

海を見渡すオーシャンフォート(D棟) 先着順申込販売価格　3LDK／75㎡台／2,200万円台

全709邸のビッグプロジェクト　京急本線「追浜」駅 徒歩10分　横浜駅まで19分、品川駅まで38分の快適アクセス。

0120-320-228　ザ・パークハウス追浜 検索　三菱地所レジデンス

Sea Miracle Hill ルネ追浜

即入居可 海眺望街区堂々完成!!

実際のお部屋をご覧頂けます。

駅から丘の上までフラットアプローチ 徒歩11分

第2期予定販売価格　70㎡・3LDK 2,200万円台～　81㎡・4LDK 2,700万円台～

総合地所　長谷工コーポレーション　長谷工アーベスト　0120-825-008

木で建てる家。木で育つ家族。

古河林業 特販部　家づくりなんでも相談

1 無料敷地診断
2 無料プランニング
3 無料見積もり
4 無料税金・法律相談
5 無料不動産相談

古河林業 特販部丸の内ギャラリー

0120-70-1281 担当：高田

E-mail e.tokuhan@furukawa-ringyo.co.jp

未来を開く古河グループ　古河林業株式会社

防衛省共済組合員の皆さま限定

三菱UFJ信託銀行の住宅ローン

全期間一律引き下げ型

変動金利　店頭表示金利 年2.475%

完済までずっと！店頭表示金利より 年1.75% 引き下げ　年0.725%

平成26年4月18日現在の金利です。

くわしくは、防衛省共済組合員の皆さま限定の専用ホームページから！

三菱UFJ信託銀行 検索　または、www.tr.mufg.jp　→　トップ画面左側上部のボタン　→　ユーザーID：bouei　パスワード：bouei

スマートフォンの方はこちらから

平成26年4月18日現在

MUFG 三菱UFJ信託銀行

販売戸数7戸 先着順受付中

陽射しと爽風が渡る 全戸南向きの住まい。

全戸専有86.67㎡ 3LD・K+S(納戸)タイプ

【間取図】 203号室販売価格(消費税込) 2,580万円

西武多摩湖線「一橋学園」駅 徒歩8分

フェニックスコート一橋学園

Phoenix Court Hitotsubashigakuen　販売価格(消費税込) 2,580万円より

平成25年9月 内装リフォーム済

日本土地建物販売株式会社

〒105-0001 東京都港区虎ノ門1-1-10 第2ローレルビル

ハウスマイル事業部 担当／田村:03-3595-3511

営業時間／9:00～17:20(平日)

防衛技術

技本 開発に着手

「装輪装甲車(改)」「サイバー攻撃対処実験装置」などに力

技術研究本部は3月25日、「装輪装甲車（改）」「次世代護衛艦用新戦術情報処理装置」「サイバー攻撃対処実験装置」など新規の研究開発項目を盛り込んだ平成26年度予算の概要を発表した。総額は前年度当初比54億円減の1607億円だが、試作費（契約ベース）は29億円増の663億円を確保。新たに「両用（デュアルユース）技術」の調査・導入にも力が入れられる。

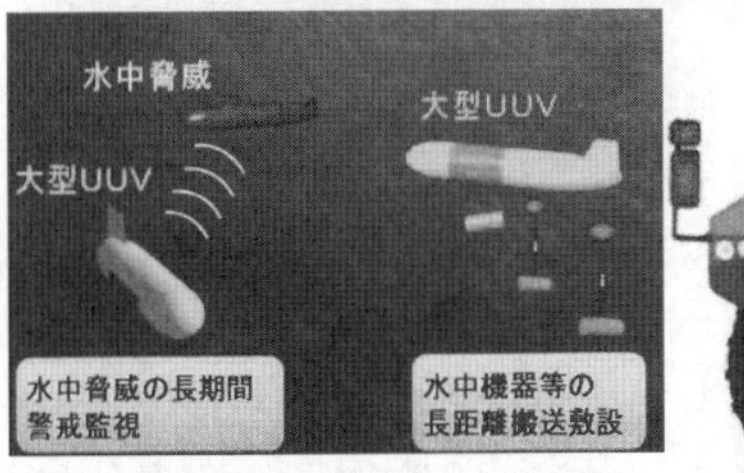

海峡部などで海自潜水艦の機能を補完する「UUVシステム」

戦闘支援、車列警護などに使用できる「装輪装甲車（改）」

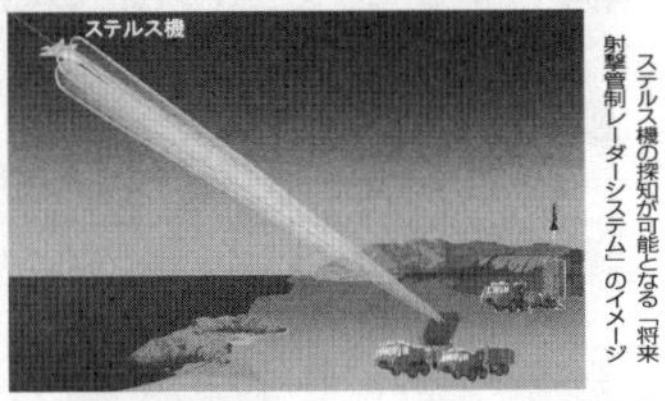

ステルス機の探知が可能となる「将来射撃管制レーダーシステム」のイメージ

技本の26年度予算は1607億円（前年度比54億円減）で、内訳は人件費85億円（7億円増）、歳出化経費1220億円（81億円減）、一般物件費302億円（20億円増）で、新規後年度負担額は1064億円（21億円増）。研究開発に充てる物件費（契約ベース）は1366億円（41億円増）で、このうち装備の試作には663億円（29億円増）が投じられる。

26年度予算、装備品の試作は26件・663億円

技本の26年度予算では「即応性、持続性、強靭性、連接性を重視した統合機動防衛力の構築に資する技術研究開発の推進」に力点を置く一方、「防衛に応用可能な民生技術の調査機能の強化」も図り、幅広いデュアルユース技術を技本の研究開発に導入していく考えだ。

主要研究開発は26件で、新規では「装輪装甲車・改」（26年度予算48億円）の開発などがある。同車は陸自の96式装輪装甲車の後継で、各種脅威下での戦闘支援のほかPKO活動などで車列の警護にも活用できる8輪車。開発期間は30年度まで。

「野外指揮・通信システムの一体化」（58億円）は、陸自に配備中の「広帯域多目的無線機」などに指揮システムの機能を一体化し、部隊の指揮統制や日米間の情報共有機能を高める。29年度まで。

「次世代護衛艦用新戦術情報処理装置」（28億円）は、行動中の複数の護衛艦が対空目標などの探知情報を高速通信ネットワークで共有し、効率的な艦隊戦闘を実現する。31年度まで。

「ネットワーク・サイバー攻撃対処実験装置」（8億円）は重要通信の径路確保と被害拡大防止を行うサイバー攻撃対処用の実験装置を試作。28年度まで。

両用技術の調査機能も強化

「長期運用型UUV（水中無人航走体）システム」（5億円）は海中で長期・広範囲の警戒監視のほか、海底に水中機器の敷設もできるUUVで、海自潜水艦の機能を補完。同時に主動力となる燃料電池の開発も行う。30年度まで。

「多目的自律走行ロボット」（9億円）は多機能アームなどを装備した自律型の車両ロボット。即席爆弾の処理や化学剤などの撤去を行う。29年度まで。

「将来射撃管制レーダー」（27億円）は領空に侵入したステルス機を探知・追尾・撃破できるよう、高性能対空レーダーと一体化させた射撃管制システムの研究試作。31年度まで。

国産ステルス戦闘機の開発を目指し、研究開発中の「先進技術実証機」関連では、高精度構造解析技術を使った「軽量化機体構造」（22億円）と「ステルス性を持ったインテーク（吸気口）ダクト」（9億円）の研究試作に着手。

このほか、UUVと一体化させた「自律型水中航走式機雷探知機」、水上艦用の「新艦対艦誘導弾」、戦闘車両に搭載・付加する「アクティブ防御システム」、水中デジタル音響通信を使った「水中音響通信ネットワーク」の研究などを継続する。

研究用機器・施設整備では、上空の先進技術実証機からテレメーターデータやパイロットボイスを受信、飛行助言を行える機能（送受信復調部）を現有テレメーター計測車に追加する。ステルス機のRCS（電波反射）計測用に、電子装備研究所の飯岡支所（千葉県）に「RCS計測施設」を整備する。

組織関係では電子装備研究所（三宿）を改編し、新たに「情報通信研究部」「センサ研究部」「電子対処研究部」を新編する。

技術が光る >25<

コンクリート・キャンバス　太陽工業

陸自の試験で、コンクリート・キャンバスを使い成型された排水路（北海道大演習場で）

コンクリート・キャンバスの断面

敵軍の上陸が予想される海岸線に、いかに早く防御線を構築するか――。常に時間との戦いとなる陣地攻防戦。この難題を解決するため、民間からも各種ハイテク土木資材が陸自に提案されている。英国製の「コンクリート・キャンバス（CC）」もその一つだ。

「CC」はその名の通り特殊セメントを内包した布地（キャンバス）で、普段は厚手の絨毯のように柔らかだが、水を含むと内部のセメントが徐々に硬化し、約24時間で成型した通りの形状で固まる。

セメントを含んだ布地に 散水すると24時間で硬化

陸自部隊の迅速な陣地構築にも有用

「CCはもともと難民キャンプのシェルター用の材料として開発されたもので、法面の保護や堤防補強などに使えるので、現在は一般の土木資材として活用されているほか、簡易ヘリパッドや土のう掩体の強化など軍事用途にも使用されています。日本には一昨年から輸入され、陸上自衛隊の皆様にも試用していただいています」と話すのは輸入元・太陽工業特需事業部特需課の塗師文剛さん。

陸自はCCの試験を北海道大演習場で行い、当時の岩田北方総監（現陸幕長）も視察。また2月に都内で開かれた「防衛施設学会」でも実物が展示され、防衛省・自衛隊の専門家たちがその品質を確認した。

CCは厚さ5ミリ、8ミリ、13ミリの3種あり、状況に応じて使い分けできる。5ミリCCは1平方メートル当たり乾燥重量7キロで、幅1メートル・長さ10メートルのバッチロールまたは同幅・200メートルの長さのバルクロールで提供される。バッチロールは2～4人で運べるが、重いバルクロールの施工にはクレーンなどが必要だ。

「CCはカッターなどで切断できるので、必要な長さに切り、斜面なら杭を打ち込んで接合したり固定します。最後に敷きつめた個所に散水すれば作業は終わります。1日で固まるので、自衛隊の壕や掩体の構築にも活用できます」と塗師さん。

CCの硬化は海水でも問題ないため、真水のない海岸近くでも利用可能。散水後も2時間は柔らかなままなので、成型の修正も可能だ。常温24時間で強度は80%になるが、硬化促進剤を使えば、さらに時間短縮もできる。

民間会社ではCCを水路の補強や法面保護、堤防の補強などに活用。自衛隊では陣地構築のほか、災害派遣や国連PKO活動でも使えそうだ。

ただし、CCの使用には注意も必要。温度が低いと硬化が遅れるため、地表が5度以下の場合、ビニールシートなどで覆う必要がある。また地表が凍結していると、溶けると土台が動いてしまうため、CCには適さない。

また、CCは湿気が高いと徐々に固まってしまうため、乾燥した状態での保管が必須。通常はパッケージのまま乾燥した倉庫内での保管が必要となる。

加えてCCの使用保証期間は約2年と短いので（硬化時間の延長を許容できれば2年以降の使用も可能）、古いものから順次使用し、常に新しい製品での保管が要求される。それらさえクリアーすれば、CCは自衛隊の活動現場で大活躍してくれそうだ。

世界の新兵器 464

052D旅洋III級ミサイル駆逐艦（中）

中国海軍（PLAN）艦に初めて本格的なアレイ型レーダー「中華神盾」が出現したのは「052C旅洋II級」からであった。しかし、本級の搭載艦「蘭州」の艦影を見ると、レーダー・アンテナは平板ではなく、竹筒を縦に割ったように湾曲している。だが、3月21日、平板レーダーを搭載した新型ミサイル駆逐艦「052D旅洋III級」の1番艦「昆明」が就役した。

中国の報道によれば、「昆明」は南シナ海を管轄する南海艦隊に配備された。南シナ海は東シナ海と同様に領有権問題の多い海域であるが、「昆明」を受領したウ・シェングリ提督は「本艦は中国海軍の戦力に多大の貢献をする」と述べている。

「昆明」の艦番号は172であるが、搭載武器と探知器材の面で特筆すべき性能向上が見られる。排水量は7500トンで、航続距離は4500浬、最大速力は30ノットとされる。乗員は280名、艦載機（ヘリコプター）はカモフKa28またはハルビンZhi9を計2機搭載する。

「旅洋III級」には中国製の346型ドラゴン・アイ能動フェーズド・アレイ・レーダーを艦橋前方下部に装備している。艦首底部にはソーナーを装備し、また曳航式アレイ・ソーナーも搭載できる。

同級は米海軍のイージス艦と同様、航空攻撃への対処が最も大きな任務である。このため主要な武器として射程100キロ以上の「HQ9B（紅旗9B）」アクティブ・レーダー・ホーミング・ミサイルを搭載する。弾頭に90キロの炸薬を搭載し、空母打撃群を護衛しての艦隊防空も担うことができる。64セルの垂直発射機はこの対空ミサイルのほか、対艦ミサイル、対潜ミサイルも収納し、連続発射することができる。

火砲は「H/PJ38」と称する130ミリ主砲1門と730型30ミリ砲1門である。他にYu7型短魚雷（45キロの弾頭、射程14キロ以上）6発を搭載している。

「昆明」就役直後の3月23日、中国のメディアは後続の同型・姉妹艦として「長沙」（艦番号173）がすでに浙江省の舟山沖で海上公試を実施中であると公表している。

小滝 國雄（防衛技術協会・客員研究員）

艦隊防空担う中国のイージス

「中国版イージス」1番艦として就役した052D旅洋III級駆逐艦「昆明」（中国のインターネットから）

防衛トピックス　海外

中国Z20ヘリ試験中

中国人民解放軍向けの新中型多目的ヘリ「Z20」の飛行試験が続けられている。米軍のUH60ブラックホークに似た外観で、3軍の新たな主力ヘリとなる模様。機動性が高くヘリボーン攻撃に向くほか、艦載機や電子戦機などとしても導入が計画されている。

技術屋のひとりごと

実験棟のオジさん　間瀬 元康

「装備実験隊」は開発実験団の隷下部隊として、団本部とともに富士駐屯地に所在する部隊です。富士駐屯地は標高800メートル、静岡県でありながら低温多湿、青森県に似た気候とのことです。遠く三重県の明野には飛行実験隊が、大都会東京の三宿には部隊医学実験隊が兄弟部隊として所在しています。来簡文書にも「開発実験隊?」と間違って書かれるほど馴染みの薄い部隊名ですが、陸上自衛隊の新装備の実用試験等を任務とする「装備品の研究開発における最後の砦」である開発実験団の一角を占めており、今年度からは水陸両用車や機動戦闘車などの試験を予定しています。

かく言う私はもともと技術屋ではありません。「諸官は技術屋ではない。開発屋になってもらいたい」。市ヶ谷でのかつての教官の言葉を反芻しつつ、この20年間のほとんどを費やしてきました。工廠を持たない軍事組織において、制服を着た上で技術をかじった者として、第一線に最善の装備品を送るための仕事として腑に落ちた言葉だったのでしょう。その時の同期生17名のうち5名が昨年から同じ隊舎で勤務しているのは何とも嬉しい偶然です。

今は、装備実験隊にいるのですから実験屋でしょうか? 実験屋というよりは、学生時代の実験棟にいた「少し恐いけど頼りになるオジさんたち」というイメージが当たっていると思います。理系の読者の方はお分かりいただけると思いますが、「若手に良い実験をしてもらいたい」「伸び伸びと良い実験をさせてやりたい」というのがオジさんたちの思いです。ただし、良い実験を若手にしてもらうために、実験棟のオジさんが見えないところで相当に苦労されていたのだろうというのが最近の実感です。

（陸自装備実験隊長、1陸佐）

ひろば

皐月、仲夏、橘月、梅色月、五月雨月――5月。

3日憲法記念日、4日みどりの日、5日こどもの日、11日母の日、17日世界電気通信記念日。

葵祭　「京都三大祭り」の一つ。平安時代の五穀豊穣祈願が起源とされ、検非違使、内蔵使、牛車などの装束を再現した約500人の行列が京都御所から下賀茂神社を経て上賀茂神社へ向かう。　15日

鶴岡天神祭　山形県庄内地方で伝承される菅原道真公を祀る天満宮の奇祭。派手な花模様の長じゅばんに角帯姿、編笠と手ぬぐいで顔を隠した「化けもの」が道を行く人に無言で酒を振る舞う。　25日

往年の名作『眼下の敵』がブルーレイに

軍人のあるべき姿とは

解説書執筆者・伊藤祐靖元2海佐に聞く

『眼下の敵』の特別解説書を書き下ろした伊藤祐靖元2海佐（3月27日、東京・六本木で）

男と男の海戦を描いた、往年の名作潜水艦映画『眼下の敵』が4月25日、ついにブルーレイで登場する。特典の特別解説書（48ページ）は、能登半島沖不審船事件時のイージス艦「みょうこう」航海長で特別警備隊先任小隊長も務めた伊藤祐靖元2海佐が書き下ろした。「実戦」を経験した伊藤氏だからこそ書ける本格的な戦術解説書の封入は、他の戦争映画にはない新しい取り組みとなっている。伊藤氏に映画への思いを聞いた。（聞き手　若林祥子）

――『眼下の敵』とのファーストコンタクトは。

「新兵教育の時です。解説書を書くに当たり、今一度見たのですが、初見時とは全く違う感想を持ちました。私にとって解説書を書いてその『差』を埋める作業は楽しく、満足感があるものでした」

――差とは。

「艦の構造や揺れ方、登場人物の立場、爆雷と魚雷の違い、艦内生活などの知識です。ちょっとした知識が加わるだけで、この映画の持つ深い部分まで見えてくるわけですから、そのお手伝いができるということが楽しく、満足感を感じました」

――印象に残っているシーンは。

「最後に駆逐艦がUボートに一発逆転を食らうところです。とにかく一つひとつのシーンがすごく真面目につくられていて、米海軍が相当本腰を入れて協力したんだなと思いました。ホンモノがつくってますよ。協力を引き出したスタッフの情熱を感じます」

――2人の艦長が出てきますが、どちらに感情移入しますか。

「私は潜水艦乗りではなく艦艇乗りだったんですが、特殊部隊の経験で水中で溺死する恐怖をよく知っています。だから潜水艦が水中で潰されるというのは非常に気の毒で、ついつい肩入れしてしまいましたね」

――映画のラストでドック軍医が「私は希望を見つけましたよ。それも妙な場所で」と言う場面が印象的ですが、伊藤さんの人生の転機は。

「能登半島沖の不審船事件に立ち会ったこと、自衛隊を辞めてミンダナオ島に行ったことです。特に内弟子のフィリピン人女性（当時22歳）に『あなたの国はおかしい』と延々と罵詈雑言をぶつけられ、その通りだと思いました」

――どんな内容でしたか。

「あんたは日本を守りたいからここ来たんだよね、と彼女は言うんです。祖先が残してくれたおきてを捨て、太平洋の向こう側のやつらがつくったおきてをニヤニヤ守っている奴らの何を守りたいんだ、と」

――厳しいですね。

「彼女は戦うということをごく普通の生活習慣で知っていた。発想の根源が違うのです。ミンダナオ島での生活では、自分の価値観を一変させられました」

――そんな伊藤さんがこの映画を見て思うことは。

「2人の艦長は戦争に完全に納得しているわけではありません。自分の祖国が目指していることに疑問を持ちながら、誰かがしなければいけないからという気持ちで戦っています。軍人とはどうあるべきかということを考えさせれる映画ではないかと」

――映画を改めて見る方、初めて見る方にメッセージを。

「実話をもとにしているので、戦術的な勘所を押さえています。日本人は戦術の世界に入りこめるだけの素養・国民性があると思うので、解説書と併せて、そういうところに興味を持ってみてもらえれば」

――一般の方へ一言。

「レーダー照射事件がありましたが、領海・領空を守るためのつばぜり合いでは映画に近いことをやっているんです。この映画を見て、たった今もそういう場所で任務に就いている人がいることを思い出していただければ、幸いです」

4月25日発売の『眼下の敵』（発売・販売元は20世紀フォックスホームエンターテイメントジャパン株式会社）©2014 Twentieth Century Fox Home Entertainment LLC, All Rights Reserved.

◇『眼下の敵』　1957年に米国が制作した映画で、第2次世界大戦の南大西洋を舞台に米国駆逐艦と独潜水艦がしのぎを削るさまを描く。米海軍が撮影に全面協力したこともあり、本物の駆逐艦を使っての砲撃・爆雷投下シーンは圧巻。駆逐艦とUボートの艦長の人間臭さにもスポットを当て、ほろ苦く一味違った戦争映画となっている。英海軍中佐D・A・レイナーの実体験をもとにした小説『水面下の敵』を20世紀フォックスが映画化した。アカデミー賞特殊視覚効果賞受賞作品。

隊員愛読書ベスト5

<入間基地・豊岡書房>
❶防衛実務小六法　平成26年版　内外出版　¥6789
❷生存者ゼロ　安生正著　宝島社文庫　¥810
❸航空自衛隊F―2最新版　イカロス出版　¥1296
❹英国人記者が見た連合国戦勝史観の虚妄　ヘンリー・S・ストークス著　祥伝社　¥864
❺日本人のための「集団的自衛権」入門　石破茂著　新潮社　¥734

<防衛省・三陽堂>
❶防衛ハンドブック2014　朝雲新聞社　¥1728
❷日本人のための「集団的自衛権」入門　石破茂著　新潮社　¥734
❸黎明の笛　数多久遠著　祥伝社　¥1512
❹迷わない。　櫻井よしこ著　文春新書　¥864
❺最高の戦略教科書孫子　守屋淳著　日本経済新聞出版社　¥1944

<神田・書泉グランデミリタリー部門>
❶OMEGA7 VOL.4　小林源文著　SBクリエイティブ　¥1026
❷世界の傑作機No.160B―24リベレーター　文林堂　¥1646
❸ホビージャパンエクストラ2014Spring　¥1080
❹スケールモデルファンVol.15大日本帝国海軍艦艇模型超入門　新紀元社　¥1404
❺エーデルワイスのパイロット　ヤン著　イカロス出版　¥3024

<トーハン調べ3月期>
❶長生きしたけりゃふくらはぎをもみなさい　槙孝子著　アスコム　¥1188
❷学年ビリのギャルが1年で偏差値を40上げて慶應大学に現役合格した話　坪田信貴著　アスキー・メディアワークス　¥1620
❸呆韓論　室谷克実著　産経新聞出版　¥950
❹許す力大人の流儀4　伊集院静著　講談社　¥1000
❺人生はニャンとかなる!　水野敬也ほか著　文響社　¥1512

マイヘルス Q&A

虫垂炎

外科医が必ず通る道　最初は「みぞおち」に痛み

Q　先日、親戚が急性虫垂炎で手術を受けました。虫垂炎に関して教えてください。

A　我々外科医が一人前になるまでに言われる言葉があります。それは「たかがアッペ、されどアッペ」という言葉です。これは、アッペ（急性虫垂炎）と診断すること、またその手術が簡単なこともあれば非常に困難なこともあり、それを経験することが、外科医が一人前になるために必ず通る道だからです。

まず診断ですが、典型的な症状の経過として、発症の際には、実際に虫垂が存在する右下腹部ではなく、心窩部（しんかぶ＝みぞおち）に痛みが出現することが多く、その時点で胃カメラを実施しても異常がないことから、胃腸炎でしょうといわれることが間々あります。

ところが、時間の経過につれて痛みが徐々に右下腹部に移動することが急性虫垂炎の特徴といえます。ですから、心窩部に痛みを自覚した際には、常に虫垂炎の存在も念頭に対応する必要があります。

最近では、虫垂炎を疑う場合には、可能であればほとんどの場合でCTを撮影し、診断はつきますが、発症早期の段階では画像上、指摘できないこともあるので、症状の経過を見ることは非常に大事です。

第二に、急性虫垂炎の治療の原則は手術です。開腹で行う場合や腹腔鏡を使用して行う場合があります。先の格言は、開腹で行う場合に相当します。開腹して、虫垂を検索し切除するわけですが、必ずいつも同じ場所にあるわけではありません。極端な話、虫垂の根部は右下腹部に存在しても、先端は左下腹部や右上腹部まで伸びていることがあり、切除に難渋することがあったため、先の格言が生まれたわけです。

また、肥満体の患者さんは傷が小さいと虫垂に到達するのに難渋し、傷が大きくなります。そのような場合に、最近は腹腔鏡を使用するようになりました。肥満体の患者さんでも傷が小さくて手術は可能ですし、虫垂の存在する場所にも容易に対応できることが利点です。腹痛を自覚された場合には、たとえ心窩部の痛みであったとしても虫垂炎の可能性があることを念頭に置かれた方がいいかもしれません。

自衛隊中央病院診療科　第1外科部長　井上　公俊

不思議空間に誘われて

いちはらアート×ミックス　廃校などに驚きの芸術

氷点下28度で凍りつく校長室に、お菓子で彩られた教室――。不思議な空間に時がたつのも忘れてしまいそうだ。13カ国57組の芸術家が参加する中房総国際芸術祭・いちはらアート×ミックス（同実行委員会主催。会長・佐久間隆義市原市長）が千葉県市原市で開催されている（有料、当日パスあり）。同芸術祭を手掛けるのは、過去に大地の芸術祭（新潟）などを演出したアートディレクターの北川フラム氏。廃校などを活用し、芸術家、市職員、ボランティアらが作り上げる一大アートイベントを取材した。（文・写真　菱川浩嗣）

JR内房線の五井駅から小湊鐵道に乗りこむ。同鐵道の上総牛久駅から養老渓谷駅までの会場で、アート×ミックスは行われている。飯給駅で降りるとオタマジャクシの絵やかかしが出迎え、トイレにもアート×ミックスの作品（Toilet in Nature・藤本壮介）が。いきなりのアート攻勢だ。菜の花畑を横目に15分ほど歩くと、昨年4月に廃校となった旧里見小学校（IAAES）にたどり着いた。

1階の校長室で実施されている「プリンシパル・オフィス」（栗林隆）に向かう。入った瞬間に氷点下約28度の白い冷気が立ちこめる。身震いしながら机の上にそびえる氷の迫力に圧倒された。「廃校の記憶を凍結する」がテーマで、芸術家の強い思いが感じられた。市原市から来た森夫妻は「氷の世界が突然現れて驚きました」と感嘆しきり。

次に向かったのは作品「おかしな教室」（滝沢達史）。パイン飴のシャンデリアやチョコレートの箱が壁にびっしりと張り付けられた教室で「お菓子に囲まれて勉強したい」という子どもの願望を実現したという。月などの天体や自然をアートにした作品も多数見られた。

アート作品「おかしな教室」のパイン飴シャンデリアを見つめる女性（4月17日、旧里見小学校で）

他の会場に行くのに便利なのが「ユア・パートナー」（小沢敦志）。放置自転車を作品化し、エリア内5カ所で一日貸し出している。さっそく乗って「サンタルの食堂」（岩田草平）がある市原市民の森へ。

風をきって坂道を下り続けると、地層の断壁の下に何やら巨大なわらの「住居」が。サンタルの食堂は、わら、竹、どろを使ってインド西ベンガル州のサンタル族が現地で建築するものと同じ仕様の住居で、1カ月かけて作り上げた。

実際にサンタル族4人が来日しており、この日はラボンさんとマイノさんが出迎えてくれた。サンタル族仕込みのチキンカレーとチャイでインド気分が盛り上がる。民族衣装を着て記念撮影もできる（有料、要予約）。

今回訪れたのは、全15エリアのうちの二つで、全作品制覇のためにも何度か訪れたいところ。連休を利用し、じっくりとアートの世界を味わってみては。オープンは午前9時半から午後5時で、5月11日まで実施されている。

BOOK NOW　私が読んだ　この一冊

Anthony T・Tu著「生物兵器、テロとその対処法」（じほう）
陸自10特殊武器防護隊　西村一成1陸尉　37

世界貿易センターへの航空機突入に引き続き発生した炭疽菌テロ事件以来、生物テロはもはや机上の空論ではなく、わが国周辺にもその潜在的な脅威が存在しています。

本書は、生物兵器の種類・特性から始まり、実際に用いられた事例、その対処法までイラスト・写真を用いて解説されています。化学科職種の幹部として生物兵器対策の知識を向上させる一冊であり、職種にかかわらず一読をお勧めします。

岡江晃著「宅間守精神鑑定書」（亜紀書房）
海自硫黄島航空基地隊副長　小暮桂一2海佐　52

宅間守（当時37歳）が大阪教育大付属池田小学校で起こした無差別大量殺人事件（2001年6月）は、通り魔事件の一つとして社会に衝撃を与えました。親として、最近の若者の精神的な問題に基づく犯罪に興味を持っていたところ、本書に巡り合いました。

精神科医の著作であり、素人には難解な記述もありますが、その生い立ちや成長の過程、事件に至る過程がよくわかり、改めて人を育てるということの難しさがわかりました。

境野勝悟著「日本のこころの教育」（致知出版社）
小松救難隊　原田周平3空佐　40

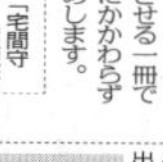

「さようなら」の意味を説明して下さい。こんな質問をされたら、あなたはどのように答えることができるでしょう。「別れ際のあいさつ」ではありません。著者は国語教師だった時、この質問に答えられなかったそうです。

そんな著者が、あいさつの意味から日本人の精神構造までを高校生でも分かるように説明してくれます。職場での精神教育にふさわしい一冊ですので、だまされたと思って、手に取ってみて下さい。

レベル向上、白熱の攻防

「団結力は任務にも寄与する」

全自女子サッカー 入間が初優勝

昨年に続き2度目となる全国自衛隊サッカー大会・女子部門（フットサル）が4月19〜20日、体校体育館（朝霞）で実施され、12チームがボールを追った。4強は空自勢が占め、入間が初優勝した。

コートを所狭しと選手が駆け回った。「格段にレベルが向上した」と、試合後に来賓の日本フットサル連盟関係者が語ったように、エキシビション戦を含めて3度目の実施となる今大会の女子部門は、過去2大会を上回るプレーとなり、盛り上がりを見せた。

女子部門は前自衛隊サッカー連盟会長の杉山良行空将（南混団司令）が旗振り役となって設置を進め、24年大会で3チームによるエキシビション戦が行われ、前回大会では9チームが出場して第1回大会が実施された。今大会は出場チーム数も増え、全国から12（統合、海自各1、陸自2、空自8）チームが出場した。

大会では波乱も見られ、前回優勝の陸自朝霞が予選リーグで敗退。一方で空自チームが勢いを見せ"4強"を独占した。準決勝は入間が小牧を2−0で、那覇が築城を1−0で退け、決勝に駒を進めた。

決勝は前半に内山田摩耶1空士、志田原眞穂空士長が立て続けに得点した入間が、粘る那覇を突き放して初優勝を決めた。白熱した攻防を見せた3度目の大会は、体力強化という身体面以上に"団結力"の強化という成果をもたらした。

優勝を争った2チームの主将は試合後、「先輩と若い選手がうまく助け合った。このチームで優勝できてよかった」（入間・崎川加菜3空曹）、「みんなが向上心を持ち、一致団結して臨んだ」（那覇・田邊浩子3空曹）と語った。

大会会長代理で防大訓練部長の伊藤弘海将補も講評で「一つのボールを追った共通した体験は、部隊での団結心の高まりなどに間違いなく寄与する」と健闘をたたえた。

全自サッカー女子部門の決勝でシュートを狙う空自入間の内山田1空士（⑬番）＝4月20日、体校体育館で

女性選手が初出場

北方警務隊 逮捕術競技会開く

北部方面警務隊逮捕術競技会で警棒を用いて攻め合う隊員（3月9日、札幌駐屯地で）

【警務隊本部＝市ヶ谷】北方警務隊（隊長・檀上正樹1陸佐）は3月9日、札幌駐屯地で平成25年度「北部方面警務隊逮捕術競技会」を実施した。4個地区警務隊と保安警務中隊の5個部隊が総当たりする団体戦と、個人戦で競った。

開会式では檀上隊長が「選手諸官は部隊の代表選手として、日夜練成で培った実力を遺憾なく発揮し、部隊の名誉を懸けて戦え」と訓示。

続いて、前年度優勝チームの120地区警務隊（真駒内）の石川誉2陸曹が代表して力強く宣誓した。

大会には初めて、121地区警務隊（帯広）から女性自衛官の堀川侑加3陸曹が参加。部隊の勝利のために最後まで全力を尽くして戦う姿に、視察した梶原直樹1特団長や川村浩和北通群長、平田雄嗣冬戦教隊長をはじめ、警務隊OBや隊員家族から声援と拍手が送られた。

激戦の末、団体戦は119地区警務隊（旭川）が4戦全勝で優勝。警棒対警棒の個人戦は120地区警務隊（倶知安）の熊谷国修3陸曹が制した。

岩手・陸前高田

「絶望の中、光を見た」

被災中学生が感謝の来省

「絶望の中、光を見たように感じました」――。東日本大震災での災害派遣活動に対する感謝の言葉を届けに、岩手県陸前高田市の高田東中学校の3年生5人が4月15日、修学旅行を利用して来省した。

訪れたのは、中山拓君、熊谷勇人君、志田翔南君、遠藤京香さん、川﨑初音さん。防衛省からは木原政務官をはじめ、震災時に9師団幕僚長を務めていた山本教督将補（現・中業支隊長）、5普連隊長として陸前高田市で活動した西帯野輝男1佐（現・東方監察官）ら11人が出席した。

代表の遠藤さんが「絶望の中で初めて自衛隊の車両を見たときはとても驚き、支援物資を笑顔で手渡してくれたとき、私たちは初めて光を見たように感じました。悲しみを自分のもののように感じながら支えて下さったみなさん。私たちは言葉で表せないほど感謝しています」と力強く語り、震災から得た教訓をまとめたカードを木原政務官に贈った。

高田東中学校は、震災で壊滅的な被害を受けた広田、小友、米崎の3校が平成25年4月に統合して創立した。来省した5人も、2年生から二つの学校で校訓の「絆」を胸に新しい校史を築いている。

この後、生徒たちは西帯野1佐と懇談。「少しずつだが復興していると聞いて安心しました。これからはみなさんが陸前高田や日本のために活躍して下さい」と西帯野1佐が述べ、全員で肩を組んで"絆"を確かめ合った。

肩を組んで絆を強める（左から）川﨑さん、遠藤さん、西帯野東方監察官、中山君、熊谷君、志田君（4月15日、防衛省で）

女性公務員、交流深める

小牧基地の望月1尉ら出席

【小牧】愛知県内で活躍する女性公務員の会合が3月19日、名古屋市で行われ、基地からも401飛行隊兼防衛部勤務の望月寛子1尉（30）、小牧管制隊の高崎綾2尉（32）が出席し、交流を深めた。

会合は、災派時に小牧基地と第4管区海上保安本部が協力する協定の調印式（2面参照）に出席した望月1尉と同本部の灘波陽子救難課長が意気投合したことがきっかけ。吉本明子副知事、春田慶子中部国際空港長、鐘尾みや子日本女性航空協会理事長が呼びかけに応え、海保の渡邊栄利奈飛行士も加わった計7人が集まった。

吉本副知事は1985年に労働省（現厚生労働省）に入省。労働環境改善の支援を行うなど、女性の社会進出に尽力。また、灘波課長は海保初の女性飛行機長として活躍してきた。2人の"先輩"の言葉に、望月1尉は「厳しい環境の中を切り開いていくことの大変さを知った。自分もパイロットとしてどう生きるか考えさせられた」と話した。

初の女性管制官で、現在は中部国際空港で活躍する高崎2尉は「管制官としての業務に対する姿勢に感銘を受けた。鐘尾理事長、灘波課長は育児との両立も果たされていることに驚いた。業務を行っていく上で励みになる」と刺激を受けていた。

一方、望月1尉からは国際緊急援助活動に参加した経験が、高崎2尉からは日々の訓練の様子が語られた。7人は会合を機に今後も連携、協力していくことで一致し、女性公務員としてさらなる活躍を誓いあった。

女性公務員の会合に参加した7人。前列左から吉本副知事、鐘尾理事長、春田空港長。後列左から高崎2尉、望月1尉、灘波課長、渡邊飛行士（3月19日、愛知県名古屋市で）

豪雪災派で感謝状

山梨地本、34普連に早川町

辻早川町長（左）から感謝状を贈られる石津山梨地本長（4月9日、地本本部で）

【山梨地本、34普連＝板妻】山梨地本と陸自34普連（板妻）は4月、山梨県の豪雪災派で連絡・調整、救助などを行い被害者を出さなかったことに貢献したとして、山梨県早川町の辻一幸町長から感謝状を贈られた。

2月14日から同15日にかけての豪雪で、山梨地本は県と自衛隊との連絡・調整に務めた。4月9日、地本本部を訪れた辻町長は石津吉康本部長に感謝状を贈り「自衛隊の昼夜を分かたぬ除雪作業に感動しました」と語った。石津本部長は「今回の災害で学んだことを今後に生かしていきます」と応えた。

一方、34普連は豪雪災害派遣特科隊A・B2個中隊を編成し、早川町で除雪・救助活動、物資運搬などを行った。辻町長は4月1日、感謝状を贈り「雪害犠牲者を1人も出さず、町内全域の孤立も早期に解消できました」と謝意を述べた。

殺処分活動に延べ880人

熊本・鳥インフル

熊本県多良木町と相良村の肉用鶏農場で4月12日に発生した高病原性鳥インフルエンザで、殺処分などを行っていた陸自8師団隷下の8特連、8後支連（ともに北熊本）は16日、活動を終えた。

鳥インフルエンザの発生で14日午前零時50分、熊本県知事から陸自8師団長に災害派遣が要請された。同2時半から3時過ぎにかけて、1、2陣が埋却時に使用する消石灰を輸送。

さらに14日午後1時過ぎから16日午前7時半にかけて、交代しながら両農場で鶏の殺処分と処分した鳥の袋詰め、鶏舎の清掃と消毒を行った。

8特連と8後支連の派遣規模は人員が延べ約880人、車両が延べ約180両だった。

こちら 警務隊 ☎ 8・6・47625

窃盗被害を避けるには

誘発する環境作らない

一般に「窃盗」が最も多く発生する犯罪であるといわれますが、被害に遭わないためにはどうすればいいですか？

窃盗被害に遭わないためには、盗みにくくすることが最も重要であり、出入り口の戸締り、金銭保管場所の施錠、確実な鍵の保管、防犯カメラの設置などが有効な手段です。

また、お金が一部抜き取られているということもあるので、残高を出納簿にメモするなどの金銭管理も必要です。窃盗はもちろん悪いことですが、窃盗を誘発するような環境を作ってはいけません。

（警本＝市ヶ谷・村山1尉）

小休止

▽…「来場者の皆さまに敬礼！」――。熊本市中心街で3月12〜16日に行われた「くまモン誕生祭」に迷彩服姿の熊本県キャラクター、くまモンが登場した。

▽…「くまモン・ファッションショー」では空自迷彩服に身を包んだ熊本地本部員らとステージへ上がり、会場を所狭しと動き回って来場者と触れ合い、敬礼で締めくくった＝写真。

▽…会場には全国各地からファンが訪れ、珍しい迷彩服姿のくまモンに歓声を上げていた。その様子は動画サイトにも多数投稿された。（熊本地本）

（世界の切手・ウクライナ）

各時代にはその時代特有の戦争がある。
クラウゼヴィッツ（プロイセンの軍人）

被災者の力になりたい

防医大1年　坂田　彩華（防医大・看護学科）

私が防衛医科大学校の看護学科に魅力を感じた理由は二つあります。一つは看護師になりたかったこと、もう一つは海外の発展途上国や被災地で、医療活動に参加したいと思ったからです。

私は幼い頃、貧しい国や紛争中の国で子供たちが苦しんでいることを知り、その子供たちのために何かしてあげたいとの思いを抱きました。そして、将来は医療分野に進みたいとずっと思っていました。

高校時代に目にした「防衛医科大学校看護学科」のパンフレットには、自衛隊の災害派遣活動や国際平和協力活動などが書かれていました。自分もそうした活動に参加できれば、やりたいことの夢の一つがかなえられると思いました。

また、最近は大災害で自衛隊員が活躍する姿をテレビや新聞で見ることが多くなり、私もその一員として被災者の力になりたいと思いました。そこで防医大を目指しました。

今は無事、念願の防医大看護学科に進めてとてもうれしく思います。これから特に学びたいことは「どのように患者さんと向き合っていくか」ということです。看護師の職業について調べていた時、「看護とは病気ではなく人を看る仕事である」と書かれていました。私も患者さんに安心感や信頼感を与えられる看護師を目指したいと考えています。

そのため、まずは「人との向き合い方」を学びたいと思っています。うまくやれるかどうか心配もありますが、今まで私を応援し、ずっと見守ってくれた方々を忘れずに、またその期待に応えられるように、これから精いっぱい努力していきたいと思います。

そして有事や大災害が発生した際は「頼りになる看護師たる幹部自衛官」となれるよう、防医大看護学科の1期生としての自覚を持って頑張ります。

（新潟県上越市出身）

防医大・看護学科に合格した坂田彩華さん

「日本の名機をつくったサムライたち」

前間　孝則著

零戦、紫電改、ホンダジェット――。日本の航空機開発技術はなぜ欧米と肩を並べ、対等に戦うことができたのか。元ジェットエンジン設計者の著者が開発設計者、関係者たちにインタビューし、名機誕生の秘話を明らかにする。

日米開戦を決定した際に首相であった東條英機の次男、東條輝雄は堀越の下で零戦の性能、構造計算を担当。初の国産旅客機であるYS11輸送機の設計に携わった。図面一枚一枚を念入りにチェックするこだわりと部下の意見を取り入れる柔軟性は、部下をひきつけた。

日本軍機の中で最速の名戦闘機「彩雲」を開発した内藤子生はT1練習機の試作契約者選定の際、東條と顔を合わせた。開発者の交流によって技術が脈々と受け継がれ、新たな発想へと結びついていく。

「紫電改」など独創的な名機を開発した菊原静男は、倉庫の屋根の「なまこ板」にヒントを得て飛行機の軽量化の切り札となる波板加工を発見。

小型ビジネス機「ホンダジェット」を事業化した藤野道格の奮闘からは、日本の航空機開発の意地を感じることができるだろう。（さくら舎社刊、1944円）

新刊紹介

「世界最強兵器Top135」

竹内　修／あかぎひろゆき著

テレビや映画で目にする戦闘機、軍艦、戦車はどれくらい強いの？――そんな素朴な疑問を持ったことのある人は少なくないだろう。

本書は戦後に開発された世界の陸海空兵器135種を攻撃、防御、機動力などの基本性能や戦歴などを基に総合的に評価し、オールカラーで解説する。表示はそれぞれの兵器の強さが一目でわかるランキング形式だ。

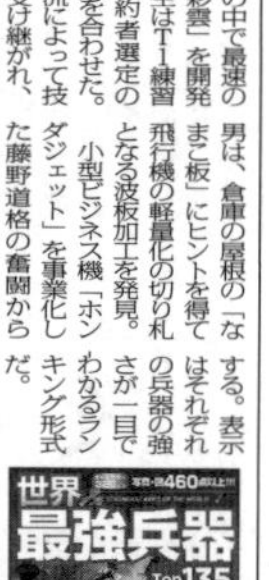

兵器と一言でいってもそのジャンルはさまざまで、航空機を例にとれば、米のF15や露のSu27などの戦闘機から、東日本大震災で活躍したCH47輸送ヘリまで幅広く紹介。

この他にも随所にコラムが設けられ、「最新鋭イージス艦と戦艦大和が戦ったらどうなるのか?」といったファンの心をくすぐるシミュレーションもその一つ。

強さの理由が分かれば、ニュースや映画の理解がより一層深まる。（遊タイム出版刊、741円）

※本書を読者3人にプレゼント。〒160−0002東京都新宿区坂町26の19　KKビル3F　朝雲新聞社「新刊プレゼント係」まで。

みんなのページ

警察官へのレンジャー訓練　「闘うチカラ」の基礎に

3陸曹　峯　大志（35普連4中・守山）

東海・北陸6県から選抜された18名の警察官に対するレンジャー訓練に、私は助教として参加しました。

昨年7月、部隊集合教育「レンジャー」を修了した私は、その際の教官・助教の熱い指導に心から感謝し、いつか自分も助教の立場になりたいと強い憧れを抱きました。

そこで教育後も各課目の復習を重ね、中隊にもレンジャー教育を継続したいとの希望を伝えていた結果、助教としての第一歩をすることができました。

今回は、自衛隊との共同対処が近年進む警察が対象でした。訓練開始当初から、学生である警察官の気迫はすさまじく、厳しい訓練に懸命に食らいつき、技術を吸収しようとするひたむきな姿に接しました。警察の皆さんからは自衛隊レンジャーの訓練に携われることへの強い誇りが感じられました。

訓練で最も印象に残っているのは、私が担当したロープ訓練です。ロープを使っての行動法を私が徹底的に教育したところ、学生たちはそのすべてを「完全にマスター」しました。私の思いが彼らに伝わり、その成果が表れたことに非常に大きな喜びとやりがいを感じました。

この訓練は自衛隊から警察への「技術提供」にとどまらず、災害派遣活動などでは両者が共同し、一緒になって「闘うチカラ」の基礎ともなると思います。自衛官と警察官が気持ちを一つにして対処することができれば、困難な任務も達成できると確信しています。

東海・北陸6県の警察官に陸自レンジャーのロープ運用法を伝授する35普連の峯大志3曹（左）

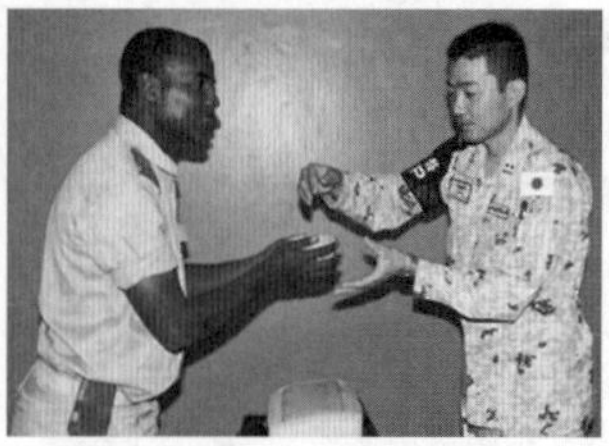

ジブチの警察官にお茶をふるまう椎木靖之2陸尉（右）

大地、人、任務にほれ込んで

2陸尉　椎木　靖之（海賊対処航空隊15次隊・ジブチ）

ジブチの日本隊活動拠点で警務業務を担う私たち警務隊は、ジブチの治安機関や他国軍の憲兵隊と連携・協力しながら任務に当たっています。

そこで私たちは文化交流にも力を入れています。先日、ジブチの警察署長が訪れたので、茶の湯をたて、お茶と和菓子でもてなしたところ、とても感激して「またぜひ体験したい」との言葉を頂きました。

最近は日本文化に関心を持つ外国人が増え、ここジブチでも夜間巡察をしていると、現地の人から日本語で声を掛けられることが多くなりました。そこで私たちは日本隊の規律の高さを彼らに認識してもらえるよう、ビシッと自衛隊式の敬礼で応えています。

このほか、基地内外で「こんにちは」「おつかれさま」と声を掛けられるようになり、日本語が定着しているのを強く感じます。これも自衛隊と地域の人たちの信頼関係が強固になっているためでしょう。こうして信頼感が高まると、私たちの仕事にもさらに熱が入ります。

私は2度目の海外勤務ですが、いつも日本から応援してくれる原隊の仲間や家族に感謝しながら任務に当たっています。灼熱の大地、陽気なジブチ人、一緒に任務に当たる外国軍人、そして陸・海の統合任務という仕事にほれ込んで、私は充実した毎日を過ごしています。この貴重な体験を最大限に生かし、帰国の日まで精いっぱい頑張ります。

（原隊・122地区警務隊＝東千歳）

「もう大丈夫」と声を掛けたい

陸士長　堤　大地（12普連4中・国分）

「もう大丈夫だよ」

故郷・宮崎市が大きな台風で被災した時、駆け付けた自衛官が幼かった私にそう声を掛け、励ましてくれた。それがきっかけで私は自衛隊に入隊した。

そして3年目にして念願の海外派遣任務に参加することができた。派遣されたのはアフリカの南スーダン。2011年に独立したばかりの「世界で一番新しい国」だ。

私が派遣されていた頃もまだ水道や道路などのインフラが整備されておらず、また住民は部族間の対立や豪雨などに不安を抱きながら生活をしていた。そんな中、半年間にわたり、南スーダンの平和と未来を守るために微力ながら貢献できたことは、私にとって大きな喜びであり、今でも誇りに思っている。

半年間の海外任務で学んできたことを生かし、これからは私が派遣先でその地の子供たちに「もう大丈夫だよ」と声を掛けてあげられるよう、さらに精進していきたい。

仲間と協力する大切さを学ぶ

3空尉　中村　秀人（航空教育集団司令部・浜松）

私たち空自幹部候補生学校のU課程（一般大出身）学生は2月8日、10カ月間の教育を修了して卒業し、部隊配属されました。

奈良の地で私たちは大小さまざまな訓練を受けてきました。6月の30キロ徒歩行進、真夏の海での遠泳、U課程単独の60キロ徒歩行進、そして極寒の中、不眠不休で行われた総合訓練などです。

どの訓練も身体・精神ともに厳しい内容で、同期と助け合いながら何とか乗り越えることができました。本課程では訓練のほかにも格闘技や球技大会を学生が運営するなど、力を合わせなければ成し遂げられなかったことも多くあり、仲間との協力がいかに大切か実体験を通して学ぶことができたと思います。

今後、私たちは幹部自衛官としての道を歩み始めます。まさにこれからが努力の成果を問われる本当のスタートとなります。未知の世界に不安や恐れはありますが、奈良で培った気力・体力・技能を土台に、同期の絆を支えとして日々精進し、空自組織の礎になりたいと思います。

私たちが無事卒業できたのは、支えてくださった奈良基地の皆様のおかげだと思っています。成長を見守ってくれた全ての方々に感謝いたします。ありがとうございました。これからも頑張ります。

OBがんばる

青山　浩一　56
平成23年9月、大湊海上訓練指導隊ガスタービン班長を最後に定年退職（3海佐）。現在、函館どっく函館造船所に再就職し、安全・保安警備に関する業務を担当する。

人生観を広げる好機

私が定年退職を迎えた平成23年は、東日本大震災の発生により、再就職が厳しい状況でした。しかし、就職援護室から「函館どっく函館造船所」の紹介をいただき、幸いにも再就職することができました。

函館造船所は明治29年創立で、新造船、艦船修繕、橋梁陸機事業を行っており、関東以北唯一の大型修繕ドックを備えた造船所であり、伝統と豊富な経験で関係各署から高い評価と信頼を得ている会社です。

私は総務部勤労課で安全・保安警備に関する業務を担当しており、社員や協力業者の作業安全確保と衛生管理に関する業務、造船所構内の保安警備業務に携わっています。

企業の安全管理は海自で行ってきた安全業務と共通点が多く、今まで培ってきた経験を最大限生かして業務に従事しています。保安警備については海自OB6人とともに、安心して作業ができる構内環境の構築と来所者に対するさわやかな対応を心掛け、業務を行っています。

再就職において一番大切なのは毎日の健康管理です。そこでジョギングやウオーキングなどを行って、心身ともに万全な状態で再就職に臨むことが大事だと思います。そして早めに国家資格などを取得する準備も進めてください。希望通りの職種に再就職することは非常に難しいことです。どのような仕事をしたいのかしっかり検討し、早めに援護室に出向き、再就職に関する希望を伝えておくことが大切です。再就職は「人生観を広げるチャンス」と捉え、自信を持って新しい仕事にチャレンジしてみてはどうでしょうか。

訂正　4月3日、10日付の「詰将棋」で盤上の「☖1五銀」は「☗1五銀」の誤りでした。訂正します。

詰碁

第1086回出題

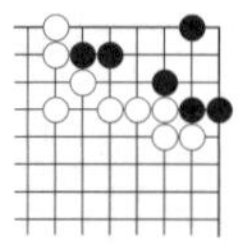

出題　日本棋院　九段　曲　励起

白先

『黒を取って下さい。最初の手が大切です』。5分でできれば中級です。

▶詰碁、詰将棋の出題は隔週です◀

詰将棋

出題　日本将棋連盟　九段　石田　和雄

≪第670回の解答≫

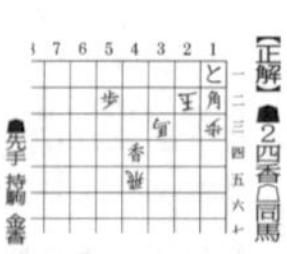

☗先手　持駒　金香

【正解】☗2四香☖同馬☗2一と☖3二玉☗4三金☖4一玉☗2三角成☖同馬☗4二金までの九手詰め。

【解答】まず☗2四香。他の打ち場では飛の横利きがあり失敗。三手目☗2一とが平凡ながら指しにくい手。七手目☗2三角成が好手で、これで馬の利きを外し☗4二金がピッタリとなります。

朝雲

発行所 朝雲新聞社
〒160-0002 東京都新宿区
坂町26番地19 KKビル
電話 03(3225)3841
FAX 03(3225)3831
振替00190-4-17600番
定価一部170円、年間購読料
9000円（税・送料込み）

本号は10ページ

2面 「春の叙勲」防衛関係者122人受章
3面 「集団的自衛権を考える」
4面 〈全面広告〉
5面 〈厚生・共済〉各種健診のご案内
6面 転入者向けに親身な部隊説明会
7面 〈地方防衛局〉災害に強い水道が完成
8面 〈募集・援護〉各地で出陣式、入隊式
9面 「護衛艦カレーグランプリ」大盛況
10面 〈みんなのページ〉「心強い陸曹団」を

尖閣は安保適用対象

米大統領、初めて明言

首脳会談後の共同記者会見に臨む安倍首相（右）とオバマ米大統領（4月24日、東京・元赤坂の迎賓館で）＝官邸HPより

集団的自衛権の検討を支持

安倍首相は4月24日、オバマ米大統領と東京・元赤坂の迎賓館で会談し、日米同盟がアジア太平洋地域の平和と安定のために主導的な役割を果たすことで一致した。オバマ氏は沖縄県の尖閣諸島について、米国の対日防衛義務を定めた日米安全保障条約第5条の適用対象であることを米大統領として初めて明言。会談後の共同記者会見で大統領は「尖閣諸島は歴史的に日本の施政下にあり、一方的な変更をすべきではない」と強調した。大統領は日本の集団的自衛権の行使容認に向けた取り組みを支持する考えを表明した。日米両政府は翌25日、会談の成果を盛り込んだ共同声明を発表した。

首脳会談　盤石な関係確認

オバマ大統領は共同記者会見で尖閣諸島について「日米安保条約は日本の施政下にある全ての領域に当てはまるもので、これは何も新しい立場ではない」と述べ、これまで米国が一貫して取ってきた立場であることを強調。日本の施政を損なおうとするいかなる一方的な行動にも反対する同国の立場を改めて表明した。

安倍首相は同会見で「日本が掲げる積極的平和主義と米国のアジア太平洋重視（リバランス）政策は、共に地域の平和と安定に貢献するものだ」とした上で、「日米同盟はかつてないほど盤石だ」と述べ、強固な日米同盟をアピールした。

会談で両首脳は、海洋進出を強める中国を念頭に「東シナ海や南シナ海で緊張を高めている最近の行動に強い懸念を共有する」とした上で、威嚇や強制、力による領土、海洋に関する権利を主張するいかなる試みにも反対することで一致した。また、日米を中核として関係諸国と協力しながら自由で開かれたアジア太平洋を維持し、そこに中国を関与させていくことが重要との認識でも一致。航行や飛行の自由を含む国際法の尊重に基づく海洋秩序維持の重要性を再確認した。

2国間関係では、日米防衛協力の指針（ガイドライン）の見直しなど幅広い防衛協力を推進するほか、在日米軍再編に関しては在沖海兵隊のグアム移転や普天間飛行場の辺野古への早期移設を着実に進め、沖縄の基地負担軽減に取り組んでいくことで合意した。首相は普天間飛行場の5年以内の運用停止など、沖縄県知事の要望を説明し、米側に一層の協力を要請した。

一方、北朝鮮の核開発問題については日米韓の3カ国で緊密に連携して対処していくことを確認。拉致問題についても日米が引き続き協力して取り組んでいくことで一致した。

グローバルな観点からは日米同盟を基軸に日米韓、日米豪、日米印の3カ国間協力を推進。日米両国は、巡視船の供与や港湾施設の整備を含め、東南アジア諸国の航空安全や海洋安全保障のための海洋監視や能力構築（キャパシティー・ビルディング）支援で連携を図っていくことで一致した。

日米首脳会談のポイント

一、アジア太平洋の平和と安定に向けた日米同盟の主導的役割を確認
一、尖閣諸島は日米安全保障条約第5条の適用範囲内
一、力による一方的な現状変更の試みに反対
一、集団的自衛権の行使に関する日本の検討を米国が歓迎、支持
一、北朝鮮の核開発問題に日米韓3カ国で緊密に連携
一、普天間飛行場の早期移設など在日米軍再編を進め、沖縄の基地負担軽減を実施
一、日米豪、日米印の3カ国間協力を推進
一、東南アジア諸国の能力構築支援で日米が連携強化

日豪防衛技術協力第1弾

流体力学で共同研究

防衛相会談　潜水艦含む船舶念頭に

防衛協力で意見交換する小野寺防衛相（左から3人目）とジョンストン豪国防相（右前列奥から2人目）＝4月28日、豪スターリング海軍基地で（防衛省提供）

小野寺防衛相は4月28日、オーストラリアを訪れ、同国南西部の都市パースにあるスターリング海軍基地でジョンストン国防相と日豪防衛相会談を行い、日米豪の共同訓練の拡充を含む防衛協力の強化で合意。今年6月に予定されている日豪の外務・防衛担当閣僚協議「2プラス2」に向け、防衛装備・技術協力の第1弾として、潜水艦を含む船舶を念頭に流体力学分野に関する共同研究を推進し、事務レベルの協議を加速化させることで一致した。

小野寺大臣はこの後、同海軍基地で豪海軍の「コリンズ」級潜水艦「ファーンコム」（浮上時排水量3100トン）を視察。続いて、自衛隊の「マレーシア国際緊急援助隊」が派遣されているパース近郊のピアース空軍基地を訪問し、海自P3C部隊の隊員らを激励した。

前日の27日に開かれた豪国防相主催の夕食会で、小野寺大臣は日本の集団的自衛権の行使容認に向けた議論の状況を説明し、ジョンストン国防相はこれに対し支持を表明した。アジア太平洋地域の情勢をめぐっては「力を背景とする一方的な現状変更は認められず、国際法と対話で解決すべきだ」との認識を共有した。

29日はマレーシアを訪問し、ヒシャムディン国防大臣と会談。両大臣は昨年の首脳会談の合意に基づき、海洋安全保障分野での協力強化や防衛交流の覚書の早期署名に向けて努力することで一致した。

会談で小野寺大臣は防衛装備移転三原則のほか、集団的自衛権の議論の状況などを説明。これに対し、ヒシャムディン国防相は支持と歓迎の意を表明した。

この後、ナジブ首相を表敬した小野寺大臣は、東シナ海や南シナ海の情勢をめぐって意見交換。首相は日マレーシア間の防衛協力の強化に期待感を示した。

洋上行動基準を採択

海幕長　重要性、中国とも一致

日米など21カ国の海軍トップが一堂に会した「西太平洋海軍シンポジウム（WPNS）」が4月22、23の両日、中国・青島で行われ、参加国の全会一致で「洋上で不慮の遭遇をした場合の行動基準（CUES：Code for Unplanned Encounters at Sea）」が採択された。WPNSの枠組みで洋上での安全のための手順が定められたのは今回が初めて。

防衛省の辰己昌良報道官は同日の記者会見で、「不測事態を予防・回避する上で有益な枠組み。採択に当たり、中国が議長国として積極的な役割を果たしたことを評価したい」と述べ、採択を歓迎した。

CUESで取り決められた艦艇・航空機が洋上で遭遇した場合の「回避すべき行動」は、①射撃管制レーダーなどの武器を照準させる②信号弾や武器を艦艇などに向け発射する③操縦席を照射する④人員や装備品を傷つけるような方法でレーザーを使用する⑤近傍でアクロバット飛行や模擬攻撃を行う――の5項目。通信手段としては無線通信が望ましく、音声通信は英語で行うべきだとされた。

海軍軍種間の行動基準であるため、空軍や政府公船などには適用されず、また、法的拘束力も持たないが、防衛省では「中国に責任ある建設的な役割を果たすよう促す上で有意義」と期待している。

シンポジウム期間中、河野海幕長は参加各国の海軍参謀長らと意見交換。西太平洋地域の海洋安全保障に関わる協力強化について相互理解を深めた。

調整中とされていた呉勝利中国海軍司令員との正式な会談は実現しなかったが、15分程度の立ち話を行い、CUESの重要性について一致した。

マレーシア機の捜索活動終わる

国緊隊・豪から帰国

小野寺防衛相は4月28日、マレーシアとオーストラリアで約1カ月半、消息不明のマレーシア機の捜索活動に当たってきた自衛隊の国際緊急援助隊に活動終結命令を発令した。

豪のピアース空軍基地を拠点に活動してきた海自のP3C部隊は、壽福秀機2佐以下約40人と2機のP3C哨戒機が5月2日に厚木基地に帰国。現地支援調整所も所長の杉本洋一1海佐以下4人が同日までに帰国を完了した。

国緊隊は海自のP3Cがマレーシアで3月15日から22日まで、以後はオーストラリアで3月24日から4月28日まで活動。一方、空自のC130H輸送機はマレーシアで3月13日から24日まで活動後、本邦待機となり帰国。海空自で計46回、約400時間に及ぶ捜索活動を行った。

豪とマレーシアの両首脳は、安倍首相との会談を通じて自衛隊の活動を高く評価するとともに謝意を表明。

防衛相会談のため豪州に続いてマレーシアを訪れた小野寺大臣は4月29日、自衛隊が当初派遣されていたスバン空軍基地を訪問し、同国軍による全面的な受け入れ支援に感謝の言葉を述べた。

強固な日米同盟強調

陸幕長「LANPAC」で講演

各国の陸軍代表を前に、強固な日米同盟をアピールする岩田陸幕長（4月8日、米ハワイで）＝米軍放送網（AFN）のHPより

アジア太平洋の陸軍種のリーダーを対象とした米陸軍協会主催の第2回国際シンポジウム「LANPAC」が4月8日から10日まで米ハワイで開かれ、ゲストスピーカーとして招かれた岩田清文陸幕長は強固な日米同盟をアピール、人道支援・災害救援（HA／DR）などを通じてアジア太平洋の平和と安定に積極的に寄与する日米協力の重要性を強調した。

シンポジウムには米国を含む15カ国から軍の代表者ら約600人が参加。今回は「アジア太平洋地域における政府全体の取り組みの中での陸軍種の役割」をテーマに、アジア太平洋地域の戦略環境、HA／DRや能力構築支援、情報・通信などについて討議を行った。

岩田陸幕長はスピーチで、東日本大震災の「トモダチ作戦」を契機に日米協力がより計画的、具体的で実効性ある形に進化したと指摘。昨年のフィリピン台風災害救援では両国の協力が日本国内からアジア太平洋における協力にまで拡大、発展したと紹介した。

その上で「今後は日米豪3カ国間、さらに陸自主催の国際会議MCAP（アジア太平洋地域多国間協力プログラム）などを通じた多国間連携を推進しつつ、拡大ASEAN国防相会議（ADMMプラス）をはじめとする政府レベルの取り組みに発展させていくことが重要だ」と述べ、日米陸軍種が主導的な役割を果たし、アジア太平洋地域の秩序形成に寄与していく必要性を訴えた。

日本はADMMプラスで昨年度までシンガポールと共に防衛医学専門家会合の共同議長国を務めた。今年度からはラオスと共にHA／DR専門家会合の共同議長国となり、3年の任期の予定で同分野をけん引する。

◇LANPAC（ランパック）　太平洋地域の陸上軍「Land Forces Pacific」を意味する米陸軍協会（Association of the United States Army）主催のシンポジウム。米陸軍協会は陸軍関係者とその家族を支援する目的で1950年に設立された非営利組織。オバマ政権はアジア太平洋地域での米軍のプレゼンスを重視しており、米陸軍協会としても同地域との多層的な交流を通じて連携を強めたい意向がある。

春夏秋冬

もう一つの安全保障

北岡　伸一

私が学長をしている国際大学というのは、1982年に設立された、日本で最初の大学院大学である。グローバル人材の育成を目指し、授業はすべて英語、全寮制で、当時の財界の大立て者だった興銀の中山素平氏が、財界の総力を結集してつくったものである。当時まだ絶大な力のあった田中角栄元首相の尽力もあって、新潟県の浦佐にある。

日本での知名度は低いが、海外の評価は高い。現在、国際関係学と国際経営学の二つの研究科があるが、前者は途上国で有名であり、後者は、たとえばロンドンのエコノミスト誌のビジネス・スクール・ランキングで、ここ数年、世界の75位前後、アジアで5位、日本で1位にランクされている。

現在、学生の8割は外国人で、その多くは途上国からの若者である。特に若手官僚が多い。途上国にとって、日本は発展のベスト・モデルである。日本で日本の発展を学んでもらう。日本語からやるのは大変だから、英語で勉強してもらう。

彼らは帰国して数年で局長、うまくすれば、10年で大臣になる。途上国が親日リーダーの指導で発展するとすれば、日本にとって素晴らしいことである。

私は東大教授として、あるいは国連大使として、PKO（国連平和維持活動）にもODA（政府開発援助）にも関わってきた。しかし、こうした人材育成教育ほど、日本が貢献できる分野はない。これほど安い投資はないし、広い意味で重要な安全保障政策である。

私は昨年、「安全保障と防衛力に関する懇談会」の座長として、日本で最初の「国家安全保障戦略」の作成に関与したが、その中に、外国の若者を日本に招いて教育することを、安全保障政策の一環として取り上げてもらった。

ただ、外国人ばかりのキャンパスは良くない。日本人の友人をつくらないと意味がない。そのためには、現在、日本人学生をせめて全体の3割にしようと考えている。幸い、将来のアジアのエリートとの人脈づくりを目指して、入学を希望する学生が増えている。

人生の決断の中で、留学は最も重要なものの一つである。国際大学の場合は大学院大学なので、すでにそれぞれの国で大学を卒業し、それなりの地位に就いている若者である。彼らは留学に際し、米英ではなく日本を選んでくれたのである。その選択には、心から敬意を表したい。ぜひ、満足して帰ってもらわなくてはいけないと思っている。

（きたおか・しんいち＝国際大学学長）

防衛省発令

▽護衛艦隊幕僚（訓指群）　1海佐　牧　孝行
▽防衛省顧問を免ずる
（防衛省顧問）　金澤　博範
（同）　竹河内捷次
（同）　中江　公人
（以上4月21日）
▽空幹校付（飛教隊教導隊長）　1空佐　柳　享範
（5月1日）

朝雲寸言

尖閣諸島の問題に、米国はどう関与してくれるのか。その見返りとして、環太平洋経済連携協定（TPP）で、日本はどこまで譲歩させられるのか▼4月24日の日米首脳会談。互いに「シンゾウ、バラク」と呼び合い、親密ぶりをアピールする姿とは裏腹に、安全保障と経済がリンクする様を目の当たりにさせられ、「縄と糸」と揶揄された沖縄返還交渉を思い浮かべた人も多かったのではないか▼40年あまり前、日本にとって「核抜き本土並み」による沖縄返還は悲願だった。一方で、高品質で低価格な日本の繊維製品に米国の繊維業界は悲鳴を上げていた。文字通り、沖縄と糸が絡み合っていた。結局日本が繊維製品の輸出を一方的に抑制することで決着した▼今回の首脳会談で、オバマ大統領は尖閣諸島について「日米安保条約第5条の適用対象となる」と明言。米国の大統領として初めて、尖閣を対日防衛義務の対象として認めたことは、日本外交にとって大きな成果だった▼その結果、TPPが安保の〝人質〟となった感は否めない。沖縄返還交渉の時代、日本は米国の防衛要求に満足に応えることができなかった。米国のいら立ちが「縄と糸」を生んだ背景でもある▼轍を踏んではならない。それにはまず、尖閣諸島を独力で守る覚悟と力を備えておくことだ。安全保障で米国の負担を軽減させることが、TPPをめぐって日本が米国に切れる有効なカードとなるはずだ。

「瑞宝大綬章」に竹河内元統幕議長

春の叙勲　防衛関係者122人が受章

政府は4月22日の閣議で、平成26年「春の叙勲」受章者4104人（うち女性367人）を決め、29日に発表した。発令は同日付。防衛省関係の受章者は122人で、竹河内捷次元統幕議長が瑞宝大綬章（従来の勲1等瑞宝章に相当）、遠竹郁夫元空幕長が瑞宝重光章（同勲2等瑞宝章）を受章。瑞宝中綬章（同勲3等瑞宝章）は19人、瑞宝小綬章（同勲4等瑞宝章）は77人、瑞宝双光章（同勲5等瑞宝章）は6人、瑞宝単光章（同勲6等瑞宝章）には18人がそれぞれ受章した。小野寺防衛相による叙勲伝達式は5月12日、防衛省講堂で行われる。受章者の氏名（50音順）は次の通り。

＜瑞宝大綬章＞
▽竹河内捷次空将（統幕議長）

＜瑞宝重光章＞
▽遠竹郁夫空将（空幕長）

＜瑞宝中綬章＞
▽青木克之技官（調本副長＝原価計算2担当）▽明野充功海将（潜艦隊司令官）▽粟威之事務官（調本長）▽岩永正男技官（技本4研究所長）▽大野琢也事務官（防医大副長＝管理担当＝兼事務局長）▽草津辰夫教官（防衛研究所長）▽木暮敬二教官（防大名誉教授）▽小松正彦技官（技本5研究所長）▽砂川正俊海将（需給統制隊司令）▽高山清技官（調本副長＝契約原価計算3担当）▽武田清空将（航空総隊司令官）▽田原明彦陸将（技本陸上担当技術開発官）▽土井義尚陸将（補給統制本部長）▽西川正長空将（南混団司令）▽兵頭祥治技官（調本副長＝契約原価計算1担当）▽藤原利将陸将（東北方総監）▽森和彦空将（西空司令官）▽安永五十男技官（管理局原価計算部長）▽吉本悠久技官（技本3研究所長）

＜瑞宝小綬章＞
▽青山護教官（防大教授）▽荒井孝之事務官（調本調達管理1課長）▽有馬征太郎陸将補（6師団副長）▽飯田治親1陸佐（東北方武器隊長）▽池田榮海将補（大湊航空隊司令）▽伊東剛事務官（医実隊総務部長）▽伊藤俊治陸将補（関東補給処松戸支処長）▽岩月祭芳1陸佐（関西地区補給処桂支処長）▽内山今佐己事務官（技本総務課長）▽内山宣良技官（技本1研究所主任研究官）▽大坪詮1海佐（横須賀水雷整備所長）▽大坪邦明陸将補（化学学校副長）▽大道嘉継技官（技本5研究所特別研究官）▽岡村功三1陸佐（5施団副長）▽岡本韶一郎1空佐（2補副長）▽小川修輔技官（管理局原価計算部原価計算官）▽筧桂一郎1陸佐（航空学校宇都宮分校長）▽軽部昭二事務官（東京地連副長）▽川口英德1陸佐（通信補給処補給部長）▽川道亮介陸将補（陸幹候校副長）▽木村征男陸将補（関西補給処副長）▽久保英彦技官（技本陸上担当技術開発官付主任研究官）▽河野守雄海将補（海幕技術1課長）▽小久保朝雄海将補（1潜群司令）▽小西正徳陸将補（九州補給処副長）▽小堀清彦事務官（契本総務課長）▽才原皓央海将補（横須賀警備隊司令）▽阪吉三1陸佐（通信補給処副長）▽佐藤和美陸将補（3教育団長）▽佐藤晋二技官（契本調査研究室長）▽篠木光弘事務官（防医大事務局経理部長）▽篠塚忠洋技官（調本名古屋支部長）▽篠原輝弘空将補（調本東京支部府中調達管理事務所長）▽嶋野隆夫陸将補（調査学校長）▽神保好昌事務官（契本契約3課長）▽鈴木崇世1空佐（飛行点検隊司令）▽須田幸男技官（契本東京支部副長）▽関隆三1海佐（61航空隊司令）▽関川武司海将補（需給統制隊業務3部長）▽高橋洋二事務官（研本総務部長）▽竹内篤巨1海佐（海幹校研究部長付）▽竹内慶光技官（技本2研究所主任研究官）▽武富紘人1陸佐（東方会計隊長）▽田代秀一事務官（東京地連副長）▽田島稔事務官（福岡地連副長）▽田中和子技官（技本1研究所主任研究官）▽田中満雄事務官（調本横浜支部長）▽田中丸正治陸将補（輸送学校副長）▽田上昭夫陸将補（陸幹校主任教官）▽塚川豊秀陸将補（2教育団副長）▽土谷善昭1海佐（調本調達管理3課長）▽津村明邦海将補（中央通信隊群司令）▽鳥越衛二技官（技本1研究所管理部長）▽長崎嘉徳海将補（海1術校長）▽長嶋浩空将補（南警隊司令）▽乗安充和1陸佐（北方警務隊長）▽林吉永空将補（空幹候校長）▽林田大義陸将補（東方監察官）▽原田勝國1海佐（海幹校研究部員）▽平山助成海将補（厚木航空基地隊司令）▽廣部洋祐技官（技本船舶担当技術開発官付主任設計官）▽松井宏空将補（空幹校研究部長）▽水落侑宏技官（技本1研究所管理部長）▽三宅公誠技官（技本3研究所主任研究官）▽三輪廣治陸将補（調本東京支部副長）▽六十里繁技官（防衛局計画課装備体系・システム分析室長）▽村上忠海将補（海幕技術部長）▽持丸徹陸将補（真駒内駐屯地業務隊長）▽森本洋康海将補（海3術校長）▽矢島寛三海将補（需給統制隊副長）▽山崎由彦陸将補（航空学校霞ヶ浦分校長）▽山本效海将補（海1術校総務部長）▽山本五郎海将補（横須賀造修所長）▽吉田洋司海将補（横須賀補給所長）▽米持茂直技官（技本2研究所主任研究官）▽臨光昭憲陸将補（少年工科学校長）▽渡部信三1海佐（調本調達管理3課長）

＜瑞宝双光章＞
▽稲田文男2空佐（空2術校2教育部6科長）▽宇渡正彦2海佐（海2術校総務課長）▽小笠原宏2空佐（4補修理課長）▽甲谷勝利2海佐（徳島教空群運用幕僚）▽立元稔章2空佐（中空監察官付）▽藤村貴1海佐（201教空隊副長）

＜瑞宝単光章＞
▽磯恵子技官（関東補給処古河支処）▽伊禮實技官（5高射群）▽岩本太一郎技官（八尾駐屯地業務隊）▽氏家一松技官（横須賀造修補給所）▽大田朝明技官（83航空隊）▽大野惠司技官（地理情報隊）▽押切辰子技官（関東補給処松戸支処）▽金城好江技官（那覇病院）▽小林龍雄技官（姫路駐屯地業務隊）▽佐藤勝雄技官（鹿追駐屯地業務隊）▽澤田卓三技官（鹿追駐屯地業務隊）▽柴田克巳技官（青野原駐屯地業務隊）▽関谷朝男技官（中央業務支援隊）▽瀬野尾博司技官（関東補給処）▽土井基技官（4航空団）▽平石廣重技官（関東補給処古河支処）▽松本誠技官（九州補給処）▽柳町房雄技官（神町駐屯地業務隊）

時の焦点

国内　鹿児島2区補選

信任されなかったこと

何が信任されたのか、わかりにくい選挙だった。

衆院鹿児島2区補欠選挙は、自民党公認で公明党の推薦を受けた金子万寿夫氏が、民主党など野党4党が推薦した打越明司氏らを破って当選した。

金子氏と打越氏の票差は、およそ2万票。2012年の衆院鹿児島2区では、自民党の徳田毅氏（当時）が、打越氏にダブルスコアの差を付けていた。

思ったより詰め寄られた、というのが、自民党の本音だろう。

当初、首相官邸や自民党は強気だった。「圧勝して、政権運営に弾みを付ける」ともくろんでいた。安倍内閣の支持率は高く、政党支持率でも、自民党は抜きん出ているからだ。

ところが、選挙戦に入ると、様相が違うことがわかってきた。新聞社の情勢調査では、打越氏が善戦しており、「金子氏と打越氏が接戦」という調査もあった。

自民党はいつのまにか、「負けないためにどうするか」という発想になっていったように思う。

選挙期間中に、選挙区入りした安倍首相は、アベノミクスの成果を強調し、消費税率を8%に引き上げた理由を説明した。ただし、もっとも多くの時間を割いたのは地域振興だった。

集団的自衛権行使を可能にする憲法解釈の見直しには触れなかった。解釈変更に慎重な公明党に配慮したのだろう。

世論の賛否が分かれる原子力発電所の再稼働も取り上げなかった。

世論の反発を招かないことを考えた、「守り」の選挙だったと言えるだろう。環太平洋経済連携協定（TPP）交渉の日米協議で実質合意したのに、それを政府が公表しなかったのは、補選への影響を回避したかったためという見方が有力だ。

確かに、医療グループ「徳洲会」が選挙運動を控えたことは、金子陣営の痛手となった。

自民党筋は「打越氏はかつて自民党にいたこともある。金子、打越の争いは、いわば内輪の争いだ。自民党が苦戦した、とは必ずしも言えない」と解説する。

それでも、安倍首相や自民党には想定外の結果だったのではないか。

磐石とも思える安倍政権の支持がそう固いわけではないということだろう。

世論調査で、首相を支持する理由を聞けば、政策への期待や首相の指導力への評価を挙げる人はそう多くなく、「これまでの内閣よりよい」と答える人が一番多いのも事実だ。

今回の補選で確かなのは、消費増税が、自民党にとって逆風とはならなかったことだ。かつて、消費税導入直後の参院選で、自民党が大敗したことを思うと、隔世の感がある。世論の成熟ぶりがうかがえる。

一方、集団的自衛権の見直しが信任されたとは言えまい。安倍自民党と公明党とのせめぎ合いは、これからも続くだろう。

風間 二郎（政治評論家）

海外　ウクライナ危機

最悪事態の回避を急げ

米欧とロシアが緊張緩和で協力するはずだったジュネーブ合意が破綻し、ウクライナ情勢は緊迫の度を増した。東部のドネツク、ルガンスク両州を揺るがす暫定政府陣営と親露派武装勢力の対立は5月2日、南部の大都市オデッサに拡大し、火災を伴う両派住民の衝突で多数の死傷者が出た。これにより、ウクライナ民族主義が優勢な西・北部と、ロシアの大国主義が吸引力を持つ東・南部への国内分裂という構図が露わになった。

ジュネーブ合意成立後も東部の親ロ派武装勢力が州政府や治安機関の庁舎を次々と占拠したのは、5月25日のウクライナ大統領選挙をボイコットし、これに代えてキエフ統治からの独立を問う住民投票を11日に実施するという目論見の事前デモンストレーションにほかならない。相対的に平穏だったオデッサ州でも2日の惨事後、民族間の対立感情が強まっている。

他方、暫定政権にすれば、大統領選を成功裏に実施し、新政権の正統性を内外に示すのが当面の最大課題である。統治能力を実証するため5月2日、ドネツク州北部に攻撃ヘリや装甲車を投入して、占拠集団を強制排除する軍事作戦に打って出た。だが、オデッサの惨事も影響して反政府武装勢力は激しく抵抗し、一進一退の攻防が続いている。

ちなみに、作戦に参加していたヘリ3機が地上からの攻撃で撃墜され、ウクライナ軍の装備劣化や兵員の練度低下がはしなくも露呈された。

政府軍の出動を「ジュネーブ合意を無にした背信行為」と主張するロシアの要請で2日夕、国連の安全保障理事会が緊急開催されたものの、米欧とロシアの険しい非難の応酬に終始した。さらに6日、ウィーンで欧州会議（加盟47カ国）の外相がウクライナ情勢への対応を協議したが、ロシアはジュネーブ会議の再招集を拒否した。

今後の見通しは難しい。最大の懸念はロシアが軍事介入する可能性だ。欧米のメディアが引用した専門家はおしなべて否定的な見解を示す。ロシアにとって政治・経済両面の代償が余りに大きいし、軍事介入に踏み切った場合、出口戦略が難しいというのだ。しかし、ウクライナの国内対立がさらにエスカレートすれば、両国軍の偶発的な衝突を招く恐れが皆無とは断定できない。

最悪事態を回避する具体策として参考になるのが、独シュピーゲル誌（電子版）の提言であろう。国や地域の今後は国民や住民の判断に委ねるほかないが、治安回復が先決である。まず大統領選挙と住民投票の3カ月延期を決める。その間に武力闘争の沈静化を進め、冷静な判断が下せる状況が整ったところで、中立的な機関による監視の下で選挙・投票を行う。双方は好悪の如何を問わず、示された結果を受け入れる――という内容である。

ロシアとウクライナの実情、そして欧州連合（EU）内の複雑な利害関係を熟慮した案ではあるまいか。

小倉 春樹（外交評論家）

連携の重要性を確認

防衛相　米下院議員団と会談

カンター議員（左から2人目）ら米国下院議員団と意見交換する小野寺大臣（右から2人目）＝4月21日、防衛省で

小野寺防衛相は4月21日、米共和党のエリック・カンター院内総務や同党のポール・ライアン予算委員長、マック・ソーンベリー軍事委員会諜報等小委員長ら超党派の米下院議員団9人と防衛省で会談し、日米同盟の強化とアジア太平洋地域の安定に向けた連携の重要性を確認した。

一行はケネディ駐日米国大使とともに来省。小野寺大臣は北朝鮮の核・ミサイル開発問題について「核実験がいつ行われるか分からない状況だ。すでに北朝鮮のミサイルは米本土まで届く能力がある」とその動向に懸念を示した。

カンター議員は「我々はアメリカが大国として世界をリードし続けることに専念している。今回は強力な日米同盟と、米のリバランス政策によるアジア太平洋重視の方針を力説するために来日した」と述べ、米国が同地域で果たす役割を改めて強調した。

防衛協力さらに強化

統幕長　英参謀総長と一致

岩崎統幕長は4月11日、英国防参謀総長のニコラス・ホートン陸軍大将と防衛省で会談し、日英間で防衛協力・交流を強化していくことで一致した。英国幕僚長級の来省は12年ぶり。

会談では連絡士官の派遣やハイレベルを含む防衛交流の促進のほか、統合運用やPKOに関する情報共有をめぐって意見交換した。

統幕長は、昨年末に我が国初の「国家安全保障戦略（NSS）」に基づき策定された新大綱・中期防についても説明し、日本の防衛政策に関して理解を求めた。

岩崎統幕長は17日の記者会見で「日英は海洋国家として共通の認識を持っており、有意義な意見交換ができた」と語った。

空幕がブルー空中接触事故で調査結果

今年1月29日、4空団11飛行隊（松島）所属のT4練習機（ブルーインパルス）2機が洋上訓練空域で編隊飛行中に空中接触した事故で、空幕は4月22日、「当日に各機の機動開始間隔が変更されたことで予定位置に占位できず、空中接触に至った」などとする調査結果を発表した。

空幕によると、事故発生時、2機は新課目（4機の右下がりに連なる隊形から順番に右横転機動で最後尾機の右横に占位する）を演練中で、1番機が4番機の右横に占位を試みたが付けられず、後を追う2番機が1番機の予定占位地点を確認したが発見できなかったという。2番機は訓練中止を他の3機に通知しようとしたが間に合わず、軌道修正中の1番機と接触した。

空幕は事故原因として、①機動開始間隔を5～7秒から3秒に短縮したことで難易度が高まった②新課目および機動開始時間短縮に対する危険性の検討が足りなかった――を挙げた。

空幕は再発防止対策として、①周到な準備、計画、②適切な訓練管理③内在する危険要素の認識と対応④適正な指揮、監督指導――の徹底を図るとしている。

これを受け4空団司令の有馬龍也将補は4月24日、ブルーインパルスの展示飛行能力を点検し、問題がないことを確認。

27日、同隊は海自鹿屋基地での「エアーメモリアルinかのや2014」で6機での展示飛行を実施し、一般公開での編隊曲技飛行を再開した。

空自優良提案褒賞、1件3隊員が受賞

齊藤空幕長が表彰

26年度上半期の優良提案に選ばれ、齊藤空幕長（右）から褒賞状を授与される佐藤1曹ら（4月23日、空幕大会議室で）

優秀な業務改善提案を行った隊員を表彰する平成26年度上半期優良提案褒賞の授与式が4月23日、空幕大会議室で行われ、8空団整補群修理隊（築城）の佐藤徳幸1曹以下3人に、齊藤空幕長から褒賞状と副賞のメダルが贈られた。

同褒賞制度は平成4年に始まり、今年度は上・下半期の2回に分けて授与式が行われる。全国の応募の中から①経済性②作業性③安全性――などの評価が高かった56件を空幕が選定し、審査の結果「F110エンジン・アウターライナー・セグメント交換用治具の作製」1件の受賞が決まった。

授与式で齊藤空幕長は「発想した隊員は多数いるかもしれないが、実際に部隊運用にまでつなげたことが素晴らしい」と述べ、佐藤徳幸1曹らの功績をたたえた。

佐藤1曹は「治具の完成によって、2人がかりの作業が1人でできるようになった。整備環境に貢献できたことがうれしい」と喜びを語った。

同褒賞授与後、文部科学大臣表彰創意工夫功労者賞の伝達も行われ、空幕長が文科相からの表彰状を代読し、受賞した隊員に授与した。

両賞の受賞者の所属、氏名、階級、件名は次の通り。

優良提案褒賞▽8空団修理隊（築城）＝佐藤徳幸1曹、高木信貴2曹、東保3曹＝「F110エンジン・アウターライナー・セグメント交換用治具の作製」

文部科学大臣表彰創意工夫功労者賞▽総隊司令部飛行隊整備隊（入間）＝白井一正2曹、幸政則2曹、深津光生3曹＝「T4航空機用ラダー支持ベアリング摺動面の清掃及び機動トルク確認工具の作製」。

陸自、豪州で各種訓練

「射撃競技会」「日米豪共同」

陸自は4月25日から行われている「豪陸軍主催射撃競技会」に参加している。5月20日まで。

同競技会は隊員の小火器射撃の練度向上を目指すとともに、豪州をはじめアジア太平洋諸国15カ国との交流を通じた関係強化を図ることが目的。

富士学校長の武内誠一陸将を担任官に、富士学校、各方面隊、中央即応集団などから選抜された約30人が参加している。

また、陸自は5月17日から28日にかけて、豪ビクトリア州のパッカパンニャル演習場で行われる平成26年度「日米豪共同訓練」に参加する。

訓練は、隊員や部隊の戦術技量の向上を図り、米豪との信頼関係を強化することが目的で、中部方面総監の堀口英利陸将を担任官に中部方面隊基幹の約30人を派遣。米側からは米陸軍各部隊の人員約20人、豪側から陸軍各部隊の約20人が参加する。

GW艦載機　硫黄島で着陸訓練

米空母「ジョージ・ワシントン」の艦載機が5月5日から、硫黄島で着陸訓練を実施している。16日までの予定。

訓練機種はFA18E、F両戦闘攻撃機、EA18G電子戦機、E2C、A両早期警戒機の5種類で、期間中は午前11時から午前3時まで訓練を行う。

天候などの事情で硫黄島での訓練を実施できない場合には、三沢飛行場（13～16日）、厚木飛行場（12～16日）、岩国飛行場（13～16日）でそれぞれ午前10時から午後10時まで訓練を実施する予定。

訓練日時は天候や航空機の整備などの事情から変更される可能性があるが、防衛省は「できる限り硫黄島で訓練を実施するよう申し入れる」としている。

露艦が津軽と宗谷海峡通過

4月25日午後3時ごろ、露海軍の「ウダロイI」級ミサイル駆逐艦（満載排水量8636トン、艦番号572「アドミラル・ヴィノグラドフ」）が北海道・奥尻島の西南西約100キロの日本海を東に向け航行しているのを海自2空群（八戸）のP3C哨戒機が確認した。同艦は津軽海峡を東に抜け、太平洋に出た。

一方、27日午後6時ごろ、露海軍の「タランタルIII」級ミサイル哨戒艇（満載排水量約500トン、艦番号940、946、978）3隻が北海道・宗谷岬西約110キロの海域を東に向け航行しているのを2空群（八戸）のP3Cが確認。3隻はこの後、宗谷海峡を東に抜け、オホーツク海に入った。

政専機、首相乗せ欧州へ

空自特輸隊（千歳）のB747・400政府専用機は4月29日、欧州6カ国を訪問する安倍首相を乗せ羽田空港を出発した。

30日、最初の訪問地・独ベルリンに到着。翌5月1日には英ロンドン、3日にポルトガルのリスボン、4日にスペインのサンティアゴ、5日に仏パリを経て6日にベルギーのブリュッセルに到着、8日に羽田に帰国する予定。

おことわり　「米国防計画見直し[illegible]訳」と「西風東風」は休みました。

集団的自衛権を考える

政府の有識者会議「安全保障の法的基盤の再構築に関する懇談会（安保法制懇）」は今月中旬にも集団的自衛権の行使容認を促す報告書を安倍首相に提出する。政府はこれをたたき台に安全保障の法整備に関する政府方針を作成、与党との協議が本格化する。同懇談会の座長代理として議論をけん引してきた北岡伸一氏を筆頭に、先に日本記者クラブで行われた研究会「集団的自衛権を考える」に登壇した識者5人の見解を紹介する。

個別的自衛権拡大は危険

北岡　伸一　国際大学学長

安保法制懇で一番念頭にあるのはPKO活動の活発化だ。日本が襲われたら助けてもらえるのに、隣の部隊が危機にあっても助けないし、輸送協力にも限界がある。それで積極的平和主義ができるわけがない。

二番目は米軍とのより密接な連携。周辺事態法では朝鮮半島有事における「後方地域支援」を定めている。いわゆる「後方支援」は場所を問わないが、世界に日本のような「後方地域支援」という概念はない。戦闘地域でサポートするのは他国の戦闘行動と一体化するから良くないという解釈がまかり通っているからだ。その根っこは、日本は自国が襲われたときだけ反撃できるのであって、他国が窮地にあるときに加わるのは良くないというもの。これを改めるためには集団的自衛権そのものを再考しなければならない。

一部に、朝鮮有事は日本有事にも発展するだろうから、個別的自衛権で処理できるという人がいるが、個別的自衛権の拡大解釈であって危険な議論だ。

三番目はシーレーン防衛だ。ペルシャ湾からのシーレーンの安全が脅かされたら日本の国益に重大な影響がある。いざとなったら戦闘行為をする覚悟も必要だが、これを視野に入れるためには今のままではできない。

戦力不保持を規定した憲法9条2項は「自衛も含めあらゆる戦力」はダメといった1946年当時の吉田茂首相の答弁から解釈は大きく変遷しているし、54年以降「必要最小限の自衛権は自然権」というのが定着している。70年代以降、必要最小限の自衛権は個別的自衛権のみという解釈が固まってきた。古来大国に対抗するために中小の国々は近隣の親しい国と手を組んで侵略の可能性を減じてきた。他の国と守りあうのが自分の安全につながるという考え方が軍事の常識だが、この解釈に含まれていない。個別的自衛権しか含まれないというのはおかしいというのが、政治学、安保専門家の一致した意見だ。

集団的自衛権行使の要件としては①密接な関係にある国が攻撃を受けた場合②放置すれば日本の安全に大きな影響が出る場合③当該国から明示の要請があった場合④第3国の領域通過には許可を得る⑤首相が総合的に判断し国会承認を受ける――の五つがあるだろう。国際標準よりも抑制的だし、実際の行使に際しては慎重に判断すべきだ。

個別的自衛権で対応できるという人がいる。たとえば日本の上空を飛ぶミサイルは警察権で対応できるとしている。警察権は領土と1万メートル以下の領空にしか及ばない。それより上を飛ぶミサイルを撃ち落としたら日本が勝手に領空を拡大したことになる。その方が問題で、世界でも個別的自衛権の拡大で紛争を起こす国が少なくない。

今回やろうとしていることは普通の平和国家へのささやかな数歩にすぎない。

同盟には二つの危険がある。見捨てられる危険と巻き込まれる危険だ。米国は今世界中で腰が引けている。中東における失敗の後遺症は長く続くと思うし、アグレッシブな世界の警察官になることはない。今ある危険は、米国に見捨てられる危険であり、集団的自衛権行使を認めれば米国の戦争に巻き込まれるというのは長く杞憂であり続けるだろう。

きたおか・しんいち　1948年奈良県吉野町生まれ。東大法卒、東大法学部教授を経て2004年～06年国連日本政府代表部次席大使。12年から政策研究大学院大学教授。主著に『独立自尊』。

憲政の王道を行くべきだ

阪田　雅裕　元内閣法制局長官

集団的自衛権について最高裁で判断すべきだという意見があるが、日本の司法には限界がある。時間が掛かるということもあるが、その事件にしか判決の効力は及ばない。それ以前に原告が救済される、あるいは不利益を免れるという訴えの利益がないといけない。靖国の公式参拝もイラクへの自衛隊派遣も、最高裁では結局門前払いとなった。裁判所は基本的に役人の塊なので、民主的基盤を持たない。だから高度に政治的な問題は裁判所の司法権の範囲外というのが伝統的な最高裁の考え。自衛隊が合憲か否かというのも最高裁の判断は示されていない。砂川事件で争われた米軍の演習についても合憲、違憲であるかを裁判所は判断してこなかった。

今日もし解釈改憲が行われ、それに基づいて法律がつくられても、その法律の合憲性を抽象的に争うことはできない。その法律に基づいて、海外で実際に活動する自衛隊員が傷つきあるいは亡くなったときに、その家族が違法な命令に従って任務を遂行したとして損害賠償を求められることはありうる。その場合、具体的訴訟はあるが、司法が一見明白に憲法に違反していると判断してくれるかどうか相当疑問がある。

戦力不保持をうたった憲法9条2項に関して、政府は一貫して自衛隊は合憲であり、「戦力」に当たらないと言い続けてきた。それは、憲法は9条だけでできているわけではないからだ。前文にはすべての国民が平和的に生存する権利があり、基本的人権、幸福追求権を保証している。主権国家には国民を守る責任があり、それが自衛隊の存在理由になっている。同時に外国の軍隊のように外国が襲ってきていないのに、第3国間の戦闘に自衛隊が加わるというのはできないというのを9条のもとで言っている。

もし日本の自衛隊も海外での武力行使ができるということであれば、9条はいったい何を決めているのかということになる。韓国はベトナム戦争で30万人以上の兵を送り、4000人以上も犠牲者が出た。集団的自衛権を行使するということは、憲法上は少なくともそういう戦闘に加わることができるということ。いつかは自衛隊に犠牲者がでると当然想定しなければいけないし、まして自衛隊の銃砲で外国の人を傷つけることも起こりうる。それについて、国民がしっかりそういうことも理解し、メリット、デメリットを考えて9条をどうするかに一票を投じるというスタンスが必要と思う。

私は、平和主義は尊いので9条を守っていかなければならないと言っているわけではない。時代も安全保障環境も変わっている。もし必要があればぜひ米国やイギリスのように集団的自衛権の行使ができる国に日本もなってほしいが、それには手続きがいる。その手続きは時間がないから解釈でという姿勢は憲政の王道ではないと思う。

さかた・まさひろ　1943年和歌山県生まれ。東大法卒、大蔵省（現財務省）、通産省（現経済産業省）を経て2004～06年まで小泉内閣の内閣法制局長官を務めた。現在は弁護士。著書に『政府の憲法解釈』。

具体例は現実的ではない

柳澤　協二　元官房副長官補

（安保法制懇が挙げている）集団的自衛権の具体例は非現実的だ。仮に北朝鮮が米国にミサイルを撃ったって、最短経路は北極圏を飛ぶわけだから大きなブースターで打ち上げたミサイルは、日本のイージス艦の迎撃ミサイルより早くて高いところを飛ぶので届かない。グアムに飛んでいくミサイルは落とせるが、本気で米国と戦争するなら北朝鮮が間近にある在日米軍を叩かなければ戦争にならないわけだから、グアムにミサイルが飛ぶことは日本有事になると確信している。

米国を攻撃した国に武器を運ぶ国を臨検（強制捜査）しなければならないと言っているが、そういうときには米国は朝鮮半島の周りにコンバットゾーンをひいて、そのゾーンに入る船は有無を言わさず沈めるのではないか。もう臨検なんていう段階ではない。第一、北朝鮮だってそれが分かっているから、中国との国境を通じて武器を入れるだろう。

ホルムズ海峡の機雷を掃海しなければいけないと言うが、そういう事態になる前に日本のタンカーを避難させる方が国としては重要だ。相手国イランは200機の戦闘機、小型潜水艦、ミサイルボートを持っており、まずこういうものを全部たたかないと掃海はできない。イランは米国のエア・シーバトルコンセプトの対象国。ホルムズの中に入る前にインド洋から長距離の攻撃をしてイランの軍事能力をたたきつぶすことが先にあって、それから掃海作業が始まる。イランとの本格的戦闘、しかもイランの軍事力がINTACT（完全）などきに犠牲を覚悟してまでやるというのが合理的かどうか議論しなければいけない。

武装漁民が尖閣に上がるシナリオもあるが、そういうものを相手にするために、自衛隊法90条3項、治安出動の武器使用規定を改定した。これは北朝鮮の工作船相手の話だったが、相手が少数であっても強力な武装をしている場合には危害を加えていいことにしてある。それで十分対応できる。そもそも国のバックアップで非正規の武装グループを他国の領土に上げるのは国連の定義からすれば侵略そのものだから、防衛出動ができる状況だと思う。法律がないのでなくて、そこに持っていく政治と現場の対話ができていないのが問題。法律を変えなければいけないという話ではない。

仮に中国が尖閣を取りにきたって今の自衛隊だけの力で簡単にはね返すことができる。ただし、5回も10回もやりあう中で沖縄、九州に拡大したときにどこまで耐えられるかは別問題。米艦防護とか細々としたニーズであれば憲法の根っこを変えなくてもいい。個別的自衛権の延長でできる理屈はいくらでもできる。集団的自衛権行使の「歯止め」議論あるが、「自国が攻撃された」という個別的自衛権の要件以外の明確な歯止めはつくれないのではないか。

やなぎさわ・きょうじ　1946年東京都生まれ。東大卒。防衛庁（現防衛省）広報課長、官房長、防衛研究所長などを経て2004年から09年まで小泉、安倍、福田、麻生政権の安全保障・危機管理担当の官房副長官補。近著に『亡国の安保政策』。

「砂川事件」根拠には限界

長谷部　恭男　早大教授

立憲主義には二つの意味がある。広義には憲法によって政治権力を制約するということ、狭義には、多様な価値観・世界観の存在を前提にその公平な共存を実現するということだ。

政権の顧問弁護士的な内閣法制局による憲法解釈の役割は、広義の立憲主義を保障することであり、その時々の政権の判断とは独立して中・長期的な憲法原則を維持し、政府の判断にお墨付きを与える役割がある。なぜ内閣法制局長官は閣僚でないのかというと、政党政治から距離を置き、客観性が要求されるからだ。

憲法の解釈変更の前例として「靖国神社公式参拝」や「自衛権と文民条項」が指摘されるが、これらは厳密に言えば今回の集団的自衛権とは性質を異にする。

また、砂川事件の大法廷判決を引き合いに、集団的自衛権は日本に現にある、との示唆があるが、私からみると無理がある。

判決は「わが憲法の平和主義は決して無防備、無抵抗を定めたものではない」「わが国が、自国の平和と安全を維持しその存立を全うするために必要な自衛のための措置をとりうることは、国家固有の権能の行使として当然」などとある。

素直に読めば個別的自衛権の話をしている。仮にここから集団的自衛権も持ちうる、ということであれば、当然今までの内閣法制局の見解にも反映されているはずである。

その時々の政府の判断で憲法解釈が変更できれば、後の政府の判断で元に戻ることもありうる。そうすると「変更」の将来はあやふやになり、しかも政府の憲法解釈全体の将来をもあやふやにしかねない。

朝鮮半島は主な当事者が現状の変更を望んでいないのではないか。北朝鮮、韓国、周辺の国を見る限りそう思う。むしろ集団的自衛権行使を容認することによって、台湾問題に巻き込まれるリスクがあるのではないか。

中国の憲法前文で、台湾は「神聖な領土」と記されている。台湾の回復は列強に支配された屈辱に満ちた中国の歴史に終止符を打つ栄光の事業であり、中国は現状を変更しようという強い意図を持っているはずだ。

一方、米国はそれを簡単に認めない。中国は米国の黙従を引き出すために、武力の備えはありますよということを米国に言うだろう。香港はその戦略で英国から返ってきた。

何かの拍子で実力行使が発生しないとも限らない。集団的自衛権が認められていれば、そのときに日本が米国に対して断れるかどうか心配だ。

日本がナショナリズムへと舵を切るのは好ましいことではないし、中・長期的利益にもならない。米との信頼関係も損なうことになるだろう。また、ナショナリズムに突き進むのであれば、何のための集団的自衛権かという側面も出てくる。

はせべ・やすお　1956年広島市生まれ。東大法卒。学習院大教授、東大教授を経て早大教授。専門は憲法学で、主著に『憲法とは何か』。

「準有事」への対応を急げ

齋藤　隆　元統幕長

平和があって忽然と防衛出動が出てくるわけではないのだから、有事と平時の二元論では現下の状況には対応しきれない。「準有事」あるいは「新周辺事態」（仮称）とも言うべきグレーな事態に有効に対処し、有事をいかに抑止するかの視点が大事だ。それを集団的自衛権でやるのかどうかだが、きちっとワークする枠組みをつくらないと大変なことになる。いつあるか分からないので、小田原評定をしている場合ではない。

これとは別に武力行使を伴う国連平和維持軍（PKF）や多国籍軍への参加は憲法改正を含めた国民の議論、コンセンサスをきちっと得ていく必要がある。

個別の例でいうと朝鮮半島など日本周辺の機雷掃海では、米国等への敷設意図を持った機雷に関しては、武力行使の制約があり認められないが、「新周辺事態」であり改善すべきだ。ホルムズ海峡など日本周辺以外のケースでは戦闘中であっても、我が国海上輸送路への影響が大である場合には「新周辺事態」を適用すべきだ。

米戦闘機への弾薬補給の問題は、今の後方地域支援では禁止されており、米国の要求度は高くないかもしれないが、やれるようにした方がいい。

米艦防護では、たとえば自衛隊の船が後方支援で米艦に補給活動をしている場合など、近くにいる場合には実態的に自分を守り、米艦を守るということなので警察権の拡大で対応可能だと思う。

問題は離れている場合だ。早期警戒管制機（AWACS）による情報提供も限りなく集団的自衛権に近いものとなる。

領域警備については外国公船に対する強制措置がきちっとできないのが焦眉の問題だ。最近、マイナー自衛権などといって防衛出動側からカバーすべきだという議論があるが、賛成できない。

9・11以降、警護出動という枠組みがある。自衛隊の基地や米軍基地をテロから守るために出てきたものだが、それを島嶼部に適用したら良いというのが私のアイデア。これは自衛権の見直しでなく、警察権の拡大でできる。

こうした問題に対応するときに、実際にオペレーションすることと準備することは違うということが重要だ。カードがないところに出すカードをつくる、法的ソフトを整備しておかなければならない。今までの対応をみると、カードをつくると相手を刺激するといって準備してこなかったが、今準備しないと後で後悔することになる。

新周辺事態の肝は、防衛事態を回避しつつ事態を早期に収束させるためには、より実効性ある米軍支援と自衛隊の警察権の強化を行うべきであり、極端な武力行使や武力行使の一体化の制約を緩和しなければならないということ。それは集団的自衛権の見直しに波及すると思う。日本1国で平和を保てないという状況は、より大きくなっている。

自衛官は素晴らしい人間たちだ。日本の国民のためなら必死にやる。命令とあらば地球の裏側にだって行くだろう。ただし、戦死者が出た場合に政治家や国民がそれをきちっと受けとめられるか。そのコンセンサスがなければ出す隊員に申し訳ない。

さいとう・たかし　1948年横須賀市生まれ。防大14期。70年海自入隊。横須賀地方総監を経て2005年海上幕僚長。06年から09年まで、戦後生まれ初の統合幕僚長を務めた。

朝雲アーカイブ　Asagumo Archive

会員制サイト「朝雲アーカイブ」に新コーナー開設

現在（5月8日時点）約700点の写真を掲載中。毎週新規写真をアップし続けます。

自衛隊の歴史を写真でつづるフォトアーカイブ

一九五〇年（昭和25年）、朝鮮動乱を契機として、連合国最高司令官の指示により「警察予備隊」が発足した。今日の陸上自衛隊の誕生である。

新コーナー「フォトアーカイブ」では、朝雲新聞社が所蔵する膨大な写真データの中から、各時代のトピック的な写真を厳選、随時アップし、発足当時から今日の防衛省・自衛隊への発展の軌跡を振り返る。

1950年代

警察予備隊員の募集ポスター

警察予備隊総隊総監部（越中島駐屯地）

大久保駐屯地で編成完結式を行った後、同日、久居駐屯地に移駐、市民の歓迎を受けながら久居市内を駐屯地に向かう第10混成団の隊員（昭和33年6月10日）

1960年代

F-104戦闘機に体験搭乗する作家の三島由紀夫（昭和45年12月5日）

昭和39年9月1日に護衛艦隊は司令部、護衛隊群、その他の直轄部隊で編成。航空集団は司令部、航空群からなる。9月25日横須賀市営岸壁で改編披露式が開かれ、自衛艦隊の新たなスタートを祝った。

海上自衛隊訓練風景

1970年代

1974年7月12日、施設学校で行われた渡河作業等訓練公開

第12師団（第13普通科連隊基幹）列島縦断山地機動

1975年5月22日、航空自衛隊小松基地で行われた航空総隊F-86F射撃競技会

1980～2000年代

日航機墜落事故災害派遣で、生存者の1人、川上慶子さん（12）を抱きかかえ、地上10数mでホバリングするV-107ヘリコプターに収容する空挺団の佐久間優一2曹（昭和60年8月13日）

カンボジアPKOで、老朽化した橋「B86」の修復作業を行う2中隊（平成5年2月5日）

平成7年　阪神淡路大震災

海上自衛隊創設50周年記念国際観艦式で、チリ練習帆船「エスメラルダ」の前を通過する観閲部隊の4番艦「やまぎり」（2002年10月13日、東京湾晴海沖）

朝雲ホームページでサンプル公開中。
「朝雲アーカイブ」入会方法はサイトをご覧下さい。
＊ID&パスワードの発行はご入金確認後、約5営業日を要します。

＜閲覧料金＞（料金はすべて税込）

年間コース：6,000円
半年コース：4,000円
「朝雲」購読者割引：3,000円

＊「朝雲」購読者割引は「朝雲」の個人購読者で購読期間中の新規お申し込み、継続申し込みに限らせて頂きます。

朝雲新聞社
〒160－0002 東京都新宿区坂町26－19KKビル
TEL 03－3225－3841　FAX 03－3225－3831
http://www.asagumo-news.com

全自美術展の作品募集

絵画・写真・書道の3部門

平成26年度の応募受け付けは9月1日～16日

防衛省は平成26年度全自衛隊美術展（防衛省主催、防衛省共済組合協賛）の作品を募集します。絵画・写真・書道の3部門で、応募受け付けは9月1日（月）から9月16日（火）当日必着（ただし、土日祝日は除く）まで。

優秀作品（「隊員の部」は特選、入選、「家族等の部」は特別賞、入選）をそれぞれ表彰しており、入賞者には通知します。

◇応募資格　①隊員（防衛省職員、独立行政法人駐留軍等労働者労務管理機構の役員及び職員並びに防衛省共済組合の職員をいう）②隊員の家族（高校生以上）③隊員であった者及びその家族（高校生以上）（以下「元隊員等」という）。なお、平成26年9月16日以前に退職した者（同日までに退職予定の者を含む）は元隊員等とします。

◇部門別出品要領

①絵画の部＝課題は自由。作品規格は50号以内。種類は日本画及び洋画とし、作品には額縁（ガラス入り又は粗雑なものを除く）を装着。

②写真の部＝フィルム写真及びデジタル写真とも課題は自由。作品規格は六つ切り（ワイド六つ切り可）またはA4から四つ切り。作品には、額縁及び台紙等の表装は不可。入賞作品の著作権は、防衛省に帰属します。被写体が人物の場合、肖像権侵害等の責任は負いかねますので、応募の際には必ず本人（被写体）の承諾を得てください。フィルム写真は応募作品とあわせてネガを、デジタル写真は応募作品とあわせて、データを保存したDVD－RまたはCD－Rを必ず提出。パソコン等により合成や著しい修正を加えた写真は不可（トリミングや明暗の調整は可）。なお、ネガのみ又はデータのみ提出した場合は審査の対象となりません。

③書道の部＝課題及び書体は自由。作品規格は全紙（140センチ×70センチ）以内。作品は必ず掛物又は額縁として表装し、作品は次の説明書（様式自由）を添付。（ア）楷書による作品の原典名及び原詩文（イ）簡単な作品内容の説明。

◇応募要領　作品の裏面は1点ごとに必ず出品票を貼付。（輸送途上で剥離することのないように確実に貼付）。出品票は定められた書式があるので、防衛省・自衛隊ホームページ及び防衛省共済組合ホームページ上の平成26年度全自衛隊美術展の案内において取得してください。

◇作品送付先　〒162－0845東京都新宿区市谷本村町4番1号　ホテルグランドヒル市ヶ谷総務課

作品は輸送中の破損を防止するため、厚段ボール紙やベニヤ板等を用いて完全に包装。輸送時に使用された箱等は返却しません。複数の者が一つの箱等で作品をまとめて送付する場合は、宅配便等の伝票に必ず応募件数を記入するとともに、応募者全員の応募部門、題名、作者名及び所属を記載した紙（様式は自由）を送付する箱等の中に入れてください。

平成24年度全自美術展（絵画の部）
内閣総理大臣賞　足立多恵作「春眠」

◇注意事項　▽応募作品は平成27年3月末頃までに返還。ただし、フィルム写真はネガのみ返還。デジタル写真は、応募作品及びデータともに返還しません。絵画の入賞作品は、展示会終了後、更に2年間防衛省庁舎内に展示を予定しているため、平成29年3月末頃の返還となります。

▽異動により住所等に変更があった場合は人事教育局厚生課厚生第1係に連絡。

▽作品の取り扱いは十分に注意しますが、開封時に破損している作品は審査の対象としません。また、通常の展示等による損傷及び摩耗については責任を負いません。

▽入賞作品については、主催者等の広報資料等として使用する場合があります。

◇問い合わせ先　防衛省人事教育局厚生課厚生第1係　電話03－3268－3111（内線25172）または部隊等の厚生担当係まで。

厚生・共済

特集

各種健診のご案内

心身の健康サポート

えらべる倶楽部 2014「利用ガイド」　全国の優良医療機関で

防衛省共済組合が福利厚生サービスを委託する「えらべる倶楽部」では、組合員の皆様の心身の健康をサポートするため、全国にある優良医療機関をご紹介しています。その予約等は「健診サポートセンター」が代行しますので、組合員の皆様は面倒な手続きなしに受診できます。どうぞご利用ください。

全国の健診施設については4月に配布しました『保存版・えらべる倶楽部2014年度利用ガイド』またはえらべる倶楽部のHPに掲載していますので、ご覧いただき、健診機関を選んでください。

健診の申し込み期間は来年2月27日までで、受診期間は来年3月31日までとなっています。

健診の利用助成とコースは別表の通りで、日帰りドック、脳ドック・肺ドック・PET・婦人科検診の場合、組合員本人・任意継続組合員・被扶養配偶者は最大2万円まで補助されます。

健診の申し込み方法は、希望日の1カ月前までにインターネット・郵送・FAX・電話のいずれかでお申し込みください。

インターネットは24時間受け付け可能で、最新の情報で受診可能な健診施設をじっくり選択できます。

郵送は、『利用ガイド』P36の「各種健診申込書」に必要事項を記入し、〒135－0001東京都江東区毛利1－19－10江間忠錦糸町ビル（一財）日本予防医学協会　防衛省共済組合　健診サポートセンターに送付してください。

FAXは、『利用ガイド』P36の「各種健診申込書」に必要事項を記入してFAX番号0120－988－450に送信して下さい。

電話は、健診機関・健診コースをあらかじめ検討した上で、「防衛省共済組合健診サポートセンター」の防衛省専用ダイヤル0120－988－424に電話してください。

電話での対応は平日のみ（土・日・祝日・年末年始は休み）で、受付時間は午前10時から午後9時までです。お申し込みには通常20～30分掛かりますので、余裕を持ってお電話してください。

健診サポートセンターでは、申し込みを受け付けた後、10日程度で内容の確認として「受診券」を送付します。

受診当日は、お手元の「受診券」と「防衛省共済組合員証または自衛官受診証」を施設に持参して、受診してください。

健診結果については、健診機関からご本人に直接送付されます。

健診時に個人負担金がある場合は、健診機関の窓口でお支払いください。

これら「各種健診のご案内」については、えらべる倶楽部の『利用ガイド』またはえらべる倶楽部HPをご覧ください。

各種健診の利用助成　※補助金助成は年度内1人1回1コースに限ります。

続柄＼健診コース	日帰りドック（日帰り・1泊2日）	脳ドック・肺ドック・PET・婦人科	生活習慣病健診A	生活習慣病健診B	生活C＋婦人科 子宮頸部細胞診およびマンモグラフィーまたは乳房エコーが含まれます	特定健診（当該年度において40歳以上74歳以下）
組合員本人	最大20,000円まで補助	最大20,000円まで補助	組合員本人は対象外ですので、医務室等の事業主健診（各駐屯地・基地の医務室等で実施する健診）をご受診ください			
任継組合員 被扶養配偶者	最大20,000円まで補助	最大20,000円まで補助	5,000円	0円	0円	0円
当該年度において40歳以上74歳以下の被扶養者（配偶者は除く）	7,600円を補助	×	17,400円	7,400円	12,400円	0円

※上記いずれの続柄でも、健診受診日に組合員資格がない方は助成対象になりません。（薄いアミ部分は自己負担額）
※人間ドック・脳ドック・肺ドック・PET・婦人科の自己負担額・検査項目・受診費用は健診機関により異なります。

◆健診コース一覧◆

続柄		自己負担金額（当日窓口払い）			
任継組合員・被扶養配偶者		5,000円	0円	0円	0円
配偶者以外の被扶養者		17,400円	7,400円	12,400円	0円
検査項目		生活習慣病健診A	生活習慣病健診B	生活C＋婦人科（マンモ・乳房エコー）	特定健診
医師診察	（問診・既往歴等）	●	●	●	●
身体計測	身長・体重・腹囲・BMI	●	●	●	●
視力検査	視力（裸眼・矯正）	●	●	●	
聴力（オージーオー）		●	●	●	
血圧検査		●	●	●	●
貧血検査	赤血球、ヘモグロビン、ヘマトクリット	●	●	●	△
血液一般検査	白血球	●	●	●	
	血小板数	●	●	●	
肝機能検査	AST(GOT)、ALT(GPT)、γ－GTP	●	●	●	●
脂質検査	HDLコレステロール	●	●	●	●
	LDLコレステロール	●	●	●	●
	中性脂肪（TG）	●	●	●	●
糖尿病検査	空腹時血糖	●	●	●	●
	HbA1c	どちらか	どちらか	どちらか	どちらか
腎機能検査	クレアチニン	●	●	●	
尿酸検査	尿酸	●	●	●	
尿検査	蛋白・糖	●	●	●	●
心電図	安静時心電図	●	●	●	△
胸部レントゲン検査		●	●		
便検査	免疫便潜血（2回法）	●			
眼底検査	眼底撮影				△
胃部レントゲン検査		●			
子宮頸部がん細胞検査				●	
マンモグラフィー	マンモグラフィーと乳房エコーはどちらか1つをご選択下さい			●	
乳房エコー				●	

△は医師の判断による追加項目

「育児休業手当金」の給付率

67％に引き上げ

平成26年4月から「育児休業手当金」は、休業開始から180日間まで、給付率が「50％」から「67％」に引き上げられました。

これまで組合員が「育児休業」を取得した際、その子が原則1歳に達する日までの間、休業1日につき、標準報酬日額（標準報酬月額の22分の1）の50％が「育児休業手当金」として支給されてきました。

4月1日からは、組合員の育児休業の更なる取得促進と職業生活の円滑な継続を支援するため、育児休業手当金の給付率が引き上げられたものです。

対象者は平成26年4月以降に育児休業を開始する組合員で、給付額は休業開始時から180日に達するまで「標準報酬日額の67％に相当する額」、それ以降は「標準報酬日額の50％に相当する額」となります（雇用保険給付担当額を上限とします）。

なお、平成26年3月31日以前から引き続き育児休業を取得している組合員については、同4月1日以降の育児休業期間の給付率は50％となります。

果肉が赤いリンゴ「晃姫」のジャムを

防衛省共済組合の直営施設「ホテルグランドヒル市ヶ谷」（東京都新宿区）のデザートメニューに、新しいスイーツが加わっています。果肉まで真っ赤な新種のリンゴを使ったグラヒルだけの逸品「赤～いリンゴ"晃姫（こうき）"のコンフィチュール（ジャム）」です＝写真。

「晃姫」の正式名称は「御所川原（赤～いリンゴ）」。グラヒルの山村シェフパティシエが美味しいリンゴを求めて青森県を訪れた際、出合いました。外観だけでなく、皮をむいても果肉まで赤い珍しい品種で、青森県五所川原市内でのみ育成されているため市場にはほとんど出回っていません。

生産農家の計らいと五所川原市役所の許可を得て、グラヒルだけのプライベート・ブランドとして「晃姫」と名付けました。

「赤～いリンゴ"晃姫"のコンフィチュール」（税別780円）は、心地よい酸味と上品な甘みです。ぜひお試しください。

年金Qアンド A

被扶養配偶者となった妻の年金保険料は？

夫が加入の被用者年金から国民年金に対して拠出金が

Q　私は、先日結婚した自衛官です。私の妻は、結婚前に民間企業に勤務し、厚生年金に加入していましたが、現在は退職し、被扶養配偶者になっています。私の場合は、毎月の給料から年金の掛金を控除されていますが、妻の年金の保険料はどうなっているのでしょうか。

A　従来、自営業の方等を対象としていた国民年金をサラリーマンやその被扶養配偶者にも適用を拡大し、全国民に共通の「基礎年金」を支給する制度が昭和61年4月に発足しました。これにより国民年金の被保険者は現在、次の三つの種別に分かれています。

第1号被保険者→自営業の方やその配偶者、学生等

第2号被保険者→共済組合や会社員等、被用者年金制度の加入者

第3号被保険者→第2号被保険者に扶養されている20歳～60歳未満の配偶者

現職の自衛官の方は、第2号被保険者となり、共済年金とともに国民年金にも加入し、同時に二つの年金制度に加入することになります。第2号被保険者の保険料は、組合員が負担する「掛金」と組合員を雇用する事業主としての国等が負担する「負担金」で賄われ、国民年金の保険料は拠出金としてその中から拠出されています。

第1号と第3号被保険者の方は、国民年金のみの加入ですが、第1号被保険者の方の保険料は個別納付となります。

第3号被保険者となる奥様の場合は、配偶者の方が加入している被用者年金制度から国民年金制度に対して拠出金として拠出されているので、個別に納める必要がありません。奥様の場合も、ご主人が加入している国家公務員共済組合連合会から一括して、国民年金制度に拠出金を払い込まれています。

ただし、第3号の資格を取得した際には、所属共済組合支部窓口に、「国民年金第3号被保険者資格取得届」と、「長期組合員資格変更届」を、奥様の「基礎年金番号が分かるもの」と一緒に提出しなければなりません。この届出が提出されませんと、将来年金が受けられなくなったり、年金額が少なくなったりしてしまうことがあります。

奥様の場合、将来、年金の受給要件を満たすと、老齢厚生年金と老齢基礎年金を受給することができます。

なお、奥様の住所が変わったときには、「国民年金第3号被保険者住所変更届」を同じく共済組合支部に提出してください。

（本部年金班）

厚生・共済　特集

東西で転入・新婚家族向けにオリエンテーション

転勤生活の不安払拭

「転勤が多い」のが自衛隊員の宿命。そこで異動先の土地や新たな職場に早く慣れてもらおうと、各駐屯地・基地では転入隊員とその家族を対象にオリエンテーションを実施している。この春も3月・4月の転入者向けに親身な部隊説明会が開かれた。

山形県の住宅事情についての説明を受ける参加者（4月11日、神町駐屯地で）

「悩み部隊と共有して」
神町　福利厚生など親身に

【20普連、6施大=神町】20普連は4月11日、定期異動者と結婚2年以内の家族を対象とした「転入・新婚家族オリエンテーション」を駐屯地で行った。

この日は5家族18人が出席。最初に西村和己連隊長が山形県の防衛・防災を主任務とする20普連の活動状況を紹介。「初めての土地で不安もあるかもしれませんが、個人・家族で抱え込まず、部隊と共有しながら払拭してください」と述べた。

続いて1科の渡邊泰平2尉が神町駐屯地と20連隊の概要、駐屯地業務隊員が福利厚生サービスなどについて説明した。

新婚家族で参加した松倉務3曹（4中隊）夫人の由佳さんは「自衛隊の任務を写真や動画で見て、改めて主人が大変な仕事をしているんだなと感じました。また、防衛省の福利厚生事業についても良く理解できました」と話していた。

◇

6施設大隊（大隊長・西山隆2佐）は3月28日、転入隊員・家族向けのオリエンテーションを実施した。

最初に1係主任が①部隊と家族間のネットワーク②有事の際の自衛官の行動③家族支援の概要――について説明、「隊員が国際平和協力活動、災害派遣等で確実に任務を遂行するためには、家族の皆様からの支援・協力が何よりも励みになる」と強調した。

その後、防衛省の共済制度と隊員のライフプランなどについて説明があり、続いて東日本大震災時の部隊の災派活動がビデオ上映されると、思わず涙ぐむ夫人の姿もあった。

参加家族は「家族支援の態勢や主人の職場の様子を知り、部隊を身近に感じることができました。もう不安はありません」と話していた。

転入家族にあいさつする中方総監部の角南良児幕僚長

伊丹では幕僚長が直接説明

【中方=伊丹】中部方面隊は春の人事異動に伴う「転入家族オリエンテーション」をそれぞれの駐屯地で実施した。

総監部がある伊丹では転入隊員の夫人や子供たちを迎え、幕僚長が直接説明を行った。千僧では隊員家族が3師団長の公室を表敬訪問。守山では10師団司令部庁舎の屋上に上がり、周辺地域の状況について概要説明を受けた。

また善通寺の14旅団司令部では家族らが厚生・共済の概要について説明を聞いた。

このほか部外講師による生活関連情報の紹介や部隊上司との懇談会、職場研修なども行われた。

部隊家族間の交流会
関西処　満開の桜になごむ

【関西処=宇治】駐屯地は4月5、6日に行った「桜まつり」に合わせ、関西補給処の「転入新婚家族オリエンテーション」と「部隊家族間コミュニティー支援」を行った。

宇治駐屯地にはソメイヨシノが約400本あり、この時期、正門から西門までの約1キロが満開の桜並木となる。今年は2日間で地元市民4222人が来場し、お花見を楽しんだ。

神給処ではこのイベントに合わせ、隊員家族のための催しを開催、「転入家族オリエンテーション」には39家族・82人、「部隊家族間コミュニティー支援」には62家族・119人が参加した。

最初に隊員家族に部隊と共済組合事業についての説明が行われた後、満開の桜の下で部隊・家族間の交流会が開かれた。

人気のイチゴ狩り
隊員家族ら楽しむ

【滝ヶ原】駐屯地曹友会は3月9日、静岡市で「隊員家族親睦イチゴ狩りツアー」を実施した=写真。

このイベントは毎年キャンセル待ちが出るほどの人気で、今回は88人が参加。大型バス2台でイチゴ狩りで有名な久能山に到着し、子供たちは完熟イチゴを思う存分に味わった。

その後、世界文化遺産に登録された「美保の松原」や海洋科学博物館などを見学、家族らは休日を大いに満喫した。

自慢の一品料理
鯛飯（ひゅうが飯）

紹介者：
佐野葉子さん（栄養担当官）
（松山駐屯地業務隊糧食班）

愛媛県は「タイの生産量日本一」ということもあり、郷土料理として「鯛飯」が有名です。そこで松山駐屯地でも地元の味を楽しんでもらおうと、メニューに取り入れました。

鯛飯は東予・中予では炊き込みご飯ですが、ここ南予ではお刺身をのせたご飯となります。「ひゅうが飯」の由来は豊後水道を隔てた日向（宮崎）から伝来したためだと言われていますが、タイを使うのは愛媛だけの特徴です。

作り方はシンプルかつ豪快。新鮮なマダイの身を薄くそいで熱々のご飯にのせ、濃口しょうゆと料理酒、みりんで作ったたれに卵を溶いてかけ、仕上げにネギと白ごまをトッピングします。

毎年冬に一回提供しており、隊員さんからは「必ず食べたいメニュー」に挙げられています。

身が引き締まった冬のマダイはほんのりと甘く、溶いた卵とタレによく絡んでご飯のお供に最高です。

今後も栄養バランスに考慮しつつ、隊員さんの希望を取り入れながら飽きのこないメニューを考案していきたいです。

余暇を楽しむ
岐阜基地「英会話クラブ」
おしゃべり感覚でOK

紹介者：
空曹長　松永　隆一
（飛実団・岐阜）

みなさんこんにちは！　岐阜基地英会話クラブをご紹介します。当クラブは昭和63年に発足し、当初講師は飛行開発実験団に勤務する米空軍交換幹部に依頼し、活動していました。現在は名古屋市在住のオーストラリア人男性にお願いしています。

いろいろな英会話教室がありますが、当クラブはリラックスした雰囲気の中で楽しくおしゃべりしているという感じです。片言でも日本語交じりでも大丈夫。テキストブック等はなく、クラブ員の日々の出来事や趣味、関心のある社会ニュースなどを話のネタにしています。日本や外国の文化、習慣などを話題にすることもあります。

英会話と聞くと「自分のレベルでは難しいかも」とか、「外国人と話すのは少し恥ずかしい」と思われる方もいらっしゃるでしょう。確かに外国人に顔をじっと見つめられながら話をされると、恥ずかしくて圧倒されてしまいそうです。しかし実際に会話をしてみると、その国の習慣や文化などを感じることもでき、良い勉強になります。

以前私は、間違えないように話そうとか、また間違えたら恥ずかしいと思ってしまいがちで、それが積極的に話せない理由だと分かりました。幸いにも現在の講師はわれわれの日本語英語？　に慣れていることもあり、多少文法が変でも理解してくれています（たぶん?）。

まずはワン・ワードから始め、少しずつ文にしていけばいいと思います。また話せなくても、ただ聞いているだけで耳が慣れていくかもしれません。あるクラブ員は「外国人と出会っても昔みたいに避けることがなくなった」と、その成果を話しています。

最近は米空軍交換幹部の参加もあり、2人のネイティブの英語を聞いてクラブ員のリスニング力もさらに向上するのではと期待しています。

もし岐阜基地に勤務することがあれば、ぜひ英会話クラブをのぞいてみてください。厚生センター2階から、英語とともににぎやかな笑い声が聞こえてくることでしょう。

お待ちしています。

オーストラリア人講師らを囲む岐阜基地英会話クラブのメンバー。㊦は英会話を楽しむメンバー

大臣が「牛丼」に舌鼓
防衛省内、吉野家オープン

専用の丼に盛られた防衛省限定の「焼玉牛丼」を頬張る小野寺大臣（4月24日、防衛省厚生棟内で）

牛丼チェーン「吉野家」の市谷本村町店が4月24日、防衛省内にオープンし、小野寺防衛相が"お客様第1号"として来店した。

午前10時、同社の安部修仁会長や店員が出迎える中、防衛相が来店。宮城県出身の大臣は「東日本大震災の折に、被災地・気仙沼で無料で配ってくださった牛丼の味が忘れられません」と謝意を伝え、「隊員はおいしい牛丼をもりもり食べて、日本の安全のためにしっかり頑張ってくれると思います」と、夜遅くまで営業する同店の開店を歓迎した。

安部会長は「現職の大臣に開店のごあいさついただいたのは、吉野家115年の歴史の中で初めてで光栄。防衛省の方々に吉野家のあらん限りのサービスを提供していきたい」と意気込みを語っていた。

この後、「日の丸」をかたどった目玉焼きがのる市谷本村店限定「焼玉牛丼」（500円）が提供されると、大臣はおいしそうに頬張り、「卵と牛飯がよく合っておいしい。力がつきました」とにこやかに話していた。

部隊給食質向上へ
空幹候校が競技会

【空幹候校=奈良】空自幹部候補生学校は3月19日、部隊給食の質を向上させる「調理競技会」を実施した=写真。

競技には業務課給養班員10人（5チーム）が参加し、それぞれ「春」をテーマに調理に取り組んだ。各チームは1月下旬から準備に取り掛かり、準備を整えて当日を迎えた。

午前9時半に競技をスタート。各チームは春キャベツ、ふきのとう、菜の花、桜えび、アスパラガス、蛤など春らしい食材を使い、4～5品目の料理を時間内に完成させた。

昼食時に審査が行われ、各部長ら審査員16人が「集団給食に向いているか」といった観点から厳しく審査。この結果、チーム「亀吉」の「春☆ルンルン☆」が見事優勝した。

井亀次郎技官と吉田寿麻3曹が組む「亀吉」のお品書きはデコレーション寿司、都のあんかけ三輪素麺、春爛漫串揚げ、真っ赤なシャーベットの4品。それぞれ桃、黄、緑のパステルカラーで彩られ、春らしいメニューが大好評だった。

三浦博安副校長は各チームの技術を高く評価、「今回の競技会をステップに、更なる部隊給食の向上を図ってほしい」と述べた。

岩見沢駐が三笠市と
留守家族支援で協定

【12施群=岩見沢】岩見沢駐屯地（司令・末廣和祥1佐）は4月1日、三笠市と「国際平和協力活動等による海外派遣並びに大規模災害時等における派遣隊員の留守家族支援に関する協定」を締結した。

この協定は国連PKO活動や大規模震災が発生した際、派遣された三笠市居住隊員の留守家族への支援について定めている。

内容は①派遣隊員の子弟のための託児等に関する相談・支援②派遣隊員の留守家族への健康又は医療相談・支援③派遣隊員の要介護家族が介護サービスを受けるための相談・支援④その他支援が必要と思われる事項――の4項目。

調印式は三笠市役所で行われ、小林和男市長が「留守家族に対する支援が確立されたことで、隊員の皆様が不安なく任務に邁進し、家族の方々も安心して日々の生活が送れる一助になれば」と述べた。

これに対し、末廣司令は「緊急時、隊員家族が安心して日常生活を送れることに感謝したい。三笠市の思いを隊員にも伝え、今後とも国家と地域の平和安定に尽力していきたい」と謝意を伝えた。

部隊は昨年12月に岩見沢市とも同様の協定を締結しており、隊員からは「PKOなど大きな任務も増えてきており、地元自治体とこうした支援協定があると安心して任務につける」との声があった。

南スーダンPKOの
留守家族の不安軽減

【7普連=福知山】7普連は4月4日、隊員食堂で「第5次南スーダン派遣施設隊派遣隊員留守家族説明会」を実施した。

昨年11月から南スーダンPKOに派遣されている隊員約90人の留守家族70人（29家族）に対して行われたもので、現地情勢や活動状況、生活状況などを説明し、不安を軽減した。

最初に鹿島副連隊長が現地の様子をスライドで説明し、続いて派遣隊員から届いたビデオメッセージを放映。留守家族は夫や子の元気な姿を見て安堵した様子だった。連隊では「今後も積極的に家族を支援し、派遣隊を全力でサポートしていきたい」と話している。

地方防衛局 特集

災害に強い水道づくり

三沢市 第1配水場8年かけ完成

防衛省17億円を補助

【東北局】青森県三沢市の三沢市第1配水場（三沢市大字三沢字猫又）の供用開始を祝う神事と通水式が4月14日、同所で行われ、種市一正・三沢市長や東北防衛局の中村吉利局長ら多数の関係者が出席した。

施設の総事業費約28億円のうち、防衛省からの補助額は約17億円。平成18年度に実施設計、19年度に用地買収、20年度に配水管と導水管工事の一部、21年度から25年度までに配水場本体と場内整備工事などを行い、8年かけて完成した。

種市市長は式典で「安心で安定した給水サービスの体制と、地震災害や事故対応を含めた総合的な危機管理体制が確立され、住民の生活、福祉の向上が図られると大いに期待している」と述べ、生まれ変わった施設への期待感を示した。

昭和56年度に建設された同施設は、地下水の水位低下による取水量の減少をはじめ、給水人口や給水量の増加にも対処しつつ、三沢市域全体の約6割の水量を供給していた。

しかし、その後も給水人口と給水量の増加が続き、さらには三沢飛行場内の地下水の摂取量の増大で既設水道の摂水低下による障害が発生。重要な基幹施設ながらも老朽化が著しく、維持管理が困難となってきたことから、早急な対策が求められていた。

このため、防衛省では災害などを踏まえたライフラインとしての重要性を鑑み、「耐震化など災害に強い水道づくりが急務」と判断、平成18年度から民生安定施設助成事業の一環として、施設整備を進めてきた。

民生安定施設助成事業で8年かけて完成した青森県の三沢市第1配水場

横須賀

災害時の拠点に

市救急医療センター新築移転

【南関東局】防衛省の再編交付金を活用して平成24年12月から新築移転工事が進められていた「横須賀市救急医療センター」が今年2月に竣工、3月29日、地元医療関係者らが多数出席して落成式典が行われ、4月1日に診療を開始した。

落成式典では、横須賀市の吉田雄人市長、地元選出の国会議員をはじめ、日本医師会の横倉義武会長、神奈川県医師会の大久保吉修会長、横須賀市医師会の遠藤千洋会長、同センター長の高宮光医師らのほか、防衛省側から南関東防衛局の丸井博局長がテープカットに臨んだ。

同センターは旧センターが老朽化して手狭となり、患者のニーズに十分に対応できなくなったため、横須賀市三春町から新港町への新築移転が決まった。

これにより、診察室や待合室、駐車場などが広くなったほか、医師会館を併設したことで災害医療の拠点としての緊急時の即応医療体制が強化され、今後は緊急医療や災害医療における役割が期待されている。

◇再編交付金　在日米軍の再編に当たり、その周辺地域における住民の生活の安定に及ぼす影響に配慮する必要が認められ、指定された防衛施設の周辺市町村（再編関連市町村として指定された市町村）に対し、公共用施設の整備やその他の住民の生活の利便性の向上、産業の振興に寄与する事業に係る経費に充てる目的で交付される。

「横須賀市救急医療センター」の全景

テープカットに臨む関係者。左端は丸井南関東防衛局長（3月29日、横須賀市新港町で）

「大規模地震の発生とその対応」

講師5人を招き防衛セミナー

【近畿中部局】近畿中部防衛局は3月16日、和歌山県との共催で「大規模地震の発生とその対応」をテーマにした第24回防衛セミナーを和歌山市内で開催した。同県とその周辺に在住、在勤、在学する市民ら約200人が来場した。

セミナーには部内外から5人の講師が招かれ、それぞれの経験や専門分野の知見を披露。来場者の防災意識の向上を図るとともに、防衛省・自衛隊と自治体との連携などについて理解を深めてもらった。

京都大学防災研究所・巨大災害研究センターの鈴木進吾助教は「南海トラフを震源とした地震のメカニズムと歴史」、和歌山県の高瀬一郎危機管理局長が「和歌山県の防災・減災対策」などをテーマに講演。

防衛省からは宮園司史審議官が「南海トラフ地震に係る政府の取り組み」、中方防衛部長の滝澤博文1陸佐が「大規模地震に対する自衛隊の対処」、統幕国際人道業務室長の中西信人1陸佐（元フィリピン国際緊急援助隊長）が「フィリピン国際緊急援助活動」――についてそれぞれ講話。コーディネーターを務めた佐竹基局長が最後に総括した。

南海トラフ巨大地震を念頭に震災対応について講話する講師ら（檀上）＝3月16日、和歌山市内で

リレー随想　飯田　恭久

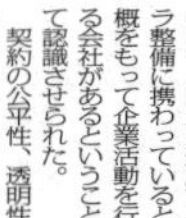

先日、優秀工事として装備施設本部長から表彰された当支局管内（熊本県、宮崎県、鹿児島県）に本社を置く会社の社長さんとお話する機会があった。

社長さんの父親が終戦後の荒れた故郷の町を見て、なんとかしなければとの思いで建設工事会社を起業し、その息子である自分がその後を引き継いで今日に至っているとのこと。

そのような成り立ちの会社であったことから、防衛省から表彰されたことに大変喜んでいただき、父親の墓前にも報告されたそうである。

大手企業はもちろんのこと、地方都市の中堅建設工事会社の中にも、国土を形成するインフラ整備に携わっているという気概をもって企業活動を行っている会社があるということを改めて認識させられた。

心強い地元企業の参加

契約の公平性、透明性、客観性を高めるといった観点から、入札制度は従来の指名競争入札方式から一般競争入札方式に変更されたが、価格一辺倒のきらいがあり、いわゆるダンピング受注が横行した。

その結果、健全な企業経営がやりにくい環境となり、業界全体が疲弊してきたといえる。これを改善すべく、価格だけではなく技術的要素などを加味して落札会社を決める総合評価方式が取り入れられた。

この方式では、企業および配置予定技術者に工事目的物と同種の工事実績を求め、加えて本社、支店が近隣に所在している、災害協定を地元自治体と結んでいる、ボランティア活動を行っている――など、いわゆる地元に貢献している優良な企業には有利に働く採点方式をとっている。

遠くの親戚より近くの他人ということもある。我が支局管内には、下甑島、沖永良部島などの離島や高山、佐多などの僻地に所在する部隊がある。何らかの原因で施設に不具合が生じた時に、何かにつけてすぐに駆けつけてくれる地元企業があると心強いであろう。

最近の入札不成立、不調が多発している現状を踏まえると、地元優良企業の多数の積極的な入札参加を切に願っている。

（熊本防衛支局長）

風蓮川水系の土砂流出対策で最終報告

【北海道局】矢臼別演習場内を流れる風蓮川水系の環境保全対策を検討してきた「矢臼別演習場・風蓮川水系土砂流出対策等検討委員会」（委員長＝新谷融・北海道大学名誉教授）が3月27日、最終調査報告書を取りまとめ、北海道防衛局と別海町に提出した。

同委員会は平成20年5月に設置。魚類生態や土砂流出など自然環境分野の有識者らが、風蓮川水系のイトウなど魚類の繁殖や生息状況のほか、土砂流出の実態を踏まえた土砂流出対策施設の下流域や河川生物への影響について調査を行うとともに、改善に向けた検討を進めてきた。

報告書ではこれまで風蓮川水系で行ってきた各種調査結果を記した上で、矢臼別演習場内における土砂流出対策の方向性を提言した。

同局ではこれまで、22年の中間提言を受けて玉川1号ダムと楓沢2号ダムのスリットダムへの改良工事などを行ってきた。今回の最終報告書の提言内容を踏まえ、引き続き適切に対処していきたいとしている。

久居駐で防衛省の取り組みをPR

【東海支局】陸自久居駐屯地（三重県津市）で4月20日、駐屯地開設62周年記念行事が行われ、同支局から足立哲彦次長が出席した。記念式典では観閲行進や音楽演奏、戦車などによる迫力ある訓練展示が披露された。

同支局は駐屯地厚生棟の一画に広報ブースを設け、平成25年防衛白書のダイジェスト版のパネル展示を行ったほか、支局の広報誌や防衛省のパンフレットなどを来場者に配布し、防衛省・自衛隊の活動をPRした。

日米の子供たちのコンサート楽しむ

【九州局】九州防衛局主催の日米交流事業「フレンドシップコンサート2014」が3月29日、長崎県佐世保市の「アルカスSASEBO」で開催され、約800人の来場者が日米の子供たちの演奏を楽しんだ。

開会に当たり、主催者を代表して槌道明宏局長が「日米の友好を深めてほしい」とあいさつ。コンサートには、長崎県立佐世保東翔高等学校吹奏楽部、米海軍佐世保基地内のE・J・キング・ハイスクール・コンサートバンドのほか、佐世保市とその周辺の中学校の生徒の中からオーディションで選ばれた中学生選抜バンドや、佐世保吹奏楽団など約150人が参加した。

最後はAKB48の「恋するフォーチュンクッキー」などの曲が日米合同の大編成で演奏されると、観客席から日米の子供たちもステージに上がって踊り出し、会場が一体となってフィナーレを迎えた。

PDCAサイクルで9条交付金の説明会

【中国四国局】中国四国防衛局は4月24日、広島合同庁舎会議室で「特定防衛施設周辺整備調整交付金」に関し、業務改善に向けた「PDCAサイクル」の実施に関する説明会を開いた。

「特定防衛施設周辺整備調整交付金」とは、特定防衛施設の設置や運用に伴う影響を軽減するため、周辺市町村の公共用施設の整備やその他の生活環境の改善に寄与する事業に充てられる交付金のこと。「防衛施設周辺の生活環境の整備等に関する法律第9条」に基づくことから、いわゆる「9条交付金」と呼ばれる。

また、「PDCAサイクル」は事業活動における生産・品質管理などを円滑に進める手法で、Plan（計画）→Do（実行）→Check（評価）→Act（改善）の4段階を繰り返すことで、継続的に業務を改善する。

防衛省は今年度から、「PDCAサイクル」を適切に行っていくことで「9条交付金」の効果向上を図る方針を打ち出しており、今回はその内容について関係自治体に説明した。

説明会には山口県岩国市や鳥取県境港市など7市2町の担当者約40人が参加。防衛省からは地方協力局周辺環境整備課の宮川均企画官と松並大二郎部員が訪れ、説明に当たった。

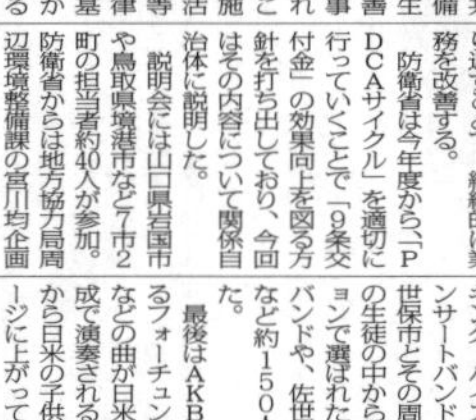

防衛省側の説明を聞く自治体の担当者（4月24日）

防衛施設と首長さん

鹿児島県霧島市・前田終止市長

66歳。亜細亜大卒。1987年に鹿児島県議会議員初当選（連続4期）。2004年に牧園町長、05年に霧島市初代市長に就任。現在3期目。

自衛隊協力団体の活動盛ん 58年間地域住民と"深い絆"

霧島市は平成17年11月7日に国分市、溝辺町、横川町、牧園町、霧島町、隼人町および福山町の合併により誕生しました。鹿児島県本土のほぼ中央部に位置し、鹿児島空港や高速道路、鉄道が交差する交通の要衝で、人口約12万8000人の県下第2の規模を誇り、発展し続ける都市です。

豊かな自然に恵まれ、韓国岳に代表される霧島連山をはじめ、北部には日本で最初に国立公園に指定された風光明媚な霧島山を有します。南部は広大な平野部が波静かな錦江湾に接し、その海岸線は約33キロメートルにも及び、湾に浮かぶ雄大な桜島を望むことができます。

また、霧島山系から裾野、平野部を経て錦江湾まで流れる清く豊かな天降川をはじめ、大小199の河川があり、その流域には豊かな田園が広がります。そして山麓から平野部まで温泉群などを有しており、海、山、川、田園、温泉など多彩で豊かな地域です。霧島市の面積は603・68平方キロメートルで、鹿児島県の6・6％を占めています。

霧島市では、霧島市防衛協会や霧島市自衛隊父兄会、隊友会などの自衛隊の協力団体も盛んに活動しております。第12普通科連隊音楽部の活動支援としての楽器購入の補助や自衛官募集活動への協力、新入隊者の激励会の開催や自衛官募集掲示板の補修なども行っております。

陸上自衛隊国分駐屯地は昭和30年に国分地区に開設され、現在約1100人の隊員が所属しています。開設されてから58年間地域住民との交流を盛んに行ってきました。

例えば、昭和37年より毎年開催され、今年で52回を数える「市民と自衛隊のつどい」という行事があります。これは、市民の文化団体や国分駐屯地の各部隊により、合同の音楽演奏や舞踊、寸劇などの催し物を行う行事で、毎年約1800人の来場がある霧島市の人気行事の一つとなっております。さらに、毎年夏に開催される「霧島国分夏まつり」では国分駐屯地の隊員の皆様がみこしを担ぎ、祭りを盛り上げていただいております。

ほかにも国分駐屯地で開催される夏祭りや、12月に開催される国分駐屯地の記念行事、第12普通科連隊音楽部の定期演奏会、ヘリコプターの体験搭乗など、国分駐屯地により開催される行事には大勢の市民の来場があり、地域住民との強い絆が築かれています。

霧島市にとって自衛隊はなくてはならない存在であり、国民の命を守るために危険を顧みずに救助活動を行うことのできる自衛隊員の皆様は、霧島市民にとって非常に信頼でき、誇りとなる存在であります。

今後とも絆を深め、共に歩んでいく所存です。

募集・援護 特集

出陣式の最後に、地本の玄関前でこぶしを突き上げる熊本地本部員（4月7日、熊本地本で）

各地で出陣式、入隊式

「さあ新年度だ。部員は積極的にアイデアを出し、新しい事にチャレンジせよ」――。全国の地方協力本部では26年度に入り、それぞれ「出陣式」を開き、新たなスタートを切った。宮崎地本では本部長が所信表明、変わる募集環境に対応するため、部員に創意工夫を求めた。愛知地本では各出張所、地域事務所長らがそれぞれ力強く決意を発表、熊本地本ではダルマに目入れを行い、最後に全員で「勝ちどき」を上げた。

「新しいことに挑戦を」
宮崎　西谷本部長が要望

【宮崎】地本は4月8日、全部員に対し「26年度隊務運営計画」を示達した。

最初に総務課長が地本の年度方針を述べ、続いて各課長が募集・援護・広報渉外などの事業と主要業務予定を詳しく説明した。

その後は質疑応答となり、26年度の自衛官募集の運用に関することのほか、発生が予想される「南海トラフ巨大地震」への自衛隊の対処計画などについても質問や意見が相次いだ。

最後に西谷正文本部長が新年度の隊務運営について所信を表明。「今までとは（募集）環境が違ってきている。一人一人がアイディアを出し、新しい事にチャレンジし、目標達成に向けて頑張ってほしい」と激励、業務の改善と前向きな姿勢で総員が隊務にまい進するよう要望した。

熊本　「目標必成」誓う
勝ちどきで決意新たに

【熊本】地本は4月7日、萱和弘・地本後援会会長を迎えて「出陣式」を行った。

最初に各課長、所長らが26年度の目標達成に向けて決意を表明。山中敏弘本部長は「26年度はさらなる成果獲得を期し、全員一丸となり、力を合わせてやっていこう」と訓示し、大願成就のダルマに目を入れた。

その後、萱会長が地本員に激励の言葉を送るとともに最後の目入れをし、ダルマは無事に半開眼した。

続いて募集課、援護課、予備自班の各代表が前に出て「勝ちどき」を上げると、地本全員が拳を振り上げ、決意の声が室内にこだました。

最後に玄関前に整列。全員で26年度の「目標必成」を固く誓って集合写真に納まり、出陣式を終えた。

「明るく、前向きに、粘り強く」
ダルマに目入れ　愛知

【愛知】地本は4月7日、守山駐屯地で「出陣式」を行った。式には全部員が集合し、最初に各課長や各出張所、地域事務所長が25年度の成果を報告。次いで26年度の目標を達成するための方針と決意を表明した。

地本では、それぞれの業務が明るく笑顔の中で進められるよう、市川文一本部長の要望事項である「明るく、前向きに、粘り強く」を冠したダルマに「目標達成」を祈願し、目を入れた。

愛知地本では26年度も募集、予備自、援護、総務、各所が一丸となり、目標達成に向けて前進していく。

「弱音吐かず、頑張る」
舞鶴教育隊　新隊員が決意

【滋賀】地本は4月8日、海自舞鶴教育隊で行われた第7期一般曹候補生と自衛官候補生課程の入隊式に参列した。桜が満開のこの日、一般曹候生114人、自候生234人が真新しいセーラー服姿で入隊。新隊員は緊張した面持ちで宣誓した。式は厳粛な雰囲気の中で執り行われた。

滋賀県からは一般曹候生3人、自候生8人が舞鶴教育隊に入隊。その1人、森田優一自候生は「部隊では厳しいこともあると思うが、弱音を吐かず同期と助け合い、彼らに負けないように頑張ります」と力強く語った。

同じく小山卓矢自候生は「どこへ行っても負けないように一生懸命頑張ります」と決意を語っていた。

入隊式を終え、家族と記念撮影に臨む森田優一自衛官候補生（中央）＝4月8日、舞鶴基地で

「助け合い、競い合え」
防府南　空教隊司令が式辞

入隊式で宣誓後、一斉に敬礼する一般曹候補生（4月8日、防府南基地で）

【空教隊＝防府南】防府南基地は4月8日に第7期一般空曹候補生課程、熊谷基地は同10日に第4期自衛官候補生課程の入隊式を行った。

この春、空自に入隊した一般曹候生564人（女性77人）と自候生1540人（女性132人）が式に臨み、任命を受けた後、大きな声で服務宣誓を行った。

航空教育隊司令の宇都定史1空佐は式辞で「課程期間中は一意専心の姿勢で教育訓練に集中せよ。切磋琢磨の姿勢で同期の仲間と助け合い、競い合って修学目標を達成してほしい」と述べた。

一般曹候課程は7月17日まで、自候生課程は7月14日まで、それぞれ教育訓練が実施される。

長崎地本長に　矢藤1海佐

4月15日付で長崎地本長が交代した。新任本部長の略歴は次の通り。

矢藤　久雄（やとう・ひさお）1海佐　長崎地本長。日大大学院。平成元年海自。13年2佐、18年1佐。海幕技術課艦船武器技術班長、統幕計画課統合装備体系班長、県弾補所長などを経て、23年12月統幕校企画室長。東京都出身。49歳。

高工校入学者からお礼の手紙
相模原　広報官「私の宝物」

高工校へ入学を果たし、手紙を送った高山湧音さん（右）と渋谷1曹（3月9日、相模原市民会館で）

【神奈川】今春、陸自高等工科学校（武山）に合格し、4月7日、入校式を無事終えた同校1年の高山湧音生徒からこのほど、相模原地域事務所の広報官、渋谷和範1海曹にお礼の手紙が届いた。

「今まで僕を支えてくださり、ありがとうございました。初めて渋谷さんにお会いしたのはヘリ体験搭乗でした。初めて入った武山駐屯地でたくさんの驚きがありました。ヘリに乗ったときの興奮は今でも忘れられない大切な思い出です。高工校に何が何でも入ってやるという意志を固めることができたのは、この時の経験があったからです。これからどんな困難があってもくじけず向上心をもって勉学と訓練に励み、成長した姿でまた皆さんに会いたいと思います」と記されていた。

丁寧にペンで書かれた手紙を手にした渋谷広報官は「これは私の宝物。高山君をお世話できた広報官であることを誇りに思います」と感激していた。

相模原事務所では「今後も将来を担う若者たちに夢や希望を与え、さらに人を育てる募集広報にまい進していきたい」と話している。

果物のイメージキャラ
和歌山　かわいく、りりしく

採用されたイメージキャラクター。左から「みかんの助（陸）」「うめの助（海）」「かきの助（空）」

【和歌山】地本は昨年夏からホームページ上で地本イメージキャラクターの募集を行っていたが、このほど多数の応募作の中から海山幸さん（ペンネーム）の作品を採用した。

海山さんは、県の生産量が日本一の果物を陸・海・空の自衛官にあてはめ、陸は「みかんの助」、海は「うめの助」、空は「かきの助」と名付け、かわいく、りりしいイメージキャラクター3体を作製した。

今後、この「みかんの助」「うめの助」「かきの助」は和歌山地本に関するさまざまな広報グッズや印刷物などに登場する予定。

地本では「このキャラクターを今後、広報や部外行事で積極的にアピールする。県民から親しみを持ってもらい、自衛隊への関心を集めたい」と話している。

幹候受験予定者が艦艇見学　三重

一般幹部候補生出身の大川3尉（右）の説明に聞き入る大学生ら（4月10日、「かしま」艦上で）

【三重】地本は4月10日、国内練習航海中の海自練習艦「かしま」の支援を受け、鳥羽港沖で同艦の特別公開を行った。

ツアーには海自幹部候補生学校などを目指す学生ら18人が参加し、鳥羽港から内火艇で沖合に停泊している「かしま」に乗艦。水雷士の大川綾子3尉から概要説明を受け、一行は艦橋や居室など艦内を見学した。

引き続き食堂で体験喫食しながら大川3尉と懇談。「なぜ海上自衛官を目指したのですか」との質問に、一般大卒業後に海自幹部候補生に入隊した経歴を持つ大川3尉は「世界を舞台に活躍できるので海自は魅力があると広報官から猛烈にアピールをされ、気がついたら本当に海上自衛官になっていました」と入隊エピソードを明かした。

海自を志望する女子大生の一人は「大川3尉が女性ということで、気兼ねなく質問できた。将来のイメージがふくらみ、今後の試験勉強へのモチベーションも高まった」と話していた。

広島で「防衛・防災展」を開催

【広島】地本は4月5、6日の両日、三次市のショッピングセンターで陸自47普連の協力を受け「自衛隊防衛・防災展」を開催した。

同店のイベント広場に、軽装甲機動車を展示したのをはじめ、自衛隊の災派写真パネルや携行食を並べ、さらにミニ制服試着や募集広報コーナーを開設。市民を守る自衛隊をPRした。

来場者に記入してもらったアンケートには「県北地域では自衛隊を見る機会がないので、今後もやってほしい」「災害派遣は大変だと思うが、これからも頑張ってください」など好意的な感想が多かった。

就職援護担当者への教育を実施
山形・33人が参加

【山形】地本は4月15日、神町駐屯地で「26年度中隊長等援護教育」を実施した。教育には20普連、6後支連の副連隊長をはじめ33人の大隊長、中隊長などの援護担当者が参加した。

最初に、本部長の武野浩文1陸佐が近年の雇用情勢を含む就職援護全般と予備自の制度について説明し「隊員の就職援護は各級指揮官の統率上の責務。援護の目的は部隊精強化の手段として統率に資することであり、その目標は退職隊員の幸福である」と述べた。

さらに本部長は「目標達成のため、部隊と地本が一体となって就職援護に取り組む必要がある。予備自などへの志願率向上も欠かすことのできない中隊長等の重要な任務だ」と強調した。

引き続き、自衛隊援護協会進路相談員の佐藤源一氏から、就職活動の流れや再就職へのアプローチなど、援護に必要な基礎的事項について教育が行われた。

平和を、仕事にする。
陸海空自衛官募集

ただいま募集中！
◇技術海上・航空幹部
◇技術海・空曹
◇自衛官候補生（男子）
★詳細は最寄りの自衛隊地方協力本部へ

護衛艦カレー　ナンバー1はどれ？

1万6800人「秘蔵の味」堪能

15種類の艦艇カレーを制覇した3姉妹と母親（4月19日、横須賀で）

海自護衛艦など15隻・部隊のカレーの味を競う第2回「護衛艦カレーナンバー1グランプリ（GC1グランプリ）」が4月19日、海自横須賀基地で開催され、「潜水艦部隊」に凱歌が上がった。1万6800人もの市民らが訪れ、用意した7200食は数時間で完売する盛況ぶり。多くの人たちが艦艇カレーを食べるのは初めてで、海自“秘蔵の味”をそれぞれ堪能した。

海自横須賀

15種　7200食　完売

艦艇・部隊	名称	順位
潜水艦部隊	濃厚味わいカレー	1位
ちょうかい	特製シーフードカレー	2位
くらま	内閣総理大臣喫食カレー	3位
こんごう	チキンカレー	市長賞
あまぎり	天霧カレー	
はたかぜ	はたかぜ豚カレー	
はるさめ	チキンスープカレー	
むらさめ	むらさめカレー	
たかなみ	燃えよ！スパイシーカレー	
おおなみ	プレミアムカレー	
はまぎり	豚角煮と野菜のカレー	
くろべ	呉代表カレー	
ときわ	ローストビーフカレー	
あしがら	ビーフカレー	
あたご	ビーフカレー	

潜水艦部隊に凱歌

各艦の給養員たちは前日から仕込みを始め、当日も早朝からブースの設置作業など準備に追われた。午前9時、市民らが次々と入場。1皿（500円）につき4種類のカレーが選べるシステムで、1人2皿まで買うことができるため、ほとんどの人が両手にトレーを持ち、お目当ての艦のブースに“突撃”した。

午前5時半から並んでいたという相模原市在住の30代の男性会社員は、一番乗りを争うように入場。パンフレットを片手に各ブースを効率的に巡り「思ったよりバリエーションがあって驚いた。一つひとつに特徴があって、丁寧な味わい。すべてがオンリーワンで、ナンバーワンを決めるのは難しいですね」。

一方、東京都八王子市から訪れた3姉妹と母親の4人家族は力を合わせて全15種類を食べ、「どれもおいしくて、選ばなければならないのが大変」と意見がまとまらない様子。

行列は途切れることなく、ピーク時には横須賀中央駅前まで連なった。カレーが次々と売り切れたことから、午後1時半には配食終了に。3時半に投票が終了し、集計の結果、潜水艦部隊の「濃厚味わいカレー」が543票を獲得して“ナンバー1”の座に輝いた。

牛、豚、鳥の3種類の肉を使用し、フルーツと野菜をブレンドした甘く深い味わいのカレーで、潜水艦部隊給養員の谷幸夫1曹は「潜水艦の勤務はストレスがたまるので、日頃からおいしい料理を追求している。その結果が今日の成果につながったのだと思う」とうれしそうに話した。

2位には「ちょうかい」の「特製シーフードカレー」（462票）、3位には「くらま」の「内閣総理大臣喫食カレー」（435票）が入った。

ニコニコ超会議3

「アパッチ」に人だかり

「しまかぜ」体験コーナーも

ＡＨ64Ｄ戦闘ヘリ「アパッチロングボウ」の前でポーズを取る九十九屋さん（４月26日、幕張メッセで）

日本最大級の動画共有サイト「ニコニコ動画」の運営会社ドワンゴが開催するイベント「ニコニコ超会議3」が4月26、27の両日、千葉市の幕張メッセで行われ、延べ12万5000人が訪れた。今年も陸海空3自衛隊が参加、展示した陸自AH64D戦闘ヘリ「アパッチロングボウ」の周りは、写真を撮ろうとする人だかりでイベント終了間際までにぎわった。

「アパッチ、かっこいいですね！」――。自衛隊ブース中央に展示されたヘリの前でコスプレイヤーの九十九屋いろはさん（21）が歓声を上げた。人気オンラインゲーム「艦隊これくしょん」のキャラクター「金剛」のコスプレで福岡市から参加。ポーズを取り「来てよかった」と笑顔を浮かべていた。

民間イベントで初めて展示されたアパッチは24日、陸自航空学校霞ヶ浦校から空路で運ばれた。同機は駐車場に着陸後、隊員約30人が歩道橋や搬入口の高さ制限に気を付けながら、牽引車や手押しで搬入した。

頭部装着型ディスプレーを使用して海自護衛艦「しまかぜ」の艦内をバーチャル体験できるコーナーと、各幕募集援護課の募集コーナーも初めて設けられた。

「超会議」後には、ステージイベント「超パーティーIII」で陸自中央音楽隊（朝霞）がニコ動の人気曲をメドレーで披露。来場者は手にしたケミカルライトを振り、同時にネット視聴者がステージ上の大型スクリーンにコメントを流してイベントを盛り上げた。

『祈り』アンコール止まず

海自東音　相次ぎ受賞

【東音＝上用賀】海自東京音楽隊（隊長・河邊一彦2海佐）が企画・制作したCD「祈り～未来への歌声」が昨年末の日本レコード大賞・企画賞受賞に続き、このほど、日本ゴールドディスク大賞「クラシック・アルバム・オブ・ザ・イヤー」と、CDショップ大賞2014クラシック賞を受賞した。

ゴールドディスク大賞は、日本レコード協会が主催。1年間のCDの売り上げやインターネット配信数などを基に選ばれた。CDショップ大賞は、全日本CDショップ店員組合の主催で、店員の投票で選ばれた。

新たに二つの賞を受賞し、ボーカルを担当した三宅由佳莉3海曹は「大変光栄に思う。多くの皆さまに聴いていただきうれしい。さまざまな任務に就く仲間たちの励みにもなったと思う」と喜びを語った。

「祈り」のCDジャケット

体校選手が上位独占

全日本競歩　2人がアジア大会へ

今秋の韓国・仁川アジア大会の代表選考会を兼ねた日本陸上競技選手権50キロ競歩が4月20日、石川県輪島市で行われ、谷井孝行2空曹が日本歴代2位の好タイムで優勝するなど、体育学校（朝霞）所属の3選手が表彰台を占めた。

北京五輪7位の山﨑勇喜3陸尉（30）と、一昨年の日本選手権50キロ覇者の荒井広宙2陸曹（26）。さらにアテネ、北京、ロンドンと3大会連続で五輪に出場した谷井2曹（31）が4月に入校して競歩の“国内トップ3”が体校にそろい、今大会はその3人がレースを引っ張った。

「日本記録を切るような速いペース」（谷井2曹）というレース展開の中、3人は後続を徐々に引き離した。30キロを過ぎて山﨑3尉が前に出たが、39キロ過ぎに谷井2曹が逆転しトップでゴールした。タイムは3時間41分32秒だった。2位に山﨑3尉、3位に荒井2曹が入った。

大会後、谷井2曹と山﨑3尉がアジア大会代表に選ばれ、「安定して40分を切れるようにしたい」（谷井2曹）、「優勝を逃した悔しさをアジア大会で金メダルを取って晴らしたい」（山﨑3尉）と抱負を語った。

日本選手権50キロ競歩で上位を独占した（左から）山﨑3尉、谷井2曹、荒井2曹（4月20日、輪島市内で）

区の「サクラ基金」に寄付

目黒基地司令

目黒川の桜を将来にわたり咲かせ続けたい――。空自目黒基地司令の尾上定正空将は4月23日、東京都の目黒区役所を訪れ、同基地の6機関・学校を代表して「目黒のサクラ基金」に寄付金を贈った＝写真。

同基金は今年3月11日に設立。区の公園や街路樹の桜約2300本中約1000本が今後10年で寿命を迎えることから、寄付金で桜の植え替えなどを進め、景観を保護していく。

尾上司令は6機関・学校（防研、技本艦艇装備研究所、統合幕僚学校、陸・海・空幹校）から募った寄付金の目録を区長の代理で出迎えた鈴木勝・副区長に手渡し、「目黒の桜景色は本当に美しい。個人的にも、目黒基地としても協力していきます」と今後も基金に協力する考えを示した。同基金は区役所の他、5カ所の地区サービス事務所に募金箱を設置しており、随時募金を受け付けている。

こちら警務隊　☎8・6・47625

他人の作品を無断公開　10年以下の懲役と罰金

他人が作製した漫画画像をインターネット上に無断で公開したら、何か罪に問われるのですか？

著作権法違反の罪に問われる可能性があります。

同法は、インターネットで著作物を公開する行為などを「公衆送信」と定義し、これを著作者の占有権と定めて保護しています。このため、著作者の同意がないのに公衆送信を行った場合、同法違反に問われ、10年以下の懲役もしくは1千万円以下の罰金または併科に処されます。

他人の作った画像や動画などを安易にインターネットで公開すると、大変なことになりますよ。

（警本＝市ヶ谷・村山1尉）

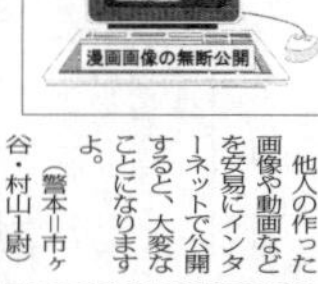

入隊50周年記念に「桜基金」

海自10期生徒

海上自衛隊第10期生徒出身者が3月24～25日、入隊50周年記念の同期会を広島県呉、江田島両市で行った。

初日の懇親会に続き、2日目は母校1術校を訪れ、桜の更新、手入れの一助となるよう代表者が1術校校長の徳丸伸一海将補に「桜基金」を贈った。徳丸学校長は「桜を新たに植える際は、10期生徒の基金により植樹した旨の札を掲げます」とお礼の言葉を述べた。

大臣「再発防止を徹底したい」

「たちかぜ」判決

護衛艦「たちかぜ」に勤務していた1等海士（当時21歳）が平成16年10月にいじめを理由に自殺した事案の控訴審で、東京高裁は4月23日、「原判決を変更する」として横浜地裁の1審判決を棄却し、新たに国などに約7300万円の支払いを命じた。

判決では「当時の上官等は自殺を予見可能」だったとして、暴行・恐喝などと自殺の因果関係を認定。また、17年4月の乗員へのアンケートの情報公開請求に対し、当時の横須賀地方総監部監察官と艦長が原本を隠ぺいしたとした。

23年1月26日に横浜地裁で行われた1審では「自殺は予見できなかった」として、440万円賠償を命じていた。

判決を受け、河野海幕長は23日「まずは故人のご冥福をお祈り申し上げます。今後の取り扱いについて、判決の内容を慎重に検討し、関係機関等と調整のうえ、適切に対処してまいります」とのコメントを発表。

小野寺大臣も25日の記者会見で「今回の判決は大変重いものだと思っている。速やかに新たに意識面を含めた再発防止を徹底していきたい」と述べた。

小休止

▽…36普連は新ロゴマークを制定し3月10日、体育館で行った臨時朝礼で発表した＝写真。

▽…連隊は昨年10月から制定に向けてアンケート、作品募集、選考、選挙と作業を進めてきた。応募作の中から上位3作品を選び、良いところを抽出して完成度の高いマークを作った。

▽…新ロゴマークがお披露目されると「オオーッ」という歓声とともに拍手が。マークの由来紹介とデザイン素案優秀者の褒章後、マークを施したのぼりが各中隊先任上級曹長に授与された。（伊丹）

（世界の切手・ラトビア）

国家というのは、ある日、突然に崩壊することがある。
佐藤　優（元外交官）

そう言える陸曹団を目指そう

「小隊長、我々に任せてください」

准陸尉　松本　寿憲（13旅団最先任上級曹長・海田市）

13旅団では「上級曹長制度」が3月26日から運用開始となり、大きな一歩を踏み出しました。平成27年度末の施行に向け、今まで以上に陸曹団の意識を高めていっている状況です。私もこの時期に最先任上級曹長に上番したことを誇りに思い、ここでは私自身の気持ちを皆さんにお伝えしたいと思います。

試行の間、揺れ動いたこの上級曹長制度を皆さんはどう感じてきたでしょう。「何も変わらない」「何をやっているのか分からない」など、それぞれ思いはあると思います。私が1月23日に第4代旅団最先任上級曹長に上番した日、「強い陸上自衛隊を目指すため、自分たちでできることは自分たちでやろう」と皆さんに要望しました。それこそが旅団陸曹団の長として目指している意識改革の一つであるからです。

我々准曹は、幹部の方に頼ることをやめ、自分たちで問題意識を持ち、自らできること、やらなければならないことを見いだし、それをしっかりとやり遂げることこそが大事です。

准曹から指揮官に対して「これをやりたい」「ここをこう改めたい」と意見具申し、指導を仰ぐべきです。強い部隊を作るには、我々自身で企画・調整や問題点の解決を行い、職務を遂行していかねばなりません。陸自はそうした時代となっているのです。

かつてのように「陸曹は言われたことだけやっていればいい」という時代ではありません。「准曹の価値」を高めるには、部隊運営に自ら参画する気概を持たねばなりません。「部隊の伝統は我々陸曹団が築く」という強い信念を持ち、それぞれの職務を遂行してもらいたいと思います。

また、若い隊員に対しては准曹が「日本人」としてのあるべき姿勢を教え、その人格形成に当たってください。日本人の美徳である、親に孝行し、兄弟は助け合い、夫婦は仲睦まじく、友とは信頼関係を築き、よき人生を送れるよう生き方を指し示してやることが大切です。

そのためには准曹自身が手本を示してください。言動を慎み、博愛を心がけ、自己開発に努め、人格を磨き、社会に奉仕し、秩序や法律を守り、義と勇気のある人間として、後輩から尊敬される人間となってください。

我々自衛官は、日本人としてあるべき「道徳の最後の砦」でもあるのです。日本を守る自衛官こそ、日本人としての誇りと美徳を決して失ってはならないと思います。そして皆さんには日本の誇りたる自衛隊の指揮を委ねられる立派な陸曹となってほしいと思います。

「小隊長、それは我々陸曹でできる事ですから、どうか私たちに任せてください」――。

指揮官が忙しい時、そう言って部隊長の負担を軽減してあげられる「心強い陸曹団」の実現を目指し、お互いに頑張りましょう。

新刊紹介

「大戦前夜のベーブ・ルース」

ロバート・F・フィッツ著、山田美明訳

1934（昭和9）年、日米関係は悪化の道をたどりつつあった。ロンドンでの海軍軍縮会議で米英日の艦船保有数を5・5・3と制限されたことや、満州事変に対するリットン調査団の報告を不服として、日本は前年、国際連盟を脱退し、国際的に孤立化を深めた。

そんな雰囲気を一掃したのが、ベーブ・ルースをはじめとする米大リーグ選抜チームの来日だった。東京駅から帝国ホテルまでのパレードには数万人が押し掛け、熱狂的に歓迎した。7年後、日米が開戦することなど信じられないほど、一般国民の間では反米感情や戦争積極論は希薄だった。

全米チームを率いたコニー・マック監督は帰国後も「日米間に戦争は起こらない」と確信していたが、ルースをきりきり舞いさせた17歳の沢村栄治はその後次第に反米感情を募らせ、3度の召集の末、台湾沖で撃沈され27歳で戦死する。

本書は日米両チームの試合ぶりや選手の横顔を克明に追う一方、日本の軍部や右翼団体などの動きにも同時進行で目を配り、野球というスポーツを題材に、開戦に至る日本人と日本社会を浮き彫りにしている。

（原書房刊、3024円）

「聯合艦隊軍艦銘銘伝」

片桐　大自著

帝国海軍から海上自衛隊まで、艦艇約860隻の経歴を一冊に収めた艦艇ファン必携の書。23年余りかけて完成された〝艦艇コレクション〟で、平成5年に刊行されたものが「普及版」として現代によみがえった。

長年にわたり国語教科書の編さんに携わってきた著者だけに、名前の由来からその艦艇の〝生涯〟に切り込んでいる点がユニーク。「少年の日、わたしが軍艦にあこがれを抱いた一つのきっかけは、わが国の艨艟（もうどう）たちの名前の美しさであった」と著者は語る。

本書は「国名」「山岳名」「河川名」「漢成語名」など命名由来別に10章に分かれており、それぞれ五十音順に掲載されていて検索しやすい。辞典的な作りではあるが、艦艇一つひとつのエピソードを美しい日本語で紹介しており、読み物としても楽しむことができる。

「古事記」や「万葉集」などからの引用も多く、例えば、かの「大和」の章では「やまとは国のまほろば」から始まる日本武尊（やまとたけるのみこと）の絶唱を艦霊にささげて章を閉じるなど詩情にあふれている。めくるめく艦艇名の世界に酔いしれたい。

（潮書房光人社刊、3240円）

みんなのページ

救急車への同乗訓練に学ぶ

陸士長　岸本　陽子（7普連本管中・福知山）

私は福知山消防署で「救急車同乗訓練」に参加しました。2度目でしたが、前回とは違った緊張感がありました。それは今回は衛生初級特技を保有し、訓練の中心を担わねばならなかったからです。

そこで救急の本や衛生ノートを読み返し、事前準備をしました。前年の経験もあったので救急隊員との申し受けは比較的スムーズにでき、その後の車両点検の際は無線機の導通点検までさせていただきました。

その後、車内点検をしました。ここには緊急出産に対応する器材まであり、救命士はあらゆる状況に対処しなければならないのだと改めて実感しました。酸素吸引器やモニター1類もあり、これらは自衛隊車両にも必要ではないかと思いました。

その時、緊急指令が鳴って救急車が出動しました。私は無線機で情報を聞き取ろうとしましたが、聞きにくく一部しか分かりませんでした。これに対し、救急隊員は正確に聞き取り、瞬時に患者の疾患まで予測して準備を開始し、そこに私たちとの経験の差を強く感じました。

今回、私は初めて意識障害のある患者と接し、その対応法などを体験させてもらいました。ここでも感じたのは経験の差です。救急は基本的に3人1組で行いますが、隊員が入れ替わってもレベルは変わらず、一人ひとりがしっかりと自分の仕事を果たしていました。

私たちの衛生小隊では実患者を扱う機会が少ないため、こうした救急車への同乗訓練を定期的に行うことの重要性を改めて感じました。

地域愛を育む地元関連の本

陸士長　高橋　あずさ（384会計隊・八戸）

故郷の宮城を離れ、青森県八戸市で生活を始めて2年になります。その間は「あっという間」で、そんなに時間がたった感覚はありませんが、営内にたまった書籍の量を見ると、その年月を感じます。

私はジャンルを問わず本が好きで――〝歴女〟なので歴史物ばかりですが――、毎週のように本を買い、増える一方です。このため、営内に残る本は私が八戸で過ごした日々の記録のようにも見えます。

さて、八戸市の人は「地元愛」が強いのか、どの本屋へ行っても地元関連の書籍コーナーが作られています。そのため私の持つ本も青森や八戸に関する歴史書や小説が増えました。おそらく宮城にいたなら、まず手に取らなかった本ばかりだと思います。

こうした地域に関する本を読むと、自分が青森県に住んでいる、青森で働いているという実感が湧きます。そしてこの土地を理解し、より好きになります。

異動や転勤を機会に、その土地の本を読むことも地域を理解する一助になると思います。

「上級スキー指導官」を出発点に

陸曹長　吉川　桂（東北方後支隊付隊・仙台）

上級スキー指導官に認定された仲間たちと。後列中央が吉川桂曹長

私は3月7日から20日までの間、北部方面混成団冬季戦技教育隊で実施された「上級スキー指導官養成訓練」に参加しました。東北方直轄部隊の2名枠に入って2年越しの練成で、念願の上級スキー指導官に認定されました。東北方面後方支援隊では創隊以来初の認定であり、前身の東北方面武器隊からでは何と21年ぶりと聞き、身の引き締まる思いです。

皆さんが「上級スキー指導官」と聞いて想像するのは、スキーの上手な隊員だと思いますが、実際は違います。今回、一番強く感じたのは「有事や災害時、積雪地に関する専門知識を部隊の指揮官・幕僚らに助言し、部隊が円滑に行動できるようにするのが上級スキー指導官の役割」です。

約2週間の訓練は当初、雪中での行進や宿営が中心で、総合訓練ではチセヌプリに登り、雪洞で一夜を明かし、翌日、「雪崩遭難者の救出」訓練を行いました。

そして後半は指導官認定試験に向けたスキー訓練となりました。

参加者52人中、合格者は38人だけでした。幸い上級スキー指導官に認定されましたが、「ここが始まり」であることを強く自覚しています。個人の力には限界があるので、今後は後輩の育成に努め、彼らと一緒に東北方後支隊の冬季行動能力の向上に尽力していきたいと思います。

OBがんばる

小平　盛雄さん　55
平成24年3月、陸自6高特大本部管理中隊（郡山）を最後に定年退職（1陸尉）。常陽銀行郡山支店に再就職し、用務員として勤務中。

「気構え」こそが重要

私は平成24年3月11日、第6高射特科大隊を最後に定年退官しました。奇しくも東日本大震災の発災の日で、当時、私は福島の原子力災害発生に伴う災害派遣に従事していました。

あの頃、同期が定年を迎えて再就職していく姿を見て「自分は大丈夫だろうか」と不安に思っていましたが、福島地本郡山地区援護センターのご尽力により、常陽銀行郡山支店の用務員として採用していただきました。現在は支店長はじめ、行員の皆さんの活気あふれる職場の中で、充実した毎日を送っています。

私の仕事への向き合い方は、まず自分の職務（地位・役割）分析を行い、次いで「何をなすべきか」「何ができるか」を考え、「信頼される縁の下の力持ち」を目標に、一生懸命に頑張り抜くことです。時には日曜大工の特技を生かし、社用車の鍵箱やタイヤラックなども作製し、職場環境の改善にも努めています。

しかしながら、お客様への対応の基本である笑顔についてはなかなかうまくいかず、修業の毎日です。

再就職に当たっては、資格の取得も大事かもしれませんが、それよりも自衛官として勤務する姿勢を再認識し、「平素の職務分析」「目標の確立と追求」「感謝の気持ち」「与えられた任事の他に何ができるか」といった気構えこそがより重要であると思います。そうした姿勢が習慣化されれば、定年を迎えた時にも何ら無理することなく、再就職に対応できるのではないかと私は思います。

朝雲・栃の芽俳壇

畠中草史　選

草萌えて放浪好きな雲生るる　大津・陸OB　丸岡　正男
草の芽吹きの頃から白い浮雲が出てくる様になる。放浪したくなった心を雲に載せた。

蟹を追ひ海牛見詰め磯遊び　横浜・家族　森井美智子
干潮時の窪みにある海水いわゆる潮だまりには様々な生き物がいる。子供心が蘇る。

退官を見送る列や花隧道　善通寺・陸事務官　平田　文

残雪の雑木山より暮れ落つる　大阪・空OB　高木　智念

ひとしきり風花の舞ふ露天の湯　熊谷・空OB　蓮佛志向子

本堂を出でて甘茶の香立つ　青梅・一般　青柳　富也

羽織つたり脱いだりしての春隣　熊谷・空OG　関谷　桂子

天を指し挙り立ちたる白木蓮　浦安・海OB　晴山　雅之

鶯の躓きがちの恋の歌　府中・空自衛官　村上　智樹

見渡せる四万の山々雪化粧　熊谷・空OG　関田　絹江

直線の道路はるかに鳥帰る　江別・陸OB　鎌田日出雄

昨夜の雨山門眩し花楓　千葉・空OB　榎　利風

乳飲み子の大きな欠伸春めける　熊谷・空OG　福元万理子

白雲の懸かる富士の嶺鳥帰る　浜松・空OB　宮本　立勇

黄水仙日溜りにして風寄せず　新座・陸OB　船田藤三郎

川岸の白さ際立つ猫柳　熊谷・空OB　明田　眞雅

しゃぼん玉風は寄りそうことをせず　東京・一般　三郷　志保

昼間よりたまに良しとす雪見酒　熊谷・空OG　佐藤　玲美

真白な霊峰はろか花の宴　今治・陸OB　疇谷　白涛

幼子に絵本をひらく膝温し　熊谷・空OG　塚本　恵玉

散りつげる花下を駅まで急ぎ足　千葉・陸OB　川又　勝彦

髪切りて首に冷たし春の風　熊谷・空OG　髙橋ふみ子

朝の日を真紅にそめて大霞　四街道・陸OB　樫田　湖風

倒木の朽ちたるところ草萌ゆる　西東京・空OB　水島　孝雄

選者作品
池寂と蝌蚪の世界を一遇に

投句歓迎！
▽官製はがきの裏面に未発表の自作3句以内と氏名、年齢、職業（自衛官・事務官＝所属部隊＝、OB、家族など）、住所、電話番号を記入▽締め切り毎月15日▽あて先＝〒162－8801東京都新宿区市谷本村町5ノ1　防衛省D棟市ケ谷記者クラブ朝雲記者室俳句係（☎03・5225・1750、専用線8・6・25512）

詰将棋

第671回出題

出題　日本将棋連盟　九段　石田　和雄

▲先手　持駒　金歩二

【ヒント】角は捨てることになります。（10分で二段）

▶詰碁、詰将棋の出題は隔週です◀

詰碁

第1086回解答

出題　日本棋院　九段　曲　励起

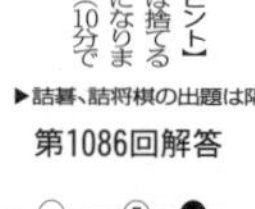

【解答図】白先、黒死。白①が大切です。黒❷なら白③がまた大切で、黒❹以下白⑦で黒死です。なお、黒❷で❻なら、白❷でやはり黒死です。

朝雲
発行所 朝雲新聞社
〒160-0002 東京都新宿区坂町26番地19 KKビル
電話 03(3225)3841
FAX 03(3225)3831
振替00190-4-17600番
定価一部140円、年間購読料9000円（税・送料込み）

主な記事

2面 自民党が「防衛装備庁」新設を提言
3面 自衛隊待つ日本最西端の島・与那国
4面 QDR（米国防計画見直し）全訳(6)
5面 〈部隊だより〉1師団が創立記念行事
6面 〈募集・援護〉各地本「予備自」強化へ
7面 陸幕トップらが体力検定
8面 〈みんなのページ〉飛行安全セミナー

南スーダン、ジブチ初訪問

小野寺大臣

「自衛隊、頼もしい」

避難民支援を優先

小野寺防衛相は5月8日、南スーダンを訪れ、首都ジュバを拠点に同国の国づくり支援のPKO活動を行っている陸自派遣施設隊の活動を視察し、隊員を激励した。日本の閣僚が同国を訪問するのは初めて。大臣はキール大統領やマニャン国防相のほか、現地の国連代表らと会談し、情勢を確認した。9日にはジブチを訪れ、ソマリア沖・アデン湾の海賊対処活動に従事する海自の航空部隊と水上部隊を激励した。大臣は現地で記者団に「規律正しく士気高く、日本の平和貢献のために活動している自衛官の姿を見て大変頼もしく感じた」と語った。

南スーダンを訪れた大臣は、日本隊が宿営地を構える首都ジュバの国連トンピン地区内で、5次隊の隊員（隊長・井川賢一1陸佐以下、中方基幹の約400人）を前に「国連が最も重視する分野の活動として高く評価されており、大いに誇りに思う」と訓示した。

5次隊は昨年12月に4次隊から任務を引き継いだが、直後の政情不安を受け、宿営地外での施設活動を一時中断。国連の要請で、国連施設内に収容した数万人の避難民に対して医療支援を行い、居住区域の整備や避難民保護の防護壁を作る作業などに当たっている。

大臣は避難民が暮らす地区を訪ね、気温50度の中で道路整備などに汗を流す隊員を励ました。

このほか、キール大統領やマニャン国防相との会談では、同国の国づくり支援に引き続き協力することで一致。また、国連南スーダン共和国ミッション（UNMISS）のヒルデ・ジョンソン国連事務総長特別代表は、大臣に自衛隊の活動への謝意を述べるとともに、「避難民のキャンプ造成をさらに拡充してほしい」と要請した。

ジブチではP3C哨戒機でソマリア沖・アデン湾の警戒監視に当たっている海自の派遣海賊対処行動航空隊15次隊（指揮官・浅沼弘巳1佐以下、海自約120人、陸自約70人の計約190人）と、水上部隊18次隊（指揮官・立川浩二1佐＝8護隊司令＝以下約390人、護衛艦「いなづま」「うみぎり」で編成）の隊員を激励した。

さらにファネ国防相との会談で、同氏は大臣に、アフリカの災害時には自衛隊に国際緊急援助活動を行ってほしいと要請した。

ジブチは自衛隊が海外拠点を設けている唯一の国で、2009年の活動開始以来、防衛相の現地視察は初めて。昨年8月には安倍首相が総理として初訪問している。

㊤井川隊長（手前後ろ向き）の案内で、避難民居住地を造成する陸自施設隊の活動を視察する小野寺大臣（その右）＝5月8日、南スーダンの首都ジュバで　㊦海賊対処任務に当たる海自隊員らを握手で激励する小野寺大臣＝5月9日、ジブチで（防衛省提供）

活動範囲拡大せず
南スーダンPKO

小野寺防衛相は5月13日の閣議後、記者団に対し「今月下旬にも派遣する6次隊の任務は、当初は東西のエクアトリア州に拡大する方向で検討していたが、現地の状況や国連のジョンソン特別代表からの要請を踏まえ、避難民キャンプの造成を中心とした任務に変えて対応したい」と述べ、当面は自衛隊の活動範囲を拡大しない考えを示した。

大臣は「自衛隊の宿営地の門の前には、延々と避難民のテントのようなものが並んでいたが、雨期には環境が劣悪になる。一日も早い避難民キャンプの造成が最優先課題だ」と述べた。

日英「2プラス2」開催で合意

「食料・燃料」でも提携

仏とは装備品共同開発へ

安倍首相は4月29日から5月8日まで、欧州6カ国を歴訪して首脳会談を行い、英国とは外務・防衛担当閣僚協議「2プラス2」をロンドンで初開催することで合意したほか、フランスとは無人システムを念頭に、防衛装備品の共同開発を目指す政府間協定の締結に向けた交渉を始めることで一致した。

日本にとって「2プラス2」の開催は米、豪、露、仏に続き5カ国目。キャメロン英首相とはこのほか、自衛隊と英国軍との間で食料や燃料などの融通を可能にする「物品役務相互提供協定（ACSA）」の締結交渉を開始することで合意した。日本は米、豪とACSAを締結しており、カナダとも大筋合意している。

さらに、自衛隊と英国軍による共同訓練の強化、サイバー分野での協力、ソマリア沖・アデン湾での海賊対処活動での連携を図っていくことを確認した。

仏ではオランド大統領と武器や軍事転用可能な汎用品の輸出管理をめぐって協力の在り方を協議。日本としては仏から中国への軍事転用品の輸出を抑止したい考えだ。また、2回目となる日仏「2プラス2」を2015年に東京で開催することでも一致した。

このほか、アフリカや中東、アジア太平洋など、日仏両国が特別な関心を持つ地域の脅威情報の共有でも合意した。

独とも対話緊密化

ドイツではメルケル首相と会談し、日独が共に部隊を派遣しているソマリア沖・アデン湾の海賊対処活動や南スーダンPKOで部隊間連携を図るほか、「官民日独安全保障対話」の定期化や、輸出管理分野における情報交換など、安保対話の緊密化で合意した。

ポルトガルではコエーリョ首相と会談。アフリカ諸国などに展開する両国の在外公館間の連携強化で一致したほか、海上防衛問題で経験共有の機会を探り、海賊対策で連携を深めていくことを確認した。スペインのラホイ首相とは防衛協力・交流の強化で一致した。

ベルギーでは第22回「日・欧州連合（EU）定期首脳協議」に出席し、ファン＝ロンパイ欧州理事会議長やバローゾ欧州委員会委員長らと会談。北大西洋条約機構（NATO）本部ではラスムセン事務総長と安全保障分野での連携強化を確認した。

情報保護協定の早期締結で一致

日伊防衛相が協議

小野寺防衛相は5月7日、イタリアを訪問し、ローマでピノッティ国防相と2国間の防衛協力をめぐって協議した。防衛大臣の同国訪問は7年ぶり。

防衛省はテロなどの情報収集能力を強化するため、今年度中にもアフリカ7カ国に防衛駐在官を派遣することを念頭に、これらの国々の情報を持つイタリアと安全保障に関する情報保護協定を早期に締結する方針で一致した。

このほか、防衛装備品の技術協力や、海洋安全保障分野で連携を強化していくことを確認した。

防衛協力の強化を確認し、握手する小野寺防衛大臣（左）とピノッティ伊国防大臣（防衛省提供）

島嶼防衛想定し訓練

奄美群島など　陸海空1330人が参加

島嶼防衛を想定した陸海空自の「平成26年度国内における統合訓練（実動訓練）」が5月10日、海自佐世保基地などで始まった。27日までで、期間中は奄美群島の無人島・江仁屋離島（えにやばなれじま）（鹿児島県大島郡）での初の着上陸作戦訓練も行われる。

訓練は掃海隊群司令の岡浩海将補を訓練統制官に、陸自は西方普通科連隊や西方航空隊などから約500人、海自は自衛艦隊から約820人、空自は航空総隊から約10人の計1330人が参加。

また、陸自のCH47JA輸送ヘリ2機、AH64D戦闘ヘリ2機、UH60JA多用途ヘリ2機、護衛艦「くらま」「あしがら」、掃海母艦「ぶんご」、輸送艦「しもきた」、SH60K哨戒ヘリ3機、空自のF2戦闘機2機が出動している。

10〜15日までは佐世保基地で訓練調整会議などが行われ、16日に陸自部隊を乗せた輸送艦「しもきた」が佐世保を出港する。

奄美群島の江仁屋離島に到着した後、18日から23日まで着上陸訓練を実施。陸自隊員らはボートやヘリで島に上陸し、陸上戦闘訓練を行いながら展開、地域確保までの一連の動作を確認する。

一方、沖縄東方海域では統合火力誘導訓練（18〜20日）が行われ、護衛艦による艦砲射撃などが実施される予定。

豪の関与強化を評価

防研「東アジア戦略概観2014」

中国、北朝鮮「不測事態を懸念」

防衛研究所は4月4日、昨年1年間の東アジア情勢について研究者が安全保障上の観点から独自に分析した年次報告書『東アジア戦略概観2014』＝写真＝を発表した。平成8年度の創刊以来、今年が18回目。日本語版、英語版がともに同研究所のホームページ（http://www.nids.go.jp/）に掲載されている。

14年版では日本との協力関係が急速に深まるオーストラリアに関する章を新設。昨年9月に労働党から保守連合に政権が交代した同国では、アボット首相率いる新政権が引き続きアジア太平洋地域への関与強化の方針を推進、強固な米豪同盟を基軸とした「アジア太平洋・インド洋」重視政策を打ち出し、東シナ海情勢にもこれまで以上に踏み込んだと評価した。

東アジアの安全保障環境全般を総括する「序章」も新設し、北朝鮮の核ミサイル開発や中国の周辺海空域での活動の活発化で「東北アジアの緊迫度が急速に増し、不測の事態への懸念が高まっている」と分析。今後は平時とも有事ともつかない「グレーゾーン」の事態が増加し、長期化の傾向があると懸念を示した。

関係が冷え込む日韓関係は、歴史認識問題以外にも「中国の重要性が増大する一方で、日本が相対的に低下している」ことが背景にあるとした上で、朴槿恵政権は米韓同盟を基軸としながらも、かつてなく中国を重視していると指摘した。

北朝鮮は粛清などを通じて政権基盤を固めると同時に、「核保有国」の既成事実化を強化するため、初の「核ドクトリン（法令）」を打ち出したとしている。

今後は首脳レベルの戦略対話などを積み重ねながら多国間協力をさらに拡大・深化させ、ルールに則った国際秩序の強化を図ることが重要だと訴えている。

春夏秋冬

みな堂々としている

黒田　勝弘

日露戦争（1904〜05年）から110年になるが、この戦争はいわば韓国で始まり、韓国で終わったといえる。終わりは韓国近海での有名な日本海海戦だが、始まりも実はソウル近郊の仁川港での衝突だった。

1904年2月9日、日本艦の攻撃でロシアの艦船3隻が沈没したのがそれで、したがって世界への開戦の第1報は韓国の「京城発」だった。

この時、沈没したロシア巡洋艦「ワリヤーク」の名前はその後、ロシア太平洋艦隊のミサイル巡洋艦「ワリヤーク」として復活した。93年後の1997年2月9日、仁川港を〝親善訪問〟し、水没将兵のために海上慰霊祭を行っている。

現在、仁川港にはロシア政府の希望で記念公園までできていて、駐韓大使をはじめロシアの要人は必ず訪問し花束を捧げている。

仁川港での海戦は当時、ロシアにとっては手痛い敗戦だったが、降伏を拒否し艦と命を共にした将兵たちはその後、今にいたるまで〝英雄〟として称（たた）えられているからだ。

一方、日本海海戦で日本の連合艦隊は韓国南端の巨済島沖でロシア・バルチック艦隊を待ち受け、艦砲射撃の猛訓練に励んだ。戦闘開始を告げる東郷平八郎提督からの電文「天気晴朗ナレドモ波高シ」も巨済島沖から発せられている。

この島には日本統治時代には記念公園があり、記念碑も立っていたが、戦後、撤去、破壊された。「天気晴朗ナレドモ……」の電文を刻んだ石碑は二つに割られ、今も巨済市役所の倉庫に放置されている。駐韓日本大使が歴史を念頭に仁川港はもちろん、巨済島を訪れたという話はない。

最近、朝鮮戦争（1950〜53年）の際、韓国に侵攻した中国軍の戦死者の遺骨が中国に送還された。中国はそれを堂々と「抗米援朝烈士廟」に埋葬している。

中国軍がソウルの南まで侵攻したあの戦争を、中国は侵略どころか英雄的戦いとして今なお称えている。習近平・国家主席は最近、外遊先のドイツの大学で「中国には他国を侵略した歴史はない」と平気で講演したという。

ロシアも中国も実に堂々としたものだ。世界の現実はどうもこちらのようだ。われわれは歴史に反省すべき部分はあっても卑屈になる必要はない。

（くろだ・かつひろ＝産経新聞ソウル駐在客員論説委員）

防衛省発令

▽教空団付（下総教空群司令）
1海佐　堀井　博
▽下総教空群司令（教空団）
同　大熊　圭介
（以上5月9日）

朝雲寸言

群馬県の「富岡製糸場と絹産業遺産群」が、ユネスコの世界文化遺産に登録されることが確実となった。昨年の富士山に続き世界遺産は国内18件目だ▼天気に恵まれた大型連休後半、早速、たくさんの観光客が重厚なレンガ造りの製糸場を訪れていた。世界遺産に登録される最大のメリットは、遺産が人々を引きつけ、経済が潤い、地域が活性化することだ▼世界文化遺産への推薦は、毎年1国1件。文化庁の手元には、次の登録を目指す10件の候補地がリストアップされている。それぞれの地元では、推薦枠の獲得に懸命だろう。が、来年はぜひ、「長崎の教会群とキリスト教関連遺産」を推薦していただきたい▼理由は一つ。五島列島を含む長崎県の西方地域は、国境に位置する要衝だからだ。ところが、近年の人口減少に伴う過疎化は激しく、五島列島の人口は、昭和30年代の最盛期に比べ、5分の1にまで減ってしまっている▼一方で、長崎県内の離島に点在する民有地を、中国や韓国資本が買い占める動きも目立っている。これに歯止めをかけ、国境への関心を高めるには、世界遺産となって、島の管理を徹底し、人の往来を盛んにすることだ▼長崎市の大浦天主堂から五島列島の堂崎教会や江上天主堂などを経て、平戸市に残るキリスト教史跡を回る「巡礼の旅」には、多くの旅人が詰めかけるだろう。それこそ地域振興と国境防衛の一石二鳥となる。

時の焦点

国内

隣人関係の作法

『狂人日記』にみる含意

魯迅が処女作『狂人日記』を発表したのは、1918年のことだ。辛亥革命の展開に失望し、表舞台から遠ざかっていたが、ともに日本に留学した仲間の依頼で、同年5月15日発行の雑誌「新青年」に寄稿した。

当時の革命に対する失望を、魯迅は書簡に「最初の革命は朝廷を倒すことだから易しかった。次の革命（1913年の孫文の蜂起の失敗）は国民が自分の悪い根性を改革することなので尻込みした。国民性の改革がなければ、専制でも共和制でも看板を変えただけで品物が元のままでは話にならぬ」と記している。

今の習近平政権も「新しいタイプの大国関係」「中国の夢」といった目新しい看板を掲げることにご執心だが、今月、南シナ海で起きた中国船とベトナム船の衝突でも明らかなように、自国の利益のためにはルールを無視し、力に訴える体質は元のままである。

4月の日米首脳会談や大型連休中の安倍晋三首相の欧州歴訪では、そんな中国に対する懸念が共有された。中国市場での日本の「不在」を好機ととらえ、安倍政権と距離を置いてきたドイツのアンゲラ・メルケル首相が2015年の訪日を約束したように、日中関係に向けられる視線にも変化が起きつつある。

その状況で、安倍首相が中国に厳しい姿勢を見せること自体は当然だ。ただ、対中批判が過激で感情的にならないような留意も必要だろう。

中国では、政府に対する国民の不信が強い。それが「アラブの春」のようにならないのは、権力に期待はしないが、転覆も求めず、自分の生活さえ維持できればいいという態様だからだという。

王朝の変遷に翻弄された4000年の歴史で育まれた国民性の改革は、圧力一辺倒で変わるものではない。逆に言えば、中国政府のプロパガンダに冷ややかな中国国民も多いはずだ。そうした層を「反日」に走らせず、日本の理解者にしていく取り組みが肝要となる。

安倍首相周辺や一部メディアに見られる、中国共産党と国民を同一視した「中国性悪説」や、扇動型の対中批判は、日本では「嫌中」を、中国では草の根の「反日」を増やすだけだ。議論や批判にも作法が要る。

議員外交や民間交流で事態打開を図る動きが活発になる中で、日米首脳会談や欧州歴訪の成果を次につなげるには、そうした努力を妨げるような言動を政府高官が自制することも大事だろう。

『狂人日記』は、周りの人から食われてしまうという妄想を抱く男が、「人を食おうと思い、また、他人に食われることを恐れるから、みな疑心暗鬼の眼で、お互いをうかがいあう」という隣人関係を嘆き、「4000年の食人の歴史を持つ自分」を次世代に継承しないよう、「せめて子どもを救え」と訴える。

今の日中関係にあてはめると、その含意の多さに驚かされる。

東雲　次郎（政治評論家）

海外

日中間の瀬踏み

尖閣、靖国にどう応じる

2012年9月の尖閣諸島国有化をきっかけに関係が極度に悪化した日中両国だが、ここにきて緊張緩和の糸口を探る動きが出てきた。高村正彦・自民党副総裁ら超党派の日中友好議員連盟の議員団が連休中の5月5日、中国指導部序列3位の張徳江・全人代常務委員長（国会議長）と会談したほか、舛添要一都知事も北京市長と両国の地方交流再開を話し合うなど、対話が途絶えていた日中間で瀬踏みらしきものが行われるようになった。

もちろん、政府間レベルでの協議は糸口さえつかめていないが、日中両国とも相手を批判するだけでは、現状を打開できないとの認識ではほぼ一致しており、2年近くの冷え切った期間を経て、ようやく関係改善の方途を探る局面を迎えたようだ。

その最初の節目は、今年11月に北京で開催されるアジア太平洋経済協力会議（APEC）首脳会合の際に安倍晋三首相と習近平国家主席による日中首脳会談が実現するかどうかだ。

端的に言って、中国側の要求は2点あり、一つは尖閣国有化の撤回あるいは最低限でも領有権問題の棚上げ、二つ目は安倍首相の靖国神社参拝の中止について確約を得ることだろう。

これに対し、日中間に領土問題は存在しない、従って尖閣諸島は日本固有の領土との立場をとるわが国にとっては、この基本姿勢を堅持する限り、双方の主張は平行線をたどるのは必至だ。何のための首脳会談か、十分な戦略を練っておくのは論をまたない。

靖国問題は尖閣に比べれば、まだ選択の余地がある。個人的見方になるが、同じ日本人として靖国参拝に対する首相らの心情は理解できるものの、同盟国の米国からでさえ、「失望」を表明されるほどに関係国に外交的反発を呼び起こす案件については、慎重さや大局的判断を優先させるべきではないのかという点だ。

外交の要諦は、交渉を通じて自国の国益を最大限手にすることだが、それには互いの主張や立場、国内世論を見据えて落としどころを決め、結果的に譲歩することも時に必要となる。

靖国参拝など歴史認識問題を外交上の道具として使う近隣国に独立国家としての原則を曲げてはならないとする首相支持・擁護派の主張は、相手側を一層苛立たせるだけで、日本の積極的平和主義外交を進める上でむしろ足かせになるのではないか。もっと柔軟な思考、対応があっていい。

中国メディアに登場する安全保障や国防問題の専門家の論考を日々目にしていると、同国には軍事力を背景に海洋進出を強め、その障害となる日本を追い込むべきだとする対日強硬派と、尖閣や靖国の問題で日本側の主張を受け入れることはできないものの、性急な武力行使を諫め、外交を通じて関係改善の糸口を探るべきだとの外務省サイドの二つの勢力が綱引きをしている印象を受ける。

国内で危険なナショナリズムが高まる中、社会の安定を最優先せざるを得ない習近平指導部は厳しい立場に置かれている。そんな国内の政治状況と対日強硬派の主張が優勢なことを踏まえると、中国側の譲歩は期待できまい。当面の日中首脳会談の実現一つをとっても、対中関係立て直しの前途は極めて険しいものがあり、譲れない原則と立場は堅持しつつ、譲歩可能性の選択肢など我が国も相応の覚悟を迫られる。

伊藤　努（外交評論家）

国産・技術基盤で自民党提言

「防衛装備庁」新設を

防衛省　6月までに戦略決定

小野寺防衛相に提言を手渡す自民党の岩屋衆院議員（左）、左藤衆院議員（右から2人目）、佐藤参院議員（右）＝4月21日、防衛省で

防衛装備移転三原則の閣議決定を受け、自民党国防部会の左藤章部会長ら3人が4月21日、防衛省を訪れ、国を挙げて防衛産業や国産技術の安定的な保持に努めることを求める提言を小野寺防衛相に提出した。防衛省は提言を参考に、6月までに「防衛生産・技術基盤戦略」を決定する。

提言では装備品の国際共同開発や輸出を民間任せにせず、政府が積極的に関与してオールジャパン体制で取り組むことを要請。技術交流や装備品移転、産業育成、研究開発から取得、維持整備までを包括的に担う専門部署「防衛装備に関する外局（庁）」を防衛省に新設することや、輸入を活用しつつも国産を基本に国内企業の関与を促すなど、時代に適した「国内生産基本方針」を政府方針として打ち出すことを明記した。

防衛省が昨年8月に取りまとめた「省改革の方向性」では、内局や各幕、技本、装備施設本部など省内に分散する装備品調達部門を統合した外局「防衛装備庁」（仮称）を将来的に新設することを掲げている。

防衛省を訪れたのは、自民党安全保障調査会長の岩屋毅衆院議員、左藤章衆院議員（前防衛大臣政務官）、自民党国防部会・防衛政策検討小委員長の佐藤正久参院議員（同）の3人。「防衛政策検討小委員会で10回の議論を経てまとめた」として大臣に手渡した。

小野寺大臣は、空自のF2戦闘機の開発過程で生まれた複合材技術が米ボーイング社の「787」中型ジェット旅客機に活用されていることや、その際のレーダー技術が自動車の自動衝突防止技術に活用されていることなどを指摘。その上で「民間とのデュアルユース（軍民両用技術）を含め、防衛技術・基盤整備はとても重要。党の提言を重要指針としてしっかり受け止め、活用したい」と述べた。

沖縄の負担軽減で一致

防衛相と米海兵隊総司令官

旭日大綬章を伝達されたエイモス総司令官（右）に祝意を述べる小野寺防衛相（4月15日、防衛省で）

小野寺防衛相は4月15日、米海兵隊総司令官のジェームス・エイモス大将と防衛省で会談し、米軍普天間飛行場（沖縄県宜野湾市）に配備されている海兵隊の垂直離着陸輸送機MV22オスプレイについて「沖縄の基地負担軽減のため、訓練移転でもさらなる協力をお願いしたい」と要請した。

大臣はまた、中期防（平成26～30年度）期間中に新設を目指す陸自の「水陸機動団」（3000人規模）に関し、米側からのさまざまな協力に謝意を伝えた。これに対し、総司令官は「日米が共に手を取り合って頑張っていきたい」と応えた。

総司令官は東日本大震災で米軍の「トモダチ作戦」などを通じた日本への支援や日米関係強化に貢献した功績により、4月11日付で天皇陛下から旭日大綬章が贈られ、15日、防衛相との会談に先立ち、岩田陸幕長から伝達された。

ひと

「フォト・オブ・ザ・イヤー2013」に輝いた

菊池（きくち）　博幸（ひろゆき）1曹（38）

「撮れた！」と実感がありました

空港の到着口に現れた父親めがけて女の子が駆け寄った。南スーダンに赴任して以来、半年ぶり。ガラス越しの再会を写した一枚が、陸自の広報誌「ARMY」で、約1万5000点の投稿から最優秀の「フォト・オブ・ザ・イヤー2013」に選ばれた。

そわそわしながら待つ女の子に、5歳になった自分の息子を重ねていた。「シャッターを切りながら、感情が込み上がり、涙をこらえ切れませんでした」

カメラを手にしたのは5年前、9師団の広報室に配属されてから。以来、写真に魅せられ、オフでもマイカメラを手に子供の成長を収めている。

自衛官だった父に憧れ、兄に続いて入隊。東日本大震災では、隊員と被災者が一緒になって救援活動を行う光景に胸を打たれ、カメラを手に被災地を走った。

趣味はイラスト。敬愛する美樹本晴彦が描く、はかなげな女性と均整のとれた機械の絵から構図を学んだ。

週末は息子専属のイラストレーターに。仮面ライダーやアンパンマン、さまざまなリクエストに応える。

「ドラマのある一瞬を撮りたい」

9特連本部中隊に転属となったが、カメラは手放さない。

（横田　大法）

日米の最先端技術を披露

在日米3軍歯科学会

日米の歯科医官と医師が研究成果を発表する「在日米3軍歯科学会」が4月29日から5月2日まで、東京都港区の米軍施設、ニュー山王ホテルで開かれ、日米の最先端技術が披露された。

同学会には、日本側から医官17人と医師28人、米側から医官91人と医師4人が参加した。

30日には、20人の発表者がテーブルごとに分かれてプレゼンテーションを行う「テーブル・クリニック」を実施。3Dプリンターや人工膜を使用して破壊された組織を再生させる海自横須賀病院の最先端技術が来場した関係者を驚かせていた。

米海軍の女性医官のプレゼンテーションに耳を傾ける審査委員。右は中央病院第1歯科部長の鈴木将補（4月30日、東京都港区のニュー山王ホテルで）

同学会は今年で60周年を迎えたが、来年度の開催は未定。テーブル・クリニックの審査委員で、陸自中央病院第1歯科部長の鈴木通彦将補は「ミリタリーだけでなく、民間の医師と最新情報を交換できるのは、貴重な機会だ」と述べ、次年度の開催を期待した。

また、都内の病院に勤めるトーマス・ウォードさんも「医師免許の更新制度がない日本では、継続的に勉強する場が必要だ」と語った。

今年度統合訓練の大要発表

統幕

統幕は4月11日、平成26年度に行われる統合訓練の大要を発表した。

統合演習は「自衛隊統合演習」（指揮所演習）と、「日米共同統合実動演習」（キーン・ソード）をそれぞれ国内で行う。また、南海トラフ巨大地震を想定し「自衛隊統合防災演習」を実施する。

国際緊急援助活動に関わる訓練として、国外ではタイで行われる多国間訓練「ASEAN災害救援実動演習」に参加。一方、国内では指揮所演習を参加部隊の所在地で初めて行う。

今年の「パシフィック・パートナーシップ（PP14）」はベトナムとカンボジア、フィリピンで実施。陸・海・空自医療要員約40人、陸自施設補修要員約10人に加え、海自艦艇や空自輸送機を派遣する予定だ。

また、タイで行われる在外邦人輸送などの多国間訓練「コブラ・ゴールド15」に参加する。

統幕は今年度から二つの訓練を新たに開始する。島嶼部の突発的な大規模災害に対し、救援部隊を迅速に集中させる「離島統合防災訓練」を沖縄県で実施。国内では「在外邦人輸送訓練」を日本周辺の海・空域や参加部隊の所在地などで行い、部隊間の連携を強化する。

平成26年度統幕訓練大要

自衛隊統合演習（指揮所演習）	1月（27年）
日米共同統合演習（実動演習）	11月
自衛隊統合防災演習	6月
ASEAN災害救援実動演習	4月24日～5月2日
国際緊急援助活動に係る指揮所演習等	9～12月
PP14	6～7月
コブラ・ゴールド15	2月（27年）
離島統合防災訓練	9月
在外邦人輸送訓練	11月

平成26年度陸自主要演習

師団等協同転地演習（10師団）	6～7月
連隊等協同転地演習（北方、東北方、中方）	6～12月
方面隊実動演習（北方、東北方、西方）	9～11月
ホーク・中SAM部隊実射訓練	9～12月
地対艦ミサイル部隊実射訓練	10～11月

陸自も主要演習の概要発表

陸自は4月15日、平成26年度主要演習の概要を発表した。

「日米共同方面隊指揮所演習」（ヤマサクラ）は、東方が担任して日米両国で開催。国内で行われる日米の共同実動演習は、西方と東北方が米海兵隊とそれぞれ実施。北方は米陸軍と実動訓練を年内に2度行う。

また米国で、東方が米陸軍と共同訓練「雷神」（ライジング・サンダー）を行うほか、西方が米海兵隊と行う「アイアン・フィスト」に参加する。

師団等協同転地演習は10師団（中方）が北方に長距離機動展開。連隊等協同転地演習では、11旅団（北方）、2師団（北方）、東北方特科隊、9師団（東北方）が実施する。方面隊実動演習は北方、東北方、西方が担任する。

米ニューメキシコ州マクレガー射場で行われる「ホーク・中SAM部隊実射訓練」には各高射特科群等と高射教導隊（下志津）の計17個中隊、カリフォルニア州ポイント・マグー射場で行われる「地対艦ミサイル部隊実射訓練」には各地対艦ミサイル連隊の計5個部隊をそれぞれ派遣する。

共済組合だより

ライフプラン支援サイトをご利用ください

住宅の購入や子供の教育費について、そろそろ真剣に考えてみたい――。

防衛省共済組合では、組合員の皆さま向けに「ライフプラン支援サイト」を共済組合ホームページ上に設けています。

同サイトは共済組合ホームページにある「生活さぽーと」欄から「ライフプラン支援サイト」を選んでいただくと、野村證券、第一生命、三井生命、三井住友信託銀行の4社が提供するWebサイトに進むことができます。

各社のサイトでは「ライフプラン・シミュレーション」機能や、多彩なメニューから住宅購入、結婚、出産、子供の教育、医療、老後など、人生の節目やさまざまな出来事にかかるお金についての各種情報が得られます。

ぜひ「ライフプラン支援サイト」を活用し、これからの人生設計にお役立てください。

4機は修復不可能

大雪被害のP3Cなど

防衛省は4月25日、2月15日に神奈川県大和市の日本飛行機の整備施設（第1ハンガー）屋根が雪の重みで陥没し、海自のP3C哨戒機など6機が損害を受けた事故の被害状況を発表した。

当時、整備施設内ではP3C（価格138億円）3機▽OP3C多用機（同210億円）1機▽EP3多用機（同121億円）1機▽UP3D多用機（同114億円）1機が定期修理中だったが、雪で屋根中央部が陥没したために大きな損害を受けた。

暫定調査の結果、防衛省はP3CとOP3Cの4機について「現時点では修復は困難」と評価。EP3とUP3Dの2機は、相応の期間が必要であるものの「修復できる可能性がある」とした。

6機は今後、施設内から運搬され、詳細な機体状況の調査を行った上で、修復や部品取りが検討される予定。

◇防衛法学会シンポジウム　防衛法学会（高井晉理事長）は「集団的自衛権と日本の安全保障」をテーマに平成26年度春季研究大会を開催する。

▽日時＝5月31日（土）、午後1時から4時まで
▽会場＝拓殖大学文京キャンパス（東京都文京区）
▽報告者＝森本敏・前防衛大臣、西修・駒澤大名誉教授、西元徹也・元統幕議長、田村重信自民党政調会調査役
▽参加費＝1000円（学生500円）
▽申し込み・問い合わせ＝防衛法学会事務局、03（3712）0141。

◇空自創設60周年記念演奏会　航空中央音楽隊は空自創設60周年演奏会を実施する。

▽日時＝6月28日（土）第1回午後2時、第2回午後6時半
▽場所＝すみだトリフォニーホール（東京都墨田区）
▽曲目＝「セレブレーション（祝祭）」、行進曲「ブルーインパルス」「大空への挑戦」など
▽申し込み＝往復はがきに住所・氏名・希望公演（第1回または第2回）・希望人数（1枚につき2人分応募可）・年齢・電話番号を明記、〒190―8585東京都立川市栄町1の2の10航空中央音楽隊航空自衛隊創設60周年記念演奏会A係まで。6月6日必着。未就学児の入場は不可
▽問い合わせ＝空幕広報室、03（3268）3111、内線60093。

中国艦艇2隻が宮古水道を通過

練習航海か

5月2日午後5時ごろ、中国海軍の「ジャンカイⅡ」級フリゲート（満載排水量3963トン、艦番号550「維坊」）と「ダシン」級練習艦（同5470トン、同81「鄭和」）の2隻が沖縄県・宮古島の北東約130キロの東シナ海を南東に航行するのを、海自13護衛隊（佐世保）の護衛艦「じんつう」と5空群（那覇）のP3C哨戒機が確認した。

2隻はその後、宮古水道を通過し、3日午後1時ごろ、沖縄本島の南西約650キロの太平洋上を南西に向け航行しているのが確認された。

中国海軍などによると両艦は練習航海部隊で、練習艦「鄭和」には大連艦艇学院や工程大学、航空工程学院の学生ら約170人が乗り組んでおり、インド、ミャンマー、インドネシア、ベトナムなどを巡る約2カ月の練習航海の途中とみられる。

日程変更して着陸訓練開始

硫黄島で5月8日、米空母「ジョージ・ワシントン」艦載機の着陸訓練が開始された。期間は19日までで、当初計画されていた日程（5～16日）が変更となった。

天候などの事情で硫黄島での訓練を実施できない場合には、三沢飛行場（16～19日）、厚木飛行場（15～19日）、岩国飛行場（16～19日）でそれぞれ午前10時から午後10時まで訓練を実施する。

4月19日、沖縄・与那国島で陸自駐屯地の起工式が行われた。台湾に110キロ、尖閣諸島まで150キロという戦略的な位置にある同島には平成27年度末、自衛隊の沿岸監視部隊が配置され、隊員にとって身近な存在となる。大自然と独自の文化に育まれた与那国島は人情に厚く、おいしい酒や肴にも恵まれ、赴任する隊員たちを温かく迎えてくれるだろう。ひと足早く与那国の魅力を写真で紹介する。（文・写真　薗田嘉寛編集委員）

新たな島づくり目指し

「絶海の孤島」という名がぴったりの与那国。古くは「どなん（渡難）」と呼ばれ、今も「渡るのが難しい」島だ。だが、日本最西端のこの島はまもなく隊員にとってなじみ深い島になる。28年3月、「与那国駐屯地（仮称）」が完成するからだ。

与那国はかつて台湾との交易で栄えたが、戦後は国境線が引かれ、「最果ての島」に。観光の島として発展した宮古島や石垣島と比べ、与那国は過疎化が進んだ。現在、島民は1503人（4月末）で、今も人口減が続く。そうした状況で〝起死回生〟策の一つが自衛隊誘致だった。

駐屯地の起工式で外間守吉町長は「（部隊配置は）新たな島づくりのきっかけとなる」と語った。

与那国に配備される沿岸監視部隊は150人規模で、家族を含めれば、島民の1割以上が自衛隊関係者になる。人の動きも活発となることから、その経済効果に島民は期待する。

与那国と聞いて隊員が最初に思い浮かべるのは何だろう。左党なら日本一、度数の高い〝泡盛・花酒〟かもしれない。アルコール度は60度もあり、グラスに注げば揮発し、火を近づければ点火する。まさに日本一パワフルな酒だ。

「花酒」は島の冠婚葬祭に欠かせないもので、国内では与那国でだけ醸造が許される。現在、「与那国」「どなん」「舞富名」の3銘柄があり、飲み方は冷凍庫で冷やし、トロリとした生のままをお猪口で。まろやかな甘みが素晴らしい。

肴には名産のカジキマグロが合う。トロの刺身、照り焼き、ジャーキーなど、どれもぴったり。与那国は「カジキの一本釣り」が有名で、夏のシーズンには釣りファンでにぎわう。在島隊員も余暇にはダイナミックなカジキ釣りが楽しめるだろう。

B級グルメでは「与那国そば」がある。太麺とコクのあるスープが特徴で、豚の角煮、赤しょうが、島特産の「長寿草」がトッピングされる。隠し味は豆乳で、セットで注文すると、なぜかグラスで豆乳が付く。

「長寿草」は島のいろいろな料理に入っていて、島の人たちは「長寿草茶」を好む。「パワーベジタブル長寿草」として長寿草のタブレットやパウダーも全国で販売されている。

与那国の名産といえば、アルコール度数が60度もある泡盛の「花酒」（ボトル中央）。そのおつまみには「カジキのジャーキー」（左下）がぴったりだ

与那国島に行ったら食べてみたい「与那国そば」。ボリュームたっぷりで、セットを注文するとグラス入り豆乳が付く

自衛隊を待つ日本最西端の島

与那国の食と自然

駐屯地ができると与那国を訪ねる隊員も増えるだろう。島で一番の観光名所は日本最西端の「西崎」。東シナ海に沈む夕日が美しく、空気の澄んだ日には水平線に台湾が浮かび上がる。

西崎から振り返ると久部良漁港が見え、その後方の高台に駐屯地が造成される。陸自庁舎は島の景観に合うよう、オレンジ色の屋根に統一される予定だ。

駐屯地内に整備される陸上競技場や体育館などは地域にも開放され、島の子供たちの運動会などにも活用されるかもしれない。

ジャガイモの形の与那国島は1周約25キロ。集落は町役場のある東の祖納、港が整備された西の久部良、そしてきれいなビーチ沿いの南の比川がある。与那国の温かな人情を全国に知らしめたのがテレビドラマ「Drコトー診療所」。島を訪れる前にぜひレンタルDVDで見ておきたい。与那国をより身近に感じられる。なお、ロケに使われた診療所は比川地区にあり、観光名所となっている。

景勝地は東崎から比川、久部良にかけての南側の海岸線。断崖を縫いながらのドライブコースになっていて、途中、巨岩が海上に立つ「立神岩」や「軍艦岩」といった見所がある。

与那国はインフラが良く整備され、空港でレンタカーを借りれば効率的に島内観光ができる。カジキ釣りやダイビングは久部良港から船で。南海岸の沖合には神秘に満ちた「海底遺跡（?）」があり、ダイビング・スポットになっている。

ランニング愛好者は秋に行われる「日本最西端与那国島一周マラソン」に参加しよう。一周25キロ、ハーフ10キロの両コースがあり、いずれも与那国の自然を満喫しながら走れる。島の北、東、南の海岸近くは牧場となっていて、馬や牛が放牧されている。集落でも民家の裏からはヤギがひょっこりと顔を出し、気持ちがなごむ。

陸自駐屯地はそんな牧歌的な環境の中にできる。島の美しい自然と穏やかな文化に溶け込む、親しみやすい駐屯地となることが島民からも期待されている。

防衛省が発表した「与那国駐屯地（仮称）」の完成予想図

(上)比川ビーチの近くにはテレビドラマ「Dr.コトー」の撮影に使われた診療所が残り、観光施設となっている(下左)日本最西端の西崎。よく晴れた日には正面に台湾が大陸のように現れる(下右)与那国島にも石垣島や宮古島に負けない美しいビーチがある。久部良に近いダンヌ浜からは夕日が美しい

(上)与那国駐屯地の南側の海岸一帯は牧場となっていて、馬や牛が草を食むのどかな景色が見られる(下)祖納地区には古民家がたくさん残り、与那国の歴史や文化に触れられる。空家となっている家も多く、希望すれば借りられるかも

QDR 米国防計画見直し 全訳 2014

□6□

第2章　国防戦略（続き）

◇国防戦略の柱

世界規模での安全保障構築

米国は中東地域の安定に対する深くて永続的な利害とコミットメントを維持する。共通の利益に基づき、中東の友好諸国との戦略的協力を深化させる。同盟・友好諸国との共同計画能力を強めて、全領域での多国間行動を増やし、航行の自由への挑戦に対抗する。

国防総省は新たな枠組み、または既存の枠組み拡大を通じ、同盟・友好諸国と湾岸諸国が直面する機会と脅威に関して意見交換を行う。中でも、湾岸協力会議（GCC）を通じた対話を重視する。

国防総省は2014年に米GCC国防相会議開催を計画しており、両者間における弾道ミサイル防衛協力を深化させる。米国は中東地域の安全保障に対するコミットメントを実践するため、今後もより斬新で柔軟なアプローチを追求していく。

米国は世界の他の地域でも積極的な関与を継続する。軍事力があり、将来の安全保障確保で米国との友好に意欲を持つ欧州の国に対して、米国は大きな義務を有する。

我々の北大西洋条約機構（NATO）に対するコミットメントは確固として揺るぎなく、我々は同盟・友好諸国とともにNATOが近代的で有能な機構であり続けるよう務める。

米軍は欧州諸国と、NATOの軍事力と相互運用性強化、対テロでの取り組みなどの幅広い共通目標のために密接に連携する。防衛協力を通じ、国防総省は欧州の安全保障と欧州・大西洋融合、共同作戦行動の能力と相互運用性の向上を促進していく。

我々は欧州での米軍配置を世界での米軍の行動を支援するのに利用し、同時に欧州域内での幅広い阻止、抑止や安全保障関連の行動も行っていく。

米国の西半球への関与は同地域の安定の促進・維持を目的としている。国防総省は限られた資源を、米国と手を結び、効果的で民間主導の経済開発に必要な時間と費用を費やす用意のある国に注ぎ込む。

国防制度の構築、米国や同調する他の諸国との相互運用性の増進、米州国防相会議、米州防衛委員会といった多国間防衛協力システムの支援を強調していく。

米国は今後も、アフリカでは主要な友好諸国とともに積極的に安定と繁栄を育み、全域への最大限の影響力を行使することに注力する。多くのアフリカ諸国は多岐にわたる課題に対処するため、政府組織を改善し、法の支配を強化し、国境警備を効果的に行うことなどに取り組んでいる。

米軍は対応する組織と協力し、テロ対策、海賊対策、特に平和維持活動のための能力構築、そして危機や緊急事態への対応を行う。

最近ソマリアとマリでアフリカ諸国と地域機関が欧州、米国の国際パートナーと協力した一件は、将来の協調のモデルケースとなる可能性がある。

力を顕示し、圧倒的に勝利

世界に関与する我々の姿勢は、米国が必要な時に危機に対応する基盤となる。過去60年余りにわたり、米国は比類なき能力によって遠方にまで強大な軍事力を顕示してきた。

我々が軍事力を顕示できるのは、準備が整い訓練の行き届いた米国内の部隊、異なる場所へ迅速に展開できる能力、そして世界中のどこででも行動できる能力などがあるためだ。こうした力により、我が国は世界中で利益を追求し、遠く離れた地域に影響力を及ぼし、紛争多発地域に安定をもたらしてきた。

国防総省が全領域での作戦行動をより重視する方向にリバランスする中、他に優越する戦力顕示能力を維持することは、米国の安全保障戦略全般の信頼性にとって引き続き中心的な位置を占める。

我々の戦力はもはや、大規模で長期にわたる安定化作戦を実施できる規模ではなくなるが、過去10年にわたりイラク、アフガニスタンでの安定化活動で得たノウハウは保持していく。そして、将来必要になった際に能力を再生する力も保持していく。

米国は、米地域の防衛能力の近代化を継続し、以下のような進化した対空、対ミサイル防衛システムを配備する。▽第5世代戦闘機▽長距離爆撃機▽情報、監視、偵察（ISR）▽そして、最新モデルの重要海軍艦艇――など。

国防総省はまた、大規模で組織的な攻撃にあっても耐性に優れた陸、海、空、宇宙、そしてミサイル防衛の能力を向上させる。我々の戦力を投影するためには、サイバー空間、宇宙空間制御技術、加えて無人システムやスタンドオフ兵器での優位性を利用、拡大、獲得することが求められる。

米国の世界での通信、軍事行動は宇宙空間へのアクセスの自由に依存しており、宇宙空間の安全保障は、戦力を投影し紛争時に圧倒的な力で勝つのに欠かせない。

国防総省は宇宙システムへの攻撃を抑止するのに多層的なアプローチを追求し、抑止が機能しなかった場合の反撃能力も保持する。そのためには、米国や同盟諸国の宇宙システムへの妨害または攻撃に際し、防衛、必要なら打倒するための能力、計画、選択肢の開発継続が必要になる。

我々は、重要な宇宙構造物の耐性と値頃感の向上に努める。進展する宇宙空間の商業化と国際投資もまた、宇宙能力の多様化の機会を提供する。

宇宙に関する国防総省のイニシアチブはすべて、米国政府が産業界、同盟諸国、その他の国際パートナーとの間で進めるこの領域でのルール作りの取り組みに支えられている。

我々は、紛争を抑止し、抑止が機能しなかった場合に攻撃的行動を取る相手に圧倒的に勝利するため、戦力を投影する能力を維持、強化する。

北朝鮮は引き続き、米国に背く利益を追求している。脅威に際し、米国は朝鮮半島の平和と安全を維持することに注力し、韓国、日本、中国、ロシアとの軍事、外交チャンネルを通じ、情勢を監視している。米軍は韓国軍との密接な軍事協調を維持し、北朝鮮の挑発行動の抑止、防衛に当たる。

韓国軍は高度な能力を備えたプロフェッショナルな戦力であり、韓国の防衛をリードする能力を増強させている。米国は韓国軍と定期的に訓練を行い、相互運用性を高める目的で2国間、多国間のさまざまな演習に参加している。

米国はまた、中東における紛争で圧倒的に勝利する戦力を確保する。過去5年間、現政権の中東での第一の優先事項はイランの核兵器保有を阻止することだったが、これは外交、国際的経済圧力、そして軍事オプション確保の決意を組み合わせた多国間、多方面の戦略によって追求されてきた。

2013年11月の、国連常任理事国5カ国とドイツ（P5プラス1）との間で、イランとの核をめぐる交渉で合意した共同行動計画は、より長期の包括的な解決へ向けた一歩にすぎない。

より広い中東地域においてイランが不安定化に及ぼす影響力と、今後の進路の不透明さのため、米国と同地域の友好諸国は、攻撃的行動を打ち破る能力を維持する必要がある。

核問題での外交努力が続く一方で、国防総省はすべての選択肢を手元に置き、中・長距離ミサイル開発、テロリストや反乱者への支援など、イランが提起する他の脅威に対抗していく。

国家による脅威だけでなく、非国家による脅威にも対抗できる戦力投影能力を維持することは、ますます重要になっている。米国は暴力的な過激主義者やテロリストの脅威に対抗するため世界規模でアプローチし、経済、外交、情報、警察、開発、軍事すべてのツールを組み合わせて使用する。

国防総省は対テロの取り組みをリバランスし、特にぜい弱な国との友好関係構築に、より大きな比重を置く一方で、情報収集、粘り強い監視活動、正確な打撃、特殊部隊（SOF）などの直接行動を取れる強い能力も保持する。

我々はまた、世界の安全を弱めているWMDの拡散と使用への対抗に注力する。今後も地域の友好勢力と協力し、アルカイダや他の過激派の脅威を分断、解体、打倒する。また、ヒズボラやハマスといった、テロ指定を受けた組織が引き起こす脅威にも警戒を続ける。

こうした脅威が今後も多様化し適応力を付ける中で、我々は特殊部隊戦力の行使を増やして安全を維持し、奇襲の要素を保持していく。

海外での米国民や米国の利益を危険にさらす暴力的な抗議運動やテロ攻撃の脅威が存在するため、米国は軍施設やその職員の安全向上に注力する。国防総省は国務省、受け入れ国側と連携して海外米施設の安全性向上に向けた事前の対策を編み出し、広範にわたる緊急事態に備える。

最後に、米国の戦力投影能力は脅威を打倒するだけではない。危機への対応に始まり、人道災害援助行動のため非戦闘員の避難実施、文民省庁との連携などまで、つまり米軍は戦力投影により、安定をその国や地域が最も必要とする時に提供する。

サイバー対処能力を高めるため、すべての米空軍基地に新たな監視ネットワークシステムを敷設する空軍の技術要員（QDRから）

◇兵力整備概念

最新の国防戦略と大統領の予算案に沿う形で、2015〜19年の今後の防衛プログラムは全体として、▽本土の防衛▽持続的で分散型の対テロ対策の実施▽複数地域における攻撃的行動の抑止と同盟諸国への保証――などを同時に行うことを可能にする。仮に抑止が機能しなくなれば、米軍は地域の敵を大規模かつ多面的な攻撃で打ち破り、他の地域での同様の勢力の出現を阻止する。

大統領の2015年度予算案は、これらの能力を構築し維持する資源を提供するものだ。大統領予算案により、我々の軍隊はいかなる侵略者をも打倒、または拒絶することができる。予算削減により、リスクに対処する上での軍の失敗の許容範囲は必然的に縮小されることになり、戦力縮小は同時に複数の緊急事態に対応する能力への負担となる。

国防総省は大統領の2015年度予算案の下ではこれらのリスクを管理できるが、16年度に強制削減水準の予算削減が復活したり、提案中の改革案が受け入れられなかったりすれば、リスクは大きく拡大する。

◇革新と適応の基礎

国防戦略の3本柱を通し、国防総省は目的達成のための創造的、効果的、効率的な方策を探ることに注力しており、困難な戦略的選択を行っている。総省内部や省庁間、国際パートナー関係における革新は、その取り組みの中心を成す。

国防総省のような大きな組織に、目に見える結果をもたらすような革新と適応の文化を注入することは、長期的で漸進的な事業とならざるを得ない。我々は積極的に、戦闘方法、戦力配置、そして非対称戦力の強さと技術的優位性の生かし方に関する革新的アプローチを追求していく。複雑化する戦闘環境を考えれば、革新性は最優先の課題だ。

イラク、アフガニスタンでの過去12年間の紛争は、米軍がより経験を積み相互運用性を高める中でとてつもなく大きな戦術的・技術的革新を増進させた。4軍のすべてと特殊作戦軍は広汎な共同作戦行動への支援に無人航空システムをより多く使用し、戦闘領域で長時間滞留し情報を提供することが可能な新世代のプラットフォーム、センサーが開発された。

情報収集能力の向上により、目標を効果的に捉え、さらに捕捉しにくい重要標的の迎撃を可能にした。イラク、アフガニスタンの軍創設への支援を通じ、米軍は訓練・アドバイスや友好国軍へのより効果的な支援方法についての貴重な教訓を学んだ。これらや他の分野の改善事項は原則、戦術、教育、訓練などに体系化されつつある。

〈以下次号〉

米国防計画見直し（QDR）の構成

- 国防長官からの手紙
- エグゼクティブ・サマリー
- 序章
- 第1章：安全保障環境の将来
- 第2章：国防戦略
- 第3章：統合軍のリバランス（再均衡）
- 第4章：国防組織のリバランス
- 第5章：予算強制削減の意味合いとリスク
- 統合参謀本部議長のQDR評価

西風東風

18個集団軍の全トップ交代
――若年化・高学歴化進む

中国陸軍の5個「集団軍」でこのほど、トップの軍長が交代した。中国軍の作戦の主力で、18個ある集団軍の軍長全員の交代が完了したことになる。大多数は1960年代の生まれ。大学卒業生も多く、中国軍幹部の若年化と高学歴化の進行を示した。香港紙・大公報などが伝えた。

5人の異動は7軍区のうち4軍区が絡み、いずれも同一軍区内で行われた。北京軍区では第65集団軍（河北省張家口市）長の劉振立氏が第38集団軍（同省保定市）長に就任。第65集団軍長の後任には、北京軍区装備部の張海青部長が就いた。瀋陽軍区の第39集団軍（遼寧省遼陽市）長には、張旭東・同集団軍参謀長が昇格。済南軍区の第26集団軍（山東省濰坊市）の宋鴻暁参謀長は第20集団軍（河南省開封市）長に昇格した。また、南京軍区の第1集団軍（浙江省湖州市）の王春寧副軍長は、第12集団軍（江蘇省徐州市）長に就いた。

今回の異動で軍幹部の若返りが進み、第38集団軍長の劉振立氏は1964年8月生まれで50歳に満たず、集団軍長で最も若い。劉氏は、実戦の経験は少ないが、1986〜87年のベトナムとの国境紛争「対越自衛反撃戦」に従軍。連隊を率いて前線の陣地を1年以上守り抜き、最高の評価である「1等戦功」を認められた。

第38集団軍は、戦闘部隊としては首都北京の最も近くに駐屯する最精鋭部隊で、共産党中央を守る責任を負う。

新軍長の高学歴化も目立つ。劉振立氏と同い年の第31集団軍（福建省アモイ市）長の馬成効氏は、青海民族学院卒業後、西安陸軍学院で修士の学位を取得した。第42集団軍（広東省恵州市）長の劉小午氏も米マンハッタンカレッジでコンピューターの修士号を取得した。第16集団軍（吉林省長春市）長の高光輝氏もロシア軍の大学への留学経験がある。

集団軍長は、陸軍の機動作戦で中核となる指揮官のため、人選が慎重に行われる。その後の昇進に向けた重要なステップで、ほとんどが退任後、2〜3個集団軍を束ねる7軍区の要職に就く。

（香港＝中岡秀雄）

ロシア脅威で軍事費増
――ルーマニア、リトアニア

クリミア半島の併合後も、ウクライナ東部での軍事的な圧力を維持しているロシアの脅威に対抗するため、東欧のルーマニア、バルト3国のリトアニアなどで、これまで削減を続けていた軍事費を増額する動きが続いている。

ルーマニアは国民総生産（GDP）の0・2%に当たる7億レイ（約2億1500万ドル）の追加軍事支出を表明した。同国は昨年11月、軍事費を当初予定の19億ドルから20億ドルに引き上げているが、これでも北大西洋条約機構（NATO）の求めるGDP比基準の2%の半分、1%に過ぎない。このところのロシアとの関係緊張で、NATOとの一層の連携を確保するため、さらなる予算措置を決めた。

財政再建に取り組んでいるルーマニアは4億ドルの援助を得る代わりに、財政赤字をGDP比2・2%以内の40億ドルに抑えることで国際通貨基金（IMF）と欧州連合（EU）と合意しているが、今回の軍事費の追加支出については両機関からの了解を得ているという。

リトアニアは2020年までに防衛費を2倍の8億ドル以上とする計画だ。長距離レーダーシステムを最新式のものに換装するほか、大口径の火器の整備などを行う。

リトアニアの安全保障担当の議会関係者は「ロシアがイスカンデル（9K720）ミサイルを（リトアニアとポーランドの間にある飛び地の）カリーニングラードに配置したら、バルト3国とポーランドを含めた地域が射程内となる」として、事実上、棚上げ状態の欧州対ミサイル防御システム（EAMSS）の再検討の必要性も強調している。

バルト3国ではエストニアだけがNATOの求める軍事費の基準、GDP比2%を満たしているが、リトアニアとラトビアも基準達成に向け予算増額を進めていく見込み。

ロシアの脅威が現実のものとなりつつあるバルト3国やポーランドではNATO軍の常駐を求めており、これに応じる形で米国はドイツとイタリアに駐留している600人規模の部隊を派遣、5月末まで演習を行う予定となっている。

また、軍事費については直接ロシアと対峙しているウクライナだけでなく、北欧のスウェーデン、東欧のポーランドなども増額の方針を示している。

（ロンドン＝加藤雅之）

部隊だより////

陸

神町　20普連は4月6日、体育館で自衛官候補生の入隊式を行った。部内外から来賓や家族313人を迎え、最初に任命が行われ＝写真㊤、続いて新隊員による申告・宣誓が粛々と行われた。式辞で西村和己連隊長は「初志貫徹、基本基礎の修得、同期の絆を大切にせよ」の3点を要望。晴れの門出を迎えた候補生110人は6月下旬まで基本訓練を受ける。

相馬原　48普連は4月6日、栃木県鹿沼市内で開かれた「東部台ふれあいさくら祭り」を装備品展示で支援した。今回初めて軽装甲機動車2両を出展、来場者の注目を集め、隊員の説明を熱心に聞く人たちの姿が見られた＝写真㊦。会場は車両の前で記念写真を撮る家族連れなどでにぎわい、訪れた2000人の鹿沼市民は満開の桜の下、陸自と触れ合った。

小平　小平学校は駐屯地内の桜が三分咲きとなった3月29日、「観桜会」を開いた。会場には歴代学校長や協力団体関係者など250人が訪れ、桜を肴に隊員と旧交を温めた。桜の下では小平駐屯地の誇る太鼓部が勇壮な太鼓演奏を披露し、会場を盛り上げた。最後は全員で恒例の「校歌合唱」を行い、参加者430人が声を合わせて小平学校歌を歌った。

豊川　駐屯地は4月5日、豊川市観光協会主催の「桜と菜の花ウオーキング」に協力した。このイベントは4キロ、8キロコースを散策するもので、駐屯地近傍の佐奈川沿いは約8000人の参加者でにぎわった。駐屯地もこれに合わせて一般開放。約6000人が来場し、桜の下で装備品をバックに写真撮影を楽しみ、「三河史料館」を見学した＝写真㊤。

桂　駐屯地は4月5、6の両日、恒例の「桂さくら並木公開」を実施した。駐屯地では昨年末に新庁舎が完成したのに合わせ、約500本の桜を植生。メーンロードの桜大路には約140本が植えられた。この日訪れた約6500人の来場者は例年とは大きく異なる桜の景観に見入ったほか、中方音の音楽演奏や野外売店など各種イベントを満喫した。

函館　28普連は4月6日、自衛官候補生の入隊式を行った。式では入隊者を代表して阿部晋也候補生が申告、小阪翔吾候補生が服務の宣誓を力強く行った。会場では着隊から1週間で見違えるようになった我が子の姿を前にして、目に涙を浮かべる両親も見られた。式後は銃授与式が行われ＝写真㊧、候補生56人は小銃を手に自衛官への第一歩を踏み出した。

北千歳　1特団はこのほど、203ミリ自走榴弾砲部隊の「運用研究会」を駐屯地で行った。東北方特科隊長の武谷博文1佐をはじめ富士学校特科部副部長の山坂泰明1佐など全国からも約65人が参加した。各大隊長が研究成果について発表をするとともに、昨年実施された「日米共同方面隊指揮所演習」の教訓事項などについても話し、情報交換を行った。

岩見沢　12施群副長の松木信孝2佐はこのほど、三笠警察署の依頼を受け、同署内で「南スーダン派遣施設隊の活動」について講話を行った。PKO活動の概要と南スーダン派遣について映像を交えながら活動を紹介、また隊長としての指揮統率や教訓についても語った。受講した署員20人は、自衛隊の海外での活躍を知り、国際協力活動への認識を深めた。

首都守る1師団が創立記念行事

『愚直たれ！』と師団長

首都直下地震への対処や国賓に対する接遇支援など、首都圏を舞台に多種多様な任務に当たる〝頭号師団〟第1師団。4月13日、1万2000人の市民を迎えて「師団創立52周年・練馬駐屯地創立63周年」の記念行事を開催し、「首都東京を守る1師団」を広く都民にアピールした。

舛添要一都知事を来賓に迎えた式典には、14個部隊から隊員1049人が参加し、その偉容を披露。式辞で師団長の永井昌弘陸将が「陸自の伝統は質の高い隊員の育成。その極みが任務に向かう愚直さである。それこそが最後の砦たる組織に必要な資質。諸官も愚直たれ！」と隊員に強く要望した。

続いて舛添都知事があいさつ。昨年10月の伊豆大島土石流災害や今年2月の大雪災害での師団の救援活動に謝意を示し「都は1師団との連携をさらに深め、訓練を重ねて大規模災害に対応できる危機管理体制を強化していきたい」と述べた。

戦車マンのヘルメットをかぶり、記念撮影するカップル（4月13日、練馬駐屯地で）

この後、藤田浩和副師団長を指揮官に各部隊が観閲行進を開始。10式戦車など車両部隊や小銃を肩にした徒歩部隊が堂々と行進し、スタンドを埋めた観客から大きな拍手が送られた。

式後はグラウンドで「ちびっ子自衛隊体験」と題した子供対象のロープ訓練やミニゲーム、74式戦車試乗などが行われ、カメラを手にした親子連れで終了間際までにぎわった。

また、東京・霞が関で起きた「地下鉄サリン事件」を教訓とした防護マスク試着コーナーも設けられ、隊員が毒ガスの中でも生き残れる術を子供たちに指導。マスクを装着した子供は「暑くて息苦しかったけど、生きるのには大事なものだとわかりました」と答えていた。（練馬）

家族連れなど1万2000人が訪れ、野外売店コーナーも人の波にのまれた

整列した1師団の隊員を前に「愚直たれ！」と訓示する永井昌弘師団長

伊丹　36普連はこのほど、門真市立はすはな中学校が実施した避難訓練を支援した。生徒たちは避難訓練の後、校庭に展示された陸自の軽装甲機動車や人命救助セットなどを見学、東日本大震災の被災地でも活躍した装備品の説明を受けた。人命救助セットは生徒たちも手に取って使い方を学び、「自衛隊を身近に感じることができた」と話していた＝写真㊦。

前川原　幹候校は4月5日、完成したばかりの剛健大講堂で95期一般幹候、50期医科歯科幹候、63期3尉候補各課程計577人の合同入校式を行った。式には岩田陸幕長ら多数の来賓も出席。前田忠男学校長は入校生に対し「強いリーダーを目指してまい進せよ」、岩田陸幕長は「陸軍種の将校としての矜持と目的意識をもって修学せよ」と訓示した。

海田市　13旅団はこのほど、駐屯地で「旅団ホームページ作成集合訓練」を行った。旅団管内の各駐屯地や地本からIT担当者が参加し、基礎から教育を受けた。初心者は慣れないプログラム言語やレイアウトに悩みながらも教官の懇切丁寧な指導で短時間でコツを習得＝写真㊤。その後、グループごとサイトを企画・構成し、ホームページを完成させた。

健軍　西部方面隊はこのほど、福岡サンパレスと熊本県立劇場演劇ホールで「西部方面音楽まつり」を開催した。「凛として」をテーマにそれぞれ「響演・郷演・協演」を掲げて演出、西方音、4音、8音、15音、太鼓隊が素晴らしい演奏を披露した。その合間、サプライズとして迷彩服姿の「くまモン」も登場、子供たちから大きな歓声が上がった。

空

美保　小野寺防衛大臣が4月13日、美保基地を視察した。慰霊碑「天翔の碑」に献花、黙とうした後、大臣はエプロンで栄誉礼＝写真㊧＝を受け、野中盛司令から状況報告の後、管制塔やT400訓練機などを視察した。訓示では東日本大震災や伊豆大島災派での空輸隊の活動をたたえ、「被災者の方々を強く勇気づけた」と基地隊員の労をねぎらった。

千歳　2空団の装備隊無線小隊はこのほど、札幌コンベンションセンターで行われた業務の問題点や性能の向上を追求する「QCサークル」大会に千歳基地代表として参加した。テーマは「機体配線修理手順確認の改善による時間の削減」で、参加7団体の中で最優秀賞に輝いた＝写真㊨。同隊は来年の空自第1回QC大会への参加にも意欲を見せている。

岐阜　基地は4月3日、「観桜会」を開催し、地元市民と交流を図った。当日は雨の予報だったが、隊員の思いが通じたのか天気に恵まれ、樹齢約70年の満開の桜の下、浅野健司各務原市長ら自治体関係者や協力団体など150人が出席した。幻想的なライトアップの中、山倉幸也司令は「各務野にうち集いたる人々と癒やし励ます桜花かな」と句をしたためた。

海

大湊　音楽隊はこのほど、弘前市民会館で定期演奏会を開いた。第1部「生命力あふれる吹奏楽の響き」では吹奏楽の豊かなサウンドを披露、第2部「華麗なるロシア音楽」では演奏時間35分のムソルグスキーの大曲「展覧会の絵」に挑み、多彩なオーケストレーションと繊細かつ迫力のある演奏を行い、聴衆から大きな拍手と歓声が送られた＝写真㊤。

横須賀　日米の潜水艦部隊隊員は4月5日、横須賀市の田戸台分庁舎で「観桜会」を開いた。在日米海軍から第7潜水艦群司令のマンチ少将ら約30人、海自潜水艦隊から鍛治司令官ら35人が家族同伴で参加し、桜の下で交流を深めた。会場では先任海曹らが子供たちに綿菓子をプレゼントするなど、和やかな雰囲気の中、家族と一緒に満開の夜桜を楽しんだ。

呉　訓練支援艦「てんりゅう」はこのほど、「長崎ランタンフェスティバル」での広報活動のため長崎港松ケ枝岸壁に寄港した。満艦飾や電灯艦飾を施した「てんりゅう」には約3200人の市民が乗艦し、乗員のラッパ吹奏＝写真㊤＝や搭載する標的機などを見学、護衛艦の対空訓練支援を行う訓練支援艦の任務について理解を深めた。

江田島　1術校はこのほど「体育指導者研修」を実施した。全国の海自部隊から参加した体育教官や担当者72人は、金メダリストの宮原1陸佐と三原市役所員でトライアスリートの福元哲郎氏から講話を聴き、運動能力測定の実施要領や錬成法について座学・実技を受講した。運動能力測定の実施要領ではグラウンドで実技を実施し、研修項目を履修した。

佐世保　弾薬整備補給所の黒川徳一郎2曹が監督を務める松浦市立志佐小男子ミニバスケットボールクラブはこのほど、全九州ミニバスケットボール宮崎大会で準優勝し、友広郁洋市長に報告をした。メダルを掛けて市長を表敬した子供たちの勇姿に、黒川監督は「チーム一丸となって自分たちで考えながら試合を進めた結果」とその努力をたたえた＝写真㊤。

募集・援護

特集

平和を、仕事にする。
陸海空自衛官募集

ただいま募集中！
◇技術海上・航空幹部
◇技術海・空曹
◇自衛官候補生（男子）
★詳細は最寄りの自衛隊地方協力本部へ

各地で訓練開始式、採用試験

「有事や大災害の時、私たち予備自衛官も国民の期待に応えます」——。非常時に自衛官の任務を一部肩代わりする「予備自衛官制度」を強化するため、地方協力本部は有為な人材の確保に奮闘中だ。普段は一般社会人や学生として生活するが、いざという時には予備自衛官として出頭、自衛隊のサポートに当たる。同制度は「即応予備自衛官」「予備自衛官」「予備自衛官補」とあり、地本はそれぞれの人材をリクルート。採用された"予備自の卵たち"に対しては親身な支援を続け、有事に同制度がスムーズに機能するよう尽力している。

『予備自』強化へ奮闘努力

大震災例に地本長激励

【香川】地本は4月12日、善通寺駐屯地で行われた47普連1中隊の「即応予備自衛官訓練開始式」に参加した。

式では中村賀津雄地本長もあいさつし、「3年前の東日本大震災では、即応予備自衛官が被災者の生活支援をはじめ、行方不明者の捜索、瓦礫の除去、物資輸送などで大活躍し、国民から高い評価を受けた。皆さんも国民の期待に応えるため、知識と技能を高め、訓練を通じ精進を」と即応予備自たちを激励した。

式後、香川地本に所属する即応予備自隊員21人には地本が激励品を贈り、香川県の代表として任務に当たってくれるよう一人ひとりを励ました。

小銃と責務の重さ認識

【兵庫】地本は4月13日、姫路駐屯地で行われた47普連の4中隊、重迫撃砲中隊の訓練開始式に参加した。

式には常備自衛官と即応予備自が整列し、最初に国歌斉唱。続いて連隊長の齋藤肇夫1陸佐が即応予備自に対し、有事や大災害時に部隊をしっかりサポートしてくれるよう要望し、激励した。

その後、中隊ごと辞令書交付と武器授与式が実施され、即応予備自隊員たちは小銃の重みとともに自身の責務の重さも強く認識していた。

地本では今後、即応予備自の身上把握と訓練実施部隊との連携に努め、また即応予備自が勤務する雇用企業なども密接に調整を行い、各隊員がスムーズに訓練に出頭できるよう環境づくりにも当たっていく。

◇

兵庫地本は4月20日、神戸市の神戸防災合同庁舎で「予備自衛官1日間招集訓練」を行った。

これは今年度4回実施予定の「1日間訓練」の第1回目で、1~3月に採用された予備自衛官が対象。この日は予定の全17人が出頭した。

最初に地本長の下醉尾芳孝1陸佐が訓示、「ここ兵庫県でも南海トラフ巨大地震等の大災害が予想され、その備えが重要。崇高な使命感をもって予備自衛官に志願した皆さんには、国民の期待も高い。今後とも職場・家庭の理解と協力を得て訓練に出頭を」と要望した。

その後、地本担当者が予備自制度と訓練出頭要領などを説明、17人は改めて災害に対する備えの重要性を認識していた。

4中隊長の平川誠司1陸尉（左手前）から銃を授与される即応予備自衛官（4月13日、姫路駐屯地で）

優秀な人材確保へ部員が団結

予備自衛官補（一般）の採用筆記試験に臨む受験生（4月12日、米子駐屯地で）

【鳥取】地本は4月12日、米子駐屯地で今年度最初の「予備自衛官補（一般）採用試験」を実施した。また技能受験者は同13日、香川地本を通じて善通寺駐屯地で試験を行った。

受験者数は一般が30人（うち女性5人）、技能は6人（同1人）。それぞれ「おはようございます」と元気なあいさつで訪れた受験者たちはその後、気合いの入った面持ちで試験に臨んだ。

試験は午前中に身体検査、口述試験、午後は筆記試験が行われ、終了後には「口述試験は緊張したが、手ごたえはあった」などの声が聞かれた。

鳥取地本では「これからも多くの優秀な人材を確保していくため、各種採用試験では部員が一致団結し、厳正かつ的確な試験管理に努めていきたい」と力強く話している。

技能公募に12人がチャレンジ

【茨城】地本は4月12~14日、「予備自補」の採用試験を霞ヶ浦、勝田両駐屯地で行った。

試験には18歳から53歳まで、一般公募に70人、技能公募に12人が受験。技能公募では歯科医師や看護師、理学療法士、自動車整備士などの資格保有者が受験した。

中には昨年自候生として入隊した息子の成長ぶりに驚き、自衛隊の教育に感激して受験を決意した人もいた。また東日本大震災での自衛隊の救援活動に感動し、自分の医療技術を災害時に生かしたいと希望する人も。

地本では「採用者が今後、予備自としての任用を目標に予備自補の教育訓練を期間内に修了できるよう、さらに支援していきたい」と話している。

明治34年訓練中に殉職した佐久間艇長の遺徳顕彰祭

米海軍大佐ら参列

福井

故佐久間艇長をしのび、スピーチする在日米海軍のコールマン大佐（4月15日、福井県若狭町で）

【福井】地本は4月15日、福井県の若狭町と小浜市で行われた「佐久間艇長遺徳顕彰祭」を支援した。

この行事は、明治34年に訓練中の事故で殉職した旧海軍第6号潜水艇の艇長・故佐久間勉大尉の遺徳をしのび、後世にその遺志を語り継ぐことが目的。大尉の出身地である若狭町と、勉学に励んだ旧制小浜中学校（現若狭高校）の所在する小浜市で、毎年命日の4月15日に開催されている。

午前中は若狭町の佐久間艇長生家前で顕彰祭が開かれ、遺族や地元小学生のほか、陸自10師団長の保松秀次郎陸将ら近隣の陸・海部隊指揮官も多数出席。また在日米海軍からも副司令官兼参謀長のマイク・コールマン大佐が参列し、出席者は総勢300人に上った。

最初に舞鶴音楽隊による演奏会があり、続いて厳粛な雰囲気の中、奉納吟詠・弔銃発射と参列者による献花等が行われた。

米海軍のコールマン大佐は「沈没事故という最悪の事態の中、冷静に原因を分析し、教訓を残してくれた。我々が正しいことをするためにどう立ち向かうべきか、まさに模範を示している」とたたえ、日本語で「我々は決して佐久間艇長を忘れません」と締めくくった。

午後からは小浜公園で顕彰祭が行われ、約150人が参列。佐久間艇長の銅像前で黙とうと献花を行い、艇長の遺徳をしのんだ。

安全保障環境や周辺諸国の情勢について熱弁を振るう山下地本長（左奥）＝4月16日、静岡県富士市で

地本長が防衛講話

静岡

【静岡】地本長の山下愛仁1空佐は4月16日、富士市の富知六所浅間神社参集殿「樟泉閣」で、静岡県神社庁富士支部神社関係者約300人に対し、防衛講話を行った。

講演は、日頃から自衛隊の活動や防衛問題に対し関心を持つ同支部の要請により実現。山下地本長は「我が国周辺の情勢と防衛政策について」の演題で、厳しさを増す日本の安全保障環境や周辺諸国の情勢について分かりやすく解説した。

また、昨年10月の伊豆大島の土石流災害にも触れ、災害発生時の自衛隊の出動態勢についても述べた。

伊豆大島へエール

新潟「雪椿祭りパレード」支援

【新潟】地本は4月20日、加茂市内で行われた「第48回雪椿祭りパレード」を支援した。

同パレードは「雪椿祭り」（4月6～29日）のメーンイベント。今年は加茂市の姉妹都市、伊豆大島町で昨年発生した土石流災害に対する復興の願いを込め、市民が横断幕を作ってパレードに参加した。新発田、高田両駐屯地の合同音楽隊が演奏しながら先導する後を「ミス雪椿」らが乗った陸自30普連（新発田）の高機動車などが進んだ。また大島町からは川島理史町長、「ミス大島」らが参加し、沿道からの「頑張ってください」「負けるな！」といった声に手を振って応えていた。

パレードに参加した大島町長からは陸自部隊に対し、伊豆大島災派への感謝の言葉が改めて伝えられた。

手製の横断幕を掲げ、大島町を激励しながら行進する加茂市民（4月20日、新潟県加茂市で）

20年以上尽力した3人に知事感謝状

【岐阜】地本は4月21日に県庁、23日に飛騨市役所で行われた「自衛官募集事務功労者知事感謝状」の交付・伝達式に参加した。

表彰式は県危機管理部危機管理政策課の運営で、県内で自衛官募集に尽力する県民を対象に実施。今回は全国自衛隊父兄会各務原支部副会長の松木五郎氏、飛騨防衛協会常任理事の室田義昭氏、県防衛協会柳津支部副支部長の奥田満義氏の3人が表彰された。

県庁で行われた伝達式で岐阜地域危機管理監の鍋島寿氏は「東日本大震災や伊豆大島の災害派遣などで自衛隊の存在意義を実感している」と語り、募集活動に20年以上尽力した3人に感謝の言葉を贈った。

式後、受賞者との意見交換会も行われ、「メディアの影響もあり、自衛隊への就職が一般の就職先として認知されつつある」「少子化に伴い将来の募集活動も変えていかねばならない」などの意見が寄せられた。

「横音」栃木で聴衆1000人を魅了

【栃木】地本は4月20日、栃木市の栃木文化会館で開かれた「海自横須賀音楽隊演奏会」を支援した。

演奏テーマは「輝く未来♪」で、若者に対して困難に立ち向かう勇気、乗り越えた時の自信、人とのふれあいの大切さをそれぞれ音楽で表現した。

横音は「栃木県民の歌」を皮切りに、「栃木県自衛隊広報大使」のピアニスト岩下淳子さんとの共演で「愛のコンチェルト」などを演奏。また、防衛省のキャラクター、ピクルス王子とパセリ姫のふれあいソング「笑顔に会いにゆこう」なども披露し、会場を埋めた1000人の聴衆から大きな拍手を受けた。

来場者からは「とても素晴らしい演奏で感動した」との声が寄せられた。地本では新たなイベントの計画も進めている。

海自横須賀音楽隊とピアノを奏でる岩下淳子さん（4月20日、栃木文化会館大ホールで）

部隊の積極的な支援協力を要請

中隊長との連絡会議

【旭川】地本は4月21日に上富良野、23日に名寄駐屯地で26年度最初の「中隊長等との連絡会議」を実施し、合わせて44人が参加した。

最初に募集課長の植木俊一2海佐が募集・援護、予備自等の昨年度の成果を発表。中隊長らに日頃からの地本業務に関する理解と支援に謝意を表するとともに、26年度の目標達成に向けた協力を要請した。

その後、五十畑秀明援護課長と援護センター長の佐々木俊郎3陸佐が、北海道内の雇用情勢、退職予定隊員の再就職への心構え、合同企業説明会に参加する隊員の指導法について説明。最後に募集・援護・予備自の管理などの現況を紹介し、部隊の積極的な支援・協力を依頼した。

福島の「へそ」に募集広報ブース

【福島】福島募集案内所は4月20日、楽天イーグルスグリーンパーク本宮で開かれた本宮市主催の「第8回もとみやロードレース大会」に参加し、会場内に募集広報ブースを設置した。

福島県の中心部に位置する本宮市は「福島のへそのまち」として知られ、西に安達太良連峰、東に阿武隈山系を臨む風光明媚な地方都市。今回は約1500人の参加者が美しい田園コースで景色を楽しみながら走った。

地本は自衛隊父兄会の国分支部長らの支援を受け、この日、募集広報ブースには150人を超える来場者があった。子供を自衛隊に入隊させたいという親からは「入隊の前に柔道や剣道などをさせた方がいいか」といった質問があり、また空自に関心を持つ若者からは「ブルーインパルスを見たいのだけど、どこに行ったらいいのか」など、さまざまな質問があり、担当者は丁寧に答えていた。

協力してくれた父兄会員からは「今後とも福島地本の募集活動に積極的に協力していきたい」との心強い言葉があった。

陸幕トップら体力検定

陸幕長が呼びかけ

若手隊員に強靭さアピール

体を張って"ゲキ"

岩田清文陸幕長の呼びかけで5月7日、陸幕各部・課・室長ら約50人が市ヶ谷駐屯地グラウンドに集まり、年に一度の体力検定を実施。"強靭な陸上自衛隊"の姿を陸幕の高級幹部たちが体を張って示し、検定に臨む若い隊員たちにハッパをかけた。

隊員たちが見守る中、高級幹部と共に体力検定の3000メートル走を行う岩田陸幕長（右から2人目）＝5月7日、市ヶ谷駐屯地グラウンドで

連休明けのこの日、グラウンドの外周を走る姿を見掛けて思わず立ち止まった隊員らを尻目に、陸幕長と高級幹部の一団はさっそうと走り抜けた。

体力検定は、自衛官としての任務の遂行に必要な基礎体力を維持するため年に一度実施。通常、陸幕では各部ごとに行っているが、

腕立て・腹筋・3000㍍走 50人が挑戦

今年は陸幕長の号令で、部長クラスが率先して実施する"特別"検定となった。

受検した体力検定Ⅰは、2分間の「腕立て」と「腹筋」、そして「3000メートル走」の3種目。

部下たちが見守る中、通常業務がデスクワーク中心であることを感じさせない軽やかさで、全員が無事合格した。

50歳代の最高得点は、腕立てが2分間に70回、腹筋同76回、3000メートル走が11分52秒で、いずれも1級の100点をマークする驚異的な数字。

個々の体力データは"高度な防衛機密"のため公表しないという。

陸幕長の意気に応えようと、検定に向けて課業後や連休中も、家族サービスそこそこに走り込みをした課長や室長の姿もあったという。

検定後、陸幕長は「我々の原点は部隊にある。体力検定は、我々が部隊に帰るときに、いつでも任務に就けるよう平素から維持すべき体力を試したにすぎない」と訓示した。

次年度の実施も示唆する陸幕長の言葉に、参加者の背筋も一段と伸びていた。

「国防男子」「国防女子」

魅力いっぱい 宮嶋茂樹氏が写真集

海自の"イケメン&美女"を特集

「佐川男子」の次は「国防男子」がブームに――!?

海上自衛官の魅力を最大限に引き出した宮嶋茂樹氏の写真集『国防男子』『国防女子』（ともに税込み1944円）が5月12日、集英社から発売された＝写真。

全国の各基地から選出された20～30代の"イケメン&美女"海上自衛官を特集。男子は39人、女子は21人が登場し、写真はもちろん、インタビューやコラムなど盛りだくさんの内容でその魅力を伝える。

制服だけではその人のキャラクターが伝わりにくいことから、私服姿などオフショットも多数収録。隊員たちの日常業務から休日までをのぞくことができるレアな写真集となっている。

『国防男子』には鍛え上げられた筋肉を惜しげもなく披露した"セクシーショット"が多く収められているのも特徴で、アマゾンのランキングではきれいどころばかりの『国防女子』より順位が高くなっている。

本書を企画した編集者の伊藤明弘氏は、海上自衛官を選んだ理由として「尖閣諸島の問題などもあり、国防の最前線で活躍する海上自衛官は現在最も注目される存在。"国防男子""国防女子"の名を冠するに相応しいと思った」と語る。

約5カ月間かけ、全国を飛び回って取材を重ねた。幅広い職種の隊員を訪ねたため、自衛隊の取材を長年続けている宮嶋氏でさえも初めて行くような場所ばかりだったという。

伊藤氏は「本書を通して海上自衛官の魅力を伝えられたら嬉しい」と話している。

空中から散水して消火活動を行う西方航空隊のCH47輸送ヘリ（5月11日、熊本県八代市の平家山で）

山林火災で災派

8特連など消火活動

熊本 八代

熊本県八代市泉町葉木の平家山で5月10日、山林火災が発生、県知事からの要請を受けた8特連(北熊本)などの隊員延べ240人が消火活動を行った。

10日午後5時ごろ、登山口から東北東1キロの地点で出火。地域住民から通報を受けた消防が消火活動を行ったが鎮火に至らず、翌11日午前7時、熊本県知事から森山尚直8師団長に災害派遣要請が出された。

同7時35分、8飛行隊(高遊原)のUH60多用途ヘリ1機が消火活動を開始。同47分、8特連のFAST－force（人員30人、車両10両）が駐屯地を出発した。以降、西方航空隊（高遊原、目達原）のUH1多用途ヘリ2機とCH47輸送ヘリ3機も情報収集と空中消火活動を行った。

翌12日は午前4時10分から、8特連（人員約150人、車両約30両）が地上消火活動を実施。同午前10時54分、撤収要請を受けた。

派遣規模は車両延べ60両、航空機延べ12機。航空機による散水量が約299トン、散水回数は87回に及んだ。

この火災で県有林など約11.3ヘクタールが消失。現在、警察と消防が原因を調査している。

6年制大卒初の薬剤官5人誕生

中央病院

【中央病院＝三宿】薬科大学の4年制から6年制への移行後、自衛隊中央病院・第29期薬剤実務研修生から6年制の薬科大を卒業した初の薬剤官5人が誕生した。

4月10日、研修生9人は病院内で成果発表を行い、1年間の取り組みを報告、全員が薬剤官の資格を得た。発表会には陸幕衛生部長や海・空の各幕主席衛生官をはじめ部内外から医療機関関係者など約40人が臨席。

初の6年制卒の薬剤官となった佐野一也2陸尉(27)が「病棟薬剤活動の効果と薬剤官のニーズについて」と題して報告するなど、研修生らは病棟研修で直面した課題についてそれぞれ成果を発表した。

病棟で患者に服薬指導をする佐野2陸尉（中央病院で）

佐野2陸尉は「研修では病棟に行く機会を多く頂き、現場の声を聞けたことが勉強になった。この経験を今後の勤務に役立てたい」と抱負を語った。

研修指導官の川口智久衛生資材部長は、「今回の研修では臨床現場の要求に応えられる薬剤官の養成を目指した。病棟研修で明らかになった問題を現場の薬剤業務に反映させたい」と語った。

加瀬勝一病院長は「短い期間だったが、課題によく取り組んだ。発表会で得られた成果を病棟業務につなげてほしい」と研修生を激励した。

空音・野外コンサートに500人酔う

アンコールに応え、「翼をください」を熱唱する空音隊員（4月29日、昭和記念公園で）

航空中央音楽隊（隊長・水科克夫2佐）は4月29日、東京都立川市の国営昭和記念公園で開かれた同公園主催の「緑のフィールドコンサート」（空音の単独公演、今年で16回目）で演奏し、約500人の観客を魅了した。

五味渕敦2尉の指揮のもと、披露した曲目は「グリーン・パーク」「ありのままで（レット・イット・ゴー）」など六つ。この日は「昭和の日」で、公園の無料開園日。多くの人が芝生にレジャーシートを敷きゆったりと演奏に聴き入った。

イタリアのトランペット奏者ニニ・ロッソが昭和記念公園をイメージして作曲した「グリーンパーク」では木島雅彦1曹がトランペットを独奏。甘くのびやかな音色が響き、公園を包み込むような雄大さを表現した。

ディズニー映画『アナと雪の女王』で広く知られた「ありのままで」では、歌い手として青田真子3曹が公演初デビュー。「（観客が）楽しんで帰ってもらえるように心がけた」という青田3曹の透き通るような声に、子どもたちは目を輝かせていた。

6曲を終えると、観客からアンコールの声が。青田3曹、吉田央3曹、伊沼綾乃士長の女性隊員と泉喜幸3曹、長谷川裕記士長、西村陸1士の男性隊員が最前列に立ってマイクを持ち「翼をください」を熱唱。女性隊員の高音と男性隊員の低音がもたらすハーモニーに観客の熱気は最高潮に達し、手拍子が響きわたる中終演を迎えた。

神奈川県の厚木市から来園した勝田剛さん（55）は「我々の年代でも楽しめる曲が多く、司会（野村昌弘准尉）の説明もお茶目で良かった」と顔をほころばせた。国立市から来た平賀磐子さん（6）は「最後の『翼をください』がかっこ良かった」と興奮気味に語った。

滑走路ウオーキング 入間に1600人

【入間】基地は4月26日、滑走路を歩くことができるイベント「ランウェイウオーク2014」を開催し、全国から公募・招待された約1600人がウオーキングを楽しんだ＝写真。

イベントは空自と基地に対する理解を深めてもらう目的で平成17年度に始まり、東日本大震災が発生した23年度を除き毎年実施されている。

開会式の後、仲川狭山市長がスターターとして合図し、ウオーキングがスタート。参加者は中空音の先導のもと北側の誘導路から滑走路に入り、南端の誘導路を抜けてエプロン地区に戻る約4キロの周回コースをそれぞれのペースで歩いた。

参加者からは「いつも電車から見ているだけだった滑走路を歩けてうれしい」「航空祭とはまた雰囲気が違い、楽しく歩けた」などの声が聞かれた。トップ集団がゴールしたのは正午で、全参加者が完歩したのはその30分後だった。完歩後、参加者は基地特製の「イーグルカレー」をおいしそうに味わっていた。

基地では各航空機（C1輸送機、T4練習機、CH47J輸送ヘリ、YS11輸送機）の展示を始め、C1の体験タキシング（地上移動）、装備品展示、音楽演奏、野外炊飯展示、警備犬訓練展示などが実施され、参加者はイベントを満喫した。

入間基地の広報担当者は「北は北海道から南は長崎の方まで参加してもらい、85歳の方も健脚を披露した」と話し、多くの参加者の来場に手応えを感じていた。

「毒物」「劇物」の違いは 毒性の強さで分類指定

こちら警務隊　☎8・6・47625

毒物と劇物の違いと法律上の規則事項などについて教えてください。

両者は毒物及び劇物取締法において物質名で分類・指定されており、その差異は毒性の強さです。

例えば、体重60キロの大人が誤飲した場合の致死量で比較すると、毒物は2グラム以下で死に至る毒性の強いものを指し、劇物は2グラムを超えて20グラムの範囲で死に至るものを指します。

【毒劇物の摂取又は所持】
1年の懲役若しくは3万円以下の罰金又は併科

微量でも興奮・幻覚・麻酔の薬理作用を起こすこれらの物を摂取し、または法定の除外理由がないのに所持すると1年以下の懲役もしくは3万円以下の罰金または併科に処されます。

決して安易に近づかないようにしてください。

（警本＝市ヶ谷・村山1尉）

「いなづま」遭難船救助

ソマリア沖・アデン湾

「第151合同任務部隊（CTF151）」に参加し、ソマリア沖・アデン湾でゾーンディフェンスを行っていた海自海賊対処行動水上部隊18次隊の護衛艦「いなづま」（艦長・可知俊一郎2佐以下約170人）は4月23日、ジブチ東方約650キロのアデン湾で漂流していたスキフ（小型船）を救助した。

ソマリア人とエチオピア人ら75人が乗るスキフは、全長約10メートル、幅約2メートルの小型船で、ソマリアのボサッソー港を出発しイエメンのムッカラ港に向かう予定だったが、途中エンジンが故障するトラブルが発生。約5日間漂流した後、「いなづま」に発見された。

乗船員から救助の要請を受けた「いなづま」は、乗っていた全員を艦内に収容し、飲料水と食料を提供。24日の夕刻までにはムッカラ港の沖合に到着し、乗船員をイエメン海軍へと引き渡した。

小休止

▽…F1日本グランプリでセナやシューマッハー、佐藤琢磨らが激走した三重県の鈴鹿サーキットで5月3、4日、陸自の装甲車両が"ランデブー走行"を披露し、3万2000人のファンの目を釘付けにした。

▽…これはGW中のイベント「働くクルマ大集合!!」で、三重地本が33普連（久居）の支援を受けて実施したもの。会場にはF1マシンをはじめ各種車両が勢ぞろいする中、迷彩の陸自車両はひときわ注目を浴びた。

▽…目玉は高機動車の体験試乗で、その車の前後を軽装甲機動車と指揮通信車がはさむランデブー隊形でサーキットを走行。途中、土のうを使った障害物を乗り越えると乗車した子供たちから大歓声が沸き起こった。

（三重地本）

ベトナムで「飛行安全セミナー」 懸命な姿が信頼生む

2空佐　中村　鋭介(航空安全管理隊教育研究部・立川)

ハノイで開かれた「飛行安全セミナー」に参加したベトナム軍と防衛省・自衛隊の関係者。前列左から4人目が中村鋭介2佐(いずれもベトナム防空・空軍博物館で)

防衛省は、他国との防衛交流の一環として、相手国の能力向上を支援する事業(能力構築支援)を実施している。これを受け、空自ではベトナムの要請に基づき、救難や航空医学に先立ち、首都ハノイで「飛行安全セミナー」を実施することになった。

派遣要員は、防衛省の内局・空幕の要員とともに、空自航空安全管理隊が飛行安全と航空事故調査の教育を行っていることから、課程教育科長の私を含む3名が講師として参加した。

ハノイでの講義は、ベトナムは空自との組織や制度が異なり、またロシア製の装備品を扱うなど、安全の制度や基準の面でさまざまな異なる点があったため、講義の開始直後から想定外の質問攻めにあい、その返答に苦労した。

「航空事故」に関する講義では、聴講者が自分たちのパイロットとしての経験に照らし合わせ「真の事故原因は他にもあるのではないか」と考えているのか、ややもすると「日本は本当のことを教えるつもりはないのか」との不信感も感じ取れた。

そこで説明の言葉や表現を変えて、通訳を通じて懸命に応答した。より丁寧な説明が求められる場合は、国際電話で日本に細部を確認し、改めて回答する一幕もあった。このように日本側が総力を結集し、懸命かつ真摯に対応し続けた結果、彼らの信頼を勝ち取ることができた。

その日の夕食会で知ったことだが、彼らは数ある国の中でも「日本から学びたい」との気持ちが非常に強く、日本が国際社会で毅然と主張している姿が「手本であり、憧れである」ようであった。彼らの真剣な対応が、まさに日本に対する「大きな期待」であったのだと分かった。

ベトナム軍に日本の航空安全管理について講義する空自隊員(左奥)。左から6人目が中村鋭介2佐

独立戦争を戦った「日越同盟軍」

私は講義の中で、東日本大震災に伴う津波被害の甚大さは、迫りくる津波の大きさに加え、「潜在的危険性」を人々が正常に認識できなかったことの影響もあると説明した。

津波に関する過去の教訓や警鐘、対策(石碑、避難訓練、防潮堤、防災無線)があっても、過去の津波の記憶が薄れ、津波の被害が長い間なかったことに慣れ、誰もが持つ「今回もきっと大丈夫だ」という心理などが避難の遅れにつながったと説明した。そして、そうした「人の特性を考慮した対策」こそが、どの国においても共通する安全上の課題であると総括した。

能力構築支援の任を終え、帰国までの時間を利用してハノイの「革命博物館」を見学した。この博物館は外国への抵抗と独立の苦難を展示している博物館で、日本人の私たちは直視できない展示があるものと覚悟していたが、その中に「仏印戦争で仏軍と戦う日越同盟軍」というパネルが展示されていることに驚いた。

先の大戦の終戦処理をベトナムで迎えた旧陸軍飛行第六十四戦隊長の遺稿によると、終戦後も日本人に対する現地の人々の感情は悪くなく、「我々の独立達成のために手を貸してほしい」との勧誘を受け、多数の旧日本陸軍の将兵が祖国日本に帰国せず、独立戦争に参加したとされる。

このような先達の気持ちを推し量るにつけ、日本の古くからの友人で、未来志向を持つベトナムの人々との関わりを、大事にしていきたいという思いを強くして、ベトナムを離れた。

(世界の切手・ベトナム)

何か言ってもらいたいなら男性に聞きなさい。何かしてもらいたいなら女性に聞きなさい。

マーガレット・サッチャー(英国の元首相)

新刊紹介

「最後の零戦乗り」　原田　要著

「これに乗るのか、美しい機体だな」――。元零戦パイロットの著者は運命の機体・零戦に出会った時、心からこう感じたという。

著者は大正5年生まれの97歳。昭和8年旧海軍に志願し、中国戦線、真珠湾攻撃、ミッドウェー海戦、ガダルカナル島の戦闘を経て終戦を迎える。本書は戦中戦後を駆け抜けた壮絶な体験をつづった自叙伝だ。

著者の原田氏は太平洋戦争で三度、九死に一生を得ている。その戦闘の一つがミッドウェー海戦。空母「飛龍」を零戦で飛び立った数十秒後、米軍ドーントレス爆撃機の攻撃により爆発した「飛龍」を上空から見る。戻る母艦がなくなった原田氏は燃料切れで不時着を余儀なくされ、4時間にわたり漂流した。

帯には『永遠の0』作者の百田尚樹氏推薦の文字。同書に主人公で登場する宮部久蔵は百田氏が零戦搭乗員らの話を聞いて創作したが、主人公の人物像には原田氏も含まれているという。

実際に最前線で命を懸けて戦った過酷な経験と苦悩は読む者の胸を打つ。世代を超えて読み継ぎたい一冊。(宝島社刊、1404円)

「人はなぜ平和を祈りながら戦うのか?」　星川　啓慈、石川　明人著

冒頭で、英国の著名な戦略思想家、バジル・ヘンリー・リデルハートの「平和を欲するならば戦争を理解せよ」という言葉を引用する。この「戦争」を「宗教」にも置き換え「戦争と宗教」にさまざまな角度から2人の研究者が向き合った。

「戦争」と「宗教」。ともに正面からの議論にアレルギーを感じる日本人は多いが、著者は「独特な宗教文化と、濃密な戦争体験をもつ私たち日本人は、もっと率直に、この二つについて考えてみてもよい」という。

興味深いのは米軍の最高司令官たる米大統領の宗教的背景だ。

就任式の宣誓には聖書に手を置き「God Bless America」(アメリカに神の祝福を)といって締めくくる光景に違和感はないが、日本への原爆投下に反対したアイゼンハワー氏は、その理由を「信仰的道義に反する」とし、湾岸戦争の「砂漠の嵐作戦」の前夜、ブッシュ氏は著名なビリー・グラハム牧師を呼び、そばにいてくれと頼んだという。

カーター大統領がイスラエルとエジプトとの講和をまとめたのも、自らの宗教観に基づくと述懐するなど、両者の相関性は思いのほか強い。(並木書房刊、1620円)

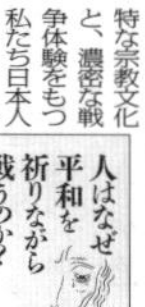

憧れの海自幹部候補生となって

一般幹候生　中澤　修司(海幹候校・江田島)

私はこの春、海上自衛隊の幹部候補生になりました。自衛隊の中で海上を選んだ理由は、父がタンカーの航海士をしており、私も海の仕事に憧れを抱いていたからです。

日本は四方を海で囲まれた海洋国家であり、資源を海外からの輸入でまかなっています。その際、海上輸送が中心となりますが、周辺国との安全保障環境が厳しい状況の中、さまざまな外的脅威からわが国の生命線である海上輸送を守り、国民の安定した生活を守りたいと考えて海上自衛隊を志望しました。

私は大学では民法を専攻し、部活動は写真部に所属していました。体力にはあまり自信がありませんが、段階的に体力を向上させていけるよう体力錬成に励んでいきたいと思います。

自衛隊の幹部は国防の最前線でさまざまな判断を下す立場にあり、時には命に関わるような重大な決断も迫られます。私も江田島では幹部に必要な教養や体力を身につけ、また困難があってもそれを乗り越えられる精神力を鍛えるため、日々の教育や訓練を精いっぱい頑張ります。

そして将来、日本の国防を担う海上自衛官として責任を持って職務を全うできるように頑張っていきたいと思います。

「中国語集合訓練」に参加して

3陸曹　西田　定雄(46普連・海田市)

私は昨年春から13旅団の「中国語集合訓練」に参加しています。この訓練は、2年かけて部隊の中国語教官・助教要員を養成するもので、各期に1度、1週間程度の期間で行われています。

当初、私は中国語に関する知識がほとんどない状態だったので、読むことも話すことも出来ませんでした。しかし、回を重ねるうちに少しずつ分かるようになり、中国への興味も増してきました。その結果、今までは気にとめることもなかった町中の中国語の看板にも目が行くようになるなど、中国語への関心が高まってきました。

私のレベルではまだまだスムーズに話したり辞書を使わずに訳したりすることはできませんが、日頃から中国語に触れるように心掛け、さらなる練度向上を目指していきたいと思います。

OBがんばる

中村　俊郎さん　55
平成25年7月、近畿中部防衛局岐阜防衛事務所の主任検査官を最後に定年退職(2空佐)。岐阜県各務原市の和興に再就職し、品質保証業務を担当している。

自衛隊での財産を活用

私は昨年7月に航空自衛隊を定年退官し、岐阜基地援護室の紹介で各務原市にある和興に再就職しました。弊社は昭和47年に創業、主として官民の航空機や鉄道車両部品の組立、加工を行っています。担当する航空機は航空自衛隊のC2輸送機をはじめ、民間のB787旅客機、BK117ヘリなど、鉄道はE5系、E7系新幹線の部品の製造修理を実施しています。

私は品質保証担当者として、日常業務で得た各種客観的データを統計分析し、社内各部署が品質改善上、最適かつ合理的な意思決定を行うための情報を提示する業務を担当しています。自衛隊在職時の航空機工場での品質管理担当検査官の経験をはじめ、研究開発部隊での各種試験データの処理経験、幕僚勤務での文書作成やブリーフィング経験が現在大いに役立っています。

和興は70人ほどの会社ですが、一人ひとりがより高い技術力、より強い団結力、より深い信頼性を礎にして、現在JISQ9100の認証取得に向けて、品質保証活動を展開しています。

もともと「再就職は自衛隊とは無縁なところで」と呑気に考えていた私ですが、和興にとっては初の元自衛官採用でした。自衛隊で経験した貴重かつ無形の財産を新たな道で活用することこそ、やはり最良の選択肢であったと現在は考えています。会社からも「自衛官を採用して良かった」との評価が得られるよう、日々尽力しております。皆様も自信を持って前進されることを期待しております。

米海兵隊の搭乗員課程に留学　考える事多い水陸両用車

2陸曹　山口　洋二(関西補給処・宇治)

米海兵隊の水陸両用車搭乗員課程に学んだ山口洋二2曹(右)

私は第13旅団司令部付隊に在籍していた昨年9月16日から12月18日までの間、米カリフォルニア州キャンプ・ペンデルトンの米海兵隊水陸両用教育大隊に留学し、「搭乗員課程」を受講しました。

教育大隊は、ちょうど陸自の新隊員後期課程に似たコースで、私が入学した時は、学生45人(米軍43人、自衛官2人)の「基礎課程」修了者に対し、7人の教官・助教が水陸両用車(AAV7)の教育を行っていました。

私たちは自衛隊にない「離島防衛」用装備を運用する上で、必須となる諸元・性能・装備や操縦法など基礎事項を学びました。さらに海上を進む水陸両用車の危険性、安全管理、整備要領などから必要な装備や訓練場の特性まで、さまざまな教育を受け、水陸両用車を日本に導入する上で参考になることばかりでした。

しかし、これまで陸自が経験したことのない内容ばかりなので、まずは導入のための環境を整備するなど、まだまだ考えるべきことが多いと感じました。

みんなのページ

詰碁

第1087回出題

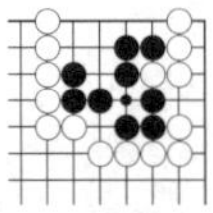

出題　日本棋院　九段　曲　励起

黒先

『黒はどうなりますか。最初の手が大切です』。5分でできれば中級以上です。

▶詰碁、詰将棋の出題は隔週です◀

詰将棋

出題　日本将棋連盟　九段　石田　和雄

≪第671回の解答≫

▲先手　持駒　金歩二

【正解】▲2三角成△同玉▲2四歩△3三玉▲2二銀成△同玉▲2三金△1一玉▲1二歩△2一玉▲3一馬△同玉▲3二金打までの十三手詰め。

【解説】▲2三角成から▲2四歩と打ち変えるのがポイント。五手目▲2二銀成が絶妙手で△同金なら▲3一金まで。九手目▲1二歩が打てるのも▲1二角を捨てておいた効果です。

朝雲

発行所 朝雲新聞社
〒160-0002 東京都新宿区坂町26番地19 KKビル
電話 03（3225）3841
FAX 03（3225）3831
振替00190-4-17600番
定価一部140円、年間購読料9000円（税・送料込み）

主な記事

2面 HA／DRで地位協定の必要性確認
3面 部隊改編で1戦群が歴史に幕
4面 5面 「安保法制懇」報告書全文（上）
6面 耐災害ネットワーク実用化へ
7面 空の事故防止に心理技官採用
8面 〈みんなのページ〉南スーダンから

集団的自衛権 切れ目ない対応目指す

限定行使容認へ法整備

安倍首相は5月15日、政府の有識者会議「安全保障の法的基盤の再構築に関する懇談会（安保法制懇）」（座長＝柳井俊二・元駐米大使）の報告書を受けて官邸で記者会見を開き、集団的自衛権の限定的な行使容認に向け、憲法解釈の見直しを含め政府・与党で検討し、国内法制の整備に取り組むとする政府の「基本的方向性」を示した。憲法解釈の変更が必要と判断されれば、改正すべき法制の基本的方向を閣議決定する。小野寺防衛相は翌16日の記者会見で「防衛省・自衛隊に求められる任務、役割を果たし得るよう、しっかり検討したい」と述べた。

（4、5面に関連記事）

憲法解釈を見直し

首相 政府の「基本的方向性」表明

法制懇報告書

首相は会見で、現行の憲法解釈では認められない事例として①日本に退避する邦人を乗せた米艦の防護②海外のPKO（国連平和維持活動）に参加している自衛隊が民間人を助ける「駆け付け警護」――をパネルで説明。海外に年間1800万人の日本人が出掛け、150万人が国外に暮らす時代に、自衛隊が有事の際に在外邦人などを守ることができない現実を訴えた。

その上で、「内閣総理大臣である私は国民の命を守る責任がある。日本国憲法がこうした事態にあって国民の命を守る責任を放棄せよ、と言っているとは考えられない」と述べ、「国民の命と暮らしを守るため、切れ目のない対応を可能とする国内法制を整備する」との決意を表明した。

当面の課題として、漁民を装った武装集団が我が国の離島に上陸するなどの武力攻撃に至らない侵害、いわゆる「グレーゾーン事態」への対応を強化するため、まずはこれまでの憲法解釈で可能な立法措置を検討する考えを示した。

一方で、報告書が可能だと提言する国連決議に基づく多国籍軍など集団安全保障への参加については、「憲法がこうした活動の全てを許しているとは考えず、政府として採用できない。自衛隊が武力行使を目的として湾岸戦争やイラク戦争での戦闘に参加するようなことは決してない」と述べた。

首相はさらに「『日本が再び戦争をする国になる』といった誤解があるが、断じてあり得ない。憲法が掲げる平和主義はこれからも守り抜いていく」と強調。「あらゆる事態に対処できる法整備によってこそ抑止力が高まり、紛争が回避され、我が国が戦争に巻き込まれなくなる」と訴えた。

小野寺大臣は16日の記者会見で、グレーゾーンへの対応について「憲法解釈の議論の前に、現行法規の中で治安出動、海上警備行動、対領空侵犯措置など、つぎはぎの対応をしており、シームレスな対応ができない」と現状を指摘。その上で「より実効的で切れ目のない対応を可能にするため、立法措置を検討することが（政府の）基本的な方針だ」と説明した。

パネルを使って説明する安倍首相（5月15日、官邸で）＝首相官邸の公式Facebookから

報告書の骨子

▽憲法9条は自衛のための武力行使を禁じていない

▽自衛のための「必要最小限度」の措置の中に集団的自衛権の行使も含まれる

▽我が国と密接な関係のある国が攻撃を受け、我が国の安全に重大な影響を及ぼす可能性がある場合、必要最小限の実力行使が可能

▽集団的自衛権行使には当該国の明示の要請、国会承認、閣議決定が必要

▽在外邦人保護やPKOでの駆け付け警護の武器使用に憲法上の制約はない

▽国連の多国籍軍など集団安全保障への参加は国会承認の上で可能

▽グレーゾーン対処で必要最小限度の自衛隊の国際法上合法な行動は容認される

▽政府にしかるべき立法措置を強く期待

安保法制懇のメンバー（敬称略）

柳井	俊二	（座長）国際海洋法裁判所長 元外務次官
北岡	伸一	（座長代理）国際大学学長
岩間	陽子	政策研究大学院大教授
岡崎	久彦	元駐タイ大使
葛西	敬之	ＪＲ東海名誉会長
坂元	一哉	阪大大学院教授
佐瀬	昌盛	防衛大名誉教授
佐藤	謙	元防衛次官
田中	明彦	国際協力機構理事長
中西	寛	京大大学院教授
西	修	駒沢大名誉教授
西元	徹也	元統幕議長
細谷	雄一	慶大教授
村瀬	信也	上智大名誉教授

地理的な制限を設ける可能性も

高村自民副総裁

自民党の高村正彦副総裁は5月16日、東京・内幸町の日本記者クラブで会見し、集団的自衛権の行使を容認する憲法解釈の変更を閣議決定する際、自衛隊の活動範囲に地理的制限を設ける可能性に言及した。

高村氏は「（地理的な線を）引くとそれより1キロ先はダメでそれまでならいい、という話になるが必ずしもそういう話でない」とした上で、「ただ現実的に自衛隊を動かす法律をつくるときに、現実の問題として出てくることはあり得る。外国領土はどうかなど、定性的なものが絶対ないとはいえない」との考えを示した。

また与党協議について、「公明党は集団的自衛権でなくても個別的自衛権や警察権の範囲内で対応できるものがある、と言っているが、すべてがそれで対応できるとは言っていない。話し合う余地は十分ある」と述べた。

与党協議を開始

週1回ペースで

自民・公明両党は5月20日、集団的自衛権などをめぐる与党協議を開始した。今後、週1回程度のペースで協議を進める。協議には自民党から高村副総裁や石破幹事長ら、公明党からは北側副代表や井上幹事長らが参加する。

20日の初会合では、政府の有識者会議「安全保障の法的基盤の再構築に関する懇談会（安保法制懇）」の報告書内容や、安倍首相が記者会見で示した「政府の基本的方向性」について政府側が説明を行った。

勇気ある決断だが憲法改正必要

志方俊之・帝京大教授の話 長年の政治課題に道筋をつけた安倍首相の勇気ある決断を高く評価する。

一方で、報告書は集団的自衛権の限定的な行使容認を憲法解釈の変更で乗り切ろうというものだが、まずは一連の政治的プロセスを経て法整備が急務であり、最終的には憲法改正が必要だと考える。それほど日本を取り巻く環境は厳しさを増しており、延々と議論を待っている猶予はない。

日本と同様、第2次大戦の敗戦国ドイツ（旧西独）も米などの戦勝国によって憲法（基本法）がつくられたが、現在までに59回変更し、時代の変化に対応してきた。

法律ができても、集団的自衛権行使やむなしの緊急事態の現場でこれまでのように「これはして良い」という「ポジティブ・リスト（根拠規定）」を示すばかりでは、それ以外の事案が起きた場合に、最前線の自衛官は判断に困る。

それよりも、むしろやってはいけないことを示す「ネガティブ・リスト（禁止規定）」をきちんと法律で明示していくことこそ本当のシビリアン・コントロールであり、政治の責任だ。

邦人輸送中の米輸送艦の防護

現行の憲法解釈では認められないケース

駆け付け警護

防衛相試乗

「飛行、哨戒、攻撃どれも良い」

P1世界のトップ

「飛行、哨戒、攻撃どれをとっても素晴らしい。P1は日本の高い技術力が十分に発揮された世界トップクラスの哨戒機だ」――。4月23日、防衛大臣として初めて固定翼哨戒機P1に試乗した小野寺防衛相は海自厚木基地で同機の印象をこう語った。純国産のジェット機P1は現在までに7機が海自に引き渡され、昨年度からは第51航空隊（厚木）で運用試験が開始されている。昨年5月には試験飛行中にエンジンが停止するトラブルもあったが、ソフトウエアの改修で無事解決。現在は厚木基地で搭乗員教育、下総基地で整備員教育が本格化しており、P1の戦力化は着実に進んでいる。

平成23年度からP1哨戒機整備員を教育している海自第3術科学校（下総、校長・本橋稔彦将補）で4月18日、完成した「P1整備実習講堂」の披露式典が行われた。

2階建ての講堂は平成23年10月に起工され、今年2月に完成したばかり。P1装備品の作動を忠実に模擬する「P1システム整備実験装置」とエンジンの交換や補機類の脱着が行える「EBU（Engine Buildup Unit）交換実習装置」が導入されている。

完成式典では坂田竜三教空団司令官らがテープカット。3術校では「P1の本格運用に向け、新講堂と新装置を最大限に活用し、〝腕に実力、心に自信〟があるP1整備員を養成していきたい」と話している。

一方、パイロット養成を担当する第51航空隊（厚木）では、すでに「実用機（P1）操縦」「P1転換訓練」の両コースが開講しており、現在は第3期生の3空隊員23人が受講している。

昨年4月に行われた開講式で、航空集団司令官（代理）は「パイオニアとして真に戦えるP1部隊をけん引していってほしい」と訓示。1、2期では51空隊員35人が教育を受けた。

51空は同時にP1の運用試験を実施している。

また、厚木基地には操縦用シミュレーター「P1操縦訓練装置」も24年度末から導入されており、パイロットが実機を操縦するのとまったく同じ状況でP1の操縦法が学べる設備が整っている。

システムは「操縦訓練装置（OFT）」と「戦術訓練装置（WTT）」で構成され、OFTは昨年3月に完成。管理と教育支援は第4整備補給隊が担当している。

OFTにはP1コックピット内を模した「操縦訓練室」があり、動揺部に海上自衛隊では初めて電動アクチュエーター（駆動装置）を採用して小さな振動まで模擬するなど、最高水準のシミュレーターとなっている。

P1の量産機は昨年度までに5機が納入され、今後も真新しい機体が次々と完成してくる。第一線での任務に投入される日が近づいている。

厚木基地にある操縦用シミュレーター「P1操縦訓練装置」の内部。4整補が管理と教育支援を行う

中米など13カ国 15都市を巡る

遠航部隊出発へ

海自は5月13日、初級幹部の洋上実習を行う「26年度遠洋練習航海」の概要を発表した。今年度はカリブ海の中米諸国やオセアニア、東南アジアの13カ国・15都市を巡る「環太平洋コース」で、初訪問はキューバ、ジャマイカ、ソロモン諸島の3カ国。

部隊は練習艦隊司令官の湯浅秀樹将補を指揮官に、練習艦「かしま」「せとゆき」、護衛艦「あさぎり」で編成。

人員は第64期一般幹部候補生課程を修了した初級幹部約170人（うちタイの少尉1人）を含む約720人。5月22日に東京・晴海を出発し、10月24日に帰国する。

寄港地は米（パールハーバー、サンディエゴ）、パナマ（パナマシティ）、キューバ（ハバナ）、トリニダード・トバゴ（ポートオブスペイン）、ジャマイカ（キングストン）、メキシコ（アカプルコ）、仏領ポリネシア（パペーテ）、ニュージーランド（オークランド）、豪（シドニー）、ソロモン諸島（ホニアラ）、パプアニューギニア（ポートモレスビー）、インドネシア（スラバヤ、ビトゥン）、フィリピン（マニラ）で、航海日数は156日、総航程は5万7000キロ。各寄港地では親善行事を行う。

春夏秋冬

無事に帰るために

田部井 淳子

今年の連休も山や海の事故が相次ぎ、遭難者が出たことは本当に残念だった。

警察庁がまとめた今年のゴールデンウイーク期間中（4月26日〜5月6日）の全国の山岳遭難件数と遭難者数は155件、201人で、記録のある2005年以降で最多だったそうである。

遭難者の75％は40歳以上で、年代別では60代が一番多かったという。

こうしてみると、山ガールという言葉が出て久しくなるが、山ガールの遭難というのは少ないことが分かる。

私が知る限り、彼女たちは自分の実力に合った計画を立て、無理をしない。学習能力が高く、よく調べて山に来ている。だから4月から5月初めのまだ雪が残っている山には出掛けず、新緑や花を楽しむ山に出掛けているのだ。

この時期はいつも天候が不安定になるので、山に行く人は特に天気には神経を使ってほしい。休みに限りがあるのは分かるが、自分の体力に応じ、余裕をもった計画を立て、現地で天気が急変したら頂上を目指さずとも無事に下山する決断をしてほしい。

昭和30年代後半に社会人山岳会に入った私は、男性と共に岩や氷雪を登るため、毎週のように訓練山行をした。懸垂下降も今のような道具がなく肩がらみで行った。谷川岳の一の倉沢や、穂高の屏風岩、滝谷に行くためには丹沢の沢を全部登り、谷川岳の南面の沢をこなしてからではないと行けない規則が当時の山岳会にはあった。11、12月には必ず富士山で雪上訓練を行い、自分の安全確保をしっかり身に付けなければ雪山には行かせてもらえなかった。

今、大学山岳部員の人数は減り、山岳会に所属して山に行く人は少なく、ツアーや仲間うちで行く人たちが圧倒的に多くなった。それだけに自分の力量を自身でよく知っておくことだ。

普段の生活の中でも筋力を鍛えることはいくらでもできる。電車を待つホームでも信号を待つ間でも爪先立ちを繰り返す。天気予報をテレビで確認する時にスクワットをしながら見る。階段は必ず歩く。下りるときも足をなるべく上げて下りるだけで太股は鍛えられる。山の計画を立てたなら腕立て伏せや早歩きをして、自らを鍛える努力をしよう。

今の時代のハイテクを利用して天気予報をキャッチし、頂上だけが山ではないことを自覚して行ってほしい。

山は無事に帰ってこそ次への活力につながっていくものだ。

（たべい・じゅんこ＝登山家）

朝雲寸言

南シナ海でベトナム海上警察の船に、中国政府公船が衝突を繰り返す。その映像を見て、2010年9月、中国漁船が海上保安庁の巡視船にぶつかってきた時とそっくりだと思った人も多いだろう▼「傲慢な国だ」と、人ごとのように言ってはいられない。なぜ、中国はオバマ米大統領の東アジア訪問からわずか2週間というタイミングで、ベトナムと衝突することが確実な南シナ海で石油掘削に乗り出したのか▼「アジア重視」が言葉だけか、米政権を試していると考えるのが妥当だろう。今回の歴訪でオバマ大統領は、日本に「尖閣諸島は（米国の対日防衛義務を定めた）日米安保条約5条の適用対象」と明言し、フィリピンとは、米軍の再駐留に道を開く新軍事協定を結んだ▼とりわけ新協定について、中国はフィリピンの米軍基地が閉鎖されてから20年、米軍不在となった南シナ海で、次々と領有権を拡大させるなど猛威を振るってきただけに看過できなかったと思う▼それでも中国は、日本とフィリピンではなく、ベトナムとの衝突を選択し、事前に80隻の政府公船まで準備した。今のところ米国の態度は、用意周到で過激な中国の行動に懸念を表明するだけ。東シナ海に防空識別圏を設定した時とそっくりだ▼このメッセージを中国はどう受け止めるのか。南シナ海で挑発を繰り返しながら、東シナ海周辺ではロシアとの海軍合同演習も始まる。警戒を怠ってはならない。

時の焦点

国内　民主党の現状

「瀬戸際」の自覚がない

ある大店の番頭は堅物で通っており、店の者たちに小言ばかり。そんな番頭だが、こっそり花見に出かけ、すっかり酔って芸者たちと大騒ぎ。

ところが、店の旦那さまも花見に来ており、あろうことか2人は鉢合わせる。

「うへー。長らくごぶさたをいたしまして申し訳がございません」

あわてた番頭はこう口にすると、店へ戻って寝込んでしまった。

落語「百年目」である。民主党の細野豪志前幹事長が自分の党内グループの会合に落語家を招き、このネタを演じてもらったという。

鉢合わせの翌日、番頭を呼んだ旦那さまは、赤栴檀（しゃくせんだん）の大木と、その根元に生える南縁草（なんえんそう）という草の話をする。

栴檀は南縁草を肥やしに生き、南縁草は栴檀がおろす露で繁殖する。旦那と番頭、番頭と店の者の関係も同様だ、店の者にもゆとりを持たせてやれと諭す。

細野氏は、この教えにならい、民主党も「バラバラ感」を解消し、おのおのが役割を果たして、まとまっていくことが大切だと言いたかったらしい。

民主党の現状はどうかというと、結束どころか、遠心力が働いているようにさえ見える。

政権の座を失って1年5カ月になるが、党の支持率は低迷したままだ。海江田代表の指導力不足は否めないが、かといって党内で「海江田降ろし」が一気に噴き出すような気配もない。

来春の統一地方選まで、まだ時間があり、今は体制刷新の時期ではない、という判断があるのだろう。衆目の一致するポスト海江田の候補がいない、という指摘もある。

重要政策をめぐる党内調整も遅れている。

安倍政権が進める集団的自衛権の見直しにどう対応するか。

最近になって党の安全保障総合調査会で有識者からのヒアリングを始めたが、与党の動向をにらみながら、慎重に議論を進める方針という。党内に賛否両論を抱えているからだろう。

こんなのんびりした姿勢では、世論の失望をいっそう招くだけだ。集団的自衛権行使に前向きな日本維新の会やみんなの党が与党と政策協議を進め、民主党は取り残される可能性もある。

落語に戻ると、旦那さまは、前の日の出来事に話を転じ、毎日顔を合わせているのに、なぜ、長らくごぶさたを、とあいさつしたのかと尋ねる。

番頭はこう答える。

「あんなところをお目にかけまして、これが百年目やと思いました」

百年目は、もうおしまい、というような意味で使われる。

民主党の面々には、党は瀬戸際にあるという自覚も必要かもしれない。

風間 二郎（政治評論家）

海外　米の中間選挙

崖っ縁のオバマ・民主

11月4日の中間選挙まで、いよいよ半年を切った。同選挙の結果はオバマ大統領の残り任期の成否に関わる重要性を持ち、全米各地では、民主、共和両党がそれぞれの候補者を決める予備選が展開されている。

オバマ政権の看板政策である健康保険制度改革（オバマケア）に対する国民の支持率を追えば、「有権者の風」は目下、政権にアゲンストなのか、フォローなのかの判断がつく。

3月末の「ワシントン・ポスト」紙とABC－TVの合同世論調査では、オバマケア支持が不支持をごくわずかながら上回った。そのため、ホワイトハウスや与党・民主党は「過半数を持つ上院の現状維持も何とか可能では」という希望的感触を得たようだった。

しかし、4月に実施された両社の合同調査は、支持44%、不支持49%との結果で、年初と同水準に戻っていた。

この傾向は他社が行った世論調査の結果とも一致しており、例えば、4月の「ウォール・ストリート・ジャーナル」紙とNBC－TVの合同調査でも、支持36%、不支持46%という結果だった。

3選がない大統領はともかくとして、政治家にとって選挙より怖いものはこの世にない。それは日本の政治家と同じである。そんな「地獄の一歩手前」的状況にダメを押したのが、大統領に対する支持率の動向だった。

4月末の「ウォール・ストリート・ジャーナル」紙とNBC－TVの合同調査では、オバマ大統領への支持は44%。同時期の「ワシントン・ポスト」紙とABC－TVの調査の結果は、支持が何と41%と過去最低を記録した。ホワイトハウスに主を送り込んでいる政党としては、選挙を前に決して良いポジションではない。

経済は相変わらず活気を欠いているし、オバマ大統領が1月の一般教書演説で、今年は「行動の年」と強調した割には、あらゆる兆候から見て、国民は冷めた見方をしている。

外交面ではどうか。4月末の「ウォール・ストリート・ジャーナル」紙とNBC－TVの調査では、オバマ外交を支持が38%。焦点のウクライナ情勢では、オバマ氏の対応を支持する意見は、二つの調査とも30%台だった。

オバマ大統領はそんな時期にアジアを歴訪したわけだが、一部で言われる「アジア重視」という見方は果たしてどうだろうか。オバマ氏はスローガンとは違って、アジアに軸足をと望んだことはない。

軸足は常に内政だから、外交は「危機には身を屈め、責任を逃れる」結果になる。対シリアで顕著な中東政策、対ウクライナで象徴的なロシア・旧東欧政策で示された通りだ。

オバマ氏は4月28日、マニラでの外交演説の際、自分を野球のシングルヒッターに例えていた。自由世界のリーダーとしてはいささか物足りなさを禁じ得ず、早くも「レームダック化」の崖っ縁に立たされている印象さえあった。

草野 徹（外交評論家）

「人道支援」「災害救援」で地位協定の必要性確認

軍事作戦法規国際会議開かれる

米太平洋軍主催

地位協定の必要性を説明する統幕法務班長の長野晃1陸佐（右）＝4月28日、比マニラで

アジア太平洋諸国の軍の作戦法規の専門家が集まって法的論点の関心事項を議論する米太平洋軍主催の「軍事作戦法規国際会議（MILOPS2014）」がフィリピンで4月26日から5月2日まで開かれ、防衛省・自衛隊から統幕首席法務官の黒澤聖二1海佐以下、陸海空の各幕などから計7人が参加した。

黒澤首席法務官は将官クラスの先任法務官による討議に参加し、懸念事項を共有。統幕法務班長の長野晃1陸佐は人道支援・災害救援（HA／DR）での地位協定の必要性を説明した。中央即応集団（CRF）の角本武司2陸佐は自身の経験を踏まえ、昨年のフィリピン台風救援で自衛隊の統合任務部隊の法務幕僚が行った活動を紹介した。

各国の参加者は防空識別圏や領域をめぐる紛争に関し、中国が主張する独自見解を改めて確認した。

期間中、黒澤首席法務官はフィリピン統合参謀本部法務官のマリアン・アレイド陸軍准将を表敬し、両国軍法務間の交流を深化させていくことで一致した。

同会議は法務専門家の間の相互理解と連携強化を目的としており、今回で27回目。災害救援や共同訓練の増加で法務官には軍種や国籍の垣根を越えた幅広い知識が求められていることから、自衛隊は2010年から毎年参加している。今回は日米英豪印や中国、ベトナムなど21カ国と、国際海洋法裁判所などの機関から計約180人が参加した。

83空、南警隊に1級賞状

【南混団＝那覇】昭和47年の創設以来、隊の精強性・即応性の強化に努めた功績により、南西地域唯一の戦闘機部隊である第83航空隊と、同地域の警戒監視の要である南西航空警戒管制隊（両隊とも南西航空混成団隷下）に4月20日、小野寺防衛相から1級賞状が授与された。

83空と南警隊員約600人が整列する中、那覇基地の格納庫で授与式は行われ、83空隊司令の鈴木康彦将補と南警隊司令の中村俊一1佐がそれぞれ部隊を代表して賞状を受け取った。

小野寺大臣は「歴代司令の卓越した指揮統率の下、全隊員が使命の重要性を深く認識し任務にまい進した。その功績は誠に顕著である」と述べ、両隊をたたえた。

南警隊は国籍不明機の領空接近を受け、83空に緊急発進指令を発動。また日々の管制業務を適切に行うことで管制無事故を継続している。83空は近年、対領空侵犯措置の任務で年間300回を超える緊急発進（スクランブル）を実施した。

創設以来のスクランブル累計は3000回を超え、両隊は365日警戒・監視を続け領空の秩序維持に貢献している。

小野寺防衛大臣（左）から1級賞状を授与される鈴木83空司令（4月20日、那覇基地で）

米のアジア重視政策を改めて強調

在日米軍司令官

在日米軍司令官兼第5空軍司令官のサルバトーレ・アンジェレラ中将は5月13日、東京都新宿区のホテルグランドヒル市ヶ谷で講演し、米国防総省が今年3月に発表した「4年ごとの米国防計画の見直し（QDR）」の内容を紹介しながら、改めて米のアジア重視政策を強調、日米同盟の重要性を訴えた＝写真。

司令官はQDRについて、「米が太平洋国家として、世界で極めて重要なこの地域で同盟国や友好国と共にいかにうまくやっていくべきかを浮き彫りにしたものとなっている」と評価した。

また、今年4月に来日したオバマ大統領が安倍首相との会談で「日米同盟はアジア太平洋の平和と安全、経済発展のみならず、国際連携の基礎となっている」と述べたことを紹介した。

司令官は、日米の相互理解を目的に空自OBなどで構成する「日米エアフォース友好協会」（JAAGA、会長＝外薗健一朗・元空幕長、会員約350人）の総会に講師として招かれた。

ブレア元長官、ガイドラインにきつい注文

「二人のために」は過去の話

「君の瞳に乾杯！」など数々の名セリフが生まれた映画「カサブランカ」。先に来日したデニス・ブレア元米国家情報長官は都内の記者会見で、自身のお気に入りのセリフを交えて日本の防衛政策へきつい注文を付けた。

このハリウッド映画の大ファンという元長官は、その中でもイングリッド・バーグマンが、ハンフリー・ボガード（ボギー）をまっすぐ見つめ、「ねえ、お願い。二人のために考えて」というシーンが気に入っていると披露。

しかし、これに続けて「これは映画の中の話。日米のために米国だけが考えるのは、もうしてはいけない。これからは両国が知恵と洞察を持ちより、共通政策を考えなければならない」ときっぱり。「率直に言えば日本にもっと役割を果たしてほしい。積極的になってほしいということだ」とも。

時あたかも、年末の日米防衛協力の指針（ガイドライン）再改定に向けた集団的自衛権行使容認への協議が本格化したばかり。

「ボギー、あんたの時代は良かった〜」（詞・阿久悠）などと言っていられない時代が近づいている。（K）

スリランカ、インドネシアと親善訓練

「さざなみ」「さみだれ」

ソマリア沖・アデン湾での海賊対処行動任務を終え、帰国途中の17次隊の護衛艦「さざなみ」（艦長・林泰弘2佐以下約185人）と「さみだれ」（艦長・斎藤貴2佐以下185人）は4月下旬から5月上旬にかけ、スリランカ、インドネシア両海軍艦艇とそれぞれ親善訓練を行った。

両艦は4月27日にスリランカ海軍のミサイル艇「ナイディミスラ」（艦長・ペレラ大佐）と、5月5日にインドネシア海軍のコルベット「スルタン・タハ・サイフディン」（艦長・アリオ・サソンコ中佐）と通信訓練や戦術運動を行い、戦術技量の向上を図った。

両艦は5月17日、半年ぶりに呉基地に帰国した。

ブルーインパルス年間展示飛行予定

空幕は5月16日、4空団11飛行隊（松島）のT－4ブルーインパルスの平成26年度の展示飛行予定を発表した。今後の飛行日程と実施場所、行事名は表の通り。

平成26年度ブルーインパルス展示飛行予定

日程	場所	行事名
5月24日(土)	山形県山形市	東北六魂祭2014
5月31日(土)	東京都新宿区	SAYONARA国立競技場
6月8日(日)	鳥取県美保基地	美保基地航空祭
7月20日(日)	北海道札幌市	第28回札幌航空ページェント
8月1日(金)	宮城県石巻市	石巻川開き祭り
8月3日(日)	北海道千歳基地	千歳基地開庁記念行事
8月23日(土)	宮城県東松島市	東松島夏まつり
8月30日(土)	広島県尾道市	瀬戸内水軍まつりin尾道
9月7日(日)	青森県三沢基地	三沢基地航空祭
9月20日(土)	石川県小松基地	小松基地航空祭
9月23日(火)	岩手県花巻市	いわて花巻空港スカイフェスタ2014
9月28日(日)	静岡県浜松基地	エア・フェスタ浜松2014
調整中	茨城県百里基地	平成26年度航空観閲式事前公開
調整中	茨城県百里基地	平成26年度航空観閲式
11月3日(月)	埼玉県入間基地	入間基地航空祭
11月16日(日)	福岡県芦屋基地	芦屋基地航空祭
11月30日(日)	福岡県築城基地	築城基地航空祭
12月7日(日)	宮崎県新田原基地	新田原基地航空祭
12月14日(日)	沖縄県那覇基地	那覇基地エアーフェスタ2014
3月26日(木)	兵庫県姫路市	姫路城大天守保存修理事業完成記念式典

ロシア艦6隻が対馬海峡を南下

5月16日午前1時ごろ、露海軍太平洋艦隊所属の「スラバ」級ミサイル巡洋艦（満載排水量1万1674トン、艦番号011「ワリヤーグ」）など6隻が長崎県・上対馬の北東約140キロの日本海を南西に向け航行しているのを、海自の護衛艦「さわゆき」が確認した。

露艦隊は「ソブレメンヌイ」級ミサイル駆逐艦（8067トン、715「ビストロイ」）、「ウダロイI」級ミサイル駆逐艦（8636トン、548「アドミラル・パンテレーエフ」）、「ロプチャーI」級戦車揚陸艦、「アルタイ改」級補給艦と「ネフテガス」級航洋曳船で編成、対馬海峡を南下した後、東シナ海に向かった。

〔おことわり〕「米国[illegible]訳」と「西風東風」は休みました。

◇中央音楽隊「グリーンコンサート」（入場無料）▽日時＝5月23日、午後0時20分から約50分間▽場所＝防衛省A棟講堂前▽指揮＝[illegible]2佐▽曲目＝「ワシントン・ポスト」など[illegible]▽問い合わせ＝同隊[illegible]（内線4[illegible]）

人事異動

2、3海佐

▽幹校教官（幹校）2佐 菅原浩二▽ふゆしお艦長（まきしお）喜多村宗範▽21空群幕僚（21空群）網隆博▽まきしお艦長（護艦隊）渡邊忠士▽海洋群幕僚（指発隊）3佐 柏木章宏▽23空総務室長（厚空墓）大里智治▽海洋群幕僚（佐監援業課）篠原聡▽掃支隊水路調査科長（海幕教育課）田中孝嗣▽護艦隊幕僚（護艦隊）山本晃一▽5空群幕僚（5空群）平賀伸雄▽1術校教官（呉教）三宅由晃▽情報群幕僚（5空群）牧田哲治▽護艦隊幕僚（護艦隊）早川大士▽呉監原価監査官（呉監経理部）鈴木渉（以上4月1日）

▽佐監人事課長（佐監管理部）2佐 西田敏志▽おうみ副長（おうみ）竹下文人▽1術校教官（1術校）3佐 高橋学▽おうみ船務長（統幕計画課）手塚真理子▽自艦隊副官（自艦隊）高橋英樹（以上4月4日）

▽あきづき飛長（あきづき）3佐 福里誠剛▽はまぎり砲雷長（あたご）山﨑努（以上4月7日）

▽1空群幕僚（203教空）2佐 杉山晋作▽鹿空墓副長（1空群）隆山浩和（以上4月8日）

▽横警副長（横警）2佐 佐久間利彦▽伯基分長（大分地本）高瀬英行▽潜訓教育科長（潜艦隊）東誠一郎▽潜艦隊幕僚（同）東川知巳▽3術校2学生隊長（3術校）3佐 清水貞義（以上4月10日）

▽横教補給科長（海幕総務課）3佐 國府和徳（4月11日）

▽42掃隊司令（呉監防衛部）2佐 村上公彦▽あけぼの船務長（あけぼの）3佐 衣川和栄（以上4月14日）

▽くろしお艦長（潜艦隊）2佐 脇本武彦▽横造補所需管科長（海幕装備部）3佐 丸山浩一郎▽八シ通分長（佐シ通）千須和裕▽佐シ通副長（海幕指通課）濱添健次（以上4月18日）

▽総教空群幕僚（総教空群）3佐 藤原一浩▽21武整隊長（海幕技術課）中司祐樹（以上4月21日）

▽横指隊砲雷科長（護艦隊）2佐 加藤一郎▽あさぎり艦長（横指隊）川内健治（以上4月23日）

▽1術校教官（あまぎり）3佐 有村秀士▽あまぎり砲雷長（2護群）外川久人（以上4月24日）

▽1掃隊司令（統幕運用2課）2佐 中込昌樹▽横教教育1部長（横教）飯田恭司▽ぶんご掃長（掃海群）須賀伸▽2ミサイル隊うみたか艇長（沖基隊）3佐 大濱英樹▽訓指群幕僚（うみたか）藤井崇司▽5補長（1護群）窪田修司▽沖基隊警備科長（大監防衛部）大村一▽1護群幕僚（1護群）原圭典▽しらゆき機関長（しらゆき）河内伸一郎▽まきなみ機関長（同）山口梓（以上4月25日）

▽いせ機関長（いせ）2佐 元山浩司▽掃海群幕僚（てるづき）3佐 西村信一郎▽2術校研究部員（2術校）穴田和義▽てるづき機関長（同）重本将義▽はたかぜ砲雷長（海幕総務課）小坂樹範（以上4月30日）

共済組合だより

結婚式を挙げるなら来年3月までがお得

グラヒル「開業50周年プラン」

防衛省共済組合の直営施設「ホテルグランドヒル市ヶ谷」（東京・新宿区）では、半世紀にわたる組合員の皆様のご愛顧に感謝し、挙式費用を大幅割引した「組合員限定・開業50周年記念プラン」を用意しています。

同プランは、2015年3月末日までの間に30名様以上で挙式・披露宴を当館で挙げる共済組合員が対象です。

プラン特典内容は①婚礼料理プレゼント（新郎新婦と親御様分）②新郎新婦衣装が各50%割引③お色直し用新郎新婦衣装が各50%割引④披露宴出席関係（料理・飲物・装花・演出関係）が10%割引――など。

詳しくはホテルグランドヒル市ヶ谷（直通03・3268・0115、専用線8・6・28853）まで。

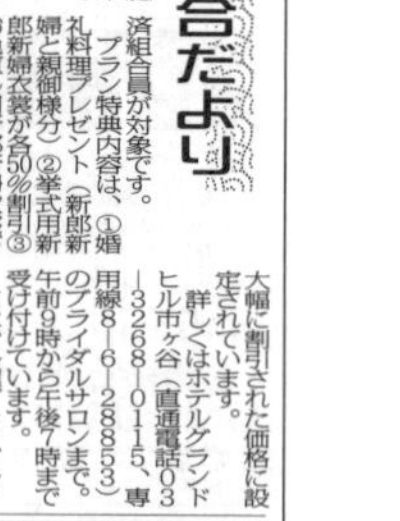

最新の対空ミサイルを装備し、南西地域の防空態勢を飛躍的に高めた「第15高射特科連隊」が沖縄に新編される一方、戦後の北海道防衛の中核を担った「第1戦車群」が60年余の歴史に幕を下ろすなど、陸自は年度末に大きな部隊改編を行った。空自でも部隊整理が行われ、災害派遣などに功績のあった「第7移動警戒隊」が美保基地でその任務を終えた。

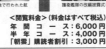

部隊改編

▲武田防衛副大臣（左）から真新しい隊旗を受け取る初代15高射特科連隊長の藤田1佐（3月26日、那覇駐屯地で）

南西地域の防空態勢強化

15高特連を新編

沖縄　最新対空ミサイル装備

【15旅団＝那覇】沖縄の島嶼部を含む南西地域の防衛に当たる15旅団は3月26日、陸自最新の対空ミサイルを装備した「第15高射特科連隊」を新編した。これに伴い、前身の6高特群は廃止された。

那覇駐屯地で行われた隊旗授与式には武田防衛副大臣をはじめ、岩田陸幕長、番匠西方総監らが出席。晴天に恵まれ汗ばむほどの陽気の中、初代15高特連隊長の藤田英俊1佐に武田副大臣から真新しい連隊旗が授与された。

15高特連は03式中距離地対空誘導弾（中SAM）と11式短距離地対空誘導弾（短SAM）の両方を全国の部隊で初めて装備。SAMは低空から侵入する巡航ミサイルや超音速の空対地ミサイルも撃破できる高い能力を持ち、さらに広域での対空戦闘を効果的に行う指揮統制システム「ADCCS（アドックス）」も導入された。

これにより陸・海・空自の主要部隊が集中する沖縄本島の防空態勢は大きく改善された。

15高特連は連隊本部、管理中隊（ともに八重瀬）、1高射中隊（知念）、2高射中隊（勝連）、3高射中隊（白川）、4高射中隊（南与座）、高射搬送通信中隊（八重瀬）の6個中隊で編成された。

式で藤田連隊長は「沖縄県民の皆様の理解と協力の下、ゆるぎなく精進していく」と決意を述べ、「今、何が起こっても迷わず直ちに任務遂行できる部隊」を堅持していくことを誓った。

対戦車中隊を廃止、狙撃班新設　普通科中隊の戦闘能力強化へ

【33普連＝久居】33普連は3月25日、対戦車中隊を廃止し、普通科中隊に狙撃班を新設する部隊改編行事を行った。

3師団では冷戦型の重装備を効率化し、即応性・機動性の向上を図る「即応近代化改編」を進めており、これに伴い対戦車中隊が廃止された。

改編に向けて対戦車中隊では中隊長の桐木平隆1尉を核心に作業を推進、79式対舟艇対戦車誘導弾の管理換えなどを整斉と遂行した。

隊旗返還式では全連隊員が見守る中、桐木平中隊長が古屋浩司連隊長に隊旗を返還、約10年に及ぶ輝かしい部隊の歴史に幕を下ろした。この後、連隊の編成完結式が行われ、普通科中隊の充足率を高めた連隊は、新たに「広域多目的無線機（コータム）」を導入したほか、狙撃班を新設し、近接戦闘能力を高めた。

古屋連隊長は「我々は戦って勝つ部隊となる。執念をもって訓練をし、戦闘能力を高め、それを内外に示していく」と強い決意を示した。

中方混成団隷下に新編　49普連で隊旗授与式

【49普連＝豊川】3月26日、豊川駐屯地で中方混成団隷下部隊として新編された49普連の隊旗授与式が行われた。

49普連は平成16年3月の創隊以来、10年間にわたり10師団のコア部隊として即編に伴い中方混成団隷下に移り、対戦車中隊は廃止された。

鈴木中方総監から隊旗を受けた押川省三連隊長は「即応予備自を合わせ1000名を超える陣容にふさわしい部隊として実力を涵養し、事態発生時には必ずや国民の負託に応える」と述べた。

中方混成団隷下に新編され、決意を述べる押川49普連長（3月26日、豊川駐屯地で）

第4特殊武器防護隊　「NBC偵察車」を九州で初めて装備

【4師団＝福岡】核（N）・生物（B）・化学（C）テロや原発事故に対処できる「NBC偵察車」を九州で初めて装備した第4特殊武器防護隊の編成完結式が3月26日、福岡駐屯地で行われた。

編成完結式で隊長の東三輝雄2佐は「あらゆる事態に迅速に対応できるよう態勢を整えたい」と決意を語った。

52普連　2個中隊を増強

【52普連＝真駒内】52普連は3月26日、2個中隊を増強した編成完結式を真駒内駐屯地で実施した。

これまでの旅団タイプ（全4個中隊）のコア部隊に、1個中隊と重迫撃砲中隊を増強し、師団タイプ（全6個中隊）に増強。305普通科直接支援中隊とともに北方の即応予備自訓練を担い、真駒内、旭川、帯広、美幌、東千歳、北恵庭、滝川、函館の8個駐屯地で招集訓練を実施する。

完結式で連隊長の今村浩喜1佐は「活動して評価される時代を迎え、あらゆる任務に即応できる新生52普連を育成する」と訓示した。

㊤隊旗の返還を前に最後の敬礼を行う1戦車群の隊員。左手前は群長の石橋1佐　㊦74式戦車の砲身の一部を使用して建立された「記念碑」（3月15日、北恵庭駐屯地で）

1戦群が隊旗を返還

北方直轄戦車部隊　60年余の歴史に幕

【1戦群＝北恵庭】昭和29年から60年余の長きにわたり北海道防衛に任じてきた第1戦車群は3月15日、北恵庭駐屯地で隊旗を返還し、方面直轄戦車部隊としての歴史に幕を閉じた。

政府の「南西防衛」重視策を受け25年度末の部隊廃止決定を受けた1戦群は〝発展的改編〟と呼んでこれに対応、「体制移行事務局」を立ち上げて装備する90式戦車などを他部隊に移し、隊員は最後の2カ月間を仮設プレハブで解組作業に当たった。

隊旗返還式では石橋淳弘群長が隊員・OBの思いが染みこんだ隊旗を田邉北方総監に返還。整列した隊員約150人とOBら約300人が静かに見守った。

田邉総監は「（1戦群は）最も歴史ある戦車部隊であり、これまでよく北の守りに尽くしてくれた」と隊員をねぎらい、「機甲科魂を新たな任務に生かし、国民の期待に応えてほしい」と要望した。

1戦群は部隊の名を永遠に刻むため、駐屯地内に74式戦車の砲身の一部を利用した「記念碑」を建立、さらに部隊の歴史を保存する「戦車記念館」も残した。

「1戦群魂」を胸にした隊員たちは7師団隷下の73戦連（南恵庭）など新たな部隊に配属された。

7移警隊　震災時に機動展開

28年の任務無事完遂

【美保】空自第7移動警戒隊は3月7日、部隊整理記念式典を行い、約28年の歴史に幕を閉じた。

7移警隊は全国で7番目の移動警戒管制部隊として、昭和60年10月に美保基地に新編された。地上の管制警戒レーダーの整備などの補完を主任務として北海道から沖縄まで機動、これまで40回を超える「中断対処」を行った。

空自の移警隊は昭和46年に創設され、平成元年には12個隊に。その後「方面隊に各1個」の方針の下で統廃合が進み、今回の7移警隊の整理で1～4移警隊に集約された。

7移警隊は平成16年の中越地震、23年の東日本大震災で機動力を発揮。特に東日本大震災では発災直後から15回にわたり計24人の隊員を派遣し、民生支援に大きく貢献した。

昨年12月に最後の機動展開を終えた7移警隊はその後、部隊整理作業を進め、式当日を迎えた。隊長の本間正一2佐が「7移警隊の任務が無事完遂できたのは歴代の西警団司令をはじめ、美保基地司令、関係部隊のご指導のたまもの。心から感謝申し上げる」と最後のあいさつをした。

すべての部隊整理を終えた旧7移警隊の隊員は同12日、美保基地の隊員に見送られて車両・器材とともにそれぞれの新任地へ出発した。

基地の隊員に見送られ、車両とともに新任地へ出発する旧7移警隊員（3月12日、美保基地で）

155ミリ榴弾砲30門をずらりと並べ、連隊編成完結行事を行う10特科連隊の隊員（3月26日、豊川訓練場で）

前傾姿勢でまい進せよ

10特連で編成完結式

【10特連＝豊川】10特連は3月26日、編成完結式を豊川訓練場で行った。

改編事業は昨年4月から進め、コア部隊の2個大隊を廃止し、全3個大隊に改編。装備する155ミリ榴弾砲FH70は60門から30門となった。

式では各部隊長の力強い編成完結報告を受け、福元洋一連隊長が「改編しても任務に変わりはなく、より一層質の高い人的・物的戦闘力の保持が重要となる。中方最大の火力を誇る連隊の名に恥じないよう、今後とも各人が〝前傾姿勢〟でまい進せよ」と訓示した。

廃止された4大隊は10年間、5大隊は57年間、地域の安全に寄与した。

対戦車中隊廃止式　「41名解散します」　災派活動など10年

【35普連＝守山】連隊は3月25日、対戦車中隊の廃止式を行った。

対戦車中隊は平成16年の師団改編に伴い新編され、以降約10年間、訓練や災害派遣などで活躍してきた。

第4代中隊長の長谷和也1尉が田丸正勝連隊長に隊旗を返還。最後に長谷中隊長が「総員41名、解散します！」と宣言した。

同31日には連隊編成完結式が行われ、新たに6個中隊を基幹とする新体制に移行。田丸連隊長は「明るく爽やかに、よく気が付くプロたれ」と隊員に要望し、「普通科精神を堅持してさらなる精強化に向け共に進もう！」と熱く呼びかけた。

隊旗や訓練優勝旗を掲げて記念撮影を行う35普連対戦車中隊の41人（3月25日、守山駐屯地で）

政府の「基本的方向性」

安倍首相が記者会見で表明した政府の「基本的方向性」は次の通り。

安保法制懇の報告書を受けて考えるべきこと、それは私たちの命を守り、私たちの平和な暮らしを守るため、私たちは何をなすべきか、ということだ。具体的な例で説明したい。

今や海外に住む日本人は150万人、さらに年間1800万人の日本人が海外に出かけていく時代だ。その場所で突然紛争が起こることも考えられる。そこから逃げようとする日本人を、同盟国である米国が救助、輸送しているとき、日本近海で攻撃があるかもしれない。このような場合でも日本自身が攻撃を受けていなければ、日本人が乗っているこの米国の船を日本の自衛隊は守ることができない。これが憲法の現在の解釈だ。

昨年11月、カンボジアの平和のため、活動中に命を落とした中田厚仁さん、そして高田晴行警視の慰霊碑に手を合わせた。あの悲しい出来事から20年余りがたち、現在、アジアで、アフリカで、たくさんの若者たちがボランティアなどの形で地域の平和や発展のために活動している。

この若者のように医療活動に従事している人たちもいるし、近くで協力してPKO活動をしている国連のPKO要員もいると思う。しかし、彼らが突然武装集団に襲われたとしても、この地域やこの国において活動している日本の自衛隊は彼らを救うことができない。

一緒に平和構築のために汗を流している、自衛隊と共に汗を流している他国の部隊から、救助してもらいたいと連絡を受けても、日本の自衛隊は彼らを見捨てるしかない。これが現実だ。

皆さんが、あるいは皆さんのお子さんやお孫さんたちがその場所にいるかもしれない。その命を守るべき責任を負っている私や日本政府は、本当に何もできないということでいいのか。

内閣総理大臣である私は、いかなる事態にあっても、国民の命を守る責任があるはずだ。そして、人々の幸せを願ってつくられた日本国憲法が、こうした事態にあって国民の命を守る責任を放棄せよと言っているとは私にはどうしても考えられない。

こうした事態は机上の空論ではない。連日ニュースで報じられているように、南シナ海ではこの瞬間も力を背景とした一方的な行為によって国家間の対立が続いている。これは人ごとではない。東シナ海でも日本の領海への侵入が相次ぎ、海上保安庁や自衛隊の諸君が高い緊張感を持って24時間体制で警備を続けている。

北朝鮮のミサイルは、日本の大部分を射程に入れている。東京も、大阪も、皆さんの町も例外ではない。そして、核兵器の開発を続けている。片や、サイバー攻撃など脅威は瞬時に国境を越えていく。これは私たちに限ったことではない。

もはやどの国も一国のみで平和を守ることはできない、これは世界の共通認識だ。だからこそ私は積極的平和主義の旗を掲げて、国際社会と協調しながら世界の平和と安定、航空・航海の自由といった基本的価値を守るために、これまで以上に貢献するとの立場を明確にし、取り組んできた。

積極的平和主義の考え方は、同盟国である米国はもちろん、先週まで訪問していた欧州各国からも、そしてASEAN（東南アジア諸国連合）の国々をはじめとするアジアの友人たちからも高い支持を頂いた。世界が日本の役割に大きく期待している。いかなる事態においても、国民の命と暮らしは断固として守り抜く。本日の報告書ではそうした観点から提言が行われた。今後、政府与党において具体的な事例に即してさらなる検討を深め、国民の命と暮らしを守るために切れ目のない対応を可能とする国内法制を整備する。これまでの憲法解釈のもとでも可能な立法措置を検討する。

例えば武力攻撃に至らない侵害、漁民を装った武装集団が我が国の離島に上陸してくるかもしれない。こうしたいわゆるグレーゾーン事態への対処を一層強化する。さらに、PKOや後方支援など、国際社会の平和と安定に一層貢献していく。その上で、なお現実に起こり得る事態に対して、万全の備えがなければならない。国民の命と暮らしを守るための法整備がこれまでの憲法解釈のままで十分にできるのか、さらなる検討が必要だ。

こうした検討については、日本が再び戦争をする国になるといった誤解がある。しかし、そんなことは断じてあり得ない。日本国憲法が掲げる平和主義は、これからも守り抜いていく。このことは明確に申し上げておきたい。むしろ、あらゆる事態に対処できるからこそ、そして、対処できる法整備によってこそ抑止力が高まり、紛争が回避され、我が国が戦争に巻き込まれることがなくなると考える。

今回の報告書では、二つの異なる考え方を示していただいた。一つは、個別的か、集団的かを問わず、自衛のための武力の行使は禁じられていない、また、国連の集団安全保障措置への参加といった国際法上、合法な活動には憲法上の制約はないとするものだ。

しかし、これはこれまでの政府の憲法解釈とは論理的に整合しない。私は憲法がこうした活動の全てを許しているとは考えない。したがって、この考え方、いわゆる芦田修正論は政府として採用できない。自衛隊が武力行使を目的として湾岸戦争やイラク戦争での戦闘に参加するようなことは、これからも決してない。

もう一つの考え方は、我が国の安全に重大な影響を及ぼす可能性があるとき、限定的に集団的自衛権を行使することは許されるとの考え方だ。

生命、自由、幸福追求に対する国民の権利を政府は最大限尊重しなければならない。憲法前文、そして憲法13条の趣旨を踏まえれば、自国の平和と安全を維持し、その存立を全うするために必要な自衛の措置を採ることは禁じられていない。そのための必要最小限度の武力の行使は許容される、こうした従来の政府の基本的な立場を踏まえた考え方だ。政府としてはこの考え方について、今後さらに研究を進めていきたい。

切れ目のない対応を可能とする国内法整備の作業を進めるに当たり、従来の憲法解釈のままで必要な立法が可能なのか、それとも一部の立法に当たって憲法解釈を変更せざるを得ないとすれば、いかなる憲法解釈が適切なのか。

今後、内閣法制局の意見も踏まえつつ、政府としての検討を進めるとともに、与党協議に入りたい。与党協議の結果に基づき、憲法解釈の変更が必要と判断されれば、この点を含めて改正すべき法制の基本的方向を、国民の命と暮らしを守るため、閣議決定していく。

今後、国会においても議論を進め、国民の皆様の理解を得る努力を継続していく。十分な検討を行い、準備ができ次第、必要な法案を国会に諮りたい。

日本は戦後70年近く、一貫して平和国家としての道を歩んできた。これからもこの歩みが変わることはない。しかし、平和国家であると口で唱えるだけで私たちの平和な暮らしを守ることはできない。私たちの平和な暮らしも突然の危機に直面するかもしれない。そんなことはないと誰が言い切れるか。テロリストが潜む世界の現状に目を向けたとき、そんな保障はどこにもない。政府は、私たちは、この現実に真正面から向き合うべきだと私は考える。

私たちの命を守り、私たちの平和な暮らしを守る、そのためにはいかなる事態にも対応できるよう、常日頃から隙のない備えをするとともに、各国と協力を深めていかなければならない。それによって抑止力が高まり、我が国が戦争に巻き込まれることがなくなると考える。先ほど申し上げたような事態においても、しっかりと日本人の命を守ることこそが総理大臣である私の責任であると確信する。今後、検討を進めるに当たり、国民の理解を心からお願い申し上げる次第だ。私からも引き続き、あらゆる機会を通して、丁寧に説明をしていきたい。

再度申し上げるが、まさに紛争国から逃れようとしているお父さんやお母さんや、おじいさんやおばあさん、子供たちかもしれない。彼らが乗っている米国の船を今、私たちは守ることができない。そして、世界の平和のためにまさに一生懸命汗を流している若い皆さん、日本人を、私たちは自衛隊という能力を持った諸君がいても、守ることができない。

そして、一緒に汗を流している他国の部隊、もし逆であったら、彼らは救援に訪れる。しかし、私たちはそれを断らなければならない、見捨てなければならない。おそらく、世界は驚くことだろう。

こうした課題に、日本人の命を守らなければいけない責任を有する私は、総理大臣は、日本国政府は、検討をしていく責務があると私は考える。

「安保法制懇」報告書全文

はじめに

2007年5月、安倍晋三内閣総理大臣は、「安全保障の法的基盤の再構築に関する懇談会」を設置した。これまで、政府は、我が国は国際連合憲章第51条および日米安全保障条約に明確に規定されている集団的自衛権を権利として有しているにもかかわらず、行使することはできないなどとしてきた。安倍総理が当時の懇談会に対し提示した「四つの類型」は、特に憲法解釈上大きな制約が存在し、適切な対応ができなければ、我が国の安全の維持、日米同盟の信頼性、国際の平和と安定のための我が国の積極的な貢献を阻害し得るようなものであり、我が国を取り巻く安全保障環境の変化を踏まえ、従来の政府の憲法解釈が引き続き適切か否かを検討し、我が国が行使できない集団的自衛権などによって対応すべき事態が生じた場合に、我が国として効果的に対応するために採るべき措置とは何かという問題意識を投げかけるものであった。これら「四つの類型」は（1）公海における米艦の防護、（2）米国に向かうかもしれない弾道ミサイルの迎撃、（3）国際的な平和活動における武器使用、（4）同じ国連PKOなどに参加している他国の活動に対する後方支援についてであった。

これを受け、当時の懇談会では、我が国をめぐる安全保障環境の下において、このような事態に有効に対処するためには我が国は何をなすべきか、これまでの政府の憲法解釈を含む法解釈でかかる政策が実行できるか否か、いかなる制約があるか、またその法的問題を解決して我が国の安全を確保するにはいかなる方策があり得るかなどについて真摯に議論を行い、2008年6月に報告書を提出した。報告書では、「四つの類型」に関する具体的な問題を取り上げ、これまでの政府の解釈をそのまま踏襲することでは、今日の安全保障環境の下で生起する重要な問題に適切に対処することは困難となってきており、自衛隊法などの現行法上認められている個別的自衛権や警察権の行使等では対処し得ない場合があり、集団的自衛権の行使および集団安全保障措置への参加を認めるよう、憲法解釈を変更すべきであるなどの結論に至った。具体的には、4類型の各問題について以下のように提言を行った。

（1）公海における米艦の防護については、日米が共同で活動している際に米艦に危険が及んだ場合、これを防護し得るようにすることは、同盟国相互の信頼関係の維持・強化のために不可欠である。個別的自衛権および自己の防護や自衛隊法第95条に基づく武器等の防護により反射的効果として米艦の防護が可能であるというこれまでの憲法解釈および現行法の規定では、自衛隊は極めて例外的な場合にしか米艦を防護できず、また、対艦ミサイル攻撃の現実にも対処することができない。よって、このような場合に備えて、集団的自衛権の行使を認めておく必要がある。

（2）米国に向かうかもしれない弾道ミサイルの迎撃については、従来の自衛権概念や国内手続きを前提としていては十分に実効的な対応ができない。米国に向かう弾道ミサイルを我が国が撃ち落とす能力を有するにもかかわらず撃ち落とさないことは、我が国の安全保障の基盤たる日米同盟を根幹から揺るがすことになるので、絶対に避けなければならない。この問題は、個別的自衛権や警察権によって対応するという従来の考え方では解決し得ない。よって、この場合も集団的自衛権の行使によらざるを得ない。

（3）国際連合（国連）平和維持活動（PKO）などの国際的な平和活動への参加は、憲法第9条で禁止されないと整理すべきであり、自己防護に加えて、同じ活動に参加している他国の部隊や要員への駆け付け警護および任務遂行のための武器使用を認めることとすべきである。

（4）同じ国連PKOなどに参加している他国の活動に対する後方支援については、これまでの「武力の行使との一体化論」をやめ、政策的妥当性の問題として検討すべきである。

以上の提言には、我が国による集団的自衛権の行使および国連の集団安全保障措置への参加を認めるよう、憲法解釈を変更することが含まれていたが、これらの解釈の変更は、政府が適切な形で新しい解釈を明らかにすることによって可能であり、憲法改正を必要とするものではないとした。

我が国を取り巻く安全保障環境は、前回の報告書提出以降わずか数年の間に一層大きく変化した。北朝鮮におけるミサイルおよび核開発や拡散の動きは止まらず、さらに、特筆すべきは、地球的規模のパワーシフトが顕著となり、我が国周辺の東シナ海や南シナ海の情勢も変化してきていることである。このような中で、国際社会における平和の維持と構築における我が国の安全保障政策の在り方をますます真剣に考えなくてはならない状況となっている。また、アジア太平洋地域の安定と繁栄の要である日米同盟の責任も、更に重みを増している。

このような情勢の変化を踏まえて、安倍総理は、2013年2月、本懇談会を再開し、我が国の平和と安全を維持するために、日米安全保障体制の最も効果的な運用を含めて、我が国は何をなすべきか、過去4年半の変化を念頭に置き、また将来見通し得る安全保障環境の変化にも留意して、安全保障の法的基盤について再度検討するよう指示した。

その際、2008年の報告書の4類型に限られることなく、上記以外の行為についても、新たな環境の下で我が国が対応する必要性が生じることを確認しつつ、我が国の平和と安全を維持し、その存立を全うするために採るべき具体的行動、あるべき憲法解釈の背景となる考え方、あるべき憲法解釈の内容、国内法制の在り方についても検討を行うこととなった。

以上を踏まえ、本報告書においては、以下、Iにおいて、まず政府の憲法解釈の変遷を概観した後、憲法第9条の解釈に係る日本国憲法の根本原則は何であるかを明確にし、我が国を取り巻く安全保障環境にどのような変化があったのかを検討し、従来の憲法解釈や法制度では十分に対応することができないと考えられる具体的な事例を示す。その上で、IIにおいて、我が国の平和と安全を維持し、地域および国際社会の平和と安定を実現していく上であるべき憲法解釈を提示する。さらに、IIIにおいてこれを踏まえた国内法の整備などを進めるに当たって考えるべき主な要素について提言することとする。

I 憲法解釈の現状と問題点

1 憲法解釈の変遷と根本原則

（1）憲法解釈の変遷

あるべき憲法解釈について論じる前に、まず、憲法第9条をめぐる憲法解釈は、国際情勢の変化の中で、戦後一貫していたわけではないということを見ていく必要がある。

1946年6月、当時の吉田茂内閣総理大臣は、新憲法を審議した旧憲法下の帝国議会において、「自衛権ニ付テノ御尋ネデアリマス、戦争抛棄ニ関スル本案ノ規定ハ、直接ニハ自衛権ヲ否定ハシテ居リマセヌガ、第九条第二項ニ於テ一切ノ軍備ト国ノ交戦権ヲ認メナイ結果、自衛権ノ発動トシテノ戦争モ、又交戦権モ抛棄シタモノデアリマス」と述べた（衆議院本会議＝1946年6月26日）。また、同年吉田総理は、「國際聯合に日本が獨立國として加入致しました場合に於ては、一應此の憲章に依つて保護せられる」と述べており、このような帝国議会における議論を見れば、日本国憲法が制定された当時、少なくとも観念的には我が国の安全を1年前の1945年に成立したばかりの国連の集団安全保障体制に委ねることを想定していたと考えられる。

しかし、その後、このような考え方は大きく変化した。すなわち、冷戦の進行が始まり、国連は想定されたようには機能せず、1950年6月には朝鮮戦争が勃発し、1952年4月に我が国が主権を回復し、日本国とアメリカ合衆国との間の安全保障条約（旧・日米安全保障条約）を締結し、1954年7月に自衛隊が創設されたが、1954年12月、大村清一防衛庁長官は、「憲法は戦争を放棄したが、自衛のための抗争は放棄していない。（略）他国から武力攻撃があった場合に、武力攻撃そのものを阻止することは、自己防衛そのものであって、国際紛争を解決することとは本質が違う。従って自国に対して武力攻撃が加えられた場合に、国土を防衛する手段として武力を行使することは、憲法に違反しない。（略）自衛隊のような自衛のための任務を有し、かつその目的のため必要相当な範囲の実力部隊を設けることは、何ら憲法に違反するものではない」と答弁し、憲法解釈を大きく変えた（衆議院予算委員会＝1954年12月22日）。

また、最高裁判所は、1959年12月のいわゆる砂川事件大法廷判決において、「同条（引用注・憲法第9条）は、同条にいわゆる戦争を放棄し、いわゆる戦力の保持を禁止しているのであるが、しかしもちろんこれによりわが国が主権国として持つ固有の自衛権は何ら否定されたものではなく、わが憲法の平和主義は決して無防備、無抵抗を定めたものではないのである。憲法前文にも明らかなように、われら日本国民は、平和を維持し、専制と隷従、圧迫と偏狭を地上から永遠に除去しようと努めている国際社会において、名誉ある地位を占めることを願い、全世界の国民と共にひとしく恐怖と欠乏から免かれ、平和のうちに生存する権利を有することを確認するのである。しからば、わが国が、自国の平和と安全を維持しその存立を全うするために必要な自衛のための措置をとりうることは、国家固有の権能の行使として当然のことといわなければならない」という法律判断を示したことは特筆すべきである。この砂川事件大法廷判決は、憲法第9条によって自衛権は否定されておらず、我が国が自国の平和と安全を維持しその存立を全うするために必要な自衛のための措置を採り得ることは国家固有の権利の行使として当然であるとの判断を、司法府が初めて示したものとして大きな意義を持つものである。さらに、同判決が、我が国が持つ固有の自衛権について集団的自衛権と個別的自衛権とを区別して論じておらず、したがって集団的自衛権の行使を禁じていない点にも留意すべきである。

一方、集団的自衛権の議論が出始めたのは、1960年の日米安全保障条約改定当時からである。当初は、同年3月の参議院予算委員会で当時の岸信介内閣総理大臣が、「特別に密接な関係にある国が武力攻撃をされた場合に、その国まで出かけて行ってその国を防衛するという意味における私は集団的自衛権は、日本の憲法上は、日本は持っていない」「集団的自衛権という内容が最も典型的なものは、他国に行ってこれを守るということでございますけれども、それに尽きるものではないとわれわれは考えておるのであります。そういう意味において一切の集団的自衛権を持たない、こう憲法上持たないということは私は言い過ぎだと、かように考えております」と答弁しているように、海外派兵の禁止という文脈で議論されていた。それがやがて集団的自衛権一般の禁止へと進んでいった。

政府は、憲法前文および同第13条の双方に言及しつつ、自国の平和と安全を維持しその存立を全うするために必要な自衛の措置を採ることができることを明らかにする一方、そのような措置は必要最小限度の範囲にとどまるべきものであり、集団的自衛権の行使は憲法上許されないとの見解を示すに至った。すなわち、1972年10月に参議院決算委員会に提出した資料において、「憲法は、第9条において、同条にいわゆる戦争を放棄し、いわゆる戦力の保持を禁止しているが、前文において『全世界の国民が……平和のうちに生存する権利を有する』ことを確認し、また、第13条において『生命、自由及び幸福追求に対する国民の権利については、……国政の上で、最大の尊重を必要とする』旨を定めていることからも、わが国がみずからの存立を全うし国民が平和のうちに生存することまでも放棄していないことは明らかであって、自国の平和と安全を維持しその存立を全うするために必要な自衛の措置をとることを禁じているとはとうてい解されない」とした。続けて、同資料は、「しかしながら、だからといって、平和主義をその基本原則とする憲法が、右にいう自衛のための措置を無制限に認めているとは解されないのであって、それは、あくまで外国の武力攻撃によって国民の生命、自由および幸福追求の権利が根底からくつがえされるという急迫、不正の事態に対処し、国民のこれらの権利を守るための止むを得ない措置としてはじめて容認されるものであるから、その措置は、右の事態を排除するためとられるべき必要最小限度の範囲にとどまるべきものである」とし、さらに、「そうだとすれば、わが憲法の下で武力行使を行うことが許されるのは、わが国に対する急迫、不正の侵害に対処する場合に限られるのであって、したがって、他国に加えられた武力攻撃を阻止することをその内容とするいわゆる集団的自衛権の行使は、憲法上許されないといわざるを得ない」として、集団的自衛権の行使は憲法上許されないとの見解を示した。

同様に、政府は、1981年5月、質問主意書に対する答弁書において、「我が国が、国際法上、このような集団的自衛権を有していることは、主権国家である以上、当然であるが、憲法第9条の下において許容されている自衛権の行使は、我が国を防衛するため必要最小限度の範囲にとどまるべきものであると解しており、集団的自衛権を行使することは、その範囲を超えるものであって、憲法上許されないと考えている」との見解を示した。加えて、同答弁書は、「集団的自衛権の行使が憲法上許されないことによって不利益が生じるというようなものではない」とした。集団的自衛権の行使は憲法上一切許されないという政府の憲法解釈は、今日に至るまで変更されていない。

そもそも、いかなる組織も、その基本的な使命達成のために、自らのアイデンティティーを失うことのない範囲で、外界の変化に応じて自己変容を遂げていかなければならない。そうできない組織は、衰退せざるを得ないし、やがて滅亡に至るかもしれない。国家においても、それは同様である。国家の使命の最大のものは、国民の安全を守ることである。その目的のために、外界の変化に対応して、基本ルールの範囲の中で、自己変容を遂げなければならない。さらに言えば、ある時点の特定の状況の下で示された憲法論が固定化され、安全保障環境の大きな変化にかかわらず、その憲法論の下で安全保障政策が硬直化するようでは、憲法論のゆえに国民の安全が害されることになりかねない。それは主権者たる国民を守るために国民自身が憲法を制定するという立憲主義の根幹に対する背理である。

軍事技術が急速に進歩し、また、周辺に強大な軍事力が存在する中、我が国を取り巻く安全保障環境がますます厳しさを増している中で、将来にわたる国際環境や軍事技術の変化を見通した上で、我が国が本当に必要最小限度の範囲として個別的自衛権だけで国民の生存を守り国家の存立を全うすることができるのか、という点についての論証はなされてこなかった点に留意が必要である。また、個別的自衛権と集団的自衛権を明確に切り分け、個別的自衛権のみが憲法上許容されるという文理解釈上の根拠は何も示されていない。この点については、「II あるべき憲法解釈」の章で再び取り上げる。

また、国連等が行う国際的な平和活動への参加については、1960年代には、内閣法制局は、我が国が正規の国連軍に対して武力行使を含む部隊を提供することは憲法上問題ないと判断していたが、その後、たとえば稲葉誠一衆議院議員提出質問主意書に対する答弁書（1980年10月28日）において、「……いわゆる『国連軍』（引用注・国連がその『平和維持活動』として編成したいわゆる『国連軍』）は、個々の事例によりその目的・任務が異なるので、それへの参加の可否を一律に論ずることはできないが、当該『国連軍』の目的・任務が武力行使を伴うものであれば、自衛隊がこれに参加することは憲法上許されないと考えている」とされ、また、1988年5月14日の衆議院安全保障委員会において秋山收内閣法制局第一部長が「もとより集団的安全保障あるいはPKOにかかわりますいろいろな行動のうち、憲法第9条によって禁じられている武力の行使または武力による威嚇に当たる行為につきましては、我が国としてこれを行うことが許されない」と答弁しているとおり、政府は、武力の行使につながる可能性のある行為は憲法第9条違反であるとしてきた。一方で、いわゆる「正規の国連軍」参加の合憲性についてはこれを憲法第9条違反とは判断せず「研究中」（衆議院予算委員会＝1990年10月19日＝における工藤敦夫内閣法制局長官答弁）、「特別協定が決まらなければ、そのあたりの確定的な評価ができない」（衆議院予算委員会＝1998年3月18日＝における大森政輔内閣法制局長官答弁）としている。

（2）憲法第9条の解釈に係る憲法の根本原則

次に、上記（1）で述べたこれまでの憲法解釈の変遷の経緯を認識した上で、下記2で述べる我が国を取り巻く安全保障環境の変化を想起しつつ、憲法第9条の解釈を考えるに当たって、最も重要なよりどころとすべき憲法の根本原則を確認する。

（ア）基本的人権の根幹としての平和的生存権および生命・自由・幸福追求権

上述の1972年の政府の見解にあるように、日本国憲法前文は、「われらは、平和を維持し、専制と隷従、圧迫と偏狭を地上から永遠に除去しようと努めてゐる国際社会において、名誉ある地位を占めたいと思ふ。われらは、全世界の国民が、ひとしく恐怖と欠乏から免かれ、平和のうちに生存する権利を有することを確認する」とし、また、同第13条は、「生命、自由及び幸福追求に対する国民の権利については、公共の福祉に反しない限り、立法その他の国政の上で、最大の尊重を必要とする」として国民の生命、自由および幸福追求の権利について定めている。これらは他の基本的人権の根幹と言うべき権利である。これらを守るためには、我が国が侵略されず独立を維持していることが前提条件であり、外からの攻撃や脅迫を排除する適切な自衛力の保持と行使が不可欠である。つまり、自衛力の保持と行使は、憲法に内在する論理の帰結でもある。

（イ）国民主権

また、日本国憲法前文は国民主権を「人類普遍の原理」とし「これに反する一切の憲法……を排除する」と規定している。「国民主権原理」は、「基本的人権」と同様、いかなる手段によっても否定できないいわば根本原則として理解されている。「国民主権原理」の実現には主権者たる国民の生存の確保が前提である。そのためには、我が国の平和と安全が維持されその存立が確保されていなければならない。平和は国民の希求するところである。同時に、主権者である国民の生存、国家の存立を危機に陥れることはそのような憲法上の観点からしてもあってはならない。国権の行使を行う政府の憲法解釈が国民と国家の安全を危機に陥れるようなことがあってはならない。

（ウ）国際協調主義

さらに、日本国憲法は、前文で「われらは、いづれの国家も、自国のことのみに専念して他国を無視してはならないのであつて、政治道徳の法則は、普遍的なものであり、この法則に従ふことは、自国の主権を維持し、他国と対等関係に立たうとする各国の責務であると信ずる」とうたい、国際協調主義を掲げている。なお、憲法第98条は「日本国が締結した条約及び確立された国際法規は、これを誠実に遵守することを必要とする」と述べて国際法規の誠実な遵守を定めている。このような憲法の国際協調主義の精神から、国際的な活動への参加は、我が国が最も積極的に取り組むべき分野と言わねばならない。

（エ）平和主義

平和主義は日本国憲法の根本原則の一つであり、今後ともこれを堅持していかなければならない。後述するとおり、日本国憲法の平和主義は、沿革的に、侵略戦争を違法化した戦争抛棄に関する条約（不戦条約＝1928年）や国際連合憲章（1945年）等、20世紀前半以降の国際法思潮と密接な関係がある。憲法前文の「日本国民は、（略）政府の行為によつて再び戦争の惨禍が起ることのないやうにすることを決意し」という文言に体現されているとおり、我が国自身の不戦の誓いを原点とする憲法の平和主義は、侵略戦争と国際紛争解決のための武力行使を永久に放棄することを定めた憲法第9条の規定によって具体化されている。他方、憲法前文が「平和を維持し、専制と隷従、圧迫と偏狭を地上から永遠に除去しようと努めてゐる国際社会において、名誉ある地位を占めたいと思ふ。われらは、全世界の国民が、ひとしく恐怖と欠乏から免かれ、平和のうちに生存する権利を有することを確認する」と定めるとともに、「われらは、いづれの国家も、自国のことのみに専念して他国を無視してはならない」と定め、国際協調主義をうたっていることからも、我が国の平和主義は、同じく日本国憲法の根本原則である国際協調主義を前提として解されるべきである。すなわち、日本国憲法の平和主義は、自国本位の立場ではなく、国際的次元に立って解釈すべきであり、それは、自ら平和を乱さないという消極的なものではなく、平和を実現するために積極的行動を採るべきことを要請しているものと言える。政府は、2013年12月17日に閣議決定された「国家安全保障戦略」において、我が国が、国際協調主義に基づく積極的平和主義の立場から、我が国の安全およびアジア太平洋地域の平和と安定を実現しつつ、国際社会の平和と安定および繁栄の確保にこれまで以上に積極的に寄与していくことを掲げているが、日本国憲法の平和主義は、この「国際協調主義に基づく積極的平和主義」の基礎にあるものであると言える。

2 我が国を取り巻く安全保障環境の変化

我が国を取り巻く安全保障環境は、一層厳しさを増している。このような傾向は、2008年の報告書の時に比べ、一層顕著となっている。

第1は、技術の進歩と脅威やリスクの性質の変化である。今日では、技術の進歩やグローバリゼーションの進展により、大量破壊兵器およびその運搬手段は拡散・高度化・小型化しており、また、国境を越える脅威が増大し、国際テロの広がりが懸念されている。例えば北朝鮮は、度重なる国連安全保障理事会による非難・制裁決議を無視して、既に日本全土を覆う弾道ミサイルを配備し、米国に到達する弾道ミサイルを開発中である。北朝鮮は、また、核実験を三度実施しており、核弾頭の小型化に努めているほか、生物・化学兵器を保有しているとみられる。また現在、さまざまな主体によるサイバー攻撃が社会全体にとって大きな脅威・リスクとなっている。その対象は国家、企業、個人を超えて重層化・融合化が進み、国際社会の一致した迅速な対応が求められる。すなわち、世界のどの地域で発生する事象であっても、直ちに我が国の平和と安全に影響を及ぼし得るのである。したがって、従来のように国境の内側と外側を明確に区別することは難しくなっている。また、宇宙についても、その利用が民生・軍事双方に広がっていることから、その安定的利用を図るためには、平素からの監視とルール設定を含め、米国との協力を始めとする国際協力の一層の強化が求められている。

第2は、国家間のパワーバランスの変化である。このパワーバランスの変化の担い手は、中国、インド、冷戦後復活したロシア等国力が増大している国であり、国際政治の力学にも大きな影響を与えている。特にアジア太平洋地域においては緊張が高まっており、領土等をめぐる不安定要素も存在する。中国の影響力の増大は明らかであり、公表国防費の名目上の規模は、過去10年間で約4倍、過去26年間で約40倍の規模となっており、国防費の高い伸びを背景に、近代的戦闘機や新型弾道ミサイルを含む最新兵器の導入とその量的拡大が顕著である。中国の国防費に関しては引き続き不透明な部分が多いが、2014年度公式発表予算額でも12兆円以上であり、我が国の3倍近くに達している。この趨勢が続けば、一層強大な中国軍が登場する。また、領有権に関する独自の主張に基づく力による一方的な現状変更の試みも看取されている。以上のような状況を踏まえれば、これに伴うリスクの増大が見られ、地域の平和と安定を確保するために我が国がより大きな役割を果たすことが必要となっている。

第3の変化は、日米関係の深化と拡大である。1990年代以降は、弾道ミサイルや国際テロを始めとした多様な事態に対処するための運用面での協力が一層重要になってきており、これまでの安全保障・防衛協力関係は大幅に拡大している。その具体的な表れとして、装備や情報を含めたさまざまなリソースの共有が進んでおり、今後ともその傾向が進むことが予想される。2013年10月に開催された日米安全保障協議委員会（「2＋2」）において、「日米防衛協力のための指針（ガイドライン）」の見直しを行うことで合意され、日米間の具体的な防衛協力における役割分担を含めた安全保障・防衛協力の強化について議論していくこととなっている。日米同盟なくして、我が国が単独で上記第1および第2のような状況の変化に対応してその安全を全うし得ないことは自明であるとともに、同時に半世紀以上前の終戦直後とは異なり、我が国が一方的に米国の庇護を期待するのではなく、日米両国や関係国が協力して地域の平和と安全に貢献しなければならない時代になっている。同盟の活力を維持し、さらに深化させるためには、より公平な負担を実現すべく不断の努力を続けていくことが必要になっているのである。このように、安全保障の全ての面での日米同盟の強化が不可欠であるが、これに加え、地域の平和と安定を確保するために重要な役割を果たすアジア太平洋地域内外のパートナーとの信頼・協力関係も必要となっている。

第4の変化は、地域における多国間安全保障協力などの枠組みの動きである。1967年に設立されたASEAN（東南アジア諸国連合）に加え、冷戦の終結や共通の安全保障課題の拡大に伴い、経済分野におけるAPEC（アジア太平洋経済協力会議、1989年）や外交分野におけるARF（ASEAN地域フォーラム、1994年）にとどまらず、EAS（東アジア首脳会議、2005年）の成立・拡大やADMMプラス（拡大ASEAN国防相会議、2010年）の創設など、政治・安全保障・防衛分野においてもさまざまな協力の枠組みが重層的に発展してきている。我が国としては、こうした状況を踏まえ、より積極的に各種協力活動に幅広く参加し、指導的な役割を果たすことができるような制度的・財政的・人的基盤を整備することが求められる。

第5の変化は、アフガニスタンやイラクの復興支援、南スーダンの国づくり、また、シーレーンを脅かすアデン湾における海賊対処のように、国際社会全体が対応しなければならないような深刻な事案の発生が増えていることである。また、国連PKOを例にとれば、停戦監視といった任務が中心であったいわゆる伝統型から、より多様な任務を持つように変化するなど、近年、軍事力が求められる運用場面がより多様化し、復興支援、人道支援、海賊対処などに広がるとともに、世界のどの地域で発生する事象であっても、より迅速かつ切れ目なく総合的な視点からのアプローチが必要となっている。こうした国連を中心とした紛争対処、平和構築や復興支援の重要性はますます増大しており、国際社会の協力が一層求められている。

最後に、第6の変化は自衛隊の国際社会における活動である。1991年のペルシャ湾における機雷掃海以降今日まで、自衛隊は直近の現在活動中の南スーダンにおける活動を含めて33件の国際的な活動に参加し、実績を積んできた。その中には、1992年のカンボジアにおける国連PKO、1993年のモザンビークにおける国連PKO、1994年のザイール共和国（当時）東部におけるルワンダ難民救援のための人道的な国際救援活動、2001年の米国同時多発テロ事件後の「不朽の自由作戦」に従事する艦船に対するインド洋における補給支援活動、2003年から2009年に至るイラク人道復興支援活動などが含まれる。海外における大規模災害に際しても、近年、自衛隊は、その機能や能力を生かした国際緊急援助活動を積極的に行ってきており、最近の例を挙げれば、2013年11月にフィリピンを横断した台風により同国で発生した被害に関し、1200人規模の自衛隊員が被災民の診療、ワクチン接種、防疫活動、物資の空輸、被災民の空輸などの活動を実施した。2007年には国際緊急援助活動を含む国際平和協力活動が自衛隊の「本来任務」と位置付けられた。自衛隊の実績と能力は国内外から高く評価されており、復興支援、人道支援、教育、能力構築、計画策定などさまざまな分野で、今後一層の役割を担うことが必要である。

以上をまとめれば、我が国の外交・安全保障・防衛をめぐる状況は大きく変化しており、最近の戦略環境の変化はその規模と速度において過去と比べても顕著なものがあり、予測が困難な事態も増えている。これまでは、少なからぬ分野において、いわば事態の発生に応じて、憲法解釈の整理や新たな個別政策の展開を逐次図ってきたことは事実であるが、変化の規模と速度に鑑みれば、我が国の平和と安全を維持し、地域および国際社会の平和と安定を実現していく上では、従来の憲法解釈では十分に対応することができない状況に立ち至っている。

3　我が国として採るべき具体的行動の事例

2008年の報告書では、4類型（①公海における米艦の防護、②米国に向かうかもしれない弾道ミサイルの迎撃、③国際的な平和活動における武器使用、④同じ国連PKOなどに参加している他国の活動に対する後方支援）のそれぞれに関し、懇談会の提言を提示した。本懇談会では、これに加え、上述のような我が国を取り巻く安全保障環境の変化に鑑みれば、例えば以下のような事例において我が国が対応を迫られる場合があり得るが、従来の憲法解釈や法制度では十分に対応することができず、こうした事例に際して我が国が具体的な行動を採ることを可能とするあるべき憲法解釈や法制度を考える必要があるという問題意識が共有された。なお、以下の事例は上述の4類型と同様に、あくまで次ページ以下で述べる憲法解釈や法制度の整理の必要性を明らかにするための具体例として挙げたものであり、これらの事例のみを合憲・可能とすべきとの趣旨ではない。

①事例1　我が国の近隣で有事が発生した際の船舶の検査、米艦などへの攻撃排除など

——我が国の近隣で、ある国に対する武力攻撃が発生し、米国が集団的自衛権を行使してこの国を支援している状況で、海上自衛隊護衛艦の近傍を攻撃国に対し重要な武器を供給するために航行している船舶がある場合、たとえ被攻撃国および米国から要請があろうとも、我が国は、我が国への武力攻撃が発生しない限り、この船舶に対して強制的な停船・立入検査や必要な場合の我が国への回航を実施できない。現行の憲法解釈ではこれらの活動が「武力の行使」に当たり得るとされるためである。しかし、このような事案が放置されれば、紛争が拡大し、やがては我が国自身に火の粉が降りかかり、我が国の安全に影響を与えかつ国民の生命・財産が直接脅かされることになる。

——また、被攻撃国を支援する米国その他の国々の艦船などが攻撃されているときには、これを排除するよう我が国が協力する必要がある。この点に関連して、現行の「周辺事態に際して我が国の平和及び安全を確保するための措置に関する法律」（周辺事態安全確保法）では、自衛隊による後方地域支援または後方地域捜索救助活動は、後方地域、すなわち「我が国領域並びに現に戦闘行為が行われておらず、かつ、そこで実施される活動の期間を通じて戦闘行為が行われることがないと認められる我が国周辺の公海及びその上空の範囲」でしか実施できず、また、弾薬を含む武器の提供や戦闘作戦行動のために発進準備中の航空機に対する給油および整備については当時は米軍からのニーズがなかったとして含まれていないなど、米国に対する支援も限定的であり、また、そもそも米国以外の国に対する支援は規定されておらず、不可能である。

——そもそも「抑止」を十分に機能させ、我が国有事の可能性を可能な限り低くするためには、法的基盤をしかるべく整備する必要がある。

②事例2　米国が武力攻撃を受けた場合の対米支援

——米国も外部からの侵害に無傷ではあり得ない。例えば、2001年の米国同時多発テロ事件では、民間航空機がハイジャックされ、米国の経済、軍事を象徴する建物に相次いで突入する自爆テロが行われ、日本人を含む約3000人の犠牲者が出た。仮に米国が弾道ミサイルによる奇襲といった武力攻撃を受け、その後、攻撃国に対して他の同盟国と共に自衛権を行使している状況において、現行の憲法解釈では、我が国が直接攻撃されたわけではないので我が国ができることに大きな制約がある。

——我が国を攻撃しようと考える国は、米国が日米安全保障条約上の義務に基づき反撃する可能性が高いと考えるからこそ思いとどまる面が大きい。その米国が攻撃を受けているのに、必要な場合にも我が国が十分に対応できないということであれば、米国の同盟国、日本に対する信頼は失われ、日米同盟に甚大な影響が及ぶ恐れがある。日米同盟が揺らげば我が国の存立自体に影響を与えることになる。

——我が国は、我が国近傍の国家から米国が弾道ミサイルによる奇襲といった武力攻撃を受けた場合、米国防衛のための米軍の軍事行動に自衛隊が参加することはおろか、例えば、事例1で述べたように、攻撃国に武器を供給するために航行している船舶の強制的な停船・立入検査や必要な場合の我が国への回航でさえも、現行の憲法解釈では「武力の行使」に当たり得るとして実施できない。船舶の検査等は、陸上の戦闘のような活動とは明らかに異なる一方で、攻撃国への武器の移転を阻む洋上における重要な活動であり、こうしたことを実施できるようにすべきである。また、場合によっては米国以外の国々とも連携する必要があり、こうした国々をも支援することができるようにすべきである。

③事例3　我が国の船舶の航行に重大な影響を及ぼす海域（海峡等）における機雷の除去

——湾岸戦争に際してイラクは、ペルシャ湾に多数の機雷を敷設し、当該機雷は世界の原油の主要な輸送経路の一つである同湾における我が国のタンカーを含む船舶の航行の重大な障害となった。今後、我が国が輸入する原油の大部分が通過する重要な海峡等で武力攻撃が発生し、攻撃国が敷設した機雷で海上交通路が封鎖されれば、我が国への原油供給の大部分が止まる。これが放置されれば、我が国の経済および国民生活に死活的な影響があり、我が国の存立に影響を与えることになる。

——武力紛争の状況に応じて各国が共同して掃海活動を行うことになるであろうが、現行の憲法解釈では、我が国は停戦協定が正式に署名されるなどにより機雷が「遺棄機雷」と評価されるようになるまで掃海活動に参加できない。そのような現状は改める必要がある。

④事例4　イラクのクウェート侵攻のような国際秩序の維持に重大な影響を及ぼす武力攻撃が発生した際の国連の決定に基づく活動への参加

——イラクのクウェート侵攻のような国際秩序の維持に重大な影響を及ぼす武力攻撃が発生し、国際正義がじゅうりんされ国際秩序が不安定になれば、我が国の平和と安全に無関係ではあり得ない。例えばテロがまん延し、我が国を含む国際社会全体へ無差別な攻撃が行われる恐れがあり、我が国の安全、国民の生命・財産に甚大な被害を与えることになる。

——我が国は、国連安全保障理事会常任理事国が一国も拒否権を行使せず、軍事的措置を容認する国連安全保障理事会決議が採択された場合ですら、現行の憲法解釈では、支援国の海軍艦船の防護といった措置が採れないし、また、支援活動についても、後方地域における、しかも限られた範囲のものしかできない。加えて、現状では国内法の担保もないので、その都度特別措置法等のような立法も必要である。

——国際の平和と安全の維持・回復のための国連安全保障理事会の措置に協力することは、国際連合憲章に明記された国連加盟国の責務である。国際社会全体の秩序を守るために必要な貢献をしなければ、それは、自らのよって立つ安全の土台を掘り崩すことになる。

⑤事例5　我が国領海で潜没航行する外国潜水艦が退去の要求に応じず徘徊を継続する場合の対応

——2004年11月に、先島群島周辺の我が国領海内を潜没航行している中国原子力潜水艦を海上自衛隊のP3Cが確認した。また、2013年5月には、領海への侵入はなかったものの、接続水域内を航行する潜没潜水艦を海上自衛隊のP3Cが相次いで確認した。現行法上、我が国に対する「武力攻撃」（一般に組織的・計画的な武力の行使）がなければ、防衛出動に伴う武力の行使はできない。潜没航行する外国潜水艦が我が国領海に侵入してきた場合、自衛隊は警察権に基づく海上警備行動等によって退去要求等を行うことができる（2004年のケース）が、その潜水艦が執拗に徘徊を継続するような場合に、その事態が「武力攻撃事態」と認定されなければ、現行の海上警備行動等の権限では自衛隊が実力を行使してその潜水艦を強制的に退去させることは認められていない。このような現状を放置してはならない。

⑥事例6　海上保安庁等が速やかに対処することが困難な海域や離島等において、船舶や民間人に対し武装集団が不法行為を行う場合の対応

——このような場合、海上における事案については、当該事案が自衛隊法第82条にいう「海上における人命若しくは財産の保護又は治安の維持のため特別の必要がある場合」に該当すると判断される場合は、内閣総理大臣の承認を得て、自衛隊部隊が海上警備行動を採ることができる。また、陸上における事案については、当該事案が自衛隊法第78条にいう「一般の警察力をもっては、治安を維持することができないと認められる場合」に該当すると判断される場合は、内閣総理大臣が命令することによって、自衛隊部隊が治安出動することができる。さらに、防衛大臣は、事態が緊迫し、防衛出動命令が予想される場合には、内閣総理大臣の承認を得て、自衛隊の部隊等にあらかじめ展開させることが見込まれる地域内において防御施設を構築する措置を命ずることができる。

——しかし、このような海上警備行動や治安出動、防御施設構築の措置等の発令手続を経る間に、仮にも対応の時機を逸するようなことが生じるのは避けなければならないが、部隊が適時に展開する上での手続的な敷居が高いため、より迅速な対応を可能とするための手当てが必要である。

——事例5および6のような場合を含め、武力攻撃に至らない侵害を含む各種の事態に応じた対応を可能とすべく、どのような実力の行使が可能か、国際法の基準に照らし検討する必要がある。

——現在の法制度では、防衛出動との間に権限の隙間が生じ得ることから、結果として相手を抑止できなくなる恐れがある。

Ⅱ　あるべき憲法解釈

上記Ⅰで述べた認識を踏まえ、本懇談会は、あるべき憲法解釈として、以下を提言する。

1　憲法第9条第1項および第2項

（1）憲法第9条は、「日本国民は、正義と秩序を基調とする国際平和を誠実に希求し、国権の発動たる戦争と、武力による威嚇又は武力の行使は、国際紛争を解決する手段としては、永久にこれを放棄する。前項の目的を達成するため、陸海空軍その他の戦力は、これを保持しない。国の交戦権は、これを認めない」と規定しており、自衛権や集団安全保障については何ら言及していない。しかしながら、我が国が主権を回復した1952年4月に発効した日本国との平和条約（サンフランシスコ平和条約）においても、我が国が個別的または集団的自衛の固有の権利を有することや集団安全保障措置への参加は認められており、また、我が国が1956年9月に国連に加盟した際も、国際連合憲章に規定される国連の集団安全保障措置や、加盟国に個別的又は集団的自衛の固有の権利を認める規定（第51条）について何ら留保は付さなかった。

憲法第9条第1項が我が国による武力による威嚇または武力の行使を例外なく禁止していると解釈するのは、不戦条約や国際連合憲章（1945年）等の国際法の歴史的発展および憲法制定の経緯からみても、適切ではない。1946年に公布された日本国憲法は、20世紀前半の平和主義、戦争違法化に関する国際法思潮から大きな影響を受けている。我が国憲法第9条の規定は、20世紀に確固たる潮流となった国際平和主義の影響を深く受けているのであり、国際社会の思潮と孤絶しているわけではない。不戦条約は、「国際紛争解決ノ為」に戦争に訴えることを非とし、「国家ノ政策ノ手段トシテノ戦争」を放棄することを規定することで、締約国間の侵略戦争の放棄を約束した。この戦争違法化の流れをくんで作成された国際連合憲章は、日本国憲法公布の1年前に採択されたものである。国際連合憲章は、加盟国の国際関係における「武力の行使」を原則として禁止したが、国連の集団安全保障措置としての軍事的措置及び個別的又は集団的自衛の固有の権利（第51条）の行使としての「武力の行使」を実施することは例外的に許可している。また、日本国憲法の起草経緯を見れば、憲法第9条の起点となったマッカーサー三原則（1946年2月3日）の第二原則は、日本は自らの紛争を解決するための手段としての戦争を放棄する（Japan renounces it as an instrumentality for settling its disputes）となっている。政府も1946年の時点で既に吉田総理が新憲法草案に関し、先述のとおり「戦争抛棄ニ関スル本案ノ規定ハ、直接ニハ自衛権ヲ否定ハシテ居リマセヌ（略）」と述べていた（衆議院本会議＝1946年6月26日）のであり、また、自衛隊創設時の国会答弁においては「戦争と武力の威嚇・武力の行使が放棄されるのは『国際紛争を解決する手段としては』ということである」「他国から武力攻撃があった場合に、武力攻撃そのものを阻止することは、自己防衛そのものであって、国際紛争を解決することとは本質が違う。従って自国に対して武力攻撃が加えられた場合に、国土を防衛する手段として武力を行使することは、憲法に違反しない」と述べていたのである（前掲の大村清一防衛庁長官答弁）。

これらの経緯を踏まえれば、憲法第9条第1項の規定（「日本国民は、正義と秩序を基調とする国際平和を誠実に希求し、国権の発動たる戦争と、武力による威嚇又は武力の行使は、国際紛争を解決する手段としては、永久にこれを放棄する」）は、我が国が当事国である国際紛争の解決のために武力による威嚇または武力の行使を行うことを禁止したものと解すべきであり、自衛のための武力の行使は禁じられておらず、また国連PKO等や集団安全保障措置への参加といった国際法上合法的な活動への憲法上の制約はないと解すべきである。

なお、国連PKOなどにおける武器使用を、第9条第1項を理由に制限することは、国連の活動への参加に制約を課している点と、下記5で述べるとおり「武器の使用」を「武力の行使」と混同している点で、二重に適切でない解釈であることを指摘しておきたい。

（2）憲法第9条第2項は、第1項において、武力の行使を「国際紛争を解決する手段」として放棄すると定めたことを受け、「前項の目的を達するため」に戦力を保持しないと定めたものである。したがって、我が国が当事国である国際紛争を解決するための武力による威嚇や武力の行使に用いる戦力の保持は禁止されているが、それ以外の、すなわち、個別的または集団的を問わず自衛のための実力の保持やいわゆる国際貢献のための実力の保持は禁止されていないと解すべきである。これら（1）および（2）と同様の考え方は前回2008年6月の報告書でもとられていた。

（3）上述の前回報告書の立場、特に（2）で述べた個別的または集団的を問わず自衛のための実力の保持や、いわゆる国際貢献のための実力の保持は合憲であるという考え方は、憲法第9条の起草過程において、第2項冒頭に「前項の目的を達するため」という文言が後から挿入された（いわゆる「芦田修正」）との経緯に着目した解釈であるが、政府はこれまでこのような解釈をとってこなかった。再度政府の解釈を振り返れば、前述のとおり、政府は、1946年の制憲議会の際に吉田総理答弁において自衛戦争も放棄したと明言していたにもかかわらず、1954年以来、国家・国民を守るために必要最小限度の自衛力の保持は主権国家の固有の権利であるという解釈を打ち出した。この解釈は最高裁判所でも否定されていない。しかし、その後の国会答弁において、政府は憲法上認められる必要最小限度の自衛権の中に個別的自衛権は入るが、集団的自衛権は入らないという解釈を打ち出し、今もってこれに縛られている。集団的自衛権の概念が固まっていなかった当初の国会論議の中で、その概念の中核とされた海外派兵の自制という文脈で打ち出された集団的自衛権不行使の議論は、やがて集団的自衛権一般の不行使の議論として固まっていくが、その際どうして我が国の国家および国民の安全を守るために必要最小限の自衛権の行使は個別的自衛権の行使に限られるのか、逆に言えばなぜ個別的自衛権だけで我が国の国家および国民の安全を確保できるのかという死活的に重要な論点についての論証は、上記Ⅰの1のとおり、ほとんどなされてこなかった。すなわち、政府は「外国の武力攻撃によって国民の生命・自由および幸福追求の権利が根底からくつがえされるという急迫、不正の事態に対処し、国民のこれらの権利を守るための止むを得ない措置としてはじめて容認されるものであるから、その措置は、右の事態を排除するためとられるべき必要最小限度の範囲にとどまるべきものである」（1972年10月に参議院決算委員会に提出した政府の見解）として、集団的自衛権の不行使には何の不都合もないと断じ、集団的自衛権を行使できなくても独力で我が国の国家および国民の安全を本当に確保できるのか、ということについて詳細な論証を怠ってきた。

国家は他の信頼できる国家と連携し、助け合うことによって、よりよく安全を守り得るのである。集団的自衛権の行使を可能とすることは、他の信頼できる国家との関係を強固にし、抑止力を高めることによって紛争の可能性を未然に減らすものである。また、仮に一国が個別的自衛権だけで安全を守ろうとすれば、巨大な軍事力を持たざるを得ず、大規模な軍拡競争を招来する可能性がある。したがって、集団的自衛権は全体として軍備のレベルを低く抑えることを可能とするものである。一国のみで自国を守ろうとすることは、国際社会の現実に鑑みればむしろ危険な孤立主義にほかならない。

そもそも国際連合憲章中の集団的自衛権の規定は、1945年の国際連合憲章起草の際に国連安全保障理事会の議決手続に拒否権が導入されることになった結果、国連安全保障理事会の機能に危惧が抱かれるようになり、そのため個別的自衛権のみでは生存を全うできないと考えた中南米のチャプルテペック協定参加国が提唱して認められたものであるという起草経緯を改めて想起する必要がある。

国際連合憲章では、第2条4により国際関係における武力の行使が禁じられているが、第51条に従って個別的または集団的自衛のために武力を行使する権利は妨げられない。これは、同条に明記されているとおり、自衛権が国家が当然に有している固有の権利（「自然権」＝droit naturel）であるからである。また、今日、集団的自衛権は慣習国際法上の権利であるとされており、この点については国際司法裁判所もその判決中で明確に示している（1986年6月「ニカラグア軍事・準軍事活動事件（本案）」国際司法裁判所判決）。国際社会における諸国間の国力差および国連安全保障理事会における拒否権の存在やその機能・手法を考えれば、国連の集団安全保障体制が十分に機能するまでの間、中小国は自己に対する攻撃を独力で排除することだけを念頭に置いていたら自国は全うできないのであって、自国が攻撃された場合のみならず、他国が攻撃された場合にも同様にあたかも自国が攻撃されているとみなして、集団で自衛権が行使できることになっているのである。今日の安全保障環境を考えるとき、集団的自衛権の方が当然に個別的自衛権より危険だという見方は、抑止という安全保障上の基本観念を無視し、また、国際連合憲章の起草過程を無視したものと言わざるを得ないのである。以上を踏まえれば、上述した政府のこれまでの見解である、「（自衛のための）措置は、必要最小限度の範囲にとどまるべき」という解釈に立ったとしても、その「必要最小限度」の中に個別的自衛権は含まれるが集団的自衛権は含まれないとしてきた政府の憲法解釈は、「必要最小限度」について抽象的な法理だけで形式的に線を引こうとした点で適当ではない。事実として、今日の日本の安全が個別的自衛権の行使だけで確保されるとは考え難い。したがって、「必要最小限度」の中に集団的自衛権の行使も含まれると解釈して、集団的自衛権の行使を認めるべきである。

（4）なお、上記（3）のような解釈を採る場合には、憲法第9条第2項にいう「戦力」および「交戦権」については、次のように考えるべきである。「戦力」については、自衛権行使を合憲と踏み切った主権回復直後の自衛隊創設後に至る憲法解釈変遷の際に「近代戦争遂行能力」と定義されたこともあったが、その後は、自衛のための必要最小限度の実力を超えるものとされ、1972年11月、吉國一郎内閣法制局長官は、「昭和29年12月以来は、憲法第9条第2項の戦力といたしまして、（略）近代戦争遂行能力という言い方をやめております」と明言した。現在では「自衛のための必要最小限度の実力」の具体的な限度は防衛力整備をめぐる国会論議の中で国民の支持を得つつ考査されるべきものとされている。客観的な国際情勢に照らして、憲法が許容する武力の行使に必要な実力の保持が許容されるという考え方は、今後も踏襲されるべきものと考える。

「交戦権」については、自衛のための武力の行使は憲法の禁ずる交戦権とは「別の観念のもの」であるとの答弁がなされてきた。国際連合憲章によりjus ad bellum（戦争に訴えること自体を規律する規範）の問題として一般的に禁止されている状況の中で、個別的および集団的自衛権の行使や国連の集団安全保障措置等のように国際連合憲章を含む国際法に合致し、かつ、憲法の許容する武力の行使は、憲法第9条の禁止する交戦権の行使とは「別の観念のもの」と引き続き観念すべきものである。ただし、合法な武力行使であってもjus in bello（戦時における戦闘の手段・方法を規律する規範）の問題として国際人道法規上の規制を受けることは当然である。

2　憲法上認められる自衛権

（1）個別的自衛権の行使に関する見解として、政府は、従来、憲法第9条の下において認められる自衛権の発動としての武力の行使については、①我が国に対する急迫不正の侵害があること、②これを排除するために他の適当な手段がないこと、③必要最小限度の実力行使にとどまるべきこと、という3要件に該当する場合に限られるとしている。このように、この3要件を満たす限り行使に制限はないが、その実際の行使に当たっては、その必要性と均衡性を慎重かつ迅速に判断して、決定しなければならない（武力攻撃に至らない侵害への対応については後述する）。

（2）集団的自衛権とは、国際法上、一般に、自国と密接な関係にある外国に対する武力攻撃を、自国が直接攻撃されていない場合にも、実力をもって阻止する権利と解されている。また、集団的自衛権の行使は、武力攻撃の発生（注・着手も含まれる）、被攻撃国の要請または同意という要件が満たされている場合に、必要性、均衡性という要件を満たしつつ行うことが求められる。

我が国においては、この集団的自衛権について、我が国と密接な関係にある外国に対して武力攻撃が行われ、その事態が我が国の安全に重大な影響を及ぼす可能性があるときには、我が国が直接攻撃されていない場合でも、その国の明示の要請または同意を得て、必要最小限の実力を行使してこの攻撃の排除に参加し、国際の平和および安全の維持・回復に貢献することができることとすべきである。そのような場合に該当するかについては、我が国への直接攻撃に結びつく蓋然性が高いか、日米同盟の信頼が著しく傷つきその抑止力が大きく損なわれ得るか、国際秩序そのものが大きく揺らぎ得るか、国民の生命や権利が著しく害されるか、その他我が国へ深刻な影響が及び得るかといった諸点を政府が総合的に勘案しつつ責任を持って判断すべきである。また、我が国が集団的自衛権を行使するに当たり第三国の領域を通過する場合には、我が国の方針として、その国の同意を得るものとすべきである。さらに、集団的自衛権を行使するに当たっては、個別的自衛権を行使する場合と同様に、事前または事後に国会の承認を得る必要があるものとすべきである。

集団的自衛権は権利であって、義務ではないので、行使し得る場合であっても、我が国が行使することにどれだけ意味があるのか等を総合的に判断して、政策的判断の結果、行使しないことがあるのは当然である。我が国による集団的自衛権の行使については、内閣総理大臣の主導の下、国家安全保障会議の議を経るべきであり、内閣として閣議決定により意思決定する必要がある。なお、集団的自衛権の行使を認めれば、果てしなく米国の戦争に巻き込まれるという議論が一部にあるが、そもそも集団的自衛権の行使は義務ではなく権利であるので、その行使はあくまでも我が国が主体的に判断すべき問題である。この関連で、個別的または集団的自衛権を行使する自衛隊部隊の活動の場所について、憲法解釈上、地理的な限定を設けることは適切でない。「地球の裏側」まで行くのかうんぬんという議論があるが、不毛な抽象論にすぎず、ある事態が我が国の安全に重大な影響を及ぼす可能性があるか、かつ我が国の行動にどれだけの効果があるかといった点を総合的に勘案し、個別具体的な事例に則して主体的に判断すべきである。なお、繰り返しになるが、集団的自衛権は権利であって義務ではなく、先に述べたような政策的判断の結果として、行使しないことももちろんある点に留意が必要である。

（3）本来は集団的自衛権の行使の対象となるべき事例について、個別的自衛権や警察権を我が国独自の考え方で「拡張」して説明することは、国際法違反の恐れがある。例えば、公海上で日米の艦船が共同行動をしている際に、自衛艦が攻撃されていないにもかかわらず個別的自衛権の行使として米艦を防護した場合には、国際連合憲章第51条に基づき我が国がとった措置につき国連安全保障理事会に報告する義務が生じるが、「我が国に対して武力攻撃が発生した」という事実がないにもかかわらず個別的自衛権の行使として報告すれば、国際連合憲章違反との批判を受けるおそれがある。また、各国が独自に個別的自衛権の「拡張」を主張すれば、国際法に基づかない各国独自の「正義」が横行することとなり、これは実質的にも危険な考えである。

（4）情報通信技術の発展に伴い、今やサイバー空間は人々の生活に必要不可欠なものとなっている。サイバー空間は、インターネットの発達により形成された仮想空間であり、安全保障上も陸・海・空・宇宙に続く新しい領域であると言えるが、その法的側面については議論が続いているところである。ひとたびサイバー攻撃が行われれば、政府機関から企業に至る社会の隅々にまで深刻な影響を及ぼすこととなり、この問題の重要性が認識されるに至っている。現実にも、近年、諸国の政府機関や軍隊などに対するサイバー攻撃が多発しており、各国政府による取組や国際的な議論が行われているところである。

日進月歩の技術進歩を背景とするサイバー攻撃は、攻撃の予測や攻撃者の特定が困難であったり、攻撃の手法が多様であるといった特徴を有しており、従来の典型的な武力攻撃と異なる点も少なくない。そのため、サイバー攻撃の法的位置付けについて一概に述べるのは困難である。これまでのところ、サイバー攻撃が「武力攻撃」に該当しないと位置付けられている事例が多いように見受けられる。他方、一定の場合には、サイバー攻撃が、「我が国に対する急迫不正の侵害があること」という要件を含め、自衛権発動の3要件を満たす場合もあると考えられる。いずれにしても、どのような場合がそれに該当するかという点や、外部からのサイバー攻撃に対処するための制度的な枠組みの必要性等について、国際社会における議論にも留意しつつ、引き続き、検討が必要である。

3　軍事的措置を伴う国連の集団安全保障措置への参加

軍事的措置を伴う国連の集団安全保障措置への参加については、上記Ⅰで述べたとおり、これまでの政府の憲法解釈では、正規の国連軍については研究中としながらも、いわゆる国連多国籍軍の場合は、武力の行使につながる可能性のある行為として、憲法第9条違反の恐れがあるとされてきた。しかしながら、上記Ⅱの1の（1）で述べたとおり、憲法第9条が国連の集団安全保障措置への我が国の参加までも禁じていると解釈することは適当ではなく、国連の集団安全保障措置は、我が国が当事国である国際紛争を解決する手段としての武力の行使に当たらず、憲法上の制約はないと解釈すべきである。国連安全保障理事会決議などによる集団安全保障措置への参加は、国際社会における責務でもあり、憲法が国際協調主義を根本原則とし、憲法第98条が国際法規の誠実な遵守を定めていることからも、我が国として主体的な判断を行うことを前提に、積極的に貢献すべきである。近年我が国は、武力の行使以外の後方支援などの領域においては、国際社会の秩序を維持するための活動への貢献の幅を着実に広げてきている。先に述べたとおり、2001年9月に米国で同時多発テロ事件が発生したことを受け、同年11月には「平成十三年九月十一日のアメリカ合衆国において発生したテロリストによる攻撃等に対応して行われる国際連合憲章の目的達成のための諸外国の活動に対して我が国が実施する措置及び関連する国際連合決議などに基づく人道的措置に関する特別措置法」（テロ対策特別措置法）を制定して、インド洋に自衛艦を派遣し補給支援活動を行った。また、2003年には「イラクにおける人道復興支援活動及び安全確保支援活動の実施に関する特別措置法」（イラク人道復興支援特別措置法）により、戦後初めて多国籍軍が占領行政を行っている他国領域の陸上において自衛隊が人道復興支援活動に従事した。

国際連合憲章第7章が定める国連の集団安全保障措置には、軍事的措置と非軍事的措置があるが、非軍事的措置を規定した国際連合憲章第41条に基づく経済制裁への参加については、我が国はこれまでも、関連の国連安全保障理事会決議に基づく北朝鮮の核関連、その他の大量破壊兵器関連および弾道ミサイル関連計画に関与する者に対して資産凍結などの措置を講ずるなど、積極的に協力を行ってきている。憲法前文で国際協調主義を掲げ、国連への協力を安全保障政策の柱の一つとしてきた我が国が、同じ国際社会の秩序を守るための国連安全保障理事会決議などに基づく国連の集団安全保障措置であるにもかかわらず、軍事力を用いた強制措置を伴う場合については一切の協力を行うことができないという現状は改める必要がある。

このように国連などが行う国際的な平和活動については憲法上制約がないとするとしても、国際連合憲章が本来予定した、国連軍の創設を含む形での集団安全保障体制が実現しておらず、また国連安全保障理事会決議に基づく平和活動にも種々の段階があり、その原因、国連の参加の態様も個々の事例に応じて多様であるので、平和活動への参加に関しては、個々の場合について政策上我が国が参加することにどれだけ意味があるのかなどを総合的に検討して、慎重に判断すべきことは当然である。

なお、言うまでもなく、軍事力を用いた強制措置を伴う国連の集団安全保障措置に参加するに当たっては、事前または事後に国会の承認を得るものとすべきである。

〈以下次号〉

防衛技術

耐災害ネットワーク「ナーブネット」実用化へ

被災地 宮城・女川町で実証試験を開始

防衛省・自衛隊も注目

情報通信研究機構

電源のない場所でも太陽光だけで運用できる「ソーラー可搬型基地局」

手投げ式で発進する「ナーブネット」中継用の小型無人機「PUMA－AE」（いずれもNICT提供）

情報通信研究機構（NICT）は大災害発生時に機能する耐災害ネットワーク「ナーブ（神経）ネット」の実用化を進めている。今年3月、無人機（UAV）を使った広域でのネット接続試験を和歌山県で行ったほか、東日本大震災の被災地・宮城県女川町では町と共同で実証試験を実施中だ。同システムは抗堪性が高く、UAVも安定した機能を発揮しており、防衛省・自衛隊も注目している。

東日本大震災ではアンテナの倒壊などで情報孤立地域が多数発生し、救援活動にも影響した。NICTはこれを教訓に、災害に強い分散型地域無線ネットワーク「ナーブネット」の実用化を進めている。ローカルネットのため通信規制の原因となる通信の集中が起きにくく、基地局の一部が被災しても迂回して接続できるのが最大の特徴だ。

アンテナは建物の屋上や街路灯などに設置し、地域全体に網の目（メッシュ状）にネットを張り巡らし、一部が途切れても自動ルート変更機能で通信を即時に復旧させる。広域で不通の場合は「ソーラー可搬型基地局」などを持ち込み、携帯電話やインターネットがつながるようにする。

同システムでは手投げ式の小型UAVも「中継器」として活用、山間部などでもネットの構成が可能だ。

NICTは3月24、25日、南海トラフ大地震の被害が予想される和歌山県白浜町で「ナーブネット」の実証試験を実施した。広域に可搬型基地局などを配置し、無線ネットを構築、スマートフォンでの安否確認ができるか確認した。

さらに上空500メートルにはUAVを滞空させ、遠隔地の〝孤立地域〟との通信も中継。このUAVは

抗堪性高くUAVも安定

広域での中継が可能に

滞空4時間 一度に複数機OK

米エアロバイロンメント社製の「PUMA－AE」で、翼幅2・8メートル、重量5・9キロ。手投げ式で発進し、飛行時間は約4時間。一度に複数機を滞空させれば、より広域での通信中継が可能になる。

NICTは同UAVを延べ100回（60時間）以上飛行させており、その運用性の高さを実証している。

一方、東北の女川町では、町と共同で3月中旬から「ナーブネット」の実証試験を開始。町役場仮設庁舎、地域医療センター、港湾部にある冷凍冷蔵施設などの間を連接。高台の監視カメラが捉えた女川湾や復興工事現場の映像を町役場で直接モニタリングできるようにした。このシステムは普段は防犯や高齢者・子供の見守りにも使える。

自衛隊も同ネットでのUAVの運用性などに注目。防衛省技術研究本部は3月26日、NICTと情報通信分野で研究協力協定を結び、通信ネットの抗堪性向上のための共同研究に着手している。今後の共同研究の成果が期待される。

兵神機械工業が開発した「船舶用植物工場ユニット」。LEDを使った水耕栽培システムで「観葉植物」として乗員の癒やしにもなる（東京ビッグサイトで）

技術が光る

>26<

船舶用植物工場ユニット　兵神機械工業

潜水艦内でも野菜栽培

LED光源、液漏れなし

海自横須賀基地で4月に行われた「カレーNO1グランプリ」で、優勝したのは潜水艦部隊だった。出港中は潜航の続く毎日で、乗員の楽しみといえば何と言っても食事だけに、料理の味で水上部隊を抑えて見事優勝したのも理解できる。

船乗りにとって長い航海で欠乏するのが生鮮野菜や果物だ。冷凍保存できる肉や魚と違って緑黄色野菜は長持ちしない。そこで吉報とも言えるのが潜水艦内でも生野菜を栽培できる「植物工場」。

船乗りが注目するこの「船舶用植物工場ユニット」を開発したのは船用ポンプ機器メーカーの兵神機械工業（本社・兵庫県播磨町）。展示会「シージャパン2014」で試作品が発表され、「長い航海中の乗員の癒やしにもなる」と海自隊員の関心も集めた。

この植物工場はLEDを光源に、陽が当たらなくても野菜が育つ仕組み。嵐に遭い大きく揺れる船内でも液漏れを起こさない万全のシステムが特徴だ。

「弊社はこれまで家庭菜園用のパイプ式小型水耕ユニットを手掛けてきましたが、これを船舶用に改良したのがこの製品です」と広報担当者。

船用ポンプで長年培った水制御・環境関連機器の技術を生かして、ほとんど手間いらずの「船舶用植物工場」を開発した。水耕ベッドの給水はタイマー制御による「間断給液方式」を取り入れ、循環液量も最小限に抑えられている。

試作ユニットは幅1・5メートル、高さ1・36メートル、奥行き40センチで、重量は110キロ。野菜を植え付けるパイプ式小型水耕ユニットは2段・2列で、最大64株が栽培できる。

段上にはLEDライトが配置され、1日24時間の点灯で野菜が生育。栽培養液が加えられた水は循環ポンプで1分間に10・6リットル（または12・5リットル）流れる。

栽培チューブはステンレス製で衛生面に優れ、整備性もいい。野菜の根はパイプの育苗トレーに伸び、船が傾いても問題ない。電源（AC100ボルト）は船側から受ける方式だ。

この工場で栽培できるのはリーフレタス、サラダミズナ、ベビーリーフ、イタリアンパセリ、チンゲンサイなど。栽培は「播種→育苗→定植→収穫」のサイクルで行われる。

「タンカーや貨物船は人が少ないので、この植物工場があれば船員はほぼ毎日、生野菜が食べられます。ただし、海上自衛隊の艦船は乗組員が多いので、野菜の量は足りないかもしれませんが、LEDに照らされた野菜はとてもきれいで、艦内で見ているだけでも癒やしの効果があると思います」。

この「船舶用植物工場ユニット」は商品開発中で、価格等は未定。ユーザーから特に要望があれば、それに応えることも可能だという。

世界の新兵器

465

PAK－DA 露

ロシアの新「核打撃力」目指す

前回（1月23日付）は米国の次世代ステルス長距離爆撃機「LRS－B」計画について記述したが、今回は、そのロシア版とも言うべき「PAK－DA」について述べる。本機についてはまだほとんど情報がなく、ロシアの大統領や軍高官から断片的なコメントが発表されているのみで、ネット上でも数種類のイメージ図や写真、記事があるだけである。本欄ではこれらから垣間見られる「PAK－DA」の機体構想について推測してみることとする。

本機は、ロシア空軍の現有爆撃機Tu95、Tu160等の後継機となる「次世代ステルス長距離爆撃機」とされており、開発はロシアの代表的メーカーであるツポレフ設計局が担当し、2019年に初飛行、25年に運用開始を目指していると報じられている。

その研究は08年頃に空軍から運用要求書が出されて始まったようで、当初はTu160の大幅な能力向上を目指したようであるが、その後、本格的なステルス性能を持った新規開発に変更されたとされている。ご多分にもれず、プロジェクトの浮き沈みはあったようだが、12年には設計作業が開始され、昨年、初期設計が完了、今年から試作作業が本格化していると報じられている。

その機体構想はステルス性を重視し、複合材を多用した全翼式（水平尾翼なし）で、外翼に可変後退翼を持ち、内側に少し傾いた双垂直尾翼を後方上部に装備している。情報によれば、米国の「LRS－B」計画よりも既存技術を多用し、リスクと経費の軽減を図っているとされる。

インターネット上にアップされたロシアの次世代ステルス爆撃機「PAK－DA」の想像図

機体の諸元・性能は全く不明で推測の域を出ないが、全長36メートル、全幅32メートル、全高7メートル、全備重量150トン、ターボファンエンジン4発で、最大速度が時速900キロ、戦闘行動半径3500キロ程度とされ、搭載装備品は開発中の次世代ステルス戦闘機「PAK－FA（T50）」との共通化を図っているとされる。兵装は全て胴体に内装化され、現在開発中の超音速核・非核巡航ミサイルや最新鋭の精密誘導兵器を搭載すると思われる。また2040年以降には本機をベースにした「無人爆撃機」を計画しているとされる。

最新の情報によると、今年に入って本プロジェクトに中国の投資を呼び掛けており、露・中の共同開発となる可能性もある。今後、我が国も十分に注視していく必要がある。

高島秀雄（防衛技術協会・客員研究員）

国内

技本が対機雷戦のUSV初公開

国際海洋展「シージャパン」が都内で開催され、技本は「無人水上艇（USV）」の8分の1模型を初出展した＝写真。実物は全長8メートル、全幅2・85メートル、全高4・8メートルで、軽荷重量は3・1トン。ウオータージェット型船外機2基で推進し、速力は7ノット以上、航続時間は12時間以上。自律航行や遠隔操縦により海中に投入した無人航走体（UUV）と対潜戦や対機雷戦で一体運用できる。

海外

ベトナムに潜水艦

ベトナムはロシアから「キロ」級通常動力潜水艦6隻の導入を進めている。すでに1番艦「ハノイ」、2番艦「ホーチミン」がカムラン湾に到着し、残りの4隻も2016年までに引き渡される予定。これによりベトナム海軍の南シナ海での攻撃能力は格段に高まる。

技術屋のひとりごと

矛盾技術　有澤　治幸

「矛盾」とは、皆さんご存知のように一般的につじつまの合わないことを指している。

筆者も昔、火薬の安全化に関する研究を行っていた時、ある専門外の先生に「君はどんな研究をしているの？」と尋ねられ、とっさに「燃えない火薬を作ることです」と答えたところ、「それはあまりにも矛盾した研究だねえ」と苦笑されたことがある。筆者としては「《燃えない火薬》言い得て妙だなあ」と思っていても、それが専門外の人にとって火薬は燃えるものであり、燃えない火薬はあり得ないことから、「矛盾」に感じてしまうとは思ってもみなかった。

さて、一昨年、技術研究本部陸上装備研究所の弾道技術研究部勤務を命ぜられた。同研究部のミッションは、大砲・砲弾と防弾・防爆の両方を研究することであり、古代中国の故事にある「矛盾」に関する研究をまさしく実行する研究部署である。

筆者が着任したころは、部の中にある四つの研究室のうち2研究室が大砲・砲弾（矛）を研究し、残りの2研究室が防弾・防爆（盾）を研究していた。しかし、この4月から弾道技術研究部内で組織改編が行われ、少なくとも部内で「矛盾」に関する棲み分けをしていたものが、「矛盾」の両方を所掌とする研究室が誕生した。

「矛盾」という相反する事象を、ひとりの研究室・研究者が探求するとどうなるか…。予測することが困難ではあるが、筆者の経験では、多くの事象は一見すると矛盾するが、それぞれの事象が起こりうる環境を考えた場合、必ずしも矛盾せず、意外と上手くいくのではないかと楽観している。今後、科学技術が進展する中で、矛盾する技術をテーマとする研究が増えるかもしれない。

（技本陸装研・弾道技術研究部長）

空の事故防止「人」がキー

9年ぶり心理技官採用

航安隊　航空機の進歩に対応

【航安隊＝立川】空自の航空安全管理隊（司令・橋本進空将補）は今年4月、ヒューマンファクター（人的要因）の観点から飛行安全や航空事故防止の調査研究に携わる心理技官（心理学を専門とする研究職技官）を9年ぶりに採用した。高城雅裕技官（24）で、日進月歩の航空機技術を背景に、防衛省・自衛隊にはこれまで以上に航空事故防止に関する研究の充実とその成果の普及の推進が求められていることから、同隊では次世代の研究の担い手として大きな期待を寄せている。

心理技官として4月に入隊した高城雅裕技官（右）。左は先輩の飯野雄士技官（5月1日、空自立川分屯基地で）

心理技官は主に航空機の運用に関わるヒューマンファクターについて心理学の見地から専門的に分析、評価するとともに、その研究成果を航空事故防止対策などに反映させ、空自の飛行安全管理に役立てている。

大臣直轄部隊でもある航空安全管理隊の主な任務は①航空事故現地調査などの支援②飛行安全資料の収集、分析、配布③飛行安全などに関する教育・調査研究——など。

心理技官らは学会にも積極的に参加して知識・技能の向上に努め、学会誌への発表などを通じて成果の普及に努めている。

防衛省・自衛隊の中でも心理技官のポストは極めて限られており、同隊では退職者が出ないと採用してこなかったが、時代に即した飛行安全教育の普及を推進するに当たり、それを支える研究部門のさらなる拡充に向け、ポストの純増が認められた。

高城技官は立命館大大学院文学研究科で心理学を専修、対人関係が主な専門だ。6月に空自幹部候補生学校（奈良）に入校するのを前に「将来は研究成果を現場に還元できるよう、まずは一人前の隊員になることを目指して任務にまい進したい」と抱負を語った。

高城技官が所属する教育研究部（部長・吉廣敏幸1佐）には主任研究官の片寄隆正技官、配属先の研究科（科長・佐々野真2佐）には金重耕太技官、飯野雄士技官と、計3人のベテラン心理技官が在籍しており、新人技官の成長を見守る。

橋本司令は「飛行安全には不断の努力が重要。航安隊においてしっかり専門性を極め、組織のために研究成果を出していってほしい」と話している。

患者輸送800回　71空

東京都などから感謝状

【31空群＝岩国】海自31空群（司令・眞木信政将補）は4月10日、東京都の小笠原諸島で行っている緊急患者輸送が800回に達し、東京都と小笠原村から感謝状を贈呈された。

患者輸送は31空群隷下の71空（厚木）が担当。US－1A、US2両救難飛行艇を運用し、昭和57年3月から5月20日までに993件の災害派遣に従事している。12月10日に父島・羽田空港間で緊急輸送を行い800回を達成した。

この日は東京都知事代理の村松明典総合防災部長と森下一男小笠原村長らが31空群司令部を訪れ、「迅速果敢に行動し、人命救助と民生安定に多大な貢献をしていただいた」と、眞木司令に感謝状と記念品を贈呈した。

71空では今回の表彰を「部隊発足以来、隊員一同が維持してきた職務に対する熱意とたゆまぬ努力の結晶」とし、「今後とも国民の負託に応える精強な部隊であり続けたい」と決意を新たにしている。

感謝状を贈呈された31空群の眞木信政司令（前列左から3人目）と71空の立石和孝司令（同右から2人目）

こちら警務隊　☎8・6・47625

マリファナは大麻の別称　所持は5年以下の懲役

マリファナ、ハシシュと呼ばれている物を持っていると罪になるのですか？

マリファナやハシシュは、大麻の別称で罪になります。アメリカ、カナダ、メキシコなどではマリファナと呼ばれ、中東、東南アジアなどではハシシュなどと呼ばれますが、名称がどうであるかは問題ではなく、テトラヒドロカンナビノールを主体とする有毒成分を含む物を法律上、大麻といいます。

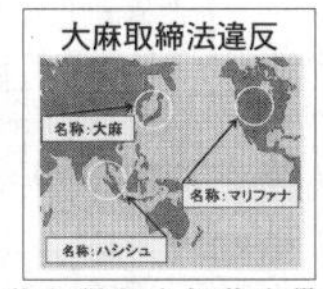

大麻をみだりに所持し、譲り受けまたは譲り渡した者は、5年以下の懲役に処されます。また、大麻を栽培した者は、7年以下の懲役に処されます。知らなかったという言い訳は通用しません。（警本＝市ヶ谷・村山1尉）

呉貯油所警備犬が団体優勝

西日本競技会

【呉造補所】呉造修補給所貯油所（所長・布施壮一2佐）の警備犬3頭が4月13日、広島県福山市の芦田川河川敷で実施された「春季西日本訓練チャンピオン決定競技会」（日本警察犬協会主催）に参加し、「警戒の部」2部で「ピース号」がチャンピオンガウンを勝ち取った＝写真。

「警戒の部」2部に「ピース号」（オス3歳11カ月、担当・藤井豊事務官）と「ピーロ号」（同3歳3カ月、同森秀樹事務官）が、「臭気選別の部」1部に「ベル号」（同3歳6カ月、同大倉菜祐子2曹）がそれぞれ参加した。

当日は14部門に約200頭が出場。「ピース号」が2位、「ピーロ号」が5位に入賞し、見事団体優勝を果たした。

なお、5月16日から18日にかけ、長野県諏訪郡の富士見高原リゾートで行われた救助犬訓練士協会主催の「国際救助犬試験」にも同所から5頭が参加した。

国際救助犬連盟（オーストリア）公認の同試験は適正テスト（初等）、A段階テスト（中等）、B段階テスト（高等）の3段階で構成され、合格率20パーセントという難関試験。

B段階に出場した「妙見丸号」（オス7歳1カ月）と「多門丸号」（同5歳11カ月）が好成績で合格するという快挙を達成した。

「広報ROOM」リニューアル

JR名古屋駅西口

【愛知地本】地本は4月8日、名古屋市のJR名古屋駅西口（中村区椿町21の2）に「自衛隊広報ROOM」を移転、リニューアルオープンさせた。

オープニングセレモニーには市川文一地本長、各出張所長、協力会関係者らが出席し、広報ROOMのリニューアルを祝った。市川地本長は「広報ROOMを新たな基盤として、広報活動や募集につなげていきたい」とあいさつした。

同19日にはリニューアル後初のイベントを実施。来館者に自衛官の制服や迷彩服を試着してもらい、写真を撮影、写真を缶バッジにしてプレゼントした。旧広報ROOMからの常連や、SNSフォロワーも多く集結。正午の開館と同時に、約300人が詰めかけた。三重県四日市市から訪れた大学生は「今日一番に缶バッジを作ってもらい、うれしい」と顔をほころばせていた。

ご当地アイドル「dela」や名古屋よしもとの人気芸人コンビ「マニッシュガーリー」によるテレビ番組の収録も行われ、来館者から歓声が上がっていた。

「自衛隊広報ROOM」前でポーズを取る新名古屋アイドル「dela」

三好　秀男氏（みよし・ひでお＝元陸幕長、元陸将）5月8日、虚血性心不全のため東京都内の病院で死去、94歳。告別式は親族で行った。喪主は妻好子（よしこ）さん。

愛媛県出身。陸士59期。32普連長、陸幕2部副部長、東方幕僚長、陸幕5部長、11師団長、陸幕副長などを経て昭和49年7月から51年10月まで陸幕長を務めた。

「笑顔」を統率方針に

陸自衛生隊　初の女性隊長誕生

陸自第1後方支援連隊衛生隊（練馬）の隊長に3月23日、松田桃子2佐（39）が着任した。陸自の衛生隊に女性隊長が就くのは初めて。

女性初の陸自衛生隊長に就いた松田2佐（5月15日、練馬駐屯地で）

松田2佐は神奈川県出身。東北大法学部を卒業後、「人の役に立ちたい」と自衛官を志し、平成9年に陸自入隊。防医大学生部補導官、陸幕法務官など衛生と法務の二つの職種で勤務し、1後支連衛生隊長に着任した。

松田2佐は着任の訓示で「笑顔」を統率方針に挙げ、「苦しい時ほど笑顔でいることが必ず人を助ける」と述べ、①現状に満足せずひとつ上を目指すこと②今ここにある縁を大切にし、同期、仲間を大切にして勤務せよ——の二つを隊員に要望した。

性別は特に意識していないという松田2佐。前任の隊長が築き上げたものをどう発展させるかに重きを置いている。「自分らしく職務に当たることで結果として『女性ならでは』ということがあれば」と自然体で話す。

西東京市、武蔵野市、小金井市の災派担任地区となる1後支連衛生隊。平時から態勢は万全に整えている。「首都直下型地震などを考えると責任は重要。命に関わることなので気が抜けない」と緊張感を保つ。

現在はJA厚生連伊勢原協同病院（神奈川県伊勢原市）からの依頼を受け、8月に予定する病院移転に伴う220人の患者輸送支援に向けて調整中。「役に立つ精強な衛生部隊をつくりたい」と気を引きしめた。

山林火災　相次ぐ

各部隊　空中消火や情報収集

4月中旬から5月上旬にかけて全国で山林火災が相次ぎ、陸・空自の各部隊が空中消火や情報収集活動に尽力した。4月1カ月間の7件の災派数は、過去20年間では3番目の多さ。

群馬県桐生市菱町の黒川ダム付近で4月15日に発生した火災では、陸自12ヘリ隊（相馬原）、東方航空隊（立川）、1ヘリ団（木更津）が合わせてヘリ延べ43機を派遣。19日までに約3900トン（656回）を散水した。

一方、大分県別府市の湯山付近で発生した火災では4月24、25の2日間に41普連（別府）、西方航空隊（高遊原）、4飛行隊（目達原）の人員延べ約680人、車両同約100両、ヘリ8機が出動し鎮火させた。

岩手県盛岡市玉山区付近の火災では4月27日から29日まで、9飛行隊（八戸）、9特連（岩手）、空自三沢ヘリ空輸隊（三沢）の人員延べ約110人、車両同15両、ヘリ6機が消火に当たった。

東京都多摩町境付近で5月8日に発生した火災では、東方航空隊、1飛行隊（立川）、12ヘリ隊、1施設大隊（朝霞）の人員延べ約50人、車両同約10両、ヘリ7機が散水や地上での消火活動を行った。

CH47輸送ヘリの機内から散水の様子を確認する12ヘリ隊員（5月8日、東京都多摩町で）

小休止

▽…宇治駐屯地は5月2日、京都府農林水産技術センター茶園などで行われた「宇治新茶八十八夜茶摘みの集い」を支援した。

▽…イベントは京都府茶業会議所などが主催し11回目。駐屯地は第1回から支援し、この日も小林紗与士長＝写真右＝と大原利恵技官＝同中央＝の2人が協力した。

▽…多くの報道陣に囲まれ、また今年初の夏日を記録する汗ばむ陽気の中で茶摘みを行った2人は、「宇治茶の歴史の一端に触れられた」と笑顔で語った。（宇治）

（世界の切手・デンマーク）

人は誰でも、自分自身への誇りを、自分に課された仕事を果たしていくことで確実にしていく。

ケン・フォレット（英国の作家）

南スーダン派遣施設隊5次隊からの所感文

頼もしい『継ぎ手』育成中

3陸佐　稲田　雅士（派遣施設隊・対外調整班長）

ブラジルPKO部隊の将校（左）と打ち合わせをする稲田雅士3佐

私は、今回で3回目の国連ミッション参加となります。十数年前、東ティモールPKOに派遣したときは、国連の何たるかを十分理解できないまま派遣施設群第3科の連絡幹部として、国連軍司令部との調整に明け暮れていましたが、その当時と現在を比べると陸自の充実した教育訓練の成果が随所に見られます。

私の原隊は国際活動教育隊で、これまで主任教官として、学生に対して国際平和協力活動について教えてきました。現在、こちらで苦楽を共にする隊員の中に教え子がいるのをとても頼もしく感じます。

彼らが各国の軍人や文官と積極的に調整をしている姿を見ていると、私たちがここ数年尽力してきた「後輩育成」の成果が感じられ、うれしい限りです。今も時間を見つけては、若い隊員に国連の組織や形態、専門用語、ミッションの変遷などを教えています。

また、後輩を連れて軍司令部などを訪問し、現場での情報収集の仕方や積極的な意見交換などの「実習」もしています。後輩たちには国それぞれに異なるアプローチ法（異文化交流）、思考方法をはじめ、国連組織のルールや作法なども感じ取ってもらえるようにしています。

私が若い頃は陸自のPKO活動はまだ草創期で、絶対的な経験値が少ない状況でした。そのため私自身もパイオニア的な立場で職務を遂行せざるをえず、ノウハウ修得に多くの時間を費やしました。しかし、現在は陸自も効率よく教育訓練ができるようになっています。私もこの十数年間に経験させてもらったことを後輩にしっかりと引き継ぐ責任があると思っています。

今回、南スーダンに来て直面した民族間抗争に起因する危機的な状況の中での人道支援活動や、その環境での施設活動は、まさに陸自史上初めての経験とも言えます。これを経験した隊員たちが今後、陸自PKOの頼もしい「継ぎ手」となってくれることでしょう。

そんなわけで今日も私は後輩たちを引き連れて外回りをしています。覚えたての専門用語でたどたどしく会話をしている彼らを私はほほ笑ましく見ています。

10年後、彼らが陸自の国際活動の主力として世界中で活躍してくれていることを願いつつ、今日も指導に当たっています。（原隊・国際活動教育隊＝駒門）

合言葉は「プライドと感謝」

3陸曹　喜多　義英（1施設小隊・油圧ショベル操作陸曹）

私にとってPKOへの参加は中米・ハイチでの「MINUSTAH」に続いて2度目です。

現在は第1施設小隊の油圧ショベル操作陸曹として、主に避難民の対応やUN施設の強化などに当たっています。これまで私が携わった作業は仮設トイレ、食料配分所の構築、給水所の側溝整備などがあります。

国連施設の強化としては、日本隊とインド隊の宿営地間にある水路に橋を架けました。この橋は「パール・ブリッジ」と名付けられました。強い日差しの下での作業は大変でしたが、無事完成して喜びもひとしおです。

現在はUNエプロン排水溝の整備を小隊長の要望事項である「プライドと感謝」を合言葉に、小隊一丸で実施しています。

日本から私たちを支えてくれる部隊の皆さん、そして家族には深く感謝しています。私にとってPKO活動は貴重な経験であり、この経験を通じてさらに自分自身が成長できるよう、最後の日まで頑張ります。

（原隊・3施大本管中＝大久保）

油圧ショベルを操縦する喜多義英3曹

子供たちの笑顔が励み

3陸曹　川本　裕太（1警備小隊・無線通信手）

川本　裕太3曹

南スーダンに来て4カ月。こちらの生活や環境にもようやく慣れました。私は警備小隊に所属し、日本隊の宿営地と活動地域で部隊の警備に従事しています。

昨年末からの南スーダン情勢の悪化で、日本隊は本来行うはずだったインフラ整備ではなく、国連施設に避難してきた住民への人道支援が主たる任務となっています。私は日本隊の警備に従事しているので、日々緊張感をもって任務に当たっています。

当初は不安もありましたが、私たち警備小隊が不安を感じていては部隊が安心して活動できないと思い、より安全かつ確実に任務が遂行できるよう、毎回、事前に図上予行を行い、各隊員の認識の統一を図って各自が自信を持って任務に就けるよう留意しています。

活動中に南スーダンの人々とふれあい、子供たちの明るい笑顔を見ると、自分たちも一層頑張らなければという気持ちが湧いてきます。この子供たちの笑顔が10年後も20年後も絶えることのないよう、私たちも任務を遂行していきます。

また、日本の皆様からは追送品や温かい励ましを頂き、本当に感謝しています。これからもよろしくお願いします。

（原隊・7普連＝福知山）

「マットマン・スピリッツ」忘れず

1陸尉　桐木平　隆（33普連対戦車中隊長・久居）

桐木平　隆1尉

我が対戦車中隊は3月25日、中隊旗を連隊長に返還し、10年にわたる中隊の歴史に幕を閉じました。

33普連対戦車中隊はこの間、「米国における射撃訓練」に参加したのをはじめ、「平成20年度79式対舟艇対戦車誘導弾射撃競技会」では優勝を、「平成22年度師団格闘競技会中隊グループ」では準優勝し、連隊の栄光に寄与してきました。

そして災害派遣では、平成16年の紀伊長島地区での人命救助、23年の南伊勢町での鳥インフルエンザ、そして東日本大震災の救援活動にも従事。中隊は民生の安定にも寄与することができ、中隊旗を返還する際も全隊員がプライドを持って当日を迎えることができました。

これもひとえに中隊員の頑張りはもとより、周囲の方々のご支援ご鞭撻（べんたつ）があって任務を完遂できたものであり、この場をお借りして厚く御礼申し上げます。

今後、隊員は連隊内の配置先で新たな任務にまい進することとなりますが、師団先鋒連隊の一員として「マットマン・スピリッツ（対戦車ミサイル員の精神）」を胸に、引き続き頑張ってもらいたいと思います。（現・重迫中隊長）

OBがんばる

笑顔であいさつを

村井　祐太さん　23
平成24年7月、陸自21普連（秋田）を退職（陸士長）、自動車販売会社のネッツトヨタ秋田に再就職し、営業を担当している。

私は陸上自衛隊を退職後、ネッツトヨタ秋田に就職し、県内を回ってお客様に商品（自動車）の説明をする営業の仕事をしています。その中で大変だと感じる事が三つあります。

第1は、お客様相手なので、言葉遣いや服装、態度はもちろん、いかにお客様の心をつかんだプレゼンテーションができるか、いつもプレッシャーを感じています。入社当時は先輩と一緒の訪問だったので、そのプレゼン技術を勉強していましたが、なかなか思うようにいかず、いつも先輩にフォローしてもらっていました。1人で訪問をするようになってからは、少しずつですがようやく自信がついてきて、今ではお客様と笑顔で商談ができるようになりました。

第2は、自動車は他の商品と違って1台の値段が高価なことです。このため、お客様と値段交渉する際は単価の値段をしっかりと把握しておかないと、後で大変なことになります。帰宅してからも、商品カタログとにらめっこする毎日です。

第3は、お客様からのクレームへの対応です。今でも慣れませんが、真剣に対応することで結果は必ずついてくるので、努力を惜しまずに研さんし、問題が発生してもよい結果が得られるよう奮闘しています。

最後に、再就職される隊員の皆様へ。民間会社に入社した際は、会った社員の全員に必ず笑顔で率先してあいさつするよう心掛けてください。手は自衛隊式の「グー」ではなく、5本の指を伸ばして体につけるよう注意してください。新人は何よりもあいさつが肝要です。早く会社に慣れて、活躍されることを秋田の地より祈っています。

みんなのページ

重要性増す下総航空基地

海自OB　菊池　繁道（千葉・印西市）

千葉県海自OB会の懇親会で坂田教空団司令官（右）を囲み懇談するOBや隊員

「千葉県海上自衛隊OB会」の第31回総会が4月13日、OB会員61人が参加して下総航空基地で開催された。

最初に国歌斉唱と物故会員に黙とう、その後、後藤会長があいさつした。「OB会も創設から30年の月日が流れ、昨年は30周年を記念して講演会や施設見学などが行われ、また過去の会報を収めたDVDも完成し、OB会の歴史を振り返ることができるようになった」と述べた。その一方で、会長は「OB会は会員数が減り、予算編成上厳しい状況となっている。会勢拡充は急務であり、皆さんもぜひご協力を」と会員に要請した。

総会後は、下総基地に所在する第3術科学校長の本橋将補から「海上自衛隊の現状について」との講話を拝聴した。内容は、海上防衛力の意義、中国の海洋進出の狙い、北朝鮮の弾道ミサイル開発といったことから、国家公務員の給与改定、人事院勧告などにまで及んだ。

校長は海幕厚生課長時代に隊員の給与改定でご苦労されたようで、ご自身の「（大リーグに行った）マー君は1球だけで我が給料」のサラリーマン川柳には現実味があった。

昼からは坂田教育航空集団司令官、本橋3術校長、堀井下総教育航空群司令（当時）をはじめ、千葉県下の海自部隊長や隊友会、水交会の方々を迎え、懇親会が開かれた。

後藤会長は「下総航空基地は厳しい環境の中、（P1哨戒機の戦力化など）新しい任務に就き、その任務はますます重要性を増してきている。OBと現役が一緒になり今後とも下総航空基地を盛り上げていきたい」と述べた。

詰将棋

第672回出題

■先手　持駒　金

出題　日本将棋連盟　九段　石田　和雄

【ヒント】細かい銀のやりくりがミソ。（10分で二段）

▶詰碁、詰将棋の出題は隔週です◀

詰碁

第1087回解答

出題　日本棋院　九段　曲　励起

【解答図】黒先、黒劫。黒❶が大切で、白②黒❸白④がまた大切です。この時、黒❺と打つ一手で、白⑥の劫取りまで。劫になるのが正解です。

新刊紹介

「国家の危機管理」

伊藤　哲朗著

「総理、自衛隊を10万人派遣してください」――。東日本大震災発生後、著者は菅直人首相（当時）にそう進言し、実際にその規模の隊員が被災地に派遣された。

警視総監などを歴任し、平成20年に内閣危機管理監に就任した著者は、危機管理のスペシャリスト。約4年間、歴代首相のもとで緊急事態に対応し、現在は客員教授として東京大学で教壇に立つ。2年間にわたり同大で行った危機管理の講義を本書に集約。86の事例と自らの経験を踏まえた対処法を提言した。

第1章で危機管理の意義を明確にし、危機対応の鍵を握るクライシスマネジメント（緊急事態対処）の定義、実態、課題を3章にわたって解説。昭和52年のダッカ事件、平成20年の護衛艦「あたご」の領海内国籍不明潜水艦発見事案などを取り上げ、ニュースで話題となった事件のどの点に問題があり、何を改善するべきかを指摘する。

実際に緊急事態に対峙（たいじ）し、情報伝達、対処指示を統括した著者の言葉には重みがある。有事の際、真っ先に危機に臨む自衛官にとって、適切な対処のための指南書となるだろう。（ぎょうせい刊、2484円）

「エドワード・ルトワックの戦略論」

エドワード・ルトワック著、武田康裕ほか訳

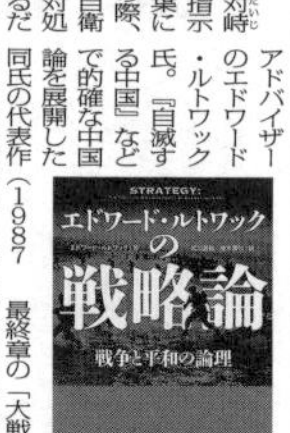

「汝、平和を欲するなら、戦いに備えよ」――。著者は冒頭で古代ローマのことわざを象徴的に引用する。言うまでもなく、平和と戦いは正反対の概念であるが、A（平和）のためにAに備えるのではなく、B（戦い）に備えるという逆説こそが戦略の本質（「戦略の逆説的本質」）と指摘する。

著者は米戦略国際問題研究所（CSIS）上級アドバイザーのエドワード・ルトワック氏。『自滅する中国』などで的確な中国論を展開した同氏の代表作（1987年刊）が満を持して日本で出版された。訳者は防大教授と防研主任研究官という豪華な顔ぶれ。

古代ローマの戦争から第2次世界大戦や中東戦争、フォークランド紛争など古今東西の戦争を詳細に分析しながら、さまざまな戦略レベルでその逆説的、非対称的本質をつまびらかにする。

最終章の「大戦略」では戦術的には成功に見えた日本の真珠湾攻撃が大戦略レベルでは失敗だったと論破。一貫して「戦略の全領域が逆説的論理に満ちている」ことを示し、読者を思考の大海に突き落とす。平和国家たる日本が今後どのような備えをしなければならないかが見えてくる。（毎日新聞社刊、2808円）

朝雲

発行所 朝雲新聞社
〒160-0002 東京都新宿区坂町26番地19 KKビル
電話 03（3225）3841
FAX 03（3225）3831
振替00190-4-17600番
定価一部140円、年間購読料9000円（税・送料込み）

主な記事

2面 小笠原村議会オスプレイ導入要請
3面 無人島で3自が初の島嶼防衛訓練
4面 「安保法制懇」報告書全文（下）
5面 QDR（米国防計画見直し）全訳(7)
6面 〈ひろば〉サバゲーで自衛官に挑戦状
7面 リオ目指し、カヌー3選手が始動
8面 〈みんなのページ〉初の外洋演習航海

中国軍機が異常接近

東シナ海 自衛隊機に30メートル

自衛隊機に異常接近した中国軍のスホイSu27戦闘機（5月24日、自衛隊機撮影、防衛省提供）

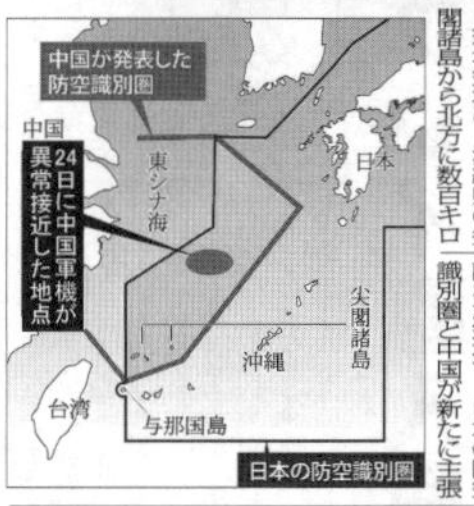

防衛省は5月24日、東シナ海中部の日中中間線付近の公海上を飛行していた海自のOP3C電子戦画像収集機と空自のYS11EB電子情報収集機に対し、空対空ミサイルを装備した中国軍のスホイSu27（殲11型）戦闘機2機がそれぞれ異常接近したと発表した。最接近時はわずか30メートルだったという。領空侵犯はなく、自衛隊機や搭乗員への被害はなかった。小野寺防衛相は同日、「偶発的事故の発生につながりかねない危険な行為。政府として外交ルートを通じて中国側に申し入れを行った」とするコメントを発表した。

防衛相「常軌を逸した行動」

現場空域は、沖縄県の尖閣諸島から北方に数百キロ離れた空域で、日本の防空識別圏と中国が新たに主張を始めた防空識別圏が重なり合うエリア。中国の戦闘機による自衛隊機への異常近接は初めてで、防衛省は特異な事例として公表した。

発表などによると、同日午前11時ごろ、中国空軍のSu27戦闘機2機が海自のOP3C電子戦画像収集機に後方から近づき、約50メートルまで接近。正午ごろには空自のYS11EB電子情報収集機に対しても約30メートルの距離まで近づいてきた。

公表された写真から、Su27戦闘機（機番40547）の翼下に搭載されているのは、ロシア製のR73短距離空対空ミサイルとみられている。

自衛隊機は当時、通常の警戒監視活動を行っており、中露両国が26日まで東シナ海で実施していた合同軍事演習のエリアとは別の場所を飛行していたという。

小野寺大臣は25日の臨時記者会見で「通常、どの国も行っている警戒監視の役割に対して今回のような戦闘機による異常な近接飛行はあってはならない。公海上を普通に飛んでいるところに近接することはあり得ず、常軌を完全に逸した行動だ」と述べ、中国側の行為を非難した。

安倍首相は26日午前、小野寺大臣と官邸で会い、今後とも警戒監視を着実に行うとともに、外交ルートを通じてしっかり抗議するよう指示した。

菅官房長官は同日午前の記者会見で「異常接近は決してあってはならず、偶発的な事故につながりかねない極めて危険な行為で、誠に遺憾だ」とした上で、「中国側に不測の事態の回避や防止のため、海上連絡メカニズムの早期運用開始を目指して働きかけを行うとともに、自制と責任ある行動を強く求めていきたい」と述べた。

また、中国国防省が「自衛隊機が中国の防空識別圏に進入し、ロシアとの合同軍事演習に対して偵察と妨害を行った」などと主張していることについて、「（自衛隊機の飛行は）軍事演習の区域外であり、妨害するような危険な行為を行った事実は一切ない。国際法にのっとった正当な行為だ」と述べた。

南スーダンPKO

6次隊400人出発へ

5旅団基幹 避難民キャンプ造成

出国準備の完了を報告する南スーダンPKO6次隊長の野村昌二1陸佐（手前）以下、5旅団主力の約400人の隊員（5月20日、帯広駐屯地で）

国連の南スーダン共和国ミッション（UNMISS）に派遣され、同国の国づくり支援に当たっている陸自施設隊は、5月下旬から6月下旬にかけて順次、5次隊から6次隊へと要員の交代を進める。

6次隊は、隊長の野村昌二1陸佐（第6普通科連隊長）以下、北方（5旅団）主力の約400人で編成。

野村隊長以下約80人は5月23日、先発隊として新千歳空港から民航機で出発し、翌24日に南スーダンの首都ジュバに到着した。今後は主力第1波の約180人が6月4日、第2波の約140人が6月18日にそれぞれ新千歳空港を出発し、現地入りを完了する。

帯広駐屯地では5月20日、6次隊の出国行事が行われ、隊員家族らが見守る中、武田副大臣と5旅団長の深津孔陸将補らが派遣隊員を激励した。

野村隊長は「南スーダンの平和と安全、発展のため、派遣隊員一丸となり、任務を完遂します」と決意を述べた。

一方、約半年間任務に当たってきた5次隊は、隊長の井川賢一1陸佐以下、中方（3師団）主力の約400人が3波に分かれて6月20日までに帰国する。

現地では昨年12月の政情不安を受け、施設隊は宿営地外での施設活動を一時中断。6次隊も5次隊と同様、当面は国連施設内に収容した数万人の避難民に対して居住区域（避難民キャンプ）の造成などの人道支援活動に最優先で当たる。

空自創設60周年記念中央式典で、来賓・隊員ら約700人を前に式辞を述べる齊藤空幕長（5月25日、入間基地で）

空自創設60周年

防衛相「国民から信頼」

入間で中央式典

航空自衛隊の創設60周年を祝う中央式典が5月25日、埼玉県の空自入間基地で行われた。防衛省から小野寺大臣をはじめ武田副大臣、木原政務官、西事務次官、岩崎統幕長、岩田陸幕長ら約400人のほか、OBや企業などの招待者ら約300人が出席した。式典に先立ち、空自の発展に寄与した17団体と18個人に齊藤空幕長から感謝状が贈られた。（7面に関連記事）

（7面に関連記事）

午前11時半すぎ、入間基地ベースオペレーション前で齊藤空幕長、中島総隊司令官らが出迎える中、小野寺大臣以下、防衛省・自衛隊の高級幹部がCH47J輸送ヘリ2機に分乗して防衛省から到着。

大臣は栄誉礼を受けたあと、空幕長を伴って儀仗隊と航空中央音楽隊を巡閲。続いて航空総隊司令部飛行隊格納庫で中央式典に臨んだ。

式典では国歌斉唱の後、正午に合わせて60年間に殉職した403柱の英霊に黙とうを捧げた。

続いて齊藤空幕長が式辞に立ち「60年は人間の年齢で言えば還暦。『国民のための自衛隊』が我々の原点」とした上で、「平和な空を次世代にしっかりつなげていくということが、60年という節目に立つ我々に与えられた使命だ」と述べた。

続いて小野寺大臣が訓示し「平素から防空任務を的確に遂行し、災害対応や国際協力活動など立派に任務を実施してきた。60年間の絶え間ない努力により、国民からの信頼と国内外から高い評価を得ている」と空自隊員の功績をたたえた。

このあと、26代空幕長の遠竹郁夫元空将と在日米軍司令官兼第5空軍司令官のサルバトーレ・アンジェレラ中将が祝辞を述べた。中将は「我々（日米両国）のパートナーシップは、私たちの平和の基礎であり続ける」と日米同盟の意義を強調した。

午後1時すぎからは、式典会場横の総司飛格納庫で祝賀会が催され、60周年記念ロゴマーク、キャッチフレーズ、記念曲が紹介された。

岸壁で家族らが見送る中、乗員・実習幹部が舷側に並び13カ国を巡る航海に出発する練習艦「かしま」＝5月22日、東京港晴海ふ頭で

遠航部隊720人が出発

環太平洋の13カ国15都市訪問

北・中米、オセアニア、東南アジアの13カ国・15都市を巡る海自の26年度遠洋練習航海部隊（練習艦「かしま」「せとゆき」、護衛艦「あさぎり」で編成、指揮官・湯浅秀樹練習艦隊司令官以下、実習幹部169人を含む約720人）が5月22日、東京港から約5カ月間の練習航海に出発した。

出国行事は午前9時すぎから晴海ふ頭で行われ、防衛省から若宮政務官、河野海幕長、来賓として石原宏高外務政務官、石破茂元防衛大臣、訪問国の駐日大使らが出席。見送りの家族らも式を見守った。

若宮政務官は純白の夏服で整列した湯浅司令官以下の派遣隊員に対し「海自の任務と役割はますます大きくなっている。この航海を通じてシーマンシップを涵養し、豊かな国際感覚と物事を多面的に捉えるバランス感覚を身に付けてほしい」と訓示した。

河野海幕長は実習幹部に対し、「壮大な自然の懐で自らを磨き、困難に立ち向かう気概と忍耐力はもちろん、自由かっ達なおおらかさも身に付けてほしい」と要望した。

最後に湯浅司令官が「実習幹部の教育と国際親善に励んでまいります」とあいさつ、東京音楽隊の演奏の中、乗員・実習幹部が行進して3艦に乗艦した。

ふ頭から家族らが手を振る中、午前10時過ぎに3艦は静かに岸壁を離れ、最初の寄港地、米ハワイ・パールハーバーに向けて出発した。部隊は今後、環太平洋等の13カ国を巡り、10月24日に晴海に帰国する予定。

国際共同開発・生産 日本の成長戦略に

防衛懇で防衛相

小野寺防衛相は5月19日、東京都千代田区の日本工業倶楽部で開かれた防衛懇話会で講演し、新たな防衛装備移転三原則のもとで国際共同開発・生産に積極参画することで、日本の成長戦略につなげたい考えを強調した。

大臣は、かつて空自のF2戦闘機の開発過程で生まれた複合材技術が米ボーイング社の「B787」中型ジェット旅客機の主翼に生かされていることや、その際のレーダー技術が自動車の自動衝突防止技術に活用されていることを紹介。

その上で「世界をリードする新技術や、民間の技術にスピンオフ（転移）するものがたくさん出てくるのではないか」と述べ、日本の優れた技術力を生かし、民間転用や量産化によるコスト削減でバーゲニングパワー（国際交渉能力）をつけ、防衛生産・技術基盤の発展を促していく考えを示した。

防衛力整備については「攻められてから守るのではなく、攻められないように守ることが重要」と述べ、あらゆる事態を想定し、装備面や制度面での備えにしっかり取り組んでいく姿勢をアピール。北朝鮮のミサイル発射事案などを例に、陸海空自衛隊による統合運用の重要性を改めて強調した。

また、防衛大臣として対中関係で共通の課題を抱えるベトナムやフィリピンなど20カ国を訪問したことにも触れ、アジア太平洋地域の平和と安定に貢献する日本の立場と役割を訴えた。

春夏秋冬

ああ高良山

童門 冬二

福岡県久留米市の陸自幹部候補生学校へ話をしにいくたびに、必ず話題になるのが"高良山踏破"のことだ。学生に課された必須の行事で相当にきついらしい。たしかこの踏破者の中から、マラソン選手が出た記憶がある。

高良山は筑紫国の筑後地域にある。"屏風山脈"ともよばれる水縄（耳納、箕尾とも）山脈の最西端にある山だ。

中腹に高良神社がある。筑後一の宮であり九州総社ともよばれていた。古代には山麓に国府がおかれていた。国分寺や国分尼寺の甍が地域を圧していた。地方の政治・経済の中心地だった。

高良神社の祭神は仲哀・応神の二天皇と神功皇后を本殿とし、玉垂命・住吉神を相殿に、さらに武内宿禰を祀っている。いずれも勇武の神様だ。

"磐井の乱"を起こした国造磐井の井戸も山下にあり、南北朝時代には、南朝から派遣された後醍醐天皇の皇子で、征西将軍に任命された懐良親王を地域豪族が支援している。そのため地域は、しばしば戦場になった。

勤王の志厚く、とくにモンゴル襲来の際には、この地域から多数の国土防衛軍兵士が博多湾岸に送られている。

幹部候補生学校の学生への行事は、そんな歴史を踏まえてのことなのかどうか、いずれにしてもきのう・きょうの底の浅いいとなみではなく、ズッシリと年月の重みのかさなった感慨を感じさせる。

国府は都にそれぞれ名産品を貢納するが、筑後国では筑後川のアユを納めたという。その取り扱いもこの地域でおこなわれたのだろう。筑後川は河童が住んでいたそうで、平家滅亡ののちは、平清盛も支流にいたそうだ。

かれの妻、徳子たちは、女性の力で久留米の水天宮をつくった。年に一度、清盛はこの宮をたずねた。そのたびに筑後川は大氾濫をおこしたという。

余談だが平家の男性たちは、死後みんなカニになった（平家蟹）という。

明治三十年の四月、ひとりの学者（作家）が高良山から発心公園まで山路を辿った。山脈内の桜見物だ。同時に山上からは筑後平野や、その向こうに背振連山がみえる。

石塔や曇る肥前の春の山
松をもて囲ひし谷の桜かな
菜の花の遙かに黄なり筑後川

学者は光景をそう詠んだ。熊本の五高で英語を教えていた、夏目漱石である。漱石も"高良山踏破"を実行したのだ。

（どうもん・ふゆじ＝作家）

防衛省発令

▽中業支付（中業支）1陸佐 宮城 英俊
（5月18日）
▽1輪隊司令（呉指隊）1海佐 松井 陽一
▽空団後方主任幕僚（海幕航空機課戦術支援器材班長）2海佐 丹羽 満良
▽兼海洋群（同防衛課分析室長）1海佐 佐藤 広憲
▽横監付（1輪隊司令）同 三浦 昌伸
▽解海幹候校学生隊長兼補（海幹候校教育部長兼学生隊長）同 高田 治彦
▽海幹候校学生隊長兼主任教官（同主任教官）1海佐 柴田 鷹
（以上5月20日）
▽南スーダン派遣施設隊付（6普連長兼美幌駐地司令）1陸佐 野村 昌二
▽美幌駐地司令代理（美幌業務隊長）2陸佐 千葉 文昭
▽解那覇病院診療部長事務取扱（那覇病院長）1空佐 岩田 雅史
▽兼那覇病院診療部長（同副長）同 宮島大二郎
（以上5月23日）

朝雲寸言

「江戸の敵を長崎で」「本末転倒」「治外法権」──。自衛隊機の夜間早朝の飛行差し止めを認めた5月21日の横浜地裁判決を聞いて、そんな言葉が次々と浮かんできた▼判決は「騒音の大半は米軍機によるもの」と認定しており、厚木基地に配備された海上自衛隊の哨戒機や救難飛行艇などの飛行を差し止めた判断は疑問だ。そもそも厚木基地では、午後10時から午前6時まで、自衛隊は訓練飛行を自粛している▼昨年度、夜間早朝の離着陸は約80回。その大半は離島の急患輸送や洋上での捜索、船舶事故などの緊急時だ。地元自治体も了承しており、小野寺防衛相が「受け入れがたい部分がある」と判決を批判したのは当然だろう▼集団的自衛権の行使など憲法解釈の見直しを進める安倍首相の方針が、よほど腹に据えかねていたのかもしれない。しかし、そう批判してばかりもいられない。米軍機の騒音という問題の根源は放置されたままだからだ▼元凶である米空母艦載機の夜間離着陸訓練は、20年ほど前から主に硫黄島で行われ、3年後には艦載機も山口県岩国基地に移る。騒音対策は進むが、政府は騒音被害の軽減に向け、より一層の協力を米軍に求めてほしい▼騒音訴訟の原告は約7000人。裏を返せば、基地周辺で暮らす住民の大半は、公益性の高い自衛隊や米軍の活動に一定の理解を示し、騒音にもじっと耐えている。日米はそうした声なき声に報いる必要がある。

時の焦点

国内　人口減への対応

異人たちとの共生探る

明治から昭和にかけて活躍した詩人・野口雨情の『七つの子』『証城寺の狸囃子』などの童謡は、今でも誰もが口ずさむ。一方で、時代を感じさせる歌詞もある。

＜赤い靴はいてた女の子　異人さんにつれられて行っちゃった＞＜今では青い目になっちゃって　異人さんのお国にゐるんだろう＞（赤い靴）

＜青い目をしたお人形はアメリカ生まれのセルロイド　日本の港へついたとき　いっぱい涙をうかべてた　「私は言葉が分からない　迷子になったらなんとせう」＞（青い目の人形）

青い目をした異人は、畏怖や憧れの対象で、日本人とは相いれない世界に住むというイメージだったのだろう。今では日本を訪れる外国人の国籍も人種も、より多様になった。しかし、日本人の外国人観はどこまで変わり、成熟したのか。そんなことを考えたのは、5月に入って、外国人との「共生」の必要を示唆するデータの発表が相次いだからだ。

まず、民間の「日本創成会議」（座長・増田寛也元総務相）による独自の人口推計だ。2040年には896市区町村で20～39歳の女性が50％以上減るという衝撃的な内容だった。出産適齢期の女性の減少は、その自治体の消滅につながる。少子化と東京一極集中の転換が急務と訴えた。

時を同じくして、政府の経済財政諮問会議の有識者会議「選択する未来」（会長・三村明夫日本商工会議所会頭）は、人口減対策の強化で、50年後の2060年代でも1億人程度の人口を維持する目標を掲げた。

人口減への対応の難しさは、特殊出生率が現状の人口を維持できる2・07以上に回復しても、労働力人口が増えるまでに時間差があることだ。その時間差を埋めるために、労働力人口の定義の拡大や、外国人労働者の活用が重要な論点となっている。6月に示される成長戦略にも盛り込まれる見通しだ。

ただ、4月の読売新聞の世論調査では、「外国人の労働者を、もっと受け入れるべきか」との問いに、「そう思う」と答えた人は37％に過ぎず、「そうは思わない」が54％にのぼった。

2020年東京オリンピック・パラリンピックに向け、政府は建設業での外国人の受け入れ拡充を検討中だ。成長を維持するための外国人の活用には合理性がある。一方で、外国人の受け入れで社会の摩擦が拡大するとした反対論も根強い。問題は、「相いれない」と思われる「外国人」とは、「青い目をした異人」ではなく、アジアの途上国の人々だということだ。

「外国人労働者」が「青い目をした異人」だったら、世論調査の結果は違ったのだろうか。

明治15年（1883年）5月29日の雨情誕生から131年。日本人の外国人観は、本質的には変わっていないのかもしれない。国民的議論を急ぐ時にきている。

東雲　次郎（政治評論家）

海外　中国の挑発

力での海洋進出許さず

海洋強国を目指すと豪語する中国が南シナ海などで挑発的行動を繰り返し、域内での緊張を高めている。5月初めには中国の石油企業がベトナム沖合の南シナ海西沙諸島近くの海域で石油掘削用リグを設置し、これに反発したベトナム艦船と護衛役の中国艦船が衝突する事態に発展。これをきっかけにベトナム各地で大規模な反中暴動も起き、工業団地の中国企業などが相次いで襲撃され、多数の死傷者が出た。

中国との間で東シナ海の尖閣諸島をめぐって争いを抱える我が国にとっても対岸の火事とは言えない深刻な事態だ。さすがに、日本ではベトナムのような反中暴動は起きないだろうが、中国での大規模反日デモと進出日系企業への襲撃はすでに経験済みで、危険なナショナリズムに火を付けるのは造作のないことであるのがよく分かる。

何といっても問題は、中国が相手国を挑発し、武力衝突といった不測の事態が生じることを承知の上で、南シナ海などで一方的に海洋進出を強めていることだ。

フィリピンもここ2年ほどの間に、実効支配していた南シナ海の島嶼、岩礁を武装した中国艦船によって奪取され、国際海洋法裁判所に仲裁を申し立てる一方、かつての同盟国・米国との軍事協力を強め、抑止力強化に動いている。

一時は繰り返し領海侵犯をした中国の公船が最近は尖閣諸島の周辺に出没しなくなったのは、中国指導部なりの計算、思惑があってのことだろうが、自衛隊による南西諸島方面の防御態勢や日米同盟強化の取り組みが奏功しているのは間違いない。

中国は近年、軍事小国のフィリピンを徹底的に孤立させ、領有権問題で攻勢をかけてきたが、軍事力を侮れないベトナムには一種の懐柔戦略をとっていた。それが一転して、ベトナムの指導部や国民の激しい反発を買うのが必至の石油掘削の作業を強行したのはなぜか。

中国側は「かねて予定していた自国領海での掘削作業に着手しただけだ」と今回の行動を正当化するが、オバマ米大統領のアジア歴訪直後というタイミングが中国指導部の政治的思惑を照らし出すと指摘してもあながち的外れではあるまい。

オバマ大統領は先のアジア歴訪の際、日本の施政権下にある尖閣は日米安保条約第5条の適用対象と明言。フィリピンではアキノ政権との間で米軍駐留に道を開く軍事協定を締結するなど、威圧的な海洋進出を図る中国に対し、これ以上の挑発は看過しないとのメッセージを送った。

関係は改善したとはいえ、米国と同盟関係にないベトナムは米軍が守るべき対象地域ではない。そのベトナムに対する南シナ海の領有権主張の断固たる宣言となった中国による掘削リグ設置に、オバマ政権はどう応じるか。それを試すのも中国の大きな狙いだったに違いない。

ロシアによるウクライナ南部クリミア半島の併合のような力づくの国境変更・領土奪取は絶対に認めるわけにはいかないことを示すことが我が国の大きな外交課題の一つとなる。

伊藤　努（外交評論家）

オスプレイ導入要請

小笠原村議会　防衛相と会談

小野寺防衛相（左）に小笠原村議会決議を手渡す佐々木幸美議長（その右）＝5月16日、防衛省で

小野寺防衛相は5月16日、災害時や急患空輸のためにティルト・ローター機（垂直離着陸輸送機MV22オスプレイ型）の早期導入を求める東京都小笠原村議会の佐々木幸美議長らと防衛省で会談し、平成27年度予算の概算要求に同型機の調達経費を盛り込みたいとの意向を明らかにした。

佐々木議長らは「本土から1000キロ離れた小笠原諸島では、急患搬送を海自のヘリや救難飛行艇に頼っているのが現状」とした上で、「ティルト・ローター機を運用すれば格段に時間が短縮できる。小笠原の安心・安全のために同機の早期導入、運用を求める」とする村議会決議を小野寺大臣に手渡した。

これに対し、大臣は「（同型機は）災害時や救難時の活躍に十分な機能を有する航空機だ。できれば来年度の予算案に導入の要求をしたい」と述べた。

村議会の決議ではこのほか、在沖米海兵隊が保有するMV22オスプレイを用いた防災訓練や共同訓練、運用拠点の整備などの必要性を訴えている。

防衛省では災害救援での活用を念頭にティルト・ローター機の導入を検討しており、26年度予算では性能情報に関する調査費1億円を計上。中期防では30年度までに17機を導入する計画だ。

10月26日「航空観閲式」

防衛省・自衛隊創設60周年記念　行事日程決まる

防衛省は平成26年度の自衛隊記念日行事の日程を発表した。今年は防衛省・自衛隊創設60周年を記念した各種行事を行う。

▽航空自衛隊の体験飛行＝10月4日（土）、松島、入間、小松、新田原の各基地

▽追悼式＝10月25日（土）、防衛省慰霊碑地区

▽感謝状贈呈式＝10月25日（土）、都内

▽防衛省・自衛隊60周年記念航空観閲式＝10月26日（日）、百里基地

▽防衛省・自衛隊60周年記念音楽まつり＝11月13日（木）～15日（土）、日本武道館

▽防衛省・自衛隊60周年記念式典＝防衛省市ヶ谷庁舎A棟2階講堂（日時は別途通知）

▽防衛省・自衛隊60周年記念祝賀レセプション＝都内（日時は別途通知）

厚木基地騒音で防衛相　飛行の差し止めは「受け入れ難い」

米海軍と海上自衛隊が共同使用する厚木基地（神奈川県大和、綾瀬市）の周辺住民約7000人が騒音被害を訴え、国に損害賠償や飛行差し止めなどを求めていた第4次厚木基地騒音訴訟で、横浜地方裁判所は5月21日、自衛隊機について午後10時から午前6時までの飛行の差し止めを命じるとともに、国に約70億円の損害賠償を命じる判決を言い渡した。全国の基地騒音訴訟で飛行の差し止め判断が示されたのは初めて。

小野寺防衛相は同日、「国の主張に裁判所の理解が得られず残念だ。防衛省にとって受け入れ難い部分があり、判決内容を慎重に精査し、関係機関と調整の上、適切に対処したい」とするコメントを発表した。

さらに23日の記者会見で大臣は、同基地がP3Cによる警戒監視やUS2などによる急患空輸の任務に24時間態勢で当たっていることを強調した上で、「周辺住民の皆さまには、自衛隊が日本人の命を守り、日本の国を守るために活動していることをご理解いただきたい」と述べた。

ひと

瑞宝大綬章を受章した元統幕議長　竹河内捷次元空将（71）

健康の秘訣は妻、美智子さんとの太極拳

春の叙勲で瑞宝大綬章（旧・勲一等瑞宝章）を受章し、皇居で天皇陛下から直接、勲章を親授された。防衛省・自衛隊出身者への勲一等授与は、かつて旧内務官僚で保安庁第1幕僚長（現・陸幕長）や初代統幕議長を務めた林敬三・元陸将以来、37年ぶり。生え抜きの元自衛官への授与は今回が初めて。

「防衛省・自衛隊の60年間の活動が評価されたものと思っており、先人、現役の皆さんと共に喜びたい」

航空幕僚長を経て平成13年、制服組トップの第24代統合幕僚会議議長（現・統合幕僚長）に就任。小泉政権下で将来を見据えた統合運用の在り方を検討し、翌14年、「統合運用を基本」とする体制移行の必要性を示す報告書を提出。後の「統合幕僚監部」発足（18年）の礎を築いた。

「陸海空自衛隊をバラバラに運用していては、国の大切なアセット（資産）が有効に機能しない」――。そんな強い危機感があった。

自身は戦闘機パイロット。若い頃はF86FやF4EJなどで昼夜を問わず緊急発進し、旧ソ連軍機などに直接対峙して対領空侵犯措置任務を行った。モットーは勝利への備えを説く孫子の兵法「勝ちてのち戦う」だ。

「憲法違反」などと自衛隊の存在そのものを否定する風潮は過去のものとなった。次代を担う若き隊員たちに「自分に自信を持って頑張ってほしい」とエールを送る。

防大9期。広島県三次市出身。

（文・写真　日置文恵）

◇日本防衛学会研究大会

日本防衛学会（五百旗頭真会長）は平成26年度（春季）研究大会を実施する。午前の部は「混迷する中東情勢」などの研究報告、午後の部は公開シンポジウムを開催し、中西寛・京大大学院教授、田中均・日本総研国際戦略研究所理事長など5人の有識者が「安倍政権の外交と安全保障」をテーマに討議を行う。

▽日時＝6月14日（土）午前9時20分～午後5時

▽場所＝中央大学駿河台記念館（東京都千代田区）

▽締め切り＝6月9日（月）必着

▽参加費＝一般会員1000円（非会員は2500円）会員の大学院学生500円（非会員の学生は会員の紹介の場合、1000円）。懇親会費5000円

▽申し込み、問い合わせ＝日本防衛学会事務局本部、電話03（3712）0143、ファクス03（3712）3130。Eメール boueigaku@jsds.jpn.org

仏艦「プレリアル」大湊、晴海に寄港

仏太平洋海軍（タヒチ島パペーテ）のフリゲート「プレリアル」（満載排水量2600トン、艦長・フレデリック・ドマ中佐以下約100人）が6月、青森・大湊港と東京・晴海港に寄港する。同艦の来日は9回目。

大湊には6月3日から6日まで、晴海には9日から13日まで滞在、海自の護衛艦「すずなみ」（艦長・上羽直樹2佐）と「やまゆき」（同・後藤正寛2佐）がそれぞれホストシップを務める。

寄港中は歓迎行事や親善訓練が行われる予定。

南海トラフを想定し3000人が参加へ

統合防災演習

死者32万人、要救助者34万人が予想される「南海トラフ巨大地震」を想定した平成26年度「自衛隊統合防災演習」が6月2日から6日まで、全国の陸海空自衛隊の隊員や防災関係者ら約3000人が参加して、防衛省（市ヶ谷）と各駐屯地、基地などで行われる。

訓練は岩崎統幕長を統裁官に防衛省・自衛隊をはじめ、内閣府や警察庁など15府省庁等、在日米軍のほか、全国約30都府県などが参加する。指揮所活動を中心に、①統合任務部隊の運用②統幕、統合任務部隊、関係機関等の連携③官民の連携――の各要領を演練する。

露軍機相次ぎ日本海に飛来

空自が緊急発進

露軍機航跡図（5月21日）

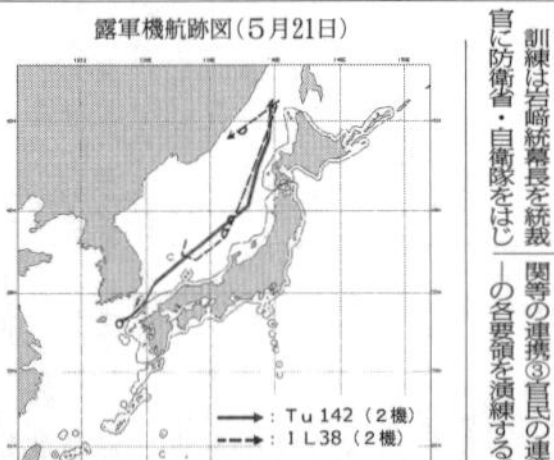

5月21日、ロシア海軍のツポレフTu142型哨戒機（空軍のTu95型爆撃機の海軍型）2機と、同海軍のイリューシンIL38型対潜哨戒機2機が相次いで日本海に飛来したため、空自の北空、中空、西空の各方面隊のF15戦闘機などが緊急発進して対応した。

領空侵犯はなかったが、統幕は同日、空自機が撮影した露軍機の写真と航跡図を公表した。

Tu142はハバロフスク方面から日本海を列島沿いに南下し、対馬海峡の東水道を抜けて五島列島沖の南シナ海に進出。真円を描く特異な周回をした後、復路も往路とほぼ同じルートをたどってハバロフスク方面に戻った。

IL38はウラジオストク方面から島根県の竹島、隠岐島をかすめて舞鶴沖の日本海に進出。能登半島や佐渡島沖で楕円を描く特異な周回飛行を行いながら北海道の礼文沖まで北上を続けた後、針路を南西に変えてウラジオストク方面に戻った。

訂正　5月22日付3面「49普連で隊旗授与式」の記事中、隊旗授与者が「鈴木中方総監」とあるのは「鈴木中方幕僚副長」の誤りでした。おわびして訂正します。

共済組合だより

グラヒル　独立型チャペルを見学しませんか

結婚記念日の再訪も歓迎

防衛省共済組合の直営施設「ホテルグランドヒル市ヶ谷」（東京都新宿区）が誇る独立型チャペルを見学してみませんか――。グラヒルのチャペルは都内屈指の人気結婚式場で、これまで多くのカップルが結婚式を挙げているほか、テレビドラマの撮影舞台などにもなっています。

庭園に建つチャペルは2階建てで、1階にゲスト受付ロビーとご親族がゆっくりと過ごせる両家の控室があります。

ロビーにはステンドグラスから日差しが落ち、ご親族やご友人はここからせん階段を上り、2階式場に向かうことになります。そして扉を開けると最初に目に入るのが高窓のステンドグラスから光の降り注ぐ祭壇。そして正面には十字架とパイプオルガンがあり、祭壇に伸びるバージンロードには花が飾られ、新郎・新婦はこの神秘的な道を歩むことになります。

お二人が結婚の誓約を行い、指輪を交換し、結婚証明書に署名して結婚を宣言する祭壇は広く、ウエディングドレスの2メートルを超す長いトレーンも美しく広げることができます。

また挙式の間はパイプオルガンが美しく奏でられ、トランペットや聖歌隊の合唱もあり、式後はチャペルのカリヨン（鐘）が高らかに鳴らされます。新郎・新婦は鐘の音を聞きながら式場を出て、玄関では待ち受けるご親族やご友人からフラワーシャワーを浴びることになります。

グラヒルのブライダル担当者は「チャペルで挙式を挙げられた防衛省・自衛隊の組合員の皆様も、ぜひ結婚記念日にチャペルを再訪していただきたいと思います。十数年前に挙式されたご夫妻がお子様を連れてチャペルを訪れ、お子様に思い出を語るシーンはとてもほほ笑ましいものがあります。結婚記念日にはご家族で思い出のチャペルにお出かけください」と話しています。

グラヒルでは、これから結婚を予定する若いカップルのご来場もお待ちしています。都内有数のこのチャペルは若い女性たちの間で「ぜひ訪ねてみたい結婚式場の一つ」となっています。ぜひ直接ご自身の目で施設をご確認ください。

グラヒルでは各種ブライダルフェアも開催しています。詳しくはホテルグランドヒル市ヶ谷のホームページ（http://www.ghi.gr.jp/）をご覧ください。

無人島で統合訓練

1300人結集　3自が初めて

上陸用ボートを担ぐ西普連隊員ら。赤いシャツを着たのは安全係（5月22日、輸送艦「しもきた」艦内で）

国内の無人島を使用した初の陸海空自の島嶼防衛訓練が5月10日から23日まで、海自佐世保基地や奄美群島、沖縄東方海域などで実施された。期間中は3自衛隊から約1330人が参加、着上陸訓練や艦砲射撃訓練を行った。

前半は佐世保基地で訓練調整会議や参加隊員へのブリーフィングが行われ、16日に西普連隊員らが輸送艦「しもきた」に乗艦して佐世保を出港、18日までに奄美諸島周辺海域に到着した。

22日には奄美群島の無人島・江仁屋離島（えにやはなれ）（鹿児島県大島郡瀬戸内町）を使用した着上陸訓練を実施。「南西諸島の無人島が占領された」という想定で、陸自隊員による着上陸訓練やLCACの発艦訓練が行われた。

「しもきた」乗艦の西普連隊員約50人は、島から約10キロ離れた地点から上陸用ボートや警戒艇で出発。CH47J輸送ヘリによるヘリボーンも行われ、上陸後は島を制圧する一連の手順を確認した。

佐世保基地内で行われた訓練事前研究会議に参加した隊員（5月16日）

輸送艦「しもきた」に乗艦する陸自隊員（5月16日、佐世保基地で）

上 ボートに乗り、開いた「しもきた」艦尾門扉から約10キロ先の島に向け漕ぎ出す隊員ら（5月22日）
左 着上陸訓練を行った江仁屋離島北西の海岸

一方、沖縄東方沖海上では統合火力誘導訓練（18～20日）が実施され、護衛艦「くらま」「あしがら」などによる艦砲射撃訓練が行われた。

小野寺防衛相は20日の記者会見で、今回の訓練の意義について「部隊に水陸両用機能を付与するに当たり、必要な能力が明らかになると思う」と述べた。

昨年12月に発表された中期防では、平成30年度までに陸自に複数の水陸両用作戦専門部隊（連隊規模）などから構成される「水陸機動団」を新編するとしており、西普連はその主力として着実に練成を進めている。

今回の訓練には掃海隊群司令の岡浩海将補を訓練統制官に、陸自は西方普通科連隊や西方航空隊などから約500人、海自は自衛艦隊から約820人、空自は航空総隊から約10人が参加した。

また、陸自のCH47JA2機、AH64D2機、UH60JA2機、護衛艦「くらま」「あしがら」、掃海母艦「ぶんご」、輸送艦「しもきた」、SH60K哨戒ヘリ3機、空自のF2戦闘機2機が出動した。

陸自隊員らを収容し佐世保基地を出港する「しもきた」（5月16日）

国際救援活動を演習

タイ　自衛隊から7人初参加

医療用テント内で患者役に治療を施す千葉1尉（右）＝5月2日

ヘリで空輸した患者を搬送する田原2佐（中央後列）ら（4月26日）

大規模災害発生時の多国間での救援活動を演練するタイ、マレーシア両国主催の「ASEAN災害救援実動演習（AHX）」が4月24日から5月2日まで、タイのチャチェンサオ県などで行われ、統幕などから幕僚や衛生関係者ら7人が参加した。

これまで自衛隊は外務省主導のもとで「ASEAN地域フォーラム（ARF）災害救援実動訓練」に参加していたが、今回初めて「軍と軍」の性格が強い同演習に加わった。

自衛隊からは坂元秀明1陸佐（統幕運用3課訓練班長）を訓練統制官に▽石川靖広3空佐（同運用第3課訓練班）▽栗田千寿2陸佐（同防計課防衛交流班）▽田原寛之2海佐（同後方補給室衛生班）▽大日方洋文2陸尉（陸自東北方▽荒科悠子1陸尉（同）▽千葉美輝子1陸尉（仙台病院）の7人が参加。

参加国はASEAN構成国のほか、日米中仏加、EUなどで、このほか国連人道問題調整事務所（UNOCHA）、ASEAN防災人道支援調整センター、国際赤十字社（IFRC）、世界食糧計画（WFP）、世界保健機関（WHO）から約100人が参加した。

期間中はヘリなどを運用した患者輸送訓練や多国間での指揮所活動訓練、医療活動訓練が実施され、各国で活発な意見交換が行われた。

研究会で発言する坂元1佐（左）。隣は中国軍参加者（5月1日）

各国共同の指揮所演習に参加する栗田2佐（右）＝4月29日

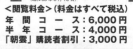

「安保法制懇」報告書全文（前号からの続き）

Ⅱ あるべき憲法解釈

4 いわゆる「武力の行使との一体化」論

2008年の報告書でも言及したとおり、「武力の行使との一体化」というのは我が国特有の概念である。特に90年代、湾岸戦争のころから、にわかに声高に議論され、精緻化が進んだ。それ以前には「武力の行使との一体化」の問題が国会で答弁されたことはあまりない。しかし、この議論は、国際法上も国内法上も実定法上に明文の根拠を持たず、最高裁判所による司法判断が行われたこともなく、国会の議論に応じて範囲が拡張され、安全保障上の実務に大きな支障を来してきた。

それ自体は武力の行使に当たらない我が国の補給、輸送、医療などの後方支援でも「他国の武力の行使と一体化」する場合には憲法第9条の禁ずる武力の行使とみなされるという考え方は、元来日米安全保障条約の脈絡で議論されたものである。このような考え方を論理的に突き詰める場合には、例えば政府は現在行われている日米同盟下の米軍に対する施設・区域の提供は米国の武力行使と一体化しないとしているが、現実に極東有事の際日米安全保障条約第6条の下で米軍が戦闘作戦行動のために我が国国内の基地を使用し始めれば、我が国の基地使用許可は、米軍の「武力の行使と一体化」するので、日米安全保障条約そのものが違憲であるというような不合理な結論になりかねない。

このほか、国際連合平和協力法案（廃案）、国際連合平和維持活動等に対する協力に関する法律（PKO法）案、周辺事態安全確保法案、テロ対策特別措置法案及びイラク人道復興支援特別措置法案の国会審議の際にもしばしば問題になったように、「武力の行使との一体化」論は、後方支援がいかなる場合に他国による武力の行使と一体化するとみなすのか、その判断を誰が行うのか、「戦闘地域」と「非戦闘地域」の区分は何かなど、そもそも事態が刻々と変わる活動の現場において、観念的には一見精緻に見える議論をもって「武力の行使との一体化」論を適用すること自体、非現実的であり極めて困難である。例えば、ミサイルなど軍事技術が急速に発達した現下の状況では、どこが「非戦闘地域」かを定性的に定義することは現実的でなくなっている。

「武力の行使との一体化」の論理のゆえに、例えば、日米間で想定した事態の検討にも支障があり得るとすれば、我が国の安全を確保していくための備えが十分とは言えない。この問題は、日米安全保障条約の運用のみならず国際的な平和活動への参加の双方にまたがる問題である。「武力の行使との一体化」論は、憲法上の制約を意識して、新たな活動について慎重を期すために厳しく考えたことから出てきた議論である。したがって、国際平和協力活動の経験を積んだ今日においては、いわゆる「武力の行使との一体化」論はその役割を終えたものであり、このような考えはもはやとらず、政策的妥当性の問題として位置付けるべきである。実際にどのような状況下でどのような後方支援を行うかは、内閣として慎重に検討して意思決定すべきものであることは言うまでもない。

5 国連PKOなどへの協力と武器使用

（1）我が国は、1992年6月のPKO法制定以来、PKO法に基づき、延べ約1万人（2014年3月末時点）の要員を国連PKOなどに派遣し、着実に実績と経験を積み上げ、国民の支持と国際社会からの高い評価を得てきている。国連PKOなどへの協力は、我が国が国際社会の平和と安定に責任を果たすための最も有効な手段の一つであり、今後も国連PKOなどへの要員派遣を積極的に実施していくべきである。

他方、これまで、我が国の国連PKOなどに対する協力は、当事者間の停戦合意を支える平和維持活動を中心とするPKO法制定当時の国連PKOなどの実態を踏まえつつ、当時の国内世論にも配慮して抑制的に構築された制度に従って、いわゆるPKO参加5原則の下、運用上も慎重に行われてきた。国連は「主たる紛争当事者」の同意を基本原則として国連PKOミッションを設立しているのに対し、現行PKO法の下では、「全ての」紛争当事者の受け入れ同意が必要だとして運用してきた。また、停戦合意についても、国連では、停戦合意がない場合でも事実上の停戦状態を前提として国連PKOミッションを設立しているが、我が国では、紛争当事者間の停戦合意を要件としている。このような状況は、全ての「紛争当事者」の特定が容易であり、紛争当事者間の明確な停戦合意の確認が容易であった国家間紛争から、「紛争当事者」を特定することが困難な場合もある内戦型または複合型へと紛争が質的に変化し、国連PKOなどの役割・態様も多様化し、国際連合憲章第7章下の一定の強制力を付与された「強化されたPKO」も増えてきている今日の実態にそぐわない。

このような国連PKOの実態との相違ならびに国連PKOの任務および活動主体の多様化を踏まえた上で、我が国のより積極的な国際平和協力を可能とするためには何が必要かとの観点から、いわゆるPKO参加5原則についても見直しを視野に入れ、検討する必要がある。

（2）国連PKOの活動の性格は、「武力の行使」のような強制措置ではないが、紛争当事者間の停戦の合意を維持し、また、領域国の新しい国づくりを助けるため、国連の権威の下で各国が協力する活動である。このような活動における駆け付け警護や妨害排除に際しての武器使用は、そもそも「武力の行使」に当たらず、憲法上の制約はないと解釈すべきである。

一方、政府は、これまで、国連PKOなどにおけるいわゆる駆け付け警護や妨害排除のための武器の使用に関しては、いわば自己保存のための自然権的権利に当たるものとは言えず、現行の憲法解釈の下では、相手方が「国家又は国家に準ずる組織」である場合には、憲法で禁じられた「武力の行使」に当たる恐れがあるので認められないとしてきた。たとえば2003年5月15日の参議院外交防衛委員会において宮崎礼壹内閣法制局第一部長が「自衛隊の部隊の所在地からかなり離れた場所に所在します他国の部隊なり隊員さんの下に駆け付けて武器使用するという場合は、我が国の自衛官自身の生命または身体の危険が存在しない場合の武器使用だという前提だというお尋ねだと思います。（略）このような場合に駆け付けて武器を使用するということは、言わば自己保存のための自然権的権利というべきものだという説明はできないわけでございます。（略）その駆け付けて応援しようとした対象の事態、あるいはお尋ねの攻撃をしているその主体というものが国または国に準ずる者である場合もあり得るわけでございまして、そうでありますと、（略）それは国際紛争を解決する手段としての武力の行使ということに及ぶことが、及びかねないということになるわけでございまして、そうでありますと、憲法9条の禁じます武力の行使に当たる恐れがあるというふうに考えてきたわけでございます」と答弁している。

しかしながら、2008年の報告書でも指摘したとおり、そもそもPKOは武力紛争の終了を前提に行う活動（あるいは武力紛争の開始・再発前にこれを予防するための活動）であり、国連PKOの国際基準で認められた武器使用が国際連合憲章で禁止された国際関係における「武力の行使」に当たると解釈している国はどこにもなく、自衛隊が国連PKOなどの一員として、駆け付け警護や妨害排除のために国際基準に従って行う武器使用は、相手方が単なる犯罪集団であるか「国家又は国家に準ずる組織」であるかどうかにかかわらず、憲法第9条の禁ずる武力の行使には当たらないと解すべきである。さらに、近年の複合型国連PKOなどにおいては、国内紛争や脆弱(ぜいじゃく)国家への対応として、治安維持や文民の保護などの業務が重要となっており、具体的検討に当たっては、駆け付け警護や妨害排除のための武器使用を可能にするとともに、法制度上、こうした業務も実施できるようにすべきである。

重要なことは、このような武器使用は、国連においては明確に国際連合憲章第2条4により禁止されている国際関係における「武力の行使」とは異なる概念であると観念されていることである。国連PKOは、不偏性を持ち、主たる紛争当事者の同意を得て行われる活動であり、その任務は武力の行使が発生するのを防ぐための予防的活動か、武力行使が収まった後の平和維持や人道・復興支援である。その意味で、国連PKOは国際連合憲章が加盟国に対して禁じている国際関係における「武力の行使」を行う活動ではない。国連PKOは国連決議の下に組織されるいわゆる多国籍軍のような大規模な軍事活動を伴い得る平和執行とは峻別されるものである。また、国際連合憲章第7章下の一定の強制力を付与された「強化されたPKO」も、その実態は国連PKOの範疇(はんちゅう)を出ず、平和執行とは峻別されているものである。

6 在外自国民の保護・救出など

2013年1月の在アルジェリア邦人に対するテロ事件を受けて、政府は、同年11月、外国におけるさまざまな緊急事態に際してより適切に対応できるよう、自衛隊による在外邦人等輸送（自衛隊法第84条の3）について、輸送対象者を拡大し、車両による輸送を可能とすることなどを内容とする自衛隊法の改正を行った。しかし、この職務に従事する自衛官の武器使用の権限については、いわゆる自己保存型のままとし、救出活動や妨害排除のための武器使用を認めるには至らなかった。現状の解釈のままでは、必要な武器使用権限が確保されないため、現場に自国民救出のために自衛隊が駆け付けることはできない。

国際法上、在外自国民の保護・救出は、領域国の同意がある場合には、領域国の同意に基づく活動として許容される。在外自国民の保護・救出の一環としての救出活動や妨害排除に際しての武器使用についても、領域国の同意がある場合には、そもそも「武力の行使」に当たらず、当該領域国の治安活動を補完・代替するものにすぎないものであって、憲法上の制約はないと解釈すべきである。

なお、領域国の同意がない場合にも、在外自国民の保護・救出は、国際法上、所在地国が外国人に対する侵害を排除する意思または能力を持たず、かつ当該外国人の身体、生命に対する重大かつ急迫な侵害があり、ほかに救済の手段がない場合には、自衛権の行使として許容される場合がある。憲法上認められる自衛権の発動としての「武力の行使」をめぐる国会の議論においては、在外自国民の保護・救出のための自衛権の行使が否定されているように見受けられるが、多くの日本人が海外で活躍し、2013年1月のアルジェリアでのテロ事件のような事態が生じる可能性がある中で、憲法が在外自国民の生命、身体、財産などの保護を制限していると解することは適切でなく、国際法上許容される範囲の在外自国民の保護・救出を可能とすべきである。国民の生命・身体を保護することは国家の責務でもある。

7 国際治安協力

在外自国民の保護・救出以外の活動であっても、領域国の同意に基づいて、同国の警察当局などの機関がその任務の一環として行うべき治安の回復および維持のための活動の一部を補完的に行っているものと観念される活動や、普遍的な管轄権に基づいて海賊などに対処する活動、すなわち国際的な治安協力については、国際法上は、国連の集団安全保障措置ではなく、国際連合憲章第2条4で禁止されている国際関係における「武力の行使」にも当たらない。このような活動についても、そもそも「武力の行使」に当たらず、憲法上の制約はないと解釈すべきである。そのような事例は、国連決議によって求められることもあれば、領域国の同意や要請の下で行われることもあれば、公海上のような国際公域における自発的な秩序維持の場合もある。端的な例として、アデン湾の海賊対処をこの観点から位置付けることも可能である。これには「アタランタ」作戦を開始したEU諸国、NATO諸国のほか、日本、中国、イラン、韓国などが参加している。国連は安全保障理事会決議第1816号などによって加盟国の協力を要請している。日本は2009年から自衛隊と海上保安庁が協力して参加している。

このような治安協力は、国際連合憲章第2条4の禁ずる国際関係における「武力の行使」ではなく、武器の使用を伴う治安活動であるので、基本的に憲法問題は生じず、活動根拠の付与は法律レベルにより行うことができる。政府も国会において、「海賊行為の処罰及び海賊行為への対処に関する法律」案の審議の中で、自衛隊を派遣するに際し、「国や国に準ずる者と申しますか、国などが国などの行為として行われるものは、その定義上海賊行為からは除外されております。したがいまして、御懸念のような、憲法第9条によって禁じられた『武力の行使』に及ぶということはないものと考えております」と答弁している（2009年6月4日参議院外交防衛委員会における横畠裕介内閣法制局第2部長答弁）。

8 武力攻撃に至らない侵害への対応

一般国際法上、自衛権を行使するための要件は、国家または国民に対する「急迫不正の侵害」があることなどとされているが、我が国の国会答弁においては、「我が国に対する急迫不正の侵害」があった場合は、「武力攻撃」、すなわち、「一般に、我が国に対する組織的計画的な武力の行使」があった場合として極めて限定的に説明されている。また、自衛隊法などの現行国内法上、自衛権の発動としての武力を行使できる「防衛出動」は、「武力攻撃」、すなわち我が国に対する組織的計画的な武力の行使を前提としている。このことから、「武力攻撃」に至らない侵害への対応は、自衛権の行使ではなく、警察比例の原則に従う「警察権」の行使にとどまることとなる。しかし、事態発生に際し「組織的計画的な武力の行使」かどうか判別がつかない場合において、突発的な状況が生起したり、急激に事態が推移することも否定できない。「組織的計画的な武力の行使」かどうか判別がつかない侵害であっても、そのような侵害を排除する自衛隊の必要最小限度の行動は憲法上容認されるべきである。かかる自衛隊の行動は、その事態、態様により、国際法上は、自衛権に包含される活動として区分される場合もあれば、国際法の許容する法執行活動などとして区分されることもあり得るが、いずれにせよ、国際法上合法な行為である限り許容されるべきである。

警察権の行使である自衛隊の行動類型としては、治安出動、警護出動、海上警備行動などがあり、また武器など防護という武器使用権限もあるが、治安出動のほか、警察権の行使としての自衛隊の行動による対処に当たり、事態認定や命令を出すための手続きを経る間に、状況によっては対処に事実上の間隙が生じ得る可能性があり、結果として事態の収拾が困難となったり、相手を抑止できなくなったりする恐れがある。また、対処に先立って自衛隊部隊を行動させるためには、治安出動下令前の情報収集（自衛隊法第79条の2）や防御施設構築措置（同法第77条の2）などの規定によるが、それぞれ「治安出動命令が発せられること及び不法行為が行われることの予測」と「防衛出動命令が発せられることの予測」を下令要件とし、実際の下令までの手続き面で高い敷居が存在する。したがって、現行の自衛隊法の規定では、平素の段階からそれぞれの行動や防衛出動に至る間において権限上の、あるいは時間的な隙間が生じ得る可能性があり、結果として事態収拾が困難となる恐れがある。自衛隊法に切れ目のない対応を講ずるための包括的な措置を講ずる必要がある。

問題となる事例としては次のようなものがある。例えば、我が国領海で潜没航行する外国潜水艦が退去の要求に応じず徘徊を継続する場合への対応に際しては、一義的には海上警備行動による対応となるが、現行の国内法上は「武力攻撃事態」と認定されない段階では、「武力の行使」はもとより、それに至らない武器の使用による当該潜水艦の強制退去は困難である。したがって、軍艦または政府公船である外国船舶を停止させるための武器使用がどの程度認められるかについて、国際法の基準に照らし、警察官職務執行法の範囲にとらわれず、国内法における検討を進めていく必要がある。

また、国境の離島などに対して特殊部隊などの不意急襲的な上陸があった場合、仮に警察権の行使により対応する場合においても、自衛隊には平素からの同権限が認められているわけではなく、ましてや「武力攻撃事態」と認定されない段階では、防衛出動下での対応はできない。一旦離島が攻撃を受ければ、その攻撃の排除には相当の規模の部隊と期間が必要となる。同様に、原子力発電所などの重要施設の防護を例にとってみても、テロリスト・武装工作員などによる警察力を超える襲撃・破壊行動が生起した場合は、治安出動の下令を待って初めて自衛隊が対応することにならざるを得ない。警察力を超える襲撃・破壊行動による我が方の犠牲を最小限に抑えるためには、早い段階から速やかに自衛隊に十分な活動をさせることが有効だが、治安出動の発令手続きを経る間に、仮にも対応の時機を失するようなこととなれば、テロ、サボタージュ行為が拡大するなどして、その影響は甚大なものとなる可能性がある。

上記の例にもみられるように、武力攻撃に至らない侵害への対応について、現代の国際社会では、その必要性が高まってきており、各種の事態に応じた均衡のとれた実力の行使も含む切れ目のない対応を可能とする法制度について、国際法上許容される範囲で、その中で充実させていく必要がある。また、法整備にとどまらず、それに基づく自衛隊の運用や訓練も整備していかなければならない。

なお、武力攻撃に至らない侵害に対して措置を採る権利を「マイナー自衛権」と呼ぶ向きもあるが、この言葉は国際法上必ずしも確立したものではなく、また、国際連合憲章第51条の自衛権の観念を拡張させているとの批判を内外から招きかねないので、使用しないことが望ましい。

Ⅲ 国内法制の在り方

以上述べたような新たな考え方が実際に意味を持つためには、それに応じた国内法の整備などを行うことが不可欠になる。ここではその際に考えるべき主な要素について述べたい。

国内法の整備に当たっては、まず、集団的自衛権の行使、軍事的措置を伴う国連の集団安全保障措置への参加、一層積極的な国連PKOへの貢献を憲法に従って可能とするように整備しなければならない。また、いかなる事態においても切れ目のない対応が確保されることと合わせ、文民統制の確保を含めた手続き面での適正さが十分に確保されると同時に、事態の態様に応じ手続きに軽重を設け、特に行動を迅速に命令すべき事態にも十分に対応できるようにする必要がある。このため、自衛隊の行動を定めている自衛隊法や事態対処に係る基本事項を定めた「武力攻撃事態等における我が国の平和と独立並びに国及び国民の安全の確保に関する法律」（武力攻撃事態対処法）および関連の法制である周辺事態安全確保法、「周辺事態に際して実施する船舶検査活動に関する法律」（船舶検査活動法）、「武力攻撃事態における捕虜等の取扱いに関する法律」（捕虜取扱法）、PKO法などについて、自衛隊の活動などに係る各種特別措置法の規定ぶりや、現在の安全保障環境の実態、国連における標準に倣った所要に合わせ、広く検討しなければならない。

自衛隊法については、任務や行動、権限などの整備が考えられる。自衛隊法は、安全保障環境の変化に伴うさまざまな事態に対応するため、そのたびに制度の見直しが図られてきたところではあるが、手続き面での適正さを確保しつつ、これまで以上により迅速かつ十分な対応を可能とするための制度的な余地がないか再検討する必要がある。また、行動が命ぜられていない時点でも、現場の自衛官がどのような対応をすることが認められるかという観点からの検討も必要である。国連PKOなどへの参加に際して新たにどのような任務が付与されるべきかとともに、これを安全かつ確実に遂行するため、従来の「いわば自己保存のための自然権的権利」などとしての武器使用権限をどのように見直すかについても、先進民主国家の軍や国連PKOミッションなどにおいて一般に行われているようなケースを踏まえて、他国のROE(rules of engagement)に相当する「部隊行動基準」の整備により、文民統制の確保を図りつつ、国際法上許容される「部隊防護(unit self-defense)」や任務遂行のための武器使用に係る権限を包括的に付与することができないか、検討を行う必要がある。

PKO法も「主たる」紛争当事者間の合意に基づく活動の実施、停戦合意要件の見直し、国連PKOの武器使用基準に基づく武器の使用といった国連における標準に倣った所要の改正を行うべきである。周辺事態安全確保法についても、周辺事態に際して米軍はもとより米軍以外の他国軍も対象として、より広い地域において必要な支援を提供できるようにすることが十分に考えられることから、後方地域に限定することなく、このような他国軍をも対象とし得るよう検討する必要がある。また、米国と豪州としか締結していないACSA（物品役務相互提供協定）をその他の国とも締結するなど、必要な国際約束の締結についても併せて検討の対象とすべきである。

おわりに

日本国憲法は、前文で「平和的生存権」を確認し、第13条で「生命、自由及び幸福追求に対する国民の権利」を定めているが、これらの権利は他の基本的人権の根幹と言うべきものであり、これらを守るためには、主権者である国民の生存の確保、そして主権者である国民を守る国家の存立が前提条件である。また、憲法は、国際協調主義を掲げている。平和は国民の希求するところであり、国際協調主義を前提とした日本国憲法の平和主義は、今後ともこれを堅持していくべきである。その際、主権者である国民の生存、国家の存立を危機に陥れることは、そのような憲法上の観点からしてもあってはならない。

我が国を取り巻く安全保障環境は、技術の進歩や国境を超える脅威の拡大、国家間のパワーバランスの変化などによって、より一層厳しさを増している。また、日米同盟の深化や地域の安全保障協力の枠組みの広がり、国際社会全体による対応が必要な事例の増大により、我が国が幅広い分野で一層の役割を担うことが必要となっている。このように、安全保障環境が顕著な規模と速度で変化している中で、我が国は、我が国の平和と安全を維持し、地域・国際社会の平和と安定を実現していく上で、従来の憲法解釈では十分対応できない状況に立ち至っている。

憲法第9条の解釈は長年にわたる議論の積み重ねによって確立したものであって、その変更は許されず、変更する必要があるならば、憲法改正による必要があるという意見もある。しかし、本懇談会による憲法解釈の整理は、憲法の規定の文理解釈として導き出されるものである。すなわち、憲法第9条は、第1項で、我が国が当事国である国際紛争の解決のために武力による威嚇または武力の行使を行うことを禁止したものと解すべきであり、自衛のための武力の行使は禁じられておらず、国際法上合法な活動への憲法上の制約はないと解すべきである。同条第2項は、「前項の目的を達成するため」戦力を保持しないと定めたものと解すべきであり、自衛やいわゆる国際貢献のための実力の保持は禁止されていないと解すべきである。「（自衛のための）措置は、必要最小限度の範囲にとどまるべき」であるというこれまでの政府の憲法解釈に立ったとしても、「必要最小限度」の中に個別的自衛権は含まれるが集団的自衛権は含まれないとしてきた政府の憲法解釈は、「必要最小限度」について抽象的な法理だけで形式的に線を引こうとした点で適当ではなく、「必要最小限度」の中に集団的自衛権の行使も含まれると解すべきである。

個別的自衛権の行使に関する見解としては、自衛権発動の3要件を満たす限り行使に制限はないが、その実際の行使に当たっては、その必要性と均衡性を慎重かつ迅速に判断して、決定しなければならない。集団的自衛権については、我が国と密接な関係にある外国に対して武力攻撃が行われ、その事態が我が国の安全に重大な影響を及ぼす可能性があるときには、我が国が直接攻撃されていない場合でも、その国の明示の要請または同意を得て、必要最小限の実力を行使してこの攻撃の排除に参加し、国際の平和および安全の維持・回復に貢献することができることとすべきである。そのような場合に該当するかについては、我が国への直接攻撃に結びつく蓋然性が高いか、日米同盟の信頼が著しく傷つきその抑止力が大きく損なわれ得るか、国際秩序そのものが大きく揺らぎ得るか、国民の生命や権利が著しく害されるか、その他我が国への深刻な影響が及び得るかといった諸点を政府が総合的に勘案しつつ、責任を持って判断すべきである。実際の行使に当たっては、第三国の領域を通過する場合には、我が国の方針としてその国の同意を得るものとすべきである。集団的自衛権を実際に行使するには、事前または事後の国会承認を必要とすべきである。行使については、内閣総理大臣の主導の下、国家安全保障会議の議を経るべきであり、内閣として閣議決定により意思決定する必要があるが、集団的自衛権は権利であって義務ではないため、政策的判断の結果、行使しないことがあるのは当然である。

軍事的措置を伴う国連の集団安全保障措置への参加については、我が国が当事国である国際紛争を解決する手段としての「武力の行使」には当たらず、憲法上の制約はないと解すべきである。参加に関しては、個々の場合について総合的に検討して、慎重に判断すべきことは当然であり、軍事力を用いた強制措置を伴う国連の集団安全保障措置への参加に当たっては、事前または事後に国会の承認を得るものとすべきである。

いわゆる「武力の行使との一体化」論は、安全保障上の実務に大きな支障となってきており、このような考えはもはやとらず、政策的妥当性の問題と位置付けるべきである。国連PKOなどや在外自国民の保護・救出、国際的な治安協力については、憲法第9条の禁ずる「武力の行使」には当たらず、憲法上の制約はないと解すべきである。

このほか、武力攻撃に至らない侵害への対応については、「組織的計画的な武力の行使」かどうか判別がつかない侵害であっても、そのような侵害を排除する自衛隊の必要最小限度の国際法上合法な行動は憲法上容認されるべきである。また、自衛隊の行動については、平素の段階からそれぞれの行動や防衛出動に至る間において、権限上の、あるいは時間的な隙間が生じ得る可能性があることから、切れ目のない対応を講ずるための包括的な措置を講ずる必要がある。以上述べたような考え方が実際に意味を持つためには、それに応じた国内法の整備などを行うことが不可欠である。

さかのぼってみれば、そもそも憲法には個別的自衛権や集団的自衛権についての明文の規定はなく、個別的自衛権の行使についても、我が国政府は憲法改正ではなく憲法解釈を整理することによって、認められるとした経緯がある。

こうした経緯に鑑みれば、必要最小限度の範囲の自衛権の行使には個別的自衛権に加えて集団的自衛権の行使が認められるという判断も、政府が適切な形で新しい解釈を明らかにすることによって可能であり、憲法改正が必要だという指摘は当たらない。また、国連の集団安全保障措置などへの我が国の参加についても同様に、政府が適切な形で新しい解釈を明らかにすることによって可能である。

以上が、「安全保障の法的基盤の再構築に関する懇談会」としての提言である。政府が安全保障の法的基盤の再構築に関して、この提言をどのように踏まえ、どのような具体的な措置をとるのか、それは政府の判断に委ねられるのは言うまでもないが、懇談会としては、政府が本報告書を真剣に検討し、しかるべき立法措置に進まれることを強く期待するものである。

（了）

QDR 2014 米国防計画見直し 全訳

□7□

第2章　国防戦略（続き）

◇革新と適応の基礎

米軍がイラク、アフガニスタンで得た教訓は、国防総省が将来に目を向けるうえで今後も計り知れないほど貴重なものとなる。有事の交戦に最も効果的に備えるため、戦闘部隊司令官は変化する戦略環境をより明確に反映させた、緊急事態における計画策定を強化する。

平時にあっても、米軍はいつでもどこにでも駐留できるわけではなく、国防総省は軍が海外でのプレゼンスと活動を高められるような、創造的で新しいパラダイムを追求する。以下の例は、国防総省が追求しようとするいくつかの具体的なステップだ。

■アジア太平洋など重要地域への海軍力の前線配備追加により、対応時間を早め、より低コストで追加のプレゼンスを実現

■艦艇、航空資源、危機対応戦力の新たな組み合わせを追加配備し、現地の戦闘司令官に平時、有事に必要な、柔軟かつきめ細かな支援を提供

■現地に特化した戦力をきめ細かく追加配備し、世界の、またアジア太平洋など重要な地域での目的を達成する

■海外の多国間共同訓練施設を最大限利用し、即応能力と同盟・友好諸国との相互運用性を高める

■ジョイント・ストライク・ファイター（統合打撃戦闘機）など国防総省の先端能力投資を迅速に生かすための概念、配置・プレゼンスのオプション、支援インフラの開発

■艦艇の耐用期間の革新的延長策

■危機発生時に追加の戦略的および運用面の柔軟性を提供するアクセス合意

革新と適応に向けた戦略的コミットメントの、さらなる重要要素は同盟諸国との連携――特に湾岸諸国やアジア諸国――である。それは地域諸国による自国の安全へのより大きな貢献を促し、欧州では地域一帯へのより大きな貢献を促す。

国防総省は、同盟・友好諸国との協力を深める戦略補完アプローチを進展させており、将来の役割や作戦行動、将来の能力投資を共同で計画する機会を増やしていく。

こうすることにより、同盟・友好諸国が自国を防衛するのに最も必要な能力を発展させられるだけでなく、米国とより密接、効果的に行動することを可能にする。今後我々は、同盟・友好諸国の発展する能力を十分に国防計画に反映させる。

例を挙げるなら、米国は英国、オーストラリアとの間で、それぞれの国防計画策定過程の協力を進める。米国は英国との間で、将来の空母能力の刷新で協力し、先端戦闘機の相互運用や統合軍の編成に柔軟なオプションを与えることで、世界の重要地域への戦力投射を可能にする。

米国とオーストラリアは、豪州北部への米軍配備の完全実施を目指しており、両国間で相互運用性と協力強化に向けた計画策定の共同作業を進め、潜水艦システム・兵器、ヘリコプター、戦闘・輸送機などに焦点を当てている。

国防総省はまた、米国や親密な同盟諸国の投資ポートフォリオについて、内容を調整し我々の行動が互いの優先事項を補完し合うようにする。

米国は従来、敵に対抗するため技術的に優れた装備やシステムに依存してきた。技術の優越性は我々に、必要な場所に戦力を投射する自由なアクセスを与えてきた。

しかし、この優越性は、能力を高め強い経済力を有する潜在敵の挑戦を受けており、こうした敵は米国が依存するいくつかの、あるいはすべての重要技術への対抗策を開発、配備している。優位性を維持するため、米軍は新たな能力、戦術、技術、手段を開発し効果的であり続ける必要がある。

世界的な技術動向を見れば、米国が全ての分野で技術の絶対的リーダーを目指すべきではないものの、国防総省は、現在および将来の軍事的挑戦に対処する最も重要な分野については、技術的優位性を確保しなければならない。

国防総省はエネルギー効率化、新技術、再生可能エネルギー源に投資を行い、より強くて効果的な戦力を目指している。エネルギーの改善は、特に兵站が制限される将来の安全保障環境において行動範囲、耐久性、敏しょう性の向上に資する。

最後に、国防総省は、米軍の行動環境や役割、作戦に今後も影響を及ぼす、気候変動の影響に対処する創造的な方策を採用する。

総省は気候変動、環境破壊が進む中でも行動する準備を整える。環境破壊への準備態勢を高め、そのリスク緩和を図る一方でそうした機会を利用する。

総省の作戦即応能力は陸、海、空の訓練場・試験場への自由なアクセスに懸かっている。このため、我々は気候変動が作戦と行動の強靭さに与える潜在的な影響を評価するため、すべての施設への包括的な調査を実施し、必要な適応策を策定、実施に移す。

気候変動はまた、各国が協力する必要性と機会を生み出す。国防総省はさまざまなイニシアチブを通じ、そうした機会を捉えていく。例えば北極圏戦略や人道支援と災害対応能力など、新たな政策と戦略を省内や同盟・友好諸国との間で発展させていく。

南西アジアでの40日間の訓練展開から帰投した米第27戦闘飛行隊のF22ラプター戦闘機（QDRから）

第3章　統合軍のリバランス（再均衡）

変化する戦略環境に合わせ、また最新の国防戦略に沿って、国防総省は責任を持ち現実を踏まえて主要な統合軍構成要素のリバランス（再均衡）に着手している。12年間の紛争を経た後、予算が削減される中で統合軍はバランスを欠いた状態にある。紛争時から既に低下していた即応能力は、2013年度の予算強制削減実施でさらに大きく低下し、戦力は近代化のニーズに追い付いていない。

国防総省は、今後も厳しい財政環境に直面することになる。2012年度歳出予算から、国防総省は2011年予算管理法（BCA）によって決められた上限による10年間、4870億ドルの歳出削減の影響を吸収し始めた。

予算管理法はまた、2021年度まで年間約500億ドルの追加削減を求める強制削減の仕組みを盛り込んだ。2013年超党派予算法により、強制削減には小幅だが速やかな救済措置がとられたが、議会が行動しなければ年度の強制削減は2016年度に再開されてしまう。

現在の財政環境を考慮し、大統領の2015年度予算案は国防予算を今後5年間で、14年度予算案からさらに1130億ドル削減することを提案した。

超党派予算法の要求を反映する形で、15年度の一任拠出に厳しい抑制を加える一方、それ以降の強制削減を受け入れず、5年間に予想される強制削減水準より1150億ドル多い予算を国防総省に与える内容となっている。

強制削減水準のカットと比べ大統領予算案は、不透明な財政状況の中で減少する資源を管理する上でより良識的、戦略的なアプローチを提供するものだ。こうした戦略を支持する中で、統合軍規模は今後の防衛プログラム（FYDP）を通じて縮小するが、徐々により近代化し、即応能力を強制削減以前の水準にまで回復させる。

短期的には今回のQDRで示された良識的な措置を講じることが、財政環境が好転しなかった場合でも国の安全保障ニーズを満たす国防総省の能力向上につながる。予算上限が引き上げられるのを期待して重要な決定を遅らせれば遅らせるほど、そうした決定はより困難で痛みを伴うようになり、もし追加の資源が得られなければ、国防戦略を実行する我々の能力に及ぼす悪影響がより大きくなる

大統領の15年度予算案に反映されているそれらの重要決定事項は、主要な優先事項を守る一方でリスクを最小化することを意図している。

◇空軍

空軍戦力は国防総省が世界規模で戦力を投射し、緊急事態に迅速に対応する能力に欠かせない。空軍は空、宇宙、そしてサイバー空間での国家安全保障にとって極めて重要な能力をもたらす。我々は手の込んだ脅威に対抗するため、次世代の装備や概念を実施に移す。優先度の高い項目としては、次世代戦闘機の配備、サイバー能力、航空電子工学、兵器、戦術、訓練の発展などがある。空軍が優先する最重要な近代化の取り組みとしては以下の通り。

・残存性を改善し、部隊の能力アップをもたらすセンサーを搭載した多目的の第5世代F35戦闘機

・遠隔からの作戦行動能力を維持し、大量の弾薬を輸送、戦闘空域内および周辺で行動するための、新型のステルス性長距離打撃航空機

・そして時代遅れの空中給油機部隊に代わり、効率的で迅速な長距離配備を可能にする次世代の空中給油・輸送機KC46A

これらへの投資資源への障害を取り除くため、空軍は各種の作戦分野の航空機や戦闘機を短期的に削減する。

強制削減水準の予算カットが2016年度に課せられれば、空軍はKC10空中給油機部隊すべてに加えて無人航空機グローバル・ホークのブロック40部隊など80機を退役させ、統合打撃戦闘機の調達を遅らせ、飛行時間も大幅に減らさなくてはならなくなる。

◇陸軍

平和と安定を確保するこの国の能力にとって、陸上戦力は今後も欠かせない要素。創設以来、陸軍戦力は我々の自由を守り、侵略行動を抑止、打倒し、一般市民に救援の手を差し伸べ、同盟関係を構築、維持し、集団安全保障と人権、文民政府を増進させるため他国の治安戦力を発展させ、こうした活動によって我々の国益を守ってきた。

アフガニスタンでの米主導の戦闘行動終結は、陸上戦力を必要とする将来のあらゆる挑戦に備える機会を陸軍に与えることになった。

世界規模で展開し、近代的でよく訓練され、即応能力を持つ陸軍は、自国での文民当局への支援から大規模な戦闘行動を伴う治安戦力支援まで、また、侵略的行動の抑止から抑止が機能しなかった場合に圧倒的に勝利する能力までと、幅広い作戦行動を行う能力を備える必要がある。

財政的に厳しい環境の中で将来の米陸軍は、大規模で多面的、多国籍の作戦の一環として、迅速かつ持続的な陸上戦を行う能力を持つ必要がある。例えば、戦場での勝利を永続的な安全と発展に転換する紛争後の安定を維持する活動などだ。

バランスの取れた戦力を徐々に回復させるため、陸軍はすべての要素の削減を図る。常備軍兵士は戦時のピークである57万人から44万～45万人に削減、州兵は戦時ピークの35万8000人から33万5000人へとダウンサイズ、陸軍予備役も同様に20万5000人から19万5000人へと削減する。

予定される削減により、陸軍は戦力を分断することなく節減を迅速に実施することができる。ただ、短期的な即応能力低下と近代化の遅れは避けられない。

〈以下次号〉

米国防計画見直し（QDR）の構成
国防長官からの手紙
エグゼクティブ・サマリー
序章
第1章：安全保障環境の将来
第2章：国防戦略
第3章：統合軍のリバランス（再均衡）
第4章：国防組織のリバランス
第5章：予算強制削減の意味合いとリスク
統合参謀本部議長のQDR評価

西風東風

墺、NATOセンターに参加
――サイバーテロ対策で

北大西洋条約機構（NATO）が運営する「NATO共同サイバー防衛高等センター」にオーストリアが参加することになった。NATO非加盟国の同センター参加は初めてとなる。サイバーテロへの対応は一国だけでは難しい上、ロシアの軍事的な脅威の増大により、NATOへの期待が高まっていることも背景にある。オーストリアと同様、NATO非加盟国のフィンランドも参加を検討している。

オーストリアは第2次世界大戦時にはナチスドイツに組み込まれており、敗戦後の1955年、永世中立を条件に占領軍から独立を認められた。独立当初は欧州統合の動きにも距離を置いていたが、95年には欧州連合（EU）にも加入している。

センターは2008年にエストニアの首都、タリンに設置され、サイバー防衛への対応能力やNATO加盟国間の協力・情報共有体制の向上のための研究や訓練などを行っている。スタッフは40人ほど。

現在、メンバーはエストニア、ドイツ、イタリア、ラトビア、リトアニア、ポーランド、スロバキア、スペイン、ハンガリー、米国、オランダの11カ国だが、チェコ、フランス、ギリシャ、トルコ、英国も今年中に加入する見込み。なお、オーストリアはセンターの業務には参加するが、予算や業務内容を決める経営委員会での投票はできない。

また、センターは6月3日から6日まで、タリンでサイバー戦に関する大規模な会合を開催する予定だ。

ロシアが武力を背景に、ウクライナからクリミア半島を併合、ウクライナ東部にも影響力を行使していることから、北欧、東欧諸国では防衛政策の見直しが続いている。NATO関連ではオーストリア同様、これまで中立主義を掲げてメンバー国ではなかったスウェーデン、フィンランドが加盟に向けた国内的な議論を始めている。

（ロンドン＝加藤雅之）

中国軍30万人が越国境移動
――本命は南シナ海

ベトナムで反中国の暴動が発生後、中国軍部隊約30万人が広西チワン族自治区などベトナムとの国境付近に集結していると、反体制情報のウェブサイト、中国茉莉花革命網が5月23日伝えた。

中国軍は、国境付近に兵力を集中しベトナム軍を引き付けているが、実際の想定戦場は南シナ海。ベトナム側が係争中の島を返還するなど譲歩しない場合、天安門事件から25周年の6月4日以降に開戦、戦火は西沙、南沙の両群島に及ぶ恐れがあるという。

中国の房峰輝・総参謀長が5月13日に訪米したのは、開戦の場合の米国の出方を探るため。米国が武力介入しないとの反応を得たため、ベトナムに対する態度を強硬化し、中国の常万全国防相が19日、フン・クアン・タイン越国防相に会談した際、「過ちを繰り返すな」と最後通告に等しい警告を行った。

米国は、ベトナムが中国との戦闘に敗れて世論が沸騰すれば、反体制勢力を利用して越共産党政権の転覆に加担することも検討。中越が争えばどちらかが必ず傷つくため、いずれにしても米国に有利との判断だという。

なお、常国防相が16日、ラオスのチュンマリー・サイニャーソン国家主席を訪ね、「中国は生死を共にする友人だ」との発言を得た。翌17日にラオスの軍用輸送機が墜落しドゥアンチャイ副首相兼国防相ら5人が死亡した事故は、ベトナム工作員の仕業との見方も出ている。

中国軍の集結の模様は、広東省や広西チワン族自治区のネットユーザーも5月16～22日、写真付きでミニブログなどに相次ぎアップロードしている。雲南省昆明市からも軍用車の数キロの車列で、高速道路が渋滞したとの情報が寄せられた。同自治区柳州市では、地対空ミサイルを積んだ列車の写真も撮影された。

消息筋によると、中越国境付近には機甲師団が増派されたほか、広州軍区の空軍、広西、雲南の両軍分区の部隊と南海艦隊が出撃準備を完了。小規模な中越戦争がいつでも起きる可能性がある。

（香港＝中岡秀雄）

マイヘルス Q&A

子宮内膜症

不妊症の主要な原因
治療方法　患者と一緒に組み立て

Q　そもそも子宮内膜症とは何ですか。

A　子宮内膜症（以下内膜症）は、月経の時に剥がれて出血を起こす子宮内膜組織が、子宮の外に存在している病態です。

多くは卵巣や卵管、子宮の裏側の骨盤腹膜に存在して、卵巣嚢腫や月経痛を起こします。不妊症にもなります。しかも進行性の病気で、再発・再燃を繰り返す厄介な病気ですが、癌と違って命を落とすことはありません。

Q　病気の原因は？どんな人がなりやすいのですか。

A　初経年齢が早い人、未産婦または妊娠回数の少ない人になりやすい傾向があります。また、母親や姉妹でも見られるので遺伝性の可能性や、先進工業国に多いために環境要因なども指摘されていますが、根本的な原因はまだ分かっていません。

Q　内膜症があるとなぜ困るのですか。

A　直接的には月経痛です。とにかくつらい、痛い、重い、仕事ができない…。男性には理解できないでしょうが、これは女性にとって痛切な問題です。さらに中長期的な大問題は不妊症になることです。内膜症は女性不妊症の主要な原因となっています。しかも厄介なことに不妊症は内膜症の初期からも起きることです。このように20代、30代の一番活躍する女性を直撃する病気です。

Q　どんな治療があるのですか。

A　根本治療は病変部位の切除と原因となる生殖器の除去で、卵巣と子宮の摘出です。しかし、これは最終手段であり、女性ホルモンを下げるホルモン治療や、痛み止め薬による対症療法があります。

また、最近のホルモン治療は避妊薬であるピルが使われます。さらに不妊症治療の一環として内膜症治療が計画されることもあり、女性がどんな人生設計を持つかによって不妊治療が主体となるのか、ピル治療でいくのか、手術をするのか——などの治療方法を患者さんと一緒に組み立てていくことになります。

中央病院産婦人科部長　水本賀文

サバゲーアイドル
自衛官に挑戦状!?

弾装の取り付け方を教わる記者（右）。後ろからリナ教官がアドバイスをくれるなど、基礎を教わる

▲参加者たちと記念写真を撮るCAT11メンバー。前列右からチー、ゴル子、リナ、2列目中央右が先生（4月27日）

「銃を持つとみんな顔つきが変わります！」とにこやかに笑って銃を構えるのはサバイバルゲーム（サバゲー）界のアイドル「CAT11」。普段はタレントや女優として活躍している彼女たちだが、M4カービン（エアガン）を装備し、米陸軍仕様のマルチカム迷彩戦闘服でバッチリ決めた姿は戦士そのもの。従来のミリタリーアイドルとは違う何かがある——。そう思った本紙記者は4月27日、彼女たちが転戦しているという情報を得て、茨城県潮来市の市街戦フィールド「TTF」（主宰熊谷氏）に従軍記者として潜入した……はずだったが。

（文・若林祥子、写真・カメラマン池田旬也氏）

本紙記者も前線へ

「CAT11」は「週刊プレーボーイ」（集英社刊）名物記者の小峯隆生氏がアクション女優を養成するために結成したチームで、秋場由香さん（アキバ）、綾木舞美さん（先生）、北川千晴さん（チー）、黒澤恵里さん（姉御）、清水日名子さん（ゴル子）、比嘉セリーナさん（リナ）で構成される。

当初は写真集や雑誌を中心に活動していたが、1年ほど前からサバゲーに参入。全くゼロの状態からのスタートだったが、高部正樹氏（元傭兵）や野田力氏（元仏外人部隊）、飯柴智亮氏（元米陸軍将校）ら〝ホンモノ〟に都市戦闘やジャングル戦闘などを学び、今では見違えるほどの腕前に。

現在はさまざまなフィールドで戦いを重ね、体当たりでサバゲーや各フィールドの魅力をリポートしている。「全くの素人でも頑張ればここまでできるようになるんですよ」と本当に楽しそうだ。それぞれ得意とする戦術もあるという。

「TTF」では参加者約70人が「レッドスコーピオン（赤）」と「イエローホーネット（黄）」に分かれ、午前はフラッグ戦やパラトルーパー（空挺兵）戦、午後からはミサイル発射阻止などユニークなゲームが次々と開催された。

サバゲーと聞くと、なんだか危なそうなイメージがあったが、参加者全員がルールやマナーをきっちりと守り、安全第一に楽しんでいる様子。模擬銃とはいえ人に向けてはならないなど、「サバゲー道」とでも呼ぶべき精神を感じた。

そんな中、なぜか記者も〝新兵〟としてCATさんたちに教育を受けることに。

最初は銃の持ち方もままならなかったが、熱い指導を受け、ほどなくして〝戦場送り〟の身となった。

ゴル子上官を追いかける記者

市街戦ということで、「BANK（銀行）」や「SCHOOL（学校）」と書かれた遮蔽板に身を潜め、息を殺して相手の動向を見守る。遊戯用BB弾の雨の中を前進しなければならないが、足がすくんで思ったように動けなかった。

CATさんたちはそんな〝新兵〟を誘導しながら戦うという離れ業をこなし、その的確なアドバイスも相まって、記者は1戦目は生存、2戦目は自らの判断で突撃するまでに成長した。

「サバゲー、なかなか楽しいぞ——」。

ぐだぐだの初出陣だったが、その尋常ではない緊張感や非日常性は、他では味わえないもので、多くの人がサバゲーにハマる理由が分かった気がした。

CAT11　フィールドで会いましょう　「最後は突撃し勝つ」

何よりフィールド内のCATさんや参加者の皆さんが本当に格好よく、仲間の新たな一面が見えるのも魅力。

「実戦とサバゲーって動き方が全然違うんです。だから、年齢も性別も関係ない」と、小峯氏をはじめCAT11のメンバーは口をそろえる。

今の目標はサバゲーを趣味にしている自衛官との勝負。メンバーは「言っときますけど、勝ちますよ。どんな状況でも最後は突撃して勝ちにこだわります」と〝挑戦状〟も送っている。

なおCAT11の次の出動は、7月に千葉県印西市のフィールド「beam」で予定されている。

◇サバイバルゲーム（通称サバゲー）は日本発祥のゲーム。

エアソフトガンで敵を撃って倒していくのが基本で、戦術や装備などにこだわったり、スポーツの一環として汗をかいたりと思い思いの楽しみ方ができる。「非日常感」を味わえるのも人気で、最近は女性の参加者も増えている。

米国のペイント弾を使った陣取りゲームにルーツがあるとされるが競技性より遊びの要素が強く、日本では1980年代に本格化。その後はエアソフトガンの発展に伴って成長した。

ゲームの種類はフラッグ戦やせんめつ戦、籠城戦などのほか、オリジナルゲームが考案される。映画『ブラックホークダウン』を忠実に模したゲーム大会が開催されるなど、まさに多種多様だ。

ひろば

水無月、風待月、鳴神月、季夏——6月。2日横浜港・長崎港開港記念日、12日日記の日、15日父の日、23日オリンピックデー。

大山犬まつり　山形県鶴岡市大山地区の伝統行事。椙尾神社の裏山に潜むムジナを退治した犬に由来する祭りで、犬みこしやムジナに捧げる仮女房を乗せた行列が古式ゆかしく練り歩く。　5日

姫路ゆかたまつり　姫路市・長壁神社の例祭が起源とされ、城主の榊原政岑が越後移封の際、武士以外でも参拝できるように社を移し、人びとがゆかた姿で参拝した故事による。　22日〜24日

「たかじん委員会」のDVD発売される

DVD「超・改国論」。2枚組で価格は5184円。東宝より販売中。

今年1月に逝去した、やしきたかじん氏が司会を務めていた、大阪・読売テレビの人気討論バラエティ番組「たかじんのそこまで言って委員会」のDVD「超・改国論」がこのほど発売された。

DVDは、安倍晋三氏（2009年放送当時）をゲストに迎えた回などを収録。防衛や外交、憲法についてパネリストたちが大激論を繰り広げる。終わりには安倍首相がやしき氏をしのぶコメントを寄せている。

特典映像では軍事ジャーナリストの井上和彦氏とタレントの山口もえさんが防衛省内を紹介。山口さんが岩田清文陸幕長に自衛隊への素朴な疑問を直撃する。

このほかにも自衛隊の訓練への密着や三菱重工業の工場から10式戦車の製造現場をレポートするなど盛りだくさんの内容。

艦艇のイケメン擬人化キャラを起用した入浴剤「海自乃湯」話題に

入浴剤の種類は4種類。それぞれのイメージに合った香りや効能となっている。あなたのお気に入りは誰？

旧海軍艦艇を美少女化したブラウザゲーム『艦隊これくしょん——艦これ』が人気を博す中、今度は「艦艇×イケメン」な燃えキャラたちが登場⁉　ミュール（本社大阪市）から5月末、海自艦艇の擬人化キャラを起用した入浴剤「海自乃湯」が発売され、早くもネット上で話題を呼んでいる。

「今自衛隊が注目されていることもあり、商品開発に踏み切りました。すでに多くの方からお問い合わせをいただいています」と話すのはミュールの井植智英社長。自身も自衛隊の熱狂的なファンだという。

護衛艦「ひゅうが」「こんごう」「むらさめ」潜水艦「そうりゅう」の4艦を海上自衛官キャラに擬人化し、艦のイメージに結び付けた性格や容姿を設定した。

「ひゅうが」は幹部候補生で正義感が強いB型、「こんごう」は1尉で真面目で頼れるA型、「そうりゅう」は3曹でクールなA型、「むらさめ」は2士で努力家のO型——など細かい設定があるそう。

それぞれをイメージした入浴剤2袋と特製カードが入って460円（税別）。パッケージは護衛艦を模したデザインで、データが詳しく記載されている。

入浴剤にした理由は「海自艦なのでやはり水ものかなど。日本人はお風呂好きなので、入浴剤は土産に喜ばれると思いました」。

今までは「てつのくじら館」（呉）や「セイルタワー」（佐世保）など海自施設のみの販売だったが、一般発売後はアマゾンを中心に一般書店などでも購入できる。今後はキャラを増やすなどさまざまに展開していくそう。続報を楽しみに待ちたい。

BOOK NOW

私が読んだこの一冊

話題の達人倶楽部編「できる大人のモノの言い方大全」（青春出版社）

陸自第10特殊武器防護隊　藤川昌宏2陸尉　41

社交辞令をはじめ、聞き方、頼み方、断り方、謝り方、ほめ方など、普段の日常や職場においての言葉使いやマナー、会話におけるノウハウを集めた本です。

正しい言葉が選べるように覚えておきたいことが多く掲載されており、また、普段の自分の間違えにも気がつき、非常に勉強になります。

384ページある厚い本ですが、値段は1050円とそう高くはありません。大人として正しいモノの言い方を身につけるためにもお勧めします。

植森美緒著「腹だけ痩せる技術」（メディアファクトリー新書）

海自硫黄島航空基地隊補給隊補給班　西川幸之助2海尉　34

「最近、腹が出てきたな」「腰周りにぜい肉がついてきた」と実感している人は多いのでは？

「腹だけ痩せる技術」という単純・明快にして効果が得られそうな題名に惹かれ私も本書を手にしました。

実践法は、毎日数十秒間、腹を凹ませることにより、スリムな腹の状態を腹筋に形状記憶させることであり、食事制限やつらい腹筋・有酸素運動を必要とせず、とても簡単です。

さあ皆さん、目からうろこの実践法で腹からうろこを落としましょう。

ハイディ・グラント・ハルバーソン著　児島修訳「やってのける〜意志力を使わずに自分を動かす〜」（大和書房）

小松管制隊　坂田大樹2空尉　32

「今でしょ！」が昨年の流行語大賞を受賞しました。受賞の要因はおそらく、窮地に追い込まれるまで物事に取り掛からない人が、私の他にも多くいらっしゃるからでしょう。

この本では、自己啓発本にありがちな精神論に偏ることなく、科学的実験に基づいた自己管理力を高める方法がいくつも提示されています。

実際の行動には消極的にもかかわらず、先延ばしには積極的。そう自認する方に是非お薦めしたい一冊です。

隊員愛読書ベスト5

＜入間基地・豊岡書房＞

❶ブルーインパルス—大空を駆けるサムライたち　武田頼政著　文春文庫　¥896
❷平成26年版防衛ハンドブック　朝雲新聞社　¥1728
❸ソードアート・オンライン14　川原礫著　アスキー・メディアワークス　¥637
❹ゲート外伝参—黄昏の竜騎士伝説編　柳内たくみ著　アルファポリス　¥1836
❺白ゆき姫殺人事件　湊かなえ著　集英社文庫　¥648

＜防衛省・三陽堂＞

❶国防女子—海上自衛隊女性自衛官写真集　宮嶋茂樹撮影　集英社　¥1944
❷武人の本懐FROM THE SEA　高嶋博視著　講談社¥1836
❸国防男子—海上自衛隊男性自衛官写真集　宮嶋茂樹撮影　集英社　¥1944
❹平成26年版防衛ハンドブック　朝雲新聞社　¥1728
❺アナと雪の女王ディズニーアニメ小説版100　サラ・ネイサンほか著　偕成社　¥756

＜神田・書泉グランデミリタリー部門＞

❶航空戦艦「伊勢」「日向」　大内建二著　潮書房光人社　¥799
❷国防女子　宮嶋茂樹撮影　集英社　¥1944
❸パンターミリタリーディテールイラストレーション　遠藤慧著　新紀元社　¥2484
❹第一次大戦陸戦史　別宮暖朗著　並木書房　¥2916
❺舞廠造機部の昭和史　岡本孝太郎著　文芸社　¥972

＜トーハン調べ4月期＞

❶村上海賊の娘　上・下巻　和田竜著　新潮社　各¥1728
❷女のいない男たち　村上春樹著　文藝春秋　¥1700
❸終物語　下巻　西尾維新著　講談社　¥1620
❹アナと雪の女王　サラ・ネイサンほか著　偕成社　¥756
❺長生きしたけりゃふくらはぎをもみなさい　槙孝子著　アスコム　¥1188

陸自3選手

リオへ始動

6月、カヌー集合訓練

2年後のリオ五輪、6年後の東京五輪を目指す自衛隊の「カヌー基幹要員集合訓練」が6月2日から初めて陸自武山駐屯地で実施される。訓練は体育学校（朝霞）と高等工科学校（武山）がそれぞれ担任、協力する。第1回目の今回は陸上自衛官3人が参加、まずは平成27年度の全日本強化指定選手入りを目指す。

「全日本強化指定」目指し

2020年の東京オリンピック・パラリンピックに向けて官民挙げた取り組みが進む中、防衛省・自衛隊でも特別行動委員会（委員長・小野寺大臣）を発足させ、選手強化、基盤整備等を行っている。リオ五輪から採用される7人制ラグビーへの選手輩出を目指し、4月には体校で第1回の「女子ラグビー基幹要員集合訓練」が行われた（訓練は来年1月まで計4回実施）。

今回新たに行われるカヌー集合訓練では、五輪出場を視野に「選手の育成及び強化、全日本強化指定選手の輩出」を目指す。

自衛隊では、高工校カヌー部が創部約50年の歴史を持ち高校総体で総合優勝するなど実績を残している。第1回目の訓練に参加するのは、いずれも同部OBの安保泰斗2陸曹（33）＝東方後支隊▽濱田剛3陸曹（22）＝東方通群▽清水康平3陸曹（21）＝1後支連＝の3人。OBの石川浩二陸曹長（40）＝東方通群＝が監督を務める。

第1回目の訓練期間は6月2日から9月26日までの約4カ月間で、訓練場所は眼前に小田和湾が広がる武山駐屯地（横須賀市）。体校の体育指導者集合訓練などと同様、期間中は訓練に専念する。年間2回の訓練を予定している。

東京五輪への出場が期待される高工校の現役生徒ら〝ジュニア世代〟の強化も視野に入れる（訓練参加は卒業後）。「（訓練の）基盤をしっかり作り、継続させたい。次の世代の選手にもつなげ、リオ、東京の両五輪で成果を挙げたい」と陸幕担当者。

訓練参加者のうちアテネ、北京、ロンドンと五輪への挑戦を続けてきた安保2曹は「（組織的に）全面的にバックアップしていただき、ありがたい」と話し、「いい終わり方をしたい」と現役最後の挑戦となるリオ五輪に向け、静かに闘志を燃やしている。

▲「カヌー集合訓練」の会場となる武山駐屯地横の小田和湾で練習する高工校カヌー部生徒＝高工校提供

少工校OBが再会

元東京五輪代表の本田さんら

▲「岡山城・後楽園カヌー駅伝大会」で再会し、旧交を温めた少工校OB（岡山市で）

少年工科学校（現高工校）カヌー部のOBら12人はこのほど、岡山市内で行われた「岡山城・後楽園カヌー駅伝大会」で再会し、旧交を温めた。

大会は東京五輪（昭和39年）のカヌー日本代表で元体校教官の本田大三郎さんが提唱し、平成24年に始められた。今回で3回目。岡山市中心部の旭川を会場に、1チーム4人が1艇を乗り継ぎ、約2キロの区間を周回した。

この日は本田さんや本田さんの教え子で大会実行委員長の本谷光円さん（少工校11期）らが関係者、競技者として集った。

大会後、OBの1人は「岡山城と後楽園の間をこぎ上がりこぎ下る、素晴らしい環境の中でのレース」と醍醐味を語った。また、他のOBは6年後の東京五輪を見据え、「カヌーがますます全国に普及することを願っている」と話した。

こちら警務隊　☎8・6・47625

指定薬物の所持や購入 3年以下の懲役か罰金

指定薬物を持っているだけでも罰せられると聞いたのですが、本当ですか？

平成26年4月1日「薬事法及び薬剤師法の一部を改正する法律」が施行され、指定薬物はこれまで禁止されていた製造・販売などのみならず、医療などの用途以外に供するために所持し、購入し、もしくは譲り受けた場合でも罪に問われ、3年以下の懲役もしくは300万円以下の罰金または併科に処されます。

指定薬物は、中枢神経系の興奮もしくは抑制、または幻覚の作用を有する蓋然性が高く、かつ、人の身体に使用した場合には保健衛生上の危害が発生する恐れがある物です。絶対に使用してはいけません。

（警本＝市ヶ谷・村山1尉）

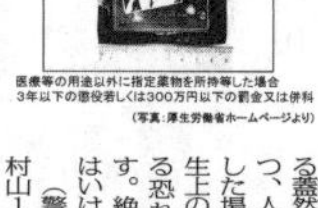

医療等の用途以外に指定薬物を所持等した場合 3年以下の懲役若しくは300万円以下の罰金又は併科

（写真：厚生労働省ホームページより）

通信教育講座

櫻井1佐に表彰状

成績優秀と文科相から

【空補本＝十条】前補本監理監察官の櫻井寛1空佐（55）は4月25日、「行政書士」の通信教育講座の成績が評価され、文部科学大臣から表彰状を贈られた＝写真。

文科省認定の社会通信教育は事務、技術、生活技術・教養系でそれぞれ30～40のコースがある。平成25年度の全受講者のうち43人が成績優秀者に該当。櫻井1佐は行政書士コースで表彰された。

櫻井1佐は昭和56年3月、空自に入隊。3輸空（美保）基群司令、偵空隊（百里）副司令などを経て、平成25年8月から監理監察官を務めた。

妥協しない真摯な勤務姿勢を講座の勉強においても発揮し、自宅のある茨城県笠間市から十条基地までの往復4時間の通勤時間の全てを講座の学習に充てた。業務との両立を果たし、優秀な成績を収めた。

文科省で表彰状を授与された櫻井1佐は「大変光栄。（学んだ法律知識を生かし）再就職先で戦力になれるようにさらに精進したい」と定年前の思わぬ〝贈り物〟に感激。

「実務家として活躍を願う若い世代に取得してほしい」という思いから行政書士の本試験はあえて受験しないという櫻井1佐。文科相のお墨付きを得て、今年7月、33年間の自衛隊生活に幕を下ろし、新たな一歩を踏み出す。

誕生日迎えた隊員を祝う

中東アデン湾で

【いなづま】海賊対処行動水上部隊18次隊としてソマリア沖・アデン湾で活動中の護衛艦「いなづま」（艦長・可知俊一郎2佐以下約170人）は4月20日、「誕生会inアデン湾」を実施、4月に誕生日を迎えた隊員を祝った＝写真。

誕生会は12次隊派遣時から続く恒例行事。この日は51歳から24歳までの隊員が対象で、給養員が腕によりをかけて作ったフルーツたっぷりの特製ケーキを頬張りながら、楽しいひと時を過ごした。

初任海士の一人は「おいしいケーキをありがとうございました。任務終了までがんばります」と顔をほころばせていた。

「やる時はやり、休む時は休む」が「いなづま」のモットー。5月23日にはソマリア人ら75人を乗せた漂流船を発見、乗員を救助するなど、遠く厳しい環境下で活躍を続けている。

空自60周年のキャッチフレーズ

「直感的にひらめいた」

考案者の横内航安隊技官

空自60周年のキャッチフレーズを考案し、紹介される横内秀樹技官（右）。左の2人は記念曲を作った航空中央音楽隊の隊員（5月25日、入間基地で）

入間基地で5月25日に行われた航空自衛隊60周年記念式典のステージで、キャッチフレーズ「蒼き空を明日へつなぐ」の考案者として紹介された航空安全管理隊（立川分屯基地）の横内秀樹技官は、本紙のインタビューに「空自創立60周年に微力ながら貢献できたことを光栄に思います」と語った。（1面参照）

横内技官は航安隊の航空事故調査部運航調査科に所属。東日本大震災後のキーワードの「絆」から「むすびつき」「つなぐ」という言葉を連想。そこに、幼い子供たちが青空を眺め、拍手喝采の中、カメラが視点を移動した先には演技中のブルーインパルスが映し出される――といったドラマのワンシーンをイメージし、直感的にキャッチフレーズがひらめいたという。

ステージで紹介された後、「記念ポスターを見た時、自分のイメージともぴったりで、うれしさと驚きでいっぱいです」と声を弾ませた。

横内技官の上司に当たる航空事故調査部長の廣島美朗1佐は「彼のひらめきと創造力の成果。今後もこの栄誉におごらず、引き続き頑張ってほしい」と激励した。航空安全管理隊司令の橋本進将補は「我が部隊から空自60周年を記念するキャッチフレーズが選ばれ、大変光栄。部隊としても〝蒼き空を明日につないでいける〟よう、任務にまい進していきたい」と話していた。

120人が力強い演武

全日本合気道

西次官も成果を披露

全日本合気道大会で演武を披露した西事務次官（前列中央）ら防衛省連合会の会員（5月24日、日本武道館で）

全日本合気道演武大会が5月24日、東京都千代田区の日本武道館で行われ、防衛省合気道連合会も会長の西正典事務次官以下総勢約120人で力強い演武を披露した。

主催者を代表し植芝守央合気道道主が「これまで培った稽古の成果を十分に発揮していただきたい」とあいさつ。全国・海外から集まった社会人や学生など約500団体・約7900人が順次、武道館アリーナに設けられた5面の演武場で技を披露した。

防衛省連合会は前半1部の44番目に登場。多人数であったことから社会人団体では唯一、5面すべてを使って演武した。

連合会副会長の神谷正一1空佐らが2人1組で技の見本を示し、続いて全員で入り身投げ、四方投げ、呼吸法など、日ごろ行っている「稽古法」を力強く整斉と行った。数分間の演武を終えると会場から大きな拍手が起きた。

自らも12年来、鍛錬を続ける西事務次官は演武終了後、「5面を使うのは防衛省だけ。全員が整然と動くことを課題にしていた。不用意なぶつかりなどはなかった」と語った。

慰霊祭開き警備犬を追悼

空自岐阜・2補

【2補＝岐阜】第2補給処警備班はこのほど、犬舎地区で警備犬慰霊祭を行った。

昭和44年に岐阜基地に配置されて以来、警備犬は季節を問わず、基地警備の一翼を担っている。

慰霊祭には佐藤友厚業務部長をはじめ約20人が参加。らっぱ手による「悲しみの譜」の吹奏の後、献花を行い、昨年7、10月に亡くなったインディ号、ノンノ号をこれまでに亡くなった46頭とともにしのんだ。

小休止

▽…札幌地本のゆるキャラ羊の「モコ」に5月19日、米国からギネス認定書が届いた＝写真。

▽…モコは昨年11月、埼玉県羽生市で行われた「ゆるキャラさみっとin羽生」で、「マスコットの最多集合」のギネス記録挑戦に参加。「付き添いがいない状態で決められた区画内に5分間とどまる」という条件を375体のゆるキャラとともにクリアし、認定された。

▽…さみっとの企業部門で26位と健闘、自衛隊のゆるキャラの中では最も高い順位だったモコ。「今年は優勝を目指す！」とギネス認定書を手に、新たな闘志を燃やしている。（札幌地本）

（世界の切手・カナダ）

細心熟慮は計画の要能にして、虚心平気は実施の原力なり。
秋山　真之（日海軍連合艦隊参謀）

朝雲ホームページ
www.asagumo-news.com
<会員制サイト>
Asagumo Archive
朝雲編集局メールアドレス
editorial@asagumo-news.com

初の外洋練習航海に出た実習幹部

勢いのある幹部に

3海尉　本郷　舞（護衛艦「しらね」実習幹部）

護衛艦「しらね」の艦橋で乗員から操艦法を学ぶ実習幹部（右）

実習幹部として護衛艦「しらね」に乗艦し、当初長いと思っていた外洋練習航海も、あっという間に3週間が経過してしまいました。この間、体験したこと全てが新鮮で、毎日がとても刺激的でした。

私は今まで「固定翼操縦士」として教育訓練、部隊実習などを行ってきました。そのため幹部候補生学校に入校するまではほとんど艦艇に乗った経験がなく、今回が初の長期航海となりました。そのため右も左も分からない中で海上実習となりましたが、艦内では乗員の皆さんの温かなご支援やご指導により、毎日楽しく学ぶことができています。

今回はフィリピンとグアムを訪問し、これまで日本国内しか知らなかった私にとって、外国の人や文化に触れる経験はとても新鮮で貴重なものとなりました。特に現地の人たちとの交流では、私も勇気を出して積極的に話しかけ、外国人と交流する楽しさも感じることができました。

この航海の後、私は再び航空部隊の配置となるため、今後、艦艇に乗り組む機会は少なくなると思います。しかし今回、船乗りとして経験できたことは、私にとって忘れられない貴重な体験となりました。この航海で得た一つひとつを大事にして、それを今後の部隊勤務につなげ、「勢いのある幹部自衛官」を目指したいと思います。（現・3航空隊＝厚木）

『真の海上武人』目指し

3海尉　木戸　誠（護衛艦「しらね」実習幹部）

3月21日、海上自衛隊幹部候補生学校を卒業した私たちは江田島で護衛艦「しらね」に乗艦し、「外洋練習航海」に出発しました。

私たち航空学生出身者は、これまで「飛行術科」に特化した教育を受けてきたので、海上自衛官でありながら艦艇のことはほとんど知らず、今回乗艦した護衛艦「しらね」で過ごす毎日は全てが真新しく、新鮮な日々でした。

航海中は学ぶことが多くて戸惑うばかりでしたが、艦艇のことを一つ知るにつれ、真の海上自衛官に一歩近づいているという自覚が得られ、非常に充実した時間を過ごすことができました。

今航海ではフィリピンと米国のグアム島を訪問し、地元の人々や米海軍の関係者と交流して海自の幹部として必要な国際感覚を磨くことができました。同時に国外から見た日本はどういう国であるのか、改めて考えることもできました。

訪問国の史跡研修では戦地なども巡り、日本のために命を懸けた方々への感謝と尊敬の気持ちを新たにし、自分も日本人であることの誇りを感じました。また、世界における日本の立場や使命、責任についても考えさせられました。

日本に帰ると私たちは部隊配置されることになりますが、今後「真に戦える幹部搭乗員」となるためにも、まずはこの外洋練習航海に全力で取り組み、シーマンとしての素養を磨き「真の海上武人」に一歩でも近づけるようにしたいと思います。（現・23航空隊＝舞鶴）

洋上航行中、甲板作業に励む実習幹部たち（護衛艦「しらね」で）

みんなのページ

隊員の健康をサポート

1陸尉　瀬野　宗一郎（15次海賊対処航空隊衛生班長・ジブチ）

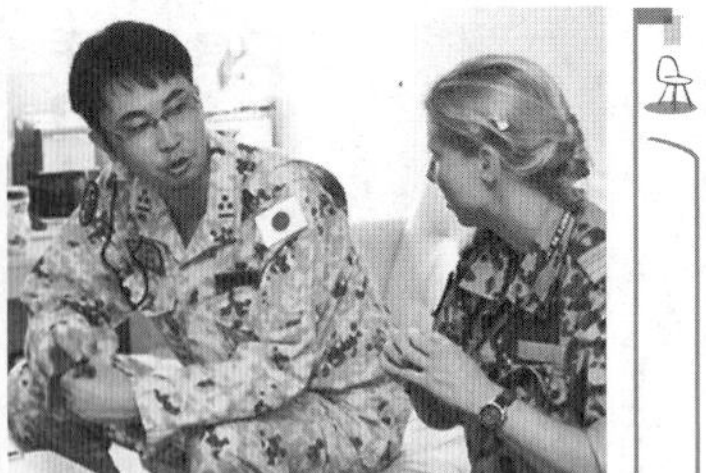
ドイツ軍の女性軍医（右）と意見交換する瀬野宗一郎1陸尉

私は、ジブチ派遣の「海賊対処行動航空隊」で衛生班長を務めています。衛生班の任務は隊員の健康管理であり、日々隊員が健康で仕事や生活ができるよう、常に気を配っています。

衛生班では2カ月に1度、隊員の心と身体の健康チェックをしています。身体の「ヘルスチェック」では、医務室にある体脂肪計などを使い、体重や体脂肪率がどのように変化しているかを調べ、健康管理に関する助言を行っています。

その成果もあってか、隊員の中には4カ月間で体重を10キロ以上、体脂肪を5%以上も絞った隊員がいます。

このほか、班員はマラリアや結核など、ジブチとその周辺国で流行する特有の病気について情報収集もしています。米・仏軍をはじめ各国軍の医官やWHO（世界保健機関）職員らと毎週、合同ミーティングを行い、意見交換をしています。彼らとは常日頃から親交を深めるため、スポーツ交流なども実施しています。

自衛隊では「衛生班が忙しくない時は隊員が健康な時」です。そこで衛生班では毎週受診統計も取り、受診者数が少ない時は隊員が健康で任務に集中できている時だと判断し、それが継続できるよう努力しています。

衛生班では隊員の皆さんが健康で日本に帰国できるよう、これからも全力でサポートしていきます。（原隊・自衛隊中央病院＝三宿）

災害時、頼られる隊員に

陸士長　齋藤　俊輝（7普連4中・福知山）

私は福知山市で行われた京都府原子力総合防災訓練に陸自部隊の一員として参加しました。京都全域から関係機関職員や住民など約650人が参加する大きな訓練でした。

「朝6時半、若狭湾沖を震源とする大きな地震が発生し、高浜原発が故障し放射性物質が大気中に放出された」という内容で訓練は始まり、舞鶴市、綾部市、福知山市から多くの住民が避難してきました。

自衛隊の任務は放射線を浴びた避難民の2次除染でした。私の任務は除染所内の脱衣所で、避難者に脱衣を指示し、シャワー室に誘導することでした。

この訓練に先立ち、私たちは第3特殊武器防護隊の隊員から2次除染の教育を受け、ある程度の原子力災害に関する知識を持って訓練に臨みました。しかし、一般の住民はそのような知識は十分でなく、これが住民に不安感を増幅させているように思われました。

もし、これが現実に起こったなら、避難民はきっとパニックになっているものと想像できました。このため自衛隊員はあくまで冷静に任務に当たらなければならないと思いました。

災害が起きた時、自衛隊を必要とする住民を守るために技術を高めて、いざという時に頼られ安心感を与えられる隊員にならなければと思いました。

新刊紹介

「自衛隊、動く」

勝股　秀通著

今、国防の最前線で何が起こり、防衛省・自衛隊は何ができ、何ができないのか。論客であり第一線のジャーナリストである著者が、政策中枢と現場の声を掘り起こし、論考する。そこから立ち上がるのは「空論に費やす暇はない」という現実だ。

「S事態」。現在、自衛隊は中国が尖閣諸島に上陸する状況をこう名付けているという。

尖閣を今奪われれば、中国は間違いなく魚釣島にレーダーサイトを建て、弾道、対艦、対空ミサイルの攻撃力により、同島は東シナ海に浮かぶ「要塞」になるという。実効支配国は一瞬に入れ替わり、米軍の防衛義務を定めた安保条約5条の論拠は失われる――。

日本にとってこれを避ける唯一の選択肢は、絶対に上陸させないこと、加えて、自衛隊の「本気」を見せることだという。「中国の挑発は、この国を眠りから目覚めさせる最初で最後のチャンスかもしれない」

例示されるいくつかのシナリオ、そしてこれらに対応する自衛隊の限界を前にして、多くの日本人が驚きを隠せないだろう。（ウェッジ刊、1296円）

「歴史問題は解決しない」

倉山　満著

「日本を取り戻す」をスローガンに掲げて誕生し、アベノミクスによる不況からの脱出や集団的自衛権の憲法解釈変更などを進める安倍内閣。気鋭の憲政史研究者が「オールマイティーに近い権力を得た」同内閣でも「歴史問題の解決」はできないとし、その理由などを述べる。

「戦後レジーム（日本を敗戦国のままにさせる体制）」からの脱却を、中国やロシア、アメリカまでもが望んでいないとし、「日本には永遠に敗戦国のままでいてほしいと願っている」とする。

昭和20年8月15日は終戦記念日などではなく、占領軍による「総力戦の本番開始」であったとし、憲法強要や復讐裁判などがあったと述べる。

一方で、そうした総力戦に敗北する状態に自らを追い込んだとし、平成5年に出された「従軍慰安婦に関する河野談話」などを挙げる。

終章で著者は、敗戦国から抜け出す方法として「歴史問題の解決に即効薬はない」とし、一部の指導者層だけに任せるのではなく、国民の「文化力」を向上させることが必要だと説く。（PHP研究所刊、1512円）

OBがんばる

小金澤　剛さん　54
平成25年6月、空自第4術科学校（熊谷）を最後に定年退職（3空佐）。現在、群馬県高崎市のSCSP高崎駅総合防災センターに勤務する。

3カ月は我慢を

私の入社したSCSPは、JRと密接な関係がある会社で、現在も関東の主要な駅ビルなどで新規の事業所を獲得している勢いのある会社です。

私はもともと人と会話をすることが好きで、再就職先は人と接し、コミュニケーションができる仕事に就きたいと考えていたところ、地元群馬県でSCSPの保安警備職の求人があり、入社しました。

現在は高崎駅総合防災センターで駅ビルに出入りする納入業者やテナントスタッフに対する受付管理業務をしています。併せて防災システム盤などを使った監視業務により、異常発生時の復旧など各種事態に対応しています。また防犯管理者として駅ビルやその周辺を巡回し、防犯カメラ監視要員と連携を取って不審者の早期発見に努め、警察、消防への迅速な連絡・通報にも当たります。

入社後は不慣れで覚えることが多く、若い社員から指導され、精神的にきつい時期もありました。しかし自分で決めた仕事なので、とにかく「職場に行けば何とかなる」の気持ちで続けました。

定年を迎えられる皆さんも入社後は慣れない仕事でしばらくは心身ともに大変だと思いますが、自分で決めた仕事はとにかく3カ月は我慢して続けてください。あきらめなければ必ず道は開けます。上司や先輩の指導を素直に聞き、強い意志を持って一生懸命に仕事して下さい。

それから援護業務を担当する部隊の皆さん、毎日お疲れさまです。難しいことではあると思いますが、退職隊員とその家族のため、本人の希望・性格・能力・家庭状況にできる限り見合った就職先を探してあげてください。

父に負けないぞ

1陸士　福田　和真（5高特群320高中・八戸）

福田和真1士　福田秀美1尉

第320高射中隊に配属されて半年が経ちました。その中で中隊の先輩方から父（本管中・福田秀美1尉）の話を聞いたことが何度かありました。中隊訓練場には父が作ったという倉庫、通称「福田小屋」があり、また銃剣道やスキー競技会での父の活躍についていろいろ聞きました。

私は父と一緒に仕事をしたこともなければ、父から自衛隊の話を聞いたこともほとんどなかったので、自衛官としての父をよく知りませんでした。しかし、スキー競技会のリレーで、本管中のアンカーを務めた父の走りを見て、「すごい」と思いました。

父と同じ職場にいるので、部隊の方々から比較されることが多く、そしてほとんどの面で私の方が劣っているので悔しいですが、中隊の先輩からさまざまなことを吸収し、手本である父を目標にして立派な自衛官になりたいと思います。

第1088回出題

詰碁

出題　日本棋院　九段　曲　励起

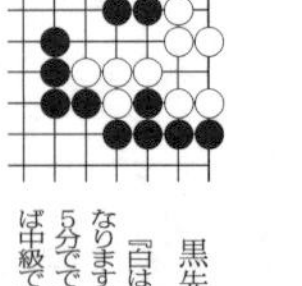

黒先

『白はどうなりますか』。5分でできれば中級です。

▶詰碁、詰将棋の出題は隔週です◀

詰将棋

出題　日本将棋連盟　九段　石田　和雄

≪第672回の解答≫

▲先手　持駒　金

【正解】▲3一銀不成△3三玉▲3二角成△同玉▲5二飛成△3三玉▲4二銀不成△2二玉▲3一銀成△3三玉▲3二成銀△4四玉▲5五金までの十三手詰め。

【解説】本題は銀のさばき方だけ。三手目▲3二角成から▲5二飛成とまず大駒をさばき続く▲4二銀不成から▲3一銀成の銀のさばきが急所です。▲3一銀成で▲4一銀不成は△1一玉で不詰み。▲3二成銀で玉を中段に誘い▲5五金がピッタリ。

「シャングリラ会合」日米韓防衛相会談

軍事情報共有へ協議

GSOMIA締結話し合いを

小野寺防衛相は5月31日、英国際戦略研究所主催のアジア安全保障会議（シャングリラ会合）が開かれたシンガポールで米国のヘーゲル国防長官、韓国の金寛鎮（キム・グァンジン）国防相と日米韓防衛相会談を行い、北朝鮮の核・弾道ミサイル脅威に関する軍事情報共有の枠組みづくりに向け協議していく方針で一致、共同声明を発表した。これに先立ち講演した防衛相は、危機回避に向けた対話の重要性を訴えた。同会議に日本の首相として初めて出席した安倍首相は30日の演説で、東南アジア諸国連合（ASEAN）各国に海洋支援を行うことを表明した。

海洋でASEAN支援を表明　首相

共同声明では、北朝鮮の核・弾道ミサイルの脅威に関する情報共有の重要性を再確認、3カ国で情報共有の枠組みづくりに向けた方向性を協議、検討していく方針を確認した。また、北朝鮮を核保有国として認めない基本的立場を改めて強調し、国際社会と共に緊密に連携して対応していくことで一致した。

小野寺大臣は会談後の記者会見で、北朝鮮への対応には情報共有が重要との認識を示した上で、2012年の締結直前に韓国世論の猛反発で先送りされたままとなっている日韓の軍事情報包括保護協定（GSOMIA）について「両国の政治環境が整わないのであれば、それに向けた対話が重要だ」と述べ、早期締結に向け話し合いを続けていく姿勢を示した。

これに先立ち「軍同士の協力促進」をテーマに基調講演した大臣は、東南アジアなどで自衛隊が行っている能力構築（キャパシティー・ビルディング）支援や、ASEAN諸国への装備・技術協力の推進など、日本の取り組みをアピールした。

一方で、東シナ海や南シナ海で海洋進出を強める中国を念頭に「法の支配」の重要性を強調し、「プロフェッショナリズムに反した危険な行為を決して行うべきではない」と訴えた。

前日の30日には安倍首相が演説し、日米同盟を基盤にASEANとの連携を重視する日本の姿勢を強調。ASEAN諸国の海洋監視能力の向上に惜しみない支援を行うことを表明し、フィリピン沿岸警備隊に新しい巡視艇10隻を提供するほか、インドネシアには既に3隻を無償供与、ベトナム向けにも調整中であることを明らかにした。

また、「海における法の支配」の3原則として、①国家は法に基づいて主張する②力や威圧を用いない③紛争解決には平和的収拾を徹底する――を示した上で、「既成事実を積み重ね、現状の変化を固定しようとする動きは強い非難の対象とならざるを得ない」と述べ、暗に中国を批判した。

首相は日中間で不測事態を防ぐための海と空の連絡メカニズムの構築に向け、中国側に協議を呼びかけたほか、南シナ海をめぐってはASEANと中国との間に実効性ある行動規範の早期確立に期待感を示した。

連携を確認する（左から）ヘーゲル国防長官、小野寺防衛相、金国防相（5月31日）＝防衛省提供

朝雲

発行所 朝雲新聞社
〒160-0002 東京都新宿区坂町26番地19 KKビル
電話 03(3225)3841
FAX 03(3225)3831
振替00190-4-17600番
定価一部140円、年間購読料9000円（税・送料込み）

主な記事

2面　防衛相「防衛産業」発展に期待
3面　南スーダンPKO5次隊の活動
4面　QDR（米国防計画見直し）全訳(8)
5面　〈部隊だより〉別府温泉まつりに参加
6面　〈募集・援護〉各地で幹候生試験
7面　14普連が金沢で市中パレード
8面　〈みんなのページ〉「おはよう運動」

国軍司令官訪日へ

ミャンマー訪問で統幕長　ハイレベル交流推進

岩﨑統幕長はシャングリラ会合に先立ち、5月26日から29日までミャンマーを公式訪問し、同国軍司令官のミン・アウン・フライン陸軍大将と会談、同司令官の訪日など、自衛隊とミャンマー国軍間でハイレベル交流を含む防衛交流・協力を一層推進していくことで合意した。訪日時期については今後双方で詰める。

両氏はアジア太平洋地域の安全保障環境についても意見交換。海洋進出を加速化させる中国を念頭に、東シナ海や南シナ海における領有権をめぐる問題について「話し合いによる解決が重要」との認識で一致した。

また、昨年10月、防衛交流の一環として海上自衛隊の練習艦隊によるヤンゴン初寄港が成功したことに改めて歓迎の意を示すとともに、両国が長い歴史を有する「新しく古い友人」であるとの認識を共有した。

さらに両氏は、昨年5月と12月の日ミャンマー首脳会談を踏まえ、自衛隊とミャンマー国軍がさまざまなレベルでの防衛交流を一層推進させていくことを確認した。

記念の盾を交換する岩﨑統幕長（左）とミン・アウン・フライン司令官（5月27日、ミャンマーで）

PP14参加

「くにさき」堂々出発

米豪140人が乗り込む

医療活動などを通じて開催国や各国軍との連携強化を図る米太平洋軍主催の医療・文化活動「パシフィック・パートナーシップ2014（PP14）」に参加するため、海自の輸送艦「くにさき」（8900トン、艦長・笹野英夫2佐以下約150人）が5月29日、横須賀港を出発した。行き先はベトナム、カンボジア、フィリピンの3カ国で、今回初めて米豪軍人計約140人が同乗し、約2カ月間、自衛隊と行動を共にする。

PP14には日米豪をはじめ、チリ、マレーシア、ニュージーランド、シンガポールが参加。現地でNGOなどと協力して医療活動や施設補修、文化交流を行い、PKO活動や国際緊急援助活動に必要な医療・輸送能力を向上させる。

自衛隊からは海自1輸隊司令の松井陽一1佐を派遣統合任務部隊指揮官に、輸送艦「くにさき」と陸海空3自衛隊の混成医療支援チーム40人が参加する。このほか、カンボジアには陸自の施設要員約10人が、フィリピンには空自のC1輸送機1機（人員約30人）がそれぞれ派遣される。また、特定非営利活動法人「国際緊急援助・衛生支援機構」からも12人が参加する。

今年は米海軍の大型病院船「マーシー」（6万9360トン）が修理中のため、代わりに「くにさき」が海上輸送・医療の中心的役割を担う。同乗するのは米軍の医療要員約70人と施設補修員約20人、幕僚約40人、豪陸軍幕僚約10人の計約140人で、帰国するまでの間、日米豪が連携してさまざまな活動を行う。

PP14を指揮する米海軍太平洋艦隊のブライアン・シップマン大佐は5月27日に「くにさき」艦上で行われた記者会見で、「『くにさき』に3カ国が乗って活動するのは画期的なことだ」と期待感を示した。「くにさき」はベトナムのダナンに6月6日から15日まで、カンボジアのシアヌークビルに同19日から28日まで、フィリピンのタクロバンに7月4日から15日まで寄港し、24日に母港・呉に帰国する予定。

PP14に向け、出港前の積荷作業を行う輸送艦「くにさき」（5月27日、米海軍横須賀基地で）

さらば国立　ブルーも惜別

東京五輪（1964年）のメーン会場となった国立競技場（東京都新宿区）の建て替え工事前の最後のイベント「SAYONARA国立競技場FINAL～FOR THE FUTURE～」が5月31日に行われ、空自4空団11飛行隊（松島）のT4ブルーインパルス6機が編隊飛行を披露した。入間基地を出発した6機は、56年の歴史に幕を下ろす国立競技場の上空を隊形を変えながら4回にわたって航過。3万6000人の大観衆を魅了した。

（7面に関連記事）

春夏秋冬

転換のとき

北岡　伸一

私は世界平和研究所の研究本部長という仕事もしている。先日、所内で、中曽根康弘会長（元首相）の誕生日パーティーを開いた。今年96歳で、9回目の年男である。

誕生日のケーキのロウソクは、さすがに96本は用意していなかったが、見事に吹き消された。相当の肺活量である。

研究所の研究員や職員の中にはコーラスが趣味の人がいて、その人たちの提案で、会長のために歌を歌うことにした。ヴァイオリンやリコーダーの伴奏もつけて、「花は咲く」「荒城の月」「Amazing Grace」「ふるさと」そして最後は「軍艦行進曲」である。

中曽根会長は元海軍主計少佐であり（実は本当の誕生日は5月27日、日本海海戦の日である）、研究所常勤顧問で今年95歳の大河原良雄元駐米大使も、元海軍主計大尉である。

二人とも加わって、「軍艦行進曲」の大合唱となった。軍国主義云々という人がいるが、これほどさっそうたる名曲はそんなにあるものではない。

ところが、そのあと、会長も何か歌ってくださいと言ったら、とつぜん、「佐渡」（海は荒波、向こうは佐渡よ…）を歌い始められた。アンコールという声が起こったら、今度はフランス語で「枯葉」をよどみなく歌われた。これには本当に驚いた。この分だと、10回目の年男もあるかもしれない。

軍艦行進曲で気付いたことは、二番が、「石炭（いわき）の煙は大洋（わだつみ）の龍（たつ）かとばかり靡（なび）くなり」という歌詞で始まることである。

この歌が出来たのは1900年で、当然、燃料は石炭だったわけである。しかし昭和になって、燃料は石油となった。石油の一滴は血の一滴といった通り、この転換は、日本海軍にとって決定的だった。これに応じて、大胆な戦略の転換が必要だった。

私が座長代理を務める「安全保障の法的基盤の再構築のための懇談会」は、5月15日に報告書を提出したばかりである。

その提言の一つに、集団的自衛権の行使は許されないとした内閣法制局の見解を見直すべきだというものがあり、大きな話題となっている。

内閣法制局がこのような解釈を明言したのが1972年のことであるから、42年たつ。ずっと定着してきたものを変えていいのかという人がいる。分からないわけでもないが、42年も見直してこなかったことの方がずっと問題だと、私は考えている。（きたおか・しんいち＝国際大学学長）

自衛隊誘致を　徳之島が要請

鹿児島県の「天城町自衛隊誘致協議会」の徳田睦男会長（天城町議会議員）ら一行が5月27日、防衛省を訪れ、安全保障面と地域活性化の観点から、徳之島への自衛隊誘致を求める要望書を武田副大臣に手渡した。

副大臣は「南西地域の防衛体制の強化は重要な課題。ご要望を正面から受け止め、財政当局と打ち合わせしながら検討していかなければならない」と応えた。

要望書では、政府が昨年末に策定した中期防で南西諸島に初動を担任する警備部隊の新設を計画していることを踏まえ、①天城町が東シナ海に面し、平土野港と徳之島空港を有する②町が購入を予定している国有地を自衛隊に提供し供用が可能――などの有利な立地条件をアピール。

ヘリによる急患空輸や災害時の救難活動などを通じて島民は自衛隊の貢献を高く評価しているとした上で、「自衛隊の誘致に積極的に取り組み、国家の安全保障に寄与し、地域の活性化に努めたい」としている。

防衛省発令

▽訓指群司令（大指隊司令）　1海佐　平野　晃胤
▽大指隊司令（佐指隊）　同　溝江　和彦
（以上5月26日）
▽北方総監部付（1高特群長）　1陸佐　大戸　英円
（5月28日）
▽ぶんご艦長（横監援業課長）　2海佐　眞田　卓哉
（5月30日）
▽統幕校教育課長（11飛教団司令兼静浜基地司令）　1空佐　山下　隆康
▽1高特群長（高射校総務部長）　1陸佐　甲斐　正人
▽空幕装体課（3空団基業群司令）　1空佐　横尾　広
▽同運支課計画班長（空幕運支課）　同　藤田　輝章
▽同技術課技術調整官兼計画班長（同技術課システム装備班長）　同　阿部　康彦
▽総隊運用課長（中空防衛部長）　同　松浦　明裕
▽北空司令部付（6高群司令）　同　篠　達也
▽3空団基業群司令（空幕技術課技術調整官兼計画班長）　同　大谷　康雄
▽6高群司令（北空司令部）　同　塩沢　昌博
▽中空防衛部長（空幕運支課計画班長）　同　吉田　昭則
▽飛点隊司令（航安隊総括調査官）　同　川波　徳通
▽11飛教団司令兼静浜基地司令（総隊運用課長）　同　松尾　洋介
▽中業隊付（飛点隊司令）　同　渡部佐斗司
▽空幹校付（統幕校教育課長）　同　髙﨑　一司
（以上6月1日）

朝雲寸言

「常軌を逸した行動だ」。小野寺防衛相が強く非難したのも無理もない。東シナ海の上空で5月24日、中国軍の戦闘機が、海上自衛隊と航空自衛隊の航空機に異常接近した事件である▼戦闘機は、自衛隊機後方の死角から急接近し、わずか30メートルの距離ですれ違うなどの行為を繰り返し、自衛隊機から遠ざかる際には、エンジンの推力を上げるアフターバーナーまで点火していたという。まるでヤクザの脅しだ▼昨年1月には、中国海軍のフリゲート艦が海自の護衛艦に射撃管制レーダーを照射、4年前には、中国海軍の艦載ヘリが護衛艦の艦橋に急接近するなどの危険行為を繰り返した。軍事的な挑発はエスカレートし、過激になるばかりだ▼その揚げ句、中国は「自衛隊機が中国の防空識別圏に侵入し、演習を妨害した」と反論してきた。これまでは現場の艦長やヘリ操縦士の跳ね上がった行為とも思われていたが、こうなると、国家意志として挑発に乗りだしたと考えるのが自然だ▼昨年11月、中国は防空識別圏を設定した際、「国防相が管理し、指示に従わない場合には防御的措置を講じる」と宣言。国際法を無視する姿勢に非難が集中したが、とうとう牙をむき出したのかもしれない▼日本はどうすればいいのか。中国の狂気を国際社会に訴えるとともに、これまで通り、九州の南西海空域で警戒監視を続ける必要がある。大切なことは、中国ににらみを効かせることだ。

時の焦点

国内

低調な国会

その人は小柄でやせ細ったその風貌から「ねずみの殿様」と呼ばれた。全身に気迫をみなぎらせて演説し、軍部の横暴に異を唱えたことで知られる。「反軍演説」の斎藤隆夫氏である。

昭和15年2月2日、衆院本会議。斎藤氏は演壇に立った。日中戦争は泥沼の様相を呈していた。斎藤氏はこう語る。

「ただ、いたずらに聖戦の美名に隠れて、国際的犠牲を閑却し、曰く国際正義、曰く道義外交、曰く共存共栄、曰く世界の平和、かくのごとき雲をつかむような文字をならべ立てて、そうして千載一遇の機会を逸し、国家百年の大計を誤るようなことがありましたならば、現在の政治家は死してもその罪を滅ぼすことは出来ない」

斎藤氏の演説は1時間半に及び、議場からは、何度も罵声が浴びせられた。

演説の議事録は、3分の2が削除され、斎藤氏は除名となった。

議会人の気概はどこへ

暗い時代のことだが、学ぶべきは、誇りを失わなかった議会人の気概だろう。

それにしても、今の国会の低調さは、どうしたことか。

景気をいかに本格軌道に乗せるか。持続可能な社会保障制度をいかに築くか。そして、集団的自衛権の問題。国会で論ずべきテーマは山ほどある。

しかし、「多弱」の野党は、お家騒動で忙しい。

日本維新の会の石原慎太郎、橋下徹両共同代表が会談し、分党することで一致した。

橋下氏が進める結いの党との合流について、石原氏はどうしても納得できなかったという。維新はかねて、原発・エネルギー政策などをめぐって党内対立が絶えなかったのも事実で、分裂は時間の問題だった。第3極勢力の失速を象徴する出来事とも言える。

石原、橋下両氏の判断で分党を決めたことについて、維新の若手議員からは「党は代表の私物ではない」といった批判の声も上がっている。どっちのトップと行動を共にするのかも含めて、党内の動揺は簡単には収まらない。

維新の分裂に触発されるかのように、民主党内では、指導力に欠ける海江田代表の辞任を求める声が強まりつつある。

しかし、海江田氏に、辞任要求に応じる気配はなく、混乱が続きそうだ。

こんな状況では、国会活動になかなか身が入らないだろう。

野党の党首が安倍首相に論戦を挑む党首討論が、6月11日に開催される予定という。今国会初めてとなる。

海江田氏が首相とどう渡り合うか。国民も注目していよう。

民主党内からは「安倍さんに押されるようなら、海江田さんも終わりだ」との声がある。海江田氏にとって、党首討論は「最後の審判」ということのようだ。

そうした党内的な位置づけはあるのだろう。しかし、今求められているのは立法府にふさわしい骨太な論戦だ。そのことを自覚してもらいたい。

風間　二郎（政治評論家）

海外

議会選後のEU

5月22日から25日にかけて、5年に1度の欧州議会（EUの議会）選挙が行われた。EU加盟28カ国の有権者総数は4億人余。その自由な投票で選ばれる議員総数は751人で、民主的な議会では世界最大の規模である。議員数は加盟国の人口に応じて配分され、ドイツの96人をトップに、マルタなど最小国グループにも各6人が割り当てられている。

「EUの民主化」をスローガンに欧州議会の権限は段階的に強化され、現在ではEUの法令や政策の80%強が議会の同意を得て採択・実施されている。加盟国の議会同様、欧州議会でも議員は政治理念の共有を基盤に国境を超えて会派を形成している。

今回の選挙結果は、中道右派政党を連ねた欧州人民民主党と、中道左派の欧州社会・進歩連盟の2大会派がそれぞれ214議席と191議席を獲得した。これに緑の党・自由連盟などを加えると、穏健政党で議席の7割強を占める。

力量問われる首脳会談

問題は、仏英両主要国で反EU・反移民を主張する勢力が既存政党を抑えてトップの得票率を挙げる異変が生じ、ギリシャ、スペインでも反EU・反緊縮の急進左派が支持を伸ばしたことだ。

フランスでは、極右の国民戦線が前回選挙（09年）の8倍の議席を獲得し、オランド大統領の社会党を3位に沈めた。イギリスでは、新顔の英国独立党（UKIP）が同じく24議席を勝ち取り、この100年の各種選挙を通じ初めて保守・労働2大政党主体の伝統的構図を突き崩した。

英仏の選挙結果をとらえ「欧州政治に地震が生じた」との報道もあったが、誇張の嫌いが否めない。極右と統合懐疑派の合計議席数は総数の4分の1未満で、全体としては「統合支持の民主主義勢力の勝利」（ドイツのシュピーゲル誌）と見てよいのではないか。

ただし、与党の後退を強いられたオランド大統領と来年に下院選挙を迎えるキャメロン首相が受けた衝撃は小さくない。雇用創出や移民の新規流入規制などそれぞれの公約が実を結ばず、欧州議会選の結果は内政運営に対する国民の不満の表明とみることもできる。両首脳はこうした批判をかわすためEUの改革を唱えており、加盟国首脳間の意見調整が難しくなる恐れがある。

その試金石となるのが、次期欧州委員会の委員長人事である。リスボン条約による議会権限の強化規定が初適用され、これまで欧州理事会（首脳会議）が握っていた欧州委員長の人選に欧州議会も発言権を行使できることになった。ドイツのメルケル首相は欧州人民民主党が推薦するルクセンブルク前首相のユンケル氏支持を言明したが、キャメロン首相は統合推進派の同氏に否定的といわれる。

7月1日の新議会召集までに意見調整が実現するかどうか。EUは銀行同盟の早期実現や若年失業者対策など、待ったなしの重要課題を抱えている。その今後を左右する最高意思決定機関としての首脳会議の責任と能力が改めて問われている。

小倉　春樹（外交評論家）

防衛産業発展に期待

装備工業会 総会で防衛相「開発へ環境づくり」

国際共同開発に向けた環境整備に意欲を示す小野寺防衛相（檀上中央）＝5月27日、ホテルグランドヒル市ヶ谷で

新会長に日本電気・矢野氏選出

日本防衛装備工業会の平成26年度の総会が5月27日、東京都新宿区のホテルグランドヒル市ヶ谷で開かれ、記念パーティーであいさつした小野寺防衛相は、防衛装備移転三原則を受けて各国が日本の防衛装備品に強い関心を示していることを紹介、「今後、さまざまな国と開発ができる環境をつくっていきたい」と述べ、我が国防衛産業のさらなる発展に期待感を示した。

会場には三菱重工業や川崎重工業、IHI、日本電気など加盟130社の関係者をはじめ、元防衛庁副長官の木村太郎衆院議員や前防衛大臣政務官の左藤章衆院議員、経済産業省の田中良生政務官や防衛省関係者など、過去最多となる600人超が集まった。

記念パーティーでは平成24年から会長を務めた日本製鋼所の佐藤育男社長があいさつし、「『防衛装備工業の健全な振興に努め、もって我が国の防衛基盤の確立に寄与する』との目的に従って事業を着実に実施することができたのは皆様のおかげです」と謝辞を述べた。

これに先立ち行われた総会では会長を含む役員の交代が決まり、新会長に日本電気の矢野薫会長、副会長には川崎重工業の石川主典常務執行役員、豊和工業の坂野和秀社長、三菱電機の中谷義昭専務の各氏が選出された。理事長には堤富男氏が再任され、専務理事には野津研二氏が新たに選出された。任期は約2年。

日本防衛装備工業会は昭和26年に創設された株式会社日本技術生産協力会が母体。翌27年に兵器生産協力会となり、28年に日本兵器工業会と改称、63年に社団法人日本防衛装備工業会となり、平成24年に一般社団法人に移行した。

レーダー訓練の新装置導入に当たり、記念撮影を行う佐藤空団司令官（前列左から2番目）ら（4月23日、厚木基地で）

明るい室内で管制訓練

厚木に高性能レーダー装置

【航空管制隊＝厚木】海自航空管制員の教育訓練を担う航空管制隊教育訓練隊で4月23日、「航空管制用ターミナル・レーダー訓練装置」の換装完了式典が行われた。

当日は佐藤誠空団司令官をはじめ、厚木航空基地の関係指揮官が出席。テープカットの後、新装置を使ったレーダー管制訓練の状況を視察した。

新装置は国土交通省などが平成20年度から導入している最新の「航空路管制卓システム（IECS）」を模したシミュレーター。以前の大きなコンソール画面とは異なり、30インチの液晶モニターが採用され、周波数の選択などがタッチパネルで行えるようになった。

この結果、管制教育訓練は明るい施設内で行えるようになり、「レーダーと言えば、暗い部屋で画面とにらめっこ」という場面は過去のものとなった。また、機器に対する信頼性や整備性も大きく向上し、飛行シナリオの作成や保存、訓練のフィードバックも容易となっている。

この「IECS」はすでに海自の徳島基地と鹿屋基地に導入されており、今後、厚木基地や硫黄島基地にも配備される計画となっている。

航空管制隊では昨年から管制員に対するTRM（Team Resource Management）教育も開始しており、「装置はいかに新しくなろうとも、それを使うのは人間」であることから、事故を未然に防げるようなチームの形成にも力を入れている。

「創意工夫功労者賞」を受賞した小坂曹長（左）と平井3曹（4月18日、岩国基地で）

電子機器冷却ファンを作動させる「運転架台」考案

31整補・小坂曹長、平井3曹に「創意工夫功労者賞」

【31整補＝岩国】第31整備補給隊（司令・伊藤秀人1佐）の航空機整備隊に所属する小坂成人曹長（51）と平井清香3曹（29）は4月14日、MCH101掃海・輸送ヘリの電子機器冷却ファンを作動させる「MCH101アビオニクスFAN運転架台」を考案した功績で、文部科学大臣からの「創意工夫功労者賞」を受賞した。

MCH101に搭載されている電子機器冷却ファンは、補用品として保管されている間に内部ベアリング（軸受）の潤滑グリスが分離してしまい、作動不良が起きやすくなっていた。

2人は保管中の冷却ファンを定期的に作動させることでグリスの分離を防止できると着想。約3カ月かけて冷却ファンを単独で作動させる「運転架台」を作製した。

着任して間もない隊員でも操作できるよう、シンプルな構造を心掛けるとともに、指などが巻き込まれないように事故防止の工夫も凝らされている。

2人が受賞した「創意工夫功労賞」は技術の改善向上に貢献した者を対象とする文科省の表彰。平井3曹は「自分たちの作品を評価していただきうれしく思います」と話している。

18団体20個人に感謝状

入間で空自60周年記念式典

空自創設60周年記念式典に先立ち、功績のあった個人、団体の代表者に感謝状を授与する齊藤空幕長（右から4人目）＝5月25日、入間基地で

防衛基盤の育成や就職援護などで功績のあった部外の団体、個人に対する航空自衛隊60周年感謝状贈呈式が4月20日、空自入間基地で行われ、18団体の代表と20個人（1団体2個人は欠席）に空幕長から感謝状が贈られた。

式典には齊藤空幕長、中島総隊司令官のほか、空幕幹部らが出席。贈呈後、空幕長は「常日頃からの支援、協力に深く感謝する。かけがえのない日本という国をお互いにしっかりと支えていければ幸いです」と述べた。

受賞団体、個人は次の通り（敬称略）。

◇団体　大和ハウス工業▽三菱電機▽全国共済農業協同組合連合会神奈川県本部▽三菱重工業防衛・宇宙ドメイン航空機事業部▽IHI▽入間基地青年同友会▽ナスカ▽習志野高友会▽航空自衛隊築城基地協力会八翔会▽日本メックス九州支店▽小禄地区自衛隊親睦会▽航空自衛隊那覇基地協力会レキオ・ウイング▽航空自衛隊を励ます会▽東京海上日動火災保険北九州支店▽周南農業協同組合▽浜名梱包輸送▽三菱重工業防衛・宇宙ドメイン誘導・推進事業部▽東邦車輛

◇個人　鈴木英俊、新道登（ハイフライト友の会）▽高山捷一▽一戸栄司（三沢地域自衛隊退職者雇用協議会）▽浅沼廣幸（千歳同夢会）▽水野邦弘（八雲基地協力会）▽波間喜代志（稚内自衛隊協力会）▽相場博（三沢市防衛協会）▽戸川雅光（長沼町自衛隊協力会）▽岩脇文郎（白山自衛隊協力会）▽清水英男（入間航友会）▽小菅一憲（航空自衛隊入間基地退職者雇用協議会）▽濱田光江（福岡県防衛協会女性部会）▽廣田勝（高知県防衛協会土佐清水支部）▽當山憲一（恩納分屯基地友の会）▽渡邊俊之（天馬美保基地協力会）▽篭橋泰憲（航空自衛隊小牧基地協力会）▽小林正雄（府中基地協力会）▽城島浩（城島歯科医院）▽田中則仁（神奈川大学経営学部）

◇南関東防衛局主催「第23回防衛問題セミナー」

▽日時＝6月25日（水）午後6時～同8時15分▽場所＝甲府市総合市民会館芸術ホール（山梨県甲府市青沼3の5の44）▽入場料＝無料（先着500人、事前申し込み制）▽講演＝①「災害における陸上自衛隊の活動」（第1特科隊長・七嶋剛士1陸佐）、②「大規模災害と自衛隊」（軍事アナリスト・小川和久氏）▽問い合わせ＝南関東防衛局企画部地方調整課、電話045（211）7102、詳しくはHP（http://www.mod.go.jp/rdb/s-kanto/）

◇九州防衛局主催「第26回防衛問題セミナー」

▽日時＝6月30日（月）午後6時半～同8時半▽場所＝アルカスSASEBOイベントホール（佐世保市三浦町2の3）▽入場料＝無料（約350人）▽講演＝①「新たな防衛計画の大綱」（中嶋浩一郎・防衛省防衛計画課長）、②「海上自衛隊の役割」（佐世保地方総監部防衛部長・田川和幸1海佐）▽問い合わせ＝九州防衛局企画部地方調整課、電話092（483）8816、詳しくはHP（http://www.mod.go.jp/rdb/kyushu/）

共済組合だより

ご家庭で育児や介護にお悩みの方はいませんか。防衛省共済組合が委託契約するJTBベネフィットの「えらべる倶楽部」では組合員及びその被扶養者の皆様のために「介護・育児おすすめメニュー」を用意しています。どうぞご利用ください。

◇育児おすすめメニュー

えらべる倶楽部の「出産・育児応援ホームページ」は、子育て中のパパとママを応援するサイトです。公的なサポート制度や各種情報を提供するほか、専門のアドバイザー・スタッフが出産・育児の悩みに回答してくれます。インターネットで簡単に相談できるので、お気軽にご利用ください。

また、ホームページには過去の回答集も掲載されているので、それを閲覧するだけでも多くの情報が得られます。

さらにJTBベネフィットは全国約1500の保育施設と提携し、保育・ベビーシッターのサービスも行っています。えらべる倶楽部HPを利用し、所在地やサービス内容からお近くの保育施設を選び、ご利用ください。

育児・介護おすすめメニュー

――えらべる倶楽部――

一方、「育児ナビデスク」はえらべる倶楽部の会員特典が利用できる育児に関する情報のご案内（0120-922-092）、「育児相談ダイヤル」は子育て中の疑問や不安についてのご相談（0120-128-490）、「助産師さんの電話相談室」は日本助産師会による助産師さんの電話相談（0120-679-192）です。

◇介護おすすめメニュー

えらべる倶楽部HPの「介護情報ホームページ」では、介護を行うご家族や医療専門職の先生方の声をもとに、介護を行う際のさまざまなポイントをわかりやすく解説するほか、専門のアドバイザー・スタッフが相談を受け付けています。

また、えらべる倶楽部の会員特典が利用できる介護に関する情報は「えらべる倶楽部介護ナビデスク」（0120-922-092）へどうぞ。介護に関する情報をご案内いたします。

そして、えらべる倶楽部の「介護サービス」にも「相談ダイヤル」があります。ご高齢のご両親がけがや病気で歩行が困難になった場合など、離れて暮らすご両親のサポートも含め、さまざまな介護サービスに対応しています。

介護に関する疑問や不安についてのご相談は「えらべる倶楽部介護相談ダイヤル」へ、離れて暮らすご両親の病気や介護に関しては「えらべる倶楽部シニアサポートサービス」へお電話ください。ともに番号は0120-128-490です。

ロシア艦6隻 対馬海峡北上

中国海軍と演習終え

5月29日午前5時ごろ、露海軍太平洋艦隊所属の「スラバ」級ミサイル巡洋艦（満載排水量11674トン、艦番号011「ワリヤーグ」）など6隻が長崎県・下対馬の南西約110キロの対馬海峡を北東に向け航行しているのを海自13護衛隊（佐世保）の護衛艦「あさゆき」が確認した。

同艦隊は5月16日に確認されたものと同一で、対馬海峡を北上し日本海に入った。東シナ海で行われていた中国海軍との共同演習（5月20日～26日）からの帰りとみられる。

政専機、首相乗せ シンガポール往復

空自特輸隊（千歳）のB747-400政府専用機は5月30日から同31日まで、アジア安全保障会議（シャングリラ会合）に出席の安倍首相を乗せ、羽田とシンガポールのチャンギ国際空港を往復した。

16次隊が出発

ソマリア沖・アデン湾

ソマリア沖・アデン湾上空から監視する海賊対処航空部隊16次隊（指揮官・大内研治1海佐以下、海自1空群＝鹿屋＝と陸自中央即応連隊＝宇都宮＝を基幹とする隊員約190人）が6月9日、15次隊と任務を交代するため出国する。

隊員は鹿屋空港からチャーター機で、P3C哨戒機2機は鹿屋航空基地からそれぞれ出発する予定。先遣隊員はすでに現地入りしている。

一方、任務を終えた15次隊（指揮官・浅沼弘巳1佐以下、海自2空群＝八戸＝と陸自2師団＝留萌＝を基幹とする約190人）は6月11日に青森空港に、P3C哨戒機2機は19日に八戸航空基地に帰国する。

◇平成26年度富士総合火力演習

▽日時＝8月24日（日）午前10時から正午▽場所＝静岡県御殿場市東富士演習場（畑岡地区）▽応募方法＝往復はがきまたはインターネットで。複数の応募は不可、当選券1枚につき4人まで▽はがき＝往復はがき往信面裏面に①在住の都道府県②氏名③券の種類（「一般券」または29歳以下が一人でも含まれる場合は「青少年券」）④駐車券希望の有無――を記入し、表面に〒119-0353、東京都牛込支店留陸上自衛隊広報室、「そうかえん係」の宛名と、返信面表面には自分の住所、氏名を記入。裏面は抽選結果が記載されるため白紙で郵送する。7月2日（水）必着

▽ネット＝陸自公式ホームページの富士総火演の特設ページ（http://www.mod.go.jp/gsdf/event/fire_power/）から

▽問い合わせ＝防衛省代表03（3268）3111で陸幕広報室「そうかえんの問い合わせ」と伝える。または、陸自ホームページから。

PHOTOGRAPH 南スーダンPKO5次隊活動150日

避難民支援に全力

高温多湿の環境下で、衛生面の悪化を防ぐために防疫活動を行う隊員（3月24日、UNトンピン地区で）

マラリアを媒介するハマダラ蚊予防のため、避難民居住区の排水整備を進める隊員（4月10日、UNトンピン地区で）

国連勲章を受章

国連の南スーダン共和国ミッション（UNMISS）に派遣され、同国の国づくり支援に当たっている陸自施設隊は、昨年12月の政情不安を受けて宿営地外での施設活動を一時中断し、日本隊が宿営地を構える国連施設内（UNトンピン地区）や、そこから約7キロ離れたUNハウス地区に収容した数万人の避難民に対して給水支援や医療支援、避難民キャンプの造成など、さまざまな人道支援活動を行っている。約半年間の任務を終え、一部帰国を開始した5次隊（隊長・井川賢一1陸佐以下、中方主力の約400人）には帰国を前に隊員一人ひとりに国連勲章が贈られた。5次隊の活動の一端を写真で紹介する。

給水、医療、キャンプ造成
400人が魂込めて

5次隊は昨年末の政情不安を機に全力で避難民支援に当たり、国連施設内の避難民収容地域の照明施設の構築や排水溝の整備など生活環境の向上に貢献。5月15日には現地で活動を開始して150日目を迎えた。

19日には、日豪プロジェクトの一環として日本隊が昨年1月から実施してきた南スーダンの最高学府「ジュバ大学」の建設施工監督の任務を終了し、日本隊宿営地で式典を開催した。

同プロジェクトはUNMISSがUNDP（国連開発計画）から受けたもので、日本隊に所属する装備施設本部の技官と、日本隊と連携している豪軍連絡官との協力で行われた。日本隊は3次隊から5次隊まで約15カ月間にわたって継続して携わり、教室棟、管理棟、図書館棟の三つの建物の施行管理を実施した。電灯のスイッチを出入り口付近に集中させて設置するなど、気配りの行き届いた施工を指導した。

式典にはUNDPの副チーフら要人が出席。ジュバ大学副長のケアック教授は「日本隊のプロ意識に感銘を受けた。親身な支援に感謝したい」と述べた。これに対し、井川隊長は「将来の南スーダンを担う若者の育成に関与できたことは大きな喜び。和平プロセスが進み、学生たちが安心して勉学にいそしむ日が来ることを願っている」とスピーチした。

帰国を前にした5次隊はUNMISSのヒルデ・ジョンソン国連事務総長特別代表から国連勲章を授与された。

あいさつに立ったジョンソン代表は「日本隊は非凡で、かけがえのない能力で文民保護地区の構築などに従事し、困難な状況にもかかわらず、南スーダンの国民を支援していただいた」と日本隊の貢献に謝意を述べた。

式典後、UNMISSで活動するインド隊など6カ国の隊員を日本隊の宿営地に招いてレセプションを開き、和太鼓やエイサー、武道など日本文化を紹介して親交を深めた。

5次隊は、先発隊の75人が5月25日に帰国。6月6日に主力1派の109人、20日に主力2派の215人と続き、全員が帰国を完了する。

日豪プロジェクトでジュバ大学建設に貢献

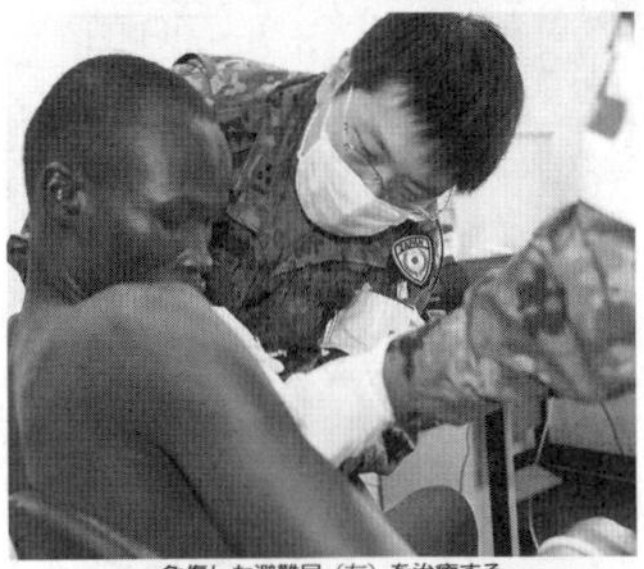

負傷した避難民（左）を治療する医官（1月17日、UNハウス地区で）

避難民とともにトイレを構築する隊員（12月25日、UNトンピン地区で）

ポリタンクを手に飲み水を求める避難民に給水支援を行う隊員（12月18日、UNハウス地区で）

ジュバ大学の建設施工監督の任務を終え、記念撮影を行う（右から）井川隊長、ケアック教授、アベベUNDP副チーフ（5月19日、日本隊宿営地で）

UNMISSに参加するインド隊（右）など6カ国の隊員と親交を深める日本隊（5月15日、日本隊宿営地で）

ジョンソン国連事務総長特別代表（左）から国連勲章を授与される井川隊長（5月15日、日本隊宿営地で）

溝の上に連絡道路を通すため、排水管を敷きコンクリートの打設準備を行う隊員（4月27日、UNエプロン地区で）

QDR 2014
米国防計画見直し　全訳

□8□

第3章　統合軍のリバランス(再均衡)＝続き

◇陸軍

予定するすべての構成要素での戦力削減は、陸軍航空部門の再編や、現行開発計画終了後の地上戦闘車両開発計画の終了とともに、ひいては即応能力水準を回復し、戦闘能力の改善に向けられる資源となる。これらの削減は、戦闘・支援車両の選択的アップグレード、21世紀の戦争で求められる新技術への投資などだ。

もし、2016年度とそれ以降に強制削減水準の予算カットが課されれば、陸軍のすべての構成要素は一段の削減を強いられ、現役兵の末端戦力は42万人、州兵は31万5000人、予備役は18万5000人へと減ることになる。

◇海軍

世界中での安全保障を構築し、戦力投射を行うには今後も海軍力――世界中の海上、海上空域、そして海中――が必要。海軍は今後も、必要なプレゼンスと能力を供給し、最も重要な戦争シナリオに対処する将来の艦隊構築を継続する。そのための投資は、米海軍の優位性を確保し、米国の安全と反映を維持する資産に集中される。海軍は以下を優先項目とする。

■信頼できる、近代的で安全な海洋戦略抑止力を維持。例えば、次期戦略原子力潜水艦〈SSBN(X)〉の2021年度の建造開始に向けた必要投資。

■敵の脅威の先手を取り、または遅れをとらないよう、非対称戦力の優位性を維持、手頃なコストで強化する。具体的には、攻撃的対海上戦兵器、次世代陸上攻撃兵器、「オハイオ」級攻撃原潜の垂直発射管を12発用から40発用に改修する「Virginia Payload Module」計画、そしてF35プログラムなど。

海軍の艦艇目録は2020年代まで増加し続けるが、変化する安全保障環境の中で、将来の望ましい海上艦隊能力はいかにあるべきかとの評価に影響される。

特に、イージス巡洋艦は近代化のため長期間の一時退役を経て就役年数を大幅に延長し、2030年代までずっと海軍の対空防衛能力を支えていく。フライトⅢ設計の「アーレイ・バーク」(DDG51)級駆逐艦の建造は、対空・ミサイル防衛能力を大幅に高める。

沿海域戦闘艦(LCS)については、32隻を超える契約交渉は行われない。海軍はLCSがより進んだ軍事上の敵、特にアジア太平洋地域での敵に対抗して生き残るのに十分な防衛力と火力を備えているか、詳細に評価していく。

海軍は、能力があり破壊力を持つ小型の海上戦闘艦を調達する代替提案を行う。ドック型揚陸艦LSD41/49クラス水陸両用艦艇の再強化は、2019年度の新揚陸艦LX(R)調達に向けた事前の予算化とともに始められることになる。

重要な戦力構造と近代化を維持するため、海軍は契約業者のサービス支出を年間約30億ドル削減し、2001年度水準とする。2016年度とそれ以降に強制削減水準の予算カットが課されれば、空母USS「ジョージ・ワシントン」は予定される核燃料棒交換とオーバーホールの前に退役させられるだろう。我々はこうした決定を下さなくてはならず、その結果、海軍保有の空母打撃群は2016年度予算案提出時に10となる。

◇海兵隊

海兵隊は今後も、紛争抑止のため前線配備され同盟・友好諸国に確約を与え、世界中の危機に対応する、即応能力を備えた遠征軍であり続ける。

重要地域へのアクセスが拒絶されたり、同盟諸国が危険にさらされたりするケースでは、迅速な展開が可能な海兵隊戦力は訓練を経て、米国益を支援する中で水陸両用の作戦行動を実施する用意ができている。こうした作戦行動を推し進めるため、海兵隊は以下のようなステップを追求していく。

■水陸両用強襲車両(ACV)への段階的取得アプローチ。これにより、ACVを調達できる一方で、沿岸地帯での作戦行動の幅を広げられる科学技術投資も継続する。

■この水陸両用能力の重要な近代化に投資していくため、海兵隊は現役兵の末端戦力18万2000人を予定し、2016年度とそれ以降に強制削減が再導入された場合、追加削減により17万5000人とする。これには、大使館保安要員プログラムを通じて海外の米国益・施設を守る900人を超える海兵隊員が含まれる。

「ガルーダの盾2013」の共同空挺作戦で降下する米国とインドネシアの落下傘兵。米兵は第82空挺師団の第1旅団戦闘団に所属する(QDRから)

◇現役と予備役のバランス調整

現役と予備役の適正バランスを達成することは、将来の統合軍の規模、形態を決定しようとする国防総省の取り組みにとって極めて重要だ。予備役は国家防衛戦略を実行に移す上で、極めて重要な能力、キャパシティーを提供してくれる。

10年超にわたって持続的かつ大規模に動員された結果、予備役の陸軍、海軍、空軍、海兵隊の兵士たちは海外での不測の作戦行動を実施したり、国内の緊急事態を支援したりし、予備役は日常的にそして効果的に幅広い作戦行動を行う戦力になった。

米国がアフガニスタンでの作戦行動を終結する中で、予備役は本土を防衛し、世界中で安全を確立し、戦力を投射して圧倒的に勝利する上で今後も重要な役割を果たす。

将来の国防要求に応えるために、国防総省は必要に応じて現役戦力を補強、補完するため、訓練されたグループ、兵士を提供することができる予備役を今後も保持する。国防総省は戦力と能力を進化させる中で、重要なスキルを有する人員を募集、経験豊富な人員を保持し、現役への補完力を維持していく。

◇重要優先事項の確保

とりわけ資源が削減された時代において、国防総省は最新国防戦略の柱に最も密接に結びついた戦力を守る取り組みを倍加させる。

本土の防衛

国防総省は今後も、統合軍の規模と形態を最も重要な国益である本土防衛への必要性に基づいて決定する。

■ミサイル防衛　米国は地上配備型弾道ミサイル迎撃ミサイル(GBI)の数を30基から44基に増やし、探知ネットワークの深化を図る。

日本政府の支援を得て、2基目の監視レーダーを日本に配備し、北朝鮮が発射するあらゆるミサイルへの早期警戒と追尾情報を得る。

米本土を2020年までの間、大陸間弾道ミサイルの脅威から守るため、国防総省は防衛的迎撃ミサイルの信頼性と効果の向上、識別能力の向上、そしてより強固な探知ネットワークの構築に向けた投資を図っていく。

また、必要な場合に追加の迎撃ミサイルを展開する時間短縮のため、米国内に追加の迎撃ミサイルを配備する最適な場所の選定作業を進めている。

同盟・友好諸国が相互運用可能な弾道ミサイル防衛力を獲得し、それぞれの地域の抑止、防衛の仕組みに参加することは、威圧的な敵の弾道ミサイルの戦略価値に対抗することになる。

■核兵器　米保有の核戦力はロシアとの交渉合意を経て削減されたが、残存戦力が安全に確保され効果的であることの重要性は増している。このため国防総省はエネルギー省と共同で、欠かすことのできない核運搬システムの近代化への投資を継続する。

それらはすなわち、弾頭▽警報、指揮、統制システム▽そして核兵器インフラだ。

これらのプログラムは、米国が戦略核運搬システムの効果的な3要素(トライアド)と、核兵器の運搬が可能で前線配備できる戦術的航空機を今後も保持することを保証する。

■サイバー　国防総省は今後も新たなサイバー能力拡大への投資を継続し、要員の募集、訓練、維持の点でここ数年に遂げた大きな進展を土台とする。我々の取り組みの中心となるのは、国防総省サイバー作戦部隊だ。

同部隊は、国防総省のネットワークを守り、世界中での軍事作戦を支援するサイバー防護部隊、戦闘司令官をサポートする戦闘部隊、米国へのサイバー攻撃に対抗する国家安全部隊の3部隊で編成する。

同部隊は2016年までに要員が配備される。要員に加え、国防総省は同部隊の作戦実行のため最先端の技術とインフラへの投資を行う。

自身のネットワークを守るため、国防総省はその情報システムを共通のネットワーク・インフラである統合軍情報環境(JIE)に移行させる。JIEは、防御しやすいネットワーク開発やネットワーク運営の改善に必須のもの。

国防総省はまた、他の省庁や他の海外同盟・友好諸国のサイバー防衛能力を構築し、共通のサイバー・リスクを低減させることに共同で取り組む。

■空/陸/海　米国の空域、海岸線、国境を守るキャパシティを維持することは今後も国防総省の優先事項となる。

「気高い鷲作戦」を実行する空軍兵士は、今後も主要都市への空からの脅威に対して警戒態勢を続ける。また、空の敵目標に素早く対応できる能力を持つ、特別地対空防衛システムを首都圏に維持する。海においては、海軍戦力が米国沖合領域の情報、安全を提供していく。

■文民当局への支援　国防総省は必要に応じて軍隊の能力を調整し、文民当局への支援を提供、国内のパートナー機関と連携を密にする。

2010年から国防総省は国内の化学・生物・放射性物質・核(CBRN)対応部隊の再編に着手し、連邦、地方、州に分散している軍隊任務を地域ぐるみのアプローチとして再均衡を図り、国としての備えを向上させる。

今後、本土の大規模な自然災害や人為的脅威に対し、発生前・後の国内パートナーとの計画や対応での連携をうまく行うことで、備えを強化する。

国防総省はまた連邦警察当局に対し、米国育ちの暴力的過激主義者や、本土に脅威となる他の集団による攻撃を防ぐ取り組みへの支援を提供する。

世界規模での安全保障構築

安定と安全、繁栄を支持するために世界規模での米国の配置とプレゼンスを維持することは、資源が抑制される中ではより困難になるが、それにも増して必要不可欠なものとなっている。国防総省は海外での米国のプレゼンスと配置のリバランスを引き続き行い、米国の安全保障上の利益をより効果的に守っていく。

■アジア太平洋　この地域への広範なリバランスを進めるため、米国は北東アジアに強固な足跡を保ち、同時にオセアニア、東南アジア、インド洋でもプレゼンスを高める。

2020年までには、米海軍戦力の60%が太平洋地域に駐留することになり、この中には日本における重要な海軍戦力の強化が含まれる。

また、シンガポールで交代配備される沿海域戦闘艦(LCS)、太平洋を母港とするより多くの駆逐艦と水陸両用艦、そして統合高速輸送艦などの海上艦艇なども含まれる。

〈以下次号〉

米国防計画見直し(QDR)の構成

- 国防長官からの手紙
- エグゼクティブ・サマリー
- 序章
- 第1章：安全保障環境の将来
- 第2章：国防戦略
- 第3章：統合軍のリバランス(再均衡)
- 第4章：国防組織のリバランス
- 第5章：予算強制削減の意味合いとリスク
- 統合参謀本部議長のQDR評価

西風東風

広州軍区に戦争準備を発令
――「日越比と戦争不可避」

南シナ海でフィリピン、ベトナムとの領土、領海をめぐる緊張が続く中、中国共産党中央軍事委員会は5月16日、広州軍区の空軍、戦略ミサイル部隊の第2砲兵、南海艦隊に対し18日付で「2級戦備(戦争準備)」を発令した。

中国軍の戦争準備は4段階で、2級は、戦争の可能性が極めて高い際に発令される「1級戦備」に次ぐもの。

香港誌「争鳴」6月号によると、中央軍事委員会の范長龍副主席らが、発令後の16～18日、広州軍区の一線部隊を視察し、日本、ベトナム、フィリピンの3国が挑発を続けるなら、戦争は不可避との厳しい見方を示した。

同委員会は別に17日、済南軍区の第54集団軍(河南省新郷市)、南京軍区の第31集団軍(福建省厦門市)にも待機を命じた。第54集団軍は、18ある集団軍のうち最精鋭部隊の一つとされる。

同誌によると、2級戦備発令に先立つ5月15日、中国共産党中央委員会政治局と中央軍事委員会が拡大会議を開き、日本、フィリピン、ベトナムの現状を確認する決議を採択したという。

決議は日本について「安倍政権は中国を日本の主要敵対国と位置づけた。米国の中国包囲戦略に協力するよう、国際社会で他国を扇動している。日米安全保障条約を頼りに意図的に挑発を行い、軍事衝突をたくらみ、戦争に導こうとしている。軍国主義が急速に復活している」などと決め付けた。

フィリピンについては、「米国の軍事・外交の軸足をアジア太平洋に移すオバマ政権の「リバランス(再均衡)」政策を背景に、南シナ海で緊張を高めていると批判。ベトナムに関しても「米国の中国包囲に乗じ、国粋主義を扇動して反中国の風潮をかき立てた」と指摘した。

范副主席らは、決議後に行った一線部隊視察の際「越、比、日は中国の抑制を軟弱とみなし、米国の覇権主義に乗じて中国に対する包囲を進め、領土、資源の領有をたくらんでいる。3国が現在の中国敵視、挑発政策を改めないなら、必ず戦争になる」などと述べた。

(香港＝中岡秀雄)

反中国の同盟諸国を支持
――真価問われる米リバランス

米オバマ政権が進めるアジア太平洋地域への戦力の「リバランス(再均衡)」戦略がここへきてアジアでの「中国VS米国および同盟諸国」という対立をあおる形になっている。中国が南シナ海でアグレッシブな形で自己主張を強める中、米国は「領土問題では、いずれの国にも肩入れしない」としながら同盟国らの反中国姿勢を支持しており「一方に味方すると同時にレフェリーの役割も務める」困難な立場にある。

先月末シンガポールで開かれたアジア安全保障会議で講演したヘーゲル米国防長官は「中国はここ数カ月、南シナ海で安定を損なう一方的な行動をとっている」と、中国を名指しで非難した。

中国は、ベトナムなども領有権を主張する海域で石油掘削を開始し、中国船がベトナム漁船に体当たりするなど一方的な行動を強めている。これに先立ち、中国軍戦闘機が東シナ海の公海上で自衛隊機に異常接近するという「事件」も起こしている。このため、ヘーゲル長官は「見て見ぬふりはしない」と述べ、中国代表も出席する会議の場で中国を強くけん制した。

オバマ政権が進めるアジアへのリバランス戦略だが、シリアなど中東情勢の混迷や、今年になって緊張が高まったウクライナ情勢などに注意を削がれ、アジアの同盟国から米国のコミットメントを疑問視する声も出ていた。

しかし、オバマ政権は5月20日、先端技術の重要機密を盗む目的で米企業にサイバー攻撃を仕掛けたとして、中国人民解放軍の将校ら5人を起訴したと発表、中国問題への関与を継続していく米国の姿勢が鮮明になった。

米識者らは、中国は一連のアグレッシブな行動により、米国のリバランスと同盟諸国へのコミットメントを試しているとみる。デンプシー統合参謀本部議長は「リバランスは中国を封じ込めようとするものではないが、中国はそうは見ていないことも理解している」とインタビューで答えており、今後両国軍関係者の交流を増やしたり、合同演習を行ったりしていく考えだ。

しかし米識者の間では、米国の同盟諸国と中国との間で緊張が高まることに懸念が強まっており「戦争は事故や計算違いによる、さ細なことから始まる。航空機の危険な飛行が衝突に至ったり、攻撃的な動きが予期せぬ軍事的反応を招いたりする」と憂慮する。

米国は日本やフィリピンなどの同盟諸国やベトナムを支持する一方で、事態のエスカレートを防ぐという難しい役回りを余儀なくされそうだ。

(ロサンゼルス＝植木秀一)

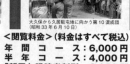

部隊だより

陸

福島 駐屯地はこのほど、福島県文化センターで「福島自衛隊音楽祭」を開催した。「ふくしまからはじめよう」をテーマに6音、福島、郡山各音楽隊の演奏のほか44普連隊員によるファンシードリルなどが披露された。今回初めて隊員60人の「特別合唱ユニット」も結成され、軍歌5曲を熱唱、3000人の聴衆から大きな拍手が送られた＝写真㊦。

高田 2普連はこのほど、在日米海兵隊員を駐屯地に迎えて下士官交流を行い、地元民家でのホームビジットも実施した。交流行事では最初にドッジボール大会を通じて日米の下士官が親交、次いで連隊員が銃剣道などを紹介した＝写真㊦。夕方からは隊員17家族と関係団体の協力を得て、米兵士が各家庭を訪問、夕食を共にしながら日本の文化に触れた。

滝ケ原 433会計隊の橋本耕司隊長以下46人はこのほど、朝霞駐屯地で行われた「東方会計隊実務競技会」に参加した。会計隊9チームが参加し、会計実務練度判定試験、団体・個人戦の3種目で優勝を目指した。433会計隊は練度判定で9位と出遅れたものの、全員が気持ちを一つにして集中力を高め、団体・個人戦で挽回、総合2位に輝いた。

大久保 7施群整備隊はこのほど、日本原演習場で実施された「方面隊統制演習場春季集中整備」に参加した。380施中が伐採木の処理、381施中と304水障中が剣山砕石場の開設と運営、382施中が南道の拡幅整備を担任、期日までに任務を完遂した。最終日の終了点検では集中整備隊長から「演習場が見違えるようになった」と高い評価があった。

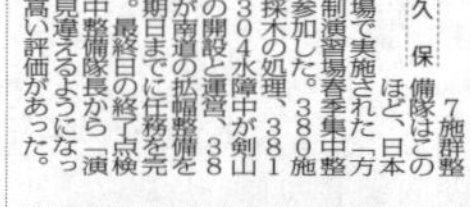

福知山 駐屯地はこのほど、朝雲新聞の「平成25年朝雲賞・優秀掲載賞」を10年連続で受賞した。中方管内の部隊で唯一の受賞で、広報室や各中隊などが訓練や行事などの記事を適時・迅速に作成、年間を通じて精力的に投稿した。広報担当者は「連続記録を継続できて大変うれしい。新記録の13年連続を目指していきたい」と意気込みを語った＝写真㊤。

仙台 東北方後支隊はこのほど、駐屯地で「業務改善・装備改善提案審査会」を実施した。提案は整備作業の安全性などに関する案件の中、審査の部で16件、展示・紹介の部に2件が選ばれた。副隊長以下、各部隊長を審査員とした審査の部では、緊張していた提案者たちも説明しながら自信を持った表情に変わり、鋭い質問にも的確に返答していた。

八戸 4対艦連はこのほど、「連隊創隊18周年記念・家族の日」を隊員夫人や子供たちを迎えて開催した。行事では最初に連隊長を中心に、全隊員が人文字による記念写真を撮影、続くイベントでは家族を迎えてソフトバレーボールの試合や「C級グルメ・コンテスト」などを楽しんだほか、隊員による格闘技の展示、八戸陣太鼓の演舞を見学した。

青森 9師団はこのほど、青森市民会館で3自音楽隊合同の定期演奏会を開催した。陸自6・9音、海自大湊音、空自北空音が協演し、10年ぶりの統合演奏。「響きあう音（こころ）」をテーマに楽曲が披露され、9音の風張未来3陸曹が「海女ちゃん」の衣装で3500人の聴衆と一緒に合唱するなど、まさに響きあう演奏会となった＝写真㊨。

41普連と西方特が参加
みこしも『いい湯だナ』
100回目迎えた別府八湯温泉まつり

軽快なマーチを演奏しながら、市内のメーンストリートを進む41普連と西方特科隊の合同音楽隊

「湯かけまつり」でミス別府（右上）らから温泉水をかけられる別府駐屯地曹友会の隊員たち（いずれも大分県別府市内で）

沿道からの声援に車上から手を振って応える82式指揮通信車の乗員

「山は富士、海は瀬戸内、湯は別府」――。

大分・別府温泉の豊かな温泉の恵みに感謝する「平成26年度別府八湯温泉まつり」がこのほど別府市内で行われ、郷土部隊の第41普通科連隊（連隊長・德永勝彦1陸佐）もパレードとみこし担ぎに参加した。

この祭りは明治43年に始まり、今年が記念すべき100回目。祭りのフィナーレを飾る「総パレード」は駅前広場で開催され、41普連と西部方面特科隊の合同音楽隊24人の演奏でスタートした。

華やかな衣装に身を包んだ参加者がメーンストリートで民謡や舞踊を披露。音楽隊も隊列を組み、スーザ作曲の「アメリカ野砲隊」や映画「素晴らしきヒコーキ野郎」の主題歌などをドリル演奏し、沿道の観客の心をつかんだ。

その後方を41普連の車両が行進。82式指揮通信車1両と軽装甲機動車4両が現れると、めったに見ることができない陸自の装甲車両に沿道からは盛大な拍手が送られた。

一方、別府駐屯地曹友会と41普連3、4中隊の隊員56人は3基のみこしを担ぎ「湯かけまつり」に参加。この祭りは放水ポンプを使い、通りを進むみこしと担ぎ手に向かって温水をかけるもの。沿道の観客も柄杓ですくった温泉をみこしに向かって勢いよくかけ、一緒になって祭りを楽しんだ。

隊員たちは全身びしょ濡れになりながらも「ワッショイ！ワッショイ！」と威勢のいい掛け声を上げながら市中を練り歩いた。（別府）

山口 山口県萩市にある至誠館大学の女子バレーボール部員14人がこのほど、17普連に体験入隊した。厳しい訓練メニューだったが、徒歩行進では背のうを背負い約16キロの山道を鍛え上げた脚力で踏破するなど、隊員に負けない体力を見せた。学生たちは「自衛隊では助け合い、団体行動のことを考えるよい機会になりました」と笑顔で語っていた。

久居 岩田陸幕長とジョン・ウィスラー在日米海兵隊司令官がこのほど、南海トラフ巨大地震の発生の際に自衛隊の拠点となる久居駐屯地を視察した。保松10師団長が三重県地誌などを用いて南海トラフ地震への陸自の対応について説明。岩田陸幕長とウィスラー司令官は人命救助セットなどを熱心に視察し、実演を交えて説明する隊員に鋭い質問も行った。

出雲 小野寺防衛大臣が4月12、13の両日、山陰防衛にあたる陸・空自の部隊を視察した。最初に出雲駐屯地を訪れた大臣は稲吉正孝司令から状況報告を受けた後＝写真㊤、隊員たちに対し「強い使命感を持ち、一致団結して任務に精励せよ」と訓示した。引き続き大臣は高尾山分屯基地（7警隊）、美保通信所、美保基地、米子駐屯地を視察した。

健軍 西部方面隊はこの春から「上級曹長制度」の運用を開始した。平成20年から6年の試行期間を経て正式運用を開始したもので、番匠総監から木村博臣西方最先任上級曹長に「職務等明示書」が手渡された＝写真㊨。木村准尉は「西方はいま大きな体制移行を控えている。上級曹長制度の意義をいま一度深く胸に刻み、対応していきたい」と抱負を語った。

奈良 幹候校はこのほど、レクリエーション大会として「ポートボール競技会」を南北訓練場で実施した。各部課隊で編成し、18チームで対戦。開会式では総務課Aチームの円野嘉久1曹が「点を取られたら取り返す倍返しの闘争心で、正々堂々と戦うことを誓います」とユーモアを交え宣誓。4日間にわたる熱闘の末、学生隊Bチームが優勝に輝いた。

空

三沢 基地准曹会は5月17日、三沢市内で「環境整備」に協力した。基地隊員、家族、OBら計128人が参加し、道路脇の花壇約1・5キロにコスモスの種をまいた。さらにサツキ、アジサイ各170本を2・5キロにわたり植樹＝写真㊦。家族で参加した北防群の笹間昭彦1曹は「小4の娘も楽しく作業していた。また家族一緒に参加したい」と話した。

千歳 基地はこのほど、春季火災予防運動に合わせ防火活動を行った。隊内に「消すまでは心の警告ONのまま」を掲げ、運動旗の設置やポスターを掲示、また消防小隊の空士隊員らは朝夕の一斉放送で火災予防を隊員に呼びかけた。さらに1移隊は「建物内喫煙所で火災が発生した」との想定で対処訓練を実施＝写真㊨、全員が火災予防への意識を高めた。

海

函館 4護群8護隊の護衛艦「すずつき」がこのほど、函館港港町埠頭に入港し＝写真㊤、広報活動を行った。一般公開には約600人の市民が訪れ、上甲板や艦橋、ヘリ格納庫などを見学。今年3月に就役したばかりの真新しい艦に、乗艦者は「今までとは違うレーダーなど新装備に驚きました」と、ステルス化された「すずつき」の姿に感嘆していた。

下総 教空群先任伍長、仲摩充曹長の次男、洋2士がこの春66期航空学生として入隊した。仲摩家は長男航（わたる）曹長が61期生で入隊。現在、厚木の3空に勤務しており、親子3人が海自の搭乗員となった＝写真㊤。洋2士は「父は機上電子整備員、兄は戦術航空士。私は固定翼操縦士として父や兄を超えられるように頑張りたい」と抱負を語った。

岩国 31空群はこのほど、第6潜水艇殉難者遺徳奉賛会が主催した同艇の慰霊祭を支援した。「第6潜水艇」は明治43年、岩国沖を半潜航訓練中に不慮の事故により沈没、14人が殉難した。これを悼み岩国市装束町の記念碑前で営まれた慰霊祭には岸信夫外務副大臣、福田良彦市長をはじめ、岩国基地隊員など約200人が参列し、14柱の御霊を慰めた。

大村 22空群はこのほど、「新型化学消防車」2台の披露会を行った。この消防車は福島原発事故で注水作業に活躍した放水作業車両の新型ということもあり、隊員をはじめ市内の消防・警察関係者などが多数見学に訪れた＝写真㊤。披露会では防火服に身を包んだ地上救難員による放水の展示作業もあり、隊員たちは新型消防車への期待を新たにした。

勝連 46掃海隊の掃海艇「あおしま」と「くろしま」はこのほど、小浜温泉湯祭りを支援するため長崎県雲仙市の小浜港に入港した。歓迎行事で加藤真和隊司令は「祭りを側面から盛り上げたい」とあいさつ。乗員には父兄会から炊き出しの豚汁が振る舞われた。祭り期間中には延べ1350人の市民が体験航海などで乗艇し、海自への理解を深めた。

募集・援護 特集

平和を、仕事にする。

優秀な人材確保へ奮戦

景気の回復で大学生の就職戦線が好転する中、全国の地方協力本部では「優秀な幹部自衛官のタマゴ」を確保するため、奮戦を続けている。5月10日からは幹部候補生の採用試験も始まり、広報官らがこれまでキャンパスなどでその資質を認めてきた大学生に対し、自衛隊の魅力を再度伝えて試験会場に迎えている。また幹部自衛官の夢を追い続ける社会人に対しては、その夢の実現のため、親身になってサポートしている。

各地で幹候生試験

「つなぎ広報」「個別訪問」 合格後も"全力"サポート

【愛媛】地本は5月10日、松山大学で「一般幹部候補生」1次試験の筆記試験を、翌11日に地本で「飛行要員」の適性検査を実施した。

愛媛県では募集段階での受験者は例年比較的多く確保できるが、合格しても民間企業に就職してしまうケースが少なくない。このため地本では、年間を通じて大学生の部隊見学、「カレッジリクルータ」を活用した説明会、キャンパス内で行われる就職合同説明会などに積極的に参加し、「就職先」としての自衛隊を積極的にPRしている。

特に広報官がそれぞれの手法を考案し、「つなぎ広報」や「個別訪問」などを通じて優秀な大学生の獲得に全力を傾けている。

その結果、採用試験会場には各広報官が熱い思いで世話をしてきた大学生ら61人が県内各地から訪れ、択一式と記述式（一般教養と専門）の幹部候補生試験に熱心に取り組んだ。

受験者の中には大学を卒業後、一般企業に就職したものの、幹部自衛官への夢が断ち切れず、年齢制限（一般・大卒で26歳未満）ぎりぎりまで挑戦し続ける若者も。広報官は親身になり、そのサポートに全力を挙げている。

意欲満々の130人 宮城 「必ず立派な幹部に」

【宮城】地本は5月10、11日、仙台第3合同庁舎で一般幹候の1次試験を行った。会場には自衛隊への入隊意欲に満ちた130人の大学生らが訪れ、一般教養・専門試験などに挑んだ。2日目は飛行要員の操縦適性検査が行われた。

試験終了後には「問題がかなり難しかった」「力は出しきれた」という感想とともに、「必ず立派な幹部自衛官になりたい」と、強い決意を語る受験生もいた。

緊張の中35人がチャレンジ

【宮崎】地本は5月10日、一般幹候、歯科・薬剤科幹候の1次試験を実施した。受験者は一般が部内者7人、大学院卒1人を含む33人、歯科・薬剤科は2人だった。11日には飛行要員の適性試験が行われた。

訪れた大学生らは試験直前まで問題集や参考書を開き、みな真剣な表情で試験に臨んでいた。

1次試験の結果は5月30日、地本庁舎前や各地域事務所などの掲示板と地本のホームページで発表された。2次試験は6月10〜13日、陸・海・空のそれぞれ指定された試験会場で実施する。

幹部候補生を目指し、真剣な眼差しで試験に臨む受験生（5月10日、宮崎市で）

陸・海・空女性自衛官のアニメ風ポスター好評

アクセス数急増

【茨城】地本はこのほど、「陸・海・空女性自衛官のアニメ風キャラクター」を前面に出した募集ポスターを作製した。ツイッターなどで話題を集め、現在、地本のホームページのアクセス数が急増している。

昨年度入隊した若年隊員を対象にアンケートをとったところ、募集ポスターの効果が最も大きかったことが判明し、作製することに。地本独自にアニメ風女性キャラクターをメーンにし、コミック風に作製した。中央に《「誰かを守れる自分」はじめよう！》のキャッチフレーズを入れた。

このポスターを今年4月から茨城県内6カ所の募集事務所や各地の掲示板に張り出したところ、大きな注目を集めた。また若者たちを中心にツイッターなどで話題が広がり、ホームページはかつてないほどのアクセス増となった。

地本ではこうした大反響を受け、ポスターのキャラクターに関連したグッズなども作製するなど、さらなる広報作戦を展開していく計画だ。

ツイッターで話題になっている茨城地本のオリジナル募集ポスター

人気バンド会場に広報ブース 埼玉

3日間で6万人来場

【埼玉】地本は4月28〜30日、さいたまスーパーアリーナで開催された人気バンド「SEKAI NO OWARI」〜全国ARENA TOUR2014〜の会場に広報ブースを開設した。

施設内に高機動車や軽装甲機動車、指揮通信車などを持ち込んだほか、写真パネル、戦闘糧食なども展示。

3日間で約6万人が来場し、自衛隊ブースも若者たちでにぎわった。

見学した学生からは「自衛隊にさまざまな職種があることを知り、びっくりした。これなら自分も自衛隊の試験を受けてみたいと思った」という声が聞かれた。

指揮通信車の前で、記念撮影などを行うライブ参加者（4月29日、さいたまスーパーアリーナで）

"岸壁の少女"に乗員感激

新宮港荒天で艦艇広報中止

輸送艦「しもきた」の隊員から託されたTシャツを貝岐好香さんに手渡す住野所長（4月24日、那智勝浦町で）

後日「しもきた」乗員が手紙とTシャツをプレゼント

【和歌山】海自の大型輸送艦「しもきた」が4月20日、艦艇広報のため新宮市の新宮港に入港した。だが、この日は嵐のような悪天候となり、危険回避のため同艦の一般公開は中止。「しもきた」はその後、呉に向けて出港した。

その去っていく「しもきた」を岸壁から残念そうに見送っている2人の少女がいた。その姿に気づいた同艦の乗員が後日、「2人に渡してください」と、一通の手紙とともにTシャツを新宮地域事務所に送付してきた。同艦の先任海曹室からのプレゼントだった。

事務所が「しもきた」を見送った少女を探したところ、那智勝浦町に住む貝岐好香、結衣さん姉妹であることが分かった。電話で「しもきた」からのプレゼントのことを告げると2人は大喜び。24日、所長の住野貝視3陸尉が姉妹の自宅を訪問した。

玄関では小学生の好香さんが出迎え、「ありがとうございます。このTシャツはこれから大切にします。わたしたちも『しもきた』の皆さんに手紙を書いたので、これを渡してください」と、住野所長に手紙を託した。

この手紙はすぐに呉基地の「しもきた」に送られ、これを縁に少女2人と同艦の交流はいまも続いている。

残念そうに見送る姿、忘れられず

陸幕長の凱旋を支援

「我が国周辺の情勢と陸上防衛等について」をテーマに熱弁をふるう岩田陸幕長（5月8日、グランドパレス徳島で）

【徳島】徳島県出身で初の陸上幕僚長となった岩田陸幕長の特別講演会が5月8日、徳島市のグランドパレス徳島で行われ、地本が支援した。

講演会は県防衛協会、県隊友会、県父兄会の主催で、この日は会場を埋め尽くす約230人が聴講に訪れた。その中には陸幕長の出身校・県立城北高校の学校長や同窓生らの姿もあった。

岩田陸幕長は「我が国周辺の情勢と陸上防衛等について」の題で講演し、難しい内容をさまざまな図表と軽妙な語り口で分かりやすく語った。また、新設された北徳島分屯地の災害時の役割などについても熱く語った。

講演後は特別に陸幕長の恩師・同窓生への質問時間が設けられ、学生時代のエピソードや高校時代の同級生である夫人との馴れ初めなどについて質問があり、会場は和やかな雰囲気に包まれた。

ただいま募集中！

◇自衛官候補生（男子）

★詳細は最寄りの自衛隊地方協力本部へ

米海軍厚木航空基地 規制区域も一般公開 日米親善フェスタ

開放されたエプロン地区を歩く参加者（5月3日、米海軍厚木基地で）

【神奈川】地本の相模原地域事務所は5月3日、米海軍厚木航空基地で開催された「日米親善スプリングフェスタ2014」に参加した。

同イベントは日米の友好と親善を目的に、普段立ち入りが規制されている区域も一般に公開。

地本は海自地区に広報ブースを開設し、災派パネルの展示や子供用制服の試着などを実施した。

会場では地本マスコット「はまにゃん」も登場し、来場者5万5000人の中で"招き猫"の役割を担った。

プロ野球公式戦 札幌で広報活動

【札幌】地本は5月2日から4日まで、札幌ドームで行われたプロ野球公式戦に合わせて広報活動を行った。

地元球団・北海道日本ハムファイターズのGWイベント「スプリングフェスタ〜はたらくくるま大集合〜」の場を活用。北方総監部広報室の自衛隊パネル展、11旅団（真駒内）の装備品展示に合わせ、大湊地方隊、北海道防衛局と合同で広報ブースを開設した。

3日間で8万人の来場があった札幌ドームには消防車、パトカー、除雪車などとともに自衛隊車両も展示し、地本ブースにも約7600人が訪れた。会場では地本のゆるキャラ羊の「モコ」が子供たちを出迎え、自衛隊のPRに一役買った。

岡山FMラジオで 地本長が募集広報

【岡山】倉敷市のコミュニティラジオ局「FMくらしき」の番組「あなたと語りたい」に5月7日、地本長の松尾幸成1陸佐が出演した。

リスナーから直接、松尾地本長に「自衛隊はどのようなことをしているの？」「自衛隊に入って良かったと思うのはどんな時？」といった素朴な質問もあり、地本長は丁寧に答えていた。

20分の番組中、「松尾1佐の岡山県の第一印象は？」などの率直な質問もあり、地本長は「いろいろ質問をもらい楽しかった。今後も多様なマスメディアを通じ、幅広い年齢層の方々に自衛隊について伝えていきたい」と意欲を示していた。

装備品展示と災派パネル展 イオン洛南店で

【京都】地本は4月25日から5月5日まで、イオン洛南店のリニューアルオープンに合わせ、装備品展示と災害派遣写真パネル展を行った。

5日の「こどもの日」には陸自7普連（福知山）の支援を受け、軽装甲機動車や偵察用オートバイなどを展示、さらに海自砕氷艦「しらせ」が持ち帰った「南極の氷」なども紹介した。地本のマスコット「ピクルス君」が登場すると、子供たちから歓声が上がり、展示会は大盛況だった。

来場者の中には「自衛隊さん、いつもありがとう。これからもがんばって」と声を掛けてくる人もいた。

わが心の「国立」3自が支援

「ブルー」飛行に大歓声

2020年の東京五輪・パラリンピック開催に向けて今年7月から建て替え工事が始まる国立競技場で5月31日、記念イベントが行われ、自衛隊は陸・海・空そろい踏みで支援を行った。空自はT4ブルーインパルス6機で競技場上空を編隊飛行し、ファイナルセレモニーの聖火リレーでは、ロンドン五輪女子レスリング金メダリストの小原日登美1陸尉（体校）が8番目のランナーとして聖火をつないだ。国歌斉唱では海自東京音楽隊（上用賀）の三宅由佳莉3海曹が「君が代」を力強く独唱した。（1面参照）

聖火リレーの走者を務め終え、元ラグビー日本代表の坂田好弘さんに聖火を引き継ぐ小原1尉（左から2人目）

身重の小原1尉、聖火ラン
三宅3曹は力強く「君が代」

「当時の光景がよみがえりました」――。ファイナルセレモニーの司会を務めたフリーアナウンサーの徳光和夫さんは東京五輪（1964年）のF86Fブルーインパルスの展示飛行と重ね合わせた。1番機（フライトリーダー・日高大作2佐）以下6機のT4ブルーは統制のとれたデルタ隊形で競技場上空へ進入。客席では地鳴りのような歓声と拍手が響きわたった。

続いて、スワン、グランドクロス、リーダーズ・ベネフィットの各隊形を披露。「夢と感動を届けます！」と11飛行隊の橋本健二1尉のナレーションに紹介されながら、合わせて4度、航過した。

ファイナルイベントの聖火リレーでは、11走者のうちの8番目に小原1尉が登場。随走者の遠藤拓人さん（JOCエリートアカデミー生、水泳飛込）とともに約50メートル走った。妊娠6カ月の小原1尉は走り終えた後、「（6年後に）おなかにいた時に一緒に走ったんだよ、と子供に話してあげたい」と語った。

聖火台に火がともされた後、スポットライトに照らされて三宅3曹が登場。国歌を独唱する三宅3曹の伸びやかな声に、会場全体が荘厳な雰囲気に包まれた。元サッカー日本代表の北澤豪さんらも胸に手を当て、会場全体で国立競技場の歴史に思いをはせた。

歌い終えた三宅3曹は場内の四方の観客に対し向き直り、整斉と敬礼。「歴史的瞬間に歌わせていただき、大変光栄です。最高の『君が代』を歌う準備をしてきました」と話した。

一方、64年の東京五輪で5番機のパイロットとして国立上空に五輪を描いた藤縄忠さん（77）は「自衛隊・ブルーインパルスがここまで支持されていることに感極まった。新しい国立で2020年、我々以上の曲技飛行をしてくれると確信した」と納得した表情を見せた。

3万6000人の大観衆を前に「君が代」を独唱する三宅3曹（5月31日）

こちら警務隊
☎ 8・6・47625

準強制わいせつの罪で6カ月～10年以下の懲役

女友達と酒を飲んでいたら、酔いつぶれたので「ばれなければいいだろう」と思い、胸を触ってしまった。何か罪に問われますか？

準強制わいせつの罪に問われます。

この罪は、心神喪失などに乗じてわいせつな行為をした場合が当たり、心神喪失とは、泥酔、熟睡、麻酔状態などのことをいいます。

同法に違反すると、6カ月以上10年以下の懲役に処されます。

「ばれなければいいだろう」など安易な気持ちで被害者の意思に反してわいせつな行為をしてはいけません。

性犯罪は、刑罰、懲戒処分、実名の公表などの重い社会的制裁を受けます。

（警本＝市ヶ谷・村山1尉）

47年ぶり市中パレード
14普連 創隊60周年を記念し
金　沢

大きな拍手と歓声の中、最新の戦闘装備を装着して観客の前を行進する14普連の隊員（5月24日、石川県金沢市のお堀通りで）

【14普連＝金沢】金沢駐屯地（司令・戒田重雄1佐）は5月24日、14普通科連隊の創隊60周年を記念して、金沢城址公園と旧県庁の間のお堀通りで、47年ぶりに陸海空3自衛隊による市中パレードを行った。

陸自は14普連（金沢）をはじめ、10戦大（今津）、10高特大（豊川）、10偵察隊（春日井）、10特殊武器防護隊（守山）、10飛行隊（明野）、5対戦ヘリ隊（同）、また、海自からは23航空隊（舞鶴）と舞鶴音楽隊、空自からは6空団（小松）と小松救難隊が参加した。パレードは駐屯地協力諸団体からの要望を受けて計画された。

観閲官の戒田1佐は「創隊以来、厳しい訓練を積み重ね、数多くの国際貢献に参加する傍ら、北陸3県の安全・安心のため県民・市民の皆様と心を一つにして任務にまい進してきた。これも皆さまのご支援、ご協力のたまもの」とあいさつ。

その後、舞鶴音楽隊の29人が「軍艦マーチ」を奏でながら第1梯隊の先頭を行進し、石川県旗、金沢市旗、連隊旗が続いた。第2梯隊は制服、戦闘服、災害派遣やレンジャーの各装備の服装を着用した14普連の4個部隊と、6空団の1個部隊の計270人が整斉と行進した。

第3梯隊は、14普連の軽装甲機動車や120ミリ迫撃砲を牽引した重迫牽引車、81ミリ迫撃砲を搭載した高機動車など計22両が迫力ある車両行進を行った。最後を飾る観閲飛行では陸海空のヘリ計6機が次々と上空を通過し、会場は大きな拍手と歓声に包まれた。

「食事が楽しみです」
防医大1期看護生
給食スタッフに感謝のメッセージ

【防医大】防衛医科大学校（三浦総一郎学校長）に4月に新設された看護学科の自衛官候補学生第1期生がこのほど、給食担当スタッフに手作りのメッセージ集を贈った。

74人の学生一人ひとりが趣向を凝らした手作りのカードに「食事の時間が楽しみです」「訓練も学業も乗り越えられます」と思い思いのメッセージを書き、同じく手作りの台紙に貼り付けた。

メッセージ集を受け取った給食係の調理師は「感謝の気持ちが心に伝わった。本当にうれしく励みになります」と語った。

旧海軍巡航の写真集
長野の北澤さんが寄贈

【長野】長野地本（本部長・福重毅尚1陸佐）は5月12日、長野県須坂市在住の北澤益（すすむ）さんから、「昭和6、7年度帝国海軍練習艦隊巡航記念アルバム」を寄贈された。

アルバムは北澤さんの叔父で、練習艦「磐手」に乗り組んでいた北澤栄三郎3等水兵が所有していたもので、昭和6年の巡航（江田内、仁川、大連など）と7年の巡航（横須賀、高雄、豪、マニラ、シンガポール、ニュージーランドなど）の156ページ分の写真が収められている。

写真に写っているのは海軍兵学校59期、機関学校40期、経理学校19期の士官候補生たち。昭和20年にマレー沖で米潜水艦「ホークビル」と交戦した駆逐艦「神風」の春日均艦長（長野県出身）の姿もある。

今村練習艦隊司令官のもと、練習艦「磐手」「浅間」に分乗し、厳しい訓練に臨んでいる光景が見てとれる。訓練の合間を縫って海軍大臣邸を訪問し、東郷平八郎元帥と写した貴重な一枚も含まれていた。

アルバムは海幕で内容を精査し、保存先を決定する。

北澤さん夫婦（右）から旧海軍のアルバムを寄贈される（左から）川地秀樹募集課長、福重地本長（5月12日）

インドネシア艦が初寄港
佐世保　スポーツなどで交流

佐世保港に入港したインドネシア海軍の「バンジャルマシン」

【佐世保】インドネシア海軍のドック型輸送揚陸艦「バンジャルマシン」（満載排水量1万1583トン、艦長・ジェールズ・ジャムカ・ジャヤマ中佐以下約130人）が4月30日から5月2日まで、佐世保港に寄港した。同国の海軍艦艇の来日は7年ぶりで、佐世保への入港は初めて。

ホストシップは護衛艦「しまかぜ」（艦長・後藤康二2佐以下約230人）が務め、入港歓迎行事（30日）には部内外から約100人が参加した。

淵之上英寿佐世保総監は「寄港は両国の友好関係の深化に寄与する」とあいさつ、ジャヤマ艦長は「共同演習などで海自と緊密な関係を築きたい。日本とインドネシアは同じ島国であり、海上防衛力はとても大事だ」と述べた。

佐世保停泊中はインドネシア海軍候補生と海自若手幹部とのスポーツ交歓行事、艦艇の相互訪問、艦上レセプション、また、佐世保市商店街では佐世保音楽隊との合同演奏行進を行い、交流を深めた。

訓練準備中の潜水士が死亡
救助の曹長重体

5月23日午後2時20分ごろ、海自潜水医学実験隊（田浦）の訓練水槽で、プールに潜って訓練準備をしていた藤原将実2海尉（47）＝1海尉に特別昇任＝が水中で意識を失い、異変に気付いて助けに潜った50代の海曹長も同2尉をプール外に上げた直後に意識不明になった。

他の潜水士が応急処置を行った後、2人は自衛隊横須賀病院に搬送されたが、藤原2尉は24日午前7時51分に死亡が確認された。曹長は6月3日現在、意識不明の重体となっている。

訓練水槽では「素潜り」と「潜降上昇法」「水中遊泳法」の三つの年次訓練が行われる予定で、藤原2尉は事故当時、潜降上昇法で使うロープにブイ（浮標）を設置していた。死因については横須賀警務隊が調査している。事故調査委員会の設置は調整中。藤原2尉は18年、曹長は30年のベテラン潜水士で、訓練では教官的役割を担っていた。

山菜採りの男性を捜索・保護
陸自3普連

【3普連＝名寄】連隊は5月17日、北海道猿払村学上猿払で山菜採り中に行方不明になった男性（75）＝北海道豊富町＝を捜索、保護した。

連隊は5月12日から鬼志別演習場で演習場整備を行っていた。17日正午過ぎ、宗谷総合振興局からの災派要請を受け整備を一時中断。1中隊（中隊長・敷浪将人3佐）と4中隊（同・川村和宏1尉）の人員72人、車両17両で午後3時から捜索を開始した。

捜索は沼地など足元の悪い中で日が暮れるまで実施。午後7時ごろ、男性を発見し保護した。けがなどはなかった。

小休止

▽…陸自中央音楽隊（朝霞）恒例の「グリーンコンサート」が5月23日、防衛省講堂で開かれ、小野寺防衛相、木原政務官、岩田陸幕長ら約300人が聴き入った。

▽…7月末にフィンランド共和国で開催される「ハミナ国際軍楽祭」に出場する中音。演奏は戦後初めて日本人選手が出場した「1952年ヘルシンキ五輪ファンファーレ」や出場国合同で演奏する「フィンランド騎兵隊行進曲」など、マーチを中心に全7曲を披露した＝写真。

▽…「ファンファーレは力強さがあります」とタクトを振った武田晃隊長。来場者は力強い演奏から新たな"活力"を受け取った。（市ヶ谷）

（世界の切手・イギリス）

常に勝ちつづける秘訣（ひけつ）とは、中ぐらいの勝者でいつづけることである。
マキャベリ
（16世紀のイタリア政治思想家）

「おはよう」が活気の源

准空尉　濵岡　利貞（奈良基地准曹士先任）

航空自衛隊奈良基地（幹部候補生学校）で准曹士先任が実施している「おはよう運動」について、ご紹介させていただきます。

奈良基地では准曹士先任の活動として月に2回、第2・第4の火曜日を基準として、基地正門付近で「あいさつ運動」を展開しています。これは初代准曹士先任の藤巻日出夫准尉の時代（平成18年）に始まり、今年で9年目を迎えます。

この活動は、効果的・継続的に基地隊員の服務指導を行うとともに、准曹士相互の連帯意識を向上させ、部隊の活性化を目的に実施しています。

当日は、正門前に基地准曹士先任4人が並んで立ち、徒歩や自転車、車で登庁してくる隊員に対し、一斉に「おはようございます！」と声掛けを行います。

すると隊員たちも背筋を伸ばして「おはようございます！」と返してきます。あいさつを通じてまさにすがすがしい一日の始まりであり、私たちにとって一番気持ちの良い瞬間でもあります。

この「おはよう運動」の成果は目には見えにくいものですが、隊員の顔つきや声の調子を通じ、心や体の健康の善し悪しが感じられ、また他部課の隊員の顔と名前を覚える上でもメリットがあります。

はや9年目となるこの「おはよう運動」は、奈良基地の基幹隊員の皆さまからも受け入れられ、他部隊から転入してきた隊員は「良い活動ですね。さすがは幹部候補生学校がある奈良基地」と、評価をいただいております。

この「おはよう運動」は月2回の活動ですが、夏の暑い季節も、冬の寒い時期も、地道に「隊員への声掛け」を続けています。この心のこもった運動が、奈良基地の活性化と隊員団結の一助となるものと私たちは信じて疑いません。

全国の部隊でも、こうした「あいさつ運動」が展開されている所もあるかと思います。この記事を読んで、他の部隊の皆さんが「うちもやってみよう」と思われたらうれしい限りです。皆さんの部隊でも、こうした隊員や地域住民との交流が深まる運動を身近なところから始めてみてはいかがでしょうか。

奈良基地の正門で登庁してくる隊員（右）に「おはようございます！」と声を掛け敬礼する准曹士先任4人。一番奥が濵岡利貞准尉

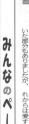

今後は支える側に

3陸曹　奥　陽介（35普連本管中・守山）

私と妻の都は2年の交際を経て、今年1月に結婚式を挙げることができました。

今年31歳の私は、数年前まで「結婚なんて……」と無関心を決め込んでいましたが、交際を始めた当初から彼女の優しさや叱咤（しった）激励（？）に、少しずつ将来のことを意識するようになりました。

それからはお互いの年齢（同い年）のこともあり、結婚話はトントン拍子に進みました。「一生、幸せにします！」のプロポーズに始まり、彼女のご両親には土下座して「結婚させて下さい！」と許しを頂き、ついに結婚式当日を迎えました。

それまではモヤモヤしていた部分もありましたが、教会（チャペル）の扉が開いた瞬間、親族や多くの友人、先輩・後輩がほほ笑んでくれ、不安な気持ちは一気に吹き飛び、身も心も引き締まりました。そして、多くの方々の支えがあったからこそ、この日を迎えられたのだと改めて気付きました。

いま一番感じることは、「人は一人では生きていけない」ということです。もちろん、独身時代にもそれは分かっているつもりでしたが、こんなにも強く実感することはありませんでした。同時に「これからは自分も支える側になりたい」との決意を新たにすることができました。

家族ができ、私には守るべきものが増えました。これからは愛する家族のため、そしてお世話になった方々に少しでも恩返しできるよう頑張ります。

多くの部隊同僚の祝福を受けて結婚した奥陽介・都夫妻

みんなのページ

朝雲・栃の芽俳壇

畠中草史　選

望郷の四島はるか遠霞　江別・陸OB　鎌田日出雄
領土問題が顕著な様相の昨今。北方四島は住んでいた故に思いは厚い。季題が趣を深める。

液状化跡の路傍に草萌ゆる　浦安・海OB　晴山　雅之
東日本大震災は三年が経過した。液状化も時の経過と共に自然の力が跡を癒やしている。

朝礼の隊歌の聞こゆ落花かな　善通寺・陸事務官　平田　文

行厨の円座に聞こゆ遠郭公（とおかっこう）　青梅・一般　青柳　富也

花の雲遠きに青む浅間山　熊谷・空OB　蓮佛志向子

新茶汲みざらつく茶碗いとほしむ　大津・陸OB　丸岡　正男

一瞬の風を喜ぶ花筵（はなむしろ）　長野・空OB　井戸田盛男

若竹のごとき容姿の歩哨かな　小牧・陸OB　松岡　魚青

初花の翳纏（かげまと）ふなく朝日浴び　千葉・空OB　榎　利風

潦（にわたずみ）風の縁取る花の屑　大阪・空OB　高木　智念

垣根越し枝垂桜を誉められし　熊谷・空OG　佐藤　玲美

真っ青な空に呼応し芝桜　千葉・陸OB　川又　勝彦

菜の花に見え隠れする通学帽　熊谷・空OG　福元万理子

無人駅となりしホームの姥桜　浜松・空OB　宮本　立勇

みちのくの風の和らぎ夏近し　新座・陸OB　船田藤三郎

公開の皇居の桜通り抜け　熊谷・空OB　明田　眞雅

開場を告ぐ太鼓打つ花の雨　東京・陸OG　折口　桂子

値札見ず走り蚕豆（そらまめ）手にとりぬ　府中・空自衛官　村上　智樹

母偲ぶ手料理真似る彼岸かな　熊谷・空OG　関田　絹江

新緑のすっぽり包む慰霊塔　今治・陸OB　疇谷　白涛

一雨の育てし草木風光る　熊谷・空OG　塚本　恵玉

散り止まず千鳥ヶ淵の花筏（はないかだ）　熊谷・空OG　高橋ふみ子

春風の杖曳く老を撫でゆけり　仙台・陸OB　加川　師亨

一人旅早めの支度春の朝　熊谷・空OG　関谷　桂子

選者作品
一匹の蟻溺れゐる潦

投句歓迎！
▽郵便はがきの裏面に未発表の自作3句以内と氏名、年齢、職業（自衛官・事務官＝所属部隊＝、OB、家族、一般など）、住所、電話番号を記入▽締め切り毎月15日▽宛先＝〒162-8801東京都新宿区市谷本村町5の1　防衛省D棟市ヶ谷記者クラブ朝雲俳句係☎03（5225）1750、専用線8・6・25515

「中国人韓国人にはなぜ『心』がないのか」

加瀬　英明著

嫌中・嫌韓本が花盛りだが、この本の特異なのは長年両国に関わってきたという著者の博覧強記ぶりだ。

たとえば龍の爪の話。「華夷秩序」のもとでは、中国の龍の爪が5本なのに対し、属国として次の序列にあった朝鮮やベトナムの龍の爪は4本。日本は属国となることを拒んだので、徳川時代から3本しか許されなかった。

京都・天竜寺の襖絵、画家・長谷川等伯の「日蓮聖人像」、葛飾北斎の版画、すべて3本で、逆に韓国にとっては爪1本多いことが誇りらしい。

中国を理解する大きな鍵の一つが、食べて食べて食べつくす中華料理で、①「宰相」とは腕のたつ料理人のこと②中国で供されたものを全部食べたら失礼にあたる③元気ですかのあいさつは「あなた食うたか？」——など、古典などからも引用した食にまつわる識見は枚挙にいとまがない。

尖閣問題に及んでは、中国は国ではなく文明だというのが著者の主張。国ではないので国境がない、膨張して支配したところはすべて中華文明に吸収される。地上のすべてのものが〝中華料理〟の素材であり、尖閣も食材の一つでしかないという。（ベスト新書刊、886円）

新刊紹介

「長友佑都体幹トレーニング20」

長友　佑都著

ベンチプレス100キロを挙げられる筋肉は「使えない筋肉」だった——。サッカー日本代表、イタリア・セリエAの強豪チーム「インテル」で活躍する著者は、体格に勝る他国の選手に決して当たり負けしない。その秘訣は冒頭のウエートトレーニングで筋肉をつくるのではなく、体幹を鍛えることだった。世界のトップ選手と渡り合うことを可能にしたトレーニング方法を、著者自らが実演し解説する。

第1章ではトレーニング効果をもたらすためのポイントを列挙。長友氏自身の経験から、継続するための方法や短い時間と回数で効果を出すための前提知識を伝授する。

第2、3、5章ではトレーニング手順を写真で解説。図でどの筋肉を鍛えているのかも示される。

本を見ながらの鍛錬は続いたためしがない。そんな懸念も、付属のDVDが解決。動画で長友氏が実際に運動するため、画面を見て真似をしているうちに自然と体幹を鍛えることができる。

今月12日に開幕するFIFAワールドカップブラジル大会に臨む著者。体幹を鍛え、長友選手のように「戦える」体になってみては。（KKベストセラーズ刊、1080円）

地に足の着いた幹部目指す

陸曹長　岡田　哲郎（7普連1中・福知山）

7普連で訓練に励む岡田哲郎曹長

私はこのたび一般幹部候補生の指定を頂き、4月1日付をもって幹部候補生陸曹長に昇任しました。いまも襟に付いた階級章と桜花章を見るたびに身が引き締まります。

しかし、自己分析をしてみると、私にはまだ曹士隊員を善導したり、前に立ち部下を率いていく指導力がありません。そのため、今は幹部と陸曹の間に立って経験を積み、いろいろなことを学ばねばならない時期だと考えています。

多くの経験を持つ上曹の方々からは教訓事項を、幹部の方々からは理論・原則を踏まえた戦術を学び、今後、自分が偏った考え方をせず、地に足を着けて部隊の指揮が執れる幹部になりたいと思います。

そのため、前川原駐屯地の幹部候補生学校に入校するまでの間、部隊で多種多様な任務を遂行し、積み上げられるだけの経験値を増やしていきたいと考えています。

何事も初めてで、今はまだ不安もありますが、失敗しても決してめげず、何事も恐れず、勇猛果敢に自分に与えられた任務を遂行していきたいと思います。

「防衛モニター」で学んだこと伝えたい

会社員　水谷　圭亨（前鳥取地本防衛モニター）

委嘱を受けていた「防衛モニター」が、今年3月をもって終了しました。防衛問題に関心があったこと、鳥取大学在学中に自衛官を目指す友人がいて自衛隊のイベントに参加したところ、お誘いを受けたことから、2年間モニターを務めました。

この間、13旅団の創立記念行事や航空機の体験搭乗、艦艇見学などに参加し、改めて日本の防衛に従事される自衛官の姿を垣間見ることができました。

また、自分なりに自衛隊をPRしたいと考え、鳥取大学祭「風紋祭」の実行委員長に就任した際、鳥取募集案内所と協力して大学会館に東日本大震災時の自衛隊の活動や海外派遣の様子などを写したパネルを展示し、微力ながら地本広報のお手伝いをいたしました。

現在は、大学を卒業し農業関係の仕事に従事しておりますが、防衛モニターとして勉強させていただいたことを今後とも多くの人たちに伝えていきたいと思います。防衛省・自衛隊の皆様の今後ますますのご活躍を祈念申し上げます。

OBがんばる

中島　正人さん　55
平成24年4月、陸自鹿追駐屯地業務隊を最後に定年退職（3陸尉）。民間会社を経て同駐屯地管理科輸送班に「期間業務隊員」として就職、車両操縦手を務めている。

どの職業に就きたいのか

平成24年4月、鹿追駐屯地業務隊管理科輸送班での勤務を最後に、陸上自衛隊を定年退官し、はや2年がたとうとしています。

私が当初、再就職した会社は薬問屋で、配送業務を担当する部署に配置されましたが、会社のニーズと私の仕事に対する考え方が一致せず、このままでは会社にも迷惑をかけると思い、6カ月の試用期間をもって退職しました。

その間、私なりに一般企業について考えてみましたが、会社は営利を目的とし、お客様があって成り立つものと改めて感じました。

会社を退職してしばらくたってから、「再々就職」について援護センターに相談に伺ったところ、鹿追駐屯地業務隊で車両操縦手の期間業務隊員を募集していることを聞きました。その仕事は私が現職時に就いていた業務で、すぐに応募し、平成25年1月から採用していただきました。現在は鹿追駐屯地業務隊の管理科輸送班で操縦手として働いています。

今は「元の職場」という利点がありますが、前職の反省も踏まえ、常に周囲に対する言葉遣いやあいさつに気を配りながら、日々安全かつ安心してもらえる操縦を心掛け、人員や物品の輸送業務に当たっています。

これから定年を迎える皆さんもいろいろ不安があると思いますが「自分はどんな職業に就きたいのか」をしっかりと考え、早い時期から援護センターに出向いて情報収集をしてください。それは次のステップに即つながります。まずは再就職への不安を取り除き、健康で定年の日を迎えてください。

詰将棋

第673回出題

出題　日本将棋連盟　九段　石田　和雄

先手　持駒　金桂

【ヒント】トドメは金。（10分で初段）

▶詰碁、詰将棋の出題は隔週です◀

詰碁

第1088回解答

出題　日本棋院　九段　曲　励起

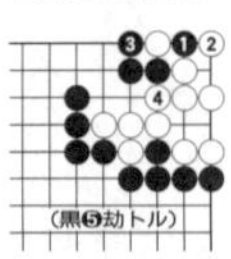
（黒❺劫トル）

【解答図】黒先、白劫。黒❶白②黒❸が大切で白④の時、黒❺と劫を取り、劫になるのが正解です。

朝雲
発行所 朝雲新聞社
〒160-0002 東京都新宿区
坂町26番地19 KKビル
電 話 03(3225)3841
FAX 03(3225)3831
振替00190-4-17600番
定価一部170円、年間購読料
9000円（税・送料込み）

本号は10ページ

2面 「PKO活動マニュアル」早期作成を
3面 南海トラフ巨大地震想定し統合演習
4面 QDR（米国防計画見直し）全訳(9)
5面 〈厚生・共済〉「さぽーと21」夏号
6面 転入隊員、家族オリエンテーション
7面 ノルウェー軍楽祭「参観記」
8面 〈地方防衛局〉硫黄島で女性職員活躍
9面 防医大高等看護学院で最後の戴帽式
10面 〈みんなのページ〉新任研修に参加

空自OBパイロット
予備自衛官に任用
高い能力、知見を有効活用

防衛省は今年度から、「割愛制度」を使って民間航空会社に転職した航空自衛隊の佐官級のパイロットを、新たに予備自衛官として任用する。今年度の転職予定者約10人には予備自衛官への志願を促す。本人との調整を経て、今夏にも転身第1号が誕生した後に任用が決まる見通しだ。予備自衛官のパイロットは操縦には直接携わらないものの、大災害や有事の際に第一線に投入されて空席となる教育部隊などの司令部配置の操縦士ポストに就き、自衛隊で培った知識や経験を生かして指揮官を補佐する役割が期待されている。

有事に指揮官を補佐 組織の精強性維持へ

防衛省は今年3月、陸海空自衛隊の現役パイロットを対象に、即戦力として民間航空会社などへの転職を促す、いわゆる「割愛制度」を約5年ぶりに再開した。

格安航空会社（LCC）の就航増や団塊の世代の退職などで、民間航空会社ではパイロット不足が深刻化していることが背景にある。

制度復活に当たり、同制度の活用が多く見込まれる航空自衛隊出身のパイロットを予備自衛官として活用することで、有事の際に空席となる教育部隊などの司令部配置のパイロットのポストに就かせ、組織の精強性の維持に努めたい考えだ。

また、長期化する事態において持続的な部隊運用を支える人員を確保する狙いもある。

職務として考えられるのは、教育部隊などの司令部で教育を検討する業務など。操縦士としての高い知見が求められる専門的な配置で、司令官や指揮官などを的確に補佐することが期待されている。

これにより、部隊側は現役のパイロットを安心して第一線に投入することが可能となる。

航空自衛隊には現在、約600人の予備自衛官がいるが、そのほとんどが曹士クラスで、これまで佐官級は皆無だった。今回の取り組みにより、初めて2佐から3佐の佐官クラスの予備自衛官が誕生することになる。

防衛省の担当者は、空自のパイロットが転職した先の民間航空会社側にも「予備自衛官制度」への理解を求めていくと強調した上で、「空自の予備自衛官のパイロットには、操縦士としての高い能力と知見を生かしつつ、自衛隊において即戦力としての活用が期待されている」としている。

9カ国の大臣と会談
日本の立場説明 中国拡大に警戒感も
シャングリラ会合で防衛相

シンガポールで5月30日から6月1日まで開かれた英国際戦略研究所主催の第13回「アジア安全保障会議」（シャングリラ会合）で、小野寺防衛相は日米韓（6月5日付既報）と日米豪の3カ国間会談をはじめ、米、英、豪、仏、越、ニュージーランド（NZ）、シンガポールの7カ国の国防相との個別会談を実施。このほか、トンガ首相兼国防相、ミャンマー国防副大臣との会談にも臨み、計9カ国の大臣と積極的な交流に努めた。

大臣は6月1日、予定した全ての会談を終えて記者会見し、「日本の考え方を十分説明できる良い会議だった」と総括した上で、「多くの国が中国の拡大に警戒感を持ちつつある状況だと感じた」と語った。

主な会談成果は次の通り。

▽日米豪 ヘーゲル米国防長官、ジョンストン豪国防相と会談。国際法の順守を通じて地域の安全保障に貢献。共同訓練や能力構築支援での協力、連携を確認し、共同声明を発表した。

▽日米 力による現状変更の試みに反対することで一致。集団的自衛権の行使容認の検討など日本の取り組みに米は支持を表明。

▽日豪 6月11日に東京で開催の日豪外務・防衛担当閣僚協議「2プラス2」に向け意見交換。共同訓練や防衛装備・技術協力を推進。

▽日英 ハモンド国防相と会談。物品役務相互提供協定（ACSA）締結に向けた議論の継続と、装備技術協力で事務レベルの対話の枠組み設置で一致。

▽日越 タイン国防相と会談。南シナ海や東シナ海をめぐり対話による平和的な解決で一致。

▽日仏 ルドリアン国防相と会談。防衛装備品の共同開発に関する政府間協定の締結の加速化を確認。

▽日・NZ コールマン国防相と会談。自衛隊とNZ軍の間で地震などの大規模自然災害への対応で協力推進を確認。

先進技術実証機に搭載する「XF5―1」エンジン
地上試験順調に進む
技本・航装研

推進力を高めるアフターバーナーの作動試験中の「XF5―1」エンジン。ステルス戦闘機の国産開発に向けた先進技術実証機に2基搭載される

技術研究本部航空装備研究所（立川）は、北海道千歳市の札幌試験場にある「エンジン高空性能試験装置」を使用し、先進技術実証機に搭載する実証エンジン「XF5―1」の性能確認試験を実施している。

「XF5―1」は国産初の本格的アフターバーナー付き低バイパス比ターボファンエンジンで、その推力の比率（推重比）は世界でもトップレベルを達成している。

運転試験は「エンジン高空性能試験装置」を使用し、1万メートル以上の高空・超音速などさまざまな状況で飛行環境を模擬し、定常性能、過渡性能、空中再始動特性などの試験を行っている。

「XF5―1」はアフターバーナーを点火すると最大推力約5トンのパワーを発揮する。技本が空自の次期国産戦闘機の開発に向けた先進技術実証機に同エンジンは2基搭載される。

現在、組み立て中の先進技術実証機は三菱重工業でまもなくロールアウトし、年内にも初飛行試験が実施される計画。航装研では「初飛行を目指し、XF5―1エンジンの試験を継続していく」と話している。

陸自初参加「リムパック」
護衛艦が呉を出発

水陸両用部門などに陸自が初参加する環太平洋合同演習「リムパック2014」（主催・米海軍）の概要が6月3日、陸・海幕から発表された。

隔年開催の「リムパック」は今年は6月26日から8月1日までハワイとその周辺海空域などで行われ、初参加の中国、ブルネイを含め23カ国から艦艇48隻、潜水艦6隻、航空機200機以上、人員約2万5000人が参加する。

海自からは「リムパック」で副司令官職を務める3護群司令の中畑康樹将補を護衛艦部隊指揮官に、イージス艦「きりしま」、ヘリ搭載艦「いせ」（人員約650人）の2隻を派遣。また掃海部隊（掃海群司令部水中処分班長・下窪剣3佐以下約10人）と航空部隊（52飛行隊長・岩政秀委2佐以下約80人、P3C哨戒機3機）も参加する。

期間中、部隊は各国海軍と共同で対潜戦、対水上戦、対空戦、対機雷戦などを行う。護衛艦部隊は6月7日、ひと足早くハワイに向けて呉基地を出発した。

陸自からは番匠幸一郎西方総監を担任官に、西方普通科連隊（相浦）を主力とする約40人が参加。6月22日に出国し、ハワイで米海兵隊などと共に水陸両用訓練、実弾射撃を含む機能別訓練、指揮機関訓練などを行い、着上陸訓練で総仕上げとする。

「リムパック」では人道支援・災害救援（HA／DR）も行われ、中畑3護群司令が米軍以外では初めて統合任務部隊指揮官を務め、護衛艦「いせ」と陸自幕僚数人が参加する。

参加国はこのほか、豪、英、加、仏、印、韓、比、蘭、チリ、コロンビア、インドネシア、マレーシア、メキシコ、ニュージーランド、ノルウェー、ペルー、シンガポール、タイ、トン

南鳥島航空派遣隊員の出迎えを受け、笑顔で激励の言葉を述べる小野寺防衛相（6月4日、南鳥島で）＝防衛省提供

防衛相 日本最東端の南鳥島を視察
海自隊員を激励、警戒監視指示

小野寺防衛相は6月4日、日本最東端の南鳥島（マーカス島）にある海上自衛隊南鳥島航空派遣隊（隊長・小池剛3海佐以下約10人）を視察し、改めて警戒監視を指示するとともに隊員を激励した。同島視察は平成18年に額賀防衛庁長官の視察以来で、防衛相としては初めて。

大臣は河野海幕長をはじめ、4空群司令の森田義和海将補、硫黄島航空基地隊司令の土田孝行1海佐らを伴って空自のC130H輸送機で到着。小池隊長以下約10人の隊員に対し、「中国は我が国周辺での活動を急速に活発化させ、近年は太平洋にまで進出する傾向を強めている。生活には大変不便な面もあると思うが、日本最東端の防人（さきもり）として強い使命感を持ち、任務に精励してほしい」と訓示した。

大臣はこの後、記者団に「最東端の孤島で懸命に任務に当たっている隊員を激励したいと思っていた。日本の領土を今後もしっかり実効支配していくことが重要だ。大切なのは隙を与えないこと。南鳥島での警戒監視も今後とも重要な役割になる」と語った。

南鳥島は東京から約1860キロ離れ、海自隊員のほか気象庁職員約10人などが常駐。南鳥島航空派遣隊は硫黄島航空基地隊の隷下にあり、主に飛行場と関連施設の維持管理、飛来する航空機に対する燃料搭載や物資の搬出入などの支援を行っている。

最近は同島近くの海底からレアメタルやレアアースの存在が確認されており、気象観測や経済水域の確保、海底資源の可能性などの観点から極めて重要な場所として注目されている。

春夏秋冬
家庭に非常袋がない
黒田 勝弘

韓国でタクシーに乗るとだいたいラジオをかけている。音楽が多いが、筆者のようなオジさん世代にとっては騒音にもひとしい今はやりの歌が流れていたりすると「ボリュームを落としてくれ」とよく文句をいう。

そして時には「なぜいつもラジオをかけているの？」とからかう。すると「お客さんサービスかな、いや運転手の退屈しのぎかもしれない」というので「実は昔は非常時対策だったんだよなあ…」と教えてあげる。

実際、1990年代初めまでは、タクシーに乗っていて「北から武装スパイ侵入！」など緊急ニュースがあり、関係将兵に対し「至急、部隊へ復帰！」を呼びかける臨時放送を聞いたことがある。

以前、イスラエルを旅行した際、タクシーの運転手は「緊急時に備えいつもラジオを聴いている」と言っていた。韓国でも「北の脅威」に備えているはずなのにその趣旨は忘れられている。有事の際のシェルター（退避壕）もそうで、韓国では一部、地下駐車場の入り口にそれらしき表示はあるが市民はその存在をほとんど知らない。

韓国では昔から毎月、北からの空襲に対する退避訓練として「民防衛」訓練がある。今は思い出したように年数回、主に防災訓練としてやっているため市民のチンタラ振りが目立つ。中心街ではさすがに車は走行ストップするが、屋内退避すべき市民は結構、知らぬ顔でぶらぶら歩いている。

それよりも驚き（？）は、韓国の家庭にはほとんど〝非常袋〟の備えがないことだ。

聞くと「いつになるか分からないのにムダだ」「その時は何とかなるさ」という。たしかに日本にくらべ自然が穏やかな韓国は自然災害（天災）は少ない。だから韓国では災害というと天災より人災が多い。

人災の最大の原因は政治であり、その結果として最大の災難は戦乱である。彼らは歴史的にそんな経験が多かったようだ。非常袋や有事訓練より政治に関心が強いのはそのせいだろうか。

韓国は「セウォル号」の大型海難事故でお通夜状態が続いている。事故原因は安全無視・危機管理不足つまり「人災」だとして、世論はひたすら政府・政権非難に向かっている。

今回も「人のせい」で終わりそうだが、日ごろ自分の問題として非常袋と有事訓練くらいはちゃんとしておいた方がいいのでは、と日本人は思う。

（くろだ・かつひろ＝産経新聞ソウル駐在客員論説委員）

6月17日から レッド・フラッグ

航空自衛隊は6月17日から28日まで、米アラスカ州アイルソン空軍基地とエレメンドルフ＝リチャードソン統合基地とその周辺で行われる米空軍主催の演習「レッド・フラッグ・アラスカ」に参加する。これに先立ち6月2日から1輸空（小牧）のC130Hが先遣隊員や支援要員の輸送を開始した。

今回は北空を主体とする総隊と支援集団から計約310人のほか、2空団（千歳）のF15戦闘機6機、警空隊（602飛行隊・浜松）のE767早期警戒管制機1機、1輸空のC130H輸送機3機、KC767空中給油・輸送機2機が参加する。

戦術技量と日米共同対処能力向上を目的に、F15は電子戦環境下で敵機役の米空軍機と対抗形式による防空戦闘訓練に臨むほか、C130Hは厳しい環境下で無事に離着陸、輸送を実施するための戦術空輸訓練を行う。

F15、E767は6月上旬に千歳、浜松の両基地をそれぞれ出発。現地では訓練開始まで慣熟飛行を行い、本番に備える。

F15はアラスカ往復路で米空軍のKC135空中給油機から空中給油を受けながら、片道約5400キロの太平洋を横断する。全部隊は7月3日までに帰国する予定。

朝雲寸言

「2・23の奇跡」――。陸上自衛隊東部方面音楽隊のファンファーレで幕を開けた6月1日の日本ダービーは、そんな言葉で語られるかもしれない▼13万を超す大観衆が見守る中、レースは横山典弘騎手が手綱を取る3番人気のワンアンドオンリーが、蛯名正義騎手が騎乗する1番人気のイスラボニータとの競り合いを制し、3歳のサラブレッド7123頭の頂点に輝いた▼実は今回のダービーでは、熱心な競馬ファンの間で、まことしやかにささやかれていた話があった。それは横山騎手とワンアンドオンリー、そして、その馬主を含め、みんなが同じ2月23日生まれ。この偶然の一致は、この馬が優勝するというサインでは、との内容だった▼しかも偶然はそれだけではなかった。ダービーを観覧するため、7年ぶりに東京競馬場を訪れた皇太子さまの誕生日も2月23日。不思議なめぐり合わせを聞いた皇太子さまも「世の中にはそういうこともあるんですね」とうれしそうに話されていたという▼だが、この日の偶然は、これだけでは終わらなかった。ダービーの後に行われた伝統の重賞「目黒記念」レースで、蛯名騎手は悔しい気持ちを切り替えて、見事愛馬を1着に導いた▼驚いたことに、蛯名騎手がダービーで2着に敗れ、直後の目黒記念で勝つというのは、2年前と同じ光景だったのだ。〝終わってみれば〟のざれ言だが、たかが競馬、されど競馬である。

時の焦点

国内　選挙制度改革
「黄金」期こそ指導力を

自民党の結党（1955年）以降、国政選挙と国政選挙の間隔が3年以上空いたことは、2度しかない。

初の事例は、1980年6月22日の衆参同日選の後である。現職の大平正芳首相が選挙中に急死、「弔い合戦」が自民党に圧勝をもたらした。ただ、大平氏を継いだ鈴木善幸首相は「黄金の3年」を生かせず、任期途中で政権を放り出す。次の「黄金」期の中曽根康弘首相も、自民党総裁としての延長任期が切れ、2年を残して退任した。

戦後、日本では1・7年に1度という高い頻度で衆院選または参院選が行われてきた。それは政治家をポピュリズムに走らせ、政治を不安定にした。だから衆院議員の任期より短い「たった3年」が「黄金」に見える。

3度目の「黄金」になるかもしれない時期に巡り合わせ、初の「完投」を遂げる可能性が高い安倍晋三首相は、「黄金」の利点を十分に意識しているようだ。

例えば、集団的自衛権の行使をめぐる憲法解釈変更も、1年後に選挙があれば、世論調査の「反対」の数字が今より重くのしかかり、選挙協力で欠かせない公明党への配慮も、より強く働く。今なら多少の無理をしても、立て直しは可能だという計算があるはずだ。

北朝鮮による日本人拉致問題でも、北朝鮮が拉致被害者や特定失踪者の再調査を約束したのは、この問題に熱心な安倍政権が当面続くという北朝鮮側のパーセプション（認識）が重要な要素だった。

しかし、集団的自衛権や拉致問題ほどには目立たない課題になると、安倍首相は相変わらず無関心だ。最たるものが、選挙制度改革である。

衆院では、伊吹文明議長が改革案をまとめる第三者機関の人選を、各党推薦に拠らず、自ら進める構えでいる。参院では、選挙制度協議会座長の脇雅史自民党参院幹事長が近く、自らの「合区」案の修正版を示す。

ただ、有権者の関心が薄く、自分の地位をも危うくしかねない改革に、国会議員は総じて後ろ向きだ。伊吹、脇両氏にしても、論点を「1票の格差」是正に矮小化し、衆参の権限関係や「小選挙区制による政治の劣化」の議論は避けている。

議員の身分に関わる問題だから国会に任せておけという理屈は、一見正しくても、与党トップとして首相が指導力を発揮しなければ、事態は動かない。地味で時間のかかる改革は、選挙を気にしなくていい「黄金」期にこそふさわしいテーマだが、既に最初の1年が過ぎようとしている。

第1次「黄金」期を前に大平氏が亡くなったのは、34年前の今日、6月12日のことだ。「鈍牛」と呼ばれたパフォーマンスとは無縁のたたずまいと、売上税など不人気な政策にも挑むポピュリズムに流れない姿勢を持った大平氏が「黄金の3年」に巡り合ったなら、この地味だが重い課題にどう取り組んだろうか。

東雲　次郎（政治評論家）

海外　米スキャンダル
政権の無責任体質露呈

米国で政治スキャンダルになっていた退役軍人の治療遅延問題。アリゾナ州フェニックスの退役軍人用の病院で約40人が診療待ちの間に死亡したことが4月に発覚し、他州でも同様の疑惑が浮上した。オバマ大統領はやっと5月下旬に「不正があれば容認しない」と強調、同30日にシンセキ退役軍人長官は辞任した。

オバマ氏が多くのスキャンダルで責任者を速やかに厳正処分しないため、中間選挙を控え、民主党員でも彼を「無能」と批判する声が増えていた。今回も「軍人票」への懸念がなければもっと時間が掛かっただろうし、同長官も「解任」されたわけではない。

FOX－TVがその数日前、国中が大騒ぎになってもオバマ氏が責任者を処罰しないスキャンダル五つを列挙して、指導力欠如を追及したばかり。その時も退役軍人の治療遅延の件は、リストのトップに挙げられていた。

2番目は、内国歳入庁（IRS）による不公平な税務審査問題。2010年から「ティーパーティー（茶会）」などの保守系団体、個人を狙い撃ちした同事件に、オバマ氏は「大統領としてはもちろん、国民として怒りを覚える」と述べた。しかし、担当責任者のラーナー非課税団体部長は後に辞任したが、議会に喚問されても、証言を拒否し続けている。

3番目が、12年9月11日にリビアの在ベンガジ米領事館がアルカイダ系テロ組織に襲撃され、大使ら4人が殺害された事件。オバマ大統領は「犯人は処罰する」と明言したが、実際には何の行動も起こさなかった。

同領事館の警備強化要請を退けていたヒラリー国務長官（当時）はオバマ政権の1期目で退任し、「テロではなく、イスラム教を侮辱したビデオに怒ったデモ」との嘘を五つのTV局で振り撒いたライス国連大使（当時）も大統領補佐官（国家安全保障担当）に栄転した。

次は、司法省の下部組織による一種のおとり捜査（通称ファスト・アンド・フュリアス）。09－11年に米国の銃2000丁をメキシコの麻薬密売容疑者に売り、密売ルートを解明する作戦だったが、多数の銃が行方不明になった上、10年に米国境警備隊員がこの銃で殺害されて作戦が表面化した。ホルダー司法長官は関係資料の議会提出を拒み、議会侮辱罪で告発されたが、オバマ氏を後ろ盾に辞任を拒んだまま現在に至る。

最後に、大混乱が続いた医療保険改革（オバマケア）。政権の金看板で、公約した長所は何一つ実現しなかったのに、シベリウス厚生長官は4月、「新制度は軌道に乗った」と、まるで問題は何もなかったかのように政権を去った。

浮き彫りになるのは、「言うだけ番長」的な大統領以下、幹部も誰も責任を取らない政権の無責任体質だ。現状は、一部当局者の能力やモラルがどうこうより、そうではない者が果たしてどれだけ残っているかというレベルだろう。

草野　徹（外交評論家）

PKO活動マニュアル
早期作成を提言
AAPTC年次会合、統幕校・小橋1佐が出席

各国参加者と記念撮影に臨む日本代表の小橋史行1陸佐（前から3列目の左から2人目）＝ネパールで

【統幕校】ネパールで4月1日から4日まで、第5回「アジア太平洋平和活動訓練センター協会（AAPTC）」の年次会合が開かれ、日本から統合幕僚学校国際平和協力センター長の小橋史行1陸佐が出席した。

今回は、各国の教官と学生が相互交流を図るとともに、多国籍軍で構成される停戦監視員や司令部要員の活動指針となる「活動マニュアル」の早期作成を国連PKO局に提言することを決定した。

また、「文民保護」などの課目で教官レベルの専門家を養成し、加盟国がそれらの教官を共有する形で教育に活用していくことでも合意した。

AAPTCは、アジア太平洋地域の平和維持活動や平和構築活動の教育訓練、研究機関で構成され、現在、日本を含め17カ国が加盟。域内での教育訓練や人材育成に関する相互協力、能力補完などの役割を担っている。日本は第2回会合にオブザーバー参加し、第3回会合で正式加盟、今回が4回目の参加となる。

次回会合は来年5月、ニュージーランドで開催される予定。

「強い兵士の育成」強調
メンタルケアで日米最先任等会同

隊員育成の取り組みを互いに紹介し、認識を共有する日米の最先任下士官ら（4月9日、防衛省で）

【統幕】統幕は4月9日、日米の最先任下士官を集めて「日米最先任等会同」を開き、「強い兵士の育成」に向けて服務指導やメンタルヘルスケアの観点から意見交換、相互理解を図った。

統幕最先任下士官の渡邊満徳准陸尉をはじめ、陸海空自衛隊の主要部隊等の最先任上級曹長らのほか米軍を含む約50人が参加した。

東部方面隊最先任上級曹長の野村直人准尉は、東方を挙げて「強くてしなやかな隊員の育成」を推進していることを紹介した上で、「プレッシャーやストレスに強い隊員を育成することは実戦のみならず、普段の服務規律の維持につながる」と強調した。

一方、帰還兵のケアについて第3海兵機動展開部隊のモーフィールド最先任上級曹長は、戦地体験を皆で共有する「ウォリアー・アラウンド・テーブル」を開き、心理面でのストレス軽減を図る取り組みを紹介。

米空軍18航空団のコロンロペス最先任上級曹長は「思い切って心を開き、コミュニケーションを取ることが大切だ」と訴え、「性格を変えるのは困難だが、（ケアを通じて）強くなることは可能だ」と述べた。

統幕最先任制度は2年間の試行期間を経て今年4月に本格運用が始まったばかり。岩崎統幕長は訓示で「准曹士が団結することで自衛隊が行動できる」とした上で、「指揮官が先任を理解し、先任を使って部隊を強くすることが大切だ。先任は指揮官とよくコミュニケーションを取ってほしい」と要望した。

海幕長　スリランカ初訪問

河野海幕長は6月8日から15日まで、マレーシアとスリランカを訪問している。海幕長のスリランカ訪問は今回が初めてで、現地では海軍司令官との会談や部隊訪問を行う。

今回が海幕長として3回目となるマレーシアには8日から11日まで滞在し、首都クアラルンプールで海軍司令官のジャファー大将と意見交換した後、部隊訪問を行った。

一方、スリランカ（11～15日）ではコロンボに滞在。コロンバージ海軍司令官や国防省高官と会談し、三つの部隊を訪問する。

国交樹立60周年を迎えた日本とスリランカは昨年3月の首脳会談で、海上安全保障分野などで防衛協力を進めていくことで一致。海自の遠洋航海部隊がコロンボに寄港したほか、海賊対処行動部隊が共同訓練を行うなど交流を深めている。

米空軍司令官付先任下士官会議
新井准尉が人材育成などで意見交換

コディー米空軍最先任上級曹長（右）、米空軍省（国際交流担当）のグラント副次官（左）と記念撮影に臨む新井准曹士先任（5月15日、ラックランド基地内の語学学校講堂で）

【空幕】第4代空自准曹士先任の新井岳志准尉は5月13日から16日まで、米テキサス州のラックランド空軍基地を訪問し、米空軍司令官付先任下士官会議に出席した。空自としては平成23年度以来約2年ぶり5回目の参加となった。

会議には、米空軍主要部隊の最先任下士官や、アジア太平洋、欧州、アフリカ諸国など、世界25カ国から約50人が出席した。

会議は、米空軍教育訓練コマンド司令官のランド大将による訓示で始まり、教育訓練、国際交流についてのブリーフィング、基礎訓練学校や語学学校などで、施設見学と教育内容の説明などが行われた。最終日には参加者全員で基礎訓練課程の卒業式に参列した。

新井准尉は各国の会議参加者と人的規模の縮小や予算削減の影響、若い兵士の体力低下など共通する問題点について意見交換、「時代の変化に対応し、人材育成を重視する（各国の先任下士官の）姿勢を強く感じた。交流を通じて得られた経験を、隊員へ周知したい」としている。

防災で情報交換会　海田市

【海田市】13旅団は5月9日、国土交通省中国地方整備局の栗田悟局長以下8人を海田市駐屯地に招き、防災をテーマに情報交換会を行った。栗田局長らは旅団長の掛川壽一将補とも懇談。自衛隊と同局が災害対策で引き続き連携を強化していくことで一致した。

装備品展示では、81式自走架柱橋や化学防護車、生物偵察車、野外炊具1号などを展示し、栗田局長らに陸自が保有する災害派遣時の装備品について理解を深めてもらった。この後、一行は13飛行隊のヘリに体験搭乗し、広島市内の状況を上空から確認した。

中国艦艇3隻が　宮古水道を通峡

6月7日午後3時ごろ、中国海軍の「ジャンウェイII」級フリゲート（満載排水量2393トン、艦番号528「綿陽」、565「三亜」）と「フーチン」級補給艦（2万1750トン、881「洪澤湖」）の3隻が、沖縄・宮古島の北東約120キロの宮古水道を東シナ海から太平洋に向け南東に航行しているのを、海自13護衛隊（佐世保）の護衛艦「あさゆき」と5空群（那覇）のP3C哨戒機が確認した。3隻はその後、太平洋に入った。日本領海への侵入はなかった。

米軍の川上弾薬庫研修

【貯油所＝吉浦】呉造修補給所貯油所の布施壮二所長以下8人は5月13日、東広島市にある在日米軍の川上弾薬庫を研修した。

敷地面積約260万平方メートル（マツダスタジアム51個分）の広大な弾薬庫一帯は、現在、有事の際に事前に弾薬を集積する重要な拠点となっている。

今回の研修は呉造補所と姉妹関係にある米陸軍第10地域支援群の支援により実現したもので、米隊員に迎えられた一行は、最初にムーア廠長から施設の概要説明を受けた後、屋外弾薬焼却場、弾薬処理工場などを研修した。貯油所の隊員にとっても危険物の安全管理などで多くの参考にすべき点があった。

政専機、首相を乗せて　ベルギー、イタリアへ
運航訓練で中南米へも

空自特輸隊（千歳）のB747・400政府専用機はベルギーで開かれる先進7カ国（G7）首脳会議（サミット）などに出席する安倍首相を乗せ6月3日、羽田を出発した。

4日、首都ブリュッセルに到着した後、6日にイタリアのローマに到着。7日に羽田に帰国した。

また同機は6月9日、中南米方面の飛行経路や航空交通管制の状況、駐機要領などを確認するため国外運航訓練に出発した。

トリニダード・トバゴのピアルコ国際空港とコロンビアのエルドラド国際空港を経て12日に帰国する予定。参加人員は、国外運航訓練指揮官の岡本琢巳1佐以下、空幕や航空支援集団司令部を含む特輸隊員ら36人。

【訂正】6月5日付2面「時の焦点」の見出しで「力量問われる首脳会談」とあるのを「力量問われる首脳会議」に訂正します。また、「18団体20個人に感謝状」の記事中、「4月20日」とあるのは「5月25日」の誤りでした。

「南海トラフ巨大地震」を想定

日米3000人参加し 統合防災演習

死者32万人、要救助者34万人が予想される「南海トラフ巨大地震」を想定した平成26年度「自衛隊統合防災演習（JXR）」が6月2日から6日まで、全国の陸海空自衛隊の隊員や自治体の防災関係者ら約3000人が参加して、防衛省（市ヶ谷）と各駐屯地、基地などで行われた。

訓練は静岡県から宮崎県の日向灘にかけた地域を震源にマグニチュード（M）9・1、最大震度7の地震が起きたとの想定で開始。

初日の2日は、震源地から離れた北海道の空自千歳基地などからの増援部隊が輸送機で埼玉県の空自入間基地に到着した。

3日には朝霞駐屯地で、現場の被害や部隊の展開状況をリアルタイムに把握できるシミュレーションシステム「ICE」を使用した指揮所訓練の模様が報道陣に公開された。

ICEは現場からの報告がリアルタイムで指揮所モニターに反映される仕組みで、要救助者数や道路状況、展開部隊の規模、総移動距離数、疲労度数などの各種数値を地図上のアイコンを指すだけで確認できる。

同日は指揮所と隷下部隊との間で、被害状況の見積もりから展開計画の策定、下令、被害状況の照合、状況確認指示、状況判断に至る一連の流れを演練した。

また、駐屯地の研修棟に設置された日米共同調整所では、陸海空自衛隊や在日米軍などとの連絡調整を行う両国の幕僚がスクリーン上に映し出された部隊の運用状況図を使って、情報共有を図った。

調整所長を務める壁村正照1陸佐（研究本部）は「政府、自治体、自衛隊、海保などが総力を挙げて災害救援に当たる上で、日米両国の持てる力を最大限に発揮して活動するためには米軍との調整が重要だ」と日米の連携を強調した。

在日米陸軍G3作戦課長のポール・ウェグマン大佐も「日米が協力して災害を乗り切るためのノウハウを培っていきたい。しっかり連携、調整ができれば最善の対応が可能だ」と述べた。

4日には和歌山県の南紀白浜空港などで米軍ヘリを使った負傷者の輸送訓練が行われた。

5日には自衛隊による被災地向けの石油輸送支援を想定し、防衛省と資源エネルギー庁がコスモ石油などと合同で石油供給訓練を実施。大阪府堺市のコスモ石油堺製油所の施設を利用し、自衛隊のトラックが製油所の「ドラム缶充填設備」で石油を確保、搬出する手順などを演練した。

最終日の6日には防衛省で災害対策本部会議が開かれ、小野寺大臣は「自衛隊は発災直後から人命救助を第一に夜を徹して救援活動を行ってきた。隊員諸官の対応を評価したい」と述べた。

JXRは平成11年度からほぼ毎年行われており、今回で15回目。南海トラフ地震の想定は昨年に続き2回目。今年は昨年とほぼ同様の規模で、岩崎統幕長を統裁官に防衛省・自衛隊をはじめ、内閣府や警察庁など15府省庁など、在日米軍のほか、全国約30の都府県などが参加した。

訓練は指揮所活動を中心に、①統合任務部隊の運用②統幕、統合任務部隊、関係機関などの連携③官民の連携――の各要領を演練するとともに、昨年12月に策定した部隊運用計画に従い、課題や改善点を検証した。

部隊運用について説明を受けるウェグマン米陸軍大佐（前列左）と壁村1陸佐（6月3日、朝霞駐屯地の日米共同調整所で）

米軍のUH60ヘリが洋上の海自潜水艦救難母艦「ちよだ」から搬送してきた患者を直ちに搬出する陸自隊員（6月4日、和歌山県の南紀白浜空港で）

災害対策本部会議で「隊員諸官の対応を評価したい」と述べる小野寺大臣（右）＝6月6日、防衛省で

上 陸自の救急車両に迅速に患者を乗せる隊員 下 患者を乗せ、救護所に向けて出発する陸自の救急車両（6月4日、和歌山県の南紀白浜空港で）

指揮所からの命令をもとに被災地域への展開方法を協議する隊員（6月3日、朝霞駐屯地で）

がれきに埋もれた家屋から患者を救い出し、担架に乗せて搬送する隊員（5月27日、相浦駐屯地で）

空陸一体で救出

関係機関と連携強化

長崎県防災訓練

【16普連＝大村】16普連4中隊の菊池裕紀3佐以下32人は5月27日、相浦駐屯地で行われた「長崎県総合防災訓練」に参加し、県警や消防、海・空自、医療機関、自治体など76団体約1400人と連携の強化を図った。

訓練は「長崎県北部で大雨が続く中、五島列島近海を震源とするマグニチュード（M）7・0の大地震が起き、多くの被害が出た」との想定で開始。

連隊の初動部隊はUH1ヘリで被災地に飛び、隊員がリペリング降下して負傷者の元に急行。地上からは情報小隊がオートバイで被災地に入り、詳細な被害情報を収集して連隊本部に通報した。

また、救出訓練では軽装甲機動車や高機動車で隊員が被災地に急行し、がれきに埋もれた家屋から人命救助システムを使って生存者を速やかに救出、担架と救急車のリレーで負傷者を搬送した。

応急給食訓練でトラックの荷台で米を研ぎ、野外炊具2号（改）で炊飯準備を行う隊員（5月25日、宮城県名取市で）

水防演習に参加

22普連 400人分の炊き出しも

【22普連＝多賀城】22普連は5月25日、宮城県、名取川・阿武隈川下流域14市町、国交省東北整備局が主催する「平成26年度名取川・阿武隈川下流総合水防演習」に参加した。

「県下で大雨が続き、名取川や阿武隈川の水位が急激に上昇、堤防に深掘れ個所ができ、関係機関に派遣要請が出た」との想定で「現地対策拠点設置」「応急給食」などの訓練が行われ、連隊から重迫撃砲中隊長の竹内仁1尉以下12人が参加した。

現地対策拠点設置訓練では各自治体の役所などに連絡幹部を派遣し、関係機関との連絡・調整作業などを演練。応急給食では名取市婦人防火クラブと連携して握り飯400人分の炊き出しを行った。

また、現地では被災者の救援に使われる陸自の高機動車や人命救助システムなどを展示し、自衛隊の災害対処能力を紹介した。

大津波想定して 屋上に避難訓練

那覇駐屯地

【15旅団＝那覇】南西諸島の大災害に対処する陸自15旅団は4月9日、「26年度旅団災害対処訓練」を那覇駐屯地で実施した。

訓練は発災から主力部隊の派遣準備完了までを演練、7月に旅団が実施する災害対処演習「美ら島レスキュー2014」に参加予定の県防災関係者らに旅団の初動態勢を披露した。

訓練は「沖縄本島北西沖で震度6強の大地震が発生、沿岸に津波が押し寄せた」との想定で開始。大津波警報が発令される中、駐屯地隊員は初動に必要な資材を車両に急ぎ積み込んで高台に移動した。

また、津波の到達前に全員が庁舎屋上に避難し、津波をやり過ごした。

その後、警報解除に伴い部隊に戻った隊員たちは、給食・給水・給油に必要な資器材を準備し、被災地に向けての主力の派遣準備が完了したところで状況を終えた。

訓練には沖縄県知事公室防災危機管理課、県警本部、各市町村の消防本部、海・空自部隊、在沖米軍など50機関から135人がオブザーバーとして参加し、陸自の訓練の模様を視察した。

その後の勉強会では、沖縄総合事務局、沖縄日本赤十字社、沖縄電力などが災害時に向けた準備状況などを発表、相互理解を深めた。

大津波警報発令の想定の下、屋上への避難を完了した隊員ら（4月9日、那覇駐屯地で）

QDR 2014

米国防計画見直し　全訳

□9□

第3章　統合軍のリバランス（再均衡）

◇重要優先事項の確保

米国防計画見直し（QDR）の構成

国防長官からの手紙
エグゼクティブ・サマリー
序章
第1章：安全保障環境の将来
第2章：国防戦略
第3章：統合軍のリバランス（再均衡）
第4章：国防組織のリバランス
第5章：予算強制削減の意味合いとリスク
統合参謀本部議長のQDR評価

世界規模での安全保障構築

■アジア太平洋（続き）　国防総省はこの地域の海軍、空軍戦力を増加し、再配置の一環として海兵隊をグアムに移す。これらにより、戦力配置はより地理的条件に従って配分され、作戦行動的にみて逆境に強く、政治的にも維持可能となる。

米空軍は既に、戦術長距離打撃航空機などの戦力をアジア太平洋地域に配備しており、情報・監視・偵察（ISR）関連などの追加戦力も配備し、同盟・友好諸国との共同行動により、陸上、空域、海域での意識を高める。

海兵隊のダーウィン（オーストラリア）への配備は、今後交代配備方式で2500人の強固な海兵空地任務部隊（MAGTF）へと増強される。

ここ10年間、二つの戦争を戦っている中でも、米陸軍は朝鮮半島および北東アジアに存続可能なかなりのプレゼンスを維持し、侵略的行動を抑止するとともにこの地域の安定へのコミットメントを示してきた。

イラクとアフガニスタンでの戦闘の終了は、現在この地域に配備されている戦力が本来配備された基地に戻れることを意味し、その多くはアジア太平洋にあり、リバランスや他の作戦行動に貢献できることになる。

これらの戦力は通常の2国間、多国間での軍事演習を再開、友好諸国の能力強化を目指した訓練機会の増加を図り、さらに人道、災害救援、対テロ行動や、地域の安定に寄与するその他の作戦行動を支援できるようになる。

■中東　国防総省は今後もペルシャ湾岸地域に、危機に迅速に対応でき、侵略行動を抑止し同盟諸国を安心させるような強固な軍事配置を維持し、同時に我々の軍事力を発展させ新たな挑戦に対処できるようにする。

米軍は今日、湾岸地域とその周辺に3万5000人を超える軍による強力なプレゼンスを有している。この中には高度な戦闘機、ISR関連戦力、ミサイル防衛力、友好諸国の能力強化を図る交代配備の陸軍戦力、それに強固な海軍力などが含まれる。

米軍は地域の友好諸国と密接に連携し、安心と十分に強力な能力を提供し、テロリストや民兵組織によるさまざまな挑戦や通常の脅威を抑止しそれに対応する。

今後、国防総省は同地域での米軍の強いプレゼンスを補完するため、友好諸国の能力強化にさらに一段の力を入れていく。友好諸国とともに、統合対空・ミサイル防衛、海洋安全保障、特殊作戦部隊（SOF）などの重要な多国間能力の増強を図る。前線配置に加え、危機時には国防総省は同地域への追加戦力の派遣も計画する。

■欧州　米軍は欧州の同盟・友好諸国の軍事力強化のために、前方駐留戦力を維持し交代によるプレゼンスを提供することにより、新たな方策を追求していく。

アフリカ、中東での作戦行動にとって欧州が戦略的に重要である点を認識し、我々は受け入れ諸国と緊密に連携し、欧州の基地へのアクセスと使用の柔軟性を改善し、欧州、それ以遠の危機への対応を向上させる。

今後も欧州の米軍インフラ、地域本部を精査し、緊縮財政下での一段の統廃合と、危機に対応して戦力を提供しNATOの同盟・友好諸国と共同訓練を行う責任とのバランスをとっていく。

国防総省は世界規模の作戦行動で欧州諸国が米国の主要パートナーの役割を果たすことに留意し、欧州との訓練を増進するため、あらゆる努力を行う。我々は平和で繁栄する欧州の実現に務め、このためにロシアを建設的な形で関与させていく。

「ボストン海軍ウイーク2012」で子供たちに敬礼を教える米海軍の女性兵士（QDRから）

■アフリカ　国防総省は今後も、アフリカでの比較的小さなプレゼンスの影響を最大限にするため、大きな効果が期待できる訓練や演習に参加し、柔軟な合意への交渉を行い、米国の他の部署と協力し、新しくて効果的、効率的で小規模な拠点を開拓し、受け入れ国施設の利用や同盟諸国との共同基地利用を行う斬新な手法を開発する。

■中南米　他の米省庁の同僚らや国際パートナーと協調し、我々はさまざまな違法薬物取引や、規模、範囲、影響力を拡大する中南米の国際犯罪組織ネットワークへの対抗措置で、適切な支援を行う。

国防総省は西半球の平和と安全を維持するため、今後も友好諸国との前向きな安全保障関係を培って米国の中南米プレゼンスの影響を最大化させていく。

戦力を投射し　決定的勝利

米国が海外で大規模な軍事力を投射できることは、米国益を保護・増進し、世界の安全を促す上での中心的要素である。他を上回る投射力――航空輸送、海上輸送、空中給油、陸上輸送、事前配置などの移動能力によって可能となる――は、緊縮財政下にあっても戦力計画と開発にとって今後も最優先事項となる。

■空／海　国防総省が戦闘機、長距離打撃航空機、残存可能で永続的な監視機などの戦闘用航空機、回復力のあるアーキテクチャー、そして海中戦闘分野に投資を行うことは、「接近阻止・領域拒否（A2／AD）」に対抗する統合軍の能力を増強する。

国防総省は今後も、空軍、海軍、海兵隊によるF35へのコミットメントなど、必要な幅広い分野への投資を継続する。

国防総省はまた、主要同盟・友好諸国がより洗練された敵に対抗する戦力と能力の開発を進める中で、これら諸国との協調を深化させる。同盟諸国によるF35の調達は、我々の相互運用性を高める大きなステップとなる。

■陸上戦力　敵の陸上戦力を打倒し領土を占領する能力は、侵略的行動を抑止し、アクセスを獲得、力を投射して決定的勝利を収める上で中心的な位置を占める。

我々は軍事理論を磨き、習熟度を取り戻すことにより、能力の近代化を図り、過去10年間に対戦したよりも規模が大きく、能力も高い敵に対して、強制的に侵入を敢行し、大規模で複合的な兵器を使用した作戦行動をとれるようにする。

■宇宙空間　国防総省は今後も、高い耐久性と、米国や同盟諸国への攻撃を抑止し、攻撃から守り、攻撃を打ち破る能力を提供する宇宙空間への投資の重要性を強調していく。

オーストラリアにレーダーと宇宙監視用望遠鏡を移転したように、宇宙空間に関する情勢認知で国際協調をとることにより、国防総省は機能の分散化を進めることができ、主要地域のカバー領域を拡大でき、同時にコスト節減もできる。

同様に国防総省は、相乗りペイロード方式や商業用画像、国際ISR能力などの活用を増やし、多様な宇宙空間能力源を提供していく。短期的な技術投資は、より耐久性に優れたアーキテクチャーに向けられるべきだ。

さらに国防総省は、宇宙システムへの妨害を探知、識別し、迅速に特定して対抗する新たな能力を活用していく。また、敵対的ISRや宇宙経由の高精度打撃といった、敵の宇宙能力への対抗イニシアチブを加速する。

これらの行動は、よりダイナミック、かつ国防に焦点を当てた戦闘管理の指揮、統制、通信アーキテクチャーによって統合されなければならない。

■対テロと特殊作戦　国防総省は今後も、世界中のテロの脅威に対抗できる能力と技量を確保していく。米特殊作戦部隊（SOF）はこうした取り組みの中心的役割を果たし、危機対応と緊急事態向け戦力としてだけでなく、ますます持続的な前方プレゼンスを維持し危機を阻止するようになっている。

国防総省はSOFの末端戦力を6万9700人まで拡大する。そしてSOFが持続的でネットワーク化され、分散した作戦行動によってアルカイダを打倒し、勃興する他の国際的脅威、大量破壊兵器（WMD）に対抗、対テロでの協力関係を構築、敵の聖域を拒否、そして必要に応じて直接行動を実行または支援する能力を維持していく。

戦力のアフガニスタンからの引き上げにより、より多くのSOFが、世界中でさまざまな挑戦に対抗する戦闘司令官の取り組みを支援できるようになる。これからは、同盟・友好諸国のテロに対抗する能力を拡大する上での、米軍に対する要求は増していく。

米国は今後とも、パートナー諸国に助言、訓練、装備を提供し、対テロリストで欠かせない任務を果たして米国の行動を補完してもらうようにしていく。

マグレブ、サヘル、アフリカの角といった地域を例に挙げれば、これら地域での作戦や活動は米軍の大きな関与なしに米国益を増進することができる。

■高精度打撃　空からの攻撃であろうと、陸上、海上からであろうと、国防総省は精度の高い打撃能力に高い優先度を与える。

空軍は、敵の防空システムが完全に抑えられていなくても、戦闘機や爆撃機が広範な目標を攻撃できる空対地ミサイルを調達する。

海軍もまた、防空域で敵の戦闘部隊を攻撃できる、新型の長距離対艦巡航ミサイルを統合軍と共同で開発中だ。

海軍は、現在海上戦闘部隊と潜水艦部隊に広く配備されている対地攻撃型巡航ミサイル、トマホークの年間調達量を減らしていくが、何千発というこの長距離・高精度ミサイルは海軍の資産目録にとどまるだろう。

■情報、監視、偵察（ISR）　軍事作戦を効果的に遂行するためには、情勢に関する時宜を得た正確な情報は欠かせない。米軍は平和時、危機、紛争時を問わずそうした情報を提供する広範なシステムを運用する。

イラク、アフガニスタンからの兵力撤収を受け、また敵国家からの挑戦が拡大する中で、国防総省は防空域や拒否領域に対して効果的なシステムに投資をリバランス（再均衡）していく。

宇宙システムは民間や同盟諸国のISRに対してアクセスを拡大することにより、耐久性を高める。

これらの投資を行う中で、国防総省はより寛容な状況に合った能力を維持し、世界情勢の認知、対テロリズムや他の作戦行動を支援していく。

対テロ空中ISRプラットホームの領域を拡大し、新型で感度の向上したセンサーを配置する。1990年代後半に始まったトレンドを継続し、米軍はISRへの無人航空機の活用を増やす。

■耐久性　国防総省はまた、大規模で組織的な攻撃にも耐えられるよう、陸、海、空、宇宙そしてミサイル防衛の能力の耐久性を高める。多くの補完的措置を組み合わせることでぜい弱性を改善し、速いテンポの行動が可能なようにする。

これには海外基地の耐久性を高める、能動的、受動的な方策が含まれる。

国防総省は、陸上ベースや海軍の遠征部隊を他の基地、作戦場所に分散派遣して、質素な基地で前線戦闘機を操作・維持する能力を提供し、同時に、兵站や支援人員・装備の補充をわずかで済ませられるようにする。また、飛行場を素早く修復する能力への追加投資や、残存性を保証できる燃料貯蔵施設の調達なども進める。

〈以下次号〉

西風東風

冷戦後の英戦費は12兆円
――イラク、アフガンで8割・RUSI試算

英シンクタンク、王立防衛安全保障研究所（RUSI）が発表したリポート「平時の戦争・1991年以降の英軍の作戦」によると、冷戦終結後に英軍が行った戦争のための費用は、総計で717億ポンド（約12兆3000億円）に上るとの試算が明らかになった。

純粋な軍事費は347億ポンドだが、退役軍人への年金や、従事した兵士の死亡・負傷などの補償費用などを長期的に勘案すると倍以上に膨らむという。

特にイラク戦争とアフガニスタン南部への展開では、627人に上る犠牲者を出しているが、これに見合った成果は得られていない。「失敗した戦争」に対する巨額の国民負担が示されたことで、今年末のアフガニスタンからの完全撤退後を見据えた英軍再編の議論にも影響を与えそうだ。

軍事費の内訳は、アフガニスタンに206億ポンド、イラクに96億ポンドで、この2カ国で84%を占める。次いで、旧ユーゴスラビアから分離独立したボスニア・ヘルツェゴビナに15億ポンド、コソボに11億ポンド、リビアには2億ポンドが費やされた。これらには訓練、燃料、宿舎、給与など通常の費用は含まれておらず、リポートは看護婦または警察官5000人を生涯にわたって雇用できたはずの金額としている。

さらに、リポートは1990年代初頭のボスニアへの介入、2003年のイラク戦争、11年のリビアでのカダフィ政権転覆などを失敗と断定。特にイラクへの展開については「国際テロリズムを抑制するどころか、これを助長することになった」と批判した。また、アフガニスタンについても06年の南部ヘルマンド州での作戦は、暴力の連鎖とアヘンの増産につながったとしている。

一方、イラクのクウェート侵攻を機に始まった91年の湾岸戦争、2000年の西アフリカ、シエラレオネ内戦への介入、アメリカ同時多発テロを受けた01年のアフガニスタンでのタリバン政権転覆などは軍事作戦の成功例としている。

（ロンドン＝加藤雅之）

中国JH7訓練中に墜落
――相次ぐ事故、7機目

中国海軍の戦闘爆撃機「JH7」（殲轟7）が6月5日午後10時37分ごろ、夜間訓練中に、浙江省義烏市南部の山中に墜落した。乗員2人は死亡したとみられる。7日付香港紙・明報によると、同型機は事故が相次いでおり、過去18年間で墜落したのは今回が7機目となる。

墜落地点は同市赤岸鎮官余村付近で、中国海軍がヘリコプターを出し、機体の捜索を続けている。墜落地点周辺の道路は6日午前10時現在、閉鎖されている。

殲轟7はフライング・レオパルド（飛豹）の愛称で知られ、1988年、中国西安飛機製造集団が自主開発した。双発、複座、超音速、全天候型の戦闘爆撃機で、中国最先端の飛行、火器コントロールシステムとレーダーを備え、縦深侵攻や海上、地上の目標の攻撃に用いられる。

旧ソ連基準では第4世代、米国基準では第3世代の戦闘機に属し、主に海軍航空隊に配属されている。同型機は事故をしばしば起こしており、96年の配備以来7機が墜落、搭乗員13人が死亡した。2011年11月にも海軍航空隊所属の1機が浙江省麗水市付近で墜落した。

海軍軍事学術研究所の張軍社研究員は、中国紙・京華時報に対し「飛行訓練中の事故は避けられず、正常な現象といえる」と述べた。

訓練の回数が増え、時間が延び、難度が増すごとに、事故の確率も高まる。中国海軍航空隊は各種の対策により事故の発生を減らしており、世界各国に比べ中国軍での事故発生率はかなり低い方だという。

張研究員によると、今回の事故から見て海軍航空隊の日常訓練は実戦に近づいている。戦闘は白昼、深夜、明け方などいつでも起こり得るので、勝つためには厳しい条件下での訓練を強化する必要があり、夜間訓練は欠かせない。また、白昼の訓練を積んだ後、夜間訓練に移行するなど、易から難へとプログラムが組み立てられている。

張研究員は、中国の戦闘機には射出座席装置が備わり性能も良好で、搭乗員の安全を保障している。ただ、充分な高度がないとパラシュートが開く余裕がなく、死傷する危険が高まるとしている。

（香港＝中岡秀雄）

厚生・共済

特集

夏休みの東京観光

都心のグラヒル拠点に

本部予約買取・あっせん商品

隊員価格で大幅割引き

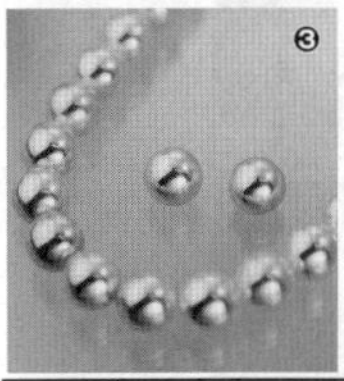

共済組合ではこの夏、組合員向けに「自衛隊統合モデル腕時計」と「ダイヤのネックレス」「真珠のネックレス」を市販よりも大幅に割引した隊員価格で取り扱っています。この機会にどうぞご利用ください。（価格はいずれも税込）

❶腕時計「S720M―01　JSDF統合モデル　トライフォースSP」（株式会社ケンテックスジャパン＝本部予約買取商品）組合員価格7万2580円（標準小売価格8万円（税別））。現在、支部窓口で申し込み受付中です。8月以降順次発送予定。お問い合せは支部物資係窓口まで。

❷ネックレス「プラチナダイヤ（0・3カラット無色Sークラス）ソリティアペンダント・ネックレス鑑定書付」（株式会社ヒライ未来Company＝あっせん商品）組合員価格8万6500円（標準小売価格27万円）。

❸「花珠あこや真珠（8―8・5ミリ）2点セットK14WGイヤリング付（ピアス変更可）花珠鑑別書付」（同）組合員価格9万8000円（標準小売価格32万5000円）。

お問い合わせはヒライ宝石（電話03―3366―2112）まで。定休日は月・日・祝日です。

「さぽーと21」夏号配布

市ヶ谷　電車一本で行ける名所紹介

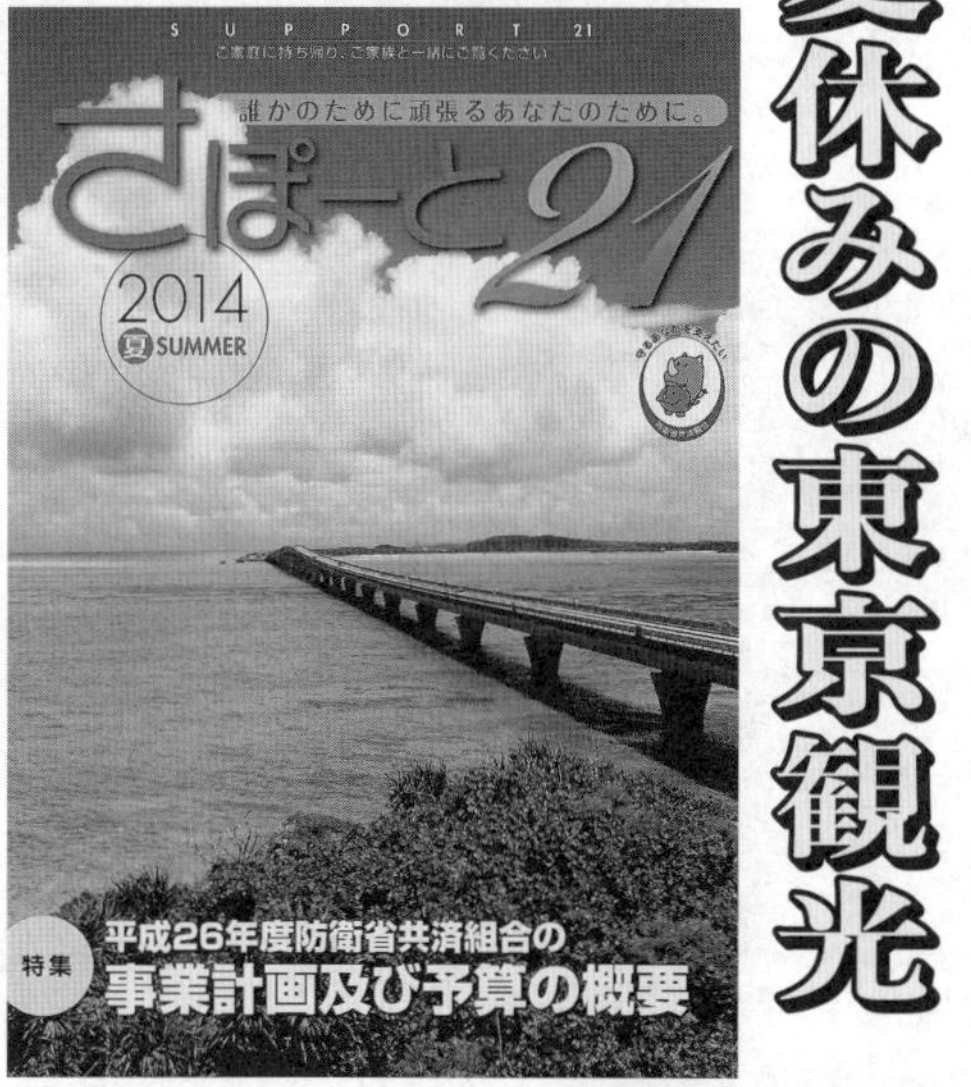

防衛省共済組合の広報誌『さぽーと21　2014夏号』が出来上がりました。皆様のお手元にもまもなく届く予定です。

今号は巻頭で「平成26年度防衛省共済組合事業計画及び予算の概要」を特集。共済組合の短期、業務、長期、保健、医療、宿泊、住宅、貯金・保険、貸付、物資、財形持家融資の各事業について、それぞれ26年度の事業内容と予算を詳しく解説しています。

続く読み物は「夏休みはホテルグランドヒル市ヶ谷に泊まって"東京の観光地に行こう!!"」。

もうすぐ子供たち待望の夏休み。東京を観光するなら、組合員価格で安心なグランドヒル市ヶ谷を是非ご利用下さい。今回は、グラヒルから電車一本で行ける観光地を紹介しています。

また、首都圏ではこの夏、子供から大人まで楽しめる大型イベントが目白押し。都心にあるグラヒルを拠点にすれば、都内はもちろん、近郊のイベント会場に行くのも大変便利です。

何といってもこの夏一番の注目は米国のNASAと日本のJAXAが全面協力して開催される「宇宙博2014」。7月19日から9月23日まで千葉市の幕張メッセで開催されます。

海浜幕張には市ヶ谷から地下鉄有楽町線とJR京葉線を使って1時間弱。途中には葛西臨海水族園や東京ディズニーリゾートもあり、グラヒルを拠点にすれば東京湾岸で夜まで遊べます。

また横浜市では「ヨコハマ恐竜展2014」が7月16日から8月28日までパシフィコ横浜で開催。横浜にも市ヶ谷から1時間弱で行けるので、みなとみらいや中華街を満喫できます。

このほか『さぽーと21』では連載の「栄養士の栄養指導」がメタボ予防のための自分に必要なエネルギー摂取量とバランスの良い食事の取り方を、「スポーツの楽しみ」は子供向けコーディネーション・トレーニングを紹介しています。

また誌面で共済組合の「あっせん販売商品」「本部予約買取商品」も掲載していますので、誌上でカタログ・ショッピングをお楽しみください。

巻末では「25年度本部長表彰」に輝いた釧路、呉、築城各支部の福利厚生事業を紹介しています。『さぽーと21』はご自宅に持ち帰り、ご家族でご覧ください。

「夏のスタミナ源」隊員限定の宴会プランを用意

「夏だ！　守るあなたのスタミナ源」と題し、グラヒルで開催中の洋食ビュッフェ「市ヶ谷の宴」（写真はイメージ）

2時間のフリードリンク制　洋食、和洋折衷ビュッフェ

ホテルグランドヒル市ヶ谷では、「夏だ！　守るあなたのスタミナ源」と題し、お酒・ドリンク飲み放題の隊員限定宴会プラン（8月31日まで）を開催中です。

洋食ビュッフェ「市ヶ谷の宴」（2時間制フリードリンク付）は1人4500円。

夏の目玉料理として地中海風真鯛のポワレ、チキンと角切りベーコンのソテーなど、夏バテ防止とスタミナUPを兼ね備えた夏にピッタリの料理をご用意しております。他にも豚肉のオレンジ煮、ゴーヤと鶏肉のサラダなど全12品でご用意しております。

和洋折衷ビュッフェ「ホテルグランドヒル・パーティーパック」（2時間制フリードリンク付）は1人5000円～8000円。5000円パックの場合、料理は焼き鴨ロース敷きサラダ、お造り盛り合わせ（8点盛り）、焼き鳥盛り合わせ（5点盛り）、白身魚の竜田揚げなど和食を含めた和洋折衷ビュッフェ全12品でご用意しております。

フリードリンクは2コースあり、「Aコース」はビール、ウイスキー、日本酒、焼酎、ソフトドリンク、「Bコース」はビール、ウイスキー、ソフトドリンク、カクテルとなっています。7000円、8000円パックにはさらにワイン（赤・白）が加わります。

料金は消費税・サービス料込みでお得です。

両宴会プランの予約・問い合わせはグラヒルの宴会担当（専用電話03‐3268‐8854）まで。

絵画・写真・書道3部門

平成26年度

「全自美術展」の作品募集

防衛省は平成26年度全自衛隊美術展（防衛省主催、防衛省共済組合協賛）の作品を募集します。絵画・写真・書道の3部門で、応募受け付けは9月1日（月）から9月16日（火）当日必着（ただし、土日祝日は除く）まで。

優秀作品（「隊員の部」は特選、入選、「家族等の部」は特別賞、入選）をそれぞれ表彰しており、入賞者には通知します。

◇応募資格　①隊員（防衛省職員、独立行政法人駐留軍等労働者労務管理機構の役員及び職員並びに防衛省共済組合の職員をいう）②隊員の家族（高校生以上）③隊員であった者及びその家族（高校生以上）（以下「元隊員等」という）。なお、平成26年9月16日以前に退職した者（同日までに退職予定の者を含む）は元隊員等とします。

◇部門別出品要領

①絵画の部＝課題は自由。作品規格は50号以内。種類は日本画及び洋画とし、作品には額縁（ガラス入り又は粗雑なものを除く）を装着。

②写真の部＝フィルム写真及びデジタル写真とも課題は自由。作品規格は六つ切り（ワイド六つ切り可）またはA4から四つ切り。作品には、額縁及び台紙等の表装は不可。入賞作品の著作権は、防衛省に帰属します。被写体が人物の場合、肖像権侵害等の責任は負いかねますので、応募の際には必ず本人（被写体）の承諾を得てください。フィルム写真は応募作品とあわせてネガを、デジタル写真は応募作品とあわせて、データを保存したDVD―RまたはCD―Rを必ず提出。パソコン等により合成や著しい修正を加えた写真は不可（トリミングや明暗の調整は可）。なお、ネガのみ又はデータのみ提出した場合は審査の対象となりません。

③書道の部＝課題及び書体は自由。作品規格は全紙（140センチ×70センチ）以内。作品は必ず掛物又は額縁として表装し、作品は次の説明書（様式自由）を添付。（ア）楷書による作品の原典名及び原詩文（イ）簡単な作品内容の説明。

◇応募要領　作品の裏面は1点ごとに必ず出品票を貼付。（輸送途上で剥離することのないように確実に貼付）。出品票は定められた書式があるので、防衛省・自衛隊ホームページ及び防衛省共済組合ホームページ上の平成26年度全自衛隊美術展の案内において取得してください。

◇作品送付先　〒162―0845東京都新宿区市谷本村町4番1号　ホテルグランドヒル市ヶ谷総務課

作品は輸送中の破損を防止するため、厚段ボール紙やベニヤ板等を用いて完全に包装。輸送時に使用された箱等は返却しません。複数の者が一つの箱等で作品をまとめて送付する場合は、宅配便等の伝票に必ず応募件数を記入するとともに、応募者全員の応募部門、題名、作者名及び所属を記載した紙（様式は自由）を送付する箱等の中に入れてください。

◇注意事項　▽応募作品は平成27年3月末頃までに返還。ただし、フィルム写真はネガのみ返還。デジタル写真は、応募作品及びデータともに返還しません。絵画の入賞作品は、展示会終了後、更に2年間防衛省庁舎内に展示を予定しているため、平成29年3月末頃の返還となります。

▽異動により住所等に変更があった場合は人事教育局厚生課厚生第1係に連絡。

▽作品の取り扱いは十分に注意しますが、開封時に破損している作品は審査の対象としません。また、通常の展示等による損傷及び摩耗については責任を負いません。

▽入賞作品については、主催者等の広報資料等として使用する場合があります。

◇問い合わせ先　防衛省人事教育局厚生課厚生第1係　電話03―3268―3111（内線25172）または部隊等の厚生担当係まで。

年金QアンドA

65歳未満の配偶者や子がいる場合
加算される「加給年金額」とは

妻が65歳になるまで支給

Q　私は昭和30年11月生れの事務官です。退職共済年金には、配偶者や子がいる場合、加算される年金があるそうですが、この加算される年金とはどのようなものでしょうか。

A　ご質問の件は、「加給年金額」といいます。加給年金額とは、組合員期間が20年以上である退職共済年金の受給権を有する方が、加給年金額の受給開始年齢に達したとき（注1）、その方によって生計を維持されている65歳未満の配偶者や子（注2）がいるときに加算されるものです。

配偶者自身が公的年金制度から退職・老齢又は障害による年金を受給している場合（退職・老齢による年金の場合は加入期間が20年以上のもの。）や受給権者自身が他に加給年金額の加算された老齢厚生年金を受給している場合は、加給年金額の支給は停止されます。

また、受給権者の配偶者が65歳に達した場合、その配偶者自身が自分の老齢基礎年金を受給することになるので、その場合は加給年金額が加算されなくなります。

その他、配偶者又は子と生計維持関係がなくなったとき、配偶者と離婚したとき、子が18歳に達した日以後最初の3月31日が終了したとき、子が婚姻したとき、20歳前の1、2級の障害状態にある子が20歳に達したとき（子が自分自身の障害基礎年金を受給する。）などでも加給年金額は支給されなくなります。

あなたの場合、62歳からの退職共済年金額は、厚生年金相当額＋職域加算額になります。その後、加給年金額の受給開始年齢となる65歳のときに受給要件に該当する場合は、奥様が65歳になるまでの間、年額38万6400円が、加給年金額として支給されることになります。加給年金額の支給対象者がいる方は、年金請求をする際に、戸籍謄本や奥様の所得証明書等生計維持を確認できる書類が必要になります。

（注1）退職共済年金受給権者の生年月日が昭和24年4月2日以降生まれの方は、原則として65歳から加給年金額が加算されます。

（注2）退職共済年金受給権者と同居しており、恒常的な収入が、年額850万円未満であること。子については、18歳に達した日以後の最初の3月31日までの間にあるか、20歳未満で障害の程度が1級または2級の状態に該当していること。（子の加給年金額は、2人目まで1人につき22万2400円、3人目から7万4100円になります。）

【参考】障害の等級が1級又は2級の障害共済年金についても、その方によって生計を維持されている65歳未満の配偶者がいる時には、加給年金額（22万2400円）が加算されます。

厚生・共済　特集

余暇を楽しむ

新田原救難隊自転車部

紹介者：
空士長　松平耕平
（新田原救難隊）

皆さまこんにちは。今回は新田原救難隊自転車部の活動を紹介します。自転車部は機上整備員でリーダーの池田良二1曹、救難員の川瀬伸明2曹、整備小隊の松島耕平士長を中心に構成され、月に1度はみんなでロングライドを楽しんでいます。

基地を起点に北は延岡、南は日南、都城に至るまで、長いときには1日の走行距離が150キロを超えることもあります。また昨年は、宮崎県内だけでは飽き足りず、県外（熊本・阿蘇）にも活動範囲を広げました。

走って食べて仲間の輪

ただ走るだけでなく、昼食においしいものを食べることも大きな目的にしています。ここ宮崎は、晴れた空に青い海という最高のロケーションであることもさることながら、延岡のチキン南蛮、日南のカツオあぶり重、西米良のサーモン丼など、極上のグルメが数多くあります。毎回、走って消費したカロリー以上のものを蓄えて（?）います。

そんな自転車部ですが今年1月、西都市で開催された「西都原エンデューロ4時間耐久レース」に参戦しました。西都原公園（1周3・8キロ）を4時間で何周走れるかを競うレースで、ソロ、4人リレーに約350人が出場。日本のトッププロチーム「ブリヂストンアンカー」の選手や高校、大学の自転車部なども参加し、ハイレベルな戦いでした。

自転車部は部員きっての猛者（?）3人が「TEAM HTL, s」というチーム名でエントリーし、熱いロードバトルを繰り広げました。

大会当日は外気温0度前後というコンディションの中、8時30分にスタートし、タイムアップの笛が鳴るまで全力で走り、その結果、3人リレーの部で全22チーム中第3位という成績を残すことができました。この成績は私たち選手だけでなく、応援に駆け付けてくれた職場の仲間、レースを支援してくれた方々（准曹会の方々ありがとうございました）に支えられて成し遂げられたものだと思います。

自転車は環境に優しく、また運動量が豊富でありながら体への負担は少なく、ダイエットにも適しています。

自転車に乗られている方、これから始めてみたい方がいらっしゃいましたら、ぜひともわれわれと一緒に走りませんか？宮崎の絶景と絶品グルメツアーを楽しみましょう。

㊤「西都原耐久レース」で3位入賞した（左から）川瀬2曹、松島士長、池田1曹。㊦レースで疾走する川瀬2曹

各地で転入隊員、家族のオリエンテーション

「那覇駐屯地へようこそ。沖縄では観光客が運転するレンタカーや右ハンドル車に慣れない米軍関係者が多いので、くれぐれも交通事故に注意を」——。各駐屯地・基地では新転入隊員とその家族向けに「家族オリエンテーション」を開いている。地域の特性などを伝え、いち早く地元に溶け込んでもらうとともに、初めての土地での新生活をエンジョイしてもらうのが目的だ。各部隊では隊員家族への支援こそ〝戦力発揮の基盤〟と考えている。

参加者に向けあいさつする菅野茂駐屯地司令（4月19日、那覇駐屯地で）

オリエンテーションに参加した家族ら（4月27日、香川地本善通寺地域事務所前で）

『溶け込んでほしい』

那覇　地域ならではの情報提供

【那覇】不安なく沖縄での新生活をスタートしてもらおうと那覇駐屯地業務隊は4月19日、春の転入隊員とその家族、新婚者らを対象に「駐屯地統一家族オリエンテーション」を開催した。これは平成21年度末の部隊改編以来、那覇駐屯地として初の試みで、この日は30家族90人が参加した。

最初に菅野茂駐屯地司令（15旅団副旅団長）が歓迎のあいさつ。参加者の多くが本土からの転入者のため、さっそく担当者から沖縄で生活をしていく上での注意事項が説明された。沖縄では観光客の運転するレンタカーが多く、また来日したばかりで右ハンドル車に慣れていない米軍関係者も少なくないため、米軍の「Yナンバー車」には特に注意するよう指導を行った。

また、『沖縄地区特約施設案内冊子』（国家公務員共済組合連合会刊）も紹介、家族も参加できる那覇駐屯地イベントをはじめ、沖縄県下で行われる各種イベント情報なども伝えた。

この後、参加者は各施設を見学しながら沖縄防衛に当たる隊員の勤務・生活環境をその目で確認した。

新着任者への教育も

【4対艦連＝八戸】第4地対艦ミサイル連隊は3月27日、「新着任者教育と家族オリエンテーション」を実施した。最初に教育が行われ、藤丸幸二連隊長が部隊の任務について訓示、次いで各科長が連隊の装備などを説明した。

午後からは「家族オリエンテーション」が行われ、子供たちが転校する市内の学校や、いざという時の病院などについて説明。最後に防衛館（広報館）や厚生センターなどを見学した。

善通寺駐屯地も見学

【香川】香川地本は4月27日、今年度新たに転入した部員家族3組に対する「転入家族オリエンテーション」を善通寺地域事務所で実施した。

最初に地本の概要説明を行い、その後は同日実施されていた陸自の「14旅団・善通寺駐屯地創隊記念行事」を見学した。

参加家族は初めて見る観閲行進や模擬戦闘に驚き、「お父さんの仕事の大変さがわかった」と話していた。

家族から「安心」の声

【滝ヶ原】普通科教導連隊は4月24日、21家族65人を迎え「家族オリエンテーション」を開いた。麻生竜伸連隊長が任務や東日本大震災での活動について説明した後、各担当者が共済組合の福利厚生事業などを紹介。昼食会をはさんで装備品の紹介や車両への体験試乗もあった。

家族からは「説明を受けて主人の仕事の大変さが理解できました。また安心しました」などの意見が寄せられた。

隊友会、父兄会と支援協定　道内部隊で初めて

【美幌】駐屯地（司令・野村昌二1佐）は4月30日、「隊友会及び自衛隊父兄会による自衛隊の各種行動時（武力攻撃事態を除く）における派遣隊員の留守家族支援に関する協定」を地元隊友会・父兄会・地本と締結した。道内部隊では初。

留守家族支援の協定は昨年7月に隊区内2市8町と結んでおり、今回新たに自衛隊退職者で組織する「隊友会」（美幌、北見、網走の3支部）、隊員家族の父兄からなる「自衛隊父兄会」（美幌地区協議会と隊区内10市町の父兄会支部）、自衛隊帯広地方協力本部と締結した。

支援内容は①隊員家族・父兄などに対する電話や戸別訪問による安否確認②妊婦・要介護者などへの健康相談③その他派遣隊員の家族の状況に応じ必要と思われる事項——など。

調印式には駐屯地司令、各隊友会支部長、父兄会地区協議会長、各父兄会支部長ら約20人が出席。遠藤昭男隊友会美幌支部長は「隊友会各支部、各父兄会と連携し、隊員の留守家族の不安解消に努めたい」、藤田稔父兄会地区協議会会長は「隊員と家族の身近な存在として協力の一助となりたい」と述べた。

野村司令は「隊員にとってこの協定は非常に心強いもの。後顧の憂いなく任務に当たることができる。地域の皆様の期待に応えられるよう、より一層部隊を鍛え上げていく」と述べた。

理解と感動！家族が訓練参観

小銃の分解結合を行う我が子を熱心に見学する父兄ら（5月18日、神町駐屯地で）

分隊教練などを披露

【国分】第113教育大隊は5月1日、駐屯地グラウンドと体育館で「第7期一般陸曹候補生の訓練参観」を行った。

父母ら約340人が参加し、各中隊長が教育の概要を説明、7期生295人は分隊教練などを披露した。新隊員たちは「親が見ていると、いつもより緊張する」と照れくさそうだった。

息子がたくましく

【20普連＝神町】20普連の教育隊（隊長・村山勝明2佐）は5月18日、「自衛官候補生課程教育の家族見学会」を駐屯地で開いた。

新隊員の両親ら212人と出身校教師4人が参加し、最初に村山教育隊長が概要を説明。その後、3グループに分かれ、自衛官候補生の訓練と装備品を見学した。

駐屯地営庭での訓練には102人の自候生が基本教練や武器訓練を披露、父母らは我が子の成長した様子を真剣に見守っていた。

駐屯地食堂での昼食会では父母らが久しぶりに我が子と一緒に食事し、教育の様子などを聞いていた。午後からは隊員居室の見学や厚生センターで家族懇談が行われた。

参加者は「入隊式から1カ月過ぎ、息子がたくましく成長している姿を目の当たりにし感動した。一人前の自衛官を目指して、これからも頑張ってもらいたい」と話していた。

夫の仕事理解できた

【小郡】第9施設群は4月13日、定期整備中の日出生台演習場で「家族に対する訓練見学会」を開催、9家族28人が参加した。

見学会は毎年、春と秋の演習場定期整備の際に実施しており、今回も整備活動のほか、野外炊具による調理や野外入浴セット、天幕隊舎などを案内した。

家族からは「夫の仕事が理解できてよかった。次回も参加したい」との声が上がった。

姫路駐で初の「家族支援会同」

【兵庫地本】兵庫県自衛隊父兄会の藤原哲夫副会長＝同㊧と姫路駐屯地業務隊長の阿部智幸2佐＝同㊨の「家族支援会同」が4月21日、姫路駐屯地で開かれた。

今回初めて実施され、地本が調整等を担当。姫路駐屯地側の要望もあり、事態発生時の「隊員家族の安否確認」「両親が出動する際の子供の一時保育」などを父兄会が支援するという提案がなされた。

具体的には父兄会が窓口となって家族への連絡を行い、得られた安否情報を業務隊と共有するもの。また一時保育については「いろいろな子供がいるので、さまざまな問題の解決が必要」との意見があった。

兵庫地本では「今後も父兄会と姫路駐屯地の架け橋として、さらなる支援をしていきたい」としている。

創隊9周年「家族の日」祝賀観桜会開かれる

【仙台】東北方面指揮所訓練支援隊は4月19日、創隊9周年に合わせて「家族の日」を実施した。10家族16人が参加し、オリエンテーションで隊員の任務に関する理解を深めてもらうとともに、「祝賀観桜会」を開き、家族同士のコミュニケーション向上を図った。

26年度任期制隊員「ライフプラン教育」

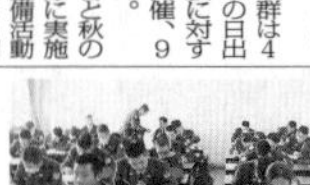

【山形地本】地本は4月8〜10日、1任期を終了した隊員37人を対象に「26年度任期制隊員ライフプラン集合教育」を行った＝写真。

初日は方面援護担当者から人事制度や就職援護業務の概要、地本からは県内の雇用情勢、予備自制度に関する説明があった。2、3日目は部外講師によるライフプラン教育を実施した。

隊員たちは今後、「陸曹候補生を目指すか、任期満了退職するか」の決断を迫られる。受講者は現実を直視し、自己分析を行って、今後の進むべき方向を検討した。

地本では「今後、隊員一人一人と面談を行い、進路を早期に決定し、その目標に向けてサポートしていきたい」と話している。

自慢の一品料理

ASPランチ

紹介者：
小林　澄子さん（栄養担当官）
（竹松駐屯地業務隊糧食班）

竹松駐屯地に所在する第7高射特科群は、毎年秋に米ニューメキシコ州マクレガー射撃場で行われる「ホーク部隊実射訓練検閲（ASP）」に参加しています。

そこで「検閲が成功に終わりますように」との願いをこめて竹松駐屯地の糧食班では「ASPランチ」を作製しました。

メーンの牛ヒレステーキは米国を、目玉焼きは日本を、エビフライはホーク・ミサイルをそれぞれ表します。食材はすべて長崎県産で、地産地消を心掛けています。

牛ヒレ肉は大きめにカットして塩・コショウで味付けしてから、赤ワインをふりかけて両面をジューシーに焼きます。手早く調理し、アツアツのものを提供するのがポイント。

同時にエビフライとフレンチフライを揚げ、目玉焼きを焼いて、大きめのプレートにケチャップ味のスパゲッティーソテーやミニトマト、レタスなどの生野菜とともに盛り付けて出来上がり。デザートにドーナツが付きます。

この「ASPランチ」は派米部隊の壮行会だけでなく、入隊式や給料日などの特別な日に出しており、隊員さんからは「好きなものばかりで、まさに〝大人のお子様ランチ〟」と大人気です。今後も隊員さんたちが食事を楽しみにしてくれるような、どこよりもおいしい食事の駐屯地を目指していきたいです。

「ノルウェー軍楽祭（ノルウェー・タトゥー2014）」参観記

海上自衛隊東京音楽隊OB　谷村政次郎元2海佐

海上自衛隊東京音楽隊（上用賀）は、ノルウェーの首都オスロで5月9日から12日まで開催された「ノルウェー軍楽祭（ノルウェー・タトゥー2014）」に参加した。自衛隊音楽隊としては初の欧州遠征で、これを応援ツアーの一員として現地で見守った東音OB（第11代隊長）の谷村政次郎元2海佐から「参観記」が届いた。海自・ノルウェー海軍撮影の写真と共にタトゥーの全容を紹介する。

立憲君主国・日本を特別招待

海上自衛隊東京音楽隊は5月5日から13日までの間、ノルウェーの首都オスロで開催された「ノルウェー軍楽祭（ノルウェー・タトゥー2014）」に、隊長の手塚裕之2佐以下54名で参加した。

隔年開催されているこのタトゥーは、20年前から始まった比較的新しいものである。今年はノルウェー憲法制定200周年と海軍設立200周年の記念すべき年であった。また日本が1905年のスウェーデンからの独立をいち早く認めた国であり、長い歴史を有する立憲君主国として、ノルウェー国防省から今年の記念行事にふさわしい国として特別に招待されたものである。

東京音楽隊に白羽の矢が立ったのは、昨年の東京・日本武道館での「自衛隊音楽まつり」をノルウェーのタトゥー関係者が視察に来たことがきっかけらしい。「錨」を回転させるドリル演奏の妙技、そしてサウンド、女性隊員の歌唱などが決め手になったという。

招待に当たってノルウェー側の要望は①50名を下回らない規模の音楽隊1個部隊②音楽隊のほかにカラーガード隊（艦旗隊）の参加③日本を代表する楽曲の演奏――の3点であった。

タトゥーは世界各地で開催されており、近隣諸国のみならず遠方の国からも軍楽隊が参加しているが、往復の航空運賃は参加国が負担し、滞在費は開催国が持つのが一般的だ。この〝最大の難関〟を東京音楽隊が無事に解決し、欧州派遣を実現させた裏での担当各部の苦労は大変だったものと推察する。

さて、今回のノルウェー・タトゥーへの参加国は、外国から日本、イギリス、アメリカ、エストニア、オランダ、スウェーデン、デンマーク、フィンランドで、開催国と合わせ計9カ国であった。

自衛隊の海外のタトゥー参加は、平成11年にカナダのハリファックスで行われた「ノバスコシア・タトゥー」に空自の航空中央音楽隊が参加したのが最初である。その後、陸自の中央音楽隊が韓国のウォンジュ市に平成14年と16年、ケリョン市に23年、航空中央音楽隊がウォンジュ市に18年、それぞれ参加している。

海自では平成14年度遠洋練習航海部隊がハリファックスに寄港した際、開催中のタトゥーに音楽隊が連日参加したことがある。この時、部隊の福本出首席幕僚（現幹部学校長）が1等海佐（大佐）の制服でホルンを吹いて参加し、大きな注目を浴びた。

東京音楽隊は平成21年4月に韓国のチネ（鎮海）市でのタトゥーに招待されていた。ところが、同市は旧帝国海軍の基地でもあったことから、直前に一部市民から反対運動が起こり、参加は中止となった。このタトゥーのため東音OBを中心に計画された応援ツアーは参加中止にもかかわらず15名で催行され、現地では韓国の軍楽隊関係者がレセプションを開いて大歓迎してくれた。

今回もノルウェーへの応援ツアーが計画され、隊員家族、東音OB、吹奏楽関係者など13名が参加した。その中には15年前の「ノバスコシア・タトゥー」に自衛隊から初参加した時の元航空中央音楽隊長の進藤潤・元1等空佐も加わっていた。

「JAPAN」のプラカードや「日の丸」の小旗を持って東京音楽隊を先導するノルウェー防衛駐在官、西田勝利1海佐の子供たち（5月9日）

人文字の「錨のマーク」が回転するなど、変幻自在のドリル演奏を見せた東京音楽隊（オスロ・スペクトラムで）

ノーベル平和賞ゆかりの場で

5月7日午後8時からのオープニング・コンサートは、東音が宿泊するラディソンブル・オスロ・プラザホテルのボールルームで開催された。代表に選ばれた東音、英海兵隊合同軍楽隊、フィンランド国防軍軍楽隊、オランダ陸軍軍楽隊がそれぞれオープニングにふさわしいプログラムを組み、持ち味を発揮しての演奏を披露した。

わが東音は、行進曲「軍艦」と伊藤康英作曲の「吹奏楽のための抒情的祭」を演奏、その間に日本古謡「さくら」を振袖姿の三宅由佳莉3曹が太田紗和子2曹のピアノ伴奏で歌を披露し、聴衆を魅了した。

9日午後1時からは全軍楽隊による「市中パレード」が繁華街のカールヨハン通りで実施された。6名のカラーガードと東音隊員を「JAPAN」のプラカードと国旗を持って先導してくれたのは、ノルウェー防衛駐在官、西田勝利1等海佐の3人のお子さんであった。現地のインターナショナル・スクールに通う翔平君（11）、悠大君（10）、帆七さん（7）は音楽隊をにこやかに先導し、沿道では日本からの応援ツアーの女性たちが自衛艦旗を振って声援を送った。

オープニング・コンサートで「さくら」を歌う三宅由佳莉3曹（ラディソンブル・オスロ・プラザホテルで）

各国からは歌姫たちも参加。美しい衣装と歌声で観客を魅了した（ノルウェー軍HPから）

㊤東京音楽隊の演奏中、ステージには大きな「日の丸」も映し出された（オスロ・スペクトラムで）㊦オスロの市街地カールヨハン通りで行われた市中パレードで、黒の冬服を着用し、演奏しながら進む東京音楽隊（5月9日）

パレード終了後の午後2時から、ノーベル平和賞の授与式が行われるオスロ市庁舎の広場で合同演奏が実施され、日本は手塚隊長の指揮で行進曲「軍艦」を演奏、その響きは圧巻であった。日本の海軍行進曲として「軍艦」が各国の軍楽隊に認識され、今後、世界各地で演奏される機会が増えるのではないかと期待した。

ノルウェー海軍設立200周年を記念し、大人数の出演者で華やかなステージを繰り広げたノルウェーの軍楽隊

自衛艦旗などの旗を手にしたカラーガード隊（後方）も加わり、迫力ある演奏を行った東京音楽隊の隊員たち（オスロ・スペクトラムで）

本番の演奏会（約3時間）はオスロ中央駅前に建つ「オスロ・スペクトラム」を会場として9日（金）午後8時からの第1回を皮切りに、土曜日に2回、日曜日に1回の計4回開催された。会場では「日の丸」と自衛艦旗を手にした応援団の中に、美しい着物姿で加わった手塚隊長ご令嬢の容さん、怜さんもいて、周りの観衆から注目を浴びていた。

出演の各国軍楽隊は、それぞれの持ち時間8分をフルに活用してパフォーマンスを展開。欧州の軍楽隊は直線的な演技をするのに対し、わが東音は変幻自在のドリルを披露した。これは欧州の観客にはとても珍しかったようである。

純白の制服の音楽隊は「君が代行進曲」で入場し、大島ミチル作曲の「天地人」を演奏した後、三宅3曹が「ふるさと」の歌唱を披露した。そして「自衛隊音楽まつり」でおなじみのカラーガード隊も加わって「錨」を回す演技で行進曲「軍艦」をまとめた。これには観客から大きな拍手とともに感嘆の声が上がった。

有料化し、国際交流に活用を

さて、我々ツアー参加者が参観した正面の特等席はチケット代が約1万円と高額であった。欧米その他の地で開催されている軍楽祭はこのように入場料を取るのは当たり前である。日本の「自衛隊音楽まつり」のように無料で入場できる方が珍しい。入場料を徴収しない代わりに「募金」「献金」という形をとっているところもある。上等の席に招待されるそれなりの地位・階級の人には、このような形で貢献する義務が課せられているようだ。

会場でのCD、DVD、プログラムなどの販売は軍楽隊員が行っていた。「自衛隊音楽まつり」でも、このような入場料、グッズ販売、募金、献金などで得た収益のうち、必要経費を除いた余剰金を福祉事業や殉職隊員のご遺族のために使用できるようにならないものかと、現地ではいろいろと考えさせられた。

ノルウェーの関係者は日本の音楽隊を初めて欧州に招聘できたことで、とてもご満悦だったようだ。

終了後に他の参加国から「我が国のタトゥーにもぜひ東京音楽隊を参加させてもらいたい」という要望が防衛駐在官の西田1佐の元に寄せられたという。

「自衛隊音楽まつり」でも過去に何カ国かの軍楽隊が参加している。こうした参加国には、我が国からも「答礼」として自衛隊音楽隊を派遣するのはどうであろうか。（ソフトパワーたる）音楽隊をもっと積極的に活用して、各国との交流を進めるのも必要であろう。

「自衛隊音楽まつり」を有料化して、その純益を外国軍楽隊の招聘、そして自衛隊音楽隊の派遣費用に充当するのは、問題があるだろうか。

今回の東京音楽隊のノルウェー派遣は、現地の西田1佐の献身的な調整により実現したものである。三宅3曹の着付けなどには奥様の由華さんにお手伝いいただくなど、西田一家挙げてご支援を受けた。

今回、自衛艦に乗らずに初めて海外に派遣された東京音楽隊の歴史的な第一歩を現地で目撃することができ、一OBとして感慨深いものがあった。これが次につながることを願うものである。

勢ぞろいした参加各国の軍楽隊のドラマーたち。右から2番目が東京音楽隊員

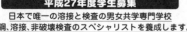

地方防衛局 特集

硫黄島の米艦載機着陸訓練を支援

女性職員も大活躍

北関東局20人 昼夜問わず
米軍と自衛隊の橋渡し
連絡調整、施設維持管理、給食etc

通訳を兼ねて米軍との調整に当たる北関東局の荒井都事務官（右から2人目）と、その右は現場責任者を務めた同局企画部次長の山田幸一技官（5月20日、海自の硫黄島航空基地隊で）

【北関東局】北関東防衛局は5月8日から20日まで、硫黄島に女性事務官を含む約20人の職員を派遣し、米海軍の空母艦載機着陸訓練（FCLP）を支援した。同局では同訓練が可能な限り安全かつ円滑に実施されるよう、米海軍をはじめ、硫黄島に常駐する海上自衛隊や航空自衛隊との連絡調整、訓練施設の維持管理、給食や役務の提供などの支援業務を昼夜を問わず行った。

訓練は、硫黄島の滑走路を米空母「ジョージ・ワシントン」の甲板に見立てて行われ、同艦の艦載機であるFA18E、FA18F両戦闘機のほか、EA18G電子戦機、E2C早期警戒機、C2A輸送機が参加し、期間中、約3450回の飛行が行われた。

特に海上自衛隊による米海軍への車両支援や、航空自衛隊による米軍機への電源供給支援など、自衛隊の米海軍への支援がより円滑に実施されるよう、同局の派遣職員らは米海軍と自衛隊との間に立って綿密な連絡調整に努めた。

米軍との調整に当たっては、同局企画部地方調整課連絡調整第2係長の荒井都事務官をはじめ、女性事務官らも対応し、女性ならではのきめ細やかさを生かして丁寧な通訳と役務調整に努め、円滑な訓練実施に大きく貢献した。

現場の支援室長を務めた同局企画部次長の山田幸一技官は「天候にも恵まれ、各種調整や支援などもスムーズに実施でき、米海軍が予定していた全ての訓練を硫黄島で行うことができた。今後も厚木飛行場周辺の騒音の軽減が図られるように、硫黄島における米空母艦載機の着陸訓練を支援していきたい」と話していた。

東北局

自らの仕事"熱く"PR

若手職員 初のラジオ出演

【東北局】中村吉利東北防衛局長は4月22日、入省3年目を迎えた同局調達部の若手職員3人とともに宮城地方協力本部提供のFMラジオ番組「自衛隊インビテーション」に出演し、地域に貢献する同局の仕事の一端をPRした。

若手職員たちは緊張しながらも、中村局長のサポートでそれぞれが担当する業務について熱く語っていた。この模様は、宮城県内五つのFM局で5月に放送された。

冒頭、中村局長は調達部の仕事内容のほか、若手の3人が東日本大震災以降の大変な時期に重要な工事を複数担当してきたことなどを紹介。それぞれが担当する業務について詳しく説明した。

土木課の田中沙知技官は全国でも数少ない土木職の女性職員として、積算業務と監督官業務を担当。土木工事の主な内容は①滑走路などの舗装工事②隊舎敷地造成③浚渫工事――などがあり、田中技官は男性職員に負けないように「ドボジョ（土木女子）会」を立ち上げて女性同士の親睦を深めているという。

一方、建築課の東有希子技官は空自松島基地を担当。ブルーインパルスの専用格納庫が震災で浸水したため、津波対策として格納庫全体を約4メートルかさ上げする改修工事を行い、基地内での復興工事や津波対策工事に貢献してきた。

設備課の松下昌平技官は積算業務と監督官業務を担当。設備工事の主な内容は①照明などの電気②トイレや水回りなどの機械③電話やLANなどの通信――の3職種があり、各職種が連携して設備工事を実施していることを紹介した。

中村局長は「東北防衛局調達部は『防衛力のまさにベースとなる部分を担っている』という強い意識を持って日常の業務に励んでいます」とアピールした上で、同局が福島県内の自衛隊施設の除染工事なども担当し、極めて重要な任務を遂行していることを改めて強調した。

東北防衛局では4月にも同番組に企画部の3人が出演して業務を紹介。6月と7月には山形地方協力本部提供のFMラジオ番組「自衛隊百科」にも出演し、企画部、調達部、三沢（青森県）と郡山（福島県）の各事務所職員による業務紹介を行う予定で、リスナーからはオンエアに期待が寄せられている。

仕事をPRする（右から）中村局長、田中沙知技官、東有希子技官、松下昌平技官（4月22日）

リレー随想　中村　吉利

一昨年8月に着任以降、前任者から引き継いで月3回のラジオ放送を行っている。東北各地のコミュニティFM24局をネットワークしたもの、宮城県内5局をネットワークしたもの、そして山形市を対象としたものの計三つである。

収録時間はそれぞれ10分程度だが、これが意外と難敵である。そもそも浅学非才なる身故、月三つのネタがない。最もやり易いのが時々の政策案件であるが、想定問答の範疇、ビジュアル無しの言葉だけは、大変やっかいである。

さらに、聴衆を前にするのとは異なり、話した内容に対する反応が事後的にもほとんど分からないのもつらい（放送後に内容をHPにアップすると、中身の無さをクサしたり、アップが遅れると「とうとうやめたか」とか言う関係者や知己の部外者がいるが、対象外として無視している）。

ただ、東北各地をネットワークしたものに参加する局が増えてきたのは、うれしいことである。

一方、政策案件などに加え、回を重ねるにつれ、防衛局の紹介もあの手この手で行うよう努めた。業務をストレートに紹介したり、本編に付随する形で触れたり、さらには、4回にわたり各回3人の若手職員から担当業務の紹介もさせた。若手に話をさせると、内容が具体的になることに加え、教育効果も期待でき、さらに自分の原稿作成をサボることもできる。

なぜ、防衛局の紹介にこだわるに至ったかというと、発足以来7年を経ても業務内容や存在が地域に完全には浸透していないと感じたためである。地本や部隊との役割分担を聞かれるのはまだしも、どうも施設局が名を変えただけとの認識が強いようである。そこで、効果のほどはさておき、政策案件などのない時に、電波を利用して自己PRに努めてきたのである。

「T・D・B」の指針

しかし、PRだけで事足りるわけではない。「地方における防衛行政の拠点」を名乗る以上、目前の業務はもとより、防衛や安全保障問題の全般（Total）に対応できる組織とならなければいけない。

そのためには、組織として、また職員個々も日々啓発に努め、進歩（Development）していかなければならない。これらの努力を継続してこそ、防衛局が地域においてより確固たる存在となる（Brand化）と考える。奇しくも（?）、三つの頭文字を並べると、当局の英訳（Tohoku Defense Bureau）のそれと同じである。

（東北防衛局長）

防衛施設と首長さん

青森県八戸市・小林　眞市長

八戸市は青森県の南東部に位置する人口約24万人の都市で、「海から拓け、海とともに発展してきたまち」と言われています。主な産業は工業と漁業ですが、中でもイカの水揚げ量が全国の約4割を占める、日本一のイカの街です。

2011年3月11日の東日本大震災では当市も沿岸部を中心に甚大な被害を受けましたが、関係者の尽力により、13年7月に被災港湾のトップを切って港湾施設の復旧作業を完了しました。これにより、ハード面の復旧は終了し、現在、創造的復興に向けてさまざまな取り組みを進めているところです。

同年5月24日には、種差海岸が三陸復興国立公園に指定されました。国立公園の北の起点であり、ウミネコの繁殖地として国の天然記念物に指定されている「蕪島」には、毎年2月下旬から8月上旬にかけて産卵や子育てのために約3万から4万羽が渡ってきますが、その光景は圧巻です。

また、種差海岸天然芝生地は波打ち際まで天然芝が広がる雄大な景観で、作家の司馬遼太郎は、「どこかの天体から地球に訪れる人がいたら、真っ先にここを案内したい」と代表作の一つ「街道をゆく」の中で賞賛しています。種差海岸の国立公園指定を受け、三陸復興の先導役として、観光客の受入れにも積極的に取り組んでいるところです。

64歳。東北大卒。青森県庁、自治省（現総務省）、浦和市（現さいたま市）企画部長、総務省自治財政局財務調査官などを経て2005年11月、八戸市長就任。現在3期目。

市民の感動呼んだ復興支援
自衛隊の存在さらに大きく

当市は朝市と横丁の街でもあり、特に横丁街では初対面の市民と隊員が意気投合し、一杯酌み交わしながら八戸の食と酒を楽しむという、人情味あふれる光景もよく見られます。

陸上自衛隊八戸駐屯地と海上自衛隊八戸航空基地は当市北部に立地しており、春の花見や夏の盆踊り大会で施設を一般開放したり、少年スポーツ大会を開催したりするなど、市民と自衛隊の友好的な関係が築かれています。

また、国連南スーダン共和国ミッション（UNMISS）への参加やソマリア沖・アデン湾での海賊対処任務の遂行の一翼を担っており、これらの活動は国際社会から高い評価を得ています。さらに、東日本大震災の際には、昼夜を問わず救援物資の輸送、瓦礫の撤去、避難者支援など復旧・復興支援活動に従事していただき、市民は自衛隊の存在をさらに心強く感じているものと思います。

また、当市への復興応援を目的の一つとして開催していただいた2013年の「マリンフェスタin八戸」では、イージス艦3隻をはじめ、艦艇14隻が集結し、ほかにも戦闘ヘリ等の装備品展示やF2戦闘機の展示飛行などがあり、市民に夢と希望を与えていただくとともに、港湾機能の回復を内外にPRしてもらいました。

こうしたことからも、市民は自衛隊に対し憧れと信頼を寄せているところであり、当市としては今後も自衛隊と連携し、安全安心なまちづくりに取り組んでまいります。

防衛省の補助制度 理解し有効活用を

実務担当者研修会

【北海道局】北海道基地協議会（会長・山口幸太郎千歳市長）主催の平成26年度「防衛省所管補助事業等実務担当者研修会」（北海道防衛局後援、防衛施設協会協賛）が4月17日、千歳市内のホテルで開催された。防衛施設のより一層安定的な使用に向け、自治体などの実務担当者に防衛省の補助制度を理解し、有効活用してもらうことが目的。

防衛省地方協力局から山岡周辺環境整備課長らをはじめ、北海道局から各担当課長などが講師として参加し、道内45自治体などの実務担当者約230人に補助事業の内容を説明した。

山口千歳市長は「引き続き、防衛施設関係自治体への理解と支援をお願いしたい」とあいさつ。北海道局の杉本正明次長は周辺地域の市町村や住民の理解と協力に謝意を示すとともに、「国の財政事情は厳しいが、各市町村の要望に最大限努力したい」と述べた。

全体研修では、特定防衛施設周辺整備調整交付金（いわゆる「調整交付金」）に関し、業務改善に向けた「PDCAサイクル」の実施要領について、山岡周辺環境整備課長と同課担当者が説明した。

「PDCAサイクル」とは、事業活動における生産・品質管理などを円滑に進める手法。Plan（計画）→Do（実行）→Check（評価）→Act（改善）の4段階を繰り返すことで、継続的な業務改善を目指す。

続いて、北海道局会計監査官が会計検査院による会計検査の観点や過去の検査報告事例について説明。分科会では民生安定、騒音防止などの各班に分かれ、北海道局の担当職員17人が補助事業の内容などについて詳細に説明した。

運動施設エリアのイメージ図披露

愛宕山用地、8000人収容の野球場完備

イメージ図を除幕する（右から）ブシェー司令官、福田市長、藤井局長（5月22日、岩国市役所で）

【中国四国局】中国四国防衛局は5月22日、米軍岩国基地と共同で愛宕山用地における「運動施設エリア」のイメージ図3枚を岩国市、同市議会、商工会議所や体育協会などの関係者に披露した。

ロバート・V・ブシェー岩国基地司令官と藤井高文中国四国防衛局長が岩国市を訪れ、福田良彦岩国市長に概要を説明。その後、市議会会議室でイメージ図の除幕披露を行った。

運動施設は、高校野球の公式試合が可能な約8000人を収容する野球場のほか、400メートルのトラック8レーンとサッカー場を併せた陸上競技場、ソフトボール場、テニスコート、屋内アリーナを兼ねたコミュニティーセンターなどを備えている。

藤井局長は「岩国市の皆さまにこれまで以上に運動施設エリアの具体的なイメージを持っていただけるよう、岩国基地と協力して作成した。皆さまのご要望も踏まえ、米軍と調整しながら着実に進め、市民の方々に良いものができたと思っていただけるよう、最大限努力したい」と述べた。

福田市長は「市の要望を踏まえ、各施設の実現に向け、確実に事業が実施されていることが確認できた。本施設がお互いの絆をさらに堅固にする貴重な機会が得られる場となることを確信している」と話した。

イメージ図は岩国市役所の1階ロビーに展示されている。

松阪港で自衛隊PR

ふれあいフェスタ

【東海支局】5月17、18の両日、三重県松阪市の松阪港で三重地方協力本部が主催する「ふれあいフェスタIN松阪港」が開催され、海自の掃海艦「やえやま」と「つしま」の一般公開が行われたほか、陸自の装備品や空自の地対空ミサイルPAC3などの展示も行われた＝写真。

同局では18日、イベント会場の一角にブースを設け、支局広報誌や防衛省のパンフレットを来場者に配布し、広報活動を行った。三重地本によると両日で約6300人が見学に訪れた。

ろうそくの灯に 決意誓う

最後の戴帽式でろうそくにともされ「誓いの詞」を斉唱する39期学生（5月30日、防医大体育館兼講堂で）

最後の戴帽式

防医大高等看護学院 看護学科新設に伴い

【防医大】防医大高等看護学院（埼玉県所沢市）は5月30日、体育館兼講堂で39期看護学生の戴帽式を行った。防医大医学教育部に4月に看護学科が新設されたことに伴い同学院は来年度末で廃止されることから、昭和50年9月の開設以来約2300人の卒業生を送り出してきた同学院の最後の戴帽式となった。

戴帽式はイギリスのナイチンゲールがろうそくの灯を頼りに傷病兵を看護した逸話に由来した儀式で、初めて病院実習に臨む学生が看護師としての決意などを誓う。

防医大病院に勤務する看護師の養成を目的に設立された高等看護学院でも、戴帽式を主要な学校行事に位置付け、1〜3年生のうちの病院実習に初めて臨む2年生が例年出席、戴帽を受けている。

看護学科（4年制）新設に伴って学院が廃止されることから、今回が最後となった戴帽式には2年生70人、看護学科の1年生119人、来賓・家族・教職員約120人など合わせて約480人が出席した。

ろうそくの灯にともされた2年生が「看護の道を志す今の気持ちを忘れず、確かな知識と技術を身に付け、この灯のような温かい心を持ち、人々に寄り添い信頼される看護師になります」と誓いの言葉を斉唱した。

四ノ宮成祥学院長は「本格的な実習が始まる。患者さんという人間全体を理解し、温かい心で寄り添って支援するにはどうすることが望ましいか、実地に学んでほしい」と式辞。

三浦総一郎防医大校長も訓示で「教科書には書いていない患者さんとの心の関わり合いの大切さを実感してほしい」と看護の〝現場〟に向かう学生たちを励ました。

来賓の大森豊緑人事教育局衛生官は「尊い人の命に関わっていくことには、重大な責任が伴うという自覚を改めて認識していただきたい」と衛生監の祝辞を代読した。

護衛艦「いずも」と富士駐屯地

ロゴマーク決まる

海上自衛隊は5月28日、来年3月に就役するヘリ搭載護衛艦「いずも」（基準排水量1万9500トン、艤装員長・吉野敦1佐＝写真）のロゴマークを公表した。

3月14日から海自ホームページ（HP）などで募集したところ、約340点の応募があり、「いずも」艤装員（初代乗員予定者）の投票で、千葉県在住の会社員、梅原敦さんの作品が選ばれた。

出雲国を荒らしていた八岐大蛇（やまたのおろち）を背景に、その討伐の際に生み出されたとされる天叢雲剣（あめのむらくものつるぎ）（草薙の剣）を中心に配置、「圧倒的な力を抑え込むさらなる強力な存在」を表現している。日の丸のイメージも盛り込んだ。

今後は、艦のイメージ、シンボルとしてさまざまな機会に使用される予定となっている。

「いずも」では「護衛艦『いずも』にふさわしいロゴマークを考案していただき大変うれしく思う。応募作品はどれも力作ばかりで、皆さんの『いずも』に対する期待、望み、夢が伝わってきた。来年春の就役に向け、万全の態勢を整えていきたい」としている。

◇

【富士】陸自の富士駐屯地でもこのほど、創設60周年を記念して隊員からロゴマークを募集、投票で総数84点の中から富士教導団特科教導隊第2中隊の渡邊雅彦2曹（37）の作品が選ばれた。

西洋では60周年の記念品や形容詞をダイヤモンドとすることが多く、その石言葉は「永遠の絆」。それに富士山の山頂部と太陽が重なってできる「ダイヤモンド富士」をかけた。

「駐屯地全隊員が光り輝き、人々に感動を与えられるようになってほしい。また、隊員同士の仲間としての強い絆がこれからもずっと続いてほしい」という願いが込められている。

6月2日にはロゴマークをあしらったネクタイピン（本人の名前入り）が作製され、記念品として武内誠一司令から渡邊2曹に手渡された。

ロゴマークは今後、パンフレットなどに使用され、駐屯地の〝顔〟として使われる予定。

21空群に感謝状

救急患者輸送800回超す

【21空群＝館山】21空群（群司令・日向錦次郎海将補）は4月11日、小笠原諸島での救急患者輸送が800回を超え、東京都と小笠原村から表彰を受けた。

小笠原諸島には民間の空港と定期便がないため、島内で急患が発生した場合や付近を航行する船舶内で傷病者が発生した場合、21空群では73空（司令・渡邊浩一郎1佐）がUH60J救難ヘリを運用して輸送を実施している。

当日は東京都知事代理の村松明典総合防災部長と森下一男小笠原村長が基地を訪問。村松部長は「人命救助と民生安定に多大な貢献をしてきた」と謝辞を述べたほか、森下村長は「幾多の困難をものともせず、住民の生命を守り民生安定に寄与してきた」として、日向司令にそれぞれ感謝状と記念品を贈呈した。

今回の表彰を受け、21空群では「小笠原諸島の『最後の砦』としてさらに気を引き締めて任務に当たりたい」としている。

村松東京都総合防災部長（左）から感謝状を贈呈される21空群の日向司令（右）。73空の渡邊司令（中央）も参列した（4月11日、館山基地で）

佐野2佐が製作の「春、一番……」

国際映画祭で最優秀作品賞

「春、一番最初に降る雨」の1シーン　©STUDIO—D JAPAN

自衛隊体育学校（朝霞）渉外広報室長の佐野伸寿2陸佐（49）＝写真＝が製作した映画「春、一番最初に降る雨」が5月27日〜6月1日に行われたオーストリアの「インスブルック国際映画祭」で最優秀作品賞を受賞した。

佐野2佐は東京都出身で防大34期卒。平成6年6月から3年間、カザフスタン大使館で文化担当官（外務省出向）として勤務し、その際、現地の映画関係者らと交流を持ち映画づくりに取り組むようになった。

・

休暇などを使い自費をつぎ込んでこれまでに「ウイグルからきた少年」（2008年）など5作品を製作。6作目となる今回の受賞作は11年3月、映画の舞台となるカザフスタンに赴き、10日間で製作した。

カザフスタン人、ロシア人などの出演者・スタッフと協力して製作した映画は、大自然の中で暮らす青年と父とともに旅をする少女の巡り合いを叙情的に描き、国内外で高い評価を得ている。11年9月にはカザフスタンの「ユーラシア国際映画祭」でグランプリを獲得。同10月の東京国際映画祭でも好評を博した。

作品を再評価された佐野2佐は「3年前に製作した映画を今でも見ていただいているのは幸せなこと。映像技術を磨き、広報の仕事にも生かしたい」と話している。

「原点に立ち返り考える」

近藤10後方支連衛生隊長 母の優しさと厳しさ

陸自第10後方支援連隊衛生隊（春日井）の近藤陽子3佐（46）が3月23日付で、1後支連衛生隊（練馬）の松田桃子2佐とともに女性として初めて陸自衛生隊長に着任し、今後の活躍に期待が寄せられている。

近藤3佐は愛知県岡崎市出身。名城大薬学部を卒業後、「社会貢献がしたい」と平成4年に陸自に入隊。開発実験団部隊医学実験隊（三宿）や北方衛生隊（真駒内）などを経て10後支連衛生隊長に着任した。

着任の訓示で近藤3佐は「問題が起きた際、原点に立ち返って考える。その時に思ったことが本来の自分のあるべき姿」と述べ「あるべき姿の追求」を隊員に要望した。

入隊時から性別は意識しておらず、「女性初ということが取り上げられない、当たり前の時代になってほしい」と語った。

現在は生まれ育った故郷で単身赴任。自衛官である夫（開実団部隊医学実験隊）の等（ひとし）3陸佐と中学生と小学生の二人の息子は東京に暮らしながら、陽子さんの任務を応援している。

「人からは〝お母さんみたい〟とよく言われます」と微笑む近藤3佐。部隊の高い理想を「100年に1度の国難において、その機能が発揮できる衛生隊」とし、母親のような優しさと厳しさで、日々、隊員の育成と指導に当たっている。

衛生隊の活動内容を紹介するため、尾張北部圏域地域災害医療部会の医師26人を駐屯地に招くなど、精力的に活動の幅を広げる。

「私を育んでくれた地域に精いっぱい貢献したい」と地元ならではの人脈づくりに力を入れている。

「着任して感謝することの大切さがよく分かりました」という近藤10後支連衛生隊長（4月6日、春日井駐屯地で）

こちら警務隊　☎8・6・47625

性的羞恥心を害す行為 6カ月以下の懲役や罰金

公然わいせつ罪について教えてください。

「公然」とは、不特定または多数の者が認識できる状態をいい、実際は一人しかその場所に居なくても、不特定または多数の者に認識される可能性があればよいとされています。

具体例としては、公園など人目のつきやすい場所で全裸になったり陰部を露出すること、駐車場などにおいて車の中で性行為をすることなどがこれに該当します。

刑罰は、6カ月以下の懲役もしくは30万円以下の罰金または拘留もしくは科料です。

一般的な市民の性的羞恥心を害し、モラルに反する行為は絶対にやめましょう。

（警本＝市ヶ谷・田口1曹）

訂正 6月5日付7面「旧海軍巡航の写真集」の写真説明で、募集課長が「川地秀樹」氏とあるのは「戸室勝行」氏の誤りでした。

小休止

▽…市ケ谷基地体育館で5月27日、空自の長縄跳び大会が行われ、基地所在の部署の隊員らが出場し、宙を舞った＝写真。

▽…1チーム10人（跳び手8人、回し手2人）で16チームが参加。2分間に8人が同時に跳び、連続して跳んだ回数の多さを競った。選手は5月13日から昼休みを利用して練習を重ね、本番に臨んだ。

▽…縄が風を切る音と掛け声、声援がこだまする中、空幕運用支援・情報部が123回の好記録を出して優勝。空幕総務部Aチームは4回及ばず準優勝となったが「団結・努力し、結果が出せてうれしい」と、晴れやかな表情で業務に戻って行った。（空幕）

初任研修に参加して

職務への意欲 新たに

技官　高城　雅裕（航空安全管理隊教育研究部・立川）

空自の航空安全管理隊に配属された高城雅裕技官

私は4月14日から18日まで、東京の市ヶ谷基地などで防衛省大臣官房が実施した「平成26年度防衛省合同初任研修」に参加しました。

この研修は採用区分に関係なく、今年度採用された事務官ら全員が集められて実施されたもので、参加者は私を含め総勢約400人に及ぶものでした。

研修では、防衛省職員として必要な知識に関する座学とビジネススキル・マナーを受講したほか、先輩からいろいろお話をしていただきました。座学で特に印象に残ったのは、情報保全と安全保障に関する講義でした。

情報保全に関しては入隊前からそれなりに気をつけてきたつもりでしたが、その着意は、データを消失させないといったことだけに留まり、情報流出に関しての懸念は毛頭ありませんでした。しかし、防衛省の職員として「情報の流出は国の安全を損ないかねない」という事実に気づかされ、改めてネット社会に対する心構えをしっかり持とうと思いました。

また、安全保障に関する講義では、昨今の世界情勢の変化を踏まえ「日本の国家防衛はどうあるべきか」についてご教示いただきました。これまで何も考えずに安穏と生活していた背後で、さまざまな思惑や政策が張り巡らされていることに驚き、今後は、このような視点で安全保障に関心を持ちニュースなどに接していきたいと考えました。

研修の終盤にはビジネススキル・マナーの研修がありました。これまでマナーなど考えたこともなかった私にとって、ある意味、一番必要なことなのかもしれません。研修では、あいさつや名刺交換の仕方、電話での受け答えなど、社会人にとって必要不可欠なことを丁寧に教えていただきました。

実際に他者に向き合って練習することは少々気恥ずかしくもありましたが、自分が今までマナーだと思っていたことが単に丁寧に接していただけのことだったなど、普段の自分の振る舞いを見直す機会ともなりました。マナーは一朝一夕に身につくものではないので、教本を時折読み返し、実践していくことで徐々に身につけていけたらと思います。

初任研修に参加したことで、自分も防衛省職員であるとの自覚が芽生えただけでなく、自分自身の改善すべき点も多々見つかり、非常に有意義な研修でした。今回、私たちのためにご尽力いただいた大臣官房秘書課の皆様には大変感謝しております。

私は今、航空自衛隊の航空安全管理隊という、航空事故調査および飛行安全などに関する任務を持つ、防衛省・自衛隊で唯一の飛行安全に特化した専任部隊に所属しています。今回の研修で得た知識と経験を生かし、部隊の安全な任務遂行のため、これからも精進していきたいと思います。

みんなのページ

小出監督（前列中央）と一緒に記念写真に収まるスクール参加者

小出監督に教わった

1陸曹　高田　広幸（鳥取地本・米子地域事務所）

バルセロナ五輪銅メダリストの有森裕子選手やシドニー五輪の金メダリスト、高橋尚子選手を育てた名監督、小出義雄さん（74）のランニングスクールが4月6日、境港市の竜ヶ山陸上競技場で開催された。

小出監督は市内外から集まった小学生から大人まで約300人に対し、走る楽しさやマラソンでの充実感の味わい方などを話した後、実際にグラウンドで指導を行った。

参加者は初心者から上級者まで8グループに分かれ、小出監督の指導の下、それぞれのペースでトラックを走った。小出監督は「走るのは気持ちいいこと。適度な運動で体は10歳くらい若くなる」「最初は遅くても続けているうちに速くなる」と笑顔で話していた。

最後に小出監督への質問タイムがあり、高校生がシンスプリント（下腿内側脛骨）部位の疲労回復の方法を質問。監督は「まずほぐし、ストレッチし、休むことが大事」と答えた。その高校生は「明るいキャラクターの小出監督の指導で楽しく走れました」と感謝の言葉を述べていた。

最後に主催のランニングスクールから「かに汁」のサービスがあり、参加者は次の大会の目標などを話しながらおいしそうに「かに汁」をすすっていた。

強まった空自への思い

予備自補　櫻井　真唯（山梨大学工学部4年）

私は航空自衛隊の幹部候補生を目指しており、このほど岐阜基地を見学させていただきました。中でも印象に残っているのが、幹部自衛官の方々との懇談と戦闘機を間近で見学できたことです。

今回は隊員といろいろお話することができ、幹部自衛官の仕事についてよく知ることができました。ちょっと答えにくい質問にも対応していただき、航空自衛隊の実情を知ることができました。

また、私が不安に思っている幹部候補生学校での生活などについても聞くことができ、とても参考になりました。さらに私の目指す職域に配属されるにはどうしたらよいか、そのアドバイスも頂きました。

岐阜基地では各種の戦闘機を間近で見学し、目の前で離陸する姿も見ることができました。飛び去った後にも残る空気の振動はとても迫力がありました。

また、パイロットの方から直接話を聞いて戦闘機への理解が深まるとともに、私が大学で学んでいる知識や技術が部隊の現場で多用されていることにも驚きました。

航空自衛隊では、後方で支える人たちの仕事が積み重なり、パイロットのような前線で働く隊員を支えていることがよく分かりました。

今回、岐阜基地を見学して航空自衛隊に入隊したいという思いがより強くなりました。将来、航空自衛官として働けるよう、これからも努力していきます。

「人財」となれるよう日々努力

3陸曹　品川　理恵（108全支大・仙台）

私は4月22日から3日間、自衛隊で生活体験を行う会社員の班長を受け持った。

最初の自己紹介の時、体験入隊者たちに「5分前行動」の精神を伝え、時間の徹底と規律の重要性を伝えた。また、服装・態度・威容を保ち、メリハリのある行動を求めた。

会社員の皆さんは初めての自衛隊で緊張感もあったようだが、しっかりと基本教練や行進訓練を行い、集団行動での規律の大切さを学ぶことができたと思う。

最後に私は社会人として評価される「じんざい」について彼らに話した。

第1の「人材」は、まだ実績はないが成長が期待できる人、つまり今回の体験入隊者たちだ。第2の「人在」は実績はあるが、それ以上の成長が見込めない人。若い人はこれではいけない。第3の「人罪」は成長が期待できず、さらに仕事中にサボったりして、組織のお荷物となる人。そんな人間になってはいけない。

組織が最も必要とするのが第4の「人財」だ。まさに組織の財産とも言える人で、成長が期待でき、将来の組織の大黒柱となる人だ。私は体験入隊者に対し「ぜひ人財になってください」と話した。かく言う私も自衛隊で「人財」となれるよう、日々努力している。

OBがんばる

續（つづき）安男さん　55
平成25年4月、海自第5整備補給隊（那覇）本部総務班長を最後に定年退職（3佐）。北九州予備校・沖縄校に再就職し、生徒の自習を監督している。

能動的になろう

私は退職後は、教育に関わる仕事に就きたいと考えていました。そうした中、新聞の求人欄で北九州予備校の沖縄校開校に合わせた職員の募集を知りました。北九州予備校は、その実績から九州一円で名の知れた大手予備校です。

沖縄校は昨年4月に開校したばかりですが、今春、国立大医学部を中心に多くの合格者を出しております。私の仕事は自習時間の生徒たちの監督です。

私は部隊でも部下の身上把握に努めてきましたが、今の仕事も基本的には同じで、人をよく観察することが大切です。

「人間観察は医療・教育・福祉の基本」と聞いたことがあります。生徒たちの自習を見守りながら、時には生徒たちの相談相手になったり、自衛隊の面接試験の練習を企画したりと、自衛隊の経験も生きています。そして生徒が志望校に合格し、そのうれしそうな顔を見ていると、自分もその一助になれたと大きな喜びを感じます。

再就職に当たっては、自分は何をしたいのか、何ができるのか、早めに目標を定めて準備することが大切だと思います。そして友人（妻）を大事にしていると、意外なところから助言が得られ、家族の一言で道が開けたりします。

しかし、何より大事なことは「能動的になる」ことです。なぜなら、再就職は自分事であり、自分の人生であるからです。そして早めに自分の人生設計をしっかりと描いてください。自信を持ってやることが大切です。

全国の隊員の皆様、もしご子息・ご令嬢の進学問題で何か悩みがありましたら、お気軽にご相談ください。志望大学への合格に向けて、私も微力ながらお手伝いさせていただきます。

詰碁

第1089回出題

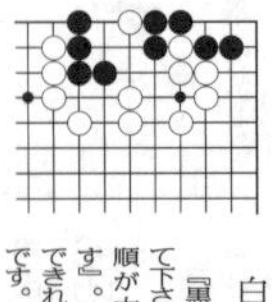

出題　日本棋院　九段　曲　励起

白先

『黒を取って下さい。手順が大切です』。5分でできれば中級です。

▶詰碁、詰将棋の出題は隔週です◀

詰将棋

出題　日本将棋連盟　九段　石田　和雄

☗先手　持駒　金桂

≪第673回の解答≫

【正解】☗1五桂☖同香☗1二馬☖3二玉☗3三銀成☖同玉☗4三金までの七手詰め。

【解説】初手☗3五桂が筋なれど☖3四玉と逃げられ失敗。☗1五桂と端に打つ手が正解。これで次の☗1二馬が気持ちよい手順で、☖同玉には☗1三金があり☖3二玉と逃げます。そこで☗3三銀成が決め手となり、後は金打まで。

（世界の切手・オランダ）

挫折は過程。最後に成功すれば挫折は過程に変わる。だから成功するまで諦めない。

本田　圭佑（サッカー日本代表）

朝雲ホームページ
www.asagumo-news.com
<会員制サイト>
Asagumo Archive
朝雲編集局メールアドレス
editorial@asagumo-news.com

新刊紹介

「日本政治ひざ打ち問答」

御厨　貴、芹川　洋一著

大学のゼミで共に学んだ政治学者と新聞記者が日本政治の過去・現在・未来を語り合った。

まず、安倍政権を支えている閣僚は「保証人なき政治家」たちだと指摘する。小泉純一郎元首相はGNP政治、すなわち「義理」と「人情」と「プレゼント」の政治を一掃したが、それと同時に派閥も解体した。閣僚といえども「帰るべき家」は存在せず、将来どうなるかという見通しがない彼らは「今」の地位に執着し、明日をじっくり考える余裕はない。

振り返ってみると、派閥には「人材養成」という大切な役割があった。政治家に一番必要な資質は、将来に対する「構想力」だと御厨は言う。しかし、現在、そういう政治家はいるのか？　将来、生まれるのか？

「この国をしっかりさせるのは政党しかない。政党をバカにしてはいけないし、大事にしないといけない。下手をすると戦前のように、政党もつぶれ、政党政治自体もつぶれてしまう。その状態を招かないようにするのが、戦前の歴史から読み取るべき教訓ではないでしょうか」という警告が事態の深刻さを示している。（日本経済新聞出版社刊、918円）

「第一次大戦陸戦史」

別宮　暖朗著

1914年6月28日、サラエボでセルビア人学生ガブリロ・プリンチップが放った2発の銃弾が口火を切り、4年3カ月に及ぶ「史上初の総力戦」第1次世界大戦が始まった。

16カ国が参戦。延べ6500万人の将兵を動員し、860万人の戦死者を出したこの戦争を、後にイギリスのウィンストン・チャーチルは「戦場から騎士道精神が失われ、戦場は単なる大量殺戮の場へと化した」と評した。

本書は、証券アナリストとして活躍する傍ら、著者がライフワークとしてホームページ上で発表し続けてきた「第一次大戦」を編集した352ページに及ぶ大作。

大戦は「なぜ」起きたのか。そして、近代兵器と塹壕戦に象徴される"泥濘の環境"が「どのよう」に進んだのか。地図や写真など豊富な資料を駆使した本書からは、総動員で戦場に送られ犠牲となった各国の若者たちの姿が浮かんでくる。

開戦100周年。「世界の模範であったヨーロッパ文明は、戦争のあまりの破壊の凄まじさによって、人々の心から消滅した」の一文が胸を突く。（並木書房刊、2889円）

朝雲

発行所 朝雲新聞社
〒160-0002 東京都新宿区坂町26番地19 KKビル
電話 03(3225)3841
FAX 03(3225)3831
振替00190-4-17600番
定価一部140円、年間購読料9000円（税・送料込み）

主な記事

2面 マレーシア機捜索国緊隊に1級賞状
3面 普教連レンジャー訓練同行ルポ（上）
4面 〈募集・援護〉募集ツールに創意工夫
5面 〈部隊だより〉日米が銃剣道で交流
6面 〈みんなのページ〉遠航部隊を見送る
7面 宮崎市内で危険性高い不発弾処理
8面 〈全面広告〉

日豪2プラス2

防衛装備品協定 締結へ

流体力学研究、来年度から

日豪両政府は6月11日、外務・防衛担当閣僚協議「2プラス2」を都内の外務省飯倉公館で開き、防衛装備品の輸出や国際共同開発を通じた技術移転に関する政府間協定を締結することで実質合意した。第三国移転や目的外使用の事前同意を義務付け、日豪間における装備品や技術の移転を可能とするもので、早期署名を目指す。豪は日本の潜水艦技術に関心を示しており、小野寺防衛相は会談後の記者会見で、潜水艦を含む船舶の流体力学分野に関する共同研究を来年度に始める方針を明らかにした。共同訓練の拡充でも一致した。

5回目となる日豪2プラス2には、日本から岸田外相、小野寺防衛相、豪からビショップ外相、ジョンストン国防相が出席。安全保障協力の強化で一致し、共同プレス発表を行った。

両国は今後、防衛技術の移転を適正に管理するための政府間協定の早期署名に向け作業を進める。

その第1弾として、来年度にも潜水艦を含む船舶の流体力学分野に関する共同研究を開始する。小野寺大臣は「潜水艦を含めたいかなる種類の船舶にも応用可能な技術となる」と説明し、日豪初の防衛装備・技術協力に期待感を示した。

一方、ジョンストン国防相は豪が現在、潜水艦の建造計画を進め、米英など複数の国と協議しているとした上で「非原子力の潜水艦として日本製は大変質が高い」と称賛。「日本の4200トン級ディーゼル潜水艦（水中時の「そうりゅう」型）は世界で最も大きい。日本の技術と助言を求め、我が国の潜水艦の建造につなげたい」と述べた。

協議では2国間の共同訓練の拡充や人材交流の促進をはじめ、PKOや人道支援・災害救援（HA／DR）、海洋安全保障、能力構築支援での協力強化を確認。初の「2国間サイバー政策対話」を今年後半にキャンベラで行うことでも合意した。

このほか、今年10月から11月に豪で開催予定の「アルバニー船団記念式典」に海自艦艇が初めて参加することも決まった。同式典は第1次世界大戦に赴く豪・NZ合同軍団（ANZAC）部隊を乗せ、日本海軍の軍艦「伊吹」によって護衛された最初の船団の出発100周年を記念する。

地域情勢をめぐっては、核・ミサイル開発を進める北朝鮮への懸念を表明。海洋進出を強める中国を念頭に、東シナ海や南シナ海での力による一方的な現状変更に強く反対するとともに、法の支配の重要性を再確認した。

協議後の共同記者会見に臨む（右から）小野寺防衛相、岸田外相、ビショップ外相、ジョンストン国防相（6月11日、東京都港区の外務省飯倉公館で）＝防衛省提供

◇日豪2プラス2の骨子
▽防衛装備・技術移転の協定締結で実質合意
▽船舶の流体力学に関する共同研究を来年度に開始
▽共同訓練の拡充、人材交流の促進で協力強化
▽第1回サイバー協議をキャンベラで開催
▽豪のアルバニー船団記念式典に海自艦艇が初参加
▽豪は、日本の集団的自衛権の行使検討や防衛装備移転三原則の策定を支持
▽2国間の安保協力を新たな段階に引き上げ、両国首脳に提案
▽日豪の戦略的パートナーシップを新たな特別な関係に引き上げる

豪外相・国防相

「集団的自衛権容認」に期待

自衛隊との協力強化の好機

日豪2プラス2出席のため来日したオーストラリアのビショップ外相とジョンストン国防相は6月12日、東京・内幸町の日本記者クラブで共同会見し、安倍政権が閣議決定を目指す集団的自衛権の憲法解釈の変更について、ビショップ外相は「日本がより普通の防衛体制を敷くことになれば、国防軍と自衛隊との協力はさらに強化できる」と述べ、解釈変更に期待感を示した。

同外相は、日本にとって同問題が「センシティブ（機微に触れる）な事柄であるのは理解している」とした上で「日本が国際的なひのき舞台で、そして地域の平和と安定のために建設的な役割を果たすことは豪州、そして世界のためになる」と述べた。

ジョンストン国防相は22日から米ハワイで行われる環太平洋合同演習「リムパック2014」について、日米豪の関係がさらに強化できるとの認識を示す一方、「日豪間には明るい未来が待っている。将来、2国間の演習を豪州でやることになるだろう」と述べ、日米豪3カ国のみならず、日豪による2国間演習を今後充実させていく意向を明らかにした。

中国機、また異常接近

東シナ海公海上

自衛隊機に30メートル

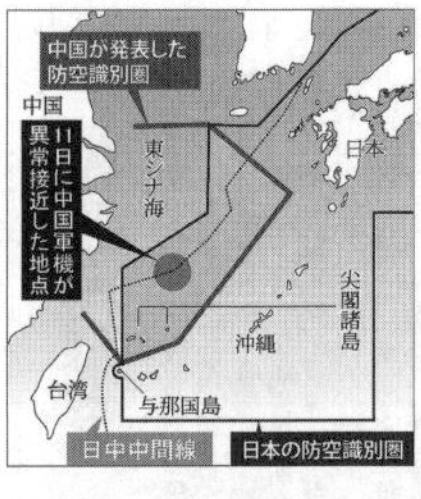

防衛省は6月11日、東シナ海中部の日中中間線付近の公海上を飛行していた空自のYS11EB電子情報収集機と海自のOP3C電子戦画像収集機に対し、空対空ミサイルを装備した中国軍のスホイSu27（殲11型）戦闘機2機がそれぞれ異常接近したと発表した。

最接近時はわずか30～45メートルだったという。領空侵犯はなく、自衛隊機や搭乗員への被害はなかった。政府は外交ルートを通じて中国側に厳重抗議した。

中国軍機の異常接近は5月24日以来2回目。現場は前回とほぼ同じ空域で、日本の防空識別圏と中国が新たに主張を始めた防空識別圏が重なり合うエリアで起きた。

防衛省によると、同日午前11時ごろ、通常の警戒監視活動を行っていた空自のYS11EBに2機のSu27が背後から近づき、うち1機が空自機をかすめるように追い抜き、その際、約30メートルの距離まで接近した。この1時間後には海自のOP3Cに約45メートルまで近づいたという。

小野寺防衛相は同日夕、都内のホテルで行われたジョンストン豪国防相との会談の席上、事実関係を公表。会談後、記者団に対し「日本側のパイロットが危険を感じるような大変荒く危険な飛行だった」と説明した。

その上で「偶発的な事故につながりかねない大変危険な飛行だ。世界の空軍は通常、このような危険な飛行は行わない。通常ではないのが今の中国軍当局の状況だ」と述べ、中国の行為を批判した。

大臣は13日の記者会見で日中間の「海上連絡メカニズム」について、「第1次安倍政権で両国首脳がすでに合意しており、内容もほぼ詰まっている。あとはそれぞれが政治的に判断すれば速やかに機能する」と述べ、協議再開の必要性を改めて訴えた。

自衛隊機に異常接近し、翼下のミサイルを見せる中国軍のSu27戦闘機（6月11日、東シナ海上空で空自機撮影）＝防衛省提供

「大国の対応望む」　小野寺大臣

小野寺防衛相は6月12日、臨時記者会見し、中国国防省が「空自機が中国機に異常接近した」としてホームページ上に同日公開した映像について「映像を見たが、中国側が主張するような事実はなく、空自のF15戦闘機は一定の距離を取り、国際法に従って非常に安定したスクランブル対応をしている」と述べた。

さらに「（中国は）今回の自衛隊機への接近事案で何か後ろめたいことがあるので、映像をわざわざ公開したのではないか。中国には大国としての対応をしていただきたい」と述べた。

「隊員は冷静に対応」　岩崎統幕長

岩崎統幕長は6月12日の記者会見で「立て続けに起こり、大変遺憾。中国にしっかりとした行動を取るよう要求したい」と述べ、不測事態を回避するための「海上連絡メカニズム」の早期運用に向けた協議再開の必要性を強調した。さらに「警戒監視に当たる自衛隊員は極めて冷静に対応している」と評価した。

齊藤空幕長は13日の記者会見で「極めて危険な行為で、強い憤りを感じる」と不快感をあらわにし「速度差を持って接近したり、急激な機動を伴ったり、針路を妨害して至近距離で横切るなど、二度とやってほしくない」と中国側に自制を求めた。その上で「自衛隊は国際法に基づいて必要な警戒監視活動を淡々と続けていく」とした。

河野海幕長は17日の記者会見で「不測の事態を招きかねない大変危険な行為。今後とも気を引き締めて対応していきたい」と述べた。

ベトナム訪問を記念して「くにさき」艦上で集合写真に臨む「PP14」参加の日米豪の隊員（6月5日、ダナン港沖で）

ベトナムでの活動終了

「くにさき」出航

米豪軍乗せカンボジアへ

米太平洋軍主催の医療・文化活動「パシフィック・パートナーシップ2014（PP14）」に参加している海自の輸送艦「くにさき」（指揮官・1輸隊司令の松井陽一1佐、艦長・笹野英夫2佐以下約150人）は6月15日、最初の訪問地ベトナムでの活動を終え、次の寄港地カンボジアに向け出発した。シアヌークビルでは19日から28日まで活動する。

同艦には陸海空3自衛隊の混成医療チームに加え、今回初めて米豪軍の隊員計約140人が乗艦。

6月6日にベトナム中部の港湾都市ダナンに入港後、日米豪の医官らは同市を拠点に総合病院や第17軍病院などでベトナム軍や民間の医療関係者を対象に心臓マッサージなどの医療講習を開催したほか「くにさき」艦内では日米豪越の4カ国の隊員が共同で救命救急や急患輸送の訓練なども行った。

活動の合間には、日米豪の隊員が市内の体育館でフットサルなどスポーツ交流に汗を流し、親睦を深めた。

「くにさき」のベトナム訪問は、2010年に海自艦として初参加したPP10でのクイニョン訪問以来、2回目。ダナン港に停泊中は地元の児童を艦艇見学に招き、乗員が折り紙やけん玉など日本の遊びや文化を紹介しながら一緒に楽しんだ。気温40度に近い中、日本のアイスキャンディーは子供たちに好評だった。

米西海岸経由し 中米諸国訪問へ

遠航部隊

5月22日に東京港を出発した海自の遠洋練習航海部隊（練習艦「かしま」「せとゆき」、護衛艦「あさぎり」で編成、指揮官・湯浅秀樹将補以下、実習幹部約170人を含む約720人）はハワイ経由で太平洋を横断し、6月14日、2番目の寄港地、米西海岸のサンディエゴに入港した。

18日まで滞在し、実習幹部らは記念艦「ミッドウェイ」や米海軍艦艇などを研修したほか、第3艦隊司令官らから講話を受けた。

サンディエゴ出港後は今遠航のハイライトとなる中米・カリブ海の諸国を訪問するため、パナマ運河のあるパナマシティに向かった。28日に到着し、その後はカリブ海に入り、初訪問国キューバなどに向かう。

中空司令官に平本空将

防衛省発令

▽空将に昇任（教育集団幕僚長）空将補　平本　正法
▽中空司令官（同）空将　平本　正法
▽退職を承認（中空司令官）同　清藤　勝則
▽中空副司令官（防大防衛学教育学群長兼防大教授）空将補　金古　真一
▽教育集団幕僚長（中空副司令官）同　鶴田　眞一
▽解兼派遣海賊対処行動航空隊司令（1空司令）1海佐　淺沼　弘
▽兼派遣海賊対処行動航空隊司令（1空副長）同　大内　研治
（以上6月14日）

将昇任者略歴

平本　正法（ひらもと・まさのり）空将　防大25期。昭和56年空自。平成7年2佐、12年1佐、19年将補。1空団司令、南混団副司令、空幕監理監察官などを経て、24年教育集団幕僚長。東京都出身。55歳。

春夏秋冬

山笑う

田部井　淳子

五月も毎週のように関東の山から東北、信越の里山を歩き、芽吹いたばかりの葉のうすい透きとおるような緑や、ピンクがかった芽が常緑の松や杉、檜（ひのき）、木の間を埋めつくす森を見てきた。

この時期を「山笑う」と表現した日本人の豊かな感性はすごい。自分もこの美しい森を持つ日本に生まれたことを誇りに思った。佐渡の山にも行った。

ジェットフォイルでわずか一時間で佐渡に着き、相川へ行く途中、トキが飛来する田んぼの道を走ってもらった。

人家のすぐ後ろにある屋敷林の中に、今年自然ふ化で生まれた鳥のひながいるという。

「あっ、飛んだ」という声に上を見上げると、美しい朱色の羽を大きく広げたトキが森の中から田んぼに飛んできた。

かつてはそのトキの足が植えたばかりの稲の苗を踏み荒らし、農民からはやっかい者扱いされていたという。しかし、絶滅を心配された今は、生きた物しか食べないトキのために、田に農薬を使用することを控えてトキのえさになるドジョウなどを増やす努力をしてきた結果、今があるという。

その村人に感謝するように悠々と舞うトキの姿にも感動したが、改めてびっくりしたのは佐渡の森の美しさであった。

アオネバ登山口からドンデン山荘へ登る道は、車から降りてわずか二分で自然林のまっ只中に立っているような所になる。

道の両側はイワカガミ、ニリンソウ、マイスルソウ、オドリコソウ、ズダヤクシュ、キクザキイチゲ、ヒトリシズカと高山植物の花々が道案内のように咲いているのだ。

多種多様の樹木の中に流れる沢の音を聞きながら登ると、体中の細胞が、ホッと目を覚まし、動き出したような感じがした。大きく息を吸うとしっとりと湿り気を帯びた空気が胸の中に入ってくる。森の中のエキスを集めてきたようなさわやかで濃い空気に足の運びも軽くなっていく感じがする。

冬の冷たい強い風でブナも大木にならず風の方向になびくように林立していた。

こんな森は本州にはないなと思った。森のわずかなすき間を埋めるごとくシラネアオイが群をなして咲いている様には思わず「オォー」と感嘆の声が出た。

里には各所に神社があり、能舞台も三十五残っているという。文弥人形も見、新鮮な魚にも感激していたら、突然夜、市長さんが訪ねてきて「佐渡観光大使」になってほしいと依頼された。この美しい島のために喜んで引き受けたことは言うまでもない。

（たべい・じゅんこ＝登山家）

朝雲寸言

馬耳東風、柳に風、蛙の面に水、のれんに腕押し……。何を言っても効き目のない様を表す言葉だが、「中国軍機による異常接近」も、まさにその通りだ▼5月24日に続いて6月11日にも東シナ海の上空で、中国軍機による自衛隊機への異常接近が繰り返された。政府は「常軌を逸した行為」「極めて遺憾で許し難い」と厳しい表現で非難したが、挑発行為は今後も続くに違いない▼2001年には南シナ海の上空で、米海軍の偵察機EP3に、中国の旧式戦闘機が急接近を試みて失敗、接触して墜落する事件があった。技量未熟なパイロットの跳ね上がった行為とみられたが、今度は違う▼挑発してきたのは、スホイ27という制空戦闘能力に優れた第4世代の新鋭戦闘機であり、操縦するのは前線部隊に所属するエース級パイロットだろう。組織的な威嚇であり、昨年設定した防空識別圏を管理、運用していることを国内外に見せつける示威行動でもある▼このままでは偶発的な衝突事故は避けられない。それを防ぐには、防衛当局者間で「連絡メカニズム」を早急に構築することだが、「先に接近してきたのは自衛隊機だ」などと反論する相手に、再発防止策を期待しても無駄だ▼射撃管制レーダーの照射など海軍の挑発行為に続いて、空軍も対日挑発戦に本格参戦してきたのだろう。そう遠くない将来、広辞苑には「中国政府に念仏」という言葉が登場するかもしれない。

時の焦点

国内　拉致再調査

リスク負った安倍首相

「交渉をするだけでいいなら、いつでも出来る。しかし、『仕事をしています』というアリバイ作りのような交渉では意味がない」

日本外務省の当局者は常々そう語っていた。

日朝両政府が新たな合意に達した。北朝鮮の特別調査委員会は、拉致被害者や拉致された可能性がある特定失踪者らの安否などを調査する。「拉致問題は解決済み」としてきた従来の主張を撤回したものだ。

調査内容は、日本側に随時報告し、日本側関係者の訪朝も認めるという。合意内容は、口約束でなく文書に明記した。

小泉首相が2002年に訪朝し、5人の拉致被害者の帰国に結びついた。その後、拉致問題は、目立った進展はなかった。今回の合意で、問題解決に向けた入り口に立ったと言えるだろう。

注目すべきなのは、調査委員会の権限や運用よりも、今回の交渉に、北朝鮮の国家安全保衛部が関わっているとされることではないだろうか。

反体制派の取り締まりなどに当たる治安機関であり、金正恩第一書記に連なる組織だ。政権ナンバー2だった張成沢氏の粛正を主導したことでも知られる。

そして、小泉訪朝の「ミスターX」は、国家安全保衛部の副部長だったと言われる。外務省の田中均アジア大洋州局長(当時)のカウンターパートだ。田中氏は小泉首相と、Xは金正日総書記と直結し、小泉訪朝をおぜん立てした。ちなみに、その後、Xは処刑されたと伝えられる。北朝鮮における権力の「危うさ」をうかがわせる話だ。

今度の交渉に、第2の「ミスターX」が関わっているとすれば、アリバイ作りなどではない。「出口」を見据えた道筋を描いていると見るほうが自然だ。拉致問題を解決して、日朝の国交を正常化する。そして、北朝鮮は日本から大規模な経済支援を得るというシナリオだろう。

北朝鮮は「行動対行動」の原則を掲げ、再調査の進展に合わせて、日本に制裁解除を求めると見られる。目立った結果が出ないまま、日本政府が譲歩を重ねれば、国内から「弱腰」と非難される可能性がある。

北朝鮮が核実験やミサイル発射などの暴挙に出た場合、米国はじめ国際社会から、そんな北朝鮮と交渉を続ける日本政府への批判は強くなろう。

困難な道行きなのは間違いない。

安倍首相は一貫してこの問題に取り組んできた。被害者家族が首相に寄せる信頼と、期待は大きい。そうした信頼を支えに、安倍政権は、制裁緩和にもある程度柔軟に対応できるだろう。あえて今回の日朝合意について、安倍首相が発表する段取りとしたのも、首相主導を印象付ける意味合いがあったと見られる。

もっとも、期待が大きいだけに、結果が出なかった時の失望は深い。首相は、そのリスクを十分覚悟しているはずだ。首相を中心に、政府一丸となって、取り組んでもらいたい。

風間　二郎(政治評論家)

海外　ウイグル人テロ

中国新疆のアフガン化

「中華民族の復興」という政治スローガンを掲げる中国の習近平指導部のアキレス腱は、漢族中心の中華民族に入るに入れずにいる少数民族の取り込みだが、この問題が最も先鋭化しているのは新疆ウイグル自治区のトルコ系ウイグル人の動きだろう。

昨年10月に北京の天安門で衝撃的な自動車炎上事件が発生して以来、雲南省の昆明や新疆の中心都市ウルムチ、あるいは広東省の広州で無差別テロが相次いだ。

5月22日にウルムチで起きた自動車爆弾事件により、一連のテロ・襲撃は中国に対する暴力闘争の一環であることが鮮明になった。暴力闘争はアフガニスタンやパキスタンのイスラム過激派である聖戦主義者の戦術がとられており、国外から遠隔操作されている可能性が強い。

一連の無差別テロに共通するのは、実行者がウイグル人だという点だ。

中国指導部はこれらの事件の背後にいる内外の過激派勢力の特定を急ぐとともに、テロ封じ込めに躍起だが、習主席の新疆視察直後に事件が起きるなど、対策は後手に回っている。

新疆の独立派組織で、アルカイダとの連携もあるとされる「東トルキスタン・イスラム運動」(ETIM)を支援するのが、近隣の中央アジアを拠点とする幾つかのイスラム組織だが、一連の事件をなぞると、ETIMへの後方支援を通じ、中国でも聖戦という名のイスラム武装闘争を拡大していこうとする構図が浮かんでくる。

北京と昆明、広州、ウルムチで相次いだ襲撃事件はすべて、ETIMを弾圧し、宗教上の敵とも見なす中国共産党指導部に政治的打撃を与えたという点で、中央アジアのイスラム過激組織には大きな勝利となった。

これら国外のイスラム過激派にとっては、立て続けのテロや襲撃により、今年末を期限とする米軍戦闘部隊のアフガン撤収後、「中国が聖戦の次の標的になる」と宣伝することができる。となれば、新疆で分離独立を目指すウイグル人の活動は、アフガンのイスラム原理主義組織タリバンやアルカイダ系勢力の手法に似てくるのではないか。具体的には、新疆の漢族住民が新疆を脱出せざるを得なくなるほど漢族を頻繁に攻撃するようになるというシナリオだ。

中国指導部を揺さぶる新疆の分離独立派のトルコ系ウイグル人組織の狙いと、組織を支援する海外勢力とのつながりを俯瞰すると以上のようになる。発展が遅れた辺境の新疆の経済振興やインフラ整備のために同自治区に送り込まれた漢族住民とのあつれきが、近年頻発するウイグル族住民との衝突や襲撃事件の背景にあるとみられていたが、専門家の分析を引用すれば、最近の動きはそれにとどまらず、新疆が「アフガン化」する可能性も排除できない。

破綻国家とほぼ同義のアフガン化への道を許せば、漢族による新疆支配の打破、さらには共産党一党体制への重大な挑戦となるわけで、習近平指導部が威信を懸けてテロ封じ込めに取り組む理由はそこにある。海洋強国化もその一環である中華民族の復興は、まず足元で脅威を受けている。

伊藤　努(外交評論家)

不明マレーシア機捜索400時間

国緊隊に1級賞状

現地支援調整所を代表して小野寺防衛相(右)から1級賞状を授与される杉本1海佐。後列左は岩政2海佐、その右は杉山3空佐(6月13日、防衛省で)

今年3月中旬から5月上旬まで、マレーシアとオーストラリアで不明マレーシア機の捜索活動に当たった自衛隊の国際緊急援助隊の3組織に6月13日、小野寺防衛相からそれぞれ1級賞状が授与された。

式には木原政務官、岩崎統幕長らが出席。小野寺大臣は「全隊員が一致団結し、高い使命感で持てる能力を遺憾なく発揮した。防衛省・自衛隊に対する国内外の評価を高め、理解と信頼を深めた」と賞状を読み上げ、「現地支援調整所」を代表して所長を務めた杉本洋一1海佐(統幕運用第3課長)▽海自「国際緊急援助飛行隊」を代表して隊長を務めた岩政秀委2海佐(5空群52飛行隊長)▽空自「国際緊急援助飛行隊」を代表して隊長を務めた杉山仁3空佐(1輸空401飛行隊教育飛行班長)にそれぞれ賞状と記念の盾を手渡した。

現地支援調整所はマレーシアとオーストラリアに展開し、関係各国や機関などと緊密な連絡調整を実施。

海自はP3C哨戒機2機態勢で、当初はマレーシアのスバン空軍基地で3月15日から22日まで、以後は豪のピアース空軍基地で3月24日から4月28日まで活動した後、5月2日までに帰国を完了した。

一方、空自はC130H輸送機3機態勢(うち1機は本邦待機)で、スバン空軍基地で3月13日から24日まで活動後、帰国して本邦待機に就いていた。期間中、海空自で計46回、約400時間に及ぶ捜索活動を行った。

田尻1佐に1級賞詞

ソマリア沖・アデン湾　海賊対処に寄与

小野寺防衛相(右)から1級賞詞と合わせて防衛功労章を授与される田尻1海佐(6月13日、大臣室で)

ソマリア沖・アデン湾で半年間の海賊対処任務を終え帰国した水上部隊17次隊(護衛艦「さざなみ」「さみだれ」で編成、人員約400人)の指揮官、田尻裕昭1海佐に6月13日、小野寺防衛相から1級賞詞が授与された。

大臣室で行われた表彰式には、木原政務官や岩崎統幕長、重岡海幕副長らが出席。田尻1佐が小野寺大臣に帰国報告を行うと、大臣は「卓越した指揮統率能力をもって職務を全うし、海賊行為の抑止に大いに寄与するとともに、自衛隊に対する国内外の理解と信頼を深めた」と述べ、1級賞詞と防衛功労章を手渡した。

17次隊は昨年12月、自衛隊で初めて米国を中心とする多国籍艦隊「第151合同任務部隊(CTF151)」に参加し、特定海域にとどまり警戒監視を行うゾーンディフェンスを開始。1月には「さみだれ」と搭載ヘリが仏軍艦艇と連携して海賊船を拿捕するなど、海賊対処任務での日本の存在感を高めた。

同隊は18次隊(護衛艦「いなづま」「うみぎり」で編成、指揮官・立川浩二1海佐以下約390人)と任務を交代した後、5月17日に呉基地に帰国。同基地で若宮政務官から1級賞状を伝達された。

露艦5隻が宗谷海峡を東進

6月15日午前5時から午後11時にかけ、露海軍の艦艇5隻が3波に分かれ、北海道・宗谷岬沖をオホーツク海に向けて東に航行しているのを海自2空群(八戸)のP3Cが確認した。

午前5時ごろ、「ウダロイI」級ミサイル駆逐艦(満載排水量8636トン、艦番号572「アドミラル・ヴィノグラドフ」)と「アリゲーターⅣ」級戦車揚陸艦(同4700トン、同081)が、同7時ごろには「グリシャⅢ」(369)、「グリシャⅤ」(354)級小型フリゲートが通峡。さらに午後11時ごろには「ウダロイI」級(548「アドミラル・パンテレーエフ」)が宗谷岬沖を東に向け進んでいるのが確認された。5隻はいずれもオホーツク海に入った。

「法令順守」を学ぶ

新田原基地で講習会　監察本部

法令順守の在り方について野村教授(壇上)の講話を聴く隊員(5月12日、新田原基地で)

【監察本部】防衛監察本部(梶木壽・防衛監察監)は5月12日、空自新田原基地で第21回「地方コンプライアンス(法令順守)講習会」を開き、部外講師に招いた中央大学法科大学院の野村修也教授が「自衛隊のコンプライアンスについて」と題して講話し、基地司令の内倉浩昭空将補以下約400人が聴講した。

野村教授は公務員による不祥事の原因と背景について、旧社会保険庁の年金記録問題などを例に詳しく解説し、自衛隊として取り組むべき事項や公務員としての法令順守の在り方を訴えた。聴講した隊員は「大変分かりやすく、興味深い講話だった」「コンプライアンスへの取り組みが理解でき、知識向上に役立った」などと話していた。

終了後、講師を囲んで行われた懇談会では、基地所在の部隊長らから質問が相次ぎ、コンプライアンスに対する関心の高さがうかがえた。

講習会はコンプライアンス意識の普及と啓発を目的に、監察本部が全国の陸海空自衛隊や各機関と共催で実施しているもので、毎回、部外講師を招いて専門的見地からの講話を行っているのが特徴だ。今回の講習会には監察本部から畠中秀昭企画室長も同行し、同本部の任務や活動について隊員に説明した。

◇防衛監察本部　入札談合や情報流出などが相次いだことを受け、平成19年9月、防衛大臣直属の特別の機関として新設された組織。法令順守(コンプライアンス)の観点から、独立した立場で防衛省・自衛隊における職務遂行が適正に行われているかをチェックし、業務上の問題点を発見するとともに、改善策を大臣に報告している。

猪木正道賞を創設

日本防衛学会　シンポジウム開く

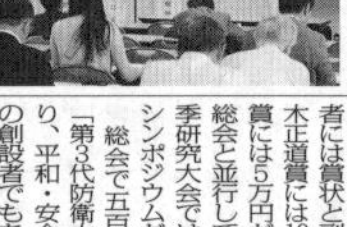

シンポジウムで講演した有識者。左から田中理事長、岩間教授、山口教授、大塚部長、中西教授(6月14日、中央大学駿河台記念館で)

日本防衛学会(五百旗頭真会長)は6月14日、都内で定期総会を開き、防衛・安全保障分野で優れた研究業績を上げた個人、グループを表彰する猪木正道賞(学会賞)と奨励賞の創設を全会一致で決めた。受賞者には賞状と副賞として猪木正道賞には10万円、奨励賞には5万円が贈られる。

総会と並行して開かれた春季研究大会では研究報告とシンポジウムが行われた。

総会で五百旗頭会長は「第3代防衛大学校長であり、平和・安全保障研究所の創設者でもある猪木氏の名にちなんだ賞の創設をうれしく思う。素晴らしい研究が増えることを期待したい」と述べた。同賞の第1回選考は、今年7月1日から来年6月末までに日本国内で発表、会員によって推薦・応募された著作が対象。受賞者は来年の秋季研究大会で決定する。

研究報告に続いて開かれたシンポジウム「安倍政権の外交と安全保障」では、中西寛・京大大学院教授が「国際情勢の激変と日本の外交・安全保障政策」をテーマに基調講演を行い「全体構造の中で日本がどういう役割を果たすかが重要。外交、防衛、軍事力をどのように選択、判断していくかが、今後の政権の課題だ」と述べた。

このあと、田中均・日本総研国際戦略研究所理事長、岩間陽子政策研究大学院大教授、山口昇防大教授、大塚海夫・海幕指揮通信情報部長らが登壇。田中理事長は安倍政権の安全保障政策は正しいと断言した上で「外交面では対中戦略に課題があるのではないか。特に日米の対中戦略の足並みをそろえることが重要」と指摘した。

岩間教授はドイツの憲法訴訟の現状を紹介した上で「日本は司法による憲法判断が少なすぎる。明確な憲法判断によって政治が動くことをルールに組み込むことが、成熟した民主国家の一つの在り方だ」と主張した。

共済組合だより

「えらべる倶楽部」に新サービス

転勤先でも旅先でも、最寄りの病院・薬局・介護施設・動物病院が簡単に分かる

防衛省共済組合が委託契約するJTBベネフィットの「えらべる倶楽部」に新たなサービス「あなたの街の安心MAP」が加わりました。

お子様が旅先で高熱を出したり、転勤などで知らない町に行っても大丈夫。「えらべる倶楽部」のホームページで「あなたの街の安心MAP」を開けば、地域の病院情報等にアクセスできます。

ご利用方法はまず地域を選び、「病院」「薬局」「介護施設・介護事業」「動物病院」から検索したい施設や診療科目など絞り込み条件を入力するだけ。

この他、「気になる症状・病気チェック」やリンク集として「全国の救急機関情報」「こどもの救急」「みんなのメンタルヘルス」もあり、家族のさまざまな病気や悩みにも対応できます。どうぞご利用ください。

皇太子さま、政専機でスイスへ

空自特輸隊(千歳)のB747・400政府専用機は6月17日、日本とスイスの国交樹立150周年の日本側名誉総裁として同国を訪問される皇太子さまを乗せ、羽田を出発した。18日にチューリヒに到着、23日に帰国する予定。

体験飛行の参加者募集

自衛隊記念日

空自は平成26年度自衛隊記念日記念行事の一環として体験飛行(CH47J輸送ヘリ、YS11輸送機で約15分間)の参加者を募集する。

▽日時＝10月4日(土)

▽実施基地(都道府県)、搭乗機種、定員＝①松島(宮城)CH47J、120人②入間(埼玉)CH47J、180人・YS11、160人③小松(石川)YS11、160人④新田原(宮崎)CH47J、120人

▽応募条件＝小学生以上(小学生は保護者同伴)。未成年者は親の同意が必要

▽応募可能人数＝①成人は1通で最大2人②小学生以上の未成年を含む家族などは同最大5人まで(成人2人まで)③中学生以上19歳までのグループは同最大5人まで

▽応募要領＝往復はがきに左記項目を記載。複数応募は不可。往信面(表)＝〒162−8804東京都新宿区市谷本村町5の1、航空幕僚監部広報室体験飛行朝雲係　裏面＝「1・搭乗希望者」搭乗希望者全員の①郵便番号②住所③電話番号④氏名(ふりがな)⑤年齢⑥職業(学年)を記入。「2・搭乗希望」希望基地名(入間は基地名とCH47J、YS11のいずれか)一つを記入　返信面(表)＝代表の住所、搭乗者全員の氏名を記入

▽締め切り＝7月14日(消印有効)

▽抽選結果発表＝9月上旬、返信はがきで通知

▽問い合わせ＝防衛省航空幕僚監部広報室体験飛行係、電話03(3268)3111(内線60092〜93)。空自ホームページでも応募要領を掲載中。

おことわり　「米国防計画見直し全文」と「西風東風」は休みました。

ムチとムチ 鍛えて磨く

普教連レンジャー訓練同行ルポ(上)

陸上自衛隊で最も過酷な訓練の一つ、レンジャー隊員養成訓練がいま全国でピークを迎えている。あらゆる自然条件を克服して任務を遂行できる「戦士の中の戦士」を養成するもので、過酷な3カ月の試練に耐えた者だけが栄光のレンジャー徽章を手にできる。その"総本山"とも言える普通科教導連隊(滝ケ原)の49期レンジャー学生に同行し、その教育現場を見た。3回に分けて訓練内容をリポートすると共に、他部隊のレンジャー訓練も紹介する。

(横田大法記者)

カエルもヘビも栄養源

「うぅっ」。頬のそげたレンジャー学生が声をもらす。ウシガエルの頭が転がり落ち、真っ赤な血が板上で雨水と交じり広がる。生臭い匂いが鼻をついた。

助教の佐藤類3曹(31)は息をのむ学生など気にせず、小型ナイフを器用に使って腹を開き、皮をはいで、脚を切り放した。この肉が学生たちの昼食となるのだ。

4月1日に始まった普通科教導連隊のレンジャー訓練。その基礎訓練が終盤に差し掛かった5月21日、記者は滝ヶ原駐屯地を訪れた。雨が降るこの日、17人の49期レンジャー学生が課目「生存自活」に取り組んでいた。つまり「サバイバル訓練」だ。

行動中に食糧が尽きた時、生き延びるには野草を食み、雨水をすすり、動物や昆虫を捕らえて胃袋に入れ、エネルギーとしなければならない。任務続行のために。

最年少の辻修斗3曹(21)はこの春、結婚式を挙げる予定だったが、「本当の自分を見つけたい」と彼女を説き伏せてこの場に来た。「強い戦闘員になって戻る」と頭を下げると、彼女は「けがにだけは気をつけて」と送り出してくれた。挙式は8月に延期した。

陸自のレンジャー教育は昭和30年に始まった。幹部2人が基幹要員として米陸軍レンジャー課程に留学し、持ち帰ったノウハウを基に翌年、富士学校に教育課程が創設された。このため富士地区にある普教連は陸自レンジャーの"総本山"とも言える。

志願者はまず事前の健康診断や体力検査など15種目の素養試験でふるい落とされ、最終的に合格した24人で49期の教育は始まった。最初1カ月間の基礎訓練は体力錬成が主で、懸垂、腕立て伏せ、胴回し、小銃を手に20キロ走るハイポートなどが連日続いた。この段階で7人の学生が原隊復帰させられた。

「自分も前回4年前の訓練で脱落した。今回はあの挫折をバネに、必ず克服したい」。そう語るのは三橋健志3曹(30)。原隊復帰を命じられた時の悔しさは今も忘れない。

だが、前回にも増して訓練は厳しい。もたついていると助教から怒声が飛ぶ。

「バカ野郎!アウトドアの遊びじゃねえんだぞ!」

ひとつ間違えば死亡事故にもつながるレンジャー訓練。教官・助教は常に学生一人一人に気を配り、一挙手一投足に目を光らす。

「学生たちは陸自の前線に立つ隊員になる。アメとムチ、いや、ムチとムチで鍛える。そして磨き上げます」

富士幹部レンジャー77期で、教官の宮田憲光2尉(26)が言う。

「教育中、彼らはいじめられているように感じるかもしれないが、そうではない。命に関わる時、任務の成否に関わる時、どう冷静に行動するか。それをたたき込むために助教はどなり続けてるんです」

滝ヶ原の教育居室には「レンジャー教官十訓」が貼ってある。第1条は「輝く教育の源は『情熱』」。教官・助教はこれを信条に学生たちに向かう。

ウシガエルの解体が終わると、次はヘビの調理法の教育が始まった。助教の曽我将大3曹(27)が1メートルのアオダイショウを板に押さえ付け、ナイフで頭を切り落とす。それでも頭は動き続ける。

すかさず教官の杉山栄二3曹(31)が質問する。「お前ら、ヘビから何を学んだ?」

「レンジャー!(体を失っても動き続ける)不撓不屈の精神です!」。学生が答える。

曽我助教は切り取った胴体の端を口にくわえると、手で鮮やかにヘビの皮をむいて見せた。これも焼いて食べる。滋養ある食料だ。

彼らの基礎訓練は5月で終わり、6月1日からは実戦を想定した行動訓練に移行した。山地・水路潜入、敵要人の襲撃・伏撃など、ゲリラ戦を生き抜く八つの想定をクリアしなければ、この場所には残れない。

梅雨の季節をバディ(仲間)と完全武装で走り続け、敵を捉え、これを掃討する訓練の日々が続く。それに耐える体力・技術・精神力がなければ陸自レンジャーにはなれないのだ。

教育修了は7月1日。すべてを克服した者だけが帰還式で連隊長から栄光のレンジャー徽章を受ける。

曽我助教(右)の指導の受け、興奮しているヘビの口に帽子のつばを入れ、危険な牙を折る秋山卓也学生(5月21日、滝ヶ原駐屯地で)

食用とするため、ウシガエルの皮をはぐ三輪充3曹(手前)らレンジャー学生

生臭さに顔をゆがめながら、頭を切り取ったヘビの端をくわえ、一気に皮をむく小高将太3曹らレンジャー学生

水のない場所で自然の熱を利用した採水法を学ぶ学生たち。中央の赤い腕章の隊員は「生きのびるために発想しろ!」と指導する杉山3曹

森の中の草地に分け入り、食用になる植物と毒草の見分け方を習得するレンジャー学生

2普連

「不屈の精神」養う

13人が過酷な訓練に挑戦

【2普連=高田】2普連は5月12日から関山演習場などでレンジャー集合教育を行っている。

山本観2曹(30)以下、5施群(高田)の2人を含む13人が参加し、連日の体力錬成を含む過酷な教育訓練を克服し、不屈の精神を養っている。

訓練は7月25日まで。最終想定を修了して帰還した学生は高田駐屯地隊員の出迎えを受け、大崎連隊長から徽章を受ける。

さまざまな潜入技術を習得するため、ロープ橋を渡る訓練を行うレンジャー学生(5月27日、高田駐屯地で)

レンジャー旗を手にした柚木学生長(中央)に続き、12キロのハイポートを行う13旅団の学生たち(5月15日、山口駐屯地で)

小銃持ち完走

13旅団

20人が基礎教育

【13旅団=海田市】旅団は4月2日、山口駐屯地で旅団レンジャー集合教育を開始した。

46普連の柚木育道2曹を学生長に20人の学生が参加し、体力錬成をはじめ、患者救出法、ロープ訓練、山地潜入、爆破訓練など、レンジャー隊員として必要な基礎的事項の修得に努めている。

5月15日には基礎教育の集大成となる12キロのハイポートを実施。夏のような高温多湿の中、学生全員が重い小銃を手に完走した。この後、学生たちは6月17日から十種ケ峰などでの最終想定に臨んでいる。

募集・援護 特集

平和を、仕事にする。
陸海空自衛官募集

ただいま募集中！
◇自衛官候補生（男子）
★詳細は最寄りの自衛隊地方協力本部へ

募集ツールに創意工夫

自衛隊をもっと身近に感じてもらおう――。各地方協力本部は募集の活性化と地域との信頼強化を目的に、ポスターや新聞など独自のメディアを使ってPR活動を行っている。与那国駐屯地（仮称）の建設が進められる沖縄県では、同島に近い宮古島、石垣島の若者向けに沖縄地本がオリジナル募集ポスターを作製。また香川、神奈川地本は独自の「新聞」を作り、県民に自衛隊の活動を広くアピールしている。

沖縄地本　与那国島の新駐屯地建設で地域性重視
「沖縄本島」「宮古島」「石垣島」オリジナルポスターを作製

「沖縄本島」用募集ポスターの作製のため、ポーズを取り撮影に臨む県出身隊員（5月16日、知念岬公園で）

【沖縄】地本は離島が多い県の地域性を考慮し、今年は「沖縄本島」「宮古島」「石垣島」用の3種類の自衛官募集オリジナルポスターを作製した。

南西諸島の防衛強化のため、防衛省は日本最西端の与那国島に新たに駐屯地の建設を進めており、これら離島での隊員募集もより重要性が増している。そこで地本では沖縄の地域性を重視してオリジナルのポスターを作ることに。

「沖縄本島」用ポスターは本島南部の知念岬公園で撮影した隊員の集合写真とそれぞれの職場での仕事の写真を配し、「そこにしかない仕事が君を待っている。」とのコピーを掲載した。

一方、先島諸島の「宮古島」「石垣島」用ポスターでは、それぞれの島を大きく表示し、その上に隊員の姿を島の出身高校名とともに載せ、「大切な人、大切な郷土を守るため、宮古島（八重山）出身隊員が頑張っています！」のコピーを配置している。また、安定した職業であることを強調するため、「特別職国家公務員」の文字が目立つよう書き込まれた。

「本島」用ポスターの撮影は5月16日、3自の若手隊員をモデルに知念岬公園で行われた。モデルとなった男女の隊員たちは最初緊張した様子だったが、撮影が進むにつれ自然な笑顔となり、スムーズに撮影が進んだ。

モデルとなった中曽根静1陸士は「はじめはカメラを向けられ戸惑ったが、みんなと楽しく撮影できた」、東筋尚之海士長も「ポスターの出来上がりが楽しみ。自分がモデルになるなんて」と話していた。

3種類のポスターのうち、「宮古島」「石垣島」用ポスターでは、両島に近い与那国島に新しい陸自駐屯地が2年後に完成することから、これら離島の若者たちからの応募が期待されている。

宮古島の高校出身隊員と島の地図を前面に出した「宮古島」用オリジナルポスター

香川、神奈川は地本ニュース
若手職員が斬新な紙面

【香川】地本は26年度の新規事業として「香川地本ニュース」を作製し、自治体や県内の協力者らに配布している。県民の安全・安心に寄与する郷土部隊の近況を伝え、自衛隊により関心を持ってもらうのが目的。

「香川地本ニュース」の製作は地本の若手隊員・事務官が担当し、従来の「地本新聞」にとらわれることなく、横書きで、より斬新なデザインとアイデアで紙面作りをしている。

「ニュース第1号」は、地本マスコットキャラクターの紹介をはじめ、入隊・入校予定者激励会や、善通寺駐屯地の14旅団の記念日行事の紹介、さらに乗客の命を救った予備自衛官の活躍などの記事が掲載された。

編集委員たちは今後、陸自の善通寺駐屯地と連携し、より積極的に自衛隊のイベント情報や地本の広報行事などを紹介していく計画だ。

横浜中央案内所が独自に「新聞」発行 定期的に情報発信

【神奈川】地本の横浜中央募集案内所は5月28日、案内所独自の「新聞」を発刊した。

この新聞は、地本が日頃から自衛隊の活動に協力してくれている募集相談員に、より具体的に案内所の活動業務を知ってもらおうと、所員の発案で作製されたもの。

紙面は自衛隊や地本の各種イベントの概要やその成果、募集担当地域の中学・高校生たちに対する自衛隊での職場体験の様子など、横浜中央募集案内所に関するあらゆる情報を掲載している。

案内所では「新聞には県内でのイベントの様子なども掲載し、地域の方々に定期的に情報を発信していきたい」としている。

「香川地本ニュース」編集者の（左から）新洋輔事務官、橋本真弓、井原良子両非常勤隊員、田口剛長総務課長（5月28日、香川地本で）

艦艇が岸壁でお出迎え
「くまモン」とコラボ
みなまた港

体操を披露した「くまモン」を中央に記念撮影に臨む1日艇長の釜さん（右）と木戸さん（左）＝5月25日、水俣港で

【熊本】地本は5月24、25の両日、水俣市で開催された「第59回恋龍祭・みなまた港フェスティバル2014」で海自の艦艇広報と陸自の装備品展示を支援した。

同フェスは水俣市最大のイベントで、地本と海自佐世保募集支援係が合同で広報コーナーを設置した。

当日は13護隊の護衛艦「あさゆき」と43掃隊の掃海艇「うくしま」が一般公開、陸自8師団が車両展示と体験試乗を行い、フェスティバルを盛り上げた。

「うくしま」の体験航海では自衛官を目指す県立八代高校2年の木戸真登奈さんと同水俣高校2年の釜貫登さんが「一日艇長」に任命され、海自の制服姿が注目を集めた。

地本は今回、県の広報キャラ「くまモン」を招いて海自艦艇とのコラボレーションを実現させた。13護隊司令の池田秀人1佐以下約40人が「くまモン」を岸壁で出迎え、司令がセーラー帽をプレゼント。これに対し、「くまモン」はお礼として「くまモン体操」を披露、周囲は笑いの渦に包まれた。

千葉では護衛艦「やまゆき」マリンフェスタで一般公開

【千葉】地本は5月24、25の両日、船橋市の京葉食品コンビナート南埠頭で、海自11護隊の護衛艦「やまゆき」を一般公開して「マリンフェスタ」を開催した。

最初に山崎副市長が歓迎あいさつ、地元・若松幼稚園の園児から乗員代表に花束が贈られた。「やまゆき」の一般公開は午前9時から始まり、艦上では乗員が来場者にプロフィールを紹介したり装備品の説明を行った。

また岸壁では空自1高隊（習志野）のペトリオット対空ミサイル、陸自1空挺団（同）の軽装甲機動車なども展示された。

地本は自衛隊の活動をまとめたパネル写真や子供向けのミニ制服試着コーナーなどを設け、こちらも家族連れでにぎわった。また陸自高射学校（下志津）音楽隊の演奏では、地本のキャラクター「千葉3兄弟」がダンスで共演し、会場を盛り上げた。

2日間のイベントで5682人の来場者があった。

大勢のブルーインパルスファンに囲まれ、サインをする11飛行隊の園田健二1尉（左手前）＝5月24日、山形市で

半世紀ぶりブルー飛行 隊員トークとサイン会

【山形】地本は5月24、25の両日、山形市で行われた「東北六魂祭2014山形」に参加し、空自ブルーインパルスの支援を受けて広報展を開催した。

同イベントは東日本大震災からの復興を願い、東北6県を代表する夏祭りが集結したもの。被災3県以外では山形の開催が初となる。2日間で26万人が訪れた。

地本はメーン会場で広報展を開くとともに、初日に実施された4空団11飛行隊（松島）のT4ブルーの展示飛行を全面支援した。山形でのブルーの展示飛行は半世紀ぶりということもあり、会場だけでなく市内全域で市民が空を見上げ、スモークを引きながら演技を披露する機体に歓声が上がった。

午後からはT4ブルーの隊員によるトークショーやサイン会が行われ、大勢のファンが詰めかけた。また若者から「どうすれば自衛隊のパイロットになれるのか」「女性でも飛行機に乗れるのか」といった質問が寄せられ、隊員が丁寧に答えていた。

高校生が地本長と北富士駐屯地隊員取材

【山梨】地本は6月4日、県立韮崎高校3年の秋山樹さん、相馬優樹さん、岩下郁海さんから取材を受けた＝写真。3人は6月末に同校で開かれる学園祭で「クラス新聞」を発表予定。学園祭のテーマ「輪」に合わせて自衛隊の活動（豪雪災害派遣）と地域住民との関わりを紹介する目的で地本を訪れた。

テレビ電話で接続し、1特科隊（北富士）1科長の田中智顕3佐も取材に応じた。生徒からは「豪雪に対し自衛隊が実施したことは」「住民からの言葉で心に残っていることは」などの質問があり、地本長の石津吉康1佐と田中3佐が丁寧に答えた。

生徒たちは「報道では伝わってこないことを数多く知ることができた。学園祭では私たちも自衛隊と住民との関わりを伝えたい」と語っていた。

企業が求める人物像 先輩隊員らが経験談

【石川】地本は5月30日、金沢駐屯地で任期制隊員などに対する就職補導教育を行った。任期満了で退職予定の隊員らに対し、社会・労働情勢など再就職に必要な知識と心構えなどを教育した。

今回は金沢駐屯地と空自小松基地などから61人の隊員が参加し、厳しい就職環境を認識、職業選択に必要な知識を習得した。部外講師の教育では、企業で活躍する先輩隊員が自身の経験を話し、参加者は「求める人物像」の理解を深めた。

地本では秋に予定する北陸地区合同企業説明会を見据え、第2回就職補導教育を8月に実施し、隊員の再就職を強力に支援していく。

地本長が県知事を表敬

小野寺防衛相からの依頼文書を鈴木県知事（左）に手渡す木戸口地本長（5月26日、三重県庁で）

【三重】地本長の木戸口和彦1陸佐は5月26日、鈴木英敬県知事を表敬し、小野寺防衛大臣が各県知事に宛てた依頼文書「自衛官等募集の推進について」を手渡した。

地本は県・市・町や教育委員会などとの連携を進め、組織的な募集活動を推進しているが、昨今の厳しい募集環境の中、地本長が直接知事に協力の要請を行った。

鈴木知事に対し木戸口地本長が前年度の募集成果や先般実施された中方総監部主催の東海地区募集会議などについて説明。鈴木知事は「自衛官募集は大変重要。県としてもしっかりやっていきたい」と述べ、自衛隊への支援を約束した。

部隊だより

陸

静内　静内対空射撃場でこのほど「師団対空実射訓練」が行われ、兄弟で連隊長車のドライバーを務める長男の桜本拓也3曹（7特連）と三男の尚之3曹（7高特連）が顔を合わせた。兄弟で同時期に同じ職種に就くのは非常にまれで、両連隊長とともに記念写真に収まった＝写真㊦。なお桜本家の次男知也3曹も陸自の119地区警務隊に所属している。

大和　自衛隊で職場体験学習を行うため、5月8日、地元・色麻中学校の2年生3人が駐屯地を訪れた。生徒たちは広報班の熊谷浩司曹長から説明を受けた後、行進間の動作など基本教練や心臓マッサージなど救急法、さらに格闘訓練を体験、その後、防衛館などを見学した。駐屯地でいろいろ学んだ生徒たちは「将来は自衛官になりたい」と話していた。

霞目　東北方航空隊は5月13日、陸曹航空操縦学生候補生課程の学生90人に対し、「陸曹航空操縦学生募集の制度説明」を仙台の第2陸曹教育隊で実施した。ヘリ搭乗員を目指す学生たちは合格後の教育や部隊配置などの制度説明を受けた後、基本訓練場でUH1多用途ヘリとOH6観測ヘリの性能や構造を聞くとともにパイロットの魅力についても話を聞いた。

新町　12対戦車中隊は5月3日、群馬県多野郡神流町の神流川河川敷で開催された「かんな鯉のぼり祭り」を装備品展示で支援した。800匹のこいのぼりが大空を泳ぐ会場に73式小型トラックを展示。訪れた観光客約3600人は普段見ることのない自衛隊車両の前に集まり、写真を撮ったり隊員から話を聞いたりして陸自への理解を深めた＝写真㊤。

松本　駐屯地はこのほど創設64周年記念行事を行った。式典では隊員362人、車両70両と航空機2機の観閲行進・飛行が実施され、模擬戦闘訓練では長野県で初披露となる10式戦車が登場。さらに新装備の中距離多目的誘導弾も紹介された。家族向けに、ちびっ子コーナー＝写真㊤＝やレンジャー訓練展示などがあり、1万2700人の観客でにぎわった。

倶知安　北方対舟艇対戦車隊はこのほど、地元青年会議所の会員16人の「生活体験入隊」を支援した。最初に駐屯地の概要説明と東日本大震災派遣隊員の講話を行い、その後、基本教練と救急法などを指導した。参加者は3時間の限られた時間の中で熱心に訓練に取り組み、会員の一人は「隊員のおかげで青年会議所の団結力強化が図れた」と感想を語っていた。

南恵庭　駐屯地は「春の全国交通安全運動」に協力し、正門と構内道路での隊員への指導や交通安全旗の掲揚を行った。北方施設隊の青木喜恵2曹が隊内放送で交通事故絶滅に寄与する意識を持つよう隊員に呼びかけ、恵庭市が実施中の市役所通りでの「セーフティーコール」に隊員12人が参加するなど、積極的に市の交通安全事業を支援した＝写真㊧。

岩見沢　12施群はこのほど、矢臼別演習場の春季定期整備の事前偵察を実施した。群長の末廣和祥1佐以下、各中隊長11人は部隊の整備箇所などを確認して施工計画の修正を行い、整備着手に万全を期した。演習場は24年の7師団演習やその後の集中豪雨などで荒廃しており、今年度から数年かけて演習場の機能回復を目指す。群は年間を通じ整備に当たる。

在沖の日米PAC3対空ミサイル部隊

銃剣道で「交流一本」

㊤空自16高射隊と米陸軍第1防空砲兵連隊第1大隊A中隊の銃剣道試合で、見事な突きを決める米兵士（右）㊨交流を深めた日米のペトリオットPAC3対空ミサイル部隊員たち。前列中央が中野16高隊長。その左の女性がキーナス中隊長（4月25日、知念基地で）

大きな身体に防具が小さすぎ、苦笑いする米兵士（中央）

「ジューケンドー、ムズカシイネー。デモ、タノシカッタデス！」——。

沖縄の防空を担う空自5高射群（那覇）隷下のペトリオットPAC3対空ミサイル部隊・16高射隊は4月25日、在沖の米陸軍PAC3部隊の兵士を知念基地に招き、銃剣道で手合わせを行った。

「26年度5高群武道（銃剣道）第1回大会」に嘉手納基地の米陸軍第1防空砲兵連隊第1大隊A中隊を招待したもので、女性中隊長のレイチェル・キーナス大尉以下13人が訪れた。世界でも珍しい木銃を使った武道が見られるとあって、米兵士たちはみな興味津々。16高射隊長の中野友嗣3佐の出迎えを受けた一行は、さっそく大会を見学、米軍の「マーシャル・アーツ（格闘技）」とはまったく異なる礼儀作法や鋭い剣さばきに驚きの表情を見せていた。

大会後、16高射隊の隊員44人から米兵士に改めて銃剣道の模範教習と模擬試合が披露された。そして腕に自信あるA中隊の5人が空自隊員に挑戦。防具は親川仁志、岩谷優作両士長ら若手が英語を駆使して装着を手伝ったが、身体の大きな米兵士が着けると不釣り合いで、そのコミカルな姿に日米隊員は大喜び。

しかし、5対5の日米対戦が始まると、共に気合が入り、空自隊員が「ヤァーーッ！」と掛け声を上げて木銃で突けば、米兵士も「YHAAAAA！」と大音声を上げ応戦した。

会場の横で応援する米兵士たちもヒートアップ、大声援を送り続け、この結果、米5選手全員が「一本勝ち」を収め、双方から大喝采を浴びて試合を終えた。

日米の隊員たちはお互いに「グッジョップ！」と相手をたたえ、最後に中野隊長がキーナス中隊長に「16高射隊からの一撃」と書き込んだ基地オリジナルラベルの泡盛をプレゼント。同じPAC3部隊としての友情を誓い合った。（知念）

福岡　4師団はこのほど、駐屯地でNEXCO西日本九州支社との「災害発生時の連携に関する確認書」を締結した＝写真㊤。同書は平成24年8月22日に締結した西部方面隊と西日本高速道路との「連携に関する実施協定」の九州北部4県への具体的な運用の必要事項を定めたもの。両者は災派活動を円滑に行うために、高速道路の有効活用を確認した。

えびの　8特連はこのほど、「幹部任官行事」を駐屯地に近い金峰山で実施した。午前4時に出発した任官隊員5人は冷たい雨と深い霧の中、背のうを背負い約3キロを徒歩行進し、金峰山の登山道入り口からは約2キロを駆け足で頂上を目指した。山頂では長谷川敬連隊長が出迎え、3陸尉の階級章を授与。5人には忘れられない特別の日となった。

玖珠　駐屯地はこのほど、ヤマエ久野（福岡市）の新入社員28人の体験入隊を支援した。社員は2泊3日で部隊に入隊し、基本教練や20キロ行進などの訓練を行った。教官らは「時間管理、協調性、団結力」について厳しくも愛情を持って教育。最終日には涙を流す参加者もいて「有意義な体験入隊だった」と充実した訓練の感想を述べた＝写真㊦。

国分　12普連音楽部の13人は5月3日、南九州市の知覧特攻平和館で行われた「第60回知覧特攻基地戦没者慰霊祭」を都城駐屯地音楽部と共に支援した。本土最南端の基地として多くの特攻隊員が出撃した知覧。式典で音楽部は当時の軍歌などを演奏し、散華した若者たちの冥福を祈った。これまでの演奏支援で知覧特攻慰霊顕彰会から感謝状が贈られた。

空

岐阜　三菱重工業など岐阜県内外の企業9社の新人約130人がこのほど「隊内生活体験」のため基地を訪れた。2泊3日のスケジュールで実施され、当初不安げな表情で開講式に臨んだ参加者たちも、訓練が進むにつれ生き生きとした表情に。森俊彰2尉や山崎嗣将3尉の厳しい指導にも誰一人弱音を吐かず、全員が無事3日間を乗り切った。

浜松　基地広報館は5月18日、入間ヘリ空輸隊の協力を受け、CH47J輸送ヘリの地上展示を行った。CHは多くの観客が見守る中、浜松基地に着陸。その後、機内が公開され、クルーが同機に関する質問などに答えた。また機体をバックにクルーとの撮影もでき、参加女性は「パイロットと一緒に写真が撮れるなんてラッキーです」と話していた＝写真㊨。

奈良　幹候校教務課教務班長の佐藤信司3佐以下5人は5月3日、奈良時代の歴代天皇や貴族などの装束を身に付けて平城宮跡を練り歩く「平城京天平祭」の時代行列に参加した。隊員は天皇陛下の警護役「兵衛」に扮して行列の先頭に立ち、南門から大極殿まで厳かに進んだ。その後、観客から記念撮影をせがまれるなど隊員たちは大モテだった＝写真㊧。

海

大湊　音楽隊の田村二郎2曹以下27人はこのほど、「むつ市交通安全パレード」に参加した。行事に先立ち、むつ来（か）さまい館で交通安全宣言大会が開かれ、「子供と高齢者の交通事故防止」や「自転車の安全利用の推進」など交通事故撲滅のための宣言がなされた。続くパレードでは、大湊音楽隊が先導役を務め、沿道の市民に交通安全を呼びかけた。

舞鶴　4術校の職員・学生57人はこのほど、福井県若狭町にある「佐久間勉艇長顕彰碑」の清掃奉仕を行った。佐久間艇長は事故で沈没した第6潜水艇内で詳細な報告書を残し殉職した。清掃は命日に合わせ毎年実施し今年で21回目。学生たちは顕彰碑の周囲を隅々まで清め「活動を通じ佐久間艇長の遺徳を学びました」と汗を拭っていた＝写真㊤。

江田島　44期一般幹候と14期医科歯科幹候出身の幹部隊員はこのほど、東京のグランドヒル市ヶ谷で「幹部任官20周年記念行事」を開催した。行事には隊員家族や当時の幹候校副長ら総勢約100人が出席し、同期生らは20年前の思い出を語り合いながら近況報告。教官からの指導のエピソードが初めて明かされるなど、同期の結束をより強化する会となった。

吉浦　呉造補所貯油所はこのほど、同所対岸にある小麗女（こうるめ）島と大麗女島の研修を行った。呉市街地と吉浦地区を結ぶ海上交通路にある二つの島の地域的特性を把握し、災害時などに備えるのが目的。貯油所職員が小麗女島に上陸するのは今回が初めてで、職員は11・5マイル先に届く灯台の光源が約1センチの豆電球と知り、驚いていた＝写真㊤。

佐世保　地方隊の隊員と福岡県海自協力会員の計210人は5月3日、「博多どんたく港まつり」のパレードに3年連続で参加した。音楽隊は行進曲「軍艦」や「国民の象徴」を演奏。佐世保造修補給所の隊員がイージス護衛艦「ちょうかい」の精巧な模型を載せた山車を引いて市内を練り歩き、沿道の120万人の観客から大きな歓声が送られた＝写真㊤。

（世界の切手・フランス）

「する」「しない」の差に比べれば、「好き」「嫌い」の差はないに等しい。
森　博嗣（作家）

遠航部隊見送った 手作り横断幕

防人を励ます会・会員　井口　恵子（岡山市）

米国のラスベガス空港で食事をしている時のことだった。レストラン内に一斉に拍手が起こった。振り返って見ると、1人の軍人さんが入場してきた。続いてまた拍手。3度目の拍手では赤ちゃんを抱いた若い兵士の入場だ。私も一緒に拍手を送った。

その光景を見て「米国では軍人さんに限りない尊敬の念を抱いているのだな」ととても感動を覚えた。「日本でも自衛隊の方々の出発場面を見たら、拍手で送れないものか」との思いを抱いて帰国した。

あれから2年たっても、日本の街中で制服姿の自衛官の姿を見ることはない。そこで、自分たちの自衛隊員への感謝の気持ちを何とかお届けできないかと思っていたところ、東京で行われる海上自衛隊遠洋練習航海部隊の出発式のことを知った。その場所で自衛隊の皆さんへの激励ができないものかと思った。

私は自衛隊の皆さん向けに「感謝の横断幕」を作製して、それを隊員の方々に見てもらおうと考えた。それが果たして可能かどうか、防衛省海上幕僚監部の広報室に電話でお尋ねしたところ「大丈夫ですよ。晴海ターミナルビルの3階デッキの手すりに吊るしてください」と優しくアドバイスしてくれた。

そこで私が作製したのが「自衛隊さん　ありがとう！　防人を励ます会」と書き入れた長さ5メートル、幅80センチの横断幕だ。出発当日の5月22日朝、晴海ターミナルの欄干に結びつけた。

「防人を励ます会」の会員・井口恵子さんが製作した横断幕（上）と、海自遠航部隊を見送る会員たち（5月22日、東京の晴海ターミナルで）

遠洋練習航海部隊は「かしま」「せとゆき」「あさぎり」の3艦で編成され、岸壁で華やかな出発行事が行われた。最後に乗員と実習幹部の皆さんが乗り組み、3艦の上甲板にりりしい姿で立ち並んだ。

彼らに向けて掲げられた横断幕は、5カ月間の航海に向かう隊員の皆さんに限りないエールを送った。この日は天候にも恵まれ、白雲たなびく青い空の下、白波を蹴立てて練習艦と護衛艦が出発していった。岸壁やターミナルの見送りの人たちに各艦は汽笛を鳴らして応え、乗員たちは艦上から一斉に帽子を振って別れを告げた。

この場面はまさに「一幅の名画」そのものだった。この誇り高き自衛官の皆さんがいてくれるからこそ「日本は大丈夫だ」と思うと、知らぬ間に頬に涙がこぼれた。帽子を振る乗員の皆さんに「お健やかに任務を完遂してくださいね」とエールを送った。

3艦が帰国するのは10月24日。私はその時にも再びこの横断幕を広げて、成長した隊員さんをお迎えに行こうと思っている。

みんなのページ

苦しく楽しい富士山麓トレイル

2陸曹　日下　裕之（6師団付隊・神町）

富士山麓を半周するトレイルランレース「STY（静岡TO山梨）」に出場した日下裕之2曹

私は4月26～27日に行われた「ウルトラ・トレイル・マウントフジ（通称UTMF）」という山岳ランニングレースに参加した。

UTMFは富士山を一周するレースと半周のレースがあり、私は半周の「STY（静岡to山梨）」にエントリーした。

この競技は今年からポイント制の申し込みとなり、過去2年間に他の大会で開催されたエントリー資格のあるレースで2ポイント以上獲得していることが応募条件。多数だと抽選になる超人気のレースだ。

そして案の定、抽選となり、運良く当選して「STY」にエントリーできた。

総距離は91・5キロで、累積標高差4715メートル、制限時間は24時間（各関門を設定時間内に通過することが条件）だ。

今年は富士山を時計回りで走るコースで、前半は比較的走りやすいが、後半には最大の難所である険しい登り下りが続く天子山地（最大標高1605メートル）が待っている。

1000人を超えるランナーが一度に山道に入れば当然、大混雑する。そこでスタート後、焦らないことを心掛けて前に進んだ。そして難コースを確実にクリアーしながら、それぞれの関門制限時間をギリギリのタイムで通過し、苦しみながらも無事最後まで走りきることができた。

それでも夜に入ったころはまだ気持ちに余裕があり、きれいな満天の星空を見上げて感動に浸るひとときもあった。だが地上を見れば、真っ暗闇の山道に数え切れないほどのヘッドランプの明かりが連なり、今がレース中であることを思い出させてくれた。

一番の感動は夜明けだった。もうろうとした中で走り続けていると朝焼けの雲海の中に幻想的な富士山が現れ、しばしその絶景を眺めることができた（実はこの景色を眺められるランナーは制限時間が迫っている）。

そしていよいよゴールが近づくにつれ、沿道にはボランティアやサポーター、そしてたくさんのギャラリーが出迎え、激励の言葉をかけてくれた。おかげで私は最高の気分でフィニッシュすることができた。

何はともあれ、24時間の競技中にはいろいろなストーリーがあったが、苦しいながらも無限に楽しい、最高のトレイルランを体験することができた。

「即応」に挑戦

即応予備3陸曹　宮島　真理子（宮崎地本）

私は平成22年に予備自衛官となり、今年で3年を迎えました。予備自衛官の訓練は基本教練・射撃・武器訓練・救急法・体育訓練などで、現役時代の記憶を頼りに「年5日」の訓練に参加してきました。

昨年、宮崎地本の予備自担当の方から「宮島さん、今度は『即応』で訓練に参加してみませんか?」と話を持ちかけられ、正直戸惑いました。

即応予備自衛官となると「年30日」の訓練となります。体力的にも不安で、家庭と訓練の両立など、いろいろ迷いもありました。しかし、2011年に起きた東日本大震災で、私は予備自として何もできない自分を歯がゆく思ったことを思い出し、即応予備自になることを決意しました。

そして今年4月から即応予備自衛官として訓練に参加し始めました。10年ぶりに「通信」という職種に携わり、現役時代には経験しなかった「野外通信」にはまだ不安な面もありますが、部隊での人とのつながりや出会いに期待しながら頑張っていこうと思っています。

即応予備自になるに当たり、ご指導下さいました宮崎地本の方々、そして何よりも「年30日の留守」を許し、私が即応予備自になることを理解してくれた夫にも感謝したいと思います。

OBがんばる

好きになれるか

杉山　英美さん　55
平成24年3月、陸自の部隊訓練評価隊（北富士）を最後に定年退職（3尉）。ジブラルタ生命保険に再就職し、保険の営業を担当している。

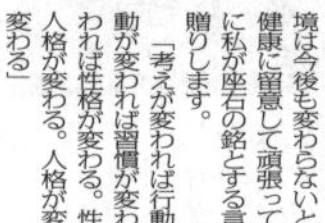

私は平成24年3月、陸上自衛隊を定年退職し、現在、ジブラルタ生命保険で「L・C（ライフプラン・コンサルタント）」をしております。職務内容は保険の営業です。

その職務は再就職を考え始めた時、選択肢から真先に除外した仕事でした。自分には全く向いていないと思っていた、全く畑の違う「営業職」だったからです。

「それなのになぜ?」と皆さんは思われるでしょう。理由はジブラルタ生命保険という会社が気に入ったからです。

そして会社のビジョン（将来像）やミッション（使命）に共感したからです。就職の意思表示をするまで3回のガイダンス（会社説明会）を受けましたが、回を重ねるごとに会社が好きになりました。「第2の人生をこの会社でなら頑張っていける」と確信したのです。

会社（仕事）を選ぶポイントは幾つかあると思いますが、その中に「好きになれるか?」という事も加えてみてはいかがでしょうか。そして、その会社（仕事）の中に「好きな事（物）」を一つ見いだして下さい。それがあれば、きっと楽しく頑張っていけるのではないでしょうか。

幸いにも皆様は自衛隊で長年培った体力・気力・使命感・責任感・規律・礼儀など、再就職で最も必要となる要素をすでにお持ちです。厳しい就職環境は今後も変わらないと思いますが、健康に留意して頑張って下さい。最後に私が座右の銘とする言葉を皆様にお贈りします。

「考えが変われば行動が変わる。行動が変われば習慣が変わる。習慣が変われば性格が変わる。性格が変われば人格が変わる。人格が変われば人生が変わる」

自分の波を見つけ、乗る楽しさ

2陸曹　野崎　和実（2対戦ヘリ支援飛行隊・八戸）

私は海が好きで、釣りとサーフィンを趣味にしています。家も海が見えて波の音が聞こえる場所に住んでいます。

サーフィンは33年間やり続けています。きっかけは先輩に勧められたのが始まりでした。最初はボードに乗ることもできず、波に流されてばかりで、見かねた先輩が基本から徹底的に教えてくれました。

家の中でも練習を繰り返し、波に乗った際のバランスを自分なりに考え、少しずつサーフィンに慣れていきました。今では人に教えるくらいまで上達し、ロングボードを持って次男と海に行ってはストレスを発散しています。

東日本大震災の後はそれまでサーフィンをしていた場所が立入禁止となり、できる場所は限られています。そこで事故やマナーに気をつけながら波乗りを楽しんでいます。

サーフィンをしていると先輩の一言を思い出します。「同じ波は来ないので、自分の波を見つけ、失敗を恐れず、その波に乗ればよい」――。この言葉を胸に、これからも波に乗っていきたいと思います。

詰将棋

第674回出題

先手　持駒　金金

出題　日本将棋連盟　九段　石田　和雄

【ヒント】上部脱出を防ぐ妙手順。（10分で初段）

▶詰碁、詰将棋の出題は隔週です◀

詰碁

第1089回解答

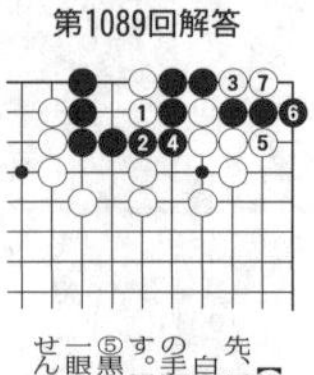

出題　日本棋院　九段　曲　励起

【解答図】白先、黒死。白①黒❷白③の手順が大切です。黒❹なら白⑤黒❻白⑦で黒一眼しかありません。

新刊紹介

「世界を『あっ!』と言わせた日本人」

黄　文雄著

「日本人は変わった」──。親日的と言われる台湾ではかつての日本人を知る世代にこう嘆く人が多いという。

本書は近代の国づくりやアジア諸国の独立などに力を尽くした日本人の事績をたどり、世界から称賛された先人たちのさまざまなエピソードを台湾出身の著者が紹介する。

例えば、イギリスから異例とも言える賛辞を受けた柴五郎中佐もその一人。1900年、義和団の乱において北京公使館区域の籠城戦で、自ら抜刀して敵陣に切り込む勇猛さと優れた指揮官ぶりを発揮した。

柴中佐はその後「コロネル・シバ」として世界中に知れわたり、朝敵の会津出身者としてはまれな大将まで昇進した。

昨今では、昨年7月のさいたま市・JR南浦和駅でのホーム転落事故で、乗客約40人による救出劇が世界から大絶賛を受けたことは記憶に新しい。

時代が移り日本人の価値観が変わっても"大和魂"は忘れずにいたい。先人たちの教えに学び、「日本人でよかった!」と心から思える一冊。（海竜社刊、1512円）

「帝国海軍と艦内神社」

久野　潤著

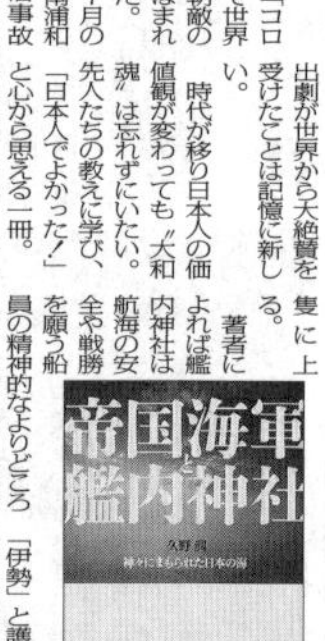

日本には八百万の神がいる、と言われる。船舶にも「船霊」が宿るとされ、帝国海軍は艦艇に神棚（通称「艦内神社」）を設けて、ゆかりのある神社の祭神を祭っていた。

本書は本邦初の「艦内神社」本。歴史学者である著者は、神社や戦争経験者のもとへ足を運んで精力的に取材を重ね、取り上げた艦艇数は何と60隻に上る。

著者によれば艦内神社は航海の安全や戦勝を願う船員の精神的なよりどころとしてだけでなく、艦の沈没後は分霊もとの神社で慰霊祭が執り行われ、元乗員や遺族の支えにもなっているという。

各艦と神社の詳細なデータをはじめ、レイテ沖海戦で沈没した空母「瑞鶴」の艦内神社と生存者の不思議なエピソード、同じ船霊に守られる戦艦「伊勢」と護衛艦「いせ」の絆などを紹介。本書は敗戦以来の艦内神社への誤解を解き、日本人の心の在り方を問う。

東西を問わず、「船霊」は女性なのだという。本書を片手に今は亡き海軍艦艇の聖地を訪れ、海底に沈んだ軍艦（彼女）との縁を結んでほしい。（祥伝社刊、1738円）

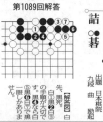

最も危険性高い信管処理

宮崎市内

米国製500キロ不発弾

マンション建設予定地 104不処隊が出動

防護壁内の狭い空間に寝そべり慎重に信管の除去を進める104不処隊の隊員(6月1日、宮崎市で)

【九州補給処=目達原】104不発弾処理隊は6月1日、宮崎市の市街地で見つかった不発弾を回収するとともに8日に福岡県久留米市で焼夷弾を安全化した。

回収したのは、太平洋戦争中に投下されたとみられる長さ約135センチ、直径約50センチの米国製500キロ爆弾。宮崎市広島のマンション建設予定地の地中で5月21日に見つかり、県警の要請で104不処隊が確認した。

当日は半径800メートルに避難勧告が出され、午前8時から住民約7000人が避難した。現場から約300メートルの宮崎駅を閉鎖し、JR日豊本線は一部区間で運転を見合わせた。

午前9時31分、隊長の大塚明徳3佐以下8人が土のうを積み上げた防護壁の中で作業を開始。処理隊は10時19分に信管を除去、次いで不発弾を車両に回収し、同32分に宮崎市長から安全宣言が出された。

除去された信管は「長延期信管」と呼ばれる着弾から時間をおいて作動するタイプのもの。「最も危険性の高い信管」(処理隊員)と言われており、作業を終え、大塚隊長は「市街地での作業ということで細心の注意を払った」と話した。

一方、6月8日には、久留米市で長さ約120センチ、直径約40センチの米国製250キロ焼夷弾を回収。104不処隊は、今年度に入って3発の安全化を行っている。

安全化した不発弾をクレーンで吊り上げて回収する隊員(6月1日、宮崎市内で)

こちら 警務隊 ☎8・6・47625

試着室の女性の着替え 見続ければ拘留か科料

洋服を買いに行ったとき、試着室のカーテンの隙間から女性が着替えているところが見えました。

そのままのぞいていたら、何か罪に問われますか?

試着室のカーテンの隙間から偶然に女性の着替えが見えたものであっても、他人に気付かれないようにして見続ける行為は「軽犯罪法違反」に該当し、拘留または科料に処され、前科がつきます。

この罪は、正当な理由がないのに浴場、更衣場、便所など人が通常衣服をつけないでいるような場所をひそかにのぞいた場合に成立します。

のぞきは犯罪です。絶対にしてはいけません。

(警本=市ヶ谷・田口1曹)

福知山駐2隊員 連携で人命救助

【福知山】福知山駐屯地本部管理中隊の吉田幸世2曹(33)と原貴仁2曹(34)は6月3日、駐屯地曹友会がボランティア活動で行う献血運動中、心筋梗塞で心肺停止状態となった京都府赤十字血液センターの60代男性職員に適切な処置を施し、人命救助に貢献した。

同日は午前10時から、血液センターの献血車2両が駐屯地厚生センター前に配置され、多くの隊員が休憩時間などを利用して献血に協力していた。

午後4時ごろ、血液センターの職員らが撤収準備をする中、献血を終えた第4中隊の松井貴徳3曹(27)が倒れている男性職員を発見。直ちに周囲に知らせて医務室に救護要請に走り、原2曹とともに現場に戻った。さらに現場に居合わせた吉田2曹が隊舎からAED(自動体外式除細動器)を持参し、迅速・的確に対応。続いて原2曹が心臓マッサージを行い、駆け付けた救急隊員に引き継いだ。

男性はその後、意識を回復し、一命を取り留めた。

吉田2曹は「日頃から教育を受けていたので、自然と体が反応し救護することができた。男性が一日も早く全快されることを心よりお祈りしています」と話した。

人命救助に貢献した福知山駐屯地本部管理中隊の吉田2曹(右)と原2曹

中方のナンバーワン射撃手に竹下3佐

【13旅団=海田市】第13高射特科中隊長の竹下友也3佐=写真=は5月8日、平成25年度中部方面隊拳銃射撃でナンバーワン射撃手に選ばれ、13旅団長の掛川壽一将補から褒章状が伝達された。

竹下3佐は、中部方面隊が昨年実施した拳銃射撃検定で140点中138点の高記録をマークし、優秀な成績を収めた。

"天気の達人"天達さん熱弁

防衛省で「環境講演」

災害派遣と天候など

職員600人聞き入る

防衛省職員に向け環境に関する講演を行う、人気気象キャスターの天達武史さん(6月13日、防衛省講堂で)

環境月間に合わせて毎年開催されている「環境講演」が6月13日、防衛省講堂で行われ、気象予報士の天達武史さんが「天気の達人が見た、最近の天気と地球環境の変化」と題して講演した。

天達さんと言えば、フジテレビの朝の情報番組『とくダネ!』の気象キャスターで、メーンキャスターの小倉智昭さんから「あまたつ~」と呼ばれることで有名。

オリコンの「好きなお天気キャスター&気象予報士ランキング」では3年連続で1位を獲得している。

講演には防衛省の幹部・職員約600人が来場。天達さんは天気予報にまつわるトリビアや気象キャスターの仕事について、映像やクイズなどを交えながら分かりやすく紹介した。

さまざまな場所に足を運んで気象をリポートしてきた経験から、「近年、気象災害への注意喚起を行うことが増えた」と指摘、「異常気象ではなく、現在の気候変動はなるべくしてなったもの。私たちが適応していくしかない。温暖化対策として省エネや自然エネルギーの利用なども大切だが、社会の仕組みそのものを変えていく必要がある」などと語った。

質疑応答では「災害派遣と天候」から「人生の夢」までさまざまな質問が飛び出した。

防府南基地開庁60周年切手

100郵便局、ネットで好評

基地開庁60周年記念切手のレプリカシートを風井局長(右)から受け取る宇都司令(5月27日、防府南基地で)

【空教隊=防府南】基地開庁60周年を記念したオリジナル記念切手が5月27日、防府南基地で披露された。式典には山口県内の七つの郵便局の局長らが出席。代表して日本郵便の風井啓二・下松花岡郵便局長が基地司令の宇都定史1佐にレプリカプレートを手渡した。

防府南基地は旧海軍通信学校が前身。戦後は連合軍による接収を経て昭和29年の空自創設と同時に開庁、31年に全面返還され今年で開庁60周年を迎えた。基地ではこれを記念した切手の作製を郵便局に提案し、タイアップ企画が実現した。

新隊員教育を主任務とする空教隊をアピールし、学生の訓練風景や基地内の施設などをとらえたオリジナルフレームの10枚組で、1シート1230円。5月30日から防府市を中心に約100局の郵便局のほか、インターネットでも販売され、人気を集めている。

風井局長は「切手が良い記念品として地域振興の一助となることを願います」とスピーチ。宇都司令は「基地開庁60周年にふさわしい切手。切手を通じて基地に対する理解がさらに深まればうれしい」と話した。

小休止

▽…防衛省講堂で6月6日、省の環境月間にちなんだ「環境コンサート」が昼休みに開かれ、市ヶ谷台管弦楽団(団長・中村慶一郎2空佐)の演奏に約200人が聴き入った。

▽…コンサートは大臣官房環境対策室が主催し、今回で19回目。チャイコフスキーのバレエ組曲「くるみ割り人形」からCMでもおなじみの「あしぶえの踊り」や「花のワルツ」など、全7曲を披露した=写真。

▽…タクトを振ったのは航空中央音楽隊の渡邊与秀3空尉。集まったクラシックファンは清涼感あふれる美しい音色で梅雨入り前のひとときを楽しんだ。(市ヶ谷)

MIZUHO　みずほ銀行

One MIZUHO

みずほNISA

NISA口座の開設またはご購入で

adidasサッカー日本代表 レプリカユニフォームプレゼント!

キャンペーン期間　2014年6月9日(月)～2014年7月31日(木)

キャンペーン期間中にNISA口座を開設またはNISA口座でご購入いただいたお客さまの中から、抽せんで500名さまにadidasサッカー日本代表レプリカユニフォームをプレゼントします!

〈応募不要〉抽せんで500名さま

さらに、みずほマイレージクラブにご入会いただくと

みずほ銀行ATM・イオン銀行ATM 時間外手数料がいつでもうれしい0円!

NISA口座を開設いただき、みずほマイレージクラブにご入会いただくとATM時間外手数料が無料になるなどの「うれしい特典」をご利用いただけます。

対象となる投資信託をご購入いただくと

約定金額*の1%相当額(最大1万円)をキャッシュバック!

「みずほでNISA」キャッシュバックプラン　取扱期間　2014年1月29日(水)～2014年12月30日(火)

期間中、NISA口座でキャッシュバックプランの対象となる投資信託をご購入されたお客さまが対象となります。対象となる投資信託は、みずほ銀行店頭またはホームページにてご確認ください。

*約定金額とは、申込金額から購入時手数料(税込)を控除した金額をいいます。

【キャンペーンに関するご注意事項】●本キャンペーンはNISA口座開設またはNISA口座でのご購入(金額は問いません)で抽せん権利が付与されます。キャンペーン期間中に、①NISA口座を開設しかつNISA口座でご購入いただいた場合や、②NISA口座で複数回ご購入いただいた場合でも、抽せん権利は1口になります。●本キャンペーンにおけるNISA口座でのご購入は「約定日」を基準とします。「申込日」がキャンペーン期間内であっても、「約定日」が期間外であれば、キャンペーンの対象となりません。●スイッチングおよび分配金再投資、償還乗換優遇を利用したお取引は対象となりません。●NISA口座開設は、キャンペーン期間中に当行でお申し込み(申込書、住民票もしくは住民票取得代行の委任状等のご提出)いただいたお客さまが対象となります(郵送の場合は2014年7月31日到着分まで有効です)。●当行でNISA口座開設手続きが完了しなかった場合は、キャンペーンの対象とならないことがあります。●賞品はメンズのLサイズのみになります。●当せん者の発表は賞品の発送(2014年8月以降を予定)をもってかえさせていただきます。●今後予告なくキャンペーンの内容を変更もしくはキャンペーンを中止することがあります。また、他のキャンペーンとは併用できない場合があります。●お送りした賞品が郵便返戻となった場合は、キャンペーンの適用対象外とさせていただきます。
【みずほマイレージクラブのうれしい特典に関するご注意事項】●投資信託の指定預金口座がみずほマイレージクラブの利用口座に登録されていることが必要となります。●「うれしい特典」はNISA口座開設が完了した月の翌々月第1営業日からご利用いただけます。●「うれしい特典」はみずほ銀行ATM・イオン銀行ATM時間外手数料無料の他にもございます。くわしくは下記ホームページにてご確認ください。
【「みずほでNISA」キャッシュバックプランに関するご注意事項】●今後予告なくプラン内容を変更や継続または中止することがあります。また、今後同様のプランを実施する場合があります。●本プランは、約定日が2014年12月30日までのお取引が対象です。約定日が購入申込日(お客さまが購入申し込みされた日)の翌日以降となる場合、購入申込日がプランの取扱期間内であっても、約定日がプランの取扱期間外であれば、プランの対象となりません。くわしくは店頭までお問い合わせください。●スイッチングおよび分配金再投資、償還乗換優遇を利用したお取引は対象となりません。●何らかの理由で注文が不成立・取消となった場合は、対象となりません。●約定日が2014年4月～6月の場合は7月31日までに、7月～9月の場合は10月31日までに、10月～12月の場合は2015年1月30日までに、各期間の累計約定金額の1%相当額(円未満切り捨て)を投資信託の指定預金口座に入金いたします。●指定預金口座が解約されているなどの理由でご入金手続きができない場合はプランの対象外となります。●本プランは、NISA口座でのご購入が対象となるものであり、課税口座でのご購入は対象外です。●振込人名は「ニーサプラン」となります。
【NISAに関するご注意事項】●NISA口座は、すべての金融機関を通じて、20歳以上の個人のお客さまが基本的にお一人さま1口座に限り開設いただけます(金融機関等を変更した場合を除く)。●万一、複数の金融機関で重複して申し込まれた場合、もっとも希望する金融機関ではない金融機関にNISA口座が開設されることがあります。また、口座開設が大幅に遅れる可能性があります。●NISA口座と他の口座との損益通算はできません。また、損失の繰越控除もできません。●NISA口座には非課税投資枠(年間100万円まで)が設定されており、売却した場合、非課税枠の再利用はできず、非課税枠の残額を翌年以降へ繰り越すこともできません。●当行では、NISA口座で購入できる金融商品のうち、公募株式投資信託のみ取り扱います。●投資信託における分配金のうち元本払戻金(特別分配金)はそもそも非課税であり、NISAによるメリットを享受できません。●現在、NISA口座以外で保有している投資信託等をNISA口座へ移管することはできません。●当行では、NISA口座の開設にあたっては「投資信託総合口座」が必要です。●NISA口座の開設には2013年1月1日時点の住所がわかる住民票(発行から6ヵ月以内のもの)が必要です。●上記内容は作成日時点のものであり、今後変更される可能性があります。
【投資信託に関するご注意事項】●投資信託は預金・金融債・保険契約ではありません。●投資信託は預金保険・保険契約者保護機構の対象ではありません(ただし、お預かりした円資金は、信託設定前は預金保険の対象となります)。●当行が取り扱う投資信託は投資者保護基金の規定による支払いの対象ではありません。●当行は投資信託の販売会社であり、投資信託の設定・運用は委託会社(外国籍投資信託の場合には管理会社)が行います。●投資信託の運用による利益および損失は投資信託をご購入されたお客さまに帰属します。●投資信託は、その信託財産に組み入れられた株式・債券・リートなどの価格が、金利変動・為替変動、その発行者に係る信用状況の変化などで変動し、基準価額(外国籍投資信託の場合は1口あたり純資産価格)が下落することにより、投資元本を割り込むことがあり、元本の保証はありません。●投資信託については直接または間接的にご負担いただく費用があります(当行で販売中の追加型投資信託の上限を表示しています)。*購入時手数料(購入金額、口数等に応じ、基準価額に対して、最大3.78%(税込))*運用管理費用(信託報酬)(純資産総額に対して、最大年率2.268%(税込))*信託財産留保額(換金時の基準価額に対して最大0.500%)*監査費用・売買委託手数料等その他費用 ●実際の費用の種類・額および計算方法はファンドにより異なります。また、その保有期間・運用状況等により換金時および期中の手数料等が変動するファンドもございます。その詳細は各ファンドの「投資信託説明書(交付目論見書)」および「目論見書補完書面」、「商品基本資料」でご確認ください。●一部の投資信託には、信託期間中に中途換金できないものや、換金可能日時があらかじめ制限されているものもあります。●投資信託をご購入の際は必ず「投資信託説明書(交付目論見書)」および「目論見書補完書面」、「商品基本資料」の内容をご確認のうえ、ご自身でご判断ください。「投資信託説明書(交付目論見書)」および「目論見書補完書面」、「商品基本資料」はみずほ銀行の支店および出張所等(一部を除きます)の店頭にご用意しております。ただし、みずほインターネット専用投信の「投資信託説明書(交付目論見書)」および「目論見書補完書面」、「商品基本資料」は店頭にご用意しておりません。みずほダイレクト[インターネットバンキング]の電子交付サービスによりお受け取りになり、内容をご確認ください。

くわしくはみずほ銀行店頭または右記までお問い合わせください。

みずほ銀行ホームページ http://www.mizuhobank.co.jp/

みずほインフォメーションダイヤル 個人のお客さま専用　フリーダイヤル 0120-3242-86 3 #

海外からのご利用などフリーダイヤルをご利用いただけない場合は 042-311-9210 3 # [通話料有料]

〈受付時間〉月曜日～金曜日 9:00～17:00 *12月31日～1月3日、祝日、振替休日を除く

※運用のご相談にあたっては、お客さまにより適した商品のご案内をするために資産運用のご経験、投資の目的、ご年齢等を確認させていただく場合がございます。70歳以上の方には、お取引店へのご連絡をお願いする場合がありますのであらかじめご了承ください。

夢を力に2014 Dream and believe. Dream to achieve. Courage to achieve. | MIZUHO みずほフィナンシャルグループはサッカー日本代表を応援しています。

商号等:株式会社みずほ銀行　登録金融機関　関東財務局長(登金)第6号
加入協会:日本証券業協会　一般社団法人金融先物取引業協会　一般社団法人第二種金融商品取引業協会

One MIZUHO 未来へ。お客さまとともに

朝雲

発行所 朝雲新聞社
〒160-0002 東京都新宿区
坂町26番地19 KKビル
電話 03(3225)3841
FAX 03(3225)3831
振替00190-4-17600番
定価一部140円、年間購読料
9000円（税・送料込み）

本号は12ページ

2面 防医大研究グループがストレス学会でW受賞
3面 「PP14」カラーグラフ
4面 「中国軍事・安全保障」報告の概要
5面～8面 〈全面広告〉
9面 〈防衛技術〉注目集める艦尾フラップ
10面 〈ひろば〉"涙活"でストレス発散
11面 新十両・旭大星関が旭川に里帰り
12面 〈みんなのページ〉「常備自」になって

防衛省 44年ぶり新戦略

国際共同開発を推進

「防衛生産・技術基盤戦略」策定

防衛省は6月19日、防衛産業の育成強化を目指す「防衛生産・技術基盤戦略」を決定した。今年4月に「防衛装備移転三原則」が閣議決定されたことを受け、国際共同開発の推進を打ち出したのが大きな特徴だ。昭和45年に中曽根康弘防衛庁長官の下で策定した「国産化方針」に替わる、44年ぶりの新指針となる。小野寺防衛相は同日の省会議で「日本の防衛技術がガラパゴス化してしまう強い危機感がある。国際社会に取り残されないよう、防衛産業を含む日本の安全保障の充実に一丸となって努めていきたい」と述べた。

コスト削減、国内技術の向上図る

新戦略は装備品の特性に応じ、①国内開発②国際共同開発・生産③ライセンス国産④民生品の活用⑤輸入―の各取得方法を適切に選択しながらコスト削減と国内技術の向上を図り、防衛産業の安定的な基盤維持につなげていくことを最大の目標としている。今後10年間を見据えつつ、安全保障環境の変化に応じて適宜、柔軟に見直す方針だ。

省会議では、総合取得改革推進プロジェクトチーム長を務める武田副大臣が「防衛力を支える重要不可欠な防衛生産・技術基盤の維持強化は、国家的に重要な課題だ」と述べ、新戦略案を小野寺大臣に手渡した。

大臣は「日本の防衛産業が長年の厳しい財政事情を受けて脆弱化する一方で、海外企業は国際共同開発を通じて競争力を強化してきた」と指摘した上で、「国際競争力のある防衛生産・技術基盤を構築し、積極的平和主義に資する新しい基盤の充実が重要だ」と述べ、時代に即した施策の推進に意欲を示した。

新戦略では▽日本の技術的な優位性の確保▽要求性能を明らかにすると我が国の安全保障が脅かされる―などの観点から、潜水艦や誘導武器などについては国内開発を堅持する。

その一方で▽他国の先進技術の取得▽友好関係の強化と相互運用性の向上―などの観点から、次世代戦闘機や無人機などは国際共同開発を推進する。調達を開始した空自の次期戦闘機F35Aは国内企業の製造参画を戦略的に推進するとともに、アジア太平洋地域の整備拠点を国内に設置する方向で関係国と調整する。

さらに化学防護装備や海自のUS2救難飛行艇、空自のC2輸送機など、我が国の技術力の強みを生かせる分野では民間への転用や技術協力を推進。逆に通信電子分野では民間の先端技術を活用する。また、省内に分散する装備品調達部門を統合した外局「防衛装備庁」（仮称）を新設する。

このほか、大学や研究機関との連携を通じた民生技術の積極活用や中長期的な「研究開発ビジョン」の策定、1社のみが特定技術に特化している場合などで随意契約を推進するほか、現在5年が限度となっている契約期間を安定的な設備投資実現などのため長期化する方向で検討する。

戦略のポイント

▽防衛力と積極的平和主義を支える基盤強化の新指針
▽今後10年間を念頭に安保環境の変化に応じて柔軟に見直す
▽国内技術の向上やコスト削減につながる分野で国際共同開発・生産を推進
▽日本の技術的優位性の確保や、外国に依存できない分野では国内開発を継続
▽装備品の特性に合致した調達方法で防衛産業の安定的な経営基盤を維持
▽随意契約を推進し、5年以上の長期契約を検討
▽US2やC2などの民間転用や技術協力を推進
▽大学や研究機関と連携強化し、民生技術を積極的に活用
▽中長期的な「研究開発ビジョン」を策定

武田副大臣（左）から案の提出を受け、新戦略の意義を強調する小野寺防衛相（中央）＝6月19日、防衛省で

新指針策定で意見交換
防衛産業7社幹部と防衛相

これに先立ち6月12日、小野寺防衛相は三菱重工業や日本電気など防衛産業の企業幹部7人を防衛省に招き、今後の防衛生産や技術基盤の維持・強化のための施策や方向性について意見交換した。

大臣は「日本の防衛生産・技術基盤は防衛産業の技術力に支えられており、その維持・強化は我が国の潜在的な抑止力の向上にもつながる」と強調。その上で「諸外国との協力を推進することにより、グローバルな安全保障環境の改善に貢献し、積極的平和主義に資する」と述べ、国際共同開発に向けた環境整備に意欲を示した。

企業側は三菱重工業（経団連防衛生産委員会委員長企業）、日本電気（日本防衛装備工業会会長企業）、三菱電機（同副会長企業）、IHI（日本航空宇宙工業会副会長企業）、島津製作所（同）、川崎重工業（日本造船工業会副会長企業）、ジャパンマリンユナイテッド（同理事企業）の7社からそれぞれ幹部が出席した。

「部隊編成」柔軟・多様に

PKO工兵マニュアル 来春にも完成へ

第2回会合に出席した日、中、ブラジルなど5カ国の参加者。前列右から5人目は陸幕施設課長の石丸威司1佐（6月3日、インドネシアのPKOセンターで）

日本が議長国となって来春の完成を目指して作成を進めている「国連PKO工兵部隊マニュアル」の第2回専門家会合が6月3日から5日まで副議長国のインドネシアで開かれ、部隊編成に柔軟性・多様性を持たせることなどを柱に、①任務②編成③訓練―の主要項目で最終合意に至った。

総ページ数は約100～150ページとなる見込みで、10月の国連への最終報告を経て、来年3月にも公表・配布される予定だ。

会合には、工兵分野のワーキンググループに参加する23カ国のうち、日本、インドネシア、中国、ブラジル、シンガポールの5カ国が参加。国連からは今年3月の第1回東京会合に続きPKO局のほか、後方支援を担当するフィールド支援局が初参加した。

議長を務める陸幕装備部施設課長の石丸威司1佐は「このマニュアルは、派遣された指揮官と幕僚によるPKO工兵活動の計画・実行を促進させるもの。参加者のエンジニア・スピリット（工兵精神）をもって、東京会合の成果を拡充し、本会合を実りあるものにしよう」と述べ、マニュアル作成の意義と重要性を強調した。

会合では部隊編成の在り方をめぐって活発な議論が交わされ、工兵部隊に期待される全ての任務に対応できるよう「最小限の部隊規模で最大限の機能を網羅できる編成」を採用。機能的に独立した部隊で編成（モジュール化）し、それらの部隊を柔軟に組み替えながら、多種多様なPKOの工兵任務に臨機応変に対応していくことを盛り込むことで一致した。

また、PKO派遣前の部隊に対する訓練内容についても最終調整が行われ、①基礎的な建設・工兵技術の向上②各PKOミッション固有の状況や任務への対応能力の向上―に特化した訓練をバランスよく行い、派遣部隊の実効性向上につなげることで合意した。

防衛省では運用企画局担当審議官をチーム長、陸幕運用支援・情報部長を副チーム長とするプロジェクトチームを立ち上げ、数十人態勢でマニュアル作成に臨んでいる。

国際協力課の担当者は「今回、中国やブラジルなど、多様なメンバー国を交えて合意形成できた意義は大きい。工兵マニュアルの作成は、多国間協力の枠組みとしても重要な役割を担っている」と話している。

カンボジアの子供たちと"歯磨き交流"

「隊員さんに教わって上手に歯磨きができるようになったよ！」――。一人ずつにプレゼントされた歯ブラシを手に大喜びなのはカンボジアの子供たち。「パシフィック・パートナーシップ2014（PP14）」に参加している海自の輸送艦「くにさき」は6月19日、シアヌークビルに入港し、乗員と3自衛隊の医療チームは現地の子供たちに歯科健診を行い、剣道などで交流した。（3面に特集記事）

陸自、中国が初参加

「リムパック2014」始まる

23カ国の海軍艦艇が一堂に会する米海軍主催の環太平洋合同演習「リムパック2014」が6月26日、ハワイのパールハーバーで始まる。日本からは海自部隊のほか、初めて陸自部隊が参加し、水陸両用訓練を実施する。8月1日まで。

これに先立ち、海自のイージス艦「きりしま」（艦長・藤原秀幸1佐）とヘリ搭載護衛艦「いせ」（同・佐藤恭弘1佐）で編成される護衛艦部隊（指揮官・中畑康樹海将補＝3護群司令＝以下人員約650人）が6月20日、パールハーバーに入港した。

一方、陸自部隊（担任官・番匠幸一郎陸将＝西方総監＝以下、西普連を基幹とする約40人）は22日に現地入りし、26日から米海兵隊と共にボート訓練を開始。装着泳訓練やヘリタンカー訓練、海上航法、水路潜入訓練などを行う。

開会式は6月30日に行われる予定。米海軍からは原子力空母「ロナルド・レーガン」など22隻、初参加の中国海軍からはミサイル駆逐艦「海口」、フリゲート「岳陽」など4隻が参加。この結果、今年のリムパックは過去最大規模となっている。

PKO訓練に参加 能力構築支援も

モンゴルで

米、モンゴル主催の国連PKO活動に関する多国間共同訓練「カーン・クエスト14」が6月17日、モンゴルで始まった。28日までの予定で、陸自中央即応集団（CRF）と陸幕から過去最多となる8人が派遣されている。

参加国は日、米、モンゴルをはじめ、加、独、英、印、インドネシア、韓、ネパール、豪、パキスタン、シンガポール、タイ、仏、タジキスタンの16カ国。

実動訓練にCRFの6人が教官として参加し、モンゴル軍などに検問や巡察、車両縦隊行動などを教育。陸幕の2人はオブザーバー参加となる。

さらに、陸自は6月19日、同月下旬から7月下旬にかけ、モンゴルに要員12人を派遣し、国連PKO活動の「施設」と「衛生」の2分野に関する能力構築支援を行うと発表した。

モンゴル軍に対する能力構築支援は昨年度から本格化しており、昨年11月に医官などを日本に招いて自衛隊中央病院で病院管理について説明。今年3月には陸自施設学校（勝田）で工兵関係の軍人が測量研修を行った。今回は施設分野（6月22日から7月26日）の支援をスタート。施設職種の隊員9人が、道路構築のための設計や測量などPKO活動に必要な施設作業の知識や技能を指導する。

衛生分野の教育は7月中旬に実施される予定。病院開院を目指すモンゴル軍の意向を受け、衛生職種の隊員3人が病院の役割や運営管理要領、医官の人事などを説明するほか、陸自の衛生に関する取り組みなどを紹介する。

これに関連し、岩田陸幕長は6月25日、モンゴルを陸幕長として初めて訪問する。同国軍参謀総長や陸軍司令官などと会談するほか、「カーン・クエスト14」と「能力構築支援」の視察を行い、28日に帰国する。

陸幕長は19日の記者会見で、「モンゴルとの協力関係が拡大し、両国間の信頼関係が非常に高まってきている中、今回の訓練と能力構築支援を通じてさらに防衛協力・交流を深化させていきたい」と述べ、期待感を示した。

春夏秋冬

無精にわたる無かりしか

童門 冬二

役所がくれた健康保険証ではいまのわたしを「後期高齢者」と書いてある。高齢者に前期も後期もあるのか、と思うが、七十五歳が分かれ目だという。

わたしは満八十六歳だが年齢のことなど考えたことがない。どこもわるくないし、逃げ脚も早い。だから講演後に必ず出る質問が、

「いまの健康法について」だ。

ある会場ではお婆さんから、

「パックはなにをお使いですか？」ときかれた。顔色がよくシワひとつないためだ。

私の健康法は、早寝早起き・朝の散歩・イヤなしごと（先のばししたいもの）から手をつける・こんなことを誰がやったんだ！などと失敗の犯人捜しは絶対にしない、などということの遵守だ。

そしてこれらのことを守るのに、呪文のようなひとつのつぶやきがある。

「無精にわたる無かりしか」という自省のことばだ。

戦争中、わたしは海軍の甲種予科練（少年飛行兵、通称予科練）として、茨城県の土浦海軍航空隊にいた。

夜、訓練の日課が終わると寝る前に必ず「五省」というのをさせられる。至誠にもとらなかったか、勇気にかけなかったか、ぜいたくをしなかったかなどの、いわば「その日の五つの反省」をするしつけだ。無精への反省はそのひとつだ。

前に書いた健康法で、どうしてもやりたくなく、手抜きをしたいことがある。そのたびにわたしは、「無精にわたる無かりしか」と自分に問いかける。

五省は過去のふりかえりだが、私の場合は現在（その時）乃至は近未来（これからの時間）への問いかけである。この問いかけをすると、ふしぎに心身がシャキッとする。

習慣というのは恐ろしい。土空（土浦航空隊の略）にいたのは十六歳のころだから、七十年同じことをくりかえしていることになる。

しかし健康の保持はそういうもので、なによりも継続・連続が大切なのだ。

もうひとつ、あのころの慣習で守っていることがある。それは、「五分前には必ず課業（約束の時間も）の支度をととのえる」ということだ。これは隊内放送で「課業はじめ五分前」というのを始終きかされつづけたからだ。しかし、いまも悪い習慣だとは思わない。

（どうもん・ふゆじ＝作家）

防衛省発令

▽南スーダン派遣施設隊長（南スーダン派遣施設隊付）　1陸佐 野村 昌二
▽南スーダン派遣施設隊付（南スーダン派遣施設隊長）　同 井川 賢一
（以上6月16日）
▽7普連長兼福知山駐地司令（南スーダン派遣施設隊付）　1陸佐 井川 賢一
▽解中方後支隊本部付隊長事務取扱（中方後支隊副長）　同 重信 勝利
▽解福知山駐地司令代理（7普連副長）　2陸佐 鹿島 実
（以上6月21日）

朝雲寸言

自衛隊と韓国軍との将官交流が途絶えて、まもなく2年が経過する。そのきっかけとなったのは、当時の李明博大統領の島根県竹島への強行上陸だった▼関係修復の兆しも見えない中、韓国軍は6月20日、竹島沖の日本領海を含む海域で、対艦ミサイルなどの射撃訓練を実施した。韓国国防省は「自主的な防衛訓練で、いかなる要求や干渉も考慮しない」と言い切った▼ここ数年、韓国は竹島を使って日本人の感情を逆なでしている。攻勢を強めているつもりだろうが、実効支配に自信がないのだろう。東日本大震災の直後には、日本の窮状を尻目に、閣僚らが島に上陸、島の周りではヨットレースまで開催した▼国家の品格に欠ける行為だ。しかも、その後の国防白書では、竹島について「日本の誤った認識や不当な主張を打破しなければならない」と記述。その上、日本海の呼称を東海に変更せよとの要求まで声高に主張しはじめている▼射撃訓練に対し、菅官房長官が「絶対に受け入れることができず、極めて遺憾」と、強い不快感を示したのは当然だ。と同時に、竹島の領有権や日本海の呼称について、政府は歴史的な経緯を含めて、もっと海外に発信していくべきだろう▼尖閣諸島では中国と、そして、竹島をめぐって韓国との2正面作戦が続く。情勢は厳しいが、ロシアや東南アジアなど周辺国と強固な信頼関係を築くことも大切だ。勝つための戦略と戦術はいろいろある。

時の焦点

国内　憲法解釈見直し

一貫性欠き便宜が通る

漢学者の内藤湖南は、辛亥革命後の1914年に著した『支那論』で、中国の共和制移行への期待感を示しつつ、中国は日本の明治維新に学ぶべきだと説いた。

「国家は大きな生物で、固定した政策を執って少しも融通が取れぬということは、頗る不便」だが、「国是の方針としては、とにかく一貫したものがあって、一時の便宜のためにそれを変えないというところに方針が無くてはならぬ」。その一貫性こそ「支那の当局者が日本の維新の歴史」に学ぶべきだと——。

歴史は内藤湖南の望んだ方向には進まず、大戦を経て共産党独裁となった中国と日本の関係はいま、国交正常化後、最悪の状態だ。そして、「国是」——中国のそれの善し悪しは別にして——という意味では、いまはむしろ、日本の方が一貫性を欠くきらいがある。

例えば、集団的自衛権の行使を可能にする憲法解釈の見直しだ。安倍晋三首相ら容認派は、防衛技術の進化や国際環境の変化が著しいのだから、遠い過去の解釈に縛られた「融通」の効かない状況は「不便」と考える。

ところが、与党協議では慎重派の公明党に配慮して、自民党はグレーゾーンへの対応を新法や法改正でなく、現行法の運用見直しで行うと妥協し、「武力行使の一体化」を判断する4条件も1日で撤回した。これでは「融通」が効き過ぎた「一時の便宜」でしかない。

民主党も、6月11日の党首討論で海江田万里代表が「解釈ではなく憲法改正で」と訴えたように、足元をまとめられない力不足を棚に上げ、「便宜」的な批判を繰り返す。

どちらも「国是」が不明瞭な議論だから、一貫性を欠き、「便宜」ばかりまかり通る。

通常国会が22日で閉会し、安倍首相が目指した会期中の解釈変更の閣議決定はできなかった。いたずらな引き延ばしは不毛だが、決着を焦って中身がおかしくなるくらいなら、「国是」の確認から始めた方が、結果的に近道かもしれない。

内藤湖南は1924年の『新支那論』になると、中国への期待よりも限界を考察し、「政治と社会組織が互いに関係を持たないから、民衆運動や国民の公憤が起きない」のは社会の老熟の表れで、そんな社会の改革には列強による共同管理が必要だと主張した。

『支那論』の「国是」同様、「政治と社会の断絶」も、投票率の低迷が続く近年の日本を連想させる。国民が政治に無関心だと、集団的自衛権のような難しいテーマを自らの問題として理解しようとする意欲が生まれない。国会閉会後の議論で工夫が必要な点だ。

歴史学者の與那覇潤氏は、二つの中国論を読み直す現代的意義を「中国に日本人自身の似姿を見ること」と説く。日中戦争の正当化にも使われた中国論の筆者が、その戦争を見ぬままに没したのは、80年前のきょう、6月26日のことである。

東雲 次郎（政治評論家）

海外　米兵と捕虜交換

読み違えた国民の反応

アフガニスタンの反政府勢力タリバンに捕らわれていたボウ・バーグダール陸軍軍曹が5月31日、約5年ぶりに解放された。これと引き換えに米政府も同時に、キューバ・グアンタナモ米軍基地で拘束していたタリバン幹部5人を釈放した。

オバマ大統領が同日、ホワイトハウスのローズガーデンで軍曹の両親を伴い記者会見を開き、この「交換」を発表した時は、「英雄の帰還」を実現した政府の功績を全国民が歓迎するものとみていた。

しかし、オバマ氏は故意に触れなかったが、同軍曹は「脱走兵」だった。戦闘中に捕まったわけではない。深夜にキャンプを抜け出し、無線で「タリバンと話がしたい」と相手を探している間に敵の手に落ちたのだ。言わば、自ら望んだ通りの結果である。

大統領の発表直後から、その事実がメディアであっという間に広まった。祝賀ムード一色だったアイダホ州の軍曹の故郷では、祝賀式典が急きょ中止に追い込まれ、政権の目論見は完全に外れたのだった。

予想外の事態に政府は「イスラエルも自国兵士とパレスチナゲリラの捕虜交換を行う」と釈明したが、少し違うだろう。脱走した同軍曹の捜索中に同僚兵士6人（8人との情報もある）が戦闘で死亡した。イスラエルがそんな脱走兵のため取引した例はない。

第一、イスラエルの場合は常に苦渋の末の決定で、ローズガーデンで華々しく発表するような神経は理解できまい。解放された兵士も慚愧の念に満ちているのが普通だ。

また、政府がこうした取引を行う際は30日前に議会に通告する義務があるのに、オバマ大統領はそれを怠った。ヘーゲル国防長官は6月11日の下院軍事委員会で、タリバン提供の同軍曹の映像から健康状態に不安があったと緊急性に理解を求めた。だが、同じ映像を見たファインスタイン上院情報特別委員会委員長は「信じられない」と言い訳に冷ややかだ。

同僚ら周囲に再三、「反米」意識を漏らし、両親に宛てた手紙でも「反軍」の考えを伝えていた一人の脱走兵のために、オバマ氏は他の多数の米兵への危険増を選んだ。「捕虜交換は戦争終結時に行われること」（オバマ大統領）と、まるで5人が戦闘を停止するかのようである。

だが、5人は01年の同時多発テロのテロリストらとも接点があったタリバンの「ドリームチーム」。米情報機関の分析では、5人中2人は指導部に復帰し、別の2人は組織内で積極的な役割を担う。残る1人が活発な活動を停止する可能性があるだけ。そのため情報機関は取引に警告してきた経緯がある。

「交換」はタリバンの団結を強めた一方で、米国民を分裂させた。オバマ氏は低下する政権支持率のアップを期していた。しかし、結果は国民の反応を読み違えた稚拙さを浮き彫りにしただけだったのではないか。

草野 徹（外交評論家）

防医大研究グループW受賞

最優秀賞&優秀賞　ストレス学会高く評価

最優秀賞の長峯2陸佐（右）と優秀賞の染田2空佐（左）。中央は両者の共同発表者である重村准教授（5月18日、福島市で）

【防医大】防衛医科大学校（三浦総一郎学校長、埼玉県所沢市）の災害メンタルヘルスに関する研究グループは5月17、18の両日、福島市で開催された第13回「日本トラウマティック・ストレス学会」で最優秀賞と優秀賞をダブル受賞した。

学会は「こころのケアの未来～荒廃から新生への道標として」をテーマに開かれ、全国から精神科医や臨床心理士、精神保健福祉士など約500人が参加した。

パネルを使って研究成果を発表するポスターセッションでは、34演題の中から、プログラム委員会による選考の結果、防衛医学研究センター行動科学研究部門の長峯正典准教授（2陸佐）らによる「災害支援者が被る心理的ストレス―東日本大震災における陸上自衛隊の災害支援活動」が最優秀賞を受賞。

さらに、防衛医学講座の染田英利助教（2空佐）らによる「東日本大震災での福島県における歯科身元確認作業従事者を対象とした遺族対応に関するストレス体験調査」が優秀賞を受賞し、同学会のポスター発表上位2賞を防医大の研究グループが占める形となった。

一方、シンポジウムでは精神科学講座の重村淳准教授が「福島第1・第2原子力発電所職員が受け続ける複合的なストレス」と題して講演し、原発の復旧作業者のメンタルヘルスに関する最新データを発表した。

今回のダブル受賞に関係者からは「自衛隊や防医大による災害救援者に対するメンタルヘルスの取り組みが、部外の専門学会から高く評価された」と喜びの声が上がっている。

データ移行ツール開発

福島1尉に「創意工夫功労者賞」

陸自研究本部システム開発隊（市ヶ谷）の福島修一1尉（53）は、異なるシステムへのデータ移行ツールを開発した業務改善の功績で4月14日、文部科学省の平成26年度「創意工夫功労者賞」を受賞し、同23日、朝霞駐屯地で研究本部長の松尾幸弘陸将から賞状を伝達された。

同賞は優れた創意工夫で職場や職域の技術改善に貢献した人に贈られるもので、今年度は各省庁や都道府県から推薦された計985人が受賞した。

福島1尉は陸自の「師団等指揮システム」から「基幹連隊指揮統制システム」に簡単にデータを移行させるツールを約4カ月間かけて開発。

これまで熟練者が手動で数日間かけて数万行のデータを移行していたが、これにより全国部隊の初心者でも手順を間違えることなく、わずか数十分で移行を完了することが可能となった。

長年、通信職種でプログラムの開発などに携わってきた福島1尉は今年10月に定年を迎える。「皆さんのお役に立つことができ、さらに表彰までしていただき大変光栄で、うれしい」と顔をほころばせた。

システム開発隊長の大森俊之1陸佐は「異なる作戦系のシステムを連接してシームレスに情報提供できるようにすることに日々苦労しているシステム実務者にとって、誰でも簡単に使える有用なツールであり、このたびの受賞を誇りに思います」と話している。

松尾研本長（右）から文科省の創意工夫功労者賞を伝達された福島修一1陸尉（4月23日、朝霞駐屯地で）

国防大臣、参謀長と信頼関係強化

空幕長インドネシアを公式訪問

インドネシア空軍参謀長のドゥニア大将（右）と記念品の盾を交換する齋藤空幕長（6月9日、インドネシア空軍司令部で）

齋藤空幕長は6月8日から11日まで、ハイレベル交流の一環としてインドネシアを公式訪問。プルノモ・ユスギアントロ国防大臣、空軍参謀長のイダ・バグス・プトゥ・ドゥニア大将と会談し、相互理解の促進と信頼関係の強化を図った。

空幕長は9日に空軍司令部を訪問し、儀仗隊を巡閲した後ユスギアントロ国防大臣らと会談。地域情勢、防衛政策、防衛交流などについて意見交換をした。また同日から10日にかけて、第1作戦コマンド、空軍指揮参謀学校、防空コマンドを視察した。

歴代空幕長の同国訪問は今回で4回目。齋藤空幕長は帰国後、会談の成果を強調するとともに「戦略的なパートナーであるインドネシアの各部隊などの実情を確認でき、有意義な時を過ごすことができた」と述べた。

航安隊、飛行安全巡回教育スタート

那覇で200人聴講

【航安隊＝立川】航空安全管理隊（司令・橋本進空将補）は5月27日、飛行安全の重要性を徹底する巡回教育の一環として、航空事故調査部長の廣島美朗1佐以下5人を空自那覇基地に派遣し、同基地のパイロットや整備員ら約200人に対し、航空事故防止に関する教育を行った。

廣島1佐らは、航空事故の教訓や航空事故防止対策などを発表して情報共有を図ったほか、航空機の運用などに関する「ヒューマン・ファクターズ」（人間工学、人的要因に関する学問分野）についての教育を実施。さらに、意見交換会や航空事故防止対策を立案する実習を通じて、部隊側に飛行安全の重要性を徹底教育した。

航安隊では今回を皮切りに、今年度の全国巡回教育を開始。年度内に全国の飛行部隊などを巡回する。

コスト削減の努力示すべき

26年度行政事業公開レビュー

効率的な予算要求を行うため、外部有識者を招いて事業の見直しを行う「平成26年度行政事業レビュー」が6月17日、防衛省講堂で一般公開され、「指揮管理通信システムの整備」など四つの事業の改善方法について議論が行われた。

昨年12月に策定された中期防で、防衛省は新たに7000億円の防衛整備費を効率化などの努力で捻出することが求められている。

公開レビューには防衛省の伊藤盛夫経理装備局長を統括責任者に、同省および行政改革推進本部事務局が指名する外部有識者6人が参加。

4事業は①指揮管理通信システムの整備②潜水艦の主蓄電池の換装および購入③騒音防止事業（一般防音）④特別借受宿舎——で、①から③に「事業内容の一部改善」、④に「事業全体の抜本的改善」が必要とされた。

各事業に対するコメントは次の通り。

◇

①指揮管理通信システムの整備＝富士通のみの一者応札という結果について原因の分析を行い、競争性を高めるため、ハードウエアの分割発注や発注情報の改善など具体的な解決策について示すとともに、早急な対応を図るべきだ。また、陸海空自のシステム統合に向けて計画的なコスト削減を図る必要がある。

一般公開された「26年度行政事業レビュー」で、事業の効率化について議論する外部有識者たち（6月17日、防衛省講堂で）

②潜水艦の主蓄電池の換装および購入＝鉛蓄電池は企業間の競争性が小さいため、一般競争契約から随意契約に移行し、企業との交渉でコスト削減を図るべきだ。発注方法について単年度ではなく、複数年度の一括発注にして全体のコスト削減を図る。また、電池の対応年数の見直しによる使用年数の延長を検討すべきだ。将来的にリチウムイオン電池へ転換する際には、競争性が生じるような設計と発注を行う必要がある。

③騒音防止事業（一般防音）＝予算価格を算定するのはあくまで地方公共団体だが、防衛省側に少しでもコスト削減を図る姿勢は必要。施策全体のコストダウンを図るために、仕様書の作成や予定価格の算定に当たっての手引き書を示すほか、コスト圧縮のポイントを例示してはどうか。

④特別借受宿舎＝全ての買い取りを行うには現時点で約1000億円が必要であり、買い取り促進を行うには予算的限界がある。金利が6・5パーセントと買い取り価格が資産価値に比べて高すぎ、国民の理解が得にくい。国家公務員共済組合連合会との交渉により、価格の適正化を行うほか、建設国債などによる財源の入れ替えを図るべきだ。

共済組合だより

「平成26年度全自衛隊美術展」の作品を募集

防衛省では「平成26年度全自衛隊美術展」（防衛省主催、防衛省共済組合協賛）の作品を募集します。

全自美術展は「絵画」「写真」「書道」の3部門で、来年2月ごろ、東京・市ヶ谷の防衛省で展示会を開催予定です。

作品の応募受け付けは今秋9月1日（月）から同16日（火）まで（当日必着。土日祝日は除く）。優秀作品（「隊員の部」は特選、入選、「家族等の部」は特別賞、入選）は全自美術展に展示されます。

◇応募資格　①隊員（防衛省職員、独立行政法人駐留軍等労働者労務管理機構の役員及び職員並びに防衛省共済組合の職員をいう）②隊員の家族（高校生以上）③隊員であった者及びその家族（高校生以上）（以下「元隊員等」という）。なお、平成26年9月16日以前に退職した者（同日までに退職予定の者を含む）は元隊員等とします。

◇部門別出品要領　①絵画の部＝課題は自由。作品規格は50号以内。種類は日本画及び洋画とし、作品には額縁（ガラス入り又は粗雑なものを除く）を装着。

②写真の部＝フィルム写真及びデジタル写真とも課題は自由。作品規格は六つ切り（ワイド六つ切り可）またはA4から四つ切り。作品には、額縁及び台紙等の表装は不可。入賞作品の著作権は、防衛省に帰属します。被写体が人物の場合、肖像権侵害等の責任は負いかねますので、応募の際には必ず本人（被写体）の承諾を得てください。フィルム写真は応募作品とあわせてネガを、デジタル写真は応募作品とあわせて、データを保存したDVD－RまたはCD－Rを必ず提出。パソコン等により合成や著しい修正を加えた写真は不可（トリミングや明暗の調整は可）。なお、ネガのみ又はデータのみ提出した場合は審査の対象となりません。

③書道の部＝課題及び書体は自由。作品規格は全紙（140センチ×70センチ）以内。作品は必ず掛物又は額縁として表装し、作品は次の説明書（様式自由）を添付。（ア）楷書による作品の原典名及び原詩文（イ）簡単な作品内容の説明。

◇応募要領　作品の裏面には1点ごとに必ず出品票を貼付。（輸送途上で剥離することのないように確実に貼付）。出品票は定められた書式があるので、防衛省・自衛隊ホームページ及び防衛省共済組合ホームページ上の平成26年度全自衛隊美術展の案内において取得してください。

◇作品送付先　〒162－0845東京都新宿区市谷本村町4番1号　ホテルグランドヒル市ヶ谷総務課

作品は輸送中の破損を防止するため、厚段ボール紙やベニヤ板等を用いて完全に包装。輸送時に使用された箱等は返却しません。複数の者が一つの箱等で作品をまとめて送付する場合は、宅配便等の伝票に必ず応募作品数を記入するとともに、応募者全員の応募部門、題名、作者名及び所属を記載した紙（様式は自由）を送付する箱等の中に入れてください。

◇注意事項　▽応募作品は平成27年3月末頃までに返還。ただし、フィルム写真はネガのみ返還。デジタル写真は、応募作品及びデータともに返還しません。絵画の入賞作品は、展示会終了後、更に2年間防衛省庁舎内に展示を予定しているため、平成29年3月末頃の返還となります。

▽異動により住所等に変更があった場合は人事教育局厚生課厚生第1係に連絡。

▽作品の取り扱いは十分に注意しますが、開封時に破損している作品は審査の対象としません。また、通常の展示等による損傷及び摩耗については責任を負いません。

▽入賞作品については主催者等の広報資料等として使用する場合があります。

◇問い合わせ先　防衛省人事教育局厚生課厚生第1係　電話03－3268－3111（内線25172）または部隊等の厚生担当係まで。

中国艦艇3隻が大隅海峡を西進

6月22日午前2時ごろ、中国海軍の「ジャンウェイII」級フリゲート2隻（満載排水量2393トン、艦番号528「綿陽」、565「三亜」）と「フーチン」級補給艦（同2万1750トン、881「洪澤湖」）が、鹿児島県・種子島の東約110キロの大隅海峡を太平洋から東シナ海に向け西進しているのを、海自12護衛隊（佐世保）の護衛艦「あさゆき」と1空群（鹿屋）のP3C哨戒機が確認した。

3隻は6月7日に沖縄・宮古水道を南進した艦隊と同じで、その後、東シナ海に入った。

「七夕まつり 親子の集い」

7月6日靖国神社

靖国神社崇敬奉賛会は7月6日、小学生以下の子供と親を対象とした「七夕まつり親子の集い」を開催する。靖国神社に参拝し遊就館を見学した後、「みたままつり」（7月13日～16日）で神門に飾る短冊つくりや雅楽鑑賞を行い、日本の伝統文化に触れる。

▽問い合わせ＝靖国神社崇敬奉賛会事務局、電話03（3261）8143。

訂正　6月12日付6面「隊友会、父兄会と支援協定」の記事で、「遠藤昭男隊友会美幌支部長」は「西岡巖隊友会美幌支部長」の誤りでした。訂正します。

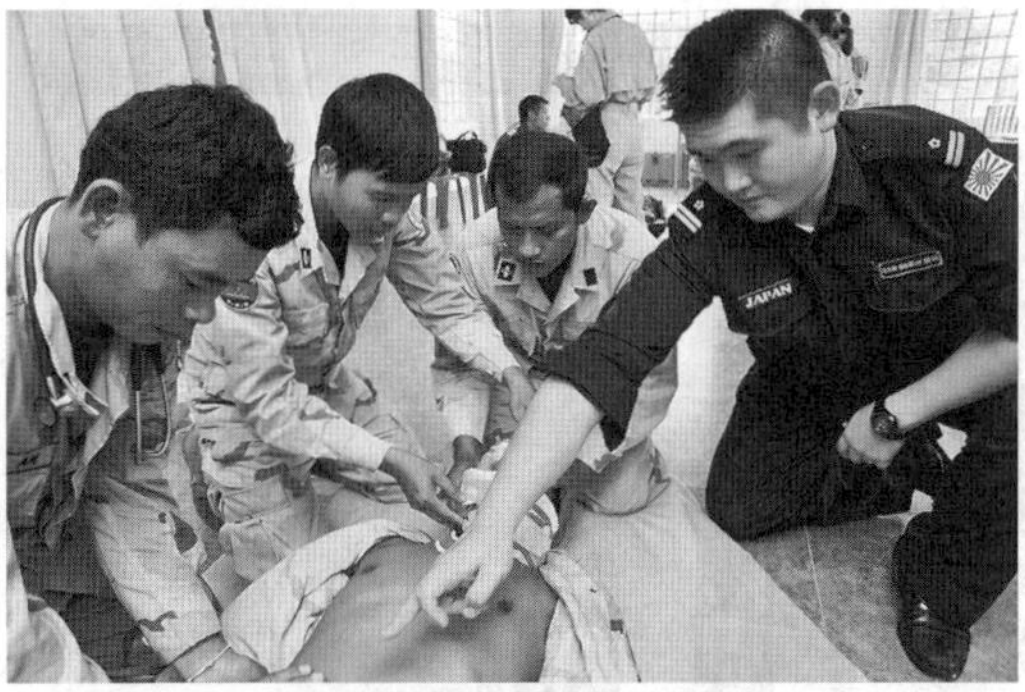
カンボジア軍の医官らに救命措置法を指導する海自医官（右）＝6月21日、リアム海軍基地病院で

剣道の防具に身を包んだ隊員（右）に竹刀を持って挑む子供たち（6月20日、フンセン小学校で）

上歯科健診を受けてきれいになった歯を見せるカンボジアの子供たち（6月21日、シアヌークビルのフンセン小学校で）下小学生に正しい歯磨きの方法を教える「くにさき」の乗員（右）＝6月20日、フンセン小学校で

PP14に参加の輸送艦「くにさき」

「医療」「文化」で友好の輪

ベトナムとカンボジアで活動

【統幕＝シアヌークビル】米太平洋艦隊主催の医療・文化活動「パシフィック・パートナーシップ2014（PP14）」に参加している海自の輸送艦「くにさき」（指揮官・1輸隊司令の松井陽一1佐、艦長・笹野英夫2佐以下約150人）は6月19日朝、2カ国目の訪問地カンボジアのシアヌークビルに入港した。

「くにさき」の同地入港は、2010年に海自艦として初参加したPP10以来、2回目。現地では6月28日まで活動する。

同艦には陸海空3自衛隊の混成医療チームに加え、今回初めて米豪軍の隊員計約140人が乗艦している。

翌20日には「くにさき」乗員と3自衛隊の歯科医官ら計約40人がシアヌークビル市内のフンセン・クロング小学校を訪問し、文化交流行事を開始。ラッパ吹奏に始まり、簡単な日本語のあいさつのほか、書道、折り紙、けん玉、剣道などを通じて児童らに日本文化を紹介した。

また、乳歯から永久歯に生え変わる1年生などを対象に歯科健康診断も実施し、受診した児童一人一人に歯ブラシをプレゼントして正しい歯磨きの仕方をレッスンした。最後に「ちゃんと歯磨きができるようになった人！」と問いかけると、みな元気に手を挙げて大きな声で返事をしていた。

一方、シアヌークビル郊外のカンボジア海軍リアム基地診療所では医療セミナーが開催され、自衛隊と米豪の医官のほか、日本のNPO法人「国際緊急援助・衛生支援機構」のメンバーらが熱中症対策や感染予防などについてカンボジア海軍医療関係者に講義した。

21日には、陸自西部方面隊の樋口かなえ2陸尉と河野亜由美2陸尉がパネルを使用して感染予防について日本語と英語で講義、それをカンボジア人通訳が現地のクメール語に訳して講義を進めた。カンボジア海軍の参加者たちは熱心にメモを取っていた。

別の教室では、自衛艦隊の黒川貴幸2海佐がリーダーとなり、負傷者に対する1次救命処置法についての講義と実習を行った。ベトナム海軍の看護師らは講義で習った処置法について、負傷者に扮した自衛隊員を相手に実習形式で練習し、技術の習得に真剣な面持ちで取り組んでいた。

PP14には日米豪、ニュージーランドなど約10カ国の軍やNGOが参加。岩崎統幕長は6月19日の記者会見で「PKO能力や国際緊急対処能力を向上させることが大きな目的の一つ。各国との連携要領を確認し、我々の活動に対する諸外国からの理解を得たい」と述べ、訓練参加の意義を強調した。

最初の訪問地ベトナム・ダナンでの活動（6月6日～15日）の写真と併せて紹介する。

◇パシフィック・パートナーシップ　米海軍を主体にアジア太平洋地域を艦船が訪問して医療活動などを行い、各国政府、軍、国際機関、NGOとの協力を通じて参加国間の連携強化と国際災害救援活動の円滑化を図る多国間訓練の一つ。2007年に開始され、海自は同年から医官を派遣。10年からは統幕の訓練の一環として3自衛隊の混成医療チームと艦艇を派遣して毎年参加している。

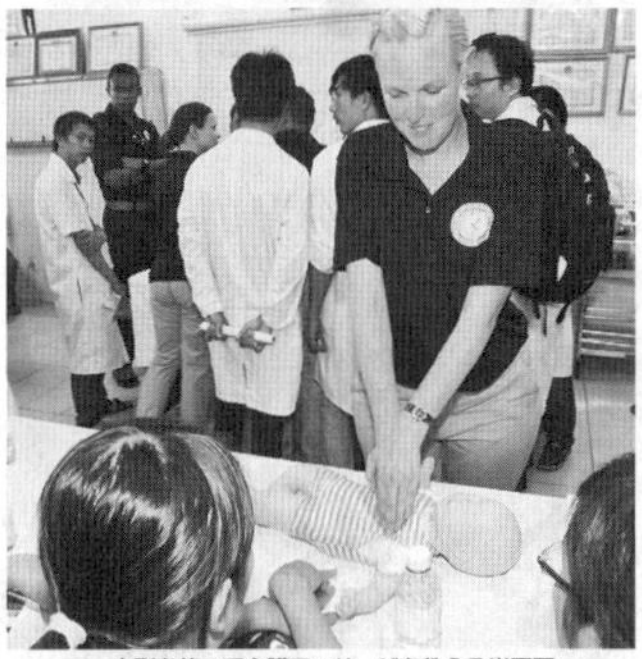
人形を使って心臓マッサージを教える米軍医官（6月9日、ベトナムのダナン総合病院で）

上艦艇見学に訪れ、日本のアイスキャンディーをほおばるベトナムの女の子（6月12日、「くにさき」で）下ベトナムの医療関係者に救命措置を教える海自の医官ら（6月10日、ダナン市の第17軍病院で）

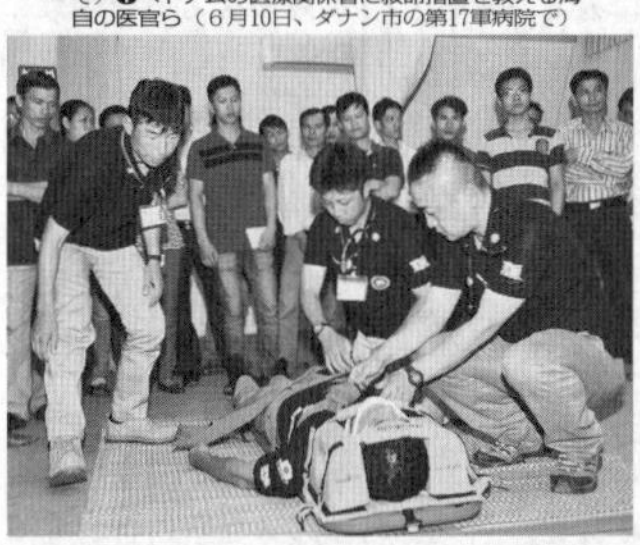

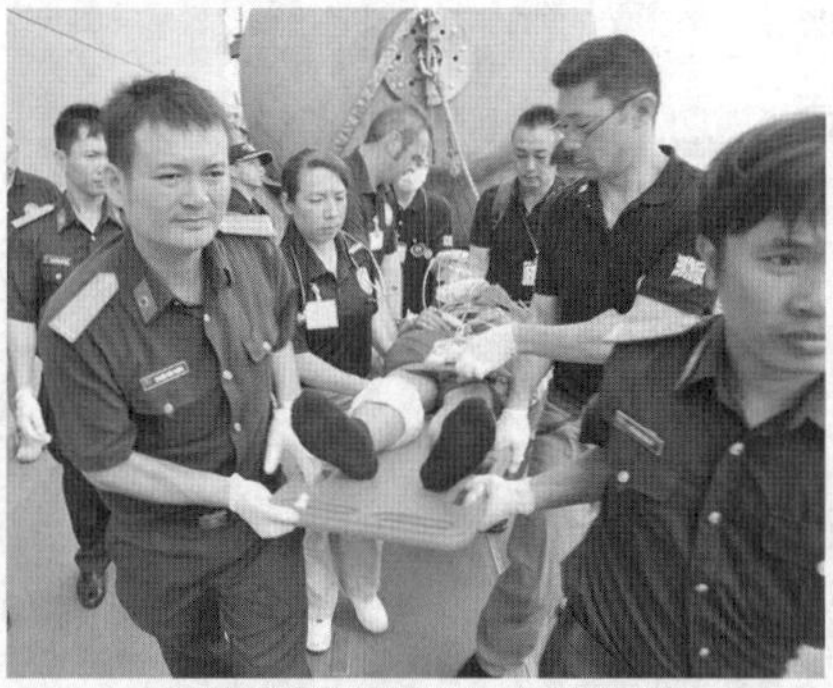
急患搬送訓練に臨む日米豪とベトナム（手前）の4カ国の隊員（6月11日、ダナン沖の「くにさき」艦上で）

上「くにさき」の艦内で乗員から折り紙を教わり、笑顔を見せるベトナムの子供たち（6月12日）下フットサルでスポーツ交流する日米豪の隊員（6月7日、ダナン市街で）

感染予防について講義する樋口2陸尉（右）＝6月21日、カンボジアのリアム海軍基地病院で

カンボジアのシアヌークビルに入港した「くにさき」の甲板に並ぶ日米豪の乗員（6月19日）

米国防総省「中国軍事・安全保障の進展2014」年次報告 概要

「防空識別圏、認めない」
「尖閣は日本の施政下」明記

米国防総省はこのほど、中国の軍事動向をまとめた年次報告書「中国軍事・安全保障の進展2014」を議会に提出した。報告書は、台湾海峡での潜在的な紛争が依然として中国人民解放軍（PLA）の軍備拡大への主要な動機だが、中国軍はこれに加え、南・東シナ海での有事への備えを重視していると指摘。また、資源獲得などを目指して周辺地域への関心を強めていることが、米同盟諸国などとのあつれきを生んでいると分析している。

特に中国が2013年11月に東シナ海に設定した防空識別圏に言及し「米国は受け入れないし認めもせず、（設定の）発表によって米国の軍事行動が変わることはない」として、中国をけん制した。

また、領土問題をめぐる対立に触れる中で、沖縄県尖閣諸島について「日本の施政下にある」と明記した。

報告書は、中国が海外兵器への依存度を低下させているものの、依然、海外との格差を埋めるため外国投資や海外の中国人学生・研究者、国支援によるスパイ活動などを利用していると分析。

中国の軍事支出については、公表の1195億ドルではなく、実際には1450億ドルを上回る規模と試算し、中国に対して軍事予算の透明性向上を求めている。

（ロサンゼルス）

2013年1月に東シナ海で、海自の護衛艦に火器管制レーダーを照射した中国海軍の「ジャンウェイⅡ」級フリゲート（防衛白書から）

概観

中国は軍が短期かつ激烈な地域有事に勝利する能力を向上させるため、長期的、包括的な軍近代化計画を継続している。軍備拡大の焦点は台湾海峡有事に備えることだが、人民解放軍（PLA）は南・東シナ海といった台湾以外の有事にも力点を置いている。2013年10月にフィリピン海で行った演習「MANEUVER5」は、北海、東海、南海という海軍の全3艦隊が参加し、中国海軍が公海で実施した最大の演習だった。

中国指導層は軍近代化が国家発展に不可欠だと主張する一方、周辺地域の平和と安定への願いを表明、市場、資金、資源へのアクセスを確保するための外交的影響力を拡大しており、米国などとの直接の対立を避けている。

この戦略は中国の地域、世界でのプレゼンスを高める半面、中国の関心の拡大は米国の同盟国を含むいくつかの地域諸国との摩擦を生んでいる。

2013年、中国は前年比5・7％増となる1195億ドルの軍事予算を公表し、20年を超える年間軍事支出拡大路線を継続している。中国は戦略戦力の近代化投資や、先端の通常兵器中距離弾道ミサイル、攻撃的サイバー能力などの「接近拒否・領域阻止（A2／AD）」への投資を維持している。

米国は中国との軍事交流を行う、より強固な基盤を築く一方で、中国の軍事戦略を監視し続け、中国に対して軍近代化計画の透明性を高めるよう促していく。

また、同盟諸国と連携し、米国は部隊、配置、作戦コンセプトを、安定したアジア太平洋地域の安全保障環境維持のため、今後も適応させていく。

第1章　最新情勢

領土をめぐる対立＝中国は主権と領土の一体性を守ることが「核心的利益」だとしており、この利益への挑戦的行動には反対する考えを再三表明している。南シナ海では、2012年のスカボロー礁をめぐるフィリピンとの対立を受け、13年を通じて中国は海洋警察艦艇を常時派遣した。

東シナ海では、中国は尖閣諸島の領有権を、釣魚島と呼んで主張している。尖閣諸島は日本の施政下にあるが、台湾も領有権を主張している。

日本政府は12年9月、尖閣諸島の3島を民間地権者から購入したが、中国はこれに抗議し、その後海洋警察艦艇や航空機を尖閣海域のパトロールに派遣して領有権を主張している。

13年11月には、中国は尖閣諸島を含む空域に防空識別圏を設定したと発表したが、これは既に設定されている日本、韓国、台湾の識別圏と重なる。

この防空識別圏について、米国は中国の運用に際しての要求を受け入れず、認めもしていない。中国の発表は同地域での米国の作戦行動を変えるものではない。

PLA能力の現状＝核・通常弾道ミサイルを管理する第2砲兵部隊は、現在1000発超の短距離弾道ミサイルを保有している。また、核戦力の近代化を継続し、サイロ式の大陸間弾道ミサイルを増産している。

海軍はアジア最大規模の戦闘艦、潜水艦、水陸両用艦艇の部隊を保有している。その戦力内容は洋上戦闘艦約77隻、潜水艦60隻超、中・大型揚陸艦55隻、ミサイル装備戦闘艦約85隻など。「晋」型の弾道ミサイル搭載原子力潜水艦（SSBN）は今後も継続され、現在就役する3隻に加え、次世代SSBNが就役するまで今後10年内に最大5隻の「晋」型が就役する可能性がある。

空軍は兵士33万人、航空機2800機を有する。アジア最大であり、世界でも3番目の規模だ。PLAはかつてない速さで空軍近代化を進めており、広範な能力において西側空軍との差を縮めている。

宇宙・対宇宙能力に関し、中国は情報収集、監視、偵察、気象観測、通信などを目的とした衛星コンステレーション（協調運用）拡大のため13年に少なくとも8回の（衛星）打ち上げを行った。

第2章　中国の戦略に対する理解

2002年以降、中国の指導者たちは21世紀の最初の20年を中国にとっての「戦略的機会の時期」と表している。この期間、国際情勢は国内の発展と中国の経済力、軍事力、外交など総体としての国力拡大に資するとみている。

中国は自らのイメージを、温和な発展途上の国として投影したいが、強まる経済力と軍事力に裏打ちされた「国益と領土の一体性」を守ろうとする取り組みは、ここ数年来、より強硬な言い回しや対立的な行動になって示されている。

東シナ海での日本と、また南シナ海での多くの東南アジア諸国との間で続く緊張で、周辺域を安定させたいという中国の願望は難しくなっている。

そこに米国がプレゼンスを強めることで、地域の国々は軍事力を強化したり、安全保障の上で米国との協力を強めて中国に対抗している、との懸念を中国に生じさせている。

中国の領土紛争に絡み、1962年にインドと、79年にはベトナムとの間で武力行使を行っている。60年代の旧ソ連との争いは核戦争の可能性さえ引き起こした。

しかし、最近のケースでは中国は譲歩しており、98年以降は陸上での領土をめぐる摩擦を隣接6カ国と和解させている。しかし、排他的経済水域（EEZ）と潜在的に豊富な海底の石油・ガス資源をめぐる争いでは、緊張が続いている。

東シナ海には7兆立方フィート（2000万立方メートル）の天然ガス、最大1000億バレルの石油埋蔵量があり、中国は尖閣諸島への日本の施政権に異議を唱え続けている。

南シナ海は北東アジア、東南アジアの安全保障に重要な位置を占める。北東アジアは南シナ海シーレーンを通じて日本、韓国、台湾に輸入原油の80％以上を供給する。中国は「9断線」という曖昧な概念を提示し、南シナ海と隣接海域の領有権を主張している。

第3章　戦力近代化の目標と傾向

潜在的な台湾海峡紛争への備えが、依然として中国の軍事近代化を押し進める要因だが、着実に高まる東シナ海、南シナ海の緊張や、影響力を強めるに伴って海外で高まる中国への関心が、中国軍に周辺地域を超えた領域での作戦行動への備えを急がせている。

接近阻止・領域拒否（A2/AD）＝軍事的有事への備えの一環として中国は、第三者、とりわけ米国の介入を抑止、またはこれに対抗する方策の開発を続けている。

中国のアプローチは、西太平洋に展開する米軍を攻撃できる能力を開発することで、国防総省は「接近阻止・領域拒否（A2/AD）」能力と呼ぶ。

中国はこうした能力を達成するため多様な空、海上、海中、宇宙、対宇宙、そして情報戦システムや作戦コンセプトを追求しており、中国沿岸から西太平洋に達する多層・多重の攻撃能力へと突き進んでいる。

米国防総省へのサイバー攻撃＝2013年、米政府所有を含む世界中の多くのコンピューターシステムが、中国政府・軍が直接関与したとみられる侵入のターゲットになった。これらの侵入は、情報を盗み取ることを主な狙いとしている。

中国はコンピューター・ネットワークを運用する能力を米国の外交、経済、国防産業などに用い、得た情報は中国の国防産業やハイテク産業、米政治指導層の中国政策に対する考え方を探ることなどに利用させている。

第4章　戦力近代化の資源

概観＝国防・産業、研究開発基盤が成熟するにつれ、中国軍は外国兵器調達への依存を減らしているが、短期的な能力差を埋めるため、依然として海外に目を向けている。

外国からの投資や商業ジョイント・ベンチャー、学者の交流、海外からの帰国学生や研究者、国の支援による技術スパイ活動などを利用し、軍の研究開発向け技術やノウハウの水準を上げようとしている。

軍事支出の動向＝2013年3月5日、中国は前年比の伸び率で5・7％増となる、1195億ドルの軍事予算を発表、20年以上となる軍事支出の持続的増加を継続した。04～13年の間のデータを分析すると、中国が公式に発表した軍事費はインフレ調整後の数値で年間平均9・4％の伸びとなっている。中国は、これに匹敵する軍事支出をしばらくの間維持する財政力と意思を有している。

実際の中国軍事支出を試算＝2013年の物価や為替レートを使うことで、国防総省は中国の軍事関連支出を、実際は1450億ドルを超えると試算する。しかし、中国軍の軍事支出を試算することは、会計制度の不透明さなどのため困難。また、中国の公表された軍事支出は外国製兵器や装備の調達といった主要な項目を除外している。

第5章　台湾有事に備えた戦力近代化　（略）

第6章　米中軍事交流　（略）

おことわり　「米国防計画見直し全文」は休みました。

各国の軍事予算比較（インフレ調整済）＝単位；億ドル

	2012年	2013年
中　国（公表予算）	1067	1195
ロシア	613	695
日　本	580	569
インド	455	392
韓　国	292	310
台　湾	108	108

西風東風

ポーランド、チェコも軍拡へ
――ロシアの脅威に対抗

クリミア半島の併合後も、ウクライナ東部で軍事的な影響力を維持しているロシアの脅威に対し、ポーランド、チェコなど東欧諸国での軍備増強計画が次々と具体化している。

米国も10億ドルの予算で、米軍が従来以上に東欧諸国を巡回、演習を行うなど、この動きを支援。北大西洋条約機構（NATO）の枠を超え、ロシアと国境を接するウクライナ、グルジア、モルドバも対象とすることにしている。

ポーランドは1300億ズロチ（約4兆4000億円）の予算規模を見込む2022年までの軍近代化計画を前倒しする意向を表明。「ホーマー」計画に基づく射程距離300キロの多連装ロケット砲システムの早期導入に加え、30億ズロチの予算で数百機の無人飛行機の購入を検討している。

さらに、9億ズロチで70機のヘリコプターを調達、輸送用を陸軍に48機、救助用を空軍に10機と海軍に6機、さらに対潜水艦6機を海軍に充てる予定だ。

チェコは国民総生産(GDP)比1％まで低下した軍事費を中期的に1・4％まで上昇させて400億コルナ（約2000億円）規模とする計画を打ち出した。また、かつて連邦を組んでいた隣国、スロバキアとの間での武器の共同調達をすることとなり、第一弾としてレーダーと、小型武器の購入が行われる予定。

近年、ノルウェーを除き軍事予算を削減してきた北欧やバルト3国も、今後4年から6年間は増額する方針に転向している。装甲車、榴弾砲、対戦車砲のほか空軍、海軍の装備も更新する。

また、これまで中立主義からNATOと距離を置いていたフィンランドとスウェーデンも加盟に向けた検討を開始している。これに対して、ロシアは「NATOは実質的に米国によって支配されており、（両国の）ロシア嫌いが第3次世界大戦の契機になる可能性がある」などと警告を繰り返している。

（ロンドン＝加藤雅之）

露艦隊がベトナム寄港
――南シナ海で中国けん制

ロシア太平洋艦隊の国営ラジオ局「ロシアの声」（VOR、中国語電子版）は6月17日、ロシア太平洋艦隊の艦艇3隻が同日、ベトナム最重要の軍港であるカムラン湾の海軍基地に入港したと伝えた。露艦隊は水、食料などの補給を受けたほか、将兵511人が4日間、休養のため現地に滞在した。

同湾はかつて旧ソ連軍の海外最大の海軍基地だったが、高額の賃貸料が払えず2002年に撤退した。その後、露海軍艦艇の寄港は今回が初めて。ベトナムにとり、南シナ海の領土・領海をめぐり中国との争いが続く中、楊潔チ・中国国務委員の18日の訪越に合わせることで、対決継続の意志を示した模様だ。

中国紙・環球時報によると、ベトナムの駐露大使は19日の記者会見で「カムラン湾は軍民両用港で、外国の軍艦も利用できる。ただ、ロシアには優先使用権がある。対露軍事協力は非常に大切だ」などと述べた。

ロシア紙は、ベトナムの意図について、専門家の見解を引用し「領土・領海の紛争において、ベトナムは中国に独力で対抗することは不可能だ。ロシアを引き込むことで、南シナ海の争いを国際問題化することができる」と伝えている。

中国のニュースサイト、前瞻網によると、カムランへの復帰は、ロシア側にも中国をけん制する意味がある。両国首脳は5月に「全面戦略連携パートナーシップ」にあることを確認したばかりだが、ロシアにとって長い国境線を挟み向かい合う中国は潜在的な脅威だ。中国は軍事力を除き、経済力を含む多くの分野でロシアに優っている。

カムラン湾は、太平洋からインド洋へ向かう国際航路までわずか1時間と、戦略上重要な場所にある。ロシアの回帰は、自国が欧州の強国であるとともに、アジア太平洋でも影響力を持つことを、中国と国際社会に示す考えがある。特に中国に対しては、周辺地域にくさびを打ち込むことで、ロシアの脅威になることを防ぐ意図があるという。

（香港＝中岡秀雄）

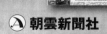

朝雲

コーサイ・サービスがお届けする物件情報　No.36

コーサイ・サービスニュース

紹介カードで様々な特典が受けられます

住宅ご成約キャンペーン実施中

コーサイ・サービス発行の「紹介カード」をご持参のうえご成約(購入・売却)された場合には、図書カード2千円分プレゼント!

提携特典のご利用には必ず紹介カードをご依頼ください

紹介カードのご依頼は(スマートフォン・携帯からもご利用いただけます。)

http://www.ksi-service.co.jp/publics/index/3

防衛省にご勤務のみなさまの生活をサポートいたします。

〒160-0002 東京都新宿区坂町26番地19 KKビル4階

TEL 03(3354)1350

コーサイ・サービス株式会社

URL http://www.ksi-service.co.jp/

第4期3次予定 最多販売価格帯 ※100万円単位 3,700万円

第4期3次予定 販売価格帯 ※100万円単位 3,600万円台～4,200万円台

第4期モデルハウス公開中

ご来場予約受付中!

【ファインコート西武立川アユモシティ第4期3次予告広告概要】●所在地(地番)/東京都立川市西砂町一丁目26-35他 ●交通/西武鉄道西武拝島線「西武立川」駅下車、住宅街区入り口まで徒歩2分、住宅街区入り口から徒歩2分 ●用途地域/第一種中高層住居専用地域 ●建ぺい率/60%(角地緩和70%) ●容積率/200% ●地目/宅地、雑種地 ●総開発面積/67,426.54㎡(アユモシティ総開発面積) ●開発行為許可番号/23多建開一開第181号(平成24年3月30日付) ●総区画数/全体区画数259区画(内ファインコート西武立川アユモシティ168区画) ●予定販売戸数/3戸 ●予定最多販売価格帯/3,700万円台 ●間取り/4LDK ●敷地面積/100.05㎡(1戸)～105.91㎡(1戸) ●延床面積/98.95㎡(1戸)～105.35㎡(1戸) ●構造・規模/木造2階建(2×4工法) ●建築確認番号/第SJK-KX1313200393号(平成25年9月27日付) ●道路/公道 ●設備/電気:東京電力(50A、60Aまで増量可)、ガス:都市ガス(13A・45MJ/㎥)、水道:公営水道、下水道:公共下水、雨水:宅内浸透施設 ●建物竣工時期/竣工済 ●入居時期/平成26年9月下旬予定 ●売主/三井不動産レジデンシャル(株) 国土交通大臣(2)第7259号 (一社)不動産協会会員 (公社)首都圏不動産公正取引協議会加盟 ●建物設計・施工/西武建設(株)、(株)エステーホーム ●販売価格には建物に係る消費税率8%相当額を含みます。詳しくは販売係員にお尋ねください。※上記概要は平成26年6月20日現在のものです。

予告広告　※本広告を行い取引を開始するまでは、契約又は予約の申込みに一切応じられません。また、申込みの順位の確保に関する措置は講じられません。あらかじめご了承ください。(販売予定時期/平成26年7月中旬)

ご来場予約・お問い合わせは「ファインコート西武立川アユモシティ」販売センター

0120-321-587 ※携帯電話・PHSからも通話可能です。営業時間/午前10時～午後5時(火・水曜定休)

来場予約受付中 資料請求もこちらから受付けております　駅前戸建168　検索

三井不動産レジデンシャル

【提携割引】販売価格の0.5%割引!!

[返済例/提携ローン利用]

G-70Hタイプ/3LDK/73.90㎡ 1308号室【先着順販売住戸】販売価格(税込) 4,290万円　月々返済(頭金420万円) 10万円台より

月々	105,234円	ボーナス時	0円
月々	79,945円	ボーナス時	151,945円

3LDK・68.76㎡ 3,170万円より　先着順申込受付中(予約制)ご予約受付中

www.yokosuka-tower.com　横須賀ファースト　検索

0120-495-321

KEIKYU 京急電鉄　大和ハウス工業　三井不動産レジデンシャル　京急不動産

モデルルーム公開中

週末は大変混み合うことが予想されますので、事前にご予約いただきますとスムーズにご案内が可能です。

GLOBAL FRONT TOWER レジデンシャルサロン　0120-321-890

31芝浦　検索

三井不動産レジデンシャル　日本土地建物　伊藤忠商事　伊藤忠都市開発　清水建設　伊藤忠ハウジング

The Parkhouse　ザ・パークハウス 所沢

6/29(日)まで Wチャンスキャンペーン開催中!

0120-320-475

提携特典　販売価格の1%割引

三菱地所レジデンス　大栄不動産　フジ都市開発　JX日鉱日石不動産

The Parkhouse　ザ・パークハウス 追浜

海を見渡すオーシャンフォート(D棟)　3LDK/75㎡台/2,200万円台～

全709邸のビッグプロジェクト　京急本線「追浜」駅徒歩10分　横浜駅まで19分、品川駅まで38分の快適アクセス。

0120-320-228　ザ・パークハウス追浜　検索

三菱地所レジデンス

朝雲

コーサイ・サービスがお届けする物件情報 No.36

コーサイ・サービスニュース

紹介カードで様々な特典が受けられます

住宅ご成約キャンペーン実施中

コーサイ・サービス発行の「紹介カード」をご持参のうえご成約(購入・売却)された場合には、図書カード2千円分プレゼント！

提携特典のご利用には必ず紹介カードをご依頼ください

紹介カードのご依頼は（スマートフォン・携帯からもご利用いただけます。）

http://www.ksi-service.co.jp/publics/index/3

防衛省にご勤務のみなさまの生活をサポートいたします。

〒160-0002 東京都新宿区坂町26番地19 KKビル4階

TEL 03(3354)1350

コーサイ・サービス株式会社

URL http://www.ksi-service.co.jp/

全140区画／戸建分譲

kirari place

モデルハウス公開中!!

No.7-6　4LDK+納戸

○敷地面積／123.41㎡(約37.33坪)
○建物面積／105.16㎡(約31.81坪)
○1階床面積／55.89㎡　○2階床面積／49.27㎡

豊富に設けた収納スペース。　テーブルセット等も置けるゆとりのバルコニー。

余裕のカーポート 2台駐車可能　洗練された心地よいキッチン空間を演出

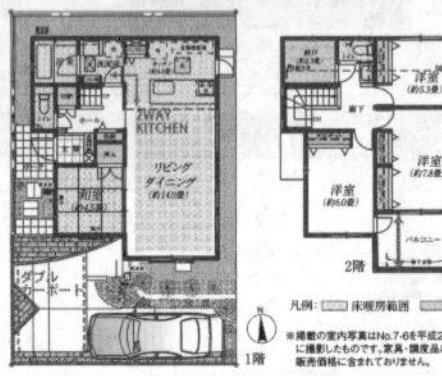

東武アーバンパークライン(野田線)「高柳」駅徒歩10分　4LDK・約40坪・カーポート2台付　販売価格 2,260万円より

先着順申込受付中

※お申込みの際は、認印、平成25年分の収入証明書、ご本人確認書類をご持参ください。
※先着順受付につき、ご成約済みの場合はご容赦ください。

キラリプレイス　検索
http://growing.hosoda.co.jp/kirari-place/

グローイングタウン柏・高柳キラリプレイス現地販売センター
0120-01-3766
営業時間／10:00AM～7:00PM(毎週火・水曜日定休※祝祭日は除く)

細田工務店

■グローイングタウン柏・高柳キラリプレイス 全体物件概要　●所在地／千葉県柏市高柳字中島1335-83他(地番)●交通／東武アーバンパークライン(野田線)「高柳」駅徒歩10分●用途地域／第一種低層住居専用地域、第22条区域●地目／宅地●建ペイ率／50%●容積率／100%●総区画数／140区画●セコムホームセキュリティ/月額3,240円(当初6ヶ月間無料)●CATV利用料/月額2,980円(契約内容により異なります。)●売主・設計・施工／株式会社細田工務店〈(一社)日本木造住宅産業協会会員、(一社)全国住宅産業協会会員／一級建築士事務所 東京都知事登録第17524号、(公社)首都圏不動産公正取引協議会加盟／宅建免許 国土交通大臣(14)第483号 国土交通大臣許可(特-21)第3595号〉●開発行為許可番号／柏開第07-101号(平成20年2月15日)変更：柏開変第07-101-2号(平成20年6月11日)●開発行為検査済証番号／検第20-44号(平成20年9月29日)●施設設備／京葉ガス、東京電力、公営水道、公共下水道●道路／幅員6.0m・5.0m(アスファルト舗装)●私道負担／なし●手付金等の保全措置／販売価格の10%以下で、1,000万円以下の為保全措置は講じません。■先着順物件概要　●販売棟数／8棟●販売価格／2,260万円～3,235万円●敷地面積／122.50㎡(約37.05坪)～135.74㎡(約41.06坪)●建物延床面積／97.70㎡(約29.55坪)～105.16㎡(約31.81坪)●間取り／3LDK(4LDK対応可)～4LDK●建築確認番号／第H24SHC107662号(平成24年7月5日付)他●建物竣工／平成23年12月(1棟)、平成24年4月(1棟)、平成24年11月(6棟)、竣工済●入居時期／即入居可●広告有効期限／平成26年7月末日●広告作成日／平成26年6月19日

川口市に全152邸でお贈りする「インプレスト川口青木」

モデルルーム公開中

予定販売価格 3LDK 2,400万円台～(税込)

京浜東北線「川口」駅、南北線直通「南鳩ヶ谷」駅 2駅利用可

セキュリティ内の 700㎡超の中庭	使い勝手が良く低ランニングコストの 平置駐車場
充実の設備・仕様 床暖房・ピピッとコンロ	天井高最大×ハイサッシ 約2.6m×約2.2m

ハピイク　検索　www.happi-iku.jp

〈売主・販売提携(代理)〉双日新都市開発　〈売主・設計・施工〉長谷工コーポレーション

お問い合わせは、(株)長谷工コーポレーション「提携お客様サロン」へ
0120-958-909
営業時間／8:30～18:00(土・日・祝日休み)
http://haseko-teikei.jp/kosaiservice/

［UR船橋高根台再生計画］官・民一体プロジェクト進行中

VIEQU SQUARE
ヴィークスクエア船橋高根台
全262邸
新発表

モデルルーム好評公開中　第1期1次登録申込受付中

平置駐車場全戸分無料 100%・0円
※全戸分RV・ハイルーフ車対応。※2台目以降は別途有償となります。

3LDK 70㎡ 1,900万円台～(予定)

新京成線「高根公団」駅徒歩10分　新京成線・東葉高速線「北習志野」駅自転車6分※
※1,420m・時速15kmとして算出。

〈売主・管理〉清水建設グループ 清水総合開発　〈売主・設計・施工〉長谷工コーポレーション

お問い合わせは、(株)長谷工コーポレーション「提携お客様サロン」へ
0120-958-909
営業時間／8:30～18:00(土・日・祝日休み)
http://haseko-teikei.jp/kosaiservice/

千葉ニュータウンエリアに誕生!
習志野・松戸・柏駐屯地の皆様へ

白井小町

Sanctus CASA

ほかにはないアンサーを。　ORIX

全棟4LDK 150.13㎡～175.94㎡(約45.41坪)(約53.22坪)
全棟2台分の駐車スペース
全棟床暖房付
全棟収納10畳以上

耐震性に優れた2×4工法採用
住宅性能評価書取得

大型スーパー 徒歩4分 約320m
小学校 徒歩6分 約480m
総合病院(救急) 徒歩15分 約1,140m

「日本橋」駅35分

都心(「日本橋」駅)から30km圏エリア概念図

物件情報・資料請求は、こちらから　しろいこまち　検索

■「白井小町」(全体概要)●所在地／千葉県白井市根416番22他(地番)●交通／北総鉄道北総線「西白井」駅徒歩14分、または「白井」駅徒歩16分、新京成線「鎌ヶ谷大仏」駅よりちばレインボーバス「白井駅行」「白井車庫行」7分「富塚道・競馬学校」バス停下車徒歩3分●地目／宅地●土地の権利形態／所有権●用途地域／市街化調整区域、白井市まちづくり条例に基づく白井小町地区まちづくり計画による(再建築可)●開発行為許可番号／許可：千葉県都計指令第13号の4(平成19年3月30日)、変更許可①：第5373号(平成20年2月20日)、変更許可②：第184号(平成20年5月30日)、検査済証：第249号(平成20年6月19日)、完了公告：都計第258号(平成20年6月23日)●売主／オリックス不動産株式会社：国土交通大臣(3)第5903号[更新申請中]、(一社)不動産協会会員、(公社)首都圏不動産公正取引協議会加盟、〒105-0014東京都港区芝2丁目14番5号、電話番号03-5418-4490●販売提携(代理)／双日新都市開発株式会社：国土交通大臣(5)第5446号、(一社)不動産流通経営協会会員、(公社)首都圏不動産公正取引協議会加盟、〒105-0003 東京都港区西新橋1-2-9 日比谷セントラルビル17F 電話番号03-5510-3602●販売提携(媒介)／ファーストレジデンシャル株式会社：東京都知事(2)第89468号、(社)全日本不動産協会会員(公社)首都圏不動産公正取引協議会加盟、〒107-0052東京都港区赤坂9丁目6番30号5階、電話番号03-6804-5645●総区画数／177区画●総開発面積／49,945.71㎡ ■第2期3次物件概要●販売戸数／6戸●建築確認番号／第HPA-13-03754-1号(平成25年6月27日付)他●間取り／4LDK●土地面積／150.70㎡(1戸)～175.94㎡(1戸)●建物延床面積／90.53㎡(1戸)～94.81㎡(1戸)[建築確認申請面積による]●販売価格／2,922万円～3,414万円●最多価格帯／3,100万円台(2戸)●建ぺい率／50%●容積率／100%●建物完成時期／平成25年11月完成済●入居時期／即入居可●私道負担／なし●建物構造／2×4構造、木造2階建●道路幅員／アスファルト舗装6.0m●施設・設備／東京電力、京葉ガス、市営水道、公共下水道●自治会費(月額)／500円 ■第2期4次物件概要●販売戸数／9戸●建築確認番号／第HPA-13-05185-1号(平成25年8月26日付)他●間取り／4LDK●土地面積／150.13㎡(1戸)～152.44㎡(1戸)●建物延床面積／90.95㎡(1戸)～93.98㎡(1戸)[建築確認申請面積による]●販売価格／2,923万円～3,224万円●最多価格帯／3,000万円台(4戸)●建ぺい率／50%●容積率／100%●建物完成時期／平成26年2月完成済(6街区) 3月完成済(8街区)●入居予定時期／即入居可●私道負担／なし●建物構造／2×4工法、木造2階建●道路幅員／アスファルト舗装6.0m●施設・設備／東京電力、京葉ガス、市営水道、公共下水道●自治会費(月額)／500円 ●広告有効期限／平成26年8月31日※上記概要は、平成26年6月20日現在のものです。※先着順につきご希望の住戸が売却済の場合がございます。あらかじめご了承ください。また、申込みの際には、平成25年分の収入証明書、身分証明書(健康保険証・運転免許証)および認印が必要です。

お問い合わせは「白井小町」現地インフォメーションセンター
営業時間／10:00～17:00 定休日／火・水曜日
フリーダイヤル 0120-336-211

8月31日までにご来場の方に 3,000円商品券プレゼント! ※1家族1回限り

北欧の知恵と工夫で、新築もリフォームも快適な住まいをお届けします。

新築は建築本体価格、リフォームは工事見積金額より 3%OFF　新規提携

新築 お問い合わせ先　スウェーデンハウス株式会社
〒154-0004 東京都世田谷区太子堂4-1-1 キャロットタワー23F
www.swedenhouse.co.jp
0120-665-750
担当：営業企画部／佐々木・外山

リフォーム お問い合わせ先　スウェーデンハウスリフォーム株式会社
〒211-0063 神奈川県川崎市中原区小杉町1-403 武蔵小杉STMビル7F
www.swedenhouse-reform.co.jp
0120-431-677
担当：営業企画管理部／大川戸

日頃お世話になっている皆様方にうれしい特典をご用意!!

古河林業特販部　家づくりなんでも相談

1	無料敷地診断	敷地の形状、法規の調査、簡易地盤診断をさせていただきます。
2	無料プランニング 一級建築士によるプラン提案	二世帯、三階建て、変形敷地への設計をさせていただきます。
3	無料見積もり	本体・付帯工事・その他諸費用等も合わせてご提案いたします。
4	無料税金・法律相談	ローン控除、登記、相続税などご相談承ります。
5	無料不動産相談	いい土地探し、買い替えのお手伝いをさせていただきます。

お問い合わせ、資料請求は
古河林業 特販部丸の内ギャラリー
0120-70-1281 担当；高田
E-mail e.tokuhan@furukawa-ringyo.co.jp
〒100-0005 東京都千代田区丸の内2-2-3 丸の内仲通りビル1F
TEL.03-3201-5061(代) FAX.03-3201-5081 http://www.furukawa-ringyo.co.jp
東京・神奈川・埼玉・千葉・栃木・三重県にモデルハウスがございますので、ぜひお問い合わせください。

未来を開く古河グループ　古河林業株式会社

"住まいは、命を守るもの"。
ナイスは地震に強いマンション・高性能一戸建住宅を供給

長期優良住宅の4つの最高基準をクリアした家
最高等級品質住宅　パワーホーム フェニーチェホーム
※1：長期優良住宅の認定基準外のプランもございます。

免震のナイス(マンション)
ナイスは地震に強い免震マンションを供給しています。

Nice ナイス　すてきナイス グループ

提携割引特典	中古物件斡旋 売却／購入の特典
税抜本体価格の 2% 割引	仲介手数料 20% キャッシュバック

http://www.house.jp

海自艦にも「艦尾フラップ」

艦艇の速力 燃費の向上

技術研究本部の艦艇装備研究所（目黒）は、護衛艦の速力や燃費の向上に効果がある「艦尾フラップ」の研究を続けている。平成24年3月に就役した「あきづき」型から初めて艦尾フラップが装着され、高速航走時の速力アップや燃費の向上に効果を見せている。この艦尾フラップを従来艦にも追加装着すれば、「古い艦の性能改善」も可能とみられ、注目を集めている。艦装研の担当者に艦尾フラップの最新動向を聞いた。

米海軍の水上艦に取り付けられている「艦尾フラップ」（上の部分）

技本の艦装研が水槽試験用に試作した模型船の「艦尾フラップ」（下の部分）

米国はいち早く注目

技本の艦尾フラップの研究は平成17年度から所内研究としてスタート。十数タイプのフラップを模型船に取り付け、水槽試験を実施した。その後、19年度計画艦「あきづき」の設計にあたり、技本設計チームと海幕担当者がその効果に着目、改めて艦装研で模型の試験を行い、その結果、「あきづき」型には日本刀のブレードに似た形状の幅約1メートル強の下向きフラップが建造時に装着された。

「艦尾フラップの効果は以前から言われてきましたが、米軍の資料によると、年間の平均的な燃費向上は5％程度で、劇的に向上するものでないため、実用化には時間を要したようです」と研究を指揮する艦装研システム研究部水上艦艇システム研究室の片山泰介室長。

だが、米国はいち早く注目し、1980年代から「ペリー」級フリゲートを手始めに装備化を進め、すでに新旧約170隻が艦尾フラップを付けている。

「フラップは鋼製の羽根で、装着費用は約1年でペイできると米海軍では見積もられています。省エネ志向が強い米海軍はそれで一気に装備化を進めたようです」と片山室長。この艦尾フラップによる大きなデメリットは特にない。

技本 艦装研 護衛艦の延命に一助

そこで技本も海自艦への装着を目標に研究を加速。この結果、艦尾フラップの効果として、①水の圧力が上昇し船を後ろに引っ張る力が小さくなる②造波の変化により抵抗が低減する③船の航走姿勢を保持し艦首も上がらない――という点が確認された。

「これまでの成果を基に1、2年後には最終的な研究報告をしたいと思います。それが将来の艦船設計の指針に寄与するデータとなればと考えています」と片山室長。

同研究には水槽チーム員も含め、室長以下6人が従事。最新の数値流体力学によるシミュレーションを取り入れ、効力を最大発揮する艦尾フラップの設計を目指している。しかし、実験は苦労の連続だった。

「波を打った形状のフラップを作って期待して試験に臨んだのに、まったく効果が出ないということも何度もありました」と同研究室の牧敦生技官。

「フラップの効果は水槽ではせいぜい数％で、得られたデータの数値が本当に正しいのか、ただの誤差ではないのかと悩むことがたびたびでした。特に、フラップ同士の計測量の差は小さく、その評価では本当に苦労しました」と振り返る。

「実艦で艦尾フラップのデータが得られれば研究は一気に進むのですが」と片山室長。「『あきづき』型に装着されても、実艦スケールでのデータの比較対象がないので効果が分からない。もし旧型の『ゆき』『きり』『あめ』クラスの1艦か2艦に取り付けて過去の燃費と比較すれば、艦尾フラップの効果が正確に把握できます。そしてさらに研究を進めれば、既存艦の性能をより向上できるかもしれません」。

海自は現在、護衛艦の延命化を進めている。艦尾フラップはその一助となるかもしれない。

防衛技術

技術が光る ＞27＜

3Dスキャナー「FOCUS−3D」。屋内外の形状を立体測量して3D図面化できる

機器・人を同時レンタル ヤマイチテクノ

機内・船内の輸送スペースを「3Dスキャナー」で立体計測

「統合機動防衛力」を掲げる自衛隊にとって、最大の課題は装備品の大量輸送だ。長距離機動の際、海自輸送艦や空自輸送機だけでは足りず、民間フェリーや民航機もチャーターする。

ところが民間の船舶や航空機は積載スペースの詳細が分からないことが多く、突起物のある戦闘車両や各種器材をどう積み込むか、担当者は頭を悩ますことが多い。このような時に威力を発揮するのが全周を立体計測できる「3Dレーザー・スキャナー」だ。

いま話題の3Dプリンターは立体コピーを簡単に作ってしまうが、3Dスキャナーは全周にレーザーを照射して距離を計測し、周囲の形状を3D画像化する。

これを使えばフェリーの格納庫を担当者が計測し、事前に3D図面化できる。船内の柱や壁の形状などもリアルに再現できるため、それらに合わせて車両の駐車場所や乗船の順番なども事前に決めておける。

この「3Dレーザー・スキャナー」のレンタルを行っているのがヤマイチテクノ（本社・大阪市）だ。同社が扱う機材は米・独・シンガポールに本社を置くFARO社の「FOCUS−3D」シリーズ。天頂を含む全周にレーザー照射し、対象物に一切触れることなく周囲の形状を高精度かつ迅速に計測し、3D化する。

FOCUS−3D

同機器は建設現場などに使われることが多いが、自衛隊なら機内・船内の事前調査をはじめ、航空機格納庫や市街地訓練場の3D化などに利用できる。同機器にはGPS受信機の搭載タイプもあり、複数の3Dデータをつなぎ合わせ「広域3D地図」の作成も可能だ。東日本大震災の際には津波被災地を記録するため、大学の研究者らが同機器を現地に持ち込み、被災直後の状況を記録している。

「FOCUS−3D」は大きさが24×20×10センチで、重さ約5キロ。三脚で地面や床に設置し、操作は本体のタッチパネルで行う。電池を含めオールインワンで、追加デバイス、ケーブル、パソコンなどはいらない。1回のスキャンは3分程度で、データはSDカードに記録される。

操作はスイッチを入れると自動でスキャンを開始し、ミリ単位の精度で全周を計測。垂直方向はビームを屈折させ、水平方向は360度回転して計測、これを計算して3D化する。

ヤマイチテクノがレンタルする「120型」は60センチから120メートルまでの距離に対応。直射日光下でも使え、照射レーザーは「目に優しい」波長で周囲に人がいても安全。内蔵電池により連続5時間使用でき、データはSDカードによりパソコンに簡単に取り込める。

購入時の価格は約500万円と高価だが、「1日レンタル（本体のみ）」なら10万円と手頃。専用の三脚などフルセットでは20万円弱という。「初めてのユーザーのために専門スタッフ1名を付けるレンタルも実施しています」と同社の担当者。「こちらはスタッフが機器の操作など、すべてをしてくれるので安心です。レンタル料は1日15万円で、企業の皆さんからも好評です」と話す。

来春、海自最大のヘリ搭載護衛艦「いずも」が就役する。事前に陸自が輸送用格納庫を3D図面化しておけば、すぐにでも統合作戦に対応できるだろう。

世界の新兵器 ―466

近接防空システムAI3［米］

米陸軍は、海外展開部隊の基地や駐屯地に向けて外部から発射されたロケット弾や迫撃砲弾を空中で破壊する近接防空システム「C−RAM（Counter-Rocket, Artillery, Mortar）」の開発を進めている。その一つがレイセオン社の低価格防空システム「AI3（Accelerated Improved Intercept Initiative）」である。

「AI3」の小型ミサイルは弾頭部にセミアクティブ・ミリ波ホーミングシーカーとATK社製のHE（榴弾）を搭載し、推進部のロケットモーターはAIM9M空対空ミサイルを流用している。

「AI3」は即応性が求められるため、ランチャーには火器管制部を改修したアベンジャー発射機を使用、KRFS火器管制レーダーは長距離捜索が可能なAN/TPQ64レーダーとリンクし、上空に現れた飛翔体をいち早く探知、迎撃ミサイルを発射する。

この「AI3」の試作型は2012年2月に完成。システムは迫撃砲弾、ロケット弾のほか、低空侵入の巡航ミサイルや偵察用無人機なども撃ち落とすことができるとレイセオンは米陸軍に説明している。

飛来する飛翔体いち早く探知、迎撃

飛行場や駐屯地に向けて撃ち込まれたロケット弾や迫撃砲弾を迎撃する「AI3」防空システムのイメージ（レイセオン社HPから）

この開発で、小型かつ高速の107ミリロケット弾を迎撃するには特に技術的な困難を伴ったが、これを解決するため、目標の捕捉にはRFデータリンクと多機能のMFRFSレーダーを使い、ミサイル発射後はミサイル側シーカーに切り替える方式とした。ミサイル弾頭は電波目標検知デバイスによる近接信管で最接近した際に爆発し、飛散する榴弾により目標を破壊する。

「AI3」の2度目の実射試験は2013年8月に実施され、低空で飛翔する107ミリロケット弾の破壊に成功した。このシステムの統合は米陸軍の「C−RAMプログラム・オフィス」で実施された。

レイセオン社では「AI3」が陸軍の要求する高性能ミサイルなどの脅威にも対処できるよう、さらなる高性能化を進めている。

柴田 実（防衛技術協会・客員研究員）

海外

新巡航ミサイル開発

米海軍は艦載型の巡航ミサイル「トマホーク」に代わる次世代対地攻撃兵器（NGLAW）の開発に着手する。

「トマホーク・ブロックⅣ」の調達量を減らし、その予算を「NGLAW」の開発費に充てる。その候補には対艦ミサイル「ハープーン」の後継として海軍が開発中の射程800キロの亜音速ミサイル「LRASM」の改良型が挙げられている。「LRASM」は航空機や艦艇から発射できる。

巡航ミサイルへの転用も進められる米海軍の次期対艦ミサイル「LRASM」（ロッキード・マーチン社HPから）

国内

三沢にGH2機配備

在日米空軍三沢基地に5月末、米軍の無人偵察機「グローバルホーク（GH）」2機が配備された。6月から10月ごろまで同基地に配備され、中国や北朝鮮の監視に当たる。自衛隊でも「GH」の導入計画が進められている。

技術屋のひとりごと

失敗を活かす　小島　隆

「他山の石」という言葉があります。「自分の人格を磨くのに役立つ他人の良くない言行や出来事」（広辞苑）ですが、自衛隊でも安全や服務の事故防止の教育等によく出てきます。人の失敗はまさに他山の石です。

「失敗」というとマイナスイメージがつきまとうため、失敗しないようにするという消極的思考に陥りがちになりますが、度が過ぎる消極的思考は隠蔽につながり、「2発目の轟沈」となって失敗そのもの以上の墓穴を掘ることにもなりかねません。他方、「失敗は成功のもと」と言います。だから失敗せよということではないですが、失敗を恐れず積極的思考でチャレンジすることが研究開発では大切だと思います。失敗していろいろと考え次に失敗しないようにすることはもちろんですが、過去の成功例に対し、なぜ失敗しなかったかを考えることも失敗を局限するために必要でしょう。

『決定版　失敗学の法則』（畑村洋太郎著　文藝春秋）の中で「失敗学はその先にある《創造》のためのもの」であり「失敗を知り、それを活かすことではじめて創造ができる」と述べられています。そして、「創造に潜む危険性」（失敗）として、①地道な努力への敬意の欠如②技術者の傲慢――を挙げています。日頃から本質を捉え、やるべきことをきちんとやってこそ創造が生まれ、慎重さが薄れ、払うべき注意を怠った結果「想定外」の失敗をしてしまうのです。自衛隊の各種装備品は、より複雑化・高度化・大規模化・システム化が進んでいます。最先端の技術が駆使され、失敗を引き起こす要素も見え隠れします。したがって、研究開発には謙虚な心と積極的思考が大切です。

航空自衛隊は今年創設60周年を迎えました。そのキャッチフレーズは「蒼き空を明日へつなぐ」です。未来を担う子どもたちへつなげられるよう、学ぶ気持ち、謙虚な心を忘れず、これからも研究開発の面から貢献したいと改めて誓う今日この頃です。

（空幕技術課長、1空佐）

ひろば

文月、七夜月、愛逢月、初秋――7月。1日山形新幹線開業記念日、7日七夕、11日YS11記念日、20日月面着陸の日、21日海の日、29日土用の丑。

あばれ祭 石川県能登町の祭りで、大小さまざまな奉燈（キリコ）約40数本を担いだ町民が火の粉を浴びながら松明の周囲を乱れ舞い、クライマックスでは、みこしが海や川、火の中に投げ込まれる。4、5日

北海へそ祭り 北海道の地理上の中心、富良野市北真神社の例祭。毎年約4000人が腹にユニークな顔を描いた「図腹」姿になって特設会場で「へそ踊り」を披露する。8万人以上が訪れる。28、29日

泣いて　聞いて　話して　イベント

涙活

ストレス発散

涙活イベント参加者を前に、楽曲「Endless Road」を歌うfumikaさん（6月15日、東京都新宿区で）

厳しい訓練、人間関係のストレス。武人たる自衛官に泣き言は禁物。しかし積極的に泣くことでストレス発散、健康増進、ダイエットにつながるとしたら――。1カ月に2〜3分だけでも能動的に涙を流すことで心のデトックス（浄化）を図る「涙活」が話題を呼んでいる。今月発売された「泣いてやせる！涙活ダイエット」（マキノ出版）など過去8冊の本を著した涙活プロデューサー、寺井広樹さんが主催する涙活イベントを6月15日、取材した。

（文・写真　菱川浩嗣）

新宿で開催

人々が早足で先を急ぎ、巨大なビル群が立ち並ぶ新宿西口。喧噪から一歩裏の路地に入ったビルの一室で「涙活」は行われていた。大型スクリーンが張られた部屋には30代から60代の約40人の参加者が男女半々の割合で席を埋めていた。

寺井さんの一声でイベントがスタート。室内の照明が消され「感涙動画」4作品がスクリーンに映し出される。1本目の「僕を支えた母の言葉」は母子家庭で育った少年の実話。母への思いが文字で刻まれるうちに会場から鼻をすする音が。意外にも多くの男性が目に涙を溜め、画面に見入っていた。

続いてタイで放映された実写CM、ゾウの家族の物語、お笑いタレント「鉄拳」さんと歌手のfumikaさんがコラボしたアニメ手法の一種、パラパラ漫画による「振り子」が上映された。

振り子が左右に振れる度に時が流れる演出で、一組の夫婦の歩みが描かれた。印象深いのは妻の余命がわずかだと知り、夫が振り子を必死に止めようとするシーン。fumikaさんが歌う「Endless Road」のせつない歌詞が響く中、夫婦の「絆と愛」が見る人の心を打った。

独創的演目、涙友タイムも

動画の余韻が残る中、続いてfumikaさんが白い羽衣のような衣装をまといギタリストとともに登場。ギターの〝やさしい〟音色に乗せ、「永遠」を願う歌声がのびやかに会場を包み込んだ。

このほか「泣語家」による朗読や参加者同士が体験談を語り合う「涙友タイム」が設けられた。普段の悩みを思い切り話し合い、参加者は晴れやかな表情で帰路に就いた。台東区から参加した佐伯江美さん（50）は「心が軽やかになり、人に優しくしたいと思えた」と笑顔で語った。

寺井さんは「隊員の方には自宅で週に1回程度、動画や音楽などで涙を流す『週末号泣』がお勧め。1粒涙を流すと健康効果が1週間続く。ストレスとうまく向き合い、国を守ってほしい」と自衛官にエールを送る。

このイベントに先立ち、6日には海外のブータンでも涙活イベントを実施、好評を得たという寺井さん。今後「涙活」を世界に広げていくと意気込んでいた。職務中は決して見せられない涙を思い切り流し、溜まったフラストレーションを解消してみては。

◇

「涙活」イベントは通常、東京と大阪で月に各1回、90分間実施されている（無料、要予約・抽選制）。全国各地から応募が殺到しているため、「早めの申し込みが望ましい」（寺井さん）。7月9日に東京で開催される会には、歌手の藤田麻衣子さんが参加予定（締め切り・6月28日）。申し込みは「涙活」ホームページhttp://www.ruikatsu.com/または電話03（3535）3655まで。

「未来の宇宙開発エリア」会場イメージ図

7月19日から幕張で「宇宙博2014」

NASAの「火星探査車」実物大モデルが日本上陸

赤い惑星で活躍中の探査車が目の前にやってくる――。火星探査車「キュリオシティ」の実物大モデルを米国以外で初めて見ることができる「宇宙博2014」が7月19日から9月23日まで、千葉市の幕張メッセで開催される。国内最大級の宇宙イベントで、実際に活躍した機体やモデル、最新技術の展示が約9000平方メートルの広大なフロアに展開される。

人類が初めて月に降り立ったアポロ計画はもはやテレビの中だけのものではない。NASA（アメリカ航空宇宙局）エリアでは、司令船「アポロ17号」やスペースシャトル「アトランティス」前部胴体とキャビン、アポロ月面車や月着陸船の乗員室が実物大モデルで現れ、月面着陸をリアルタイムで見た人には感慨深い展示になっている。

元空自隊員の油井亀美也・宇宙飛行士も乗船予定の国際宇宙ステーション（ISS）は10分の1スケールモデルで登場。「きぼう（日本実験棟）」の実物大モデルとともにJAXA（宇宙航空研究開発機構）エリアで展示される。

ロケットなしで地上から宇宙へ移動する宇宙エレベーターなど夢の段階から実現に移りつつある開発の最前線が、未来の宇宙開発エリアでは紹介される。

米シエラ・ネバダ社が開発している民間宇宙船「ドリームチェイサー」の3分の1スケールモデル展示など、宇宙旅行の夢が膨らむ。この夏は壮大な展示に溶け込み、宇宙に思いをはせてみよう。

◇

読者プレゼント　「宇宙博2014」の招待券を5組10名様に。はがきに応募者の氏名・住所を明記（はがき1枚につき2人応募可）の上、〒116−0013日本郵便荒川支店私書箱22号「宇宙博2014」朝雲保まで郵送。7月7日締め切り。

30年かけて収集

「日本軍事郵便史1894−1921」

日本郵趣協会発行

日清・日露戦争から第1次世界大戦まで、当時の日本軍人が戦地や赴任地から母国の家族などに宛てて出した「軍事郵便」約200点を集めた写真集『日本軍事郵便史1894−1921』（税込9180円）が日本郵趣協会から発行された＝写真。

著者は同協会副理事長の玉木淳一氏で、約30年かけて収集した歴史的な「軍事郵便」をカラーで紹介している。このうち明治27年に出されたものは現存する日本最古の軍事郵便で、朝鮮の仁川から出されている。

それぞれ専用の封筒、はがきをはじめ、切手やスタンプなども貴重で、世界のコレクターも読めるよう、主要な記述はすべて英語で表記されている。

第1次世界大戦中の郵便では、中国の青島守備軍や地中海派遣艦隊から出された美しい切手の貼られたはがきなどもあり、小さな文字でぎっしりと書きつづられた兵士の私信からは当時の日本人の教養の高さが伝わってくる。

本書は200部限定で、郵便・切手を趣味とする人には貴重な一冊だ。

「車両基地」シリーズ最新作は陸自駐屯地

DVD映像と音で

秘密基地――。この響きに胸躍る人は少なくないだろう。

鉄道やバスなどの施設内部に入り、レアな映像を紹介するDVD「車両基地」シリーズ（販売・ポリドール映像販売会社）最新作は陸自の秘密基地に潜入した『車両基地　陸上自衛隊駐屯地』だ＝写真。

DVDは陸自の協力で製作され、上富良野、相馬原、木更津、練馬など8カ所の駐屯地を舞台に設備や装備、訓練の様子を収録。車両・機体などの説明はあえて省き、映像と音で魅せるという今までにない切り口の創りとなっている。

戦車から取り出されたエンジンなどマシン細部の映像から、訓練時はもとより休憩中の隊員の表情など見応えある映像満載。価格は4104円。

マイヘルス Q&A

こうさんきゅう

好酸球性副鼻腔炎

鼻づまり、かんでも出ない　出現しやすい臭覚障害

Q　数年前に軽度のぜんそくと診断されました。最近、鼻づまりがしてにおいも弱くなったため耳鼻科を受診し「好酸球性副鼻腔炎」と診断されました。鼻のポリープが多いため、薬で改善しない場合は手術が必要と言われました。好酸球性副鼻腔炎とはどのような病気なのでしょうか。

A　膿性の鼻汁が出る従来型の慢性副鼻腔炎はマクロライド系の抗生物質の少量持続投与と内視鏡を用いた鼻内副鼻腔開放術で治療成績が良好になっていましたが、これらの治療では改善せず、嗅覚障害が強い副鼻腔炎が近年問題になっています。

原因は不明ですが、白血球の一種である好酸球が鼻茸や副鼻腔粘膜に多いことから、好酸球性副鼻腔炎と名付けられています。成人になってから発症することが多く、気管支喘息を合併することが多いことも特徴の一つです。アレルギー性鼻炎は必ずしも伴いません。同様の病態である好酸球性中耳炎を併発することも少なくありません。

Q　どのような症状になるのでしょうか。

A　鼻づまりが中心で、鼻汁が粘調なため、かんでも出てこないことが多いです。嗅覚障害が出現しやすく、全くにおわないことも珍しくありません。

Q　診断は。

A　最終的には手術をして粘膜の好酸球数をカウントして行われますが、その前にも血液中の好酸球数が多いこと、CTで篩骨洞（目の内側の副鼻腔）の病変が優位であること、鼻腔の天井にある嗅裂（きゅうれつ）という隙間が閉塞していること、嗅覚障害が強いこと、ニカワ状の粘っこい鼻汁などを参考に診断されています。

Q　治療について教えてください。

A　軽症の場合はロイコトリエン受容体拮抗薬を中心とした抗アレルギー薬の内服とステロイドの短期間の内服が有効とされています。中等症以上では手術で鼻茸（鼻ポリープ）を切除し、内視鏡を用いた鼻内副鼻腔開放術を行い、同様にロイコトリエン受容体拮抗薬とステロイドの内服を行います。

ステロイドは長期運用による副作用が問題になりますので、できる限り短期間とすることが基本になっていますが、鼻茸の再発が著しい重症例では副作用に注意しながら運用も行われています。

中央病院耳鼻咽喉科部長　森田　一郎

BOOK NOW

私が読んだ　この一冊

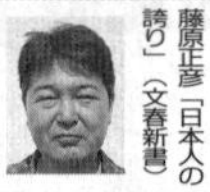

藤原正彦「日本人の誇り」（文春新書）
中方航空隊付隊（八尾）　川村茂幸3陸佐　53

「個より公、金より徳、競争より和」を重んじる日本国民の精神性は、文明史上、世界に冠たる尊きものだった。しかし戦後日本はその自信をなぜ失ったのか？　幕末の開国から昭和の敗戦に至る歴史を徹底検証し、国難の時代を生きる日本人に誇りと自信を与える現代人必読の書、と紹介されるとおり、歴史観を新たにさせられるとともに、日本人としてどうすべきか考えさせられる一読の価値ある本です。ぜひ読んでみて下さい。

佐藤優著「人に強くなる極意」（青春出版社）
海自硫黄島航空基地隊管理隊施設班長　小幡一英3海尉　37

著者は外務省主任分析官時代に背任容疑で逮捕・起訴され、有罪判決を受けた経験を持つ。

内容は、著者のこれらの経験を元に外交や安全保障分野にまで広げつつ、これらを人間関係にうまく落とし込んで述べられており、ちまたに大量に出回っている自己啓発本とは一線を画する読み応えのあるものとなっている。

また、著者の作品の中では分かりやすい表現を用いて書かれており、初めての人にも読みやすくお薦めできる。

門田隆将著「死の淵を見た男吉田昌郎と福島第一原発の五〇〇日」（PHP研究所）
空幹校（目黒）　津田武志3空佐　35

本書では平成23年に発生した東京電力福島第一原発事故における吉田昌郎所長（当時）の証言をはじめ、関係者の当時の記憶がつづられている。

混乱した状況の中で吉田所長に求められた「決心、命令」は、我々自衛官にとっての「戦場」におけるそれと同様であったと考えられる。我々の戦いに「想定外」と「待った」は許されない。「有事とはどういうものか」を、今一度考えさせられる一冊だ。

隊員愛読書ベスト5

＜神田・書泉グランデミリタリー部門＞
❶世界の傑作機No.161 グラマンF9Fパンサー／クーガー　文林堂　￥1234
❷アナタノ知ラナイ兵器3　こがしゅうと著　大日本絵画　￥2484
❸F−Files No.045図解空母　野神明人、坂本雅之著　新紀元社　￥1404
❹CGフルカラー日本海軍艦艇大図鑑　宝島社　￥680
❺陸軍員外学生　石井正紀著　潮書房光人社　￥842

＜トーハン調べ5月期＞
❶黒子のバスケ−Replace5　平林佐和子著　集英社　￥700
❷村上海賊の娘　上・下巻　和田竜著　新潮社　各￥1728
❸長生きしたけりゃふくらはぎをもみなさい　槙孝子著　アスコム　￥1188
❹女のいない男たち　村上春樹著　文藝春秋　￥1700
❺アナと雪の女王（ディズニーアニメ小説版）サラ・ネイサンほか著　偕成社　￥756

＜入間基地・豊岡書房＞
❶現代ミリタリー・インテリジェンス入門　井上孝司著　潮書房光人社　￥2808
❷パラドックス13　東野圭吾著　講談社文庫　￥896
❸電子戦の技術　拡充編　デビッド・アダミーほか著　東京電機大学出版局　￥4536
❹F−2の科学　青木謙知著　SBクリエイティブ　￥1188
❺カラー図解でわかる航空管制「超」入門　藤石金彌著　SBクリエイティブ　￥1080

＜防衛省・三陽堂＞
❶平成26年度版　海上自衛隊艦艇と航空機集　海上自衛新聞社　￥896
❷田母神戦争大学　田母神俊雄、石井義哲著　産経新聞出版　￥1296
❸国防女子―海上自衛隊女性自衛官写真集　宮嶋茂樹撮影　集英社　￥1944
❹朝鮮崩壊―米中のシナリオと日本　長谷川慶太郎著　実業之日本社　￥1620
❺最高の戦略教科書孫子　守屋淳著　日本経済新聞出版社　￥1944

北海道の☆になれ

新十両・旭大星関が里帰り

曹友会長の長男 亡き母の墓前に報告

【2師団＝旭川】駐屯地曹友会長の大串浩曹長の長男で、7月の名古屋場所から十両に昇進する大相撲力士の旭大星関（24）＝本名・大串拓也さん、友綱部屋＝が5月30日、旭川市に里帰りし、関係者や地元ファンに喜びを報告した。同市出身の新十両の誕生は27年ぶり。

27年ぶりに旭川市出身関取

旭大星関は、小学2年生から柔道を始め、旭川大学高等学校時代にエースとして全国大会に出場。卒業後は自衛官の道も考えていたが、大島親方（元大関・旭國）の誘いを受け大島部屋に入門し、平成20年1月に初土俵を踏んだ。現在は大島親方の定年に伴い、友綱部屋に移籍している。

今年5月の夏場所で好成績を収め、名古屋場所（7月13〜27日）から北海道出身者として13年ぶり、旭川出身者では27年ぶりに十両に昇進する。

「十両になるまで家に帰らない」と誓って家を出た旭大星関だったが、稽古の厳しさに逃げ帰ったことも。そんなとき、父の大串曹長が電話やメールで厳しく戒めた。「（自衛官の）父は小さいときから厳しかった」と旭大星関。メールや電話での激励は続き、6年間の二人三脚で十両の座に登り詰めた。

しこ名には「旭川の大きな星」の意味と、11年前に亡くした「星になった母」への思いが込められている。旭大星関は旭川に帰郷後、まっさきに市内の寺に向かい、墓前で「母ちゃん、関取になって帰ってきたよ」と手を合わせて報告した。

帰郷中、父の職場の2師団を訪問。好角家の市野保己2師団長から「死にものぐるいでがんばってください。師団全員で応援します」と熱く激励され、「一番でも多く勝ち、北海道の星となれるようがんばります」と決意を語った。

大串曹長は「亡くなった妻の真由美の分もと思い、心の支えとなるよう努めてきた」と胸を詰まらせながら語り、「まずはほめてやりたい。うまい酒を酌み交わしたい」と話した。

◇十両　大相撲の番付の地位の一つ。横綱、大関、関脇、小結、前頭から成る幕内の下位にあたり、幕下の上位。東西14人ずつの計28人で、十両以上から「関取」の待遇となる。正式名称は「十枚目」。

十両昇進を決め、父の大串曹長（右）が勤務する2師団を表敬訪問した旭大星関（5月30日、司令部庁舎前で）

アジア大会代表

体校勢、続々名乗り

100メートル自由形 原田3尉、確実に

リオ五輪前哨戦のアジア競技大会（韓国・仁川、9〜10月）の日本代表に自衛隊体育学校（朝霞）の選手が次々と名乗りを上げている。6月19〜22日に東京辰巳国際水泳場（東京都江東区）で行われた競泳の「ジャパンオープン」では、100メートル自由形で原田蘭丸3海尉が好成績を残し、出場を確実にした。

アジア大会などの代表選考会を兼ねたジャパンオープンに体校から12人が出場。原田3尉は100メートル自由形の決勝を4位（49秒85）で終えたが、4月の日本選手権（東京）の際の記録（2位、49秒19）と合わせると国内ランキングで2番目の成績となり、代表に内定した。

2度目のアジア大会出場の原田3尉はレース後、「思っている泳ぎがまだ完成していない。大会までに修正し、48秒台を出せるようにしたい」と語った。また「アジア大会を足掛かりにして、少しずつ記録を縮めたい」と、リオ五輪出場のための国際派遣標準I（48秒00）、同II（48秒29）の突破に意欲を見せた。

体校選手はこのほか、レスリングで高塚紀行2陸曹（フリー61キロ級）ら4人、重量挙げで藤田真奈美3陸曹（女子75キロ級）ら3人、ボクシングで川内将嗣2陸尉（ライトウエルター級）ら3人、陸上・競歩で谷井孝行2空曹ら2人が出場を確実にしている。

100メートル自由形決勝を泳ぎ終え、電光掲示板を確認する原田3尉（6月22日、東京辰巳国際水泳場で）

築城基地の警備犬

3部門で優勝

北九州競技会

【築城】日本警察犬協会北九州支部主催の「玄海訓練チャンピオン決定競技会」が5月18日、福岡県直方市の遠賀川河川敷公園で行われ、築城基地管理隊から警備犬6頭が参加、3部門で優勝した。

大会には9団体から70匹の犬が参加し、基地管理隊員と警備犬は臭気選別1部（プロの訓練士とアマチュア混合）と、服従の3、4部（いずれもアマチュア）に出場。臭気選別1部ではプロの訓練士を退け、河村慎吾3曹と「ゾル号」が優勝。服従の部でも3部で「ヴェルディー号」、4部で「ウール号」（いずれも指導手は志賀敬祐士長）が優勝した。

臭気選別は10メートル離れた5カ所の選別台に臭いの付いた布が設置され正解率を、服従は犬に命令や指示を出し、動作や行動の正確性をそれぞれ競った。

大会後、河村3曹は「積み重ねた訓練の成果を発揮できた。今後も現場で有用な警備犬の育成をしていきたい」と誇らしく話した。服従の2部門を制した志賀士長は「更に自分の技術を向上できるように、訓練を重ねていきたい」と力強く語った。

大会に出場した隊員と警備犬。臭気選別で優勝した河村3曹（左から2人目）とゾル号、服従3、4部優勝の志賀士長（同3人目）とヴェルディー号、ウール号（右から2匹目）＝5月22日、築城基地で

えびの新隊員

「先輩、ありがとう」

母校に自転車10台贈る

【24普連＝えびの】連隊の湯本健斗候補生はこのほど、初任給の3分の2を使い、母校・熊本県立南稜高（同県あさぎり町）の後輩らへ自転車10台をプレゼントした。

湯本候補生は3年前の東日本大震災で懸命に救助・支援活動を行う自衛隊員の姿に心を打たれ、「人の役に立つ人生を」と今春、南稜高生産科学科を卒業して入隊した。

在校中、実習現場の農場まで片道約2キロを自転車で往復していたが、自転車が古くなっていたため、卒業後にプレゼントしようと決めていた。

自転車を贈られた後輩の一人は「先輩のように人のために尽くすことができる社会人になりたい」と感謝していた。

初任給の3分の2を使い、後輩に自転車10台を贈った24普連の湯本自候生（熊本県立南稜高校で）

曹長も死亡

潜水訓練事故

潜水訓練準備中の事故で意識不明の重体となっていた海自潜水医学実験隊（田浦）の潜水員・渡邉一夫海曹長（50）＝准尉に特別昇任＝が6月19日午前9時57分、自衛隊横須賀病院で死亡した。

渡邉曹長は5月23日、訓練水槽内で訓練準備を行っていた同僚の藤原将実2海尉（47）の異変に気付き、プール外に助けに潜ったが、プール外に上げた直後に自身も意識不明になった。藤原2尉は24日に死亡が確認された。

2人の殉職者が出たことを受け、潜医隊司令の佐藤道哉将補は「極めて残念であるとともに、ご家族の皆様に対して誠に申し訳なく、心よりおわび申し上げます。また、部隊にとってもかけがえのない隊員をこのような形で失ってしまったことは、痛恨の極み。調査を急ぎ、このような事故が起きないよう早急な対策を講じていきたい」と述べた。

事故を受け、潜医隊は事故調査委員会を立ち上げ、原因を調査している。現在停止している訓練の再開時期は未定。

石川要三氏

石川　要三氏（いしかわ・ようぞう＝元防衛庁長官）6月21日、肺炎による急性呼吸不全のため東京都内の病院で死去、88歳。葬儀は近親者のみで行った。8月下旬にお別れの会を開く予定。喪主は長男謙（けん）さん。

東京都出身。青梅市長を経て1976年、衆院議員に初当選した（当選8回、在職23年9カ月）。外務政務次官などを経て90年、第2次海部内閣で防衛庁長官（第49代）に就任。在沖米軍基地の整理縮小などに取り組んだ。2003年の衆院選挙に出馬せず、政界を引退した。

10式戦車展示や迷彩服試着体験

静岡地本が広報活動

【静岡地本】静岡地本は5月17、18の両日、静岡市のツインメッセ静岡で行われた「静岡ホビーショー」（静岡模型教材協同組合主催）で広報活動を行った。

同イベントでの広報は平成16年から実施。毎年、県内外から訪れる家族連れやファンらでにぎわっている。

この日は会場の一角に自衛隊広報コーナーを設け、陸自の迷彩服試着を体験してもらったほか、災害派遣時のパネルなどを展示し、活動概要を伝えた。第1機甲教育隊（駒門）と東部方面輸送隊（朝霞）の協力を得て、10式戦車などの展示も行った＝写真。

小休止

▽…滝ヶ原駐屯地隊員、米軍キャンプ富士兵士らが参加して6月7日、静岡県沼津市の千本浜海岸で地引き網大会が行われ、交流を深めた＝写真。

▽…富士日米友好協会が主催している交流行事で、駐屯地からは麻生司令以下曹友会員・家族14人、キャンプ富士からはカスティック司令官以下70人が参加した。

▽…地引き網は4回行われ1〜3回は貧果に終わったが、4回目は大きなヒラメが入り、参加者を喜ばせた。バーベキューを楽しんだ後、浜辺の"グリーン作戦"も行った。

（滝ヶ原）

こちら警務隊　☎ 8・6・47625

禁止命令に従わず継続 1年以下の懲役か罰金

ストーカー行為等の規制等に関する法律について教えてください。

この法律は、同一の者に対して、つきまといなど（待ち伏せ、住居や勤務先へ押し掛け・待ち伏せ、面会・交際の要求、無言電話・連続した電話や電子メールを送る行為など）の行為を繰り返し行うことを禁止するもので、違反者は、6カ月以下の懲役または50万円以下の罰金に処されます。

更に都道府県公安委員会の禁止命令に従わず、つきまといなどの行為を継続した場合、1年以下の懲役または100万円以下の罰金に処されます。

このような、相手に多大な迷惑をかける行為は、絶対にしてはいけません。

（警本＝市ヶ谷・田口1曹）

（世界の切手・カナダ）

つまづいて、ころんで、腹を立てる人、悟る人。
荒 了寛
（宗教家、作家）

みんなのページ

予備自から常備自衛官に

2海曹　豊田　英美（横須賀教育隊）

カッター漕ぎの訓練に汗を流す豊田2曹（円内も）

私は平成22年7月1日、「予備自衛官補（技能）」に採用され、予備自衛官補としての教育訓練を受けました。10日間という非常に短期間ではありましたが、自衛官としての心構え、基本教練などの教育をいろいろな職業に就く同期と共に修了できたことは、私の一生の思い出になっています。彼らとは今も交流が続いており、同期との絆はまさに私の一生の財産です。

「予備自衛官」となった私はそれから3年間、小学校で英会話の講師を務めるかたわら、「語学」で任用された予備自衛官として、日米共同の指揮所訓練や陸自の小平学校で行われた語学研修などに参加してきました。

そして今年、私は「常備自衛官」として海自の技術海曹に採用されました。現在は横須賀教育隊に入隊中ですが、予備自当時の仲間や小学校の教え子たち、同僚だった先生方からの激励を胸に、海上自衛隊で日々頑張っております。

海自の技術海曹は、公募予備自衛官と同じく幅広い年齢層の人が集まり、人生経験、キャリアもさまざまです。教育は男女混合の分隊で、訓練期間も通常の新隊員より短く、そのぶん内容も凝縮され、空き時間や休日も使っての復習や反復演習が欠かせません。短期間で技術海曹としての基礎を修養し部隊配置されるため、班長も熱心に時には厳しく指導してくれます。

教育中に同じ失敗を繰り返してしまったり、同期の大半ができる内容を私だけできなかったりすると、自分の不甲斐なさに気落ちすることもありますが、分隊の仲間と助け合い、励まし合いながら何とか頑張っているところです。

予備自衛官であっても常備自衛官であっても、また陸自であっても海自であっても、自衛官として求められる根本的な事柄は同じです。私はそれを今、精神面、生活面、体力面、基本動作など、あらゆる面で自分の体と頭脳にたたき込ませている毎日です。

1カ月後に部隊配置が迫っています。このため、現場では即戦力となれるよう、1日1日の教務を大切にするとともに、速やかに一人前の技術海曹にふさわしい人材となれるよう、そして「予備自衛官補出身の代表」になれるよう、修業の日まで頑張ります。

予備自衛官の皆様は日頃の仕事と訓練の両立が極めて大変だと思いますが、お身体にお気をつけて、お互いに日本のために頑張っていきましょう！

最後に陸自西部方面隊の予備自班の皆さま、そして熊本地本の予備自班の皆さま、3年間大変お世話になりました。

（現・中央システム通信隊＝市ヶ谷）

新刊紹介

「八月の六日間」
北村　薫著

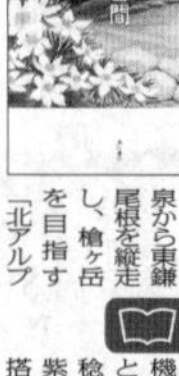

山の本というとノンフィクションやハードな山岳小説が多いが、本書は40歳の独身女性編集者が同僚に誘われ「初山」を経験、いつしか単独行での山歩きが疲れた都会生活に欠かせなくなっていくという"働く山女子"小説。

表題の「六日間」のほか、「二月の三日間」など、一年を通じた5回の山行を軸に、日常の仕事や出会い、「男」との過去が語られていく。

編集者らしく2、3冊の文庫本を携行した山行は、上高地から蝶、常念、燕を経て中房温泉に下る秋のルート、有明温泉から東鎌尾根を縦走し、槍ヶ岳を目指す「北アルプス表銀座」ルート、さらには雪の裏磐梯のスノーシューハイクなど。

刻々と変わりゆく山の景色、眼前の大自然の美しさと恐さ。山小屋に到着しての、あるいは下山して温泉に浸かった後のビール――。

いつしか読者も主人公に同行、一緒に山を登り、一歩一歩、体も心も浄化されていく気分になっていく。

著者3年ぶりの最新小説。普段山に登らない人にも、日常の生活に疲れた人にも一服の清涼剤になるだろう。（KADOKAWA刊、1620円）

「最後のゼロファイター」
井上　和彦著

総飛行9800時間を誇り、太平洋戦争で戦闘機パイロットとして米軍と死闘を繰り広げた本田稔・元海軍少尉。零戦、紫電改などの名戦闘機に搭乗し、幾度も死に直面しながら強大な敵に挑み続けた本田氏にインタビューし、まとめた一大戦記だ。

第1章では本田氏の入隊からの変遷、零戦との出会い、ラバウル航空戦やガダルカナル上空の戦いが描かれる。

第2章から第4章ではニューギニアの戦い、本土防空戦の様子が克明に語られる。地図や再現CG、写真などが挿入され、激戦の模様が脳裏に広がる。零戦が米軍に研究されて戦局が厳しくなる中、教官・テストパイロットも務めた本田氏は思いきった行動に出る。激戦をくぐり抜けた経験から描かれる米軍のP38戦闘機、B17爆撃機などの性能、襲撃の臨場感は圧巻。日米の戦闘機パイロットの死力を尽くした戦いに息をのむ。

パイロット、整備員ら僚友と刺激し合い、助け合って終戦まで戦い抜いた本田氏。最後の撃墜王の半生に、胸が熱くなるだろう。（双葉社刊、1404円）

長男の高工校入校式に参加

家族　矢野　祐二（新潟県上越市）

高工校入校式当日の父、矢野祐二さん（左）と長男の綾大学生

4月7日、武山駐屯地の陸上自衛隊高等工科学校で第60期生の入校式が行われました。

4月1日の着校日に長男（綾大）を送り出し、どうしているのだろうと家族で心配していました。7日の入校式当日は折しも次男の中学校の入学式と重なり、武山は私のみ参加することとなりました。

式には陸幕副長をはじめ、各部隊長、国会議員、市長の方々にもご臨席いただき、盛大に執り行われました。来賓祝辞の中で「日本で一つしかない日本一の学校に日本中から選ばれた生徒なのだから、自信と誇りを持ち、心身を鍛え、勉学に励み、将来活躍する自衛官になってください」という言葉に私も感動しました。

また、今期は着校から入校式までの間、辞める生徒が1人もいなかったという話もあり、生徒たちには卒業まで頑張ってほしいと思いました。

式後、先輩生徒たちによる歓迎式典が行われました。富士山の見えるグラウンドでの上級生の行進とドリル演技、そして上空ではヘリコプターの飛行と、素晴らしい歓迎行事を見させていただきました。その後、食堂で行われた会食では息子と少しだけ話をすることができました。

息子の入校に際しては、学校の説明から着校に至るまで新潟地本高田地域事務所の皆さまに大変お世話になりました。私もこれから予備自、隊友会、父兄会、育成会と頑張って活動していきたいと考えております。

「全国武の会」への期待

宮城「武の会」幹事長　金野　次男（多賀城市議会・副議長）

我が国の安全保障をめぐる環境が一層厳しさを増している中、「国家安全保障戦略」と新「防衛計画の大綱」「中期防衛力整備計画」が策定された。自衛隊出身の参議院議員である佐藤正久氏と宇都隆史氏はこの重要な政治課題に対し、積極的に役割を果たしてくれた。

さて、自衛隊出身の地方議員でつくる「武の会」は平成12年10月、元宮城県隊友会長・坂本憲昭氏と元多賀城市議・阿部五一氏の会談をきっかけに、同年11月20日、隊友地方議員・村井嘉浩氏（現宮城県知事）らとの協議を経て、12月1日に隊友地方議員による初会合にこぎつけた。そして翌13年2月に設立総会（県内OB議員9名）が開かれ、「武の会」として正式に発足した。この「武の会」の名称の発案者は村井嘉浩氏である。

「武の会」は当初から全国組織化を目指していた。前会長の阿部五一氏が「隊友」新聞を通じて全国の隊友に対し、次の3点を訴え続けてきた。

①自衛隊の施設・基地・駐屯地のある市町村議会には隊友議員が絶対に必要である②各県ごとに隊友議員を編成する③将来的には全国的組織へと拡大した「武の会」を立ち上げる――この三つは、いずれも自衛隊への貢献を目的としている。

その努力が実り、隊友地方議員「全国武の会」は平成21年11月19日、発起人・阿部五一氏と佐藤正久参院議員が中心となり参議院会館で設立総会を開催した。会員は当初82名（現在は143名）により正式に「全国武の会」として発足した。発祥地・宮城からは上田勉（現東松島市副議長）、阿部五一、阿部慶也（元七ヶ浜町議長）の3名が出席し、上田氏が副代表幹事に選出された。

この「全国武の会」は今後、隊友政治家集団として各地で大いなる力を発揮するものと確信している。

OBがんばる

高尾　正紀さん　54
平成25年6月、空自西部航空方面隊司令部（春日）を最後に定年退職（3佐）。野村證券福岡支店総務課に再就職し、接客などを担当している。

「人を大切にする企業」を

私は昨年、航空自衛隊を定年退職し、現在、野村證券福岡支店で元気に勤務しております。退職時は就職先が決まっておらず、心細い日々を過ごしておりました。

しかし、退職後も西空の援護業務課に情報を求め、顔を出し続け、現職の皆さんの多大な支援を受けて現在の職場に再就職できました。

最初、野村證券のお話しがあった時は、想定していなかった金融機関だったため、私も一瞬「ぎょっ」としましたが、仕事の内容が総務関係ということで多少安心しました。まさに「アベノミクス」で日本経済が立ち直ろうという時に、金融の中心たる会社で私も微力ながら働かせていただけることに感謝し、意欲をもって第二の人生をスタートさせました。

現在の私の仕事は総務（庶務）で、自衛隊でいえば「補給・郵政・警備（防犯）・施設（営繕）」と言ったところでしょうか。私が営業に直接関わることはありませんが、それでも店には多数のお客様が来店され、その接客の機会もあり、私も「おもてなしの心」でお迎えしております。

これから再就職される皆様へのアドバイスとしては「人を大切にしてくれる企業」をぜひ見つけてください。入社した野村證券が居心地が良いのも、人をとても大切にしてくれるからです。

また、民間企業に就職して分かったことですが、パソコンのエクセル、ワード、パワーポイントの技能は、そのまま一般社会でも役立ちます。部隊で資料の作成に苦労している皆さん、それは社会に出て必ず役に立ちます。

民間の企業は「自主自立の人材」を求めています。元気な自衛官はまさに有望株。あなたをお待ちしています！

「創立15周年記念行事」を開催

「新生47普連」の門出に

2陸尉　浅野　光夫（47普連1科・海田市）

第47普通科連隊は3月1日、「創立15周年記念行事」を開催した。即応予備自衛官主体の部隊として平成11年3月に発足して以来、3回の改編を経て今年で15年目を迎えた。

この創立記念行事の計画作成に当たり、連隊長から「節目の年を盛大に」との指針を受け、そこで「来賓と隊員、家族が祝意を共有し、共に楽しめる行事」になるよう心掛けた。

行事に関係する各部隊とは早期に調整に着手し、先行的に準備を進めてもらった。今回はアトラクションのメーンとして「芸能人歌謡ショー」を計画、芸能事務所と調整を重ねながら半年かけて計画を練り上げ、記念行事の当日を迎えた。

この日は中部方面音楽隊、第13通信中隊、第13音楽隊などの協力も頂き、記念式典、祝賀会食、アトラクションの3部構成で進め、記念式典は厳粛かつ整斉と行われた。

また祝賀会食では連隊15周年の歩みをまとめたDVDを上映すると、OBや歴代連隊長から当時を懐かしむ声で大いに盛り上がりを見せた。

午後からはアトラクションとなり、第1幕は中方音楽隊の明るく軽快な演奏、第2幕は地元出身の城みちるさんの歌謡ショー、第3幕はお楽しみ抽選会で、最後に総員で47普連の連隊歌を歌って締めくくった。

47普連の創立15周年記念行事にゲスト出演、熱唱する城みちるさん

いま改めて振り返れば、5周年、10周年の時と比べて今回は明らかに準備のハードルが高かった。次は20周年である。そこで考えたのは、こうしたイベントは単に規模を大きくするのではなく、部隊と関係者の要望を見据え、ふさわしい内容を企画し、連隊全体でそれを具現化していくことが重要だと思う。

さて、わが47連隊は3月26日をもって4回目の改編が行われ、「新生47普連」として新年度をスタートした。たとえ人は変わろうとも、現職の隊員の思いと部隊の歴史・伝統をこうした記念行事を通じて将来に向け受け継がせていくことこそが大事であると思った。

詰碁

第1090回出題

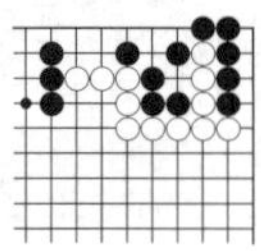

出題　日本棋院　九段　曲　励起

白先

『右側の黒を無条件で取って下さい』。5分でできれば初級以上です。

▶詰碁、詰将棋の出題は隔週です◀

詰将棋

≪第674回の解答≫

出題　日本将棋連盟　九段　石田　和雄

【正解】▲2四金△同金▲2三角成△同玉▲1三金△3二玉▲3一とまでの七手詰め。

【解説】平凡に追っては△1五玉以下逃げられてしまいます。▲2四金は好手。△同玉は▲3四角成以下早詰みなので△同金は最善。そこで▲2三角成が会心の決め手で解決します。

朝雲

発行所 朝雲新聞社
〒160-0002 東京都新宿区坂町26番地19 KKビル
電話 03(3225)3841
FAX 03(3225)3831
振替00190-4-17600番
定価一部140円、年間購読料9000円（税・送料込み）

主な記事

2面 茨城、東京、愛知地本に1級賞状
3面 日米豪「射撃競演」カラーグラフ
4面 QDR（米国防計画見直し）全訳(10)
5面 〈訓練〉1地対艦ミサイル連隊が訓練
6面 〈募集・援護〉教職員に募集広報
7面 W杯日本代表に自衛隊関係者も声援
8面 〈みんなのページ〉与那国ハーリー

集団的自衛権

限定行使を容認

政府が新解釈、閣議決定

政府は7月1日夕、臨時閣議を開き、集団的自衛権の行使を限定的に認める新たな憲法解釈の基本方針を決定した。新解釈では「日本と密接な関係にある他国」への武力攻撃が発生し、「国の存立が脅かされ、国民の権利が根底から覆される明白な危険」がある場合に限り、必要最小限度の武力行使は憲法上許容されるとした。自衛権発動の「新3要件」で歯止めを明確化した上で、憲法上許されないとしてきた集団的自衛権の行使を容認する。安倍首相は同日の閣議後の記者会見で「国民の命と平和な暮らしを守ることを目的としたものだ」と述べ、国民に理解を求めた。

新3要件で歯止め明確化

閣議決定した文書は「国の存立を全うし、国民を守るための切れ目のない安全保障法制の整備について」と題し、集団的自衛権の行使を容認する憲法上の根拠や今後の法整備の方向性を打ち出した。

自衛権発動の「新3要件」として、①我が国または他国に対する武力攻撃が発生し、我が国の存立が脅かされ、国民の生命、自由および幸福追求の権利が根底から覆される明白な危険がある②国民を守るために他に適当な手段がない③必要最小限度の実力行使にとどまる――を挙げ、この3要件に該当する場合に限り、自衛措置として集団的自衛権の行使が可能とした。

このほか、国連平和維持活動（PKO）などの際に自衛隊が離れた場所にいる民間人らを救出する「駆け付け警護」に伴う武器使用を可能にする法整備の推進をはじめ、自衛隊による米軍や多国籍軍などへの後方支援活動の拡充、日本の防衛に当たる米軍部隊の武器等の防護を可能にする法整備の充実が盛り込まれた。

政府は閣議決定を受け、関連法案作成チームを立ち上げて具体的な法制化作業に入る。同日午前の集団的自衛権をめぐる与党合意の成立後に記者会見した小野寺防衛相は「国民の安全に資するもので、極めて意義深い」とした上で、「防衛省・自衛隊がかなり多くの役割を担う。法整備が速やかにできるよう、指示していきたい」と述べた。

さらに自衛隊の活動が拡大する可能性については「今後できるようになる、ということであって、しなければならないということではない」との認識を示し、「まず法整備があり、それに基づく十分な準備と訓練、その上で任務が十分遂行できる環境にあるかということを判断することが重要だ」と強調した。

自民党は約1カ月半に及ぶ与党協議の中で、「戦時中の機雷掃海作業」など、国連の枠組みで行われる「集団安全保障」措置への自衛隊の参加を「新3要件」の下で認めるよう求めていたが、難色を示す公明党に配慮し、明記は見送られた。

◇閣議決定のポイント

▽我が国と密接な関係にある他国への武力攻撃が発生し、国民の生命・権利が根底から覆される明白な危険がある場合に限り、必要最小限度の実力行使は自衛措置として憲法上許される

▽PKOなどの「駆け付け警護」を派遣先の政府の同意などを条件に可能とする法整備を推進

▽国連決議に基づく活動で、自衛隊による他国軍隊への後方支援は「現に戦闘行為を行っている現場」以外で可能

▽武力攻撃に至らない侵害への対処では命令や手続きの迅速化を検討

▽米軍部隊の武器等を自衛隊が防護できるよう法整備

▽憲法上許容される「武力行使」は国際法上、集団的自衛権が根拠となる場合がある

集団的自衛権 自国と密接な関係にある他国に加えられた武力攻撃を、自国が直接攻撃されていなくても「自国への攻撃」と見なして実力で阻止する権利。国際法上、日本を含む主権国家はこの権利を有しているが、我が国は憲法第9条により、権利はあるが行使は認められないとしてきた。

集団安全保障 他国を侵略などした国に対し、国連を中心とした国際社会が多国籍軍を編成するなどして集団で制裁を科して平和維持を図る仕組み。日本は国連加盟国である以上、国連決議の多国籍軍などへの参加は建前上「国家の義務」である一方、武力行使を伴う場合は憲法9条で許されないとの立場を取っている。

南スーダン5次隊無事帰国

井川隊長に1級賞詞

全員の無事帰国を報告する5次隊長の井川賢一1佐（手前中央）と3師団主力の約400人の派遣隊員（6月21日、千僧駐屯地で）

南スーダンで昨年12月から約半年間、国造り支援のPKO活動や避難民支援に当たり、6月20日までに帰国を完了した陸自施設隊5次隊（中方主力の約400人）の隊長を務めた井川賢一1陸佐（7普連長兼福知山駐屯地司令）に6月24日、小野寺防衛相から1級賞詞が授与された。大臣室で行われた式典には西事務次官、岩﨑統幕長、岩田陸幕長らが出席。大臣は「おう盛な責任感と不断の努力をもって職務にまい進し、国際社会の取り組みに対する我が国の姿勢を示すとともに、自衛隊に対する国内外の理解と信頼を深めた」と読み上げ、1級賞詞と防衛功労章を手渡した。

「武器の携行命じた」

井川隊長 射撃音の中、避難民支援

5次隊長を務めた井川賢一1佐は6月24日、防衛省内で報道各社による共同インタビューに応じ、「情勢が激変した状況からの活動開始となったが、国連から示された任務を遂行し、全隊員を無事に連れて帰ることができた」と述べ、安堵の表情を浮かべた。

南スーダンでは5次隊が活動を開始した直後の昨年12月中旬、政府軍と前副大統領派との戦闘が拡大し、死者数千人、避難民数十万人を出す事態に発展。日本隊が宿営地を構える首都ジュバの国連施設にも数万人の避難民が押し寄せた。

ジュバ周辺でも一時、緊張が高まったことについて井川1佐は「1月5日夕刻、宿営地周辺で断続的な射撃音を確認した。隊員を守るために防弾チョッキの着用や武器の携行などを全隊員に命じた」とその時の緊迫した状況を振り返った。

さらに「流れ弾の弾着や避難民の宿営地への流入、暴徒化などを想定した」と述べ、正当防衛や緊急避難のケースを含め、指揮官として極めて厳しい判断を迫られていたことを明らかにした。

これに先立つ12月23日には国連の要請を受け、緊急性と人道性の観点から、陸自部隊の弾薬1万発を現地の韓国軍PKO部隊に無償提供。自衛隊の弾薬を海外で他国軍に提供する初のケースとなった。

現地では1月23日に停戦合意に至るが、陸自宿営地のあるトンピン地区を含むジュバの2カ所の国連施設では今も約3万人の避難民を受け入れているという。

5次隊は期間中、予定していた宿営地外での施設活動を控え、国連施設内で避難民の支援活動に集中した。

医官らがフル回転で内戦による銃創患者を含む約4000人の診療に当たったほか、1000トンの給水支援や避難民居住区建設のための敷地造成を行った。

井川1佐は今年1月に小野寺大臣とのテレビ電話会談に臨んだ際、「南スーダンの方々に寄り添い、広い意味での国造り支援をしていきたい」と語っていたが、無事に帰国し「施設部隊の機械力を駆使して避難民の生活環境の向上に貢献し、感謝された」と半年間の活動を総括した。

◇5次隊の活動実績

避難民の生活支援として▽約4000人の診療▽1000トンの給水支援▽避難民居住区建設のための敷地造成約11万平方メートル（甲子園球場9個分）▽排水溝やトイレの構築▽衛生環境向上のための防疫活動。このほか国連警備施設の強化として▽防護壁の構築▽鉄条網の補修など――を行った。

5次隊に特別賞状

千僧駐で帰国行事

国連南スーダン共和国ミッション（UNMISS）に派遣されていた陸自派遣施設隊5次隊の帰国行事が6月21日、千僧駐屯地で行われた。〈7面に関連記事〉

駐屯地では3師団長の鈴木純治陸将をはじめ隊員や家族、来賓など約600人が出迎える中、隊長の井川賢一1佐以下約400人の派遣隊員が整列し、井川隊長が任務完了を報告した。

武田副大臣は「日本を代表して派遣された諸君の献身的な活動が評価された結果であり、自らの成し遂げた功績を大いに誇りに思って下さい」と述べ、派遣隊員の労をねぎらった。

同隊には派遣期間中の功績をたたえ、内閣総理大臣から、また首相が兼務する国際平和協力本部長表彰が土本英樹PKO事務局次長からそれぞれ伝達された。

制服組初トップ会談

日米韓、北の対応で

岩﨑統幕長は7月1日（日本時間2日）、訪問先の米ハワイで米軍のデンプシー統合参謀本部議長、韓国軍の崔潤喜（チェ・ユンヒ）合同参謀本部議長と初の3カ国の制服組トップによる会談に臨み、北朝鮮の核・弾道ミサイル脅威への対応をめぐって協力態勢を協議、連携を確認した。

日米韓の防衛担当閣僚会合はたびたび行われているが、制服組トップの会談は初めて。

北朝鮮、日本海上に弾道ミサイル発射

防衛省は6月29日、北朝鮮が同日午前5時ごろ、朝鮮半島東岸の元山（ウォンサン）から複数の弾道ミサイルを東方に向け発射したと発表した。最大で約500キロ飛翔し、いずれも日本海上に落下したと推定される。航空機や船舶などへの被害は確認されていない。

これを受け、小野寺大臣は同日午前8時半に省内で緊急の関係幹部会議を開き、引き続き警戒監視、情報収集に万全を期すよう指示した。

その後、大臣は記者団に今回の発射について「自衛隊のレーダーなどさまざまな情報でしっかり把握をしている」と述べた。ミサイルの種類については「スカッドの長距離タイプやノドンを短い形で打つなどいろいろ考えられる。今の段階で特定は難しい」とした。

今回の発射は今年3月3日、同26日に続くもので、政府は「国連安保理決議に違反し、航空機や船舶の安全確保の観点から極めて問題のある行為」として、北京の大使館ルートを通じて北朝鮮側に厳重に抗議した。

安倍首相は30日午前、菅官房長官、小野寺防衛相、古屋拉致問題担当相と国家安全保障会議（NSC）を官邸で開き、今後の対応を確認した。

大観衆を前に演奏を行う空音と4方面音楽隊（6月28日、すみだトリフォニーホールで）

空自創設60周年を祝う

合同音楽隊3000人を魅了

7月1日は自衛隊発足60年。空自創設60周年を記念した演奏会が6月28日、東京都墨田区のすみだトリフォニーホールで行われ、航空中央音楽隊（隊長・水科克夫2佐）と空自4方面音楽隊が2回の公演で合わせて約3000人の大観衆を魅了した。

開演に先立ち、齊藤空幕長があいさつし「空自の爽やかさ、明るさ、日本の空を守る意気込みを音楽隊がお届けする」と紹介。

第1部の空音単独公演では、楽曲「献呈」など重厚な演奏を披露。指揮者の水科隊長は風を切るようなダイナミックなタクトさばきで曲の強弱や流れるようなイメージを表現した。

第2部では、全国4方面音楽隊（北空音、中空音、西空音、南空音）から選抜された隊員も加えた約75人の大編成で、迫力ある音色を響かせた。

空自60周年記念曲に選ばれた「風薫る」（作曲・田中裕香士長）、行進曲「蒼空」（作曲・和田信2曹）が一般に初めて披露された。

アンコールでは「ふるさと」、空自30周年記念曲「空の精鋭」などが演奏され、こだまする大きな拍手に包まれて演奏会は幕を下ろした。

東京都府中市から来た白戸孝美さん(34)は「『風薫る』の爽やかな演奏が最も印象に残った」と顔をほころばせた。

春夏秋冬

ソフトパワー

北岡 伸一

日本経済新聞社など日中韓3国の新聞社が主催する日中韓賢人会議が中国の揚州で開かれた。私は2010年以来毎年参加しているが、中国での開催は2011年の杭州以来であった。

中国で揚州というと、みな李白の詩を思い出す。「黄鶴楼にて孟浩然の広陵（揚州のこと）に之くを送る」という詩である。詩の全文は、読み下しで以下の通りである。

故人（孟浩然のこと）西のかた黄鶴楼を辞し、
烟花三月揚州に下る。
孤帆の遠影碧空に尽き、
唯見る長江の天際に流るを。

中学生の時、この漢詩を読み、おそらく二度と会えない友人との離別の状況に感動したことがあった。

数年前、初めて黄鶴楼を訪ねたところ、かなりの高台にあって、眼前に揚子江が広がる景色は想像していた以上に素晴らしいものだった（ただし、現在の黄鶴楼は後世に再建されたものである）。そこで李白が見送った友人の行き先が揚州だったのである。

烟花というのは、揚州にだけ、しかも旧暦3月に15日ほどしか咲かないといわれている花である。華麗というよりは、むしろ清楚で美しい。今回は4月で、ちょうど旧暦の3月だった。いい時に来ましたねと、多くの人に言われた。

揚州は、北京と杭州を結ぶ大運河の要の位置にある。大運河建設の主役は隋の煬帝であって、たびたび揚州を訪れている。その墓も揚州の近くにある。

8世紀の揚州の有名人は、日本では何と言っても鑑真である。日本の要請に応えて、何度も失敗したのち、ついに日本にやって来たことは、よく知られている。鑑真がいた大明寺も残っており、鑑真記念館もある。

元代には、マルコ・ポーロが揚州で徴税官をしていたという。記念館もある。ただ、十分な記録はないそうで、マルコ・ポーロが中国に来たことも事実でないという説もある。

揚州の第一の観光名所は、瘦西湖という湖で、中国の中でも代表的な美しい湖である。もちろん世界遺産になっている。清の乾隆帝は江南を愛し、6度も来たという（六巡南下）。

それにしても、中国の江南はいいところである。北京の威圧的な政治風景とはまったく雰囲気を異にする。「烟花三月揚州に下る」という一節を、古来、東アジアのインテリならみな知っていた。それがソフトパワーというものである。

現代の中国の興隆は凄いものだが、むき出しの軍事力、経済力、政治力であって、古代中世の江南のような文化の香とそれが持つ力、つまりソフトパワーとは、まったく無縁である。願わくば、中国は文化大国として発展してほしいものである。（きたおか・しんいち＝国際大学学長）

朝雲寸言

「正当防衛や緊急避難に該当する場合は、自らを守るために撃て」――。6月20日、南スーダンPKOから帰国した井川賢一隊長は、緊迫した場面で発した「射撃許可」をそう説明した▼20年も続いた内戦を経て2011年に独立した南スーダン。インフラ整備など国造りを支援するため、陸上自衛隊は翌年1月から道路建設などに汗を流してきた。昨年12月、政治対立が武力衝突に発展、状況は一変した▼それは、井川隊長率いる第5次隊約400人が現地入りして間もなかった。断続的な射撃音が聞こえ、宿営地に隣接する国連施設に避難民が押し寄せてきた。隊員に防弾チョッキを着用させ、万一に備え、射撃許可を出した。そんな状況下だった▼だが、国際協力活動で、自衛隊が緊迫した場面に直面したのは初めてではない。1994年のルワンダ難民救援活動では、日本の医療NGOが難民に襲われ、東ティモールでは2002年、首都で暴動が発生し、自衛隊が孤立した国連職員ら約40人を救出している▼PKOなど国際協力活動は紛争で疲弊した国で行われる。いかなる時に行われる事態が起きても不思議ではない。各国が軍隊を派遣しているのも、それが前提だからだ▼実態に即した法的整備の見直しは、そうした現実を直視すれば当然のことだ。「戦闘する自衛隊になる」などという批判は、現実から目を背けているに過ぎない。

防衛省生協の睡眠組合員名簿に関する公告

組合員名簿整理のため、2年以上組合の事業を利用されていない方（睡眠組合員と呼称）は、平成27年6月30日までに、脱退届の提出又は組合事業の契約手続をとってください。

期日までに手続がとられない場合は、自由脱退者として組合から除籍する処置をとらせていただきます。

なお、睡眠組合員名簿は防衛省生協地域担当者窓口及び防衛省生協本部に備え付けてありますのでご確認ください。

また、平成25年7月1日付をもって公告いたしました睡眠組合員名簿は、平成26年6月30日をもって整理させていただきました。

以上、防衛省職員生活協同組合定款第89条の規定に基づき公告します。

平成26年7月1日
防衛省職員生活協同組合
理事長 山内千里

時の焦点 国内

維新の会分裂

好きなのに別れるわけ

メロドラマを見ているよう、と言ったら失礼か。二人三脚で日本維新の会を率いてきた石原慎太郎、橋下徹両共同代表が、袂を分かつことになった。

そう決めた後、2人は記者団にそれぞれ語った。

石原氏「彼（橋下氏）との出会いは、私の人生の中では快事だ。彼は日本の社会の希有なる存在だ」

橋下氏「石原さん好きですしね。なんと言っても人間の洞察力。あれだけ学ぶことが多い人はいない」

では、なぜ、別々の道を行くのか。橋下氏が進める結いの党との合流に石原氏が反対し、最後まで溝が埋まらなかった、というのが2人の説明だ。自主憲法制定を主張する石原氏にしたら、結いは護憲の党ではないか、という思いがある。

橋下氏の盟友である松井大阪府知事は、石原氏の気持ちをこう推察した。

「石原代表も疲れたんでしょうね。橋下君もういいと、おれはおれでやるよというようなことだったんじゃないか」

振り返ってみる。

民主党政権が行き詰まり、閉塞感が漂う中、「ふわっとした民意」をつかんで台頭したのが橋下氏だ。

国政挑戦にあたって、橋下氏が必要としたのは、国政で通用する「顔」だ。政治経験が豊富で、抜群の知名度を誇る石原氏なら申し分ない。

一方、国政でもう一花咲かせたい石原氏にとって、勢いのある橋下氏は輝いて見えたはずだ。

互いに敬意を抱いたのは確かだとしても、利害が一致したからこそ、コンビを組んだのだろう。

2012年11月、日本維新の会に、石原氏ら旧太陽の党が合流。翌月の衆院選で、躍進する。

しかし、橋下氏らと、石原氏らとの間では、原子力・エネルギーなど政策の違いがあり、当初から「東西対立」が絶えなかった。13年7月の参院選で低迷すると、党の求心力は一層失われていった。

党に勢いがあれば、両トップが意見の相違を乗り越えることもできたように思う。離合集散は政界の常と言うことか。

予想外だったのは、維新の割れ具合だ。

6月下旬の時点で、橋下系が38人、石原系が22人となっている。

自民党筋は「予想より、石原側がだいぶ多い」と言う。つまり、橋下側に雪崩を打つと見ていたわけだ。

橋下氏は国会に議席を持たず、橋下系の国会議員には中核となるベテランがあまり見あたらない。そのあたりも、橋下系への参加が思ったより少なかった一因かもしれない。

維新分裂は政界にどんな影響を与えるか。

安倍官邸は、維新の会やみんなの党のように、政策ごとに政権と協力する「責任野党」との関係を重視してきた。政権運営を安定させる狙いからだ。

石原氏らは、安倍政権との協力を引き続き探る。

橋下氏らは、江田憲司氏率いる結いの党との合流を急いでいる。江田氏は政権との「協力」より「対決」に軸足があるように見える。橋下氏が、江田氏に引っ張られて政権との対決姿勢を強めると、首相の政権運営にも影響が出る。

今後の焦点は、橋下・江田新党のスタンスだろう。

風間 二郎（政治評論家）

時の焦点 海外

EU首脳会議

亀裂残した委員長人選

欧州連合（EU）は6月27日の欧州理事会（加盟国首脳会議）で、EUの今後の運営と将来設計に響く二つの決定を下した。

第一に、EUの政府ともいうべき欧州委員会の新委員長に前ルクセンブルク首相のジャンクロード・ユンケル氏を指名することを決めた。だが、この人選に反対するキャメロン英首相と支持派の他の加盟国首脳との意見対立が最後まで解けず、英のEU脱退につながりかねない亀裂を残した。

第二に、いずれも複雑な民族問題を抱えるウクライナ、グルジア、モルドバの旧ソ連3カ国とEUの「連合協定」締結を承認した。その結果、3国支援のためにEUが重い財政負担を余儀なくされたり、対ロ関係の舵取りに苦慮する事態が懸念される。

まず、委員長の人選についてはリスボン条約の規定の初適用により、5月の欧州議会選挙で最大議席を得た中道右派の欧州人民党が委員長候補に掲げたユンケル氏指名で、大半の首脳間の了解が成った。しかし、欧州議会の権限強化と統合深化に反対するキャメロン氏は「ユンケル氏はEU改革に否定的で、統合推進に固執する時代遅れの不適任者」と譲らず、投票で黒白を決するよう主張した。

その結果は、ユンケル氏反対が英とハンガリーのみ、26対2の惨敗に終わった。それでもキャメロン氏は「欧州にとって最悪の日。我が国がEUから出て行くドアが近づいてきた」と強気の発言を続け、来年5月の英下院選挙に勝てばEU離脱の可否を国民投票で問う方針を重ねて明言した。

この強硬姿勢に対しては「国益擁護を掲げて欧州議会選で大勝した英国独立党（UKIP）への対抗策であり、EU離脱は本心ではない」との見方もある。確かに、英産業連盟（CBI）のクリッドランド事務局長は「英国は雇用、成長、国際競争力を守るためにEUに留まるべきだ」と首相の考えに反対する経済界の立場を表明した。

だが、保守党のみならず労働党も含めて英政界でEUの権限強化への異議が勢いを増しているのも確かだ。ドイツのメルケル首相が「EUの改革を求める英国の立場も理解すべきだ」と述べたのは、ユンケル氏指名をめぐって露呈した首脳間の亀裂を修復したいとの思惑からであろう。7月中旬の次の欧州理事会では、委員長以外の欧州委員会委員の人選が予定されている。キャメロン氏の立場に配慮し、経済分野の重要委員ポストを英に割り振る案が検討されているとの情報もある。

旧ソ連3カ国との連合協定について付言すれば、東欧諸国の先行ケースとは異なり、協定締結はEU加盟に向けた助走ではなく、あくまで貿易の自由化や政治・経済改革の支援が主眼であるという。だが、旧社会主義国の改革支援は多大の費用と時間を要し、若年失業対策や銀行同盟の早期発足など重要課題を抱えたEU財政を圧迫しかねない。「自国の勢力圏への進出」ととらえるロシアの疑心を解くのも容易ではあるまい。

小倉 春樹（外交評論家）

茨城、東京、愛知の3地本に1級賞状

質の高い隊員確保　12地本には2級賞状

小野寺防衛相（右）から1級賞状を授与される茨城地本長。後方左は東京地本長、右は愛知地本長（6月24日、防衛省で）

自衛官の募集や再就職援護、予備自の管理などで平成25年度に顕著な功績を収めた自衛隊地方協力本部の表彰式が6月24日、防衛省で行われ、茨城、東京、愛知の3地本に小野寺防衛相から1級賞状が授与された。

大臣室で行われた表彰式には西事務次官、岩田陸、河野海、齊藤空各幕僚長らが立会。小野寺大臣は「募集基盤の拡充に努め良質隊員を確保するとともに、退職予定隊員の就職援護や予備自衛官の管理についても格段の努力を傾注した」と賞状を読み上げ、茨城地本長の許斐輝幸1陸佐、東京地本長の高田克樹陸将補、愛知地本長の市川文一1陸佐に賞状と副賞を授与した。

3地本は自治体や学校などとの連携を強化、広く市民の自衛隊に対する理解を促進するとともに、組織的募集基盤の拡充を図り、質の高い隊員確保などに顕著な成果を収めたことが高く評価された。

◇

これに先立ち、6月23日には12地本に対し、岩田陸幕長から2級賞状が授与された。陸幕会議室で行われた式には山崎陸幕人事部長、中西海幕人教部長らが立会。旭川地本ら12地本の代表に陸幕長から賞状と副賞が授与された。

岩田陸幕長は「地本の業務は自衛隊という組織の礎を築き、人材を地域、国家、ひいては国際社会に還元する重要な職務。部員全員が一丸となって任務達成にまい進した労を多とする」と述べた。

◇2級賞状受賞地本は次の通り（カッコ内は本部長）。

▽旭川（児玉巌1陸佐）▽宮城（笹木明仁1陸佐）▽山形（武野浩文1陸佐）▽群馬（北澤直樹事務官）▽埼玉（山本方之1空佐）▽石川（福應光二1空佐）▽福井（堀博幸1海佐）▽島根（山口芳正1陸佐）▽徳島（森真規1海佐）▽香川（中村賀津雄1陸佐）▽熊本（山中敏弘1陸佐）▽鹿児島（深谷克郎1海佐）。

坂本1海佐が米で法律講義

日本の法の現状と自衛隊の活動について各国軍人に講義する坂本太郎1海佐（檀上）＝6月5日、米海軍司法学校で

【統幕】統幕首席法務官付法務官の坂本太郎1海佐は5月29日から6月13日まで、米ロードアイランド州ニューポートの米海軍司法学校主催の「軍事作戦法規講習」に教官待遇で参加し、各国の参加者に日本国憲法と自衛隊の活動などについて講義した。

講習には米陸海空軍と海兵隊をはじめ、英独豪やナイジェリア、ルーマニアなど計24カ国の准将から大尉までの50人が参加。講義では9条を中心とした日本国憲法や国内法による作戦実施上のさまざまな制約について各国の参加者に現状を紹介し、防衛省・自衛隊の活動について理解を求めた。

このほか、坂本1佐は自らも受講を通じて軍事作戦法規に関する米軍の最新解釈や問題認識を理解するとともに、リーガルアドバイザー（法律専門家）として直面する戦時国際法を含む広範な作戦法規上の諸問題について、指揮官に適切なアドバイスを行うノウハウを習得した。

さらに、各国の参加者との交流を通じて国際法に対する解釈とその限界などについても相互理解を深めた。

第1回防災パイコンミーティングを開催

【1輸空＝小牧】災害発生時に機関の枠を超えて連携・捜索救助活動を行うことを目的に「第1回防災パイコン（パイロット・コントローラー）ミーティング」が6月18日、小牧基地で開かれた。参加者は各機関の最新技術を共有するとともに今後の課題を確認した。

同基地での管制・飛行関係に特化した複数機関による会合は初めて。

会合は自衛隊側からの発案で実施され、災害対処に携わる管制・飛行関係の民間企業2社、第4管区海上保安本部など6公的機関、空自岐阜、浜松両基地など自衛隊7部隊から合わせて約40人が参加した。

開会に先立ち、小牧基地司令の上ノ谷寛将補が登壇し「東日本大震災の対応などを教訓に、航空機と地上通信を緊密に連携する必要がある。隊内だけでなく関係機関と横の連携、体制を強化したい」と会合の目的を語った。

ミーティングでは自衛隊が地震対処計画中に示す飛行時に情報共有する際の周波数、陸自保有の野外レーダー（P20）などを紹介。

民間企業側は災害時の航空機の動態管理、JAXA（宇宙航空研究開発機構）が研究開発しているD-NET（災害救援航空機情報共有ネットワーク）を紹介し、参加者からは質問が活発に飛び交った。

基地は今後も関係機関と一層の連携を図り、シームレスに対応できる態勢を整えていく。

事故発生時の初動連携確認

航安隊、富士重を研修

初の国産「T1」ジェット練習機〝初鷹〟の前で記念撮影する航安隊と富士重工業の初動対応メンバー（6月4日、宇都宮市の富士重工業航空宇宙カンパニーで）

【航安隊＝立川】航空安全管理隊（司令・橋本進空将補）は6月4日、航空事故調査部長の廣島美朗1佐以下7人を富士重工業航空宇宙カンパニー（栃木県宇都宮市）に派遣し、航空事故発生時の初動連携に関する初の意見交換会を開き、連携要領を確認した。

同社は空自のT7初等練習機とU125A救難捜索機の整備を担っており、万が一、これらの機体で事故が起きた場合、事故調査に当たる空自側とメーカー側の実務担当レベルによる初動連携は極めて重要なことから、今回、初の交流を行った。

廣島1佐らは事故発生時の同社の支援態勢を学ぶとともに、航安隊の任務として特に航空事故調査に関連する規則体系や調査の流れ、事故調査に関する支援依頼の手続きなどについて分かりやすく説明し、緊急時の連携要領について確認した。

このほか工場を訪問し、同社が整備を行っている陸自のAH1S対戦車ヘリ、AH64D戦闘ヘリ、UH1多用途ヘリや、海自のT5初等練習機の定期修理（IRAN）の状況を見学。米ボーイング社の中型機「B787」の主翼製造の現場のほか、高速風洞試験場や電波反射特性試験場などを研修し、理解を深めた。

今回の研修を通じて実務担当者間の交流を深め、航空事故発生時の初動連携について相互理解と確認を図った。また、双方からは「今後も定期的に実施して連携を強化したい」との声が上がっており、航安隊では同社との交流を継続するとともに、関連する他企業の研修も積極的に行い、航空事故調査の支援態勢に反映させていく方針だ。

「伝統継承、さらに強く」

入間で1高群創立50周年

約700人の式典出席者を前に式辞を述べる田中1高群司令（6月29日、入間基地で）

空自初の高射部隊である第1高射群（入間）の創立50周年記念式典が6月29日、空自入間基地の航空総隊司令部飛行隊格納庫で行われ、齊藤空幕長、中島総隊司令官ら空自高級幹部のほか、大塚拓衆院議員ら来賓と1高群の隊員ら計約700人が出席した。

式典では50年間に殉職した2柱の英霊に黙とうを捧げたあと、1高群司令の田中耕太1佐が式辞に立ち「諸先輩方が築き上げた伝統を継承し、さらに強く、高く、常に戦える精強な部隊づくりに全力を尽くす」と決意を述べた。

続いて訓示に立った中島総隊司令官が「1高群は首都圏の防空という重要な任務を完遂し、4度に渡りBMD（弾道ミサイル防衛）統合任務部隊の重要な一翼を担ってきた。指揮官として誇らしい」と隊員を激励した。

このあと齊藤空幕長が祝辞に立ち「1高群は防空の最後の砦として精強さを保持してきた。責任感と熱意をもって任務に当たった諸先輩方と、現役諸官の真摯な努力の賜物だ」とたたえた。

1高群は4個隊（1高射隊・習志野、2高射隊・武山、3高射隊・霞ヶ浦、4高射隊・入間）とペトリオット・ミサイル(PAC3)を擁し、北朝鮮の弾道ミサイル破壊措置任務に計4度出動するなど、首都圏の空を365日、守り続けている。

新理事長に先崎一・元統幕長

隊友会総会、会歌をリニューアル

公益社団法人隊友会（会長・西元徹也元統幕議長）は6月26日、平成26年度定時総会をホテルグランドヒル市ヶ谷で開き、藤縄祐爾氏（元統幕議長）に代わり、新理事長に先崎一・元統幕長を選任。事業報告や収支決算、26年度事業計画、同収支予算などの議案を採択した。

これに先立ち行われた「県隊友会長等会同」では、25年度から新たにスタートした米国派遣中に事故被害に遭った隊員への融資事業をはじめ各種事業が報告された。式典には、武田防衛副大臣、河野海幕長、齊藤空幕長はじめ防衛省・自衛隊関係者、協力団体など約200人が出席した。

西元会長は式辞で「今年度は公益社団法人4年目の年として基礎固めを継続するとともに、公益目的事業を充実・強化していきたい」と述べた。

武田副大臣は「隊友会にはさまざまにお力添え頂いている。今後とも自衛隊に対する温かく、時には厳しい励ましをお願いしたい」と述べ、謝意を示した。

併せて行われた表彰式では、25部隊、16団体・22人に感謝状が、19団体・20人に表彰状がそれぞれ贈呈された。

懇親会ではリニューアルした隊友会歌「ああ この血潮」（作詞・鈴木井、作曲・古関裕而）を陸自中央音楽隊員の指導のもと、参加者全員で斉唱した。

「ああ この血潮」は早稲田大学応援歌「紺碧の空」や阪神タイガースの「六甲おろし」などを手掛けた作曲家・古関氏の昭和49年の作品で、昨年その存在が判明した。隊友会では今後、さまざまな機会を通じ同歌の普及を図っていく方針だ。

社会人参加呼びかけ

キュービック アーギュメント

同世代の若者が連携し安全保障などに関する勉強会を行う任意の団体「Cubic Argument」（大江弘之代表）は今年で設立5年目を迎え、学生だけでなく社会人にも参加を呼び掛けている。

「Cubic Argument」は国内外の国家戦略をはじめ、社会・経済政策などに関する勉強会を毎月開催。昨年末には「安倍政権の評価と課題」をテーマに政策提言会を開き、今後の施策について議論した。今年度は原子力や軍事学に関する講座を開講している。

設立当初から「インテリジェンス講座」などを開講して全面支援してきた一般財団法人ディフェンスリサーチセンター理事長の上田愛彦元陸将は「未来の日本を担う志ある若者たちを応援したい」と話している。

詳細はホームページ（http://cubic-argument.org）。

共済組合だより

グラヒル　この夏の東京滞在にぴったり　お得な「夏休み旅応援プラン」

防衛省共済組合の直営施設「ホテルグランドヒル市ヶ谷」では、この夏の東京滞在にぴったりの「開業50周年記念・夏休み旅応援プラン」をご用意しています。

同プランは次の二つがあります。

【ツインまたはダブル1泊（7月20日―8月31日）】ツインまたはダブルルーム（2名限定・朝食付）のご利用で、料金は組合員が1万2290円（通常料金1万3830円）、一般は1万3320円（同1万5890円）と大変お得です。

【東館・西館シングル1泊（8月1日―同31日）】グラヒル東館・西館のシングルルームご利用で、料金[illegible]7480円（通[illegible]00円）、一般[illegible]円（同9850[illegible]

両プランとも[illegible]に「デザートコ[illegible]設けられ、大人[illegible]

[illegible]京にご旅行・[illegible]は、ホテルグラ[illegible]ヶ谷の「夏休み[illegible]ン」をぜひご[illegible]い。

護衛艦とUP3D 多用機2機が訓練

グアム周辺海域

海自は6月25日から、米グアム島の周辺海空域に艦艇・航空部隊を派遣し、米海軍の協力を得て「26年度第1回護衛隊群米国派遣訓練」を開始した。7月16日まで。

艦艇部隊は1護群司令の酒井良将補を指揮官に、護衛艦「むらさめ」「いかづち」「あけぼの」「ありあけ」「あきづき」「しまかぜ」「こんごう」、訓練支援艦「てんりゅう」で編成、[illegible]人員約1300[illegible]隊（指揮官・[illegible]＝91飛行隊長）[illegible]多用機2機、人[illegible]グアム周辺海[illegible]練を行うほか、[illegible]を利用して各[illegible]う。

協同転地演[illegible]

陸自は6月26[illegible]距離機動能力と[illegible]上を目的とした[illegible]度協同転地演習[illegible]ている。7月25[illegible]

今年度の担任[illegible]隊で、堀口英利[illegible]官に10師団（守[illegible]約3200人、[illegible]00両（戦車9[illegible]21門含む）、航[illegible]（CH47J輸送[illegible]1多用途ヘリ、[illegible]ヘリ）が参加。

部隊は中部方[illegible]し、7月7日ま[illegible]空路で北部方面[illegible]交通機関を含め[illegible]展開する。

8、9の両日[illegible]樹訓練場で海自[illegible]のエアクッション[illegible]Cを用いた揚[illegible]施。また、矢臼[illegible]は行進、集結地[illegible]攻撃の一連の訓[illegible]重迫撃砲の実弾[illegible]訓練を行う。復[illegible]同じ手段で17[illegible]れ、25日までに[illegible]予定。

人事異動

2、3海佐

▽わかさ艦長（横指隊）2佐 間宮政信▽横指隊船航科長（海幕教育課）倉川武▽幹候校教務課長（わかさ）角良文（以上5月7日）

▽あけぼの艦長（統幕運用2課）2佐 大日方孝行（5月9日）

▽203列整長（203教空）3佐 大橋保伸▽3術校教官（3術校）中山仁志▽誘武教情報処理科長（誘武教）安宅辰人（以上5月12日）

▽くろべ航空標的長（くろべ）3佐 辻本泰三（5月14日）

▽舞空基隊長（長野地本）2佐 戸室勝行▽幹校教官（幹校）小笠原信昭（以上5月16日）

▽自艦隊幕僚（自艦隊）2佐 中原伸二▽横監防衛部2幕僚室長（横監防衛部）3佐 宮元一憲（以上5月19日）

▽呉監総務課長（呉監管理部）2佐 雄山[illegible]掃隊司令（同総[illegible]生▽海幕航空機材班長（海幕航[illegible]郎▽203検長[illegible]3佐 丸山智博[illegible]（31空群）山方[illegible]部員（幹校）中[illegible]団幕僚（同）渡[illegible]

▽警本総務科[illegible]2佐 山本茂一[illegible]2科長（作情支[illegible]硫空基副長（硫[illegible]行

▽4整補副長[illegible]西川和宏▽41[illegible]佐 西野彰一（以[illegible]

▽舞監総務課[illegible]部）2佐 渡辺[illegible]幕僚（護艦隊）[illegible]ずなみ艦長（同[illegible]

▽横監援業課[illegible]課）2佐 小暮[illegible]副長（沖基隊）[illegible]監原価監査官（[illegible]3佐 仲田基徳（以[illegible]

豪で「射撃競技会」と「サザン・ジャッカルー」に陸自参加

日米豪の精鋭集結

名うてスナイパー競演

高さ70メートルの高層ビルで懸垂降下訓練を行う隊員（メルボルン市内で）

ビルとビルの谷間をロープで渡る隊員（5月21日、メルボルン市内で）

狙撃銃部門で団体総合2位になった石井2曹（左）と鈴木2曹（中央）。なお、石井2曹は「狙撃手による拳銃射撃の部」でも2位になった（豪陸軍ＨＰより）

狙撃銃部門

チーム団体総合準V　石井、鈴木2曹やった

陸自は4月下旬から5月下旬にかけ、豪ビクトリア州パッカパンニャル訓練場で行われた同国陸軍主催の「射撃競技会」と日米豪の射撃訓練「サザン・ジャッカルー」に、えりすぐりの精鋭チームをそれぞれ派遣した。

各国のスナイパーが腕を競う射撃競技会（4月25日～5月20日）には、富士学校長の武内誠一陸将を担当官に富士学校や各方面隊、中央即応集団などから選ばれた約30人が参加。

競技会では障害物を活用した射撃やシミュレーション射撃と実弾射撃の連携、銃剣刺突を行いながらの射撃、あらゆる姿勢・目標に対する射撃などが行われた。

日本は総合成績で15カ国16チーム中6位となり、昨年（17カ国中9位）より順位を上げた。1位から5位は、インドネシア、豪州、フィリピン、ニュージーランド、カナダの順だった。

部門別では、狙撃銃部門で25普連の石井貴之2曹と中即連の鈴木康文2曹のチームが団体総合の部で2位になったほか、小銃部門に参加した28普連の大森聖史3曹が上位成績者20人（150人中）だけが参加できるチャンピオンショットで16位という好成績を収めた。

一方、日米豪3カ国の射撃訓練「サザン・ジャッカルー」は5月17日から28日まで実施され、中方総監の堀口英利陸将を担任官に36普連（伊丹）などから約30人が参加した。

隊員は89式5・56ミリ小銃を使用し、米豪軍人約40人とともに森林などでの組前進や装甲車からの下車展開射撃を行ったほか、メルボルンの市街地訓練施設に移動して、高さ70メートルの高層ビルからの懸垂降下を訓練した。

「ジャッカルー」は豪英語で「カウボーイ」の意。日米豪の枠組みでの同訓練は昨年度から始まったばかりで、2回目となる今年は規模を拡大して行われ、3カ国のさらなる関係強化を目指した。

入り組んだ森林で銃撃を行う日米豪参加者（パッカパンニャル訓練場で）

女性兵士から指導を受けながら伏せ撃ちを行う陸自隊員（パッカパンニャル訓練場で）

26年度「遠航部隊」――最初の寄港地ハワイのパールハーバーに入港

環太平洋などの13カ国を巡る海自26年度遠洋練習航海部隊は６月３日、最初の寄港地ハワイのパールハーバーに到着した。169人の実習幹部を乗せ、５月22日に東京を出発した練習艦「かしま」「せとゆき」、護衛艦「あさぎり」の３艦は、西太平洋を横断しながら連日、猛訓練に明け暮れた。２週間にわたる過酷な洋上生活を経て異国の地に立った実習幹部たちは何を思ったのか。３人の所感文を紹介する。

六分儀と大航海時代

3海尉　丸本　祥晴（「かしま」実習幹部）

遠洋航海で本格的に実施される訓練の一つが「天測」である。天測とは、六分儀を使用して太陽や星の位置を測定し、自艦の位置を把握する。衛星を利用した「GPS」で艦位を知るのが当たり前の現代では、とても古い航海術である。

私は六分儀を使用して太陽や星を測定するのは初めてだったので、当初は扱い方に苦労して計算値と測定値が大きく異なったりしてしまった。この測定は当然ながら天候が悪いと実施できず、日本からハワイまでの海域は雲が発生しやすく天候も変わりやすいため、測定機会が少なかった。

かつて「地球球体説」を信じ、ヨーロッパから西に大陸を求めて航海したコロンブスをはじめ、人類史上初めて世界一周を達成したマゼランの一行、そして明治維新後に太平洋を越えて米国に向かった岩倉使節団などはどれほど壮絶な航海をしたのだろうと思った。

旧海軍が真珠湾攻撃を行った時も、はるばる日本から2週間以上航海してハワイ近海まで行き作戦を遂行した。彼ら水上・航空部隊の技術の高さを実感した。

ハワイが近くなってきた頃、米海軍の補給艦から洋上給油を受けた。他国海軍と訓練や任務を実施するのは私は初めての経験で、艦の運用法など大きな部分では同じでも技術上の細かな部分や思想などは日米で大きな違いがあると知った。

現場では乗員が軍事英語を用いて無線でやりとりしているのを目の当たりにして、海上自衛隊のグローバル化とそれに伴う国際任務の多様化を感じた。

近い将来、我々もその任務に就くことになる。そのことを胸に、私もこの遠航中に英語の能力を高め、他民族のことに関しても理解を深めていきたいと思う。感性を鋭くしてさまざまなことを吸収し、他国の士官と競える幹部になれるよう日々精進していきたい。

「戦艦ミズーリ記念館」でガイドから話を聞く実習幹部（6月4日）

元ハワイ州知事のジョージ・良一・アリヨシさんから講話を受ける実習幹部（6月5日）

平和の象徴、夜景に感動

2海尉　鈴木　香名子（「せとゆき」実習幹部）

初めてパールハーバーの夜景を見た時の感動を私は決して忘れないだろう。

あの時感じたことは二つある。第1は感謝の念だ。航海中は訓練漬けで、日々新しいことを学び充実していた一方、訓練の準備や勉強などに大半の時間を費やし、精神的にも体力的にも限界を感じていた。

国内巡航では最長5日間の航海しか経験しておらず、今回初めて2週間もの艦内生活を体験し、少しとまどいもあった。しかし、水平線にパールハーバーの夜景が広がっているのを見て、それまでの疲れはすべて吹き飛んだ。

自分がここまで来られたのは周囲の方々のおかげである。いまの充実した教育・指導を受けられる環境に心から感謝した。

第2は「自分たちが世界の平和を守らなければならない」ということである。パールハーバーの夜景を見て、人の営みがつくる景色を美しく懐かしく感じた。

それこそが平和の象徴であり、どの国であろうとこの美しい景色をつくる人々の思いを大切にしなければならないと感じた。

私たちは今後さまざまな国を訪問することになる。その土地で暮らす人々が平和であるために自分たちにできることは何かを考えながら、各寄港地での研修に臨んでいきたい。

「太平洋航空博物館」を研修する実習幹部（6月4日）

戦艦「ミズーリ」に思う

3海尉　多賀　久徳（「あさぎり」実習幹部）

パールハーバーには6月3日から5日まで滞在した。その間、史跡研修や「アリゾナメモリアル」、日本人墓地などに献花し、太平洋戦争を中心とした歴史や日系移民に関する理解を深めた。

その中でも戦艦「ミズーリ」と「太平洋航空博物館」が強く印象に残った。

「ミズーリ」は我が国が降伏を受け入れ、甲板上で降伏文書に調印した時の艦である。第2次大戦を象徴する戦艦を見学できたことは、敗戦後、多くの艦艇が処分された我が国では得がたい貴重な経験となった。

大艦巨砲主義の真っただ中で建造された「ミズーリ」は、我が国の「大和」などに通じる部分が多く、当時の戦艦の雰囲気を知る上で非常に役立った。

この艦上で日本が降伏したということは、今回、我々が遠洋航海のコースを通じて学ぶ太平洋戦争のまさに「終着点」と言うことができる。今後、各寄港地で史跡研修を積み、その戦争の行く末としての「ミズーリ」にたどりつくまでの歴史の変遷を、私もじっくりとたどっていきたいと思う。

一方、「太平洋航空博物館」では真珠湾攻撃の主役を務めた「零戦」の姿を見ることができた。当時の日本の航空機がいかに米国で評価され、脅威に思われていたかを知ることができ、ハワイの地で祖国への誇りを再確認することができた。

QDR 米国防計画見直し 全訳 2014

□10□

第3章 統合軍のリバランス(再均衡)＝続き

◇リスク

本QDRは最新国防戦略が国家にとって正しいことを明確にし、米国の世界のリーダーとしての役割を支持するとともに、今後の10年間に米軍を再びバランスのとれたものにし、財政的、戦略的に不透明な情勢に責任を持って備えるために下す決定の根拠を提供するものである。

米国は今後も、国益に基づいて軍事力行使をどう優先付けるのか、また世界中の戦闘司令官たちに、兵力をどう配備するのか、といった困難で熟考を要する決定を示していく必要がある。

短期的には、米軍は重要地域において友好関係の構築に力を注ぎ、地域の安定を促進するが、我々の関与はより一層個々の情勢に応じ、選択的とならざるを得ない。

我々は中東、北アフリカといった地域では厳戒態勢を維持する。可能な場合は、重要パートナーと共同で交戦行動をとることも確約し、安全保障へのコミットメント強化を図る。

長期的には我々は、流動する安全保障環境につきものの不透明さというリスクに直面する。統合軍はより近代的になっているが、他勢力も先端能力や精緻な武器システムを開発・配備しており、リスクとなる。そして、安全保障環境の予期せぬ変化への対処に際し、失敗が許される余地はより小さくなる。

米国防計画見直し(QDR)の構成

国防長官からの手紙
エグゼクティブ・サマリー
序章
第1章：安全保障環境の将来
第2章：国防戦略
第3章：統合軍のリバランス(再均衡)
第4章：国防組織のリバランス
第5章：予算強制削減の意味合いとリスク
統合参謀本部議長のQDR評価

国防総省は大統領が提示した2015年度予算案の下では、これらのリスクに対処できるが、16年度に予算の強制削減水準が再び導入されればリスクは大幅に増す。従って国防総省のアプローチは強制削減への現実的な代替案であり、長期的戦略にとって優先事項となる適切な即応能力と近代化を維持する。

さらに、大統領が15年度予算案で提案している、追加の260億ドルの「チャンスと経済成長、安全保障」のイニシアチブ資金は、短期的な即応能力と投資のリスクを緩和するものだ。

健全で即応能力があり、近代的な戦力を将来に向けて維持するには、基地統廃合(BRAC)、各種給付、健康保険やその他の効率化計画が承認される必要がある。

◇2019年の主な予想米軍構造と末端戦力

陸軍省

▽18師団(10常備軍、8州兵)
▽22航空旅団(10常備軍、12米陸軍予備役、10州兵)
▽15ペトリオット防空・ミサイル防衛大隊、7終末高高度防衛(THAAD)ミサイル防衛砲兵隊(すべて常備軍)
▽軍人数　常備軍44万～45万人、陸軍予備役19万5000人、州兵33万5000人

海軍省

▽11航空母艦(CVNs)、10空母航空団(CVWs)
▽92大型水上戦闘艦(68DDG51s、3DDG1000s、21CG47s)
▽43小型水上戦闘艦(25LCS、8MCMs、10PCs)
▽33揚陸艦(10LHAs／LHDs、11LPDs、12LSDs)
▽51攻撃型潜水艦(SSNs)、4誘導ミサイル潜水艦(SSGNs)
▽軍人末端戦力　現役兵(AC)32万3200人、海軍予備役5万8800人
▽2海兵遠征軍部隊　3現役兵、1予備役の師団、航空団、兵站グループで構成
▽3海兵遠征旅団
▽7海兵遠征部隊
▽軍人末端戦力　現役兵18万2000人、予備役3万9000人

空軍省

▽48戦闘機中隊(現役26、予備役22)(航空機971機)
▽9重爆撃機中隊(航空機96機　44B52、36B1B、16B2)
▽443空中給油飛行機(335KC135、54KC46、54KC10)
▽211戦略空輸航空機(39C5、172C17)
▽300戦術空輸航空機(C130)
▽280ISR航空機(231MQ9、17RC135、32RQ4)
▽27指揮統制航空機(18E3、3E4、6E8)
▽6作戦衛星コンステレーション(ミサイル警戒、運航指示と計時、広帯域・防護衛星通信、環境モニタリング、複数作戦行動)
▽軍人末端戦力　現役兵30万8800人、空軍州兵10万3600人

特殊作戦部隊

▽約660の特殊作戦チーム(陸軍特殊部隊アルファ作戦分遣隊［ODA］チームやそれに準じるチーム、ネイビーシールズ小隊、海兵隊特殊作戦チーム、空軍特殊戦術チーム、航空作戦分遣隊［OADs］を含むが、民事活動［CA］チーム、軍事情報支援作戦［MISO］分遣隊は含まず)
▽3レンジャー大隊
▽259機動力火力支援航空機
▽約83機のISR航空機(遠隔操縦40機、有人43機)
▽軍人末端戦力　6万9700人

戦略核戦力

▽以下の戦略核運搬手段用に配備が明らかになっている弾頭数は最大1550発
▽最大420のミニットマンⅢ大陸間弾道ミサイル
▽14隻の戦略ミサイル原子力潜水艦(SSBN)中12隻に配備されている240の潜水艦発射型弾道ミサイル
▽最大60機の核搭載可能重爆撃機

＊　この米戦略核戦力は、米―ロシア間の新START条約の限度に沿ったもの。この限度は2018年2月5日以降は超えてはならない。すなわち、条約発効の7年後ということ。これらの数字は、新START条約が定義する配備された弾頭と配備された戦略核運搬手段に関連したもの。

サイバー作戦部隊

▽13の国家基幹インフラ防衛チーム(NMTs)と8の支援チーム
▽27の海外軍事作戦支援チーム(CMTs)とその17支援チーム
▽18の国防総省インフラへのサイバー防衛チーム(CPTs)
▽24の軍サイバー防衛チーム
▽26の戦闘司令官と国防総省ネットワークサイバー防衛チーム

第4章 国防組織のリバランス

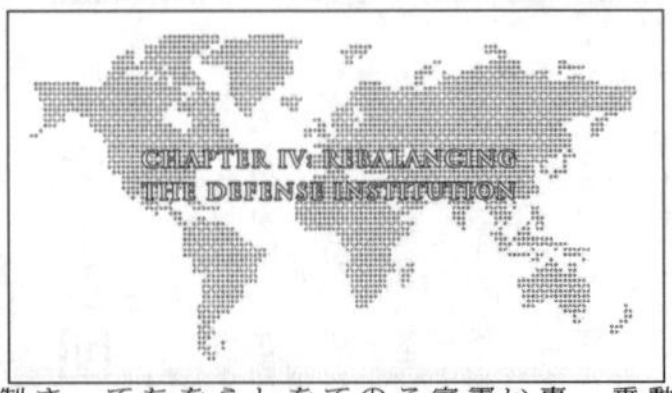

将来、支えられない恐れのある内部コスト増大を抑制するため、国防総省は自らの活動のリバランスに乗り出す。

省の第1の優先事項は、素晴らしい財産である男女軍隊員たちとその家族の強さを保つこと。我々は現在の隊員たちすべて、これから米軍を除隊する者、そして特に、戦闘からの帰還後にケアを必要とする者たちを今後も支援していく。

国防予算が削減される中で全志願制軍隊の健全性の維持・強化にコミットし続けるためには、考えられる限りのあらゆる領域で堅実で意味のある、永続的な改革が求められる。そしてこれには、国防総省の組織内部への効率性の導入、内部手続きの改革やインフラの集約、給与や補償の見直しなども含まれる。

これらによって、我々は国防総省に委託された財産をしっかり管理し、これからも軍務に服する者すべてが払う犠牲への敬意を表し続ける。

◇全志願制軍隊の健全性を強化

過去12年間の戦闘は、全志願制軍隊の在り方に重大な影響を及ぼした。陸軍、海軍、空軍、そして海兵隊の軍人たちは卓越した服務ぶりを示した。統合軍全体がアフガニスタンでの米主導の戦闘行動を終え、将来への課題に、より大きな注意を払う中でも、米軍隊員たちは長期にわたる家族との別離や、危険な状況への配属といった試練に耐えることを強いられる。

戦時からの移行を進める中で、我々は従事という貢献によって負傷したり病気になったりした軍隊員たちが、最高の心身ケアを受けられるよう今後も保証する。

国防総省は、およそ1万4000人の負傷戦士とその家族が、世界規模での作戦行動によって受けた負傷から回復し、負傷に対処する支援に全力を挙げる。

国防総省は、兵士が負傷した時点から兵役に復帰、または除隊する時点までを支援する一貫した連絡窓口となる、復帰調整プログラム(RCP)といったイニシアチブへの投資を行っていく。そして我々は、入院中やリハビリ中、また他の方法で回復途上にある米軍男女隊員に対する、可能な限りの最強の支援ネットワーク構築の取り組みを継続する。

米軍退役軍人たちは皆、チームを率いる、決定を下す、問題を解決するといった類いまれな体験を、除隊後の新たな職業に生かす機会に恵まれるだろう。彼らはそれに十分値する。

国防総省は今後も退役軍人省、労働省と共同で、米企業や協会、自治体、非営利団体が、除隊する米軍隊員の豊富な人材の中から人選する手助けをしていく。一例として、国防総省は退役軍人省、労働省との協調による移行支援プログラム(TAP)をこれからも続け、軍隊員が文民分野の職業にうまく移行するのに必要な訓練、教育、資格取得などを支援する。

こうした取り組みは、国に奉仕した男女隊員がやりがいのある職業を見つける手助けになるとともに、潜在的な雇用主に対して、やる気があり、鍛えられた、戦力となる労働者、指導者、経営幹部を提供するという意味で双方にとって有益なものだ。

現在米軍に在籍する隊員は皆、国の安全保障を支えるために犠牲を払っており、国防総省はこれらすべての隊員がその能力に見合う成功を得られる環境を提供しなくてはならない。

また、性的暴行の事例に対して責任を持って対峙することは、依然として同省の優先事項の一つであり、防止の取り組みを全軍隊的に規格化するとともに、戦闘司令官の責任と被害者への支援体制を強化し、被害者支援と公判前の調査を拡充する。我々は性的暴行の防止とその対応に関し、目に見える進展を示すよう全力で取り組む。

我々はまた、軍務に残存する性別による障壁をなくすことに、今後も大きな歩みを進める。陸軍は女性隊員に適用していた陸上戦闘行動からの除外規則撤廃を決め、他の軍も不要な性別障壁の撤廃に向けて動いている。

こうした決定の結果、2012年以降国防総省は約5万7000の軍務を女性に開放しており、職能基準への評価を行っているところだ。

国防総省はまた、同性愛の男女隊員が堂々と軍務に就くことを認めた決定に関し、完全実施に必要な変革を実施に移していく。これらの取り組みを通じ、幹部たちは一つの指針を厳守する──それは、米軍ではいかなる差別もあってはならないということだ。

◇国防組織のリバランス

国防予算の減少により、国防総省はあらゆる可能な部門で良識的かつ大きな、そして永続的な改革を行うことを求められている。

効率性

本QDRは前2代の国防長官が進めた組織改革の上に立つもの。我々は保健提供コストの削減、組織内の保健施設の効率性向上、優先度の低い組織の解散、情報技術の運営統合──などを意図した変革を実施し、あるいは現在実施途上にある。

大統領提出の2010年度予算で、国防総省は何十億ドルという非効率的な事業や不振の事業について、上限を設けたり廃止したりした。国防長官主導の11年度効率性評価の結果、国防総省は5年間、1500億ドルという節減を達成できたことが分かった。

12年には、国防総省は、その後5年間にさらに600億ドル節減する方途を示した。13年12月には、ヘーゲル長官がさらに多くの効率化に着手することを発表した。それらは──。

■国防総省の主要本部予算を20％削減。まず国防長官府(OSD)、統合参謀本部、統合戦闘集団などで着手。

■OSD内部の統廃合、担当者の廃止により長官宛ての報告書数を削減。

これらの取り組みにより、全体として国防総省運営経費は今後5年間で50億ドル、さらに10年間ではその倍を超える節減になる。各軍自身も、内部の効率化策を見いだしている。

〈以下次号〉

米海軍のミサイル巡洋艦「レイク・エリー」から発射されるSM3ブロック1B。中距離弾道ミサイルの迎撃テストに成功した(ハワイ・カウアイ島沖)＝QDRから

西風東風

東シナ海にJ8戦闘機投入を ──空自の"異常接近"許さず

中国

東シナ海の「防空識別圏」(ADIZ)内で空自戦闘機による「異常接近」に対抗するため、哨戒と戦闘の両方の役割を担える旧世代の戦闘機「J(殲)8」が適切だとする評論を、中国のニュースサイト、環球網がこのほど掲載した。

環球網によると、中国のADIZ設定後、中国はTU154電子偵察機や輸送機「運8」を改良した偵察機を日常のパトロールに投入している。いずれも戦闘能力が不充分なため、空自のF15Jによる"大胆な異常接近"を許している。

中国は東シナ海沿岸にSu27、J11などF15Jに対抗できる新型戦闘機を配備している。しかし、情報収集と分析能力、電子制圧の装備が充分でなく、護衛などを除き日常的に出動することはない。評論は、情報収集も戦闘もできる機体としてJ8を挙げた。

J8は1960年代中期に研究・開発が始まった旧世代の戦闘機で、旧ソ連のミグ21や米軍のF4に対抗し、高空での高速度の飛行性能を追求した。現在の戦闘機は低空での飛行性能が重んじられるため、次世代機に代替される運命にある。

このほどJ8・2型機が、中国が開発した電子偵察ポッド「KZ900」を搭載し飛行訓練する写真が公開された。「KZ900」は、国有大手電子・情報機器製造会社、中国電子科技集団公司(北京市)が開発し、2009年にバンコクの防衛装備の見本市で発表した。

中国は哨戒機の数が不足しており、ハイテク機のTU154電子偵察機の配備数は10機に満たず、ビジネス機を改良したリアジェット偵察機が3機あるのみ。自衛隊は対潜哨戒機P3シリーズだけで約110機を持つ。中国が哨戒機を頻繁に出動させるなら、機体の消耗が避けられない。

2011年初めの段階で、J8の保有数は約300機に上る。J8に「KZ900」を取り付ければ、当面の偵察機不足を緩和でき、東シナ海におけるADIZのパトロール任務を果たせる。評論は、J8は本来が戦闘機で攻撃力を持つため、外国軍の戦闘機も安易に「異常接近」することはないはずだ、などと指摘している。

(香港＝中岡秀雄)

迅速な発射 準備完了

北海道 1地対艦ミサイル連隊 広域で訓練検閲

敵艦隊を迎撃する地対艦ミサイル「SSM1」の発射準備を完了させた1対艦連の車載ランチャー

【1特団＝北千歳】第1特科団は5月22日から29日まで、長射程の地対艦ミサイル「SSM1」を装備する第1地対艦ミサイル連隊（北千歳）の訓練検閲を道内広域で行った。

1対艦連は22、23日に北千歳駐屯地で応急出動準備訓練を行い、文書・物品などの業務隊への引き継ぎ、防衛出動に向けた教育を行い、出動準備を万全にした。

25日、「着上陸部隊を満載した敵艦隊が我が国に接近」との情報に続き、出動命令が発令された。連隊の各部隊は一斉に車両で出発し、沿岸から敵艦隊の位置情報をつかむレーダーや内陸部から敵艦に向けてSSM1を発射する射撃部隊などは、それぞれ矢臼別、美幌、釧路各演習場、計根別飛行場、藻琴山、開陽台、美幌峠などに展開し、迅速に陣地占領とミサイルの発射準備を進めた。

雨で演習場が泥ねい化する中、隊員たちは敵の航空攻撃に耐える陣地を構築し、奇襲を仕掛けてくる敵の航空機やゲリラの攻撃に対処しながら、各部隊は所命の時刻までにSSM1を連続発射できる対艦戦闘準備態勢を完了させた。

同検閲には101特科直接支援大隊、北方の施設隊、航空隊、通信群が協力したほか、別海、北千歳業務隊が全面支援した。

北海道のSSM1部隊は南西方面の有事で九州・沖縄に長距離機動展開することも期待されており、今回の訓練検閲では関係部隊の支援も受けて、その能力検証も行われた。

沿岸部に偽装配置された対水上レーダー（後方）の警備に当たる隊員

訓練

仮想空間で戦車戦 6戦車大隊

【6戦大＝大和、東北方】6戦車大隊は4月8日～12日、仙台駐屯地で東北方面指揮所訓練支援隊の支援を受け「機械化部隊戦闘シミュレーター（ATCE）訓練」を実施した。

訓練は仮想空間で戦車乗員（車長、砲手、操縦手）3人がモニターに映し出される照準映像や音声指示を受け、模擬戦車の操作を行い、機動・射撃技術を演練するもの。

青・赤部隊に分かれた各中隊長と小隊長は、それぞれ生地に近い仮想環境の中、地形の見積り、敵の可能行動、我の行動方針などを考慮しながら命令、戦闘予行を行い、戦車隊の指揮・統制能力を演練した。

「いせ」で発着練度磨く 陸自ヘリ

【教支飛富士＝滝ヶ原】教育支援飛行隊（明野）の隷下部隊である富士飛行班は5月16日、三重県大王崎の沖合を航行する海自のヘリ搭載護衛艦「いせ」と協同し、陸自UH1J多用途ヘリの護衛艦での発着艦訓練を実施した。

訓練は有事や大災害の発生時に「洋上のヘリコプター基地」となる海自護衛艦に陸自ヘリが発着艦できるよう、パイロットの練度の維持・向上を目的に行われた。

当日は飛行班長の針谷則夫3佐以下5人が参加。前日の低気圧の通過の影響を受け、洋上はうねりが高く、全長197メートルの「いせ」も普段より揺れが大きい状況だったが、UH1Jのパイロットは艦側の航空管制員や艦上誘導員と連携し、上空から「いせ」に果敢にアプローチし、甲板上でのホバリング、ヘリポートへの着艦、パワーを一気に上げての発艦と離脱など、一連の発着艦訓練を繰り返した。

針谷班長は「今回は昼間だったので、さらに夜間の発着艦を含め、操縦員の練度をさらに向上させていきたい」と話した。

海自との協同訓練で「いせ」に着艦する陸自UH1J多用途ヘリ

パイロットを救え!! 高く狭いコックピット克服 岐阜

F15戦闘機のコックピットから慎重にパイロットを救出する岐阜基地の消防班員

【2補＝岐阜】空自第2補給処業務部施設課消防班は5月21日、飛行開発実験団の支援を受け、エプロン地区で各種航空機の搭乗員救出訓練を行った。

訓練は基地内での航空機の事故発生を想定し、負傷搭乗員の救出を目的に行われた。午前にはC1輸送機、午後はF15戦闘機を対象に2回に分け、実機を使って実施した。

訓練に先立ち、消防班員への教育が行われ、火災などへの安全処置や装具の解放要領などを反復演練。その後、実機を使った総合訓練を行った。

火災発生を想定し、消防班員は消防服を装着して参加。C1は大型機のため、機内に進入して負傷者を救出するのは比較的スムーズに進んだが、F15はコックピットの位置が高く、さらに座席が狭いため、負傷したパイロットを降ろすには難しい作業が要求された。しかし、消防班員はゆっくりとパイロットを引き出し、抱きかかえて地面に降ろすまでの一連の手順をマスターした。

ヘリ不時着を想定 搭乗員の救出を訓練 東北方航

【東北方航＝霞目】東北方面航空隊はこのほど、航空機搭乗員の救出訓練を実施した。

不時着したヘリコプターへの対処など事故機の搭乗員を救出する訓練で、今回は消防救難班員を対象に行われた。最初に班長がOH6観測ヘリを前に対処要領を説明、耐熱服のフードをはずした状態で訓練した。

その後フードを装着し、火災発生を想定して訓練。消防救難員は視界が狭い状況の中、まず機体のドアを取り外し、意識を失っているパイロットのベルトを開放、機外に搬送する手順を学んだ。シートベルトのバックルが外せないといったトラブルも想定し、その場合の切断要領などについても技能教育を行った。

ヘリから搭乗員を救出する訓練を行う東北方航の消防救難班員

鑑識活動の技能競い 128地警が優勝

【板妻】128地区警務隊板妻連絡班はこのほど、東方警務隊本部が朝霞駐屯地で実施した「東方警務隊戦技競技会」に参加し、鑑識技能の向上を図った。

競技会には東方管内の5個地区警務隊から7チームが出場し、「事件現場での物証の鑑識活動」の技能を競った。富士地区の128地警は各連絡班から5人（板妻連絡班から2人）の選手が参加した。

競技は①現場指紋の採取・選別②現場足痕跡の採取③立証の要件を満たす写真の撮影④実況見分に準じて計測された現場の略図の作成⑤現場を指揮し2時間以内に採取物件等を提出――の5課目の得点で競われた。

この細心の注意が要求される鑑識活動の技術で、接戦を制して優勝したのが128地区警務隊。5人のメンバーのうち、板妻連絡班は野村雄基2尉が的確に現場指揮を行ってチームをまとめ、写真課目担当の福留良二2曹は光の加減が難しい中で立証写真を完璧に撮影し、優勝の立役者となった。

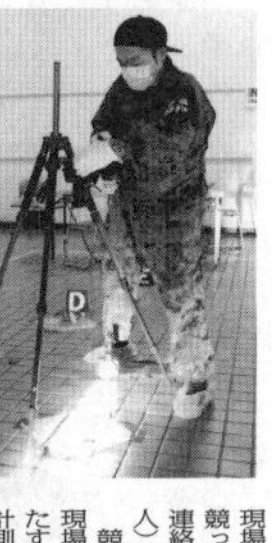

東方警務隊戦技競技会で鑑識の写真撮影を行う福留2曹

県警機動隊とゲリラに対処 施設教導隊

【施教導＝勝田】施設教導隊はこのほど、施設学校が実施した茨城県警との共同訓練に参加した。今回は茨城県下にある重要防護施設を県警機動隊と共同で警備・防護する想定で行われ、施設の防護を自衛隊が、検問所を県警が担任した＝写真。

最終想定では「県警の検問を武装ゲリラが突破した」との緊迫した状況で行われ、自衛隊が武装ゲリラを包囲し、防護小隊がゲリラを拘束したところで状況を終えた。一連の訓練を通じ、警察と自衛隊の連携要領が確認された。

自衛隊機相手に対空戦闘訓練 36普連

【36普連＝伊丹】36普連はこのほど、長尾山演習場などで「携帯地対空ミサイル養成訓練」を行った＝写真。機器の操法と「携帯SAM組」の行動を演練するもので、最後に姫路駐屯地で対空シミュレーター訓練と射撃検定を行った。

青野ヶ原演習場では追随訓練装置を用いた迎撃対処も実施し、飛行中の自衛隊ヘリを「敵機」に見立て、より実戦に近い状況で訓練を行った。参加隊員たちは実機の接近に緊張した顔を見せながらも、見事な対空戦闘を展開した。

国籍不明者への質問要領を訓練 13旅団

【13旅団＝海田市】13旅団は定期的に「中国語集合訓練」を実施している。これまで1期生は慣れない中国語に悪戦苦闘しながらも、基礎的な文法、軍事用語、日常会話などを修得、同時に中国情勢に関する知識向上にも努めている。

その集大成として海田市駐屯地で「国籍不明者に対する質問要領」の訓練が行われ、旅団長や司令部幕僚が視察する中で展示された。

拘束した不法侵入者に対し、質問官が中国語の語学要員を介して質問、相手の言葉を聞き取り、これを日本語に訳して質問官に伝えるという形式で訓練展示を行った。

「不法侵入者」に対し、中国語で抵抗しないよう説得する隊員

募集・援護 特集

平和を、仕事にする。
陸海空自衛官募集

ただいま募集中！
◇予備自補(一般・技能)
◇自衛官候補生(男子)
★詳細は最寄りの自衛隊地方協力本部へ

生徒の就職先の一つに自衛隊を

教職員に募集広報

各地で採用制度説明会

「就職先の一つに自衛隊を考えてみませんか」――。全国の地本では、高校・大学などで進路指導に当たる教職員を部隊に招き、「自衛官採用制度説明会」を開いている。自衛官となった教え子と恩師が懇談できる場も設け、卒業生が自衛隊でいかに成長したかを直接実感し、「人を育てる・地域に貢献する自衛隊」を理解してもらっている。これらの説明会は優秀な人材を獲得する上で、大きな効果を発揮している。

たくましく成長した卒業生の柚木崎健人自候生(右)に近況を聞く教諭(6月9日、えびの駐屯地で)

災派態勢に理解深める

【宮崎】地本は6月9日、26年度「第1回高校教諭募集連絡会議」をえびの駐屯地で開催した。県内9校の進路指導教諭が参加した。

最初に地本長の西谷正文1空佐が「生徒の進学・就職先として自衛隊をぜひその選択肢の一つに考えていただきたい。子供たちに自衛隊受験を勧めていただければ幸い」とあいさつした。

この後、募集課長の筒井鋭逹2陸佐が自衛隊の職種についてガイダンスを行い、参加教諭と各高校の出身隊員が会食・懇談した。

隊員たちは恩師を前に「入隊前は団体生活が不安だったが、同期と苦楽を共にしていくうちに強い仲間意識が生まれ、今では生活を楽しめるようになった」「入隊して時間の大切さが分かった。一日も早く一人前の自衛官になれるよう、これからも頑張りたい」と語っていた。

午後からは装備品の展示や軽装甲機動車試乗などが行われ、教諭らは災害発生時の自衛隊の出動態勢などについても理解を深めた。

地本の次回の高校教諭募集連絡会議は7月2日、空自新田原基地で開催される。地本では7月1日の本格募集開始を前に、会議で弾みをつけたい考えだ。

山形では体験搭乗

自衛官となった教え子と再会も

ＵＨ１ヘリへの体験搭乗を前に、記念撮影に臨む山形県の教諭ら(6月10日、神町駐屯地で)

【山形】地本は6月10日、県内の高等学校・大学などの教職員を対象とした「自衛官採用制度説明会」を神町駐屯地で開いた。

生徒・学生の進路指導に当たる教職員に「就職先としての自衛隊」を説明し、理解を深めてもらうとともに、地本の「学校広報」を強化することを目的に開いている。今年は山形大学をはじめ、高校30校の計31校から教諭ら31人が参加した。

最初に募集課長の長代明海2海佐が自衛官募集の概要と募集実績、26年度の募集計画、さらに今年新設された防医大看護学科についても合格レベルなどを説明した。

説明会の後はＵＨ1多用途ヘリの体験搭乗が行われ、参加者は晴天に恵まれた山形の空に飛び立ち、眼下に広がる郷土の自然に見入った。

駐屯地に戻っての昼食では、各出身校の「ハイスクール・リクルーター隊員」らも加わって会食。教諭らは自衛官となった教え子と久しぶりに再会し、しっかりとした言動や自信にあふれた態度を前にして、その成長ぶりにみな驚いていた。地本は今後も学校広報を強化していく。

卒業生の成長に感心

高工校、防大など研修

【旭川】高校教諭らを対象とした「防衛大学校等研修」が6月2、3日に行われた。研修先は防大のほか、神奈川県内に所在する横須賀基地と高等工科学校で、今回は旭川市内の高校・中学の教諭5人が参加した。

初日は横須賀基地で海自の艦艇を研修、2日目は防大と高工校に分かれて、それぞれ学校の教育施設や授業風景などを研修した。

教諭たちはグラウンドで訓練を見学し、学生たちの機敏な動作に感心。また、教え子との会食では久しぶりの再会を喜び、立派に成長した姿に目を細めていた。

参加した教諭は「防大や高工校の素晴らしさが分かった。進学を希望する生徒への説明に今回の体験を生かしたい」と話していた。

地本広報キャラクター声優「おかやま晴れの国大使」に

㊤おかやま晴れの国大使に就任した声優の金元寿子さん。㊦岡山地本の広報キャラクター三人娘。中央が「瀬戸水葡」(イラスト・島田フミカネ)

【岡山】地本の広報キャラクター「瀬戸水葡(せとみずほ)」の声を担当する声優の金元寿子さんが6月10日、県の「おかやま晴れの国大使」に就任した。

県では活躍中の県出身者らに同大使を委嘱し、情報発信や県のイメージアップを図っている。今回、大使に就任した金元さんは倉敷市出身で、アニメ「スマイルプリキュア！」「侵略！イカ娘」などに出演する売れっ子の声優だ。

地本では昨年夏、島田フミカネ氏のデザインで「広報キャラ三人娘」を決定。今年3月には地本オリジナルソング付きプロモーションビデオも公開し、その中で金元さんは海自キャラ「瀬戸水葡」のボイスを担当している。現在、ファンも急増中だという。

地本では「金元さんが県の大使に就任され、地本としても応援していきたい。県のPRとともに、引き続き岡山地本の広報キャラクターとしても頑張ってほしい」と熱いエールを送っている。

予備自、就職援護制度

地本員らラジオで企業に呼びかけ

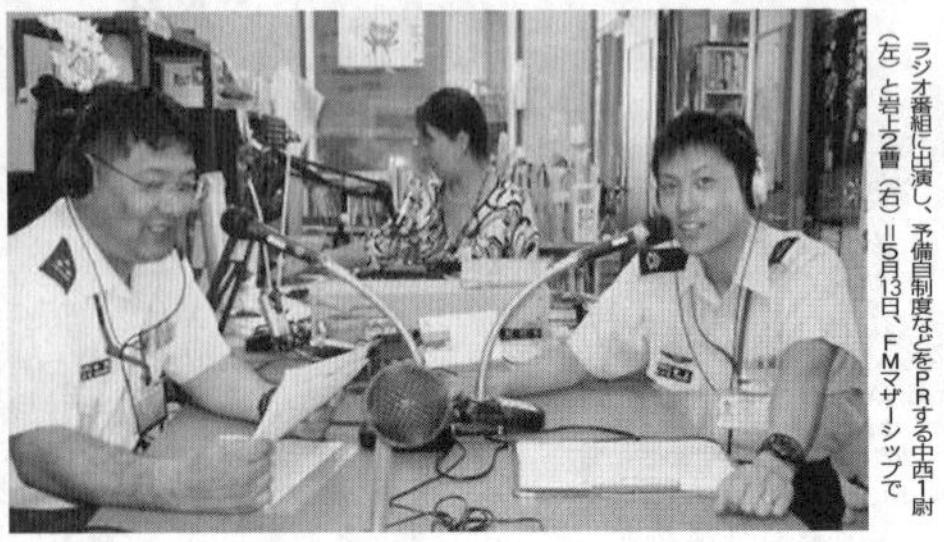

ラジオ番組に出演し、予備自制度などをPRする中西1尉(左)と岩上2曹(右)＝5月13日、FMマザーシップで

【和歌山】地本は中方総監が定める「第1回予備自制度普及強調期間」の広報の一環として5月13日、「FMマザーシップ」(有田郡湯浅町)に部員が出演し、ラジオ番組を通じ自衛隊の予備自と就職援護制度を紹介した。

この日は予備自班長の中西暢二1陸尉と援護係の岩上彰孝2空曹が出演、同局のパーソナリティーの質問に答える形で、予備自・即応予備自・予備自補の各制度や退職自衛官の就職援護制度を紹介した。

両制度の運用では関係する企業の協力が不可欠であることから、2人はラジオを聴いている企業主らに向け、同制度に対する理解と協力を求めた。

和歌山地本では今後もFM放送など各種メディアを通じ、積極的に予備自と就職援護制度を広報していく考えだ。

過去最大規模 大阪で説明会

【大阪】地本は6月4日、府内のグランキューブ大阪で兵庫、奈良、和歌山地本と合同の「第1回阪神地区合同企業説明会」(自衛隊援護協会大阪支部主催)を開催した。

過去最大規模となる今回は企業155社、隊員335人(陸274人、海28人、空33人)が参加した。

説明会に先立ち、採用実績がある企業13社21人と部隊の中隊長ら19人の意見交換会が行われ、企業からは「自衛隊出身者は積極性と負けん気の強さが信頼されている」との意見があった。

説明会が始まると、民間への再就職を希望する隊員たちが積極的に企業ブースを回り、自己PRを行った。

この日は地本の女性防衛モニター11人も研修。「再就職をこれだけサポートしてもらえるなら、親も安心して子供を自衛隊に預けることができる」と話していた。

説明会による隊員の再就職決定率は例年8割を超えており、地本では今回もその効果を期待している。

募集CM若者へアピール

AKB48の島崎さん起用

人気アイドルグループ、ＡＫＢ48の島崎遥香さんが出演する平成26年度自衛官募集ＣＭのワンシーン

【陸幕】防衛省が製作した「平成26年度自衛官募集CM」の放映が7月1日から全国(沖縄県を除く)の地上デジタル放送で始まった。今年はアイドルグループAKB48の第6回総選挙で7位に入った島崎遥香さんをメッセンジャーに起用、若者へのアピール度を高めた。

CMはワンピース姿の島崎さんが「自衛官、という仕事。そこには、大地や、海や、空のように、果てしない夢が広がっています」と語りかけるところから始まる。その後、隊員が訓練や災派活動に取り組む場面が映り、「ここでしかできない仕事があります。」という文字が表示される。島崎さんの人差し指の桜の花びらが「YOU AND PEACE」と描き、「陸海空自衛官募集」の告知でCMは終わる。

陸幕人事部募集・援護課では「島崎さんの献身的な活動は男性だけでなく女性からも高い支持を得ている。彼女が自分自身の目線で語りかけることで、若者は自衛官生活に輝ける未来を描けるのでは」と話している。

同CM(15秒間・2バージョン)は7月1日～10日、8月1日～10日の計20日間、沖縄を除く全国で放映。沖縄県では県庁前の大型モニターで7月1日～7日の間放映される。同CMにはネット向け別バージョンもあり、7月1日から自衛官募集ホームページ上で公開されている。

山形地本長が交代

6月27日付で山形地本長が交代した。新任本部長の略歴は次の通り。

鈴木　英明(すずき・ひであき)山形地本長・事務官

昭和58年3月武蔵工大卒。昭和58年空補本、平成19年情通・研究課情報システム室長、22年装本需品課調達協力室長、23年装本艦船課特殊艦船室長などを経て、24年8月情本画像・地理部。東京都出身。53歳。

高校生に防災教育

【東京】地本は5月30日、都立高校生に対する「宿泊防災教育」を支援した。この教育は東京都教育庁が推進する施策で、地本の協力は今年で3年目。

この日は高校1年生236人が参加し、地本部員22人が支援した。主な教育内容は「防災講話」「応急担架の作製・搬送」「三角巾を使用した応急処置法」で、最初に渉外広報室長の瀧澤健二3陸佐が「自衛隊の災害派遣活動を通じて感じた防災について」をテーマに講話した。

瀧澤3佐は阪神・淡路大震災の映像などをもとに、首都直下型大地震への備えについて説明、大地震が起きた時、「自助・共助」の精神で防災活動に当たるよう要望した。

続いて生徒たちに応急担架の作製・搬送法と三角巾を使った応急処置法の教育を実施。実習は各1時間と短かったものの、生徒たちは真剣に担架の作製や止血法を学んでいた。

東京地本では首都直下大地震などに備え、今後も都内の高校生を対象とした「宿泊防災教育」を支援し、生徒たちに「自助・共助の精神」を伝えていく。

日本海海戦の日「うらが」が支援

【福岡】地本は5月27日、博多湾沖で行われた「日本海海戦記念大会」を支援した。

この大会は旧海軍の連合艦隊がロシアのバルチック艦隊を対馬沖で撃破し、日露戦争の帰趨を決した日本海海戦(1905年5月27日)の戦没者を慰霊するもの。海自は昭和37年から洋上追悼式に協力し、今年は掃海母艦「うらが」(横須賀)が支援した。

この日、福岡市内の筥崎宮で平和を祈る神事が営まれ、この後約600人が「うらが」に乗艦し、洋上追悼式に臨んだ。式典は後部甲板で行われ、乗員による弔銃発射の後、参列者が花や供物を海に投じ、戦没者を慰霊した。

「くろべ」艦上で広報

【広島】地本は5月11日、福山市で開かれたJFE西日本フェスタで、福山防衛協会主催の「ふれあい防衛展」を支援した。

福山市は県東部に位置し、部隊等がなく、自衛隊と接する機会が少ない地区。そこで海自の訓練支援艦「くろべ」を招いて艦内一般公開を行い、また会場に陸自46普連(海田市)の各種車両、13高特中(日本原)の93式近距離地対空誘導弾などを展示し、自衛隊をアピールした。

臨海地区は華原朋美さんら芸能人が出演したフェスタ主会場から約2キロ離れていたため、13後支隊(海田市)が大型バスなどを運行し、2000人の観客を岸壁まで輸送した。

「くろべ」艦上では乗員によるラッパ吹奏やロープ結索教室があり、多くの親子連れが訪れた。

全力プレー　あと一歩

闘い見つめた本田選手の大叔父や同級の陸自隊員ら

W杯日本代表

サッカーのワールドカップ（W杯）ブラジル大会が6月12日（現地時間）に開幕し、「サムライブルー」に身を包んだ日本代表は、健闘及ばずグループリーグで敗退した。日本代表の2得点に絡んだFW本田圭佑さん（伊・ACミラン）の大叔父で元体育学校教官の本田大三郎さん（79）、代表の元チームメートや代表と練習経験のある陸空自隊員に、日本チームの闘いを振り返ってもらった。

大三郎さんの兄の孫の圭佑さんは、東京五輪カヌー代表の大三郎さんに勧められた練習日誌を続け、選手としての飛躍につなげた。今大会は初戦のコートジボワール戦で先制点を蹴り込み、コロンビア戦でも前半ロスタイムの同点弾をアシストした。

一方で厳しいマークにも合い、ベストの動きはできなかった。大三郎さんの目にも「100パーセントの調子ではなかった。いつもの圭佑ならフリーキックの際に『俺に打たせろ』と自信を持って打っていた」と映った。

4年後に意欲

圭佑さんはリーグ戦後、いち早く4年後を目指す意向を明らかに。大三郎さんは「燃え尽きるまで、周りからもういいんじゃないか、と言われるまで頑張ってほしい」と激励している。

一方、陸自滝ヶ原FBS主将で富士教導団本部付隊の伊地知運3陸曹（24）は鹿児島城西高3年時に同級生の日本代表FW、大迫勇也さん（独・ミュンヘン）らと全国選手権で準優勝を果たした。

「活躍してくれることを願っていた」という期待も背に大迫さんはリーグ1、2戦のコートジボワール戦、ギリシャ戦ではワントップ（FW）の位置でスタメン出場。「ポストプレーや裏に抜ける動きが高校のころからうまかった」というセンスを見せ、積極的にシュートを放った。

「精いっぱいのプレーを見せてくれたけど、得点することができず、（自身は）納得していない。落ち込んでいると思う」という配慮もあり、試合後はまだ連絡をしていない。

リエゾン草津（現J2リーグ・ザスパクサツ群馬）などを経て空自に入隊、昨年の全自大会では監督兼選手として第3補給処（入間）を初優勝に導いた熊谷哲平2空曹（35）は、都内で日本代表GKの川島永嗣さん（ベルギー・スタンダール）らとミニゲームを楽しんだことも。

グループリーグ全3試合を観戦し「個人や組織の強さ以上に、（試合を）科学的に分析しているチームが勝っている」と今大会の特徴について語った。

また「（日本も）自分たちのスタイルにこだわらず、五つぐらいのスタイルを持ち、状況に応じて使い分けてほしい」と次の日本代表への期待を寄せた。

グループリーグ第2戦のギリシャ戦を前に、国歌を斉唱する日本代表の（左から）本田圭佑、長友佑都、大久保嘉人各選手（6月19日＝現地時間、ドゥナス競技場で）＝NHK・BS1から

南スーダンから帰隊し、子供を抱え同僚らの拍手に出迎えられる36普連隊員（6月20日、伊丹駐屯地で）

パパ　おかえり　南スーダンPKO帰国

【36普連＝伊丹】連隊から南スーダンPKOに派遣されていた派遣施設隊5次要員が5月25日、6月6、20日の3回に分けて関西国際空港に帰国した。

派遣されていたのは中村康男3佐以下1中隊の隊員ら24人。それぞれ帰国後、空港から千僧駐屯地に移動し、検診やアンケートなどを終え、部隊に帰隊した。

20日の帰隊行事では、近藤力也連隊長はじめ、駐屯地の約600人の隊員らの大歓声と拍手に迎えられた。近藤連隊長への帰隊報告後、各中隊へ復帰し、手荒く温かい出迎えを受けた。

鹿屋空分に感謝状

霧島山観測飛行で気象庁長官

【22空群＝大村】72空の鹿屋航空分遣隊（隊長・今西良昭3佐）は6月2日、鹿児島県・霧島山（新燃岳）の火山活動の観測を支援した功績で、西出則武気象庁長官から感謝状を授与された。

鹿空分はUH60J救難ヘリを運用し、航空救難や物資輸送、災害派遣、離島からの急患輸送などを行っている。

平成22年からは桜島（鹿児島県）をはじめとする南九州の火山の観測支援を実施。霧島山に関しては、23年1月19日に51年ぶりに噴火して以来、鹿空分は観測活動をUH60Jで支援し続けている。

贈呈式は東京都千代田区の国土交通省内で行われ、気象庁長官は「ありがとうございました」と述べ、今西隊長に感謝状を手渡した。今回の表彰を受け、鹿空分では「平素からの活動が国民一人ひとりの役に立っている」との思いを新たにし、任務へのまい進を決意した。

西出気象庁長官（左）から感謝状を授与される今西隊長（6月2日、国交省内で）

こちら警務隊　☎8・6・47625

漁獲確保のための区域　違反者は20万以下の罰金

禁漁区で漁をすると罰せられると聞いたのですが、禁漁区とは何ですか？

禁漁区とは、漁をして生計を立てる者、つまり漁業権を有する者が生物の育成環境を整え、稚貝などを放流して漁獲量の維持・向上に努めている区域（利用水域という）のことを指し、漁業権保護のため権限を持たない者による採取が禁止されています。

違反者は、漁業法第143条（漁業権の侵害禁止）により20万円以下の罰金に処せられます。

なお、禁漁区に関する情報は、各都道府県の水産課で確認できます。後で知らなかったなどの言い訳は通用しません。注意しましょう。

（警本＝市ヶ谷・田口1曹）

陸海自合同の初のパレードで堂々の行進を披露する西普連隊員（6月14日、佐世保市で）

陸海初の合同パレード

佐世保　新隊員ら760人が参加

【相浦】相浦駐屯地と海自佐世保地方総監部は6月14日、佐世保市中心部のアーケード商店街で「佐世保自衛隊パレード」を行った。陸海自合同で行うのは初めて。

パレードは「市民に教育訓練に励む陸海自新隊員、佐世保所在部隊を紹介し、自衛隊に対する理解と信頼を得る」ことを目的に実施。海自から佐世保教育隊の新隊員約440人と同音楽隊の約30人、陸自から西混団118教大の新隊員約170人と5曹教の学生等約50人、西普連の約40人、西方音楽隊の約30人の計約760人が参加した。

観閲官の池田徳宏佐世保総監、曽田健史相浦駐屯地司令、黒松久佐世保教育隊司令の3人が観閲、また佐世保市副市長や自衛隊協力諸団体会長ら来賓が行進を見守った。

パレードは佐世保警察署や同商工会議所などの協力の下、陸海両音楽隊の勇壮な演奏に合わせて披露された。沿道では多くの市民が日の丸の小旗を振りながら声援と拍手を送った。

参加した陸自の新隊員の1人は「多くの方がすぐ近くで見ていて緊張した。教育のいい思い出になった」と語った。

機動支援橋に強い関心

DVD発売前夜祭　施設隊長がトーク

陸自第12施設隊（新町）隊長の平位一郎2佐（46）は6月24日、DVD『車両基地　陸上自衛隊駐屯地』（発売元・ユニバーサルミュージック合同会社）の発売前夜祭イベントにゲスト出演し、広報活動を支援した。

イベントは東京都江東区の複合施設で行われ、約60人が来場。スクリーンに映し出される架橋訓練（新町）や1師団創立記念行事（練馬）などDVDの試写映像を食事とともに楽しんだ。

試写放映後、盛大な拍手に迎えられ登壇した平位2佐は、初めに12旅団の概要を説明。続いて、約12時間で60メートルの橋を架ける07式機動支援橋について、旧式の81式自走架柱橋と比較し、来場者に分かりやすく解説した。司会者はスペックと役割の重要性に感嘆の声を上げ、来場者も熱心に話に聞き入っていた。

同支援橋は6月16～20日にパリで開かれた防衛装備展示会「ユーロサトリ」でも模型が出展されている。

出演を終えた平位2佐は「注目度がすごかった。皆さん食い入るようにこちらを見て話を聞いていた。自衛隊のよいPRになった」と語った。

パネルを使用し、07式機動支援橋のスペックを解説する平位2佐（中央）＝6月24日、東京都江東区で

不明漁船を捜索

海自1空群

鹿児島県志布志湾沖で6月17日午後2時20分ごろ、同県東串良漁協所属の漁船「第88将平丸」が志布志市の波見港を出港後に行方不明となり、18日午後4時、第10管区海上保安本部長（鹿児島市）から海自1空群司令（鹿屋）に同船捜索が要請された。

18日4時半過ぎにP3C哨戒機1機が離陸し現場海域に到着後、捜索活動を開始。さらに19、20日にもそれぞれ2機が捜索を行った。20日午後8時9分に要請を受け撤収した。派遣航空機は延べ5機。漁船の発見には至らなかった。

小休止

▽…千歳基地准曹会はこのほど、厚生センターでリングプル、ペットボトルキャップなどの収集を行った＝写真。

▽…このボランティアは、社会福祉協議会への寄贈を目的に年に2回行っている。今回は隊員の協力で職場や家庭からリングプルとキャップなど合わせて約170キロ分が集まった。

▽…キャップなどは基地准曹会長の杉本曹長（10高隊）から社会福祉協議会の担当者へ渡された。同協議会が企業へ売却し、車いすなどの購入に充てられる。

（千歳）

与那国ハーリーに初参加

2海曹　今西　武（沖縄地本広報渉外室）

久部良ハーリーに初参戦し、激漕する「自衛隊与那国」チーム

自衛隊沖縄地方協力本部の「与那国連絡所」（所長・田中大作1陸尉）は6月1日（旧暦の5月4日、現地では「ドゥガヌチー」という）、与那国町久部良自治公民館が主催する伝統の「海神祭爬龍船競漕大会」（通称・久部良ハーリー）に初参加した。

日本最西端の与那国島に今年5月、開所したばかりの「与那国連絡所」の常駐要員4人は、地元出身隊員3人を含む陸自第15旅団（那覇）、西部方面総監部（健軍）の要員と混成チームを編成し、「自衛隊与那国」として職域ハーリーにエントリーした。

メンバーは沖縄本島と熊本県からも加わったため、事前に練習する機会がほとんどなく（メンバーの半数は1回のみ練習）、チームの全員がそろったのは当日だけという、まさにぶっつけ本番だった。

しかし、最終レース1組に出走した「自衛隊与那国」チームは、本島から駆け付けた沖縄地本長の本松敬史陸将補から熱い激励を受け、どの艇よりも活気がみなぎっていた。

レースは、日本最西端の西崎（いりざき）を望む久部良港内の往復800メートルのコースで行われた。「自衛隊与那国」は狙いどおりスタートダッシュを決め、折り返し地点ではトップでターンした。この快挙に、港に集まった地元大観衆の視線は、初参加の自衛隊チームに釘付けであった。

また、大会を演奏支援中の陸自第15音楽隊の隊員たちも、自衛隊を応援するため波うち際まで駆けつけ、会場を大いに盛り上げた。音楽隊トランペットの「突撃ラッパ」に後押しされ、いよいよ「自衛隊与那国」はラストスパートをかけた。

ところが、東シナ海の大海原を舞台に活躍する与那国の猛者たちが猛追をかける。「自衛隊与那国」には最後の頑張りが期待されたものの、ゴール手前で「ウエストポイント」チームにかわされ、それでも堂々の3着でゴールした。

沖縄本島から応援に駆け付けた本松敬史本部長（前列中央）と記念撮影する「自衛隊与那国」のメンバー

初参加ながら出場20チーム中で自衛隊は第3位と大健闘し、地元の人たちからは「3位は上出来」「（初参加チームに）優勝をさらわれなくて良かった」「漕ぎ方をもう少し習えば、来年は（自衛隊の）優勝間違いなし」といった声とともに、温かいエールが隊員たちに送られた。

5月から活動を始めたばかりの「与那国連絡所」。2年後にはこの島に陸自の与那国駐屯地（仮称）が完成する予定であることから、今後さらに地元の方々と交流を深めていく計画だ。

今回、連絡所員の中には「職域ハーリー」だけでなく、地元伝統の「自治公民館対抗ハーリー」に参加した者もおり、それぞれ地域になくてはならない存在になりつつある。

「与那国連絡所」はこれからも積極的な活動を通じ、与那国島民と自衛隊との懸け橋として重要な役割を担っていく。

みんなのページ

朝雲・栃の芽俳壇

畠中草史　選

筑波嶺の際の際まで植田かな　浜松・空OB　宮本　立勇

田植えは短い期間で大変。植田は月日を要し育つ。麓の植田の広がりを上手く叙せた。

鯉のぼりうねる影曳き長屋門　熊谷・空OG　佐藤　玲美

風を呑み込み大きく泳ぐ鯉幟。影を屋敷に映している。長屋門で場所、格式が出ている。

薫風を受け順を待つ滑り台　浦安・海OB　晴山　雅之

出航の別れを惜しむ白日傘　青梅・一般　青柳　富也

水軍の島をつつめる海の霧　西東京・空OB　水島　孝雄

下闇を抜け来て拝す巌祠　千葉・陸OG　佐賀あかり

つつじ燃ゆ小樽の港見ゆる丘　江別・陸OB　鎌田日出雄

楠若葉日々霊場を狭めゆく　今治・陸OB　晧谷　白涛

万緑を玉眼に嵌め仁王像　千葉・空OB　榎　利風

床の間にすつくとたてり花菖蒲　新座・陸OB　船田藤三郎

大銀杏天空（そら）に聳（そばだ）つ若葉風　大阪・空OB　高木　智念

首を振り亀が亀追う聖五月　大津・陸OB　丸岡　正男

SLの春を揺れゆく夫婦旅　熊谷・空OB　蓮佛志向子

眼科出て空の眩しく初燕　仙台・陸OB　加川　師亭

傘合羽下ろしてたのし梅雨はじめ　東京・一般　三郷　志保

空といふ大河を泳ぐ鯉のぼり　熊谷・空OG　福元万理子

酒蔵の神水を守る夏木立　東京・海OG　折口　桂子

覗き見る人の動きやつばめの巣　熊谷・空OB　明田　眞雅

開け放つ窓に初蝶見たりけり　熊谷・空OG　塚本　恵玉

五月雨に頭を隠すスカイツリー　熊谷・空OG　高橋ふみ子

園内の手まりのやうな牡丹かな　千葉・陸OB　川又　勝彦

彩りをめでる秩父の芝桜　熊谷・空OG　関谷　桂子

玄関を開け薫風へいざ出勤　府中・空自衛官　村上　智樹

室の中緑揺らめき五月風　熊谷・空OG　関田　絹江

選者作品

捨網に浜昼顔の及び来し

投句歓迎！

▽郵便はがきの裏面に未発表の自作3句以内と氏名、年齢、職業（自衛官・事務官＝所属部隊＝、OB、家族、一般など）、住所、電話番号を記入▽締め切り毎月15日▽宛先＝〒162−8801東京都新宿区市谷本村町5の1　防衛省D棟市ヶ谷記者クラブ朝雲俳句係☎03（5225）1750、専用線8・6・25515

生活体験の班長を務めて

3陸曹　武野　貴宣（32普連重迫中・大宮）

生活体験中の企業の新人に救命法を指導する武野貴宣3曹（右）

我が重迫撃砲中隊は4月7日から9日まで、民間企業の新入社員31人を受け入れ、隊内生活体験を行いました。私も11人（うち女性2人）の班長を務めました。教育内容は、基本教練、救急法、体育、格闘、ロープ結束法、行進訓練などでした。最終日には仕上げの「観閲行進」が設定され、私たちはこれを目標に、団結を主眼においた教育・訓練を実施しました。

3日間と期間が短く、指導する側も大変でしたが、体験者たちも初めての自衛隊で苦労していたようです。しかし、誰も弱音を吐くことなく、みな真剣に取り組んでいました。

3日目の分隊教練ではさすがに疲労もピークに達し、体験者たちはとても苦しそうでしたが、互いに励まし合い、上達の早い人が仲間にアドバイスをし、皆で助け合って乗り切りました。

そして「観閲行進」の時が来ました。この場所には彼らの上司である企業の方々が視察に来ており、体験者はみな緊張の様子でした。しかし、31人が一致団結し、堂々とした観閲行進を披露しました。上司の方々は新人たちの成長ぶりと自衛隊の指導力に驚嘆していました。

私も今回、人を教育するには事前の周到な準備と予行が必要であり、相手に分かりやすい説明と親身な指導が必要だと理解できました。この経験を次は後輩の指導に役立てていきたいと思います。

「特攻隊員戦没者慰霊祭」に参列

陸曹長　河崎　浩（鹿児島地本・国分地域事務所）

自衛隊鹿児島地本は4月20日、霧島市国分の特攻記念碑公園と同溝辺の上床公園で行われた「特攻隊員戦没者慰霊祭」に参列した。

これは昭和20年、海軍特別攻撃隊の基地として使用された国分と溝辺の地から祖国のために飛び立ち、殉じた400余名の若き勇士たちを追悼するものである。

この日は朝から雨模様だったが、ご遺族、生存者、ご来賓ら関係者約210人が参列した。国旗掲揚、黙とうに続いて市長、市議会議長、生存者代表が慰霊と平和の祈りの言葉を述べられた。この悲しみを繰り返さず、また教訓を風化させることなく、平和な社会を維持していくことを全員で誓った。

続いて献花と陸自12普連隊員の儀仗があり、最後に全員で「同期の桜」を合唱した。

われわれ自衛官も「事に臨んでは危険を顧みず、身を持って責務の完遂に努め……」と宣誓し、日々訓練に励んでいる。時代は変わろうとも、特攻隊員たちが同じ思いで国のために若い命を捧げられたことを決して忘れてはならないと思った。

OBがんばる

見田　一雄さん　54
平成25年5月、自衛隊新潟地本募集課を最後に定年退職（3陸尉）。新発田商工会議所に再就職し、「はつらつ仕事館」に勤務する。

まず「情報収集」を

平成25年6月に新潟地本新発田援護室の紹介で「新発田商工会議所はつらつ仕事館」に就職することができました。「新発田商工会議所」は、地元商工業の総合的改善・発達を図り、地域経済を健全に発展させ、併せて地域全般の福祉の増進に寄与することを目的とした地域の経済団体です。

現在、私は市の中心部にある「まちの駅」構内の「はつらつ仕事館」で就業支援担当（嘱託職員）として勤務しております。仕事館の業務は主に求人情報の提供、職業訓練に関する情報提供、セミナーの企画・周知・開催とインターンシップ事業です。私は主として関係機関とのパイプ役的な業務を担任しております。

この仕事に就いて9カ月ですが、さまざまな人に会える機会ができ、とてもやりがいを感じています。また、自衛隊地方協力本部での経験が役立っています。私は当時、募集広報官として部外者との対応を経験し、自衛隊と民間の常識の違いや、相手に正しく物事を伝えることに苦労しましたが、そのおかげで相手の立場に立って考えることの大切さを学びました。そして自衛隊の「教育訓練の要則と管理」にある通り、仕事には「準備・調整・連絡・確認・実行・分析・改善」のサイクルが不可欠であり、それを具現化するものがコミュニケーション能力だと気づきました。

これから定年を迎える皆さん、私がいま思うことは、「現実」を知ることの大切さです。早い時期にハローワークに足を運び、その場の空気を体感してみてください。再就職は「情報収集」がまずは大切なキーポイントです。健康第一で頑張ってください。

詰将棋

出題　日本将棋連盟　九段　石田　和雄

第675回出題

先手　持駒　歩

【ヒント】打歩詰め回避の妙手順（10分で二段です）。

▶詰碁、詰将棋の出題は隔週です◀

詰碁

出題　日本棋院　九段　曲　励起

第1090回解答

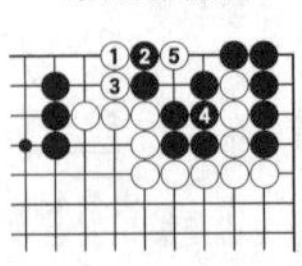

【解答図】白先、黒死。白①が大切です。黒❷には白③がまた大切で、黒❹には白⑤で黒死です。

（世界の切手・日本）

笑顔（あまいみはな）んかいや
手（てぃー）や　いださいん。
（笑顔の人には手が出せない＝宮古島の格言）

新刊紹介

「現代最強戦車の極秘アーマー技術」

「軍事研究」別冊

戦車はなぜ砲弾を受けても平気なのか。車体と迫力ある砲撃に目が行きがちだが、乗車している兵士を攻撃から守る装甲が戦車の生命線だ。本書では陸自の10式戦車や他国の戦車の装甲を徹底的に解剖し、その強さの秘密に迫る。

冒頭のカラーグラフィックで、毎年、東富士演習場で開催されている総合火力演習の写真などから10式戦車を紹介。これを受け1章、2章で、同車の砲手席や車長席などの内部写真を用いて戦闘状況を推定、再現する。次に装甲の原理をCGや推定構成図を使って分析。浸炭装甲など各装甲の成り立ちや課題を丁寧に解説していく。

3章から5章にかけては世界各国の戦車の装甲が紹介される。特に世界最強の複合装甲を持つ米国の戦車M1A2エイブラムズ戦車については、仮に自衛隊の兵器で戦う場合の狙い目を指南。次に独のレオパルト2や仏のルクレールなど各国戦車の装甲の開発過程や構造、問題点をひもとく。

装甲の知識を得ることで、今年8月24日の総火演ではより鋭い視点で戦車を見ることができるだろう。（ジャパン・ミリタリー・レビュー刊、2300円）

「日本の存亡は『孫子』にあり」

太田　文雄著

元防衛庁情報本部長の著者が、中国がとる戦略の背後には「孫子の兵法」があり、日本は孫子を学び対応する必要があると説く。

初めに、現代の中国人民解放軍がいかに「孫子の兵法」を元に戦略を構築しているかを立証し、孫子十三篇の重要なポイントを解説。さらに現代中国の戦略と孫子との関連を示し、終章で日本の対応について論述する。

著者は防大（14期）時代に孫子を研究。テーマにした海自幹部学校の卒論は、1980年～90年代に同校のテキストとして使用された。本書の一部は、当時の原稿をベースに現代的な意義に重点を置き加筆している。

中国の「謀略瓦解（がかい）戦」は「孫子の兵法」謀攻篇第三の「戦わずして人の兵を屈する」を真髄としているという。中国はサイバー攻撃や海底光ファイバー網の切断によって敵軍の統制を瓦解しようとしていると本書はみる。

「彼（か）れを知りて己（おの）れを知れば、百戦して殆（あや）うからず」――。文字どおり「孫子の兵法」から現在の中国を知る一冊。（致知出版社刊、1944円）

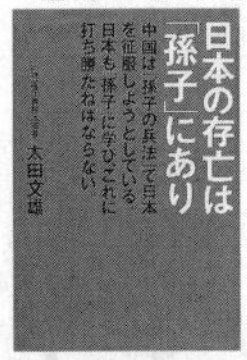

朝雲
発行所 朝雲新聞社
〒160-0002 東京都新宿区坂町26番地19 KKビル
電話 03(3225)3841
FAX 03(3225)3831
振替00190-4-17600番
定価一部170円、年間購読料9000円（税・送料込み）

本号は10ページ
2面 浜松で空自初のQCサークル大会
3面 集団的自衛権 専門家2氏に聞く
4面 憲法解釈の変更 閣議決定全文
5面 〈厚生・共済〉グラヒル50周年特集
6面 任期制隊員にライフプラン教育
7面 「リムパック2014」グラフ
8面 〈地方防衛局〉東北局、米軍機で説明
9面 「パセリちゃんツアー」に20人参加
10面 〈みんなのページ〉福祉フェスに参加

統幕校　外国軍人受け入れ

PKOセンター「上級課程」が初の試み

他省庁職員にも拡大

国連PKOの上級部隊指揮官クラスの養成を目的とした統幕校・国際平和協力センター（センター長・小橋史行1陸佐以下約20人）の「国際平和協力上級課程」が、今年初めて隊員以外にも受講対象を拡大し、外国軍人と他省庁職員の受け入れを開始した。安倍政権の掲げる「積極的平和主義」に基づき、外国軍人を受け入れて防衛交流の強化を図り、国連の諸活動にふさわしい人材育成を推進する。同時に、他省庁職員の受け入れを通じて国際平和協力活動に従事する要員の拡大に向けオールジャパン体制で取り組む狙いもある。

同課程はPKO分野で上級指揮官や上級幕僚として活躍が期待される1佐クラスの自衛官らを対象にした約2週間のプログラムで、今年で3年目を迎えた。

今期は7月7日から18日までの予定で開かれている。

7日に目黒基地の統幕学校で行われた第3期上級課程の開講式には、全国の部隊や各幕などから選ばれた1佐から2佐の自衛官と、相当級の事務官ら計10人（陸5、海2、空2、事務官1）のほか、海外からPKOの経験豊富なタイ陸軍大佐とドイツ海軍中佐の各1人、他省庁から内閣府職員2人、外務省職員1人の合わせて15人が出席した。

統合幕僚学校長の伊藤俊幸海将は式辞で、①組織原理に固執せず、現地の受益者や国際的な視点で考える②科学的な法則、明確な法的根拠に基づき行動する③文化、歴史、言語、宗教などの相違を受容する寛容さと他者に対する尊敬の念を持つ――の3点を要望した。

課程は国連基準の「国連平和維持活動指揮官課程（UNPKO―CCC=Contingent Commanders Course）」の委託教育を受ける形で、全て英語で行われ、受講生は期間中、国際平和協力活動等の運用原則などに関する座学のほか、戦闘や虐殺を含むさまざまな厳しい状況下を想定した討論を通じ、上級指揮官としての判断力を養っていく。

講師は米海軍の「軍民協力センター」から派遣されたノルウェー、オランダ、インド、米国出身の4人が務め、このうちNGO経験者の米国人文民を除く3人はPKO経験豊富な退役軍人。

防衛省・自衛隊では国際平和協力分野での人材育成を推進しており、将来的には世界各国に展開する国連PKO司令部に積極的に上級指揮官や上級幕僚を派遣し、日本の国際的な地位向上につなげたい考えだ。

PKOセンター長の小橋史行1陸佐は、外国軍人の受け入れについて「当センターの教育内容が各国軍人にも共通して有用であることが認知されたものと受け止めている」と話し、さらなる受講生の受け入れ拡大に意欲を見せている。

安保法制整備検討委を設置

「運用実態に即して」

初会合で防衛相が指示

小野寺防衛相は7月1日夜、政府が同日夕の臨時閣議で集団的自衛権の行使を限定容認する新たな憲法解釈の基本方針を決定したことを受けて臨時記者会見に臨み、直ちに防衛省内に「安全保障法制整備検討委員会」を設置し、初会合を開いたことを明らかにした。

同委員会は大臣を委員長に、副大臣が委員長代理、政務官が副委員長を務め、事務次官、官房長、防衛政策局長、運用企画局長、統幕長、陸海空の各幕僚長が委員を務める。その下に防衛政策課長を長とし、内局や各幕僚監部の関係課長らから成る作業チームを設置した。

大臣は初会合で①現場部隊がしっかり対応でき、隊員が判断に困らないよう運用実態に即した法制の整備を行う②自衛隊の活動に当たっての適正な手続きを確保する③スピード感をもって作業を行う――の3点を指示した。

大臣は記者会見で「省一丸となって関係省庁と協力し、安全保障法制の整備に向け検討していく」と強調。さらに「あらゆる可能性を想定し、万全の備えを取っていく必要がある。政府全体として切れ目のない対応を可能とする安全保障法制の整備は重要な責務だ」と述べた。

部隊行動基準（ROE）の見直しについては、「まず法整備が行われ、自衛隊としての新たな役割が法的にしっかり担保された上で反映させていく」と述べた。

首相「安保相」新設を

安倍首相は7月6日、集団的自衛権の行使を限定容認する閣議決定を受けた今後の法整備に向け、新たに安全保障法制の担当大臣を置く考えを示した。

首相は豪などオセアニア3カ国への出発に先立ち、記者団に対し「武力攻撃に至らない侵害、いわゆるグレーゾーンへの対応から集団的自衛権に関わるものまで、幅広い法整備を一括して行っていきたい。大きな改正になるので担当大臣を置きたい」と述べた。

秋の臨時国会以降、新たな担当大臣を中心に関連法案の国会審議に当たるものとみられる。

住民が見守る中、「くにさき」搭載のLCACで上陸する日米豪の隊員（7月4日、比タクロバン市の浜辺で）

比タクロバンに到着

PP14の「くにさき」　台風被災地で活動

【統幕】「パシフィック・パートナーシップ2014（PP14）」に参加している海自の輸送艦「くにさき」が7月4日朝、3カ国目の訪問地、フィリピンに到着した。日米豪の隊員は、レイテ島沖に錨泊した「くにさき」からエアクッション艇（LCAC）に乗り込んでタクロバン市郊外の海岸に上陸し、直ちに活動に必要な資機材などを運び入れた。

同日午後には、3自衛隊の医官や看護官、NPO法人など計約30人を乗せた空自2輸空（入間）のC1輸送機（機長・402飛行隊長の山本仁2空佐以下11人）がタクロバン空港に到着。7日から本格的な医療活動が始まった。

昨年11月の台風30号「ハイエン」で甚大な被害を受けたフィリピンでは、タクロバン市を中心に自衛隊が約1カ月間、過去最大規模となる約1180人の国際緊急援助隊を派遣して医療、防疫、物資輸送などの救援活動を行っている。

今回、再び同地を訪れた自衛隊は、米豪軍の隊員とともに7月15日までの予定でフィリピン軍などと協力して医療支援活動や文化交流活動を行っている。

海幕長　スリランカ初訪問

マレーシアとも交流

【海幕】河野海幕長は6月8日から15日までの間、マレーシアとスリランカを訪問し、日本の海上交通路の要衝に位置する両国海軍との協力関係を促進していくことで一致。幕僚長として初訪問となったスリランカでは、滞在期間を通じて盛大な歓迎を受けた。海幕長は「海自は引き続き両海軍との協調的な取り組みを通じて、自由な海洋利用の維持に寄与する」としている。

マレーシアには8日から11日まで滞在。アジズ海軍司令官との会談では、海自とマレーシア海軍間の交流を一層深めていくことを確認した。

また、マレーシア側からは、3月中旬から5月上旬にかけ不明マレーシア機の捜索に当たった海自P3C哨戒機をはじめ、自衛隊の協力への謝意が示された。

一方、スリランカ（11～14日）では、コロンバグ海軍司令官と意見交換したほか、ラージャパクサ大統領を表敬訪問した。

大統領との間では海自艦艇の寄港や多国間セミナーへの参加を通じ、海自とスリランカ海軍の連携を強化していくことで合意。海上交通路の安定的利用の維持など海洋安全保障分野での協力推進も確認した。

この他、海幕長はトリンコマリーにある日本海軍爆撃機墜落跡地での献花や海軍基地内での記念植樹などを通じ、スリランカ海軍との相互理解を深めた。

海幕長として18年ぶりにマレーシアを訪れ、アジズ海軍司令官（左）と会談した河野海幕長（6月9日）

リムパック14参加の「きりしま」　米独立記念日を電灯艦飾で祝う

米海軍主催の環太平洋合同演習「リムパック2014」の開会式が6月30日（現地時間）、ハワイのパールハーバーで行われた。

今演習には22カ国から艦艇約50隻、航空機200機以上、兵員2万5000人が参加。中国からも初めて駆逐艦など4隻が参加し、海自派遣部隊指揮官の中畑康樹将補は「中国が安定した安全保障環境に貢献していくことは良いこと。（日本も）期待し、歓迎している」と述べた。

本格的な洋上訓練を前にパールハーバーでは各国部隊の交流行事が行われ、7月4日の米独立記念日には日没後、花火が打ち上げられ、海自のイージス護衛艦「きりしま」（174）も電灯艦飾で祝意を示した。

（7面にグラフ）

オスプレイ配備に理解

群馬・榛東村長が大臣に

小野寺防衛相は6月24日、群馬県榛東村の阿久澤成實村長らと防衛省で会談し、米軍の垂直離着陸輸送機MV22オスプレイの訓練受け入れなどを表明した同村議会決議について「心から感謝したい。沖縄の負担軽減と日本の安全保障のために榛東村の理解を得ながら態勢づくりをしっかり進めていきたい」と述べた。

同村には陸自の相馬原駐屯地と相馬原演習場があり、村議会は19日の本会議で、同演習場でオスプレイを使った日米共同訓練や、自衛隊へのオスプレイ配備に「理解を示す」とした決議案を賛成多数で可決した。

決議では「国から丁寧な説明を受け、国防上の必要性はもとより、安全性や災害時にも高い能力を発揮するなどの理解が深まった」とした上で、災害時の救難活動への活用に期待感を示すとともに、「自衛隊と共存共栄する立場から国防に協力する方針であり、沖縄の負担軽減に寄与するなら訓練などを受け入れる」としている。

米軍と協力推進確認

沖縄負担軽減委

防衛省は6月20日、「沖縄基地負担軽減推進委員会」の第3回会合を省内で開き、米軍普天間飛行場（宜野湾市）の名護市辺野古移設などに向け、引き続き米軍と協力、調整を進めていく方針を確認した。

委員長を務める武田副大臣は「成果を沖縄県民の目に見える形にし、課題があれば率直に解決策を議論することが重要だ」と述べた。

会合では、米軍施設の早期返還や訓練移転などを進める二つの作業チームが進ちょく状況を報告。

「普天間飛行場負担軽減推進チーム」（チーム長・真部朗防衛政策局次長）は、沖縄に配備されている米軍の垂直離着陸輸送機MV22オスプレイの本土での訓練の推進や、同機の格納庫など訓練基盤・拠点を本土の自衛隊の演習場などに整備することに関し、現在、米側のニーズの把握に努めていることなどを報告した。

一方、「牧港補給地区返還推進チーム」（同・岡真臣地方協力局次長）は、米側が作成する牧港返還に関わるマスタープランに日本側も法的側面から支援している状況などを報告した。

交流400周年　キューバ初訪問

遠航部隊

海自の遠洋練習航海部隊は7月5日、カリブ海に浮かぶ社会主義国・キューバのハバナに到着した。遠航部隊がキューバに入港するのは今回が初めて。

伊達政宗の命を受けた武将・支倉常長の使節団が1614年にキューバに立ち寄った記録があることから、今年は「日本・キューバ交流400周年」とされている。

実習幹部らは現地で駐キューバ大使とキューバ高官から講話を受けたほか、ハバナ旧市街やモーロ要塞、海軍学校などを研修した。

春夏秋冬

韓国の中の中国人

黒田　勝弘

韓国で中華料理を頼むとナマコがよく出てくる。

いずれも干しナマコをもどしたものだが、聞くと韓国の中華料理は山東料理が主流で、山東料理はナマコをよく使うという。店のオヤジはほとんどが山東半島出身だからだ。

山東半島は韓国から近い。西海岸から夜、船で出れば朝には着く。昔から往来が多く、韓国の華僑のほとんどは山東出身だった。山東半島サイドにはコリア・タウンもある。

しかし韓国の華僑、つまりオールドカマーの在韓中国人は現在、2万人そこそこしかいない。北朝鮮でも5万人ほどだといわれる。あの華僑が隣国でこの程度ということは、彼らにとって朝鮮半島がいかに住みにくいところだったかということを物語っている。

ところが近年、中国人の韓国在住が急増している。1992年の国交正常化以降、ニューカマーが増えているのだ。その大多数が東北3省（旧満州）からの朝鮮族（中国籍）の出稼ぎで、その数は30万人にもなるという。

言葉（朝鮮語）ができるので重宝がられ、ソウルで食堂のフロアーや洗い場など今やほとんどが朝鮮族のおばちゃんたちだ。

話すと北朝鮮ナマリというか、独特のアクセントがあってすぐ分かる。これはこれでどこかエキゾチックで日本人には面白い。

韓国政府はいわゆる「きつい・危険・きたない」の3K職場の人手不足解消のため、朝鮮族に対しては入国や滞在条件を優遇しているが、受け入れの韓国社会の方は彼らに対しては「貧乏くさい」「礼儀がない」「仕事が雑」などと〝差別意識〟がある。

血筋は韓国（朝鮮）だが、気に入らない部分を中国的と感じて距離を置こうとするのだ。その結果、雇われ側は不満とストレスが重なり、韓国に好感を持たなくなる。

余談だが彼らと話すと、その分、日本、日本人には憧れが強い。

そういう〝朝鮮族中国人〟の憂さ晴らしの場所になっているのが、今はやりの「羊串焼」店だ。

店のメニューは羊肉の焼肉やシャブシャブで、ニューカマーによる中華エスニック料理といっていい。漢字を使わない韓国で派手な漢字の看板を出しているから目に付く。

このところよく通っているが、一杯入って気炎を上げている客をながめながら「仮に中朝あるいは中韓の間で〝有事〟があった場合は、間違いなく中国に付くだろうなあ…」と思ったりしている。（くろだ・かつひろ＝産経新聞ソウル駐在客員論説委員）

朝雲寸言

「覚悟」という言葉を辞書で引くと、「予想される良くない事態や結果を、そのまま受け止めようと、心に決めること」とある▼尖閣諸島の領海内で4年前、民主党政権は、海上保安庁の巡視船に体当たりした中国漁船の船長を逮捕した。だが、中国の高圧的な態度に屈して船長を釈放した。優柔不断さを露呈するとともに、正義を貫くには覚悟が必要なことを私たちは学んだ▼40年ほど前の航空機乗っ取り事件で、当時の福田首相は「生命は地球より重い」と言って、テロリストたちを釈放した。事件を機に、国際社会はハイジャック対策に力を入れ、特殊部隊などを編成し、二度と「悪」に負けない覚悟を決めた▼「覚悟」とは厳しい経験を積んで培われるのだろう。政府は7月1日、集団的自衛権の限定容認を閣議決定した。それに対し、反対のメディアは「血を流す覚悟　語らぬ首相」との見出しで批判した▼かつてある雑誌の編集長が、対座する自衛官に「戦争になったら死ねますか」と尋ねたことがある。まさに「覚悟」を問うたのだが、自衛官は毅然として「死ねますかという質問は非常に失礼です」と答えたという▼「死ねますかと尋ねられ、自衛官が『死ねません』と答えられるとお思いですか。人間である私が、死を軽々しく約束できるとお思いですか」――。自衛官の言葉に、編集長は自らの質問があまりにも軽率であったことを恥じ、深々と頭を下げたという。

1、2空団、18警隊 ゴールド賞を受賞

浜松で空自QCサークル第1回大会

大会参加者を前に、ゴールド賞サークルを発表する石上審査委員長（壇上中央）＝7月4日、浜松基地で

空自の「QC（品質管理）サークル活動」の成果を競う初の大会が7月4日、浜松基地で開催された。品質管理を通じて職場環境の改善と技術・技量の伝承、人材育成を行うもので、空自全体の活動団体数は約1300に上る。

空自はこれまでも日本科学技術連盟主催の「全日本選抜QCサークル大会」に出場していたが、活動のさらなる普及と活性化を目的に単独での全国大会開催を決めた。

今回は146サークルの応募から10団体の優秀サークルが選抜され、大会に出場。1空団施設隊（浜松）、2空団装備隊（千歳）、北警団18警戒隊（稚内）の3団体にゴールド賞、7団体にシルバー賞が贈られた。

1空団の「オフロスキー」のテーマは「隊員浴場における入浴環境の向上」。冒頭に発表者の武下稔幸士長がザ・ドリフターズの「いい湯だな」を歌って会場全体を和ませた。

サウナ室のカビ臭の改善活動では、複数の散布薬剤を比較検討するためにカビを培養する様子をスライドで克明に上映。悪臭減に成功した鳥越和憲1曹は「5年前からの思いが実現した」と感慨深げに話した。

2空団の「パワーズ2012」が「新計測器の整備性向上」に取り組んだきっかけは、中村文彦2曹が気付いた整備記録の異変。その後自主的に原因を調査して工程数の増加を改善、84分早く整備を終えることに成功した。

北警団の「サンダース」は「対空アンテナ交換作業の効率化」に新たな発想で取り組み、これまで41分かかった交換速度を24分に短縮した。発表した上石牧人士長は「全員の努力が形になった」と受賞を喜んだ。

審査委員長を務めた空幕装備課長の石上誠1佐は「今回は整備サークル以外の応募が3割を占め、新たな展開を予感させる。今後は模範サークルとして部隊で中心的な役割を果たしてほしい」と総括した。

大会会長の齊藤空幕長は「QCサークル活動は私が願ってやまないもの。苦労や創意工夫を生き生きと描き出す発表で、第1回大会にふさわしい内容だ」とたたえた。

◇

シルバー賞を受賞した所属、サークル名は次の通り。（発表順）▽8空団修理隊（築城）「パティシエ」▽中警団44警戒隊（峯岡山）「いまでしょ会」▽偵空隊偵察情報処理隊（百里）「RAINBOW GLOVES」▽空シス隊中央システム管理隊（市ヶ谷）「NOPエージェンツ」▽6空団修理隊（小松）「電Q」▽飛実団整備技術隊（岐阜）「NEW KEEP ONE」▽8空団車両器材隊（築城）「チャッキーズ」。

時の焦点

国内

積極的平和主義

「五賢帝の幸福」なるか

映画『テルマエ・ロマエⅡ』で、市村正親さんが演じる第14代ローマ皇帝プブリウス・アエリウス・トラヌス・ハドリアヌスは、「平和主義」の皇帝として知られる。

英国の歴史家エドワード・ギボンの『ローマ帝国衰亡史』は「ハドリアヌス帝の行った最初の決定は、トラヤヌス帝による東方征服の成果をすべて放棄してしまうことだった」と記している。前帝の領土拡大路線を転換し、東方の領地を手放すことで生まれた余力を国境の安定に振り向けた施政は、映画でも元老たちの「強硬路線」との対比で強調されている。

もっとも、この平和主義は、軍事力の否定ではない。むしろ、「たえず戦いに備えることによって、逆に平和を守った」（ギボン）のが、実相だった。

7月1日、安倍内閣は集団的自衛権の行使を可能にするための憲法解釈変更を閣議決定した。安倍晋三首相の掲げる「積極的平和主義」にとって欠かせない手続きだ。

しかし、直後の読売新聞の世論調査では、これを「評価しない」とした人が51％に上り、内閣支持率も急落し、48％と5割を切った。

支持率急落の原因の一つは、自民党と公明党の間の閣議決定の文言をめぐる駆け引きが分かりにくかったことだ。政府・自民党は「とにかく扉をこじあければ、あとは何とかなる」と考えたのかもしれないが、与党内の慎重論を変えた「限定容認」「解釈改憲ではなく解釈の適正化」といった言葉や説明は、イメージ先行で具体論が追いつかず、もともと難解な議論をさらに複雑にする副作用の方が強かった。

そればかりでなく、自公両党にしか分からない「合言葉」で、重大な安全保障政策の転換を図ろうとしたのではないかという疑念を、国民に抱かせる結果にもなった。

このまま内閣支持率が下落していけば、閣議決定の中身を具体化する法律の制定や改正作業にも影響がでかねない。積極的平和主義は、一国平和主義とは違い、むしろ、ハドリアヌス帝の平和主義に通じるものがある。「戦いに備えることで、逆に平和を守る」という考え方に対する国民の共感をいかに広げていくかが、安倍政権の重い課題となってきた。

映画なら、「テルマエ」（浴場）を造れば軍も市民も満足し、皇帝の支持率も急上昇するところだが、そんな特効薬は見あたらない。まずは7月14、15日に衆参両院で行われる予算委員会の閉会中審査で、「誠実な説明」と「安保論議の深化」を始めるしかない。

ローマ五賢帝の一人とたたえられたハドリアヌス帝は、紀元138年のきょう、7月10日に没した。ギボンは五賢帝の治世を「人類のもっとも幸福だった時代」と評している。安倍首相の積極的平和主義が人々を幸福にできるかどうかは、これからの政権の姿勢と取り組み次第である。

東雲 次郎（政治評論家）

海外

「イスラム国」

イラク3分割に現実味

イラク情勢が風雲急を告げている。2011年末に米軍がイラクから全面撤収した後もイスラム教シーア派主導のマリキ政権と、これに反発するスンニ派勢力による宗派抗争や報復のテロの応酬が続くなど治安悪化に歯止めがかかっていなかったが、6月に入り、スンニ派過激組織がイラク北部にある第2の都市モスルを制圧したのに次いで、西部から北部、中部に至る支配地域を対象に政教一致のイスラム国家樹立を宣言した。「国家なき最大の民族」といわれるクルド人の自治政府もイラク北部で実効支配を固めて悲願の独立を急いでおり、イラクはシーア派住民が多い南部を含め、懸念されていた国土3分割という事態が現実味を帯びてきた。

預言者ムハンマドの後継者を意味する「カリフ」を最高指導者と仰ぐカリフ国家の樹立を発表したのは、イラクとシリアの国境をまたいで活動してきたスンニ派過激組織「イラク・シリアのイスラム国」（ISIS）で、同組織は6月末、指導者のバグダディ容疑者をカリフとする「イスラム国」の建国を宣言。

ISISは、イラクで市民を巻き込んだ自爆テロを繰り返してきたテロ組織アルカイダの幹部が率いた組織を前身とし、その凶悪さで悪名が高かった。

このスンニ派過激組織は隣国シリアの内戦に介入したが、イスラム系武装勢力同士の争いに発展し、アルカイダ指導部はシリアからの撤退を命じながらも、これを聞き入れなかったことから、破門にされた経緯がある。

バグダディ容疑者らがアルカイダ指導部の指示に従わず、シリアでアサド政権打倒の武装闘争を続けたのも、ISISの看板で資金や人材を集められるという自信があったためだ。

「イスラム国」に改名したスンニ派過激組織は数千人から1万数千人の戦闘員を抱えているにすぎないが、このような規模にもかかわらずイラク正規軍を相手に攻勢を強めている背景には、イラク政治の機能不全やスンニ派住民のマリキ政権に対する不満、反発がある。

中東政治に詳しい知り合いのジャーナリストは「政治的に忘れられた存在となったスンニ派住民は凶悪なイスラム国であっても、マリキ政権を退陣させてくれるなら、それにすがる気持ちではないか」とスンニ派の人々の胸の内を代弁した。

マリキ首相を支えてきたオバマ米政権は、イラクの宗派間対立を克服するために国民和解に向けた挙国一致政府の樹立を訴え、最近の議会選挙で勝利した同首相にも退陣を促しているが、権力に執着するマリキ氏は聞く耳を持たないようだ。

イラクとシリアにまたがる領域で「イスラム国」がさらに支配を確立すれば、第1次世界大戦でオスマン帝国が崩壊した後、欧州列強の線引きにより一世紀近く続いた中東の国家秩序が覆る歴史的な動乱の始まりとなる可能性がある。シーア派の域内大国イランやユダヤ人国家イスラエルの動きにも目が離せない。

伊藤 努（外交評論家）

初の「統合意見交換会」

研本 運用研究の充実図る

【研本＝朝霞】統合運用の観点からの研究深化と3自衛隊の連携強化を目的とした陸自研究本部（本部長・松尾幸弘陸将）が主催する初の「統合意見交換会」が6月19日、空自目黒基地で開かれ、統陸海空の各幕僚監部や各学校、各部隊、情本などから計約200人が参加した。

主催者を代表して研究本部総合研究部長の野澤真陸将補が「統合運用の時代において、教育や訓練の分野では統合は進んでいる。研究の分野でも統合の枠組みを進展させる必要がある」と述べ、統合的な見地からの研究の重要性と連携の必要性を強調した。

意見交換会では、陸幕が中期防で掲げられている「陸上総隊」や「水陸機動団」の創設などを含む陸自の将来体制に関して全般説明を行った後、研究本部が「新たな体制における戦い方（全国運用・水陸両用・作戦基本部隊）」「島嶼部における水際障害処理」「陸海空統合の教訓業務」について発表。

続いて、富士学校が「統合火力への野戦特科の取り組み」、高射学校は部隊配備が進む最新鋭の「対空戦闘指揮統制システム（ADCCS）の連接について」、西方総監部が「西部方面隊の3自衛隊研究等の取り組みについて」と題してそれぞれ発表し、認識共有を図った。

統幕防衛計画部計画課長の田尻祐介1陸佐は「本枠組みにおける研究に期待し、関係機関の積極的な協力をお願いしたい」と話し、統幕としても積極的に協力していく姿勢を示した。

研本では今回の意見交換会をもとに、第2回開催につなげ、充実を図る考えだ。

統合運用研究のさらなる発展に向け意見を出し合う統陸海空の自衛官（6月19日、空自目黒基地で）

北の脅威に同盟強化

防衛相、米太平洋海兵隊司令官と確認

小野寺防衛相は6月30日、米太平洋海兵隊司令官のテリー・ロブリング中将と防衛省で会談し、北朝鮮の核ミサイル脅威に日米同盟を強化して対応していくことを確認した。

この中で、大臣は司令官に29日の北朝鮮による弾道ミサイル発射と日本の対応について説明し、「東アジア全体の脅威だ。日米同盟を強化しながら北朝鮮の問題にしっかり対応したい」と述べた。

これに対し、ロブリング司令官は全面的な支援と協力を約束するとともに、「大臣がリーダーシップを発揮してこの地域の安全保障上の問題にしっかり対応されていることに敬意を表します」と応えた。

大臣はさらに、沖縄に配備されている米軍の垂直離着陸輸送機MV22オスプレイの本土での訓練の促進などを含め、沖縄の基地負担軽減のために米軍にさらなる協力を求めた。

司令官は日米関係強化に貢献した功績がたたえられ、6月20日付で天皇陛下から旭日重光章が贈られ、30日、防衛相との会談に先立ち、岩田陸幕長から伝達された。

ガダルカナルから遺骨輸送へ

海自艦艇

小野寺防衛相は6月24日の記者会見で、海自艦艇によるガダルカナル島から日本への戦没者の遺骨の輸送について「厚労省などから要請があれば、しっかり対応したい」と述べ、防衛省・自衛隊として政府の遺骨収集事業に積極的に協力する姿勢を示した。

今年は海自の遠洋航海部隊の練習艦「かしま」など3隻が9月19、20日の予定で、先の大戦の激戦地ガダルカナル島のホニアラを初訪問する。

これに合わせ、海自艦艇による日本への遺骨帰還を望む民間団体からの要望を受け、所管する厚労省などが調整を進めている。

同島では米軍と戦った旧日本軍の2万人以上が戦死し、今でも遺骨収集が続けられている。防衛省・自衛隊では硫黄島での遺骨収集に以前から自衛隊機が輸送協力を行っているが、艦艇による海外からの引き揚げは初めてのケースとなる。

「相乗と向上」に加え「ニーズへの対応」を

入間で開発集団

【開発集団＝入間】空自開発実験集団（司令官・岩成真一空将）主催の平成26年度研究開発成果等発表会が6月12日、空自入間基地で行われた。同団は、空自運用部隊らに対して各種研究開発業務の成果を説明し、防衛省内の研究開発情報共有も図っている。

25年度からのテーマ「相乗と向上」に加え、今年度はサブテーマとして「ニーズへの対応」を設定。

岩成司令官は参加者を前に「運用部隊のニーズに迅速に対応し、陸海空の[illegible]効果でより良い装備をつくっていきたい」と述べた。

その後、開発集団の飛実団、電子開発実験群、航空医学実験隊のほか、防医大、陸自と技本が発表を行い、専門外の参加者にも分かりやすいように動画や写真を使って試験、調査研究を説明し、質疑応答も活発に行われた。

展示ブースにはパネルや映像の展示、研究に用いた器材の体験コーナーも設けられ、参加者は実物に触れながら説明を受けていた。

開発集団は「これからも研究開発業務に対する理解促進と、陸海空の開発部隊との意見交換、情報共有を図りたい」としている。

ロシア艦3隻

対馬海峡を北上

6月28日午前0時ごろ、露海軍の「ウダロイ」級ミサイル駆逐艦（満載排水量8636トン、艦番号543「マーシャル・シャポシニコフ」）、「ドゥブナ」級補給艦（「イルクト」）、「イングル」級救難曳船（「アラタウ」）の3隻が長崎県・下対馬の南西約120キロの対馬海峡を北東に航行しているのを海自15護衛隊（大湊）の護衛艦「ちくま」と1空群（鹿屋）のP3C哨戒機が確認した。

3隻はこの後、対馬海峡を北上し日本海に入った。

キャッチフレーズ考案技官、記念曲作曲隊員

空幕長、3隊員に3級賞詞を授与

空自創設60周年キャッチフレーズ「蒼き空を明日へつなぐ」を考案した航空安全管理隊（立川）の横内秀樹技官、同記念曲「蒼空」を作曲した航空中央音楽隊（同）の和田信2曹、同じく記念曲「颯薫る」を作曲した田中裕香士長の3人に対し7月1日、齊藤空幕長から3級賞詞が授与された。

空幕大会議室で行われた表彰式には福江広明空幕副長、荒木文博総務部長らのほか、受賞者の所属隊長の橋本進航安隊司令、水科克夫空音隊長が立会した。

齊藤空幕長は横内技官に対し「我々の心意気、夢を追い求める心を表現してくれた」とたたえた。和田2曹に対しては「大曲を作るのは大変だったと思う。壮快な行進曲だ」とし、田中士長には「爽やかなイメージを見事に作ってくれた」と述べた。

また空音の両隊員に対し「記念曲は1曲の予定だったが、曲の傾向が異なりレベルが共に高かったため2曲を選んだ。これからも演奏技術を磨き、作曲に努力してほしい」と激励した。

横内技官は考案したキャッチフレーズに基づいて製作されたポスターの感想を聞かれ「思い描いた光景が、忠実に再現されていて驚きました」と目を細めていた。

和田2曹は6月28日の空自創設60周年記念演奏会で「蒼空」が演奏された時の心境を「感無量でした」と語った。

齊藤空幕長（右手前）から3級賞詞を授与される和田2曹。後方は横内技官（左）、田中士長（その右）＝7月1日、空幕大会議室で

安全知識と技能向上

航安隊 関連学会へ派遣

【航安隊＝立川】航空安全管理隊（司令・橋本進空将補）は、資料部長の竹内由則技官ら研究職の心理技官を6月上旬と下旬に相次いで関連学会に派遣した。知識や技能の向上と調査研究のための情報収集が目的。

6月5、6日の両日は竹内部長と航空事故調査部の中村彰技官が神戸市で開かれた第55回「日本人間工学会」に参加した。同学会は人間工学に関する研究や応用を目的とした国内最大規模の学会で、安全工学や事故分析、交通工学などがテーマ。

今回は学会設立50周年を記念して講演やシンポジウム、口頭発表が行われた。

特に▽ヒューマン・エラー体験▽体感型安全教育プログラムの開発▽プロアクティブ行動促進に向けたマネジメント――のほか、「『他山の石』置き換え支援ツール」の効果に関する研究など、今後の調査研究に大きく寄与した。

同20日には、竹内部長と教育研究部主任研究官の片寄隆正技官が都内で開かれた「航空人間工学部会」の第96回例会に参加した。

同部会は「日本人間工学会」を母体に航空分野に特化した部会の一つで、航安隊からも毎回参加している。

竹内部長らは、空自の航空医学実験隊による航空生理訓練装置をはじめ、海自のUS2救難飛行艇の極低速飛行や離着水技術、運航支援システムなどの動向などについて見識を深めるとともに、航空関連技術の動向や飛行安全、航空事故防止に関する最新の情報を習得した。

中音、初の欧州公演

ハミナ音楽祭に参加

【中央音楽隊＝朝霞】中央音楽隊は7月26日から8月5日にかけて、フィンランドで行われる「ハミナ国際軍楽祭（ハミナ・タトゥー）」に参加する。同隊が欧州で公演するのは初めて。

演奏会は、2年に1度、8月に首都ヘルシンキの東、約150キロにあるハミナ市で開催されている国際軍楽祭で、1990年に始まり今年で13回目。

参加国はフィンランドのほか、日本、ドイツ、ノルウェー、ロシア、トリニダード・トバゴ、イギリスの合わせて6カ国。

中央音楽隊から武田晃1佐以下50人が参加し、期間中にドリル・マーチショーやタトゥー、パレード、ガーデンコンサート、教会コンサートなどの演奏会を予定している。「タトゥー（Tattoo）」は軍営ラッパのほかに軍楽行進を意味する用語。

武田隊長は「今後の[illegible]を広めるためにも良い機会となる。日本の『わらべうた』や和太鼓などを披露し、自衛隊と日本の音楽を紹介したい」と意気込みを語っている。

ハミナ国際軍楽祭に関する詳しい問い合わせは陸自中央音楽隊048（460）1711内線3670まで。

集団的自衛権　限定的行使容認

専門家2氏に聞く

政府は7月1日、集団的自衛権の行使を限定容認する新たな憲法解釈を閣議決定した。防衛省は直ちに「安全保障法制整備検討委員会」を立ち上げ、隊員が現場で判断に困らないよう、運用の実態に即した法整備の検討を開始した。現場を熟知する陸上自衛隊OBとして、元北方総監の志方俊之・帝京大教授と、イラク復興業務支援隊長などを務めた佐藤正久・前防衛大臣政務官の両氏に話を聞いた。

国際貢献への第一歩

帝京大学教授
志方　俊之氏

戦後の「一国平和主義」からの大転換だ。安倍政権の掲げる「積極的平和主義」へ、一つの突破口が開かれたことを歓迎したい。

冷戦後の戦略環境の変化に伴い、国際情勢が不安定化し、日本に求められる役割分担は大きく変わってきた。日本はこれまでのように誰かに守ってもらうのではなく、これからは自らの力で国益を守り、国際的な役割を積極的に果たしていかなくてはならない。

「国益を守る」とは「生命線を守る」ことだ。そしてその「守るべきもの」は日本の領土以外にも多く存在していることを、我々国民はしっかりと認識しなくてはならない。

例えば、日本が輸入する原油の8割は中東のホルムズ海峡を通過して来る。同海峡がイランによって機雷封鎖されれば、我が国にとっては死活問題であり、冷戦期には米国が肩代わりしてくれていたこうした「南のシーレーン」の安全確保なども、今後は日本が生き残っていく上で極めて重要な課題となる。

さらに、中国の海洋進出により東南アジアは「係争の海」となりつつある。20年後には米中の力が拮抗するだろう。核ミサイル開発を進める北朝鮮の脅威も増大するばかりだ。常にあらゆる事態を想定し、将来に備え、防衛力を整備することが肝要だ。

防衛力の整備には20年はかかる。部隊を編成し、装備を整え、訓練を積み上げ、営々と20年かかって初めて戦力化が可能となる。日本が国際的な役割分担を果たす決意なら、今こそが備えを開始する時だ。

だが、今の法体系では国際的な役割を果たそうにも果たせない。憲法改正を待っていたら間に合わない。だから今、憲法解釈を変更し、国会で議論しながら法律を変えていこうという、まさに第一歩なのだ。

しかた・としゆき　元陸将。防大2期。米陸軍戦略大学研究員、米防衛駐在官、2師団長などを歴任。北方総監時代の1991年に陸自初の方面隊規模の災害対処訓練「ビッグレスキュー91」を統裁した。退官後は帝京大学教授を務める傍ら、東京都災害対策担当参与、防衛大臣補佐官などを兼務した。78歳。

現場の負担、大幅軽減

前防衛政務官
佐藤　正久氏

安全保障法制度に関する与党協議会メンバーとして、また元自衛官として、いろいろな思いが胸に込み上げてきた。

この閣議決定の日、7月1日は、奇しくも自衛隊創設60年の節目の日であった。

私は18歳で防衛大学校に入り、約27年間、自衛官として汗を流してきた。当初は北海道の地で対戦車戦闘訓練に明け暮れ、よもや海外で国際協力活動に関与するとは想像だにしていなかったが、ゴラン高原やイラクでは初代指揮官を命ぜられ、現実の世界で法的制約を体感してきた。

武器使用も正当防衛に限定されていて、日本人メディアが襲われても、駆け付けて武器を使用して助けることもできず、必要な物資の輸送時にもトラックの車列を警護することもできず、「道先案内」という名目で自衛隊の車両を随行させたこともあった。

その後、「現場の思いを国政に！」との思いから政治に活動の場を移した。当時はまさに防衛庁から防衛省になり、国際協力業務を本来任務に格上げするとのことだったが、実際、法整備に関しては道半ばだった。

日本の常識は国際常識と乖離しており、この度の閣議決定は、こうした日本にしか通用しない「一国平和主義」から「積極的平和主義」への転換だ。

これまで認められてこなかった「駆け付け警護」や「任務遂行の武器使用」が認められることから、他国の派遣部隊とほぼ同様の権限で任務遂行が可能となり、現場の負担は相当に軽減されることになるだろう。

これから国会で関係法の改正などが議論されていくことになるが、領域警備や集団安全保障についても、自民党としてしっかり議論していく所存だ。

さとう・まさひさ　元1陸佐。防大27期。自衛隊の国連ゴラン高原派遣輸送隊の初代隊長、7普連長（福知山）、陸自のイラク復興支援群を支える業務支援隊の初代隊長などを歴任。2007年参院選に出馬し初当選、第2次安倍内閣で防衛政務官を務めた。自民党国防部会長代理。参院比例、当選2回。53歳。

西風東風

中韓同盟の可能性少ない
――抗日共闘も非現実的

中国の習近平国家主席が約300人の代表団を率いて韓国を訪問、韓国の朴槿恵大統領と会談したことで、中国各メディアは、中韓両国が経済に加えて政治面でも良好な関係になったとして蜜月ぶりを強調している。中国では、中韓軍事同盟や中韓共闘による抗日の可能性に期待する声も出始めたが、専門家は非現実的だと指摘している。

中国紙・環球時報によると、中韓関係で政治と安全保障分野の重要性が急浮上しており、習主席も首脳会談で、両国関係を強化すべき4分野の筆頭としてこの分野を取り上げた。両国国防省間に直通電話開設や、海上の公務執行での連携を呼び掛けるなど、これまでになく韓国重視の姿勢を示した。

中韓の関係緊密化を背景に、中韓軍事同盟や中韓共闘による抗日を呼び掛ける声が学者らから出ている。ただ、中国人民大学国際関係研究所長の王義桅教授は「そのような考えは現実でなく、韓国を困らせるだけ。下手をすると中国に利用されているという感覚を韓国側に持たれ、中国に対する信頼を損ねる」などと述べた。

王教授によると、中韓とも日本の指導者の右翼的な歴史観に反発しているが、韓国は歴史と安全保障問題を区別している。韓国側は日中韓の経済連携を望んでおり、日中対立で3国の自由貿易協定（FTA）交渉が遅れることを憂慮している。韓国経済の対米・対日依存が大きいことも、外交上の選択の幅を狭くしている。

王教授はまた、客員教授として韓国に1年間滞在した経験を基に「歴史上、中国の藩属国だったという目で韓国を見たり、何かを求めたりすることは決してしてはならない」と指摘。「韓国は中国をそれほど信頼していない。韓国の指導者で中国留学経験のある人は1人もいない。現代韓国は文化、思想とも米国の影響の方が大きい」などと述べた。

同紙によると、中国朝鮮史研究会の前秘書長の李敦球氏は「中国は他国と同盟しない外交政策を採っており、特定国との同盟を結ぶ可能性は小さい」と語り、同盟の可能性を否定した。

（香港＝中岡秀雄）

集団的自衛権、リバランスに合致
――日本国民の支持必要との見方も

安倍内閣が集団的自衛権の行使を可能にする憲法解釈変更を閣議決定したことについて、アジア太平洋地域への軍事力再均衡（リバランス）政策を進める米政府は歓迎している。ただ米識者の間では、日本が解釈変更により国際的な軍事行動への参加を「堂々と」行えるようになったとの見方がある一方で、今後安倍政権は、安全保障政策への広い国民の支持を得る必要があるとの指摘もある。

閣議決定を受け、ヘーゲル米国防長官は「日本がアジア地域や世界の安全保障に、より大きな貢献をしようとする中で、決定は重要なステップ」とする声明を発表した。長官は「米国はアジア太平洋地域の平和と安全が続くことを願っており、日本との同盟関係はこの地域での米戦略にとって欠かせない」と、米国のアジアシフト戦略に占める日米同盟関係の重要性を指摘した。その上で「閣議決定により自衛隊はより幅広い作戦行動に参加することができ、日米同盟は一層効果的なものとなる」と評価した。

閣議決定について、パシフィック・フォーラム米戦略国際問題研究所（CSIS）のブラッド・グロッサーマン研究部長は「日本はこれまで、何とか自らの利益を守りながら日米安全保障条約の要求を満たす方策を見いだしてきた」と指摘。「閣議決定により、こうした方策をより堂々と行えるようになっただけだ」とみている。

戦争を放棄し、軍隊の保有を禁じた憲法第9条の下でも「平和国家」日本は強力な陸、海、空軍を発展させ、よく訓練された25万人の兵力を保有しているだけに、政策の変更は「修辞上のまやかし」を正したにすぎないとする見方もある。

米外交問題評議会（CFR）のシーラ・スミス上級研究員は「アジア太平洋地域での（同盟諸国の）ネットワークを多様化する助けとなり、これ以上望めないほどの成果だ」と、安倍政権の決定がリバランス戦略を進める米国の利益に完全に合致するとの認識を示す。

ただ一方で、スミス氏は閣議決定に反対する多数の意見が世論調査で示されていることに留意し、「安倍政権による政策変更が日本国民に完全に支持されていることが必要で、それが米国の国益にもかなう」と述べる。

スミス氏は「もし、集団的自衛権をめぐるいかなる決定も、日本の国益に資するからではなく、米国に迎合するためだとみなされてしまったら、日米同盟を弱めることになってしまう」と分析、安倍政権は関連法改正などを慎重に進めることが重要だと強調している。

（ロサンゼルス＝植木秀一）

1佐職、事務官等異動を発令

防衛省発令

▽海幕経理課予算班長（海幕経理課主計班長）1海佐 松浦 正裕
▽同主計班長（海幹校付）同 豊田 幸典
▽潜艦隊司令部（同）同 保科 俊朗
▽掃群作戦主任幕僚（海1術校教育3部長）同 天沼 秀俊
▽呉監経理部長（海幕経理課予算班長）同 山口 宜久
▽大監監察官（佐指隊砲雷科長）2海佐 宇貞 久成
▽大基業司令（潜訓副長兼研究室長）同 奥田 寿
▽東業付（海補本管理部長）1海佐 高見沢 敦
▽海幹校付（護艦隊幕僚）同 平田 利幸
▽海1術校教育3部長（中国四国局防衛補佐官）同 三上 大二
▽海補本管理部長（空補処副長）同 村越 靖晃
▽空補処副長（呉監経理部長）同 東井 清寧
▽中国四国局防衛補佐官（海幹校付）同 金山 哲治
（以上6月25日）
▽空幕会計課（空幹校付）1空佐 中島 隆幸
▽空幹校（同）同 松川 昭紀
（同）同 村田 晶洋
（以上6月26日）
▽武校（山形地本長）1陸佐 武野 浩文
（6月27日）
▽海幹校付（自艦隊幕僚）1海佐 安藤 明宏
（6月30日）
▽防大教授（防大准教授）1陸佐 今村英二郎
▽統幕報道官付（陸幹校付）同 小松 隆司
▽陸幕総務課（同）同 川田 義一
▽同募集・援護課（同）同 久保 勝裕
▽同防衛課（中情隊本部付）同 池田 孝一
▽同法務官付（陸幹校付）同 廣田耕士朗
▽西方防衛部（同）同 満井 英昭
▽3師団司令部（同）同 山之内竜二
▽研本（同）同 渡邊孝太郎
▽中央病院1外科（同）同 中岸 義典
（以上7月1日）
▽退職＝海上保安庁海洋情報部企画課長へ＝（経装局艦船武器課長）中野 裕文
（6月26日）
▽退職（地協局調達官）矢島 富夫
▽経装局艦船武器課長（技本計画官）三島 茂徳
▽地協局調達官（沖縄局管理部長）遠藤 正志
（以上6月27日）
▽解防医大事務局長併任、退職＝国家公務員共済組合連合会常務理事へ＝（防医大副長＝管理担当＝防医大事務局長併任）柴尾 浩朗
（6月30日）
▽退職＝財務省門司税関長へ＝（装本総務担当副長）廣田 恭一
▽大臣官房付防衛事務官 石塚 泰久
▽装本総務担当副長（装本航空機担当副長）田中 聡
▽装本航空機担当副長事務代理（装本総務課長）岩田 典郎
（以上7月4日）

自衛官7月定期昇任

▽1陸佐に昇任
（7師団）2陸佐 伊藤浩之
（陸幕）同 伊藤 勇二
（9師団）同 稲田 裕一
（防大）同 今村英二郎
（陸幹校）同 井村 昭利
（陸幕）同 岩上 隆安
（5施団）同 江﨑 賢治
（陸幹校）同 大倉 正義
（北方）同 緒方 英俊
（陸幕）同 緒方 義大
（陸幹校）同 小澤 和之
（研本）同 小野田宏樹
（陸幹校）同 加藤 隆雄
（同）同 亀井 律子
（北方）同 茅野 剛也
（関西処）同 川末 一弘
（東北方）同 木坂 浩
（陸幹校）同 倉本 浩二
（西方）同 黒川 由
（北海道処）同 古賀 昭博
（8師団）同 古賀 博彦
（統幕）同 小島 一男
（同）同 齋藤 篤史
（中方）同 佐藤 孝洋
（北海道処）同 清水 直樹
（西方）同 菅原 隆二
（東北方）同 杉村 一嘉
（東方）同 関根 静夫
（中央病院）同 平 尚美
（2高特団）同 高田 雅之
（40普連）同 高山 博光
（北方）同 武本 康博
（陸幹校）同 田中 広明
（小校）同 田村 浩幸
（関東処）同 刀根 啓太
（陸幹校）同 直井 卓
（西方航）同 長井 昭則
（1施団）同 永島 肇
（西方）同 中富 普晃
（陸幹校）同 長友 康
（15旅団）同 中村 暢秀
（陸幹校）同 中村 英昭
（東方）同 中山 順一
（関西処）同 西村 滋
（陸幕）同 新田 幸司
（同）同 野口 紀幸
（中方）同 野々上美智明
（陸幹校）同 萩野 隆
（東北処）同 長谷川信一
（防医大）同 廣岡 伸隆
（陸幹校）同 深水 秀任
（3師団）同 藤田 真也
（西方）同 本田 頼朝
（陸幹校）同 町中 芳則
（1師団）同 松本 啓司
（東北方）同 松本 康宏
（北方）同 宮内 雅也
（東方）同 山本 幹二
（九州処）同 山本 哲
（西方衛隊）同 山本 泰輔
（陸幕）同 湯下兼太郎
（北方）同 横山 裕之
（陸幹校）同 力久 健

▽1海佐に昇任
（掃群）2海佐 井窪 誠史
（海幹校）同 伊勢 武朗
（しらね）同 甲斐 義博
（海幕）同 岸本 昌之
（21空）同 北林 治
（海幕）同 児島 健介
（海幹校）同 小関 昌彦
（統幕）同 坂野 祐輔
（佐指隊）同 高田 昌樹
（海1術校）同 中瀨 高宣
（海幹校）同 林 隆司
（佐監）同 廣中 敬三
（海幕）同 藤井 健一
（技本）同 三木 隆行
（海幕）同 三好 昇次
（同）同 本村 雅久
（海幹校）同 森 裕之
（海幕）同 矢倉 清次

▽1空佐に昇任
（北空）2空佐 青山 圭一
（西警団）同 朝倉 勝彦
（支援集団）同 阿部 晋也
（空幕）同 雨宮 太朗
（同）同 荒瀬 英雄
（同）同 五十嵐 輝
（中警団）同 井上 英憲
（空幕）同 江口 尊俊
（空幹校）同 大石 辰男
（同）同 甲斐 隆裕
（総隊）同 加藤 栄一
（空幹校）同 兼子 尚也
（管制群）同 神田 俊英
（空幕）同 木村 政和
（同）同 清永 剛夫
（中警団）同 齋藤 和典
（統幕）同 杉谷 康征
（空幕）同 芹川 武也
（5空団）同 竹岡 功二
（空幕）同 塚原 敏美
（同）同 年森 久泰
（医実隊）同 藤田 真敬
（空幕）同 二木 裕昭
（総隊）同 古川 義久
（空幕）同 南 賢司
（支援集団）同 渡邊 聡
（以上7月1日）

集団的自衛権　閣議決定の全文

平成26年7月1日

国の存立を全うし、国民を守るための切れ目のない安全保障法制の整備について

我が国は、戦後一貫して日本国憲法の下で平和国家として歩んできた。専守防衛に徹し、他国に脅威を与えるような軍事大国とはならず、非核三原則を守るとの基本方針を堅持しつつ、国民の営々とした努力により経済大国として栄え、安定して豊かな国民生活を築いてきた。また、我が国は、平和国家としての立場から、国際連合憲章を遵守しながら、国際社会や国際連合をはじめとする国際機関と連携し、それらの活動に積極的に寄与している。こうした我が国の平和国家としての歩みは、国際社会において高い評価と尊敬を勝ち得てきており、これをより確固たるものにしなければならない。

一方、日本国憲法の施行から67年となる今日までの間に、我が国を取り巻く安全保障環境は根本的に変容するとともに、さらに変化し続け、我が国は複雑かつ重大な国家安全保障上の課題に直面している。国際連合憲章が理想として掲げたいわゆる正規の「国連軍」は実現のめどが立っていないことに加え、冷戦終結後の四半世紀だけをとっても、グローバルなパワーバランスの変化、技術革新の急速な進展、大量破壊兵器や弾道ミサイルの開発および拡散、国際テロなどの脅威により、アジア太平洋地域において問題や緊張が生み出されるとともに、脅威が世界のどの地域において発生しても、我が国の安全保障に直接的な影響を及ぼし得る状況になっている。

さらに、近年では、海洋、宇宙空間、サイバー空間に対する自由なアクセスおよびその活用を妨げるリスクが拡散し深刻化している。もはや、どの国も一国のみで平和を守ることはできず、国際社会もまた、我が国がその国力にふさわしい形で一層積極的な役割を果たすことを期待している。

政府の最も重要な責務は、我が国の平和と安全を維持し、その存立を全うするとともに、国民の命を守ることである。我が国を取り巻く安全保障環境の変化に対応し、政府としての責務を果たすためには、まず、十分な体制をもって力強い外交を推進することにより、安定しかつ見通しがつきやすい国際環境を創出し、脅威の出現を未然に防ぐとともに、国際法にのっとって行動し、法の支配を重視することにより、紛争の平和的な解決を図らなければならない。

さらに、我が国自身の防衛力を適切に整備、維持、運用し、同盟国である米国との相互協力を強化するとともに、域内外のパートナーとの信頼および協力関係を深めることが重要である。特に、我が国の安全およびアジア太平洋地域の平和と安定のために、日米安全保障体制の実効性を一層高め、日米同盟の抑止力を向上させることにより、武力紛争を未然に回避し、我が国に脅威が及ぶことを防止することが必要不可欠である。その上で、いかなる事態においても国民の命と平和な暮らしを断固として守り抜くとともに、国際協調主義に基づく「積極的平和主義」の下、国際社会の平和と安定にこれまで以上に積極的に貢献するためには、切れ目のない対応を可能とする国内法制を整備しなければならない。

5月15日に「安全保障の法的基盤の再構築に関する懇談会」から報告書が提出され、同日に安倍内閣総理大臣が記者会見で表明した基本的方向性に基づき、これまで与党において協議を重ね、政府としても検討を進めてきた。今般、与党協議の結果に基づき、政府として、以下の基本方針に従って、国民の命と平和な暮らしを守り抜くために必要な国内法制を速やかに整備することとする。

1　武力攻撃に至らない侵害への対処

(1) 我が国を取り巻く安全保障環境が厳しさを増していることを考慮すれば、純然たる平時でも有事でもない事態が生じやすく、これにより、さらに重大な事態に至りかねないリスクを有している。こうした武力攻撃に至らない侵害に際し、警察機関と自衛隊を含む関係機関が基本的な役割分担を前提として、より緊密に協力し、いかなる不法行為に対しても切れ目のない十分な対応を確保するための態勢を整備することが一層重要な課題となっている。

(2) 具体的には、こうしたさまざまな不法行為に対処するため、警察や海上保安庁などの関係機関が、それぞれの任務と権限に応じて緊密に協力して対応するとの基本方針の下、おのおのの対応能力を向上させ、情報共有を含む連携を強化し、具体的な対応要領の検討や整備を行い、命令発出手続を迅速化するとともに、各種の演習や訓練を充実させるなど、各般の分野における必要な取り組みを一層強化することとする。

(3) このうち、手続きの迅速化については、離島の周辺地域等において外部から武力攻撃に至らない侵害が発生し、近傍に警察力が存在しない場合や警察機関が直ちに対応できない場合（武装集団の所持する武器等のために対応できない場合を含む）の対応において、治安出動や海上における警備行動を発令するための関連規定の適用関係についてあらかじめ十分に検討し、関係機関において共通の認識を確立しておくとともに、手続きを経ている間に、不法行為による被害が拡大することがないよう、状況に応じた早期の下令や手続きの迅速化のための方策について具体的に検討することとする。

(4) さらに、我が国の防衛に資する活動に現に従事する米軍部隊に対して攻撃が発生し、それが状況によっては武力攻撃にまで拡大していくような事態においても、自衛隊と米軍が緊密に連携して切れ目のない対応をすることが、我が国の安全の確保にとっても重要である。

自衛隊と米軍部隊が連携して行う平素からの各種活動に際して、米軍部隊に対して武力攻撃に至らない侵害が発生した場合を想定し、自衛隊法第95条による武器等防護のための「武器の使用」の考え方を参考にしつつ、自衛隊と連携して我が国の防衛に資する活動（共同訓練を含む）に現に従事している米軍部隊の武器等であれば、米国の要請または同意があることを前提に、当該武器等を防護するための自衛隊法第95条によるものと同様の極めて受動的かつ限定的な必要最小限の「武器の使用」を自衛隊が行うことができるよう、法整備をすることとする。

2　国際社会の平和と安定への一層の貢献

(1) いわゆる後方支援と「武力の行使との一体化」

ア　いわゆる後方支援といわれる支援活動それ自体は、「武力の行使」に当たらない活動である。例えば、国際の平和および安全が脅かされ、国際社会が国際連合安全保障理事会決議に基づいて一致団結して対応するようなときに、我が国が当該決議に基づき正当な「武力の行使」を行う他国軍隊に対してこうした支援活動を行うことが必要な場合がある。一方、憲法第9条との関係で、我が国による支援活動については、他国の「武力の行使と一体化」することにより、我が国自身が憲法の下で認められない「武力の行使」を行ったとの法的評価を受けることがないよう、これまでの法律においては、活動の地域を「後方地域」や、いわゆる「非戦闘地域」に限定するなどの法律上の枠組みを設定し、「武力の行使との一体化」の問題が生じないようにしてきた。

イ　こうした法律上の枠組みの下でも、自衛隊は、各種の支援活動を着実に積み重ね、我が国に対する期待と信頼は高まっている。安全保障環境がさらに大きく変化する中で、国際協調主義に基づく「積極的平和主義」の立場から、国際社会の平和と安定のために、自衛隊が幅広い支援活動で十分に役割を果たすことができるようにすることが必要である。また、このような活動をこれまで以上に支障なくできるようにすることは、我が国の平和および安全の確保の観点からも極めて重要である。

ウ　政府としては、いわゆる「武力の行使との一体化」論それ自体は前提とした上で、その議論の積み重ねを踏まえつつ、これまでの自衛隊の活動の実経験、国際連合の集団安全保障措置の実態等を勘案して、従来の「後方地域」あるいはいわゆる「非戦闘地域」といった自衛隊が活動する範囲をおよそ一体化の問題が生じない地域に一律に区切る枠組みではなく、他国が「現に戦闘行為を行っている現場」ではない場所で実施する補給、輸送などの我が国の支援活動については、当該他国の「武力の行使と一体化」するものではないという認識を基本とした以下の考え方に立って、我が国の安全の確保や国際社会の平和と安定のために活動する他国軍隊に対して、必要な支援活動を実施できるようにするための法整備を進めることとする。

(ア) 我が国の支援対象となる他国軍隊が「現に戦闘行為を行っている現場」では、支援活動は実施しない。

(イ) 仮に、状況変化により、我が国が支援活動を実施している場所が「現に戦闘行為を行っている現場」となる場合には、直ちにそこで実施している支援活動を休止または中断する。

(2) 国際的な平和協力活動に伴う武器使用

ア　我が国は、これまで必要な法整備を行い、過去20年以上にわたり、国際的な平和協力活動を実施してきた。その中で、いわゆる「駆け付け警護」に伴う武器使用や「任務遂行のための武器使用」については、これを「国家又は国家に準ずる組織」に対して行った場合には、憲法第9条が禁ずる「武力の行使」に該当するおそれがあることから、国際的な平和協力活動に従事する自衛官の武器使用権限はいわゆる自己保存型と武器等防護に限定してきた。

イ　我が国としては、国際協調主義に基づく「積極的平和主義」の立場から、国際社会の平和と安定のために一層取り組んでいく必要があり、そのために、国際連合平和維持活動（PKO）などの国際的な平和協力活動に十分かつ積極的に参加できることが重要である。また、自国領域内に所在する外国人の保護は、国際法上、当該領域国の義務であるが、多くの日本人が海外で活躍し、テロなどの緊急事態に巻き込まれる可能性がある中で、当該領域国の受け入れ同意がある場合には、武器使用を伴う在外邦人の救出についても対応できるようにする必要がある。

ウ　以上を踏まえ、我が国として、「国家又は国家に準ずる組織」が敵対するものとして登場しないことを確保した上で、国際連合平和維持活動などの「武力の行使」を伴わない国際的な平和協力活動におけるいわゆる「駆け付け警護」に伴う武器使用および「任務遂行のための武器使用」のほか、領域国の同意に基づく邦人救出などの「武力の行使」を伴わない警察的な活動ができるよう、以下の考え方を基本として、法整備を進めることとする。

(ア) 国際連合平和維持活動等については、PKO参加5原則の枠組みの下で、「当該活動が行われる地域の属する国の同意」および「紛争当事者の当該活動が行われることについての同意」が必要とされており、受け入れ同意をしている紛争当事者以外の「国家に準ずる組織」が敵対するものとして登場することは基本的にないと考えられる。このことは、過去20年以上にわたる我が国の国際連合平和維持活動等の経験からも裏付けられる。近年の国際連合平和維持活動において重要な任務と位置付けられている住民保護などの治安の維持を任務とする場合を含め、任務の遂行に際して、自己保存および武器等防護を超える武器使用が見込まれる場合には、特に、その活動の性格上、紛争当事者の受け入れ同意が安定的に維持されていることが必要である。

(イ) 自衛隊の部隊が、領域国政府の同意に基づき、当該領域国における邦人救出などの「武力の行使」を伴わない警察的な活動を行う場合には、領域国政府の同意が及ぶ範囲、すなわち、その領域において権力が維持されている範囲で活動することは当然であり、これは、その範囲においては「国家に準ずる組織」は存在していないということを意味する。

(ウ) 受け入れ同意が安定的に維持されているかや領域国政府の同意が及ぶ範囲等については、国家安全保障会議における審議等に基づき、内閣として判断する。

(エ) なお、これらの活動における武器使用については、警察比例の原則に類似した厳格な比例原則が働くという内在的制約がある。

3　憲法第9条の下で許容される自衛の措置

(1) 我が国を取り巻く安全保障環境の変化に対応し、いかなる事態においても国民の命と平和な暮らしを守り抜くためには、これまでの憲法解釈のままでは必ずしも十分な対応ができないおそれがあることから、いかなる解釈が適切か検討してきた。その際、政府の憲法解釈には論理的整合性と法的安定性が求められる。したがって、従来の政府見解における憲法第9条の解釈の基本的な論理の枠内で、国民の命と平和な暮らしを守り抜くための論理的な帰結を導く必要がある。

(2) 憲法第9条はその文言からすると、国際関係における「武力の行使」を一切禁じているように見えるが、憲法前文で確認している「国民の平和的生存権」や憲法第13条が「生命、自由及び幸福追求に対する国民の権利」は国政の上で最大の尊重を必要とする旨定めている趣旨を踏まえて考えると、憲法第9条が、我が国が自国の平和と安全を維持し、その存立を全うするために必要な自衛の措置をとることを禁じているとは到底解されない。一方、この自衛の措置は、あくまで外国の武力攻撃によって国民の生命、自由および幸福追求の権利が根底から覆されるという急迫、不正の事態に対処し、国民のこれらの権利を守るためのやむを得ない措置として初めて容認されるものであり、そのための必要最小限度の「武力の行使」は許容される。これが、憲法第9条の下で例外的に許容される「武力の行使」について、従来から政府が一貫して表明してきた見解の根幹、いわば基本的な論理であり、昭和47年10月14日に参議院決算委員会に対し政府から提出された資料「集団的自衛権と憲法との関係」に明確に示されているところである。

この基本的な論理は、憲法第9条の下では今後とも維持されなければならない。

(3) これまで政府は、この基本的な論理の下、「武力の行使」が許容されるのは、我が国に対する武力攻撃が発生した場合に限られると考えてきた。しかし、冒頭で述べたように、パワーバランスの変化や技術革新の急速な進展、大量破壊兵器などの脅威等により我が国を取り巻く安全保障環境が根本的に変容し、変化し続けている状況を踏まえれば、今後他国に対して発生する武力攻撃であったとしても、その目的、規模、態様等によっては、我が国の存立を脅かすことも現実に起こり得る。

我が国としては、紛争が生じた場合にはこれを平和的に解決するために最大限の外交努力を尽くすとともに、これまでの憲法解釈に基づいて整備されてきた既存の国内法令による対応や当該憲法解釈の枠内で可能な法整備などあらゆる必要な対応をとることは当然であるが、それでもなお我が国の存立を全うし、国民を守るために万全を期す必要がある。

こうした問題意識の下に、現在の安全保障環境に照らして慎重に検討した結果、我が国に対する武力攻撃が発生した場合のみならず、我が国と密接な関係にある他国に対する武力攻撃が発生し、これにより我が国の存立が脅かされ、国民の生命、自由および幸福追求の権利が根底から覆される明白な危険がある場合において、これを排除し、我が国の存立を全うし、国民を守るために他に適当な手段がないときに、必要最小限度の実力を行使することは、従来の政府見解の基本的な論理に基づく自衛のための措置として、憲法上許容されると考えるべきであると判断するに至った。

(4) 我が国による「武力の行使」が国際法を遵守して行われることは当然であるが、国際法上の根拠と憲法解釈は区別して理解する必要がある。憲法上許容される上記の「武力の行使」は、国際法上は、集団的自衛権が根拠となる場合がある。この「武力の行使」には、他国に対する武力攻撃が発生した場合を契機とするものが含まれるが、憲法上は、あくまでも我が国の存立を全うし、国民を守るため、すなわち、我が国を防衛するためのやむを得ない自衛の措置として初めて許容されるものである。

(5) また、憲法上「武力の行使」が許容されるとしても、それが国民の命と平和な暮らしを守るためのものである以上、民主的統制の確保が求められることは当然である。政府としては、我が国ではなく他国に対して武力攻撃が発生した場合に、憲法上許容される「武力の行使」を行うために自衛隊に出動を命ずるに際しては、現行法令に規定する防衛出動に関する手続きと同様、原則として事前に国会の承認を求めることを法案に明記することとする。

4　今後の国内法整備の進め方

これらの活動を自衛隊が実施するに当たっては、国家安全保障会議における審議等に基づき、内閣として決定を行うこととする。こうした手続きを含めて、実際に自衛隊が活動を実施できるようにするためには、根拠となる国内法が必要となる。政府として、以上述べた基本方針の下、国民の命と平和な暮らしを守り抜くために、あらゆる事態に切れ目のない対応を可能とする法案の作成作業を開始することとし、十分な検討を行い、準備ができ次第、国会に提出し、国会におけるご審議を頂くこととする。

おことわり　「QDR（米国防計画見直し）全文」は休みました。

50年

共に歩んできた道 これからも続く道

井上さん一家に粋な計らい

厚生・共済 特集

ホテルグランドヒル市ヶ谷

思い出のホテルグランドヒル市ヶ谷で「金婚式」のパーティーを開いた井上様ご一家

開業直後の市ヶ谷会館で結婚式を挙げられた井上様ご夫妻（前列中央）＝昭和39年８月

新館、チャペルを増設 サービスも大きく向上

ホテルグランドヒル市ヶ谷の前身「市ヶ谷会館」は昭和39年3月12日、当時の陸上自衛隊市ヶ谷駐屯地の隣接地に防衛庁共済組合の直営施設として開業しました。

昭和61年6月、東側に新館（現・東館）が建てられ、本館（現・西館）と合わせ、新たに「ホテルグランドヒル市ヶ谷」と親しみやすい名称に定めました。

平成8年5月には結婚式場のチャペルも完成。都内有数の独立型チャペルとして内外から注目され、数々のテレビ番組のロケ地にもなり、高い人気を誇る式場となりました。

平成12年4月に防衛庁（現・防衛省）が市ヶ谷地区に移転。グラヒルは職員の宿泊・飲食施設としての機能に加え、各種の会議や展示会の会場としてもその役割を増してきました。

平成24年には本館（西館）とチャペル、チャペルガーデンがおしゃれにリニューアル。若者から年配者まで幅広く支持を得て、多くのお客様をお迎えしています。

半世紀におよぶ皆さまのご愛顧を得て、グラヒルは「開業50周年」を迎えました。

ホテルグランドヒル市ヶ谷の庭園に建つチャペルと新郎・新婦送迎用のブライダルカー

思い出の場所で感動の 金婚式

最高の一日を

ある5月の日曜日。青空の下にチャペルのカリヨン（鐘）が華やかに祝福の音色を奏でました。真っ赤な絨毯が敷かれた外階段をとびっきりの笑顔でしっかりと手をつなぎ歩むお二人に、拍手喝采を送るご家族。それは結婚50年目の「金婚式」のお祝いの一場面だったのです。

お話のきっかけは、3月にお二人（井上様ご夫妻）のお嬢様より「50年前にそちらで挙式した両親へ金婚式のお祝いをしてあげたい」というメールを頂いたことがはじまりでした。（聞けば、お嬢様もご子息もホテルグランドヒル市ヶ谷で挙式をされたそうです）。

どんなお祝いをしたら喜んでいただけるか。お客様に最高の一日をお過ごしいただきたい！ そんな気持ちでスタッフ一同が考えた結果、お料理は「金婚式」ならではのメニューを。そして50年前にはなかったチャペルまでブライダルカー（オープンカー）でご案内し、聖歌隊から歌のプレゼントをさせていただくことにしました。

そうして迎えた当日は、お嬢様、お子様、お孫様総勢21名となりました。まずはホテル2階のスタジオ写真室にて、ご主人は燕尾服、奥様は美しい水色の着物に身を包み、中央で微笑み、皆様で賑やかに撮影をしていただきました。

その後、欧風ラウンジ「サルビア」にて、お食事会をスタート。乾杯酒は「スパークリングワイン」。お食事は「旬のホワイトアスパラガスとパルマ産プロシュート・ポーチドエッグ・バルサミコソース」から始まり、「スープ」、メインは「牛フィレ・シャリアピンステーキ」、そしてデザートは、英国のヴィクトリア女王の即位50周年を祝して考案された、バニラアイスに温かいチェリーソースを掛けて食べる「チェリージュビレ」と、バラエティに富んだメニューをご堪能いただきました。

料理、ブライダルカー、聖歌隊ｅｔｃ
サプライズ演出次々

食後はいよいよホテルグランドヒル市ヶ谷からのサプライズ・セレモニーのはじまり！ 主役のお二人にホテル玄関から白いコンバーチブル（オープンカー）に乗っていただき、チャペルへとご案内しました。

車から降りたお二人は、しっかりと手をつなぎ、ご家族の祝福を受けながら中へと歩まれ、バージンロードを進んでいただくことをお勧めすると、照れながらもパイプオルガンの音色に合わせ一歩一歩進まれました。お二人を温かいまなざしで見守るご家族。お嬢様の目には涙が溢れていました。

その後、聖歌隊、トランペッター、オルガン奏者からお二人に「You raise me up」がプレゼントされ、力強い生演奏と歌声に皆様とても感動していらっしゃいました。

50年間共に歩んでこられたお二人には、お嬢様をはじめ、ご家族そして可愛いお孫様たちの笑顔の祝福が何よりの宝物になったことでしょう。

この記念すべき一日は、ホテルグランドヒル市ヶ谷にとってお客様と50年間共に歩んできた道、これからも続く道となりました。

年金Qアンド A

年金の請求が遅れた場合は？
権利は5年経過すると消滅

Q　私は定年退官した63歳（昭和25年11月6日生まれ）の元自衛官です。現在、民間会社に在職中ですので、退職共済年金を請求していません。近頃、年金の請求が遅れた場合は、時効により年金額が減額されることがあると聞いたのですが、どのようなものですか。

A　年金は、年金を受ける権利を取得した方の請求に基づいて決定されることになっていますが、この年金を受ける権利を「基本権」、各支給期月（年金は原則として、偶数月の各月に前月分までの年金が支給されます。）に支給される年金の請求権を「支分権」といいます。基本権も支分権も、年金の給付事由が生じた日から5年を経過したときは時効により消滅することになります。

ただし、請求者が時効となるまで請求を行うことができなかった旨を申し立てた書面が請求書に添付され、その申し立ての理由が宥恕（ゆうじょ）すべき理由に該当するものと認められる場合には、時効は援用されず、基本権は認められることとされています。

この場合でも、支分権については5年を超えた支給期月分の年金は支給されません。

あなたの場合、特別支給の退職共済年金が60歳から、本来支給の退職共済年金は65歳が受給開始年齢になっています。65歳前に支給される「特別支給の退職共済年金」の請求手続きは、できるだけお早めに、退職時の共済組合支部で行うようお願い致します。

時効については、老齢基礎年金や老齢厚生年金等他の年金についても同様の扱いになります。遅く請求すれば、それだけ年金が増えると勘違いされる方がいらっしゃいますのでご注意ください。

なお、65歳に達した翌月から受給することとされている、「本来支給の退職共済年金」については、受給権者の申出により66歳から70歳までの希望する年齢から繰下げて受給する制度があります。繰下げの申出を行った場合の年金額は、本来支給の退職共済年金を繰下げしなかった場合の額に「繰下げ加算額」を加算した額になります。「繰下げ加算額」は、繰下げしなかった場合の支給額に、65歳から繰下げ申出を行った月の前月までの期間月数（最大60月）の1月につき、０・７％の増額率を乗じて計算します。

注1：「繰下げ加算額」は65歳以降、繰下げ支給の申出を行うまでの間に、被用者年金制度〈共済、厚生〉に加入して賃金等を得ていた方の場合は、その期間において年金を受給していたとした場合に支給停止される額を控除した、実際の支給額で計算します。

注2：加給年金額は繰下げ加算の対象とはなりません。また、65歳以降、繰下げ申出を行うまでの期間、加給年金額の受給はできません。

（本部年金班）

夏の各地のテーマパーク 花火大会など情報が満載

えらべる倶楽部ＮＥＷＳ！夏号

防衛省共済組合が提携するＪＴＢベネフィットの会報誌『えらべる倶楽部ＮＥＷＳ！夏号』が発行されました。

今号では、子供たちが待ちかねる夏休みを前に「アクティブに遊ぶ！ゆったり癒す！最高の夏はレジャーにあり！」をテーマに、この夏の各地のテーマパークや花火大会、避暑地などの情報が満載です。

また、えらべる倶楽部会員の皆さまに「真夏のおすすめベイエリア・ホテル」をご紹介。ホームページから海辺のおしゃれなホテルの予約が簡単にできます。

このほか、「夏のボーナス・マル得買いもの術」を特集。いま欲しい商品を安く簡単に購入できる「えらべる倶楽部」と「えらべるモール」の各種商品が紹介されています。

普段お世話になっている方にお中元を贈るなら「専門家に聞いた！定番のお中元おすすめＢＥＳＴ５」がお得です。おすすめランキングを見ながら「えらべるモール」を使えば、特選ギフトが会員価格、送料無料で購入できます。

『えらべる倶楽部ＮＥＷＳ！夏号』をぜひご活用ください。

防衛省共済組合 運営審議会開催

防衛省共済組合の運営審議会が6月24日午後、ホテルグランドヒル市ヶ谷で開かれました＝写真。

運営審議会には、会長の豊田人事教育局長をはじめ、委員の中西海幕人事教育部長、武藤空幕人事教育部長、大内田陸自中部方面総監部人事部長ら約40人が出席し、①平成25年度防衛省共済組合決算（案）②防衛省共済組合定款等の一部変更（案）の2議案について審議を行いました。

最初に25年度共済組合の決算概要について共済組合本部財務室長から説明があり、続いて25年度末の部隊改編で沖縄・八重瀬支部の住所が変更されたことなど、定款等の一部変更内容が担当部員から報告されました。

この後、採決が行われ、議案は全会一致で承認されました。

厚生・共済

特集

各地で任期制隊員にライフプラン教育

人生に設計図を

自衛隊を退職したら、どうなるの――。若い任期制隊員に対し、退職後の人生設計が立てられるよう、各部隊では「ライフプラン教育」を実施している。専門家による講話や教育を行って隊員それぞれの目標や能力、性格などを自覚させた上で将来プランを作成。自衛隊で青春の日々を送った彼らが職業の選択を誤らず、よりよい人生を送れるよう、部隊も全面サポートしている。

部隊も全面サポート

コミュニケーション能力向上訓練を受ける隊員（6月5日、北千歳駐屯地教場で）

自分を見つめ直す好機
相談員講話、グループ討議も

【青森】地本は4月中旬から5月下旬にかけ、八戸、青森、弘前の各駐屯地で「ライフプラン集合訓練」を行い、1任期を満了する隊員68人が参加した。

訓練は各3日間にわたって行われ、初日は青森県内の雇用情勢や人事制度、各種援護施策を説明。進路設計相談員の講話をはさんで予備自、即応予備自衛官制度の紹介や各地区援護センター長から雇用情勢などの教育も行われた。

2、3日目は自衛隊援護協会の稲泉武彦氏が講師となり、ライフプランの意義と重要性について講話。隊員たちはそれぞれライフプラン表を作成し、その後、グループ討議や意見発表を行った。

隊員からは「自分を見つめ直す材料となるものが多く、今後の人生設計がいかに大切かを考えさせられた。自己分析で向いた職業が分かって良かった」との声があった。

「今後役立つ知識を得た」

【北千歳】北千歳駐屯地は6月2日から6日まで、「ライフプラン教育」を実施、隊員17人が参加した。

初日はライフプランの心構え、保険外交員の樋高政弥氏が講話を行った。2日目以降は部外講師を招き、自己分析やライフプラン作成、コミュニケーション能力の向上、接遇とマナーなどの教育を実施。

隊員からは「自己分析やリーダーシップの大切さなど、今後に役立つ知識を得ることができた」「接遇とマナー、身だしなみについては、自分の知識のなさにショックを受けたが、とてもためになった」などの感想が寄せられた。

カウンセラー教育
具体的志向隊員らに好評

【岐阜】岐阜基地は5月28、29の両日、援護指導の一環として任期制隊員に対する「ライフプラン集合訓練」を行った。

基地内外の各部隊から若手隊員30人が参加し、NPO日本プロフェッショナル・キャリア・カウンセラー協会の講師・加藤朱美氏から教育を受けた。

隊員からは「将来設計を具体的に考えることができた」と好評で、「これからも教育の機会を増やして欲しい」との要望があった。これを受け、岐阜基地では就職補導教育と合わせ、より具体的で充実した援護教育を実施していく。

余暇を楽しむ

紹介者：
元3空尉　柴坂　信明
（4術校・熊谷）

熊谷基地「みいずゴルフクラブ」

ゴルフ道具を保有 参加資格は"紳士淑女"

皆さん、空自熊谷基地で活動を続けている「みいずゴルフクラブ（MGC）」をご存じですか。

クラブの名前の由来は筆者もよく分かりませんが、発足は昭和の時代までさかのぼり、全盛期は100人を超える会員を擁していました。競技会を行うために、10組もの枠を押さえておかなければならなかったほどで、幹事泣かせの集団でもありました。

栄枯盛衰(?)の如くその後部員が減少し、現在では多くが"幽霊会員"となり、競技会への参加者も最大で20人ほどとなりましたが、一部の熱狂的なゴルフ愛好者を中心に、地道に活動を続けています。

愛好者の1人だった前部長が今年5月に転出し、現在は4術校整備部長の小此木2佐が部長を務めています。幹事は同整備部の沼田3曹が務め、定年のために泣く泣く引退した前任者の後を受け継いで、孤軍奮闘しながら活動を支えています。

コンペ等は、関東地域を中心に多い年で年間7～8回程度開催しています。参加資格はゴルフ道具を保有していることと"紳士淑女"であることのみ。また会員の退官を記念したコンペも不定期に行い親睦を深め、再会を期しています。

コンペの初参加者は、自動的にMGC会員に登録される"特典"も付いています。一方で、基地の厚生部署からの指導もあり、1年以上コンペ等に不参加の場合、こちらも同様に自動的に会員名簿から削除されます。

集団活動が奨励されている昨今、1人で行う趣味を続けられている方やグリーンの上で爽快感を得たい方などがいましたら、まずはクラブ等を用意し、当クラブのコンペに参加されてみてはいかがでしょう。

同僚の退官を記念したコンペに集った熊谷基地「みいずゴルフクラブ」の会員＝群馬県高崎市の「サンコー72カントリークラブ」で

横音"カレーの祭典"で曲披露
三笠公園、2万人が楽しむ

【横音】横須賀音楽隊は5月10日、横須賀市の三笠公園で行われた「よこすかカレーフェスティバル2014」で演奏を行った。

"日本最大級のカレーイベント"と銘打った同フェスは毎年この時期に開催されており、今年は市内外から2万人が来場した。

横音は公園内の野外ステージで「かもめが横須賀翔んだストーリー」や嵐の「ふるさと」（歌・澤辺泰紀2曹、藤沼直樹3曹）、「アニメ・ヒーロー大集合」など6曲を披露。

最後に司会の似内貴子3曹が海自の任務を紹介し、村上渚2曹と藤沼3曹が「翼をください」を合唱、アンコールはもちろん行進曲「軍艦」だった。

横須賀市は平成10年12月、当時の古澤忠彦横須賀総監の呼びかけでカレーを活用した街づくりに着手。11年には「カレーの街」宣言をし、市と横監、商工会議所で「カレーの街よこすか推進委員会」を発足させた。

現在、「よこすか海軍カレー」はご当地カレーとして全国1位の人気を誇っており、横須賀市は「カレーの街」としての地位を不動のものとしている。

今年は発足から15年目の節目で、吉田雄人横須賀市長から古澤・元横総監に感謝状と記念品が贈られた。

自慢の一品料理
さつま揚げ

紹介者：
東　幸治3海曹
（鹿屋航空基地隊厚生隊給養班）

鹿屋航空基地では鹿児島県の郷土料理「さつま揚げ」を年2～3回提供しており、隊員たちに地元の味を楽しんでもらっています。

さつま揚げは薩摩藩主・島津斉彬公の時代に、琉球から伝わった揚げ物文化と古来からのかまぼこ製法が合体してできた伝統食。たんぱく質が豊富で、ヘルシーフードとしても注目されています。

約300食を給養員8人ですべて手作り。魚のすり身にゴボウ、ニンジン、ニラ、サツマイモなどの野菜や豆腐をまぜ合わせ、食べやすいように丸く形を整えています。

油できつね色に揚げれば、「具だくさんのさつま揚げ」の出来上がり。サツマイモは地元でとれたものを使用しており、シャキシャキとした食感とほのかな甘みが絶妙です。

アツアツのさつま揚げは、噛めば噛むほど味わい深く、ごはんが進みます。手作りならではの素朴な形も楽しんでもらえる一品です。

今後も隊員の皆様に喜んでいただけるような食事の提供を行っていきたいです。

「JASDF羊羹」開発
井村屋 3空団給養小隊が協力

3空団業務群業務隊給養小隊が開発協力した井村屋の「JASDF羊羹」（チョコレート味）

【三沢】肉まんやあずきバーで有名な井村屋はこのほど、水がなくても食べやすく、喉が渇きにくいチョコレート味の栄養補助食品「JASDF羊羹（ようかん）」を第3航空団基地業務群業務隊給養小隊の協力で開発した。

空自の英語名が入った「JASDF羊羹」は、大きさが8×4×2センチのポケットサイズで携帯しやすいのが特徴。エネルギー量は194カロリー（おにぎり約1個分）で、脳の活動に必要なブドウ糖15グラムを補給できる。賞味期限は1年（今後延長される予定）。

過酷な環境下では疲労による糖分摂取の要求が高まるほか、慣れ親しんだ菓子は平常心を取り戻す効果があることも最新の研究で判明しており、3年前の東日本大震災では、チョコレートなどの食べやすく糖分の多い菓子を要求する隊員が多かった。

なお、井村屋では今後、同食品の一般発売も考えている。問い合わせは03（5844）6155まで。

上富良野駐に見事な花壇

【上富良野】富良野地方自衛隊協力会上富良野支部女性部（部長・村上和子氏）は6月13日、上富良野駐屯地の隊員食堂前の花壇に花を植えた。

この植栽は毎年この時期に行われ、今年も色とりどりのマリーゴールドやサルビア、ベゴニアを植え、見事な花壇を完成させた。また6月17日には上富良野商工会女性部（部長＝鶴谷久美子氏）から14鉢のベゴニアが贈られ、こちらは本部隊舎前の国旗掲揚台前に飾られた。

花を植えた富良野地方自衛隊協力会上富良野支部女性部会員（6月13日、上富良野駐屯地で）

隊友会と連携強化
守山駐屯地

【守山】守山駐屯地は5月13日、愛知県隊友会の沖見光洋会長＝写真㊧＝から激励品としてスポーツ飲料を贈られた。

愛知県隊友会は昭和34年に発足、現在会員数は2000人以上。主な活動は自衛隊の諸行事に対する協力、予備自等に対する支援、防衛セミナーの開催など幅広く、駐屯地の各種行事にも積極的に参加している。

駐屯地を訪れた沖見会長は隊友会の会勢拡大に向けた取り組みを説明した後、隊員への激励品としてスポーツ飲料を大庭秀昭駐屯地司令＝写真㊨＝に手渡した。

大庭司令は「激励ありがとうございます。これから訓練の最盛期に入るので、ぜひ活用させていただきます」とお礼を述べた。

新着任5組の隊員家族12人に説明会

【静岡】地本はこのほど、新たに着任した5組の隊員家族12人に対する説明会を開いた。

これは陸自が推進している「部隊家族間コミュニティー支援」の一環で、家族に対する部内広報と交流を通じ、部隊への信頼感と理解を深めることが目的。

当日は山下愛仁本部長のあいさつに始まり、隊員・家族の紹介や地本業務の概要説明、会食懇談、職場見学が行われた。

静岡地本では「今後も新着任家族説明会をはじめ各種イベント等を通して、部隊家族間コミュニティー支援を推進していきたい」としている。

回廊に風景写真
滝川駐本部庁舎

【滝川】滝川駐屯地はこのほど、本部庁舎の吹きぬけ回廊・階段に隊区内の風景写真を飾り、隊員や来訪者の間で話題となっている。

これは駐屯地と地域の連携を深めるために企画されたもので、空知・石狩地区の11市町から季節ごとに「街の一枚」が届けられ、四季折々の風情が楽しめる。

現在は菜の花など春の写真が飾られており、隊員は「夏はどんな風景になるのか楽しみ」と新たな写真に期待を寄せている。

22カ国、2万5000人がハワイ集結

「リムパック2014」開幕

22カ国が参加する環太平洋合同演習「リムパック2014」が米ハワイで始まり、6月30日、開会式がパールハーバーで行われた。日本からは海自の艦艇・航空機部隊に加え、初めて陸自の水陸両用部隊が参加。また中国も初めてミサイル駆逐艦など4隻を派遣した。開会式で海自指揮官の中畑康樹将補は「中国が安定した安全保障環境に貢献していくことは良いことだ。（日本も）期待し、歓迎する」と述べた。

（日時はハワイ時間）

「リムパック2014」の開会式で、報道陣の質問に答える海自部隊指揮官の中畑康樹将補（6月30日）

「中国の貢献に期待」 中畑将補

「リムパック2014」は6月26日から8月1日まで、ハワイとその周辺海空域で実施される。初参加の中国を含め22カ国から艦艇48隻、潜水艦6隻、航空機200機、人員2万5000人がハワイに集結した。

海自からは同演習で「副司令官職」を務める3護群司令の中畑康樹将補を指揮官に、ヘリ搭載艦「いせ」、イージス艦「きりしま」とP3C哨戒機3機などが参加。陸自からは番匠幸一郎西方総監を担任官に、西方普通科連隊（相浦）を主力とする約40人が水陸両用訓練に加わっている。

海自の「いせ」と「きりしま」は27日にパールハーバーに入港。この日は米海軍などの関係者を招き、「いせ」艦内のヘリコプター格納庫でレセプションを開いた。

また「きりしま」乗員で編成するサッカーチームは28日、米海軍チームと親善試合を行い、交流を深めた。

開会式は30日、パールハーバーで各国報道陣を前に行われた。米太平洋艦隊司令官のハリー・ハリス大将は「リムパックに参加することは（各国の）意見の違いを乗り越え、多国間で協力していくことを約束するもの」と述べ、中国との間でも「互いに透明性を高め、理解を深めていきたい」とあいさつした。

中畑司令も記者の質問に答え、「中国が安定した安全保障環境に貢献していくことは良いことだ。（日本も）期待し、歓迎している」と述べた。

これに対し、ミサイル駆逐艦「海口」、フリゲート「岳陽」、補給艦「千島湖」、病院船「和平方舟」の4隻で初参加した中国海軍の指揮官、趙暁剛上級大佐は「米海軍との新しい関係を前進させるために参加した。これは中国海軍が世界の平和を守ろうとする積極的な姿勢の表明でもある」と語った。

この後、各国の部隊は周辺海域に展開し、対潜戦、対空戦、対水上戦、対機雷戦などの訓練を開始した。一方、陸自は米海兵隊などと共に水陸両用訓練、実弾射撃を含む機能別訓練、人道支援・災害救援訓練などを実施している。

「いせ」艦内のヘリ格納庫で開かれた海自主催の艦上レセプション。米海軍をはじめ、多数のゲストが訪れた（6月27日）

「いせ」の艦上レセプションにはお神輿も登場。ゲストと一緒に神輿を担いで練り歩く海自隊員たち（6月27日）

㊨日米親善サッカー試合で、米海軍の大男をかわして積極的にシュートを打つ「きりしま」乗員（6月28日）㊧中国海軍を代表してあいさつする趙暁剛上級大佐。その左奥は海自の中畑将補（6月30日）

多数の米海軍艦艇が停泊するパールハーバーに入港する海自のイージス艦「きりしま」（中央）＝6月27日

㊤米海兵隊のカネオヘ・ベイ基地で、ボートを使った上陸訓練を行う陸自隊員㊧上陸後、砂浜に伏せて射撃態勢をとる西方普連隊員（7月1日）

地方防衛局 特集

グローバルホーク展開

東北局、地元に説明

三沢飛行場 10月頃まで

【東北局】米空軍の無人偵察機グローバルホークが5月24日と28日に青森県の三沢飛行場にそれぞれ飛来し、6月7日の運用開始を皮切りに今年10月ごろまでの予定で一時展開を開始した。東北防衛局は2機の一時展開について今年1月から地元自治体に丁寧な説明と協力要請を行い、地元の理解が得られたことから、実現に至った。

グアム拠点に運用

グローバルホークは現在、グアムのアンダーセン米空軍基地を拠点に運用されているが、夏季は台風などの悪天候の影響で制約を受けることから、米空軍は夏季における安定的な運用が可能な基地を必要としていた。

こうした中、米国本土とアジア太平洋地域の候補地をめぐって米空軍内で検討が重ねられ、天候のほか、同機の運用に必要な施設や設備などさまざまな観点から総合的に判断した結果、三沢飛行場が選ばれた。

速やかな情報提供を

東北局ではこの一時展開について地元住民の不安を払拭できるよう、可能な限り速やかな情報提供や安全性に関する情報開示などに努め、ホームページにも関連情報を随時掲載してきた。

三沢飛行場に展開している型式のグローバルホーク（ブロック30型）については、これまで重大な事故は起きておらず、有人の航空機と同じく管制の指示に従って航行する機能などを備えている。日本での実際の運用に際しても、米軍は我が国の管制の指示に従って運用を行っている。

また、原子力関連施設の上空を回避する飛行経路の設定や、民間航空機への影響を最小限とするなど、必要な調整も十分に行われている。

東北局では今回の一時展開について「より安定した運用を確保することにより、米軍の情報収集能力の向上を図ることができる。これはアジア太平洋地域における米軍の抑止力の維持、向上につながり、ひいては我が国の安全と地域の平和、安定の維持に寄与することになる」と話している。

同機の一時展開については、昨年10月の日米の外務・防衛担当閣僚協議（日米安全保障協議委員会「2プラス2」）の共同発表で、「2014年春からのローテーション展開」の開始が盛り込まれている。

▲三沢飛行場に今年10月までの予定で一時展開している米空軍の無人偵察機グローバルホーク

米軍施設「深谷通信所」

日本側に全面返還

南関東局 丸井局長が横浜市長に通知

【南関東局】横浜市泉区に所在する米軍施設「深谷通信所」が6月30日、米側から日本側に全面返還された。これを受けて同日、丸井博南関東防衛局長は横浜市庁舎に林文子市長を訪ね、深谷通信所の返還通知を行った。

丸井局長は、畑や野球場の市民利用は来年3月末まで可能となっていることを伝えた上で、「利用者が原状回復して返還した後、我々が埋設物などの調査を行い、財務省に引き渡し、その後、財務省で処分方法を検討する」と説明した。

これに対し、林市長は「このような大規模でまとまった返還跡地を市民の貴重な財産としてしっかり活用していくことは大変重要であり、改めて身の引き締まる思い。多くの市民の期待に何としても応え、未来に向けて夢をつなげる跡地利用ができるよう、全力を挙げて取り組みたい」と話した。

同通信所の具体的な返還時期については今年3月、日米合同委員会の下に設置されている施設調整部会で協議され、今年6月末までの返還をめどに速やかに返還手続きを開始することで一致していた。

また、同部会では「上瀬谷通信施設」（横浜市瀬谷区、同旭区）の具体的な返還時期についても協議が行われ、来年6月末の返還を目指し、手続きを開始することで一致している。

深谷通信所は在日米海軍厚木基地が管理してきた施設・区域。昭和20年に旧日本海軍の通信本部が米軍に接収されたもので、面積は約77ヘクタール。全て国有地。

深谷通信所の全面返還を横浜市の林文子市長（左）に伝える丸井博局長（6月30日、横浜市役所で）

防衛施設と首長さん

北海道遠軽町・佐々木修一町長

55歳。北海学園大卒。遠軽町総務部財政課長、教育委員会教育部長などを経て2009年10月遠軽町長就任。現在2期目。遠軽町自衛隊協力会会長。陸自遠軽駐屯地存置期成会会長。

北鎮師団といわれる陸上自衛隊第2師団、その東の一翼をなす陸上自衛隊遠軽駐屯地が駐屯する遠軽町は北海道の北東部、オホーツク管内のほぼ中央、内陸側に位置する緑豊かなまちです。町の中心市街地にそびえる瞰望岩（がんぼういわ78メートル）は、アイヌ語で「インカルシ」（見晴らしの良いところという意味）と呼ばれ、「えんがる」の町名はこの言葉に由来しています。

行政面積は1332・32平方キロメートルで、これは全国の市区町村で9番目（北方領土の市区町村を除くと8番目）の面積を誇り、香川県の面積の約7割に当たる広さです。また、総面積の9割近くを国有林などの森林が占めています。

古くから交通の要衝であり、この地方の医療、教育の中心地でもあります。特に、吹奏楽・スポーツが盛んで、吹奏楽は長い間、小中学校から高校まで全国大会の常連となっています。

駐屯地子弟でスポーツ活況 PKOや災派に町民が敬意

スポーツにおいてもスキー、山岳など全国大会へ選手を多数輩出しています。遠軽高校は5クラスのみの公立高校ですが、ラグビー部は現在、4年連続で花園大会出場中であり、野球部は過去7年間で4度、夏の甲子園予選決勝で惜しくも敗れていましたが、昨年、念願の春の選抜甲子園に初出場、初勝利を挙げました。

このような活躍は、遠軽駐屯地の多くの子弟により支えられており、地域の元気の源になっています。

また、オホーツクブルーの空のもと、約10ヘクタールにも及ぶ広大な敷地を1千万本のコスモスで埋め尽くす国内最大級のコスモス園がある「太陽の丘えんがる公園虹のひろば」は、雑草取りなど多くの町民ボランティアにより支えられており、特に自衛隊員の協力なくしては可憐なコスモスを見ることはできません。

平成24年4月23日、第25普通科連隊長の野村悟1佐が第6次ハイチ派遣国際救援隊長となり、派遣隊員317人中75人が遠軽から派遣されたことから、第6次隊を激励するためハイチ共和国を訪問しました。

わずか1泊2日の滞在でしたが、自衛隊の高い能力と組織としての優れた統率力は現地や他国から高い評価を受けていることを目の当たりにし、自衛隊が国防はもとより、世界の中で日本が名誉ある地位を保ち、国益を守っていることを再確認することができました。

東日本大震災、ハイチ派遣中の隊員や留守家族を支えるために町民自らがイベントなどを開催したことは、隊員が国防、国際貢献、災害派遣など重要な任務を完遂するため、まさに「風雪磨人」のごとく厳しい訓練に日夜精励していることに町民が敬意を払うとともに、地域活動に積極的に参画していることに対し親しみを抱いているからにほかなりません。

遠軽町は駐屯地隊員と地域が一体であり、今後とも遠軽駐屯地と共に発展するまちづくりを進めていきます。

リレー随想　大井　敏光

帯広に赴任して3カ月が過ぎた。

4月、週末には桜の花が見頃を迎える東京を後に機上の人となること1時間半、眼下に広がる十勝平野は私を白銀の世界へと招き入れてくれた。さすがは北海道、なんて軽い気持ちでタラップを降りた私を待ち受けていたのは北国帯広の現実。

官舎に入り、水道の蛇口をひねっても水が出ない。市水道課へ早速電話を入れると「水抜きをしているのだと思います」「水抜き?」。説明を聞き、帯広の地の先制パンチが私を見舞う。ジャブは歩道を歩く（走る）とやたら気になる砂利の多さ。積雪時に滑らないようまかれた物らしいが、その役目を終えた姿は私にとって邪魔な物でしかない（冬にはそのありがたさを思い知らされることになるのだろうが）。

帯広で3カ月、そして第2章へ

そんな冬の名残を感じた4月が過ぎ、光まぶしい5月、市民の方々の手により道路脇の花壇には色とりどりの花が咲き乱れ、この地の優しさと共に通勤時の目を和ませてくれる。そして帯広で一番の時期が過ぎると月日は早6月、蒸し蒸し感はないが、北海道にも梅雨はある！と思いながら一風呂浴びにモール温泉へ。

モール温泉、ご存じでしょうか。「モール泉」は十勝発祥の名称で、本来は「アルカリ性単純泉」のことだが、ドイツ語で「モール」は湿原を意味し、また太古の昔内湾であった十勝平野周辺に存在していた湿原の植物が完全に炭化せずに残った泥炭、亜炭層から湧き出る植物性の有機物を多く含む琥珀色の源泉が、ヨーロッパで肌に直接腐植物を含む泥炭泥を塗る美容法の一つ「モール浴」に似た効果が期待されることに由来するとか。

のこと。ツルツルとした浴感があり、「美人の湯」系の滑らかな泉質である。肌に潤いを求める方もそうでない方も是非一度、モール温泉を体験していただきたいものです。

その美人の湯で潤った肌を帯広の夏は30度を超す太陽が襲うらしい。しかしうれしいことにお祭りが盛りだくさん。「平原の大地がゆれ動く」をキャッチフレーズに3日間にわたり繰り広げられる十勝最大級のお祭り「おびひろ平原祭り」、2万発もの花火が夜空を染め、約10万人の人出でにぎわう十勝川花火大会など、今からワクワクである。

そして、まるで花火のような夏と、秋が過ぎるといよいよ季節は冬、わずかの期待と大いなる不安で始まる帯広と私の第2章。それは、4月に感じた北国帯広の現実を真正面から見せつけられることになるのであろうか。

（帯広防衛支局長）

「地域と自衛隊の関わり」講話　北海道防衛局長

【北海道局】北海道防衛局の島川正樹局長は5月20日、白老町の「しらおい創造空間『蔵』」で開催された一般社団法人「白老青年会議所（白老JC）」の例会で防衛をテーマに講演を行った。

例会は「連携によるまちの未来」と題して開かれ、開催に先立ち同局は「地域と自衛隊との関わり」をテーマにした講演の依頼を受けた。

開会に当たり、白老JCの黒田聖理事長は「白老町では昭和33年に自衛隊が駐屯し、長きにわたり自衛隊とまちが関わってきた歴史がある。島川局長の講演を聞いて、今後、地域と国防活動がどのように関わり、連携するかを考える時間にしたい」とあいさつ。

続いて、白老JCのOBでもある戸田安彦白老町長が「白老町におけるまちづくりの歴史は自衛隊・防衛局なくしてあり得ない。この講演を通して、よいまちづくりを行うためのアイデアを得たい」と述べた。

島川局長は防衛省の組織をはじめ、我が国を取り巻く安全保障環境や平成26年度防衛関係費、北海道内の防衛施設と周辺地域との調和を図るための施策、新大綱と中期防――などについて約1時間、分かりやすく説明した。

当日は白老JCの会員のほか、白老町長、白老町議会議員、白老町商工会、白老ロータリークラブ、白老ライオンズクラブの会員など約40人が熱心に聴講した。

講演の後、活発な質疑応答が行われた。「白老港第3商港区における白老町と自衛隊との協力体制の可能性」に関する質問については、島川局長が「大規模な部隊の移動には港を使うことが必要であり、東日本大震災では苫小牧港を利用した経緯がある」と答えた。

北海道局は「今回の講演が地元市民に防衛行政を理解してもらうための一助となればうれしい」と話している。

「地域と自衛隊との関わり」をテーマに防衛施策について講演する島川正樹局長（演台奥）＝5月20日、白老町で

「九州の防衛」テーマ 佐世保で340人が聴講

【九州局】九州防衛局主催の第26回「防衛問題セミナー」が6月30日、「九州の防衛～Defense Of Kyushu～」をテーマに、長崎県佐世保市の「アルカスSASEBO」イベントホールで開かれ、約340人の市民が聴講した。

主催者を代表して槌道明宏九州防衛局長があいさつ。その後、防衛省防衛政策局防衛計画課の中嶋浩一郎課長、海自佐世保総監部防衛部長の田川和幸1海佐がそれぞれ講演した。

中嶋課長は「新たな防衛計画の大綱～防衛力整備」と題し、新大綱で今後整備する「統合機動防衛力」の内容を紹介。「周辺海空域における安全確保」「島嶼部に対する攻撃の対応」「弾道ミサイル攻撃への対応」についてのほか、中期防期間中に新編予定の「水陸機動団（仮称）」の一部部隊が佐世保に配備される計画について説明した。

田川1佐は「海上自衛隊の役割～西海の護り」と題し、海自の具体的な活動状況を紹介したほか、「四面環海」という我が国の特性を踏まえた海上防衛の意義や、西海の護りの重要性を強調した。

来場者からは「現在の日本の置かれた安全保障環境を丁寧に分かりやすく説明してもらえてよかった」「初参加したが、非常に楽しかった」などの感想が寄せられた。

同局では防衛省の諸施策や自衛隊の活動について、より多くの市民に理解してもらえるよう、今後も各地で防衛問題セミナーを開催していく方針だ。

九州防衛局のセミナーに集まった市民ら（6月30日、長崎県佐世保市で）

海自「パセリちゃんツアー」に20人参加

基本教練、結索…悪戦苦闘も また楽し

20代の女性を対象とした自衛隊生活体験イベント「パセリちゃんツアー」が、7月4、5の両日、海上自衛隊横須賀教育隊（武山）と横須賀基地で開催された。平成5年に始まった同ツアーは今年で22回目となる。1泊2日で基本教練やロープワーク（結索）などを体験したあと、護衛艦「おおなみ」を見学。参加者は隊員との交流の中で仕事への姿勢を学ぶとともに、海自の任務に間近で触れる貴重な体験をした。

（文・写真　星里美）

「イチ、ニ、イチ、ニ」と掛け声に合わせ行進する参加者（7月4日、武山基地で）

一般女性に自衛隊をより知ってもらうことを目的に行われている恒例のツアーは、陸海空持ち回りで実施されており、今年は海自が担当。昨年はドラマ『空飛ぶ広報室』の影響もあり定員に対し10倍の応募があった。今年は約5倍と前年を下回ったが、例年の2～3倍を上回る応募数となり、"難関"を突破したOL、学生など20人が参加した。

武山基地に到着し、作業服に袖を通した参加者の自衛隊初体験は隊員食堂での昼食から始まった。教官から「海自で金曜のお昼と言えば？」と促され、全員で「カレー！」と大きな声で返答。

参加者は初めて口にする海自カレーに舌鼓を打ち、食後の休憩時間ではスマートフォンの無料通信アプリLINE（ライン）のグループを作るなど、すでに団結力が芽生えていた。

「海賊と遭遇」に「えー！」

午後からは荒木元先任伍長の講話を聴講。ソマリア沖・アデン湾での海賊対処任務で、銃を持った本物の海賊に遭遇した話に参加者からは「えー！」と驚きの声が上がった。

部隊活動をする上で基本となる「基本教練」の体験では、不動の姿勢、敬礼、休めなどを一つ一つこなし、「短艇見学」ではオールを使ったこぎ方の説明でチームワークの大切さを学んだ。

続いての「結索」では船をつなぐために本来の任務で使う「もやい結び」とは違った遊び心のある「飾り結び」に挑戦。「菊結び」や「かがり編み」など班長の指導を受け、組み紐でストラップを製作した。千葉県から参加した丹羽優美さん(28)は「すごく集中しました。班長が優しく教えてくれて楽しかった」と出来上がりにご満悦だった。

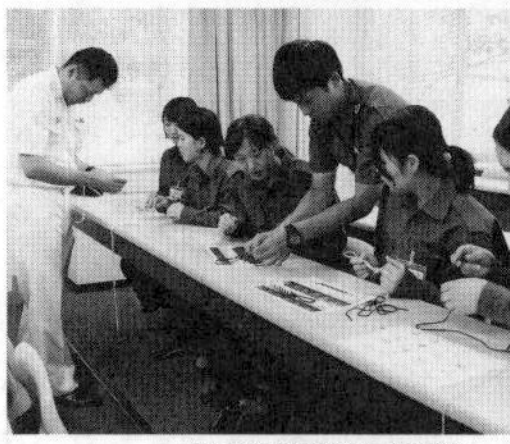

班長の指導を受け、組み紐でストラップを製作する参加者

夕食後はベッドメーク体験。毛布のたたみ方などそれぞれに決まりがあることに愛知県から参加した田中梢さん(29)は「こんなにきっちりしているなんて驚きました」と話し、慣れない作業に悪戦苦闘して1日目を終了した。

翌朝は6時に起床。眠い目をこすりながら、住居区の「甲板掃除」を実施した。船外での清掃も"甲板"というのは海自独特の言い方だ。

午前中は横教学生の入隊から修業までの記録映像を観賞。続いて、小雨がぱらつく中、昨日の基本教練をさらに時間をかけてじっくりと行った。前日とは見違えるような動きに教官も驚いていた。午後は横須賀基地に移動し、護衛艦「おおなみ」を見学。2グループに分かれ、艦橋やミサイルなど隊員からの説明を受け艦内全体を見てまわった。

内局広報課の上野富一郎2陸佐は「参加者からは『規律正しく、行動一つ一つに意味がある素晴らしいところだった。帰ったら広めたい』との声が多く聞かれた。イベントの成果があった」と満足そうだった。

海・空　女性自衛官 発足40周年

「さらなる可能性追求を」

海空自の女性自衛官制度が5月、40周年を迎えた。海空ではこの機会を捉え、現役女性自衛官やOGが集まり、各地で記念行事を開催。女性自衛官への理解を深め、併せて団結強化を図った。

上女性自衛官制度40周年の祝賀会に出席した空自三沢基地勤務の女性自衛官（WAF）たち（5月18日、三沢市内で）下海自の現役女性自衛官やOGを会員とする「WAVEの会」は所期の目的を達成、記念パーティーを最後に解散した（6月8日、ホテルグランドヒル市ヶ谷で）

【三沢】空自三沢基地は5月16日、女性自衛官制度40周年を祝う祝賀会を三沢市内のホテルで開催。北空司令官の森本哲生空将や3空団司令の井上浩秀空将補などの来賓を含む約100人が参加した。

開会に当たり、実行委員長の荒川富美子2佐（3空団司令部監理部長）は「三沢基地には約160人の女性自衛官が勤務している。優秀な後輩が多く育ってきていることに頼もしさを感じるとともに、まだまだできることがあるという思いを持ってさらなる可能性を追求してほしい」と述べた。

この後、3空団整補群装備隊の荒木りえ士長と古野里佳士長が扮するドラえもんとのび太がタイムマシンに乗って登場。「40年前の三沢基地にタイムスリップする」という設定のスライドが上映され、出席者らは基地の女性自衛官の歴史を振り返った。

「WAVEの会」解散

【海幕】海自の女性自衛官やOGを会員とする「WAVEの会」（会長・河野伸子2佐＝情本）は6月8日、「女性自衛官制度発足40周年記念パーティー」をホテルグランドヒル市ヶ谷で開催するとともに、15年の歴史に幕を閉じた。

「WAVEの会」は平成11年に女性自衛官制度25周年を期して発足。以来、現役とOGが親睦を深め、海自の発展に寄与することを目的に活動を行ってきたが、会勢が拡大し、当初に期待した成果を収めたとの認識から解散を決めた。

パーティーは重岡康弘海幕副長をはじめ、海幕各部長や内局の男女共同参画室長代理を迎えて行われ、約360人が出席した。

河野会長は「女性自衛官の互助・親睦を目的に発足した当会だが、長年にわたる諸官と制度改正の努力により、所期の目的を十分に達成し、今や卒業の時期を迎えていると実感している」と述べ、解散を宣言。最後に集まった会員たちは久しぶりの再会を祝い、思い出や将来の話に花を咲かせた。

海空自の女性自衛官制度は昭和49年5月、陸上自衛隊からの転官幹部を各3人迎えてスタートした。現在は海空でそれぞれ約2500人の女性がさまざまな職種、場所で活躍している。安倍政権下で女性の積極的登用を掲げていることもあり、今後も女性自衛官が増えることが見込まれている。

上呉市内の30局のみで取り扱っている付属の特製ポストカード 左呉地方隊の創設60周年を記念して、呉市内の郵便局などで販売を開始したフレーム切手セット

呉地方隊60周年切手

日本郵便中国支社が発売

日本郵便中国支社は7月1日、オリジナルフレーム切手セット「海上自衛隊呉地方隊創設60周年」（2種）の販売を呉市内の郵便局などで開始した。

7月に創隊60周年を迎えた呉地方隊にちなんだフレーム切手で、庁舎や所属艦艇、部隊などの写真を使用。1シートにつき82円切手10枚の構成となっている。

特製カード付き（2000円）は呉市内の郵便局30局で各1000部、通常版（1230円）は広島県内の郵便局338局で各200部の発売を予定している。通信販売は行わない。

これに先立ち6月26日、日本郵便中国支社の米今隆祉本部長をはじめ呉市や広島市の郵便局長ら7人が呉総監部を訪れ、総監の三木伸介海将に切手のレプリカシートを贈呈した。

米今本部長は「60周年という機会に海上自衛隊の任務を広く国民に知っていただくため、郵便局のフレーム切手がお役に立てるとうれしい」、三木総監は「（切手に）呉基地の特長ある部隊をとりあげていただき大変うれしい。創設60周年を飾るのに、ふさわしいデザインだと思う」とそれぞれ話した。

薬師寺執事招き 部外講師講話

三沢基地幹部会

【三沢】空自三沢基地幹部会は6月27日、奈良県薬師寺執事の大谷徹奘師を招き部外講師講話を実施した＝写真。会場の基地体育館には隊員のほか、基地OB会、三沢つばさ会、三沢市防衛協会からも聴講者が訪れ、約550人が会場を埋め尽くした。

大谷師は「幸せの条件」と題し「先祖があってこそ、自分と子孫がある」として家族の縁の重要性を強調するとともに、孤立しないために、時には価値観を人に合わせる必要性を説いた。

また、仏教の教え「身心安楽」を引き合いに「人間の心に波が立つ原因は『人間関係』にあり、人間関係さえ良くなれば『安心』が手に入る」と説いた。

聴講した3空団司令部の秋庭雄輔2曹は「仕事上でも自分の状況を理解し、全力で頑張ろうと思った。人との出会いを大切にしたい」と感想を述べ、自身の生き方を見つめ直していた。

女性協力会の賛助会員発足

浜松

【浜松】基地は6月4日、浜松基地女性協力会芙蓉会（鈴木加代子会長）の賛助会員発足会を支援した。

芙蓉会は、地域と基地の懸け橋となり、組織的な支援活動を行うことを目的に、平成8年に結成。基地行事への参加や支援をはじめ毎年、航空祭の安全祈願として、猿田彦神社や伊勢神宮（いずれも三重県）に参拝している。

今回、会の支援活動の輪を広げることを目的に賛助会員制度を設けたところ、約30人が趣旨に賛同し入会した。

発足会当日は17人の賛助会員が参加。基地司令の荒木正嗣将補はこれまでの支援活動に対する御礼を述べるとともに、基地と空自に対するさらなる理解を要望した。これに対し鈴木会長は一層の応援を行っていくことを約束した。このあと会長が発足から現在に至る会の活動の写真をスクリーンに映しだして説明、会員は熱心に見入っていた。

芙蓉会賛助会員発足会に先立ち、記念撮影に臨む鈴木会長（前列中央）と基地司令の荒木将補（その左）ら＝6月4日、浜松基地で

こちら警務隊

☎8・6・47625

接近や電話など禁止に 違反は懲役または罰金

配偶者からの暴力の防止及び被害者の保護に関する法律とは、どんな法律ですか？

この法律は、DV防止法とも呼ばれ、戸籍上の夫婦に限らず、生活の本拠を共にし交際する関係（被害者と加害者が生活のよりどころとしている主たる住居を共にする関係）にある相手から、身体に対する暴力や行動の自由に対する侵害を受けた場合、被害者を一時的に保護したり、保護命令により加害者を被害者に近寄らせないようにするものです。

この保護命令には、接近禁止命令、電話などの禁止命令などがあり、これに違反すると1年以下の懲役または100万円以下の罰金に処されます。

（警本＝市ヶ谷・田口1曹）

小休止

▽…海自厚木上曹会と水泳部はこのほど、米空軍横田基地で行われた知的発達障害のある人たちが競う「関東地区スペシャルオリンピックス」を支援した。

▽…大会は陸上、球技、水泳などで競われている。空自准曹会、陸自曹友会と支援の"輪"が広がり、厚木は主に水泳競技を担っている。

▽…水泳は障害の程度などに合わせて距離や泳法が区分され、上曹会員は選手誘導などを、水泳部員は選手の補助などを行った＝写真。隊員の一人は「とても喜んでもらえた」と語った。（厚木）

(世界の切手・ノルウェー)

本物の戦士のきわだった特徴の一つに、覚醒時間と睡眠時間を必要に応じ使い分ける能力がある。

バオ・ニン（元ベトコン兵士、作家）

朝雲ホームページ
www.asagumo-news.com
<会員制サイト>
Asagumo Archive
朝雲編集局メールアドレス
editorial@asagumo-news.com

「福祉ふれあいフェス」で

2海曹　安川　幸子（横須賀教育隊・武山）

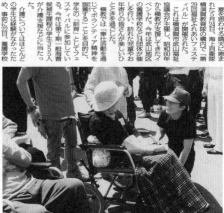

夏を思わせる晴天に恵まれた5月24日、海上自衛隊横須賀教育隊の構内で「第29回福祉ふれあいフェスティバル」が開催された。

これは横須賀市武山福祉協議会が主催し、昭和60年から横教が支援してきたイベントだ。今年は武山地区の養護学校など14団体が催しを行い、訪れた児童やお年寄りの皆さんが楽しいひとときを過ごした。

横教では「奉仕活動を通じてボランティア精神を涵養する」ことを目的に、学生の「訓育」としてフェスティバルに参加している。今年は第7期一般海曹候補生課程の学生355人が介護支援などに当たった。

介護についてはほとんどの学生は経験がなかったため、事前に22日、養護学校の職員から介護が必要なお年寄りへの接し方や車いすの押し方の教育を受けた。

当日「ふれあいフェスティバル」にやってきた人たちは、言葉が話せなかったり、車いすに乗った人などハンディのある人が多く、学生たちは最初ややぎこちなかったものの、お年寄りと同じ目の高さで進んで話をするなど、積極的に行動していた。

この日は海自横須賀音楽隊の演奏にはじまり、体験水泳、パン食い競争、バルーンアート、ビンゴゲームなどさまざまなイベントがあり、またたくさんの模擬店も出て、お祭りムード一色になった。学生たちは来場者と一緒にレースに参加し、お年寄りの手をとりながら景品を受け取りに行くといったほほ笑ましい光景も見られた。

学生たちはこの日の体験を通じて相手の立場に立ってものを考えることの大切さを学ぶことができたようだ。また、地域住民の方々とも交流し、貴重な経験ができたと思う。

今回学んだことを学生たちは将来に生かし、旺盛なボランティア精神を身に付けた海上自衛官として、さらに成長していってもらいたい。

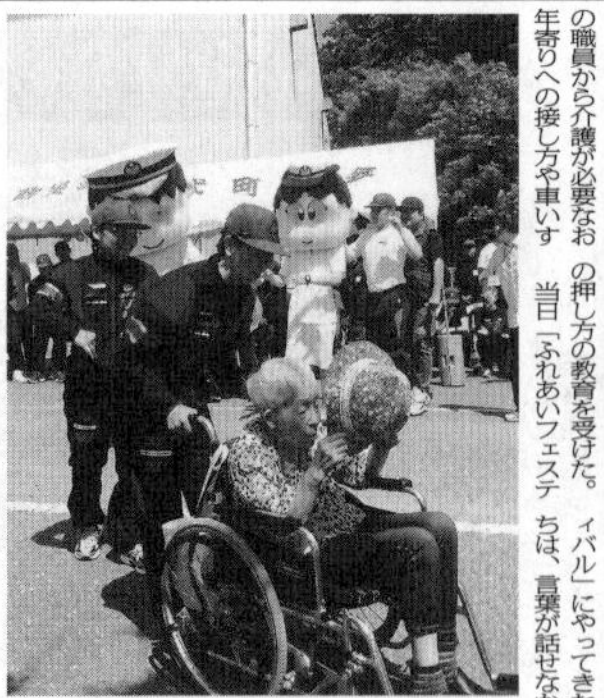

「ふれあいフェス」にやってきた車いすのお年寄りの補助を行う横須賀教育隊の学生

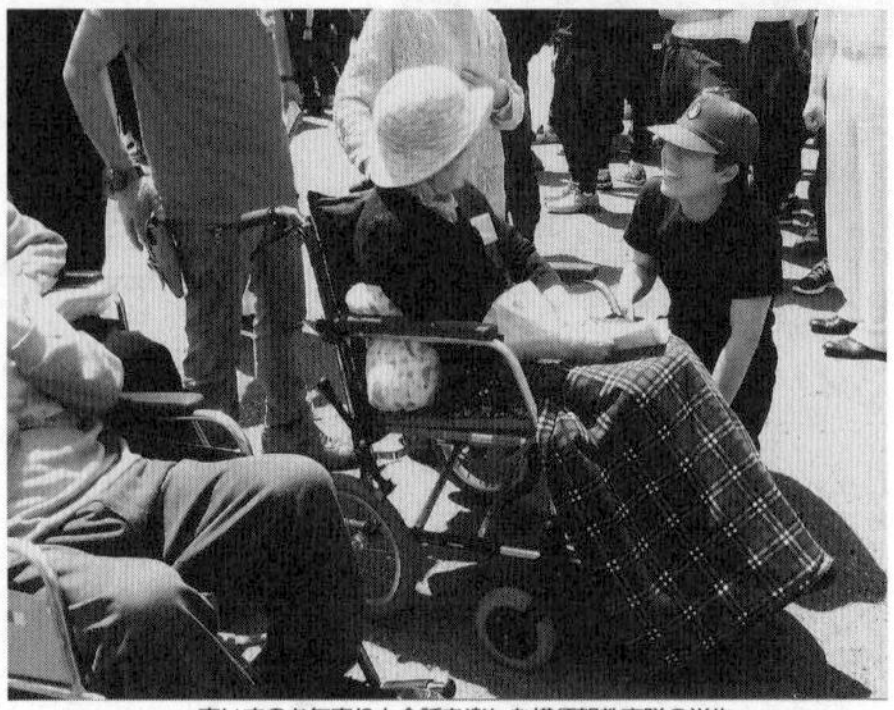

車いすのお年寄りと会話を楽しむ横須賀教育隊の学生

みんなのページ

感慨深かった日本海海戦慰霊祭

3海尉　浦田　幸一（対馬防備隊・上対馬警備所総務係長）

「日本海海戦慰霊祭」に参列した陸自対馬警備隊、海自対馬防備隊、空自海栗島分屯基地の隊員

海上自衛隊対馬防備隊の上対馬警備所長・山口正光3佐以下17名は5月27日に行われた「日本海海戦慰霊祭」（対馬市上対馬町西泊地区主催）に参加した。

この慰霊祭は、1905年5月27日から2日間に及ぶ対馬沖海戦で、日本海軍の連合艦隊とロシアのバルチック艦隊の戦いで殉じた日露両国の英霊に対する慰霊祭であった。

慰霊碑が建つ殿崎公園は上対馬に位置し、新緑の山と群青ひろがる海に面した景勝地である。この日は前日までの雨も上がり、多数の地元住民や在島の陸・海・空自衛官が参列し、厳かに慰霊祭が挙行された。

最初に対馬防備隊ラッパ隊の吹奏でポールに日露両国国旗と自衛艦旗、戦艦「三笠」に掲げられたZ旗が掲揚され、続いて紺碧の対馬沖に眠る約5000名の両国英霊に対し、参列者全員で黙とうを捧げた。

ここ殿崎公園には、沈没した艦から逃れてきたロシア軍兵士の上陸地点がある。傷つき流れ着いたロシア兵たちを対馬の島民は日本軍人と分け隔てなく手当てし、介抱した。この対馬住民の温かな人情に接してロシアの兵士たちも回復したと語り継がれている。

3自衛隊の隊員は式後、この地に建立されている東郷平八郎連合艦隊司令長官の碑を研修した。碑には「戦の海が恩情の海となった。対馬の人の義は高い」との意味で「恩海義嶠（おんかいぎきょう）」と記されている。

隊員たちは東郷長官の碑文を読みながら先人の思いに触れ、それぞれ感慨深そうであった。

学生長を務めて

3陸曹　安藤　優作（33普連本管中・久居）

私は自分自身に挑戦したくてレンジャー養成訓練に参加しました。訓練が始まる前に先輩からアドバイスをもらい、変な自信のようなものを持って臨みましたが、そんな甘い考えはすぐに打ち砕かれました。

また、教育の中で自分が学生長という重責を担うことになるとは思ってもいませんでしたので、訓練当初は戸惑いと不安ばかりでした。

自分が学生長として42期レンジャー学生をまとめていかねばならない立場でありながら、現場では自分自身のことに精いっぱいで、周囲がまったく見えていない時期がありました。

しかし、そんな時は副学生長をはじめ、同期に助けられて乗り切ることができました。仲間の助けがあったからこそ、自分も任務を遂行し、教育を乗り切ることができたと思います。

教育訓練中はいろいろな知識や技能を学びましたが、「一番大切なことは「同期との絆」、つまり団結が最も重要であると身に染みて感じました。

つらい時こそ助け合うのが同期です。私もたくさんのつらい場面で皆に助けられました。それで「今度は自分が恩返しをしなければ」という思いで取り組んできましたが、この気持ちこそがレンジャー隊員として任務を達成する原動力になるのだと気付きました。

訓練を修了し、ようやくレンジャー隊員としてのスタートラインに立つことができました。訓練を通じて得たものを自分のものとし、また自分の弱い部分を克服できるようさらに錬成を重ね、部隊に貢献できるレンジャーとなれるよう日々精進していこうと思います。

レンジャーの学生長を務めた安藤優作3曹

コックピットからの景色夢見て

高2　清水　砂良（高崎経済大付属高）

私はパイロットという職業に興味があります。学校では将来の夢について聞かれますが、そのたびに考えるのはパイロットでした。

そうした中、海上自衛隊のSH60K哨戒ヘリコプターへの体験搭乗のお話があり、参加することができました。

SH60Kは海上で潜水艦を見つけ出し、日本の領海の外へ誘導する航空機であると聞きました。機内は思ったより広く、何より搭乗員の皆さんの迫力に圧倒されました。そして空からの景色は息をのむほどにきれいで、とても印象に残っています。

パイロットの仕事は景色を楽しむことではありませんが、その仕事に興味を持つ人は、少なからず空を飛ぶことに憧れや夢をもっているのではないでしょうか。

私もいまの憧れを将来に実現できるよう、努力していこうと思います。自分が操縦する航空機のコックピットから見る景色を夢みて、これからも頑張ります。

OBがんばる

ネットワーク広げて

中田　登さん　57
（写真・手前右）
平成23年1月、空自航空気象群本部（府中）を最後に定年退職（3尉）。東京都小平市の武蔵野美術大学に再就職し、現在、教務課管理室に勤務。

運動が大好きで、自衛隊時代にはテニスやソフトボールなどを通じ、先輩・後輩をはじめ地域の人たちと交流してきました。ある日、テニス部の先輩から「後任に来ないか」とのお誘いがありました。定年が近かった私は「ぜひ」とお願いしたところ、定年の半年前に武蔵野美術大学の面接を受けることになりました。

面接官の部長もテニスが大好きで「一緒にやりましょう」とのお言葉を頂きました。その時は社交辞令かとも思いましたが、1カ月後、本当に内定通知を頂き、紹介してくれた先輩には心から感謝しています。

私が勤務する武蔵野美術大学の教務課管理室の主な業務は、各研究室の工具などの整備・管理のほか、学校のイベントの際には在校生のアルバイト学生十数人を指揮・監督し、その準備から撤収までの管理を行うことです。自衛隊の「分隊長」のような役割で、一生懸命になり過ぎて周囲の状況が見えなくなっている学生たちの安全を確保したり、与えられた時間内に確実に作業が終わるよう指導しています。

こうした仕事は自衛官時代には普通に行っていたことですから、この「指揮・監督」の能力は自衛隊出身者の大きなセールスポイントだと思います。学校としてもこれを期待して自衛隊のOBを採用しているのでしょう。

私も学生のパワーに負けないように日々の健康管理には十分に留意し、さらに自衛隊OBとして学校から信頼を得られるよう頑張っています。

皆さんも現役時代からネットワークを広げ、アンテナを張り巡らして、再就職に向けて頑張ってください。私の「後任」はあなたです！

新刊紹介

「日本離島防衛論」　福山　隆著

著者は元陸将で著書も多数。今回、離島防衛に焦点を当てたのは長崎県五島列島・宇久島で生まれ育った「島育ち」が強く作用した、というだけあって、島への思いがあふれる防衛論だ。

同盟には一般的に巻き込まれる危険と見捨てられる危険があるが、著書は日米同盟破たんの五つのシナリオを検証し、対応策の重要性を説く。

具体的ケースとして▽尖閣諸島が中国に奪取され、米国が介入しない場合▽中国が台湾を併合した場合▽米国防予算のさらなる削減でアジア太平洋重視が行き詰まった場合▽在韓米軍が撤退した場合―などを挙げる。

日本が見捨てられないためには米国に最大限協力し、米国の中国に対する覇権を確保できるようにアシスト、つまり日本が国防努力を加速するしかないという。

離島領有の"縄張り"策として著者が提案するのが、自衛隊部隊のレンジャー訓練場や各種射爆場、特殊作戦群の訓練施設設置。加えてユニークなのが、国内外から離島に観光客を呼び込むオーシャンクルーズの実施だ。離島を活性化することが実効支配を強化し、さらには日本全体も元気にするという。

（潮書房光人社刊、2052円）

「歴史家が見る現代世界」　入江　昭著

現代とはどのような時代なのか？　どのように理解すればよいのか？　長年、米国の大学で外交史、国際関係史を研究し、日本人として初めて米歴史学会会長を務めた著者が新しい歴史観を提唱する。

「従来の歴史認識は国家の発展や国家間の抗争といったテーマが中心で、その結果、外交や戦争に比重が偏る傾向があった」と著者は反省する。

そして、国家ではなく地球（グローブ）を枠組みとする歴史に注目する。それは一つには世界全体の動きを捉えようとする姿勢、二つ目は国や文化といった境界を越えた人間同士のつながりの重視、三つ目が自然環境も歴史認識の視野に入れることだ。

こうした考え方が生まれてきた背景を著者は詳細に説明していくが、一方、現実の地球は国家権力と暴力が依然として力を振るっているのも事実。歴史の大局と現実認識のギャップや集団的自衛権の問題など具体的な政治の動きをどう考えたらよいのか、碩学にもう少し突っ込んだ「講義」を期待したいところだ。

（講談社刊、864円）

第1091回出題

詰碁

出題　日本棋院　九段　曲　励起

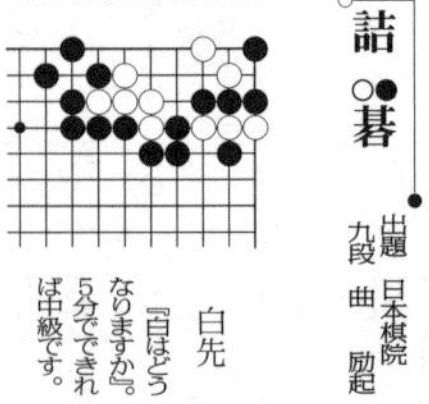

白先

『白はどうなりますか』。5分でできれば中級です。

▶詰碁、詰将棋の出題は隔週です◀

詰将棋

出題　日本将棋連盟　九段　石田　和雄

≪第675回の解答≫

【正解】▲3三桂不成△1三玉▲1四馬△同玉▲2五竜△1三玉▲1四歩△1二玉▲2一竜までの九手詰め。

【解説】初手の▲3三桂不成が絶妙手。成りで行くと打歩詰めとなり失敗。△1三玉と逃げた時▲1四馬が、これも眼目の一手で打歩詰めを解消し、最終▲2一竜までは計算どおりの手順です。

朝雲

発行所 朝雲新聞社
〒160-0002 東京都新宿区坂町26番地19 KKビル
電話 03(3225)3841
FAX 03(3225)3831
振替00190-4-17600番
定価一部140円、年間購読料9000円（税・送料込み）

主な記事

2面 25年度の災派人員、大幅に増加
3面 普教連レンジャー訓練同行ルポ（中）
4面 QDR（米国防計画見直し）全訳(11)
5面 〈父兄会版〉26年度定期総会を開催
6面 〈募集・援護〉高校生に解禁アピール
7面 浜松広報館入場者500万人突破
8面 〈みんなのページ〉四国霊場8日の旅

日米防衛相会談
集団的自衛権の閣議決定――
ヘーゲル長官「強い支持」
ガイドラインに反映へ

小野寺防衛相は7月11日（日本時間12日）、米国防総省でヘーゲル国防長官と会談し、集団的自衛権の行使を限定容認する新たな憲法解釈の閣議決定について説明、ヘーゲル長官はこれに「強い支持」を表明した。年内の改定を目指す日米防衛協力のための指針（ガイドライン）に閣議決定の内容を反映させ、中間報告を行うことでも一致した。大臣は海軍の強襲揚陸艦を視察したほか、海兵隊のMV22オスプレイにも搭乗。空自の次期戦闘機F35Aを組み立てるロッキード・マーチン社の工場を見学するなど、新装備導入に向けた視察にも力を入れた。

会談で小野寺大臣は「米軍と自衛隊が緊密に連携し、切れ目なく対応するという観点も踏まえ、政府一体で法案作成作業を進めていく」と強調。7月1日の閣議決定の内容を、日本の閣僚が米側に直接説明したのは初めて。憲法9条の下で許容される自衛の措置や、日本の防衛に当たる米軍部隊の武器等の防護を可能にする法整備の充実、米軍への後方支援活動の拡充に向けた法整備などを推進していくことを説明した。

これに対し、ヘーゲル長官は歓迎と支持を表明。会談後の共同記者会見で「安倍内閣の閣議決定を強力に支持する。この大胆で画期的な決定により、関連法案が成立すれば、地域と世界の安全保障に対する役割を増大させることができる」と述べ、日米同盟における日本の役割の拡大強化に期待感を示した。

さらに、日米ガイドラインについても「画期的な形での改定が可能になる」と述べ、①弾道ミサイル防衛（BMD）②（核の）拡散防止③海賊対処④国連平和維持活動（PKO）⑤演習⑥海上安全保障⑦人道支援・災害救援（HA/DR）――などの分野で「さらに緊密に協力することが可能になる」と強調した。

小野寺大臣も同会見で「日米両国が（武力攻撃に至らない）グレーゾーン事態を含む、平素から緊急事態に至るまで、迅速で切れ目のない協力ができる内容にしていきたい」と語った。

両氏はガイドラインの改定に当たり、しかるべきタイミングで中間報告を行い、透明性の確保に努め、周辺国に丁寧に説明していくことでも一致した。

両氏はこのほか海洋進出を強める中国を念頭に、東シナ海などでの「力による現状変更の試み」に反対することで一致。沖縄県の尖閣諸島が、米国の対日防衛義務を定めた日米安全保障条約第5条の適用対象であることを改めて確認した。

沖縄の米軍基地負担軽減では、普天間飛行場の辺野古移設を着実に進めることで合意。KC130空中給油機部隊の普天間から岩国飛行場への移駐開始を歓迎した。北朝鮮の核ミサイル問題には日米韓が協力して対応することで一致した。

(上)会談後の共同記者会見で笑顔で握手する小野寺防衛相（右）とヘーゲル米国防長官（7月11日）(下)米海兵隊のMV22オスプレイに乗り込む小野寺防衛相（同10日）＝いずれも米国防総省で、防衛省提供

多用途輸送艦 導入を検討

会談に先立ち、7日にカリフォルニア州のサンディエゴ海軍基地で強襲揚陸艦「マキン・アイランド」などを視察した小野寺大臣は「多用途の補給艦・輸送艦は、災害対応や（将来の）水陸機動団の活躍に大変有意義な装備だ」と述べ、多目的・多機能な輸送艦の早期導入を検討する考えを示した。

「マキン・アイランド」（4万トン）は手術室を備え、エアクッション艇（LCAC）のほか、水陸両用車（AAV7）や垂直離着陸輸送機MV22オスプレイなどを格納でき、上陸作戦能力や災害時の輸送力に優れている。大臣は「今回の視察を参考に、日米の協力を受けて最新鋭のものを考えていきたい」と述べた。

8日にはテキサス州のダラスでF35Aの組み立てラインを視察。日本に同機種のアジア太平洋地域の整備拠点（リージョナルデポ）の設置を求める意向を改めて米側に伝えた。

10日にはバージニア州の米国防総省とクワンティコ海兵隊基地の間をオスプレイで往復。平成27年度からのティルト・ローター機の導入を踏まえ「大変安定性があり、騒音も高くなく、機能的にも優れた航空機だ」とメリットを強調した。

HA/DR 専門家会合
指針作成で合意
被災者救援に「軍・軍協力」

軍によるHA/DRの能力向上の重要性を訴える木原政務官（中央）＝7月3日、東京都港区の会場で

今年度から日本がラオスと共に共同議長国を務める拡大ASEAN国防相会議（ADMMプラス）の「人道支援・災害救援（HA/DR）専門家会合」が7月3、4の両日、都内で開かれ、昨秋のフィリピン台風救援の教訓を踏まえ、被災地で各国軍が協力する上での指針の作成など、今後3年間の目標を打ち出した。

会合には日米豪や中露などADMMプラスを構成する計18カ国から少将、大佐、課長級の実務者レベルと、国連人道問題調整事務所（UNOCHA）などから計約50人が出席した。

木原防衛大臣政務官は開会に当たり「アジア太平洋地域は台風や地震、津波など大型の自然災害の脅威にさらされている。軍によるHA/DRへの期待が高まる中、過去の教訓を踏まえ、その能力を高めることが重要だ」と英語でスピーチした。

会合では、昨年11月の台風30号「ハイエン」で甚大な被害を受けたフィリピンで、各国軍による「多国間調整所」が極めて有効に機能したことを改めて確認。

一方で、海外からの緊急物資が入管手続きで滞るなどの反省事項も指摘され、同手続きの改善のほか医師法、特権免除などをめぐり支援国側の法的枠組みの改善を求める声が上がった。

これらを踏まえ①被災地での外国軍の活動に関する法的問題点とその対処について議論を続ける②「軍・軍協力」の指針となる標準運用手順（SOP）を作成する③切れ目のない支援に向け撤収時の最良の在り方を示すハンドブックを作成する④教訓を収集蓄積するネット上のポータルサイトを設置する――の4点を協力目標に掲げることで合意した。

議長を務めた防衛省国際政策課能力構築支援室の和栗博室長は「ADMMプラスという、アジア太平洋地域における主要な『軍・軍対話』の枠組みの中で日本が主導的な役割を果たすことは、米国のアジア重視政策ともあいまって、我が国の安全保障の観点からも重要だ」と指摘した上で「自衛隊がこれまで献身的な活動を通じて培ってきた知見や能力を、同地域の人命救助や被災者支援に役立てていきたい」と話している。

ADMMプラス　2010年に創設された軍隊間の協力強化を目指す枠組み。ASEAN10カ国に日米豪のほか中韓印露、ニュージーランドを加えた計18カ国で構成。その下には各専門家会合が設置されており、日本は13年度まで「防衛医学専門家会合」の共同議長国をシンガポールとともに担任。今年度からは「HA/DR専門家会合」の共同議長国をラオスと共に務めている。任期は3年。今回の専門家会合は、前任の中国とベトナムが共同議長国だった時代を合わせて通算4回目。日本が議長国になってからは初めて。

スクランブル340回
4～6月 過去最多のペース

統幕が7月9日に発表した今年4～6月期の空自戦闘機による緊急発進（スクランブル）回数は340回で、前年同期（115回）の約3倍に急増、四半期ごとの公表を開始した平成17年度以降、四半期ベースで最多を記録した。第1四半期だけで340回を記録するのは、昭和33年の対領空侵犯措置任務の開始以来で年度最多を記録した59年度の増加ペースを上回る勢い。

このうち、対ロシア機が235回と前年同期(31回)の約8倍に急増。全体の約7割を占め、国籍別で対中国機の104回を抜いて最多となった。領空侵犯はなかった。

背景にはロシア軍機による日本周辺の飛行の活発化、長距離化がある。これに伴い、方面隊別の回数は、ロシア方面に対応する北空が113回と突出、次いで東シナ海方面で中国機への対応を行っている南混団が104回、これに中空65回、西空58回と続いた。

中国機の中では戦闘機、ロシア機の中では情報収集機に対しての緊急発進が多かったという。

岩﨑統幕長は10日の記者会見で「空自の対領空侵犯措置任務は我が国の主権を守る任務だ。引き続き万全の態勢で臨む」と述べた。

パリ・軍事パレード
日の丸掲げ 初の参加
陸自中央即応集団

「自由・平等・博愛」をうたったフランス革命を記念する恒例の軍事パレードが7月14日、パリのシャンゼリゼ大通りで行われ、自衛隊からも陸自中央即応集団の隊員3人が参加した＝写真中央。

今年が第1次世界大戦の開戦100周年にあたることから、フランス政府が参戦した80カ国の軍隊を公式招待、約3700人の各国部隊がコンコルド広場までの1500メートルを行進。陸自隊員は日の丸を掲げ、小銃を肩にパレードした。

自衛隊は、2008年に国連PKO部隊の一員として同パレードに初参加しており、今回で2度目。単独では初めてとなる。

北朝鮮がまたミサイル発射

防衛省は7月9日午前、北朝鮮が同日午前4時ごろから同20分ごろにかけて、同国南西部（平壌の南方約100キロ）から複数の弾道ミサイルを北東に向け発射したと発表した。最大で約500キロ飛翔し、いずれも日本海上に落下したと推定される。

防衛省では小野寺大臣が米国出張中のため、武田副大臣を中心に午前8時半に緊急の関係幹部会議を開き、米国などと連携しながら引き続き警戒監視、情報収集に万全を期すことを確認した。一方、オセアニアを歴訪中の安倍首相は同日、①米国、韓国、関係諸国と連携を図り緊張感を持って情報収集、分析に努める②航空機、船舶などの安全確認を徹底する③国民に迅速・的確な情報提供を行う――の3点を指示した。

今回の発射は今年3月と6月に続くもので、政府は「国連安保理決議に違反し、航空機や船舶の安全確保の観点から極めて問題のある行為」として、北京の大使館ルートを通じて北朝鮮側に厳重抗議した。

◇

北朝鮮は7月13日にも2発の弾道ミサイルを発射した。防衛省によると、午前1時20分ごろから同30分ごろにかけて同国南西部の開城付近から北東に向け発射され、いずれも約500キロを飛翔して日本海に落下したと推定される。木原政務官を中心に数回にわたって緊急幹部会議を開き、対応に万全を期した。

防衛省発令

▽自衛艦隊司令部兼ジブチ現地調整所（統合幕僚学校教育課研究室主任研究官）1海佐 飯塚 祥平（7月8日）
▽海幕防衛課（海自幹部学校付）同 羽渕 博行（7月10日）
▽中央即応集団司令部付（統幕運用1課）1陸佐 上大迫 淳（7月14日）
▽退職＝国土交通省大臣官房危機管理官へ＝（運用企画局運用支援課長）長瀬 友則（7月7日）
▽運用企画局運用支援課長に採用 君塚 秀喜（7月8日）

春夏秋冬

クロアチア最高峰
田部井 淳子

6月にクロアチアの最高峰、シンジャル峰（1831メートル）に登ってきました。

アドリア海沿岸に北西から南東へ約600キロにわたって延びるディナル山脈の中にあるこの最高峰はボスニア・ヘルツェゴビナの国境に位置しています。

クロアチアに入る直行便はなく、私たちは成田からドーハ経由でザグレブに入ったので、かなりの長距離飛行になりました。

最高峰へ行く前に「プリトヴィッツェ湖群国立公園」を訪れびっくりしました。カルスト地形の台地は森と岩峰に囲まれており、厖大な中に16の美しいエメラルド色の湖があるのです。

一番標高の高い所から次々と下の湖へ滝となって流れ落ちる姿は、まさに世界遺産にふさわしい水の競演でした。92の滝を次々と見ながら歩ける遊歩道が完備されていて、個人の体力に応じ5キロ、7キロ、10キロのルートを選んで歩けます。

私たちは湖を船で渡ることも含め長い23キロのコースを歩き、心洗われました。

山のあるクニンという町に移動してゲストハウスに泊まり、マイクロバスで山麓まで移動、いよいよ山歩きです。

ゆるやかな谷筋から丘状に続く大草原の中は牧場もありましたが、日本の白ツメ草がここでは花が黄色なのです。黄色いジュウタンの中を歩いているようでした。

クロアチアでは登山はあまり盛んでなく、山岳会というのはないそうです。自然派の人たちが管理している山小屋を開けていただき、泊まりました。

私たちのガイドを引き受けてくれたマーネルさんも自然派の一人で、私たちのために食料を前日から荷上げしてくれ、薪割りから食事作りまで楽しそうに動いてくれ感謝です。

小屋の周りは全部ブナ林でしたが、山道を上るにつれ低い灌木の間に石灰岩の白い岩が現れ、その間を埋めるようにマメ科の黄色い花や、紫の矢車草、マツムシ草、シオガマ、などなどの花が咲いていました。

山頂には1メートル位のケルンのようなものが立っていました。

私の68番目の最高峰です。たおやかな、丸みを帯びた山腹がボスニアまで続いていました。

アドリア海の真珠といわれるドブロブニクが旅の終点でしたが、20年前まで激しい民族間の戦争が続いていた所です。

その爪痕が壁や屋根に残っていましたが、中世の姿をそのまま残して修復され、狭い石畳の道にテーブルを出し、大盛りのムール貝を食べている人々でにぎわっていました。

産業、工業に恵まれなかったクロアチアの経済を支えているのは美しい自然とこの古い中世の文化なのだと感じて帰ってきました。

（たべい・じゅんこ＝登山家）

朝雲寸言

安倍首相よ、お前もか――。そんな文句も言いたくなる。安全保障の関連法案を、今秋ではなく、来春の通常国会に一括提出するという政府方針のことだ▼憲法解釈を見直す閣議決定は、いったい何のためだったのか。「向こう1年間をかけて、しっかり議論を進めたい」と言うのが理由だが、来春には統一地方選も控え、法案の審議入りが遅れることは避けられない▼そもそも喫緊の課題である武装集団による離島占拠など、尖閣諸島を念頭に置いたグレーゾーン事態について、政府は、活動の根拠法がなければ自衛隊は1ミリたりとも動けないことを知りながら、新たな法整備を見送っている▼「戦争する国になる」「米国の戦争に巻き込まれる」など不安をあおるような反対意見を聞けば、国民の多くは悩み、戸惑うだろう。だが、巻き込まれると言っているのは日本だけ。米国では、中国との衝突に巻き込もうとしているといった懸念の方が広がっている▼反対を唱える人の多くは、これまでも「日米同盟破棄」「自衛隊違憲」「自衛隊の海外派遣反対」を主張してきた。それが誤っていたことは、現実が証明し、多くの国民が実感しているはずだ▼わずか5年前、民主党政権は沖縄問題をきっかけに米国との関係をズタズタにしてしまった。日本の弱さも自覚せず、大衆受けする主張ばかりを繰り返した結果だ。今こそ政治は、そこにある危機を直視しなければならない。

時の焦点

国内

内閣改造

「ポスト安倍」の選択は

7年8カ月続いた佐藤栄作政権。中核で支えたのは、首相の座を目指す田中角栄氏と福田赳夫氏であったろう。佐藤氏は、この2人を交互に幹事長に充てたり、重要閣僚に起用するなどして、競わせた。それが内閣の活力を生み出したとも言われる。

佐藤側近の一人だった松野頼三・元自民党総務会長は後に著書で、佐藤氏のこんな言葉を紹介している。

「人間はね、誰にでも欲があるんだ。また欲がないと働かないぞ。欲があるから働く。だから使いやすいんだ。欲のないヤツは使えない。野心があってもいいじゃないか。野心があるから一生懸命働くんだよ」

人材をたくみに配置したことから、「人事の佐藤」とも称された。

さて、安倍内閣である。2012年12月の発足以来、1人の閣僚も交代していない。石原環境相の失言はあったものの、どの閣僚も総じて堅実な仕事ぶりで国会答弁もそつがない。

ただ、首相の顔色をうかがっているのか、閣僚が指導力を発揮する場面はあまりない。首相方針に反対することがあるのは、首相の盟友、麻生副総理・財務相ぐらいだろう。

官邸主導で意思決定がなされるため、党役員も目立たない。

ましてや、ポスト安倍への意欲を公言する野心家は、党内に見あたらない。

9月に予定される内閣改造・自民党役員人事で、こうした状況に変化は生まれるのだろうか。

焦点は、石破幹事長の出方だろう。2012年の自民党総裁選では、党員投票で首相を上回った。ポスト安倍の最有力候補なのは間違いない。

幹事長続投か入閣か。あるいは、無役になって、2015年の総裁選で首相に挑むのか。

入閣すれば、首相から後継指名を受ける、いわゆる禅譲を狙うということになるのではないか。ただ、安倍首相は順調なら2018年まで続けるだろう。そこまで待ったとしても、後継指名を受けられる保証もない。

ポストを外れて、野に下れば、安倍首相とは違う旗を立て、世論の期待値を高めることも可能だ。首相が仮に政権運営につまずけば、後継の有力候補となる。ただし、無役になれば、存在感を発揮しにくく、求心力を失ってしまう恐れもある。難しい判断だ。石破氏は記者会見で「人事については私が発言すべきことではありません」と述べるにとどめている。

将来の首相候補と目される岸田外相も、安倍内閣にあって影が薄い。リベラルな主張を抑え、保守色の強い首相に合わせているとされる。今後も、その振る舞いを続けるのかどうか。

首相の人事戦略も問われている。従順な人材ばかり起用すれば、安倍内閣の活力は失われる。後継者を育てるのも、リーダーの務めだろう。

風間　二郎（政治評論家）

海外

パレスチナ緊張

双方の同列扱いは疑問

イスラム原理主義組織ハマスによるイスラエル人少年3人の誘拐・殺害と、それに報復するパレスチナ人少年殺害をきっかけに、イスラエル・パレスチナ間で攻撃の応酬が激化し、緊迫した情勢が続いている。

イスラエル軍は7月8日、ハマスが実効支配するパレスチナ自治区ガザからのロケット弾攻撃などを阻止するため、ガザへの空爆など軍事作戦を開始。13日には特殊部隊がガザ北部に一時侵攻し、ロケット弾発射施設を破壊した。

しかし、これら一連の動きに対し、中東で唯一の民主主義国家とテロ組織を同列に扱うかのような米国や欧州連合（EU）、国連の姿勢は疑問である。

6月12日に誘拐された少年3人（うち1人は米国市民）が30日、パレスチナ自治区ヨルダン川西岸のヘブロン近郊で遺体で発見されるまでの18日間、オバマ大統領は事件に関し何も発言しなかった。

国務省もパレスチナ暫定統一政府への4億ドルの財政支援を継続した。同政府は、パレスチナ解放機構（PLO）を母体とするパレスチナ自治政府の主流派ファタハとハマスとの統一政府である。

3人が遺体で発見された後、オバマ氏は「私は当初からイスラエルとパレスチナ自治政府に対し、犯人の発見と処罰に全面協力を申し出てきた。両者がその共同努力を続けるよう求める」と述べた。

だが、「公平性」は時に欺瞞になる。イスラエルと自治政府（PLOと同義）は、テロとの戦いのパートナーではない。PLOはハマスのパートナーであり、「自治政府が和平に真剣ならハマスと手を切るのが筋」（イスラエルのネタニヤフ首相）だろう。

EUも3人の殺害を非難した後、「情勢を悪化させないよう全当事者に自制を呼び掛ける」声明を発表。国連の潘基文事務総長も民間人殺害は正当化できないと述べつつ、「緊迫した情勢をエスカレートさせる行動を抑制するよう呼び掛ける」声明を出した。

ハマスはイスラエルを地上から抹殺することを掲げている。そういうテロ組織に「自制」を求めてどうするのか。例えば、国際テロ組織アルカイダに「自制」を求めたら、どんな成果が期待できるか。

オバマ政権のアンバランスな対イスラエル政策は枚挙にいとまがない。

トルコ人活動家らがハマス支援物資を積んでガザへ向かっていた船舶をイスラエル軍が急襲し、トルコ人9人が死亡した事件（2010年）で、イスラエルにトルコへの謝罪を強制した。

自ら「テロ支援国家」に指定しているイランへの制裁を緩和し、イラン核計画に対するイスラエルの軍事情報をメディアにリークしたことも何度もある。

今回の対応もこれらと同一線上と言えるが、現在10分ごとにハマスのロケット弾攻撃にさらされているイスラエル、国際テロとの戦いで頼りにもなる同国の重要性を忘れてはならないだろう。

草野　徹（外交評論家）

25年度災害派遣

人員数、大幅に増加

台風26号被害や豪雪で

統幕は6月30日、平成25年度の災害派遣実績を発表した。災派件数は、前年度比34件増の554件で、最近5カ年ではほぼ横ばいとなった。一方、派遣規模は昨年10月の台風26号による伊豆大島土砂災害で「伊豆大島災統合任務部隊（JTF―椿）」を編成したことで、東日本大震災を除く過去5年間で最多の8万9049人と大幅に増加した。

25年度は、前年度に大規模かつ長期にわたる派遣活動がなかったため、人員、車両、航空機、艦艇など全体的に増加した。

「JTF―椿」は、昨年10月16日から11月16日まで約1カ月にわたって活動。延べ人員6万4013人、車両4631両、航空機335機、艦艇51隻を派遣した。

また、26年2月の豪雪で、東京、宮城、福島、群馬、埼玉、山梨、静岡、長野の1都7県に対し、陸・空自隊員延べ約5060人を派遣した。

25年度の不発弾の処理件数は全国で1560件（約57・1トン）。重量は昨年に引き続き増加傾向にある。

海上で発見・処理された機雷その他の爆発性危険物は、機雷が昨年と同じ1個（重量不明）。その他の爆発性危険物は151個（約1・7トン）で、過去5年間で最低となった。統幕では、湾岸などの浚渫工事が少なかったことが原因ではないかとしている。

平成25年度　災害派遣実績

	件数	人員	車両	航空機	艦艇
風水害・地震など	23	79,708	6,805	598	51
急患輸送	401	2,116	8	438	0
捜索救助	25	4,257	800	57	0
消火活動	92	2,281	283	102	0
その他の災害派遣	13	687	53	60	0
合計	554	89,049	7,949	1,255	51
前年度比	+34	+76,639	+5,881	+571	+50

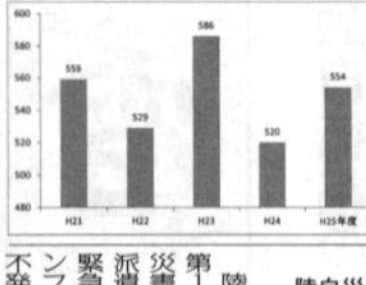

過去5年間の災派数
※22、23年度は東日本大震災を除く

陸自災派

山林火災が増える

4～6月　過去30年で最多

陸自は7月10日、26年度第1四半期（4～6月）の災害派遣実績を発表した。

派遣数は山林火災が16件、緊急患者空輸が45件、鳥インフルエンザ対応が1件、不発弾処理が170件の合計232件で、山林火災は過去30年で最多となった。

災派では、CH47輸送ヘリ延べ60機が散水、UH1多用途ヘリ延べ59機が散水・偵察、OH1観測ヘリ延べ24機が偵察航空に出動。急患輸送を含めると、3カ月間で延べ約200機が使用された。

また、地域別では全体の6割（約130件）を沖縄県が占め、その8割が不発弾処理、2割が緊急患者輸送となった。

岩田陸幕長は同日の記者会見で「災害派遣が非常に多いと認識している。今後も機会を見て、情報提供していきたい」と述べた上で、引き続き即応態勢を維持していく考えを示した。

当選倍率は24倍

総火演抽選会

8月24日に静岡県御殿場市の東富士演習場で行われる「富士総合火力演習（総火演）」の一般公募抽選会が7月10日、防衛省で行われた。

抽選会では、陸幕監理部長の上尾秀樹将補と陸幕広報室長の松永康則1佐らが箱から数字の書かれたボールを取り出し、該当する番号の当選はがきの束を選んだ。

今年は公式サイトのほか無料通話アプリ「LINE（ライン）」からの応募も受け付け、インターネット当選者をコンピューター・プログラムで抽選した。

応募数は、はがきが2万3441通（前年度2万5193通）、ネットが10万9912通（同9万5844通）で、そのうちLINEが8370通となり、ネットからの応募者は史上最多となった。当選倍率は約24倍（同20倍）だった。

海幕長がリムパックを視察

河野海幕長は7月11日から17日まで、米ハワイに出張、陸・海自が参加して行われている環太平洋合同演習「リムパック2014」を視察した。また、米太平洋艦隊司令官のハリー・ハリス大将らと会談した。

海幕長は12日、海自派遣部隊指揮官の中畑康樹将補が合同任務部隊（CJTF）指揮官を務める米豪カナダと共同の「人道支援・災害救援（HA／DR）訓練」を視察、14日にはハリス太平洋艦隊司令官と意見交換した。

中国艦艇3隻が宮古水道を航行

7月12日午前6時ごろ、中国海軍の「ジャンカイII」級フリゲート（満載排水量3963トン、艦番号546「塩城」）と「ジャンウエイII」級フリゲート（2393トン、527「洛陽」）、「フチ」級補給艦（2万1750トン、889）の3隻が、沖縄本島の南西約540キロの太平洋上を北東に向け航行しているのを、海自11護隊（横須賀）の護衛艦「やまゆき」と5空群（那覇）のP3C哨戒機が確認した。

3隻はその後、宮古水道を抜け東シナ海に入った。

平井鳥取県知事（右）から大型ヘリ導入の要望書を受け取る若宮政務官（7月9日、防衛省で）

鳥取県知事が大型ヘリ配備要望

若宮政務官と会談

若宮政務官は7月9日、平井伸治・鳥取県知事と防衛省で会談、同県に災害対応のCH47JA大型輸送ヘリを早期に配備するよう求める要望書を受け取った。

平井知事は「県内には陸自米子駐屯地や空自の美保基地があり、受け入れの可能性の高い候補地だ。将来の防衛、北朝鮮への対応、災害派遣などの際の後方支援の拠点として（配備を）お願いしたい」と述べた。

これに対し、若宮政務官は「平成27年度予算の概算要求で陸自のCH47ヘリを早期に配備できる形で努力していく」と答えた。

要望書では、同県が積雪などの厳しい自然環境により、冬季を中心に約100日間は太平洋側からのヘリによる応援が困難になるとして、孤立集落が発生する大規模災害時の被災者支援や緊急物資輸送のために「自衛隊の大型輸送ヘリは極めて有用」と指摘。また、日本海側に約130キロの海岸線を持つ県として、北朝鮮の脅威などを念頭に「大型輸送ヘリによる迅速対応が可能となる体制整備は重要だ」と訴えている。

19次隊が出発

ソマリア沖・アデン湾海賊対処

ソマリア沖・アデン湾で民間船舶の護衛に当たる海賊対処水上部隊19次隊の護衛艦2隻が7月15日、横須賀基地から出発した。第6護衛隊司令の大川努1佐を指揮官に、「たかなみ」（艦長・上田裕司2佐以下約170人）と「おおなみ」（同・加世田孝行2佐以下約180人）で編成、人員は約380人（うち海上保安官8人）。

共済組合だより

有効成分や効き目は同じ

ジェネリック医薬品

皆さんは「ジェネリック（後発）医薬品」をご存知ですか？ジェネリック医薬品は、医師が処方する医薬品であり、先発医薬品（新薬）と比べて安価で、なおかつ有効成分や効き目は同じです。

新しく開発された医療用医薬品は、先発医薬品として特許が与えられ、開発会社により独占的に販売されますが、ジェネリック医薬品は、先発医薬品の特許期間満了後に、同レベルの品質・有効性・安全性を有しているという国の審査・承認を受けて発売されます。既に有効性や安全性が確認されている先発医薬品の有効成分を利用するため、開発期間や費用を大幅に抑えることができ、そのため薬の価格も安く設定することができます。

組合員の皆さまが診療を受ける際、病院や薬局等でジェネリック医薬品を積極的に選んでいただくことにより、ご自身の薬代が軽減されるだけでなく、共済組合全体の医療費も抑制することができます。

医師と薬剤師それぞれに意思を伝え相談することによりジェネリック医薬品を選ぶことができます。相談に決まった様式はなく、口頭やメモ等で大丈夫です。

なお、先発医薬品の特許が切れていない場合や医療上の理由等でジェネリック医薬品を選べない場合もあります。

組合員の皆さまのご協力をお願い致します。

共済組合職員を募集

防衛省共済組合では、防衛省共済組合本部等に勤務する職員を以下の通り募集します。

◇

【募集職種】一般事務職及び経理事務職

【採用人員】若干名

【受験資格】①昭和59年4月2日～平成5年4月1日生まれの者

②平成5年4月2日以降生まれの者で、大学、短期大学又は高等専門学校を卒業した者及び平成27年3月までに大学、短期大学又は高等専門学校を卒業する見込みの者並びに防衛省共済組合がこれらの者と同等の資格があると認める者

【試験内容等】第1次試験　①試験種目＝基礎能力試験、専門試験（多肢選択式）及び論文試験②試験日＝平成26年9月20日（土）

第2次試験　①試験種目＝集団討論試験、個別面接試験②試験日＝平成26年10月下旬から11月上旬のうち指定する日

【試験地】第1次試験＝TKP市ヶ谷カンファレンスセンター（東京都新宿区市谷八幡町8）

第2次試験＝ホテルグランドヒル市ヶ谷（東京都新宿区市谷本村町4―1）

【採用予定日】平成27年4月1日

【給与等】防衛省職員に準ずる。

【勤務地】防衛省共済組合本部及び支部（全国異動あり）

【受験手続】①資料請求＝申込には事前の資料請求が必要です。あて先明記の返信用封筒（120円切手を貼った角形2号・24センチ×33・2センチ）を同封し、「防衛省共済組合職員採用試験資料請求」と明記の上、7月15日（火）～8月1日（金）の間に封書にてご請求下さい。

②受験申込＝所定の受験申込書を受付期間内に特定記録郵便、簡易書留又は一般書留の郵便物として申込先に郵送して下さい（郵送のみ受け付け）。

③受付期間＝7月23日（水）～8月8日（金）

【その他】①身体に障害があるため、着席位置の指定等、受験の際に何らかの措置を希望される方は、受験申込書の裏面に記入の上、事前に申し出てください。②受験に関する連絡事項等について、防衛省共済組合ホームページの採用情報を随時更新しますので、必ずご確認下さい。

【資料請求、受験申込先及び問い合わせ先】防衛省共済組合本部人事班人事係　〒162―8853東京都新宿区市谷本村町5―1　電話03―3268―3111内線25163（対応時間は平日9時30分～18時）

普教連レンジャー訓練同行ルポ（中）

栄光のレンジャーを目指し、学生24人で始まった普通科教導連隊（滝ケ原）の49期レンジャー教育。だが基礎訓練の修了時点で16人に減り、6月1日からは実戦を想定した行動訓練に突入した。学生たちはバディ（相棒）と支え合い、過酷なゲリラ戦のノウハウを一つずつ学んでいく。このうち敵通信施設を破壊する第1想定、敵の車列から重要文書を奪う第3想定、敵車両部隊を伏撃する第6想定に同行し、任務遂行に全力を尽くす「49戦闘隊」の行動を追った。（横田大法記者）

『資質、団結力ゼロだ』

「部隊に迷惑はかけません！続けさせて下さい！」

40キロを超す重装備で腰を痛め、山道に膝をついた学生長の小野悠人3曹（29）が主任教官の中島賢治1尉（40）に訴える。

「自分はまだやれます！お願いします！」

ここで離脱なら全てが水泡に帰す。学生長としてのプライドが許さない。悔し涙がこけた頬を伝った。

6月17日午後1時40分、山梨県・竜ヶ岳の山中。小野の負傷で49戦闘隊は行軍を中断していた。重い背のうに加え、小銃や無反動砲を携行。負担を少しでも和らげようと配管テープや人工芝で肩当てを作るが、酷使し続けた身体は限界に近い。

「一番つらいのが学生長なんです」

バディの前田浩章3曹（30）が言う。4月1日の教育開始から2人は寝食を共にし、助け合い、耐えてきた。学生長の小野の重責を彼が一番よく知る。

「自分が支えます！」

前田が記者につぶやいた。バディの絆は血よりも濃い。小野は最低限の装備を雑のうに入れ替えて、立ち上がった。

前田がバディに拳を突き出す。小野も応えて拳を当てる。うなずき合い、2人は再び仲間と一緒に急峻な山道を登り始めた。

実戦を想定した行動訓練は6月1日に開始された。敵の通信施設を襲撃する東富士演習場での第1想定に始まり、敵車両を待ち伏せして敵幕僚から機密書類を奪うなど、ゲリラ戦に必要な知識と技術を磨いてきた。

この日の第6想定からはさらに過酷さを増し、連続2個の任務をこなさなければならない。

部隊は5時間の行軍を経て午後4時40分、本栖湖畔に到着した。ここで友軍ヘリが事前に投下したボートを回収し、日没後の8時30分、水路潜入を開始。5人ずつ乗り込んだボートは対岸の灯りを頼りに暗闇をオールで進む。夜10時、49戦闘隊は密かに目的地に着岸した。

対岸のわずかな明かりを頼りに、静かにボートをこぎ進めるレンジャー学生（6月17日、山梨県の本栖湖で）

酷評に、つのる焦り

上陸後、味方の情報員と接触、最新の情報を得た。学生たちは伏撃ポイントへと向かう。この間の食事は限られた糧食のため2人で1食。バディと向き合い、パック飯にハッシュドビーフをかけ無言でかき込む。

「もっと食えよ」

畠山清志郎3曹（28）が玉護（たまもり）康道3曹（23）に差し出す。首をふり、押し返す玉護。

身長155センチと小柄な玉護は行軍で誰よりも苦労してきた。熱中症で倒れ、衛生隊員に搬送されたことも。ダメージは今も残り、今回の行動では軽めの装備が許されたという。だが、全8個の想定で不参加が3個になった時点で原隊復帰だ。

「もう自分には必死さしか残されていない」

食事中も玉護の表情は硬い。バディの優しさが時にプレッシャーとなる。

翌18日午後8時。部隊は山梨・鳴沢村の林道沿いに展開していた。月は雲に隠れて真っ暗だ。スズタケの茂みの中、暗視眼鏡で監視を続ける。仲間は鉄帽後部の小さな蛍光テープでかろうじて判別できる。

じっと待ち続ける。静かだ。そのまま居眠りしてしまう学生もいて、時々、助教の怒鳴り声が聞こえる。

午後9時、遠くにエンジン音が聞こえた。徐々に近づいてくる。学生たちは一斉に小銃や無反動砲を構える。戦闘隊長の三輪充3曹（26）が暗視眼鏡で確認する。情報どおり。無灯火の大型トラックが2両近づいてくる。

タイミングを計り、三輪が叫ぶ。

「点火！」

直後、道路に仕掛けた地雷（爆竹）が爆発、先頭車両を〝破壊〟した。後ろのトラックも急停車する。そこに一斉に集中射撃を浴びせる。

「弾倉交換！」

「射向変換！」

闇の中、学生の声が響く。

「突入班、前へ！」

4人が車両に駆け、小銃で車内を掃射する。次いで梱包爆薬を仕掛け、積荷もろとも完全に破壊する。

離脱号令は戦闘開始から10分後だった。

状況終了後、集まった学生に教官・助教の雷が落ちた。

「訓練だから死なねえと思ってんだろ。本当に死ぬと思っていたら、地雷の近くに人を配置しない」。助教の宮崎正太郎2曹（34）が吠える。

川畑康昭3尉（28）も「今の任務で少なくとも5人は死傷した。実際にやればどうなるか、自分たちでイメージしながら任務を遂行しろ」と諭す。

教官の宮田憲光2尉（26）は「レンジャーとしての資質、団結力は0点。小野、お前の言葉が仲間たちに響いていないようだな」と評価を下した。

「おれはお前たちと戦闘隊を組みたくない。徽章をもらいたいだけなら、勝手に持っていけ。一生使うことない徽章を笑顔で磨いてろ！」

厳しく指導された学生たちは帰隊するや、事後検討会（AAR）に臨んだ。全員が焦りをあらわにしている。

「時間がないんです」

レンジャー訓練のハイライト、4夜5日の最終想定が9日後に迫っていた。

学生たちはホワイトボードを囲み、何が悪かったのか徹底的に話し合う。

最終想定は空路、海路、山地潜入に続く橋梁爆破と敵兵站（へいたん）施設の襲撃だ。その任務を達成できるのか。生きて帰還できるのか。

その成否はあと9日で決まる。学生たちは最後の準備に取りかかった。

耳を澄まし、目を凝らし、周囲に敵がいないかどうか警戒しながら前進するレンジャー学生の有田国高3曹（6月3日、東富士演習場で）

第6想定後の事後検討会（AAR）で、自分たちに欠如しているものをどうすれば補えるのか議論を交わす学生たち（6月19日、滝ヶ原駐屯地のレンジャー学生教場で）

襲撃した敵の部隊から機密書類を奪取した後、車両に爆薬を仕掛ける佐川光3曹ら学生（6月7日、東富士演習場で）

25メートルから「フォール」

20普連が「胆力テスト」

【20普連＝神町】20普連レンジャー訓練隊はこのほど、東根市関山の大滝で学生24人に対し「胆力テスト」を実施した。

訓練は乱川上流の大滝の上25メートルに張った全長33メートルのロープ橋を渡るもの。

その途中、学生は中央地点で停止し、教官の「フォール！」の号令で手を放し、滝つぼの上に落下した。腰に付けたロープで空中停止した後は、再び戻り、モンキー渡りで対岸に進んだ。

当日は部隊関係者のほか、観光客もレンジャー学生たちの気迫あふれる渡橋訓練に見入った。

滝つぼの上25メートルに張られたロープ橋を渡る途中、「フォール！」の号令で両手両足を離す20普連のレンジャー学生（山梨県東根市の大滝で）

QDR 2014 米国防計画見直し 全訳

□11□

第4章 国防組織のリバランス（続き）

購買力の向上と財政管理改革

より高い効率性の追求は、国防支出の生産性を高めて納税者、戦闘員いずれにも高い価値を提供する国防総省の取り組みの中心的なもの。

2010年に導入された調達改革策は、国防総省をこのゴールに向かわせる一連のイニシアチブを包含している。12年11月には、国防総省は調達改革策の第2段階をスタートさせ、これには以下の主要7分野における継続的な向上へのコミットメントが反映されている。すなわち――

■価格に無理のないプログラムの達成。
■製品の寿命期間を通じたコスト管理。
■産業界、政府への生産性向上と革新へのインセンティブ提供。
■非効率手続きと官僚主義の廃止。
■効果的な競争の促進。
■請負サービスの調達ノウハウ向上。
■調達要員総体のプロ意識の向上。

これらの目標を支える取り組みは、革新、技術、最高の価値、そして要員のプロ意識を重視するものとなる。

最後の項目は、国防総省が戦闘員に重要な能力を提供する方法を変える上では、「人」が不可欠であると認識するものであり、そのため重要な幹部層に、より高いプロ基準を設定し、一層高いプロ基準を実施に移すことを求める。

プロ基準は単なる認証ではなく、すべての調達スペシャリストへの必要条件であり、卓越した調達の運営に対する正当な評価を高め、今後も調達要員のコスト意識を向上させていく。

国防総省はまた、会計監査に耐えるだけの財務報告書を作成するためもあり、財務管理の向上も図っている。これまでに着手した方策は▽財務取引の管理強化▽近代的システムの導入▽国防財務マネジャーの資格認定コース創設――などだ。今、こうした取り組みの効果が現れている。

今年、軍隊としては初めて、海兵隊が現行年の予算財務諸表に対して（監査で最上位である）無限定適正意見を取得、14年9月までにはほとんどの軍で予算財務諸表が監査にかけられる見込みだ。これらの財務、調達面での向上と効率化により、国防総省はこれからも軍事支出の効率性向上へのコミットメントを示していく。

総合戦力の管理

契約を通じて増大した国防総省の民間戦力は、作戦の即応能力に直接貢献しており、必要不可欠な訓練の提供、装備の近代化と整復、医療ケアの提供、基地の運営とインフラ関連サービス、家族支援プログラムの確実な実行などにより、作戦部隊の成功のカギとなっている。

2001～12年度までに、国防総省では民間労働力が着実に増えた。中でも諜報、サイバー、調達など民間人オペレーターが増えている部門で増加した。国防総省は統合軍のストレスを緩和するため、5万の軍隊職を民間に委嘱してより多くの軍人を戦闘に割けるようにし、また、兵站や医療部隊の増加も図った。

民間労働力の増加で国防総省は、契約ベースの戦力への過度の依存を減らし、総合戦力の再均衡により有機的な能力と、本質的に政府機能が求められる重要分野で政府の能力を確保することが可能になった。

予定される制服組戦力の削減、戦力構造の変化、緊縮財政下の戦略的方向などを踏まえ、国防総省は現役兵と予備役、民間人員、契約業者という総合戦力の中での効率化を追求していかなくてはならない。

そして、総合戦力のあらゆる要素を、作戦行動のニーズに最も効率的、効果的に応じられ、戦闘司令官が要求する即応能力を提供でき、全志願制軍隊の生存能力と士気、健全性を保てるように、形成、構築する柔軟性を備える必要がある。

基地の統廃合（BRAC）

戦力構造の縮減を図る中ではとりわけ、貴重な国防予算を不要な施設の維持に注ぎ込むわけにはいかない。国防総省の見積もりでは、我々は既に必要以上のインフラを抱えている――戦力構造を縮減するにつれ、過剰な能力は拡大するのだ。

米国内において不要なインフラをなくす最も効果的な方策は、BRACだ。BRACは分析的で政治と無関係で透明性があり、第三者によって有効性が認められた手法。過去25年間に5回実施され、120億ドルを超える経費節減につながった。

しかし議会はここ2年間、いずれの年にも国防総省のBRAC実施要請を拒否してきた。国防総省が納税者の税金を有効に使うためには、議会は2017年に再度のBRAC実施を承認しなくてはならない。

米国内で不要なインフラ経費解消にBRACが求められる一方、国防総省は海外インフラの効率も見ていく必要がある。この目的のため、欧州でのインフラの包括的な見直しに着手した。この取り組みは、運営の効率性と効果に実体のある改善をもたらし、この地域への戦略的コミットメントを果たすために保持すべきインフラの有効性を証明することになる。

◇給与と補償

全志願制軍隊の健全さを強化するには、緊縮の時代にも戦力を適度な（経済的）バランスに保つ必要がある。米国は米軍隊との間で二重の神聖な契約を維持する。すなわち、軍服の男女隊員とその家族に――軍役期間中、そして退役後も――適切な補償とケアを与えること、加えて、軍隊員が安全に作戦を遂行できるように最高の訓練と装備を与えることだ。

国防総省と米国民は10年以上にわたる戦争期間中、当然ながら米軍兵士たちを支援してきた。2001年以来、軍の給与と各種手当は他の米労働者と比べた補償格差を埋め、それらを上回るほどになった。補償増額は、主として次の諸要因による。

■基本給の引き上げを民間の給与増より高く設定。
■65歳以上の退役者向け新健康保険（TRICARE for Life）の採用。そして
■家賃、光熱費、賃貸保険費用の全額を支払う住宅手当の提供――だ。

これらの拡充を反映し、今日の全志願制軍隊は基本給に加え、住宅、健康保険、扶養、衣料、購買向けの基本手当、さらに特別給与や報奨金など給与と手当の幅広いミックスにより補償されている。

コロンビアとの共同演習で機雷探知用のサイドスキャンソナーを海中に沈める米海軍のダイバー（2012年、コロンビア沖で）＝QDRから

今後さらに進む緊縮予算の中で適切な規模、形態、装備を有する軍隊を確保し、しかも人件費を持続可能な方向に充当するためには、国防総省は給与と補償の上昇率を責任を持って、公正に、持続可能な程度に鈍化させる必要がある。そして、依然上昇する補償の軌道を調整し、より適切、持続可能で責任を持てる軌道に誘導する必要がある。

国防総省は、補償の増加を抑えながら将来の統合軍の維持、募集に際して競争力ある契約を今後も提示するため、幅広い変更を提案している。

これらが完全実施されれば、今後5年間でほぼ120億ドル、10年間ではさらに多くの節減となる。しかしこれらの変更は、議会で決まった国防総省の主たる削減項目に占める比率は、部隊の能力、容量、即応能力の削減に比べればはるかに小さいものだ。

軍基本給与は、等級と軍役期間に応じた課税対象の隊員所得だ。

国防総省は今後5年間、年間給与増を雇用コスト指数（ECI）以下に抑えることを提案する。まず2015年度においては1%だ。この対象には、給与が1年間凍結される将官は含まれない。

基本住宅手当（BAH）は政府官舎を利用しない場合の軍隊員への無税の現金手当。

2001年以前には、隊員の住宅手当は住宅費用全額の80%のみの支給だった。01年から国防総省は「持ち出し費用ゼロ」政策を導入し、05年にはBAHは予想される平均経費の100%を支給するようになった。

BAHを利用する隊員が増え、隊員数も増えるにつれて、この経費が予算に占める比率や予算への影響も大きくなった。このため国防総省は、新方針導入時期の3年間でBAH増加率を抑え、無税の住宅手当のカバー率が平均費用の95%となるまで賃貸保険料の払い戻しは行わない。

この提案は国内のBAHのみの適用であり、隊員は任地を変わるまで現行カバー率を保証される。この変更により、15～19年度に約50億ドル節減できる。

米国防厚生管理本部（TRICARE）は、軍隊員とその家族、退役者に低コストで、しかも世界でも最高の医療を提供している。

過去10年間で軍医療システムのコストは2001年度の190億ドルから、大統領の14年度予算要求での490億ドルへと倍以上に増加しており、増加の一部は65歳以上の退役者向け医療の「TRICARE for Life」創設によって生じている。

加えて、TRICAREが完全実施された1996年以降、加入者負担の調整はわずかにとどまっている。96年当時、勤労年代にあった退役者の3人家族が民間保険を利用した場合、医療コストへの負担率は平均で27%程度だったが、今日、医療コストが増える中でTRICAREの負担率は11%を下回っている。

軍健康保険の改革に沿う形で、国防総省はTRICAREによる3種の診療ごとの支払いと管理医療システムを統合し、一括プランとすることを提案した。

民間分野の最良のシステムをモデルとするこの提案は、保健サービスに悪影響を与えることなく2015～19年度に90億ドルを節減する。提案には、加入者が最も無理なく支払える手段を利用するよう促すため、控除や定額自己負担金（co－pay）の変更も含まれている。現役の軍隊員向け保健で得られる利益は、変わらない。

利益享受者は自らが希望する医師の診療を継続でき、我々の計画によってTRICAREの提供者や医師が辞めるようなインセンティブを作り出すこともない。医療的見地から退役した隊員や、殉職隊員の遺族は、現役隊員の家族と同等に扱われる。

国防総省は傷病兵を支援する「Wounded Ⅱ and Injured warriorプログラム」には、今後も資金を完全供与する。追加の料金を含めても、民間の同等の保健よりずっと安く受けられるケアは民間と同等か、それより良い。

国防物品販売局は世界中で243の食料品店（米国内178店、海外65店）を運営しており、軍隊員とその家族や退役者に原価プラス5%の割増金で販売している。

物品販売部は、軍の給与が今よりずっと安く、軍隊員の過半が基地内に居住し、基地周辺の民間低コスト店もずっと少なかった何十年も前に創設された。今日、ほとんどの基地はこうした状況にはない。

国防総省は今後3年間に、現在14億ドルとなっている軍販売部への直接補助金のうち10億ドルを徐々に削減する。この計画では、全ての販売部は今後も店舗家賃は無料で税金支払いもなく、海外や遠隔地の販売部は今後も直接補助金を受けられる。この計画提案により、2015～19年度に39億ドルの節減になる。

これらの変更提案は全体として、全志願制軍隊に公平で適正な給与と補償を提供し、考えられる最高の訓練と最高の装備を与えて戦地に送り出すという、我々の誓約を守らせてくれる。

国防長官以下、国防総省の上級幹部は皆、この包括的な変革案を支持している。この案は我々を持続可能な道筋に乗せ、統合軍維持に必要な戦闘能力に予算を与える助けとなる。我々は議会、米国民と協調し、世界で最も優れた軍隊を今後も維持できるよう改革案を実施に移していく。

〈以下次号〉

米国防計画見直し（QDR）の構成

国防長官からの手紙
エグゼクティブ・サマリー
序章
第1章：安全保障環境の将来
第2章：国防戦略
第3章：統合軍のリバランス（再均衡）
第4章：国防組織のリバランス
第5章：予算強制削減の意味合いとリスク
統合参謀本部議長のQDR評価

西風東風

英軍の11%、体力テスト不合格 ――2万2000人が太り過ぎ

イギリス陸軍兵士を対象に過去3年間に行われた体力テストの結果、当該期間に任務に就いていた延べ数の11%に当たる約3万2000人が不合格になったほか、2万2000人が太り過ぎで糖尿病、高血圧、息切れなどの健康上のリスクがあると判定されていたことが、国防省の調べで分かった。軍内での過食の習慣などが原因とされるが、「軍にいる誇りをもって体力の維持に努める必要がある」といった声が上がっている。

集計によると2011年4月から14年3月までの体力テストの不合格者は、男性兵士2万9600人、女性兵士2819人の計3万2419人。兵士は年2回の体力測定が義務付けられているが、不合格となると7日以内に再測定となる。その後の訓練を経ても合格できなかったことなどで、02年から現在までに50人が除隊となっている。

英陸軍では29歳以下の兵士は2分間で腕立て伏せ44回、同じく2分間で腹筋50回、さらに1・5マイル（約2・4キロ）を10分30秒以内に走らなければならない。女性兵士は同じく腕立て伏せ21回、腹筋30回、1・5マイル走13分となっている。

年齢が上がるに従い基準は下げられ、例えば50歳から54歳までの男性兵士はそれぞれ25回、32回、13分30秒で合格する。

太り過ぎの兵士が多い原因としては、食生活の影響が指摘される。軍関係者は「軍ではサラダや低カロリーの食事もあるが、脂っこい朝食やフレンチフライ、こってりした蒸し料理なども食べられる。厳しい訓練を受けていない時に、こうした食事を続けるのが問題だ」などと分析している。

英国は経済協力開発機構（OECD）の加盟国中6番目、欧州だけでみると3番目に肥満率が高い。世界一の肥満国の米国と同様、動物油を使った料理が多いことと運動不足が原因と指摘されている。（ロンドン＝加藤雅之）

武装警備会社が業容拡大 ――中国・海外進出に伴い

中国企業の海外進出拡大に伴い、商船への海賊行為、施設への暴徒の襲撃、従業員の誘拐などの安全対策の必要性が高まる中、中国の武装警備会社が業績を順調に拡大している。新華社発行の「東方瞭望週刊」誌が7月11日伝えた。

中国の建設会社がアフリカの一部など、治安が悪い地域に進出した場合、警備員が必要となる。しかし、現地の警備会社の警備員は犯罪集団の手引きをすることもあり信用が置けない。欧米の警備会社は費用が高く、丸腰で操業していることが多いという。

北京市の警備会社、華信中安（北京）保安服務有限公司は、欧米系の警備会社に比べ格安の費用で業務を受託。2013年にはアフリカ東海岸～アラビア海～スリランカの航路で、中国商船の警備を行い、海運会社に計1400万米ドル（約14億円）の費用節約をもたらした。

殷衛宏董事長によると、同社が海外警備業務に進出した11年まで、英国企業が商船警備を独占していた。費用は4人1組のチームを約10日間乗船させ6～7万米ドル（600万～700万円）。その後、2人1組に減ったが、費用は変わらず、海運会社にとって重い負担となっていた。

華信中安の北京市の南西郊外にある本部4階の海外事業部オペレーションセンターでは、大型スクリーン上にインド洋などで警備中の商船数十隻が記号で表示されている。ばら積み貨物船、コンテナ船、超大型タンカーなどで、大部分が中国企業の所属だ。

殷董事長は、元中国陸軍第38集団軍の一般兵士。現在は8000人の部下を抱えている。うち210人が中国企業の警備など海外警備業務に就いており、ほとんどが元軍人。陸軍某軍区の特殊部隊員、武装警察部隊の特殊部隊「雪豹」のメンバー、海軍陸戦隊員らの中国軍の元精鋭だという。

中国人民公安大の元学長で、警備会社顧問の孫中国民は「中国には警備会社が約8000社あるが、海外業務進出は3、4社だ」と話している。今後、この分野に進出する警備会社が増えそうだ。（香港＝中岡秀雄）

父兄会版

＜連絡先＞
〒162-0845　東京都新宿区市谷本村町5－1　公益社団法人全国自衛隊父兄会事務局
電話03-3268-3111・内線28863
直通03-5227-2468

わたくしたちの信条　全自父

一、自らの国は自ら守る防衛意識を高めよう
一、自衛隊員を子弟に持つことを誇りにしよう
一、自衛隊を正しく理解し隊員の心の支えとなろう
一、力をあわせ組織を拡充し活動力を高めよう
一、身近な実践活動として自衛隊員の募集及び就職援護に協力しよう

4議案、全会一致で承認

定期総会　「独自に事業推進を」　伊藤会長　風通し良い運営強調

全国自衛隊父兄会（全自父・伊藤康成会長）は6月24日、東京都新宿区のホテルグランドヒル市ヶ谷で平成26年度定期総会を開き、25年度収支決算や26年度事業計画、予算などを審議、全会一致で承認した。引き続き行われた式典には武田防衛副大臣ら来賓も出席し、12県父兄会に「優秀表彰」が、9個人に「全自父会長表彰」がそれぞれ伊藤会長から授与された。式典後の懇親会には小野寺防衛相も出席し、約140人が親睦を深めた。

定期総会であいさつする伊藤会長（6月24日、ホテルグランドヒル市ヶ谷で）

総会には理事・監事、全国都道府県会長などの代表者ら87人が出席。

伊藤会長はあいさつで「約8万の会員一人ひとりにいろいろな仕事をお願いすると思う。隊員を支援する父兄会として、各都道府県・地区会で目的に沿って独自に事業を進めてほしい。本部には遠慮なく連絡いただき、風通し良くやっていきたい」と述べた。

その後、渡邉昭理事を議長に選出し、平成25年度事業報告と収支決算、規則の制定、役員人事の4議案を審議した。

役員人事では、荒川和夫副会長はじめ6人の理事と中門弘監事が退任。山川龍夫氏、原敬二氏、瀧口明美氏の各運営委員と對馬敦夫青森県会長が理事に、大倉洋彰京都府会長が理事および近畿地域協議会長に、元警察庁刑事局長の五十嵐忠行氏が監事に、我妻志壽夫氏が北海道地域協議会長にそれぞれ就任した。

続いて担当理事らが26年度事業計画と収支予算、「おやばと」拡販、創立40周年に向けた施策の検討など各種事業について報告した。また、陸幕厚生課家族支援班製作のDVD『自衛隊員の家族として』が出席者全員に配布された。

理事会は伊藤会長を議長に選出し、代表理事と業務執行理事、副会長を選任。伊藤会長以下8人の再任が了承された。

式典には武田副大臣、岩﨑統、岩田陸、河野海、齊藤空の各幕僚長、中島毅一郎朝雲新聞社社長などの来賓と防衛省・自衛隊関係者、協力団体など約120人が出席。

副大臣は祝辞で「隊員にとって父兄という一番身近な立場の心からの激励が、どれほど大きな励みになっているかを考えると全自父のみなさまの果たす役割に対し感謝に堪えない」と述べた。

緊急登庁支援を訓練

父兄会長ら51人が研修　中部方面隊

緊急登庁支援訓練で、子供預かりの受付をする信太山駐屯地業務隊の隊員たち

【伊丹】福井県、三重県、京都府、福知山、大阪府、兵庫県の各自衛隊父兄会の会長など51人は6月1日から11日まで、中部方面隊が実施する南海トラフ地震対処の実効性向上を目的とした「南海レスキュー26」を研修した。

参加者は、鯖江、久居、大久保、福知山、信太山、伊丹各駐屯地で業務隊の緊急登庁支援訓練を見学。部隊と意見交換などを行い、家族支援実施についての認識を深めた。

中部方面隊は平成25年8月から24カ所の駐屯地などで父兄会と協力して家族支援策を試行している。28年度からの施行に向け、父兄会とさらに連携した家族支援策の推進を図るとしている。

新会員ら42人出席

宮古地区父兄会総会　ゴルフで親睦

【沖縄】宮古地区自衛隊父兄会総会が6月8日、宮古島分屯基地体育館で開催され、新会員5人を含む42人が出席した。

総会に先立ち、大嶽城址公園で行われたグラウンドゴルフ大会には、沖縄地方協力本部の支援を受け、宮古地区自衛隊協力会、隊友会、空自第53警戒隊の隊員などが参加。豪華賞品を目指し白熱したプレーを展開し、例年以上の盛り上がりを見せた。

総会では、昨年度の事業結果報告、収支・決算と監査報告、26年度の事業計画・予算と役員改選などについて審議した。

野原勝也地区会長はあいさつで「より一層団結し、ますます宮古地区自衛隊父兄会を盛り上げていこう」と呼びかけた。

総会後は隊員食堂で会食とゴルフ大会の表彰式が行われ、会員らは日頃食べることのない基地の食事に舌鼓を打った。表彰式では成績が発表される度に歓声が上がり、一人で複数の賞品を手にして笑みをこぼす会員の姿も見られた。

子息の活躍ぶり披露

東播南西父兄会総会　母親ら大感激

【兵庫】東播南西地区自衛隊父兄会の総会が5月10日、兵庫県加古川市内のホテルで開催された。この中で兵庫地本長の下醉尾芳孝1陸佐が自身の防衛講話後に5人の会員のご子息の部隊での活躍を報告した。

父兄5人に隊員からの手紙と写真を渡すとともにスクリーンで全員に紹介。海3術校の竹廣雅俊2曹からの「丈夫な体に産み育ててくれたことに大変感謝しています」というコメントに、母親の陽子さんは「頑張っている息子の姿を見られて大感激です。こんなやさしい手紙をくれるなんて…」とうれしそうに話した。

続いて、奥尻島基地で勤務している桐村正治郎空士長（29警戒隊）からの「ここまで大きく育ててくれて本当にありがとうございました」という言葉に母親の美和子さんは「すてきな母の日のプレゼントです！」と感激していた。

下醉尾地本長は「今後も父兄会で隊員の近況を紹介するなど、きめ細やかな配慮をもって、父兄会との連携強化を図っていきたい」と話している。

家族支援のDVD

陸自が1000部製作し配布

陸幕人事部厚生課家族支援班はこのほど、隊員と隊員家族を対象としたDVD『自衛隊員の家族として～大規模災害への備え』＝写真＝を製作。約1000部を全自父、各地方協力本部、連隊・大隊などの各部隊へ配布した。

東日本大震災では、多くの隊員が家族との安否確認が取れない状態で任務に就いていた。DVDは、その教訓から隊員の不安を軽減するためには家族も準備が必要として、隊員と隊員家族の意識改革を目的に作られた。

内容は内閣府の「減災のてびき」に基づき、具体的に何をすべきかが分かりやすく解説されている。約16分。

問い合わせは、防衛省代表03（3268）3111、陸幕人事部厚生課家族支援班まで。

25キロ行進訓練を激励

岩見沢支部　スポーツドリンク配る

【札幌】自衛隊父兄会岩見沢支部は6月5日、自衛隊札幌地本岩見沢地域事務所の支援を受け、第12施設群が実施した自衛官候補生の25キロ行進訓練を激励した。

激励は父兄会員13人と隊員の父兄11人が参加。我が子の訓練姿を直接見学するとともに自衛隊に対する理解と父兄会への入会促進を図った。

訓練は北海道大学演習場千歳地区で早朝から行われ、父兄たちは暑さと疲労で汗まみれになった隊員をゴール地点で盛大に出迎えた。

田中均父兄会岩見沢支部長は「この25キロ行進を完歩したという自信を持って、いろいろな事に励んでほしい」と述べ、その後、父兄らが隊員に慰問品の冷えたスポーツドリンクを配り、労をねぎらった。

父兄たちは、しばらくぶりに会った我が子のたくましい姿に、目に涙を浮かべ成長を喜んだ。

25キロ行進を終えた12施群自衛官候補生に冷たいスポーツドリンクを手渡して激励する父兄

バレーで団結強化

阿蘇地区協議会　23チームが参加

Cリーグで9年ぶりに優勝した「蘇陽チーム」

【熊本】自衛隊父兄会阿蘇地区協議会は6月8日、熊本地本の支援を受け、同協議会女性部の「第19回ミニバレーボール大会」を熊本県高森町の高森中学校体育館で開催し、団結強化を図った。

開会式で松本加代子阿蘇地区女性部長は「子供たちが自衛隊員であることに誇りを持つとともに、一番の理解者であり協力者でありたいと思っています」と力強くあいさつした。

大会は阿蘇地区をはじめ近隣の氷川町や山都町（旧蘇陽を含む）からも参加。特別参加の熊本地本も加わった全23チーム、総勢約170人が四つのリーグに分かれ優勝を争った。白熱した戦いの中で数々の好プレーや珍プレーが飛び出し、大いに盛り上がった。

結果は長陽チーム（Aリーグ）、西原Aチーム（Bリーグ）、蘇陽チーム（Cリーグ）、阿蘇Aチーム（Dリーグ）がそれぞれ優勝に輝き、松本部長よりトロフィーが授与された。

事務局だより

▽…去る6月24日、全国自衛隊父兄会は平成26年度定期総会をホテルグランドヒル市ヶ谷で開催しました。伊藤新体制にとっては実質的には初めての総会でした。行事は総じて整斉と運営され、準備に当たった一同は、ホッと一息です。

今年の総会では、役員が任期満了を迎える改選期で、役員人事も大きな議案の一つでした。退任された役員の方々には、全自父の発展のため、誠心誠意のご尽力をいただき感謝でいっぱいです。唯一、女性の全国理事として平成10年から16年間務められた昭島ガス会長の平畑易子様も、このたび後進に道を譲られました。

▽…陸上自衛隊が昨年8月に家族支援の試行を開始してから、まもなく1年になろうとしています。全自父は防衛協力諸団体の中では唯一、要請を受けて陸自の試行に協力しています。

全国の各県等自衛隊父兄会は、それぞれの駐屯地と連携しつつ、試行に協力を始めました。しかしながら、全国津々浦々で全てが順風満帆に滑り出したわけではありません。

自衛隊の部隊、各地方協力本部、父兄会、それに自衛隊員も一緒になって、家族支援をテーマとする実員訓練を行うところまで進んだ県もあれば、「これからお互いにしっかりやっていきましょう」と話し合いの端緒についたばかりの県もあります。全国にはそれぞれの事情がありますので、それを一歩一歩乗り越えていけばいいと思います。

▽…父兄会にとって一番大事なことは、会員一人ひとりが自衛隊のため、何か役立つことをしようという気になることだと思います。言い換えると「家族支援協力こそが、我々の活動の原点である」との認識を強く持ち、その空気を広げていくことだと思います。

▽…私たちが当面目指している家族支援は、自衛隊員とその家族（父兄会員を含む）を対象としたものですが、最終的にはこの制度を海・空各自衛隊も含め、全国至る所に拡大することです。

そうなることにより全自父は、隊員父兄の集団として相応しい存在に近づけると思います。

（父兄会事務局）

募集・援護 特集

平和を、仕事にする。

ただいま募集中！
◇予備自補（一般・技能）
◇自衛官候補生（男子）
★詳細は最寄りの自衛隊地方協力本部へ

募集解禁だ

高校生に積極アピール

「さあ募集解禁だ！高校生に積極的にアピールせよ」――。7月1日の募集解禁に合わせ、全国の地本では優秀な高校生の獲得に向け、初日から街頭広報を開始した。熊本地本では下校途中の高校生たちの注意を引き付けるため、本部前の駐車場に陸自の軽装甲機動車を展示。集まった高校生にさっそく「就職先」としての自衛隊の魅力を広報した。

軽装甲機動車を見学に来た高校生らに説明を行う熊本地本の堀内栄治1空尉（右）＝7月1日、熊本市の地本駐車場で

軽装甲機動車を展示
熊本地本の駐車場
試乗もOK、話題呼ぶ

【熊本】地本は7月1日の募集解禁に合わせ、本部の駐車場に軽装甲機動車を展示し、これを見て集まった下校途中の高校生たちに広報活動を行った。

地本では募集解禁に合わせてこれまでも市街地広報を実施してきたが、街頭では生徒に細かな説明ができず、また広報効果が大きい自衛隊車両は道路の使用許可が下りないため活用が不可能だった。

そこで地本長の山中敏弘1陸佐が新たなアイデアを出した。それが「地本駐車場の有効活用」だった。

当日は地本部員が本部駐車場に広報ブースを開設。その前にぴかぴかに磨き上げられた42普連（北熊本）の軽装甲機動車を展示した。

これに鋭く反応したのが下校途中の高校生たち。ドアやハッチが開け放たれ、車内が見えるだけでなく、試乗もできるとあって、一般の人まで続々と集まってきた。

さっそく部員が生徒たちに声をかけ、特に自衛隊に興味を持つ学生に対しては地本庁舎内に案内し、より詳しく「就職先としての自衛隊」を説明した。

会場は地本の駐車場ということで、部員も時間を気にせずにゆっくりと説明。高校生たちも隊員から直接、自衛隊での仕事の話を聞き、興味を示していた。

熊本地本は今夏、幸先のよいスタートを切った。

高校生にチラシ入りティッシュを配る茨城地本の濱口清2陸曹（右手前）＝7月1日、茨城県水戸市で

自衛隊案内メッセージ入り
水戸駅前でティッシュ配布

【茨城】地本は7月1日朝、県内で最も利用者が多いJR水戸駅と勝田駅前でそれぞれ募集広報を実施した。

当日は地本長の許斐輝幸1陸佐が陣頭に立ち、部員と一緒に高校生らに自衛隊案内メッセージ入りポケットティッシュやリーフレットを配布した。

通学途中の高校生らはみな先を急いでいたが、部員がリーフレットのセットを渡すと、はにかみながら受け取っていた。

地本は今後、駅ポスターやバス広告などを駆使して広報活動を展開する予定。採用試験開始までの3カ月間が募集成果に直結することから、初日から気合いを入れて自衛隊広報を行った。

雑踏の駅前でチラシを配布

【千葉】地本は7月1日、千葉大学をはじめ多くの学校が集まるJR西千葉駅で登校途中の高校生らに向けチラシの配布を行った。

8、9月から募集受付が始まる防大生、防医大生、看護学生、航空学生、一般曹候補生などの募集に向けた広報で、募集相談員4人が県自衛隊協力会連合会女性部会の支援も受けて広報を実施した。

部員らは「おはようございます、自衛隊です。今日も一日勉強頑張ってください」と声を掛けながらチラシを折り込んだポケットティッシュを高校生たちに配布した。

女子学生は「えっ、自衛隊ですか。ありがとうございます」と丁寧に頭を下げながら受け取っていた。

配布に協力した相談員は「すごい学生の数に驚きました。少しでも自衛隊に関心を持ってもらえれば」と話していた。

募集解禁を前に勝ちどきを上げる地本部員（6月25日、埼玉地本で）

1級賞状受賞目指し出陣式

【埼玉】募集解禁を前に地本は6月25日、「出陣式」を本部で行った。

式には協力10団体の会長らも出席し、25年度の募集・援護の成果報告と26年度の施策を説明した。その後、25年度最優秀事務所と優秀隊員の表彰を行った。

その後、地本長の山本方之1空佐が訓示し、「一人一人が業務にひたむきに取り組み、来年は1級賞状を取って（私を）防衛大臣のところへ連れていってほしい」とユーモアを交え部員を激励した。

続いて各事務所長が決意表明、募集目標の達成を願い、ダルマの目入れも行った。最後は総員で勝ちどきを上げ、今年度の「戦闘態勢」を整えた。

青森の中学校、市民会館
東音「音楽教室と演奏会」
三宅3曹ら「熱唱」

【青森】地本は6月23、24の両日、海自東京音楽隊（隊長・手塚裕之2佐）が県内で行った「音楽教室と演奏会」を支援した。

23日の同イベントは平川市立平賀東中学校の招きで実現。音楽教室と吹奏楽部員への楽器指導が行われた。

全校生徒196人と保護者を対象に行われた音楽教室では、音楽隊が「情熱大陸」など9曲を演奏。中でも三宅由佳莉3曹が昨年レコード大賞企画賞を受賞した「祈り」を歌い上げると、会場から歓声が上がった。

その後、吹奏楽部員に対して行われた楽器指導では、生徒たちは一流の技術を学ぼうと一生懸命に練習に取り組んでいた。

翌24日は弘前市民会館で演奏会を開催。1200人の吹奏楽部所属の中学生らが演奏に聴き入った。映画『アナと雪の女王』の「レット・イット・ゴー」では三宅3曹が会場を大いに盛り上げ、最後は「軍艦マーチ」で締めくくった。

全校生徒を前に音楽教室を開く海自東京音楽隊（6月23日、平賀東中学校で）

高松市・讃岐学園
初の「1日自衛官園長」

OBの防大入校で

讃岐学園の園児たちに囲まれ笑顔を見せる香川地本の松浦3佐（中央）＝6月7日、香川県高松市で

松浦・東讃地区隊長が園児と交流

【香川】東讃地区隊長の松浦一弘3陸佐は6月7日、高松市の児童養護施設・讃岐学園の「1日園長」に任命された。

県児童福祉月間記念行事として毎年6月に行われているイベントで、このほど同学園から防大入校者が出たことから、今回初めて「1日自衛官園長」が実現した。

園に到着すると松浦1日園長は子供たちの歓声とくす玉で迎えられた。松浦3佐が話し出すと子供たちは熱心に耳を傾け、「どうして自衛官になったのですか」「自衛隊で一番楽しかったこと、苦しかったことは何ですか」などと質問が飛んだ。

その後、子供たちから歌やダンスが披露され、屋外では南極の氷に触って写真を撮り、松浦3佐との楽しいひとときを過ごした。

最後に、松浦3佐は「元気に遊んで、いっぱい食べて、立派な大人になってください」と子供たちにお礼の言葉を述べ、学園を後にした。

ミサイル艇「おおたか」で広報

【長崎】地本は6月23、24日の両日、長崎・五島列島の新上五島町有川港で佐世保警備隊所属のミサイル艇「おおたか」の艦艇広報を支援した。

平日にもかかわらず2日で計649人が訪れ、初日には幼稚園、保育園の園児も見学した。島民からは「ミサイル艇を見ることができ、感激した。この艇で五島を守ってほしい」などの声があがっていた。

「自衛隊に興味を持った」という高校生に対してはさっそく、上五島駐在員事務所長の松本咲茂准陸尉が自衛隊の職種について詳しく説明を行った。

地本では「新上五島町に自衛隊の部隊はないが、自衛隊に友好的な地域。これからも五島で定期的に募集広報活動を行っていきたい」と話していた。

大分地本キャラクター
名は「さきモン」

大分地本のオリジナルキャラクターに決定した「さきモン」（左から海、陸、空自バージョン）

【大分】地本がホームページなどで募集していた地本オリジナルキャラクターがこのほど、「さきモン」に決定した。

「さきモン」のネーミングは、「防人」のさきと「モンキー」のモンを組み合わせ、さらに猿で有名な大分市高崎山の「さき」も掛けている。

「さきモン」は陸・海・空の各種バージョンを作製、今後は地本の募集グッズ等に幅広く活用する計画だ。

地本60周年記念に来賓170人参加

【静岡】地本は7月5日、静岡市のホテルアソシア静岡で「創立60周年記念行事」（共催・県防衛協会）を開催した。

静岡地本は昭和29年7月5日に発足し、今年で60周年。そこで県選出の国会議員や協力諸団体などから約170人を迎えて式を行った。

地本長の山下愛仁1空佐は式辞で「諸先輩方から受け継いだ良き伝統を継承し、部員一丸となって更なる努力を続けていく」と述べた。

祝賀会には歴代地本長も出席、当時を振り返り、話に花を咲かせていた。

岐阜も60周年祝う
「空自の心臓」

【岐阜】地本は6月15日岐阜市内で創立60周年記念行事を実施した。

式には県選出の国会議員をはじめ岐阜基地司令の山倉幸也空将補、35普連長（守山）の田丸正勝1陸佐ら約50人が出席した。

記念講演では空自補本長の古賀久夫空将が「岐阜は空自の心臓」と題し、岐阜基地の重要性について語った。

祝賀会には120人が出席、伊東修地本長が日ごろの支援に感謝を伝え、更なる地本の努力を約束した。

任期制隊員ら対象 業種説明会に28社

【中空＝入間】中部航空方面隊司令部援護業務課は6月25日、入間基地東地区体育館で「26年度入間業種説明会」を開催した。入間基地退職者雇用協議会と共催で、定年・任期制退職予定隊員を対象に行っているもので、今回で7回目。この日は隊員約280人、雇用協会員企業28社が参加した。

業種説明会は建設、製造業など9業種10企業が実施。各企業は20分という限られた時間で、具体的な仕事の概要、必要な資格とその取得法、今後の展望などを話した。

参加隊員は「各業種の仕事内容や企業が求める社員像を聞けて勉強になった」「今現在の雇用状況を知ることができ、とても参考になった」と成果を実感していた。

丘珠駐屯地創立、北方航61周年
記念行事で"キャラ共演〟

子どもたちと交流する「モコ」（右）と「たまちゃん」（その左）＝6月22日、丘珠駐屯地で

【札幌】地本は6月22日、「丘珠駐屯地創立・北部方面航空隊創隊61周年記念行事」に参加し、丘珠駐屯地内に広報ブースを開設した。

当日は航空ファンら約1万人が訪れ、地上展示された陸・海・空の航空機や上空を航過する自衛隊や消防の防災ヘリなどを見学した。

地本ブースでは大型ビジョンを使った募集CMを放映、訪れた約1200人の若者らに募集チラシや各種パンフレットを配布した。また自衛隊受験を希望する学生には広報官が募集制度の説明を行った。

地本キャラクター羊の「モコ」はこの日も子供たちに囲まれ、丘珠駐屯地のキャラクター「たまちゃん」と共に記念撮影に応じ、来場者を楽しませていた。

浜松広報館でセレモニー

入館者500万人突破

人気呼ぶ広大な格納庫　年間40万人が楽しむ

航空自衛隊の活動を広く一般に紹介する空自浜松基地の「航空自衛隊浜松広報館（エアーパーク）」で7月13日、入館者が500万人を突破し、館内でセレモニーが行われた。同館は「見て、体験して、楽しんで」をテーマに平成11年4月4日に開館、航空ファンの観光スポットとして人気を博している。

浜松広報館の500万人目の入館者となった西岡さん一家（左）と達成を祝い、くす玉を割る荒木基地司令（その右）＝7月13日

【浜松】500万人目の入館者となったのは名古屋市の会社員西岡英輝さん（28）と家族。妻の永莉（えり）さん（30）、長女の愛莉（あいり）ちゃん（1）とともに浜松基地司令の荒木正嗣将補とくす玉を割って達成を祝った。一家には荒木司令から500万人目の認定書とF15戦闘機のメタル製模型などが贈られた。

浜松広報館は浜松市の観光スポットとして定着し、観光バスで訪れる団体客や地元のマイカー客が絶えない。年間平均約40万人が訪れ、累計で14年に100万人、18年に200万人、21年に300万人、23年に400万人の来館を達成している。

同館の入場者増の「立役者」は保有する広大な展示格納庫。昭和39年の東京オリンピックで上空にカラースモークで五輪を描いた初代ブルーインパルス（F86F戦闘機）をはじめ、F104など実物の航空機を19機展示している。

パイロットスーツを借りてコックピットに着座できることから家族連れ、カップルに好評だ。また全天周シアター（定員120人、1日6回上映）では、プラネタリウムのようなパノラマスクリーンで飛行を疑似体験できる。

西岡さんは「初めて広報館を訪れたが展示の豊富さに驚いた。（達成者になったのを機に）自衛隊について勉強したい」とうれしそうに話した。

荒木司令は「空自と浜松基地の60周年の記念すべき年に達成でき、うれしく思う」と語った。

各務原市の奥村さんから部隊に「感謝の詩」

病床から岐阜基地の飛行機を眺めて楽しんでいた夫を偲ぶ

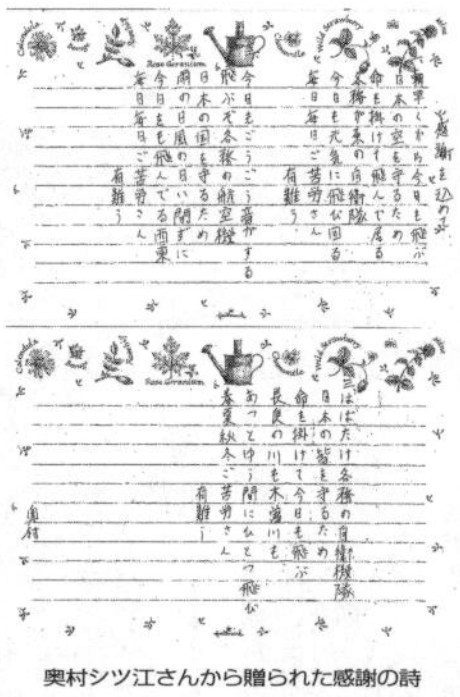
奥村シツ江さんから贈られた感謝の詩

【岐阜】岐阜基地に7月9日、岐阜県各務原市在住の奥村シツ江さん（80）から感謝の気持ちを込めた詩が届いた。

シツ江さんの亡くなった夫・実夫さんは生前、病床から岐阜基地の飛行機が飛んでいるのを眺めて楽しんでいた。ある日、その事を思い出したシツ江さんがふと空を見上げるとそこには岐阜基地の飛行機が。「亡くなった夫も、同じように見ているのかな」と思ったシツ江さんはすぐにペンをとり、詩を書きあげたという。

基地を訪れたシツ江さんは、「少し恥ずかしいけれど、皆さんに読んでいただきたいと思って」ときれいな封筒に入った詩を渉外室員に手渡した。

岐阜基地では基地渉外室長がお礼の手紙を出すとともに、この詩を各部隊に配布。隊員からは「このような市民の方が見守ってくれているのだとうれしくなった。頑張らなければと思った」との声が聞かれた。

◇

「感謝を込めて」というタイトルの詩の内容は以下の通り。

一　朝早くから今日も飛ぶ
日本の空を守るため
命を懸けて飛んでいる
各務が原の自衛隊
今日も元気に飛び回る
毎日毎日ご苦労さん
有難う

二　今日もごうごう音がする
飛ぶぞ各務の航空機
日本の国を守るため
雨の日風の日いとわずに
今日も飛んでる西東
毎日毎日ご苦労さん
有難う

三　はばたけ各務の自衛隊機
日本の皆を守るため
命を懸けて今日も飛ぶ
長良の川も木曽川も
あっという間にひとっ飛び
春夏秋冬ご苦労さん
有難う

3空団事務官に米空軍下士官から感謝状

シャープ最上級曹長（右から2人目）から感謝状を授与された中奥事務官（左から2人目）

【三沢】3空団監理部（三沢）の中奥勝貴事務官（30）は6月14日、米35戦闘航空団先任下士官から感謝状を授与された。

昨年1月から米空軍下士官兵教育で三沢基地の概要説明を英語で45回行い、延べ878人の参加者に空自への理解を深めてもらったことが評価された。

表彰は基地で開かれた日米下士官交流会（ダイニング・アウト）で行われ、ゲイリー・シャープ最上級曹長から縦約70センチ、横約60センチの額の中に納められた感謝状が中奥事務官に贈られた。

米空軍では下士官を対象にNCO（下士官）アカデミーやエアマンリーダーシップスクールといった入校授業を実施。その合間に補助教育として2～5日間の集合教育を行っており、空自隊員も参加している。隊員の「空自に関する教育があってもいいのでは」という意見がきっかけとなり、中奥事務官による説明が始まった。

表彰を受けた中奥事務官は「非常に光栄です。今後も日米下士官交流の一助になるよう頑張っていきます」と述べた。

キャンペーン中、対象缶コーヒーに付いてくる3自衛隊の主力装備フィギュア6種類

自衛隊コレクション〝総集編〟　景品付き缶コーヒー8月5日から発売

UCC上島珈琲は8月5日から、対象缶コーヒーに自衛隊装備のフィギュアが景品として付いてくるキャンペーン「陸・海・空　自衛隊コレクション」を全国のコンビニエンスストアなどで実施する。

今回のキャンペーンは過去に人気を博した「陸（最強の陸自コレクション）」「海（最強の艦艇コレクション）」「空（最速の翼コレクション）」に続く第4弾で、〝総集編〟企画となっている。

ラインナップは、陸自は90式戦車と10式戦車（144分の1スケール）、海自は護衛艦の「こんごう」型と「むらさめ」型（1182分の1）、空自はF2A戦闘機とF15J戦闘機（200分の1）の6種類。

ミリタリー専門誌「PANZER」、艦船専門誌「世界の艦船」、航空機専門誌「航空ファン」がそれぞれ監修しており、組み立て式で細部まで忠実に再現されている。

対象商品は「UCC BLACK無糖 PREMIUM AROMA リキャップ缶375g」で、景品が店頭からなくなり次第終了。一部の店舗では開始日が異なったり、取り扱いがない場合がある。

キャンペーン事務局では「ミリタリーファンのみならず、多くのお客さまに満足してもらえると思います」と話している。

問い合わせはUCCキャンペーン事務局0800（919）4040まで。

停電の離島に15ヘリ隊

台風8号災派出動　沖電社員と機材輸送

停電地域の復旧に当たる沖縄電力の社員をCH47輸送ヘリに誘導する15ヘリ隊員（7月8日、那覇基地で）

陸自15ヘリ隊（那覇、隊長・酒瀬川友博1佐）は7月9日、台風8号の影響で停電が発生した沖縄県慶良間諸島の渡嘉敷、座間味両村に沖縄電力の社員と機材を輸送した。

8日午前、那覇市から西方約40キロ圏の両村で停電が発生し、翌9日午前9時45分、仲井真知事から小林15旅団長に対し災害派遣が要請された。飛行可能な風速となった午後1時過ぎ、鹿内猛史1尉以下6人がCH47輸送ヘリ1機で輸送を開始。社員計10人と車両1両を両村に送り届け、約1時間後、要請を受けて撤収した。一方、同隊は10日、台風8号の接近に伴い宮古島市で早期収穫されたマンゴー約6トンを、空自那覇ヘリ空輸隊と協力して那覇市まで空輸した。

こちら警務隊　☎8・6・47625

保護者が子供置き去り　3カ月以上5年以下に

新聞で「親が炎天下、車内に幼い子供を置き去りにし保護責任者遺棄罪で逮捕された」という記事を見ました。これってどういう罪なのですか。

この罪は、老年者、幼年者、病人などを保護する責任のある者がこれらの者を置き去り（遺棄）にしたり、看護や適当な食事も与えず生存に必要な保護をしないことにより成立します。

刑罰は、遺棄した場合「保護責任者遺棄罪」に問われ、3カ月以上5年以下の懲役に処され、また置き去りにしたことにより死傷した場合「遺棄等致死傷罪」となり、更に重い刑により処断されることになります。

（警本＝市ケ谷・田口1曹）

小休止

▽…神奈川地本相模原地域事務所長の大塚悟3陸尉と武川周一2陸曹はこのほど、女子美術大生の描画製作を支援した。

▽…東京5美大の一つである女子美大の学生が、自宅近くの下志津駐屯地周辺で精悍な自衛官をたびたび目撃。デッサンしたいという熱意に応え、相模原麻溝公園で大塚所長がモデルとなった＝写真。

▽…「大丈夫ですか」「まばたきしてもいいですよ」と声を掛けられながら1時間、所長は直立不動を保ち続け、モデル任務を完遂した。この絵画は、屈強な陸上自衛官を描いた作品として展覧会に出展される予定。（神奈川地本）

（世界の切手・ルクセンブルク）

下を向いたままだと、虹を見つけることはできません。
C・チャップリン
（英国の映画人）

朝雲ホームページ
www.asagumo-news.com
<会員制サイト>
Asagumo Archive
朝雲編集局メールアドレス
editorial@asagumo-news.com

みんなのページ

四国霊場お遍路の旅――
八十八ヶ所 8日で巡る

2陸佐　林　宏（陸自警務隊本部・市ヶ谷）

今年の大型連休バイクツアーは、折しも「開創1200周年」という「四国霊場八十八ヶ所」のお遍路の旅に出た。弘法大師空海が修行した「八十八寺」を巡る自分発見の旅でもあった。

現地では「8日間で1日平均11寺を回る」慌ただしさであったが、訪れる前にお遍路の入門書をはじめ、空海や仏教の本を読み、現地の修行の跡を巡って、幾ばくかの「発見」ができたのではないかと感じている。

お遍路なので、事前に白衣や簡易の袈裟である輪袈裟や、ロウソク、線香などを入れるずた袋、ご朱印を頂く納経帳などを入手し、1番寺で長数珠を購入して「八十八ヶ所」を回った。

当初はまっさらな白衣だったが、道中知りあった方から「襟元に梵字や背中の左右に鶴と亀の朱印を頂くとよい」との助言を受け、徐々にそれらしい格好になっていった。地元の方から「お接待」と呼ばれるおもてなしを受けるのもうれしかった。

出だしの徳島1番寺から9番までは「歩き遍路」を体験した。一人黙々と次の寺を目指して歩いていると、目に映る光景や道端の花々を見ても、本にあったように「大自然の中に生かされている喜び」を感じた。本来、こうした古に返る体験も巡礼の一つの効用なのかもしれない。

各寺での読経などを含めて12時間、わずか二十数キロであったが、「つ・か・れ・た」が本音である。「歩き遍路」の大変さと、ありがたさを実感した。四国1周約1400キロ、通常は40～50日かかるという。そこで場所を区切って回る「区切り打ち」が多い。現地では定年後の方や夫婦連れが多かったが、寝袋を担いだ若者の姿もあった。

私はその後、バイクを使った。目指すお寺を探しつつ、阿波徳島の23寺、土佐高知の16寺、伊予愛媛の26寺、そして讃岐香川の23寺に札を納めて御朱印を頂いた。88番寺で結願し、1番寺にお札参りした後、船で和歌山に渡り、大師様が創建した高野山に詣で、入定された御廟に報告して帰途についた。

振り返れば、ロープウエーやケーブルカーで登る太龍・雲辺・八栗寺や有料専用道の横峰・屋島寺、室戸岬の最御崎・足摺岬の金剛福寺、大師生誕の善通寺や高知の竹林・松山の石手寺あたりが印象に残る。歩きと違って車両での巡礼は「果たしてその効用は……」と思いつつも、各寺で本堂と大師堂でロウソクと線香をあげ、ご本尊を拝みつつ、声に出し読経する。そんなひととき、仏の世界に浸る自分を感じた。

さて、皆さんも日常から離れる思索の場として、お寺参り、巡礼はいかがであろうか。違った自分、違った世界に身を置ける場所は至近なところにある。神社仏閣には古来からの歴史や先人の知恵の詰まった空間が残されている。その幸せを感じる旅となった。

「南無大師遍照金剛」合掌。

「四国八十八ヶ所」の巡礼を香川県の大窪寺で結願した林宏2佐

岩壁の下にお堂がある岩屋寺で。林2佐のお遍路は1日平均11寺を巡る高機動の旅だった

戦国武将と夢のコラボ

3陸曹　篠原　伯佳（36普連広報室・伊丹）

第36普通科連隊は5月4日、大阪市の天王寺公園で行われた「天王寺真田幸村博」のプレイベントに参加しました。

36連隊の警備隊区は「大阪と兵庫」ですが、大阪府民の多くが「大阪を守っているのは37連隊（信太山駐屯地）だけ」と思っているようなので、このイベントを期に、広く市民に「36連隊」の存在を知ってもらうために参加を決めました。

当日は公園入口で高機動車とオートバイ、「わんぱく広場」で高機動車と軽装甲機動車を展示し、さらに公園内で人命救助システムの操作を行いました。

これらの場所には「大阪城甲冑隊」をはじめとする多数のコスプレーヤーが訪れ、陸自部隊と戦国武将の夢のコラボとなり、一時、会場は騒然となりました。

陸自の体験コーナーでは救護の展示や、スコープ探索器を使った被災者（人形）の捜索、ロープ結索などが行われ、自衛隊ブースは大盛況でした。

会場には真田幸村ほか名だたる戦国大名がやってきて、そこは『戦国自衛隊』の映画の中に入り込んだような不思議な空間でした。

さて、「真田幸村博」は今後2年間にわたり「天王寺区の魅力」を発信していくもので、連隊は11月のコアイベント「大坂冬の陣」と来年5月の「夏の陣」に参加する予定です。

36連隊ではイベントを通じ、広く市民に「36連隊」を認識してもらい、大阪を守るのは我々「さぶろく(36)」だということを全力で広報していきます。

戦国武将に扮した「大阪城甲冑隊」と一緒に記念写真に収まる36普連隊員

新刊紹介

「時鐘の翼」
ルカ・マサーリ著、久保　耕司訳

歴史に「もし」はない。しかし何者かによって変えられていたら――。本書は第1次世界大戦下の欧州と未来を舞台に、歴史の改変を阻止しようと奮闘するタイムトラベル冒険アクション物語だ。

オーストリア＝ハンガリー軍のパイロット、マッテオ・カンピーニ大尉は1921年、夜のアドリア海上空を巨大爆撃機シュターケンRⅥで北イタリアのパドバに向かっていた。敵軍に撃墜され、未来から来た女性フラヴィアに助けられる。そこでマッテオは今の世界が未来からの介入で改変されたことを知る。

1918年に終わるはずの第1次大戦が、この物語では21年になっても終わらない。異常事態にマッテオが巨大勢力に立ち向かっていくさまが小気味いい。盛り立てるのは実在した人物。イタリアの詩人ダヌンツィオやヒトラーの側近となったヘルマン・ゲーリングが物語の重要な鍵を握る。

SF要素だけでなく、実在の航空機が頻繁に登場するのも魅力のひとつ。現実とフィクションが交錯するパラレルワールドに浸り、名機と主人公たちの冒険活劇を楽しんでみては。

（シーライトパブリッシング刊、1944円）

「写真・太平洋戦争の日本軍艦」
阿部　安雄・中川　務著

太平洋戦争に参加した大型軍艦118隻の雄姿を集めた「軍艦写真集」の決定版。文庫サイズに450枚もの写真が収められており、携行しやすいのがうれしい。

艤装中や公試中、戦闘行動中など、軍艦1隻ごとに現存するさまざまなシーンを収録し、資料的価値も高い。写真は白黒ならではの美しさがあり、艨艟たちのユニークで威容ある姿に魅せられる。

巻頭特集は「日本海軍最後の観艦式」と「艦隊行動」。太平洋戦争時の旧海軍艦艇についての解説や海戦年表、艦歴一覧、艦艇要目一覧もコンパクトながら詳しい。

「写真でみる太平洋戦争時の日本海軍艦艇」では戦艦、巡洋艦、航空母艦、水上機母艦、砲艦、旧式海防艦を取り上げ、若い世代にも分かりやすいよう、軍艦の各部名称も詳しく紹介。キャプションも懇切丁寧で、今はなき艦艇の活躍に思いをはせることができる。

しかし、本書は過去をいとおしむだけのものではない。著者の「なぜ、わが海軍は敗れたのか（中略）、戦後69年を経過した現在も、なおあくなき追求が必要である」という言葉が突き刺さる。（KKベストセラーズ刊、1090円）

通信は「思いやり」

陸士長　眞鍋　翔（46普連2中・海田市）

私は3カ月間、13旅団の部隊通信特技教育に参加しました。中隊でも無線機を扱ったことがあったので、「大丈夫だろう」と思っていましたが、教育は甘くなく、勉強と課題に追われる日々が続きました。それでも同期と切磋琢磨して勉強し、休日をつぶして課題を克服した経験はいま思えば良き思い出の一つです。

教育では主に二つのことを学びました。一つ目は「有線構成について」では、徒歩構成、車両構成、架設、埋設、縛着などを学びました。徒歩構成は組長の号令・指示で行いますが、地形によっては思うように行動ができず、また架設や埋設は作業が難しく、時間がかかってしまいました。

二つ目は「無線」です。携帯・車両無線機の取り扱い法を習ったほか、電報の送受信、高利得空中線の建柱などを学びました。電報の受信は、一言一句、間違いなく筆記すること、送信では相手に分かりやすく伝えることに苦労しました。

通信の世界は「思いやり」が大事で、情報を正確かつ迅速に伝えることがいかに難しいか実感しました。しかし、通信こそが部隊を動かします。通信が途切れると、部隊の作戦に大きな影響を及ぼします。そして電子戦に負けると、戦況が著しく悪化します。

そうしたことを生起させないよう、本教育で学んだことを生かし、さらに練度を向上させ、中隊と連隊の通信確保に貢献していきたいと思います。

香色山登山走で団結と絆を学ぶ

2陸士　十萬　将弥（333共教中2区隊・善通寺）

教育中隊で6月20日、香色山登山走競技会がありました。わたしは事前に試走で3回走ったのですが、前半でペースを上げ過ぎると、後半の延々と続く登山コースで足が上がらなくなり、当初、想像していたよりもずっと厳しいコースでした。

競技当日はいつもと違い、中隊全員で戦っていくので、皆が一丸となって優勝を目指しました。私自身も1位を目指し、結果として1位となれましたが、記録は3秒落ちてしまい、中隊に貢献することができませんでした。

しかし、中隊としては記録が20秒くらい伸び、皆が自分の遅れた分を助けてくれたので、中隊だけでなく、区隊としても優勝することができました。

中隊・区隊で優勝するには、全員の平均タイムが速くないとだめで、1人がどれだけ速くても勝てません。全員が団結した結果、優勝を勝ち取れました。自分はこの香色山登山走競技会で、同期との団結と絆の大切さを学ぶことができました。

08がんばる

柿本　賢さん　57
平成24年1月、福岡地本北九州地区隊長を最後に定年退職（2陸佐）。東京海上日動火災保険に再就職し、九州損害サービス第2課で事故相談などに当たる。

今の持ち場を大切に

「初めてで何も分かりませんが……」。自衛隊の現役時も転勤するたびに、同じあいさつをしてきたなぁと思いつつ、今の会社に入り2年が過ぎました。

私の再就職先は保険会社で、交通事故賠償主任の業務を行っています。仕事は、交通事故を起こして困っている方やけがをして大変な思いをされている方の手助けをし、問題を解決（示談）することです。事故にはさまざまな形態があり、一見同じ内容と思える事故でも、対象者が変わればその対応は千差万別です。同じ土俵で同じ相手と相撲をとっても、常に違う対応を求められることと同じです。

このような仕事を行う上で、会社から求められているものは特別な技術や知識ではなく、意外にも「自分の仕事をしっかりと理解し、真面目かつ常識的に対応すること。そして、しっかり管理すること」で、自衛隊出身の私には当たり前に思えるようなことでした。

また、部隊での経験が役立っていることも数多くあります。例えば「管理（物品・人事）」に関する考え方やあいさつの確行が身に付いていることで、スムーズに今の組織に溶け込むことができました。私の職場の8割の方が自衛隊出身者であることからも、こうした経験を積んだ自衛隊出身者が高く評価されているのだと感じています。

再就職を前に資格を取得することも大切だとは思いますが、それ以上に自衛隊の持ち場で自らの職務をしっかりと理解し、責任を持ってやり遂げることで、「再就職に必要な資質」が備わっていくのではないかと思います。心配し過ぎずに自信と希望を持って「第2の仕事」に踏み出してください。

詰将棋

出題　日本将棋連盟　九段　石田　和雄

第676回出題

▲先手　持駒　角銀

【ヒント】両王手の詰み上がり。短手数。（10分で二級です）。

▶詰碁、詰将棋の出題は隔週です◀

詰碁

出題　日本棋院　九段　曲　励起

第1091回解答

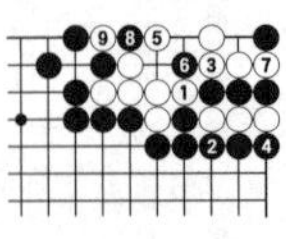

【解答図】白先、白劫。白①以下黒❹までは共に必至です。次の白⑤が大切で、黒❻以下白⑨まで劫になるのが正解です。

「収容所」演練を本格化

捕虜取り扱いで国際人道業務室

統幕が検討

統幕は、今年度中に日本国内と周辺海空域で実施する統合演習の中で、捕虜取り扱いに関する初の本格的な「自衛隊捕虜収容所」の立ち上げ演練を行う方向で検討を開始した。今後は他省庁にまたがる「捕虜情報局」の在り方や連携についても検討を深めたい考えだ。平成16年に「捕虜取り扱い法」を含む事態対処法制関連7法が成立して今年で10年。統幕では18年3月の発足以来、国際人道業務室が中心となって捕虜取り扱いの実動訓練や法令教育を積み重ねてきたことを踏まえ、今後はそのノウハウをもとに実効性の向上に向けた新たな検証に取り組む方針だ。

事態対処7法 成立から10年 新たな検証段階に

捕虜についてはジュネーブ条約（国際人道法）で人道的な処遇が厳格に定められており、日本の「捕虜取り扱い法」でも「自衛隊の機関としての捕虜収容所」の設置を義務付け、適切な施設、食事、衣類、医療の提供などを求めている。

統幕はこれまでの訓練成果をもとに、統合演習の中での「捕虜収容所」の本格的な開設演練の検討に入ったほか、今後は他省庁と協力して「捕虜情報局」の実効性向上に向けた検討を進めたい意向だ。

「捕虜情報局」は中立国などに設置される「中央捕虜情報局」を通じて各国と捕虜情報を交換し、捕虜に関する全ての問い合わせに答える役割を担うが、日本ではその立ち上げについて一度も演練されたことがなく、関係省庁の協力を得ながら国として検証し、習熟度を高めていく必要性が指摘されている。

統幕では18年度に捕虜取り扱いに関する「国際人道業務訓練」を開始。それまで陸海空が別々に取り組んできた課題をまとめる形で法令や手続きに関する座学教育を行い、関係規則の理解、整理、3自衛隊への普及を図ってきた。

20年度からは座学に加え、陸自の駐屯地で天幕や既存施設を使用した模擬「捕虜収容所」を設置しての実動訓練を試行的に実施し、統合運用の観点から態勢整備を進めてきた。

昨年11月には「自衛隊統合実動演習（JX25）」に初めて捕虜取り扱いの実動訓練が組み込まれ、3自衛隊が共同で敵国兵（捕虜）の拘束、移送、主要部隊指揮官レベルでの抑留資格認定官の業務まで一連の流れを演練する画期的な取り組みが実現した。

同演習は島嶼防衛を目的に九州や沖縄の海空域で約3万人の隊員が参加して行われたもので、具体的には武力攻撃事態が認定されたことを前提に、沖縄の海自施設で基地警備中に捕獲された捕虜を3自衛隊が協力、分担して那覇まで移送した。

そこで抑留資格認定官を兼ねる空自の南混団司令が捕虜を確定し、陸自15旅団が収容所を運営して捕虜の管理支援に当たる――というシナリオで行われた。

統幕国際人道業務室長の村岡正智1空佐は「国際法にのっとった捕虜の取り扱いは、円滑な作戦遂行に資する極めて重要な業務」と指摘した上で、「いつ起こるか分からない武力攻撃事態に即応し得る、実効的な態勢整備に取り組んでいくことが重要だ」と話している。

新設「防衛審議官」に徳地氏

徳地防衛審議官

豊田官房長

黒江防衛政策局長

深山運用企画局長

真部人事教育局長

三村経理装備局長

中島地方協力局長

山内装備施設本部長

政府は7月18日の閣議で、防衛省に新設した次官級ポストの「防衛審議官」に徳地秀士防衛政策局長を昇格させる人事を決めた。後任の防衛政策局長に黒江哲郎官房長、官房長に豊田硬人事教育局長、地方協力局長に中島明彦運用企画局長を充てる。人事教育局長に真部朗防衛政策局次長、運用企画局長に深山延暁官房審議官をそれぞれ昇任させる。退職する伊藤盛夫経理装備局長の後任に、三村亨防衛研究所長が就く。発令はいずれも7月25日付。防衛審議官は今年6月に成立した改正防衛省設置法で新設。これまで事務次官や局長クラスがその都度対応していた各国との防衛交流や技術交流を専属的に担う。日米両政府が年末までに行う「日米防衛協力のための指針」（ガイドライン）の改定も担当する。

豊田官房長　黒江防政局長　深山運企局長

防衛省発令

▽防衛審議官に昇任（防衛政策局長）　徳地　秀士
▽官房長（人事教育局長）　豊田　硬
▽防衛政策局長（官房長）　黒江　哲郎
▽運用企画局長に昇任（官房審議官）　深山　延暁
▽人事教育局長に昇任（防衛政策局次長）　真部　朗
▽経理装備局長（防衛研究所長）　三村　亨
▽地方協力局長（運用企画局長）　中島　明彦
▽装備施設本部長（地方協力局長）　山内　正和
▽退職（経理装備局長）　伊藤　盛夫
（以上7月25日）
〈以上内閣承認人事〉

▽空幕人事計画課（空自幹部学校付）1空佐　久保田隆裕
▽空幕防衛課（空自幹部学校主任研究開発官）同　亀岡　弘
▽空幕運用支援課（空自幹部学校付）同　鈴木　繁直
▽空自幹部学校（防衛大防衛学教育学群戦略教育室長兼防衛大教授）同　古垣　史一
（空幕情報課付）同　森　敏章
（以上7月15日）

▽2施設団本部付（2施設団本部高級幕僚）1陸佐　登根　仁久
▽海幕指揮通信課（海自幹部学校付）1海佐　西村　俊行
▽呉潜水艦基地隊司令（対潜資料隊音響2科長）2海佐　五領　隆男
（以上7月18日）
▽横須賀教育隊司令（海自幹部学校運用教育研究部図演装置運用課長）1海佐　柴田　有三
（7月21日）
▽外務省へ出向＝シンガポール大使館参事官へ＝（地方協力局提供施設課長）　堤　尚広
▽地方協力局提供施設課長に採用（外務省経済局国際経済課経済協力開発機構室長）　横田　敬一
（以上7月15日）

徳地　秀士氏（とくち・ひでし）東大法卒。昭和54年旧防衛庁。運用課長、防衛局計画課長、内閣参事官、防衛局防衛政策課長、官房審議官兼情報本部副本部長、東京防衛施設局長、北関東防衛局長、運用企画局長、人事教育局長、経理装備局長などを経て平成25年4月防衛政策局長。東京都出身。58歳。

豊田　硬氏（とよた・かたし）東大法卒。昭和57年旧防衛庁。防衛局調査課長、人事教育局厚生課長、運用局運用企画課長、運用企画局事態対処課長、秘書課長、報道官、内閣府国際平和協力本部事務局次長、地方協力局次長などを経て平成25年7月人事教育局長。山口県出身。55歳。

黒江　哲郎氏（くろえ・てつろう）東大法卒。昭和56年旧防衛庁。運用課長、内閣参事官、文書課長、官房審議官、防衛政策局次長、運用企画局長などを経て平成25年7月官房長。山形県出身。56歳。

深山　延暁氏（みやま・のぶあき）東大経卒。昭和58年旧防衛庁。防衛局計画課長、内閣参事官、総括企画官、運用企画局事態対処課長、秘書課長、南関東防衛局長などを経て平成23年9月官房審議官。千葉県出身。56歳。

真部　朗氏（まなべ・ろう）東大法卒。昭和57年旧防衛庁。施設庁業務企画課長、防衛局調査課長、防衛政策課長、米軍再編調整官兼報道官、沖縄防衛局長、地方協力局次長などを経て平成24年9月防衛政策局次長。富山県出身。56歳。

三村　亨氏（みむら・とおる）東大法卒。昭和54年旧大蔵省。徳島県総務部長、主計局主計官（防衛担当）、近畿財務局長、防衛省官房審議官、人事教育局長などを経て平成25年7月防衛研究所長。岡山県出身。58歳。

中島　明彦氏（なかじま・あきひこ）東大法卒。昭和56年旧防衛庁。運用局指揮通信課長、施設庁施設企画課長、官房審議官兼情報本部副本部長、地方協力局次長、外務省官房審議官、内閣官房遺棄化学兵器処理対策室長などを経て平成25年7月運用企画局長。岡山県出身。56歳。

山内　正和氏（やまうち・まさかず）東大法卒。昭和55年旧防衛庁。装備局艦船武器[illegible]

施設外での活動再開

南スーダン　6次隊が出陣式

南スーダンで国造り支援のためのPKO活動を行っている陸自派遣施設隊の6次隊（隊長・野村昌二1佐以下、5旅団主力の約400人）は6月16日、活動を開始し、ジュバの日本隊宿営地で出陣式を行った。

野村隊長は訓示の中で①心技体を大切にする②胸を張って帰国する――の2点を強く要望するとともに、「家族や知人からの激励と笑顔を忘れることなく、本日を出発点として一丸となって頑張ろう」と激励。続いてジュバ市内の「UNハウス地区」と「国内避難民保護地域（POCエリア）」の外周道の整備開始に当たり、起工式を行った。

整備には施設器材小隊（小隊長・上野智之1尉）以下約40人が当たる。野村隊長は「安全確実に整備を進め、一件の事故もなく、皆の顔が今よりも焼け、精悍（せいかん）な顔つきになることを期待する」と訓示した。

日本隊による国連施設外での施設活動は、昨年末の政情不安を受けて以来、約半年ぶりの再開となる。

これに先立つ6月15日には5次隊から6次隊への指揮転移式が日本隊宿営地で行われ、5次隊長の井川賢一1佐が6次隊長の野村昌二1佐に隊旗を手渡した。

春夏秋冬

軍歌第一号

童門　冬二

太田道灌（資長）は戦国時代の名将だ。兵士のモラール・アップ（戦意高揚）にはいつも気を遣った。個人の戦功よりも組織の功を重視し、そのためにチームワークを大切にした。

ある時、豪族の豊島氏がそむいて小作（こづくり）城（神奈川県横浜市小机）にこもった。

主人定正の命令で道灌が討伐を命ぜられた。ひきいる軍勢は五百人。敵はすでに千人をこえ、まだまだ増えるという。道灌軍は落ちこんだ。

心配した隊長たちが道灌のところへやってきて、このことを告げた。そして、

「われわれもいったん引きかえし、増員してから出直したほうがよい、と考えますが」と意見具申した。

ここで道灌はさっきから頭の中で考えていた歌を、携帯していた筆で紙にサラサラと書きつらねた。そして隊長たちに「読め」と回読させた。

「小机は　まず手習いのはじめにて　いろはにほへと　あとは散りぢり」

と書かれてあった。隊長たちははじめは「なんだ、これは」という表情をした。しかし道灌の下で隊長をつとめるだけあって、それぞれ多少の雅趣をもっている。やがて歌意を理解した。「そうか！」と皆納得した。

小作は地もとでは〝こづくえ（小机）〟とよばれている。小机は子字も散りぢりになってしまう。

「それとおなじだ」

と道灌の歌は告げていた。

「要はこっちが少数でも、まとまって戦意を高め突入することだ」道灌の歌はそう教えていた。

「皆に歌わせます」

隊長のひとりがそういった。道灌はうなずいた。隊長たちは自分の所属に戻った。やがてある隊から合唱が起こった。

「小作は　まず手習いのはじめにて」

あっちでも起こった、こっちでも起こった。大合唱になった。道灌軍は戦いながら小作城に突進していった。城は落ちた。

戦国時代に合唱しながら戦争した例はあまりきかない。私はこれを〝日本の軍歌一号〟だと思っている。（どうもん・ふゆじ＝作家）

ステルス機「先進技術実証機」

完成機をHPで初公開

技本　年内に初飛行を予定

防衛省技術研究本部は組み立て作業が終わった「先進技術実証機」の写真2種をホームページ上で初公開した＝写真。

同機は将来のステルス戦闘機の国産開発に向けて技本が開発したもので、平成24年3月から三菱重工業で機体の組み立てを行っていた。

HPで公表された写真は5月8日、愛知県の三菱重工業小牧南工場で撮影されたもので、塗装を終えて建屋から機体が引き出された場面が写されている。試作機のためボディーは白く塗装され、主翼先端と尾翼は赤色。

機体番号は001で、キャノピーの横と主翼に「日の丸」が描かれ、傾いた垂直尾翼には技本の英語表記「TRDI」の文字が入っている。

塗装のためかキャノピーはカバーで覆われ、また、ステルス技術の細部が分かる個所は写真にぼかしが入っている。

「先進技術実証機」は全長約14メートル、幅約9メートル。国産の「XF5-1」エンジン2基を搭載。今後、地上試験などを経て、年内にも初飛行を行う予定。

同機は将来の「日の丸ステルス戦闘機」の実現に向け、技本・空自でさまざまな飛行試験に従事するほか、空自の防空部隊や海自イージス艦が有事、侵入した敵の高性能ステルス機を早期に探知・追尾・撃墜できるよう、その対空戦闘訓練などにも活用される計画だ。

岩崎統幕長（左）のエスコートで特別儀仗隊を巡閲するマンテッリ伊国防参謀長（右）＝7月15日、防衛省で

ハイレベル交流推進

伊国防参謀長と一致

統幕長

岩崎統幕長は7月15日、イタリア国防参謀長のビネッリ・マンテッリ海軍大将と防衛省で会談し、ハイレベルから幕僚、部隊間まであらゆるレベルで防衛交流を推進し、相互理解と信頼関係を深めることで一致した。

統幕長は日本を取り巻く安全保障環境について説明した上で、「地域と国際社会の安定のため、利益を共有する各国が協調しながら安全保障上の課題に積極的に対応することが重要だ」と強調。マンテッリ参謀長もこれを支持した。

イタリアの国防参謀長の日本訪問は初めて。今年3月には岩崎統幕長が同国を訪問している。

両氏は2国間関係を強化し、国際社会の平和と安定のために協力することを確認した。

統幕長は7月17日の記者会見で「ソマリア沖・アデン湾での海賊対処や将来のPKOでの連携に向け、[illegible]（アフリカなどに関する）欧州独自の地域情勢分析は重要だ」と述べ、情報交換の重要性でも一致したことを明らかにした。

朝雲寸言

「過激な行動で知られる環境保護団体が、ペルシャ湾に石油基地を建設する動きに反発、タンカーの往来が激しいペルシャ湾内に機雷を敷設した」――。これは2年前に実施された国際掃海訓練のシナリオだ▼米海軍をはじめ、日本やイギリス、豪州、カナダ、韓国、シンガポールなど30カ国以上が参加。訓練は機雷掃海技術の高い日米英の3カ国が、各国にノウハウを伝える格好で行われた▼重量ベースで輸入品の99％を海上輸送に依存している日本はもとより、参加各国は、欧州から中東のペルシャ湾、インド洋、そしてアジア太平洋に延びるシーレーンの安全が、自国の経済や社会生活を営む上で、死活的に重要だという思いで一致している▼ただし、シナリオが「戦争」でなかったのは、戦時に機雷を除去すれば、機雷を敷設した交戦国への敵対行為となるからだ。各国とも、できれば武力行使は避けたいのだ。その一方で、国際法はすべての国々に対し、自国の船舶への妨害行為を、武力で排除できる権利を認めている▼唯一の例外が日本だ。我が国に対する武力攻撃が発生していない段階で、機雷を除去することは集団的自衛権の行使に当たり、許されないとしているからだ▼機雷に限らず、テロや海賊などシーレーンを脅かす行為に立ち向かうのは、その恩恵に浴している国の責務だ。訓練には参加するが、危機になったら知らんぷり。許されないのは、そんな非常識だ。

朝雲

発行所　朝雲新聞社
〒160-0002　東京都新宿区坂町26番地19　KKビル
電話　03(3225)3841
FAX　03(3225)3831
振替00190-4-17600番
定価一部140円、年間購読料9000円（税・送料込み）

主な記事

2面　陸幕長がモンゴル初訪問
3面　海賊対処通算3500隻護衛
4面　〈部隊だより〉国際救助犬に2頭合格
5面　〈防衛技術〉IED対処システム
6面　〈全面広告〉
7面　村田銃が結ぶ日・オーストリアの縁
8面　〈みんなのページ〉予備自20年で表彰

補本が新システムの運用開始

【補本＝十条】海自補給本部（本部長・村川豊海将）は6月30日、「海自造修整備補給システム（オープン系）」の運用記念行事を行った。新システムは従来個別に運用してきた①艦船造修整備②航空機造修整備③補給――の3システムを統合したもので、造修整備補給業務の効率化・迅速化ならびに情報セキュリティーの向上、運用経費の削減などが期待される。

記念行事にはシステム開発を担当した富士通や補給本部の関係者ら約50人が参加し、富士通の小島健男事業本部長から村川本部長へ納品書が手渡された。

村川本部長は「新システムに携わった富士通関係者のご尽力に感謝の意を表し、開発に従事した隊員の労を多とする。新システムを部隊の可動率向上に寄与させるため、各部隊のシステム使用者は万全を期してもらいたい」と訓示した。

その後、村川本部長と天島孝二副本部長が新システムのサーバーへネームプレートを掛けた。

富士通の小島事業本部長（右）から納品書を手渡される村川本部長（6月30日、海自補給本部で）

道路建設のノウハウを教える能力構築支援事業の開講式で祝辞を述べる岩田陸幕長（6月27日、モンゴルで）

陸幕長

初のモンゴル訪問

「カーン・クエスト14」視察も

岩田清文陸幕長は6月25日から28日まで、陸幕長として初めてモンゴルを公式訪問し、国軍参謀総長などとアジア太平洋地域の安全保障環境について意見交換し認識を共有した。また、陸自が同国で実施する能力構築支援の開講式に参加、多国間訓練「カーン・クエスト14」も視察した。

陸幕長は26日、首都ウランバートルでビャンバジャフ国軍参謀総長やスフバト陸軍司令官らを表敬。人材育成や施設・衛生分野での能力構築というモンゴル側のニーズに対し、陸自の各学校への受け入れなど、引き続き支援を拡大・発展させていくことで一致した。

陸自では、6月22日から7月26日にかけて施設科隊員9人を派遣し、蒙軍がPKO派遣能力を向上させることを目的に、道路建設に関する知識や技能を教育。7月16日から19日にかけては、衛生部員3人を派遣し、蒙中央病院の創設を指導した。

また、陸幕長は6月27日午後に米蒙が主催する多国間訓練「カーン・クエスト14」を視察した。陸自として9回目の参加となる同訓練に、今年は教官6人を派遣。6月15日から7月2日の間に、①巡察②検問③車両縦隊の行動――の3課目で教育した。

岩田陸幕長は3日の記者会見で、カーン・クエストについて「今後は教官の増員や部隊派遣を具体的に進めていきたい」と述べるとともに、各種教育での陸自隊員による模範展示ができるなど部隊派遣の利点を上げた。その上で「オブザーバーを含め、参加23カ国の特色を見ながら、そこから学ぶべきものがあれば部隊を派遣する意義がある」との考えを示した。

時の焦点

国内

新ODA大綱

未来の基盤を負う責務

俳人の中村草田男は、第一句集『長子』のあとがきに、その「俳句的立場」を記している。

自身を「いわゆる『昨日の伝統』に眠れる者でもなければ、『今日の新興』に乱れる者でもない」と分析したうえで、「縦に、時間的・歴史的に働き続けてきた『必然（ことわり）』」、即ち俳句の伝統的特質を理解し責務としてこれを負う」と自覚する。同時に、「横に、空間的・社会的に働き続けている『必然』と共力して、なすべき本務につとめる」ことで、「俳句を、文芸価値のより高き段階に向上せしめようとするものである」という決意を示している。

ODA（政府開発援助）大綱見直しに向け、先に外務省の有識者会議が岸田文雄外相に提出した報告書は、縦に「平和国家としての伝統」を、横に「国際社会の変化」を置き、新たな対外援助の在り方を提言した。現在の大綱は軍への援助を認めていないが、災害救助などの軍による非軍事活動の拡大に合わせ、組織の外形ではなく、活動目的で支援の可否を判断するというものである。

軍に対する援助解禁に批判的な立場からは、カネでもモノでも、供与後の監視は困難だから、結局は戦闘行為の支援につながる可能性が残ると懸念する声がある。

ただ、ODAの対象となる国々では、エリート層の多くが軍に属している。軍抜きで、国の統治機構は成り立たない。その現実を踏まえずに、軍組織だからという理由で一切の援助を排除するなら、「昨日の伝統に眠れる者」となる。供与の枠組みや供与後の監視態勢を工夫することで、柔軟で機動的な支援を行っていく必要があろう。

提言を受けて年内に閣議決定する新たな大綱が「日本を、国際社会のより高き地位に向上」させるなら、安倍晋三首相の掲げる「積極的平和主義」を進めるうえでも、有力なツールとなる。

第2次安倍政権のもとで進められた武器輸出3原則の見直し、集団的自衛権の行使容認、そしてODA大綱の改定は、相互に絡み合った、積極的平和主義に必要な仕組みだと評価する声がある一方、中国や韓国はもとより、日本国内からも「軍国主義の復活だ」とする反発も出ている。安倍首相は機会あるごとに、戦後70年に及ぶ平和国家の実績を挙げ、その姿勢は変わらないと訴えているが、それが日本の「必然」だと受け止めてもらうには、まだ発信や工夫が足りないようだ。

草田男の代表作、〈降る雪や　明治は遠くなりにけり〉は、『長子』の「冬」の項に収められている。「夏」の項には、〈はまなすや　今も沖には未来あり〉の一句もある。戦争のあった明治、大正、昭和が遠くなったいま、戦争のない未来への基盤をつくることこそが、平成に生きる者の責務であろう。

きょう7月24日が生誕日の草田男の句に、そんなことを思った。

東雲　次郎（政治評論家）

海外

習近平「皇帝」

全権掌握でタカ派政治

中国の現指導部が誕生して2年近くになるが、経済力で世界2位となった国力増大や近年の軍事力増強を背景に積極的かつ威圧的に海洋進出を図る一方で、国内では人権活動家らを弾圧するなど中国の内外政策がタカ派的傾向を強めているのは習近平国家主席（共産党総書記）の統治スタイルとは無縁ではない。そんな筆者の日頃の印象を補強する長文の分析記事が米有力紙の中国専門ニュースサイトに掲載されていた。

共産党が支配する中国の最高意思決定機関は、習主席以下の7人で構成する党政治局常務委員会だが、内情を知る中国人専門家によれば、現指導部では習主席は政治局常務委における「皇帝」であり、その下に李克強首相を含む「6人の助手」がいるにすぎなくなっているのだという。

習主席の指導スタイルは前任者の胡錦濤前主席とも対照的で、「前主席は他の政治局常務委員と共同で政策決定を行っていた」とこの専門家はサイト記事の中で一級の極秘情報を明かしている。

中国人専門家の見方を裏付けるように、昨年6月の米中首脳会談に立ち会ったオバマ米政権の高官も、重大な戦略的決定は習主席一人によってなされていることを確信していると語っていた。

こうした証言は、習主席が就任後直ちに、前任者らとは違って人民解放軍を掌握する立場の中央軍事委員会主席のポストを握ったのに続き、新設の国家安全委員会主席など指導部内の枢要な役職を独占していることの傍証にもなる。

絶大な権力が一人に集中した感がある習主席の統治方法のもう一つの特徴は、軍と密接な関係を築いていることであり、彼の元には政策決定する際の判断材料となる情報や分析が、軍ないしその周辺の対外強硬論者からもたらされる構図ができているとされる。

穏健派を代表する中国外交サークルの長老は、習主席のトップダウンで何事も決まる政策決定過程について、「外交に軍が過剰な発言権を有し、その対外強硬姿勢はオウンゴールを招きかねない」と警鐘を鳴らしたが、「皇帝」の耳には届かないようだ。

中国指導部は過去数十年の間だけをみても何度か、日本や米国といった「外部の敵」に対する抗議をあおることによって、国民の不満の矛先をそらせてきた。今の中国にも、貧富の格差拡大や幹部による腐敗・汚職のまん延、人権抑圧、新疆のウイグル人による抗議行動など国内混乱の火種に事欠かない。

急速な国力増大に自信を深め、中国主導の東アジア新秩序の構築をもくろむ習近平指導部が国民の不満をそらすために「外部の敵」を利用する可能性は低いだろうが、尖閣問題をめぐる日中両国間の険悪ムードを見れば、日本が外部の敵の上位にランクされていることはまず間違いない。

権威主義体制下の最高指導者によるトップダウン統治のリスクを認識し、予想し得る有事に備える対応を十分練っておく必要があるのではないか。

伊藤　努（外交評論家）

サイバー防御で国際法課程参加

統幕の長野1佐

統幕法務班長の長野晃1陸佐は6月9日から12日まで、エストニアの首都タリンで開催されたNATOサイバー防衛センター主催の「国際法課程」に参加し、サイバーオペレーションに関する世界的な教範「タリンマニュアル」を中心に、▽サイバー領域における法の執行、武力の行使と武力紛争▽NATOのサイバー防御――などについて学んだ。

同課程には19カ国から約30人が参加し、法的側面からの知見を広めた。教官は「タリンマニュアル」の主要著者の一人、米国のシュミット教授以下13人が担当した。エストニアには2008年、タリンに「NATOサイバー防衛センター」が設立され、サイバー空間の分野で国際的なイニシアチブを発揮している。

同センターでは一昨年、法律の専門家チームに委嘱して、サイバー攻撃に初めて国際法の適用を試みる「サイバー戦に適用される国際法に関するタリンマニュアル」を発表し、サイバー攻撃には一定条件のもとで軍事的対応を取り得るとの見解を示している。

インド艦艇が佐世保入港へ

合同音楽演奏も

インド海軍のミサイルフリゲートなど3隻が7月23日から佐世保港を親善訪問している。26日まで。インド艦艇の訪日は2年ぶりで、佐世保への入港は3回目。

来日したのはインド東部艦隊司令官のアトゥール・クマール・ジェイン少将を指揮官に、ミサイルフリゲート「シヴァリック」（満載排水量6299トン）と補給艦「シャクティ」（1万5000トン）、ミサイル駆逐艦「ランヴィジェイ」（5054トン）の3艦。

海自の護衛艦「くらま」と「あしがら」がホストシップを務め、入港中は日印スポーツ交歓や佐世保市内での合同演奏などを行っている。

空自安全の日に講話

航安隊　府中、目黒基地で

【航安隊＝立川】航空安全管理隊（司令・橋本進空将補）は「空自安全の日」である7月1日、教育研究部長の吉廣敏幸1佐以下3人を空自府中、目黒両基地に派遣。支援集団、気象群、空幹校の隊員ら約720人に対し、航空事故防止に関する講話を行った。

空自は平成13年度から毎年7月の平日の初日を「航空自衛隊安全の日」と定め、安全確保の重要性を再認識するため、座学による安全教育を行っている。府中では20年度、目黒では25年度から航安隊による講話が行われており、今年も両基地からの依頼で実施された。

講話に先立ち、教育研究部研究科長の佐々野真2佐が航安隊の任務などを紹介。このあと同主任研究官の片寄隆正技官が講話を担当した。府中では「意思決定を科学する！」、目黒では「ヒューマン・エラー（人為的ミス）の要因と対策」と題しヒューマン・ファクターズ（人間工学、人的要因に関する学問分野）の基礎を説いた。

航空分野の事故などで、空自は航空機の運航面とともに、整備面で発生するヒューマン・エラーにも注目しており、片寄技官は「環境によって誘発され誰にでも起きる可能性がある」というエラーの発生要因と対策を説明。聴講者は事故防止対策の重要性を再認識していた。

開発期間を2年延長

次期輸送機XC2

防衛省は7月4日、技術研究本部が開発中の空自向け次期輸送機XC2について、開発期間を2年延長し、平成28年度末までとすると発表した。これに伴い川崎重工業で製造中の量産機C2の部隊配備（美保基地を予定）も2年遅れ、28年度末となる。

技本と関係会社は現在、試作機を使い機体構造の強度確認を行っているが、地上試験中の今年1月、同機の貨物扉や後部胴体などが損壊する事案が発生した。

防衛省などが原因を究明した結果、カーゴ扉とランプ扉の境目付近の胴体フレームの一部に荷重が集中して破断が生じ、これが起点となり貨物扉などが損壊したことが分かった。

併せて今回破断の起きた個所と同様の強度不足は他にないことを確認。これを踏まえ、量産機の胴体を活用し、地上試験を再開することを決めた。XC2の開発は28年度末までとなるが、機体の耐久性を確認する疲労強度試験は32年度まで継続される予定。

太平洋方面で特輸機の運航訓練実施

空自は7月11日から15日まで、特輸隊（千歳）の能力向上のためB747・400特別輸送機の国外運航訓練を太平洋方面で行った。

着陸経験のない空港までの飛行経路や航空管制状況、駐機要領などを確認するのが目的で、特輸隊副司令の高野宗治1佐以下、空幕、支援集団司令部（府中）、特輸隊の隊員34人とB747輸送機1機が参加。

米国ハワイ州のヒロ、仏領ポリネシアのファアア、フィリピンのディオスダド・マカパガル各国際空港で訓練を行った。

陸奥湾で掃海訓練

P1哨戒機初参加

海自は7月18日から、青森県の陸奥湾で機雷戦訓練と日米共同の掃海特別訓練を実施している。30日まで。今回初めて国産のP1哨戒機が参加している。

掃海隊群司令の岡浩海将補を訓練統制官に、掃海母艦「うらが」、掃海艦「つしま」「はちじょう」、掃海艇16隻、掃海管制艇2隻、水中処分母艦1隻の艦艇22隻と、MH53E掃海ヘリ2機、P1哨戒機1機、P3C哨戒機10機が参加。

一方、米海軍からは第7対機雷戦隊司令のほか、第7艦隊哨戒偵察部隊司令、第5機動水中処分隊第501小隊指揮官を訓練統制官に、掃海艦1隻とP3C1機、MH53E2機、水中処分員8人が加わった。

海自部隊は訓練機雷を使用して機雷敷設・掃海・掃討訓練を行うほか、米軍と協力して掃海技術と潜水技術を磨く。

オセアニア歴訪

首相、政専機で

空自特輸隊（千歳）のB747・400政府専用機はオセアニア諸国を歴訪する安倍首相を乗せ7月6日、羽田を出発した。同日、最初の訪問地ニュージーランドのオークランド、翌7日には同国のクライストチャーチ、豪の首都キャンベラに到着。9日に同国のパースに移動し、翌10日にパプアニューギニアのポートモレスビーに到着後、12日、羽田に帰国した。

◇陸自中央音楽隊「第143回定期演奏会」
▽日時＝9月6日（土）午後2時開演
▽場所＝東京都墨田区のすみだトリフォニーホール
▽指揮＝隊長・武田晃1佐、ジム・キーン中佐（客演指揮）
▽特別出演＝米陸軍士官学校軍楽隊メンバー
▽曲目＝「ジェナンドー」（F・ティケリ）、「吹奏楽のためのラプソディー」（外山雄三）、「華麗なる舞曲」（C・T・スミス）ほか
▽申し込み＝往復はがき（1枚につき1名）に住所、氏名、年齢、電話番号、演奏会名を明記。未就学児の入場は不可。8月15日（金）必着。応募多数の場合は抽選
▽応募・問い合わせ＝〒178-8501東京都練馬区大泉学園町、中央音楽隊「朝雲新聞」係まで。電話048（460）1711内線3622。

訂正　7月17日付3面「25メートルから『フォール』」の写真説明で「山梨県東根市」とあるのは「山形県東根市」の誤りでした。

共済組合職員を募集

防衛省共済組合では、防衛省共済組合本部等に勤務する職員を以下の通り募集します。

◇

【募集職種】一般事務職及び経理事務職

【採用人員】若干名

【受験資格】①昭和59年4月2日～平成5年4月1日生まれの者 ②平成5年4月2日以降生まれの者で、大学、短期大学又は高等専門学校を卒業した者及び平成27年3月までに大学、短期大学又は高等専門学校を卒業する見込みの者並びに防衛省共済組合がこれらの者と同等の資格があると認める者

【試験内容等】第1次試験　①試験種目＝基礎能力試験、専門試験（多肢選択式）及び論文試験　②試験日＝平成26年9月20日（土）

第2次試験　①試験種目＝集団討論試験、個別面接試験②試験日＝平成26年10月下旬から11月上旬のうち指定する日

【試験地】第1次試験＝TKP市ヶ谷カンファレンスセンター（東京都新宿区市谷八幡町8）

第2次試験＝ホテルグランドヒル市ヶ谷（東京都新宿区市谷本村町4―1）

【採用予定日】平成27年4月1日

【給与等】防衛省職員に準ずる。

【勤務地】防衛省共済組合本部及び支部（全国異動あり）

【受験手続】①資料請求＝申込には事前の資料請求が必要です。あて先明記の返信用封筒（120円切手を貼った角形2号・24センチ×33・2センチ）を同封し、「防衛省共済組合職員採用試験資料請求」と明記の上、7月15日（火）～8月1日（金）の間に封書にてご請求下さい。

②受験申込＝所定の受験申込書を受付期間内に特定記録郵便、簡易書留又は一般書留の郵便物として申込先に郵送して下さい（郵送のみ受け付け）。

③受付期間＝7月23日（水）～8月8日（金）

【その他】①身体に障害があるため、着席位置の指定等、受験の際に何らかの措置を希望される方は、受験申込書の裏面に記入の上、事前に申し出てください。②受験に関する連絡事項等について、防衛省共済組合ホームページの採用情報を随時更新しますので、必ずご確認下さい。

【資料請求、受験申込先及び問い合わせ先】防衛省共済組合本部人事班人事係　〒162―8853東京都新宿区市谷本村町5―1　電話03―3268―3111内線25163（対応時間は平日9時30分～18時）

共済組合だより

「婦人科検診」の助成

早期に乳がんの検診を

防衛省共済組合では、組合員・任意継続組合員・被扶養配偶者を対象に「婦人科検診」の助成（上限2万円）を行っています。

対象は、①マンモグラフィー②乳房エコー③子宮頸部細胞診で、自己負担なしで受診が可能です。（補助金は、利用ガイドP30に記載されている各種健診を含め年度内に1回ご利用いただけます。）

今日、「乳がん」は女性にできるがんで一番多く、40代後半に最も多く発生しています。このため早期の検診が大切で、20代、30代では乳房エコー、40歳以上はマンモグラフィーが推奨されています。

また、「子宮頸がん」は20代や30代の若年層で増加傾向にあります。初期症状がほとんどなく、自覚症状が現れた時には病状が進行していることが少なくありません。

どちらも早く見つけて治療すれば、より高い確率で治すことができます。早期発見のため、婦人科検診助成をお役立てください。

【申し込み方法】
・FAXは、各支部に用意されている申込書に必要事項を記入の上、0120―988―450に送信してください。
・電話は、健診サポートセンター0120―988―424へ。土日祝日・年末年始を除き平日午前10時から21時まで受け付けています。

ソマリア沖・アデン湾 海賊対処5年

任務遂行へ一丸

水上部隊18次隊達成

護衛通算3500隻

ＳＨ60Ｋ哨戒ヘリの発着艦作業に当たる乗員（「いなづま」飛行甲板で）

アデン湾に向かう護衛艦「いなづま」（右）と「うみぎり」（左）。写真右にはＳＨ60Ｊ哨戒ヘリが飛行し、両艦の間には高速ボートが並走している

【統幕】ソマリア沖・アデン湾で海賊対処に当たる海上自衛隊の水上部隊18次隊（指揮官・立川浩二1佐＝8護隊司令＝以下約390人、護衛艦「いなづま」「うみぎり」で編成）は7月12日、2009年3月の海自の任務開始以来、通算で「護衛隻数3500隻」を達成した。現地では盛夏を迎え、両艦乗員は気温50度を超える過酷な環境で任務に当たっている。灼熱のアデン湾から、乗員や同乗する海上保安官らの熱いメッセージが届いた。

運航の安全を確保

◇立川浩二1佐（第8護衛隊司令、第18次隊水上任務部隊指揮官）「平成21年3月に第1次隊が活動を開始して以来、約5年間の実績として、第18次隊の第8護衛隊が通算3500隻目の護衛を達成することになりました。引き続き現場部隊指揮官として、水上任務部隊一丸となってソマリア沖・アデン湾における海賊に対処し、船舶の運航安全を確保すべく任務を確実に遂行する所存です」

築いた偉業誇りに

◇瀬戸口太3等海上保安監（海上保安庁派遣捜査隊長）「護衛隻数通算3500隻の記念すべき時を、18次水上任務部隊とともに迎えることができ、これまで本対処に携わってきた数多くの隊員が築いた偉業を引き継いでいることを誇りに思います。今後とも引き続き、海上自衛隊との強固な連携の下、的確な事象対応に努めていく所存です」

記念すべき時、感動

◇可知俊一郎2佐（「いなづま」艦長）「この記念すべき時に、派遣海賊対処行動水上部隊の1艦としてアデン湾で行動していることに感動を覚えます。この任務は決して平易なものではありませんが、次の節目に無事つなげることができるよう、引き続き「いなづま」乗員一丸となって、任務の完遂に努めたいと思います」

隊員の積み重ねが

◇松田光央2佐（「うみぎり」艦長）「艦長として護衛隻数3500隻達成に寄与できたことを誇りに思います。これは本任務にこれまで従事してきた多くの隊員による積み重ねであるとともに、「うみぎり」乗員一同が真摯に任務と向き合ってきた結果であると思っています。引き続き乗員一丸となって任務を遂行していく所存です」

海賊行為減少でも

◇池田賀裕海士長(19)（「いなづま」砲雷科＝山口県大島郡出身）「18次隊の一員として本任務に従事し、これまでに3500隻もの多国籍の民間船（商船）を護衛できたことを誇りに思います。海賊行為は減少しているものの、可能性はゼロではありません。できる限りゼロに近づけることが、私たちの成すべき任務と認識しています。これからも強い責任感を持って、任務の完遂に努めていきたいと思います」

『いなづま』『うみぎり』乗員から熱いメッセージ

任務の目的を理解

◇渡邊伊瑠出（いるで）海士長(25)（「いなづま」航海科＝岡山県岡山市出身）「今回、通算護衛隻数3500隻という節目に立ち会うことができて感慨深く思います。これは、1次隊から多くの隊員が、日本を遠く離れ、環境や気候が異なる過酷な地域での任務の目的を理解し、その遂行に寄与した結果であると思います。今後も引き続き精一杯職務に邁進していく所存です」

記念日参加誇りに

◇形山美光（よしみつ）海士長(25)（「うみぎり」機関科＝愛媛県宇和島市出身）「この度、私は2回目の護衛任務に従事しています。日々、機械室でエンジンの運転監視と機器の整備、修理に従事しているため、護衛任務を実感する機会がありませんでしたが、通算護衛隻数が3500隻となる記念すべき日に参加できたことを誇りに思うとともに、私たち機関科員も重要な任務に貢献しているのだと改めて実感することができました。今後も強い責任感をもって職務に専念する所存です」

全力で職務果たす

◇西野正治3曹(29)（「うみぎり」飛行科＝徳島県名西郡出身）「18次隊で記念すべき通算護衛隻数3500隻という節目を迎えることができました。これは護衛任務開始から今日まで過酷な環境の下、日々積み重ねてきた努力の賜であり、私も派遣部隊の一員として任務に貢献できたことを誇りに思います。私は航空機の艦上列線、整備作業を行っていますが、日本とは異なり、気温や砂塵が機体に与える影響が大きいので、いつも以上に入念な点検整備に心掛けています。現状に満足することなく、本任務を完遂し、帰国するまで、全力で職責を果たせるよう努力を続けます」

海上自衛隊の海賊対処行動の歴史	
2009年３月13日	海上における警備行動（自衛隊法第82条）発令
３月14日	護衛艦２隻（「さざなみ」「さみだれ」）　呉出港
３月30日	護衛活動開始（日本関係船舶）
５月28日	Ｐ３Ｃ哨戒機×２をジブチに派遣
６月11日	Ｐ３Ｃ哨戒機が警戒監視任務開始
６月19日	海賊対処法（海賊行為の処罰及び海賊行為への対処に関する法律）成立
７月24日	海賊対処法施行
７月28日	海賊対処法に基づく護衛活動（民間船舶）の開始（２次隊「はるさめ」「あまぎり」）
2011年６月１日	ジブチ自衛隊活動拠点運用開始
2013年12月10日	ゾーンディフェンス開始
2014年３月17日	第18次派遣海賊対処行動水上部隊「いなづま」「うみぎり」呉出港
７月12日	水上部隊による護衛回数580回、通算護衛隻数3500隻達成

"地獄"の50度超え

「ゾーンディフェンス」も万全

多国籍部隊に参加

「いなづま」（艦長・可知俊一郎2佐）と「うみぎり」（同・松田光央2佐）の2隻は現在、13多国籍の部隊からなる「第151連合任務部隊（ＣＴＦ151）」に加わり、調整に基づいて割り当てられた特定海域を監視する「ゾーンディフェンス」に従事し、もう1隻が従来の「エスコート」方式による船舶護衛任務に当たっている。

7月12日、「うみぎり」がエスコート方式による船舶護衛活動を終え、5年間の任務で通算「3500隻」を達成した。なお、通算護衛回数は「580回」となった。

海自は2009年7月に現地で本格的な護衛活動を開始。ジブチに拠点を置く海自P3C哨戒機部隊「海賊対処航空隊」と緊密に連携して、アジアとヨーロッパを結ぶアラビア半島沖の航路帯「アデン湾」の安全を守ってきた。

昨年12月には米海軍などを中心とする多国籍の部隊からなる「CTF151」に参加し、17次隊から「ゾーンディフェンス」を開始。それまでは2隻の護衛艦で民間船舶を挟む独自の「エスコート」方式をとっていたが、「ゾーンディフェンス」開始後は船舶護衛には1隻のみで当たっている。

「CTF151」は2009年1月に設置された海賊対処のための連合任務部隊。これまで米、豪、英、韓、トルコ、パキスタンなどが参加している。

以下は、乗員たちのメッセージ。

アデン湾で海賊の出没に目を光らせる「いなづま」の見張り員

部隊だより

陸

秋田　秋田駐屯地音楽部と陸自9音、そして秋田市内の将軍野、土崎、飯島各中学校、秋田中央高校の吹奏楽部はこのほど、セリオンプラザで開催された「みなとブラスの響き」で合同演奏会を行った。当日はまず9音隊員がパートごとに生徒への演奏指導を実施。本番の演奏会では合同演奏を楽しみに訪れた約800人の来場者から大きな拍手が送られた。

小平　平学校は26年度小平学校隊歌競技会がこのほど校内で開かれた。審査員は中音、東方音、1音の隊員と協力団体やOBなどが務め、競技は紅白チーム対抗のトーナメント方式で行われた。各チームはそれぞれ隊歌や校歌などを見事に歌い上げ、審査の結果、会計教育部が3連覇を達成した。2位は警務教育部、3位はシステム・戦術教育部と人事教育部だった。

武山　東方混成団はこのほど、創立3周年記念行事を実施した。式典では観閲行進＝写真㊤＝をはじめ10式戦車や155ミリ榴弾砲の迫力ある訓練展示を披露。母体の1教育団発足以来、過去最高となる約6150人が来場した。駐屯地内では装備品展示や戦車の体験試乗なども盛大に行われ、来場者からは「自衛隊を体感できました」などの感想が聞かれた。

霞ヶ浦　航空学校霞ヶ浦校はこのほど、協力団体など約190人を招き、創立54周年記念行事を行った。式では感謝状贈呈、祝賀編隊飛行、高工校のドリル演奏などを実施。その後、昨年11月に発生したフィリピン台風で救援のため現地に派遣された隊員が活動状況を話した。聴講した来場者は「自衛隊の国際貢献活動がよく理解できた」と感想を語っていた。

滝ヶ原　教育支援飛行隊富士飛行班はこのほど、新型消防車の納入式を行った。同車は最大で毎分約5800リットルの放水と化学消火剤による消火が可能。式では新旧車両の放水能力の比較が行われ＝写真㊤＝各部隊長は放水距離の圧倒的な差に驚嘆していた。針谷則夫班長は「キャンプ富士の米軍消防隊との共同訓練も計画したい」と抱負を述べていた。

宇治　富山市立三成中学校3年生4人と教員1人がこのほど「課題解決学習」のために駐屯地を訪れた。生徒たちは補給倉庫や被服工場などを見学し、普段報道されることが少ない自衛隊補給部隊の職務を学んだ。見学後、生徒たちは「自衛隊にはいろいろな職種があり、宇治駐屯地は大切な縁の下の力持ちだということが良く分かった」と感想を話していた。

多賀城　22普連はこのほど、仙台市のコボスタ正面広場で行われた「みんな大好きのりものまつりinコボスタ宮城」を支援した。連隊から高機動車、偵察バイク、野外炊事車1号の装備品展示を行い、さらに炊き出しの豚汁約600食を来場者に振る舞った。偵察バイクは子供たちに大人気で、訪れた延べ6万人は自衛隊への理解と認識を深めた＝写真㊨。

東千歳　7師団創隊59周年・東千歳駐屯地創立60周年記念行事が5月25日、実施された。隊員1300人、車両400両、航空機8機が参加し、「機甲師団」による堂々の観閲行進・飛行が行われた。その後、戦車とヘリの空地一体の訓練展示も披露され、1万5000人の観客はその迫力に圧倒されていた。戦車試乗などイベントも行われた＝写真㊨。

「国際救助犬」試験に挑戦
2頭が「上級」獲得
呉貯油所の安全守る警備犬

見事に国際救助犬のB段階を更新した「妙見丸号」（右）。左は健闘した「マモル号」

海上自衛隊の巨大燃料基地・呉造修補給所貯油所。呉市西部の吉浦地区に所在し、燃料タンクは海と山に挟まれた場所にあるが、その安全を担っているのが18頭の警備犬たちだ。

この賢く勇敢なシェパード犬たち、実は単なる警備犬ではない。災害が起きれば「国際救助犬」として人命救助にも活躍するのだ。

「第20回国際救助犬試験」（主催・救助犬訓練士協会）がこのほど長野県の富士見高原で行われ、貯油所から松本良二事務官以下3人の訓練士と警備犬5頭が出場した。

資格を持つ「妙見丸号」と、有望犬の「多聞丸号」「マモル号」「さくら号」「那智号」が出場した。試験は3日間にわたってがれき捜索、広域捜索など実戦を想定した項目のテストがあり、そのポイント獲得を競った。

呉貯油所に戻った藤井（中央）、森（右）両事務官と警備犬を出迎える基地隊員たち

試験はオーストリアの国際救助犬連盟が設置した国際基準に基づき、救助犬の能力を評価するもの。ランクは初級、中級（A段階）、上級（B段階）に分かれ、被災地で人命救助活動に従事するには国際資格の「B段階」が必要となる。

呉貯油所は3自衛隊の中でも救助犬育成の先駆けで、東日本大震災では「B」資格を持つ「金剛丸号」が活躍。だが「金剛丸号」は帰隊後に体調を崩して殉職した。その魂を引き継いで現在配置されている18頭は、それぞれ警備・救助犬を目指して訓練に明け暮れている。

今回の試験には唯一「B」

この結果、藤井豊事務官と組んだ「妙見丸号」が順当に「B」を更新。さらに森秀樹事務官と組む「多聞丸号」もそれまでの「A」からレベルアップ、見事「B段階」を勝ち取った。

これにより平成19年に救助犬訓練を開始して以来、貯油所の目標だった「国際救助犬資格B段階2頭態勢」がついに実現。他の3頭も合格まであと一歩のところまできており、平均レベルは大幅に向上している。

呉貯油所では今後も「自衛隊の国際救助犬の育成拠点」としてより高いレベルを維持していけるよう、訓練士と警備犬の教育訓練を進めていく考えだ。

（吉浦）

外国人の試験官（手前右から2人目）から救助犬としての評価を受ける藤井事務官（手前左）と「妙見丸号」

大久保　駐屯地創立57周年・4施団創隊53周年記念行事がこのほど「貢献――地域へそして世界へ」をテーマに駐屯地で開かれた。格闘・訓練展示、隊内池でのボート試乗＝写真㊦＝92式浮橋、自走架柱橋の展示など施設科部隊ならではのイベントが目白押しで、約7300人の来場者も満喫。普段は見ることができない施設装備に興味深そうに見入っていた。

飯塚　駐屯地音楽部は6月1日から4日まで、4市で行われた「市民と自衛隊と音楽の夕べ」で中学・高校の吹奏楽部と合同演奏会を行った。自衛隊からは飯塚のほか小郡、久留米、大村、小倉各駐屯地の音楽部などが参加。隊員は飯塚、田川、直方、宮若市の会場で連日、童謡唱歌やアニメ曲などを各学校の吹奏楽部と合奏し、聴衆から大きな拍手を受けた。

前川原　幹候校の第50期医科歯科幹部候補生45人は5月24日、すべての教育課程を修了し、全国の部隊などに向けて旅立った。卒業式は新しい剛健大講堂で行われ、三浦総一郎防医大校長ら多数の来賓が出席。今年度から再開された陸幕長表彰では防医大出身の秋田大地候補生が優秀賞を受賞した。卒業生たちは職員や在校生に見送られ、赴任地に向かった。

別府　41普連はこのほど、別府市湯山地区で発生した山林火災消火活動に加わった。上空の偵察ヘリから送られてきた映像を、配備されたばかりのヘリ映像伝送システム地上伝送班別府地上組が受け、連隊指揮所と大分県庁に情報を提供した＝写真㊧。消火には4師団から延べ1300人が投入され、空から陸自ヘリが117トンを散水し、火災を鎮火させた。

空

立川　航空安全管理隊は6月10日、東京工科大学の落合浩太郎准教授を講師に招き「中朝露の展望」と題した部外講話を実施した。橋本進司令以下隊員約50人が聴講し、落合准教授が分析する3カ国の情勢や今後の展望などについて聴き入った。隊員たちは「新聞やテレビを見る上で非常に参考になった」と話し、極東の国際関係について理解を深めた。

入間　第1高射群は6月12日、齊藤空幕長から地上安全褒賞を受けた。同隊が4月21日に達成した「無事故継続25万人日」に伴うもので、田中耕太群司令は「地上走行のプロとして引き続き無事故を継続して参ります」と誓った。空幕長は「年間飛行で入間へ立ち寄った際に地上安全名誉旗が部隊に掲げられているのを確認したい」と笑顔で述べた＝写真㊨。

岐阜　基地はこのほど、殉職隊員14柱の追悼式を厳かに実施した＝写真㊧。式典には殉職隊員家族5人をはじめ浅野各務原市長や各部隊長らが参列。山倉基地司令は「英霊の崇高なご遺志を鑑（かがみ）として、国民の期待と信頼に応える精強な部隊を目指し、たゆまぬ努力を続けていくことを誓います」と追悼の辞を述べ、参列者一同で殉職隊員の冥福を祈った。

海

阪神　基地隊の隊員3人は地元・多可町の杉原谷小学校3、4年生の社会体験授業に協力し、海自砕氷艦「しらせ」が持ち帰った南極の氷を使って「南極地域観測支援」の授業を行った。児童たちは目を輝かせながら隊員のユーモアを交えた話に聞き入り、極地の写真やビデオを熱心に観賞。遠い南極の大自然に思いをはせ、環境保護の大切さを学んだ。

江田島　海自幹候校がある江田島に5月27〜28日、陸・空自の幹候生が集い、将来の自衛隊を担う3自の662人が交流行事を行った。陸・空の幹候生は学生館に宿泊し、全員が一つ屋根の下、寝食を含め行動を共にした。スポーツやカッター漕ぎなどのイベントを通じて候補生たちは相互理解を深め、共に日本のため修練に励むことを誓い合った＝写真㊤。

下関　基地隊はこのほど、服部潜蔵旧海軍大佐の墓地清掃を行った。大佐は東郷平八郎元帥に先駆けて英国に留学し、日本海軍の創設に貢献した人物。墓は「海の見える場所に」という希望から山口県長府侍町の山中高台にある。隊員たちは樹木が生い茂っていた墓周囲の清掃と樹木伐採を行い、海が一望できるようにして大佐の冥福を祈った。

徳島　小野寺防衛大臣は5月17日、陸・海自の2部隊と民間飛行場がある徳島基地地区を初視察した。エプロンで栄誉礼を受けた大臣＝写真㊤＝は第3格納庫で陸海隊員約600人を前に訓示。「中国の我が国周辺海空域での活動の活発化や北朝鮮の挑発、さらに南海トラフ地震に備えて部隊間で連携し、引き続き任務に精励してほしい」と激励した。

勝連　「輸送艇1号」はこのほど海自艦艇の入港支援と港湾・揚陸適地調査のため、沖縄基地隊の曳船2船とともに先島諸島・石垣島の石垣港に初入港した。港では支援準備を進めながら適地調査などを実施。さらに乗員は同艇のオリジナルTシャツを着てボランティアでターミナル地区の清掃活動を行い「輸送艇1号」を島民にアピールした＝写真㊤。

道路に仕掛けられた地雷やIEDを探知

対テロで「センサー技術」活用

国連PKO活動や人道支援活動で海外任務も当たり前となった自衛隊。だが外国ではテロも頻繁に起き、これに対する備えが部隊にとって最優先課題となっている。その一つが道路などに仕掛けられたIED（即製爆発装置）への対処だ。技術研究本部の陸上装備研究所（相模原）は平成19年度から「IED対処システム」の研究を始め、研究試作したIED対処システムの性能確認試験を25年度に終えた。同システムについて担当の研究者に聞いた。

技本陸装研「IED対処システム」

技本陸装研が試作した車載の「IED対処システム」。架台の上部から順にミリ波レーダー、マイクロ波レーダー、赤外線カメラが搭載されている

陸自は2004年から約2年半、イラク復興支援活動に参加した。この時、米軍など多国籍軍はテロリストが仕掛けたIEDに苦しめられた。地中に埋めた爆弾などを車両通過に合わせて爆発させるIEDは、装甲車をも破壊したからだ。

幸い陸自部隊に被害は出なかったが、技本の研究者はこれを「将来の脅威」と認識。先行的に対処研究を進め、平成21～24年度に「IED対処システム構成要素（その1）及び（その2）」の研究試作を実施。このシステムはIEDを探知するため、マイクロ波レーダー、ミリ波レーダー、赤外線カメラの3種類のセンサーを組み合わせて車両に搭載したシステムであり、23～25年度に試作品の性能を確認した。

「自衛隊が危険地域に行くと決まってから研究を始めたのでは間に合わない。そこで独自に対処研究を進めてきた」と陸装研の志村明彦機動技術研究部長。

日本には優れたセンサー技術があり、これを活用して組み合わせれば短期間で優れたシステムが完成できると考えたのだ。

PKO活動に役立つのが夢　國方室長

「システムの性能値は、IED爆発時の威力範囲、車両の走行速度、IEDの設置状況等を考慮しました。地中に埋められた、または植生等で隠された金属やプラスチックのIEDをいかに探知するか。センサーの組み合わせや探知手法等から研究を開始しました」と同部の國方貴光脅威探知・対処研究室長も話す。

地中透過性があるマイクロ波レーダーは埋設された物体を、分解能が高いミリ波レーダーは地表に隠された物体を探知。そして赤外線カメラは周囲温度を観測し、不自然な温度差から物体を見つけ出す。この3種のセンサーを最適に組み合わせ、離れた場所からIEDを探知できるシステムを目指した。

車載化されたシステムのセンサー部を立ち上げると、地上から約4メートルの高さとなり、上からミリ波レーダー、マイクロ波レーダー、赤外線カメラを配置。また、車両の後方には計測制御装置を配置した。

研究チームは、まず技術研究本部電子装備研究所（三宿）の電波暗室を利用し、各種センサーの分解能、探知範囲等の基本性能を理想的な環境条件で確認した。これらのデータを踏まえ、実際に野外で走行しながらIEDを探知する性能確認試験を実施し、各種探知条件におけるデータを取得した。

システムの探知性能は土壌等の周囲環境の影響を受けるため、陸上自衛隊東富士演習場、同相馬原演習場、また、技本札幌試験場、同下北試験場、技本電装研飯岡支所にシステムを持ち込み、環境が変化した場合の各種データを取得した。

この、延べ約6カ月間に及んだ実地試験の結果、システムが有効に機能することを確認。一方で実装化するにはセンサー部等のコンパクト化が重要で、加えて走行時の振動対策など、課題も残されている。陸装研ではこれら問題を解決し、将来的には自衛隊が多数保有する中～小型の車両に搭載できるサイズとしたい考えだ。

このほか無人車両（UGV）と組み合わせ、部隊に先行してUGVが進み、IEDを事前に探知できるシステムも構想されている。

「技術的には装備化の一歩手前まできているが、これからは海外のIEDに関する情報を、より多く得ることに力を入れていきたい」と志村部長。「IEDが実際にどんな隠し方をされているか分からないと研究は進まない。そうしたナマの情報が得られるようなネットワークの構築も課題だ」。

國方室長も「自衛隊のIED対処装備が海外で活用されれば各国の隊員の安全化にも役立つ。すでに実用化に近い段階まで来ているので、近い将来に自衛隊の装備として実現できるように努力したい。そして日本で開発された装備が、国連のPKO活動で役立ってくれることが夢です」と話している。

防衛技術

技術が光る　＞28＜

環境にやさしい「水電池」

超軽量・無公害・長期保存も可能

三嶋電子

陸自部隊は夜も明かりを点けずに行動する。ただし危険な山中や災害派遣では懐中電灯で足元を照らし進む。ライトは乾電池式で、数百人規模になると予備を含めて量は膨大となり、重さもばかにならない。さらにマンガン、水銀、ニッケル電池などはリサイクルが義務付けられ、持ち帰る場合、帰路も負担は同じだ。

これに対し、軽く・無公害・使い捨てのハイテク電池が登場した。水に浸すと発電する「水電池」だ。水電池の懐中電灯（中型）は重さがわずか125グラムで、単1乾電池（140グラム）1本より軽い。白色LED電灯を点灯するには乾電池では3本必要で、重さは420グラムになる。これを水電池に替えれば、負担はぐっと減り、使用後もごみとして投棄できる。

この水電池を開発したのが三嶋電子（東京都千代田区）だ。

「静岡県掛川市が防災用で導入してくれているほか、東京消防庁も調達を検討しています。同庁の依頼で、それまでキャップ式だった水に浸す部分をシール式に改め、素早く灯せるように改良しました」と話すのは同社の檀浦逸兗社長。

消防や自治体が注目するのは水電池の長期保存性。乾電池は保存期間が約1年と短く、放置すれば放電し、液漏れも起こす。これに対して水電池は水さえ入れなければ劣化はなく、真空パックなら10年以上保存できる。

同社の懐中電灯（中型）は長さ170ミリ、直径35ミリのサイズで、底のシールをはがし、水（お茶、泥水、尿など何でもいい）に5～10秒浸せばハチの巣状の穴から水が浸透、電池が化学反応して発電を開始し、スイッチを押すとLEDが点灯する。市販価格は約2000円だ。

水が蒸発すると発電が止まるため、定期的に水の補給が必要だが、初回5～10秒浸すだけで連続点灯で100時間持つ。水が蒸発したらまた10～15秒浸せばよく、この繰り返しで約20日間（480時間）点灯する。間欠点灯なら同じ時間、点灯し続ける。マイナス20度の寒さでも問題ないという。パワーが落ちたら交換用電池（約1000円）に替えればいい。

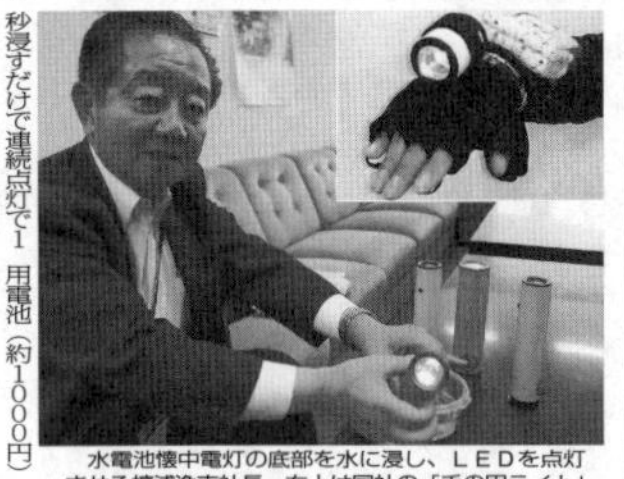

水電池懐中電灯の底部を水に浸し、LEDを点灯させる檀浦逸兗社長。右上は同社の「手の甲ライト」

「開発したきっかけは商社員として中国に赴任中に四川大地震が起き、被災者が暗闇の中で困っているのを見たことでした。途上国は電気のないところが多く、非常時、水電池があればすぐに明かりを灯せます。そして捨てても公害になりません。環境に優しい電池なんです」と檀浦社長。

しかし、開発当初はパワーが弱く点灯時間も短かった。改良を重ねて5年前にようやく製品化。2011年に東日本大震災が起きた時は500セットを東北に送った。水を注入すれば点灯する簡便性から、「暗い中で助かりました」と宮城県石巻市の被災者から礼状が届いたという。

同社ではこのほか水電池を使った各種製品を開発。船舶用ライフジャケットは水に浸すと自動的にライトが点灯する。国土交通省が求める点灯時間は4時間だが、同社製品は7日間も点灯し続ける。また水に浮く「救難ライト」も同じく7日間点滅し続ける。

こうした救難用品は海自の艦艇乗員をはじめ、夜間、水路潜入訓練を行う陸自隊員が着ければ、落水時に迅速な救助が可能となるだろう。ほかに携帯電話の充電器や手元だけ照らす「手の甲ライト」「指ライト」などもある。

同社工場は中国の上海市にあるが、より高性能の水電池を開発・製造するため、新たに工場を山形県内に建設する計画だ。

「世界に〝メード・イン東北〟の水電池をお届けしたい。そして1年間交換しないで使える水電池を開発したい」と話す檀浦社長。山形県の神町には陸自第6師団司令部も所在することから、究極のユーザーである陸自隊員のアドバイスも受け、「世界一の水電池」を生み出す意気込みだ。

世界の新兵器　467

メタマテリアル［米］

究極の「透明化ステルス」技術

物が見えるのは、物に当たって反射した光が目に入るからである。透明なガラスに入射した光は、ガラスを透過して背景から反射するため、ガラス自体は見えない。つまり、反射という現象を起こさないようにすれば、「透明化」「ステルス化」が実現する。

レーダー分野では、電波吸収材料や艦船・航空機表面の斜面構造、可視光領域では背景に溶け込む迷彩や偽装網が用いられてきた。ところが2000年代に入り、「反射波」を生じさせない革命的な材料技術が登場してきた。

これは自然界にはない現象を生じさせる極めて特異な人工材料で、特に光からマイクロ波にわたる電磁波に対して負の屈折率を持つ物質で、「メタマテリアル（metamaterial）」と呼ばれる。メタマテリアルは「単位素子」と称するコイル状の微小素子を電磁波の波長に比べて小さな距離で人為的に等間隔に配置し、電磁波に対して均質な媒質として振る舞うよう構成したナノ・テクノロジー利用物質である。

2007年には米国防高等研究計画局（DARPA）がその発展形である「アシンメトリック・マテリアル（asymmetric material）」によって「光の経路を曲げて外形の透明化」という高度の光波ステルス技術を開発した。この技術によれば背後からの光を曲げることが可能で、この材料で作った衣服を着ると正面からは背後の光景しか見えず、完全な隠れ蓑（魔法のマント）となり、究極の光波ステルスが実現すると期待されている。

「メタマテリアル」で覆うと、隊員（左）の姿も見えなくなる（右）＝CGは拯田絢子さん製作

一方、米デューク大学で開発されたフィルムは、背景からの光を物体表面に沿って正面に放射する結果、その中の物体は見ることができず、背景のみが見えるという興味深い成果を示した。また、カリフォルニア大学は銀とフッ化マグネシウムの極めて微細な網で近赤外～可視光波長域の背景光を曲げ、覆った物体を完全に透明化することに成功したという。

他方、赤色領域の可視光を曲げることができる3次元メタマテリアルは多孔質の酸化アルミニウムの中に極めて細い銀線を列柱状に配列した構造を持っている。

このほかにも多種多様なメタマテリアル試料が内外で開発されつつあり、その多くに共通するのは赤外線から可視光、引いてはマイクロ波を自在に曲げることができる点である。人間や器材等をこの新材料で覆えば、入射波は反射することなく背後に回り込み、背後の物体から反射して返ってくる。その結果、覆いの中の人間や器材等は見えない、つまり「透明」になる。この技術はまだ発展段階で多くの解決すべき課題を抱えており、完全な実用化には更なる努力と時間が必要であろう。

拯田　康雄（防衛技術協会・客員研究員）

防衛トピックス

海外

両用輸送車を試験

米軍はハワイ周辺で実施中のリムパック演習で、新型の「水陸両用輸送車（UHAC）」の運用試験を行った。同車は洋上でも推進装置となるキャタピラーで浜辺に揚陸する。試験では一般車両を搭載して米揚陸艦「ラシュモア」から発進、揚陸する試験を行った。

リムパック演習に参加した「水陸両用輸送車（UHAC）」（米海軍HPから）

技術屋のひとりごと

電磁気の単位に思う　里見　晴和

「磁気計測」という言葉を聞けば、病院における脳などの検査を想起される方も多いであろう。この場合、測定対象が人体であることは自明である。他方、防衛分野における磁気計測の対象装備品としては艦船、車両などが予想され、これらはいずれも人体とは異なり、装備品ごとに別々の内部構造を有し、かつ形態・寸法についても多種多様である。このため、防衛装備品は、実地測定および測定結果をもとに、応用数学の理論を駆使した解析により磁気を推定する作業を必要とする。

さて、推定結果は単位を添えて表現されるが、現在では磁気量（正確には磁束密度）を表す単位としてテスラが使用されている。テスラの由来はセルビア人のニコラ・テスラに由来することは周知のとおりである。そういえば電磁気でおなじみの単位であるボルト、アンペア、オームはそれぞれイタリア人、フランス人、ドイツ人の名前に由来しており、まさに先進国首脳会議（G7）の欧州大陸国そろい踏みの観を呈している。

さらに電力のワットは英国人の名前に由来し、磁界の強さを表すヘンリーは米国人の名前である。

残るカナダ人と日本人由来の電磁気単位名称があればG7構成国がそろうところであるが、不肖にして両国人由来の単位名称を聞いたことがない。そこで思考範囲を広げると、電磁気と密接な関係を有する数学における国際的な賞として知られるフィールズ賞の名前の由来はカナダ人である。

あとは日本だけであるが、惜しいかな、どうやら文明開化の時期を逸したようである。残念！

（技本艦装研川崎支所・電磁気研究室長）

3LDK 2,900万円台～ | 先着順受付中

Point 1
家族皆の暮らしを護る
安定した地盤

Point 2
水害の恐れの少ない海抜約24mの
高台に立地

Point 3
自己完結を目指した
防災対策

Point 4
充実の
棟内施設（予定）

Point 5
地震時の揺れを低減する
制振構造

［1K～3LDK］

さらに詳しい情報は http://www.sucolline.jp
サンコリーヌ横須賀 検索
＜受付時間＞10:00AM～6:00PM（水曜定休）

お問い合わせは「サンコリーヌタワー横須賀中央駅前」マンションギャラリー
0120-153-517
※事前にご予約いただけますとスムーズにご案内できます。

Wキャンペーン

キャンペーン1｜お申込特典
SEIKO ――― 先着順100名
「電波修正機能」搭載置き時計

キャンペーン2｜ご成約特典
Panasonic ――― 先着順100名
「ナノイー」搭載加湿空気清浄機

【事業主・売主】株式会社ヤマザキ　【販売代理】株式会社デバインコーポレーション　【建築施工】東急建設株式会社　瀬下建設工業株式会社　【土木工事】松明建設株式会社　【建築設計】岩本計画設計事務所　株式会社久米設計
【土木設計】㈲都市整備測量設計　【デザイン・プロデュース】清野燿聖事務所　【内装設備】パナソニックES集合住宅エンジニアリング株式会社　【設備工事】株式会社太平エンジニアリング　【総合コーディネーター】NSグループ／エヌ・エス・メタル株式会社　NO FIELD株式会社

■「サンコリーヌタワー横須賀中央駅前」物件全体概要●所在地／神奈川県横須賀市若松町三丁目24番1他（地番）●交通／京浜急行電鉄本線「横須賀中央」駅徒歩2分●用途地域／商業地域、第一種中高層住居専用地域●開発区域面積／6,975.54㎡●提供公園面積／429.30㎡●帰属道路面積（道路敷含む）／861.70㎡●その他道路利用地面積／30.58㎡●敷地面積（販売対象面積）／5,653.96㎡（広場状公開空地2ヶ所合計295.55㎡含む）●開発許可番号／横須賀市指令開21開第1号（平成25年12月20日）●建築面積／1,249.53㎡●建築延面積／25,848.73㎡●構造・規模／鉄筋コンクリート造地上26階地下2階建●建築確認番号／第ERI13018703号（平成25年5月2日）●総戸数／280戸（管理事務室含む）●駐車施設／敷地内機械式駐車場24台、敷地内身障者用駐車場（平置き）1台、隔地駐車場120台＜月額使用料:25,000円・30,000円＞●自転車置場／敷地内平置自転車置場100台＜月額使用料:300円＞●バイク置場／敷地内平置バイク置場15台＜月額使用料:1,000円＞●分譲後の権利形態／敷地・建物共有部分は所有権の共有、建物専有部分は区分所有権●分譲後の管理形態／区分所有者全員により管理組合を結成し、管理会社に委託していただきます。●事業主・売主／株式会社ヤマザキ　神奈川県知事（3）第23757号　（公社）神奈川県宅地建物取引業協会　（公社）首都圏不動産公正取引協議会　神奈川県横須賀市若松町三丁目20番地●事業主／株式会社ナベショー●販売代理／株式会社デバインコーポレーション　東京都知事（3）第82119号　（公社）東京都宅地建物取引業協会　（公社）首都圏不動産公正取引協議会　東京都品川区西五反田二丁目23番1号●管理会社／日本建物管理株式会社●設計・監理／岩本建築計画設計、株式会社久米設計●施工／東急建設株式会社　首都圏建築支店●竣工予定時期／平成27年8月下旬予定●入居予定時期／平成27年9月下旬※掲載のイラストは企画段階の図面を基に描き起こしたもので、実際のものとは異なります。予めご了承下さい。■販売住戸概要●販売戸数／279戸●間取り／1K～3LDK●住戸専有面積／27.56㎡～82.97㎡●バルコニー面積／4.03㎡～15.93㎡●室外機置場面積／2.17㎡～3.92㎡●販売価格／1,690万円～6,390万円●最多価格帯／3,800万円台（23戸）●管理費＜月額＞／5,510円～16,590円●修繕積立金＜月額＞／2,750円～8,290円●管理準備金＜一括＞／11,020円～33,180円●修繕積立基金＜一括＞／165,000円～497,400円※管理費とは別途に町会費が戸当り300円（月額）掛かります。※販売価格には建物に係わる消費税相当額が含まれております。■先着順受付のご案内●申込受付開始日時／平成26年6月7日（土）10:00AMより●申込受付場所／サンコリーヌタワー横須賀中央駅前マンションギャラリー●申込受付時間／10:00AM～6:00PM（水曜定休）※お申込みの際には、印鑑と前年度の収入証明書をご持参ください。※先着順受付のため、ご希望住戸が成約済みとなる場合がございます。予めご了承下さい。■Wキャンペーン概要●お申込特典／初めて本物件の販売住戸のお申込をして頂いた方。●ご成約特典／本物件の販売住戸のご成約をして頂いた方。※各特典につき1住戸1回限り※未成年者はキャンペーン対象とはなりません。※各特典ともに先着順100名様限りとなりますので商品がなくなり次第終了とさせて頂きます。※広告有効期限／平成26年8月末日

100年の歴史 村田銃が結ぶ

オーストリア准将と開発者の子孫が対面

本紙報道きっかけに 徳川靖国神社宮司が仲立ち

遊就館が所蔵する村田銃の来歴を調べる（左から）徳川宮司、ペッヒャー准将、村田統二雄さん（7月12日、靖国神社で）

「村田銃が私たちを引き合わせてくれました」――。ウィーンで今年1月、100年ぶりに日本の「村田銃」を発見したオーストリア陸軍のハラルド・ペッヒャー准将（58）＝本紙2月27日付既報＝が7月12日、靖国神社の徳川康久宮司（66）の招きで同神社を訪れ、「村田銃」開発者の子孫と初対面した。出迎えたのは村田経芳陸軍少将の玄孫に当たる村田統二雄さん（47）で、徳川宮司とは旧知の仲であることから、朝雲新聞の記事をきっかけに徳川宮司の仲立ちで歴史的な面談が実現した。

ペッヒャー准将は、オーストリアで日本の戦史研究の第一人者として知られており、日本に初めてスキー技術を伝えたオーストリア＝ハンガリー帝国のレルヒ陸軍少佐に関する研究などを中心に、多くの論文、著書がある。

日墺関係史にも造詣が深く、わずかな文献を手掛かりに、明治天皇がオーストリア＝ハンガリー帝国のフランツ・フェルディナント皇太子に贈った「村田銃」の捜索を昨年から開始し、今年1月、ウィーン市内の博物館の地下倉庫に眠る貴重な恩賜銃を100年ぶりに探し出した。

この日、徳川宮司はペッヒャー准将と村田さんを靖国神社内の遊就館地下保管施設に案内し、同館が所蔵する唯一の村田銃を披露した。徳川宮司は江戸幕府15代将軍、慶喜の曾孫に当たる。

この銃は先の大戦で亡くなった陸軍中尉の遺族から寄贈されたもので、3人は文献を手に年代などを鑑定するなど、「村田銃」をめぐる歴史談義に花を咲かせた。

「村田銃」は明治13（1880）年、日本軍が採用した最初の国産小銃で、後の30年式歩兵銃、38式歩兵銃、99式歩兵銃の先駆けとなった。村田経芳少佐（当時）がドイツやフランス、オーストリアなどに渡航して開発を重ね、初めてヨーロッパの水準に到達した国産小銃でもある。

ペッヒャー准将が「靖国神社という歴史的な場所で素晴らしい方々にお目にかかれ、大変光栄」と述べると、村田さんは「一つの記事をきっかけにお会いできて感慨深い。先祖に関する貴重な最新情報を頂くことができた」とお礼を述べた。

今年は折しも、第1次世界大戦のきっかけとなったフェルディナント皇太子夫妻暗殺の「サラエボ事件」からちょうど100年。

徳川宮司は「節目の年にこのような機会を得られ、大変うれしい」と話している。

例え殴らなくても成立 2年以下の懲役などに

こちら警務隊　☎ 8・6・47625

暴行罪について教えてください。

この罪に該当する行為の典型的な例は、殴打や、身体もしくは被服をつかんで引きずり回すことですが、相手を殴ったりしなくても本罪となる場合があります。

例えば、人を驚かせる目的でその数歩手前を狙って石を投げたり、運転手に嫌がらせをするため、車を異常に接近させる行為（いわゆる幅寄せ）をするなどといった相手方に精神的動揺を与えるものであっても暴行罪が成立します。

刑罰は、2年以下の懲役もしくは30万円以下の罰金または拘留もしくは科料に処されます。

（警本＝市ヶ谷・田口1曹）

"海軍のまち"で「艦これ」

舞鶴 全国から3000人集まる

京都府舞鶴市で7月13日、艦隊育成シミュレーションゲーム「艦隊これくしょん―艦これ―」のファンイベントが行われ、3000人のファンが集った。前日12日には"舞鶴鎮守府"を体感するツアーが催され、150人が舞鶴地方総監部を訪れて艦艇や海軍記念館を見学した。

海軍記念館前で記念写真を撮る参加者たち（7月12日）

イベントに合わせ、舞鶴に残る旧海軍の史跡を巡る「海軍鎮守府巡りツアー」を舞鶴観光協会の有志からなる舞鶴鎮守府実行委員会（塩見邦夫会長）が企画。舞鶴地方総監部は艦艇・記念館見学に協力した。

参加者は北海道の苫小牧から九州・福岡県まで全国から集結。遊覧船に乗り込み舞鶴湾を周遊して"海軍のまち"を海から一望した後、旧海軍工廠や北吸桟橋などを経て、舞鶴総監部内の海軍記念館を見学した。案内を担当した女性広報官は「話が上手で面白い」と大人気だった。

実行委員会は他にもAR（拡張現実）アプリを使って舞鶴の各所でキャラクターと写真が撮れる「ARラリー」や地元の特産物であるサザエ・イワガキのセット販売などを行い、町ぐるみで参加者をもてなした。

塩見会長は「今後もコンテンツ・ツーリズム（映画やアニメ、小説の舞台を巡る旅行のこと）を上手に活用して舞鶴の良さをPRしていきたい。海自は舞鶴にとってなくてはならない存在で、他にはない良い関係を築いていると思うので、こういう機会に協力していければ」と話している。

「クイーンまいづる」に 海自第23航空隊の川崎士長

海自第23航空隊（舞鶴）に所属する川崎舞海士長（22）＝写真＝が6月8日、舞鶴市のPRを担う3人の「第35代クイーンまいづる」の1人に選ばれた。

「クイーンまいづる」の活動期間は1年で、各種イベントに参加して舞鶴市の魅力を伝える。舞鶴市出身・在住の18歳以上（高校生を除く）の女性を対象に公募され、川崎士長のほか、江上佳子さん（28）＝会社員＝と小谷知加さん（20）＝大学生＝が選ばれた。

川崎士長は神戸市出身。もともと艦艇や航空機が好きだったため、平成23年4月、海上自衛隊に入隊し、教育隊を経て同年8月に23空に配属された。現在は整備員としてSH60K哨戒ヘリなどの整備を行っている。「クイーンまいづる」には5月末に上司の薦めで応募した。

川崎士長は「海軍ゆかりの歴史と趣がある町として、舞鶴の方々や他府県の方々に舞鶴の良さを知ってもらえるように頑張りたい」と抱負を語っている。

一般へのお披露目は7月26日の「みなと舞鶴ちゃったまつり」前夜祭で行われ、34代から35代へ引き継がれる。

佐久間一氏（さくま・まこと＝元統合幕僚会議議長、元海将）7月18日、急性心筋梗塞のため死去、79歳。葬儀は親族で行った。

神奈川県出身。幹候8期（防大1期）。2護群司令、海幕防衛部長、佐世保地方総監、平成元年8月第18代海幕長、3年7月から5年7月まで第19代統幕議長を務めた。

防大卒として初めて幕僚長に就任したほか、統幕議長在任期間は自衛隊初の海外任務としてペルシャ湾への掃海艇派遣任務に携わるなど、後の自衛隊の海外派遣任務の基盤をつくった。

"全員野球"楽しむ

内局野球部 現役とOBが試合

防衛省内局野球部の現役VSOB親善試合が7月12日、東京都狛江市の狛江球場で行われ、20代から80代までの部員32人が共に白球を追った。

井上監督（前列中央、背番号10）と内局野球部のメンバー（7月12日、狛江球場で）

60年以上の伝統を持つ内局野球部は、現在では省内唯一のクラブ活動で、初代部長は故海原治氏（元官房長）。部員は忙しい職務の合間を縫って活動を行っている。中村範明・山口県警本部長（当時）が部長を、井上一徳文書課長（同）が監督をそれぞれ務める。

現役・OB戦が再開されたのは2012年7月で、以来、年1回行われることになった。今回はOBチームに井上監督が3塁手、現役の森田航一朗事務官（文書課）が投手として加わったこともあり、6―1で現役チームを下した。

井上監督は持ち前の明るさで「失敗を恐れるな。エラーしてもかまわない」と小さいことは気にせず、部員のモチベーションを高め続けた。当日は応援に来ていた女性職員までもピンチヒッターとして出場し、まさに"全員野球"に。

監督自身も白いユニフォームを真っ黒にして、全力でプレー。その姿に黄色い声援が上がると、他の部員たちから羨望の眼差しが向けられた。

試合終了後は乾いた喉を冷たいビールで潤すと、OBが現役を激励。皆で試合や思い出話に花を咲かせ、楽しいひとときを過ごした。部員たちは勝ち負けにはこだわらず、野球を愛する者同士、普段の職場とは違うフィールド内での交流を楽しんだ様子だった。

「技本研究機」航空遺産に

かかみがはら博物館 C1にも応用

【岐阜】かかみがはら航空宇宙科学博物館（岐阜県各務原市）に展示中の小型プロペラ機X1G1B高揚力研究機（サフィール）が、このほど、一般財団法人日本航空協会の重要航空遺産に認定された。同協会は歴史的、文化的に価値の高い航空遺産を重要航空遺産として認定しており、海自のUFXS実験飛行艇を含め今回が8件目となった。

認定証などを手に記念撮影に臨む（左から）瀧澤技本岐阜試験場長、野村日本航空協会会長、浅野各務原市長

X1G1Bは昭和20年に初飛行したスウェーデン空軍の初等練習機・サーブ91サフィールが原型。改造に適した構造であったことから、技本が同機を研究実験機に改造した。岐阜基地で3形態（昭和32年にX1G1、34年にX1G2、37年にX1G3）にわたって飛行実験を行い、X1G1Bが最終形態となった。

X1G3で翼端渦（気流の渦）を制御する翼端板（整流板）を装備、ロール制御を研究した。失速特性のよい断面形が試され、これがC1輸送機の初期翼断面（飛行機の翼を前後軸に平行に切った切り口の形状）に応用された。

X1G1Bは昭和60年まで試験を行い、同年用途廃止に。平成8年3月から、かかみがはら航空宇宙科学博物館に展示されている。

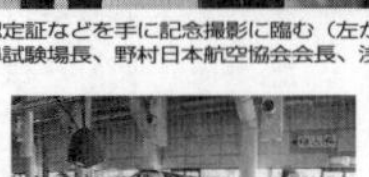

重要航空遺産に認定されたX1G1B高揚力研究機

小休止

▽…岡山地本長の松尾幸成1陸佐以下25人は7月6日、ギネス記録を目指すイベント「1200人1201脚」に参加した。

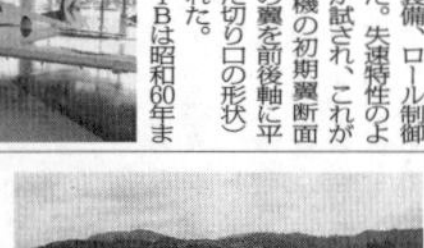

▽…岡山県総社市で開かれたイベントには、福岡県朝倉市で認定された1039人を上回るため、1097人が集結。南北550メートルに渡って横一列に並び、ギネス公式認定員が見守る中、スタートした＝写真。

▽…歩幅の違いで列が前後にずれてしまう中、地本長らは大声で周りに声をかけ、20分間転ばずに50メートルを完歩した。見事に記録を達成するとともに、地本員らは迷彩服で自衛隊をアピールすることも忘れなかった。

（岡山地本）

（世界の切手・チェコ）

他の誰かと比べて持った自信は、もろい。

中谷　彰宏（作家、俳優）

予備自20年「永年勤続表彰」に輝く

続ければ いいことが…

予備3陸曹　宮崎　護（新潟地本）

予備自訓練の合い間に小休止。左が宮崎護予備3陸曹

平成26年度の第1回予備自衛官招集訓練が5月23日から27日まで行われ、私は今回、旗手の大役を任されました。思い返せば、予備自を20年間務め上げ、今回、「永年勤続20年表彰≪陸上幕僚長表彰≫」を受賞することとなりました。そこで若い予備自隊員の皆さんに向け「予備自の目標と心構え」について書いてみたいと思います。

私は平成3年から5年まで陸上自衛官を務め、1任期で退官しました。しかし未練が残り、予備自となりました。「年間5日間」だけの訓練ということで当初は軽く考えていましたが、いざ始めると厳しい訓練の連続でした。それでも耐えているうちに1年、2年と過ぎ、気がつけば「永年勤続5年」「10年」となり、その間、射撃検定で表彰を2回受けました。それで自信が付き、また次回の訓練が楽しみになりました。

平成23年3月11日、東日本大震災が発生しました。予備自担当から「宮崎さんも災害派遣招集されるかもしれない」との連絡を受け、私は直ちに会社の上司と調整をし、部隊に「現場にいく準備はできている！」と報告しました。

私は出動命令を待っていましたが、実際の招集はなく、それとは別に「予備自中央訓練に新潟県代表として参加してほしい！」との依頼が飛び込んできました。「なんで私が？」と聞くと、「厳正に審査した結果」と言われ、大震災のことを気にしながら朝霞駐屯地に向かいました。

訓練開始式で予備自部隊指揮官の予備2等陸佐（東京地本）の方が「出頭者の中には被災された隊員もいる。被災地救援のため、予備自衛官の我々も絆を深めよう」と述べたのが印象に残っています。

我々は犠牲者に黙とうを捧げた後、訓練を開始しました。東北の被災地から出頭した隊員はやはり家族のことが心配だったのでしょう、訓練に身が入らない姿を見て私たちも心が痛みました。

その後、私たちは市ヶ谷駐屯地に移動し、君塚栄治陸上幕僚長（当時）から訓示を受けました。その際、多くの隊員が陸幕長に対し「私たちも被災地へ送ってください」と熱望しました。すると君塚陸幕長は「諸官の気持ちはよく分かった。次回は遠慮なく招集するぞ。それまでしっかり訓練をしておくように」と言ってくださいました。

あれから3年が過ぎ、今回、私は「永年勤続20年表彰」を受けます。この賞は私1人の力で頂くものではありません。たくさんの仲間の助けがなければ、私はここまで来ることができなかったでしょう。新潟地本の皆さんをはじめ、予備自の仲間たちに改めてお礼を申し上げます。

何でも続ければ、きっといいことがあります。若い予備自の皆さんもどうか頑張ってください。

空中消火を初体験

陸曹長　吉村　憲治（9飛行隊・八戸）

5月14日、岩手県山田町で林野火災が発生しました。私の所属する第9飛行隊は、ヘリコプターによる空中消火活動を実施することになりました。

当初、私は後方業務に従事していましたが、火災の長期化で操縦士の交代が検討されました。

私は上司に交代操縦士として参加を志願しました。その結果、後任の操縦士として活動に加わることになりました。前任者と交代して操縦士としてUH1ヘリに搭乗し、離陸しました。上空から火点を確認し、機長の号令により1回目の放水を行いました。

その後、2回目の放水は私の操縦で実施しました。訓練を除いて本番では初めての空中消火だったので、慎重に放水の号令をかけました。

これまで後方業務が多かった私は、最前線で活躍している操縦士たちを見て、そこに加われない自分をもどかしく思っていました。

しかし、今回初めて山林火災の現場で放水を終えた時はすごくうれしくて、思わず目が潤んでしまいました。こんな自分でも少しでも人のために役立てたと思うと、感無量でした。自衛隊に入って、また操縦士になって良かったと、心から思いました。今後の私の目標は、初動の場面で上司から「頼んだぞ！」と任務を任される、そんな信頼される操縦士です。

林野火災に出動、消火用バケットに水を汲む9飛行隊のUH1ヘリ

みんなのページ

「国を守る」意志を感じた

公務員　酒本　晶恵（鳥取市役所）

空自のキャラクターと一緒に。右が酒本晶恵さん

6月7日、航空自衛隊美保基地で開催された航空祭に参加しました。この日は特別公開日で、ゆっくり見学することができました。

飛行場地区が一望できる管制塔にも上がり、基地施設や展示されている航空機や車両を見た時はとても興奮しました。ふだん自衛隊に縁のない私にとって、すべてが目新しいものでした。

雲がとても低く、天候がすぐれない中で飛行が心配されましたが、予定通りブルーインパルスの展示飛行が見られたのはとても幸運でした。残念ながら全ての課目は見られませんでしたが、飛行の精密さやダイナミックさに圧倒され、私も思わず声を上げてしまいました。

飛行が始まる前には気象観測所から隊員が出てこられ、直前まで空を見上げて無線で連絡を取っていましたが、本当に自衛隊にはさまざまな専門分野があり、それらが結集しているのだなと、とても感動しました。

自衛隊の毎日がどんなものか、私はテレビ報道以外で知ることはありません。自衛官の皆さんにとっては日常でも、私には想像のつかない世界です。

ですが、全ての自衛官の皆さんが「国を守る」ことに対する誇りや使命感、強い意志を持って毎日を過ごしているのだろうなと、改めてかみしめた一日でした。

新刊紹介

「オロマップ」

吉村　龍一著

北海道庁森林事務所日高支所に勤務する若手森林保護官の樋口と愛想はないが頼れる上司・山崎の2人が、事務所に日々持ち込まれる事件と対峙（たいじ）するミステリータッチの短編集。

著者は陸自施設科の元3曹で、退職後に講談社主催の「小説現代長編新人賞」を受賞し小説家デビュー。北の大地・北海道は隊員時代に約4年間勤務した。厳しい訓練の中で見た大自然の風景が着想につながったという。

タイトルの「オロマップ」はアイヌ語で北海道日高山脈の南麓に吹く強風の呼び名。表題作を含む計6編を収録し、うち3編は書き下ろしとなっている。

ヒグマ、エゾシカ、オオワシなど道内に生息する動物たちも絡みながら繰り広げられる数々の事件。大自然の描写とスピーディーなストーリー展開は読み手の心を引き込んでいく。2人の森林保護官の人間味も魅力の一つだ。

山崎の娘・さゆみが連絡を絶ち、行方を探す樋口。わずかな情報から足取りを追い、大鷲の飛来地へ向かうことになったが――。

（講談社刊、1620円）

「破壊された日本軍機」

ロバート・C・ミケシュ著、石澤和彦訳

太平洋戦争終了後、旧日本軍が量産した戦闘機は一体どうなったのか――。当時の人でも知ることができなかった謎が、衝撃的な写真とともに公開された。本書はGHQのマッカーサー最高司令官と共に来日した従軍カメラマンによる記録写真集の新装版だ。

第1、2章で太平洋戦争末期の歴史を振り返り、第3章では無力化された日本軍機の姿が次々と写し出される。野ざらしになった機体の姿が激戦の傷痕を物語り、正面、横、斜めと異なる角度で撮影されることにより写真一枚一枚から機「表情」がにじみ出る。

第4、5章では日本の各航空基地の終戦後の様子と、良質な残存機を米軍が集める様子が描かれる。現在の自衛隊の基地につながる返還前の光景を知ることができる。そして本題の破壊、焼却へと向かっていく。

焼却を免れた残存機救済の努力や海外で運用、現存するにいたった経緯も解説。空自の浜松広報館に展示されている第343航空隊の零戦52型など、生き残った機体の現在の姿も紹介される。

ベールに包まれ、半世紀を経てようやく公開された日本軍機の壮絶な写真。そこに写し出された光景は目に焼き付き、胸に迫る。（三樹書房刊、4104円）

飲酒運転を根絶しよう

陸士長　向　嘉孝（107全支大整備中・桂）

飲酒運転は犯罪です。悲惨な結果を引き起こす危険な行為であり、全国でも厳罰化の動きが進んでいます。飲酒運転の死亡事故率は通常の9・1倍といわれています。アルコールには麻痺作用があり、少量でも脳の動きをまひさせます。

飲酒すると安全な運転に必要な情報処理能力、注意力、判断力などが低下します。具体的には、気が大きくなり速度超過など危険な運転をする、車間距離の判断を誤る、危険を察知しブレーキを踏むまでの時間が長くなるなど、事故に結びつく可能性が高くなります。

「低濃度のアルコールでも運転操作に影響する」と科学的に明らかになっているので、「自分は大丈夫」と思っても飲酒したら絶対に運転してはいけません。また一定程度の睡眠をとり、すっきり目覚めた翌朝でも実は体内のアルコール消失は完全ではなく、飲酒運転になってしまうケースもあります。

飲酒運転は「しない、させない、許さない」。自らをしっかりコントロールするとともに、周囲の協力も不可欠です。

飲酒事故を自衛官が起こしてしまうと、自衛隊に対する国民の信頼が低下し、日々努力している多数の隊員の士気にも大きな影響を与えてしまいます。部隊一丸となって飲酒運転の根絶に取り組んでいきましょう。

OBがんばる

3年前から準備を

善村　昌雄さん　56
平成24年1月、海自第81航空隊（岩国）を定年退職（准尉）。警備会社勤務を経て、現在、三菱プレシジョンでサービス・エンジニアとして勤務。

私は海上自衛隊在職中、航空機の搭乗員としてずっと勤務してきました。それで定年退職後の再就職でも、可能であれば「航空機に関係する仕事」に就きたいと思っていました。

そこで退職後、警備会社での勤務を経て、現在は三菱プレシジョンという航空機の運用に関わる会社に再々就職することができました。当社は航空機の操縦シミュレーション事業をはじめ、航空・電波事業など、幅広い業務を行っている企業です。

その中で私は海自US2救難飛行艇のフライト・シミュレーターのサービス・エンジニアとして、その保守・整備に携わっています。

さて、皆さんは再就職についてどうお考えでしょうか。「何かあるだろう」「就職援護室が準備してくれるだろう」と高をくくっていませんか。55歳前後で退職したら、少なくとも10年程度は働かねばなりませんが、自分に合った仕事、やりがいのある仕事、楽しくできる仕事に就く場合と、紹介された会社に漫然と就職するのとでは、まったく違った人生を歩むことになります。

同じ再就職なら「やりがいのある仕事」に就くのが良いと思いませんか。そのためにはハローワークなどを利用して、自分は何の仕事に適しているのか考える必要があります。

このようなことを書くのは、私と同じような苦しみを皆さんに味わってもらいたくないからです。第二の人生を前に、自分は何をしたいのか、どれだけ収入が必要なのか、どんな努力をすればよいのか、少なくとも3年前から考えるようにしてください。そして退職後もそれまで以上に楽しく、充実した人生を送ろうではありませんか！

豪州射撃訓練で学んだ二つの事

3陸曹　伊藤　文彦（17普連3中・山口）

私はこのたび陸自代表として「豪州射撃訓練」に参加し、二つのことを学びました。

一つ目は「努力は必ず実を結ぶ」ということです。年明けの1月から約5カ月間、課業内外を問わず、多くの射撃訓練を行いました。成果が出た時はとても充実感と達成感があり、これまでの厳しい訓練は無駄ではなかったと思いました。

二つ目は「仲間の大切さ」です。今回、選手選考に漏れた場合は即メンバーから外され、原隊復帰するという厳しいものでした。それで射撃で悩むようなことがあれば、仲間みんなで意見を出し合い、共に成果が上がるように努力してきました。この仲間たちのおかげで、本番もしっかりと自分の射撃ができたと思っています。

これからも目標を定め、それに向かって一致団結していけば、必ず成果は出ると思います。今回、豪州で得た知識と経験を今後は部隊に還元していきたいと思います。

詰碁

第1092回出題

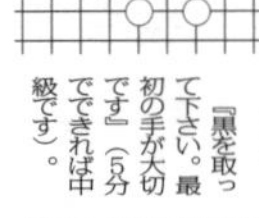

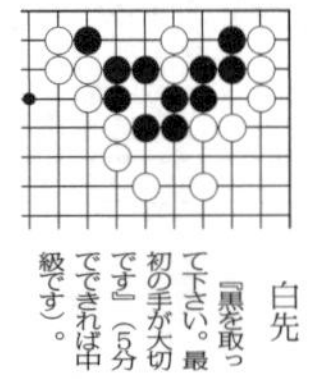

白先　『黒を取って下さい。最初の手が大切です』（5分でできれば中級です）。

出題　日本棋院　九段　曲　励起

▶詰碁、詰将棋の出題は隔週です◀

詰将棋

≪第676回の解答≫

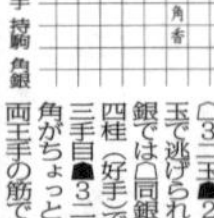

▲先手　持駒　角銀

【正解】▲2二角△同銀▲3二銀△同玉▲5四角までの五手詰め。

【解説】初手▲2二角が俗手の好手。▲1三角では△3二玉▲2二角成△4三玉で逃げられるし、▲2二銀では△同銀▲5四角△3四桂（好手）で詰みません。三手目▲3二銀から▲5四角がちょっと気付きにくい両王手の筋で解決します。

出題　日本将棋連盟　九段　石田　和雄

朝雲

発行所　朝雲新聞社
〒160-0002　東京都新宿区坂町26番地19　KKビル
電　話　03(3225)3841
FAX　03(3225)3831
振替00190-4-17600番
定価一部140円、年間購読料9000円（税・送料込み）

主な記事

2面　第1回「水陸両用セミナー」開く
3面　「レッド・フラッグ・アラスカ」
4面　〈全面広告〉
5面　「宇宙博2014」グラフ
6面　〈ひろば〉話題呼ぶ30分体幹トレ
7面　海自71航空隊、救難出動1000回
8面　〈みんなのページ〉巨大プロペラ切断

佐賀にティルト・ローター機

知事に配備の意向

武田副大臣 平成31年度から

武田防衛副大臣は7月22日、佐賀県庁で古川康知事と会談し、陸上自衛隊が導入予定のティルト・ローター機（垂直離着陸輸送機MV22オスプレイ型）17機を、平成31年度から佐賀空港（佐賀市）に配備する政府の意向を伝えた。併せて、市街化が進む目達原駐屯地（同県吉野ヶ里町）のヘリコプター約50機も佐賀空港に移駐させ、地元の負担軽減を図る考えを説明した。防衛省では翌23日、副大臣を長とする「ティルト・ローター機等の拠点整備のための事業推進グループ会合」を設置し、地元の理解促進に向け初会合を開いた。

目達原のヘリも移駐へ

防衛省では島嶼防衛や災害救援、急患輸送での活用を念頭に陸自にティルト・ローター機の導入を検討しており、26年度予算では性能情報に関する調査費1億円を計上。中期防では30年度までに17機を導入する計画だ。

22日に古川知事と会談した武田副大臣は、陸自が導入予定のティルト・ローター機の配備と目達原駐屯地のヘリの移駐により、佐賀空港に駐屯する部隊規模は整備要員などを合わせ、約700人～800人になるとの見通しを明らかにした。

さらに、沖縄の基地負担軽減のため、米軍普天間飛行場（宜野湾市）の5年以内の運用停止を目指し、普天間飛行場に配備されている米海兵隊のオスプレイについても辺野古移設が実現するまでの間、佐賀空港の暫定利用の可能性があることを説明した。

古川知事は「県民が抱いている不安に誠実な答えをお願いしたい」とした上で、「賛否は白紙だ。これから地元、自治体、議会、さまざまな関係者の声をうかがいながら、（防衛省との）やりとりは続けていく」と述べ、受け入れの回答については明言を避けた。

小野寺大臣は同日、防衛省で行った記者会見で「地元の方々の理解が得られるよう、誠心誠意、対応させていただきたい」と述べた。

佐賀空港の選定については、島嶼防衛や災害救援を目的に30年度までに新編予定の陸自「水陸機動団」（3000人規模）のうち、1個水陸機動連隊が置かれる相浦駐屯地（長崎県佐世保市）と約60キロしか離れておらず、大臣は陸自の輸送機部隊が同連隊の輸送を担うことを前提に「地理的にはそれほど大きな問題はない」との認識を示した。

一方、武田副大臣は翌23日に省内で開いた「ティルト・ローター機等の拠点整備のための事業推進グループ会合」の初会合で、「佐賀空港におけるティルト・ローター機等の拠点整備を実現するためには、省を挙げて横断的な検討を推進する必要がある」と強調。当面の課題について共通認識を図った上で、早急に事業を進めていく姿勢をアピールした。

「いせ」整然と航行

リムパック2014 15カ国 42隻が隊列

ハワイとその周辺海空域で実施されていた米海軍主催の環太平洋合同演習「リムパック2014」の主要訓練が終了し、現地時間の7月25日、15カ国の水上艦と潜水艦計42隻が隊列を組んで航行する近接航行訓練（PHOTOEX）が行われた。

洋上訓練を締めくくる同訓練には海自からヘリ搭載護衛艦「いせ」とイージス艦「きりしま」が参加。「いせ」は前後を米軍の空母「ロナルド・レーガン」と強襲揚陸艦「ペリリュー」に挟まれた艦隊の中央部で、整然と航行した。

リムパックは6月26日に始まり、22カ国から艦艇48隻、潜水艦6隻、航空機200機、人員2万5000人が参加。中国海軍から初めて水上艦部隊が参加したことでも注目された。リムパックは8月1日に閉幕する。

「リムパック」で15カ国の艦艇と隊列を組んで航行する海自の護衛艦「いせ」（米海軍HPから）

事務官等異動を発令

防衛省発令

▽大臣官房付、外務省へ出向＝官房審議官へ（東北防衛局長）　中村　吉利
▽厚生労働省へ出向＝技術総括審議官へ（官房衛生監）　鈴木　康裕
▽経済産業省へ出向＝大臣官房付へ＝内閣官房知的財産戦略推進事務局次長併任へ（装備施設本部副本部長＝施設担当）　増田　義一
▽大臣官房付（地方協力局次長）　岡　真臣
▽報道官、官房審議官併任（沖縄防衛局長）　武田　博史
▽官房審議官、解官房審議官併任（報道官）　辰己　昌良
▽官房審議官（外務省官房審議官）　廣瀬　行成
▽官房衛生監（厚生労働省大臣官房付）　塚原　太郎
▽防衛政策局次長、解情報本部副本部長併任（官房審議官）　鈴木　敦夫
▽防衛大副校長＝企画・管理担当（大臣官房付）　石塚　泰久
▽防衛研究所長（防衛監察本部副監察監）　齋藤　敏夫
▽技術研究本部副本部長（近畿中部防衛局長）　佐竹　基
▽装備施設本部副本部長＝航空機担当（経済産業省官房審議官）　河村　延樹
▽同＝施設担当（中国四国防衛局長）　藤井　高文
▽防衛監察本部副監察監（官房審議官）　鈴木　良之
▽官房審議官、情報本部副本部長併任、内閣官房へ出向＝内閣情報調査室へ（秘書課長）　川嶋　貴樹
▽東北防衛局長（内閣参事官）　齋藤　雅一
▽近畿中部防衛局長（沖縄防衛局次長）　松本　俊彦
▽中国四国防衛局長（防衛政策課長）　芹澤　清
▽沖縄防衛局長、解文書課防衛省図書館長併任（文書課長）　井上　一徳
▽装備施設本部副本部長＝通信誘導担当（人事教育局給与課長）　津田　智雄
▽解装備施設本部副本部長＝航空機担当＝事務代理（装備施設本部総務課長）　岩田　典郎
▽北海道防衛局長（九州防衛局次長）　杉田　宏一
▽秘書課長（企画評価課長）　青柳　肇
▽文書課長、文書課防衛省図書館長併任（防衛政策局防衛計画課長）　中嶋浩一郎
▽防衛政策課長（人事教育局厚生課長）　石川　武
▽防衛政策局防衛計画課長（沖縄防衛局企画部長）　田中　利則
▽運用企画局国際協力課長（経理装備局航空機課長）　能瀬　宏隆
▽同情報通信・研究課長（大臣官房付）　水田　裕滋
▽人事教育局給与課長に採用　西方　孝
▽同人材育成課長（運用企画局情報通信・研究課長）　青木　健至
▽経理装備局技術計画官（地方協力局労務管理課長）　森　卓生
▽同施設整備課長（経理装備局施設技術官）　竹内　芳寿
▽同施設技術官（官房参事官）　吉田廣太郎
▽地方協力局周辺環境整備課長（同）　古川　浩人
▽情報本部情報評価官（人事教育局人材育成課長）　木原　淳
▽技術研究本部艦艇装備研究所システム研究部長（経理装備局技術計画官）　野間　俊人
▽九州防衛局次長、同総務部長事務取扱（地方協力局周辺環境整備課長）　山岡　博幸
▽南関東防衛局次長（経理装備局施設整備課長）　竹中正二郎
▽大臣官房付（官房参事官）企画評価課防衛省改革推進室長併任　今給黎　学
▽官房参事官（中国四国防衛局企画部長）　松田　尚久
▽企画評価課長（運用企画局国際協力課長）　萬浪　学
▽人事教育局厚生課長（防衛政策局調査課情報保全企画室長）　安藤　敦史
▽経理装備局航空機課長、解防衛政策局国際政策課能力構築支援室部員併任、解同日豪防衛協力室長併任（防衛政策局国際政策課国際安全保障政策室長）　池松　英浩
▽地方協力局労務管理課長（内閣情報調査室内閣衛星情報センター分析部管理課長）　二又　知彦
▽退職（装備施設本部長）　鎌田　昭良
（防衛大副校長＝企画・管理担当）　月橋　晴信
（技術研究本部副本部長）　筒井　和人
（装備施設本部副本部長＝通信誘導担当）　原　敬雄
（北海道防衛局長）　島川　正樹
（以上7月25日）

1佐職異動を発令

▽海幕運用支援課企画班長（海幕運用支援課訓練班長）　1海佐　近藤　匡
▽同訓練班長（同運用支援課）　同　新妻　嗣礼
▽同兼統幕運用2課（81航空隊司令）　同　町島　敏幸
▽ちよだ艦長（2潜水隊群司令部首席幕僚）　2海佐　石原　浩二
▽81航空隊司令（海幕運用支援課企画班長）　1海佐　大久保勝司
▽潜水艦隊司令部付（ちよだ艦長）　同　一色　靖
▽2潜水隊群司令部首席幕僚（2潜水隊群司令部）　2海佐　笹尾　謙一
（以上7月22日）
▽兼派遣海賊対処行動支援隊司令（自衛艦隊司令部）　1海佐　飯塚　祥平
（7月24日）
▽統幕指揮通信システム運用課長（中部航空警戒管制団整備補給群司令）　1空佐　佐藤　網夫
▽沖縄基地隊司令（統幕指揮通信システム運用課長）　1海佐　乾　悦久
▽空幕補任課服務室長（静岡地方協力本部長）　1空佐　山下　愛仁
▽同運用支援課（5航空団）　同　竹岡　功二
▽中部航空警戒管制団整備補給群司令（空幕補任課服務室長）　同　津曲　明一
▽1航空団整備補給群司令（空自幹部学校主任教官）　同　山本　光伸
▽空自幹部学校主任教官兼空自幹部学校（同情報主任研究開発官）　同　渡邉　健治
▽静岡地方協力本部長（1航空団整備補給群司令）　同　佐藤　一郎
（以上7月26日）
▽4潜水隊司令（潜水艦隊司令部）　1海佐　保科　俊朗
▽大湊地方総監部付（大湊警備隊司令）　同　鍜治　次郎
▽大湊警備隊司令（4潜水隊司令）　同　小杉　正博
（以上7月28日）

春夏秋冬

東大寺の勧進

北岡　伸一

私は中学、高校を、奈良の東大寺学園で学んだ。その縁もあって、東大寺の元管長で、東大寺学園の理事長も務められた森本公誠長老と親しくさせていただいている。

森本先生は京都大学でイスラーム教の研究で博士号を取得された方である。中世イスラームの偉大な歴史家・思想家・政治家であるイブン・ハルドゥーンの研究でも世界に知られた方である。

およそある宗教のトップの方で、他の宗教の研究で博士号を持っている人がいるだろうか。多分、世界に例がないに違いない。これなど、日本の仏教の持つ寛容の現れではないかと思う。一度、一緒にサウジアラビアやイランなど、イスラーム教の国々との文化対話にご一緒したことがあるが、なかなか興味深いものだった。

ところで、先生の博士論文は中世エジプトの税制度である。どうしてそういうテーマを選ばれたのかお聞きしたら、次のように言われた。

東大寺が8世紀から今日まで続いてきたのは並大抵のことではなかった。一定の力がなければありえない。力の基礎は軍事力と経済力である。東大寺は軍事力ではいつも競争者の興福寺の僧兵に負けていた。それだけ、経済力は重要だった。全国に荘園はあるが、そこから税金を取り立てるのは大変なことだった。そういうわけで税金に興味を持ったといわれる。

現在、日本政府がこれだけの累積債務を抱えながら、なお消費税増税に反対する人がいるが、彼らに聞かせたい言葉である。

東大寺の資金集めと言えば、勧進帳である。源義経が弁慶と一緒に東北に落ち延びるとき、安宅の関で尋問を受け、弁慶が東大寺の勧進であると言い、白紙の勧進帳を読み上げる場面は、歌舞伎ファンには胸躍る場面だ。

東大寺は源平の争乱のあおりをうけ、1180年に平重衡の南都焼き打ちによって、大仏殿を含めて中心部分はほぼ全焼し、重源を指導者として再建に取り組んでいた。勧進はそのもっとも重要な事業の一つだった。

南都七大寺といって（東大寺、興福寺、薬師寺、法隆寺〈または唐招提寺〉、西大寺、元興寺、大安寺）、奈良には巨大寺院が七つあったが、すべてそのまま残っているわけではない。そのうち一番古いと言われる元興寺は、今はごく一部しか残っていない。

強勢を誇った興福寺ですら、明治の初めの廃仏毀釈で大打撃を受け、統一的な境内が失われ、現在のような公園の中に建物が散在するという状況になっている。

自らを守るために財政的基礎と自衛力が必要なのは、古今東西の真理である。

（きたおか・しんいち＝国際大学学長）

さらなる連携強化を

日米豪 SLS オスプレイに搭乗も

岩田陸幕長は7月13日から16日までハワイを訪れ、日米豪の陸軍種トップによる第2回「シニア・レベル・セミナー（SLS）」に出席し、能力構築支援や共同訓練の分野でさらなる協力と連携強化を図っていくことで一致した。

今回は米太平洋海兵隊司令官のロブリング中将が主催者となり、岩田陸幕長、ブルックス米太平洋陸軍司令官、ギルモア豪陸軍副本部長の3カ国4陸軍種のトップが一堂に会した。

政府レベルでの3国間関係の進展を背景に、陸軍種間協力のさらなる推進に向け「アジア太平洋地域の平和と安定のために日米豪が貢献できる事項」をテーマに設定し、指揮官会議や環太平洋合同演習「リムパック2014」の研修を通じて3カ国が強固な絆を構築していくことを確認した。

指揮官会議ではアジア太平洋地域の戦略情勢のほか、能力構築支援や共同訓練といった平素からの協力に加え、同地域の特性を踏まえた「海洋環境への陸軍種の戦力投入」をめぐって討議した。

同会議には、今回初めて海上自衛隊を代表して海幕防衛部長の山下万喜将補がオブザーバーとして参加し、統合運用の観点や、海洋の視点から活発な議論を行った。

「リムパック2014」研修では、岩田陸幕長らSLSのメンバーに河野海幕長などが加わり、ヒッカム米空軍基地から米海兵隊の垂直離着陸輸送機MV22オスプレイに搭乗し、米海軍強襲揚陸艦「ペリリュー」に着艦。同艦内で水陸両用作戦や海洋環境下における陸軍種の役割について意見交換した。

オスプレイ搭乗を前に岩田陸幕長（左から2人目）と河野海幕長（同4人目）＝7月14日、米ハワイのヒッカム空軍基地で

日・カリブ交流年で ジャマイカなど初訪問

遠航部隊

中米カリブ海3カ国の訪問を終えた海自遠洋航海部隊は7月27日、パナマに戻った。パナマ運河を通峡後は太平洋を北上し、8月5日にメキシコのアカプルコに入港する。

部隊は初訪問国キューバのハバナに続き、7月14日から17日にはトリニダード・トバゴの首都ポートオブスペインに、同22日から25日まで初訪問となるジャマイカの首都キングストンに寄港した。

今年は「日・カリブ交流年」として交流行事が行われており、遠航部隊もその役割を担った。ジャマイカでは同国の首相らVIPを招いて艦上レセプションを開催。実習幹部は高瀬康夫大使から現地事情の講話を受けたほか、チャールズ要塞やジャマイカ国防軍博物館などを研修した。

北朝鮮がまたミサイル発射

日本海に落下

防衛省は7月27日、北朝鮮が26日午後9時35分ごろ、同国西岸（ヘジュの西方約100キロ）から1発の弾道ミサイルを北東に向け発射した、と発表した。最大で約500キロ飛翔し、日本海上に落下したと推定される。航空機や船舶などへの被害は確認されていない。

中南米を歴訪中の安倍首相は直ちに、①米国、韓国、関係諸国と連携を図り緊張感を持って情報収集、分析に努める②航空機、船舶などの安全確認を徹底する③国民に迅速・的確な情報提供を行う——の3点を関係省庁に指示した。

防衛省では小野寺大臣が情報収集と警戒監視に万全を期すよう指示。これを受け、若宮、木原両政務官のもとで緊急幹部会議が開かれ、対応に万全を期した。

今回の発射は今年3月3日、同26日、6月29日、7月9日、同13日に続くもので、政府は「国連安保理決議に違反し、航空機や船舶の安全確保の観点から極めて問題のある行為」として、北京の大使館ルートを通じて北朝鮮側に厳重抗議した。

朝雲寸言

災害想像力。聞き慣れない言葉だが、地震などの天災から、事件や事故などの人災に至るまで、様々な「災い」に対して、時間の経過に伴う状況を適切に想像できる能力のことだ▼具体的には、災いを未然に防ぐ抑止力と、被害を小さくする軽減力、そして、発生後の緊急対応力と被害の回復力に分類される。万が一に備えて、いずれも訓練などを通して、それぞれの「力」を高めておく必要がある▼そのすべてが欠落していたのが、2000万件を超す大量の顧客情報を流出させたベネッセの事件だ。企業にとって死活的に重要な顧客情報の管理を外部業者に任せていた時点で、危機管理の基本ともいうべき災害想像力も人任せだったと言っていい▼象徴する場面が、流出発覚直後に開かれた会見で、ベ社のトップから発せられた「情報を流出させたのは、グループ会社の社員ではない」という言葉だった。情報管理も外注なら、責任も外注したかったのだろう▼さらに驚かされたのは、発覚後、顧客からの抗議や問い合わせ電話への対応まで外注していたことだ。「他人任せ」もここまで来れば立派だが、それが非難されることさえ想像できなかったのか▼災害想像力が大切なのは、人間は自分が想像できないことに対して、適切な対応が取れないからだ。「力」を鍛えるには、様々な状況を設定して訓練するしかない。想定外が許されない自衛隊。災害想像力は、大丈夫だろうか。

時の焦点

国内

安倍政権の運営

滋賀ショック克服せよ

安倍政権は思いの外、深刻に受け止めているようだ。

滋賀ショックのことである。

滋賀県知事選は、自民、公明両党が推薦した新人が前民主党衆院議員の三日月大造氏に敗れた。

自民党は選挙前、「安倍政権の信任を得る選挙だ」と位置づけていた。

内閣支持率は高いし、自民党の政党支持率も他党を引き離している。勝てると踏んだからこそ、この選挙と政権運営を結びつけたのだろう。

ところが、6月26日の告示ごろには、様相が変わった。石原環境相の「金目」発言や、自民党議員のセクハラヤジ問題の影響だ。三日月陣営は、政府・自民党の傲りの表れだ、と批判した。

7月1日に集団的自衛権見直しを閣議決定する。野党は、これを「拙速だ」と批判した。ヤジも、集団的自衛権も、安倍政権の政治姿勢を攻撃するという点では、一貫していたと言える。

自民党執行部はあわてて、幹部が現地入りし、業界・団体の票の掘り起こしに努めたが、及ばなかった。

10月の福島県知事選は、原発・エネルギー政策も問われると見られる。11月は沖縄県知事選だ。普天間飛行場の移設が争点となるだろう。選挙戦の構図は明確に固まってはいないが、政府・与党には厳しい選挙となるだろう。

来春には統一地方選も控えている。地方対策が必要だ。そこで、地方創生である。

安倍官邸は今年前半まで、地方対策や人口減対策に必ずしも熱心ではなかったという。

正面から取り組めば、過疎化が進む地方の現実を直視することになる。厳しい財政事情を踏まえれば、かつてのように予算を配分できるわけでもない。官邸が気乗り薄だったのは、そんな事情からだろう。

増田寛也元総務相が座長を務める日本創成会議が5月、若年女性の激減に伴う「自治体消滅」の可能性を指摘すると、潮目が変わる。

増田ショックだ。安倍政権は地方創生本部を設置し、地域活性化に取り組むことを決めた。

さらに、滋賀で敗れ、地方選対策に迫られたことで、「地方創生」は、政権の最重要テーマに格上げされた格好である。

すっかり、影が薄くなったのは、集団的自衛権だ。秋の臨時国会では、関連法案の処理を見送るという。来春の統一地方選後に、先送りされるなら、なんのために閣議決定を急いだのか、ということにもなる。安全保障環境の悪化を踏まえれば、こちらも待ったなしの課題のはずだ。

秋には、原発再稼働が想定される。消費税率を10%に引き上げるかどうかも判断しなければならない。

選挙に敏感にならざるを得ないのはわかる。しかし、ここが踏ん張りどころだ。やるべきことをやる、そんな正攻法の政権運営を望む。

風間 二郎(政治評論家)

海外

民間機撃墜

リーダーシップの違い

ウクライナ東部で7月17日、マレーシア航空機が親ロシア派の地対空ミサイルで撃墜された。同ミサイルはロシアが供与した兵器の一部で、誰もが31年前の大韓航空(KAL)機撃墜事件を想起した。オバマ大統領は21日、真相究明にロシアの責任を追及した。

ウクライナ当局がマレーシア機が撃墜されたと発表したのは、米東部時間17日午前10時前。ニュース専門テレビはその前から「マレーシア機が消息絶つ」「墜落か」などと伝え、早い時点では「米国人の乗客23人」との情報もあった。

「撃墜」という公式発表の後も「犠牲者多数」など刻々と続報が入り、数時間後には世界中が300人近い民間人が犠牲になった事実を知った。

その頃、デラウェア州ウィルミントンを遊説中だったオバマ大統領は、同事件について「it looks like it may be a terrible tragedy」と述べた。

約300人もの犠牲者なら、「a terrible tragedy」(恐ろしい悲劇)以外ないのに、大統領が「looks like」(…のようだ)とか「may be」(かもしれない)という口調では、国民もやりきれない。

当然、批判が起きた。親オバマのCNNコメンテーター、ピアーズ・モーガンは「大統領はとんでもない失敗をした」と怒った。オバマ信者のMSNBCのクリス・マシューズもKAL機事件の時のビデオを流し、レーガン大統領を懐古した。それほど対応が違うのだ。

1983年9月1日、ニューヨークからアンカレッジ経由ソウルに向かっていたKAL機が、サハリン上空でソ連軍戦闘機に撃墜された。ソ連は当初は関与を否定したが、米国が傍受したパイロットの交信記録を突き付けられて、5日後には撃墜の事実を認めた。

レーガンはカリフォルニア州サンタバーバラ北方の牧場で、「旅客機(韓国らしい)がソ連軍に撃墜された」との第一報を得た。それを知らせてきたクラーク大統領補佐官(国家安全保障担当)に「国家安全保障会議(NSC)の全員を集めろ」と命じ、翌朝、エアフォース・ワンでワシントンに戻った。

彼は直ちに側近やNSCメンバーと協議。3日にラジオで演説、5日には執務室から全米向けテレビでソ連の「虐殺行為」を国民に訴えた。当時、「言葉の巡航ミサイル」と評されたレーガンの即応だった。

彼は確かに激怒していたが、側近らに「過剰な反応」は戒めた。同事件を理由にソ連との戦争など論外で、核軍縮のこれまでの進展を台無しにはできない。ソ連を戦略防衛構想(SDI)で震撼させたばかりの上、経済的にも追い詰めていた。

端的に言えば、レーガンの対応は、力と個性と統率力だった。

一方、オバマ大統領がデラウェアから次に向かったのは、ホワイトハウスのシチュエーションルームではなく、ニューヨークの民主党資金集めパーティー。7月20日には支持者とまたゴルフである。両指導者の対応の差は歴史に残る。

草野 徹(外交評論家)

水陸両用ノウハウ学ぶ

西部方面隊で第1回セミナー　米3海兵隊司令官ら

日米隊員200人の前でブリーフィングを行う米太平洋海兵隊副司令官のシムコック少将(6月10日、健軍駐屯地で)

【西方=健軍】西部方面隊が主催する第1回「水陸両用セミナー」が6月10日、健軍駐屯地で行われた。

同セミナーは、水陸両用部隊の運用やこれまでの主要な訓練成果を西方の各隷下部隊に普及教育することが目的。当日は米軍からも指揮官らを招いて水陸両用に関するノウハウを得る機会とし、知識と能力の向上を図った。

自衛隊からは、西部方面隊隷下の主要指揮官や最先任上級曹長など各部隊の代表をはじめ、統幕、陸幕、各学校、研究機関、海自から自衛艦隊、空自から航空総隊などが参加した。

一方、米軍からは第3海兵機動展開部隊(3MEF)司令官のウィスラー中将、在日陸軍第1軍団前方司令官のブーザー少将、太平洋海兵隊副司令官のシムコック少将、第7艦隊揚陸部隊司令官のウェザラルド准将などを招き、日米で計約200人が参加した。

セミナーでは、水陸両用部隊の運用の基礎知識や関連する訓練成果を発表。続いて、米軍各指揮官によるブリーフィングも実施した。

とりわけ海兵隊などによる訓話には、参加者全員が真剣なまなざしで受講していた。

防衛省は中期防(平成26~30年度)期間中に、3000人規模で編成される島嶼防衛の専門部隊「水陸機動団」の新編を目指しており、西部方面普通科連隊(相浦)がその中核を担う。

豪、中など16カ国が参加

防大で国際防衛学セミナー

【防大】防衛大学校は6月30日から7月4日まで、第19回国際防衛学セミナーを主催。オーストラリア、中国などアジア太平洋地域を中心に16カ国から計16人の士官らが参加し、「多様な環境下の任務を遂行する素地を与える士官候補生教育」をテーマに意見交換した。

同セミナーは、各国士官学校の代表者などとの討議を通じ、防衛学の充実・発展を図る目的で平成8年から毎年実施している。

基調講演をイスラエル・ヘブライ大教授のマーチン・ヴァン・クレフェルト氏が「軍における幹部教育」をテーマに行い、続く討議ではサイバー攻撃、対テロなど厳しい条件下で任務を遂行するために必要な士官教育について、発表と意見交換が行われた。

参加者は期間中、防大生の校友会活動である柔道、居合道などの武道を見学。茶道や座禅体験で、日本の伝統文化も体験した。

防大は「活発な意見交換が行われ、各国の士官候補生教育の充実に寄与することができた」としている。

士官らを前に基調講演を行うクレフェルト教授(右奥)=7月1日、防衛大学校で

海自初、電力3社と協定

呉地方総監部　災害発生時に連携

【呉】呉地方総監部は7月9日、関西、中国、四国の電力3社と「連携に関する協定」を結んだ。電力会社と協定を結ぶのは海自では初めて。

同協定は災害発生時の相互協力を円滑に行うため、普段から連携を図ることを目的に締結された。内容は①被害情報等の共有②相互協力③定期的な会議と各種訓練の実施――の3項目。

相互協力に関しては、海自側は災害で陸路が寸断され孤立してしまった際、沿岸部や離島での電力復旧作業に必要な技術者や資機材を艦船で輸送し、電力の早期復旧を支援する。

一方、電力会社側は海自の救援活動の拠点となる基地施設などへの電力の安定供給を図り、通信回線や施設を提供する。

対象となるのは電力3社の営業エリアと呉地方総監部の警備区が重なる1府10県で、小規模な地震や台風から南海トラフ地震のような大規模災害発生までを想定している。

総監部で行われた締結式には、三木伸介総監をはじめ、関西電力の八木誠社長、中国電力の苅田知英社長、四国電力の千葉昭社長が出席し、締結書にサインした。

三木総監は「協定は発災時の救援活動などに極めて重要なもの。今後は電力会社3社をはじめとする関係機関との連携を一層強化し、各種災害に対する万全の態勢を図る」と述べた。

呉地方総監部は3社と定期的に訓練や会議を行い、さまざまな情報を共有していく方針。

締結書にサインした(右から)関西電力の八木社長、三木総監、中国電力の苅田社長、四国電力の千葉社長(7月9日、呉総監部で)

人事異動

2、3海佐

▽護衛艦隊幕僚(さみだれ)2佐 沖重大樹 (6月2日)

▽潜水艦隊幕僚(自衛艦隊)2佐 中谷文彦▽ずいりゅう艦長(潜水艦隊)中津博宣▽自衛艦隊幕僚(ずいりゅう)渡邉忍▽おやしお副長(潜水艦隊)3佐 工藤一雄 (以上6月6日)

▽海幕副監察官(海幕監察官付)2佐 上羽直樹▽呉海上訓練指導隊砲雷科長(同監察官)堀場恒明 (以上6月9日)

▽はまな運用長(幹部候補生学校)3佐 川口義夫 (6月13日)

▽幹部学校教官(幹部学校)2佐 熊澤富彦▽うずしお機関長(うずしお)3佐 近藤唯▽八戸警務分遣隊長(大湊地方警務隊)加藤秀人 (以上6月20日)

▽潜水艦教育訓練隊副長(潜水艦教育訓練隊)2佐 隈元均夫▽護衛艦隊幕僚(護衛艦隊)栗山俊文▽佐世保海上訓練指導隊砲雷科長(佐世保訓練指導隊)石崎清 (以上6月25日)

▽おおなみ艦長(1術科学校)2佐 加世田孝行 (6月27日)

▽自衛艦隊幕僚(自衛艦隊)2佐 高橋輝年▽さみだれ砲雷長(2護衛隊)3佐 萩原宏俊 (以上6月30日)

コンプライアンス取り組みで講習会

監察本部、大湊で

【監察本部】防衛監察本部(梶木壽・防衛監察監)は5月27日、海自大湊地方隊(大湊地方総監・槻木新二海将)と共催で大湊基地に部外講師を招いて「地方コンプライアンス講習会」を開催し、基地隊員ら約150人が聴講した。講習会では、四五六法律事務所の田中保彦弁護士が「コンプライアンスへの戦略的取り組みとその戦略的活用」と題して約2時間、講演した。

田中弁護士は、防衛省・自衛隊におけるコンプライアンスと内部統制の必要性などについて具体例を挙げて説明。組織において不正の隠ぺいなど非合理な意思決定が成されるメカニズムについて解説し、「考え抜く」ことこそがその防止策であると訴えた。

さらに、防衛省・自衛隊におけるコンプライアンス実現の究極の目的は「国民と国際社会からの信頼獲得」だと指摘し、「自衛隊のリーダーは組織をコンプライアンス、内部統制の観点から再考することが必要だ」と総括した。

同日はこのほか、齋藤敏夫副監察監が監察本部の役割や活動について説明し、理解を求めた。

3000基準時間以上無事故

1空に2級賞状

【海幕】P3C哨戒機を運用し、第一線で日本の海を監視する1航空隊(鹿屋)は7月3日、運用機1機当たり「3000基準時間以上の航空無事故」を達成した功績で、河野海幕長から2級賞状を授与された。

河野海幕長(右)から賞状を手渡される1空の柴田司令(7月3日、海幕応接室で)

1空は固定翼哨戒機部隊として日本周辺海域の警戒監視と災害派遣活動、ソマリア沖・アデン湾の海賊対処行動などの任務を遂行し、平成21年5月から25年11月までの間に運用機1機当たり3000基準時間以上(累計6000基準時間以上)を無事故で達成した。

表彰式で河野海幕長は、「歴代司令の優れた指揮統率のもと全隊員が一致団結して任務遂行と飛行安全に努力したたまもの」と述べ、1空司令の柴田俊司1佐に賞状と記念品を手渡した。

共済組合職員を募集

防衛省共済組合では、防衛省共済組合本部等に勤務する職員を以下の通り募集します。

◇

【募集職種】一般事務職及び経理事務職

【採用人員】若干名

【受験資格】①昭和59年4月2日~平成5年4月1日生まれの者

②平成5年4月2日以降生まれの者で、大学、短期大学又は高等専門学校を卒業した者及び平成27年3月までに大学、短期大学又は高等専門学校を卒業する見込みの者並びに防衛省共済組合がこれらの者と同等の資格があると認める者

【試験内容等】第1次試験 ①試験種目=基礎能力試験、専門試験(多肢選択式)及び論文試験 ②試験日=平成26年9月20日(土)

第2次試験 ①試験種目=集団討論試験、個別面接試験②試験日=平成26年10月下旬から11月上旬のうち指定する日

【試験地】第1次試験=TKP市ヶ谷カンファレンスセンター(東京都新宿区市谷八幡町8)

第2次試験=ホテルグランドヒル市ヶ谷(東京都新宿区市谷本村町4―1)

【採用予定日】平成27年4月1日

【給与等】防衛省職員に準ずる。

【勤務地】防衛省共済組合本部及び支部(全国異動あり)

【受験手続】①資料請求=申込には事前の資料請求が必要です。あて先明記の返信用封筒(120円切手を貼った角形2号・24センチ×33・2センチ)を同封し、「防衛省共済組合職員採用試験資料請求」と明記の上、7月15日(火)~8月1日(金)の間に封書にてご請求下さい。

②受験申込=所定の受験申込書を受付期間内に特定記録郵便、簡易書留又は一般書留の郵便物として申込先に郵送して下さい(郵送のみ受け付け)。

③受付期間=7月23日(水)~8月8日(金)

【その他】①身体に障害があるため、着席位置の指定等、受験の際に何らかの措置を希望される方は、受験申込書の裏面に記入の上、事前に申し出てください。②受験に関する連絡事項等について、防衛省共済組合ホームページの採用情報を随時更新しますので、必ずご確認下さい。

【資料請求、受験申込及び問い合わせ先】防衛省共済組合本部人事班人事係 〒162―8853東京都新宿区市谷本村町5―1 電話03―3268―3111内線25163(対応時間は平日9時30分~18時)

共済組合だより

職場・家庭などでの悩みご相談

「あなたのさぽーとダイヤル」

Eメールでも受け付けます

「最近、部下が落ち込んでいるようだ」「コミュニケーションをどう取っていいか分からない」――。こうした職場の悩みをかかえている人はいませんか。

防衛省共済組合では電話(フリーダイヤル)による相談窓口「あなたのさぽーとダイヤル」を開設し、組合員と被扶養者の心のケアに取り組んでいます。

相談内容は、職場問題から心と体の悩み、乳幼児の発育、離婚問題、高齢者介護、住宅取得・処分、冠婚葬祭、遺産相続、借財、悪質商法、交通事故などまで生活の全般で、経験豊かなカウンセラーが直接相談に応じてくれます。

電話による相談は24時間・年中無休で、ほかにEメールでも受け付けています。匿名でも相談できますので、個人情報の面からも安心です。

「あなたのさぽーとダイヤル」は、0120―184―838(フリーダイヤル)で、一般電話のほか携帯電話、PHSでもOK。全国どこからでも通話料は無料です。

Eメールはbouei@safetynet.co.jpで随時受け付け。メールを受けてから2日以内に回答します。

悩みのある方は、お気軽にご相談ください。

海自が米印の共同訓練参加

インド海軍艦艇3隻の来日に合わせ、四国南方で行われた米印の共同訓練「マラバール14」に、海自部隊が7月24日から30日まで参加した。

訓練にはインド海軍からフリゲート「シヴァリック」、駆逐艦「ランヴィジェイ」、補給艦「シャクティ」が参加。同隊は23日から26日まで佐世保を親善訪問し、訓練統制官も派遣部隊指揮官のインド海軍東部艦隊司令官A・K・ジェイン少将が務めた。

米海軍はCTF70のM・モンゴメリー少将を訓練統制官に空母「ジョージ・ワシントン」、駆逐艦「マケイン」など、海自からは2護群司令の岩崎英俊将補を訓練統制官に護衛艦「あしがら」「くらま」が参加した。航空部隊からはUS2救難飛行艇とP3C哨戒機が加わった。

共同訓練は対潜戦、対水上戦、対空戦、立ち入り検査、捜索・救難訓練などが行われ、インドへの輸出が検討されている国産のUS2は洋上に着水して救難活動を披露した。

海自の「マラバール」演習への参加は2009年に続いて3回目。

日米韓　九州西方海域で訓練

海自は7月21、22の両日、九州西方海域で米、韓水上部隊と3カ国間訓練を行った。海自から1護衛隊群司令の酒井良将補を訓練統制官に護衛艦「こんごう」(艦長・清水博史1佐以下約300人)、米、韓両海軍からはそれぞれ艦艇数隻が参加し、共同して捜索・救難訓練を行った。

北方、米と実動訓練

10月下旬北海道

陸自は10月下旬から11月上旬、米陸軍との共同実動訓練「オリエントシールド」を北海道大演習場で行う。

訓練では、自衛隊と陸軍の部隊がそれぞれの指揮系統に従い、共同作戦を行う際の連携要領を演練し、相互運用性の向上を図る。

日本側は、7師団長の太田牧哉陸将を担任官に11普連(東千歳)を基幹とする部隊が参加。

米側は、第2―2旅団長のルイス・ツァイスマン大佐を担任官に、第1軍団の7師団第2―2旅団を基幹とする部隊が参加する。

政専機、首相乗せ

中南米諸国を歴訪

空自特輸隊(千歳)のB747・400政府専用機は7月25日、中南米諸国を歴訪する安倍首相を乗せ、羽田を出発した。8月4日に帰国する予定。

26日、最初の訪問地、メキシコの首都メキシコ市に到着後、28日にトリニダード・トバゴの首都ポートオブスペイン、29日にコロンビアの首都ボゴタ、31日にチリの首都サンティアゴに到着。翌1日にブラジルの首都ブラジリア、2日に同国のサンパウロに移動し米国のシカゴ経由で4日、羽田に帰国する。

「レッド・フラッグ・アラスカ」

2空団F15 VS 米対抗部隊

対戦闘機戦闘訓練

実戦さながらの展開
地上でも運用手順を演練

▲太平洋を横断しアラスカに到着したKC767空中給油・輸送機から器材を下ろす日米の隊員（6月4日、アイルソン空軍基地で）

アイルソン基地司令のウインクラー大佐（中央）を表敬し、記念品を交換する総隊訓練実施部隊指揮官の大嶋1佐（左）と空中給油訓練隊長の後藤3佐（右）＝6月9日、アイルソン空軍基地で

米アラスカ州のアイルソン、エレメンドルフ・リチャードソン両基地とその周辺空域で行われていた米空軍主催の多国間演習「レッド・フラッグ・アラスカ」が6月28日に終了した。

同演習には空自北部航空方面隊を基幹に、2空団（千歳）のF15戦闘機6機、警空隊（浜松）のE767早期警戒管制機1機、1輸空（小牧）のC130H輸送機3機、KC767空中給油・輸送機2機、隊員計約310人が参加し、アラスカの広大な空域を活用して日米共同の防空戦闘、空中給油、戦術空輸などの訓練を6月17日から実施していた。

演習中は日米隊員による調整が各職域、階級レベルで早朝から深夜まで続けられた。空自隊員は言葉の壁を乗り越え、米空軍の戦闘機運用を目の当たりにしながら、空自の方法を米側に説明、お互いの手法を理解して、共同作戦を実施する際の連携要領を確かなものにした。

上空では空自F15部隊と米軍の対抗部隊（アグレッサー）との間で「対戦闘機戦闘訓練」が行われ、F15の飛行隊は広域の警戒監視任務に当たるE767早期警戒管制機から「敵部隊の接近情報」などを受け、これに対処する訓練を実戦さながらに展開した。同時に地上でも作戦計画の立案から帰投後の機体の整備まで、一連の部隊運用手順を演練した。

「尊敬に値する」
米軍、空自隊員を絶賛

現地で総隊訓練実施部隊指揮官を務めた2空団飛行群司令の大嶋善勝1佐は「米軍の各級指揮官は空自隊員の訓練に対する姿勢を『尊敬に値する』と語ってくれた。演習の全期間を通じ、日米エアフォース間の強固な信頼関係を強く感じた」と述べた。

空自がアラスカで米空軍の演習に参加するのは「レッド・フラッグ」の前身である多国間演習「コープ・サンダー」を含め平成8年度以降、今回で18回目。その戦技レベルは当初に比べ、各段に向上している。

空自F15部隊を指揮した201飛行隊長の濱谷淳2佐は「アラスカの訓練環境は素晴らしい。日本では実現の難しい、実戦的な訓練を存分に行うことができた。また訓練期間中は日米の隊員が連日深夜まで議論し合い、相互の信頼関係を深めることができた」と語っている。

空自のF15部隊は訓練終了後、米空軍のKC135空中給油機から空中給油を受けながら再び太平洋の上空5400キロを約8時間かけて横断し、6月30日に北海道の千歳基地に帰投した。

戦術給油訓練で舗装されていない不整地の飛行場に着陸した空自のC130H輸送機（6月16日、ドネリー着陸場で）

雄大なアラスカの雪山を背景に飛び立つ空自のKC767空中給油・輸送機（6月23日、アイルソン空軍基地で）

上空で空中給油を受けるため、KC767空中給油・輸送機（手前）と並んで飛行する空自のF15戦闘機2機（6月24日、米訓練空域で）

「レッド・フラッグ・アラスカ」演習のすべての訓練を終え、帰国を前に記念撮影に臨む日米の隊員（6月27日、アイルソン空軍基地で）

おことわり　「QDR（米国防計画見直し）全文」は休みました。

西風東風

トルコのミサイル入札再延期
――決定は大統領選後に

6月末に設定されていたトルコの防空ミサイルシステム入札の締め切りが、再び延期された。延期は昨年9月以来、4回目となる。トルコは昨年、中国企業から初のミサイルシステムの導入を決めたものの、米国をはじめとする北大西洋条約機構（NATO）諸国から強い懸念が示され、入札はやり直しとなっていた。

今回の延期決定は締め切り数時間前に出され、新たな締め切りは8月30日に設定された。ここまで決定が延びている背景にエルドアン首相が出馬する8月の大統領選があるとみられており、最終的には閣僚などが決まる秋まで延期されるとの見方が強い。

現状では、米国のレイセオン社とロッキード・マーチン社による「ペトリオット」と、イタリアとフランスの企業連合、ユーロサムの「アスター30」の両陣営による一騎打ちの様相。当初は伊仏勢が有利と見られたが、最近になってトルコの意向に沿った納入計画を提示した米国勢が巻き返しているとされる。

トルコは中国精密機械進出口総公司（CPMIEC）から「紅旗9（HQ9）」を輸出用に改良した「FD2000」を購入する計画を昨年9月末に発表した。同国にとってミサイルと航空機による攻撃の双方に対応する初の長距離防空システムで、価格は34億4000ドル（約3400億円）だった。

当初の入札には米国連合と伊仏連合、さらにロシアのロソボロンエクスポート社の「S300」も参加したが、「価格、技術、地元での雇用、技術移転、与信条件など全てが合致した」というCPMIECが落札したという。

しかし、CPMIECはシリア、イラン、北朝鮮などへの武器輸出で米国の制裁措置を受けている企業である上、中国への軍事機密漏洩の可能性なども問題視した米国が反発。加えて、現行のNATOシステムとの共同運用が難しい点なども指摘されていた。

（ロンドン＝加藤雅之）

7軍区で3カ月の長期演習
――解放軍、日本を意識か

中国人民解放軍（PLA）は7月15日から、陸軍各兵種を動員し「火力2014」と名付けた実弾演習を始めた。北京、南京、済南など7大軍区から、陸軍の長距離ミサイル、砲兵、防空の各部隊が参加し約3カ月間の長期演習を行う。26日付香港文匯報などが伝えた。

中国青年報によると、「火力2014」は「兵力の遠距離投入、統合演習、反省と評価、実弾演習、集結と撤収」の五つのステップで実施。7大軍区、空軍、学校4校、多数の基地が参加する。事前の台本を用意しない、演習場の地形の下見をしないなど、実戦に近い状況で部隊の戦闘力を検閲することが目的となる。

また、中国国家海事局は25日、7月29日～8月2日の間、深夜零時から午後6時まで、東シナ海で実弾演習を行うと発表した。さらに中国民用航空局も各航空会社に対し7月20日から8月15日まで、上海など12空港で離着陸の便数を25%削減するよう要請した。

台湾紙・旺報によると、航空交通の規制は、中国空軍が大規模な演習を行うためで、済南、南京、広州の3軍区の部隊が参加するとみられる。中国の軍事専門家は、事前に大規模な航空交通規制を予告するのは、極めてまれと指摘している。市民への影響は大きく、7月22日までに上海の虹橋、浦東両空港だけで200便以上が欠航した。

香港紙・明報によると、マカオ国際軍事学会の黄東会長は「演習は空軍、海軍航空隊が主力だが、他の多くの部隊や兵種も関連するはずだ。地域横断的な機動演習でなければ、これだけ大規模な飛行制限は必要ない」と話している。

軍事評論家の梁国梁氏は、関連軍区が済南、南京、広州の三つであることに注目。「中西部はわずかに動き、東部は大きく動いている。日本に向けた演習の意味が濃い」と話している。

黄会長も「華中、華東の部隊が参加するのは、日本を意識したもの。米国とも関連する」と述べた。華東地区にとり日本の兵器の脅威は小さいが、米国の巡航ミサイルやステルス爆撃機の攻撃を受ける恐れがあるためという。

（香港＝中岡秀雄）

必見 宇宙博2014

NASA・JAXAの挑戦

「宇宙博2014 NASA・JAXAの挑戦」が7月19日から千葉市の幕張メッセで始まった。米航空宇宙局（NASA）と日本の宇宙航空研究開発機構（JAXA）の夢のコラボとして注目される同博では、ロケット、宇宙船、国際宇宙ステーション（ISS）、探査機、月面車などの実物や模型が一堂に展示され、航空・宇宙ファンには必見のイベントだ。元空自隊員の油井亀美也宇宙飛行士も来年、ISSに向け旅立つ。話題の「宇宙博」会場をのぞいてみた。（文・写真 薗田嘉寛編集委員）

日本人の宇宙飛行士はこれまで11人誕生しているが、うち2人は元自衛官だ。空自テストパイロット出身の油井亀美也元2佐は来年、ロシアのソユーズで宇宙に旅立ち、ISSに長期滞在の予定。また海自潜水医官出身の金井宣茂元1尉も実飛行に向け、現在訓練中だ。

油井亀美也 元2空佐

金井 宣茂 元1海尉

2人の活躍で自衛隊にとっても身近になった宇宙。会場では宇宙時代を切り開いた米国のジェミニ、アポロ、スペースシャトルをはじめ、日本のISS実験棟「きぼう」や惑星探査機「はやぶさ」などがずらり展示され、圧倒される。

展示品は非常にマニアックだ。当時の新聞や雑誌、テレビ映像、子供のおもちゃなどが配され、レトロな雰囲気を味わいながら宇宙開発の歴史を学べる。アポロの月面着陸やスペースシャトル打ち上げをリアルタイムで見た世代なら感動が再びよみがえるだろう。

暗いトンネルを進んでジュール・ベルヌらの「空想の宇宙」を抜けると、米ソの「宇宙開発競争」の真っただ中に飛び込む。音速の壁を初めて破った米国のロケット機「X1」の速度計も展示され、フライトが常に命懸けの挑戦だったことが分かる。

宇宙開発は冷酷な一面も持つ。人に先立って猿や犬が宇宙に飛ばされ、ロケットの事故も相次ぎ、その犠牲を乗り越えて有人飛行にソ連が初めて成功する。ガガーリンの「地球は青かった」の言葉で新時代の扉が開かれ、その熱狂が宇宙グッズで紹介される。

ソ連に先を越されたアメリカは、人類の月面着陸という壮大な目標を立てる。アポロ計画だ。会場にはサターンロケット、司令船、月面着陸船などの実物や模型が置かれ、アポロ11号の月面到達を詳しく紹介。人類が初めて月面に立った日の世界の新聞などもずらりと並べられ、当時の世界の人々の興奮が伝わってくる。

続いてスペースシャトルの時代へ。会場には「アトランティス」の機首模型が置かれ、内部のコックピットや貨物室を見学できる。日本のJAXA会場中央にはISS実験棟「きぼう」の実物大モデルが。内部も分かるようになっていて、ハッチや隔壁、垂直ハンモックの飛行士のベッドや両手・両足を固定するトイレなどが興味深い。

このほか小惑星を探査して帰還した「はやぶさ」、火星探査車のモデル、宇宙エレベーターの模型などもあり、小・中学生の夏休みの課題研究にはぴったり。

会場内には「8Kスーパーハイビジョン・シアター」もあって超高精細画像で宇宙の神秘にも触れられる。

国際宇宙ステーションの実験棟「きぼう」の実物大モデル。内部にも入れる

「宇宙博」の会場全景。手前は新構想のシャトル「ドリームチェイサー」

サターンロケットからアポロ宇宙船（中央）が放出される様子。その左は月面着陸船

「宇宙博」は幕張メッセ（京葉線「海浜幕張」下車）で9月23日まで開催。当日料金は一般2500円、高校・大学生1500円、小・中学生900円。

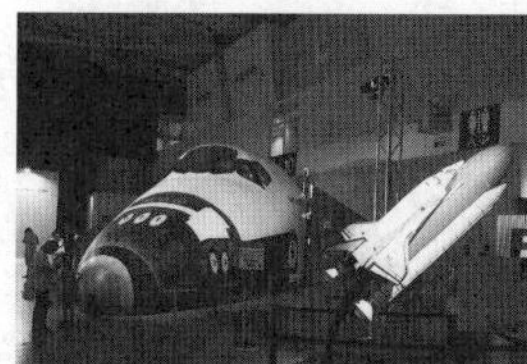

▲スペースシャトル「アトランティス」の実物大の機首モデル。搭乗して内部も見ることができる

▼スペースシャトルのコックピット。実際に宇宙を飛んでいる感覚が味わえる

㊤日本が開発したロケットの模型。手前左が「H2A」、右は「H2B」㊦宇宙から帰還し、パラシュートで海面に着水した状況のアポロ司令船

人類史上初めて宇宙飛行を体験したソ連のガガーリン飛行士（右）

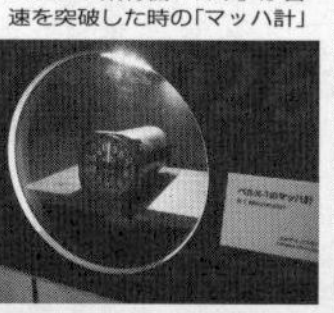
㊨米国の宇宙開発を推進したケネディ大統領の映像（下）と当時の雑誌㊦米国の伝説のロケット飛行機「X1」が音速を突破した時の「マッハ計」

㊨国際宇宙ステーションのトイレ。手足を固定して使用する㊧アポロの宇宙飛行士が乗って、実際に月面を走行した「月面車」と同じモデル

ひろば

葉月、観月、雁来月、月見月、中秋――8月。6日広島平和記念日、7日立秋、9日長崎原爆の日、12日君が代記念日、15日終戦記念日、23日処暑。

全国花火競技大会　秋田県大仙市大曲地区で行われる花火大会。17時半頃から始まる昼の部と、19時頃からの夜の部がある。日本三大花火大会の一つ。花火は作った本人が自らの手で打ち上げる。23日

徳島市阿波踊り　約400年の歴史を持つ徳島の祭り。"踊る阿呆に見る阿呆、同じ阿呆なら踊らにゃ損々"の「よしこの節」で知られる。期間中は街中にお囃子が響き市内全域が阿波踊り一色となる。12～15日

話題呼ぶ 30分体幹トレ

年齢、性別を問わず 自宅でもOK

運動機能、代謝高める 心地よい疲労感、気分爽快

サッカー日本代表 長友選手もお奨め

本紙記者も市ヶ谷サークルで体験

イタリアの強豪プロサッカークラブ「インテル・ミラノ」で活躍する長友佑都選手が推奨することで知られる「体幹トレーニング」が今、話題を呼んでいる。特別な道具を使用しなくても運動機能、代謝を高められることから年齢、性別を問わず自宅で実践している人も多い。しかし本やDVDを買ったが忙しくて運動する時間がない――。そんな悩みを1日30分で解消できる防衛省の「体トレサークル」を紹介する。（文・写真　菱川浩嗣）

トレーニングメニュー「ラテラル（側方）ポジション」を行うサークル員（写真はいずれも、防衛省厚生棟の健康維持室で）

昼休み、防衛省厚生棟3階の健康維持室の扉を開くと、スポーツウエア姿の男女6人がマット上で号令に合わせ、「体幹」を鍛え上げていた。

決められた12個の体幹トレーニングメニューなどを全員でこなし、30分できっちり終わる。手軽さの中にもトレーニングは自衛隊仕込みの厳しさが加えられる。

記者も取材で訪れたはずが、いつのまにかメニューを体感することに。まず前かがみで手と膝をつき、足を伸ばして右、左回りで各10回片足を旋回し、肘と膝をくっつけて伸ばす運動を左右各10回。さらに90度足を開くこと10回、開いた状態で10回足先を上下に動かして1セットが終わる。動かせるが、やり遂げるには苦しいという回数が設定されている。

号令を掛ける藤井毅2空佐（49）も苦しげな表情。こうしたトレーニングは自宅では妥協しがちだが、サークル員同士、筋力、体力の違いこそあれ一緒に同じメニューをこなすため、互いに気力を振り絞らざるを得ない。

全メニューを終えるころには、全員が汗だくに。しかしインナーマッスル（体の内側の筋肉）が鍛えられ心地よい疲労感に気分は爽快だ。

メンバーの一人・桑原一矢1空佐（51）は「腰痛防止に役立っています。3年続けていますが、嫌にならないですね」と効果を実感している様子。弘瀬慶子技官（35）も「トレーニングは生活の一部。皆で鍛えることが楽しい」と笑顔で魅力を語った。

サークル長の浅井玲空将補＝統幕報道官＝（53）は「当サークルは業務との両立が基本。来たい時に来て鍛えてもらえれば。課業外には交流会などもやっています」と語った。昼休みを有効活用し、理想の体幹を手に入れてみては。

◇

「体トレサークル」は月～金曜、午前11時50分から開催。会費なし、途中合流可、事前申し込み不要。運動着着用で直接厚生棟健康維持室へ。問い合わせは内線8―6―60775（藤井2佐）まで。

◇体幹トレーニング　身体の核になる「体幹筋」を意識的、優先的に鍛えるトレーニング形式。木の幹のように、体を支える胴体部分の筋肉をまとめて体幹筋と呼ぶ。体幹筋は胸から腹にかけての「前体幹筋」と、肩から腰の「後体幹筋」の二つに分けられ、特に後体幹筋には赤筋や褐色脂肪細胞が多く、鍛えることが基礎代謝アップにつながるといわれている。

「プローン（海老）ポジション」を体験し、早くも音を上げそうになる記者（中央）。この状態を1分30秒維持する

「フロントブリッジシングルアーム&レッグ」を披露する藤井2佐。このトレーニングにより広背筋、脊柱起立筋などが鍛えられる

マイヘルス Q&A

動脈瘤

心臓からの血液が膨張 胸の5.5～6.0センチ以上は危険

Q　動脈瘤とはどんな病気ですか。

A　心臓から出ていく血液が通る血管を動脈といいます。その動脈がまさにコブや風船のようにふくらんだ状態を動脈瘤といいます。

Q　何か症状はありますか。

A　動脈瘤には特別な症状はありません。体の表面（お腹や首、手、足など）の動脈に動脈瘤ができた場合にはドックン、ドックンと心臓の拍動とともに拍動するコブに触れる場合があります。特別な症状がないので、検診でのレントゲン写真やエコー検査、他の病気でCTを撮ったりした時に偶然見つかることが多い病気です。

Q　怖い病気ですか。

A　非常に怖い病気です。特に大動脈瘤が破裂してしまうと、大動脈の中を通っている血液が大動脈の外に出てしまうわけですから、そのままにしていたら100％死んでしまいます。仮に、死なずに病院にたどりついたとしても緊急手術で助かる確率は低いのが現状です。ですから、ある程度の大きさになったら破裂する前に手術をして治したほうが無難です。

Q　薬では治らないのですか。

A　血圧を下げる薬や動脈硬化を予防する薬で、ある程度動脈瘤が大きくなることを予防することはできますが、薬で動脈瘤を小さくしたりなくしたりすることはできません。

Q　動脈瘤といわれたらどうしたらいいですか。

A　まず、専門医に診てもらうことが大切です。大きさや形で破裂しそうなものかどうかを診てもらってください。体格にもよりますが、破裂する危険がある大きさは胸の大動脈瘤で5・5～6・0センチ以上、お腹の大動脈瘤で4・0～5・0センチ以上、その他の部位ではおおよそ3・0センチ以上です。急激に大きくなっているものも危険です。

Q　どのような治療法がありますか。

A　破裂しそうな大動脈瘤や動脈瘤の治療は手術しかありません。大動脈瘤の手術には胸やお腹を切る手術、ステントグラフトといって足の付け根のところを切り、カテーテルで治す手術があります。

Q　どこの病院で治療できますか。

A　心臓血管外科があり、治療を許可された病院でしか治療できません。もちろん、自衛隊中央病院では治療可能です。お気軽にご相談ください。

（中央病院第4外科部長　田中　良昭）

F1ドライバー感動の実話

「RUSH」ブルーレイ、DVD発売

70年代を最大限再現

『RUSH／プライドと友情』、発売元ギャガ、販売元ポニーキャニオン、©2013 RUSH FILMS LIMITED/EGOLITOSSELL FILM AND ACTION IMAGE.ALL RIGHTS RESERVED.

実話を基に2人のF1ドライバーの熱いライバル関係を描いた映画『RUSH／プライドと友情』が8月4日、ブルーレイとDVDとなって登場する。

自由奔放で天才肌のジェームス・ハントと、メカに強く〝走るコンピューター〟と呼ばれた理論派のニキ・ラウダ。全く正反対の2人は常にお互いを意識しながら自動車レースの最高峰F1へと上りつめる。

日本で初めてF1グランプリが開催された1976年、ジリジリと迫るマクラーレンのハントを制し、チャンピオンはフェラーリのラウダで確実視されていた。しかし第10戦、ドイツGPでコントロールを失ったラウダのマシンはフェンスに激突。大破し炎に包まれる――。

メガホンを取ったのは『アポロ13』『ダ・ヴィンチ・コード』など数々の名作を生み出したロン・ハワード監督。ストーリーの肝となるクラッシュシーンは実際に事故が起きた現場で撮影した。ほかにも70年代仕様のマシンを作り上げるなど最大限に当時を再現。さらにプレイボーイのハント（クリス・ヘムズワース）と生真面目なラウダ（ダニエル・ブリュール）を演じる2人の俳優陣がそれぞれの〝らしさ〟を見事に表現し、説得力を増す。

当時を知る人はもちろん、クルマやF1を全く知らない人も、〝音速の世界〟で命を懸ける男たちの姿に胸が熱くなる作品だ。

ブルーレイ、DVDとも映像特典としてメーキング集と未公開シーン集を収録。日本語吹き替えはジャニーズのKinKi Kidsの2人が務める。価格はブルーレイが5076円、DVDが4104円。

BOOK NOW

私が読んだ この一冊

相田みつを「私が『じぶん』に出逢うとき」（毎日新聞社）
第1普通科連隊広報幹部（練馬）
松澤啓之2陸尉　47

「にんげんだもの」などの数々の詩は、小説等とは違う味わい深い短編ものだ。

人・人間・自分を題材にしたこの作品は、簡単そうで簡単でない言葉が人間味の豊かさを表し、自分自身の身近にある小さな問題を客観的に捉え、悩みや問題を小手先だけでもてあそんでこねくり回すのではなく、全身全霊で体当たりするような、意味深さを改めて考えさせられる作品です。誰にでも読み易いものですから、ご家族の皆さんでお読みになってはいかがでしょうか。

佐久協監修「論語の本」（西東社）
海自硫黄島航空基地隊運航隊運航班
山口真広2海尉　34

学生時代の授業で「論語」を学びましたが、受験対策として触れたため、興味を抱くことはありませんでした。しかし、幹部候補生学校で学ぶ機会があり、私の愛読書になりました。

本書は、「論語」に掲載された人生観から仕事や家族、学問に至るまでさまざまな内容が分かりやすく解説してあり、敬遠しがちな「漢文」を身近にしてくれます。

「論語」は、希薄となりつつある道徳の源となるものであり、参考となること間違いなしです。

神林長平著「戦闘妖精・雪風（改）」（ハヤカワ文庫JA）
6空団整補群修理隊（小松）
角野絢奈2空尉　29

高度な人工知能をもつ戦闘機とパイロットたちが、突如地球に侵攻してきた異星の未知の敵と戦う物語です。作者がこだわったという空中戦などの戦闘機の緻密な描写は、非常にリアルで魅力的でした。

未知の敵と対峙する不気味さや、優秀な人工知能が人間の手には負えなくなっているのではないか。そんな危機感が巧く表現され、独特の世界観も楽しめる作品です。

隊員愛読書ベスト5

<入間基地・豊岡書房>
❶電子戦の技術　拡充編　デビッド・アダミー著　東京電機大学出版局　¥4536
❷現代ミリタリー・インテリジェンス入門　井上孝司著　潮書房光人社　¥2808
❸防衛大学校で、戦争と安全保障をどう学んだか　杉井　敦、星野了俊著　祥伝社新書　¥929
❹パラドックス13　東野圭吾著　講談社文庫　¥896
❺アナタノ知ラナイ兵器3　こがしゅうと著　大日本絵画　¥2484

<防衛省・三陽堂>
❶自衛隊、動く　勝股秀通著　ウェッジ　¥1296
❷自衛隊装備年鑑2014―2015　朝雲新聞社編集局　朝雲新聞社　¥4104
❸陸上自衛官新文書実務<新訂第五次改訂版>　学陽書房　¥1993
❹ライジングサン6　藤原さとし著　双葉社　¥648
❺アジアの安全保障2014―2015　西原正監修　朝雲新聞社　¥2430

<神田・書泉グランデミリタリー部門>
❶萌えよ！戦車学校Ⅶ型　田村尚也文、野上武志イラスト　イカロス出版　¥1944
❷世界の戦車メカニカル大図鑑　上田信著　大日本絵画　¥3456
❸ヴンダーヴァッフェン　宮脇史生監修、訳　イカロス出版　¥2700
❹日本の軍歌　晋遊舎ムック　¥1620
❺推定脅威　未須本有生著　文藝春秋　¥1458

<トーハン調べ5月期>
❶長生きしたけりゃふくらはぎをもみなさい　槙孝子著　アスコム　¥1188
❷虚ろな十字架　東野圭吾著　光文社　¥1620
❸アナと雪の女王（ディズニーアニメ小説版）　サラ・ネイサンほか著　偕成社　¥756
❹食べものだけで余命3か月のガンが消えた　髙遠智子著　幻冬舎　¥1188
❺ハイキュー！！ショーセツバン！！3　星希代子著　集英社　¥702

海自71航空隊
救難出動1000回
38年間……心と命を支えて
漁船の急病人輸送で達成

【岩国】US1A、US2両救難飛行艇を運用し、救難活動や急患輸送に従事する海自71航空隊（司令・立石和孝2佐）は7月8日、宮城県石巻市の金華山の沖合約1130キロの海域を航行していたカツオ一本釣り漁船「第31日光丸」（静岡県御前崎市）の乗員で、腸閉塞を起こして右下腹部の痛みを訴えていたインドネシア人男性（27）を厚木基地に輸送し、「救難出動等1000回」を達成した。

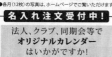

「救難出動等1000回」達成の9905機と森機長を先頭に行進する71空隊員（7月11日、岩国基地で）

厚木基地で救難待機任務に就いていたUS2・9905号機（機長・森教貴3佐以下11人）は8日午前0時26分、第2管区海上保安本部（宮城県塩釜市）の要請を受け離陸。3時間後に現場上空に到着し、着水可能限界値に近い厳しい条件の中、海上に着水した。

同機は漁船から急病の患者を機内に収容し、厚木基地に8時25分に帰投。待機中の救急車に患者を引き渡して任務を完遂した。

71空は昭和51年7月、US1A救難飛行艇3機で岩国基地に新編され、太平洋を航行中のギリシャ船から重傷を負った乗員を助け出したことを皮切りに、38年間、着実に活動を続けてきた。

平成4年1月には太平洋上でベールアウト（飛行不能になった戦闘機からの緊急脱出）した米空軍のF16戦闘機パイロットを救出。昨年6月にはヨットで太平洋横断中に遭難したニュースキャスターの辛坊治郎氏らを救助したことで話題になった。

1000回の出動のうちの3分の2は東京都小笠原村からの救急患者輸送で、同隊の存在は離島の住民や日本周辺海域を航行する船舶の乗員にとって「心の支え」「命の支え」となっており、東京都知事や小笠原村長、海上保安庁から数多くの表彰も受けている。

7月11日午後、約1週間の厚木救難待機の任務を終えた森機長以下15人（整備員4人を含む）が岩国基地に降り立つと、31航空群司令の眞木信政将補をはじめ全隊員が出迎えた。

眞木司令は訓示で「救難出動等1000回は『訓練で泣いて、実動で笑おう』のモットーのもと、献身的に勤務してきた隊員の努力の結晶。これをひとつの節目として、より強くたくましく成長してほしい」と要望。隊員たちは決意を新たにした。

UH60J初号機「退役」
急患輸送89件　22年余で地球36周半
大村

UH60J初号機の除籍セレモニーでお神酒をかける木内72空司令（左）と西22空群司令（大村基地で）

【22空群＝海大村】UH60J救難ヘリ初号機・8961号機はこのほど、運用を終え大村航空基地で退役した。同機は配備以来、約22年6カ月にわたって、地球36周半に相当する距離を飛行した。

8961号機は救難機S61Aの後継機として平成3年12月、性能試験、運用試験などのため51航空隊（厚木）に配備され、厚木救難飛行隊を皮切りに、下総、鹿屋、八戸各航空基地で運用された。

その後、72航空隊に配備され、主に大村、徳島両航空基地で運用された。この間、89件の急患輸送に従事するなど、救難・輸送任務の第一線で活躍した。

基地エプロン地区で行われた除籍セレモニーでは、西成人22空群司令以下、大村航空基地所属の100人を超える隊員たちが見守る中、機長・中村貴司3佐（87飛幹候）が最後の飛行を終えた。続いて帰投報告、除籍報告がなされ、隊員一同からの花飾りが機首に置かれた。

セレモニー後、木内啓人72空司令は「UH60Jは今後順次除籍されるが、今後とも国民の皆様の期待に応え、無事故で任務を継続し、次の航空機に任務を引き継ぎたい」と語った。

不明漁船を捜索
海自4空群

千葉県館山市の相浜漁協所属の漁船「雅栄丸」が7月16日、行方不明となり、17日午前3時45分、第3管区海上保安本部長（横浜市）から海自4空群司令（厚木）に行方不明漁船の捜索が要請された。

要請を受け、17日午前4時半、4空群のP3C1機が現場海域に向かい、到着後捜索を開始。午前10時48分、撤収要請を受け、帰投した。

米海軍基地内のNEXに
東郷元帥のパネル
佐世保

米海軍佐世保基地内のNEXメーンストア内に設置された東郷元帥のパネルと総支配人のトンプソン氏

【佐世保】米海軍佐世保基地内のNEX（海軍購買部）のメーンストアにこのほど、東郷平八郎元帥の縦横2メートルの巨大なパネルが掲示され、話題になっている。

メーンストアの内装模様替えを行う際、総支配人のデビット・トンプソン氏が米軍と日本、地域との関係を結び付けるものにしたいと考え、基地司令官のチャールズ・ロック大佐に相談。東郷元帥がシンボルとして選ばれた。

東郷元帥と佐世保の関わりは、明治16年の西海海軍基地の建設地選定の際に、佐世保湾の測量を行ったことにさかのぼる。27年の日清戦争では巡洋艦「浪速」艦長として佐世保から出港した経緯も。32年には佐世保鎮守府第9代長官を務め、38年の日露戦争では連合艦隊司令長官として日本海海戦でバルチック艦隊に勝利、佐世保に凱旋した。

パネルが掲示されると、兵士らから驚きの声が上がり、近くの日本人スタッフに東郷元帥のことを尋ねる姿も見られた。

ロック大佐は「米海軍は佐世保の豊かな歴史に誇りを持っている。東郷元帥は、日本だけでなく世界でも最も偉大な海軍の英雄で、私たちは共有できることを光栄に思う」と述べた。トンプソン氏は「これからの日米親善の懸け橋になれば」と話した。

同店ではパネル見学を希望すると、日本人店員が案内してくれる。0956（50）3510まで。

元米空軍バンド指揮者迎えて
横音式「おもてなし」

元米空軍大佐のジルクス氏（前列中央）と横音隊員（6月3日、横須賀基地で）

【横音】横須賀音楽隊（隊長・樋口好雄3佐）を6月3日、元米空軍大佐のブルース・ジルクス氏が訪れた。

ジルクス氏は米エア・フォース・バンドや米空軍士官学校バンドの指揮者を務めた後、1998年に退官。現在は米テキサス州サンアントニオでコーラス部などの指導に当たっている。

今回の訪問は来日に伴い、横須賀音楽隊との交流を希望したジルクス氏の意向で実現、音楽隊は同氏を歓迎し、ミニ・コンサートを実施した。

1曲目は数々の空軍バンドで指揮官を歴任したジルクス氏へのサプライズとして「USエア・フォース・マーチ」を演奏。その後は樋口隊長の流暢な英会話で進行し、「ドリームエキスプレス」など日本の曲を中心に披露した。

行進曲「軍艦」の後、ジルクス氏の指揮で「星条旗よ永遠なれ」を演奏して、コンサートは終了となった。横須賀音楽隊ならではの〝おもてなし〟に、同氏は「すべてがサプライズ。どのプレーヤーも素晴らしかった。良い音楽をありがとう」と感激した様子だった。

防大生260人がゴミ拾い
朝礼で参加呼びかけ「地元に感謝」

【防大】防衛大学校の学生有志260人は6月21、28日の2日間、最寄り駅の京急浦賀駅、同馬堀海岸駅から同校までの道路とその周辺でごみ拾いのボランティアを行った＝写真。地域住民へ感謝を表し、交流をさらに図ろうと学生たちが自主的に企画した。

当初学内メールで参加者を募ったものの20人ほどしか集まらず、山本玲学生（3年）が発揮人となって学生朝礼の場で直接参加を呼び掛けた。それに賛同し「ぜひやりたい」という声が次々と上がり、最終的に260人が集まった。

回収したごみは両日でビニール袋（45リットル）25袋分に上り、作業を終えた学生たちは充実した表情を浮かべていた。今後もさまざまなボランティアを企画するという。

熱中症で倒れた男性を救助
2普連の3隊員

【高田】2普連の隊員3人は7月9日、駐屯地近傍の新潟県上越市の関川土手遊歩道で、熱中症のため倒れていた45歳の男性を救助した。

男性を助けたのは佐藤和彦3曹（32）、高舘公平3曹（24）、石野渓太1士（19）＝いずれも2中隊＝の3人。3人は遊歩道をランニング中、道端でぐったりとしていた男性に気付き、自動販売機で水を購入して与えるなど応急処置を施して救急車を呼んだ。

この日、上越市内は台風8号の接近に伴いフェーン現象が発生し気温が上昇していた。

搬送された男性は病院で回復。後日、感謝の言葉を述べに駐屯地を訪れたことで、3人の善行が明らかになった。

こちら警務隊
☎ 8・6・47625

器物損壊の罪に当たり 3年以下の懲役か罰金

駐輪場でバイクの鍵穴に接着剤をつけられ、エンジンをかけられなくなってしまいました。罪にならないのですか？

器物損壊の罪に当たり、3年以下の懲役または30万円以下の罰金もしくは科料に処されます。

この罪での損壊とは、物理的に物を壊すことはもちろんのこと、質問のようにバイクの鍵穴に接着剤をつけたことにより本来の用途を妨げたり、原状を回復するのに困難をきたす行為も含みます。

なお、この罪は親告罪ですので、処罰を求める意思があるのであれば、犯人を知った日から6カ月以内に捜査機関に対し犯罪事実を申告しなければなりません。（警本＝市ヶ谷・田口1曹）

小休止

▽…陸海空各幕などが入る防衛省・市ヶ谷地区の「駐屯地・基地盆踊り大会」が7月26日、2年ぶりに同省東儀仗広場で行われた。

▽…市ヶ谷駐屯地司令、同基地司令、東京業務隊司令の主催で市ヶ谷自衛隊友の会（岡戸和夫会長）の会員や地域住民ら、約3000人が訪れた。

▽…陸自中央業務支援隊など12個部隊の隊員約1070人は浴衣や法被に身を包み、「東京音頭」のメロディーに乗り、やぐらを囲んで粋な踊りを披露した＝写真。（市ヶ谷）

訂正　7月24日付7面「『技本研究機』航空遺産に」の見出しと記事中で「かがみがはら博物館」「かがみがはら航空宇宙科学博物館」とあるのは、それぞれ「かかみがはら」の誤りでした。訂正します。

（世界の切手・イギリス）

誰かの子供でいるというのは、その立場から降りることのできない難しい仕事である。

イーユン・リー（在米中国人作家）

朝雲ホームページ
www.asagumo-news.com
<会員制サイト>
Asagumo Archive
朝雲編集局メールアドレス
editorial@asagumo-news.com

巨大だった護衛艦プロペラ

直径4㍍、1枚切断に3時間……

3海尉　小林　賢介（艦船補給処広報係・横須賀）

「はるな」型護衛艦のプロペラをバーナーで切断する作業員

海上自衛隊艦船補給処（処長・松浦清1佐）は6月16、17の両日、退役・除籍に伴って不用となっていた「はるな」型ヘリコプター搭載護衛艦（DDH、5000トン）の推進用「予備プロペラ」（直径約4メートル、重量約11トン）2枚と、これを取り付けるシャフト（長さ約18メートル、重量約17トン）などの処分を行った。

予備プロペラは「はるな」に続いて2番艦「ひえい」が退役・除籍された後に「不用決定」され、他の艦船への転活など所要もなかったことから処分されることになった。

切断された予備プロペラとシャフトを慎重にトレーラーに搭載する作業員

しかし、プロペラは重量物であり、倉庫から搬出するだけでも相当な手間がかかるため、処分業者との契約条件が合わず、今日まで存置されたままとなっていた。

そうした中、海自では新DDH「いずも」（1万9500トン）などの建造が進み、艦船補給処においてもそれら新型艦の予備品の格納スペースを確保しなければならなくなった。そこで昨年度、倉庫内のリロケーション（配置換え）などを実施し、処分予定の物品を搬出しやすい場所に変更した結果、業者との契約がまとまり、この両日、処分が実施されることとなった。

作業は大物品を保管する倉庫内で行われた。契約業者がプロペラとシャフトを運搬可能な大きさにするため、まず作業員がバーナーなどで幾つかに切断し、その後、クレーン車を使って搬出用トレーラーに積み込む手順で進められた。

しかし、プロペラは巨大であった。プロペラ1枚を切断するのに約3時間、シャフト1本を切断するのに約2時間を要した。作業員は「初めて自衛艦のプロペラとシャフトをバーナーで切ったが、予想以上に硬かった。それでも作業は予定通りに安全に行うことができた」と話していた。

現在、海自大型艦のプロペラは、ほとんどがプロペラの角度が変えられる「可変式プロペラ」が採用されている。このため、予備プロペラは羽根とボス（基幹部）が別々に保管されている。今日、旧式の羽根とボスが一体化し、その直径が4メートル近い「固定式プロペラ」は、退役が近い「しらね」型DDH（5200トン）のプロペラを残すのみとなった。

建造中の「いずも」と24年度計画DDHの就役に伴い、「しらね」と「くらま」は除籍となる。この時点で両艦の予備プロペラも不用決定審査にかけられる。もし教材や広報展示物などの転活用の所要がなければ、今回と同様に処分される予定である。

みんなのページ

涙で始まり、涙で終わった

予備自補　古閑　珠美（熊本地本）

予備自衛官補としての教育訓練は緊張とプレッシャーの中で始まりました。今回参加した「Aタイプ」の訓練で私が一番年上だったからです。10代、20代前半の人がほとんどで、30代は私1人でした。

「年長者としてしっかりしなくてはいけない」というプレッシャー、そして「若い子たちに付いていけるだろうか」という不安、そのうえ初日から風邪気味で、たった5日間の訓練なのにやり終える自信がありませんでした。

不安は的中し、初日から訓練ペースについていけず、行動は常に遅れ、体力の衰えを痛感しました。「皆の足を引っ張りたくない。もう帰ろう……」と思い、担当班長に申し出るため、悲しい気持ちで当直室に向かいました。

班長は帰宅されていて、部屋には他の班長がいらっしゃいました。訓練で何度か顔を合わせていたので、その班長に相談しました。班長は私の担当でもないのに親身に話を聞いてくださいました。

私は帰ると決心していたので、バカにされてもいいと思い、心の中のモヤモヤを全て班長にぶちまけました。すると返ってきたのは優しい言葉でした。怒られると思っていた私は、班長の優しい言葉に「あと1日だけ頑張ろう」という気持ちになりました。

そして翌日、今度は全身の筋肉痛と風邪による体調不良で心が折れそうになりましたが、担当班長や他の班長、そして同じAタイプの仲間たちが励ましの言葉をくれました。「団結力」をここまで私が感じたのは生まれて初めてかもしれません。

そうこうしているうち、あっという間に5日間が終わりました。最後の終礼が終わり、帰る時間が近付くと、今度は「帰りたくない」という気持ちになり、恥ずかしながら私は泣いてしまいました。

「仲間と離れたくない。もっと皆と一緒に居たい」。

胸に込み上げる何ともいえない感情が涙とともにあふれました。あれだけ帰りたいと思っていたのに、なぜなのでしょう……。

私は今回、自衛隊の優しさを知りました。「弱い者を助ける」のが当たり前の組織。それを知った私たちもまた弱者を助け、思いやる「助け合いの心」を持つことができたと思います。

私にとっては「涙で始まり、涙で終わった5日間」でした。次回の訓練はしばらく先となりますが、今のこの気持ちを忘れず、必ず50日間の訓練をやり遂げ、立派な予備自衛官になります。

新刊紹介

「なぜ一流ほど歴史を学ぶのか」　童門　冬二著

人はよく「歴史に学べ」と言う。実際、歴史からは多くのことが学べる。しかし、「学び方」を自分のものとし、自由自在に使いこなせるかとなると、自信を持って応えられる人は少ないだろう。

本紙のコラム「春夏秋冬」の執筆者の一人で、歴史小説家である著者が長年培ってきた「自分の歴史観」「歴史をいまに生かす法」を平易な語り口で説き明かす。

有名な坂本龍馬暗殺。剣の達人でもあった龍馬が不覚をとったのは、太刀を手元に置いていなかったためと言われる。

なぜか。著者はともに殺害された中岡慎太郎に注目する。この夜、二人は通常考えられるように、酒を飲みながら仲良く歓談していたわけではないのではないか。同じ土佐出身の「同士」とはいえ、当時龍馬は大政奉還を、中岡は武力倒幕を主張して対立していた。議論するうち激高して刀に手をかけるかもしれない。だから二人はあらかじめ太刀を遠ざけており、それがあだになった――。

歴史を見る場合も、教訓を得ようとする場合も「けっして決めつけない」ことが歴史に対する謙虚な向き合い方だと語りかける。（青春出版社刊、918円）

「映すは君の若き面影」　笹　幸恵著

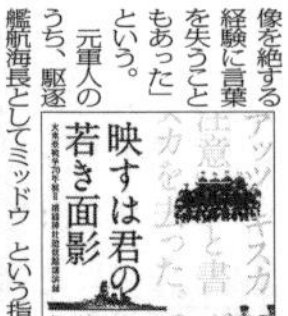

出版社勤務を経て独立、大東亜戦争に関する取材も行う気鋭の女性ジャーナリストが旧陸海軍軍人5人と、延べ11時間にわたって交わした講演会の概要をまとめた。

靖国神社遊就館（東京都千代田区）では、平成25年3月～12月に特別展「大東亜戦争七十年展Ⅱ」を開催。その際に行われた計5回の講演会で著書は司会進行役を務め「想像を絶する経験に言葉を失うこともあった」という。

元軍人のうち、駆逐艦航海長としてミッドウェー海戦に加わった元海軍少佐は、2度行うべき索敵を1度しか行わなかった上層部を「負けるための戦争をしていた」と批判。「（海戦後）この戦争は負けると思った」と語った。

同じく駆逐艦航海長として真珠湾攻撃に参加した元海軍大尉は「一切電波を出してはならない」という指示の下、極秘裏に真珠湾に向かったことなどを語った。

元軍人たちの言葉は改めて心を打つ。「戦後生まれの方々にとって、戦争を知るための第一歩となれば幸い」と著者が語るように、若い隊員たちにも読んでもらいたい1冊だ。（青林堂刊、1728円）

プラス思考で新天地に

家族　笹岡　智巳（広島県海田町）

「転属になるかも……」。そう主人がつぶやいて数カ月、家族も宙ぶらりんな気持ちのまま転属が現実となり、このたび一家で海田に引っ越してきました。

正直、住み慣れた土地を離れて、知人さえいない場所で新生活を始めるというのは不安な気持ちはなかなか拭えませんでした。

しかし、実際は考えている時間はほとんどありませんでした。引っ越しの準備に始まり、新居に移った後は片付けに追われるなど、やることが次々と出てきて、いまも家族でバタバタと毎日を過ごしています。

幸い主人が以前に海田に住んでいたことがあり、土地勘があったので、主人からいろいろ聞いて、なんとか家族を支えています。この地に来て、主人が車窓から見える景色を指して思い出話をする様子はとても生き生きしていて、それを見ていると私も海田に来て良かったと思いました。

長女は幼稚園を転園し、友達とのつらい別れを経験しましたが、今度は海田で新しい友達を作ってくれると思います。

いろいろマイナス思考な私ですが、少しでもプラスに考えることで、不安な気持ちも期待や希望に変わるように思います。まずはこの地に慣れることから始め、日々楽しく、家族で仲良く生活していくことが目標です。

（47普連4中・笹岡博3曹夫人）

広島県海田町で新生活をスタートした笹岡3曹一家

OBがんばる

斜木　忠良さん　57
平成23年12月、大久保駐屯地業務隊を定年退職（曹長）。現在、公益財団法人・競馬保安協会の栗東保安隊で警備を担当する。

素直・謙虚・協調性

私は平成23年12月、大久保駐屯地業務隊を最後に定年退官し、援護の方のご尽力で24年4月から滋賀県栗東市の日本中央競馬会（JRA）栗東トレーニング・センターに所在する競馬保安協会栗東保安隊に勤務しています。再就職については当初から警備関係を希望していたので、希望にかなった職場に再就職することができました。

仕事はセンターに出入りする厩舎関係者、報道記者、業者などの通門管理、出走馬（約2000頭）の警戒、そして同地区（周囲約7キロ）のパトロールなどです。内容は曜日や季節で異なり、覚えることが非常に多くて大変ですが、「競馬の公正確保に資する」という重要な役割があり、とてもやりがいのある仕事です。

この職場に来て1年半がたちましたが、こちらでも自衛隊在職当時のいろいろな教育が非常に役立っています。特に自衛隊で学んだ「地位・役割」は職場における自分の立場や、いま自分がしなければならないことなどを考える上でとても役立っています。

これから再就職される方は平素から健康管理に気をつけ、新しい職場では新人と心得て、「素直な気持ち」と「謙虚な態度」そして「協調性」をもって取り組まれたら、絶対に大丈夫だと思います。

任務完遂のため勉強し資格取得

陸士長　鬼柳　智好（9施大2中・八戸）

私は、スキルアップのために「火薬取扱者」という資格を取得しました。この資格は火薬類の管理や発破作業を行うために必要なものです。あまり聞いたことのないマイナーなものだと思いますが、「発破技士」を兼ねることもできます。

私はこのほかにも「測量士補」「ボイラー技士」の資格を所持しています。これらは、工業高校の在学中、就職のために取得したものです。

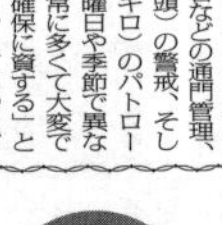

私の場合、現在の職場では責任者や管理者として資格を生かす場所は全くありません。少しもったいない気もしますが、勉強した時の知識は残っています。そこで、これから資格取得に挑む人に対して、教えたりアドバイスできたらいいなと思っています。

私は施設科に所属しているので、今後、測量や爆破作業に携わる機会はあると思います。その任務を安全に完遂することが大事だと思いますので、さらに勉強を続け、専門知識に富んだ陸曹になりたいと考えています。

詰将棋

出題　日本将棋連盟　九段　石田　和雄

第677回出題

先手　持駒　桂

【ヒント】3手目に絶妙手あり（10分で初段です）。

▶詰碁、詰将棋の出題は隔週です◀

詰碁

出題　日本棋院　九段　曲　励起

第1092回解答

【解答図】白先、黒死。白①がまず大切で黒❷の時、白③がまた大切です。次に黒❹なら白⑤で黒死です。

朝雲

発行所 朝雲新聞社
〒160-0002 東京都新宿区坂町26番地19 KKビル
電話 03(3225)3841
FAX 03(3225)3831
振替00190-4-17600番
定価一部140円、年間購読料9000円（税・送料込み）

主な記事

2面 奄美大島に陸自駐屯地を
3面 1佐職 8月定期異動
4面 PP14に参加の「くにさき」が帰国
5面 普教連レンジャー訓練同行ルポ（下）
6面 〈募集・援護〉自衛隊・警察・消防コラボ
7面 お笑い芸人が空自予備自衛官に採用
8面 〈みんなのページ〉比の被災地を再訪

26年版防衛白書

「積極的平和主義」前面に

新政策分かりやすく

小野寺防衛相は8月5日の閣議で平成26年版防衛白書『日本の防衛』を報告、了承された。昨年末策定の「大綱」「中期防」をはじめ、今年4月に閣議決定した「防衛装備移転三原則」、集団的自衛権行使を限定容認した今年7月の新たな憲法解釈の閣議決定など、安倍政権が打ち出した新政策に多くのページを割き、図表やコラムを使って分かりやすく解説している点が大きな特徴だ。電子書籍版のほか、スマートフォン版（ダイジェスト版のみ）も作成。A4判変型、505ページ。表紙は「積極的平和主義」をアピールし、国際任務の写真とした。8月下旬から市販予定。価格は一冊1234円。

26年版は新たな防衛政策が打ち出されて初年度の白書となることから、安全保障法制に関する最新情報を最大限に盛り込み、歴史的背景から現状に至るまで、写真や図表をふんだんに使って詳細に紹介している。

特に、平成26年度から約10年間を見据えた我が国の安全保障政策の基本方針を示す「新大綱」と、その下で最初の5年間の主要事業と経費を示す「中期防」の考え方を紹介しながら、新大綱が掲げる陸海空自衛隊の連携による「統合機動防衛力」について詳しく説明。

陸自に発足予定の「陸上総隊」や、8月1日付で空自に発足した「航空戦術教導団」などについて解説コラムを設けているほか、「南西地域への機動展開」のイメージ図などを用いて南西防衛強化への取り組みを多角的に訴えている。

さらに、昭和51年の「51大綱」から今回の新大綱まで「防衛大綱」の変遷を改めて俯瞰。海洋進出を図る中国や、核ミサイル開発を進める北朝鮮の脅威など、一層厳しさを増す安全保障環境を受けて新大綱が決定された経緯と背景を丁寧に記述している。

地域情勢をめぐっては、北朝鮮の脅威について「米国に対する戦略的抑止力を確保したと過信・誤認した場合、地域における軍事的挑発行為の増加・重大化につながる」可能性を指摘。

中国は昨年11月に海空軍など7部門に報道官制度を新設したことから、国内外の世論形成を目的とする「輿論戦（よろんせん）」強化の動きとの見方を示した。

25カ所に及ぶ「隊員の声」の中には、防大を卒業したタイの海軍大将や、空自と「姉妹飛行隊」の関係を結んだ英空軍中佐、自衛官から自動車整備教育を受けた東ティモール国軍兵士の声もあり、近年の防衛交流の活発化を象徴するものとなっている。

白書刊行40回目を迎え、巻頭には昭和45年の創刊当時に防衛庁長官を務めた中曽根康弘元首相による寄稿を掲載。自衛隊への風当たりが強い時代に誕生した第1巻からこれまでに至る白書の表紙を並べ、時代を象徴する写真と共に防衛省・自衛隊の歩みを振り返っている。

小野寺防衛相は同日の閣議後の記者会見で、「国際的な平和活動や災害救援など、積極的平和主義に基づく自衛隊の役割について国民の皆さまに知っていただくことが大切だ」と述べた。

国際貢献をアピールする26年版「防衛白書」の表紙

高級幹部異動

松村 東北方総監、山下 中方総監

伊藤 呉地方総監　半澤 教育集団司令官

政府は8月1日の閣議で、東北方総監に松村五郎統幕副長、中方総監に山下裕貴陸幕副長、呉地方総監に伊藤俊幸統幕校長、教育集団司令官に半澤隆彦支援集団司令官を充てる人事を了承した。統幕副長に岡部俊哉防大幹事、陸幕副長に鈴木純治3師団長、空幕副長に森本哲生北空司令官を充てる。情報本部長には宮川正西空司令官が就く。将に11人、将補に20人が昇任する。発令は8月5日付。これに連動し、将、将補が約100人と、8月1、5日付で1佐職の約460人が動く。

（3面に1佐職異動、将補昇任者略歴は次号）

岡部統幕副長　森山防大幹事　鈴木陸幕副長　高橋統幕学校長　山下中方総監　松村東北方総監　深津4師団長　小林3師団長　山之上8師団長　川﨑6師団長　川又CRF司令官　山崎9師団長　伊藤呉地方総監　瓜生田中央病院長　丸茂西空司令官　尾上北空司令官　小野空幹校長　半澤教育集団司令官　飯塚技本開発官　森本空幕副長

将11人将補に20人

小川陸幹校長　山下海幹校長　福江支援集団司令官　宮川情報本部長

防衛省発令

▽陸将に昇任
（陸幕人事部長）陸将補 山崎 幸二
（同教育訓練部長）同 山之上 哲郎
（5旅団長）同 深津 孔
（15旅団長）同 小林 茂
（陸自九州補給処長）同 川﨑 朗
（同研究本部幹事）同 飯塚 稔
（福岡病院長）同 上部 泰秀
▽海将に昇任
（海幕防衛部長）海将補 山下 万喜
（横須賀病院長）同 平田 文彦
▽空将に昇任
（空幕防衛部長）空将補 丸茂 吉成
（同装備部長）同 小野 賀三
▽陸将補に昇任
（統幕運用2課長）1陸佐 末吉 洋明
（同計画課長）同 田尻 祐介
（陸幕人事計画課長）同 冨樫 勇一
（同装備計画課長）同 山根 寿一
（同武器・化学課長）同 内田 雄三
（同教育訓練計画課長）同 牛嶋 築
（北部方面総監部情報部長）同 工藤 天彦
（同防衛部長）同 藤岡登志樹
（中部方面総監部人事部長）同 大内田憲治
（陸自幹部学校教育部長）同 今金 元
（同衛生学校副校長）同 越智 文雄
▽海将補に昇任
（海幕補任課長）1海佐 齋藤 聡
（同防衛課長）同 真殿 知彦
（51航空隊司令）同 畠野 俊一
（2潜水隊群司令）同 佐藤 賢上
（中央病院1外科部長）同 井上 公俊
▽空将補に昇任
（空幕厚生課長）1空佐 南雲憲一郎
（同防衛課長）同 森田 雄博
（同情報課長）同 尾崎 義典
（3輸送航空隊司令兼美保基地司令）同 野中 盛
▽防衛大幹事（8師団長）陸将 森山 尚直
▽統幕副長（防衛大幹事）同 岡部 俊哉
▽統幕学校長（9師団長）同 高橋 勝夫
▽陸幕副長（3師団長）同 鈴木 純治
▽東北方面総監（統幕副長）同 松村 五郎
▽中部方面総監（陸幕副長）同 山下 裕貴
▽3師団長（15旅団長）同 小林 茂
▽4師団長（5旅団長）同 深津 孔
▽6師団長（陸自九州補給処長兼目達原駐屯地司令）同 川﨑 朗
▽8師団長（陸幕教育訓練部長）同 山之上 哲郎
▽9師団長（同人事部長）同 山崎 幸二
▽中央即応集団司令官（4師団長）同 川又 弘道
▽陸自幹部学校長兼目黒駐屯地司令（6師団長）同 小川 清史
▽中央病院副院長兼企画室長（福岡病院長兼春日駐屯地司令）同 上部 泰秀
▽中央病院副院長兼診療放射線技師養成所長（横須賀病院長）海将 平田 文彦
▽呉地方総監（統幕学校長）同 伊藤 俊幸
▽海自幹部学校長（海幕防衛部長）同 山下 万喜
▽空幕副長（北部航空方面隊司令官）空将 森本 哲生
▽北部航空方面隊司令官（空自幹部学校長兼目黒基地司令）同 尾上 定正
▽西部航空方面隊司令官（空幕防衛部長）同 丸茂 吉成
▽航空支援集団司令官（空幕副長）同 福江 広明
▽航空教育集団司令官（航空支援集団司令官）同 半澤 隆彦
▽空自幹部学校長兼目黒基地司令（空幕装備部長）同 小野 賀三
▽情報本部長（西部航空方面隊司令官）同 宮川 正
▽技術研究本部陸上担当技術開発官（陸自研究本部幹事兼企画室長）陸将 飯塚 稔
▽中央病院長（中央病院副院長兼診療放射線技師養成所長）海将 瓜生田曜造
▽統幕報道官（31航空群司令）海将補 眞木 信政
▽統幕学校副校長（2航空群司令）同 明石 健次
▽陸幕監理部長（陸幕監察官）陸将補 清田 安志
▽同人事部長（東京地方協力本部長）同 髙田 克樹
▽同運用支援・情報部長（中央即応集団副司令官）同 原田 智総
▽同教育訓練部長（沖縄地方協力本部長）同 本松 敬史
▽同衛生部長兼中央病院（札幌病院副院長兼企画室長）同 鈴木 智史
▽同監察官（中部方面総監部幕僚副長）同 鈴木 直栄
▽同開発官（陸自開発実験団長）同 柴田 昭市
▽東北方面総監部幕僚長兼仙台駐屯地司令（陸幕運用支援・情報部長）同 納富 中
▽同幕僚副長（1ヘリ団長兼木更津駐屯地司令）同 田中 重伸
▽東部方面総監部幕僚副長（統幕運用2課長）同 末吉 洋明
▽中部方面総監部幕僚副長（北部方面総監部防衛部長）同 藤岡登志樹
▽9師団副師団長兼青森駐屯地司令（中央情報隊長）同 田原 義信
▽5旅団長（陸自富士学校副校長）同 徳田 秀久
▽11旅団長（同普通科部長）同 渡部 博幸
▽12旅団長（東北方面総監部幕僚長兼仙台駐屯地司令）同 赤松 雅文
▽15旅団長（陸幕監理部長）同 上尾 秀樹
▽中央即応集団副司令官（防衛監察本部監察官）同 堀切 光彦
▽1ヘリ団長兼木更津駐屯地司令（統幕計画課長）同 田尻 祐介
▽陸自開発実験団長（東北方面総監部幕僚副長）同 手塚 信一
▽同中央業務支援隊長兼市ヶ谷駐屯地司令（中部方面総監部人事部長）同 大内田憲治
▽中央情報隊長（北部方面総監部情報部長）同 工藤 天彦
▽陸自富士学校副校長（陸自中央業務支援隊長兼市ヶ谷駐屯地司令）同 山本 教督
▽同普通科部長（陸幕人事計画課長）同 冨樫 勇一
▽陸自需品学校長兼松戸駐屯地司令（陸自幹部学校教育部長）同 今金 元
▽同小平学校長兼小平駐屯地司令（9師団副師団長兼青森駐屯地司令）同 山下 純夫
▽同研究本部幹事兼企画室長（陸幕開発官）同 川瀬 昌俊
▽同東北補給処長（同武器・化学課長）同 内田 雄三
▽同九州補給処長兼目達原駐屯地司令（陸自需品学校長兼松戸駐屯地司令）同 神原 誠
▽札幌病院副院長兼企画室長（同衛生学校副校長兼企画室長）同 越智 文雄
▽福岡病院長兼春日駐屯地司令（陸幕衛生部長兼中央病院リハビリテーション科）同 大鹿 芳郎
▽東京地方協力本部長（東部方面総監部幕僚副長）同 竹本 竜司
▽沖縄地方協力本部長（陸幕装備計画課長）同 山根 寿一
▽海幕人事教育部長（護衛艦隊幕僚長）海将補 糟井 裕之
▽同防衛部長（航空集団幕僚長）同 渡邊 剛次郎
▽同首席衛生官（海自潜水医学実験隊司令）同 佐藤 道哉
▽護衛艦隊幕僚長（1護衛隊群司令）同 酒井 良
▽1護衛隊群司令（海幕補任課長）同 齋藤 聡
▽航空集団幕僚長（4航空群司令）同 森田 義和
▽2航空群司令（海幕防衛課長）同 真殿 知彦
▽4航空群司令（大湊地方総監部幕僚長）同 二川 達也
▽5航空群司令（51航空隊司令）同 畠野 俊一
▽31航空群司令（5航空群司令）同 大瀬戸 功
▽横須賀地方総監部幕僚長（海幕人事教育部長）同 中西 正人
▽大湊地方総監部幕僚長（2潜水隊群司令）同 佐藤 賢上
▽海自潜水医学実験隊司令（中央病院1外科部長）同 井上 公俊
▽横須賀病院長（海幕首席衛生官）同 柳田 茂樹
▽空幕防衛部長（防衛監察本部監察官）空将補 三谷 直人
▽空幕装備部長（西部航空警戒管制団司令兼春日基地司令）同 橋本 尚典
▽航空総隊幕僚長（1航空団司令兼浜松基地司令）同 荒木 正嗣
▽同防衛部長（5航空団司令兼新田原基地司令）同 内倉 浩昭
▽北部航空方面隊副司令官（航空総隊防衛部長）同 増子 豊
▽同警戒管制団司令（統幕報道官）同 浅井 玲
▽6航空団司令兼小松基地司令（空幕厚生課長）同 南雲憲一郎
▽中部航空警戒管制団司令兼入間基地司令（6航空団司令兼小松基地司令）同 山本 祐一
▽西部航空方面隊副司令官（中部航空警戒管制団司令兼入間基地司令）同 田中 幹士
▽5航空団司令兼新田原基地司令（空幕情報課長）同 尾崎 義典
▽西部航空警戒管制団司令兼春日基地司令（空幕防衛課長）同 森田 雄博
▽南西航空混成団副司令（1輸送航空隊司令兼小牧基地司令）同 上ノ谷 寛
▽航空救難団司令（航空総隊幕僚長）同 國分 雅宏
▽航空支援集団副司令官（航空救難団司令）同 杉山 政樹
▽1輸送航空隊司令兼小牧基地司令（3輸送航空隊司令兼美保基地司令）同 野中 盛
▽1航空団司令兼浜松基地司令（北部航空方面隊副司令官）同 上田 知元
▽空自3術科学校長兼芦屋基地司令（同警戒管制団司令）同 中原 茂樹
▽同4術科学校長兼熊谷基地司令（空自3補給処長）同 阿部 睦晴
▽同補給本部副本部長（西部航空方面隊副司令官）同 吉川 礼史
▽同3補給処長（統幕学校副校長）同 深瀬 尚久
▽防衛監察本部監察官（陸幕教育訓練計画課長）陸将補 牛嶋 築
▽同（南西航空混成団副司令）空将補 井筒 俊司
▽退職
（東北方面総監）陸将 田中 敏明
（中部方面総監）同 堀口 英利
（中央即応集団司令官）同 日髙 政広
（陸自幹部学校長兼目黒駐屯地司令）同 海沼 敏明
（中央病院副院長兼企画室長）同 後藤 達彦
（情報本部長）同 木野村謙一
（技術研究本部陸上担当技術開発官）同 岩﨑 親裕
（呉地方総監）海将 三木 伸介
（海自幹部学校長）同 福本 出
（航空教育集団司令官）空将 廣中 雅之
（中央病院長）同 加瀬 勝一
（11旅団長）陸将補 有吉 登聖
（12旅団長）同 冨樫 勝行
（陸自小平学校長兼小平駐屯地司令）同 川久保源映
（陸自東北補給処長）同 保坂 収
（横須賀地方総監部幕僚長）海将補 中田 芳基
（航空支援集団副司令官）空将補 谷井 修平
（空自3術科学校長兼芦屋基地司令）同 原 哲之
（同4術科学校長兼熊谷基地司令）同 木村 達人
（同補給本部副本部長）同 小嶋 信義
（以上8月5日）
▽航空戦術教導団司令（航空総隊戦術官）同 平塚 弘司
（8月1日）
＜以上閣議承認人事＞

将昇任者略歴

山崎 幸二（やまざき・こうじ）陸将 防大27期。昭和58年陸自。平成9年2佐、14年1佐、20年将補。4施団長、西方幕僚副長などを経て、24年7月陸幕人事部長。山梨県出身。53歳。

山之上 哲郎（やまのうえ・てつろう）陸将 防大27期。昭和58年陸自。平成9年2佐、14年1佐、20年将補。3師団副長、1空挺団長などを経て、24年7月陸幕教育訓練部長。宮崎県出身。54歳。

深津 孔（ふかつ・あきら）陸将 防大26期。昭和57年陸自。平成8年2佐、13年1佐、20年将補。10師団副長、北方幕僚副長、陸幕監察官などを経て、24年7月5旅団長。福島県出身。54歳。

小林 茂（こばやし・しげる）陸将 防大27期。昭和58年陸自。平成9年2佐、14年1佐、20年将補。富士学校特科部長、陸幕運用支援・情報部長などを経て、24年7月15旅団長。宮城県出身。53歳。

川﨑 朗（かわさき・あきら）陸将 防大24期。昭和55年陸自。平成7年2佐、11年1佐、21年将補。9師団副長、富士教導団長、北方幕僚副長などを経て、25年3月九州補給処長。宮崎県出身。57歳。

飯塚 稔（いいづか・みのる）陸将 防大25期。昭和56年陸自。平成7年2佐、12年1佐、21年将補。開実団長、陸幕装備部副部長などを経て、24年7月研本幹事。東京都出身。56歳。

上部 泰秀（うわべ・やすひで）陸将 防医大6期。昭和60年陸自。平成9年2佐、14年1佐、20年将補。札幌病院副院長、陸幕衛生部長などを経て、24年7月福岡病院長。福岡県出身。54歳。

山下 万喜（やました・かずき）海将 防大27期。昭和58年海自。平成9年2佐、14年1佐、20年将補。1護群司令、潜艦隊幕僚長、防大訓練部長などを経て、24年7月海幕防衛部長。熊本県出身。54歳。

平田 文彦（ひらた・ふみひこ）海将 防医大4期。昭和58年海自。平成8年2佐、12年1佐、19年将補。潜医隊司令などを経て、23年8月横須賀病院長。山梨県出身。55歳。

丸茂 吉成（まるも・よしなり）空将 防大27期。昭和58年空自。平成9年2佐、14年1佐、20年将補。8空団司令、空幕運用支援・情報部長などを経て、25年8月同防衛部長。群馬県出身。54歳。

小野 賀三（おの・よしぞう）空将 防大26期。昭和57年空自。平成8年2佐、13年1佐、20年将補。空2術校長、1補長、監察本部監察官などを経て、24年7月空幕装備部長。大阪府出身。54歳。

春夏秋冬

「援農隊」と「自衛隊」

黒田 勝弘

先ごろ本紙に陸上自衛隊の沖縄・与那国島への駐屯が始まるというニュースが写真付きで出ていた。実に懐かしかった。与那国島は日本の最南西端にあり、台湾まではすぐそこである。この島は筆者にとっては〝ある事〟で思い出が深い。自衛隊の皆さんに「昔ぼくもがんばりました。皆さんもがんばってください！」とメッセージを送りたい。

筆者の〝ある事〟というのは1970年代の中ごろ、与那国島で一大事があり、その支援のため本土から〝救援部隊〟を率いてはせ参じたのだ。これには日本をめぐる国際情勢の変化が大きく影響していた。

1975年、日本は中国と国交正常化した結果、台湾とは国交断絶を余儀なくされた。与那国は沖縄の他の多くの島と同じく主な産業はサトウキビ栽培と製糖業だった。しかしご多分に漏れず過疎化で人手不足が続いていた。サトウキビの伐採と製糖作業は年末から春先までの季節労働である。それまで与那国は毎年、この期間、台湾から人手を招きサトウキビ産業を維持してきた。

ところが台湾との断交で台湾からの人手がこなくなったのだ。島にとっては死活問題である。この時、与那国農協の組合長から東京にいた筆者のところに緊急の手紙がきた。「以前、おっしゃってた東京から若者を連れてくる話をぜひ実現してもらえないか」と。

数年前、取材で島を訪れた際、組合長から人手不足の話を聞き、冗談半分に「東京には若者がごろごろしているので連れてきましょうか……」と言ったことを覚えていたのだ。

途中ははぶくが、紆余曲折、すごい苦労の末、東京で「サトウキビ援農隊」約100人を組織し、晴海ふ頭から沖縄航路の船に乗せ与那国に送り込んだのだ。

この「与那国援農隊」はその後も続き、やがて農閑期の北海道の農協からも協力を得た。10年ほど前になるが、島で「援農隊30周年記念」の行事があって筆者も招かれ感謝状を頂いた。島の皆さんは「援農隊」のことは今でもよくご存知のはずだ。

その与那国に今度は「援農隊」ならぬ「自衛隊」がはせ参じるのだ。筆者にとっても感慨無量である。しかも今回また国際情勢の大きな変化が背景にある。しかし今回は与那国だけでなく、日本国民の平和と安全という、もっと大きな役割を担っている。島の皆さんとともに力を合わせがんばってほしい。

（くろだ・かつひろ＝産経新聞ソウル駐在客員論説委員）

事務官異動

▽厚生労働省へ出向＝8月1日付で独立行政法人国立成育医療研究センター企画戦略室長へ（人事教育局衛生官）大森 豊緑
（7月31日）
▽警察庁へ出向＝長官官房付へ（大臣官房付）岡 真臣
▽人事教育局衛生官に採用 中野 恵
（以上8月1日）

朝雲寸言

防衛大学校1期生として、創成期から自衛隊とともに歩み、冷戦後は海上幕僚長として、ペルシャ湾に機雷掃海部隊を派遣、国際協力への扉を開けた佐久間一氏が7月18日に亡くなられた▼掃海部隊の派遣前、氏は隊員に死傷者が出た時のことを考えていた。「国内ではごうごうたる非難が沸き起こるかも知れない。しかし、自衛隊は何のためにあるのか。国のためだ」――。そう自ら納得して送り出した▼今では9割を超す国民が、自衛隊を「信頼できる」と答える自衛隊だが、かつては陰湿な非難や中傷も多かった。作家の大江健三郎氏が毎日新聞に寄稿した一文もその一つ。「防大生を『恥辱』と決めつけたあの言葉は許せない」▼自衛隊を語る口調も、時に優しく、時に厳しかった。不祥事に対しては、「若い集団だからトラブルは避けられない。しかし、犯罪を犯すようでは組織はダメになる。軍の規律は厳しいが、必要性があって積み重ねてきた知恵だ」と言い切る▼退官の日は、次の世代に自衛隊を託すかのように、創隊記念日の7月1日だった。「自衛隊の任務の高さ、尊さは、我々を無視し、あるいは非難する人々を含めた、すべての日本人の平和と安全を守るということにある」との言葉で締めくくった▼集団的自衛権をめぐって国内を二分する議論が続いている。「常にあらゆる問題に対し、周到な準備と心構えを持ち続けてほしい」が、氏の願いだった。享年79歳。合掌

時の焦点

国内

民主議員の器量
必死にもがく熱意なし

米国ボストンにあるハーバード大学のサイエンスセンターに、幅16メートル、高さ2・5メートルのIBM製の機械「ハーバード・マークI」が展示されている。

ASCC（自動シーケンス制御型計算機）と呼ばれる初めての近代的計算機で、1944年8月7日に大学に正式に納入された。実働開始はその半年ほど前で、原爆を開発したマンハッタン計画にも利用されたという。

8月6日の広島、8月9日の長崎の原爆忌の中間の7日が記念日という因縁めいた巨大計算機がこなした仕事は、今やサイエンスセンターのカフェで、あるいは、その眼前に広がるハーバードヤードの芝生の上で、学生がパソコンを使って行える時代になった。

小さくなって歓迎されるコンピューターとは違い、小さくなればなるほど困るものといえば、政治家の器量である。野党第1党の民主党のゴタゴタは、その象徴だ。

海江田万里代表の党運営への不満などから、岡田克也・元代表らが代表選の前倒しを訴えていた内紛劇は、7月31日の両院議員総会における海江田氏の「続投」表明で一区切りついた。それでも野党再編を視野に入れた遠心力がグズグズ働いている。党首の問題だけでなく、「決められない」「決めても従えない」という個々の議員の器量の小ささゆえであろう。

先の通常国会での民主党議員のたたずまいについて、国会関係者は「政権担当前は『政権を獲得したらこの政策をやる』という熱意があったが、今は『選挙が近づくまでは何をしても無駄』という態度で、かえって質が悪くなった」と嘆く。

確かに、野党第1党の支持率と実際の選挙の獲得議席に、強い連関性はない。1996年の旧民主党の結成以降、選挙直前でも政党支持率が1桁台だった民主党が、蓋を開けてみると躍進していた例は多い。野党への期待票より、与党の失政に対する懲罰的投票が多いためで、その効果は「2番で当選」のない小選挙区制で、より大きい。

民主党の覇気のなさも「敵失期待」の発想に原因がある。それは、不人気な政策を避け、実現可能性を無視した大衆迎合の政策に走る計算高い政治家が量産される背景でもある。政治家の小型化で、コンピューターの小型化をもたらした技術革新に相当するものは、小選挙区制であろう。

民主党に思い出してほしいのは、支持率が低くても必死にもがいていたからこそ、政権交代があったということだ。今はその必死さが、ない。

いくらスイングの大きな選挙制度でも、自民党に代わる政策を訴え、共感を求める懸命さがなければ、懲罰投票の受け皿にもなれない。反転攻勢のための方程式は、ハーバード・マークIやパソコンに政党支持率などの数値を入力しただけでは解けない。熱意や必死さといった数値化できない要素こそが重要だ。

東雲　次郎（政治評論家）

海外

ガザの悲劇
長期休戦の可否考える

7年間で3度目となるイスラエルとイスラム原理主義組織ハマスとの戦闘で、パレスチナのガザ地区はこれまでで最大の犠牲を強いられている。8月1日発効の72時間停戦合意はわずか2時間で破れ、パレスチナ側の死者は3日までに約1750人、負傷者は9000人以上に達し、その7割強が子供や女性で占められている。逃げ惑う住民の避難所になっている国連運営の学校や負傷者であふれる病院まで攻撃したイスラエル軍に対して、「戦争法規違反」との厳しい批判も出ている。

だが、イスラエルのネタニヤフ首相は地下トンネルやロケット発射施設などハマスの軍事拠点を完全に破壊するまで作戦を継続する構えだ。国連や米国、エジプトなどによる停戦に向けた仲介も難航が予想される。

注目すべきは、国民の8割以上が今回の軍事作戦を「テロに対する自衛」として支持するイスラエル国内で、少数ながら政府の強硬姿勢を批判し、ガザを含むパレスチナとイスラエルの共生に向けた持続的交渉の開始を促す良識派がいることだ。その声を紹介し、中東紛争の今後を考察する参考に供したい。

ガザの面積は東京23区の6割、人口は180万人で、その大半が難民出身者だ。2005年のイスラエル軍と入植住民の退去でガザは完全自治区となった。問題は、07年の選挙で自治政権を握ったハマスがイスラエル国家の撃滅を綱領でうたい、イスラエルと米国がハマスをテロ組織とみなし、交渉相手と認めないことだ。イスラエルはテロ防止を理由にガザ全体を分離壁で囲んで封鎖。海上も艦艇で監視し、外部との人と物資の出入りを厳しく規制している。

地区全体がいわば「巨大な監獄」状態に置かれ、住民は生活物資不足と物価高に苦しみ、停電が慢性化している。若者の失業率は40%を超える。これが、地下トンネルで密輸品を入れ、イスラエルへの敵意をあおるハマスへの支持を強めている。

ラビン首相（当時）の下でオスロ合意をめぐるパレスチナ側との交渉を担当したダニエル・レヴィ氏は「今回の作戦目的はガザの征服ではない。軍はいずれ撤退し、ハマスは当分、ガザの統治者であり続けるだろう。ハマスと粘り強く交渉し、ロケット攻撃停止を働きかけるほかない。海上封鎖の緩和といった当方の譲歩も必要だろう」と提言する。

ホロコースト研究で知られる歴史学者イェフダ・バウアー氏も「ハマスのようなイデオロギー集団を武力のみで攻めるのは逆効果。こちらが交渉に応じる意向を示せば相手の立場を弱くできる」と説く。そして「イスラエル軍にはアラブ系の兵士がいる。彼らはハマスや『イラクとシリアのイスラム国（ISIS）』のような組織がイスラム教徒全体にとって危険な存在だと知っており、イスラエルとパレスチナの相互理解に貢献できる」と語る。

両識者の見解は、国際社会にとっても傾聴に値するヒントを含んでいるのではないか。

小倉　春樹（外交評論家）

奄美に陸自駐屯地を
市議ら副大臣に誘致要望

武田副大臣（左から2人目）に陸自誘致の要望書を手渡す奄美市の関係者（7月23日、防衛省で）

鹿児島県奄美市に陸上自衛隊の誘致を目指す同市議や地元商工会などで構成する「連絡協議会」のメンバーが7月23日、防衛省を訪れ、武田副大臣に要望書を手渡した。要望書は「この機会を奄美振興の起爆剤として捉え、市民一致団結し、自衛隊の配置を実現したい」としている。

副大臣は「我が国の安全保障上の要衝が奄美大島だ。環境面、地理的な要素、部隊の運用面と、ありとあらゆる方向から検証しながら総合的に判断し、皆様の熱意に応えられるよう、全力で取り組んでいきたい」と述べ、前向きに検討する考えを示した。

要望書では医療、福祉、教育、商業施設のほか、港湾や空港など交通機能の充実を挙げ「隊員の日常生活に大きく貢献できる」とした上で、駐屯地関連施設の整備や、部隊の機動力が発揮できる「地理的な優位性」をアピールしている。

防衛省では中期防（平成26～30年度）で、南西諸島に有事の際の初動を担任する警備部隊の新設を目指している。

今年5月には副大臣、6月には小野寺大臣が相次いで奄美大島を訪問し、奄美市と瀬戸内町が陸自駐屯地の有力な候補地の一つであるとの認識を示している。

英APCでスピーチ
空幕長 防衛政策など説明

齋藤空幕長は7月8日から14日まで英国を訪問し、同国のエアショー「ロイヤル・インターナショナル・エア・タトゥー（RIAT）」と空軍参謀長等会議（エアパワーカンファレンス・APC）に参加、同会議で各国参謀長と意見交換するとともに空幕長として初のスピーチを行った。

約50人が参加したAPCでは「変化する世界への関与」をテーマに英国防省関係者、各国空軍参謀長らによるスピーチが実施され、齋藤空幕長も登壇。「エアパワーと経済」のセッションで講演し、日本の置かれている安全保障環境や防衛政策、空自の実情などを説明した。

その後空幕長はイギリス空軍参謀長のプルフォード大将と会談。2空団201飛行隊（千歳）と英空軍の3飛行隊がシスター・スコードロン（姉妹部隊）であることを踏まえ、戦闘機部隊育成について意見交換。また航空防衛力、空軍の将来像や日英の相互理解と平和への貢献方法についても話し合った。

またRIATでは世界各国の航空機の地上展示が行われ、空自からは1輸空404飛行隊（小牧）のKC767空中給油・輸送機が参加。飛行隊長の関隆宏2佐以下15人がアイルソン米空軍基地経由でフェアフォード英空軍基地に到着し、展示を行った。

齋藤空幕長は7月18日の記者会見で「APCのスピーチ終了後は多くの参謀長から『非常によく理解できた』と声を掛けられた。地上展示を行ったKC767には多くの人が列をつくり、機体を見学していた。防衛省、空自(の取り組み)を発信できたと思う」と成果を強調した。

各国空軍参謀長を前にスピーチする齋藤空幕長（左下）＝7月9日、ロンドンのAPC会場で

駐日韓国武官に
空幕長が感謝状

4年にわたり駐日韓国大使館付空軍武官として空自と韓国空軍との連携強化に貢献したチョン・フェチュウ大佐＝写真㊧＝に対し7月22日、齋藤空幕長から感謝状が授与された。

空幕大会議室で行われた表彰式には韓国側からチョン大佐夫人、次期韓国空軍武官のキム大佐、空幕側から荒木総務部長、武藤人教部長らが立会した。

齋藤空幕長は「空自と韓国空軍間の実務者レベルでの交流を促進させ、相互協力を一層進展させた。また自衛隊航空機および韓国軍用機間の偶発事故防止用の専用回線の更新に当たり、空自の支援に尽力された」とたたえ、チョン大佐に感謝状と記念品の盾を授与した。

チョン大佐は「今後とも両国関係の懸け橋になることを誓います。お世話になりました」と感謝の言葉を述べた。

共済組合だより

3歳未満の子供を養育している方には「年金の特例」があります

皆さんは3歳未満の子を養育している方に「年金の特例」があることを知っていますか。

3歳未満の子を養育している組合員の方で、標準報酬の月額が「養育する前」に比べて下がった場合、養育開始前の「等級の高い」標準報酬の月額を適用し、将来の年金を計算する特例があります。

特例該当の条件は、①3歳未満の子（実子または養子）を養育（同居）している②子を養育する前と比べ、養育開始後の標準報酬の月額が下がっている③組合員からの申出および必要書類の提出――があります。

この①～③すべての条件に当てはまると、3歳未満の子を養育している間の年金が、養育開始前の「等級の高い」標準報酬の月額を適用し、有利に計算されます。

標準報酬の等級は、お手元の給与明細書の「標級」または「等級」で確認することができます。この特例は申出から2年間遡ることができますので、過去の標準報酬の等級の確認および特例該当の有無については、所属支部長期係までお問い合わせください。

隊友会、体育振興互助基金へ助成

那須理事長（右）へ助成金目録を手渡す先崎理事長。後ろは保坂体校長（7月24日、グランドヒル市ヶ谷で）

隊友会（理事長・先崎一元統幕議長）は7月24日、自衛隊体育振興互助基金（同・那須誠元体校長）へ助成金を贈った。同基金への助成金贈呈は隊友会として初めて。

東京都新宿区のグランドヒル市ヶ谷で行われた受け渡し式には保坂一彦体校長も同席。先崎理事長が助成金の目録を手渡し、那須理事長が「体育学校と十分調整し、有効に使わせていただきたい」と謝意を述べた。

自衛隊体育振興互助基金は体校2教育課（朝霞）、陸自冬戦教（真駒内）の各選手の活動や全自大会など、自衛隊の体育強化・振興を支援している。

体校2教育課では、五輪をはじめとする国際大会へ出場する際の遠征費を自己負担するケースも少なくなく、基金ではそうした負担の軽減などを目的に隊員・OB有志に拠金を募っている。

隊友会は昨年7月、各都道府県隊友会の協力を得て募金活動を開始。全国の51隊友会からこれまでに約1500万円が寄せられた。

隊友会では全自大会への助成も決め、これまでに空手道、テニスの全自大会に補助金を助成している。

PAC2部品の海外移転認める
NSC審議で初

政府は7月17日、国家安全保障会議（NSC）を開き、防衛装備品の海外移転について「防衛装備移転三原則」などに基づき審議した結果、①空自の地対空誘導弾PAC2部品の米国への移転②英国との共同研究に向けたミサイル関連技術情報の移転――を決めた。

新三原則のもとでNSCが審議し、海外移転が認められた初のケースで、両案件とも「我が国の安全保障に資する」と判断された。

①の部品は、目標の探知・追尾を行うシーカーの向きを検知する「ジャイロ」で、米での生産終了のため、三菱重工業がライセンス元の米企業に輸出する。

②で日英共同研究の対象となるミサイルは、英が独仏伊などと共同開発している「ミーティア」。英のミサイル関連技術に、日本の持つ高いシーカー技術を組み合わせ、誘導能力を向上させた空対空ミサイルのシミュレーションを行い、実現可能性や有効性を探る。

◇防衛研究所戦史フォーラム聴講希望者を募集

防衛研究所は9月17日（水）、午前9時半～午後6時まで開催する平成26年度戦争史研究国際フォーラム「統合及び連合作戦の歴史的考察」の聴講者を募集している。聴講無料。日英同時通訳付き。申し込み多数の場合は先着順。9月3日（水）必着。

▽場所＝ホテル椿山荘東京（東京都文京区関口2の10の8）

▽基調講演＝折木良一（防衛大臣政策参与、元統幕長）▽特別講演＝ローレンス・フリードマン（英ロンドン大キングズ・カレッジ副学長）▽発表者＝グラハム・ダンロップ（英海兵隊退役大佐）、デイヴィッド・スティーヴンソン（英ロンドン大LSE教授）、塚本勝也（防研防衛政策研究室主任研究官）、ウィリアムソン・マーレー（米オハイオ州立大名誉教授）、ダニエル・マーストン（豪国立大教授）、カーター・マルケイジアン（米陸軍大教授）、トシ・ヨシハラ（米海軍大教授）、石津朋之（防研戦史研究センター国際紛争史研究室長）

▽コメンテーター＝等松春夫（防大教授）、立川京一（防研戦史研究センター戦史研究室長）、道下徳成（政策研究大学院大学教授）

▽議長＝庄司潤一郎（防研戦史研究センター長）

▽申し込み＝はがきに郵便番号・住所、氏名（ふりがな）、連絡先（電話、FAX、Eメールなど）、所属（任意）を明記し、〒100-8779日本郵便銀座郵便局留置「戦争史研究国際フォーラム応募係」あて。はがき1枚で1名のみ有効。WEBでの申し込みは防研HP（http://www.nids.go.jp/）を参照。

▽問い合わせ＝電通パブリックリレーションズ内事務局、電話070（5369）6426＝平日午前9時半～午後5時半。Eメールinfo@history-forum.jp。

1佐職 8月定期異動

防衛省発令

▽統幕運用2課運用室運営班長（海自幹部学校付）1海佐 川畑 信一
▽海幕総務課（5潜水隊司令）同 吉田 誠
▽同人事計画課（海自幹部学校付）同 佐藤まどか
▽同人事教育部付（1護衛隊司令）同 泉 博之
▽同防衛課業務計画班長（海自幹部学校付）同 戸井雄一郎
▽同防衛課（同）同 髙田 哲哉
▽同運用支援課（同）同 林 隆司
▽同技術課技術班長（同）同 田光 智行
▽護衛艦隊司令部（統幕運用2課運用室運営班長）同 大賀 康弘
▽1護衛隊司令（ましゅう艦長）同 中筋 篤
▽ましゅう艦長（護衛艦隊司令部）同 小澤 豊
▽1航空隊司令（情報本部）同 井上 竜三
▽201整備補給隊司令（近畿中部防衛局調達部首席検査官）2海佐 加藤 和伸
▽202整備補給隊司令（海自3術科学校教育2部長）同 中村 洋治
▽5潜水隊司令（海幕防衛課業務計画班長兼海自幹部学校）1海佐 竹中 信行
▽阪神基地隊（海自幹部学校付）同 高岩 俊弘
▽海自幹部学校運用教育研究部図演装置運用課長（1航空隊司令）同 柴田 俊司
▽同幹部学校（海自幹部学校付）同 福山 崇
▽同3術科学校教育2部長（海幕技術課技術班長）同 河井 孝夫
▽近畿中部防衛局調達部首席検査官（近畿中部防衛局東海防衛支局岐阜防衛事務所システム調整官兼東海防衛支局岐阜防衛事務所主任検査官）2海佐 大竹 広了
▽同東海防衛支局岐阜防衛事務所システム調整官兼東海防衛支局岐阜防衛事務所主任検査官（202整備補給隊司令）同 木下 政彦
（以上7月31日）
▽防衛大衛生課長兼中央病院脳神経外科（統幕首席後方補給官付後方補給官兼後方補給室兼中央病院脳神経外科兼防衛医大講師）1陸佐 松下芳太郎
▽同訓練部学生課補導室長（40普通科連隊副連隊長）同 高山 博光
▽同防衛学教育学群戦略教育室長兼防衛大教授（空自1術科学校副校長）1空佐 石崎 吉和
▽防衛大教授（2高射特科団副団長）1陸佐 立林 剛
▽兼防衛医大講師兼空幕首席衛生官付航空衛生担当衛生官 人事教育局衛生官付総括班 1空佐 加藤 圭
▽防衛研究所主任研究官（陸幕総務課情報公開・個人情報保護室長）1陸佐 新宅 正章
▽同所員（陸自幹部学校付）同 尼子 将之
▽統幕総務課渉外班長（陸幕運用支援・情報部付）同 丸山 徳一
▽同庶務室長（空幕防衛課防衛調整官）1空佐 中田 茂
▽統幕運用3課長（5航空隊司令）1海佐 大西 哲
▽同運用3課訓練評価・支援班長（空自幹部学校付）1空佐 上林 晃
▽同防衛課防衛調整官（5航空団基地業務群司令）同 菅原 政弘
▽同指揮通信システム企画課長（海幕指揮通信情報部）1海佐 岩澤 努
▽同総括副報道官（統幕報道官付）1陸佐 小松 隆司
▽同首席後方補給官付後方補給室長（4整備補給隊司令）1海佐 白坂 政秀
▽同後方補給官兼後方補給室（舞鶴病院長兼防衛医大講師）同 清住 哲郎
▽同後方補給室（統幕学校教育課1教官室学校教官）1陸佐 西田 博昭
▽統幕学校教育課1教官室学校教官（飛行実験隊長）同 藤井 伸橋
▽同研究室総括主任研究官（統幕学校教育課研究室主任研究官）1空佐 谷口 利彦
▽同主任研究官（5特科隊長）1陸佐 藤本 啓一
▽統幕学校国際平和協力センター長（4施設群長）同 山﨑 義浩
▽陸幕総務課情報公開・個人情報保護室長（陸自研究本部主任研究開発官）同 浅見 勇学
▽同人事計画課給与室長（1普通科連隊長）同 菅股 弘信
▽同募集・援護課総括班長（陸幕募集・援護課）同 久保 勝裕
▽同情報課基盤情報班長（陸自幹部学校付）同 平瀬 義
▽同運用支援・情報部付（防衛政策局調査課）同 中川 修（陸自幹部学校付）同 桑畑 英紀（同研究本部研究員）同 笠畑 忠嗣
▽同防衛課（40普通科連隊長兼小倉駐屯地司令）同 五十嵐 淳
▽兼陸幕防衛課付 防衛政策局日米防衛協力課 同 湯下兼太郎
▽陸幕装備計画課輸送室（陸幕運用支援・情報部付）同 村上 至（陸自幹部学校付）同 粟田 博文
▽同武器・化学課化学室長（中央特殊武器防護隊長）同 平野 邦治
▽同通信電子課通信器材班長（4師団4部長）同 川口 晃史
▽同施設課建設班長（陸自施設学校主任教官）同 大久保克久
▽同器材班長（技術研究本部陸上担当技術開発官付3開発室主任研究官）2陸佐 森山 直樹
▽陸幕衛生部付（人事教育局衛生官付医務室長）1陸佐 中村 榮秀
▽同副法務官（陸幕法務官付）同 廣田耕士朗
▽北部方面総監部会計課長（北部方面会計隊副隊長）2陸佐 高野 靖欣
▽同厚生課長（12旅団司令部1部長）同 武藤 祥二
▽同監察官（陸自富士学校機甲科部副部長）1陸佐 森 茂也
▽北部方面航空隊副隊長（中部方面航空隊副隊長）同 印口 岳人
▽同衛生隊長（別府病院長兼南別府駐屯地司令）同 後藤 義孝
▽東北方面総監部総務課長（5陸曹教育隊長）同 石橋 雅弘
▽同会計隊長（陸幕募集・援護課総括班長）同 大野 真
▽神町駐屯地業務隊長（東北方面会計隊長）同 山口 道義
▽東部方面総監部防衛課陸上連絡官（東部方面総監部防衛部）2陸佐 久守 直紀
▽同航空隊副隊長（北部方面航空隊副隊長）1陸佐 小森 武彦
▽東部方面ヘリ隊長（陸自幹部学校付）同 高岡 良一
▽中部方面総監部会計課長（陸自中央会計隊）2陸佐 山根 浩佳
▽同援護業務課長（中部方面総監部人事部）同 高原 敏訓
▽同防衛課長（陸自幹部学校付）1陸佐 梅木 正造
▽同装備課長（同武器学校）2陸佐 千代丸 博
▽中部方面総監部付（中部方面総監部会計課長）1陸佐 中村 拓郎（同混成団副団長）同 田邊 政文
▽中部方面航空隊副隊長（久留米駐屯地業務隊長）同 宮本 浩
▽同ヘリ隊長（陸自航空学校）2陸佐 森 善紀
▽同後方支援隊副隊長（香川地方協力本部長）1陸佐 中村賀津雄
▽日本原駐屯地業務隊長（東北防衛局郡山防衛事務所長）同 松前 義信
▽西部方面総監部広報室長（中央即応集団報道官）同 大塚 陽一
▽同防衛課長（西部方面総監部防衛部）同 満井 英昭
▽同訓練課長（陸自幹部学校教官）同 大倉 正義
▽同需品課長（同需品学校）2陸佐 伊高 賢
▽西部方面ヘリ隊長（同航空学校主任教官）同 黒木 和士
▽同衛生隊長（福岡病院小児科部長兼医療安全評価官）1陸佐 大川 貴司
▽同情報隊長（陸自幹部学校教官）同 伊部 俊宏
▽同指揮所訓練支援隊長（6施設群長）同 大足 卓也
▽5陸曹教育隊長（中部方面総監部援護業務課長）
▽福岡駐屯地業務隊長（和歌山地方協力本部長）同 大隈 隆雄
▽久留米駐屯地業務隊長（西部方面総監部資料課長）同 青木 泰憲
▽1師団司令部付（陸自関東補給処総務部長）同 中富 普晃
▽3師団監察官（46普通科連隊長）同 小松 栄登
▽3師団付（3師団監察官）同 松村 朝生
▽4師団4部長（陸自幹部学校付）同 福増与志朗
▽4師団監察官（51普通科連隊長）同 小澤 和之
▽4師団司令部付（4師団監察官）同 平田 正義
▽6師団4部長（北部方面総監部装備部）同 佐伯 義次
▽8師団幕僚長（陸幕防衛課）2陸佐 小島 茂
▽10師団幕僚長（72戦車連隊長兼北恵庭駐屯地司令）1陸佐 谷村 博志
▽5旅団副旅団長兼帯広駐屯地司令（陸自幹部学校総務部）同 今村 武
▽11旅団副旅団長兼真駒内駐屯地司令（10師団幕僚長）同 北原 秀章
▽13旅団司令部付（東部方面航空隊副隊長）同 渡部 誠司
▽15旅団3部長（陸自幹部学校付）同 小林 敬範
▽中央即応集団報道官（陸幕運用支援・情報部付）同 西田 健
▽同法務官（西部方面総監部法務官付）同 浅田 健
▽2高射特科団副団長（福島地方協力本部長）2陸佐 松野 茂
▽1空挺団本部高級幕僚（福岡地方協力本部募集課長）1陸佐 中村 浩之
▽中部方面混成団副団長（高知地方協力本部長）同 飯島 達也
▽2施設団本部高級幕僚（中央即応集団法務官）同 佐藤 文章
▽通信団本部付（情報本部）同 田﨑 信夫（通信保全監査隊長）同 阪井 清一
▽富士教導団副団長（陸自研究本部主任研究開発官）同 渋下十四郎
▽1普通科連隊長（同）同 辻本 正彦
▽18普通科連隊長（15旅団3部長）同 土屋 晴稔
▽20普通科連隊長（統幕総括副報道官）同 今井 俊典
▽40普通科連隊長兼小倉駐屯地司令（陸幕副法務官）同 西村 修
▽46普通科連隊長（西部方面総監部広報室長）同 野崎 英二
▽51普通科連隊長（陸自幹部学校付）同 一宮 大介
▽西部方面普通科連隊長（西部方面総監部訓練課長）同 田中 淳
▽5特科隊長（東北方面総監部総務課長）同 後藤 義之
▽14特科隊長兼松山駐屯地司令（陸自研究本部研究員）同 星野 浩幸
▽72戦車連隊長兼北恵庭駐屯地司令（中部方面総監部防衛課長）同 財津耕一郎
▽3後方支援連隊長（統幕首席後方補給官付後方補給室）同 堀田 秀成
▽5後方支援隊長（中部方面総監部装備課長）同 吉岡 正孝
▽11後方支援隊長（陸自研究本部研究員）同 長屋 圭三
▽対馬警備隊長兼対馬駐屯地司令（1空挺団本部高級幕僚）同 紀平 眞賢
▽2施設群長（陸幕施設課建設班長）同 三塚 克也
▽4施設群長（西部方面総監部防衛課長）同 圓林 栄喜
▽6施設群長（陸自研究本部研究員）同 武隈 康一
▽東北方面通信群長（同東北補給処総務部長）同 土屋 甲吉
▽中央特殊武器防護隊長（陸幕武器・化学課化学室長）同 木下千敏志
▽通信保全監査隊長（同通信電子課通信器材班長）同 竹内綱太郎
▽警務隊本部企画訓練科長（119地区警務隊長）同 熊田 栄
▽北部方面警務隊副隊長（警務隊本部）2陸佐 池田 丈
▽東部方面警務隊副隊長（警務隊本部企画訓練科長）同 池亀 俊哉
▽西部方面警務隊副隊長（135地区警務隊長）同 山本 晋三
▽陸自中央業務支援隊副隊長（福岡駐屯地業務隊長）同 今村 伸二
▽同中央業務支援隊（陸自中央業務支援隊副隊長）1陸佐 三上 繁
▽同中央業務支援隊付（陸自研究本部総務課長）同 市橋 弘昭
▽中央情報隊本部付（同研究本部研究員）同 石郷岡靖夫
▽地理情報隊長兼東立川駐屯地司令（陸幕情報課基盤情報班長）同 田中 裕宣
▽基礎情報隊長（西部方面情報隊長）同 鈴木 雄一
同 矢野 幸雄
▽女性自衛官教育隊長（陸自幹部学校付）同 亀井 律子
▽飛行実験隊長（陸自航空学校霞ヶ浦校総務課長）同 稗村 佳和
▽陸自会計監査隊長（8師団幕僚長）同 長谷川光成
▽陸自幹部学校総務部長（陸幕人事計画課給与室長）同 牛島 弘樹
▽同主任教官（西部方面指揮所訓練支援隊長）同 佐藤 正典（3後方支援連隊長）同 河野 玄治
▽同教官（対馬警備隊長兼対馬駐屯地司令）同 仲川 剛（陸幕運用支援・情報部付）同 井芹 嘉宏（15旅団2部長）同 中村 暢秀（富士教導団副団長）同 佐藤 末明（陸自幹部学校付）同 白石 智将（陸自研究本部研究員）同 矢達 啓二
▽陸自幹部学校付（統幕首席後方補給官付後方補給室）同 小島 一男（陸幕人事計画課）同 野口 紀幸（同）同 緒方 義大（陸幕運用支援課）同 新田 幸司（同教育訓練計画課）同 藤田 悟（北部方面総監部人事部）同 武本 康博（同防衛部）同 宮内 雅也（3師団1部長）同 藤田 真也（7師団1部長）同 伊藤 浩之（9施設大隊長兼9師団施設課長）同 末継 智久（陸自幹部学校主任教官）同 田草川茂人（同教官）同 神園 雄一（中央病院整形外科）同 内藤 智子
▽同幹部候補生学校総務課長（防衛大教授）同 今村英二郎
▽同富士学校企画室長（西部方面普通科連隊長）同 國井 松司
▽同総務課長（18普通科連隊長）同 山﨑 繁
▽同特科部研究課長（14特科隊長兼松山駐屯地司令）同 前田 利徳
▽同機甲科部副部長（陸自研究本部主任研究開発官）同 石橋 淳弘
▽同主任教官（6師団4部長）同 浅野 正尚
▽同富士学校付（陸自富士学校主任教官）同 眞部 和徳
▽同高射学校総務部長（防衛大学生課補導室長）同 大矢 和司
▽同研究部長（技術研究本部誘導武器担当技術開発官付03式中距離地対空誘導弾改開発室長）同 岩田 忠久
▽同2教育部長（5後方支援隊長）同 古澤 正巳
▽陸自航空学校1教育部長（陸自幹部学校主任教官）同 濱田 博之
▽同主任教官（陸幕運用支援・情報部付）同 古舘 幹徳
▽同霞ヶ浦校総務課長（東部方面ヘリ隊長）2陸佐 前田 高行
▽同宇都宮分校長兼北宇都宮駐屯地司令（陸自航空学校1教育部長）1陸佐 荒関 和人
▽同宇都宮校総務課長（西部方面ヘリ隊長）2陸佐 溝上 博
▽陸自施設学校研究部長（技術研究本部陸上担当技術開発官付2開発室長）1陸佐 伊藤 一雄
▽同主任教官（陸自幹部学校付）同 倉本 浩二
▽陸自通信学校研究部長（陸自補給統制本部補給計画課長）同 小林 巧
▽同輸送学校研究部長（女性自衛官教育隊長）同 寺井 優子
▽同輸送学校（陸自輸送学校研究部長）同 菅野 光久
▽同化学学校主任教官（同幹部候補生学校総務課長）同 田村 浩仁
▽同化学学校付（同化学学校主任教官）同 荒井 秀樹
▽同研究本部総務課長（同富士学校総務課長）同 堀 浩明
▽同主任研究開発官（防衛大教授）同 森 博史（統幕学校国際平和協力センター長）同 小橋 忠行（陸自航空学校宇都宮分校長兼北宇都宮駐屯地司令）同 大西 正浩（情報保全隊東北情報保全隊長）同 上篠 成和（同中部情報保全隊長）同 渡 純一
▽同研究員（陸幕装備計画課輸送室）同 持留 順（同）同 吉武 辰明（北部方面総監部厚生課長）同 萩 知幸（11後方支援隊長）同 森田 康弘（陸自幹部学校付）同 平田 高志（同）同 小原 誠也（同）同 加藤 隆雄（陸自施設学校研究部長）同 金子 健一
▽同研究本部付（同研究本部研究員）同 内海 浩
▽同補給統制本部化学部長（陸幕運用支援・情報部付）同 椿 新吾
▽同通信電子部長（東北方面通信群長）同 奈良岡信一
▽同通信電子部補給計画課長（同九州補給処整備部長）同 田中 義浩
▽同需品部補給計画課長（同関西補給処補給部長）2陸佐 工藤 康之
▽同施設部補給計画課長（同施設課器材班長）1陸佐 三家本勝志
▽同補給統制本部衛生部長（中央病院薬剤課長）同 江口 英孝
▽同補給統制本部付（日本原駐屯地業務隊長）同 山内 昭治（陸自補給統制本部化学部長）同 米倉 宏晃（北関東防衛局装備1課長）同 高橋 義美
▽同東北補給処総務部長（東北防衛局防衛補佐官）同 森山 努
▽同関東補給処総務部長（陸自幹部学校主任教官）同 齋藤 隆則
▽同松戸支処総務部長（同補給統制本部補給計画課長）同 宮田 和正
▽同用賀支処長兼用賀駐屯地司令（中央病院衛生資材部長）同 川口 智久
▽陸自関西補給処副処長（5旅団副旅団長兼帯広駐屯地司令）同 原 友孝
▽同補給部長（中央即応集団後方補給部）2陸佐 茂木 利明
▽同整備部長（陸自通信学校研究部長）1陸佐 山下 隆男
▽陸自九州補給処整備部長（同幹部学校）2陸佐 松尾 卓治
▽海幕総務課情報公開・個人情報保護室長（海幕総務課）1海佐 土橋 一男
▽同厚生課給与室長（自衛艦隊監理主任幕僚）同 宮崎 孝彦
▽同援護業務課長（統幕首席後方補給官付後方補給室長）同 阿部 智
▽同補任課（防衛研究所所員）同 兼本 貢祐
▽同運用支援課南極観測支援班長（海幕運用支援課）2海佐 大鋸 寿宣
▽同指揮通信課指揮通信班長（同指揮通信課）1海佐 西村 俊行
▽同情報保証班長（海自1術科学校研究部長）同 中濵 高宣
▽海幕情報課（防衛政策局調査課）同 今泉 一郎
▽同装備需品課長（舞鶴造修補給所長兼舞鶴地方総監部技術補給監理官）同 横田 友範
▽同装備需品課資材班長（海自補給計画課長）同 齋藤 淳師
▽同艦船・武器課機関班長（海幕艦船・武器課）2海佐 山縣 克之
▽同航空機課機体班長（海幕航空機課）1海佐 矢倉 清次
▽同首席衛生官付衛生企画室長（自衛艦隊衛生主任幕僚）同 村上 健彦
▽自衛艦隊監理主任幕僚（佐世保造修補給所副所長）同 高梨 洋之
▽同後方主任幕僚（統幕運用3課長）同 杉本 洋一
▽同衛生幕僚（横須賀病院診療部長兼横須賀衛生隊兼防衛医大講師）同 塚嵜 哲史
▽自衛艦隊（31航空群首席幕僚）同 浮田 隆
▽護衛艦隊司令部（統幕総務課庶務室長）同 吉川 尚徳（海幕指揮通信課指揮通信班長）同 金剌 基幸
▽14護衛隊司令（沖縄海洋観測所長）同 竹内 修
▽おおすみ艦長（海幕運用支援課南極観測支援班長）2海佐 秋元 辰夫
▽はまな艦長（舞鶴海上訓練指導隊副長兼指導部長兼砲雷科長）1海佐 小関 昌彦
▽特別警備隊長（海自幹部学校付）同 宮田 敏邦
▽1輸送隊（特別警備隊長）同 柳 信男
▽31航空群首席幕僚（海幕総務課情報公開・個人情報保護室長）同 竹山 好文
▽5航空隊司令（同防衛課）同 尾畑 典生
▽23航空隊副長兼幕僚室長（同指揮通信課情報保証班長）同 森泉 周
▽4整備補給隊司令（海自補給本部航空装備計画課長）同 笹本 敏成
▽潜水艦隊訓練主任幕僚（自衛艦隊後方主任幕僚）同 松岡 広哲
▽1潜水隊群司令（潜水艦隊訓練主任幕僚）同 小坂 明彦
▽3潜水隊司令（海自幹部学校）同 松田 辰雄
▽海洋業務群司令部（1練習隊司令）同 藤田 勝史
▽沖縄海洋観測所長（情報本部）同 登米 逸也
▽佐世保地方総監部4幕僚室長兼1幕僚室長（海幕防衛課）2海佐 吉江 峰樹
▽横須賀造修補給所副所長（海自4術科学校副校長）1海佐 小浜 洋
▽佐世保造修補給所長兼佐世保地方総監部技術補給監理官（装備施設本部艦船課長）同 大林 一洋
▽同副所長（海自航空補給処計画部長）同 福嶌 浩
▽舞鶴造修補給所長兼舞鶴地方総監部技術補給監理官（海幕厚生課給与室長）同 稲田 丈司
▽舞鶴基地業務隊司令（くろべ艦長）2海佐 川口 裕史
▽1練習隊司令（海自2術科学校教育1部長）1海佐 佐々木輝幸
▽海自潜水医学実験隊実験1部長（横須賀病院付）同 堂本 英治
▽同幹部学校（14護衛隊司令）同 桑野 弘道
▽同幹部学校付（統幕運用2課）1海佐 竹内 俊雅（海幕補任課）同 今野 泰樹（同）同 大塚 裕孝（海自艦船補給処艦船部長）同 橋本 剛
▽同1術科学校研究部長（3潜水隊司令）同 井口 郁丸
▽同1術科学校（海幕援護業務課長）同 山本 喜清
▽同2術科学校教育1部長（海自2術科学校研究部長）同 網 常博
▽同研究部長（同2術科学校）2海佐 土屋 剛
▽同3術科学校副校長（同補給本部装備計画部長）1海佐 神田 忠臣
▽同4術科学校副校長（海幕装備需品課資材班長）同 鈴木 将治
▽同補給本部装備計画部長（佐世保造修補給所長兼佐世保地方総監部技術補給監理官）同 川原梅三郎
▽同補給計画課長（海自幹部学校付）同 森 裕之
▽同航空装備計画課長（海幕航空機課機体班長）同 西田洋一郎
▽同艦船補給処艦船部長（同補任課）2海佐 長通 伸幸
▽同航空補給処計画部長（横須賀造修補給所副所長）1海佐 福田 慶蔵
▽空幕総務課（空自幹部学校付）1空佐 三輪 信一
▽同人事計画課人事計画調整官兼企画班長（空幕防衛課編成班長）同 福田 隆宏
▽同制度班長（空自幹部学校付）同 松葉佐欣史
▽同養成班長（空幕人事計画課）同 久保田隆裕
▽空幕防衛課防衛調整官（統幕運用3課訓練評価・支援班長）同 北川 英二
▽同編成班長（航自幹部学校付）同 田中 信隆
▽同防衛課（空幕運用支援課運用支援調整官兼防衛課）同 稲月 秀正
▽兼空幕防衛課 空幕装備体系課 同 南 賢司
▽空幕装備体系課（航自幹部学校付）同 金城 兵啓
▽同情報通信課（同）同 谷川 修
▽同運用支援課運用支援調整官（6航空団飛行群司令）同 山頭 彰
▽同情報課付（防衛政策局調査課）同 杉山 公俊
▽同整備・補給課整備4班長（空自幹部学校付）同 黒子 一也
▽同技術課システム装備班長（同）同 兼子 尚也
▽同副監察官（航空支援集団装備課長）2空佐 高橋 康仁
▽同首席衛生官付次席衛生官兼歯科担当衛生官兼薬務担当衛生官（同医務官）1空佐 [illegible]
▽航空総隊総務課長（空混成団援護業務課長）同 [illegible]
▽航空救難団飛行群司令（航空救難団飛行群新潟救難隊長兼新潟分屯基地司令）同 [illegible]
▽同新潟救難隊長兼新潟分屯基地司令（空自幹部学校付）同 [illegible]
▽航空戦術教導団副司令（西航空混成団防衛部長）同 [illegible]
▽同飛行教導群司令（同飛行教導隊司令）同 [illegible]
▽同高射教導群司令（同高射教導隊司令）同 [illegible]
▽同副司令（同副司令）同 [illegible]
▽航空戦術教導団電子作戦群司令（情報本部美保通信所長）同 [illegible]
▽警戒航空隊1整備群司令（空幕副監察官）同 [illegible]
▽中部航空方面隊装備部長（4航空団整備補給群司令）同 [illegible]
▽6航空団飛行群司令（総務課渉外班長）同 [illegible]
▽4高射群副司令（空学校）同 [illegible]
▽中部航空方面隊支援飛行隊司令（航空総隊飛行群司令）同 [illegible]
▽西部航空方面隊総務部長（宮崎地方協力本部長）同 [illegible]
▽同監理監察官（12飛行教育団飛行教育群司令）同 [illegible]
▽5航空団基地業務群司令（航空総隊総務課長）同 [illegible]
▽西部航空警戒管制団基地業務群司令（空幕人事計画課人事計画調整官兼企画班長）同 [illegible]
▽南西航空混成団援護業務課長（空自幹部学校付）同 [illegible]
（以上8月5日）
▽同防衛部長（空幕人事計画課養成班長）同 [illegible]
▽航空支援集団総務部長（岐阜地方協力本部長）同 [illegible]
▽同装備課長（空自幹部学校付）同 [illegible]
▽同補給課長（空自補給本部）2空佐 [illegible]
▽同医務官（空幕首席衛生官付次席衛生官兼歯科担当衛生官）1空佐 [illegible]
▽同司令部付（航空支援集団総務部長）（同補給課長）同 [illegible]
▽航空教育集団総務部長（空幕指揮通信システム課長）同 [illegible]
▽同教育3課長（近畿中部防衛局東海防衛支局装備課長）同 [illegible]
▽1航空団飛行群司令（航空方面隊監理監察官）同 [illegible]
▽4航空団整備補給群司令（空幕整備・補給課整備班長）同 [illegible]
▽12飛行教育団飛行教育群司令（同人事計画課制度班長）同 [illegible]
▽航空教育隊副司令（航空方面隊総務部長）同 [illegible]
▽飛行教育航空隊司令（空団飛行群司令）同 [illegible]
▽空自幹部候補生学校長（警戒航空隊1整備群司令）2空佐 [illegible]
▽同1術科学校副校長（地方協力本部長）1空佐 [illegible]
▽同3術科学校業務部長（空自幹部学校付）同 [illegible]
▽同4術科学校副校長（地方協力本部長）同 [illegible]
（以上8月1日）

ベトナム・カンボジア・フィリピン

3カ国 1700人を診療

PP14に参加「くにさき」帰国

【統幕】米太平洋艦隊主催の医療・文化活動「パシフィック・パートナーシップ2014（PP14）」に参加していた海自の輸送艦「くにさき」（指揮官・1輸隊司令の松井陽一1佐、艦長・笹野英夫2佐以下約150人）はベトナム、カンボジア、フィリピンでの約2カ月間に及ぶ活動を終え、7月23日、呉基地に帰国した。同艦には陸海空3自衛隊の混成医療チームに加え、今回初めて米豪軍の医官ら計約140人が乗艦。日米豪の医療チームは3カ国で計約1700人を診療し、約2400人に対し感染予防などの衛生教育を実施した。カンボジアではPP初参加の陸自施設隊員が米海軍と共同で産院施設の補修に当たったほか、各寄港地では乗員らが小学校を訪問して文化交流を行った。後半のカンボジアとフィリピンでの活動の様子を2回に分けて振り返る。

（8面に関連記事）

トラッピンラボフ産院の新病棟施設の補修に当たる陸自5施設団の椎原慶太2尉以下8人の隊員（6月20日、カンボジアのシアヌークビルで）

「PP14」の最後の訪問地フィリピンでは、レイテ島のタクロバン市を中心に7月4日から15日まで活動を行った。

7日にはタクロバン市北部のディイト地区医療センターで、日米豪の医官、薬剤師、看護師ら約40人の医療チームがフィリピン軍や民間の医療関係者と協力して医療活動をスタート。診療科目は総合診療、小児科、眼科、歯科、婦人科と幅広く、朝早くから診察を待つ住民が長蛇の列を作り、初日だけでも300人超を診察した。

日本からは3自衛隊のほか、NPO法人国際緊急援助・衛生支援機構の医師や看護師らが参加した。

翌8日には「くにさき」乗員が同市のコンベンションセンターで、昨年11月の台風被害の犠牲者を悼み、セレモニーを実施。代表してロモアルデス・タクロバン市長、松井1輪隊司令、笹野艦長が、千羽鶴を掛けた献花台に花輪を供えた。

千羽鶴は、昨年11月から12月まで同市周辺で国際緊急援助活動に従事した輸送艦「おおすみ」の乗員が折ったもので、献花台は「くにさき」乗員が作製した。

◇

これに先立ち、カンボジアでは6月19日から28日まで活動を行った。今回「PP」に初参加した陸自施設隊員が、シアヌークビルに入港中の輸送艦「くにさき」から活動地のトラッピンラボフ産院に約1週間通い、米海軍の施設要員と共同で産院の補修作業に当たった。

カンボジアは1992（平成4）年、自衛隊初のPKO活動として内戦後の復興支援を行うために陸自施設部隊が派遣された国で、22年の時を経て再び施設隊員が同国の地を踏んだ。

今回参加したのは第5施設団（小郡）から派遣された椎原慶太2尉以下8人。

産院の施設は「くにさき」の到着前に現地入りした米海軍部隊が作業を行っていた病棟で、椎原2尉以下8人は米軍要員と綿密に打ち合わせを行いながら、高温多湿の環境下で作業に従事した。

全工程が終了した6月26日、同院ではシアヌークビル州知事をはじめ、在カンボジア米国副大使、米第7艦隊副司令官らが出席して盛大に落成式が行われた。

病棟の完成度は高く、椎原2尉らは第7艦隊副司令官から「日米共同作業のたまもの」として、称賛とねぎらいの言葉をかけられた。

「くにさき」から発進し、砂浜に上陸したエアクッション艇（LCAC）から資器材を陸揚げする日米豪の隊員（7月4日、タクロバン市郊外で）

台風被害の犠牲者を悼み、「おおすみ」乗員から託された千羽鶴を献花台に捧げる松井1輸隊司令（前列右から4人目）、タクロバン市長（同左から3人目）ら海自とフィリピンの関係者（7月8日、タクロバン市で）

シアヌークビルでの小学校訪問などは次回掲載予定

㊤サンフェルナンド小学校で防具を着用し子供たちの竹刀を受ける「くにさき」乗員（7月7日、タクロバン市で）㊦「くにさき」乗員に教わりながらラッパ吹奏にチャレンジする現地の男子小学生（7月7日、タクロバン市のサンフェルナンド小学校で）

早朝からディイト地区医療センターに詰めかけ、日米豪の医官による診療を待つ地元市民（7月7日、タクロバン市で）

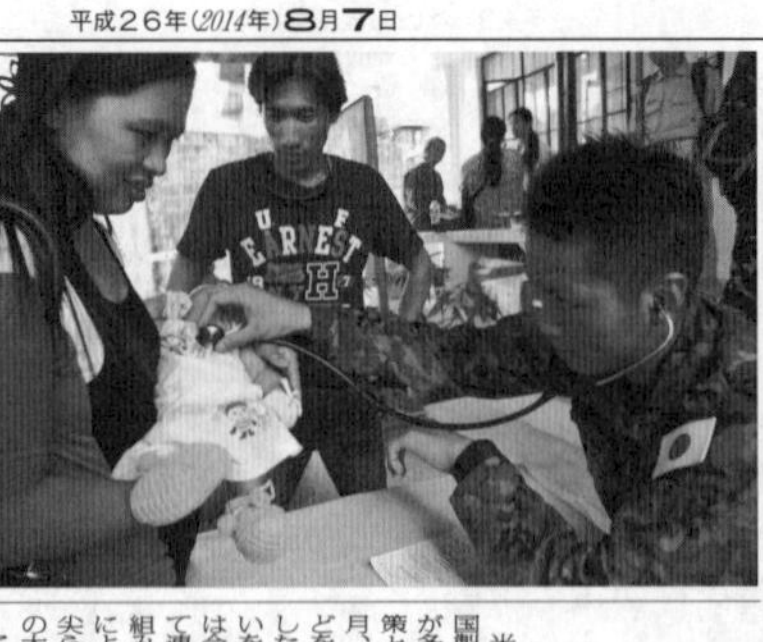

ディイト地区医療センターで母親に抱かれた乳児を診察する陸自医官（7月7日、タクロバン市で）

西風東風

偽造電子部品追放へ規則
——検査義務付け・国防総省

米軍の主要装備に、主に中国製とみられる偽造電子部品が多く見つかっており、対応策として国防総省は今年5月、納入業者に部品の検査などを義務付ける新規則を公表した。違反した業者への支払いを拒否できるとする同規則は今後、国防総省の枠を超えて連邦政府全体の調達規則に組み込まれる見通しで、中国によるサイバー攻撃に神経を尖らせる米国の安全保障政策の大きな柱ともなっている。

この問題が最初に提起されたのは2011年、米上院の委員会の場。偽造電子部品がミサイルシステムやヘリコプター、航空機に使用されており、米軍の安全にとり脅威になりかねないとの懸念が示された。

12年5月に上院軍事委員会がまとめた調査は計1800件、100万個を超える部品が偽造の疑いがあると断定。その7割超が中国を供給源としており、これに次ぐ英国とカナダも中国製偽造品の「再販拠点」として利用されていたことが判明したという。

米調査会社IHSによると、偽造部品の多くは廉価な代替品、または廃棄物から回収した再利用品。正しく機能しない恐れがあるだけでなく、IC（集積回路）などの偽造品は悪質な「トロイの木馬」として、遠隔操作によって機能停止に陥り、有事に際し米軍の能力を弱体化させる危険があるという。

今年策定された新たな国防総省調達規則（DFARS）は、納入業者に偽造品を検知し回避するシステムの設計、運営、維持などを義務付け、違反した業者は調達を認められず、支払い停止処分を受ける可能性があるとしている。

米海軍では09年、哨戒機「P8ポセイドン」がシステム故障を起こした際、ボーイングが独立系非正規の販売業者から調達した中国製の偽造部品が原因と判明し、業者が起訴される一件があった。

DFARSによれば、今後こうした業者は納入部品によって機能不全に陥った装置などを弁償する必要がある。偽造探知システム導入などで納入業者は多額の支出を強いられるが、規則に違反して支払う代償はさらに高くつくことになったといえる。

（ロサンゼルス＝植木秀一）

世界最大の飛行艇を試作
——US2上回る・中国

航空機製造会社の中航通飛華南飛機工業(広東省珠海市)の傅俊旭董事長は7月27日、海難救助用の飛行艇「TA600」の設計が完了し、試作段階に入ったことを明らかにした。計画では今年末までに構造部品の納入を受け、組み立てを行う。完成すれば新明和工業（兵庫県宝塚市）のUS2型救難飛行艇を抜いて、世界最大になるという。7月28日付科技日報などが伝えた。

華南飛機工業は、中央直轄国有企業、中国航空工業集団（北京市、中航工業）傘下の中航通用飛機(広東省珠海市)のグループ会社。中航通用飛機は、ゼネラル・アビエーション（一般航空）用航空機の製造会社として、大型旅客機や軍用機以外の小型機などを製造している。

傅董事長によると、TA600はターボプロップエンジンを4基搭載する大型機。国務院（中国中央政府）認定の大型航空機製造3大事業の一つ。森林火災の消火や海難救助などの用途を見込んでいる。

最大離陸重量は、小型ジェット旅客機「ボーイング737」型機を上回る53・3トン。航続距離は5000キロメートル。巡航速度は時速480キロ。着水限度の波高は2メートルとされる。

華南飛機工業は5年前、同機の開発に着手し、2012年には、広東省珠海市で2年ごとに開かれる航空・宇宙ショー「中国国際航空航天博覧会」で原寸大の模型を公開した。

傅董事長によると、TA600の研究開発・製造方式は、世界の民間航空機製造で一般的な「プライムメーカー＋サプライヤー」モデルを採用する。15年に初飛行を実現し、試験飛行を繰り返した後、市場に投入する方針だ。

TA600の組み立てと試験飛行は、プライムメーカーとしての華南飛機工業が行う。機首は成都飛機工業（集団）有限公司、主翼は西安飛機工業（集団）有限公司など、中航工業グループの他の航空機製造会社をサプライヤーとして、構造部品の製造を委託する。

（香港＝中岡秀雄）

おことわり　「QDR（米国防計画見直し）全文」は休みました。

普教連レンジャー訓練同行ルポ(下)

『この重さ忘れず精進』

全員の胸に栄光の徽章

普通科教導連隊(滝ヶ原)49期レンジャー教育の最終「第8想定」が6月27日から7月1日まで、静岡県の伊豆半島と東富士演習場で行われた。4夜5日の激烈な任務を完遂すれば3カ月の訓練を経て、ついに「栄光のレンジャー」に到達できる。体力・気力ともに限界の中で学生16人は敵兵站(へいたん)施設の襲撃に向かった。

(横田大法記者)

49戦闘隊は6月28日午前1時、伊豆西岸の切り立った崖の沖合を無灯火のゴムボート4艇で進み、小さな砂浜にひそかに上陸した。

海への転落に備え、全員が救命胴衣と小銃脱落防止ひもを付けていたが、上陸後もそのままの学生がいて、主任教官の中島賢治1尉(40)からたちまち雷が落ちた。

「学生長、指示はどうなってるんだ? 指揮系統がなってない! このままじゃ、死人を出すぞ!」

戦闘隊長の有田匡高3曹(23)が仲間を集める。

「もう一度基本を徹底しよう。俺たちは底から這い上がっていくしかない」

「レンジャー!」

仲間の返事が響いた。

27日午前3時、非常呼集の笛で訓練は始まった。最終想定は二つの作戦に分かれる。最初は山地潜入で石廊崎に向かう「伊豆作戦」。続いてヘリで東富士に飛び、敵兵站施設を襲撃する「富士作戦」だ。行軍の総距離は60キロに及ぶ。この間、食事は1日1回、睡眠はわずかな仮眠だけだ。

各自35キロの背のうと武器・弾薬を所持し、7キロ先の大峠の電波塔を目指す。山中は急斜面の連続で、辻修士3曹(21)が遅れ始める。伊豆は夜も気温が下がらず湿度も高い。歩きながら睡魔も襲う。

「こら、時間に遅れるレンジャーがどこにいる!」

助教の勝間田賢司2曹(36)が叱責する。実戦では遅刻は「戦死」とみなされ、置いていかれる。辻のバディ・三橋健志3曹(30)が辻の手を取って引っ張り上げ、「俺に続くんだ!」と目で告げる。

ポイントの電波塔を通過後、攻撃目標の「風早橋」に向かう。交通の要衝だ。現場に敵の姿はなく、学生たちは素早く爆薬を仕掛け、橋を破壊して離脱した。

この後は友軍のヘリと会合するため南伊豆町へ。目的地まで16キロ。密林を地図とコンパスだけを頼りに前進する。足元はぬかるみ、濡れた樹木の幹にはムカデが群がる。到着までに12時間を要した。

その間、状況が一時中断される。中島主任教官が指差す場所には小さな石碑があった。23年前、この場所で同じように訓練中の学生1人が殉職したのだ。

「ここで倒れた先輩は一切苦しさを顔に出さない方だった」と中島主任。「自分が辛い時は仲間も辛い。だから助け合う。お前らは今後どんな戦闘員になろうとしているのか。その思いをここにいる先輩に伝えろ。それが最大の供養だ」。

学生を代表し三橋が線香と煙草を供え、全員が手を合わせる。佐川光3曹(25)が誓った内容を教えてくれた。

「人に必要とされる人間になりたい。いつか自分も指導する側に立ちたい」

行軍を再開後、部隊は目的地でひそかに情報員と接触した。搭乗するCH47ヘリの飛来時間と着陸地点を聞き、30日午前9時半、伊豆南端の石廊崎に到達。ここからは空路潜入だ。

だが、16人のうち5人はヘリに乗れなかった。身体がボロボロで緊急治療が必要だったのだ。玉護(たまもり)康道3曹(23)は発熱で意識がもうろうとなって後送。中澤哲也3曹(22)は腰痛悪化、高橋信尋3曹(26)は腕がしびれて動かなくなる「ザック症」に。そして秋山卓也3曹(26)は足の爪が割れて爪白癬(つめはくせん)になりかけ、但野諒太3曹(24)はあばら骨を2本折っていた。

そこで11人がCH47に乗り、東富士へ。地上にはリペリングで降り、「富士作戦」を開始した。その後、処置を終えた5人も戦闘隊に再合流した。

6月30日午後0時半、敵兵站施設への襲撃作戦が開始された。学生たちはヘリが投下した補給品を回収して山中に拠点を設け、偵察を始めた。やがて森の中に周囲を蛇腹で防護した大型天幕とトラックを発見。

これが敵の兵站拠点であることを確認すると、戦闘隊は3班に分かれ行動を開始した。敵を奇襲して掃討する支援班、敵陣に突入し資材を爆破する突入班、作戦中、周囲の警戒や支援に当たる本部班の編成だ。

翌1日午前6時、息を殺して森の中を進み、敵の様子を手信号で知らせる。タイミングを見計らい、戦闘隊長の小野悠人3曹(29)が攻撃を命じた。

「撃て!」

施設正面の土手から支援班が無反動砲を発射。続いて一斉に小銃を斉射、静かだった山中にババババンッと銃声が響き渡る。反撃を試みる敵を破砕した。

「クリアー!」

突入班が援護を受けて走り、カッターで蛇腹を切断、敵陣に突入する。残存兵がいないか確認し、倒れた敵兵から武器を離し安全化。この間、爆破手が梱包爆薬をセットし、仲間に知らせて急ぎ離脱した。

全員が離れたことを確認し、爆破手が点火すると「ドンッ」という爆発音がとどろき、資材を破壊した。

この間15分。銃声や爆発音で敵が急行する恐れもあったため、戦闘隊は素早く戦域を離脱した。

この後、学生たちは最後の力をふりしぼり富士山5合目の太郎坊へ。無反動砲は交代で担った。2時間後、太郎坊で友軍の装輪装甲車に収容された。車内には1枚の紙が貼ってあった。

終わりとせ
日本一は富士でもつ
天下のレンジャー
俺でもつ

訓練中に繰り返し歌ってきた九つの「レンジャー数え歌」。その最後を飾る10番目の歌詞だった。

滝ヶ原駐屯地の手前で下車した16人は再び走り始め、麻生竜伸駐屯地司令(普教連長)以下、全隊員と学生家族らが待つ駐屯地に隊旗を掲げ帰隊した。

学生長の小野が任務完了を報告。麻生連隊長がうなずき、帰還学生一人一人の首に栄光のレンジャー徽章を掛けた。

中島主任が目頭を押さえながら見守っていた。

「想定を開始した頃はこの先どうなるかと心配していたが、最後の襲撃を見て、学生もここまで成長できたかと感動した。この瞬間から、彼らは私たちの同志です」

学生長の小野は「まだ(レンジャーの)実感が持てない」と話す。

「これまでずっと、お前はまだまだと言われてきた。その通りだと思う。バッジの重さを忘れず、これからも精進していきます」

〈完〉

全ての任務を終えて戦域を離脱する玉護3曹(手前)ら学生たち。東富士演習場から富士山5合目の太郎坊まで駆け上がった

最後の攻撃任務「敵兵站施設の襲撃」で、ひそかに敵の施設に近づき、攻撃の隙をうかがう支援班員(7月1日、東富士演習場で)

支援班が敵の歩哨を掃討後、天幕内に走り、敵の資材に爆薬を仕掛ける突入班員。手前は敵役となって倒れた助教(東富士演習場で)

掛川13旅団長からレンジャーバッジを授与され、号泣する学生(6月20日、山口駐屯地で)

麻生連隊長から授与されたレンジャー徽章を胸に、記念撮影する普教連49期レンジャー学生の16人(滝ヶ原駐屯地で)

「バッジに恥じぬよう自分を磨け」

山口駐屯地で帰還式

【山口地本】山口駐屯地で6月20日、旅団レンジャー帰還式が行われ、14人の新レンジャーが誕生した。

式では13旅団長の掛川壽一将補が14人にレンジャーバッジを授与し「このバッジに恥じぬよう今後も自分を磨け」と訓示した。

学生の吉川巧3曹は「訓練中は心が折れそうになったが、仲間と励まし合い乗り切れた。これからも過酷な任務に立ち向かいたい」と語っていた。

「水陸両用作戦」担う15人が誕生

西普連で帰還式

【西普連=相浦】西部方面普通科連隊は6月5日、レンジャー帰還式を行った。

「水陸両用作戦」を担う上で必須の教育である同連隊のレンジャー訓練は4月7日から約9週間にわたり、水上・山岳を舞台に実施された。

帰還式では学生長の鶴健二2曹以下15人が重さ約40キロの背のうと火器を携行し、出迎える隊員や家族の間を行進。國井松司連隊長は「自分の限界を知る者として、さらに素晴らしいレンジャー隊員となれるよう、引き続き精進を」と訓示、レンジャー徽章を授与した。

隊旗を掲げて帰還した西普連レンジャー学生の15人(6月5日、相浦駐屯地で)

感極まって泣く 帰還学生を激励

33普連

【33普連=久居】33普連は6月6日、42期部隊集合教育レンジャーの帰還式を実施した。駐屯地隊員と学生家族が待ち受けるなか、学生長の安藤優作3曹の掲げるレンジャー旗を先頭に16人が帰還。

古屋浩司連隊長が学生たちをねぎらい、16人にレンジャー徽章を授与した。

感極まって嗚咽(おえつ)する学生に、古屋連隊長は「困難な状況をよく克服して任務を遂行した。今後も自信と誇りを持ち任務に専念してほしい」と激励した。

募集・援護 特集

平和を、仕事にする。
陸海空自衛官募集

ただいま募集中！
◇航空学生◇一般曹候補生
◇予備自補（一般・技能）
◇自衛官候補生
★詳細は最寄りの自衛隊地方協力本部へ

職員募集

箕面市と共同で製作したポスターを掲げる中村北東区隊長（左）と松浦募集課広報班長（7月24日、大阪地本で）

箕面まつりに共に出展、連携の強さを確認し固い握手を交わす36普連の隊員（右）と箕面市の消防士（7月27日、大阪府箕面市で）

自衛隊・警察・消防がコラボ

従来の「ライバル」から「仲間」へ発想を転換

人材獲得をめぐり「自衛隊VS警察VS消防」の関係にあった3者が、コラボして隊員を募集する時代へ――。従来のライバルをバディ（助け合う仲間）に変え、募集活動に取り組んでいるのが大阪、島根の両地本だ。「国を守り市民を守る点では同じ組織」（大塚裕治陸将補・大阪地本長）との観点から、大阪地本は地元箕面市と共同で自衛官・消防職員の募集ポスターを製作。一方、島根地本は県警と共同して「採用合同説明会」を開催。この〝逆転発想〟の試みに、全国の地本も注目している。（菱川浩嗣記者）

大阪、島根で展開

「消防」と共同ポスター製作

大阪地本と箕面市の「採用共同ポスター」製作のきっかけは、お互いの組織へのリスペクト（敬意）から始まった。

大塚地本長が5月29日、募集相談員連名委嘱式で倉田哲郎市長と懇談した際、「消防と自衛官の試験に併願者が多い」ことが話題となった。地本長が「自衛官募集も少子化で厳しくなりつつある。消防隊員と自衛官はともに国、市民を守る点で同じ。一緒に連携しませんか」と提案したところ、市長も熱く賛同、共同ポスターの製作が決まった。

その両者の熱意を受け、製作された共同ポスターは3種類（ともにA3サイズ）。

「守りたい人がいる」のコピーが入ったポスター（左写真の左）には、自衛官と消防隊員が共同で人命救助に当たる4枚の写真が配された。中央に両採用試験の概要が入り、両者の密接な関係を表した。今回、ポスター1500部、チラシ4000部が印刷された。

「共に守る絆」のコピーが入ったポスター（同中央）は、上部に消火に当たる消防職員、下部に戦闘訓練中の陸自隊員の写真を置いた迫力あるデザイン。こちらはポスター100部、チラシ3000部を印刷した。

そしてソフトタッチのポスター（同右）は陸海空の女性自衛官と女性消防職員を3人ずつ配置。働く女性たちがアニメ調で描かれ、女子学生の心をつかみそうなデザインだ。これもポスター100部、チラシ3000部を製作した。

いずれも「自衛官」と「箕面市消防職員」の採用試験の受付期間や問い合わせ先が並べて記載されている。

この3種のポスターは7月26、27日に開催された「箕面まつり」の会場に登場し、さっそく地元の学生らから注目を集めた。地本では今後、市の協力を受け、市内施設や道路沿いなどにポスターを掲示していく予定だ。

市との調整に当たった地本北東区隊長の中村義成3陸佐は「調整は大変でしたが、完成したポスターを見て苦労も吹き飛びました。多くの若者や家族に興味をもっていただけると確信しています」と力を込める。

全国初の試みを実現させた大塚地本長は「共同ポスターを見て、一人でも多くの若者が自衛官や消防職員を目指してくれれば。災害現場だけでなく採用情報の発信でも両者が連携することは、市民の安心にもつながる」と製作意義を強調した。

県警と合同で採用説明会

【島根】地本は7月6日、自衛官と警察官・警察職員の「採用合同説明会」を松江市の松江地方合同庁舎で開催した。

今年で2回目となる警察との合同説明会は、「共に治安維持、国民の生命・財産、そして安心を守る自衛隊と警察」の優秀な人材確保を目的に開催している。

この日は県東部などの高校生、専門学校生、大学生ら61人（昨年は37人）が訪れ、会場は満席となった。

最初に地本募集班長の原田秀幸1陸尉と県警警務課長補佐が自衛官と警察官のそれぞれの任務と職域について説明。その後現職の自衛官（13偵察隊・本村拓也3陸曹、3輸空・井上優花里空士長）と警察官が職場の魅力や自身の将来の夢などを語った。

引き続き個別説明会が行われ、自衛官と警察官が質問に対応した。参加学生からは「自衛官も警察官も共に厳しい仕事だが、説明を聞いてどちらにも興味が湧いた。両方受けたい」「自衛官も警察官も共に誇りを持ち、仕事をしていることがよく理解できた。両方の職種をよく検討して試験に臨みたい」との声が聞かれた。

昨年の「合同説明会」に参加し、警察官希望ながら最終的に自衛隊に入隊した若者もいたことから、地本では今年も前年度以上の成果が上がるのではないかと期待している。

広報官が隊員家族を突撃取材

家族に門出を祝福される冨本2士（中央）＝6月28日、善通寺駐屯地で

【兵庫】地本は6月28日、香川県の善通寺駐屯地で行われた15普連と110教育大隊の合同修了式（自候生・一般曹候生前期）に参加した。修了隊員のうち地本からの入隊者は37人で、式後それぞれの任地へ出発した。

加古川地域事務所の脇坂友和広報官は「自分が担当した隊員に頑張れと言いたくて」という思いから善通寺駐屯地を訪れ、式場では家族に突撃取材も敢行。

50普連（高知）に赴任する冨本晴路2士の妹弟は「入隊して兄は一段とたくましくなったみたい。優しい兄が大好きです」と話していた。

また、7普連（福知山）に赴任する竹田将志2士の両親は「すっかり立派になって……」と目を細め、36普連（伊丹）に行く藤本大貴2士の母親は「自慢の息子です」と語り、皆それぞれ記念撮影を楽しんでいた。

一日広報官と共に全職員が街頭広報

【和歌山】地本は7月1日の募集解禁に合わせ、JR和歌山駅など県内主要13駅に全職員を展開させ、募集用ポケットティッシュの配布など街頭広報を行った。

これに先立ち6月27日に出陣式を行い、30日には和歌山県那賀発足のご当地アイドル「ナガール」を一日広報官に任命した。

翌7月1日、「ナガール」は陸海空の制服に身を包み、地本員と並んで自衛隊をアピール。生徒たちはイメージキャラクター入りの地本ティッシュを見て、「かわいいですね」と笑顔で受け取っていた。

射撃訓練を見学し高校生が質問

隊員の射撃訓練を見学する高校生ら（6月21日、八戸駐屯地で）

【青森】地本は6月21、28の両日、八戸、弘前両駐屯地で高校生に対する職場見学を実施した。地本のホームページを見て応募、8人が参加した八戸駐屯地では、司令職務室の支援を受け陸自の概要説明や広報用DVDを視聴。その後、隊員の射撃訓練を見学し、駐屯地食堂で隊員と同じメニューを喫食した。

11人が参加した弘前駐屯地では職場見学のほか軽装甲機動車の試乗などもあった。生徒から「自衛官になるには身長制限はありますか」「視力や歯が悪いとパイロットになれませんか」など、隊員に真剣な質問が飛んでいた。

救難隊員の任務に受講者ら聞き入る

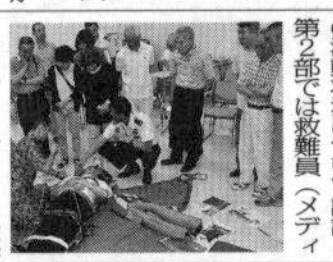

【新潟】地本の加茂地域事務所は6月14日、空自新潟救難隊の支援を受け、三条市東公民館で市教育委員会主催の防災教室を支援した＝写真。

第1部では救難隊准曹士先任の鈴木信一准尉が部隊の活動状況について講話、第2部では救難員（メディック）がロープワークの展示などを行った。

メディックになるには選抜試験を突破し、さらに各種課程のクリアが必要。雪山や荒天の海なども舞台にさまざまな人命救助活動に当たるメディックの任務について、受講者は驚いた表情で聞き入っていた。

名物女将と地本長がラジオで爆笑トーク

【高知】FM高知の人気ラジオ番組「料亭濱長の美佐子でございます」にこのほど地本長の佐藤文章1陸佐がゲスト出演した。

同番組はアナウンサーの谷本美尋さんが高知の名物女将・濱口美佐子さんと共に「高知を元気に！」を合言葉に、本音トークを展開している。7月2日の収録に佐藤地本長がゲスト出演し、入隊動機やイラク復興支援活動での体験、自衛隊の仕事の醍醐味などについて熱く語った。

番組最後では「誠実で思いやりのある若者を自衛隊は待っています」と、しっかりと自衛隊もPRした。

功労者団体に感謝状　創立60周年記念

【山口】地本は7月6日、市内のホテルで地本創立60周年記念式典を開催した。

式を前に感謝状贈呈式が行われ、一般功労9人、募集功労4人と2団体、予備自功労2団体、援護功労5団体に感謝状が贈られた。

式典には岸外務副大臣をはじめ、国会議員や村岡県知事、各自治体首長など多数が出席。地本長の宮木浩1空佐は「地本の任務の原点である自衛隊における人的基盤整備を通じ、国民の皆様の負託に応えるべく、誠心誠意任務にまい進していく」と式辞を述べた。

その後、「日本の安全保障における今日的課題」と題し、記念講演が行われた。

本部長が交代

東京、沖縄など14地本

7月25、26日、8月1、5日付の異動で旭川、岩手、福島、石川、埼玉、東京、静岡、岐阜、和歌山、香川、高知、佐賀、宮崎、沖縄の14地本の本部長が交代した。新任本部長の略歴は次の通り。

柴田利明（しばた・としあき）1空佐　石川地本長。防大32期。昭和63年空自。平成15年2佐、19年1佐。空幕装備体系課企画班長、空幕人事計画調整官などを経て、24年8月西警団基業群司令。福岡県出身。49歳。

竹本竜司（たけもと・りょうじ）陸将補　東京地本長。防大31期。昭和62年陸自。平成13年2佐、18年1佐、24年将補。9特連長、統幕運用2課長などを経て、24年7月、東方幕僚副長。福岡県出身。50歳。

福原弘教（ふくはら・ひろのり）1空佐　岐阜地本長。防大32期。昭和63年空自。平成14年2佐、19年1佐。北部防管群司令、防大学生課長などを経て、25年8月統幕防衛課防衛調整官。神奈川県出身。48歳。

重信勝利（しげのぶ・かつとし）1陸佐　香川地本長。防大29期。昭和60年陸自。平成12年2佐、19年1佐。15後支隊長、需品学校教育部長などを経て、25年3月中方後支隊副長。鹿児島県出身。52歳。

佐藤伸樹（さとう・のぶき）事務官　佐賀地本長。岩手大。昭和61年防衛庁。経理装備局会計課総括班長、大臣官房文書課総務企画官などを経て、25年4月統幕総務課会計室長。岩手県出身。52歳。

川嶋幾夫（かわしま・いくお）1陸佐　旭川地本長。防大31期。昭和62年陸自。平成13年2佐、19年1佐。中方情報課長、統幕総務課国際人道業務室長などを経て、24年12月2施群長。愛知県出身。50歳。

黒田弘人（くろだ・ひろと）1陸佐　岩手地本長。防大31期。昭和62年陸自。平成14年2佐、19年1佐。50普連長、陸幕人事計画課給与室長などを経て、24年7月富士学校企画室長。神奈川県出身。50歳。

榑林寿弘（くればやし・としひろ）1陸佐　福島地本長。北海学園大。平成3年陸自。17年2佐、22年1佐。幹部学校、10師団4部長などを経て、24年9月陸幕運情部付（原子力規制委出向）。北海道出身。47歳。

山口英章（やまぐち・ひであき）1空佐　埼玉地本長。埼玉大。平成元年空自。16年2佐、22年1佐。4空団11飛行隊長、幹部学校付、空幕募集班長などを経て、25年4月教空隊司令。埼玉県出身。48歳。

佐藤一郎（さとう・いちろう）1空佐　静岡地本長。法政大。平成2年空自。16年2佐、22年1佐。空幕装備課、空幕調達計画班長などを経て、25年4月1空団整備群司令。東京都出身。47歳。

西村和己（にしむら・かずみ）1陸佐　和歌山地本長。防大31期。昭和62年陸自。平成14年2佐、21年1佐。統幕校付、14旅団3部長などを経て、24年4月、20普連長。広島県出身。52歳。

幸野英明（こうの・ひであき）1陸佐　高知地本長。防大28期。昭和59年陸自。平成11年2佐、17年1佐。14特隊長、東北方人事課長などを経て、23年5月統幕校総括主任研究官。東京都出身。52歳。

菊田哲（きくた・さとる）1空佐　宮崎地本長。防大28期。昭和59年空自。平成10年2佐、15年1佐。在仏防衛駐在官、6空団基業群司令、情本、作情隊作情処理群司令などを経て、25年4月空教隊副司令。東京都出身。52歳。

山根寿一（やまね・としかず）陸将補　沖縄地本長。防大33期。平成元年陸自。15年2佐、20年1佐、26年将補。陸幕防衛課防衛班長、10特連長などを経て、24年7月陸幕装備計画課長。鳥取県出身。48歳。

人気お笑いコンビ「フルーツポンチ」の亘健太郎さん

空自予備自衛官に採用
芸と国防「二刀流だ」

テレビなどで活躍する人気若手芸人コンビ「フルーツポンチ」の1人、亘健太郎さん（34）が6月15日付で空自予備自衛官に採用された。芸と国防の両立を目指す亘さんに、予備自衛官を目指したきっかけや今後の抱負を聞いた。

（榎園哲哉）

相方の村上健志さんとの絶妙な掛け合いコントや漫才で若者らに人気の「フルーツポンチ」。亘さんは14年前の2004年4月、芸人の道に進んだ。

亘さんは横浜市出身（現在は東京都世田谷区在住）。通っていたジムで海上自衛官の仲間に「自衛隊に入ってみたら」と誘われ1999年4月、航空自衛隊へ入隊。3空団装備隊（三沢）で2任期5年間、自衛官として勤務した。

任期満了を控えたころ、高校時代の友人に「お笑いをやらないか」と誘われた。「芸人になるとは思っていなかった」と少なからず戸惑いはあったものの転身を決め2004年4月、吉本興業の若手芸人養成所「NSC」東京校に入校した。

1年間のNSCでの研修は、授業や演技指導以上に上下関係などが厳しく、途中で脱落する受講生も少なくなかったが「自衛隊で鍛えられて免疫があった。入りやすかった」と、前向きに取り組み全科目を修了。同じクラスだった村上さんとコンビを組み、デビューを果たした。

任期を満了して退職後、11年3月に東日本大震災が発生。「何かできないか」と予備自衛官を志したが、妻由美恵さん（37）が身重だったため断念。その後生まれた長男櫻太ちゃん（2）が大きくなったこともあり、改めて今年3月に志願、6月15日付で採用（空士長）された。

今後、芸の向上と訓練などへの参加の両立に取り組む亘さん。「（競争が厳しい中）芸人であり続けたい」と話すとともに「（予備自の）制度を一般の方たちに知っていただく手助けになれたら」と抱負を話している。

空自予備自衛官に採用された「フルーツポンチ」の亘さん（左）。右は相方の村上さん＝吉本興業提供

女子ラグビー
目指せ！リオ五輪
3自の12人が訓練終える

第2回ラグビー集合訓練の終了を前にポーズをとる陸海空の女性自衛官と指導スタッフ（8月1日、体校グラウンドで）

リオ五輪から採用される7人制ラグビーの女子選手の発掘・育成を目指して自衛隊体育学校（朝霞、保坂一彦学校長）で行われている「女子ラグビー基幹要員集合訓練」の第2回目が8月4日、終了した。

集合訓練は今年度初めて実施。1回目は4月10～25日に陸自隊員10人が参加して行われた。2回目は3自衛隊から12人（陸自9、海自1、空自2）が参加して7月7日から行われていた。

訓練終了を控えた8月1日には練習の模様が報道陣に公開され、13社の記者・カメラマンを前に基礎練習やトライなどの実践練習を約1時間、披露した。

集合訓練は引き続き3回（8月28日～10月23日）、4回（1～3月）とあと2回行われる。2回の訓練中には日本代表を選ぶトライアウト（選考会）にも挑戦、代表入りを目指す。

今回の訓練参加者のうち、「関東セブンズ」の1人にも選ばれている橋場麗奈3陸曹（東方衛から8月1日付で体校）は「トライアウトに合格し、自衛隊から初めての（女子ラグビーの）日本代表に選ばれたい」と意気込む。

指導に当たる教官の和田伸一郎1陸尉（体校）も「日本代表を輩出することが大きな目標」と期待を寄せている。

中央病院看護師長を表彰
人命救助に貢献
杉並消防署長

【中央病院＝三宿】自衛隊中央病院看護部看護師長の三上由美子3陸佐（47）は7月26日、人命救助の功績が認められ杉並消防署長から感謝状を授与された。同署高円寺出張所の倉本秀幸消防司令が代行した。

三上3佐は7月13日午後3時ごろ、東京都杉並区の高円寺郵便局付近を通りかかった際、60代男性が心肺停止状態で倒れているところに遭遇した。

すでに警察官がAED（自動体外式助細動器）を携行し、現場に到着していた。心臓マッサージなどが行われる直前で、三上3佐も直ちに救命活動に加わった。心臓マッサージを行うとともにAEDのパッド装着を手伝い、男性の観察を行った。その後、到着した救急隊員に状況を報告し引き継いだ。

三上3佐は平成22年3月、中央病院に配属され8東病棟で助産師として勤務。26年3月から同病棟の看護師長として病棟管理を任されている。

中央病院では日ごろから救命技術向上のための教育・研修を実施しており、三上3佐も研修会に参加するとともに所属勤務員の指導を行っている。

感謝状を贈られた三上3佐は「研修会参加などの成果が、今回の救命活動に役立った。引き続き自己の救命技術を向上させたい」と話している。

人命救助で感謝状を贈られた三上看護師長（前列右）。左は倉本消防司令

ベナンの国土が鍵の形をしていることを小野寺大臣にアピールするゾマホン大使（7月31日、防衛省で）

「防衛駐在員、まずベナンに」
ゾマホン大使が小野寺大臣に"直訴"

人気タレントとして活躍し現在、駐日ベナン共和国大使を務めるゾマホン・ルフィンさんが7月31日、防衛省を訪問し、小野寺防衛相と会談。「早く大使を辞めて日本の総理大臣になりたい」と冗談を交えたトークで、日本、ベナン両国の交流に一役買った。

ゾマホンさんは1994年、自費留学生として来日し、上智大院・博士課程で教育問題を研究。タレントとして活躍する傍ら、母国に小学校や井戸を建設する支援を積極的に行ってきた。それらの功績により2012年、ベナン共和国の特命全権大使に任命された。

会談では、小野寺大臣が「防衛省はアフリカを重視し、（新たに）7カ国に防衛駐在官を送る。隣のナイジェリアにも派遣します」と報告すると、ゾマホンさんはすかさず「ベナンは鍵の形をした国。アフリカをよく理解しようとするなら、やはりベナンから」と提言した。

防衛省の最も近くに大使館を置くベナン共和国だが、今回ようやく会談が実現。「今日は生まれてきて一番うれしい日」と話すなど、ゾマホンさんは終始上機嫌で、大臣や周囲の笑いを誘った。

初の女性定年退官
清水曹長 35年間「緊張の日々」
守山駐屯地

多くの隊員に見送られ守山駐屯地を後にする清水曹長（7月15日）

【守山】守山駐屯地で7月15日、10後方支援連隊の清水博子陸曹長（54）が定年退官した。女性の定年退官は10師混成団本部の所在駐屯地としては昭和34年6月の創設以降初めて。

清水曹長は福岡県出身で、54年3月に入隊。愛知地連（現地本）、10後方支援連隊補給隊などを経て、同2整備大隊3普通科直接支援中隊を最後に約35年間の勤務を終えた。

勤務を振り返り、清水曹長は「昭和のころは女性が少なかったため物珍しい目で見られ、いつも緊張していました。特に服装や態度、身だしなみ、行動などには気を使いました」と話した。

退官日には大庭秀昭司令をはじめ駐屯地の多くの幹部・隊員らに見送られ「定年を迎えられたのは皆様のおかげ。感謝の気持ちしかありません」と感無量で語った。

こちら警務隊
☎ 8・6・47625

期間内に反則金を納入
従わないと刑事裁判に

一般道で、時速25キロの速度超過で捕まった場合、どのような手続きをすればいいですか？

一般道における時速30キロ未満の速度超過の場合は、交通反則通告制度が適用され、警察官から渡される納付書に従って期間内に反則金を納めると手続きが終了します。

もし反則金を納めず、警察官からの呼び出しに応じない場合は、刑事裁判を受けることになります。

また、一般道での時速30キロ以上の速度超過は、この制度は適用されず、刑事処分の対象となり、6カ月以下の懲役または10万円以下の罰金に処されます。

安全運転を心掛け、交通ルールはしっかりと守りましょう。（119地警＝旭川・自田3曹）

9人、2部隊を選出
「国民の自衛官」

著しい功績のあった陸海空自衛官・部隊を顕彰する「国民の自衛官」（フジサンケイグループ主催）の選考委員会が7月24日、東京都千代田区の産経新聞社で開かれ、9人2部隊が選ばれた。

顕彰は今年で12回目。関門海峡の機雷処分を長年続けている下関基地隊などが選ばれた。表彰式は10月6日に都内で行われる。受章者・部隊は次の通り。

【陸自】藤田靖3陸佐（11旅団11飛行隊＝丘珠）▽熊谷春樹即応予備自衛官（38普連＝多賀城）▽楢原雅規3陸曹、岡田知也陸士長（13特科隊＝日本原）▽中島健次準陸尉（35普連＝守山）▽15旅団101不発弾処理隊（那覇）

【海自】砂田智司2海曹（2護衛隊群「あまぎり」＝佐世保）▽横内拓哉1海曹（下総航空基地隊）、下関基地隊

【空自】坂本裕之准空尉（千歳管制隊）▽毛利紀和子3空尉（航空システム通信隊保監群本部＝市ヶ谷）

小休止

▽…日本海の空をにらむレーダーサイトを置く空自高尾山分屯基地（7警隊）の開設60周年記念行事がこのほど地元市民を迎えて行われ、基地の自転車アクロバットチーム「レッドクラブ（赤い蟹）」が華麗なパフォーマンスを披露した＝写真。

▽…同チームは平成16年の基地50周年を記念して発足。赤で彩られた改造車体は戦闘機ふうで、6人のライダーが一糸乱れぬ走行演技を見せた。

▽…一番の盛り上がりを見せたのは「コスモ」。6機がそれぞれ別の方向から現れて中心に向け突っ込み、ぎりぎりで交差して離脱する、まさに離れ業。鮮やかなハンドルさばきに大きな拍手が送られた。（高尾山）

朝雲・栃の芽俳壇

畠中草史　選

制服を浴衣に着替へ紅を引く　江別・陸OB　鎌田日出雄

制服で自衛官として課業をこなし、終わると寛いだ女性に変わる。「浴衣、紅」の働き。

水馬に雨の水輪となつてきし　熊谷・空OB　明田　真雅

あめんぼうが水輪を作っていた水面の世界は何時しか雨の水輪の世界へと移っていく。

短夜の旅装に加ふ季寄かな　入間・空OB　藤井　功風

落梅や願ひ叶はぬ腰越状　大阪・空OB　高木　智念

比叡連山目交にして薔の花　大津・陸OB　丸岡　正男

蟻の道一匹として止まらず　千葉・空OB　榎　利風

紫陽花の彩り零す今朝の雨　今治・陸OB　畤谷　白涛

ほととぎす飛騨と信濃の国境　浜松・空OB　宮本　立勇

試着室更衣とて妻楽し　浦安・海OB　晴山　雅之

リハビリと黙々歩く日の盛り　仙台・陸OB　加川　師亭

早朝の雨降る音の文月かな　西東京・空OB　水島　孝雄

遥か見ゆ秩父の嶺の稲光　熊谷・空OB　蓮佛志向子

親燕去り子の閉ぢぬ嘴黄色　府中・空自衛官　村上　智樹

信州の山一望す梅雨晴間　熊谷・空OG　関田　絹江

鈴蘭を咲かせて久し路地住ひ　新座・陸OB　船田藤三郎

麦熟るる田畑一面黄金色　熊谷・空OG　高橋ふみ子

嬰児包み片陰を選り宮参り　四街道・陸OB　樫田　湖風

遥かまで白の広ごる蕎麦の花　熊谷・空OG　佐藤　玲美

水無月や坂東太郎舟の旅　千葉・陸OB　川又　勝彦

軒下に遊具そのまま梅雨に入る　熊谷・空OG　福元万理子

古民家の雨戸を開けて南風通す　小牧・陸OB　松岡　魚青

自づから背筋の伸びる立葵　熊谷・空OG　関谷　桂子

一枝を流れに垂らし額の花　東京・海OG　折口　桂子

初夏の庭駈け巡る子等頬真赤　熊谷・空OG　塚本　恵玉

選者作品

道祖神路傍の石のやうに灼け

投句歓迎！

▽郵便はがきの裏面に未発表の自作3句以内と氏名、年齢、職業（自衛官・事務官＝所属部隊＝、OB、家族、一般など）、住所、電話番号を記入▽締め切り毎月15日▽宛先＝〒162―8801東京都新宿区市谷本村町5の1 防衛省D棟市ヶ谷記者クラブ朝雲俳句係☎03（5225）1750、専用線8・6・25515

みんなのページ

ヤシの新芽のように力強く――

傷痕乗り越え復興へ

フィリピン台風被災地を再訪して

2海佐　井上　貴嗣（統幕副報道官・市ケ谷）

私は7月上旬、フィリピン・レイテ島のタクロバン市を再訪した。

この地は昨年11月、フィリピン諸島中部を横断した台風30号「ハイヤン」により、甚大な被害を受けた被災地である。

この未曽有の災害に対して、自衛隊は「フィリピン国際緊急援助統合任務部隊」を編成し、過去最大規模となる陸・海・空自衛隊の隊員約1180名が約1カ月間にわたり、現地での救援活動に従事した。

当時、統合任務部隊の広報担当者として被災約1週間後にタクロバン入りした私は、今般、フィリピンなどで行われた米海軍主催の医療・文化活動「パシフィックパートナーシップ2014（PP14）」の広報担当者として、再びタクロバン市を訪れた。

被災直後のタクロバンは、高潮により多くの建物が損壊し、船舶は陸地に打ち上げられるなど、まさに壊滅的な被害を受けていた。市内各所で避難所に身を寄せる人がいる一方、損壊した空港ターミナルでは島外への避難のため、何日も輸送機への搭乗を待つ人々であふれていた。

それから約8カ月して再訪したタクロバンは、驚くほど活気にあふれていた。ところどころ壊れたままの建物や打ち上げられた船が残されていたが、道路を覆っていたがれきは一掃され、多くの商店やレストランは営業を再開し、ホテルではインターネットも問題なく通じた。

さらには大型ショッピングモールも新装開店していて、たくさんの家族連れが買い物を楽しんでいた。人々の表情も明るく、朝晩の通勤通学時間には市内の道路は「ジープニー（乗り合いバス）」で渋滞するほどだった。

タクロバン市役所で「PP14」の自衛隊の活動について地元記者らに説明する井上貴嗣2佐（左から2人目）

さて、タクロバン空港で、広報業務のために敷地への立ち入り手続きをした時のことである。修復工事が続く空港ターミナルの傍らで対応してくれた係員に、私が「順調に復興していますね」と話しかけたところ、「ええ、町は徐々に復興しています。でも私はあの台風で娘3人を失いました」と急に声を落とした。

日・米・豪の「PP14」の活動として文化交流を行った市内の小学校でも、校庭にはいまだに被災者が身を寄せる避難所が残されており、多数の世帯が移転先の住居の完成を待っているとのことであった。明るく活気に満ちあふれているように見えても、現地の人々の心には大きな傷痕が残っているのだ。

自衛官（左から2人目）が作り方を教えた紙飛行機をグラウンドで飛ばすサンフェルナンド小学校の児童たち

昨年の11月も、今回の訪問時も、私がタクロバンに滞在したのはそれぞれ数日間で、市内をくまなく歩いて街の状況を確認したわけではない。まさにうわべだけの様子を見てきたに過ぎない。この街が完全に復興するには、まだ長い時間がかかるかもしれない。

タクロバンの海岸で、私は昨年の台風通過の後に芽吹いたと思われるヤシの新芽を見つけた。そのヤシの新芽の力強さを見ながら、私はタクロバンの一歩一歩であっても着実な復興を願った。

（世界の切手・フィリピン）

人間の生命は一つであるが、魂は複数ある。　佐藤　優（元外交官、作家）

「もうひとつの『永遠の0』」

筑波海軍航空隊プロジェクト監修、方喰正彰編

「泣いてくれるな墓標の前で　空は男の散るところ」

百田尚樹氏のベストセラー小説『永遠の0』は零戦パイロット・宮部久蔵を主軸に、特別攻撃（特攻）と太平洋戦争を描く。フィクションではあるが、その宮部が教官を務めた「筑波海軍航空隊（筑波隊）」の神風特攻隊には64人の若者が所属し、そのほとんどが若い命を散らした。

〝もうひとつの〟と銘打った本書は、筑波隊に所属していた実在の特攻隊員たちを出撃前の写真や遺書、日々の雑感をつづった日記などで振り返る。死を前にした彼らには不思議な明るさがあり、それだけに彼らがどんな思いで特攻に行ったのかを考えさせられる。

また、実際に筑波隊から特攻出撃した元特攻隊員・柳井和臣氏（90）の貴重なインタビューも収録。「特攻とは何か」というインタビュアーの真摯な問いかけに、「戦術的には下の下」だと言い切った同氏の胸中は計り知れないものがある。

『永遠の0』を通じて筑波隊を知った若い世代に読んでもらいたい一冊。特攻隊員の短い青春を目に焼き付けたい。

（ヴィレッジブックス刊、1296円）

新刊紹介

「官房長官　側近の政治学」

星　浩著

「女房役」「番頭」「内閣の顔」とも称される官房長官。その姿は日々の記者会見でおなじみだが、意外にその実態が知られていない。著者は政治記者歴30年。現場を熟知するジャーナリストの視点から、多くの官房長官のエピソードを交え日本政治の断面を切り取る。

官房長官ベスト3として、著者が最高位に置いたのが情報の後藤田正晴。「タカ派」「風見鶏」と呼ばれ、本流ではなかった中曽根康弘首相を支え、大韓航空機事件、ペルシャ湾への自衛隊掃海艇派遣などで能力を発揮した。

2位はバランスの福田康夫。閣僚経験はなかったが、「聞き上手」な資質に加え、父・福田赳夫が外相や首相を務めた時の秘書官経験により政策決定の内実に詳しかった。

3位は大平正芳。池田勇人に「首相は庶民感覚を持つべきだ」としてゴルフ、料亭入りを慎むよう求めたという。

官房長官に必要な資質は「自分の考えを抑えて調整役に徹す」こと。不向きな3人として、小沢一郎、小泉純一郎、菅直人が挙げられている。

（朝日新聞出版刊、1296円）

OBがんばる

大久保　千明樹さん　61
平成19年3月、空自第3高射群本部（千歳）を最後に退職（1尉）。自衛隊員をサポートする弘済企業に再就職し、現在、千歳保険出張所に勤務。

人生設計をしっかりと

私は平成19年3月に定年退職し、弘済企業に再就職しました。本社は東京都新宿区のまさに防衛省と道路を挟んだ真向かいにあり、団体傷害保険を主とする「保険事業」と石油類納入代行などの「石油事業」を行っています。

私は当社の千歳保険出張所に勤務し、千歳基地厚生センター2階にある保険相談室に常駐しています。

当社の経営理念・会社創立の趣旨には「隊員、家族の福利厚生に寄与する」とあり、これを具現化すべく隊員と向き合って日々勤務しています。

仕事がら入社以来、日曜・祝日・時間などに関係なく、また芝を刈っている時も日曜大工をしている時も携帯電話の呼び出し音が鳴り、対応に迫られるようなこともあります。

定年を迎える皆様の前には多種多様な再就職があると思いますが、第二の人生、まずは健康管理と早期の準備（援護室との早めの連携）が大切だと思います。

また、再就職後は就職先での頭の切り替えと順応力が必要となり、人生設計をしっかりと立てることが必要不可欠であると思います。

かつて私が沖縄の部隊に勤務していた時、ある冊子に「建設は死闘、破壊は一瞬」という一節がありました。まさに作り上げるのは大変です。私も今もこの言葉を胸に、微力ではありますが、誠心誠意、隊員の皆様とその家族のために努めさせていただきたいと思っております。

息子がU18日本代表に

1空曹　井手　邦博（空自硫黄島基地隊）

バスケットボールのU18日本代表として世界を相手に戦う井手1曹の次男・優希さん

8月19日から28日まで中東・カタールのドーハで開催される「第23回FIBA ASIA U18男子バスケットボール選手権大会」に出場する日本代表選手12名の中に、我が家の次男（優希）が選出されました。

優希のバスケとの出合いは小学2年生の時で、長男（拓弥、現・陸自隊員）が地区のミニバスケの試合に臨時部員として誘われ、それに付いて行ったのがきっかけでした。

当初は息子たちが有り余った体力をバスケで発散して、家で静かにしていてくれればいいな、くらいのつもりでいました。しかし、優希は思いのほか上達していき、中学時代はジュニア・オールスター福岡県代表として活躍、その後、バスケの名門校である福岡第1高校に進学することができました。そして今回、晴れて18歳以下の日本代表となりました。

優希の今があるのは本人の努力はもちろんですが、それ以上にお世話になった先生や学校の仲間、そして福岡第1高校の素晴らしい監督、コーチ、チームメートの支えがあってのことです。

今後とも感謝の気持ちを忘れず、私たち家族を含めみんなの期待を胸に、堂々と世界で戦ってきてくれることを祈っています。

そして願わくば、2020年の「東京オリンピック」に日本代表として出場することを目標に、これからも頑張ってほしいと思います。

詰碁

第1093回出題

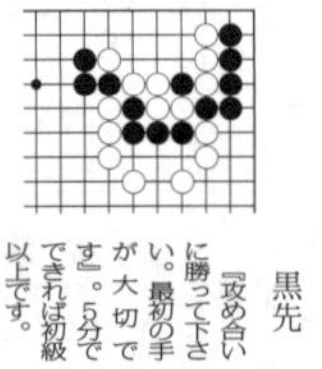

出題　日本棋院　九段　曲　励起

黒先

『攻め合いに勝って下さい。最初の手が大切です』。5分でできれば初級以上です。

▶詰碁、詰将棋の出題は隔週です◀

詰将棋

出題　日本将棋連盟　九段　石田　和雄

▲先手　持駒　桂

≫第677回の解答≪

【正解】▲2五馬△2三玉▲1四竜△同香▲3四馬△1三玉▲2五桂までの七手詰め。

【解説】初手▲4三馬は△2四歩で不詰み。▲2五馬は自然な手ですが、次の▲1四竜が本題の眼目ともいうべき妙手で、気付きにくい。この手を発見できれば、後は平易な追い詰めでしょう。

自衛隊創設60周年企画で語る

真の「統合」時代へ　防衛相

装備庁は開発、調達の中核

小野寺防衛相は8月6日、今後の防衛政策の重点項目として装備面における陸海空の「統合」をより一層進める考えを明らかにした。来年発足予定の防衛装備庁（仮称）について、装備品の開発、調達、維持管理を一元的に行う中核的存在とする方針を示した。また、年末までにまとめる日米防衛協力のための指針（ガイドライン）について、日本が「当事者」として危機に直面する、従来とは全く緊張感の異なる状況の中で見直す初の指針と意義付け、「日米の役割をしっかりと詰めていく」と述べた。朝雲新聞が行った自衛隊創設60周年特別鼎談の中で明らかにした。（3面に詳報）

ガイドライン「脇役」から「当事者」に

小野寺大臣はこの中で、今後は「統合運用を前提とした装備の充実」を図るべきだとし、具体的例として、①陸自車両を輸送艦に自走で乗せるなど車両の海空自での速やかな展開②ヘリなどの航空機燃料の統一③ミサイル防衛（MD）における陸海空の通信網や警戒監視の情報連接④コスト削減に資するヘリの共同調達――などを挙げた。その上で「求められるものに陸海空が努力することが大事になってくる」との認識を示した。

また現在行っている17年ぶりのガイドライン見直しについて、米ソ冷戦構造や日米同盟での役割といった日本が「脇役」だった時代とは異なり、尖閣をめぐる中国やミサイル開発を進める北朝鮮を背景に、日本が「当事者」として危機に直面する可能性の中で行う初の見直しになると位置付けた。

さらに「一部策源地攻撃は問題ないとの考え方がある」としたものの、「盾（自衛隊）と矛（米軍）の関係」を基軸に日米の役割分担をしっかりと進める考えを示した。

一方、大臣就任以来、全国の駐屯地、基地を休日も含め精力的に視察していることについて、「東日本大震災の被災者としてお世話になったお礼を自衛官にしたいと思ったら、おのずから全国に広がった」とし、視察回数は140回に迫り、歴代防衛庁長官、防衛大臣を通じ、群を抜いてトップに立ったことを明らかにした。

また鼎談に臨んだ防衛大学校の國分良成学校長（専門は現代中国論）は、日本に対する最近の中国の対応が変わってきているとし、「日米同盟がきちんとしていれば中国にスキを与えない」として、日本の安全保障面における「日米同盟の圧倒的重要性」を強調。

読売新聞調査研究本部の勝股秀通主任研究員は 自衛隊と韓国軍との将官クラスの交流が途絶えていることに危機感を示す一方、自衛隊広報の在り方を見直す時期にきているとの考えを示した。

ACSA交渉入りで合意

日仏防衛相会談

仏軍訓練に自衛隊

初参加　人事交流なども活発化

防衛協力の覚書に署名し、握手する小野寺防衛相（右）とルドリアン仏国防相（7月29日、防衛省で）

小野寺防衛相は7月29日、防衛省でフランスのルドリアン国防相と4度目となる防衛相会談を行い、人事交流や共同訓練、装備品の共同研究開発などの分野で両国の関係進展を目指す覚書「防衛協力・交流に関する意図表明文書」に署名した。両氏は、食料や燃料、輸送などの物品や役務を相互融通する「物品役務相互提供協定（ACSA）」の締結に向けた交渉入りでも合意した。南太平洋のニューカレドニア駐留仏軍が主催する多国籍訓練「南十字星14」や「赤道」への自衛隊の初参加も決まった。

ACSAについて小野寺大臣は会談後の記者会見で、仏側から初めて申し出があったことを明らかにし、締結に向け「速やかに検討に入るよう指示する」と述べた。さらに自衛隊が海賊対処活動の拠点としているアフリカのジブチを例に、「フランスがかなりの影響力を持ち、部隊も展開している。ACSAが締結されれば海賊対処行動にとってもよりプラスになる」と述べ、相互のメリットと意義を強調。ソマリア沖・アデン湾での海賊対処や海洋安全保障で、運用面でのさらなる連携強化を図っていく考えを示した。

両氏は防衛装備品の共同研究開発の実現に向けた協議の加速化でも一致。仏側が水中の警戒監視が可能な無人潜水機を含む日本のロボット技術に高い関心を持っていることから、防衛省ではルドリアン国防相を技術研究本部に案内し、最新のロボット技術について説明した。

人事交流ではハイレベル対話の充実で一致。両国の人事施策について今回、共同編さんした冊子をもとに、交流の在り方を模索する。このほか、フランスがロシアに強襲揚陸艦2隻を売却する交渉を進めていることに関し、小野寺大臣は改めて強い懸念を表明し、売却の中止を求めた。

自衛隊　ニューカレドニアの「南十字星14」参加

多国間調整能力向上へ

自衛隊は8月25日から9月5日まで、南太平洋の仏領ニューカレドニアで駐留仏軍が主催する統合多国間訓練「南十字星14」に初めて参加する。統幕が8月8日、発表した。

統幕によると、参加するのは統幕から3人と陸自から1人の計4人。司令部要員として島嶼における人道支援・災害救援（HA/DR）活動を想定した多国間調整の要領を演練し、後方作戦や民軍協力における調整能力の向上を図る。

「南十字星」訓練は2002年に開始され、隔年で開催。今回は日仏のほか、米、英、豪、カナダ、ニュージーランド、パプアニューギニア、トンガ、バヌアツが参加する。日本は訓練を通じて各国軍などとの信頼醸成や連携強化に力を入れる考えだ。

同訓練については、今年1月にフランスのパリで開かれた初の日仏外務・防衛担当閣僚協議「2プラス2」で「南太平洋駐留仏軍のHA/DR演習への自衛隊のオブザーバー派遣の定例化」が決まったことを受け、5月5日の首脳会談と7月29日の防衛相会談で具体的な訓練名などが公表された。

猛暑なんの！弾けるパワー

女性自衛官教育隊学生

朝霞の「彩夏祭」でよさこい鳴子踊り

自衛隊の若いパワーは全国の「夏祭り」でも不可欠な存在だ。「東北3大祭り」はもちろんのこと、過疎化の進む地方の盆踊りなどでも若い隊員たちが部隊を挙げて祭りに加わり、地域を盛り上げている。

8月3日、埼玉県朝霞市で行われた「彩夏祭」には陸自女性自衛官教育隊の学生ら147人がピンクの法被と迷彩服のいでたちで出場、弾けるパワーで「よさこい鳴子踊り」を舞い、その一糸乱れぬ統制美に沿道の観客からも大きな拍手が送られた。

学生たちは「全員が一致団結して踊れた。この経験を生かし、残りの教育も団結力を大切にして頑張っていきたい」と汗をぬぐいながら話していた。

春夏秋冬

富士登山

田部井　淳子

2011年の震災後、福島県出身の私に一体何ができるかと考え抜いた末、「避難所で一日何もすることがないって本当につらいです」という一言に、「ハイキングしてみませんか」と誘ったことがキッカケとなり、その年の6月から、避難生活している人たちに呼び掛けてハイキングを実施してきた。

福島県にいる方たちとは福島方面の山々を、首都圏にもたくさんの方たちが避難されているが、そういう方たちとは首都圏の山々を毎月歩いてきた。

「緑の中を歩くって本当に気持ちいいですね。元気出ました。前向きになれます、本当にありがとう」という言葉に私たちの方も励まされ、39回続けている。今後も続けていくつもりである。

次の東北をになう若い人たちに元気になってほしいという思いから2012年の夏休み、「被災した東北の高校生を日本一の富士山へ」を企画した。お金は[illegible]「お金を集めるのは大人の役目よ」と言ってくれる仲間、協力してくださる会社、「若い高校生のためなら」と全国から寄付の申し出もあって実施できた。

多感な時期に大震災に遭い、卒業式も入学式も公民館や仮校舎で行い、家族もバラバラにならざるを得なかった多くの高校生に、元気と勇気を富士登山で得てほしいと思い立ったのだが、参加した高校生の多くから、「一歩、一歩本当につらかった。でも諦めないで良かった。頑張れば目標は達成できるということが分かった」「水の大切さを実感した」「チームで登ることが大切なんだということが分かった」「今までいい風景を見てこなかったので、富士山の雄大な眺めに心が洗われ、悩んでいたが、自分の進路が分かった」というような感想文を読み、これは1回で終わらせてはいけないと昨年も実施し、74人全員が登頂した。

そして今年7月23～24日、富士山[illegible]、福島県から83人[illegible]43人のスタッフと共に会[illegible]た。1班から3班までが女子31人、4～8班が男子とグループ分けし、班の追い越しは禁止で、ゆっくりゆっくり頂上を目指した。

初めてこの富士登山で出会った高校生たちだったが、班の誰かがバテるとお互いに励まし合い、コミュニケーションもとれ、男子の班から「がんばれ～」などのエールもあって勇気づけられ、全員が登頂した。

「つらかったけど励ましと協力で登れ、最高の夏休みになりました」「私たちのために多くの大人の人たちが裏で働いていることが分かりました。文句ばかり言っていたけど、自分も復興のために何か役に立つことがしたいです」と書いてきた女子高生にうれしく思った。

1000人登らせるまでは続けたいと思い、私は来年の計画に向かっている。

（たべい・じゅんこ＝登山家）

電子戦など連携強化

航空戦術教導団を新編

航空戦術教導団の組織図

- 防衛大臣
  - 航空総隊司令官
    - 航空戦術教導団
      - 司令部
      - 飛行教導群
      - 高射教導群
      - 電子作戦群
      - 基地警備教導隊
      - 航空支援隊

空自は8月1日、電子戦やネットワークを用いた部隊運用強化などを目的に「航空戦術教導団」（司令部・横田基地、団司令・平塚弘司将補）を新設した。横田基地で中島総隊司令官から平塚団司令に隊旗が授与され、人員約660人で発足した。

これまで戦技・戦法に関する調査研究や各部隊に対する指導などは、飛行教導隊（新田原）、高射教導隊（浜松、千歳）、基地警備教導隊（百里）など各教導部隊が実施してきた。

新編により、機能別の部隊運用に加え、複数の機能を連携させた戦技・戦法を組織的かつ継続的に調査研究する。電子戦を含め、各種機能を連携させることで部隊運用能力を向上させ、各種事態に対処する。各部隊の所在基地に変更はない。

齊藤空幕長は同日の記者会見で「団司令の下で飛行教導隊は、戦闘機をもってさまざまな部隊間で教導するための多くの（作戦）パターンを考える。訓練しなければならない脅威に対する分析、運用、研究も行っていく」との方向性を示した上で、「技術を確保するために、戦闘機、ペトリオット部隊、基地警備部隊の各機能を有機的に連携させて、ベストな方法を導きだす必要がある」と新設の意義を強調した。

防衛省発令

▽海幕防衛課分析室長（15護衛隊司令）1海佐　八木浩二
▽同指揮通信情報部（5護衛隊司令）同　江川　宏
▽5護衛隊司令（余市防備隊司令）同　豊住　太
▽15護衛隊司令（護衛艦隊）同　吉川　尚徳
▽しもきた艦長（1輸送隊）同　柳　信男
▽海洋業務群（海幕防衛課分析室長兼海洋業務群）同　佐藤　広憲
▽余市防備隊司令（佐世保海上訓練指導隊指導部長兼船務航海科長兼副長）同　高田　昌樹
▽海自幹部学校付（掃海隊群）同　吉田　久哉
（以上8月5日）
▽空自幹部学校付（空幕防衛課）1空佐　米山　浩
[illegible]科学校副校長）同　尾島　義貴
▽海自1術科学校副校長（同1術科学校）同　山本　喜清
（以上8月7日）
▽中部方面総監部付（中部方面後方支援隊同輸送隊長）1陸佐　森　英久
▽同後方支援隊同輸送隊長事務取扱（同後方支援隊副隊長）同　中村賀津雄
（以上8月8日）
▽空幕厚生課厚生班長（空自幹部学校）1空佐　森部　樹司
▽同技術課先進技術室長（8航空団基地業務群司令）同　鈴内　克律
▽8航空団基地業務群司令（空自幹部学校総務課長）同　荒武　克彦
▽5高射群司令（空幕技術課先進技術室長）同　竹平　哲也
[illegible]
[illegible]校）同　尾山　正樹
（以上8月10日）
▽防衛医大副校長＝管理担当、防衛医大事務局長併任（警察庁長官官房付）中村　範明
（8月8日）

朝雲寸言

飛び出す絵本と言ったら、編集者に怒られるだろうか。ページをめくる度に安倍晋三首相の写真が目に留まる。中国や韓国にすれば、なんとも目障りで、鬱陶しく思ったことだろう▼平成26年版の『防衛白書』が、8月5日に公表された。その特色の一つは、随所に安倍首相の写真が掲載されていること。その数全部で20枚。昨年の白書も12枚と比較的多かったのだが、今年はその倍近く、平均すれば約18ページ読み進むごとに首相の顔が出てくる計算だ▼写真にはそれぞれ、「安全保障法制の整備について記者会見する安倍首相」「日米首脳会談における安倍首相とオバマ大統領」などのキャプションが付けられ、防衛省とすれば、首相のリーダーシップを印象づけようとの狙いもあったのだろう▼白書の記述をめぐって、文句や言いがかりを付けてくるのは、中国と韓国の常とう手段だが、まさか「大嫌いな男（首相）の写真が多過ぎる」とは言えないだろう。写真も白書では重要な要素だ▼それ以上に目を引くのは、尖閣諸島周辺で撮影した1枚だ。せめぎ合う海上保安庁の巡視船と中国海警局の公船。その上を海上自衛隊のP3C哨戒機が悠然と飛んでいる。中国にすれば、首相の顔よりも目障りなはずだ▼この写真を見れば、尖閣諸島の領海と領空を、きちんと治めているのがどこの国であるのかは一目瞭然だからだ。自衛隊の通常任務を紹介したにすぎないが、その効果は大きい。

発行所　朝雲新聞社
〒160-0002　東京都新宿区坂町26番地19　KKビル
電話　03（3225）3841
FAX　03（3225）3831
振替00190-4-17600番
定価一部170円、年間購読料9000円（税・送料込み）

本号は10ページ

2面　空幹校に航空研究センター新設
3面　鼎談　小野寺防衛大臣を囲んで
4面　〈訓練〉35戦闘団が8戦車を撃破
5面　〈厚生・共済〉秋のブライダルフェア
6面　空幹校、飯塚駐が海軍カレーに対抗
7面　〈部隊だより〉オスプレイ北海道に
8面　〈地方防衛局〉KC130移駐開始
9面　ラオス南部で不発弾処理が終了
10面　〈みんなのページ〉マラソン伴走して

時の焦点

国内　石破氏の処遇

来秋の総裁選と関係も

自分を脅かす者は許さない。権力者はとかく、そんな思いを抱くようだ。

小渕首相もそうだったのだろうか。

1998年7月の参院選大敗の責任を取って、橋本首相が退陣。後を継いだ小渕首相は、その凡庸な風貌からか、「冷めたピザ」と揶揄された。参院は過半数割れしており、金融危機にも見舞われる。短命は避けられまい、と言われた。

しかし、野党の法案を「丸のみ」して成立させ、金融危機を乗り切る。自由、公明両党と連立を組み、政権基盤も安定させた。

「やるじゃない　やりすぎじゃない　小渕さん」

そんな川柳も話題になった。

そして、99年9月、再選を目指して自民党総裁選に臨んだ。対抗したのが加藤紘一、山崎拓両氏だ。小渕再選は当初から確実視されており、加藤、山崎両氏にしたら、ポスト小渕の候補として、存在感を示すのも目的だったろう。小渕氏は予想通り圧勝する。

そして、党役員・内閣改造人事となった。

小渕氏は、加藤派から池田行彦氏を総務会長に起用する。加藤派の意向に反する一本釣りだった。

「総裁選が終わったら、挙党体制だと言ったじゃないか」と、なじる加藤氏に、小渕氏はこう言い放った。

「あんたは、オレを追い落とそうとしたじゃないか」

そんな怨念をため込んでいたのは予想外と言えた。

権力の座に再び就いた安倍首相はどうだろうか。

9月の人事で、自民党の石破幹事長を安全保障法制の担当相に起用するのではないかとささやかれている。「安保重視の布陣を敷く」という表向きの理由のほかに、もう一つ政局的な狙いがあるというのが永田町での観測である。

それは、石破氏の封じ込めだ。

安倍内閣の閣僚の一員になれば、来秋の自民党総裁選で、安倍氏に対抗して出馬することは普通、難しい。首相からすれば、ライバルの出馬の可能性を消し、自らの総裁再選が確実になるというわけだ。

8月5日に自民党本部で、都道府県連の幹事長を集めて、全国幹事長会議が行われた。複数の県連から、石破氏の幹事長続投を求める意見が出たという。

地方における石破人気は健在だ。

首相に近い議員は、石破脅威論を言下に否定し、「首相は石破さんを恐れていない。だれが総裁選に出ても、首相の再選は確実だ」と語る。

しかし、そう力を込めて反論すること自体が、石破氏を意識している表れとも思える。

首相の胸の内は、どうだろうか。

安全保障法制の担当相に据えるか。石破氏が断った場合、幹事長を続投させるか。あるいは、無役とするのか。

無役にすれば、石破氏は「反安倍」に傾く可能性があるし、石破支持の県連の反応も気になる。

難しい判断と言えるだろう。

風間　二郎（政治評論家）

海外　周永康氏の立件

習指導部の賭けの行方

昔の日本のテレビ時代劇などでは、悪徳商人らと結託した徳川幕府の幕閣や与力、悪代官が私腹を肥やしたり、自身の出世のために不正に得た賄賂を使ったりして悪事が成就する寸前に、剣の腕が立つ主人公に悪行を暴かれ、成敗される筋書が定番だったが、時代が違えば、国情も全く異なる現代の中国で同様の大捕り物が相次いだ。

特に、中国の前最高指導部で序列9位まで上り詰めた周永康氏（前共産党政治局常務委員）の汚職容疑での立件・捜査の決定は、地位の高さばかりでなく、汚職の規模が桁外れなことに驚かされる。

就任からわずかの期間で権力基盤を固めた習近平国家主席（党総書記）の大トラ退治が一般国民の喝采を浴びるのか。それとも汚職・腐敗にまみれた長年の共産党一党支配に対する不満、反発が逆に高まり、現体制の土台が揺らぐきっかけとなるのか。最高指導部の一角を占めた周氏に対する前代未聞の立件は、習主席にとっても政治的賭けと言えるだろう。

近年の急速な国力向上に自信を深める習近平指導部は「中華民族の偉大な復興」をスローガンに掲げて国民の求心力強化を図る一方で、党や軍の幹部らに広がる腐敗のまん延に危機感を強め、汚職・不正の撲滅に力を入れてきた。

その成果として、党政治局員で重慶市党委書記だった薄熙来氏や前指導部で軍制服組トップの徐才厚・前中央軍事委副主席、そして今回の周永康氏ら最高権力層に連なる指導者を収賄や横領、職権乱用などの容疑で摘発してきたが、こうした大ナタに既得権益層の抵抗が強かったのも確かだ。

習主席は党内にはびこる腐敗に対し、「トラもハエも一網打尽にする」と背水の陣で臨むとともに、党内および軍からの支持取り付け、外堀を埋めながらの汚職摘発などによって、公約を実行に移しつつある。

かねて退治すべき大トラと目されてきた周永康氏は国営石油部門の幹部を務め、石油利権を一手に握って党指導者に昇格した「石油閥」の頭目。江沢民・元国家主席の権力を後ろ盾に、四川省党委書記や公安相を経て、2007年の党大会で公安・司法を統括する党中央政法委書記として最高指導部の党政治局常務委員会入りを果たした。

現在71歳の周氏をめぐる今後の捜査の核心は、「石油閥」を仕切った父親の威光で石油ビジネスを展開し、違法経営容疑で逮捕された長男(42歳)や、周氏の兄弟ら親族による不正蓄財疑惑の全容解明。ロイター通信は、当局が周氏関係者から日本円換算で1兆5000億円の資産を差し押さえたと伝えている。

周氏周辺にはこのほか、前妻の謎の交通事故死、無期懲役判決を受けた薄熙来氏と結託した反党活動の画策などさまざまな疑惑が浮上している。

一連の疑惑をドラマ仕立てで制作するとすれば、登場人物といい、舞台の広がりといい、長編作品となるのは間違いない。最大の見どころは、やはりスケールの大きな現代版捕り物劇が中国政治にどのような影響を与えるかという点だろう。

伊藤　努（外交評論家）

航空研究センター新設

空幹校「知的基盤の中核に」

航空研究センター編成完結式で式辞を述べる尾上空幹校長（壇上）＝8月1日、目黒基地で

空自は8月1日、我が国唯一のエアパワー（航空防衛力）研究機関として航空研究センター（センター長・福島睦1佐以下約50人）を目黒基地の空幹校内に新設、編成完結式を行った。

同センターは部隊に対して聞き取りや実地調査を通じて教訓収集活動を行い、それらを蓄積・共有することにより、研究や知的資産管理に生かす。

また①事態対処・演習支援②ドクトリン（運用理論）の開発・普及③戦略理論研究――の三つの柱で研究を行う。

式典には齋藤空幕長、各研究協力機関関係者ら来賓が列席する中、福島センター長が尾上定正校長（現・北空司令官）に対しセンター編成完結を報告した。

続いて尾上校長が式辞を述べ、「空自が精強であり続けるためには作戦運用をつかさどる人的・知的能力の不断の向上が不可欠。空自の最上位の教育・研究機関として、知的基盤の強化とリーダーシップ向上の中核となる」とセンター員を激励した。

その後、齋藤空幕長が祝辞を述べ、「知的基盤の中核であれ。広い見識と柔軟な研究を追求せよ」という2点をセンター員に要望した。

齋藤空幕長は同日の記者会見で「航空防衛力に基づき、緊急事態に隊が機能するための研究を行う。この10年間、シンクタンク的機能が必要だと議論をしてきた。不足していたのは『企画立案機能』。各グループで全体的な企画をつくり、事態に対処していく。この機能に加え、空幕との意思疎通の場があるのがこのセンターの特徴だ」と設立の背景と意義を述べた。

空幹校60周年　目黒基地20周年

校長「使命完遂に大きく貢献」

航空自衛隊幹部学校創立60周年と目黒基地開庁20周年を記念する式典が8月2日、東京都目黒区の目黒基地で行われ、若宮防衛政務官、福江空幕副長（現・支援集団司令官）ら約290人が出席した。

式典では国家斉唱後、目黒基地司令・空幹校長の尾上定正空将（現・北空司令官）が式辞に立ち、「幹部学校は昭和29年8月1日、空自創設の一カ月後に陸自浜松駐屯地で創設された。当初、極めて少人数で、施設、器材、教育資料などが極端に不足していた。数々の困難を克服し、第1期特別幹部課程学生を迎えて教育が開始され、以後、空自の使命完遂に大きく貢献してきた」と空幹校の歴史と実績を振り返った。

続いて福江副長が齋藤空幕長の祝辞を代読し、「節目に当たり良き伝統を受け継ぎ、絶ゆまぬ努力を続けていくことを望む」と述べた。その後、若宮政務官が祝辞で「空幹校は教育機関の一つとして重要な任務を担っている。学校運営に携わってきた歴代隊員に深く敬意を表します」とたたえた。

体験飛行抽選会10倍超える

抽選を行う空幕の荒木総務部長（右）と猿渡広報室長（8月1日、空幕会議室で）

平成26年度自衛隊記念日行事の一環として10月4日に実施される体験飛行抽選会が8月1日、空幕会議室で行われた。空幕総務部長の荒木文博将補と同広報室長の猿渡辰也1佐が抽選箱から数字の書かれたボールを取り出し、当選はがきの束を選んだ。

公募は往復はがきで行われ、体験飛行が実施される4基地（松島、入間、小松、新田原）2機種（YS11輸送機、CH47J輸送ヘリコプター）に対し、7487人から応募があった。

当選者数は約740人で平均倍率は10・1倍。抽選結果は9月上旬までに当落が印刷された返信はがきで通知される。

豪主催「カカドゥ14」に参加　25日から

海自は8月25日から9月12日まで、豪ダーウィン周辺海空域で行われる豪海軍主催の多国間海上共同訓練「カカドゥ14」に参加する。

今年は14カ国が参加の予定で、海自からは護衛艦「はたかぜ」（艦長・梅崎時彦1佐以下約180人）とP3C哨戒機2機（指揮官・山本貴文2佐＝22飛行隊長＝以下約40人）を派遣し、対空戦、対潜戦、対水上戦、戦術運動、通信訓練などを行う。

「はたかぜ」は8月11日に横須賀基地を出港、帰国は9月30日の予定。P3C2機は8月25日に八戸航空基地を出発し、9月16日に帰投する。

「カカドゥ」は豪海軍が隔年で開催している大規模多国間訓練で、今回で12回目。海自の参加は12年に続いて4回目となる。

「むろと」グアムで訓練

海自の敷設艦「むろと」（4950トン、艦長・落合健1佐以下約130人）は8月中旬から11月初旬まで、米国のグアム島方面に滞在し、米海軍と協力し、海洋観測機器などの敷設訓練を行う。

「むろと」は8月19日に横須賀を出港。グアム島周辺で訓練を実施し、11月8日に横須賀に帰港する。

◇東部方面音楽隊「第62回定期演奏会」

▽日時＝9月23日（火）午後2時開演

▽場所＝東京都豊島区の東京芸術劇場コンサートホール

▽指揮＝隊長・田村守3佐

▽曲目＝交響詩「奇跡の一本松」（藤田崇文）、交響詩「ローマの松」（O・レスピーギ）ほか

▽申し込み＝往復はがき（1枚につき1名）に住所、年齢、電話番号、演奏会名を明記。未就学児の入場は不可。9月9日（火）必着。応募多数の場合は抽選

▽応募・問い合わせ先＝〒178―8501東京都練馬区大泉学園町、東部方面音楽隊演奏会係まで。電話048（460）1711内線3640。

おことわり　「QDR（米国防計画見直し）全文」と「西風東風」は休みました。

将補昇任者略歴

末吉　洋明（すえよし・ひろあき）陸将補　防大33期。平成元年陸自。15年2佐、20年1佐。中情隊本部付、陸幕装備計画課企画班長、21普連長などを経て、24年7月統幕運用2課長。神奈川県出身。47歳。

田尻　祐介（たじり・ゆうすけ）陸将補　防大32期。昭和63年陸自。平成14年2佐、19年1佐。陸幕総務課、同教育計画課企画班長、研本研究員、西方航隊長などを経て、24年7月統幕計画課長。千葉県出身。48歳。

冨樫　勇一（とがし・ゆういち）陸将補　防大33期。平成元年陸自。15年2佐。20年1佐。陸幕補任課1班長、14普連長などを経て、24年7月陸幕人事計画課長。山形県出身。47歳。

山根　寿一（やまね・としかず）陸将補　防大33期。平成元年陸自。15年2佐、20年1佐。中情隊本部付、陸幕防衛班長、10特連長などを経て、24年7月陸幕装備計画課長。鳥取県出身。48歳。

内田　雄三（うちだ・ゆうぞう）陸将補　防大29期。昭和60年陸自。11年2佐、16年1佐。陸幹校教官、陸幕教計課教訓班長、8後支連長、中方装備部長などを経て、23年12月陸幕武器化学課長。神奈川県出身。51歳。

牛嶋　築（うしじま・きずき）陸将補　防大33期。平成元年陸自。15年2佐、20年1佐。陸幹校教官、統幕防衛班長、6後支連長などを経て、24年12月陸幕教育訓練計画課長。福岡県出身。47歳。

工藤　天彦（くどう・たかひこ）陸将補　防大28期。昭和59年陸自。平成10年2佐、15年1佐。ロシア防衛駐在官、陸幹校教官、1普連長、研本教育訓練課長、情本情報官などを経て、25年8月北方情報部長。東京都出身。53歳。

藤岡　登志樹（ふじおか・としき）陸将補　防大31期。昭和62年陸自。平成13年2佐、18年1佐。陸幕装計課企画班長、41普連長などを経て、23年12月北方防衛部長。福岡県出身。49歳。

大内田　憲治（おおうちだ・けんじ）陸将補　防大28期。昭和59年陸自。平成10年2佐、15年1佐。8師団3部長、富士学校主任教官、陸幕総務課企画班長、京都地本長、陸幕募集・援護課募集・援護調整官などを経て、23年8月中方人事部長。鹿児島県出身。52歳。

今金　元（いまがね・はじめ）陸将補　防大27期。昭和58年陸自。平成9年2佐、14年1佐。30普連長、陸幕装計課補給管理班長、同厚生課給与室長、4師団幕僚長、補統装備計画部長などを経て25年8月陸幹校教育部長。東京都出身。54歳。

越智　文雄（おち・ふみお）陸将補　防医大9期。昭和63年陸自。平成13年2佐、17年1佐。陸幕医務・保健班長、中方医務官、陸幕衛生部企画室長、中央病院診技部長などを経て、25年3月衛生学校副校長。愛媛県出身。51歳。

齋藤　聡（さいとう・あきら）海将補　防大33期。平成元年海自。15年2佐、20年1佐。海幕防衛課防衛班長、14護隊司令、海幕教育課長などを経て、25年8月海幕補任課長。長崎県出身。48歳。

真殿　知彦（まどの・ともひこ）海将補　防大33期。平成元年海自。15年2佐、20年1佐。海幕装体課航空機体系班長、1空司令などを経て、24年7月海幕防衛課長。岡山県出身。48歳。

畠野　俊一（はたの・しゅんいち）海将補　防大28期。昭和59年海自。平成11年2佐、15年1佐。5空司令、特警隊長、海幕広報室長、海幕厚生課長などを経て、24年7月51空司令。鹿児島県出身。52歳。

佐藤　賢上（さとう・けんじょう）海将補　防大29期。昭和60年海自。平成11年2佐、16年1佐。海幕補任課補任班長、2潜隊司令、海幕防衛課防衛調整官、同人事計画課長、同総務課長などを経て、24年12月2潜群司令。山口県出身。52歳。

井上　公俊（いのうえ・きみとし）海将補　防医大6期。昭和60年海自。平成9年2佐、16年1佐。呉病院診察部長、中央病院2外科部長、同救急科部長などを経て、21年12月同1外科部長。鳥取県出身。54歳。

南雲　憲一郎（なぐも・けんいちろう）空将補　防大33期。平成元年空自。15年2佐、20年1佐。空幕教育課飛行教育班長、同総務課庶務室長、中空防衛部長などを経て、24年12月空幕厚生課長。山形県出身。48歳。

森田　雄博（もりた・たけひろ）空将補　防大33期。平成元年空自。15年2佐、20年1佐。空幕防衛課防衛班長、6空団基業群司令などを経て、24年12月空幕防衛課長。東京都出身。47歳。

尾崎　義典（おざき・よしのり）空将補　防大32期。昭和63年空自。平成14年2佐、19年1佐。米国防衛駐在官、5空団飛群司令などを経て、25年4月空幕情報課長。埼玉県出身。48歳。

野中　盛（のなか・さかり）空将補　防大27期。昭和58年空自。平成9年2佐、15年1佐。空幕運支課輸送室長、2輸空隊司令、支援集団防衛部長などを経て、24年7月3輸空隊司令。岩手県出身。53歳。

防衛省・自衛隊発足60周年企画

日米同盟　圧倒的に重要

鼎談　小野寺防衛大臣を囲んで

朝雲新聞社は8月6日、防衛省・自衛隊発足60周年企画の一環として小野寺五典防衛大臣、國分良成防衛大学校長、勝股秀通読売新聞調査研究本部主任研究員3氏による特別鼎談を行った。

就任2年近くを迎え、歴代最多の部隊視察を行う防衛省最高責任者の小野寺氏、将来の日本の防衛を担う若き幹部を育成する國分学校長、長きにわたりジャーナリズムの視点から防衛を見つめる勝股氏。3氏に現在の、そして次代の自衛隊を語ってもらった。司会は小山哲哉朝雲新聞社編集局長。

日本をめぐる情勢

勝股　20年余り防衛省・自衛隊を取材してきたが、中国が予想を上回る速さで台頭し、米国が予想を上回る速さで影が薄くなっている。この20年の中で日本が直面する安全保障環境は「戦後最悪」という認識を持っている。

大臣　今回、17年ぶりに日米防衛協力のための指針（ガイドライン）を見直す。これまで歴代の防衛庁長官、防衛大臣が意識してきた安全保障というのは、米ソ冷戦構造の中での日本の立ち位置、あるいは日米同盟の中でどういう役割を果たすのか、というい わば「脇役」だった。安全保障環境が変わり、朝鮮半島有事にどう対応するか、テロとどう向き合うか。言ってみれば大きな紛争の中の一部に日本がどういう役回りを演じるかを検討してきた。

ところが私が防衛大臣になり、一昨年の暮れの尖閣事案から発生した状況は、一つは東シナ海をめぐる事態、あるいは北朝鮮が初めて日本の具体的地名を挙げ威圧的な形でミサイル実験を行う、そして核実験を繰り返す。つまり、日本が「当事者」として直面する可能性がある、従前とは全く緊張感の異なる状況が今の防衛省・自衛隊だ。今回のガイドライン見直しは日米同盟をもう一度しっかりさせることが抑止につながる、という思いで対応している。

学校長　冷戦後の大きな変化はグローバル化の進行だが、どの地域でもグローバル化と国内政治とのバランス問題に力点を置いている。東アジアを見たとき、米国の国内問題、同時に米国が関与しなければならない中東を始めとしたさまざまな国際問題によって、アジアにかける比重は下がらざるを得ない部分もあった。

日本も経済的停滞から20年間苦しみ、光り輝く時代からどう生まれ変わっていくかというチャレンジの時代だ。日米が引っ張ってきたアジアの時代は政治的にも経済的にも大きく変わってきた。

最大の要因は中国の急激な台頭と中国自身が持つ不透明さによる不安定さ、そこにさまざまな不信感が生まれている。安全保障は、戦後なかったような難しい時代に入っている。

安全保障と自衛隊をテーマに鼎談に臨む3氏（8月6日、防衛省大臣室で）

自国守る気概と努力を　小野寺大臣

統合

勝股　自衛隊発足60年という中で、象徴的なのが陸海空の統合だ。出発点は阪神大震災ではないか。同じ場所なのに、救援物資を積んだ陸のヘリが下りられるのに海のヘリは下りられない。陸海空でヘリの運用くらいは一緒にやろうという議論を覚えている。それから20年。離島防衛やミサイル対応で必然的に統合が求められる時代になった。

大臣　私が直接統合を経験したのは東日本大震災。北海道の部隊を本州に展開するのに、船を含め手配が大変だというのを感じた。災害救援でも離島防衛でも、統合運用して初めて事態に対応できるということは認識としては定着しつつある。ただ、まだうまくいっていないのが装備の問題だ。

昨年のフィリピン台風被害のとき、過去最大規模の国際緊急援助隊を出したが、大型輸送ができる陸自ヘリに関しては、元々輸送艦に積む想定がなかった。いちいちローターをはずして積み込み、現地でまたローターをつけて飛ばしたのでかなりの時間を要した。輸送艦にしても、ともすれば陸自車両を積み込む時にクレーンで甲板に揚げていた。自走で普通のフェリーのように輸送艦に乗せられる改変などが必要で、今その指示をしている。陸自の装備を空自の輸送機で速やかに展開し、陸海空がそれぞれに連接を行うことが重要だ。

多用途ヘリも陸海空で使うのであれば、大量調達すれば一機当たりのコストは下がる。ヘリなどの航空機燃料一つにしてもバラバラで融通が利かないのはおかしい。ミサイル防衛（MD）一つとっても、陸海空がそれぞれ対応しないと実はうまく回らない。通信網や警戒監視のさまざまな情報の連接がうまくいっていない場合もある。こういうことを装備面で改善することが大事だ。

防衛装備庁（仮称）では、陸海空が統合して任務を行うに当たり、装備品も統合運用を前提として整備してほしい。装備品の開発、調達、維持管理を、統合を前提にやっていただく中心が必要だと思っている。

勝股　装備庁は統合を支え、進める、言ってみれば兵站的な役割という位置づけですね。

おのでら・いつのり　東北福祉大助教授を経て平成9年、衆院宮城6区で初当選。外務大臣政務官、外務副大臣などを歴任し24年12月から防衛大臣。宮城県気仙沼市出身。54歳。

こくぶん・りょうせい　慶大法学部教授、北京大客員研究員などを経て平成24年4月から防衛大学校長。主著に「現代中国の政治と官僚制」。東京都出身。60歳。

習近平の権力掌握が鍵　國分学校長

防大という原点

大臣　3自衛隊それぞれ長い歴史があって、組織をつくってもすぐ機能させるのはそう簡単ではないと思うが、こちらが求めるものに合わせて陸海空が努力することが大事だ。ただ、私は日本の自衛隊ほど統合運用がうまくいくところはないと思う。それは防衛大学校の存在。卒業してそれぞれ陸海空に別れるが、統幕などで一緒になるとき、そこに同期や先輩、後輩がいる。同じ釜の飯を4年間食べた人間が同じくらいの階級で集まる。司令官同士の信頼関係はある意味できているわけで、防大という組織は統合に必ずや機能する教育機関だ。

勝股　まだ旧軍の人が防大に口を出していたときに、学生隊を陸海空に分けろという意見がかなりあって、それをはねのけたのは防大生自身だったといいます。

学校長　一般大学に30年間勤めてから防大に来て2年半たつが、60数年間防大がやってきたことは正しかったと確信している。なぜならば（卒業生たちは）日本の戦後の平和と安全を維持してきた。陰に日なたに日本を守ってきた。そして今日の平和と繁栄が築かれている。逆に言えば防大生は今から20年30年後に活躍するわけで、今の教育が将来の日本に関わる。それが防大の一つの大きな魅力だ。

そして大臣の言われたように、統合の原点は防大にある。世界の士官学校の会議に出るが、陸海空が一緒というのはほとんどない。むしろ防大に学びたいということで海外から代表団が来る。陸海空一緒の果実はまさにこれから我々が使っていく時代に入る。今のところ統合は防大卒業生の人的ネットワークだけである種動いているが、防大卒以外の人ともバランスを取りながら、どううまく制度化していくかが問われている。

かつまた・ひでみち　読売新聞で平成5年から防衛庁・自衛隊を担当。11年民間人として初めて防衛大学校総合安全保障研究科・修士課程を修了。近著に「自衛隊、動く」。千葉県出身。55歳。

中国との付き合い

大臣　東アジアが安定することが日本、米国、欧州、豪州、そして中国自身の利益につながる。そのためにはそれぞれの国が軍事力の透明性を高め、対話をし、共に役割を認識した上で関係を強化していく。これをどの国ともやるべきだが、その関係ができていないのが中国と北朝鮮だ。

常に意識しているのは防衛大臣の最大の役割は紛争を未然に防ぐこと、そして抑止力を高めていくこと。中国との付き合い方は常に対話を求め、何らかの衝突事案があれば、連絡できるメカニズムをつくっていく。これを繰り返し日本が中国側に働きかけている。日本と同調するように東南アジア諸国連合（ASEAN）や米国、豪州、周辺国が同じ歩調を取ってくれれば、中国もいずれはこの方向を向くのではないか。

学校長　習近平体制は歴然と権力闘争をしているが、どこまで権力が固まってきたかというと5合目くらいではないか。対日政策でいえば、彼が権力を一歩一歩固めるに従って対日アプローチも変わってきている。まさに今、水面下で日中関係が動き出しているわけで、集団的自衛権に対する反応も以前とは少し違ってきている。中国も日本の重要性を分かっている人は分かっている。ただ、まだ道は険しいだろう。

勝股　軍事的にみても中国の国防予算の拡大は不透明だと言われている。

大臣　日本は防衛白書の中で日本の防衛力、そしてなぜそれが必要かを解説している。中国は実際どれだけの装備を持っているか対外的に明確にしていないし、なぜそれが必要なのかも分からない。そうした装備自体での不透明さのほかに、運用上の不透明さがある。各国の軍が持っているマナーもない。

先般リムパックに米側が中国を招待し、中国にもシーマンシップを持ってもらおうということで日本も受け入れたが、残念ながら中国は情報収集艦を入れ、各国の電波情報を含めスパイ活動をしていった。信頼醸成のために行っているところで、むしろ正反対のことをしている。普通はこういうことはしない。

自衛隊機への近接事案では、ある程度お互いに意識はするけれども、危険と感じることは普通はあえてしない。軍の運用が何を意図してやっているかという不透明さもある。お互いの不信が恐い。

学校長　中国の政治体制の不透明さから、どの程度（上層部が）掌握しているかが非常に不透明だ。習近平国家主席が持っている対日観とか日本情報は相当ゆがんでいるのではないか。日本の政権評価に関しても「右傾化」などわい曲された情報ばかりが上がっている可能性がある。

広報は宣伝から脱せよ　勝股氏

韓国への不信

勝股　韓国に目を転じると、自衛隊と韓国軍の将官クラスの交流が2年間ストップしている。かつては政治的に日韓でトラブルがあっても、自衛隊と韓国軍との「ミリ・ミリ」の関係が最後の砦だったが、韓国軍がどんどん世代交代しているときに、それが薄れているのを危惧している。日韓関係を安定させることは米国にとっても重要だ。意思決定できる人の交流が途絶えすぎていると思う。

大臣　多くの日本国民は、一体私たちは韓国に何をしたから韓国があんなに怒っているのか、理解できないのではないか。靖国とか従軍慰安婦の問題とかあるが、過去の歴史についての認識は従前と変わらない。韓国国内の政治問題を外にすりかえている感じがする。日本は常に対話を求めているが、先方がどうしてもということであれば、一定の冷却期間を経てから再構築する必要があると思う。以前は日本にも問題があるのではないかと（各国に）聞かれたが、最近は米国も含め、むしろ韓国の方がより前向きに考えた方がいいという認識になっているのではないか。

日米同盟

勝股　多くの人がガイドラインというと尖閣、南西諸島と捉えがちだが、米国が求めているのは、同じ価値観を共有する日本と一緒に、シーレーンを含めサイバー空間、宇宙空間の平和と安定のために一緒にやっていこうということだと思う。ただ、日本の意欲に比べ米国の意欲は薄いという人もいる。米国にしてみればガイドラインを見直す前に、日本はやることがたくさんあるだろうという注文が今度も出てくるのではないか。

学校長　日米同盟はこの地域においては圧倒的に重要だ。特に中国の日本への対応が変わってきた一つの契機がオバマ大統領による「尖閣は日米安保の適用対象」との発言。これが大きい。

ベトナムの背後には米国はいない。フィリピンの背後にも直接的に米国はいない。だから南シナ海では勝手な行動をする。中国の行動を見ると、常に米国の動きを見ている。米国の力の及ばない「すき間」とか「揺らぎ」がある部分に中国が入り込む傾向が強い。

中東に対する、あるいはクリミヤ半島に対する米国の対応、そのあたりを丁寧に見ながら中国は行動している。そういう意味で日米同盟がきちんとしていることが中国に変な隙を与えないことにつながる。だから日米同盟は増々重要になっている。

中国への対応だが、日本はこれまで中国に対しては一貫してエンゲージメント（関与）重視だった。1980年前後からの政府開発援助（ODA）供与による近代化支援、天安門事件への対応や世界貿易機関（WTO）加盟など。中国を国際システムに入れることで中国が変わってくれるという「予定調和」がうまくいかなかった。

「井戸の水を飲むときには井戸を掘った人のことを忘れない」と言いながら完全に忘れているじゃないか、我々は何を中国にやってきたのだろうという感覚に今の日本人はなっている。尖閣事案なんかを見ると、足りなかったのはヘッジ（リスク回避）。中国へのエンゲージメントとヘッジ。この二つについて米国と頻繁に議論するチャンネルが必要だ。

勝股　日米同盟の中で、米国は日本にとって親父であり兄貴、自衛隊は息子であり弟という関係。しかし、自分でできることは自分でやらなくちゃだめだと突きつけられているのが今の自衛隊だ。

大臣　まず日本自体が自国を守るという気概と努力が必要だ。その上で改めて日米同盟ということになる。具体的にいろんな状況を想定して議論する中で、日本が日本としてできる役割、できない役割がある。仮に日本にさまざまな攻撃がある場合に、他国の領土に対して攻撃することは憲法上できない。仮に一部、策源地を攻撃するのは問題ないという考え方があるが、能力自体を今まで重視してこなかった。そういう意味では日米は今でも盾（自衛隊）と矛（米軍）の関係。これは続いている。その役割の中でお互いに何をしていくか、それをさらにしっかり詰めていくことが今回のガイドラインの役割だ。

自衛隊という感覚

勝股　自衛隊が60年たち、また新しい歴史を刻んでいく中で、国民の理解が一番重要だと思う。航空ショーとか駐屯地行事とか自衛隊は宣伝活動を一生懸命やるが、もう9割の国民が自衛隊に信頼を置いている中で、その質、中身を変えていく時代なのではないか。

スクランブルは800回を超え、東シナ海では海自の船が常に警戒監視に出動している。しかし、イージス艦はリッターどのくらい走るというのをほとんどの自衛官が知らない。実は6メートルなんですが。そしてスクランブル1回にも数百万円かかる。

つまり国を守るにはお金がかかるんだというところを含めて発信するよう、やり方を変えていかなければならないのではないか。

大臣　自衛隊の広報の仕方は今後変えていくことも必要だと思う。派手なことを言わなくても、地道な普通の活動が浸透することがさらなる信頼につながるのではないか。

学校長　自衛官の方と一緒に日本全国を歩くが、その時に彼らが頭を悩ませるのが制服と私服を着替える場所をどう確保するかということ。欧米でもどの世界でも制服を着た人は尊敬されている。制服を着ている人は戦争好きなミリタントな人たちではなく、国家・国民を守っているりっぱな市民だ。人間性豊かな、いい方が多いのも事実だ。

しかし、その部分で、この国は特殊な感覚ができあがっている。確かに東日本大震災などで一定の感覚は変わり始めているが、そういう部分がこれからの日本の社会でどうつくられていくかという点にも注目している。〈了〉

10戦車のうち8両撃破

FTC訓練

35戦闘団が金字塔

史上初 教官部隊を相手に

敵機甲部隊の接近に備え、迎撃手順を確認する35戦闘団の隊員（北富士演習場で）

【35普連＝守山】第35戦闘団（戦闘団長・田丸正勝1佐）はこのほど、北富士演習場で行われた「26年度富士訓練センター（FTC）訓練」に参加し、〝陸自最強の教官部隊〟を相手にFTC訓練では史上初となる「敵戦車10両中の8両を撃破」という金字塔を打ち立てた。

FTC訓練は平成12年から開始され、全国の普通科を基幹とする陸自部隊が北富士演習場に乗り込み、待ち受ける教官部隊との「他流試合」に挑んでいる。高い戦闘能力と地の利を得た教官部隊が圧倒的に有利で、挑んでくる部隊をいずれも「返り討ち」にするのが普通。互角に対戦できる例も少なく、これまで対抗部隊が敵戦車を撃破した記録は「5両」が最高だった。

今回、35戦闘団は「陣地防御」の課目で参加。35普連を基幹に10特連3大隊、10施大3中隊、10戦大3中隊、3直支中隊が加わった350人で乗り込み、敵の「機械化大隊」と激突した。

隊員・武器・車両にはすべて「バトラー（交戦用訓練装置）」が装着され、「軽傷」「重傷」「大破」などの戦闘状況はすべてコンピューターで判定され、実戦と同様の損耗が増えていく中でその戦闘評価が行われた。

今回、第一線の陣地だけでなく翼側も突破され、縦深陣地が戦闘地域となる状況下、団指揮所周辺でも近接戦闘が生起し、隊員たちは一瞬のスキも許されない緊迫した状況の中で戦闘を継続した。

陣頭に立つ田丸戦闘団長は「必勝の信念を持って戦い抜け」と全隊員を鼓舞し続け、戦力を有効に配置し、これを有機的にリンクさせ、敵機甲部隊の突進を阻止した。

この結果、過去どの部隊もなしえなかった「戦車8両の撃破」という輝かしい戦果を挙げ、35戦闘団の名をFTCの歴史に刻んだ。

田丸戦闘団長は「本結果に満足することなく、引き続き一致団結し、揺るぎない日本一の連隊へとまい進していこう」と訓示した。

訓練

ヘリボーン攻撃を敢行

増強普通科中隊が野営訓練

【13普連＝松本】13普連2中隊はこのほど、特科・戦車・対戦車部隊を加えた増強普通科中隊を編成し、東富士演習場で戦闘射撃、ヘリボーン攻撃などの野営訓練を行った。

ヘリボーンでは車両のCH47ヘリへの搭載・卸下、降着地確保、地上部隊との連携要領などを演練。また攻撃では、対抗部隊で陣地を防御する1・3中隊を相手に、戦車との協同や超越要領などを訓練した。

さらに小隊戦闘射撃、軽装甲機動車（LAV）車載射撃を実施し、火力と機動の連携を高めた。

また、対戦車小隊が車載化された中距離多目的誘導弾の実弾射撃を実施し、目標にミサイルを命中させた。

ホバリング中のCH47ヘリに軽装甲機動車を吊り下げるスリングを連接する13普連隊員（東富士演習場で）

左構えで射撃も

2普連 利き目に合わせて

㊤米海兵隊から導入した左構えで狙撃銃を撃つ2普連の隊員（関山演習場で）㊦軽門橋で軽装甲機動車を渡河させる教育支援施設隊員（本栖湖で）

【2普連＝高田】2普連は6月16日から18日まで、関山演習場で26年度第1回連隊統制射撃訓練を行った。

実射訓練をより効果的に実施するため各中隊の要領を連隊が統制し、110ミリ個人携帯対戦車弾（LAM）、81ミリ迫撃砲は日中に、さらに夜間も迫撃砲で照明弾射撃を行った。

部隊では今年2月の日米共同演習「フォレストライト」で米海兵隊から学んだ射撃術も取り入れ、左目が利き目の隊員は狙撃銃を左構えで射撃するなど、新たな射撃動作も導入した。この新たな狙撃術は本部管理中隊の狙撃班が担当、各中隊の狙撃手の育成・強化に当たった。

渡河訓練や漕舟競技会

教育支援施設隊が演練

【滝ヶ原】教育支援施設隊はこのほど、山梨県の本栖湖周辺で渡河を目的とした集中訓練を実施した。

現場に渡河ボートや渡河器材を持ち込み、漕舟訓練、門橋訓練と普通科教導連隊と協同した各種渡河作業を演練した。

期間中、戦車教導隊施設作業小隊の参加を受けて漕舟競技会も行われ、計6個小隊でレース。激しく競い合った結果、第1小隊が混戦を制して優勝した。

33普連の隊員が01式軽対戦車誘導弾を発射した瞬間（あいば野演習場で）

33普連

対戦車誘導弾を実射

若年隊員の錬度向上図る

【33普連＝久居】33普連はこのほど、あいば野演習場で第1次連隊部隊射撃錬成訓練を行った。

連隊が装備する01式軽対戦車誘導弾、87式対戦車誘導弾、110ミリ個人携帯対戦車弾、重機関銃、狙撃銃の射撃と爆破訓練を実施し、能力向上を図った。

今年3月、師団の即応近代化改編に伴って普通科中隊に配置された隊員の能力向上と若年隊員の練度向上を重点に訓練を実施した。

携帯対戦車弾の実射は天候の悪化で標的に霞がかかる中で行われたが、射撃手は引き金に当てた指先に全神経を集中させ、同時射撃を行った。

また基礎爆破は初めて爆破を体験する隊員もいたことから、導火線の取り扱いなどでは非常に緊張していたが、基本動作を確行し、効果的な爆破を成功させた。

水陸両用戦の各種技能学ぶ

4師団

【4師団＝福岡】4師団は7月22日から8月1日まで「26年度第2回水陸両用集合訓練」を行った。

訓練は九州・沖縄の島嶼防衛に必要な水陸両用作戦に必須となる知識と技能の修得を目的に、年4回実施している。2回目は大村、竹松、相浦駐屯地で実施され、隊員は水路潜入、ボート漕舟、洋上生存術など水陸両用戦の各種技能を実地に学んだ。

転覆したボートを海上で回復させる4師団の水陸両用隊員

錯雑地に敵を引き込み撃破

21普連

【21普連＝秋田】21普連は6月3日から7日まで、「50キロ徒歩行進に続く陣地防御」を課目に、4中隊、補給・衛生小隊の訓練検閲を岩手山演習場で行った。

堺連隊長は「主戦闘地域を保持せよ」の1点を隊員に要望、各部隊は3日夕刻から行進を開始した。

4日朝に集結地を占領して周囲を安全化、防御を固めた。機甲戦力に優る敵に下車戦闘を強要するため、部隊は錯雑地形に陣地を構えて敵を待ち受けた。また補給小隊は段列を開設し、弾薬・燃料・食糧を先行的に計画配分した。

6日、敵の機械化大隊が出現、戦闘が開始された。衛生小隊員は負傷者を後方の連隊収容所に搬送して治療、重傷者は後送した。

7日早朝、敵主力の攻撃が開始され、部隊は敵車両部隊を錯雑地に引き込んだ。この結果、敵は装甲車両からの下車戦闘を余儀なくされ、ここに4中隊は激烈な火力を集中し、敵を撃破したところで状況を終えた。

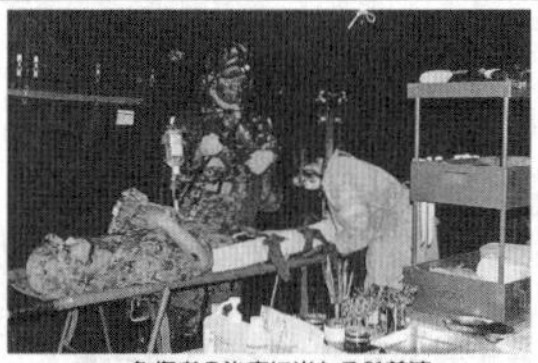

負傷者の治療に当たる21普連の衛生小隊員（岩手山演習場で）

2次・3次野営訓練を実施

20普連

【20普連＝神町】20普連は2次・3次野営訓練を王城寺原演習場で行った。

2次訓練は3中隊が「陣地防御に任ずる第一線普通科中隊の行動」、情報小隊が「陣地防御における情報小隊の行動」を課目で受閲。

両部隊は35キロの徒歩行進後、3中隊は示された要地で陣地を構築、情報小隊は偵察を開始した。降り続く雨の中、隊員は雨と泥に苦しめられながら堅牢な陣地を構築した。

その後、戦闘が開始、情報小隊は活発化する敵の動きを捉え、情報を戦闘団に報告。翌早朝、敵の攻撃が開始され、熾烈な防御戦闘となり、3中隊は再三にわたる敵の攻撃から要地を守り、十分な成果を得て状況を終了した。

◇

3次訓練は6後支連などを対象とした「師団訓練検閲」の対抗部隊として参加した。1中隊が主力となり陣地防御戦闘を実施。このほか統裁部要員としても隊員多数が参加し、整斉かつ円滑な統裁に貢献した。

降り続く雨の中、陣地構築に当たる20普連隊員（王城寺原演習場で）

至近距離射撃競技会を開催

5普連

【5普連＝青森】5普連は6月12日、小谷演習場で至近距離射撃競技会を開催した。

前日の開会式で友連隊長は「中隊の威信と個人の名誉のため、平常心を持って敵に先んじて迅速・正確な射撃を実施せよ」と訓示。

隊員たちは降り続く雨の中、25メートル先の的に計8発を射撃して80点満点で競った。この結果、中隊対抗の部は1中隊が平均59・2点で優勝、個人の部も1中隊の坂本3曹が75点の高得点で第1位に輝いた。

2中隊と補給小隊が第2次連隊野営訓練

32普連

【32普連＝大宮】32普連はこのほど朝霞訓練場と東富士演習場で第2次連隊野営訓練として2中隊と補給小隊の検閲を行った。

2中隊は「対ゲリ・コマを重視した普通科部隊としての行動」、補給小隊は「直轄小隊の行動」を課目とし、朝霞で重要防護施設の警護任務を遂行した後、東富士に前進した。部隊は約40キロの行軍を経て集結地を占領、補給小隊は周囲の警戒を行いながら段列を開設した。翌未明、2中隊は攻撃部隊として上高塚一帯に布陣する敵を攻撃、各隊の連携と隊員たちの果敢な戦闘により目標を奪取した。

厚生・共済

特集

平成26年度「全自美術展」作品募集

9月1日から受け付け

前回、防衛省で開催された平成24年度「全自美術展」

防衛省は平成26年度全自衛隊美術展（防衛省主催、防衛省共済組合協賛）の作品を募集します。全自美術展は絵画・写真・書道の3部門で、作品の受け付けは9月1日（月）から9月16日（火）当日必着（ただし、土日祝日は除く）まで。積極的にご応募ください。優秀作品はそれぞれ表彰（「隊員の部」は特選、入選、「家族等の部」は特別賞、入選）され、防衛省で来年2月ごろに予定される全自美術展に展示されます。

絵画・写真・書道3部門

◇応募資格　①隊員（防衛省職員、独立行政法人駐留軍等労働者労務管理機構の役員及び職員並びに防衛省共済組合の職員をいう）②隊員の家族（高校生以上）③隊員であった者及びその家族（高校生以上）（以下「元隊員等」という）。なお、平成26年9月16日以前に退職した者（同日までに退職予定の者を含む）は元隊員等とします。

◇部門別出品要領

①絵画の部＝課題は自由。作品規格は50号以内。種類は日本画及び洋画とし、作品には額縁（ガラス入り又は粗雑なものを除く）を装着。

②写真の部＝フィルム写真及びデジタル写真とも課題は自由。作品規格は六つ切り（ワイド六つ切り可）またはA4から四つ切り。作品には、額縁及び台紙等の表装は不可。入賞作品の著作権は、防衛省に帰属します。被写体が人物の場合、肖像権侵害等の責任は負いかねますので、応募の際には必ず本人（被写体）の承諾を得てください。フィルム写真は応募作品とあわせてネガを、デジタル写真は応募作品とあわせて、データを保存したDVD－RまたはCD－Rを必ず提出。パソコン等により合成や著しい修正を加えた写真は不可（トリミングや明暗の調整は可）。なおネガのみ又はデータのみ提出した場合は審査の対象となりません。

③書道の部＝課題及び書体は自由。作品規格は全紙（140センチ×70センチ）以内。作品は必ず掛物又は額縁として表装し、作品は次の説明書（様式自由）を添付。（ア）楷書による作品の原典名及び原詩文（イ）簡単な作品内容の説明。

◇応募要領　作品の裏面には1点ごとに必ず出品票を貼付。（輸送途上で剥離することのないように確実に貼付）。出品票は定められた書式があるので、防衛省・自衛隊ホームページ及び防衛省共済組合ホームページ上の平成26年度全自衛隊美術展の案内において取得してください。

◇作品送付先　〒162―0845東京都新宿区市谷本村町4番1号　ホテルグランドヒル市ヶ谷総務課

作品は輸送中の破損を防止するため、厚段ボール紙やベニヤ板等を用いて完全に包装。輸送時に使用された箱等は返却しません。複数の者が一つの箱等で作品をまとめて送付する場合は、宅配便等の伝票に必ず応募件数を記入するとともに、応募者全員の応募部門、題名、作者名及び所属を記載した紙（様式は自由）を送付する箱等の中に入れてください。

◇注意事項　▽応募作品は平成27年3月末頃までに返還。ただし、フィルム写真はネガのみ返還。デジタル写真は、応募作品及びデータともに返還しません。絵画の入賞作品は、展示会終了後、更に2年間防衛省庁舎内に展示を予定しているため、平成29年3月末頃の返還となります。

▽異動により住所等に変更があった場合は人事教育局厚生課厚生第1係に連絡。

▽作品の取り扱いは十分に注意しますが、開封時に破損している作品は審査の対象としません。また、通常の展示等による損傷及び摩耗については責任を負いません。

▽入賞作品については、主催者等の広報資料等として使用する場合があります。

◇問い合わせ先　防衛省人事教育局厚生課厚生第1係　電話03―3268―3111（内線25172）または部隊等の厚生担当係まで。

平成26年度 全自衛隊美術展作品募集

平成24年度全自衛隊美術展（絵画の部）内閣総理大臣賞　足立多恵作「春眠」

年金QアンドA

住所変更時の共済年金に関する手続き

現職者、退職者、年金受給者 それぞれの立場で異なります

Q　転勤のため、近々住所が変わります。住所変更時の共済年金に関する手続きについて教えてください。

A　共済年金に関する住所変更の手続きは、現職者、退職者、年金受給者それぞれに異なります。

○現職者の住所が変わった場合

組合員本人は「長期組合員資格変更届」により、住所変更の届けを所属されている共済組合支部の窓口に提出してください。

また、被扶養者となっている奥様についても住所変更が必要となります。奥様については、国民年金の第3号被保険者となりますので、「国民年金第3号被保険者住所変更届」を組合員の所属している支部に提出してください。この届出は共済組合支部を通じて、年金事務所に送られ、住所情報の変更が行われます。この届出には奥様の基礎年金番号を確認できる書類（年金手帳や基礎年金番号通知書の写し等）が必要になります。

○退職後の住所が変わった場合（退職共済年金を受けていない方）

組合員であった方が退職後に住所が変わったときには、国家公務員共済組合連合会（以下「連合会という。）に「住所・氏名変更届」を提出します。用紙は連合会に電話で請求または、連合会のホームページからも入手できます。

○年金受給者の住所が変わった場合

連合会において「住民基本台帳ネットワーク」を活用することになりますので、「住所変更の届」は原則として不要となっています。住所地が、「住基ネット」に参加していない自治体にある方は、年金決定時に連合会から年金証書と併せて送付されている「届出用紙綴」の中にある「住所・払渡金融機関変更届」の提出が必要になります。

届け出の際には添付書類が必要となる場合もありますので、詳しくは共済組合支部または連合会にお問い合せください。

連合会の連絡先は次のとおりです。

国家公務員共済組合連合会　〒102―8082千代田区九段南1―1―10九段合同庁舎　電話03―3265―8141（代表）　ホームページ http://www.kkr.or.jp/

（本部年金班）

組合員証の検認 必要書類提出を

10月まで

防衛省共済組合では毎年7月から10月までの間、組合員とその被扶養者の資格状況などの確認（検認）を行っています。組合員の皆様に対し、所属支部から被扶養者申告書、証明書類等の提出依頼を行いますので、ご協力をお願いします。

また、組合員が結婚や出産等で扶養する者を有することになった時や、扶養していた者が就職したり死亡等で被扶養者の要件を満たさなくなった場合も書類の提出が必要です。

該当する場合は、共済組合に速やかに被扶養者申告書等を提出して、被扶養者の認定・取り消しを受けてください。

なお、恒常的な収入が年額130万円以上を見込まれる方は、被扶養者として認定されません。年とは1月～12月の暦年や、4月～3月の年度単位ではなく、連続する12月です。（障害等の所得を有する場合、もしくは60歳以上で収入の全部または一部が公的年金等の給付による所得を有する場合は180万円以上となります。）

被扶養者の認定・取り消し等についてご質問のある場合は、所属支部の「短期係」までお問い合わせください。

9月14日グラヒルのすべてが見られる！

秋のBIGブライダルフェア

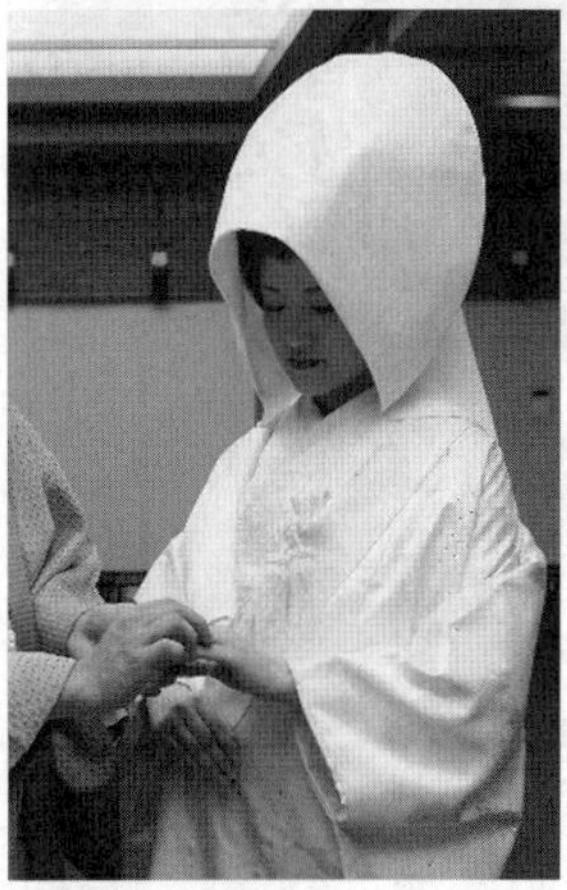

グラヒルの「秋のBIGブライダルフェア」第1部で羽織ることができる白無垢（左）と色打掛（上）

防衛省共済組合の直営施設「ホテルグランドヒル市ヶ谷」（東京都新宿区）では、"グラヒルのすべてが見られるチャンス！"をテーマに「秋のBIGブライダルフェア」を9月14日（日）に3部制で開催します。（第一部：9時～／第二部：13時～／第三部：16時～・要予約）

同フェアは全ての回で「チャペル体感挙式」、料理長の説明付「婚礼料理試食」、「生ケーキ試食」があるほか、第一部では、和装かつら体験を行い、白無垢または色打掛を羽織る事が出来ます。

第1部「和装かつら体験」 第2部「剥き物実演」 第3部「衣裳試着体験」

魅力いっぱいの3部制

第二部では料理を試食しながら野菜を立体的に飾り包丁で剥く「剥き物実演」をご覧いただけます。

第三部では「衣裳試着体験」などを行います。秋に季節が移り変わる9月、グラヒルが贈る「BIGブライダルフェア」。皆様のお越しをスタッフ一同、心よりお待ちしております。

ブライダルフェアの詳細はホテルグランドヒル市ヶ谷のブライダルサロンまでお問い合せ下さい。午前9時から午後7時まで受け付けております。（電話 03―3268―0115 部隊専用線 8―6―28853）

第3部で試着体験できるさまざまなウエディングドレス

第2部では野菜で作る「剥き物」が披露されます

当日は色鮮やかな婚礼料理も試食できます

厚生・共済

特集

空幹校で「目黒さんまカレー」開発

60周年記念　試行錯誤も「胸を張れる献立」

試作品を審査する空幹校の幹部ら（7月4日、目黒基地で）

東京・目黒基地に所在する空自幹部学校はこのほど、創立60周年を記念し、「目黒さんまカレー」を開発した。

江戸落語から「目黒といえばサンマ」ということで、メーンの食材はサンマに決定。給食班の中島清隆曹長以下7人が試行錯誤を重ね、「サンマをペースト状にして魚の香りを残したカレー〈A〉」「サンマの身をほぐして入れたカレー〈B〉」「サンマを入れたドライカレー〈C〉」の3種類を試作した。

中島曹長は「サンマの味を残すか残さないかが大問題だった。サンマの味がしないと『さんまカレー』とは言えないが、サンマが嫌いな人でも食べられるようにする必要があった」と開発の苦労を話す。

7月4日、この試作3品から1品を選ぶ審査会が開かれた。学校長以下約20人が厳しく審査した結果、〈B〉と〈C〉が同票に。そこで審査会の指摘事項を踏まえて改良し、もう一度審査会を実施。その結果、晴れて〈B〉が「目黒さんまカレー」に決定した。

尾上学校長（8月5日付で北空司令官）も「改良を加えてよりおいしくなった」と太鼓判。「目黒さんまカレー」は9月から目黒基地食堂の新メニューとして提供される予定だ。

『海軍』に負けるな！

自衛隊でカレーといえば、海自の「海軍カレー」が有名だが、陸自や空自も負けていない。飯塚駐屯地は名物「ボタ山カレー」をついに商品化、一方、空自幹部学校は「目黒さんまカレー」を作り上げた。

飯塚駐は「ボタ山カレー」を商品化

黒い「ルー」と真っ黒な「ご飯」　見た目強烈も隊員絶賛

かつて九州の炭鉱町だった飯塚市。その伝統を引き継ぎ飯塚駐屯地は2008年、隊員の士気高揚を図るため「ボタ山カレー」を開発した。

「ボタ山」とは石炭採掘で出た捨石（ボタ）の集積場。そこで石炭を模したサイコロステーキを入れ、黒糖仕立ての黒いルーと竹炭で炊いた真っ黒なご飯で「ボタ山」をイメージした。さらにトッピングの目玉焼きは「ボタ山の月」を表し、詩情もたっぷりだ。

見た目は強烈だが、一口味わえば黒糖のまろやかな甘さとスパイスがよく溶け合い、隊員も絶賛。この「ボタ山カレー」がこの夏、飯塚市の商社「瑞兆（ずいちょう）」からレトルト商品として販売が始まった。陸自のカレーが商品化されるのは全国で初めてだ。

商品化に当たっては駐屯地がレシピを提供し、パッケージ作りでも協力。商品はインターネット販売（http://www.zuicho-ya.com/）が中心だが駐屯地の売店でも扱っている。価格は650円（税込）。問い合わせは飯塚駐屯地広報0948(22)7651へ。

商品化された飯塚駐屯地の「ボタ山カレー」

余暇を楽しむ

市ヶ谷空手道部

紹介者：
技官　須貝　勝幸
（陸自中央基地システム通信隊＝市ヶ谷）

日々30分稽古で上達

全自空手道連盟市ヶ谷支部は、平成12年に防衛本庁支部と市ヶ谷支部が統合され、新生市ヶ谷支部として発足しました。現在、部長の山﨑文男技官以下約30人が所属し、防衛省厚生棟2階体育館などで稽古を行っています。

初心者に対しては、黒帯のベテラン部員がマンツーマンで基本を指導しています。その他の部員は基本・形練習を行った後、2グループに分かれて組手と形を練習しています。

年齢層は20代から50代と幅広く、職種も自衛官、事務官、技官等とさまざまです。年齢や職種・職域を越えて楽しく活動しています。

ほとんどの部員が入隊後に空手を始め、その後黒帯を取得し試合等に参加していますが、空手はすぐに上達しません。コツコツと継続して稽古を続けることが必要です。

市ヶ谷支部に入会した初心者会員も最初はぎこちない動きですが、忙しい合間を縫って稽古を続け、「おや、いつの間に！」という優れた動きを見せるようになります。

会員の中には業務や家庭の事情で昼休みの30分間しか練習時間を取れず、またその時間さえも業務に追われ、思うように練習をできない人もいます。しかし、そのような状況の中でもコツコツと稽古を続け、上達していきます。

そうした努力が実ったのか、今年度は壮年選手の活躍が著しく、平均年齢45歳（山内浩2佐＝53歳＝、飯塚大介事務官＝45歳＝、三浦太朗3佐＝37歳＝）の3選手でつくったチームが全自関東大会の形団体戦で優勝。全自大会でも同じ部門で3位入賞を果たしました。

練習は和やかな雰囲気の中、無理をせず自分のペースで楽しみながら行っています。空手に興味がある方、体験してみたい方は、まずは体験的に稽古に参加されてはいかがでしょうか。いつでも歓迎します。

東京・九段の靖国神社で「奉納演武」を行った市ヶ谷空手道部の部員と家族＝写真㊤。㊦は稽古に励む部員たち

家族の日を実施

【静岡】地本は6月21日、1高射特科大隊（駒門）の「家族感謝の日」を支援した。同行事は家族に部隊の任務や活動を理解してもらい、家族間の交流を深めてもらうもの。

この日は訓練展示をはじめ、食事体験、車両試乗、ファミリーコンサートなどが行われた。

【仙台】東北方面指揮所訓練隊は7月25日、仙台駐屯地夏祭りに合わせ、「家族の日」を行った。9家族18人が参加し、駐屯地の夏の風物詩、花火大会を楽しみながら懇親を深めた。

父兄会と連携しサツマイモの苗植え

サツマイモの苗を植え付けた福知山業務隊員と父兄会員（6月14日）

【福知山】駐屯地業務隊は6月14日、「父兄会と連携した家族支援」施策の一環として、サツマイモの苗の植え付けを実施した。

当日は父兄会の衣川莞爾副会長の畑に、長谷川博彦会長をはじめ理事6人と愛甲昭一郎・前業務隊長以下隊員家族10人が集合。4種類のサツマイモの苗450本を植え付けた。このサツマイモは秋に収穫し、「家族コミュニティー芋掘り大会」を行う予定だ。

業務隊では大規模災害時に父兄会が実施する家族支援を円滑にするため、日ごろから信頼関係の構築に努力している。父兄会による家族支援の希望者を調査する「家族支援アンケート」を行い、父兄会が行う安否確認の要領と区割りもほぼ完成。また、緊急登庁支援についても父兄会の女性会員を派遣してもらう方向で合意を得ている。

自慢の一品料理

福ちゃんラーメン（醤油）

紹介者：
芳賀　恵子さん（栄養担当官）
（福島駐屯地業務隊糧食班）

福島県といえば日本三大ラーメンの一つ、「喜多方ラーメン」の発祥地。福島のラーメンは太目で水分の多いちぢれ麺「平打ち熟成多加水麺」を使用するのが特徴で、喜多方地方に限らず、まさに県民食と言えます。

そこで福島駐屯地食堂でも地元ラーメンを名物料理にしようと、隊員さんから名前を投票形式で募集し、「福ちゃんラーメン」が誕生しました。

とんこつ、鶏ガラ、野菜からダシをとったスープは塩ベースのしょうゆ味。あっさりしていて、昔ながらの中華そばといった味わいです。

麺は伸びにくいものを使用しており、スープによく絡んでツルツル、モチモチとてもおいしいです。トッピングには手作りのチャーシュー、メンマ、煮卵、のり、ネギがのります。

隊員の皆さんには月1回ほど提供しており、他に味噌味とつけ麺風のバリエーションがあります。食後には毎回、箸を使った投票を行っているのですが、「おいしい」箱への投票が99％を占めるほどの人気ぶりです。

栄養士はとにかく栄養計算を重視しがちですが、若い頃、先輩に「食べないと栄養にならないよ」と言われて以来、まずは食べてもらえることを一番に考えて献立作りを行っています。

唐揚げ、ステーキ人気

霞ヶ浦で献立選抜総選挙

結果発表のポスター

【霞ヶ浦】駐屯地業務隊はこの春、献立ナンバー1を決める「霞ヶ浦献立選抜総選挙」を実施。そこで選ばれた上位5品を7月7日から11日の間、隊員食堂で昼食として提供した。

献立の「総選挙」は初の試み。糧食班が昨年度提供したメニューから人気や栄養面を考慮して34品を選び、営内者を中心に隊員369人が「おいしい」と思う3品を投票した。

総数は計1107票に達し、接戦の末、「鶏の唐揚げ」と「サーロインステーキ」が1位に選ばれた。

鶏肉の唐揚げはニンニク、しょうが、しょうゆ、酒などで仕上げたオリジナル調味料を鶏モモ肉に揉み込み、数時間寝かした後、高温油で表面はカラッと中はジューシーに揚げている。

サーロインステーキは「いかに柔らかい状態で提供するか?」がテーマで、パイナップルに含まれる酵素が肉を柔らかくすることから、パインジュースに2、3時間漬け込み、配食直前に焼いて提供している。

3位は「チキン南蛮タルタル」、4位は「ネギトロ丼」、5位は「カツカレー」で、こちらも順に昼食として提供された。

期間中はメニューを隠した〝お楽しみメニュー〟としたため、隊員から問い合わせも多数あったが、情報を漏らすことなく当日を迎えた。隊員からは「この企画の話題でもちきりだった」との声が上がった。

糧食班では「今後も隊員の皆さんに食堂へ足を運ぶのを楽しみにしていただけるような、おいしい献立を提供していきたい」と話している。

「そうめん流し」で涼を満喫

長崎地本、艦艇広報に協力

「そうめん流し」で涼を取る水中処分母船員ら（7月26日、口之津港で）

【長崎地本】佐世保警備隊の「水中処分母船5号（YDT05）」（船長・松永洋喜1尉）は7月25日から27日まで、長崎県南島原市の口之津港に入港、一般公開を行った。

「マリンフェスタinくちのつ」に合わせ実施したもので、長崎地本と島原地域事務所が支援した。

26日には協力団体の支援のもと、入港へのお礼として乗組員に島原名物のそうめんを「そうめん流し」として振る舞った。酷暑の中、竹の樋を流れてくるそうめんを乗員は箸でたぐり、おいしそうに食べていた。

糧食班が〝大汗〟　恒例の「梅漬け」

【松本】松本駐屯地業務隊糧食班（班長・西村匠平3尉）は6月4日、「女性友の会」の協力のもと、恒例の「梅漬け」を行った。

糧食班員と駐屯地各部隊の隊員8人は「女性友の会」4人の指導のもと、まず梅の塩もみ作業、シソもみ作業に取り組んだ。

南信州名産の「竜峡小梅」と呼ばれる品種の梅に塩をまぶし、全体にむらなく混ぜこんだ。その後、シソに塩と酢を加えてしっかりもみ、固く絞って余分な水分を取って容器に入れると作業は完了。

隊員たちは「大変な作業だったが、自分たちが食べるものなので、とてもやりがいがある」と話していた。

漬けた梅は約1カ月間保存され、7月中旬から隊員食堂で提供されている。

部隊だより

陸

高田　2普連3中隊はこのほど、新潟県南魚沼市で徒歩訓練を実施した。同市は平成23年の新潟・福島豪雨災害で給水支援を実施した地域で、訓練中は昼夜問わず多数の住民からの応援があり、沿道では「お礼の横断幕」の励ましまで受けた＝写真㊤。隊員たちは住民から温かい激励を受け、全員が重い装備を担い、市内坂戸山を回る約35キロを完歩した。

座間　駐屯地は8月5日、中央即応集団司令官に着任した川又弘道陸将の着任式を実施した。式には隣接する在日米陸軍司令官のデーザー少将も臨席。空挺団、即応連隊、特殊作戦群など全隷下部隊長が出迎えた＝写真㊦。記者会見で川又司令官は「即応集団の各専門技術は比類なきものでなければならない。所命必遂の精神で隊員を鍛えていく」と述べた。

富士　駐屯地と富士学校は7月6日、開設60周年記念行事を開催した。式典は「絆　歩んだ道、共に歩む新たな道」をテーマに隊員1600人と車両160両が観閲行進。また普・特・機と施設、航空の各科部隊が協同した展示訓練を披露した。その後、各種装備品展示や戦車体験試乗などがあり、60年の節目の行事は1万4600人の来場者でにぎわった。

守山　35普連は6月10日、岐阜県川辺町で炊事競技会を実施した＝写真㊤。競技に臨む各中隊に与えられた課題は「酢豚」。味覚はもちろん、規定時間の厳守、調理中の衛生管理の徹底、炊事長の適切な指揮なども評価対象となった。各中隊は食材の油通しや炒め時間などを綿密に計算し、それぞれ自信作を完成。厳密な審査の結果、優勝は2中隊だった。

大津　4陸曹教育隊はこのほど、創隊60周年記念行事を行った。節目となる今回は、隊員と4曹教友の会の会員が整列し、「4ST」の人文字を撮影。さらに部隊史紹介として同隊60年間の歴史の紹介を駐屯地で行った。その後の親睦会では隊員と家族、OBら174人が参加し、家族交流や部外協力者と意見交換などを行い、信頼感を深めた。

島松　「駐屯地・北海道補給処創立62周年記念行事」が6月29日に行われた。式には歴代処長など多数の来賓を迎え、地元市民とともに記念式典と各種イベントを行った。隊員450人が整列する中、16の自治体旗を掲げたフラッグ隊が入場し、大きな拍手を受けた。隊員たちは地元住民との連携をさらに高め、国防と災害対処の任務を完遂していくことを誓った。

南恵庭　駐屯地は6月12日、海賊対処航空隊の一員としてアフリカのジブチに派遣されていた122地区警務隊南恵庭連絡班長・椎木靖之2尉＝写真㊧＝の帰国行事を行った。部隊を代表して諫田司令が椎木2尉の労をねぎらい、これに対し椎木2尉は「4カ月の派遣で改めて日本国の素晴らしさを知った。命を懸けて守り抜く価値が日本にはあると強烈に感じた」と述べた。

上富良野　120特科大隊の隊員38人は6月8日、美瑛町で開催された「丘のまちびえいヘルシーマラソン」を通信・監視・救護などで支援した。大会は元五輪代表の増田明美さんが特別ゲストで出場するなど道内外から5816人がエントリー。駐屯地からも多数の隊員が出場し、4特群本部中隊の加藤隆行2曹が5・27キロ一般男子の部で2位に入賞した。

「札幌航空ページェント」……上空で地上で自衛隊をアピール

㊤来場者が見守る中、離陸する空自のUH60J救難ヘリ。その手前は陸自のOH1観測ヘリ㊨5万人の航空ファンで埋め尽くされた「第28回札幌航空ページェント」の会場（丘珠駐屯地で）

オスプレイ 北海道 初披露

北海道最大規模の航空ショー「第28回札幌航空ページェント」が7月20日、2年ぶりに札幌飛行場（陸自丘珠駐屯地）で開催された。

今回は在日米海兵隊の垂直離着陸輸送機MV22オスプレイが道内で初めて披露されるとあって、前回より1万人多い約5万人の航空ファンが詰めかけた。

岩国基地所属のオスプレイ2機は19日午後に丘珠駐屯地に到着。ショー当日は2機のうち「09号機」がプロペラをたたんだ状態、「05号機」が垂直離着陸のモードで展示され、固定翼機にも回転翼機にもなる実用型ティルトローター機の優れた特性を来場者にアピールした。

陸・海・空の自衛隊機も会場にずらりと並べられ、上空では迫力ある飛行展示を披露。このうち15年ぶりに登場した空自のT4ブルーインパルスは白いスモークを引いて上空を航過、エプロンを埋めた来場者からどよめきが上がった。

さらに陸自AH1S対戦車ヘリ、海自P3C哨戒機、空自F15戦闘機などが鮮やかな飛行を見せた。

一方、地上でも札幌地本のキャラクター、羊の「モコ」が子供たちに囲まれた。中には「モコちゃんが大好きで、モコちゃんに会いにきたの」と話す女の子もいて、「モコ」も大喜び。

この日、地本の広報ブースには家族連れなど約2800人が訪れ、広報官たちも自衛官募集のチラシやパンフレットを配るのに終日大忙しだった。

（札幌地本）

北海道で一般に初公開されたMV22オスプレイ2機。正面の機体はプロペラをおりたたみ、左の機体は垂直離陸モードとなっている

豊川　10特連は6月28日、自衛官候補生課程教育修了式を実施した。来賓と家族が見守る中、候補生代表の萬代翔也候補生が「今日まで学んだことを糧とし、日々鍛錬を怠らず、一層努力して立派な自衛官となることを誓います」と宣誓。その後の祝賀会では、駐屯地太鼓部「三河陣太鼓」の激励を受け＝写真㊦、候補生105人は新たな任地へと巣立った。

桂　駐屯地は7月9日、中方総監部が実施する「巡回法令教育」を受講した。教育は治安出動や災害派遣中の自衛官の権限や法的根拠、一般法令では暴力や飲酒事故など、訴訟に関する事例が詳しく紹介された。聴講した隊員たちは日ごろから法律に関心を持ち、法を理解した上で行動することによって、より自信を持って任務に取り組めることを学んだ。

善通寺　小野寺防衛大臣はこのほど、四国地区の陸・海自部隊を視察した＝写真㊤。14旅団司令部が所在する善通寺では国際緊急援助隊が開設する衛生施設や医療訓練の模様を視察。大臣は「14旅団は機動旅団として四国のみならず、多方面での活躍を期待している。諸官は積極的平和主義のもと、国際活動に対しても準備を整え、臨んでほしい」と訓示した。

小郡　9施群教育隊は7月2日、特技課程新隊員43人の教育開始式を行った。代表の佐伯尭亮2士が緊張しつつも力強く隊長に報告。43人はきびきびとした動きで前期教育の成果を見せ、さっそく重材料運搬、連結、土工、木工、植杭、爆破、漕舟など施設基礎作業の教育に取り組んだ。新隊員たちは施設科隊員として必要な識能教育を9月13日まで受ける。

空

浜松　広報館は6月7、8の両日、高射教導隊のペトリオット・ミサイルなどの機動訓練展示を行った。訪れた約6000人は、隊員たちの機敏な動きや臨場感あふれるアナウンスに感心しながら訓練を見学。装備品展示では、分かりやすい説明で弾道ミサイルの攻撃にも対処できる高射隊の任務について理解を深めた＝写真㊤。

千歳　基地准曹会（会長・杉本孝哉曹長＝3高群）はこのほど、千歳青年会議所創立50周年式典で、陸自東千歳、北千歳曹友会とともに感謝状を受けた＝写真㊤。基地准曹会は同会議所が行う千歳川の清掃奉仕活動をはじめ、千歳夏祭り、厳冬期の独居老人宅の除雪ボランティアなどに積極的に協力し、地域社会の繁栄と安全に貢献したことが評価された。

三沢　基地准曹会はこのほど、在日米空軍地区で行われた「日米下士官交流会（ダイニング・アウト）」を支援した。会食では規則違反をした隊員が「洋式便器に入った謎のカクテル」を飲むゲームが恒例となっており、自ら服装違反をしてこのゲームを楽しむ強者も。余興では北防群が「よさこい踊り」を披露、日米隊員が一緒に踊り、会場を盛り上げた。

海

小松島　24航空隊はこのほど、徳島県を舞台に「100キロ行軍」を実施した＝写真㊦。隊員26人は四国八十八カ所霊場の第1番札所・霊山寺（鳴門市）で安全を祈願し、行軍を開始。雨に体力を奪われながらも第19番霊場の立江寺（小松島市）まで各霊場を巡り、日付をまたいだ翌朝午前10時半、小松島基地に無事帰隊、今井敬司令に行軍完遂を報告した。

舞鶴　弾薬整備補給所は6月25日、舞鶴市内の多禰（たね）寺で野外教育を行った＝写真㊦。川上哲也所長以下30人は出発に先立ち小橋海岸で清掃を実施し、軽トラック2台分のゴミを回収。気分を新たに多禰寺に向かい、本殿で住職による訓話を正座で拝聴した。その後、なでれば御利益が得られる「はぎの柱」で、職務にまい進できるよう祈願した。

呉　呉総監部は6月7日、広島県内の各協力団体や基地モニターらを対象に岩国基地研修を支援した。呉から交通艇で岩国基地に到着した一行は71航空隊のUS2救難飛行艇に体験搭乗した＝写真㊦＝ほか、MCH101掃海・輸送ヘリなどを見学した。支援した呉援業課では「今後も研修を通じ、退職隊員の就職援護につなげていきたい」と話している。

岩国　海自MCH101掃海・輸送ヘリと同型の機を装備する英海軍829航空隊司令のフィリップ・ビーチャム少佐がこのほど、海自唯一の掃海ヘリ部隊111航空隊を訪問した。装備品を見学した同少佐は、英国にはない航空掃海具などに深い関心を示した。その後、同ヘリの運用や整備法などについて意見交換し、互いの部隊について理解を深めた。

大村　22空群はこのほど、佐賀県有田町で実施された旧海軍第28代連合艦隊司令長官・古賀峯一元帥の慰霊祭を支援した。今年で35回目となる同祭には池田徳宏佐世保総監をはじめ、西成人22空群司令、黒松久佐教司令など約80人が出席。儀仗・ラッパ隊員25人による「自衛艦旗掲揚・弔銃」が厳かに執り行われ、参列者は古賀元帥の冥福を共に祈った。

地方防衛局 特集

防衛施設と首長さん

新潟県上越市・村山 秀幸市長

65歳。国学院大法卒。新潟県職員を経て、2007年4月上越市副市長、09年11月上越市長に就任。現在2期目。

新潟県の南西部に位置し、日本海に面する上越市は、昭和46年に海岸部の直江津市と平野部の高田市が合併して成立しました。平成17年には周辺の13町村との大合併を実現し、現在の姿に至ります。

かつて戦国時代は上杉謙信公のお膝元として、江戸時代には松平忠輝公の60万石を誇る城下町として、また明治時代には軍都として栄え、受け継がれる歴史と薫り高い文化に彩られた人情味あふれるまちです。

四季の変化がはっきりとした風光明媚なまちでもあり、春には日本三大夜桜の一つに数えられる「高田城百万人観桜会」、夏には上杉謙信公の武勇と遺徳をしのんで開催される「謙信公祭」、秋には地元の蔵元で作られる日本酒をはじめ、各種の酒を一堂に集め、地域の酒文化を紹介する「越後・謙信SAKEまつり」、

災派活動などに信頼と誇り
多数の催し駐屯地と一体感

冬には日本に初めてスキーを伝えたオーストリア・ハンガリー帝国（当時）の軍人・レルヒ少佐の遺徳を顕彰する「レルヒ祭」など、季節に合わせてさまざまな催しが行われています。

上越市にある陸上自衛隊高田駐屯地には約1000人の隊員の皆さまが所属しておられます。地震や豪雨、豪雪など、毎年のように人的被害を含めた深刻な自然災害が発生する状況下にあって、日々厳しい訓練に汗を流し、多種多様の任務を立派に果たしておられます。

昨年秋の伊豆大島における大規模な土石流災害や、今年2月の関東甲信地方の豪雪災害では、高田駐屯地からも隊員がいち早く救援に向かい、著しい成果を挙げられました。自らの危険をも顧みず、黙々と救援活動に邁進される姿を、上越市民は大変頼もしく誇りに思っています。

高田駐屯地では市民との交流も盛んで、今年64回目を迎えた駐屯地創設記念行事では、訓練展示や装備品展示、体験搭乗など普段見られない自衛隊の姿に触れる機会となっています。

夏には駐屯地盆踊り大会も開催され、子どもから大人まで楽しめる催しが多数用意され、市民と隊員の皆さまが一体となって楽しむ姿が見られます。

また「高田城百万人観桜会」の会場である高田公園の桜は、明治42年に陸軍第13師団が高田城に入城したことを祝い、在郷軍人団が2200本の桜を植樹したのが始まりです。今では春になると4000本の桜が咲き誇り、観桜会は来場者130万人を超える当市最大のイベントとなっています。

昨年からこの観桜会を盛り上げようと、自衛隊によるパレードが41年ぶりに復活し、今年も音楽隊の華やかな演奏の中、威風堂々と行進する隊員や車両の雄姿を一目見ようと、沿道には約6500人もの観客が詰め掛けました。

いずれの行事も大勢の市民が参加し、隊員の皆さまと地域住民との信頼関係の深さを象徴しているものと思います。

高田駐屯地の皆さまには、今後も地域住民に信頼される郷土の精鋭部隊として、大いに活躍していただくことを期待しています。

普天間から岩国へ
KC130空中給油機
移駐を開始
沖縄の基地負担軽減で

【中国四国局】米海兵隊の「第152空中給油輸送中隊」のKC130空中給油機部隊が7月15日、普天間飛行場から岩国飛行場への移駐を開始した。岩国飛行場では岩国市の福田良彦市長をはじめ、中国四国防衛局の藤井高文局長（現・装備施設本部副本部長）らが見守る中、同中隊司令のマシュー・ストーバー中佐を乗せた1番機が午前11時半すぎ、滑走路に着陸。相撲の力士をかたどった赤い部隊旗を立てた同機は、新設された駐機場に移動し、整備格納庫前に駐機した。詰め掛けた約30人の報道陣を前にストーバー司令が記者会見を開き、部隊の役割や機体の安全性をPRした。

米中佐が安全性PR

1番機から降り立ったストーバー中佐は、岩国基地司令官のロバート・ブシェー大佐らの出迎えを受けた後、会見に臨んだ。

ストーバー中佐は「我々の到着をもって海兵第152空中給油輸送中隊の岩国への正式な移駐の第1陣となる。部隊の任務は昼夜を問わず、遠征展開先での空中給油や地上部隊への支援を提供することだ」とした上で、「東日本大震災時の『トモダチ作戦』などで示されたように、人道支援・災害救援（HA/DR）の際には遠征展開して大規模な輸送業務を提供することができる。また、我々は事故とは無縁の30万時間を上回る飛行時間を誇っており、この記録はこの先も延びていく」と述べ、支援実績や機体運用の安全性を強調した。

さらに「我が部隊のコールサインは日本の国技である相撲から取った『スモウズ』だ」とアピール。「太平洋地域での運用に当たり、部隊は長い年月を日本で過ごしてきた」と背景を説明し、「相撲は日本の強靱さ、戦う力、心の中の力、くじけない勇気という心身両面の強さを表す象徴であり、まさに日米同盟の強固で絶えることのない絆、断固として任務を支えていくという、海兵隊員や家族の心意気を表すのにふさわしいものだ」と語った。

海兵第152空中給油輸送中隊の移駐は当初、7月8日から始まる予定だったが、台風8号の接近による悪天候で延期された。

米軍では資材等の輸送のため、当面は普天間飛行場と岩国飛行場を行き来しながら、8月末までの部隊の移駐完了を目指すとしている。

㊤着陸後、赤い部隊旗を立て、新設された駐機場に移動する米海兵隊のKC130空中給油機㊦格納庫前に駐機したKC130を取り囲むように取材する報道陣（写真はいずれも7月15日、岩国飛行場で）

旭川、帯広市で防衛問題セミナー開く

【北海道局】北海道防衛局は7月12日に旭川市の「大雪クリスタルホール」、翌13日に帯広市の「とかちプラザ」で、「新たな防衛計画の大綱と北海道の陸上自衛隊」をテーマに「防衛問題セミナー」を開催した。

両セミナーでは冒頭、主催者を代表して北海道防衛局の島川正樹局長（当時）があいさつ。

旭川市では西川将人市長が「日本を取り巻く安全保障環境についてさまざまな観点から貴重な話が聞けることを期待している」と述べ、帯広市では米沢則寿市長が「困難な問題が山積する我が国を取り巻く状況と、私たちの安全な生活に欠くことのできない自衛隊の役割について考える機会としてほしい」と開会のあいさつをした。

両講演では、防衛省の中嶋浩一郎防衛計画課長（現・文書課長）が「新たな防衛計画の大綱と防衛力整備について」と題し、「新大綱」「中期防」や北海道における陸上自衛隊整備の方向性について講演した。

その後、旭川市では陸自2特科連隊長の南浩1佐が「北海道を取り巻く安全保障環境と第2師団」と題してスピーチ。「新大綱」に基づく陸上防衛構想や2師団の即応体制と活動状況について説明した。

一方、帯広市では陸自5旅団長の深津孔陸将補（現4師団長）が「5旅団の活動状況」と題して、教育訓練の状況や国際貢献活動について紹介した。

リレー随想　丸井 博

「実りの季節」

神奈川県には、米海軍の横須賀基地、厚木基地、米陸軍のキャンプ座間、相模原補給廠、さらにはこれに付随する米軍住宅など多くの在日米軍施設・区域が所在しています。

一方、神奈川県は人口が増加し、現在、900万人を超える県となっています。米軍基地をめぐる環境変化を踏まえ、所要の基地機能を確保し、安定使用を図りつつも、周辺自治体からの一部返還や共同使用の要望に応えるべく、調整を進めなければならない多くの課題に直面しています。

その中で、今年成果が挙がった事例を紹介したいと思います。

本年3月、横浜市に所在する①深谷通信所は本年6月末②上瀬谷通信施設は27年6月末までの返還を目途に、今後手続きを開始することが日米間で合意されました。

深谷通信所の面積は約77ヘクタール、上瀬谷通信施設の面積は約242ヘクタール、合わせて300ヘクタールを超える土地の返還実現に向けて大きな前進がみられました。

そして、6月30日には、深谷通信所の全部返還が実現しました。当日、林文子横浜市長に説明にうかがいましたが、同市長からは「多くの市民の皆様の期待に何としても応え、未来に向けて夢をつなげる跡地利用ができるよう、市としても全力を挙げて取り組む」との力強い言葉を頂きました。

また、それに先立つ6月24日には、①座間市が座間総合病院の建設用地として使用するためのキャンプ座間の一部土地（約1・4ヘクタール、返還予定地）の共同使用②逗子市が公園として使用するための池子住宅地区の一部財産（約40ヘクタールの土地等）の共同使用——が日米間で合意されました。

この日は、遠藤三紀夫座間市長、平井竜一逗子市長を訪問するため、神奈川県内を駆け回りましたが、両市長から歓迎の言葉を頂きました。

南関東防衛局に着任して1年。在日米軍、地元自治体との意思疎通に心を砕いてきました。国と在日米軍、そして地元の3者が協力しあえる関係を築くことが基地行政を円滑に実施する基礎であると実感しています。

昨年、富士山の世界遺産登録が大きな話題となり、当局管内に東、北両富士演習場を抱える私としても富士山登頂を思い立ち、当局の登山同好会のメンバーと丹沢の大山や塔ノ岳を何度か登山するなど、目標を立てて努力を積み重ねた結果、7月、天候にも恵まれ、富士山頂に登頂できました。

今回紹介した在日米軍施設・区域の返還等に関するいくつかの「実り」は、関係者が準備を積み重ねた結果ですが、これらの実りがさらに大きな収穫となるよう目標に向かって一歩、一歩着実に努力していく所存です。

（南関東防衛局長）

入札参加呼びかけ
横須賀市など主催 契約説明会に参加

【南関東局】防衛施設関連工事などの受注拡大に関する地元企業向けの説明会が7月8日、横須賀商工会議所で開かれ、南関東防衛局をはじめ、海自横須賀総監部や米海軍横須賀基地の関係者が説明者として招かれた。

同説明会は横須賀市と横須賀商工会議所が主催したもので、南関東局からは調達計画課の山川雅文課長と契約課の畑瀬英雄補佐が出席し、説明と質疑応答を行った。

地元企業向けの説明会で入札方式を説明する南関東局の山川課長（左奥壇上）＝7月8日、横須賀商工会議所で

山川課長は南関東防衛局が発注する建設工事の入札・契約方式について紹介。平成19年度から価格と価格以外の要素を総合的に評価して落札者を決定する「総合評価入札方式」が導入されていることに加え、昨年9月から試行している総合評価方式における「施工能力評価型」についても説明した。

併せて、同局のホームページに7月1日から更新掲載している「平成26年度発注予定工事」についても紹介し、「ぜひ多くの企業の皆さまが入札に参加していただけることを期待しています」と述べた。

続いて畑瀬課長補佐が、同局発注の「施工能力評価型」の入札方式と、建設工事の「競争参加資格審査」の申請手続きについて細部を説明。「施工能力評価型」は、技術的に工夫の余地が少ない工事で、予定価格が原則3億円未満に適用するものであるが、評価項目が簡素化されていることから応募企業の資料作成の負担が軽減されるなどのメリットを強調した。

同局はこれに先立つ6月10日、横浜市内で開かれた神奈川県建設業協会主催の「入札・契約方針等に関する説明会」に関東地方整備局と共に参加。南関東防衛局の発注工事における施工能力評価型の試行について説明した。南関東局では「関係団体などからの要望があれば、積極的に説明会などに参加し、地元の皆さまのお役に立ちたい」としている。

優秀工事5社と技術者に顕彰状

【東北局】東北防衛局は7月1日、昨年度に完成した建設工事と建設業務のうち、特に優秀だった五つの案件について、優秀工事5社と優秀工事技術者1人にそれぞれ顕彰状を授与した＝写真。

対象となったのは工事72件、業務93件のうち、原則として工事などの成績評定点が80点以上のものから、同局の調達部長を委員長とする優秀工事等選定委員会が審査し、特に優秀と認められるものが選定された。

授与式で野中将英調達部長は「震災復興などで労働者や資材が不足する中、スムーズに施工していただき感謝している。今後も引き続き皆さんの力をお借りしたい」とあいさつした。

優秀工事等は次の通り。

▽「東急建設東北支店」＝空自松島基地の格納庫改修建築、その他工事を実施。松島基地の津波対策として駐機場の高台化に伴い、既設ブルーインパルス格納庫を曳家（ひきや）工法により、地上から約3・5メートルの嵩（かさ）上げを実施。前例のない高度な技術と熱意で施工し、円滑かつ確実に工事を完成させた。

また、優秀工事技術者として、監理技術者の芳賀正男氏が卓越した技術と熱意をもって工事完成に貢献した。

▽「奥村組東北支店」＝仙台病院の耐震改修工事を実施。病院機能を維持しながら耐震補強を行うもので、自衛隊病院の運用に支障なく工事を完成させた。

▽「橋本建設工業」＝技本下北構内の道路整備など、土木工事を実施。正門付近や頻繁に射撃試験が行われる試験区域を縦断する構内道路を整備するもので、自衛隊装備品などの調査研究に重要な射撃試験に支障なく工事を完成させた。

▽「壁巣建設」＝郡山駐屯地の外柵整備など、土木その他工事を実施。民有地に接する敷地境界において老朽化した外柵を整備するもので、隣接する民家に影響なく工事を完成させた。

▽「日本電設工業東北支店」＝陸自八戸駐屯地外の電源設備新設など、電気その他工事を実施。八戸駐屯地外11地区にまたがる陸自駐屯地の非常用発電機の設置工事を行うもので、施工現場が広範囲に点在する困難な条件下にもかかわらず、部隊の運用に支障なく工事を完成させた。

不発弾 4年で6300発処理
ラオス
ノウハウ伝授 JMAS・中條氏に感謝状

アジアやアフリカなどで地雷・不発弾処理の支援を続けている自衛官OBでつくる認定NPO法人「日本地雷処理を支援する会」（JMAS、折木良一会長＝元統幕長）は7月31日、ラオス最南部のアッタプー県での4年間に及ぶ処理プロジェクトを終了した。これに先立ち18日、ラオス不発弾処理機関（UXOLao）アッタプー県支部でプロジェクト終了式が行われ、同機関隊員への技術指導に当たってきたJMAS不発弾処理専門家の中條宏氏（69）＝防大12期、武器科出身＝に同県知事らから感謝状と記念品が贈られた。

中條氏は現地のラオスの隊員とともに4年間で約630ヘクタールのクラスター弾汚染地域の安全化を達成。大型爆弾50発を含む約6300発の不発弾を処理する傍ら、学科教育や実技を通じて隊員に処理のノウハウを伝え、同国の能力向上にも貢献してきた。

特に沖縄県での処理経験を踏まえ、不発弾が住宅地で見つかるなどして爆破処理や信管離脱ができない場合、電動や手動のこぎりで爆弾を切断して安全化を図る「のこぎりカット法」を指導。この方法は不発弾の本体部分にのこぎりを入れて主に弾底を切断し安全化するもので、住宅や施設などで不発弾が発見された場合の処理に適している。

中條氏は今後の国土開発に伴って爆破処分ができないケースの増加が予想される同国の実情に即したものとして提案。3回の安全性確認試験を経て、各国の専門家が参加する技術会議でも承認され、ラオスの正式な処理方法の一つとして採用される予定になっている。

18日の式典でJMASの折木会長は「UXOLaoの隊員の協力のおかげで、不発弾処理の促進と処理技術の移譲に大きな成果をあげることができた。2011年から続く県内被害者ゼロの継続と作業の安全を祈念します」とあいさつ。

中條氏は「隊員と寝起きを共にしながら、県内各地を巡回して大型爆弾などを処理したことが一番楽しい思い出です」と振り返った。

ラオスはベトナム戦争時の激しい空爆で、今なお国土の3分の1が不発弾で汚染されている。国内の開発重点地域の安全化だけでも何十年もかかると予想され、国の発展を妨げていることから、JMASは2006年から専門家を派遣して不発弾の処理技術の移譲を行ってきた。

JMASは次期プロジェクトとして、同国の首都ビエンチャン特別市郊外の不発弾訓練センターでの技術移譲と教育改善支援を計画。また、老朽化した訓練施設の建て替えの準備も進めている。

幅広い支援を要請

JMASは地雷・不発弾処理支援のため、現役隊員や自衛官OBの会員入会や寄付、書き損じはがきの寄贈など幅広い支援を呼びかけている。詳しくはJMASホームページ（http://jmas-ngo.jp/ja/）または事務局（東京都新宿区市谷本村町3－18エムズビル5階）電話03（5228）7820まで。

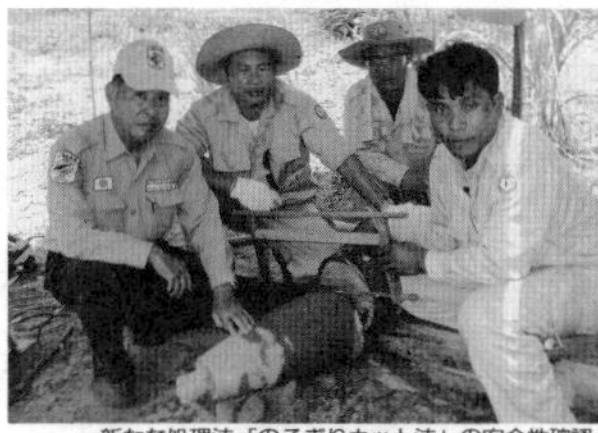
新たな処理法「のこぎりカット法」の安全性確認試験で、500ポンド爆弾を切断するJMASの中條氏（左）とラオス不発弾処理機関の隊員（今年5月）

のこぎりカット法　不発弾の処理方法の一つ。状態や発見場所などで、爆破処分や信管離脱が困難な場合に行われる。本体を電動のこぎりで切断し、主に信管の残った弾底を取り除く。本体の火薬（TNTなど）は、発火しやすい信管部と違って衝撃や摩擦に対して鈍感な性質を有しており、また、パイプレンチで信管離脱するよりも振動が少ないため、安全上の問題が少ない。自衛隊では不発弾の多い沖縄県などで実施され、近年は遠隔操作で切断できるウオータージェット装置を開発・導入している。

取得した国家資格109個
難関の「技術士」も
松田2佐

【東業＝市ヶ谷】海自東京業務隊付の松田和久2佐（54）＝8月10日付で退官＝はこのほど、技術士の試験に合格。全国的にもあまり例のない109の国家資格の取得者となった。

松田2佐がライフワークとして資格を取得し始めたのは40歳を過ぎてから。防大（27期、応用物理学）を卒業し部隊に勤務する中、「知識はいずれ消滅する。知識は資格に変えて保持すればいい」と考えた。

それ以降、消防設備士を皮切りに「月に一つ。年間で約10の資格を取得」し、8種の危険物取扱者、23種の無線従事者・船舶局従事者、電気工事士、計量士、測量士補などの試験に次々と合格した。

約7年前からは超難関とされる技術士に挑戦。5年前には一次試験をパスし二次試験に挑んだが口頭試験で不合格。

再び二次の口頭試験まで進んだ今年3月、前回の不合格の要因をまとめ、「これが現役最後の受験。祈るような気持ちで」臨み、見事合格。109個目となる技術士（情報工学部門）の資格を取得した。

今後もさらに資格取得を目指すという松田2佐。「資格取得は定年前に慌てるのではなく、早めに取りかかるほうがいいと思います」と助言している。

109個の国家資格取得に成功した松田2佐（東業で）

「安保破棄されても、日本は守れますか？」
鋭い質問に大臣感心
市ヶ谷台探検ツアーに184人参加

防衛省は8月6、7の両日、各省庁が実施する夏休みの恒例行事「子ども霞が関見学デー」の一環として「ピクルス王子とパセリちゃんの市ヶ谷台探検ツアー」を実施した。初日に参加した子供たち53人は小野寺防衛大臣と大臣室で懇談。子供たちからは「もし日米安保条約が破棄されても自衛隊は日本を守れるんですか？」などと記者顔負けの質問が飛び、大臣を感心させた。

子供たちの質問に「かなり鋭い質問だね」と小野寺大臣。日米安保に関しても、強い同盟関係にあることを説明した上で「どこの国でも、自分の国だけで自分を守ろうとすると、あまり上手くいかない。同じような関係の国と組んで、一緒に考えながら平和を保っていくことが大切」と答えた。

懇談後は幹部食堂で大臣と喫食。昼食には、今年4月に横須賀で行われた「第2回護衛艦カレーナンバー1グランプリ」で優勝した潜水艦部隊の「濃厚味わいカレー」が出され、多くの子供がおかわりをしていた。

儀仗広場で行われた特別儀仗隊の訓練展示では、保護者からも「かっこいい」と歓声が。隊員や展示車両の前には記念撮影の長い列が出来ていた。

東京都文京区からツアーに参加した柴田航生君（8）は「乗り物がたくさんあってかっこよかった。大臣も優しかった」と話して満足した様子だった。

同ツアーは平成11年から開始され、今回で16回目。今年は2日間で184人（うち子供108人）が来省した。

特別儀仗隊の隊員と記念撮影をするツアー参加の子供たち（8月6日、防衛省で）

『永遠の0』ロケ進む
空自木更津　来年の放送目指し

TVドラマ版『永遠の0（ゼロ）』（原作・百田尚樹、来年地上波TXN系列で3夜にわたり放送予定）のロケが8月8日、千葉県の空自木更津分屯基地で行われ、主人公の零戦パイロット、宮部久蔵を演じる俳優の向井理さんや歌舞伎俳優の2代目尾上松也さんらが実物大の零戦52型の模型を前に熱演した。

撮影は昭和16年に建設され、基地に現存する旧海軍の整備工場前で行われた。午後1時から尾上さん演じる景浦介山（宮部に反発する零戦パイロット）の撮影シーンが始まった。

玉音放送が流れる中、宮部への感情を零戦の傍らで表現。尾上さんはドラマ監督の佐々木章光さんと打ち合わせを重ね、一つのシーンを納得がいくまで撮影した。監督の要望に合わせ、異なる表情、しぐさを瞬時につくり上げた。

日が暮れかかった午後6時、向井さんが基地入りし、照明の灯る中、同じく零戦の前で撮影を行った。感情ほとばしる演技に、見守った基地の隊員もひき込まれていた。この戦時パートと並行して今後は現代パートを撮影し、CGなどの編集作業が進められる。

景浦役の尾上さんは撮影後、朝雲新聞社に対し「祖父が特攻隊の整備兵で、当時の話を聞いていました。物語はフィクションですが特攻は実際に起きたこと。（演技で）現実感を伝えられたら、と思っています。歌舞伎は強調する演技が多くそれに慣れていますが、（テレビではそれに）頼りすぎることなくリアルに演じることを心がけています」と語った。

実物大の零戦52型の翼に手を置き、景浦の感情を表現する尾上さん（右）＝8月8日、空自木更津分屯基地で

板妻・若林曹長の長女・次女
空手大会で大活躍

【34普連＝板妻】連隊重迫撃砲中隊の若林宏明曹長の長女萌恵さん＝小学5年＝と次女明依さん＝同3年＝はこのほど、沖縄県那覇市の県立武道館で行われた「沖縄伝統空手道古武道少年少女全国大会」に出場、明依さんが形・小学3年生部門で2連覇するなどともに活躍した。

全国から小中学生約850人が出場、学年ごとに競った。明依さんは剛柔流の形「セーエンチン」を演武し優勝、萌恵さんも敢闘賞を獲得した。

妻恵美さんとともに会場から声援を送った若林曹長は「熱心に指導して下さる師範と、多忙な時期に沖縄遠征を許して下さった部隊に感謝します。2人には心身ともに調和の取れた人間に成長してもらいたい」と語った。

沖縄伝統空手道全国大会で健闘、応援した（左から）若林曹長、明依さん、萌恵さん、恵美さん＝沖縄県立武道館前で

全国各地で災派相次ぐ
台風11号被害

日本列島を縦断した台風11号の被害で、自衛隊の災害派遣が全国で相次いだ。

北海道留萌郡小平町の鬼鹿地区では8月5日、大雨で道路が冠水し住民が孤立する恐れが生じたため、同日午後零時10分、北海道知事が26普連長（留萌）の宮嵜浩一1佐に災害派遣を要請。直ちに隊員約20人が現地に駆けつけ、排水ポンプ3台で水防活動に当たり、同3時55分、撤収要請を受け帰投した。

山口県では6日、玖珂郡和木町瀬田で大雨による土砂崩れが発生。岩国市新港町でも土砂災害による行方不明者が発生し、山口県知事が17普連長（山口）の山口真司1佐に午前6時54分、災派を要請、隊員延べ220人が被災地でドーザーなど車両延べ48両を使い、捜索活動や道路啓開、給水支援に当たり、8日午後8時11分に撤収した。

また、高知県では10日、四万十町や佐川町で飲料水が汚濁したため、高知県知事が50普連長（高知）の堤秀一1佐に給水支援を要請。同連隊と14後支隊（善通寺）の隊員延べ50人が出動し、タンク車など35両で12日現在、給水支援を行っている。

小休止

▽…潜水艦隊（司令官・鍜治雅和海将）はこのほど、ワック（鈴木隆一社長）からドイツの「Uボート」と米の「ガトー級潜水艦」の模型を寄贈された。

▽…模型はミリタリー・イラストレーターとして活躍する佐竹政夫氏が建造当時の写真を参考に、それぞれ約1カ月かけて製作した。スケールは72分の1で、Uボートは全長92センチ、ガトー級は同131センチ。

▽…模型は現在、潜水艦隊司令官公室前に展示されており、訪れる米海軍関係者らが足を止めて興味深く見入っている＝写真。（船越）

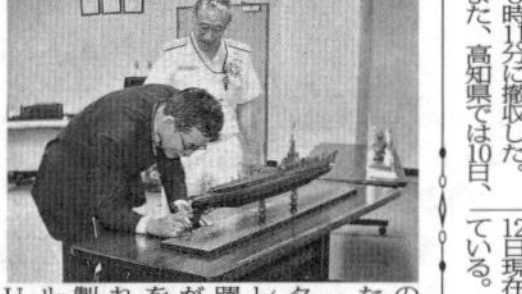

こちら警務隊　☎8・6・47625

法律では自転車も車両　罰則も自動車と同じに

自転車で、酒酔い運転をした場合の罰則を教えてください。

5年以下の懲役または100万円以下の罰金になります。酒酔い運転とは「アルコールの影響により、正常な運転ができないおそれがある状態」のことを言い、道路交通法第65条で「何人も酒気を帯びて車両等を運転してはならない」と規定されています。

自転車は、同法第2条において自動車と同じ車両であると規定されていますので、自転車で酒酔い運転をした場合は、自動車と同じ罰則を受けることになります。一人ひとりが自覚を持って飲酒運転の根絶を図りましょう。

（123地警＝岩手・藤田3曹）

（世界の切手・サンマリノ）

選手には3タイプいる。流れを変えるやつ、眺めているやつ、今のは何だと言うやつ。

トミー・ラソーダ（米大リーグの元監督）

朝雲ホームページ
www.asagumo-news.com
<会員制サイト>
Asagumo Archive
朝雲編集局メールアドレス
editorial@asagumo-news.com

マラソン伴走者の喜び

3陸佐　矢古宇　努（陸自中央警務隊・市ケ谷）

私は7月27日、埼玉県毛呂山町で開催された全長78キロ、高低差約800メートルを走破する「第21回奥武蔵ウルトラマラソン」に、視覚障害ランナーの伴走者として参加してきました。

私が本大会で「伴走」するのは2回目で、今回も昨年と同じバディ（助け合う仲間）と走りました。

私のバディは昨年、8時間30分のタイムで完走するほどの強靱なランナーであり、今回は8時間を切ることを目標としていました。

しかしながら、当日は梅雨明けの直後で、すさまじい暑さとなりました。午前7時のスタートにもかかわらず、午前中から熱波が降り注ぎ、この暑さにさすがのバディも体調を崩してしまい、今回は36・6キロ地点で無念のリタイアとなってしまいました。

そもそも私が視覚障害者の伴走をやろうと思ったのは、平成23年に自宅近くの公園をランニング中、雨が降っているにもかかわらず伴走者と一緒にとても楽しそうに走る視覚障害者の姿を見て、「自分も手助けできないだろうか」と思ったことがきっかけです。

そこで調べてみたところ「代々木公園伴走・伴歩クラブ」の存在を知り、さっそく入会登録しました。

最初のころは、「自分の仕事は伴走というボランティア活動で、障害者に対して手助けをするんだ」という気持ちでしたが、実際に一緒に走っていると、一本の紐でバディとつながり、彼・彼女は私に全幅の信頼を寄せて無心で走っており、その姿に大きな感銘を受けました。そして走り終わった時、これまでのランニングとはまったく違う、大きなやりがいと充実感をバディと共有できることを知りました。

今では「健常者も障害者も対等である」との意識に変わりました。そして一緒に走り終えた後、バディから「ありがとう」との言葉をもらった時は、私の方も逆に言葉にできないほどの力をもらっています。

ですが、マラソンなど長距離の大会で責任を持って伴走するには、また伴走者もしっかりとした準備が欠かせません。自分の方がバテてしまっては、サポートできないからです。そこで私は平素から走り込みをしており、通勤時間を利用して月平均約500キロを走り、本番に備えています。

また4月には長野マラソン、5月には野辺山100キロマラソンを走り、バディのウルトラマラソン挑戦に備えてトレーニングを積み重ねています。

現在、障害者ランナーへの「伴走・伴歩者」が足りないという状況です。もし、このボランティアに興味のある方がおりましたら、ぜひ「代々木公園伴走・伴歩クラブ」のホームページを検索してみてください。

「伴走・伴歩」は、ゆっくりでも大いに結構です。障害者の方々と一緒に、いい汗流しませんか。共に走ってくれるランニング好きを募集しています。

当日の熱波はすさまじく、途中でランナーの水分補給を手伝う矢古宇努3佐（左）らボランティア

全盲のランナー（左）を支え、「奥武蔵ウルトラマラソン」を伴走する矢古宇努3佐

みんなのページ

父兄会が分屯基地見学

2空曹　是永　純（鹿児島地本奄美大島事務所）

鹿児島地本の奄美大島駐在員事務所はこのほど、奄美市名瀬自衛隊父兄会（平田光和会長）の空自奄美大島分屯基地見学を支援した。

この見学は父兄会員の防衛意識の向上を目的に、特に女性部からの強い要望で実現した。参加した15人の会員らは最初に杉山奄美通信隊長から説明を受けた後、庁舎屋上に上がり、通信アンテナを見学した。

参加者からは「いつもは山の下からしか見たことがなかったので、アンテナがこんなに大きいとは思わなかった」といった感想が聞かれた。

引き続き隊員の居室や食堂などの見学があり、こちらでは会員から「どこもしっかりと整理整頓されていた。自分の息子もこのような部隊に勤務できて誇らしい」と話していた。

鹿児島地本では今後も離島で活躍する部隊を地域の人に見てもらい、自衛隊の理解をさらに深めてもらう計画だ。

隊員食堂で開かれた「交換会食」で、隊内生活や訓練の苦労について語り合う陸・海の新隊員たち

「陸」「海」新隊員が初交流

3海尉　保松　宏禎（横須賀教育隊教官・武山）

陸・海の新隊員の交流行事が6月23日、横須賀教育隊で行われた。

初の試みであるこの行事は、横須賀市の同じ武山地区に所在する陸自第117教育大隊（大隊長・守屋明美2陸佐）と海自横須賀教育隊（司令・寺山勝幸1海佐）から、26年度春季新入隊員計約1600人が参加した。主なイベントは陸上競技で、両部隊指揮官の臨席のもと、新隊員たちはスポーツを通じて大いに団結を深めた。

対面した新隊員たちは、まずは陸・海の体操を行い、それぞれの躍動感あふれる体操を体験。その後、リレーと綱引きの競技が行われ、勝ち負けや陸・海に関係なく、お互い若いパワーを爆発させた。

結果は、大方の予想に反し（?）、海自の新隊員たちが大奮闘。綱引き、リレーともに海自の分隊が優勝を勝ち取った。リレーで優勝した第23分隊の高見学生は「陸自隊員と接するのは初めてだったので、陸自のことを知る上で非常に有意義だった。リレーではみんなで力を出し切り、分隊の団結を高めることができよかった」と語っていた。

競技後は陸・海の隊員食堂でそれぞれ「交換会食」が実施された。対面した新隊員たちは、それぞれ陸の緑の迷彩と海の青の制服を前にして、互いの隊内生活や訓練の話に花が咲いていた。

陸からは海の短艇訓練や「金曜カレー」、海からは陸の重装備での訓練などについて質問があり、大いに盛り上がった。陸・海で共通するのは共に時間に余裕がないことで、お互いの苦労も明かされた。

自衛隊では「統合運用」が推進されているが、武山の地で絆を深めた陸・海の新隊員たちが、今後、切磋琢磨してたくましく成長し、共に自衛隊の未来を担って活躍してくれることを願ってやまない。

神輿担ぎ地域住民と一体に

陸士長　上田　春樹（7普連1中隊・福知山）

私は5月15日、京都府の宮津市で行われた「宮津和貴宮神社祭り」に神輿の担ぎ手として初めて参加しました。

宮津市は第1中隊の「災害派遣隊区」で、隊員と市民の方々との交流を深めることを目的に、毎年ボランティアとして祭りに協力しています。

例大祭はその年の豊作祈願のためにお神輿を担いで回るもので、江戸時代から400年も続く宮津市が誇る伝統行事です。

神輿は約1トンの重量があり、数十人で担ぐのですが、ずしりと肩に重みがかかり、自衛隊員でもなかなか大変でした。しかし、この神輿の重みはこれまで宮津市に住んでいた先人が残した伝統と、今の宮津市民の所願成就の祈りがこもったものと思えば、疲れも吹き飛ぶくらいに価値ある行事でした。

重い神輿を担いで練り歩くのはとても大変でしたが、皆がお互いに励まし助け合うことで、宮津市民のパワーと協力する自衛隊員の力強さが一体になれた気がします。

そして祭りのクライマックスを迎えると、自分もこの歴史ある行事に参加しているとの高揚感とこれに寄与できたとの達成感を強く感じることができました。

この後の直会でも長年神輿を担いできた人々と交流を深め、心を一つにできたのも得がたい経験でした。今後も各地の民生支援活動に積極的に参加していきたいと思いました。

初めて神輿を担いだ上田士長

新刊紹介

「最後の勝機」

小川　榮太郎著

保守の論陣を張る文芸評論家が「日本を取り戻す」と掲げて第2次政権を発足させた安倍晋三氏が首相に就いている今こそ「日本を保守する」ための最後の勝機と訴える。

短命に終わった第1次政権の葛藤を描いた『約束の日』などに続く安倍首相をテーマに取り上げた著作の3冊目。月刊誌に寄せた論文を再編し、加筆した。

靖国、TPP、原発、歴史認識などテーマは多岐にわたる。そのうち安全保障については、関係が冷え込んでいる中韓両国に対し「対話の窓は常に開かれている」と呼び掛けている安倍首相の姿勢を、相手より先んじる「優位戦思考」を取っていると評価。

またASEAN諸国をはじめ、各国を積極的に歴訪している外交施策を「対中包囲網であることは明らか」と分析する。

安倍政権の下での憲法改正も期待。9条改正で「自衛隊が国防軍となるところまで」踏み込めば「国民意識を大きく動かす」とする。

「自分の国を他人に守ってもらうのは恥だ」とし「そういう感覚自体を現代の日本人は失っている」と国民の意識変革の必要も訴える。（PHP研究所刊、1620円）

「わくわく埼玉県　歴史ロマンの旅」

埼玉県立歴史と民俗の博物館編

日本全国には歴史観光スポットが多々あるが、その中でも埼玉県に焦点を当て、古代から現代まで歴史の名所をエピソードとともに紹介するのが本書だ。

執筆に当たったのは「埼玉県歴史と民俗の博物館」の職員と元職員18人で、プロの目が選んだ60カ所は一般的なガイド誌とはひと味違ったラインナップ。

本殿が国宝に指定された熊谷市の妻沼聖天山といった名所から、若き宮沢賢治が宿泊した旅館などの知る人ぞ知る穴場スポットまで、古墳、神社・寺院、城跡などが集結した。オールカラーで持ち運びに便利な文庫サイズというのもうれしい。

例えば「吹上駅（鴻巣市）→稲荷山古墳→八幡山古墳→小見真寺古墳→忍城跡→行田市駅」など運動も兼ねた古墳巡りや「岩槻駅→遷喬館・時の鐘→岩槻城址公園→県立歴史と民俗の博物館→氷川神社→大宮公園・寿能城跡→大宮駅」といった、さいたま市を中心としたプランなど、自分に合った歴史探訪が楽しめる。

埼玉県の魅力を再発見し、より埼玉が好きになる一冊。（学陽書房刊、821円）

OBがんばる

池石　勝さん　58

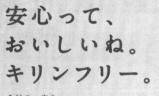

平成22年12月、陸自北部情報保全隊を最後に定年退職（2佐）。防災専門員として旭川市に就職し、防災安全部防災課に勤務。

楽しみを持って

私は旭川市防災安全部防災課で嘱託職員として市の防災訓練（災害対策本部訓練、市民を対象とした夏・冬の防災訓練など）や自衛隊・警察など関係機関との連絡・調整業務に当たっています。

旭川地本の計らいでこの仕事を担うこととなり、事前準備として防災・危機管理教育に参加し、「防災士」の資格を取得しました。現在4年目です。

防災訓練は市民委員会や関係機関にお願いして調整することが多く、精神的にきつい面があります。訓練は市民の防災意識の高揚を目的としていますが、それを理解してもらうのも大変です。また自衛隊と行政では「用語」が違い、防災計画の作成で戸惑うこともあります。

次に再就職のポイントについてですが、1点目は仕事に行き詰まった時は「任務分析」をすることが重要です。私の場合、自分の地位・役割は何かを見つめ直し、新たな気持ちで取り組んでいます。皆さんも悩んだ時には任務分析をして、自分を見つめ直すと展望が開けてくると思います。

2点目は「楽しみを持つこと」。私は温泉が好きで、家族と年4、5回は温泉旅行に出かけ、心身のリフレッシュを図っています。また、65歳になったら海外旅行やお遍路さんにも挑戦したいと考えています。楽しみを持つことで生きがい、やりがいが生まれ、それが仕事にも生かされていくのではないかと思います。

自衛隊で培った知識・技能を最大限生かせれば、いかなる困難も克服できると思います。どうか自信を持ってこれからの人生にまい進してください。

詰将棋

出題　日本将棋連盟　九段　石田　和雄

第678回出題

▲先手　持駒　金

【ヒント】初手が急所。手数はかかるが追い詰み（10分で二段）。

▶詰碁、詰将棋の出題は隔週です◀

詰●○碁

出題　日本棋院　九段　曲　励起

第1093回解答

【解答図】黒先、白死。黒❶が大切で白②には黒❸がまた大切で白④なら黒❺以下黒❾迄で白死です。

朝雲

発行所 朝雲新聞社
〒160-0002 東京都新宿区
坂町26番地19 KKビル
電話 03(3225)3841
FAX 03(3225)3831
振替00190-4-17600番
定価一部140円、年間購読料
9000円（税・送料込み）

主な記事

2面 武田副大臣と「車座ふるさとトーク」
3面 「リムパック2014」が終了
4面 QDR（米国防計画見直し）全訳(12)
5面 「くにさき」4年ぶりカンボジア訪問
6面 〈募集・援護〉予備自、夏休み本格始動
7面 空音がKC767機内で演奏
8面 〈みんなのページ〉女性同期生が結集

政府専用機にB777

全日空が調達、整備

次期政府専用機に選ばれた米ボーイング社の大型機「B777—300ER」の民間仕様＝全日空提供

政府は8月12日、政府専用機検討委員会（委員長・杉田和博官房副長官）を開き、航空自衛隊が運用する政府専用機「B747—400」の後継機を、同じ米ボーイング社の大型機「B777—300ER」とすることを決めた。新機種は予備機を含めた2機が平成30年度に導入され、翌31年度から任務運航を開始する。機体の調達や整備は全日本空輸に委託する。新型機は現行機とほぼ同じ大きさだが、最大航続距離はこれまでより1000キロ長い1万4000キロメートルまで延び、燃費も3割改善する。

航続距離延伸 31年度から任務運航

機種選定には、全日空（ANA）と日本航空（JAL）の2社が同じ「B777—300ER」を挙げて受注を争ったが、検討委員会で①機体性能②機内の仕様③後方支援④教育訓練⑤納期⑥経費——などについて比較検討した結果、「必要な要求事項を全て満足している」として全日空の提案が最も高い評価を得て採用された。

1号機は30年秋、2号機は同年末に導入され、運用試験を経て翌31年度から2機体制による本格運用を目指す。政府は今秋にも全日空と正式契約を結ぶ予定だ。

後継機の条件には、現行の「B747—400」ジャンボ機と同様、日本から米東海岸のワシントンDCまでの約1万キロ超をノンストップで飛行できる航続距離のほか、日本国内で整備を受けられることなどが求められていた。

座席数に関しても、「B777」はジャンボ機の約400席に近い365席があり、首相が利用する際の随行団や記者団などの同乗が可能な十分な広さを確保できる。

現行の政府専用機は平成3年に空自の特別航空輸送隊（千歳）に導入され、運用試験を経て5年、1号機と2号機の2機体制による本格任務運航を開始した。

故障などに備え、目的地に向け2機ペアによる同時運航を基本として、主に天皇陛下の外国ご訪問や首相の外遊に使用され、運航は多い年で20回を超える。16年には北朝鮮から拉致被害者家族の日本への帰国に使用されたほか、昨年1月のアルジェリア人質事件で救出された邦人を日本に輸送する際にも使われた。

導入から約20年を経た22年度、防衛省が現行機の整備などを委託している日本航空（JAL）が老朽化と燃費の悪さを理由に「B747」ジャンボ旅客機をすべて退役させたことから、日航との契約は30年度で終了することになった。

これを受け、政府は昨年8月に後継機の調達とその条件を決定。今年4月に企業側に必要な性能や仕様などを明示した「提案要求書（RFP）」を出し、6月に各社から「提案書」を受けた後、それらの回答を精査して慎重に機種の絞り込みを行ってきた。

政府専用機の機種比較

名称	【現行】B747-400	【新】B777-300ER
標準座席数	416席（※）	365席
全長	70.7m	73.9m
全幅	64.9m	64.8m
全高	19.1m	18.5m
胴体横幅	6.5m	6.2m
エンジン数	4基	2基
エンジン型式（メーカー）	CF6-80C2（GE社）	GE90-115BL（GE社）
最大航続距離	7,000NM（約13,000km）	7,600NM（約14,000km）
巡航速度	M0.85	M0.84

※B747-400型機の標準座席数。現行の政府専用機の乗客用座席数は約150席

政府専用機　皇族や政府要人の輸送のため、国が所有し、空自の特別航空輸送隊が運用する航空機。防衛省独自の秘匿回線が設置され、貴賓室、会議室、個室、記者会見席などを備える。パイロットをはじめクルーは全て空自隊員。民間で客室乗務員としての教育訓練を受けた特輸隊の隊員が接遇任務に当たる。

日米同盟強化で一致

米下院議員一行が小野寺大臣と会談

集団的自衛権の支持表明

マキオン軍事委員長（左から4人目）一行と会談する小野寺大臣（右から2人目）＝8月10日、防衛省で

小野寺大臣は8月10日、米下院のハワード・マキオン軍事委員長（共和党）ら米議員の一行と防衛省で会談し、米下院の超党派議員が、中国の力による現状変更の試みを非難する決議案を提出し、下院で審議されることに謝意を表した。

決議案は「飛行の自由を妨げ、現状を変更し、アジア太平洋を不安定化する力による行動、脅迫的な行動、力の行使を非難する」として、アジア太平洋地域における中国の挑発的な行動を控えることを中国政府に要請するものとなっている。

特に、沖縄県の尖閣諸島領空を含む東シナ海上空に昨年11月、一方的に防空識別圏を設定したことを問題視し、尖閣諸島が米国の対日防衛義務を定めた日米安全保障条約第5条の適用対象であることを再確認する内容となっている。

大臣は「東アジアの安定化はアジア全体の経済にとってプラスになる」と述べ、強固な日米同盟を基軸にアジア太平洋地域の平和と安定、繁栄の確保に積極的に寄与していく姿勢をアピールした。

これに対し、マキオン委員長は「日本は米国にとって最も強力で伝統的な同盟国の一つだ」と強調。その上で「我々が今さらされている脅威は、もはや一国が単独で立ち向かえる脅威ではない」として、今年7月に日本政府が集団的自衛権の限定行使を容認する閣議決定をしたことに「心からの支持と歓迎」を表明し、「今回の決定で、日米間の協力関係がさらに強い絆で結ばれるだろう」と述べた。

孤児院を訪問し、子供たちにあいさつする女性隊員（右側）＝7月19日、南スーダンのジュバで

笑顔の再会

女性隊が孤児院訪問

南スーダン

南スーダンで国づくり支援のPKO活動を行っている陸自派遣施設隊6次隊（隊長・野村昌二1佐以下5旅団主力の約400人）の中谷美里2尉以下、女性隊員を中心とした9人は7月19日、ジュバ市内の孤児院を訪れ、子供たちと交流した。

孤児院は「紛争を抜け出た尊厳ある子供たち（Confident Children out of Conflict）」の頭文字を取った「CCC孤児院」で、内戦で孤児になった幼児から10代までの少女約40人が暮らしている。

派遣部隊の同施設への慰問は約2年前の2次隊から定期的に続けてきたが、昨年12月の情勢悪化を受けて一時中断。今回、約半年ぶりの訪問となった。

子供たちは自衛隊協力団体から贈られたペンダントやブローチをプレゼントされ大喜び。女性隊員と一緒に折り紙で作品を作って楽しいひとときを過ごした。

豪雨つき出動

福知山で27人救助

7普連

近畿・北陸地方は8月16日夜から激しい豪雨に見舞われ、京都府福知山市では弘法川や法川などが氾らん、市中心部が冠水する事態となった。府知事は17日、自衛隊に災害派遣を要請、7普連（福知山）の隊員50人が冠水した住宅地に進出し、ボートで一軒一軒回り、取り残された住民を救助した＝写真。7普連の災派隊員はこの日、27人の被災者を救助した。

（7面に関連記事）

春夏秋冬

"人は城"の真意

童門 冬二

戦国時代に名将といわれた武田信玄の言葉に、"人は城人は石垣人は堀"というのがある。

大将としての信玄が、部下のひとりひとりを"城の構成要素"に見立てたものだ。このあとに"情けは味方仇は敵なり"という言葉が続く。

そのためこの下の句から上の句を解釈するのが従来の定説だ。つまり「信玄は情愛の深い大将なので、部下をすべて城の部分のように扱った」という解釈だ。

信玄が部下に情愛深かったことはたしかで、私も否定はしない。しかし信玄は実はクールな戦略家だ。戦国切っての情報通でもある。その情報も必ず現地に部下を派して裏をとる。つまりクロスチェックをするのだ。

別なところでこう告げている。"われ人を用いるにあらず、人の能を用いるなり（人格なんかどうでもいい、能力や技術こそが大事なのだ）"。非情な考えだ。そうならざるを得なかった。

かれの経営した国を「甲斐」という。語源は「山峡」だという。山だらけ谷だらけで、いきおい水田が少なく年貢（税としての米）の収穫も思いどおりにいかない。

そんな国を経営して、リーダーシップを"甘えの構造"である情愛一辺倒では、国は潰れてしまう。

私は"人は城…"の言葉を「部下（とくに幹部）の分権と責任を求めるもの」とうけとめている。

信玄は毎朝のように戦略会議をひらいた。メンバーは"二十四将"といわれる幹部だ。ここで信玄は情報を提供し、いまでいえば「武田軍いかに生きるか」を討議する。

意見がまとまり信玄が決定すると、信玄は告げる。「この決定を二十四人で分担せよ。二十四人はこの実施においては、わしの分身である」

つまり決定の配分は命令だ。その命令の実行者はもはや単なる幹部ではなく、信玄の分身だ。割り当てられた職務については、

「信玄そのものになっておこなえ」ということだ。

二十四人の分身が生じたのだ。ということは「失敗した時は、信玄と同じ責任を負え」ということなのだ。となるとこれは相当にきびしい言葉であって、甘やかすようなものでは決してない。

さらにいえば、二十四人の幹部が部下に担当業務を割り当てれば、部下たちひとりひとりもその命令についてはこれまた信玄になった、ということなのだ。

（どうもん・ふゆじ＝作家）

災害救援、海洋安保で協力強化

統幕長、豪・NZを訪問

儀仗隊を巡閲する岩崎統幕長（手前）。後ろはビンスキン豪国防軍司令官（8月6日、キャンベラの国防省で）

岩崎統幕長は8月5日から13日まで、オーストラリアとニュージーランドを訪れ、両国の国防軍司令官とそれぞれ会談、防衛協力・交流をより一層強化していくことで一致した。

豪では国防軍司令官のマーク・ビンスキン空軍大将と意見交換。日豪が要員を派遣している「南スーダン共和国ミッション」などの国連平和維持活動（PKO）をはじめ、人道支援・災害救援（HA／DR）、海洋安全保障、能力構築（キャパシティー・ビルディング）支援などの分野で両国が協力を継続させていくことを確認した。

さらに、昨年1月に発効した日豪間の「物品役務相互提供協定（ACSA）」の一層の活用のほか、日豪や日米豪の共同訓練の拡充と内容充実に向け、幕僚級会議（スタッフトークス）などを通じて議論を進めることでも合意した。

一方、ニュージーランドでは国防軍司令官のティモシー・キーティング陸軍中将と会談し、多国間の枠組みにおける協力推進を確認。

特に、今年度からラオスと共に日本が共同議長国を務める拡大ASEAN国防相会議（ADMMプラス）の「HA／DR専門家会合」での日本の貢献にNZ側から期待感が示された。

統幕長と両司令官は、東シナ海や南シナ海で海洋進出を強める中国を念頭に「力を背景とする一方的な現状変更は認められず、国際法に基づき対話により解決すべきだ」との認識で一致した。

統幕長は、豪ではシドニー近郊のウィリアムタウン空軍基地、シドニー海軍基地、ホルスワーズィ陸軍基地、NZではウェリントン近郊のオハケア空軍基地などを視察した。

防衛省発令

▽護衛艦隊司令部（海幕指揮通信情報部付）　1海佐 池内 出
▽2護衛隊司令（開発隊群首席幕僚）　同 柏原 正俊
▽開発隊群首席幕僚（開発隊群司令部）　同 佐々木秀悦
▽海自幹部候補生学校（2護衛隊司令）　同 川村 利明
（以上8月11日）

朝雲寸言

奈良の東大寺とほぼ同じ頃に建立された韓国南部の仏国寺。世界遺産でもある人気スポットだ。とはいえ、日本からの観光客は、「反日と嫌韓」のはざまで激しく落ち込んでいる▼この夏、20年ほど前から無料で日本語ガイドを務めているという70代の男性に出会った。30度を超す猛暑の中、首に掛けたタオルで汗を拭いながら、寺の由緒やたどってきた歴史について、時にユーモアを交えながら、滑らかな表現で解説する▼気のせいかも知れないが、彼の言葉が少し重く感じた場面があった。韓国では「壬辰倭乱」と呼称し、日本では「文禄と慶長の役」で知られる豊臣秀吉の朝鮮出兵に話が及んだときだった。戦で寺は石造物だけを残して焼失、破壊されたからだ▼「日本人の多くは、秀吉の朝鮮出兵を正しかったとは思っていない」——。寺を後にする際、こちらから朝鮮出兵について触れてみた。ゆっくりと尊老は右手を差し出し、「日本と韓国は仲良くなれる」と相好を崩した▼8月15日の戦没者追悼式。安倍晋三首相の式辞に批判の声が上がった。アジア諸国への加害責任と反省について言及がないというのがその理由だ▼今夏もメディアは様々な戦争特集を報じた。だが、その内容は、被爆や特攻などの体験や遺族の話といった自らの悲劇に終始した。批判する前に、私たちは首相の式辞にある「歴史に謙虚に向き合い」という言葉の意味を、改めて考えてみる必要がある。

時の焦点

国内

日中韓天気図

日本で初めて天気図を載せた新聞は、明治期に徳富蘇峰が創刊した「国民新聞」である。1924年（大正13年）8月21日のことだ。NHKがラジオで天気予報を始めるよりも1年早い。きょうはちょうど、新聞天気図90周年にあたる。

日本列島が災害多発期に入ったという見方もある中、今年も大型台風の列島通過や豪雨被害が頻発している。そうでなくても、明日が晴れか、雨か、旅行の間の空模様はどうだろうかと、とかく天気は気になるものだ。一般紙のあまたの記事、写真、広告などの中で、片隅に掲載されている天気図ほど、読者の目が向かう素材はないかもしれない。

晴れ間を見失わぬよう

天気といえば、毎日が土砂降りで、天気図など気休めにもならないと思えるほどに悪化していた日中韓3カ国の空模様にも、ようやく変化が見え始めた。8月8日～12日、東南アジア諸国連合（ASEAN）との会議でミャンマーを訪れていた岸田文雄外相と中国の王毅外相との二国間会談が、雨雲を動かすきっかけとなった。

関係者によると、中国側の物言いには、相当に失礼な表現もあったという。「関係改善をどう進めるか、双方が素直に意見交換した」という公式説明の「素直な意見」とは、決して上品なものではなかったようだ。それでも、両外相がかなりの時間を割いて話をしたことの意味は大きい。

興味深いのは、日中外相会談の後に、蜂の巣をつついたような大騒ぎになったのが、日本や中国のメディアではなく、韓国のメディアだったということだ。

3月に米国のバラク・オバマ大統領が乗り出して実現した日米韓の三首脳会談以降も、日韓関係の改善は進まなかったというのに、日中の外相レベルの接触に対する韓国メディアの反応は際だっていた。日中接近で韓国が取り残されると受け止めたのか、中韓が対日政策で共闘しようという雰囲気は弱まり、「朴槿恵大統領は日本との関係改善に本腰を入れる必要がある」といった論調が目立つようになった。

もともと安倍晋三首相は、日中を動かせば、日韓も付随して動くという見立てだったから、その天気予報が的中したのかもしれない。秋に北京で予定されているアジア太平洋経済協力会議（APEC）に向けて、秋晴れとまでいかなくても、土砂降りは避けられるという期待感も出ている。

もっとも、天気予報はしばしば外れる。国民新聞の時代も、気象衛星ひまわりの画像を使った天気図が新聞に掲載されるようになった現在も、それは変わらない。しかも、日中韓の大気の状態は非常に不安定だから、急な突風や竜巻が起こる可能性は、常にある。天気は思い通りにならないとしても、少なくとも、日本側の不用意な言動で、せっかく見えた晴れ間を見失わないようにすることが肝要な場面だ。

東雲　次郎（政治評論家）

海外

イラク情勢

危機の構図は変わらず

米軍は8月8日からほぼ連日、イラク北部でイスラム教スンニ派過激組織「イスラム国」に対し空爆を続けている。同組織に追われ、シンジャル山周辺で孤立したクルド人少数派のヤジディ教徒にも、食料や水の援助物資を投下した。

一方、3期目の続投を目指していたイラクのマリキ首相は14日、イスラム国の攻勢による国家分裂の危機に対応できず、内外からの批判に屈し退陣を表明した。

米政府は地上部隊は派遣しない方針で、イラクでは今後、新首相候補のアバディ連邦議会副議長による挙国一致内閣樹立の成否が焦点だ。

しかし、「危機の構図」は変わらない。オバマ米大統領の対イラク政策がいまだに、2008年の大統領選挙に向けたキャンペーン当時の域を出ないからだ。

危機の政治的解決のためイラク国民は団結するだろうとの期待。それと表裏一体にある国際テロ組織アルカイダに対する最小限の攻撃という甘さ。だが、もし彼らが団結しなかったらどうするのか？

オバマ候補は07年、米軍がイラクから撤退すれば、イラク国民が政治的解決を目指す呼び水になると主張した。だが、オバマ氏は間違っていた。

オバマ大統領は就任早々の09年2月、イラク駐留戦闘部隊の撤退計画を発表。10年8月に戦闘部隊の撤退完了、11年12月に米軍完全撤退と進めた。

結果は、イラクが政治的解決に向かわなかっただけではなかった。マリキ首相（シーア派）と後ろ盾のイラン（シーア派）に、スンニ派やクルド族など野党勢力を抑圧する独裁的な力を与えてしまった。

今回の退陣も、シーア派の大勢がマリキ離れしたため、「シーア派の団結」を重視したイランがマリキ支持を拒否したのが決め手で、イランが引き続きイラク政治に影響力を持つことは、大きな禍根を残した。

14年1月、イスラム国が西部ファルージャを占拠した時、驚くべきことに、オバマ氏は同組織を「二軍チーム」と評していた。弱小チームのはずが6月に第2の都市モスルも制圧、8月には北部油田も制圧した。

勢力拡大が続き、ヤジディ教徒の大量虐殺の危険が迫ったため、空爆に踏み切ったが、オバマ氏はその事態に追い込まれるまで「イラクの団結」を主張し続けていた。大量虐殺の脅威すら政治的団結をもたらさないなら、一体何が可能なのだろう。

すべて米軍の「早過ぎた撤退」が原因だ。ブッシュ前大統領が任期を終えた時、中東はイランの「核開発」以外、安定していた。ところが、イラクでは米軍撤退後、ブッシュ氏が成功裏に撲滅したアルカイダが再び勢力を増大。イラクのアルカイダはアルカイダ系組織の中で最も過激で、そこからさらに分派した、より過激な組織がイスラム国だった。

米軍の限定空爆も首相交代も、危機の本質を何一つ変えていないのである。

草野　徹（外交評論家）

「車座ふるさとトーク」
武田副大臣と意見交換

旭　川

車座になって市民と話す武田副大臣（中央）＝8月6日、旭川市で（防衛省提供）

武田副大臣は8月6日、北海道旭川市で開かれた政府主催の「車座ふるさとトーク」に出席し、参加した市民に防衛省・自衛隊の活動や役割などをPRした。

今回は「北海道の『守り』をどうするか？　北の鎮めと南への備え」をテーマに開催。道庁、市役所、学校関係者をはじめ、住職、NPO法人、自衛官募集相談員など自衛隊と関わりのある14人と意見交換した。

参加者からは自衛隊の広報について「もっと市民と交流する場を設け、情報の発信と共有を」といった意見や、防災面では「自衛隊の知見やノウハウを地域に広めてほしい」「地元の建設業界と自衛隊が一緒に訓練する仕組みがほしい」などの声が上がった。

また、集団的自衛権の行使を限定容認した今年7月の閣議決定については「何がどう変わるのか、もっと国民に教えてほしい」という意見もあった。

副大臣は「独りよがりな安全保障政策ではなく、国民の皆さまと一緒に国をつくり守っていく。我々はその礎となることを肝に銘じ、任務に励んでいきたい。災害派遣など身の危険を顧みずに頑張る自衛官を、皆さまで支えてほしい」と述べた。

震災対処の訓練
「みちのく」実施へ

米・豪軍も参加

陸自は11月6日から9日まで、東北方面区とその周辺海・空域で行う日米豪の震災対処実動訓練「みちのくALERT2014」を実施する。

訓練は、東日本大震災の教訓を踏まえ、東北方面隊の震災対処能力の向上を図るとともに、自衛隊と自治体や関係機関、米・豪軍との連携要領を確立する。

日本からは、東北方面隊を基幹とする陸海空自のほか、東北6県の自治体と関係機関が参加。米・豪軍からは、在日米陸軍と第3海兵機動展開部隊（3MEF）、豪州軍が参加する。

訓練は、宮城県沖でマグニチュード9の地震が発生し、大規模な津波が起こったとの想定で行われ、発災時の初動対処から応急復旧までの一連の活動を実動で行う。また、隊員の迅速な機動展開能力と、離島や孤立地域での輸送力の向上を図るため、垂直離着陸輸送機MV22オスプレイの参加を調整している。

「雷神2014」
10式戦車派遣

米と共同訓練

陸自は8月29日から9月28日まで、米陸軍との共同実動訓練「雷神（ライジング・サンダー）2014」を米ワシントン州のヤキマ演習場で行う。訓練では、機動と火力を連携した諸種協同要領を演練。部隊の総合戦闘能力向上と、米陸軍との連携要領を通じた相互運用性の向上を図る。

陸自は東部方面総監の磯部晃一陸将を担任官に、13普連を基幹とする約350人が参加する。主な装備は中距離多目的誘導弾、10式戦車、AH1S対戦車ヘリなど。

米陸軍からは、第1軍団第7師団長のテリー・フェレル少将を担任官に、第2−2ストライカー旅団戦闘団第4−23歩兵大隊を基幹に約300人が参加する。

8カ国10人が入校

陸幹校CGS「友好親善に貢献」

入校式で式辞を述べる小川清史学校長（壇上中央）＝8月8日、目黒駐屯地の陸自幹部学校で

陸自幹部学校で8月8日、68期幹部高級課程（AGS）と60期指揮幕僚課程（CGS）の合同入校式が行われ、今年はCGSに8カ国計10人の留学生が入校し、日本政府の掲げる「積極的平和主義」に基づく防衛交流の象徴として注目を浴びた。

小川清史学校長は式辞で「友好親善にとって意義深く、文化面での活力に期待している」と述べた。

続いて陸幕副長の鈴木純治陸将が訓示を述べ、留学生に向け「友情のみならず、国家間の相互理解と信頼関係の醸成を」と激励した。

留学生の抱負は以下の通り。

▽ペン・ラッターナ陸軍中佐（カンボジア）「日本の文化や経済を勉強したい」▽ニキル・カプール陸軍少佐（印）「日印相互理解のため努力したい」▽サンジミャタワ・トゥムルホヤグ陸軍中佐（モンゴル）「頑張りたい」▽グーラム・ムスタファ陸軍少佐（パキスタン）「各種作戦、師団以上の指揮幕僚活動を学びたい」▽パク・ホン陸軍少佐（韓国）「日韓友好のため頑張りたい」▽ゴージーメン・エスモンド陸軍少佐（シンガポール）「国を代表して精いっぱい頑張りたい」▽ナタポン・アリヤラッタナタム陸軍中佐（タイ）「両国の懸け橋になりたい」▽ケント・ジャスティス陸軍少佐（米）「日米同盟に貢献したい」▽クリストファー・ニール海兵隊少佐（米）「陸自と協力機会を生み出せるよう頑張りたい」▽トーマス・スモレンスキー海兵隊少佐（米）「米に関する同期学生の知識習得に貢献したい」

手嶋龍一氏が国際情勢を講話

空自幹候校

【奈良】元NHK記者で作家・外交ジャーナリストの手嶋龍一氏が7月23日、空自幹部候補生学校で講話を行った。同講話は奈良基地の飛翔館で行われ、一般幹部候補生、飛行幹部候補生ら約400人が聴講した。

講話は「アジア半球の時代を考える—中国の台頭と日米同盟—」をテーマに行われ、手嶋氏は時折壇上から下り、身ぶり手ぶりを加え、約1時間30分間話した。

同氏はマレーシア航空機の撃墜事件を手初めに、ウクライナ、イスラエル、イラク情勢に言及。続いてシェールガス革命による米国復活を予想した。

さらに、ベトナム、日本への攻勢を強める中国について最近の具体的事件などを挙げて解説。最後に、リーダーが組織の命運を賭けた決断を下す際に武器となるとして、インテリジェンス（事態の本質を示す情報）の重要性を強調した。

時事問題に加え、アジア地域における外交問題など、日本に直接影響する講演内容に、聴講した学生からは「国際情勢の実情を学ぶ重要性を認識した。自衛隊の任務がどのように影響するか、考えるきっかけになった」との感想が寄せられた。

◇東京音楽隊「第50回定例演奏会」

▽日時＝10月12日（日）午後2時
▽場所＝所沢市民文化センター　ミューズ　アークホール（埼玉県所沢市）
▽曲目＝「吹奏楽のための『群青』」「アドルフ・サックス生誕200周年を記念して」など
▽指揮者＝東京音楽隊長・手塚裕之2海佐
▽入場料＝無料（入場整理券が必要）
▽申し込み＝往復はがきに郵便番号・住所・氏名・年齢・性別・電話番号を明記、〒330−0061さいたま市浦和区常盤4の11の15自衛隊埼玉地方協力本部広報室「定例演奏会」係まで。9月30日必着。応募は1枚につき2人までで、重複応募は無効。
▽問い合わせ＝048（831）6043まで。

共済組合だより

スイーツ・バイキング

グラヒルで第1・3水曜日開催

ホテルグランドヒル市ヶ谷（東京都新宿区）では、9月の第1・3水曜日に「スイーツ・バイキング」を開催します。

毎月、素材にこだわったホテルならではのスイーツと軽食を合わせ、約20種類をラインナップ。さらに6種類のドリンクバー付きなので、思う存分スイーツを満喫できます。どうぞお試しください。

9月は、3日（水）と17日（水）の開催で、「チーズ・スイーツ・フェア」がテーマ。カマンベールケーキ、苺のティラミス、マスカルポーネチーズのパフェなどが特にお勧めです。

第1部が11：30～13：00、第2部が13：30～15：00の2部制です。場所は東館1階のティーラウンジで、料金は1650円（4歳～小学生は850円）です。

事前予約も受け付けていて、第2部を前日までにご予約いただくと、200円の割引となります。

ご予約・お問い合わせはグラヒルのティーラウンジ（直通03−3268−0118）まで。

グラヒルの「スイーツ・バイキング」で提供されるパフェ（上）とカマンベールケーキ

8月1日に幕を閉じた米海軍主催の環太平洋合同演習「リムパック2014」。ハワイなどで行われた同訓練には初参加の中国とブルネイをはじめ過去最大の22カ国が集結し、自衛隊からは陸自の西方普通科連隊が米海兵隊との水陸両用訓練に初参加したほか、多国間で行った「人道支援・災害救援（ＨＡ／ＤＲ）訓練」で海自指揮官の中畑康樹将補が米国以外で初めて指揮を執った。部隊は順次ハワイを離れ、ヘリ搭載護衛艦「いせ」が８月21日に呉基地に帰国するのを最後に、全ての参加部隊の帰投が完了する。

「リムパック2014」終わる

船舶臨検　ミサイル発射　人道支援・災害救援

多彩な訓練「大きな前進」

海自の艦艇部隊は米太平洋艦隊司令部の所在するパールハーバーを、航空部隊は米海兵隊のカネオヘ・ベイ基地を、掃海部隊は米カリフォルニア州サンディエゴをそれぞれ拠点に訓練を実施した。

前半は事前研究会や訓練準備などが行われ、ヘリ搭載護衛艦「いせ」とイージス艦「きりしま」の乗員約45人は７月２日から５日まで、パールハーバーにある公安部隊の施設で立ち入り検査（ＶＢＳＳ）訓練も受けた。

ＶＢＳＳ（Visit, Board, Search and Seizure）は①臨検②立ち入り③捜索④拿捕――の４要素で構成され、海賊対処任務などで不審船舶などに遭遇した場合に実施される。訓練は艦内を忠実に模したシミュレーター（ＦＰＳＳ）を使い、米海軍の支援のもとリアリティーのあるものとなった。

整然と並んで航行する「リムパック2014」参加艦艇（７月25日、米軍提供）

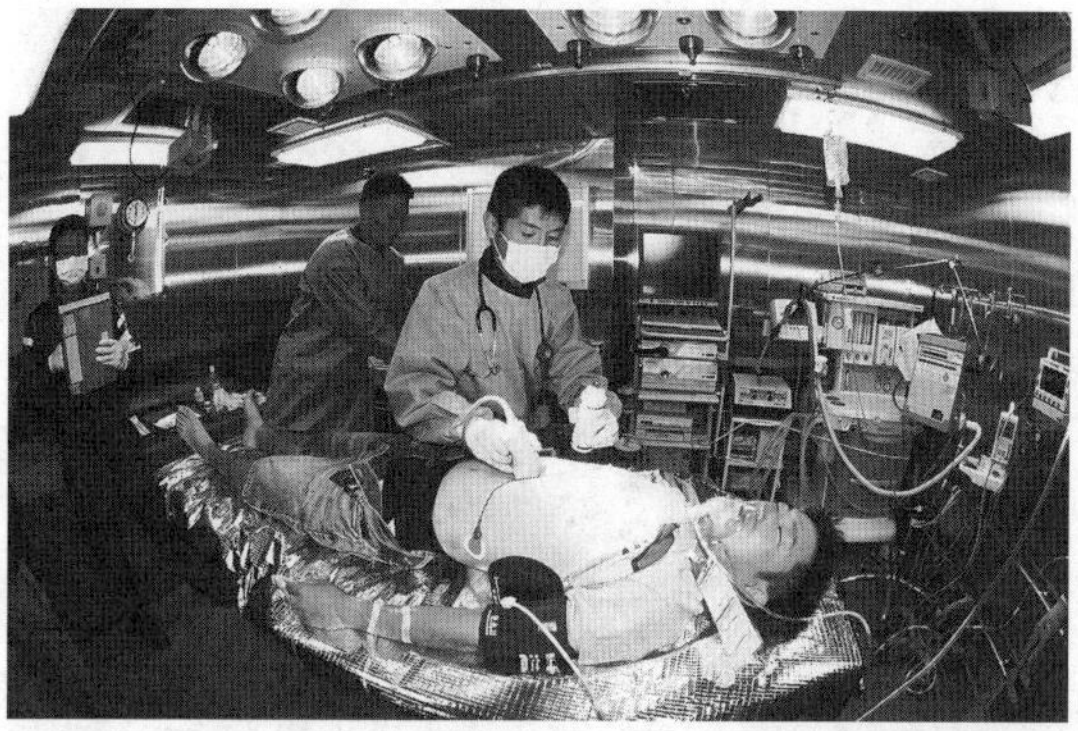
「いせ」医務室でヘリで運ばれた負傷者の処置を行う医官（７月12日）

米軍ヘリで運ばれた負傷者をエレベーターで医務室に運ぶ乗員（７月12日、「いせ」艦上で）

７日、「いせ」と「きりしま」はパールハーバーを出港。「きりしま」は訓練海域に到達すると、艦対空誘導弾ＳＭ２と54口径127ミリ速射砲、高性能20ミリ機関砲（ＣＩＷＳ）の実射訓練などを行った。

一方、「いせ」は多国間のＨＡ／ＤＲ訓練（フォード島）に合流。「ハリケーン襲来で深刻な被害を受けた仮想国から災害派遣要請を受けた」という想定下、統合任務部隊（ＣＪＴＦ）の指揮官を３護衛隊群司令の中畑康樹将補が務めた。

「いせ」の他には、米海軍の病院船「マーシー」や米沿岸警備隊の巡視船「ウェイシー」、ニュージーランド海軍の揚陸艦「カンタベリー」が参加した。

訓練の前半（７月３～９日）は講習や訓練計画作成などの机上演習、後半（10～12日）はヘリを使った救難物資や患者輸送、指揮所活動、艦上での医療活動などの実動演習が行われた。

訓練終了後、中畑将補は「国連やＮＧＯとよく調整しながら、日本のやり方で任務を果たすことができた。日本にとって大きなステップとなったと確信している」と述べた。

ＨＡ／ＤＲ訓練で救援物資を降ろす「いせ」のＳＨ60Ｋ哨戒ヘリ（７月11日）

リムパックは米太平洋艦隊が1971年から隔年で行っている世界最大級の多国間海上訓練。今年は６月26日から８月１日までハワイ周辺海空域で開催され、22カ国から艦艇49隻、潜水艦６隻、航空機200機以上、人員２万5000人以上が参加した。

米補給艦「ジョン・エリクソン」（右）から洋上補給を受けるヘリ搭載護衛艦「いせ」。右奥は米フリゲート「ロドニー・Ｍ・デイヴィス」（７月19日）

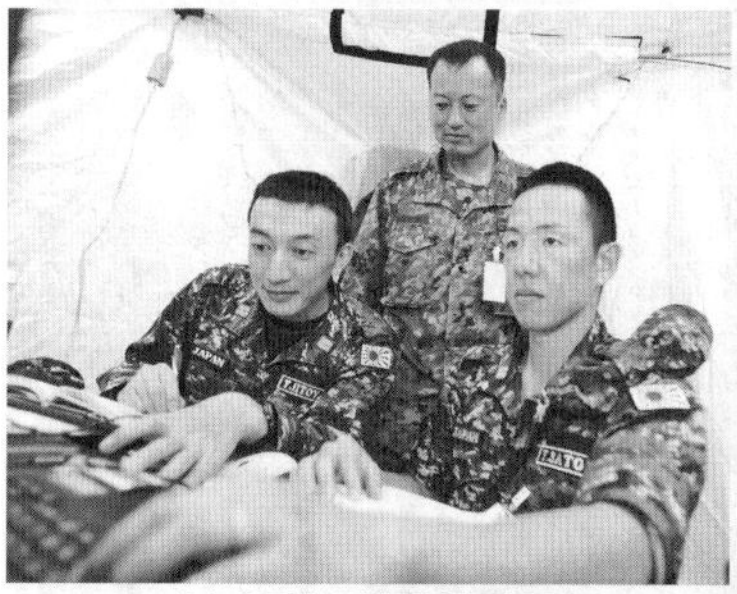
ＨＡ／ＤＲ訓練で指揮所活動を行う司令部要員。陸上自衛官も参加した（７月13日）

ＨＡ／ＤＲ訓練の指揮を執るため、米軍ヘリで被災地（想定）に到着した海自３護群と陸自西部方面隊の司令部要員（７月10日）

洋上で艦対空誘導弾ＳＭ２を発射するイージス艦「きりしま」（７月９日）

㊤Ｐ３Ｃ哨戒機に空対艦誘導弾ハープーンを搭載する隊員（７月17日、米海兵隊カネオヘ・ベイ基地で）㊧ハープーンを目標に向け発射するＰ３Ｃ。見事に命中させた（７月14日）

QDR 2014 米国防計画見直し 全訳

□12□

第5章 予算強制削減の意味合いとリスク

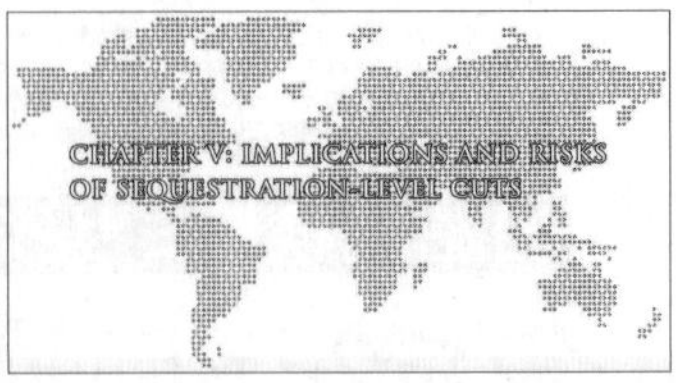

国防総省は再均衡と将来への備えを行うステップを踏み出すことで、米国益を守り、増大することに全力を挙げる。今日、大統領の支持を受けた2015年度予算案水準ならば、国防総省はまだ国を守り国防戦略を満たすことができる。

ただ、いくつかの作戦ではリスクは増大する。15年度予算案が成立すればこうしたリスクにも対処できるが、16年度に強制削減水準の歳出削減が再び実施されたり、提案している改革案が受け入れられなかったり、予算をめぐる不透明さが続いたりすればリスクはさらに拡大する。

削減の規模とその期間によっては、国防総省は軍隊の規模、戦力の範囲、技術的優位の度合いなどの大幅低下を強いられる。こうしたシナリオの下では、国防総省の計画予算は3年前の試算から、10年間で1兆ドル削減される。予算水準通りの削減は、戦力の構成と近代化をあまりに深く削ぎ落とし、国防戦略を実行することは不可能になってしまう。

◇強制削減水準のカットが国防戦略、戦力計画に与える意味

2016年度に強制削減水準のカットが再び実施されれば、国防総省が戦略を完全実施する能力は大きく削がれる。大統領の15年度予算案と比べ、軍事作戦の実施に関係したリスクは大幅に高まる。米軍はバランスを欠き、いずれは戦略のニーズを満たすには規模が小さすぎ近代化も不十分となり、米国と同盟・友好諸国にとってより長期の戦争とより多くの犠牲者につながるリスクが増す。突き詰めれば、強制削減が今後も続けば敵を勢いづかせて同盟・友好諸国の信頼を傷つけ、これが安全保障環境をさらに厳しいものにする。

強制削減が継続すれば、国防総省はたとえリスクが高まったとしても本土防衛にその優先事項を絞ることになる。即応能力とキャパシティーの水準低下により、国防総省の対空、対ミサイル、対海洋防衛を維持する能力は、特に海外で大規模な紛争が発生した場合、いずれ困難に直面することになり、同時に国内の国土安全に関係する省庁への支援や、文民当局への壊滅的災害への対応支援などにも悪影響を及ぼす。

強制削減が短期、中期、長期にわたって続くことで、イベントを世界規模で形成していく能力がさらに大きな悪影響を受けることになる。強制削減下では、米国は同盟・友好関係を強化し協調することでキャパシティーを拡大することに焦点を絞っているが、関与する行動に対して与えられる資源が削減される中では、国防総省はその意図に適合させていくことが困難になる。

今後10年の間、強制削減によって即応能力とキャパシティーの低下を強いられれば、世界で安全保障を構築し、安定を維持し、紛争を抑止し、そして同盟諸国に安心を提供するという国防総省の能力は損なわれる。

例えば、世界にプレゼンスを提供するために海軍が保有する艦艇数は、2013年の強制削減時以上に削減される。また、連合交換訓練といった関与プログラムも大幅に減る。

そしていずれは、テロに対抗し、パートナー諸国と演習、訓練を行い、各地域の戦闘司令官にISR（情報・監視・偵察）能力を提供する国防総省の能力は著しく抑制される。

強制削減水準の予算カット下では、米国は今後もアジア太平洋地域へのリバランスを維持、完了する取り組みを優先し、同盟・友好諸国との関係を強化する。

国防総省は同地域でカギとなる配置の実施を継続し、2020年までに海軍艦艇の60%がこの地域を母港とするようになる。しかし、キャパシティーの削減により、特に空母で現行のプレゼンス水準を維持することは困難になる。米単独や同盟・友好諸国との共同演習も、予算増がなければその規模や回数、複雑度合いの点で低下する。

国防総省は中東地域への関心を維持し、暴力的な過激主義勢力や安定を脅かす勢力に対抗していくが、これからも強制削減が続くならば、よりスリムだが即応能力のある配置に移行していく必要がある。アジア太平洋地域同様、海上艦艇のキャパシティー縮小はプレゼンスの低下につながる。

米国は欧州の同盟・友好諸国の安全保障にコミットし続けるが、予算強制削減の下では、これら諸国との関係にとって中心的な位置を占める、現行規模の合同訓練・演習に今後も参加することはできなくなる。

こうした傾向が今後も中・長期にわたって続けば、苦労して築き上げた米軍と欧州軍との相互運用性は損なわれ、将来行う可能性のある、共同かつ迅速な作戦行動の目的達成能力を脅かすことになる。

強制削減が今後も続けば、西半球やアフリカといった他の地域に展開する米軍も現在より減ることになる。これら地域は既に、一段と抑制される資源の影響を受けている。

強制削減はまた、将来の紛争に対して戦力を投射し、決定的勝利を収める国防総省の能力への大きなリスクとなる。

国防総省は紛争を抑止する能力を低下させられ、大規模な交戦を迫られた際に敵を素早く打倒する能力の問題に直面する。キャパシティーの低下は、特に陸軍では大量の戦力を要する奇襲への対応能力にとっての問題となる。

このため、対立や紛争の際は同盟・友好諸国の貢献への依存を強める必要がある。もちろん、これら諸国が共通の利益を支持する意思と能力を有することが前提だが。

総合的な即応能力の低下は、特に今後数年は不測の事態に際し、戦力を投射し対応する米軍の能力へのさらなる挑戦となる。即応能力を下げることですぐ予算節減はできるが、それにより各軍や米特殊作戦軍は空母、旅団戦闘団、特殊作戦部隊、飛行部隊など、戦力を配置、訓練、装備する資源を奪われることになる。

また強制削減により、いつでも素早い展開が可能な増派戦力として各軍が確保してあるキャパシティーも縮小する。戦力展開に際し、特に陸軍と海兵隊では非展開戦力を当てにせざるを得ない可能性もあり、予測しない緊急事態や前方展開が必要な場合の即応能力の低下につながる。

今日の即応能力に関する決定は、今後何年にもわたって影響を及ぼすことになる。核心的で専門的なスキルを再生するには、失うのに要するより飛躍的に長い時間を必要とする。以上のように即応能力をむしばむように進行する低下の影響を元に戻すには、時間と費用を要する。

重要な近代化プログラムもまた強制削減で中止され、広範な脅威、例えば接近阻止・領域拒否（A2／AD）やサイバー空間での挑戦、近代兵器と非対称戦術を巧みに組み合わせる敵による脅威――などに対応することを求められる中で、我々の戦力に技術的欠落を生じさせてしまう。

先端の第5世代戦闘機や長距離打撃兵器、海上・海中戦闘艦艇、高精度兵器といった重要な戦闘能力の開発・配備が、国防総省が増大する脅威に対処するうえで最も必要であるにもかかわらず、重大な危機に瀕することになる。

国防総省は、重要な能力のトレードオフを迫られる。各軍は優先度の高いプログラムや優先度の低い多くのプログラムを遅らせたり、抑制、キャンセルしたりしなくてはならなくなる。

最後に、強制削減が実施されれば国防総省は、米国益に悪影響を及ぼす多くの非戦略的決定を下さざるを得なくなる。

例えば、海軍は空母1隻と搭載航空部隊の退役検討を強いられるほか、原子力潜水艦1隻、「アーレイ・バーク」級ミサイル駆逐艦を最大3隻、タンカー最大3隻、洋上前方展開基地・機動揚陸プラットフォーム（MLP）――を建造計画から外さなくてはならなくなる。これらは、目先のコストを節減するだけのためにだ。

これらの対処策により米国の核となる優位性は失われ、世界に関与、戦力を投射、紛争を抑止、潜在敵に決定的勝利する能力は低下する。他の軍隊も同様の困難なトレードオフを決定しなくてはならなくなる。

これらの決定が、米軍だけでなく我々が安心させようとする同盟・友好諸国、そして我々が抑止しようとする潜在敵に悪影響を与えることは明らかだ。

米国は今後も国益を守り、リーダーシップを維持し、世界の安定と安全、平和を維持することにコミットしていく。現在の財政の現実を理解し、国防総省は統合軍が緊縮財政下にあっても、バランスのとれた軍であるために、多くの決断を下してきた。我々は国防総省、統合軍を将来に備えさせ、改革を実施して全志願制軍隊の健全性を維持する。

大統領が求める2015年度予算案水準により、軍は米国益を保護、増進し、最新国防戦略を実行できる。ただ、いくつかの作戦ではリスクは増大する。

国防総省はこうしたリスクに、大統領の2015年度予算案では対処できる。しかし、2016年度に強制削減が再び実施されれば、また提案している改革案が受け入れられなければ、また、予算を取り巻く不透明さが続けばリスクは大幅に高まる。

仮に財政環境が改善しなければ、2021年度までに統合軍は国防戦略を完全に実施するには小さすぎ、近代化も不十分となってしまう。

世界のリーダーとして、米国は国益を保護・増進するために強固な国家防衛戦略と、戦略を効果的に実施できる軍隊を必要としている。国防総省は議会、国民と協調して国家財政を立て直し、強固な国家防衛に必要な資源を今後も提供していく決意だ。

〈以下次号〉

2013年に米コロラドスプリングスで開催された戦士大会の1500メートル車椅子レースで、金メダルに輝いた陸軍特殊部隊のエリザベス・ワジルさん（QDRから）

米国防計画見直し（QDR）の構成

国防長官からの手紙
エグゼクティブ・サマリー
序章
第1章：安全保障環境の将来
第2章：国防戦略
第3章：統合軍のリバランス（再均衡）
第4章：国防組織のリバランス
第5章：予算強制削減の意味合いとリスク
統合参謀本部議長のQDR評価

西風東風

仏揚陸艦の売却見直しへ
——EUが対ロ武器禁輸

欧州連合（EU）は、軍事的な圧力でウクライナ情勢を不安定にしているとして、ロシアに対する武器禁輸措置を8月1日付で実施した。マレーシア機撃墜の影響もあり「軍事的に転用されたり、軍によって使用されたりする可能性のあるすべての物品、技術は、直接的、間接的を問わずロシアとの間で輸出入を禁止する」とする厳しい内容だ。

既に契約が成立している案件は対象外だが、EU全体としてロシアへの制裁措置を強化している状況のため、フランスがロシアに輸出を計画している軍艦についても、引き渡しをしない方向で検討が始まっている。

禁輸措置の具体的な対象となる軍民共用品は、核関連の物質、施設、装置、その他特殊な物質とそれに関する装置。さらに、製造機械、コンピューター、通信・情報セキュリティーシステム、センサー、レーザー、位置探査システム、航空電子工学、海洋、宇宙空間での推進装置など。さらに、武器関連の技術的な援助、融資、金融支援なども含まれる。

既にロシア向けの輸出を減らしているEU諸国への直接の影響はそれほど大きくないとみられているが、石油・ガス開発関連の貿易が中止されるフィンランドは国内総生産（GDP）1%の減少要因になるとの試算が示されている。

また、今回の規制強化に伴い、フランスの「ミストラル」級の大型強襲揚陸艦2隻のロシアへの売却計画も見直さざるを得ない状況だ。EUが直接購入、またはフランス軍が購入してEUに供与する案が浮上しているほか、NATO（北大西洋条約機構）の活用の可能性も探られている。

同揚陸艦は、大型ヘリコプターの離発着が可能で、戦車なども搭載できる能力がある。2011年、フランス海軍向けの軍艦を建造する国営企業DCNSと、ロシアの国策造船企業OSKとの間で契約が結ばれ、今秋にも最初の1隻が引き渡される予定となっていた。ロシアは極東地域を含む太平洋艦隊に配備する計画を進めていた。

（ロンドン＝加藤雅之）

「空自機を追跡」と中国発表
——防衛白書に反発か

中国空軍報道官の申進科大佐は8月7日、航空自衛隊の航空機が6日、東シナ海の中国の防空識別圏で長時間の偵察活動を行ったため、中国空軍が追跡し監視活動を行ったと発表した。日本の「2014年防衛白書」が、中国機に対する緊急発進回数の急増を指摘したことに対する反発、との見方も出ている。

BBC中国語電子版によると、申大佐は「中国空軍は警戒飛行中で、空自機に対し必要な追跡と監視活動を行った。空自機はF15戦闘機で、前後2回、中国機に至近距離まで接近したため、中国空軍が正当かつ抑制的な措置で脅威に対処した」などと述べた。

ロイター通信に対し、日本の防衛省は「本件について提供する情報はない」と述べた。

申大佐は改めて「中国による東シナ海への防空識別圏の設置は、国の安全を守るためで、これにより東シナ海上空の正常な航空秩序を維持し、安全を確保できる」などと述べた。

外電によると、日中両軍機は今年5、6月にも異常接近事件を起こし、両国政府が互いに舌戦を繰り広げた。台湾紙・中国時報は「中国と日本が東シナ海に設定した防空識別圏は、一部が重複しているため類似事件がしばしば発生し、東アジアの緊張を高めている」と伝えている。

日本政府は5日発表した防衛白書で、13年度の緊急発進回数は前年度比243回増の810回で、中国機に対する発進が95%超を占めたと指摘した。中国新聞網はこれについて「日本政府は、中国軍機による『日本領空』への接近を手段にして、中国の脅威を誇張している」と批判した。シンガポール紙・聯合早報は「今回の中日の空中接近事件は3カ月内で3度目。中国が今回、主導的に事件を公表したのは、防衛白書に対する反応とみられる」と報じた。

海上でも中国海警局の船3隻が8月6日、尖閣諸島周辺の領海に相次ぎ侵入した。中国新聞網によると、これも防衛白書が中国の「危険な行為」を指摘したことへの反発の可能性がある。英国のメディアは「中国のこの種の行動は、予想外の結果を招きかねない」と報じ、懸念を示した。

（香港＝中岡秀雄）

ようこそ「サムライ」

ＰＰ14参加の「くにさき」4年ぶりカンボジア訪問

【統幕】「ニッポンからサムライがやって来たよ！」──。米太平洋艦隊主催の医療・文化活動「パシフィック・パートナーシップ2014（ＰＰ14）」に参加して6月にカンボジアのシアヌークビルを訪れた海自輸送艦「くにさき」の乗員は「ＰＰ10」以来、4年ぶりに同地の小学生たちとの再会を果たした。小学校では子供たちが前回習った日本の「さくらさくら」を鍵盤ハーモニカで演奏して歓迎。乗員たちは剣道の試合を披露し、一躍「サムライ」として子供たちのヒーローになった。シリーズ最終回の今回はカンボジアでの活動を中心に、一部フィリピンの写真を交えて紹介する。

「折り紙で作ったよ！」。自慢の作品を高く上げる小学生たち（6月25日、カンボジア・シアヌークビルのさくら学園小学校で）

4年ぶりの再会を喜ぶ小学校長（右）と1輸隊先任伍長の山中良人曹長（左から2人目）。校長の左は松井1輸隊司令、笹野艦長（その左）＝6月25日、カンボジア・シアヌークビルのチアシム小学校で

「さくらさくら」で歓迎

「くにさき」（指揮官・1輸隊司令の松井陽一1佐、艦長・笹野英夫2佐以下約150人）は6月19日から28日まで、4年ぶりにカンボジアのシアヌークビルに入港した。乗員たちは主任務である医療活動の傍ら、地元の小学校などを訪れ、子供たちと交流した。

「さくら学園小学校」では、4年前に撮影した写真の大型パネルを笹野艦長が校長に寄贈、そのお礼に校長から木彫りの記念品が贈られた。

同校の正式名称は「カンボジア日本友好さくら学園」で、日本のＮＰＯにより1999年に開校。自衛隊は「ＰＰ10」で同校を訪れていたことから、今回、子供たちの成長ぶりを一目見ようと再訪した。

㊤剣道の試合を展示する「くにさき」の〝サムライ〟たち㊦「サムライさん、カッコいい！」──子供たちに囲まれる道着姿の「くにさき」乗員（6月25日、カンボジア・シアヌークビルのさくら学園小学校で）

ＰＰ14の米海軍指揮官（中央）と松井1輸隊司令（その右）との調整の通訳に当たる1輸隊の角川威也3尉（右端）＝7月4日、フィリピンのタクロバン市で

鍵盤ハーモニカで「さくらさくら」を合奏し、「くにさき」乗員を出迎える少女たち（6月25日、チアシム小学校で）

今回、最も子供たちの関心を引いたのは、「くにさき」先任伍長の宮本恵司曹長率いる剣士たちによる剣道展示。迫力ある試合に「サムライだ！」と叫ぶ子供たちもいて、防具の面を取った後は「ジャパニーズ・サムライ」などと呼ばれて握手を求められ、もみくちゃにされる場面もあった。

一方、同じシアヌークビル市内のチアシム小学校では、1輸隊司令の松井1佐以下47人が訪問。到着すると、鍵盤ハーモニカを手に整列した児童たちが前回の交流時に乗員から教わった日本の「さくらさくら」を演奏して出迎えた。

「さくらさくら」は同校の音楽の授業で受け継がれており、児童たちの奏でる息の合ったメロディーに、乗員たちも驚き、感激していた。

校長は訪問者の中に前回も訪れた1輸隊先任伍長の山中良人曹長の姿を見つけ、二人は共に再会を喜び合っていた。両校ではそれぞれ、折り紙やけん玉、剣道など日本の文化を紹介しながら子供たちと交流。ラッパ吹奏に挑戦する児童もいて、校内は楽しい笑い声に包まれていた。

乗員たちは最後にサッカーボールなどをプレゼントし、子供たちと記念撮影をして学校を後にした。

今回、「ＰＰ14」の写真撮影に当たったのは、山中良人曹長（1輸隊先任伍長・呉）、岡山雅俊3曹（23航空隊・舞鶴）、佐藤純也3曹（厚木航空基地隊）の3人。広報担当者の一人は、ベトナム、カンボジア、フィリピンでの約2カ月間に及ぶ任務を振り返り「3人の活躍で自衛隊の活動を積極的にＰＲすることができた」と話している。

ディイト地区医療センターで、診療の合間に食事をする陸自看護官（左）と米陸軍の医療関係者（7月7日、比タクロバン市で）

昨年の台風の後に芽吹いたヤシの実。後方は「くにさき」のエアクッション艇「ＬＣＡＣ」（7月8日、比タクロバン市の浜辺で）

募集・援護 特集

平和を、仕事にする。
陸海空自衛官募集

ただいま募集中!
◇航空学生◇一般曹候補生
◇予備自補(一般・技能)
◇自衛官候補生
★詳細は最寄りの自衛隊地方協力本部へ

予備自 本格始動

夏季休暇は訓練に絶好

地本、担任部隊がサポート

「志ある予備自衛官の皆さん、国民が休んでいる時だからこそ、共に訓練を頑張ろう」――。即応予備自・予備自・予備自補の招集訓練がいま最盛期を迎えている。多くが民間会社に務める彼らにとって、夏季休暇は絶好の訓練の時だ。出頭調整に当たる地本と訓練を担任する部隊も、夏休みを返上して「日本のため」に出頭する予備自に最高の訓練環境を提供できるよう、サポートに全力を挙げている。

親子で「最優秀」に輝いた池谷予備准尉(左)と秋元予備士長(7月1日、北富士駐屯地で)

親子で参加、最優秀賞に

【山梨】地本は6月27日から7月1日まで、北富士駐屯地で行われた第1回予備自衛官招集訓練(5日間)を支援。1特科隊1中隊が訓練を担任した。

今回の招集訓練では父娘の同時参加があり、注目を集めた。池谷仁予備准尉と娘の秋元(旧姓・池谷)雪乃予備士長の親子だ。

池谷予備准尉は平成24年7月、北富士駐屯地業務隊を最後に定年退官し、今回が初めての訓練。一方、秋元予備士長は24年4月に1特科隊を任期満了退職し、今回が2回目。「予備自」としては1年早く任官している娘の方が先輩だ。今回、"夏休み出頭"の時期が偶然にも一致し、親子での予備自訓練への参加となった。

「救急法」の科目では父娘が2人で担架を準備し、負傷者を搬送する際にも息の合った連係を見せた。今回の訓練では池谷予備准尉が「検定射撃」で50点満点中48点をマーク。娘の秋元予備士長も「体力検定」で総合得点1級となり、2人ともに予備自の誉れである「最優秀」を獲得した。

出頭訓練を終え、池谷予備准尉は「娘にはまだ負けられない」と力強く答えた。

一方の秋元予備陸士長は「父のことは特に意識していません」と、1年先輩らしく余裕の表情で答えていた。

1次予備招集訓練 延べ182人出頭

【山形】地本は7月4日から8日まで、神町駐屯地で行われた第1次予備自招集訓練を支援。6通信大隊1中隊が担任し、延べ182人が出頭した。

予備自隊員は着隊後、健康診断を受け、戦闘服に着替えて訓練開始式に臨んだ。予備自中隊長の長岡兵利予備1尉が代表して力強く申告、訓練を開始した。

体育館に寝泊まりした予備自は厳しい暑さの中、連日の武器訓練や各種体育に汗を流した。

期間中、表彰式も行われ、永年勤続による「防衛大臣表彰状」が阿曽藤也予備1曹に、「東北方総監顕彰状」が菅井和郎予備2尉以下9人に授与され、鈴木英明地本長が伝達した。

予備自の5日間訓練は今年度6回計画され、地本は引き続き担任部隊や雇用企業と密接に連携し、予備自の訓練をサポートしていく。

企業主も見学 即応予備自訓練

【秋田】地本は7月12日、38普連が岩手駐屯地と岩手山演習場で実施した即応予備自招集訓練に、県の即応予備自雇用企業担当者を引率、訓練見学を実施した。

研修は即応予備自の制度を会社の関係者に理解してもらうとともに、訓練への出頭環境を向上させるために行われた。

この日は佐藤海事、ソウケン、トスネット北東北、藤原設計の4社から計11人が参加。演習場では即応予備自の射撃訓練を見学したほか、高機動車の体験試乗などを行った。

参加企業からは「とても貴重な体験ができた」「日本の平和と安全のため、即応予備自衛官にはこれからも頑張ってほしい。会社としても協力していきたい」といった感想があった。

70人参加、はつらつと交付式

【福岡】地本は7月1日付で採用した26年度予備自衛官補の辞令書交付式と説明会を同6日、福岡駐屯地で実施した。

式には福岡県内から約70人が参加し、国歌斉唱の後一人一人に辞令書が交付され、予備自補たちが宣誓した。

秋葉瑞穂地本長は「本年度は予備自制度創設60周年。諸君も同期と絆を深めて教育訓練を修了し、予備自に任官してほしい」と訓示した。

最後に予備自制度創設60周年のキャッチフレーズ「いまこそ、予備自衛官」の手作り横断幕を掲げ、全員がガッツポーズで記念写真に収まった。

午後からの説明会では、現役の予備自補が訓練参加時の注意事項などを丁寧に説明した。

辞令書を受け、こぶしを突き上げる新任予備自補(7月6日、福岡駐屯地で)

チラシ「絆」配布に協力
千葉の新聞販売センター 一般家庭へ募集広報

募集広報チラシ「絆」を掲げる川端夫妻(左、中央)と広報官の岩井陸曹長(7月7日、千葉市緑区で)

【千葉】千葉募集案内所は地元新聞販売店の協力を得て、地本の募集広報チラシ「絆」を朝刊の中に入れてもらうなど、7月の募集解禁に合わせた一般家庭への募集広報を行った。

平成24年から協力関係にあるのが、千葉市緑区の新聞販売センター土気・あすみが丘所長の川端堅太郎氏。子息が空自に入隊したのを機に交流が始まり、3年前から新聞朝刊への「絆」の折り込みが始まった。

川端所長は「私も若い頃、自衛官になるのが夢でした。しかし家庭の事情で断念し、夢は息子に託しました。自衛隊の皆さんには国民を守るために頑張ってほしいです」と述べ、夫人の弘美さんも「協力できて私たちもうれしいです。遠慮なく何でも言ってください」と話している。

川端所長の厚意により地本の「絆」は平成24年に5000枚、25年に1万枚、今年も1万枚が朝刊と一緒に配布された。

千葉募集案内所長の柴田裕美1陸尉は、「新聞での配布は、広報官の手の届かないところまでチラシが行き届く。川端さんの支援に感謝し、私たちも誠心誠意、隊員募集に努めていきたい」と話している。

'14ミスユニバース大分代表から花束
体験航海で艦長に

【大分】地本は7月26、27の両日、大分港大在公共埠頭で護衛艦「せんだい」の体験航海を支援。計4回、延べ1600人が別府湾のクルージングを楽しんだ。

これに先立ち、25日に入港歓迎式を実施。「2014ミスユニバースジャパン」の大分代表で審査員特別賞を受賞した城あずささんが「せんだい」を出迎え、艦長に花束を贈呈した。

地本はホームページで乗艦者を一般公募。その結果、関東や関西からの参加者もあり、大分での体験航海の人気の高さがうかがえた。

松本「せんだい」艦長(右)から記念品の盾を贈られる城あずささん(7月25日、大分港大在公埠頭で)

「鹿」をイメージした奈良地本のマスコットキャラ決まる

採用された奈良地本のマスコットキャラクター(左から海、陸、空)

【奈良】地本はこのほど「鹿」をイメージしたマスコットキャラクターを決定し、7月15日にホームページで発表した。

地本は4、5月に同キャラを一般公募、全国から50件の応募があり、その中から優秀作品を選考した。

その結果、海山幸さん(ペンネーム、宮城県在住)がデザインした「鹿」のキャラに決定。鹿は奈良市を代表する観光資産のひとつで、内外の観光客にも愛されている。

マスコットは陸・海・空の3体あり、名前はそれぞれ「りくしかくん」「うみしかくん」「そらしかくん」。迷彩服、セーラー服、パイロットスーツで識別する。

現在、「りくしかくん」の着ぐるみを製作中で、11月の地本創立60周年記念行事でお披露目される予定だ。

親しみもてるキャッチフレーズ決定

【沖縄】地本は7月1日、新募集キャッチフレーズ「美ら(ちゅら)島の未来を守る君の手で」を決定した=写真。

選考に当たっては「詩的に表現するとともに、沖縄の人の心に響き、愛着の持てるもの」というコンセプトの下、地本部員が知恵を絞った。

この結果、「うちなー口(ぐち)(沖縄の方言)」を盛り込んだキャッチフレーズが優秀作品に。中でも統一キャッチフレーズに採用された最優秀作品の「美ら島~」は、募集課の名嘉隆広曹長が考案。「美ら島(沖縄)」という美しい言葉が入り、県民に強くアピールしている。

地本では1人でも多くの良質な沖縄出身隊員を増やすため、今後この募集キャッチフレーズを前面に打ち出して広報活動を行っていく計画だ。

地本オリジナルスタンプラリー実施

【新潟】地本は7月19日から恒例の「新潟地本スタンプラリー」を開始した。期間は9月30日まで。

地元デザイン学校などの協力を受け、昨年3月に制定された各所・室9カ所のシンボルマークのスタンプを活用し、子供たちにラリーに参加してもらっている。

スタンプは音楽隊の演奏会や艦艇広報などイベント会場での押印が可能で、平日は地本でも押すことができる。

昨年はスタンプ6個以上で地本から記念証と景品が贈られたが、今年は6個以上で記念証、全9個集めると先着3人に景品が贈呈される。

このスタンプラリーを通じて自衛隊への関心が高まり、昨年は40人が記念証を手に入れた。今夏はさらに達成者が増えることが期待されている。

「勇気と誇りを胸に」 自衛隊写真展

【富山】地本は6月28、29の両日、富山市内のグランドプラザで開催された「第18回女性の眼から見た自衛隊写真展」(富山県女性防衛協力会主催)を支援した。

自衛隊に普段接することの少ない県民に自衛隊の姿を知ってもらうため、県女性防衛協力会が毎年開催しており、今回で18回目。

今年は「勇気と誇りを胸に」をテーマに、災害派遣や訓練中の隊員の姿を写した写真144枚を展示。陸自の10偵、10音、382施中も支援し、ミニ制服試着や紙飛行機の製作コーナーも設けた。さらに屋外には偵察警戒車も展示し、いざという時に救助に駆け付ける自衛隊の即応性をアピールした。

東京地本が移転

【東京】地本は7月28日、新宿区市ヶ谷から同区新宿6丁目のビルに移転し、新庁舎で業務を開始した。新住所、電話番号は次の通り。

〒160―0022東京都新宿区新宿6丁目27の30新宿イーストサイドスクエア5F　電話03(3269)3513、FAX(募集課)は03(3260)0543。

高工校生徒が地本長に近況報告

坂部地本長(右)に高工校生活を報告する鷹中生徒(8月1日、滋賀地本で)

【滋賀】地本は8月1日、陸自高工校1年の鷹中風牙生徒(大津市立瀬田北中学校卒)の来訪を受けた。

鷹中さんは2年ぶりに滋賀県から同校に入校、夏休みで帰郷し、両親とともに地本を訪れたもので、坂部誠地本長らと懇談した。

鷹中さんは「高工校生活も4カ月が過ぎ、少しずつ慣れてきました。学校の生徒会活動に興味があり、区隊長から推薦してもらい、今は面接の結果待ちです」と近況を報告。

最後に「今はまだ目の前のことを一つ一つこなしていくことに精一杯ですが、将来の選択肢を広げるため、勉強でも生活面でもまじめに取り組んでいきたいです」と抱負を語った。

KC767機内で初 空音「士気振作」演奏

小牧基地

搭乗した基地隊員らに対し、金管五重奏を行う空音隊員＝7月17日、KC767機内で

【空音＝立川】航空中央音楽隊（隊長・水科克夫2佐）は7月17日、空自小牧、岐阜、奈良の3基地にそれぞれ隊員を派遣し、士気振作演奏を行った。特に小牧基地ではKC767空中給油・輸送機内で初の演奏が実現。機内に伸びやかな音色が響き渡り、集まった隊員らを魅了した。

聴客を魅了、一体感

空自初の空中給油・輸送機内での演奏とあって、KC767には小牧基地司令の上ノ谷寛将補以下約180人の隊員らが乗り込んだ。前半の30分はホルンの杉本忠由曹長らによる木管五重奏で楽曲「ハナミズキ」（作詞・一青窈）などポピュラーな7曲を熱奏。

後半の30分はトランペットの木島雅彦曹長らによる金管五重奏で楽曲「昴」（作詞作曲・谷村新司）など8曲を披露。機内は拍手に包まれた。演奏中、5隊員は機内の一方向だけでなく、楽器を前と後に交互に向けて演奏するなど全着席者が聴きやすいよう配慮。木島曹長は「聴客との一体感がもてた。距離の近い演奏会の重要性を改めて実感した」と語った。

このあと木管の5隊員がBX食堂で、金管5隊員は（売店）前で演奏。BXでは事前告知なしのゲリラライブだったため突如始まった演奏に隊員らは驚いていたが、統率のとれた演奏に通りかかった30人ほどが足を止めて聴き入った。

KC767での初演奏を聴き終えた上ノ谷司令は「空自に音楽隊が存在する意義、有用性を改めて認識した。使命感に基づく不断の努力に対して深く敬意を表したい」とたたえた。

士気振作演奏　隊員の緊張緩和、精神的安定、士気向上を図る目的で音楽隊が行う演奏。古来、部族や国同士の戦闘では音によって敵を威嚇し、自軍を興奮させることで戦意を高揚させるため、太鼓を用いた軍楽が行われた。「軍楽隊」はオスマン帝国（1299～1922年）で編成された楽隊が起源と言われている。現在は世界各国が軍楽隊を編成しており、重要な任務として自国の兵士に対する慰問演奏を行っている。

緊張緩和、精神安定を図る目的

岐阜、奈良でも絶賛

隊員と患者らを前に木管五重奏を奏でる阿部1曹（中央）ら（7月17日、岐阜病院で）

一方、岐阜基地・岐阜病院では、初となる空音の士気振作演奏に、カラフルな飾りや横断幕で歓迎。岡田要一准尉ら4人は基地食堂で60分、阿部習一1曹以下5人は病院の1階ロビーで30分間ミニコンサートを行った。演奏を聴いた隊員は「元気が出た、午後も頑張ります」「患者さんともども癒やされた」と話していた。

空自幹部候補生が学ぶ奈良基地では、課業が終了した午後6時から飛翔館で約1時間の演奏を行った。学校長の大浦弘容将補を始め隊員と家族、幹部候補生が会場を埋め尽くす中、前半は高橋正樹1曹らによるサックス四重奏、後半は高倉岳彦曹長らの金管打楽器十一重奏が披露された。1曲目の「ゴスペル・ホール」では賛美歌の神聖な響きが会場を包みこみ、大きな拍手が送られた。

演奏終了後には大浦学校長から記念品が山本史月1尉に贈られた。感謝の思いを込め、空音はサックスの4人と金管打楽器11人を結集し、空自30周年記念曲「空の精鋭」を演奏。同曲の由来や作曲者の矢部元准尉が楽譜に込めた思いも解説した。

今回の派遣演奏を指揮した空音副隊長の中嶋明3佐は「約千人の隊員にアンサンブルの生演奏を聴いてもらい、反響を直に感じ取ることができた」と意義を強調した。

旧海軍小銃"里帰り" 69年ぶり ハワイから鹿屋基地に

旧海軍の小銃を園田直紀1空群司令（中央右）に手渡すホーキンス会長。左端は廣瀬清一元陸将（8月6日、海自鹿屋航空基地史料館で）

米ハワイで判事を務めるトーマス・K・カルククィ氏(68)が所有する旧日本海軍の小銃が8月6日、日米両国関係者の約2年間にわたる尽力により69年ぶりに日本への帰還を果たし、海自鹿屋航空基地の史料館に寄贈された。

里帰りした銃は、旧海軍岡崎航空隊の99式短小銃。同隊はかつて愛知県岡崎市に所在し、先の大戦末期には海軍特攻隊員の教育にも携わっていたことから、旧海軍の航空部隊に関する貴重な史料が展示されている鹿屋航空基地史料館への寄贈が決まった。

同日、史料館で行われた引き渡し式では、1航空群司令の園田直紀海将補が「この銃は特攻に散った隊員が手に触れ、訓練した銃であることを確信するが、今となっては英霊のみが知る」とあいさつした。

この後、カルククィ氏からの依頼で銃の寄贈に中心的な役割を果たしたハワイ日米協会のエドウィン・ホーキンス会長(64)＝米空軍退役大佐＝がスピーチ。「特攻が行われた鹿屋の地で、この銃が日米の新しい世代への教育に役立ってほしい」と述べ、園田群司令に銃を引き渡した。

銃は戦後、連合国軍総司令部（GHQ）の軍人として来日したカルククィ氏の父親が、東京で開かれた米陸軍主催の体育大会で優勝し、"賞品"として入手。帰国後もハワイの自宅で2007年に他界するまで大切に保管していた。

その後、長男のカルククィ氏が「元の場所に返すべきだ」と考え、ホーキンス会長に相談。同会長は知り合いで防衛研究所の同期でもある廣瀬清一元陸将(66)＝元陸自幹部学校長＝に相談し、これを受けて廣瀬氏が税関などの銃の入国手続きの調整に約2年間奔走し、里帰りが実現した。

廣瀬氏は「約70年の歳月と7000キロの距離を超えて日本に帰還したこの銃が、日米友好のシンボルとして大切にされることを願っている」と話している。

日米潜水艦乗り富士山楽しむ

共に富士登山を楽しんだ鍛治雅和司令官（右）とスチュアート・B・マンチ司令（8月6日）

【潜水艦隊】潜水艦隊司令部（船越、司令官・鍛治雅和海将）は8月6、7の両日、米海軍の第7潜水艦群（横須賀）と合同で富士登山を行った。

この富士登山は日米潜水艦乗りの友情の証として、平成21年から毎年実施されている。昨年からは従来の"弾丸登山"を見直し、山小屋（八合目）に一泊することになった。

当日は天候にも恵まれ、潜水艦隊司令部から鍛治司令官をはじめ12人が、第7潜水艦群からスチュアート・B・マンチ司令ほか9人が参加した。

一行は富士山の五合目にある富士山小御嶽神社（山梨県富士吉田市）で鍛治司令官の作法に習い安全祈願をした後、準備運動を行って吉田口から登山をスタート。日米隊員は英語でのコミュニケーションを楽しみながら歩いた。

標高が上がると、高山病になりかけた米軍人を海自隊員が励ます場面もあったが、1人の脱落者もなく予定通り午後6時半ごろまでに八合目の山小屋「元祖室」に到着した。

山小屋では夕食を食べて早めに就寝し、翌午前1時ごろ起床。富士山頂を目指し、再び登山を開始した。米側の参加者には深夜の起床にとまどう人もいたが、雲海が時間の経過とともに彩られていくさまや富士山頂でのご来光を目の当たりにして大喜びの様子だった。

大村に初の女性航空士

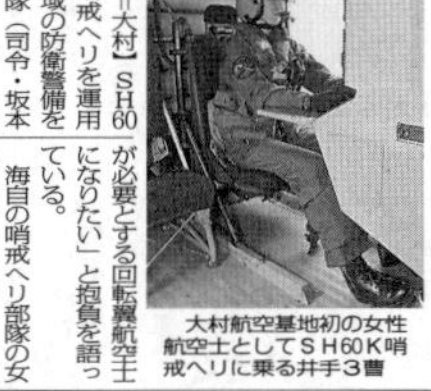
大村航空基地初の女性航空士としてSH60K哨戒ヘリに乗る井手3曹

【22空群＝大村】SH60J/K両哨戒ヘリを運用し、周辺海域の防衛警備を担う22航空隊（司令・坂本太郎1佐）に6月27日、大村航空基地で初の女性航空士となる井手愛海3曹(22)が配属された。

井手3曹は長崎県出身。平成22年に横須賀第52期練習員（女性課程）として海自入隊後、航空士要員として22空列線整備隊で列線整備作業や搭載電子機器の整備に関する知識・技能の習得に努めた。

昨年8月からは鹿屋航空基地に所在する211教育航空隊で唯一の女性学生として教育を受け、SH60Kに装備されている対潜・捜索機器の操作や緊急着水脱出訓練など約10カ月の厳しい訓練を経て見事シルバー・ウイングマークを取得した。

井手3曹は現在、22空の222飛行隊で航空士として勤務しており、「艦艇への搭載やさまざまな訓練を積み重ね、一日も早く部隊が必要とする回転翼航空士になりたい」と抱負を語っている。

海自の哨戒ヘリ部隊の女性航空士は、昨年6月に館山航空基地の21空で誕生した2人＝野田有希子3曹、新田夏友士長＝を含め3人となった。今後も女性海上自衛官の職域拡大と活躍が期待されている。

7普連、8高特群が出動 集中豪雨での孤立者救助

停滞する前線の影響で8月17日、近畿、東海、北陸地方は局地的な豪雨に見舞われた。京都府と兵庫県で自衛隊の災害派遣が要請され、隊員たちがお盆休みの最終日に懸命の救出活動を行った。

京都府福知山市では、市中心部が冠水し、市内全域の3万5774世帯、8万8600人に避難勧告が出された。午前7時5分、府知事が7普連長（福知山）の井川賢一1佐に災派を要請。7普連の隊員約50人は、ボート5隻で浸水地域に残された住民の救助に当たり、午後4時50分の撤収要請までに住民27人を救助した。

兵庫県丹波市の市島町では道路が寸断され、キャンプ施設「森のひととき」の宿泊客が孤立。県知事が3特科連隊長（姫路）の中村博篤1佐に災派を要請した。8高射特科群（青野原）の隊員約20人がキャンプ地に向かったが到着後、県の要請で近隣住宅地での行方不明者の捜索に活動を変更して実施。午後3時26分に撤収要請が出され、帰投した。

米軍スタイルで祝福

三沢 日米合同で上級下士官昇任式

ソードアーチの下をくぐって入場する下村温1曹（中央右）と夫人の裕子2曹（7月18日、三沢基地で）

【3空団＝三沢】日米合同の上級下士官昇任式が7月18日、三沢基地で行われ、3空団装備隊の下村温1空曹(36)以下6人の空自隊員が米軍スタイルで祝福された。

この日は、日米合わせて28人が昇任し、家族や上司とともに、米空軍35戦闘航空団のサーベル隊が剣を掲げてつくる「ソードアーチ」の下をくぐって入場。下村1曹も夫人の裕子2空曹と腕を組んで歩いた。

式典は、1空曹に相当するマスターサージェントの承認が決定し、5日間の集合教育を受講した米隊員を祝福するために年に一度行われている。

平成24年からは空自隊員も同教育に参加するようになったため、式典も日米合同となった。

食事会の後、28人には、35戦闘航空団副司令官のアンドリュー・ハンセン大佐や北空指令部管理監察官の川淵靖1佐らから記念品が贈られた。

下村1曹は「このような貴重な機会を頂けたことに感謝します。後輩の指導と育成に努力を傾け、信頼される上級空曹になれるよう精励していきます」と語った。

調査捕鯨船から転落 4空群が乗組員捜索

南鳥島沖

小笠原諸島（東京都）の南鳥島沖で8月13日午前9時頃、調査捕鯨船「第二勇心丸」でクジラの目視調査中の乗組員が海上に転落。同日午前11時半、第3管区海上保安本部長（横浜）から海自航空集団司令官（厚木）の佐藤誠海将に行方不明者捜索の災害派遣が要請された。

11時52分、4空群（厚木）P3C哨戒機1機が離陸。15日午後5時31分の撤収要請までに延べ5機で捜索活動に当たった。

18日現在も、行方不明者の発見に至っておらず、第3管区海上保安本部が通常の哨戒業務を通じて捜索活動を続けている。

小休止

▽…空自幹候校の基幹隊員・幹部候補生27人はこのほど、和歌山県・白浜海水浴場で行われた「第19回ビーチラグビー白浜大会」に参加した＝写真。

▽…ビーチラグビーは1990年に日本で生まれた。横50メートル・縦25メートル（最大）の領域でパスをつなぎトライを目指す。選手は5人以内。白浜大会には約100チームがエントリーした。

▽…幹候校チームは高校ラグビーの名門などを相手に戦い、入賞は逃したが「気持ちのいい汗を流せた」とリフレッシュした＝写真。（奈良）

こちら警務隊 ☎8・6・47625

自転車で注意怠り事故 重過失傷害罪5年以下

自転車を運転中の事故で、「重過失傷害罪」に問われる場合があると聞きましたが、どのような場合でしょうか？

わずかな注意を払えば事故を回避できたのに、その注意義務に違反して事故を起こした場合、「重過失傷害罪」に問われることがあります。

例えば、対面赤信号を見落として交差点に進入し、横断歩道の歩行者に衝突してけがを負わせた場合、重過失傷害罪が適用され、5年以下の懲役もしくは禁錮または100万円以下の罰金に処されます。

自転車を運転する際は、自動車運転時と同様に交通法規を順守し、安全運転を励行しましょう。

（126地警＝目黒・信木2尉）

重過失傷害罪（自転車）

注意義務を怠り、人にケガをさせた場合

みんなのページ

新潟のおいしい米づくりを支える田中産業の社員。自衛隊ＯＢもその戦力になりつつある

後輩のため"道固め"を

空自女性自衛官5期生が同期会

3空尉　毛利　紀和子（航空システム通信隊・市ヶ谷）

空自婦人自衛官第５期生の同期会に集まった現役とＯＧたち。後輩を今後もサポートしていく決意だ

航空自衛隊に「婦人自衛官制度」が発足して今年で40周年を迎えます。婦人の新隊員課程は第2航空教育隊・婦人自衛官教育隊として入間基地で産声を上げました。基地の一角で五十数名の女性隊員が訓練を行う姿は新鮮でもあり、華やかでもあり、また珍しくもあって、当時大いに注目を集めたものでした。

女性隊員は男性に負けないよう体力練成に励み「女性だからこそできる力を発揮しよう」と教えられてきました。

私たち5期生54人は昭和54年3月26日、入間で第一歩を踏み出しました。あれから35年の月日が流れ、現役組（4人）も今年度で自衛隊生活に終止符を打つことになりました。しかし、その前に婦人1期から4期までの先輩方のご苦労を後輩に語り継がねばならないと思っています。

1期生は「花の1期」と言われ、華やかな存在で、注目され続けました。2期生は「顔の2期」と呼ばれた通り、美人ぞろいでした。3期生は「頭の3期」、頭脳派で切れ者が多かったのでしょう。4期生は「返事の4期」で男性に負けない元気者ぞろいであったようです。さて、私たち5期生はなぜか「ゴキブリの5期」（？）です。期待はずれであったのか……その辺は不明です。

その5期生の同期会がこのたび開かれました。ＯＧの方々が私たち現役のために「お祝いの会」を開いてくれたのです。場所は新隊員の外出先であった懐かしの埼玉県の所沢です。

皆でわいわいとパーティーを開催した翌日は、原点である入間基地を見学しました。18歳の乙女たちが生活した建物はほとんど残っていませんでしたが、駆け足で向かった食堂への道や訓練で汗を流したグラウンド、そして教育隊の跡地などは感慨深いものがありました。

当時、女性隊員は勤務を継続することが困難で、任期満了とともに退職する隊員がほとんどでした。その中で勤務し続けられた現役組は恵まれていたと言っていいのでしょう。結婚・出産・育児とそれぞれの場面で壁にぶつかることもありましたが、上司や先輩、同僚、後輩たちの尽力で女性自衛官の道が切り開かれてきたのです。

私の場合は育児のサポートをしてくれた保育園と両親の存在が大きかったです。そして同期からの支援や応援でここまで来ることができました。心から感謝しています。

女性自衛官の道をしっかり固めていくこと、それこそが私たち「一けた期」の務めだと思っています。残された時間は少ないですが、最後まで後輩がよりよい勤務環境で、それぞれの力を十二分に発揮していけるよう、貢献していけたらと考えております。

同期って本当に良いものですね。新隊員の課程期間、わずか3カ月という短いお付き合いでありながら、35年たった今も、あの初々しい時代と変わらない関係でいられるのですから、素晴らしいです。

この同期の絆を大切にし、退官後も空自女性自衛官の良き理解者・応援団として後輩のお手伝いをしていけたらと考えています。

（世界の切手・アメリカ）

閉ざされた扉ばかり見ていると、開かれた扉が目に入らないわよ。

ヘレン・ケラー
（アメリカの教育者）

頼もしい退職自衛官

会社理事　廣瀬　一夫（田中産業・新潟県上越市）

弊社は昭和36年に設立し、総合建設業、運送業、営農など幅広い分野で上越地域の発展に貢献している会社です。

昨年9月、心身ともに健康で元気とやる気のある若者を採用したいと、自衛隊の合同企業説明会に参加しました。縁あって1人の退職自衛官を営農部門の生産スタッフとして雇用することができました。

本人は農業の経験はありませんでしたが、先輩から稲作の教えを受けながら、田んぼで色よい日焼け顔になり、毎日元気に作業に励んでおります。

彼を見ておりますと、6年間自衛隊で勤務し、銃剣道で心身を鍛えたその行動力と万強さには頼もしさを感じました。また、団体生活で培った規律心・礼儀・協調性は弊社の社風そのものであり、水が合ったのか、彼も入社早々から活躍し、その一挙手一投足は若い社員に良い刺激を与えております。彼がこのまま成長し、今後、若手グループのリーダーとして大いに活躍してくれることを期待しております。

本年も自衛隊の合同企業説明会に参加し、退職自衛官を多く雇用して参りたいと考えております。引き続き、元気でやる気のある自衛官の紹介をお願い致します。

水中処分母船3号（後方）を訪れた富士市の「かぐや姫」たち

第１回田子の浦ポートフェスタ

水中処分母船を公開

1海曹　君塚　昌広（横須賀水中処分隊）

海自横須賀警備隊の「水中処分母船3号」（船長・亀山隆1尉）は7月20日、静岡県富士市の田子の浦港で開かれた「第1回田子の浦ポートフェスタ」に参加し、一般公開を行った。

このイベントは、富士市が田子の浦港のにぎわいを創出するために開催したもので、海自横須賀地方隊のほか、自衛隊静岡地本、陸自3陸曹教育隊、1高射特科大隊が協力した。

当日は一般公開前から見学者の列ができ、開会式では富士市長をはじめ、地元市民から熱烈な歓迎を受けた。乗船した市民は水中の危険物の除去に当たる水中処分母船を興味深そうに見て回り、船長の席に座って記念写真を撮る親子の姿もあった。

甲板には水中処分隊の機材を展示し、初めて見るウエットスーツやゴムボートの処分艇に触り、「思ったより硬いね」などと話していた。

また、日付にちなみ「720人目」と「1000人目」の乗船者に、記念の部隊の帽子がプレゼントされた。一方、岸壁では陸自隊員が野外炊具を使ってカレーの炊き出しを行っていて、用意された300食分はあっというまになくなった。

横須賀水中処分隊では、今後も夏休み期間中の広報活動に参加し、海自の理解促進に努力していきたいと考えている。

私を引き留めてくれた同期たち

自衛官候補生　春日　優介（1機甲教・駒門）

私にとっての教育隊の3カ月は長いようでとても短い3カ月でした。

3月29日、私は駒門駐屯地の第1機甲教育隊に着隊し、はらはらどきどきしながら営内班に案内され、部屋に入りました。そこはシンプルで無機質な部屋でした。

ここに他の新隊員も続々と到着し、7人の班員が集合しました。その時、班長から「これから苦楽を共にする7人の同期だ」と言われ、私たちの自衛隊生活がスタートしました。

それからさまざまな訓練や服務指導を受け、1カ月半ほどしたころ、私は耐えられなくなり、自衛隊を辞めようと思いました。その時、6人の班員が私に励ましの声をかけ、全力で引き留めてくれました。

今、自分がここにいるのは班員みんなのおかげです。私はこれからも6人の同期との絆を大切にしていきたいと思います。

これから後期教育となり、同期もバラバラになってしまいますが、これからも連絡を取り合い、お互いに頑張っていきたいと思います。

OBがんばる

円山　禄仁さん　26
平成25年３月、空自新潟救難隊整備小隊を任期満了退職（士長）。国土交通省北陸地方整備局新潟港湾・空港整備事務所に就職し、現在、浚渫兼油回収船「白山」の乗組員。

「健康管理」と「協調性」

空自に在職間は、新潟救難隊でU125A救難捜索機の整備員として勤務してきました。7年目の任務満了を迎えるに当たり、県内の合同企業説明会に参加したところ、国土交通省北陸地方整備局新潟港湾・空港整備事務所に所属する浚渫兼油回収船「白山」の甲板員として採用していただきました。

「白山」は平成9年1月、日本海で発生したロシアのタンカー「ナホトカ号」の重油流出事故を契機に、先代「白山丸」の代替船として建造され、14年8月に日本海側で初の大型油回収船として新潟港に配備されました。通常は24時間体制で新潟西港の浚渫に従事し、油流出事故が発生した際には直ちに現場に出動することになります。

私は現在、「白山」の船橋に立ち、船長や航海士の指示のもと舵を取っています。乗船した当初は「4時間3シフト」のワッチ（航海当直勤務）に身体が慣れなかったことと、見ること・聞くこと全て初めてで、仕事を理解するのに大変苦労しました。

1年たった今も勉強の連続で、先日の「海技士（航海）」の国家試験には何とか科目合格できました。これは先輩乗組員の皆さんのご指導があったからこそ達成できたものです。今後も努力して海技士の免状を取得したいと思います。

再就職の時に感じたことは「健康管理」と「協調性」の大切さです。現職の皆さんもそれらを武器に、就職活動を頑張ってください。

新刊紹介

「いちばんよくわかる！集団的自衛権」

佐瀬　昌盛著

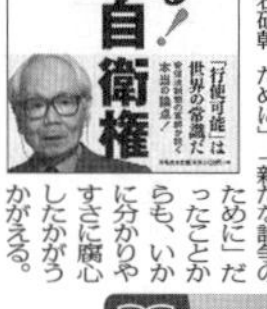

ミスター集団的自衛権ともいうべき筆者が、プロではなく、有権者の9割強を占める「わからない人」と「理解しているふりをしている人」を念頭に書き進めた書。

政界きっての安保通と称される自民党の石破幹事長をもって師と言わしめた安保法制の第一人者だけに、明快な論調とユーモアあふれる語り口には余裕すらにじませる。

著者にとっては、同問題を扱う3冊目の本で、前2冊の副題が「論争のために」「新たな論争のために」だったことからも、いかに分かりやすさに腐心したかがうかがえる。

①まずひもとくべきは国連憲章。国連憲章が「母屋」なら集団的自衛権は、肩身の狭い「居候」②「自国と密接な関係にある外国」という定義は誤り――などを手始めに「行使できるようにしておくのは、行使しない可能性の極大化を図るため」という主張が自然に説得力をもってくる。

素人のみならず、あたかも「戦争」が近づくような錯覚を喧伝する一部マスコミの"プロ"にも読んでほしい書だ。（海竜社刊、1512円）

「西伯利亜（シベリア）出兵物語」

土井　全二郎著

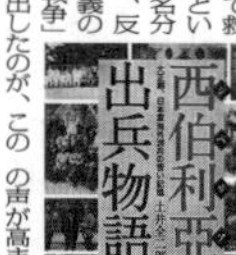

「シベリア出兵」と聞いて近代史上、いつ行われた戦争かをすぐに答えられる人は少ないと思われる。シベリアと日本の関係では、第2次大戦後の「シベリア抑留」の方がはるかに有名だ。

第1次大戦末期の1918年、ロシアで社会主義革命が起こり、帝政ロマノフ王朝が崩壊する。革命運動が一気に広まっていく中で、連合国側は、革命ロシア軍と衝突する友軍のチェコスロバキア軍をシベリア鉄道で救出するという大義名分のもと、反社会主義の「干渉戦争」に乗り出したのが、このシベリア出兵だ。

ソビエト連邦が樹立され、連合国の各軍が撤退する中、日本は駐留し続け、泥沼の戦いへと突き進んでいく。

約7万2000人を送り、3000人余りの戦死者を出し、当時の金額で数億円を投入する無謀さに国内でも「無名の師」（名分なき戦い）と批判の声が高まっていった。

本書は歴史から忘れられた戦争の実相を、出兵に関わった9人の男女を通じて明らかにしていて多角的に考察する意欲的な一冊となっており、現代のイラク戦争を考える上でも有意な本だ。（潮書房光人社刊、2354円）

詰碁

第1094回出題

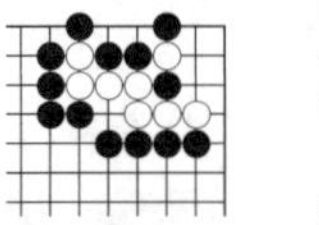

出題　日本棋院　九段　曲　励起

白先

『白を劫に持ち込んで下さい』。5分で初級です。

▶詰碁、詰将棋の出題は隔週です◀

詰将棋

出題　日本将棋連盟　九段　石田　和雄

▲先手　持駒　金

≫第678回の解答≪

【正解】▲1四角△同歩▲2三金△3一玉▲3三竜△同桂▲2二角△2一玉▲1一角成△同玉▲1三香△2一玉▲1二香成△3一玉▲2二成香までの十五手詰め。

【解説】▲1四角と捨てる手が本題の主眼。△同歩と取らせ窓を開け、1三に空間を作るのが狙い。三手目▲2三金からは手順の追撃。十一手目待望の▲1三香が打て解決します。

土砂災害で13旅団災派

広島 捜索活動に830人

46普連など昼夜分かたず

土砂災害現場で広島県警（後方右）とともに懸命な捜索活動に当たる47普連隊員＝8月23日、広島市安佐南区で

広島市安佐南、安佐北区で8月20日未明、局地的な豪雨で土砂災害が発生した。広島県知事から災害派遣要請を受けた陸自13旅団長（海田市）は、46普連を中心とした各部隊から約830人規模の隊員を派遣。24時間態勢で行方不明者の捜索などに当たっている。（3面に特集記事）

死者60人、不明者26人

災派要請を受けて20日朝から46、47普連、13施設隊（いずれも海田市）の隊員らが相次いで駐屯地を出発。現場に到着後、捜索活動を開始した。

上空からは中部方面航空隊（八尾）のUH1ヘリが被災状況について情報収集、首相官邸などへ映像を配信した。13後方支援隊（海田市）は断水した現地で給水支援活動を行っている。

海自呉造修補給所からは救助資格を持つ警備犬2頭と小田幸男1尉以下隊員5人が現地に入り、不明者の捜索に当たっている。

21日には17普連（山口）、304（出雲）、305（三軒屋）両施設隊、25日には8普連（米子）、13特殊武器防護隊（海田市）も加わり、断続的に続く雨の中、懸命な捜索活動を続けている。

安佐南区の現地調整所を拠点に、現場指揮官として全部隊をまとめる46普連長の一宮大介1佐は、消防、警察と密接に連携、2次災害の発生に留意するとともに、「（隊員には）自主裁量の余地を持たせ、危険を察知したときは自分の判断で行動するよう指示している」と話す。

47普連作業隊長を務めた副連隊長の豊田安雄2佐も、「夜間は（土石流の）兆候がつかめず、変化に気付かない」とし、特に夜間作業時に細心の注意を払った。

25日に現地入りした安倍首相は、陸自ヘリで上空から被災状況を確認。記者団に対し、「多くの方々が昼夜を分かたず活動していることに心から感謝を申し上げる。（捜索等に）今後とも政府一丸となって全力を尽くす」と述べるとともに、局地的豪雨による今回の被害を激甚災害へ指定する方針を明らかにした。

自衛隊の派遣規模は25日現在、約830人（延べ約4450人）。土砂災害による被害は死者60人、行方不明者26人に上っている。

辺野古移設の進展歓迎

日米の緊密連携確認

副大臣と米国防副長官 沖縄負担軽減で努力

共同記者会見で握手する武田副大臣（右）とワーク米国防副長官（8月22日、防衛省で）

武田副大臣は8月22日、ロバート・ワーク米国防副長官と防衛省で会談し、沖縄県の米軍普天間飛行場（宜野湾市）の辺野古移設に向けた最近の進展を歓迎するとともに、日米が引き続き緊密に連携し、沖縄の基地負担軽減のため具体的な協力を進めていくことで一致した。

ワーク副長官は会談後の共同記者会見で、辺野古沿岸部でボーリング調査が始まったことについて「目に見える進ちょくがある。建設の動きが勢いづき、とてもうれしく思う」と述べた。

会談で両氏は普天間飛行場の継続使用を回避する唯一の解決策として、名護市辺野古のキャンプ・シュワブにおける代替施設建設の完遂に向けた両国のコミットメントを再確認した。

さらに、①米海兵隊のKC130空中給油機部隊の普天間から岩国飛行場への移駐②統合計画に沿った西普天間住宅地区の返還に向けた進ちょく③普天間飛行場への外来機飛来の抑制――の重要性について意見交換。

特に、米海兵隊の垂直離着陸輸送機MV22オスプレイの沖縄県外での訓練の意義を強調するとともに、日本国内における同機の安全な運用で一致した。

また、年内の改定を目指す日米防衛協力のための指針（ガイドライン）の見直し作業に関する中間報告の作成に向け、引き続き議論を進めることでも合意した。

アジア情勢をめぐっては、海洋進出を強める中国を念頭に、尖閣諸島が米国の対日防衛義務を定めた日米安全保障条約第5条の適用対象であることを再確認。副長官は、北朝鮮によるミサイル発射などの挑発行為に対し日米韓3国間の軍事情報共有の必要性を強調した。

このほか副長官は、日本政府による集団的自衛権の限定行使容認の閣議決定など、安倍政権の進める安全保障政策の進展に歓迎と支持を表明。両氏は日米同盟の抑止力、対処力を一層強化していくことで一致した。

US2輸出問題で 日印がテレビ会議

海自US2救難飛行艇に関する協力を模索する日本とインドとの第3回合同作業部会（JWG）が8月20日、外務省とインド商工省をつないでテレビ会議の形で1時間にわたって開かれ、双方は同機に関する運用や調達の在り方をめぐって意見交換、輸出の可能性も含めて協議を行った。

JWGは昨年5月の日印首脳会談の共同声明を受けて設置。今回は、昨年12月にデリーで行われた初会合と今年4月に東京で開かれた第2回会合に続くもので、防衛省の西正典事務次官とインドのカント商工省産業政策・振興担当次官の2人が議長を務めた。

前回はインド側の関係者が海自厚木基地からUS2に体験搭乗し、同機のメーカーである新明和工業の甲南工場（神戸市）まで移動。同社施設を視察し、機体の性能や製造組み立て、整備などに関して理解を深めており、これらを踏まえ、今後も引き続き協議を継続していくことで一致した。

今回の協議には防衛省をはじめ、経済産業省の高田修三・製造産業局担当審議官のほか、外務省、新明和工業の関係者が出席。インド側からは国防省、外務省、商工省、民間航空省、国立航空宇宙研究所の関係者が参加した。

PSI 大量破壊兵器の拡散防止へ ハワイで「いせ」など訓練参加

臨検で、容疑船の船長に扮する豪海軍士官のボディーチェックを行う海自隊員（8月6日、ハワイ沖の米補給艦「ヘンリー・カイザー」艦内で）

【統幕】大量破壊兵器を運ぶ航空機や船舶の航行阻止を目的とする国際的な取り組み「拡散に対する安全保障構想（PSI＝Proliferation Security Initiative）」宣言に基づく米国主催の海上阻止訓練「フォーチュン・ガード14」が8月4日から7日までハワイで行われ、防衛省からは海自のヘリ搭載護衛艦「いせ」（艦長・藤原秀幸1佐）と人員約300人が参加した。

5日の机上訓練はホノルル市内で行われ、統幕の隊員数人が各国の隊員とともに海上阻止行動に関する国際連携に関する議論や検討を行った。6日の実動訓練はハワイとその周辺海空域で行われ、想定容疑船に対して参加国の艦艇が順番に①呼びかけ②近接③停船④立ち入り検査――の一連の手順を演練した。

海上自衛隊による乗船・立ち入り検査は、自衛隊法第82条に基づく海上警備行動が発令された状況などを想定している。今回の訓練には約30カ国が参加。日本からは防衛省・自衛隊のほか、外務省、警察庁、財務省、海上保安庁が職員を派遣した。

大量破壊兵器の拡散への対応は、我が国を含む国際社会が一致して取り組むべき喫緊の課題となっており、防衛省では自衛隊の対処能力の向上などの観点から、関係機関や各国などと連携しながら、引き続き各種PSI訓練に積極的に参加していく考えだ。

再び太平洋へ 遠航部隊

北・中米とカリブ海諸国の訪問を終えた海自の遠洋練習航海部隊（練習艦「かしま」、護衛艦「あさぎり」「せとゆき」で編成、指揮官・湯浅秀樹将補以下、実習幹部約170人を含む約720人）は太平洋を再び横断し、9月3日に9番目の寄港地ニュージーランドのオークランドに入港する。

部隊は8月5日から8日まで、メキシコのアカプルコを訪問。今年は旧仙台藩主・伊達政宗が派遣した支倉使節団が日本人として初めてメキシコを訪れてから400周年に当たることから、その一環として同地を訪れた。

その後、部隊は南太平洋を西航、仏領ポリネシアのパペーテ（8月22～25日）を経て、ニュージーランド、豪州などオセアニア諸国を歴訪する。ソロモン諸島（9月19～20日）では政府が戦没者慰霊事業として実施している旧日本軍人の遺骨収集事業に海自として初めて協力する。

防衛省発令

▽統幕首席法務官付法務官（海幕首席法務官付法務官）1海佐 児島 健介
▽解中部方面後方支援隊中部方面輸送隊長事務取扱（中部方面後方支援隊副隊長）1陸佐 中村賀津雄
▽中部方面後方支援隊中部方面輸送隊長（陸自輸送学校研究部長）同 寺井 優子
▽陸自輸送学校研究部長（陸自研究本部研究員）同 吉武 辰明
▽海幕艦船・武器課水中武器班長（技術研究本部船舶担当技術開発官付総括室長）1海佐 木下 治信
▽同技術課艦船武器技術班長（海幕艦船・武器課水中武器班長）同 梅澤 正明
▽呉地方総監部防衛部4幕僚室長兼1幕僚室長（護衛艦隊幕僚）2海佐 高篠 博之
▽舞鶴造修補給所副所長兼工作部長（海幕技術課艦船武器技術班長）1海佐 近藤 基裕
▽海自幹部学校付（統幕防衛計画部防衛課）同 寺本 好季
（海幕総務課）同 高梨 康行
（同防衛課）同 西山 高広
（同）同 塚越 康記
（自衛艦隊幕僚）同 石田 徹
（掃海隊群幕僚）同 井窪 誠史
（佐世保地方総監部総務課長）同 廣中 敬三
（舞鶴造修補給所副所長兼工作部長）同 髙橋 正浩
▽海自艦船装備計画課長（技術研究本部船舶担当技術開発官付）2海佐 松﨑 英治
▽技術研究本部船舶担当技術開発官付総括室長（九州防衛局長崎防衛支局装備課長）1海佐 岡崎 義信
▽九州防衛局長崎防衛支局装備課長（海自艦船装備計画課長）同 小野彰一郎
（以上8月18日）
▽統幕学校教育課研究室主任研究官（海幕指揮通信情報部付）同 近藤 俊明
▽海幕情報課（海幕指揮通信情報部付）同 櫻井 真啓
▽空自幹部学校付（中部航空警戒管制団）1空佐 斎藤 和典
（以上8月19日）
▽統幕運用1課（2航空隊副長）1海佐 浅沼 弘巳
▽海幕補任課（3航空隊司令）同 松本 完
▽同防衛課（海自幹部学校付）同 降旗 琢丸
▽3護衛隊群司令部（護衛艦隊司令部）同 大賀 康弘
▽2航空隊副長（海幕教育課航空教育班長）同 本村 雅久
▽3航空隊司令（統幕運用1課）同 森竹 賢全
▽2航空修理隊司令（近畿中部防衛局調達部次長）同 上田 隆
▽館山航空基地隊司令（海自3術科学校教育3部長）同 檜垣 太
▽横須賀地方総監部監察官（潜水艦隊司令部付）同 一色 靖
▽海自東京業務隊付（2航空修理隊司令）同 前田 秀彦
▽同幹部学校企画部長（海自幹部学校）同 桑野 弘道
▽同幹部学校付（同企画部長）同 落 修司
▽同3術科学校教育3部長（海自3術科学校）2海佐 松本 人志
▽同艦船補給処副処長（技術研究本部船舶担当技術開発官付主任設計官）1海佐 佐藤 哲
▽技術研究本部船舶担当技術開発官付主任設計官（海自艦船補給処副処長）同 高木 康之
（近畿中部防衛局装備課システム調整官）同 川端 宏務
▽近畿中部防衛局調達部次長（技術研究本部船舶担当技術開発官付主任設計官）同 佐々木 司
▽同装備課システム調整官（近畿中部防衛局装備課）2海佐 清家 忠昭
（以上8月20日）

主な記事
2面 辺野古ボーリング調査開始
3面 広島土砂災害 懸命の捜索続く
4面 小中学生が自衛隊との夏を満喫
5面 ＜防衛技術＞ホンダジェット世界へ
6面 ＜ひろば＞会津の酒蔵を探訪
7面 富士総火演 迫力の砲撃に大歓声
8面 〈みんなのページ〉南スーダン所感文

発行所 朝雲新聞社
〒160-0002 東京都新宿区坂町26番地19 KKビル
電話 03(3225)3841
FAX 03(3225)3831
振替00190-4-17600番
定価一部140円、年間購読料9000円（税・送料込み）

春夏秋冬

不戦と自衛

北岡 伸一

毎年8月には、悲惨な戦争の記憶を新たにし、平和への努力を忘れないようにする決意が語られる。そのことにまったく異論はない。しかし、戦争は悲惨だった、だから戦争は絶対にしない、集団的自衛権は反対、という議論は、どうかと思う。

侵略戦争は絶対にいけないし、紛争を武力で解決することも認めるべきではない。しかし侵略されたらどうするのだろう。自衛のためにも戦わないのだろうか。無条件降伏でもするのだろうか。侵略者が国民の自由を奪い、抵抗するものを逮捕して拷問にかけ、虐殺する事態になっても、なお戦わないのだろうか。

全ての戦争は悪だという人がいるが、日本の侵略を受けた中国が、自衛のために戦ったのも悪いことだったのだろうか。この議論は、侵略戦争と自衛戦争を等価に置くものであって、日本は侵略戦争をしていないという議論に等しい、とんでもない議論なのである。

不戦の誓いということを言う人がいるが、それが自衛のための戦いもしないという意味ならば、そういう誓いをわれわれは何時したのだろう。

憲法9条2項は、確かに一切の軍備を禁じている。しかし、それでは国家としてやっていけない。不当な侵略があった場合にはこれを排除できるよう、政府は1954年にそれまでの解釈を変更して、自衛のための必要最小限度の実力を保持し、行使することは合憲だという解釈に転じた。それは59年の最高裁判決でも支持されている。国民の自由な選挙で選ばれた政府が判断し、それを最高裁が認めている。これがわれわれの合意なのであり、一切の戦争をしないというのではなく、自衛以外の戦争はしないという決意なのである（PKOなどの国際貢献については、ここでは省く）。

今年5月の安保法制懇の提言をもととする7月の閣議決定において、集団的自衛権の部分的行使を可能とするよう決定したのは、このような自衛の範囲の中の話である。現代では、厳格に領土領空領海の中の行動だけでは日本を守りきれないからである。その外であっても、日本の安全に死活的な影響を及ぼす場合には自衛の措置をとることができるようにしようとするだけのことである。

なお、54年に政府が憲法9条の解釈を変えたときと比べ、今回は、内閣から法案を提出する準備のため、憲法解釈を閣議で見直したのであり、またその前に有識者会議を開いて慎重に審議を尽くしたのであって、従来になく丁寧なプロセスをたどったのである。閣議決定で憲法解釈を変えてはならないという人は、54年の変更とどちらが丁寧だったと思っているのだろうか。また46年のGHQの命令で作られた憲法制定プロセスがいいと思っているのだろうか。（きたおか・しんいち＝国際大学学長）

朝雲寸言

赤道直下のインドネシアでは現在、日本など29カ国が参加する多国間演習が行われ、まもなく「南十字星14」と名付けられた災害救助訓練もはじまる▼タイを舞台にした2月のコブラ・ゴールド、6月のパシフィック・パートナーシップ、7月の環太平洋合同演習（リムパック）と、アジア太平洋地域では今、米軍を中心とする多国間の共同演習が次々と繰り広げられている▼訓練の内容は、国連平和維持活動（PKO）から、災害救助や人道支援（HA／DR）、能力構築支援（キャパシティー・ビルディング）、海上交通路の安定など様々な分野に広がっている▼今でこそ、自衛隊はほぼすべての演習に参加し、訓練を主導する立場さえ任されているが、少し前までは、「憲法が禁じる集団的自衛権の行使に抵触する」と批判され、黙って見ているしかなかった▼転機となったのは、2004年に発生したスマトラ沖地震と津波災害。だが、より強い連携が必要となったのは、力によって海洋進出を強める中国の度重なる挑発的な行動だ。日本を含めたアジア太平洋の国々にとって、多国間演習に参加することは、中国を抑止する有効な手立てなのだ▼「もはや一国だけで平和を守れる時代ではない」――。安倍晋三首相ら各国首脳はそう口をそろえる。天災や戦災などの「災い」に立ち向かうには、脅威を一にする国々が必死になるしかない。我々には今、その覚悟が問われている。

時の焦点

国内

女性閣僚の起用

「適材適所」を貫けるか

初の女性閣僚が誕生したのは1960年7月。池田内閣のことだった。

厚生大臣に起用された中山マサ氏は当時69歳。中山太郎元外相、中山正暉元建設相の母である。当時の新聞は「初の女性大臣 中山さん 晴れ着が気がかり」「相当強い鼻っ柱」などと、大きく報じている。

マサ氏はそれまで、厚生政務次官などを務め、「福祉のおマサさん」と呼ばれていたという。その実績を買われての就任だったのだろう。

池田氏は日米安保改定と引き換えに退陣した岸信介首相の後を継いだ。女性閣僚を起用したのは、安保闘争で殺伐とした世の中の雰囲気を変える狙いもあったのではないか、との見方がある。

それから半世紀余り。これまで、女性閣僚がもっとも多かったのは2001年の小泉内閣。5人である。

安倍首相は9月の自民党役員人事・内閣改造で、女性を積極的に登用する構えだ。女性閣僚の最多記録を更新するかが一つの焦点と言える。

実際、安倍内閣は、企業や官公庁で指導的地位にある女性の割合を2020年までに30％程度にすることを目標にしている。

閣僚枠は18人なので、6人の女性閣僚を起用すれば目標を満たすことになる。

女性の社会進出を後押しする方針は本物なのか。首相の姿勢が試されているとも言える。

ただし、自民党の国会議員のうち、女性は約1割の40人にとどまる。女性優遇には、男性議員のやっかむ声が聞こえてくる。

党内外から批判が出ないようにするためには、女性起用にあたっても、適材適所の原則を貫くことである。また、そうでなければ、女性閣僚が国会答弁などでつまずき、内閣の足を引っ張ることにもなりかねない。

注目されるのは、自民党の野田聖子総務会長（衆院岐阜1区、当選7回）と、小渕優子衆院議員（衆院群馬5区、当選5回）の処遇ではないだろうか。

野田氏は5月に、月刊誌のインタビューで、安倍首相が進める集団的自衛権の憲法解釈変更に懸念を表明したことがある。

小渕氏は、これまで安倍首相とは比較的距離があった。安倍首相が総裁に返り咲いた2012年の自民党総裁選では、小渕氏は石原伸晃氏の推薦人に名を連ねていた。

野田氏は党の実力者の一人であり、小渕氏は将来の首相候補とも目されている。いずれも力量は申し分ないと言える。

首相は、過去のいきさつなどを乗り越えて、2人を要職に起用するだろうか。

一方、自らに近い高市早苗・自民党政調会長や稲田朋美行政改革相らをどう処遇するか。

首相の器量が問われているように思う。

風間　二郎（政治評論家）

海外

混迷アフガン

タリバンが漁夫の利か

今年末の米軍主導の駐留外国軍の主力部隊の撤退を前に、アフガニスタンの政治情勢が再び混とんとしてきた。

新生アフガンで大統領を2期務めたカルザイ氏の後任を選ぶ大統領選の決選投票で大規模な不正があったとして、ガニ元財務相（65）、アブドラ元外相（53）の両候補が激しく対立したほか、新大統領が決まらない状況が続けば、重要課題が山積する国政が停滞するだけでなく、米軍などの戦闘部隊の撤退後にアフガンに残留する予定の米国や北大西洋条約機構（NATO）の部隊駐留計画も決められないためだ。

NATOは9月上旬に英ウェールズで開く首脳会議で、主力部隊撤収後の新たな対アフガン戦略を策定するが、これも新大統領就任に伴う政権発足を前提にしている。

6月の大統領選決選投票から2カ月（4月の大統領選からでは5カ月近く）がたっても当選者を確定できない異常事態にしびれを切らしたオバマ米政権はケリー国務長官をアフガンに再三派遣して両候補に対する説得工作に当たった。欧米を巻き込んだアフガンの政治混乱は、共通の敵である旧支配勢力でイスラム原理主義組織タリバンが「漁夫の利」を得そうな構図となっている。

大統領選決選投票をめぐっては、アフガン選管が7月7日、ガニ元財務相がアブドラ元外相に100万票余りの差をつけて1位になったとする暫定投票結果を発表した。

これに先立ち、決選投票直後から「組織的な不正」を訴えていたアブドラ氏はガニ候補寄りの選管に反発して、一方的に勝利を宣言。結果の受け入れを拒絶するアブドラ氏は「独自政権の樹立」も辞さない姿勢を示し、国家分裂の事態も取り沙汰された。

再びカブール入りしたケリー国務長官は国際的監視下における全800万票余りの票の再検査実施で両候補の合意を取り付けた。国連が関与したすべての票の最終結果発表後に、両候補が挙国一致内閣を樹立することでも合意した。

挙国一致内閣に関する案は、決選投票の敗者が新大統領の下で行政長官（首相職に相当）となり、約2年後に開くアフガンの伝統的意思決定機関のロヤ・ジルガ（国民大会議）での憲法改正を経て新ポストの首相に正式就任するという内容だ。

2期目のオバマ大統領は2016年末までにアフガン駐留米軍を完全撤退させ、2001年9月の米同時テロ後、12年余りにわたり続くアフガン戦争を退任前に終わらせる考えだ。米軍主導の国際治安支援部隊（ISAF）は今年末までに治安維持権限をアフガン政府に移譲し、現在約3万3000人いる米兵は2015年以降、9800人に減る。

大統領選後の混乱が長引けば、タリバンがこれに乗じて攻勢を強める公算が大きく、タリバンが再び政権に返り咲くようなことがあれば、国際社会のアフガン復興支援は頓挫する。

アフガン戦争における米軍兵士の死者は2200人を数えるが、こうした大きな代償にもかかわらず、アフガン情勢が一向に安定に向かわないのは、対テロ戦争の対処の難しさとともに、地域紛争に関与するに当たっての軍事作戦の限界を示しているように思われる。

伊藤　努（外交評論家）

県内企業へ優先発注を

普天間移設で沖縄県経済団体　大臣「最善の努力」

沖縄県経済団体会議からの要請書を受ける小野寺大臣（左から3人目）＝8月20日、防衛省で

小野寺大臣は8月20日、沖縄県の主要経済団体でつくる「沖縄県経済団体会議」の国場幸一議長らと防衛省で会談し、米軍普天間飛行場（宜野湾市）の名護市辺野古への移設工事をめぐり、県内企業への優先発注と県産資材の活用を求める要請書を受け取った。

要請書は「製造業や建設業などの第2次産業も雇用を下支えする重要な産業」と指摘。その上で「米軍基地の整理・縮小に伴う大規模工事の県経済全体への効果は計り知れない」として、その着実な実行を求めるとともに、普天間飛行場の辺野古移設を念頭に「代替施設の建設と返還作業に際し、県内企業への優先発注や県産資材等の活用に最大限の配慮を」と訴えている。

これを受けて大臣は、国場議長らに防衛省・自衛隊に対する日ごろの理解と協力に謝意を表した上で、「那覇空港の第2滑走路（の増設）を含め、さまざまな経済振興策をとっていくが、さらに沖縄の経済に資する形でご要望をしっかり受け止めたい」と述べ、理解を示した。

さらに大臣は、米軍基地が過度に集中する沖縄県について「グアム移転を含め、米軍基地の整理・統合を推進し、沖縄の負担軽減に最善の努力をしていきたい」と決意を表明。

その上で「普天間の危険性を一日も早く除去するために辺野古への移設工事を進めており、これからも沖縄の皆さまに丁寧に説明しながら進めていく」と述べ、普天間飛行場の辺野古移設に改めて協力を要請した。

ボーリング調査開始

沖縄防衛局　辺野古移設を本格化

沖縄県の米軍普天間飛行場（宜野湾市）の同県名護市辺野古沿岸部への移設に向け、沖縄防衛局は8月18日、埋め立て海域の地盤の強度や地質を調べるボーリング調査を開始した。調査期間は11月30日までの予定。現場海域でボーリング調査が行われるのは初めてで、普天間代替施設の建設に向けた作業が本格化する。

同日は午前11時過ぎから、埋め立て予定地の海域で、前日に設置した台船1隻を足場にして掘削を行った。

これに先立ち、辺野古沖では14日から立ち入り禁止区域を示すブイ（浮標）やフロート（浮具）を設置する工事が行われた。

小野寺大臣は15日の記者会見で「普天間の一日も早い返還と危険性の除去のために、辺野古での工事を速やかに進めていきたい。併せて沖縄の皆さまの理解を得る努力も継続していきたい」と述べた。

辺野古移設をめぐっては、昨年末に安倍首相と会談した沖縄県の仲井真知事が、普天間代替施設の建設に伴う政府の辺野古沿岸部の埋め立て申請を承認しており、今回のボーリング調査は「公有水面埋め立て法」に基づいて行われている。

米艦防護に期待感

大臣との会談で米長官

小野寺大臣は7月29日、米海軍のレイ・メイバス長官と防衛省で会談し、日本政府が今年7月に集団的自衛権の行使を限定容認する閣議決定をしたことについて説明、これに対し、メイバス長官は日本政府の決定に「心からの歓迎と支持」を表明した。

小野寺大臣は「日本に危機が迫るという一定条件の中で、自衛隊が米軍艦艇の防御を行うことができるという、新しい安全保障の考え方だ」と指摘した上で、「日米関係を強固なものにし、東アジアの安定に向けた抑止力につながる大事な考え方だ」と改めて強調。

これに対し、メイバス長官は、「今後は日米間でさらなる相互運用や協力が可能となる。世界の中でも重要なアジア地域の平和と安定に貢献することを確信している」として、日米間の連携強化に期待感を示した。

列島周回の露軍機に緊急発進

ロシア機の航跡図（8月21日）

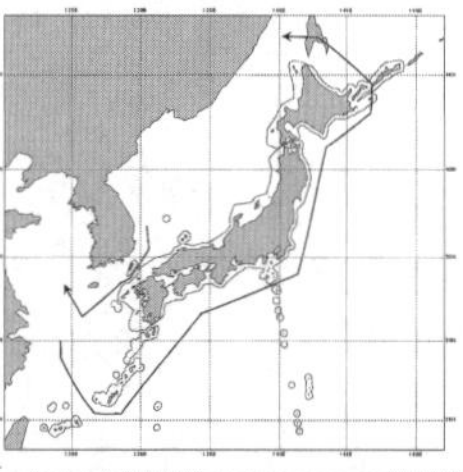

ロシア空軍のツポレフTu95型爆撃機2機＝写真＝が8月21日、日本列島に沿って日本海側と太平洋側の上空を飛行したため、空自の全方面隊からF15戦闘機などが緊急発進して対応、領空侵犯を未然に防いだ。

統幕は同日、空自機が撮影した露軍機の写真と航跡図を公表した。

露爆撃機は、朝鮮半島東側から日本海を南下して対馬海峡（東水道）を通過し、五島列島に沿って東シナ海に進出。いったん朝鮮半島西側の黄海上を北上した後、反転していっきに沖縄本島の南まで南下、宮古海峡を抜けて太平洋に進出した。

その後、2機は列島沿いに北上を続け、北海道沖に到達。国後水道から北方領土を抜けてオホーツク海に出た後、サハリン上空を経て再び日本海側に戻り、ハバロフスク方面に向け日本領空を離れた。

宗谷海峡では露艦10隻東進

8月20日、ロシア海軍の艦艇10隻が2波に分かれて宗谷海峡を東航するのを海自3護衛隊（大湊）の護衛艦「すずなみ」と2空群（八戸）のP3C哨戒機が確認した。

午前7時ごろに「スラバ」級ミサイル巡洋艦（満載排水量1万1674トン、艦番号011「ワリヤーグ」）など5隻、午後6時ごろには「ソブレメンヌイ」級ミサイル駆逐艦（8067トン、715「ビストリイ」）など5隻がそれぞれ宗谷岬の西方約90～150キロを北東に向け航行。

その他の艦は「ウダロイI」級ミサイル駆逐艦、「グリシャV／III」両小型フリゲート、「アルタイ改」級補給艦などだった。

10隻は宗谷海峡を抜け、オホーツク海に入った。

2、3海佐

▽1術科学校教官（1術科学校）3佐　山田貴士▽同（同）栗本要▽同（同）中川俊洋▽3術科学校教官（3術科学校）清水康

（以上7月1日）

▽ゆうぎり砲雷長（てるづき）3佐　藤原雄一

（7月3日）

▽みちしお艦長（潜水艦隊）2佐　安永崇▽ちよだ副長（みちしお）野田益弘▽自衛艦隊幕僚（自衛艦隊司令部）佐志倫郎

（以上7月7日）

▽しょうなん観測長（しょうなん）3佐　下田裕一

（7月10日）

▽きりさめ艦長（2護衛隊群司令部）2佐　横田和司▽2護衛隊群幕僚（同）江畑泰孝▽しらせ副長（きりさめ）平山崇

（以上7月15日）

▽対潜資料隊音響2科長（海幕監察官）川崎英洋▽海幕副監察官（同監察官付）川北正哉

（以上7月18日）

▽21航空群幕僚（21航空群司令部）2佐　田村英夫▽あぶくま艦長（呉海上訓練指導隊）川岸裕嗣

（以上7月22日）

▽4術科学校総務課長（舞鶴造修補給所）3佐　大谷弘毅

（7月23日）

▽自衛艦隊幕僚（自衛艦隊司令部）2佐　川﨑純一▽やえしお副長（海幕指揮通信課）3佐　平間武彦▽ずいりゅう副長（やえしお）小池哲也▽大湊弾薬整備補給所補給科長（大湊総監部防衛部）石川雅久▽201整備補給隊副長（統幕総務課）江上延伴▽22武器整備隊長（31整備補給隊）遠藤竜太

（以上7月25日）

▽1ミサイル艇隊司令（舞鶴海上訓練指導隊）2佐　御影清彦▽あさしお副長（海幕総務課）正木一成▽海幕総務課副官（同）出口太一▽幹部学校会計課長（しらせ）3佐　山下勝己▽しらせ補給長（海幕運用支援課）松尾伸一▽もちしお副長（なるしお）勝間武道

（以上7月28日）

▽1潜水隊群幕僚（1潜水隊群司令部）3佐　坂本勉

（7月30日）

▽掃海隊群幕僚（幹部学校）2佐　宇都宮俊哉

（7月31日）

沖縄市のサッカー場　ドラム缶汚染対処へ

若宮政務官

若宮政務官は7月30日、沖縄県の當山宏・嘉手納町長らと防衛省で会談、沖縄市サッカー場のドラム缶汚染で、沖縄県側から汚染物質の除去などの適切な措置を講ずるよう要請を受けた。ドラム缶は米軍施設返還跡地を利用して造られた「沖縄市サッカー場」で今年2月、新たに見つかったもので、ベトナム戦争時の枯葉剤成分の一部が検出された。

要請は、米軍嘉手納基地周辺の3市町でつくる「嘉手納飛行場に関する三市町連絡協議会（三連協）」によるもので、同協議会は當山宏・嘉手納町長が会長を務め、桑江朝千夫・沖縄市長と野国昌春・北谷町長がともに副会長を務めている。

若宮政務官は「しっかりとした形で沖縄市と調整しながら、サッカー場として活用できるように対応していきたい」と述べ、汚染原因の特定や土地の使用履歴調査などの対策に取り組む姿勢を示した。

シンガポール艦艇

横須賀で親善訓練

シンガポール海軍のフリゲート「イントレピッド」（満載排水量3251トン、艦長アーロン・ベン・ヤオ・チェン中佐）が8月20日から25日まで、横須賀基地に寄港した。海自の護衛艦「ゆうだち」（艦長・伊保之央2佐）がホストシップを務め、乗員間で交歓行事を行ったほか、出港後は親善訓練を実施した。

「イントレピッド」はステルス性に優れたフリゲート「フォーミダブル」級の2番艦。ハワイで行われていた環太平洋合同演習「リムパック2014」に参加し、その帰りに立ち寄った。シンガポール海軍艦艇の来日は今回で12回目。

沖縄周辺海域

日米が対潜訓練

海自は8月20日から29日まで、沖縄周辺海域で日米共同の対潜特別訓練を行った。海自からは護衛艦、潜水艦1隻、航空機数機、米海軍からは駆逐艦、補給艦1隻、潜水艦1隻、航空機数機が参加した。

潜水艦「せとしお」

ハワイで訓練

海自は9月中旬から11月下旬まで、ハワイ方面で平成26年度の「第1回米国派遣訓練（潜水艦）」を行う。

派遣されるのは2潜水隊群（横須賀）に所属する潜水艦「せとしお」（艦長・古田将仁2佐以下90人）で、8月22日に横須賀基地を出港した。現地では米海軍施設を利用した訓練を行い、11月22日に帰国する予定。

◇南関東防衛局主催「第24回防衛問題セミナー」

▽日時＝10月2日（木）午後6時～8時

▽場所＝静岡新聞ホール（浜松市中区旭町11の1プレスタワー17階）

▽入場料＝無料（先着330人、事前申し込み）

▽講演＝①「強い戦略を作るために～航空自衛隊の教育現場における奮闘」（空自第1航空団副司令・五十二一空佐）②「最近の北朝鮮情勢と日本」（静岡県立大教授、伊豆見元）

▽問い合わせ＝南関東防衛局企画部地方調整課　電話045（211）7102、詳しくはHP（http://www.mod.go.jp/rdb/s-kanto/）

訂正

6月26日付1面「『リムパック2014』始まる」の記事で、イージス艦「きりしま」とヘリ搭載護衛艦「いせ」の艦長名が異なっていました。正しくは「きりしま」（艦長・佐藤崇弘1佐）、「いせ」（同・藤原秀一1佐）でした。おわびして訂正します。

共済組合だより

共済のしおり　「GOOD LIFE」平成26・27年版が完成

防衛省共済組合の各種事業を紹介する平成26・27年版の共済のしおり「GOOD LIFE」が完成し、各支部から組合員の皆様に配布されます。

同誌は「保存版」として共済組合が2年に1回発行しているもので、結婚、出産、マイホーム購入、子供の教育、退職、年金受給まで、入隊から退職までのライフサイクルに合わせ、共済組合の各種制度の利用法が詳しく紹介されています。

組合員だけでなく家族員に役立つ情報が満載なので、どうぞご家族皆さまでご活用ください。

救え！懸命の捜索

延べ4450人で　広島土砂災害

8月20日未明、広島市安佐南・安佐北区で起きた大規模土砂災害で自衛隊は同日朝から13旅団（海田市）を中心に、約830人の態勢で行方不明者の捜索活動などに当たっている。

派遣部隊は陸自の8（米子）、17（山口）、46、47各普連、13施設隊、13後方支援隊、13特防隊（以上海田市）、中方航空隊（八尾）、13飛行隊（防府）、304（出雲）、305両施設隊（三軒屋）と海自の呉造修補給所。延べ人員は約4450人、車両約1010両、航空機33機（25日現在）。

各部隊は土砂崩れが起きた安佐南・安佐北区を中心に展開し、警察や消防と連携しながら、行方不明者の捜索などに当たっている。

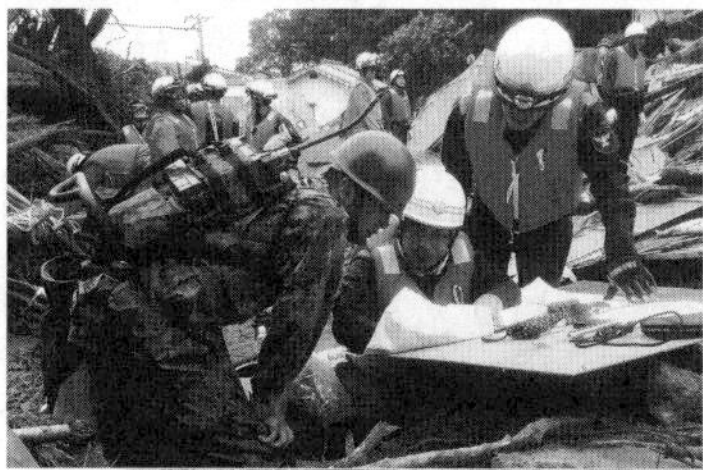

がれきで埋まる現場で広島市の消防局員と調整する46普連隊員（8月20日、広島市安佐南区で）

倒壊家屋の上で隊員に導かれながら不明者を探す呉貯油所警備犬（8月20日、広島市安佐南区で）

◇広島市災派ドキュメント（主な活動）◇

【8月20日】	
未明	広島市安佐南・北区で大規模な土砂崩れが発生
6時30分	広島県知事から陸自13旅団長に災派要請
7時40分	46普連が出発。現地到着後、行方不明者を捜索
9時過ぎ	中方航ＵＨ１ヘリ、情報収集開始
0時～14時	13施設隊、呉造補所、47普連が出発
16時00分	13後方支援隊が出発。現地到着後、給水支援
【8月21日】	
8時過ぎ	13飛ＵＨ１ヘリ、情報収集開始
【8月22日】	
9時00分	各部隊が活動を再開。以後活動を継続
【8月23日】	
08時00分	47普連活動を終了し、17普連と交代
【8月24日】	
10時40分	各部隊が活動を再開。以後活動を継続
【8月25日】	
午前以降	安倍首相が土砂災害被災地を視察
【8月26日】	
午前以降	小野寺防衛相が土砂災害被災地を視察

被災家屋から救出した少女を抱き上げる46普連隊員（8月20日、広島市安佐南区で）

海自輸送艦「しもきた」のエアクッション艇「ＬＣＡＣ」で浜辺に乗り上げ、74式戦車の卸下を行う乗員と、左は周囲を警戒する35普連隊員（7月8日、浜大樹訓練場で）

メディア関係者が注視する中、捜索活動を続ける46普連隊員（8月22日、広島市安佐南区で）

災派要請を受け、土砂災害現場に徒歩で前進する46普連隊員（8月20日、広島市で）

道東で大規模演習　七夕機動作戦　2300人が集結

【10師団＝守山】師団の転地演習「七夕機動作戦」がこの夏、北海道を舞台に展開された。隊員2300人が陸・海・空路で近畿から北上、道東の矢臼別演習場に集結し、大規模戦闘訓練を実施した。35普連は海自と協同し、初の揚陸作戦を敢行した。

陸自の26年度協同転地演習「七夕機動作戦」に参加したのは14（金沢）、33（久居）、35普連（守山）、10戦大（今津）、10特連（豊川）など師団の主力。行動を秘匿するため部隊は主に深夜に前進し、約1100両が1600キロを機動、7月初旬に矢臼別に集結した。

師団検閲は7日から14日にかけ行われ、14戦闘団、10偵（春日井）、10飛行隊（明野）の受閲部隊は4夜5日の連続状況下、敵の陣地を攻撃。また10特連は155ミリ榴弾砲ＦＨ70など本州ではできない長射程射撃を実施した。

一方、35普連は海自輸送艦「しもきた」で海路北上し、浜大樹訓練場で初の揚陸作戦に臨んだ。3中隊長の永門政巳1尉以下78人は同艦搭載のエアクッション艇に乗り組み、10戦大の74式戦車などと共に浜辺に上陸、内陸部に向け進撃を続けた。

㊤着陸した１ヘリ団のＣＨ47輸送ヘリから高機動車を慎重に降ろす14普連の隊員（7月9日）㊦10師団の訓練検閲で、敵陣地に向けて徒歩行進する14戦闘団員（7月10日、いずれも矢臼別演習場で）

渡河ボートで孤立者を救助　福知山

【福知山】近畿地方を襲った8月16日夜から17日にかけての豪雨で福知山市内の弘法川などが氾濫、広い範囲で道路や住宅が冠水し、大きな被害が出た。

17日午前7時5分、京都府知事からの災害派遣要請を受けた福知山駐屯地は7普連の約50人を現地に急派。市内堀地区を中心に渡河ボートを使い、孤立者の救助に当たった。

井川賢一司令の陣頭指揮で27人を救助、高機動車で避難所へ搬送した。市民からは「自衛隊が近くにいて助かりました」という声が聞かれた。

倒壊家屋から行方不明者を捜索する8高特群の隊員（8月17日、兵庫県丹波市で）

土砂崩れで倒壊の家屋捜索　丹波

【8高特群＝青野原】兵庫県丹波市市島町で起きた土砂崩れ災害で8高射群は8月17日、災派出動した。

同午前3時35分、兵庫県知事から3特科連隊長（姫路）に災派要請があり、警備隊区が近い8高特群（群長・川野静生1佐）が直ちに出動。同町徳尾で行方不明となった住民2人の捜索活動を開始した。

隊員約20人が6時間にわたる捜索で夫婦を発見、倒壊家屋から慎重に2人を助け出したが、男性は心肺停止状態で死亡が確認された。

午後3時26分に行方不明者全員の収容を終え、撤収要請を受けて帰投した。

㊤冠水した住宅地で孤立者を救助、ボートで安全地域に運ぶ7普連隊員㊦救出した住民を高機動車で避難所に輸送する7普連隊員（いずれも8月17日、福知山市内で）

夏満喫

「自衛隊で夏休みのいい思い出を作ってね」――。全国の駐屯地・基地ではこの夏も小・中学生を対象とした「ちびっ子大会」などを開催、〝アウトドアのプロ〟たちがテント設営から野外調理法、救命法までを子供たちに教えた。また地元住民を迎えて夏祭りや盆踊り大会も盛大に開かれ、地域との交流を深めた。

隊員からロープのセーラー渡りを学ぶ女子小学生（大村駐屯地で）

レンジャーを体験　大村

【陸大村】大村駐屯地は7月26、27の2日間、小・中学生ら約210人を迎え「夏休みちびっ子大会」を開催した。今年は16普連4中隊が担任。

開村式ではキャンプ村の村長に扮した大野昭典3尉が「自衛隊のいろんなイベントを体験しながら楽しい夏休みの思い出を作ってください」と歓迎。その後、6グループに分かれ、レンジャー体験、人命救助法、陸自車両の体験試乗などが行われた。

レンジャー体験では水平に張られたロープでのセーラー渡りや登坂壁を使ったロッククライミングなどに挑戦、夕食は野外炊事車で調理したカレーを食べ、夜はキャンプファイアーや花火、肝試しなどを楽しんだ。

97チームが出場したサッカー大会でボールを追う子供たち（下総基地で）

スポーツや見学会　5400人が参加　下総

【下総】海自下総教育航空群は7月19日、約5400人の少年・少女らを迎え、「サマーフェスタ・イン下総」を開催した。

イベントはスポーツ大会、施設・航空機見学、3術科学校のオープンスクールに分かれ、盛大に行われた。

スポーツ大会はサッカー97、野球8、剣道9チームが参加、グラウンドや体育館で熱戦が繰り広げられた。

またエプロン地区では管制塔やP3C哨戒機の見学、消防車の試乗などがあり、このほか潜水艦をやっつけるアトラクション「ミニP3C」の公演もあった。

市内で一番早い盆踊り　美唄

【美唄】2地対艦ミサイル連隊の検閲が8月に行われるため、「市内で一番早い盆踊り」として7月25日、美唄駐屯地は夏祭りを開催した。

天気にも恵まれ約1000人が来場。子供踊りの後には抽選券つきのお菓子袋の配布もあり、場内は子供たちの歓声でヒートアップしていた。

駐屯地夏祭りで隊員と一緒に踊る子供たち（美唄駐屯地で）

盆踊りや打ち上げ花火楽しむ　空自入間

【入間】空自入間基地納涼祭が7月23日夕、昨年より3000人多い2万4000人を集め、盛大に行われた。

グラウンドにはやぐらが立てられ、住民と一緒に盆踊りを楽しんだほか、地元のフラダンスチーム「ナニモエ」や基地の「修武太鼓」が踊りや演奏を披露。最後に花火が打ち上げられ、来場者から大きな歓声が上がった。

2万4000人の来場者の頭上に花火が打ち上げられた（入間基地で）

油圧ショベル操作やダンプ試乗　三軒屋

【三軒屋】駐屯地は7月26日、小・中学生を対象とした「夏休みちびっ子大会」を開いた。

施設部隊の装備を前面に出し、隊員と油圧ショベルを操作したり、大型ダンプに試乗したりと、普段できない体験を盛り込んだ。

この日は気温が36度まで上がる猛暑だったが、子供たちは元気いっぱいグラウンドを走り回り、お昼は飯ごうで炊いたご飯でカレーライスを食べ「とても楽しかった。また来たい」と笑顔を見せていた。

隊員の指導で油圧ショベルのアームを操作する小学生（三軒屋駐屯地で）

キャンプ富士から米海兵隊員も参加　滝ヶ原

【滝ヶ原】駐屯地は7月18日、滝ヶ原自衛隊協力5団体と玉穂婦人会、御殿場民謡会などの協力を受け、夏祭り行事を行った。

午後5時に駐屯地を開放、教育支援施設隊が構築したやぐらを中心に踊りの輪が広がった。会場には地域住民のほか、キャンプ富士から米海兵隊員も加わり、夏の夜を満喫。駐屯地の「雲海太鼓」や芸能グループ「銀座本店」などがパフォーマンスを披露した。

霞目「小学生わくわくフェスタ」　綱引きや長縄跳び

【霞目】駐屯地は7月22日、「小学生わくわくフェスタ」を開催した。

午前中はエプロンで東北方面航空隊のOH1観測ヘリなど航空機や救難消防車などを見学。初体験の飯ごうで作った昼食を取った後は、隊員と一緒に綱引きや長縄跳びなどを楽しんだ。

炎天下、消防車が噴射する水を浴びる子供たち（霞目駐屯地で）

エンジンを整備するお父さんの仕事ぶりを見学する小学生（釧路駐屯地で）

「父さん、格好いい」　釧路

【釧路】「お父さんの職場を見に行こう！」をテーマとしたサマーキャンプが7月28、29の両日、釧路駐屯地で行われた。

今回は小4から中1まで10人が参加、施設見学や基本教練を行った。この後、キャンプの定番、カレーライスを協力して作り、夕食後は花火大会や肝試しを楽しんだ。

翌日はお父さんの職場を訪問。家では見ることがない「自衛官としての父親」の存在に触れ、子供たちからは「格好良かった。お父さんを見直した」との声が聞かれた。

2500人が来場、戦車試乗も　出雲

【出雲】駐屯地は7月27日、出雲農林高校吹奏楽部員によるオープニング演奏で「出雲駐屯地サマーフェスタ2014」を開催した。

この日は戦車なども公開されるとあって島根県内外から2500人が来場、13偵察隊のオートバイドリル、8普連（米子）の支援を受けた訓練展示、午後からは13戦車中隊（日本原）の74式戦車試乗などが行われた。

74式戦車の砲塔後部に搭乗し、走行を体験する家族（出雲駐屯地で）

舞鶴地方隊のサマーフェスタで陸自隊員の指導を受けボルダリングに挑戦する少年（舞鶴・北吸岸壁で）

ボルダリングやちびっ子トレイン　福知山

【7普連＝福知山】7普連2中隊は7月27日、海自舞鶴地方隊の北吸岸壁で実施された「サマーフェスタ」を支援した。海自艦艇と陸自車両のコラボとなり、家族連れなど4200人が来場。2中隊は高機動車の体験試乗のほか、ボルダリング（壁登り）やちびっ子トレインを担当した。

ボルダリングのブースでは子供たちが指導を受けながらコースをよじ登り、ゴールで隊員とハイタッチを交わす姿も見られた。

技術が光る >29<

徳重、ミヤコ自動車工業

手についたオイル、グリースの汚れを簡単に除去

艦艇機関員やPKOの車両整備員らに役立つ

海上自衛隊の艦艇では真水の使用が厳しく制限されている。艦内では「水は貴重品」であり、シャワーや洗濯でも乗員は普段から節水に気を配っている。

だが、機関のエンジンや艦載ヘリの整備に当たる乗員にとって、手についたオイルやグリースはやっかいだ。その場で手洗いはできず、汚れた手では報告書への記入やパソコンの打ち込みもできない。

そんな悩みを一挙に解決してくれそうなハイテクのハンドクリーナーが登場した。手に塗って、こするだけで油汚れや金属錆びなどがきれいに除去できる優れモノだ。水は一滴も使わず、洗浄後にタオルで拭き取る必要もない。

これを開発したのは化学工業製品メーカーの徳重（愛知県知立市）。現在、同社が「プレシャス・プランカ」の商品名で、親密会社のミヤコ自動車工業（東京都港区）が「アロエ&クリーン」として発売している。

自動車整備工場の作業員が整備を終え、文書に作業記録を書き込む際に手を洗い、濡れた手を拭き取らねばならない不便さを解消するため、同商品は2年かけて開発された。

当初は女性の顔パックをヒントに開発が進められたが、この方式では乾くまでに時間がかかりすぎ断念。代わって汚れを除去する「界面活性剤」と、これをからめ取る「結晶セルロース（植物性繊維）」を組み合わせたものに改めた。

使用法はかんたん。クリーム状の液を汚れた個所に塗り、手で強めにこすり合わせると、液に含まれた界面活性剤が油分を浮き上がらせ、結晶セルロースが汚れを絡め取り固形化する。あとは消しゴムのかすと同様に手で払い落せば洗浄は終了。従来にない方式で、現在、特許出願中という。

「薬事法では化粧品としての製品で、人体にはまったく影響がありません。ハンドクリームやシャンプーと同様に使用でき、衛生的です」とミヤコ自動車工業営業本部の捧俊雄・東日本支店部長。

同社はこの製品を全国の自動車整備工場に卸しているが、「過酷な環境で作業に当たる自衛隊にこそ有用ではないか」と海自や空自に向けて提案中だ。

「陸上自衛隊ではすでに水のいらない液体石鹸としてお使いいただいています。水が使える場所でも、落としにくい油汚れをスムーズに洗浄でき、手の肌にも優しいです。被災地や発展途上国での活動にも有用です。また艦艇や航空機の整備部門でも便利に使ってもらえると思います」

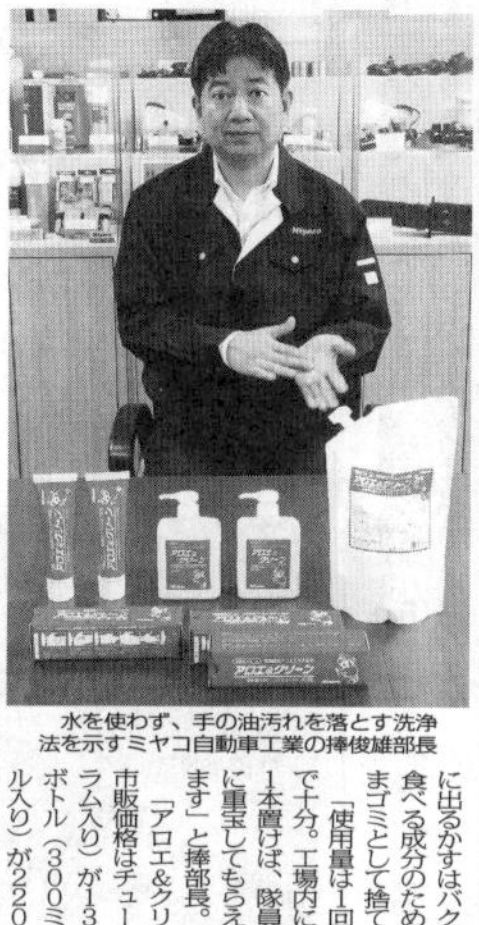
水を使わず、手の油汚れを落とす洗浄法を示すミヤコ自動車工業の捧俊雄部長

このクリーナーを使えばタオルなどでの拭き取りも不用のため、洗濯物も減らせる。またアロエエキスで皮膚の保湿効果もあり、工業用石鹸のように手荒れの心配もない。さらに使用後に出るかすはバクテリアが食べる成分のため、そのままゴミとして捨てられる。

「使用量は1回1グラムで十分。工場内にボトルを1本置けば、隊員の皆さんに重宝してもらえると思います」と捧部長。

「アロエ&クリーン」の市販価格はチューブ（90グラム入り）が1300円、ボトル（300ミリリットル入り）が2200円。ほかに詰め替え用1000ミリリットルのパック（3800円）もある。

現在、陸自のPKO部隊は南スーダンに、海自の海賊対処水上・航空部隊はソマリア沖・アデン湾とジブチに派遣されている。いずれも水が貴重で不衛生な場所のため、隊員の健康面からも同ハンドクリーナーは重宝しそうだ。

防衛技術

"空飛ぶシビック"

ホンダジェット世界へ

US2救難飛行艇やC2輸送機など国産機の輸出が期待される中、すでに100機以上も受注を得ている日本の新型機がある。本田技研工業が開発した「ホンダジェット」だ。同機は主翼上にエンジンを置いた独自の設計で、優れた燃費と居住性を実現。価格も安価で、まさに"空飛ぶシビック"。自衛隊関係者もその性能に注目している。

すでに100機以上の受注があるという「ホンダジェット」。エンジンを含め、ほぼすべて国産だ

主翼上にエンジンを配置したユニークな設計の「ホンダジェット」

「安価」で経済性もよし

優れた燃費と居住性を実現、自衛隊でも連絡・偵察機などで活用は可能か

「ホンダジェット」の価格は450万ドル（約4億6000万円）。10式戦車1台で2機買える安さだ。すでに100機以上の受注があるという。

量産初号機は6月27日、製造元ホンダ・エアクラフトの所在地、米ノースカロライナ州で初飛行。2号機以降も組み立て中で、来春、米連邦航空局から型式証明を得た後、直ちにデリバリーを開始する予定だ。

ホンダによると、同機はライバル機に比べて燃費が約15%、速度が約10%、客室スペースが約15~20%向上。これを実現したのが主翼上にエンジンを置いた独自の設計だ。

胴体からエンジンを離したことで客室が広がり、振動や騒音も減少、居住性が高まった。さらに空気抵抗を抑えた設計で速力と燃費も向上。このデザインで米航空宇宙学会から「航空機設計賞」を受賞している。

同機は全長13メートル、翼幅12メートル、全高4・5メートルで、GEホンダエアロ・エンジンズ社製HF120ターボファンエンジンを2基搭載。乗員は6~7人で、最大巡航速度は780キロ、実用上昇限度1万3000メートル、航続距離は2185キロだ。

本体は軽くて強いカーボン複合材を使用、一体成型の滑らかな表面で空力性能も向上させている。

コックピットには次世代オールグラス・アビオニクス・システムを導入。大型パネルにすべての情報が表示され、操縦の負担も軽減された。

この経済性の高さと使い勝手の良さから、自衛隊関係者も注目。3自衛隊も同機に似た機を多数導入しているため、その代替についても検討されている。

ビジネス機タイプの自衛隊機として、陸自はLR2連絡偵察機、海自はLC90連絡機、TC90練習機、U36A訓練支援機を運用。また空自はU125A救難捜索機、U4多用途支援機、T400練習機などを使用している。これらの機はすべて外国製だ。

このうち陸自のLR2は方面航空隊やヘリ団などに配備され、主に偵察に活用。同機はプロペラ機のため巡航速力は440キロと遅く、もし「ホンダジェット」が後継となれば速力は780キロに大幅アップする。

陸自は現在、南西諸島の防衛に力を入れ、その偵察範囲は大きく広がっている。ここにジェット機を投入すれば、より効果的な運用が可能となるだろう。

また海・空自の連絡機や練習機、訓練支援機なども燃費が良ければコストを削減できる。国産機なら整備や補給の面からもメリットが高く、国内の航空産業を育てる上からも、国の支援には価値がある。

本田技研では「ホンダジェット」に続く新型機の開発も計画中という。もし開発段階からユーザーの希望が加味されれば、完成時の導入メリットはより高まる。従来以上に長期的な視点で装備品の導入計画を進めることで、より使い勝手のいい航空機を取得できる可能性も高まるだろう。

コックピットには最新のオールグラス・アビオニクス・システムが導入されている

世界の新兵器 468

「タイプ26型」フリゲート 英

加・豪・NZなどへの輸出も

英国海軍は現在13隻を保有する「タイプ23型デューク」級汎用フリゲート（満載排水量4300トン）の後継艦種として、新たに「タイプ26型汎用戦闘艦」（同6850トン）と称するフリゲートを建造する。この計画は1998年から開始された「将来水上艦計画」の一環で、来年に1番艦を起工し、2020年からの就役が予定されている。

建造隻数は13隻で、建造単価は2億6000万ポンド（460億円）ないし3億5000万ポンド（620億円）といわれる。全長は149メートル、全幅20メートル、機関はCODLOG（ディーゼル電機またはガスタービン駆動）方式で、速力28ノット以上。15ノット時の航続距離は7000浬とされている。行動期間は60日、兵員は130名だが、このうち15ないし20名の航空要員を含み、最大190名まで収容できる。

兵装は997型3次元レーダー、航海用レーダー、2050型艦首ソーナー、2087型低周波アクティブ/パッシブ曳航ソーナー、音響デコイ、衛星通信装置、電子戦装置、対艦ミサイル防御用ミサイル（垂直発射装置セルに48発装備・射程1~25キロ）、対空ミサイル（Mk41垂直発射装置に16発）、対潜魚雷「スティングレー」、5インチMk45砲1門、30ミリ砲2門、CIWS「ファランクス」2門、小型砲2門、機関砲4門、艦載ヘリ「リンクス・ワイルドキャット」2機（対艦ミサイル4発または対潜魚雷2発を搭載）または「ウエストランド・マーリン」1機（対潜魚雷4発を搭載）で、大型飛行甲板と格納庫は無人機用の設備も備える。

船体はすべて鋼鉄製で、舷側は2重の傾斜をもち、艦上の構造物も簡素化され、ステルス性能をもたせている。また、6隻保有する大型の「タイプ45型」ミサイル駆逐艦（満載8000トン）との協同作戦も考慮されている。

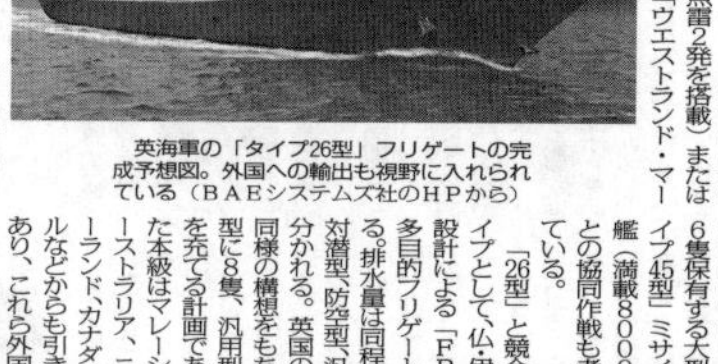
英海軍の「タイプ26型」フリゲートの完成予想図。外国への輸出も視野に入れられている（BAEシステムズ社のHPから）

「26型」と競合するタイプとして、仏・伊の共同設計による「FREMM多目的フリゲート」がある。排水量は同程度だが、対潜型、防空型、汎用型に分かれる。英国の場合も同様の構想をもち、対潜型に8隻、汎用型に5隻を充てる計画である。また本級はマレーシア、オーストラリア、ニュージーランド、カナダ、ブラジルなどからも引き合いがあり、これら外国への輸出も視野に入れている。このため最終設計では、さらにバラエティーが出てくることになろう。

小滝　國雄（防衛技術協会・客員研究員）

技術屋のひとりごと

国際会議（AOC）について　田中　幸一

電子戦技術の動向に関する国際的なコンファレンスを行う団体に、AOC（電子戦学会）がある。ここでは主催国等の政府・軍関係者や電子戦関連企業が参加し、電子戦（EW）や情報作戦（IO）等に関して、各国の電子戦に関する講演や部隊運用の概要等から最新の電子戦技術の動向や製品展示などを行っている。

通常、春は欧州で、秋には米国で開催しており、昨年は50周年記念のコンファレンスをワシントンDCで開催するなど電子戦の発展と共に歩んできた学会である。

AOCの支部は日本にもあり、例年国内レベルのEW研究会を東京で開催している。

今年の5月に開催された2014AOC（英国エジンバラ）では、「英国の電磁環境の概観」「英国電子戦センターによる将来展望」「F35戦闘機の能力紹介」など興味をそそられるテーマの発表があり、40カ国から約450人が参加したとのことである。

今回のAOCに参加した方からの話によると、セッションの時間を使ってプレゼンターと直接意見交換もでき、製品展示の会場では企業の担当者と顔見知りになると最新の情報も聞けるとのことである。

我が国では、電子戦技術の重要性や必要性は以前から提唱されているが、実戦経験の欠如や厳しい電波使用環境や演習環境の制約など難しい点も多い中、軍関係者や企業の方から直接に電子戦の現状やコンセプト、電子戦環境の変化に加え、今後の技術の動向や今後ますます重要性を増すインテリジェンス等の技術や課題など、国内では得がたい情報の収集ができる貴重な機会であり、会議で配布された資料等を視点を定めて継続的に分析することで、電子戦技術の有用な資料として活用できるものと考えられる。

ここで紹介したAOC以外にも軍事技術等に関する国際会議は開催されており、このような会議に我が国の技術者も官民を問わず継続的に参加することで、刻々変化する海外の軍事状況や最新の技術動向を把握することが可能となるのではないだろうか。

（技本電装研・情報通信研究部長）

マイヘルス Q&A

乳がん

早期発見で温存療法を
発生率は12人に1人、年々増加

Q　がん、特に乳がんが増えていると聞きました。

A　がんは日本人の死因の第1位で、30％の方ががんで亡くなられます。男性の60％、女性の45％ががんにかかります。今や夫婦のどちらかががんにかかる時代なのです。昔は他の病気で亡くなられる方が多かったのですが、他の病気が克服されて、がんで亡くなられる方が増えました。

日本の女性の乳がん発生率は年々増加して第1位になりました。12人に1人がなると言われます。30代後半から増えて40代、50代に多く、決定的な予防法はありません。乳房に異常を感じたら受診するのはもちろんですが、40歳以上の女性は2年ごとのマンモグラフィー検診を受けて下さい。

Q　乳がんが進むとどうなりますか。

A　がん細胞は正常な細胞が何らかのきっかけで異常に増殖する細胞に変化したものです。がん細胞は、初期の段階では局所に留まっていますが、その後、増殖して隣の臓器に食い込んだり、リンパ管や静脈に入って飛び火して転移を生じたりします。全身に転移すると完治が難しくなります。

乳がんも早期の段階で治療を受ければ、ほぼ完治できますが、転移（特に骨、肺、肝臓）を生じると完治は難しいので、早期発見が大切です。

Q　乳がん治療とはどのようなものですか。

A　乳がんの治療法は、局所治療と全身治療です。早期では局所治療の手術のみ、もしくは放射線治療の併用で多くの場合完治しますが、転移している場合や将来転移を生じるリスクがある場合には全身治療が必要となります。

乳がんは他のがんに比べて治療法が進んでおり、サブタイプ分類により有効な全身治療法が異なります。サブタイプは、がんを増殖させるホルモン受容体やHER2（ハーツー）タンパク質ががん細胞に有るかどうか、がん細胞の増殖力が強いかどうかによって分類されます。

乳がんは他のがんに比べて進行の遅いがんです。

万一、再発した場合、完治は難しいのですが、有効な治療法も多く、がんと長く共存する治療を続けることが大切です。

（中央病院第5外科部長　宇都宮勝之）

酒造り・蔵「会津伝説」探訪

重厚な木造3階建て江戸末期の「末廣酒造」
仕込みタンクに感慨
金賞受賞の大吟醸味わう

NHK大河ドラマ『八重の桜』の舞台になった福島県会津若松市。民謡「会津磐梯山」で〝小原庄助さん、朝寝・朝酒・朝湯が大好きで、それで身上潰した〟と歌われる会津地方には多くの酒蔵が点在する。江戸末期、1850年（嘉永3年）創業の末廣酒造は常時無料で酒蔵見学を行っている。夏休み期間中ということもあって、多くの観光客でにぎわいをみせていた。（文・写真　星里美）

▲（上）閑静な住宅街で存在感を放つ末廣酒造・嘉永蔵。1998年に「会津若松市歴史的景観指定建造物」に指定された（下）末廣酒造の地下水をくむ地元住民。多い時には行列ができるという▶

会津若松市内の観光スポットを巡る周遊バスから降り立つと、程なく目に入ってくる重厚な木造3階建てが末廣酒造だ。創業当時の建物は戦争などで焼失してしまったが、明治・大正期に再建した建築物が現存している。

入口には酒造りの仕込みにも使われている地下水が竹の先から流れ出ており、なんとも風情のある趣き。

無料の酒蔵見学は30分ごとに行っており、所要時間は30分。酒蔵に一歩足を踏み入れると、見学者から「涼しい～！」の声。土壁と瓦屋根で造られた蔵は断熱効果に優れ、外気温32度からは考えられない快適さだ。蔵の中では、米・麹・酵母・水など酒の原材料を発酵させる「仕込みタンク」が見学できる。

酒の仕込みというと木の桶を想像してしまうが、現在は桶を作る職人がいないため、外側が鉄、内側がガラスのホーロータンクが主流になっているという。

従業員の笠間さん（右から2人目）から仕込みタンクの説明を受け、のぞき込む見学者ら

夫婦で千葉県から観光に訪れた魚住仁美さん(58)は「仕込みタンクは時代を反映していると感じました。昔はいろいろな専門職人がお酒造りに携わっていたのですね」と感慨深げだった。

お酒の製造工程や米の種類など酒造りに関する説明のあと、明治期に来客を迎えるために使われた大広間へ案内された。

ここでは会津藩主・松平容保（かたもり）や会津出身で千円札の肖像になっている野口英世の直筆の書などが展示され、郷土の歴史にも触れることができる。従業員の笠間孝保さんは「会津の財産です」と誇らしげに案内してくれた。

末廣酒造には「博士蔵」と今回訪れた「嘉永蔵」の2カ所の蔵があり、2014年全国新酒鑑評会で金賞を受賞した「嘉永蔵大吟醸」も試飲できた。大吟醸はすっきりしたキレ味で華やかな香りが特徴。

酒造りが始まるのは11月。「11月末ぐらいでタイミングが合えば実際の仕込みもご覧いただけます」とのこと。製造工程を知り味わう美酒は格別な一杯となりそうだ。

問い合わせは電話0242（27）0002まで。

ひろば

菊咲月、菊月、寝覚月、紅葉月――9月。

1日防災の日、7日白露、15日敬老の日、21～30日秋の全国交通安全運動、23日秋分の日。

重陽の節句　古来中国では奇数を陽の数とし、奇数の中でも一番大きな数字である9が重なる9月9日は大変めでたい日とされ、菊酒を飲んだりして邪気を払い、長命を願った。菊の節句とも呼ばれる。　9日

目黒のSUNまつり　落語の名作「目黒のさんま」を記念し、区民まつりの一環として行われる。宮城県気仙沼市の協力で、気仙沼港直送のサンマの塩焼きが振る舞われる。　14日

世界最強特殊部隊の1人の生還者を描く
DVD「ローン・サバイバー」発売

発売元ユニバーサル・ピクチャーズ／発売元ポニーキャニオン。©2013 GEORGIA FILM FUND SEVENTEEN HOLDINGS,LLC

世界最強の特殊部隊、米海軍「ネイビーシールズ」史上、最大の惨事といわれるレッドウィング作戦の全貌を描いた映画『ローン・サバイバー』が9月2日ブルーレイ・DVDとして発売される。

アフガニスタンのタリバン指導者暗殺を命ぜられた4人の隊員は、200人を超えるタリバン兵の襲撃を受ける。絶体絶命の状況下、なぜたった一人だけ生還できたのか。生き残った元隊員の手記をもとに映画化し、記録的ヒットとなった。

出演は「テッド」「ザ・ファイター」などでハリウッドを代表する俳優マーク・ウォールバーグや「ジョン・カーター」のテイラー・キッチュほか気鋭の実力派が集結。監督は「キングダム／見えざる敵」「バトルシップ」などのピーター・バーグ。DVD本体価格3800円＋税。

◇読者プレゼント

DVDを3名にプレゼント。〒160―0002東京都新宿区坂町26の19KKビル朝雲新聞社営業局まで。9月12日締切（当日消印有効）。

隊員愛読書ベスト5

＜神田・書泉グランデミリタリー部門＞
❶世界の傑作機No.162ヤコヴレフYak－38〝フォージャー〟　文林堂　￥1234
❷日本軍とドイツ軍　藤井非三四著　学研パブリッシング　￥1620
❸ガールズ＆パンツァーエンサイクロペディア　ポストメディア編集部編　一迅社　￥1728
❹ブラックウォーター世界最強の傭兵企業　ジェレミー・スケイヒル著・益岡賢ほか訳　作品社　￥3672
❺世界の名機シリーズB－2スピリット　イカロス出版　￥1500

＜トーハン調べ7月期＞
❶置かれた場所で咲きなさい　渡辺和子著　幻冬舎　￥1028
❷うみの100かいだてのいえ　いわいとしお作　偕成社　￥1296
❸面倒だから、しよう　渡辺和子著　幻冬舎　￥1028
❹叱られる力聞く力2　阿川佐和子著　￥864
❺「自分」の壁　養老孟司著　新潮社　￥799

＜入間基地・豊岡書房＞
❶電子戦の技術　拡充編　デビッド・アダミー著　東京電機大学出版局　￥4536
❷自衛隊装備年鑑2014－2015　朝雲新聞社　￥4104
❸マスカレード・ホテル　東野圭吾著　集英社文庫　￥821
❹海賊とよばれた男＜上・下＞　百田尚樹著　講談社文庫　各￥810
❺自衛官採用試験問題解答集4一般曹候補生　駿台法律経済＆ビジネス専門学校監修　成山堂書店　￥1836

＜防衛省・三陽堂＞
❶アジアの安全保障2014－2015　西原正監修　朝雲新聞社　￥2430
❷自衛隊と防衛産業　桜林美佐著　並木書房　￥1620
❸海賊とよばれた男＜上・下＞　百田尚樹著　講談社文庫　各￥810
❹中国の大問題　丹羽宇一郎著　PHP研究所　￥864
❺叱られる力聞く力2　阿川佐和子著　文春新書　￥864

BOOK NOW
私が読んだ　この一冊

小松易「たった1分で人生が変わる片づけの習慣」（中経出版）
9師団司令部総務課（青森）尾形朋子3陸佐　41

この本はいかに、片付けを習慣化して人生をよりよくしていくかが書いてあります。片付けが苦手な私も物事がうまくいかないときは、周りが片付いていないときが多く、この本を読んで片付けし、スッキリするようにしています。

片付けをすると人生が変わるという本です。確かに仕事ができる人は、常に身の回りが片付いている人が多いです。仕事と片付けは密接な関係があり、仕事ができる人は人生も充実しています。

百田尚樹著「永遠の0」（講談社文庫）
硫黄島航空基地隊航空衛生隊長　中林昭悦1海尉　41

この作品は昨年に映画が公開された『永遠の0』の原作本であり、その主人公となる宮部久蔵の零戦の操縦士としての一生が書かれています。数々の海戦も描かれており、戦史における知識も深めることができる作品です。

内容は特攻隊員の心情、当時の戦争における背景が克明に描写されており、自衛隊員にはぜひ読んでもらいたい内容であります。戦争を改めて考えさせられ、命の尊さ、重さといったものを痛感する作品です。

丸谷才一著「笹まくら」（新潮社）
小松気象隊　西本将平3空尉　25

主人公の浜田庄吉は太平洋戦争時、5年間に渡り「徴兵忌避者」として各地を転々とし、偽名を使い、官憲の目から逃れた。

終戦後は若い妻を得て、大学職員として平凡な生活を送っていた。しかし、ある出来事をきっかけに浜田は不意に「徴兵忌避者」としての過去を思い返すことになる。

元徴兵忌避者に対する周囲の人々の群集心理の働いた悪意は震えるほど恐ろしい。

国家と個人の関わり方を考えさせられる一冊である。

「島嶼防衛」迫力の砲撃

富士総火演　2万9000人が来場

10式戦車に大歓声

3自2300人参加

陸自の「平成26年度富士総合火力演習」が8月24日、静岡県御殿場市の東富士演習場畑岡地区で行われ、約2万9000人の来場者が戦車や各種火砲で繰り広げられる戦闘に見入った。後段では「島嶼防衛」をテーマに、①部隊配置②機動展開③奪回――の3段階を実演。富士教導団をはじめ3自衛隊員約2300人が実弾約44トンを使用した迫力ある演習を展示した。

演習は富士学校長の武内誠一陸将を担任官、富士教導団長の山中洋二陸将補を演習部隊指揮官に行われ、小野寺防衛大臣、岩﨑統幕長、岩田陸幕長、河野海幕長、齊藤空幕長らが視察した。戦車など車両約80両、火砲約60門、航空機約20機を使用した。

前段の「主要装備品の紹介」に続いて、後段では会場を占拠された離島に見立てて「島嶼部に対する攻撃への対応」を実演した。

当日は、演習場の上空にくの天候。最初の「部隊配置」で、上空で警戒監視する海自P3C哨戒機や空自F2戦闘機が飛行したものの目視できず、観客席からは残念そうな声も上がった。

続く「機動展開」と「奪回」では、隊員たちが日頃の鍛錬の成果を披露。88式地対艦誘導弾「SSM1」などを使用した「対艦攻撃」と、空自F2戦闘機が投下した精密誘導爆弾「JDAM」やAH64戦闘ヘリの射撃による「対地攻撃」で自軍の前進を支援。沿岸部に上陸した戦車など各部隊が圧倒的な火力で敵を次々に撃破し、離島を奪回した。

この間会場を最も沸かせたのが機動力と火力を兼ね備えた10式戦車で、登場した4両が時速70キロのスピードでスラローム射撃を行って目標を正確に破壊、会場は大歓声に包まれた。

総火演の最後を飾る「戦果拡張」で発煙弾を発射し、総攻撃する戦車群（8月24日、東富士演習場で）

沿岸部の地雷原を処理するため、92式地雷原処理車から発射された地雷処理用ロケット。手前は74式戦車

離島を占拠した敵に向かって砲撃を行う90式戦車

「心強く思った」

会場には全国から約2万9000人の来場者が訪れ、迫力ある実弾訓練を堪能した。東京都八王子市から訪れた渡辺正子さん(61)と麻知子さん(31)の親子は「今回ようやく入場券が当たり、念願の初総火演。実弾を使っているだけに、地響きなど迫力がすごかった」と興奮気味に話した。

香川県坂出市の医師、浦田桂一郎さん(56)は「昨年は雨が降って辛かったが、今年は楽しめた。74式と10式では戦車の砲撃音が異なり、その違いが印象に残った」と語った。

仙台市から訪れた石川聡子さん(53)は、「初めて来たが刺激的だった。この力が世の中を守るんだと心強く思った」と話した。

長野県から家族で訪れた小学5年生の小林律希くん(10)は「かっこよかった。次に来たらパラシュートを見たい」と雲で隠れてしまった空挺降下への思いを語った。

谷川宇多津町長（右）を表敬し、防大での生活などについて語った宮﨑学生（宇多津町役場で）

昨夏、甲子園出場の防大生

出身地の町長を表敬

香　川

【香川地本】昨夏の甲子園で香川県代表・丸亀高校のエースとして活躍し、今年4月、防衛大学校に入校した宮﨑耕大学生(19)がこのほど帰郷し、出身地の町長らを表敬した。

防大入校を前に、宮﨑学生は出身地の宇多津町が企画した入隊・入校激励会へ出席。同学生がお礼を述べ成長した姿を披露したいと願っていたことから、表敬が実現した。

町役場を訪れた宮﨑学生は、谷川俊博町長に現在の学生生活などについて語った。また、町長からは今後の精進に対する期待感が示された。

一方、谷川町長への表敬に先立って母校の丸亀高校を訪れ、進路担当教諭や野球部監督らと再会。同校グラウンドで後輩部員たちと久しぶりに汗を流した。

和歌山、24年ぶり復帰

富士登山駅伝　来年の出場権を獲得

【和歌山】富士登山駅伝競走が8月3日に行われ、和歌山駐屯地からも監督兼選手の竹本晴彦2陸曹(31)以下8人（うち予備選手2人）が24年ぶりに出場した。

大会は御殿場市陸上競技場と富士山頂間を往復する総距離約47キロ、標高差約3100メートルの山岳駅伝。駐屯地チームは7月22日から滝ヶ原駐屯地で転地訓練を行い、大会に臨んだ。

竹本2曹（1・11区）、森勇樹3曹（2・10区）、姫野力哉3曹（3・9区）、小川隆通1士（4・8区）、松窪義朗2曹（5・7区）、池崇志士長（6区）の6人でたすきをつなぎ、4時間35分台でゴール。27年度の出場権も獲得した。

監督兼選手の竹本2曹は「世界文化遺産の富士山を走ることに感謝して臨んだ。ゴールした時の喜びは最高だった」と語った。

24年ぶりに富士登山駅伝に出場し完走した和歌山駐屯地チーム（8月3日、御殿場市陸上競技場で）

炎上した車から男性を救助

細谷1曹を表彰

【秋田】21普連1中隊の細谷伸1曹(45)は人命救助の功績が認められ7月30日、秋田市土崎消防署から表彰された。

細谷1曹は6月29日午前9時55分ごろ、秋田市内の県道で乗用車が民家に突っ込み出火している現場に遭遇。意識がもうろうとし、自力脱出が困難だった運転席の男性を救出した。救出直後に乗用車は激しく炎上し、住宅2棟を全焼させた。土崎警察署では「被害の拡大を防ぐことができた。価値ある行動に心から感謝します」と、署長から感謝状を手渡された。

細谷1曹は「考えるよりも先に体が動いた。役に立てて本当にうれしい」と語った。

小休止

▽…駐屯地太鼓部「滝ヶ原雲海太鼓」は7月23日、玉穂幼稚園（御殿場市）の夏祭りで園児たちに自慢の演奏を披露した＝写真。

▽…幼稚園から「伝統、迫力ある和太鼓を園児に聞かせたい」と依頼され、駐屯地マスコット「たきすけ」とともに、太鼓部リーダー以下9人で訪れた。

▽…隊員たちは力強いバチさばきで園児たちを沸かせ、演奏後は和太鼓のたたき方を教えた。大喜びの園児からは終了後、お礼の言葉と寄せ書きが贈られた。

（滝ヶ原）

教官は夫

神　町

妻が予備自訓練

【6施大＝神町】6施設大隊が7月7日に神町駐屯地で行った予備自衛官職種訓練で、担当教官の長井工待2尉(36)＝本管中＝と妻の里美予備士長(32)がともに訓練に励み、夫婦の絆を深めた。

訓練には予備自衛官10人が参加。屋根型鉄条網の構築（有刺鉄線の連結等）を行った。

訓練後、長井2尉は「同じユニフォーム（迷彩服）を着て訓練するのは約10年ぶり。懸命に訓練する姿を見て頼もしく感じた」、里美予備士長は「充実した訓練だった」とそれぞれ語った。

予備自職種訓練で教官を務める長井2尉（左端）と、訓練に参加した妻の里美予備士長（その右）＝7月7日、神町駐屯地で

注意を怠った例が大半　「基本基礎の確行」守れ

こちら警務隊　☎8・6・47625

訓練中に自分の不注意で同僚にけがをさせてしまいましたが、何か罪に問われるのでしょうか?

刑法211条の業務上過失傷害の罪に問われることがあります。

業務上過失傷害とは「業務上必要な注意を怠ったことで人にけがを負わせること」を意味し、過失が著しい場合や、けがの程度によっては5年以下の懲役もしくは禁錮または100万円以下の罰金に処されます。

業務上過失傷害罪に問われる事故のほとんどが基本基礎を怠ったことで発生していることから、大切な仲間にけがをさせないためにも、今一度「基本基礎の確行」を念頭に置いて、訓練に臨みましょう。

（中方警本＝伊丹・北村3曹）

伊丹　304保警中　猪足3曹

（世界の切手・トルコ）

旅は私にとって精神の若返りの泉です。
アンデルセン（デンマークの作家）

南スーダン派遣施設隊・6次要員の所感文

交通安全に注意しながら車両輸送に当たる金嶽良俊2曹

運転に細心の注意

2陸曹　金嶽　良俊（施設器材小隊・装輪車操縦陸曹）

「南スーダン派遣施設隊」の第6次要員として南スーダンに来て、1カ月が経過しようとしています。

私は現在、首都ジュバ市にある「UNハウス（国連施設）」の避難民保護地域で、紛争地から逃れてきた国内避難民のために敷地造成などの業務を行っています。

こちらで感じたことは、道路での車両操縦の難しさです。日本の交通事情と全く異なり、南スーダンは右側通行で、交差点に信号はありません。このため日本で事前訓練を受け、交通ルールもしっかり学んで来ましたが、オートバイや人の往来が多くて油断できず、活動現場までの移動では細心の注意を払って運転しています。

他方、南スーダンの人たちは日本隊員にとても友好的です。子供たちはいつも笑顔で手を振ってくれます。こちらは連日40度を超す暑さと突然のスコールなど、北海道とは全く違った環境ですが、子供たちの白い歯を見せての満面の笑みに励まされ、日々頑張っています。

私たちの約6カ月間の活動が、現地の人たちから「日本隊が来てくれて本当に良かった」と思われるよう、与えられた任務に全力を尽くしていきたいと思います。

（原隊・303ダンプ車両中隊＝南恵庭）

40度の暑さにも慣れ

3陸曹　中村　友昭（1施設小隊・施設陸曹）

南スーダンの首都ジュバに到着し、当初は北海道との環境や気候の違いで苦労しましたが、今では生活にも慣れ、毎日40度を超す暑さの中で頑張っています。

補給班が作ってくれる食事はとてもおいしく、余暇は同期や先輩と体力練成に励み、充実した毎日を送っています。

私は7月1日付をもって「3等陸曹」に昇任しました。日本を遠く離れた地で昇任できたのも、お世話になった方々のおかげです。特に第5施設隊の上司・先輩の温かい励ましとご指導があって、今の自分があると思っています。南スーダンで陸曹に昇任できたことは、私の一生の思い出になりました。

今後は陸曹として周囲への感謝の気持ちを忘れず、私も南スーダンのために少しでも貢献できるよう、全力で任務に当たっていきたいと思います。そして南スーダンで一段と成長した自分の姿を帰国後に皆様に見せられるよう、しっかり任務に励んでいきたいと思います。

（原隊・5施設隊＝帯広）

道路側溝の補修作業に当たる中村友昭3曹

食事で健康支える

3陸曹　川口　正人（本部付隊・糧食補給陸曹）

私をPKOに快く送り出してくれた家族と部隊の方々にまずお礼を申し上げます。最初の頃は身振り手振りでしか現地の人と意思疎通ができませんでしたが、最近は英語で自分の考えを伝え、現地の人たちのジョークなども理解し、一緒に笑い合えるようになりました。

私の任務は補給班の糧食補給です。この仕事には私を含め3人が就いています。私たちは栄養面、健康面を常に考えながら隊員の皆さんにおいしいものを提供できるよう、日々献立を工夫しながら調理を行っています。

こちらは環境が異なるので時にとまどうこともありますが、自分たちが「日本隊の健康を食事で支えている」という使命感を持ち、日々努力しています。

私は帰国後に結婚を考えています。彼女のためにも最後の日まで気を抜かず、与えられた任務を完遂したいと思います。そして6次要員の順守事項でもある「安全・確実」「あご紐を締める」をしっかりと実践し、胸を張って帰国し、幸せな家庭を築けるよう頑張ります。（原隊・5後方支援隊＝帯広）

隊員の活力源となる食品の点検を行う川口正人3曹

新刊紹介

「ゼロの迎撃」

安生　正著

SAT（特殊急襲部隊）全滅！　東京を救うタイムリミットは明朝まで――。北朝鮮の名指揮官に率いられた精鋭部隊が東京の各所でテロ行為を行い、核砲弾所持の可能性を持ちながら潜伏。敵の真の狙いがつかめず、刻々と迫る東京壊滅の危機に情報本部の自衛官が立ち上がり、頭脳、戦術戦を行うミステリーだ。

主人公の真下3陸佐は情本の情報分析官。テロの伏線となった事象を追ったことで、首相から事態の分析、中央即応集団特殊作戦群の展開先を決めるよう命じられる。しかし、すでにそこには敵が待ち構えていた。

部隊や建物、地名などが実名で登場するため、テロ部隊との戦闘の様子が鮮明に脳裏に浮かぶ。登場人物それぞれの「守りたい」という思いが、戦局を左右していく。中国、北朝鮮の抱える政治情勢も物語の鍵を握る。

明確な侵略行為と断定できず、応戦する隊員の葛藤が生々しく描かれる。自衛隊出動、テロ協力者の追跡の中で、政府は法令順守との板挟みに。首相、統幕長が取った行動とは――。フィクションの域を超えた現実味のある隊員の奮闘に、胸が熱くなるだろう。（宝島社刊、1512円）

「戦艦十二隻」

小林　昌信ほか著

「大和」「武蔵」「長門」「陸奥」「金剛」「比叡」「榛名」「霧島」「扶桑」「山城」「伊勢」「日向」――。太平洋戦争に参加した戦艦12隻のエピソードを収録した。軍事雑誌「丸」に掲載された元乗員らの回顧録を通じ、その最期を追体験させる。

語り手は「大和」で最後の対空戦闘を体験した小林昌信水兵長（当時）や大本営海軍参謀を務めた吉田俊夫中佐（同）をはじめ、さまざまな階級・任務で戦艦12隻に関わった13人。

当事者としての回想が中心だが、艦内生活から旧海軍の性質や戦略・戦術の分析、「大和」副砲長の砲術入門講座まで幅広い内容となっている。

栗田艦隊のレイテ沖海戦での〝謎の反転〟に対する答えや大戦後にただ一隻〝生き残った〟「長門」の原爆標的艦という悲しい運命が特に印象的。

「日向」元乗員の「こんな時代をつくるために、私たちの仲間は南溟の鬼と化したのではあるまい。（中略）生き残ったわれわれは何をすればよいのだろうか」という締めの言葉が胸に突き刺さる。本書を通じ、艦や乗員の壮絶な最後を脳裏に焼き付けたい。（潮書房光人社刊、2160円）

偵察用バイクの走行訓練を行う9施設大隊の隊員

バイク操縦の技術磨きたい

3陸曹　佐藤　龍騎（9施大本管中・八戸）

第9施設大隊に偵察用バイクが新たに装備されました。

私は偵察隊での特技教育を終え、現在、部隊でバイク操縦要員として勤務しています。しかしながら、バイクの運用についてはまだ確立されていない部分が少なくありません。

春には第9偵察隊との共同訓練がありました。その時は基本操縦が主でしたが、特技の取得後、ほとんどバイクに乗っていなかった自分にとっては乗るのが楽しいと感じる半面、「感覚が鈍っている」「自分にはまだ技術がない」ということを痛感しました。

バイク偵察員は、大災害が起きた時、最初に情報収集活動に当たります。私もそうした有事に備え、練成訓練はもちろん、他部隊との協同訓練の場も増やし、レベル向上を図っていきたいと思います。

そして、いざ本番でも状況に即応し、確実に偵察活動ができるようになりたいと思います。

みんなのページ

防衛省を研修した海自横須賀基地のモニターたち。左端が荒本文俊さん

海幕広報室を研修

会社員　荒本　文俊（海自横須賀基地モニター）

私たち海自横須賀基地モニターは6月20日、東京・市ヶ谷の防衛省で海上幕僚監部と市ヶ谷記念館を研修しました。

訪問した海幕広報室は防衛省A棟にあり、ここには防衛大臣室をはじめ、内部部局、統合幕僚監部、そして陸・海・空幕があり、防衛の中枢機関が集まっている場所でした。

まず広報室長の平木拓宏1佐からごあいさつがあり、続いて海上自衛隊の広報全般について説明を受けました。広報は「PR」「報道」「写真」に分類され、「PR」ではフェイスブックやツイッターの反響も受け、若い人たちに海自を身近に感じてもらえるよう、これまでの艦艇や航空機に加え、隊員の素顔なども積極的に紹介しているということです。

「報道」では、その時々に起こった出来事を関係部署と連携して迅速かつ正確に伝え、「写真」ではポスターをはじめ、海自の日々の仕事内容を紹介した書籍、映像などで国民に分かりやすく紹介しているとのことでした。

説明を聞き、広報室の皆さんの創意工夫を心掛けた広報に対する熱意に触れ、海幕広報室の活動について理解を深めました。

この後、防衛大臣や各幕僚長が使用する「記者会見室」を見学しました。テレビへの対応など機能性を重視した作りになっていましたが、想像していたより狭い感じがしました。

最後は創設60周年を迎える航空自衛隊の広報を担う空幕広報室を見学し『空飛ぶ広報室』のドラマ撮影時のエピソードや空自の広報活動について話を聞くことができました。

昼食をはさみ、午後は「市ヶ谷台ツアー」に参加しました。東京裁判の舞台となった市ヶ谷記念館では各年代の貴重な品々を見学することもでき、戦前・戦後を通しての市ヶ谷台の歩みを学ぶことができました。

今回の市ヶ谷研修を通じ、基地モニターの役割も再確認できました。海自の支援者の一人として、私も微力ながら横須賀基地のサポートを続けていきたいと感じました。

OBがんばる

小沼　善靖さん　56
平成24年11月、陸自9後方支援連隊輸送隊を最後に定年退職（1尉）。青森県弘前市の医療法人整友会・弘前記念病院に再就職し、事務部管理課長を務める。

自信と誇りを大切に

私は平成24年11月、青森駐屯地の第9後方支援連隊輸送隊を最後に退職し、現在は弘前市にある弘前記念病院で管理課長として勤務しております。

援護センターのお力添えで希望以上の職場を紹介していただき、感謝しております。

1年が経ちましたが、いまだに医療の専門用語や略語などには苦労しています。しかし、仕事や人間関係にも慣れ、充実した日々を過ごしています。

就職して驚いたのは、医療現場も自衛隊と同じくチームワークが大事だということでした。

そこで「どういうチームが良いのですか」と質問すると「情報共有がしっかりなされていること」「報告・連絡・相談（ホウ・レン・ソウ）がよく出来ているチーム」「風通しの良いチーム」などの答えがありました。さらに「連休の前には緊急連絡網をきちんと掌握しておくように」と注意され、人の命を預かる・助けるという組織は自衛隊によく似ていると思いました。

仕事は施設・営繕と人事管理が主で、採用試験にも携わり、看護・事務部の面接試験を担当しています。面接試験では服装・態度はもちろん、責任感が強く、誠実に受け答えをする人を採用の基準としています。

皆さんも再就職への不安はあると思いますが、昨今の自衛隊の活躍で「自衛隊員は献身的で忍耐強く、真面目だ」というイメージが強くあります。そこで自衛隊での仕事を務め上げたという自信と誇りをしっかりとアピールすれば、面接試験は大丈夫だと思います。健康には十分留意し、再就職に向けて頑張って下さい。

詰将棋

出題　日本将棋連盟　九段　石田　和雄

第679回出題

☗先手　持駒　角　歩

【ヒント】玉は上にも下にも行かせない。（10分で初段）

▶詰碁、詰将棋の出題は隔週です◀

詰碁

出題　日本棋院　九段　曲　励起

第1094回解答

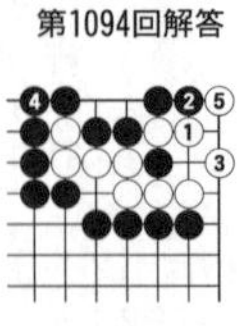

【解答図】白先、白劫。白①黒❷は共に当然です。次の白③が大切で、黒❹なら白⑤で劫になります。

朝雲

発行所 朝雲新聞社
〒160-0002 東京都新宿区坂町26番地19 KKビル
電話 03(3225)3841
FAX 03(3225)3831
振替00190-4-17600番
定価一部140円、年間購読料9000円（税・送料込み）

主な記事

2面 予備自60周年で大臣が感謝と激励
3面 QDR（米国防計画見直し）最終回
4面・5面 平成27年度概算要求
6面 〈募集・援護〉防大生〝里帰り〟広報
7面 広島土砂災害と戦う46普連
8面 〈みんなのページ〉揚陸訓練に初参加

27年度概算要求

那覇に第9航空団

「防衛装備庁」を新設

防衛省は8月29日、平成27年度概算要求と業務計画案を決め、同日、財務省に提出した。概算要求額は米軍再編経費などを含め前年度当初予算比3・5％増の5兆545億円で過去最大の要求となった。新たな政府専用機の導入に伴う経費542億円が総額を押し上げた形だ。島嶼防衛強化のため新早期警戒（管制）機やティルト・ローター機、滞空型無人機を取得。空自那覇基地に第9航空団（仮称）を新編する。省内に分散する装備品調達部門を統合した外局「防衛装備庁」（仮称）の新設も盛り込んだ。装備品取得の効率化では5年以上の長期契約を導入し、海自のP1固定翼哨戒機20機を一括調達することなどで約1450億円の節減を図る。

（4、5面に概要）

5年を超える長期契約によるP1一括調達のイメージ

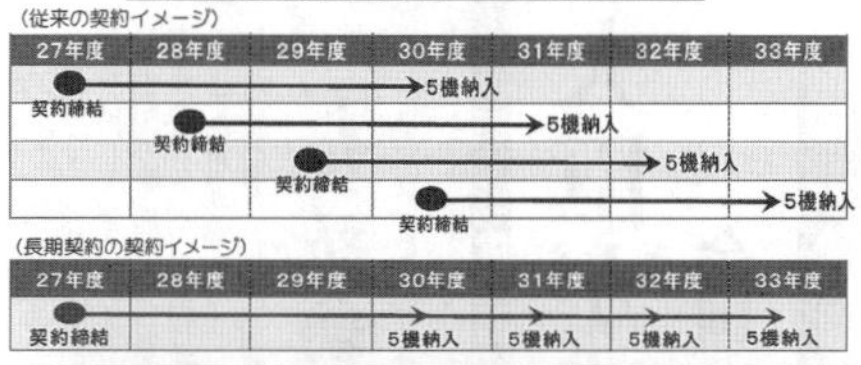

防衛費5兆545億円

P1一括調達で大幅節減図る

長期契約導入へ

長期契約で20機を一括調達する海自のP1固定翼哨戒機

27年度概算要求は、「新大綱」が掲げる陸海空自衛隊の連携による「統合機動防衛力」の構築に向けた防衛力整備に重点を置き、南西諸島防衛や水陸両用機能の強化を引き続き推進する。

空自に配備予定の新早期警戒（管制）機や滞空型無人機、陸自に配備予定のティルト・ローター機や水陸両用車は現在、機（車）種選定中で、機数・台数や金額などは年末までに決定する。

このほか、水陸両用作戦における指揮統制、大規模輸送、航空運用の各能力を兼ね備えた「多機能艦艇」の在り方を検討するための海外調査費500万円を新規に盛り込んだ。米国などを中心に情報を収集する。

前年度に引き続き、海自「おおすみ」型輸送艦の改修では、水陸両用車が通過する艦尾門扉の開閉機構を強化するために必要な改修用部品などを調達する。

船体のコンパクト化と多様な任務への対応能力の向上を両立させた新たな護衛艦の建造に向けた調査研究と、それに搭載するレーダーシステムの研究も実施。艦載型無人航空機の運用に関する調査費も計上した。複数のヘリとの連携により、敵潜水艦の探知能力を付与した新たな哨戒ヘリコプターの開発にも着手する。

南西諸島防衛では、与那国島に陸自303沿岸監視隊（仮称）を新編するほか、空自那覇基地に築城基地から304飛行隊（F15戦闘機）を移駐させて2個飛行隊に増強、第9航空団を新編する（83航空隊は廃止）。

水陸両用部隊関連では、ティルト・ローター機の拠点に佐賀空港、水陸両用車部隊の拠点に海自佐世保基地周辺、水陸機動団の関連施設として陸自相浦駐屯地などを念頭に用地取得などを含めた基盤整備費190億円を計上した。

鹿児島県の奄美大島には初動対処を担う陸自の警備部隊を新設するため、奄美市（350人規模）と瀬戸内町（200人規模）の用地を取得。陸上総隊の新編に向け、準備室も設置する。

災害対処に関しては、人命救助や瓦礫の除去に柔軟に対応できる双腕型の作業機を整備する。

女性隊員の積極活用の観点から、防衛省（市ヶ谷）と空自入間基地に託児施設を新設し、女性が働きやすい環境を整えるほか、国際平和協力活動の一環として北大西洋条約機構（NATO）本部（ベルギー・ブリュッセル）に女性自衛官を派遣する。紛争後の平和構築プロセスで女性の地位向上などに向けた貢献が期待されている。

長期契約によるP1の一括調達　現行財政法では、政府が企業と結ぶ債務契約は原則5年以内と決まっており、これを国庫債務負担行為というが、防衛省では5年を超える長期契約を可能とする立法措置を目指して財務省と調整中だ。実現すればスケールメリットによるコスト削減が可能となる。

27年度に20機のP1を一括契約すれば、30年度以降に5機ずつ分納される仕組みで、毎年度5機ずつ契約を繰り返して調達した場合に比べ、約403億円の節減が見込まれる。企業側としても長期間の調達数量を確保でき、生産・経営基盤維持の面から大きなメリットがある。

防衛・安保相に江渡前副大臣

第2次安倍内閣が改造

江渡防衛・安保法制相

安倍首相は9月3日、第2次安倍内閣の発足後、初となる内閣改造を行い、新設の「安全保障法制担当相（安保法制相）」には、防衛相と兼任する形で自民党の江渡聡徳・前防衛副大臣（58）＝青森2区＝を任命した。

江渡氏は平成19年8月の第1次安倍改造内閣と同年9月の福田内閣、24年12月26日に発足した第2次安倍内閣でそれぞれ防衛副大臣を務めた。25年10月に副大臣を退任後は、衆院安全保障委員長に就任した。

安保相は、集団的自衛権の限定行使を容認する今年7月の閣議決定に伴い、自衛隊法の改正案など今後の法整備に向けて一連の安全保障法制の国会答弁を担い、関連法案の審議などに当たる。安倍首相が今年7月、同相の新設を表明していた。

第2次安倍内閣は、閣僚が一人も交代しないまま、9月3日で発足617日を迎えた。閣僚が同じ顔ぶれのまま内閣が続いた日数は、第1次佐藤改造内閣（425日）を超え、戦後最長記録を更新した。

防衛副大臣3度歴任
江渡　聡徳（えと・あきのり）昭和30年10月青森県生まれ。日大法卒。日大院修了。平成8年10月衆院選青森2区初当選。現在5期目。内閣府大臣政務官（第2次小泉改造内閣、第3次小泉内閣）、防衛副大臣（第1次安倍改造内閣、福田内閣、第2次安倍内閣）。自民党国会対策副委員長、自民党副幹事長、衆院安全保障委員長。

土砂災害

大臣も広島視察

46普連など「長期戦の構え」

広島市安佐南、安佐北区で8月20日に発生した大規模土砂災害で、自衛隊は陸自13旅団（海田市）隷下の各部隊を中心に「長期戦の構え」で行方不明者捜索、住民への入浴支援などを続けている。

（7面に関連記事）

派遣部隊は46普連、13施設隊、13後方支援隊（いずれも海田市）など陸海の14個部隊。8月31日までは約800人態勢、9月1日からは約500人態勢で活動に当たっている。

土砂災害現場には大量の土砂や瓦礫が残り、行方不明者も全員が発見されていない。現場指揮官として各部隊をまとめる46普連長の一宮大介1佐は「行方不明者を必ず発見する、二次被害を防止する、という二つの方針は初動の時から変わっていない」とするとともに、「長期戦の構え」を強調している。

派遣部隊では隊員たちの疲弊を防ぎ、士気を維持するために、宿営地を仮設テントから安佐北区のスポーツセンターに移し、「2日活動し、1日休む」ローテーション制を敷いた。

住民支援にも力を注いでいる。13後方支援隊は24日、入浴支援を開始。小学校2校に入浴施設を設置し、隊員約30人で支援に当たっている。

一方、26日には小野寺防衛大臣が岩崎統幕長らとともに現地を訪れ、被災現場などを視察。「大変厳しく劣悪な環境の中で警察、消防、自衛隊、地域の皆さまの力を結集して活躍している姿を目の当たりにした」と大臣は語った。

掛川13旅団長（右上）らに案内され土砂災害現場を視察する小野寺大臣（中央）＝8月26日、広島市安佐南区で

日印首脳会談

海上共同訓練定例化で一致

共同記者会見に臨む安倍首相（右）とインドのモディ首相（9月1日、東京・元赤坂の迎賓館で）＝官邸HPから

安倍首相は9月1日、東京・元赤坂の迎賓館でインドのモディ首相と会談し、海上自衛隊とインド海軍の共同訓練の定例化や、外務・防衛次官級協議を強化し、閣僚級の「2プラス2」の設置検討、防衛装備品協力の推進に向けた事務レベル協議の開始で一致した。また、米印海軍主催の共同訓練「マラバール」への海自の継続的な参加も確認した。

これを受け、防衛省とインド国防省は同日、防衛協力・交流に関する覚書に署名し、▽大臣級の定期会合▽次官級の定期対話▽陸海空各軍種トップの定期会合、幕僚協議▽各軍種間の交流▽海自と印海軍との定期的な2国間訓練――などを推進し、安全保障協力を強化していくことで一致した。

さらに、海自のUS2救難飛行艇の輸出を念頭に、防衛装備・技術面での協力をはじめ、▽国連平和維持活動（PKO）▽人道支援・災害救援（HA/DR）▽海賊対処▽対テロ――での協力強化で合意した。

春夏秋冬

済州島にも中国の影？

黒田　勝弘

済州島の話を書く。韓国本土から80キロの最南端にある。日本の長崎県五島列島のすぐ西だが、五島列島より北なので沖縄ほど〝南国〟ではない。それでも韓国では珍しく一年中、緑があり本土から出かけると冬は暖かくホッとする。

中央部の標高2000㍍近い漢拏山（ハルラ）とそのすそ野が美しい景観になっている。韓国最大の観光リゾートで、海外旅行が一般化する前は新婚旅行のメッカだった。今は風光明媚（めいび）なリゾートだが、その歴史は苛酷で示唆するところが多い。

高麗時代の朝鮮半島はモンゴル族の元に支配された。13世紀後半の日本侵攻（元寇）は当初、済州島を基地にして日本に攻め入る計画だった。このため今も島にはモンゴル馬の血を引く「チョランマル」が生息し、基地を意味するモンゴル語の「モスル」も地名として残っている。

日本統治時代の末期には対米戦の基地として南端に海軍の飛行場があり、今も格納庫の残骸が草に埋もれている。岸壁の洞窟には水上特攻「震洋」の基地跡もある。〝つわものどもが夢の跡〟だが日本敗戦後、今度は南北分断の悲劇の舞台になった。

1945年以降、ソ連支配下で共産化した北朝鮮に呼応する南朝鮮労働党（南労党）が済州島を〝解放区〟にしようと武装蜂起。韓国軍・警と激しい衝突となり多くの犠牲者を出した（1948年4・3事件）。2年後に北朝鮮軍の南侵で朝鮮戦争が起きるが、済州島が共産化されていたら南北からの挟み撃ちで韓国は崩壊していたかもしれない。

しかも朝鮮戦争の際、韓国の李承晩政権はもし本土を追われた場合、済州島にたてこもるという構想があった。中国で毛沢東の共産党軍に本土を追われた蒋介石の国民党軍が台湾にたてこもったのと同じ発想である。

済州島の人口は現在54万人。日本には大阪を中心に済州島出身の在日韓国人が約10万人いるため、1家族で1人は日本に親類がいる計算になる。それほど日本とは縁が深い。

済州島に今、中国人観光客が押し寄せている。その数は日本人の10倍以上の100万人（年間）にもなる。ここにも中国の脅威？

（くろだ・かつひろ＝産経新聞ソウル駐在客員論説委員）

防衛省発令

▽空幕情報通信課計画班長（空幕情報通信課）1空佐　谷川　修
▽同運用支援課部隊訓練第1班長（同運用支援課）同　鈴木　繁直
▽航空総隊法務官（航空総隊司令部）2空佐　河野　弘和
▽空自幹部学校付（空幕情報通信課計画班長）1空佐　寺川　清司
▽（同運用支援課部隊訓練1班長）同　門間　政仁
（同装備課）同　江口　尊俊
（飛行開発実験団）

▽警察庁へ出向＝長官官房付へ＝（官房審議官）宮岡司史
▽官房審議官（警察庁長官官房付）笠原俊彦
（以上8月29日）

朝雲寸言

台風12号が東シナ海を、そして、後を追うように台風11号が南西諸島に沿って北上していた8月上旬、尖閣諸島の周辺海域から中国政府公船の姿は消えていた▼うねりは時に10メートルを超す。たたきつける暴風雨の中で、海上保安庁の巡視船は日本の島を守り、海を守っていた。「海が荒れれば中国は出てこない。だが、我々はどんな時でも、常にこの海にいる」と海上保安庁の幹部は語る▼政府が公表している「中国公船による尖閣諸島接近状況」によると、2個の台風が南西諸島方面に近づいた7月31日から8月8日にかけ、中国の巡視船が尖閣諸島に近づいたのは二日。接続水域内を航行しただけだった▼海上保安庁は8月28日、来年度予算で、海上の警備態勢強化費として、今年度の2倍にあたる約500億円を要求することを公表した。このところ尖閣諸島の周辺海域では、中国の巡視船だけでなく、中国漁船の領海侵入も目立っているからだ▼政府は満額回答で応えるべきだ。しかし気掛かりなことがある。海保の奮闘ぶりがメディアで取り上げられていないことだ。最前線を伝えたいという保安官たちの思いとは逆に、国土交通省には「中国を刺激するな」という空気があると海保幹部は明かす▼尖閣諸島を国有地化した9月11日を前に、中国の動きは活発化するだろう。挑発にも踊らされず懸命に島と海を守り続ける海上保安官たち。士気が落ちないことを祈りたい。

時の焦点

国内　改造・党役員人事

内紛の余裕ないはずだ

木造帆船「開南丸」で日本人初の南極大陸への上陸を果たした白瀬矗陸軍中尉は、探検隊の内紛に悩まされたという。

1912（明治45）年1月の南極上陸前から始まった隊員間の不和は、2月に南極を離れて日本に向かう段階でさらに深刻化していた。白瀬中尉らがニュージーランドから開南丸とは別の船で帰国したことからも、亀裂の深さが知れる。

資金面や装備面で他国の探検隊に比べてハンディを負っていたところに内紛まで起きては、指揮官として辛かったろう。目指した南極点への到達もかなわなかった。

厳しい財政状況と人口減などのハンディを負って「日本再生」の極点を目指す「自民党丸」も、内紛が表面化しては目的地にたどりつけまい。内閣改造と自民党役員人事をめぐる安倍晋三首相と石破茂・前幹事長のかけひきのことである。双方が矛を収める形で収まったが、党総裁の人事構想に幹事長が公然と異を唱えた事実は、いくら和解を演出しても消えない。

二人が集団的自衛権の行使のあり方について異なる考え方を持っていたことは、周知の事実だ。しかし、具体的な立法作業の過程で、そのずれを修復していくことも可能だったはずで、安全保障担当相に就任できない理由として、安保政策の違いを挙げたことは、「ポスト安倍」を狙う石破氏の戦略にとっても、得策ではなかった。

今後、自民党が政権与党のまま「ポスト安倍」へのバトンタッチが行われるとすれば、①内閣支持率の低迷②2015年自民党総裁選での安倍首相の敗北③安倍首相が病気などで退陣――といった場面が考えられる。

①と②では、自民党は安倍路線の転換を行うだろう。集団的自衛権の限定容認決定後に安倍内閣の支持率が急落したことを考えれば、安保政策では安倍首相以上に急進的な石破氏を後継とすることに躊躇するはずだ。③で安倍路線が引き継がれることになると、これまた、路線の違いを明言した石破氏には不利だ。

安倍首相が15年総裁選前に衆院解散・総選挙に踏み切った場合、自民党が勝つと安倍氏の18年秋までの総裁任期が確実となり、石破氏の出番は遠のく。下野すれば、石破氏が「ポスト安倍」を手中にしても、野党の総裁ということになる。

南極点を示すジオグラフィック・ポールは、表面の氷の移動でずれるため、毎年、新たな場所に付け替えられるそうだ。国際情勢や金融・経済がめまぐるしく動く中で、日本再生の極点も移ろっていく。ただでさえ困難な道のりを、目標が移動する前に踏破するには、内紛の余裕などないはずだ。安倍首相と石破氏が、どこまで亀裂を埋められるかが焦点となる。

1946年のきょう、9月4日に白瀬中尉が没してから、日本人が初めて南極点に到達するまでには、さらに20年以上の歳月を要した。

東雲　次郎（政治評論家）

海外　トルコ新大統領

政治手法に懸念の声も

8月28日、トルコの新大統領が就任した。在任11年の首相職から国家元首の座に横滑りしたエルドアン氏（60歳）である。

トルコ政治の現況は、政権与党の公正発展党（AKP）が議席の過半数を握る「一強多弱」体制である。大統領選に勝利したエルドアン氏は、「新しい時代を切り開く」と自信満々だ。任期は5年、再選も可能である。

トルコはいま地政学的に極めて微妙な立場にある。シリア、イラク、ウクライナ、ガザなど周辺情勢の緊迫で難しい政策判断を迫られ、国の代表、内政の調整役として大統領の職務は重みを増している。

こうした情勢下、何よりも懸念されるのは、エルドアン氏が権威主義的な政治スタイルをとみに強めてきたことだ。昨年、イスタンブール市内の再開発に反対する抗議デモを強制排除し、反政府運動が広がった。情報機関による通信の傍受・盗聴も反発を呼んだ。

第二は、国是である政教分離の世俗主義からの離脱傾向である。政府は昨年、女性公務員のスカーフ着用を共和国創設以来、初めて解禁した。イスラム化傾向がさらに強まれば、深刻な国内対立を引き起こしかねない。

第三は、憲法で定められた大統領職務の歪曲である。大統領は国家・国民の象徴とされ、政治の実権は政府にある。ギュル前大統領はAKP所属であるが、野党との協調を尊重した。ところが、エルドアン氏は憲法を改正して大統領権限を強め、政治の実権を握り続ける意向といわれる。改憲を発議するにはAKPの議席を増やさねばならず、来年の総選挙を前倒しする筋立てが報じられている。

著名な政治評論家のソリ・オゼル氏は「後継のAKP党首兼首相に最もふさわしいのはギュルだった。エルドアンは自らのライバルになりそうなギュルを嫌い、後継人事をわざと遅らせ、無害な側近のダウトオール前外相を後釜に据えた。すべて策謀だった」と解説する。そして、「大統領が自らの権限強化の憲法改正を言い出すこと自体、違憲行為だが、いまの与野党にはそれを阻止する勇気も実力もない」と嘆く。ただし、「強権政治に対する若い世代の反発は強い」と付言した。

第四の懸念は、新大統領が外交政策に関与してくることだ。振り返れば、エルドアン外交は誤算の連続だった。エジプトとは長年、友好関係だったのに、ムスリム同胞団のモルシ前政権に肩入れし過ぎたため、軍主体の新政権に変わって対立状態になった。シリアともよい関係だったのに、反政府のシリア自由軍がトルコ領内に拠点を置くのを許し、アサド政権と敵対する結果になった。

前述のオゼル氏は「いまや地域最大の脅威は『イスラム国』だが、その多くのメンバーがトルコ内の拠点から出撃した。そうしたミスを重ねた者が、外交に口を出すべきではない」と戒める。

こうした懸念や忠告にどこまで耳を傾けるか。新大統領の評価に大きく響くのは確かであろう。

小倉　春樹（外交評論家）

予備自衛官制度創設60周年記念式典

大臣が感謝と激励

全国から隊員60人が出席

祝賀会で祝辞を述べる小野寺防衛相（8月25日、東京都新宿区のホテルグランドヒル市ヶ谷で）

予備自衛官制度の創設60周年を記念する式典が8月25日、防衛省とホテルグランドヒル市ヶ谷（東京都新宿区）で行われた。出席した予備自衛官60人（うち女性5人）を前に小野寺大臣は、災害や有事に備え、多忙な中で訓練に励む隊員に対し感謝と激励の言葉を送った。

式典には、全国から訓練などで優秀な成績を収め推挙された予備自隊員と雇用企業主などを招待。木原政務官、岩崎統、岩田陸、齊藤空の各幕僚長をはじめ、陸幕各部長、在日米軍関係者などが参列した。

岩田陸幕長は祝辞で、予備自衛官が陸自の重要な縦深戦闘力であると述べた上で、「誇りを堅持せよ」「国民との懸け橋たれ」「感謝の気持ちを忘れずに」の3点を要望した。

木原政務官は安倍首相の祝辞を代読。この中で首相は、予備自制度を「安全保障の最終的担保」とし、「東日本大震災で予備自衛官約1700人が被災者支援を完遂したことは記憶に新しく、その高い志を持った姿は我が国の誇りである」と述べた。

続いて開かれた祝賀会で小野寺大臣は「国民の生命・財産を守るために予備自衛官と民間企業が活躍する制度を充実させていく」とあいさつした。

式典に先立ち、予備自衛官は、防衛省で岩田陸幕長と共にユズリハの植樹を実施した。

ユズリハは、新葉の成長に伴い旧葉が後を譲るように落ちるため、岩田陸幕長は「組織が絶えることなく存続していくこと」の象徴であるとし、「さらに次の60年に向けて制度を発展させていく」との決意を示した。

予備自衛官制度　国家の緊急事態に常備自衛官を補完するため、教育訓練を受けた民間人を自衛官として招集する制度。元自衛官からなる「即応予備自衛官」、元自衛官と教育訓練を修了した自衛官補からなる「予備自衛官」、未経験者を一般・技能の区分で公募し予備自衛官の候補者として訓練する「予備自衛官補」の3種類がある。昭和29年に創設、平成23年の東日本大震災で初めて招集された。

陸幕長

南スーダンを視察

PKO 6次隊の活動絶賛

【中央即応集団＝座間】岩田陸幕長は8月15日から21日まで、南スーダンとジブチを訪問し、現地で活動する自衛隊員を激励した。

陸幕長は16日、南スーダンで国づくり支援のPKO活動を行っている陸自派遣施設部隊6次隊（隊長・野村昌二1佐以下5旅団主力の約400人）が拠点を置く首都ジュバの日本隊宿営地を訪れ、岡山直樹3佐以下34人の儀仗を受けた。

陸幕長は派遣隊員に対し、①日本の代表としての誇りを堅持し、世界の模範となる行動をとる②任務に応じた柔軟な活動で最大限の貢献を行う③常に警戒心を保持し、安全を確保する――ことを要望。「野村隊長の極めて素晴らしい統率の下、活動の全てを絶賛する」と述べ、過酷な環境下で避難民支援を続ける隊員を激励した。

また、日本隊に派遣されている豪軍の連絡幹部や、国連南スーダン共和国ミッション（UNMISS）の司令部に派遣されている陸自の司令部幕僚と懇談したほか、UNMISS軍事部門司令官のテスファマリアム陸軍中将を表敬した。

19日からはジブチを訪問し、海自P3C哨戒機によりソマリア沖・アデン湾で監視飛行を行っている海自海賊対処航空部隊の拠点を視察し、警備を担う約70人の陸自隊員らを激励した。

また、ジブチに拠点を置くフランス軍や米軍の〝アフリカの角〟統合任務部隊の指揮官らを表敬した。

派遣施設部隊6次隊の儀仗を受ける岩田陸幕長（壇上）＝8月16日、南スーダン・ジュバ市の日本隊宿営地で

3自、韓国から学生10人が入校

FSOC入校式

第149期飛行安全幹部課程（FSOC）入校式が8月27日、東京都立川市の空自立川分屯基地で行われた。小袋空幕監察官、真岡陸幕航空機課航空安全班長、吉田海幕教育課教育班長、金駐日韓国大使館付空軍武官ら来賓列席のもと、隊員約50人が出席した。

式典では、航安隊司令の橋本進空将補が整列した10人のパイロットに入校を命じたのに続き、学生長の瀬下雄介3陸佐（連絡偵察飛行隊・木更津）が橋本司令に対し、入校申告を行った。

訓示に立った橋本司令は「（学生の出身が）陸、海、空、韓国と多岐にわたる。自分の搭乗機にない常識もあるからこそ親睦を深め、糧にしてほしい」と交流の重要性を説いた。

入校した203教空（下総）の坂口紘之1海尉は「（自分も）教官として飛行教育に携わっているため、積極的に空自飛行安全の知識を吸収したい」と語った。

1空団31教育飛行隊（浜松）から入校した山下広樹1空尉は「航空学生の時から飛行安全を強く意識してきた。念願かなって入校できたため、体系的に学んでいきたい」と力強く話した。

韓国20戦闘飛行団（瑞山）から参加した金俊模大尉は「韓国よりも日本の事故件数が少ないと知り、どんな違いがあるのか知りたい」と抱負を述べた。

FSOCでは飛行運用幹部、操縦幹部として飛行安全と航空事故調査に必要な知識を習得する。年に2回実施され、280時間（約7週間）にわたり航空心理などの座学、企業研修、日航機が墜落した群馬・御巣鷹山への現地訓練などが行われる。

橋本司令（右壇上）に対し申告を行う149期学生長の瀬下3佐（1列目左端）＝8月27日、空自立川分屯基地で

飛行警戒管制で日豪が防衛交流

【警空隊＝浜松】豪空軍第2飛行隊隊長のポール・カーペンター中佐以下19人が8月3日から5日まで、浜松基地を訪れ、同じ飛行警戒管制の任務に就く警戒航空隊司令・津田昌隆1佐と防衛交流を行った。

豪第2飛行隊はボーイング737旅客機をベースに開発されたE7A早期警戒管制機を運用する飛行警戒隊。同飛行隊が米アラスカ州で行われる合同訓練「レッド・フラッグ・アラスカ」へ参加するため日本を経由する中、部隊間交流が企画された。

交流行事では、E7A、空自のE767早期警戒管制機の機体に関するブリーフィングと実機の相互研修が行われ、特性や能力に関して理解を深め合った。浜松市内での文化交流を通じて親睦も深めた。

最終日、カーペンター隊長は全隊員に対し、最大級の讃辞と謝辞を送った。

カーペンター隊長（左）と握手を交わす津田司令（右）＝8月4日、浜松基地で

CTF151に初の司令部要員派遣

ソマリア沖・アデン湾での海賊対処行動が1年延長されたことを受け、防衛省は8月28日、多国籍の部隊からなる「第151連合任務部隊（CTF151）」の司令部（所在地・バーレーン）に自衛隊初の司令部要員として小澤誠3海佐（海幕運用支援課）を派遣した。小澤3佐はニュージーランド海軍の司令官（アントニー・ミラー准将）のもとで約3カ月間勤務し、11月下旬ごろ帰国する予定。

CTF151はバーレーンに本部を置く連合海上部隊（CMF）が2009年1月に設置した海賊対処のための多国籍部隊で、参加国は米、豪、英、韓、トルコ、パキスタンなど。日本は昨年12月から参加しており、従来の船舶護衛に加え、特定の海域にとどまって警戒監視を行う「ゾーンディフェンス」を実施している。

政府は7月18日、国家安全保障会議（NSC）と閣議で同23日に期限を迎えたソマリア沖・アデン湾での海賊対処行動の1年延長を決定し、来年5月をめどにCTF151の司令官として将補クラスを派遣する方針も決めている。

小澤3佐の派遣に先立ち、昨年12月上旬から今年2月下旬まで、浅野潔2海佐（現海自幹部学校）が初の海自連絡官として同司令部（当時の司令官はデンマーク海軍准将）に派遣されていた。

訂正　8月28日付3面「道東で大規模演習」の見出しと記事で参加隊員数が「2300人」とあるのは「3200人」の誤りでした。訂正します。

迅速な情報共有で一致

日米サイバー防衛第2回会合

日米防衛当局による「サイバー防衛政策ワーキンググループ（CDPWG）」の第2回会合が8月18、19の両日、米国防省で開かれ、サイバー分野でのより迅速な情報共有を目指すとともに、訓練や人材育成に関する教訓や成功事例（ベスト・プラクティス）を共有し、能力向上を図っていくことで一致した。

防衛省からは鈴木敦夫防衛政策局次長ら、米側からはデービス国防次官補代理代行らが出席し、政策レベルを含めた日米の情報共有の在り方や人材育成における交流など、さまざまな協力分野に関する専門的、具体的な意見交換を行った。

同作業部会は、昨年8月の日米防衛相会談で「サイバーセキュリティー分野での防衛協力の促進」が決まったことを受け、同10月に設置。今年2月に防衛省で初会合が行われ、日米が人材育成や技術面で連携を加速させていくことで一致した。年2回程度の開催を予定しており、次回は来春にも東京で開かれる予定。

出席者の一人は「サイバー攻撃は自衛隊や米軍の任務遂行上、大きな阻害要因となる可能性がある。引き続きCDPWGの枠組みを活用してサイバー攻撃対処能力を向上させ、日米防衛協力の一層の推進につなげていきたい」と話している。

共済組合だより

共済年金 9月から保険料率引き上げ

組合員の皆さまが加入している共済年金の保険料率「16・570％（組合員負担分は8・285％）」は、平成26年9月から「16・924％（組合員負担分は8・462％）」に引き上げられました。

なお、これは平成27年10月から組合員の皆さまが加入することとなる厚生年金（1・2階部分）の保険料率となり、その後、毎年0・354％ずつ引き上げた上で、平成30年9月に厚生年金の上限保険料率である18・3％に到達することとされています。

共済年金の現状や財政再計算についてのリーフレット等は国家公務員共済組合連合会のホームページ（http://www.kkr.or.jp/）でご覧いただけます。

カナダ海軍が3年ぶり来日

カナダ海軍のフリゲート「リジャイナ」（満載排水量4847トン、指揮官・デビッド・クレイグ准将＝加海軍予備役隊司令官、艦長・ダニエル・シャルルボワ中佐）が9月3日、東京港・晴海埠頭に寄港した。

海自は11護衛隊の護衛艦「やまゆき」（基準排水量2950トン、艦長・川野邦彦2佐）がホストシップを務め、期間中はスポーツ交歓や親善訓練を行った。7日に出港する。カナダ海軍艦艇の来日は3年ぶり。

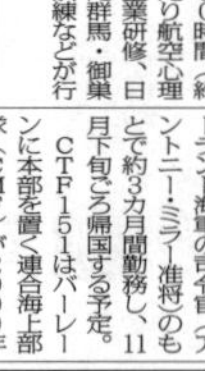

QDR 2014

米国防計画見直し　全訳

□最終回□

◇統合参謀本部議長のQDR評価

米国防計画見直し（QDR）の構成

国防長官からの手紙
エグゼクティブ・サマリー
序章
第1章：安全保障環境の将来
第2章：国防戦略
第3章：統合軍のリバランス（再均衡）
第4章：国防組織のリバランス
第5章：予算強制削減の意味合いとリスク
統合参謀本部議長のQDR評価

私はこの「4年ごとの国防計画見直し　2014」に示された戦略の方向を支持するものだ。10年以上にもわたる紛争を経て即応能力の再構築を図る中で、米軍は本QDR戦略の実行能力を有するが、いくつかの分野ではリスクは拡大する。実際、本QDRに示された変革を実施しないならば、今後我々の軍隊が直面するリスクは急速に拡大する。

戦略とは目標と手法、手段のバランスをとることである。すなわち、国家としての目標、作戦コンセプト、そして得られる資源のバランスである。本QDRが明らかに提示している問題は、近い将来、国防総省が国家安全保証のために得られる手段は少なくなるという事実だ。

グローバル・パワーとしての我々の責任を鑑みれば、QDRが2012年国防戦略指針で示された「目標」をそのまま引き継いでいることは驚くに値しない。そうした目標が、米国の核となる利益を守るのに必要とされるためだ。

目標はそのままで、「手段」は削減されることになり、それゆえ国を守る「手法」の中で革新性を打ち出すことが欠かせなくなる。革新を成功させることは、とりわけ米軍のような大きく複雑な組織にとっては困難なことだ。政治指導者との密接な連携はもちろん、軍内部の強く、果敢なリーダーシップが求められる。

したがって、私にとって2014年QDRの核心テーマは再均衡（リバランス）だ。地政学的な変化、戦闘手法の恒常的な進化、高まる潜在敵の能力、国家命題である赤字削減に伴う削減された資源などのため、多くの分野でリバランスを迫られているのだ。例示すると──。

■統合軍に備えさせる紛争のタイプ。統合軍は過去10年間、一つのタイプの紛争に焦点を当ててきており、今後あらゆるタイプの潜在的紛争に即応できるよう修復する必要がある。

■世界での前線配置。我々は増派能力を維持しながら、常設、事前配置、交代配置のプレゼンスのバランスをとる必要がある。同盟諸国を安心させ敵勢力を抑止する一方で、我々が世界中で果たすべき責任にも対処する、プレゼンス保持の新モデルを追求していく。

■軍の能力、キャパシティー、即応力。可能なこと、実行手法、そして既にあるコミットメントと不測事態への即応能力維持、のバランスを修復するには時間を要する。現在、これらは大きくバランスを欠いた状態にある。

■正面装備と後方支援能力とのバランス。非効率はしばしば外部から課せられるが、我々自身も組織として効率化に努め、戦闘力を維持する必要がある。

■現役兵、州兵、予備役兵の兵力配分。現役、州兵、予備役の兵力バランス変化の可能性については、各軍とその構成要素が持つ特徴と責務を活用する中で、慎重に検討する必要がある。

◇評　価

私が昨年のリスク評価で指摘したように、国家安全保障戦略で提示された四つの核心的関心事のうち、我々に直接責任が及ぶ国家安全保障の関心事としては六つがある。これらの関心事は守るべき事柄であり、すなわち戦略の"目標"となる。それらは──。

1　国家の存続
2　米国領土への壊滅的攻撃の阻止
3　世界の経済システムの安全保障
4　同盟諸国の安全保障、信用、信頼性
5　海外にいる米国人の保護
6　世界的な価値観の維持と増進──である。

これらはすべて重要であるが、その重要度合いは一様ではなく戦略立案、資源利用に差を生じさせる。

これら六つの関心事に基づき、統合参謀本部と私は以下の作戦行動（すなわち"手法"）の優先順位付けを行い、国防長官と大統領が戦力を戦闘司令官にどう配分するかを決定する一助とする。

1　安全で効果的な核抑止力の維持
2　本土の軍事防衛への備え
3　敵勢力の打倒
4　世界的かつ安定的プレゼンスの提供
5　テロリズムとの戦い
6　大量破壊兵器への対抗
7　敵の目的阻止
8　危機への対応と限定的な緊急作戦行動の実施
9　軍事的公約と安全保障協力の実施
10　安定化と対反乱作戦行動の実施
11　文民当局への支援提供
12　人道支援と災害対応の実施

優先順位付けは資源の選択、計画の分析、リスクの明確化を行う一助となる。今日、米軍はこれらすべての作戦行動を行うことができるが、ある特定状況の下では、これらのうちいくつかの作戦について能力、キャパシティー、即応力の点で限定される可能性がある。

米国の戦力投射を阻止できる勢力はほとんどなく、海外の基地も外交的、軍事的に安全。米本土は安全で、技術的な優位も他の敵対国に勝っている。

しかし、今後10年で東アジアでの国家間のリスクは増大すると見込まれ、軍事基盤と基地のぜい弱性は増し、技術の先端性は劣化、また、中東の不安定は持続し、暴力的な過激派組織の脅威も執拗に残る、と私はみている。

将来の紛争はほとんどすべてが、今よりずっと早いペースで、技術的にも困難な場所で起きる。そして、海外での紛争に米国が関与した場合、米本土も米軍、そして国民にとって聖域ではなくなる。

本QDRはこうした将来像を認識し、リスクを軽減するのに役立つ方向に我々を向けてくれるものと確信する。我々には新たな作戦コンセプトと、比較優位性をどう使うかについての新たな思考、新たな組織と編隊が必要になってくる。

また、今以上に統合軍の相乗効果が必要となる。さらにそれらにも増して、あらゆるレベルでの優れたリーダーと、能力と人格を備えた隊員を見つけて育てることに、より多くの投資を行っていく必要がある。

本QDRが提言した戦力構成は、得られる資源との兼ね合いで適正なものだと考える。

またQDRは、我々の利益と作戦を支える投資に高い優先順位を与え、特に宇宙、サイバー空間、状況認識と情報処理能力、射程圏外（スタンドオフ）からの打撃プラットフォームと兵器、巡航・弾道ミサイルへの対抗技術、そして海中での優位性の維持──といった項目を特に重視している。

本QDRに示された部隊はいずれもキャパシティー面のリスクを受け入れているが、中でも陸軍がそうだ。米軍の侵略行動への対応は空と海から開始されることがほとんどで、将来はサイバー空間、宇宙空間で開始する可能性もあるが、通常は陸上部隊を投入し陸上部隊のコミットメントで終了する。

このため、本QDRに示された陸上部隊は、あらゆる種類の21世紀の挑戦に備え、さらに良く編成、訓練され、装備される必要がある。さらに、陸上部隊の投入には時間が大きな要素を占めることから、私は現有の予備役や、国家総動員の可能性についても包括的な見直しを行うことを強く進言したい。

リスクは他の分野でも増大している。我々には戦闘環境においても作戦を効果的に遂行でき、突入を敢行できる能力が必要だ。それは、より広い地域で作戦行動ができる能力であり、異なるシステムやコンセプトで相互運用できる能力、そして分散作戦行動ができる能力を意味する。

また、地中深く埋設され強固に固められた目標を破壊し、ミサイルなどの移動発射装置を追跡、破壊するシステム網を提供、増強する必要がある。現在の配置、能力の利点を犠牲にすることなく、従来のプラットフォームや手法からの脱却を始めることが必要だ。

そうした移行には課題があり、コストもかかるかもしれない。高価で素晴らしいが、低コストしか投じない敵に無力にさせられるシステムの調達は、避けなければならない。

これらの課題にどれだけコストがかかるか見極めることは、ほとんど不可能だ。潜在敵国家による一層精緻なシステム開発、テロリストたちの賢さと執拗さ、我々自身の調達プログラムと能力を適応させる力、そして米国の技術と経済サイクルの活力──など、これからも技術拡散の速さには驚かされることになろう。良い意味でも悪い意味でも。

我々がどのように、どこで戦争や軍事的介入に対して戦うかの推定もまた、大方間違いになるだろう。

つまり、我々はバランスのとれた統合軍を構築する必要があり、そしてその軍は頻繁な対応に備える必要があるということだ。

◇リスク

大型台風「ハイエン」の被害にあったフィリピン・ルソン島で、オスプレイから救援物資を運ぶ米海兵隊とフィリピン軍（QDRから）

本QDRは米軍が、いくつかの分野でリスクは拡大するものの、最新の国防戦略を持たせることができると主張している。そこで、より高いリスクとなる三つの主要な分野を挙げてみる。

■より困難な通常戦闘。作戦行動には能力とキャパシティー、そして部隊の即応力が求められる。作戦行動は準備が間にあわない大部隊や、準備はできているが小さすぎる部隊では遂行できない。

また、戦略を解説する上で最も困難な点は敵の打倒と阻止行動を同時に進める一方で、本土の防衛を求められること。激しさの度合いで高・中水準の作戦計画では、このような同時進行の緊急事態対応を実行することが、本QDRの戦力にはより高いリスクとなる。

こうした潜在リスクを低減させるため、我々は現在作戦計画を見直しており、脅威の接近を早く察知できるよう情報能力をフルに活用して非対称戦力を作戦に全面投入し、さらに海外の配置を最適化することで、対応速度や兵站に要する時間を早める。

■同盟・友好諸国への依存。我々のキャパシティー低下は、同盟・友好諸国への依存を高めることで完全に緩和することはできない。同盟諸国には、その軍事力が潜在的脅威に比して低下する中でも、より多くを期待する。

新たな友好諸国は各軍の核ともなる能力だが、そうしたパートナーを増やす取り組みは、我々自身の戦力構成低下により、一層困難になる。

同盟諸国やカウンターパートとの相互交流の一環として、我々は部隊運営の可視化を追求してきた。戦力削減の緩和措置としてはさらに、混合部隊、需給に対応する同盟戦力"プール"、そして相互運用性の向上や共同訓練の増加などがある。

■世界的な責任の現実。長く続いてきた米国の政策コミットメントと結びついた軍事目標は膨大なものであり、その困難さは拡大している。安全保障環境は急速に変化している。

本QDRが説明するように、多様な世界の行為者たちはより密接に結びつき、先端技術により多くアクセスでき、耐久力と適応力を備えていることを実証している。中程度の国でも米本土に脅威を与えることができ、非国家勢力でも責任を負わずに力を取得できる。核保有国も増えている。

我々の老朽化したシステムは、革新的新技術への投資を行ってきた多くの敵勢力の攻撃を受けやすくなっており、我々は緊急性を持って先端技術やシステム、コンセプトを開発、採用する力を発揮しなくてはならない。加えて、我々は一層、斬新でローテクを用いた脅威、戦術から戦力やプラットフォームを守らなくてはならない。

以上の全ての要素が、我々が現在有している軍事的優位を低下させ、野心的な戦略目標を達成する能力を劣化させる。統合参謀本部と私は国防長官とともに、予定される戦力の規模と能力に合わせて、米国の軍事目標を精選させ、優先順位付け作業を行っていく。

◇結　論

私は、2020年に米軍はまだ世界最強の軍でいると確信する。武装した100万人超の男女隊員が130を超える国と海洋に配備され、全ての領域で潜在敵に勝る能力をまだ有しているであろう。

最も強大な国の過半と同盟関係を結び、我々はまだ、世界に強大な軍事力を投射できる唯一の国である。

我々の戦力はまた、大きな責任を有している。同盟諸国を守り、紛争抑止のため世界にプレゼンスを有し、世界の共通利益を守り、そして戦争を米国と米国民に近づけないようにしなくてはならない。これらの責務は米国軍に唯一無二のものであり、本質的に高価なものだ。

本QDRで示された、より小さく能力の低い軍は、こうした責務を果たすことを一層困難にする。ほとんどの我々のプラットフォーム、装備は古くなり、いくつかの領域での優位性は失われるだろう。部隊全体での深みが失われることで、敵をおじけづかせて紛争拡大を防ぐ力は低下するだろう。

我々のプレゼンスに慣れていた国家、非国家の行為者たちは違った行動を、それも害を及ぼす方向にとり始める可能性がある。

さらに、最も力のある我々の同盟諸国の多くが、重要な力を失うことになる。今後3～4年で我々の即応能力が悪化すれば、状況はさらに深刻になる。

2014年版QDRの要点は正しい。将来の不透明さの高まり、リスク判断の本質的な不確かさを考えれば、QDRの短期的な結論と方向性は支持できる。

QDRが示唆するように、我々は比較的小さく誰もが理解できる改革を行うのにも、組織として困難を伴うことになる。短期的には、前回の予算削減で破壊的な影響を受けたことで、我々は即応能力の修復に忙殺される。それでも、政治指導者たちが予算管理法を早急に撤回し、さらに我々がQDRの公約を実行すれば、我々は国に対して軽いリスクを伴いながらも安全保障を提供できると信じる。

ただ、私の最大の懸念は、我々が20年後に直面する世界に備えるための改革が間に合わない、または、改革の深度が不十分になることだ。

私は議会に対し再び、急いで困難な決定を下し、国防総省が内部において難しい選択をしやすいようにしてくれるよう促したい。

組織改革に必要とされる変化は不快で不人気なものだが、政治指導者には過剰なインフラを削減し、軍隊給与、補償の伸びを鈍化させ、不要な装備を退役させるよう、我々と協調して断行してもらう必要がある。

これらや他の改革を通して生じる節約は、近代化を助け、研究開発活動への投資を増やし、即応力回復に必要な予算を提供してくれる。必要なことを断行する意志の欠如は、QDRが公約したもっと遠大な目的追求に必要な意志の欠如につながりかねない。

真のリスクは、我々が部隊、計画、配置、目標、戦争のコンセプトなどを大きく変えていくことに失敗することだ。私は、2025年までにこれら全てで劇的な変革が必要だと確信する。

これらのうちいくつかは既知のもので、QDRにも示されている。またいくつかは、今日ではかすかに認識されるだけで、今後指針が必要になる。

革新は軍にとって不可欠であり、今の世代にとってリーダーシップを発揮する機会だ。そしてそれは、今しかない一瞬の機会である。

我々が米国の若者を戦地に送り出す際には、彼らが地球上で最高の訓練を受け、最高の装備を備え、最高の指揮下にある戦闘部隊であるようにしなければならない。そうした体制をつくるには時間もお金もかかるが、もろく傷つきやすいものでもあるのだ。

マーティン・デンプシー
陸軍大将

平成27年度概算要求

考え方

1　「平成26年度以降に係る防衛計画の大綱」（平成25年12月17日閣議決定）および「中期防衛力整備計画（平成26年度～平成30年度）」（平成25年12月17日閣議決定）に基づき、新たに導入することとされた装備品の取得も含め、統合機動防衛力の構築に向け、引き続き防衛力整備を着実に実施。

2　各種事態における実効的な抑止および対処ならびにアジア太平洋地域の安定化およびグローバルな安全保障環境の改善といった防衛力の役割にシームレスかつ機動的に対応し得るよう、統合機能のさらなる充実に留意しつつ、特に、警戒監視能力、情報機能、輸送能力および指揮統制・情報通信能力のほか、島嶼部に対する攻撃への対応、弾道ミサイル攻撃への対応、宇宙空間およびサイバー空間における対応、大規模災害等への対応ならびに国際平和協力活動等への対応を重視し、防衛力を整備。

3　格段に厳しさを増す財政事情を勘案し、我が国の他の諸施策との調和を図りつつ、一層の効率化・合理化を徹底。

1　各種事態における実効的な抑止および対処

本文中、着色部分は新規事業

（1）周辺海空域における安全確保

広域において常続監視を行い、各種兆候を早期に察知する態勢を強化するため、新たな装備品の取得を含めた、周辺海空域の情報収集・警戒監視態勢を強化する。

○固定翼哨戒機（P1）の取得（20機3781億円）

・現有の固定翼哨戒機（P3C）の後継として、探知識別能力、飛行性能、情報処理能力、攻撃能力等の向上したP1を取得

・一括調達により調達コストを縮減するとともに、20機のP1を確実に調達

○固定翼哨戒機（P3C）の能力向上（10億円）

固定翼哨戒機（P3C）の探知識別能力を向上させるため、レーダーや赤外線探知装置の性能向上に必要な器材の整備および改修を実施

○固定翼哨戒機（P3C）の機齢延伸（3機11億円）

固定翼哨戒機の体制を維持するため、P3Cに機齢延伸措置を実施

○哨戒ヘリコプター（SH60K）の取得（5機289億円）

現有の哨戒ヘリコプター（SH60J）の後継として、対潜探知能力や攻撃能力が向上した哨戒ヘリコプター（SH60K）を取得

○哨戒ヘリコプター（SH60J）の機齢延伸（2機10億円）

哨戒ヘリコプターの体制を維持するため、SH60Jに機齢延伸措置を実施

○新たな哨戒ヘリコプターの開発（70億円）

浅海域を含む我が国周辺の海域において対潜戦の優位性を確保するため、複数のヘリコプターとの連携により、敵潜水艦を探知する能力等を付与した哨戒ヘリコプターを開発

○新たな早期警戒（管制）機の取得【機種選定中】

南西地域をはじめとする周辺空域の警戒監視能力の強化のため、新たな早期警戒管制機または早期警戒機を取得

○早期警戒管制機（E767）の能力向上（137億円）

現有のE767の警戒監視能力の強化のため、中央計算装置の換装および電子戦支援装置の搭載等を実施

○滞空型無人機の取得【機種選定中】

広域における常続監視能力の強化のため、滞空型無人機を取得

○イージス・システム搭載護衛艦（DDG）の建造

（1隻の建造および2隻目のイージス・システム等の調達2274億円）

○護衛艦の艦齢延伸（艦齢延伸工事3隻および部品調達7隻分65億円）

護衛艦の体制を維持するため、「はつゆき」型（1隻）、「あさぎり」型（3隻）、「あぶくま」型（4隻）、「はたかぜ」型（1隻）、「こんごう」型（1隻）護衛艦に艦齢延伸措置を実施

○多様な任務への対応能力の向上と船体のコンパクト化を両立させた新たな護衛艦の建造に向けた調査研究（3億円）

新たな護衛艦の建造に向けて、性能等を確定させるために必要となる調査研究を実施

○新たな護衛艦用レーダーシステムの研究（59億円）

対空、対水上レーダー用等の空中線（アンテナ）を共用化し、小型化を図るとともに、各種センサーの連携により、性能を向上した新たな護衛艦用レーダーシステムの研究を実施

○艦載型無人航空機の運用要領等の調査（100万円）

艦載型無人航空機について、搭載センサー等の性能情報や導入後の運用要領について検討を実施

○潜水艦の建造（1隻644億円）

・潜水艦を16隻から22隻体制へ増勢するため、「そうりゅう」型11番艦（2900トン）を建造

・リチウムイオン電池を新たに搭載することにより、これまでの「そうりゅう」型潜水艦に比べて、水中持続力等を向上

○潜水艦の艦齢延伸

（艦齢延伸工事2隻および部品調達3隻分34億円）

潜水艦を16隻から22隻体制へ増勢するため、「おやしお」型潜水艦に艦齢延伸措置を実施

（2）島嶼部に対する攻撃への対応

島嶼部に対する攻撃に対応するため、常続監視体制の整備、航空優勢の獲得・維持、海上優勢の獲得・維持、輸送能力や水陸両用機能をはじめとする迅速な展開・対処能力の向上、指揮統制・情報通信体制の整備を実施する。

①常続監視体制の整備

○第303沿岸監視隊（仮称）の新編

平素からの常続監視に必要な体制を整備し、付近を航行・飛行する艦船や航空機の沿岸監視を担う部隊を与那国島に新編・配置

・宿舎整備等（2億円）

○新たな早期警戒（管制）機の取得【機種選定中】（再掲）

○滞空型無人機の取得【機種選定中】（再掲）

②航空優勢の獲得・維持

○戦闘機（F35A）の取得（6機959億円）※

※1　国内企業参画の範囲を拡大することに伴う初度費として、別途180億円を計上

※2　その他関連経費（教育用器材等）として、別途176億円を計上

○戦闘機の能力向上改修（109億円）

・戦闘機（F15）近代化改修（8機101億円）

・戦闘機（F2）空対空戦闘能力向上※（9式2億円）

※機体改修に必要となる改修キット9式分の経費を計上

・戦闘機（F2）JDCS（F）※搭載改修（2機7億円）

※JDCS（F）＝Japan self defense force Digital Communication System（Fighter）＝自衛隊デジタル通信システム（戦闘機搭載用）

○戦闘機部隊2個飛行隊の配備に伴う第9航空団(仮称)の新編

南西地域における防空態勢の充実のため、那覇基地に1個飛行隊（F15部隊）を移動させるとともに、第83航空隊を廃止し、第9航空団(仮称)を新編

○救難ヘリコプター（UH60J）の取得（2機82億円）

○輸送機（C130H）への空中給油機能付加（1式14億円）

救難ヘリコプター（UH60J）に対する空中給油機能の付加改修に必要な改修用部品を取得

○基地防空用地対空誘導弾の取得（2式105億円）

○11式短距離地対空誘導弾の取得（1式45億円）

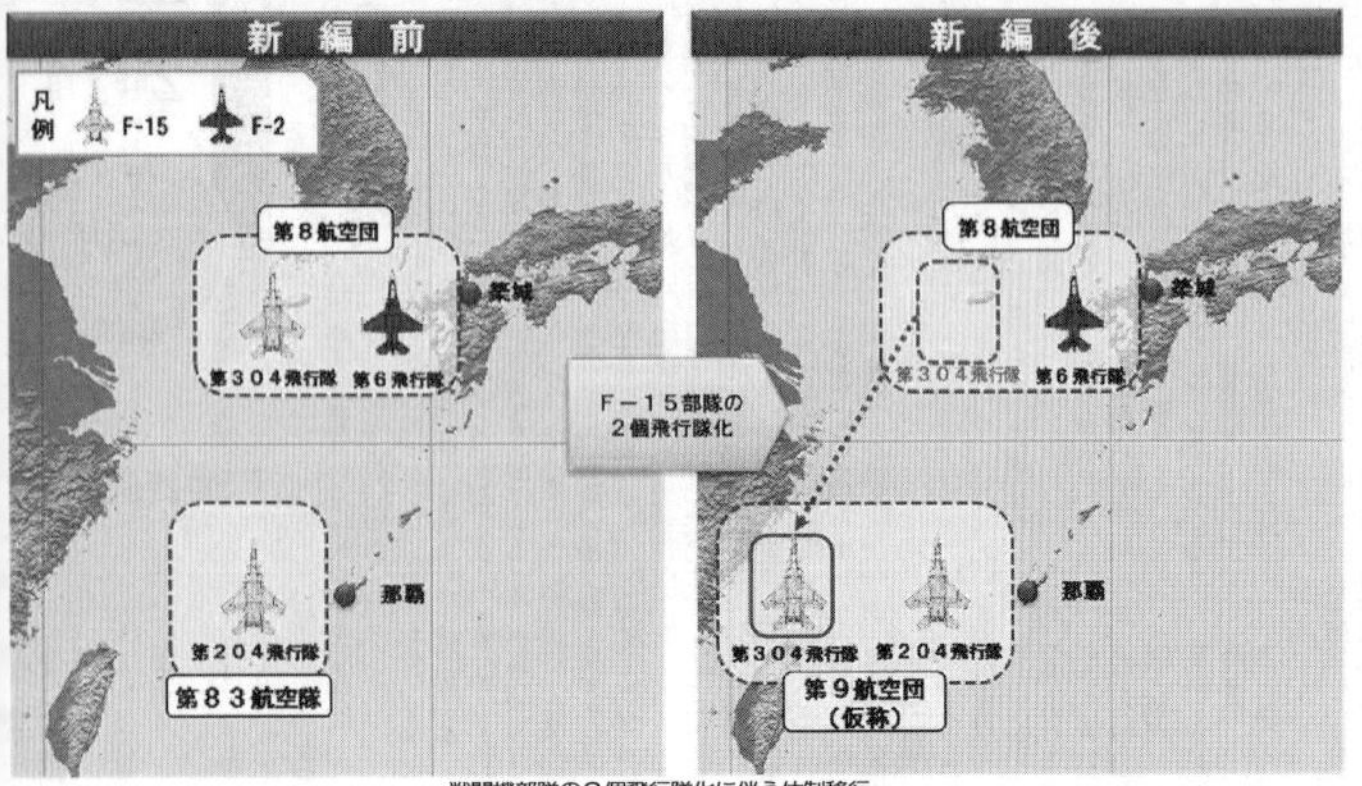

戦闘機部隊の2個飛行隊化に伴う体制移行

○03式中距離地対空誘導弾の取得（1式192億円）

○対空戦闘指揮統制システムの取得（28億円）

③海上優勢の獲得・維持

○新たな哨戒ヘリコプターの開発（再掲）

○多様な任務への対応能力の向上と船体のコンパクト化を両立させた新たな護衛艦の建造に向けた調査研究（再掲）

○新たな護衛艦用レーダーシステムの研究（再掲）

○艦載型無人航空機の運用要領等の調査（再掲）

○海上作戦センターの整備（自衛艦隊司令部等の新庁舎）＝10億円

陸自・空自、米軍、関係省庁と緊密に連携し、各種の事態に、より効果的かつ円滑に対応できる態勢を確立するため、横須賀の船越地区に海上作戦センターを整備（整備の第1期工事として、敷地造成を実施）

④迅速な展開・対処能力の向上

○ティルト・ローター機の取得【機種選定中】

輸送ヘリコプター（CH47JA）の輸送能力を巡航速度や航続距離等の観点から補完・強化するティルト・ローター機を整備し、水陸両用作戦における部隊の展開能力を強化

○水陸両用車の取得【車種検証中】

海上から島嶼等に部隊を上陸させるため、海上機動性および防護性に優れた水陸両用車を整備

○おおすみ型輸送艦の改修（10億円）

水陸両用戦に係る輸送能力を強化するため、海上自衛隊の「おおすみ」型輸送艦の改修に向け、水陸両用車が通過する艦尾門扉の開閉機構を強化する上で必要となる改修用部品等を取得

○水陸両用作戦等における指揮統制・大規模輸送・航空運用能力を兼ね備えた多機能艦艇の在り方について検討するための海外調査（500万円）

「おおすみ」型輸送艦

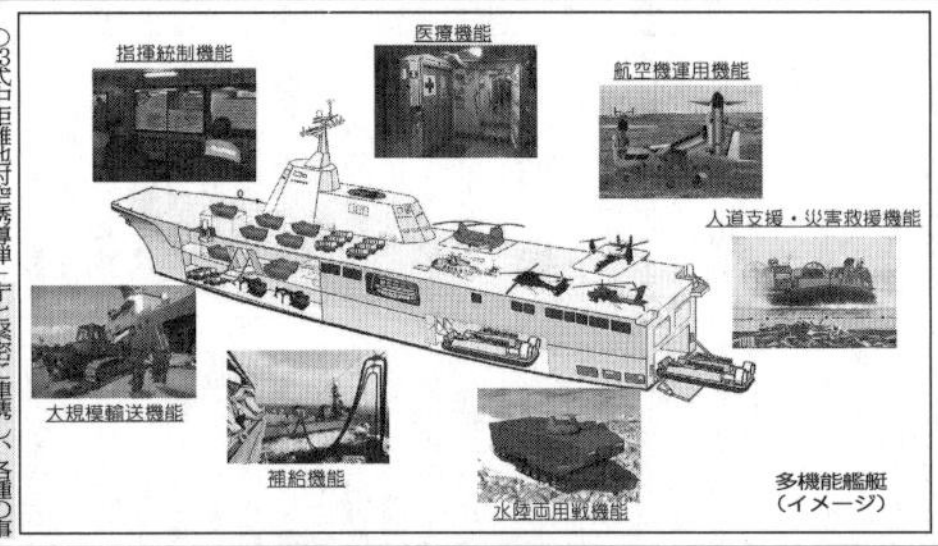

多機能艦艇（イメージ）

○水陸両用作戦関連部隊等の整備（190億円）

新編される水陸機動団および作戦関連部隊の展開基盤に係る用地取得経費および調査費等を計上

・ティルト・ローター機の拠点整備

・水陸機動団関連施設の整備

・水陸両用車部隊の拠点整備

※米海兵隊による佐賀空港の利用については、訓練移転のための使用を想定しているが、さらに沖縄への負担軽減を図る観点から、佐賀空港の有効活用について米側と相談

○南西警備部隊の配置（34億円）

島嶼防衛における初動対処態勢を整備するため、警備隊等の配置に関連する奄美大島の用地取得経費等を計上

○陸上総隊の新編に向けた準備

陸上自衛隊における全国的運用態勢強化に資する統一司令部を新編するため、これに係る関連事業を計上

・陸上総隊司令部（仮称）庁舎等の整備に必要な調査等（3億円）

・陸上総隊の新編に向けた準備態勢の確立（準備室の設置）

○米国における統合訓練（ドーン・ブリッツ）＝統幕

○米国における米海兵隊との実動訓練（アイアン・フィスト）＝陸自

○自衛隊統合演習（実動演習）＝統幕

○民間海上輸送力の活用に係るPFI事業（354億円）

自衛隊の輸送力と連携して大規模輸送を効率的に実施できるよう、民間資金等を活用した民間船舶（フェリー2隻）の長期安定的な確保および活用

⑤指揮統制・情報通信体制の整備

○指揮・統制・通信機能の整備

・陸上自衛隊へのリンク機能導入に係る調査・研究（0・4億円）

・米軍委託教育による人材育成（0・8億円）

リンク機能を運用する隊員を育成するための人材育成経費を計上

・野外指揮・通信システム一体化（20億円）

（3）弾道ミサイル攻撃への対応

弾道ミサイル攻撃に対し、我が国全体を多層的かつ持続的に防護する体制を強化する。弾道ミサイル攻撃に併せ、同時並行的にゲリラ・特殊部隊による攻撃に対応する態勢を整備する。

弾道ミサイル防衛関連経費2998億円

①弾道ミサイル攻撃への対応

○イージス・システム搭載護衛艦（DDG）の建造（再掲）

○イージス・システム搭載護衛艦の能力向上（2隻156億円）

平成24年度に着手した「あたご」型護衛艦2隻のBMD艦化改修を引き続き実施

○BMD用能力向上型迎撃ミサイル（SM3 Block IIA）の日米共同開発（92億円）

○PAC3ミサイルの再保証（100億円）

耐用命数を迎える部品（シーカー部）を交換するとともに、ミサイル全体の点検を実施し、所要のPAC3ミサイルを確保

○PAC3部隊の市ヶ谷における展開基盤等の整備（30億円）

②ゲリラ・特殊部隊による攻撃への対応

○NBC兵器による攻撃への対処

・新除染セットの取得（8両5億円）

核・生物・化学（NBC）攻撃等における大量の人員や装備品の汚染等に迅速に対処して被害の拡散や二次被害等を最小限にとどめるため、各種の除染能力を強化

・化学剤検知器（改）の取得（76式3億円）

○新多用途ヘリコプターの共同開発（10億円）

・現有装備（UH1J）の後継として、各種事態における空中機動、大規模災害における人命救助等に使用する新多用途ヘリコプターを開発

・効率的な開発を進める観点から、国内企業と海外企業が共同で行う民間機の開発と並行して実施

（4）宇宙空間における対応

各種人工衛星を活用した情報収集能力や指揮統制・情報通信能力を強化するほか、宇宙空間の安定的利用の確保のための取り組みを実施する。

宇宙関連経費420億円※

※弾道ミサイル防衛関連経費の宇宙関連部分を除く

○宇宙関連施策の推進

○宇宙を利用したC4ISR※の機能強化のための調査・研究等（52億円）

・Xバンド通信衛星（スーパーバードC2号機）の後継機の整備のための準備支援役務（2億円）

・衛星通信システムの通信妨害対策に関する研究（0・3億円）

・宇宙監視システムの能力具体化に関する調査研究（1億円）

※C4ISR＝Command（指揮）、Control(統制)、Communication（通信）、Computer（コンピューター）、Intelligence(情報)、Surveillance（監視）、Reconnaissance（偵察）

○Xバンド通信衛星（スーパーバードB2号機、D号機）後継機の打ち上げ保険の付保（67億円）

○米空軍宇宙業務課程への派遣（900万円）

JAXAとの協力推進

政府全体の宇宙開発利用を技術で支える中核的な実施機関である独立行政法人宇宙航空研究開発機構（JAXA）との協力により、効果的な宇宙開発利用を推進

○宇宙空間での2波長赤外線センサーの実証研究（48億円）

（前掲「宇宙を利用したC4ISRの機能強化のための調査研究等」の内数）

中赤外線および遠赤外線の二つの領域の波長帯を使用することで探知・識別性能が向上した防衛省の2波長赤外線センサーを文部科学省・JAXAで計画中の先進光学衛星に相乗りすることにより、宇宙空間での実証研究を実施

○ALOS2の画像利用（4億円）

（前掲「商用画像衛星の利用」の内数）

JAXA陸域観測技術衛星2号「だいち2号」（ALOS2）の画像を利用

※弾道ミサイル防衛関連経費（宇宙関連部分のみ）＝2653億円

（5）サイバー空間における対応

サイバー攻撃に対する十分なサイバー・セキュリティーを常時確保できるよう、人材育成を含め、サイバー攻撃対処能力の検証が可能な実戦的な訓練環境の整備等、所要の態勢整備を行う。また、最新のリスク、対応策、技術動向等を把握するため、民間部門等との連携を強化する。

サイバー関連経費103億円

①実戦的なサイバー演習環境の整備

○サイバーレンジの構築等に関する独立行政法人情報通信研究機構（NICT）との研究協力

○防御の実効性を高めるための演習対抗機能の設置に向けたサイバー空間の利用を妨げる能力に関する調査研究（0・1億円）

○実践的な学習教材・教育プログラムとしてのシリアス・ゲーム（教育）導入に向けた取り組み（0・6億円）

②運用基盤の充実強化

○ネットワーク監視器材の整備（30億円）

DII（防衛情報通信基盤）の各拠点に整備した監視器材を維持

③民間部門等との連携強化

○サイバーディフェンス連携協議会（CDC）共同訓練の実施（0・2億円）

防衛産業との連携の強化に向けた共同訓練を実施

○政府機関との連携の強化

内閣官房セキュリティセンター主導の情報セキュリティー緊急支援チーム（CYMAT※）への要員派遣や、各種訓練等への参加に積極的に取り組み、政府機関との連携を強化

※CYMAT＝Cyber Incident Mobile Assistant Team

（6）大規模災害等への対応

各種の災害に際して、十分な規模の部隊を迅速に輸送・展開するとともに、統合運用を基本としつつ、要員のローテーション態勢を整備することで、長期間にわたり、持続可能な対処態勢を構築する。

①災害対処拠点となる駐屯地・基地等の機能維持・強化

○市ヶ谷庁舎被災時の代替機能の整備（3億円）

首都直下地震による被災に備え、朝霞駐屯地を代替地として活用し得るよう同駐屯地情報通信基盤の拡充等

○海上作戦センターの整備（自衛艦隊司令部等の新庁舎）＝再掲

○自衛隊の展開拠点確保に係る基本構想業務（福井・奈良）＝800万円

広域防災拠点となり得る自衛隊の展開基盤を確保し、大規模災害への実効的な対処体制を確立するため、基本構想業務に係る経費を計上

○美保基地における災害対処拠点の整備（6億円）

長大な日本海側の沿岸地域等における大規模災害等への対処能力の向上を図るため関連する調査費等を計上

②大規模・特殊災害等に対応する訓練等の実施

○離島統合防災訓練

離島における突発的な台風災害等に対して、統合運用による円滑な災害対処のための能力の維持・向上を図る訓練を実施

○日米共同統合防災訓練（TREX）

国内の大規模災害発生時における在日米軍等との連携要領の確立および震災対処能力の維持・向上を図るため、日米共同統合防災訓練を実施

○自衛隊統合防災演習

国内の大規模災害発生時に円滑かつ効果的に対処して被害を最小限とするため、自衛隊統合防災演習を実施し、大規模災害対処に係る自衛隊の統合運用能力を維持・向上

③災害対処に資する装備品の取得等

○ティルト・ローター機の取得【機種選定中】（再掲）

○水陸両用車の取得【車種検証中】（再掲）

○水陸両用作戦等における指揮統制・大規模輸送・航空運用能力を兼ね備えた多機能艦艇の在り方について検討するための海外調査（再掲）

○新多用途ヘリコプターの共同開発（再掲）

○双腕作業機の取得（2両0・6億円）

大規模災害等に対応するため、人命救助およびがれき等の除去などに柔軟に対処可能な双腕型の作業機を整備し、大規模災害等への対処能力を検証

双腕作業機（イメージ）

（7）情報機能の強化

各種事態等の兆候を早期に察知し迅速に対応するとともに、我が国周辺におけるものをはじめとする中長期的な軍事動向等を踏まえた各種対応を行うため、情報の収集・処理体制および収集した情報の分析・共有体制を強化する。

○人的情報収集機能の強化

情報本部に、人的情報収集に係る調査研究を実施するための所要の体制を整備

○ビッグデータ分析による公開情報収集に係る研究機能の強化（500万円）

情報本部に、ビッグデータ関連技術を用いた公開情報収集に係る調査研究を実施するための所要の体制を整備

○「統合型地理空間データ基盤（統合型GDI）」の実現に向けた調査研究（1億円）

各自衛隊・情報本部において整備する地理空間情報を高度に活用するため、効率的かつ効果的なデータ共有・統合の進め方の調査研究

○滞空型無人機の取得【機種選定中】（再掲）

○防衛駐在官にかかる体制強化

・防衛駐在官候補者に対する研修の強化

・防衛駐在官の増員等（ウクライナ、ポーランド、豪州）

2　アジア太平洋地域の安定化およびグローバルな安全保障環境の改善

アジア太平洋地域の安定化に向け、二国間・多国間の協力関係を強化し、訓練・演習等の各種活動を適時・適切に実施するとともに、グローバルな安全保障上の課題等に適切に対応するため、国際平和協力活動等をより積極的に実施する。

（1）アジア太平洋地域の安定化への対応

○アジア諸国を中心とする軍または関係機関の能力構築支援の実施

関係国の軍または関係機関に対し、人道支援・災害救援等の分野における能力向上や人材育成の促進への取り組み

○海上連絡メカニズムの運用等をはじめとする中国、ロシアとの防衛交流・協力の推進

○パシフィック・パートナーシップ2015への参加

アジア・太平洋地域内の各国を訪問して、医療活動等および文化交流等を実施し、各国政府、軍、国際機関および

NGOとの協力を通じて、参加国の連携強化や国際災害救援活動の円滑化等

○国際平和協力活動民軍連携研究会

研究教育機関、NGO、国連・国際機関等と自衛隊が一堂に会して国際平和協力活動等について情報共有・意見交換を実施

（2）グローバルな安全保障課題への適切な対応

海外での活動能力の強化

○国際活動に資する装備品等

10トントラック（PLS付）の取得（1両1億円）

○国連平和維持活動教官要員訓練の共催

各国のPKOセンター等の教官要員に対する訓練を国際連合と共同で開催

・我が国のPKO活動に対する主体的な取り組みを示すとともに、他国を含むPKO要員の能力向上に貢献

・統幕学校国際平和協力センターの教官要員の参加による教授能力の向上を通じ、PKO活動等に参加する我が国要員を人材育成

○国際協力分野における女性の活用

NATO本部への女性自衛官の派遣に係る増員

○ソマリア沖・アデン湾における海賊対処

・護衛艦およびP3Cによるソマリア沖・アデン湾における海賊対処を継続

・C130HおよびKC767による空輸支援

・海賊対処のための多国籍の連合任務部隊である第151連合任務部隊（CTF151）に参加して活動を実施

○ジブチ拠点活用に向けた検討（0・3億円）

国際平和協力活動等を効率的に実施する観点から、現在海賊対処行動の拠点として使用されているジブチの拠点の活用の在り方に係る検討の資とするため、各国軍の海外拠点の維持状況についての調査研究

3 日米同盟の強化

米軍の抑止力を維持しつつ、沖縄県をはじめとする地元の負担軽減を図るため、在日米軍の兵力態勢の見直し等についての具体的措置を着実に実施する。

（1）地元の負担軽減に資する措置

前年度同額1100億円で仮置き

○在沖海兵隊のグアム移転に必要な事業への資金拠出等

○普天間飛行場の移設

○嘉手納飛行場以南の土地の返還

○厚木飛行場から岩国飛行場への空母艦載機の移駐等

○嘉手納飛行場等所在米軍機の日本国内およびグアム等への訓練移転

○地域振興策（再編交付金等）

地元の負担軽減に資する措置については、可能な限り早期に事業を実施することが重要との観点から、予算編成過程における地元や米軍等との調整結果を予算に反映させることが必要であり、今後予算編成過程において検討し、必要な措置を講ずることとしている。

（2）SACO関係経費

前年度同額54億円で仮置き

4 人事教育に関する施策

防衛省・自衛隊における国防を担う優秀な人材（自衛官、予備自衛官等）を確保するとともに、精強性向上を図る観点から、募集、再就職、予備自衛官等の充足その他必要な施策について総合的に検討を行い、その適正な実施を図るとともに、女性の積極的な活用を推進する。

（1）国防を担う優秀な人材を確保するための施策の推進

①募集業務の強化

○適正な情報発信と時代の変化に応じた募集広報の強化・改善

○適性検査の見直し

自衛官候補生の適性検査の問題を見直し、現代の受験者に適したより実効性のある検査を実施

○貸費学生の強化

自衛隊における技術系分野の強化を図るため、技術貸費学生の採用枠を拡大

②再就職支援業務の強化

退職予定自衛官に対する職業訓練の充実・強化（0・8億円）

③予備自衛官等の充足向上および制度の充実・強化（0・5億円）

○予備自衛官等協力事業所制度（仮称）の導入

予備自衛官等の雇用企業等に対し、顕彰等を実施し、予備自衛官等の雇用拡大

○予備自衛官等を雇用した場合の法人税額等の特別控除

雇用企業に対するインセンティブを高めることにより、予備自衛官等の充足を向上

○民間海上輸送力の活用を念頭に、海上自衛隊において予備自衛官補を導入

（2）女性の積極的な活用の推進

女性職員の採用・登用のさらなる拡大を図り、その際、職業生活と家庭生活の両立支援等に係る勤務環境の整備を進めるとともに、職場における固定的な役割分担の意識解消に努める。また、災害派遣や国際平和協力活動等に女性自衛官の派遣を推進する。

①職業生活と家庭生活の両立支援のための整備

○庁内託児施設の新設・整備（1億円）

・託児施設等の新設（市ヶ谷地区、空自入間基地）

○緊急登庁支援（児童一時預かり）のための備品整備等（0・4億円）

○子育て支援ハンドブック（改訂版）の作成配布

②女性隊員の勤務環境の整備

○女性隊員のための施設整備（6億円）

・女性用区画（当直室、仮眠室等）の整備（空自）

・女性隊舎の設計・整備（空自芦屋基地）

○自衛官の制服における妊婦服の整備（400万円）

○女性自衛官のための部外カウンセラーの招へい（600万円）

自衛隊の任務の特性を踏まえ、出産・育児等の女性特有の悩みに対応するカウンセリングを行うことによって、女性自衛官の労働意欲の促進、活躍機会を増大

③意識啓発のための研修等の拡充（0・2億円）

④国際協力分野における女性の活用（再掲）

NATO本部への女性自衛官の派遣に係る増員

⑤その他（0・7億円）

○若年定年退職者および任期制隊員（女性自衛官）に対するライフプランセミナー等

○女性自衛官活用の検討のため、諸外国の女性軍人活用状況の調査

（3）人事制度改革

近年、装備品の高度化・複雑化や任務の多様化・国際化する中、技能、経験、体力、士気等のさまざまな要素を勘案しつつ、自衛隊の精強性を確保し、厳しい財政状況の下で人材を有効に活用する観点から、人事制度改革に関する施策を着実に実施

5 効率化への取り組み

装備品取得の全般にわたり、さらなる合理化・効率化を図るため、各種取り組みを推進させ、27年度以降で約1450億円の節減を図る。

（1）装備品等の調達における長期契約の導入（新規）［節減見込額約403億円］

○固定翼哨戒機P1の長期契約による一括調達

（20機のP1調達、節減見込額約▲403億円＝▲9・6％＝）

固定翼哨戒機（P1）について、平成27年度に20機を一括して調達

（※）財政法において5カ年度を限度とされている国庫債務負担行為に関し、5年を超える長期契約を可能とする立法措置が必要

これにより、スケールメリットを生かし調達コストを縮減するとともに、防衛所要を満たすため必要な20機のP1を確実に調達

（2）維持・整備方法の見直し［節減見込額約333億円］

定期整備間隔の延伸等により、維持整備コストの効率化を追求

【施策例】

○可動率の向上と適時適切な部品供給態勢の確保等を図るためのPBL（Performance Based Logistics）の導入

海上自衛隊掃海・輸送ヘリ（MCH101）

（3年度間での節減見込額15億円）

○航空機（P3C哨戒機）機体整備間隔の延伸

定期整備の間隔を48カ月から60カ月に延伸

（5年度間での節減見込額23億円）

※その他の維持・整備方法の見直し29件

（3）装備品のまとめ買い［節減見込額約278億円］

少量かつ長期間の整備の結果、高価格となっている装備品等について、経費節減効果の見込まれるものを単年度にまとめて予算化し、効率化を追求

【施策例】

○イージス・システム等のまとめ買い

2隻分1735億円→1671億円（節減見込額64億円）

○航空機行動用弾薬（AAM4B）のまとめ買い

3年分190億円→164億円（節減見込額26億円）

※その他の装備品のまとめ買い21件

（4）民生品の使用・仕様の見直し［節減見込額約435億円］

費用対効果の観点から、民生品の使用や装備品の仕様の見直しにより、経費節減を追求

【施策例】

○「あさぎり」型護衛艦の戦闘指揮システムの近代化に際し、民生品を使用（節減見込額29億円）

○システム関連器材の集約等による効率化（節減見込額14億円）

※その他の民生品の使用・仕様の見直し64件

自衛官定数等の変更　（単位：人）

	26年度末	27年度末	増△減
陸上自衛隊	159,198	158,948	△250
常備自衛官	151,023	150,873	△150
即応予備自衛官	8,175	8,075	△100
海上自衛隊	45,494	45,366	△128
航空自衛隊	47,073	46,940	△133
共同の部隊	1,253	1,253	0
統合幕僚監部	367	369	2
情報本部	1,910	1,914	4
内部部局	40	49	9
防衛装備庁（仮称）	――	409	409
合　計	247,160	247,173	13
	（255,335）	（255,248）	（△87）

注1：各年度末の定数は予算上の数字である。
注2：各年度の合計欄の下段（　）内は、即応予備自衛官の員数を含んだ数字である。

6 防衛省改革

「防衛省改革の方向性」（平成25年8月30日策定・公表）に基づいて防衛装備庁（仮称）の設置、統合幕僚監部の強化などの組織改革等を実施。

①文官・自衛官の相互配置

○実際の部隊運用に関する業務の一元化に伴う統幕への高位級文官ポストの新設（後述）

○内部部局への高位級自衛官ポストの新設（1佐×3）

②防衛装備庁（仮称）の新設

防衛省内の調達、研究・開発等に係る装備取得関連部門（内部部局、各幕僚監部、技術研究本部、装備施設本部）を集約・統合した外局として「防衛装備庁（仮称）」を新設。併せて、省内および装備庁内の監察機能を強化。

これに伴い、各幕僚監部で装備取得関係業務を行っていた部署は後方支援部（仮称）に改編。

○防衛装備庁（仮称）の主な機能

・主要装備品に係るライフサイクル全般を通じた一元的な管理（プロジェクト管理機能）

・運用ニーズを適切に反映した研究開発、技術動向の分析、先端技術研究を行う機関への資金援助等（研究開発機能）

・より現状に適した契約制度の検討等による調達業務の効率化等（装備品等の調達機能）

・海外への装備品移転の案件の増加に伴う技術管理、国際共同開発・生産、民間転用等（装備協力・武器技術管理機能）

③統合運用機能の強化

○統合幕僚監部への実際の部隊運用に関する業務の一元化

・実際の部隊運用に関する業務を統幕に一元化し、運用企画局を廃止（運用に関する法令の企画・立案機能等は防衛政策局事態法制課＝仮称＝が所掌）

・対外説明や統合幕僚長に対して政策的見地からの補佐を行う統幕副長級の文官ポストである運用政策総括官（仮称）および部課長級の文官ポストである運用政策官（仮称）を新設

④情報発信機能の強化

○内部部局報道機能の強化のため、大臣官房参事官（報道担当）を設置

⑤内部部局の改編

○防衛装備庁（仮称）新設、統幕への実運用一元化等に伴い、また、政策立案機能および防衛力整備機能の強化のため、内局の改編を実施

・防衛装備庁（仮称）設置に伴う改編

□経理装備局の調達・研究開発機能等を防衛装備庁（仮称）へ移管

・統幕への実運用一元化に伴う改編

□運用企画局の廃止

□運用に関する法令の企画・立案・運用支援機能等を防衛政策局へ移管

・政策立案機能の強化に伴う改編

□中・長期的な視点からの防衛戦略や、宇宙・サイバー等新たな政策課題に係る企画・立案機能の強化および各国とのこれら諸課題に係る戦略協議等の連携の推進を図るため、戦略企画課（仮称）を新設

□増大する防衛協力・交流に対応するため、多国間協力課（仮称）を新設

・防衛力整備機能の強化のため、整備計画局（仮称）を新設

□防衛力整備機能を有する防衛政策局防衛計画課を整備計画局（仮称）に移管

□運用企画局情報通信・研究課の情報通信整備機能を整備計画局（仮称）へ集約

□施設整備機能を有する経理装備局および装備施設本部の一部を整備計画局（仮称）へ集約

防衛装備庁（仮称）組織イメージ

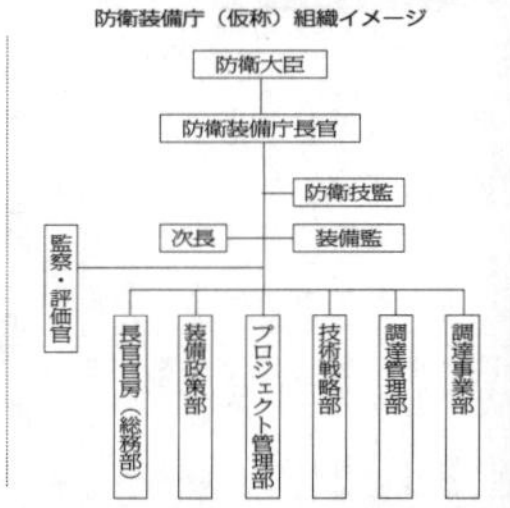

7 その他

（1）編成関連事業

各種事態における実効的な抑止および対処等に対応するため、各種部隊改編関連事業等を実施する。

○第303沿岸監視隊（仮称）の新編（再掲）＝陸自

○海洋業務群の改編

常時継続的な情報収集・警戒監視や対潜戦等の各種作戦の効果的な遂行のために必要な機能を強化するため、「海洋業務群」を「海洋業務・対潜支援群（仮称）」に改編（海自）

○第9航空団（仮称）の新編（再掲）＝空自

（2）基地対策等の推進

防衛施設と周辺地域との調和を図るため、基地対策等を着実に実施するとともに、在日米軍の駐留を円滑かつ効果的にするための施策を推進する。

①基地周辺対策経費1248億円

（うち住宅防音443億円、周辺環境整備806億円）

②在日米軍駐留経費負担1914億円

（うち特別協定1403億円、提供施設の整備247億円、基地従業員対策等264億円）

③施設の借料、補償経費等1396億円

○防衛施設用地等の借上経費、水面を使用して訓練を行うことによる漁業補償等に要する経費

（3）教育・研究体制の強化等

防衛研究所、防衛大学校、防衛医科大学校等の教育・研究体制を強化するための施策を実施するとともに、職務に専念できる環境を整備する。

①防衛研究所

○政策立案部門との連携の強化

・所内の研究事業を統括的に整理する研究幹事（仮称）の新設

・政策シミュレーションを行う特別研究官（仮称）の新設

・政策シミュレーション機能を強化するため米国での在外研究

○国際的な研究交流の強化

・国外研究機関との研究交流を推進するための特別研究官（仮称）の新設

・NATO国防大学等との研究交流

・豪州での在外研究

・王立統合軍防衛研究所（RUSI）との研究交流

②防衛大学校

○国際交流事業の基盤強化と充実

留学生の受託教育および諸外国士官学校への留学の充実等、防衛大学校における国際交流事業の基盤強化を図るため国際交流センター（仮称）を新設

○教育・研究体制の整備

・教職員の授業内容・方法の改善・向上等、防衛大学校における全学的な教養教育および共通教育の基盤強化を図るため教養教育センター（仮称）を新設

・防衛大学校の教育体制の整備のため、教官を増員

③防衛医科大学校等

○防衛医学に関する教育・研究の拠点としての機能を強化（4億円）

防衛医科大学校の各種専門分野における先端的な研究の実施

（4）衛生機能の強化

○自衛隊病院の拠点化・高機能化に向けた取り組み

各地区の基幹となる病院や国際活動教育、潜水医学、航空医学といった特殊な機能を有する病院の整備を着実に推進

・九州地区の基幹病院（福岡病院）の建て替えに向けた検討（0・2億円）

・入間基地に隣接する新たな病院の設置に向けた検討（1億円）

○事態対処時における第一線の救護能力の向上

事態対処時における救急救命措置に係る検討（300万円）

・諸外国の軍隊における第一線での救護措置および必要な教育訓練等を調査

・有識者会議の設置にかかる経費

○南西地域での自衛隊の円滑な活動に資するための取り組み

沖縄本島における医療態勢等の調査（600万円）

（5）技術研究開発の推進

○将来戦闘機関連事業（412億円）

将来戦闘機に関し、国際共同開発の可能性も含め、戦闘機（F2）の退役時期までに開発を選択肢として考慮できるよう、国内において戦闘機関連技術の蓄積・高度化を図るための実証研究を実施

○大型艦艇および島嶼上の脅威に対処する誘導弾用弾頭技術の研究（15億円）

空母等の大型艦艇の外壁を貫徹し、艦艇内部で起爆し、爆風効果で破壊する大型艦艇対処用弾頭および島嶼上の地上目標等に対し広範囲に高い貫徹力を有する攻撃が可能な地上目標対処用弾頭の研究を実施

○高高度領域の高速脅威に対処するための飛しょう体技術の研究（14億円）

現有の地対空誘導弾システムでは対処が困難な高高度領域における弾道ミサイルおよび高速巡航ミサイル等へ対処するための飛しょう体技術に関する研究を実施

○高機動パワードスーツの研究（9億円）

個人用の装備品を装着・携行した隊員の迅速機敏な行動を実現するための高機動パワードスーツについて研究を実施

○安全保障技術研究推進制度（20億円）

（Innovative Science & Technology Initiative for Security）

防衛装備品への適用面から着目される大学、独立行政法人の研究機関や企業等における独創的な研究を発掘し、将来有望である芽出し研究を育成するためのファンディング制度

（6）税制改正要望

○自衛隊が使用する船舶の動力源および通信の用に供する機械等に係る課税免除の特例措置の恒久化［地方税］

・自衛隊が使用する船舶の動力源等に供する軽油の調達に当たっては、平成26年度末まで軽油引取税の免税措置が認められているが、限られた予算の中で任務遂行に必要な軽油を確保する必要があることなどから当該措置の恒久化を要望

○ACSAに基づく免税軽油の提供時における課税免除の特例措置の創設［地方税］

・自衛隊が使用する船舶の動力源等に供する軽油の調達に当たっては、軽油引取税が免税されているが、ACSAに基づき、それを締結国に提供した場合、自衛隊が譲渡したものとされ、納税義務が生じる（みなす課税）ところ、当該課税の免税を要望

○予備自衛官等を雇用した場合の法人税額等の特別控除の創設（再掲）［国税・地方税］

・雇用企業に対するインセンティブを高めることにより、予備自衛官および即応予備自衛官の充足向上を図るため、予備自衛官等を新規に雇用する企業に対して、予備自衛官等1人当たり10万円の法人税額等の控除を要望

○試験研究を行った場合の法人税額等の特別控除の拡充（共同要望、経済産業省等）［国税・地方税］

・防衛産業界の研究開発の促進のため、研究開発税制の延長・拡充を要望

おことわり　「西風東風」は休みました。

主要な装備品

区分				26年度調達数量	27年度調達数量	27年度金額（億円）
航空機	陸自	ティルト・ローター機		――	機種選定中	機種選定中
		輸送ヘリコプター（CH－47J）の勢力維持改修		（1機）	（3機）	140
	海自	固定翼哨戒機（P－1）		3機	20機	3,781（56）
		哨戒ヘリコプター（SH－60K）		4機	5機	289（5）
		練習ヘリコプター（TH－135）		2機	――	――
		固定翼哨戒機（P－3C）の機齢延伸		（3機）	（3機）	11
		哨戒ヘリコプター（SH－60J）の機齢延伸		（2機）	（2機）	10
		固定翼哨戒機（P－3C）搭載レーダーの能力向上		（4式）	（4式）	9（1）
		固定翼哨戒機（P－3C）赤外線探知装置の能力向上		（4式）	（4式）	1
	空自	戦闘機（F－35A）		4機	6機	959（180）
		戦闘機（F－15）近代化改修		（12機）	（8機）	101
		戦闘機（F－15）NVG搭載改修		（1機）	（――）	――
		戦闘機（F－2）空対空戦闘能力の向上	改修	（12機）	（――）	2
			部品	（30式）	（9式）	
		戦闘機（F－2）へのJDCS（F）搭載改修		（――）	（2機）	7（8）
		戦闘機（F－2）へのターゲティング・ポッド搭載試改修		（1機）	（――）	――
		輸送機（C－2）		2機	――	――
		救難ヘリコプター（UH－60J）		3機	2機	82
		新早期警戒（管制）機		――	機種選定中	機種選定中
		早期警戒管制機（E－767）の能力向上	改修	（――）	（――）	137
			部品	（1式）	（1式）	
		輸送機（C－130H）への空中給油機能付加	改修	（――）	（――）	14
			部品	（――）	（1式）	
		滞空型無人機		――	機種選定中	機種選定中
艦船	海自	護衛艦（DD）		1隻	――	――
		護衛艦（DDG）		――	1隻	1,621（28）
		潜水艦（SS）		1隻	1隻	644（16）
		掃海艦（MSO）		1隻	――	――
		潜水艦救難艦（ASR）		1隻	――	――
		はつゆき型護衛艦等の艦齢延伸	工事	（1隻）	（――）	0.6
			部品	（4隻）	（1隻）	
		あさぎり型護衛艦の艦齢延伸	工事	（2隻）	（1隻）	16
			部品	（3隻）	（2隻）	
		あぶくま型護衛艦の艦齢延伸	工事	（2隻）	（2隻）	19
			部品	（4隻）	（2隻）	
		はたかぜ型護衛艦の艦齢延伸	工事	（1隻）	（――）	9
			部品	（――）	（1隻）	
		こんごう型護衛艦の艦齢延伸	工事	（――）	（――）	19
			部品	（――）	（1隻）	
		おやしお型潜水艦の艦齢延伸	工事	（1隻）	（2隻）	34（4）
			部品	（2隻）	（3隻）	
		くろべ型訓練支援艦の艦齢延伸	工事	（――）	（――）	2
			部品	（――）	（1隻）	
		海洋観測艦わかさの艦齢延伸	工事	（――）	（1隻）	4
			部品	（――）	（1隻）	
		とわだ型補給艦の艦齢延伸	工事	（2隻）	（――）	7
			部品	（2隻）	（1隻）	
		エアクッション艇の艦齢延伸	工事	（――）	（――）	3
			部品	（2隻）	（2隻）	
		たかなみ型護衛艦の短SAMシステムの能力向上	工事	（――）	（――）	18
			部品	（5隻）	（5隻）	
		あたご型護衛艦の対潜能力向上（MFTA）	工事	（――）	（――）	9
			部品	（1隻）	（1隻）	
		あきづき型護衛艦等の対潜能力向上（マルチスタティック）	工事	（1隻）	（1隻）	0.9
			部品	（1隻）	（1隻）	
		あさぎり型護衛艦戦闘指揮システムの近代化改修	工事	（――）	（――）	28（2）
			部品	（――）	（3隻）	
		おおすみ型輸送艦の能力向上	工事	（3隻）	（――）	10
			部品	（3隻）	（1隻）	
誘導弾	陸自	03式中距離地対空誘導弾		1個中隊	1個中隊	192
		11式短距離地対空誘導弾		1式	1式	45
		中距離多目的誘導弾		18セット	12セット	62
		12式地対艦誘導弾		4個中隊（16両）	――	――
	空自	基地防空用地対空誘導弾		――	2式	105（8）
火器・車両等	陸自	89式小銃		6,726丁	4,217丁	11
		対人狙撃銃		50丁	19丁	0.2
		60mm迫撃砲（B）		6門	――	――
		84mm無反動砲（B）		24門	18門	2
		81mm迫撃砲　L16		1門	1門	0.1
		120mm迫撃砲　RT		1門	5門	2
		99式自走155mmりゅう弾砲		6両	6両	59
		10式戦車		13両	13両	134
		軽装甲機動車		30両	40両	14
		96式装輪装甲車		8両	8両	12
		水陸両用車		――	車種検証中	車種検証中
		NBC偵察車		1両	1両	7
		車両、通信器材、施設器材等		540億円	――	700（20）
	空自	軽装甲機動車		1両	1両	0.4
BMD	海自	イージス・システム搭載護衛艦の能力向上		（2隻分）	（2隻分）	156

注1：26年度調達数量は、当初予算の数量を示す。
注2：金額は、装備品等の製造等に要する初度費を除く金額を表示している。初度費は、金額欄に（　）で記載（外数）。
注3：調達数量は、27年度に新たに契約する数量を示す。（取得までに要する期間は装備品によって異なり、原則2年から5年の間）
注4：調達数量欄の（　）は、既就役装備品の改善に係る数量を示す。
注5：戦闘機（F－2）空対空戦闘能力の向上および早期警戒管制機（E－767）の能力向上、輸送機（C－130H）への空中給油機能付加の調達数量については、上段が既就役装備品の改修役務の数量を、下段が能力向上に必要な部品等の数量を示しており、早期警戒管制機（E－767）の能力向上の27年度調達数量の1式は4機分の能力向上に必要な部品等の一部を示す。また、艦齢延伸等に係る措置の調達数量については、上段が艦齢延伸等工事の隻数を、下段が艦齢延伸等に伴う部品の調達数量を示す。
注6：イージス・システム搭載護衛艦の能力向上の27年度調達数量については、平成24年度から実施している「あたご」型護衛艦2隻のBMD艦化改修に係る部品等の調達数量を示す。

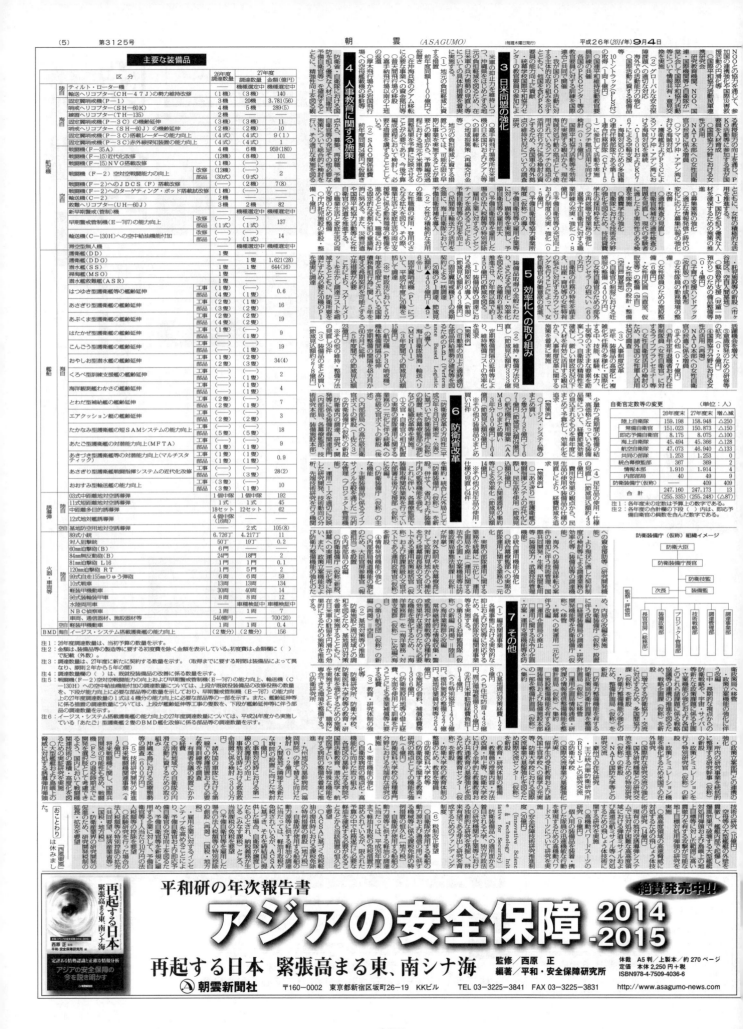

募集・援護 特集

平和を、仕事にする。
陸海空自衛官募集

ただいま募集中！
◇航空学生◇一般曹候補生
◇予備自補（一般・技能）
◇自衛官候補生◇陸上自衛官（看護）
★詳細は最寄りの自衛隊地方協力本部へ

防大生 帰郷広報

"熱い夏休み"恩師、後輩と再会

「先輩、どうしたら防大に入れますか？」――。夏休み期間中、郷里に帰った防大生たちはそれぞれ母校を訪ね、「帰郷広報」を行った。地本が高校との調整を担い、防大生たちは出身校の校長や恩師に近況を報告。また防大を目指す後輩たちには受験の手ほどきも行った。

母校を訪れ、野球部の後輩と再会した大沼学生（中央）＝8月1日、県立新発田高校で

近況報告、感謝、激励 将来は地元に"恩返し"

新潟

【新潟】新発田地域事務所は8月1日、この春防大に入校した大沼直観学生の母校、県立新発田高校（島吾郎校長）への帰郷広報に同行した。

大沼学生は高3の時、野球部の4番打者として活躍。当時、共に汗を流した仲間たちは他県に遠征中だったが、副監督と1年生が出迎え、近況を報告し合った。

また、クラス担任だった遠藤教諭とも懇談。大沼学生が「先生の厳しい指導が今、防大で役に立っています」と言うと、遠藤先生は「それは当たり前！覚悟しての入学だからこそ今がある。努力して期待に応えられる自衛官になってほしい」と激励した。

「将来は陸上自衛官となり、（地元の）新発田駐屯地にも勤務したいです」と希望を述べると、「凱旋をみんなで待っているぞ。その時は同級生とまた集まろう！」と熱い言葉をかけられていた。

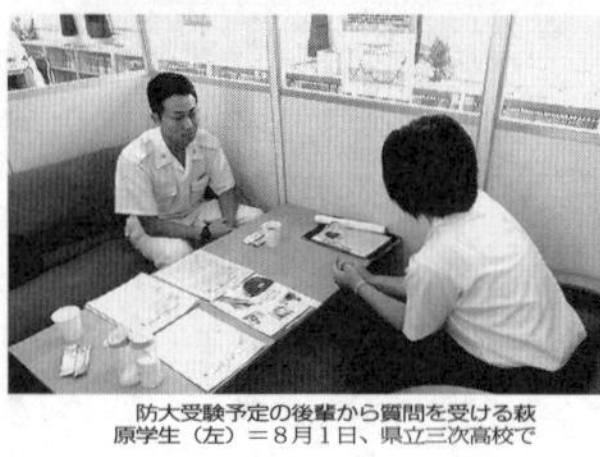

防大受験予定の後輩から質問を受ける萩原学生（左）＝8月1日、県立三次高校で

学生生活の様子や受験のアドバイス

広島

【広島】三次地域事務所は8月1日、防大2年の萩原広樹学生の協力を受け、県立三次高校で防大受験説明会を開いた。

萩原学生は最初に梶原校長を訪問し、近況を報告。次いで防大受験予定の生徒たちに自分の学生生活の様子や受験ポイントなどを話した。

また、元担任の溝口教諭にも面会、近況を報告するとともに、テニス部OBとしてグラウンドで後輩たちの練習風景を見守った。

萩原学生は「冬休みにも帰郷し、後輩の防大受験をサポートしたい」と話していた。

「たくましくなった」

兵庫 学生の成長に恩師感激

【兵庫】相生地域事務所は8月6日、兵庫県立大付属高校で今春防大に入校した藤次祥陽学生と正木真也学生2人の帰郷広報を実施した。

同校からは久しぶりの防大進学ということで、最初に校長室に案内され、2人は緊張した面持ちで鈴木校長と面談、学生生活や授業内容などについて答えた。

その後、緊張がほぐれたところで元教科担当の河本勝男先生が現れると2人は満面の笑顔に。

河本先生は真っ黒に日焼けした2人を見て「高校時代は肌が白くひ弱さがあって、本当に防大でやっていけるか心配だったが、たくましくなった姿を見て安心した」と再会を喜んだ。

校長は「本校卒業生の代表として健康に留意して勉学に励み、これからの日本をしっかりと頼みます。卒業生が頑張っている姿こそ、何よりも後輩たちの励みになります」と2人を優しく励ました。

3自総合広報「ノーザンスピリット14」に参加

CH47J輸送ヘリに体験搭乗した菅悠也さん（左）と北出拓夢さん（その右）＝8月2日、北海道千歳市上空で

「受験意欲高まった」 イメージつかんだ 高校、大学生ら99人

札幌

【札幌】陸自北方総監部が8月2日から4日にかけて実施した陸・海・空総合広報「ノーザンスピリット14」に、地本は高校生94人と大学生5人を招待した。

同広報は今年で21回目。

参加者たちは戦車試乗、護衛艦「くらま」体験航海、CH47J輸送ヘリの体験搭乗など3自の装備に直接触れ、自衛官生活の一端を体験。また現役隊員との懇談機会もあり、自分が入隊した際のイメージもつかんでいた。

参加者たちは「各自衛隊の任務や活動、隊員の生活がよく分かった」「隊員の皆さんから直接話を聞くことができ、受験への意欲が高まった」などと語っていた。

旭川からは45人 隊員とふれあう

旭川

【旭川】地本は東千歳駐屯地などで行われた「ノーザンスピリット14」に高校生45人とともに参加した。

初日はヘリ体験搭乗、2日目は千歳基地航空祭見学、最終日は護衛艦「くらま」体験航海などがあり、第一線の隊員とも懇談。それぞれの任務に真剣に耳を傾けていた。

地本では生徒たちとのふれあいを重視し、自衛隊の魅力を一人一人に真摯に発信。その結果、参加者の7割が自衛隊に対し好印象を示していた。

銅メダリスト湯元1尉が高校生指導 島根

学生らを前に実演指導を行う湯元1尉（手前左）＝8月7日、県立隠岐島前高校で

全日本大学女子レスリング合宿

【島根】地本は8月7日、県立隠岐島前高校で実施された「26年度第4回全日本大学女子レスリング夏季強化合宿」で、ロンドン五輪の銅メダリスト、湯元進一1陸尉（自衛隊体育学校）を招き、同合宿を支援した。

強化合宿は平成23年から毎年行われており、今年は7大学から29選手、全国から21選手が参加した。

湯元1尉は合宿に先立ち、運営スタッフを務める同校レスリング部員15人に技術講習やスパーリングを行ったほか、自衛隊体育学校の魅力などを語った。

合宿では将来の有望選手たちにタックルやアンクルホールドなどの技術を指導。また小学生には基本技術を優しく伝授した。

選手たちからは「湯元選手から世界に通用する技術を学ぶ機会を設けてもらい、うれしい。今回の成果をこれからの試合に生かしていきたい」とお礼の言葉があった。

地本のイメキャラ「千葉3兄弟」に歓声 海ほたるで広報

【千葉】地本は8月7日、千葉県と神奈川県を結ぶ東京湾アクアラインで開かれた「2014サマーフェスティバルin海ほたる」で自衛隊広報を実施した。

同イベントはNEXCO東日本（東日本高速道路）と東京湾横断道路が防災活動の一環として毎年実施しており、地本の参加は3回目。

当日は天候不良で海自の特務艇「はしだて」による防災訓練は中止となったが、地本広報幹部ら7人が「海ほたる」で観光客向けに、パネルを使った自衛隊広報を実施。地本のイメージキャラクター「千葉3兄弟」が登場すると子供たちから歓声が上がった。

「幸せの鐘」の前で子供に広報する地本イメージキャラ「千葉3兄弟」＝8月7日、海ほたるPAで

福島駐が演奏会 音楽の力で被災地の子供たちに元気を！

【福島】相双地域事務所は8月2日、南相馬市立原町第3中学校で行われた「太田・大甕地区交流の集い」で、福島駐屯地音楽隊の演奏会を支援した＝写真。福島第1原発事故で区域外に就学している児童と、区域内に在籍している児童と保護者が交流を深める目的で昨年から実施している。

今回は「自衛隊の演奏を聴き、復興へ向けて元気や勇気を出そう」というコンセプトのもと、太田・大甕の両小学校、原町第3中学校、区域外に避難している生徒、保護者、教職員ら約250人が集まった。

福島駐屯地音楽隊は大ヒットした映画『アナと雪の女王』から「ありのままで」などを演奏。中学校吹奏楽部とのコラボでは「RPG」「千本桜」を奏でると、生徒たちも手拍子で加わった。

地本は会場に広報ブースも開設、大災害に即応する自衛隊の広報も行った。

予備自へ一歩 予備自補辞令書交付式

【青森】地本は7月5日、26年度予備自衛官補辞令書交付式を実施した。

自衛官未経験の一般人を対象に、予備自になるため予備自補に任命するもので、9人が参加した。

池田徳重地本長から一人一人に辞令書が手渡されると、みな引き締まった表情を見せていた。

地本長は訓示で「難関の試験を見事突破し、予備自補として採用されたことに心からお祝い申し上げる。今後は教育訓練を経て予備自となり、発生が危惧される首都直下、東海地震などの自然災害から国家、国民の生命と財産を守る自衛隊の一翼を担ってほしい」と要望した。

その後、担当官が制度を説明。任命された青森中央学院大学1年の木村侑盛さんは「50日間の教育訓練を修了して予備自になりたい」と熱く語った。

池田地本長（左）から辞令書を交付される葛西美貴さん（7月5日、青森地本で）

台風接近で地本が指揮所を立ち上げ

【香川】地本は8月9日、「台風11号」の四国接近に伴い、香川県、高松市など地元自治体と14旅団（善通寺）と連携し災害発生に備えた。

9日早朝、地本の高木孝征総務班長と宮原勲国民保護・災害対策連絡調整官は県庁に前進し、危機管理総局の増田恭士防災指導監（陸自OB）と情報を交換した。

その後、県内に「大雨洪水高潮警報」が発令されたことを受け、延べ10人の職員が登庁し指揮所を開設するとともに、庁舎前に高潮災害に備えた土嚢壁を設置した。

地本はさらに高松市とも情報共有を図り、県庁に派遣された15普連（善通寺）隊員とともに災害の発生に備えた。

ボーイスカウトでテント風呂を開設

【熊本】地本は8月7日、阿蘇市いこいの村で開催された「日本ボーイスカウト第9回九州・沖縄野営大会」に協力した。

大会には29隊・1100人が参加し、連日30度を超える猛暑の中、各種訓練に汗を流した。自衛隊は8後支連（北熊本）が支援に当たり、野外入浴セットを持ち込み、テント風呂を開設した。

子供たちはアウトドア気分満点の野外風呂に大喜び。隊員がこの風呂は被災地でも活用されていることを話すと、真剣に聞き入っていた。

東日本大震災の経験生かせ

広島土砂災害

「長期戦」に臨む46普連

連隊長「底力を実感」

広島市安佐南、安佐北区で8月20日発生した土砂災害。災害派遣活動で中心部隊として行方不明者捜索などに当たる陸自46普連（海田市、連隊長・一宮大介1佐）は、東日本大震災での活動で得られた教訓なども生かして、長期化する活動に臨んでいる。

46普連は平成23年3月に起きた東日本大震災では、発生4日後から約3カ月間、福島県相馬市に展開し約220人態勢で不明者捜索、救助、支援などに尽力した。今回の災派では、その際に得られたノウハウや教訓も生かしている。

災派要請を受けた90分後、ただちに初動部隊が駐屯地を出発。現地に到着後、捜索活動を開始し、降り続く雨の中、二次災害に留意しながら活動を続けた。

西方総監部（健軍）広報室長から8月1日付で着任した一宮連隊長は、着任3週間で部隊指揮に当たったが、少なからず抱いていた不安は杞憂となった。

不明者捜索の方法や状況などが「幹部、陸曹などそれぞれのレベルから、いろいろな形で具申される。46連隊の底力を実感している」と、東日本災派を経験した部下らに支えられ、活動を遂行している。

一方、46普連上級部隊の13旅団（海田市）も東日本災派での経験、教訓などを生かし隊員たちをフォロー。同旅団から派遣された心理幹部1人が現地を巡回し、メンタルヘルスのケアに力を注いでいる。

活動中の8月25日には視察に訪れた安倍首相から激励された46普連。活動拠点・活動計画などを整え、約150人態勢で「長期戦」を戦っている。

現地指揮所を訪れた安倍首相（左端）に活動状況を伝える一宮46普連長（右）＝8月25日、広島市安佐南区で

救助犬も捜索活動

呉貯油所　行方不明者を発見

【呉造補所】呉造修補給所貯油所（所長・布施壮一2佐）は8月20日～26日の7日間、広島市土砂災害の災害派遣のため救助犬3頭（妙見丸号、多聞丸号、那智号）を派出。46普連と協力し、救命・捜索活動に従事した。災害現場への救助犬の派出は東日本大震災以来約3年半ぶり。

救助犬は広島市安佐南区で捜索に当たった。家屋が倒壊し、がれきなどが散乱する現場では、雨で活動がたびたび中断、捜索は難航した。26日に撤収命令を受け現場を退いた。この間、土砂の中から行方不明者を発見している。

救助犬とともに派出された隊員の一人は「行方不明者の捜索に尽力できたことを救助犬とともに誇りに思う」と話した。

捜索活動を終え、陸自部隊から贈られたガウンを背に掛け、ねぎらわれる「那智号」＝8月26日、広島市安佐南区で

「あべのハルカス」屋上に無線通信網

陸自36普連

【36普連＝伊丹】連隊は7月17～18日、国内で最も高い大阪市の超高層ビル「あべのハルカス」（高さ300メートル）のヘリポートなどに展開し、情報共有訓練を行った。

災害発生時などの対処能力の向上を目指し、37普連（信太山）と共同で広帯域多目的無線機の電波状況を確認した。

連隊通信小隊の隊員25人は、あべのハルカス屋上に機材を搬入し、無線通信網の構成を完了させた。その後、伊丹、信太山両駐屯地に待機していた地上部隊が展開を開始。西は芦屋市、南は阪南市までの担当隊区一帯で新無線機の電波到達状況などを把握した。

超高層ビル「あべのハルカス」ヘリポートに無線通信網を構成する36普連隊員

こちら警務隊

☎ 8・6・47625

身体への損傷に限らず精神的攻撃も傷害罪に

傷害（罪）とはどのようなことをいうのですか？

一般に他人を暴行（殴る・蹴る・突く・切る・刺す・撃つ・耳元で大きな音を立てるなど）した結果、暴行を受けた人の身体に傷害（被害）が生じたことをいい、打ち身・ねんざ・難聴などの外傷にとどまらず、失神・吐き気・めまいなど体調の悪化も傷害に含まれます。

また、暴力以外でも、菌を感染させて病気にさせる、嫌がらせ電話を続けて神経衰弱に陥らせるなどの行為も傷害罪に問われます。

後輩などを指導する際に、つい熱くなって相手を叩いたり、突き飛ばしたりするようなことは、絶対にやめましょう。（134地警＝別府・松崎3曹）

市ヶ谷　中央警　竹村1尉

那覇空港沖で不発弾を水中処分

沖縄基地隊

海自沖縄基地隊（司令・乾悦久1佐）は7月30日、那覇市の那覇空港の沖合約1キロの海中で米国製不発弾9発を水中処分した。

不発弾は長さ36センチ、直径12・7センチ、重さ30キロの5インチ艦砲弾で、新滑走路の工事中に発見された。当日は沖縄基地隊から人員33人と水中処分母船1隻が出動。午前7時に作業を開始し、9時ごろ爆破した。その後、水中処分員が潜水して安全を確かめ、9時45分、地元警察署が安全宣言を出した。

上司を書類送検

海自乗組員自殺

海自横須賀地方総監部は9月1日、横須賀基地配備の護衛艦で、今年になって男性乗組員が自殺したと発表。同横須賀警務隊は乗組員にいじめを繰り返していた上司の1曹（42）を暴行などの疑いで2日、書類送検した。

乗組員の自殺を受け、河野海幕長は「いじめに起因した自殺を防ぐことができず、痛惜の念に堪えない」と語った。

2音に誕生

初の女性音楽隊長

富田1尉「地域密着、明るい部隊に」

自衛隊初の女性音楽隊長に就任し、隊員募集コンサートで指揮を執る富田淳子1尉（8月17日、旭川市の平和通買物公園で）

【2師団＝旭川】陸自第2音楽隊の隊長に富田淳子1尉（42）が8月1日付で着任し、自衛隊で初の女性音楽隊長が誕生した。

富田隊長は愛媛県松山市出身。平成6年に愛媛大学教育学部を卒業後、「音楽を職業として生かせる場」を求めて同年、自衛隊に入隊。83期一般幹部候補生課程を修了後、中方音楽隊（伊丹）や北方音楽隊（真駒内）などでの勤務を経て、2音楽隊長に着任した。

着任時の訓示で富田隊長は、宮本武蔵が『五輪書』で記した「千日の稽古を鍛とし、万日の稽古を錬とする」の言葉を挙げて「鍛錬」を要望事項とした。

「一つの技をものにするためには、日々の訓練が欠かせない」とホルン奏者としても活動してきた富田隊長。「たとえ普段の業務が忙しくても、隙間時間を活用して練習すること」と力強く語る。

女性初の音楽隊長であることは特に意識していないという。「音楽隊は自衛隊と国民の懸け橋。2音楽隊を地域密着の明るい部隊にしたい」と話す。

着任した1日からは早速、翌日に北海道北竜町で催される「ひまわりまつり2014」の出演に向けたリハーサルを指導。迎えた本番では、演奏を終えてタクトを下ろすと、背後から沸き起こった盛大な拍手に包まれた。「これから頑張っていこうと、気持ちが引き締まった」と富田隊長。音楽の力で地域と自衛隊を結んでいくつもりだ。

横音に女性ボーカル

中川2士「感動と癒やしを」

海自横須賀音楽隊に8月22日、声楽採用の中川麻梨子2士（26）が配属された。

声楽での採用は、東京音楽隊でボーカリストとして活躍する三宅由佳莉3曹に続いて2人目。

中川2士は愛知県立芸術大学大学院（音楽研究科）で声楽を学んだ実力派で、大学院を修了した今年3月「音楽隊員として歌うことで、たくさんの人々に少しでも感動や癒やしを与えたい」と海自に入隊した。

出身は大阪府泉佐野市。特技の書道は十段の腕前。三宅3曹のような明るく元気なボーカリストとして活躍するのが目標で「たくさんのジャンルを歌い、自分らしい世界をつくっていきたい」と語る。

横音は「自衛官そして音楽家、社会人として大きく成長してもらいたい。独自の世界観で皆様に愛される歌手を目指し、明るく元気に伸び伸びと活躍してほしい」と期待の言葉を寄せている。

中川2士の"初陣"は9月6～7日に行われる山梨県（笛吹市、甲州市）での演奏会になる。

「ブルー」2輪車隊などが登場

お台場でイベント

【空幕】4空団（松島）の2輪車隊「ブルーインパルスジュニア」と1高群（入間）のペトリオットミサイル（PAC3）が8月26日、テレビ局の人気サマーイベント「お台場新大陸2014」に登場し、会場を沸かせた。

ブルーインパルスジュニアは、T4ブルーインパルスを模した改造バイクで、航空祭などでは6台で編隊走行することが多い。このうち4台が東京都港区台場の会場に運ばれ、隊員が広報活動を行った。めったにない機会とあって訪れた女性グループや子供たちが早速列をつくり、ヘルメットをかぶって乗車、歓声を上げていた。

一方、隣のエリアでは展示されたPAC3の迫力に驚く来場者から、1高群の隊員が機能や目的について質問を受け、丁寧に解説していた。来場者は普段は見ることのできない「防空のとりで」をバックに記念撮影に収まっていた。

ブルーインパルスジュニアの"4番機"ライダーの石塚良保士長は「多くの人に試乗を楽しんでいただけてよかった。特にヘルメット着用は喜ばれた」と広報効果に手応えを感じていた。

ブルーインパルスジュニアに乗り込む子供たちに広報するライダーら。後ろはPAC3（8月26日、東京都港区で）

小休止

▽…防衛省を気軽に見学できる人気の「市ヶ谷台ツアー」。軽快な語り口から「DJアーミー」とも呼ばれる海野幸人陸曹長（51）の案内も盛り上がりに一役買っている＝写真。

▽…海野曹長は千葉地本などでの勤務を経て昨年8月、内局広報課市ヶ谷台ツアー担当に就いた。

▽…「名前は"海野"ですが陸上自衛官です」と趣味の落語を生かした得意の語りで案内すると、参加者からは時折、笑い声も。「（案内に）興味を引いてもらえるよう工夫したい」とその語りに磨きをかけている。（市ヶ谷）

貴重な体験 後輩へ伝えたい

2陸曹 鈴木 勝（35普連3中・守山）

私は6月30日から7月8日まで、10師団の協同転地演習の一環として実施された「浜大樹揚陸訓練」に参加しました。

十数年の自衛隊生活で、海自との協同訓練や海岸の陣地占領は今回が初めてで、この貴重な体験をモノにすべく、事前に中隊で何度も何度もミーティングを重ね、本番に臨みました。

6月31日、京都・舞鶴港で海自の輸送艦「しもきた」と合流、車両ごと乗艦し、北海道に向かいました。航海中は艦内でも訓練を繰り返し、部隊が乗る揚陸用エアクッション艇（LCAC）についても乗員から教育を受けました。初めて艦内で海自隊員と生活を共にし、同じ仲間として親睦を深めることもできました。

艦艇勤務は陸自と環境が全く異なり、日没時間に合わせた終礼や甲板での自衛艦旗に対する敬礼など、何から何まで新鮮で、心躍るひとときを体験することができました。

7月8日早朝、道東の浜大樹訓練場（広尾郡大樹町）の沖合3マイルに到着しました。私たちは「しもきた」艦内で車両とともにLCACに乗り換え、やがて艦後部のハッチから大海原に発進しました。

LCACはすさまじい速度で海上を走り、そのまま浜大樹の砂浜に乗り上げました。初めての生地かつ揚陸訓練であるため、事前偵察による情報収集が重要でした。私は「前進観測陸曹（FO）」として上陸後、直ちに周囲の状況を観測し、引き続き迫撃砲の陣地占領に携わりました。

実戦では上陸時に敵による集中攻撃が予想されます。味方に大きな損害が出ることも想像されることから、私たちはそれを最小限に抑えるため、連携動作を重視しました。そしてLCACから飛び出した後は、浜辺を全力疾走して援護態勢を固め、その後の車両揚陸の安全化を図りました。

今回の揚陸訓練はとても貴重な体験となりました。私は中堅陸曹として反省点や改善点を探求し、それを今後、後輩隊員に普及していきたいと思います。そして中隊の揚陸作戦のスキルアップに最善を尽くしたいと思います。

海自LCAC（後方）からの車両揚陸を安全に行うため、浜辺の警戒に当たる鈴木勝2曹

「浜大樹揚陸訓練」に初参加して

通信の重要性を再認識

3陸曹 石黒 靖英（35普連3中・守山）

石黒靖英3曹

私は通信手として「浜大樹揚陸訓練」に参加しました。本訓練は35連隊初の「揚陸作戦」を想定したもので、その第1回目に参加できたことは非常に光栄でしたが、一方で「失敗は許されない」とのプレッシャーがあり、気を引き締めて準備に取り組みました。

私の職務は「中隊長通信手」です。中隊長の命令や指示を各隊に伝えるため、携行する無線機はもちろん、全ての通信機器を入念に点検し、さらに通信手間の意思疎通を図るため、念には念を入れて準備を進めました。

移動中の輸送艦「しもきた」の艦内でも揚陸に備えた訓練を繰り返しました。そして7月8日早朝、いよいよLCACでの揚陸の時が来ました。

揚陸は敵前に着岸する可能性もあり、「スピードが命」です。そのため指揮官の指示や部隊間の通信が滞ってしまえば、部隊の動作も停滞し、それが味方の大損害につながりかねません。私は常にそのことを念頭に置き、揚陸後は万全の通信状態を維持するため全力で任務に当たりました。

今回、海自と協同した大規模揚陸作戦で、改めて通信の重要性を再認識しました。今後は通信陸曹として本訓練の成果を隊内に普及できるよう努めたいと思います。

みんなのページ

（世界の切手・スウェーデン）

人生には、加えるものはあっても、引くものは何一つない。

セネカ（古代ローマの哲学者）

新刊紹介

「若き日本の肖像」―一九〇〇年、欧州への旅

寺島 実郎著

21世紀を目前にして、日本の近代化とは何かを探るため、著者は100年前の欧州へと旅立つ。まず、1900年に開かれたパリ万国博。科学技術の粋を集めた同博を訪れた日本人が興味深い。1人は日露戦争日本海海戦を勝利に導くことになる秋山真之。英国駐在武官だった。「軍神広瀬」と称された広瀬武夫海軍少佐（当時大尉）も一緒だった。夏目漱石は英国留学の途中、パリに立ち寄り、万国博を見た。ついでながら、ピカソがスペインからパリに出てきたのもこの年だった。

本書は1900年をキーワードに、この時代の欧州と日本との関わりをさまざまな側面から掘り出していく。得られた結論は①欧州の影響がいかに大きかったかという歴史の再確認②100年前の日本人がいかに偉大だったかという感慨③20世紀を性格付ける要素は19世紀末にすでに存在していた。つまり未来は現在に内在しており、現在への真剣な関わりこそ大切という認識―の3点だ。

14年前に刊行された書を改編し、文庫化したものだが、その示唆するところは現在もなお新鮮である。（新潮社刊、637円）

「2020年 日本から米軍はいなくなる」

飯柴智亮・小峯隆生著

「在日米軍撤退の可能性」について本気で考えたことのある日本人は少数だろう。米国の専門家らが「可能性あり」とする一方で、日本人はまだ「何かあれば米軍が助けてくれる」と思っている。

本書は日本人が見て見ぬふりをしてきた米軍撤退問題と日本が採るべき戦略について、アフガニスタンで「不朽の自由作戦」に参加した元米陸軍大尉の飯柴智亮氏がとことん論じる戦略本。聞き手は小峯隆生氏。

飯柴氏は日米同盟を「同床異夢」と指摘し、想定されうる撤退理由と撤退行程を細かく考察する。撤退のきっかけが台湾と中国の関係にあるという論は興味深い。

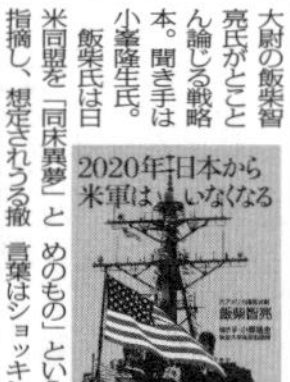

最終章では日本の国家軍事戦略について提言。自衛隊の装備体系の問題点を挙げ、自衛隊だけで日本を守るにはどうしたらいいかを冷静に考える。「自衛隊は米軍のためのもの」という同氏の言葉はショッキングだ。飯柴氏は国際政治学の格言「Never Say Never（絶対にないとは絶対に言うな）」を挙げ、「日本がいきなり戦場になる可能性もある」と警告する。米軍のホンネと日本人が真剣に考えなくてはならない問題に真正面から切り込む一冊。（講談社刊、864円）

水上温泉に集った横教100期練習員たち

横教100期練習員が同期会

上司の言葉が人生の指標に

海自OB　片山　孝男（横須賀市）

横須賀教育隊の第100期練習員（昭和44年3月入隊）101分隊の入隊45周年記念同期会が7月26、27日、群馬県の水上温泉で開かれました。これまでは横須賀で行っていましたが、北関東の出身者が多いことから今回は水上となりました。

この日は同期15名と家族のほか、当時班長だった鈴木重剛氏も宮崎から駆け付けてくれました。一緒に温泉に入った後は、一晩、カッターや水泳、武山登山などの思い出話で大いに盛り上がりました。

また、当時の上村司令の指導方針「正しい汗と涙と血を流せ」、細田分隊長の「全力を出し切って一隅を照らす人となれ」の言葉を思い出し、これらの言葉が今も私たちの人生の指標として心の中に残っていることを知りました。

「同期の桜」の大合唱で打ち上げとなり、翌日は谷川岳にロープウエーで登り、大自然を満喫しました。次回は5年後、横須賀で再会することを約束しました。

ラッパ手の技術向上に懸命

陸士長　堤　大地（12普連4中・国分）

自衛官の生活に欠かせないものといえば、私はラッパではないかと思っている。国旗の掲揚・降下、食事や点呼などの日課号音に加え、号令や警報を伝える通信手段ともなる。

私の所属する12普連4中隊では、ラッパ手の質を向上させる取り組みとして、終礼時にラッパ手が課題曲を吹奏している。普段のラッパ手の業務といえば、月に1、2回の国旗掲揚・降下が主だったが、この取り組みが始まってからは「本番」の機会が格段に増えた。

従って、ラッパ手は空いた時間を利用して毎日ラッパを必死に練習するようになった。本来は自分たちの意思で技術向上に励まなければならないが、終礼時の課題曲吹奏の場を提案していただいた中隊長には感謝したいと思う。

この取り組みで私もラッパが上手になれた。今後も私のラッパで部隊の皆さんが気持ちよく仕事を始められるよう精進していきたい。

OBがんばる

阿部　俊之さん　56
平成25年1月、海自八戸システム通信分遣隊長を最後に定年退職（2佐）。第一生命保険青森支社に再就職し、自衛隊員に生涯の生活設計に必要な情報を提供している。

シーマンシップ精神 活用

私は青森地本八戸地区合同援護調整所と海自八戸航空基地隊就職援護室のご尽力により、第一生命保険に就職することができました。

現在、私は青森支社の防衛省担当推進役として、県内に所在する部隊等の皆様に自衛隊の基地・駐屯地を担当する生涯設計デザイナー（営業職員）と連携し、生活設計に必要な情報を提供させていただいております。

営業は車両を使用するため、交通事故を起こさないよう細心の注意を心掛けています。これは海上自衛隊での安全教育等で培った順法精神が基礎になっています。定年前に受講した管理講習で「自衛隊での経験や階級意識は必ずしも通用しない」とうかがいましたが、現在の職場では海自の「スマートで、目先が利いて、几帳面、負けじ魂、これぞ船乗り」と表現されるシーマンシップの精神は十分に活用できると考えます。

他方、民間企業では自衛隊のように体力を練成する機会はなく、また勤務時間中の運動も許可されません。健康管理は自己責任であり、私はランニングで健康維持に努めています。皆様も定年後を意識し、早い段階から体力の練成に努めることをお勧めします。

第一生命保険では、全国の基地・駐屯地に生涯設計デザイナーが訪問し、防衛省職員の皆様の生涯設計についてコンサルティングを実施しています。皆様の定年後の夢の実現に向け、これからの人生に必要な備えについてライフプランをご提案させていただいておりますので、ぜひご活用ください。

朝雲・栃の芽俳壇

畠中草史　選

闇に帆のいつしか溶けて月見草　大津・陸OB　丸岡　正勇
海原を遠見出来る丘の時間経過を「いつしか」と気が付いた景が良い。月も美しい。

団欒の間に蟋蟀の跳び来たる　四街道・陸OB　樫田　湖風
一家団欒の間に蟋蟀が跳ねて入って来ただけで、後の家族の動きを想像すると楽しい。

蟬涼し号令とほる練兵場　小牧・陸OB　松岡　魚青

梅雨晴間秩父連峰清々し　熊谷・空OG　関田　絹江

青鷺の池の主めく威容かな　千葉・空OB　榎　利風

滴りを集め水音なせりけり　入間・空OB　藤井　功風

影までも灼けて雀の弾みけり　千葉・陸OG　佐賀あかり

野良犬の遠吠えつづく熱帯夜　善通寺・陸事務官　平田　文

物置にいつしか子猫たちが棲む　千葉・陸OB　川又　勝彦

朗々と祝詞奏す山開　浜松・空OB　宮本　立勇

一年に一度の逢瀬天の川　熊谷・空OB　蓮佛志向子

福耳や風鈴の音聞き分ける　浦安・海OB　晴山　雅之

風鈴の音それぞれに異なりし　熊谷・空OG　佐藤　玲美

滑らかに岩肌を縫ひ滴れる　東京・海OG　折口　桂子

日傘ゆく光りと影を踏みしめて　熊谷・空OB　明田　眞雅

宵山の祇園囃子のうねり寄す　大阪・空OB　高木　智念

無残なり土砂に埋もれし青田かな　熊谷・空OG　髙橋ふみ子

南瓜咲く徒花なれど可憐なる　新座・陸OB　船田藤三郎

寝転べば海となりけり夏の空　熊谷・空OG　福元万理子

庭手入れ蚊取り線香腰に吊り　府中・空自衛官　村上　智樹

みんみんの鳴く青すぢを立てるごと　青梅・一般　青柳　富也

あぢさゐの重さを測る両手かな　熊谷・空OG　塚本　恵玉

立葵下から順に咲きにけり　西東京・空OB　水島　孝雄

帰り道梅雨夕焼けに導かれ　熊谷・空OG　関谷　桂子

選者作品

火の神を祀れる土間の涼しかり

投句歓迎！

▽郵便はがきの裏面に未発表の自作3句以内と氏名、年齢、職業（自衛官・事務官＝所属部隊＝、OB、家族、一般など）、住所、電話番号を記入▽締め切り毎月15日▽宛先＝〒162―8801東京都新宿区市谷本村町5の1　防衛省D棟市ヶ谷記者クラブ朝雲俳句係☎03（5225）1750、専用線8・6・25515

詰碁

第1095回出題

出題　日本棋院　九段　曲　励起

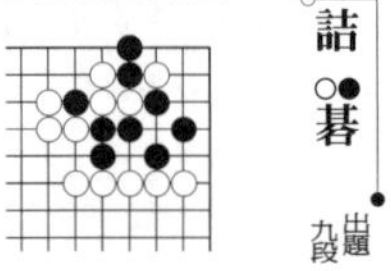

白先

『黒を無条件で取って下さい』。5分でできれば初級以上です。

▶詰碁、詰将棋の出題は隔週です◀

詰将棋

出題　日本将棋連盟　九段　石田　和雄

≫第679回の解答≪

▲先手　持駒　角歩

【正解】▲2二角打△同金▲1四歩△2三玉▲2二と△3三玉▲3二金までの七手詰め。

【解説】初手は▲2二角打と俗に行きます。平凡な▲2四角成では△1二玉でつかまらない。

三手目▲1四歩が急所。以降、玉を横にはわせ▲3二金までピッタリです。

朝雲
発行所 朝雲新聞社
〒160-0002 東京都新宿区坂町26番地19 KKビル
電話 03(3225)3841
FAX 03(3225)3831
振替00190-4-17600番
定価一部170円、年間購読料9000円（税・送料込み）

抑止力強化に万全期す

江渡新大臣に聞く

安保法制整備に全力

ガイドラインで役割分担

江渡聡徳防衛・安全保障法制大臣は9月8日、朝雲新聞社など報道各社との共同インタビューに臨み、我が国の平和と安全を守るため安全保障法制を整備し、抑止力の維持・強化に万全を期す考えを表明した。今年末の改定を目指す日米防衛協力のための指針（ガイドライン）については、自衛隊の役割を含む2国間の適切な役割分担を提示し、あるべき姿を追求する考えを示した。普天間移設などを通じて沖縄の基地負担軽減に取り組む姿勢を強調するとともに、中国に対しては海上連絡メカニズムの早期運用開始を粘り強く働きかけていく方針を示した。

―日米ガイドラインの改定について

江渡大臣 日本を取り巻く安全保障環境は一層厳しさを増している。7月1日の閣議決定を踏まえ、あらゆる事態に切れ目のない対応を可能とする安全保障法制を整備し、抑止力の維持、強化に万全を期していきたいと考えている。

ガイドラインの実効性確保のためにも、見直し作業と安保法制検討の両方の作業を十分に整合させていくことが重要だ。後方支援などの個別的な論点に関する法制の検討状況を踏まえつつ、米国との協議を加速していきたい。

―ガイドラインにおける自衛隊の新たな役割は

大臣 昨年10月の、日米の外務・防衛担当閣僚協議「2プラス2」に示されている通り、ガイドラインの見直しは、①日米同盟のグローバルな性質を反映させるため、テロ対策、海賊対処、能力構築などの分野を包含する協力範囲の拡大②宇宙・サイバー空間など新たな戦略的領域における課題への対応③地域の他のパートナーとのより緊密な安全保障協力の促進―などが目的だ。その上で2国間の防衛協力における適切な役割分担を提示することが重要だ。これらの点では米側とも認識を共有している。

就任後の共同インタビューで安全保障法制の整備に全力を尽くすと強調する江渡新大臣（9月8日、防衛省で）

―今年7月の日米防衛相会談では、小野寺前大臣が7月1日の安全保障法制に関する閣議決定の趣旨を説明し、ヘーゲル長官からは「この画期的な決定に基づき法整備が行われると、地域と世界の安全保障に対する役割を日本が増大させることができる」「米国は安倍内閣の閣議決定を強力に支持する」「ガイドラインは画期的な形で改定される」―との発言があった。

日本が地域と世界の安全保障に対する役割を増大させることは米国から支持されている。防衛省としては自衛隊が果たすべき役割を含め、日米防衛協力のあるべき姿について真剣に検討を進めていきたい。中間報告の取りまとめに向け、精力的に作業を行っている。

―今後の法整備は

大臣 法整備は国民の命と平和な暮らしを守り抜くため、あらゆる事態に切れ目のない対応を可能とするためのものだ。必要なものが十分に盛り込めるようしっかり検討し、国民の皆さまに一層の理解を得られるよう、丁寧に説明しながら進めていきたい。

沖縄の負担軽減を推進

―普天間飛行場の移設については

大臣 普天間飛行場は宜野湾市の中心部に位置し、住宅や学校が密集しており、固定化を絶対に避けなければならない。移設の意義を粘り強く説明し、事業の実施に当たっては地元の理解を求めながら、事業期間の短縮に努め、一日も早い普天間飛行場の返還とキャンプ・シュワブへの移設に向け、全力で取り組む。

（2面に続く）

インタビュー骨子

▽安全保障法制を整備し、抑止力を強化
▽法整備に当たっては国民に丁寧に説明
▽日米ガイドラインは適切な役割分担で協議を加速
▽普天間移設など沖縄の基地負担軽減を推進
▽中国に海上連絡メカニズムの早期開始を呼びかけ
▽自衛権発動の「新3要件」のもとで限定的にシーレーンの機雷掃海も可能

全身全霊で取り組む

責任、使命の重さを痛感 江渡新大臣が初訓示

第2次安倍改造内閣が9月3日発足し、防衛大臣に新設の安全保障法制担当大臣と兼務で江渡聡徳衆院議員（58）＝青森2区＝が就任した＝本紙9月4日付既報＝。防衛副大臣には第2次安倍内閣で平成24年12月から25年9月まで防衛大臣政務官を務めた左藤章衆院議員（63）＝大阪2区＝、政務官には原田憲治衆院議員（66）＝大阪9区＝、石川博崇参院議員（41）がそれぞれ就任した。江渡大臣は4日、左藤副大臣と原田、石川両政務官は5日、防衛省で着任式に臨んだ。石川氏は公明党初の防衛政務官となった。

第13代防衛相と初代の安保法制相に就任した江渡氏は、3日夜の初閣議後に防衛省で記者会見し、「25万人の隊員と共に国内外から求められている役割をしっかりと果たしていく。安保法制整備に関係大臣と連携を取りながら精力的に作業を進め、国会での審議等を通じて国民の皆さまにご理解いただけるよう、丁寧な説明を心掛けたい」と決意を表明した。

翌4日はA棟前の儀仗広場で特別儀仗隊の栄誉礼を受けた後、A棟講堂で着任式に臨み、内局、統幕、陸海空幕、各機関の幹部ら約600人を前に初訓示した。

江渡大臣は「我が国の防衛という国家存立の基本に関わる崇高な任務を担い、その責任と使命の重さを痛感している」と心境を述べた上で、「統合機動防衛力の構築に努めなければならない」と強調。一層厳しさを増す安全保障環境に対応した防衛力の強化を着実に進める考えを示した。

さらに、「日米同盟は日本の安全保障の基軸だ」として、今年末までに改定する「日米防衛協力のための指針（ガイドライン）」について「時代にふさわしいものを取りまとめたい」と述べ、日米同盟のさらなる強化を強調した。

また、安保法制相として「国民を守るため、あらゆる事態に切れ目のない対応を可能とし、自衛隊に期待される役割を果たすことができるよう、法制整備に向けた検討を着実に進めたい」と述べた。

沖縄の基地負担軽減については「米軍の抑止力を維持しつつ、沖縄の基地負担軽減を図るため、政府を挙げて在日米軍再編計画を着実に進める」とし、最後に「諸君と共に我が国の防衛に全身全霊で取り組むことを誓う」と締めくくった。

この後、大臣室で小野寺前防衛大臣との事務引き継ぎに臨み、固い握手を交わした。

左藤副大臣 原田、石川政務官 着任

左藤 章（さとう・あきら）副大臣 昭和26年7月福井県生まれ。福井大工卒。平成12年6月衆院選大阪2区初当選。現在3期目。元防衛大臣政務官。衆院外務委員会理事、国家安全保障委員会理事、国家安全保障に関する特別委員会理事。自民党国防部会長、国会対策副委員長、総務副部会長などを歴任。

原田 憲治（はらだ・けんじ）政務官 昭和23年6月大阪府生まれ。日大法卒。平成18年10月衆院補欠選大阪9区初当選。現在2期目。衆院国土交通委員会委員、憲法審査会委員、災害対策特別委員会理事。自民党国際局次長、法務・自治関係団体委員会委員長、国防部会長代理、総務副部会長などを歴任。

石川 博崇（いしかわ・ひろたか）政務官 昭和48年9月大阪府生まれ。創価大工卒。外務省を経て平成22年参院選大阪選挙区初当選。現在1期目。外務省時代にシリア、オマーン両日本大使館、イラクのサマワ外務省連絡事務所、中東アフリカ局中東2課などに勤務。公明党国際局次長、同青年局次長などを歴任。

地道な活動たたえる

小野寺前大臣 涙で離任あいさつ

小野寺前防衛大臣は4日午前の離任行事で約600人の幹部を前にA棟講堂であいさつし、1年8カ月、617日間の在任期間中に視察した全国約150カ所に及ぶ駐屯地や基地、過酷な災害派遣や国際任務の現場で目の当たりにした隊員の献身的な活動ぶりを振り返り、涙ぐむ場面もあった。

（9面に関連記事）

離任式を終えた後、多くの隊員、職員らに見送られ防衛省を後にする小野寺前大臣（中央）＝9月4日

小野寺氏は「絶海の離島や人里離れた雪山の山頂、灼熱の洋上など、国内外の過酷な環境のもとで活動する隊員諸君、レーダーサイトや艦船、航空機においてモニターに目を凝らし、黙々と警戒監視に当たる隊員諸君、被災者を救助するために泥水の中で献身・懸命な活動を行う隊員諸君、行く先々で真剣な眼差しで多様な任務に取り組む隊員諸君の姿に接してきた」とそれぞれの場面を回想した。

その上で「こうした頼もしい隊員諸君の活動により、防衛省・自衛隊は発足60年を迎えた現在、国内外から高い評価を得て、大多数の国民から最も信頼を集める組織となっている」と述べ、これまでの隊員の地道な活動をたたえた。

小野寺氏は、海賊対処に当たる海自部隊が拠点とするジブチや、陸自PKO部隊が派遣されている南スーダンを防衛大臣として初めて視察。厳しい環境の中で日々の任務に精励する隊員を直接激励した。

小野寺氏は同日、儀仗広場で最後の栄誉礼を受けた後、市ケ谷地区の大勢の隊員に見送られて退庁した。

翌5日には武田前副大臣、若宮、木原両前政務官が、それぞれ盛大な見送りを受け防衛省を後にした。

日スリランカ首脳会談

海自との共同訓練 海洋安全保障強化

安倍首相は9月7日、スリランカのコロンボで同国のラジャパクサ大統領と会談し、海上自衛隊とスリランカ海軍による共同訓練の開催やシンポジウムへの参加を通じて、防衛協力・交流を一層強化、推進していくことで一致した。中東から日本のシーレーン（海上交通路）上にある同国と海洋安全保障での連携強化を図る。

両氏は海上安全保障に関する対話を立ち上げることでも合意し、首相はスリランカの沿岸警備能力の向上のため、日本の巡視艇を無償で供与する方針を伝えた。背景には海洋進出や港湾建設を通じてインド洋の沿岸国に影響力を強める中国をけん制する狙いがある。

首相は、集団的自衛権の行使を限定容認する今年7月の日本政府の閣議決定など、切れ目のない安全保障法制の整備について我が国の立場を説明。これに対し大統領は支持を表明した。

両首脳は、①公海における航行と上空飛行の自由②民間航空の安全③国際法にのっとった紛争の平和的解決の重要性―などを確認。その上で、両国関係を「海洋国家間の新たなパートナーシップ」へと高め、太平洋・インド洋地域の安定と繁栄に重要な役割を果たすために協力を強化していくことで一致した。

お知らせ

本紙9月18日付は休刊とし、25日付（3127号）から通常通りの発行となります。ご了承ください。

朝雲新聞社

防衛省発令

▽防衛研究所主任研究官（海自幹部候補生学校教育部長）1海佐 髙田 治彦
▽統幕防衛計画部防衛課防衛交流班長（海幕指揮通信情報部付）同 西田 勝利
▽東部方面総監部需品課長（陸幕運用支援・情報部付）1陸佐 津島 佳男
▽陸自幹部学校教官（陸自関東補給処松戸支処落下傘部長）同 中川 博英
▽同関東補給処松戸支処落下傘部長（東部方面総監部需品課長）同 國弘 祥史
▽自衛艦隊司令部（統幕防衛計画部防衛課防衛交流班長）1海佐 山本 勝也
▽3護衛隊群首席幕僚（3護衛隊群司令部）同 大賀 康弘
▽ちょうかい艦長（3護衛隊群首席幕僚）同 中村 譲介
▽鹿屋航空基地隊付（下総航空基地隊司令）同 西川 文敏
▽下総航空基地隊司令（防衛研究所主任研究官）同 中島 誠
▽艦艇開発隊（ちょうかい艦長）同 小幡 哲也
▽解海自幹部候補生学校主任教官兼補同校学生隊長 同 柴田 篤
▽同校教育部長兼主任教官（海自幹部候補生学校）同 川村 利明
▽航空総隊施設課長（航空総隊司令部）
▽中部航空方面隊司令部付（中部航空施設隊司令）2空佐 村上 圭輔
▽中部航空施設隊司令（航空総隊施設課長）1空佐 井上 力
▽兼空自2術科学校整備部長 同校副校長 同 加藤 史彦
▽自衛艦隊作戦総括幕僚（自衛艦隊司令部）同 東井 勇治
（以上9月1日）
▽護衛艦隊訓練主任幕僚（同作戦総括幕僚）1海佐 永井 一成
▽横須賀地方総監部防衛部長（横須賀地方総監部管理部長）同 大判 英之
▽同管理部長（護衛艦隊訓練主任幕僚）同 三輪 一雅
同 梶元 大介
（以上9月8日）
▽任期を平成27年3月31日まで更新 防衛監察監 梶木壽
（8月31日）

春夏秋冬

アンドラ公国

田部井 淳子

アンドラ公国という存在をご存知ですか？私は知りませんでした。

今年2月、東京都内に大雪が2週続きで降った日がありました。雪で交通がマヒ状態になり、甲府で行われるイベントが中止され、私は終日家に家に居ることができました。

折しもソチで開催されていた冬季オリンピックの入場風景をテレビで見ることができました。

「次はアンドラ公国の選手の入場です」というアナウンスがあり、5人の選手が入ってきました。続いて「アンドラ公国は、ピレネー山脈の麓にある小さな国です」という言葉が耳に入った途端、私は「えっ、ピレネー山脈の麓にある国なのか」と私はすぐに世界地図を持ってきて探しました。点のような小さな所でしたが、「アンドラ」と書いてあり、コマ・ペドロサ（標高2975メートル）という山が最高峰だと分かりました。

偶然ですが、今年の夏休みはピレネー山脈に行くと計画を立てていた私は、すぐにアンドラ公国の最高峰にも登れるようにしたいことを一緒に行く仲間に相談、日程調整してほしい旨を旅行社に連絡しました。

8月1日、エールフランスでパリ経由でトゥールーズへ。そこでガイドと合流し、まずはピレネー山脈をフランス側から入り、スペインへ抜ける準備です。

山小屋に泊まりながらスペインに入って、下りた先のホテルにスーツケースごと運んでおいてもらうという手配をし、安心して山越えをすることができました。

ピレネー山脈は石灰岩の中に松やトウヒなどの木が生えるスケールの大きい岸壁をもつ山々と広い谷を持ち、その谷は緑に覆われた美しい所でした。たくさんの湖が山の中に点在しています。水と緑の山です。

スペインからいよいよアンドラ公国に入りましたが、スペイン側から入ってフランス側に抜けるまでに40分もかからない本当に小さな国です。9割が山々に囲まれた自然いっぱいの所で、すべての品が免税です。街にはフランスやスペインからたくさんの方たちが買い物に来るとのことです。

私たちは山小屋に1泊しコマ・ペドロサに登りました。もう少し早い季節だったら山小屋付近はアルペンローゼの花盛りだったと思われる所で、山肌一面にアルペンローゼが波打ったように植わっていました。

湖もあり、雪渓もあり、岩場もありの変化に富んだ山で、頂上から見る風景は一面の山、山、山の山国でした。

コマ・ペドロサは私の70番目の最高峰になりました。

（たべい・じゅんこ＝登山家）

朝雲寸言

少し古い話で恐縮だが、今年5月6日未明、沖縄本島の南約1100キロの太平洋を航行中の沖縄水産高校の練習船「海邦丸」からSOSが入った。18歳の男子実習生が急性盲腸炎を訴えたのだ▼洋上での急患移送。直ちに、海上自衛隊第5航空群のP3C哨戒機が那覇基地を離陸。[illegible]時間後、大海原の中から小さな点のような海邦丸を捜索、発見すると同時に、救難飛行艇US2を現場に誘導した▼波高は約2メートル。海邦丸のすぐ近くに着水したUS2は、救命ボートを使って、男子実習生を機内に収容、急ぎ離水した。着水から離水までわずか25分。同日正午過ぎには、腹痛を訴える男子実習生は、那覇基地の滑走路脇に待機する救急車で搬送された▼一刻を争う緊急事態。通報から捜索、救助、搬送という見事な連係プレーだったが、このニュースが沖縄の新聞で報じられることはなかった。「自衛隊がニュースになるのは、事故や不祥事のときだけ。慣れっこですよ」と、海自幹部は自嘲気味に笑う▼その1カ月後、沖縄戦の慰霊の日（6月23日）を前に、戦没者の名前が刻まれた「平和の礎」が並ぶ平和祈念公園で、自衛隊員と米海兵隊員ら1000人を超すボランティアによる清掃作業が行われた。20年近くも続く恒例行事だが、報じられたことなどない▼9月2日朝。新聞を開くと、「いじめで海自隊員自殺」の大きな記事。海自幹部の悲しげな顔が浮かんできた。

本号は10ページ
2面 アジア大会出場、体校最多の23人
3面 統合運用基盤に各地で防災訓練
4面 〈全面広告〉
5面 （厚生・共済）豪雨で部隊宿舎に入居
6面 〈さぽーと21〉秋号 組合決算概要
7面 （地方防衛局）米給油部隊が岩国移駐
8面 〈募集・援護〉災害対策ノウハウ提供
9面 陸自中音と米陸軍軍楽隊が合同演奏
10面 〈みんなのページ〉絆深めた利尻登山

時の焦点

国内

石破の乱

「ポスト安倍」に変化も

政局では不用意な一言がつまずきの元となる。今回は、石破発言がそうだろう。

内閣改造・自民党役員人事では、石破茂前幹事長の処遇が焦点だった。安倍首相が石破氏に安全保障法制相への就任を要請し、石破氏は固辞した。これが序章である。

首相サイドは表向き、石破氏が党内きっての安保通だから、と起用の理由を説明した。

しかし、ウラの理由もある。一つは石破氏の封じ込めだ。来年の自民党総裁選で安倍氏は再選を目指す。閣内に入った石破氏は、安倍氏に対抗して総裁選に出馬するのは難しくなるというわけだ。

さらに、首相は、選挙対応など石破氏の仕事ぶりに不満を持っており、幹事長職から外したかったとの見方も有力だ。

一方、石破氏が安保法制相を断ったのは、安全保障政策に関する考え方が首相と違うから、というのが表向きの理由だ。

ただ、石破側近には、閣外にあって、総裁選でのフリーハンドを確保した方が得策だ、との意見があった。その場合、幹事長を続投することが党内掌握の観点からベストと言える。

石破氏の失敗は、そのウラの事情を、表で話してしまったことだ。

8月25日のラジオ番組でこう語った。

「これから先の知事選も勝てるよう、私としてはやりたい」

人事権は総裁にあり、党員はこれに従うのが基本ルールだ。幹事長続投を公然と希望するのは、前代未聞と言える。思わず、本音を漏らしてしまったのだろうが、その代償は小さくなかった。

石破氏のことを快く思っていない自民党幹部らは、この「失言」を見逃さず、「石破氏は不適だ」と批判した。石破氏への党内の風当たりは厳しくなった。

石破氏は無役になることを覚悟して、首相と駆け引きをするはずが、そうも言っていられない弱い立場になった。

最終的に、安保法制相でも幹事長でもなく、地方創生相起用で2人は折り合ったが、石破氏が株を下げた感じは否めない。

にわかに存在感を高めたのが、谷垣禎一新幹事長である。

野党時代に総裁を務めた党の重鎮だ。外交的にはハト派であり、保守色もさほど強くない。その点、首相とは対極にある。

谷垣氏の幹事長起用は、党内融和につながるだろう。谷垣氏は発信力が弱いとの指摘もあるが、円満な人柄で政策に明るく、安定感がある。

「石破の乱」でざわついた党内を落ち着かせる効果もありそうだ。谷垣新幹事長は、なかなかの妙手と言える。

谷垣氏は、首相になれなかった自民党総裁の一人として、自民党史に名を残すとみられていた。だが、幹事長になったことで、「ポスト安倍」の芽も出てきたとの見方がある。新幹事長の仕事ぶりが注目だ。

風間　二郎（政治評論家）

海外

イスラム国

米、「有志連合」を模索

オバマ米大統領は9月2日から5日まで、エストニアと英国を歴訪し、3日のエストニアの首都タリンでの記者会見で、イスラム教スンニ派過激組織「イスラム国」（ISIS）を「撲滅」するため「国際的な有志連合」の結成を呼び掛けた。

英国で開かれた北大西洋条約機構（NATO）首脳会議閉幕後の会見（5日）でも、同盟・友好国の連携に自信を示した。

2014年1月、ISISがイラクのバグダッド西方ファルージャを占拠した。03年のイラク戦争時、過激派の拠点だった同地を米軍と地元部族が共同作戦で制圧した経緯がある。

当然、政権の「無策」に批判が出たが、オバマ氏はまだISISを「2軍チーム」と軽視していた。6月に第2の都市モスル、8月には北部油田と制圧が続いたため、8月8日からISISへの空爆を開始した。

その後も米ジャーナリスト2人の斬首という衝撃的事件が続き、「何人斬首されれば決断するのか」との批判が沸騰していた。

その結果、「有志連合」案となったわけだが、シリア攻撃を逡巡（しゅんじゅん）し、ロシアに横から功をさらわれて中東への足掛かりを許した1年前を思い出す。

「連合」は任務をイラクに限定するのか、それとも、決定的なシリア内の拠点にまで踏み込むのか、調整すべき点はまだ多い。

クルド自治政府およびイラク政府の公式な要請により、結成は現実化へ進むが、そうなれば、英国は空爆参加の可能性が大きい。NATO加盟国で空軍力に優れたトルコも参加の第一候補だろう。

注目されるのはシーア派国家のイランだ。同国はISISと敵対し、イラク政権を支援してきた。しかし、西側の介入、特にイランの同盟国シリアへの介入を警戒している。

アラブ諸国は少し事情が異なる。サウジアラビア、カタール、アラブ首長国連邦（UAE）はシリアの反政府勢力を支援してきた。ISIS撲滅のための連合に軍事的に有益な貢献は期待薄だ。

例外は、イラク、シリアと国境を接するヨルダン程度だろう。

また、シリアをめぐる問題が連合結成の上で最大の難問。トルコやサウジ、カタールは、連合参加の条件として、アサド・シリア大統領退陣への支持を要求する可能性が大だ。しかし、米国は支持を与えそうもないし、イラク政府もイランとの緊密な関係から、要求には反対する。

湾岸諸国も、昨年のシリア危機の際に「オバマに裏切られた」として対米不信の感情が根強い。

オバマ政権は同盟国エジプト（ムバラク大統領）をどう扱ったか。親米に傾いていたリビアのカダフィ政権の打倒に加担した後、同国はどうなったか。中東諸国は忘れていない。

ブッシュ前大統領が対イラク戦争の際に結成した有志連合には48カ国が参加し、うち40カ国が軍事面で協力した。これに比べて、オバマ大統領の有志連合はずっと小規模で、迫力を欠く印象は否めない。

草野　徹（外交評論家）

中国との海上連絡メカニズム

早期開始が重要

1面から続く

――集団的自衛権行使による停戦前の機雷掃海については

大臣　海洋国家である我が国にとって、国民生活に不可欠な資源や食糧を輸送する船舶の安全確保は極めて重要だ。停戦前であっても、我が国の存立を全うし、国民を守るために武力の行使に当たるシーレーンにおける機雷掃海が必要不可欠な場合があり得る。

活動の実態は、国際法に違反して敷設され、船舶の安全を損なう水中の危険物を除去するものであり、戦闘の当事者になり得ない民間船舶を、機雷や外部からの攻撃の脅威から防護し、安全な航行を確保する目的で行う、受動的かつ限定的な行為だ。あくまでも自衛権発動の「新3要件」を満たす場合には、武力の行使に当たる機雷掃海も憲法上許容されることになる。

「新3要件」を満たす場合、我が国が国際法上の集団的自衛権の行使に当たる武力の行使を行っている際、その後、国連安全保障理事会が武力行使を容認する決議を採択し、国際法上の根拠が「国連安保理決議に基づく集団安全保障措置」になったとしても、「新3要件」を満たす限り、自衛隊が活動をやめることはない。

――中国との海上連絡メカニズムの開始時期は

大臣　日中防衛当局間の海上連絡メカニズムは、海空域における不測の事態が軍事衝突などに発展するのを防止することを目的に、2012年6月にホットラインの設置や、艦艇・航空機間の直接通信などで構成することで合意されている。

同メカニズムは、日中防衛当局のハイレベルで確認の上、運用を開始することになっていたが、同年9月以来、日本からの累次の働きかけにもかかわらず、防衛交流の実施に中国が応じようとしなかったために、運用開始に至っていない。

海空域における不測事態の発生を回避、防止するためにも、同メカニズムの早期運用開始は重要だ。同メカニズムの重要性を粘り強く説明しつつ、累次の機会に中国側に働き掛けを続け、日中間のさまざまなレベルでの対応を積み重ね、関係改善に向けた取り組みを継続していく。

体校最多の23人がメダル獲得目指す

朝霞　アジア大会壮行会

アジア大会壮行会で出場選手を代表して決意を述べる鶴巻1尉（中央）＝9月6日、朝霞駐屯地で

自衛隊体育学校（朝霞）の創立53周年記念行事を兼ねたアジア競技大会壮行会が9月6日、朝霞駐屯地で行われ、出場選手が決意を新たにした。

五輪と同じ4年に一度行われるアジア競技大会は今回、韓国・仁川市で9月19日から10月4日まで開催される。体育学校からは広島大会（1994年）の20人を超え、過去最多となる23人が出場する。

壮行会には23人のうち、海外遠征などに参加している9人を除く選手14人と、歴代体育学校長をはじめとする来賓・関係者ら計約380人が出席した。

選手紹介後、高澤實体育学校後援会長が「堂々と戦ってきてほしい。皆さんの活躍が2年後のリオ五輪、6年後の東京五輪につながる」と激励。保坂一彦体育学校長は「今までで一番多い選手団を送り出す。きっと期待に応えてくれることと思う」と語った。

選手を代表して鶴巻宰1陸尉（レスリング・グレコローマン80キロ級）は、「皆さんの声援を力に変え、一丸となって10個以上のメダルを獲得してきます」と決意を述べた。体育学校は前回の中国・広州大会（2010年）では選手20人が参加、12個（金3、銀3、銅6）のメダルを獲得した。

ひと

CTF151司令部に初勤務　浅野（あさの）　潔（きよし）　2海佐（51）

佐渡国際トライアスロン大会で完走してきました

外国（バーレーン）で年を越したのは初めての経験だった。クリスマスはデンマーク式、新年会はニュージーランド式で、共に食卓を囲むのはさまざまな国籍の司令部メンバー。

デンマークのクリスマスのご馳走「アヒル（ダック）」を「犬（ドッグ）」と聞き間違え、真顔で「デンマーク人は犬を食べるんですか」と質問して爆笑されたのは懐かしい思い出だ。

海賊対処部隊の「第151連合任務部隊（CTF151）」への参加にあわせ、昨年12月に海自初の連絡官として司令部に派遣された。もともと国際交流業務に強い関心があったこともあり、「ついにこの日が来た！」と意気込んだ。

連絡官の業務はCTF151司令部と日本、アデン湾・ジブチで行動中の部隊との連絡調整を行うこと。3者間の現状認識の差に苦戦したが、間違って伝えないよう自分の頭で理解することを大切にした。

交流の少ない国の同僚に対し、海自について、そして軍隊とは違う独自の考え方を根気強く説明する必要もあった。「理解してもらえた時はうれしかったです」。

帰国後の今年7月、連絡官としての働きを認められ、海上自衛官として初めてデンマークの国際防衛功労勲章を授与された。「デンマーク海軍の司令官・イェンセン准将は私の理想の海軍軍人。今回の受章はこのうえない喜びです」。

嘉手納、岩国の米軍機グアムへ

訓練移転

防衛省は8月29日、米軍再編に関する嘉手納・岩国両飛行場からグアムなどへの訓練移転計画の概要を発表した。訓練移転は沖縄の嘉手納飛行場で実施予定だった嘉手納（米第18航空団）・岩国（同第12海兵航空群等）両飛行場の航空機による訓練をグアムなどへ移転するもの。

18航空団の訓練期間は9月5日から26日までで、F15戦闘機16機程度、空中給油機2機などと人員320人程度が参加。グアム島のアンダーセン空軍基地と周辺区域で戦闘機戦闘訓練を行う。

一方、12海兵航空群等の訓練期間は9月15日から10月7日までで、アンダーセン空軍基地と北マリアナ諸島のファラロン・デ・メディニラ空対地射場で戦闘機戦闘訓練、空対地射爆撃訓練を行う。

参加するのは、FA18戦闘機16機程度、空中給油機4機、垂直離着陸輸送機MV22オスプレイ4機などと、人員約1140人程度。

18次隊、モルディブ沿岸警備隊と訓練

海賊対処水上部隊

ソマリア沖・アデン湾での海賊対処任務を終えて帰国途中の海自水上部隊18次隊（護衛艦「いなづま」「うみぎり」で編成、司令・立川浩二1佐以下約390人）は8月26日、インド洋のモルディブ東方海域で同国の沿岸警備隊と親善訓練を行った。

モルディブ沿岸警備隊からは哨戒艇「シャヒード・アリ」（艇長・アフマド・サイザーン中尉）が参加し、海自の2艦と共同で戦術運動訓練などを行った。

海自とモルディブの共同訓練は昨年1月に続き2回目。18次隊は9月20日に呉基地に帰国する予定。

「しらせ」10月3日名古屋港に寄港

26年度総合訓練

海自の砕氷艦「しらせ」（1万2650トン、艦長・日高孝次1佐）は10月2日から9日まで「平成26年度総合訓練」を行う。途中、名古屋港に寄港する。

「しらせ」は10月2日に母港・横須賀を出港し、名古屋港に3〜5日に滞在。艦内一般公開などを行い、9日に横須賀に戻る。航海中は防火・防水など各種部署訓練とCH101輸送ヘリの発着艦訓練などを行う。

この後、「しらせ」は文科省の第56次南極地域観測活動を支援するため、燃料や物資などを搭載し、11月に東京港・晴海埠頭から南極の昭和基地に向けて出港する予定。

首相乗せバングラデシュ、スリランカへ

政専機

空自特輸隊（千歳）のB747・400政府専用機は9月6日、バングラデシュ、スリランカを訪問する安倍首相を乗せて、羽田空港を出発した。

首相は同日午後、バングラデシュの首都ダッカに到着し、ハシナ首相との首脳会談に臨んだ。翌7日にスリランカのコロンボに到着後、ラジャパクサ大統領と会談。8日に羽田に帰国した。

◇平成26年度自衛隊音楽まつり

▽日時＝11月13日（木）から15日（土）まで。

▽場所＝日本武道館（東京都千代田区）

▽公演日程＝第1回（13日午後2時〜午後3時50分）、第2回（14日同）、第3回（15日同）、第4回（同日午後6時〜午後7時50分）の全4回。

▽テーマ＝「前へ　MOVE　ON〜強き、絆の響き。熱き、仁の力動〜」

▽申し込み＝はがきかネットで。はがきの場合、往復はがき往信裏面に①氏名②年齢・性別③希望公演日・公演回④券の種類（「一般券」もしくは29歳以下が1人でも含まれる場合は「青少年券」）――を記入。返信裏面は無記入。ネットの場合、陸自公式HPから特設ページへ。いずれも10月1日（水）必着。当選ははがき1枚で2人まで入場でき、乳幼児の入場は不可。一人で複数回の応募は無効となる。当日、29歳以下が1人もいない場合、青少年券は無効。

▽宛先＝〒119―0353東京都牛込支店留陸上自衛隊広報室「自衛隊音楽まつり係」まで。

統合運用で対処能力向上

巨大地震を想定 広域医療搬送を訓練

9月1日の「防災の日」を中心とした8月30日から9月5日の「防災週間」期間中、全国各地で地震や津波を想定した防災訓練が行われた。防衛省・自衛隊は各自治体や関係機関などと連携してさまざまな訓練に参加し、統合運用による災害対処能力の向上を図った。岩崎統幕長は9月4日の記者会見で「災害対応は自衛隊だけでできるものではない。警察、消防のほか、自治体や地域住民との協力が不可欠だ」と述べ、各種の機関・団体などが実施する防災訓練に防衛省・自衛隊が積極的に参加する意義を強調した。

各機関の協力を強調　岩崎統幕長

南海トラフ巨大地震を想定した内閣府主催の「広域医療搬送訓練」が8月30日、西日本を中心とした各基地や民間空港などで行われ、陸海空自衛隊から約160人、航空機5機、車両など15両が参加して、統合運用の観点から災害派遣時の連携要領を演練した。

訓練では、空自のC130H輸送機が神奈川県の海自厚木基地と空自新田原基地を結んで患者搬送やDMAT（災害派遣医療チーム）隊員らの輸送を行ったほか、両基地では衛生隊員らが主力となって「広域搬送拠点臨時医療施設（SCU）」や「被災地外広域搬送拠点」の運営を支援した。

9月1日には神奈川県相模原市で直下地震を想定した「9都県市合同防災訓練」が行われ、約1万人が参加。自衛隊からは31普連や4施設群、1後支連、CRF、神奈川地本などが訓練に臨み、安倍首相、小野寺防衛相（当時）らが視察した。首相は「自らの命を守るためには国民一人ひとりの心構えと準備が重要だ」と述べ、関係機関と地域の平素からの実践的な訓練と相互理解の必要性を訴えた。

一方、沖縄県では9月3日から6日まで宮古島沖の地震を想定した県主催の「総合防災訓練」が行われ、自衛隊からは番匠西方総監を統制官に陸海空の隊員約500人、艦艇1隻、航空機9機、車両約35両が参加。同訓練には各自衛隊が毎年独自に参加していたが、今回初めて統合運用態勢による「離島統合防災訓練」の位置づけで行われた。

宮古島では津波被災地を想定し、沖合に停泊する輸送艦「しもきた」から発進したエアクッション艇（LCAC）による揚陸訓練が行われ、陸自車両や沖縄電力の資機材などの陸揚げ作業が報道公開された。

空自C130H輸送機で神奈川県の海自厚木基地から宮崎県の空自新田原基地に到着したDMAT隊員ら（8月30日）

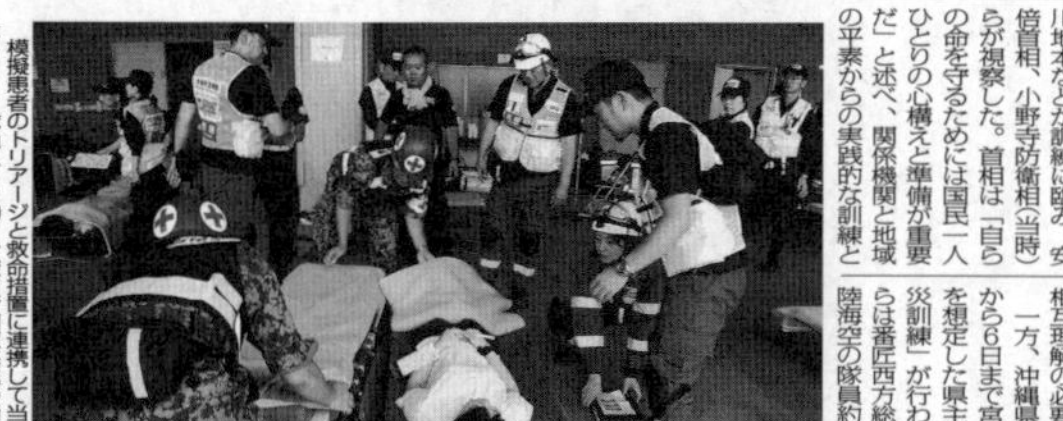

模擬患者のトリアージと救命措置に連携して当たる自衛隊員とDMAT隊員（8月30日、空自新田原基地の消防車車内で）

上DMAT隊員らと打ち合わせする4空群幕僚の梅木久司3海佐（左から2人目）＝8月30日、海自厚木基地で　下LCACで運ばれてきた沖縄電力の電源車（中央のトラック）と、上陸準備に当たる陸海自の隊員（9月6日、沖縄県宮古島市のサンセットビーチで）

車両から負傷者の救出訓練　7施群

【7施群＝大久保】7施設群は8月2日、奈良県斑鳩町で行われた県防災総合訓練に、379施設中隊の31人（うち即応予備自衛官20人）で参加した。

訓練は水害を想定して行われ、約60機関から約1200人が参加。自衛隊は関係機関と協力して被災者救助などを行った。

偵察バイクの情報を基に、隊員が急行。閉じ込められた車両の中から、「人命救助システム」の各種器材を用いて負傷者を救出し、応急処置を施した後、担架搬送した。

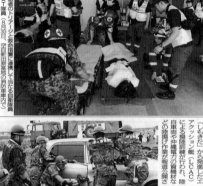

閉じ込められた負傷者を救出するためドアをこじ開ける379施中隊員（8月2日、奈良県斑鳩町で）

M8・2地震想定 県防災訓練に参加　青森地本

【青森地本】地本は8月31日、八戸市の八太郎公園とその周辺地域で行われた青森県総合防災訓練に参加した。

訓練には3自衛隊各部隊、各自治体、公共機関など85機関・団体から約2000人が参加。「青森県東方沖を震源とするM8・2の地震が発生し、沿岸に津波警報が出された」という想定で行われた。

地本は東日本大震災での自衛隊の災派活動の様子をパネル展示し、災害発生時の自衛隊の役割などを説明した。展示コーナーを訪れた訓練統裁監の三村申吾青森県知事は「東日本大震災では本当にお世話になりました。これからも県との連携を含め、よろしくお願いします」と語った。

三村知事（中央）に説明する隊員（8月31日、八戸市で）

三笠市防災訓練に 12施設群中隊参加　河川増水を想定

【12施群＝岩見沢】北海道三笠市防災訓練が8月24日、同市小学校を会場に行われ、12施設群隷下の335施設中隊と312施設器材中隊から合わせて10人が参加した。

訓練は近くの幾春別川が大雨で増水し、住民に避難勧告が出されたことを想定して行われた。

335施中は「人命救助システム」を展示説明。312施器中は同中隊が保有する自走架柱橋の架設を行った。市民からは「災害が発生しても施設部隊があり安心できる」という声も聞かれた。

河川水防演習で豚汁など給食支援　41普連

【41普連＝別府】大分県中津市の山国川河川敷でこのほど、水防演習が行われ、連隊からも重迫中隊長以下10人が参加、給食支援を行った。

中津市が主催し、自衛隊、消防、警察、地元高校など10機関・約190人が参加。山国川流域で河川が氾濫したという想定で各種訓練を行った。連隊は野外炊具で豚汁とおにぎりをそれぞれ約100食分作り、訓練参加者らに提供した。

山国川水防演習に参加し、給食支援のため豚汁を調理する41普連隊員（大分県中津市で）

多数傷病者への医療対応 空自が初の訓練　百里基地

10月の航空観閲式に備え、8月3日、日本集団災害医学会の認定訓練「MCLS（多数傷病者への医療対応）標準コース」が空自百里基地で実施された。施設・衛生・管理隊員20人が災害時の医療、対応法を学んだ。

MCLSは多数の傷病者が発生した際に自衛隊、警察、消防、病院などが連携して対応するもので、空自基地で行うのは初めて。

MCLSを認定する同学会からは約30人の医師、消防士らが参加。午前中はDMAT（災害派遣医療チーム）との連携などを学習。午後はトリアージタッグの扱いなどの実技訓練後、修了試験を行った。

隊員はインストラクターから指導を受けるだけでなく、自衛隊と消防の災害時の動き、対応の違いなどを確認。「現場救護所の運営」シミュレーションでは重傷患者への対処をめぐって、グループごとに移送法を活発に議論し、発表した。

「トリアージタッグの扱い」訓練では列車事故を想定。「歩くことはできないが、他は問題なし、黄色！」など受講者は負傷者の状況を見て根拠を述べ、タッグを選択していた。

筆記、実技試験の結果、受講者全員が合格。訓練終了に当たり、JAとりで総合医療センター副院長の鶴岡信氏は「隊員の方と議論し、刺激を受けた。最終的に壁がなくなって緊急事態に共に対処したい」と講評した。

百里衛生隊の山口祐矢2尉は「議論を通じて自分たちだけでは気が付かなかった点や地域に密着した消防署員の現場対処法などを学べた」と成果を語った。

初の試みを実現させた同隊長の玉城盛勝2佐は「今までの訓練は部門の中だけで行われていた。初動対処では他機関との連携が重要。MCLSを自衛隊に取り入れ、観閲式に向け万全の準備を進めたい」と力強く語った。

消防署員（右端）の負傷状況確認の様子を見て、トリアージタッグを選択する隊員ら（8月3日、百里基地で）

西風東風

中国機、米機にまた異常接近 ――捕獲が目的か

中国人民解放軍の戦闘機が8月19日、南シナ海の公海上を飛行中の米海軍哨戒機に異常接近していたことが明らかになり、米政府が中国に危険な挑発行動だとして強く抗議した。中国機は一時約6メートルまで接近しており、衝突の危険もあったという。

同空域では2001年、米軍機と中国軍戦闘機が接触し、緊急着陸した米軍機が中国側に「捕獲される」事件があっただけに、米国は中国軍が故意に接触して米哨戒機を回収し、軍事機密を手に入れようとしたのではないかとの懸念を強めている。

19日の件について記者会見した米国防総省のカービー報道官によると、中国の「殲11B」戦闘機が海南島の東約215キロの公海上で監視活動中の米海軍の「P8」哨戒機に異常接近を繰り返し、一時はパイロットの青いヘルメットが見えるほどまで近づいた。さらに真下を飛行、直前を横切るなどの危険な行動をとった。

報道官は「乗組員を危険にさらす行動で極めて危険。明らかな挑発行為であり、強い懸念を中国側に伝えた」と述べた。

この異常接近事案について軍事専門週刊誌IHSジェーン・ディフェンス・ウィークリー（電子版）は01年4月に米海軍のロッキード「EP3」哨戒機が「J8Ⅱ」戦闘機に接触され、中国軍機は墜落し、EP3は海南島の陵水空軍基地に強制着陸させられた事件を想起させるとしている。

この事件では着陸後、乗員は10日間拘留、尋問され、EP3は分解されて中国に情報収集された後、7月になってようやく米側に返還された。

それから13年を経て起きた8月19日の異常接近事件は、中国が進化した技術を誇示する狙いがあったものとみられる。

また、南シナ海での島嶼基地建設など挑発行動を中止するよう求めた米国の要請を中国が拒否。これを受けて、米軍がさらに多くのP8A哨戒機を同空域に派遣する方針を打ち出していることから、同誌は中国がP8Aと故意に接触・衝突し、機体の捕獲を試みる可能性にも言及している。

仮に衝突が起きた場合、捕獲を避けるためP8A乗員は着陸をあきらめて機体の深海投機を選択するかもしれず、その際は米中間で機体の引き揚げ・回収争いが起きると予想している。

（ロサンゼルス＝植木秀一）

エボラ出血熱の対策検討・英軍 ――アフリカでの病院設置など

イギリス軍は、西アフリカで猛威を振るっているエボラ出血熱への支援策の検討を始めた。今後もさらに被害が拡大した場合、現地の過酷な環境にも耐えられる野戦病院を設置。出血熱から回復した生存者の血液から得られた抗体を、患者に注入する治療法に使うことを想定している。

このほか、イギリス人が現地で罹患した場合、本国に帰国させるための軍の活用法についても、政府内で協議されている。

死亡率が約6割に達するエボラ出血熱は治療法が確立されていないが、世界保健機関（WHO）は生存者の血漿を使った治療が一定の効果を上げていることに注目。薬品を使う場合よりもはるかにコストを抑えられることから、貧困に苦しむ感染国にとって現実的な選択肢として期待されている。ただ、未承認薬「ZMapp」も同時に投与されているケースも多く、治療効果が証明されたといえる状況ではない。

シエラレオネ東部のケネマで、ボランティアとして治療に従事していた男性が、イギリス人としては初めての感染者となった。この男性は治療のため、現地から特別装備が施された軍用大型長距離輸送機C17で8月24日、ロンドン北西部のノーソルト空軍基地へ到着した。その後、ハムステッドのロイヤル・フリー病院の隔離病棟に収容されて回復、9月3日に退院している。今後も同様なケースが想定されるため、軍の準備態勢を整えておく方針だ。

エボラ出血熱は旧英領のシエラレオネのほか、旧仏領のギニア、米国の解放奴隷によって建国されたリベリアの3国を中心に感染が広がっており、それぞれと歴史的に関係の深い国の国民が、感染地で治療に当たっているケースが多い。

また、感染地の住民に病気についての基礎知識が欠けていることが、武力による衝突の事態を発生させることもある。ギニア南東部のヌゼレコレでは、赤十字の医療チームが市場をスプレー消毒していたところ、逆に病原菌を拡散させているといううわさが広がり、治安部隊との衝突に発展。少なくとも50人以上が負傷した。

（ロンドン＝加藤雅之）

SUN COLLINE TOWER
YOKOSUKACHUO EKIMAE
サンコリーヌタワー横須賀中央駅前
―太陽の丘―
爽秋の美邸
※掲載の写真は現地26階相当の高さより撮影した写真（平成25年12月撮影）にCG加工を施したもので実際とは異なります。
先着順受付中
3LDK 2,900万円台より
京急本線
「横須賀中央」駅
駅からはフラットアプローチ
徒歩2分
※外観完成予想図は図面を基に描き起こしたものであり、周辺の建物・地形等は省略しております。また形状・色・仕様等は行政指導等により変更となる場合があります。
Point 1　家族皆の暮らしを護る安定した地盤
Point 2　水害の恐れの少ない海抜約24mの高台に立地
Point 3　自己完結を目指した防災対策
Point 4　充実の棟内施設（予定）
Point 5　地震時の揺れを低減する制振構造
［1K～3LDK］
さらに詳しい情報は http://www.sucolline.jp
サンコリーヌ横須賀　検索
お問い合わせは「サンコリーヌタワー横須賀中央駅前」マンションギャラリー
0120-153-517
<受付時間>10:00AM～6:00PM（水曜定休）
※事前にご予約いただけますとスムーズにご案内できます。
Wキャンペーン
キャンペーン1｜お申込特典
SEIKO ―― 先着順100名
「電波修正機能」搭載置き時計
キャンペーン2｜ご成約特典
Panasonic ―― 先着順100名
「ナノイー」搭載加湿空気清浄機
現地・マンションギャラリー案内図
スルガ銀行横須賀支店
ザ・プライム横須賀
駅徒歩2分
りそな銀行横須賀支店
京急本線
横須賀中央駅
東口
マクドナルド
サブエントランス入口
横須賀モアーズシティ
西口
諏訪神社
みずほ銀行横須賀支店
メインエントランス入口
サンコリーヌタワー横須賀中央駅前
マンションギャラリー
「洋服の青山」のビルの2F
若松会館
入口
龍本寺
マンションギャラリー住所：横須賀市若松町3丁目20番地（「洋服の青山」のビルの2F）
※駐車場はご用意しておりません。
総戸数279戸のビッグプロジェクト
サンコリーヌタワー横須賀中央駅前
【事業主・売主】株式会社ヤマザキ
【販売代理】株式会社デバインコーポレーション
【建築施工】東急建設株式会社　瀬下建設工業株式会社
【土木工事】松明建設株式会社
【建築設計】岩本計画設計事務所　株式会社久米設計
【土木設計】㈲都市整備測量設計
【デザイン・プロデュース】清野燿聖事務所
【内装設備】パナソニックES集合住宅エンジニアリング株式会社
【設備工事】株式会社太平エンジニアリング
【総合コーディネーター】NSグループ／エヌ・エス・メタル株式会社　NO FIELD株式会社
■「サンコリーヌタワー横須賀中央駅前」物件全体概要●所在地／神奈川県横須賀市若松町三丁目24番1他（地番）●交通／京浜急行電鉄本線「横須賀中央」駅徒歩2分●用途地域／商業地域、第一種中高層住居専用地域●地域・地区／防火地域、準防火地域、若松三丁目地区地区計画、第3種高度地区、第1種高度地区、駐車場整備地区、宅地造成工事規制区域、急傾斜崩壊危険区域（若松町三丁目地区、若松町B地区）、土砂災害警戒地域、屋外広告物規制地域●建ぺい率／60%（第一種中高層住居専用地域）80%（商業地域）●容積率／200%（第一種中高層住居専用地域）400%、600%（商業地域）●開発区域面積／6,975.54㎡●提供公園面積／429.30㎡●帰属道路面積（道路敷含む）／861.70㎡●その他道路利用地面積／30.58㎡●敷地面積（販売対象面積）／5,653.96㎡（広場状公開空地2ヶ所合計313.53㎡含む）●開発許可番号／横須賀市指令開21開第1号（平成26年6月19日）●建築面積／1,249.53㎡●建築延面積／26,242.27㎡●構造・規模／鉄筋コンクリート造地上26階地下2階建●建築確認番号／第ERI14033170号（平成26年8月13日）●総戸数／280戸（管理事務室含む）●駐車施設／敷地内機械式駐車場24台、身障者用（平置き）1台、隔地駐車場120台<月額使用料:25,000円・30,000円>●自転車置場／敷地内平置自転車置場72台<月額使用料:300円>●バイク置場／敷地内平置バイク置場15台<月額使用料:1,000円>●分譲後の権利形態／敷地・建物共有部分は所有権の共有、建物専有部分は区分所有権●分譲後の管理形態／区分所有者全員により管理組合を結成し、管理会社に委託していただきます。●事業主・売主／株式会社ヤマザキ　神奈川県知事(3)第23757号　（公社）神奈川県宅地建物取引業協会　（公社）首都圏不動産公正取引協議会　神奈川県横須賀市若松町三丁目20番地●事業主／株式会社ナベショー●販売代理／株式会社デバインコーポレーション　東京都知事(3)第82119号　（公社）東京都宅地建物取引業協会　（公社）首都圏不動産公正取引協議会　東京都品川区西五反田二丁目23番1号●管理会社／日本建物管理株式会社●設計・監理／岩本建築計画設計、株式会社久米設計●施工／東急建設株式会社　首都圏建築支店●竣工予定時期／平成27年8月下旬予定●入居予定時期／平成27年9月下旬※掲載のイラストは企画段階の図面を基に描き起こしたもので、実際のものとは異なります。予めご了承下さい。■販売住戸概要●販売戸数／279戸●間取り／1K～3LDK●住戸専有面積／27.56㎡～82.97㎡●バルコニー面積／4.03㎡～15.93㎡●室外機置場面積／2.17㎡～3.92㎡●販売価格／1,690万円～6,390万円●最多価格帯／3,800万円台（23戸）●管理費<月額>／5,510円～16,590円●修繕積立金<月額>／2,750円～8,290円●管理準備金<一括>／11,020円～33,180円●修繕積立基金<一括>／165,000円～497,400円※管理費とは別途に町会費が戸当り300円（月額）掛かります。※販売価格には建物に係わる消費税相当額が含まれております。■先着順受付のご案内●申込受付場所／サンコリーヌタワー横須賀中央駅前マンションギャラリー●申込受付時間／10:00AM～6:00PM（水曜定休）※お申込みの際には、印鑑と前年度の収入証明書をご持参ください。※先着順受付のため、ご希望住戸が成約済みとなる場合がございます。予めご了承下さい。■Wキャンペーン概要●お申込特典／初めて本物件の販売住戸のお申込をして頂いた方。●ご成約特典／本物件の販売住戸のご成約をして頂いた方。※各特典にににつき1住戸1回限り※未成年者はキャンペーン対象とはなりません。※各特典ともに先着順100名様限りとなりますので商品がなくなり次第終了とさせて頂きます。※広告有効期限／平成26年10月末日

厚生・共済

特集

お待たせしました　充実の秋号

ビジュアルな組合決算概要

「さぽーと21」えらべる倶楽部活用術は秋田・白神山地の旅を特集

防衛省共済組合の広報誌『さぽーと21　2014秋号』が完成しました。

今号は巻頭で「平成25年度防衛省共済組合決算概要」を特集。共済組合の短期、業務、保健、医療、宿泊、住宅、貯金、貸付、物資、財形の各経理について表やグラフを使って決算概要を説明しています。

読み物の「紀行えらべる倶楽部活用術」は秋田・白神山地の旅を特集。豊富な文化財や伝承が残る秋田市内や角館町、世界で最大級のブナ原生林が広がる世界遺産・白神山地の旅の魅力を紹介しています。

連載記事は「短期給付」が被扶養者の認定の条件や手続きの際の注意点等について、「栄養指導」がメタボ予防・意識改善、「スポーツの楽しみ」がレッツ・トライ～「伸びる子」のコーディネーショントレーニングです。

その他、現職国家公務員・OBとそのご家族（2親等以内）限定のインターネットを利用して活動する婚活サービス、KKRブライダルネットの特別キャンペーンのお知らせなど盛りだくさんです。『さぽーと21』はご自宅に持ち帰り、ご家族でご覧ください。

共済組合本部契約

あっせん販売商品

◀特殊高周波で肌のハリを促進　セルゲイン
▼気になる部分をシェイプアップ　ツインビート3ターボ

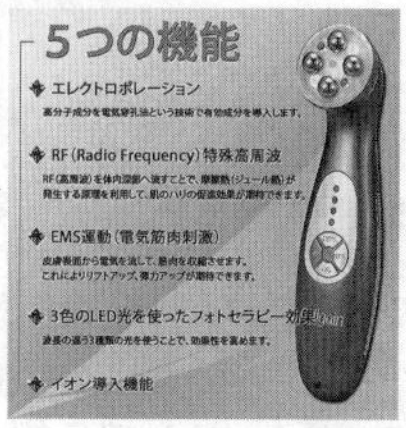

防衛省共済組合は「本部契約商品」として、株式会社マイティ・ナインが取り扱う筋肉トレーニング、スキンケア器具「ツインビート3ターボ」と「セルゲイン」の販売を行っています。

「ツインビート3ターボ」は、身体の気になる部分をピンポイントでシェイプアップできる機能があり、さらにターボ機能の追加で、出力を一気にアップさせることができます。また運動後の筋肉や関節のトリートメント効果もあります。

同機器は標準価格14万9040円（税込）のところ、組合員は12万6000円（同）で購入できます。

もう一つの「セルゲイン」は、エステティックサロンでも使用されている五つのモードがあり、電気穿孔法の技術で有効成分を導入するほか、特殊高周波で肌のハリを促進、さらに皮膚表面から電気を流し、筋肉の弾力アップなどに効果があります。

こちらは標準価格4万2984円（同）のところ、組合員は3万4650円（同）で購入できます。

両商品は各支部の物資係窓口でお申し込みください。なお、商品についての問い合わせは、株式会社マイティ・ナイン医療機器事業部（電話03－3724－2755）までどうぞ。

年金QアンドA

定年近づく58歳事務官の退職共済年金

試算はインターネットで

Q　私は58歳の事務官です。定年が近づき、年金額が気になってきました。私の受け取る退職共済年金の試算額が分かる方法がありましたら教えて下さい。

A　退職共済年金の試算は、国家公務員共済組合連合会の「KKR年金情報提供サービス」をご利用いただければ、ご自分でいつでもパソコンから退職共済年金額の試算ができます。初めてご利用される場合は、連合会インターネットホームページから「ユーザーIDとパスワード」の取得が必要になります。

詳しくは下の表の通りです。

※「元組合員」とは、1年以上の組合員期間を有し、現在は組合員資格を喪失しており、退職共済年金を受給していない方をいいます。

ご利用対象者	現在組合員の方（長期組合員番号が必要です。） 元組合員の方※（基礎年金番号が必要です。）
情報提供内容	年金試算情報・組合員期間情報・標準報酬情報・退職一時金返還額情報（該当者のみ）
ご利用方法	http://www.kkr.or.jp/ KKRホームページにアクセスして 「KKR年金情報提供サービス」をクリックしてください。
お問い合わせ	国家公務員共済組合連合会　年金部　年金情報提供サービス担当 〒102－8082　東京都千代田区九段南1－1－10　九段合同庁舎 電話03－3265－8141（代表） 受付時間9：00～18：00（土・日・祝日・年末年始を除きます。）

長期組合員番号は、昭和61年4月以降の組合員期間がある方に付番されています。不明な方は所属の共済組合支部長期係にご照会ください。

基礎年金番号は、「基礎年金番号通知書」や「年金手帳」でご確認ください。

転居、結婚等により変更後の住所・氏名情報等が正しく登録されていないため記録の不整合があった場合は、ユーザーID及びパスワードがすぐに発行できないことがあります。「記録不整合についてのお知らせ」が届きましたら、次の手続きをお願い致します。

①現在組合員の方↓所属の共済組合支部長期係へご連絡ください。

②元組合員の方で年金を受給していない方↓「住所・氏名変更届」を連合会年金部へご提出ください。用紙は、KKRホームページからダウンロードすることができます。

【ご注意】「離婚等をした場合の標準報酬等の分割」をされた方や、「3歳に満たない子を養育する組合員の平均標準報酬額の計算の特例」を適用されている方はインターネットによる本サービスで年金の計算が出来ません。

年金試算の依頼は、「KKR年金情報提供依頼書」をダウンロードし、80円切手を貼付した返信用封筒を同封のうえ、上記「年金情報提供サービス担当」までご郵送下さい。

（本部年金班）

グラヒル人気の「年末年始・宿泊プラン」お早めにご予約を

ご宿泊料金　1泊2食付（食べ放題・飲み放題）　※組合員限定　お一人料金（税込）

部屋タイプ／人数	デラックスツイン		和室		ツイン・ダブル		シングル	
	大人	小人	大人	小人	大人	小人	大人	小人
1名様利用	34,700円	29,900円	27,000円	22,200円	24,800円	20,000円	21,000円	16,200円
2名様利用	26,700円	22,000円	22,700円	18,000円	21,000円	16,200円		
3名様利用	24,000円	19,200円	21,500円	16,800円	20,100円	15,300円		
4名様利用	22,500円	17,700円	20,300円	15,600円				

バラエティタレント「はなわ」のライブ　大みそか
豪華バイキング＆マグロの解体ショー　元　旦

防衛省共済組合の直営施設「ホテルグランドヒル市ヶ谷」では、大みそか・元日を対象とした「年末年始宿泊プラン」の受け付けを9月1日から開始しました。

プランは「12月31日泊」「平成27年1月1日泊」の1泊2食付（食べ放題・飲み放題）で、31日はバラエティタレントの〝はなわ〟が登場し、「豪華バイキング＆はなわスペシャルライブ」を開催、元日は「豪華バイキング＆マグロ解体ショー」を実施します。

両日のご宿泊料金は上の表の通りです。とても人気の高い「年末年始宿泊プラン」ですので、お早めにご予約ください。

ご予約・お問い合わせはホテルグランドヒル市ヶ谷宿泊係（電話03－3268－0111、部隊専用線8－6－28850～2）まで。

あなたのさぽーとダイヤル

守るあなたを支えたい
防衛省共済組合

□ 電話による相談
今すぐ誰かに話を聞いてもらいたい…
忙しい人でも気軽にカウンセリング。
● 24時間年中無休でご相談いただけます。
● 通話料・相談料は無料です。
● 匿名でご相談いただけます。
（面談希望等のケースではお名前をお伺いいたします。）
● ご希望により、面談でのご相談も受け付けております。

□ 面接による相談
● 相談時間は1回につき60分以内です。
● 相談料は無料（弁護士が対応する相談は2回目から有料）です。
● 相談場所は相談者の居住する都道府県内です。
● 予約が必要です。

□ メールによる相談

□ 対象とする相談内容
心の悩み、健康保持・増進、妊娠不安、乳幼児の発育、高齢者の介護、冠婚葬祭マナー、遺産相続、住宅の取得・処分、贈与、借財、職場における問題、離婚問題、異性問題、近隣トラブル、悪質商法、嫌がらせ、ストーカー、交通事故等の生活全般が対象となります。

お電話、待っています。

必ず力になります。
心の悩み・・・
仕事の悩み・・・

部外の経験豊かなカウンセラーが相談に応じます

だから一人で悩まず、とにかく相談してみて！

TEL　0120－184－838
E-mail　bouei@safetynet.co.jp
電話受付　24時間年中無休
●プライバシーは遵守されますのでご安心ください●

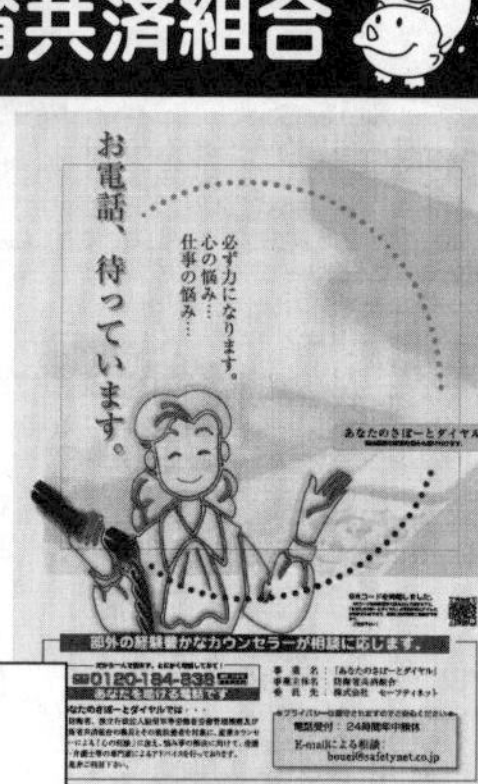

携帯用QRコード

厚生・共済

特集

豪雨で被災した隊員家族5世帯

部隊宿舎に緊急入居

福知山駐屯地

【福知山】8月16日から17日にかけ近畿地方を襲った記録的豪雨で、京都府福知山市では1000世帯以上が床上・床下浸水した。その中には福知山駐屯地の隊員の自宅も含まれ、41世帯が被災。これを受け、駐屯地業務隊は被災隊員・家族に対し、部隊宿舎への緊急避難を呼びかけ、5世帯が部隊宿舎に入居した。これは同駐屯地にとっても災害時の初の家族救済ケースとなった。

受け入れ宿舎を見学する被災隊員家族

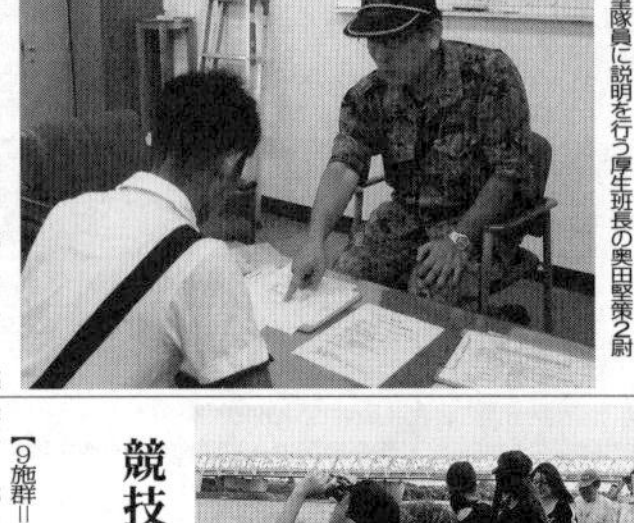
入居希望隊員に説明を行う厚生班長の奥田堅策2尉

家屋浸水で初のケース「本当に助かった」

福知山駐屯地では新しい隊員宿舎が2年前に完成し、また古い宿舎（来春取り壊し予定）も残っていたことから、その空き部屋を被災隊員・家族に利用してもらおうと、災害発生直後から受け入れ態勢を進めた。

駐屯地業務隊（業務隊長・川瀬大作2佐）では市街地が冠水した17日、各中隊に連絡し、隊員の被災状況を把握。その結果、41世帯が被災しており、床上浸水15世帯、床下浸水11世帯だった。中には床上浸水1メートルで土砂も流入し、しばらく自宅に住めない隊員もいた。

業務隊では被災隊員とその家族向けに直ちに部隊宿舎への入居説明を実施。希望した5世帯16人が緊急入居することになり、23日に1世帯、26日に2世帯、9月1日に2世帯が引っ越しを完了した。

被災家族からは「部隊の宿舎に一時避難できると聞き、本当に助かりました。被災直後は疲れていて何をしたらいいのか分からない状況でしたが、宿舎に入れるようになったおかげで家族一緒に暮らせます」と感無量の様子だった。

福知山業務隊は〝日本一の業務隊〟として陸上幕僚長から「防衛省共済組合業務表彰」を2年連続で受賞しており、その能力を緊急時に証明する形となった。

同隊では「今後とも隊員とその家族のニーズに即応し、さらに信頼される業務隊を目指したい」と意気込みを話している。

子弟の一時預かり宿泊訓練　滝ヶ原業務隊

【滝ヶ原】駐屯地業務隊は7月11、12の両日、御殿場市と共同で「子弟の一時預かりに関する宿泊訓練」を行った。

駐屯地は23年3月に御殿場市と「大規模災害時等の自衛隊派遣における留守家族支援に関する協定書」を締結。今回の訓練は協定に含まれていない市立保育園などでの一時預かりを検証するもので、全国に先駆けて実施された。

滝ヶ原からは3家族5人（5～11歳）が参加。近隣の板妻、駒門駐屯地からも参加があり、子弟計12人で訓練を行った。11日夕、家族が市民交流センターを訪れ、市職員に子供を預けた。問診や体温測定を受けた後、子供は市内の温泉施設に移動して入浴し、「原里第2保育園」で1泊。12日朝、家族に引き渡された。

訓練に参加した普通科教導連隊の原田智恵美3曹は「いつもと違う環境だったが、子供は一度も泣くことなく一晩過ごすことができた。有事の際、子供をスムーズに預かってもらえると助かる。またこのような訓練があれば積極的に参加したい」と話していた。

競技ボートと並走　漕舟競技会　家族ら見学楽しむ

【9施群＝小郡】9施設群は7月23日、筑後川の渡河訓練場で行われた「漕舟競技会」に隊員家族を招待した。

見学会には5家族12人の夫人・子供のほか、OBや業務隊事務官など計19人が参加。隊員から競技会の概要を聞いた後、マイクロバスに乗車し、水しぶきを上げて進む競技ボートと並走しながらレースを見学した。

懸命に舟を漕ぐ夫やお父さんの姿に、家族からは「すごいレースで見応えがあった。機会があればまた見学したい」との声が聞かれた。

漕舟競技会を見学する隊員家族ら（7月23日、筑後川で）

余暇を楽しむ

横須賀教育隊「HIPHOP部」

笑顔で汗かき気分爽快

紹介者：1海曹　袴田　真弓（横須賀教育隊）

海自横須賀教育隊では、新入隊員や初任海曹課程などに入校中の学生と職員の交流を図るため週に1時間、「教友会」という運動部系・文化部系の活動を行っています。

その中で、ひときわ異彩を放っている「HIPHOP部」を紹介します。自衛隊らしからぬだらしない服装で、ブラックミュージックをガンガン流し、「Yo！Yo！」とやっているのでは？　と想像された方はご安心を。

まずはきっちりとストレッチを行い、固くなった体をこれでもか、というくらいほぐします（ほぐすというより、プチ拷問？）。この時の学生の顔をお見せできないのが残念です。指導している私としては大満足なのですが…。

その後、筋トレに突入。エアロビクス歴20年で培ったノウハウを生かし、これでもか、と筋肉をいじめます。ダンスに役立たせるだけでなく、教育隊での訓練をこなす上で必要な柔軟性、筋力、バランス力も身に付くように心掛けています。

ここまでで40分ほど経過しますが、ここからが本番。自称〝ダンス・インストラクター〟の真骨頂の見せどころです。

基本的なヒップホップのリズムを取った後、ヒット曲に合わせて振り付けを行い、課程修業旅行などで披露できるよう練習します。曲と振り付けが「ビシッ」と合った時の気分はとても爽快です。だんだんと学生たちが安室奈美恵さんやエグザイルさんに見えてきます。

「HIPHOP部に入部すればよかった」と、学生たちが話していると聞いたときほど、うれしかったことはありません。

教育隊で体を動かす時は、たいていつらいことが多いのですが、HIPHOP部では「笑顔で汗をかき、楽しみながらみんなで同じ目標（振り）へ向かう」をモットーにしています。

部隊の宴会などでたくさんの拍手をもらいながら、キラキラ輝いている「ダンサー自衛官」が増えることを夢見て今日もまた私は、学生たちの背中を押しているのです。

横教361期、56期（女性）練習員課程のHIPHOP部員と袴田1曹（前列中央）、(下)はストレッチを指導する袴田1曹

松本で7組のカップル誕生　ふれあいパーティー

テーブルトークで自己紹介を行う参加者（7月27日、松本市の林友ホールで）

【松本】松本駐屯地曹友会（会長・筒井俊治曹長）は7月27日、松本市内のホールで独身男性隊員向けの「ふれあいパーティー」を開いた。

制服をビシッときめた男性隊員41人が拍手で迎える中、独身女性47人が入場。部隊を代表して13普通副連隊長の宮坂政行2佐がユーモアあふれる語り口で若い隊員を強くアピールした。

続く「テーブルトーク」では隊員たちが20分ごとにテーブルを回り、それぞれ女性たちに自己紹介。最初は緊張していた男女も徐々に打ち解け、フリートークタイムでは気になる相手のところに行き、会話を楽しんだ。

最後に参加者は意中の相手の番号を紙に書き提出。その後、緊張の「カップル発表タイム」となり、男女7組が壇上に呼ばれ、大きな拍手を浴びた。

ふれあいパーティーを企画した筒井曹長は「若い人たちにこのような場を提供できて嬉しい限り。隊員の幸せのため、これからもこうした会を積極的に開いていきたい」と話している。

自慢の一品料理　とり天

大分県人のソウルフードと言えば鶏肉を天ぷら粉で揚げた「とり天」。各店、家庭ごとに独自のレシピがあり、存外奥深い料理です。大分では鶏のから揚げよりもポピュラーかもしれません。

駐屯地でも郷土料理として2カ月に1回ほど提供しています。使う部位はムネ肉がほとんどですが、モモ肉の時もあり、調理方法が若干異なります。

まず鶏肉に下味をつけます。ムネ肉の場合は塩コショウをもみ込み、ごま油をたらして風味をつけます。モモ肉は塩コショウとおろしニンニクをもみ込み、みりんと麺だしに漬け込んでいます。

天ぷら粉をまぶして、油でフワッと揚げればできあがり。酢醤油とカラシをつけていただきます。口当たりはしっとりしていて、酢醤油と相まってさっぱりした味です。

ムネ肉はたんぱく質が多いため、郷土料理でありながら隊員さんにぴったりの料理だと思います。アンケートでは90パーセントが「おいしい」と答えてくれる人気メニューでもあります。喫食数が400～500ということもあり、温かい状態で出すのが課題です。

隊員さんに楽しく食べてもらえるような献立作りを行っていきたいです。

紹介者：中村　佳織技官（栄養担当官）（別府駐屯地業務隊糧食班）

夏休みちびっ子大会　バーベキュー楽しむ　曹友会支援

【大宮】大宮駐屯地は8月23日、隊員家族や地元子供会、養護施設の児童など約80人を招き、「夏休みちびっ子大会」を開いた。

行事は自衛隊協力会「彩衛会」の10周年記念行事と共催で、曹友会が支援した。訪れた子供たちは駐屯地施設を見学後、「彩衛会」が準備したバーベキューを楽しんだ。食事中、32普連隊員によるラッパ演奏とカポエイラ演舞が披露された。最後にキャンプファイアーを囲んで合唱。子供たちは「いい夏休みの思い出になりました」と笑顔で話していた。

バーベキューを楽しむ子供たち（8月23日、大宮駐屯地で）

ポートフェスタで特製カレー振る舞う　田子の浦

【板妻】3陸曹教育隊は7月20日、静岡県富士市で開かれた「田子の浦ポートフェスタ」で静岡地本に協力した。

初開催の同フェスタで3曹教は炊き出しコーナーを担当。炊事車「野外炊具1号」で特製カレーを調理し、来場者に振る舞った＝写真。

配食整理券は200枚を用意したが、たちまちなくなった。来場者は笑顔で自衛隊カレーを頬張っていた。

潮干狩りに協力　大湊地方隊

【大湊】大湊地方隊は、むつ市芦崎湾で開かれた潮干狩り行事に協力した。

「芦崎湾潮干狩り」（主催・むつ市芦崎湾潮干狩り実行委員会）は下北半島の伝統行事。地方隊はこの行事の際、基地内の開放と来場者の安全確保などで毎年協力している。

今年は晴天に恵まれ、2800人が来場。中には担ぎきれないほどのアサリを採った人もいて、みな収穫に大満足の様子だった。

親子キャンプで「自衛官に興味」

【神町】神町駐屯地は7月26、27の両日、小学生親子を対象とした1泊2日の「親子キャンプ」を実施した。

今年は14組31人が参加。初日午前は宿泊天幕の展張、午後は軽装甲機動車の体験走行、昆虫採集、バーベキューなどを楽しみ、夜はキャンプファイヤーを囲んだ。

2日目はラジオ体操で始まり、天幕撤収後、スイカ割り大会で締めくくった。

参加者からは「自衛隊に対する考え方が変わった」「将来は自衛官になりたい」などの声が聞かれた。

地方防衛局 特集

米空中給油機部隊 岩国への移駐完了

体験搭乗で理解深める

飛行中の米KC130空中給油機の機内で器材や装備を見学したり、外を眺めたりする体験搭乗の参加者（8月28日、瀬戸内海上空で）

【中国四国局】米軍岩国基地で8月28日、地元自治体や報道関係者を対象に、米海兵隊のKC130空中給油機の体験搭乗が行われた。空中給油機部隊は、7月15日から8月1日までに沖縄県の普天間飛行場（宜野湾市）から山口県の岩国飛行場に機体の移転を完了。その後、部隊は装備や人員などの移転作業を続け、26日、すべての移駐を完了したことから、同部隊の初の公開イベントとなった。翌29日には小野寺防衛相（当時）が岩国市長と山口県知事と会談し、KC130の移駐に関する地元の理解と協力に謝意を伝えた。

体験搭乗は、KC130を運用する米海兵隊の「第152空中給油輸送中隊」について、自治体やメディア関係者に理解を深めてもらおうと企画された。

28日、参加者は岩国市役所に集合し、米軍の用意したバスで岩国基地に移動。

同基地報道部長のライル・L・ギルバート少佐から空中給油機部隊についての丁寧な説明を受け、活動状況を理解した。

搭乗前の安全ブリーフィングを受けた後、機体に乗り込んだ参加者は、約1時間にわたって同基地周辺の飛行を楽しんだ後、着陸。メディア関係者は熱心に地上取材を行い、運用面や部隊の活動範囲などについて質問をしていた。

翌29日には、小野寺防衛大臣（同）が岩国市庁舎と山口県庁を訪れ、福田良彦岩国市長および村岡嗣政山口県知事らとそれぞれ会談した。

小野寺大臣が知事と市長に謝意

㊤KC130の沖縄からの移駐に対する地元の協力に謝意を述べる小野寺防衛相（当時）㊦安全確保に万全を期すよう政府に米側への申し入れを求める福田市長（前列右から2人目）＝8月29日、山口県・岩国市庁舎で

大臣は両氏に対し「移駐の実現で、平成8年のSACO最終報告から18年越しの課題が達成できた」と述べ「沖縄の基地負担軽減の必要性や移駐に関し、岩国飛行場の関係自治体の皆さまのご理解ご協力に政府を代表して深く感謝します」と謝意を表明。「これで普天間飛行場に所在する固定翼機の大部分が移駐することになる」と説明し、沖縄の基地負担軽減に向けた確実な進展を評価した。

これに対し、福田市長は「移駐が所期の目的通り、沖縄の負担軽減につながることを願っている」とした上で、「KC130による住民生活への影響はほとんどないものと考えているが、岩国基地周辺における運用に当たっては安全確保に万全を期すよう、米側への申し入れなどをお願いする」と述べた。

村岡知事は「今年7月の全国知事会議という公の場で沖縄県知事から感謝の言葉を頂き、移駐そのものが確実に沖縄の負担軽減となっているものと認識した」と話し、政府に対し、普天間飛行場が継続的に使用されることがないよう取り組むことのほか、飛行運用面での安全性の確保などを求めた。

防衛施設と首長さん

石川県小松市・和田慎司市長

小松市は東に霊峰白山を望み、西は日本海に面した人口約11万人の南加賀の中核都市です。建設機械メーカー「コマツ」創業の地であり、機械産業クラスターが形成される「ものづくりのまち」として、製造品出荷額は県内1位を誇ります。

また、歌舞伎十八番のうち「勧進帳」の舞台となった「安宅の関」があることから、「歌舞伎のまち」として広く知られ、5月の「お旅まつり」では250年の歴史を誇る絢爛（けんらん）豪華な曳山を舞台に子供歌舞伎を上演、大人顔負けの迫真の演技が披露され拍手喝采を浴びます。

本年3月にはJR小松駅東エリアに、理科・科学大好き青少年育成の場となる「サイエンスヒルズこまつ」がオープンしました。日本最大級のドーム型3Dスタジオでは迫力ある宇宙映像が楽しめるほか、隣接する「こまつの杜」では、建設機械の歴史が学べる記念館や世界最大級のダンプトラックの展示など、「ものづくり・ひとづくり」の拠点として際立ったエリアとなっています。

62歳。同志社大卒。小松製作所を経て2009年4月、石川県小松市長に就任。現在2期目。

日本海側国防の要・小松基地 祭りや防災訓練通じ市の一員

さて、市の西部に位置する航空自衛隊小松基地は、昭和36年に開設されて以来、国民の生命・財産を守るため、日本海側の国防の要となっています。先の東日本大震災では多くの隊員の皆さまが救援活動を展開され、被災地の皆さまを勇気づけ、東北地方の復旧に尽力されました。

さらに、昨年7月に加賀地方を襲った記録的豪雨の際には、隊員の皆さまには迅速に現地調査や水防活動を展開していただき、幸いにも人的被害には至らず、献身的なご努力に感謝しています。

52年の歴史を経て今日、市民と隊員の皆さまとの交流は盛んであり、お旅まつりでの神輿（みこし）担ぎや市民体育大会、防災訓練などさまざまな行事に参加していただき、本市のまちづくりの重要な担い手の一員として活躍されています。本年5月に開催した、木場潟一周6・4キロをみんなで手をつないで囲む「スマイル木場潟10000人の輪」には、多くのご協力をいただいたところです。

一方、滑走路を共用する小松空港は、基地の協力と理解を得ながら、国内はもとより、羽田、成田経由を含めた海外へのアクセスの利便性を背景に北陸の拠点空港として発展、大交流時代の中、今後もますます重要性が高まるものと期待しています。

これからも小松基地が国防の最重要拠点として、全国民からより一層厚い信頼を得て職務にまい進され、本市としても基地とのさらなる連携を図りながら、市民の皆さまが安全で安心して暮らせるまちづくりを進めてまいります。

優秀工事5件に顕彰状を贈呈

北海道局

【北海道局】北海道防衛局はこのほど、優秀な工事などを施工した受注者に顕彰状を贈呈した。

北海道局では、平成23年度から同局が発注する建設工事などに関し、目的物の出来形または品質の優れているもので、他の模範としてふさわしいものを「優秀工事等」として選定し、顕彰を行っている。

この制度は、総合評価方式で企業の技術力を適正に評価・反映することにより、入札参加の受注意欲を高め、工事目的物の品質確保を図るなど、施設取得の円滑な推進に資するものとなっている。

今年度は平成25年度に完成した建設工事などから4工事が選定され、沼尻邦男調達部長（当時）から顕彰状が贈呈された。さらに、帯広防衛支局でも1件の工事を選定し、大井敏光・帯広支局長から顕彰状が贈呈された。

◇受賞者は次の通り

▽森川組（函館市）▽曲小小倉工務店（同）▽ニシカワ産業（同）地崎道路北海道支店（東京都）▽高部電気（中標津町）

「判断の重要性」強調

防災講習で北関東防衛局長

【北関東局】北関東防衛局（渡邊一浩局長）は9月3日、防災週間における防災意識の普及、啓発の取り組みの一環として、同局職員を対象に防災講話と講習を実施した。

最初に渡邊局長が講話を行い、職場から離れた場所で大規模地震に遭遇した場合に言及。「我々の役割の一つは被災した防衛施設を確認することだが、例えば夜間に発災した場合などには無理に出勤しようとせず、自宅などで指示を待ち、その後、自宅近くの防衛施設の被災状況を確認するなど、各人の柔軟な対応・判断が必要だ。何をすべきか各人で的確に判断してもらいたい」と述べた。

次に部外講話として、埼玉地方協力本部の中尾京一援護課長（前防衛省事態対処課国民保護・災害対策室先任部員）が「防衛省・自衛隊による災害対応と地方公共団体との連携」をテーマにスピーチ。災害対策に関する法令と計画をはじめ、災害派遣の枠組みや流れ、自衛隊の活動、地方公共団体や北関東防衛局との連携などについて分かりやすく説明した。

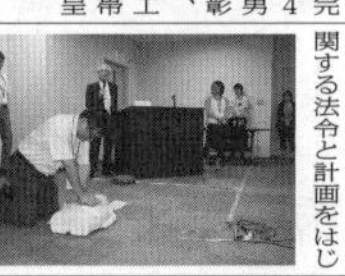

人形を使って心臓マッサージの実習を行う北関東防衛局の三輪恒佳次長

続いて、一斉防災訓練の講習として、北関東局の柴田雅博事態対処支援室長が地震発生の際の安全行動として①まず低く②頭を守り③動かない――などのポイントを紹介。

最後に、同局の非常勤で健康管理医を務める小島芳雄医師による応急手当とAED（自動体外式除細動器）の取り扱い講習が行われた。

小島医師は「救急車を呼んでから現場に到着するまで平均6分かかるが、心肺停止の状態は3分以内の処置が生死を分ける」と訴え、心臓マッサージとAEDの使用を積極的に行うよう呼びかけた。職員8人が実習用の人形を使用した心臓マッサージとAED装置の操作を体験。1分間に100回のペースで心臓マッサージを行った職員は「思ったよりもハードだ。この体験をいざという時に役立てたい」と話していた。

◇九州防衛局主催「第27回防衛問題セミナー」

▽日時＝9月30日（火）午後6時半～8時半

▽場所＝鹿児島市中央公民館（鹿児島市山下町5の9）

▽入場料＝無料（先着480人）※事前申し込みの必要なし。連絡があれば席の取り置き可能。

▽講演＝（1）「新たな防衛計画の大綱」（石川武・防衛省防衛政策課長）（2）「西部方面隊の役割」（西方総監部副長・河本宏章陸将補）

▽問い合わせ＝九州防衛局企画部地方調整課地方協力確保室、電話092（483）8816。詳しくはHP（http://www.mod.go.jp/rdb/kyushu/index.html）

リレー随想

渡邊　一浩

防衛省には約2万人の事務官等がいるが、その約4分の1は技官。英語で事務官は″official″、技官は″technical official″。技官は専門技術を持つ事務官ということか。

技官である私の専門は建設技術。入省以来、建設技官として数多くの建設プロジェクトに携わってきた。学校では土木工学を学んだが、その英訳は″Civil Engineering″。「土木」の英訳が″Civil″とはなんとも解せない。

日本語の「土木」は中国の故事「築土構木」、土を突き固め、木を組んで建造するという一連の技術行為に由来したもの。それに対して、英語の「土木＝Civil」は、社会基盤を整備し、災害から守り良質な生活空間を構築するという技術の目的に由来したもの。

一方、自衛隊で「土木」と言えば、なんと言っても「施設科」。ブルドーザーや油圧ショベルを駆使して、まさに「築土構木」を得意としている部隊。米軍では「工兵隊」だが、その英訳はシンプルに″Engineers Corps″で″Civil″はつかない。部隊の目的から考えると当然と言えば当然か。

さらに、米国では公共施設や民間施設を建設する「土木技術者＝Civil Engineer（シビル・エンジニア）」と、軍事施設の建設技術者″Military Engineer（ミリタリー・エンジニア）″とを区別している。

自分の経験を振り返ってみても、学校では河川、道路、橋梁等の土木技術を学んだものの、

″ミリタリー・エンジニア″

入省以降は火薬庫、地下防護施設、射場等々、巷（ちまた）の技術者にはなじみのない特殊なものを建設してきた。そして、経験の中で身についた技術は、広範な分野の技術を応用したものや組み合わせたもので、土木技術に限らない。まさに、防衛省の建設技官は″シビル・エンジニアリング″というよりは″ミリタリー・エンジニア″が適当だ。

さて、運用に優れた施設は、建設技官の技術力と頑張りだけで出来上がるものではない。施設を使用する部隊側にも経験豊かな施設担当者の存在が必須だ。通常、施設職種の自衛官が担当する。自衛隊には約2万人の施設職種自衛官がおり、米軍にも陸海空海兵それぞれに施設技術部隊が配置されており、大変心強い存在だ。

彼らは部隊運用と施設計画との調整を図るため、双方の事情や特性に通じるべく職種技術を磨いている。施設職種の自衛官もまた″ミリタリー・エンジニア″といえよう。

全国では数多くの防衛施設建設プロジェクトが同時進行しているが、施設内容も現場条件も部隊運用状況も一つとして同じものはない。そのため、それぞれに携わる″ミリタリー・エンジニア″たちの個々の能力と連携が、施設の出来映えを直接に左右する。

一人前の″ミリタリー・エンジニア″であるには、一つの専門技術だけでなく、幅広い分野の技術や部隊運用の知識に通じ、状況の変化に臨機に対応できる能力が必要だ。

さらに、関係する″ミリタリー・エンジニア″全員が、同じ状況認識の下で中身の濃い調整をいかに円滑に行えるか、共同作業ができるかが、事案を成功に導くのである。

（北関東防衛局長）

募集・援護 特集

平和を、仕事にする。
陸海空自衛官募集

ただいま募集中！
◇防大（一般前期）◇予備自補（一般・技能）
◇防医大（医学・看護）
◇陸自（看護）
◇自衛官候補生（男子）
★詳細は最寄りの自衛隊地方協力本部へ

防災訓練に地本協力

災害対策にノウハウ提供

メッシュ入り地図の読み方を解説する山口芳正地本長（8月4日、雲南合同庁舎で）

「メッシュ入り地図」で講話　島根

「自衛隊が使うメッシュ（網の目）入り地図の使い方を教えてください」——。全国の自衛隊では地元自治体からの協力要請を受け、災害対処面での自衛隊のノウハウの普及活動を行っている。島根地本では被災地点の正確な位置情報を消防や警察と共有できる「メッシュ入り地図」の普及教育で大きな役割を担っている。

【島根】地本は8月4日、県の雲南県土整備事務所が雲南合同庁舎で実施した「メッシュ入り管内地図」の説明会を支援した。

昨年、島根県が「メッシュ入り地図」を新たに作成。これは自治体・消防・警察・自衛隊などが災害発生時の位置情報を共有するために県が整備したもので、その教育・普及を同地図に詳しい地本職員が担った。

2回目となる今回は、雲南地区の防災関係者を対象に開かれ、20機関から約60人が参加。地本出雲地域事務所長の柴田哲良3陸佐が講師を務め、メッシュ入り地図の活用法を教授した。

柴田3佐はプロジェクターで映し出された地図を前に、「座標の読み方」「プロットの要領」、電話や無線で正しく伝える「情報伝達の方法」などを解説。

実習では各ブースの要員に災害地点の位置確認を付与し、その座標の判読や通報の仕方など、初期対応で重要となる座標の通報要領をみっちりと教育した。

その後、地本長の山口芳正1陸佐が「過去の災害派遣から得た教訓」と題し防災講話を実施し、自衛隊の初動対処要領を話した。地本長もメッシュ入り地図を使い、「災害初期の状況判断」「状況図による関係機関との情報共有」の重要性を力説した。

島根県はこの新しい地図を使い、災害時の初動対処能力を高めていく計画。地本もその中核を担い、地域の防災体制強化に貢献していく。

静岡　県総合防災訓練

2万人が集結し、連携強化に努める

【静岡】地本は8月31日、伊豆平島南部の賀茂地域で行われた県総合防災訓練に参加した。

訓練は大規模地震対処を想定し、1市5町を主会場とする計47カ所で行われ、約2万人が参加した。

地本は下田中学校に天幕を設営し、大災害が起きた時、自衛隊はどう行動するか、その概要をパネルやビデオで紹介。また各会場では陸自が炊き出しやヘリを使った物資輸送、海自エアクッション艇（LCAC）による救援行動を展示した。佐藤一郎地本長はこれらの会場で防災関係者に対し、自衛隊の能力について説明を行った。

災害発生時、地本は自治体と自衛隊の間に立ち、連絡調整で大きな役割を受け持つことから、地本でも平時からの関係機関との連携強化に努めている。

防災関係者と話す佐藤地本長（左から2人目）＝8月31日、静岡県下田市で

大阪

「新たに事務官の魅力知った」

防衛局と連携　学生の間口広げる

インターン生と議論する近藤36普連長（右手前）＝8月27日、大阪地本で

【大阪】地本は8月25日から29日まで、初の試みとして近畿中部防衛局と連携し大学生のインターンシップを行った。

両者は同じ庁舎に入居していることから、地本の松浦暁子広報班長が防衛局のチラシに募集告知を載せてもらうなど連携を強化。インターンシップでは防衛省事務官等と自衛官の広報を同時に実施した。

28人の学生が参加し、奈良基地と大津駐屯地を訪問。副本部長の町田一仁事務官が「防衛事務官の仕事」、近畿中部防衛局の桝賀政浩企画部長、田實博幸総務課長、福井達彦報道官が「地方防衛局の組織・業務」などをテーマに講話した。

また、近藤力也36普連（伊丹）長も駆け付け、東日本大震災での教訓などを話した。阪大大学院修士1年生の中尾謙介さんは「生々しい体験談に衝撃を受けた」と話していた。

また、同志社大3年の吉井裕亮さんは「すごく内容が充実していた。私は自衛官志望だったが、防衛事務官の魅力も知った。今後はそちらも視野に入れて勉強し、両方の試験に備えたい」と話した。

講師も務めた大塚裕治地本長は「防衛局と協力することで、学生の選択の間口を広げることができた。この試みが良い効果を生み、防衛省・自衛隊双方の発展につながれば」とインターンシップの相乗効果に期待を寄せていた。

はまにゃん

ゆるキャラGPに参戦！

【神奈川】地本のキャラクター「はまにゃん」が今年秋に行われる「ゆるキャラグランプリ2014」にエントリーした。

同イベントは全国から応募があったゆるキャラが、インターネットの投票で人気を競うもの。昨年は自衛隊を含む約1600体のエントリーがあった。

投票期間は9月2日から10月20日までで、同グランプリのオフィシャルサイトから投票できる。神奈川地本では「はまにゃんに応援の一票を」と全国の隊員に呼び掛けている。

山形

小学生が被災体験

「自衛隊の装備、頼もしい」

【山形】東根地域事務所は8月22日、20普連（神町）の支援を受け、河北町立南部小学校で行われた6年生の「被災体験研修」を支援した。

被災時の不便さを実体験し、防災意識を高めることが目的で、6年生と保護者ら計90人が参加。小学生たちは陸自水トレーラーから給水を受けた各自2リットルの水で一晩を過ごす体験をし、厳しさを実感した。

また、教室では荒木幸雄所長が自衛隊の能力や普段からの災害への備えなどについてアドバイスした。

小学生は「自衛隊の装備がすごくて頼もしく感じた。隊員からいろいろ教えてもらい、勉強になった」などの感想が寄せられた。

新潟

高校生が地本長にインタビュー

「自衛隊のイメージ変わった」

【新潟】長岡出張所は8月7、8日の両日、十日町総合高校のインターンシップに協力した。公務員志望の2年生2人が参加し、初日は座学と野外実習、2日目は新発田駐屯地の研修などを行った。

その後は新潟地本に移動し、宍戸勇地本長にインタビュー。生徒は「自衛官の仕事でやりがいは？」「これまで一番つらかった事は？」などを質問。地本長は東日本大震災での活動を例に、国民の生命と財産を守る生きがいを熱く語った。

生徒たちは「今回のインターンシップで自衛隊の怖いイメージが180度変わりました」と話していた。

秋田

広報業務に奮闘

地本がインターンシップ受け入れ

【秋田】地本は7月25から27日の間、護衛艦「すずなみ」の支援を受け、秋田港で艦艇広報を実施した。

同時に初の試みとして、秋田情報ビジネス専門学校の学生3人をインターンシップとして受け入れ、地本の広報業務を体験してもらった。

参加した3人の学生は艦艇広報会場の設営、広報ブースの運営、写真撮影、乗艦時のセキュリティーチェックなど地本の業務に従事した。

学生たちは慣れない中で一生懸命に業務に当たり、全員が海上自衛官志望ということもあり、「すずなみ」乗員とも積極的に言葉を交わしていた。

自衛隊ヘリが防災フェス参加

【富山】地本は8月23、24日の両日、富山県小矢部市で行われた「ヘリコプタ―&防災・防犯フェスティバル2014」を支援した。

8回目となる今回は延べ2万5000人の来場者があり、ヘリによる航空偵察、人命救助、物資輸送などの実演に見入った。

自衛隊からは陸自中方航（八尾）、海自23航空隊（舞鶴）、空自小松救難隊のヘリが参加。また開会式では陸自10音楽隊がファンファーレを演奏。

屋外広場では14普連（金沢）、382施中（富山）、10偵（春日井）が軽装甲機動車や自走架柱橋などの陸自装備を展示。地本は屋内ホールに自衛隊コーナーを開設し、災害派遣に関する写真パネルやDVDを使った広報や募集相談などを実施した。

合同説明会に向け　模擬面接を実施

【石川】地本は8月4日、金沢駐屯地で任期制隊員などを対象とする就職補導教育を実施した。

任期満了退職予定の隊員に対し、社会・労働情勢などを伝え、心構えを持ってもらうもので、年に2、3回行っている。今回は金沢駐屯地、小松基地、輪島分屯基地から隊員60人が参加。隊員たちは「模擬面接では緊張したが、9月の合同企業説明会までには自信をもって面接に臨めるよう、準備していきたい」と話していた。

高校生が3自航空隊を見学

【宮城】地本は8月7、8の両日、空自三沢、海自八戸基地の支援を受け、高校生の基地研修を行った。航空学生など海・空自を志望する25人が参加した。

三沢基地では施設見学のほか、F2戦闘機の現役パイロットから説明を受け、その任務について聞き入った。その後、八戸基地に移動し、ベッドメーキングなど隊員の営内生活も体験した。

翌日はP3C哨戒機に乗り、地上滑走を体験。その後、管制塔を見学し、管制官の仕事についても理解を深めた。

最後に八戸の陸自航空部隊も研修、2対戦ヘリ隊のAH1S対戦車ヘリなども見学した。参加者からは「陸海空の航空部隊が一度に体験できてよかった」といった声が聞かれた。

P3C哨戒機をバックに記念撮影に臨む高校生ら（8月8日、八戸基地で）

防大吹奏楽部　栃木で公演会

【栃木】小山市制60周年を記念し、「防衛大学校吹奏楽部演奏会in小山」が地本支援により市文化センターで開催された。

「栃木県自衛隊広報大使」のピアニスト、岩下淳子さんとの初共演もあり、約940人が席を埋めた。演奏会は「未来への飛翔♪」をテーマに、市歌「小山わがまち」、防大創立50周年記念曲「飛翔」などが演奏された。

アンコールでは東日本大震災復興支援ソング「花は咲く」が奏でられ、会場の全員で合唱、演奏が終わると場内は大きな拍手に包まれた。

ピアニストの岩下淳子さんと共演する防大吹奏楽部（6月28日、小山市文化センターで）

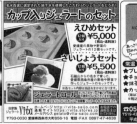

部隊視察 150超す

小野寺前大臣

「現場の隊員を励まし、感謝したい」

内閣改造に伴い、9月4日に防衛省を後にした小野寺前大臣。約1年8カ月の在任中、南スーダンPKO部隊やフィリピン国際緊急援助隊などを含め、国内外の陸海空150以上の部隊を精力的に視察した。離任2日前にも陸自302保安警務中隊など3部隊を訪れ、隊員たちをねぎらった。

歴代の防衛庁長官と防衛大臣（約80人）の中で群を抜く約150もの部隊視察を行った小野寺前大臣。

離任前に行った記者会見では「（第一線の）現場の厳しい環境の中で活動している隊員をなるべく激励したい」と、その理由を語った。自らも東日本大震災の被災地（宮城県気仙沼市）の出身で、「被災者の一人として、被災地の感謝の言葉を届けたい」という思いもあった。

小野寺氏は平成24年12月に大臣に就任すると、全国の陸海空の部隊を精力的に視察。空自のレーダーサイトや、日本最東端の小笠原諸島南鳥島に置かれる海自南鳥島航空派遣隊などにも足を運んだ。今年5月には、防衛大臣として初めてアフリカのジブチ、南スーダンを訪れ、現地に展開する海賊対処航空部隊やPKO部隊の隊員を激励。

離任2日前の9月2日にも外国要人への儀仗・栄誉礼を行う302保安警務中隊と、中央警務隊、警務隊本部を視察した。3部隊にとっては大臣視察を受けるのは創隊以来初めて。

岩田陸幕長を伴い市ヶ谷の3部隊を訪れた小野寺前大臣は防衛省第2儀仗広場で儀仗を受けた後、厳しい訓練をつぶさに視察。ロープを張り、数ミリのずれも許さない302中隊の整列訓練の様子などを確認した。訓示では「一糸乱れぬ立ち居振る舞いを見せてくれる隊員諸君の姿を目の当たりにし、大変心強く誇らしく思った」と温かく激励。

その後、見送りのため整列した302中隊の隊員に対し、大臣は103人全員と笑顔で握手を交わし、一人一人に「ありがとう」とねぎらいの言葉を述べた。

302保安警務中隊を視察後、隊員1人1人と握手を交わす小野寺大臣＝9月2日、防衛省で

離任2日前も302保警中などねぎらう

前大臣の要望で「威風堂々」演奏

小野寺前、江渡新大臣の離着任行事が9月4日、防衛省で行われ、302保安警務中隊と中央音楽隊の125人でつくる「特別儀仗隊」が特別儀仗・演奏で行事を支えた。

大臣見送りの際の曲に、小野寺前大臣は恒例の『蛍の光』ではなく、エルガー（英）の行進曲『威風堂々』を要望。前例のないリクエストに、中央音楽隊では万全の準備をし「小野寺大臣への感謝の気持ちを込めて全力で演奏した」。

実はこの曲、本国では『希望と栄光の国』と呼ばれる。音楽隊は「617日」に及ぶ前大臣の功績をたたえ、この美しい旋律を市ヶ谷台に奏で、防衛省正門前の階段を埋めた職員とともに「威風堂々」と去っていく前大臣を見送った。

陸自中音と米陸軍士官軍楽隊

日本初の合同演奏会

合同演奏を終え、客席にあいさつするキーン隊長（中央左）。その右が武田隊長（9月6日、すみだトリフォニーホールで）

陸自中央音楽隊（隊長・武田晃1佐）は9月6日、米陸軍最古の軍楽隊として名高い陸軍士官学校軍楽隊（ウェストポイント・バンド）のジム・キーン中佐以下8人を招待し、日本で初となる合同演奏会を行った。日米トップレベルの演奏に来場者約1600人が魅了された。

中央音楽隊の武田隊長以下5人は平成24年8月に同軍楽隊のコンサートに招かれ、米ニューヨーク州で合同演奏を行っている。今回、中央音楽隊がすみだトリフォニーホール（東京都墨田区）で開催した第143回定期演奏会で日本での合同演奏会が実現した。

演奏会は日米の国歌『君が代』『星条旗』をそれぞれ武田隊長、キーン隊長が指揮。厳かな雰囲気で始まった。

両国のマーチや民謡など多彩な楽曲12曲が披露され、外山雄三作曲の『吹奏楽のためのラプソディ』では拍子木などの打楽器で米隊員が見事に日本のリズムを表現した。さらにフランク・シナトラの『私を月に連れてって』を女性米隊員が熱唱するなど、日米合同ならではの楽曲に観客から大きな拍手が送られた。

演奏会を終えたキーン隊長は「音楽は言葉を超えたコミュニケーション。日米関係の強さを感じた」と満足そうに語った。

武田隊長は「日米共同訓練などは一般の方は報道として知るだけで目には届かないが、こういった見える形でやることに（日米交流を広く知ってもらう）効果がある」と話している。

航安隊

部外向けHPを公開

「事故ゼロへの努力に理解を」

【航安隊＝立川】航空安全管理隊（隊司令・橋本進将補）は8月25日、部外向けホームページ（HP）を公開した。

HP作成に向け今年4月に小原田誠・資料処理科長や竹内由則・資料部長らが中心となって「ホームページ委員会」を結成し、コンテンツに関する議論を重ねてきた。

航安隊HP開設に尽力した（左から）小原田科長、竹内部長、工藤科長（9月5日、空自立川分屯基地で）

航安隊のHPには二つの「窓」があり、「教育の窓」では飛行安全幹部課程などの教育概要や授業の様子を写真で公開。生き生きとした学生生活の様子を伝えている。

「研究の窓」では調査研究の内容に加え、研究職防衛技官の配置も記載し、透明性を高めている。

このほか「部長から一言」のスペースを設け、部署の特徴を部長自ら分かりやすく解説。「記事一覧」では各メディアに掲載された航安隊の記事をPDFファイルで見ることができる。

工藤武・電算機処理科長は「委員会メンバーによる試行錯誤のかいあって、一般の方にも興味を持っていただけるホームページになった」と胸を張る。

橋本司令は「（このHPで）空自が取り組んでいる航空事故を絶無にする努力や、飛行安全に関する教育を理解してもらいたい」と話している。

「海自グッズ」に人気

東京ビッグサイト ギフトショー

海幕広報室が製作に協力した海自グッズが、東京ビッグサイト（東京都江東区）で9月3日から5日まで開催された「ギフトショー2014」に出展され、多くの来場者でにぎわった。

製作したのは東京都墨田区に本社を置くザ・アクセス。東日本大震災での自衛隊の活躍に感銘を受け商品化を思い立った。商品は艦艇や航空機のイラストが入ったポスター、クリアファイル、キーホルダーなど9点で、それぞれ海自・旧海軍別に企画した。ポスターやクリアファイルは艦艇42艇、航空機21機を掲載し、海自の装備を網羅した。

「艦艇などの説明は、子供にも分かりやすいようにルビをふりました」とデザイン担当の井上哲さん。今回の出展で来場者の反応に手応えを感じ、陸自や空自バージョンの商品化も視野に入れているという。

海幕広報室では「今回のグッズは海自の艦艇・航空機が一目で分かる。今後も海自の認知向上のため、さまざまな企業に可能な限り協力していきたい」と話している。

出展された海自グッズ

訂正　9月4日付7面「救助犬も捜索活動」の写真説明で「陸自部隊から贈られたガウン」とあるのは呉貯油所が製作したものでした。訂正します。

小休止

▽…護衛艦「はまぎり」艦長の岳本宏太郎2海佐らは7月19日、新潟西港山ノ下埠頭で同艦の一般公開を実施。人気女性アイドルグループ「アイドリング!!!」の大川藍さん(21)の取材を受け、新潟総合テレビで放映された＝写真。

▽…同艦に搭載されているSH60J哨戒ヘリの取材では遭難事故を想定し、藍さん自ら救命胴衣を装着。隊員に質問しながら装備品をリポートした。

▽…信号灯や隊員同士をつなぐロープ「仲間策」などの装備品を見つけると、藍さんは思わず「すご～い!」と感嘆。同日夕方にこのサプライズシーンが放送されると、翌日は倍以上の来場者でにぎわった。（新潟地本）

約100人が229点を出展

「市ヶ谷美術展」開く

統幕長ら幹部が鑑賞

展示された鉄道模型を動かし、笑顔を見せる岩﨑統幕長（9月3日、防衛省で）

東京・市ヶ谷地区に勤務する隊員と家族、OBらの美術作品を集めた「第26回市ヶ谷基地美術展」が9月2日から5日まで防衛省厚生棟の多目的ホールで開かれた。

同展は市ヶ谷基地（司令・安藝一1佐）と空自OB組織「つばさ会」（遠竹郁夫会長＝26代空幕長）の共催で、自衛隊遺族会航空部会「ともしび会」（山本倫子会長）が協賛。絵画、手芸・工芸品、写真、能面・狂言面、陶芸、書など約100人が出展した計229点が展示され、期間中、防衛省職員ら約910人が来場した。

2日に齋藤空幕長、3日に岩﨑統幕長も会場を訪れた。手芸・工芸コーナーに展示された鉄道模型のジオラマを見た岩﨑統幕長は「良くできていますね、動かせるのですか」と質問。実際に模型列車を"操縦"するとパイロットらしく満面の笑みを浮かべていた。

また特別作品コーナーの帆足孝治氏の絵画を見て「良く描けている。防大時代、この絵にある機体に乗ってナビゲーションの訓練をしていました」と感慨深く鑑賞していた。

こちら警務隊　☎8・6・47625

プライバシー漏えいは 自衛隊法違反の恐れも

部下のプライバシーを同僚隊員に話しても犯罪になるのですか？

服務指導を通じて知り得た部下のプライバシー情報を、本人の承諾なしに他人に話した場合、自衛隊法（秘密漏えいの罪）違反に問われることがあります。

自衛隊法に示す「職務上知ることのできた秘密」には、防衛上の秘密のほか、他人に知られたくないプライバシー情報（個人の秘密）も含まれます。罰則は1年以下の懲役または3万円以下の罰金に処されます。

自衛官として、国防上の秘密はもちろんのこと、部下のプライバシーなどの個人情報も厳重に管理して扱いましょう。

（中央警＝市ヶ谷・峰田2尉）

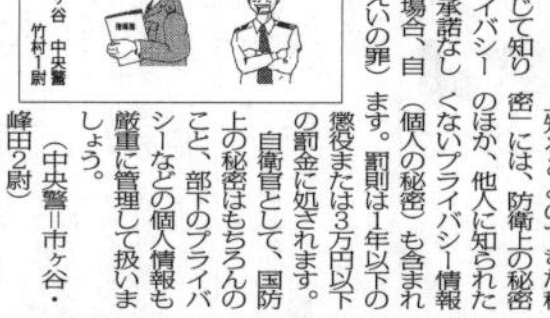

乗員の絆深まった 利尻登山

2海尉　遠間　浩二（「はたかぜ」通信士・横須賀）

ミサイル護衛艦「はたかぜ」は7月28、29の2日間、北海道の最北にある利尻島を訪れました。

稚内沖に浮かぶ利尻島への海自大型艦の寄港は久しぶりとのことで、島民の方々は「はたかぜ」を大変温かく迎えてくれました。艦側も利尻富士町長を招待し、特別公開と艦上昼食会を開いて宗谷海峡の防備に当たる海上自衛隊についてご理解を深めていただきました。

乗員も上陸して島の大自然を満喫するとともに、北の幸に舌つづみを打ち、思い出多い寄港となりました。ここでは特に楽しかった利尻富士（標高1721メートル）の登山について紹介します。

航海中に「利尻島の大自然を満喫しよう」と参加者を募ったところ、16名がエントリーしました。28日朝に島北側にある鴛泊（おしどまり）港沖に艦が投錨したので、登山チームは搭載艇で上陸し、一路登山口へと向かいました。

まず、利尻山について紹介したいと思います。利尻とはアイヌ語の「リイ・シリ」から来ており、「高い山・高い島」を意味するそうです。その名の通り、海上にそびえ立ち、山頂付近は切り立っています。「日本百名山」の一つに数えられ、別名「利尻富士」です。

海岸近くから登るため、5合目から登る富士山と同じくらい難易度が高い山です。登山シーズンはリシリヒナゲシなどの高山植物が見ごろとなる7～8月中旬と、紅葉が美しい9月中旬～10月中旬です。

日本最北の百名山、利尻富士の登頂を果たした「はたかぜ」乗員たち

我が「はたかぜ」チームは朝8時30分、登山口（3合目）を出発しました。山頂に着いたのは5時間後の午後1時40分で、登山道周囲には美しい高山植物が繁茂し、9合目付近では一部残雪もあって、涼しい風の吹く中を登ることができました。

途中、海上に「はたかぜ」が見えた時はみんなで手を振り、声を上げて喜びました。しかし、標高が高くなるにつれ、「はたかぜ」は米粒のように小さくなり、自分たちが山を登っているという実感が迫り、とても感動しました。

8合目からは周囲を覆っていた雲が徐々になくなり、木々の間を抜けたところで眼下の景色が一気に目に飛び込んできました。

午後1時40分、山頂に着きました。そこには大山神社があって、周囲360度が一望できました。眼下に切り立った岩肌のローソク岩、東には本土の稚内、北には礼文島を見ることができ、その素晴らしい景観に疲れも吹き飛びました。

ミサイル護衛艦「はたかぜ」

山頂では昼食を兼ねて30分間の休憩を取り、その後、3時間かけて下山しました。全員けがすることなく無事に帰艦しました。

今回の保健行軍では、山頂に立てた達成感とともに、都会の喧騒を離れ、水の流れる音や風の音、小鳥のさえずりなどを聞きながら自然の雄大さに触れ、心を癒やすことができました。また、普段なかなか話す機会のなかった同僚とも話ができ、乗員の絆も深まったと思います。

利尻島は本当に素晴らしいところです。皆さんもぜひ一度訪れてみてはいかがですか。

（世界の切手・日本）

思い出は、遠ざかれば遠ざかるほど、色鮮やかになる。

角田　光代（作家）

上空から故郷 貴重な体験

防衛モニター　松浦　麻貴（四万十市）

空自ＣＨ47輸送ヘリに搭乗した高知地本モニターの会社員、松浦麻貴さん

私は人生で初めてヘリコプターに乗る体験をさせていただいた。しかも空自の大型輸送ヘリＣＨ47Ｊ。高知県の土佐清水分屯基地で体験搭乗の機会を得たのだ。

まず驚いたのが、乗ってから飛び立つまでの時間。滑走路を移動する必要もなく、ものの数秒でふわりと空に舞い上がった。座席の壁に背中を付けて運ばれる感じも不思議だった。

そして爆音。耳を守るためにイヤーマフを着けて乗ったのだが、試しに少しずらしてみると恐ろしいくらいの爆音。機体を軽量化するために壁が薄く、ダイレクトにエンジンの音が伝わるのだろう。

窓から見ると、眼下に足摺岬が見えた。上空からの景色に感動していると、ヘリはあっという間に四万十川へ。故郷の美しい景色を眺めながら私は考えた。もし、南海トラフ大地震が起きれば、高知県には「陸の孤島」となる市町村がたくさんある。そんな時、この自衛隊ヘリが救援隊と援助物資を運んでくれるのだろう。

そんなことは起きてほしくないが、万が一に備え、私たちも今できることをやっておかねばならないと思った。

このたびは貴重な体験をさせていただき、高知地方協力本部の皆さん、ありがとうございました。

新刊紹介

「自衛隊は尖閣紛争をどう戦うか」

西村金一・岩切成夫・末次富美雄著

尖閣で中国軍と自衛隊が戦うとどのような戦闘様相になるのか。具体的イメージを描ける人はほんの一握りだろう。長年、世界の軍事力について情報分析してきた筆者の一人ですら難しいという。

本書は単独論考の枠を超え、元自衛隊の情報分析官、航空総隊幕僚長、護衛艦艦長の3人の軍事エキスパートが1年間にわたり最新の軍事知識を突き合わせた結果をまとめたものだ。

①太平洋戦争のように多数の戦闘機が入り乱れて戦うなんてありえない②東シナ海で戦いが行われるとすれば近代的な長射程のミサイルを、空でも、海上でも、海中からでも相互に撃ち合う③尖閣沖の戦いは人類が未だ経験したことのないものになる――。

紛争のリアルなシナリオには「中国軍の尖閣上陸」「日本の尖閣奪回」および「米軍参戦」が用意され、「日本の尖閣確保および維持」までが描かれる。

緻密なシミュレーションは、格好の最新兵器のテキストともなっており、個々の装備品の説明と軍事用語解説も充実している。（祥伝社刊、864円）

「ウェーブ」―小菅千春三尉の航海日誌―

時武ぼたん著

海上自衛隊の練習艦「あやぐも」を舞台に、新任幹部として着任した女性海上自衛官（WAVE）の小菅千春3尉を主人公に、艦内で次々と起こる事件と悲喜こもごもの人間模様を一人称目線でリアルに描いたエンターテインメント小説。

着任早々、幹部の帽子が何者かによって捨てられるというミステリーのような「帽子事件」が発生、千春は散々な目に遭う。同期の小山田通信士に助けられながらも、なんとか日々の任務をこなしていく主人公だが…。

著者は元WAVEの袴田里帆さん。十数年前に呉の練習艦「みねぐも」で主人公と同じ水雷士兼甲板士官として勤務した体験を基に執筆した。

女性自衛官が艦艇に乗り込むことが新鮮で珍しかった時代を背景に、「船乗りとしての才能はおろか、適性すら欠片（かけら）もないヘナチョコ女性幹部」の日常を、謎解きを絡めて臨場感あふれるみずみずしい文体で紡いでいく。時折、ニヒルで鋭く、クスっと笑える人物描写も印象的だ。

日本人作家に世界で活躍するチャンスを提供する「ゴールデン・エレファント賞」大賞受賞作。（柑出版社刊、1296円）

みんなのページ

中方ナンバーワン戦士目指して

3陸曹　岡林　満樹（47普連1中・善通寺）

小銃を構える岡林満樹3曹

自分は「25年度中部方面隊ナンバーワン戦士・射撃の部」で第2位になりました。

私が射撃する時、特に気を付けていることは「迅速に姿勢を確立し、照準に時間をかける」です。また床尾の凹部でなく、床尾下部のみを鎖骨に合わせることで顔を傾け過ぎることなく照準できます。

引き金に掛ける指は、指を入れ過ぎると右方向に力が加わるので、指の第1関節が触れない程度に入れ、撃鉄が開放する最低の力で一直線に引き金を引くようにしています。

照準は照星頂を照準点に導くのが基本ですが、その日の体調で照準が定まりにくい場合は、照星の根元の太くなっている部分を補助点にし、三つの点を意識して照準すれば定まりやすいです。

小銃射撃では「研究心を持って望む」ことが一番大切だと思います。私は弾痕が集中するよう、1回1回の射撃を大切に研究心をもって練成し、26年度は方面ナンバーワン戦士になれるよう技術の向上に努めたいと思います。

OBがんばる

齋藤　祐一さん　54
平成25年11月、陸自普通科教導連隊（滝ヶ原）本部管理中隊を最後に定年退職（曹長）。現在、東芝セキュリティの東芝テック静岡事業所に勤務。

資格取得でスキルアップ

平成25年11月、私は普通科教導連隊を定年退職し、東芝セキュリティに採用され、現在は東芝テック静岡事業所大仁で勤務しております。

私は自衛隊で培った経験を生かせる仕事に就きたく、富士地域援護センターへお願いしたところ、この会社を紹介していただきました。自衛隊OBの方が何人も勤務されていると聞き、面接時も大変心強く感じ、無事就職することができました。

現在の職務は、お客様の受付案内、施設の巡回警備、非常時の対処と連絡・通報などです。業務自体は自衛隊での警備、当直、消防を合わせたような内容で、苦に感じることはありませんでしたが、案内の仕方、巡回経路、対処マニュアルなど覚えることが多く、当初は苦労しました。

私の現在の目標は「半期ごとに警備業務に必要な資格を一つ以上取得する」です。

会社が奨励していて、若い人から年配者まで「次はこれに挑戦しよう」と話し合い、切磋琢磨（せっさたくま）しています。私も資格取得を通じ、少しずつスキルアップを図っていきたいと考えています。

再就職に際して必要なのは「健康」です。若いころは健康が当たり前でしたが、年齢を重ねるうちに血圧、脂肪などの数値が少しずつ上がり、心配の種が出てきます。健康に問題があれば採用されない場合もあります。不安材料を早めに解消して第二の人生を歩んでください。

良きライバルと 陸曹の道究める

3陸曹　神長　カオリ（普教連重迫中・滝ヶ原）

襟についた階級章――その戦闘服に袖を通し、私はこの半年間を振り返ってみました。

4度、陸曹候補生試験を受験し、ようやく念願の候補生バッジを付けた時のうれしさと、その倍感じた不安をいまも鮮明に覚えています。

女性教育隊に着隊し、「決して悔いを残さない」の気持ちで臨んだ3カ月は怒涛（どとう）のように過ぎていきました。同期と一緒に全力で駆け抜けた日々は、今では私のかけがえのない財産です。

陸曹となる私たちに班長は時に厳しく、愛情をもって指導してくれました。そして私たちが目指すべき「強く優しい女性自衛官」の姿を全身で教えてくれました。私はそれまで漠然としていた「陸曹の心構え」をようやく理解できたように思います。

教育隊で姉妹のように過ごした同期は一生の良きライバルです。同期との思い出を大切に、これからも精進して、陸曹の道を究めていきたいと思います。

詰将棋

第680回出題

出題　日本将棋連盟　九段　石田　和雄

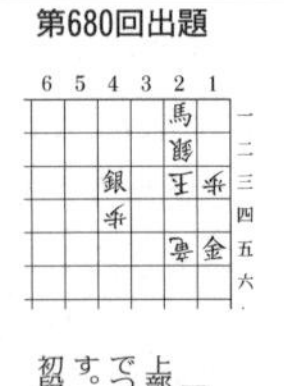

▲先手　持駒　金桂

【ヒント】上部脱出寸前でつかまえます。（10分で初段です）

▶詰碁、詰将棋の出題は隔週です◀

詰碁

第1095回解答

出題　日本棋院　九段　曲　励起

【解答図】白先、黒死。白①がまず大切で黒❷の時、白③がまた大切です。黒❹には白⑤で黒死です。

朝雲

発行所　朝雲新聞社
〒160-0002 東京都新宿区坂町26番地19 KKビル
電話 03（3225）3841
FAX 03（3225）3831
振替00190-4-17600番
定価一部140円、年間購読料9000円（税・送料込み）

不審衛星や宇宙ごみ

宇宙監視へ新組織

「基本方針」5年ぶり改定

防衛省

防衛省は8月28日、安全保障分野における「宇宙開発利用に関する基本方針」を5年ぶりに改定した。不審な衛星や宇宙ごみ（スペースデブリ）など、宇宙監視を任務とする専従組織を平成30年代の新設に向けて検討することなどが柱。また、弾道ミサイルの発射兆候をより早く探知する可能性を研究するため、防衛省の技術研究本部が開発した高性能の2波長赤外線センサーを宇宙航空研究開発機構（JAXA）と文部科学省の「先進光学衛星」に相乗りさせて31年度に打ち上げ、宇宙空間での実証研究を進めていく。

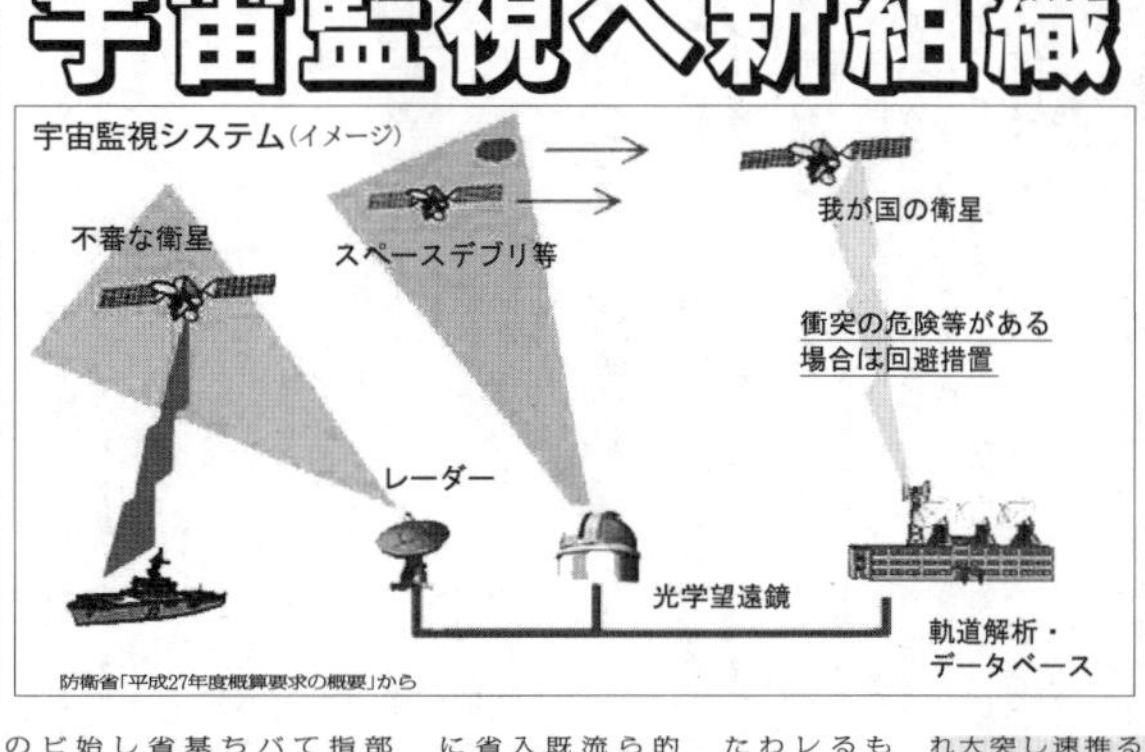

防衛省「平成27年度概算要求の概要」から

平成30年代を目指し検討

政府が昨年12月に策定した国家安全保障戦略（NSS）と新大綱、中期防の中で宇宙空間が安全保障上「重要」と位置づけられたことを受け、防衛省は今年2月、安全保障分野の宇宙利用を検討する「宇宙開発利用推進委員会」を約5年ぶりに再開し、基本方針の改定を進めてきた。

宇宙空間をめぐっては、ロケットの破片など人工衛星を損傷する恐れのある「宇宙ごみ」の急増や、衛星機能を阻害する技術の発達、宇宙空間から自衛隊の能力を推察する機能を持つ国の増加など、多くの問題が指摘されている。

このため、不審な衛星や宇宙ごみをレーダーや光学望遠鏡などで探知・識別し、専用システムで軌道を解析した上で、我が国の人工衛星との衝突回避を目的とした本格的な「宇宙状況監視機能」の保持は、政府全体として取り組むべき重要課題の一つとなっている。

今回改定された基本方針では、宇宙監視に従事する専従組織の新設を軸に、老朽化で30年代初頭に更新される宇宙ごみの観測レーダー（岡山県上齋原村）について、宇宙監視に向けた活用なども検討する。

同レーダーは一般財団法人が運営し、JAXAもその情報を活用していることから、防衛省ではレーダーの更新時期に合わせて監視組織を新設したい考えだ。

また、連携強化と専門的知見を蓄積する観点から、JAXAとの人事交流も進める。防衛省では既にJAXA職員を受け入れており、今後は防衛省職員を早期にJAXAに派遣する。

さらに現在、防衛省が部隊運用において重要な指揮統制・情報通信として使用している民間のXバンド通信衛星3基のうち、設計寿命を迎える2基の後継機を、初の防衛省保有の衛星として整備し、28～29年に運用を開始する。32年ごろにサービス期間が終了する残りの1基（スーパーバードC2号機）の後継機の整備についても具体的な検討を進めていく。

このほか、人工衛星に対する通信妨害対策に関する研究や、代替衛星としても活用可能な「即応型小型衛星システム」に関する調査研究などにも取り組む。

宇宙ごみ　役割を終えた人工衛星や打ち上げに使ったロケットの破片など、地球上を周回する不要な人工物体のこと。約2万個が確認されており、直径10センチ以下の小さなごみを含めるとその数は60万個とも推定される。いずれも秒速約10キロの高速で周回しているため、衛星と衝突すれば故障や破壊など大きな被害につながる恐れがある。

掃海隊群司令の岡浩将補（右）から機雷掃海の説明を受ける江渡聡徳大臣（中央）＝9月16日、横須賀基地の掃海艦「はちじょう」艦上で

「諸君の姿、心強い」

江渡大臣が掃海部隊を激励

横須賀

江渡防衛相は9月16日、海自横須賀基地を初度視察し、機雷掃海を主任務とする掃海艦艇の乗員らを激励した。

大臣は午後2時、陸自第1ヘリ団特別輸送ヘリ隊のEC225型「スーパーピューマ」要人輸送ヘリで防衛省から同基地に到着。総監部地区で自衛艦隊司令官の鮒田英一海将、横須賀地方総監の武居智久海将らに出迎えられ、砕氷艦「しらせ」が着岸する逸見岸壁で栄誉礼を受け、将官艇で船越地区の自衛艦隊司令部に移動。日本周辺海域の警備やソマリア沖・アデン湾における海賊対処の状況などについて報告を受けた。

この後、同基地を定係港とする掃海隊群直轄の掃海母艦「うらが」（5650トン、艦長・高木征教2佐）と、第51掃海隊（司令・吉田圭司1佐）の掃海艦「はちじょう」（1000トン、同・本田和久3佐）に乗艦し、掃海隊群司令の岡浩将補から機雷掃海の仕組みや掃海艦艇の役割、艦内生活などに関する説明を受けながら両艦内を視察した。

「うらが」の艦橋では、同艦に約10人の女性自衛官が乗り組んでいることを岡群司令が紹介すると、大臣は「それは大変なことですね」などと感心した様子で男性隊員に交じって活動する女性隊員の仕事ぶりなどについて聞き入っていた。

一方、「はちじょう」の艦上では、パネルや模型を使った機雷掃海の仕組みについて説明を受け、乗員が各種訓練に参加して常に練度の向上に努めていることについて理解を深めた。

最後に大臣は「うらが」の飛行甲板で鮒田司令官、武居総監をはじめ、乗員ら約120人に対し訓示。

この中で大臣は、中国による東シナ海での領海侵入、領空侵犯、戦闘機による自衛隊機への異常接近を挙げて「不測の事態を招きかねない危険な行為」と指摘。北朝鮮による弾道ミサイル発射など、我が国を取り巻く安全保障環境が一層厳しさを増しているとした上で「警戒監視をはじめとした諸君が行っている任務はますます重要となっている。常に緊張感を持って、多様な任務に整斉と取り組んでいる諸君の姿に接し、大変心強く感じた。諸君の日々の献身的な活動に改めて敬意を表したい」と激励した。

緊密な連携を確認

防衛相と米大使が会談

江渡大臣（左）を表敬し、意見交換するケネディ大使（9月18日、防衛省で）

江渡大臣は9月18日、防衛省でケネディ駐日米大使と会談し、日米両国が緊密に連携してさまざまな安全保障上の課題に取り組んでいくことを確認した。

ケネディ大使は江渡氏に防衛相兼安保法制相就任への祝意を伝えた後、「大臣は防衛・安全保障問題に深く関わっている専門家だと認識している。今後は大臣と共に、日米が直面する多くの課題に対して緊密に連携しながら取り組んでいきたい」と述べた。

会談の中で大使は、今月14日に宮城県の沿岸部を中心とした東日本大震災の被災地を自転車で走る「ツール・ド・東北2014」に出場し、60キロを完走したエピソードを披露。「東北の人々は素晴らしい勇気を持ち、大震災の苦難から立ち直った。東北の人々の歓迎ぶりがあったからこそ、走り続けることができた」と話した。

南スーダン

PKO事務局長が視察

避難民保護区の道路完成

【即応集団＝座間】南スーダンで国づくり支援のPKO活動を行っている陸自派遣施設隊6次隊（隊長・野村昌二1佐以下、5旅団主力の約400人）は8月20日、内閣府国際平和協力本部事務局の髙橋礼一郎局長らの訪問を受けた。

一行はジュバ市のトンピン地区にある日本隊宿営地で、野村隊長から同隊の活動状況について説明を聞いた後、宿営地内を視察。髙橋局長は「今後、日本がどのようにPKOに取り組み、どういった役割を果たしていくのか参考にしたい」と述べ、随行した同局の伊従誠参事官も「現場の雰囲気を肌で感じることができた」と話していた。

23日には外務省中東アフリカ局アフリカ部の丸山則夫部長が宿営地を訪問。赤松武・駐南スーダン大使らが随行した。丸山部長は「素晴らしい活動を改めて実感した。日本の評価を非常に高めてくれている」と述べ、隊員を激励した。

これに先立ち6次隊は8月13日、ジュバ市内のUNハウス地区にある「国内避難民保護地域」の外周道の整備を完了した。担当した施設器材小隊（小隊長・上野智之1尉以下約40人）は、スコールや大きな岩などの障害が発生する度に作業工程を修正し、予定通り約2カ月間で完成させた。

外周道は約4キロメートル。面積は約2万8000平方メートル、使用した土の量は大型ダンプ約500台分に相当する約1500立方メートルに及んだ。

工事期間中、国連による避難民移送も順調に行われ、外周道の完成時には約5000人超が「国内避難民保護地域」に移り住んだ。

日本隊宿営地を視察するPKO事務局の髙橋局長（手前右）と伊従参事官（同左）＝8月20日、南スーダンのジュバで

全部隊が撤収

広島土砂災害

広島市安佐南、安佐北区で8月20日に発生した大規模土砂災害で派遣されていた陸自13旅団（海田市）隷下部隊など陸海の各部隊は9月11日、要請を受け、撤収した。派遣日数は23日間、派遣部隊は18個部隊、派遣人員は延べ約1万5000人に上った。

土砂災害発生に伴い、13旅団隷下の46、47両普連、13施設隊、13後方支援隊（いずれも海田市）などが20日、相次いで現場へ急派された。中部方面航空隊（八尾）、13飛行隊（防府）のヘリが上空から捜索・情報収集、海自呉造修補給所の救助犬2頭も現場に入った。さらに8普連（米子）、17普連（山口）なども加わり、約800人態勢で行方不明者の捜索に当たった。

9月18日に最後の行方不明者1人が発見され、死者は74人となった。

防衛省発令

▽陸自中央業務支援隊付（陸自中央業務支援隊）1陸佐 市橋 弘昭
▽航空総隊情報課長（情報本部）1空佐 園田 孝由
（以上9月15日）
▽兼海幕総務課渉外連絡官 海幕運用支援課 1海佐 能條 将史
▽海幕防衛課編成班長（海幕防衛課）同 降旗 琢丸
▽同情報課（同編成班長）同 森山 進
（同運用支援課兼総務課渉外連絡官）同 森下 治彦
▽61航空隊司令（自衛艦隊司令部）同 敷嶋 [illegible]
▽厚木航空基地隊付（2[illegible]教育航空隊司令）
▽徳島航空基地隊司令 同 清水 [illegible]
（[illegible]空隊司令）同 井上 [illegible]
▽同教育航空群首席幕僚（[illegible]幕情報課）同 今泉 [illegible]
▽203教育航空隊司令（[illegible]島教育航空群首席幕僚）同 江藤 [illegible]
（以上9月1[illegible]日）

春夏秋冬

幹部に必要な「風度」

童門　冬二

東京都目黒区にある陸自幹部学校（昔の陸軍大学）で、数年前から「徳損」という課目を担当している。軍のトップリーダーの精神基盤に寄与する話を望まれているのだが、なかなかむずかしい。

というのは、いまのIT社会では、個人の主体性や創造性の高揚をより高める風潮が、いよいよ加速度を加えているからだ。PR論でいえば「大衆の公衆化」が、着実に進んでいる。

大衆というのは、少種の価値観に多量の人間が賛同する社会のことだ。公衆というのは多種の価値観にそれぞれ少量の人間が依拠する社会のことだ。ぼう大な情報を自ら集め、分析し、問題点を摘出し、考え、解決策を設定し、その中から最良の策をえらぶ、というのが公衆だ。

日本の一般社会ではこの〝公衆化〟がどんどん進んでいる。したがっていろいろな問題に対しても、いわゆる〝十人十色〟で、十人いれば十種類の考え方が提起される。

自衛隊ではこれは認められない。統制が必要だ。ということはどんどん公衆化する社会現象に逆らって、ある部分においては大衆化する、という社会現象への逆行も覚悟しなければならない、ということだ。となると幹部のリーダーシップには、資質（一般社会におけるそれ（リーダーシップ）以上の、特別な要素が必要になる。

私はこの要素を「風度」と呼んでいる。この言葉はある中国文学者から教えられたもので、「相手をその気にさせる、こっちの〝らしさ〟」のことである。つまり、「この司令官のいうことなら絶対に信頼できる」とか、「この隊長は誠実だ。指示命令にも私心は全くない。うちの隊長ならまちがいない」という、〝なら〟と思わせるリーダーの全人格をいう。

この人格を風度というので、こうすればそれが得られる、という安易なノウハウはない。よくいわれる〝生涯学習〟の究極の目標だといっていいだろう。一般社会の隅々まで浸透したIT機器に対き合えるのは、人間の力を凝縮して発散する〝風度（らしさ）〟が、もっとも効果的なのだ。

風度が相手に与えるインパクトは〝感動〟である。ならと思わせる動機は、相手の心をゆさぶる感動だ。

そして相手を感動させるためには、まずこっちが感動しなければならない。通りすがりの薄っぺらな言葉や行いでは、人の心は動かせない。

風度培養の根本は、「事物に対する細心な観察力」が必須であり、対象にひそむ感動を摘出してわが物とする資質が必要なのだ。だから風度というのは、単なる相手の感性への刺激剤ではない。むしろIT社会を超える、人間の新しい可能性だといっていいかもしれない。（どうもん・ふゆじ＝作家）

朝雲寸言

陸上自衛隊は今秋、歴代の陸上幕僚長として初めて岩田清文陸幕長がフィリピンを訪問したのに続き、現在は災害救援などを目的とした米比共同訓練にオブザーバーとして参加している▼地域の安定化を目的に、これまで日本は、ベトナムやインドネシアに対し、巡視船艇を供与するなど海洋警察力の能力向上に取り組んできた。軍事的な支援は米国、警察的な協力は日本という役割分担でもある▼それらは、南シナ海における紛争予防が主な目的だったが、今回、陸自が人道支援や災害救援の分野で、本格的に能力構築支援（キャパシティー・ビルディング）に乗り出すことは、日本が担える協力の幅を広げる意味からも歓迎したい▼そうした取り組みの背景には、米国の相対的な衰退という現実がある。今春、オバマ大統領のアジア歴訪直後に、南シナ海で中国がベトナムやフィリピンを挑発したことに象徴されるように、残念ながら米国だけで中国を抑止することなどできない▼日米、そしてアジア太平洋の国々が連携して、中国に好ましくない行動を自制させられるか――。それが年末に控える「日米防衛協力のための指針」、いわゆ[illegible]

本号は12ページ

2面　伊豆大島災派で統合任務部隊が受賞
3面　遠航部隊、初訪問国のキューバへ
4面　〈防衛技術〉高機動パワードスーツ
5～8面　〈全面広告〉
9面　〈部隊だより〉陸中音が国際軍楽祭に
10面　〈ひろば〉一ノ瀬泰造の足跡を訪ねて
11面　福知山市街地冠水でがんばろう作戦
12面　〈みんなのページ〉事故の教訓伝える

時の焦点

国内

民主党新執行部

石橋湛山の洞察に学べ

保守リベラルという立ち位置は、自民党内ではすっかり退潮し、野党の中で辛うじて命脈を保っている感がある。民主党の海江田万里代表や、新幹事長になった枝野幸男氏らも、この系譜に含まれるかもしれない。その源流をたどると、第55代首相の石橋湛山に行き当たる。

日ソ国交正常化を果たした鳩山一郎首相の退陣後、自民党ではソ連、中国との関係を重視する石橋と、米国との関係強化を訴える岸信介が対立した。鳩山の後継を決める自民党初の総裁公選（1956年）では、決選投票の末、石橋が逆転勝利を収める。

ところが、首相の座を手に入れた石橋は病で倒れ、「政治的良心に従う」と、あっさり辞任する。在職日数65日。石橋色を出せぬまま、自民党は岸を後任に選んだ。

自民党の長期政権は、右派とリベラル派の路線対立が党分裂の地雷にならず、党内で円滑に路線転換を行うための装置として機能したことで可能になった。石橋政権が続いたとしても、岸路線への転換で党が割れることはなかったのだろう。

組織の一体性は、議論の過程でどれだけ異論があっても、いったん決まれば従うたたずまいがなければ、維持できない。リーダーシップよりもフォロワーシップが自民党の強さの源泉だと、民主党の「ポスト海江田」の有力候補の一人、細野豪志・元原子力担当相も認めている（「中央公論」2014年10月号）。

民主党政権では2012年、野田佳彦首相の増税方針に反発し、代表経験者の小沢一郎氏らが党を割った。フォロワーシップの欠如が12年衆院選の惨敗の原因だったことを、党員がどれだけ自覚できるかは、9月16日に正式に始動した新執行部の重要な課題だろう。

もとより、フォロワーシップは執行部の号令だけで育つものではない。自民党とて、1993年と2009年の2度の野党転落で多くの離党者を出し、その試練を乗り越え、フォロワーシップが深まった。意識改革には、時間も要る。

石橋は、自民党の前身である日本民主党の結成に尽力した。「敗戦後の日本で、小党が分立して互いに党利党略をこととして争っているのを見て、これでは日本の再建はできない」（『私の履歴書』）と考え、保守・革新の二大政党を目指し、リベラルを含む保守側の結集を図ったのだ。

今や保革対立の時代は過ぎ、保守右派とリベラルが両翼となったが、小党分立は石橋の置かれた状況と似ている。最近も、次世代の党と維新の党が発足した。小党が党利党略で争っていては、安倍政権に代わる選択肢にはなり得ない。野党勢力の結集のためにも、政権担当経験のある民主党の新執行部の責任は重く、石橋の洞察に学ぶべきことは多い。

きょう9月25日は、石橋湛山生誕130周年の記念日である。

東雲　次郎（政治評論家）

海外

現下の重大懸案

解決に向け力の結集を

シリア内戦の鬼っ子とも言えるイスラム過激派「イスラム国」の勢力伸長をはじめ、ウクライナ東部での親ロシア派武装勢力の執拗な抵抗活動、そして中国の海洋進出をめぐる日本など周辺国とのあつれきなど、わが国の安全保障・外交に大きな影響を及ぼす国際的懸案がいずれもなかなか解決の方途を見いだせないまま、いたずらに日が過ぎていく。ウクライナ東部上空で7月半ばに撃墜され、300人近い犠牲者を出したマレーシア航空機事件の真相も未解明だ。

列挙したこれらの国際問題はそれぞれ、2001年9月の米同時テロ以降続く対テロ戦争の中から出現したものであったり、冷戦後の大西洋同盟の東方拡大での一つの帰結、あるいは中国の急速な国力増大に付随する対外戦略の産物といった大きな枠組みで捉えてみれば、短期間に解決あるいは収拾可能な事態ではないことも分かってくる。

背景や原因が違う国際紛争の対処策はおのずと異なるが、解決に向けた戦略的アプローチでは国際社会が大枠での合意にこぎ着ける取り組みはやはり重要なことであり、9月半ばに始まった国連総会での一般討論演説や総会に参集する各国指導者の外交接触はそのための格好の舞台装置として活用したい。

もとより、紛争当事者・関係国の主張や立場、利害が鋭く対立する問題では、常任理事国5カ国に拒否権が認められている安保理での解決は極めて困難というのが厳しい現実だが、安保理や総会での議論を通じて解決策を探る努力は避けて通るべきではない。

さて、解決に向けた各論だが、シリアとイラクで支配地を広げ、欧米人人質や無実の異教徒の殺害を公然と繰り返す「イスラム国」に対しては、オバマ米政権が呼び掛ける有志連合に参集し、それぞれの有志国ができる範囲での貢献を最大限活用することで、その力をそいでいくのが現実的方策だろう。

資金力などの面で国際テロ組織アルカイダ以上の能力を持つとされる「イスラム国」の封じ込めには、イラク政治の安定化、シリア内戦の解決に向けた取り組みも不可欠となる。

ウクライナ危機は、領土保全や国境不可侵の原則がロシアの一方的行動、策謀によっていともたやすく覆されることを見せつけた。温度差はあれ、欧米諸国が一致して対ロシア制裁を強め、翻意を促す外交努力を重ねるのは、プーチン政権の行為を座視することの危険性を認識しているためにほかなるまい。北方領土問題を抱える我が国の対応は欧米諸国とはやや違いがあろうが、領土保全の原則は譲れぬ一線だ。

東シナ海の尖閣諸島をめぐる日中両国の対立は中国の威圧的な海洋進出と密接に絡むが、不測の事態回避のための抑止力強化と同時に、外交を通じた緊張緩和と関係改善の糸口を見いだすことに知恵を絞る以外にあるまい。

伊藤　努（外交評論家）

防災功労者表彰

伊豆大島の土砂災害救援 統合任務部隊が受賞

防災功労者表彰式であいさつする安倍首相（右）。着席者の前列左は江渡防衛相＝9月10日、首相官邸で

防災活動などに功績のあった個人・団体を表彰する「防災功労者内閣総理大臣表彰」の表彰式が9月10日、首相官邸で行われ、自衛隊の伊豆大島災統合任務部隊を含む4個人36団体が受賞した。

式には安倍首相のほか、江渡防衛相、岩崎統、岩田陸両幕僚長ら来賓・関係者が出席。受賞した伊豆大島災統合任務部隊からは代表して磯部晃一東方総監が式に臨んだ。

式では安倍首相が「各地の災害に際し、住民の安全確保、人命救助、被害軽減などに尽力された。心から敬意を表し、深く感謝する。政府は災害に強い強靭な国づくりを進める。皆さまもますますのご活躍を」とあいさつし、受賞者代表に表彰状を授与した。

受賞したのは都市防災学の専門家や、豪雨災害で出動、対処した全国各自治体の消防団など。

東日本大震災に続いて2例目となる統合任務部隊の伊豆大島災統合任務部隊は、昨年10月16日に台風26号の影響により東京都大島町で発生した土砂災害に際し、「大島町の花」のツバキにちなむ「ツバキ救出作戦」を展開。11月16日までの1カ月間、陸海空隊員延べ約6万4000人を派遣し、人命救助、行方不明者捜索、各種支援、生活基盤の確保などに当たった。

陸幕長が豪比訪問

防衛協力の拡大で一致

岩田清文陸幕長は9月4日から9日まで、オーストラリアとフィリピンを訪問、両国陸軍トップとの会談を通じ、防衛協力を拡大させていくことで一致した。フィリピンを訪問したのは歴代陸幕長として初めて。

豪州では、モリソン陸軍本部長と会談し、アジア太平洋地域の情勢について認識を共有。日豪陸軍種間の交流充実に向け意見を交わした。

一方、8日にフィリピンを訪れた陸幕長は、カタパン国軍参謀長とイリベリ陸軍司令と会談。

自衛隊は、昨年11月の台風30号「ハイエン」で甚大な被害を受けたフィリピンに約1カ月間、過去最大規模となる約1180人の国際緊急援助隊を派遣。医療、防疫、物資輸送などの救援活動を行った。

その経験を踏まえた会談では、人道支援・災害救援（HA/DR）の分野で協力・交流を進めていく可能性と方向性について話し合ったほか、これまで十分とは言えなかった日比の防衛協力・交流を進展させていくことで一致した。

ひと

船乗りとして、上陸の度に子供の成長を実感します

PP14で指揮官の通訳を務めた 角川（つのかわ） 威也（たけや）3海尉（35）

今年7月、幹部に昇任して初めての配属先が、ベトナム、カンボジア、フィリピンを巡回中の輸送艦「くにさき」だった。

「パシフィック・パートナーシップ（PP）14」の医療・文化活動の最中に着隊。新米幹部として「運用士B（ブラボー）」の配置に就く傍ら、日本語と英語のバイリンガル能力を買われ、指揮官の松井陽一1佐（第1輸送隊司令）の通訳に抜擢された。

同艦には今年初めて、米豪軍の医官ら計140人が乗艦。寄港地での同時通訳に加え、艦内では日々、指揮官の命令を英語で伝達し、細部調整に当たった。

「正しく明確に伝えつつ、相手の文化や習慣を踏まえた上での意訳を心掛けた」

横浜に生まれて間もなく父親の仕事の関係で渡米。再び日本の地を踏んだのは10歳の時。懸命に「日本人」になろうとして多感な5年間を過ごした千葉県船橋市は今でも心の故郷だ。その後、カナダの高校を出て日本に単身で帰国。9・11テロを機に「祖国を守る仕事がしたい」と自衛隊を志願し、海自補士12期で採用された。

海曹時代、砕氷艦「しらせ」の乗員として約半年間、南極に派遣された。「人生は一度きり。行ってみなければ始まらない」が信条。妻の千恵さん（34）は最大の理解者だ。将来は語学を生かした任務に携わりたいと考えている。

今後は艦内の各部署で砲術士や武器整備士など「士」の付く「士（サムライ）配置」で経験を積みながら、一人前の士官を目指す。

（文・日置文恵　写真・横田大法）

佐世保総監に米から勲章

同盟強化に貢献

池田徳宏佐世保総監は8月1日、米大統領からの「リージョン・オブ・メリット勲章」を来日中のモンゴメリー米海軍第5空母打撃群司令官から伝達された。

同勲章は特に優れた功績が認められた国内外の軍人に米軍から与えられるもので、池田海将が護衛艦隊司令官在職時（平成24年7月～26年3月）に、日米共同訓練などを通じて同盟の強化に大きく貢献した功績が評価された。

伝達式は佐世保総監部で行われ、日米印共同訓練「マラバール14」を終え佐世保に立ち寄っていたモンゴメリー少将が池田総監に米大統領からの勲章を手渡した。

勲記には「両国間の幅広い相互運用の確立を図り、強い団結力を養った。これは優れた洞察力と強いリーダーシップ、"can do"（なせばなる）精神のたまものであり、今後の米海軍と海上自衛隊の相互運用に大きな影響を与えるだろう」と記載されている。

モンゴメリー第5空母打撃群司令官（左）から勲章を伝達される池田佐世保総監（8月1日、佐世保総監部で）

共済組合だより

職場・家庭の悩みに 部外のカウンセラーがお答えします

あなたのさぽーとダイヤル

職場に苦手な人がいたら、あなたはどうしますか？

防衛省共済組合では、部外の経験豊かなカウンセラーが電話（フリーダイヤル）やメールにより相談に応じる「あなたのさぽーとダイヤル」を開設し、組合員の皆さまの心のケアに取り組んでいます。

相談内容は、職場での人間関係をはじめ、心と身体の悩み、妊娠不安、乳幼児の保育、高齢者介護、住宅取得・処分、冠婚葬祭など。さらに遺産相続や借財、離婚、異性関係、悪質商法、交通事故などまで生活全般です。

電話による相談は24時間・年中無休で、ほかにEメールでも受け付けています。相談は匿名で行えるので、個人情報の面からも安心です。

「さぽーとダイヤル」は、0120－184－838（フリーダイヤル）で、一般電話のほか携帯電話、PHSでもOK。全国どこからでも通話料は無料です。

Eメールによる相談はbouei@safetynet.co.jpで随時受け付け。メール到着後、2日以内に回答します。

職場や家庭でお悩みがある方は、お気軽に電話またはEメールでご相談ください。

◇訂正　9月11日付5面「厚生・共済」の商品の記事中、見出しが「あっせん販売商品」とあるのは「予約買取商品」の誤りでした。おわびして訂正します。

戦没者の「無私の献身」をたたえる

偕行社が慰霊祭

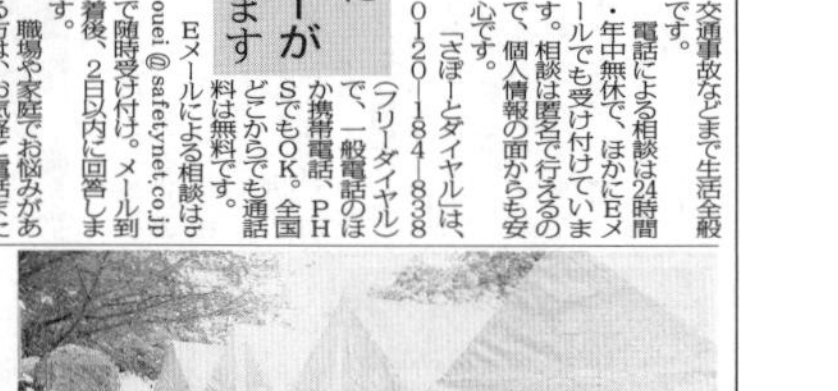

慰霊祭で祭文を奏上する偕行社の志摩篤理事長（中央）＝9月17日、市ヶ谷駐屯地のメモリアルゾーンで

旧陸軍将校や元自衛隊幹部などでつくる公益財団法人「偕行社」（理事長・志摩篤元陸幕長）は9月17日、市ヶ谷駐屯地のメモリアルゾーンで「平成26年度市ヶ谷台慰霊祭」を行った。

式典には防衛省の西事務次官、豊田官房長、中嶋文書課長、清田陸幕監理部長、荒木空幕総務部長らのほか、阿南惟幾陸軍大臣の遺族の阿南惟正さん、吉本貞一大将の遺族の中川聖さん、友好団体など関係者約160人が参列した。

国歌斉唱の後、敗戦の責任を取り自決した阿南大将、第1総軍司令官の杉山元・元帥、同軍付の吉本貞一大将、大本営作戦参謀の晴気誠少佐の4柱と陸軍航空部隊戦没者、自衛隊殉職者に対し、黙とうを捧げた。

志摩理事長は祭文奏上で、戦後の日本とアジアの発展・繁栄は「大東亜戦争で散華した多くの戦没者の無私の献身によって築かれた」とした上で、「終戦69周年を迎えるに当たり、私どもは先人から託されたこの美しい日本の再興に今後とも努力を続ける」と誓いの言葉を述べた。続いて偕行合唱団が「ふるさと」「この国は」「海行かば」の3曲をハーモニカの伴奏で奉唱し、最後に参列者全員で焼香、献花を行った。

遠航部隊が遺骨収集に協力

ソロモン諸島で

太平洋戦争の激戦地、ソロモン諸島の首都ホニアラに初寄港した海自遠航部隊（練習艦「かしま」「せとゆき」護衛艦「あさぎり」で編成、湯浅秀樹海将補以下約720人）は9月19日、厚生労働省が行う旧日本軍の戦没者遺骨収集帰還事業に海自として初めて協力した。

同事業は厚労省が昭和27年から進めているもので、現在までに海外戦没者約270万人のうち約34万柱の遺骨を収集、日本国内に移送している。

今回のソロモン諸島への派遣（9月13～22日）では98柱が収集され、民間団体「ガダルカナル島未送還遺骨情報収集活動自主派遣隊」が集めた39柱と合わせた137柱が帰還することになった。

遺骨は現地での引き渡し式（19日）の後、練習艦「かしま」内に安置され、ホニアラ港を20日に出港。部隊はパプアニューギニア、インドネシア、フィリピンを経て10月24日に東京・晴海埠頭に帰国する。その後、海自から厚労省への遺骨引き渡し式が行われる予定。

露艦艇2隻が宗谷海峡東進

9月18日午前11時半ごろ、露海軍の「タランタルⅢ」級ミサイル護衛哨戒艇2隻が、北海道・宗谷岬の北西約70キロを日本海からオホーツク海に向け東に航行しているのを、海自2空群（八戸）のP3C哨戒機が確認した。

2隻はその後、宗谷海峡を抜けてオホーツク海に入った。

首相乗せ政専機ニューヨークへ

空自特輸隊（千歳）のB747・400政府専用機は9月22日、国連総会などに出席する安倍首相を乗せ、羽田を出発、同日午後に米ニューヨークに到着した。27日に帰国する。

CS学生が斬新な提案

空幹校で多国間セミナー

各国将校との議論の成果を発表する兵藤3佐（壇上）＝9月11日、空幹校で

空自幹部学校（学校長・小野賀三空将）で9月8日から12日まで、第14回指揮幕僚課程学生多国間セミナーが行われ、アジア太平洋地域の14カ国の将校が出席、空幹校CS（指揮幕僚課程学生と各国空軍の連携活動について議論を行った。

同セミナーは、CS学生の国際的視野を育成し、各国との信頼醸成を目的に平成13年度から開催。今年は「アジア太平洋地域において、今後各国空軍が担うべき役割について」をテーマに6グループに分かれて議論した。参加者は豪、印、米などの空軍関係者が各国1人ずつ、空自からCS学生、教官ら約70人。11日には齋藤空幕長が視察する中、各グループを代表してCS学生が討議結果を英語で発表し、空軍協力の在り方について意見交換した。

Aグループは兵藤浩太郎3佐がアジア太平洋地域における海賊対処、災害時の連携について発表し、戦術的コーディネーションセンター（調整機関）の設立、活用を提案。アーネスト・イング中佐（シンガポール）が「観点を共有したい」と共感を示した。

Bグループの松浦清心3佐らは日、米、印、フィリピン間で「THE BRAVO AGREEMENT 2014」を策定し、「自然災害発生時、救援隊に対してはパスポート、ビザ、ライセンス要件をなくす」という提案に、各国の将校、空自教官らは興味深く聞き入った。Cグループは発表者の中島樹理3佐、森井義智1尉が国際平和維持活動、テロ行為に対する各国空軍間の連携、情報共有を提案した。

小野校長は「14カ国から将来を嘱望された将校の参加を得て、有意義なセミナーとなった。より良い相互理解の一助となる」と成果を強調した。

台湾テーマにシンポジウム

日本戦略研究フォーラム（中條高徳会長）は10月17日（金）、東京都新宿区のホテルグランドヒル市ヶ谷で第31回定例シンポジウムを開く。

テーマは「台湾の現状と日米台の安全保障」で、平川祐弘・東大名誉教授、ジェームス・E・アワー・ヴァンダービルト大教授、永岩俊道・元航空支援集団司令官、王明理・台湾独立建国聯盟日本本部委員長らが今後の日台関係の在り方、米国との協力関係など台湾をめぐる幅広い問題について議論する。会費は2万円。

26年度「遠航部隊」　キューバを初訪問

中米・カリブ海諸国の歴訪を終えた海自遠航部隊（「かしま」「せとゆき」「あさぎり」で編成、湯浅秀樹練艦隊司令官以下、実習幹部約170人を含む約720人）から、初訪問国のキューバでの見聞を伝える実習幹部の所感と現地の写真が届いた。実習幹部たちは強い自立心を持つ社会主義国・キューバの軍人たちと意見を交換し、同じ「大国のそばにある島国」の士官として海上防衛の在り方を考えた。

キューバの国民的英雄「ホセ・マルティ像」に献花する実習幹部ら（7月6日）

「国家を守る」姿勢に感銘

3海尉　中田　梓（あさぎり実習幹部）

遠航部隊は7月5日、キューバの首都ハバナに入港した。

左手にモロ要塞、右手に旧市街地を臨む入港風景には、今までのアメリカの港のような現代的要素はない。古いヨーロッパ風の景色は、ガイドブックにあるように、いかにも異国という空気に満ちていた。

海自艦が横付けする岸壁のすぐそばにはアルゼンチン海軍の帆船が停泊しており、ひと昔もふた昔も前に来てしまったような、そんな奇妙な感じを覚えた。

ハバナ市街地は想像していたよりも整っており、建物の色鮮やかさが特に目を引いた。白い石畳には太陽の光が照り返り、肌に感じる空気は蒸し暑かった。洋上生活に慣れた身体に久しぶりに季節を感じ、「日本も今は夏なのだ」と思うと、とても懐かしくなった。

市内の建物は石造りで大きな窓がついており、かつてスペインの植民地だったことがよく分かる。市街地の向かいに要塞が建ち、その奥に広がる草原はとても開放的で、のどかな一面もうかがい知ることができた。

実習幹部の研修では要塞や教会など植民地時代（1492〜1902年）の建造物のほか、革命広場やホセ・マルティの墓地などを訪れ、キューバ独立までの歴史にも触れた。また、海軍学校の研修やスポーツ交流などは貴重な経験となった。そこではキューバの安全保障と防衛体制について概要説明を受けた。

日本とキューバは「大国のそばにある島国」という点では類似しているが、キューバはスペインと米国の支配を受けたため、現在の国家を「自分たちで築きあげた」という意識が強い。海軍学校の学生が「全てのキューバ国民がキューバのために働いている」と誇らしげに話していたのが印象的だった。

キューバ人には「国家を勝ち取った」という意識があり、それを維持していかなければならないと考えている。国家を守るという姿勢は、その国家の政策や体制が国民から支持されなければ維持できない。キューバ学生たちの「国を良くしていこう」という目的意識が非常に新鮮だった。

また「キューバ海軍は独立と自国のかたちを守るための海軍なのだ」という説明を受け、海上自衛隊の使命に比べ、より能動的であるように感じた。

短いハバナ滞在ではあったが、キューバは自分たちの視野を広めるには最適の寄港地だった。

ハバナ市街で太鼓を演奏する練習艦隊有志グループ祥瑞太鼓（7月6日）

練度の向上に努めたい

3海尉　菅原　道太（せとゆき実習幹部）

乗艦する艦が「かしま」から「せとゆき」となり、新しい生活にもようやく慣れてきたように感じる。その一方で、いまだに生活面や訓練に関しては指導されることが多い。

「せとゆき」は「かしま」に比べて実習幹部が少ないため、個々人の行動がよく目立ち、その結果、今まで隠れていた自己の弱い部分が露呈したのだろう。

部署訓練では私たちは全体的に練度が低く、さらに一人一人の差も大きくなりつつある。漫然とこなすのではなく、自分が就く配置の重要性、指示の意味を常に考え、「自分の下には部下がいる」ということを念頭に置き、責任ある指示を出していかねばならない。

中でも応急操舵部署訓練はどうしても一時中断することが多く、最も練度が低いのではないかと思われる。応急操舵部署は舵が利かなくなった場合、他の可能操舵に切り替えて操艦するセクションだが、それだけに危急度が高い。ここで練度が低いということは実際の現場では非常に危険ということであり、私たちはその認識が甘いのではないかと考える。早急に改善しなければならないと思う。

さて、パナマ運河の通峡中、実習幹部は各配置で通峡作業を見学した。各ロックへの進入から停止までは艦の前後左右にワイヤーを取り付けて、それを岸壁の移動車で導く方法で艦は前に進んだ。

通峡作業は実習幹部にとって非常に貴重な経験であるため、それぞれ目標を持って見学した。私は通峡中にどのような人が動いて、どの人がサポートをしているかにポイントを置き、見ていた。中には通峡の状況を絵に描いたり、艦橋の状況をじっと観察している実習幹部もいた。

このパナマ運河は、カリブ海諸国を訪問後、復路でも通峡する予定である。その際は、通峡のために現地の人たちとどんな調整がなされているのかを改めて確認するとともに、他の作業についてもしっかりと見ておきたい。

左右の移動車にけん引され、パナマ運河を通峡する「せとゆき」（6月30日）

グランマ海軍士官学校で研修を受ける実習幹部（7月7日）

陽気で友好的な街の人々

3海尉　今須　雄太（かしま実習幹部）

キューバはカリブ海の北部、メキシコ湾の入り口に位置し、1600余りの島や岩礁からなっている。付近を航行する船舶は1日70〜90隻、また上空を通過する航空機に至っては500機以上という戦略的に極めて重要な位置にあるため、過去にはスペインやイギリス、フランスなど大国同士の取り合いの対象になり、長期にわたり植民地として支配を受けてきた。

独立気運が高まったのが1868年ごろだが、この時は失敗し、第2次独立戦争を経て1902年にスペインから独立した。しかし、軍事力を強めていた米国によってキューバはその保護国となり、実質的な支配を受けることになった。

その状況を打破しようと立ち上がったのが、かのフィデル・カストロとチェ・ゲバラである。1959年、彼らはゲリラ戦で親米バティスタ政権を倒して革命臨時政府を樹立し、ここに「キューバ革命」が成就した。

ハバナでの初日、私たちはモロ要塞や旧市街を研修した。市内には社会主義を象徴する大きな広場が複数あり、道路には1950年代の色鮮やかなクラシックカーが数多く走っていた。街の人々は陽気で、私たちに「ハポン（JAPON）、ハポン」と声をかけ、時には写真を求めてきた。

2日目は昼過ぎから上陸が許可されたため、私は市内を散策し、ショッピングを楽しんだ。キューバには現地通貨の人民ペソ（CUP）と外国人用の兌換ペソ（CUC）があり、1CUCは1ドルに相当する。何気なく使用していたCUCだが、現地の人々の平均月収が約10CUC（およそ1000円）である点を考慮すると、いかに観光産業に依存した経済であるかが推察できた。

3日目はキューバ海軍学校を訪問した。講話で「キューバ海軍は規模が小さいため、有事の際には機動力を駆使して消耗戦に持ち込む」という戦略を聞き、彼らの強い自立心を感じた。また、ソフトボールとサッカーを通じて両ネービーの親睦を深めた。

わずか4日の短い寄港だったが、これまで日本と交流の少なかったキューバに日本を代表して訪問できたのは大変有意義な経験だった。

剣道の型を披露し、日本文化を紹介する乗員ら（7月6日、ハバナ市街で）

ローマの方向を指す支倉常長像を訪問する艦長ら（7月6日、ハバナ市で）

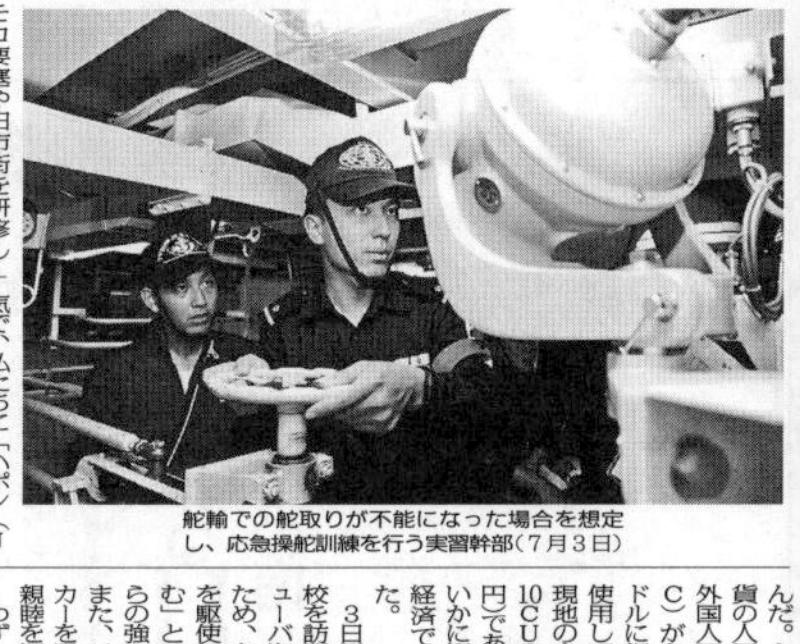

舵輪での舵取りが不能になった場合を想定し、応急操舵訓練を行う実習幹部（7月3日）

西風東風

「遼寧」の離着艦で2人殉職か
——相次ぐ事故報道・中国

中国初の航空母艦「遼寧」号で、艦載機の離着艦試験の際、搭乗員2人が殉職したとみられることが中国メディアの報道で分かった。

8月27日の新華社の報道によると、中国中央軍事委員会の習近平主席はこのほど、「遼寧」で艦上戦闘機「殲15（J15）」の離着艦を円滑に成功させる大きな貢献をしたとして、空軍の試験飛行大隊に英雄の称号を贈る命令書に署名した。命令書によると、大隊の2人が犠牲になったという。

新華社の報道を受け、中国の各メディアは空軍のパイロット2人が空母での試験飛行中に殉職したと報じた。

ニュースサイト、人民網によると、軍関係者はこのほど「2人は艦載機の離着艦試験中に死亡したのではない。艦載機の訓練で犠牲者は出ていない」と述べた。2人は過去の試験飛行中に死亡したという。

「遼寧」は旧ソ連で設計された「ヴァリャーグ」で、中国が1999年にウクライナから未完成のまま購入した。2003年に大連港に到着し、05年から改造工事が始まった。

香港紙によると、15カ月の工事期間中、技師ら工事関係者15人が死亡した。30カ月の作業量を半分の日数でこなす突貫工事で、死因は過労とされている。

「遼寧」は完成後も犠牲者が出ており、12年11月の殲15の離着艦試験の際、同機を製造した航空機メーカー、瀋陽飛機工業集団の羅陽会長が現場で心臓疾患のため突然死した。

中国では軍関連の報道は厳しく規制され、特に事故の報道は極めて少ない。新華社の空軍大隊の殉職者の報道に続き、軍機関紙「解放軍報」は9月3日、中国南海艦隊の潜水艦長が、沈没事故を防いだ功績で表彰されたと報じた。

解放軍報によると、南海艦隊の372潜水艦は今年4月、数千メートルの深海でパトロール航行中、沈没しそうになったが、王浜理礼長の努力で免れた。

エンジン室のパイプが水圧で破損し、動力が失われたため、艦が沈没を始めた。王艦長は乗組員を動員して約100カ所のバルブなどを閉じた後、巧みな操艦により危機を脱した。

外電によると、中国が潜水艦の事故を報じるのはまれ。372潜水艦は中国がロシアから購入した通常動力の「キロ級」と呼ばれる艦で、06年に配備された。

（香港＝中岡秀雄）

米輸送軍契約企業にハッカー
——弱点突かれ年20回

米上院軍事委員会は9月17日、米軍の兵站・輸送に関する作戦指揮を統括する米輸送軍と契約し、兵力や物資の輸送に当たる民間企業のコンピューター・ネットワークが2012年6月〜13年6月の1年間に、少なくとも20回、ネットワークへの侵入やその他の形態のハッカー攻撃に遭っていたとする調査結果を公表した。

具体的な証拠は示さなかったものの、中国政府がこれらの攻撃に関与していると非難した。また、20件のうち輸送軍が把握していたのは2件だけだったとしており、米国防総省などに早急な対応策を求めた。

中国政府や軍が直接関与し、米国の政府組織や企業を標的にサイバー攻撃を仕掛けているとの見方が米国では一般的だ。国防総省など政府組織のネットワークは強固なセキュリティーで守られている一方で、民間企業は比較的侵入が容易とみられ、軍事委調査結果は米軍の弱点が突かれた事実を示した形だ。

調査はハッカー攻撃に遭った具体的な企業名は公表していないが、中国軍は電子メールや文書、利用者口座などを盗み出すのに成功したとしている。また、輸送軍と契約した船のコンピューター・システムに被害を与え、同様に契約した航空会社のネットワークにも侵入したという。

輸送軍の把握が2件だけにとどまったことについて軍事委調査は、契約企業がハッカー攻撃を米連邦捜査局（FBI）に報告しても、FBIが輸送軍に通報していない可能性があるためだと指摘する。被害企業は政府部内で情報が共有されていると思い、輸送軍には別途通報していなかったという。

調査結果について軍事委のレビン委員長（民主）は、「我が国の軍事作戦が危機にさらされている」と警告し、政府部内の報告体制を改める法案を提出する考えを明らかにした。

（ロサンゼルス＝植木秀一）

被災地にソーラーシステムハウス

指揮所の開設が直ちに可能

ダイワテック

トラックやヘリで輸送　室内はエアコンで快適

ヘリやトラックで運べるソーラーシステムハウス。(下)はその室内（ダイワテック提供）

昨年11月に発生したフィリピンの巨大台風災害では、自衛隊から国際緊急援助隊1180人がレイテ島などに派遣され、医療や物資輸送などの救援活動に従事した。

この際、現地自治体などと連絡調整に当たったのが「陸自タクロバン調整所」。隊員たちは半壊した陸上競技場の一角に〝事務所〟を構え、床で寝泊まりしながら市職員や海自輸送艦に置かれた自衛隊司令部との連絡・調整業務に当たった。

隊員たちは日陰でも40度近い猛暑の中、飛び回るハエや蚊を手で払い、停電を気にしながらパソコンで文書を作り、メールでやりとりした。「ここに発電機とエアコン付きのコンテナハウスがあったら」と隊員たちはきっと思っただろう。

民間には自衛隊の前方指揮所にぴったりの「オールインワン」のソーラーシステムハウスがあるのだ。

同ハウスはトラックや大型ヘリで運んで被災地に設置すれば、直ちに活用できる「自己完結型」。屋根にソーラーパネル、屋内に蓄電池、エアコン、換気扇、LED照明、コンセントなどが完備し、設置と同時に指揮所に早変わりする。

「東日本大震災の被災地では発電機があるのに燃料がないため停電している場所が多数ありました。もし自家発電機能のあるハウスがあれば、暖房にも調理にも対応でき、避難所の快適性も高まると思いました」と話すのはコンテナ式ソーラーシステムハウスを開発したダイワテック（本社・名古屋市）の岡忠志社長。

「事前工事が一切必要なく、運べばすぐに使えます。また方角を気にする必要もなく、日の当たる所に設置すればOK。天幕を張るより早いです。災害時の自衛隊の初動対処でも、設置するだけで指揮所として活用できます」

ハウスの大きさは長さ5・45メートル、幅2・33メートル、高さ2メートルで、重さは約1・7トン。室内スペースは8畳弱で、机と椅子を並べれば4人ほどが使用できる。

屋根のソーラーパネル（6枚）は1・5KW以上の発電能力を持ち、蓄電池（シールドバッテリー）に充電、無日照でも2・5日分をまかなえる。発電状況は室内表示器に「蓄電池電圧」「充電電流」「使用電流」の数値を表示。電力残量はLEDの点灯で示し、残量が減るとアナウンスで伝え、低下状態が続くと緊急モードとなり、非常用電源に切り替えられる。

壁と天井には断熱材が組み込まれ、窓ガラスには断熱フィルムブラインドが付き、エアコンは最小パワーでOKだ。

「ハウスは普段、屋外事務所として使えます。災害が起きた時、直ちにトラックで被災地に運べるので無駄がありません。骨組みは鉄骨で衝撃にも強く、ヘリコプターで降ろしても大丈夫です」と岡社長。

価格は1ユニットが標準1・5KWのパネルで、350万円（税抜き）。ただし、ソーラー用蓄電池は寿命があるため、2、3年ごとに交換が必要という。

同ハウスは国土交通省の「新技術情報システムNETIS」にも登録され、同省関東地方整備局の建設技術展示館（千葉県松戸市）にも常設展示されている。

同社では、このハウスを備蓄倉庫に改造した「ストックコンテナ」も開発。こちらは非常食の保管などに有効という。これらのソーラーシステムハウスがあれば、熱帯の被災地などに派遣された自衛隊員も快適に業務ができるようになるかもしれない。

技術が光る >30<

「高機動パワードスーツ」

防衛省が研究に着手

重装備隊員の筋力をアシスト

迅速・機敏な行動が可能に　被災地での人命救助も

防衛技術

重装備の隊員が迅速・機敏に動ける「高機動パワードスーツの研究」が防衛省の平成27年度概算要求に盛り込まれた。米軍では重量物を持ち上げる「外骨格型スーツ」が運用段階にあり、日本でも身障者用の「アシストスーツ」が介護現場などに導入されつつある。防衛省は同様のロボットスーツを隊員向けに試作する計画で、9億円を要求。完成すれば被災地での人命救助などにも役立ちそうだ。

米軍の外骨格型スーツ「ハルク」▶（ロッキード・マーチン社HPから）

防衛省が研究に着手する「高機動パワードスーツ」のイメージ（27年度概算要求から）

陸自隊員の装備は近年、著しく増えている。小銃、弾薬、糧食などに加え、野外ネットワーク用のパソコン、スマートフォン、暗視眼鏡、予備電池なども携行しなければならない。

また防弾チョッキは胸部のほか、下腹部、両肩・両脇にも防弾板が加わり、重量が増加する。ヘリボーン、着上陸時には対戦車・対空火器なども携行しなければならず、屈強な隊員でもその負担は限界に近い。

そこで隊員の筋力をアシストしてくれるのが「高機動パワードスーツ」だ。米軍ではすでに重量物の運搬を容易にする「外骨格型スーツ」を導入。米ロッキード・マーチン社が開発した「ハルク（HULC：Human Universal Load Carrier）」は90キロの装備を身に付け、時速16キロで走れる。また、レイセオン社の「XOS2」は大型ロボットスーツで、重量物の運搬などに威力を発揮する。

一方、日本では医療・介護分野でアシストスーツの導入が進められている。アクティブリンク社（奈良市）が開発した「パワーローダーライト」の最新型「PLL04」は、他にない省エネタイプで、歩き始めにモーターが強めにアシスト、その後は脚が自然に前に出るよう優しくサポートしてくれる。これにより消費電力を抑え、長時間の使用が可能となる。

サイバーダイン社（茨城県つくば市）の「HAL」は歩行用スーツのほか、身体の大腿・下腿部、上腕・前腕部に取り付け、部分的にアシストする単関節用もある。

「HAL」は皮膚から筋肉の動きを感知し、動作を補助する。身体の電気信号を確実に検出することで、補助具のスムーズな駆動を実現。さらに全身タイプの「フルボディ型」「災害対策型」も開発中だ。

日本のパワードスーツは、その装着性、軽量性、持続性などで世界最先端にある。この民間の技術を導入することで、隊員向けの「高機動パワードスーツ」も短時間で実現しそうだ。

歩行をアシストする省エネ型スーツ「PLL04」（アクティブリンク提供）

ただし、実戦で使えるまではハードルが高い。野外での素早い装着・離脱をはじめ、転倒した際の起き上がり、接触・衝突に耐える強度、さらに海水や砂塵を浴びても故障しない信頼性が求められる。

このため、自衛隊員が使えるレベルに達するには長い試験期間が必要かもしれない。だが、同スーツを装着することで瓦礫下の被災者の救出なども容易となり、防災用としても使える有望な器具だ。同様のニーズがある警察や消防などと共同で開発することで、より高性能で安価なパワードスーツが実現するかもしれない。

防衛技術シンポジウム2014

11月11、12日グラヒルで開催

技術研究本部は11月11、12日、東京都新宿区のホテルグランドヒル市ヶ谷で「防衛省・自衛隊60周年 防衛技術シンポジウム2014」を開く。また、「携帯型浄水装置」をテーマにコンテスト形式のイベントも初開催し、現在その参加者を募集している。

今年の「防衛技術シンポジウム」では、ロボット技術に関する特別講演、部外専門家を迎えたパネルディスカッション、将来戦闘機などをテーマとしたオーラルセッション、技本研究者によるポスターセッションなどを予定している。

また、初開催のコンテスト形式のイベント「安心水プロジェクト」は、企業・大学などからの参加チームを得て、防衛医大の協力のもと「携帯型浄水装置」のコンペを行う。

参加資格は2人以上のグループで、リーダーは20歳以上の日本人が条件。対象の携帯型浄水装置は「1個セットが30センチ四方に収まる大きさ」となっている。

募集期間は10月17日まで。参加者は同月末ごろに決定の予定。

当日のイベントでは入賞チームのデモンストレーションなども行われる。詳しくは技本ホームページを参照。

世界の新兵器 469

AC235 ＜ヨルダン＞

ヨルダン空軍が今春、運用を開始したガンシップ機「AC235」が先ごろ公開された。この結果、ヨルダンは米国に次いで世界で2番目のガンシップ機保有国となったのである。

ガンシップ機とは、中型の軍用輸送機を改造し、胴体左側面に窓を開け、20～40ミリ程度の機関砲、105ミリ榴弾砲等の重火器を機外に突き出して搭載し、上空から地上の攻撃目標に対し、左旋回しながら射手が連続して射撃を行い、これを撃破する対地攻撃機である。

輸送機であるために大量の弾薬等が搭載でき、「撃破効率」は非常に高い。地上のテロリストやゲリラの拠点制圧等に有効である。ベトナム戦争では米空軍がC47、C119、C130等をガンシップ機に改造し、ベトコン掃討作戦において一定の戦果を上げている。

その半面、定常旋回するため地上からの対空攻撃、特に携行SAMなどの反撃に極めて脆弱な面がある。このため同機を運用するには航空優勢の確保が必須である。

中東にもガンシップ機が登場

AC235は、スペインとインドネシアが共同開発した軍用中型輸送機「CN235」を改造したものである。CN235は、1983年に初飛行し、現在、世界各国の陸海空軍等で約300機が運用されている。ヨルダン空軍はこの中古機を購入し、自国の設計部門と米国のATK社（武装担当）とで共同開発を行い、昨年12月に初飛行、本年5月に軍に引き渡しが開始されたものである。

胴体後部に30ミリ機関砲を搭載したヨルダン空軍のガンシップ機「AC235」（ATK社のHPから）

本機の機体諸元・性能は、全長21・4メートル、全幅25・8メートル、全高8・2メートル、全備重量16・5トン、エンジンはCT7—9CE（GE社、1750馬力）ターボプロップ双発で、最大巡航速度454キロ、最大ペイロード約6トンとされている。兵装は30ミリ機関砲、「ヘルファイア」レーザー誘導空対地ミサイル、70ミリロケット弾等で、自己防護用装備品としては、ミサイル・レーザー警戒装置、チャフ・ディスペンサー、コックピットやキャビンの防弾板等、搭載装備品としては合成開口レーダー、戦術ディスプレー、射撃管制装置、戦術データリンク装置、夜間暗視装置等を装備している。

また、ヨルダンは先日、CN235の胴体を延長して大型化した「C295」にも同様の改造を行う契約も行った。これらの機体は中東で混迷を極めているイスラム超過激派等の掃討作戦にも運用される日が来るかもしれない。

高島　秀雄（防衛技術協会・客員研究員）

技術屋のひとりごと

技術幹部の気概　栢　尚人

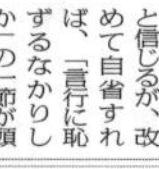

私の自衛隊生活を振り返れば、技術貸費学生として採用され、任官した後、技術研究本部に始まり、補給本部、海幕技術課、第3航空隊、第51航空隊に勤務して技術研究開発の着手から各種の試験、そして部隊運用に至るまで関わることができ、技術幹部としてとても恵まれていたといえる。

多少の誇張はあるにせよ、私はそれぞれの職場において艱難辛苦を乗り越えてきたわけであるが、苦しい時にこそ技術幹部としての気概を持って事に臨んできた。以下、私に大きな影響を与えた2冊の本を紹介したい。

まずは『海軍空技廠』（碇義朗著、光人社）。戦前・戦中は装備品の開発・改善に死力を尽くし、戦後は民需のさまざまな分野で活躍して日本の復興を支えた技術者たちの物語である。大学生の時にこの本と出合い、技術者たちの熱き魂に触れ、「私もかくありたい」と感涙にむせんだことを昨日のように思い出す。

もう一冊は『烈風が吹くとき』（大西信之著、大日本絵画）。模型雑誌で連載していた短編作品をまとめたもので、日本海軍の航空機について技術的な特徴を含めたエピソードが語られている。特に旧海軍の二式大艇と海自のUS1救難飛行艇の物語「太陽の飛行艇」は、厳しい運用環境を文学的に著した名作である。私は技術研究本部で救難飛行艇のプロジェクトに参加できたことを誇りに思う。

国防にかかわる技術幹部として、問題の本質に迫る気迫や熱意、すなわち気概といったものは、時代を超えて私の中にも受け継がれていると信じるが、改めて自省すれば、「言行に恥ずるなかりしか」の一節が頭をよぎる。普段の言行との差異を猛省せざるを得ない。

伝統ある誇り高き技術幹部の気概とともに、今日も任務にまい進する所存である。

（海自51航空隊計測隊長、2海佐）

部隊だより

陸

秋田 本部管理中隊長の須藤清彦1尉を部長とする「駐屯地竿燈部」の40人は8月3～6日の間、「秋田竿燈まつり」に参加した。隊員たちは練成を重ねて祭り本番に臨み、270本の竿燈が一斉に立ち上がる中、佐藤香保里、小笠原寿志両3曹の囃子に合わせ＝写真㊦、佐々木拓也曹長が竿燈妙技を披露、陸自らしい息の合った演技で祭りを盛り上げた。

神町 20普連3中隊の内田一彦1曹以下70人は8月5、6の両日、「第52回山形花笠まつり」に参加した。部隊からの参加は51回目で、今年は「花槍隊」を先頭に躍動的な男踊りと新隊員44人＝写真㊦＝の女踊りを披露。ともに統制のとれた踊りに沿道からひときわ大きな拍手が送られた。来場者は「自衛隊の踊りは元気があり、見応えがあった」と語っていた。

三宿 衛生学校幹部初級課程に入校中の西山耕太郎2尉、釜谷実希2尉、吉野弘泰3尉は8月24日、杉並区の「高円寺阿波踊り」に地元・世田谷区三軒茶屋の阿波踊り団体「三茶連」の一員として参加した。踊り手1万人と観客100万人が沿道を埋め尽くし、3人も熱演。釜谷2尉は「息を合わせて踊ることができ、最高の一日だった」と話していた。

新町 12施設隊はこのほど、群馬県伊勢崎市の利根川河川敷で行われた「島村渡船フェスタ」を支援した。江戸時代から境島村の利根川両岸を結んでいる渡船の乗船体験や魚つかみなどの催しで、多く来場者でにぎわった。部隊は渡河ボートの体験試乗を実施し、1141人が乗船した＝写真㊤。家族連れなどが郷土部隊と触れ合い、イベントを楽しんだ。

金沢 駐屯地で8月24日、「夏休みちびっこ大会」が開催され、石川県内の小学生とその保護者約100人が訪れた。子供たちは災害時や日常使えるロープの結索法、簡易テントの展張法などアウトドアの技術を隊員から学び、「指揮通信車との綱引き大会」ではグループで力を合わせて重い車両を動かした。参加者は体験を通じ、自衛隊への理解を深めた。

伊丹 36普連はこの夏、地元大阪で行われた「大阪天神祭り」と「箕面祭り」をそれぞれ支援した。大阪では重迫中隊が軽装甲機動車を、箕面では3中隊が消防とコラボし、高機動車などの一般展示を行った＝写真㊧。両祭りとも親子連れなど多数が訪れ、陸自車両に乗ったりして記念撮影を楽しんだ。隊員と触れ合う機会も設けられ、若い女性から隊員に質問も相次いだ。

松本 駐屯地太鼓クラブは7月26日、「国宝松本城太鼓まつり」に参加した。松本駅前広場で戦闘服姿の隊員らが太鼓演舞を披露＝写真㊦。威勢のよい掛け声と躍動的な太鼓の音を鳴り響かせ、観客を圧倒した。その後、松本城本丸庭園で県内外から参加した各太鼓団体と城を背に合同演奏を実施し、迫力あるバチさばきで会場を感動の渦に巻き込んだ。

富士 富士学校は8月27日、「東ティモール能力構築支援事業派遣隊員壮行会」を行った。派遣される増田裕造3佐は「日本の強さを真摯な態度をもって現地の人に示したい」と決意を述べ、武内誠一学校長は「チーム長としてしっかり活動してもらいたい」と激励した＝写真㊤。その後、増田3佐は家族や隊員たちに見送られ、盛大な拍手のなか出発した。

青森 みちのく銀行の新入社員46人は、このほど、駐屯地で2泊3日の生活体験を行った。参加者は坂牛誠曹長（本部管理中隊）の厳しい指導の下、基本教練をはじめ、心肺蘇生法、格闘訓練などを体験した。さらに小谷演習場に移動して行進訓練にも挑戦。重さ10キロの背のうを交代で担い、全員で声を掛け合いながら10キロを踏破、同期社員の絆を深めた。

北千歳 1特群は8月7、8の両日、駐屯地で「群サマーキャンプ」を開催した。隊員の8家族18人が参加し、子供たちは父親の職場を訪ねて救急法訓練などを見学。レンジャーのロープ橋渡りなどを初体験した。翌日はラッパで起床し、元気いっぱいに群長にあいさつ。子供たちは「楽しかった。また来年も参加したい」と話していた。

岩見沢 駐屯地は8月22～24日、岩見沢市の栗沢中央公園で開催された「くりさわ農業祭」を支援した。イベントに先立ち12施群337施中隊の渡辺敏3尉以下16人が資材の運搬や会場設営などで支援し、祭当日は1万5000人の観光客でにぎわった。会場では11音楽隊が演奏会を開き「北島三郎メドレー」などの楽曲を披露、聴衆約500人を魅了した。

名寄 駐屯地はこのほど、創立61周年記念行事を行った。坂本雄一司令は来賓を前に「地域と歩む、活力があり健全で信頼される駐屯地を目指します」とあいさつ。その後、道北防衛に当たる各部隊の観閲行進、格闘訓練、オートバイドリルなどが披露された。さらに朔北太鼓の野外演奏、ロープ体験などがあり、駐屯地は約2000人の来場者でにぎわった。

北欧の空に「八木節」が響く

陸自中音、フィンランド国際軍楽祭で初公演

開会式で市庁舎前に集まり「大序曲1812年」を合奏する参加国の軍楽隊（7月31日、フィンランドのハミナ市で）＝pictures:Raimo Eerola、©Kymen Sanomat

満員となったパークコンサートの会場で演奏する中央音楽隊（8月2日）

フィンランドのハミナ市で7月29日から8月2日まで、国際軍楽祭「ハミナ・タトゥー2014」が開催され、陸自中央音楽隊が日本の代表として参加、欧州で初となる公演を行った。同隊は和太鼓なども現地に持ち込み、日本ならではの楽曲も披露、フィンランド国民に自衛隊音楽隊をアピールした。

ハミナ市は18世紀にロシアの侵攻に備えて築城された同国南東部の要塞都市。軍楽祭の開会式は城壁内にある市庁舎前の広場で行われた。

参加軍楽隊はフィンランドのほか、日本、イギリス、ドイツ、ノルウェー、ロシア。この6カ国の合同音楽隊がチャイコフスキー「大序曲1812年」を演奏しながら入場し、これに合わせて大砲や市庁舎の鐘も鳴らされた。

期間中、中央音楽隊は各国の軍楽隊と一緒にマーチングショーに参加したほか、ジャズクラブで演奏などを行った。古い城館の庭園を使ったガーデンコンサートでは、観客も19世紀の衣装を着けて聴き入り、〝お祭り〟を楽しんだ。

8月2日、最大のパークコンサートに臨んだ中央音楽隊は、集まった大勢の観客を前に、「八木節」など日本の民謡を中心とした曲目を熱演。隊員たちは法被を着て和太鼓を披露し、観客からは大歓声が送られた。

最後に「フィンランド騎兵隊行進曲」など同国の勇壮な曲を演奏、〝アジアで最高〟の演奏技術で、ハミナ国際軍楽祭を盛り上げた。

（朝霞）

イギリスの軍楽隊が行うガーデンコンサートに飛び入り参加した中央音楽隊の隊員（8月2日）

空

熊谷 基地は8月27日、OB会と共催して「基地納涼祭」を開催した。防衛省キャラクターのピクルス王子とパセリちゃんが来場者を出迎え、軽音楽部が生演奏で華を添えた。祭りは警備隊員で編成されたラッパ隊のファンファーレで幕を開け、盆踊りは地元の婦人会などが参加して盛り上がり＝写真㊨、最後は約240発の花火が夜空に打ち上げられた。

立川 航安隊の片寄隆正教育研究部主任研究官以下3人はこのほど「安全工学シンポジウム」（日本学術会議主催）に参加した。「ヒューマンファクター（人的要因）の分析要領標準化」に向けた取り組みについて航空事故調査部の相羽清彦主任研究官が事故調査での方向性について説明。質疑応答では聴講者との活発な意見交換もあり、より理解が深まった。

奈良 基地はこのほど地域住民約5600人を迎え「奈良基地祭」を開催した。あいにくの天候となり、学生約340人は雨中で観閲行進を披露＝写真㊧、その勇姿に来場者から大きな拍手が送られた。このほか空音の演奏会、装備品展示、パイロットスーツ試着会などが行われ、展示機のF1、F104J戦闘機などの周囲は多くの子供たちでにぎわった。

海

館山 21航空隊はこのほど「房総半島1周100キロ行軍」を行い、國見泰寛司令以下、幹部候補生など隊員39人が参加した＝写真㊤。隊員たちは朝9時に館山を出発、日中は順調に距離をかせいだが、夜間には足取りが重くなり、父兄会や協力団体の差し入れに鼓舞され前進。翌朝10時、基地に帰投し、日向錦次郎21空群司令に全員の行軍完遂を報告した。

木更津 航空補給処の猫橋敏文処長以下25人は8月14日、木更津市内で行われた「やっさいもっさい踊り大会」に地元陸海空3自部隊で編成された「自衛隊統合連」の海代表として参加した。例年、来賓席から観戦する処長が今年は自ら踊り手として先頭に立ち、「おっさ、おっさ」の掛け声で会場を盛り上げ、4万人の観客に海上自衛隊をアピールした。

横須賀 音楽隊は8月1日、横監田戸台分庁舎に横須賀市内の合唱団などを招き「サロンコンサート」を開いた。コンサートでは横音の村上渚2曹以下3人によるフルート三重奏＝写真㊤＝や旧海軍時代のグランドピアノで東音の太田紗和子2曹が独奏を披露、華麗な演奏に大きな拍手が送られた。最後は観客も一緒に『花は咲く』を合唱して締めくくった。

小月 教育航空群はこの夏休み、基地で「キッズフェスタ」を開催した。ソフトボール、ポートボール、剣道のスポーツイベントでは、それぞれの会場で子供たちの白熱した試合が展開された。このほか基地内ではT5練習機の展示飛行、同機のコックピット見学、ミニ四駆のフリー走行会などがあり、来場した2500人は海自での楽しい1日を満喫した。

対馬 防備隊の鈴木亨司令以下27人は7月26日、対馬市美津島町で実施された「いさり火山笠まつり」の行列に参加した＝写真㊤。提灯を組み込んだ色鮮やかな御輿やぐら11基が登場し、町内を「わっしょい、わっしょい」の掛け声とラッパや太鼓の音を奏で、にぎやかに練り歩いた。部隊一行は子供たちや事業所などに続き、地域住民との交流を深めた。

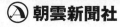

ひろば

神無月、神嘗月、大月、小春――10月。9日世界郵便デー、13日体育の日、17日貯蓄の日、23日電信電話記念日、24日国際連合デー、26日原子力の日

神嘗祭　その年に取れた新米で作った酒と供物を伊勢神宮に奉る祭儀。皇室の繁栄と国家の安泰、五穀の豊穣、国民の平安を祈る。15日～17日

鉄道の日　1872年10月14日、新橋駅と横浜駅を結ぶ日本初の鉄道が開業したのに加え、1921年の鉄道博物館（初代）開館を記念し、翌年から鉄道記念日として鉄道省により制定された。14日

戦場に散ったカメラマン

一ノ瀬泰造の足跡を訪ねて

「もし、うまく地雷を踏んだら、サヨウナラ！」――。有名なこの言葉を残し、1973年11月、一人の日本人カメラマンがアンコールワットに消えた。彼の名前は一ノ瀬泰造。26歳の誕生日を迎えたばかりだった。同時代の気鋭のフリージャーナリストがそうしたように、彼もベトナム戦争、カンボジア内戦などインドシナの戦場を渡り歩き、弾の下をかいくぐりながら写真を撮った。同い年の戦場フォトグラファーが熱中したアンコールワットを見てみたくなり、彼の日記や書簡をまとめた一冊の本を携え、ベトナムのホーチミンとカンボジアの首都プノンペン、そしてアンコールワットのお膝元・シエムレアプを訪ねた。

（文・写真　若林祥子）

レストラン「バンテアイ・スレイ」には泰造ミュージアムがあり、彼が撮った写真が飾られている。ここの料理は絶品

◇ベトナムで

旅の始まりはホーチミンの老舗ホテル「マジェスティックサイゴン」。ベトナム戦争時、開高健や沢田教一をはじめ世界中のジャーナリストたちが宿泊していた所で、サイゴン川に面したコロニアル調の美しいホテルだ。

当時をしのんで訪れる客も多く、103号室のドア横には「開高健が64年末から65年まで滞在していました」と日本語で記されている。開高健と一ノ瀬泰造は73年のサイゴンで出会い、よくお互いのアパートを行き来していたという。

ベトナム戦争の史跡としては、市街から1時間半ほど車を走らせた郊外クチに南ベトナム解放民族戦線の基地だった高さ1メートル、幅50センチ、全長2・5キロに及ぶ地下トンネルがあり、観光客に人気だ。

ホーチミンからアンコールワットへ

さまざまな国から訪れた観光客はトンネルや当時の食事、実弾射撃などを体験でき、お土産用のベトコン衣装（レプリカ）まで売っていて、まるでディズニーランドのアトラクションのようだ。ここには胸躍るような勝利の記憶があった。

◇国境を越える

ミニバスに詰め込まれてホーチミンを出発、国境の街・モックバイから陸路でカンボジアに入る。

メコン川に沿うように走ること約6時間、素朴な風景は首都プノンペンに入るとガラリと変わる。「東洋のパリ」と謳われた市街は洗練されており、中心部にそびえるレモン色の王宮はため息が出るほど美しい。

キリングフィールド跡に建てられた慰霊碑には発掘された大量の人骨が納められている

プノンペンでは収容所「S21（トゥール・スレン）」とカンボジア最大のキリングフィールド「チュンエク」を見学した。ポル・ポト率いる極左勢力クメール・ルージュの大虐殺（1975～9年）では医師、教師、僧侶など約300万人の国民が虐殺されたという。

「S21」に収容されていた人々は郊外の「チュンエク」にトラックで運ばれ、処刑された。地表には土にまみれた人骨や衣服がまだ露呈している。慰霊塔には発掘された大量の頭蓋骨が収められていて、がらんどうの目が無念そうにこちらをみつめていた。

本に出てくる高校の物理教師、チェット・センクロイ（通称ロックルー）は真面目でおせっかいな25歳。この友人を通じて泰造はカンボジア社会に馴染んでいく。しかし、ロックルーは泰造が行方不明になった2年後にプノンペンで処刑されたという。もしかしたらこの頭蓋骨のどれかが彼かもしれないと思うとたまらない気持ちになった。

プラダック村には泰造の墓（遺骨は入っていない）がある。案内してくれた村の子供たちと

◇シエムレアプへ

赤土が鮮やかな田舎道をひた走り、プノンペンから西北に約300キロに位置するシエムレアプへ。アンコールワット遺跡群を目当てにやってくる観光客はここを拠点に遺跡をまわる。街にはトゥクトゥク（三輪タクシー）が至る所に待機していて、足に困ることはまずない。

観光していて気付くのは、ほとんどの仏像に首がないこと。これは宗教や文化を否定したクメール・ルージュが破壊したためで、泰造がシエムレアプに来た時、アンコールワットの遺跡群は既にクメール・ルージュの手に落ちていたことを思い出す。

◇山頂の寺院

アンコールワットの目と鼻の先、標高60メートルの山頂にプノン・バケン寺院はある。9世紀末に建造されたアンコール三聖山の一つで、現在は夕日スポットとして人気だ。ここからは近隣の遺跡や寺院を一望でき、東側にアンコールワットを確認できる。

72年5月、一時的に政府軍が奪還に成功した際、泰造はここからアンコール・ワットを撮影している。その写真は彼が通ったレストラン「バンテアイ・スレイ」で見ることができる。うっそうと生い茂る南国の木々に埋もれるように顔を出すアンコールワット。彼の情念が焼き付いたような一枚だった。

◇地雷を踏んだら

人気のない緩やかな山道を15分ほど歩いて山頂へ。寺院はなだらかなピラミッド状になっており、階段を上って開けた高台に出ると360度の大パノラマが楽しめる。プノン・クロムやプノン・クーレン、シエムレアプ国際空港……。そしてアンコールワット。

すぐそばでは遺跡修復作業が行われており、時折笑い声が聞こえてくる。見えてくる景色は平和そのものだ。一ノ瀬泰造がここから見た景色やその心情は想像すらできなかった。

帰り道、青いシャツを着たディマイナー（地雷除去員）数人が作業しているのに遭遇した。張り巡らされた赤いロープの中で、険しい表情で金属探知機を地面に当てている。背中に「キイイイン」という探知音を聞いてゾッとしながら、旅の終着点・アンコールワットに向かった。

"ミリタリー芸人"らんまるぽむぽむタイプαさん

見事な匍匐前進を披露する、らんまるぽむぽむタイプαさん

トレードマークはガスマスク

「自衛隊の魅力　伝えたい」

ガスマスク姿が衝撃的な吉本の女芸人「らんまるぽむぽむタイプα」さん。"ミリタリー好き芸人"として活動する姿を自衛隊関係のイベントで目撃した人も多いと思う。

芸歴2年目。「英陸軍特殊空挺部隊（通称・SAS）に所属していた過去を持ち、現在は民間軍事会社『PMC吉本』に傭兵として雇われている」という設定で活動している。

今年の『かわいすぎる女芸人No.1決定戦』で3位の外見を持ちながら、"テロリストに狙われている"ため、顔出しは基本NG。トレードマークのガスマスクにはよく見ると花がついており、「毎月変えているんですよ」と笑う。

ライブでは「結婚したい陸上兵器」などをネタにしているほか、Youtubeチャンネル「サバイバルTV」(http://www.youtube.com/user/pomupomutv）で自衛隊やミリタリー関係のリポートを行っている。

「自衛隊好き」で、一番感動したのは東千歳駐屯地創立60周年記念行事で87式自走高射機関砲に出会えたこと。「気味悪がられるかなと不安だったんですが、最近は隊員の方々がガスマスク姿を温かくいじってくれます」とうれしそうに話す。

10式戦車に一般人として最初に搭乗するのが夢。「今後も自衛隊応援団として、独自の視点で自衛隊の魅力をお伝えできれば」

渋谷「ヨシモト∞ホール」に定期的に出演中！詳細は劇場HP（http://www.yoshimoto.co.jp/mugendai/）で。◆OmO Channel（http://www.youtube.com/user/OmOjp）

マイヘルス Q&A

尿路結石

4人中3人は再発

水分摂取、食生活の改善を

Q　尿路結石は、どんな症状が出ますか。

A　代表的な症状は、腰背部から下腹部にかけての突然の痛みと血尿です。痛みは激痛が突然襲ってきます。痛みは、結石が尿管の上部にあれば腰部にあり、結石が下がるにつれて側腹部から下腹部に移動します。

結石が腎臓の中にある場合や、大きい尿管結石の場合には、鈍い痛みや痛みがない場合もあります。血尿には、紅茶色をした血尿や検査しないと分からない血尿があります。膀胱の近くに結石があると、頻尿など膀胱炎様症状がでることもあります。

Q　結石はどのような検査で診断しますか。

A　まず尿検査を行い、血尿や結石に伴う炎症による膿尿があるか調べます。レントゲン検査や超音波検査を行い、結石のある場所や大きさを調べます。レントゲン検査などで結石の位置がはっきりしない場合、CT検査が有用です。

Q　自然排泄されるのはどのような結石ですか。

A　結石が1センチ以下の場合、自然に出る可能性があり、約60％は自然に出ると言われています。多めの水分を摂取して、痛み止めや排泄を促す薬で治療します。

Q　外科的な治療は、どのような場合行いますか。

A　結石が1センチより大きい場合や、1センチ以下でもなかなか排石しない場合は、体外衝撃波結石破砕術（ESWL）や、内視鏡的手術など、積極的な治療を行います。ESWLは体の外から衝撃波を結石に集中して、そのエネルギーで破砕する方法です。ESWL治療をしても排石しない場合や、下部の尿管結石に対しては内視鏡を用いた治療を行います。

Q　尿路結石の予防法は。

A　4人中3人は再発すると言われています。また、尿路結石の発症はメタボリックシンドローム発症の警鐘とも捉えられています。①水分の多量摂取（約2リットル）②肥満防止③食生活の改善――が強調されています。また、カルシウム結石の再発予防には、カルシウムを制限するより、一定量のカルシウムを摂取するほうがよいと言われています。

中央病院泌尿器科　部長　大道雄一郎

BOOK NOW

私が読んだ　この一冊

曽野綾子著「風通しのいい生き方」（新潮社）
座間駐屯地業務隊室伏幸美事務官　53

人間関係は深く絡み合ったら、お互いうっとうしい。人生における人との付き合い、ままならない現実とどう向き合えばいいのか。筆者が経験した事柄や教訓について、さまざまな観点から紹介されている。自分自身の今までの人生と重ねながら読み込んでいくと、人との関わりや付き合いについて、改めて振り返る事ができる本である。

まだまだ長い（？）自分自身の人生、今後も風通し良く過ごすためにも参考となった一冊です。

中田永一著「くちびるに歌を」（小学館）
佐世保地方総監部総務課　園田裕子1海尉　52

長崎県五島列島にある中学校合唱部の物語。

アンジェラ・アキさんが歌う「手紙～拝啓十五の君へ～」の課題曲を引っ提げNコン（NHKコンクール）を目指す女子生徒。

一方、臨時教師として赴任してきた美人先生を目当てに次々と入部する男子生徒。女子だけで結成されていた合唱部に波乱の幕開けが！

不器用だけど素朴で温かい島の人々の心が伝わる一冊です。

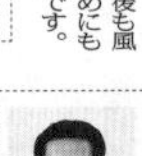
渡邊美樹著「夢に日付を！～夢実現の手帳術～」（あさ出版）
第83航空隊司令部監理部基地渉外室（那覇）　草開大輔1空尉　30

皆さん今、夢や目標はありますか？本書には今日という日を、人生を、より楽しくするための手帳術が紹介されています。

手帳を単に会議などの予定を把握するために使用するのではなく、夢に近づくため、今日の行動を変えるためにどう使えば良いのかということも教えてくれます。

手帳術にとどまらず、何のために生きるのかといった人生観にまで言及。自己啓発本としても活用できます。私の人生観を変えた一冊です。

隊員愛読書ベスト5

＜入間基地・豊岡書房＞
❶平成26年版　防衛白書　日本の防衛　防衛省編　日経印刷　￥1234
❷銀翼のイカロス　池井戸潤著　ダイヤモンド社　￥1620
❸マスカレード・イブ　東野圭吾著　集英社文庫　￥648
❹ソロモンの偽証―第I部　事件＜上・下＞　新潮文庫　各￥810
❺ソードアート・オンライン15　川原礫著　アスキー・メディアワークス　￥637

＜防衛省・三陽堂＞
❶平成26年版　防衛白書　日本の防衛　防衛省編　日経印刷　￥1234
❷政官要覧　平成26年秋号　政官要覧社　￥3888
❸国会議員要覧　平成26年8月版　国政情報センター　￥2829
❹自衛隊と防衛産業　桜林美佐著　並木書房　￥1620
❺ウェーブ　時武ぼたん著　柑出版　￥1296

＜神田・書泉グランデミリタリー部門＞
❶越天の空＜上・下＞　地雷魚著　イカロス出版　各￥1380
❷捕虜輸送船の悲劇　大内建二著　潮書房光人社　￥788
❸ドイツ海軍ピクトリアルモデリングガイド　ネイビーヤード編集部著　大日本絵画　￥3456
❹東部戦線の激闘TANK BATTLE4　齋木伸生著　潮書房光人社　￥929
❺紫電改のマキ＜2＞　野上武志著　秋田書店　￥607

＜トーハン調べ8月期＞
❶銀翼のイカロス　池井戸潤著　ダイヤモンド社　￥1620
❷知育ちがいさがし100妖怪ウォッチ　妖怪ウォッチ製作委員会監修　小学館　￥594
❸おかげさまで生きる　矢作直樹著　幻冬舎　￥1080
❹置かれた場所で咲きなさい　渡辺和子著　幻冬舎　￥1028
❺すえずえ　畠中恵著　新潮社　￥1512

心をひとつに　がんばろう

福知山作戦

市街地冠水

隊員200人がボランティア　瓦礫や土砂を除去

隊員らとともに力作業に挑む井川司令(中央右)

【福知山】停滞する前線の影響で市街地が冠水するなど、甚大な被害に見舞われた地元・京都府福知山市の手助けをしようと、8月25日から29日にかけて、駐屯地の隊員約200人が休日・代休を利用して瓦礫(がれき)や土砂除去のボランティア活動を行った。

活動は、駐屯地司令で修親会会長の井川賢一1佐と、曹友会会長の福井一人曹長が「心をひとつにがんばろう福知山作戦」と名付け隊員に呼びかけて始まった。

25日、福知山市長の激励を受けて作業を開始。隊員たちは、特に力が必要となる箇所で率先して作業を進め、家財道具など山積した瓦礫を人海戦術で手際よく処理した。29日には土砂の除去作業も実施した。

隊員たちに対して被災者からは「本当に助かった。疲れていて何からすればいいのか分からない状況でした」と感謝の言葉が送られた。

また、作業に参加した本部管理中隊の三島啓3曹は「被害の大きさに驚いている。微力ですが復旧のために協力したい」と語っていた。

近畿地方を襲った豪雨では8月16日、市内の弘法川が氾濫し、広い範囲で冠水した。翌17日に7普連の約50人が災害派遣活動に当たり、渡河ボートなどを使用して孤立した市民27人を救助した。

駐屯地隊員によるボランティア活動は、昨年9月に台風18号で被害を受けた際にも福井曹長の呼びかけで約170人が実施している。

20普連に親子3人のレンジャー隊員誕生

【20普連=神町】副連隊長の村山勝明2佐(54)の次男で本部管理中隊の祐樹3曹(26)がこのほど、「第46期レンジャー集合教育」を修了、助教として指導していた大輔2曹(28)を加え、「親子3人レンジャー戦士」が駐屯地に誕生した。

父兄に憧れて志願　夢叶った村山3曹

父・勝明2佐は昭和54年の17期、兄・大輔2曹は平成21年の43期にそれぞれレンジャー教育を修了している。父と兄に憧れ同じ自衛官の道を選んだ祐樹3曹は、徽章を胸に活躍する二人の姿を目の当たりにし、自身もレンジャー教育を熱望していた。

20普連に誕生した親子3人レンジャー隊員。左から次男の祐樹3曹、父の勝明2佐、長男の大輔2曹(7月28日、神町駐屯地で)

教育中は兄弟の絆を忘れて助教の立場に徹したという兄の大輔2曹。「積極的に訓練に臨む弟は、自分が学生のときとよく似ていた」と自身の姿とダブらせる。

一方、祐樹3曹も「兄を一人のレンジャー隊員として、また助教として尊敬して接していた」という。

過酷な最終想定の任務を完遂して、帰還した祐樹3曹以下学生22人を、駐屯地の全隊員と家族が出迎え。連隊長からレンジャー徽章が一人一人に授与された。

帰還式には母の浩子さんと妹の愛実さんの二人も参列。母の手からは花束のほか、「上級レンジャー助教課程」への参加で、帰還式に出席できなかった大輔2曹から村山家としての〝もう一つのレンジャー徽章〟が祐樹3曹に渡された。

「予想もしなかった兄からの徽章を受け取り、感極まりました」

新たにレンジャー隊員となった息子に対し、父の勝明2佐は「副連隊長として身近で訓練の様子をうかがい、親として心配な所もあった。無事に終了できたのも、小さなころから毎週のようにキャンプに連れて行った成果」と語った。

兄の大輔2曹は「父の退官前に親子3人でリペリングをしよう」と話している。

今後は、後輩レンジャー育成に貢献したい、と祐樹3曹。村山家に流れる「レンジャー戦士の血」を引き継いでいくつもりだ。

脂のった「SUNまつり」

目黒幹校隊員　地域住民と交流

「目黒のSUNまつり」で煙対策のゴーグルを装着し、サンマを焼く隊員たち

目黒基地の陸海空各幹部学校と統幕学校の隊員12人は9月14日、東京都目黒区の田道広場公園で開催された「第38回目黒のSUNまつり」に参加し、地域住民との交流を深めた。

イベントでは宮城県気仙沼市の新鮮なサンマ5000匹を炭火で焼いて来場者に無料で振る舞った。隊員たちは目黒区の住民と勤務する人で編成した〝目黒隊〟の要員として1000匹の焼き上げを担当。当日は若宮健嗣前防衛大臣政務官や木村和彦前空幹校副校長などが激励に訪れ、脂ののった大振りのサンマに舌鼓を打った。

「目黒隊サンマ焼き講師」の吉田尚之さん(49)は「自衛隊の皆さんは統制がとれていて、すばらしいチームワーク」と隊員らの参加を〝熱烈歓迎〟。昨年は突然の豪雨に見舞われたが、隊員たちは焼き台の位置を変えてテントを張るなど状況に迅速に対応し、日頃の訓練成果を十二分に発揮した。

幹部学校からの参加は3回目で、東日本大震災の翌年に阿久津強准空尉(51)=空幹校准曹士先任=が「被災地のために何かできることはないか」との思いから隊員に呼びかけたのがきっかけで、以後毎年参加している。

阿久津准尉は「今後も地域の方とのつながりを切らさず、目黒区のイベントに参加していきたい」と話している。

記念塗装お目見え

空自60周年

【6空団=小松】9月20日の小松基地航空祭実施に先立つ12日、303・306飛行隊(小松)のF15戦闘機2機に記念塗装が施され、同基地にお目見えした。

この塗装は空自創設60周年を記念し、一部基地で実施しているもの。小松基地では整備小隊の窪田晴康2曹(38)ら整備隊員11人が、デジタル迷彩など斬新なデザインを2週間かけて機体に描いた。

303飛行隊のF15の垂直尾翼には隊の愛称「ファイティングドラゴン」の竜などが濃い灰色で描かれ、空自60周年記念ロゴマークと相まって爽快な印象を演出。一方、306飛行隊のF15には隊のシンボル「ゴールデンイーグルス」を黄、黒の2色で機首側面に塗装。鷹の勇猛さが機体にみなぎり、国防に携わる部隊の精強さを表現した。

303飛行隊のF15を塗装した鈴木智3曹(30)は「塗装色がF15の機体の色と重なり、色調整に苦労しましたが飛行隊のイメージを表現できたと思います」と胸を張る。

㊤303飛行隊の記念塗装機と塗装した整備隊員㊦306飛行隊の「ゴールデンイーグルス」などが描かれた記念塗装機(小松基地で)

記念塗装機は航空祭で機動飛行を行った後、エプロン地区に展示された。同機の周りには人だかりができ、機体を見た航空ファンは「色がついている!かっこいい!!」と歓声を上げていた。

こちら警務隊　☎8・6・47625

正当な理由がなく侵入　3年以下の懲役や罰金

住居侵入罪について教えて下さい

この罪は、正当な理由がないのに、人の住居に侵入した場合に成立します。

「住居」とは、人が日常生活を営むために専有する場所をいい、アパートなどの集合住宅は世帯ごとに個別の「住居」であり、それに付随する共同階段、通路、屋上なども同様に「住居」となります。

駐屯地内においては、女性自衛官生活隊舎なども立ち入りが制限された場所であり、男性職員などが許可なく立ち入った場合、本罪に該当し3年以下の懲役または10万円以下の罰金に処されます。他人の住居に許可なく立ち入らないようにしましょう。(120地警=函館・中川2曹)

空音　東北3県の演奏会に住民感謝

【空音=立川】航空中央音楽隊(隊長・水科克夫2佐)は、8月21日から28日まで東日本大震災で被害を受けた岩手、宮城、福島の東北3県で6回の演奏会を行った。

第1部は水科隊長が指揮を担当。和田信2曹が作曲した空自創設60周年を記念した行進曲「蒼空」で開幕、「ふるさと」、「アイーダ」などクラシック音楽を中心に音色を響かせた。

第2部では渡邊与秀2尉の指揮で「魔女の宅急便」や福島県出身の長谷川裕記士長のオーボエソロで「風笛～あすかのテーマ」を演奏、おなじみの曲で聴衆を魅了した。

約1400人の聴衆を前に演奏する航空中央音楽隊(8月26日、岩手県宮古市で)

岩手県宮古市のシーアリーナの会では、同市出身の吉田亮3曹のトランペットソロで、TV番組「金曜ロードショー」のテーマ曲だった「フライデー・ナイト・ファンタジー」を披露。吉田3曹の「地元に恩返しがしたい」という思いを込めた演奏に、会場は沸き上がった。

各演奏会のアンコールでは復興支援ソング「花は咲く」を披露。涙を流しながら口ずさんでいる人もいた。

終演後、多くの聴衆から隊員に対し「震災の際はお世話になり、ありがとうございました」と感謝の言葉が送られた。

小休止

▽…福島地本相双地域事務所は9月3日、防災・災害救助と併せ、自衛隊の本来任務を知ってもらおうと、福島駐屯地で総合学習支援を実施した。

▽…総合学習には相馬市立玉野中学校から学校長はじめ、教諭、全校生徒が参加。生徒代表の土屋颯斗(はやと)さん(14)が1日駐屯地司令に任命され、司令室で決裁などの司令業務を行った=写真。

▽…濵田剛・駐屯地司令顔負けの仕事ぶりで業務を終わらせると、レンジャー訓練やファンシードリル隊の訓練を〝視察〟。軽装甲機動車の体験搭乗では生徒だけでなく先生も興奮した様子だった。(福島地本)

航空機事故　未来に教訓を継承

「御巣鷹山現地訓練」に参加して

1空尉　臼田　裕幸（航空安全管理隊航空事故調査部・立川）

私は8月6日、航空安全管理隊が実施した群馬県での「御巣鷹山現地訓練」に参加した。

訓練は航空史上でも稀にみる大事故となった1985年8月12日の「日航123便ジャンボ機」の墜落現場を訪ね、航空事故調査を主任務とする航空安全管理隊員の使命感と徳操を涵養する目的で行われた。

私は御巣鷹山に登るのは初めてだったが、日航ジャンボ機の墜落事故のことはよく覚えている。当時、わが国最大の航空機事故としてニュースで大きく取り上げられ、その後も事故原因について詳細に報道された。

あの時はテレビに映し出された墜落現場の悲惨な状況に驚愕しながらも、奇跡的に生存者がいて、少女が陸自隊員に抱きかかえられ、自衛隊のヘリコプターに救出されるシーンが今も鮮明にまぶたに浮かぶ。

今回、初めて御巣鷹山を訪れ、あの事故から来年で30年となる墜落現場を目の当たりにし、いろいろと思うことも多かった。ジャンボ機は垂直尾翼が吹き飛んでコントロールを失い、その時の乗客・乗員の恐怖心や、墜落後の山の尾根での救難活動の困難さを想像すると、今後、同じような場面に自分が遭遇した時、果たして正気を保ってそれに対応できるか考えてみた。正直言えば、自信がない。

現場にはあちこちに慰霊の観音像などが設置され、遺族の方々の悲しみや無念さもひしひしと感じられた。そして手向けられた花は、これからもこの事故を決して忘れることなく、将来の航空安全につなげていかねばならないという遺族や航空会社の強い意思を感じることができた。

われわれ航空安全管理隊の主任務はもちろん航空事故の調査だが、その先には「航空事故の防止」という究極の目的がある。事故の絶無というのは不可能かもしれないが、被害の大小にかかわらず、航空事故によって苦しむ人が一人でも減るように、われわれは過去の事故に学び、未来にその教訓を継承していく努力を怠ってはならない。

今回、御巣鷹山を訪れ、犠牲者の冥福を祈るだけではなく、机上では絶対に感じることのできない事故現場の空気を感じることができた。今は穏やかな山容の御巣鷹山の景色とその上に広がる青い空を見ながら、改めて航空機を安全に運航していくことの大切さを強く認識した。

航空機を運航するすべての者が「航空機の安全性」という最重要の性能をないがしろにせず、日々、その能力を高めていくよう努力することを望んでやまない。

航空安全管理隊が行った群馬県での「御巣鷹山現地訓練」で、日航機の墜落現場を目指す隊員たち

日航ジャンボ墜落事故で生存者の少女を陸自V107ヘリに収容する空挺隊員（機体のすぐ下）

（世界の切手・南アフリカ）

計画のない目標は、ただの願い事にすぎない。

サン＝テグジュペリ
（フランスの飛行士、作家）

朝雲ホームページ
www.asagumo-news.com
＜会員制サイト＞
Asagumo Archive
朝雲編集局メールアドレス
editorial@asagumo-news.com

新刊紹介

「安倍政権と安保法制」

田村　重信著

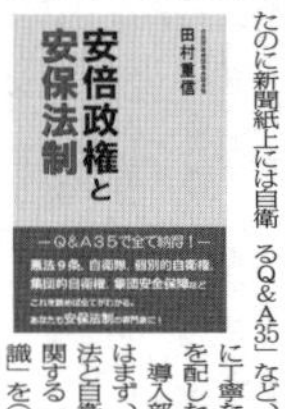

永田町きっての防衛政策通とも称される著者の最新刊。7月1日の安倍政権による安保法制の見直しに関する「閣議決定」を受け、緊急出版された。

著者は指摘する。高校、大学を通じ、まともに安全保障を教えられなかったのに新聞紙上には自衛隊、集団的自衛権などの活字が躍る。我が国の防衛に関して国民の十分な理解は得られていない、と。

本書はこのギャップを埋めるため、読者の納得を得ることに最大限配慮。「これを読めば分かるQ&A35」など、随所に丁寧な説明を配した。

導入部分ではまず、「憲法と自衛隊に関する一般常識」を（はい、いいえ）でチェック。①自衛隊は憲法上では軍隊だ②自衛隊は国際法上は軍隊だ③自衛官はジュネーブ諸条約上、捕虜として扱われる――など、11問で頭の準備体操を行う。

日本の防衛費にまだGDP1％枠があると思っている日本人は多いと思うが、こうした誤解が徐々に解きほぐされていく。

後半では、「安全保障の法的基盤の再構築に関する懇談会」報告書や「閣議決定」後の安倍総理の記者会見のポイントなどを詳説した。

（内外出版刊、1512円）

「日本の軍歌」

辻田　真佐憲著

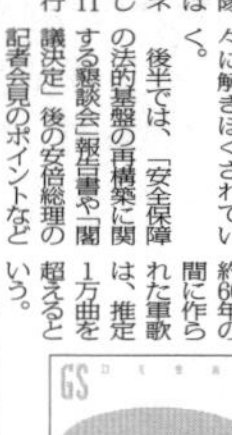

昨今「軍歌」といえば、街宣車が大音量で流す音楽、もしくは戦時中に軍が市民に強制した音楽という印象を持つ人が多いだろう。しかし本書は、軍歌はかつて人々の娯楽であり日本史上最大のエンターテインメントであったと説く。

日本で初めて軍歌が発表された明治18年から終戦までの約60年の間に作られた軍歌は、推定1万曲を超えるという。

数多く登場した乃木希典将軍は、息子の戦死にも動ぜず敵将をも思いやる人格面に注目して歌われるなど、題材になる人物像や当時の時代背景が軍歌から映し出される。

軍歌はレコードの普及とともに商品化され、新聞や雑誌が高額な懸賞金をかけて歌詞を募集し民衆に浸透した。やがて軍需品に姿を変えていく。

「政治的なメッセージは、生硬なプロパガンダよりも楽しいエンターテインメントから入り込んでくる」と著者は指摘。「政治とエンタメ」の結びつきを浮き彫りにする。

軍歌がどのように広まり、どのように滅びたか、本書の歴史に学ぶことは多い。（幻冬舎刊、907円）

みんなのページ

笑顔の絶えない家庭を

3陸曹　山内　友宏（大津駐屯地業務隊）

この夏、結婚式を挙げた山内友宏3曹夫妻

これまで家族や親戚から「早く結婚せなあかんよ」と言われ続けてきました。そんな中、昨年秋に同期からある女性を紹介してもらい、お付き合いを始めました。

それから数カ月して、ある日をきっかけに、結婚話がとんとん拍子に進み、私たちは今年7月8日に入籍しました。そして7月20日には無事結婚式も挙げることができました。

今は支えてくれた部隊の皆さまをはじめとする多くの方々に感謝の気持ちでいっぱいです。結婚したことで私たちの責任は増えましたが、これからは2人、力を合わせて困難を乗り越え、いまの気持ちを決して忘れず、「笑顔の絶えない家庭」をしっかりと築いていきたいと思います。

憧れの「空中伝送班」に配属されて
訓練重ね自信持てるように

陸士長　籔内　雄介（中方通群映像写真小隊空中伝送班・八尾）

私が所属する映像写真小隊の「空中伝送班」は、中部方面航空隊と協同し、ヘリコプターに搭載された映像伝送装置を使って航空偵察を行い、中部方面総監に対し「映像資料」をリアルタイムで配信することを主任務としています。

これまでも数々の災害派遣に加わり、被災地の状況を方面総監部に伝送してきたのをはじめ、「南海トラフ巨大地震」の発生を見据えた災害対処訓練や、即応態勢を高める各種訓練を関係機関と連携して定期的に行っています。

私が「空中伝送班」を初めて知ったのは、東日本大震災での自衛隊がマスコミに提供したニュース映像からでした。当時、高校生で自衛官採用試験を控えていた私にとって、この部隊への配属が大きな目標となりました。そして入隊から1年後、ついに念願がかない、中部方面通信群本部中隊にある空中伝送班に配属されました。

しかし、そこで私を待っていたのは「挫折の日々」でした。ハイテクの通信機材を運用する専門部隊であるため、覚える事や、やるべき事が多くて手一杯となり、頭は混乱して悔しさと無力感にさいなまれました。

そんな私を先輩は懇切丁寧に、また厳しく指導してくれ、数々の訓練を重ねることで私は自信が持てるようになりました。有事や大災害のとき、まず私たちが現場の状況を上級司令部に空中伝送します。その任務の重要性は良く理解しています。

皆さまの期待に応えるよう、私たち「空中伝送班」はこれからも誇りと使命感を持って任務に当たっていきます。

OBがんばる
人との関わりを楽しみに

松原　徹さん　54

平成25年8月、空自6空団306飛行隊を最後に定年退職（准尉）。現在、石川県輪島市の日本航空大学校の教員を務める。

私は航空自衛隊を平成25年8月に定年退職し、小松基地援護室のご尽力で現在は日本航空大学校で教員として勤務しています。再就職に関しては援護室でいろいろな資料を見たり、先輩の話を聞いたりしましたが、援護室から航空機整備の教員の求人があると聞き、自衛隊での経験を生かした仕事ができると思い、即決しました。

職務内容は、航空大学校生と日本航空高等学校生に対して航空機に関する教育を行うほか、当校では規律と礼節を重んじていることから、学生に対し基本動作（自衛隊の基本教練に相当）を習得させており、その教育も担当しています。

日本航空大学校は、能登空港（石川県輪島市）に隣接し、実物の大型機を使用して教育を行うなど、実習環境に恵まれた学校です。航空工学科、航空整備科、航空ビジネス科、航空整備技術科、操縦科の5科があり、開校いらい10年連続で就職率100％（操縦科を除く）を誇っています。

定年を前にした皆様へのアドバイスとしては、「早めの行動」をお勧めします。まず自分のやりたい仕事、やりたくない仕事を考え、長く勤務できる仕事を選ぶことです。そのために援護担当者やOBの話を聞くことが大切です。私の場合、教員というストレスのたまりやすい職業ですが、人との関わりを楽しみに変えて学生教育を頑張っています。

第2子の誕生に「まさに感動！」

3陸曹　種市　隼人（9施大3中・八戸）

わが家に第2子が誕生しました。1人目の時は、私が陸曹教育隊に入校中で立ち会うことができませんでしたが、おかげさまで今回は立ち会うことができました。

生まれたばかりの赤ん坊を前にして、気持ちを言い表すと「まさに感動！」です。

立ち会いの時、自分は「泣かない」と決めていたのですが、産まれた瞬間、私は大泣きしてしまいました。大変だった妊娠の間、そして長時間かかった出産の間、頑張ってくれた妻には心から感謝しています。

私はこれから2児の父として、少しでも妻の負担を減らせるよう家事でも頑張りたいです。

詰碁

第1096回出題

出題　日本棋院　九段　曲　励起

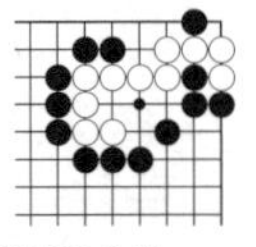

黒先

『白を取って下さい。攻める手順が大切です』。5分でできれば中級です。

▶詰碁、詰将棋の出題は隔週です◀

詰将棋

出題　日本将棋連盟　九段　石田　和雄

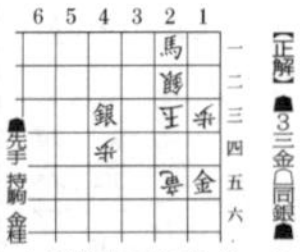

先手　持駒　金桂

≪第680回の解答≫

【正解】▲3三金△同銀▲3五桂△同竜▲3二銀不成△3四玉▲1二馬までの七手詰め。

【解説】初手の▲3三金が打ちずらい手。△同玉なら▲3二馬まで。▲3三金にかえて▲3五桂△同竜▲3三金と手順前後すると、△同竜で失敗します。三手目▲3五桂から最終手▲1二馬まで上部脱出寸前のところで、詰み上り。

朝雲

発行所 朝雲新聞社
〒160-0002 東京都新宿区坂町26番地19 KKビル
電話 03(3225)3841
FAX 03(3225)3831
振替00190-4-17600番
定価一部140円、年間購読料9000円（税・送料込み）

主な記事

2面 江渡大臣が3自衛隊初度視察
3面 御嶽山噴火、救助活動写真グラフ
4面 〈全面広告〉
5面 西普連がリムパックに初参加
6面 〈募集・援護〉地本が再就職を支援
7面 体校トリオ、アジア大会射撃で「銅」
8面 〈みんなのページ〉「5分前精神」考察

御嶽山噴火 12旅団災派

13普連、12ヘリ隊急行

380人懸命の捜索続く

遭難者をホイストで吊り上げ、12ヘリ隊のＵＨ60ＪＡヘリに収容する陸自隊員。地上では13普連の隊員と消防隊員が連携し救助に当たった（９月28日、御嶽山頂で）

9月27日午前11時52分ごろ、長野、岐阜両県にまたがる御嶽山（3067メートル）が7年ぶりに噴火した。山頂付近にいた約250人の登山者らが巻き込まれ、死者と心肺停止を合わせ約40人、重軽傷者約70人（30日現在）を出す惨事となった。自衛隊は長野県知事の災害派遣要請を受け直ちに現場に急行、12旅団（相馬原）を中心とする約380人態勢でヘリによるホイスト救助や陸路からの遭難者捜索など懸命の救難活動に当たっており、30日までに23人の生存者を救助した。

（3面にグラフ、7面に関連記事）

山頂周辺には噴火当時、登山者ら約250人がいたとみられる。多くの人は噴火後に自力で下山したが、山小屋や稜線などに約40人が取り残され、30日までに12人の死亡と24人の心肺停止が確認された。このほかの行方不明者の正確な数はつかめていない。

自衛隊は12旅団副長の早渕昇1陸佐を現場指揮官に、約380人態勢で陸路と上空からの救助活動を実施。長野県庁の現地対策本部や王滝村役場などにも連絡幹部を派遣し、関係機関との調整に当たっている。

13普連の隊員を中心とする陸路からの捜索部隊（13普連長・後藤孝1陸佐以下約200人）は28日早朝、長野県側の「王滝口」（王滝村）と「黒沢口」（木曽町）の2ルートから山頂を目指し、心肺停止の4人を担架で運んで下山した。山頂付近の火山灰は深い所で約50センチあるという。

隊員は噴石や火山灰などに備え、防弾チョッキやゴーグル、マスクを装着して活動に当たり、登山口には装甲車両も待機。自衛隊と消防、長野、岐阜両県警による合同の救助隊は計約550人から30日には約800人態勢に増強された。

一方、空からの救出では、12ヘリ隊のＵＨ60ＪＡヘリ（計3機）が28日朝、山頂から南側約1キロにある「八丁ダルミ」で2人、9合目の山小屋「覚明堂」で4人をホイスト救助するなど、同日中に生存者23人を救助。29日には山頂付近にいた心肺停止とみられる計8人を長野県王滝村のスポーツ公園に搬送した。

付近では断続的に火山ガスの濃度が上昇し、28日午後と29日午後、30日は終日、活動の中断を余儀なくされた。

江渡大臣は29日、防衛省で政務三役会議を開き、「厳しい環境下で隊員が全力で救助活動を行っている。二次災害の防止に留意しつつ、適切な判断を行い、活動していきたい」と述べた。

30日現在、自衛隊の派遣規模は人員約380人（延べ約910人）、車両85両（同230両）、航空機12機（同31機）に及んでいる。

登山者ら23人を救出

27日午後2時半過ぎ、長野県知事は陸自13普通科連隊長に人命救助の災害派遣を要請。これを受け、13普連（松本）や12偵察隊（相馬原）、2普連（高田）の隊員をはじめ、12ヘリ隊（相馬原）のＵＨ60ＪＡヘリなどが現場に急行し、28日早朝から本格的な救助活動を開始した。

菅官房長官は27日午後の記者会見で、安倍首相から①早急に被害状況の把握を行う②被災者の救助に総力を挙げ、避難誘導など登山者や住民の安全確保に万全を期す③火山の観測を強化し、登山者や住民に迅速で的確な情報提供を行う――との指示を受け、警察、消防、自衛隊などが一体となって救出活動に全力で取り組むことを強調した。

次世代育成と相互理解

統幕長、ミャンマー国軍司令官

防衛交流の強化で一致

岩﨑統幕長は9月24日、ミャンマー国軍司令官のミン・アウン・フライン陸軍上級大将と防衛省で会談し、自衛隊とミャンマー国軍が次世代の人材育成に主眼を置いた防衛交流の強化に取り組んでいくことで一致した。昨年の日ミャンマー首脳会談と今年5月の統幕長のミャンマー訪問の成果を踏まえ、ハイレベルから幕僚レベル、部隊間交流まであらゆるレベルの防衛協力、人材交流を推進し、信頼醸成に努めていくことで合意した。これに先立ち司令官は江渡大臣を表敬し、防衛交流の重要性を確認した。

岩﨑統幕長は会談の冒頭、今年が両国の国交樹立60周年に当たることに祝意を伝え、「この節目の年に制服のトップ同士がお互いの国を往復できたことは記念すべきことだ」と歓迎の言葉を述べた。

これに対し、フライン司令官は「トップ同士の交流でさらに友好が深まった」と述べた。その上で、「まずは互いに腹を割って話すことが大切だ。相互理解に向け、次世代を育てる人材育成に協力して取り組んでいきたい」とし、これまで盛んとは言えなかった両国間の交流と信頼関係の構築に積極的に取り組んでいく姿勢をアピールした。

会談では、日本が1971年から現在まで43年間にわたり同国に防衛駐在官（陸上自衛官）を派遣していることや、同国が軍政から民政に移管した2011年3月以降、防衛当局間協議や海自の練習艦隊の寄港など、特に活発化している防衛交流の実績を改めて確認した。

統幕長との会談に先立ち同日、司令官は江渡大臣を表敬。大臣はミャンマーが今年、東南アジア諸国連合（ＡＳＥＡＮ）の議長国を務めていることについて「貴国の果たす役割は非常に大きい」と述べ、司令官のリーダーシップと防衛交流の発展に期待感を示した。

これに対し司令官は「ミャンマー国軍と自衛隊の歴史は深い。今後ますますの交流が必要だ」と述べた。

岩﨑統幕長（左）のエスコートで302保安警務中隊の特別儀仗隊を巡閲するミャンマー国軍司令官（右）＝9月24日、防衛省で

アジアは日中関係が焦点　インド加え3国で新力学

――英国際戦略研――

【ロンドン＝加藤雅之】英国の国際戦略研究所（ＩＩＳＳ）は9月18日、軍事情勢を中心にした国際動向をまとめた「戦略概観」（2014年版）を発表、記者会見で最近の情勢を踏まえた補足説明を行った（2面に要旨）。

それによるとアジアでは、日本の安倍晋三首相と中国の習近平国家主席の国益重視の政策により、「冷却した日本と中国との関係がどのように展開していくか」が焦点となると指摘。

一方で、「国家主義的な傾向を深める（両国）首脳の志向性を考えると見通しは暗い」とした。さらに、両国との関係を深めるインドのモディ首相を加えた3人が「新たな地域的な力学を構築する」と予想している。

アジア地域の現状については、「地域的安全保障の構造は不穏な日中間の緊張を緩和するには不十分」とした上で、「偶発的な紛争が本格的な軍事的な衝突に発展する可能性をはらんでいる」と分析。緊張緩和に向けた動きについては、日中両国が国家主義的な志向性にあるとして悲観的な見通しを示した。

第2次世界大戦を挟んだ歴史認識の見直しを目指す安倍首相の「修正主義」については、同盟国の米国も受け入れられないとの姿勢を示していることから、「尖閣諸島をめぐる日中の係争などに際し、日本を孤立させる可能性がある」との懸念を示した。このほか概観は、ロシアの軍事的圧力が続くウクライナ問題、中東でのイスラム国の勢力拡大などについて、緊急に取り組む必要があるとしている。

国際戦略研究所（ＩＩＳＳ）　安全保障・軍事を中心に地球規模の問題を扱う民間の研究機関。1958年、米フォード財団の援助を受けてロンドンに設立された。2月の年次報告書「ミリタリーバランス」や9月の「戦略概観」で、最新の世界の軍事動向について分析結果を公表している。また、「アジア安全保障会議」（シャングリラ会議）を毎年春、シンガポールで開催している。

体校選手、メダル4個獲得　アジア大会

競泳・400メートル自由形リレー決勝前にコールされ右手を挙げる原田2尉（9月24日）

第17回アジア競技大会（韓国・仁川）が9月19日開幕し、競泳の400メートル自由形リレーで原田蘭丸2海尉が日本チームの2位入賞に貢献するなど、自衛隊体育学校（朝霞）の所属選手が29日までに4個のメダルを獲得した。大会は10月4日まで。（7面に関連記事）

体校からは23人が出場、18競技に挑んでいる。400メートル自由形リレーでは、原田2尉が日本の第2泳者を務め、トップで第3泳者に。猛追する中国に抜かれ優勝は逃したが、日本記録を更新（3分14秒38）し、銀メダルを獲得した。

このほか、坂本圭右2陸曹がフェンシング団体戦で銀、山下敏和1陸尉、松本崇志2陸尉、谷島緑2陸曹がライフル3姿勢団体で銅、高塚紀行2陸曹がレスリング・フリー61キロ級で銅メダルを獲得した。

大臣、緊密な連携確認

米豪と電話会談

江渡大臣は9月25日、ヘーゲル米国防長官と電話会談し、日米が緊密に連携して沖縄の基地負担軽減に向けて協力していくことなどで一致した。

両氏は沖縄県の普天間飛行場（宜野湾市）の辺野古移設に向けた最近の進展を歓迎。キャンプ・シュワブにおける代替施設の建設完遂に向け、両国のコミットメントを再確認した。

また、今年末までの改定を目指して見直し作業を進めている日米防衛協力の指針（ガイドライン）についても中間報告の作成に向けて引き続き議論を進めるとともに、強固な日米同盟の構築に向けて協力していくことで一致した。

これに先立ち24日、江渡大臣はジョンストン豪国防相と電話会談。日本として [illegible]

春夏秋冬

歴史経験の共有

北岡 伸一

先月末、トルコの首都アンカラを訪れた。これまでイスタンブールには二度行ったが、アンカラは初めてだった。イスタンブールの華やかな魅力はないが、イスタンブールのような喧噪はなく、落ち着いた町だ。

トルコの発展には目を見張るものがある。トルコ航空はヨーロッパ最高という賞を連続して受けているらしいのだが、実際、食事もサービスも第一級のものだった。

トルコはケマル・アタチュルク以来、イスラム色を薄め、世俗化路線で発展してきた。2002年に公正発展党（ＡＫＰ）が政権を取って以来、イスラム化が進んでいるが、そのもとで政治は安定し、経済は発展している。すでに一人当たりＧＤＰは1万ドルを超え、10年程度で世界のベスト10の経済になることを目標としている。

かつて日本でも自民党の安定政権のもとに経済発展が続いたように、少なくとも経済発展のある段階では、何よりも政治の安定が重要だ。

オスマン・トルコは、かつて北アフリカから西アジアまでを領有する大国で、西洋を圧倒する力と文明を持っていた。しかし18世紀から衰え始め、近代化の努力も成功せず、特にロシアと戦って何度も敗れて、多くの領土を失った。

そんなトルコにとって、日露戦争は衝撃だった。日本が各地で勝利を収めるたびにトルコの世論は沸騰し、新聞は日本の勝利の報道で埋め尽くされたという。

トルコはその後、第1次大戦にも敗れて屈辱的な講和条約の締結を強いられた。その時ケマル・アタチュルクが立ち上がってギリシャなどを領土から追放し、トルコ共和国を建設し、脱イスラム、アラビア文字の廃止などを決定して、今日のトルコの基礎を築いた。ケマルももちろん、日露戦争に大きな影響を受けた人物だった。

戦後のトルコはＮＡＴＯの一員となり、冷戦戦略の一翼を担ったが、ＥＵ統合が進む中でＥＵからは排除されている。トルコ国民は愉快ではないだろう。

いちいち数え上げることはしないが、オスマン時代の西洋との関係から始まって、戦後のアメリカとの関係に至るまで、日本とトルコの間には共通の歴史経験が多い。重要な歴史的経験は、言語、宗教、文化などとともに、国民のアイデンティティの重要な構成要素ではないかと思う。

トルコは日本の同盟国になるわけでもないし、巨大な市場になるわけでもないだろう。しかし歴史的経験を共有する、理解し合える友人として、とても大切な存在であり、その理解をさらに深めていくべきだろうと思う。（きたおか・しんいち＝国際大学学長）

朝雲寸言

[illegible]

時の焦点

国内　拉致問題の解決

母の願いをかなえたい

子を思う母の強さをつくづく感じる。

当時中学1年生だった横田めぐみさんが北朝鮮に拉致されたのは、1977年11月。今から37年前のことだ。

以来、母の早紀江さんは、夫の滋さんとともに、娘を救い出すため、全国を回って、支援を呼び掛けてきた。

横田夫妻の講演は1400回を超えたという。

早紀江さんは2006年に訪米し、当時のブッシュ米大統領と面会して協力を求めた。ブッシュ大統領は深く共感し、早紀江さんを「マム（お母さん）」と呼んで、抱きしめたという。

そんな母の思いを、北朝鮮はいつまで踏みにじるのか。

北朝鮮が進める拉致被害者らの再調査について、最初の日本への報告が先送りされた。

日朝間では、当初「夏の終わりから秋の初め」で合意していた。だが、北朝鮮は、調査は、まだ「初期段階」と説明しているという。

関係者の間には、今回の再調査が、拉致解決の「ラストチャンス」との声がある。

安倍首相は、拉致問題にだれよりも熱心に取り組んできた。その首相が、北朝鮮と再調査で合意した。特別調査委員会の権限も強いとされる。解決に向けた政治環境は整っているように見える。

解決に時間がかかるうちに、被害者の両親らの高齢化も進んでいる。

早紀江さんは、自民党の月刊女性誌「りぶる」10月号で、山谷えり子拉致問題相と対談している。早紀江さんはこう話している。

「めぐみが助けを求めている間はどんなことがあっても倒れるわけにはいきません。でも、放心状態になるくらい、もう心底疲れ果てています」

早紀江さんは、今回の日本政府の取り組みに期待を寄せ、こうも語っている。

「政府の皆さんは健康に気をつけて、よい知恵をもって交渉に臨んでいただきたいと思います」

気配りを忘れない人柄に、頭が下がるばかりだ。

政府は、総力を挙げて取り組んでもらいたい。

それにしても、再調査を先送りした真意はどこにあるのか。

情報を小出しにして、交渉の主導権を握ろうとするいつもの戦術なのか。

あるいは、北朝鮮国内の権力構造に何らかの変化が生じ、それが、拉致問題にも影響を与えているのか。

日本政府関係者は「中朝関係は改善しておらず、北朝鮮が国際的に孤立している状況は変わらない。北朝鮮は、日本と向き合わざるを得ないはずだ」と指摘する。

日本政府は、北朝鮮の出方を慎重に見極めることが大切だろう。

そして、北朝鮮に対する国際包囲網を崩さないことが重要だ。

日米、日韓、そして日中の連携。北朝鮮のような国を動かすには、国際圧力をかけ続けねばならない。

結局、「対話と圧力」ということだと思う。

風間　二郎（政治評論家）

海外　IS包囲網

「拡大空爆作戦」の限界

中東の新たな脅威源となっているイスラム教スンニ派過激勢力「イスラム国」（IS）に対する国際包囲網が本格的に動き出した。

米国はイラク国内に限定していたISへの空爆を9月22日、シリアに広げ、爆撃機、戦闘機、巡航ミサイルで標的を爆撃した。この作戦にはサウジアラビア、クウェート、アラブ首長国連邦など穏健スンニ派が多数を占めるアラブ5か国が参加した。

さらに、イラク国内での空爆にはフランスに続いて26日、英国、デンマーク、ベルギーも参加を決めた。ドイツは空爆には参加していないが、イラク政府軍への武器支援に応じた。

米国防総省によれば、イラクとシリア両国に規模を広げた空爆はISの指令機構や武器庫など軍事目標のほか、その収入源となっている石油精製施設などを破壊し、所期の成果を上げているという。

だが、こうした空爆やイラク政府軍への武器支援でISの脅威を除去できるのか。大きな疑問符がつく。デンプシー米統合参謀本部議長自ら「地上戦による掃討抜きでISを撃滅するのは難しい」と認めている。

「アフガニスタン戦争とイラク戦争の泥沼からの脱却」を掲げて政権を握ったオバマ大統領は、2011年にイラクからの米戦闘部隊の撤退を果たした。治安維持はイラク自身に任せ、武器支援や軍の訓練など任務を限定して、約1600人の米軍を残留させている。

しかし、イラクではシーア派偏重のマリキ首相率いた前政権とこれに反発するスンニ派との激しい抗争が続き、ISの急台頭を許した。

士気・練度両面で問題が多い政府軍に対して、ISの軍事指導部はスンニ派主導の旧フセイン政権軍で経験を積んだ将兵が主力を担い、政府軍機甲部隊を撃破するなど優勢に立っている。ISが米国供与の武器を政府軍から奪い、戦力増加につなげているのも事実だ。民心掌握の行政や対外宣伝でも、フセイン時代のバース党出身者が手腕を発揮しているという。

オバマ大統領は「イラクへの地上部隊再投入はしない」と公言している。だが、IS制圧に不可欠なイラク軍の戦力強化は長い時間を要する仕事であり、「訓練を担う残留米軍の大幅増員が避けられない」（スタヴリディス元NATO欧州軍最高司令官）との観測もある。空爆をめぐる論議が、11月4日に迫った米の中間選挙に微妙な影響を及ぼすのは確かだろう。

兵員数3万1000人（米CIA発表）のIS軍には、チュニジア、サウジアラビア、ヨルダン、リビア、インドネシア、トルコなど他のイスラム国から1万人を超える戦闘員が参加している。

この数字は、サウジやヨルダンなどでは君主支配に対する不満が鬱積（うっせき）し、「アラブの春」で独裁を倒したチュニジアやリビアでも政教一致のカリフ体制をめざす過激派が根強い支持を得ていることを裏書きしている。中東の安定はまだ遠い。

小倉　春樹（外交評論家）

大臣が3自初度視察

「隊員の練度、非常に増している」

陸自初度視察で栄誉礼を受ける江渡大臣（中央）＝9月25日、練馬駐屯地で＝

江渡防衛相は9月25日、空自入間基地と陸自練馬駐屯地を視察し、16日の海自横須賀基地（本紙9月25日付既報）と合わせ、3自衛隊の初度視察を完了した。

25日午前中は齋藤空幕長らを伴い、空自入間基地所在部隊を視察。中部航空方面隊司令官の平本正法空将や中部航空警戒管制団司令の山本祐二将補らに出迎えられ、C1輸送機をはじめとした航空機や地対空誘導弾PAC3などの装備品を見て回った。

このあと大臣は航空医学実験隊司令の山田憲彦将補以下、基地所在の隊員約500人に訓示。防空任務のほか、昨年の伊豆大島災派とフィリピンの台風災害、3月のマレーシア航空機捜索など国内外の活躍に触れ、「発足から60年に及ぶ献身的な活動に改めて敬意を表したい」と述べた。

同日午後は岩田陸幕長らを伴い、練馬駐屯地を視察。東部方面総監の磯部晃一陸将らに出迎えられ栄誉礼・儀仗を受け、慰霊碑に献花した。

その後、1師団長の永井昌弘陸将から状況報告を受け、1普連の隊員による市街地戦闘訓練展示を視察した。

大臣は永井師団長以下、駐屯地所在の隊員850人を前に訓示し、「政経中枢の首都圏の防衛・警備や首都直下地震の発生が懸念されている地域で災害派遣を担任するなど、第1師団の諸君が行っている任務はますます重要になっている」と激励した。

3自衛隊の初度視察を終えた大臣は「隊員の練度が非常に増していると思った。特に事態対処能力は上がっていると感じた」と感想を述べた。

抑止力強化軸に議論

転換する日本の防衛政策　憲法解釈見直しでシンポ

ネットジャーナリスト協会

NPO法人ネットジャーナリスト協会（会長・有馬朗人元東大総長）主催によるシンポジウム「転換する日本の防衛政策」が9月19日、東京・内幸町の日本プレスセンターで行われ、安倍内閣による「憲法解釈の見直し」を軸に日本の防衛政策の在り方について議論と論点整理を行った。

モデレーターの勝股秀通・読売新聞調査研究本部主任研究員による「日本の安全保障環境がこれ以上悪い状況だったことはない。直面する危機を自覚することが大事だ」とのあいさつで議論はスタート。

自民党の石破茂地方創生相は、今後の論点として、①集団的自衛権がなぜ抑止力を強化するのか②憲法改正の必然性をいかに国民に理解してもらうか③国連における集団的自衛権の位置付け④中東の[illegible]割という現実をどう考えるか——の4点を挙げた。

その上で「抑止力を高め、日本の独立と平和、地域の平和と安定をいかに実効性高いものにするかを議論の軸にすべきだ」と強調した。

公明党の石井啓一政調会長は、安倍内閣における集団的自衛権について「戦闘を目的に戦争に介入することはない。今回の閣議決定の本質が国民に正確に伝わっていない」と反省の弁を述べた。

民主党の長島昭久副幹事長は、自衛隊のやっていいことしか提示しない従来の姿勢を改め、「（逆に）どこで歯止めを利かせるのか」を明確に示し国民の理解を得る必要性があるとした。

森本敏・元防衛相は「（安倍政権は）国際法上で認められた集団的自衛権の行使を考慮していない。日本の防衛しか念頭になく、自己利益追求型の解釈すぎる」と批判する一方、平時から自衛隊が外国軍を広範に支援できるようになることは評価するとした。

日本の防衛政策の在り方について議論するパネリストたち（9月19日、日本プレスセンターで）

連携メカニズム構築

シンガポール　山村海将補が講演

【統幕】人道支援・災害救援（HA/DR）の民軍協力をテーマとした初の「民軍災害救援能力構築会議」が9月11、12の両日、シンガポールで開かれ、統幕防衛計画部長の山村浩海将補が講演、災害救援時の各国の連携の重要性を訴えた。

会議はシンガポール統合参謀部と米のHA/DRセンターの共催で行われ、アジア太平洋地域の各国軍人をはじめ、政府や国連、NGO職員など約100人が参加。より効果的な民軍連携に向けて教訓の共有を図った。

この中で山村部長は「災害救援活動における軍の役割」について講演。

東日本大震災における米軍の「トモダチ作戦」や、昨年のフィリピン台風災害での自衛隊の国際緊急援助活動を踏まえ、「平素から関係組織や各国軍との連携メカニズムを構築し、多国間訓練などで連携の技術を磨いていくことが重要だ」と述べ、異なる組織による緊密な協力と情報共有の必要性を強調した。

期間中、山村部長と主催者であるシンガポール統合作戦部長のデスモン・タン陸軍准将は会談し、日本とシンガポールの緊密な関係をアピールした。

「負担軽減に汗流す」

辺野古移設　大臣、知事らと会談

江渡大臣は9月10日、沖縄県の仲井真知事と防衛省で会談した。知事は普天間飛行場の5年以内の運用停止などを要望。これに対し大臣は「安倍政権は政府一丸となって沖縄の負担軽減に汗を流していく。普天間地域の危険性の除去をしっかりと考えていきたい」と述べた。

続いて普天間移設先の名護市から辺野古区長の嘉陽宗克氏、豊原区長の宮城行雄氏、久志区長の宮里武継氏の3区長が大臣を訪ね、移設工事に当たって万全の安全対策と特段の配慮を求める要請書を手渡した。

それによると▽工事に伴う騒音や水質汚濁などの徹底防止▽通学の安全確保▽下水道整備▽地域住民の雇用対策▽基地負担に見合った住民への補償的施策——などを要望。

これを受け、大臣は「沖縄防衛局のほか、本省からも直接、辺野古にうかがい、できるだけ速やかにご要望に対応していきたい」と応じた。

陸自、オブザーバーで

米比共同訓練に参加

陸自は9月22日、フィリピンのパワラン島とその周辺海域で同29日から行われる米比共同訓練「フィブレックス15」に、オブザーバーとして4人を派遣した。10月12日までの予定。

訓練は、第3海兵機動展開旅団（3MEB）の招へいに応えるもので、陸幕と西方総監部の4人を派遣。米比海兵隊が実施する水陸両用作戦や人道支援・災害救援（HA/DR）活動の共同訓練を研修、各種情報や教訓を収集し、水陸両用作戦に関する戦術技量の向上を目指す。米比隊員との関係強化も図る。

北部方面隊が実動演習実施

6600人参加

北部方面隊は9月25日から北海道大演習場と矢臼別演習場、札幌駐屯地などで「26年度方面隊実動演習」を実施、各種事態における対処能力の向上を図っている。10月15日まで行う。

訓練には、北方総監の田邉揮司良陸将を担任官に北部方面総監部（札幌）、2師団（旭川）、7師団（東千歳）、5旅団（帯広）、11旅団（真駒内）、1特科団（北千歳）、1高特団（東千歳）などから約6600人が参加。戦車約45両を含む車両約1700両、航空機約15機を使用して、警戒・監視、攻撃、防御、沿岸監視、対空戦闘、協同対艦、協同防空、ペトリオット警備、通信の各訓練を実施している。

東北方面隊は

共同転地演習

陸自東北方面隊は9月25日から「平成26年度協同転地演習（連隊等転地）」を行っている。10月14日まで。

訓練には、東北方総監の松村五郎陸将を担任官に、9師団（青森）の1個普通科連隊基幹の人員約1750人、車両等約500両（戦車約7両を含む）、航空機5機（OH6観測ヘリ、UH1多用途ヘリ）が参加。

部隊は東北方面区を9月25日に出発し、30日までに北部方面区へ陸・海・空路でそれぞれ長距離機動した。

10月1日からは、矢臼別演習場などで攻撃訓練を実施している。10日まで。

復路は往路と同じ手段で10月5日から行われ、参加部隊は14日までに原隊に戻る予定。

防衛施設向けの最新の建設技術について発表する企業関係者（9月10日、ホテルグランドヒル市ヶ谷で）

防衛施設学会がテクノフェア開催

防衛施設の建設に有用な新技術の発表・展示会「第8回ミリタリー・エンジニア・テクノフェア」が9月10日、都内のホテルグランドヒル市ヶ谷で開催された。

最初に防衛施設学会幹事が企業関係者を前にあいさつ、「自衛隊の南西防衛では現地にどのような防衛施設を整備するかが重要となっている。そのためには民間の皆様の建設・技術面からの支援が欠かせない」と述べた。

引き続き14社から最新の建設技術に関する発表があり、迅速な防衛施設の構築に寄与する「FC板スラブ工法」、雷から施設を守る「SSPS技術」、災害時の給水拠点となる「可搬式貯水槽」など、さまざまな技術・機器が紹介された。

また、併設の展示会では最新建設資材の実物・模型などが多数展示され、メーカーの専門家から防衛省職員に具体的な説明が行われた。

戦略概観と会見要旨

▽2014年の欧州、中東、アジアなどでの出来事を鑑みると、ウクライナ問題の解決、イスラム国の勢力拡大の阻止、東アジアの政治秩序確立などに向けて、今後、さらなる戦略的な取り組みが必要とされる。

▽アジア地域の焦点は、これまで以上に多極的なアジアの中で、冷却した日本と中国との関係がどのように展開していくかである。日本の安倍晋三首相、中国の習近平国家主席とも、国益保護のための強力かつ独断的なリーダーシップを発揮している。さらに、インドの総選挙で勝利したモディ首相が第3のアジアのリーダーとして登場した。今後はこの3人が新たな地域的な力学を構築することになるだろう。

▽現状では、アジアの地域的安全保障の構造は不穏な状況が続く日中間の緊張を緩和するには不十分であり、偶発的な紛争が本格的な軍事的な衝突に発展する可能性をはらんでいる。日中間の安定的な関係を築くことが必要だが、国家主義的な傾向を強める（両国）首脳の志向性を考えると見通しは暗い。

▽過去の植民地時代の歴史認識を見直す「修正主義」を掲げた安倍首相の外交方針は、尖閣諸島をめぐる日中の係争などに際し、日本を孤立させる可能性がある。靖国神社の参拝により、中国の防空識別圏設定問題をめぐる日本への国際社会の同情はなくなった。米オバマ政権も「修正主義」は受け入れられないとの姿勢を何度も日本に伝えている。中国、韓国は集団的自衛権をめぐる憲法の解釈変更などを通じた日本の軍事拡大を懸念している。

▽日本経済を再び飛躍させようというアベノミクスの評価はまだ定まらない一方で、安倍首相は「修正主義」に沿った政策を進めていくと予想される。ただ、国内外の政治情勢に押される形でより現実的な政策を選択すれば、韓国や中国との関係改善が図られる機会があるかもしれない。

▽北朝鮮は依然として東アジアの脅威となっているが、日本人拉致問題の解決を目指す安倍首相は同国との関係を進展させた。

（ロンドン=加藤雅之）

海自、NATO軍　初めて共同訓練

ソマリア沖・アデン湾

共同訓練を終え、記念写真を撮る海自とNATO軍。右から3番目が大川1佐、その左がイェンゼン准将（9月25日、「たかなみ」で）

ソマリア沖・アデン湾で海賊対処任務に当たっている海自の護衛艦「たかなみ」とP3C哨戒機は9月25日、北大西洋条約機構（NATO）軍に所属するデンマーク海軍の戦闘支援艦「エスベアン・スナーレ」と共同訓練を行った。海自とNATO軍が共同訓練を行うのは初めて。

海自は第6護衛隊司令の大川努1佐を、NATO軍はCTF508司令官でデンマーク海軍のイェンゼン准将を訓練統裁官に、通信訓練や戦術運動、立ち入り検査訓練などを行い連携強化を図った。

「ぶんご」「やえやま」　国際掃海訓練に参加

ペルシャ湾のホルムズ海峡封鎖などを念頭に置いたアラビア海での米海軍主催の国際掃海訓練「IMCMEX14」（10月27日～11月13日）に海自から掃海母艦「ぶんご」と掃海艦「やえやま」が参加する。

指揮官は吉田啓三51掃海隊司令で、両艦は9月25日に呉などを出港、現地で掃海、潜水訓練を行い、12月17日に帰国の予定。

米西海岸で日米加訓練

海自の護衛艦「てるづき」（基準排水量5050トン、艦長・高路貴幸2佐以下乗員約200人）は9月20日、米西海岸サンディエゴ周辺海域で行われる日米加の共同訓練「TGEX KOA KAI EAST」（10月20～31日）に参加するため横須賀基地を出発した。

「KOA KAI」はハワイ語で「海の戦士」の意。通常はハワイ周辺海域で行われているが、今回はサンディエゴ沖に場所を移し、対空戦、対潜戦、水上戦などを行う。

米海軍の発表によると、米軍は空母「ニミッツ」や巡洋艦「レイク・シャンプレーン」など11隻、加軍からはフリゲート「カルガリー」など5隻が参加の予定。

日米共同で指揮所演習

11月から実施

陸自は11月下旬から12月中旬まで、朝霞駐屯地などで日米共同方面隊指揮所演習（ヤマサクラ=YS67）を実施する。

参加部隊は、陸自が東部方面隊と陸上幕僚監部など。

米軍からは在日米陸軍司令部、陸軍第1軍団、第3海兵機動展開部隊（3MEF）などが参加する。

演習は、陸自と米陸上部隊がそれぞれの指揮系統に従い、共同作戦を行う際の方面隊以下の指揮幕僚活動を演練し能力の維持・向上を図る。

また、演習期間を活用、関係機関の参加のもとで、国民保護の図上訓練を実施する。

共済組合だより

各種健診の利用助成　※補助金助成は年度内1人1回1コースに限ります。

健診コース ／ 続柄	日帰りドック（日帰り・1泊2日）	脳ドック・肺ドック PET・婦人科	生活習慣病健診A	生活習慣病健診B	生活C＋婦人科 子宮頸部細胞診およびマンモグラフィーまたは乳房エコーが含まれます	特定健診（当該年度において40歳以上74歳以下）
組合員本人	最大20,000円まで補助	最大20,000円まで補助	組合員本人は対象外ですので、医務室等の事業主健診（各駐屯地・基地の医務室等で実施する健診）をご受診ください			
任継組合員 被扶養配偶者	最大20,000円まで補助	最大20,000円まで補助	5,000円	0円	0円	0円
当該年度において40歳以上74歳以下の被扶養者（配偶者は除く）	7,600円を補助	×	17,400円	7,400円	12,400円	0円

※上記いずれの続柄でも、健診受診日に組合員資格がない方は助成対象になりません。
※人間ドック・脳ドック・肺ドック・PET・婦人科の自己負担額・検査項目・受診費用は健診機関により異なります。

組合員の被扶養者・任意継続組合員も「健診」を　共済組合が費用助成

防衛省共済組合では、組合員の被扶養者（配偶者以外は40歳以上74歳以下に限る）と任意継続組合員を対象に、「各種健診」の助成を行っています。

平成26年度の健診をまだお申し込みいただいていない対象の方には、申込案内の葉書を送付していますので、お早めにご予約下さい。

被扶養配偶者と任意継続組合員本人の場合、生活習慣病健診Aは自己負担金額5000円で、同B、C＋婦人科（マンモまたはエコー）、特定健診については無料となります（特定健診については当該年度対象者のみ）。

また、配偶者以外の被扶養者の場合、自己負担金額は生活習慣病健診Aが1万7400円、同Bが7400円、同C＋婦人科（マンモまたはエコー）が1万2400円で、特定健診は無料です。いずれも年度内に1回ご利用いただけます。

お申し込みは健診の受診希望日の1カ月前までに、次の方法で行ってください。受付期間は平成27年2月27日まで、受診実施期間は同3月31日までとなっています。

▽インターネット　えらべる倶楽部会員専用ホームページ(http://www.elavel-club.com/)からアクセスを。

▽FAX　利用ガイドの36ページに掲載している申込書を利用し、0120-988-450へ。

▽電話　0120-988-424へ（平日10～21時まで。年末年始休み）。

▽郵送　〒135-0001　東京都江東区毛利1-19-10　江間忠錦糸町ビル（一財）日本予防医学協会　防衛省共済組合健診サポートセンター宛に利用ガイド36ページの申込書に記入の上、ご送付ください。

申込方法の詳細や、ご利用可能な健診機関は、利用ガイドまたはえらべる倶楽部のホームページをご覧ください。

露艦艇2隻が宗谷海峡東進

9月22日午前5時半ごろ、露海軍の「グリシャV」級小型フリゲート2隻が、北海道・宗谷岬の北西約55キロを日本海からオホーツク海に向け東に航行しているのを、海自2空群（八戸）のP3C哨戒機が確認した。

2隻はその後、宗谷海峡を抜けてオホーツク海に入った。

御嶽山噴火 緊迫の山頂

◇御嶽山噴火災派ドキュメント◇（主な活動）

【９月27日】

11時52分ごろ	長野、岐阜県境の御嶽山で噴火発生
14時31分	長野県知事から13普連長（松本）へ災派要請
15時25分	13普連のFAST―Forceが松本駐屯地出発

【９月28日】

05時45分	13普連と12偵隊が登山道から前進開始
06時51分～13時47分	12ヘリ隊のＵＨ60ヘリが山小屋覚明堂などで合わせて15人をホイスト救助
14時00分	13普連など火山性ガスのため活動を中断 心肺停止者４人を搬送しつつ下山
14時17分～17時25分	12ヘリ隊のＵＨ60ヘリが剣ヶ峰山荘付近などで合わせて８人をホイスト救助

【９月29日】

05時00分	13普連など登山道から前進開始
10時43分～12時28分	12ヘリ隊のＵＨ60ヘリが一ノ池付近で心肺停止者合わせて８人を搬送
13時44分	13普連など火山性ガス濃度上昇で下山

㊤火山活動が続く御嶽山の山頂付近で被災者を収容するため、地上の陸自隊員の誘導を受け、低空進入する12ヘリ隊のＵＨ60ＪＡヘリ㊨御嶽山の山頂部に取り残された登山者を救出するため、火山灰が積もった登山道を前進する陸自隊員ら㊦御嶽山の噴火で負傷した登山者を担架に載せて安全地帯に搬送する陸自隊員と消防隊員（いずれも９月28日）

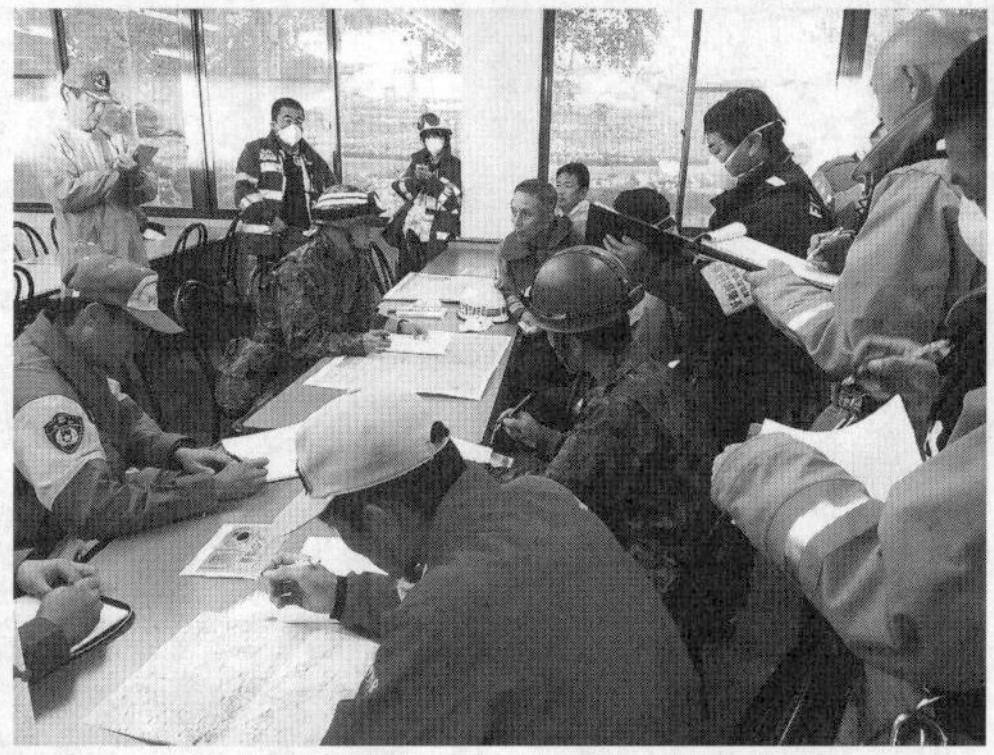

共同で被災者を救助するため、消防、警察、ＤＭＡＴの担当者と意見を交換する陸自隊員（迷彩服）＝９月28日、王滝村役場で

御嶽山（奥）の王滝口に配置された富士教導団の89式装甲戦闘車。熱い火山灰ではタイヤが溶けるため、装軌車も万が一に備えて準備した（９月28日）

火山灰の降り積もった御嶽山の山頂付近に着陸した陸自のＵＨ60ＪＡヘリから降り、不明者の捜索に向かう13普連の隊員（９月29日）

西風東風

スコットランド独立否決に安ど
――原潜基地など現状維持

９月18日に行われたスコットランドの独立の是非を問う住民投票で独立が否決され、英国国防省や防衛関連企業などの関係者は安どしている。独立した場合、非核国家となるスコットランドから、原子力潜水艦の基地などの撤去を求められることになっていたからだ。

英国政府は、独立の帰すうが決まるまで見合わされていた2億ポンド（355億円）規模のクライド基地の拡張計画を再開する方針だ。

今回、独立は阻止されたが、中長期的には大幅な権限移譲、さらには再度の住民投票の可能性も否定できない。このため、軍需関係者の中にはスコットランドへの投資には依然、慎重な意見もある。

グラスゴーから西へ約40キロの地点にあるクライド基地は二つに分かれており、ファスレーンは潜水艦基地で、クールポートには核弾頭が貯蔵されている。潜水艦発射弾道ミサイル（ＳＬＢＭ）「トライデント」を搭載できる4隻の「バンガード」級原潜はすべて同基地を母港とする。

現在、７隻の「アスチュート」級原子力潜水艦が就役中、またはイングランド北部カンブリア州のバロー・イン・ファーネスでＢＡＥシステムズが建造中だが、これらの母港となるためにクライド基地では拡張計画が進行中だった。また、「アスチュート」級原潜が、イングランド南西部デボン州のデボンポート基地を母港とする「トラファルガー」原潜を代替するため、クライド基地が英国唯一の原潜基地となる予定だ。

独立派は英国の核兵器を「冷戦終結後の無用の長物で、１０００億ポンドの無駄遣い」としていた。一方、スコットランドで英軍基地や軍関連産業に従事する約1万4０００人の約半数がクライド基地の関連とされており、雇用面から独立を反対する声も強かった。

一方、仮に独立が承認された場合、これらの核兵器関連の艦隊、施設を英国の他の地域に移管するばかりでなく、戦闘機や沿岸警備艇をどの程度、スコットランドに移譲するのかという難題に取り組む必要もあった。

英国はイングランド、スコットランド、ウェールズ、北部アイルランドの連合王国だが、それぞれ異なる歴史を持ち、独立を志向する住民も多い。特にスコットランドは1707年に武力併合されていることから反英国の住民感情が根強く、近い将来、再び独立を求める動きが強まっても不思議ではない。

（ロンドン＝加藤雅之）

太平洋軍司令官に初の日系人
――中国に警戒感も

米国防総省は9月22日、オバマ大統領が、アジア太平洋地域を管轄する太平洋軍のロックリア司令官の後任に、日系のハリー・ハリス太平洋艦隊司令官を指名したと発表した。日系の同軍司令官は初めて。台湾紙・旺報によると、ハリス氏はタカ派の「東アジア通」。指名は中国を念頭に日米同盟を強化する動きとして、中国各メディアが強い関心を寄せた。

中国メディア・環球時報は24日、「太平洋軍司令部は米軍の中で規模が最も大きく、担当地区も最大。統括する兵力は30万人で、米軍の現役総兵力の20％に当たる。日系大将の司令官指名に外界から強い関心が寄せられている」と報じた。

中国中央ラジオ局は同日、今年7月の環太平洋合同演習（リムパック）の際、ハリス司令官が記者団に「中国のことばかり聞くな」と述べたことを紹介。司令官は、各国・地域の記者団の質問がリムパック初参加の中国海軍関連に集中したことに対し「米中だけに注目し、他の20数カ国を脇に押しやることはしたくない」などと語ったという。

旺報によると、現在のロックリア司令官は、軍事・外交の軸足をアジア太平洋に移すオバマ政権の「リバランス」戦略が実行されるかを疑っている。また、アジアの同盟諸国も、中東と東欧で最近起きた新たな危機への対応をみて、米国の姿勢を疑問視し始めた。オバマ政権は疑念に応えるため、タカ派で日系人のハリス氏を指名したのだという。

環球時報は、近年、米軍による日系将軍の重用が目立ち、次々と要職に就いていると指摘、国家偵察局（ＮＲＯ）副長官のスーザン・マシコ空軍少将、元陸軍参謀総長のエリック・シンセキ陸軍大将などを例として挙げた。

一方で、日系であることに注目する必要はないとの冷静な見方も出ている。中国中央ラジオ局によると、ＮＧＯの中国軍備管理・軍縮協会（ＣＡＣＤＡ）研究部の滕建群主任は「米軍はわざと日系であるハリス氏を選んだわけではない。米軍の士官養成は科学的なシステムに基づいており、日系であることは昇進に影響しない」などと語った。

（香港＝中岡秀雄）

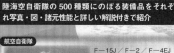

広告

最小の費用でリフォームを成功させるために

reform

依頼先によって大きく変動するのがリフォームの値段。同じ工事でも業者によって倍以上金額が違うこともしばしば。消費者にとっては不可解な話だが、リフォームに携わる建築業者にとっては別段珍しいことではない。この金額差が生まれる背景を知っておくことで、リフォーム費用を抑えられるケースは多々ある。

依頼先によって大きく変動するリフォームの値段

リフォーム費用を節約するために

リフォーム事例

●事例①

●事例②

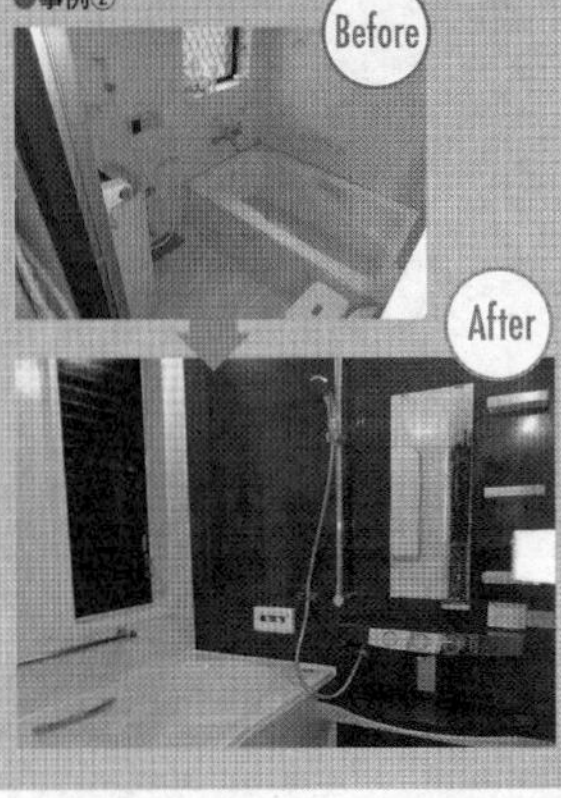

①職人さんが営んでいる個人店 ②工事店（工務店・塗装店など） ③リフォーム営業会社

リフォーム業者の種類は大きく分けて3つ。まず、夫婦でやっているような①職人の個人店。工事代というものは、そもそも職人の日当（人件費）と材料代と諸経費なので、例えば日当が1万8千円、材料代が1万円、諸経費が2千円だとすると、工事金額は3万円になる。

リフォーム代金
職人さんの日当代
＋
材料代
＋
諸経費

次に、職人を従業員として雇っている②工事店。大工を抱えている会社は「工務店」、塗装職人を抱えている会社は「塗装会社」だ。会社組織になったところで、同じ工事をするには同じ費用が掛かる。ただ、事務所の経費や会社の利益を確保しなければならないため、3万円は「原価」となり、これに会社の利益が加算される。利益率を15%前後と考えると、工事金額は3万5千円（3万÷85%）前後になる。

さらに、これが③リフォーム営業会社になるともっと金額が膨らんでしまうことが多い。リフォーム営業会社とは、受注した工事を下請けの工事店に外注する会社のことで、社内に職人が一人もいない会社も珍しくない。社員は営業マンなのだ。

②工事店の見積りの内訳

職人さんの日当代	18,000円
使う材料代	10,000円
諸経費	2,000円
工事店の利益	5,000円
合計金額	35,000円

※金額は一例

そのため、下請け工事店の見積もり金額（3万5千円）は「原価」になる。広告費用や営業マンの歩合給などを確保するためには、これに自社利益を加算する必要があるのだ。その利益率が大体30～40%くらいと仮定すると、見積もり金額は5万円（3万5千÷70%）から6万円（3万5千÷60%）前後となる。同じ工事でも、職人の個人店なら3万円、工事店なら3万5千円、リフォーム営業会社なら5万円～6万円と跳ね上がっていく。

この事情は大規模なリフォーム工事でも変わりない。工事店で350万円のリフォームは、リフォーム営業会社で500～600万円前後になり、700万円のリフォームは1000～1200万円前後になり得るのだ。そのためか、リフォーム営業会社の社員さんが自分の家をリフォームする時には、下請けの工事店に直接依頼することも多い。このように、リフォーム営業会社ではなく、工事店に直接依頼する方がリフォーム代金が安くなるケースは少なくない。

しかし、いくら工事代が安くても、提案力や技術力が足りなければ、安心して任せることはできない。リフォームは高い買い物なので、価格にも技術にも十分納得した上で依頼したいもの。では、何を基準に工事店を選べばよいのだろうか。それが、左下の「工事店選びの❼大鉄則」だ。ところが、この7条件を満たす工事店を探すのは至難の業だ。そんな時に役立ててほしいのが、住宅リフォームの第三者機関である「優良工事店ネットワーク」だ。

※金額は一例

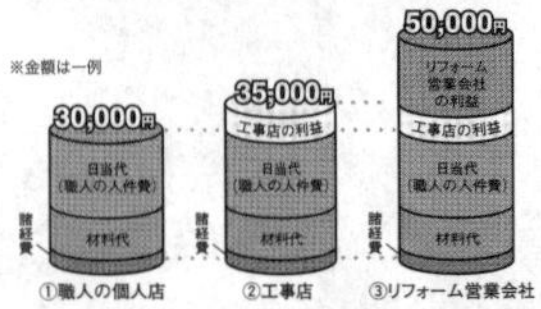

工事店選びの❼大鉄則

同団体は、リフォーム工事をした消費者にアンケート調査を実施。それを詳細に分析した上で、多くの消費者が左記の条件を満たし「優良」と認めた工事店だけを消費者に紹介している。

全国600社を超える参加工事店の登録料で運営されているため、消費者は近隣の優良工事店の紹介サービスや、第三者リフォーム工事保証、仲裁制度などのサービスを無料で利用できる。（ただしリフォーム完了後にアンケートに協力することが条件）

優良工事店ネットワークが無料で配布している2冊のガイドブックには、左記の7条件を満たす工事店を探し出す方法や、地元の工事店選びに役立つ最新情報、業者の言いなりにならない見積書の見方など見逃せない情報が満載。全国の公立図書館の要望ですでに300冊以上が寄贈され、新聞やテレビでも数多く紹介されているガイドブックは一読の価値あり。電話や訪問勧誘などは一切ないので、ひとまず気軽に請求してみては。

職人さんの個人店
メリット　営業・広告経費が掛からない
デメリット　一つの職種の専門家なので、複数の職種の職人を必要とするような大規模リフォームには不向き

リフォーム営業会社
メリット　きめ細かなサービス対応
デメリット　営業・広告経費が掛かるため、リフォーム代金が高くなりがち

■工事店選びの❼大鉄則

1. まず何よりも誠実である。
2. プロとして提案力がある。
3. 確かな技術力がある。
4. 工事終了後の手直しの対応が速い。
5. 利益につながらないような小さな工事でも喜んで対応する
6. マナーが良く気配りが行き届いて対応が丁寧である
7. 工事金額が本当の意味で適正である。

（優良工事店ネットワーク 公式ガイドブックより引用）

こんなリフォーム会社をどうやって探しますか?

ひとまず無料ガイドブックをお受け取りください!

上記の内容以外にも、地元のリフォーム会社選びに役立つ門外不出の最新情報を一挙公開!

住宅リフォームの「第三者機関」が発行した 最新保存版
リフォーム会社選びのガイドブック 2冊セット

無料で差し上げます
即日発送 送料無料

本企画は、限定数限りで終了となります。

お近くにある少数精鋭の優良工事店を無料でご紹介します。

全国39都道府県で600社の工事店が参加

工事場所は?　ご要望は?　家の構造は?　これまでの工事店評価は?
お客様に最適な工事店をご紹介

他のリフォーム会社とどこが違うの?　**優良工事店ネットワークが選ばれ続ける7つの理由**

1. リフォーム営業会社ではなく、自社施工の工事店だけをお客様にご紹介するので、大幅なコストダウンが可能に。
2. 経験豊富な建築のプロ（多くの場合、社長さん）がお客様を担当し、自ら現場を管理。
3. 全体の1割も登録に至らない厳しい審査を通過した、精鋭の工事店だけをご紹介。
4. 全国600社の参加工事店の中から、多くの消費者が「優良」と認めた、評価の高い工事店だけをご紹介。
5. 第三者機関ならではの「工事完成まで保証」と「工事完成後も保証」があるから、万が一、工事店が倒産しても心配無用。
6. 第三者機関による「紛争解決のための仲裁サービス」があるから、万が一トラブルが発生しても安心です。
7. 全てのご相談はインターネットではなくお電話で直に受け付け、相談員が第三者の立場からアドバイスさせて頂きます。

※リフォーム完了後にアンケートに協力する事が条件。

第三者機関による「紛争解決のための仲裁サービス」と保証制度

全てのサービス無料

「工事完成まで」保証　工事途中で、リフォーム会社が倒産してしまった場合
＋
「工事完成後も」保証　工事完成後に、リフォーム会社が倒産してしまった場合

リフォーム会社ではありませんので、電話や訪問による勧誘や営業活動は一切ございません。また、ガイドブックをご請求された方の個人情報は、資料の発送のみに使わせて頂き、登録工事店を含め第三者には一切開示しません。

ご好評につき、特に午前中はお電話とFAXが混み合っております。つながりにくい場合は、大変お手数ですが時間をあけてお掛け直しいただくか、インターネットもしくはハガキでお申し込みください。

お申し込みは　申込番号【1533】

お電話｜通話料無料　お電話で申込番号【1533】とお伝えください
フリーダイヤル 0120-146-064
受付時間／朝9時から夕方5時まで（土日祝日も笑顔で活動中）
通話料無料・携帯電話からもつながります。
※時間外は伝言メッセージダイヤルにて受付。
※建築・不動産関係者の応募不可。

FAX 0120-146-067
24時間受付/年中無休 ※ハガキと同じ必要事項をご記入のうえ、ご送信ください。

インターネット http://ykn.jp/ 工事店ガイドブック 検索
QRコードでカンタン検索! ガイドブックの請求もカンタン!!

ハガキ 右記の①～⑤の必要事項をご記入の上、ご投函ください。
〒810-0001 福岡県福岡市中央区天神4-1-24 東洋天神ビル6F 優良工事店ネットワーク 本部事務局 工事店ガイドブック係
①申込番号「1533」 ②〒番号 ③住所 ④氏名 ⑤電話番号

住宅リフォームの「第三者機関」 優良工事店ネットワーク

訓練

着上陸の能力磨く

西普連が「リムパック2014」に初参加

米海兵隊と共同し

【西方＝健軍】西部方面隊はこの夏、水陸両用作戦の能力向上を目的に米ハワイで行われた環太平洋合同演習「リムパック2014」に陸自として初めて参加、西方普通科連隊（相浦）の1個小隊が米海兵隊と着上陸訓練を行い、九州・沖縄の島嶼防衛能力を高めた。

「リムパック2014」には23カ国から人員2万5000人以上が参加、西普連は米海兵隊と共同で着上陸訓練に臨んだ。

訓練はオアフ島のカネオヘ・ベイ海兵隊基地やハワイ島のポハクロア訓練場で行われ、陸自隊員はボートを使っての水路潜入や射撃、各種戦闘訓練を通じて米海兵隊が持つ専門知識や技能を学んだ。

ハイライトとなる総合訓練は7月29日に実施され、隊員たちは海上機動から上陸、展開、地域確保までの一連の動作を演練した。

ヘリコプターに搭乗して洋上から海岸に向け進出した隊員たちは、ホバリングするヘリからフィンを片手に海面に飛び降り、その後、投下されたボートを回収、部隊ごとボートに乗り込み、オールを漕いで海岸に向かった。

これに先立ち、沖合から泳いで上陸した偵察隊員が海岸の状況を確認、ボートで近づく部隊を誘導。さらに米海兵隊が運用する水陸両用車AAV7も海岸に次々と乗り上げ、日米の海兵部隊が一帯を確保した。

同訓練に参加した西普連の隊員は「実戦経験に裏付けられた高い能力を持つ米海兵隊員から水陸両用戦のノウハウを実地に学ぶことができた。今回の訓練で西普連の小隊としての作戦遂行能力と指導能力を大きく向上させることができたと思う」と話していた。

荒波を乗り越え、海岸に向かう西普連隊員の乗ったボート（オアフ島のピラミッドロックビーチで）

先に泳いで上陸し、ボートに乗った本隊を波打ち際で誘導する偵察隊員（手前）＝米海兵隊HPより

ハワイを訪れ、西普連の隊員を激励する岩田陸幕長（中央後ろ姿）。後方はMV22オスプレイ（米海軍揚陸艦の艦内で）

上陸後、速やかに地域の安全化を図る西普連の隊員（オアフ島のピラミッドロックビーチで）

国緊隊総合訓練を実施

イスラム圏への派遣も想定

【14旅団＝善通寺】14旅団はこのほど、「平成26年度国際緊急援助隊総合訓練」を日本原演習場で行った。

7月中旬から半年間、14旅団が初めて国緊隊の待機部隊を務めることから、14後方支援隊を基幹に25年度末から段階的に訓練を実施している。

今回の総合訓練では、米軍やJICA、日本赤十字社、国際NGOなどの関係機関と会議を開いて、支援ニーズの把握や関係機関との調整を行い、派遣先国での部隊活動開始までの流れを確認した。

実動訓練として医療、防疫活動、空輸訓練のほか、車両事故、不審者の侵入など不測事態への対処や警戒監視も演練。中でも医療訓練では、イスラム圏への派遣なども想定し、女性隊員がスカーフを頭に被り現地住民に扮するなど、より実際的な訓練を行って練度の保持に努めた。

また「家族を含めた心身の準備」として、隊員家族を演習場に招き、国緊隊の概要説明や総合訓練の見学会も実施。家族の任務への理解を促進したほか、出発準備支援隊も編成して主力部隊の派遣準備を側面からサポートした。

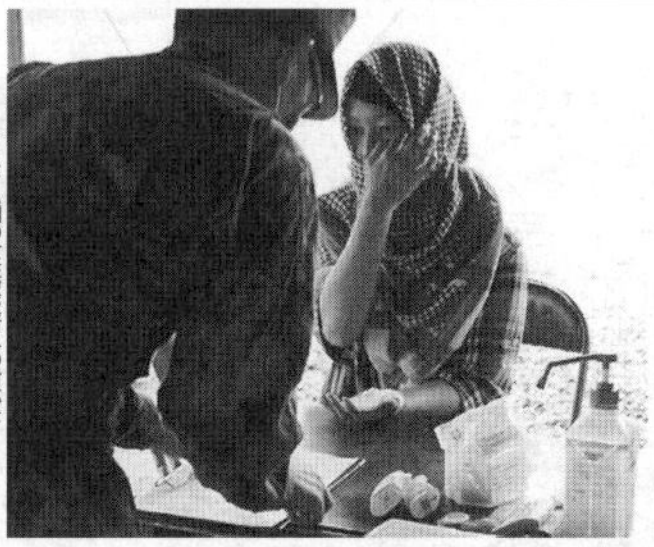

イスラム圏の女性被災者への対応を演練する衛生隊員（日本原演習場で）

嵐の中、射撃競技会

36普連　4中隊が総合優勝

【36普連＝伊丹】36普連はこのほど、饗庭野演習場で行われた第2次連隊射撃野営で、各中隊による「戦闘射撃競技会」を実施した。

競技は小銃、狙撃銃、手りゅう弾、無反動砲、対戦車誘導弾などを使用し、中隊対抗戦で行われた。

当日は接近する台風の影響を受けて雨風が吹き荒れる最悪の天候だったが、どの中隊も高い精度の射撃を見せた。

最大800メートル離れた移動標的の中から、わずか10秒見えただけの肩章を手掛かりに指揮官を選別し、射撃する狙撃部門で、最も多くの指揮官を撃ち抜いた4中隊が総合優勝を勝ち取った。

36普連の戦闘射撃競技会で01式軽対戦車誘導弾を発射する隊員（饗庭野演習場で）

東北方面衛生隊が野営訓練

天幕病院を使用

【仙台】東北方面衛生隊は8月25日から28日まで、王城寺原演習場で「第3次集中野営訓練」を実施した。

訓練は、6月に行われた方面直轄部隊訓練検閲での指導事項の是正を図るために行われ、各駐屯地業務隊に所属する指定充足隊員の復帰訓練や仙台病院准看護学院の学生に対する野外病院の業務運営訓練を実施した。

「前方地域で大量患者が発生した」という想定で訓練は開始され、負傷者に扮した隊員を車両で野外病院へと後送した。

今回、部隊に装備されたばかりの「業務用天幕病院2型」を初めて使用し、集約型の治療・収容要領を演練、迅速な治療活動を行った。

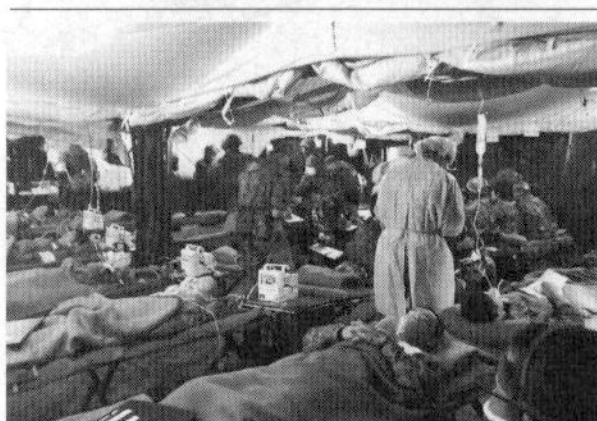

前線から後送されてきた負傷者の治療を演練する東北方面衛生隊員（王城寺原演習場で）

戦車用通路開設の障害処理訓練

304施設隊

【304施＝出雲】304施設隊の隊員27人はこのほど、日光演習場で8普連（米子）との協同訓練に参加した。

訓練は「攻撃に任ずる第一線普通科中隊を直接支援する施設小隊の行動」で、関係部隊との密接な調整の下、戦車用通路を開設するための障害処理などを行った。

この訓練を通じ、攻撃支援課目の練度を高めると共に、各級指揮官の実員指揮能力や隊員の施設・戦闘基礎動作を向上させた。

募集・援護

特集

平和を、仕事にする。
陸海空自衛官募集

ただいま募集中!
◇医科・歯科幹部
◇自衛官候補生（男子）
★詳細は最寄りの自衛隊地方協力本部へ

再就職に万全の支援

地本が任期制隊員向けに企業説明会

「自衛官候補生で入隊すると、数年後には任期満了で退職しなければならないのでは?」——。生徒の進路指導に当たる高校の先生方にはこうした不安を持つ人が少なくない。そこで地本では任期制隊員向けの企業説明会に高校教諭らを招き、自衛隊が隊員の再就職に対して万全の支援を行っている様子を直接見てもらうなど、理解の促進に努めている。

各企業ブースを訪れ、面談する任期制隊員（9月2日、グランメッセ熊本で）

高校教諭らが見学　「企業とマッチング率高い」　熊本

【熊本】地本は9月2日、自衛隊援護協会福岡支部と共催で「26年度第1回任期制隊員合同企業説明会」をグランメッセ熊本で開催した。来年3月に退職予定の隊員を対象としたもので、若手隊員93人と企業72社が参加した。

今回初の取り組みとして、会場に学校長、進路指導担当教諭ら11人を招き、任期制隊員の再就職に向けた自衛隊の取り組みについて直接見てもらった。

3自衛隊の任期制隊員に関しては、教諭らから「せっかく入隊しても、数年後には辞めなければならないのでは?」という危惧の念が強く、これまでも自衛官候補生の募集では大きな妨げとなっていた。

地本ではそのような意識を払拭してもらおうと、企業説明会に教諭らを招待した。会場では自衛隊の再就職支援だけでなく、隊員のライフプラン教育の状況なども公開した。

最初に地本の募集課が自衛官の募集状況を、援護課が任期制隊員に対する再就職の取り組み、企業説明会の概要などについて説明。その後、教諭らは企業説明会の会場に移動し、面接の様子を見学した。

先生方からは「自衛隊がこのように大規模な再就職活動を行っているとは知らず、驚いた」「隊員がきびきびと面接に臨む光景は見ていてすがすがしかった」「企業とのマッチング率も非常に高いと聞き、安心感を持った」といった率直な感想が聞かれた。

さらに「任期制でも安心して自衛隊への入隊を勧めることができることが分かった。学校にもその旨報告したい」といった声もあり、企業説明会場に教諭らを招いた効果は予想以上だった。

今回の企業説明会での隊員と企業のマッチング率は98・9%という高い成果を収めた。マッチングできなかった隊員に対しては、次回の企業説明会でふさわしい再就職先が見つかるよう、地本も全力で支援していく。

離島での再就職を支援　鹿児島

【鹿児島】地本は鹿児島援護センター長の東中尾浩二3陸佐と同援護担当者の大茂潮1陸曹を8月20日から22日まで奄美諸島の徳之島に派遣し、島嶼での求人情報の収集を実施した。

徳之島に再就職を希望する隊員の雇用を確保するための施策で、島内のハローワーク、三つの町役場、商工会議所、JAなど地元企業を訪れ、情報を集めた。

徳之島の雇用は厳しく、求人もかなり少ない状況。しかし一部企業は保有資格などで求人を検討できる状態であることが分かった。

また今後、奄美大島に自衛隊部隊が配置される計画があることから、各町の町長、副町長らに説明。意見交換を通じ、現地の社会・経済状況なども把握した。

このほか台風など災害に備えた防災監（防災担当者）の配置についても説明、退職自衛官の採用を検討してもらえるよう町などに要請した。

多くの離島を担当区域に持つ鹿児島地本では「奄美大島への部隊配置計画が今後進むので、これに合わせ各島でも就職援護要件が増えることが予想される。地本でも離島での援護基盤の拡充・強化を着実に推進していきたい」と話している。

丁寧な説明で不安解消

マナー教育を実施　「就職活動の参考になった」　滋賀

【滋賀】地本は9月3日、今津駐屯地で任期制隊員等就職補導教育を実施した。23人が参加し、社会・労働情勢など職業選択に必要な知識から再就職の心構えなどライフプランを含め教育した。

最初に自衛隊援護協会進路設計相談員の山﨑重義氏が職業の選択法と就職活動の在り方について講義。参加者は社会の厳しさを知り、引き締まった表情で聴講していた。

続いて日本生命自衛隊担当課長の吉村氏がライフプランとビジネスマナーについて教育。自衛隊では衣食住は保証されているが、退職後は自分の給料で計画的に生活していかなければならないことを強調した。またビジネスマナーでは身だしなみ、言葉遣いなどについて教育した。

参加した隊員は「就職活動の参考になった。一般社会に出てやっていく自信もついた」などと話していた。

日本生命の吉村課長（壇上）からライフプランの説明を受ける任期制隊員（9月3日、今津駐屯地で）

坂田学生（左）からアドバイスを受ける高校生（8月26日、防医大で）

看護科説明会を開催　同郷の先輩がエール　新潟

【新潟】埼玉県所沢市の防衛医科大学校で8月26日、看護科学生採用説明会が行われ、地本も受験希望者と父兄を引率した。

説明会は模擬講義、卒業生との懇談、施設見学などがあり、受験希望者たちは時程表と敷地の地図を見ながら、積極的に構内を移動。地本では新潟県出身で、看護学科1期生の坂田彩華学生に受験希望者たちを引き合わせ、説明を依頼した。

生徒たちは「毎日の学生生活で大変なことは?」「合格するにはどのくらいの成績を目指していけばいいですか?」などと積極的に質問。坂田学生は丁寧に応え、「来春、ここでみんなを待っているからね」と未来の後輩たちを激励していた。

多くの生徒が受験決意　防大・防医大　説明会を開催　岐阜

【岐阜】地本は9月3日、岐阜市の私立鶯谷高校で防大・防医大の進学説明会を開いた。同校では昨年度から両校の受験生が増えたため、今年度も説明会を実施、生徒約20人が参加した。

学校説明では募集課長の川畑仁2陸佐が防大を担当し、防医大を細川洋一2空曹が担当。両大の学校の教育内容や学内生活などを詳しく説明した。

質疑応答では受験対策や卒業後の進路などについて多数の質問があった。この説明会で多くの生徒が受験を決め、その場で志願票に記入し、証明写真の撮影も行った。中には防大・防医大を両方希望する生徒もいて、担当者を喜ばせた。

井川7普長が南スーダン講話　京都

【京都】地本は9月2日、京都市内のホテルで行われた京都府防衛協会主催の勉強会を支援した。

講師には南スーダンPKOの第5次派遣施設隊長として活躍した7普連（福知山）長の井川賢一1佐が招かれ、会員135人を前に現地での様子を話した。

聴講者は「井川1佐のお話しで自衛隊のPKO活動がいかに海外で高く評価されているか分かった。非常に勉強になった」と感謝の言葉を述べていた。

ブルー、尾道で初の展示飛行　5万人が大歓声　広島

集まったブルーファンにサイン色紙を渡す日高大作飛行隊長（右手前）＝8月30日、因島アメニティ公園で

【広島】尾道市の因島アメニティ公園で8月30日、「瀬戸内しまのわ2014瀬戸内水軍まつりin尾道」が開催され、空自のT4ブルーインパルスが瀬戸内海上空で展示飛行を行った。

広島県でのブルーの展示は47年前に広島市で行われて以来で、尾道では初。午後4時、スモークを引いた編隊が上空に現れ、観客から大きな歓声が上がった。

この模様は地元ラジオ「FMおのみち」で実況中継され、市内各地でブルーの勇姿を一目見ようと、大空を見上げる人たちの姿が見られた。

飛行後には地本の支援でブルー隊員によるトークショーなどもあり、この日会場は約5万3000人の観光客でにぎわった。

迫力満点のデモフライト　但馬空港フェスティバル　兵庫

飛来したAH1Sを撮影するフェス来場者（8月30日、兵庫県豊岡市で）

【兵庫】地本は8月30、31の両日、豊岡市で開かれた「コウノトリ但馬空港フェスティバル」を支援した。

同フェスは但馬空港開港を記念したもので、今年で最後のイベントとなった。

このため県内外から2日間で約5万4000人が来場、地本の広報ブースと3特科隊（姫路）の装備品展示会場にも大勢の観光客が詰め掛けた。

デモフライトでは明野、八尾駐屯地から飛来したAH1S対戦車ヘリやUH1H多用途ヘリが迫力満点の飛行を披露、来場者は盛んにカメラで撮影していた。

経済界サマースクール　舞鶴音楽隊が演奏　福井

【福井】地本は8月27日、福井県勝山市で行われた「福井県経済界サマースクール」を支援した。

県防衛協会からの依頼に基づき、産官学の専門家が一堂に会し、国や地域が抱えるさまざまな課題について考えるイベントで、約150人が参加した。

最初に立岡経産省事務次官と川田県経団連会長による対談、さらに馬場典子アナウンサー司会進行のもと西川県知事と直木賞作家・村山由佳さんによる対談などが行われ、注目を集めた。

その後の懇談会は地本長の堀博幸1海佐の開式スピーチで幕を開け、海自舞鶴音楽隊による「三百六十五歩のマーチ」など4曲の演奏も披露された。最後の曲「ふるさと」は参加者全員での大合唱となった。

懇談会後には、西川知事や馬場アナウンサーなど多くの参加者が、舞鶴音楽隊員に「素敵な演奏をありがとう」と話しかけていた。

演奏を終えた舞鶴音楽隊員と堀地本長（後列左端）、馬場アナウンサー（前列左から2人目）＝8月27日、福井県勝山市で

防衛白書を自治体に説明

【愛媛】地本は8月26日から県内各市町などに対する26年版「防衛白書」の説明会を開始した。

今年は8月に閣議決定した「白書」の内容を速やかに自治体に伝えて理解を得ようと、例年より早めに着手。最初に山林火災などで自衛隊の災派が多い東予地区（西条市、四国中央市）で実施し、防衛省・自衛隊の新たな体制について説明した。自治体からは市長、副市長、部課長級が出席し、各種事態への自衛隊の対処、四国所在部隊の改編計画、自衛官募集への影響などについて質問があった。

地本では9月末までに県内20市町と公安委員会等への「白書」の説明を終えた。

「せんだい」艦上から眺め満喫

【徳島】地本は8月26日、護衛艦「せんだい」の支援を受け、小松島港で2回の体験航海を行った。

当日は晴天に恵まれ、「一日艦長」に任命された阿南市の松田由香さん（午前）と勝瀬涼香さん（午後）の「出港用意!」の号令で出港、徳島沿岸を航行した。

航海中、金磯岸壁の向かい側にある海自小松島航空基地からSH60J哨戒ヘリが飛び立ち、「せんだい」の甲板を埋めた乗艦者たちから歓声が上がった。

体験航海で一日艦長を任された松田さん（8月26日、「せんだい」艦橋で）

救助阻む噴石、ガス

御嶽山噴火

ヘリ部隊、決死の搬送

週末の行楽客でにぎわう御嶽山（3067メートル）の山頂付近で9月27日正午前、突如として噴火活動が起き、稜線や山小屋にいた登山者を襲った。陸自は地上と空中から現場に急行、ヘリなどを使い、30日までに23人を救助した。しかし、現場は火山灰や噴石、火山性ガスなどのため捜索活動は難航、部隊は二次災害の危険性と隣り合わせの中、懸命の捜索・救難活動を続けている。

安全に配慮し、慎重な行動

山頂付近から登山者を担架で搬送する13普連基幹の陸自隊員（9月28日、御嶽山で）

「噴煙が沸騰して、湧き上がるようだった」――。御嶽山の噴火災害で、最初に現地に飛んだ12ヘリ隊のOH6観測ヘリ313号機のパイロット、有馬剛一1尉（51）は目前に見た噴煙の印象をこう語った。

噴火は最悪のタイミングで起きた。秋晴れの9月27日土曜日の昼時。山肌は紅葉が見ごろで、稜線には多くの登山者がいた。11時52分、突如地鳴りとともに山頂付近で噴火が起き、不意打ちを受けた登山者は逃げる間もなく噴煙や熱風にのみ込まれた。

長野県知事は午後2時31分、13普連長（松本）に対し災害派遣を要請。12旅団（相馬原）を主力とする隊員約380人が急派され、噴煙が空を覆う中、UH60JAヘリが果敢にアプローチし、負傷者を次々と救出、地上の隊員たちも担架で負傷者を安全地帯に運んだ。

また万一に備え、登山口には噴石の中でも行動できる装甲車が準備された。

50センチの火山灰

「山頂付近は噴石が雨のように降り続いている状況だった」

噴火活動の中、取り残された登山者の救助活動を指揮した13普連1中隊長の中村文彦3佐（46）が28日、下山した王滝村で報道陣を前に山頂部での救出活動の苦労を生々しく語った。

「噴石に備えて隊員には鉄帽と防弾チョッキを着用させた。山頂付近は50センチほどの火山灰に覆われていて、風で舞い上がった灰が視界を遮った。水蒸気で濡れた場所は泥濘（でいねい）していて、滑りやすく、隊員たちはそうした中で作業に当たってくれた」

だが、同行した化学科隊員の計測で火山性ガスの硫化水素の濃度が高くなったことから、この日は午後1時ごろに活動を中止。二次災害を避けるため、急きょ下山したという。

同隊の黒田晶彦3曹（36）は「現場は足場が悪いうえ勾配がきつく、さらに火山性ガスで危険な状況だった。その中で任務に当たれたのは各隊員の安全意識と指揮官の的確な判断のおかげだと思う」と話した。

中村中隊長は御嶽山を見上げ、「（活動中断は）非常に残念」と表情を険しくし「一刻も早く要救助者を救出できるよう、再出動に備えて態勢を維持したい」と語った。

支援部隊も全力

被災者を収容する陸自ヘリ部隊も決死の覚悟で御嶽山に飛んだ。飛行中、火山灰を吸い込めばエンジンが停止する可能性があり、もし噴石の直撃を受ければヘリの機体などひとたまりもないからだ。

長野県の王滝村役場に設けられた現地対策本部には12ヘリ隊の連絡幹部（LO）、小西秀明2尉（29）が配置されていた。

「火山灰と高標高はヘリの性能に大きな影響を与える。そこで航空機の運用に当たっては安全運航と部隊ニーズの両立に着意し、調整活動を実施した」と振り返る。

「救出活動が錯綜（さくそう）する中、任務をこなす隊員たちの力になれるよう、自分も最大限できることをやっていきたい」と力強く語った。

体校トリオが「銅」

射撃団体　インドを上回る

アジア大会

男子ライフル3姿勢団体で銅メダルを獲得した（左から）谷島2曹、山下1尉、松本2尉＝9月27日、京畿道射撃場で

韓国・仁川アジア大会の男子ライフル射撃3姿勢が9月27日に行われ、自衛隊体育学校（朝霞）の山下敏和1陸尉（37）、松本崇志2陸尉（30）、谷島緑2陸曹（35）の3人でつくる日本チームが団体戦で、銅メダルを獲得した。

3人はいずれもライフル射撃の国内第一人者。山下1尉＝徳島県出身＝は北京五輪（2008年）に、谷島2曹＝茨城県出身＝はロンドン五輪（2012年）にそれぞれ出場。松本2尉＝長崎県出身＝もドーハ・アジア大会（2006年）で健闘を見せた。

今大会のライフル3姿勢では、予選（伏射、立射、膝射各40発）を山下1尉が3位（1167点）で決勝へ。谷島2曹は10位（1160点）、松本2尉は18位（1154点）で終えたが、3人の合計得点による団体戦で3481点の日本は4位のインドを1点上回り、3位に入った。中国が3502点で優勝した。

一方、予選の上位8人で競う決勝ラウンドに進んだ山下1尉は、第1シリーズを6位で終え第2シリーズへ進み、最終成績420・6点で5位に入った。

ブルーJrが妙技披露

空自60周年イベント　大震災から復活

空自創設60周年を記念した広報イベントが9月24日、東京・市ヶ谷の防衛省で行われ、職員ら約500人が見守る中、松島、静浜両基地所在の隊員でつくる「ブルーインパルスJr（ジュニア）」「T7Jr」が展示走行を披露した。

ブルーインパルスJrは「T4ブルーインパルス」を模した小型バイクの展示走行集団で、平成5年に松島基地で発足した。東日本大震災で6台全てが水没したが、今回4台で復活。本家ブルーと同じ「ファンブレーク」で演技を開始し、計11演目を披露し会場を沸かせた。“一番機”の牧隆司曹長は「60周年の記念広報イベントで、悲願の復活走行ができ、感無量です」と語った。

T7JrはT7練習機を模した小型バイク集団で、7年に静浜基地で「同好会T3Jr」として発足。10年に正式な部に昇格、19年にT7に“機種更新”した。

今回は6台で参加し、9演目を披露。特に2番目の「ダイヤモンド・クロス」では、編隊を左右二手に分け、3台ずつの編隊が両側から斜めに進入、中央で1台ずつ交差する離れ技を披露した。翼間の距離がわずか1メートルというぎりぎりの間隔で無事すれ違うと、観客から大きな歓声が上がった。

展示走行を終えたT7Jrリーダーの宮城太一2曹は「記念行事への参加は部員の意識の高揚にもつながり、良い広報になった」と手応えを語った。

約500人の隊員らを前に展示走行するブルーインパルスJr（9月24日、防衛省で）

連携プレーで窃盗犯を逮捕

陸自隊員に感謝状

【福岡】西方通群102基シ大304基通中の島田昌二准尉（57）、高津一郎曹長（44）、坂口美和子曹長（44）、時任成孝2曹（37）＝現九州処＝はこのほど、窃盗犯の逮捕に協力し福岡県・博多警察署長から感謝状を受賞した。

7月29日夕方、304基地通信中隊本部の送別会に向かう途中のJR南福岡駅付近の屋台で、店員のバッグから財布を抜き取った男を島田准尉、高津曹長が目撃。男を追跡したが見失い、現場近くにいた時任2曹に電話をかけ、男の特徴、逃走方向を伝えた。

逃走する男を発見した時任2曹は約700メートル追跡し、男が転倒したところを取り押さえ、駆け付けた警察官に引き渡した。一方、坂口曹長は現場の状況を福岡県警に伝えた。

感謝状贈呈では博多警察署長が「勇気ある行動で現行犯逮捕できたことに大変感謝しています」と謝辞を述べた。

感謝状を贈られた304基通中の（左2人目から右に）島田准尉、高津曹長、時任2曹、坂口曹長＝博多警察署で

老人クラブの24人が見学

陸自仙台

【仙台】駐屯地は9月10日、宮城県名取市の老人クラブ「耕谷長生会」の会員24人の見学を受けた＝写真。

会員たちはバスに乗り施設などを見学。慰霊碑、南目館跡では広報班長から概要などについて説明を受けた。防衛館では展示品に興味深そうに見入り、厚生センターでは孫たちへのおみやげに迷彩柄のTシャツを購入する姿も見られた。参加者からは「自衛隊の活動状況をよく理解できた」「皆さんがいるから安心できる」といった声が聞かれた。

中高校のカヌー大会運営に協力

20普連

【20普連＝神町】連隊はこのほど、山形県西川町の月山湖カヌースプリント競技場で行われた「カヌースプリントジュニア選手権」の大会運営に本部管理中隊の大久保忠2尉以下13人で協力した。

大会は中学2年～高校3年の生徒がカヌーの短距離種目を競うもので、今回は全国から30チーム・約400人が出場した。協力隊は連隊が装備する渡河ボートなどを駆使し、競技会場の湖面整備（流木の除去など）を行うとともに、救助艇で転覆などにより湖面に落ちた選手を救助した。

小休止

▽…山口地本は9月2日、敷地内の駐車場を囲む雑木の枝に作られたスズメバチの巣の駆除を行った＝写真。

▽…巣は直径約30センチのマーブル模様の立派なもの。「巣がある」と地本中に広まり、この日の作業となった。

▽…宮木地本長以下の部員が緊張感をもって見守る中、酒井管理班長が白い防護服を身にまとってアタック開始。巣の真下に袋を広げ根元を切り、見事に捕獲した。反撃してくるハチには部員2人がスプレーで“援護射撃”した。（山口地本）

こちら警務隊

☎ 8・6・47625

弾丸発射する銃砲所持　1年以上10年以下の懲役に

3Dプリンターで製造されたけん銃で射撃する映像をネットで見ました。こうしたけん銃を所持すると、どんな罪に問われますか？

このような3Dプリンター銃は「けん銃」に該当し、銃砲刀剣類所持等取締法違反に該当し1年以上10年以下の懲役に処され、当該けん銃等の数が二つ以上であるとき、1年以上15年以下の懲役とさらに重い罪に問われます。

この法律での「銃砲」とは、けん銃、小銃など、金属製弾丸を発射する機能を有する装薬鉄砲および空気銃（人の生命に危険を及ぼし得るもの）が該当します。

法令で定める禁制品の所持は絶対にやめましょう。

（警本＝市ヶ谷・相澤1尉）

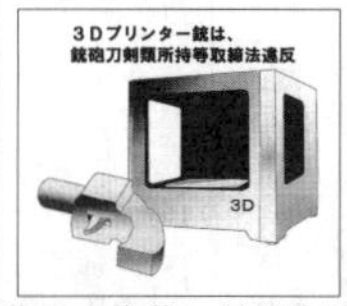

社会人として重要な行動規範

海自の「5分前の精神」を考察

2海尉　水谷　吉克（海自1術校警備科・江田島）

「5分前の精神」は、海上自衛隊を代表する有形無形の行動規範（しつけ）の一つである。

その証左に、陸自や空自では「○○5分前」といった号令詞は存在しない。では、どうして海自にだけあるのか。そこで本稿では、「5分前の精神の誕生秘話」について考察したい。

まず、古庄幸一元海上幕僚長や阪神基地隊などが「5分前の精神」誕生のきっかけとして推す逸話を紹介する。

「明治初頭、（政府が）海軍を編成したとき、集まった軍艦といえば汽船や帆船であった。艦長が出港用意を号令する場合、艦長付の伝令にメガホンを持たせ、艦長の命令を所要個所に伝えた。その所要時間がだいたい5分ほどであったということと、5分という時間は物事を準備するのに長くもなければ短くもなく、ちょうど手ごろな時間であったことから、重要な作業を行う場合に≪5分前≫を予告するようになったとされる」

この説明にはなるほどと思う半面、根拠に乏しく、判然としない。

そこで法的根拠を探してみると、名著『海軍人造り教育』の中に興味深い記述を見つけた。英国から招聘したダグラス少佐たちの尽力により、明治6（1873）年に改定された「海軍兵学寮規則」の第4条にこうあるのだ。

「教官は時刻を違えざるように己の任じたる科業につくべし。生徒は授業のはじまる時刻の5分時間前に講堂、あるいは船具操練場、あるいは大砲操練場に集まるべし」と記されており、これが記録上、日本最古の「5分前の精神」の法的根拠ではなかろうか。

明治6年の大きな出来事として「改暦」があったことを忘れてはいけない。「改暦」は富国強兵政策の一環で、従来の旧暦から欧米と同じ新暦に改め、時間の概念についても日本独自の「不定時法」から世界標準の「定時法（24時間制）」が導入された、まさに節目の年であった。

このような過渡期に、海軍はいち早く「定時法」を採用しただけでなく、さらに「5分前の精神」という独自の行動規範を同年に制定したという史実は、特筆すべき点であろう。

ところで、操艦号令の中の「面舵（おもかじ）」と「取舵（とりかじ）」の語源は、日本伝統の「不定時法」に端を発することをご存知だろうか。「取舵」は「酉の刻」、そして「面舵」は「卯の刻」がそれぞれ訛ったものと考えられている。

最後に、昭和時代の宰相・田中角栄が言い放った言葉を若い人たちに紹介したいと思います。

「時間を守れない人間は何をやってもダメだ！」

時間を守ることは、分単位で集団行動する自衛官にとって当然必要なことだけでなく、社会人としても重要な要素ではないでしょうか。私たちは明治の軍人からまだまだ学ぶことが多くありそうです。

海軍の「5分前の精神」について記述がある実松譲著『海軍人造り教育』

みんなのページ

（世界の切手・フランス）

海軍が1隻の軍艦を造るのに3年かかる。しかし、新しい伝統を築くには300年かかる。

アンドリュー・カニンガム（英海軍の提督）

朝雲ホームページ
www.asagumo-news.com
<会員制サイト>
Asagumo Archive
朝雲編集局メールアドレス
editorial@asagumo-news.com

「はまぎり」で一日艦長を体験
進路考える良い機会に

大学4年　山口　絢子（新潟大学法学部）

「はまぎり」の岳本艦長（右）から操艦法について聞く山口さん

「一日艦長をやってみませんか」。聞きなれない単語に首をかしげる。「一日艦長」といえば芸能人や有名人が真っ白な制服に身を包み、カメラに向かって微笑みかける、あのイベントのことなのだろうか？

新潟地方協力本部の方からお話しを頂いた時は、進路に悩んでいた時でした。大学卒業を控えて進路を考えあぐねていた時に「一日艦長」のことを聞き、思い切ってお引き受けしました。その理由は「自衛官はどんな生活をし、どういった信念をもって活動しているのか」知りたいと思ったからです。

7月19日朝、私は護衛艦「はまぎり」を前に、子供のように心を躍らせていました。早速、岳本艦長の案内で艦内や乗員の生活などを見ることができました。また乗艦実習の防大生の中に、旧友の杉山君の姿を見つけ、びっくりしました。人の縁とは不思議なものだと思いました。

この日、護衛艦上で「海上自衛官とはどういうものか」をテーマに、いろいろ見聞きできたことはとても貴重な体験となりました。同時に自分の進路について考える良い機会にもなりました。

このような機会を与えてくれた地本の皆様、そして「はまぎり」乗員の方々に感謝します。ありがとうございました。

新刊紹介

「南太平洋戦記」

ロバート・レッキー著、平岡　緑訳

「勇猛な、神秘性に満ちた敵軍についてあれこれ思いを巡らせ驚嘆することしかできない」――。

太平洋戦争時、ガダルカナル島、ニューブリテン島、ペリリュー島を転戦した著者は、日本軍をそう評した。真珠湾攻撃直後の1942年1月、米海兵隊に入隊した兵士の一大戦記だ。彼を待っていたのは、想像を絶する光景だった。

第1、2章ではレッキー氏が入隊し、錬兵訓練に参加する過程が描かれる。訓練に音を上げる姿は等身大の20代の若者だ。ガダルカナル島を舞台にした3章でも、同僚と日本軍が貯蔵した酒や米を手に入れ狂喜するなど、若さみなぎる悪童ぶりを発揮する。

だが戦争が進むにつれ恐怖が部隊をむしばんでいく。ペリリュー島でレッキー氏らは地獄のような光景に直面。日本軍の攻撃、熱帯雨林のもたらす疫病、戦争の精神的なプレッシャーに追い詰められていく。

戦記によくある作戦計画、戦果は出てこない。しかし一兵士が見た凄惨な光景、圧倒的な臨場感が胸に迫る。日本軍への感情も戦争が進むにつれて変化し、最後には冒頭の思いに至る。死線をくぐり抜け、生き抜いた著者の筆致によって、戦争の現実が鮮明に浮かび上がる。（中央公論新社刊、3456円）

「孫子　戦争の技術」

サミュエル・B・グリフィス著、漆嶋　稔訳

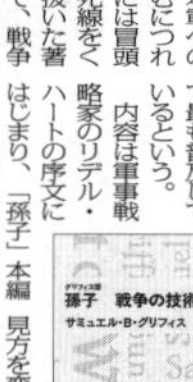

「孫子」は日本人であれば誰でも知っている。その言葉はことわざとして日常生活に浸透している。しかし、あまりにも国内研究が豊富なため、西洋でどのように受容されているのかを知る機会は少ない。

本書は元米海兵隊准将のサミュエル・B・グリフィスが1963年に発表した「孫子」の解説・注釈書で、西側諸国では歴史的名著として最も普及しているという。

内容は軍事戦略家のリデル・ハートの序文にはじまり、「孫子」本編のほか「孫子の戦争論」や「孫子と毛沢東」といった注釈者の研究論文が挿入される。

「日本の軍事思想における孫子の影響について」という興味深い補遺では、グリフィスは第2次世界大戦での日本を「本質的な意味において、敵も己も知らなかった」と批評する。

現代日本の専守防衛は見方を変えれば「戦わずして勝つ」を至高とする孫子兵法そのものだ。そして軋轢を深める中国は孫子の国。今再び「孫子」を熟読するべき時がやってきたと言えるのではないだろうか。

英オックスフォード大で学んだ米軍人の目を通せば、また違った「孫子」が立ち現れてくるはずだ。（日経BP社刊、2700円）

「夏休みちびっ子大会」を支援して

3陸曹　三宅　優子（109教大314共通教育中隊・大津）

私は8月3日、曹友会行事として行われた「夏休みちびっ子大会」を初めて支援しました。

小学生くらいの子供と普段接する機会はなかなかないので、当日は子供たちを前に新鮮な気持ちで支援作業に取り組めました。

気軽に話しかけてくる子供や、元気に遊ぶ子供たちと接し、この駐屯地での体験が良い思い出になってくれればと思いました。イベントはスイカ割り大会などいろいろあり、途中、注意したり教えたりすることもありましたが、子供たちの目線で対応することの大切さを改めて知りました。

今後も曹友会の一員として、積極的に活動に参加していこうと思いました。

駐屯地の「ちびっ子大会」でスイカ割りを楽しむ子供たち

OBがんばる

春名　正徳さん　55
平成25年6月、空自1空団（浜松）司令部を退職（准尉）。浜松ホトニクス豊岡製作所に就職し、工場内の環境整備と産廃処理に当たる。

資格取得で早めの準備

私は定年退職の8年前に浜松基地の援護室に転属となりましたが、それまでは定年後のことはあまり考えていませんでした。しかし、援護室勤務となると先輩方の希望する会社への再就職の厳しさを目の当たりにし、自分も再就職に向けて役立つよう、電気、危険物、ボイラーなどの資格を「4半期に一つ」を目指し、取得してきました。

私が退職した平成25年度は定年退職者が全国的に多く、また求人も少ない厳しい状況でしたが、定年2カ月前に希望業種の求人があり、これまでの多くの資格取得の努力が認められ、就職することができました。

当社は半導体レーザー、フォトダイオード、光電子増倍管、分析用光源など光関連で高い技術を持ち、私が勤務する豊岡製作所も光電子増倍管で世界シェアの約90%を誇る会社です。

私の仕事は工場内の環境整備と産廃処理ですが、国内・海外からのお客様も多く、常に環境整備には気をつけています。また、年間を通じての芝の刈り込み、庭木の剪定などは、夏は炎天下、冬は凍てつく寒さの中で行っています。仕事は大変ですが、社員の方や地域の住民の方々から「きれいになりましたね」と言われるとうれしく、その一言が毎日の仕事の励みになっています。

これから退職される方は、希望職種をより多く選定できるよう、少しでも早くから準備して多くの資格を取得し、再就職を有利にしてください。

朝雲・栃の芽俳壇

畠中草史　選

遅れ来るバス待つ列に残暑かな　小牧・陸OB　松岡　魚青
予定の時刻に来ないバスを待つのは辛いものがある。そこを季題が埋めて余りある。

庭師来て涼しき風を残し行く　熊谷・空OB　明田　真雅
庭師が整えてくれた庭の眺めは気持が良い。手入れが済んで風の通る道も出来て涼しい。

トンネルを抜けて信濃路蕎麦の花　浜松・空OB　富本　立勇

豆しぼりりりしく結へる祭髪　熊谷・空OG　佐藤　玲美

香水や母の形見の桐箪笥　東京・海OG　折口　桂子

コンバイン穂麦底なく呑み進む　熊谷・空OG　塚本　恵玉

網に添ひ引くも引かぬも稚児の山車　千葉・空OB　榎　利風

香水は小さき冒険紅を濃く　千葉・陸OG　佐賀あかり

滝飛沫逆巻き人を寄せつけず　大阪・空OB　高木　智念

朝採りの西瓜冷やして孫を待つ　善通寺・陸事務官　平田　文

常濡れの巌にはんなり岩煙草　入間・空OB　藤井　功風

シスターの裳裾を濡らす夕立かな　大津・陸OB　丸岡　正男

屋上に涼みがてらの遠花火　熊谷・空OB　蓮佛志向子

戦争を知る母強し暑に耐ふる　熊谷・空OG　関谷　桂子

朗々と村長歌ふ盆踊　浦安・海OB　晴山　雅之

古里の青領えぐりし地震豪雨　今治・陸OB　時谷　白涛

新涼や毬藻を覗く遊覧船　江別・陸OB　鎌田日出雄

野分あと庭に折枝置き忘れ　熊谷・空OG　高橋ふみ子

妻好むワインを交はす小望月　新座・陸OB　船田藤三郎

動く事拒む熱さとなりにけり　熊谷・空OG　福元万理子

秋声と妻の話を聞きて寝る　府中・空自衛官　村上　智樹

朝顔を見て一日の始まりぬ　青梅・一般　青柳　富也

親友の訃報とどきし遠花火　西東京・空OB　水島　孝雄

立秋の小屋の裏手に風通る　千葉・陸OB　川又　勝彦

選者作品

火の神を祀れる土間の涼しかり

投句歓迎！

▽郵便はがきの裏面に未発表の自作3句以内と氏名、年齢、職業（自衛官・事務官＝所属部隊＝、OB、家族、一般など）、住所、電話番号を記入▽締め切り毎月15日▽宛先＝〒162-8801 東京都新宿区市谷本村町5の1 防衛省D棟市ヶ谷記者クラブ朝雲俳句係☎03(5225)1750、専用線8・6・25515

詰将棋

出題　日本将棋連盟　九段　石田　和雄

第681回出題

先手　持駒　銀銀

【ヒント】初手、三手の組み合わせが肝心。（10分で初段）

▶詰碁、詰将棋の出題は隔週です◀

詰碁

出題　日本棋院　九段　曲　励起

第1096回解答

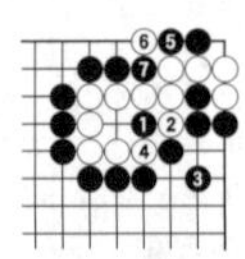

【解答図】黒先、白死

黒❶が大切です。白②黒❸、白④の時、黒❺でよく、白⑥なら黒❼で白死です。

朝雲

発行所 朝雲新聞社
〒160-0002 東京都新宿区
坂町26番地19 KKビル
電 話 03(3225)3841
FAX 03(3225)3831
振替00190-4-17600番
定価一部170円、年間購読料
9000円（税・送料込み）

高級幹部異動

統幕長に河野海将

武居海幕長、井上横総監

河野克俊統幕長

武居智久海幕長

井上力横須賀総監

堂下哲郎舞鶴総監

政府は10月7日の閣議で、岩崎統合幕僚長の退職を承認し、後任の統幕長に河野克俊海上幕僚長を充てる人事を了承した。これに伴い、海幕長に武居智久横須賀地方総監、その後任に井上力舞鶴地方総監が就任する。関連して、自衛艦隊司令部幕僚長の堂下哲郎海将補を海将に昇任させ、舞鶴地方総監に充てる。いずれも10月14日付。

防衛省発令

▽統合幕僚長（海上幕僚長）　海将　河野　克俊
▽海上幕僚長（横須賀地方総監）　同　武居　智久
▽横須賀地方総監（舞鶴地方総監）　同　井上　力
▽舞鶴地方総監（自衛艦隊幕僚長）　同　堂下　哲郎
▽退職を承認（統合幕僚長）　空将　岩崎　茂
▽海幕指揮通信情報部長（情報本部統合情報部長）　海将補　益田　徹也
▽自衛艦隊幕僚長（海幕指揮通信情報部長）　同　大塚　海夫
▽海将に昇任（自衛艦隊幕僚長）　同　堂下　哲郎
▽海将補に昇任（情報本部統合情報部長）　1海佐　益田　徹也
（以上10月14日）
〈以上閣議承認人事〉

河野　克俊（かわの・かつとし）統幕長　防衛大21期。昭和52年海自。平成3年2佐、8年1佐、14年将補、20年海将。海幕防衛課長、3護衛隊群司令、佐世保地方総監部幕僚長、海幕監理部長、同総務部長、同防衛部長、掃海隊群司令、護衛艦隊司令官、統幕副長、自衛艦隊司令官などを経て、24年7月海上幕僚長。神奈川県出身。59歳。

武居　智久（たけい・ともひさ）海幕長　防衛大23期。昭和54年海自。平成5年2佐、10年1佐、16年将補、22年海将。1護衛隊司令、海幕装備体系課長、同監理部副部長、統幕指揮通信システム部長、呉地方総監部幕僚長、海幕防衛部長、大湊地方総監、海幕副長などを経て、24年7月横須賀地方総監。長野県出身。57歳。

（堂下海将、益田海将補の略歴は次号）

本号は10ページ

2面　江渡大臣が初訪沖、知事と会談
3面　御嶽山災派　火山灰との格闘続く
4面　海自、相次いで共同洋上訓練
5面　〈厚生・共済〉えらべる倶楽部・秋号
6面　40歳代向けライフプランセミナー
7面　〈部隊だより〉高田開府400年祭
8面　〈地方防衛局〉菅官房長官が岩国視察
9面　アジア大会メダリストが凱旋報告
10面　〈みんなのページ〉殉職慰霊碑に思う

台風後のぬかるんだ御嶽山の神社前で防護楯を装備し、不明者の捜索に向かう陸自隊員。左上は山頂（10月7日）

CH47の輸送力活用

御嶽山の捜索続く　12旅団主力330人

9月27日に噴火した御嶽山（長野・岐阜県境、3067メートル）の山頂付近で、陸路と上空から不明者の捜索に当たっている12旅団主力の自衛隊は10月7日朝、天候の回復を待って3日ぶりに捜索活動を再開し、新たに3人を収容した。これで死者は54人となり、火山災害としては1991年と93年に計44人の死者・行方不明者を出した長崎県の雲仙・普賢岳の火砕流被害を超える戦後最悪の惨事となった。

（3面にグラフ）

大雨、ぬかるみの中

自衛隊は7日現在、約330人態勢で車両約90両、航空機15機を投入。13普連（松本）や2普連（高田）を中心とした徒歩部隊と、12ヘリ隊（相馬原）のUH60JAヘリが引き続き活動を行っているほか、1日からは同隊のCH47大型輸送ヘリが初めて投入され、心肺停止者の収容、搬送に当たっている。

CH47は大量の輸送力を生かし、1日には約190人、4日には約100人の隊員を山頂付近に運ぶなど、機動的な捜索活動に貢献している。

一方、自衛隊と消防、警察による約1000人の合同捜索隊は7日、これまで登山道付近などに限定していた捜索範囲を山頂付近全域に拡大。杭とロープで細分化した区画ごとに探索棒や金属探知機を使って徹底的に調べていく方法で、噴石の下敷きとなったり、火山灰に埋もれたりしている遭難者の発見に全力を挙げている。

山頂付近は台風18号の影響で火山灰が流れ出し、表面が凍ってぬかるむ中、隊員たちはひざまで埋もれながら泥濘化した火山灰を手作業でかき分け、懸命の活動を行っている。

残る行方不明者数は十数人（7日現在）とみられるが、正確な人数はつかめていない。

アジア大会

体校選手メダル10個

陸上競歩で谷井2曹「金」

第17回アジア競技大会（韓国・仁川）が10月4日、閉幕した。過去最多の23人が挑んでいた自衛隊体育学校（朝霞）の選手は、陸上50キロ競歩で谷井孝行2曹が優勝するなど、個人・団体合わせ10個のメダルを獲得した。

（9面に関連記事）

50キロ競歩では谷井2曹が気を吐いた。スタート直後から先頭に立つと、5キロ、10キロと首位を維持。20キロすぎに体校同僚の山崎勇喜3陸尉に並ばれたが、終盤の40キロすぎに引き離し、日本歴代2位の好タイム（3時間40分19秒）でゴールした。

競歩でアジア大会初の金メダルを獲得した谷井2曹は大会後、「思い描いていた通りのレースができた」と振り返った。

このほか、レスリング・グレコローマン80キロ級で鶴巻宰1陸尉が銀、ボクシング・ライトウエルター級で川内将嗣2陸尉が銅、近代五種個人で岩元勝平3陸曹が銅メダルをそれぞれ獲得した。

大会は9月19日に開幕、45の国・地域の選手が36競技439種目で競った。日本選手のメダル獲得数は200個（金47、銀76、銅77）で国別順位は3位。1位は中国、2位は韓国だった。

陸上50キロ競歩を制し、競歩で大会初の金メダルを獲得、日の丸を背に広げる谷井2曹（10月1日、仁川市で）

日本の誇る装備品を展示

防衛省、ASEAN各国にPR

防衛省は9月25日、東南アジア諸国連合（ASEAN）各国の政府関係者を招いて同省講堂で防衛装備品の展示会を開催し、日本の誇る高い技術力をアピールした。

外務省主催の「海洋安全保障・災害救援能力構築支援セミナー」の一環として開かれたもので、各国の外務・防衛当局から局長・課長級など約20人が参加、日本を代表する防衛産業7社の装備品を視察した。

開会に当たり左藤副大臣があいさつ。「日本とASEAN各国との信頼関係の構築は地域の安全保障を安定化させる観点からも重要だ」と述べ、技術協力を通じた安全保障関係の強化を強調。

その上で「日本政府は今年4月、（武器輸出三原則に代わる新たな）防衛装備移転三原則を策定し、日本とASEANの協力機運が高まっている。日本の高い技術力と多様な装備品に関心を持ってほしい」と呼びかけた。

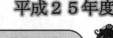

ASEAN各国の政府関係者に日本の装備品をアピールする左藤副大臣（壇上）＝9月25日、防衛省で

会場には三菱重工業、川崎重工業、三菱電機、富士通、NEC、日立、藤倉航装の各社がブースを設置。オートバイや救命胴衣などの実物のほか、装甲車や地雷処理装置、07式機動支援橋などの模型を展示し、性能などについて説明を行った。

防衛装備移転三原則では厳格な審査のもとで我が国の安全保障や平和貢献、国際協力の推進につながる場合に限って装備品の輸出が認められることになり、防衛省ではシーレーン確保の観点からASEAN諸国と装備品協力を通じて関係強化を図りたい考えだ。

大臣6次隊を激励

隊長とテレビ会談　南スーダン

江渡大臣は9月26日、南スーダンで国づくり支援のPKO活動を行っている陸自派遣施設隊6次隊（5旅団主力の約400人）の隊長を務める野村昌二1佐とテレビ電話を通じて会談し、現地で汗を流す隊員を激励した。

防衛省と現地を衛星回線で結んだスクリーンには野村隊長が映し出され、江渡大臣が「6次隊の活動を大変頼もしく感じている」と述べると、野村隊長は「大きなケガや病気もなく、全員元気でやりがいを持って任務にまい進している」と答えた。

治安情勢について野村隊長は「北部は依然として政府軍と反政府勢力の小競り合いが散発的に続いているが、自衛隊が拠点としている南部のジュバ市周辺は平穏な状況だ」と説明。その上で、「我々の活動が南スーダンの国民の安全に結びついているという確信のもと、全隊員が一丸となり、高い志を持って活動を継続したい」と語った。

6次隊は今年6月中旬に5次隊から任務を引き継いだ後、昨年末の政情不安以来、半年ぶりに国連施設外での活動を再開。ジュバ市内の道路補修や排水溝の整備をはじめ、避難民保護地域の敷地造成や外周路の整備、国連施設の整備・強化などを行っている。

大臣は「どのような事態にあってもしっかり対処できるよう準備と手順確認を怠らず、活動してほしい」と励ました。

春夏秋冬

韓国の軍神

黒田　勝弘

韓国でこの夏（7月）以来、映画『ミョンリャン（鳴梁）』が観客動員で史上最高の約1800万人（9月末）を記録した。韓国ではよく1000万突破の映画があるが、人口5000万の国でこの数字はすごい。

赤ちゃんから爺ちゃん、婆ちゃん、寝たきりを含め国民の3人に1人以上が映画館に出かけこの映画を見た計算になる。実際は1人で何回も見たリピーターがいるというが、それにしてもこの集中ぶりは尋常ではない。何か一つの関心で国民がワーッとなりやすい韓国社会の体質を物語っている。

映画だからいいようなもので、政治や外交問題などでこうなると「手が負えないだろうなあ」と気になるところだ。

この映画は16世紀の李朝時代を背景にした歴史モノだ。〝明征服〟を夢見た豊臣秀吉軍の朝鮮出兵の際、日本の水軍を迎え撃った韓国水軍の雄、李舜臣の話で、その派手な海戦シーンが映画の売り物になっている。李舜臣の指揮の下、日本軍を撃退する勝利の物語が観客の快感を誘う。

韓国で幾度となく映画やドラマになっている話なので筆者は〝韓国版・忠臣蔵〟といっているが、今回の爆発的関心の背景には映画の舞台となった海戦現場の「鳴梁」が、先の「セウォル号沈没事故」の現場近くであることも影響したかもしれない。

あの海域は多島海で潮流の変化が激しい。李舜臣はこの地の利を生かし、わずか13隻で300余隻の日本軍を撃退したという話だから韓国人にとっては拍手喝采の映画だ。

李舜臣はその後の海戦で戦死し、日本軍の朝鮮半島上陸を阻止したわけではないが、日本水軍を苦しめた名将であったことは間違いない。

李舜臣にまつわるエピソードは20世紀初めの日露戦争の際、日本海海戦でよみがえる。

韓国南部でロシアのバルチック艦隊を待ち伏せしていた日本の連合艦隊は、出撃にあたってこの地の海の軍神・李舜臣の霊に戦勝を祈ったというのだ。

この話は司馬遼太郎の『坂の上の雲』に紹介されている。それによると明治の日本海軍は李舜臣を世界海戦史の名将として尊敬し、その業績や戦術を研究し教えていたという。今も江田島ではそうなのだろうか。

（くろだ・かつひろ＝産経新聞ソウル駐在客員論説委員）

朝雲寸言

このままでは896の自治体が消滅しかねない――。そんな衝撃的な将来を予測した『地方消滅』（中央公論新社）というタイトルの本が売れているという▼人口を再生産することのできる20～39歳までの若年女性人口に着目し、出生率と東京圏への人口移動を加味した上で、彼女たちが2010年の国勢調査に比べ、40年の時点で半減するのが、全国で896自治体に達するという推計である▼調査した日本創成会議（座長＝増田寛也・元岩手県知事）は、これら自治体を「消滅可能性都市」と名付け、こうした〝不都合な真実〟を、私たち国民が冷静に認識し、さまざまな手立てを講じる必要があると指摘している▼青森や岩手、秋田など5県では、実に県内の8割を超す市町村が消滅可能都市だ。その一方で気づいたことがある。北海道千歳市、青森県三沢市、鹿児島県鹿屋市、宮崎県都城市など自衛隊の基地や駐屯地のある町の多くは、消滅可能性都市にはなっていないのだ▼全国に点在するが故に、財務当局からは非効率と批判されてきた陸自の駐屯地だが、地方創生の視点から見直されてもいいのではないか。折しも御嶽山の噴火災害では、先陣を長野の松本駐屯地が務め、続いて新潟の高田駐屯地が救助に駆け付けた▼大切なことは、近傍災害に即応し、防衛行動にも対応できる体制、つまり輸送力と機動力を強化すること。それが地方消滅にも対抗できる有効な戦略となる。

時の焦点

国内　国土強靭化

ソフト重視の再点検を

戦前から戦後の高度成長期まで新聞界を牽引した正力松太郎は、ニュースを追うだけでなく、自ら大きなイベントを仕掛け、話題をつくることで、社主を務めた読売新聞の部数拡大を図った。その一つに、伊豆大島の三原山の探検がある。1933年4月のことだ。

当時、火口に飛び込む自殺者が相次いだことから、火口の実態を報じれば自殺防止につながるというのが、探検の名目だった。クレーンに吊したゴンドラで記者が300メートル以上も下降して書いたルポは、大いに反響を呼んだというが、現在では考えられない無茶な取材であろう。

先月27日に起きた木曽の御嶽山の噴火では、自衛隊や警察の救助活動も虚しく、戦後最悪の犠牲者を出した。機器に影響を与える恐れのある火山灰は、取材用のヘリコプターの接近を許さない。

2011年の東日本大震災以降、日本列島は災害多発期に入ったとも言われ、地震、噴火、台風、豪雨が、頻々と列島を襲う。8月20日の広島市の土砂災害でも、多くの人命が失われた。

自民、公明両与党は東日本大震災の後、国土強靭化と称し、災害に強い国土づくりに取り組もうとはしているが、今一度、政策の再点検が必要な場面ではないか。

厳しい財政状況のもとで、公共事業の焼け太りと批判されるやり方では限界がある。噴火対策でも、避難壕を作るだけでは不十分だ。予知から警報に至るソフト面での対策強化の方が、被害を小さくするには費用対効果が大きいはずだ。政治家が選挙本位の発想で、目につきにくいソフト面より、成果を誇示しやすいハード面ばかりに予算を流す悪弊を断ち切らないと、真の意味の国土強靭化はおぼつかない。

災害多発期の「公」と「私」の関係をどう考えるかという点も、与野党の枠を超え、一致した方向性を示すことが望ましい。広島の土砂災害では、危険区域の指定のあり方が問題になった。指定にかかわる行政側の人員不足や資産価値の低下を嫌う住民側の抵抗で、適切な指定が行われていない場所は全国にある。

火山の麓、天井川沿いの住宅、木造密集地など、災害で建物や人命が損なわれれば、その影響は直接の被災者だけでなく、地域全体に財政面などで打撃を与えることにもなる。土地をめぐる「私権絶対」の考え方を変えるには、政治のイニシアチブが求められる。

1969年のきょう、10月9日に亡くなった正力は、科学報道の重要性にいち早く着目した人物でもある。南極への記者派遣、鳴門海峡の水中調査、新聞社自前の潜水艦による日本近海の深海探査など、話題づくりが狙いではあっても、学術的な貢献度も大きかったという。科学の説得力をもって読者をひきつけた手法は、災害多発期に政治家が国民に発想の転換を訴えかける際にも、応用可能かもしれない。

東雲　次郎（政治評論家）

海外　イラン核問題

欧米弄すペルシャ商人

欧米など6カ国とイランによるイラン核開発問題の協議は、11月24日に交渉期限が来る。最終期限は7月20日だったはずなのに、ウラン濃縮用の遠心分離機の規模をめぐり対立が解けず、さらに4カ月延長されていた。

7月の交渉では、「依然、本質的な相違点が残るが、幾つかの分野で進展もあった」（米政府）とされていたが、9月にニューヨークで行われた交渉でも「どの主要問題でも合意はできていない」（ロウハニ・イラン大統領）のが実情で、11月までに欧米の意向に沿った決着がつく保証は何もない。

交渉にかけては一枚上手の「ペルシャ商人」が欧米を振り回し続けている印象で、事実、イランは既に多くの成果を得た。

例えば、国際通貨基金（IMF）の予想では、イランの国内総生産（GDP）は2014年に1－2％の伸びになる見通し。また、14年3月21日－8月21日の5カ月間に貿易額は136％の増加を示した。

米政府が同国を核交渉のテーブルに着かせるために、約70億ドル相当の制裁緩和を約束したりした効果で、仮に同国の意図が経済立て直しだとすれば、包括的合意の成否に関係なく、もう目標は達成した。

勢いは経済に限らない。7月の交渉の直前、国連の極秘報告書が明らかになった。それによると、イランは3月、武器禁輸措置に反し、ロケット砲などの兵器をスーダンに輸出した。スーダン経由ガザに向けたものだった。

エド・ロイス下院外交委員会委員長（共和）は「国際的制裁措置の制約を解かれた同国を想像するとぞっとする」と危機感を表明する。

国防総省が1月にまとめたイランの「評価報告」も、同国のホルムズ海峡における軍備増強に警告した。最新鋭の機雷、小型で高性能の潜水艦、対艦弾道ミサイルなどを配備して、同海峡支配への強い姿勢が明確なのだ。

欧米は、もしイランが核交渉での合意に違反すれば、一度は緩和した制裁措置を再び実施に戻すとしているが、ナンセンスである。

一度緩和されたら、それを再び元の規模、基準に戻して改めて制裁実施など、一朝一夕にできるわけがない。同国への圧力として実効を上げるのは不可能だろう。

オバマ大統領は残る任期が約2年。大統領として歴史に刻む功績が気になる時期だ。このため、イラン指導部がオバマ氏の足元を見て、「悪い取引でも取引がない現状よりはいい」と受け入れると踏んでいる、との見方も米国内には根強い。

オバマ大統領は9月24日、国連総会で演説したが、イランの核兵器保有を阻止するという従来の公約に全く言及しなかった。この事実は、不気味な方向を示してはいないだろうか。

イランの交渉戦術は終始一貫、核兵器開発までの時間稼ぎの狙いが濃厚で、結局、交渉はイランが核兵器を得るまで続いていく懸念すらある。

草野　徹（外交評論家）

江渡大臣が初訪沖

知事と会談　基地負担軽減に全力

沖縄県の仲井真知事（テーブル右側中央）と会談する江渡大臣（同左側中央）＝9月22日、那覇市内のホテルで（防衛省提供）

江渡防衛相は9月22日、大臣就任後初めて沖縄県を訪れ、仲井真知事と会談、米軍普天間飛行場（宜野湾市）の5年以内の運用停止を目指すことなど、基地負担軽減に全力で取り組む姿勢を強調した。

仲井真知事は「政府には沖縄の過重な米軍基地による負担の解消に向けて取り組んでほしい」と述べ、普天間飛行場の5年以内の運用停止のほか、同飛行場に配備されている垂直離着陸輸送機MV22オスプレイ全24機を県外に移すことなど11項目の要望書を江渡大臣に手渡した。

これに対し大臣は「沖縄県の要望を県民の皆さんの要望として真摯に受け止め、可能な限り目に見える形で負担軽減に努めていきたい」と述べ、理解を求めた。

会談後の記者会見で大臣は「安倍内閣は『できることは全てやる』との方針だ。我々もできるところから取り組み、皆さまの要望に応えながら、目に見える形で（基地負担軽減を）着実に進めていきたい」と述べた。

また、オスプレイの県外移設については「佐賀県をはじめ、可能な限り汗を流していきたい。本土のいろいろな自治体ともこれから話し合いをしなければいけない。負担軽減を国全体として考えていくことが一番大切だ」と答えた。

大臣は翌23日、普天間飛行場のほか、牧港補給地区、キャンプ瑞慶覧（西普天間住宅地区）、平和祈念公園を視察。その後、空自のCH47輸送ヘリに搭乗して上空から沖縄本島の地勢を確認した。

下士官交流に意欲

宮前曹長　15カ国と意見交換

WPNS

【海幕】海自先任伍長の宮前稔明曹長は8月18日から22日までマレーシアの首都クアラルンプールで開かれた「西太平洋海軍シンポジウム（WPNS）」に参加。各国海軍の上級下士官と交流を深めた。WPNSは加盟各国海軍との連携強化と上級下士官のリーダーシップ開発、制度に関する情報交換の場として2007年から開催されている。

6回目となる今回は15カ国が参加、「優秀に向けての革新」などをテーマに各国代表が意見交換した。

宮前曹長は海自における新隊員の現状やコミュニケーションの方法について発表。期間中、各国の上級下士官と絆を深めた宮前曹長は、「お互いに情報を共有し、より良い下士官制度を築いていくために、今後も積極的に交流し友好を深めていきたい」と話していた。

気象レーダー換装

大湊で落成式　観測範囲240キロに

【25空＝大湊】25航空隊（司令・石川一郎1佐）は8月29日、大湊地方総監部の北西に位置する障子山（標高863メートル）山頂に設置している気象レーダーの換装を記念し、落成式を行った。

気象レーダーは2次元的な旧観測レーダー（昭和59年に装備）の老朽化に伴い、最新式のものに換装され、最大観測範囲は約240キロに広がった。

特に「Xバンド」と呼ばれるマイクロ波により、降水の強度・移動速度、風向風速、雷雲の移動予測、シアライン（風の収束帯）、ダウンバースト（急激な下降流）などを観測でき、飛行中の航空機の安全運航などに寄与できる。

さらに、レーダーで観測された降水域は「JWS」と呼ばれる自衛隊独自の気象システムにも連接し、全自衛隊駐屯地・基地で確認することができるようになった。

大湊地区は夏は海霧、冬は降雪と天候が急変する複雑な気象特性を有するため、新気象レーダーの部隊への貢献が期待されている。

落成式には霧雨が降る中、石川司令をはじめ73航空隊大湊航空分遣隊長の古川憲二3佐ら関係者が出席した。

気象レーダー（奥）の換装を記念し、落成式を行った石川司令（前列中央）をはじめ関係者（8月29日、障子山で）

中国軍Y9初視認

尖閣沖東シナ海　空自機スクランブル

中国空軍のY9情報収集機型1機＝写真＝が10月3日、尖閣諸島沖の東シナ海を飛行したため、空自南混団（那覇基地）のF15戦闘機などが緊急発進して対応した。領空侵犯はなかった。

統幕は同日、空自機が撮影したY9の写真と航跡図を公表した。

対領空侵犯措置任務の空自機によってY9が視認されたのは初めて。同型機は「Y8」輸送機（旧ソ連のアントノフAn12輸送機が原型）をベースに、中国軍が最近になって独自開発した多用途中型輸送機で、水平尾翼の端に補助垂直安定板があるのが特徴。

今回飛来した9221号機はその派生型となる情報収集機型で、機首や後部側面などにアンテナを装備している。

東シナ海では2008年ごろから中国艦艇による列島線越えが活発化。10年に初めてY8早期警戒機型が空自機によって視認されたのを皮切りに、中国軍機が日中中間線を越えて尖閣諸島周辺に接近するケースが増加している。

中国機Y9航跡図（10月3日）

露艦艇12隻が宗谷海峡西進

10月2日午前6時ごろから3日午前8時ごろにかけ、露海軍の「スラバ」級ミサイル巡洋艦など12隻が、北海道・宗谷岬の北東約80キロのオホーツク海から日本海に向け西航しているのを、海自2空群（八戸）のP3C哨戒機と15護衛隊（大湊）の護衛艦「おおよど」が確認した。

12隻は①「ウダロイⅠ」級ミサイル駆逐艦2、「オビ」級病院船1、「ネフテガズ」級航洋曳船1②「グリシャⅤ」級フリゲート1、「アルタイ改」級補給艦2③「スラバ」級1④「グリシャⅢ」級フリゲート1⑤「ユグ」級海洋観測艦1⑥「ソブレメンヌイ」級ミサイル駆逐艦1、「ソルム」級航洋曳船1－の6派に分かれて航行。12隻は宗谷海峡を西進して日本海に入った。

9月下旬にも13隻確認

9月22日午後6時ごろ、露海軍の「グリシャ」級フリゲートなど13隻が北海道・宗谷岬の北約[illegible]キロのオホーツク海上を航行しているのを、2空群のP3C哨戒機が確認した。

13隻の内訳は「グリシャⅤ」2、「タランタル[illegible]級ミサイル護衛哨戒[illegible]「アリゲーターⅣ」級[illegible]プチャーⅠ/Ⅱ」級揚陸艦各1、「ソニア」級掃海艇2。これら艦[illegible]その後、宗谷海峡を通[illegible]日本海に入った。

◇職能センター入所案内

公務災害で負傷・疾病し、障害が残った隊員の円滑な社会復帰を支援している自衛隊中央病院の「職業能力開発センター」は平成27年度（第60期生）の募集概要を発表した。

▽入所対象＝自衛官・事務官・防衛省職員

▽履修科目＝パソコン操作関係（プログラム開発科、情報システム科、建築設計科、機械設計科、一般事務科）、木製小物家具作成（木工科）

▽期間＝①＜1年コース＞27年3月下旬～28年3月上旬②＜前期6カ月コース＞27年3月下旬～9月上旬③＜後期6カ月コース＞27年9月中旬～28年3月上旬

※②③は一般事務科

▽相談窓口＝＜陸自＞中地業務隊（賠償・補償担当）、＜海自＞基地業務担当部隊（厚生担当）、＜空自＞基地業務担当部隊（厚生担当）

▽問い合わせ＝中央病院ホームページhttp://www.mod.go.jp/gsdf/chosp/の職業能力開発センターまで。

人事異動

2、3海佐

▽3術科学校主任教官（海幕施設課）2佐　赤木俊仁▽東京業務隊副長（補給本部）秋元康浩▽3術科学校研究部員（3術科学校）池廣雅彦▽12検査隊長（補給本部）井上順二▽横須賀地方総監部経理課長（横須賀弾薬整備補給所）井上直人▽203教育航空隊副長（航空プログラム開発隊）今村靖弘▽教育航空集団幕僚（航空補給処）岩本正行▽4術科学校主任教官（4術科学校）氏原孝啓▽大湊地方総監部経理課長（舞鶴地方総監部監査課）江口和宏▽1整備補給隊副長（航空集団司令部）大西浩一▽横須賀病院衛生管理課長（横須賀病院）岡林俊貴▽厚木運航隊長（下総航空基地隊）日下学▽海幕技術課航空武器技術班長（兵庫地方協力本部）久津輪真理▽佐世保弾薬整備補給所整備1部長（補給本部）工藤尚武▽くろべ艦長（海幕防衛課）久保田修一▽補給本部艦船整備課長（同艦船・武器課）奥山裕一郎▽佐世保海上訓練指導隊船務航海科長（はるさめ）織戸邦明▽212飛行隊長（21航空隊）興梠拓朗▽海幕装備需品課衣糧班長（4術科学校）篠崎太一▽はるさめ艦長（やまぎり）高須賀政信▽4術科学校学生隊長（4術科学校）篠田靖彦▽51飛行隊長（5航空隊）尺田隆二▽1術科学校主任教官（おおすみ）田中久行▽231整備補給隊長（1術科学校）田中学▽241飛行隊長（24航空隊）城元一利▽11飛行隊長（1航空隊）酒井尚久▽補給本部有償援助調達課長（補給本部）杉山東介▽航空集団幕僚（203教育航空隊）長尾栄作▽むろと副長（海幕防衛課）杉山靖浩▽やまぎり艦長（護衛艦隊司令部）坂口淳▽51航空隊計測隊長（3航空隊）柘尚人▽岩国航空基地隊副長（佐世保地方総監部防衛部）亀濱盛貴▽横須賀弾薬整備補給所副所長（呉造修補給所）藤井真▽航空集団幕僚（31整備補給隊）藤本好央▽航空プログラム開発隊副長（航空集団司令部）宮野健一▽202教育飛行隊長（202教育航空隊）藤森丈士▽201教育航空隊副長（201教育航空隊）平野吉高▽横須賀造修補給所消磁所長（佐世保弾薬整備補給所）平山惠教▽5整備補給隊副長（51航空隊）古澤康彦▽4航空群幕僚（31整備補給隊）松本健▽八戸航空基地隊副長（202教育航空隊）古瀬伸彦▽補給本部艦船補給課長（横須賀地方総監部経理課）廣崎正秋▽呉造修補給所計画調整部長（海幕装備需品課）林繁治

▽補給本部武器補給課長（同）山下誠▽海上訓練指導隊群幕僚（幹部学校）本松伸一▽72飛行隊長（72航空隊）百崎邦彦▽航空管制隊企画審査隊長（厚木航空基地隊）吉田孝幸▽教育航空集団幕僚（教育航空集団司令部）山田健一▽補給本部武器整備課長（横須賀造修補給所）吉井一真▽201教育飛行隊長（201教育航空隊）林太郎▽3列線整備隊長（4航空群司令部）長谷川一成▽航空補給処航空武器整備課長（5整備補給隊）菊地憲章▽岩国運航隊長（航空集団司令部）3佐　市川友一▽自衛艦隊幕僚（21航空隊）伊藤岳仁▽教育航空集団幕僚（航空プログラム開発隊）伊藤烈▽1術科学校教官（211教育航空隊）岩佐一典▽はりま船務長（1術科学校）上野裕二

▽保全監査隊通信監査科長（システム通信隊群司令部）魚住知輝▽312検査隊長（24航空隊）碓井知明▽5航空群幕僚（海幕人事計画課）内田圭治▽4航空群幕僚（5航空隊）梅木久司▽東京業務隊車両科長（3術科学校）浦霧寛樹▽4術科学校研究部員（佐世保造修補給所）太田茂▽73列線整備隊長（海幕援護業務課）岡崎邦彦▽小月教育航空群幕僚（下関基地隊）樫山広次▽72列線整備隊長（51航空隊）門則道▽1術科学校教官（艦艇開発隊）河原博成▽補給本部副会計監査官（情報業務群司令部）神吉健介▽那覇管理隊長（舞鶴地方総監部防衛部）北裏鋼治▽航空集団幕僚（海幕装備需品課）北村穣次▽下関基地隊総務科長（壱岐警備所）京直樹▽311検査隊長（教育航空集団司令部）久保田幸生▽24航空隊総務室長（202教育航空隊）甲本智裕

▽佐世保造修補給所企画調整科長（海幕技術課）佐々木修▽下総教育航空群幕僚（4航空群司令部）佐々木和徳▽203電子整備隊長（統幕指揮通信システム企画課）佐々木裕二▽そうりゅう副長（2潜水隊群司令部）佐藤純▽31航空群幕僚（海幕経理課）佐藤哲平▽下総運航隊長（下総航空基地隊）佐藤全彦▽2武器整備隊長（海幕艦船・武器課）司馬正博▽4術科学校教官（艦船補給処）清水勝▽航空集団幕僚（岩国航空基地隊）下忠広生▽大村管理隊長（厚木航空基地隊）菅原俊一▽情報業務群幕僚（情報本部）杉田淳▽小月教育航空群幕僚（71航空隊）鈴木秀男▽5航空機整備隊長（海幕航空機課）添谷拓晃▽1術科学校整備課長（23航空隊）田岡良英▽岩国厚生隊長（横須賀弾薬整備補給所）髙松浩三

▽4護衛隊群幕僚（21航空隊）田川謙二▽南鳥島航空派遣隊長（61航空隊）竹川貞文▽ありあけ砲雷長（艦艇開発隊）近石則雄▽小月教育航空群幕僚（保全監査隊）土井岳人▽4航空機整備隊長（3術科学校）枚椙木一宏▽護衛艦隊幕僚（作戦情報支援隊）富山義信▽艦艇開発隊総務科長（情報本部）中里隆博▽1武器整備隊長（徳島教育航空群司令部）中西めぐみ▽舞鶴システム通信隊副長（保全監査隊）中村真也▽佐世保海上訓練指導隊訓練科長（佐世保海上訓練指導隊）西川一喜▽21列線整備隊長（73航空隊）西田有志▽21航空群幕僚（下総航空基地隊）西山健二▽1術科学校教官（幹部学校）野中義弘▽同（はりま）橋本俊浩▽舞鶴地方総監部監査課長（海幕装備需品課）長谷川健太郎

▽下関基地隊造修科長（1術科学校）長谷川哲雄▽ありあけ飛行長（23航空隊）長谷川裕之▽1術科学校教官（5航空群司令部）早川武雄▽保全監査隊教育科長（小月教育航空群司令部）原田明▽艦船補給処契約課長（海幕厚生課）平田法臣▽八戸厚生隊長（艦船補給処）二渡剛▽4術科学校教官（舞鶴地方総監部経理課）松尾孝昭▽下総システム通信分遣隊長（舞鶴システム通信隊）松田幸子▽1術科学校教官（指揮通信開発隊）松平晃典▽2術科学校教官（技術研究本部）丸田和彦▽3術科学校教官（東京地方協力本部）三上明雄▽31航空群幕僚（81航空隊）明道和憲▽横須賀基地業務隊総務科長（横須賀基地業務隊）向山実▽徳島教育航空群幕僚（1整備補給隊）村上友孝

▽呉造修補給所水中武器科長（海幕艦船・武器課）村上将也▽壱岐警備所長（203教育航空隊）山下雅昭▽呉海上訓練指導隊訓練科長（1術科学校）脇坂一郎▽1航空群幕僚（5航空隊）和田隆一▽システム通信隊群幕僚（システム通信隊群司令部）渡部照史▽2術科学校教官（3術科学校）渡邊慶

（以上8月1日）

▽あさゆき艦長（海幕厚生課）2佐　渡邊達也▽みちしお副長（潜水艦教育訓練隊）3佐　久保田真紀

（以上8月4日）

▽やまゆき艦長（指揮通信開発隊）2佐　川野邦彦▽はまぎり艦長（1護衛隊群司令部）倉光啓介▽指揮通信開発隊企画科長（しらせ）竹内周作▽しらせ運用長（はまぎり）岳本宏太郎▽同航海長（しらせ）宮崎好司▽1護衛隊群幕僚（1護衛隊群司令部）横山成樹▽佐世保海上訓練指導隊副長（横須賀海上訓練指導隊）中山健太朗▽舞鶴海上訓練指

御嶽山

台風去り、捜索再開——

火山灰との格闘続く

収容した登山者を担架にのせ、慎重にヘリの着陸地点まで搬送する2普連の隊員（10月1日）

御嶽山の一ノ池付近で金属・地雷探知機を使って捜索する隊員（10月7日）

9月27日に噴火した御嶽山の山頂部で不明登山者の捜索活動に当たる12旅団主力の陸自と警察、消防の救助部隊は、台風18号の本州への接近を前にした10月4日、集中的な捜索を行い、新たに4人を収容、7日に捜索を再開し、同日現在の死者数は計54人となった。

12旅団はCH47輸送ヘリなどを最大限に活用、有毒ガスや噴石に備えた完全武装の隊員たちを一気に山頂まで運び、機動的な捜索作業を実施している。御嶽山の災派現場から届いた写真からは隊員たちの命懸けの活動状況がリアルに伝わってくる。

陸自12ヘリ隊のCH47輸送ヘリに乗って御嶽山の山頂に向かう消防隊員ら（10月1日）

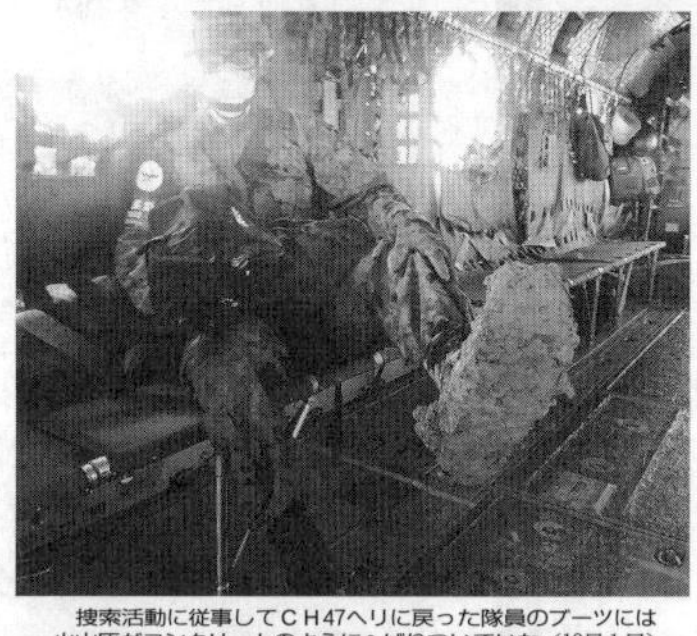

捜索活動に従事してCH47ヘリに戻った隊員のブーツには火山灰がコンクリートのようにへばりついていた（10月1日）

◇御嶽山噴火災派ドキュメント◇（主な活動）

【9月30日】	
14時20分	火山性微動の活発化に伴い、救助活動を中止
【10月1日】	
09時18分～15時00分	12ヘリ隊及び浜松救難隊のUH60ヘリが心肺停止者合わせて35人を収容・搬送
【10月2、3日】	降雨のため、全ての捜索・救助活動を中止
【10月4日】	
14時21分～15時28分	13普連等と12ヘリ隊のUH60ヘリが合わせて4人の心肺停止者を収容・搬送
【10月5日】	降雨のため、全ての捜索・救助活動を中止
18時15分	台風18号の接近により、10月6日(月)午前の全ての捜索・救助活動の中止を決定
【10月6日】	
14時05分	台風18号の影響により、同日午後の全ての捜索・救助活動を中止
15時11分	東方航空隊のUH1ヘリが情報収集活動を実施
【10月7日】	
08時30分～夕刻	捜索・救助活動を3日ぶりに再開、3人の心肺停止者を収容・搬送

御嶽山一ノ池付近で横一列になり、金属棒を使って不明者を捜索する隊員（10月7日）

灰色の火山灰に覆われた御嶽山の山頂付近で金属・地雷探知機などを使い、横一線になって捜索活動に当たる陸自隊員（10月7日）

台風18号の影響でぬかるんだ火山灰の中、膝の上まで沈みながら捜索活動を行う陸自隊員（10月7日、一ノ池付近で）

海自、相次ぎ洋上訓練

海は世界をつなぐ──。海自の艦艇・航空機部隊は日本の周辺海域とシーレーンを守るため、休む間もなく洋上訓練を続けている。夏から秋にかけ、オーストラリア海軍などとの「カカドゥ14」演習、印・米海軍との「マラバール14」演習に参加。91航空隊（岩国）のUP3D多用機部隊は米グアムで行われた護衛隊群の対空・電子戦訓練を空から支援した。

カカドゥ14
防空戦で実射も

アジア・オセアニア地域の14カ国が参加する豪海軍主催の多国間演習「カカドゥ14」が8月25日から9月12日まで豪ダーウィンで行われ、海自から護衛艦「はたかぜ」（艦長・梅崎時彦1佐以下乗員約180人）と22飛行隊（八戸、隊長・山本貴文2佐）のP3C哨戒機2機が参加した。

このほか韓、比、ニュージーランド、パキスタン、バングラデシュ、カンボジア、マレーシア、シンガポール、パプアニューギニア、タイ、東ティモール、バヌアツの14カ国、約1200人、艦艇8隻、航空機26機が集結した。

5インチ砲の対空射撃訓練を行う「はたかぜ」（9月1日）

「はたかぜ」は8月11日に横須賀を出港、航海中は防火、硫化水素対処、応急操舵訓練などを行い、23日にダーウィンに到着。P3C部隊は25日に八戸を出発し、現地入りした。

開会式出席後、「はたかぜ」乗員は25〜29日のハーバーフェイズで、ダーウィン慰霊碑の清掃・献花、イーストポイント戦争博物館研修などを行った。

同艦は31日にダーウィンを出港、豪フリゲート「シドニー」（満載排水量4267トン）率いる「青軍」に比フリゲート「ラモン・アルカラス」（3250トン）と共に参加した。

訓練前半は戦術運動、射撃、相互のヘリ発着艦訓練などのほか、豪軍機を〝敵機〟に見立てた防空戦なども実施。「はたかぜ」は5インチ砲や20ミリ機関砲（CIWS）などの実射訓練を行った。

後半はシナリオが明らかにされない「フリープレー」方式で行われ、「青軍」は敵の「赤軍」（豪フリゲート「スチュアート」率いる豪・NZ・パキスタン連合軍）と洋上で戦った。また海自P3Cは豪空軍のAP3C、NZ空軍のP3Kと共に「青軍」「赤軍」の警戒監視や対潜戦などを支援した。

演習は12日に終了。「はたかぜ」は翌13日に艦上で日豪共同慰霊祭式を開催した後、帰国の途に就き、同30日に横須賀に帰国した。P3C部隊も無事八戸に帰投した。

ダーウィン沖で訓練中の「はたかぜ」。朝焼けに搭載の艦対空誘導弾SM1が映える（9月4日）

豪「スチュアート」（右）率いる赤軍チーム。中央はパキスタン海軍の「シャイフ」、左は豪「ニューキャッスル」（豪海軍HPより）

「はたかぜ」に着艦するフィリピン海軍ヘリ（9月2日）

人力による応急操舵訓練を行う「はたかぜ」乗員（8月11日）

㊧「カカドゥ14」のロゴマーク㊦22飛行隊は同じP3C型哨戒機を運用する豪、NZ空軍と共に訓練を支援した（豪海軍HPより）

マラバール14
日米印が結束

【佐世保】2護衛隊群（群司令・岩崎英俊海将補）の護衛艦「くらま」と「あしがら」は7月24日から30日まで、日・米・印共同訓練「マラバール14」に参加した。

同23日朝、インド海軍東部艦隊司令官ジェイン少将率いるフリゲート「シヴァリック」、駆逐艦「ランヴィジェイ」、補給艦「シャクティ」が佐世保に入港。続いて米の駆逐艦「マケイン」と巡洋艦「シャイロー」も到着した。

最初の訓練「停泊フェーズ」では指揮官・乗員の相互訪問や艦艇見学、スポーツ交歓などが行われた。25日には小野寺防衛大臣（当時）も視察に訪れ、「くらま」艦上でトーマス米7艦隊司令官とインドのジェイン司令官の表敬を受けた。大臣はその後、艦上レセプションが行われた「シヴァリック」を訪れ、3カ国の乗員を激励した。

26日、3カ国の艦艇が佐世保を出港。四国南方海域で会合し、対潜戦、対水上戦、対空戦、立入検査、捜索・救難、洋上補給などの訓練を行った。30日には米空母「ジョージ・ワシントン」も合流した。

㊤「マラバール14」参加の日米印指揮官。左から第15駆逐隊司令のバーン大佐、2護群司令の岩崎海将補、印東部艦隊司令官のジェイン少将（7月26日、佐世保で）㊦訓練中の日米印艦艇。（左から）「くらま」と「あしがら」が先導した（7月28日、東シナ海で）

護衛隊群米国派遣訓練
UP3Dが支援

【31空群＝岩国】91航空隊のUP3D多用機2機（指揮官・芳賀良哉2佐＝91飛行隊長＝以下36人）は7月8日から11日まで、グアム周辺海域で行われた「護衛隊群米国派遣訓練」に参加した。

91空は平成13年に新編された海自唯一の訓練支援航空部隊で、U36AとUP3D両多用機を運用して艦艇部隊の電子戦・対空射撃訓練を支援している。

今回、対空射撃訓練用の曳航標的を搭載したUP3D2機は7月8日、グアム島のアンダーセン空軍基地に向けて岩国を出発。現地に展開後4日間にわたり、1護群の7隻（護衛艦「こんごう」「むらさめ」「いかづち」「しまかぜ」「あけぼの」「ありあけ」「あきづき」）の電子戦・対空射撃訓練を支援した。

参加したクルーは「唯一の訓練支援航空部隊として、グアムに限らず、リムパックなどの国際訓練でも艦艇部隊の訓練所要に応じ、支援に赴きたい」と話している。

グアムでの護衛艦の訓練を支援するUP3D多用機

西風東風

尖閣奪取の試みに米は対抗
──国防副長官

米国防総省のロバート・ワーク副長官は9月30日、ニューヨークの外交問題評議会で米国のアジア・太平洋戦略などについて講演した。米軍事専門紙「ディフェンス・ニュース」によると、この中でワーク氏は、日本と中国が領有権を主張している沖縄県尖閣諸島について、米軍は日本からの軍事支援の要請に応える方針である考えを示した。

尖閣諸島をめぐって米国は、日本の施政権を認め日米安全保障条約第5条の適用対象になるとの立場を示してきたが、ワーク副長官は「尖閣諸島を奪おうとする試みがあれば、我々はこれに対抗する。同盟国への軍事攻撃には、当然軍事的に対抗する」と述べ、従来の米政府の見解から一歩踏み込んだともいえる立場を披歴した。

日米両国は今年、1997年に策定された日米防衛協力の指針（ガイドライン）を見直すことになっている。見直しをにらみ安倍晋三内閣は今年7月、集団的自衛権の限定的な行使容認を閣議決定、対米協力姿勢を強めている。

一方、中国の台頭を念頭にアジア・太平洋地域への戦力再均衡（リバランス）を進める米国は、日本の協力が欠かせず、国防総省は日本を「アジアにおける同盟関係の礎」と形容。ガイドライン改定を年末に控え、日本からの幅広い協力を引き出そうとの思惑が、ワーク氏の尖閣諸島をめぐる踏み込んだ発言につながった可能性もありそうだ。

講演でワーク氏はまた、2020年までに米海空軍合わせ全体の60%、10万人の兵力をアジア・太平洋地域に配備する方針を説明。こうした配備は、国防予算上の制約いかんにかかわらず進めるとした。

さらに、今後もより多くの弾道ミサイル搭載艦艇、哨戒航空機、ミサイル防衛レーダーなどの兵器を同地域に配備するとしたうえで、沖縄県普天間飛行場（宜野湾市）の代替基地に触れ「第2次大戦後、日本で最初の新軍事基地になる」と、その意義を強調した。（ロサンゼルス＝植木秀一）

中華イージス、エンジン見劣り
──カナダ誌

「中華イージス」と呼ばれる中国海軍の「052C」型ミサイル駆逐艦について、カナダの軍事情報誌「漢和防務評論」（10月号）は、エンジンの性能が大きく見劣りすると報じた。

造船会社の江南造船（集団）有限責任公司（上海市）は、「052C」計6艦を完成後、派生艦「052D」型の建造に切り替えているが、エンジンを中心に大幅な改良は避けられないという。

「052C」は、ウクライナ製のガスタービンエンジン「DA80」を搭載している。このエンジンは完全な「非モジュール化」構造のため、メンテナンスの際、複雑な作業を強いられる。また、重量が16トンと重過ぎるため、装備などの大型化を制約している。

例えば「052C」が搭載する大型のフェーズドアレイレーダーは、艦の自重で位置が低くなってしまい、地球の丸みのため、探知可能な最遠距離が短くなった。

DA80は燃料消費量が多く、ロシアとインドの両海軍が採用を見送る原因となった。「052C」が、演習時に低速で航行する様子が各国武官に目撃されている。これは、経済的な理由で、平時にはディーゼルエンジンを使っているためらしい。

中国初の航空母艦「遼寧」と、現在、遼寧省大連市で建造中の国産空母「001A」も、ウクライナから技術導入した動力システムを採用しており、西側諸国で一般に空母が求められる最高速度が出せない可能性がある。このため、派生艦の「052D」では、ガスタービンエンジンの軽量化とモジュール化が最重要課題となっている。

また「052D」では、エンジンのほか、兵器も改良され、次世代型の対艦ミサイルを搭載した。潜水艦発射型を水上垂直発射型に改良したミサイルで、射程距離は220キロメートル。亜音速で飛行し、超音速で突入する。中国海軍が超音速対艦ミサイルを装備するのは初めてとみられる。

「052D」のミサイル垂直発射機は多用途で、「紅旗9」対空ミサイルも発射可能だ。なお、インド海軍も垂直発射型ミサイルを搭載したミサイル駆逐艦を多数就役させている。

中国海軍は、空母艦隊の編成を構想しているため、052Dの建造は6隻以上になる見通し。また、段階的に1万トン級の大型駆逐艦の建造に進むとみられる。（香港＝中岡秀雄）

厚生・共済　特集

目で楽しむ！舌で味わう！

各地の駅弁　全国の紅葉　満喫

組合員の皆様の生活をサポートする情報誌『えらべる倶楽部NEWS！秋号』が発行されました。

今号の巻頭特集は「目で楽しむ！舌で味わう！全国紅葉スポット＆ご当地駅弁で日本の秋を満喫！」。えらべる倶楽部お薦めの全国の紅葉スポットと各地の駅弁を紹介しています。

北海道・東北、関東、北信越、中部・近畿、中国・四国、九州のエリアごとに紹介されているので、どうぞご活用ください。

特集第2弾は「えらべる倶楽部会員限定！宿泊プランを活用しよう！」。会員の皆様にご提供するお得感いっぱいの「会員限定プラン」です。全国の主要観光地6都市を楽しむ企画で、東京ディズニーリゾートの宿泊プランから、大人向けのラグジュアリープランまで、目的・人数に合わせてプランをご用意しています。

また、秋は芸術鑑賞のシーズン。そこで最新の映画などエンターテイメント情報も満載。注目の最新映画からオペラ、クラシック、歌舞伎、ミュージカルやコンサートの情報を満載。チケット購入法なども記載していますので、初めての方でも安心です。

このほか、女性向け記事では「ワーキングママ必見！育児サポートサービスの最新事情」があります。今号はワーキングママの強い味方〝ベビーシッター〟の利用方法で、ベビーシッターのサービス内容について紹介しています。この他にもたくさんのサービスを紹介していますので、どうぞ参考にしてください。

「えらべる倶楽部NEWS！秋号」

本部あっせん3商品をご案内

「セラミック土鍋」「健康枕」「バームクーヘン」

防衛省共済組合では「本部あっせん商品」を組合員の皆様にご案内しています。どうぞご利用ください。

◇❶おしゃれで軽いセラミック土鍋「プロヴァンス8号」（ヴェセルクラフト）　クッキング用IHヒーターにも対応した洋食にも合うおしゃれなセラミック土鍋です。

サイズは直径27センチ、高さ9センチで、重量は約1700グラム。カラーはピンク、イエロー、ホワイト、ブラックの4色です。標準価格2万1500円（税・送料込み）のところ、組合員価格は1万7000円（同）。

◇❷「頸椎・首・頭をやさしく支える健康枕」（京都西川）　指圧専門家と共同開発した商品で、特殊なキルティングで5分割された構造の健康枕です。

頭を乗せたとき頸椎から後頭部にかかる負担が偏らず、快適に眠ることができます。標準価格1万1300円（同）のところ、組合員は8500円（同）に。

◇❸お祝いの席にぴったりの「バームクーヘン」（フェルヴェール）　ドイツ食品法の基準に従い、最高級の発酵バターを使用したケーキ。代替原料や添加剤は一切使わず、古い時代のレシピと手法を受け継いでいます。お子様の誕生日など、お祝いの席にぴったり。標準価格5360円（同）のところ、組合員は5200円（同）。

これら商品のお問い合わせ・注文は北電産業株式会社（電話0120―019―145）へどうぞ。

洋食にも合うセラミック土鍋「プロヴァンス」

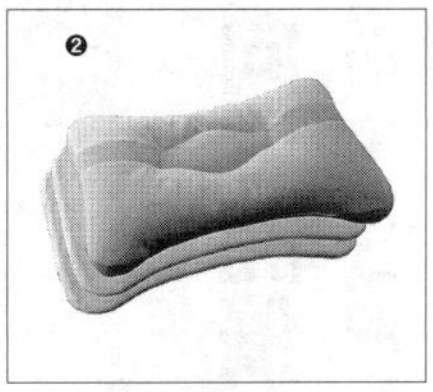

頸椎・首・頭をやさしく支える健康枕

お祝いの席にぴったりのバームクーヘン

年末年始の宿泊プラン　グラヒルまだ間に合う

防衛省共済組合の直営施設「ホテルグランドヒル市ヶ谷」では、大みそか・元日を対象とした「年末年始宿泊プラン」の申し込みを受け付けています。

同プランは「12月31日泊」「平成27年1月1日泊」の1泊2食付（食べ放題・飲み放題）で、31日はバラエティタレント〝はなわ〟が登場し、「豪華バイキング＆はなわスペシャルライブ」を開催。また、元日は「豪華バイキング＆マグロ解体ショー」が行われます。

プランのご宿泊料金は別表の通りで、ご予約・お問い合わせはホテルグランドヒル市ヶ谷宿泊係（電話03―3268―0111、部隊専用線8―6―28850～2）までどうぞ。

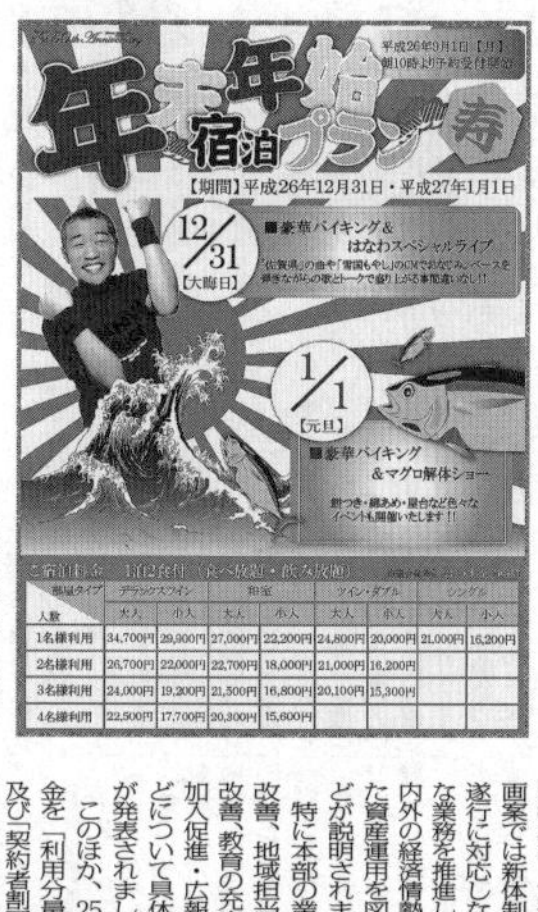

部屋タイプ／人数	デラックスツイン 大人	デラックスツイン 小人	和室 大人	和室 小人	ツイン・ダブル 大人	ツイン・ダブル 小人	シングル 大人	シングル 小人
1名様利用	34,700円	29,900円	27,000円	22,200円	24,800円	20,000円	21,000円	16,200円
2名様利用	26,700円	22,000円	22,700円	18,000円	21,000円	16,200円		
3名様利用	24,000円	19,200円	21,500円	16,800円	20,100円	15,300円		
4名様利用	22,500円	17,700円	20,300円	15,600円				

26年度通常総代会を開催　防衛省生協

防衛省職員生活協同組合（防衛省生協、山内千里理事長）の平成26年度通常総代会が9月24日、ホテルグランドヒル市ヶ谷で開かれました。

総代会には防衛省・自衛隊の総代75人と防衛省生協理事ら計約130人が出席し、25年度事業報告、26年度事業計画案、火災共済事業規約等の一部改正など9議案を審議しました。

最初に山内理事長があいさつ、「隊員の互助組織として設立された防衛省生協は昨年50周年を迎えることができました。昨年度から支部に代わり全国に地域担当者を配置する新たな体制に移行しており、現在130人を配置しています。この結果、組合員にきめ細かなサービスができるようになりました。一方で、経理面では東日本大震災の被災隊員のため、15億円を保険金として支払い、これを受けて徹底的な緊縮施策を進め、再び隊員に割戻金を出せるようになりました。自衛隊の任務が拡大し、組合員の環境も激変する中、これに対応できるよう今後1年間さらに熟考し、やれることをしっかりとやっていきたい」と述べました。

この後、各議案の審議が行われ、26年度事業計画案では新体制での事業遂行に対応しながら円滑な業務を推進し、また国内外の経済情勢に対応した資産運用を図ることなどが説明されました。

特に本部の業務体制の改善、地域担当者の処遇改善、教育の充実・強化、加入促進・広報の強化などについて具体的な計画が発表されました。

このほか、25年度剰余金を「利用分量割戻金」及び「契約者割戻金」として火災共済、生命共済及び長期生命共済に加入している組合員に還元する計画も報告されました。

総代会のこれら9議案は審議後、満場一致で承認されました。

防衛省生協の26年度通常総代会で議案を審議する出席者

年金Qアンド A

特別支給の退職共済年金
失業給付との給付調整で停止

退官後民間で4年、来年退職

Q　退職共済年金を一部受給している元自衛官（昭和28年5月生れ）です。現在、民間の会社に就職して4年になりますが、来年退職予定です。雇用保険等の失業給付を受給すると、退職共済年金に何か影響はあるのでしょうか。

A　特別支給の退職共済年金（※）の受給権者が失業給付を受けるために、公共職業安定所等に求職の申し込みをしたときには、「退職共済年金と失業給付との給付調整」により、特別支給の退職共済年金（職域加算額に相当する額を除いた額）の支給が停止されます。

年金の支給が停止される期間は、求職の申し込みをした日の属する月の翌月から、その求職の申し込みに係る失業給付の受給期間が経過した日の属する月又は失業給付の所定給付日数の支給を受け終わった日の属する月のいずれか早い月までとなっています。

（※）年金は原則として65歳からの支給となっています。現在は、特例により一定の要件に該当した人が生年月日に応じて、60歳から64歳までのいずれか該当する年齢から「特別支給の退職共済年金」が支給されています。

なお、失業給付を1日でも受給した月があると、1カ月分の年金を支給停止するため、失業給付の受給が終了したあとに、年金の支給が必要以上に停止されないように事後精算を行います。

失業給付の受給期間又は所定給付日数が経過するに至った時点で、実際に失業給付が支給された月数よりも年金の支給が停止された月数が多い場合には、年金が支給停止となった月数のうち、その支給停止解除月数に相当する月数分の特別支給の退職共済年金が遡って支給されます。以下の（例）を参考にして下さい。

（例）再就職先を今年度末に退職した方の場合

離職年月日：平成27年3月31日
求職申込日：平成27年4月23日
受給期間満了日：平成28年3月31日
所定給付日数：90日

この場合の年金の支給が停止される期間は、求職申込の翌月平成27年5月から受給期間が経過した日の属する月である平成28年4月まで（12カ月）となります。

事後精算については、失業給付を90日分受給した場合、「年金停止解除月数＝年金停止月数－（停止対象給付日数÷30日）＝12－3＝9カ月」となることから、9カ月分の年金が遡って支給されることになります。

（本部年金班）

「ホームページ＆携帯サイト」ご活用ください！！

防衛省共済組合では、組合員とそのご家族の皆様に対して、共済組合事業をよりご理解していただくため、ホームページ（PC版）及び携帯サイトを開設しております。

事業内容のページの他、貸付シミュレーション、各支部のニュース、WEBひろば（掲示板）、クイズの申し込みなど色々なサービスをご用意しておりますので、ぜひご活用ください。

※　携帯サイトでは、上記のうち一部サービスがご利用になれませんのでご了承ください。

ホームページ　URL　http://www.boueikyosai.or.jp/

携帯サイト　URL　http://www.boueikyosai.or.jp/m/

携帯サイトQRコード

ログインするには、「ユーザー名」と「パスワード」が必要ですので、所属支部または「さぽーと21」でご確認ください！

ホームページキャラクターの「リスくん」です！

お問い合わせは　共済組合支部窓口まで

相談窓口のご案内

共済組合では、組合員及びご家族の皆様からの共済組合に関するさまざまな質問・相談等を受付けしています。どうぞお気軽にお問い合わせください。

電話番号　03－3268－3111（代）内線　25145
専用線 8－6－25145
受付時間　平日　9:30 ～ 12:00、13:00 ～ 18:15
※　ホームページからもお問い合わせいただけます。

厚生・共済

特集

ライフプランセミナー

40歳代に向け開催

防衛省　民間専門家が講師に

防衛省では隊員へのさまざまな「ライフプラン支援」を実施している。その一環として民間の専門家を招き、全国の駐屯地や基地等でライフプランセミナーを開催、在職中から退職後にわたる各段階において各年代に応じた将来プランを提示し、隊員がよりよい人生を送れるよう支援を行っている。

よりよい人生へ 支援

防衛省では9月17日、人事教育局厚生課の主催で「40歳代に向けたライフプランセミナー」が開かれ、市ヶ谷地区に勤務する30～50代の自衛官および事務官等が参加した。

これは26年度のセミナー（計14回計画）の一つで、今回はジブラルタ生命保険株式会社から島田雅彦氏を講師として招き、『豊かなリタイアメントライフのための3ステップ・マネープラン・セミナー』というテーマで行った。

島田氏は隊員に「若年定年制」を見据えたライフプラン構築の重要性を強調、ステップ1ではプランを作るとして「自分の希望を明確にし、老後のお金の出どころと使い道を整理する」ことを求めた。

ステップ2では現状やこれからを知るとして「高齢者3経費」と呼ばれる「生活費と年金」「医療費」「介護問題」の費用をリアルに解説、その深刻な状況に受講者たちも驚きの表情を見せていた。また、来年1月の相続税および贈与税改正に向けた「相続対策としての生命保険の活用法」についても説明した。

最後のステップ3では解決のために行動するとして「資金面での不安に対する解決策」を提示。島田氏は「時代とともに変化するリスク」に言及しながら債券、株式、投資信託、外資投資の仕組みを説明し、退職金などの資産運用のポイントを明示した。

ライフプランセミナーを初めて受講したという30代の女性隊員は「子供も小さく、今の生活で手一杯でライフプランについて考えたことなどなかったが、今日の話を聞いて真剣に考えていかねばならないと思った。今後は積極的にこのようなセミナーに参加したい」と語った。

また、40代の男性隊員は「前回よりさらに踏み込んで厳しさが理解できた。次回は個別相談会などに参加し、もっと具体的な退職後の計画をたてていきたい」と話していた。

自衛官の定年は早い。部隊の精強性を保つため、自衛隊では「若年定年制」を採用しており、隊員の多くは子供の教育費や住宅ローンなどまだ出費がかさむ時期に退職となる。そこで早い段階からの生涯設計に関する知識を深めることが重要となり、このセミナーの有用性は高い。今後も12月から1月にかけて各年代を想定したセミナーが開催される。

防衛省共済組合のホームページにはライフプラン支援サイトが開設されており、ライフプランのシミュレーションをはじめ、結婚、出産、子供の教育、病気、老後など人生のさまざまな出来事やお金に関する各種情報の提供など多彩なメニューを掲載、隊員のニーズに応えている。

また、セミナーやシミュレーションの結果等から得られる個人的な疑問に対しアドバイスを受けられる機会として、各種金融機関のファイナンシャルプランナーとの個別相談会も定期的に開催しており、隊員の積極的な参加を求めている。

島田氏は「隊員の皆さんがこうしたセミナーを受講できるのはとても恵まれている。皆さんが思い描いている生活を送れるよう、私たちも主に資金面から人生の設計図を作るお手伝いをしていきたい」と話していた。

講師の島田氏の話を真剣に聞く受講者ら（9月17日、防衛省で）

180分で190食分カレー

「炊事競技会」4中隊が4連覇

【八戸】4地対艦ミサイル連隊は8月21日、駐屯地で26年度連隊炊事競技会を実施した。

今回の献立は「夏野菜カレー」で、4科長の丹野修3佐の「開始！」の号令でスタート。各中隊の炊事班長が命令を下すと、班員たちは180分という時間制限の中で手際よく調理を行い、190食分のカレーを作り上げた。

審査は藤丸連隊長をはじめ副連隊長、最先任上級曹長、駐屯地モニターら10人が務め、厳正な審査の結果、4中隊（炊事長・田守慎次1曹以下4人）が優勝、4連覇を達成した。

各中隊のカレーを審査する防衛・駐屯地モニターら（8月21日、八戸駐屯地で）

自慢の一品料理

八雲スパゲティ

紹介者：小松巧英3空曹
八雲分屯基地厚生班給養員

基地の所在する八雲町は北海道・渡島半島の北部に位置し、国内で唯一、太平洋と日本海の両方に面する町です。そこで「八雲町を表現する献立を作ろう」と隊員からメニュー案を募り、約1年の開発期間を経て、この「八雲スパゲティ」を誕生させました。

スパゲティにはホタテと鮭の入ったホワイトソースとイカが入ったデミグラスの2種類のソースがかかり、それぞれ日本海と太平洋を表しています。

ソースの組み合わせには苦労しましたが、試行錯誤を繰り返して一番相性の良かったこの2種類に決まりました。ベースを海鮮で揃えることで、味のバランスも取っています。

またパスタの方も、ホウレンソウのペーストを絡めた緑色の麺が大地を、添えられた挽き肉が山を、ラッキョウのみじん切りが雪を表しています。隊員の皆さんには月に1回提供しており、給養員が一皿一皿気持ちを込めて盛り付けています。

八雲分屯基地のメニューはどれも愛情を込めて手作りされています。今後も皆さんから「おいしい」と言ってもらえるような料理を作っていきたいです。

余暇を楽しむ

紹介者：
空士長　牧野　将史
（22警戒隊＝御前崎）

遠州舸(はやぶね)会

初Vの美酒に酔った

私たち空自御前崎分屯基地の「遠州舸（はやぶね）会」は、毎年御前崎市内で開催される「静岡県ドラゴンボート大会御前崎市長杯」での優勝を目指し、活動しています。

ドラゴンボートとは、太鼓と舵取りの各1人と10～20人の漕ぎ手が乗り組み、決められた距離を漕ぎ、その速さを競う競技です。国内各地の海や湖、川で行われており、誰でも容易に楽しめる一方で、真剣勝負の要素もあります。近年では世界大会も開催され、オリンピック競技化を目指すまでに発展しています。

「今年こそ優勝を！」の思いと、「愚痴、悲鳴は厳禁」をスローガンに、22警戒隊が誇る精鋭が集い、今年度の訓練をスタートさせました。ゴールまでバテずに漕ぎ切る体力と櫂操作の向上を目指し、基地体育館や海、静浜基地のプールを借りて、愚痴どころか時折歓喜の雄たけびを上げながら厳しい訓練に励んできました。

今年の「御前崎市長杯」は、6月29日、強風吹き荒れる悪コンディションの中で開催されました。初優勝を飾るため、訓練の成果を120％発揮するため、そして何より大会後に控えている打ち上げを〝祝勝会〟として行い勝利の美酒に酔いしれる（！）ための戦いです。

当日は隊長をはじめ、22警戒隊隊員と過去に大会に出場し現在は異動したメンバー、選手の家族など、多くの方々が応援に来てくれました。その声援の後押しもあり、逆風に負けず、出場チーム中、唯一1分を切る好タイムで悲願の初優勝を遂げることができました。

今回優勝できたのは、人員の少ない中で訓練に参加できるよう配慮してくださった22警戒隊の皆さんのおかげです。ありがとうございました。

今回の結果に満足することなく、連覇を目指すとともに、県外の大会へも遠征し、良い結果を残せるよう精進していきたいと考えています。今後とも応援をよろしくお願いします。

「ドラゴンボート御前崎市長杯」で悲願の初優勝を果たした「遠州舸会」のメンバー＝写真㊤。㊦は力漕する隊員たち

外部から初めて保育士招き

家族一時預かり所設置訓練

【舞鶴】舞鶴地方隊は9月1日、舞鶴市と連携し、初めて公立保育園から保育士2人を招いて「家族一時預かり所設置・運営訓練」を行った。

訓練は緊急時に子供を帯同して出勤しなければならない隊員を支援するため、昨年度から実施。今年は子供の対応に当たる要員の補充や不慣れな隊員に対する支援に、部外の専門家（保育士）を活用できるか実地に検証した。

当日は1歳から6歳の子供12人が参加。不安そうな表情の子供に対し、隊員がやさしく声を掛け、積極的にスキンシップをとる場面が見られた。

また、隊員たちは支援する保育士の対応をまねながら、「こういう場合はどう対処したらよいですか？」などと質問。保育士から適切なアドバイスを受けながら子供の預かり方を学んだ。

訓練後、子供を引き取りに来た隊員は、元気に出て来た我が子に安心した様子で、「一時預かり所に保育士さんがいるのは、とても安心。今後も続けてほしい」との声が聞かれた。

初参加した保育士は「この施策に携わる全ての方が訓練に真剣に取り組まれており、非常に感心した。私たちも少しでもお手伝いできることがあれば、協力させていただきたい」と話していた。

総監部では「引き続き地方公共団体などと連携し、この施策を充実させていきたい」としている。

預かり所で子供のめんどうをみる保育士と隊員（9月1日、舞鶴総監部で）

〝フレンチの鉄人〟

佐世保で講話

【佐世保】都内に本店があるフランス料理店「ラ・ロシェル」のオーナー、坂井宏行氏が8月25日、佐世保総監部を訪れ、隊員約1000人を前に講話を行った＝写真。

坂井シェフは料理対決番組「料理の鉄人」の〝フレンチの鉄人〟として活躍し、フランス料理に日本の懐石の手法を取り入れたことで有名。早くに父親を戦争で亡くし、女手一つで3人兄弟を育てた母親から「腕に職を持て。そうすればどこへ行っても生きていける」と言われてこの世界に入ったという。

坂井シェフが一番大事にしているのは健康で、「スタッフに心配されるようではオーナーの役割を果たせない。（部下に）弱みを見せてはならない。健康でないと絶対に夢は果たせない」などと語った。

隊員から「後進を育てる術は？」との質問に、「我々が育った時代の事をそのまま押し付けるのではなく、彼らが学校で習ったことをいかに早く現場でやらせるかが大事。どんどん仕事を教えて、褒める時にはみんなの前で褒める。誰でも一つは良いものを持っている。それを見出して自信をつけさせること。そのためには彼らのレベルまで下がって教えてやることが大切だ」とアドバイスした。

講話を聴いた隊員は「組織管理に非常に有用だった」「自分の人生を考える良いきっかけとなった」などと話していた。

隊員家族70人を迎え

「アットホーム」開催

【呉】呉教育隊は9月6日、隊員家族70人を迎え、交流会「アットホーム」を開催した。普段は教官として厳しく学生を指導している隊員たちもこの日は優しいお父さんに戻り、バーベキューなどを楽しんだ。

最初に茂津目晴道司令が家族に「日頃から陰日向に隊員を支えていただき、ありがとうございます」と謝意を述べ、「今日は大いに楽しんでいってください」と開会を宣言した。

会場内には上級海曹が中心となって準備した子供向けの「射的・輪投げコーナー」をはじめ、バーベキュー、海軍カレー、かき氷・ポップコーン・綿菓子の各コーナーが設けられ、隊員たちが家族をもてなした。

お楽しみのビンゴゲームでは、職員有志が寄贈した豪華景品を前にして参加者のテンションは最高潮に。子供たちは久しぶりにお父さんに甘え、「すごく楽しかった。カレーもおいしかった」とうれしそうだった。

総火演参加隊員に

「慰労バイキング」

【滝ヶ原】滝ヶ原駐屯地業務隊は8月26日、「富士総合火力演習での隊員たちの労をねぎらい、次の任務への活力としてもらいたい」との思いを込め、夕食で「慰労バイキング」を実施した＝写真。

メニューは隊員アンケートを基に選定。担任した糧食班長の吉田雄希3尉は「ケーキやアイスクリームなど経費的に難しいものもあったが、隊員たちに喜んでもらい、次の任務への活力にしてもらうことを第一に考えた」と全力で当たり、33種類の豪華バイキングを提供した。隊員たちは並べられたおいしそうな各種料理を思い思いに食器に盛り付け、満面の笑顔で料理を堪能、次の任務に向けて鋭気を養っていた。

慰労バイキングで鋭気を養う隊員ら（8月26日、滝ヶ原駐屯地で）

部隊だより

陸

大和　6戦車大隊は9月23日、後期一般陸曹候補生課程と新隊員特技課程教育の修了式を行った。新隊員17人は一人ずつ檀上へ上がり、来賓・家族が見守る中、今後の抱負を語った。甲田大隊長は「制服の襟に輝くペガサスの職種を支える若い力が誕生したことをうれしく思う」と激励。式後は新隊員が操縦し、家族への戦車体験試乗会が行われた＝写真㊦。

多賀城　駐屯地は8月23日、「ザ・祭りin多賀城」の会場として駐屯地を一般開放、隊員約350人が祭りを支援した。メーンステージでは多賀城太鼓、七ケ浜銃剣道スポーツ少年団の演舞などが行われ、夕方からの盆踊り大会では1万5000人が来場。隊員の家族も一緒に楽しいひとときを過ごし、フィナーレの花火大会では大輪の花が夜空に咲いた。

上富良野　4特科群は9月16日、上富良野町の十勝岳周辺で積雪期を前にした「冬季遭難救援隊夏季訓練」を行った。参加した隊員26人は、災害発生時に使用する登山経路や地形の特性などを事前に確認。冬季災害発生時に部隊が災派活動を円滑に行うため、山岳地形、登山道、雪崩発生個所などを確認し、いざという時の事態対処能力を高めた＝写真㊧。

滝川　駐屯地司令の佐々木裕治1佐は8月21日、砂川市の善岡雅文市長と「大規模災害時等の連携に関する協定」「大規模災害時等における派遣隊員留守家族支援に関する協定」を締結した。両者が滝川市民の安全のために積極的に連携していくとともに、災派出動時には市が部隊と隊員家族を支援していく内容で、署名後、両者は固い握手を交わした。

武山　東方混成団は9月2日、「団災害対処訓練」を実施した。武山、相馬原、板妻、駒門、朝霞の各駐屯地に指揮所や無線中継所が開設され、自治体への連絡要員の派遣準備、主力部隊による災派装備品の車両への積載などが行われ、各部隊の震災対処能力の向上を図った。さらに武山地区の自治体や通校、海自横教なども参加し、意見交換も行われた。

滝ケ原　駐屯地の隊員14人はこの夏、静岡県御殿場市で実施された「富士登山駅伝競走大会」に参加。滝ケ原チームの6人は3時間44分38秒の記録で2位の成績を収め、柳澤隼人3曹（4区）、宮原徹2曹（5区）、山下伸一2曹（10区）が区間賞に輝いた。監督の太田康幸准尉は「3人が区間賞を取り来年につながる走りができた」と来季への抱負を語った。

豊川　6施設群の新隊員後期教育隊の29人はこの夏、「第27回豊川市手筒祭り」のステージ設営に協力した。手筒花火は火柱が噴き出る約1メートルの筒を「抱き手」が抱え持つ三河地方伝統の花火。部隊は平成12年から抱き手が並ぶメーンステージの構築を担当している。当日訪れた観光客9万人はステージ上で繰り広げられる迫力ある花火を堪能した。

高田開府400年祭

「お輿入れ行列」を支援

武家装束の隊員、サムライ気分

〝越後随一の城下町〟として知られる新潟県上越市（旧高田市）でこのほど、「高田開府400年祭」が開かれ、高田駐屯地の隊員も「市民祝祭パレード」と「五郎八(いろは)姫のお輿(こし)入れ行列」で支援した。

お輿入れ行列は、仙台藩・伊達政宗の長女である五郎八姫が、徳川家康の六男で、初代高田城主である松平忠輝に嫁いだ際の豪壮な嫁入りを再現したもの。

この日、輸送支援に当たった第5施設群の隊員たちは、部隊のトラック5両を使い、歴史装束を着けた参加者100人を集合場所の高田スポーツセンターからイベント会場の高田駅前まで運んだ。

「高田開府400年祭」で五郎八姫が乗った輿を担いで市内をゆっくりと進む高田駐屯地の隊員たち

お輿入れのパレードは駅前広場からスタート。この大行列に先だち、12旅団の高田、新発田、松本各駐屯地の合同音楽隊がダイナミックな演奏で行列を先導した。この後、烏帽子をかぶった武家装束の隊員たちがにこやかな表情で続いた。

パレードの先頭に立ち、沿道を進む高田・新発田・松本駐屯地の合同音楽隊

ひときわ華やかな婚礼衣装に身を包んだ五郎八姫は、隊員たちがかつぐ輿に乗って登場。沿道の観客に向けて「下にい、下にい」と呼びかけながらゆっくりと進み、当時の伊達・松平両家の栄華を今に伝えた。

行列は江戸時代の風情を残す本町通りから高田城跡までを練り歩き、沿道を埋めた観光客はその豪華絢爛(けんらん)な隊列に大歓声を上げ、美しいお姫様をカメラに収めていた。

100年ぶりという地元の歴史的な大イベントに参加した隊員たちは400年前にタイムスリップし、江戸時代のサムライ気分を大いに満喫していた。（高田）

江戸時代と自衛隊のコラボ！　5施群のトラック荷台に乗り込む歴史装束を着けた行列参加者たち

久居　駐屯地はこのほど、四日市市が主催する「ファミリー防災講座」を支援した。駐屯地を訪れた22家族38人は2中隊の鳥谷瑞樹2尉から物心両面の準備の大切さと緊急時の家族との連携方法などの教育を受け、その後、装備品を見学した。来場者はゴム製エアージャッキの操作体験＝写真㊤＝をしたほか、隊員に積極的に質問し、防災意識を高めていた。

国分　12普連広報班長の尾堂功浩2尉以下3人は8月27日、鹿児島市立伊敷台中学校で「連隊活動のパネル展示」を実施した。夏休み中の校内は部活動の生徒たちでにぎわい、写真展示はブラスバンド部の生徒たちに特に好評だった。期間は約2週間で、広報班では今後も鹿児島県内の中学校・高校で同様のパネル展の開催を来年3月まで予定している。

小倉　駐屯地と134地区警務隊小倉派遣隊は9月25日、小倉南警察署と合同で「秋の交通安全運動」を実施した。今回で6回目となる合同の交通安全運動は、野崎英二司令、警察署長をはじめ小倉南交通安全協会などのボランティアが参加し、登庁する自衛官や正門前の交差点を横断する市民、通学中の学生などに対し、交通安全を呼びかけた＝写真㊦。

那覇　15高射特科連隊はこのほど、連隊創隊に伴い導入された最新装備を各分屯地から那覇駐屯地に集結させた＝写真㊧。部隊は方面装備の03式中距離地対空誘導弾、師・旅団装備の11式短距離地対空誘導弾、それらを統制する対空戦闘指揮統制装置を装備する日本で唯一の高射特科連隊。連隊隊員は沖縄の防空を担う決意を新たに記念撮影に収まった。

大村　16普連音楽部は9月1日、佐賀県嬉野市で開催された「豊作祈願祭」を支援した。演奏は長崎県での国体開催にちなみ『長崎スポーツ行進曲』でスタート。2中隊の林田和也3曹の「氷川きよしメドレー」では観客が踊り出すなど、この日一番の盛り上がりを見せた＝写真㊤。音楽部の演奏でのど自慢大会も開かれ、約150人が夜の祭りを楽しんだ。

空

岐阜　2補給処十条支処の訓練指揮官・山下正規2佐以下27人はこのほど、茨城県の筑波山で野外行動訓練を実施＝写真㊨。部隊行動、各級指揮官の能力向上と体力・気力の充実を図る目的で、上りは筑波山神社と御幸ケ原間の御幸ケ原コース、下りは女体山頂から筑波山神社を目指す白雲橋コースを進んだ。隊員たちは最後まで集中し無事訓練を終えた。

浜松　浜松広報館は8月19〜21日の間、1空団の「発着訓練展示」を行った。エプロンでT4練習機のパイロットと整備員が離着前後の機体点検などを展示したほか、展示格納庫内ではパイロットと管制官との交信状況を隊員がわかりやすく解説した。訪れた延べ6600人の航空ファンは隊員への質問や記念撮影などを通じ、隊員との交流を満喫した。

千歳　2空団整補群はこのほど、基地航空公園のF104戦闘機を修復するため、公園から第4格納庫まで移動した。作業は検査隊が2作隊の協力を得て機体を展示台からクレーンで取り外し、管理隊の車両で格納庫まで輸送＝写真㊧。修理隊が機体、施設隊が展示台の補修を行い、職人たちの手でお色直しした展示機は年内にお披露目を予定している。

海

大湊　基地はこの夏、伊藤辰彦弾補所長を実行委員長に「大湊ネブタ祭り」に参加した。海自として50回目の参加となる今年は、造修補給所工作部の寺嶋三津男技官の斬新な発想で「大江山の酒呑童子」を製作＝写真㊦。祭り会場では迫力あるねぶたとともに二川幕僚長（当時）以下40人が6曲の流し踊りを披露、2年連続の「むつ市長賞」を受賞した。

舞鶴　舞鶴造修補給所に勤務する武器検査官の小原充技官はこのほど、献血事業に貢献があったとして、福知山市献血推進協議会会長の松山正治市長から感謝状を受けた。小原技官は献血の重要性を深く認識し、これまで400回の献血を行っている。この表彰に小原技官は「今後も献血活動を通じて、社会に貢献していきたい」と受賞の喜びを語った。

呉　呉教育隊は8月20〜26日の間、中学生の「職場体験学習」を支援し、市内の生徒117人が基地を訪れた。最初に教官から概要説明を受け、自衛隊の基本教練を体験。手旗訓練も実施した。さらに第361期練習員課程の修業式を見学、同じ中学の先輩の門出を祝った。このほか結索訓練やビデオ観賞など盛りだくさんの内容だった。

小月　教育航空隊はこのほど、遠泳訓練を実施し、第66期航空学生66人が参加した＝写真㊤。遠泳は山口県西部の室津海岸で「9キロ・6時間」の制限で行い、入隊当初5メートルしか泳げなかった学生も事前訓練の成果を十二分に発揮し、全員が完泳した。学生たちは励まし合いながら泳ぐことで、海自隊員に不可欠な長期耐水、滞泳能力を身に付けた。

下関　中尾典正基地隊司令以下21人はこのほど、下関市全域で清掃活動を行う「しものせき美化美化（ぴかぴか）作戦」に参加し、基地近傍の古宿海岸を自治会員や学生、消防署・市職員らとともに清掃。浜辺を覆っていた流木やプラスチックごみなどを黙々と拾い、国道191号と並行する約300メートルの砂浜を〝ぴかぴか〟にした＝写真㊤。

地方防衛局 特集

菅官房長官が岩国を視察

知事と市長に「感謝」

KC130受け入れで

【中国四国局】菅官房長官は9月18日、岩国市を訪れ、市内のホテルで山口県の村岡嗣政知事と岩国市の福田良彦市長らと会談、米軍岩国基地が所在する岩国市と広域自治体としての山口県の実情などをめぐって意見交換した。岩国基地には沖縄県の米軍普天間飛行場（宜野湾市）から米海兵隊のKC130空中給油機部隊（15機）が8月末までに移駐を完了。これに伴い、搭乗員をはじめ、職員とその家族ら計約870人の米軍関係者が岩国市に移り住んだ。

9月の内閣改造で沖縄基地負担軽減担当大臣を兼務する菅官房長官は、村岡知事と福田市長に対し、KC130空中給油機部隊の移駐受け入れに感謝の言葉を述べた。その上で「地元の実情について皆さんから忌憚のないご意見をうかがいたい」とあいさつした。

これに対し、山口県知事は「基地を抱える山口県の実情を十分にご理解いただきたい」などと答えた。

菅官房長官は岩国錦帯橋空港を視察した後、岩国基地を訪問。ロバート・ブシェー米海兵隊岩国航空基地司令官の案内でKC130空中給油機部隊の関連施設などを視察した。

岩国市の福田市長（右）から説明を受ける菅官房長官（9月18日、山口県の岩国錦帯橋空港で）

芹沢局長、知事を案内

22日には山口県知事が岩国市長、周防大島町長、和木町長、県議会議長らとともに岩国基地と愛宕山地区を視察。岩国基地ではマイケル・カレイロ副司令官から施設に関する説明を受けた。その後、海上自衛隊地区に移動し、岩国基地司令兼31航空群司令の大瀬戸功将補から基地の概要について説明を受けた。

知事は「KC130を初めて視察し、非常に存在感を感じた。基地内の施設整備も着々と進ちょくしていることを実感した」と感想を述べるとともに、米側に対し、航空機の安全運航や騒音対策、米軍による事件事故の防止を求めたことを明らかにした。

最後に村岡知事と福田市長は中国四国防衛局の芹澤清局長の案内で愛宕山地区を視察した。知事は「米軍家族住宅用地と運動施設の実際の配置などをイメージすることができた」とした上で、「運動施設エリアに整備されるスポーツ施設や文化交流施設などは実際の市民生活や米軍の方々との交流など非常に有益な施設だ。素晴らしい施設になってほしい」と語った。

芹沢局長（手前右端）の説明を聞く村岡知事（左端）と福田市長（その右）＝9月22日、岩国市の愛宕山地区で

グローバルホーク展示に長蛇の列

三沢基地航空祭

【東北局】三沢基地で9月7日、航空祭が開かれ、県内外から約14万人が訪れた。今年は天気に恵まれ、3年ぶりとなったT4ブルーインパルスの展示飛行では、鮮やかな曲技飛行に大きな歓声が上がった。

目玉の一つは、国内の航空祭で初公開となる米空軍の無人偵察機グローバルホークの展示。今年5月から同基地に一時配備されており、多くの航空ファンが機体を取り囲んで熱心にシャッターを切っていた。

東北防衛局は会場内の一角にブースを設け、防衛省の国際貢献を紹介するパンフレットや局オリジナルのポストカードを配布するなど、政策広報活動を実施。ブースには開始早々から長蛇の列ができるほどで、準備していた8000部全てを配りきった。

国内の航空祭で初公開となり人気だったグローバルホーク（9月7日、青森県の三沢基地で）

防衛施設と首長さん

神奈川県横須賀市　吉田雄人市長

38歳。早大院修了。2003年4月横須賀市議会議員初当選、09年横須賀市長就任。現在2期目。

44カ所の自衛隊・米軍施設

基地を都市資源として活用

三浦半島の面積の約6割を占める横須賀市は、市域約100平方キロメートル、人口約40万人。東西を海に囲まれ、暖流黒潮が海岸線を洗う、暖冬涼夏の自然に恵まれた土地です。

横須賀の歴史はペリー提督の来航、「咸臨丸」の出港などが想起されますが、横須賀が都市として大きく発展する契機となったのが、小栗上野介のリーダーシップのもとで建設された横須賀製鉄所（造船所）です。

近代日本の発展の礎として、わが国の近代化をリードした屈指の工業施設であり、このたび世界遺産に正式登録された群馬県の富岡製糸場の建築モデルとなったのが、まさにこの横須賀製鉄所です。

来年は建設が開始された慶応元年（1865年）から150周年を迎えることから、本市では米海軍横須賀基地内に残る横須賀製鉄所の近代歴史遺産（中でも明治4年に完成した第1号ドックは日本最古の本格的な石造ドックで、幕末～明治初期の近代化を象徴する土木遺産です）を活用したさまざまな事業を展開し、横須賀の誇りとして次世代へ語り継ぐとともに市内外に発信していきます。

現在、市内に所在する米軍関係施設は3施設、約337万2000平方メートル（水域を除く）です。また、自衛隊関係施設は41施設、面積約303万4000平方メートルが所在し、合わせて約640万6000平方メートル、市域の約6・4％を占めています。

この中には在日米海軍司令部、横須賀基地司令部、自衛艦隊司令部や横須賀地方総監部をはじめとする海上自衛隊の各司令部、陸上、航空自衛隊の部隊、また将来の幹部自衛官を教育する防衛大学校があります。

本市では海上自衛隊施設の一般公開や米海軍横須賀基地における一般開放、日米親善歴史ベースツアーなどのイベントが行われ、さまざまな交流、連携が図られています。

基地を都市資源として活用した取り組みも積極的に展開しています。「YOKOSUKA軍港めぐり」で観られる艦船は実に多彩。海上自衛隊の潜水艦や護衛艦、米海軍のイージス艦など盛りだくさん。迫力ある艦船を間近に眺めながらのクルージングは横須賀ならではの魅力です。

また、横須賀中央や「どぶ板通り」の飲食店などでUSドル紙幣が使える「ドル旅プロジェクト」なども実施しています。タンスに眠るドルを使って横須賀で散策を楽しんでください。

本市は市民の約8割が、住みやすい、住み続けたいと感じている「住むまち」としての魅力があふれています。こうした横須賀の魅力を、より多くの方々に知っていただくため、さまざまなプロモーションを展開していきます。

市内には約1万人の自衛隊員が在住されています。ご家族も含めた皆さまが、安心して暮らしやすいまちづくりを目指し、市政運営に取り組んでまいります。

本土初

相模補給廠の一部返還

日米ロードマップに基づき

【南関東局】神奈川県相模原市に所在する在日米陸軍の相模総合補給廠の一部土地（約17ヘクタール）などが9月30日、返還された。東京ドーム（約4・7ヘクタール）約4個分に相当する。

これを受け南関東防衛局の丸井博局長は同日、相模原市役所を訪れ、加山俊夫市長に報告した。加山市長は「相模原駅周辺地区のまちづくり計画の実現に向け、大いに弾みがつく」と歓迎の言葉を述べた。

今回の返還は、平成18年5月の日米安全保障協議委員会で承認された「再編の実施のための日米ロードマップ」に基づき、20年6月の日米合意を受けて実現した本土で初めての返還となる。

同局では返還実現について「着実な実施に取り組んできた結果」として評価した上で、「今後は相模原市の返還跡地利用に支障をきたさないよう、必要な手続きなどを速やかに行い、財務局へ引き継ぐことができるよう努めたい」としている。

加山市長（右）に米軍相模補給廠の一部土地返還を報告する丸井局長（9月30日、相模原市役所で）

米海兵隊の実弾射撃訓練を支援

安全管理など万全に

【北海道局】沖縄県に駐留する米海兵隊の実弾射撃移転訓練が8月24日から9月2日まで、陸上自衛隊矢臼別演習場で行われ、北海道防衛局が支援した。

訓練は沖縄県の負担軽減を目的に、本土にある五つの演習場で分散して実施しているもので、矢臼別演習場での訓練は昨年に続き14回目。今回の規模は人員約430人、車両約100両、155ミリ榴弾砲12門。

北海道局は演習場内に現地対策本部を設置。北部方面総監部などの協力を得て、①米海兵隊、陸自、自治体などとの連絡・調整②周辺住民や報道機関からの問い合わせへの対応③米海兵隊員と装備品の輸送④訓練に伴う物資などの調達⑤演習場各ゲートからの誤進入の未然防止に向けた見回り――などの支援を行った。

今回は特に安全かつ円滑な実弾射撃訓練の実施を最重要点に掲げ、現地対策本部の要員増や自治体との連絡調整に専従する職員の配置など態勢を強化。現地対策本部開所式で本部長を務める同局の早坂茂紀企画部長は①情報の共有②迅速な対応③安全管理――に万全を期すよう職員に指示した。

22日には指揮官の第12海兵連隊第3大隊長のネイル・オーエンス中佐が、在札幌米国領事館ジョエレン・ゴーグ首席領事とともに地元の別海町、厚岸町、浜中町、標茶町を表敬訪問。同中佐は別海町で報道陣に「訓練の安全確保が我々の優先事項だ」と述べ、安全性を強調した。

さらに米海兵隊は陸自と合同で消火訓練を実施。野火などが発生した場合の迅速かつ適切な対応について消火態勢を確認した。

23日には同局主催により自治体や報道関係者を対象とした訓練説明会を、26日には自治体関係者を招いての訓練見学会を実施した。

訓練は9月2日、予備日を使用することなく無事に終了。同局は地元の理解と協力を強調した上で、「今後とも訓練に際しては適宜適切な情報提供に努め、地元の皆さまの不安や心配が解消されるよう最大限努力していきたい」としている。

「九州の防衛」テーマにセミナー

160人が参加「勉強になった」

【九州局】九州防衛局は9月30日、鹿児島市の中央公民館で、九州の防衛をテーマにした第27回「防衛問題セミナー」を開催、約160人が来場した。

主催者を代表して槌道明宏局長があいさつ。第1部は防衛省防衛政策課の石川武課長、第2部は陸自西方総監部幕僚副長の河本宏章将補がそれぞれ講演した。

石川課長は「新たな防衛計画の大綱」と題し、「防衛大綱等の位置付け」「我が国を取り巻く安全保障環境」「我が国の防衛の基本方針」「防衛力の在り方」などを説明し、今後、整備される各自衛隊の体制などについて紹介した。

河本副長は「西部方面隊の役割」と題し、「戦略環境認識」「陸上防衛構想と西部方面隊」などについて説明。西部方面隊として水陸両用作戦能力の向上のため、水陸両用車の整備や米軍との共同訓練などを行っていくことを説明した。

来場者からは「日本の置かれている防衛問題の現状が理解できた」「分かりやすい説明で勉強になった」「次回も参加したい」などの感想が寄せられた。

主催者を代表して開会のあいさつをする槌道局長（9月30日、鹿児島市で）

リレー随想　　木島　悦雄

世界遺産候補地を訪ねて

梅雨時の6月下旬に長崎防衛支局に着任し、はや3カ月が経ちました。長崎は、和・中・洋の文化が融合したとてもユニークで興味深い街であり、世界との窓口であったことから歴史の舞台となった史跡もたくさんあります。

現在、長崎県と市は、「明治日本の産業革命遺産」と「長崎の教会群とキリスト教関連遺産」の二つの文化遺産について、世界遺産登録の実現に向け推進活動を行っています。

「明治日本の産業革命遺産」は、幕末から明治期にかけ西洋の技術・知識を吸収し工業化・近代化を果たした鉄鋼・造船・石炭産業などの遺産群であり、旧グラバー住宅、長崎造船所の施設、軍艦島などがあります。

また、「長崎の教会群とキリスト教関連遺産」は、キリスト教伝播と浸透のプロセスを示す遺産群であり、大浦天主堂や出津教会などがあります。これらの中で、かねてから興味を持っていた軍艦島と出津教会を訪ねてみましたのでご紹介します。

軍艦島は、長崎港から南西に約19キロの沖合に位置し、正式名称は端島です。東京ドームの1・3倍という小さな海底炭鉱の島で、外観が軍艦に似ていることからこう呼ばれ、最盛期には5000人以上が生活した海上産業都市でしたが、昭和49年に閉山し、無人島になりました。

観光客が立ち入れる箇所は一部に限られますが、日本初の高層鉄筋住宅や学校などのコンクリート群から日本の近代化を支えた往時の島民の活気ある姿が目に浮かぶ一方、崩壊しかけた建屋を見ると時代の経過を感じずにはいられない何とも複雑な遺構でした。

出津教会は、長崎市内から北西に車で1時間ほど行った外海（そとめ）地区にある、フランス人宣教師ド・ロ神父が設計建設した白亜の美しい教会です。歴史探索に加え、海と山の自然の中で時が止まってしまったような心安らぐ静かな空間でのんびり過ごすことができました。

案内してくださったシスターが「世界遺産になるのはうれしいが、観光地化されるのではと心配もしています」と言われていたのが印象的でした。

長崎は、これら世界遺産候補地を含め名所旧跡が目白押しです。ぜひ機会をつくりお越しください。（長崎防衛支局長）

メダリストが凱旋報告

アジア大会で活躍の体校3選手

競歩・金 谷井2曹　競泳・銀 原田2尉　近代五種・銀 伊谷2曹

仁川アジア大会でメダルを獲得した自衛隊体育学校（朝霞）の谷井孝行2空曹（31）＝陸上競歩▽原田蘭丸2海尉（26）＝競泳▽伊谷温子2海曹（26）＝近代五種＝の3人が10月6日、東京・市ヶ谷の防衛省に凱旋。齊藤空、河野海両幕僚長に成果を報告した。

日本選手権優勝などの実績を残し今年4月、航空自衛官として初めて五輪選手を輩出する体育学校に直接入校（体育特殊技能者、2曹採用）した谷井2曹は、アジア大会で期待にたがわない活躍を見せ、空幕長室が置かれる防衛省A棟17階で幹部、職員ら約70人に盛大に出迎えられた。

陸上の男子50キロ競歩を制し、今大会の体校選手で唯一、またアジア大会の競歩で初の金メダルを獲得。その〝証し〟のメダルを首にかけてエレベーターホールから空幕長室前に進み、幹部、職員らに「最高のレースができました。今後も応援をよろしくお願いします」とあいさつした。

森本哲生空幕副長、武藤茂樹人教部長も同席して行われた帰国報告に際し、齊藤空幕長は「金メダル獲得は実にうれしい。次の高みを目指し、引き続き頑張ってほしい」とねぎらった。

また空幕長から、レース前日に〝験担ぎ〟のために必ず食べているというチョコレート菓子（「コアラのマーチ」）30箱を、金メダル獲得のお祝いとしてプレゼントされた。

一方、競泳の男子400メートル自由形リレーと近代五種の女子団体戦で銀メダルをそれぞれ獲得した原田2尉と伊谷2曹は、海幕長室横の応接室で帰国を報告。河野海幕長から「おめでとう」という言葉とともに「海上幕僚長」と刻印された記念メダルをそれぞれ手渡された。

また、フェンシング団体戦で銀メダルを獲得した坂本圭右2陸曹ら陸上自衛官のメダリスト12人を含む選手23人は10月8日、岩田陸幕長に帰国報告した。

上齋藤空幕長（右）からお祝いの菓子を贈られる谷井2曹下河野海幕長（左）から記念メダルを贈られる原田2尉（右から2人目）と伊谷2曹（右端）。奥は保坂一彦体校長＝いずれも10月6日、防衛省で

「国民の自衛官」表彰式

9隊員・2部隊が受賞

著しい功績のあった陸海空自衛官・部隊を顕彰する「国民の自衛官」（フジサンケイグループ主催）の表彰式が10月6日、東京都新宿区のホテルグランドヒル市ヶ谷で行われ、9隊員・2部隊が受賞した。

顕彰制度は平成14年に創設され今回で12回目。今年は無事故ヘリ飛行「7000時間」を更新中の隊員、車ごと海に転落した女性を救助した隊員らが選ばれた。

表彰式には石川政務官、岩﨑統、岩田陸、河野海、齊藤空各幕僚長らをはじめ、来賓・関係者約150人が出席した。

来賓の三笠宮彬子さまは「世界に冠たる日本の自衛官の誇りを忘れず、今後もますますご活躍いただけますようお祈りします」とあいさつされた。

受賞者・部隊を代表し、長年機雷処理に携わる海自下関基地隊の中尾典正司令は「功績は多くの先人たちの犠牲の上に成り立っていることを決して忘れない」と述べた。

受賞者・部隊は次の通り。

【陸自】藤田靖3陸佐（11旅団11飛行隊＝丘珠）▽熊谷春樹即応予備陸曹長（38普連＝多賀城）▽楢原雅規2陸曹、岡田知也陸士長（13特科隊＝日本原）▽中島健次准陸尉（35普連＝守山）▽15旅団101不発弾処理隊（那覇）

【海自】砂田智司2海曹（2護衛隊群「あまぎり」＝佐世保）▽横内拓哉1海曹（下総航空基地隊）▽下関基地隊

【空自】坂本裕之准空尉（千歳管制隊）▽毛利紀和子3空尉（航空システム通信隊保監群本部＝市ヶ谷）

「国民の自衛官」に選ばれた陸海空隊員・部隊代表（10月6日、ホテルグランドヒル市ヶ谷で）

こちら警務隊　☎8・6・47625

盗撮は迷惑防止条例違反 懲役か罰金に処されます

駅で携帯電話を使用して、女性のスカート内を撮影した人が逮捕されていました。何罪に問われるのですか？

各都道府県で定める迷惑防止条例違反（卑わいな行為の禁止）に該当し、懲役または罰金に処されます。

この条例は、公衆に著しく迷惑をかける暴力的不良行為などを防止し、もって住民生活の平穏を保持することを目的としたもので、盗撮以外にも違反に当たる行為、例えば公共の場所での粗暴行為、たかり行為、つきまといなどがあたるので注意が必要です。

自衛官として社会人として自覚ある行動に努めましょう。

（135地警＝北熊本・塚本3曹）

市ヶ谷　中央警　竹村1尉

祖父62歳・父36歳・長男16歳

「3代現役」自衛官

早乙女吉男准空尉（62）の孫で、准尉の長男の繁樹陸曹長（36）の長男である遼羽（りょう）生徒（16）が9月28日、武山駐屯地で行われた陸自高等工科学校（小和瀬一校長）の創立59周年記念式典で行進、祖父と父親が激励に駆けつけ、「3代現役」自衛官が集結した。

祖父の准尉は、栃木地方協力本部に勤務（平成18年定年、再雇用制度で任官）し、父も陸自第1ヘリコプター団（木更津）で働く〝現役〟の自衛官。今年の春、遼羽生徒の高工校入学（60期生）により、極めて異例となる「3代現役」が実現した。

祖父は「私の次男（早乙女曹長の弟）も航空自衛官。血縁による自衛官継承はそこまでか、と思っていた」と3代つながった今回の絆を喜ぶ。

自らも高工校を卒業（39期生）した父は遼羽生徒に熱く受験を勧め、「高工校生活の厳しい面は言いませんでした（笑い）。在学当時のアルバムを見せて同期との思い出を話したところ（遼羽生徒は）興味を持ったようでした」と話す。

受験を決めた遼羽生徒は父に〝弟子入り〟。筆記試験から面接に至るまで父の経験をもとに厳しい〝特訓〟を受け、見事合格した。

祖父、父とも高校ではサッカー部に所属していたが、遼羽生徒は吹奏楽部に入部。祖父・父・子3代サッカー部とはならなかったが、59周年式典では全身が隠れるほど巨大な金管楽器「スーザホン」を演奏しながらさっそうと行進。両隊員は孫、息子の雄姿に目を細めていた。

遼羽生徒は「進路を決める上で最も大きかったのは、祖父、父の存在。ずっと背中を見てきたので、二人のようになりたいです。特にヘリ部隊に興味があるので、3年間しっかり学び、いつか父とともに任務を遂行したいと思っています」と顔をほころばせた。

現役3代にわたり自衛官となった早乙女家の隊員。左から吉男准尉、遼羽生徒、繁樹曹長（写真はいずれも9月28日、武山駐屯地で）

創立59周年式典を締めくくる生徒隊パレードで演奏する高工校吹奏楽部員。後方左端が遼羽生徒

中川2士が初舞台

山梨 熱唱に聴衆聴き入る

【横音、山梨地本】海自横須賀音楽隊初のボーカリストとして8月に着隊した中川麻梨子2士（26）が9月6、7の両日、山梨県で行われた演奏会で初舞台を踏んだ。

横須賀音楽隊は6日に笛吹市のスコレーセンターで、7日に甲州市民文化センターでそれぞれ演奏。2日間ともホールは満席で、中川2士が「Let It Go～ありのままで～」を熱唱すると、大人から子供までが聴き入った。また、中川2士と共に着隊したバストロンボーン奏者の阿部宙（ひろ）2士（19）も凛とした演奏で観客を魅了した。

期間中は、地元中学校、高等学校の吹奏楽部員計84人への演奏指導も実施。生徒らは基本姿勢や呼吸法を学んだだけではなく「音楽隊の機敏な動作や礼儀正しい態度に規律や団結力の強さを感じた」と〝自衛官らしさ〟に感激した様子。

演奏会を支援した山梨地本の隊員は「自衛隊への理解の促進につながった最高の2日間だった」と中川2士のデビューを喜んだ。

熱唱する横音初のボーカリスト・中川2士（9月6日、山梨地本撮影）

体験飛行 楽しむ

自衛隊記念日 入間では720人

自衛隊記念日中央行事の一つ、空自による「体験飛行」が10月4日、埼玉県の入間基地をはじめ松島（宮城）、小松（石川）、新田原（宮崎）の各基地で行われた。

入間では抽選で招待された約720人が入間ヘリコプター空輸隊のCH47J輸送ヘリコプターに分乗。武蔵野から荒川沿い、東京スカイツリーの上空を一巡して入間に戻る20分間の遊覧を楽しんだ。

今年はCH47Jが2機で1回約60人を乗せ計12回実施。時速約240キロで、高度約750メートルを飛行した。子供たちは窓にはりつき、ぐんぐん近づいてくるスカイツリーにおおはしゃぎ。保護者や友人同士の参加者も、円形の窓から見える眼下の壮大な景色に見入り、カメラのシャッターを切っていた＝写真。

横浜市から来た会社員の鈴木舞さん（23）とつくば市から来た山﨑和菜さん（25）は「初めての飛行体験だったが、隊員の方が皆親切で楽しめた。来月の航空祭もぜひ行ってみたい」とすっかり〝航空機ファン〟になった様子。

飛行を終えた来場者はその後、U125飛行点検機、T4練習機、U4多用途支援機の展示を見学。各機体のパイロットが質問に丁寧に答えていた。

小休止

▽…3空団（三沢）燃料小隊長の大垣俊喜3空尉（23）と小隊先任の志田達也空曹長（43）は9月29日、米空軍の燃料小隊のランゲル中尉、先任のチャンドラー上級曹長を訪ね、双方のTシャツを交換した＝写真。

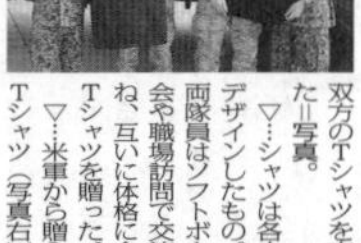

▽…シャツは各小隊がデザインしたもの。日米両隊員はソフトボール大会や職場訪問で交流を重ね、互いに体格に合ったTシャツを贈った。

▽…米軍から贈られたTシャツ（写真右）には小隊のモットー「何者だ？燃料部隊だ！」と印字されている。受け取った両空自隊員は「COOL！（かっこいい！）そのままうちの隊でも使えますね」と絶賛。Tシャツは日米の友好の証しとして、空自小隊の事務所に飾られた。（三沢）

（世界の切手・イタリア）

生存と自由のために最後の犠牲をはらう国家は敗れることがない。
ケマル・アタチュルク（トルコ建国の父）

朝雲ホームページ
www.asagumo-news.com
＜会員制サイト＞
Asagumo Archive
朝雲編集局メールアドレス
editorial@asagumo-news.com

79年前の事故に 思い馳せる

田園に建つ旧軍搭乗員の殉職慰霊碑

非常勤職員 佐藤 和敏（新潟地本・新発田援護室）

新潟県阿賀野市長起の田園の中に、今は訪れる人もなく、また語られることもなく、ひっそりと殉職慰霊碑が建っています。

場所は新発田市から国道460号線を南に向かい、阿賀野市に入り、山倉交差点を左折して折井川沿いに約1キロ進んだ左側にあります。

当時の「新発田新聞」によると、慰霊碑は各務原飛行第2聯隊附だった桐山敏夫少佐と川口一三曹長を慰霊するもので、「昭和10年6月26日、新発田聯隊と空陸連合演習に参加し、北蒲原郡神山村の上空において壮烈なる殉職を遂げ、1周年の昭和11年10月26日、遭難地である同村字長起の田圃中を埋め立て建立した。同日午前10時から除幕式及び追悼法要が執行された」とあります。

慰霊祭は後藤十郎第23代新発田聯隊長はじめ、遺族、軍関係者、町村長ら多数の参列をもって執り行われました。慰霊碑の揮毫は鈴木壮六大将（三条市出身、昭和5年に陸軍参謀総長を退任）の執筆によるものです。

事故機は岐阜県・各務原飛行第2聯隊の92式偵察機（534号）で川口軍曹が操縦、桐山大尉が同乗し、第3大隊の友軍機となって第1大隊の陣地を偵察任務中、午前8時36分、神山村山倉地内150メートルの上空で機関が故障し、水田に墜落と同時に火災を起こして炎上、殉職者2名を出したということです。

この事故を受け、丹下悌次郎聯隊長は弔意を表し、各部隊に対し演習の即時中止命令を出しています。翌6月27日付「新発田新聞」には、「新発田聯隊第1大隊と行軍していた小川軍医は、墜落と同時に現場に駆けつけ成年団等の応援の下、墜落機より遺骸を取出し清洗の上、折から駆けつけた菅原軍医正・飯島医師等と共に検視を為し、遺骸は午前10時、神山村役場に安置した。大日原よりは丹下聯隊長以下、幹部全員駆けつけ懇ろに香華手向けた」と記されています。

新発田市図書館で関係資料を調べたところ、「続笹神風土記」に事故のことが次のように書かれていました。

「田植が済んで間もない頃であった。エンジンから火を噴いた陸軍機は不時着の場所を探すかのように旋回していたが、ついに青田の中に突っ込んで、黒煙を上げ炎上した」

この事故は今から79年前の出来事になりますが、阿賀野市長起の近くを通った際、この慰霊碑を見かけたら、そのいわれを思い出していただければ幸いです。

阿賀野市の田んぼに建つ桐山少佐と川口曹長の慰霊碑

みんなのページ

主人を支える妻に

家族 宗岡 さやか（山口市）

いつもにぎやかな宗岡3曹のファミリー

自衛官の主人と結婚して、早6年が経ちました。おしゃべりが大好きな我が家では、家族みんなが毎日にぎやかに過ごしています。

私の父が自衛官だったこともあり、自衛官の仕事がどういうものか理解しているつもりで主人と結婚しました。

しかし結婚してみると、主人は演習などで家を空けることが多く、また私にとって知らない土地に来て、とても寂しく、しばらく引きこもりがちになっていました。

そんな私を見て、主人は演習などから帰ってくると、疲れているだろうに、「どこか行きたいところはない?」「何か美味しいものを食べに行こう！」と言って、私を外に連れ出してくれました。主人のその気遣いがとてもうれしく、「自分も強くならねばいけない」と思いました。

今年8月には第2子が生まれ、家の中はさらににぎやかになりました。このため2人の子を抱え、私一人ではどうしようもないことが増えてきました。それを見て、主人は仕事から帰ってきた後に家事や育児を積極的に手伝ってくれ、とても感謝しています。

主人に支えられてばかりの私ですが、これからは主人を支えられる妻になりたいと思っています。

（17普連本管中＝山口、宗岡裕明3陸曹夫人）

富士登山駅伝でタスキをつなぐ国分チーム。右が永里3曹

チーム一丸でV2達成

3陸曹 永里 剛城（12普連・国分）

富士登山駅伝

第39回富士登山駅伝競走大会が8月3日、静岡県御殿場市で行われました。この過酷な山岳登山レースで、我が「国分自衛隊」は総合・自衛隊の部で2連覇を達成する事ができました。

前年度に優勝しているということで選手にはとてつもないプレッシャーがありましたが、チーム一丸となり、V2を達成できました。

私も競技中は日頃の苦しい訓練を思い出して全力を出し切り、なんとかチームの勝利に貢献する事ができたと思います。

九州からの遠征で大変な面もありますが、これからも3連覇を目標に訓練を続け、必ず目標を達成したいと思います。

父の墓前に捧げるレンジャー徽章

3陸曹 東 勇樹（46普連1中隊・海田市）

今回のレンジャー教育は、私にとって2回目の挑戦でした。

前回は父が肝臓がんの末期で余命1カ月と診断されたため、教育の途中で原隊復帰しました。そのため、父も息子が卒業できなかったことを気にしていたこともあり、今回は必ず修了し、レンジャー徽章を父のお墓に供えて報告しようと心に決め、教育に臨みました。

最初に山地・水路・空路の潜入技術を学び、行動訓練では襲撃や伏撃の任務をこなし、無事教育を修了することができました。訓練を通じて自己の限界にも挑戦することができ、肉体的にも精神的にも成長できたように思います。

亡き父の遺志を受け、レンジャーとなった東勇樹3曹

教育期間中、厳しく鍛えて下さった教官・助教に感謝するとともに、中隊の皆様や支えてくれた家族への感謝の気持ちを忘れることなく、国民の平和を守る職務にまい進していきます。

そして応援してくれた父に対しても、墓前にレンジャー徽章を供え、レンジャーになれたことを報告したいと思います。

横須賀サマーフェスタに参加して

神奈川地本モニター 大学生 片岡 初実（学習院大2年）

私はカレッジ防衛モニターの3度目の活動として横須賀のサマーフェスタに参加した。

最初に訪れたのは第2術科学校。ここは海自隊員が艦船の機関を学ぶための学校で、ジャイロスコープや船の操縦のしくみ、エンジンの様子などを見学した。文系の私には内容がかなり高度だったが、磁石でコイルが回るクリップモーターの紹介など親子連れに人気のコーナーもあった。

この後、海軍機関術参考資料室に向かった。ここには東郷平八郎、山本五十六提督の書などがあり、その資料の豊富さに驚いた。今回はあまり時間がなく、ゆっくり見ることができなかったので、ぜひまた再訪したいと思った。

続いて横須賀基地で護衛艦「いかづち」を見学後、総監部地区から在日米軍基地まで歩いた。イベント開催日のため基地内は日本人ばかりで、あまりアメリカの雰囲気は味わえなかった。しかしとても広いなと感じた。この広い空間が戦前は全て日本海軍の基地だったと思うと感慨深かった。今回は米軍基地も見学できて貴重な経験ができた。

OBがんばる

アンテナ高く情報収集

菅原 幸吉さん 54
平成25年8月、自衛隊島根地本を最後に定年退職（准陸尉）。中電環境テクノスに再就職し、島根原子力発電所の防災業務に当たっている。

私は平成25年8月、島根地方協力本部の松江募集案内所を最後に、定年退官致しました。

これに先立ち、中部方面隊が計画する業務管理教育に参加し「山陰地方の雇用は最低」ということを初めて聞きました。最悪の環境、しかも定年者が一番多い年度での退職でしたので、地本の援護課だけに頼っていてはいけないと思い、自らアンテナを張り巡らすようにしました。

そんな時、自衛隊父兄会員の方から中電環境テクノスの募集の話を聞きました。早速、担当者に連絡して採用試験を受け、24年12月に採用内定の通知を頂きました。内定が早かった分、退官日まで全力疾走することができ、悔いを残さず自衛隊生活を終えることができました。

現在の勤務は島根原子力発電所の防災業務で、消防業務や原子炉、燃料プールを冷やすための代替注水を主たる任務としています。原子力発電の存続は賛否両論ありますが、資源の少ない日本が将来にわたり安全かつ安定的にエネルギーを確保していくためには、原子力発電によるバランスのとれた電源構成が必要だと思います。そのため安全の確保を大前提に、微力ながら業務に精進していきたいと考えています。

職場の同僚は、ほとんどが公設消防を退職された方なので意思疎通がしやすく、私も消防に関し日々学んでいます。

退職を迎えられる皆さん、先輩が良い情報を持っているかもしれません、情報収集のアンテナは高く・広く設置して、チャンスをものにしてください。待っていてはだめです。就職はまさに「縁とタイミング」なのです。

新刊紹介

「マックス・ウェーバーを読む」

仲正 昌樹著

すでに数多くの解説書が出されている社会科学の泰斗。「今さら」の感がなきにしもあらずだが、古典と言われる著作が広く読まれ、理解されているとは限らない。

さらに、現代世界は価値秩序の乱立状態と言える。ウェーバーの言う「神々の争い」だ。呪術的制約から解放すれば、人は合理的な世界観を共有できるようになるという前提で進んできた世界が、かえって「神々の争い」を引き起こしているという逆説。こうした時代に学問の存在意義は何か。

著者はウェーバーの著作を「宗教社会学」「政治観」「社会科学の方法論」「学問観」に的を絞り、ピンポイントで紹介する。その際、あくまでも「ウェーバー理論の本質、あるいは彼が真に目指したものは何か」の探究が眼目で、古典を現代に「当てはめる安易なサービス」は拒絶する。その姿勢が逆にウェーバーの学説を、混沌とした現実を理解するためのより鋭利な〝武器〟へと磨き上げた。いわゆる〝ウェーバー専門家〟とは違う視点が新鮮だ。

（講談社刊、907円）

「日本経済がなければ 中国・韓国は成り立たない」

真壁 昭夫著

1ドル＝110円を瞬間風速でつけても、かつての金融政策での日米協調介入や、行き過ぎた円安阻止のための協調利上げなどと言う言葉は、報道を見る限りどこからも聞こえてこない。

米国が「世界の警察」の座から下りようとしているように、著者は経済面でも米国中心の時代は終わり、各国は自らの利害を中心に行動し始めていると説く。

こうした中、日本は第二の経済大国中国、そして隣国韓国とどう向き合えばいいのか、というのが本書のテーマだ。

ただ、中国は、米中央情報局（CIA）のデータによると、所得格差を示すジニ係数が47・3ポイントで、ドミニカ共和国などと同じ。40ポイントを超えると社会騒乱が発生しやすいとされるほか、非正規のシャドーバンキング問題など、市場の大きさという魅力に反比例するほど経済リスクも高い。

韓国は財閥企業を中心に、名目GDPに占める輸出のウエイトが50％を占め、経済の為替ボラティリティが高い。

東アジア経済をけん引できるのは、中韓が羨望する技術力を持つ日本しかいないと著者は主張、切れ目のないイノベーションを提言している。

（海竜社刊、1404円）

詰碁

第1097回出題

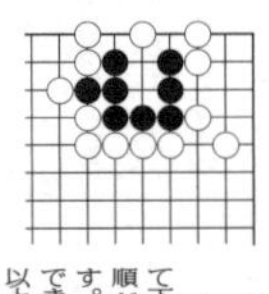

黒先

『黒を助けて下さい。手順が大切です。』5分でできれば初級以上です。

出題 日本棋院 九段 曲 励起

▶詰碁、詰将棋の出題は隔週です◀

詰将棋

≪第681回の解答≫

【正解】▲2三と△同角▲3四銀△2四玉▲2五銀打△3五玉▲1三馬までの七手詰め。

【解説】初手▲2三とが肝心で、これを単に▲3四銀では△2四玉で逃げられます。

要するに1三のと金が邪魔駒となっている訳です。最終手▲1三馬が成立するのはと金捨ての効果。なお三手目▲3四銀に△同角なら▲2二飛成までの早詰み。

出題 日本将棋連盟 九段 石田 和雄

朝雲
発行所 朝雲新聞社
〒160-0002 東京都新宿区坂町26番地19 KKビル
電話 03(3225)3841
FAX 03(3225)3831
振替00190-4-17600番
定価一部140円、年間購読料9000円（税・送料込み）

主な記事

2面 副大臣 ティルト・ローター機配備を
3面 御嶽山 疲労、二次災害とも闘う
4面 「ガイドライン中間報告」全文
5面 〈父兄会版〉発災で初の「家族支援」
6面 〈募集・援護〉航空学生試験スタート
7面 「しらせ」名古屋入港で艦艇広報
8面 〈みんなのページ〉広島災害派遣所感

切れ目ない日米協力を

「ガイドライン中間報告」

年内目指し、17年ぶり改定

防衛省

日米両政府は10月8日、外務・防衛当局の局長級による日米防衛協力小委員会を防衛省で開き、今年末までに17年ぶりの改定を目指して見直し作業を進めている「日米防衛協力のための指針（ガイドライン）」の中間報告を公表した。集団的自衛権の行使を限定容認した今年7月の閣議決定を「適切に反映」し、平時から緊急事態まで日米同盟による「切れ目のない対応」を強化することを柱に、抑止力の向上を図る方針を示した。江渡防衛相は同日の臨時記者会見で「切れ目のない措置を取ることの重要性について日米で認識を共有した」と強調した。

（4面に中間報告の全文）

時代に即し、抑止力を向上

日米防衛協力小委員会でガイドラインの見直しをめぐり意見を交わす防衛省の黒江哲郎防衛政策局長（右から2人目）、外務省の冨田浩司北米局長（右端）、米側のシアー国防次官補（左から2人目）、ラッセル国務次官補（左端）＝10月8日、防衛省で

江渡大臣は会見で、今回の中間報告のポイントとして、①同盟内の調整の枠組みの改善②日本の平和と安全の切れ目のない確保③平和で安定した国際安保環境のための協力④宇宙およびサイバー空間における協力――の4点を挙げた。

さらに「ガイドラインと国内法の整備については、両者を整合させていくことで一致した」と述べ、最終報告に向けてガイドラインの見直し作業と安保法制整備の両方をしっかり適用できる形で議論を進めていく考えを示した。

中間報告では、中国による海洋進出や北朝鮮の核ミサイル開発など、一層厳しさを増す安全保障環境を念頭に、日米両政府が「平時から緊急事態までのいかなる段階においても、切れ目のない形で、日本の安全が損なわれることを防ぐための措置をとる」ことを強調。

協力分野の例として、米艦防護などを想定した「アセット（装備品など）の防護」をはじめ、「施設・区域の防護」「情報収集、警戒監視、偵察」「防空、ミサイル防衛」「後方支援」「捜索・救難」「海洋安全保障」――など12項目を挙げた。

現行ガイドラインでは、自衛隊と米軍の役割を①平時②日本に対する武力攻撃（有事）③周辺事態――の3分類で定めているが、中間報告ではグレーゾーン事態を含め、平時以外のあらゆるケースを「緊急事態」として一括。最終報告に向け、さらに検討を進める。

集団的自衛権行使の限定容認については「閣議決定の内容を適切に反映」するとした上で、具体的な明言を避け、「日本と密接な関係にある国に対する武力攻撃が発生」した場合の協力の在り方について最終報告で「詳述する」とした。

このほか、国際的な安全保障環境の安定化に向けてグローバル（地球規模）な日米協力を掲げ、国連平和維持活動（PKO）、人道支援・災害救援、能力構築、後方支援――などでの連携強化を明記。オーストラリアなどを念頭に「地域の同盟国やパートナーとの3カ国間および多国間」の防衛協力をうたった。

また、時代に即した「新たな戦略的領域」として、宇宙・サイバー空間での協力を盛り込んだ。

中間報告のポイント

▽日米は平時から緊急事態まで、切れ目のない形で、日本の安全が損なわれることを防ぐための措置を実施

▽集団的自衛権行使を限定容認した閣議決定を適切に反映し、最終報告で日米の協力の在り方を詳述する

▽ＰＫＯや海洋安全保障などの分野でグローバルな日米協力を強化し、国際的な安全保障環境の安定に寄与する

▽宇宙・サイバー空間での協力を推進し、新たな安全保障上の課題に切れ目なく実効的に対処する

日米ガイドライン　我が国に対する武力攻撃などに対応するため、自衛隊と米軍の具体的な役割分担など、日米防衛協力の基本的な枠組みを示した文書。東西冷戦下の1978年に旧ソ連による日本攻撃を想定して初めて策定され、97年の改定では朝鮮半島有事など日本周辺の有事（周辺事態）での協力を盛り込んだ。その後、海洋進出を図る中国や北朝鮮の核ミサイル開発など、大きく変化した安全保障環境に対応するため、昨年10月の日米外務・防衛担当閣僚協議（2プラス2）で今年末までに17年ぶり2度目の改定を行うことで一致した。

河野統幕長 「精強・即応、伝統継承を」

武居海幕長 三つの基盤強化目標に

第5代統合幕僚長に就任、儀仗隊を巡閲する河野克俊海将（10月15日、防衛省で）

第32代海上幕僚長に就任した武居智久海将

10月14日付で第5代統合幕僚長に就任した河野克俊前海上幕僚長の着任式が15日午前、防衛省で行われた。

河野統幕長は儀仗広場で栄誉礼を受けた後、A棟講堂で着任式に臨み、約300人の統幕幹部を前に「統合機動防衛力」の構築に向け、「精強・即応」「伝統の継承」の2点を要望。自衛隊が「安全保障の最終の担い手」として国民の期待を受けているとした上で「安全保障環境や国内情勢に柔軟に対応していけるよう、陸海空幕僚監部や内局と緊密に連携し、運用に関して防衛大臣を一元的に補佐し得る体制を構築する」と決意を表明した。

さらに統合幕僚監部が来年で創設10年目の節目を迎えるに当たり、「伝統を受け継ぎ、隙のない運用体制の確立を目指してほしい」と述べ「諸官と共に良き伝統を築き上げ、統幕、自衛隊の新しい歴史を刻んでいきたい」と締めくくった。

一方、14日夜に離任式に臨んだ岩崎茂前統幕長はA棟講堂で最後の訓示を行い「多くの隊員の努力により、我が国の統合運用は目覚ましい進化を遂げている」と成果を強調。栄誉礼を受けた後、防衛省・自衛隊の幹部、市ヶ谷地区の隊員に見送られ退庁した。

◇

海上幕僚長の離着任行事が10月14日、防衛省で行われ、武居智久海将が横須賀地方総監から第32代海上幕僚長に着任、新たに統合幕僚長となる河野海将から任を引き継いだ。

午後9時、武居新海幕長はA棟講堂で儀仗隊の栄誉礼を受けた後、海幕会議室に場所を移し、幹部らに初の訓示を行った。

海幕長は「海上自衛隊は歴史的転換点に立っている」と強調。海自の求められる役割とあるべき姿を示すとともに、当面の目標として人的基盤、作戦基盤、装備技術基盤の三つの基盤強化を挙げた。

また「海上自衛隊のいずれの任務も、精強な部隊を即応の状態で維持できてはじめて成し得る任務である。私は河野海将の『精強・即応』『伝統の継承』を受け継ぎ、真に戦える態勢の構築を目指し、全力を傾注していく所存である」と決意を述べた。

午後9時半には河野前海幕長（現統幕長）の離任行事がA棟エントランスで行われ、隊員らは海幕長の2年3カ月の功労に敬意を示し、盛大な帽振れで見送った。

ホットライン設置で一致

日ASEAN次官級会合 海洋安全保障を強化

海洋安全保障をテーマにした防衛省主催の第6回「日ASEAN防衛当局次官級会合」が10月7日、横浜市内のホテルで開かれ、不測事態に備えたホットライン設置の検討や、海上自衛隊による能力構築支援の推進など、防衛協力を一層強化していくことで一致した。

会合には東南アジア諸国連合（ASEAN）の加盟10カ国の次官クラスなど約40人が参加。開会に当たり、議長を務める徳地防衛審議官が「海洋国家の日本とASEANは、アジアの海における自然なパートナーだ」とする安倍首相のメッセージを代読した。

続いて左藤副大臣があいさつ。「海洋は日本とASEANを結ぶ共通のキーワードだ」として、「法の支配に基づき、航行の自由が確保された海」の重要性を強調。海洋進出を強める中国を念頭に、一方的な行為や威嚇で現状変更の動きがあることを指摘した上で、日本が海洋における防衛協力の推進に一層力を入れていくことをアピールした。

会合では、東シナ海や南シナ海での緊張の高まりを受け、拡大ASEAN国防相会議（ADMMプラス）の加盟国間などにホットラインを設ける必要性で一致。能力構築支援の分野では、海自が各国に対して行っている潜水医学や海図作成などの支援の重要性を確認したほか、海自と各国海軍間の共同訓練を推進していくことでも一致した。

さらに、人道支援・災害救援（HA/DR）で、物品役務相互提供協定（ACSA）などの新たな協力の可能性についても検討を進めることで合意。このほか、今年4月に中国で開かれた西太平洋海軍シンポジウム（WPNS）において「洋[illegible]

海洋の防衛協力推進をアピールする左藤副大臣（左から2人目）＝10月7日、横浜ベイシェラトンホテルで（防衛省提供）

初冠雪、捜索を中断

御嶽山 岩田陸幕長が激励

9月27日に噴火した御嶽山（長野・岐阜県境、3067メートル）の山頂付近で、陸路と上空から不明者の捜索に当たっている12旅団主力の自衛隊は10月15日朝、天候の回復を待って3日ぶりに活動を再開したが、再び天候の悪化から午前11時、捜索を打ち切った。山頂付近では今季初冠雪となる約1センチの積雪が確認された。（3面にグラフ）

自衛隊は15日現在、人員約330人、車両約90両、航空機18機を投じて活動を継続。自衛隊、消防、警察による合同捜索隊は同日、後方支援を含めこれまで最大の約1800人に規模を拡大、氷点下に冷え込んだ山頂付近の急しゅんな斜面でぬかるみと戦いながら、岩と岩の隙間を丁寧に捜索して回った。

一方、一ノ池付近では8日と11日に心肺停止のそれぞれ1人と、11日には別人の体の一部が発見され、12ヘリ隊のUH60JAヘリが搬送。10日には岩田陸幕長が現地を訪れ、過酷な環境下で懸命の捜索に当たる隊員を激励した。

春夏秋冬

東ティモールの山

田部井　淳子

9月、東ティモールの山に登ってきました。東ティモールって危険じゃないの、第一、山なんてあるの、という方たちが非常に多いのですが、実際に行ってみると、実に穏やかで、自然が豊かで、子供たちの声がどんな山奥の村にも響いている平和な所でした。

直行便がないのでデンパサールで一泊。飛行機で約1時間40分、首都ディリに入ります。観光地バリ島のような雰囲気はまったくなく、飛行機の尾翼が海岸の砂地に触れるのではないかと思うほど、海のすぐそばに空港がありました。

周囲にはバナナの木が茂り、小さな空港からまっすぐに延びる一本の道がメーン通りです。

海から獲ってきた魚を糸につるして売っている青年がいたり、屋台で涼んでいる老人がいたり、学校帰りの制服姿の学生が並んで歩くすぐそばで子供たちが走り回っている実にのどかな所です。出迎えてくれたガイド役の青年たちもキビキビと動いて親日的でした。

最高峰はディリから約6時間、4駆で走ったハトブリコという山間の村が登山口になっていました。そこまでの道はデコボコで紛争の緊張感はありませんでしたが、まだまだインフラは整っていない感じはありました。

国土の6割は山岳地帯で、岩手県ほどの広さに120万の人が住んでいます。

東ティモールに着いたとたん、鼻のいい私は、ウッなんかいい香りが漂っている国だと感じたのですが、ここはビャクダンの木の産地だったのです。その木を求めてポルトガル人が植民地にし、インドネシアによる占領が長く続いたあと、2002年に独立したアジアで一番新しい国です。

独立のときの紛争のニュースを覚えていましたが、独立国となった後、この国の最高峰はどこだろうと気になっていました。

2963メートルもあるラメラウ山という山があることが分かり、今年の9月やっと来ることができました。現地の方たちにも親しまれている山で、道はよく整備されていました。

頂上で日の出を見るために午前3時に出発。満点の星空、谷間の村の明かりが点々と見える中、本当にタイミング良く6時10分に頂上に着き、はるか雲海の中から金色に輝く美しい日の出を見ることができました。

ディリに戻ると日本大使館に招かれ、コーヒーとお菓子を頂き、何とグスマン首相にもお会いしました。若い頃、革命の闘士だったという首相は温厚で、「よく日本から登りにきてくれましたね」とハグしてくださいました。

実際に現地に行くことの大切さを実感した登山でした。

（たべい・じゅんこ＝登山家）

朝雲寸言

[illegible]

防衛省発令

▽東部方面総監部付（栃木地方協力本部長）[illegible]

[illegible]

育2部長）　同　中藤　琢雄

▽体育学校2教育課長（体育学校）　1陸佐　益子　卓

▽体育学校付（同2教育課長）[illegible]

[illegible]局衛生官付総括班兼防医大講師　1空佐　加藤　圭

▽兼7航空団　空幕総務課情報公開・個人情報保護室長　同　岡本　兼一

（以上10月1日）

▽海幕補任課服務室長（海幕補任課）　1海佐　松本　完

▽ちはや艦長（阪神基地隊副長）　同　水上　直樹

▽那覇航空基地隊司令（山形地方協力本部募集課長）　2海佐　長代　明海

▽掃海隊群司令部（海幕補任課服務室長）　1海佐　河上　康博

▽阪神基地隊副長（阪神基地隊）　同　髙岩　俊弘

▽対馬防備隊司令（ちはや艦長）　同　布田　英二

▽海自1術科学校教育2部長（対馬防備隊司令）　同　鈴木　亨

▽同校付（海自1術科学校教[illegible]

[illegible]司令兼補　1航空隊副長[illegible]

▽兼派遣海賊対処行動航空隊[illegible]　1海佐　大内　研[illegible]

司令　3航空隊副長　2海佐　草野　信[illegible]

（以上10月12日）

▽情報本部統合情報部長（情報本部）　1海佐　大久保成彦

（10月14日）

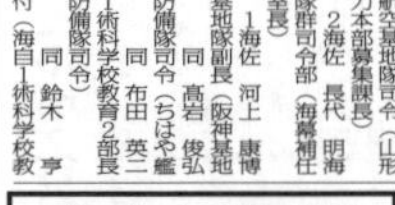

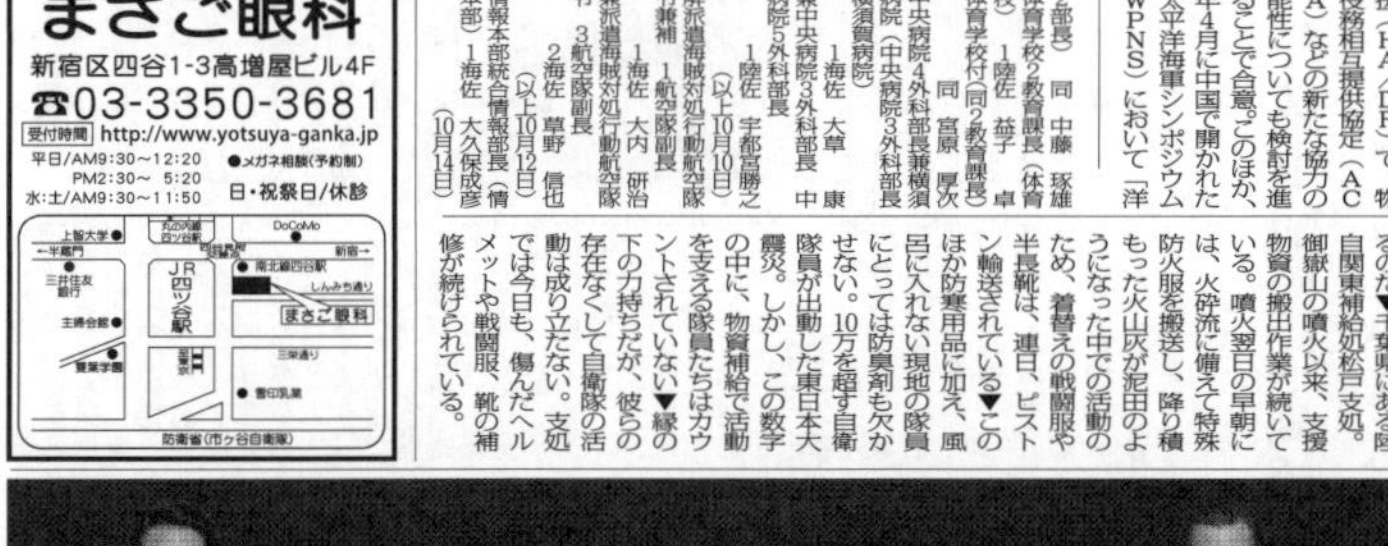
誕生。
リアルネイビーコレクション
REAL NAVY COLLECTION
美しい紺色と豊かな風合いを実現した、オリジナルファブリックが生まれました

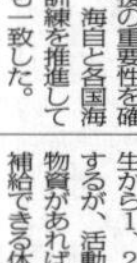
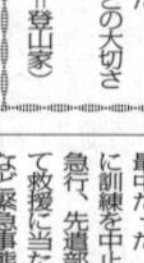
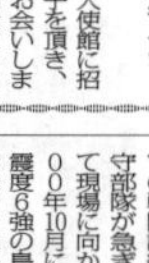
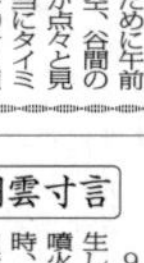
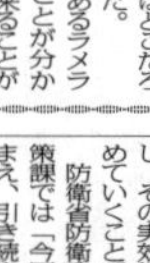

時の焦点

国内　消費税率引き上げ

先送りもイバラの道か

激務に耐えながら、日々決断を迫られる。一国の首相にかかる重圧は、想像を絶するものだろう。

かつて、首相官邸の担当記者として、小渕恵三首相の毎日を追ったことがある。

1998年の参院選で、自民党は大敗し、橋本首相は退陣した。後を継いだ小渕首相だったが、内閣支持率は低く、自民党は参院で過半数割れ。しかも、金融危機に見舞われる。政権運営は困難を極めた。

自由党、そして公明党とも連立を組み、ようやく政権基盤を安定させた。ところが、自由党党首だった小沢一郎氏は自民党を揺さぶり、結局連立離脱を決める。

小渕氏の心労は大きかったと思う。そして、脳梗塞で倒れる。

小渕氏の長女、暁子さんは著書『父のぬくもり』（扶桑社）にこう書いている。

「父の意識が無くなって、公邸に戻った母が父の引き出しをあけると大事にスコアカードがしまってありました。父は総理になってから2回しかゴルフができませんでした。母はそれを見て泣きました」

安倍首相がたまにゴルフをしても、批判する気にはとてもなれない。ゴルフぐらいしか息抜きの機会がない、首相の身の上が気の毒に思えるだけだ。

これまでも、一つ一つ難しい決断をしてきたと思うが、今度の判断は、この国を左右する最大級のものと言えよう。

消費税率を10%に引き上げるかどうかの問題である。首相は、年内に判断すると表明している。

8%への引き上げの影響は大きく、消費は思うように回復していない。

予定通り、2015年10月に10%へ引き上げても大丈夫かどうか。

一方、国の借金は巨額だ。いつか、消費税率を引き上げなければならないのは、自明だろう。

仮に、増税時期を先送りするにしても、いつまで延ばすかを決めなければならない。

自民党などからは、1年半先延ばしして、「2017年4月から10%」とする案が出ている。その場合も、やはり、16年秋ごろまでには、再び、予定通り実施するかどうか、判断しなくてはなるまい。

その時点で、経済が成長軌道に乗っている保証はない。ズルズル、ズルズル上げようにも上げられなくなる恐れは、十分あるだろう。イバラの道は続く。

安倍首相は、15年秋の自民党総裁選で再選されれば、18年秋まで、首相の任にあるわけだ。どっちにしろ、消費増税の決断から逃れられるわけでもない。

世論調査をすれば、増税反対派が多数を占める。だからといって、世論におもねるだけならば、それはポピュリズムである。

国の針路を見据えた賢明な判断を下すため、政権として、当面、この問題に注力する必要があるだろう。

風間 二郎（政治評論家）

海外　米の武器禁輸緩和

越が外交巧者ぶり発揮

近年の中国の海洋進出の主舞台となる南シナ海の島嶼の領有権をめぐる同国と周辺国の対立は、中国の軍事的動きを抑止する頼みの綱と目される米国とこれら周辺国との安全保障協力強化の機運を高めている。

今年4月にフィリピンが米軍の本格的駐留に道を開く軍事協力協定を締結したのに続き、10月初めにはオバマ政権がベトナムの海洋の安全を支援するため、1995年の国交樹立以降も課してきた武器禁輸の一部を解除する方針を伝えた。今回禁輸が解除されたのはベトナムの沿岸監視や防衛に関わる武器類で、ロッキード社製哨戒機P3Cの売却も検討されていると伝えられる。

親米国フィリピン、米国と戦火を交えたベトナムといった具合に、両国と米国の二国間関係の歴史、展開は異なるが、最近の米政府の安全保障上の措置は、中国が実効支配を強める南シナ海での比越両国の防衛能力を高めるのが主眼ということで共通する。

東シナ海の尖閣諸島の領有をめぐり中国と厳しく対立する日本も、威嚇や武力を背景に国際規範や現行秩序の変更を図る中国の海洋進出の抑止を狙って、この両国に中古の巡視艇や哨戒艇の供与を決めている。中国側は自国の海洋戦略の眼前に立ちはだかると見なす日米の動きに反発を強めているが、米越の軍事的接近を象徴する今回の対越武器禁輸緩和は最も警戒すべき措置の一つと受け止めていよう。

米政府の武器禁輸緩和のタイミングは最近の波高い南シナ海情勢の展開と密接に絡む。ベトナム沖では中国が5月、多くの艦船を率いて海底油田の試掘を始め、ベトナム巡視船と衝突し、緊張が高まる一方、ベトナム各地では激しい反中デモが展開された。

中国が石油掘削を行った海域は、ベトナムが主張する排他的経済水域（EEZ）であり、同国としても座視できない。このときの中越両国の船舶衝突では、中国が新型の巡視船や軍艦など100隻以上の大船団や偵察機を配備したのに対し、ベトナム側は老朽化した巡視船や木造漁船など50隻前後の派遣にとどまり、海上防衛装備の差は誰の目にも明らかだ。

ベトナムの動きでいま一つ重要でかつ興味深いのは南アジアの盟主を任じるインドとの協力だ。

中国の習近平国家主席は9月半ばにインドを訪問、政権の座に就いたばかりのモディ首相と会談した。同じ時期にムカジー・インド大統領が訪越しており、両国は南シナ海での石油採掘をめぐる協力拡大協定に調印した。ベトナムは、中国と係争のある海域2カ所の石油・ガス田の採掘をインド企業に請け負わせる一方、インドも対越輸出信用枠を拡大し、防衛・エネルギー両分野における協力を拡大する。

南シナ海の油田開発に絡んでは、中国は2011年、インドによる南シナ海での探査、採掘は不法であり、中国の主権を侵害すると警告しているが、中国指導部トップの習国家主席の訪印に合わせて、インドとの石油採掘をめぐる協力拡大文書の調印にこぎ着けるベトナムのしたたかな外交巧者ぶりがうかがえる一幕となった。

伊藤 努（外交評論家）

左藤副大臣　ティルト・ローター機の佐賀配備

「省を挙げて推進」

新体制による初会合で事業推進に意欲を示す左藤副大臣（テーブル奥中央）＝9月29日、防衛省で

防衛省は9月29日、左藤副大臣を長とする「ティルト・ローター機等の拠点整備のための事業推進グループ会合」の第2回会合を開き、省を挙げてティルト・ローター機（垂直離着陸輸送機MV22オスプレイ型）の佐賀空港配備を推進していくことを確認した。

副大臣は「佐賀空港においてティルト・ローター機等の拠点整備を実現するためには、省を挙げて横断的な検討を推進する必要がある」と強調。当面の課題について共通認識を持った上で、地元の理解促進を図る姿勢をアピールした。

初会合は今年7月、武田前副大臣をトップに開かれたが、今回は内閣改造後の新体制で実施した。

佐賀空港への配備をめぐっては、武田前副大臣が今年7月に古川康知事と会談し、①陸自が導入予定の17機を平成31年度から配備する②市街化が進む目達原駐屯地（吉野ヶ里町）のヘリコプター約50機を移駐させる――との政府の意向を伝えたほか、沖縄の負担軽減のため、米軍普天間飛行場（宜野湾市）に配備されている米海兵隊のオスプレイについても佐賀空港を暫定利用する可能性があることを説明した。

防衛省では島嶼防衛や急患輸送での活用を想定し、陸自にティルト・ローター機の導入を検討しており、中期防では30年度までに17機を導入する計画だ。27年度の概算要求では、佐賀空港などを念頭に用地取得などを含めた基盤整備費190億円を計上した。

「多国間枠組み」重要性を強調　陸幕長がスピーチ

岩田清文陸幕長は9月21日から23日まで、オーストラリアで開催された「豪州陸軍本部長会議」に出席し、「アジア太平洋地域の安定化に向けた陸自の取り組み」と題してスピーチ。地域の安定化に向けた陸自の各種取り組みを紹介するとともに「多国間の枠組み」（multilateralism）の重要性を強調した。

この中で陸幕長は、陸自が2002年から毎年、二十数カ国を招聘して行っている「アジア太平洋地域多国間協力プログラム」（MCAP）を紹介。昨年末の台風被害を受けたフィリピンの国際救援活動では、各国の隊員が「（MCAPでの議論を通じて）多国間調整メカニズムに習熟していたため、多国間調整所の運営のけん引力として役割を果たすことができた」と述べた。

さらに、地域の安定化は「実際の作戦における協力を容易ならしめるよう、多国間の枠組みで『平素から』協力すること」が重要だと指摘、参加国に協力を求めた。

豪州陸軍本部長会議はオーストラリア陸軍が隔年で開催、今年度は米、英、中、比、イスラエル、シンガポール、タイなど17カ国の陸軍種・国軍の長が参加した。

統幕の初代最先任下士官　小畑元准尉にメリット勲章　日米交流に尽力した功績

アンジェレラ在日米軍司令官（左）からメリット勲章を伝達される小畑良弘・元統幕最先任下士官（9月4日、米軍横田基地で）

【統幕】統幕で平成24年3月から25年9月まで初代最先任下士官を務めた小畑良弘元准陸尉（55）＝現・靖国神社衛士＝にこのほど米大統領からメリット勲章が贈られ、9月4日、米軍横田基地（東京都福生市）で在日米軍司令官のアンジェレラ中将から伝達された。同章は通常、顕著な功績を挙げた米軍人と友好国の将官に授与されるが、現役、OBを含め日本の下士官に贈られるのは初めて。

小畑氏は在任中、最先任下士官として統幕長を補佐する傍ら、さまざまな形で日米間の下士官交流に尽力。防衛交流の強化に努めた功績が高く評価された。

贈られたのは、4階級ある同章のうち、下士官クラスに授与される「リージョン・オブ・メリット・ディグリー・オブ・リージョネア」。ヘーゲル米国防長官の署名が入っており、伝達式ではアンジェレラ司令官が小畑氏の活躍をたたえた。

小畑氏は日米の関係者に謝辞を述べた上で「在任中は米軍に少しでも自衛隊を理解してもらおうと日米共同の部隊訪問や最先任会議、富士登山などを企画、実行した。活動を通じて出会った日米の友人、知人は私にとって大きな宝です」と話し、顔をほころばせた。

「偕行会助成に尽力」　「偕行社」総会で志摩理事長

旧陸軍将校や元自衛隊幹部などでつくる公益財団法人「偕行社」（理事長・志摩篤元陸幕長）は10月10日、ホテルグランドヒル市ヶ谷で平成26年度総会を開き、日本郷友連盟の寺島泰三会長などの協力団体をはじめ、全国都道府県の各地偕行会会長などの代表ら254人が出席した。

あいさつで志摩理事長は「これからは地方創生の時期。東京と地方が一体となる密接な連携が重要であり、偕行社が各地偕行会の助成に努めることが私の使命だと思っている。皆様のご支援・ご協力をお願いしたい」と述べた。会務報告では白石一郎専務理事が、入会促進と会勢の状況、会館運営、財務状況などを報告した。その後、陸自東部方面音楽隊（隊長・田村守3佐）による『山紫に水清き』など7曲の音楽演奏と西宮正泰氏による「万葉集・日本の心」と題した講演が行われた。

総会後の懇親会には御嶽山視察を終えた岩田陸幕長が出席。御嶽山頂上で、火山灰でぬかるむ斜面を捜索する隊員らの様子を詳細に述べ「非常に過酷な状況の中で隊員たちは頑張っている」と報告した＝写真。

将・将補昇任者略歴

堂下 哲郎（どうした・てつろう）海将　防衛大26期。昭和57年海自。平成8年2佐、13年1佐、19年将補。護衛艦隊幕僚長、3護衛隊群司令、幹部候補生学校長、防衛監察本部監察官などを経て、24年7月自衛艦隊幕僚長。鹿児島県出身。54歳。

益田 徹也（ますだ・てつや）海将補　防衛大27期。昭和58年海自。平成9年2佐、14年1佐。情報本部分析4課長、122航空隊司令、1航空群首席幕僚、海幕情報課長、徳島教育航空群司令などを経て、24年4月情報本部統合情報部長。徳島県出身。54歳。

無事故達成など　3部隊に2級賞状

【海幕】河野海幕長（当時）は9月25日、航空無事故の功績で111航空隊に、縁故募集の功績で佐世保教育隊と舞鶴システム通信隊にそれぞれ2級賞状を授与した。

MH53E、MCH101掃海・輸送ヘリを運用する111空（岩国、司令・樽澤勇樹1佐）は海自唯一の航空掃海・輸送部隊。東日本大震災の救援物資輸送などで多大な成果を収め、平成21年2月から26年2月までの間に運用機1機当たり3000基準時間を無事故で達成した。

佐世保教育隊（司令・黒松久1佐）と舞鶴システム通信隊（同・二瓶篤2佐）は縁故募集で、それぞれ募集期待数6・87人のところ27人（うち海自入隊者11人）、1・50人のところ4人（同4人）を達成。3年連続で期待数の2・5倍となった。海幕長が樽澤1佐と黒松1佐、二瓶2佐に表彰状と記念品を手渡し、ねぎらいの言葉をかけた。

17次航空隊がジブチへ出発

アデン湾上空で監視の目を光らす海賊対処航空隊17次隊と支援隊2次隊が10月1日と10日、ジブチの活動拠点に向け、それぞれ日本を出国した。

17次隊は草野信也2佐を指揮官にP3C哨戒機2機と人員約70人で編成、2次隊は海自4航空群（厚木）と陸自1空挺団（習志野）を基幹とする人員約110人で構成される。

ジブチに所在する部隊は7月24日に再編されており、支援隊（約110人）が新編された。支援隊は①航空機の運用に関する総務、経理、広報業務②P3Cや装備品などの警備③ジブチ関係当局との調整――を担当している。

空幕広報室が那覇で巡回訓練　報道対応強化へ

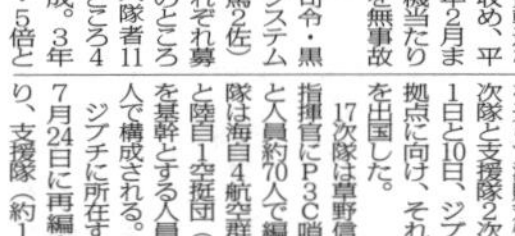

【空幕】空幕広報室（室長・猿渡辰也1佐）は9月18日、那覇基地で「広報担当者等巡回集合訓練」を実施した＝写真。広報の専門教育課程のない空自が今年度から独自に実施しており、空幕広報室の機動・研究班（班長・三輪信一1佐以下5人）が担当した。広報部署を持つ各基地や部隊が臨機応変に報道対応できるようになるのが目的。

訓練には沖縄地域の14部隊の各部課長と分屯基地司令ら33人が参加。座学では広報の規則や危機管理、スチールカメラおよびビデオカメラの撮影要領について説明。実技では模擬記者会見と撮影を行った。

不祥事を想定した模擬会見では、記者役に扮した空幕の担当者から厳しい質問が投げかけられ、参加者は自分たちで作成した資料を基に真剣に対応していた。

撮影訓練では離着陸する航空機や整備作業を行う隊員を被写体に、技法や構図を演練した。参加した那覇基地渉外室長の三上秀市3佐は「広報訓練を現場部隊に対し実施できるようになったのは素晴らしい。ためになった」と意義を強調した。

ホテルグランドヒル市ヶ谷が準優勝　東京消防庁・牛込消防署　自衛消防訓練審査会

共済組合だより

㊤「ドアを開け、室内の火災を消す」という実戦的な訓練に臨むグラヒルのメンバー（左）　㊦牛込消防署の自衛消防訓練審査会で準優勝した「グラヒル」チーム。前列中央が指揮者の増田さん、その左が1番員の松田さん、右が2番員の坂口さん

東京消防庁・牛込消防署主催の「平成26年度自衛消防訓練審査会」が9月19日、新宿区内の同署構内で行われ、共済組合の「ホテルグランドヒル市ヶ谷」から出場した自衛消防隊男子隊（増田直樹、松田直生、坂口淳一の3名で編成）が見事、準優勝に輝きました。

今年の訓練審査会には同署管内の企業・団体などから男子隊16、女子隊9チームが出場、日ごろの訓練成果を披露しました。

訓練審査会は「施設内での出火」を想定し、消火器や消火栓を使った初期消火、避難誘導、119番通報、避難放送などの初動措置対応が対象で、行動の確実性、動作の機敏性、節度・指示・命令の確実性などが審査されました。また今回の初期消火は、ドアを開け、実際の火炎を消す方式となり、より実戦的な内容となりました。

ホテルグランドヒル市ヶ谷では「利用者の安全第一」の立場から、万一の火災発生の際に速やかに消火活動が行えるよう日頃から自衛消防訓練を行っており、男子隊はこの2カ月間、集中的に訓練を重ねて、審査会の本番に臨みました。

この結果、ホテルグランドヒル市ヶ谷自衛消防隊はファイトある行動とチームワークのとれた俊敏な動きで他チームを圧倒し、準優勝を勝ち取りました。

指揮者を務めた増田さん（総務課）は「今回は追加項目もありましたが、日頃の訓練で想定していたことなのでスムーズに対応できました。1番員、2番員との連携プレーさえ崩さなければ、（入賞も）いけると思いました」と訓練での手ごたえを語っていました。

また、1番員の松田さん（和食課）は「宿泊客と人命救助を常に意識し、訓練してきた成果が出せました」、2番員の坂口さん（料飲課）も「防衛省の看板を背負っている気持ちで審査会に臨みました」と述べ、準優勝という成果を得て、共に笑顔を見せていました。

ベストMOに高橋3佐　「メンテナンス」は4人表彰

表彰された（左から）高橋3佐、市川1曹、高倉曹長、黒木1曹、南1曹（9月12日、明治記念館で）

【空幕】空自の航空機整備職域の幹部やOBでつくる親睦団体「MO（メンテナンス・オフィサー）会」の総会が9月12日、東京都港区の明治記念館で開かれ、顕著な功績のあった整備職域の隊員をたたえる平成26年度「ベストMO」及び「ベストメンテナンス」賞の表彰式が行われた。今年は幹部と空曹計5人が表彰された。

総会には、会長を務める空幕整備・補給課長の樋山謙一郎1空佐をはじめ、関係者約210人が出席した。

「ベストMO」の条件は3佐以下で、部隊と部下隊員のために献身的に努力し、飛行の安全、品質の確保など、整備職域の業務に貢献、後進の育成に寄与した幹部が対象。「ベストメンテナンス」は航空機保有部隊、補給処、術科学校に勤務する整備員で、プロ意識を持ち、飛行の安全、品質の確保など整備職域の業務に貢献、後進の育成に寄与した整備員が対象となる。全国各支部からの推薦者は、MO会事務局メンバーを中心とした審査委員会で厳正に審議され、受賞者が決定した。

受賞者と受賞理由は次の通り。

◇ベストMO

▽第2輸送航空隊修理隊長・高橋勝也3空佐（49）＝第1術科学校勤務時、作業品質管理体制の礎となる課程教育の推進に尽力。過去2度の編成単位部隊長の経験を踏まえた整備指揮により、作業規律と安全を確保するなど、任務遂行の原動力として部隊をけん引した。

◇ベストメンテナンス

▽第3航空団整備補給群修理隊・市川裕治1空曹（53）＝奮励努力の業務姿勢で優れた知識・技能を習得、F2戦闘機の導入に際し早期の整備基盤の確立に寄与。常に安全かつ高品質の航空機を運用側に提供する強固な信念で業務に励む姿勢は、後輩整備員の模範となった。

▽第1輸送航空隊整備補給群検査隊・高倉学空曹長（45）＝「妥協なき整備」を信条として現場の整備作業をけん引し、KC767空中給油・輸送機の可動機確保に寄与。整備員である前に自衛官としての人格形成に重きを置いた真心こもる教育を実施し、後進育成に寄与。

▽第5航空団整備補給群検査隊・黒木仁1空曹（38）＝豊富な知識と優れた洞察力により発見困難なF15戦闘機主脚室内の不具合を発見。飛行安全に寄与、懇切丁寧な指導教育を実施し、後輩整備員のプロ意識と技術の伝承に貢献した。

▽第83航空隊整備補給群検査隊・南太朗1空曹（43）＝作業統制係長として効率かつ早急な航空機の修復に寄与するとともに、積極的に業務改善を推進。任務遂行を基礎とした整備員のしつけと心構えを厳しさとユーモアをもって指導教育し、後進育成に寄与した。

日米が共同で衛生特別訓練　横須賀

海自は10月8日、「横須賀警備区内で大規模震災が発生した」との想定で米海軍と共同の衛生特別訓練を行った。

海自からは自衛隊横須賀病院長の柳田茂樹将補を訓練統制官に同病院と横須賀地方隊から約100人、米側は海軍横須賀病院長のグレン・クロフォード大佐を訓練統制官に同病院職員ら約350人が参加した。

訓練は発災から数時間後を想定。多数の負傷者とともに米軍の病院が一部崩壊したというシナリオの下、日米部隊の連携や負傷者の収容対処を確認した。今回は自衛隊中央病院（三宿）とも連携し、UH60J救難ヘリなどを用いた患者搬送態勢についても検証した。

第1回TRM講習に24人が参加　航空管制隊

【管制隊＝厚木】海自航空管制隊（司令・灘部廣武1佐）は9月17日から19日にかけ、人為的エラーに起因する航空事故を未然に防止するための「TRM（Team Resource Management）講習」を厚木基地で開催した。

航空管制職域としてのTRMは3幕初で、全国の海自航空管制部隊から17人、陸・空自からも聴講者7人の計24人が参加した。

講習では「人間はエラーを起こす」という前提の下、ヒューマン・ファクターズなどの概要を説明、TRMを実践するための「五つのスキル（技能）」の基礎知識の習得、気付き訓練（個人・チーム訓練）を実施。課題や実習などを通じ、受講者自身が考えるセミナー形式で訓練を行った。

3日間の講習中、参加者はさまざまな課題に取り組み、意見交換を通じて各部隊の現場の状況を理解した。

閉講に当たり、灘部1佐は「TRMは航空安全を確保するための一つの手段。学んだ知識を部隊でさらに定着させ、日々の勤務の中で実践してほしい」と訓示した。

露軍偵察機が日本海を飛行

ロシア空軍のスホイSu24型戦術偵察機1機（03号機）＝写真㊤＝が10月6日、ウラジオストク方面から日本海に飛来し、偵察飛行をしたため、空自の北空、中空のF15戦闘機などが緊急発進して対応した。領空侵犯はなかった。統幕は同日、空自機が撮影した写真と航跡図を公表した。

露軍機は北海道の奥尻島沖に飛来。秋田から佐渡島沖の日本海を南下して能登半島沖で針路を北北西に変え、自国領方面に戻った。翼下には偵察用と見られるポッドを装着していた。

同型機は2012年2月8日にも34号機など2機が日本海に飛来。今回とほぼ同じルートを逆方向に飛行するなどしている。

中国測量艦が沖縄付近を航行　確認は初めて

9月27日午後4時ごろ、中国海軍の艦級不明の測量艦「東測232」＝写真㊦＝が沖縄本島の北北西約260キロの東シナ海を東に向け航行しているのを、海自1空群（鹿屋）のP3C哨戒機が確認した。

「東測232」が日本沿岸で確認されたのは初めて。海自の音響測定艦「ひびき」型の艦艇に似た双胴で、測量機器により海中・海底の情報収集を行っていた可能性がある。

御嶽山捜索

疲労、二次災害とも闘う

搜索隊員の安全を確保するため、化学剤検知器で火山性ガスの有無を確認する中央特殊武器防護隊の隊員（左）＝10月8日

雪に覆われた一ノ池に降着したCH47輸送ヘリから次々に展開する陸自隊員（10月15日）

「行方不明者を一日でも早く発見できるよう、諸官も全力を尽くし頑張ってくれ」―。戦後最悪となった御嶽山の噴火災害。10月10日、現場を訪れた岩田清文陸幕長は、火山灰にまみれ活動を続ける12旅団の隊員たちを熱く激励した。

15日現在、犠牲者は56人、さらに7人が不明のままだ。陸自は警察、消防と1800人態勢で集中捜索を続けているが、台風18号に続いて先週末には19号も接近し、作業の中断を余儀なくされている。

晴れ間をついての捜索では、漏れが出ないようロープを張って隊員が横一線になって前進。だが、3000メートルの高地で強風にさらされながらの行動のため、隊員の消耗は著しい。さらに堆積した火山灰が雨で沼のようにぬかるんだ状態。一ノ池地区ではヘリを誘導中に隊員1人がぬかるみに首下まで沈み、危うく二次災害になりかけた。

岩田陸幕長は歯を食いしばり捜索を続ける隊員たちに励ましの言葉をかけ、その後、王滝村役場に置かれた自衛隊指揮所を視察し、全体の状況を確認した。「台風に加え、そろそろ降雪の時期を迎える。（陸自として）持てる戦力を最大限に投入し、全力を尽くしたい」。厳しい表情で陸幕長はそう語った。

◇御嶽山噴火災派ドキュメント◇（主な活動）

【10月８日】
11時50分　12ヘリ隊ＵＨ60ヘリが一ノ池周辺で心肺停止者１人を収容

【10月９日】
06時00分　12ヘリ隊のＣＨ47ヘリ３機が松本駐屯地を離陸したものの、山頂の天候不良のため着陸できず、松原スポーツ公園に待機
06時13分　午後から降雨が予想されたため、地上からの捜索・救助活動を中止
09時10分　この日の全ての活動の中止を決定

【10月10日】
05時10分　東方航空隊のＵＨ１ヘリ１機が情報収集を開始
06時00分　13普連の約100人が田の原口登山道から入山開始
06時13分～08時12分　12ヘリ隊のＵＨ60ヘリ２機とＣＨ47輸送ヘリ３機が松本駐屯地を離陸。順次、部隊輸送を実施

【10月11日】
08時30分～10時15分　岩田陸幕長が被災現場を視察
13時55分　12ヘリ隊ＵＨ60ヘリが一ノ池周辺で心肺停止者１人を収容

【10月12日】
17時00分　台風19号の接近に伴う降雨のため、13、14日の全ての活動の中止を決定

【10月14日】
15時06分　東方航空隊のＵＨ１ヘリ１機が山頂付近の情報収集を実施

【10月15日】
11時00分　３日ぶりに捜索活動を再開したが、午後から降雨が予想されたため、活動中止を決定

㊤災派部隊の視察に訪れ、現場で13普連の隊員を激励する岩田陸幕長（左）＝10月10日、一ノ池周辺で㊦捜索の重点エリアである山頂・剣ヶ峰で、凍結した火山灰をかき分け捜索する陸自隊員（10月15日）

山頂にある御嶽山神社の階段で一列になり、行方不明者を捜索する陸自と消防の隊員（10月15日）

霧がかかった登山道を山頂の剣ヶ峰に向けて前進する13普連基幹の地上部隊（10月15日）

捜索活動に漏れが出ないようロープを張り、横一列になって進む陸自隊員（10月8日）

日米防衛協力のための指針の見直しに関する中間報告

Ⅰ 序文

2013年10月3日に東京で開催された「2+2」日米安全保障協議委員会（SCC）会合において、日米両国の閣僚は、複雑な地域環境と変化する世界における、より力強い同盟のための戦略的な構想を明らかにした。閣僚は、日本の安全に対する同盟の揺るぎない決意を再確認し、アジア太平洋地域における平和と安全の維持のために日米両国が果たす不可欠な役割を再確認した。閣僚はまた、同盟がアジア太平洋およびこれを越えた地域に対して前向きに貢献し続ける国際的な協力の基盤であることを認めた。より広範なパートナーシップのためのこの戦略的な構想は、能力の強化とより大きな責任の共有を必要としており、閣僚は、1997年の日米防衛協力のための指針の見直しを求めた。

指針の見直しは、日米両国の戦略的な目標および利益と完全に一致し、アジア太平洋およびこれを越えた地域の利益となる。米国にとって、指針の見直しは、米国政府全体としてのアジア太平洋地域へのリバランスと整合する。日本にとって、指針の見直しは、その領域と国民を守るための取り組みおよび国際協調主義に基づく「積極的平和主義」に対応する。切れ目のない安全保障法制の整備のための2014年7月1日の日本政府の閣議決定は、日本国憲法に従った自衛隊の活動の拡大を視野に入れている。指針の見直しは、この閣議決定の内容を適切に反映し、同盟を強化し、抑止力を強化する。見直し後の指針はまた、日米両国が、国際の平和と安全に対し、より広く寄与することを可能とする。

（1）見直しプロセスの内容

2013年10月3日のSCC会合において、日米両国の閣僚は、防衛協力小委員会（SDC）に対し、日本を取り巻く変化する安全保障環境に対処するため、1997年の指針の変更に関する勧告を作成するよう指示した。議論は、自衛隊および米軍のおのおのの適切な役割および任務を検討するための運用レベルの協議から、防衛協力に焦点を当てた政策レベルの対話にまで及んでいる。

（2）中間報告の概観

SDCは、見直しについての国内外の理解を促進するため、SCCの指示の下で実施されてきた作業を要約し、この中間報告を発出する。今後のさらなる作業の結果、修正や追加があり得る。

この中間報告は、見直し後の指針についての枠組みおよび目的を明確にかつ透明性をもって示すためのものである。準備作業の過程で、日米両国政府は、次の事項の重要性について共通認識に達した。

・切れ目のない、実効的な、政府全体にわたる同盟内の調整
・日本の安全が損なわれることを防ぐための措置をとること
・より平和で安定した国際的な安全保障環境を醸成するための日米協力の強化
・同盟の文脈での宇宙およびサイバー空間における協力
・適時かつ実効的な相互支援

この中間報告は、いずれの政府にも法的権利または義務を生じさせるものではない。

Ⅱ 指針および日米防衛協力の目的

SDCは、新たに発生している、および将来の安全保障上の課題によって、よりバランスのとれた、より実効的な同盟が必要となっていることを認識し、平時から緊急事態までのいかなる状況においても日本の平和と安全を確保するとともに、アジア太平洋およびこれを越えた地域が安定し、平和で繁栄したものとなるよう、相互の能力および相互運用性の強化に基づく日米両国の適切な役割および任務について議論を行ってきた。

将来の日米防衛協力は次の事項を強調する。

・切れ目のない、力強い、柔軟かつ実効的な日米共同の対応
・日米同盟のグローバルな性質
・地域の他のパートナーとの協力
・日米両政府の国家安全保障政策間の相乗効果
・政府一体となっての同盟としての取り組み

将来を見据え、見直し後の指針は、日米両国の役割および任務ならびに協力および調整の在り方についての一般的な大枠および政策的な方向性を更新する。指針はまた、平和と安全を促進し、あり得べき紛争を抑止する。これにより、指針は日米安全保障体制についての国内外の理解を促進する。

Ⅲ 基本的な前提および考え方

見直し後の指針およびその下で行われる取り組みは、次の基本的な前提および考え方に従う。

・日米安全保障条約およびその関連取極に基づく権利および義務ならびに日米同盟関係の基本的な枠組みは変更されない。
・日米両国の全ての行為は、紛争の平和的解決および主権平等を含む国際法の基本原則ならびに国際連合憲章をはじめとする関連する国際約束に合致するものである。
・日米両国の全ての行為は、おのおのの憲法およびその時々において適用のある国内法令ならびに国家安全保障政策の基本的な方針に従って行われる。日本の行為は、専守防衛、非核三原則等の日本の基本的な方針に従って行われる。
・指針およびその下で行われる取り組みは、いずれの政府にも立法上、予算上または行政上の措置をとることを義務付けるものではなく、また、指針は、いずれの政府にも法的権利または義務を生じさせるものではない。しかしながら、日米協力のための実効的な態勢の構築が指針およびその下で行われる取り組みの目標であることから、日米両政府が、おのおのの判断に従い、このような努力の結果をおのおのの具体的な政策や措置に適切な形で反映することが期待される。

Ⅳ 強化された同盟内の調整

日米両政府は、日本の平和と安全に影響を及ぼす状況、地域のおよびグローバルな安定を脅かす状況、または同盟の対応を必要とする可能性があるその他の状況に対処するため、全ての関係機関の関与を得る、切れ目のない、実効的な政府全体にわたる同盟内の調整を確保する。このため、日米両政府は、同盟内の調整の枠組みを改善し、適時の情報共有ならびに政策面および運用面の調整を可能とする。

日米両政府は、おのおのの政府の全ての関係機関の関与を確保する、強化された計画検討のメカニズムを通じ、日本の平和と安全に関連する共同の計画検討を強化する。

Ⅴ 日本の平和および安全の切れ目のない確保

現在の安全保障環境の下で、持続する、および新たに発生する国際的な脅威は、日本の平和と安全に対し深刻かつ即時の影響をもたらし得る。また、日本に対する武力攻撃を伴わないときでも、日本の平和と安全を確保するために迅速で力強い対応が必要となる場合もある。このような複雑な安全保障環境に鑑み、日米両政府は、平時から緊急事態までのいかなる段階においても、切れ目のない形で、日本の安全が損なわれることを防ぐための措置をとる。見直し後の指針に記述されるそれらの措置は、次のものを含み得るが、これに限定されない。

・情報収集、警戒監視および偵察
・訓練・演習
・施設・区域の使用
・後方支援
・アセット（装備品等）の防護
・防空およびミサイル防衛
・施設・区域の防護
・捜索・救難
・経済制裁の実効性を確保するための活動
・非戦闘員を退避させるための活動
・避難民への対応のための措置
・海洋安全保障

日本に対する武力攻撃の場合、日本は当該攻撃を主体的に排除する。米国は適切な場合の打撃作戦を含め、協力を行う。

見直し後の指針は、日本に対する武力攻撃を伴う状況および日本と密接な関係にある他国に対する武力攻撃が発生し、日本国憲法の下、2014年7月1日の日本政府の閣議決定の内容に従って日本の武力の行使が許容される場合における日米両政府間の協力について詳述する。

東日本大震災への対応から得られた教訓に鑑み、見直し後の指針は、日本における大規模災害の場合についての日米両政府間の協力について記述する。

Ⅵ 地域のおよびグローバルな平和と安全のための協力

地域のおよびグローバルな変化する安全保障環境の影響を認識し、日米両政府は、日米同盟のグローバルな性質を反映するため、協力の範囲を拡大する。日米両政府は、より平和で安定した国際的な安全保障環境を醸成するため、さまざまな分野において2国間協力を強化する。2国間協力をより実効的なものとするため、日米両政府は、地域の同盟国やパートナーとの3カ国間および多国間の安全保障および防衛協力を推進する。見直し後の指針は、国際法と国際的に受け入れられた規範に基づいて安全保障および防衛協力を推進するための日米両政府の協力の在り方を示す。当該協力の対象分野は、次のものを含み得るが、これに限定されない。

・平和維持活動
・国際的な人道支援・災害救援
・海洋安全保障
・能力構築
・情報収集、警戒監視および偵察
・後方支援・非戦闘員を退避させるための活動

Ⅶ 新たな戦略的領域における日米共同の対応

近年、宇宙およびサイバー空間の利用およびこれらへの自由なアクセスを妨げ得るリスクが拡散し、より深刻になっている。日米両政府は、これらの新たに発生している安全保障上の課題に切れ目なく、実効的かつ適時に対処することによって、宇宙およびサイバー空間の安定および安全を強化する決意を共有する。特に、自衛隊および米軍は、それらの任務を達成するために依存している重要インフラのサイバーセキュリティーを改善することを含め、宇宙およびサイバー空間の安全かつ安定的な利用を確保するための政府一体となっての取り組みに寄与しつつ、関連する宇宙アセットならびにおのおののネットワークおよびシステムの抗たん性を確保するよう取り組む。

見直し後の指針は、宇宙およびサイバー空間における協力を記述する。宇宙に関する協力は、宇宙の安全かつ安定的な利用を妨げかねない行動や事象および宇宙における抗たん性を構築するための協力方法に関する情報共有を含む。サイバー空間に関する協力は、平時から緊急事態までのサイバー脅威および脆弱性についての情報共有ならびに任務保証のためのサイバーセキュリティーの強化を含む。

Ⅷ 日米共同の取り組み

日米両政府は、さまざまな分野における緊密な協議を実施し、双方が関心を有する国際情勢についての情報共有を強化し、意見交換を継続する。日米両政府はまた、次のものを含み得るが、これに限定されない分野の安全保障および防衛協力を強化し、発展させ続ける。

・防衛装備・技術協力
・情報保全
・教育・研究交流

Ⅸ 見直しのための手順

見直し後の指針は、将来の指針の見直しおよび更新のための手順を記述する。

（了）

江渡大臣が臨時記者会見

大臣　本日、日米の局長級による防衛協力小委員会（SDC）が開催され、ガイドラインの見直しに関する中間報告が合意された。これまでの作業を要約して公表するものであり、見直し作業の透明性の確保、国内外の理解の促進という観点からも重要な意味がある。

今回のSDCで中間報告が合意されたことを歓迎したい。防衛省としては今般の中間報告も踏まえ、ガイドラインの見直し作業を引き続き精力的に進めていく。

今回の中間報告のポイントは4点ある。①（日米）同盟内の調整の枠組みの改善②日本の平和と安全の「切れ目のない」確保③平和で安定した国際安保環境のための協力④宇宙およびサイバー空間における協力――だ。

――具体的に米軍と自衛隊の新たな役割については。

大臣　さまざまな形の議論を行ったと報告を受けている。あくまでも今回は中間報告であり、具体的にこれから作業を進めていく。

――今後の安保法制整備との絡みは。

大臣　ガイドラインの見直し作業と安保法制の両方は、しっかり適用できるような形で議論が進んでいくと思っている。

――ガイドラインの本報告の締め切りについては。

大臣　ガイドラインの見直しの部分においては、先の「2プラス2」などで確認させていただいた。日米合意もあるので、できるだけそれに向けてしっかりと協議を進めていければと考えている。

――パートⅤの「日本に対する武力攻撃を伴わないときでも、日本の平和と安全を確保するために迅速で力強い対応が必要となる場合もある」というのは、具体的に何を指すのか。

大臣　具体的にはこれからの協議による。今回はあくまでも「切れ目のない措置」の重要性について認識を共有したところだ。今後の見直し作業でいろいろと検討していくと同時に、ガイドラインと国内法の整備の両者を整合させていくことで一致した。

――今回のガイドラインは現指針のように「平時」「有事」「周辺事態」の区分を設けず、「切れ目のない対応」の下で協力内容を列記しているため、分かりにくいという指摘もある。

大臣　できるだけ透明性の確保はしっかり進めていく。特に日本の平和および安全の「切れ目のない確保」のための協力、地域およびグローバルな平和と安全のための協力、宇宙・サイバー分野における日米共同の対応という、基本的な方向性をしっかりと明示させていただいた。見直し後のガイドラインの枠組みと目的を示すなど、透明性は十分確保できている。

――各国に対する説明は。

大臣　近隣諸国との関係もあり、これからしっかりと対応を進めていきたい。

――最終報告に向けた集団的自衛権の具体化は。

大臣　「切れ目のない対応」という形で、具体的には今後の協議による。

――要請を受けて例えば「イスラム国」などに自衛隊が行く可能性は。

大臣　そのようなことはない。自衛隊をどのような形で派遣するかは、これからできる法整備、その法律の枠の中できちんと決まる。決めるのは日本国だ。

西風東風

世界最大の海警船の建造進む
――1万トン級2隻・中国

海上保安機関用としては世界最大となる1万トン級の船2隻の建造が、中国の造船所で進んでいることが分かった。中国海軍の次世代ミサイル駆逐艦「052D」と並んで、同じ造船所で建造中の姿がニュースサイトの環球網など、ネット上に掲載されている。

国有造船会社、中国船舶重工集団公司（中船重工）第704研究所（上海市）が2013年に受注した2隻とみられる。

中船重工のウェブサイトも先ごろ、ギアなどを製造する傘下の重慶歯輪箱有限公司（重慶市）が、1万トン級の海警船に搭載するクラッチの試験に成功したと伝えた。世界最大級の海警船の完成が近いといえそうだ。

環球網によると、各国・地域の海上保安機関所属の船艇のうち、現在は日本の海上保安庁の巡視船「しきしま」が排水量7175トンで世界一。同6500トンの「あきつしま」も13年12月に同庁に引き渡された。

中国も1000〜5000トンの船艇を相次ぎ建造、配備しており、現在は「中国海警2506号」（5800トン）が最大。しかし、海上警備の必要から、さらに大型の船艇が必要となっていた。

中国の造船所は、電気推進、自動船位保持システム（DPS）、サイドスラスター、全旋回式プロペラなど先端技術面で豊富な蓄積があり、海上保安機関用船艇の建造能力とレベルは世界トップクラスにある。

中国中央テレビ局の軍事番組のコメンテーターとして知られる、尹卓・海軍少将も「中国の船舶建造能力は、既にはるかに日本を超えており、1万トン級の海警船を建造する能力を備えている」と話し、大型船の建造は時間の問題との見方を示していた。

現在建造中の大型船2隻は、排水量1万2000トン、最高速度25ノット。76ミリの主砲1門と副砲2門、機関銃2丁を装備し、ヘリコプターを搭載できるとみられる。

大型船2隻が完成すれば、海上保安機関用の船艇では世界一。環球網は「小国の1000トンクラスの巡視船など比べ物にならない。日本の『しきしま』ですら畏敬せざるを得ない」などと伝えた。

（香港＝中岡秀雄）

ロシアはNATOの重大脅威
――対話の可能性も示唆・新事務総長

北大西洋条約機構（NATO）の新しい事務総長に、前ノルウェー首相のストルテンベルグ氏が10月1日就任、記者会見で所見を述べた。「最大の課題」とするウクライナ危機については、ロシアの侵攻を国際法違反とする立場を示した上で、「NATOにとって重大な脅威となっている。ロシアは国際的な責務に沿っていることを示し、行動を変えなければならない」と強調した。

一方で「NATOの強化はロシアとの建設的な関係を築くこととは相反しない」と、対話に向けた可能性があることも示唆。また、前事務総長がロシアを「敵」としていた見解について問われたが、これには直接答えなかった。

中東の過激派組織「イスラム国」については、NATOは空爆に参加していないものの、NATO加盟国のトルコが攻撃を受けた場合には「トルコ防衛に対する基本的責任は明確」とした。さらに、イラク政府の要請があれば「防衛能力向上に協力する用意がある」として中東への関与を深める考えを示した。

また、NATO事務総長としての最初の訪問国をロシアの脅威に直面しているポーランドと、「イスラム国」への対応に追われるトルコにすることを明らかにし、これらの地域を重視する方針を明確に打ち出した。

前任のラスムセン氏（デンマーク元首相）を引き継いだストルテンベルグ氏は55歳。父親は外相や国連難民高等弁務官、母親も国務長官を務めた政治家一家の出身で、労働党を率いて2000年―01年、05―13年にわたり首相を務めた。

粘り強い対話姿勢で知られており、11年にわたったバレンツ海、北極海でのロシアとの海上国境の画定交渉を妥結に導いた。また、11年7月、労働党員が標的となり77人の死者を出した連続テロに際しては「犯人に対して民主的、人間的に対応しよう」と呼び掛けた。

ロシアをよく知るばかりでなく、ノルウェーのアフガニスタンへの部隊派遣やリビア空爆の参加を主導するなど、必要なら軍事的行動も躊躇しない姿勢を示しており、NATO事務総長としての手腕に期待がかかる。

笑顔を絶やさず、ユーモアのセンスがあることでも有名。13年の選挙戦では、「市民の声を直接聞きたい」として、タクシーの運転手に扮したことがあったが、運転が不慣れで乗客から見破られたという。

（ロンドン＝加藤雅之）

父兄会版

＜連絡先＞
〒162-0845 東京都新宿区市谷本村町5－1 公益社団法人全国自衛隊父兄会事務局
電話03-3268-3111・内線28863
直通03-5227-2468

わたくしたちの信条 全自父

一、自らの国は自ら守る防衛意識を高めよう
一、自衛隊員を子弟に持つことを誇りにしよう
一、自衛隊を正しく理解し隊員の心の支えとなろう
一、力をあわせ組織を拡充し活動力を高めよう
一、身近な実践活動として自衛隊員の募集及び就職援護に協力しよう

発災で初の「家族支援」

迅速に安否確認

食糧調達や激励品贈呈も

広島県父兄会

隊員家族を含む74人が犠牲となった広島市の土砂災害に際し、広島県父兄会（山本治喜会長）は、迅速に会員の安否確認を実施。全国自衛隊父兄会が取り組んでいる「家族支援」で初の実行動となった。広島県父兄会は、食糧調達などの支援活動を行うとともに、8月28日、捜索活動を行う部隊を山本会長らが訪れ、隊員を激励した。

広島市の災派部隊を激励した山本会長（右）と小原支部長（左から2人目）。その左は鈴木3佐

災害が発生した8月20日、山﨑修治事務局長と平本喜江女性部会長は午前7時に電話で被害が予想された地区の支部役員の安否を確認した。

連絡を受けた安佐北区の小原勤支部長兼可部地区協議会長と広島市安佐南区の升谷重義支部長はそれぞれ、無事を報告。直ちに当該地区会員の安否確認と避難場所への誘導を実施した。安佐北区で2人、安佐南区で3人の連絡が取れないことが判明したため、自宅や避難所を訪問、安否確認を急いだ。その後、広島地本からの連絡などにより、26日までに1人を除く会員の無事を確認した。

このほか安佐南区支部は23日から26日まで、食糧品調達などの支援活動を行った。

23日は「嚶鳴ベーカリー」から菓子パン1000個、25、26の両日は「己斐製氷」から氷1トン、青果卸売販売の「古昌」からはミカン200個とブドウなどをそれぞれ無償で調達。

さらに、「ヤマダ電機」から洗濯機5台の提供を受け、避難所の佐藤公民館などに設置した。

28日は山本会長、小原支部長、山﨑事務局長が部隊を慰問。安佐南区八木地区の13旅団司令部指揮所で、司令部総務課の鈴木克典3佐に災害発生時から830人態勢で活動している隊員に激励品を贈った。

小原支部長は「父兄会広島市安佐南区、安佐北区両支部では災害発生時より、会員の安否確認、支部独自での隊員支援などを実施しており、家族支援の大きな参考事例になると確信している」と話している。

小川氏招き「防衛講演会」

集団的自衛権「ガラパゴス的議論に」

全自父

全国自衛隊父兄会（全自父・伊藤康成会長）は10月4日、横浜市で軍事アナリストの小川和久氏を講師に「防衛講演会」を主催した。聴講に訪れた約380人は「わが国の安全保障を考える」と題した約1時間半の講演に接し、防衛意識を高めた。

防衛講演会は全自父が行っている主要事業の一つで、各県の父兄会が持ちまわりで担当、年2回開催している。今年は大分と神奈川で実施され、5月18日に大分県父兄会が担当した講演会では佐藤正久参議院議員による「守るべき人がいる」と題した講演を約200人が聴講した。

神奈川県父兄会による講演会には鍛治雅和・潜水艦隊司令官、高等工科学校の小和瀬一学校長をはじめ横浜・大和両市の市議会議員などの来賓が列席、高橋亨神奈川県父兄会会長の開会の辞に続き、伊藤会長のあいさつで幕を開けた。

小川氏は集団的自衛権について、国民が行っている議論は「ガラパゴス的議論」と指摘、「日本でしか通用しない議論を日本国民向けにしている。その結果、（日本でしか通用しない）法律や制度ができて、自衛隊は手足を縛られる」と強調。「自衛隊のレベルは高いが自立できない構造がある」などと述べた。

講演後の質疑応答では、防大4学年の山地安里学生が「日本は中国に対して強い姿勢で接していくべきか」などと質問。

小川氏は「（中国に対しては）胸を張るべきときは張り、日米同盟を活用して言うべきことは言う」との基本姿勢を示した上で「（今は）日本の戦略を練る時期。その先頭に立つのが防大生の皆さんだ」と激励した。

会場には神奈川地本が自衛官募集コーナーを設置、自衛隊に興味を持つ若い世代へのアピールも行った。

予定数を上回る来場者で埋めつくされた講演会場（10月4日、横浜市の崎陽軒本店で）

石破地方創生相がビデオ講演

中国地域協議会を開催

【鳥取】中国地方5県（鳥取、島根、岡山、広島、山口）の父兄会は9月4日、鳥取県湯梨浜町で「平成26年度全国自衛隊父兄会中国地域協議会」を鳥取地本の支援を受け開催した。

会議には父兄会員66人と佐藤健鳥取地本長、中方家族支援幹部の桑原一広3陸佐などが参加。

鳥取県父兄会の涌嶋恵一郎会長と佐藤地本長のあいさつに続き、「家族支援」施策の試行について、桑原3佐が説明。各県代表者が実施状況の発表を行った。

会議後の講演会では、石破茂地方創生相のビデオ講演や空自西空司令官の丸茂吉成空将による防衛講話が行われた。さらに8普連長の小見明之1陸佐から8月に広島市を襲った土砂災害における災派活動の報告を受けた。

懇親会では中方幕僚副長の森下泰臣陸将補が祝辞を述べ、会員に感謝とねぎらいの言葉を贈った。

翌日は史跡研修を行い、鳥取県三朝町の「国宝三徳山投入堂」などを見学した。

父兄会中国地域協議会であいさつする涌嶋鳥取県会長（中央）

愛媛と自衛隊の懸け橋に

「ふれ愛コンサートinえひめ」

【愛媛】愛媛県父兄会はこのほど、松山城山公園内の松山市民会館で「第34回ふれ愛コンサートinえひめ」を開催した。コンサートは、愛媛県防衛協会、隊友会との共催で、愛媛県と自衛隊の懸け橋となれるよう毎年行っている。

今回は8年ぶりに海自東京音楽隊（隊長・手塚裕之2佐）が演奏。県内外から約1700人が訪れた。

市民会館の駐車場では、松山駐屯地から第14特科隊の155ミリ榴弾砲FH70や第14高射特科中隊の81式短距離地対空誘導弾が展示され、来場者のほか、通勤、通学、買い物帰りの人々でにぎわった。

コンサートでは愛媛県を舞台としたNHKドラマ『坂の上の雲』のテーマ曲やレコード大賞企画賞を受賞した『祈り』など、アンコール2曲を含む14曲を披露。音楽隊のダイナミックな演奏と三宅由佳莉3曹の透き通った歌声で来場者を魅了した。また坂本九の『明日があるさ』では三宅3曹と一緒に聴衆も大合唱、ひときわ大きな拍手が送られた。

コンサート終了後、来場者は、「演奏も素晴らしかったし、歌も心に響いて感動しました」「とても楽しく聴かせてもらいました」と感想を話していた。

支援した愛媛地本は「今後とも多くの県民と自衛隊の懸け橋となれるようさまざまな機会をつくっていきたい」としている。

来場者と大合唱した『明日があるさ』を演奏する海自東京音楽隊

F15離発着訓練など見学

新発田市父兄会が研修旅行

【新潟】新潟県新発田市父兄会はこのほど、「空自小松基地研修」を実施した。

研修に参加した聖籠町と阿賀町父兄会会員29人は、基地の隊員食堂で楽しみの一つとなっていた「体験喫食」に舌鼓を打ち、我が子の"食の充実"を実感した。

その後、広報担当者から小松基地の概要説明を受け、広報展示館を見て回った。さらに、エプロンへ移動しF15戦闘機の「離発着訓練展示」を見学。正確で整然とした訓練の迫力に参加者は固唾をのんで見入った。

整備、誘導を行う隊員のキビキビした動きを目の当たりにした参加者は「一人ひとりが役割を理解しているからできる動き。徹底した教育があるからだ」と感心していた。

新発田市父兄会の鈴木勝実事務局長は「それぞれの父兄会同士が協力関係を密にし、さまざまなことに積極的に取り組んでいきたい」と話している。

研修で石川県の小松基地を訪れた新潟県の父兄会員たち

佐世保教育隊修業式

「海自としての誇りを持って」

伊藤副会長が激励

【鹿児島】全自父の伊藤正夫副会長は海自佐世保教育隊の修業式に列席し、修業生を激励した。

8月22日に第361期練習員課程217人、29日に第7期一般曹候補生課程199人の修業式が行われ、4月に鹿児島地本鹿屋地域事務所（所長・清水明1海尉）管内から入隊した練習員15人、一般曹候補生13人も参列した（写真）。

式典には、佐世保地方総監の池田徳宏海将をはじめとする来賓が臨席し、修業生の家族が見守る中、厳粛に執り行われた。

その後、隊員食堂で行われた壮行会では、式典とは一転して終始和やかな雰囲気の中、家族らは日焼けして見違えるように立派になった我が子を囲み、会話を弾ませた。

壮行会で伊藤副会長は「海上自衛官としての誇りを持って、頑張ってもらいたい」とあいさつ、修業生を激励した。

壮行会終了後、家族の見守る中、修業生は軍艦マーチの演奏に合わせ、庁舎中央道路を威風堂々と桟橋まで行進してタグボートへ移乗。「帽振れ」のあいさつを終え、思い出の残る佐世保教育隊を後に、それぞれの新任地へ巣立った。

事務局だより

▽…自衛隊父兄会は、原則として月1回、二十数名の委員による運営委員会を開いています。

最近の委員会では、父兄会の名称を変えるべきか否か?が一つの論議の対象になりました。

「父兄」という言葉は、今や使われなくなった名称であり、成人として自立した自衛官に求められる役割や、家族支援などの新たな役割を考えると、そろそろ変える時期に来ているのではないか。いやいやそうではない。「父兄会」という名称には、会発足の思いが込められた50年以上の歴史がある。そのルーツを大事にすべきではないか――。今後しばらく熱い議論が続くと思われます。

▽…今年も防衛情報誌「DW（ディフェンス・ワールド）」の編集が始まりました。

まず、陸・海・空自衛隊の部隊の取材から始めます。どこの部隊を訪問しても、親切・丁寧に対応してくれるので取材する側としても自然に力が入ります。

「DW」の誌面には、自衛官へのインタビューや父兄の声を必ず掲載しています。特に、親が「たった半年で、こんなにたくましくなったことに驚いています」などというコメントを頂くと、編集する立場であっても親御さん同様にうれしくなります。

「DW15」は来春完成し発売します。年々内容の充実に努力していますので、よろしくご愛顧のほどお願いします。

▽…去る8月20日、広島市で大規模な土砂災害が発生して多くの人命が奪われました。この災害が発生するや否や、広島県自衛隊父兄会は、訓練ではなく、実行動として家族支援を行いました。

広島県父兄会の事務局長や女性部会長は、陣頭に立ち、広島市父兄会役員に電話で安否確認を行うとともに、役員に対し周辺父兄会員の安否確認を督促しました。

災害救助活動は、安否確認にとどまらず、食料品の緊急調達、避難所への洗濯機の設置、災害派遣部隊の慰問・激励なども行いました。

誰に言われるまでもなく、家族支援協力の趣旨を実行動に移したことがなにより貴重なことでした。（父兄会事務局）

募集・援護 特集

平和を、仕事にする。
陸海空自衛官募集

ただいま募集中!
◇医科・歯科幹部
◇自衛官候補生(男子)
★詳細は最寄りの自衛隊地方協力本部へ

秋の試験シーズンがスタート!

航空学生

「子供の頃から憧れ」「絶対に合格したい」

秋の試験シーズンの先陣を切って「航空学生」の選考試験が始まった。受験者は出願時に海・空自を選択、2次試験までは共通の試験を受け、3次では海・空別に適性、身体検査が行われる。合格すると2年間の基礎教育を経て、海自は操縦士基礎課程、空自は飛行準備課程に進む。空自パイロットの場合、7割が同課程出身で、戦闘機や輸送機など第一線航空部隊の操縦を担っている。なお陸自は部内選抜などでパイロットを養成している。

航空学生の1次試験に挑む受験生(9月23日、奈良県第2合同庁舎で)

奈良　最多34人が受験　長丁場のなかベスト尽くす

【奈良】地本は9月23日、26年度航空学生採用第1次試験を県第2合同庁舎で実施した。将来の海・空自パイロットを目指して受験したのは男子29、女子5人。広報官たちの奮闘の成果が実り、34人もの受験者数は過去5年で最多だった。

受験生たちは午前8時40分から国語、英語、数学と選択科目の択一試験に臨み、午後からは適性試験、英、数の記述試験に取り組んだ。

試験は午後5時過ぎまでの長丁場となったが、受験生は「いままで見たことのないような問題もあって戸惑いましたが、ベストを尽くしました」と元気に答えていた。

地本では受験生の意欲を高めるため、航空学生出身の現役パイロットを招き、制度説明会を開くなど支援を行ってきた。試験当日も広報官が会場で受験生たちを激励した。

地本の担当者は「一人でも多く受験生が2次・3次試験に進み、彼らのパイロットになる夢が叶えられるよう、今後も全力でサポートしていきたい」と話していた。

鳥取　30人が筆記と適性に挑戦

【鳥取】地本は9月23日、鳥取市と米子市の2会場で26年度航空学生採用第1次試験を実施した。

航空学生は学力だけでなく適性試験もあり、難関となっているが、夢のパイロットを目指し、30人が筆記試験と適性検査に挑んだ。

受付時の受験者はみな緊張した様子だったが、試験が始まると全員が真剣な眼差しで試験に臨んでいた。

受験者からは「試験は難しかったが、最後まで全力を尽くした」との声が聞かれた。

帯広　パイロット目指し最後まで全力

【帯広】地本は9月23日、帯広、釧路、美幌3市町の会場で26年度航空学生第1次試験を実施した。

この日は天候に恵まれ、3会場には受験者67人(うち部内2人)が訪れ、パイロットを目指し1次試験に臨んだ。

試験を終えた受験者は「自衛隊パイロットは子供の頃からの憧れだった。最後まであきらめずに頑張り、絶対に合格したい!」と次の2次試験への熱い思いを語っていた。

問題に真剣に取り組む航空学生志望者(9月23日、美幌商工会議所で)

地本長が慶大で防災講話

災派や復興支援など説明

留学生も聴講　学生ら強い関心示す

講話を終え、記念撮影に臨む高田地本長(前列中央)と学生(9月1日、慶大日吉キャンパスで)

【神奈川】高田充・神奈川地本長は9月1日の「防災の日」、横浜市の慶應義塾大学日吉キャンパスで防災講話を行った。

講話は「東日本大震災における自衛隊の活動」と題し、震災の概要、自衛隊の災害派遣活動、米軍の活動に分け、写真を使いながら説明した。慶大生のほか、相互交流を図っている米カリフォルニア州のスタンフォード大学の学生らも聴講した。

「震災の概要」では地震と津波の状況などを説明。「自衛隊の災派」では捜索・救助、生活支援、応急復旧活動と福島第1原発での原子力対処などについて語った。また「米軍の活動」では、輸送支援や物資の提供と被災地のインフラ復興支援活動などについて説明した。

学生から「震災時に自分たちは何ができたのか」といった質問も出て、災害復興への貢献の在り方について学生たちは強い関心を示していた。

佐世保音楽隊

パレード演奏を支援

世界サンタクロース会議in天草

【熊本】天草駐在員事務所は9月12日、「第2回世界サンタクロース会議in天草」に協力し、海自佐世保音楽隊のパレード演奏などを支援した。

佐世保音楽隊は前夜祭として行われた熊本市内のパレードと「ぴぷれす広場」でのミニコンサートに参加。パレードでは30人の音楽隊員が「くまモン」のサンタバージョンと世界国から集結した27人のサンタを先導して「サンタが街にやってくる」などを演奏した。また、「ぴぷれす広場」ではミニコンサートとサンタとの記念撮影会などがあった。

主催者からは「(海自の)制服がホワイトクリスマスを連想させてサンタを引き立てていた」と感謝の言葉があった。

サンタ姿のくまモンらと記念撮影に応じる佐世保音楽隊(後列)=9月12日、熊本市で

所長が全校生徒に講話

自衛隊の任務や災害時の心得など

【長野】上田地域事務所長の佐藤正浩1陸尉は8月29日、上田市立丸子中学校で防災講話を行った。

佐藤1尉が体育館に現れると、全校生徒約300人と教職員らが拍手で出迎えた。佐藤1尉は自衛隊の概要や任務をはじめ、長野県での災害派遣状況などをプロジェクターで説明。最後に、災害時の心得などを生徒たちに話した。

講話後、中村校長から「どんな志で入隊したのか」「災害派遣で隊員はどんな気持ちで活動をしているか」といった質問があり、佐藤1尉は地域住民を守るため、日夜訓練している自衛官の思いを語った。

3自市中パレードを副大臣が観閲

【福井】陸・海・空自14部隊合同の「福井市中パレード」が9月13日、盛大に行われ、福井県出身の左藤章副大臣らが観閲した。

昨年は鯖江駐屯地50周年を記念して初めて実施されたが、今年は県民に自衛隊の活動について理解を深めてもらう目的で行われた。

今年の市中パレードには地元の鯖江部隊をはじめ、石川、愛知、三重、京都、大阪、滋賀などから14部隊計200人、車両30両、航空機12機が参加した。

最初に実行委員長の伊藤忠昭県防衛協会副会長があいさつ、市民約2万5000人が沿道で見守る中、県旗・市旗を掲げた隊員が次々と行進。上空では陸海空の航空機が観閲飛行。小松基地のF15J戦闘機4機は編隊で現れ、その後、一斉にブレーク(拡散)すると会場から大きな歓声が起こった。

続いて海自舞鶴音楽隊の演奏で徒歩、車両部隊が行進。沿道からは隊員たちに向けて激励の声も飛んだ。

パレード後、左藤副大臣があいさつ、「自衛隊が安定的に任務遂行できるのは、地域の皆様の理解と協力のたまもの。国民の安全・安心を確保するため、一層努力してまいります」と述べた。

行進する14普連(金沢)の徒歩部隊(9月13日、福井市で)

募集対象者がP3C体験搭乗

【沖縄】地本は9月27日、海自5空群(那覇)の支援を受け、地元の高校生や募集協力者ら43人に対し、P3C哨戒機の体験搭乗を実施した。

参加者は普段搭乗する機会のないP3Cの機内の様子に興奮しながら、上空から小さな窓を通し、慶良間諸島周辺の「ケラマブルー」と呼ばれる美しい海に見入った。

また、防大受験を希望し、将来は自衛隊のパイロットを目指している生徒が、P3Cの操縦士からアドバイスを受ける場面も見られた。

質疑応答で理解深める

京大生の駐屯地見学を支援

京大生の質問に答える井川連隊長(左)=9月29日、福知山駐屯地で

【京都】地本は9月29日、7普連(福知山)の支援を受け、「防衛フォーラム」に参加する京大生6人に対し、福知山駐屯地の見学会を行った。

同フォーラムは防大生と京大生による安全保障に関する意見交換会で、定期開催されている。これに先立ち、京大生が陸自の理解を深めるために駐屯地を訪れたもの。井川賢一連隊長が南スーダンPKO5次隊の派遣隊長として勤務した経験などを講話した。

学生からは自衛隊が現地で韓国軍に小銃弾を提供したことについて質問があったほか、「隊員の士気が最も上がるのはどんな時か」など質問が続出、井川連隊長はそれぞれに分かりやすく答えていた。

その後、駐屯地の装備や隊員の訓練なども見学。学生たちは「防衛フォーラム」に向けて自衛隊の知識をアップできたようだった。

地本マスコットも積極的にPR活動

産官学協同イベントで

【福岡】地本は9月20、21日の両日、福岡市天神中央公園で開催された「九州ヒューマンフェスタ2014」にブースを出展し、自衛隊を広報した。

このイベントは「為世為人」を学生綱領に掲げる専総合学園ヒューマンアカデミー福岡校主催の産官学協同イベントで、地本の参加は6回目。会場では「地域回生」をテーマに、九州各地のゆるキャラの紹介や九州発のアイドルグループのライブなどが行われた。

地本は自衛隊の活動写真パネルや自衛隊車両の展示のほか、広報DVDの放映などを実施。来年度の募集を見据え、訪れた学生らに自衛官の募集案内なども行った。会場では地本〝宣伝部鳥(マスコット)〟の「ピコット」も積極的なPR活動を行った。

海自がボランティア清掃活動に参加

【長崎】地本は9月21日、「長崎がんばらんば国体クリーンアップキャンペーン」の一環で行われたボランティア清掃活動に参加した。

前日の雨も上がり、この日は長崎市役所の「ふくの会」と合同で参加。部員9人のほか護衛艦「くらま」から16人、同「あしがら」から6人、長崎防衛支局からも6人が参加し、合わせて37人の規模となった。

隊員たちは会場近くの公園から競技場まで約800メートルを担当。開会式では田上長崎市長から「今日は頼もしい参加者が来ています。護衛艦『くらま』と『あしがら』の乗員の皆さんです」と紹介される一場面もあった。

栃木地本長が交代

栃木地本長

9月25日付で栃木地本長が交代した。新任本部長の略歴は次の通り。

小林　栄樹(こばやし・えいじゅ)1陸佐　栃木地本長。防大32期。昭和63年陸自。平成14年2佐、19年1佐。20年北方防衛課長、22年9特連長などを経て、23年研本主任研究開発官。長野県出身。49歳。

「しらせ」名古屋入港

総合訓練で

「しらせ」の名古屋港入港を歓迎する市内の園児ら（10月3日、名古屋港ガーデンふ頭で）

【愛知地本】「皆さんのことを、とても頼もしく思います。世界のために頑張ってください！」──。AKB48の姉妹グループで、名古屋市栄を拠点に活動する「SKE48」のメンバーが10月3日、愛知地本の「一日本部長」として海自の砕氷艦「しらせ」を訪れた。南極行きを控えた「しらせ」は10月2日から9日まで国内で「平成26年度総合訓練」を実施し、名古屋港は今年唯一の寄港地。SKEのメンバーは「しらせ」特製の海自カレーを味わい、乗員や入隊予定者を激励、名古屋港での艦艇広報は大成功のうちに終わった。

2日間で4000人

3日、名古屋市内の幼稚園児約200名をはじめ大勢の人々が見守る中、「しらせ」が入港。全長138メートルの雄姿が近付くと、「大きくてすごい」「格好良い！」などの声が上がった。

入港歓迎式典では、記念品と慰問品の贈呈、舞鶴音楽隊による激励演奏、記念撮影などが実施され、日高孝次艦長は「我々は11月に南極大陸に向かうため、現在訓練中です。その一環として、南極観測に対するご理解を頂けるよう一般開放を予定しています。乗組員一同お待ちしています」とあいさつした。

「SKE48」招き広報

愛知地本　園児ら雄姿に大はしゃぎ

愛知地本の「一日本部長」となり、寄港中の「しらせ」を訪れたSKE48の（左から）梅本まどかさん、岩永亞美さん、柴田阿弥さん

この日は市川文一本部長から「1日本部長」に任命された名古屋の人気アイドルグループ「SKE48」の梅本まどかさん、岩永亞美さん、柴田阿弥さんが「しらせ」に来艦。艦長表敬や艦内見学、乗組員激励、「しらせカレー」の体験喫食などを行った。

初めて海自カレーを味わった3人は「自衛隊のカレーは、金曜日に食べることは知っていました。お店で食べているみたいで本当に美味しく、おかわりしてしまいました！」と満面の笑顔だった。

その後、「入隊希望者激励会」がヘリ甲板で行われ、幹部候補生採用予定者5人を含む86人が参加。メンバーから激励の言葉をかけられた参加者は、「今日は激励会に来て、本当に良かった。絶対に自衛隊に入りたいです！」と興奮気味に語っていた。一方、岸壁に設置された広報ブースでは、子供たちは初めて触れる南極の氷や石に、喜びを隠せない様子だった。

翌日は、台風18号接近の影響のため、一般公開は午前中のみとなったが、2日間で延べ約4000人が来艦し、艦艇広報は大盛況のうちに終了した。

音楽まつり抽選会　当選倍率7・8倍

11月13〜15日に東京都千代田区の日本武道館で開催される第50回記念「平成26年度自衛隊音楽まつり」の一般公募抽選会が10月8日、防衛省で行われた＝写真。

内局の三原祐和広報課長がコンピュータープログラムを使用してネット応募者を抽選。続いて、三原課長と松永康則1陸佐、平木拓宏1海佐、猿渡辰也1空佐の各幕広報室長が箱から数字の書かれたボールを取り出し、当選はがきの束を選出した。

応募数は、はがきが2万7056通、ネットが3万3401通の計6万457通で、当選倍率は7・8倍。昨年度の5万7827通を上回り、応募要領が1人1通までと限定された平成22年以降最多となった。

音楽まつりは、昭和38年に第1回を開催し、今年で50回目。自衛隊創設60周年に合わせ、これまでの歴史を振り返るパフォーマンスも予定している。

「素晴らしい戦い」

アジア大会選手帰国　大臣、陸幕長からねぎらい

アジア大会で健闘し帰国した体校選手の申告を聞く岩田陸幕長（左）＝10月8日、陸幕長室で＝

仁川アジア大会で合わせて10個のメダルを獲得した自衛隊体育学校（朝霞）の選手が凱旋（がいせん）し、10月8、9の両日、防衛省で江渡防衛相、岩田陸幕長に成果を報告した。

江渡大臣への報告には、陸上50キロ競歩で体校勢唯一の金メダルを獲得した谷井孝行2空曹をはじめ、15人のメダリストが参加。保坂一彦体育学校長が「七つの競技で10個のメダルを獲得できました」と成果を報告し、選手を代表して射撃3姿勢団体で銅メダルを獲得した山下敏和1陸尉があいさつした。

大臣は「素晴らしい成績は日々励んできた練習のたまもの。防衛省・自衛隊に対し、また日本の多くの方々に対して感動と勇気を与えていただいた。リオ、東京五輪を目指し、さらに精進してもらいたい」と選手をねぎらった。

一方、陸幕では海外遠征中の2人を除く出場選手21人が岩田陸幕長に申告。

引き続き行われた懇談では選手一人一人が所見を語り、岩田陸幕長から「自衛隊の代表、国の代表として素晴らしい戦いを見せてくれた。しかし（今大会は）あくまで通過点。勝利への執念を持ち、2年後のリオ五輪を目指してほしい」と励まされた。

「T4」60周年記念塗装

浜松エアフェスタ　尾翼に青、赤カラー

【浜松】9月28日の「エア・フェスタ浜松」実施に先立つ同3日、1空団31、32教育飛行隊（浜松）のT4練習機2機に記念塗装が施され、基地の朝礼で披露された。塗装は空自創設60周年と浜松基地開庁60周年を記念して実施されたもので、31教飛隊の石井洋2曹（43）、32教飛隊の牧山泰大2曹（35）ら整備隊員6人が約2週間かけて機体に描いた。

両隊のT4胴体には黒い帯状のラインとともにJASDF60thの記念文字が入り、精悍（せいかん）さを演出。コックピット周りや垂直尾翼などには31教飛隊のスコードロン（飛行隊）カラーの青、32教飛隊は赤色を大胆に塗装し、デザインコンセプトの「威風堂々」を表現した。

基地内での募集に応募して見事選ばれ、両隊の記念塗装をデザインした菅原隆志3曹（37）は、「T4は戦闘機のように機体が大きくない分、いかに目立たせるかを考えて取り組んだ。60周年に貢献できたことが何よりうれしいです」と感慨深げに話した。

エア・フェスタで記念塗装機はエプロン地区に展示され、周りには多くの来場者が集まった。機体を警備した板床貴史2曹（39）は「珍しいデザインだったからか、来場者は先を競って撮影していました」と話していた。

大観衆に囲まれた記念塗装機。左が31、右が32教飛隊のT4（9月28日、浜松基地で）

呉に警備犬の赤ちゃんが誕生

貯油所「トド丸」と「ゴン丸」

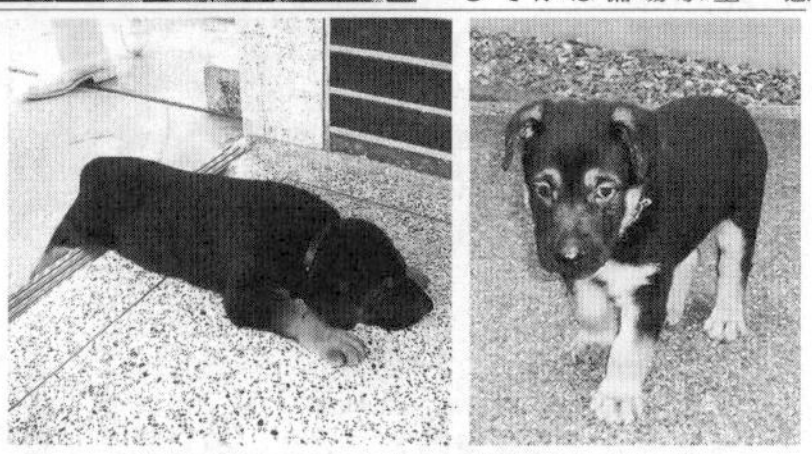

呉造補所貯油所に誕生したばかりの"秘密兵器"「トド丸」（左）と「ゴン丸」。あまりの可愛さに職員はメロメロだという

【呉造補所】呉造補所貯油所（所長・布施壮一2佐）は9月16日、生まれたばかりの警備犬の赤ちゃん「トド丸」と「ゴン丸」の2頭のお披露目式を呉地方総監部で実施した。

2頭は、「那智号」と「さくら号」の間の子供として8月5日に生まれたばかりで、ともにジャーマンシェパードのオス。毛並みが黒く、ふくよかで愛嬌（あいきょう）があり、横になった姿がトドに似ていることから「トド丸」、細めの顔付きで手足がキツネ色をしていることから「ゴン丸」と布施所長が命名した。

犬の新生児は早期に亡くなる危険性が高いことから、2頭の誕生は保護を目的に貯油所内でも一部の隊員だけが知る「秘匿」扱いに。呉地方総監の伊藤俊幸海将に対しても、お披露目式で初めて誕生が伝えられた。

サプライズを受けた伊藤総監も2頭を抱き、「可愛いな」と破顔。8月20日に発生した広島市の土砂災害に派出した、父親の「那智号」と先輩犬の「妙見丸号」「多聞丸号」の後継犬として期待が寄せられている。

今は「とにかく可愛い"秘密兵器"」（広報担当者）たちだが、今後は警戒、服従、捜索など基本訓練を通じて警備犬としての練度を高めていく。

貯油所では「普段はまったりと穏やかに、いざというときには強い意志をもって任務にまい進できる『真に役立つ警備犬』に育ってほしい」とし、「職員一同、"親バカ状態"で温かく見守っていく」と話している。

小休止

▽…神奈川地本相模原地域事務所長の大塚悟3陸尉をモデルに描いた絵画＝写真＝がこのほど完成し、作者の女子美術大生が報告に訪れた。

▽…絵の中の自衛官は青空に対し挙手の敬礼を行っている。青空に「平和と自由」、自衛官の大きな背中と凛とした敬礼に「国、国民を支える決意」を込めたという。

▽…デッサン時に公園で1時間、直立不動を維持、まばたきの是非をも確認した大塚所長。（背中を描いた作品に）まばたきしても良かった理由を理解するとともに、「（この絵の自衛官のように）国民の信頼を得たい」と決意を新たにしていた。（神奈川地本）

「靖国への帰還」が舞台化　読者10人に招待券

「浅見光彦シリーズ」の作者・内田康夫氏の歴史ファンタジー小説「靖国への帰還」が舞台化される。海幕広報室が協力した。脚本・演出は深寅芥氏、出演は野口大輔氏以下17人。企画・製作ネリム。

同舞台の招待券を朝雲読者5組10人にプレゼント。はがきに希望公演番号（①〜④）、応募者の氏名・住所を明記（はがき1枚につき2人応募可）の上、〒162−0002 東京都新宿区坂町26の19KKビル朝雲新聞社「靖国への帰還」プレゼント係へ。10月31日必着。

公演概要は次の通り。

▽開演日時（全席指定）＝①11月14日（金）午後6時②15日（土）正午③同午後6時④16日（日）正午

▽場所＝滝野川会館大ホール（東京都北区）

▽チケット料金＝前売5300円、当日5800円（送料別。当日券に限り、朝雲新聞提示で5000円で観覧可）

▽チケット販売先＝舞台「靖国への帰還」公式ウェブサイトhttp://yasukunihenokikan.net/

▽問い合わせ先＝info@yasukunihenokikan.net

訂正　10月9日付9面「体験飛行楽しむ」の記事で、見出しと本文の「720人」を「340人」に、本文の「1回約60人」を「1回約30人」に訂正します。

こちら警務隊　☎8・6・47625

営利企業に名義貸すな　1年以下の懲役か罰金

知人が営業する会社（営利企業）の役員として名義のみを貸してもらいたいと依頼があったのですが、業務に全く従事しない場合でも罪に問われることがあるのですか？

業務に全く従事せず名義のみであっても「自衛隊法第六二条違反（私企業からの隔離）」となり、1年以下の懲役または3万円以下の罰金に処されます。

この罪は、兼業の承認を得ず、営利企業（商業、工業、金融業など）の役員（取締役、監査役、理事、監事、支配人など）になることや自ら営利企業を営んだ場合などに成立します。

営利企業に名義を貸すことも兼業となるので気をつけましょう。

（135地警＝北熊本・木庭3曹）

（世界の切手・モナコ）

今日という日は、残りの人生の最初の一日。
（映画「アメリカン・ビューティー」から）

広島市大規模土砂災害派遣に参加して

お年寄りをおぶって搬送

3陸曹　梅本 浩史（46普連3中・海田市）

8月20日朝、私がいつもの通り隊員食堂で朝食をとっていると、同僚の携帯電話に災害派遣の呼集がかかってきた。海田町も前日に激しい豪雨と落雷があったので、「これはただ事ではない」と感じた。

私は初動派遣部隊として準備を整え、命令を受領後、被災地の広島市内へ前進した。現場の惨状を見て、「東日本大震災」の津波の跡が頭によぎった。土砂で家屋が押し流され、残った家も1階部分は土砂で埋めつくされ、道には瓦礫が散乱し、そんな中で裸足で避難している被災者を見ると胸が締め付けられた。

私たちはまずお年寄りの救助に着手した。家屋の2階に取り残され、ベッドから動けない様子だった。私たちはこれら不自由な方の救出を優先し、お年寄りをおぶって安全な場所に搬送した。次に、7歳の女の子を両腕に抱えて助け出した。あのときの「ありがとう」の女の子の言葉が今も耳に残っている。

9月19日、行方不明者の全員が発見されたと聞き、これで皆が家族の元へ帰れたと思うと心からほっとした。我々は今回の活動を教訓として、これを後輩に伝えていきたいと思う。自然はいつ我々に猛威を振るうか知れない。日頃から物心両面の準備を万全にし、各種訓練にもベストを尽くしていきたい。

広島市で起きた土砂崩れ災害で、瓦礫を取り除き行方不明者の捜索を行う46普連の隊員と消防隊員

「百万一心」の精神で

3陸曹　三尾 寿成（46普連3中）

広島市の土砂災害で3中隊は初動部隊として人命救助活動に当たりました。私は災派経験はありましたが、発災直後の活動は初めてでした。

被災地は想像を絶する光景が広がっており、どこをどう捜索すれば良いのか正直戸惑いました。私はまず倒壊した家屋の瓦礫を一つずつ手で取り除くことから始めました。

「本当に不明者はこの下なのか…。もしそうであれば一刻も早く瓦礫を取り除かなくては」

作業をしながら不安やあせる気持ちが募りました。そんな中、住民の方からは「必ず見つけ出して下さい。お願いします」と涙ながらの言葉を受け、私たちは「百万一心」の精神でその期待に応えるべく全力を尽くしました。

その結果、私たちの活動現場では行方不明者を全員発見することができました。これからも市民の皆さんから信頼される部隊であり続けるため、平素からの訓練に励んでいきます。

みんなのページ

機動施設隊が三陸復興国立公園を行軍

八戸への愛着深まる

1海尉　大塚 明（機動施設隊・八戸）

種差海岸で清掃活動を行う海自の機動施設隊員

機動施設隊司令の榎森豊1佐以下約50名の隊員は8月25日、岩手・青森の県境付近から八戸航空基地に至る沿岸で、隊員の即応能力の向上と精神力・体力の錬成を目的に行軍を行った。

当日、海自の新しい青色迷彩の陸戦服を着た隊員たちは階上灯台、種差海岸、白浜海水浴場、葦毛崎展望台、蕪島神社などを含む約27キロの「みちのく潮風トレイル」を行進した。

この場所は東日本大震災で被災した三陸地域の復興に貢献するため昨年5月に「三陸復興国立公園」が創設され、八戸市から福島県相馬市までの沿岸に「みちのく潮風トレイル」が整備されている。

中でも種差海岸は八戸市が誇る風光明媚な観光名所で、隊員たちは途中、海岸のゴミ拾いなど清掃活動をしながら歩いた。行軍中は地元住民の皆さんとの触れ合いも持つことができ、隊員たちの八戸市への愛着もより深まった様子だった。

新刊紹介

「ジャーナリズムの現場から」

大鹿 靖明編著

最近の記者会見の風景は、一時代前を知る記者からすれば異様だという声をよく耳にする。会見場で記者はもっぱら手持ちのパソコンに向かってパチパチ、パチパチと猛スピードでキーボードをたたく。会見者の方は時々チラリと見るだけだ。

本書のきっかけは、朝日新聞出身の編著者が、東日本大震災の各取材で目にした一連のこの風景が発端となっている。

記者会見は音だけが情報ではない。会見者の目の動き、質問されたときの表情、手振り身振り。「キーボードに神経が集中すれば肝心の質問がおろそかになる」「この数年間、現場の劣化は激しい」と編著者。

悪弊が身についていない若きジャーナリストに向けて、何か一定の見本を示したいとの思いで本書を執筆したという。

角幡唯介氏、堀川惠子氏、長谷川幸洋氏など「これは」と思える10人のジャーナリストへのインタビューで構成。マスコミの舞台裏を紹介しているという意味で、ジャーナリストならずとも、記者と接する人たちにとっても極めて示唆に富む。

（講談社刊、994円）

「テキサス親父の大正論」

トニー・マラーノ著

インターネットの動画投稿サイト「YouTube」を中心に、「テキサス親父」の愛称で絶大な人気を誇る親日家トニー・マラーノ氏の評論集。靖国参拝、従軍慰安婦、竹島など中国や韓国が問題視し、世界中を巻き込んで行う反日運動に対して、米国公文書館から取り寄せた資料など一次資料を基に真っ向から（ときに皮肉たっぷりに）反駁していく。

テキサス州在住、熱心なカトリック教徒で共和党支持者のまさに〝典型的なアメリカ人保守派〟。そんな著者が、なぜ日本をめぐる時事問題をテーマに動画投稿を続けるのかを告白した章やジャーナリストの室谷克実氏との対談も収録。

本書を通読すれば、著者の日本への「愛国心」が、中韓を否定して担保する「民族主義」を煽る安易なものではなく、国際社会で氾濫する反日プロパガンダと向き合う「自立心」を促すものであることが見えてくる。

それでも、大きな声で言えないようなことを、はばかることなく口にするあたりはまさに〝オヤジ〟。遠いテキサスから「おれは日本を好きなんだ！」と語りかけてくる熱い親父を知るにも格好の一冊となっている。（徳間書店刊、1080円）

人のために何ができるか

陸士長 稲荷 紘一（46普連1中）

母校の城南中学校で後輩たちに災害派遣での体験を語る稲荷紘一士長

災害の起きた日、私は原村演習場で中隊訓練中でした。そして中隊長から私の出身地が被災したと聞き、一瞬耳を疑いました。直ちに家族と友人に安否確認し、みな無事であることが分かり、ひとまず安心しました。

その後、被災地へ向かう車両の中から見た地元の変わり果てた姿に胸を痛めました。私は一刻も早く行方不明者を助け出したいと思い、一心に捜索活動を続けました。

我々が宿営した場所は私の出身校、城南中学校でした。その関係で、私は全校生徒の前で話す機会を頂きました。私はヘルメットに迷彩服の災害派遣時の服装で話をしました。

「今日という日は誰かが生きたかった明日かも知れません。その事を皆さんも忘れないでください」。わたしは後輩たちに自分の思いを伝えました。

今回、自分の出身地で災害派遣活動に従事し、微力ではありますが、地元のために貢献できたと思います。今回の活動で私は「人のために何ができるか」を改めて感じることができました。

一期一会の重み実感

予備自3陸曹　川北 克彦（香川地本）

私はこの夏、朝霞駐屯地などで実施された「予備自衛官中央訓練」に香川県から参加しました。

最初に富士総合火力演習を見学し、続いて市街地戦闘訓練に臨みました。小銃の取り扱い、検問要領、夜間の巡察、バトラーを装着した捜索撃滅訓練などを行いました。建物内部を捜索するテクニックや暗視装置を使用した巡察要領などを訓練し、貴重な体験ができました。

岩田陸幕長（左）から激励を受ける川北克彦・予備3陸曹

また、私たちは「予備自衛官等制度創設60周年記念式典」にも参加し、安倍総理（代理）、岩田陸上幕僚長から訓示を受けました。一番印象に残っていることは、予備自の代表が述べた国防への貢献での力強い決意表明でした。

この訓練では私たちは全国から集まった予備自たちと意見を交換し、「一期一会」の重みを強く感じました。

協同転地演習に参加して

2陸曹　濱口 和幸（33普連1中・久居）

私は今夏の協同転地演習で、長距離移動間の車長と交代ドライバーを務め、演習状況間は分隊長を担いました。

長距離走行ということで、車両の運行前・中・後の点検を実施し、事故防止に努めるとともに、車長としてドライバーを補佐し、安全運行を心掛けました。深夜も走り続けるので、スピードの出し過ぎや居眠り運転に気をつけ、無事目的地に到着することができました。

演習場では防御戦闘を担当しました。不安もありましたが、分隊長として隊員に命令・指示を与え、任務を遂行しました。分隊長としてはまだまだ不十分なことが自分でも分かり、今後、さらに技能を練磨し、隊員から信頼される中級陸曹にならなければと思いました。

OBがんばる

田中　栄作さん　55
平成26年1月、長崎地本の長崎地域援護センター長を最後に定年退職（2陸佐）。親和銀行に再就職し、営業推進部に勤務する。

早めの準備で「日々前進」

私は平成26年、長崎地本の長崎地域援護センター長を最後に定年退官し、現在は佐世保市に本店を置く親和銀行の営業推進部において営業推進役のサポートを行っています。また退職自衛官という経歴から期待される職務として、長崎県内に所在する3カ所の陸自駐屯地との「相互のパイプ役」も務めています。

業務では顧客である隊員の皆さんと「ウィン・ウィンの関係」を構築し、資産運用などの面でお役に立てればと思っています。また後に続く後輩が今後、継続的に雇用していただけるよう、自衛隊出身者としてさらに信用を得なければと思っています。

現職の時、数多くの隊員の再就職を援護してきましたが、いざ自分の番となると尻込みしてしまい、また再就職後は職場環境の著しい変化に直面して圧倒され、「このまま続けていけるだろうか」と不安とストレスを感じたのを覚えています。

皆さんへのアドバイスとしては、第1に「再就職を自覚」することが重要です。再就職はタイミングであり、本人の希望通りにはいかないこともありますが、早目に業務管理教育（定年前教育）に参加し、援護センターにもこまめに足を運び、早めに準備を始めることが重要だと思います。第2は「将来設計や資産運用に対する意識」を持つことです。私も銀行に就職して初めて知ったことも多く、現役時代の意識が不十分であったと反省しています。

最後に、繰り返しとなりますが何事も「早めの準備」こそが再就職の成功につながると私は思います。

詰将棋

出題　日本将棋連盟　九段　石田 和雄

第682回出題

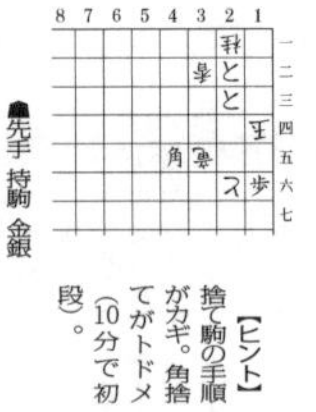

▲先手　持駒　金銀

【ヒント】捨て駒の手順がカギ。角捨てがトドメ（10分で初段）。

▶詰碁、詰将棋の出題は隔週です◀

詰碁

出題　日本棋院　九段　曲 励起

第1097回解答

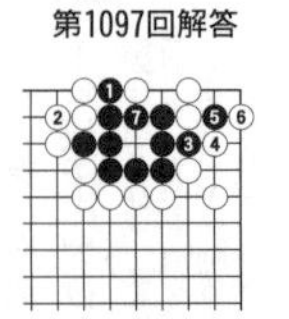

【解答図】黒先、黒活。黒❶がまず大切で、白②の時黒❸白④黒❺がまた大切です。白⑥の時、黒❼で活きます。

朝雲

発行所 朝雲新聞社
〒160-0002 東京都新宿区
坂町26番地19 KKビル
電話 03(3225)3841
FAX 03(3225)3831
振替00190-4-17600番
定価一部140円、年間購読料
9000円（税・送料込み）

主な記事

2面 海賊対処18次隊指揮官に1級賞詞
3面 戦闘服の迷彩加工現場を初公開
4面 〈訓練〉新短SAM、初の実射
5面 〈防衛技術〉「防衛装備庁」組織と機能
6面 危険業務従事者叙勲
7面 宮原2曹が国際山岳走で3位入賞
8面 〈みんなのページ〉南スーダンPKO

日豪防衛相会談

F35、潜水艦で協力

米との連携も確認

▲日豪防衛相会談を前に握手を交わす江渡防衛相(右)とジョンストン豪国防相（10月16日、防衛省で）

江渡防衛相は10月16日、防衛省でオーストラリアのジョンストン国防相と日豪防衛相会談を行い、両国がそれぞれ導入を進めている最新鋭のF35ステルス戦闘機について機体の整備や補修で協力の機会を探ることや、豪州が将来建造する潜水艦に関し、日本の技術協力などの可能性を検討していくことで一致した。日米豪3カ国の連携強化の方針も確認した。両氏の会談は初めて。江渡大臣は会談後の記者会見で「両国の防衛協力を強化させ、特別な戦略的パートナーシップを深化させるため、幅広い分野での意見交換を行った」と述べた。

戦略的パートナーシップ深化へ

日豪間では今年4月、オーストラリアを訪れた小野寺防衛相がジョンストン国防相と会談し、防衛装備・技術協力の第1弾として、潜水艦を含む船舶を念頭に流体力学分野に関する共同研究の推進で一致している。共同研究は来年度にも開始される見通しだ。

さらに、6月に東京で開かれた日豪外務・防衛担当閣僚協議「2プラス2」では、防衛装備品の輸出や国際共同開発を通じた技術移転に関する政府間協定を締結することで実質合意し、7月の日豪首脳会談で「日豪防衛装備品・技術移転協定」に署名が行われた。

今回の会談では、これらの進ちょく状況を確認するとともに、流体力学の分野で豪州国防科学技術機関との技術者交流や、防衛産業間の対話、取得改革をめぐる豪州装備庁との協議を進めていくことでも合意した。

豪は現在、主力の「コリンズ」級潜水艦の更新に向け、4000トン級の新たな潜水艦の建造を計画中だ。米英など複数の国と協議を進めていく中で、日本の高度な技術力に関心を示し、特に非原子力（通常動力型）の潜水艦では世界最大級で、トップレベルの潜航能力と作戦能力を誇る海自の「そうりゅう」型潜水艦に着目しているとされる。

こうした事情を背景に、豪側からの技術協力要請を受け、豪の「将来潜水艦」について日本の協力の在り方を検討していくことで一致した。この点について江渡大臣は会見で「お互いに話し合っていくことが一番だ。双方にプラスになれば良い形になる」と語った。

このほか、両大臣は日豪・日米豪の共同訓練の強化に向けた検討を進めるとともに、国連平和維持活動(PKO)などの国際平和協力活動や、能力構築（キャパシティー・ビルディング）支援の分野で連携を強化していくことで一致した。

7150人が捜索

御嶽山災派 自衛隊撤収 小中学生ら感謝の歌

9月27日に噴火した御嶽山（長野・岐阜県境、3067メートル）で陸路と上空から行方不明者の捜索活動に当たっていた12旅団主力の自衛隊は10月16日午後6時15分、長野県知事の要請に基づき活動を終了し、17日昼までに撤収を完了した。県の対策本部は、降雪などによる二次災害の危険性が高まったことから年内の捜索活動の打ち切りを決定。雪解けする来春以降に火山の様子を見ながら、残る7人の捜索を再開する予定だ。

撤収要請を受け16日夜、13普連長の後藤孝1佐は「いまだ行方不明者がおられるなか、活動を終了させなければならないことは極めて残念」とコメントした。この日も後方支援を含め、自衛隊、警察、消防の合同捜索隊はこれまでで最大規模の約1900人態勢で山頂付近でローラー作戦を展開していた。

20日間の活動で自衛隊は、陸・空合わせ延べ17個部隊、約7150人、車両約1835両、航空機約298機を投入した。

17日には、車両などを駐車していた村立王滝小中学校の校庭で、同校の生徒約40人が自衛隊員に感謝の思いを込めて歌を披露。整列した13普連の本部管理中隊の隊員たちは目に涙を浮かべながら聞き入った。

後藤連隊長は「災派活動を支えて下さった王滝村と木曽町の皆様に感謝を申し上げたい」と話した。

◇御嶽山噴火災派ドキュメント◇（主な活動）

【10月16日】	
06時00分	13普連など約410人が田の原口、黒沢口登山道から入山開始
07時56分	東方航空隊のＵＨ１多用途ヘリ１機が情報収集を開始
09時55分	空自偵察航空隊のＲＦ４偵察機１機が情報収集を開始
11時49分	12ヘリ隊のＣＨ47輸送ヘリ１機が行方不明者家族（５家族18人）を乗せ、現場上空を飛行
18時15分	長野県知事より派遣部隊に対し撤収要請

王滝小中学校の生徒（右手前）から感謝の思いを込めた歌を贈られる13普連の隊員（10月17日、長野県王滝村で）

上半期スクランブル533回

過去最多上回る勢い

統幕が10月15日に発表した平成26年度上半期（4～9月）の空自戦闘機による「緊急発進（スクランブル）」回数は、前年同期（308回）に比べ約7割増の533回で、少なくとも冷戦終結後の平成3年以降、半期ベースで最多を記録した。増加ペースとしても、昭和33年に対領空侵犯措置任務が開始されてから年度最多の944回を記録した昭和59年度を上回る勢い。

このうち、ロシア機に対する緊急発進は324回と全体の約6割を占め、国籍別（推定を含む）で最多となった。続いて対中国機が207回で、残りの約4割を占めた。領空侵犯はなかった。

方面隊別の回数は、東シナ海方面で中国機への対応を行っている南混団が前年同期比3割増の210回と方面隊別で最多となった。次いでロシア方面に対応する北空が同7割増の189回と大きく増加。さらに中空が前年同期の3倍となる73回、西空が同4倍超の61回と続き、各方面隊とも軒並み大幅に急増した。

背景には中国軍機による東シナ海での活動の活発化のほか、ロシア軍機による日本周辺での飛行の長距離化がある。

統幕によると、中国機の中では戦闘機に対して、ロシア機の中では情報収集機に対しての緊急発進が多かったという。

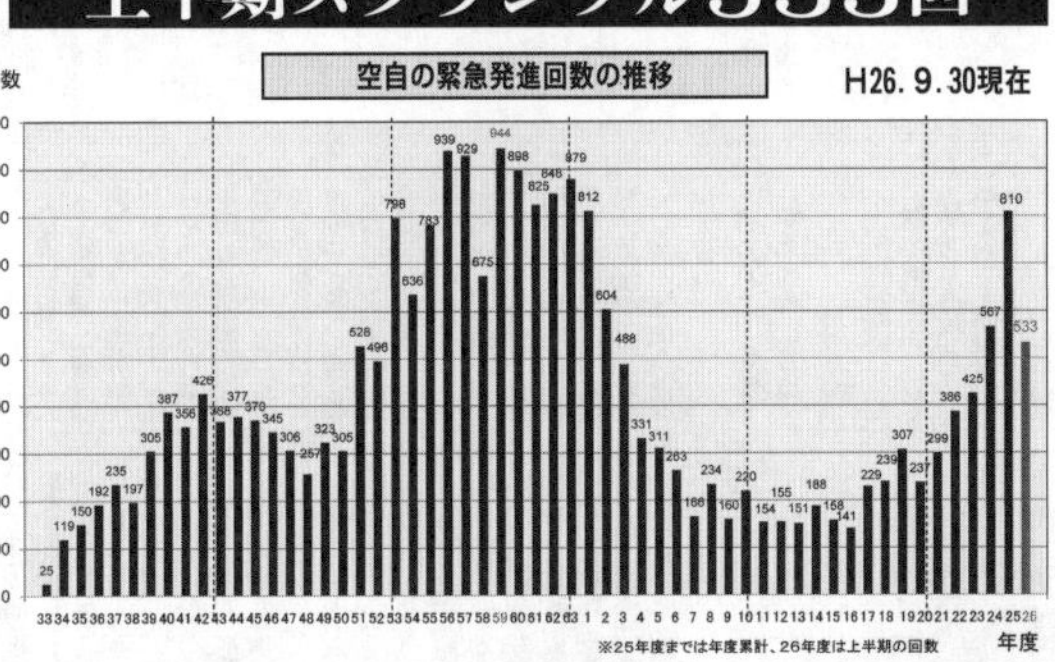

米陸軍協会の年次総会で「日米同盟の深化と発展に尽力したい」と決意を述べる岩田陸幕長（10月15日、米ワシントンで）

強固な日米同盟 未来へ

陸幕長 ワシントンで講演

岩田清文陸幕長は10月13日から15日まで米ワシントンで開かれた米陸軍協会（AUSA）の年次総会に陸幕長として初めて出席し、「日米同盟のさらなる深化と発展に尽力したい」と述べ、同盟強化への決意を表明した。

AUSA年次総会は毎年10月に開催される国際イベントで、米政府高官や世界各国に展開する米陸軍の主要将官のほか、企業関係者、各国軍高官が参加し、各種フォーラムや陸上兵器の展示会が行われる。

陸幕長は米太平洋陸軍司令官のブルックス大将が主催するセッション（会合）で、「アジア太平洋地域の平和と安定に向けて」をテーマに英語で基調講演、米陸軍将官を含む約500人が聴講した。

この中で陸幕長は「現在、我が国が享受している自由と繁栄は、戦後70年、良好な日米関係を築くために努力をしてきた両国諸先輩たちからの〝大切な贈り物〟である」とした上で、「70年後に子供や孫たちに感謝されるよう、さらなる日米同盟の発展、深化に尽力したい」と訴えた。

一方、討議では地域の安定化に向け「日米を基軸として日米豪3国間のほか、価値観を共有する多国間で安全保障環境を醸成していくことが重要だ」と強調。

また、米陸軍が近年進めている地域密着型部隊「RAF（Regionally Aligned Forces）」構想に支持を表明し、この構想の一環である「太平洋パスウエイ構想」に最大限協力することを約束した。

中国軍との交流に意欲

河野統幕長

河野克俊統幕長＝写真＝は10月16日、就任後初の記者会見に臨み、「いかなる事態にも即応して任務を完遂、国民の皆様の期待に応えられるよう、より精強な自衛隊を目指して全力を尽くす覚悟だ」と抱負を述べた。

日本を取り巻く安全保障環境については「東シナ海を中心に依然として厳しい状況だ」との認識を示した上で、日中関係について「国家間の関係を前提として「自衛隊と中国軍との間で非公式でもいいから接触して、何らかのコミュニケーションは取りたい」と話し、現場レベルでの交流に意欲を示した。

河野統幕長は今年4月、海上幕僚長として5年ぶりに中国を訪問し、中国海軍のトップ、呉勝利司令官と会話を交わしている。

エボラ出血熱で 防衛省5人派遣

独で情報収集

西アフリカで感染が広がるエボラ出血熱への対応で防衛省は10月21日、5人の幹部自衛官らをドイツ・シュツットガルトにある米アフリカ軍司令部（AFRICOM）に派遣した。

同日出発したのは、陸自幹部3人、空自幹部1人、内部部員1人。このうち空自の3佐は連絡官として引き続き現地に留まる予定。調整が整い次第、追加要員を派遣する方針だ。

5人は米アフリカ軍司令部で、エボラ出血熱への対応に関し、日米の連携を強化する上で必要な連絡調整に当たるほか、米軍や各国の活動状況などについて情報収集を行う。

江渡大臣は同日の閣議後の記者会見で「情報収集を徹底し、米国や他国とどのような形で協力できるかを追求したい」と述べた。西アフリカ諸国への自衛隊の部隊派遣については「現段階では確定的なことは申し上げられない」とした。

防衛省発令

▽退職を承認（防衛大臣政策参与）　折木　良一（10月13日）
▽防衛大臣政策参与に任命　岩崎　茂（10月14日）

春夏秋冬

蒲生ぶろ

童門　冬二

「給与と愛情は車の両輪である」と告げたのは、戦国切っての〝人使いの名人〟といわれた蒲生氏郷だ。

少年時代は人質として織田信長の下にいたが、信長から「これからの大名の心がまえ」を教えられた。経済の重視・城下町経営の手法・組織管理やリーダーシップの発揮法などである。しかし信長の過度の能率・成果主義には距離をおき、冒頭にかかげた考えを部下管理の方法とした。

当初氏郷は近江日野（滋賀県日野市）城の主だった。石高は六万石だ。少ない収入にもかかわらず多くの家臣を抱えた。部下への給与は少ない。とくに合戦で手柄を立てた者への行賞が思うとおりにいかない。

氏郷はいつも部下の身にたって考えるから、こういう問題でいつもなやんだ。自分を責める。しかし、どうにもならない。そこでかれは「いま自分がもっている物を活用する以外、方法はない」と思い立った。合戦で褒美を与えたくても、原資がないため褒美を与えられない部下にこういった。

「こんどの休日にオレの家にこい」「は?」「この間の合戦でおまえは大手柄を立てた。褒美をやりたいがオレは金がなくて思うようにいかない。せめて酒でもふるまいたいので家にこい」「はい!」

このころの部下はこれだけで感激する。主人の私宅によばれるのは大変な名誉なのだ。

休日、部下がやってきた。氏郷は「よくきた。酒をのむ前に風呂にはいれ」といった。部下は風呂場にいった。桶にはいっていると外から「どうだ、湯かげんは?」という声がした。窓からのぞくとビックリした。氏郷が尻ばしょりして焚き口の前に屈んでいる。自分で風呂の薪を焚いているのだ。

「ぬるかったらいえ。熱くしてやるぞ」

「は、はい」

応じながら部下は風呂桶の中で身動きができなくなった。顔にポタポタしずくが流れてくる。それは熱くなった湯のせいだけではない。感動のあまり湧き出る涙もまじっていたのだ。

現在、こんな褒賞のしかたは通用しない、と思う向きが多いだろう。しかし、私はそうは思わない。山本五十六さんは「年長者よ、いま時の若い者は、などとぜったいにいうな。若者が国を支えているのだ」といった。

いつの時代も同じだ。私は接する若い人たちに痛切にこのことを感ずる。〝いま時の若い者〟の多くが誠実に生き、国のことを憂えている。批判されるような若者は一部にすぎない。

氏郷の心をこめた対応は〝蒲生ぶろ〟とよばれて、その後部下たちが先を争って戦功を立て、この風呂にはいることをねがったという。その後氏郷は会津で百万石ちかい石高を得るが、新収入の大部分を部下の〝過去の功績〟の精算に使ったという。（どうもん・ふゆじ＝作家）

朝雲寸言

エボラ出血熱の感染拡大を阻止するため、米国は軍の派遣を決定――。このニュースを聞いたとき、米国はついに、建国以来の歴史を塗り替えるのかと思った▼国内が二つに分かれて戦った南北戦争（1861年～65年）が禍根となって、米軍は国内の危機に派遣されることはなかったからだ。その代わりに州兵が置かれ、災害などの対処を専門とする緊急事態管理庁（FEMA）が設けられているのもそのためだ▼9・11テロで、ブッシュ大統領が「これは戦争だ」と宣言、報復攻撃したにもかかわらず、テロの脅威に対し、国土安全保障省を新設したのは、軍を国内で活動させる敷居の高さを物語っていた。エボラの二次感染は、それを白紙に戻すほどの猛威なのだ▼と、ここまで書いて、米軍が軍を送り込むのは、猛威を振るう西アフリカに、治療施設をつくるなど後方支援のためだという2報が飛び込んできた。大震災から鳥インフルエンザまで、何でも重宝に派遣されてきた自衛隊を見過ぎてきたが故の早とちりだった▼それにしても軍の任務と役割の広がりには驚かされる。エボラ感染者は9000人。すでに半数が死亡し、年末には、感染者は週1万人のペースで増えるという予測もある▼もちろん日本国内で患者が発生する事態も想定しておかなければならない。決して自衛隊の化学防護車が出動する事態に陥らないよう、私たち全員が、危機意識を高める必要がある。

時の焦点

国内　女性が輝く社会

方向と改革機運失うな

1964年の東京オリンピックでバレーボール女子の日本代表を率いた「鬼の大松」こと大松博文監督は、昭和の大戦の「インパール作戦」で生き残った経験が自らの精神力を強固にしたと信じて、女子選手に過酷な練習を強いた。

38度5分の熱でも、肋骨にヒビが入っても、練習を休むことを許さず、「生理休暇は人間のくず」と言ってはばからなかった。「試合前に選手の盲腸が痛んだらおしまい」だとして、不調を訴えた選手を知り合いの医師のもとに送り、偽って盲腸を切らせることまでしたと、回顧録で告白している（『"東洋の魔女"の五年間』）。

当時はいざしらず、今なら「とんでもない」と批判されること請け合いの指導法であろう。

時代とともに価値観も方法論も変わる。第2次安倍改造内閣の法相に起用された松島みどり氏は祭りで配った"団扇"で、経済産業相に抜擢された小渕優子氏は不透明な政治資金の使途で、それぞれポストを去った。いずれも、50年前なら「よくあること」で済んだかもしれず、永田町では今も、「こんな問題より、イスラム国やエボラ熱の話が大事だろう」と、国会が疑惑追及の場と化したことを嘆く声がある。

だが、国民に疑われる行為の繰り返しが近年の政治不信をもたらしたことを、忘れてはなるまい。

この内閣には、情報が瞬時に世界を駆けめぐる時代にあって、国際社会の視線にいささか鈍感だという通弊もある。

山谷えり子国家公安委員長がヘイトスピーチを続ける団体と、高市早苗総務相がネオナチと目される人物との関係を疑われる脇の甘さを見せた。欧米では、日本では想像できないほど強い反発が出て、安倍政権のイメージダウンは深刻だ。

問題が女性閣僚に集中したため、野党は「女性の活躍を政策の柱とした安倍晋三首相が、身辺の問題や能力不足に目をつむって、数合わせで女性抜擢を行ったためだ」と批判している。問題のあった閣僚がたまたま女性だったとみることもできようが、野党は「安倍首相の女性活用策そのものが人気取りだ」と、女性政策そのものにも矛先を向ける構えで、悪循環に陥りつつある。

大松監督が考案した回転レシーブで「東洋の魔女」が宿敵ソ連を破り、日本にとって初の球技での金メダルをもたらしたのは、50年前の10月23日の夜だった。大松監督は「競技の頂点を極めるには、男も女もない」と説いたが、女性にとって現代以上に障害の多かった時代に女性選手が輝いたことで、時代が明るく照らされた側面があったことも間違いない。

政治でも、有権者から負託された政治家の責任の重さに、男も女もない。一方で、女性が輝く社会を目指す安倍政権の方向性自体は、正しいはずだ。改革の機運を失わないよう、悪循環は一刻も早く、断ち切る必要がある。

東雲　次郎（政治評論家）

海外　米中間選挙

民主党メルトダウンか

米国の中間選挙（11月4日）が約10日後に迫った。選挙戦終盤になっても、与党・民主党の敗北予想が圧倒的で、下院に続き上院でも過半数を割る公算大の情勢だ。

オバマ大統領は10月2日、「私は候補者ではないが、私の全政策が投票の対象だ」と発言した。

しかし、2012年のオバマ再選戦略顧問だったデービッド・アクセルロッド前大統領上級顧問は「不適切な発言」と批判した。

候補者の身になれば、アクセルロッド氏が正論。「私の全政策」で信を問えばどうなるか。

民主党は、オバマ大統領の提案に基づく総額7870億ドルの景気刺激策や健康保険制度改革（オバマケア）は国民の支持を得る、と期待した。だが、詳しい内容が判明すると、国民には不評で、中間層の受けを狙った高額所得者への増税にも、有権者は関心を示さなかった。加えて、エボラ出血熱対策の不手際。

そのため、政権の金看板のはずのオバマケアを選挙の宣伝広告に使うのは、批判材料にする共和党候補。民主党候補は対立候補の個人攻撃が中心になっている。

民主党にとってさらに悪材料は、投票率が極めて低くなりそうな状況だ。

10月初旬のギャラップ社の世論調査では、投票に行くと回答した人はわずか33％。10年の中間選挙では46％、06年は42％だったのと比べ、かなり低い。投票に行くという人の政党別では、共和党が12ポイントもリードしていた。

民主党は歴史的に、同党支持の有権者を投票所に駆り立てる選挙体制を誇ってきたが、今回は事情が違うようだ。有権者の恐怖心を煽る「悪役候補」が共和党に不在だからだ。

また、民主党支持者の「核」である若者、ヒスパニックら少数民族、独身女性らがあまり投票所に行きそうもないとの予想は衝撃だった。

若者は不況で就職先がない。ヒスパニックは、不法移民の本国送還を緩和する決定を選挙後に延期したオバマ氏に反発。民主党は男女賃金格差の是正をPRしてきたが、あまり効果はなかった。

上院（定数100）の現有議席は民主55（無所属を含む）、共和45。うち改選議席は民主21、共和15で、民主党が6議席失えば、共和党が上院の支配権を奪還する。

下院民主党の選挙委員会が選挙終盤、運動資金を、共和党から議席奪還を狙う選挙区から、議席死守を期す現職の選挙区に移したのも、何とか現状維持だけはとの必死の思いによる。

だが、敗北を見越した「スケープゴート」探しは始まっている。上院選の最弱候補と言われる現職マーク・プライアー議員（アーカンソー州）は資金集めの集会で、「ハリー・リード上院院内総務を更迭すべきだ」と演説した。

アイオワ州とコロラド州の同党選挙キャンペーン本部は、オバマ大統領の来援に反対した。両州は08年と12年の2度、オバマ氏が勝利した州である。

民主党のメルトダウンが既に始まっている兆候かもしれない。

草野　徹（外交評論家）

立川1佐に1級賞詞

アデン湾護衛任務　海賊対処18次隊指揮

左藤副大臣（右）から1級賞詞を伝達される水上部隊18次隊指揮官の立川浩二1佐（10月7日、防衛省で）

ソマリア沖・アデン湾で約半年間にわたる民間船舶などの護衛任務を終え、9月20日に帰国した海上自衛隊の海賊対処水上部隊18次隊（護衛艦「いなづま」「うみぎり」で編成、人員約390人）の指揮官を務めた立川浩二1佐＝8護隊司令＝に10月7日、江渡大臣からの1級賞詞が左藤副大臣より伝達された。

伝達式で副大臣は「指揮官として卓越した指揮・統率力をもって職務を遂行し、国際社会の取り組みである海賊対処に大いに寄与、自衛隊に対する国内外の理解と信頼を深めた」との賞詞を読み上げ、立川1佐に手渡した。

18次隊は海上保安官8人を乗せて今年3月17日に呉基地を出港。アデン湾では2隻のうち1隻が多国籍の部隊からなる「第151連合任務部隊（CTF151）」に加わり、調整に基づいて割り当てられた特定海域を監視する「ゾーンディフェンス」に従事し、もう1隻が従来の「エスコート」方式による船舶護衛任務に当たった。

現場海域ではジブチに拠点を置く海自P3C哨戒機部隊と緊密に連携しながら、日本を含む多数の民間船舶を護衛。7月12日には、2009年3月の海自の任務開始以来、通算「護衛隻数3500隻」を達成した。

呉基地で9月20日に行われた帰国行事で、18次隊には左藤副大臣から海賊対処活動の功績をたたえる内閣総理大臣からの特別賞状が伝達された。

26カ国の若手士官招く

海幹校　多国間交流を推進

海自幹部学校（目黒、学校長・山下万喜海将）は西太平洋シンポジウム（WPNS）加盟国など26カ国から若手海軍士官ら28人を招き、10月15日から「第4回WPNS次世代海軍士官短期交流プログラム」を開催している。25日まで。

16日の開会式で、副校長の北川文之海将補は「直面する課題を解決するには、私たちの人的ネットワークが特に必要だ」とした上で、「人的ネットワークは互いを信用しなければ機能しない。直接的な触れ合いが最も重要で、ここで耕した友情の絆は、将来、君らを大いに助けるだろう」と英語であいさつし、歓迎の意を示した。

交流プログラムに参加するため、26カ国から派遣された若手海軍士官ら（10月16日、海自幹部学校で）

参加国は米豪韓仏加印、フィリピン、ベトナム、バーレーン、ブルネイ、カンボジア、チリ、インドネシア、マレーシア、メキシコ、ニュージーランド、オマーン、パキスタン、パプアニューギニア、ペルー、サウジアラビア、シンガポール、スリランカ、タイ、トンガ、アラブ首長国連邦の26カ国。

今年のテーマは「開かれ安定した海洋の希求」で、サブテーマとして①海洋秩序の強化②大量破壊兵器の拡散、国際テロの脅威への対処③ネットワーク時代の国際協調④大規模災害などにおける海軍の役割――の四つを設定。期間中は、日本を取り巻く安全保障環境や防衛政策、歴史・文化に関する講義や都内などでの文化研修、横須賀、百里基地研修も行われた。

「じんりゅう」進水

左藤副大臣ら出席

記念撮影する左藤副大臣（右から4人目）ら（10月8日、三菱重工神戸造船所で）

海自の平成23年度計画潜水艦の命名・進水式が10月8日、神戸市の三菱重工業神戸造船所で行われ、「じんりゅう（仁龍）」＝写真＝と命名された。

式には左藤防衛副大臣をはじめ関係者約260人が出席。副大臣は江渡防衛相の命名書を代読した後、支綱を切断、同艦は進水した。

「じんりゅう」は静粛性と航続力に優れたスターリングエンジンを搭載した世界最大のディーゼル潜水艦「そうりゅう」型の7番艦。就役は28年3月の予定。

◇「じんりゅう」主要目

▽基準排水量＝約2950トン▽全長＝84メートル▽全幅＝9・1メートル▽深さ＝10・3メートル▽主機関＝ディーゼル・スターリング、電気推進（1軸）▽乗員＝約65人▽主要装備＝魚雷・対艦ミサイル兼用の水中発射管装置1式。

アルバニー船団記念式典に参加

「きりさめ」

海自の護衛艦「きりさめ」（艦長・横田和司2佐以下人員200人）は10月7日、豪アルバニー周辺海域で行われるアルバニー船団記念式典（10月31日～11月2日）に参加するため佐世保基地を出発した。

第1次世界大戦時、日本海軍軍艦「伊吹」が豪ニュージーランド合同軍団（ANZAC）部隊をのせたアルバニー船団を護衛したことから、100周年を記念する式典に日本艦艇が招待された。今年6月に行われた第5回日豪外務・防衛閣僚協議「2プラス2」で参加が決まった。

式典前後には多国間共同訓練ディスタント・ショアーズ（10月27～30日、11月3～7日）に参加し、対空戦、対潜戦、対水上戦、射撃訓練などを行う。帰国は11月26日の予定。

防研主任研究官が航安隊で講話

課程学生ら60人聴講

航安隊員らを前に講話する塚本主任研究官（壇上）＝10月9日、空自立川分屯基地で

【航安隊＝立川】航空安全管理隊（隊司令・橋本進将補）は10月9日、防衛研究所主任研究官の塚本勝也氏を講師に招き部外講話を実施した。講話は、練成訓練（個人訓練・防衛教養）の一環として立川分屯基地で行われ、橋本司令、149期飛行安全幹部課程学生、基地内の陸自隊員ら約60人が聴講した。

講話は「中国の軍事的台頭と日米の対応」がテーマで、「アンチアクセス（近接拒否）」など、中国の防衛戦略に対する各国の動きを説明した。またミサイル、潜水艦防衛についても見解を示し、隊員らは興味深く聞き入った。

聴講した飯野雄士技官は「防衛白書で安全保障環境について勉強していたが、今回の講話でより具体的に状況を把握できた」と話していた。

首相乗せミラノ往復

政専機

空自特輸隊（千歳）のB747・400政府専用機は、イタリア・ミラノで開かれたアジア欧州会議（ASEM）に出席の安倍首相を乗せ、10月15日から18日、羽田とミラノを往復した。

防大が「開校記念祭」実施

11月8～9日

防衛大学校（神奈川県横須賀市走水）は11月8、9の両日、訓練展示、観閲式、棒倒しの三大行事で有名な「第62回開校記念祭」を開催する。今年のテー[illegible]～誇りを胸に～」。[illegible]期待に応えるため[illegible]が一致団結し、防[illegible]としての誇りを持[illegible]思いが込められて[illegible]

8日の主要行事[illegible]示で、敵陣地に対[illegible]・突撃の陸上訓練[illegible]撃（空包）のもとで[illegible]援団や少林寺拳法[illegible]合気道、居合道の[illegible]秀演劇上演も注目[illegible]

9日の観閲式で[illegible]の観閲行進や儀仗[illegible]ンシードリルが実[illegible]る。四つの大隊が[illegible]を繰り広げる伝統[illegible]は必見。また2日間[illegible]文化祭、学生隊ステ[illegible]大隊と留学生の模[illegible]校記念祭ツアー、各[illegible]の発表、入試相談会[illegible]行われる。

問い合わせは防[illegible]総務課社会連携推[illegible]係、電話046（8[illegible]3810。

「日米は台湾により関与を」

戦略研究フォーラムがシンポ

台湾の安全保障をテーマに討議する有識者ら（10月17日、ホテルグランドヒル市ヶ谷で）

日本戦略研究フォーラム（中條高徳会長）の第31回シンポジウム「台湾の現状と日米台の安全保障」が10月17日、ホテルグランドヒル市ヶ谷（東京都新宿区）で開かれ、東シナ海における台湾の重要性で認識を共有するとともに、国際社会に向け日米台のより強固なメッセージが必要、との意見が多く出された。

シンポジウムには約350人が出席。王明理・台湾独立建国聯盟日本本部委員長が「台湾は国際法上も歴史上も中国の一部ではない。台湾人は中国人ではない」と強調した上で、台湾独立に向け日米のより強い関与を求めた。

これに続き「中国の短・中距離ミサイルのうち1500基が台湾・沖縄を標的にし、通常動力型潜水艦70隻が頻繁に台湾海峡を通過している」（蔡明憲・元台湾国防相）、「台湾の安全保障は我が国の生存にも直結する。台湾は運命共同体との認識が必要だ」（用田和仁・元陸自西部方面総監）、「台湾有事の際、今の馬英九政権は早急に白旗を揚げる可能性がある」（川村純彦・岡崎研究所副理事長）などの危機感が表明された。

平川祐弘・東大名誉教授は台湾をめぐるマスコミの在り方について「朝日知識人は北京を批判しない、となると北京が台湾を併呑しても抗議しない"隠れ共産中国支持者"となる」などと指摘した。

◇防研「安全保障シンポ」聴講者を募集

防衛研究所は11月5日（水）、午前9時40分から午後5時まで開催するシンポジウム「平和維持活動の新潮流」の聴講者を募集している。日英同時通訳付き。10月29日必着。先着順で聴講は無料。

▽場所＝ホテル椿山荘東京（東京都文京区）

▽基調講演＝ニコラス・サンバニス（イエール大教授）

▽発表者＝ポール・ウィリアムズ（ジョージワシントン大准教授）、ティエリー・ターディー（EU安全保障研究所シニア・アナリスト）、山下光（防研グローバル安全保障研究室主任研究官）など。

▽申し込み＝はがきに郵便番号・住所、氏名（ふりがな）、連絡先（電話・FAX・Eメールなど）、所属（郵便番号・住所、氏名以外は任意）を明記し、〒100―8779日本郵便株式会社銀座郵便局留置「平成26年度安全保障国際シンポジウム」事務局あて。はがき1枚で1人のみ有効。WEBからは[illegible]所（https://www.[illegible]o-kokusai-sym[illegible]）

▽問い合わせ＝[illegible]0（5369）6[illegible]平日午前9時半～[illegible]半、Eメール in[illegible]po-kokusai-sy[illegible]

◇東京音楽隊第51回定例演奏会

海上自衛隊東京音楽隊は「第51回定例演奏会」を実施する。

▽日時＝12月12日[illegible]午後7時

▽場所＝すみだトリフォニーホール大ホール（東京都墨田区）

▽入場料＝無料[illegible]が必要）

▽申し込み＝往[illegible]に郵便番号・住所[illegible]年齢・性別・電話[illegible]記し、〒162―[illegible]東京都新宿区新宿[illegible]30、新宿イーストスクエア5F、防衛[illegible]東京地方協力本部[illegible]室「定例演奏会」係[illegible]11月14日必着。応[illegible]につき2人まで。[illegible]は無効。

▽問い合わせ＝[illegible]228）7833

共済組合だより

秋の夜長、ホテルの客室で大好きな映画を思う存分に楽しんでみませんか。

共済組合の直営施設「ホテルグランドヒル市ヶ谷」では、12月28日（日）までの間、日・月曜日の限定で「期間限定・大人だけの小さな映画館プラン」を組合員の皆様にご提供中です。

これは「有料テレビ無料視聴」の特別プランで、1日10部屋だけの限定。懐かしい映画が4ジャンルの中から翌朝のチェックアウト時まで見放題です。「あなた専用の小さな映画館」で、どうぞゆったりと名作をご観賞ください。

グラヒル　12月28日までの日・月曜日限定

対象のお部屋は[illegible]とツイン・ダブ[illegible]で、料金はシング[illegible]日が6480円、[illegible]日が7000円、[illegible]ダブルは日曜日・[illegible]0円、同・月曜日[illegible]320円（いずれ[illegible]となっています。

さらに朝食付プ[illegible]ると、通常120[illegible]のところ、100[illegible]（同）でご利用で[illegible]

「大人だけの小[illegible]館プラン」のご予[illegible]い合わせは、グラ[illegible]泊予約係（専用線[illegible]28850～2）[illegible]ぞ。

戦闘服支える職人技

迷彩加工の現場を初公開

陸幕はこのほど、自衛隊の戦闘服製造過程の一部を報道関係者に初めて公開した。今回公開された「染色過程」は大手繊維メーカー、ユニチカのグループ会社である大阪染工の生産ライン上にある。国内で3社しかつくれないという戦闘服の製造現場に入り、緻密に計算された工程と職人のこだわりに満ちた現場を取材した。

（文・写真　菱川浩嗣）

反つなぎ工程後、ロール状に丸められた生地。ここから各工程へ流れていく

◇染める前はクリーム色

染色ラインに乗る前の生地は、迷彩のイメージとはほど遠いクリーム色だった。生地は原料の繊維から糸状態にする「紡績」と、織物にする「織布」の過程を経て他工場から大阪染工に運ばれてきたもの。「反（たん）つなぎ工程」の社員がミシンで慎重につなぎ、ロール状に巻いて機械に乗せる。生地は「ウィン、ウィン」と音をたて、波打ちながら「地染め工程」に移動していった。

同工程ではロータリー捺染（なせん）機によって生地が広げられ、しわを取る。続いて連続染色機を通り、染料液付けなどを経てライトグリーン色に染まる。しかし生地は固く、まだ迷彩服の仕様には遠い。

◇合金筒で柄付け

「柄付け」工程では、六角形の穴が無数にあるニッケル合金筒にスレン染料を付着させて高速で回転させる。すると判を押すように生地に柄がふきこまれていく。グリーンの生地に黒・茶・ダークグリーンの染料が重ねられ、まだら模様から迷彩へと変貌をとげた。

しかしこの段階でも生地には色が乗っているだけだ。堅牢な「柄」にするため「蒸気処理」工程で生地を蒸気の沸き立つ連続スチーマーにくぐらせる。雲のような蒸気の中を通り、繊維内に染料を染みこませ拡散。その後、水洗機を通して染料を酸化させ、余分な染料や助剤を洗い落とし乾燥させる。

「仕上げ」工程では柔軟剤をつけて風合い、寸法を整えて終了となる。工程ごとに生地に触れると目まぐるしく色、固さが変わっていることに驚く。

偽装性に優れる陸自戦闘服。敵の目をいかに欺くかという目的のもと生産される

戦闘服の機能

◇三つの機能

陸自の戦闘服は、主に①偽装性②熱火炎防護性③操用性・快適性――の三つが付与されて作られている。

「偽装性」…保護色の明度や彩度を調整した色を使用し、可視光線（目視）や近赤外線監視装置による探知を難しくする。

「熱火炎防護性」…素材に難燃ビニロンを使用し、火焔（かえん）を一時的な着火にとどめる。燃焼は持続せず自然に消炎し、火傷による重大な負傷を防ぐ。

「操用性・快適性」…過酷な自然環境の中で長期の戦闘行動や災害派遣に当たる隊員の運動能力を持続させるため、操用性や快適性がバランス良く追求されている。

◇陸自戦闘服の変遷

陸自の戦闘服は1970年代に導入された「旧迷彩」が最初。迷彩柄は北海道のクマザサに合わせた「リーフパターン」デザインが選ばれた。

しかし、旧迷彩は北海道以外の地域では偽装効果が低いため、新たな迷彩服の開発に着手。92年に現行迷彩柄の戦闘服が登場した。初めてハイテク難燃素材が取り入れられ、現在も陸自隊員の多くが着用している。

現行迷彩柄で最も大きく変わった点はプリント。山野の草木の紋様をドット化し、葉の揺れや木漏れ日などもイメージした日本独自のものとした。難燃素材が70%を占め、旧迷彩に比べて熱や炎に対する防護性が大幅に高められている。

使命感持ち、品質厳守　大阪染工

㊤㊧柄付け工程で型についた後、流れ落ちてくるスレン染料。ダークグリーン、茶、黒の3色を使用㊤㊨蒸気処理工程で連続スチーマーを通る生地㊦型を通り、柄がプリントされていく生地。向かって右から左に送られていく

◇見えない反射率

ふと疑問が浮かぶ。戦闘服の重要機能で、赤外線監視装置の目を欺く色彩反射率（IR反射率）の調整だ。刻々と色が変化する中、どう規定値に収めているのか。その鍵は測色室に勤務する職人、中島正行さんが握っていた。

中島さんは工程ごとに上がって来た生地の部分見本を測色機「島津UV3600」にかけ、規定値とのズレをチェック。「正解」を予測し、調整配分を現場に指示している。

反射率は目視できないため、機械による自動設定では調節不可能だ。長年培った経験をもとに中島さんは各工程での目標数値を判断、調節することで反射率を合わせる。そんな「匠」の技により、生地の検査合格率は約98・6%と高い水準を誇る。

◇髪の毛1本のズレ

石井寛・捺染工務部長によると、同社で許されるプリントの位置ズレは「0・25ミリ以内」。髪の毛1本の幅だ。国内市販品の許容範囲である0・5ミリに比べると厳しい基準だが「品質によっては、隊員の方の命を左右する可能性もある。厳守していきます」と石井部長は力を込める。工場内に色彩をチェックする白度室を設け、品質保証部の社員が色ブレなどを確認するなど、こだわりが見て取れた。

厳しい社内検査に合格し、迷彩色となった生地は北海道の工場などでの縫製、最終的な性能評価を経て完品として部隊に届けられる。

職人の「技」、頑固なまでの「こだわり」と工場員の品質維持への「努力」。この三つによって、隊員を守る戦闘服の生産は支えられている。

㊤反つなぎ工程で縫い付けられた生地を見る石井部長（右）。戦闘服プリントの最初の工程だ㊥測色室で測色機「島津UV3600」を説明する中島さん。この〝コンビ〟で赤外線監視への偽装性は保たれている㊦白度室で各反の色のブレ具合を検査する品質保証部の杉野さん

ユニチカ　1889年、綿紡績会社の尼崎紡績会社として創業。1969年、ニチボー時代に日本レイヨンと合併しユニチカに改称した。高分子、機能材、繊維、生活健康・その他事業の4事業を柱に事業を展開。大阪と東京に本社を持つ。注連（しめ）浩行社長。資本金は262億円。

大阪染工　ユニチカグループの染色加工会社。1926年、大日本紡績山崎絹糸工場として創業。64年に社名をニチボーに変更後、69年の会社合併でユニチカ山崎工場となる。77年同工場と大阪染工が統合し、大阪染工に。綿・綿合繊混織物とニットのさらし、染色、プリントから、各種仕上げ加工までを総合的に行っている。本社大阪府。矢野稔社長。資本金は4億8千万円。

スレン染料　バット（vat、建染＝たてぞめ）染料の俗称。水に溶けず、そのままでは繊維に吸着しないため、還元という工程で水溶性にし、酸化工程を経て染色が完結する。主として綿を染める染料で色落ちが少ないことが特徴。この染料と戦闘服の繊維素材「難燃ビニロン」は工程を経るごとに色が変化するため、プリントの難易度は非常に高い。世界トップクラスの技術水準を誇る日本でも染色できる工場は少ないという。

IR反射率　IR（infrared rays、赤外線）カメラの暗視に対しても偽装性を持つ波長領域に設定した色彩染料の反射率。陸自戦闘服は日中の紫外線や可視光線下で見られた場合に加え、赤外線の暗視装置の視界に入ったとしても発見されにくい反射率に設定されており、偽装性を保っている。

気候変動の影響で行程表

――米国防総省

海面上昇や頻発する豪雨、猛暑など気候変動が食料や水といった資源の不足をもたらし、国同士の獲得競争が高じて紛争やテロの激化につながりかねないとして、米国防総省はこのほど、こうした条件に備えた計画である「気候変動への適応行程表」を公表した。ヘーゲル国防長官は、気候変動は「脅威の倍加要因」になるとして、これに対応した作戦行動や訓練を行っていくことが重要だと強調している。

「行程表」はその目標として、①気候変動が国防総省に与える影響を特定、評価する②気候変動への検討を国防総省全体に組み入れ、関連するリスクを管理する③内外の関係者と気候変動のもたらす課題への対処で協力する――を設定している。

このうち①について、国防総省の活動に最も影響を与えそうな気候変動事象として、地球温暖化、降雨パターンの変化、極端な気象現象の頻発とその激化、海面上昇とその結果である荒天――を挙げた。

これらが作戦行動に与える影響としては、海面上昇による揚陸作戦への影響、気温の変化や一つの季節の長期化が作戦実施時期に与える影響、異常気象が飛行や監視・偵察活動に与える影響などを具体例として指摘している。

その上で、多国間の安定を維持することが全面的な軍事衝突を避けるために重要だとし、気候変動が食料や水へのアクセスを阻害し、インフラへの被害、疫病の拡散、多数の住民の強制移住などを引き起こして不安定を生じさせる可能性があると指摘している。

情勢が不安定になればぜい弱な政府の崩壊にもつながり、資源をめぐる国同士の争いと緊張も激化する結果、テロリストを生む過激な思想が入り込む余地を生み出しかねないと警告している。

ヘーゲル長官はまた、米国が進めるアジア太平洋へのリバランス（戦力再均衡）戦略に気候変動が与える影響についても検討する考えを示した。

（ロサンゼルス＝植木秀一）

西風東風

「殲20」、17年制式採用か

――F22／F35に対抗

中国軍が試験中の第5世代ステルス戦闘機「殲20」（J20）のうち「2012号」が10月17日、工場がある四川省成都市から陝西省西安市の試験飛行センターに移動した。2012号は今年7月に初飛行に成功したばかり。試験飛行中のJ20は計4機となり、2017年に制式採用となる可能性が出てきた。

ニュースサイトの環球網によると、新型戦闘機が試験飛行段階を終えるまで、プロトタイプ8～10機の試作が必要。J20は最初の「2011号」の完成後、ステルス性や飛行性能を引き上げる改良が続けられてきた。最新の「2013号」も組み立てが終わり、今年末までに初飛行が行われるとみられる。

ステルス性のある第5世代戦闘機の研究開発は、先行した米軍の「F22」が絶対的な優勢を維持し、他国を圧倒的に引き離している。

しかし、J20は、F22だけでなく、電子設備面では米軍の次世代ステルス戦闘機「F35」をにらんでいる。F35と同レベルの先進的な光学センサー「電子光学分散開口システム」（EODAS）を搭載し、ステルス性を飛躍的に高めたとの見方もある。事実なら、F22とF35の双方に対抗が可能だ。

兵器面でもJ20が搭載する近距離戦闘用の空対空ミサイル「霹靂10」の性能は、米軍の空対空ミサイル「AIM9」（サイドワインダー）に匹敵するとされる。誘導システムの視野が広く、操作が複雑過ぎない点は米軍のミサイルより優れているとの指摘がある。

世界の主要国の空軍はステルス戦闘機の開発を急いでおり、ロシアは「T50」によるテストを15年に終える予定。日本は今年、自主開発のATD-Xを公開後、開発のピッチを上げている。韓国は今月、インドネシアの国防省と韓国機の共同開発で合意した。

各国への対抗上、中国はJ20の開発を加速しており、試験飛行に入るプロトタイプが4機に達したことで、制式採用と量産開始の時期が注目されている。現在の開発状況からみて制式化は17年になる見込み。その後、量産機の実績を踏まえて、改良型の開発に進むとみられる。

（香港＝中岡秀雄）

新短SAM 初の実射

半年の練成で成果

南西防空に新たな歴史

新短SAMの発射準備を進める15高射特科連隊の隊員（静内対空射撃場で）

【15高特連＝八重瀬】沖縄の防空の任に当たる15高射特科連隊隷下の4高射中隊（南与座）はこのほど、北海道の静内対空射撃場で陸自として初めて「11式短距離地対空誘導弾（新短SAM）」を使用した実射訓練検閲を実施した。

訓練は連隊長の藤田英俊1佐を統裁官に、中隊から2個小隊約40人が参加。「必ず目標に命中させる強い気持ちを持て」「練成成果を遺憾なく発揮せよ」「平常心を持て」と連隊長の言葉を受けた隊員たちは、歴史的な新短SAMの初実射に臨んだ。

新装備の受領からわずか半年間の練成にもかかわらず、隊員たちはコンテナ化された誘導弾の準備から目標の探知、追尾、発射までの一連の動作を手際よく実施。本番の実射では、2個小隊とも飛行する標的機にミサイルを見事命中させた。

15高射特科連隊は今年3月に全国の部隊に先がけて「11式短SAM」と「03式中SAM」を装備し、前身の6高特群から飛躍的に戦力を強化させている。実射を成功させた隊員たちは「南西防衛の第一線部隊」としての誇りを胸に、陸自防空ミサイル部隊としての新たな歴史の第一歩を踏み出した。

訓練

要人空輸任務を完遂

1ヘリ団「不法行動」警戒し

VIP役（手前右）の周囲で小銃を構え、警護活動を行う着陸誘導班の隊員（岩沼訓練場で）

【ヘリ団＝木更津】1ヘリコプター団は9月15～18日の間、特別輸送ヘリコプター隊（隊長・岩崎由樹1佐）の訓練検閲を行った。

国賓などの要人空輸を担う特別輸送ヘリ隊は、訓練中も部隊視察に向かう防衛大臣の空輸を実施しながら検閲に臨み、2夜3日にわたり「不法行動」が予測される状況下での要人空輸任務を実施した。

訓練では対空戦闘や対遊撃戦闘など、航空科部隊の基礎動作と状況に応じた空輸経路の選定、着陸後の現地誘導班による要人警護要領など、それぞれの技能レベルが確認された。

隊員たちは岩崎隊長が要望する「敵に打ち勝ち任務を完遂せよ」の命を胸に任務を完遂し、すべて所望の練度に達していることを示した。

輸送必着の支援任務を完遂

東北方面輸送隊

【仙台】東北方面輸送隊はこのほど、霞目駐屯地など東北管内の駐屯地などで「攻勢作戦における方面輸送隊の行動」をテーマに訓練検閲を実施した。輸送隊の検閲は平成18年3月に行われた東北方後支隊への新編以来、初めて。

訓練に先立ち、統裁官の外屋寿郎1佐が「輸送科精神を体現し、支援任務を完遂せよ」と要望。この命令を受けて受閲部隊は東北補給処などの支援の下、燃料・弾薬の輸送、戦車の輸送、定期便の維持など、連続状況下で車両運行を安全確実にこなした＝写真。

この間、対空戦闘や遊撃対処も実施し、「不撓不屈」「協同一致」の輸送科精神で輸送必着の支援任務を完遂した。

化学テロから住民守れ

救護・避難誘導を演練

14普連

上テロの発生で、避難住民が乗ったバスを警護しながら先導する14普連の軽装甲機動車（富山県小矢部市で）下検問を突破しようとした不審者を取り押さえる36普連の隊員（伊丹駐屯地で）

【14普連＝金沢】14普連は10月1日、富山県小矢部市で開催された「富山県国民保護共同実動訓練」に参加した。

訓練は「国際会議場で大規模化学テロが発生した」との想定で行われ、部隊は初動対応、被災者の救出・救護、住民などの避難誘導について演練した。

この日の訓練は内閣官房、消防庁など県の共催で行われ、32の関係機関から約400人が参加。市内にある複合施設を会場に、「テロ組織により国際会議場に有毒化学剤が散布され、多数の被害者が発生した」という想定で訓練は開始された。

第一報を受けた連隊は直ちに現地調整所に連絡官（LO）を派遣し、関係機関との調整や情報収集活動に着手。国がこれを緊急事態と認定した後、連隊は「国民保護」の派遣命令を受領し、現地に即応部隊を急派した。

現場での住民の避難誘導の任務を与えられた4中隊は、軽装甲機動車などを使って避難住民の乗ったバスが攻撃を受けないよう周囲を警戒しながら安全地帯まで誘導した。

不審者逮捕を訓練

36普連　大阪府警と共同

【36普連＝伊丹】36普連はこのほど、伊丹駐屯地で大阪府警と共同で「検問訓練」を実施した。

訓練には連隊から50人、府警から50人が参加。状況は不審車両に警察が職務質問し、不審者を取り押さえる場面から開始した。

続く「警察力では対応できない状況」に対して36普連が出動、検問を突破した車両を「マキビシ」などの資材で停車させ、その後、必要最小限の火力で車内の不審者を取り押さえた。

自衛隊が捕らえた不審者を警察に引き渡す手順なども演練され、「大阪府を守る36普連」にとっても非常に有意義な訓練となった。

逮捕術集合検定に女性警務官ら挑戦

航空警務隊

【空警務＝市ヶ谷】航空警務隊は9月3～8日、築城基地で「第2回逮捕術集合訓練・逮捕術技能検定」を実施した。

同訓練・検定は通常年1回の開催だが、今年度は受験者数が増加したため、1回目を木更津分屯基地で、2回目を築城基地で行った。

築城大会には女性警務官を含む18人が参加。逮捕術使術の確認を実施後、最終日に検定に臨んだ。空警務隊副司令の湯瀬邦彦1佐と8空団司令の森川龍介空将補が見守る中、参加者は「形の部」と「試合の部」に挑んだ。

「形の部」は参加者が被疑者を逮捕するために必要な技を駆使して手錠をかけ制圧する一連の流れを披露。一方、「試合の部」は徒手対徒手、警棒対警棒の2部門を行った。受検者は気迫と躍動感あふれる逮捕術を見せ、特に女性警務官の活躍に男性隊員も刺激を受けていた。

逮捕術技能検定で相手を組み伏せ、手錠を掛ける大福祐美子2曹（築城基地で）

特殊防火衣を着用して炎に近づき、消火活動を行う2補給処の消防班員（岐阜基地で）

航空機火災に立ち向かう

2補給処　救難消防訓練を実施

【2補＝岐阜】2補給処施設課消防班員24人はこのほど、航空機火災に備えた「航空機救難消防訓練」を実施した。

隊員たちは大型破壊救難消防車などから一斉に消火剤をまき鎮火。続いて特殊防火衣を着用して2人1組でホースを持ち消火するまでの流れを確認した。

同訓練には各務原市長をはじめ関係者や基地モニターも訪れて見学、立ち上る黒煙と燃え盛る炎に懸命に立ち向かう隊員の姿に見入っていた。

中隊対抗の渡河競技会を実施

6施設群

【6施群＝豊川】6施設群は9月3、4の両日、愛知県新城市を流れる豊川で中隊対抗の渡河競技会を実施した。

競技会は初日に3舟4導板の軽門橋の構築＝写真、2日目に2・5キロの漕舟競技会を実施。各中隊が作業の正確性や団結力を競い合った。

「防衛装備庁」組織と機能

27年度 1800人で新設

「技本」再編、60年の歴史に幕

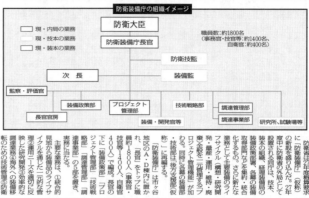

技術研究本部は60余年の歴史にピリオドを打ち、平成27年度中に内局・各幕・装備施設本部の関連部門と統合され、「防衛装備庁」(仮称)に再編される。この改革は、自衛隊の主要装備を構想段階から研究開発、量産、運用・維持、廃棄まで一元管理する「プロジェクト管理機能」を強化させるのが最大の狙い。これによりコストの低減、調達の効率化、国際共同開発などを推進していく考えだ。「防衛装備庁」の構想と組織について内局の担当者に聞いた。

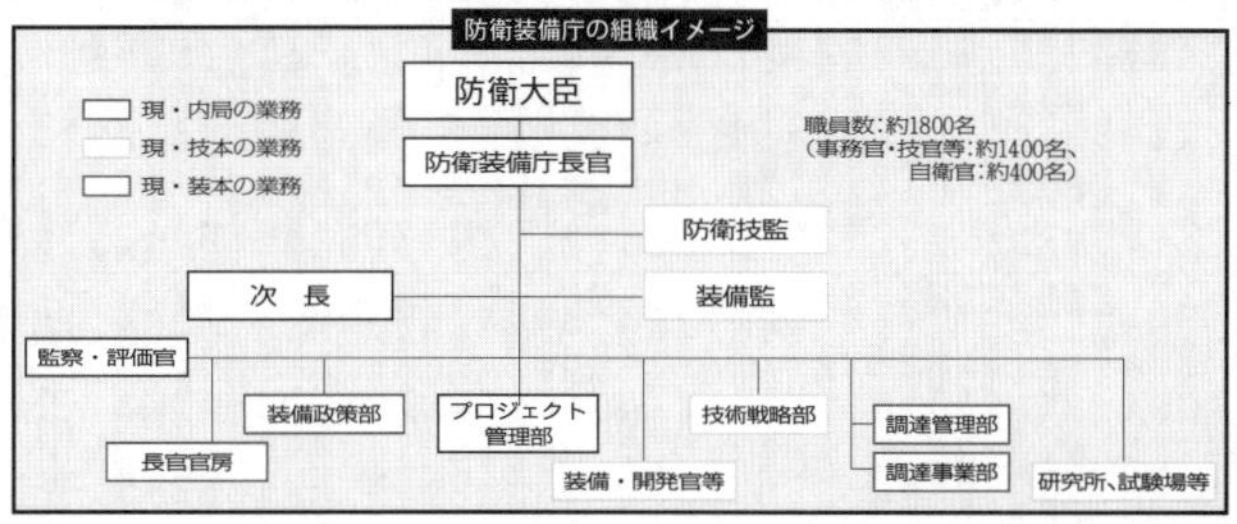

防衛省は27年度概算要求に「防衛装備庁」(仮称)の新設を盛り込んだ。27年度中に防衛省の外局として設置される同庁は、技本、装本の組織、経理装備局の装備政策部署、各幕の装備取得部門などを集約・統合化するもの。さらに新たな業務として主要装備のライフサイクル(構想・研究開発・量産・運用・維持・廃棄)全般を一元管理する「プロジェクト管理機能」が加わる。同時に各幕の装備部・技術部は「後方支援部(仮称)」に再編する。

「防衛装備庁」は市ヶ谷地区のA・D棟内に置かれ、「長官」をトップに職員約1800人(事務官・技官等1400人、自衛官400人)で編成。長官の下に「装備政策部」「プロジェクト管理部」「技術戦略部」「調達管理部」「調達事業部」の5部を置き、実務に当たる。

主要な業務は、①統合的見地から装備品のライフサイクルを通じた一元的な管理②運用ニーズを適切に反映した研究開発③効率的な調達業務④海外への装備移転のための技術管理⑤防衛生産・技術基盤の維持・育成――などだ。

技本が現在行っている業務は「防衛技監」「装備監」「技術戦略部」に移管。技本長に相当する「防衛技監」が長官を補佐し、研究開発の全般を所掌。開発官に当たる「装備監」は陸海空の観点からプロジェクトの管理と総合調整を受け持つ。

「技術戦略部」は研究開発の企画・立案を担当し、技術調査研究、大学・独法などへの研究委託、保護技術・知的資産の管理などにも当たる。また、「装備・開発官等」は各研究・開発の実務を担う。

技本の航空・陸上・艦艇・電子各装備研究所と先進技術推進センター、札幌、岐阜など各試験場は現体制のまま維持される予定だ。

装備品の取得で新たな機能を担う「プロジェクト管理部」は、20年、30年の長期的視野で装備品の取得と管理に当たる。ライフサイクル全般を通じて研究開発のプロジェクトを担い、低コストかつ効率的に装備品の導入・維持を目指す。

内局が担当していた装備政策の企画・立案は「装備政策部」が引き継ぐ。防衛生産・技術基盤の強化、諸外国との技術協力、情報保全などを所掌し、戦略の策定や国際的な装備協力なども受け持つ。装本が担ってきた装備品の調達は「調達管理部」と「調達事業部」に移管され、調達計画の策定・調整から契約の実務、調達業務までを行う。

新組織ではこのほか長官を補佐する「次長」、国会対応、人事管理などに当たる「長官官房」、そして「監察・評価官」が置かれる。

内局の担当者は「省内に分散している装備取得部門のスクラップ・アンド・ビルドが最大の目的。同時にプロジェクト管理機能を強化して外国との共同研究や共同開発がスムーズに行えるようにする。現在ある技本の研究所や試験場、3自衛隊の研究開発部隊などの組織は幕を除いて変わらない」と話している。

防衛技術

「F35」用の対艦ミサイルとしても開発中

ノルウェー「NSM」

ノルウェーは同国のコングスベルグ社が開発したステルス対艦ミサイル「NSM」の多用途化を進めている。

海軍向け「NSM」は全長約4メートル、重量はブースター込み412キロで、マッハ0・95で海上を飛翔し、赤外線画像シーカーで目標を確認し突入する。射程は185キロ以上。

同誘導弾は電波ステルスを考慮した設計で艦側レーダーでは探知が難しい。同社では「NSM」を基に、F35戦闘機の胴体内兵器庫に収納できる「統合攻撃ミサイル」(JSM、最大射程290キロ以上)の開発も進めている。

コングスベルグ社が開発したステルス対艦ミサイル「NSM」

世界の新兵器

470

精密誘導砲弾 エクスカリバー 〈米〉

米陸軍はスウェーデン陸軍と共同で新型の精密誘導砲弾「XM982エクスカリバー」を開発中である。これは別名を「精密誘導射程延伸野戦砲弾(PGERAP)」と言い、共同開発企業は米国のレイセオン社とスウェーデンのボフォース社など数社が当たっている。

「エクスカリバー」は牽引式のM198、次期統合牽引式のXM777、そして自走式のM109A6「パラディン」の各155ミリ榴弾砲などから発射され、誘導には全地球位置標定システム(GPS)と慣性航法(INS)誘導方式を採用。命中精度は射程50キロで半数必中界(CEP)は10メートル以下である。なお、誘導制御部は発射時の加速度12トンに耐える。

「エクスカリバー」の砲弾は最大重量48キログラムで、通常の砲弾のように旋動はせず、カナード翼4枚と尾翼8枚を発射後に展張し、目標位置諸元を記憶した内蔵コンピューターによって翼を制御し、目標に向かって自律飛翔する。弾頭は3種類のモジュール形式で、ブロック1・XM85DPICMは子弾64発を内蔵、ブロック2は車両直撃用SADARM弾頭2発を内蔵、そしてブロック3は単一通常HE(榴弾)弾頭である。この結果、一般・装甲車両、堅牢化掩体を破壊できる多機能性に加え、高い命中精度によって対機甲戦闘の「1門・1交戦」当たりの所要弾数は3～4発(現在は18～24発)で済み、経費の低減が期待される。また、脅威からの離隔距離増大と迅速な目標撃破能力によって火砲側の生存性も増大する。

射程50キロで「10メートル以内」に着弾

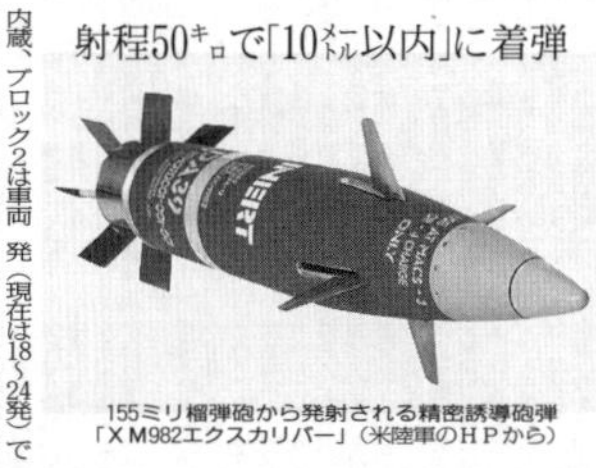

155ミリ榴弾砲から発射される精密誘導砲弾「XM982エクスカリバー」(米陸軍のHPから)

2004年11月の実用試験では、射程20キロで弾着誤差3・2メートル以内を実証した。06年3月以降、ブロック1が部隊配備を開始し、08年に「初期運用能力」を達成。ブロック2・3は08年以降に部隊配備を開始、14年に量産が開始される。

米陸軍による試射では、ブロック1の84発を「パラディン」と軽量牽引式榴弾砲M777から発射し、最大射程48・5キロで平均弾着誤差1・6メートルを確認。さらに、GPSが妨害された際に用いるレーザー半自動誘導装置も併せて搭載した新砲弾「エクスカリバーS」の試射も14年内に実施予定だ。こちらの初期運用能力の達成は16年以降を予定している。

菰田康雄(防衛技術協会・客員研究員)

技術が光る >31<

高性能ジンバル備えたラジコン機「ドカヘリ」

抜群の安定性と操縦性 マルチローターを活用

一眼レフを搭載、橋やトンネルの点検に威力

「ドカヘリ」(上)による斜張橋ケーブルの点検法を説明するサイトテックの齋藤邦男社長。ヘリは「カメラ台車」(下)を引っ張りながら上昇する

サイトテック

3年前の福島第1原発の原子力事故で、国産の無人機は自衛隊を含め1機も飛べなかった。代わって破壊された原発建屋の航空偵察を最初に行ったのは米軍の無人機だった。

これを大きな教訓とし、以後、国内でも無人機の開発が一気に進んだ。サイトテック(山梨県甲府市)の高性能ラジコンヘリ「DOKAHELI(ドカヘリ)」もその1機種だ。

「マルチ(複数)ローターを選択した理由は、シングルローターに比べて抜群の安定性があり、操縦が容易だからです。またローター数を増やすことでペイロード(搭載量)が増し、重いズームレンズ付き一眼レフの搭載も可能になりました」と同社の齋藤邦男社長。

「ドカヘリはローターが4、6、8基のタイプがあり、最大飛行重量7キロで15分飛べます。このペイロードを活用し、各種カメラなど機材を積んで橋やトンネルなどの点検・検査に使われています」

同機ではカメラ・ジンバルの3軸コントロールも遠隔操作ででき、対象物をズームで狙い、そのアップを伝送することも可能。建設会社はこの機能を活用し、吊り橋の下面やトンネルの天井、風力発電機の点検などに用いている。さらにロープを巻いたリールを積んで飛べば、対岸への架線作業なども簡単にできる。

「ドカヘリ」が他機に比べて大きく優れる点はそのカスタマイズ性。ユーザーの要求を入れ、1機1機を独自製作。斜張橋のケーブル点検では、太いケーブルの全周を同時撮影できる「カメラ台車」も作った。ヘリはこの台車を引っ張りながらケーブルに沿って上昇し、全周を撮影。表面に損傷箇所を見つけると、その座標も記録する。

この方式で全56本のケーブルをわずか1週間で点検。もし足場を組んで人間が同じ作業をすれば費用は3000万円かかるが、「ドカヘリ」では300万円以下で済んだという。

「ドカヘリはローター外側にガードがあるので、飛行中、対象物に接触しても墜落しません。逆に飛行中の安定性を確保するため、ガードを壁に当てて飛行することも可能です。このため初心者も墜落を心配することなく安心して操縦できます」と齋藤社長。

折り畳まれた「ドカヘリ」。ペイロードが大きいため、カメラと一緒にサーチライトも搭載し、夜間警備もできる

同機ではペイロードに余裕があるため、さまざまな機器の搭載が可能だ。暗いトンネルの点検では強力なライトを積んだり、レーザーポインター付きエアガンを搭載し、壁の損傷箇所に赤くマーキングすることもできる。さらに音で亀裂箇所を探知する打音検査装置や、高所の氷柱を剔って落とすハンマー装置の搭載なども試作中という。

この能力に注目し、国交省と警視庁がすでに「ドカヘリ」を本格導入、山梨県警も防災などに活用している。

「音が静かなので、自衛隊の偵察にも向くと思います。飛行ルートを設定すれば、GPSで指定した地点を結んで飛んで帰ってくるので、宿営地警備に適します。夜はサーチライトを照らして飛べば防犯にも役立ちます。また、建物内を窓越しに見ることもできるので、市街地訓練の記録などにも使えます。甲府からは自衛隊の北富士、東富士演習場にも近いので、ご要望があればヘリ持参で駆け付けます」と齋藤社長は話している。

「ドカヘリ」は折り畳み式で、コンテナに一式を収納して運べる。価格は機体と操縦装置一式で約200万円。ユーザーに対し、3日間のフライト・トレーニング(学科・操縦)も実施している。

技術屋のひとりごと

悠々と空を飛ぶ鳥　向井 保雄

季節も変わり、空に浮かぶ雲もすこしずつ形が変わってきた。そしてある日、その白い雲の下を1羽の鳥がゆったりと飛んでいた。そのように悠々と飛ぶ鳥を見ると、私はお世話になった方のお話を思い出します。

「山のそばなどで悠々と翼を広げて飛ぶ鳥を見て、何を考える?」。宴席で突然尋ねられました。わたしは間抜けなことに「えーと、鳥が飛んでいるということ以外に何も思いつきません」と答えました。その方は笑いながら、「私はそこに上昇気流があるなということを考える」とお話しされました。航空機関連のお仕事を長くされた方で、その知見と経験が豊富な方でした。そして、その上昇気流のお話を聞いたときにやっと私は理解したのです。知識や経験のバックグラウンドが違えば同じ景色、あるいは同じ事象を見ても、同じように理解して結論を導き出すことは難しいということです。そのことをお話しすると、やさしくうなずいてくださりました。言葉だけでは実感しにくいことを、直感的に教えてくださったのでした。

それ以来、私は実験や研究の報告を行う際には、受け手の経験やバックグラウンドを十分に考慮した報告になっているか、注意するようになりました。また自分が報告を受ける際にも、そして研究を指導する際にも、相手のこれまでの経験や知識を十分考慮し、報告や研究方法にいたる思考過程を理解しようと努めるようになりました。ですから、ふと空を見上げて悠々と鳥が空を飛んでいるのを見るたびに、その方の〝経験やバックグラウンドが違えば事象に対する意見や感想も異なる〟という普遍的ともいえる教えと、そのときのやさしい笑顔を思い出しているのです。

(陸自部隊医学実験隊長、1陸佐)

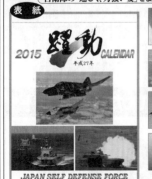

危険業務従事者叙勲

元自衛官933人受章

政府は10月7日の閣議で「第23回危険業務従事者叙勲」の受章者を決め、11日、受章者氏名を発表した。発令は11月3日。防衛省関係では933人が受章した。

危険業務従事者叙勲は自衛官、警察官、消防士など危険性の高い業務に精励した公務員を表彰する制度で、関係省庁の大臣の推薦に基づき受章者を決定。今回は3603人が受章した。

防衛省関係者933人（うち女性4人）のうち、「瑞宝双光章」（従来の勲5等相当）は249人、「瑞宝単光章」（同6等）は684人（うち女性4人）。2佐から准尉までの61歳を中心とした65歳までの元自衛官が受章した。

勲章伝達式は、11月7日に陸自関係者、14日に海・空自関係者に対して防衛省講堂で行われ、防衛大臣から伝達される。受章者はこの後、皇居で天皇陛下にお目にかかる。（階級、所属は退職時）

瑞宝双光章（249人）

▽赤石満男2空尉（北警団）▽赤間朗3空尉（空シス隊）▽秋山良二3空佐（飛実団）▽阿部次雄2陸尉（関東処松戸支処）▽天野藤見2陸尉（東方後支隊）▽有井英司3陸尉（中方通群）▽飯田勝美1陸尉（西方航）▽石井正明2海尉（海2術校）▽石岡政見1空尉（北警団）▽石川昭雄1陸尉（東京地本）▽石沢三男2空尉（11教団）▽石多孝二1陸尉（北方後支隊）▽石橋昌幸2空尉（北警団）▽泉要助1陸尉（高田駐業）▽伊塚利信1陸尉（えびの駐業）▽伊藤辰巳2陸尉（西方会計隊）▽伊藤司1空尉（北警団）▽石徹白明人1陸尉（1高特群）▽井上久臣3海佐（海2術校）▽岩井孝太郎2陸尉（東北処）▽岩切二郎1海尉（ゆうだち）▽上田勝己2海尉（佐世保シス通）▽上野繁行1陸尉（美幌駐業）▽上村秀勝2海尉（大湊警備隊）▽臼倉朗2陸尉（1普連）▽内山文俊2海尉（下総教空群）▽梅田晋2陸尉（東方後支隊）▽梅田宏3陸尉（立川駐業）▽永倉六三郎1海尉（大湊総監部）▽大神善彦2海尉（輸送艇1号）▽大窪利治2海尉（移動通）▽大田政明1陸尉（6普連）▽大津和義2海尉（鹿児島試験所）▽大野稔3空佐（管制群）▽大屋篤男2空尉（防指群）▽岡崎清吉2陸尉（板妻駐業）▽岡澤正一2海尉（31整補）▽岡田薫2海尉（こんごう）▽岡山武志1海尉（輸送艇1号）▽長直光3海佐（佐世保シス通）▽小原春雄1陸尉（9特連）▽甲斐剛1陸尉（西方通群）▽甲斐福見1陸尉（警務隊）▽角田宏昭1陸尉（2高特群）▽各和正幸2海尉（誘訓隊）▽梶原義樹1海尉（佐世保総監部）▽片山忠男3陸尉（26普連）▽勝山章1海尉（海2術校）▽金井晴海2陸尉（南恵庭駐業）▽金谷一弘2陸尉（北方通群）▽金田憲治2空尉（空3術校）▽兼田良明2陸尉（47普連）▽狩野清1空尉（作情隊）▽釜范清美1陸尉（警務隊）▽上川純雄2海尉（2掃隊）▽嘉村惣一1陸尉（警務隊）▽川井田雄二2海尉（1整補）▽川上実2空尉（1補）▽河野喜美夫1陸尉（情保隊）▽川本勝彦1陸尉（南恵庭駐業）▽神田君雄1陸尉（30普連）▽菊地憲一2陸尉（6特連）▽菊地隆2陸尉（福島駐業）▽北徹男1陸尉（東北方後支隊）▽木村峰雄2陸尉（東方通群）▽工藤修1陸尉（警務隊）▽工藤進1海尉（大湊訓指隊）▽工藤昇1陸尉（留萌駐業）▽國川克彦3陸佐（海田市駐業）▽国田保2陸尉（東方後支隊）▽國松眞澄3陸尉（高射校）▽久保浩一3海佐（舞鶴警備隊）▽久保田忠2陸尉（関西処桂支処）▽栗山義信3陸佐（4特連）▽剱持智1陸尉（13施群）▽高山俊幸2陸尉（8後支連）▽古関聡2海尉（佐世保警備隊）▽古賀義久1陸尉（久留米駐業）▽小坂和則3陸尉（富士校）▽小城悟1陸尉（12普連）▽小林義就2陸尉（7高特群）▽小針一典1陸尉（6特連）▽小宮山雅博3海佐（海3術校）▽近藤文生2空尉（空シス隊）▽西郷金森1海尉（佐世保警備隊）▽齋藤充1陸尉（補統）▽坂口茂樹2海尉（1空）▽坂本勝1陸尉（14旅団付隊）▽崎山力2空尉（2空団）▽櫻井静夫1陸尉（関東処）▽佐々木清美1陸尉（大和駐業）▽佐々木重義2海尉（2整補）▽佐々木達夫1陸尉（5普連）▽佐々木秀幸1陸尉（42普連）▽佐々田廣行2空尉（空教隊）▽笹野和久1空尉（空中業）▽佐藤和良2海尉（203整補）▽佐藤哲之2陸尉（警務隊）▽佐藤晴男2陸尉（5後支隊）▽佐藤政則1陸尉（27普連）▽佐藤三明1海尉（4整補）▽三戸敏和2海尉（電子情報隊）▽椎名功一2空尉（函館地本）▽塩崎士朗1陸尉（7特連）▽鴫原孝2海尉（厚木空墓）▽宍戸寛人1陸尉（倶知安駐業）▽渋谷稔1空尉（6高群）▽嶋田清美2空尉（3高群）▽島田眞男2海尉（佐世保警備隊）▽島元哲男3陸尉（14普連）▽清水一彦2陸尉（施設校）▽下坂三三男2空尉（管制群）▽庄司惣治3陸尉（20普連）▽白築辰男2陸尉（久居駐業）▽新宅勝次1陸尉（36普連）▽菅原雅之1陸尉（9通大）▽杉林一男1陸尉（警務隊）▽杉本強1陸尉（九州処）▽鈴泰二1陸尉（伊丹駐業）▽鈴木和典1陸尉（44普連）▽鈴木準2海尉（4整補）▽鈴木孝弘2海尉（101空）▽鈴木利秋2海尉（2掃隊）▽鈴木弘道2陸尉（北方通群）▽鈴木道雄1陸尉（北方会計隊）▽須藤邦夫2海尉（横須賀教育隊）▽関山登志仁2陸尉（430会計隊）▽瀬崎敏郎2海尉（舞鶴空墓）▽芹川和夫1陸尉（西方通群）▽外村進1陸尉（9特連）▽曽根原功伯1陸尉（松本駐業）▽空和信2陸尉（西方後支隊）▽高嶋日出男1陸尉（新町駐業）▽高野靖2空尉（飛実団）▽高橋薫2陸尉（東北方後支隊）▽高橋功一1海尉（群馬地本）▽高橋盛1陸尉（119教大）▽高橋設夫2海尉（横須賀病院）▽高橋良尚1陸尉（釧路駐業）▽瀧口賢次2陸尉（東北処）▽瀧田豊1陸尉（20普連）▽田口時雄1陸尉（10施群）▽竹尾公治2陸尉（西方後支隊）▽竹田住友2空尉（83空）▽竹村邦夫1陸尉（補統）▽立和名三郎1空尉（西空施）▽田中隆1空尉（12教団）▽田中安喜2海尉（呉警備隊）▽田辺眞道1海尉（東京音楽隊）▽谷口幹雄2陸尉（7後支連）▽谷藤久男1空尉（空シス隊）▽近田豊3陸尉（19普連）▽千葉金利1陸尉（2師団）▽千葉繁3海佐（むらさめ）▽長南恵一1陸尉（東北処）▽津坂博美1陸尉（1機教）▽土屋博2海尉（3空）▽鶴隆3陸尉（福岡地本）▽照井清六1陸尉（東北方航）▽通山富雄2陸尉（西方航）▽戸高増男1陸尉（西方特科隊）▽冨尾光2海尉（さわかぜ）▽富永鶴太1陸尉（東方通群）▽中里修平1陸尉（補統）▽長澤政太朗1陸尉（関東処富士出張所）▽中西孝之3陸佐（警務隊）▽中原秋男2海尉（5整補隊）▽永原初雄1陸尉（鳥取地本）▽永海薫1陸尉（米子駐業）▽中村直祐1陸尉（北方通群）▽中村宏1陸尉（4特連）▽西島有司1陸尉（6普連）▽西村義弘2陸尉（東方通群）▽二宮和国1空尉（空2術校）▽根本貞男3陸尉（特科教導隊）▽野塚拓次2海尉（1空群）▽萩原富士夫3陸尉（北方総監部付隊）▽橋場政市1空尉（3高群）▽八谷洋治1海尉（佐世保情保隊）▽濱崎宏明2陸尉（北方後支隊）▽浜崎泰1陸尉（川内駐業）▽林峯彦1陸尉（高射教導隊）▽原安治2海尉（22整補）▽原野健治1陸尉（海田市駐業）▽春山文男1海尉（1空）▽樋口明士1陸尉（7高特連）▽檜山弘二1陸尉（仙台病院）▽平倉己喜男2陸尉（4特群）▽平田喜市1陸尉（73戦連）▽平田牧生1陸尉（4戦大）▽平野賢一郎2空尉（1輸空）▽平山勝治3陸尉（西方後支隊）▽廣田秋則3陸佐（中業支）▽福榮重2陸尉（中輸業）▽藤裏卓司1陸尉（八尾駐業）▽藤原昭覚2海尉（海1術校）▽藤原道雄2海尉（大湊警備隊）▽藤原優一郎2空尉（8空団）▽古田浩二1陸尉（山口地本）▽古橋和久1陸尉（5戦隊）▽星忠芳2陸尉（東方通群）▽星場孝幸2海尉（203教空）▽堀政勝1陸尉（30普連）▽堀川眞作1陸尉（北方後支隊）▽本谷修2陸尉（函館駐業）▽槇塚理雄2海尉（艦艇開発隊）▽馬瀬山暢博3陸尉（八尾駐業）▽松浦修二1海尉（館山空墓）▽松田雪治2海尉（情本）▽松本春雄2空尉（空3術校）▽丸本俊二郎1海尉（横須賀警備隊）▽三木和俊2海尉（海4術校）▽三沢正2陸尉（八戸駐業）▽満原茂義1陸尉（西方航）▽三宅昭雄2海尉（呉衛生隊）▽三宅淳二2海尉（呉訓指）▽三宅正3陸尉（陸幹候校）▽宮越秀男1陸尉（2普連）▽宮田稔3陸佐（北恵庭駐業）▽望月朝櫻3陸尉（2普連）▽本島昭雄2陸尉（北海道処）▽本村辰巳1陸尉（8特連）▽本山司1陸尉（5対艦連）▽森山修一1陸尉（2特連）▽柳生茂芳1海尉（横須賀警備隊）▽安田裕史1海尉（4整補）▽山口輝行3海尉（舞鶴教育隊）▽山口春樹1海尉（情保隊）▽山崎修2陸尉（高教導）▽山鹿豊1陸尉（函館地本）▽山下眞太郎1陸尉（中方会計隊）▽山本勝幸2陸尉（教育支援施設隊）▽山本猛1陸尉（帯広駐業）▽山本誠1陸尉（東方会計隊）▽山谷正人1陸尉（北方後支隊）▽横山貴司1陸尉（警務隊）▽横山直樹1陸尉（釧路駐業）▽吉川澄男3陸佐（中方航）▽吉田博幸1陸尉（島根地本）▽吉田宏之3海佐（おおなみ）▽米田孝士1陸尉（西方特科隊）▽龍崎均2陸尉（6普連）▽渡辺公宏1陸尉（4普連）▽渡邊清2陸尉（関東処朝日支処）▽渡邊修司2陸尉（中央野外通群）▽渡邊健夫2陸尉（中央地理隊）▽渡邊雅巳1海尉（中シス通）▽渡部義記2陸尉（名寄駐業）▽和智孝3海佐（函館基地隊）

瑞宝単光章（684人）

▽相森菊男准陸尉（19普連）▽青柳勝男3空尉（2空団）▽青山兼光准陸尉（5高特群）▽青山博英3海尉（函館基地隊）▽赤堀益雄3陸尉（34普連）▽秋永一郎3陸尉（8通大）▽秋山弘治准陸尉（真駒内駐業）▽阿久澤清美准陸尉（関東処吉井支処）▽浅香強准陸尉（3高特群）▽浅野範男准陸尉（2特群）▽足羽秀雄准空尉（8空団）▽麻生敏之准陸尉（装備開発実験隊）▽安孫子茂雄3陸尉（警務隊）▽安倍乾隆准海尉（横須賀総監部）▽阿部貞夫准海尉（21整補）▽阿部実3陸尉（6師団付隊）▽阿部男一3陸尉（東北処）▽網野源一郎3陸尉（山梨地本）▽新井克昭3陸尉（神奈川地本）▽新石賢三3海尉（栃木地本）▽荒木利昭准陸尉（3高特群）▽有元公二3空尉（空1術校）▽有賀進准海尉（すおう）▽安藤敏春3海尉（呉造補所）▽安藤善夫准陸尉（24普連）▽安樂秋美准海尉（小松島航空隊）▽飯島浩二准陸尉（12対戦中）▽飯嶋富秋3空尉（警空隊）▽飯田幸治准陸尉（7後支連）▽家田暁3空尉（北警団）▽家村英人3空尉（2高群）▽池上一明3陸尉（宇都宮駐業）▽池末謙也准空尉（西警団）▽池田近司3陸尉（2普連）▽池田典明准陸尉（312タンプ中隊）▽池田良一准陸尉（相浦駐業）▽井澤隆行准陸尉（42普連）▽石岡明准陸尉（39普連）▽石岡増夫2空尉（岐阜病院）▽石上裕行3空尉（空2術校）▽石川栄三郎准陸尉（千葉地本）▽石川孝明准陸尉（7施群）▽石黒千秋3海尉（海4術校）▽石坂節志准陸尉（13施群）▽石田嗣雄准空尉（3高群）▽石田正明准陸尉（仙台駐業）▽石田満准陸尉（高教導）▽石田祐二3空尉（6高群）▽石塚正之准陸尉（302沿岸監視隊）▽石塚豊3陸尉（情保隊）▽磯部勝巳3陸尉（静岡地本）▽板谷康幸准空尉（13教団）▽市川泰博准陸尉（12施群）▽市ノ渡幸男准陸尉（富士校）▽井手上正3陸尉（8特連）▽伊藤勝美3海尉（たかしお）▽伊藤清行准陸尉（10師団付隊）▽伊藤俊一3陸尉（西方特科隊）▽伊藤満夫3陸尉（9特連）▽伊藤光義3陸尉（空挺団）▽伊藤盛男3陸尉（出雲駐業）▽伊藤安宏准空尉（4空団）▽稲田常雄3陸尉（西方通群）▽稲田稔3空尉（6空団）▽稲葉憲昭3陸尉（42普連）▽今井昇3陸尉（14普連）▽今川徳治3空尉（3空団）▽今田数成准海尉（舞鶴シス通）▽今田大作3陸尉（健軍駐業）▽今本美智男3陸尉（岐阜地本）▽入鹿知久准陸尉（6施群）▽岩崎昭三3海尉（呉総監部）▽岩崎秀則3海尉（くらま）▽岩瀬勝行3空尉（5空団）▽岩永浩介3空尉（1輸空）▽岩渕俊美准陸尉（1教連）▽上田和之3陸尉（高知地本）▽上田拓実准陸尉（24普連）▽上田照雄准海尉（横須賀警備隊）▽上田利昭准海尉（ぶんご）▽上田昌幸3陸尉（関西処）▽上村純一准海尉（潜訓）▽魚尾博准海尉（せとゆき）▽請関定志2海尉（海1術校）▽氏家孝雄准空尉（北警団）▽薄井正弘3海尉（余市防備隊）▽宇田晋一3陸尉（4特連）▽宇高清策3陸尉（竹松駐業）▽宇田川文男准海尉（横須賀訓指隊）▽内田将之3陸尉（1電子隊）▽内村正准陸尉（小郡駐業）▽浦上建治3陸尉（3教団）▽裏野昇3空尉（高教導）▽海野英樹3海尉（51空）▽江口春雄准陸尉（9施群）▽江角正美3陸尉（13対戦中）▽江藤今朝友准陸尉（西方後支隊）▽衛藤豊准陸尉（湯布院駐業）▽塩田正治3海尉（大湊警備隊）▽遠藤清晴准海尉（大湊基業）▽遠藤眞佐恵3陸佐（中央病院）▽遠藤光男3陸尉（1機教）▽麻植昇准陸尉（2混団）▽大泉正3陸尉（東北方航）▽大入千尋3陸尉（施教導）▽大内吉栄3陸尉（38普連）▽大江忠信准空尉（北警団）▽大田兼博准空尉（2高群）▽太田博准海尉（呉教）▽太田勝3空尉（作情隊）▽大竹誠二3海尉（横須賀総監部）▽大谷清隆3陸尉（2戦連）▽大谷千春3陸尉（北方音）▽大田和茂准陸尉（航校宇都宮校）▽大地田正3陸尉（35普連）▽大津昇准陸尉（2特連）▽大塚信幸3陸尉（10施大）▽大中五郎准陸尉（6施群）▽大西広市3陸尉（戦教導）▽大沼協司准海尉（31整補）▽大野豊准陸尉（高知地連）▽大橋徹3陸尉（西方音）▽大日向詔賢3陸尉（11高特大）▽大平敏幸3空尉（中警団）▽岡甲子郎3海尉（呉潜水艦基地隊）▽岡登志春3陸尉（13旅団付隊）▽岡田英次3海尉（呉基業）▽岡田憲司3海尉（横須賀警備隊）▽岡田幸三准空尉（2空団）▽緒方清嗣3陸尉（40普連）▽小川新二准海尉（呉警備隊）▽小川勉3海尉（千葉地本）▽荻野一男准陸尉（新発田駐業）▽荻野三雄3空尉（作情隊）▽奥村勇3陸尉（札幌病院）▽奥山倉美3陸尉（東北方通群）▽小澤博幸3陸尉（12施群）▽尾田明人3空尉（作情隊）▽小田務准海尉（徳島空墓）▽小田利美3陸尉（八戸駐業）▽落合武司3陸尉（10後支連）▽鬼塚健児3陸尉（小倉駐業）▽小貫清治准海尉（4整補）▽小野由次郎3陸尉（東方音）▽小野治男3空尉（3高群）▽小野光治准陸尉（航校）▽尾曲義久准陸尉（8後支連）▽海藤正幸3陸尉（2特連）▽加賀谷茂3陸尉（39普連）▽加來勉3陸尉（4後支連）▽葛西正行准陸尉（3普連）▽粕谷一正准陸尉（空挺教育隊）▽勝木正直准陸尉（関西処）▽勝田賢一准海尉（中シス通）▽加藤明男3陸尉（守山駐業）▽加藤昇司准陸尉（中業支）▽加藤義和准陸尉（函館地本）▽門田利彦准陸尉（2混団）▽角野昇三3陸尉（関西処祝園支処）▽金沢繁晴3陸尉（6特連）▽金尾壽博准陸尉（16普連）▽金丸健一准陸尉（24普連）▽鎌田啓治准陸尉（4特連）▽鎌田清彦3陸尉（7飛）▽釜山隆3海尉（1潜群）▽神長和男准陸尉（施設校）▽唐澤義久准海尉（4空群）▽河合洋次3陸尉（4特群）▽川内田末義准陸尉（国分駐業）▽川上清3陸尉（竹松駐業）▽河上不二夫准陸尉（2高特群）▽川口秀樹3陸尉（北海道処）▽川下隆一3海尉（佐世保シス通）▽川嶋秀夫准陸尉（3戦大）▽川尻賢一3陸尉（奈良地本）▽河田茂3陸尉（北富士駐業）▽河津哲信准陸尉（11高特大）▽河野秋男准空尉（5空団）▽川野友広3陸尉（43普連）▽河野廣美准海尉（さわかぜ）▽川又豊彦准陸尉（施設校）▽菅野孝志3陸尉（板妻駐業）▽神野昇3陸尉（習志野駐業）▽菊地節夫准陸尉（施教導）▽菊地俊次3空尉（空教隊）▽岸和子3陸尉（通信団）▽木下廣美3空尉（中警団）▽北岡和幸3空尉（5空団）▽北川憲人3空尉（空教隊）▽北島二郎3陸尉（7普連）▽北島基晴准陸尉（福岡病院）▽北野憲治准空尉（情本）▽木下良一2陸尉（北恵庭駐業）▽木村千代勝3陸尉（体校）▽木村司3陸尉（9化防）▽木村敏雄3陸尉（東北方航）▽木村政美准陸尉（東北処船岡支処）▽木屋健三3海尉（31整補）▽興野高明3陸尉（施設校）▽清原賢次准海尉（徳島空墓）▽草間義喜3陸尉（2普連）▽串田明芳3海尉（潜艦隊）▽楠原文夫准空尉（西警団）▽楠元茂樹3空尉（5空団）▽轡田末治准陸尉（2ヘリ隊）▽工藤武男准陸尉（11特連）▽工藤正美3海尉（函館基地隊）▽工藤洋一准陸尉（24普連）▽久保宗寛准海尉（呉シス通）▽熊田安夫2空尉（気象群）▽久米正臣3陸尉（7高特群）▽栗田荘一3陸尉（6対艦連）▽栗林敏雄3陸尉（2特連）▽黒木義一3陸尉（松本駐業）▽黒崎泰一准陸尉（1戦群）▽黒澤清隆准陸尉（25普連）▽黒島正幸3陸尉（14旅団付隊）▽黒田敬二准陸尉（美幌駐業）▽黒田健一准陸尉（通信校）▽剱持誠准陸尉（12後支隊）▽小泉稔3空尉（栃木地本）▽香曽升見准陸尉（6高特群）▽高野辰男3陸尉（衛生校）▽小隈春吉准陸尉（北海道処早来燃支処）▽小堺延幸3海尉（対潜資料隊）▽越田光和3空尉（空シス隊）▽児島忠准陸尉（3高特群）▽小嶋春雄准陸尉（39普連）▽児玉時榮准陸尉（滝川駐業）▽後藤邦彰3海尉（輸送艇1号）▽後藤光雄准陸尉（2特連）▽後藤幸夫3陸尉（相馬原駐業）▽小林達也3陸尉（会計監査隊）▽小林利春准海尉（203整補）▽小林良信3陸尉（札幌地本）▽小林良久准陸尉（12対戦中）▽小松和美3海尉（大湊航空隊）▽古森信一3陸尉（2特連）▽小柳功志准空尉（1空団）▽小山一男3陸尉（6高特大）▽小山健二准陸尉（鹿追駐業）▽小山忠夫3陸尉（4特連）▽近藤光准空尉（北警団）▽近藤嘉幸3空尉（西警団）▽昆野幸一准陸尉（1高特群）▽今野茂准空尉（4空団）▽齋藤章准陸尉（39普連）▽齋藤一美3陸尉（11施群）▽斉藤一幸3海尉（25護隊）▽齊藤勝己3陸尉（高射校）▽齋藤訓3陸尉（27普連）▽斎藤鉄次3陸尉（警務隊）▽齋藤秀樹3陸尉（東北方後支隊）▽齋藤満2海尉（横須賀病院）▽坂倉敏夫3陸尉（警務隊）▽坂下信雄准空尉（中警団）▽坂尻俊明3空尉（6空団）▽坂本久仁雄准海尉（横須賀潜水艦基地隊）▽坂本博3陸尉（函館駐業）▽坂本幸雄3陸尉（2後支連）▽坂本亮3海尉（情本）▽佐久間悦夫3海尉（対潜資料隊）▽佐久間一成3陸尉（東北方航）▽櫻井利彦3陸尉（9通大）▽佐々木健尓准陸尉（13後支隊）▽佐々木忍3陸尉（109教大）▽佐々木誠一3空尉（中警団）▽佐々木正准陸尉（43普連）▽佐々木和昭3空尉（4空団）▽佐々木登准陸尉（11普連）▽佐々木徳二准陸尉（44普連）▽笹崎正一3空尉（7空団）▽幸森義彦3空尉（空5術校）▽佐藤幸夫3陸尉（北方後支隊）▽佐藤隆雄准陸尉（弘前駐業）▽佐藤孝則3陸尉（多賀城駐業）▽佐藤正准空尉（4空団）▽佐藤俊郎3陸尉（42普連）▽佐藤弘美3陸尉（青森駐業）▽佐藤富士雄3陸尉（3特隊）▽佐藤優3陸尉（西方通群）▽佐藤康弘3海尉（22整補）▽佐藤芳男3陸尉（3普連）▽佐藤良博3陸尉（女性自衛官教育隊）▽澤田稲穂3海尉（4整補）▽澤田誠3陸尉（13偵）▽四海廣行准陸尉（8後支連）▽志々目智3陸尉（8施大）▽志田良一3陸尉（6特連）▽下原清春准陸尉（7普連）▽澁谷金司3陸尉（5施中）▽渋谷正美3陸尉（20普連）▽渋谷幸3陸尉（北方後支隊）▽島光貴准陸尉（佐賀地本）▽島谷恭男准陸尉（米子駐業）▽清水英信3陸尉（情保隊）▽清水政範3陸尉（北方後支隊）▽下茂高志3海尉（佐世保病院）▽下園将英准陸尉（8高特群）▽庄司豊明3陸尉（13偵）▽白石三治3陸尉（15普連）▽白石拓3陸尉（71戦連）▽白荻元男准陸尉（富山地連）▽白川照美3海尉（佐世保訓練指隊）▽新原利政3陸尉（24普連）▽新松信夫3陸尉（通信保全監査隊）▽末武公男3空尉（中警団）▽末永正一3陸尉（西方後支隊）▽末廣健一郎准海尉（まきなみ）▽末吉利明3陸尉（7高特群）▽菅沼清准陸尉（13普連）▽菅原啓造3陸尉（警務隊）▽杉井義則准陸尉（13施中）▽杉浦光雄3空尉（教材整備隊）▽杉澤幸二郎准陸尉（秋田地連）▽杉本和博3陸尉（北方航）▽杉山喜美雄3空尉（83空）▽鈴木健一3陸尉（50普連）▽鈴木重治3陸尉（関西処三軒屋支処）▽鈴木博久准陸尉（2普連）▽鈴木福雄准陸尉（武教導）▽鈴木眞雄准陸尉（仙台駐業）▽鈴木三康3空尉（4補）▽鈴木義光准陸尉（普教連）▽鈴木了二准陸尉（1特隊）▽須之内政雄准空尉（中警団）▽住川義和准陸尉（46普連）▽駿河貞雄3陸尉（119教大）▽芹澤憲一3空尉（管制群）▽相馬功3陸尉（北海道処）▽相馬昇3陸尉（38普連）▽園田一幸3陸尉（8音）▽薗田繁男准陸尉（大村駐業）▽園田修二3陸尉（熊本地本）▽園原吉秋3空尉（4高群）▽大庵孝志准陸尉（鹿児島地本）▽大地直稔3海尉（情本）▽高木孝一3空尉（救難団）▽高木龍3陸尉（情保隊）▽高倉厚3空尉（1空団）▽高倉正明3陸尉（44普連）▽高田勝政3陸尉（11特連）▽高田三男3海尉（いかづち）▽高橋一郎3陸尉（東北処）▽高橋榮寿3海尉（ちはや）▽高橋勝夫准陸尉（44普連）▽高橋新次准陸尉（20普連）▽高橋一准陸尉（真駒内駐業）▽高橋二三夫准空尉（救難団）▽高橋誠3陸尉（2曹教）▽高橋正勝3陸尉（9師団付隊）▽高橋光春3空尉（4補処東北支処）▽高橋安一3海尉（91空）▽高橋裕准海尉（横須賀音）▽高橋芳直3空尉（北警団）▽高橋善久准陸尉（通信校）▽高橋良一3陸尉（大津駐業）▽高平勝3陸尉（米子駐業）▽高見幸男3陸尉（43普連）▽高宮良純准陸尉（2高特大）▽高柳信行3陸尉（空挺団）▽滝田己津雄3海尉（きりしま）▽竹井和弘3海尉（はまな）▽竹内清之3陸尉（西普連）▽竹内廣司准海尉（横須賀教育隊）▽竹内幸男3陸尉（2特連）▽武田浩二3陸尉（東方後支隊）▽竹田敏隆准陸尉（中方武器隊）▽武田勇次3陸尉（久留米駐業）▽竹原富義3海尉（さわぎり）▽竹原徳雄准陸尉（8師団付隊）▽武本泰典3陸尉（山口地本）▽田崎謙治3海尉（佐世保訓指隊）▽田島俊昭准海尉（2整補）▽田代正則准陸尉（信太山駐業）▽多田忠德3陸尉（9特連）▽立川吉秋3陸尉（玖珠駐業）▽田中秋男准陸尉（7飛）▽田中強志准海尉（佐世保病院）▽田中武光3陸尉（16普連）▽田中利雄准陸尉（7師団付隊）▽田中光敏准空尉（西警団）▽田邊和美准海尉（4整補）▽谷川一男准陸尉（普教連）▽谷崎直行3空尉（空2術校）▽谷村芳文3陸尉（13施中）▽谷脇敏行准陸尉（13対戦中）▽田ノ上琢朗3陸尉（113教大）▽玉置了3陸尉（1特群）▽田宮敬准陸尉（1高特団付隊）▽田村則和3陸尉（高射校）▽多村吉和准空尉（西空音）▽近澤武司2陸尉（中方通群）▽千坂進3陸尉（6戦大）▽千葉晴行3陸尉（9特連）▽千葉三枝子2陸佐（札幌病院）▽辻治3陸尉（山口駐業）▽辻孝一3空尉（電子開発実験群）▽辻登志之准陸尉（2特連）▽對馬徳治3陸尉（中輸業）▽津田和明准海尉（佐世保弾整補所）▽津田芳則准海尉（ひえい）▽土田多作3陸尉（2特群）▽角田平治郎准空尉（2輸空）▽出口鉄男准陸尉（小倉駐業）▽寺門利光3陸尉（施設校）▽寺本福司3陸尉（西方通群）▽天田芳幹3空尉（開発集団）▽峠孝廣3空尉（西警団）▽德永義己3海尉（111空）▽常井博道准空尉（7空団）▽戸高文博准陸尉（8高特大）▽栃原末喜准空尉（西警団）▽飛田誠紀3海尉（61空）▽飛内仁道3海尉（大湊基業）▽富田重人3陸尉（訓練評価隊）▽富山茂3陸尉（玖珠駐業）▽豊川一雄3陸尉（9戦隊）▽豊島由喜雄准陸尉（2混団）▽豊田正人3陸尉（1高特団）▽鳥生栄治3陸尉（14音）▽鳥越長太郎3海尉（鹿屋空墓）▽鳥山義男3陸尉（5普連）▽頓所道太郎3陸尉（11後支連）▽内藤光重3陸尉（情保隊）▽中井信介3空尉（8空団）▽永井文治3陸尉（306施隊）▽中江正憲准海尉（阪神基地隊）▽中尾末隆3空尉（西警団）▽中尾義治准陸尉（4施大）▽永尾義男准陸尉（7高特群）▽長岡義隆准陸尉（中方通群）▽中川文男3海尉（下総教空群）▽中川優3陸尉（北海道処白老支処）▽中里吉春准海尉（下関基地隊）▽中島勇3陸尉（九州処）▽中島芳准陸尉（16普連）▽中島敬純3空尉（西警団）▽中島博之3海尉（23護隊）▽中嶋哲夫3陸尉（関東処朝日支処）▽長島英夫准陸尉（北千歳駐業）▽永瀬節男3陸尉（美幌駐業）▽中田牧雄准陸尉（10師団付隊）▽永田博二准空尉（空シス隊）▽永田博文3陸尉（守山駐業）▽中谷裕明准陸尉（衛生校）▽中根和道准海尉（厚木空墓）▽中根邦雄3陸尉（関東処）▽長野一廣准海尉（佐世保基業）▽永野新一3陸尉（健軍駐業）▽中保伸男准陸尉（補統）▽中村邦雄3空尉（空補本）▽中村卓夫准陸尉（千僧駐業）▽中村利広准空尉（空補本）▽中村友巳3空尉（西警団）▽中村信雄准陸尉（46普連）▽仲矢勤二3陸尉（愛媛地本）▽中山裕次准陸尉（竹松駐業）▽那須川進3陸尉（中音）▽並木繁夫准陸尉（航校宇都宮校）▽成田孝夫3海尉（25護隊）▽成田博3空尉（救難団）▽西敏久3海尉（1整補）▽西岡信夫3陸尉（山口駐業）▽西川一紀3陸尉（3飛）▽西坂寛准空尉（空教隊）▽西澤吉晴准陸尉（東方会計隊）▽西田光彦3海尉（22整補）▽西村清爾准陸尉（伊丹駐業）▽西村俊行准陸尉（久居駐業）▽西本規行3陸尉（山口駐業）▽西山諭准空尉（3空団）▽抜元徳治准空尉（5空団）▽根本渡准陸尉（1後支連）▽野口敬二准海尉（なつしお）▽野口英雄准陸尉（東方通群）▽野口裕3陸尉（宇都宮駐業）▽野作裕市3空尉（2空団）▽波江野惣学准空尉（西空施隊）▽橋口博准陸尉（1混群）▽橋畑憲明准陸尉（28普連）▽橋本明准陸尉（25普連）▽長谷川一芳准空尉（中警団）▽長谷川好男准海尉（横須賀基業）▽畑秀義3陸尉（警務隊）▽羽多野秀夫3陸尉（1普連）▽畑山弘美准陸尉（5高特群）▽服部憲明准陸尉（34普連）▽服部博明3陸尉（10特連）▽初山廣高3陸尉（札幌地本）▽花本政則3陸尉（18普連）▽濱田勝次郎准陸尉（5特隊）▽濱田守3陸尉（鹿追駐業）▽濱野孝夫3陸尉（朝霞駐業）▽林英二3空尉（管制群）▽林信人3陸尉（14後支隊）▽早瀬勝巳3陸尉（11特連）▽早瀬孝士准陸尉（姫路駐業）▽原内雅享3陸尉（西普連）▽半澤達也3海尉（こんごう）▽東明3陸尉（42普連）▽東園義一准陸尉（28普連）▽東原和志3陸尉（8施大）▽樋口明彦3陸尉（25普連）▽樋口克暁准海尉（福島地連）▽樋口勘成准陸尉（5曹教）▽樋口武士3陸尉（19普連）▽久川睦雄3陸尉（高知地本）▽久守博准陸尉（10戦大）▽響数雄3海尉（2整補）▽比屋根暁子准陸尉（阪神病院）▽冷水昭郎3空尉（救難団）▽平川修一准海尉（大湊航空隊）▽開口信二3陸尉（北方通群）▽平田一深3海尉（呉訓指隊）▽平田隆智3陸尉（九州処）▽平間俊夫3空尉（7空団）▽平間雄喜3陸尉（東北方通群）▽平敷重治3陸尉（北方付隊）▽廣澤恒夫3陸尉（茨城地本）▽廣田清海3陸尉（大分地本）▽深田平作3陸尉（朝霞駐業）▽福井德光3海尉（1輸隊）▽福崎清信3陸尉（2施大）▽福士馨2海尉（大湊航空隊）▽福島茂3陸尉（中方航）▽福島眞3海尉（呉訓指隊）▽福園留男3陸尉（1高特団）▽福田政和准陸尉（16普連）▽福田実3陸尉（18普連）▽福田良二3海尉（大湊総監部）▽福永和徳3陸尉（飯塚駐業）▽福本勲3陸尉（4特連）▽福山真良3海尉（ちょうかい）▽藤澤勝彦3陸尉（東北方通群）▽藤嶋講次3陸尉（9音）▽藤島達夫3陸尉（霞目駐業）▽藤田和雄3陸尉（中方通群）▽藤田隆夫准海尉（舞鶴警備隊）▽藤田壽正3陸尉（3対艦連）▽藤田正明准海尉（佐世保病院）▽藤田光也3海尉（横須賀シス通）▽藤本孝治准陸尉（41普連）▽藤原農夫男准陸尉（西方通群）▽二方正利准海尉（横須賀警備隊）▽二川峰彦3空尉（5空団）▽舟倉裕三3陸尉（3高特大）▽舟竹俊秀3海尉（横須賀シス通）▽古川俊朗准陸尉（8通大）▽古澤滋久3陸尉（304施隊）▽豊後豊3陸尉（中央病院）▽外室博美3海尉（1整補）▽星野潮3陸尉（新町駐業）▽星野壽3海尉（1空）▽星場克彦3陸尉（中業支）▽洞口典也准陸尉（10戦隊）▽洞地宗春3陸尉（愛知地本）▽堀切孝一准陸尉（5戦隊）▽堀田利彦3海尉（31整補）▽本郷教一3海尉（呉病院）▽本田勝義3陸尉（大村駐業）▽前園文武3陸尉（8特連）▽前田正富3陸尉（広島地本）▽前田光則准陸尉（普教連）▽前田了二3陸尉（西方通群）▽前手孝敏3陸尉（真駒内駐業）▽前橋修一3空尉（2高群）▽前村章典3海尉（22空群）▽前村且典3空尉（1高群）▽馬籠次信准空尉（5空団）▽松井進3海尉（技本）▽松浦隆光3陸尉（2対艦連）▽松尾英隆3海尉（あまくさ）▽松岡信行3陸尉（10普連）▽松崎公隆准陸尉（北方航）▽松島純治3陸尉（信太山駐業）▽松田敏彦准陸尉（6後支連）▽松田実3空尉（2高群）▽松藤正幸准陸尉（福岡地連）▽松元勇准陸尉（12普連）▽松本隆3空尉（1補）▽松本久幸3陸尉（健軍駐業）▽丸田順二准海尉（ましゅう）▽丸山修平3海尉（舞鶴基業）▽三浦勝人准陸尉（5高特群）▽三浦忠3空尉（2高群）▽三浦春美3陸尉（2曹教）▽三鍋寛准陸尉（北方通群）▽三上政広准陸尉（2後支連）▽三河隆弘3空尉（4空団）▽三島充洋3空尉（西警団）▽水野三男准海尉（横須賀病院）▽水間隆介3陸尉（海田市駐業）▽水本美文准陸尉（朝霞駐業）▽溝口文明3空尉（救難団）▽道尾忠一准空尉（北警団）▽緑川敏久3陸尉（仙台駐業）▽皆川申次准陸尉（福岡地連）▽峯茂正准海尉（佐世保シス通）▽峯義一准陸尉（西方後支隊）▽嶺茂正3陸尉（西方音）▽宮井昭雄3陸尉（帯広駐業）▽宮内等准陸尉（東方通群）▽宮木俊行3海尉（厚木空墓）▽宮﨑博秀3陸尉（24普連）▽宮近芳雄准陸尉（40普連）▽宮原三男3陸尉（対馬警備隊）▽三好淳3陸尉（2戦連）▽三渡裕文3陸尉（姫路駐業）▽向井等准陸尉（13後支隊）▽武藤忠博3海尉（しらね）▽村川義憲2海尉（呉警備隊）▽村瀬聡3陸尉（5戦隊）▽村田鉄馬准海尉（鹿屋空墓）▽村山勝正准陸尉（竹松駐業）▽百田節雄准陸尉（春日井駐業）▽森克也3陸尉（8後支連）▽森國弘3海尉（22整補）▽森美津男准海尉（しまゆき）▽森岡崇准陸尉（15普連）▽森田憲司3陸尉（香川地本）▽森田毅准空尉（西警団）▽森本貞喜3陸尉（35普連）▽森本巳喜男3陸尉（伊丹駐業）▽森谷清貴3陸尉（中シス通）▽森脇謙一准海尉（阪神基地隊）▽門前常正准陸尉（大宮駐業）▽八重尾初夫3陸尉（えびの駐業）▽八百板文夫准陸尉（30普連）▽八木伯平3陸尉（九州処）▽矢内哲郎3陸尉（金沢駐業）▽安永和生3陸尉（福島駐業）▽梁取孝一3陸尉（警務隊）▽薮田政博3陸尉（21普連）▽山内一美3陸尉（7普連）▽山岸喜久夫3海尉（まきしお）▽山国弘3陸尉（4後支連）▽山口繁美3陸尉（10高特大）▽山口正隆3陸尉（陸幹候校）▽山崎彰准空尉（空教隊）▽山崎国栄3陸尉（熊本地本）▽山崎登准空尉（西警団）▽山崎芳樹准陸尉（2高特大）▽山下作一准海尉（呉造補所）▽山下博文3陸尉（宮崎地本）▽山城寛二3陸尉（1混団）▽山田英治准空尉（北警団）▽山田聡3陸尉（北方音）▽山田進准海尉（八戸空基）▽山田敏明准陸尉（2特連）▽山田晴樹3陸尉（12偵）▽山道康政准海尉（呉基業）▽山本恵造3陸尉（中方音）▽山本鉄也准空尉（5高群）▽山本昇准陸尉（駒門駐業）▽山元正人准陸尉（8特連）▽山家政男准陸尉（船岡駐業）▽横内秀人准陸尉（11特連）▽横尾清准陸尉（関西処三軒屋支処）▽横田明男准海尉（横須賀警備隊）▽横山悟3陸尉（4特群）▽横山悟准海尉（佐世保訓指隊）▽吉田收准陸尉（2普連）▽吉田勝美准海尉（ちはや）▽吉田雄二3空尉（1補処）▽吉野眞治准海尉（下関基地隊）▽吉野優二3陸尉（2師団付隊）▽淀谷昇准陸尉（北方通群）▽米原正信3陸尉（飯塚駐業）▽若月好昌3陸尉（戦教導）▽和田栄光3陸尉（36普連）▽和田三晃3海尉（1整補）▽和田幸男准陸尉（8特連）▽渡邉二己准陸尉（北富士駐業）▽渡邊孝夫准陸尉（霞浦駐業）▽中尾数雄准陸尉（14普連）▽中村建一郎准空尉（12教団）▽渡邉辰雄准陸尉（3高特群）▽渡邉敏朗3陸尉（4普連）▽渡辺晃准海尉（八戸空墓）▽渡邊吉造2陸尉（通信校）▽綿貫英壽准陸尉（空挺団）▽鰐淵勇3海尉（潜訓）▽藁科秀弘3陸尉（滝原駐業）

購読のご案内

防衛省・自衛隊の様々なトピックスを満載した「朝雲」は、どなたでも購読できます。退官後も部隊や後輩の補職先、活躍ぶりが一目りょう然。お申し込みは下記へ。

1年契約 9000円（送料込み）

電話 03・3225・3841
FAX 03・3225・3831

朝雲新聞社
〒160-0002 東京都新宿区坂町26番地19KKビル

内外出版・読書の秋

好評発売中
26年版
防衛実務小六法

国家安全保障会議設置法（NSC）及び特定秘密の保護に関する法律など、重要法令を収録。日常業務や各種昇任試験など、長年にわたり自衛隊員のみなさまの座右の書として幅広くご利用いただいております。今年版は法令編三項目を新規登載し三十八項目を改正、訓令編も四十五項目を改正いたしました。全二、五九〇頁。

ISBN978-4-905285-30-4◎A5判▽本体価格六二八六円

たちまち重版
安倍政権と安保法制

憲法9条を世界にPRすれば平和が実現できるというのは幻想です。日本を取り巻く安全保障環境は、そんなに生易しいものではありません。（中略）この流れを後押しするために、そして、日本の安全保障の在り方を真摯に学ぼうとしている多くの国民の皆様に正しい情報を提供することが私に課せられた使命であり、天命であるとの思いで、土日返上で急遽、本書を書き上げました。（「はじめに」より）全二七二頁。

目次
第1章 憲法と自衛隊に関する一般常識
第2章 集団的自衛権と日本の安全保障（防衛法学会での講演）
第3章 第2次安倍政権の安全保障法制の整備
第4章 憲法9条と自衛隊（国家基本問題研究所での講演録）
第5章 安保法制に関する閣議決定、疑問に答える。
資料 「これを読めば分かるQ&A35」①総理会見（2014年5月15日）／②国の存立を全うし、国民を守るための切れ目のない安全保障法制の整備について／③総理会見（2014年7月1日）／④国家安全保障戦略について

自民党政務調査会調査役 田村重信 著
ISBN978-4-905285-35-9◎四六判▽本体価格一四〇〇円

3刷出来
日本の防衛法制 第2版
索引（インデックス）を追加収録した決定版

防衛法制の学習あるいは法制の実務に携わる方々に対する解説書として、高い評価をいただいております。このたび再度の増刷に際して、検索用のインデックスを追加収録し、より実用的な内容となっております。全七二〇頁。

田村重信・高橋憲一・島田和久 編著
ISBN978-4-905285-08-3◎A5判▽本体価格二八五八円

内外出版 〒152-0004 東京都目黒区鷹番3-6-1 TEL 03-3712-0141 FAX 03-3712-3130
防衛省内売店：D棟4階 TEL 03-5225-0931 FAX 03-5225-0932（専）8-6-35941
http://www.naigai-group.co.jp/

コナカ・ザ・フラッグ フタタ・ザ・フラッグ も ご優待いたします！

KONAKA THE FLAG
コナカ・ザ・フラッグ
JR新橋駅 銀座口出てすぐ
〒105-0004 東京都港区新橋2-18-9
TEL 03-5537-0533
営業時間 11:00-21:00

FUTATA THE FLAG
フタタ・ザ・フラッグ
天神3丁目 交差点
〒810-8520 福岡県福岡市中央区天神3-1-1
TEL 092-712-2001
営業時間 10:00-21:00

標高差1000メートル以上を一気に

国際山岳走で3位

滝ヶ原 宮原2曹 過酷コースに挑む

【滝ヶ原】米モンタナ州の山岳観光地、ビックスカイリゾートで9月12日、国際山岳レース「ローンピークバーティカル大会」が開催され、日本代表として出場した普通科教導連隊1中隊の宮原徹2陸曹（31）が「VK（バーティカルキロメーター）」の部で3位入賞を果たした。

「ローンピークバーティカル大会」で3位に入賞し表彰される宮原2曹（右）＝9月12日、米・モンタナ州で

大会はトレイルランニング（山岳走）の世界戦「スカイランナーワールドシリーズ」の今年度第4戦として開催された。

ロッキー山脈のビックスカイリゾートを舞台に12キロ、50キロ、標高差1000メートル以上を一気に駆け上がる短距離のVKの3部門で競われた。VK部門には各国から約200人が出場、ローン山（標高3406メートル）の麓から頂上を目指した。

宮原2曹は長崎県出身で、滝ヶ原駐屯地持続走練成隊のエースとして、国内外の大会で実績を残している。今年6月にはモンブランを舞台に仏シャモニーで行われた「スカイランニング選手権」に出場、VK部門で5位に入った。

今大会に日本からただ一人出場した宮原2曹は、氷点下5度の気温、乾燥した空気という厳しい環境の中、「前半から過酷な走りを強いられた」。スタート後の1キロまでトップで走り、1キロすぎに優勝した選手らに抜かれたが、堂々の3位でゴールした。

宮原2曹は大会後「（優勝者との）4分近い差を縮めたい。今回は環境に適応できなかった。厳しい環境でも勝てるようにしたい」と課題を挙げた。

一方、同行した持続走練成隊監督の太田康幸准尉は「本人（宮原2曹）はレース前になるとプレッシャーと緊張で部屋から出られなくなる。選手がストレスを感じる中で全力を出し切れるように支えていきたい。参加にあたり、多くの皆さまにご支援いただき感謝申し上げます」と語った。

小原1尉に男児誕生

ロンドン五輪レスリング女子48キロ級金メダリスト、小原日登美1陸尉（33）＝体校渉外広報室・写真＝に10月3日、第一子（男の子）が誕生した。

小原1尉は青森県出身で平成17年4月に入隊。22年10月、レスリング班の同僚で八戸工大一高の後輩、康司3海曹（32）＝下総＝と結婚した。

男の子の名前は悠陽ちゃんと名付けられた。小原夫妻は「授かった命を大切に育てていきたいと思います」と話している。

効果絶大「ゴルゴ13」ポスター

さいとう氏に感謝状

岩手地本

「ゴルゴ13」を用いた岩手地本の募集ポスターにサインするさいとう氏（中央）＝10月6日、花巻市で

【岩手地本】岩手地本は10月6日、自衛官募集ポスターに協力のあった劇画家、さいとう・たかを氏に本部長感謝状を贈った。

地本は昨年度、さいとう氏の代表作で国際的狙撃手の活動を描いた漫画『ゴルゴ13』を用いた募集広報を企画。同氏の快諾を得て、主人公を用いたポスターを製作、平成25年9月から管内に張り出す一方、画像をホームページ上でも広く展開している。

「いま、その一歩を踏み出すとき。自衛官募集」などと記されたポスターは、これまでにない大きな広報効果をもたらしている。

感謝状贈呈は岩手県花巻市のさいとう氏の別邸で行われ、黒田弘人本部長が感謝の意を伝えて手渡した。

感謝状を贈られたさいとう氏は「若い人たちが国防への関心を持たなくなったら国は駄目になってしまう。私の作品が国防の一助になれたのなら光栄です」と語った。

重い防弾チョッキを着て軽装甲機動車の前で敬礼のポーズをとる男子学生（10月4日、日比谷公園で）

PKOや災派を広報

グローバルフェスタ 7万人超が来場

東京都千代田区の日比谷公園で10月4、5の両日、外務省などが主催する国際協力イベント「グローバルフェスタJAPAN2014」が開かれ、国際活動をPRする防衛省・自衛隊のブースに大勢の親子連れが訪れた。

ブースでは陸自による南スーダンでのPKO活動や、陸海空自によるフィリピン台風災害救援などの写真を展示。中央即応連隊（宇都宮）からは佐藤正人准尉以下3人が軽装甲機動車の展示を行い、子供や若者に同車両が活躍したイラク派遣などを分かりやすく説明し、写真撮影にも応じた。

同フェスタは今年で24回目。官公庁やNGOなど約300団体が広報ブースを構えた。防衛省は2011年の初参加以来、国際平和協力活動や人道支援・災害救援、復興支援活動などの広報に力を入れている。台風18号が接近する中での開催だったが、2日間で約7万7000人が来場した。

横須賀に「相馬野馬追」がやって来た

上曹会、米海軍が協力

みこしパレード

横須賀の秋の恒例行事「よこすかみこしパレード」に10月19日、国の重要無形民俗文化財に指定されている福島県南相馬市の「相馬野馬追」の騎馬5騎が登場した。横須賀上級海曹会の隊員と米海軍アメリカンフットボールチーム「横須賀シーホークス」のメンバーに護衛されながら中心街を練り歩き、東日本大震災での支援への感謝の気持ちを伝えた。

横須賀のメーンストリートを練り歩く「相馬野馬追」の騎馬武者たち（10月19日、横須賀中央大通りで）

「相馬野馬追」は米海軍横須賀基地艦船修理廠で働く技官の山本夏江さんが誘致した。茨城大学出身の山本さんは東日本大震災の後、何度も被災地に足を運び、ボランティア活動をした。その際、被災者から「海上自衛隊や米海軍に何かお礼ができないか」という声を聞いたという。

山本さんは「海軍の町・横須賀に相馬野馬追を呼ぼう」と思い付き、横須賀市や各企業に掛け合って協力を取りつけた。特にボーイング社は社員からの寄付金を資金として提供してくれたという。

騎馬武者たちは「標葉郷騎馬会」を中心とする10人で構成され、郷大将を福島県議会議員の吉田栄光さんが務めた。当日は午後0時40分に〝出陣〟し、多くの市民が見守る中、横須賀中央大通りを堂々とパレードした。

沿道には多くの観衆が押し寄せ、カメラを手に熱心に見物していた。横須賀で避難生活を送っているという相馬市出身の60代の女性は「まさか横須賀で相馬野馬追が見れるとは」と感極まった様子だった。

海自隊員と米海軍兵士は縄を持ち、市民がけがをしないように両サイドから行列を誘導。中出口修上曹会長は「米軍と交流するいい機会になった。真近で見る騎馬武者の皆さんはとても格好良い」と話していた。

パレード終了後も市民らは拍手で騎馬武者たちを見送り、「ありがとう」と温かい声援を送った。熱烈歓迎ぶりに騎馬武者たちは「横須賀に来て、お礼ができて良かった」と喜んでいた。

約1年かけて準備をしてきた山本さんは「〝2回目のトモダチ作戦〟というコンセプトを市民の方々に視覚的に伝えることができた。協力してくださった海自、米海軍、各企業の皆さんに感謝したい」と満足そうだった。

サクソホンの妙技に歓声

空音コンサートに1650人

ソプラニーノサクソホンを演奏する藤林3曹（9月20日、オリンパスホール八王子で）

【空音＝立川】航空中央音楽隊（隊長・水科克夫2佐）は9月20日、東京都八王子市の「オリンパスホール八王子」でファミリーコンサートを開催した。約3600人の応募者から抽選で選ばれた1650人の観客が会場を埋めた。

水科隊長が指揮した第1部は「シンフォニック・サウンド」と題し、空自創設60周年記念曲「風薫る」、行進曲「蒼空」などクラシックを中心に5曲を演奏した。

第2部は「ブラス・ファンタジー」と題し、佐藤哲也1尉の指揮で「映画『アナと雪の女王』ソング・コレクション」などポップミュージック5曲を演奏。青田真子3曹の伸びやかな歌声によるヒット曲「ありのままで」などで観客を魅了した。

坂本九さんのヒット曲「見上げてごらん夜の星を」でサクソホンソロを演奏した藤林信弘3曹はソプラニーノ、ソプラノ、アルト、テナー、バリトンと、大きさも音色も違う五つのサクソホンを吹き分け、巧みな技術で観客を驚かせた。藤林3曹は演奏しながらステージを降り、観客に握手を求める妙技も披露。会場は大歓声に包まれた。

演奏後、藤林3曹は「（ステージを降りる際は）不安もあったが、観客と盛り上がり一体となれた。（握手しながらの演奏は）時間をかけて練習したかいがあった」とほっとした表情だった。

小休止

▽…倶知安駐屯地は9月11～14日、北海道倶知安町内8カ所のグラウンドで行われた「全日本実年ソフトボール大会」を支援した。

▽…全国から48チームが出場。11日に行われた開会式には前田貴大駐屯地司令も参加、11音楽隊が演奏支援した。

▽…11音楽隊が選手の入・退場時や国旗掲揚時にNHKドラマ「あまちゃん」のテーマソングなどを演奏。支援隊員（延べ80人）は各会場でテントの設置・撤収や得点掲示などを行い、大会を後押しした＝写真。（倶知安）

こちら警務隊

☎ 8・6・47625

サイト使い児童を誘引 100万円以下の罰金に

インターネット異性紹介事業を利用して児童を誘引する行為の規制等に関する法律とはどんな法律ですか？

この法律は、出会い系サイト掲示板に児童（18歳未満）を性交の相手方とする交際を求める書き込みや、児童を相手方とする金品を目的とした異性交際を求める書き込みなどを規制しているものです。

具体的には「㊥（女子中学生）の方、私とHなことしませんか」「JK（女子高生）の方、¥5（5万円）で私と付き合ってくれませんか」などの書き込みをした場合に該当し、違反した場合は、100万円以下の罰金に処されます。（132地警＝山口・岡田1曹）

みんなのページ

南スーダンPKO第6次隊に参加して

活動中は驚きの連続

1陸曹 遠藤 公治（2施設小隊器材班長）

施設器材を操作する遠藤公治1曹

私たち南スーダンPKOの第6次要員は5月24日、南スーダン共和国の首都ジュバにある日本隊宿営地に到着しました。そこで5次要員から教育と業務の申し受けをし、現場を確認しました。

その際、土木工事に必要な「マラム（現地採取土）」が納入されず、作業が遅れるという状況に遭遇し、これが日常茶飯事と聞いた時は「さすがに大らかな土地アフリカだな」と思いました。

私たちが道路補修で使う「マラム」は土まじりの砂利で、締め固めて乾燥させると最高に良い土質なのですが、水に弱い欠点があります。このため水だまりをそのままにしておくと軟弱な土質となるので、常に路面に水がたまらないようグレーダーでの整地と水抜き作業が欠かせません。

また、活動中はさまざまな場面に遭遇します。例えば、掘開する場所によっては1メートルぐらい掘ると水が湧いたり、現地のダンプに「降ろすのはここじゃない！ ノー、ストップ！」と言っても砂利を降ろして去っていく運転手もいて、苦労が多いです。このほか突然、全長1メートルもの大トカゲが目の前を横切ったりと驚きの連続です。

6次隊は6月16日の「指揮転移」から本格的に施設活動を開始し、現地の方々や各国職員・軍人と身振り手振りでコミュニケーションをとりながら頑張っています。（原隊・5施設隊＝帯広）

班一丸で任務に邁進

1陸曹 中嶋 幸一（1施設小隊器材班長）

現地業者（右）と調整を行う中嶋幸一1曹（中央）

我々は現在、国連施設内外の道路補修や排水整備を実施しています。こちらでは、慣れない土質と風土に苦労しています。

私たちのいるジュバの土は、現地採取土の「マラム」と呼ばれる赤土と「ブラックソイル」と呼ばれる黒土があり、どちらも天候に左右されやすい土質です。特に「ブラックソイル」はくせ者で、乾けばカチカチに固まってしまい、降雨など少しでも水を含むとベタベタの軟質に変化してしまいます。この土の特性を考慮しつつ、いかに施設活動をするかが勝負になります。

さらに悩ませるのが雨季です。急なスコールと灼熱（しゃくねつ）の太陽が「ブラックソイル」の特質を発揮させ、施設活動を難しくさせています。それでも隊員は一致団結し、一丸となってこの状況に立ち向かっています。

最後に、私たちを送り出し、留守を預かってくれている第5施設隊の皆様と家族に対して感謝の気持ちを忘れることなく、引き続き任務に邁進（まいしん）していきます。（原隊・5施設隊＝帯広）

達成感で充実の日々

2陸曹 奥山 厚志（1警備小隊）

部隊の安全確保に当たる奥山厚志2曹

南スーダンに来て最初に感じたのは、やはりその暑さでした。北海道と違って立っているだけで汗がダラダラ垂れてくるような感じで、「これがアフリカか！」と実感しました。今は慣れてきましたが、「ウヒャー、暑い！」と思うことが多々あったりします。

私たちの日本隊宿営地の前には国内避難民の人たちが大勢生活しています。避難民は疲れて元気がないものと想像していたのですが、思っていたよりずっと元気で、あいさつをすれば笑顔であいさつを返してくれ、やはりアフリカは違うなと実感しました。

特に子供たちは人懐っこく、任務に就いている時も気軽に寄ってきて話しかけてきます。ここで残念に思うのが、彼らの言っていることが正確に分からないことです。「もっと英語を勉強しておけば良かった」と思います。そこでオーストラリア軍の英語教室に行き、最近は少しづつですが英語が理解できるようになった気がします。

私は警備小隊に所属し、常に緊張感をもって任務に当たっています。仕事を終えた時の安堵感と達成感は大きく、日々、充実感に満ちたメリハリある生活を送っています。日本から携帯電話に子供の写真が送られてきていたりすると、とても励みになります。離れてみて家族のありがたみを再認識しました。（原隊・6普連3中＝美幌）

奄美大島「くれないの塔」で慰霊式

厳粛に哀悼の誠捧げる

2空曹 是永 純（鹿児島地本・奄美大島事務所）

P2V搭乗員の慰霊碑に献花する海自の園田1空群司令

自衛隊鹿児島地方協力本部の奄美大島駐在員事務所は8月31日、奄美市らんかん山の「くれないの塔」で実施された第52回慰霊式に参加した。

らんかん山は昭和37年9月3日、海自鹿屋基地所属のP2V対潜哨戒機が県知事の要請により、奄美大島へ輸血用の血液を緊急空輸中に墜落し、地域住民1名を含む13名が死亡する事故が発生した現場である。

くれないの塔は、事故の翌年、奄美大島青年会議所が募金活動などを展開し、市民などから募った寄付金を基にして建立された。

当日の慰霊式には鹿屋基地から第1航空群司令の園田直紀海将補以下4名、鹿児島地本から本部長の深谷克郎1海佐ほか2名が参列した。式には隊友会奄美支部会員など約70名が出席して厳粛に執り行われた。

最初に上空を海自のP3C哨戒機が慰霊飛行を行い、次いで黙祷、献花し、哀悼の誠を捧げた。

なお、今回の慰霊式に合わせ、奄美大島青年会議所、隊友会奄美支部、海自奄美基地分遣隊、地本の奄美大島駐在員事務所の関係者が清掃作業を行い、慰霊碑の保存と整備に当たった。

合同企業説明会に参加して考えた事

陸士長 桐生 貴成（2普連2中・高田）

求人企業から話を聞く桐生貴成士長（手前中央）。その左は大内中隊長

私は来年3月の2任期満了を控え、民間企業への就職を考えています。

このほど、高田駐屯地援護室からの案内で新潟市で行われた「合同企業説明会」に参加しました。そこで自衛隊の4年間を振り返り、自分が自衛隊で何が身についたのか、何ができるのか、改めて見つめてみました。また事前に配布された求人票を見て、会社側に聞きたい質問内容をメモして当日に臨みました。

会場は陸・海・空の隊員と企業の人であふれ、その雰囲気に圧倒されそうになりましたが、ぜひ自分に合った企業を見つけようと、企業ブースを回りました。

実際に会社の人に話を聞くと、思っていたのと違っていたり、逆に「この仕事は自分に向いているかも」と感じることもあり、同行いただいた大内中隊長の助言を受けながら、面談終了時間のぎりぎりまで多くの企業の方から話を聞くことができました。

ここで確認した内容を整理し、また自分に何が向いているのか、もう一度しっかりと考え、次の面接試験に臨みたいと思います。

OBがんばる

野尻 幸吉さん 56
平成23年9月、陸自の西部方面情報隊（健軍）を最後に定年退職（曹長）。社会福祉法人「山紫会」の特別養護老人ホーム「菊香園」に再就職し、用務員を務めている。

人間関係・我慢・想像力

私は平成23年9月、陸上自衛隊を定年退官し、現在は熊本県合志市にある特別養護老人ホーム「菊香園」で用務員として働いています。

職場は自宅から約7キロの距離にあり、施設や環境もとても良い所です。また職場の人間関係も理事長や園長をはじめ係長、現場の看護師さん、介護士さんとの間でとても良好な環境で、日々充実した勤務ができています。

とは言いながらも、最初から順調に滑り出したわけではありません。最初の面接時、園長から「仕事について私たちは何も言いません。自分で考えてやってください」と言われ、当初は何をしたら良いのか分からず、非常に苦労しました。

あれから3年経ちますが、今では職場の一員として信頼され、施設の営繕に関しては全てを任せていただいています。また施設内には季節ごと、ヒマワリやコスモスなどの種を蒔き、そのきれいな花を入所者や近隣の方々にも見てもらい、喜んでもらっています。

再就職をして、つくづく大切だと思えることが3点あります。第一は「人間関係」、第二は「我慢」、第三は「想像力を持って前向きに頑張ること」です。また健康にも十分に配慮して体力の維持・管理に努めてください。私自身、昨年5月に硬式テニスの同好会を立ち上げ、余暇を楽しんでいます。今後も前向きに明るく、元気に取り組んでいきたいと思います。

小松基地を見学

父兄会員 川﨑 洋美（石川県白山市）

石川県小松基地友好団体の隊友会、郷友会、父兄会等はこのほど、合同で小松基地の特別見学に参加した。

小松基地は日本海側唯一の航空自衛隊の戦闘航空団であるが、各会員には初めての見学であった。一行は最初に大会議室に集合し、基地司令から約50分間にわたる講義を受け、部隊の任務や統率方針などについて拝聴した。

その後は部隊を見学。まず災害救助などで活躍している小松救難隊を訪れ、捜索機や救難機の見学とパイロットから24時間の待機状況や救助活動の苦労話などを聞いた。

午後は第6航空団のF15戦闘機を見学し、パイロットから説明を受けた。みな戦闘機の高い性能に驚き、同時に有事即応の態勢、そして飛行安全の大切さを認識した。

最後は、特別に管制タワーと管制室への立ち入りも許された。タワーでは数名の管制官が飛行場を監視しており、24時間体制で自衛隊機と民間機の管制に全神経を集中しており、その厳しい任務の一端を知ることができた。

今回、会員一同が防空任務の重要性と厳しさを改めて認識し、正しい知識を得ることができ、有意義な見学会となった。

詰碁

第1098回出題

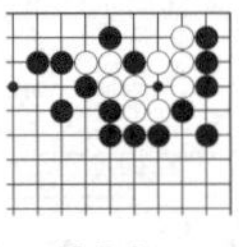

出題 日本棋院 九段 曲 励起

黒先

『白はどうなりますか』。5分で出来れば中級です。

▶詰碁、詰将棋の出題は隔週です◀

詰将棋

出題 日本将棋連盟 九段 石田 和雄

☗先手 持駒 金銀

≫第682回の解答≪

【正解】☗1三と☖同桂☗2五銀☖同竜☗2三角成☖同竜☗1五金までの七手詰め。

【解説】と金の多い珍しい出題図。まず☗1三とは手筋。☖同桂に☗2五銀が焦点の捨て駒です。☖同玉は☗1五金。☖同桂は☗2三角成。☖同竜に☗2三角成がトドメの捨て駒で収束。

（世界の切手・アメリカ）

決断しないことは、時として間違った行動をとるよりもタチが悪い。
ヘンリー・フォード（アメリカの実業家）

朝雲ホームページ
www.asagumo-news.com
＜会員制サイト＞
Asagumo Archive
朝雲編集局メールアドレス
editorial@asagumo-news.com

新刊紹介

「写真・太平洋戦争の日本軍艦（軽艦艇・篇）」

阿部 安雄・中川 務著

「奇跡の駆逐艦」と呼ばれ、沈まなかった「雪風」。米軍のB25爆撃機の攻撃を受けて応戦するも、無事帰投した海防艦「八丈」——。前著（大型艦・篇）の軽艦艇版だ。太平洋戦争時に活躍した駆逐艦、潜水艦など旧海軍が誇る艦種を500枚の写真によって映し出す。

第1部では気象、天象などの名前がついた各駆逐艦を17の「型」ごとに紹介。各艦の製造過程、戦いの軌跡も解説され、航行する写真からも激戦の様子が伝わってくる。

第2部は38種類（譲渡、戦利艦を含む）の潜水艦を解説。ダイナミックな姿とともに、製造背景も説明した。

第3部以降は護衛・哨戒艦艇、機雷・揚陸艦艇、艦隊支援艦などを紹介。昭和5年のロンドン海軍軍縮条約の影響を受けて生産された大型潜水母艦「大鯨」など、時代の流れが船に如実に表れる。巻末には主要艦艇艦歴、要目一覧表が付記され、より理解を深めることが可能だ。

文庫サイズのコンパクトな仕様ながら、激動の太平洋戦争時に活躍した艦艇を詳細に知ることができる。大型艦を助け、機動力で敵艦に挑む軽艦艇。二度と見られないフネだからこそ、当時の姿は心打つものがある。（KKベストセラーズ刊、1300円）

「韓中衰栄と武士道」

黒鉄 ヒロシ著

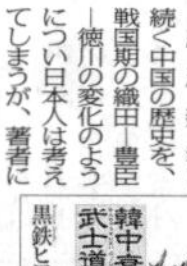

韓国、中国本というと眉間にしわを寄せ真正面から論じる書が多いが、時には軽妙かつシニカル、肩肘はらずに著者の才知の海に身をまかせるのもいい。

坂本龍馬、織田信長をテーマにした作品もある著者にとって歴史はお手のもの。各所に造詣の深さがにじむ。

殷—周—秦—漢と続く中国の歴史を、戦国期の織田—豊臣—徳川の変化のようについ日本人は考えてしまうが、著者によればその性格は全くに異なるという。

四千年の歴史と現在の中国とは分けて考える必要があり、中国人自ら「四千年という長さに眩惑され、何とプライドに組みこんでしまった」のだそうだ。

だから、1949年10月1日の時点で生まれ、巨大な軍事力と経済力を手に入れた〝未成熟な若者〟に意見しても無駄であるに似ていると。

かたや「武士道」。武士社会が消滅しても、その思想は形を変え薄まったといえども日本津々浦々に伝播。「難局に際しての決断力の支えとなる思想は数多いが、中でも『武士道』は群を抜く実力を持つ。日本の誇る美点として世界文化遺産にも登録を」——とボルテージが上がる。（KADOKAWA刊、1620円）

朝雲

発行所 朝雲新聞社
〒160-0002 東京都新宿区坂町26番地19 KKビル
電話 03(3225)3841
FAX 03(3225)3831
振替00190-4-17600番
定価一部170円、年間購読料9000円（税・送料込み）

本号は10ページ

2面 遠航部隊「遺骨引渡式」に参加
3面 航空観閲式グラフ
4面・5面 写真に見る防衛省・自衛隊60年史
6面 殉職隊員追悼式で安倍首相が式辞
7面 各部隊、駐屯地などで創隊記念行事
8面 〈ひろば〉『マッサン』で注目・余市
9面 防医大チームが胃がんの治療法開発
10面 〈みんなのページ〉日豪が共同慰霊式

防衛省・自衛隊60周年「航空観閲式」

「真に国民の自衛隊たれ」

安倍首相訓示 たゆまぬ努力たたえる

防衛省・自衛隊60周年記念の航空観閲式で空自の航空・地上部隊を巡閲する安倍首相（車上）。後方はC130H輸送機＝10月26日、百里基地で

平成26年度の自衛隊記念日中央行事として、防衛省・自衛隊発足60周年を記念する「航空観閲式」が10月26日、茨城県の空自百里基地で行われ、自衛隊最高指揮官の安倍晋三首相を観閲官に陸海空自隊員約740人、航空機約80機が参加して招待者ら約8400人とともに記念日を祝った。首相は訓示の中で、木村篤太郎・初代防衛庁長官が掲げた「真に国民の自衛隊たれ」の言葉を引用。常に国民と共に歩んできた自衛隊の歴史を振り返り、そのたゆまぬ努力に敬意を表すとともに、「諸君と共にいかなる事態にあっても国民の生命と財産、我が国の領土・領海・領空を守り抜いていく決意だ」と力強く述べた。航空観閲式に先立ち、前日の25日には防衛省で首相が参列して殉職隊員追悼式が行われたほか、防衛協力功労者への大臣感謝状贈呈式がホテルグランドヒル市ヶ谷で行われ、70団体、66個人に江渡大臣から感謝状が贈られた。（2、3、4、5、6、9面に関連記事）

共に日本守る決意 百里基地で 3自衛隊

平成8年に自衛隊記念日中央式典が3自持ち回りで実施されるようになって以来、航空観閲式は今回で7回目。気温約22度、くもり空に時折薄日が差す中で式典は実施された。

午前10時、航空中央音楽隊の演奏に続き、陸海空の観閲地上部隊が音楽に合わせて行進で入場。観閲地上部隊指揮官の平本中空司令官、式典執行者の中島総隊司令官が栄誉礼を受けた。

その後、観閲官の安倍首相が江渡防衛相とともに式場に到着。陸自302保安警務中隊による特別儀仗を受けたあと、陪閲者の左藤副大臣、原田政務官、西事務次官、河野統、岩田陸、武居海、齊藤空の各幕僚長とともに観閲台に登壇した。

海自東音の三宅由佳莉3曹による国歌独唱に続き、F15戦闘機4機の慰霊飛行が行われた。この後の観閲飛行では、陸自からAH1S対戦車ヘリなど5機種、海自からはSH60哨戒ヘリなど4機種、空自からはB747・400政府専用機など12機種の計21機種・45機の航空機が上空右手から進入、左へ次々と航過した。

このあと安倍首相はオープンカーで地上部隊を巡閲し、壇上で訓示。「『積極的平和主義』の実践は、その士気と能力の高さで世界から評価される諸君たち自衛隊の存在を抜きに語ることはできない」と隊員の任務の重要性を強調した。

さらに女性自衛官の活躍についても言及し、「南スーダンでのPKO活動には9名の女性自衛官も参加している。女性の力が自衛隊にとって新たな活力の源となっている」とたたえた。

最後に「すべての国民が、そして世界が諸君を信頼し大いに頼りにしている。その誇りを胸に、次なる60年に向けて力強い一歩を踏み出してほしい」と要望した。

このあと展示視閲が行われ、高射隊や移動警戒管制隊など「移動部隊」の26台の車両が観閲台の前を行進し、続いてF15、F2、F4の各2、計6機も観閲台前を地上滑走した。

スクランブル展示では首相がボタンを押すとF15戦闘機2機が緊急発進、ごう音とともに飛び立った。御嶽山周辺で情報収集活動を実施した機種・RF4偵察機2機による航空偵察や17機のT4練習機による「60」の文字を描いた60周年記念飛行なども行われた。

式典終了後、首相は観閲式では初の展示となる米第3海兵遠征軍即応態勢部隊の垂直離着陸輸送機MV22オスプレイとロッキード・マーチン社が作製したF35AライトニングⅡ次期戦闘機の模型を視察した。

南スーダン PKO4カ月延長

幕僚1人追加派遣 司令部4人体制に

野村隊長（右）から感謝状を贈られ、握手を交わすガルガノ豪空軍大尉（左）＝9月22日、南スーダンで

政府は10月21日の閣議で、国連南スーダン共和国ミッション（UNMISS）に参加してPKO活動を行っている陸自派遣施設隊の活動期限を、2015年2月28日まで4カ月間延長することを決めた。国連の安全保障理事会がUNMISSの派遣期間を今年11月末まで延長したことに伴う措置。

併せて国連からの要請を受け、これまで陸自から兵站、情報、施設の3幕僚を派遣しているUNMISS司令部（約200人）に新たに陸自の航空運用幕僚1人を追加派遣することも決めた。これで日本からの司令部要員は4人体制となる。

南スーダンは20年に及ぶ内戦を経て11年7月、アフリカ54番目の国家として独立。それと同時に設立されたUNMISSに日本は翌12年1月から陸自の施設部隊を派遣し、現在は6次隊（野村昌二1佐以下、5旅団主力の約400人）が首都ジュバを中心に道路補修や避難民保護地域の敷地造成など、国づくり支援のインフラ整備を行っている。

同国では昨年末、政府軍と反政府軍との戦闘が拡大し、一時政情不安となったが、現在は落ち着いており、日本隊が活動するジュバ周辺は平穏な状況という。

UNMISSは司令部要員と現場部隊を含め、日米豪のほか、韓国やインド、中国など世界約60カ国の軍隊や警察などから約1万4000人が参加し、復興支援活動を行っている。

豪軍の連絡幹部が交代

南スーダンで国づくり支援のPKO活動を行っている陸自派遣施設隊6次隊は9月22日、同隊で約8カ月間にわたり、日本隊と国連機関などとの連絡調整任務に当たってきたオーストラリア軍幹部2人の離任式を行った。

2人はジェームス・ブラウンリー陸軍中佐とイアン・ガルガノ空軍大尉で、今年2月に日本隊に配属。南スーダン共和国ミッション（UNMISS）から自衛隊に対する情報提供をはじめ、国連機関や南スーダン政府との調整計画の立案、各機関との連絡調整支援を行うとともに、日豪の連携強化にも努めてきた。

野村隊長は「任務に関する情報提供をはじめ、厚生活動や英語教育を通じ日本隊との友情を深めてくれたことに心より感謝します」と述べた。

これに対し、ブラウンリー中佐は「私の心の一部は皆さんと共にあります。これからも任務に励んで下さい」と激励の言葉を述べ、ガルガノ大尉は「日本の皆さんは友人です」などと答えた。

後任として同日、バーラム・ファガーソン陸軍中佐とジェイソン・バックリー空軍伍長が着任した。

南スーダンでは日豪防衛協力の一環として、2012年8月からオーストラリア軍の連絡要員が2人ずつ交代で日本隊に派遣されている。

遠航部隊5カ月ぶり帰国

晴海ふ頭 遺骨収集事業に協力

環太平洋・カリブ海の13カ国を巡る航海を終えた海自の遠洋練習航海部隊（練習艦「かしま」「せとゆき」、護衛艦「あさぎり」で編成、司令官・湯浅秀樹海将補以下実習幹部約170人を含む約720人）は10月24日、東京港・晴海ふ頭に5カ月ぶりに帰国した。

同隊は今回、海自として初めて厚生労働省の「旧日本軍人の遺骨収集帰還事業」に協力、ソロモン諸島（ガタルカナル島）で収集された遺骨を「かしま」で運ぶ任務も担った。

帰国行事は午前11時から行われ、原田政務官、河野統幕長、武居海幕長ら防衛省関係者のほか、永岡桂子厚生労働副大臣、宇都隆史外務大臣政務官ら来賓や家族多数が出席した。

湯浅司令官から帰国報告を受けた原田政務官は「今回の航海で諸官は幹部の資質を身につけ、視野も大きく広げたと思う。今後とも与えられた任務に全身全霊で取り組んでほしい」と実習幹部たちを激励した。

続いて武居海幕長も「キューバ、ジャマイカ、ソロモン諸島に海自として初寄港し、防衛交流の新たな歴史を開いた。特に遺骨収集事業への協力では日本人としてのアイデンティティーを再確認できたと思う」と述べ、幹部自衛官として自覚を持ち新たな任地でも全力を尽くすよう要望した。

実習幹部の名木野紗希3尉は「次の配置は第1希望の航空整備に決まった。部隊に行っても同期に負けないよう、これからも精一杯頑張りたい」と抱負を語っていた。（2面に関連記事）

無事の帰国を祝し、花束を贈呈される湯浅練習艦隊司令官と各艦長ら（10月17日、東京港・晴海ふ頭で）

春夏秋冬

アルジェの印象

北岡 伸一

9月にアルジェリアの首都アルジェを訪れた。昨年誘拐事件があったため、大丈夫ですかと多くの人に聞かれたが、アルジェリアの面積はアフリカ最大で日本の5倍もあり、地中海に面したアルジェは事件の場所からはるかに離れているから、何の問題もなかった。

アルジェリアの印象は、まず、「眩しい」ということ。カミュの代表作の「異邦人」には、殺人犯人がその動機について「太陽が眩しかったから」と言う有名なセリフがあるが、それが納得できるほど眩しかった。第二に、地中海が何とも言えないほど青くて美しいこと。この二つにつきる。

アルジェと言えばカスバである。急な斜面に複雑に入り組んだ路地で出来た神秘と謎に満ちたカスバを有名にしたのは、戦前の映画、「望郷」（1937）だった。

そして戦後では「アルジェの戦い」（1966）である。爆弾テロを用いて過激化する独立運動を弾圧するために派遣されたマシュー将軍は、過酷な拷問を含む徹底した弾圧によって、いったんは独立運動を鎮圧する。しかし、2年ほどして、突然大運動が再開される。まことに強烈な映画だった。

それから、それを逆から見てやはり凄い映画だったのは、「ジャッカルの日」である。アルジェリア独立を認めるドゴール大統領をテロによって倒そうとする反独立派は、プロの暗殺者をやとってドゴール暗殺を企てる。これを防ごうとするフランス警察との戦いの話である。

フランスのアルジェリア支配は実際、1830年から独立まで130年あまりの長きにわたった。1950年代後半からの独立運動では150万人が亡くなったという。独立したのちも、フランスの圧力は強く、たとえば1964年にはサハラ砂漠で核実験が行われたし、言葉はいまでもフランス語である。

いかなる植民地統治も好ましいものではない。しかし、フランスのアルジェリア統治や独立運動に対する弾圧と比べれば、日本の朝鮮統治は、はるかに温和だった。

1965年の日韓条約締結のとき、日本は無償援助3億ドル、有償援助2億ドル、民間資金援助3億ドルを実施している（当時の韓国政府予算は3・5億ドルだった）。他方でフランスの支援はゼロであった。

日本の資産はすべて放棄された。そしてすべての請求権はこれで消滅としたのだが、今でも従軍慰安婦問題を含む個人補償の主張が、激しくなされている。フランスの過酷な支配を受けたアルジェリアの人々にとって、ちょっと理解できないことだろう。（きたおか・しんいち＝国際大学学長）

「女性職員啓発研修」

男女共同参画で開催 防衛省、来年2月

防衛省は男女共同参画社会の実現に向けた取り組みの一環として、本省と全国の駐屯地、基地等に勤務する女性事務官等を対象とした平成26年度「女性職員啓発研修」を来年2月、市ヶ谷で実施する。参加人員は約50人。所属機関の推薦を受け、本省人事部門による選考を経て参加が決まる。

対象となるのは勤務成績が優秀な35歳以上46歳未満の行政職（一）2級から4級の女性職員。5日間の日程で、防衛行政に関する講義や各界で活躍する女性講師による講話の聴講、意見交換などを通じ、意欲の向上と人的ネットワークの形成を図る。

同研修は、平成15年から係員級と係長級を対象に毎年行われてきた「女性職員研修」が前身。25年度以降、人事管理基準の見直しに合わせて研修制度も改編され、「女性職員啓発研修」となった。

防衛省では男女共同参画に関する取り組みの一つとして、女性事務官等が任命されていない官職への登用をはじめ、①地方機関課長や本省課長補佐相当職以上に占める女性の割合を4パーセント程度②本省の課室長相当職以上に占める女性の割合を3パーセント程度―にそれぞれ引き上げるなどの数値目標を掲げ、努力を行っている。

秘書課では、職員のスキルアップを目的とした各種研修を実施しているが、多くは研修期間が1カ月程度と長く、受講対象も20代後半から30代後半だ。このため結婚や出産時期と重なったり、子育てなどで長期に自宅を離れて受講することが難しい女性職員であっても、自己啓発意欲が高く、勤務成績が優秀であればスキルアップの機会を得られるよう、より短期間で受講可能な研修として開設した。

研修を主催する秘書課は「多くの隊員、職員に省の取り組みを理解してもらい、男女問わず全ての職員が責任と誇りを持って生き生きと働けるような環境づくりを推進していきたい」と話している。

朝雲寸言

海上自衛官だった父を、ある日突然失った。何度も嗚咽をこらえ、涙を拭いながら遺族代表の挨拶文を読み上げる子息の姿から、悲しみの深さが伝わってきた▼10月25日、東京・市ヶ谷の防衛省で、任務中の事故や病気で亡くなった自衛隊員の追悼式が執り行われた。今回、新たに殉職隊員の名簿に刻まれたのは、陸上自衛隊8人と海上自衛隊3人の合わせて11人▼今年5月、潜水訓練の準備中に2人のベテラン潜水員が事故に遭ったケースなど様々だが、自衛隊創設から60年、11人を含め、この間に志半ばで逝った隊員は1851人を数える▼その中には、荒天下にヘリで急患輸送に出動し、山地に激突したケースもあれば、救難飛行艇の訓練中に墜落したケースもあった。多くの命が一瞬で奪われてしまうなど、自衛隊であるが故の事故が多いのも確かだが、防げる事故も多いはずだ▼今年の通常国会で、政府は過去10年間で、訓練中の事故で69人の隊員が亡くなっていることを明らかにしている。小銃など重い荷を担いで走る武装走、レンジャー隊員の養成など、過酷な訓練によって引き起こされる心筋梗塞などはその典型だろう▼追悼式に参列する遺族は、息子を亡くした老父母もいれば、中学や高校の制服姿の子どもたちも多い。遺族たちは大切な肉親の死を、崇高な任務のためだったと納得しようとしている。その健気さに報いるためにも、殉職者を減らす努力が大切だ。

時の焦点

国内　小渕氏の蹉跌

再起への険しい道のり

「優子はいつかサッチャーさんみたいになるんだよ」

「だから、ユッチャーだ」

小渕恵三元首相は、そうつぶやきながら、幼少の次女を抱き上げたという。

元首相の長女、暁子さんの著書『父のぬくもり』（扶桑社）に紹介されているエピソードだ。

英国初の女性首相だったサッチャー氏のようになれと、大きな期待をかけていたことがわかる。

小渕優子氏が、政治資金の問題で経済産業相を辞任した。

問題になっているのは、支援者が参加する毎年恒例の「観劇会」だ。参加者から集めた会費収入と、会場の東京・明治座への支払いに多額の差が生じている。それも数千万円単位である。

観劇会の収支がそもそも、報告書に記載されていない年もある。

ずさんすぎる。公職選挙法や政治資金規正法に触れる可能性もある。

優子氏の写真のラベルが貼られたワインを選挙区の有権者に贈った疑惑も発覚している。

野党からは、「議員辞職に値する」との批判も出ている。大きな試練を迎えていると言えよう。

地盤、看板（知名度）、カバン（資金力）を備え、恵まれた環境にあった。

子育てと議員の活動を両立しており、安倍政権が目指す「女性が輝く社会」の象徴的な存在でもあった。

衆院当選5回の中堅でありながら、初の女性首相の候補と目されていたのも当然だろう。

小渕氏は、慎重な言動で知られた。閣僚としての定例の記者会見などでも、言葉を選び、失言などは考えられなかった。

失うものが大きいから、神経質になっているのだと思っていた。

ところが、公明、公正な政治活動を行うという、政治家の基本の部分で、未熟だったと言わざるを得ない。

救いは、「引き際の潔さ」かもしれない。

閣僚辞任の記者会見では、「監督責任が十分でなかった。私自身が甘かった」と、率直に自らの非を認めた。

辞任で幕引きとせず、引き続き説明責任を果たしていくとも表明した。

同じ日に、「うちわ」の配布問題で松島法相も辞任した。辞任理由について「国政に遅滞をもたらした」などと語った。

うちわ配布については、「問題になる寄付行為とは思っていない」と、繰り返した。反省しているようには、あまり見えなかった。

小渕氏の引き際が評価されるのは、松島氏との対比もあるのかもしれない。自民党内には、「小渕氏は、ギリギリのところで踏みとどまった」との声がある。

小渕氏は「一から出直そうと思う」と語っている。いったん失った信頼を取り戻すのは容易ではないだろう。

自らを「鈍牛」と称した父は、一歩一歩永田町の階段を上り、頂点にたどりついた。娘は、父の歩みを今一度、振り返ってみるべきかもしれない。

風間 二郎（政治評論家）

海外　中国の習・王体制

改革先送りで亀裂拡大

中国の国力増大に伴う軍事力強化や威圧的な海洋進出など、発足から2年近くがたつ習近平指導部の内外政策に関心が集まっている折、中国政治に詳しい気鋭の専門家の講演を聞く機会があった。

中国は米国や日本、ベトナムなど周辺関係国との間で対立や摩擦を抱える一方で、「一国二制度」下の特別行政区・香港でも中国側主導の行政長官選挙の制度改革をめぐって民主派学生の激しい反発を受け、抗議行動に直面している。ここにきて経済の減速も伝えられ、内外で難しい問題を抱える中国指導部の置かれた状況を知る上で参考になったので、今回は講演の概要を紹介したい。

外部からはうかがい知れない中南海（中国指導部）の権力体制だが、この専門家によれば、中国を大企業に例えると、影響力を残す江沢民・元国家主席が前会長、引退した胡錦濤・前主席が会長におり、習近平現主席は社長を務めているとみると理解しやすいそうだ。

実権を握る共産党の頂点に立つ総書記、国家トップの座である主席に加え、軍を掌握する軍事委員会主席の地位も就任早々に手にし、権力基盤は毛沢東や鄧小平に勝るとも劣らない盤石な印象を与えるが、大企業の社長として、何かと目障りな前任者らに気を遣う必要があるとの指摘は興味深い。

習主席は就任以来、江沢民派の有力幹部を次々に反腐敗や不正の容疑で失脚させる一方、昨年3月の指導部交代時に人事で取引した胡錦濤派の元側近にも汚職捜査の手を広げている。

現指導部は当初、習主席とナンバー2の李克強首相の習・李体制とみられていたが、反腐敗キャンペーンを通じて権限を集中させた習主席は、太子党（高級幹部の子弟）仲間の側近で、汚職摘発の陣頭指揮を執る党規律検査委員会トップの王岐山書記による「習・王体制」を確立したという。

英誌エコノミストは以前、習主席は中国経済が低成長に向かい、社会の矛盾が一挙に噴出してきた悪い時期に政権の座に就いたと指摘したが、習主席は中国社会に広がるひび割れ、亀裂を修復しようと社会主義体制の引き締め、強化に動いてきたというのがこの専門家の見立てだ。

本来なら、経済がこれほど発展した中国であれば、政治改革や民主化などを通じて社会のひび割れを防ぐべきなのだが、中南海は権力を奪われるトラウマに悩まされ、改革の先延ばしで中国社会の亀裂を大きくしているのだという。

最近開催された重要会議の共産党中央委員会第4回総会では、「反腐敗」で政権運営の足場を固めた習指導部が新たな改革の旗印に「法治」を掲げたが、共産党の法治とは「法による党の支配」であり、一党支配体制強化の口実にすぎないと喝破する。

中国政府は先に大学当局に対し、「普遍的価値」「報道の自由」「市民の権利」といった学生が使ってはならない「7禁句」を伝達したが、政府系研究機関が実施したアンケート調査では、内外のネット情報に接している一般の人々や若者は重要な価値として、「平等」「民主」「富強」を上位に挙げ、「愛国」が最低にランクされたことと併せ、

香港で盛り上がる若者目覚めつつある国民の意識と現指導部の対応の落差が浮き彫りになった。

伊藤 努（外交評論家）

「航空観閲式」首相訓示 要旨

次なる60年に向け力強い一歩を

本日、防衛省・自衛隊60周年記念航空観閲式に当たり、高い練度を有する隊員諸君の勇姿に接し、観閲官として、また自衛隊の最高指揮官として、心強く、頼もしく思います。

独立回復から2年。国中が国家再建への意欲にあふれる中で防衛庁・自衛隊は誕生しました。その発足に当たり、木村篤太郎初代防衛庁長官は諸君の先輩たちに一つの思いを託しました。

「真に国民の自衛隊」たれ。

あれから60年。日本は、ひたすらに平和で民主的な国家を創り上げてきました。そして、その間、自衛隊は常に国民と共にありました。

24時間、365日体制で日本の空を守る。はるか2000キロメートル離れた南の宮古島から、冬は氷点下10度にも及ぶ北の稚内まで、さらには紺碧の空の上で、自衛隊の諸君は、今この瞬間も警戒監視を続け、そしてスクランブル任務に当たっています。

はるか洋上には、荒波を恐れず、広大な日本の海を守る諸君がいます。

3万回を超える災害派遣。広島では泥にまみれ、御嶽山では膝まで灰に埋まりながらも、危険を顧みず、懸命の救助活動に当たる自衛隊員の姿は、多くの国民の目に鮮明に焼きついています。

「真に国民の自衛隊」。木村長官の願いは、60年の時を経て、現実のものとなった。それは、私のみならず、国民の等しく一致するところであります。

60年間に及ぶ、諸君と諸君の先輩たちのたゆまぬ努力に、自衛隊の最高指揮官として深甚なる敬意を表します。60年間の歩みを振り返れば、自衛隊は時代の変化に対応し、国際社会と手を携えながら柔軟にその任務を広げてまいりました。

ペルシャ湾で機雷の除去に当たった掃海部隊は、自衛隊の高い士気と能力を、戦後初めて世界に示しました。

冷戦後の地域紛争の増加に対し、カンボジアを皮切りに、ゴラン高原で、東ティモールで、ハイチで、そして南スーダンで、これまでに延べ5万人もの隊員諸君が、国際平和の最前線に身を投じてきました。

あの「9・11テロ」の後は、国際社会とともに「テロとの戦い」に臨み、イラクでは人道・復興支援に当たりました。海の大動脈アデン湾では、海賊対処に高い能力を発揮し、今や世界の船舶が自衛隊を頼りにしています。

国際情勢が大きく激変する中にあっても、諸君の揺るぎない使命感と、献身的な努力が、日本の平和を守り、世界の平和に貢献してきた。そのことに、疑いの余地はありません。

しかし、世界は立ち止まってはくれない。このことも、また厳然たる事実です。

弾道ミサイルなどの大量破壊兵器、サイバーテロの脅威。私たちが、望むと望まざるとにかかわらず、国際情勢は絶えず激変しています。

だからこそ、私は諸君の先頭に立って、さらなる安全保障の立て直しに取り組んでいます。

日米安保体制の抑止力を高めるため、ガイドラインの見直しや、共同訓練をはじめ幅広い分野における協力を推し進めています。さらに今後、いわゆるグレーゾーンに関するものから、集団的自衛権の行使に関するものまで、切れ目のない、新たな安全保障法制を整備してまいります。

すべては、国民の命と平和な暮らしを守るため。目的は、ただその一つであります。

「事に臨んでは危険を顧みず、身をもって責務の完遂に努め、もって国民の負託にこたえる」

諸君の、この宣誓の重さを、最高指揮官として胸に深く刻みながら、諸君と共に、いかなる事態にあっても国民の生命と財産、我が国の領土・領海・領空を守り抜いていく決意であります。

戦後60年以上続いてきた平和国家としての日本の歩みは、これからも変わることは決してありません。日本国憲法が掲げる平和主義の理念は、世界に誇るべきものです。

しかし、それは内向きな「一国平和主義」であってはならない。世界はますます相互依存を深め、一つの地域で生じた危機が、世界に波及する危険性は一層高まっています。

こうした時代にあって、「自国のことのみに専念」するような態度は、真の平和主義に忠実なものとは言えません。

今こそ我が国は「積極的平和主義」の旗を掲げ、世界の平和と安定に、これまで以上に役割を果たしていくべきであります。それこそが、憲法が掲げる平和主義の理念により適う道だ、と確信しています。

そして、この「積極的平和主義」の実践は、その士気と能力の高さで、世界から評価される諸君たち自衛隊の存在を抜きに語ることはできません。

諸君のさらなる活躍を大いに期待するところであります。

南スーダンでのPKO活動には、9名の女性自衛官も参加しています。女性の力が、自衛隊にとって新たな活力の源となっている。60年前とは大きく様変わりしました。

昨年、初の女性艦長も誕生しました。長い航海の間には、寂しい思いをしておられるご家族も多いことでありましょう。

しかし、大谷2等海佐が「しまゆき」の艦長になった時、最初に「おめでとう」と言ってくれたのは、9歳の娘さんであったそうです。

ご家族の支えがあってこその自衛隊。私は、強くそう思います。

もう一人の初の女性艦長、東2等海佐が艦長を務める「せとゆき」など自衛艦3隻は、一昨日、5カ月間の遠洋航海を終え、東京晴海の港に戻ってきました。

今回は、ソロモン諸島を訪問し、先の大戦でお亡くなりになった方々の御遺骨を祖国へと送還する任務にも当たってくれました。今も異国の地に眠るたくさんの御遺骨に、一日も早く、祖国へと御帰還いただきたい。それは、今を生きる私たちの責務でもあります。

「白珪（はっけい）なお磨くべし」という言葉があります。

我々は、国家・国民のため、さらなる高みを目指し、不断の努力を続けていかなければならない。諸君におかれては、自らの使命を自覚し、高い規律と緊張感を保ちながら、全力で、いかなる任務も全うしてほしいと思います。

最後に、60年後の日本を展望してみたいと思います。

子どもたちの笑顔があふれる平和な日本。

そして、世界の平和に貢献し世界から尊敬される日本。

私たちの子孫も、きっと自らの手で新たな時代を切り拓いてくれている、と信じます。

そして、その時にも、必ずや諸君たち自衛隊が国民と共にある。私はそう確信しています。

「真に国民の自衛隊」さらには「世界で平和主義を実践する自衛隊」。

隊員諸君。すべての日本国民が、そして世界が、諸君を信頼し、大いに頼りにしています。

その誇りを胸に、次なる60年に向けて、力強い一歩を踏み出してほしいと願います。

本日の60周年を記念する航空観閲式が、その新たなスタートとなることを切に望み、私の訓示といたします。

平成26年10月26日
内閣総理大臣　安倍晋三

〈1面参照〉

艦内に遺骨安置し帰国

ソロモン諸島 旧日本軍軍人　遠航部隊が引き渡す

遺骨引渡式で遺骨の入った箱を捧持して厳かに行進する「かしま」乗員（10月24日、東京港・晴海ふ頭で）

10月24日、東京港に帰国した海自遠洋練習航海部隊は、晴海ふ頭で実施された厚生労働省主催の「遺骨引渡式」に参加した。

同隊は9月19、20日に太平洋戦争中の激戦地・ソロモン諸島（ガダルカナル島）のホニアラに寄港。ここで「旧日本軍人の遺骨収集帰還事業」に協力、日本軍将兵の遺骨を託され、練習艦「かしま」艦内に安置して祖国日本まで運んだ。

遺骨引渡式は午前10時35分、東京音楽隊が「海ゆかば」を奏でるなか始まり、白布に包まれた遺骨の入った箱を捧持する「かしま」乗員が甲板に現れ、並んでゆっくりと艦を下りた。その後、隊員たちは遺族席の前を行進し、厚労省職員に遺骨を引き渡した。

英霊の遺骨が初めて祖国の大地に仮安置されると、会場にいる全員が黙とう。続いて遺族や来賓が献花を行った。

この後、永岡桂子厚生労働副大臣があいさつ、「海上自衛隊の皆様には通常の洋上訓練に加え、ご遺骨を（祖国日本まで）お守りくださり、ありがとうございました。今後も防衛省はじめ関係省庁と連携し、いまだ異郷の地に眠るご遺骨を一柱でも多く収容し、祖国に帰還させたいと思います」と述べた。

遺骨は最後に厚労省職員に捧持されて退場。これを海自隊員たちが敬礼と捧げ銃で見送った。

アデン湾で共同訓練を行う海自の護衛艦「たかなみ」（手前）とイタリア海軍の「アンドレア・ドリア」（10月16日）

「たかなみ」がEU海上部隊と共同訓練

海賊対処水上部隊19次隊の護衛艦「たかなみ」は10月16日、欧州連合（EU）海上部隊に所属するイタリア海軍の駆逐艦「アンドレア・ドリア」（満載排水量6741トン）とアデン湾洋上で共同訓練を行った。

海自部隊は19次隊指揮官の大川努1佐が、EU側はCTF465（EUアトランタ作戦）司令官で伊海軍のグイド・ランド少将がそれぞれ指揮統制官を務め、通信訓練、戦術運動、立ち入り検査訓練などを行った。

海自はNATO軍とも9月に同様の共同訓練を行っており、ソマリア沖・アデン湾での多国間協力を推進している。

大型の高圧発電機車を輸送艦「しもきた」に収容する隊員ら（10月7日、呉基地で）

電力会社と協定 締結後初の訓練

呉地方総監部

【呉】呉地方総監部（総監・伊藤俊幸海将）は今年7月の関西電力、中国電力、四国電力の3社との「連携に関する協定」締結後、初となる電力会社車両の輸送艦搭載訓練を10月7日に実施した。

同協定は災害発生時の相互協力を円滑に行うため、海上自衛隊として初めて電力会社と結んだ。災害で孤立した沿岸部や離島の電力復旧作業に海自が協力、必要な資機材などを輸送する一方、電力会社は救援活動の拠点となる海自施設へ電力を安定供給する取り決めなどが主な内容となる。

訓練は呉基地の係船堀Dバースで行われ、呉総監部、各電力会社から約160人が参加。輸送艦「しもきた」に電力会社の高圧発電機車や高所作業車、多機能工作車など計5台を搭載するための検証作業を行った。

当初搭載が困難とみられていた大型の1000KVA高圧発電機車の搭載も可能であることが確認されたが、一方で潮位差がある場合の問題点なども判明し、有意義な訓練となった。

日露捜索・救難共同訓練を実施

海自は10月26、28の両日、極東ロシアのウラジオストク沖などで露海軍と共同の捜索・救難訓練を実施した。

訓練に参加したのは15護衛隊司令の吉川尚徳1佐を指揮官に、護衛艦「はまぎり」（艦長・倉光啓介2佐以下人員約220人）と搭載のSH60J型哨戒ヘリ1機。同艦は10月23日に大湊を出発、25日にウラジオストクに入港し、ロシア海軍艦艇との捜索・救難訓練や海賊対処訓練などを実施した。

同訓練は平成11年からほぼ毎年行っており、今回で13回目。武居海幕長は21日の記者会見で、「隣国であるロシアと良好な関係を保つことは軍事面でも重要。人道的な意味からも同訓練を続けていく意義がある」と述べた。

露艦艇4隻が対馬海峡南下

10月25日午後1時ごろ、[illegible]約220キロの日本海を[illegible]露海軍の「スラバ」級ミサイル巡洋艦（満載排水量1万1674トン、艦番号011「ワリャーグ」）など4隻を[illegible]P3C哨戒機が確認した。

他の3隻は「ウダロイI」級駆逐艦（8636トン、543「マーシャル・シャポシニコフ」）、[illegible]「ボリス・ブートマ」[illegible]「バクラザン」級救難曳船[illegible]を抜けて東シナ海に入った。

訂正

10月9日付け[illegible]「ぶんか」[illegible]の記事中、[illegible]51普通科連隊長」とあるのは[illegible]51普通科連隊長」の誤りでした。おわびして訂正します。

共済組合だより

インフルエンザ予防接種　被扶養者対象に助成

防衛省共済組合では、組合員のご家族向けに「インフルエンザ予防接種」の助成を行っています。

対象は平成27年1月31日までに実施した被扶養者のインフルエンザ予防接種で、助成額は1人につき上限1500円です。組合員本人は対象外です。

助成回数は「1人につき接種1回分」で、接種料金が1500円に満たない場合、助成額はその金額（100円未満切捨て）となります。

助成金の請求方法は、医療機関等でインフルエンザ予防接種を受けた後、支部の保健係にて配布している請求書に記入のうえ、医療機関等で発行した領収書等（正）を添えて支部の保健係へ提出してください。

その際、領収書等（正）には被扶養者の氏名とインフルエンザ予防接種であることの記載が必要です。請求期限は平成27年2月28日までとなっています。

その他、不明な点は各支部の保健係までお問い合わせください。

空自の主力戦闘機Ｆ15は２機による機動飛行を披露。主翼に水蒸気を発生させ、右に360度急ターンする機動性能を見せた

Ｃ１輸送機（下）と編隊で現れたＸＣ２次期輸送機。現在、飛実団（岐阜）で各種飛行試験が続けられている（10月19日）

エプロン地区に並ぶ空自機の上空で、スモークを出しながらデルタ隊形で急旋回するＴ４ブルーインパルスの５機編隊（いずれも10月26日、百里基地で）

空の守り　万全の構え

自衛隊60周年記念航空観閲式

「安倍総理、これが日本の空を守る３自衛隊の全容です」――。防衛省・自衛隊の60周年を記念する航空観閲式が10月26日、空自百里基地で行われた。慰霊飛行、観閲飛行に続く展示視閲では、Ｆ15戦闘機による360度ターンやＦ２戦闘機の模擬対地攻撃などのほか、開発中のＸＣ２次期輸送機もＣ１輸送機とともにその雄姿を見せた。最後のＴ４ブルーインパルス（松島）の展示では、機体間１メートルの「ファン・ブレーク」などスリルあふれる妙技の数々を披露し、スタンドを埋めた8400人の観客を圧倒した。

最短距離約１メートルの「ファン・ブレーク」を披露する４空団11飛行隊（松島）のＴ４ブルーインパルス（10月19日）

式典終了後、会場に特別展示された米海兵隊のティルトローター機「ＭＶ22オスプレイ」を視察する安倍首相（左から３人目）

エプロン地区に整列した隊員を前に「真に国民の自衛隊たれ」と訓示する安倍首相（中央）。右端は江渡防衛大臣

展示視閲で、観閲台の前を走行する１高群３高隊（霞ヶ浦）のペトリオット対空ミサイル部隊

米メーカーの協力で、空自の次期主力戦闘機「Ｆ35Ａ」のモックアップ（模型）も展示。機体の前で説明を受ける安倍首相（中央後ろ姿）

ＡＨ64Ｄ戦闘ヘリの前に整列した32普連（大宮）などの陸自大隊。他にＵＨ１、ＡＨ１Ｓヘリが展示された

自衛艦旗を掲げて整列した３術校（下総）を中心とする海自大隊。観閲飛行ではＵＳ２救難飛行艇なども飛んだ

60年史

PHOTOGRAPH

防衛省・自衛隊の歴史は、朝鮮戦争勃発直後の1950年7月、GHQのマッカーサー元帥から吉田首相に送られた警察力増強を求める1通の書簡に始まる。これを受け政府は同年8月「警察予備隊」を創設、これが陸自に引き継がれた。続いて52年8月、海自の前身「海上警備隊」が発足。そして空自が加わる「防衛庁・自衛隊」は54年7月、東京・越中島で創設された。以後60年間、国民と共にあった3自衛隊は、冷戦時代の国防任務をはじめ、各地で発生した災害への対応や東京オリンピックなど民生協力にも従事。90年代に入るとペルシャ湾機雷掃海、カンボジアPKOなど国際任務も加わり、その献身的な活動で内外からの評価を高めてきた。朝雲新聞社の秘蔵写真から「防衛省・自衛隊60年史」を振り返ってみた。

（写真は朝雲アーカイブから）

防衛庁が開庁

「防衛庁」の開庁記念式典で木村篤太郎長官に敬礼する陸海空幕・内局などの隊員。空自隊員は陸海の制服で並んでいる（1954年7月1日、越中島で）

銀座パレード

「保安隊」発足を記念して東京・銀座をパレードする車両部隊。米軍貸与のM15自走高射機関砲などが雨中を行進した（1952年10月15日）

ブルー「五輪」描く

東京オリンピックの開会式で、国立競技場の上空にカラースモークで五輪を描く空自のF86ブルーインパルス（1964年10月10日）

北の大地で「援農」

北海道・美唄の農村で休日を返上して農家の田植えを手伝う岩見沢駐屯地の隊員。北海道、東北では「援農班」も組織された（1954年ごろ）

日米艦艇貸与協定

日米艦艇貸与協定に基づき米国から海自に貸与された護衛艦「あさかぜ」（奥）を小船から日の丸を振って歓迎する横須賀市の関係者（1955年2月）

防衛省・自衛隊60年の歩み

1950. 8	警察予備隊発足
1952. 8	保安庁、保安隊、海上警備隊発足
1954. 7	防衛庁、陸海空自衛隊発足
1956. 3	防衛庁新庁舎（霞ヶ関）落成。越中島から移転
1957. 5	「国防の基本方針」国防会議・閣議決定
1957. 6	第1次防衛力整備計画決定・閣議了解
1959. 9	伊勢湾台風災害派遣
1960. 1	防衛庁、桧町庁舎に移転
1960. 1	日米が新安全保障条約署名
1964. 10	東京オリンピック。自衛隊が支援
1968. 10	反日共系全学連、防衛庁内に不法侵入
1970. 10	初の「日本の防衛」（防衛白書）発表
1971. 7	空自機と旅客機が空中衝突する雫石事故発生
1972. 2	札幌オリンピック開幕
1972. 5	米国から沖縄返還される。翌年、那覇などに自衛隊配備
1973. 2	防衛庁、「平和時の防衛力」発表
1976. 9	ソ連のミグ25戦闘機、函館空港に強行着陸
1978. 11	「日米防衛協力のための指針」を閣議報告・了承
1979. 7	「中期業務見積りについて」発表
1981. 4	防衛庁、「有事法制の研究」対象となる法令の区分等を公表
1982. 5	「駐留軍用地特別措置法」で一部沖縄の土地の使用を開始
1983. 6	谷川長官、防衛庁長官として初の北方領土視察
1984. 10	防衛庁、「有事法制の研究」で今後の研究の進め方を公表
1985. 8	日航ジャンボ機、群馬の御巣鷹山に墜落し、災害派遣
1986. 2	初の日米共同統合指揮所演習
1986. 7	「安全保障会議設置法」施行
1986. 10	初の日米共同統合実動演習
1986. 11	伊豆大島三原山噴火で陸海空自が災害派遣
1987. 12	領空侵犯したソ連機に対し、F4戦闘機が初の警告射撃
1988. 7	潜水艦「なだしお」と遊漁船「第1富士丸」が衝突
1989. 2	1月7日に昭和天皇崩御。大喪の礼
1991. 4	海自の機雷掃海部隊をペルシャ湾に派遣
1991. 6	雲仙普賢岳で火砕流発生、4師団など災害派遣
1992. 9	カンボジアPKOに陸自施設大隊派遣
1993. 5	モザンビークPKOに陸自輸送調整中隊派遣
1993. 7	北海道南西沖地震で奥尻島に災害派遣
1994. 9	ルワンダ難民救援隊をアフリカに派遣
1995. 1	阪神・淡路大震災で陸海空自衛隊が災害派遣
1995. 3	都内で地下鉄サリン事件発生、化学科部隊を災害派遣
1995. 11	「07大綱」安全保障会議・閣議決定
1996. 1	ゴラン高原PKOに陸自輸送隊派遣
1996. 10	第1回アジア・太平洋防衛当局者フォーラム
1997. 1	情報本部発足
1998. 2	長野オリンピック開幕。自衛隊が支援
1998. 3	補給統制本部が発足
1998. 8	北朝鮮、日本列島上空を超えるミサイルを発射
1998. 11	ホンジュラスの台風被害で国際緊急医療援助隊派遣
1999. 3	能登半島沖不審船事案が発生
1999. 9	茨城・東海村で初の臨界事故。陸海空自衛隊災害派遣
2000. 3	北海道・有珠山噴火に伴う災害派遣
2000. 5	防衛庁、市ヶ谷に移転
2000. 6	三宅島・雄山噴火に伴う災害派遣
2001. 1	契約本部発足
2001. 9	「防衛力の在り方検討会議」発足
2001. 11	海自のインド洋補給支援始まる
2002. 2	東ティモールPKOに施設部隊派遣
2004. 2	イラク復興支援で陸自部隊派遣
2004. 9	防衛庁・自衛隊50周年記念式典
2004. 12	「16大綱」「17中期防」閣議決定
2005. 1	スマトラ沖地震、インド洋津波で自衛隊インドネシア派遣
2005. 10	パキスタン大地震で国際緊急援助隊派遣
2006. 3	統合幕僚監部が発足
2007. 1	防衛庁、省に昇格
2007. 3	国連ネパール軍事ミッションに軍事監視要員派遣
2007. 9	装備施設本部、防衛監察本部、地方防衛局発足
2009. 3	ソマリア沖・アデン湾での海自の海賊対処始まる
2010. 1	ハイチ大地震で陸自医療部隊派遣。以後PKO活動に
2010. 12	「22大綱」「23中期防」閣議決定
2011. 2	ニュージーランドで大地震、国際緊急援助隊派遣
2011. 3	東日本大震災発生。陸海空自が史上最大の災害派遣
2013. 12	「国家安全保障戦略」「25大綱」閣議決定
2014. 4	「防衛装備移転3原則」政府決定
2014. 7	「集団的自衛権」の限定行使容認を閣議決定
2014. 9	御嶽山噴火で12旅団など災害派遣

三島氏「体験搭乗」

空自のF104DJ戦闘機（後方）に体験搭乗、パイロットスーツ姿で笑顔を見せる作家の三島由紀夫氏（1967年12月5日、百里基地で）

鉄道部隊

かつて陸自にあった「鉄道部隊」の第101建設隊。国鉄から払い下げられた蒸気機関車を装備し、野戦被弾下の鉄道運営訓練を続けた（1960年6月）

伊勢湾台風

昭和34（1959）年9月に中部地方を直撃した伊勢湾台風で、決壊した堤防の復旧のため濁流につかって作業する隊員。延べ73万人が救援活動に従事した

防衛省・自衛隊

海賊対処活動

アフリカのジブチ上空を飛行するＰ３Ｃ哨戒機。海自海賊対処航空部隊は2009年６月から艦艇と共にソマリア沖・アデン湾で監視活動にあたっている

阪神大震災

平成7（1995）年1月17日に起きた「阪神・淡路大震災」で災派出動、多くの家屋が倒壊、焼失した現場で行方不明者の捜索にあたる隊員（神戸市で）

沖縄復帰

昭和47（1972）年５月に沖縄が返還され、自衛隊沖縄地連が発足。熊本で臨時編成された第１混成群などが移駐し、48年２月、那覇駐屯地が開設された

日米同盟50年

「日米安保条約改定50周年」を記念し、ヘリ甲板に人文字で「50」を描いた海自のヘリ搭載護衛艦「ひえい」（手前）と米駆逐艦（2010年6月17日）

地下鉄サリン事件

平成7（1995）年3月20日に起きた「地下鉄サリン事件」で、地下鉄霞ヶ関駅のホームを除染する101化学防護隊（現・中央特殊武器防護隊）の隊員

雲仙噴火

平成３（1991）年６月３日、長崎・雲仙普賢岳で大規模火砕流が発生、その２日後、75式ドーザーで堆積した火山灰を除去する陸自隊員（島原市で）

東日本大震災

2011年３月11日に発生した「東日本大震災」で、水素爆発を起こした福島第１原発の原子炉を冷却するため、決死の放水作業を行う陸自の消防車

ゴラン高原派遣

イスラエル・シリア間に配置された「国連兵力引き離し監視隊」の編成完結式に臨むゴラン高原派遣輸送隊1次隊。中央は佐藤正久隊長（1996年2月）

ペルシャ湾機雷掃海

湾岸戦争でペルシャ湾に敷設された機雷除去のため、海自艦艇６隻が派遣された。灼熱下の実戦で掃海部隊は計34個の機雷を処分した（1991年6月）

イラク復興支援

中東・イラクの復興支援活動に参加、学校や病院など施設の補修現場で地元の子供たちから歓迎を受ける陸自隊員（2005年12月31日、サマワで）

弾道ミサイル防衛

㊧弾道ミサイル防衛の能力を高めるため、ハワイ沖でSM3対空ミサイルの実射訓練を行う海自イージス護衛艦「きりしま」（2010年10月28日）

日米豪共同訓練

㊦日米豪共同訓練「コープノース・グアム」に参加、米空軍のB52を先頭に豪空軍のFA18などと編隊飛行する空自のF15、F2（2013年2月5日）

中国艦艇　初来日

中国海軍艦艇として初来日したミサイル駆逐艦「深圳」。海自護衛艦「いかづち」（後方）がホストシップを務めた（2007年11月、東京・晴海で）

国連PKO初参加

自衛隊初となる国連ＰＫＯ活動に参加、戦火に荒れたカンボジアに派遣され、道路の復旧作業に汗を流す陸自隊員（右奥）（1993年1月）

70団体、66人に感謝状

江渡大臣 防衛協力、募集功労で

「防衛協力功労」「自衛官募集功労」の受賞者一人一人の席を回って感謝状を贈る江渡大臣（右端、こちら向き）＝10月25日、東京都新宿区のホテルグランドヒル市ヶ谷で

自衛隊記念日中央行事の一つで、防衛基盤の育成や隊員募集などに貢献した一般功労者・団体を表彰する平成26年度防衛大臣感謝状贈呈式が10月25日、東京都新宿区のホテルグランドヒル市ヶ谷で行われ、企業、自治体など70団体と66個人に江渡防衛相から感謝状が贈られた。

贈呈式には大臣をはじめ、左藤副大臣、原田、石川両政務官、西事務次官、河野統、岩田陸、武居海、齊藤空の各幕僚長ら防衛省・自衛隊幹部が出席。大臣が功労者一人一人に感謝状を手渡した。

贈呈後、大臣は「我が国の防衛について深いご理解のもと、長年にわたり隊員の教育訓練、防衛施設の安定使用、自衛官募集や就職援護、予備自衛官の雇用など、さまざまな分野で防衛省・自衛隊を支えて下さっている。自衛隊は自らの力のみでその任務を果たし得るものではありません。皆さま方に支えられて初めて自衛隊は誇りを持って日々の任務にまい進できる。今後とも変わらぬご支援、ご協力を」とあいさつした。

続いて受賞者を代表して、前田啓迪さん（東北補給処OB会顧問）が「防衛大臣から感謝状を賜り、誠に感激の極み。この栄誉を誇りに思い、今後とも我が国の防衛に協力できるよう微力を尽くす覚悟です」と謝辞を述べた。

平成26年度の「防衛協力功労」「自衛官募集功労」大臣感謝状の受賞団体・個人は次の通り。

◇防衛協力功労・一般功労＝団体（5団体）▽小松製作所（東京都）▽公益財団法人日本武道館（東京都）▽航空自衛隊美保基地協力会（鳥取県）▽富良野地方自衛隊協力会（北海道）▽北海道自衛隊駐屯地等連絡協議会（北海道）

◇防衛協力功労・一般功労＝個人（47人）▽青木正夫（茨城県、古河駐屯地後援会会長）▽明石務（徳島県、徳島県自衛隊父兄会会長）▽伊集盛久（沖縄県、沖縄県国頭郡東村長）▽糸数健一（沖縄県、与那国防衛協力会副会長）▽岩本健司（宮崎県、「山幸祭」実行委員長）▽上野弘安（北海道、奥尻町自衛隊協力会会長）▽上野正三（北海道、北海道北広島市長）▽植原弘子（群馬県、日本女性の会運営委員長）▽上村彌壽男（石川県、石川県防衛協会副会長兼常任理事）▽江木基彦（東京都、言論科学振興協会理事長）▽岡本茂裕（広島県、オカモト産業代表取締役）▽荻野喜美雄（埼玉県、入間航友会会長）▽角間俊夫（石川県、金沢駐屯地協力会顧問）▽片寄利視（沖縄県、与那国防衛協会顧問）▽加藤達男（神奈川県、会社員）▽川元賢一郎（東京都、東部方面懇話会会長）▽菊池勝責（東京都、小笠原島漁業協同組合代表理事組合長）▽木村要（京都府、京都府相楽郡精華町長）▽金城信浩（沖縄県、与那国防衛協会会長）▽古波蔵廣（沖縄県、名護漁業協同組合代表理事組合長）▽小林一夫（兵庫県、第3師団を励ます会顧問）▽酒井昭二（栃木県、栃木県隊友会顧問）▽坂本春男（青森県、三沢ボリューム会会長）▽佐々木幸美（東京都、小笠原母島漁業協同組合代表理事組合長）▽篠崎輝子（神奈川県、無職）▽田中則仁（神奈川県、神奈川大学経営学部国際経営学科教授）▽谷口岩雄（宮城県、霞目フレンドフォース会長）▽種市一正（青森県、青森県三沢市長）▽坪水徳郎（鹿児島県、鹿屋市防衛協会副会長）▽霍田隆長（北海道、全国自衛隊父兄会北海道地域協議会顧問）▽徳田八郎衛（千葉県、一般財団法人平和・安全保障研究所客員研究員）▽富澤貴（埼玉県、自衛隊体育学校後援会会長）▽早坂隆（宮城県、元宮城青年防衛協会会長）▽福田良彦（山口県、山口県岩国市長）▽藤井義弘（石川県、ハイフライト友の会監事）▽藤本久見（大分県、元大分県自衛隊父兄会副会長）▽外間守吉（沖縄県、沖縄県八重山郡与那国町長）▽星野明夫（千葉県、第1師団懇話会名誉会長）▽前田啓迪（宮城県、東北補給処OB会顧問）▽前森一徳（沖縄県、一般社団法人沖縄海友会顧問）▽松崎稔（北海道、足寄町自衛隊協力会相談役）▽松山恒男（茨城県、日立市自衛隊協力会会長）▽御園みつ子（千葉県、木更津ボリューム会相談役）▽御手洗幸治（長崎県、部隊傭船船長）▽森山芳太郎（宮崎県、宮崎県防衛協会青年部会相談役）▽米満重満（鹿児島県、鹿児島県姶良郡湧水町長）▽以下、1人は受賞者の希望により不開示

◇防衛協力功労・就職援護＝団体（28団体）▽青い森信用金庫（青森県）▽香川ビジネスサービス（香川県）▽アクティオ（東京都）▽アラタ工業（北海道）▽小松製作所（東京都）▽シムックス（群馬県）▽全日警福岡支社（福岡県）▽タダノ（香川県）▽ネクスコ・トール東北山形事業部（山形県）▽マルゼンシステムズ（北海道）▽きたぎんビジネスサービス（岩手県）▽公益財団法人競馬保安協会（茨城県）▽興和ビルメンテナンス青森支店（青森県）▽JX日鉱日石サイトセキュリティ（神奈川県）▽ジブラルタ生命保険（東京都）▽積水ハウス（大阪府）▽損害保険ジャパン日本興亜九州保険金サービス第二部（熊本県）▽東京海上日動火災保険静岡損害サービス部（静岡県）▽東京海上日動火災保険大分支店（大分県）▽東レ（東京都）▽苫小牧信用金庫（北海道）▽ニッポ電工（秋田県）▽丸ノ内ビル管理（三重県）▽三桜電気工業（宮崎県）▽三井住友海上火災保険（東京都）▽三菱プレシジョン（東京都）▽以下、2団体は受賞者の希望により不開示

◇防衛協力功労・就職援護＝個人（2人）▽高向巌（北海道、北海道自衛隊退職者雇用協議会会長）▽高山弘憲（東京都、ジャパンプロテクション代表取締役会長）

◇防衛協力功労・予備自衛官雇用＝団体（22団体）▽セノン名古屋支社（愛知県）▽全日警中部空港支社（愛知県）▽トスネット北陸富山営業所（富山県）▽ナカサ（島根県）▽毎日急行（沖縄県）▽まるだい運輸倉庫（神奈川県）▽ミヤビ商事（群馬県）▽公益財団法人東京タクシーセンター（東京都）▽甲奴郡森林組合（広島県）▽三星運輸（北海道）▽セコムジャスティック上信越（新潟県）▽東北鉄道運輸（宮城県）▽東洋ワークセキュリティ札幌営業所（北海道）▽トクデンマキノ工場（滋賀県）▽南海測量設計（愛媛県）▽日本工機白河製造所（福島県）▽前田カッター（熊本県）▽三八五エクスプレス（青森県）▽ホンマ交通警備（北海道）▽以下、3団体は受賞者の希望により不開示

◇自衛官募集功労＝地方自治体（7団体）▽青森県大鰐町▽岩手県岩手町▽宮城県富谷町▽山形県高畠町▽栃木県佐野市▽栃木県芳賀町▽宮崎県高千穂町

◇自衛官募集功労＝学校等（8団体）▽大原簿記法律専門学校京都校（京都府）▽開新高等学校（熊本県）▽熊本国府高等学校（熊本県）▽鎮西高等学校（熊本県）▽札幌山の手高等学校（北海道）▽文徳高等学校（熊本県）▽吉田学園情報ビジネス専門学校（北海道）▽以下、1校は受賞者の希望により不開示

◇自衛官募集功労＝個人（17人）▽片岡正光（東京都、自衛隊荒川区協力会副会長）▽加藤久雄（長野県、長野市長）▽加藤秀治（大阪府、自衛隊協力大阪連絡協議会副会長）▽佐原勇（東京都、自衛隊東京地方協力本部城北地区募集相談員連絡協議会会長）▽髙橋昭生（東京都、西多摩地区自衛隊協力団体連絡協議会相談役）▽田中修（大阪府、自衛官募集相談員）▽中村えみ子（福岡県、自衛官募集相談員）▽中村猛志（山梨県、自衛隊山梨同友地本協力会会長）▽中村秀治（北海道、富良野地区自衛官志願推進協議会会長）▽平井美孝（山梨県、自衛隊山梨県東部協力会会長）▽船山文雄（秋田県、能代地区自衛隊父兄会協議会会長）▽松井明仁（奈良県、教育学園Ｅｐｉｓ『エピス』学習塾代表）▽松永俊定（大阪府、大阪府自衛隊父兄会河内地区会会長）▽門馬秀光（福島県、福島県自衛官募集相談員連絡協議会顧問）▽八尋勇光（福岡県、自衛官募集相談員）▽山根衛（北海道、上川地区自衛官志願推進協議会会長）▽吉田博（東京都、自衛隊東京地方協力本部友の会監査）

自衛隊殉職隊員追悼式

「遺志を継ぎ、全力尽くす」

11柱の名簿奉納 首相が誓いの言葉

330人が列席

「自衛隊員としての誇りと使命感を自らの行為によって示されました」と追悼の辞を述べる安倍首相（いずれも10月25日、防衛省慰霊碑地区で）＝防衛省提供

平成26年度の自衛隊殉職隊員追悼式が10月25日、防衛省慰霊碑地区（メモリアルゾーン）で行われ、11柱（陸8柱、海3柱）の殉職隊員の遺族をはじめ、安倍首相、江渡防衛相、防衛省・自衛隊高級幹部、歴代防衛大臣ら約330人が参列し、昭和26年度の警察予備隊以来の殉職隊員1851柱の冥福を祈った。

国歌斉唱に続いて、昨年9月1日から今年8月31日までの間に公務による死亡が認定された11隊員の名前が読み上げられた後、江渡大臣が祭壇中央に11柱の名簿を奉納。陸自302保安警務中隊による特別儀仗隊が捧げ銃、陸自中央音楽隊が「国の鎮め」を演奏する中、参列者全員が祭壇に向かって拝礼、黙とうした。

追悼の辞で安倍首相は「御霊はそれぞれの持ち場において強い責任感を持って職務の遂行に全身全霊を捧げ、自衛隊員としての誇りと使命感を自らの行為によって示されました。有為な隊員を失ったことは自衛隊、そして我が国にとって誠に大きな痛手です」と殉職隊員を悼むとともに、「ご遺族の深い悲しみに思いを致す時、慰めの言葉もありません。御霊は立派に使命を果たし、この国のために尽くし、大きな足跡を残された。その勇気と名前を永遠に心に刻みつけていきます。尊い犠牲を無にすることなく、ご遺志を受け継ぎ、国民の命と平和な暮らしを守るため、そして世界の平和と安定に寄与するため、全力を尽くすことを固くお誓いします」と誓いの言葉を述べた。

祭壇に11柱の殉職隊員の名簿を奉納する江渡大臣

続いて江渡大臣は「幾多の方々が旺盛な責任感のもと、身の危険を顧みず、国家・国民のため任務の完遂に努め、志半ばにしてその職に殉じられた事実を、我々は決して忘れることがあってはならない。私どもは、このような不幸な事態を再び起こさないよう、今後とも最善を尽くしてまいります。御霊のご功績を自衛隊員の鏡として永く顕彰するとともに、ご遺志を受け継ぎ、国民の生命・財産を守るという防衛省・自衛隊の任務達成に全身全霊で取り組むことをお誓いします」と追悼の辞を述べた。

この後、献花に移り、献花台に安倍首相、江渡大臣、新遺族に続いて遺族会会長、防衛省幹部、歴代大臣、国会議員、関係協力団体の順に白菊を手向けた。

遺族を代表して、海自大湊基地業務隊の藤田隆久1曹（夜間作業中に体勢を崩して海中に転落し殉職、当時39歳）の長男・磨呂さんがあいさつ。「崇高な任務を遂行していた上での事故とはいえ、突然、かけがえのない家族を失った遺族の悲しみは一言で言い表すことはできません。時間はかかりますが、深い悲しみを一日も早く乗り越えることが大事だと思っています。隊員の皆さまには私たち遺族を温かく見守っていただくとともに、父が果たせなかった分まで国防の任務を全うされるようお願い申し上げます」と述べた。

追悼式は、任務遂行中に職に殉じた隊員を追悼するために、防衛大臣の主催で昭和32年から行われている。

26年度の殉職隊員は次の通り。（氏名、年齢、所属、所在地＝いずれも殉職時。階級等は殉職昇進、特昇）

＜陸　自＞

▽清野俊明陸曹長（51）＝東北方面通信群（反町）＝夜勤中に倒れ殉職▽石川秀一2陸佐（46）＝11施設群（秋田）＝工事現場の指導実施中に倒れ殉職▽新関勘一郎・元2陸佐（56）＝20普通科連隊（神町）＝野営訓練中に車両横転で受傷、治療を継続したが殉職▽大崎君治・元3陸曹（66）＝1通信大隊（練馬）＝無線搬送空中線の建柱訓練中に受傷、治療を継続したが殉職▽萩本嘉広陸曹長（45）＝10施設大隊（春日井）＝徒歩行進訓練中に倒れ殉職▽藤宮玉樹陸曹長（40）＝8高射特科大隊（北熊本）＝西部方面実動演習に参加中に殉職▽中重敏光2陸曹（25）＝17普通科連隊（山口）＝レンジャー練成訓練参加中に倒れ殉職▽小林剛士2陸曹（29）＝防衛大学校訓練部（横須賀）＝山岳部顧問として北アルプス涸沢岳で滑落した学生を捜索中、滑落して殉職

＜海　自＞

▽藤田隆久1海曹（39）＝大湊基地業務隊（大湊）＝夜間作業中に体勢を崩し海中に転落して殉職▽藤原将実1海尉（47）＝潜水医学実験隊（横須賀）＝潜水訓練準備中の潜水において酸素欠乏により殉職▽渡邉一夫准海尉（50）＝潜水医学実験隊（横須賀）＝潜水訓練準備中の潜水において酸素欠乏により殉職

御霊の冥福を祈り、弔銃を斉射する特別儀仗隊

各部隊、駐屯地・基地で創隊記念行事

「共に前へ、新たな一歩」
東北方面隊　復興と再生誓う

東北方面隊の観閲部隊を巡閲する松村総監（車上）＝9月28日、仙台駐屯地で

【東北方＝仙台】東日本大震災で救援部隊の主力を担い、現在も「東北の復興・再生」を第一に任務に当たる東北方面隊は9月28日、仙台駐屯地に村井嘉浩宮城県知事ら多数の来賓と地元市民ら約8000人を迎え、創隊54周年記念行事を挙行した。

部隊は東北6県の県民と共に歩んでいく思いを込め、「共に前へ、新たな一歩」をテーマに掲げ、観閲行進や訓練展示などで精強な部隊を地域住民に披露した。

観閲式では滝口龍治6師団副長が指揮する観閲部隊約720人が完全装備でグラウンドに整列。式辞に立った松村五郎東北方面総監は「大震災発生から明後日で1300日となる。復興は着実に進みながらも道半ばであり、復興のため粉骨砕身頑張っている地域の皆様には心から敬意を表したい」と述べ、部隊が地域と共にあることを強調した。

次いで総監は「東北方面隊の果たす役割は第一に国民の生命・財産を守ること。我々は東北6県の県民のために防衛・警備・災害対応に任じていく。第二は大震災対応で得た経験・ノウハウを継承し、さらに充実・深化させ、懸念される宮城沖地震などに生かしていく。第三は輝きを増す『新しい東北』の創造への寄与。為すべきことを直ちに実行し、東北地方の皆様と共に歩んでいくことをここに誓う」とあいさつした。

この後、訓練展示が行われ、東北方独自の「七彩の奥羽国（ないろのおうこく）」のパフォーマンスを来場者に披露。これは音楽隊と戦車、火砲、ヘリ部隊が演奏に合わせストーリーを組み立てるもので、自然豊かで伝統ある東北を守る部隊の勇姿を表現、観覧席から大きな拍手が送られた。続いて増強普通科中隊の攻撃訓練なども展示された。

このほか各会場では戦車体験搭乗、装備品展示、野外炊具で作った芋煮試食、野外演奏会などが行われ、駐屯地は終日多くの来場者でにぎわった。

歴史振り返る特別展開く
岩国基地祭　救難飛行1000回節目に

【31空群＝岩国】海自31航空群は9月13、14の両日、基地で「岩国航空基地祭」を行った。今年はUS1A、US2両救難飛行艇を運用する71航空隊（昭和51年開隊）が洋上救難や急患空輸で「救難出動等1000回」を達成した節目の年となり、特別展として救難飛行艇の歴史を振り返るパネル展を行った。

初日は記念式典と祝賀飛行など、2日目は基地内を一般開放し、US2とMH53E掃海ヘリの体験搭乗、制服ファッションショー、P3C哨戒機との綱引き＝写真＝などが行われた。

今年は「一日群司令」をミス岩国の柳澤美咲さんが務めたほか、岩国市や近隣市町との共催でコンサートなども開かれ、例年以上の盛り上がりをみせた。

「I LOVE そらち」イベント
岩見沢

【岩見沢】岩見沢駐屯地はこのほど「I LOVE そらち」と銘打ち、創立61周年・12施設群創隊39周年記念式典を行った。

記念日での一般開放は3年ぶりとなり、松野岩見沢市長をはじめ小林三笠市長、浅田天塩町長、向山上富良野町長、桜庭月形町長ら自治体首長や国会議員、地元市民ら3500人が訪れた。

高速走行しながら120ミリ砲を照準する展示を行う90式戦車

駐屯地は「地域との一体化」を掲げ、式典のほか模擬戦、戦車試乗、11音楽隊と岩見沢西高の合同コンサート、「滝川しぶき太鼓」の演奏などが行われた。さらに近隣業者の支援を受けて屋台村も設置し、地元の特産品を来場者に紹介した。

式辞で末廣和祥司令は「地域の安全と安心に貢献し、皆様から頼りにされ誇りに感じられる部隊となるよう精進します」と述べた。

見学した来場者からは「駐屯地隊員の団結が感じられた」「岩見沢自衛隊が身近になった」といった感想が寄せられた。

首都防空の大任担い
空自1高隊　創設50周年祝う

【1高隊＝習志野】1高射群1高射隊は9月21日、来賓約150人を迎え、部隊創設50周年記念行事を習志野分屯基地で行った。

1高隊は昭和39年に対空ミサイル「ナイキシステム」が陸自から移管されたことを機に、空自初の高射部隊として新編。その後、装備した「ペトリオットシステム」は平成19年、最新の「PAC3」に換装され、現在、弾道ミサイル防衛を含めた首都防空の大任を担っている。

格納庫で行われた式典では、1高隊長兼基地司令の加藤雄一2佐が式辞を、1高群司令の田中耕太1佐が訓示を述べた。また来賓を代表して野田佳彦元首相や陸自習志野駐屯地司令の岩村公史1空挺団長から祝辞があった。

この後、隊員がPAC3器材の訓練展示を披露。また陸自高射学校（下志津）から地対空誘導弾「ホーク」、同2高特群（松戸）から「中SAM」の器材展示、航空中央音楽隊（立川）による音楽演奏なども行われた。その後の祝賀会では船橋、習志野、八千代市長から祝辞があった。

整列した隊員を前に訓示を述べる田中1高群司令（9月21日、習志野分屯基地で）

新型P1哨戒機が上空を祝賀飛行
下総

【下総】下総教育航空群は9月27日、基地後援会「翼の会」、3術科学校などの協力を受け「地域と歩む自衛隊」をテーマに下総航空基地開設55周年記念行事を開催した。

国会議員や地元首長、千葉県内の陸海空部隊指揮官ら約800人を迎えて行われた記念式典では大熊圭介群司令が「精強な航空機搭乗員、整備員、基地員を育成すると同時に、国民の皆様の安心・安全を担う基地の機能を維持・向上させていく」と決意を述べた。

また、坂田竜三教育航空集団司令官は「下総基地は55年間、真に戦える精強な海上自衛官の育成に当たってきた。その隊員が現在、日本や世界で立派に任務を完遂している。航空部隊は機動性・迅速性・柔軟性を生かし、海自の任務の要となっている。このことを誇りにさらにまい進を」と基地隊員を激励した。

下総基地の55周年記念行事ではP1哨戒機も上空に現れ、祝意を示した

その後、203教育航空隊のP3C哨戒機が祝賀飛行、また基地隊は消防車の放水作業を展示した。式の最後に51航空隊（厚木）所属の新型ジェット哨戒機P1が上空に飛来すると、観客は「（プロペラ機の）P3より速いね」と感想を語っていた。

この日は1万人の来場者があり、家族連れはP3Cの体験搭乗、新管制塔の見学、仮装バイクチーム「ミニP3C」の模擬戦などを楽しんでいた。

155ミリ榴弾砲空包射撃を展示
豊川

【豊川】豊川駐屯地創立64周年記念行事が10月4日、駐屯地と豊川訓練場で行われた。爽やかな秋晴れに恵まれ、県内外から約6500人が見学に訪れた。上田俊博司令は式辞で「いつ、いかなる任務が与えられても任務に即応できる精強な部隊・隊員の育成にまい進するとともに、地域に貢献する駐屯地として皆様と歩んで参ります」とあいさつした。

その後、部隊が威風堂々の観閲行進を披露。式後の訓練展示では155ミリ榴弾砲FH70の空包射撃などが行われ、スタンドからは感嘆の声が上がった。

155ミリ榴弾砲FH70を牽引して観閲行進する10特連の車両部隊（10月4日）

「最後の砦として任務を果たす」
秋田駐屯地司令

【秋田】秋田駐屯地は9月21日、堀井秋田県副知事ら内外から約7000人を迎え、「創立62周年記念行事」を行った。

堺一夫21普連長兼駐屯地司令は「日本が危機に面した時、いま皆様の目の前にいる隊員たちが敢然と立ち上がり、最後の砦として任務を果たします」と力強く語った。

続いて堀井副知事らから駐屯地・隊員に対する期待の言葉が寄せられた。その後、観閲行進＝写真、情報小隊によるバイクドリル、9特連の榴弾砲や9戦大の戦車を加えた展示訓練が行われ、観客から歓声が送られた。

このほか駐屯地内のステージを地元市民に開放、市民による日本舞踊、フラダンス、中国舞踊などが披露された。

水陸両用の水際地雷敷設車も登場
南恵庭

離島防衛で期待される水際地雷敷設車も登場（9月14日、南恵庭駐屯地で）

【南恵庭】9月14日、南恵庭駐屯地創設62周年・北部方面施設隊創隊6周年記念行事が行われ、昨年を400人上回る約2000人が来場した。

式には恵庭市自衛隊協力会長の原田裕恵庭市長をはじめ、町村信孝元内閣官房長官、佐藤正久元防衛政務官ら国会議員も参列し、祝辞を述べた。

観閲行進では北方施設隊が装備する水陸両用の水際地雷敷設車をはじめ、73戦連の90式戦車などが行進した。また戦車橋の展開や戦車の突撃なども披露され、在道部隊の精強性をアピールした。

一新された施設で60周年記念行事
桂駐屯地

【桂】桂駐屯地は9月28日、創立60周年記念行事を挙行した。

駐屯地は昨年末に新庁舎が完成しグラウンド周辺も整備され、景観が大きく変わった。一方、創立当初からの17号倉庫（補給倉庫）など歴史的な建物も多く残り、中部方面の兵站（へいたん）中枢として活用されている。古き良き時代の建物と近代的施設が融合し、60周年の節目を迎えた。

この日は4500人が来場、飯田重喜司令が「補給・整備・輸送などに高い技術を持つプロとして、万一の時には最後の砦として国民の生命・財産と我が国領土を断固として守ります」と式辞を述べた。

UH1ヘリからリペリング降下する隊員（9月28日、桂駐屯地で）

訓練展示では重装輪回収車による大型トラックの修理やホバリング中のUH1ヘリから隊員がリペリング降下する状況などが来場者に披露された。このほか近傍部隊の支援を受け、装備品展示や高機動車の体験試乗、ミニコンサートなどもあった。

佐多射撃場の50周年で大島桜を植樹
国分業務隊

【国分】佐多射撃場の管理に当たる国分駐屯地業務隊は9月20日、「射撃場の訓練開始50周年」を記念する祝賀会を開催した。17日には記念植樹も行った。

祝賀会は佐多岬にあるホテルで開かれ、西方の関係部隊代表はじめ、南大隅町など地元の自治体、漁業組合、自治会などから76人が出席した。

会場では陸自の対舟艇ミサイル発射訓練の様子がビデオで放映されたほか、12普連隊員による音楽演奏や格闘展示も披露された。また、記念植樹では南大隅町長や漁業組合関係者が出席し、潮風に強い大島桜の若木を植樹した。

ひろば

霜月、寒帰月、雪待月、仲冬——11月。3日文化の日、5日津波防災の日、27日ノーベル賞制定記念日、28日税関記念日。

第63回おはら祭　鹿児島市制60周年を記念して昭和24年に始まった南九州最大の秋祭り。約2万人の踊り手が「おはら節」「鹿児島ハンヤ節」などに合わせた「総踊り」を中心に目抜き通りを練り踊る。2、3日

唐津くんち　佐賀・唐津神社に伝わる秋祭り。法被姿の若者が、和紙を何重にも貼って漆などを塗った「赤獅子」「七宝丸」など14台の曳山を勇壮に曳き回す。例年50万人以上の人出でにぎわう。2〜4日

日米海軍とも深い縁

朝ドラ『マッサン』で注目　ウイスキーの聖地・余市を訪ねる

海自余市防備隊（司令・高田昌樹1佐）が所在する北海道・余市町がいま沸いている。NHKの朝の連続テレビ小説『マッサン』で、余市が「日本一のウイスキーの町」として描かれているからだ。大正時代、スコットランドに留学した「マッサン」こと竹鶴政孝は1934年、自身の理想とする蒸溜所を余市に建設、英国生まれのリタ夫人と共に生涯をウイスキーづくりにささげた。ニッカウヰスキー余市蒸溜所でふたりの情熱に触れるとともに、同工場が日・米ネービーともゆかりの深い理由を探った。

（文・写真　薗田嘉寛編集委員）

政孝二十五歳・リタ二十三歳。ふたりはスコットランドで出会った。

日本初のウイスキーづくりを目指し、結婚したころのマッサンとリタ

海自「余市防備隊」が所在

自衛隊で余市と言えば、ミサイル艇「わかたか」と「くまたか」が配備された余市防備隊がイメージされる。だが世のウイスキー党にとって、余市はまさに「聖地」と同義語だ。

この余市がいま沸騰している。日本のウイスキーの父・竹鶴政孝と妻リタをモデルとした朝ドラ『マッサン』の舞台となっているからだ。

英国でウイスキーの製法を学んだ竹鶴はリタを伴って帰国。大阪の寿屋（現サントリー）で日本初のウイスキー製造に当たり、その後、自らの理想とする蒸溜所を余市に建設した。

その理由は余市がスコットランドに似た冷涼かつ湿潤な気候で、麦芽を乾燥させるピート（泥炭）やポットスチル（蒸溜器）を熱する石炭が豊富で、スコッチと同じ高品質のウイスキーが得られると確信したからだ。

世界で唯一、石炭直火焚き蒸溜が続けられている余市蒸溜所。ポットスチルには注連縄が飾られている

余市蒸溜所は旧日本海軍、そして戦後は米海軍との縁も深い。工場は東郷平八郎提督が死去した1934年に完成。40年に第1号ウイスキーが完成した時、大不況の中で製品を大量調達し、ニッカを救ったのが日本海軍だった。そして戦時中は海軍監督工場となり、完成したウイスキーの多くは海軍に納入された。

米7艦隊司令官も余市ウイスキーの大ファン

41年、日本は真珠湾攻撃で太平洋戦争に突入。軍艦に積まれたウイスキーは勝利を祈った乾杯の席できっと飲まれたことだろう。

戦時下、リタは敵性外国人として特高警察に監視され、つらい日々を送ったが、余市の市街地がほとんど空襲を受けなかった理由の一つは「リタ夫人がいたから」だという。その証拠に戦後、駐留米軍の将校がいち早く同工場を訪れ、リタ夫人の安否を確認。その際、ニッカのウイスキーを土産にもらい、以後、米軍将兵の間にファンが急増、ボトルを大量調達し軍艦に積んだ。

余市港で漁船（手前）と並んで停泊する余市防備隊のミサイル艇

その伝統は今も残っているようだ。余市防備隊員によると、米第7艦隊（横須賀）司令官のロバート・トーマス中将は今年になって2度も余市を訪れ、ウイスキーを楽しんだという。

「2月の札幌雪まつりの際はご夫人を伴って余市を訪問されました。司令官はスコッチがお好きらしく、余市のものも非常にお気に召された様子でした。また7月に『ブルーリッジ』が小樽に入港した際も司令官はわざわざ余市まで足を延ばされ、工場内でお土産を購入されていました」

ところで、余市防備隊の隊員たちはビール党が多いとのこと。時速80キロで洋上を突っ走るミサイル艇の乗員にとっては、ウイスキーは少々アルコール度数が高すぎるのかもしれない。それでも『マッサン』人気で地元余市が注目されることに海自隊員たちはうれしそうだった。

ニッカウヰスキー余市蒸留所

80年の歴史がある余市蒸溜所は異国情緒たっぷりだ。石造りの正門は英国の古城のようで、一歩中に入れば尖った赤屋根のキルン塔がそびえ、スモーキーな香りが鼻をくすぐる。

工場奥には余市川が流れ、日本海にも近い工場の敷地は13万平米もあり、白樺林の中に乾燥棟、発酵棟、蒸溜棟、貯蔵庫などが配置されている。来訪者は自由に施設内を見学でき、ガイド付のツアーもある。

注目は蒸溜棟だ。ウイスキーづくりのシンボルともいえる巨大なポットスチルがずらりと並び、世界で唯一、ここでは今でも石炭直火蒸溜が行われている。職人がスコップで石炭を釜にくべ、火力調整しながら蒸溜する方式で、100年前のスコットランドの製法だ。

石造りの正門　異国情緒たっぷり　尖った赤屋根のキルン塔

余市蒸溜所の正門はまるでイギリスの古城のようだ

朝ドラ『マッサン』ではこの余市にやってきたリタ（ドラマではエリー）の奮闘が見所となる。工場内には二人の暮らした家が移築され、内部を一部公開、着物を着たリタ夫人の写真や大切にしていた聖書や十字架なども見ることができる。施設の見学後はニッカ会館で試飲も可能だ。

竹鶴政孝が手掛けたニッカの第1号ウイスキー

「マイウイスキーづくり」も人気

同工場の人気イベントに「マイウイスキーづくり」（参加費1万8000円）がある。2日間にわたりウイスキーづくりを実体験できる内容で、春と秋に開催。工場長による講義に始まり、ウイスキーの製造工程や樽詰めが実体験できる。

酒樽は貯蔵庫で10年間寝かされ、その後、熟成したウイスキーがボトルでプレゼントされる。募集は毎回20人で、応募多数の場合は抽選。ウイスキーファンはぜひ参加してみたいイベントのひとつだ。

マイヘルス Q&A

閉塞性動脈硬化症

足にしびれや痛み　脳や心臓にも発症の危険

Q　閉塞（へいそく）性動脈硬化症とは何ですか。

A　あまり聞き慣れないかもしれませんが、足の血管が動脈硬化を起こした結果、生じる病気です。動脈硬化といえば、心筋梗塞、狭心症、脳梗塞などの心臓や脳の病気が有名ですが、足にも同様のことが起きえます。

Q　どういう症状が出ますか。

A　間歇性跛行（かんけつせいはこう）と呼ばれる歩行障害が多く認められます。間歇性とは間隔を置いて起きたり起きなかったりという意味で、跛行とはびっこを引くという意味です。

つまり、間歇性跛行とは、しばらく歩くと血流不足により足にしびれや痛みなどの症状が出現して歩行困難となり、少し休むと症状が和らぎまた歩けるようになる症状のことを指します。

整形外科の疾患でも同様の症状を呈することがありますが、体位で変化しないことなどが、この疾患に特徴的なことです。

進行すると、安静時にも痛みが出現し、傷ができると治りにくくなります。場合によっては下肢切断が必要になります。

Q　どのくらいの頻度ですか。

A　70歳以上では有病率は7％前後となり、比較的多いです。動脈硬化の結果生じるので、脳や心臓にも病気を発症する方が多く、5年後には脳梗塞や心筋梗塞などで約30％の方が亡くなると言われていますので、侮れません。

Q　どんな検査をしますか。

A　手足の血圧を測定するABIと言われる検査で大まかに病変の有無を調べます。さらに疑われる場合は、超音波やCTで血管を調べます。整形外科疾患の場合はレントゲンやMRIが必要になります。

Q　治療は。

A　禁煙などの生活習慣の改善、運動・薬物療法がありますが、これらに反応しない場合は手術が必要になることもあります。

以前は、全身麻酔下で胸やお腹の血管から人工血管を使ってバイパスする手術が一般的でしたが、最近では病変によってカテーテルで治療可能となり、より低侵襲（ていしんしゅう）になっています。

思い当たる症状がある方は、お近くの自衛隊病院にご相談ください。自衛隊中央病院では、個々の患者様の症状や病変に合わせた薬物療法やカテーテル治療を提供できるようスタッフ一同お待ちしております。

（中央病院循環器内科　医官　湯手　庸道）

トミーテック「技MIX」5周年

海自哨戒機P－3C発売

忠実な再現　つくる喜び

鉄道模型やミニカーで有名なタカラトミーグループの総合ホビーメーカー、トミーテック（本社栃木県壬生町）のプラモデルシリーズ『技MIX』が今年5周年を迎えた。同社ではこれを記念し、ファンの要望に応える形で新ジャンルを企画、第一弾として9月に完成品モデル「航空機シリーズ海自哨戒機P－3C」を発売した。

『技MIX』は、「精密さ」と「動き・遊び」という対極にあるものを両立させるというコンセプトでシリーズ化。小スケールでありながら、精密に細部まで再現した。1／144スケールのため、上級者でも難しい塗装部分は、彩色済み部品で"忠実な再現性"が作る喜びを増してくれる。

別売りのオプションを組み込めば、ジェットノズルの発光シーンやプロペラの回転・旋回飛行などの楽しみがあり、「光る・鳴る・動く」に加え、実際に手に持って動かす「遊び」部分も網羅した。「P－3C」は第6航空隊（厚木）モデルとして本機尾翼に愛称の元であるオリオンが描かれている。

昔プラモデルを作っていた人でも、初心者でも、今から精巧なミニチュア世界を堪能できるシリーズとなっている。

◇読者プレゼント◇

『技MIX』航空機シリーズP－3C完成品（価格2万円）を5名様にプレゼント。〒160－0002東京都新宿区坂町26の19KKビル朝雲新聞社営業局まで。11月30日締め切り（当日消印有効）。

BOOK NOW

私が読んだ　この一冊

コリン・パウエル著「リーダーを目指す人の心得」（飛鳥新社）

第4施設群本部管理中隊（座間）佐藤大輔2陸尉　31

米軍の統合参謀本部議長を務めたコリン・パウエル氏がリーダーシップについて説いた本です。

長らく第一線を歩んできた氏の言葉には含蓄があり、私自身日々業務をする上で励まされ、活力を与えてくれた本です。

リーダー論に固執すること無く、人生を生きていく上で参考になりうる事項も盛り込んでいるので、幹部自衛官もさることながら、全隊員にお薦めしたい一冊です。

ウィリアム・H・マクニール「戦争の世界史—技術と軍隊と社会—」（刀水書房）

佐世保地方総監部契約課　重岡雄樹3海佐　37

本書の特色は、古代から現代に至るまでの通史から軍事技術が人間社会全体に影響を及ぼした影響を論じ、戦争という視点から世界史を捉え直した点にあります。

特に、最初は大規模な略奪行為から始まり、略奪されたモノを消費する市場の成立と、戦争を専門技術とする者とそれを必要とする雇用者の間に契約関係が生じるといった商業化が進み、イギリス産業革命以降、戦争は「産業化」されたと喝破する構成は目から鱗（うろこ）です。

ステファン・シャウエッカー著「外国人だけが知っている美しい日本」（大和書房）

第83航空隊監理部（那覇）堀内康平1空尉　35

近年、円安の影響もあり訪日外国人数が激増中。背景には政府が2020年の東京五輪に向け、2000万人の訪日外国人数を目指し、観光立国を図ろうとしていることがある。

スイス人の著者は外国人向け日本紹介サイト「ジャパンガイド」を運営する。外国人が何を求め、何に魅力を感じるのかを著者が直球で答える。我が国の魅力について再認識し、日本とは何かを再考させられる一冊だ。

隊員愛読書ベスト5

<入間基地・豊岡書房>
❶平成26年版　防衛白書　日本の防衛　防衛省編　日経印刷　¥1,234
❷Nのために　湊かなえ著　双葉社　¥680
❸フォッケウルフ　FW190戦闘機　広田厚司著　潮書房光人社　¥2,376
❹iPhone6／6Plusがわかる本　週刊アスキー編集部編　KADOKAWA　¥500
❺誅韓論　日本戦略ブレイン著　晋遊舎　¥972

<防衛省・三陽堂>
❶陸上自衛官　服務小六法　平成26年版　学陽書房　¥2,535
❷陸上自衛隊　補給管理小六法　平成26年版　学陽書房　¥2,202
❸自衛隊と防衛産業　桜林美佐著　並木書房　¥1,620
❹朝鮮崩壊　米中のシナリオと日本　長谷川慶太郎著　実業之日本社　¥1,620
❺平成26年版　防衛白書　日本の防衛　防衛省編　日経印刷　¥1,234

<神田・書泉グランデミリタリー部門>
❶シェイファーハウンド（4）　かたやままこと／吠士隆著　白泉社　¥699
❷世界の傑作機　No.163　ユンカースJu88（パート1）　文林堂　¥1,234
❸図解　戦闘機の戦い方　毒島刀也著　遊タイム出版　¥1,620
❹艦隊これくしょん　鎮守府生活のすゝめ　Vol4　KADOKAWA　¥1,080
❺ヴァリアブルファイター・マスターファイル　VF－22シュトゥルムフォーゲル2　GA Graphic著／ビックウエスト監修　SBCreative　¥2,808

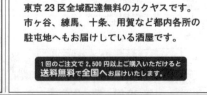

<トーハン調べ9月期>
❶続・終物語　西尾維新著　講談社　¥1,404
❷銀翼のイカロス　池井戸潤著　ダイヤモンド社　¥1,620
❸妖怪ウォッチ　クイズ&パズル　妖怪ウォッチ製作委員会監修／あさだみほイラスト　小学館　¥864
❹妖怪ウォッチ　ようかいだいずかん　ともだちだいしゅうごう！　妖怪ウォッチ製作委員会監修　小学館　¥864
❺おかげさまで生きる　矢作直樹著　幻冬舎¥1,080

祝賀の「60」大空に描く

航空観閲式

厚い雲、苦心の飛行
T4練習機17機が〝締め〟

防衛省・自衛隊60周年を記念した航空観閲式が10月26日、茨城県の空自百里基地で行われ、関係者や招待者など約8400人が、上空に「60」の文字を描いて飛ぶT4練習機編隊など、空自精鋭部隊・隊員による機動・展示飛行に見入った。

「オオーッ」――。百里基地の会場がひときわ沸いた。T4練習機計17機の編隊が上空に「60」の文字を描いて航過した。式典を締めくくる編隊飛行だったが、雲の多い空模様に上空のパイロットらは苦労も強いられた。

編隊飛行は7空団(百里)305飛行隊長の三宅淳2空佐を編隊長に、航空総隊隷下及び航空教育集団隷下のパイロット、教官らが実施。代替機4機を含む21機が上空で待機し、17機が展示した。

7月下旬から月に一度集まり訓練を重ねたが、式典当日は下層雲が多く、「雲上進入では見えなくなる」(三宅隊長)と雲下で飛ぶことを余儀なくされた。

栃木県・もてぎサーキット上空付近からの進入を当初想定していたが、茨城県水戸市上空からのコースに変更。天候に対処しながらパイロットらは、来場者が見上げる会場上空を高度約500メートル、速度約500キロで「60」の隊形を見事に維持して航過した。

このほか、緊急発進(スクランブル)展示では、305飛行隊の三枝大作1空尉が編隊長を務めるF15戦闘機2機がごう音とともに相次いで離陸。

続く機動飛行・対地攻撃展示では、同じく三枝1尉が編隊長を務めるF15・2機と、3飛行隊(三沢)の川村翔平1空尉が編隊長を務めるF2戦闘機2機が360度の急旋回や、爆弾投下・機銃掃射の模擬展示などを披露した。

またT4ブルーインパルス(松島)6機は、1号機搭乗のフライトリーダー、日高大作2空佐らが上空に「ファン・ブレーク」など曲技飛行の〝華〟を咲かせた。

航空観閲式の会場上空に「60」の文字を描く17機のT4編隊(10月26日、百里基地で)

「すごい」「頼もしい」

会場を埋めた約8400人の来場者らは、空自機の機動・展示飛行などを堪能した。

千葉県船橋市から訪れた内藤真紀子さん(45)は「初めて来たが、戦闘機のスピードと音がすごかった。パイロットの技量もすごいなと思った」と感嘆。

東京都立川市から両親と来場した小学3年生の杉谷龍君(9)は「F15と偵察機がかっこ良かった。大きくなったら305飛行隊のパイロットになりたい」と瞳を輝かせた。

三重県在住の会社員、後藤文彰さん(43)はF35A戦闘機の実物大模型を前に「隊員からステルス性の説明がなされ、頼もしく感じた。安心して生活するためにも早く導入してほしい」と話した。

横浜市の女性会社員、藤巻弥生さん(37)は「女性パイロットが活躍しているのに接し頼もしく感じた」と話すとともに、「安倍総理は『60年を経て真に国民の自衛隊になった』と話されたけど、今後は国民も自衛隊のことをもっと真剣に考えていかなければならないと思った」と語った。

60周年を記念してF15戦闘機の「60」号機も展示され、来場者の注目を集めた

こちら警務隊 ☎8・6・47625

出火の半数近くが放火　付け込まれない工夫を

火災の出火原因とされる「放火」は、年間どのくらい発生しているのでしょうか?

消防庁の発表によると、平成25年中の原因別総出火件数2万599件のうち「放火」が5033件、「放火疑い」が3694件となっており、両者を合わせると8727件で、全体の約42パーセントを占めています。

放火は、人けのない夜間(午後10時から明け方まで)に多く発生しているため、ゴミは決められた日の朝に出したり、物置などに鍵をかけることが重要です。

また隊内についても、常日頃から整理整頓を徹底し、放火させない環境づくりに努めましょう。

(警本=市ヶ谷・相澤1尉)

渡り鳥の生態調査を支援
舞鶴警備隊

【舞鶴】海自舞鶴警備隊はこのほど、水中処分母船1号で海上輸送支援を実施、渡り鳥の生態調査を行う冠島調査研究会の会員ら21人を舞鶴港〜冠島間で輸送した=写真。

冠島は若狭湾に浮かぶ無人島で、渡り鳥「オオミズナギドリ」の繁殖地として島全体が天然記念物に指定されている。調査研究会は毎年5月、8月の2回、生態調査を行っており、舞鶴警備隊は舞鶴市教育委員会の依頼を受けて、昭和46年から輸送支援を実施している。

支援した2日間は低気圧の影響で海面はやや荒れていたが、隊員たちは迅速、確実に作業を行った。

胃がんの新治療法開発
防医大 辻本科長ら　ナノ粒子用い光照射

防衛医科大学校(埼玉県所沢市)の辻本広紀・上部消化管外科長を中心とする14人はこのほど、ナノ粒子を用いた新たな胃がん治療の実験結果をまとめた。近く英文雑誌『Cancer Science』に掲載される。

胃がんは日本で最も罹患率の高いがんで、特徴的な転移形式として、おなかの中に腫瘍が散らばるように転移する(腹膜播種)ことが挙げられる。

辻本科長らは、腹膜播種に対するこれまでの抗がん剤を中心とした治療法に限界を感じ、新たな治療法を模索。患部にのみ集積するナノ粒子(粒子は約10万分の1ミリの大きさ)の特性(EPR効果)に着目した。

胃がん腹膜播種患者と同じ状態のマウスに対し、色素を内包したナノ粒子を静脈投与したところ、胃がん転移組織に集積することを突き止めた。さらに、腹壁から一定の波長の光を照射することで、転移組織が縮小し、予後が改善することも証明した。

辻本科長らは今後、実験動物をラットに置き換え、臨床で頻用される腹腔鏡を用いた治療法の開発を進めるという。

辻本科長は「(治療法を)人に行うために課題を乗り越えていきたい。数年以内には実用化させたい」と話している。

消防ポンプ班が近傍火災を消火
滝ヶ原駐屯地

【滝ヶ原】駐屯地消防ポンプ班はこのほど、近傍の御殿場市茱萸沢地区で発生した火災に出動、消火活動を支援した。

御殿場市の防災無線から流れた火災情報を当日午前5時ごろ、消防ポンプ班長の勝又卓世曹長(52)が自宅で確認。班員4人に連絡し、出動準備を指示した後、速やかに登庁し、班員らと現場に急行した。

火災は茱萸沢地区の2階建て民家で発生した。現場に駆け付けた勝又曹長らは、給水支援などを迅速に行い、消火活動を支援した。

冷静、迅速な対応が評価され、勝又曹長は後日、駐屯地朝礼で麻生竜伸司令から優秀隊員として紹介された。

殉職者の慰霊30年
31空群　青島島民に感謝状
愛媛

【岩国】海自31航空群(司令・大瀬戸功海将補)は9月30日、PS1飛行艇5803号機の墜落事故殉職者慰霊碑を守ってきた愛媛県大洲市・青島の島民に感謝状を贈った。

5803号機は昭和59年2月27日、四国沖で訓練中、青島の北西約2キロの海面に墜落、機長の道永忠義2佐以下12人全員が殉職した。その後、12柱の御霊を祀る慰霊碑が青島に建立され、31空群が毎年秋に慰霊祭を行っている。

この日は大瀬戸司令以下19人が青島を訪れた。途中、事故現場の海上で大瀬戸司令が献花、立石和孝71空隊司令がお神酒を供え、英霊に対して総員で敬礼を行った。

青島はかつて島民数百人を抱える漁業の島だったが、過疎化が進み、現在は17人にまで減少。そのような状況下でも花を手向け、慰霊碑を大切に守ってきた島民に感謝を伝えようと、31空群は感謝状を贈呈することを決めた。

島の集会所で行われた贈呈式では、大瀬戸司令が「30年間にわたり、殉職隊員の慰霊と隊員の士気高揚に大きく寄与されました。そのご厚意に深く感謝の意を表します」と述べ、〝青島島民殿〟と宛名の書かれた感謝状を島民代表の神本英則さんに手渡した。

青島島民の長年の慰霊に対し、感謝状を贈った大瀬戸司令(前列右から3人目)と神本さん(前列中央)ら島民

小休止

▽…陸自12普連持続走訓練隊は9月13日、テレビの人気番組「炎の体育大会」の収録に協力した。

▽…訓練隊は富士登山駅伝を2連覇している自衛隊最強チーム。富士山の砂走り地区(標高2500メートル付近)で体育大会陸上部と間寛平さんら6人の「最も過酷な上下往復リレー」を戦った。

▽…30度の急斜面のむき出しの山肌で行われたレースは、3戦し2勝。戦いの様子はテレビ放映され、精強さをアピールした=写真。(国分)

日豪の心をひとつに

ダーウィン港で共同慰霊式

3海佐　小坂　樹範(「はたかぜ」砲雷長・横須賀)

オーストラリア海軍主催の多国籍間共同海上訓練「カカドゥ14」に参加していた護衛艦「はたかぜ」は9月13日、同国ダーウィン市のフォートヒルワーフで日豪共同の慰霊式を行った。

今から約70年前の1942年(昭和17年)1月21日、ダーウィン沖に機雷を敷設し、哨戒任務中にあった日本海軍潜水艦「伊124号」は、米・豪連合軍の艦艇の爆雷攻撃によって沈没し、現在も岸上艦長以下80名の乗組員はダーウィン沖合80キロの海底に眠ったままである。

そして「伊124号」の悲劇から約1カ月後の同年2月19日、ダーウィン港に停泊していた多くの豪艦船は、日本の航空母艦から次々飛び立った航空部隊の空爆により甚大な被害を受け、多くの乗組員が犠牲となった。

この日豪の英霊を悼む慰霊式は「はたかぜ」飛行甲板で行われ、両国の乗員たちは厳かに英霊に対して哀悼の意を表した。この式典は日豪の今後の友好を誓い合うため、「はたかぜ」乗員の発案で計画され、豪海軍の協力を得て実現したものである。

当日は、豪北部準州多文化共生大臣、豪海軍の「シドニー」艦長、北部準州豪日協会会長、豪退役軍人会の代表とともに一般市民約100名の参列を得て、強い日差しが降り注ぐなかで執り行われた。

式では「はたかぜ」艦長とキャサリン・ブレスナン豪日協会会長が慰霊の言葉を述べた後、「はたかぜ」「シドニー」両艦長が一緒に献花を行った。続いて乗員が準備した「折り鶴」を平和のシンボルとして参列者が捧げ、慰霊の祈りを共に行った。

豪日協会の小林麻子副会長は「慰霊の言葉の中に『互いの祖国の勝利を信じ、この海域に散った英霊の胸中を思うとき、断腸の念がひとしお胸に迫ります』とあり、その言葉にとても感動しました」と話していた。

2012年、「ダーウィン空襲」のあった2月19日はオーストラリアにおいて国民記念日に指定された。多くのダーウィン市民はこの日を「過去の恐ろしい出来事」として語り継ぐだけでなく、戦争で苦しんだ日豪両国民が「共に特別な友情を示す日」であると未来志向で捉えられており、この日の日豪共同慰霊式も両国のさらなる友好に寄与するものとなった。

式の終了後、「はたかぜ」は帰国のためダーウィンを後にしたが、乗員たちは「伊124号」が眠る海域に達すると、ここでも洋上慰霊祭を実施した。太陽がまさに沈まんとする中、真っ赤な夕陽を背に乗員たちは祖国のため散った英霊に対し、今日の平和で豊かな日本へのご加護に感謝し、心からの冥福を祈った。

豪ダーウィンで日豪の英霊に対し献花する両国の部隊指揮官(9月13日、「はたかぜ」艦上で)

(世界の切手・英フォークランド諸島)

開戦を予期し、(戦闘機乗りが)まずやったことは視力を伸ばす鍛錬だった。
坂井　三郎(零戦のエースパイロット)

みんなのページ

陸曹教育隊で学んだこと

陸士長　佐々木　悠太(自衛隊仙台病院准看護学院)

2陸曹教育隊で優秀な成績を修め、表彰された佐々木悠太士長

私が第2陸曹教育隊の3カ月の教育を終えて感じたことが二つある。

一つは「リーダーシップ」について。これは単に組織を仕切る能力ではなく、「部下のやる気を引き出し、集団としての能力を発揮させる力」であるということだ。リーダーシップを発揮するには、指揮下の人間をどれだけやる気にさせるかが重要で、「先導する」ことこそが要求されると知った。

もう一つは行動する時には「気持ちが重要」ということである。改めて振り返れば、この3カ月間で自分が心から思って行った行為は正直数少なかったと思う。

誰かのために行動したと思っていたが、その実、見返りを求めていたり、苦手な事は避けていたりと、利己的な部分もあったと反省している。自分にはよく言い訳をしてしまう面があり、今後、注意していかねばと感じた。

陸曹教育隊での教えは教科書には書いていない、普通は学べないことばかりだったので、非常にためになった。自分がどれだけ出来なくて、どれだけ多くの人に頼っていたか冷静に知ることができた。

そしてリーダーにはどのような能力が必要とされるのか、「指揮する側」と「指揮される側」の両方の視点から学ぶことができた。この「客観的に自分を見つめる」ことを今後とも自らに課し、自衛官の道を歩んでいきたい。

空自のCH47Jヘリに体験搭乗
災害出動に思いはせ

フリーアナウンサー　寺岡　恵理(山口県周南市)

私は航空自衛隊防府北基地で行われた航空機の体験搭乗に参加しました。乗せていただいたのは輸送ヘリコプターCH47J。お子さんも含め、30人程度での体験搭乗でした。

大型輸送ヘリということで、風と音の大きさに驚きつつ乗り込むと、機内は広く、向かい合わせのシートは電車の車内のよう。「ドッドッ」というエンジン音を体で感じながらの離陸は、その瞬間を感じさせないほどスムーズでした。

上空ではシートベルトを外し、窓の外の景色を眺めたり、コックピットをのぞかせていただいたり。騒音のため会話こそできませんでしたが、身振り手振りでフライトを満喫しました。

私たちには楽しい20分間のフライトでしたが、近年の災害派遣活動など、自衛隊員の皆さんが出動される時、このヘリコプターにも救援物資や各種機材が積み込まれると思うと、私の目にはまた違う景色が見えました。

被災地でどれだけ多くの人がこのヘリコプターの到着を待っているのか、どれほどの助けとなるのか。少し思いをはせるだけでも、日頃は遠く感じる被災地のことなどもしみじみと想起させる、大変貴重なフライトになりました。

防府北基地で行われたCH47Jヘリの体験搭乗

OBがんばる

木村　勝巳さん　56
平成25年8月、空自航空教育隊(防府南)を退職(1佐)、東京海上日動火災に再就職、現在、徳山損害サービス課で賠償の業務に当たる。

経験すべて自分の財産

今の職場に再就職し、1年が過ぎました。私は以前、部隊で援護業務を担任していた頃、保険の仕事に就かれた先輩方のご苦労を見知っていたので、正直、自分には無理だと思っていました。しかし、いざ自分の番が巡ってきて、「自分のできる仕事は?」と悩んでいた頃、援護協会広島支部から基地援護室を通じてご紹介を受けたのが今の会社です。

現在の職務である「損害サービス主任」は、契約者が交通事故に遭った際に契約者に代わって賠償(補償)する業務です。交渉相手は被害者ですので(ご遺族の場合も…)、非常に気を遣います。状況の把握、契約者への報告などを行いながら示談交渉を進めますが、同じような事故でも賠償への考え方は十人十色のため、共に満足していただけるよう悪戦苦闘の毎日です。

弊社では「お客様の信頼を事業活動の原点に置き、安心と安全の提供を通じて豊かで快適な社会生活と経済の発展に貢献する」を理念に企業活動をしています。私も微力ながらその一員として貢献したいと思っています。

これから定年を迎える皆さん、やりたい事をして生活できるのが理想とは思いますが、これまでの経験すべてが自分の財産であると考え、好悪を問わず、自らのキャリアに照らし合わせれば意外な適職に巡り合えるかもしれません。ご健闘をお祈りします。

そして、援護にかかわる皆さん、退職予定者の本音を引き出して潜在能力を発掘してやり、「自衛官ブランド」のさらなる向上を目指してください。皆さまの日頃のご苦労に感謝と敬意を表しつつ、敢えてここにお願い申し上げます。

団結力強まったレンジャー訓練

3陸曹　金指　篤之(13普連1中・松本)

「一山越えて、己の未熟さを知れ! 一山越えて、仲間のありがたさを知れ! 一山越えて、生きることのありがたさを知れ!」

これは小隊長から教えていただいた言葉です。レンジャー養成訓練の内容はまさにこの言葉通りでした。

重い装備を担い、一山越えるごとに自分の体力のなさ、精神力の弱さというものがよく分かりました。また山を越えて訓練を重ねるごとに強まる同期との団結力は、常に私の心の支えとなりました。

そして訓練を終え、自分がどれだけ多くの人に支えられて生きてきたかが分かりました。私に大切なことを気づかせてくれたレンジャー訓練、そして教官・助教の方々には本当に感謝しています。

レンジャーバッジを受けた金指篤之3曹。右は両親、左は中隊長

詰将棋

第683回出題

出題　日本将棋連盟　九段　石田　和雄

▲先手　持駒　銀

【ヒント】初手がカギ。(十分で初段です)。

▶詰碁、詰将棋の出題は隔週です◀

詰碁

第1098回解答

出題　日本棋院　九段　曲　励起

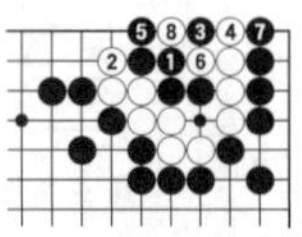

【解答図】黒先、白劫。黒❶白②の次に黒❸が大切です。白④は黒❺が又大切で白⑥以下白⑧迄で劫になります。

新刊紹介

「憲法改正、最後のチャンスを逃すな!」
田久保　忠衛著

著者は産経新聞「国民の憲法」起草委員会の委員長。本人自ら「憲法の専門家ではない」というが、那覇、ワシントンでの記者経験、大先輩の薫陶、教授としての学究生活の集大成として「体験的憲法論」をどうしても書きたくなったという。

スリリングかつ迫力あるGHQなどとのやりとりは、憲法論を度外視しても示唆に富み、興味深い。

著者の主張は一貫している。国を支える3本柱は政治、経済、軍事。ただ日本は、国家の安全を米国に預けて経済繁栄だけを追求。自衛隊を合憲ともせずに知的怠惰をむさぼってきた結果が、今日につながったという。

敗戦後も「一定の軍事力を残していれば韓国に竹島を実効支配される事態にはならなかったし、北朝鮮が多数の日本人を拉致するという極悪非道も行われることはなかっただろう」と説く。自衛隊の現状に関しても、憲法で認知された軍隊を持たない国がいくら独立国といって胸を張っても国際的には通用しないと諭す。

歯切れのよい論考は、退官を控えた老教授の恬淡とした講義に似た爽快感すらある。(並木書房刊、1620円)

「華麗なるナポレオン軍の軍服」
リュシアン・ルスロ著
辻元よしふみ・玲子監修翻訳

派手な色に装飾品、出てくる言葉は「おしゃれ」の一言。陸軍の軍服といえば、カーキや迷彩服を思い浮かべるが、その真逆を行く絢爛豪華な軍服の数々に圧倒される。

本書はフランス陸軍の公認画家を務めたリュシアン・ルスロ(1900—92年)が描いたナポレオン軍の制服を収録。さまざまな階級、軍種のあらゆる軍服パターンを網羅しており、その緻密さに驚かされる。

19世紀の欧州を席巻したナポレオン軍の軍服は多くの軍が手本とし、明治期の日本陸軍が最も参考にしたことでも知られている。現代ファッションにも脈々と息づいており、その普遍的な価値は色あせることがない。

それにしてもなぜこんなに〝派手〟なのか?

監修翻訳者で軍装史研究の第一人者である辻元氏によれば、当時は小銃の性能が低かったため、砲煙が立ちこめる戦場で敵味方の区別をつけるためだったという。国内の繊維・服飾産業を振興させる目的もあった。

軍服研究の一助にしてもよし、イラストの参考にしてもよし。とにかく見て楽しい一冊。手に取って見やすいA5判なのもうれしい。(マール社刊、2646円)

朝雲

発行所 朝雲新聞社
〒160-0002 東京都新宿区坂町26番地19 KKビル
電話 03（3225）3841
FAX 03（3225）3831
振替00190-4-17600番
定価一部140円、年間購読料9000円（税・送料込み）

主な記事

2面「秋の叙勲」防衛省関係者117人
3面 海賊対処 通算護衛600回
4面〈全面広告〉
5面〈部隊だより〉37普連が和歌山城清掃
6面〈募集・援護〉各地で就職支援を推進
7面 千歳管制隊が無事故管制500万回
8面〈みんなのページ〉日々任務に緊張感

日フィンランド防衛相会談

定期協議開始へ

サイバー防衛 北極政策など 幅広く意見交換

江渡防衛相は10月28日、フィンランドのハグルンド国防相と防衛省で会談し、防衛当局間で初の実務者レベルの定期協議を開始することで一致した。今後、2国間の防衛協力の在り方をはじめ、欧州情勢、サイバー防衛、北極政策など幅広いテーマで意見交換を行う。日フィンランド防衛相会談は2004年11月の日本での初開催以来2回目。同国国防相の来日も10年ぶり。フィンランドには今年7、8月に陸自の中央音楽隊がハミナ軍楽祭に参加、昨夏には海自の遠洋練習航海部隊がヘルシンキに初めて寄港し、歓迎行事に小野寺五典前防衛相が出席するなど交流が活発化しており、両国はさらなる交流の推進を目指す考えだ。

実務レベル交流を推進

会談の中で江渡大臣は継続的な対話の必要性を強調。「あらゆる機会を捉えて幅広く協力の可能性を模索したい」と述べ、実務者レベルによる協議の開始を提案した。これに対し、ハグルンド国防相は「大変良い提案で、うれしく思う」と述べた。協議の頻度や出席者などの詳細は今後詰める。

フィンランドとの防衛交流は、1959年に林敬三統幕議長が防衛庁（当時）の要人として初めて同国を訪問したのが始まり。以後、断続的に次官級や幕僚長級のハイレベル交流が行われてきたが、実務者レベルの交流は行われてこなかった。

両国は地理的には離れているものの、共に隣国のロシアを挟んで東西に位置していることから、今後は北極圏の環境問題や航路活用を含む北極政策などのグローバルな課題をはじめ、サイバーや宇宙空間をめぐる新たな脅威に対処していくための協力の在り方などを模索するものとみられる。

会談で両氏は地域情勢をめぐって意見交換。江渡大臣は日本が中国に対し、不測事態を回避するための「海上連絡メカニズム」の早期運用開始を強く求めていることを強調。北朝鮮については弾道ミサイル発射や核実験のほか、大量破壊兵器の拡散活動を行っていると説明した。また、日本と東南アジア諸国連合（ASEAN）各国との関係では、海洋安全保障の強化や能力構築支援などを通じて防衛協力を着実に進めていることをアピールした。

一方、ハグルンド国防相は、ウクライナ情勢をはじめ、軍事力の拡大や核兵器の近代化を進める最近のロシアの動きに懸念を表明。フィンランドが欧州連合（EU）の対ロシア制裁に参加していると説明した上で、フィンランドとロシアは強い経済的なつながりがあるとして、「ロシアとはあらゆるレベルで対話を継続したい」と述べた。

EU加盟国のフィンランドは、ロシアとの歴史的な関係から北大西洋条約機構（NATO）には加盟しておらず、NATO加盟をめぐっては国内でさまざまな議論があるとハグルンド国防相は述べた。

北極政策については、地球温暖化による環境問題や北極航路の開通が注目される中、フィンランドは「北極評議会」の当初からの加盟国として、さまざまな議論を行っているとした。

これに関連し、昨年8月と9月には、小野寺前防衛相と同国国防次官のラトゥ陸軍中将がフィンランドと日本で2度会談しており、北極航路の活用などをめぐって意見交換、両国が重要なパートナーとして協力していくことで一致している。

笑顔で握手を交わす江渡防衛相（右）とフィンランドのハグルンド国防相（10月28日、防衛省で）

キーン・ソード

日米隊員4万人参加

島嶼防衛 豪が初のオブザーバー

島嶼防衛を目的とした平成26年度の日米共同統合実動演習「キーン・ソード」が11月8日から19日まで、日米隊員約4万人が参加して、我が国周辺海空域と駐屯地、基地などで始まる。今回初めてオーストラリア軍関係者がオブザーバーとして参加する。

日本側は統幕長の河野克俊海将を統裁官に、陸海空の隊員約3万700人と艦艇25隻、航空機約260機、米側は在日米軍司令官兼第5空軍司令官のサルバトーレ・アンジェレラ空軍中将を統裁官に、陸海空軍と海兵隊計約1万人が参加する。

「キーン・ソード」は、日米の共同統合運用能力の維持・向上を図ることを目的に1986年度に開始され、今回で12回目。日米の共同統合指揮所演習「キーン・エッジ」とは開催年を毎年交互に変えながら、隔年で双方を補完する形で行っている。

今回初めてとなるオーストラリア軍のオブザーバー参加は、日米豪3カ国の連携を強化する上で大きな足掛かりとなることが期待されている。

訓練は武力攻撃事態における島嶼侵攻への対処を想定し、①水陸両用作戦②陸上・海上・航空の各作戦③統合後方補給――について演練。

水陸両用作戦では、鹿児島県瀬戸内町の江仁屋離島で陸自部隊や海自LCACなどが参加して着上陸訓練を実施するほか、陸上作戦の一環として薩南諸島などには陸自の対艦ミサイル（SSM）部隊が展開、佐世保基地では日米共同による基地警備訓練を行う。

一方、我が国周辺の海空域では海自の護衛艦が米空母などを護衛する海上作戦、小松基地沖の日本海「G空域」では日米の戦闘機が共同で防空作戦を行う。石川・岐阜県境の白山（2702メートル）周辺では初の試みとして、日米が連携してUH60J救難ヘリなどを使って山岳地帯での救難訓練に臨む。

このほか、統合後方補給作戦などの一環として、空自のC1、C130H、米軍のC17の各輸送機などが全国の自衛隊基地と米軍基地を結んで共同輸送訓練を行う。

開会式後、記念撮影に臨む各国の空軍参謀長ら。中央は左藤副大臣、その左は齊藤空幕長（10月24日、帝国ホテルで）

ACDJ

8カ国の参謀長集結

「エアパワーの役割、一層拡大」

空自は10月24日、東京・内幸町の帝国ホテルで「空軍参謀長等招聘行事（ACDJ＝Air Chief's Dialogue in Japan）」を開催、日本を含む世界8カ国の空軍参謀長らが出席し、防衛協力、国際法順守の強化で意見が一致した。また齊藤空幕長はACDJに先立つ2国間会談で、ベトナム人民防空・空軍司令部のホア中将と飛行安全などについて相互交流の合意書を交わしたほか、米国太平洋空軍司令官のロビンソン大将と「レッド・フラッグ・アラスカ」など共同訓練の質・中身の強化を協議した。

ACDJは空自の創設60周年記念行事の一環として行われたもので、日本で同様の行事が開催されたのは2004年の「空軍参謀長等会議（ACCJ）」以来となった。日、米、ベトナムのほか、英、豪、印、インドネシア、シンガポールから聴講者を含め総勢約100人が参加した。

齊藤空幕長は開会あいさつで「空自創設60周年の年に会を開催でき、名誉に思う。各国の関係強化のうえで、参謀長が東京に集ったことは意義深い」と英語で述べた。

続いて左藤副大臣が祝辞に立ち「国家間の相互依存関係が進む今日、地域の平和と安定を構築する上で、エアパワーが果たす役割は一層拡大している」と空軍力の重要性を強調した。

「将来の空軍力」をメーンテーマに行われたシンポジウムでは、米国のロビンソン司令官が基調講演。続いて齊藤空幕長が「将来の空自の役割」と題してスピーチしたあと、豪空軍本部長のブラウン中将、ベトナムのホア中将が「アジア太平洋地域安定化のための役割」をテーマに意見を述べた。

最後に印空軍参謀長のラハ大将、インドネシア空軍のプトゥ・ドゥニア大将、英空軍のプルフォード大将の3人がそれぞれ「空軍と科学技術」について講演。

各国参謀長は閉会後、安倍首相、江渡防衛相を表敬した。26日には百里基地で行われた航空観閲式も視察し、迫力ある展示飛行に見入った。

齊藤空幕長は31日の記者会見で、ACDJや2国間会談を通じた各国間の防衛協力の強化を成果として強調した。

エプロン地区を埋め尽くした約29万人の来場者が見上げる中、ダイヤモンド隊形で上空にスモークを引くブルーインパルス（11月3日、入間基地で）

航空祭に29万人

秋空に「サクラ」

T4ブルー 入間で曲技飛行

爽やかな秋空の下、埼玉県の空自入間基地で11月3日、恒例の航空祭が開催され、約29万人の来場者でにぎわった。4空団11飛行隊（松島）のT4ブルーインパルスや航空救難団のUH60J救難ヘリなどの展示飛行のほか、地上では基地に潜む1高群（入間）のゆるキャラ「パックさん」を時間内に探すイベントが人気を集めた。

午後1時過ぎ、青空と厚い雲が混じり合う上空目駆けブルー6機が離陸。空自創設50周年記念演目の「サクラ」で六つの輪が上空に彩られ、1964年の東京オリンピックで国立競技場に五輪を描いたF86Fブルーの「五輪マーク」に重ねる来場者も多かった。

全演目終了後、コックピットから降りてきたパイロットに「ミス航空祭」から花束が贈呈されると、展示飛行に感動した人たちが左右に列を成して「道」をつくり、拍手で見送った。

春夏秋冬

韓国軍は強いか

黒田　勝弘

最近、韓国軍で不祥事が増えている、というかニュースとして軍関連のものが目立つ。

国産装備の欠陥ぶりや防衛産業と軍の癒着・不正問題は別として、部隊内でのイジメ事件や女性兵士に対するセクハラや暴行事件は、人にかかわる問題だけに世論の批判が強い。

昔は軍の威光と意向から不祥事は隠され、表面化することは少なかったが、1990年代以降、いわゆる民主化が進み、被害者の訴えや内部告発が増え、隠せなくなったのだ。マスコミも軍叩きが大好きだ。とくに今年、前線部隊で起きた〝イジメ殺し〟は、徴兵制で息子を軍隊に送っている親たちにとっては衝撃だった。

兵士たちの部隊内生活を、韓国では旧日本軍の用語そのままに今なお「ネムバン（内務班）」と言っているが、そこがイジメの温床になっているというのだ。

起居を共にする狭い兵舎内で、性格の弱い兵士が集団でからかわれ、みじめな〝芸〟をやらされたり、時には殴ったり蹴ったりなど、ウサ晴らしの対象としてさらし者にされる。

それが高じて死亡させてしまったことが、3カ月も経ってから明るみに出た。親たちからすると「息子をそんな目に遭うようなところにはやれない！」となる。これでは敵は北朝鮮ではなく「内部にあり」だ。韓国軍にとっては一大危機である。

公表された統計では、正規軍65万の韓国軍で昨年、事故などによる死亡者は117人。このうち自殺者が79人というが、イジメとの関係は不明だ。

韓国社会では近年、若者の自殺が急増しているので、その一般社会の延長という見方と同時に、これまた急増している学校での暴力的イジメとの関連も指摘されている。

学校における集団的イジメは韓国では「学校暴力」といわれ大きな社会問題になっているが、その加害経験者が軍隊の「内務班」でもそれを繰り返す傾向があるという。徴兵制下の軍隊は一般社会の反映なのだ。だから徴兵制の軍隊が「強兵」とは必ずしもいえない。

一方、豊かになった韓国ではマボーイ的な優男が増え、若い女性も威張ったマッチョ型より優しい男を好む。そんなこんなで徴兵制の見直し論が出始めている。

（くろだ・かつひろ＝産経新聞ソウル駐在客員論説委員）

栗田2陸佐をNATO派遣

女性施策で貢献へ

防衛省は11月4日、栗田千寿（くりた・ちず）2陸佐（39）＝写真＝（陸幕防衛課付）を12月1日から約2年間、ベルギー・ブリュッセルの北大西洋条約機構（NATO）本部に派遣すると発表した。日本からNATOへの自衛官派遣は初めて。

栗田2佐は「女性・平和・安全保障分野のNATO事務総長特別代表」のアドバイザーに就任し、紛争状況での女性の保護や、紛争後の平和構築などにおける意思決定に女性の積極的参画を推進するなど、NATOのさまざまな施策づくりや取り組みに協力する。

栗田2陸佐は2011年、東ティモールで武力紛争停止の順守状況を監視する国連東ティモール統合ミッション（UNMIT）に軍事連絡要員として約半年間派遣されており、治安情勢などの情報収集に当たった経験と実績が評価された。

安倍首相は今年5月にNATO本部を訪問した際、「積極的平和主義」に基づく幅広い分野での協力強化で一致しており、安倍政権の掲げる「女性の活躍推進」の観点からも、国際平和協力の分野で日本の貢献をアピールする狙いがある。

防衛省発令

▽海幕運用支援課（3護衛隊司令）1海佐 伍賀 祥裕
▽3護衛隊司令（護衛艦隊）同 池内 出
▽横須賀地方総監部防衛部（横須賀地方総監部付）同 鍜治 次郎
（以上10月20日）
▽解7航空団兼務 空幕総務課情報公開・個人情報保護室長 1空佐 岡本 兼一
▽中央病院医療安全評価官（中央病院付）1海佐 松崎 宏治
▽同呼吸器科部長（同医療安全評価官）同 谷本 高男
（以上10月27日）

朝雲寸言

小笠原諸島の近海に続き、伊豆諸島の周辺でも、希少な「宝石サンゴ」を狙った中国漁船団が出没している。目に余る違法操業を前に、テレビのニュースは「中国に断固抗議しなければ」と威勢がいい▼CMを挟んで次のニュースは、10月30日に告示された沖縄県知事選。米軍普天間飛行場の辺野古移設が最大の焦点だが、「これほど多くの米軍基地が、本当に沖縄に必要なのでしょうか」という感傷的なコメントで締めくくった▼しかも知事選のニュースに関連して、11月8日からはじまる日米共同統合演習にも触れ、過去最大規模の離島防衛訓練などと説明した上で、「まさに集団的自衛権の先取りですね」と言い放った▼抗議すれば、中国漁船はサンゴの違法操業をやめるのか。どうして沖縄に米軍基地があるのか。自衛隊が米軍と共同訓練もせずに、この国を守ることができるのか。一度じっくりと見解を伺ってみたい▼サンゴの密漁だけでなく、今年に入って尖閣諸島の領海内に中国漁船団が侵入する事案も急増し、9月末までにその数は1000隻を超えている。現実を直視すれば、国境の海は今、中国の国旗で埋め尽くされようとしているのだ▼彼らがわが物顔に振る舞うのは、日本の弱さを見透かしているからだ。安全保障をめぐって議論すれば、常に国内は「賛成」と「反対」に二分される。戦後70年を経てもなお続く異常事態に、彼らの高笑いが聞こえてきそうだ。

時の焦点

国内

政治とカネ

なんじゃあ、こりゃあ

俳優の松田優作さんが亡くなって、きょう11月6日でちょうど四半世紀になる。その忘れ難い作品の一つに、映画「ブラック・レイン」（1989年公開）がある。刑事役の高倉健さんと凶悪なヤクザ役の松田さんが圧倒的な存在感で、ハリウッドの大スター、マイケル・ダグラスさんやアンディ・ガルシアさんをのみこんだ。とりわけ、癌による痛みを隠して撮影に臨み、映画公開の年に亡くなった松田さんの演技には、鬼気迫るものがあった。

主人公よりも悪役が映画全体を支配した作品としては、バットマン・シリーズの悪役ジョーカーをヒース・レジャーさんが演じた「ダークナイト」にも匹敵すると思う。ちなみに、レジャーさんも映画公開と同年（2008年）に亡くなった。

悪事を推奨するつもりは毛頭ないが、政治資金をめぐって永田町にはびこる「悪」のせこさを見るにつけ、どうせやるなら、松田さんやレジャーさんばりに命懸けの「巨悪」を演じてほしかった、と言いたくもなる。

閣僚に続き、野党の幹部にも同様の問題があったことが発覚し、国会は非難合戦の場となった。「重箱の隅をつつくより、大きな政策論争をすべきだ」という意見は分からないでもないが、「皆がやっているのだから、与野党とも矛を収めよう」という本音が漏れるようでは、情けない。出来の悪い「小悪」劇が、政治家としての遺作になりかねないという危機感が乏しいことの表れだ。

政治資金収支報告書の問題には、悪意のない記載漏れや確認忘れもあったのだろう。しかし、単純ミスであっても、2007年に第1次安倍晋三内閣が崩壊する一要因となった「なんとか還元水」に代表される不適切な事務所費問題の教訓や、その後導入された政治資金の監査制度が、生かされていなかったことになる。

政治に金がかかるのは仕方がない。ただ、金で政策が左右されては、民主主義の根幹が揺らぐ。だからこそ、税金で総額320億円もの政党交付金を払う政党助成制度が導入された。ところが、政治とカネの問題は収まらず、政党助成は新党結成のハードルを下げ、政局を不安定にする副作用ばかりが目に付く。

大事なのは「節度」と「透明性」だ。この二つを徹底させるためにも、監査制度の改善や、政党助成制度の見直しが望まれる。臨時国会での優先順位で、他の重要案件とトレードオフにするのではなく、同時並行で進められるよう、与野党は知恵を絞る必要がある。

尽きない政治とカネの問題に、国民はいい加減、うんざりしている。その気分を選良に伝える言葉として、松田優作さんの当たり役となったテレビドラマ「太陽にほえろ」のジーパン刑事が殉職シーンで、自分の血を見て叫んだセリフ以上にふさわしいものはない。

「なんじゃあ、こりゃあ！」

東雲　次郎（政治評論家）

海外

ドイツの軍改革

待遇改善と勤務柔軟化

ドイツが2011年に徴兵制を廃止し、志願制に切り換えてから3年4カ月。政府は10月29日、連邦軍の兵員充足と優れた若手人材の確保に向けて、兵員の給与引き上げやボーナス支給、パートタイム適用対象の拡充などを盛り込んだ軍改革案を閣議で採択した。議会の承認を得られれば、年内に実施される。

改革案の主眼は、民間との競争が激しさを増す人材市場で、連邦軍の吸引力を高めることにある。その切り札は二つ。まず、待遇の改善である。

新規入隊者の初任給を含め、兵員の給与を7%引き上げる。さらに、難度の高い任務従事者は段階に応じて給与の上げ幅を大きくし、最高40%までアップする。国防省の試算では、この特別措置の適用対象者は兵員2万2000人と平服職員500人になる。

給与アップに加えて、兵員にボーナス（賞与）を初めて導入する。新規入隊者の場合、初任給1年分の20%に相当する額が4年間に分割して支払われる。

第二の切り札が、法定勤務時間の導入とパートタイム勤務の拡充である。勤務時間は民間並みに原則として週41時間とする。現在、女性兵員を含めてパートタイム勤務が認められるのは、18歳未満の子供や病人、高齢者を家族に抱えている場合に限られている。この制約を外し、希望すればパートタイムで事務に就くことができるように改める。

注目すべきは、連邦軍の様相を大きく変える改革案を練った立役者がウルズラ・フォンデアライエン国防相（56歳）自身であることだ。

大学で経済学と医学を修め、医学博士号を持つ。7人の子供を育てる傍らニーダーザクセン州の市議会、州議会議員として政治経験を積んだ。05年に第1次メルケル政権の家族相として入閣。その後、労働社会相を経て、13年12月、女性初の国防相に就任した。

「家庭と仕事の両立」という理念を自ら実践してきただけに、国防相就任直後の今年1月、「兵士といえども仕事と家庭のバランスをとることが必要」と述べ、改革案作成に着手した。連邦軍の兵員数は徴兵制廃止前の約25万人から現在は18万3800人に減っている。国防相は6月に改革原案をメルケル首相に提示し、内諾を取り付けたという。

だが、改革案には批判も少なくない。パートタイム制拡充は穴埋めの兵員増を要し、待遇改善と合わせて約1億ユーロ（約142億円）の支出増を伴う見込み。

南ドイツ新聞（SZ）は「空軍輸送機や海軍艦艇など連邦軍の装備切り換えが大幅に遅れ、北大西洋条約機構（NATO）の危機処理任務の遂行が危ぶまれる事態となっている。国防相は装備老朽化問題の処理も約束したが、政府は財政赤字解消をようやく達成したばかり。赤字財政に逆戻りせずに、二つの課題を同時にやり遂げることができるのか」と疑問を投げ掛けた。

連立与党の社会民主党議員の中からもパートタイム制拡充に異議が出ており、議会での論議をじっくり見届けたい。

小倉　春樹（外交評論家）

秋の叙勲

江間元事務次官、山本元海幕長　瑞宝重光章を受章

防衛省関係者117人

政府は10月24日の閣議で、平成26年「秋の叙勲」受章者4029人を決定し、11月3日付で発表した。防衛省関係では、江間清二元事務次官、山本安正元海幕長に瑞宝重光章が贈られるのをはじめ、瑞宝中綬章に石飛勇次元富士学校長、土井義彦元5師団長、千本木茂夫・元技術開発官、竹田德文元海補本長、井上章元教育集団司令官、細稔元北空司令官、青山謹也元技本長、大越康弘元防研所長ら18人、瑞宝小綬章に68人、瑞宝双光章に10人、瑞宝単光章に19人の計117人が受章した。勲章伝達式は11月10日、防衛省講堂で行われる。また、国や地方自治体の委嘱を受けて公共事務に尽力した人に贈られる26年秋の「藍綬褒章」受章者も併せて発表され、防衛省関係では自衛官募集などに功労のあった募集相談員ら8人が受章した。褒章伝達式は11月14日、防衛省講堂で行われる。

〈瑞宝重光章〉

▽江間清二（防衛事務次官）▽山本安正（海上幕僚長）

〈瑞宝中綬章〉

▽青山謹也（技術研究本部長）▽石飛勇次（富士学校長）▽井上章（航空教育集団司令官）▽大越康弘（防衛研究所長）▽岡部輝生（技術研究本部航空機担当技術開発官）▽加藤亨（同2研究所長）▽久保善昭（2師団長）▽猿渡聰一（技術研究本部副本部長）▽柴田實（同3研究所長）▽白旗弘道（同4研究所長）▽千本木茂夫（同船舶担当技術開発官）▽竹田德文（海自補給本部長）▽田中俊二（技術研究本部誘導武器担当技術開発官）▽土井義彦（5師団長）▽藤島正之（長官官房長）▽細稔（北部航空方面隊司令官）▽松井甲子雄（現・防衛大名誉教授）▽吉川武秀（空自補給本部長）

〈瑞宝小綬章〉

▽青木初年（航空総隊総務部長）▽青柳亀平（情報業務群司令）▽穴口一男（旭川駐屯地業務隊長）▽阿部三男（航空支援集団監察官）▽有元務（空自幹部学校主任教官）▽井内宏（技術研究本部1研究所管理部長）▽猪狩正道（帯広駐屯地業務隊長）▽池田三千穂（北熊本駐屯地業務隊長）▽市川恭平（館山航空基地隊司令）▽伊藤元弘（海自幹部学校研究部4研究室長）▽井上文彦（2教育団長）▽碓氷吉彦（1高射特科団副団長）▽大瀬謙作（徳島教育航空群司令）▽大野稔雄（呉補給所長）▽大野秀臣（電子情報支援隊司令）▽大和田雅行（海自3術校副校長）▽岡本大晴（現・防医大名誉教授）▽小川洋司（舞鶴基地業務隊司令）▽笠井好秋（東部方面総監部総務部長）▽金澤亜美（統幕学校総務課長）▽川上齊（西部方面会計隊長）▽川田哲雄（1輸送航空隊司令）▽川原光之（調達実施本部契約2担当副本部長）▽河本伸六（空自幹部学校技術主任研究開発官）▽清崎忠國（海自2術校長）▽功刀正文（横須賀地方総監部幕僚長）▽黒木八郎（富士学校特科部副部長）▽桑野英毅（技術研究本部3研究所主任研究官）▽小林英男（2輸送航空隊司令）▽重政實爾（空自幹部学校主任教官）▽東松宏希（横須賀造修補給所長）▽清水嶌男（陸自幹部学校研究部長）▽白石博司（同主任教官）▽神力正宣（技術研究本部2研究所システム調整官）▽鈴木隆郎（陸自幹部学校総務部長）▽瀬戸正胤（空自5術校長）▽神井孝（陸自幹部候補生学校総務部長）▽高木誠一郎（防衛研究所2研究部長）▽田村学（防衛大教授）▽千輪俊明（九州補給処長）▽戸髙喜一朗（業務学校副校長）▽中島隆夫（函館基地隊司令）▽中野英男（中央病院総務部長）▽中原一基（技術研究本部5研究所研究企画官）▽西分幸夫（通信団副団長）▽西村寛之（相馬原駐屯地業務隊長）▽羽藤忠和（8師団副師団長）▽花松東一郎（13飛行教育団副司令）▽林亨（中部航空方面隊装備部長）▽原田邦彦（防衛大教授）▽彦坂洋一（神町駐屯地業務隊長）▽日髙久萬男（空自幹部学校教育部長）▽堀内輔（呉警備隊司令）▽本間大一（呉教育隊司令）▽前川忠明（岩国航空基地隊司令）▽増田滋（3輸送航空隊司令）▽松田直幹（技術研究本部5研究所特別研究官）▽眞鍋紘一郎（航空教育隊生徒隊長）▽丸田英夫（岐阜病院長）▽宮崎健二（海自幹部学校主任研究開発官）▽村崎浩（富士教導団長）▽森勝信（化学学校長）▽森田光彦（海自2術校長）▽安井保海（空自幹部学校業務部長）▽安松敬城（中央航空通信群副司令）▽山川守良（技術研究本部3研究所特別研究官）▽湯原弘（関東補給処総務部長）▽吉田顯彦（航空学校長）

〈瑞宝双光章〉

▽井上喜德（武器学校教育部運用科長）▽大津留英生（1高射群本部装備班長）▽岡本俊基（空自幹部候補生学校庶務課長）▽小和野廣二（教育航空集団教務幕僚）▽北爪政征（八戸航空基地隊副長）▽久壽米木宏記（西部方面総監部総務課監理班長）▽佐藤和夫（海自3術校教育1部航空発動機整備科長）▽東碩美（佐世保地方総監部管理部長付）▽冷水幸雄（東北地区補給処補給課長）▽堀江武夫（北部方面輸送隊副隊長）

〈瑞宝単光章〉

▽海野雄一（航空中央業務隊）▽大橋正佳（航空教育隊）▽岡野猛夫（関東補給処）▽金子信弘（地理情報隊）▽斎藤愛一郎（熊本病院）▽佐藤邦夫（宇都宮駐屯地業務隊）▽下地和明（5高射群）▽田中功（帯広駐屯地業務隊）▽田中芳弘（小倉駐屯地業務隊）▽綱川正（北海道補給処）▽天満政清（呉造修補給所）▽長迫清則（玖珠駐屯地業務隊）▽仲松國裕（8航空団）▽西村益美（航空教育隊）▽原正夫（幌別駐屯地業務隊）▽松本吉弘（1航空団）▽宮崎義則（静内駐屯地業務隊）▽向井潔（呉造修補給所）▽矢口克明（別海駐屯地業務隊）

〈藍綬褒章〉

◇自衛官募集相談員＝▽桐谷邦門（富山県）▽塩崎倶之（大阪府）▽德良二正（山梨県）▽濵野幸子（北海道）▽本間諭（秋田県）▽村越健一（東京都）▽吉本幸男（高知県）

▽前川滋（岩手駐屯地診療委託医師）

北方、東北方が西方と協同し九州で「鎮西26」

1万6000人参加　西方

西部方面隊は10月27日から、西部方面区の演習場などで「平成26年度方面隊実動演習（鎮西26）」を実施している。11月26日まで。

訓練は、西部方面総監の番匠幸一郎陸将を担任官に実施。西部方面隊をはじめ、中央即応集団、2師団、東北方面特科隊などから隊員約1万6000人、車両約3800両、航空機約80機が参加している。島嶼侵攻対処訓練や兵站施設の開設訓練、航空機部隊の展開訓練、射撃訓練などを行っている。

防御訓練などを実施　北方

北部方面隊は10月27日から、「平成26年度協同転地演習」を実施している。11月26日まで。

訓練は、北部方面総監の田邉揮司良陸将を担任官に2師団の1個普通科連隊を基幹とする隊員約1000人、車両約320両（戦車3両、自走榴弾砲3門を含む）、航空機6機が参加している。

部隊は北部方面地区を出発し、大矢野原演習場や日出生台演習場に陸・海・空路でそれぞれ展開、西部方面隊との「方面隊実動演習（鎮西26）」に参加し防御訓練などを実施。

往路は10月27日から11月9日。復路は往路と同じ手段で同17日から行われ、参加部隊は26日までに原隊に戻る予定。

対艦、対空230人　東北方

東北方面隊は10月31日から、「平成26年度協同転地演習」を実施している。11月22日まで。

訓練は、東北方面総監の松村五郎陸将を担任官に4地対艦ミサイル連隊2個中隊と5高射特科群1個中隊の隊員約230人、車両約100両が参加。

部隊は、東北方面地区を出発し、奄美大島や空自福江島分屯基地などに陸・海・空路でそれぞれ展開し、西部方面隊との「方面隊実動演習（鎮西26）」に加わる。対艦戦闘訓練や対空戦闘訓練を実施する。

往路は、4地対艦ミサイル連隊が10月31日から11月7日、5高特群が11月10日から13日。復路は両部隊ともに往路と同じ手段で同17日から行われ、22日までに原隊に戻る予定。

防衛監察本部の活動をＰＲする鈴木良之副監察監（壇上）＝10月6日、福岡市博多区の九州防衛局で

正しい知識と意識を

九州防衛局　コンプライアンス講習会

【監察本部】防衛監察本部（梶木壽・防衛監察監）は10月6日、九州防衛局（槌道明宏局長）との共催で、同局に2人の部外講師を招いて「地方コンプライアンス講習会」を開催し、約120人が聴講した。

講習会では、北浜法律事務所福岡事務所の敷地健康（しきち・けんこう）弁護士が「コンプライアンスの意義とその実践法」と題して講演し、コンプライアンスの重要性を強調。「行政は社会的な要請に対しても積極的に応えていくことが求められる」と力説した。また、管理者には不祥事の速やかな報告を歓迎し、信頼関係を構築する姿勢が求められると総括した。

一方、公正取引委員会事務総局九州事務所の上瀧清典（じょうたき・きよのり）・経済取引指導官は「入札談合等関与行為の未然防止のために」と題して講演。入札談合は身近な問題だと指摘し、「関与行為は必ず発覚するため、正しい知識と意識を持つことが自分自身と組織を守ることにつながる」と強調した。

最後に監察本部の鈴木良之副監察監が防衛監察本部の活動について説明し、同本部の活動への理解促進を図った。

▽講習会開催の問い合わせ＝防衛監察本部総務課企画室「地方コンプライアンス講習会」担当。電話03（3268）3111内線33072。

小松基地へ訓練移転

米軍、空自部隊

防衛省は10月21日、在日米軍再編に伴う青森県の三沢飛行場から石川県の小松基地への訓練移転に関する共同訓練の概要を発表した。訓練には、米軍第35戦闘航空団（三沢）と空自6空団（小松）、7空団（百里）、中警団などの部隊が参加し、11月7日から20日まで実施、今回で36回目となる。

訓練は、平成18年5月の「再編実施のための日米ロードマップ」に基づき、2国間の相互運用性の向上と米軍飛行場周辺地域における訓練活動の影響を軽減するため、三沢飛行場の航空機による訓練の一部を小松基地へ移転するもの。

訓練には、[illegible]戦闘機約[illegible]0人、空自[illegible]機約12機、[illegible]機が参加[illegible]物資輸送[illegible]援し、戦[illegible]を実施する。

服務無事故4000日

大湊病院　職員一丸、11年で

【大湊病院】自衛隊大湊病院（青森県むつ市、病院長・小川敏也1海佐＝写真前列中央＝）は9月2日、「服務無事故4000日」を達成した。

この記録は平成15年9月以来、約11年を経て達成されたもので、歴代病院長と先任伍長の指導の下、全ての職員が服務事故の重大性を常に認識して積み重ねた結果となる。

小川病院長は「これまで築きあげてきた先輩方の功績を無駄にすることがないよう、職員一人ひとりが服務事故に対する意識を持ち、何事にも常に基本順守で励み、無事故日数の継続に努めてほしい」と今後への期待感を示した。大湊病院では「今回の達成は通過点の一つ」とし、職員一丸となって無事故継続に万全を尽くすことを誓った。

露艦艇4隻が対馬海峡を南下

10月29日[illegible]ろ、露海[illegible]級ミサイ[illegible]水量86[illegible]572「[illegible]ノグラド[illegible]長崎県・[illegible]20キロ[illegible]海に向け[illegible]るのを海[illegible]P3C哨[illegible]

他は「[illegible]給艦（イ[illegible]級洋曳船[illegible]カデミッ[illegible]ドミラル[illegible]ー）級海[illegible]4隻はそ[illegible]抜けて東[illegible]

海賊対処水上部隊　20次隊に交代

ソマリ[illegible]民間船舶[illegible]対処水上[illegible]め、11月[illegible]世保基地[illegible]

20次隊[illegible]の柏原正[illegible]に、護衛[illegible]長・高須[illegible]180人[illegible]（同・曹[illegible]200人[illegible]約410[illegible]保安官が[illegible]

部隊は[illegible]揮官・大[illegible]衛隊司令[illegible]人、「たか[illegible]で編成）と[illegible]

共済組合だより

グラヒルまるごと体感

24、30日　ブライダルフェア開催

防衛省共済組合員の直営施設「ホテルグランドヒル市ヶ谷」（東京都新宿区）では、11月24日（月・祝日）に「開業50周年サンクス・フェア」を、同30日（日）に「グラヒルまるごと体感！無料試食付プレミアムフェア」を開催します。

24日の「開業50周年サンクス・フェア」（1部9〜13時、2部14〜18時）は、カップルに素敵な特典をご用意。チャペル体感挙式、開業50周年記念婚礼料理「究〜き[illegible]」[illegible]もあり、[illegible]が楽しめ[illegible]ルからも[illegible]です。

30日の[illegible]と体感！[illegible]アムフェア[illegible]は、グラ[illegible]チャペル[illegible]所。実際[illegible]る各種ウ[illegible]テムの展[illegible]の試食な[illegible]

両フェ[illegible]は、グラ[illegible]まで、電[illegible]付けてい[illegible]い合わせ[illegible]ロン（電[illegible]−011[illegible]

ソマリア沖・アデン湾　海賊対処

海上自衛隊の海賊対処行動の歴史

2009年3月13日	海上における警備行動（自衛隊法第82条）発令
3月14日	護衛艦2隻（「さざなみ」「さみだれ」）呉出港
3月30日	護衛活動開始（日本関係船舶）
5月28日	P3C哨戒機×2派遣
6月11日	P3C哨戒機が警戒監視任務開始
6月19日	海賊対処法（海賊行為の処罰及び海賊行為への対処に関する法律）成立
7月24日	海賊対処法施行
7月28日	海賊対処法に基づく護衛活動（民間船舶）の開始（2次隊「はるさめ」「あまぎり」）
2011年6月1日	ジブチ自衛隊活動拠点運用開始
2013年12月10日	水上部隊がCTF151に参加し、ゾーンディフェンスを開始
2014年2月10日	P3C部隊がCTF151に参加
2014年7月12日	水上部隊による護衛回数580回、通算護衛隻数3500隻達成
2014年7月15日	第19次派遣海賊対処行動水上部隊「たかなみ」「おおなみ」横須賀港出港
2014年9月28日	水上部隊による 護衛回数600回達成（通算護衛隻数3556隻）

洋上を並走する「たかなみ」（上）と「おおなみ」。それぞれの飛行甲板には海賊対処を意味する英語の略「DSP」と「600」の人文字が描かれている。両艦の間をSH60K哨戒ヘリが飛行している＝いずれもソマリア沖・アデン湾で

水上部隊19次隊「たかなみ」「おおなみ」

通算護衛600回達成

【朝雲】日本から9000キロ離れたソマリア沖・アデン湾で海賊対処に当たる海上自衛隊の水上部隊19次隊（指揮官・大川努1佐＝6護隊司令＝以下約390人、護衛艦「たかなみ」「おおなみ」で編成）は9月28日、2009年3月の海自の任務開始以来、通算護衛回数「600回」を達成した。日本をはじめ世界各国の貿易の生命線を担うシーレーン（海上交通路）を守るため、両艦乗員は気温50度を超える過酷な環境下で船舶護衛の任務に当たっている。灼熱（しゃくねつ）のアデン湾から、乗員や同乗する海上保安官らの熱いメッセージが届いた。

今年7月15日にアデン湾に向け横須賀港を出発した「たかなみ」（艦長・上田裕司2佐）と「おおなみ」（同・加世田孝行2佐）の2隻は、現在、1隻が多国籍部隊から成る「第151連合任務部隊（CTF151）」に加わり、調整に基づいて割り当てられた特定海域を監視する「ゾーンディフェンス」に従事し、もう1隻が従来の「エスコート」方式による直接船舶護衛の任務に当たっている。

9月28日、「おおなみ」がエスコート方式による船舶護衛活動を終え、5年間の任務で通算護衛回数「600回」を達成した。

アフリカ大陸のソマリア半島とユーラシア大陸のアラビア半島に挟まれたアデン湾は、スエズ運河を通峡する船舶にとって極めて重要な航路帯だ。海自は09年7月に現地で本格的な護衛活動を開始。ジブチに拠点を置く海自P3C哨戒機部隊「海賊対処航空隊」と緊密に連携し、アジアとヨーロッパを結ぶ航路帯の安全を守ってきた。

水上部隊は昨年12月、米海軍などを中心とする多国籍の部隊から成る「CTF151」に参加し、17次隊から「ゾーンディフェンス」を開始。それまでは2隻の護衛艦で民間船舶を挟んで護衛する「エスコート」方式を採っていたが、「ゾーンディフェンス」開始後は1隻でエスコート方式の護衛に当たっている。

「CTF151」は09年1月に設置された海賊対処のための連合任務部隊（本部バーレーン）で、これまで米、豪、英、韓、トルコ、パキスタンなどが参加。今年2月からは海自のP3C部隊も加わり、各国との連携強化を図っている。

防衛省は来年5月にも、CTF151の司令官に海上自衛隊の将補クラスを派遣する方針だ。実現すれば自衛隊初となる多国籍部隊の司令官となる。

以下は、乗員たちのメッセージ。

大川　努1佐
（第6護衛隊司令、第19次隊水上任務部隊指揮官）

09年3月に第1次隊が活動を開始して以来、約5年半に及ぶ護衛活動を積み上げた結果、このたび第19次隊である第6護衛隊が実施した護衛が通算600回目を迎えることになりました。第6護衛隊は11年11月に第10次隊として通算300回目の護衛を実施しており、この度、通算600回目の護衛任務に従事することができたことは大変感慨深い思いです。引き続き現場部隊指揮官として、水上任務部隊一丸となってソマリア沖・アデン湾における海賊対処行動に従事し、船舶の運航安全を確保すべく付与された任務を確実に遂行する所存です。

虻川浩介　3等海上保安監
（海上保安庁派遣捜査隊長）

護衛600回無事完了という記念すべき節目に派遣捜査隊長として業務に携わることができ、大変光栄であり、これまで日本のシーレーンを守ってきた過去次隊の功績に敬意を表します。海上保安庁も150人を超える隊員を派遣してきましたが、今後も海上自衛隊と協力して、海賊事案に関する責務を全うしていく所存です。

望遠鏡をのぞき込み、不審船の出没に目を光らせる「おおなみ」乗員

民間のタンカー（奥）をエスコートし「通算護衛600回」を達成した「おおなみ」（9月28日）

上田裕司2佐
（「たかなみ」艦長）

過去次隊から引き継いだ任務の重さと、培われた実績の大きさに改めて身の引き締まる思いを感じています。幸い、これまで護衛した船舶に被害がなく、微力ながら航行船舶の安全に貢献できることに喜びを感じています。また、諸外国の方々と接する機会にも恵まれ、少なからず日本に対する信頼感や友好的な心情に触れるたび、日本人としての誇りを改めて感じている次第です。引き続き乗員一同、気を緩めることなく、この地域の平和と安定、ひいては日本の繁栄に貢献できるよう任務にまい進したいと考えます。

加世田孝行2佐
（「おおなみ」艦長）

今回600回目の護衛終了の節目に当たり、改めて海上交通の要衝であるアデン湾での任務の重要性を再認識するとともに、この場に立ち会えたことを誇りに思います。これは本海賊対処行動に関わった多くの隊員の努力により得られたものであり、今後も護衛対象船舶の安全を確保すべく乗員一丸となって任務にまい進する所存です。

小森康夫海士長(29)
（「たかなみ」砲雷科＝愛知県岡崎市出身）

ソマリア沖・アデン湾において、護衛任務に当たった回数が1次隊から数えてこのたび600回を迎えました。この間、一度の海賊行為も許さなかったことを海上自衛官として誇りに思います。19次隊である我々、第6護衛隊、「たかなみ」「おおなみ」も引き続き一度の海賊事案も許さずに安全な海上交通を維持し、胸を張って日本に帰国したいと考えます。

竹　伶視（さとし）3曹(24)
（「たかなみ」飛行科＝鹿児島県肝付町出身）

護衛回数600回達成を任務中に迎えることができたという喜びを感じながら、また日本で応援してくれている家族、さまざまな支援任務に就いている方々への感謝の気持ちを持ち、乗員一致団結し、任務完遂を目標に頑張っていきたい。

山口聖徳（まさのり）海士長(21)
（「おおなみ」砲雷科＝名古屋市出身）

19次隊「おおなみ」と「たかなみ」で記念すべき通算護衛回数600回となる護衛任務に参加できたことを誇りに思います。ソマリア沖・アデン湾での海賊対処任務への参加は初めてですが、アデン湾の平和と安全に貢献できるようこれからも任務に尽力します。

高村将平1士(23)
（「おおなみ」機関科＝北海道稚内市出身）

初めての海賊対処行動で護衛600回目という節目に参加できたことを誇りに思います。この行動が始まってから、今日に至るまで厳しい環境下、任務を遂行してきた全ての部隊に感謝し、19次隊の任務完遂に向け、日々の業務に全力で従事してまいります。

西風東風

不審船の証拠判明せず
―露潜水艦か・スウェーデン軍

スウェーデン軍が10月17日から行っていた首都、ストックホルム沖の群島での「外国による海中での不審な活動」に対する捜索が24日、終了した。ロシアの潜水艦と推測されているが、具体的な証拠は見つけられなかった。また、この間の21日、ロシアの偵察機がエストニアのNATO（北大西洋条約機構）の空域を侵入する事件が起こるなど、バルト海周辺での緊張が高まっている。

報道によると、スウェーデン当局は10月16日に、緊急用無線の周波数でロシア語の会話を傍受したとされ、ロシアの潜水艦が領海に侵入した後、トラブルが発生した可能性を示唆していた。これに伴い、スウェーデン軍は翌日からステルス艦、掃海艇、ヘリコプターを投入して大規模な追跡を実施。「少なくとも1隻の外国の艦船がいた」とされるが、それ以上の情報は得られていない。

また、欧州のロシアの飛び地、カリーニングラード基地を離陸したプロペラ機、イリューシンI-20は当初、デンマーク軍のF16に探知されたが、その後、スウェーデン方面に飛行。スウェーデン軍機にも探知された後、エストニアのNATO空域に600メートルほど入り、NATO・ポルトガル軍のF16にエスコートされ空域外へ去った。

ウクライナ危機によりロシアの軍事的脅威に対する警戒感が西欧でも高まっており、中立政策を採用するスウェーデンもNATOへの加盟を検討している。ロシアはこれに対し、さまざまな圧力を掛けており、一連の示威行動もこの一環とみられる。

ロシアの欧州への出口となっているバルト海では198 1年10月、当時のソ連の通常動力型「ウイスキー」級潜水艦がスウェーデンの海軍基地のあるカールスクルーナ沖合10キロの海上で座礁、両国の政治問題に発展した「ウイスキー・オン・ザ・ロック」と呼ばれる事件が起こっている。また、ロシアの原子力潜水艦では2000年8月、北極海の一部、バレンツ海で「オスカー」型の「クルスク」が沈没、総員118人が死亡する事故があった。

（ロンドン＝加藤雅之）

南シナ海で陸地造成加速
―中国指導部が指令

中国が、ベトナム、フィリピンなど東南アジア各国と領土・領海紛争を抱える南シナ海の南沙諸島で、岩礁・サンゴ礁での陸地造成を加速している。周辺大国の米国と日本がウクライナ危機や沖縄県・尖閣諸島の紛争に釘付けになっているのを好機とみて、中国指導部が施工部門にハッパをかけているためだ。北米の中国語ニュースサイト、多維新聞網が伝えた。

中国は、フィリピンが先に埋め立て工事の写真を公開したジョンソン南礁（中国名・赤瓜礁）の他、ベトナムなどが領有権を主張するガベン礁（同・南薫礁）、東門礁、クアテロン礁（同・華陽礁）、ファイアリー・クロス礁（同・永暑礁）でも陸地造成工事を進めている。

うちファイアリー・クロス礁は、過去わずか2カ月の間に、南沙諸島最大の島で台湾が実効支配する太平島の面積を既に上回った。

中国が南沙群島での陸地造成を本格化した時期は、ウクライナ危機が激化したのと同じ2013年末。中国は、欧米がロシアへの制裁を緩めれば、米国が南シナ海に注意を向け始め、やがて陸地造成を妨害するのは確実とみている。また日米が「防衛協力のための指針」（ガイドライン）の見直しを通じ、連携して南シナ海への関与を強めれば、陸地造成の難度はさらに高まる。

このため中国は、ベトナムの日米への傾斜を防ぐため、両国の共産党、政府、軍同士の交流を強化した。ウクライナ危機をめぐっては、ロシアと経済、政治、軍事での協力を強化して米国をけん制。東シナ海では尖閣諸島周辺へ公船や軍用機の侵入を繰り返し、日本に消耗を強いている。

消息筋によると、現在の中国最高指導部は、胡錦濤前政権の南シナ海政策を厳しく批判している。前政権による「紛争棚上げ」や「共同開発」政策が、周辺諸国による主権確保の行動を全く阻止できず、外交に力を浪費して、実際の利益が何もなかったためだ。前政権も後半、実効行動に転じ、スカボロー礁（同・黄岩島）での実行支配を強めたものの、南沙諸島全体では中国の劣勢が続いており、現政権は焦りを強めている。

（香港＝中岡秀雄）

2015自衛隊手帳

平成28年3月末まで使えます。

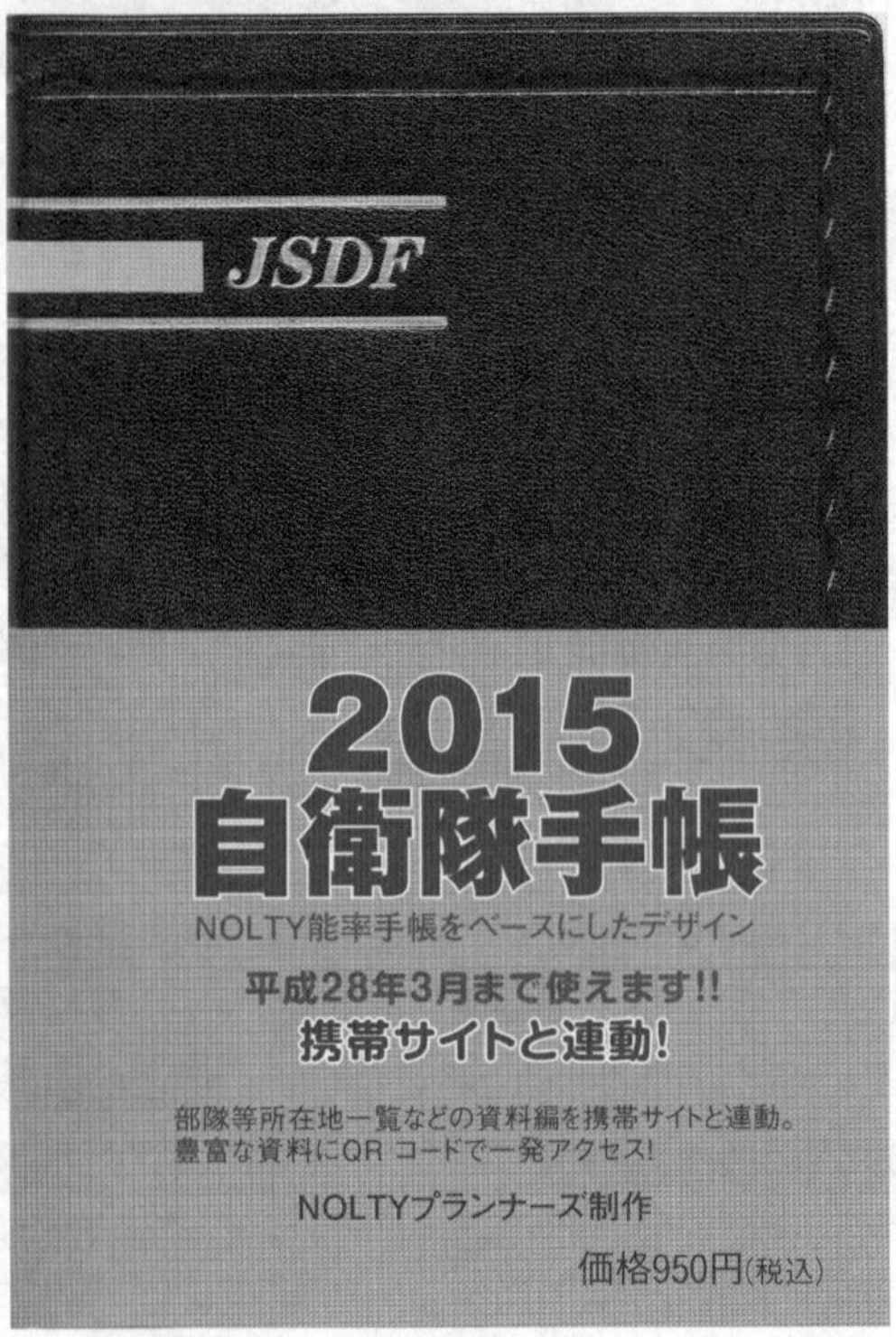

自衛隊手帳オリジナルの携帯サイト、PC 用サイトをオープン。
各種資料に一発アクセス！

編集／朝雲新聞社
制作／ NOLTY プランナーズ
価格 950 円（税込み）

お求めは防衛省共済組合支部厚生科（班）で。
（一部駐屯地・基地では委託売店で取り扱っております）
Amazon.co.jp または朝雲新聞社ホームページ
（http://www.asagumo-news.com/）でもお買い求め
いただけます。

朝雲新聞社　〒160－0002 東京都新宿区坂町 26 － 19KK ビル
TEL 03－3225－3841　FAX 03－3225－3831　http://www.asagumo-news.com

部隊だより////

陸

神町　20普連は10月5日、天童市で開催された「織ら田（おらだ）の天童・楽市楽座」に、高機動車、軽装甲車、オートバイの3両で車両展示に初協力した。コーナーには多くの来場者が訪れ、織田家の武将に扮した甲冑姿の武者も隊員とともにイベントを盛り上げた＝写真㊦。主催者側は「地域活性化に貢献してくれて感謝しています」と話していた。

相馬原　48普連は10月19日、群馬県榛東村が実施した「しんとう・村づくり祭」に参加、連隊炊事要員7人が「いも煮」調理を担任した。用意された約3000食に及ぶ大量の食材を午前9時半から約3時間、野外炊事車をフル稼働させて調理。いも煮が配布されるテントには来場者の列が絶えること無く、「具沢山でおいしかった」と好評だった。

下志津　駐屯地で10月18日、殉職隊員千葉県追悼式が遺族のほか衆参両院議員、千葉県副知事らの来賓出席のもと厳粛に執り行われた。46柱の御霊に対する拝礼・黙とうに続き、駐屯地司令が「我が国の平和と繁栄は、旺盛な使命感を持って任務を遂行中に殉職された御霊の尊い犠牲の上に築かれている」と追悼の辞を述べ、献花および弔銃が行われた。

久居　33普連は9月21日、守山駐屯地で行われた10師団創立52周年記念行事に連隊長以下約200人が参加した。師団長式辞、巡閲、来賓祝辞の後、観閲行進が行われ、82式指揮通信車に乗車した連隊長と72式小型トラックに乗車した幕僚、そして2中隊長率いる徒歩部隊が堂々と行進し、式典を見守る多くの観客から惜しみない拍手が送られた。

福知山　7普連音楽小隊は10月8日、京都府が主催する「特殊詐欺撲滅キャンペーン」を音楽演奏で支援した＝写真㊤。イベントには府知事、府警本部長らも出席。府警による啓発寸劇などが行われた。小隊からは新隊員も演奏に加わり、「365歩のマーチ」「虹色」など計4曲を披露、京都府のマスコットキャラ「まゆまろ」と共にイベントを盛り上げた。

伊丹　36普連は、「タカラベルモント」（9月10～12日）、「大光電機」（同26～27日）、「岩谷産業」（同）の社員を対象とした隊内生活体験を実施した。自衛隊の行動を身をもって経験、寝食を共にした参加者たちには協調性やリーダーシップもみられるようになった。離隊する際には、目に涙を浮かべる人もおり、熱い「36魂」を伝えた。

多賀城　22普連は9月20日、6飛行隊の支援を受け、駐屯地で「平成26年度航空機体験搭乗」を実施、部外協力者と隊員家族合わせ98人が参加した。当日は好天に恵まれ、参加者はパイロットによる安全教育を受けてから機体に乗り込み、駐屯地から松島湾の上空を飛ぶフライトを満喫した。この間、隊内見学などのさまざまな催し物も実施した。

仙台　駐屯地は10月6～10日、東北生活文化大学と同短期大学部の学生6人を対象とした臨地実習に協力した＝写真㊧。学生は自衛隊における栄養・衛生管理や厨房機材の扱いを学んだ後、実際に裁断・調理・配食などを体験。「隊員の方々に『おいしかった！』と言ってもらったとき、一番大切にすべきは『食べる人の笑顔』だと強く感じた」などと話していた。

秋田　21普連は9月27日から29日、1467人のランナーが参加した「2014北緯40度秋田内陸リゾートカップ100キロチャレンジマラソン」に協力した。隊員22人は、20カ所のエイドステーションと18カ所の給水ポイントの設置と撤収、および救急車による衛生支援を担任。沿道の人々とともにランナー達に声援を送りながら任務を完遂した。

海

大湊　多用途支援艦「すおう」は9月26日、服務事故無事故5年（1825日）を達成した。「すおう」は平成20年に横須賀から大湊に転籍し、大湊地方隊で航空部隊や艦艇部隊の訓練支援を主任務としている。隊員たちは任務を全うするため、服務事故の絶無を乗員一人ひとりが認識・実行。記録達成を機に新たな気持ちで無事故継続を誓い合った＝写真㊦。

横須賀　音楽隊は10月4日、横須賀市民病院で入院患者などの慰問演奏を行った。演奏会では、松平2曹ら5人が金管5重奏で「カーペンターズ・メドレー」などを披露。豊かなサウンドで美しいハーモニーを響かせた。ラストは来場者の手拍子とともに行進曲「軍艦」で締めくくり、演奏は長期の入院生活を送る患者にとって最高のプレゼントとなった。

呉　吉浦老人クラブ連合会の会員は10月10日、同会実施の「ウオーキング大会」で呉造補所貯油所を訪れた＝写真㊦。後藤施設科長の引率で正門を出発した参加者は、警備係事務室までの1キロを歩き、広島土砂災派で活躍した警備犬の訓練を見学。往復2キロを踏破した。貯油所は「今後も地域に協力し、吉浦地区の活性化に貢献したい」としている。

佐世保　「輸送艇1号」の乗員は9月26日、長崎県佐世保市の佐世保東山海軍墓地で清掃活動を行った＝写真㊦。墓地は九州、四国、沖縄地方の将兵約16万6000柱と海自殉職者の御霊を祀っている。活動に汗を流した乗員たちは、清掃の手を止めて合掌するなど、祖国防衛のために散華した先達の勇気を深く感じ、国を思う気持ちを新たにした。

大村　22空群72空隊はこのほど、鹿児島県の奄美大島と長崎県の上五島で初の救難訓練展示を実施した。訓練は、海上に漂流する遭難者をUH60J救難ヘリからHRS（ヘリコプター・レスキュー・スイマー）の隊員が海面に降下して救助する一連の流れを展示。地元の自治体関係者や多くの住民が見学に訪れ、輸送救難部隊の活動への理解を深めた。

体をロープで固定し、2人ペアで瓦の雑草などを除去（9月25日）

和歌山城

スッキリ大作戦

命綱使い城壁を清掃

37普通科連隊（連隊長・吉田壮介1陸佐）は9月25、26の両日、和歌山市で「和歌山城クリーンアップ作戦」に参加。命綱を使い、天守閣や城壁の清掃に果敢に挑む雄姿を、カメラを手にした観光客や市民が熱い眼差しで見守った。

当日は、青空にくっきりと天守閣がそびえる“清掃日和”。2中隊長（尾形晃一3陸佐）以下90人の隊員のほか、和歌山隊友会を含む地域ボランティアなど約100人も活動に加わった。

参加者は早朝、城下に一堂に会して開始式に臨み、作業をスタート。体に装備した安全器具とロープをお互いにしっかり確認してから、高度感たっぷりの城壁に取り付いた。懸垂下降の技術を用いて急峻な壁を降下、途中何回か立ち止まって石垣の雑草などを除去した。

足元が不安定な天守閣ではもう一人の隊員が命綱を持ち、慎重かつ軽快に清掃作業を進めた。吉田連隊長も隊員激励のため現場に駆け付けた。

クリーン作戦は、和歌山市が推進する「水と緑と歴史のまちづくり」の一環として行う「史跡和歌山城保護対策事業」の一つ。美化・清掃作業に困難を極めるため、市が自衛隊に毎年協力を要請している恒例行事だ。

天守閣も鮮やかに　37普連

“清掃大作戦”と併せ、例年、砂の丸広場では自衛隊車両による近隣の幼稚園児を対象とした体験試乗も行われ、好評を博している。

2日間に及ぶ協力で、隊員たちは日頃訓練で培った技術と連携を遺憾なく発揮。汗を流し、きびきびと作業に臨む隊員に市民らは励ましの声を掛けていた。（信太山）

懸垂下降の技術を用い、城壁の清掃作業に汗を流す（9月25日）

命綱を付け天守閣を慎重に移動する隊員（9月25日）

出雲　駐屯地は10月19日、出雲市今市町で「駐屯地開庁61周年記念日行事・市中パレード」を隊員約130人、車両44両、航空機1機の陣容で行った＝写真㊦。観閲部隊による徒歩行進のあと、駐屯地司令が「堅忍不抜の精神をもって、専心職務にまい進する」とあいさつ。市中パレードでは、威風堂々の行進が約2000人の観衆の大歓声に迎えられた。

前川原　陸自幹候校は10月13日、部外協力団体を招き、陸自中音による「開校60周年記念演奏会」を行った＝写真㊤。前田忠男学校長は「我々は一流に接するよう候補生に話しています」とあいさつ。行進曲「黎明」の迫力ある演奏を皮切りに、「陽はまた昇る」「情熱大陸」など全12曲が演奏され、約2000人の大観衆が本物の音色に魅了された。

福岡　4師団は9月13日、アクロス福岡シンフォニーホールで「未来へ～郷土とともに～」をテーマに第39回定期演奏会を開催した＝写真㊧。4師団委嘱曲「Quattro Elementi～九州北部の伝承曲によるパラフレーズ～」のほか、地元高校との合同演奏を含む9曲を披露。地域とともに歩み続ける4師団を表現し、会場は割れんばかりの拍手に包まれた。

空

三沢　北空司令官の尾上定正空将と3空団司令の井上浩秀空将補は9月26日、三沢基地でF35戦闘機のデモンストレーターを体験した＝写真㊨。司令官らはロッキード・マーチン社のインストラクターと3空団パイロットの説明を受け、尾上司令官が空対空と空対地ミッション、井上司令が空対空ミッションを体感。F35戦闘機の先進性を確認した。

浜松　1空団副司令の池田五十二1佐は10月2日、浜松市中区で開催した南関東局主催の「第24回防衛問題セミナー」で講演を行った。池田1佐は「強い戦士をつくるために」と題し東日本大震災などに従事した自衛官を紹介。使命感を育てる教育について語った。講演後には「居合の演武」を披露し、参加者約200人から盛大な拍手が送られた＝写真㊦。

防府南　防府市立中関小学校の6年生18人は10月22日、「職場体験学習」のため基地を訪れた。参加者は教育参考館「巣立ち」や学生食堂などの基地施設を見学し、広報担当者の指導で基本教練を体験。さらに、空自の幅広い職種や航空機を所有しない防府南基地特有の説明を受けた。航空機に携わる以外の数多くの仕事内容に生徒たちは終始真剣に耳を傾けた。

募集・援護　特集

平和を、仕事にする。

ただいま募集中！
◇自衛官候補生（男子）
◇高工校（推薦、一般）
★詳細は最寄りの自衛隊地方協力本部へ

「必ず勝利しよう」

各地で援護活動推進

就職戦線本格化

「隊員が安心して一般社会に出ていけるよう、就職戦線でも必ずや勝利しよう！」——。再就職を控えた定年予定隊員や任期制隊員を支援するため、各駐屯地・基地では援護活動が本格化している。地本は独自に担当者会同などを開き、援護態勢を強化しているほか、陸海空の各基地援護業務課は企業関係者らを招いて隊員との「面談会」を開くなど、早期にマッチング（仮内定）が得られるよう手方を挙げている。

仮内定後の対応を指南　鳥取

【鳥取】地本は10月3日、米子駐屯地で「援護担当者会同」を開いた。任期制隊員や定年予定者の再就職を円滑に進めるために実施したもので、地本と駐屯地から16人が出席した。

最初に地本の大橋信久援護課長があいさつ。9月24日に開催した平成26年度山陰地区合同企業説明会を総括し、「隊員本人の努力はもちろんだが、部隊の支援によって多くのマッチングが得られた。だが、来春に向けてこれからが本番。部隊、隊員の思いを結実させ、就職戦線に必ずや勝利しよう！」と担当者を鼓舞した。

さらに仮内定の隊員を対象に行われる会社見学について、「各社の職場環境や業務内容も十分に把握し、隊員が円滑に再就職できるようにしたい。彼らの将来にも影響する重要な内容であり、各人との調整などについても配慮をお願いしたい」と要望した。

この後、会同では会社見学会への諸準備をはじめ、採用試験に向けた指導法や、履歴書作成上の自衛官としてアピールできる点などについても関係者間で確認が行われた。

部隊の援護担当者からは「会社見学会の隊員の服装はどのようなものがいいか」といった具体的な質問もあった。

地本では前回の企業説明会でマッチングを得られなかった隊員に対しても、引き続き新たな企業の紹介や求人情報を提供するなどして、できるだけ早期の仮内定が得られるよう全力で援護活動を続けていく。

援護担当者にマッチング後の注意点を説明する大橋援護課長（左から2人目）＝10月3日、米子駐屯地で

海運企業23社が説明会　呉教

【呉教】平成20年度から継続的に実施されている「海運企業説明会」が9月4日、呉教育隊で開催された。

これは自衛隊援護協会と、国交省中国・四国運輸局船員労政課、中国・四国地区船員対策協議会、海自呉監援護業務課などが共催し、海自艦艇乗組員などの再就職を目的に実施されている。

昨年は14社、47人が参加し、11人の隊員が海運企業に無事就職。この実績を受けて今年は23社、53人が参加し、海運企業とのマッチングを目指した。

会社側も昨今の内航（国内）船員の不足や高齢化に悩んでおり、洋上での豊富な知識と経験を持った海自隊員は非常に魅力的。また気力・体力とも万全な若い任期制隊員も貴重な人材となっている。

説明会に参加した隊員は「再就職には不安な気持ちもあったが、フネに乗る仕事なら経験が十分あるので、会社側から有意義な話が聞けた。これまでの自分の技能や経験が、新たな場所でも生かせるならうれしい。それに待遇が良いのも魅力だ」などと話していた。

説明会で海運企業関係者と面談する退官予定隊員ら（9月4日、呉教育隊で）

基地体育館で企業面談　入間

【中空＝入間】空自中部航空方面隊司令部援護業務課は9月25日、入間基地東体育館で「平成26年度基地企業面談会」を開催した。

同会は入間基地退職者雇用協議会と自衛隊援護協会の共催で、今年で8回目の開催となる。

部隊から定年間近の隊員61人、任期制隊員48人、隊員の上司ら36人、企業側から計62社が参加し、うち52社が面談ブースを開設した。

最初に入間基地退職者雇用協議会の豊田義継会長と自衛隊援護協会の西野哲東京支部長があいさつ。その後、隊員たちの企業ブース訪問が開始された。

各ブースでは企業担当者から業務の内容などの説明があり、隊員たちの質問に回答。なかには採用試験さながらに本格的な面接を受ける隊員もいた。面談は1回30分を基準に、午前・午後計6回行われた。

企業担当者からは「会場が基地体育館ということで運営管理がしっかりと行き届いていた。おかげで落ち着いた環境で面談ができ、良かった」「初めて参加したが、自衛官の礼儀正しさ、人の話を聞く姿勢にとても感心した」といった言葉が聞かれた。

大学祭で募集活動

埼玉工大　3自のパネル展示も

【埼玉】熊谷地域事務所は10月12日、埼玉工業大学（深谷市）の学園祭「秋桜祭」で海自横須賀地方総監部の支援を受け、募集広報活動を実施した。

当日は1万人を超える来場者があり、男子学生による「男の娘コンテスト」、FM放送「NACK5」の現地生放送など盛りだくさんのイベントがあった。

海自の「移動広報ブース」では南極の氷や石、護衛艦の模型、パネル写真などの展示が行われたほか、隊員によるロープワーク教室も実施。

一方、地本ブースでは陸海空自のパネル展示や制服試着コーナーなどが設けられ、多数の学生らが訪れた。

「ようこそ、先輩！」

地本が高校文化祭を支援

母校の文化祭に登場した加藤士長（左から2人目）と波寄士長（その右）＝9月30日、福井県立科学技術高校で

【福井】地本は9月30日、県立科学技術高校（福井市）の文化祭を支援した。

午前中の「ようこそ、先輩！」コーナーでは、同校卒業生の2人のハイスクールリクルーター隊員がほふく前進で舞台に登場。36普連（伊丹）の加藤隆行陸士長と14普連（金沢）の波寄友和陸士長で、2人が後輩にアピールすると、会場は大いに盛り上がった。

「先輩、何かやって！」の要望には、加藤士長の号令で腕立て伏せを披露。司会から「こんなに綺麗でしっかりした腕立て伏せは見たことがありません！」との言葉に2人も照れていた。

一方、地本のブースでは自衛隊の制服を試着して撮影し、その写真がプリントされ、缶バッチになるコーナーに人気が集まった。

海自制服を着た女子生徒は「この白い服、かわいい！」とご満悦。男子は陸自の迷彩服が気に入ったようで、ポーズを取って写真撮影。自分の姿がプリントされたオリジナル缶バッチができあがると、皆うれしそうに広報官から受け取っていた。

ブルーの美技に「すごい！」

「航空観閲式」事前公開

航空観閲式事前公開に参加した香川県防衛協会青年部員ら（10月19日、空自百里基地で）

【香川】自衛隊記念日中央行事「航空観閲式」の事前公開が10月19日、空自百里基地で行われ、地本は香川県防衛協会青年部の17人を引率した。

当日は晴天に恵まれ、エプロン地区に並べられた3自衛隊の航空機を前にして一行は大感激。

式予行が始まると各種航空機による観閲飛行、緊急発進、機動飛行などが披露され、一行は頭上を駆け抜ける機体の勇姿に、目が釘付けになっていた。最後にT4ブルーインパルスが現れ、青空に白煙を引きながら数々の華麗な技を見せると、「すごい！」を連発。

四国から来た青年部員たちは厳粛かつ華やかな式典に感動した様子で、「防衛省・自衛隊60周年の記念すべき節目に、素晴らしい式を見ることができて光栄」と興奮気味に話していた。

高工校の質問相次ぐ

中学校長会に地本が参加

【新潟】長岡出張所は10月14日、南魚沼市立六日町中学校で開かれた「郡市校長会」に参加した。

南魚沼市、湯沢町から7校の中学校長が出席し、地本は主に陸自高等工科学校の説明を行った。

中学校長からは「毎年、（高工校の）受験者は出ているが、合格までは至っていない。合格するにはどのような勉強方法が適当なのか」といった具体的な質問も出た。

終了後、自衛隊が実施している中学生への音楽演奏指導、防災訓練、体験学習などの案内も行った。

「ゆるキャラグランプリ」で大健闘

「ひょうちん」89位に

「ゆるキャラグランプリ」参加のたすきをかけ、投票を呼び掛ける「ひょうちん」（右）＝9月21日、神戸三宮駅前で

【兵庫】地本のマスコット「ひょうちん」は今年も「ゆるキャラグランプリ2014」にエントリー、11月1〜3日に行われた決戦投票の結果、企業・その他部門で89位に入った。

このインターネット投票期間中、「ひょうちん」は神戸市の神戸三宮駅前で連日、自身への投票を呼び掛け、着実に票を伸ばした。同時に神戸市民に国民を守る自衛隊もアピールした。

地本と48普連が防災まつりに参加

【群馬】地本は9月21日、高崎市で開催された「みんなの防災まつり」に参加した。

イオンモール高崎が主催したもので、県と市も後援。自衛隊からは地本のほか陸自48普連（相馬原）が協力し、偵察用オートバイ、高機動車、軽装甲機動車、82式指揮通信車を展示した。

この車両コーナーには大勢の子供たちも訪れ、ミニ制服を着て記念撮影。一方、屋内では災害派遣のパネル展や塗り絵コーナーが設けられ、こちらも家族連れの人気を集めていた。

3自で就業体験

長万部高生「さらに興味が増した」

施設班消防隊員（右端）が並走する中、消防服でランニングを体験する高校生（10月15日、八雲分屯基地で）

【函館】地本は10月15日から3日間、空自八雲分屯基地、海自函館基地隊、陸自函館駐屯地の支援を受け、長万部高校生徒3人に対し「総合的な学習の時間（就業体験）」を実施した。

初日は八雲分屯基地で空自の概要説明、ペトリオット機材の展示、基地消防の体験などを行った。

2日目は函館港で護衛艦「せとぎり」「すずなみ」と掃海艇「ながしま」を見学、最後に函館基地隊で海自の概要説明を受けた。

3日目は函館駐屯地を訪問、96式装輪装甲車への体験試乗などを行った。

内容の濃い3日間に、生徒たちは「陸・海・空全ての体験ができ良かった。どの自衛隊も素晴らしく、ますます自衛隊への興味が増した」などと感想を語っていた。

地本が広報ブース開設

目達原駐屯地創立60周年記念行事

南極の氷展示、制服試着など

【佐賀】地本は10月11日、目達原駐屯地で行われた同駐屯地創立60周年記念行事で募集広報を実施した。

当日は強風のため空挺降下とバルーン体験搭乗は中止されたが、観閲行進、編隊飛行、装備品展示などは予定通り行われ、多くの来場者でにぎわった。

地本のブースでは砕氷艦「しらせ」が持ち帰った「南極の氷」の展示やミニ制服の試着などが行われた。特にミニ制服試着は大人気で、自衛隊車両の前で隊員に扮して記念撮影する親子連れも見られた。

南極の氷（右下）などで広報活動を行う須藤康範1陸曹（10月11日、目達原駐屯地で）

無事故管制500万回

千歳管制隊

創隊から半世紀余　チーム力で安全確保

千歳市長が感謝状

北海道・千歳飛行場と新千歳空港の官民の飛行場・空港で航空機管制を担う空自千歳管制隊（隊長・幡生重穂2佐以下約170人）はこのほど、昭和37年1月の航空管制業務開始以来、52年半を経て「無事故管制業務500万回」を達成した。

千歳基地には、F15戦闘機を擁し対領空侵犯措置（スクランブル）を行う2空団、各国への要人輸送を担う特別航空輸送隊などの部隊が置かれ、千歳管制隊は空自機に加え、新千歳空港に離発着する旅客便など民間機の管制も一括して行っている。管制業務の平均回数は1日に約500回、1年で約16万回に及ぶ。

千歳管制隊は昭和32年9月に創隊。37年1月に航空管制業務を開始、さらに63年7月からは新千歳空港への管制も始めた。この間、平成3年に200万回、19年に400万回の無事故管制を達成した。

昨年8月には幡生隊長が空幕から転任。「我々の業務環境は決して一人で対応できるほど単純ではなく、チームで対応しなければ処理できない複雑なものへと変化している。『チーム力の最大発揮』が必要」という方針の下、航空管制業務を続けてきた。

500万回は新千歳空港から仙台空港へ向かう民航機を管制し、8月9日達成した。また3日に行われた基地航空祭では、達成を祝うかのようにブルーインパルスがハートに矢を射ぬく展示飛行を見せ、「過密の中でも千歳の空の安全は保たれていると感じた。この安全を引き続き守っていかなければと再認識した」（幡生隊長）。

9月24日には地元千歳市の山口幸太郎市長から感謝状が贈られた。幡生隊長は「関係者各位のご理解、ご協力に深く感謝申し上げます。500万回は通過点に過ぎず、600万回、700万回とさらに偉業が達成できるよう、引き続き北海道、千歳の空の安全を確保していきます」と話している。

「無事故管制500万回」達成で山口千歳市長から感謝状を贈られた幡生千歳管制隊長（右）＝千歳市役所で

小千谷市

中越地震から10年――　2普連に感謝状

「元気フェスタ」で谷井市長（左）から感謝状を贈られた大崎連隊長（10月18日、小千谷市総合体育館で）

【新潟地本】新潟地本が支援し10月18日に新潟県小千谷市総合体育館で行われた小千谷復興感謝祭「おぢゃれ元気フェスタ」で、第2普通科連隊（高田）が小千谷市長から感謝状を贈られた。

小千谷市は中越地震発生（平成16年10月23日）から10年目の節目の年に当たり、震災の復興支援に対する感謝の気持ちを伝え、元気になった小千谷を発信するため、当時避難所として使用された体育館で感謝祭を行った。

この日は市内外から約5000人が来場。特設ステージでは、震災時に救援活動に従事した2普連に谷井靖夫市長から感謝状が贈られ、代表して大崎達也連隊長が受け取った。

このほか12音楽隊（相馬原）が演奏を披露、30普連（新発田）が炊事支援した。来場者からは「震災時は自衛隊の皆さまに本当にお世話になりました。感謝の気持ちを忘れず、これからも応援していきたい」といった声が聞かれた。

重症患者も笑顔に

目達原駐音楽部　病院で演奏会

佐　賀

【佐賀地本】佐賀地本は10月6日、佐賀県みやき町の東佐賀病院が開催した「秋まつり」での目達原駐屯地音楽部の演奏会を支援した。

「秋まつり」は、東佐賀病院が重症心身障害を持つ患者を対象に行っている恒例行事。今回、病院側からの要請で駐屯地音楽部員らが初めて演奏を行った。自らもアルトサックスを吹く神原誠司駐屯地司令も参加して、映画『アナと雪の女王』の主題歌「Let it Go」など全6曲を入院患者や保護者の前で熱演した。

中でもAKB48の「恋するフォーチュンクッキー」の演奏時には、看護師が急きょ立ち上がってダンスを披露。終了後も客席からアンコールの声が上がるなど大きな盛り上がりを見せ、会場全体が一体となって演奏会を楽しんだ。

演奏を要請した病院の担当者は「（駐屯地音楽部の）演奏に反応する患者が多く、音楽の力の偉大さを感じた。患者や保護者の笑顔を見れてうれしい」と語った。

東佐賀病院の「秋まつり」で目達原駐屯地音楽部員とともにアルトサックスを吹く神原司令（中央）＝10月6日

3自の准曹が交流

横須賀地区　141人　「強い絆築こう」

自衛隊記念日に合わせた横須賀地区3自衛隊准曹会合同の祝賀会が11月2日、神奈川県横須賀市のセントラルホテルで行われた。

防大曹友会、武山駐屯地曹友会、久里浜駐屯地曹友会、横須賀上級海曹会、空自連合准曹会武山支部などから陸海空の准曹隊員141人が参加。全員で広島市の土砂災害と御嶽山噴火の犠牲者に黙とうを捧げた後、国歌を斉唱した。

海自先任伍長の宮前稔明曹長が「今日は陸海空でいろいろな話をし、より強い絆を築いてくれればと思う。今後もこのような集まりを絶やさないようにしてほしい」とあいさつした後、代表12人で鏡割りを実施。各テーブルに分かれて歓談し、交流を深めた。

発起人の一人で、海自横須賀上曹会会長の中出口修海曹長は「昨今は艦艇に陸空の隊員が乗り、3自衛隊が協力する時代。このような集まりはますます価値を持ってきている。これからどんどん盛り上げていきたい」と意気込んでいた。

横須賀地区3自衛隊准曹会合同の祝賀会で鏡割りを行う会長ら（11月2日、セントラルホテルで）

「おかえり」ジブチ派遣隊員

宇都宮駅で出迎え

中即連

【中即連＝宇都宮】中央即応連隊から東アフリカのジブチ共和国に派遣されていた隊員約60人が10月12日に帰国、出迎え行事がJR宇都宮駅で初めて行われた。

連隊はソマリア沖・アデン湾で海賊対処に当たる海自P3C哨戒機の活動拠点で警備を担当。派遣は8度目で、今回は「派遣海賊対処行動支援隊」の警備隊として6月から3派に分けて派遣された。

出迎え行事は栃木県防衛協会が主催。「隊員の活躍を多くの県民に知ってもらいたい」と青木勲会長が中心となって呼び掛け、県隊友会や県父兄会などの応援を得て行われた。家族や同僚、県民ら約100人が参加した。

隊員らはJR東京駅から宇都宮駅に到着。松原功明警備隊長が阿部洋一連隊長に帰国を報告した。連隊長は隊員らをねぎらうとともに、家族、県民らに対し「このような形で出迎えていただき、自衛隊と地域の新たなページも開けた」と感謝の言葉を語った。

ＪＲ宇都宮駅で初めて行われたジブチ派遣隊員の出迎え行事で笑顔を見せる隊員と家族ら（10月12日）

千鳥ヶ淵慰霊祭に参加

空自代表し熊谷基地

【熊谷】空自熊谷基地は10月17日、東京都千代田区の国立千鳥ヶ淵戦没者墓苑の秋季慰霊祭で空自の代表部隊として、部隊拝礼を行った＝写真。

千鳥ヶ淵戦没者墓苑は先の大戦で亡くなった戦没者の遺骨を納める「無名戦没者の墓」として昭和34年3月、創建された。36万柱が安置されている。

慰霊祭には多くの来賓、関係者らが参列。部隊拝礼は4術校、2教群、1移通隊の各部隊から隊員40人が選抜されて行った。

部隊訓練指揮官は終了後「無念にも異国の地で散華された御霊に対し、哀悼の意を捧げることができた」と話し、参加隊員の一人は「航空自衛隊の代表として参加することができ非常に光栄」と語った。

小休止

▽…神奈川地本相模原地域事務所は9月26日、「こんにちは！」と野太い声とともに現れた突然の訪問客で一時大騒ぎに。

▽…訪れたのは新日本プロレスの看板レスラー、真壁刀義さん（42）。真壁さんは、地元相模原市で行うチャリティー興行マッチの広報活動中で、その一環として事務所をサプライズ訪問した＝写真。

▽…181センチの巨体を見上げて「おおー」と職員は思わず大歓声。真壁さんから「仕事、頑張ってくれ！」と激励を受け、募集活動への気合を入れ直した。

（神奈川地本）

こちら警務隊　☎8・6・47625

所持や製造も処罰対象　定義をより明確に改正

今年7月に児童ポルノ禁止法が改正され、新たに処罰する規定ができたそうですが、どのようなことですか？

新たに処罰する規定が設けられたのは、自己の性的好奇心を満たす目的で、児童ポルノを所持することおよび盗撮により児童ポルノを製造する行為です。

また「児童ポルノの定義」が「殊更に児童の性的部位（性器等若しくはその周辺部、臀部又は胸部をいう）が露出され又は強調されているもの」などと、より明確化されました。

このような性的犯罪は、自衛隊の信頼を著しく失墜させる行為です。絶対にしてはいけません。

（警本＝市ヶ谷・相澤1尉）

（世界の切手・パラオ）

修百世可同舟。修千世可共枕。
（同じ舟に乗るなら百世の縁がある。枕を共にするなら千世の縁がある）
（中国のことわざ）

朝雲ホームページ
www.asagumo-news.com
<会員制サイト>
Asagumo Archive
朝雲編集局メールアドレス
editorial@asagumo-news.com

日々の任務に緊張感を

モラル・ハザードについて考える

1陸士　津賀　弘幸（東方管気隊2派遣隊・滝ヶ原）

皆さんは「モラル・ハザード」という言葉を知っていますか？

「モラル・ハザード」とは、危険回避のための手段や仕組みを取り入れた結果、その安心感からかえって人の注意が散漫になり、危険回避を妨げてしまう状況のことです。また、そうした状況から生じる規律や倫理観の欠如のことも「モラル・ハザード」と言います。

もともとは保険業界の用語で、保険加入した安心感から、かえって事故や病気の可能性が高まるような場合を意味していたようです。

なぜ、私が「モラル・ハザード」について述べたか理由を言いますと、注意力の散漫や危機意識の欠如は、自衛官である私たちの普段の業務にも重大な影響を及ぼす可能性があると思ったからです。

先ほどの保険の例を挙げますと、生命保険には皆さん加入していると思いますが、私が加入した際、ある方から「これで危険な訓練も安心ですね」と言われました。

その時、私は「これは本当の意味で安心と言えるだろうか」とふと疑問を感じました。たとえ十分に補償のある保険に加入していたとしても、危険な訓練はどうあっても危険な訓練に変わりないのです。

自衛官が事故や怪我といった危険を回避し、任務を遂行するためには、あくまでも自分自身の「注意力」を絶やさないことが重要です。さらに組織としての規律を厳正に保持することも、隊員、そして部隊の危険回避に関し非常に重要であると思います。

私たちの訓練や任務には常に危険がついてまわります。そのような環境下においては、「モラル・ハザード」による慣れや安心感からくる慢心に陥らないよう、くれぐれも気をつけてください。そして不注意による事故や、つまらない怪我をなくすためにも、常に緊張感を持って日々の任務に従事していきましょう。

滝ヶ原駐屯地で「モラル・ハザード」について発表する津賀弘幸1陸士

郷に入っては郷に従え

3陸佐　水嶋　慎吾（海賊対処支援隊司令部・法務幕僚）

私はアフリカのジブチ共和国で、「派遣海賊対処行動支援隊」の法務幕僚を務めています。私が担う職務は、部隊・隊員の「法的阻害事項」に迅速・的確に対処し、指揮官を補佐することです。我々がここジブチで勤務・生活していく上で、この国の各種法令を順守していかねばなりません。

例えば、ジブチの道路交通法は車の制限速度が標識ではなく、地区ごとや車両の重量ごとに決まっていたり、追い越しは「後ろからクラクションを鳴らしたのち左から実施する」など、日本とは異なったものとなっています。

また、こちらでは道路をヒツジやラクダが横断し、動物との衝突事故もあります。そこで家畜と接触した場合の賠償金の相場など、アフリカならではのユニークな規定もあり、日本から来た私たちには日々驚きの連続です。

このように現地の各種法令を地道に調査・研究し、それを隊員に普及するのが私の職務です。常に「郷に入っては郷に従え」という謙虚な姿勢をもち、この国のやり方を学んで生活していくことが、我々の任務を現地の人々に理解してもらう近道であると考えています。

ジブチに派遣された隊員はみなそのような姿勢で勤務に就いています。彼らのそうした姿を見るにつけ、私も日本人としての誇りを新たにしています。

（原隊・中央即応集団法務官＝座間）

バーベキューで団結会

3陸曹　我妻　直明（6施大1中・神町）

我が1中隊は、山形県の馬見ヶ崎河川敷で「バーベキュー団結会」を開きました。当日は天候にも恵まれ、最高の条件でスタートしました。私たちは「火起こし班」と「食糧調達班」に分かれ、コンロの準備や食材調達に当たりました。

私は調達班となり、事前に肉や野菜の安い店を探し、買い物カゴがすべて満杯になるほどの大量の食材を買い込み、会場に持ち込みました。ちなみに食費は1人当たり2000円で、居酒屋で飲むより断然お得となりました。

「火起こし班」が準備を整え、バーベキューが始まりました。最初に中隊の団結を誓い合って乾杯し、それから肉を焼きはじめ、団結会は和気あいあいと始まりました。

会場では焼き肉のほか、ジャガイモを蒸したり、チーズの燻製を作ったりと、みなで料理を満喫しました。そして仕事や趣味について語り合い、気がつけばあっという間に時間が過ぎていました。今回は部隊とは違った雰囲気の中で話ができ、お互いを知り合ういい機会になりました。

バーベキュー大会で団結を図った6施大1中の隊員たち

朝雲・栃の芽俳壇

畠中草史　選

杉襖袈裟懸けにして蔦紅葉　芦屋・一般　松尾　正夫
杉林を間近にした景、襖のように峙つ。手入れがない杉に蔦が袈裟懸けに這い登り紅葉。

一病を持ちて息災月見酒　新座・陸OB　船田藤三郎
仲秋の名月を肴に酒を酌み、一病があることで体に注意しているその一病につくづく感謝。

稲妻の闇を豊かに三方五湖　大津・陸OB　丸岡　正男

秩父嶺の発破聞きゐる案山子かな　熊谷・空OG　塚本　恵玉

木の実落つ合間あひまの静寂かな　千葉・空OB　榎　利風

旅三日ややうやく拝す秋の富士　大阪・空OB　高木　智念

休め田に子ら隠見の花野かな　四街道・陸OB　堅田　湖風

虫の闇いつもの音色ありにけり　普通寺・陸事務官　平田　文

砂嘴に沿ふ玫瑰は今花と実と　江別・陸OB　鎌田日出雄

甲板に人影の消え後の月　青梅・一般　青柳　富也

吹く風に揺れ騒ぎ立つ蕎麦の花　西東京・空OB　水島　孝雄

湧き水の涸れて落葉の池となり　横浜・一般　森井美智子

終戦日夫参列の武道館　熊谷・空OG　佐藤　玲美

重み増す青田の稲穂撓ひをり　熊谷・空OG　関田　絹江

仲秋の神鼓轟く高麗郡　所沢・空OB　藤井　功風

雨降つて新涼寂と迫り来し　熊谷・空OB　明田　眞雅

尾瀬ヶ原夜半の雨溜め草紅葉　千葉・陸OG　佐賀あかり

墓掃除終りて肩の軽くなる　熊谷・空OB　蓮佛志向子

太極拳一朝ごとの涼新た　浦安・海OB　晴山　雅之

海原に小船行き交ふ秋うらら　熊谷・空OG　関谷　桂子

秋風や精悍に立つ大師像　今治・陸OB　疇谷　白濤

今日の月かくれんぼだと孫の言ふ　熊谷・空OG　福元万里子

列島を豪雨の襲ひ秋に入る　熊谷・空OG　高橋ふみ子

ぽつぽつと参道に沿ふ曼珠沙華　千葉・陸OB　川又　勝彦

選者作品

一望の棚田煌めく鳥威

投句歓迎！

▽郵便はがきの裏面に未発表の自作3句以内と氏名、年齢、職業（自衛官・事務官＝所属部隊＝、OB、家族、一般など）、住所、電話番号を記入▽締め切り毎月15日▽宛先＝〒162—8801東京都新宿区市谷本村町5の1　防衛省D棟市ヶ谷記者クラブ朝雲俳句係☎03（5225）1750、専用線8・6・25515

第1099回出題

詰碁

出題　日本棋院　九段　曲　励起

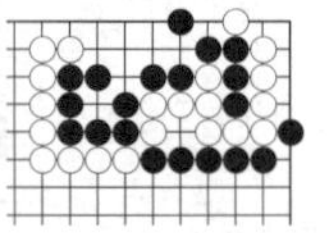

白先

『右側の白はどうなりますか』。5分で出来れば中級以上です。

▶詰碁、詰将棋の出題は隔週です◀

詰将棋

出題　日本将棋連盟　九段　石田　和雄

▲先手　持駒　銀

≫第683回の解答≪

【正解】▲2二と△同玉▲3三銀△1二玉▲4二竜△1三玉▲2二竜までの九手詰め。

【解説】初手▲2二と捨てが意外に気付きにくい。▲3三とでは△1三玉で銀を持っていても詰みません。▲3三銀に玉はどこへ逃げても詰み。△2一玉、また△1三玉は▲2四竜以下早詰み。△1二玉が最善ですが、▲4二竜以下竜を回転させて詰め上り。

OBがんばる

新庄　一夫さん　58
平成21年11月、海自の呉海上訓練指導隊を最後に定年退職（准尉）。更生保護法人「呉清明園」に再就職し、園生の指導に当たっている。

明日を信じ積極的に支援

私は平成21年11月に海自を定年退職後、「呉清明園」に採用されました。更生保護施設は法務局から委託を受けた民間の施設であり、罪を犯し、矯正施設で罪を償った後、社会復帰する際、親族などから引き受けを拒否され、行き場のない人たちを積極的に受け入れ、社会復帰の手助けをしています。こうした施設は全国に104カ所あります。

更生保護施設の特徴は、受け入れた園生本人の希望に沿った退園後の方向性を決定できるよう、毎日顔を合わせながら生活を共にし、積極的な支援に努めるところです。ですからここの職員に特に必要な資格はありません。園生の悩みや相談に応じ、今後に向けた適切なアドバイスができる情熱があれば十分です。

園生は生まれ育った環境や境遇、年齢や犯した犯罪も全く異なります。さらに「矯正施設の出所者」という目に見えない重荷も背負っており、彼らを在園中に改心させるなど到底無理な話です。しかし、ここに入園した彼らの話を親身になって聞き、今後どう生活するのか、いま何に困っているのか、他に効果的な手段がないかなど、一緒に考えることはとても大切なことだと考えております。

そして園生が退園後も職員の顔を思い出すことにより、再犯を思いとどまってくれたらというのが切なる願いです。その希望のもと、私も日々の勤務にやりがいを感じているところであります。

同期と協力、どんなことも積極的に

2陸士　中村　湧也（130特大2中・仙台）

新隊員として中隊に配属され1カ月が過ぎました。自分たちはこれからさまざまな勤務や訓練などが入ってきて忙しくなりますが、同期と協力し、しっかりと仲間意識を持って頑張っていきたいと思います。

自分は他の人より覚えが悪く、毎日なにかしらミスをしたり、みんなに迷惑を掛けてしまっていることが多いので、これからは注意して行動していきたいと思います。

中隊では教えてもらったことはすぐメモに取り、一つひとつの行動を確実に覚えられるようにしていきたいと思います。また、どんなことも自分から積極的に取り組んでいきたいと思います。

新春号の作品を募集

本紙では平成27年新春の「みんなのページ」を飾る読者の皆さまの作品を募集しています。

◇エッセー　新春にふさわしい内容のもの。テーマは自由。1編600字から1200字程度。

◇漫画・イラスト　はがき大の用紙に鉛筆かペンで。CGも可。

◇写真　各地の正月行事など新春にふさわしいもの。

締め切りは12月19日（金）。送付先は〒162—8801東京都新宿区市谷本村町5—1防衛省市ヶ谷記者クラブ　朝雲新聞社「新春作品」係まで。Eメールは朝雲編集局メールアドレス（editorial@asagumo-news.com）へ。

朝雲新聞社

新刊紹介

「南シナ海 中国海洋覇権の野望」

ロバート・D・カプラン著　奥山　真司訳

著者は「影のCIA」と言われる米の世界的なインテリジェンス企業「ストラトフォー」でチーフ地政学アナリストを務める米国人ジャーナリスト。原題は「ASIA'S CAULDRON」。

南シナ海をめぐって中国と領有権問題を抱えるベトナム、マレーシア、フィリピン、シンガポール、台湾の現場と北京にも足を運び、政府高官や学者へのインタビューを通じて現状を報告する。

米軍が引き揚げた後、中国にスプラトリー（南沙）諸島を奪われたフィリピンや、西沙・南沙諸島をめぐって中国と衝突を繰り返すベトナムに急務なのは、対米同盟の再構築であると指摘。

米軍の「安全保障の傘」の下で実現している平和と繁栄を浮き彫りにする一方、南シナ海では将来、中国海軍が最大勢力となると分析。米が圧倒的な状態にあった時代は終焉を迎え、「より不安定で複雑な世界」が到来すると予測している。

著者の来日経験の乏しさからくる日本への誤解や、反日的な記述が散見されるのは残念だが、今後はその鋭い洞察力を東シナ海に向け、日本の歴史と文化に触れた徹底取材を期待したい。

（講談社刊、1944円）

「帰化人が見た靖国神社のすべて」

石　平著

終戦の日を中心に内外で問題視される靖国神社への参拝。本書は日本に帰化した（妻は日本人）元中国人の気鋭の論客が「靖国」の誕生から背景までを徹底解剖した。

246万余柱の英霊を祭る靖国神社は、日露戦争では戦勝祈願祭が行われるなど国民の心のよりどころでもあったが、終戦後はGHQの指令で一宗教法人になり、「戦いの誓いを立てる場」から英霊をしのび「不戦の誓いを立てる場」へとその性格も大きく変えた。

また昭和60年8月に「戦後政治の総決算」を掲げる中曽根首相が公式参拝したのを機に、中国共産党の長老らから抗議の声が上がり、それ以降政治問題化される。

一方、5年半の在任中に計6回の参拝を行った小泉首相について、日中の異常な関係に「終止符を打つことになった」と評価。昨年12月の安倍首相の公式参拝についても、その後の中国の対応は「日本叩きの一人芝居を演じた」と評する。

最終章では靖国神社宮司ら2人との対談も掲載。「靖国は国防の要。公職に就く人には靖国参拝を義務化すべきだ」とも述べる。

（海竜社刊、1404円）

朝雲
発行所 朝雲新聞社
〒160-0002 東京都新宿区坂町26番地19 KKビル
電話 03(3225)3841
FAX 03(3225)3831
振替00190-4-17600番
定価一部140円、年間購読料9000円（税・送料込み）

主な記事

2面 平成26年度第2四半期災派実績
3面 最新鋭潜水艦「けんりゅう」乗艦記
4面 ＜厚生・共済＞忘・新年会プラン
5面 やみつきの辛さと旨み「北鎮カレー」
6面 ＜地方防衛局＞副大臣が佐賀県訪問
7面 防大開校祭、棒倒しで3大隊優勝
8面 ＜みんなのページ＞和歌山城を清掃

日スペイン初の防衛相会談

技術協力で一致

中南米情報共有へ

江渡防衛相は11月4日、防衛省でスペインのモレネス国防相と初の日スペイン防衛相会談を開き、2国間の防衛交流の推進で一致、ハイレベルから部隊間に至るまで、さまざまなレベルでの防衛協力・交流の促進と情報保全の在り方などを盛り込んだ覚書に署名した。両氏は防衛装備品分野での技術協力・交流に意欲を示すとともに、スペインが歴史的に深いつながりを持つ中南米などの地域情勢について意見交換していくことや、サイバー防衛、海洋安全保障の分野で協力を強化し、情報共有を図っていくことでも一致した。

交流推進、海自との訓練も

江渡大臣は会談の中で、今年4月に日本政府が閣議決定した新たな「防衛装備移転三原則」について、厳格な審査のもとで我が国の安全保障や平和貢献・国際協力の推進につながる場合に限り防衛装備品の輸出や国際共同開発が認められるようになったことなどを説明した。

これに対し、モレネス国防相は安倍政権が打ち出した新政策に支持を表明するとともに、「技術交流は大事だ」と述べ、日本との技術協力・交流の推進に積極的に取り組む姿勢を示した。具体的な装備品や交流の在り方については今後詰める。

防衛交流に関しては、閣僚級、次官級、幕僚長級のハイレベル交流をはじめ、局長級の政策対話の実施、海上自衛隊とスペイン海軍との訓練を含む部隊間交流、教育機関や研究機関の交流など、あらゆるレベルで推進していくことで一致し、覚書に盛り込んだ。

両氏はまた、スペインが歴史的に深い経験とネットワークを持つ中南米をはじめ、アフリカや中東に関しても意見交換を行い、情報共有を図っていくことで合意した。

防衛省は今年7月、中南米地域で初となる防衛駐在官（1陸佐）をブラジルに派遣、今年度末をめどにアフリカ7カ国への新規派遣も進めており、こうした地域に情報網を持つスペインとの連携を強化したい考えだ。

このほか、国連平和維持活動（PKO）や人道支援・災害救援（HA/DR）、ソマリア沖・アデン湾などの海洋安全保障、サイバー防衛について幅広く話し合いを進めていくことを確認した。

江渡大臣は、年末の改定を目指して見直し作業を進めている日米防衛協力のための指針（ガイドライン）について、「切れ目のない対応を確保し、日本の平和と安全を確保していきたい」と説明。集団的自衛権の行使を限定容認した今年7月の閣議決定については「抑止力の向上を図っていきたい」と述べた。

モレネス国防相は日本の「積極的平和主義」に基づくさまざまな取り組みについて「国際的な立場から平和維持を追求するものだ」と述べ、支持を表明した。

日スペイン間では両首脳が昨年10月と今年5月に会談し、防衛協力の推進で一致しているほか、アジアから欧州、中南米を結んで「地球を一周する協力関係の構築」を目指すことを確認。今年8月には武田良太前防衛副大臣がスペイン国防省を訪れ、技術交流の実現に向けて両国間でどのような分野での協力が可能か意見交換していくことで合意している。

防衛交流の推進で意見交換する江渡防衛相（右から3人目）とスペインのモレネス国防相（左から2人目）＝11月4日、防衛省で

国内初、米豪と共同訓練

オスプレイ参加

江渡大臣初搭乗「みちのくALERT2014」

市民公園に着陸したオスプレイから支援物資を卸下する訓練参加者（11月8日、宮城県気仙沼市の大島で）

東日本大震災級想定

東日本大震災の教訓を踏まえ11月6日から9日まで、自衛隊と米・豪軍、自治体や関係機関などが共同で実施する震災対処訓練「みちのくALERT2014」が東北方面区で行われた。国内で自衛隊が米豪と共同訓練を行うのは初めて。

東日本大震災級の地震が発生したという想定で開始された同訓練では8日、津波の影響により孤立した宮城県気仙沼市の離島・大島で米第3海兵機動展開部隊（3MEF）の垂直離着陸輸送機MV22オスプレイを使用し、物資と負傷者の輸送訓練を行った。

同日午前10時過ぎ、大島の市民公園「大島みどりのふれあい広場」上空にオスプレイ1機が飛来し、野球場ほどの広さのグラウンドに着陸。すぐさま、民間のトラックがオスプレイに接近して、卸下された支援物資の毛布50枚、飲料水の入ったポリタンク10缶などを受領した。

続いて救急車で搬送されてきた熱傷や津波肺などの重症患者役の隊員2人を収容、オスプレイはわずか17分ほどで再び霞目駐屯地に設けられたDMATが待機する拠点臨時医療施設（SCU）に向け帰投した。

一方、江渡防衛相は同日、オスプレイに初めて搭乗し、石巻沖で輸送訓練を行う海自輸送艦「くにさき」を上空から視察した。

このあと霞目駐屯地で行った記者会見で大臣は、「非常に安定し、かなり安全性の高い乗り物だ。スピードも速いし、航続距離も長い。離島などでの災害対応や急患移送など、いざというときに非常に有用なアセット（装備品など）の一つだ」と感想を述べた上で、日米がオスプレイを使用した訓練を重ねることにより「自衛隊でもスムーズな形で導入できるのではないかと思う」との考えを示した。

7次隊350人出発へ

南スーダンPKO 6師団主力

国連の南スーダン共和国ミッション（UNMISS）に派遣され、同国の国づくり支援のPKO活動に当たっている陸自施設隊は、11月下旬から12月下旬にかけて、順次、6次隊から7次隊へと要員の交代を進める。

7次隊は、隊長の西村修1陸佐（第20普通科連隊長）以下、東北方（6師団）主力の約350人で編成。西村隊長以下約80人は11月23日、先発隊として仙台空港から民航機で出発。その後、主力第1波の約160人が12月4日、第2波の約110人が18日にそれぞれ仙台空港を出発する。

一方、約半年間任務に当たってきた6次隊は、隊長の野村昌二1陸佐以下、北方（5旅団）主力の約400人が3波に分かれて12月20日までに帰国する。

同国では昨年末、政府軍と反政府軍との戦闘が拡大し、政情不安に陥ったため、昨秋の5次隊から400人に増員して予定していた東西両エクアトリア州への活動地域の拡大が一時中断。今期も当面見送られることとなったため、7次隊は人員を50人少ない350人に縮小した。7次隊は、現在は落ち着いている首都ジュバを中心に、道路補修や避難民保護地域の敷地造成など、国づくり支援のインフラ整備を行う。

南極に向かう砕氷艦「しらせ」を見送る家族ら（11月11日、晴海ふ頭で）

「しらせ」再び南極目指す

観測50年、海幕長ら激励

文部科学省の第56次南極地域観測に協力するため、海自の砕氷艦「しらせ」（1万2650トン、艦長・日高孝次1佐以下約180人）が11月11日、東京港・晴海ふ頭から南極に向け出港した。（7面に関連記事）

午前10時半ごろ、「しらせ」の飛行甲板で出港行事が行われ、河野統幕長の訓示を岡部俊哉統幕副長が代読。今年は先々代の砕氷艦「ふじ」が海自艦として初めて南極への物資輸送任務を行ってから50年という節目の年だとし、「近年ますます価値が高まっている南極観測事業に直接寄与できることを無上の喜びとしてほしい」と隊員を激励した。

続いて武居海幕長が「昨年は接岸を果たしたとはいえ、相変わらず厳しい環境だ」と南極の状況に言及。その上で「周到な準備と適切な情勢判断を行い、緩急自在かつ柔軟な対応が必要。艦長以下全員が一致団結し、それぞれの持ち場で力を発揮してほしい」と要望した。

同艦はこの後、太平洋を南下し、11月25日に豪フリーマントルに寄港。現地で30日まで滞在した後、観測隊員71人を乗せ、南極の昭和基地沖に1月上旬に到着する予定。航海中は艦上で観測支援を行うほか、昭和基地到着後は物資輸送や野外観測支援、基地設営支援などを行い、1月下旬に基地を出発。2月中旬に氷海を離脱し、再びフリーマントルを経由して、4月10日に日本に帰国する。

「しらせ」は昨年、約3年ぶりに昭和基地接岸を達成している。

春夏秋冬

巨木の力

田部井 淳子

「日本で知っている巨木は?」と聞くと、ほとんどの人が屋久島の縄文杉と答えると思う。

立山杉というのも有名だと聞くが、一本一本杉に名前が付いていたかなと思う人が多いに違いない。

立山にはあまり人の目につかない所に杉の巨木がたくさんあることは、NHKの撮影のおかげで私は知ることができた。ただし、5月の連休ごろ、積雪2～3メートルの雪の上をスノーシューを付けて行かないと見られない場所にあるのだ。美女平の台地には百数本の巨木がたくさん残っている。

日本の山の中でも知られざる所はたくさんある。「巨樹・巨木をたずねて」という本も出ているが、太古の昔からその地に根を張った木にはどの木にも力がある。

10月中旬、山形県の最上地域観光協議会の主催で「ブナと巨木のもがみ回廊」のツアーに参加した。新庄駅に集った参加者と共に地域のガイドの方の案内でミニバスに乗り、戸沢村の土湯の黒杉を訪れる。

車道からわずか10分ほど森の道を登ると巨樹が現れた。急な斜面に育った株立ちで、株立ちの幹回りが15メートルを超えるその雄姿は見事だった。黒々とした印象を与えるところから黒杉と名付けられたという。

地元の方の案内がなければ、下を走る車道でそのまま通り過ぎてしまうような森の中に、このような量感あふれる杉が堂々と存在していることは驚きだった。

さらにアスファルトの道と分かれてデコボコの道を走り、「幻想の森」に着く。車から降りた途端に杉の香りに全身が包まれるような雰囲気のいい森である。

歩きはじめて2、3分するとすごい杉が現れてきた。4本立ちの杉なのか、根本から複数の幹に分かれ、途中に窓のように枝が丸くくり抜かれた所もある杉が、地面をはいつくばりながらも天に向かってグングン伸びているのだ。見る方向によっては1本にも見える巨木だった。森の中は巨木だらけであった。

翌日、亀割山（594メートル）に登った。周りの山は全山紅葉でまさに秋一色。赤と黄色に、杉や松の濃い緑がその赤を一層引き立たせている。全山染まった山々が次々に広がる東北の光景を、私は多くの人に見てもらいたいと思った。

東法田の全国一の幹回りを誇るアカマツもすごい。地面の立ち上がりからゴツゴツしたコブを持つ巨木は、「何事にも揺るがぬぞ」という力がみなぎっていた。巨木からたくさんのエネルギーをもらった旅であった。

（たべい・じゅんこ＝登山家）

Xバンド部隊発足

米軍経ヶ岬通信所

米軍の弾道ミサイル防衛用移動式レーダー「TPY2レーダー」（Xバンドレーダー）が10月21日、米軍経ヶ岬通信所（京都府京丹後市）に搬入された。これを受けて翌22日、同レーダーを扱うミサイル防衛中隊が新編され、隣接する空自経ヶ岬分屯基地で同日行われた発足式に防衛省から原田憲治政務官が出席した。

式典には米側から約30人と、日本側から中山泰京丹後市長、地元住民などが出席。米陸軍第14ミサイル防衛中隊指揮官のジェイソン・オルブライト少佐（44）に隊旗が手渡され、部隊が正式に発足した。

原田政務官はあいさつの中で弾道ミサイル防衛の重要性を強調。「一日も早い（部隊の）運用開始に向け、防衛省として最大限の支援と協力を行いたい」とした上で、「通信所の安定的運用には地元住民の皆さまをはじめ、関係自治体などのご理解とご協力が不可欠です」と述べ、関係者に改めて理解と協力を求めた。

これに先立ち、米軍経ヶ岬通信所に関して国や米軍、自治体、地域住民代表などが連携して安全対策について協議する「米軍経ヶ岬通信所の設置に係る安全・安心対策連絡会」が同日発足し、原田政務官や京都府などの関係者が出席し、近隣の施設で初会合を行った。

朝雲寸言

[illegible]

日本応用心理学会の「ポスター発表」を見る参加者(中京大学名古屋キャンパスで)

広島の土砂災害 全体人員の96%

平成26年度第2四半期災派実績

陸自は11月6日、平成26年度第2四半期(7~9月)の災害派遣実績を発表した。総派遣数は65件、派遣規模は人員延べ2万4509人、車両同5083両、航空機同258機となった。

この期は、8月に広島市で起きた土砂災害に対する派遣が全体の人員の約96パーセントを占め、風水害への派遣規模が過去10年間で人員・車両が2番目、航空機では最多となった。

派遣件数の内訳は、風水害による派遣が8件、消火活動が3件、行方不明者の捜索救助が1件、緊急患者空輸が52件(うち沖縄県が34件)、その他1件。風水害への派遣数は、過去10年間でみると18年度(14件)25年度(11件)に次いで3番目。

一方、派遣規模は、ここ10年間の第2四半期で過去最大だった和歌山、三重、奈良の3県を襲った「台風12号に係る災害派遣」を含む23年度の、人員延べ約2万8790人、車両同約8190両に次ぐ規模となり、航空機では同約190機を上回った。

安全知識、技能向上へ

航安隊 3学会へ技官派遣

【航安隊=立川】空自航空安全管理隊(司令・橋本進将補)はこのほど、研究職(心理)技官を三つの学会へ派遣し、調査研究に関連する情報の入手や知識、技能の向上を図った。

中京大学名古屋キャンパスで開催された第81回日本応用心理学会には、教育研究部主任研究官の片寄隆正技官を派遣。同会は、研究成果を現実社会での実践的活動に応用することなどを目指して設立された学術団体で、年に1回、講演、シンポジウム、研究発表などを実施している。

片寄技官は隊の業務に関連する安全教育や事故分析、安全文化に関するものに主として参加。発表者との質疑や意見交換を通して情報を収集。さらに、特別講演や学会研修会で、日本の産業心理学研究の歩み、リーダーシップやフォロワーシップ(指導者を補佐する能力)に関する研究動向などについて知見を得た。

同技官は「安全教育や事故分析に関する有益な知識を得ることができた。今後の業務に反映したい」としている。

このほか航安隊は、同志社大学で開催された日本心理学会第78回大会、北海学園大学で実施された産業・組織心理学会第30回大会にも技官を派遣した。

時の焦点

国内

拉致問題の解決

粘り腰の交渉が必要だ

もう14年たつ。

2000年4月、日朝国交正常化交渉を取材するため、筆者は平壌を訪れた。

長時間、入国手続きで待たされた後、空港から市街地に向かう。車窓から外を眺めると、あばら家が目に付く。

宿泊は最高級とされる高麗ホテル。

夜、展望レストランに足を運ぶと、外は真っ暗で、電力事情の悪さをうかがわせた。ホテルで借りた爪切りは、注意しないと指を切りそうなほど、作りが悪かったことも覚えている。

年月を経て、北朝鮮に変化はあるのか。先月、平壌を訪問した日本政府代表団に同行した記者に様子を聞いた。

市街地には高層ビルが立ち並んでいる。町中に出ると、スマートフォンを持つ女性もいた。夜は、やはり外は暗かったというが、経済状況は少しずつ良くなっているのだろう。

まったく変わらないのは、報道規制である。

筆者が訪れた時は、北朝鮮政府の担当者が記者に付き添った。原稿の送稿方法を注意したりもした。

今回も、北朝鮮側のガイド付きは変わらず、自由に行動することはできなかったという。北朝鮮当局は、報道内容に不満があるとして、TBS記者を事情聴取する暴挙にも出た。

半ば鎖国のような状態は変わっていないと言える。

こんな国に、拉致という犯罪行為をすべて認めさせ、罪を問うのは、そう容易なことでないのは確かだろう。

今回の会談でも、北朝鮮は、拉致被害者の安否に関する情報は示さなかった。

ただ、今後の協議へのヒントはある。

北朝鮮の特別調査委員会の徐大河委員長らは、過去の調査結果にこだわらず、新しい角度からくまなく調査を深める方針を明らかにした。

過去の調査について、「特殊機関から提出されたものだけを出した不十分なものだった」と、不完全さを認めた。

矛盾ばかりで、信ぴょう性の乏しい2002年と04年の調査を念頭に置いた発言だろう。

証人、物証を重視することや、拉致被害者が滞在した「招待所」も調べることを明言した。

北朝鮮が約束した調査の一つ一つについて、今後の協議でその後の進展を問いただすことが重要になる。

被害者の家族は今回の訪朝で、具体的な成果がなかったことに失望し、不満を表明している。

北朝鮮に対する日本の世論も、一層硬化するだろう。

安倍首相や日本の外務省にとっては、試練である。ただ、圧力をかけつつ対話を重ねるしか、拉致問題を解決する手立てはない。

調査期限は来年夏がメドとされる。安倍政権は覚悟を決めて、諦めず、粘り強く取り組むしかない。

風間 二郎(政治評論家)

海外

米中間選挙

「オバマ時代」の終えん

オバマ米政権の残り任期2年の行方を決める中間選挙が、11月4日に行われた。その結果、野党・共和党が8年ぶりに上院の過半数を制し、与党・民主党は惨敗を喫した。

オバマ大統領の指導力が大きく揺らぐ一方、議会の主導権を握った共和党は2016年の大統領選に向けて対決色を強める見通しで、大統領の「レームダック(死に体)」化に拍車が掛かるのは必至だ。

「ホープ」と「チェンジ」の熱気の中、09年の就任直後には65%強あった大統領支持率を背景にした「オバマの時代」の終わりである。

民主党の惨敗の原因は、国民がオバマ大統領の内政・外交両面での指導力に大きな疑問と不満を抱いた「反オバマ」の大波だ。

選挙直前にも、エボラ出血熱への対応が後手に回り、過激組織「イスラム国」に対する戦略ミスも表面化して、国民のさらなる怒りを招いた。

支持率も1期目の半ばには40%台前半に急落し、投票日時点でも41・9%と低迷した事実がそれを示している。

有権者に不人気なため、民主の上院議員候補でオバマ氏を選挙応援に招いたのは1人だけ。また党の資金集めの集会やスポーツ観戦の場でも数回、若者たちから「ブーイング」を浴びていたほどだ。

連邦議会だけでなく、州レベルの議会、知事選でも共和党は躍進。州議会で民主は20年代以来最弱になった。知事選でも、民主党の伝統的地盤メリーランド州やオバマ大統領の地元イリノイ州で民主党現職が敗北した。

10年、14年と2回の中間選挙でこれほどの大差で連敗し、自分の党に大きな打撃を与えた民主党大統領は前例がない。

にもかかわらず、オバマ氏は非公式に「私に対する審判ではない」と批判に不平を言い、自分が国民に拒絶されたとは感じていないという(「ニューヨーク・タイムズ」)。

オバマ氏のこの反応には民主党内からも反発が起きた。同党トップのハリー・リード上院院内総務の側近は「敗北はツナミ級だ。大統領はイスラム国からエボラ熱、不法移民問題に至るまで、国民に『船長不在の船』というイメージを植え付けた」と指摘し、大統領の責任を追及した。

新勢力による議会は来年1月3日に召集される。党内では、オバマ氏がそれまでの約60日間に、ホワイトハウスの陣容を入れ替え、かつての活力を再生し、中道的な指針を積極的に提示するよう求める声が多い。

オバマ大統領は5日の記者会見で、「今後の2年間を生産的なものにするため、新議会との協力を切望する」と述べた。

しかし、共和党が政府案の一部に反対している移民制度改革に関し、議会をバイパスする大統領権限の行使を年内に行うと強調。議会が強硬な立場を取っているイラン核問題でも、従来通りの柔軟姿勢を崩さない。

「対決の構図」が早くも浮かび上がった形である。

草野 徹(外交評論家)

◀入札談合防止に関する研修で講師の話を聞く北海道防衛局の職員(10月27日、札幌第3合同庁舎で)

入札談合防止へ研修

【北海道局】北海道防衛局は10月27日、札幌第3合同庁舎で全職員を対象に「入札談合防止に関する研修」を行った。入札談合に関する不祥事の未然防止と、職員の法令順守意識の向上を目的に毎年実施しているもので、今年は公正取引委員会事務総局北海道事務所の梶頼明氏を講師に招き、「独占禁止法と入札談合問題」について講義を受けた。

梶氏は、官側発注機関職員は事業者の監視役であるとともに、自らが入札談合の当事者になるリスクも抱えているという二つの立場を有していることを認識することが入札談合防止のポイントであると訴えた。

また、事業者が独占禁止法に違反する行為の中で、官側が関与する行為には「談合の明示的な指示」など四つの類型が定められていることなどについて説明。発注業務を担当する職員に対し、官製談合防止に向けた意識の向上を促した。

政専機、首相乗せ中国 ミャンマー、豪を歴訪

空自特輸隊(千歳)のB747・400政府専用機は11月9日、北京で開催されるアジア太平洋経済協力会議(APEC)首脳会議や東南アジア諸国連合(ASEAN)関連首脳会議、20カ国・地域(G20)ブリスベーン・サミットに出席の安倍首相を乗せ、羽田を出発した。17日に帰国する予定。

9日午後、最初の訪問地、中国の北京首都国際空港に到着した。12日にミャンマーのネピドー国際空港を経由し、13日に同国のヤンゴン国際空港に到着。翌14日に豪ブリスベーン国際空港を経て、17日、羽田に帰国する。

「フォレスト・ライト」 12月1~12日

陸自は12月1日から12日まで、大矢野原演習場と高遊原分屯地で米海兵隊との実動訓練「フォレスト・ライト」を実施する。

陸自からは8師団長の山之上哲郎陸将を担任官に、42普連の1個中隊を基幹とする約250人、米海兵隊からは第3海兵師団長のヘルマン・クラーディ少将を担任官に、第9海兵連隊第2海兵大隊の1個中隊を基幹とする約250人が参加する。

訓練では、両国の部隊がそれぞれの指揮系統に従い、共同作戦を行う際の連携要領を演練し、相互運用性の向上を図る。また、海兵隊との実動訓練として九州で初めて垂直離着陸輸送機MV22オスプレイ3機を使用する。

2日から8日までの機能別訓練では、指揮機関訓練や夜間攻撃訓練のほか、オスプレイを使用したヘリボーン訓練などを実施。9、10の両日行われる総合訓練では、陸自と米海兵隊の主力部隊がそれぞれ敵陣地を攻撃。同時に、敵陣地後方でオスプレイを使用したヘリボーン攻撃を日米共同部隊が行って要点を確保、敵の侵略を遮断することで主力の攻撃を援護する一連の流れを演練する。

「YS67」12月2~15日

陸自は12月2日から15日まで、朝霞駐屯地などで、米陸軍との「平成26年度日米共同方面隊指揮所演習(YS67)」を行う。

陸自からは岩田清文陸幕長を統裁官、磯部晃一東方総監を演習担任官に、東部方面隊や陸幕を基幹とする約4500人、米側が太平洋陸軍司令官のヴィンセント・ブルックス大将を統裁官、第1軍団長のステファン・ランザ中将を演習担任官に、第1軍団や第3海兵機動展開旅団(3MEB)、在日陸軍司令部などから約2000人が参加する。また豪軍から5人がオブザーバー参加し、統裁部での実地研修を初めて行う。

訓練は、陸自と米陸上部隊がそれぞれの指揮系統に従い、共同作戦を行う際の方面隊以下の指揮幕僚活動を演練することが目的。

今年度から新たに陸幕長が統裁官となることで、方面総監が訓練に専念できる態勢を確立し、着上陸侵攻する部隊の撃破や離島奪回のための水陸両用作戦を焦点に、弾道ミサイル、サイバー、特殊部隊による攻撃を含め複合的な脅威への対応を演練する。

2、3海佐

▽もちしお艦長(海幕運用支援課)2佐 関本博光▽あしがら砲雷長(同情報課)藤本雄司▽ましゅう艦長(あしがら)佐藤吉範▽機動施設隊副長(鹿屋航空基地隊)今俊郎▽呉総監部援業課長(呉総監部援護業務課)大園幸夫▽佐世保造補所計画調整部長(佐世保造補所)竹田雅紀▽あたご船務長(しまかぜ)3佐 古賀直樹▽鹿屋管理隊長(鹿屋航空基地隊)加々美則和▽横教総務科長(小月航空基地隊)佐藤剛▽舞教教務幹事(舞教)臼田裕孝▽あたご砲雷長(舞警)牛島俊弘▽舞警副長(同)河南雄一郎▽小月管理隊長(機動施設隊)左奈田博幸▽しまかぜ船務長(海幹校)熊代威▽潜艦隊幕僚(潜艦隊)久保野洋人▽あさしお機関長(1練潜)伊東塁

(以上9月1日)

▽大警副長(大警)3佐 久田克彦▽函基隊警備科長(同)港明彦

(以上9月2日)

▽2潜群幕僚(潜艦隊)3佐 國吉哲夫▽潜艦隊幕僚(2潜群)三田村年生

(以上9月5日)

▽おやしお船務長(おやしお)3佐 飯坂聡▽横シス通副長(自衛艦隊)石川清史

(以上9月8日)

▽徳島航空基地隊副長(研本)2佐 久保浩▽自艦隊幕僚(自艦隊)竹本勝昭▽横須賀病院教務課長(那覇航空基地隊)星野光男▽同主任教官(横須賀病院)齋藤彰▽自艦隊幕僚(防医大)佐伯信嘉▽徳島教空群幕僚(24空)鶴田剛博

(以上9月10日)

▽誘武訓総務科長(情本)3佐 中村英次▽護艦隊幕僚(203教空)有川賢

(以上9月12日)

▽221飛長(22空)2佐 名方丈二▽舞造補所通電科長(補本)3佐 久保山彰

(以上9月16日)

▽あすか艦長(大訓指)2佐 服部一男▽大訓指副長(同)斎藤貴

(以上9月18日)

▽空団幕僚(51空)2佐 重田学▽横シス通司令(移通隊)小田定▽作情支作戦情報1科長(空団)藤本真臣▽移通隊司令(指通開隊)新谷幸司▽中シス通副長(中シス通)吉村雄幸▽大シス通司令(同)飯塚真由美▽掃海群幕僚(幹候校)上山修司▽大村航空基地隊副長(作情支)廣瀬英三▽指通開隊シス2科長(シス通群)内山展行▽佐世保シス通司令(大シス通)山下修一▽シス通群幕僚(保全監査隊)

(以上9月19日)

▽下関基隊副長(下関基隊)2佐 木村秀行▽下関基隊警備科長(はるさめ)3佐 堀江礼次郎▽はるさめ船務長(とわだ)真嶋茂▽とわだ船務長(同)桃井俊宏

(以上9月22日)

▽横訓指教育科長(いなづま)2佐 可知俊一郎▽幹候校1学生隊長松田光央▽うみぎり艦長(とわだ)衣山丈夫▽大湊総監人事課長(大湊総監部)山下義弘▽いなづま艦長(大湊総監部人事課)水田英幹▽とわだ副長(統幕学校国際平和協力センター)雨宮正宣

(以上9月24日)

▽海幕副監察官(海幕監察官付)2佐 久地浦祐二

(9月26日)

▽佐世保病院検査研究課長(大湊病院)2佐 鈴木篤弘▽2空群幕僚(2空群)野田正道▽大湊病院診療部長(大湊病院)山本浩仁郎▽2潜群幕僚(2潜群)3佐 青野光志▽艦開隊計測科長(艦開隊)潟永厚久▽下総教空群幕僚(203教空)蒲田弘志▽空団幕僚(防医大)長谷公洋▽呉造補所誘武科長(大阪地本)坂東秀章▽同艦船補給科長(海幕首席会計監査官付会計監査室)森勝▽掃海群幕僚(東北防衛局)矢内雅孝▽大湊造補所補給管理科長(掃海群)山田修三

(以上10月1日)

▽けんりゅう艦長(潜教訓)2佐 久保哲也▽大湊造補所工作部長(統幕学校教育課)佐藤輝典▽掃海群幕僚(うらが)富山修▽いそしお艦長(潜艦隊)野中賢太▽うらが掃海長(函基隊)山本浩史▽いなづま飛長(25空)3佐 飯塚仁▽2空群幕僚(2空)櫻井由平▽下総厚生隊長(下総航空基地隊)佐藤孝久▽艦船補処艦船整備課長(艦船補給処)志水智史▽いなづま砲雷長(いなづま)田中宏明

(以上10月10日)

▽横潜訓分遣隊長(佐世保情保隊)2佐 川口孝文

(10月14日)

▽31空整隊長(3術校)2佐 宇都木英雄▽3術校教官(海幕装備部)中尾親史

(以上10月15日)

▽海幕総務課能率管理班長(海幕総務課)2佐 小岩秀世▽横須賀造補処工作部長(横須賀造補所)佐藤誠▽1術校教務課長(1術校)須田和浩

(以上10月20日)

▽函基隊副長(46掃隊)2佐 加藤寛和▽46掃隊司令(海幕運支課)山口雅史

(以上10月21日)

▽船越基分隊長(指通開隊)2佐 木村宏▽指通開隊副長(同)志田雄司▽うんりゅう機関長(うんりゅう)3佐 柿本文雄▽さみだれ飛長(22空)吉村智弘

(以上10月27日)

▽きりしま船務長(きりしま)3佐 秋山隆之

(10月31日)

最新鋭潜水艦「けんりゅう」乗艦記

広島県の呉港Sバースで10月30日、オーストラリアでは輸入も検討されている最新鋭の「そうりゅう」型潜水艦が報道公開された。真黒な船体に上がり、セイル（艦橋）後方の円形ハッチから垂直のはしごを下りて記者が乗り込んだのは「けんりゅう」（2950トン、艦長・久保哲也2佐以下乗員約70人）。平成24年3月に就役したばかりの呉在籍艦9隻の中でも一番新しい潜水艦だ。「AIP（非大気依存推進）のおかげで水中行動能力が飛躍的に高まりました」と艦長は説明してくれるが、次々出てくる「AIP」「スターリング機関」「X舵」などの専門用語に記者は「?」の連続。いったい「けんりゅう」って、どんなフネなの?　（若林祥子、イラストも）

水中持続力、大幅に向上

水上航行中の潜水艦「けんりゅう」（海上自衛隊HPから）

「けんりゅう」に乗り込む円形ハッチはとても狭い。大人がやっと通れる幅で、荷物を持った人は乗員に降ろしてもらう。垂直のはしごは高さが約4メートルもあり、足を滑らせて落下したら大けがでは済まない。このため1人が着地するまで次の人は待たされる。記者も恐怖をこらえ慎重にはしごを下りた。

着いた場所は暗く狭い通路のような場所。非常時には区画封鎖されるようだ。しかし、通路を通って士官室に入ると、そこは白く塗られた壁がとても印象的なクリーンな部屋だった。

中央に11人掛けのテーブルがあり、正面のモニターには潜望鏡で捉えた海上の艦船の様子が映っている。そのほかパソコン、電話、ファクスがあるだけで、やや殺風景だ。DVDなどを視聴する場合は壁に収納されたヘッドホンを使用するという。

久保艦長からブリーフィングを受ける。

「本艦は従来のディーゼル機関に加え、AIPのスターリング機関を4基搭載しています。これにより長時間潜ったまま行動できるようになりました」。この艦のキーワードは「AIP」のようだ。それってどんなエンジン?

空調程度の静けさ

「潜水艦用スターリング機関はスウェーデンで開発された外燃機関で、通常の内燃機関のように大気に依存しないで運転できるのが特徴です。従来の艦は海面に出した給気筒（スノーケルマスト）から大気を取り込みディーゼル機関を動かすことで充電（スノーケル）していましたが、この時が潜水艦にとって最も危険な時間帯でした。しかし、AIPの導入でこの危険が大幅に解消されたのです」

つまり、「そうりゅう」型はこれまでの通常動力艦に比べ、水中持続力が大幅に高まったということらしい。AIPはヘリウムガスを加熱・冷却して膨張・縮小させる方式で、内燃機関のように燃焼時の爆発がなく、音は空調程度の静けさだという。

久保艦長はその他の特徴として①デジタル映像で乗員が画像情報を共有できる非貫通式潜望鏡②運動性能を向上させた「X」型後舵③モーターを小型化（従来の75%）した永久磁石電動機④共通コンソールの統合武器システム――の4点を特徴として挙げた。海自潜水艦の後舵はずっと「十字」型だったが、「X」型となったことで、俊敏かつ細やかな動きが可能になったという。

記者が見学した日、「けんりゅう」は呉港Sバースに係留されていた（10月30日、広島県呉市で）

機械室の上部には脱出口があり、事故などが発生した場合には深海救難艇（DSRV）がドッキングして乗員を救出してくれる。最後尾の電動機室はスポットクーラーなどで適温に保たれているが、夏場だと水上航行中は40度近くになることもあるそうだ。壁には艦長の指導方針「人を活かせ」「基本の遵守」が張ってあった。

後部を見たあとは再び士官室に戻り、今度は前方の区画に向かった。最初に入ったのは「けんりゅう」の戦闘指揮所である発令所だ。各種機器に囲まれたこの部屋には艦長や哨戒長など約10人が配置に就き、行動中は潜望鏡によって海上を見張り、もし戦闘になれば攻撃の命令もここで下す。まさに艦の頭脳だ。

ここには従来の潜望鏡1基に加え、高精彩のカラーIR（赤外線）画像を艦内で共有できる「非貫通式潜望鏡」用コンソールが中心に据えられていた。艦を動かす操縦席と統合武器システムの共通コンソールも置かれていた。

発令所の前方は魚雷や対艦ミサイルを保管する発射管室と乗員居住区。突き当たりには金色に輝く533ミリ魚雷発射管があり、そのすぐ後方には本物の魚雷と並んで実習員のベッドが。「夏は魚雷がひんやりしていて心地いい」という。長魚雷にはワイヤが付いていて、目標に対し、最後の最後まで艦から誘導する方式だ。

「（どんな妨害をされても）決して外すことはありません」と艦長はニヤリと笑った。

居住性はやや低下

こうして約1時間の艦内見学は終了。「そうりゅう」型では内殻が6区画に分かれ、5区画だった「おやしお」型に比べ、排水量は200トン増え、全長も2メートル長くなったという。「いろいろ艤装が増えて居住性は若干低下しています」と久保艦長。

水中での静粛性を保つために、乗員はあらゆる防音措置をとっている。床には防音マットが敷かれ、足音も響かない仕組み。音は常に計測していて乗員の注意を促す。大声を出さない分には普通に話していても大丈夫という。

乗員の一番の楽しみはやはり食事だ。科員食堂は士官室の下にあって6畳ほどのスペース。長テーブルの周りに置かれた椅子の中にジャガイモやタマネギなど食料が保管されていた。ここには漫画本やDVDも置かれていて、乗員の娯楽の場であることが分かった。ここが彼らのリラックスできるたった一つの部屋なのだろう。

海自の「護衛艦カレーNO1グランプリ」で潜水艦部隊のカレーが水上艦部隊を抑えて優勝した理由も、この場所を見て分かったような気がした。

AIP　従来のディーゼル潜水艦は蓄電池に充電するには海面に長い管（スノーケル・マスト）を出して大気を取り込み、エンジンを回す必要があった。しかし、この際に哨戒機や水上艦に発見される危険があった。そこで「そうりゅう」型では大気に依存せず発電できる「AIP（Air Independent Propulsion）」のスターリングエンジンを搭載。この結果、海中深くでも発電が常時できるようになり、艦の作戦行動時間は飛躍的に延びた。

「けんりゅう」主要目　基準排水量2950トン、全長84メートル、最大幅9・1メートル、速力20ノット（水中）、主要装備＝水中発射管1式、推進方式＝ディーゼル・スターリング電気推進、乗員数約70人

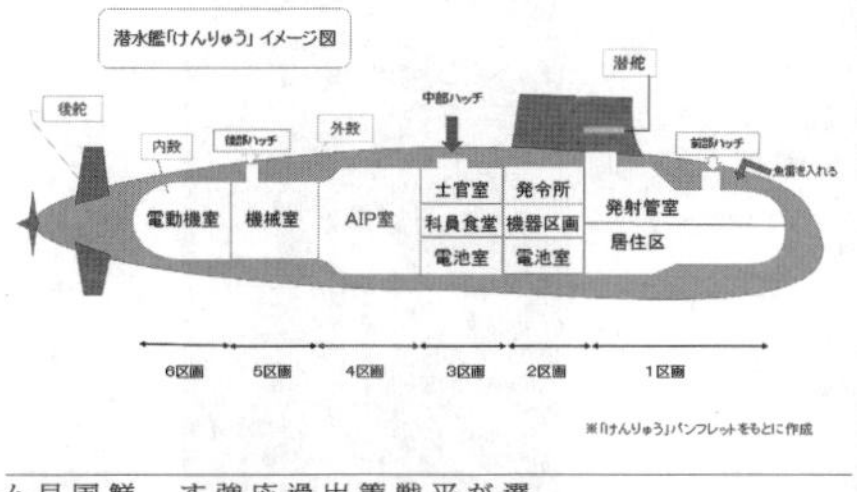

※「けんりゅう」パンフレットをもとに作成

米リバランスに変化も
――中間選挙敗北で

11月4日に行われた米中間選挙でオバマ大統領の民主党が敗北したことで、アジア太平洋へのリバランス（再均衡）戦略など、米国の安全保障政策に変化が生じるとの懸念が出始めた。中東でのイスラム過激派やエボラ出血熱への対応をめぐり大統領への批判は強く、安保政策の幹部が交代するとの観測も出ている。

中間選挙で民主党の敗北が鮮明になったのと相前後し、国防総省はヘーゲル長官が今月末に予定していたベトナム、ミャンマー歴訪を延期すると発表した。長官はミャンマーで開かれる東南アジア諸国連合（ASEAN）防衛相会議に合わせ、同国とベトナムを訪問する予定だった。

歴訪は正式に日程などが公表されたものではなかったが、いったん予定された外遊日程が変更されるのは異例で、イスラム国、エボラ出血熱などへの対応をめぐり共和党が緊急公聴会開催を要求する可能性があるなど、長官をワシントンにとどめておくことが必要な事態になっているとの見方が強い。

米国は中国の台頭を念頭にアジア太平洋へのリバランス戦略を進めているが、オバマ大統領は昨年10月に財政問題での共和党との対立から政府機関の一時閉鎖を回避できず、アジア歴訪の中止を余儀なくされた。その結果、リバランス戦略へのコミットメントにアジア諸国から疑問が呈されてしまった。

米軍のアジア・リバランスについて米海軍制服組トップのグリナート作戦部長は最近、「中東、欧州などでさまざまな問題が起きているが、米国の長期的な関心事項はアジア太平洋地域」と述べ、リバランス戦略に変化はないことを強調している。

しかし、大統領の歴訪中止に次ぎ、安保戦略の主要閣僚であるヘーゲル長官の歴訪延期が決定。さらに大統領がヘーゲル長官、ケリー国務長官、ライス大統領補佐官（安全保障担当）の交代を検討しているとの報道もあり、その場合アジア戦略にも影響が及ぶ可能性がある。

（ロサンゼルス＝植木秀一）

イリューシン78型機を配備か
――中国空軍

英軍事誌「ジェーンズ・ディフェンス・ウイークリー」のウェブサイトは11月4日、中国軍がウクライナから購入したイリューシンIl78型機3機のうち、少なくとも1機を配備したことが、衛星写真から判明したと報じた。中国・環球網が伝えた。

同誌によると、リモートセンシング業の米デジタルグローブ社が10月、中国空軍武漢基地でIl78型機の鮮明な画像を撮影。主翼下部と機体尾部に同型機の特徴であるUPAZ型空中給油吊り下げポッドが写っていた。

ロシア戦略技術分析センターによると、中国は2011、12の両年、ウクライナの兵器輸出企業から同型機3機とIl76MD型輸送機を購入した。

1号機は13年末に納入予定だったが、14年3月末、中国空軍の伊爾（Il）76型輸送機と似た塗装のIl78型機がウクライナ領内で試験飛行しているのが目撃されていた。

Il78型機の燃料輸送能力は10万5720キロで、中国空軍の現役空中空輸機「轟油6」を大幅に上回る。中国空軍は、空中給油能力の大幅向上のため、現在20機ある「轟油6」をIl78型機に置き換えることを目指している。1号機が配備されたことで、中国は戦略空軍の建設に向け一歩を踏み出した。

多維新聞網によると、現代戦で空中給油機は、補助兵器から基幹兵器の一つに変化した。1950年代から戦略爆撃機の行動を支えてきたが、現在では戦闘機から輸送機まであらゆる航空兵種が空中給油機に依存しており、重要性がますます高まっている。特に輸送機などにも転換できる空中給油・輸送機が、世界的にみて空中給油機の主流になりつつある。

空中給油機の世界で、Il78型機は、ライバルの米KC135A型機と比較されるが、最大積載重量では約30トン、最大給油量で46・8トン上回る。Il78型と改良型のIl78M型は、ロシア空軍と旧ソ連構成国でつくる独立国家共同体（CIS）の空軍などで使われている。

（香港＝中岡秀雄）

西風東風

豪が技術協力要請

10月16日、東京で行われた日豪防衛相会談で、ジョンストン豪国防相は同国の次期潜水艦の建造に技術協力してくれるよう日本側に正式要請した。その対象とされているのが海自の「そうりゅう」型潜水艦だ。

でも、なぜ「そうりゅう」型なのか。確かに「そうりゅう」型は世界最大の通常動力型潜水艦で、その潜航能力、静粛性、攻撃力などは世界トップレベルだという。

潜水艦を独自に建造できる高度な技術を持つのは、潜水艦大国の米露のほか、欧州、中国など数カ国。オーストラリアは現在保有する「コリンズ」級（スウェーデンが設計）に代わる「4200トン級」のディーゼル潜水艦の建造を検討中だ。ここで白羽の矢が立ったのが日本の「そうりゅう」型だったのだ。

海軍の秘密兵器である潜水艦は「見つからない」ことでその攻撃力を最大限に発揮できる。この能力を総合評価した結果、「そうりゅう」型が最高得点を得たのだ。もし、日豪の交渉がスムーズに進めば、近い将来、「そうりゅう」型をモデルにした新型潜水艦の日豪共同開発が決まるかもしれない。

強敵はP1哨戒機

一方、日本でも独自に「そうりゅう」型の進化が進む。8月に示された海自の27年度予算の概算要求では、新たに建造する潜水艦に高性能リチウム電池を搭載することが盛り込まれた。この結果、同型艦の潜航持続力はさらに増す。また一歩、原潜に近づくのだ。

「しかし……」と久保艦長は真顔で話す。「海自に新しいP1哨戒機が就役しましたが、その対潜能力はすさまじい。我々としても正直、今までのやり方ではやられてしまうと危機感を持っています」

最強と言われる「けんりゅう」の艦長も「P1恐るべし」と考えているようだ。こうして矛と盾の関係にある海自の潜水艦と対潜部隊は互いにレベルアップを図っている。これが海自の強みなのだと理解できた。

厚生・共済 特集

悩みのある方は気軽に相談を

フリーダイヤル、Eメールで受け付け中

「仕事でミスしたことが気になって食欲がなくなり、安眠できない」「家族との関係がうまくいかず、家に帰りづらい」「ネットを閲覧していたら不可解な料金請求がきた」――。

こうした職場や家庭での悩みやトラブルをかかえている人はいませんか。

防衛省共済組合では電話（フリーダイヤル）による相談窓口「あなたのさぽーとダイヤル」を開設し、組合員と被扶養者の心のケアに取り組んでいます。

相談内容は、職場の問題、心と体の悩み、妊娠不安、乳幼児の発育、高齢者介護、住宅取得・処分、冠婚葬祭などから、遺産相続、借財、離婚、異性問題、悪質商法、交通事故などまで生活全般にわたり、部外の経験豊かなカウンセラーが直接相談に応じてくれます。

電話による相談は24時間・年中無休で、ほかにEメールでも受け付けています。相談の際は匿名でも話せますので、個人情報の面からも安心です。

「あなたのさぽーとダイヤル」は、0120―184―838（フリーダイヤル）で一般電話のほか携帯電話、PHSでもOK。全国どこからでも通話料は無料です。Eメールはbouei@safetynet.co.jpで随時受け付け。メールを受けてから2日以内に回答します。お悩みのある方は、お気軽にご相談ください。

あなたのさぽーとダイヤル

部外の経験豊かなカウンセラーが相談に応じます。

だから一人で悩まず、とにかく電話してみて！
0120-184-838
あなたを助ける電話です

あなたのさぽーとダイヤルでは…
防衛省、独立行政法人駐留軍等労働者労務管理機構及び防衛省共済組合の職員とその被扶養者を対象に、部外カウンセラーによる「心の相談」に加え、悩み事の解決に向けて、看護師・弁護士等の専門家によるアドバイスを行っております。是非ご利用下さい。

事業名：「あなたのさぽーとダイヤル」
事業主体名：防衛省共済組合
委託先：株式会社 セーフティネット

●プライバシーは厳守されますのでご安心ください●
電話受付：24時間年中無休
E-mailによる相談：bouei@safetynet.co.jp

グラヒル

年末年始のご宴会にぴったり

一年の締めくくりも、新しい年の始まりも、ご宴会はグラヒルで――。防衛省共済組合の直営施設「ホテルグランドヒル市ヶ谷」（東京・新宿区）では、隊員の皆様を対象としたお得な「忘・新年会プラン」（期間・12月1日～平成27年1月31日、人数20名様より）をご用意しています。豪華メニューに加えて、2時間制のフリードリンク付なので、思う存分に食べて、飲めて、語れます。皆様でどうぞご利用ください。

12月1日～1月31日

「忘・新年会プラン」は《隊員限定・市ヶ谷の宴》と《グラヒルパーティーパック》の2種があり、いずれも立食ビュッフェ形式です。

フリードリンクも2コースあり、《Aコース》はビール、ウイスキー、日本酒、焼酎（芋または麦）、ソフトドリンク。《Bコース》はビール、ウイスキー、カクテル、ソフトドリンクです（7000円、8000円パックにはワイン赤・白も含まれます）。

年末・年始の期間中は非常に混み合いますので、「忘・新年会プラン」はお早めにご予約ください。

◇

【市ヶ谷の宴】立食ビュッフェ形式で、お1人様4500円／5500円のコースがあります。

《5500円コース》のメニュー（一例）は以下の通りとなります。

▽オードブルの盛り合わせ▽寒鰤のお造り▽魚介サラダ▽ミックスサンドウィッチ▽真鯛のポワレ　トマトソース▽鶏モモ肉のノルマンド▽牛ロースのステーキ▽各種揚げ物盛り合わせ▽ローストポーク　ディジョンマスタードソース▽焼売▽乾き物▽フルーツ盛り合わせ▽黒炒飯または上海焼きそば▽ソース焼きそばまたはシーフードピラフ

豪華料理＋フリードリンク

2時間制　思う存分楽しめます

【グラヒルパーティーパック】立食ビュッフェ形式で、お1人様5000円～8000円のコースとなります。

《8000円コース》のメニュー（一例）は以下の通りです。

▽オードブルの盛り合わせ▽魚介サラダ▽ミックスサンドウィッチ▽真鯛のポワレ　トマトソース▽ブイヤベース　マルセイユ風▽鶏モモ肉のノルマンド▽ローストビーフ（ワゴンサービス）▽鶏ときのこの和風ピラフ▽白身魚のマリネ▽お造り盛り合わせ（鯛姿盛り含む9点盛り）▽焼き物類（6点盛り）▽茶碗蒸し　蟹入り▽野菜炊き合わせ▽魚介と野菜の天婦羅▽鍋（鮟鱇鍋・寄せ鍋・鶏つみれ鍋から1品をお選びください）▽フルーツの盛り合わせ▽デザートの盛り合わせ

グラヒルの「忘・新年会プラン」のご予約・お問い合わせは宴集会担当（専用線8－6－28854）までどうぞ。平日9時から19時まで受け付けています。土・日・祝日については代表電話（03－3268－0111）へお問い合わせください。

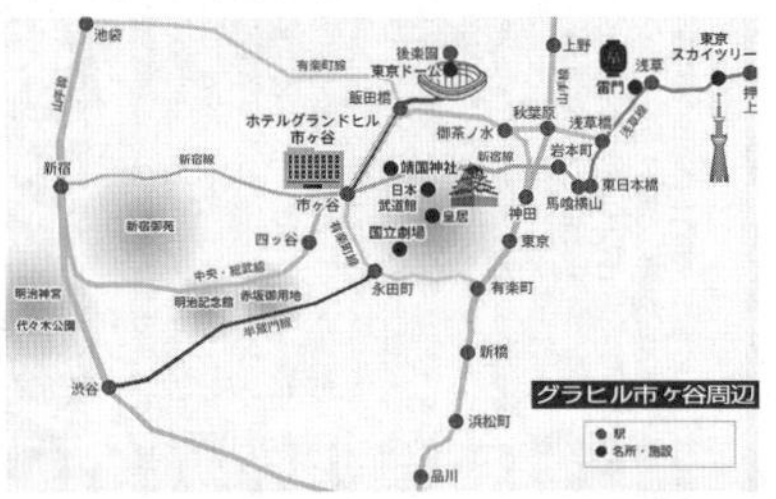

グラヒル市ヶ谷周辺

年金QアンドA

Q　私は先日61歳になり、今年から特別支給の退職共済年金の受給が始まりました。今後、なにか手続きが必要になることがあったら教えてください。

A　年金を受給するためには、国家公務員共済組合連合会（以下「連合会」という。）に毎年届出が必要なものや、一身上に変更があったときに届出ていただくものがあります。

＜毎年届出が必要なもの＞

・加給年金額対象者の現況の確認のため→加給年金額対象者に係る届出

・外国にお住まいの方→身上報告書

連合会より該当者には用紙が送付されてきます。提出期限は、受給権者の誕生月の末日になっていますので必ずご提出ください。提出期限までに提出がない場合は、年金の支給を一時見合わせる場合があります。

＜一身上に変更があったときに届出るもの＞

・受給権者が死亡したとき→失権事由等通知書

・受給権者が所在不明になったとき（不明となって1ヵ月経過したとき）→受給権者所在不明届

・加給年金額の対象となっている配偶者や子に、死亡、離縁、離婚等のような異動があったとき→加給年金額対象者異動届

・公務員として再就職したとき（期間が引き続く場合は除く。）→再就職届

・会社等に就職したとき→厚生年金等の被保険者等届（就職等届）

・年金の一部支給停止に該当している方が会社等を退職したとき→年金の一部支給事由の消滅等届（退職等届）

・失業給付を受けるとき（65歳に達するまでの間）→退職共済年金支給停止事由該当届

・高年齢雇用継続給付を受けるとき→退職共済年金支給停止事由該当届

＜その他、変更があったときに届出るもの＞

・受給権者が氏名を改めたとき→受給権者氏名・受給代表者変更届

・金融機関や住所が変更になったとき→住所・払渡金融機関変更届

※住所の変更は、原則届出不要ですが、転居後の住所が住基ネットで確認出来ない場合は必要になります。

以上の届出用紙は年金決定時に年金証書と一緒に送付された「届出用紙綴」の中にあります。その他、連合会のホームページ（http://www.kkr.or.jp/）からも入手できますのでご利用ください。

特別支給の退職共済年金

61歳　受給に必要な手続き

また、「特別支給の退職共済年金」を受給している方は65歳になると、「本来支給の退職共済年金」の請求手続きが必要です。65歳に達する月の2か月前に連合会より請求書用紙が送られてきますので、提出期限までに必ず連合会に提出（郵送）してください。

（本部年金班）

人間ドック・特定健診の申込みは「えらべる倶楽部」のHPからどうぞ

動画で利用方法の解説も

今年度の健康診断はもうお済みですか。

防衛省共済組合では組合員と被扶養者等の皆様の健康維持のため、人間ドックや特定健診の助成を行っています。健診等のお申し込みについては『えらべる倶楽部・利用ガイド』にある通り、インターネット・郵送・電話・FAXのほか、健診機関に直接お申し込みもできます。

インターネットを使えば、えらべる倶楽部HPにログインするたび「えらべるカフェテリアポイント」もたまるので、大変お得です。

また、えらべる倶楽部HPでは動画によるえらべる倶楽部ご利用方法の解説もありますので、初めての人でも安心です。インターネットでの健診申込方法につきましても、えらべる倶楽部HPのトップにあります「各種健診を受診しよう【動画】」のボタンをクリックすると、健診内容や申し込み方法などが動画で説明されています。

ここで基本知識を得たら、すぐ下の「各種健診のお申し込みはこちらから」からお申し込みください。必要項目を打ち込んで送信すれば、簡単に人間ドック・特定健診の予約ができます。ご自宅のパソコンからどうぞご利用ください。

人間ドック・特定健診のお申込方法

ご準備ください。
●えらべる倶楽部会員証（裏面に16桁の会員番号の記載がございます）
●防衛省共済組合員証または自衛官診療証

注意　希望日の1ヶ月前までにお申し込みを行ってください。

インターネット
●インターネットログインにはパスワードが必要です。
えらべる倶楽部会員専用ホームページ
www.elavel-club.com/からお申し込みください。
ログインのたびにえらべるカフェテリアポイントがたまります！

郵送
利用ガイド保存版に掲載の「各種健診申込書(P36)」に必要事項をご記入の上、下記住所に送付してください。
※特定健診対象者の方は、利用ガイドに同封の返信用封筒をご利用ください。
〒135-0001　東京都江東区毛利1-19-10 江間忠錦糸町ビル
(一財)日本予防医学協会　防衛省共済組合健診サポートセンター宛

電話
ご希望の日程(受付日から1ヶ月以上先)、健診機関・健診コースを予めご検討の上、お電話ください。
防衛省共済組合 健診サポートセンター 防衛省専用ダイヤル　0120-988-424
営業時間　月曜日～金曜日10:00～21:00　土・日・祝日 年末年始(12/30～1/3)休み
(お申し込みには、20～30分かかります)

FAX
利用ガイド保存版に掲載の「各種健診申込書(P36)」に必要事項をご記入の上、右記FAX番号に送信してください。
FAX 0120-988-450

健診機関へ直接お申し込みの方へ
契約健診機関の中からご希望の健診機関に直接お申し込みください。ご予約確定後、その内容を「健診サポートセンター」にご連絡ください。(3週間以上先の日程でご予約ください。)

やみつきの辛さと旨み

旭川で「北鎮カレー」がベールを脱ぐ

自衛隊カレーの戦い　道北から参戦

「なまら（とても）うまいっしょ！」――。北の護りを担う"北鎮師団"陸自第2師団。その司令部が所在する旭川駐屯地の人気ナンバーワンメニュー「北鎮カレー」が11月19日、ついに販売開始となる。市販の陸自カレーとしては、飯塚駐屯地の「ボタ山カレー」に続く第2弾だ。商品化に当たっては2師団がレシピやパッケージデザインなどで全面的に協力。全国で"自衛隊カレーの戦い"が白熱する中、道北から参戦する「北鎮カレー」とは――。

旭川駐屯地の人気ナンバーワンメニュー「北鎮カレー」。レシピ提供など2師団が協力している。

カレーといえばイギリス海軍からレシピを譲り受けた旧日本海軍の「海軍カレー」が有名だが、旧陸軍も肉や野菜を総合的に摂取できるメニューとして「辛味入り汁かけ飯」の名でカレーが献立に登場していたという。

旭川市に司令部を置いていた旧第7師団は「北鎮部隊」と呼ばれ、現・2師団もこれを受け継ぎ、北の護りの重責を担っている。

この「北鎮」を冠した「北鎮カレー」は旭川駐屯地で20年以上にわたって毎週金曜日に出されている人気メニュー。伝統的な味ながら年々進化しているのも人気の理由だ。この秘蔵の一品を地元の「ベル食品」が商品化することを決定。部隊もレシピ提供とパッケージデザインで協力した。

「スパイシー」と評判のルーには牛乳、リンゴ、ハチミツ、トマト、ヨーグルト、ワインを隠し味とし、爽やかな辛さと旨みが後をひく忘れられない味わいだ。

カレーを頬張る女性隊員

この絶妙な味のバランスをレトルト化するのは非常に難しかったというが、同社では5回以上の改良を加え、本物に近い味を再現した。この味には駐屯地業務隊糧食班の栄養士も太鼓判を押している。

レトルトながら、豚肉、ジャガイモ、ニンジン、タマネギなどの具がゴロゴロと入っているのも特徴。キャッチコピー通り、「ガツンとくる旨さ」だ。パッケージも独特で、飯盒に入ったカレーの写真を中央に配置し、迷彩色や弾丸マークなども使用した陸自らしいデザイン。

この「北鎮カレー」は旭川駐屯地の北鎮記念館をはじめ、道内の防衛弘済会や旭川市内などで販売される。価格は500円（税別）。問い合わせは北鎮記念館内売店0166（51）6111内線2486まで。

スライドショーで感謝の思い伝える

中隊ファミリーフェスタ開催

【14普連＝金沢】14普連2中隊（中隊長・井久保雅徳3佐）は9月15日、隊員家族に部隊の仕事を理解してもらい、日頃の感謝の気持ちを伝える「ファミリーフェスタ」を駐屯地で開催した。

フェスタには隊員と家族約160人が参加し、総合プロデューサーの根本一行1曹の開会宣言でスタート。模擬戦やレンジャー訓練などの展示・説明をはじめ、装備品展示、車両試乗、ゲーム（ストラックアウト）などが行われた。

また、講堂では中隊の訓練風景や隊員から家族への感謝の気持ちを伝えるスライドショーを放映。家族からは「来て良かった。普段のお父さんではなく、カッコイイお父さんを見ることができた」「隊員の皆さんの気持ちが十分に伝わってきて心が温まりました」と話し、感動した様子だった。

主催側も「ふだん家族に伝えられない想いを伝えることができ、本当に良かった」と話していた。

隊員の訓練風景や家族への感謝の気持ちをストーリー風にまとめたスライドショーに見入る家族ら（9月15日、金沢駐屯地講堂で）

海外派遣隊員の自宅訪問

静岡地本　留守家族をバックアップ

【静岡】静岡地本（本部長・佐藤一郎1空佐）は9月29日と10月7日、東アフリカのジブチ共和国に「派遣海賊対処行動支援隊（第2次要員）」として派遣される県内隊員の家族宅を訪問した。

これは派遣隊員家族に現地部隊の活動状況を伝えるとともに、家族の健康状態を確認するために地本が定期的に実施しているもので、自衛隊と留守家族との連携を図ることを目的としている。

今回は部隊の出発直前ということで、家族と支援担当者の顔合わせと支援要領の説明をメーンに行った。家族は「遠いアフリカなので活動地域周辺の治安について心配でしたが、今回の説明でその不安が解消されました」と安心した表情を見せていた。

静岡県内のジブチ派遣隊員の家庭を訪問し、家族支援の概要などを説明する担当者ら

静岡地本では「派遣隊員が安心して任務にまい進できるよう、今後も留守家族の支援を積極的に実施していきたい」と話している。

自慢の一品料理

飯ホル丼

紹介者：淵上　実樹さん（管理栄養官）（飯塚駐屯地業務隊糧食班）

福岡県飯塚市のご当地グルメといえば「ホルモン料理」。かつて炭坑で働いていた朝鮮人が伝えたというホルモン文化は地域に根付いており、福岡のB級グルメとしても全国に知られています。

飯塚駐屯地では、かつての炭鉱を偲ばせる捨石集積場（ボタ山）を模した「ボタ山カレー」が有名ですが、さらに看板メニューを増やそうと、独自のホルモン料理「飯ホル丼」を開発しました。

作り方は至ってシンプル。駐屯地オリジナルの焼肉のタレで野菜と炒めたホルモンを、ほかほかご飯の上に豪快にのせます。甘辛いタレには"隠し味"としてパイナップル缶の汁が入っており、さっぱりした口当たりながらコクの深い味わいに仕上がっています。

野菜はタマネギ、ニンニクの芽、ニンジン、パプリカ（黄・赤）を使用し、色味を壊さないようにボイルしてから炒めています。特にパプリカはビタミンCを豊富に含み、ケガの予防や結合組織の強化などにも有効です。

今後も隊員の皆さんに栄養あるものをおいしく食べてもらえるよう、飯塚駐屯地らしいメニュー作りを心懸けていきたいです。

転入隊員や家族に地域の情報を提供

【久居】久居駐屯地はこのほど、「前期転入者・新婚隊員家族オリエンテーション」を行った。

新たに配属された隊員に部隊と地域情報を提供し、家族の不安を取り除くのが目的で、転入隊員5組と新婚隊員1組が参加した。

午前中は厚生センターで1科長が駐屯地や地域情報について紹介。次いで2科長が保全教育を、厚生科長が共済事業を説明した。

昼は会食が行われ、古屋造司連隊長はじめ各中隊長らも参加。古屋連隊長は三重県民の特性として「のんびりしているが、とても真面目」などと紹介、転入隊員らは駐屯地特製の「自衛隊めし」を堪能した。

午後は家族懇談があり、家族が転入先や現住所などを紹介しあった。お互いが「ご近所さん」と分かると盛り上がり、緊張もほぐれて打ち解けた様子だった。

参加者からは「久居自衛隊のことが理解できた。共済事業の説明も聞けて良かった」との声が寄せられた。

家族懇談で、打ち解けた様子のオリエンテーション参加者

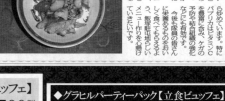

余暇を楽しむ

海自5空群エイサー部

紹介者：2海佐　五十嵐　裕（5空群5整補隊＝那覇）

精強な躍動感を表現

皆さんは「エイサー」がどのようなものかご存知ですか。エイサーは旧盆に行われる祖先を送り出す念仏踊りのことで、沖縄では最もメジャーな伝統芸能の一つです。海自第5航空群では平成元年、支援団体の方々からエイサー用の太鼓を譲り受けたことを機に、エイサー部を発足させました。

発足当初は那覇市内の舞踊の先生に指導を受けながらエイサーの動きを学んだそうで、試行錯誤の連続だったようです。諸先輩方の努力の甲斐あって今では先輩が後輩に演舞の技術を継承するまでに至っており、隊員の指導力の醸成にも一役買っています。

活動としては各種式典やフェスタ等のイベントへ参加するほか、毎年、那覇市内の国際通りで盛大に行われる「1万人エイサー踊り隊」にも参加しています。これは広報活動としても効果がありますが、我々隊員にとっても沖縄の文化・芸能を学ぶという事において、大変意義深いものと認識しています。

「1万人エイサー踊り隊」で自慢の踊りを披露した5空群エイサー部部員（写真上）と部長の筆者（同下手前）＝那覇市で

昨年私は、派遣海賊対処行動航空隊の一員としてアフリカのジブチ共和国に行きました。我々第5航空群からの派遣隊員が文化交流の一環としてジブチの人たちにエイサー演舞を披露したところ、大変喜んでもらいました。海外の方々に沖縄を理解していただくためにも、エイサーは格好のツールかもしれません。

エイサーは踊りを覚えるのにそれほど時間を要しませんが、勇壮に演舞したいのか、それとも優雅に演舞したいのかなど、コンセプトの違いにより体の使い方が異なります。ちなみに我々が表現したいのは精強な自衛官らしい躍動感です。

先日東京に帰省した際、東京都町田市でもエイサー祭りが行われており、つい見入ってしまいました。我々エイサー部は、今後も地域の皆さん、そして世界の皆さんに海上自衛隊への理解を深めていただけるよう、活動していく所存です。

艦艇開発隊ファミリーデー

職場隊員と交流深める

【艦開隊＝横須賀】海自艦艇開発隊（司令・篠村靖彦1佐）は9月27日、横須賀地方総監部の田戸台分庁舎で「艦艇開発隊ファミリーデー」を行った。

歴史ある田戸台分庁舎前で記念撮影を行う艦艇開発隊の隊員と家族ら（9月27日、神奈川県横須賀市で）

この行事は「家庭に優しい職場を目指して」の副題通り、家族が部隊の任務に理解を深め、職場隊員との交流を目的に行われた。参加家族は乳児から80代まで幅広い年齢層に及び、中には山口県から駆けつけた家族もいた。

冒頭、篠村司令が家族に日頃の協力にお礼を述べ、続いて隊員が海上自衛隊と艦艇開発隊の任務などを説明した。その後は歴史的建物である分庁舎の見学会が行われ、和洋融合の特徴ある建物や文化的価値の高いステンドグラス、東郷平八郎の書などに家族らは熱心に見入っていた。

昼食は木々に囲まれた庭園でバーベキュー。総務科員が調理した「艦艇開発隊特製カレー」も提供された。また、子供たちにはペーパークラフト教室、ジャグリング、風船アートなどの催しが行われ、家族一緒に楽しい4時間を過ごした。

家族からは「海自の存在意義や業務内容が良く分かった」「近隣に居住する隊員家族と知り合う良い機会となった」と感謝の言葉が寄せられた。

葡萄狩りツアー

秋の味覚を堪能

【滝ヶ原】駐屯地曹友会（会長・豊澤伸吾准尉＝普4中）は9月14日、恒例の「親睦　秋の味覚葡萄狩りツアー」を行った。今年も大盛況で隊員・家族47人（13家族）が参加した。

ブドウ狩りは山梨県勝沼市の甲斐古園で行われ、家族は思い思いにブドウを摘み取り、秋の味覚を堪能。このイベントの後には子供たちに人気の「ハイジの村」や「シャトレーゼ白州工場」の見学もあり、家族で楽しい一日を過ごした。

豊澤曹友会長は「天候に恵まれ、充実したイベントになった。今後も家族のために楽しいイベントを企画していくので、多数の参加をお待ちしています」と早速PRしていた。

おいしそうにブドウを頬張り、秋の味覚を楽しむ隊員家族ら（9月14日、山梨県勝沼市で）

地方防衛局 特集

ティルト・ローター機配備

佐賀県に協力要請

左藤副大臣 飛行ルートなど説明

【九州局】左藤防衛副大臣は10月6日、防衛省の増田好平顧問、九州防衛局の槌道明宏局長らを伴って佐賀県を訪れ、古川康知事らと会談、陸上自衛隊が導入予定のティルト・ローター機の佐賀空港への配備に関し、飛行ルートや利用頻度などを説明し、受け入れに向け、理解と協力を求めた。

古川知事（右から2人目）に佐賀空港への陸自ティルト・ローター機配備について説明する左藤副大臣（10月6日、佐賀県庁で）

左藤副大臣は、平成27年度に調達を開始し、31年度から配備予定のティルト・ローター機の拠点整備のため、佐賀空港の民間空港としての機能や発展を損なわないという前提で、①自衛隊の空港利用の受け入れ②誘導路の設置など空港西側の施設整備の具体化③空港管制機能の在り方──などについて、県側と議論しながら検討を進めていく方針を丁寧に説明。さらに、沖縄県の基地負担軽減のために佐賀空港を活用することについても理解を求めた。

佐賀空港には目達原駐屯地から移駐する約50機のヘリと、新規取得のティルト・ローター機の計約70機が配備される予定で、これらを全て運用した場合、年間で約290日、1日当たり60回程度の離着陸を行い、年間ベースの離着陸回数は約1万7000回になることを説明した。空港の西側には、31年度をめどに駐機場や格納庫などを整備する。

空港の利用は平日午前8時ごろから午後5時ごろの運用を基本とし、パイロットの技量維持のために行う夜間の離着陸訓練についても理解を求めた。急患輸送の要請や自然災害が発生した場合などには時間外でも飛行することについて、県側と相談するとした。

飛行経路については、空港周囲にヘリ用とティルト・ローター機用の2本の場周経路の設定を検討しているとし、悪天候などで計器飛行が必要な場合には、場周経路とは別に民航機と同様の経路を飛行する可能性を説明した。

空港北側の場周経路の下には住宅地などがあることから、騒音面で地元住民に負担をかけないよう、海側に当たる空港の南側の飛行を基本とし、騒音軽減のため高度300〜500メートル以上を確保。必要に応じて住宅地、病院などの上空の飛行を制限するなどの措置を講じるとした。

雨雲が急に発達した場合は、安全な飛行確保の観点から、パイロットの判断でやむを得ず法令上の最低安全高度の150メートルを飛行する場合があることを説明。

さらに、高度300メートル以上を飛行するヘリが下降気流や排気ガスなどで海苔の養殖や地上の農作物などに影響を与えることはないと強調した。

米軍の空港利用については米海兵隊による訓練移転の使用を想定しているとし、沖縄の負担軽減の観点から、空港の活用について米側と相談していくとの防衛省の基本的な考え方を説明した。

■ 佐賀空港周辺における飛行経路（イメージ）

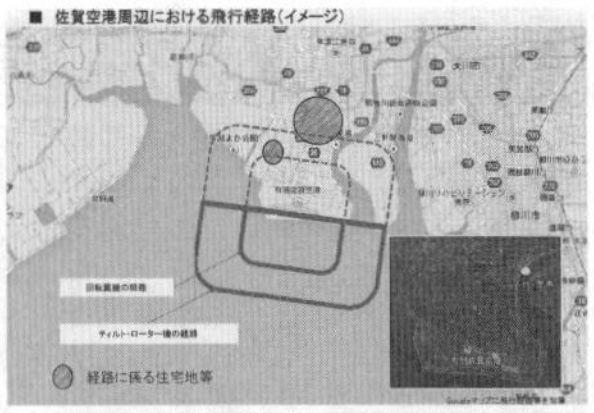

■ 佐賀空港周辺における離陸経路イメージ（悪天候等による計器飛行の場合）

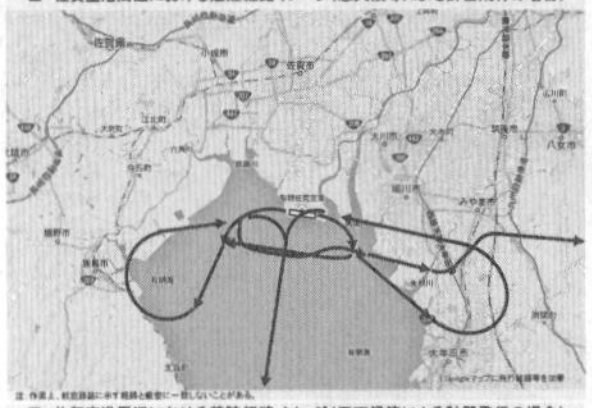

■ 佐賀空港周辺における着陸経路イメージ（悪天候等による計器飛行の場合）

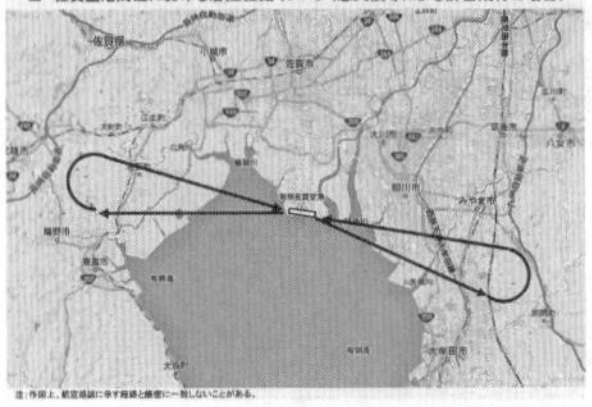

注：作図上、航空路誌に示す経路と厳密に一致しないことがある。

リレー随想　槌道 明宏

現場主義

福岡に赴任して約2年の間に、九州各地、さまざまなところに行かせていただきました。桜島を眼前にしては、その存在感に圧倒され、天孫降臨の地とされる高千穂峡や高千穂峰、神々の逸話のある西都原などの日向の地を訪ねては、日本創世の物語を彷彿とさせられました。あるいは「ニイタカヤマノボレ」を中継送信したと伝えられる佐世保の針尾送信塔の巨大な姿を間近で見上げると、当時の帝国海軍の力に驚嘆するほかありませんでした。また、博多祇園山笠の熱気は、その最中に博多にいなければ味わえない格別のものでした。

情報化が進み、インターネットなどを通じて写真や動画を見たり、紹介記事を手軽に読んだりすることもできますが、実際に自分で見聞きし感じることには、やはり代えがたいものです。

地方防衛局の仕事においても、資料で分かったつもりでも、実物を目にすると違って見えるということがあります。あるいは、地方自治体や住民の皆さんの話を直に聞いてみないと分からないこともあります。防衛施設行政の先輩方が「現場」に足を運べと口をすっぱくしておっしゃられる所以でしょう。こうしたいわば「現場主義」が我々の業務の原点だと思います。

私自身の経験でも、陸上自衛隊の警備部隊の配備先の一つとなっている奄美大島の瀬戸内町は、地図や資料を見る限りあまりにも山がちで部隊を配備するということが想像できませんでしたが、実際に瀬戸内町の話を聞き、候補地を見て初めて理解できたということがありました。また、昨年12月の新田原基地の航空祭には米軍のMV22オスプレイが展示されましたが、どれほど威圧的で騒音が大きい航空機かと想像していたのに、実際に飛来した姿を見て肩すかしを食らったということがありました。

いくら「現場」が重要とは言え、私自身が全てに足を運ぶこともできません。代わりに、「現場」に足を運んだ担当者の説明が、資料だけでは分からないさまざまなことを私に伝えてくれます。つまり、地方防衛局の担当者一人ひとりが、局長の、さらに言えば防衛大臣の目や耳の代わりになるということであり、それが地方防衛局の力の源だと思います。

ただ、地方防衛局も人員削減の結果、一人で多くの業務を抱え、なかなか「現場」に足を運ぶ時間を取ることが難しくなりつつあるようです。地方防衛局が本来の力を発揮するためにも、「現場主義」の原点に立ち返り、そのための体制を整えることの重要性を痛感する次第です。

（九州防衛局長）

油船「YO41」が進水

郡山事務所長が式に出席　青森

【東北局】青森市の北浜造船鉄工で10月20日、油船「YO41」（490トン型）の進水式典が行われ、東北防衛局郡山防衛事務所長の栗原眞喜子1陸佐が出席した。同事務所は東北6県に所在する工場で製造する各種防衛装備品の監督、検査を担当している。

進水式で記念撮影に臨む郡山事務所長の栗原1陸佐（前列右から5人目）ら＝10月20日、青森市の北浜造船鉄工で

式典では神事が厳粛に執り行われ、受領予定の大湊警備隊司令の小杉正博1海佐による「YO41」命名の儀に続き、栗原所長による進水の儀が行われた。進水斧が降り下ろされると支綱が切断され、お神酒の瓶が小気味良く音をたてて割れ、船は静かに陸奥湾に進水した。

「YO41」は、海上自衛隊の基地港湾内で各種艦艇に艦船用燃料の補給を行う支援船で、今後は海上公試、各種艤装を経た後、今年度末にむつ市の大湊地方隊に配備される予定。

栗原所長は「進水式に参加でき、支綱切断という機会に恵まれ大変光栄。進水に当たっては船上で担当の検査官が確認を適正に行っており、今後は艤装などの結節時に監督、検査を適正に実施し、部隊に引き渡したい」と話している。

在日米軍の永年勤続者を表彰

岩国基地

【中国四国局】岩国基地で10月21日、在日米海兵隊岩国航空基地に勤務する在日米軍従業員の永年勤続表彰式が行われた。主催者として国側から中国四国防衛局の芹澤清局長ら、米軍側からはロバート・ブシェー司令官らが出席し、来賓として岩国市長代理の同市産業振興部長らが出席した。

式典では勤続40年、30年、20年、10年を迎えた計109人の各代表者に局長と司令官から表彰状と記念品が授与された＝写真。芹澤局長は「長年の勤務に対するご苦労とご努力に敬意を表し、これからもそれぞれの職責において豊富な知識と経験を生かし、日米両国の懸け橋として貢献されるよう期待します」と述べた。

これに先立ち8日には、呉市内で在日米陸軍第110地域支援群弾薬廠に勤務する在日米軍従業員39人の永年勤続表彰式が行われ、防衛省から芹澤局長、地方協力局の二又知彦労務管理課長らが出席した。

防衛施設と首長さん

広島県江田島市　田中達美市長

73歳。1983年大柿町議会議員、2004年合併により江田島市議会議員、同議会議長に就任。08年江田島市長に就任。現在2期目。

江田島市は広島県南西の広島湾に浮かぶ江田島、能美島とその周辺に点在する島々から成る面積100・98平方キロメートル、人口約2万5000人のまちです。広島市からは海上で約7・5キロ、呉市からは約6キロの位置にあり、本土とは音戸大橋・早瀬大橋の両架橋で結ばれ、実質的には陸続きとなっています。

瀬戸内特有の温暖な気候に恵まれ、四季を通じてさまざまな自然や食が堪能できますが、とりわけ牡蠣のむき身生産量は日本でトップクラスを誇っており、最近では夏にも食べられる最高級品「江田島カキひとつぶくん」が好評を得ています。そのほか、サイクリングコース「かきしま海道」の整備や、江田島六峰を生かしたトレッキング、オリーブの特産化やブランド化にも新たに力を注ぐなど、島の恵みを生かした「協働と交流で創り出す『恵み多き島』えたじま」をスローガンに掲げ、まちづくりを展開しています。

海上自衛隊の存在は誇り 地域と自衛隊が積極交流

本市には自衛隊施設として、海上自衛隊第1術科学校（旧海軍兵学校）や切串弾薬庫、大原訓練場、長浜射撃場、飛渡瀬貯油所があり、米軍施設の秋月弾薬庫もあります。

明治21年、旧海軍兵学校が東京・築地から本市に移転してきました。それから昭和20年の終戦に至るまで、海軍将校揺籃の島として広く知られ、昭和31年からは海上自衛隊第1術科学校や幹部候補生学校などの自衛隊施設が立地しています。

敷地内は白砂青松の緑の芝生に囲まれた塵ひとつない校庭、通称「赤レンガ」と呼ばれる幹部候補生学校庁舎、厳粛な入校式や卒業式が行われる大講堂、歴史的資料を保存・展示している教育参考館、卒業生が毎年巣立って行く表桟橋、戦艦「陸奥」の砲台など、歴史的、近代的な建築物の宝庫となっており、年間に約7万人の方が来訪されています。本市を代表する場所となっておりますので、ぜひ、お越しください。

また両校は、長きにわたる歴史と伝統を刻み、毎年優秀な人材を輩出しています。国内外での活躍を見るたびに、本市での海上自衛隊の存在を誇りに思い、多くの市民が心強く、頼もしく感じているところです。

本市は旧海軍兵学校の移転から今日に至るまで、海上自衛隊と共に発展してきました。春には観桜会、夏にはサマーフェスタ江田島、秋には自衛隊記念日式典など、四季を通じて市民との交流を深めるとともに、市内清掃活動や地元中学生の職場体験学習、各種スポーツ大会への参加などでも積極的な協力をいただいております。

今後も地域と自衛隊とが交流や相互理解を深め、確固たる信頼関係を築きながら「恵み多き島えたじま」を実現していきたいと考えています。

「私のまち」テーマに

東京・瑞穂町で小学生絵画展

【北関東局】北関東防衛局主催の「小学生絵画展inみずほ」が11月8日から横田基地周辺の瑞穂町（東京都西多摩郡）にある「瑞穂ビューパーク・スカイホール」で始まった。16日まで573点を展示する。

防衛施設周辺地域を管轄する市町村が行っている学校などの防音工事や公園、道路、コミュニティーセンターの整備などのまちづくりに関して、防衛省がさまざまな形で支援していることを地域住民に理解してもらおうと平成20年から毎年開催しており、今回が7回目。

今年は7月に同局が「私のまち（友達・家族）」をテーマに瑞穂町内の小学校5校と米軍基地内の小学校2校から作品を募集し、町内の小学生468人、米軍基地内の小学生105人の計573人から応募があった。

応募作品は低学年と高学年とに区分して、同局の幹部職員、広報委員、一般職員らが2次にわたる選考会を行い、18作品が選ばれた。

表彰式は8日に瑞穂町役場横で開催された「産業まつり」会場のメーンステージで行われ、北関東防衛局の渡邉一浩局長をはじめ、瑞穂町の石塚幸右衛門町長、在日米軍横田基地第374整備群司令のS・ジェームズ大佐、空自横田基地司令の柏瀬静雄1空佐が後援者として出席し、渡邉局長が受賞者に表彰状を授与した。

絵画展を企画した同局企画部の担当者は「瑞穂町の素晴らしさがひときわ上手に描かれた作品2点を選んでいただいた。同町がまちづくりとして進めている『きらめき回廊計画』にちなみ『きらめき賞』を追加し、より多くの方々に見てもらえるよう絵画展の開催期間を恒例の産業まつりの開催時期に合わせたのが特徴だ」と話している。

（右）「きらめき賞」瑞穂第一小学校6年 川嶋一輝君（下）「わくわく賞」Yokota West E・S・4年 Sierra Lucero（シエラ・ルセロ）さん

防大「開校祭」

雄々しく「自由と規律」

棒倒し 3大隊が3年ぶり優勝

敵陣の棒が倒れた瞬間、緑の3大隊の雄叫びが曇天に響き渡った――。毎秋恒例の「第62回開校記念祭」が11月8、9の両日、神奈川県横須賀市走水の防衛大学校で行われ、2日間で約2万人が来場した。開校祭の花形、伝統の「棒倒し」では、3大隊が3年ぶりに優勝、2大隊が2年連続で準優勝となった。

週末は雨、との予報にもかかわらずなんとか持ちこたえ、日曜日には時折、晴れ間も。学生たちは元気いっぱい声を張り上げ、出店や演劇祭、学生隊ステージなどの呼び込みを行い、開校祭を盛り上げた。

㊤棒倒しの決勝戦で、2大隊の猛攻を受ける3大隊守備陣（右手前）㊧観閲行進を行う学生隊

1日目のメーン「訓練展示」には10式戦車が初登場。攻撃部隊がAH1S攻撃ヘリコプターや155ミリ榴弾砲、偵察部隊、10式戦車の支援を受けつつ、防御部隊の陣地を制圧するまでの一連の流れを展示した。

午後の「特別記念行事」では化学兵器禁止機関（OPCW）の初代査察局長を務めた秋山一郎氏（防大15期）が講演。昨年、OPCWの一員としてノーベル平和賞授賞式に招待された体験を話し「今や自衛官が多国籍軍を指揮する時代になっている。私はかつて『国際自衛官』と名付けてもらったが、もうその言葉が特別ではなくなっている」と述べ、国際機関で働くに当たっての実務的なアドバイスを行った。

2日目は記念式典・観閲式と棒倒しが陸上競技場で行われた。午前10時半、四つの大隊が入場。グラウンドにずらりと整列した学生たちの前に、観閲官の國分良成学校長が臨場し、観閲官に対する栄誉礼と巡閲が行われた。

國分学校長は式辞で「本校の目的は将来日本の安全保障を担う若者を教育すること。その崇高な事業を担っていることを忘れてはならない」と決意を述べ、観客に向け「学生の自由と規律の結晶である開校祭をご覧になり、防大を肌で感じていただきたい」と話した。

陸海空航空機による祝賀飛行、学生隊の観閲行進、空挺降下、儀仗隊のファンシードリルが行われた。

伝統の棒倒しは午後3時にスタート。予選は4大隊と2大隊、3大隊と1大隊の組み合わせで行われ、昨年優勝した1大隊を下した3大隊と、2大隊が勝ち上がった。

決勝戦では学生舎側から3大隊が、体育館側から2大隊がそれぞれ攻め上がり、相手の棒をめぐって激しい攻防戦を繰り広げた。初めは2大隊が押していたが、3大隊の堅い守りを崩すことができず、1分30秒で3大隊が棒を倒して優勝した。選手たちは3年ぶりの優勝に男泣き。二つの大隊が互いに健闘をたたえて試合を終えると、観客席から大きな拍手が送られた。

閉会式では國分学校長が「素晴らしい、非常にきれいな試合だった。心の底から感動した。改めてよく頑張った」と3大隊の優勝をたたえ、優勝旗を手渡した。

2日間の開校祭は幕を閉じた。

旗振りダンスで激励

「しらせ」幼稚園児が"壮行会"

砕氷艦「しらせ」の乗員に、国旗を使った旗振りダンスを披露する幼稚園児（10月20日、横須賀地方総監部で）

【横須賀】横浜市内の幼稚園児が10月20日、横須賀地方総監部の逸見岸壁に係留中の砕氷艦「しらせ」を訪れ、出港を控えた乗員に元気なダンスを披露する「お見送り会」を行った。

訪れたのは野庭幼稚園と並木幼稚園の園児ら約190人。「しらせ」への訪問は、昭和59年に2代目砕氷艦「ふじ」の元乗員が退職後、野庭幼稚園に勤務していたことが縁で始まり、今回で30回目となる。

会は暖かな日差しの降り注ぐ岸壁で行われ、艦長の日高孝次1海佐以下約80人を前に園児が「南極では病気やけがに気を付けてお仕事頑張ってください。私たちもお友達と仲良くします」と力いっぱいあいさつ。艦長、副長、先任伍長、曹士代表にそれぞれ花束が贈られた。

続いて園児らは国旗を手に激励の旗振りダンスを披露。懸命に踊る姿に隊員も頬を緩ませ見守った。

日高艦長は「今年の旗体操がこれまでで一番上手でした。とても元気をもらいましたので、南極で一生懸命仕事をしてきます」とお礼を述べ、30周年を記念した盾を両幼稚園長に贈呈した。

メンタルヘルスに一役

中業支技官が資格認定

陸自中央業務支援隊（市ヶ谷）衛生科勤務の臨床心理士、高瀬健一技官（39）＝写真＝は、米国で行われた研修をこのほど終え、メンタルヘルスケアに有用となる「フォーカシング・トレーナー」に認定された。

フォーカシングは米国の心理学者ユージン・ジェンドリン氏によって創始された心理療法（カウンセリング）の一種。対象者が体で感じる実感（例えば胸のあたりのもやもやする感じ）を表現しやすくする。「フォーカシング・トレーナー」の資格保有者は国内では約100人。

高瀬技官は平成18年にフォーカシングの学習と実践を始め、24年4月から2年半、大正大学（東京都豊島区）の日笠摩子教授の下でトレーナー養成の訓練を受けた。さらに同教授の推薦を受けて9月26日から10月2日まで、米ニューヨークでの「フォーカシング研究所」の研修に参加した。

研修には日本からの高瀬技官1人を含め、世界8カ国の32人が参加。トラウマ（心的外傷）ケアなど各種プログラムを実践し、認定証が授与された。

高瀬技官は「心理面接の質を上げ、有効性を高められる。メンタルヘルスの不調からの回復に役立たせたい」と抱負を語っている。

盛大にファンファーレ

新潟競馬で12音楽隊

【新潟地本】陸自12音楽隊（相馬原駐屯地、隊長・渡辺寛2尉）は10月5日、新潟競馬場で行われた第48回日本中央競馬会（JRA）スプリンターズステークス（GⅠ）で、ファンファーレ演奏を約3万4千人の観衆の前で披露、会場は大歓声に包まれた＝写真。

午後3時半、音楽隊がドラムのリズムに合わせて行進しながら登場すると、約3万4000人から大歓声が沸き起こった。

10分後、渡辺隊長の指揮によりピタリと息の合った盛大なファンファーレが演奏され、観客も一層盛り上がった中で第11レースがスタート。この後、俳優の竹野内豊さんがプレゼンターとして参加した表彰式でも得賞歌を演奏した。観客からは「音楽隊の演奏で一気に盛り上がった」「感動した」との声が聞かれた。

古田准尉に米陸軍功労章

信頼深化に尽力

【春日井】10後支隊本部付隊の古田鉄也准陸尉（49）は9月26日、在日米陸軍司令部キャンプ座間で行われた米国勲章伝達式で「陸軍功労章（Army Commendation Medal）」を贈られた＝写真。

古田准尉は平成24年4月から第7代曹友連合会会長として、在日米陸軍との親睦や関係強化のための共同事業などを積極的に実施。日米の信頼関係の深化に努めた功績から、今回、米太平洋陸軍司令官ヴィンセント・ブルックス大将から表彰された。式では古田准尉のほかに陸自隊員1人にも陸軍功労章が授与された。

古田准尉は「全国の曹友会を代表して受章しました。これからも世界に誇れる陸曹団を目指して、努力していきます」と語った。

「パックさん」4兄弟お披露目

1高射群

お披露目された「パックさん」4兄弟ら。左からP太、A子、M司、藤野士長、C造、真清1尉

【1高群＝入間】空自第1高射群の"ゆるキャラ"「パックさん」の兄弟が11月3日、入間基地航空祭でお披露目された。

航空祭開催中、参加型イベント「パックさんを探せ」で、従来から親しまれてきた「パックさん」に加え、3体が基地内に身を潜めていたが、それはパックさんの兄弟たち。イベント終了後、1高群の真清健吾1尉（33）と藤野太陽士長（22）の司会により、特設会場で正体が明かされた。

これまで「パックさん」の愛称で人気だったのは長男「P太」で、名前の由来は「生まれた瞬間ピーピー泣いていた」ため、と紹介されると、子どもたちから笑いが起きていた。

長女「A子」の名は、生まれた時に祖父「アジャックス」が「え〜顔してるなあ。かわえ〜子だなぁ」と言い続けた結果、付けられたという。

次男「M司」は海のそばで生まれたことから、マリーン（海）の「M」と次男の「じ」を取ったという。

3兄弟でP、A、Mと並びCが間に入ると「PACM＝パックミサイル」が完成すると気が付いた父「ハーキュリーズ」。三男を「C造」と名付けた。

司会の両隊員は祖父「アジャックス」と父「ハーキュリーズ」が、いずれもPACMの前身の防空システムから付けられたことを説明。参加者は4兄弟と触れ合うとともに、首都圏防空のとりでとなっている同システムの歴史を学んだ。

こちら警務隊　☎8・6・47625

業務上横領罪に問われ懲役10年以下の処罰に

補給係として管理している官給品を自分のものにしたら、どのような罪になりますか。

刑法第253条の業務上横領の罪に該当します。業務上横領とは「業務上自己が管理している他人の物を、不法に自分の物とすること」ですので、金銭だけでなく、官給品のような物品も本罪に該当します。

また、業務上横領罪に問われた場合、通常の横領罪（5年以下の懲役）より重い10年以下の懲役に処されます。

「ひとつぐらい無くなっても、記録をごまかしたらばれないだろう」といった安易な考えで罪を犯し、人生を棒に振らないようにしましょう。（中方警本＝伊丹・北村3尉）

小休止

▽…外見の美しさだけでなく、内面や社会性なども問われる「ミス・ユニバース・ジャパン」の福岡県ファイナリスト17人に対して10月25日、4師団が福岡駐屯地で講話を行った＝写真。

▽…ミス・ユニバースに選出されれば世界各国でボランティア活動を行っていくことになる候補者に、坂田公力広報室長が国内外で任務に当たる自衛隊の活動を紹介し、スキルアップに協力。

▽…現場の生の話を、目に涙を浮かべながらも背筋を伸ばし真剣に聞き入る美女たちに坂田室長も「自衛官よりも姿勢がいい」と太鼓判を押した。（福岡）

（世界の切手・カナダ）

人はけなされると怠け者になり、褒められると力が湧いてくる。
スコットランドのことわざ

朝雲ホームページ
www.asagumo-news.com
<会員制サイト>
Asagumo Archive
朝雲編集局メールアドレス
editorial@asagumo-news.com

37普連が和歌山城清掃作業

生地訓練の重要性

3陸曹 森岡 洋平（37普連2中・信太山）

37普連2中隊は9月25、26の両日、徳川幕府第8代将軍である吉宗の誕生の地・和歌山城の清掃作業を実施しました。現地を訪れて改めてお城や石垣の美しさと城内の自然の豊かさを知りました。

和歌山城は日本国内はもとより海外からも多数の観光客が訪れる場所です。そこで今回の作業を私たちはその景観を保つための重要な任務であると認識し、清掃作業に臨みました。

私は分隊員として石垣の草刈りを担当しました。事前にロープ訓練を行いましたが、お城の作業は初めてなので、初日はレンジャー隊員の指導を受けながらロープ取扱法を習得しました。その後、石垣に取り付いて草刈りを実施しましたが、これまで中隊長が語っていた「生地訓練の重要性」を身を持って知ることができました。

私たちは観光客が見上げる中で作業を続けました。草が茂っていた石垣も次第にきれいになっていき、作業終了後は関係者からのお礼の言葉を頂き、非常にやりがいを感じました。

今回の作業はロープ技術の向上にも大変役立ちました。またお城では地域の人たちとも交流でき、自衛隊の民生支援の重要性も認識できた価値ある2日間になりました。

和歌山城の石垣にロープで取り付き、雑草の除去に当たる37普連2中隊の隊員

ロープ技術生かす

3陸曹 武市 任夫（37普連2中）

37普連の「和歌山城生地訓練」は平成4年から始まり、最近は中隊持ち回りで実施されています。2中隊にとっても数年ぶりで、隊員は事前教育・訓練と入念な準備を経て現場に進出しました。

お城の清掃作業を行って一番感じたことは、駐屯地では決してできないロープ訓練ができたことです。私は3小隊2班長として主にお城の天守閣の清掃作業を任され、今までレンジャーとして学んできたロープ技術をここで実践しました。瓦ぶきの天守閣の屋根は足場が非常に悪く、また風も強くて、高所で安全に作業するには高いロープ技術が要求されました。

私は班長として隊員の安全管理にも当たり、そうした中で天守閣の清掃がしっかりできたことは、とても自信がつきました。また、レンジャー隊員でなくても訓練をしっかり行えば、隊員たちもロープ技術をマスターできると実感しました。

今後も同様の機会があれば、自分と部隊のスキルアップの場として、ぜひ参加したいと思います。

石垣の降下に緊張

2陸士 浦田 洋介（37普連2中）

今回の和歌山城の清掃作業は、私にとって初めて国民の前で活動を見せる場となりました。それで少し緊張して現地に向かいました。

私は石垣下段の清掃を担当しました。最初に現場を見た時はあまりの雑草の多さに、2日間でこれをすべて除去できるか心配になりました。午後はロープを使った作業も行いました。石垣での降下は初めての経験で緊張しましたが、先輩から教えてもらったことを確実に行い、無事にロープを使った作業もできました。

2日目は日差しが強く、とても暑かったのですが、先輩と協力して予定時間内にすべて作業を終えることができ、非常に大きな達成感が得られました。最初に見た時と比べ、石垣は見違えるようにきれいになっていたので、私たちもとても清々しい気持ちになりました。今回の和歌山城での経験は私にとって大変思い出に残るものとなりました。

旅費のエキスパート目指して
成長できる機会

2陸士 梅垣 智（409会計隊・大津）

私はこの春、陸上自衛隊に入隊し、このたび大津駐屯地の第409会計隊に部隊配置されました。

現在は会計隊長をはじめとする方々に業務内容から営内生活まで指導を受け、日々勉強中です。会計隊には私以外に陸士がいないので、先輩に囲まれて緊張することが多いですが、駐屯地内の他部隊にいる同期と話をして他の事も学ぶようにしています。

いま私が担当しているのは「旅費」に関することです。新隊員、陸曹教育隊、予備自衛官、予備自衛官補と、多くの隊員が駐屯地を出入りするので、旅費の発生量は非常に多く、大変忙しい毎日を送っています。しかし、これも自分が成長できる大切な機会と捉え、会計隊の中で「旅費のエキスパート」となれるよう、一所懸命頑張っていきたいと思います。

毎日、旅費計算で数字と格闘中の梅垣智2陸士

新刊紹介

「空母瑞鶴の南太平洋海戦」
森 史朗著

ミッドウェー海戦の敗北で日本軍が追い詰められる中、乗員が生きるためにもがいた末、つかみとったものとは——。太平洋戦争時、マリアナ沖海戦まで一発も被弾しなかった奇跡の空母「瑞鶴」の奮闘を描いた前著「勇者の海」に続くノンフィクション第2弾だ。

第一部では「ミッドウェーの仇」と題し、ミッドウェーでの敗北が「瑞鶴」乗員、指揮命令系統にどう影響を及ぼしたかを克明に描く。臨場感あふれる筆致で描写しつつ、現代から見て当時の人事、命令、戦術の是非を小気味よく断じる。将官の生い立ち、人間関係などが作戦に微妙な影を落とし、米軍との交戦にも影響していく。

第二部の「ソロモン海の攻防」では第二次ソロモン海戦の激戦の様子などが描かれ、「瑞鶴」を飛び立ったパイロットが奮戦。第三部の「空母対空母」では米軍南太平洋部隊司令官のハルゼー中将と日本海軍の南雲中将や高田、長井、内藤の各参謀、「瑞鶴」らと米空母「ホーネット」との運命の対決が描かれ、巧みな戦術の実態も知ることができる。

戦争の残酷な現実の中でも、母艦を守るために最善を尽くす当時のパイロット、整備員の勇姿は心を打つ。死線をくぐり抜けた先に待っていた「再会」に、胸が熱くなるだろう。

（潮書房光人社刊、3888円）

「中国が愛する国、ニッポン」
Record China編

戦後最悪期を脱出する兆しが出てきた日中関係だが、この種の本がもっと早く日中双方の人口に膾炙（かいしゃ）していれば、互いの国民感情もまた違った様相を呈していたかもしれない。

本書は月間平均ページビュー（PV）1億を誇る日本最大の中国情報サイト「Record China」ニュースに掲載された中国人による投稿記事を元に編集された。

「日本で売られているものはすべて本物だ!」「どの店に入っても日本人は笑顔で接してくれ、たとえ買わなくても不機嫌な顔を見せることはない」「盲目的な日本人への恨みは、自己への自信のなさからきている」——。

いささか面はゆい面もあるが、逆に浮かび上がるのは中国の普通の人々の生の感情の新鮮さと正直さで、いかにこれまで偏った情報の中にいたかということ。

「ほとんどの80年代生まれは抗日映画を見て育ったため、下品、愚か、醜い、冷酷、残忍というのが日本に行く前の日本人に対する印象だった」という中国人観光客の日本体験は滑稽ですらあるが、日本人にとっては中国人の心情への理解も進む。中国語版の発刊が待たれるところだ。

（竹書房刊、1058円）

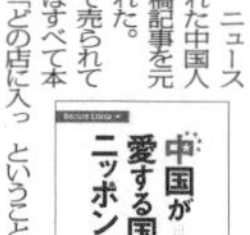

OBがんばる

藤田 晴輝さん 56
平成24年5月、空自新田原管制隊を最後に定年退職（3尉）。テレビ宮崎に再就職し、技術部で映像システムの保守整備などに当たる。

資格生かし責任ある仕事に

私は宮崎市にあるテレビ宮崎に再就職しました。空自時代は無線整備員として勤務し、退職後も関連の仕事を望んでいましたが、世間は厳しいものでした。いまテレビ局の仕事に就いているのは援護担当者のおかげです。

内定を決定づけたのは「1級技術士」などの資格でした。自衛隊時代、自己啓発、自己投資にと思い、資格取得に励みました。最初は面倒くさかったですが、簡単な資格から始めると意外に楽しく、仕事や日常生活のモチベーションも上がりました。

私は現在、テレビ局の技術部に所属し、マスター業務（システム制御の保守整備、VTR送出、放送映像などの監視）と主担当である中継局と各設備の保守に携わっています。マスター業務はいわゆる「テレビ局の砦」で、この仕事が一番緊張します。放送は通信と運用の考え方が違い、リカバリーできない、常に一発勝負の世界です。緊張感はありますが、責任ある仕事でやりがいがあります。

現在の仕事は空自で初の再就職先であったということです。このため、局側から「元自衛官を採用して良かった」と言われるように頑張ることこそ援護担当者への恩返しであると思い、日々感謝しながら仕事に当たっています。

新春号の作品を募集

本紙では平成27年新春の「みんなのページ」を飾る読者の皆さまの作品を募集しています。

◇エッセー　新春にふさわしい内容のもの。テーマは自由。1編600字から1200字程度。

◇漫画・イラスト　はがき大の用紙に鉛筆かペンで。CGも可。

◇写真　各地の正月行事など新春にふさわしいもの。

締め切りは12月19日（金）。送付先は〒162−8801東京都新宿区市谷本村町5−1防衛省市ヶ谷記者クラブ　朝雲新聞社「新春作品」係まで。Eメールは朝雲編集局メールアドレス（editorial@asagumo-news.com）へ。

朝雲新聞社

「在宅介護」に参加

陸曹長 庭田 勝幸（4対艦連本管中・八戸）

退官後を考えた時、自衛官と同様に「人のためになる仕事」に就きたいと思っていました。そして選んだのが「介護」です。そこで部隊に希望したところ、部外技能教育「在宅介護」に参加することができました。1カ月間、受講場所となった平川市の「さるか荘」に通いました。

私が目指した資格は「ホームヘルパー2級」で、介護職員初任者研修を受けました。内容は介護全般の座学、自宅学習（レポート提出）、実技スクーリングなどで、これらの後に修了試験がありました。

教育では介護保険サービス、老化や認知症、障害、生活支援などのほか、ベッドメーキング、シーツやオムツの交換、入浴・着替え・食事の支援、車いすなどの援助法を学びました。

日本も高齢化に伴い、介護ニーズも高度化しています。私は自衛隊で学んだ優しさと人を助ける技術を生かし、介護の仕事に就きたいと思います。

訂正　11月6日付8面の第683回「詰将棋」の解答中、「☗2二竜までの九手詰め」とあるのは「☗2二竜☖1四玉☗2四龍までの九手詰め」の誤りでした。訂正します。

みんなのページ

「第1回横須賀なでしこカップ」で高いフットサル技術を見せる女性隊員たち

「横須賀なでしこカップ」華やかに開催
フットサルで交流図る

3海尉 浅井 慎吾（横須賀造修補給所企画調整科）

横須賀地方総監主催の女性隊員フットサル競技大会「平成26年度第1回横須賀なでしこカップ」が9月12日に開催された。

これは男性隊員に比べ人数が少なく、交流機会も少ない女性隊員がフットサルを通じて融和団結を図ることを目的に行われた。このため横須賀所在の全部隊を対象に、「ひゅうが」「やまぎり」などの艦艇をはじめ、潜水医学実験隊、第2術科学校、艦船補給処など21部隊から計13チームが横監多目的訓練場に参集し、トーナメント方式で対戦した。

当日は晴天に恵まれ、部隊から多くの応援団も訪れ、試合会場は熱気に包まれた。開会式では艦船補給処の士志田知子2尉と佐竹遥佳士長がユーモアあふれる選手宣誓を行い、競技はスタートした。

大会では優勝チーム名が訓練場に付けられることになっており、また優勝楯は、日本女子サッカー代表の佐々木監督の直筆ユニフォームを加工して製作した立派な物で、各チームはこれらの栄誉を目指し激しい戦いを繰り広げた。

この結果、栄光に輝いたのは横須賀教育隊チーム「やすおジャパン」。来年3月には第2回大会が開催される予定で、早くも各チームは次回に向けて練習を始めている。

詰将棋

出題 日本将棋連盟 九段 石田 和雄

第684回出題

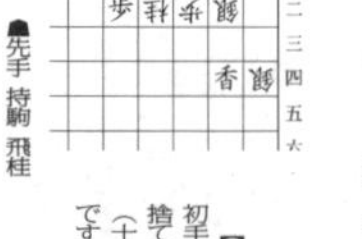

☗先手 持駒 飛桂

【ヒント】初手、三手の捨て駒がカギ（十分で初段です）。

▶詰碁、詰将棋の出題は隔週です◀

詰碁

出題 日本棋院 九段 曲 励起

第1099回解答

【解答図】白先、劫。白①黒❷白③黒❹迄は共に必至です。次の白⑤が大切で黒❻なら白⑦黒❽で劫になります。なお黒❻で『8』なら白『6』でお互いに活きです。

朝雲

発行所 朝雲新聞社
〒160-0002 東京都新宿区坂町26番地19 KKビル
電話 03(3225)3841
FAX 03(3225)3831
振替00190-4-17600番
定価一部140円、年間購読料9000円（税・送料込み）

アジア・太平洋諸国参謀総長会議

共同訓練を積極推進

日米豪 防衛協力など強化

アジア・太平洋25カ国の参謀総長らと共に記念撮影に臨む河野統幕長（前列左から6人目）＝11月4日、ブルネイで

河野統幕長は11月2日から7日まで、日本を含む26カ国の参謀総長らが参加してブルネイで開かれた第17回「アジア・太平洋諸国参謀総長等会議（CHOD）」で日米豪3カ国会談を行い、積極的な共同訓練を通じて3カ国の防衛協力をさらに強化していくことで一致した。統幕長は11月13日の記者会見で「多くの国と直接、意思疎通を図る有意義な機会となった。今後も関係各国との信頼醸成、関係強化に努めたい」と述べ、統幕長に就任して初めてとなった海外出張の成果を強調した。

統幕長 14カ国と会談、信頼醸成

今回のCHODは「多国間協調主義」をテーマに開催され、統幕長は期間中、14カ国の参謀総長らと2国間・多国間会談を行った。

日米豪会談では、米太平洋軍司令官のロックリア海軍大将、豪軍副司令官のグリッグス海軍中将と意見交換。これまでの取り組みを確認するとともに、日米豪を中心とした多国間の枠組みによる共同訓練や演習をさらに推進し、防衛協力・交流の強化を図っていくことで一致した。

日本では11月8日から19日まで約4万人が参加して我が国の周辺海空域などで行われた日米共同統合実動演習「キーン・ソード」と、6日から9日まで東北地方で行われた陸自東北方主催の震災対処訓練「みちのくアラート」に初めて豪軍がオブザーバーとして参加。来年度にはオーストラリアで隔年開催されている米豪の共同統合訓練「タリスマン・セーバー」に自衛隊が初めて参加する予定だ。

日米豪の各軍種間では、ここ数年、陸の「YS（ヤマサクラ）」と射撃訓練、海の日米豪共同訓練、空の「コープ・ノース・グアム」など、3カ国による共同実動訓練やオブザーバー派遣が盛んに行われている。

一方、米国との2国間会談では、中国が海洋進出を強める東シナ海の情勢などをめぐって意見交換。日米が引き続き緊密に情報共有を図っていくことで一致した。豪州との会談では、日本としては米に次いで2国目に物品役務相互提供協定（ACSA）を締結した同国とさらなる協力関係を結んでいくことで合意した。

日本とのACSA締結で合意しているカナダからは参謀総長のローソン空軍大将が出席し、日本との防衛交流の発展・深化に期待感を表明。ニュージーランド国軍司令官のキーティング陸軍中将や、マレーシア国軍司令官のズルキフェリ陸軍大将は、日本の「積極的平和主義」に基づく安全保障政策に支持を表明した。

また、フィリピン国軍参謀総長のカタパング陸軍大将とは海洋安全保障の強化で一致したほか、インドネシア国軍司令官のモエルドコ陸軍大将とは、人道支援・災害救援（HA/DR）を目的とした多国間海軍演習「コモド」などの共同訓練の重要性について認識を共有した。

日中「海上連絡メカニズム」合意

江渡大臣「進展に弾み」

アジア太平洋経済協力会議（APEC）出席のため、北京を訪れた安倍首相は11月10日、中国の習近平国家主席と会談し、東シナ海での不測事態を避けるため、防衛当局間のホットライン「海上連絡メカニズム」の早期運用開始で一致した。習氏は「既に合意ができており、あとは事務レベルで意思疎通を継続していきたい」と述べた。

日中防衛当局が2012年6月に合意し、その後、協議が中断していた同メカニズムの内容は、①年次会合、専門会合の開催②日中ハイレベル間でのホットラインの設置③艦艇・航空機間の直接通信――の3点。

これに関連し、江渡大臣は翌11日の記者会見で「首脳同士が話し合ったことで進展に大きな弾みがつく」と述べ、約2年半にわたって中断している事務レベル協議の早期再開を目指し、速やかに中国側と調整を進めていく考えを示した。現在の日本の立場については中国側からの「回答待ちだ」と説明した。

武居海幕長は同日の記者会見で「海上連絡メカニズムは不測の衝突を回避し、軍事的、政治的な問題に発展するのを避けるために大変重要だ」とした上で、「今後加速化する政府の取り組みに海上自衛隊として積極的に協力していきたい」と述べた。河野統幕長も13日の記者会見で早期実現に向けた進展の加速化に期待感を示した。

齊藤空幕長は14日の記者会見で、今年5月と6月に東シナ海上空で起きた中国機による自衛隊機への異常接近事案を挙げ「空自も参加してしっかりと調整した上での運用開始、早期展開を強く期待する」と述べた。

前へ MOVE ON

50回記念音楽まつり開催

「前へ MOVE ON～強き、絆の響き。熱き、仁の力動～」をテーマに50回記念「平成26年度自衛隊音楽まつり」が11月13日から3日間、東京・九段の日本武道館で行われた。3自と在日米軍、豪軍のほか今年初参加のフィリピン軍も加わり、各音楽隊が力強い「絆」を歌と演奏で表現、一般・招待客延べ約4万2000人を魅了した。

（7面に関連記事）

公演は全4章で構成。第1章「from Japan」から始まり、世界へ広がる自衛隊を映像やイメージを投影する「プロジェクションマッピング」で演出。陸・海・空の〝歌姫〟3人が初共演し、会場を盛り上げた。

第3章「to the World」で豪陸軍軍楽隊を指揮したG・ランビー中佐は「『音楽まつり』は日米豪3カ国の距離を縮める良い機会。高い技術を持つ音楽隊と交流ができた」と語った。

映画『アナと雪の女王』の主題歌「Let It Go」を熱唱する（左から）三宅3海曹、松永2陸士、青田3空曹の〝歌姫〟3人（11月14日夜、日本武道館で）

主な記事
2面 陸空の優秀隊員40人を表彰
3面 「みちのく ALERT 2014」
4面 ＜全面広告＞
5面 ＜部隊だより＞三重地本が防災授業
6面 ＜募集・援護＞26年度担当者会議
7面 「音楽まつり」 4万2000人感動
8面 ＜みんなのページ＞「しらせ」で研修

3カ国首脳会談 協力さらに促進

安倍首相は11月16日、豪ブリスベーンでオバマ米大統領、アボット豪首相と日米豪首脳会談を行い、3カ国による共同訓練、海上安全保障、平和維持、人道支援・災害救援のほか、潜水艦共同開発を含む防衛装備品・技術などの安全保障分野における協力強化で一致し、共同文書を発表した。

日米豪首脳会談は第1次安倍内閣当時の2007年9月以来、7年ぶり。共同文書では「既に強固な3カ国の安全保障・防衛面の協力を深化させる」と明記し、国際的な懸念に対処し、地域の安定を促進するための能力強化を図っていくことを表明した。また、中国の海洋進出を念頭に「国際法に従った海洋をめぐる紛争の平和的解決を確保する」ことを確認した。

この後、安倍首相はオバマ大統領との日米首脳会談に臨み、米のアジア重視政策に支持を表明。両氏は日米同盟を強化し、幅広い防衛協力の推進で一致した。

「法務面でも連携を」

黒澤1佐 初訪問の豪で講話

日豪間で初となる法務部門の交流として、統幕首席法務官の黒澤聖二1海佐が11月2日から8日までオーストラリアに派遣され、豪国防省などで日本の防衛法制などについて講話、防衛省・自衛隊に対する理解促進を図るとともに、両国間の連携強化を確認した。

黒澤首席法務官は、年明けにもハワイの米太平洋軍で開催される「日米韓豪4カ国法務官等会議」の調整を兼ね、キャンベラの国防省でサビナ・ホルバート作戦・国際法規副局長らと会談。メルボルンでは豪陸軍退役軍人で現在、メルボルン大学法科大学院准教授のブルース・オズワルド氏らと意見交換した。

シドニーではオズワルド氏が所長を務める「アジア太平洋軍法センター」を訪問。副所長のイアン・ヘンダーソン空軍大佐らに対し、日本を取り巻く安全保障環境や自衛隊の組織・編成、統合運用の在り方、法務官の役割、日本国憲法と作戦運用上の法体系などについて防衛白書を基に講話した。

豪で日本の防衛法制を説明する統幕首席法務官の黒澤聖二1海佐（左）＝11月6日

この中で黒澤首席法務官は「日豪の連携はアジア太平洋地域の安定にとって重要な要素だ」と指摘。「両国の軍法務部門が協力し、法律上の理解を深めることは、豪軍と自衛隊が連携して災害救援や共同訓練を行う上で大きな意味を持つ」と交流の意義を強調した。

東シナ海情勢については、日本の主張が国際法上の正当性に基づいており、周辺国のさまざまな動きに対して日本が「国際法に従った抑制的な対応」を継続していることを説明。豪側は「緊張をあおらない日本の方針」に支持を表明した。

このほか、日本が憲法上、軍事法廷を持たないことや、憲法9条の定める中で自衛隊がPKOや海賊対処など海外で貢献していることを紹介した。

黒澤首席法務官は「法律面で各級指揮官や部隊を支える法務官同士が国境と軍種を超えて意見交換することは大切だ」と、今後の交流に意欲を見せている。

防衛技術シンポ2014開催

「水中グライダー」など公開

技術研究本部の研究開発状況を発表する「防衛技術シンポジウム2014～挑戦と飛躍」が11月11、12の両日、東京都新宿区のホテルグランドヒル市ヶ谷で開かれ、防衛企業の関係者ら約2200人が来場した。

今年は「海上装備」「ロボット」「省外連携」「電子装備」「将来戦闘機」「ヒューマン技術」をテーマに技本の各研究者が発表したほか、西正典防衛事務次官、宇宙政策委員会基本政策部会長の中須賀真一東大教授らがそれぞれ「防衛力整備と研究開発」「宇宙の利用拡大と安全保障」について特別講演を行った。

別室では官民の技術者が意見交換するポスターセッションや試作品の展示セッションもあり、潜水艦探知用「水中グライダー」などが公開された。また初めて民間から4チームを迎え、被災地で活用できる「携帯型浄水装置」のコンテストもあった。

潜水艦の探知に用いる「水中グライダー」の運用法について説明する技本研究員（右）（11月11日、ホテルグランドヒル市ヶ谷で）

春夏秋冬

下意上達の異見会

童門 冬二

黒田長政の父は如水だ。〝戦国一頭脳の鋭い男〟といわれた人物だ。関ヶ原合戦後、戦功により長政が筑前（福岡県）一国をもらってからは隠居の身に徹し、息子の引き立て役をつらぬこうと決意した。

城を出て博多の町を歩きまわっては、商人たちの黒田藩政に対するニーズ（要望や需要）をさぐりだし、これを息子に伝えた。そしてこれを全藩士がうけとめるように、城内にひとつの装置をつくった。

いままで合戦連続の時代は上意下達が多く、必ずしも下意上達が十分におこなわれたとはいえない。新しい装置は下意上達を重んずることを目的にした。如水は長政に「この会を仕切るのはおまえだ」と言った。そしてつぎのような運営の原則を示した。

・会議は必要に応じてひらく。会場は福岡城の大広間とする

・出席者の資格はとわない。重役でもヒラでもかまわない。しかし会議中は身分を忘れ全員平等とする

・下意上達が目的だからヒラは大いに藩政批判・重役批判をおこなってよい

・これに対し重役は決して腹を立ててはならない。冷静に耳を傾けよ

・会議で示されたひみつ事項については、会議場の外にもらすことを禁ずる

・異見というのは、他人とちがう（異なる）自分の考えという意味である。「誰々さんのおっしゃるとおりです」などと他人の考えに同調するような者は、ただちに退場を命ずる

などという内容であった。別称〝腹立てずの会〟と名づけたのは、ヒラの批判が重役におよんだ時、その重役は露骨に批判者に対し敵意は示せない。如水に禁じられたからだ。如水は、

「そういう時もわらって重役の度量を示せ」と命じた。しかしあまりにも強い批判をされれば、浮かべたわらいもヒキつってくる。そして腹のなかは煮えかえる。思わず胸の中で、（このヤローよくいうよ。つぎの人事異動をたのしみにしていろ。必ずトバしてやるからな）とののしりかねない。人間通の如水はそれを禁じたのだ。

異見会は幕末までつづき黒田藩を最後まで安定させたという。

（どうもん・ふゆじ＝作家）

沖縄知事に翁長氏

仲井真氏を破る

沖縄県知事選が11月16日、投開票され、米軍普天間飛行場（宜野湾市）の名護市辺野古移設に反対し、共産、生活の党、社民各党の支援を受けた新人の前那覇市長・翁長雄志氏（64）（無）が、現職の仲井真弘多氏（75）（無＝自民、次世代推薦）ら3氏を破り、初当選した。

防衛省発令

▽解海幕総務課総務調整官事務取扱　海幕総務課長　1海佐　小座間善隆

▽海幕総務課総務調整官（31整備補給隊司令）　同　伊藤　秀人

▽31整備補給隊司令（自衛艦隊）　同　三宅　隆夫

（以上10月31日）

▽中央業務支援隊付（統幕学校教育課1教官室学校教官）　1陸佐　深田　光生

（11月1日）

▽陸自輸送学校付（陸自輸送学校）　同　菅野　光久

（11月12日）

▽情報本部情報官（海幕運用支援課）　1海佐　伍賀　祥裕

（11月14日）

▽空幕援護業務課（空自幹部学校）　1空佐　松川　昭紀

（11月15日）

朝雲寸言

正直、少しがっかりした。自衛隊創設60周年を祝し、11月13日から3日間にわたり東京の日本武道館で開かれた「自衛隊音楽まつり」の感想である▼陸海空自衛隊の音楽隊による洗練され、かつ工夫を凝らしたドリル演奏は素晴らしく、聴衆を十分に魅了したし、全国の各部隊から勢ぞろいした自衛太鼓の一糸乱れぬバチさばきと重厚な音色は、聴き入る人々の心に腹の底から響き渡ったに違いない▼50回目を迎えた開催趣旨が、素晴らしい音楽を届けることにあるのならば、それで十分だろう。だが、創設60年の節目に、新たな出発を掲げて臨んだ音楽まつりである以上、その原点である1954年からの足跡を振り返ってほしかった▼そうした歴史の上に、91年のペルシャ湾への派遣以降、自衛隊は国際社会との連携や協力を活発化させ、音楽まつりにも初めて、3カ国4軍楽隊が参加したことが理解されるはずだ▼音楽隊にとって武道館は年に一度の晴れ舞台。その一方で、秋には各地で陸海空並びに米軍との共同演習が行われている。楽器を銃に持ち替え、演習の指揮所警備や射撃訓練に汗する仲間たちも多い。彼らの分まで頑張っていること、そして音楽隊員も自衛官であり、そうした任務のあることもきちんと伝えてほしい▼音楽まつりの開催根拠は、防衛省設置法の広報活動だ。目的が防衛知識の普及啓蒙である以上、単なる音楽のパフォーマンスで終わってはならない。

時の焦点

国内　解散・総選挙

誠実なる具体的論争を

スペイン内戦後、40年近く独裁を続けたフランシスコ・フランコは、国際情勢や国内世論に敏感だったという。

風向きが不利とみるや内閣改造を行い、目先を変え、長期政権の基盤を維持したと、色摩力夫氏の著書『フランコ スペイン現代史の迷宮』にある。どんな強い権力も民意が離れれば長続きしないことを、かの独裁者は知っていたようだ。

戦後の日本の内閣改造は、これと対照的に、政権浮揚や政権基盤の維持という意味ではほとんど失敗している。第2次安倍晋三改造内閣も、例外ではなかった。

衆議院で与党が3分の2超の議席を占める勢力があっても、それだけで政権は長続きしないことは、第1次安倍内閣の退陣劇で証明済みだ。内閣改造がダメだと分かった安倍首相が、失地回復と政権基盤の再強化のために切ったカードは、衆院解散・総選挙だった。野党の準備状況、政治日程、世論、国際情勢を考えると、政局的には合理的で老獪な判断ではある。

しかし、政策的な犠牲は大きい。

臨時国会で成立を期した法案は、「重要法案」としていたものも含め、廃案となる。いったい、どの程度「重要」と考えていたのか、疑いたくもなる。

また、争点が消費増税の時期ばかりになって、その他の課題は議論もせずに「白紙委任」となる懸念もある。集団的自衛権の憲法解釈に関する新たな政府見解に基づく立法作業にしても、見通しや内容を含め、有権者がイメージしやすい具体的な論争を選挙で行わなければ、不誠実だろう。

政策論争が活発にならなければ、投票率の下落は必至だ。組織票をあてにする自民党は投票率が低い方が有利かもしれないが、有権者がそっぽを向けば、勝者は「政治不信」でしかない。

その意味で、野党の役割も極めて重要だ。ただ、こちらも心配がある。

一つは、野党間の選挙協力を優先する余り、各党が独自の主張を封印するようだと、本末転倒だ。

もう一つは、野党の中の「第五列」の存在だ。選挙中は政権と戦う構えをみせながら、選挙後は政権になびこうと考えている勢力がいては、政策論争がゆがみかねない。

余談ながら、「第五列」の語源は、フランコと同じ反乱軍の将だったエミリオ・モーラが、1936年に4軍団を率いてマドリードを攻めた際、市内で呼応する「第五列」がいると宣伝したことに由来する。この時は首都を防衛した政府軍も疑心暗鬼に蝕まれ、39年には、モーラの死後にフランコが掌握した反乱軍に敗れ、内戦は終わる。

フランコが75年11月20日に死去すると、スペインの民主化が始まる。興味深いのは、民主化後の国民の評価が、独裁批判以上に、経済成長の功績をたたえる声が大きかった点だ（前掲書）。「政治は結果」とはいえ、少々、複雑な気分にもなる。

東雲　次郎（政治評論家）

海外　日中首脳会談

同床異夢の4項目合意

ほぼ3年ぶりに実現した先の北京での日中首脳会談では、最大の焦点である尖閣をめぐる対立と安倍首相の靖国参拝については玉虫色の4項目合意の外交文書で決着を回避し、対話強化など両国関係を改善させていくことで一致した。終わってみれば、これ以上の関係悪化を避ける大人の知恵で首脳会談にこぎ着けたというところだが、安倍首相も語ったように「関係を改善させていく第一歩となった」というのが首脳会談に対するまずは正直な評価と言えよう。

会談はわずか25分ながら、恐らく日本側にしてみれば今年最大の外交イベントとなった日中首脳会談で強く印象に残ったのは、その成果よりも、13億国民の最高指導者である習近平国家主席（党総書記）が安倍首相と握手を交わした際の仏頂面、視線を合わせようとしない不自然な所作だ。メディアも、犬猿の仲のような両首脳の出会いが隠れたニュースとみてか、握手のシーンと習主席のこわばった表情を何度も映し出した。

アジア太平洋経済協力会議（APEC）北京会合のホスト役として、日本以外の各国首脳には笑みを振りまく習主席を見ていて、中国の全権を掌握したこの人物にして、ときには茶番じみた演技をしなければならないのかと思ったものだ。

国内には何億というネットユーザーが最高指導者の一挙手一投足を注視し、宿敵と見なす安倍首相と笑顔で握手をしようものなら、「売国奴」といった罵詈雑言を浴びる恐れもあった。

首脳会談後の中国メディアの報道も極めて興味深い。党機関紙・人民日報は習主席と韓国、ベトナムなど6カ国首脳が会談前に握手する写真を6枚並べて掲載、安倍首相だけ背景に国旗がない写真を載せた。そしてわざわざ「日本の求めに応じて会談した」と報道した。

人民日報系列の環球時報は、習主席が安倍首相と会談したことを「礼儀作法にならった」とし、中国側は首相に「礼」を与え、同時に約束を守るという「義」を求めたと解説した。

検閲下にあるメディアだから仕方ないとはいえ、ここ数年、激しい反日宣伝、対日非難攻勢を仕掛けてきた中国側としては、日中首脳会談が国民にどう受け止められるか、汲々としているお家の事情が透けて見える。「同床異夢の4項目合意」と見なす所以だ。

いま一度、会談の成果に戻ると、尖閣諸島海域での緊張を受け、偶発的な衝突を防ぐための「海上連絡メカニズム」の運用を早期に開始することを申し合わせたのは、日本側が中国のような挑発・威圧行為を最大限自制している点を勘案すれば、危険極まりない不測の事態回避に役立とう。

関係改善のための第二歩、第三歩はもちろん必要で、誠心誠意取り組む必要は論をまたないが、時間的な優位性は我が国にあり、中国側の出方を見極める交渉上の余裕は持ちたい。

伊藤　努（外交評論家）

優秀・模範隊員を表彰

夫人も招待　陸自30人、空自10人

㊤岩田陸幕長（左）から顕彰状を授与される山田幸一准尉㊦齊藤空幕長（左）から褒賞状を受ける波田康宏曹長（いずれも11月12日、明治記念館で）

【陸幕、空幕】模範的な業務実績や顕著な功績を上げた隊員を表彰する陸、空自の優秀隊員表彰式が11月12日、東京都港区の明治記念館で行われた。全国から選ばれた陸自30隊員、空自10隊員が岩田陸幕長、齊藤空幕長からそれぞれ顕彰状、褒賞状を授与された。

陸幕長主催の「平成26年度陸自優秀隊員顕彰状授与式」は、自衛隊記念日行事の一環として陸自が各種隊務で優れた功績を上げた隊員を顕彰するために毎年行っている招待行事で、今回で45回目。全国から選ばれた隊員は夫人らを伴って出席。自衛官25人、技官2人、予備自衛官3人の計30人が岩田陸幕長から顕彰状を授与された。

式では国歌斉唱の後、岩田陸幕長が夫人とともに登壇。司会者が各隊員の所属と氏名、功績を紹介し、壇上で隊員一人一人に賞状と記念品が贈られた。

この後、隊員夫妻らは招宴に出席、翌13日には日本武道館で開かれた自衛隊音楽まつりを観賞した。

一方、空自の「平成26年度模範空曹及び事務官等に対する褒賞状授与式」は、勤務実績や各地域でのスポーツ・文化活動などで高い評価を得た隊員を毎年1度、空幕長が招待、表彰するもので、今年で44回目。全国の各部隊から選ばれた空曹長8人と事務官2人の計10人に齊藤空幕長から褒賞状が授与された。

模範空曹らは夫人同伴で式に臨み、森本副長、荒木総務部長、武藤人教部長、今城人計課長、影浦補任課長、新井准曹士先任らが見守る中、空幕長から褒賞状と記念品の楯が贈られた。

授与後、齊藤空幕長は「組織において最も重要である人材育成を成し遂げた諸官は准曹士隊員、事務官らの模範だ。今日を新たな節目として、後進の育成に尽力し、さらなる空自の精強化に努めてほしい」と訓示した。

【陸自】

〈隊務一般優秀賞〉

◇自衛官＝▽山田幸一准尉（東北方、東北方最先任上級曹長として総監の効果的な統率に貢献）▽飯島正弘准尉（補統本、最先任上級曹長として准曹の団結強化に貢献）▽進藤幸秀准尉（27普連、最先任上級曹長として准曹士の育成と部隊の精強化に貢献）▽成田正志准尉（9師団付隊、師団最先任上級曹長として准曹士の士気高揚に貢献）▽加藤弘明准尉（北方後支隊、最先任上級曹長として、曹士の意識改革・活性化に貢献）▽谷口邦博准尉（中央音隊、最先任上級曹長として音楽職種の精強化に貢献）▽織田英二准尉（15普連、最先任上級曹長として曹士の育成・活性化に貢献）▽秦治准尉（出雲駐業、連隊最先任上級曹長として曹士の訓練練度向上に貢献）▽倉谷和昭准尉（北海道処、後支隊最先任上級曹長として曹士の意識改革・活性化に貢献）▽高橋善雄准尉（1普連、最先任上級曹長として部隊の精強化に貢献）▽有坂昇准尉（武器校、最先任上級曹長として隊員の勤務意欲、学生の修学意欲向上に貢献）▽関口博文曹長（13普連、先任上級曹長として後輩隊員の育成に貢献）▽岩崎秀昭曹長（空挺団、専門部隊編成準備要員として新編部隊の戦力化に貢献）▽安部裕史曹長（長崎地本、広報官として方面隊の募集任務達成に貢献）▽松井努曹長（西方後支隊、記録陸曹として不発弾処理基盤の充実に貢献）▽児玉耕一曹長（8高特群、システム評価陸曹として、中SAM群の戦力化推進に貢献）▽白田晃一1曹（6後支連隊、広報陸曹として国際緊急援助活動のPRに貢献）▽神原博之1曹（中即団付、衛生陸曹として部隊の継戦能力の向上に貢献）▽鹿間泰成1曹（中業支隊、武官情報陸曹として陸幕武官業務の円滑化に貢献）▽元エンタン1曹（15旅団付隊、演習場調整陸曹として円滑な演習場使用に貢献）▽千葉幸喜1曹（函館地本、広報官として方面隊の組織的募集の強化に貢献）

◇事務官等＝▽仲間康平防衛技官（那覇駐業、ボイラー係長として駐屯地施設の良好な維持管理に貢献）▽登誠防衛技官（座間駐業、倉庫管理係長として食材等品質管理徹底により隊運営に貢献）

◇予備自衛官＝▽片山志保即応予備3曹（52普通科連隊、8年連続で30日訓練招集に参加した功績）▽小澤允即応予備3曹（48普連、10年連続で30日訓練招集に参加した功績）▽尾崎正美予備准尉（奈良地本、36年連続で5日間招集訓練に参加した功績）

〈隊務特別優秀隊員〉

◇自衛官＝▽白田晃一1曹（6後支連隊、広報陸曹として国際緊急援助活動のPRに貢献）▽石渡博之2曹（東方通群、伊豆大島災害派遣活動により民生の安定化に貢献）▽石井貴之2曹（25普通科連隊、豪州射撃技会における優秀な成績により陸自の威信獲得に貢献）▽山下伸一2曹（普教連、各種長距離走競技会における優秀な成績により陸自の精強度PRに貢献）

【空自】

〈模範空曹〉（階級はいずれも空曹長）▽小村健一（北警団①北防群本部総務係長として豊富な経験をもって総務業務を迅速的確に実施するとともに後進の指導育成を精力的に実施②運営支援スタッフとして地元スポーツ団体および市の事業を支援）▽谷田部男則（1高群①1高隊総括班先任として後輩隊員の育成に寄与するとともに豊富な知識と経験をもって総務・渉外業務を的確に実施②少年野球のコーチとして健全な青少年を育成）▽田中友啓（西警団①西防群第1小隊先任として部隊の精強化を図るとともに卓越した管制能力をもって防空態勢の確保に寄与②学習相談員として民間交流を活性化）▽久保木学（空救団①秋田救難隊飛行班先任として部隊の精強化および活性化を図るとともに強靱な気力体力をもって数多くの災害派遣任務を遂行②山岳遭難救助隊員「ボランティア」として遭難救助活動を実施）▽波田康宏（管制群①美保管制隊准曹士先任として団結の強化を図るとともに卓越した管制能力をもって飛行安全の確保に寄与②音楽活動を通じた地域との交流の活性化）▽中島清隆（空幹校①業務課先任として後輩隊員の育成に寄与するとともに卓越した調理技能とおもてなしの心をもって料理を提供②地域行事における料理提供支援を通じた地域との交流の活性化）▽小林智哉（5術校①術科教官として豊富な知見を生かし教育内容を充実させるとともに学生の修学意欲の向上に寄与②管制官の会合を通じた民間交流を活性化）▽尾崎剛（補本①補本人事課先任として後輩隊員の育成に寄与するとともに実効性を確保した服務施策を実施②野球の登録審判員として地域の体育を振興）

〈模範事務官等〉▽大宮肇（北警団①18警群電気係長として後輩隊員の育成に寄与するとともに卓越した識能を生かし不断の電源供給を実現②自治会役員として、地域との交流の活性化）▽松村康正（空教隊①空教隊給養小隊管理係長として後輩隊員の育成に寄与するとともに卓越した識能を生かし給養業務を的確に実施②自治会役員として、地域との交流を活性化）

C130輸送機が初配備

厚木　YS11は全機退役へ

平成23年度補正予算で海自が取得したC130R輸送機（再生機）1機が11月14日、厚木航空基地の第61航空隊に初配備された。同機は現在使用しているYS11MA輸送機の後継機として、基地間の人員・物資輸送や大規模災害発生時の救援物資輸送などを担う。来年3月までに計6機が配備される。

C130Rは米海兵隊のKC130Rから空中給油機能を取り外したもの。YS11MAに比べ、航続距離、輸送人数ともに約2倍、有効搭載量は約4倍に増えた。

C130は滑走路が短い南鳥島でも離着陸が可能なほか、荒野の仮設滑走路でも発着できる機体強度を有し、米軍では「軍に欠くことができない戦術輸送機」と位置付けられている。なお、61空で運用されているYS11MA3機は、12月をめどに全機退役する予定。

◇C130R輸送機の主要諸元▽乗員（輸送人数）＝6人（92人）▽有効搭載量＝約20トン▽最大巡航速度＝約320ノット▽全長＝29・8メートル▽全高＝11・7メートル▽全幅＝40・4メートル

共済組合だより

インフルエンザ予防接種　被扶養者に助成

上限1500円

防衛省共済組合では、組合員の被扶養者向けに「インフルエンザ予防接種」の助成を行っています。

対象は、平成27年1月31日までに実施した被扶養者のインフルエンザ予防接種で、組合員本人は対象外です。助成回数は1人につき年度内1回で、助成額は上限1500円（1500円未満は100円未満切捨てた実費）となっています。

助成金の請求方法は、病院等でインフルエンザ予防接種を受けた後、請求書と病院等で発行された領収書（正）を共済組合支部保健係へ提出してください。請求期限は平成27年2月28日までです。

なお、領収書については次の記載があるか必ず確認してください。

【領収書の注意事項】①接種した被扶養者の氏名。②接種日が平成26年4月1日～27年1月31日の間であること。③インフルエンザ予防接種であることの記載。単なる「予防接種」では不可（記載がない場合は医療機関等でただし書きしてもらうか、インフルエンザ予防接種であることが分かる医療費明細書や母子手帳の写しなどを添付してください）。④医療機関等の領収印。

詳しくは共済組合支部保健係へお問い合わせください。

首都直下地震への自衛隊の対応について発表する磯部東方総監（左から2人目）＝11月10日、さいたま市で

「首都直下地震」テーマに

「共助」の必要性訴える　北関東防衛局

首都直下地震への対応をテーマにした北関東防衛局主催の「第29回防衛問題セミナー」が11月10日、さいたま市産業文化センターで行われ、東部方面総監の磯部晃一陸将など4人が基調講演を行った。続くパネルディスカッションでは、東日本大震災以上の死傷者数が予測されている首都直下地震への対応策を発表者が横断的な視点で討論。各発表者は、救援活動が「公助」だけではまかなえず、地域に根差した「共助」の力が必要不可欠だとして、自衛官OBの活用も視野に入れた対応を集まった約3000人の聴講者に訴えた。

発表者は磯部東方総監のほか、東京都危機管理監の宮嵜泰樹氏、東京消防庁消防総監の大江秀敏氏、読売新聞調査研究本部主任研究員の勝股秀通氏。司会は渡邉一浩北関東防衛局長が務めた。

セミナーは「今、そこにある危機を考える　首都直下地震等の激甚災害への対応」をテーマに行われた。

基調講演では都、消防、自衛隊がこれまでの災害に対する活動や防災計画をそれぞれ講演。勝股氏は取材経験に基づく見解を語った。

パネルディスカッションでは、宮嵜氏が「予測される約15万人の負傷者を医療拠点まで搬送することは非常に困難。自治会などとの連携を真剣に考えなければならない」と問題を提起。「対処能力にたけた自衛官OBが町内会に入ってもらえれば」と語った。

これを受けて磯部総監が今年2月の山梨県豪雪災害で、地元の隊友会から孤立集落に関する情報提供があった事例を紹介。「今後、自治体と自衛隊の計画を融合させていく。現場レベルだけでなく司令部レベル同士の訓練も必要」と語った。

一方、勝股氏は広島市の土砂災害を例に挙げ「個人情報保護などの問題から、近隣に誰が住むのか警察レベルでも分からない」と公助の限界を指摘した上で、①自衛隊OBを中心とした地域との防災訓練②震災時の個人情報の緩和——の必要性を訴えた。

リーダーシップに「男女差なし」

防衛協会シンポ

全国防衛協会連合会女性部会（江上栄子会長＝江上料理学院長）が主催するシンポジウムが11月12日、東京都目黒区の目黒雅叙園で開かれ「ウーマンパワーと国の守り」をテーマにパネル討論が行われた。全国から集まった女性会員ら約300人が聴講した＝写真。

パネリストとして江上会長をはじめ、植木千可子早大教授、柏原敬子元空将補、寺井優子1陸佐、大谷三穂2海佐、吉田ゆかり2空佐が登壇、NHKの島田敏男解説主幹が司会を務めた。

江上会長が「仕事の覚悟」を問うと、女性初の艦長経験者の大谷2海佐は「生死を覚悟する究極のリーダーシップが求められるのは軍人の定め。男女差はない」とキッパリ。男女差について吉田2空佐は「決断が早いのは男性より女性だ」と会場の笑いを誘った。

植木教授は「これまでの女性は〝男〟として頑張ってきた。組織が個人の頑張りに頼っている現状は無理がある」と指摘。社会全体で女性の活用を議論し、働きやすい環境をつくる必要性を訴えた。

柏原氏は「女性は家庭を引っ張っていっているのだから、職場でも自信を持ってどんどん引っ張っていきましょう」と呼びかけ、会場を大いに盛り上げた。

現役自衛官の3人は子育てをしながらの勤務。子供や家族が支えになっているとした上で、寺井1陸佐は「普段から子供とは絆をつくる努力をしている」と話した。

テーマは「これからの自衛隊」

防衛学会秋季大会

日本防衛学会（五百旗頭真会長）は11月29日（土）、30日（日）の両日、神奈川県横須賀市走水の防衛大学校で平成26年度秋季研究大会を開催する。

初日は「ノモンハン事件の再検討」を討論する「近現代史研究」など、五つの部会で研究発表を行う。

2日目は「これからの自衛隊の役割を問う」をテーマに防衛省・自衛隊発足60周年を記念したシンポジウムを開催。五百旗頭氏が座長を務め、西元徹也元統幕議長、渡辺秀明・防衛省技術研究本部長、毎日新聞編集委員の瀧野隆浩氏などが登壇する。今年は猪木正道・元防大校長の生誕百周年に当たるため、記念祝賀会も併せて行う。

参加費は一般会員1000円、非会員2500円。

問い合わせは日本防衛学会事務局、電話03（3712）0143、メールboueigaku @ jsds.jpn.org まで。

◇陸自高等工科学校「第1回定期演奏会」

▽日時＝11月24日（祝）午後1時30分

▽場所＝ヨコスカ・ベイサイド・ポケット（神奈川県横須賀市）

▽演目＝ドリル部のファンシードリル演技、和太鼓部の演奏、海自横須賀音楽隊のボーカリスト中川麻梨子2士と吹奏楽部のコラボ演奏など

▽入場料＝無料（入場券不用）

▽問い合わせ＝046（856）1291「広報班」まで。

武居海幕長が豪米を初訪問

武居海幕長は11月16日、海幕長として初の海外訪問国となるオーストラリアと米国に向け日本を出発した。17～18日はオーストラリアの首都キャンベラで豪海軍本部長のティム・バレット中将と、19～20日は米国ワシントンDCで米海軍作戦部長のジョナサン・グリナート大将とそれぞれ意見交換を行い、22日に帰国する。

平成26年12月1日(月)～12月7日(日)

平成26年度自衛隊員等倫理週間

「ちょっと待て　不安な場合は　すぐ相談！」

○倫理に関する教育の実施

各機関等毎に自衛隊員倫理法及び自衛隊員倫理規程等に関する教育を実施します。

○倫理ホットラインの受付時間延長

○講演会の実施

●倫理に関するお問い合わせ（倫理法違反通報窓口）

TEL：03－3268－3111（内線20719）

03－5261－0164（直通）

E-mail: rinri-tsuho@mod.go.jp

自衛隊員倫理法・自衛隊員倫理規程違反と思われる行為に気付いた場合又は自衛隊員倫理法等に関する相談がある場合はご連絡下さい。※ 倫理週間中 1000～2000 通常 1000～1900（土日祝日は除く。）

（注）自衛隊員倫理法等の違反行為についての通報窓口は、倫理週間以外でも連絡できます。

お問い合わせ先：人事教育局　服務管理官　℡8－6－20713

みちのくALERT 2014

1人でも多くの命を救うために——
3自、米・豪が実践的訓練

陸自東北方面隊（総監・松村五郎陸将）は3年前の東日本大震災を教訓に、過去最大の震災対処訓練「みちのくALERT2014」を11月6日から9日まで東北全域で実施した。訓練には3自衛隊のほか、東北6県52市町村、72機関、米・豪軍も参加し、「発災から72時間の初動対応」を演練項目に、それぞれの対処能力向上を図った。方面隊の指揮所が置かれた仙台駐屯地を訪ね、米・豪軍との共同対処に当たる陸自隊員たちの最前線を取材した。（横田大法）

「みちのくALERT」のロゴマーク（上）は時計盤をモチーフに、参加部隊章や東北6県の県章をあしらった。針は東日本大震災が発生した時刻を指している

「みちのくALERT」には3自衛隊から1万3000人が参加し、発災直後からの同時・多層的な人命救助作戦が東北全域で展開された。

担任官の松村五郎総監は同訓練について「東日本大震災を教訓に『1人でも多くの命を救うために』をキーコンセプトに訓練内容の充実を図った」と述べた。部隊間の情報共有と関係機関との連携に特に重点が置かれ、さらに在日米軍から約100人、豪軍からも4人が加わり、「リアルな状況」での震災対処が展開された。

訓練は「M9級の宮城沖地震が発生、これに伴う大津波で東北東岸域に大きな被害が出た」との想定で6日朝から開始。災派部隊の指揮・統制は仙台駐屯地に置かれた総監部指揮所で、米・豪軍との調整は隣接する「日米豪共同調整所」（方面運用室）で行われた。

報道公開された7日午前は発災から24時間経過した時点で、すでに被災地には自衛隊の救援部隊が展開し、人命救助活動を実施している状況だった。

公開された共同調整所内には陸自隊員約10人と米陸軍2、海兵隊3、豪軍2人がテーブルを挟んで向き合い、正面モニターを見ながらそれぞれの部隊を動かすための調整を行っていた。どうやら米軍機が東北に来援し、その運用法について議論しているようだ。米海兵隊は今回、垂直離着陸輸送機MV22オスプレイを展開させており、その活用法も訓練の主要項目となっていた。

日本側の長である東北方訓練課長の谷田匡1佐が英語で切り出す。

「米側の航空機運用の状況を報告してください」

「現在、米軍機は霞目駐屯地を拠点としています」。米軍幕僚が答える。「自衛隊の燃料とマッチすることが確認できたので、今後、自衛隊から燃料補給を受け飛行任務に当たります」

これら会話の内容は通訳により両者に伝えられ、3カ国の隊員が齟齬なく協力できるよう態勢が整えられていた。

今回、調整所には通訳が約10人配置され、さらに2基の大型モニターや壁際のボードもすべて日本語と英語で表記、地理に不慣れな米・豪隊員も被災地の状況がリアルに理解できるよう配慮されていた。

東北方広報室長の松本康宏1佐が説明する。

「方面隊では東日本大震災の教訓を2年かけて抽出し、今回はそれを反映させ、より実践的な訓練となるよう心掛けました」

共同調整所は発災直後に開設され、米・豪軍幕僚は6時間以内に仙台駐屯地に到着、直ちに第1回目の「日米豪調整会議」が開かれたという。記者が訪れた7日には2回目の会議が開かれ、米軍のオスプレイが海自輸送艦「くにさき」に着艦する際に必要となるヒートシールドの数や、米軍が保有する土木重機の輸送手段などについて調整活動が続けられていた。

今回、米軍は被災した仙台空港の復旧や津波被災地への救援物資の輸送、急患空輸など11項目で日本側を支援してくれたという。

在日米陸軍調整要員のクリストファー・ラインバック少佐は「訓練に参加し、陸自は非常に有能な組織だと感じた。人道支援・災害救援で米日の部隊は密接に連携し、共に全てのニーズを満たしてくれている」と語った。

訓練は9日まで人命救助、被災者の生活支援などが東北の全域で同時・多層的に続けられた。

松本広報室長が訓練に参加している隊員たちの声を代弁してくれた。

「東北方面隊の隊員には東日本大震災の経験を決して風化させてはならないという強い思いがある。再度大きな災害が起きた時、直ちに駆け付け、1人でも多くの命を救うため、我々の訓練には決して終わりはないのです」

日米豪共同調整所で調整業務を行う（右から）陸自、豪軍、米海兵隊、米陸軍の隊員（11月7日、仙台駐屯地で）

津波で孤立した離島の大島に着陸したMV22オスプレイに重傷者を搬送する消防隊員（11月8日、宮城県気仙沼市で）

岩手県災害対策本部で會川防災危機管理監から状況報告を受ける田原9師団副長（右から3人目）と松本9特連長（その左）＝11月7日、岩手県庁で

津波で流された漂流者をホイストで救助する9飛行隊のUH1ヘリ（11月9日、福島県いわき市の三崎公園で）

土砂を除去し、行方不明者の捜索を行う陸自と米海兵隊の隊員（11月9日、岩沼訓練場で）

仙台と気仙沼を結ぶ飯野川橋（奥）が崩落したという想定で、92式浮橋を設置して車両を通す2施設団の隊員（11月7日、宮城県石巻市の北上川で）

原子力災害対処訓練で、民間バスの除染を行う9化学防護隊員（11月8日、青森市の総合学校教育センターで）

西風東風

リビア兵の訓練1カ月短縮
——性犯罪や訓練離脱で

英国軍が英国内で行っていたリビア兵の訓練が、11月末の予定を約1カ月短縮して終了した。5人が性犯罪で裁判にかけられているほか、3分の1に当たる90人が訓練を離脱。当初計画した成果が上がらなかっただけでなく、周辺住民に多大な迷惑を掛けて、惨憺たる結果に終わった。

訓練はリビアのカダフィ独裁政権が崩壊したのを受けた国際協力の一環で、リビア軍が独自の治安部隊を保持するのが目的だった。当初は2000人を訓練する予定だったが、移住や安全、健康といった項目のチェックを経て選抜されたのは325人。6月からイングランド中部、ケンブリッジ州バシンブルンの兵舎で訓練が始まった。

ところが、10人に1人は訓練を拒否、さらに20人余りが亡命を申請したが内務省に却下されたという。裁判にかけられている5人には複数の犯行を重ねたものがあり、このうち2人は男性を性的に暴行した疑いがもたれている。

脱走兵による犯罪多発のため、兵舎の周りでは警察が頻繁に巡回したほか、スコットランドから新たな部隊が派遣されて警戒に当たった。

同地域選出の国会議員は「脱走に対する警備が行われていない兵舎で、訓練を行うことを決定した国防省が責任を負うべきだ」と強く非難。これに対し同省は「ほとんどの訓練兵には成果があった」としながらも、規律の点で問題があったことを認めている。

また、在英リビア大使館は謝罪の一方で、内戦時に異なる武装勢力に属していた訓練兵の間に緊張関係があったことが一連の事件の背景にあったと指摘。「今回の事件が両国間の信頼を損なわないことを願う」と述べている。

2011年のリビア内戦で、英国はNATO（北大西洋条約機構）軍の空爆に参加、内戦の早期終結に寄与した。ただ、その後のリビア情勢は安定せず、各地でイスラム系の武装勢力が蜂起。政府の支配が及ぶ地域は限定され、治安は悪化の一途をたどっている。これを受け今夏には英国を含む西側各国の大使館は、首都トリポリから撤退している。

（ロンドン＝加藤雅之）

殲10Bが市街地に墜落
——露製エンジン停止か

四川省成都市郫県の市街地で11月15日午後、中国軍の主力戦闘機「殲10B（J10）」とみられる航空機1機が墜落した。被害に関する公式発表はないが、市民7人が負傷し、うち3人が重傷との情報がある。北京青年報のニュースサイトなどが16日伝えた。

地元住民の目撃情報によると、パイロットはパラシュートで脱出し、墜落現場に近い水田に降下した。けがはなく、まもなく駆け付けた警察車両に乗り、立ち去った。

ニュースサイト新浪軍事によると、墜落の状況からみて、殲10Bは離陸後すぐにエンジンが停止し、再度点火を試みたがうまくいかず、そのまま墜落したとみられる。

同機のエンジンはロシア製「AL31FN」型。第3世代の軍用ターボファンエンジンで、Su27型を改良型のSu30MK型、Su35型の各機も採用。2015年まで世界市場で相当のシェアを占めるとみられるが、同一世代の欧米製エンジンに比べ、性能、寿命とも劣るとされる。

中国軍は、次世代の第5世代戦闘機の投入まで、殲10A型機を増強した殲10Bで、周辺国の改良型の第4世代戦闘機に対抗する考え。殲10Bは、殲10Aの機動性能や敏捷性を引き継ぐ一方、最新式のレーダーや電子機器を積み、弱点を補っている。

殲10Bは量産が既に始まっており、今回墜落した機体は納入前の試験飛行中だったとみられる。成都市の中航工業成都飛機工業（集団）有限責任公司が殲10Bを製造している。

ただ、中国航空工業界最大の弱点はエンジンで、中国製戦闘機の世界シェアの低さにつながっている。戦闘機の心臓部であるエンジンが劣れば、他の装備が優れていても、永遠に失敗作とみなされる。

外電によると、中国空軍は2010年、殲10用のエンジンをAL31FNから中国製のWS10A型に替える方針を示した。しかし、まもなくAL31FNを123基発注し12年に納入を受け、さらに追加発注した。中国製の信頼性が低く、大量に配備できないためとみられる。

中国の需要拡大に、ロシア側は製造能力が追い付かず、新工場の建設が必要となっている。

（香港＝中岡秀雄）

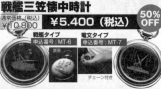

部隊だより

陸

滝川　北海道砂川高校と札幌工業高校の学生計37人は10月9日、インターンシップのため駐屯地を訪れた。迷彩服に着替えた参加者は基本教練やコンパス行進を体験。隊員との懇談では、自衛官の生活や余暇の過ごし方などについて活発に質問し、「自衛官を将来の目標にしたい」と感想を話すなど、体験を通じて自衛隊への理解を深めた＝写真㊦。

倶知安　倶知安中学校2年生の学生5人は10月28日から30日の間、「職場体験」のため駐屯地の北方対舟艇対戦車隊を訪れた。参加者は特殊武器防護＝写真㊦、救急法、通信など自衛隊の基本的行動を体験。行進訓練では積雪のなか高嶺演習場を一丸となって完歩した。父親が自衛官の生徒は「将来は父のような格好いい自衛官になりたい」と話していた。

霞目　駐屯地は10月19日、仙台市若林区役所で開催された「若林区民ふるさとまつり」を支援した。来場者は自衛隊ブースのDVD上映や写真パネル展を訪れ、興味深く見学。霞目、多賀城駐屯地の整備実習機・OH6ヘリや偵察用バイクの装備品展示では記念撮影に長蛇の列ができ、会場は約4万8000人の来場者でにぎわった＝写真㊦。

八戸　駐屯地は10月30日、八戸市立桔梗野小学校5、6年生の「マラソン記録会」を支援した＝写真㊦。会は駐屯地の一部を開放して実施され、1・5キロの距離を計測。沿道では父兄らが声援を送るなか、藤丸幸二司令はじめ隊員も応援に駆けつけ、生徒たちを激励した。閉会式で司令は「皆さんの頑張る姿に力をもらいました」と生徒たちをたたえた。

北千歳　千歳中学校2年生の20人は10月28、29の両日、「職場体験学習」のため駐屯地を訪れた＝写真㊧。参加者は駐屯地広報館で陸自の任務などの説明を受け、基本教練を体験。さらに、1特団本部中隊通信小隊の通信訓練などを見学した。同校OB隊員との懇談では「自衛隊に入るには何が必要ですか」などと質問するなど、陸自への関心を高めた。

南恵庭　駐屯地は10月12日、駐屯地と第73戦車連隊の自衛隊協力者24人の「ヘリコプター体験搭乗」を行い、駐屯地への理解促進と防衛基盤の育成を図った。当日は、北部方面施設隊第1科長のあいさつに続き、広報班長の搭乗説明と7飛行隊の安全教育を実施。参加者は恵庭から北広島市、さらに苫小牧市を上空から眺め、約15分間の空の散歩を満喫した。

岩見沢　施設学校長の冨井稔将補は10月6日、12施設群を視察した。末廣和祥12施設群長の状況報告を受け、駐屯地と部隊の取り組みを確認した冨井校長は、「今後の機能別部隊改編を見据え、計画的に特技保有者を養成せよ」と訓示。隊内巡視では、337施設中隊の隊員が発案した、方面隊職種協同訓練で構築予定の2階建て指揮所用構築物に大きな関心を寄せていた。

三重地本　小学校で防災授業

「ロープワークって楽しい！」

コンクリ破砕に果敢に挑戦

「ロープワークって難しいけど、楽しい！」――。三重地本四日市地域事務所は10月28日、四日市市立水沢（すいざわ）小学校で行われた防災授業を支援、基本的なロープワークや破壊工具を用いたコンクリート破砕などを実際に体験してもらった。生徒たちは、初の"授業"に悪戦苦闘しながらも、震災への関心は高く、「もしも」の時の対応に向け多くのことを学んだようだ。

屋内の座学では、最初に四日市事務所長の小田浩次3陸佐が、小学6年生39人と5年生29人に対し、東日本大震災での自衛隊の救助や捜索、支援活動の様子などを写真とともに紹介。自らの体験談も交えた。

生徒らは、実際に救援活動に当たった"本物の自衛官"の生の声を聞いて「心に大きく響いた」（参観した教諭）ようで、次のテーマ「地震が来たときにとるべき行動や避難方法」の講話でも終始、真剣な表情で耳を傾け、活発に質問していた。

講話に続いては、グラウンドに飛び出しての野外訓練。生徒たちは広報官の指導のもと、3メートルほどの重いひもを操ってのロープワークや油圧式カッターを用いた鉄の棒の切断、ピストン式破壊工具によるコンクリートの破砕などに果敢に挑戦した。

「道具が重く、救助が大変なことが分かりました」「ロープワークは難しかったけど、できたときはすごく嬉しかった！」などと体験後の感想を話していた。

今回の防災授業を参観した教諭は、「生徒たちにとっては、災害の恐ろしさや災害時の対応などを学ぶ貴重な経験。よい機会となった」と地本の支援に感謝していた。

三重地本では「今後とも学校との連携を深めていきたい」と、子供の防災意識の高揚にこれからも貢献していく考えだ。（三重地本）

ピストン式破壊工具でコンクリート破砕に挑戦

㊤ロープを目の高さに掲げ、操作法を学ぶ生徒ら㊧小田所長の質問に元気に答える小学生（写真はいずれも10月28日）

滝ケ原　普通科教導連隊の隊員4人は9月30、10月1の両日、都内で行われた「平成26年度首都圏任期制隊員合同企業説明会」に参加した。説明会には雇用協力企業350社と首都圏に就職を希望する全国の陸・海・空自衛隊の退職予定隊員約700人が集結。参加した隊員は熱心に企業の説明を受け、積極的に自己PRをするなど就職活動を行った。

宇治　駐屯地隊員9人と宇治市東消防署員9人は9月9日、駐屯地で「合同消防訓練」を実施した。訓練は駐屯地の化学消防車1両と消防署の消防車2両を展開し、消防用水利を使用した消火活動を実施。消防署のはしご付消防自動車との連携要領を練成した。訓練で部隊は、消防に関する相互理解を深めるとともに駐屯地消火態勢を強化した＝写真㊧。

小倉　駐屯地は11月2日、「駐屯地創立58周年記念祝賀行事」を実施した。国会議員をはじめ北九州市長、陸海空各部隊長などの来賓が見守るなか、「原点・地域とともに」をテーマに感謝状贈呈式、観閲行進、太鼓・音楽演奏、近接戦闘訓練展示や模擬戦闘訓練を実施。さらに、体験試乗、装備品展示などを行い駐屯地は多くの来場者でにぎわった。

玖珠　駐屯地は10月12日、「開設57周年記念行事」を実施した。台風の接近に伴い、観閲式などの行事は中止になったが、模擬売店やパネル展示などに多くの来場者が訪れた。感謝状贈呈式や協力団体主催の祝賀会には、国会議員をはじめ多数の来賓が出席。住民との交流では当日の行事に関する部隊の迅速な決断が称賛され、地域の理解を改めて得られた。

相浦　駐屯地は10月25日、「駐屯地創立59周年」「西部方面混成団創隊1周年」の記念行事を行った。行事は曽田健史司令のあいさつに続き、水陸機動団の母体となる西普連が離島奪回を想定した訓練展示を実施。さらに、1空挺団の空挺降下、観閲行進・飛行などを披露し、隊員の機敏な行動と迫力ある訓練展示で来場者約3500人を魅了した。

空

目黒　米ホワイトハウスや国務省に勤務経歴のある英国ケンブリッジ大学のステファン・ハルパー教授が9月29日、空自幹部学校を訪問した＝写真㊨。懇談で教授は、小野賀三学校長、柿原国治副校長らに中国の「三戦」をめぐる報告書を披露するなど東アジア情勢について提言。幹校長からは幹校の研究活動を伝えるなどさまざまな意見交換を行った。

千歳　基地は10月30、31の両日、「基地10マイルマラソン大会」を実施した＝写真㊦。大会には長沼分屯基地の隊員も加わり、約1500人が参加。基地内の10マイル（約15・7キロ）をほぼ全員が完走し、上位入賞者は1時間を切る高タイムを記録した。大会に合わせ各部隊の持続走大会も行われ、隊員たちは部隊の優勝を目指し力走を繰り広げた。

奈良　幹部候補生学校は10月22日、一般幹部候補生約150人の卒業式を実施した。大浦学校長は「部隊の原動力たる幹部として、空自の精強化に尽力することを期待する」と激励。齊藤空幕長は①幹部自衛官としての覚悟を持て②与えられた職務において責務を果たせ――の2点を要望した。式後、卒業生は隊員らに見送られ幹候校を巣立った。

海

横須賀　横須賀上級海曹会は10月19日、横須賀市で開催された「よこすかみこしパレード」に参加した＝写真㊦。隊員と家族196人は、中西正人横監幕僚長の指揮のもと、「海」と書かれた法被姿で海自御輿を勢いよく担ぎ、市中を練り歩いた。さらに、福島県の「相馬野馬追の騎馬武者」の護衛を米海軍兵士とともに実施。第二の「トモダチ作戦」となった。

館山　21空群は10月、「基地開隊61周年記念行事」と「ヘリコプターフェスティバル」を実施した。記念行事では多くの来賓が見守るなか、祝賀・展示飛行などを実施し、日頃の訓練の成果を示した。ヘリフェスでは体験搭乗、フライトシミュレーター体験、館空カレーの販売が行われ、家族連れなど約1200人が楽しみながら海自への理解を深めた。

紀伊由良　由良基地分遣隊は10月18日、「開隊60周年記念祝賀会」を実施した。祝賀会は伊藤俊幸呉地方総監など約100人が出席。藤田慎一隊長は「和歌山県唯一の海自部隊であることの意義を深く認識し、隊員一同、一致団結していく」と決意を述べた。翌日は呉音楽隊によるコンサートが行われ、来場者約900人から大きな拍手が送られた＝写真㊤。

呉　呉教育隊は10月16日、「教育査閲」を実施した。教育査閲は他教育隊の査閲チームが部隊を点検・評価するもので、呉教は訓育充実への取り組みに重点を置いて紹介。道徳教育や茂津目晴道司令のビデオ教育を実施し、訓育推進プロジェクトチームの活動状況などを報告した。最後は活発な意見交換を行い、訓育充実に向けての認識統一を図った。

岩国　31空群司令の大瀬戸功将補以下約110人は10月19日、岩国駅前で開催された「岩国総踊り」に参加した＝写真㊤。法被姿の隊員とUS2救難飛行艇、MCH101掃海ヘリの張り子に沿道の観客から大きな歓声が送られた。広報ブースでは、来場者がMH53E掃海ヘリなどの写真をバックに記念撮影を行い、行列ができる盛況ぶりだった。

募集・援護 特集

平和を、仕事にする。
陸海空自衛官募集

ただいま募集中！
◇自衛官候補生（男子）
◇高工校（推薦、一般）
★詳細は最寄りの自衛隊地方協力本部へ

20年後見据えた施策を

迫られる少子化対策
人材確保が喫緊の課題

平成26年度募集・援護担当者会議（陸幕募集・援護課主催）が11月10、11の両日、防衛省で開かれ、内局・陸海空幕・各方面などから担当者約40人が出席した。会議では新「防衛大綱」や改正自衛隊法でも重要性が指摘された募集・援護施策について説明が行われたほか、厳しさが増す「少子化」の中での隊員募集について、活発な意見が交わされた。

26年度担当者会議

会議は陸幕募集・援護課長の兒玉恭幸1佐を長に、内局人材育成課、陸幕募集・援護課、海・空幕人事計画課の班長、各方面募集および援護業務課長らが出席し、防衛省内の会議室で全体会議が開かれた。

最初に兒玉課長が説示、「20年前18歳人口は100万人いたが、現在は60万人、そして20年後には45万人に減る。年間1万5000人採用するとなると、高校3年生の40人に1人は自衛官になる必要がある。地方によっては10人に1人となろう」と募集環境がさらに厳しくなる状況を説明した上で、「将来に向けて新たな施策を考えていかなければならない」と防衛省としての危機感を伝えた。

課長は具体的施策として、①人材確保委員会の検討事項②地本運営の強化③自衛隊法改正への対応――を挙げ、①については「（自衛隊の）装備品が高度化し、優秀な人材がますます必要になってくる。今後、部隊運用上のニーズとも合わせて隊員募集は議論していかねばならない。そうしないと（組織が）機能しない」と語り、ハイテク化の進む自衛隊で優秀な人材の確保こそ喫緊の課題であると伝えた。

説示する兒玉陸幕募集・援護課長（中央）

また援護施策についても、「新防衛大綱では『若年、定年退職隊員と任期制隊員の生活を確保するために、就職援護は国の責務』という趣旨が初めて明記された。諸官もその重さをよく考えてほしい」と述べ、「特に大事なのは地方公共団体や関係機関との連携強化だ」と力説した。

自衛隊法の改正については「再就職に関する規則が変更されることになり来年10月の施行に向け、陸幕も現在、規則の整備や業務要領の具体化を図っている。今後、具体化される事項については各部署との連携と情報共有を図っていきたい。（地本などへの）周知徹底をお願いしたい」と述べた。

その後、幕の担当者らから27年度業務計画の概要や現在の募集・援護業務での課題、問題点などが説明された。全体会議の後は募集・援護担当者別に分かれ、それぞれ分科会を実施、議論が進められた。

2日間の会議の内容は今後、各方面を通じ地本などに伝えられ、27年度に向けての新隊員募集や退職者の就職援護施策などに生かされる予定だ。

防衛省で開かれた26年度募集・援護担当者会議（11月10日）

家族連れで大にぎわい

福島駐屯地61周年記念
隊員に感謝の言葉も

【福島】地本の福島募集案内所は10月11日、地元・福島駐屯地の創立61周年記念行事に参加、募集広報ブースを開設し自衛隊をPRした。

東日本大震災時の活躍もあり、福島駐屯地は地域住民から「身近な自衛隊」として親しまれており、この日も約6000人の観客でにぎわった。

地本ブースには家族連れなど約350人が訪れ、日頃の自衛隊の活動に対して地本部員にも感謝やねぎらいの言葉があった。今回初めて海自の移動募集支援係も参加し、海自艦艇・航空機部隊についての説明や「南極の氷」の展示説明会なども行われた。

広報イベントでは「なりきり自衛官コーナー」と題した制服試着が大人気で、陸海空制服のほか、陸自戦闘服、空自戦闘機パイロットのヘルメットも用意され、制服を着ての記念撮影会は行列ができるほど大盛況だった。

約200人の出席者を前に式辞に立つ山下地本長（壇上）＝11月3日、奈良ロイヤルホテルで

奈良では創立60周年記念行事

地本長「力を合わせ まい進」

【奈良】地本は11月3日、奈良ロイヤルホテル（奈良市）で創立60周年記念行事を開催した。

式には国会議員や地元自治体首長をはじめ、奈良県防衛協会、父兄会、隊友会、地本OB会、募集相談員、援護相談員などから約200人が出席した。

山下雅弘地本長は式辞で多様なニーズを求められている自衛隊の中での地本の役割について語り「奈良地本は部員一同、さらに力を合わせ、業務にまい進していきます」と決意を述べた。

式後は東大寺の筒井別当（住職）による「東大寺建立と復興」と題した記念講演会が行われた。また感謝状贈呈式では地本の活動に長年支援・協力してくれた15団体と15個人に地本長から感謝状が贈られた。

即応予備自雇用企業主招き
訓練見学会を実施

【千葉】地本は10月26、27日の2日間、31普連（武山）の支援を受け、駒門駐屯地と東富士演習場で「即応予備自衛官雇用企業主等訓練見学会」を行った。

見学会は即応予備自の「コア連隊」31普連の充足管理を受け持つ千葉・茨城・埼玉・東京・神奈川・山梨・静岡の各地本合同で実施したもの。千葉地本からは即応予備自を雇用する企業2社の隊員上司ら4人が参加した。

74式戦車に乗り、記念撮影に臨む即応予備自雇用企業社員ら（10月26日、東富士演習場で）

現地では即応予備自の野営訓練を見学、120ミリ迫撃砲の実弾射撃では、目標への正確な射撃が行われるたび驚きの声が上がっていた。このほか戦車試乗なども行われた。

企業関係者からは「職場とは違う自衛官としての弊社社員の姿に触れ、とても頼もしく感じた。今後とも訓練出頭にはできる限り協力していきたい」との温かな感想が寄せられた。

イオンモールで広報活動

「ひょうちん」もお出迎え

【兵庫】地本は10月25、26の両日、イオンモール伊丹のイベント広場で自衛隊広報を実施した。

広報官の田中貴恵3海曹（右）の制服を試着し、記念撮影に臨む来場者（10月26日、イオンモール伊丹で）

制服着用コーナー「自衛隊に親近感」

広報の内容は装備品展示をはじめ、自衛隊の活動写真や砕氷艦「しらせ」が持ち帰った「南極の氷」の展示、ミニ制服試着、DVD放映などで、広場では地本のゆるキャラ「ひょうちん」が子供たちを出迎えた。

この両日のモール来場者は11万3000人にも上り、自衛隊の会場にも多くの来客があり、部員たちはその対応に追われた。来場者からは「イオンモールに自衛隊が来ていてびっくり」「自衛隊員と初めて話ができ、制服まで着させてもらって親近感を持ちました」といった声が聞かれた。

「防衛白書」を説明

地本長が三重大学長と意見交換

内田学長（左）に対し、熱のこもった説明を行う木戸口地本長（右）＝10月22日、三重大学で

【三重】木戸口和彦地本長は10月22日、三重大学を訪れ、内田淳正学長に「防衛白書」の説明を行った。

地本は防衛思想の普及と防衛基盤の拡充を目的に、県下の自治体首長や有識者に対して「防衛白書」の説明を実施している。

三重大の内田学長に対する説明会は今年3回目。内田学長は安全保障への見識が深く、この日も学長自ら日本の防衛政策についてコメント、説明会は安全保障をテーマとした座談会のようになった。

内田学長からは尖閣諸島を巡る中国の動向に懸念が示されたほか、「防衛装備移転三原則」など政府の新たな諸政策についても木戸口地本長との間で意見交換が行われた。

佐賀バルーンフェスタで広報
競技支援や車両の展示

【佐賀】地本は10月31日、佐賀市の嘉瀬川河川敷をメーン会場に開催された「2014佐賀インターナショナル・バルーンフェスタ・キッズデー」に広報ブースを出展した。

今回は佐賀平野を舞台に世界13カ国から113機の熱気球が集結。自衛隊ではこれまで4特連（久留米）が競技運営を支援しているが、地本は昨年度に引き続きキッズデーに参加した。

この日は晴天に恵まれ、地本ブースには自衛隊車両を展示したほか、ミニ制服試着、缶バッチ配布コーナーを設けた。子供たちは自衛隊車両を前に長い列をつくり、乗車の順番を待っていた。

熱気球が集結する中、来場者でにぎわう地本の広報ブース（10月31日、佐賀市で）

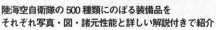

八重山の産業まつり
佐藤議員も訪れ地本部員を激励

【沖縄】石垣出張所は9月27、28の両日、「2014八重山の産業まつり」に八重山防衛協会（三木巖会長）と共同で参加した。

「見て、触れて、食べて」をテーマに石垣市中央運動公園をメーン会場に開かれた同イベントには百余りの企業が出店、会場は約2万5000人の来場者でにぎわった。

八重山防衛協会は自衛隊広報を兼ねて海軍カレーや自衛隊グッズを販売。一方、石垣出張所は防災コーナーを設け、災害派遣などにあたる自衛隊写真パネルを掲示したほか、人命救助セット、個人装具（背のうなど）の展示、制服試着を行った。

両ブースには家族連れなどが多数訪れ、協会のグッズは短時間で完売。石垣所ブースにも中・高校生らが集まり、隊員の制服を試着し自衛官気分を味わっていた。ブースには佐藤正久参院議員や中山石垣市長も訪れ、地本部員を激励した。

よさこい祭りで
南極の氷を展示

【長崎】佐世保出張所は10月26日、「第17回YOSAKOIさせぼ祭り」の海自倉島岸壁会場で募集広報を行った。

同祭りは「日本三大よさこい祭り」の一つとして知られる佐世保市最大のイベントで、今年は7000人の演舞者が集まった。

海自護衛艦が停泊する倉島岸壁も市内13カ所の会場の一つとなり、地本はここに広報テントを設置、来場者に自衛官募集パンフレットの配布や艦船の紹介などを行った。

今年は「南極の氷」も展示、訪れた子供たちは何万年も昔の空気が閉じ込められた氷がパチパチと音を立てて溶ける様子を見て、「聞こえた！」と歓声を上げていた。

91空初の女性航空士

中岡士長 UP3D電波妨害員に

【91空=岩国】91航空隊の中岡真奈美士長(27)は9月26日、電波妨害員(RJ=RADAR JAMMER)の転換訓練を修了し、海上自衛隊初の女性RJとなった。

中岡士長は平成23年第4期海曹候補生(女性課程)として海自に入隊。「海外で活動する先輩たちの姿に憧れ、自分もその一翼を担いたい」という熱意から航空士の道を希望した。

航空士要員として2整備補給隊で搭載電子機器の整備に関する知識技能を習得し、25年9月には203教育航空隊の海曹航空士対潜(音響)課程に入校。厳しい訓練を経て、晴れてウイングマークを取得し、今年6月、91空に着隊した。31空群初の女性航空士でもある。

海上自衛隊で女性初の電波妨害員となった中岡真奈美士長

91空はP3C哨戒機をベースに訓練用電波妨害装置を装備したUP3D多用機と海自初のジェット機U36A多用機を運用し、艦艇部隊が行う電子戦訓練と対空射撃訓練を支援している。

91空に3機しかないUP3Dに乗り、電子戦を担うRJは海上自衛隊で希少な配置であり、中岡士長は「一日も早く部隊の戦力になり、海上自衛隊の電子戦能力の向上に寄与できる存在となれるよう努力したい」と意気込みを話している。

なお、91空は25年から護衛隊群の米国派遣訓練に派遣航空隊として参加しており、中岡士長が海外派遣訓練に参加する日も近い。

自衛隊 音楽まつり

迫力あるバチさばきで自衛太鼓を演奏する隊員

密集した隊形をとり、コミカルな演奏を披露する比海兵隊軍楽隊(いずれも11月14日、日本武道館で)

友好の証 音楽の絆

日本武道館 4万2000人が酔う

フィリピン軍楽隊員の手に握られた「日の丸」の旗が、鮮やかに翻った——。平成26年度自衛隊音楽まつりには、昨年の台風30号で甚大な被害を受け、自衛隊が派遣されたフィリピンから同国海兵隊軍楽隊が初めて参加。陸、海、空自、米、豪の音楽隊とともに、日本武道館で4万2000人の観客と「絆」を深める演奏を行った。今年は音楽まつり50回目を記念し、陸自5方面音楽隊による特別ユニットが結成され、伸びやかな音色を響かせた。フィナーレは全音楽隊が集結、東日本大震災復興支援ソング「RESTART」を大合唱し、被災地にエールを送った。

第1章「from Japan」では陸自北方音が先陣を切って登場し3曲を披露。前半2曲は静かな曲調で北国の気候や風景を表現する一方、1972年の札幌五輪のテーマソング「虹と雪のバラード」では勢いのある演奏を行い、強弱の妙で場内を盛り上げた。

第2章「to Asia」では防大儀仗隊のファンシードリルに続き、比海兵隊軍楽隊が軽快なステップで登場。丸まって花が咲くような密集隊形を取り、楽器を上下左右に動かすユーモアあふれる演奏を披露した。退場時には日比の国旗を振り、友好の証を示した。

第3章の「to the World」では豪軍楽隊が登場し、長帽子を取って大声であいさつ。膝を腰の高さまで上げて行進しながらの演奏と豊かな感情表現で一気に場が華やいだ。

陸自5方面音楽隊、陸、海、空自音楽隊の合同演奏に続いて今年日本で最もヒットした映画『アナと雪の女王』の楽曲「Let It Go」の序奏が始まると、スポットライトが3人の女性隊員に降り注ぎ、陸、海、空自〝歌姫〟の初共演が始まった。

最初に歌い始めたのは空自空音の青田真子3曹。この歌を今年4月に披露して以来、全国の公演で歌い続けてきた。海自東音の三宅由佳莉3曹も、曲調に合わせて軽快に美声を響かせた。

そして今年4月に入隊、10月にデビューした陸自中音の松永美智子2士が凛とした歌声を客席に届けた。米、比、豪の歌姫も英語で声を重ね、会場全体に波打つように広がった。最後に6人が高音と低音、自衛隊が英語、米比豪軍が日本語でハーモニーを奏でると、言語を超えた〝音楽の絆〟に対し大きな歓声がこだました。

最終章の「for Japan」では陸、空の13自衛太鼓の隊員が一斉にバチを振りおろし、力強く大音を響かせた。炎が燃えたぎるような迫力に、聴衆も割れんばかりの拍手で応えた。

横浜市のバイオリニスト伊藤佳奈子さん(43)は「圧倒的なパワーと熱気を感じました」と興奮した様子で話した。海、空の〝歌姫〟と初の共演を果たした松永2士(23)は「(この場に立てた)感謝の気持ちを胸に、今後も歌っていきたい」と笑顔で話した。

松本アルプス太鼓の深町陽輝陸士長(28)は「客席からの拍手に、勇気をもらいました。1回1回全力を傾けます」と普段の任務で培った闘志をバチさばきで見事に表現していた。

森秀樹氏の手で「戦国自衛隊」大胆リメーク

もしも自衛隊が戦国時代にタイムスリップしたら——!?

SF小説の金字塔として約40年もの間愛され続けている「戦国自衛隊」(半村良作)が現代劇画の名手・森秀樹氏の手で大胆リメークされ、10月27日、第1巻が発売された。

岩手地本や自衛隊OBが協力・監修した同作品は、リイド社が隔月発行する雑誌「戦国武将列伝」に連載中で、最新式の自衛隊装備を用いた臨場感あふれる合戦シーンが好評を博している。10式戦車やAH1S/64D戦闘ヘリから89式5・56ミリ小銃など陸自装備品が続々と登場するのも魅力。

単行本の帯に岩手地本長の黒田弘人1陸佐のコメントが載っているほか、11月1日には東京・秋葉原のミリタリーショップで自衛隊とのコラボイベントを実施。東京地本と岩手地本が広報活動を行った。

当日は多くのファンが来場し、モデルの奥山絵里奈さんとミリタリーアイドル・軍神☆みやじま(宮島悠子)さんが陸自迷彩服を着用してイベントを盛り上げた。

こちら警務隊 ☎8・6・47625

覚せい剤恐怖の依存症 再犯率が60パーセント

覚せい剤の依存性について教えてください。

有罪判決を言い渡された者のうち、同じ罪で有罪判決を言い渡される者の比率を「再犯率」といいますが、覚せい剤事犯では、再犯率が60パーセントと極めて高いのが特徴で、この再犯率の高さが依存性の強さを物語っています。

覚せい剤を体に入れると、脳神経機能に異常が生じ、身体的・精神的に依存して、「何としても薬物を手に入れたい」という欲求から更なる犯罪を引き起こす事態に陥ります。

薬物乱用を撲滅するには、薬物に関する正しい知識と、薬物に手を出さない・出させない環境づくりが大切です。

(123地警=久里浜・井上1曹)

「しらせ」のお酒

秋田県の酒蔵が販売

砕氷艦「しらせ」の出航に合わせて発売された(右から)「ふじ」「しらせ」「しらせⅡ」をイメージした日本酒

砕氷艦「しらせ」が南極に向け出発した11月11日、秋田県にかほ市の酒蔵「飛良泉本舗」(斎藤雅人社長)から「ふじ」「しらせ」「しらせⅡ」の3世代の砕氷艦をイメージした日本酒が発売された。

今年は砕氷艦「ふじ」が海自部隊として初めて南極観測事業に協力してから50年の節目ということもあり、海自OBで国土災害管理財団理事長の神山清明さんが発起人となり、「しらせ」の出航に合わせて商品化した。

にかほ市は南極探検家の白瀬矗中尉の生誕の地。醸造は市内唯一の酒蔵で、日本で3番目に古い約500年の歴史を持つ飛良泉本舗に白羽の矢がたった。酒蔵の斎藤社長は「今回のコラボを嬉しく思う。『しらせ』の無事の航海をお祈りしています」と話す。

「ふじ」はふくらみのある豊潤な味で、果実のような香りが特徴の純米酒。純米大吟醸「しらせ」は新しい酵母を使用しており、キレのある味わい。「しらせⅡ」は香り豊かな純米大吟醸で軽快な飲み心地、なのだそう。日本酒好きだけでなく苦手な人も楽しめるラインナップをそろえた。

おしゃれなラベルは水彩画家の近藤麗子さんが手掛けた。「しらせ」が帰国する4月には新たなラベルとなる予定で、現在のラベルが手に入るのは今だけだ。

神山さんは「お酒は結びつける力を持っている。『しらせ』と私たちの思いを結び、南極に行かれた方々を応援する一助になれば」と話している。

今後は海自の他の艦艇や陸空自をイメージしたお酒を商品化していく予定だという。購入は専用HP(http://shirase-sake.jimdo.com/)から。FAX0184(35)2030でも申し込みが可能という。価格は各1730円。

81空の臼見曹長が 1万飛行時間達成

【81空=岩国】81航空隊でOP3C、EP3両多用機の機上整備員配置検定官として勤務する臼見誠曹長(44)は10月16日、「1万飛行時間」を達成した=写真右下。

臼見曹長は昭和63年に13期海曹候補生として横須賀教育隊に入隊。平成5年に航空士機上整備課程を履修し、岩国基地に所属する8空に配属された。13年に81空が解隊してからは、81空に異動し、現在は本部総務班先任海曹として厳格な部下指導を行っている。

達成当日は天候にも恵まれ、飛行作業を終えた臼見曹長を大久保司令以下多くの81空隊員が拍手で出迎えた。後輩機上整備員から花束を贈呈されると、感無量の様子だった。

1万飛行時間を日数に換算すると417日になり、約1年2カ月弱を機上で生活したことになる。臼見曹長は「これまで多くの方々に支えられ、無事に1万飛行時間を達成できた。81空には1万5000飛行時間を達成された先輩がいるので、少しでも近づけるよう、これまでの経験を生かし、後輩の育成に尽力し、海上自衛隊航空部隊に貢献していきたい」とさらなる意気込みを語った。

小休止

▽…呉地方隊(総監・伊藤俊幸海将)は11月9日、広島県呉市で行われた「2014くれ食の祭典」に呉基地業務隊特製の「牛すじカレー」を初めて出品した。

▽…蔵前通りで行われた同祭典には市内の〝ぶちうまい(とてもおいしい)〟食品が大集結。「東郷さんの肉じゃが」など海軍フードは数あれど、海自カレーの参戦は今回が初めてで、市民の大きな関心を集めた。

▽…呉基地のさまざまなカレーの中でも「牛すじカレー」は一押しの一品。とろとろした食感のこくのあるカレーで、用意した300食はあっという間に売り切れた。小雨が降る中、来場者は普段は食べられない海上自衛隊の味を楽しんでいた。(呉)

（世界の切手・リヒテンシュタイン）

芸術とは、われわれに真実を知らせてくれる「嘘」である。

パブロ・ピカソ（スペインの画家）

朝雲ホームページ
www.asagumo-news.com
<会員制サイト>
Asagumo Archive
朝雲編集局メールアドレス
editorial@asagumo-news.com

砕氷艦「しらせ」で乗艦研修

憧れのフネ　夢が実現

3海曹　米本　香（横須賀弾薬整備補給処）

「しらせ」で2泊3日の乗艦研修を行った海自横須賀地区の女性隊員たち

私たち海上自衛隊陸上部隊の女性自衛官と女性事務官は10月2日から4日まで、砕氷艦「しらせ」で乗艦実習を行った。

研修は「しらせ」の南極への出発を前にした総合訓練に合わせ、海自隊員でありながら艦艇乗艦の機会が少ない女性隊員を対象に、「しらせ」艦上で洋上訓練や作業などを体験する2泊3日の実習となった。

今回の研修には横須賀地方隊に所属する各部隊から、3曹以下の女性自衛官13名と3級以下の女性防衛事務官12名が参加した。

この研修を聞いた時、私は即座に希望した。なぜなら、「しらせ」は憧れのフネだったからだ。私が「しらせ」（先代）を初めて見たのは小学校2年生の時だった。「この船は南極に行くんだよ」と教えられ、そのオレンジ色の大きな船体に子供心にも強烈な印象を受けた。「いつかこのフネに自分も乗ってみたい」とずっと思っていた。

今回、その夢がついに実現したのだ。「しらせ」に乗ってまずは溺者救助訓練を見学し、次いで乗員の皆さんの艦上体育を体験した。「特技」別の説明では、私は電子整備員の方から勤務体制や昨年の南極行動での体験談などを聞くことができた。

南極の厳しい自然環境では搭載機器の故障も多く、その修理作業も困難を極めることがよく分かった。そんな大変な任務であるにもかかわらず、「しらせ」を希望する隊員は非常に多いという。なんと、乗員のほぼ100％が希望して乗艦しているとのことだった。それだけ南極への航海は魅力があり、乗員の皆さんは誇りを持ってそれぞれの職務に当たっているようだ。

艦内生活は制約が多く、長期航海となると精神的・身体的な負担も大きいと思う。今回の「しらせ」研修で得た経験をこれからの艦艇部隊の支援にもつなげていきたいと思う。

南極への出発前の多忙な時期にもかかわらず、私たちを温かく迎え、支援してくれた「しらせ」乗員の方々に心からお礼申し上げます。そして今次の南極地域観測協力行動の成功を心よりお祈りしています。

「しらせ」艦内で乗員（右）から南極での苦労を聞く女性隊員

みんなのページ

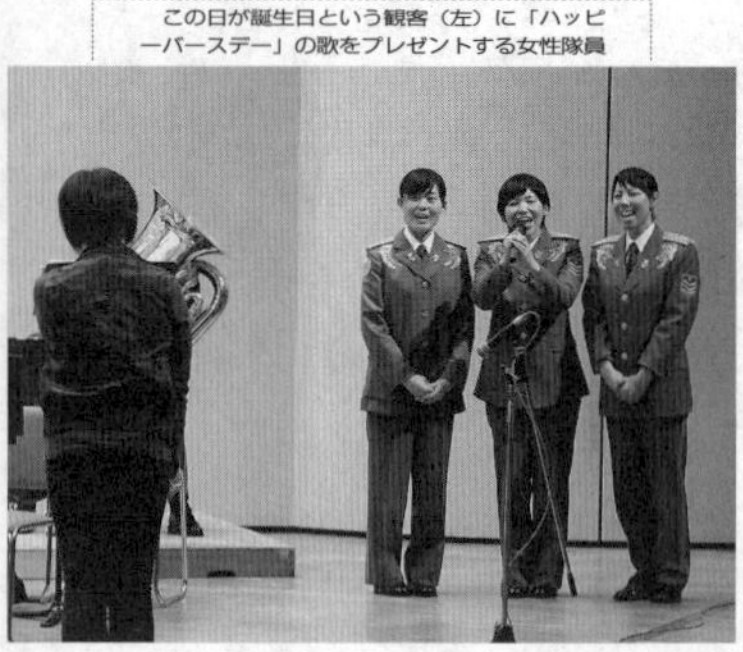
この日が誕生日という観客（左）に「ハッピーバースデー」の歌をプレゼントする女性隊員

糸魚川市制10周年　陸上自衛隊第12音楽隊演奏会

素敵な音色と笑顔に酔う

募集相談員　五味川　孝子（新潟県自衛官募集相談員連合会高田支部）

10月3日、糸魚川市の「きららホール」で市制10周年記念のイベントとして、糸魚川自衛隊協力会主催による「陸上自衛隊第12音楽隊演奏会」が催されました。

開演前から「ウェルカムコンサート」が行われ、それを聴いているうちにホールの空気が少しずつ変わっていくのが感じられ、なんだかワクワクしてきました。

そして、いよいよ開幕です。制服姿の自衛官がステージに上がると、客席から「素敵」「格好いい」の声が聞こえてきました。さあ、演奏会のスタートです。楽曲は映画『パイレーツ・オブ・カリビアン』、同じく『アナと雪の女王』の「ありのままで」など、さまざまな楽器の奏でる音色に私はすっかり魅了されてしまいました。

うまく言葉では表現できないのですが、それは何だか不思議な空間でした。またステージを降りて観客席での演奏や、誕生日のお客様への生演奏と歌でのお祝いなど、サプライズも満載で、会場は大盛り上がりでした。

そして日頃の「自衛官は堅い」というイメージとは違い、隊員の方々のユーモアあふれる言動や、素敵な笑顔に会場全体が幸福なものとなりました。これからもこうしたイベントを通じ、自衛隊が国民にとって身近に感じられる存在になってほしいと願っております。

全自陸上

誇り胸に優勝つかむ

陸士長　高桒　玲央（32普連3中・大宮）

全自陸上の3000メートル走で優勝した32普連の高桒玲央士長（先頭）

私は10月1日に朝霞駐屯地で行われた「第18回全自衛隊陸上競技大会」に参加し、3000メートル走において8分43秒の記録で優勝することができました。

今回は連隊検閲の直後だったことから訓練期間が短く、非常に厳しい状況で不安な気持ちで当日を迎えました。しかし、「32連隊の代表」という誇りを胸に、「絶対に他部隊には負けられない」という強い気持ちで大会に臨みました。

レースではスタート直後に先頭集団後方につけ、流れを読みながら徐々に前の選手をかわしていき、最後の300メートルでスパート、先頭に立って後続を引き離すイメージ通りの展開に持ち込めました。

今回、優勝できたことで32連隊の名を全国に知らしめることができ、とてもうれしく思っています。また、全国の自衛官の中で自分が1番になれたことを本当に誇りに思っています。

この夏の「富士登山駅伝」では私たちは11位という残念な結果に終わってしまいましたが、持続走訓練隊の目標である「優勝」に向け、来年こそは自分がチームを引っ張っていけるよう頑張っていきたいと思います。

新刊紹介

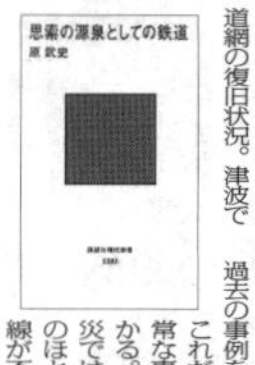

「思索の源泉としての鉄道」

原　武史著

著者は気鋭の日本政治思想史研究者。"乗り鉄"を自認しつつも、歴史的背景やあるべき姿を踏まえた日本の鉄道、とりわけJR東日本に対する厳しい目が光っている。

まず向けられるのが、東日本大震災で大きな被害を受けた東北地方の鉄道網の復旧状況。津波で分断された岩手県の第三セクター、三陸鉄道が苦しい経営状態の中で今年4月、完全復旧したのに対して、JR線は常磐線をはじめ計6路線が現在も不通区間を抱えたままだ。しかもJR東日本は復旧のメドさえ明らかにしていない。

過去の事例を見れば、これがいかに異常な事態かが分かる。関東大震災では関東地方のほとんどの路線が不通になったが、2カ月後にはほぼ完全に復旧した。阪神大震災でも東海道本線や山陽新幹線は3カ月、その他の路線も5カ月余で復旧した。

著者は「経営的に見れば、赤字ローカル線を復旧させるよりは営業休止にしておく方がいいに違いない」と述べ、JR東日本の"時間稼ぎ"を批判する。電車に揺られて居眠りをするのもよいが、モノを考えるのに適した場所でもあることを教えてくれる。

（講談社刊、864円）

「図解　戦闘機の戦い方」

毒島　刀也著

戦闘機に興味を持ったが、用語も知らないし空中戦のイメージも湧かない――。そんな入門者に、戦闘機のイロハを図とシミュレーションで教えてくれる指南書だ。

工学部出身、軍事アナリストの著者によって、第1～5章にかけて戦闘機の構造から電子戦の仕組み、ステルス機への対策など基礎から丁寧に解説される。

さらに表題にある「戦い方」の通り、「敵に狙われたらどう対処するのか」、「空対艦攻撃は現実的な作戦か」などECM（電子対抗手段）などでの回避方法にも言及。戦闘機の性能の奥深さを実感できる。

第5～8章では他国の戦闘機との対決を想定し、いかに「2対1の状況にもっていくか」など、より実際起こりうる状況での戦闘、戦術論が繰り広げられる。旋回対決F15対Su27など文だけでなくEM線図（エネルギー機動ダイアグラム）で性能を比較し、どの状況で戦えば有利なのかをひも解く。

実際に乗ることはないとしても、技術革新により進化する戦闘機の知識を得ることの意義は大きい。目視外の距離で9割、勝負が決するという現代の航空戦を、本書で疑似体感してみてはいかがだろうか。

（遊タイム出版刊、1620円）

OBがんばる

古川　勝彦さん　55
平成24年9月、自衛隊札幌地本を退職（2陸尉）、野村證券に再就職し、札幌支店総務課庶務係を務める。

自信持って再就職への一歩を

私は平成24年9月に定年となり、現在、野村證券の札幌支店に嘱託社員として勤務しております。

皆さんは「ペロ（注文伝票）」とか「マネロン（本人確認書類）」という言葉をご存知ですか。このような業界用語が飛び交う中、私は現在、総務課庶務係として日々悪戦苦闘しながら勤務しております。

私の仕事は、主に店頭でのお客様の受付・案内です。そこにいるのが正社員か嘱託社員か分からないお客様は、当然のごとく難問となる質問を私にもいろいろ聞いてきます。そのような時は「担当者が詳しくご説明しますので少々お待ちいただけますか」と言って、相手が気分を害さないよう気を配りながらお待ちいただいています。

新たな勤務環境に適応できるか否かは「人間関係の構築」に尽きると思います。あいさつは「おはようございます」「お疲れ様です」と先に声をかけたらグッドなような気がしますが、私はここで一工夫、「〇〇さん、おはようございます」と名前も言うようにしています。

自衛官の多くが「私は話べたなので」と言いますが、相手の話の間合いに適当な相槌を入れ、相手に気分よく話させることも大事です。自信を持って再就職への一歩を踏み出してください。

新春号の作品を募集

本紙では平成27年新春の「みんなのページ」を飾る読者の皆さまの作品を募集しています。

◇エッセー　新春にふさわしい内容のもの。テーマは自由。1編600字から1200字程度。

◇漫画・イラスト　はがき大の用紙に鉛筆かペンで。CGも可。

◇写真　各地の正月行事など新春にふさわしいもの。

締め切りは12月19日（金）。送付先は〒162-8801東京都新宿区市谷本村町5-1防衛省市ヶ谷記者クラブ　朝雲新聞社「新春作品」係まで。Eメールは朝雲編集局メールアドレス（editorial@asagumo-news.com）へ。

朝雲新聞社

「家庭あっての職場」を再認識

3陸曹　山田　和也（6施大2中・神町）

いま、自衛隊では「家族支援」が重要視されています。私の中隊でも常に「家庭あっての職場」と教育を行っており、私も妻の協力には日頃から感謝しています。

しかしながら、中隊の本部勤務となってからは私も帰宅の遅くなることが多くなり、家事や育児も妻に任せっぱなしです。そこで妻に少しでも感謝の気持ちを伝えようと、「男の手料理」を始めました。

そして今回、部隊で家族を迎えて野外炊事競技会があったので、私は3歳の長男を班員に加えてカレーを作りました。いつも遊びながら料理を手伝っているらしく、息子の皮むきの手際の良さにはびっくりしました。いつのまにか大きくなった子供の成長に気づかされました。

部隊のおかげで「家庭あっての職場」を改めて認識でき、家族孝行もできました。家事や育児もまた自分の勉強の場であることを肝に銘じ、家庭だけでなく部隊でも大黒柱になれるよう、これからも精進していきたいと思います。

詰碁

第1100回出題

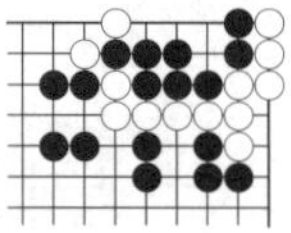

白先

『活きて下さい最初の手が大切です』。3分で出来れば初級以上です。

出題　日本棋院　九段　曲　励起

▶詰碁、詰将棋の出題は隔週です◀

詰将棋

≫第684回の解答≪

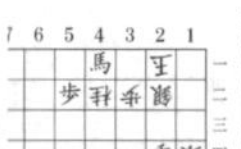
▲先手　持駒　飛桂

【正解】▲3一馬△同玉▲1一飛△同銀▲4三桂△4一玉▲5一歩成までの七手詰め。

【解説】まず▲3一馬と寄る。続く▲1一飛の連続捨て駒が本題の主眼です。この手順で、香筋を通して▲4三桂と打てば、5二の歩が効いてきてピッタリ。なお、初手▲3一飛や▲3三桂では△1二玉とかわされ詰みません。

出題　日本将棋連盟　九段　石田　和雄

朝雲

発行所 朝雲新聞社
〒160-0002 東京都新宿区
坂町26番地19 KKビル
電話 03(3225)3841
FAX 03(3225)3831
振替00190-4-17600番
定価一部140円、年間購読料
9000円（税・送料込み）

本号は12ページ
2面 部外功労者39団体、61個人に感謝状
3面 防衛技術シンポジウム2014開催
4面 〈訓練〉13普連が米陸軍と共同訓練
5～8面 〈全面広告〉
9面 〈防衛技術〉暗視カメラがカラー化
10面 〈ひろば〉「靖国への帰還」が舞台に
11面 米基地で派米実射50周年記念行事
12面 〈みんなのページ〉航空観閲式に参加

初の日・ASEAN国防相会合

能力構築を支援

江渡大臣「重要な一歩だ」

江渡防衛相は11月19日、ミャンマーで開かれた「日・ASEAN防衛担当大臣ラウンドテーブル」に出席し、能力構築支援や装備技術協力などを通じASEAN全体の能力向上に寄与していくことを表明した。また、防衛分野での協力強化に向け、既存の次官級会合を軸に、あらゆるレベルで意見交換を行っていくことで一致した。同会合は昨年12月、日・ASEAN特別首脳会議で安倍首相が提案したもので、今回が初の開催となった。江渡大臣は会合後の記者会見で「今後の防衛協力の強化に向けた重要な一歩だ」と述べた。

技術協力強化へ

会合には東南アジア諸国連合（ASEAN）に加盟するインドネシア、カンボジア、シンガポール、タイ、フィリピン、ブルネイ、ベトナム、マレーシア、ミャンマー、ラオスの10カ国と日本、ASEAN事務局が参加。人道支援・災害救援（HA／DR）や、海洋安全保障などの非伝統的な安全保障分野における協力について意見交換した。

江渡防衛相は、日本が国際協調主義に基づく「積極的平和主義」のもとで日・ASEANにとって共通の利益である「地域の平和と安定」を目指すことを表明。その上で「能力構築支援や装備・技術協力など、日・ASEAN防衛協力は、交流（の段階）から具体的な協力を追求する関係へと発展しつつある」と最近の進展を歓迎した。

また、拡大ASEAN国防相会議（ADMMプラス）の専門家会合での活動などを踏まえ、地域における「法の支配」や「秩序形成における協力」の可能性についても言及。「航行の自由」と「法の支配」の重要性で一致した。さらに、来年の発足を目指す「ASEAN共同体」の構築に向けた一体性の維持・強化の取り組みへの日本の支援を表明した。

このほか、防衛協力を一層強化するため、東京ディフェンス・フォーラム（TDF）の活用や、防衛当局次官級会合の強化など、既存の協議の枠組みをより創造的に活用し、さまざまなレベルで意見交換を強化していくことを提案した。

これに対し、参加各国からは能力構築支援や共同訓練、装備・技術協力を通じた日・ASEAN間の今後の防衛協力の拡大に期待感が示されたほか、サイバーセキュリティー分野などを含め、「幅広く非伝統的な安全保障課題を共有している」との認識でも一致した。

また、昨年のフィリピン台風災害への対応や不明マレーシア機捜索など、防衛省・自衛隊の協力に感謝の言葉が述べられた。

江渡防衛相は会合後の記者会見で、「ASEAN諸国は日本のシーレーンの要衝を占める地域に位置し、我が国と密接な関係を有する伝統的なパートナーだ。安全保障分野をはじめ、あらゆる分野における協力を進化、発展させる必要がある」と語った。

初の会合で各国国防相とともに連携をアピールする江渡防衛相（右から6人目）＝11月19日、ミャンマーで（防衛省提供）

長野北部地震で災派　陸自機で首相が視察

長野県北部で11月22日午後10時8分頃、マグニチュード6・7の地震が発生。同10分以降、陸海空自衛隊と長野地本が情報収集活動を行った。

翌23日午前2時25分、長野県知事から13普連（松本）の後藤孝連隊長に対し、給水支援の災害派遣要請が出され、同6時12分から断水した白馬村で活動を開始。同日午後8時、撤収した。

派遣部隊は、陸自が13普連（松本）、12ヘリ隊（相馬原、北宇都宮）、12偵察隊（相馬原）、東方ヘリ隊（立川）、2普連（高田）。海自が4空群（厚木）、23空隊（舞鶴）。空自が6空団（小松）、救難団（新潟）。派遣規模は人員延べ138人、車両同43両、航空機同19機に及んだ。

また、安倍晋三首相は24日、105飛行隊（木更津）のCH47輸送ヘリで被災地入りし、被害の著しかった白馬村を視察。帰路では上空から噴火した御嶽山の状況を確認した。

中央調達「60周年」祝う

装備施設本部など　後方支援基盤の意義を強調

中央調達60周年記念式典で式辞を述べる山内正和・装備施設本部長（壇上）＝11月21日、防衛省講堂で

中央調達60周年を祝う記念式典が11月21日、防衛省講堂で行われ、装備施設本部や地方防衛局の調達関係の職員など、市ヶ谷地区などに勤務する約600人が出席した。

装備施設本部の山内正和本部長は式辞の中で「自衛隊の各種装備を適時、適切に、適正なコストと品質を保ちながら調達する我々の責務はますます重要性を増す」と述べ、統合機動防衛力を支える後方支援基盤としての存在意義を強調した。

続いて経理装備局の三村亨局長が江渡大臣の訓示を代読。「部隊が必要とする質の高い装備品等を、部隊が必要とする時に、部隊が必要とする量を提供することを通じて、部隊の能力を最大限に発揮できる態勢を支援してきた」と述べ、防衛力を整備する上で重要な役割を果たしてきた中央調達機関の功績をたたえた。

27年度に「防衛装備庁」に再編

装備施設本部の前身である調達実施本部は、昭和29年7月、陸海空自衛隊と統合幕僚会議を含む防衛庁の発足と同時に創設。自衛隊の任務遂行に必要な装備品などの調達を一元的に実施する中央調達機関としてスタートした。

これにより、各自衛隊の中央調達業務が初めて統一され、調達能力が質量ともに飛躍的に向上。米軍からの装備品供与の減少を背景に、国産化への移行に適応し得る体制を確立した。

平成13年の中央省庁等改革に伴い調達実施本部が廃止され、契約部門は特別の機関として新設された契約本部に、原価計算部門は内局にそれぞれ引き継がれた。

18年には新たな中央調達機関として「装備本部」が発足。翌19年9月の防衛施設庁の解体に伴い、「装備施設本部」と名称を変更し、現在に至る。

発足時には約500人だった職員数は現在、装備施設本部の調達関係約520人、施設関係約90人、地方防衛局の調達関係約450人の計約1060人までに拡充した。

装備施設本部は27年度中に、内局や各幕に分散する装備取得部門と技術研究本部を統合した防衛省の外局「防衛装備庁（仮称）」に再編される予定だ。

◇

式典の後、装備施設本部の調達業務で長年にわたり円滑かつ確実な契約履行に努めた企業10社の代表者に本部長から感謝状が贈られた。企業名は次の通り。

▽光電製作所▽渡辺鉄工▽富士電機▽昭和金属工業▽いすゞ自動車▽本瓦造船▽ネッツレンハイメック▽伊藤忠アビエーション▽川崎地質▽芳信建設

中央調達組織の歩み

昭和29年7月	江東区越中島で「調達実施本部」発足
31年3月	霞ヶ関庁舎に移転
35年1月	檜町庁舎に移転
47年5月	本部組織改編
50年7月	地方組織改編
55年6月	輸入課を廃止し、輸入第1課（一般輸入）輸入第2課（FMS）を設置
平成3年5月	本部組織改編（契約・原価計算部門を「5課体制」に）
9年7月	本部組織改編（契約管理課の新設など）
11年5月	副本部長担当部門の変更
12年5月	市ヶ谷新庁舎（東京都新宿区）に移転
13年1月	調達実施本部廃止、契約本部新設
18年7月	契約本部廃止、装備本部新設
19年9月	防衛施設庁の解体に伴い、装備本部の名称と所掌事務を変更し「装備施設本部」を設置

栗田2佐NATOへ

自衛官初　大臣に出国報告

自衛官で初めてベルギー・ブリュッセルの北大西洋条約機構（NATO）本部に派遣される栗田千寿2陸佐（陸幕防衛課付）が11月25日、防衛省で江渡大臣に出国を報告した。（2面に「ひと」）

江渡大臣は「今までの経験を十分に生かしながら、女性自衛官としてできることに取り組み、いろいろなことを吸収して情報発信の面でも頑張ってほしい」と述べ、握手で激励した。

これに対し、栗田2佐は「頑張ってまいります」と元気よく答えた。

栗田2佐は12月1日に出発し、「女性・平和・安全保障分野のNATO事務総長特別代表」のアドバイザーに就任する。紛争状況下での性的暴力からの女性の保護など、NATOのさまざまな政策や事業に「女性の視点」を盛り込み、施策づくりや取り組みに協力する。

栗田2佐は東ティモールで武力紛争停止の順守状況を監視する国連東ティモール統合ミッション（UNMIT）に女性自衛官として初めて個人派遣された経験があるほか、帰国後は統幕防衛課防衛交流班で海外との交流事業に取り組むなど、国際活動や紛争下のジェンダー問題の第一人者として知られる。

出国を前に、江渡防衛相（右）から激励される栗田千寿2佐（11月25日、防衛省大臣室で）

V22オスプレイ決定

グローバルホーク、E2D

防衛省は11月21日、平成27年度の概算要求に計上しているティルト・ローター機、滞空型無人機、早期警戒（管制）機の各機種を決定し、それぞれ「V22オスプレイ」「グローバルホーク」「E2D」に決まったと発表した。いずれも運用開始は31年度以降の見通し。

垂直離着陸輸送機V22オスプレイは米のベル・ボーイング社製、滞空型無人機グローバルホークと早期警戒（管制）機「E2D」はともに米ノースロップ・グラマン社製で、3機種とも米国政府が提案していた。

昨年末に策定した中期防では、30年度までに陸自にティルト・ローター機17機、空自に新早期警戒（管制）機4機を導入するほか、3自衛隊共同の部隊を新編し、滞空型無人機3機を新たに導入することを決めている。

オスプレイは、巡航速度や航続距離の観点から陸自のCH47J大型輸送ヘリの輸送能力を補完・強化するものとして島嶼防衛や災害救援、急患輸送での活用が期待されている。

グローバルホークは高高度飛行性能や安全な衝突回避性能に優れていることから選定された。広域における常続監視能力を強化する。

E2Dは空自の早期警戒機E2Cの最新型。東シナ海などの南西諸島防衛を強化するため、現有のE767早期警戒管制機とE2C早期警戒機の運用を補完し、各種事態への迅速な対処を可能とするために増備される。

「宇宙基本計画」で安全保障強化訴え

経団連

経団連（榊原定征会長）は11月18日、政府が今年末にも「宇宙基本計画」を策定することを受け、安全保障分野における宇宙利用の推進を求める「宇宙基本計画に向けた提言」を取りまとめ、公表した。

それによると、①安全保障の強化②宇宙産業の振興③科学技術力の強化──の3点を重要課題に掲げ、安全保障と民生分野の連携をはじめ、宇宙ごみ対策、日米宇宙協力の推進、衛星やロケットの長期整備計画の策定、宇宙システムを活用した国際貢献などの必要性を強調した。

その上で、防衛省と宇宙航空研究開発機構（JAXA）との連携強化や、内閣府宇宙戦略室の人員増強など体制強化をうたっている。

さらに、▽安全保障▽測位▽観測▽通信・放送▽エネルギー▽有人宇宙活動▽宇宙科学▽輸送──の各分野で、宇宙開発利用の「長期的な工程表」を策定する必要性を訴え、分野別での衛星等の打ち上げや法制整備の時期、事業規模、官民連携の進め方を明記すべきとした。

特に安全保障分野では、情報収集衛星の10基体制への強化をはじめ、早期警戒システムの整備、宇宙状況監視や海洋状況把握システムの構築、宇宙ごみ除去の技術開発などを挙げている。

春夏秋冬

日本とイラン

北岡　伸一

前にこのコラムでトルコについて書いたが、日本以外にも多くの国々が、19世紀半ば、西洋の進出にどう対応するか苦闘を重ねていた。イランのナーセロッディーン・シャー（在位1848～96）は、3度も西洋を旅行しているが、それも、西洋に対する劣位、特に軍事力の劣位を自覚し、西洋を知ろうとしたからだった。

シャーは1889年、ロシアのサンクトペテルブルクで、日本の公使、榎本武揚に会う。そして、日本とペルシャの間に条約を締結することを提案する。榎本は直ちにこれを東京に伝え、政府は同年、吉田正春（外務省嘱託）と陸軍大尉と商人数名からなる使節団を派遣した。一行はペルシャ湾の港に上陸し、そこからペルセポリスを見たりしながら、テヘランにたどり着く。当時のペルシャは衰退して治安も乱れ、行程は困難を極めた。

吉田使節団は必ずしも成功とは言えなかった。ペルシャ側が条約締結を希望したのに対し、日本は時期尚早と考えてもっぱら貿易を主眼としており、しかもペルシャの状況からして、貿易も容易でないと判断したのであった。約2カ月の滞在ののち、吉田使節団は、コンスタンチノープル、ウィーン、サンクトペテルブルクへと旅行を続けている。

なお、榎本は、言うまでもなく、幕末期に英学と蘭学を学び、オランダで国際法と軍事全般を学び、幕府海軍を率いて朝廷側に抵抗し、函館の五稜郭に立てこもった人物である。その才能を惜しむ人々の努力で死刑は免れ、恩赦ののち、駐露公使以外に、駐清公使、逓信大臣、外務大臣、農商務大臣などを務めた傑出した能力の持ち主だった。ロシアで榎本は、ロシアとの困難な交渉にあたり、千島樺太交換条約をまとめたが、1889年、日本に帰るときには、希望してシベリアを横断して帰国した。もちろん鉄道のないころで、大冒険だった。

それから2年後、のちの陸軍大将、福島安正は、ベルリンから極東まで、1万4000キロを488日かけて、単独騎馬行を実現した。まことに驚くべき大冒険だった。そしてそれから4年後、1895年には、エジプト、トルコ、コーカサスからペルシャにまで来て、その記録を残している。治安は相変わらずひどかったらしい。

このように、日本は明治の前期から、ユーラシア情勢に鋭い感覚をもって注意を払っていた。その核心はロシアだった。ロシアの動向に注目して、その周辺国の動向をも調査していたのである。

現在でも、ウクライナ問題を始めとして、ロシアはやはり難しい国である。明治の先人は、こうした問題に、現在のような国力もなく、もちろん日米同盟もない中で、立ち向かって行った。その苦辛と剛胆さに、我々も学びたいものである。（きたおか・しんいち＝国際大学学長）

朝雲寸言

「密漁」を中国の辞書で引くと、「堂々と国旗を掲げ、集団で他国の領域で漁をすること」と出ているのだろう。サンゴを盗みに小笠原諸島の周辺まで押しかけてきた漁船団のことだ▼かつて「赤信号みんなで渡れば怖くない」というギャグが流行したが、海原を埋め尽くす傍若無人な大船団を見ていると、まさに言葉通りだと思う。しかも船体にはCHINAの文字。これほど堂々とした密漁を見るのは初めてだ▼11月10日、3年ぶりに開かれた日中首脳会談が終わると、潮が引いたように漁船の数も減っていった。高値で取り引きされる赤サンゴが目的なら、ライバルの漁船が減った今こそ、稼ぎ時のはずだ▼中国政府にすれば、違法漁船を厳しく指導したと、日本政府にアピールしたいのかもしれない。中国共産党の幹部がインドを訪れる度に、その直前に必ず中印国境でトラブルを繰り返す人民解放軍のことを思い出した▼首脳会談がはじまれば、共産党幹部は軍を国境から引かせると約束する。自ら火種を作り、その火を消すことによって、相手に譲歩したようにみせる。中国共産党の常とう手段だ。今後は日中間でも、首脳会談の度に同じことが繰り返されるのだろう▼サンゴの密漁の次は、何を企んでいるのだろう。漁船団による尖閣諸島への上陸はもちろんだが、さらなる過激な行動も想定しておかなければならない。日本周辺は「中国の海」になりつつあるのだから。

時の焦点

国内　2014衆院選

「燃える思い」伝わるか

早期の衆院解散に打って出るべきかどうか。安倍首相に対し、自民党の谷垣幹事長はこう進言したという。

「解散は大義名分が必要で、首相自らがつくるものです。政治生命をかけて国民の信を問うという燃えるような思いがなければダメです。そこに1点の曇りがあるならば、解散するべきではありません」

衆院の任期を2年あまり残して、首相は解散に踏み切った。

解散後の記者会見で、自らの経済政策「アベノミクス」の継続を問う選挙と位置づけた。そして、こう強調した。

「野党は『アベノミクスは失敗した』と批判ばかりを繰り返している。私たちの経済政策が間違っているのか、正しいのか、国民の皆様にうかがいたいと思います」

小泉首相の郵政解散を意識したのだろう。

身内の自民党の造反で、郵政民営化関連法案が参院で否決されると、小泉氏は解散を断行した。

そして、記者会見で「国会は『郵政民営化は必要ない』という判断を下した。必要ないのか、国民のみなさんに聞いてみたい」と語ったわけだ。

この政局で、小泉氏は、党内の激しい抵抗に立ち向かう姿勢を一貫して崩さなかった。森元首相にこう告げたとされる。

「殺されてもいいぐらいの気構えでやっている」

選挙結果を見れば、郵政民営化に懸ける小泉氏の覚悟は、有権者に伝わったと言える。

アベノミクスは、必ずしも順調でない。国内総生産(GDP)は2四半期連続でマイナス成長だった。消費税率の10%への引き上げを先送りするのも、やむを得なかった。

経済成長をどうやって実現するのか。首相は、具体的に語らねばなるまい。

野党は、「安倍政権の経済失政」と批判を強めている。解散のネーミングにも忙しい。

「駄々っ子解散」「身勝手解散」。政治とカネの問題をうやむやにするための「疑惑隠し解散」というのもある。

野党の選挙準備が整わないうちに、選挙を終えてしまおうと考えた、「今のうち解散」とも言われる。

しかし、不意打ち、と首相を非難しても仕方あるまい。

野党に求められるのも、また、覚悟である。

民主党の衆院選のポスターは、真っ赤な背景に、白文字で「今こそ、流れを変える時。」とある。

海江田代表は記者会見で「攻めの選挙をやるために、燃える赤にした」と語った。

選挙になると、相手のイメージダウンを狙った「レッテル貼り」が横行しがちだ。批判の応酬では、議論も深まらない。

12月14日の投開票に向けて、与党も野党も、自らの理念と政策を、信念を持って有権者に訴えてもらいたい。

不完全燃焼は、願い下げである。

風間 二郎(政治評論家)

海外　温室ガス削減

米中、抑制目標で合意

オバマ米大統領と習近平中国国家主席は11月11、12の両日、北京で首脳会談を開き、温室効果ガスの抑制目標などで合意した。

合意によれば、米国は2025年までに05年比で26—28%削減する。中国も30年に総排出量がピークに達するよう取り組むという。

15年12月にはパリで国連気候変動枠組み条約第21回締約国会議(COP21)が開催される。各国は同会議で、20年以降の温室ガス削減の新たな国際的枠組みを決める予定。

米中という世界の二大温室効果ガス排出国が協調して示した姿勢は、国際交渉の進展に弾みをつけることを意図したものだろう。

しかし、米国は現在の削減ペースを倍加しなければならないのに、中国は今後さらに16年間は増やし続けても構わないという「不平等」な合意になっている。

それでも、ロイター通信によると、オバマ大統領は、「中国を取り込まずに、米国だけが削減しても無意味と主張してきた反対派もこれで批判できない」との考えだという。

また、北京で受けた厚遇は、中間選挙で敗北後に共和党に加え、与党・民主党内でも聞かれる「オバマ=レームダック(死に体)」論が間違いである証明と受け止めているそうだ。

オバマ氏の個人的感情はさておき、今回の合意による「勝者」と「敗者」を銘記しておくことも重要だろう。

「勝者」の一人はロシアである。総排出量の削減で最も低コストの方法は天然ガスに転換することだ。中国は5月、ロシアから4000億ドルのガス供給を受ける契約に調印した。

オバマ大統領がアジア太平洋経済協力会議(APEC)に出席するため北京入りした今回も、中露両国は対中ガス供給の新たな契約に調印していた。中国が合意通り総排出量を削減するなら、プーチン・ロシア大統領に一層の供給を求めていく必要があるだろう。

もう一人の「勝者」はインド。同国の石炭消費量は過去10年間に倍増した。しかし、中国、米国に次いで世界第3位の石炭消費国とは言っても、中国にははるかに及ばない。

中国が将来、主要エネルギー源を石炭から多様化させていけば、インドはより多くの石炭をより安価に獲得できる見通しになる。

一方、合意した目標通り進んでも、地球の気温上昇を2度以下に抑える可能性は1%以下にすぎないという米政府の試算もあるが、その米国は「敗者」と言えるだろう。

大統領として残す功績が最大関心事のオバマ氏は、パリでの会議で条約に調印する意向で、国民はその大きな付けを払わされる。ブリスベーンで中旬開かれた20カ国・地域(G20)首脳会議で前哨戦的な光景があった。

米国は途上国の温暖化対策を支援する「グリーン気候基金」に30億ドルの拠出を表明しているが、インドは同基金の「早期利用」を要求した。この程度はほんの序の口で、いずれ途上国側の巨額の「気候援助」要求に追われることになろう。

草野 徹(外交評論家)

部外功労者39団体、61個人 陸海幕長から感謝状

地域の防衛基盤の拡充や人的・技術的基盤の整備、就職援護、広報活動などで特に功績のあった部外の団体、個人に対する陸海両幕僚長からの平成26年度感謝状贈呈式が11月14、15の両日行われた。陸からは34団体、41個人に、海からは5団体、20個人にそれぞれ感謝状が贈られた。

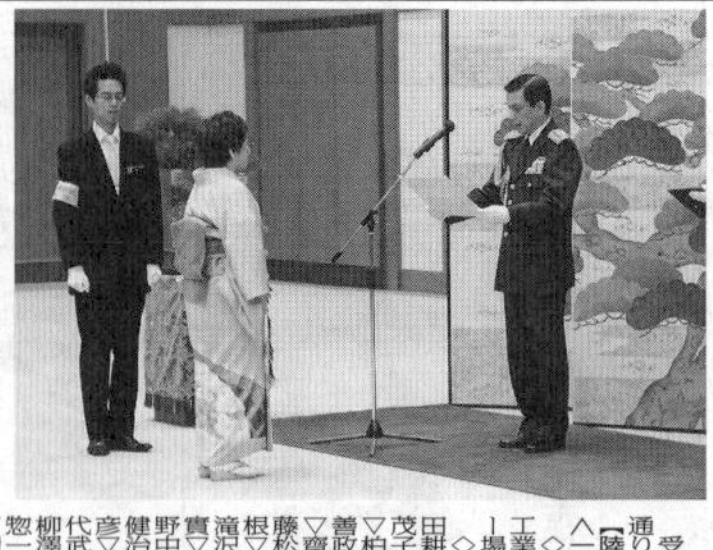

功績のあった部外の個人や団体に感謝状を贈呈する岩田陸幕長(右)=11月15日、防衛省で

受賞団体、個人は以下の通り(敬称略)。

【陸自】

〈一般功労〉

◇団体 ▽日本防衛装備工業会▽大仙市営協和スキー場

◇個人 ▽新城安盛▽池田耕造▽江口正史▽大嶽登茂子▽小川裕士▽小原尚子▽柏木明▽金子雅雄▽鎌田善政▽川島光行▽小池完治▽齋藤重治▽鷲岡和徳▽佐藤松七▽柴山克巳▽清水石根▽髙田稀代▽髙橋敦子▽滝沢照子▽角田和作▽唐笠實▽中島伸彦▽仲嶺善勝▽野中孝三▽野村正道▽目景健治▽堀内光一郎▽堀口哲彦▽松川和子▽松田誠▽三代武徳▽向徹男▽毛利平▽柳澤忠麿▽山﨑昌平▽山本惣一▽山本治喜▽結城孝之▽横田泰彦

〈就職援護功労〉

◇団体 ▽ALSOK山陰▽関東電気保安協会茨城事業本部▽鹿児島綜合警備保障▽北海道銀行▽大分銀行▽サトー商会▽トーホーセキュリティサービス▽千葉工業大学▽九州警備保障▽九州木材工業佐賀支社▽熊本交通運輸▽興研御殿場農業協同組合▽社会福祉法人愛善会▽新明工業▽綜合警備保障▽大日精化工業▽津軽海峡フェリー▽東京海上日動火災保険秋田支店▽東京海上日動火災保険盛岡支店▽東芝セキュリティ▽徳島綜合警備保障▽豊臣機工▽日本赤十字社▽福島綜合警備保障▽富士ゼロックス▽ホクト化学工業▽宮坂建設工業▽山交バス

◇個人 ▽宮下順一郎(故人、前むつ市長)▽石井享一(自衛官募集相談員・副会長)▽遠藤幸四郎(和幸電気工事社長)▽籠池泰典(森友学園総裁)▽後関光利(沖縄二火会副会長兼事務局長)▽小林正明(ECC日本支部EW研究会委員長)▽新里廣明(沖縄二火会副会長)▽田邊鈴野(福岡県自衛隊父兄会婦人部顧問)▽野口博正(ホテルオークラ総支配人室長)▽広瀬憲発(松茂町長)▽三木巌(八重山防衛協会会長)▽毛利隆志(毛利公認会計士事務所長)

【海自】

〈一般功労〉

◇団体 ▽渡辺鉄工(福岡市博多区)

〈就職援護功労〉

◇団体 ▽アイング(東京都千代田区)▽KSP(横浜市)▽新明和岩国航空整備(山口県岩国市)

◇個人 ▽柴田幸徳(長南西海パールライン有料道路管理事務所長)

長年の支援ねぎらう

陸幕長の感謝状贈呈式は15日、防衛省で行われ、式典には岩田陸幕長をはじめ鈴木副長、清田監理、髙田人事、住田防衛、湯浅装備、本松教訓の各部長ら関係者約110人が出席した。

陸幕長は「常日頃、我が陸上自衛隊に対し、格別のご支援・ご協力を頂いている皆様に感謝を申し上げます」と述べ、謝意を表した。

一方、海幕長の感謝状贈呈式は14日、ホテルグランドヒル市ヶ谷で行われ、武居海幕長から受賞者30人に感謝状が贈呈された。

式には武居海幕長をはじめ海幕各部長ら16人が出席。海幕長は長年にわたる支援に感謝の意を表した。

ひと

自衛官で初めてNATO本部に派遣される

栗田 千寿(くりた・ちず)2陸佐(39)

「正直、戸惑いはありますが、日本と北大西洋条約機構(NATO)の関係強化に貢献したい」

自衛官で初めて、ベルギー・ブリュッセルのNATO本部に派遣される。12月1日から約2年間、単身赴任で臨む。

「女性・平和・安全保障分野のNATO事務総長特別代表」のアドバイザーとして紛争下での女性の保護や、紛争後の平和構築プロセスにおける女性の積極的参画を推進する役割を担う。

2011年3月から半年間、東ティモールで国連の軍事連絡要員として騒乱後の治安情報収集に当たった経験が買われた。

奥地までくまなく回り、女性ならではのコミュニケーション能力で現地に溶け込み、人々と心を通わせた。「同じ目線で礼儀正しく」がモットー。得られた情報は大きかった。

女性自衛官の役割と意義を痛感した経験から、新天地でも「相手の懐に飛び込み、日本人に良い印象を持ってもらえるよう頑張りたい」と意欲を見せる。

夫は陸幕勤務の栗田昌彦2佐(39)。「今、君にしかできない仕事だから」と励ましてくれた。

自費を投じて現在、吉備国際大学大学院(通信制)で「平和構築とジェンダー」を追究する日々だ。NATOで学んだことを日本の社会に還元したいと考えている。

出発を前に、同志社大学在学中にたしなんだ茶道と華道をおさらいし、着付けを学んだ。

「日本の魅力を発信することも、大事な仕事の一つだと思っています」。

京都府出身。

(文・日置文恵　写真・横田大法)

呉総監に米勲功章

日米共同運用向上など貢献　ハリス司令官が伝達

米太平洋艦隊司令官のハリス大将から勲章を伝達される呉総監の伊藤海将(11月4日、在日海兵隊岩国基地で)

【呉】呉地方総監の伊藤俊幸海将は11月4日、在日海兵隊岩国基地で米太平洋艦隊司令官のハリー・B・ハリス大将から「リージョン・オブ・メリット勲功章」を伝達された。

同勲章は米国の国防・安全保障に功績のあった外国の高官などに、米国大統領の承認に基づき国防長官から授与される。伊藤海将は平成22年7月から25年8月までの間、海幕指揮通信情報部長と2術校校長を歴任し、その間の実績が「日米共同運用の向上と日米軍人間の関係深化に特に貢献した」として、今回の受章となった。

ハリス大将は在日米軍での勤務経験もある親日家で、伊藤海将とはワシントンDC勤務以来の旧知の仲。「ぜひとも自分から伝達を」との強い思いから、来日の機会を捉え、岩国滞在が1時間という極めて厳しいスケジュールの中で伝達を実現した。

ハリス大将は神奈川県横須賀市生まれ。日本人女性を母親に持ち、日系米国人として初めて海軍大将の階級にまで上り詰めた。9月にはオバマ大統領から次期米太平洋軍司令官に指名されている。

19次隊「たかなみ」が アデン湾で共同訓練

海賊対処水上部隊19次隊の護衛艦「たかなみ」(艦長・上田裕司以下約170人)は11月5日にドイツ海軍艦艇と、8日にトルコ海軍艦艇とそれぞれアデン湾上で共同訓練を行った。訓練統制官は水上部隊指揮官の大川努1佐が務めた。

5日は「EUアトランタ作戦(CTF465)」に所属するドイツ海軍のフリゲート「リューベック」(満載排水量3739トン、艦長・ペーター・クリスティアン・ゼムラウ中佐)と訓練。

一方、8日には「たかなみ」と同じく「第151連合任務部隊(CTF151)」に参加するトルコ海軍のフリゲート「ゲムリック」(3696トン、艦長・フセイン・ティグリ大佐)と訓練を行った。内容は通信訓練、ヘリ発着艦訓練、近接運動など。

水上部隊はアデン湾で次々と外国軍との共同訓練を行っており、9月にNATO軍のデンマーク艦艇、10月にEU海上部隊のイタリア艦艇とそれぞれ訓練を実施している。

日向灘で掃海訓練

海自は11月20日、宮崎県の日向灘で機雷戦訓練(〜23日)と掃海特別訓練(〜30日)を開始した。[illegible]まで。掃海隊群司令の[illegible]将補と掃海業務支援隊司令の田口慶明1佐を訓練統制官に、掃海母艦「うらが」と掃海艦「つしま」「はちじょう」をはじめ、掃海艦18隻、掃海管制艇2隻、掃海艇23隻、MH53E、MCH101両掃海ヘリ計3機が参加。

日米共同の掃海訓練は、米海軍から5機雷処分隊501小隊指揮官を訓練統制官とする水中処分員6人が参加している。訓練では訓練機雷を使用し、機雷敷設と掃海、潜水[illegible]訓練を行っている。

共済組合だより

有効成分や効き目は同じ 薬代、医療費を抑制します

「ジェネリック医薬品」ご利用を

皆さんは「ジェネリック(後発)医薬品」をご存知ですか?

ジェネリック医薬品は、医師が処方する医薬品であり、先発医薬品(新薬)と比べて安価で、なおかつ有効成分や効き目は同じです。

新しく開発された医療用医薬品は、先発医薬品として特許が与えられ、開発会社により独占的に販売されますが、ジェネリック医薬品は、先発医薬品の特許期間満了後に、同レベルの品質・有効性・安全性を有しているという国の審査・承認を受けて発売されます。

既に有効性や安全性が確認されている先発医薬品の有効成分を利用するため、開発期間や費用を大幅に抑えることができ、その分、薬の価格も安く設定することができます。

組合員の皆さまが診察を受ける際、病院や薬局でジェネリック医薬品を積極的に選んでいただくことにより、ご自身の薬代が節約されるだけでなく、共済組合全体の医療費も抑制することができます。

医師と薬剤師それぞれに意思を伝え相談することによりジェネリック医薬品を選ぶことができます。口頭やメモ等でも大丈夫ですが、「お願いカード」=写真=を利用すると便利です。

なお、先発医薬品の特許が切れていない場合や、製造上の理由等でジェネリック医薬品を選べない場合があります。

組合員の皆さまのご協力をお願い致します。

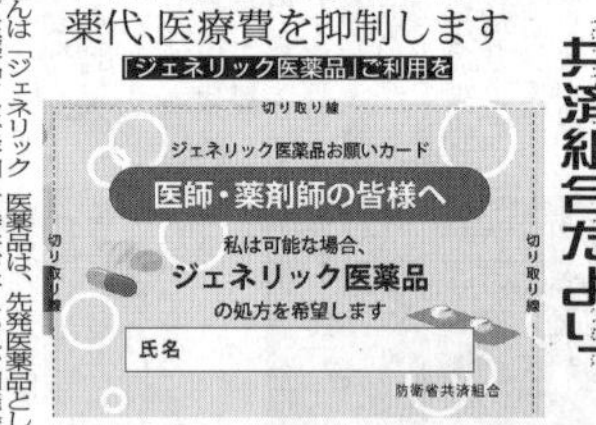

操縦者13人が講習修了

航安隊、飛行安全特別講習

【航安隊=立川】航空安全管理隊(司令・橋本進空将補)は11月21日、「第7期飛行安全特別講習(FSSC)」の修了式を行い、航空教育集団司令部(浜松)から同10日に入校した13人の操縦者(学生)への飛行安全教育を終えた。

FSSCは、部隊に配置される前の操縦者らを対象に平成24年から実施され、これまで6期83人が受講。今回は学生が飛行安全に関する基礎的事項や航空事故防止の重要性を理解、認識することを目的とし、特にヒューマン・ファクターズ(人的要因に関する学問分野)の理解促進を図った。

式で橋本司令は、学生一人一人に修了証書を授与。このあとの訓示で「精強で安全な操縦者となるよう今後の研さんに期待する」と述べた。

学生からは講習修了に当たって「集中的に安全について学ぶことで、理解を深めることができた」「飛行安全について理論立てて学ぶことができ、自分の意識が変わった」との感想があった。

橋本司令(壇上)から修了証書を授与される学生ら(11月21日、空自立川分屯基地で)

訂正 11月20日付2面「優秀・模範隊員を表彰」の写真説明で「賞状を受ける波田事務長」とあるのは、「賞状を受ける合田部芳則[illegible]」の誤りでした。おわびして訂正します。

平成26年12月1日(月)〜12月7日(日)

平成26年度自衛隊員等倫理週間

「ちょっと待て　不安な場合は　すぐ相談!」

○倫理に関する教育の実施

各機関等毎に自衛隊員倫理法及び自衛隊員倫理規程等に関する教育を実施します。

○倫理ホットラインの受付時間延長

○講演会の実施

●倫理に関するお問い合わせ(倫理法違反通報窓口)

TEL: 03-3268-3111(内線20719)

03-5261-0164(直通)

E-mail: rinri-tsuho@mod.go.jp

自衛隊員倫理法・自衛隊員倫理規程違反と思われる行為に気付いた場合又は自衛隊員倫理法等に関する相談がある場合はご連絡下さい。※ 倫理週間中 1000〜2000 通常 1000〜1900 (土日祝日は除く。)

(※) 自衛隊員倫理法等の違反行為についての通報窓口は、倫理週間以外でも連絡できます。

お問い合わせ先:人事教育局 服務管理官 ☎8-6-20713

防衛技術シンポジウム2014〜挑戦と飛躍

技術研究本部の研究開発活動を一般公開する「防衛技術シンポジウム2014〜挑戦と飛躍」が11月11、12日、都内で開かれ、約2200人の来場者でにぎわった。技本の技術者たちが「将来の戦争」を見据え、研究開発に従事している各種装備の進捗状況などを発表、別室では試作された地上ロボットやヘリ・パイロットが着用する防護マスクなどが公開された。また、初の試みとして民間企業4チームを迎えて被災地で使える携帯型浄水器のコンテストも行われた。

『産・学・官』力を結集

2200人来場　高い民間企業の注目度

「勘のいい人材組織で育てよ」

西事務次官が講演

今年の「防衛技術シンポ」への民間企業の注目度は非常に高く、2日間で約2200人が来場。会場に入れず、通路で中継映像に見入る聴講者も多かった。

最初に渡辺秀明技本長があいさつ。「産・学・官の技術力を結集したデュアルユース技術が重要となっている。技本も大学や独立行政法人と連携し、先進的な民生技術を取り入れるとともに、海外との共同研究も強化していきたい」と述べた。

続いて西正典防衛事務次官が「防衛力整備と研究開発」と題して特別講演。「60年がたち（技本も）原点に戻る時が来た。インターネットのステルス化やビッグデータ処理など技術が高度化する中、重要となるのは人の『直観』だ。ロジックの世界に落ちてこない『勘のいい』人材を組織の中で育てていってほしい」と要望した。

また防衛装備移転三原則については「これから（企業にとって）稼ぎ時となる。チャレンジした者が多くをつかむ。そのため梁山泊（優れた人の集まる場所）ではないが、みんなでわいわいがやがや議論して（いいアイデアを出して）いこう」と企業陣に呼び掛けた。

このほか宇宙政策委員会基本政策部会長の中須賀真一東大教授が「宇宙の安全保障」、政策研究大学院大学の角南篤教授が「安全保障と科学技術政策」、千葉工業大の古田貴之未来ロボット技術研究センター所長が「ロボットと未来社会」について講演した。

技本側からの発表では「海上装備」「ロボット」「省外連携」「電子装備」「将来戦闘機」「ヒューマン技術」をテーマに最新の研究成果を発表、別室では民間技術者と意見交換するポスターセッションが行われた。

さらに展示会場では地上ロボット、潜水艦探知用水中グライダー、航空機搭載用フレキシブルアンテナなどの試作品が展示された。

また「研究協力が拓く未来」をテーマにパネルディスカッションも行われ、情報通信研究機構の井口俊夫電磁波計測研究所長、宇宙航空研究開発機構の山本静夫第1衛星利用ミッション本部長、海洋研究開発機構の磯崎芳男海洋工学センター長と技本の黒沢正樹電子装備研究所長、小口芳生先進技術推進センター所長から現在国内で進む研究協力の現況が報告された。

このほか民間企業から4チームを迎え、携帯型浄水器のコンテストも初開催。A&AT、ニューメディカ・テック、光触媒チタニスター、エヴァテックの4社が参加し、防医大が用意した汚染水を観客の前で浄水する手順を披露した。水質の解析結果は翌12日に発表され、4チームとも高い浄水能力を示し、渡辺技本長から各社それぞれに賞状が贈られた。

先に推進薬を配合し、後からカーボン繊維を巻きつけてモーターケースを形成する「直巻マルチセグメント・ロケットモーター」の構造を説明する技本の研究員（左）

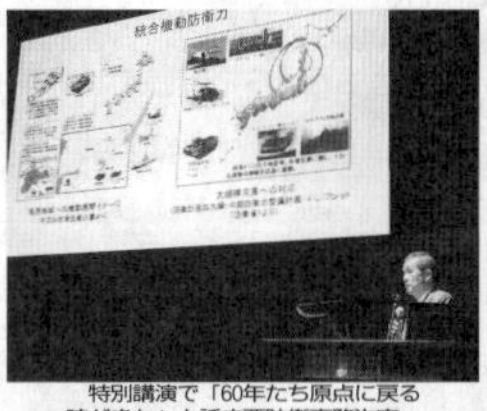

特別講演で「60年たち原点に戻る時がきた」と話す西防衛事務次官

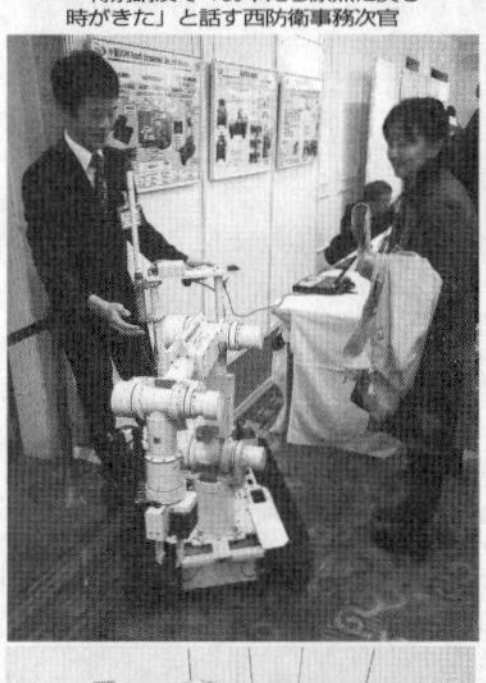

㊧㊤化学剤や爆発物の処分に当たる「地上ロボット」の操作法を来場者に示す技本の研究員（左）㊧㊦原子力災害など、人が近づけない場所で土木作業が行える「CBRN対応遠隔操縦作業車両システム」の模型

防衛技術シンポで初の試みとして行われた「携帯浄水器」のコンテスト。民間企業から4チームが参加し、観客の前で汚染水の浄水法を披露した（11月11日、東京都新宿区のホテルグランドヒル市ヶ谷で）

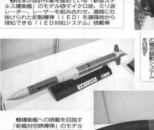

㊤技本が設計作業を進めている「新型ステルス護衛艦」のモデル㊧マイクロ波、ミリ波レーダー、レーザーを組み合わせ、道路に仕掛けられた即製爆弾（IED）を遠隔地から探知できる「IED対処システム」搭載車

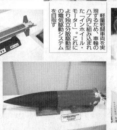

軽量戦闘車両を実現するため、車輪のハブ内に組み込まれた「インホイール・モーター」。これにより独立分散駆動型の電気駆動システムを目指す

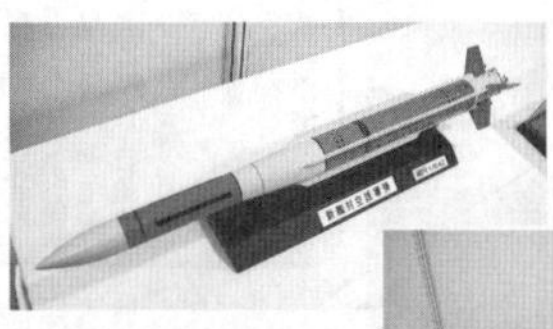

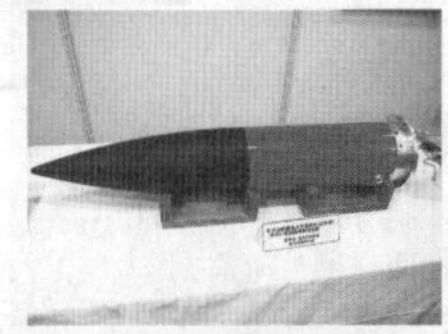

㊤護衛艦への搭載を目指す「新艦対空誘導弾」のモデル㊨「新短SAM」の開発に用いられた電波誘導制御装置㊧曲げることで航空機の外板などにも問題なく装着できる高性能「フレキシブルアンテナ」

近距離の敵の制圧用に砲弾の先端にブレーキとなる円盤が装着された105ミリ試験弾

操縦しやすいよう視野が広く、マイク、スピーカーなど通信装置も組み込まれた「操縦士用防護マスク」

西風東風

中ロが地中海合同演習へ

——米国をけん制

中国を訪問したロシアのショイグ国防相は11月18日、両国が来年に地中海と太平洋で合同軍事演習を行うと述べた。中国は太平洋、ロシアは地中海で米国と対抗しており、両国の地中海での演習が実現すれば、米国へのけん制となりそうだ。環球網など中国メディアが伝えた。

香港紙・東方日報は、地中海はもはや米国と西欧諸国の内海ではなく、大国間の争いの最前線となっているなどと報じた。

ショイグ国防相は中国の常万全国防相との会談後、激動する国際情勢の下、ロシアは中国との連携強化を絶対的に優先していると指摘。今年5月の中ロ海上合同演習の成功を受け、「来年春、地中海で再び海軍合同演習を行う。太平洋でも計画している」と語った。

東方日報によると、中ロ海軍は日本海と東シナ海ではしばしば、日米艦隊を仮想敵に大規模な軍事演習を行っている。しかし、地中海での合同演習は初めてで、両国の戦略面での協力レベルの高まりを反映している。2国間関係をはるかに超え、グローバルな影響力を持ち始めたと言えそうだ。

最近の米国の影響力の低下を、ロシアは反撃のチャンスとみているが、自国海軍を世界的な存在にする力がないため、中国との連携に期待を抱いている。中ロが地中海で演習を行えば、北アフリカ、欧州、中東情報にも影響を与えられる。

中国にとって、世界中で活躍できる外洋海軍の構築は既定戦略で、近年、装備は急速に充実しているが、外洋でのパトロールと演習の経験が相当不足している。ロシアとの共同演習でノウハウを吸収する一方、地中海の状況把握、補給拠点の確保、国際世論の観測など大きな収穫が見込める。

中国は世界最大の石油輸入国で、サウジアラビア、イラン、イラクの輸出原油の半分を輸入しており、中東への関与を望んでいるが、米国が拒絶している。影響力を発揮するには武力の後ろ盾が不可欠で、中国が地中海で定期的な演習を行えば、米国も無視できなくなる。

（香港＝中岡秀雄）

経済減速は紛争につながる

——中国「愛国札」を警戒・米専門紙

中国経済の減速傾向が顕著となる中、中国の対外姿勢の行方が注目されている。米外交専門誌「ナショナル・インタレスト」（電子版）は「中国が台頭しても落ち目になっても、最も論理的な見方は、紛争は今後起きやすくなる」とする見方を公表した。

同誌は、中国の台頭による安全保障上の影響についてはこれまで多くが語られてきたが、急激で長期にわたる経済減速の影響についてはほとんど研究されてこなかったと指摘する。

米紙ウォールストリート・ジャーナルによると、中国の経済成長率は2013年の7・7%から、2020〜25年の間に3・9%に急減速するとみられ、1・6〜1・7%という悲観的な数値を予測するアナリストもいるという。

その上で同紙は、経済減速が共産党指導部の目を内政に向けざるを得ないため対外紛争は減るとのシナリオについて、成長鈍化で中国共産党に正当性への危機感が生じ「ナショナリスト・カード（愛国札）」を切る結果、1カ所ないし2カ所の領土対立で紛争を勃発させるシナリオの方が現実となる可能性が高いとみている。

過去を振り返ると、第2次大戦後の経済低迷期、中国指導部は内政ではなく朝鮮半島に目を向け、文化大革命が経済的失敗に終わった後はベトナムに目を向けている。

中国指導部が愛国心の高ぶりを抑えることは難しく、経済崩壊が現実のものとなれば声高な愛国主義が中国全土を覆い、領土問題がエスカレーション、計算違いや偶発的紛争に発展する危険があると同紙は警告。こうした事態を避けるためには、米国がアジア太平洋へのリバランス（再均衡）戦略に焦点を絞っていくことが重要と結論付けている。

（ロサンゼルス＝植木秀一）

1特団
敵艦隊を迎え撃つ
ミサイル連隊も展開

完成した2階建ての砲兵群指揮所で指揮幕僚活動を行う1特科群の隊員（矢臼別演習場で）

【1特団＝北千歳】1特科団は9月25日から10月15日まで「26年度方面隊総合戦闘力演習実動演習」に参加、敵艦隊を迎撃する協同対艦訓練を担任した。これに合わせ「方面隊職種協同訓練（情報）沿岸監視訓練」にも加わり、部隊の沿岸監視能力も磨いた。

協同対艦訓練では、団本部が札幌駐屯地に火力調整所を開設。各地対艦ミサイル連隊は北海道大演習場に展開し、洋上の海自艦艇を侵攻してくる敵艦隊と見立て、目標の捜索・標定・射撃訓練を行った。

一方、301観測中隊は留萌駐屯地に指揮所を開設、沿岸部に監視組織を構成し、敵海上部隊を観測、指揮システムを使用し情報処理・伝達要領を演練した。

◇

【1特群】1特科群は10月14日から22日まで、矢臼別演習場で対抗部隊の砲兵群として参加した。隷下の101、102、129特大を基幹とする約900人で編成し、作戦地域全域で陣地を構築、所望の時期、場所で火力を発揮する訓練を行った。

射撃用掩蓋掩壕を構築
北方施　職種協同訓練で

【北方施＝南恵庭】北部方面施設隊は10月14日から22日まで「方面隊職種協同訓練」を担任、各施設科部隊に対し「陣地構築支援」「伐開作業」の実施と「国際平和協力活動用兵站支援橋」の普及を行った。72施大、7施大、12施群、13施隊が「強度」「利便性」「快適性」に配慮した射撃指揮用掩蓋掩壕を構築。特科部隊が実際に射撃に使用し、実用性を評価した。

伐開作業は北方施作成の「伐開ハンドブック」を使い教育。幹部には伐開見積もりと計画・実施法を、曹士には作業の要点を教育した。併せて民間の大型伐開専用器材「ハーベスター」の展示も行った。

陸自が新たに導入した「国際平和協力活動用兵站支援橋」については、設置要領を主体に教育した。

特科部隊の要求に基づき、2階建ての4・5型LP簡易掩蓋掩壕を構築中の12施設群の隊員（矢臼別演習場で）

簡易指揮所に賛辞
12施群　職種共同訓練で構築

【12施群＝岩見沢】12施設群337施設中隊は矢臼別での「方面隊職種協同訓練（施設）」に参加し、129特大の要求に基づき、4・5型LP簡易掩蓋掩壕を使用した指揮所を構築した。

この構造物は地中に埋める外部はコルゲートメタル、内部は木造2階建てで、隊員たちは降雨など困難な気象状況を克服しながら利便性と快適性を兼ねた指揮所を構築した。

視察に訪れた冨井稔施設学校長は「2階建てで執務空間が広く、ストレスがない。新しいことにチャレンジすることは素晴らしい」と高く評価した。

▲「旅客機火災」を想定し、YS11輸送機から"負傷者"を搬送する訓練参加者（美保基地で）

訓練

㊧陸自部隊（手前）が奪回した地域を超越し、前進する米陸軍のストライカー装甲車（右奥）㊨広大なヤキマ演習場を目標地域に向け、前進する米陸軍のストライカー装甲車（手前）と陸自10式戦車（奥）＝米ワシントン州のヤキマ訓練場で

ライジング・サンダー2014
米軍と共同攻撃
信頼関係さらに強化
13普連　ヤキマ演習場で1カ月間

【13普連＝松本】連隊はこの秋、米ワシントン州のヤキマ演習場に派遣され、米陸軍第2－2ストライカー旅団戦闘団第4－23歩兵大隊との共同訓練「ライジング・サンダー2014」に参加した。

訓練は諸職種協同で行われ、最初に120ミリ迫撃砲や中距離多目的誘導弾などの実射と機能別訓練を行い、その後、ハイライトとなる日米共同の総合訓練が展開された。

その前段は「日米の超越訓練」で、13普連2中隊（中隊長・中村淳3佐）を基幹とする増強普通科中隊が10式戦車やAH1S対戦車ヘリの支援を受け、敵の占領地に向け前進、大規模な戦闘射撃を経て目標地域を制圧した。その後、米ストライカー装甲車部隊が陸自部隊を超越してさらに前方に進出し、敵を駆逐して奪回地域を広げた。

続く後段では「ヘリボーンによる強襲攻撃」を演練。陸自隊員の乗った米CH47ヘリが目標地域に次々降着し、素早く陸自部隊が展開。ここにCHが軽装甲機動車を吊り下げて現れ、隊員は車両に乗車して前進を開始。後続部隊も加わって総攻撃を行い、敵を壊滅させた。

ヤキマ演習場は礫石や鉄くずが散らばり、演習中は車両のパンクが頻発、さらに連日の長距離程射撃で火砲などにも不具合が起きた。この整備に当たったのが12後方支援隊2整備中隊2普通科直接支援小隊。第一線部隊の直接支援を担当し、部隊の高速機動を支えた。

約1カ月に及んだ訓練を終え、統裁官の後藤孝連隊長は「米国での厳しい訓練を通じて自衛隊と米陸軍の信頼関係がさらに強固なものとなった。日米が共に汗を流し、任務を完遂する体験はとても重要だ」と語った。

師団狙撃手集合訓練で切磋琢磨
20普連

【20普連＝神町】20普連は9月24日から10月9日まで、東根射場と王城寺原演習場などで行われた「師団狙撃手集合訓練」に参加した。

6師団隷下の普通科部隊から狙撃手基幹要員が参加し、基本射撃に続き、王城寺原演習所内の市街地戦闘訓練場で応用射撃を行った。

この射撃は400～600メートル離れた場所で短時間現れた敵を狙撃するもので、観測手と協同しての即座の対処が重要となる。

参加した1中隊の新田智史2曹は「他部隊の狙撃手と情報交換をしながら全期間を通じ切磋琢磨できた」と話していた。

対空目標に向けて発射された空自高射部隊のペトリオットミサイル（米ニューメキシコ州で）

空自高射部隊が実弾発射訓練
練度の高さ確認

【空幕】米ニューメキシコ州ホワイトサンズ射場と同マクレガー射場で8月20日から行われていた空自の「26年度高射部隊年次射撃訓練（ASP）」が11月26日、終了した。

ASPはペトリオット対空ミサイルを装備した高射部隊が実射を行う貴重な機会で、昭和38年度に始まり、今回でちょうど50回目。このため吉田総隊副司令官が現地視察した際、米側と一緒に記念式典も行われた。

今回の実射は中島総隊司令官を指揮官に、全国の6個高射群（1＝入間、2＝春日、3＝千歳、4＝岐阜、5＝那覇、6＝三沢）と高射教導群（浜松）から約380人が参加。各群が航空機対処用スタンダード弾などを2発ずつ、計14発を発射し、極めて高い命中率を示した。

この結果、空自高射部隊の練度の高さとミサイル器材の信頼性が確認できた。

茂みの中に潜伏し、目標を狙う4師団の狙撃手。その左は観測手（十文字原演習場で）

草木で偽装し接近、射撃
4師団が狙撃手集合訓練

【4師団＝福岡】4師団は10月20日から31日まで、十文字原演習場で「師団狙撃手集合訓練」を行った。

28日からの総合訓練では、狙撃手と観測手が草木で偽装して山中に潜入し、敵に近づいて観測。目標確認後は狙撃銃を構え、狙撃命令に合わせて射撃を行った。目標を倒した後、迅速に離脱するまでの一連の流れを訓練した。

航空機事故想定し訓練
空自3輸空

【3輸空＝美保】第3輸送航空隊は10月9日、美保基地で行われた国交省主催の「航空機事故対策総合訓練」に参加した。

「旅客機が飛行中にエンジントラブルを起こし、米子空港に緊急着陸、その際、火災が発生し多数の負傷者が出た」という想定で訓練は行われ、鳥取、島根の関係23機関から約410人が参加し、緊急対処要領を演練した。

訓練は3輸空のYS11輸送機を使用して行われ、3輸空からは施設隊消防小隊が出動、消火活動や乗客救出に当たった。隊員たちは消防によって救出された負傷者を医療機関まで搬送、トリアージ（重症度選別）を行って後送するまでの手順を確認した。このほか負傷者役としても隊員たちは加わり、真剣な表情で症状を救護隊員に訴えていた。

朝雲

コーサイ・サービスがお届けする住まいの情報 №38

コーサイ・サービスニュース

紹介カードで様々な特典が受けられます。紹介カードを持ってモデルルームへ行こう！
事前に必ず「紹介カード」の発行をご依頼ください。

図書カード500円分プレゼント！"紹介カード・リクエストキャンペーン"
期間：平成27年1月31日まで(期間中に紹介カードの発行を依頼された方・1家族1回、プレゼントは1つ)

図書カード2，000円分プレゼント！"お住まい成約キャンペーン実施中！"
コーサイ・サービス発行の「紹介カード」をご持参のうえ、成約(住宅の購入・売却・建築・リフォーム)された方

提携特典のご利用には必ず紹介カードをご依頼ください

紹介カードのご依頼は(スマートフォン・携帯からもご利用いただけます。)
http://www.ksi-service.co.jp/publics/index/3

もっとお得な情報満載
コーサイ・サービス・会員様専用ページ
得々情報ボックス
ログインID：teikei・パスワード：109109

防衛省にご勤務のみなさまの生活をサポートいたします。
コーサイ・サービス株式会社
〒160-0002　東京都新宿区坂町26番地19 KKビル4階
TEL 03(3354)1350
URL http://www.ksi-service.co.jp/

モデルルーム特別案内会開催中
【完全予約制】

2014年12月上旬 販売開始(予定)／
2015年1月 モデルルームグランドオープン(予定)

提携割引 販売価格より0.5%割引 ※割引を受けるには「紹介カード」の発行が必要です。

〈パークコート渋谷大山町 ザ プラネ〉レジデンシャルサロン
フリーコール 0120-321-897
携帯電話・PHSからも通話可能です。
営業時間：平　日／午前11時～午後6時
土・日・祝／午前10時～午後6時(火・水曜定休)

31大山町 検索 31oyama.com

■「パークコート渋谷大山町 ザ プラネ」物件情報●所在地／東京都渋谷区大山町1067番200(地番)：清邸、1073番1(地番)：翠邸、1067番6(地番)：悠邸●交通／東京メトロ千代田線「代々木上原」駅徒歩9分、京王線「幡ヶ谷」駅徒歩10分(清邸・翠邸・悠邸ともに共通)●総戸数／全体131戸(清邸：44戸、翠邸：36戸、悠邸：51戸)●敷地面積／全体：6,162.15㎡(清邸：1,843.04㎡、翠邸：1,409.40㎡、悠邸：2,909.71㎡)●用途地域／清邸：第2種低層住居専用地域/第1種住居地域/第2種高度地区/準防火地域 翠邸：第2種低層住居専用地域/第2種高度地区/準防火地域 悠邸：第2種低層住居専用地域/第2種高度地区/準防火地域●構造・規模／清邸：鉄筋コンクリート(RC)造 地上4階 地下1階、翠邸：鉄筋コンクリート(RC)造 地上4階 地下1階、悠邸：鉄筋コンクリート(RC)造 地上4階 地下1階●建築確認番号／清邸敷地：TSK14確認建00004(平成26年5月19日付)、翠邸敷地：TSK14確認建00005-02、悠邸敷地：TSK14確認建00006-02(平成26年10月27日付)●専有面積／61.46㎡～160.69㎡●管理形態／区分所有者全員により管理組合を結成し、管理会社に委託。●売主・販売代理／三井不動産レジデンシャル株式会社：国土交通大臣(2)7259号(一社)不動産協会会員、(一社)不動産流通経営協会会員、(公社)首都圏不動産公正取引協議会加盟、本店 〒103-0022東京都中央区日本橋室町3丁目1番20号●売主／大林新星和不動産株式会社：国土交通大臣(14)第312号(一社)不動産協会会員、(一社)日本木造住宅産業協会会員、(公社)首都圏不動産公正取引協議会加盟、本店 〒102-0074東京都千代田区九段南3丁目3番6号●建物竣工予定時期／2015年9月下旬(予定)●入居予定時期／2015年10月下旬(予定)

※掲載の外観完成予想CGは、図面を基に描き起こしたもので形状・色等は実際とは異なります。CGで表現されている植栽は竣工から初期の育成期間を経た状態のものを想定して描いており、竣工時は植物の生育を見込んで必要な間隔をとって植えております。

東京メトロ千代田線始発駅、小田急小田原線「代々木上原」駅徒歩9分　総敷地面積6,000㎡超　低層4階建　全131邸

[売主・販売代理] 三井不動産レジデンシャル　[売主] 大林新星和不動産　[施工] 大林組

再開発が進む、JR中央線「中野」駅徒歩9分、第一種低層住居専用地域に生まれる、静かなる高みへ。

■「プラウド中野テラス」予告物件概要　●所在地／杉並区高円寺南五丁目539番8他(地番) ●交通／JR中央線・総武線・東京メトロ東西線「中野」駅徒歩9分、東京メトロ丸ノ内線「東高円寺」駅徒歩9分 ●総戸数／36戸 ●販売戸数／未定 ●用途地域／第一種低層住居専用地域 ●構造・規模／鉄筋コンクリート造 地上3階地下1階建 ●敷地面積／1,701.32㎡※私道共有部分25.25㎡含む ●建築確認番号／第UHEC建確26100号(平成26年6月10日付) ●販売価格／未定 ●間取り／2LDK・3LDK ●専有面積／57.23㎡～83.27㎡※地下1階住戸のみトランクルーム面積0.87㎡含む ●バルコニー面積／4.29㎡～10.02㎡ ●管理費等／未定 ●管理形態／区分所有者全員で管理組合結成後、運営・管理業務は管理会社に委託予定 ●入居予定時期／平成27年10月中旬 ●販売予定時期／平成27年2月下旬 ●売主／野村不動産株式会社　国土交通大臣(12)第1370号、(一社)不動産協会会員、(公社)首都圏不動産公正取引協議会加盟、本社／東京都新宿区西新宿1-26-2新宿野村ビル ●施工／西武建設株式会社　※本物件は一括して販売するか、分割するか未定です。販売戸数等は本広告時点で表示させていただきます。なお、記載の概要は全住戸に対してのものです。

プラウド中野テラス　資料請求受付開始　資料請求いただいた方には、モデルルーム事前案内会等、最新の物件情報を随時お届けいたします。

予告広告　※本広告を行い取引を開始するまでは、契約又は予約の申込みに一切応じられません。また、申込順位の確保に関する措置も講じられません。予めご了承ください。(販売予定時期：平成27年2月下旬)

資料のご請求・お問い合わせは「プラウド中野テラス」プロジェクト準備室
0120-778-036　営業時間／平日 11:00～18:00　土・日・祝 10:00～18:00　定休日／毎週水・木曜日、第2火曜日
公式サイトからも資料請求できます　プラウド中野 検索
(売主) 野村不動産

The Parkhouse　ザ・パークハウス 東十条フレシア

予定販売価格 3LDK 4,398万円より
JR京浜東北線「東十条」駅徒歩7分　東京メトロ南北線「王子神谷」駅徒歩7分
JR京浜東北線「東十条」駅より「東京」駅直通17分

11/22(土)～30(日) 第一期登録申込受付

■物件全体概要 ●名称／ザ・パークハウス 東十条フレシア●所在地(地番)／東京都北区東十条1丁目13番、王子4丁目348番9、348番10●交通／JR京浜東北線「東十条」駅(南口)より徒歩7分・東京メトロ南北線「王子神谷」駅(1出口)よりグリーンサブエントランス徒歩7分・JR埼京線「十条」駅(北口)より徒歩15分●総戸数／114戸(他に管理室・集会室)●開発面積／3,525.06㎡●敷地面積／3,525.06㎡(売買対象面積)●建築面積／1,650.41㎡●延床面積／9,772.78㎡●構造・規模／鉄筋コンクリート造・地上10階建●用途地域／準工業地域●開発許可番号／26北ま都第1531号(平成26年7月25日)●建築確認済証番号／第HPA-13-04879-2号(平成26年10月30日)●駐車施設／(総戸数に対して)18台(平置16台、身障者用平置1台、来客用平置1台)〔月額使用料：23,500円・24,500円〕●自転車置場／(総戸数に対して)168台〔月額使用料：100円～800円〕●ミニバイク置場／(総戸数に対して)6台〔月額使用料：2,000円〕●その他費用／共視聴設備利用料：324円、インターネット利用料：1,458円●分譲後の敷地の権利形態／専有面積割合による所有権の共有●管理形態／管理組合成立後、三菱地所コミュニティ(株)に管理委託●建物完成／平成27年5月下旬予定●お引渡し／平成27年8月上旬予定●売主・販売提携(代理)／三菱地所レジデンス(株)〒100-8189 東京都千代田区大手町1-6-1大手町ビル、国土交通大臣免許(14)第408号、(一社)不動産協会会員、(公社)首都圏不動産公正取引協議会加盟●売主／日本貨物鉄道(株)〒151-0051 東京都渋谷区千駄ヶ谷五丁目33番8号 サウスゲート新宿、東京都知事(4)第74500号●設計・監理／(株)日建ハウジングシステム●施工／(株)鍛治田工務店 ■第1期販売住戸概要 ●販売戸数／63戸●間取り／2LDK～4LDK●専有面積／62.63㎡～87.08㎡●バルコニー面積／7.50㎡～14.24㎡●ルーフバルコニー面積／26.26㎡～45.20㎡〔月額使用料：400円～680円〕●専用庭面積／15.87㎡～30.34㎡〔月額使用料：240円～460円〕●販売価格／4,218万円～6,738万円●最多価格帯／4,700万円台(10戸)●管理費(月額)／12,780円～17,770円●修繕積立金(月額)／5,330円～7,410円●修繕積立基金(引渡時一括払)／532,360円～740,180円●管理準備金(引渡時一括払)／12,780円～17,770円●広告表示有効期限／平成26年12月末日●概要作成日／記載の概要は、平成26年11月18日現在のものです。■販売スケジュール／平成26年11月22日(土)より第1期登録申込受付開始●登録受付期間／平成26年11月22日(土)～11月30日(日)●登録受付時間／午前10時～午後6時まで※水・木曜定休●抽選日時／平成26年12月1日(月)午前11時より●登録受付・抽選場所／「ザ・パークハウス 東十条フレシア」レジデンスギャラリー※ご登録の際は、認印と、平成24・25年分の収入が証明できる書類、本人確認書類をご持参ください。

お問い合わせは「ザ・パークハウス 東十条フレシア」レジデンスギャラリー
0120-320-067
営業時間／10:00～18:00(水・木曜日定休※祝日は営業いたします。)
ザ・パークハウス 東十条フレシア 検索　www.mecsumai.com/tph-hjj/
[売主・販売提携(代理)] 三菱地所レジデンス　[売主] JR貨物

「プラウドシティ南山」全412邸、いよいよ誕生。

「新宿」駅へ26分※1、駅徒歩6分
3LDK南向き3,200万円台～ ※100万円単位
[予定販売価格]3,200万円台～6,400万円台(100万円単位)　[予定最多価格帯]4,200万円台(100万円単位)

モデルルーム予約制 事前案内会予約受付中 ｜ 資料請求受付中

●所在地／東京都稲城市大字東長沼八号2416番の一部外39筆(Ⅰ敷地)、外19筆(Ⅱ敷地)(地番)●交通／京王相模原線「稲城」駅徒歩6分●総戸数／412戸●間取り／3LDK・4LDK●専有面積／71.94㎡～103.25㎡●販売予定時期／平成27年1月下旬●売主／野村不動産(株)

予告広告　本広告を行い、取引を開始するまでは、契約又は予約の申込みに一切応じられません。また、申込順位の確保に関する措置は講じられません。(販売予定時期：平成27年1月下旬)

お問い合せ・ご予約は「プラウドシティ南山」プロジェクト準備室
0120-373-570
公式ホームページからも資料請求・ご予約いただけます。　プラウドシティ南山 検索
[売主] 野村不動産

OBER オーベル　オーベル小川レジデンス
[売主] 大成建設グループ 大成有楽不動産

JR中央線「国分寺」駅直通8分※1
「小川」駅徒歩10分・2路線利用可
3LDK 70㎡超2,900万円台～

お問い合わせは「オーベル小川レジデンス」マンションギャラリー
0120-337-105
予告広告

第6期モデルハウスオープン 4,000万円台

お問い合わせは「ファインコート西武立川アユモシティ」販売センター
0120-321-587
来場予約受付中
駅前戸建168 検索
[売主] 三井不動産レジデンシャル

【提携割引】販売価格の0.5%割引!!

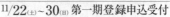

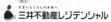

朝雲

コーサイ・サービスがお届けする住まいの情報 №38

コーサイ・サービスニュース

紹介カードで様々な特典が受けられます。紹介カードを持ってモデルルームへ行こう！
事前に必ず「紹介カード」の発行をご依頼ください。

提携特典のご利用には必ず紹介カードをご依頼ください

紹介カードのご依頼は(スマートフォン・携帯からもご利用いただけます。)
http://www.ksi-service.co.jp/publics/index/3

図書カード500円分プレゼント！“紹介カード・リクエストキャンペーン”
期間：平成27年1月31日まで(期間中に紹介カードの発行を依頼された方・1家族1回、プレゼントは1つ)

図書カード2，000円分プレゼント！“お住まい成約キャンペーン実施中！”
コーサイ・サービス発行の「紹介カード」をご持参のうえ、成約(住宅の購入・売却・建築・リフォーム)された方

もっとお得な情報満載
コーサイ・サービス・会員様専用ページ
得々情報ボックス
ログイン ID：teikei・パスワード：109109

防衛省にご勤務のみなさまの生活をサポートいたします。
コーサイ・サービス株式会社
〒160-0002　東京都新宿区坂町26番地19 KKビル4階
TEL 03(3354)1350
URL http://www.ksi-service.co.jp/

※掲載のエントランスアプローチ完成予想図は設計図面を基に作成したものであり、設計・施行の都合上、実際とは多少異なる場合があります。完成予想図で表現されている植栽は、竣工時からの初期の育成期間を経た状態のものを想定して描いております。

■物件概要●物件名／プレミストいづろ通●所在地／鹿児島県鹿児島市松原町12番9(地番)●交通／鹿児島市交通局市電「いづろ通」電停徒歩7分、鹿児島市交通局市バス「ぽさど」バス停徒歩3分●用途地域／商業地域●地目／宅地●建ペイ率／90%●容積率／500%●敷地面積／564.34㎡●建築面積／434.24㎡●建築延床面積／3,786.10㎡●構造・規模／鉄筋コンクリート造・地上12階建●建築確認番号／第ERI13058460号(平成25年12月26日付)●総戸数／33戸(別途管理事務室1戸)●駐車場／33台(福祉用駐車場1台・タワーパーキング32台)、月額使用料／11,000円～22,000円●自転車置場／33台(平面式2台・ラック式31台)、月額使用料／100円～200円●バイク置場／6台(ミニバイク3台・中型2台・大型1台)、月額使用料／500円～1,500円●管理会社／株式会社ダイワサービス鹿児島営業所●管理形態／入居後、管理組合を設立していただき、組合と株式会社ダイワサービスとの間で管理委託契約を締結していただきます。●分譲後の権利形態／敷地(土地)：各戸専有面積割合による敷地利用権(所有権)の共有、建物(専有部分)区分所有権、(共用部分)各戸専有面積割合による共有●建物竣工予定／平成27年5月下旬●入居(引渡)予定／平成27年6月下旬●設計図書閲覧場所／プレミストマンションギャラリー●事業主・売主／大和ハウス工業株式会社福岡支社マンション事業部●販売代理／株式会社T・フィールド 〒810-0072 福岡県福岡市中央区長浜2丁目3番6号-8F TEL.092(716)7835 宅地建物取引業者免許番号／福岡県知事(3)第14849号　(公社)福岡県宅地建物取引協議会会員●設計・監理／株式会社H.S.R.プランニング●施工／飛島建設株式会社九州支店

※地図は略図につき、実際とは多少異なる場合があります。

■第1期1次～3次先着順物件概要●販売戸数／5戸●販売価格(税込)／3,300万円(1戸)～4,860万円(1戸)●最多販売価格帯(税込)／3,300万円台(2戸)●間取り／3LDK(2戸)・4LDK(3戸)●専有面積／73.06㎡～93.45㎡●アルコーブ面積／1.75㎡～3.77㎡●バルコニー面積／11.74㎡～33.88㎡●サービスバルコニー面積／1.58㎡・4.27㎡●管理費(月額)／10,230円～13,080円●管理一時金(引渡時一括)／25,580円～32,700円●修繕積立金(月額)／6,580円～8,410円●修繕積立一時金(引渡時一括)／460,600円～588,700円●先着順申込受付場所／プレミストマンションギャラリー ※お申込につきましては、認印、本人確認書類(運転免許証等)、所得証明書(給与所得者の場合は平成24年・25年分の源泉徴収票、確定申告をされている方は過去3年分の確定申告書)が必要です。先着順申込受付中につきご希望の住戸が完売している場合がございます。予めご了承ください。●取引条件有効期限／平成26年12月31日●広告作成日／平成26年11月13日

お問い合わせは プレミストいづろ通マンションギャラリー
0120-225-635　営業時間 10:00～19:00 (火・水定休、祝日除く)
ダイワ 鹿児島　検索　http://dhms.jp/izurodori/

■「プレミスト北17条」全体物件概要●物件名称/プレミスト北17条●所在地/北海道札幌市東区北17条東1丁目11-2(地番)●交通/札幌市営地下鉄南北線「北18条」駅2番出入口徒歩5分、札幌市営地下鉄東豊線「北13条東」駅2番出入口徒歩9分●敷地面積/1,922.56㎡●用途地域/近隣商業地域●構造及び階数/鉄筋コンクリート造・地上12階建(一部11階建)●建築確認番号/第ERI13011617号(平成25年5月30日付)●事業主・売主/大和ハウス工業株式会社 札幌支店 〒065-8550 札幌市東区北6条東8丁目1番10号 札幌マンション営業所 Tel 011-750-3206 建設業許可番号・国土交通大臣許可(特-22)第5279号、宅地建物取引業者免許番号・国土交通大臣(14)第245号、(公社)北海道宅地建物取引業協会会員、(一社)不動産協会会員、(一社)北海道不動産公正取引協議会加盟●販売代理/日本住宅流通株式会社 札幌営業所 〒065-8550 札幌市東区北6条東8丁目1番10号 Tel 011-752-1211 宅地建物取引業者免許番号・国土交通大臣(10)第2608号、(公社)全日本不動産協会会員、(公財)日本賃貸住宅管理協会会員、(一社)不動産流通経営協会会員●販売復代理/株式会社住創プランニング 〒005-0004 札幌市南区澄川4条4丁目1番40号 ジンビル澄川5F 宅地建物取引業者免許番号・海道知事 石狩(8)第3900号、(公社)北海道宅地建物取引業協会会員、北海道不動産流通センター会員●設計・監理/株式会社建築工房●施工/西松建設株式会社●総戸数/63戸[別途:管理事務室1戸]●駐車場/63台(身障者優先駐車場1台・平面駐車場17台・機械式駐車場45台)[月額使用料:5,000円～14,000円]●バイク置場/3台[月額使用料:1,000円]●屋内自転車置場/106台[月額使用料:200円]●分譲後の権利形態/敷地、共用部分は専有面積の割合による所有権の共有、建物専有部分は区分所有●管理形態/入居後、管理組合と管理会社(株式会社ダイワサービス)との間で管理委託契約を締結●手付金等の保全措置/西日本住宅産業信用保証株式会社●建物竣工予定/平成26年11月下旬●入居予定/平成26年12月中旬
【第1期～第2期3次物件概要(先着順申込受付住戸)】●販売戸数/15戸●専有面積/74.92㎡～84.83㎡※表示面積は壁心面積ですので、登記面積はこれよりも少なくなります。●バルコニー面積/14.90㎡～19.63㎡●間取り/3LDK●販売価格(税込)/2,652万円～3,493万円●最多販売価格帯/3,200万円台(7戸)●管理費(月額)/10,340円～11,710円●管理一時金(一括)/20,680円～23,420円●修繕積立金(月額)/5,990円～6,790円●修繕積立一時金(一括)/419,300円～475,300円●取引条件有効期限/平成26年12月31日●広告制作日/平成26年11月10日　※掲載の金額には消費税が含まれます。※お申し込みの際には、印鑑(認印可)、平成25年分の収入証明書(源泉徴収票など)、本人確認資料(運転免許証、健康保険証、パスポートなど)、申込証拠金10万円をご持参ください。※先着順申込受付のため、売却済みの場合があります。予めご了承ください。●取引条件有効期限／平成26年12月31日●広告制作日／平成26年11月13日

お問い合わせ・資料請求は
ダイワハウスマンションギャラリー
(マンションギャラリー内プレミスト北17条)
0120-230-417　受付時間/10:00～19:00 (火・水曜定休、祝日は除く)
ダイワ 北17　検索　www.dhms.jp/kita17/

事業主・売主
大和ハウス工業株式会社
札幌支店 〒065-8550 札幌市東区北6条東8丁目1-10 マンション営業所 TEL(011)750-3206
建設業許可番号・国土交通大臣許可(特-22)第5279号／宅地建物取引業者免許番号・国土交通大臣(14)第245号／(公社)北海道宅地建物取引業協会会員／(一社)不動産協会会員／(一社)北海道不動産公正取引協議会加盟

販売代理
日本住宅流通株式会社
札幌営業所 〒065-8550 札幌市東区北6条東8丁目1-10 TEL(011)752-1211
建設業許可番号・国土交通大臣許可(特-22)第16345号／宅地建物取引業者免許番号・国土交通大臣(10)第2608号／(公社)全日本不動産協会会員／(公社)不動産保証協会会員／(一社)北海道不動産公正取引協議会加盟

販売復代理
「住まい」のプロフェッショナル。
住創プランニング
〒005-0004 札幌市南区澄川4条1丁目1番40号 ジンビル澄川5F TEL(011)817-9000
宅地建物取引業者免許番号 北海道知事石狩(8)第3900号／(公社)北海道宅地建物取引業協会会員

新築のお問い合わせ先
スウェーデンハウス株式会社
〒154-0004 東京都世田谷区太子堂 4-1-1 キャロットタワー 23F
www.swedenhouse.co.jp
0120-665-750 担当：営業企画部／佐々木・外山

リフォームのお問い合わせ先
スウェーデンハウスリフォーム株式会社
〒211-0063 神奈川県川崎市中原区小杉町 1-403 武蔵小杉 STM ビル 7F
www.swedenhouse-reform.co.jp
0120-431-677 担当：営業企画管理部／大川戸

※掲載の完成予想図は、計画段階(平成25年5月現在)の図面を基に描き起こしたもので、実際とは多少異なる場合があります。雨樋、エアコン室外機、給湯器、TVアンテナ等再現されていない設備機器等がございます。植栽等は特定の季節の状況を示すものではありません。また、竣工時には街区説明図程度には成長しておらず、形状、位置等は実際とは多少異なる場合があります。※1 残り3街区(555戸)については計画戸数であり、建築確認を取得していないため変更となる場合があります。また竣工時期は未定です。

■「グランセンス吉川美南ステーションコート」第1期～第4期8次物件概要●所在地／埼玉県吉川市美南2丁目24番1(地番)●総戸数／429戸(他店舗1区画・別途管理員室1戸)[4街区合計984戸予定]※残り3街区(555戸)については計画戸数であり、建築確認を取得していないため変更となる場合があります。また竣工時期は未定です。●販売戸数／42戸●交通／JR武蔵野線「吉川美南」駅徒歩1分●敷地面積／10,612.83㎡●構造及び階数／鉄筋コンクリート造地上15階●施工会社／(株)長谷工コーポレーション●一戸あたりの専有面積／67.10㎡～85.35㎡●バルコニー面積／11.60㎡～16.23㎡●管理形態／区分所有者全員により管理組合を結成し、管理会社(大和ライフネクスト株式会社)との間で管理業務委託を締結●工事完了予定／平成26年11月下旬●入居予定／平成26年12月下旬●販売価格(税込)／2,290万円～3,480万円●最多販売価格帯／2,900万円台(17戸)●分譲後の権利形態／建物は区分所有権、土地は共有●土地の権利形態／所有権●管理費／月額：11,000円～14,000円●管理準備金／11,000円～14,000円●修繕積立金／月額：6,600円～8,400円●修繕積立基金／335,500円～426,800円●駐車場／429台(自走式391台・平置38台うち身障者用駐車場1台含む)、他に店舗用2台・来客用3台(月額使用料：500円～6,000円)●駐輪場／サイクルポート229区画(月額使用料：屋内500円、屋外400円)、2段ラック式386台(月額使用料：上段100円、下段150円)、平置ラック式14台(月額使用料：200円)●バイク置場／15台(月額使用料：大型3台・500円、中型12台・400円)●間取り／2LDK+S(納戸)～4LDK●地目／宅地●用途地域／近隣商業地域●建築確認番号／第UHEC建確24735号変1号(平成25年11月14日付)、第UHEC建確24735号(平成25年3月29日付)●売主・販売代理／大和ハウス工業(株)東京本店マンション事業部 〒102-8112東京都千代田区飯田橋3丁目13番1号 宅地建物取引業者免許番号：国土交通大臣(14)第245号 建設業許可番号：国土交通大臣許可(特-22)第5279号 (公社)東京都宅地建物取引業協会会員 (一社)不動産協会会員 (公社)首都圏不動産公正取引協議会加盟●売主・販売代理／住友不動産(株)住宅分譲事業本部 埼玉事業所 〒163-0801東京都新宿区西新宿2丁目4番1号 新宿NSビル 宅地建物取引業者免許：国土交通大臣(15)第38号 (一社)不動産協会会員 (公社)首都圏不動産公正取引協議会加盟●販売代理／(株)長谷工アーベスト 〒105-8545東京都港区芝2丁目32番1号 宅地建物取引業者免許：国土交通大臣免許(9)第3175号、(一社)不動産協会会員、(一社)不動産流通経営協会会員、(公社)首都圏不動産公正取引協議会加盟 ※先着順申込受付中につき、ご希望の住戸が完売している場合がございます。予めご了承ください。●取引条件有効期限／平成26年12月31日●広告制作日／平成26年11月13日

〈売主・販売代理〉大和ハウス工業　〈売主・販売代理〉住友不動産　〈販売代理〉長谷工 アーベスト
お問い合わせは「グランセンス吉川美南ステーションコート」マンションギャラリー
0120-373-429　イクマチ　検索
営業時間／10:00～18:00[水曜・木曜定休※祝日は除く]　www.ikumachi.com/

日頃お世話になっている皆様方にうれしい特典をご用意!!
古河林業 特販部　**家づくりなんでも相談**

1 無料敷地診断　敷地の形状、法規の調査、簡易地盤診断をさせていただきます。
2 無料プランニング 一級建築士によるプラン提案　二世帯、三階建て、変形敷地への設計をさせていただきます。
3 無料見積もり　本体・付帯工事・その他諸費用等も合わせてご提案いたします。
4 無料税金・法律相談　ローン控除、登記、相続税などご相談承ります。
5 無料不動産相談　いい土地探し、買い替えのお手伝いをさせていただきます。

お問い合わせ、資料請求は
古河林業 特販部丸の内ギャラリー
0120-70-1281 担当；高田
E-mail　e.tokuhan@furukawa-ringyo.co.jp
〒100-0005 東京都千代田区丸の内 2-2-3 丸の内仲通りビル1F
TEL.03-3201-5061(代) FAX.03-3201-5081　http://www.furukawa-ringyo.co.jp
東京・神奈川・埼玉・千葉・栃木・三重県にモデルハウスがございますので、ぜひお問い合わせください。
未来を開く古河グループ　古河林業株式会社

“住まいは、命を守るもの”。
ナイスは地震に強いマンション・高性能一戸建住宅を供給

赤羽初、免震マンション。
だから、今こそ、
「命を守る住まい」
という本質を。
www.nice-akabane.jp
免震 赤羽　検索

資料請求受付
「ナイスエスアリーナ赤羽」販売準備室
0120-714-013
営業時間／10:00～18:00　定休日／毎週水曜日

提携割引特典
●新築分譲住宅
●新築マンション
税抜本体価格の 2% 割引
一部地域除く

中古物件斡旋 売却／購入の特典
仲介手数料 20% キャッシュバック

長期優良住宅の4つの最高基準をクリアした家[※1]
最高等級 品質住宅　パワーホーム フェニーチェホーム
※1：長期優良住宅の認定基準外のプランもございます。

免震のマンション ナイス
ナイスは地震に強い免震マンションを供給しています。

NiCe ナイス　すてきナイス グループ
◆お問い合わせは　ナイス株式会社 住宅事業本部 営業推進部
Tel.045-501-5551
E-mail：teikei@nice.co.jp

防衛技術

夜戦を支配するツールに

赤外線暗視カメラがカラー化

敵、味方を瞬時に識別

友軍相撃や誤射回避も

夜間作戦が今後、劇的に変わるかもしれない。暗夜でも日中同様に見えるカラー赤外線（IR）カメラが一般化するからだ。シャープは世界初の超小型「監視用IRカラー暗視カメラ」を今月末から発売する。従来モノクロだったIR画像はカラー化により情報量が飛躍的に増える。この装備を装着すれば、相手を「色」で敵か味方か、瞬時に識別できるようになり、兵士も正確な射撃が行えるようになるだろう。

世界初 シャープが発売

シャープは「暗闇（0ルクス）の環境下でカラー撮影が可能な監視用赤外線カラー暗視カメラ」を11月28日から法人向けに販売を開始する。

同カメラ「LZ0P4210A」は全長180ミリ、直径83ミリ、重さ約940グラムで、産業技術総合研究所と共同開発したカラー撮像素子（130万画素CCD）を搭載、LEDの近赤外光を照射することでカラー撮影できる。

10月に千葉市・幕張で開かれた展示会「CEATEC」でその性能の一端が披露された。従来カメラと並べて表示されたカラーIRカメラの映像からは建物や車の色が良く分かり、視認性が向上しただけでなく、風景も奥行きが感じられる。ドライバーがこの暗視眼鏡を着けて運転すれば、無灯火でもより安心して操縦ができるだろう。

「今回はこの製品について新たな使用法を来場者の皆さんから提案していただきたく出展しました」とシャープ電子デバイス事業本部センシングデバイス事業部第1企画部副参事の堀田昌義さんは話す。

「暗視カメラは今後、カラー化で大きく変わると思います。さらなる小型化も進められていて、いずれスマートフォンに搭載できるくらいになるでしょう。撮影距離もLEDを増やせば100メートル以上に延び、夜間の動物観察などにも向くと思います」

シャープでは同カメラを防犯のほか、病院での患者の見守り、車内外モニタリングなどにも向くと見て、その製品化も目指しているという。

カラー化技術では集光率を高めてノイズを除去する高感度化や特殊カラーフィルターで色を分離する技術が取り入れられ、これを高速処理することで日中の可視光と同様の色合いが再現されている。

このカラーIRは軍事面でも大きな変革を起こすかもしれない。これまでの暗視眼鏡はモノクロのため、瞬時の人物の識別が非常に難しかったが、「色」が加わることで、軍服はもちろんのこと、肌や髪の色、所持品も容易に分かり、敵・味方・民間人を瞬時に識別できる。この結果、友軍相撃や誤射も回避されるだろう。

また衣服や肌が赤く染まっていれば、それが「出血」と分かり、緊急治療の指示もすぐに行える。

このカラーIR技術は今後、ミサイルのシーカーなど他の装備品のセンサーにも組み込めるかもしれない。これまでモノクロでしか認識できなかった目標がカラーで認識できるようになれば、センサーの精度はより高まる。近い将来、カラーIRは「夜戦を支配するツール」となるかもしれない。

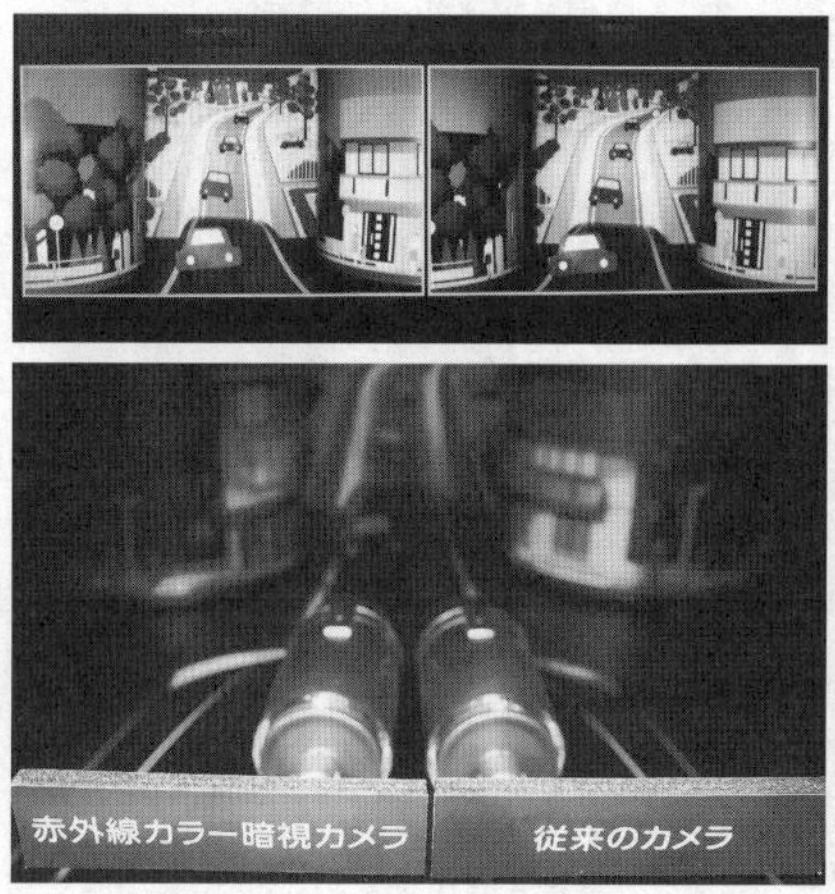

従来のIRカメラ（右下）とカラーIRカメラ（その左）で撮影された両者の映像の違い（上）。カラー化された映像では車両や建物の色も明瞭で、昼間と同様に細部の情報が得られる（幕張メッセで）

「CEATEC」会場で発表されたシャープの赤外線カラー暗視カメラ（幕張メッセで）

イラクで暗視眼鏡を着け、夜間作戦を行う米軍の兵士。モノクロ映像では瞬時の識別が非常に難しい

技術が光る >32<

携帯型サーチライト「ALPHA―1」 ジャパンセル

1.5キロ離れても新聞が読める

「非殺傷装備」の機能にも注目

身体でしっかりとホールドし、遠方の目標を照射できる災害救助用サーチライト「ALPHA―1」

フランスのパリでこの夏開かれた治安・防衛展示会「ユーロサトリ」では、初めて日本パビリオンが設けられた。ここで注目を集めたのがジャパンセル（東京都町田市）の携帯型LEDサーチライト「ALPHA（アルファ）―1」だった。

一見、「武器か?」と思わせる斬新なデザイン。これはレスキュー隊員が遠方の目標を確実に照射できるよう所持方法を追求した結果、小銃と同様の構え方になったという。

「1・5キロ離れた場所でも夜間、新聞が読めるほどの明るさです。光源のLED（80ワット）は車のヘッドライトの4～7倍の明るさがあり、固定式サーチライトに負けない明るさです。世界にこのタイプの携帯型探照灯はこれと南ア製のものしかありません」と同社の深澤篤社長は話す。

実はこの探照灯、海上自衛隊からの要求で開発されたもの。艦艇乗員や救難ヘリの搭乗員が夜間、洋上での捜索・救難活動に使えるよう機能を追求した結果、この形状となった。風雨が吹き荒れる悪天候の中、揺れる甲板からでも漂流者を照らし続けられるよう、所持しやすく、波をかぶっても壊れない完全防水となっている。

「ALPHA―1」はアルミと強化プラスチック製で、全長526ミリ、重さ3・9キロ（うちバッテリー1・2キロ）。照射角度は広角（14度）と、前方レンズを引き出す（全長612ミリ）「スポット照射（2度）」の2通りに使い分けることができる。光源は80ワットの超高輝度LEDで、連続点灯時間は50分。

このほか「点滅点灯モード」も選べる。バッテリーは充電式だが外部電源や拡張バッテリーも使用が可能だ。

防水・防塵機能は水に沈めても壊れない性能（IP66相当）を誇る。用途としては夜間の災害救助活動のほか、警備や監視、要人警護などに向いている。

さらに警察や軍の関係者が注目するのが同サーチライトの「非殺傷装備」としての機能。人に向けて使われた場合、相手はまぶしくて正面を向くことができないため、銃器を持った相手への防衛用装備ともなる。

サーチライトは小銃の射程より長い2キロ以上離れた場所から照射し続けられるため、相手の攻撃を抑止することも可能だ。

「海外の宿営地などに装備しておけば、夜間、近づいてきた不審者を追い返すこともできます。もし銃を持っていても、これで照射し続ければ、相手はまぶしくて狙えません。人を傷つけることなく、平穏に撃退することができるのです」と深澤社長。警察などが装備する「ゴム弾」や「催涙弾」よりも、問題ははるかに少ないという。

これに似た製品は他に南ア製のものがあるだけ。「ALPHA―1」はその半分の価格であり、競争力は断然高い。世界が注目するのもうなずける。同社では専用の固定用三脚や外部電源ケーブル、狙撃銃に連接する装置なども用意している。

世界の新兵器 471

対地ミサイル「CVS302ホップライト」（英）

UAVと連接、市街地戦に有効

欧州の軍事企業MBDA（本社・英ロンドン）は「ホップライト（Hoplite＝古代ギリシャの重装歩兵）」と名付けた長距離精密対地ミサイル「CVS302」の開発を進めている。

陸軍の砲兵隊や海軍の戦闘艦が市街地戦闘に使える対地ミサイルを独自開発するもので、最大の特徴は放物線を描いて着弾する砲弾に対し、CVS302は直上から目標を直撃できることである。このためビルの林立する市街地でも戦車などの攻撃が可能となる。また地中を貫き、地下司令部なども破壊できる。

CVS302は2系統の構想があり、いずれも上空に滞空させた無人機（UAV）や地上の観測員と組み合わせ運用される。都市目標に対応できる「ホップライトS」は90度の高仰角での攻撃が可能で、上空でミサイルから発射され、装甲を突き破り内部で爆発する侵撤弾頭が組み込まれる。

もう一つの「ホップライトL」は双方向のデータリンク機能を有し、目標の識別能力を高めるためにマルチモード・シーカーが装備される。

両ミサイルのサイズは、「S」が全長3・2メートル、重量120キロ、「L」は3・75メートル、重量135キロで、胴径は共に18センチ。推進装置はマッハ3以上を出せるエアターボ・ロケットで、射程は「S」が160キロ、「L」が140キロである。

垂直発射システムは英国で開発中の「CAMM（Common Anti-Air Modular Missile）」システムと同様のものが利用される予定。これは高圧ガスで打ち上げられ、空中で点火される「コールドラーンチ」方式で、車載化に適する。ミサイルは垂直に打ち上げられた後、目標に針路を取り、十字翼を制御しながら高速で目標に向かう。

ミサイルにはレーダー高度計、近接信管、セミアクティブレーザー誘導シーカー、3次元画像シーカーを組み合わせた装置が組み込まれ、複数のミサイルが発射された場合は空間の過密を避けるため、各指定ポイントを経由して飛翔する方式もとれる。

飛翔中は地上観測員や上空のUAVから最新情報を受けて目標に向かい、最終段階では画像シーカーなどで目標を確認、弾頭部からキネティック弾頭が発射される。

「CVS302」はミサイル砲兵隊のほか、海軍の戦闘艦にも装備化が可能で、これまで空軍の攻撃機が担っていた対地攻撃任務を陸・海軍も効率的に実施できるようになる。

柴田実（防衛技術協会・客員研究員）

車載ランチャーや戦闘艦から垂直発射される対地ミサイル「CVS302」。左が「ホップライトL」、右が同「S」。攻撃機の代替兵器としても期待されている（MBDA社のHPから）

技術屋のひとりごと

夢は叶えるもの 荒木 哲哉

先日、国産初のジェット旅客機であるMRJ（三菱リージョナルジェット）ロールアウト式典に参加する機会を得た。戦後初の日本国産旅客機であるYS11のロールアウトから52年。三菱重工業の大宮英明会長は「国産旅客機の復活は日本の夢」と述べ、「ようやく夢から現実へ」と続けた。白黒・赤・金の帯を纏い、MRJが会場にその雄姿を現した瞬間、日本の夢の大きさと、それが本当に現実化したという喜びで感無量となった。まずは、心より賛辞を申し上げたい。

我々、飛行開発実験団は現在、次期輸送機XC2の技術・実用試験を実施中である。XC2は航空自衛隊が現在運用中のC1輸送機の後継機であり、開発が進められている国産輸送機である。先日、約2年の開発延長が公表されたが、このXC2開発もC1開発から約40年の時間が経過している。40年という期間は航空機設計・製造技術の継承という観点からみれば、C1開発に携わった技術者が、その開発において培われた技術・教訓事項等の助言を今回の開発において与えられることができた、ギリギリの期間であったと考える。

航空機試験・評価を実施する部隊の長として言えることは、例え、いかなる先端科学技術をもって開発・製造しても、実際に飛ばしてみることで判明する問題点や技術的改善事項がある。失敗や経験、実績に裏打ちされた熟練の技術者・技能者なくして航空機開発は順調かつ円滑には進捗しないのである。

夢は見るものだけではなく、現実とし、叶えるものであると思う。近い将来、MRJやXC2が大空に自由に舞い、日本の誇れる科学技術、底力を世界に披露できるよう、航空機開発に携わる我々は一丸となって、今後さらに精進していかなければならないと自らに言い聞かせている今日この頃である。

（空自飛行開発実験団司令、空将補）

ひろば

師走、春待月、暮来月、極月――12月。1日映画の日、13日正月事始め、23日天皇誕生日、25日クリスマス、スケートの日、31日大みそか。

霜月まつり　長野県飯田市の上村・南信濃地域で深夜、複数の神社で神々を表現する面をつけた村人が湯の煮えた釜の周囲で踊りながら熱湯を素手ではね飛ばし、けがれを払う奇祭。　1～15日

大根焚き（千本釈迦堂）　京都市大報恩寺で行われる厄除け行事。鎌倉時代、高僧が釈迦の悟りを開いた日に大根に梵字を書いて魔除けにした故事にちなみ、境内で無病息災祈願の煮大根を有料で提供する。7、8日

戦時下のパイロットが現代にタイムスリップ

「未来の日本」への想い熱く

内田康夫原作「靖国への帰還」を舞台化

「名探偵・浅見光彦」シリーズの生みの親でベストセラー作家の内田康夫さんが2007年に発表した小説「靖国への帰還」が舞台化され、11月14日から3日間上演された。公演場所は内田氏生誕の地であり、浅見光彦ゆかりの地でもある東京都北区の滝野川会館。山下輝男元陸将（元5師団長）と海上幕僚監部の協力を得て完成した物語は、「戦時下」と「現代」の交錯を通じて、生きることや国を守る信念の是非を問うものだった。（文・写真　菱川浩嗣）

主人公「武者滋」を熱演する野口大輔さん（右）と「沖有美子」を演じる福嶋奈津さん（写真はいずれも11月14日、滝野川会館で）

「必ず還るぞ」――。ほとばしる絶叫が劇場を包んだ。舞台「靖国への帰還」（演出・深貢介さん）は、野口大輔さん演じる海軍厚木航空隊所属、夜間戦闘機「月光」のパイロット・武者滋中尉が主人公。武者が現代の海自厚木基地にタイムスリップして、首相、記者と対峙、靖国問題に真正面から向き合っていく物語だ。

演者は特定の劇団ではなく今年8月のオーディションで選ばれた17人。配役には海上自衛官もあり、現代で武者を出迎えた海自広報員役の田中3佐（下井顕太郎さん）や小山内3尉（山下恭平さん）は海幕協力の下で作製された海自制服のレプリカで登場。武者に現代の状況や厚木基地を説明した。

舞台あいさつに立つ出演者。右端は海自制服のレプリカを着た小山内3尉役の山下恭平さん

靖国問題で揺れる現代に衝撃を受けた武者は、自らの信念のもと持論を発信。しかし戦争遺族の一言に武者の心は大きく揺さぶられる。武者の苦悩と強い意志、淡い恋心、「月光」で出撃する勇ましさを野口さんは感情豊かに表現した。

ラストシーンで武者は、敵機米軍B29の大編隊が待つ過去に戻るため、絶叫しながら雷雲へ突っ込んでいく。戦友、"恋人"の沖有美子、そして未来の日本を想う魂の叫びが響き渡り、終幕。場内は静寂の後、出演者が整列すると堰を切ったように拍手が鳴り響いた。

あいさつで野口さんは「この公演がドラマ、映画と広がって、多くの人が靖国問題について考えるきっかけになれば」と語った。DVDの発売も検討されており、靖国問題を分かりやすく、物語で理解したい人必見の舞台だ。

主演・野口 大輔さんに聞く

国防や歴史 考える大切さ伝えたい

主演を務め、ドラマなどで幅広く活躍する俳優の野口大輔さんに、舞台に懸けた思いを聞いた。

――どういう意気込みで臨みましたか。

「歴史上評価が難しい問題を役者として表現し、観客に考えていただく責任を果たしたい一心でした」

――主演、そして武者役を演じるに当たって意識したことは。

「舞台は3度目の主演ですが2作品は特攻隊の話。中国にいた時、本をむさぼるように読んでから歴史が好きなので『武者』役に選ばれて光栄です。イメージした『武者』像に近づくために、稽古場以外は外出しないようにしていました」

――現代で夜間戦闘機「月光」に乗り「還るぞ！」と叫ぶラストシーン＝写真下＝を演じていた時の心境は。

「小説でも見解が分かれるシーンです。靖国神社に還りたいのか、過去で『生きる』ために還るのか。私は、武者は『勝つために還った』と解釈しました。軍人で敵を迎撃する以上、死ぬ覚悟はできている。でも武者が現代の日本を知り、戦後を生きるという『覚悟』が芽生え、靖国神社に祀られた英霊たちの思いも背負った。勝ちにいく思いで叫びました」

――舞台を通じて伝えたいことは。

「監修の山下元陸将から『自衛官も遺書を書く』ということを教わりました。現代では、私も含め『死』ということをあまり感じないですよね。そんな中でも一番自衛官が『死』と隣り合わせで任務に当たっている。懸命に生きた先人の精神を"継承"する自衛官に守ってもらっていると改めて実感します。国防や歴史に対して、他人事と思わずもっと関わっていく大切さを考えるきっかけになれば幸いです」

「永遠の0」プレミアムコレクション　12月16日から全国のコンビニで

UCC上島珈琲は12月16日から、小説『永遠の0』に登場する海軍航空隊機フィギュアが缶コーヒーの"オマケ"として付いてくる「『永遠の0』プレミアムコレクション」を全国のコンビニエンスストアで実施する。

昨年10月の同キャンペーンで好評を博したことから第2弾を企画。対象の「UCC BLACK無糖」2本に景品1個が付く。

主人公・宮部久蔵が搭乗する零戦をオリジナル塗装して展開するほか、小説に登場する有名パイロットの機体6種類をラインアップ。付属のリーフレットには登場シーンや舞台となった要地でのエピソードを収録している。

零戦二一型
主人公・宮部久蔵搭乗機

景品は組み立て式で、細部まで忠実に再現。UCCでは「『永遠の0』ファンだけでなく、多くの方々に満足してもらえるのでは」としている。

マイヘルス Q&A

肩関節脱臼

上腕骨頭がずれて痛み
術後のリハビリが重要

Q　肩関節脱臼とはどんなケガですか。

A　いわゆる「肩が外れる」ことを肩関節脱臼といいます。肩関節は丸い上腕骨頭と肩甲骨関節窩という受け皿から成り立っていますが、「肩が外れる」と受け皿から上腕骨頭がずれて関節の適合性が失われるため、激烈な痛みを伴います。動かしているうちに自然に元に戻ることもありますが、完全に脱臼して戻らない場合は、直ちに整復をしなければなりません。

Q　肩が脱臼したら、まずどうしたらよいですか。

A　ケガをした腕を他人に引っ張ってもらいながら徐々に脇を開くように外転させていくと比較的容易に整復できます。この際に体ごと引っ張られないように腋の下に手や足を置いてしっかりカウンターをかけておくことが重要です。

この方法は、「正骨範」（二宮彦可著1806年）に記載されているもので、簡便でかつ整復率が高いので筆者は愛用しています。

Q　肩が外れると癖になりますか。

A　脱臼が整復できた後は約3週間の固定を行い、患部の治癒を図りますが、それでも66～94％の患者は脱臼が癖になる反復性肩関節脱臼に移行するといわれています。2回以上脱臼するとまず自然治癒は期待できず、最終的には手術を行うしかありません。

Q　手術はどのようなことをするのですか。

A　最近では関節鏡技術の発展に伴い、1センチ程度の傷が3カ所で済む鏡視下手術が推奨され、世界的に普及しています。自衛官で鏡視下肩関節制動術を受けた患者59例の術後成績を調査したところ、95％が訓練復帰しており、再脱臼率はわずか3・2％でした。ただし、術後のリハビリが極めて重要で、全てのスポーツや訓練復帰は術後半年かかります。

Q　自衛隊病院で治せますか。

A　自衛隊中央病院では2003年から14年にかけて約150例の肩関節脱臼の鏡視下手術を行っています。自衛官で肩が外れやすいと、格闘訓練や体力検定などに支障をきたすため、業務上問題となることがあります。肩が外れやすくてお悩みの方は、早期に自衛隊中央病院の整形外科を受診して医師に相談されることをお勧めします。

中央病院整形外科　津田　悦史

大統領暗殺で翻弄される人々

今もなお多くの謎が残る米国第35代大統領ジョン・F・ケネディ暗殺事件。この事件を新たな視点から描いた映画『パークランド　ケネディ暗殺、真実の4日間』が11月19日、ブルーレイ＆DVDとなって登場した。

本作品は、大統領暗殺事件で人生を翻弄された人たちが、それぞれの立場で苦悶する姿を描いたヒューマンドラマ。

大統領が運び込まれたテキサス州ダラスのパークランド・メモリアル病院。血まみれの大統領を目の当たりにした新人研修医は、ジャクリーン夫人やシークレットサービスらが見守る中、最後まで救命処置を施す。

発売元：「パークランド」パートナーズ／販売元：ポニーキャニオン。© 2013 Walleye Productions, LLC. All Rights Reserved.

生地店を営む男性は、8ミリカメラでパレードを撮影。偶然にも銃撃の瞬間をカメラに収めてしまう。

シークレットサービスのダラス支局長は、現役大統領銃殺という前代未聞の事態に直面し、事件解決のために奔走する。

容疑者逮捕のニュースを聞いたFBI捜査官は、別件でマークしていた男だと知る。そして、一夜にして普通の暮らしを失ってしまった容疑者の兄――。

監督は、ジャーナリストで小説家のピーター・ランデズマン。本作品が初監督となる。製作は2年連続アカデミー賞を受賞した名優トム・ハンクスと『マンマ・ミーア！』などの製作に携わったゲイリー・ゴーツマンが務める。

価格はブルーレイが本体価格4700円＋税、DVDが本体価格3800円＋税。

◇読者プレゼント◇
DVDを3名様にプレゼント。〒160―0002東京都新宿区坂町26の19 KKビル 朝雲新聞社営業局まで。12月末日締め切り。

BOOK NOW　私が読んだ この一冊

野中郁次郎著「史上最大の決断」（ダイヤモンド出版）
中央即応集団司令部報道官広報係長　紀田知樹1陸尉　32

著者は、大東亜戦争における日本軍の敗因について分析した「失敗の本質」を書いた一人である。本書はノルマンディー上陸作戦を題材に、同作戦およびこれを成功に導いたリーダーたちの実践知について書かれたものである。

経済書として書かれたものだが、歴史書としても読むことができる。

厳しい状況の中で、その時々に応じて最善の判断・決心を求められる我々自衛官にとって、本書に記述されているリーダーたちの実践知は参考になるものであり、ぜひご一読ください。

ロバート・L・ウォルク著「料理の科学」①②「続・料理の科学」①（楽工社）
海上幕僚監部防衛部施設課　加藤規孔1海尉　33

著書はアメリカ化学会から、「化学を分かりやすく伝えた功績」として賞を受けたベストセラーです。

料理をすれば自然と出てくる疑問に対して、化学の予備知識が無くても理解できるよう解説するだけでなく、こうした疑問を踏まえた上での調理法、保存法、料理レシピが記載されているのが特徴です。

子供の「理科離れ」がいわれて久しいところです。本書と教科書を手に取り、身近な台所から、親子で楽しんでみてはいかがでしょうか。

藤原正彦著「日本人の誇り」（文春新書）
第83航空隊司令部（那覇）　小西輝英1空尉　34

日本の歴史や自分たちの祖先を尊敬できなければ、日本人としての誇りをもって行動することは困難である。海外に対し官民にかかわらず日本を積極的に発信している今、日本人としての自分の国に対して自信と誇りをもって行動することが必要だ。

幕末から昭和に至る歴史を徹底検証する本書を読めば、今までとは違った視点で歴史を確認することができるだろう。

隊員愛読書ベスト5

＜入間基地・豊岡書房＞
❶60分で名著快読　クラウゼヴィッツ『戦争論』　川村康之著　日経ビジネス人文庫　¥972
❷自衛隊に学ぶメモ術　松尾喬著　マイナビ新書　¥918
❸子供たちに伝えたい日本の戦争　皿木喜久著　産経新聞出版　¥1404
❹フォルトゥナの瞳　百田尚樹著　新潮社　¥1728
❺掟上今日子の備忘録　西尾維新著　講談社　¥1350

＜防衛省・三陽堂＞
❶海上自衛隊艦艇と航空機集　平成26年度版　海上自衛新聞社　¥896
❷リブート！　福田和代著　双葉文庫　¥650
❸ささらさや　加納朋子著　幻冬舎文庫　¥617
❹小野寺の弟・小野寺の姉　西田征史著　幻冬舎文庫　¥583
❺Defense of Japan 2014　防衛省・自衛隊監修　アーバン・コネクションズ　¥6480

＜神田・書泉グランデミリタリー部門＞
❶髙荷義之 鋼の超絶技巧画報　堀江あき子編　河出書房新社　¥2052
❷南海の海鷲たち南西方面の日本海軍航空隊　佐藤暢彦ほか解説　大日本絵画　¥4320
❸機械化小松崎茂の超兵器図解　スタジオ・ハードデラックス著　ほるぷ出版　¥3456
❹図解戦闘機の戦い方　毒島刀也著　遊タイム出版　¥1620
❺ガールズ＆パンツァーもっとらぶらぶ作戦です！3　弐尉マルコ著　メディアファクトリー　¥545

＜トーハン調べ10月期＞
❶ハイキュー!!ショーセツバン!!4　古舘春一・星希代子著　集英社　¥702
❷妖怪ウォッチようかいだいずかん　ともだちだいしゅうごう！　妖怪ウォッチ製作委員会監修　小学館　¥864
❸毎日かあさん11 息子国外逃亡編　西原理恵子著　毎日新聞社　¥905
❹モンスターハンター4G N3DS版最速解禁！ギガンティックGスターターガイド　Vジャンプ編集部編　集英社　¥1512
❺フォルトゥナの瞳　百田尚樹著　新潮社　¥1728

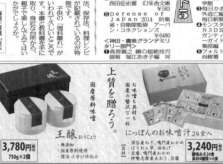

派米実射ASP 重ねた絆

50年、延べ670回

米軍基地で記念行事

【高射校＝下志津】米国におけるホーク・中SAM部隊実射訓練（ASP）が昭和40年1月の初射撃から今年度で50周年を迎え、高射学校は11月7日、米テキサス州のフォートブリス陸軍基地で50周年記念行事を行った。

ASP50周年記念式典であいさつする飯盛高射学校長（左）＝米フォートブリス陸軍基地で

公開訓練で発射された中SAM

地対空誘導弾「ホーク」、中SAM（中距離地対空誘導弾）の実射を行うASPは、昭和40年1月の第1高射特科群（東千歳）の初射撃に始まり、これまでに延べ約670回実施されている。

全国の7個高射特科群など各部隊の対空戦闘能力を向上させるとともに、日米の同盟の強化にも寄与してきた。

記念行事は現在実施中の今年度ASP（9月24～12月19日、ニューメキシコ州・マクレガー射撃場）の中で実施。式典に先立って訓練公開も行い、高射部隊の約60人のOBらも見守った。

記念式典は飯盛進高射学校長が主催。陸幕、米陸軍の関係者や来賓約260人が出席した。

祝辞で鈴木純治陸幕副長はASP訓練の意義、米国と、隊員を受け入れているホストファミリーへの謝意を示し、「本訓練が将来にわたって行われ、日米両国の絆が一層深まり、強固なものとなるよう期待します」と語った。

祝辞後、飯盛学校長が米陸軍防空学校などに対し、感謝状を贈呈。鈴木副長が主催して行われた祝賀会では、岩田陸幕長からの感謝状が第1機甲師団副長らに贈られた。

空自初の「スポーツ栄養士」

小山技官が難関突破

千　歳

【千歳】空自千歳基地で管理栄養士を務める小山奈緒美技官（47）＝2空団業務隊・写真＝は10月1日、難関の「公認スポーツ栄養士」の認定を受けた。

スポーツ栄養士は、競技者に対する栄養管理・マネジメントを行える栄養士。

現在、全国で126人、北海道では6人が認定されている。自衛隊員で認定されたのは2人目で、空自では初めて。

小山技官は2空団持続走大会で出場者への栄養指導を行ったのをきっかけに、スポーツ栄養士を目指し始め、仕事や家事、子育ての合間を縫って、受験のための勉強を続けた。

2010年11月と翌年6月、11月には4、5日間ずつ、受験のために必要な「スポーツ栄養士養成講習会」（日本スポーツ栄養学会などが実施）を東京都内で受講。

当時高校生と中学生の2人の子供（一女一男）を自宅に残し、単身上京しての参加で「気になることも多かった」が、計3回の講習を無事に修了。今年1月、神奈川県内の大学で行われた試験を突破し、合格を果たした。

難関の資格を手に入れた小山技官は「（業務を通じ）正しい栄養知識や健康管理への認識を広めたい」と語り、「（2020年の）東京オリンピックにも何らかの形で携わりたい」と抱負を話している。

大学生らの体験学習を支援

八戸駐屯地

【陸八戸】八戸駐屯地はこのほど、地元の中高生、大学生らの体験入隊・学習を行った。

八戸学院大の学生4人の体験入隊は、昼・夜間の歩哨訓練に重点を置いて実施。百石高校の生徒8人、百石、島守両中学校の生徒計8人の体験学習では、格闘訓練、装備品装着などを行った。生徒からは「自衛隊に入りたいと思った」などの声が聞かれた。

静浜基地視察の齊藤空幕長

カメラ店の"おねえさん"と

35年ぶり再会

【静浜】齊藤空幕長は11月6日、静浜基地での部隊視察を終えて立ち寄った基地厚生センターで、カメラ店の"おねえさん"と約35年ぶりの懐かしい再会を果たした。

フライトコース在籍時、シゲムラカメラ店に通っていたことを思い出した空幕長。松尾洋介11飛教団司令に案内されて同店を訪れると、店主の繁村久子さんが出迎えた。

「昔、小柄できれいな方がいて、よく写真を現像してもらったものです」と空幕長が話しかけると「それは私です。あなたの顔は覚えていますよ。お得意様でしたからね」と繁村さんは笑顔で応えた。

繁村さんは結婚後、夫が経営するシゲムラカメラの静浜基地内の店舗で働き続け、35年以上"売店のおねえさん"として隊員たちから親しまれている。時には隊員の相談に乗り、叱咤（しった）激励もする名物"おねえさん"だ。

売店の奥には、繁村さんに感謝の気持ちを込め、各フライトコースから贈られた色紙が壁に貼られている。齊藤空幕長は自身が在籍していた時（1980年ごろ）のコースの色紙がないことを知り、色紙にメッセージを書き込んだ。

「80B（ブラボー）を代表して、ありがとう」と35年の時を経て書かれた色紙は、店に大切に飾られている。

35年ぶりの再会を喜ぶ齊藤空幕長（右）と繁村さん（中央）。左は松尾司令＝11月6日、静浜基地で

スペシャルオリンピックス開く

スポーツと絵画で交流

米軍嘉手納

沖縄・米軍嘉手納基地（第18航空団）は11月8日、市民らを招いて恒例の「嘉手納スペシャルオリンピックス」を開催した。

地域親善、住民との交流を目的に米空軍第18航空団が2000年から開催し、今回で15回目。スポーツ競技のほかに絵画展も行っており、今年は約1500人が参加した。

開会式ではジェームズ・ヘカー第18航空団司令官が「大会に関わる全ての皆さまの人生が豊かになることを心より願っています」とあいさつした。来賓としてキャロライン・ケネディ駐日大使も訪れた。

会場はバドミントンや400メートル走・同リレー、車いす50メートル走などスポーツ種目と、絵画展を楽しむ市民らで終日にぎわった。

「嘉手納スペシャルオリンピックス」の徒競走で競う日米の参加者（11月8日）＝嘉手納基地ホームページから

「みちのくアラート」に参加

青森5普連

【5普連＝青森】連隊は11月6～9日、「みちのくアラート2014」の東北方面隊震災対処訓練に参加、震災対処能力の向上を図った。

訓練には地元住民らを含む約1万3000人が参加、連隊からは約500人が加わった。

総合訓練（宮城三陸沖震災対処訓練）では、岩手県住田町中央体育館に連隊指揮所を、同陸前高田市役所に前方指揮所を開設。陸前高田市の沼田漁港跡地では2中隊が捜索・救助要領を展示した。

青森県庁などで行われた青森県原子力防災訓練には連隊主力が参加、自治体、県警と連携して避難住民の輸送を行った。

（上）青森県原子力防災訓練で住民を避難させる5普連隊員（11月8日）（下）職場体験学習で天幕展張を体験する中学生（出雲駐屯地で）

中学生の職場体験学習を支援

出雲駐屯地

【出雲】出雲駐屯地はこのほど、出雲市の浜山、斐川東両中学校の生徒の職場体験学習を行った。

13偵察隊が担当し、基本教練、体力検定課目、天幕展張、有線構成・野外電話機通話、救急法などを実施した。

体験した生徒からは「（優しく接してもらい）自衛隊の印象が変わった」などの声が聞かれた。支援した隊員は「参加した生徒の中で1人でも多くの子が入隊してくれれば」と期待を寄せた。

小休止

▽…呉教育隊第121期初任海曹課程の学生20人は10月19日、呉市で行われた「朝鮮通信使再現行列パレード」に参加、みこしの担ぎ手を務めた。

▽…パレードは江戸時代の武士が朝鮮通信使の一行をもてなした様子を再現。学生らも武士を思い起こさせるちょんまげとそろいのはんてん姿で臨んだ＝写真。

▽…従事官が乗る重さ約300キロのみこしを20人が力を合わせて担ぎ、安芸灘を望む県道1・2キロを約2時間かけて練り歩き、日韓友好にも一役買った。（呉）

こちら警務隊

☎ 8・6・47625

気の緩みが盗難の原因 基本的事項を忘れずに

「営内における金銭管理」について、教育指導をします。盗難の「原因」と「対策」について教えて下さい。

盗難は、金銭などを少しの間だから大丈夫だと思い、人目に着く場所に放置したり、保管されている場所が未施錠といった原因で発生していることがほとんどです。

これらの対策としては「少しの間でも必ず施錠をする」「鍵は肌身離さず携行する」「通帳、印鑑およびカードを別々に保管する」などの金銭管理を習慣づけたり、暗証番号を他人に絶対に教えないなどの基本的事項に留意することが重要です。

（警本＝市ヶ谷・田口1曹）

みんなのページ

新たな希望抱き慰霊飛行

防衛省・自衛隊60周年「航空観閲式」に参加して

会社員　前田　麻夕己（長崎地本防衛モニター）

航空観閲式の慰霊飛行で、編隊から離れて上昇していくF15戦闘機（上）

滑走路に響くエンジンの音、身体に伝わる振動、轟音と共に風を切って飛び立つ航空機。目を閉じると今でも鮮明に思い出されます。10月26日。私は茨城県の百里基地で行われた防衛省・自衛隊60周年の「航空観閲式」に参加させていただきました。

「おはようございます。シャトルバス乗り場はこちらです」。吐く息も白い早朝、航空自衛隊の方々の爽やかな笑顔と元気な声が石岡駅に降り立った私を迎えてくれました。

背筋がピンと伸びていて、とても凛々しく、すごく眩しかったです。初めての土地で不安もありましたが、優しく声をかけていただいて不安も吹き飛び、すごく安心したのを覚えています。

被災地に駆け付けた自衛隊員と接した被災者の方々が「自衛官さんの姿を見ただけで安心した」と話すのをテレビで見たことがありますが、本当にそうであると私も感じました。

いよいよバスで百里基地へ。いつか訪れてみたいと夢に描いてきた念願の場所です。足を踏み入れた瞬間、感動して身体が震えました。駐機場にはF4EJ改戦闘機をはじめ、海自のSH60J哨戒ヘリ、陸自のAH1S対戦車ヘリなどたくさんの航空機が展示されていました。その中には米海兵隊のMV22オスプレイと日の丸が描かれた空自の次期戦闘機F35Aの実物大模型もありました。

観閲式ではF15戦闘機による慰霊飛行や、陸・海・空の主力機による観閲飛行がありました。政府専用機や捜索救難機など見るのは初めての機体ばかりで感動の連続でした。また、観閲官の安倍首相がボタンを押すと2機のF15が緊急発進しました。その速さと対応の素早さに、ただただ驚くばかりでした。

ブルーインパルスを生で見たのも初めてで、素晴らしい展示飛行に心を奪われ、大ファンになってしまいました。そして17機のT4練習機による大空に「60」の文字を描きながら飛行する姿にも感動しました。

中でも一番印象に残っているのが慰霊飛行です。このような飛行を私は全く知らなかったのですが、アナウンスが教えてくれました。

「職務遂行中に殉職された隊員に対し哀悼の意を表し、残されたご遺族、同僚、部隊が故人を偲び、悲しみを乗り越え、新たな希望を抱くことを願うための飛行です」と。

これを聞いた時、自衛隊員が命懸けで任務に携わっていること、お互いを尊敬し合っていること、そして関係するすべての人を大切にしていることが分かり、とても素晴らしい組織だと改めて感じました。

慰霊飛行では4機のF15が現れ、そのうちの1機が編隊を離脱して上昇していくのですが、この機が「天に昇る魂」を表現しているとのことでした。雲が低く垂れこめている中での飛行で、編隊を離脱した1機が上昇していき雲の中に吸い込まれていきました。その瞬間、本当に命が失われてしまったような気がして涙がこぼれました。日本の平和な空を守るために命懸けで頑張っている人たちがいるということを決して忘れてはいけないと強く思いました。

この素晴らしい式に参加する機会を与えてくださった長崎地方協力本部の方々に深く御礼申し上げます。そして「空の守護神」である航空自衛隊の皆様へ。命懸けで平和な空を守ってくれている皆様のおかげで、私たちは毎日美しい空を見ることができ、その下で安心して暮らすことができています。「蒼き空を明日へつなぐ」。これは航空自衛隊だからこそできることです。私は皆さんをずっと応援していきます。

御嶽山災派で陸自ヘリを支援

山岳気象を的確に観測

1陸尉　森　将則（東方管気隊2派遣隊・滝ヶ原）

御嶽山（後方）の噴火災害で派遣された東方管気隊2派遣隊の車両

東部方面管制気象隊第2派遣隊は10月3日から10日まで、陸自の御嶽山噴火に伴う災害派遣で、行方不明者の捜索に当たる第12ヘリコプター隊の支援を行った。

陸自は御嶽山上空でヘリコプターが安全に飛行できるよう、第2次管制気象支援班（総員6名、立川所在部隊との混成）を現地に設置、当隊からも気象班長と航務陸曹を派遣し、昼間は御嶽山麓の松原スポーツ公園で、夜は松本駐屯地で活動した。

陸自捜索部隊は日の出と同時に作業を開始するため、支援隊も行動を共にし、未明に松本を出発して現地に進出、変化に富む3000メートル級の山岳気象を迅速・的確に観測し、データを関係部隊に通報した。

また、日中は航空機の運航状況を正確に把握し、こちらも適時通報し、航空安全の確保と捜索部隊の任務達成のため尽力した。

派遣隊員も陸自の偵察ヘリや捜索部隊空輸ヘリに同乗し、上空から気象などの情報を収集。噴煙を上げる御嶽山を目の当たりにし、また雨で泥濘化した中で必死の捜索に当たる隊員たちの姿を前にして、現地ならではの貴重な体験を得ることができた。

派遣期間中は台風による強風や豪雨などの天候不順に悩まされ、隊員は睡眠時間もままならない状況で任務に当たったが、1件の問題も生起させることなく任務を完遂した。隊員の練度の高さと連帯感、さらに個々の隊員の使命感や責任感を感じさせてくれた支援活動であった。

有意義だった宮崎地本での臨時勤務

海士長　松浦　希望（佐世保警備隊港務隊）

私は佐世保の部隊で機関科員として勤務していましたが、このたび宮崎地方協力本部の日向地域事務所で臨時勤務を行いました。

地本勤務は初めてで、最初の頃は来客や電話の対応で戸惑うことが多々ありました。特に大変だったのが高校生や民間の方への募集説明会です。私も一部を担当しましたが、部隊勤務とはまったく異なり、私自身、人前に立つのが苦手でとても緊張しました。

しかし何度も人の前に立ち、「どうすれば相手に分かってもらえるだろうか」「もっと丁寧な教え方はないだろうか」と自問し改善策を見いだしているうちに、徐々にどう話せばいいか段々と分かるようになりました。

地域事務所ではこのほか艦艇が入港した際の広報支援などで多くの人と接する機会がありました。いろいろな人と一緒に仕事できたことはとても有意な経験であったと思います。

この地本での経験を部隊生活にも生かし、今後は自衛官だけでなく部外の方々とも交流することのできる自衛官になりたいと思います。

（世界の切手・オーストリア）

人間は行動した後悔より、行動しなかった後悔の方が強く残る。

トーマス・ギロビッチ（米の心理学者）

朝雲ホームページ
www.asagumo-news.com
<会員制サイト>
Asagumo Archive
朝雲編集局メールアドレス
editorial@asagumo-news.com

新刊紹介

「韓国人の研究」

黒田　勝弘著

韓国をとことん知りつくし、そして楽しむための本だ。

日本にとっては領土をめぐる確執や従軍慰安婦問題などで、感情的には、ちょっと遠ざけたい国になっているが、本書からは、日本人も実は韓国を心底憎めず、韓国人も日本が気になって気になって、結局は好きなんだ、ということがじんわり伝わってくる。

記者としてソウル滞在が長い著者の機知に富むエピソード&洞察の数々は、痛快で一気に読ませてしまうが、韓国を描写することによって、実は韓国人を鏡にした日本人も透けてみえる。

ソウルのスタバなどで流行する若い女性の壮観な〝太もも軍団〟からは、儒教的秩序意識の衰退を見て取るが、一方で、若い男性の礼儀と言葉遣いのさわやかさは、2年間の軍隊生活で身に付けた社会的マナーのおかげだという。

その韓国男性はキム・ヨナより浅田真央に魅力を感じるらしい。そのゆえんが、キム・ヨナにみる韓国女性のシャーマン気質にあるというくだりは、韓国女性論としても興味深い。

（KADOKAWA刊、864円）

「ブルーインパルスの科学」

赤塚　聡著

1964年、東京オリンピックの開会式で上空に〝五輪〟を描いて以来、空自ブルーインパルスは数々の歴史的イベントで華麗な編隊曲技飛行を成功させてきた。なぜ彼らは美技を披露できるのか。その秘密を元F15戦闘機パイロットの著者が解き明かす。

第1章では現在のT4ブルーにまつわる素朴な疑問の数々に答える。パイロット、機体デザインの選抜や一糸乱れぬ隊形維持の秘訣など、壮大な飛行の舞台裏を知ることができる。さらに第2章でT4の機体全体やコックピットの写真を解説し、専用機としての改修ポイントなど飛行を支える綿密な構造を理解することができる。

そして第3章で書名の「科学」が示す通り、飛行で生じる力の法則と機動の原理を分かりやすくひも解く。物理学的観点から飛行を理解することで、操縦光景が目に浮かび、理解がより深まる。

全章を通じて紹介される写真は、著者が航空機に同乗して撮影したものを含め、迫力満点。3次元の図も相まって、曲技飛行の秘密を立体的に理解できる。読後にブルーの飛行を観に行けば、新たな感慨をもって楽しめるだろう。

（SBクリエイティブ刊、1080円）

新春号の作品を募集

本紙では平成27年新春の「みんなのページ」を飾る読者の皆さまの作品を募集しています。

◇エッセー　新春にふさわしい内容のもの。テーマは自由。1編600字から1200字程度。

◇漫画・イラスト　はがき大の用紙に鉛筆かペンで。CGも可。

◇写真　各地の正月行事など新春にふさわしいもの。

締め切りは12月19日（金）。送付先は〒162―8801東京都新宿区市谷本村町5―1防衛省市ヶ谷記者クラブ　朝雲新聞社「新春作品」係まで。Eメールは朝雲編集局メールアドレス（editorial@asagumo-news.com）へ。

朝雲新聞社

「人との絆の大切さ」を発信

1陸士　岩元　叶（3飛行隊通信班・八尾）

「人との絆」を感じることとは「大切で幸せなことだ」と私は最近感じるようになりました。

私は人間関係でこれまでどこか冷めている部分があり、他人とあまり積極的に関わることをせず、仲の良い友人とも距離を置いて付き合う人間でした。

そんな私が自衛官という仕事に就き、組織の中で勤務しているうちに「他の人と本音でもっと話してみたい、もっといろいろな人と出会ってみたい」と思うようになりました。

きっかけは新隊員前期教育隊での生活です。出身も性格も全然違う人たちと同じ空間で時間を過ごし、厳しい訓練や教育、そして楽しい時間を共有するうちに、「この人たちと出会えて良かった」と心の底から思えるようになったのです。

人は誰かに支えられ、また誰かを支えながら生きています。人の痛みを自分の痛みとして感じられることが本当の優しさであり、愛情でもあり、そうやって支え合うことが「絆」であると私は気付きました。

自衛隊での生活は「絆」の大切さを教えてくれ、私を成長させてくれました。そしてこれこそ自衛隊の中で絶対的な力となるものであり、強さだと思います。

まだまだ未熟な私ですが、これからも自分を鍛え、人を愛する心を養い、もし災害派遣に出動するようなことがあれば、「人との絆の大切さ」を周囲にも発信していきたいと思います。

OBがんばる

前向きな人生設計必要

出井　一夫さん　62
平成19年9月、海自鹿児島試験所音響評価科長を最後に定年退職（2佐）。ALSOK鹿児島綜合警備保障に再就職し、現在、鹿屋支店長。

私は鹿児島地本就職援護センターと鹿屋航空基地就職援護室のご尽力により平成19年10月にALSOK鹿児島綜合警備保障に入社し、現在、鹿屋支店長として勤務しています。

弊社はALSOKのグループ会社として、鹿児島県内一円に安全・安心を提供している警備会社であり、川内原子力発電所や鹿児島空港といった重要施設や現金輸送などの警備業務を提供しています。さらにホームセキュリティーなど個人家屋の安全・安心にも貢献しています。

弊社に再就職し、これまで勤務してこられたのは自衛隊で培った不撓不屈の精神力と体力、そして監理業務と不測事態に備えた危機管理に携わってきた結果であると実感しています。また、自衛隊援護室と連携し、よく話し合えたことで、スムーズに再就職先が決まったと考えています。再就職に備えた「中級管理者講習会」でのアドバイスやご指導も大きかったと感謝しております。

さて、警備会社のサービスの基本は「優秀な人材」です。ALSOKでも多くの自衛隊OBが「OBとしての誇り」と「社会の安全に貢献したい」との強い信念を持って仕事に当たっています。

皆さんも定年後の生き生きとした人生を送るため、ぜひ我々と一緒に頑張ってみてください。そのためには健康な心身と前向きな人生設計が必要です。私も皆様のお役に立てればと思いながら頑張って参ります。

詰将棋

第685回出題

出題　日本将棋連盟　九段　石田　和雄

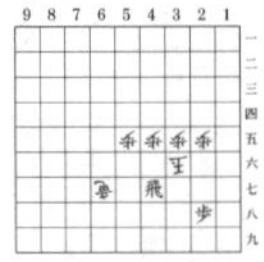

▲先手　持駒　角

【ヒント】中段玉の珍しい形。まず初手が急所（10分で初段）。

▶詰碁、詰将棋の出題は隔週です◀

詰碁

第1100回解答

出題　日本棋院　九段　曲　励起

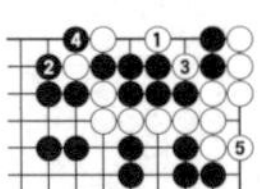

【解答図】白先、白活。白①が大切です。黒❷白③黒❹の時白⑤で活きます。

朝雲

発行所 朝雲新聞社
〒160-0002 東京都新宿区坂町26番地19 KKビル
電話 03(3225)3841
FAX 03(3225)3831
振替00190-4-17600番
定価一部140円、年間購読料9000円（税・送料込み）

主な記事

2面 海幕、永年勤続優秀11隊員を顕彰
3面 海自遠洋航海部隊の156日間
4面 〈部隊だより〉名古屋まつりに出陣
5面 〈訓練〉原発事故など想定し防災訓練
6面 〈募集・援護〉防大・防医大1次試験
7面 JMAS、ラオスの不発弾処理終了
8面 〈みんなのページ〉防災訓練に参加

エボラ対策 自衛隊機を派遣

KC767ガーナまで 防護具2万セット空輸

防衛省は11月28日、西アフリカで感染が広がるエボラ出血熱への対応策として、国際緊急援助隊派遣法に基づき、防護服などの個人防護具2万セットを空自機でガーナの首都アクラまで空輸することを決めた。12月5日に防衛省から4人の隊員を現地調整所要員として派遣、6日には1輸空のKC767空中給油・輸送機が防護具を搭載して小牧基地を出発し、8日に現地に到着する予定。江渡大臣は28日の記者会見で「自衛隊機による輸送は政府全体の取り組みの一環として、迅速性、確実性の観点から大変意義がある」と述べた。

防衛会議で空自機による個人防護具の輸送を決める江渡大臣（右奥）＝11月28日、防衛省で

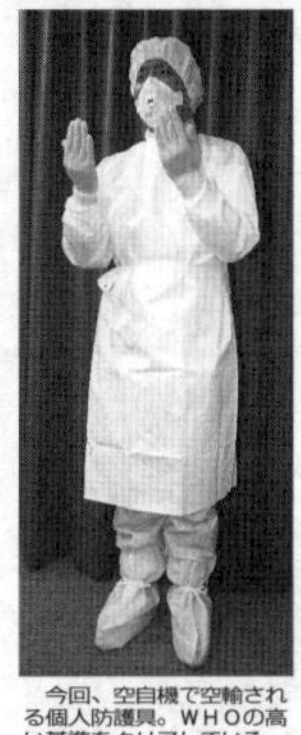

今回、空自機で空輸される個人防護具。WHOの高い基準をクリアしている

防衛相「迅速、確実に運ぶ」

感染の拡大に伴い11月26日、国連エボラ緊急対応ミッション（UNMEER）は日本政府に対し、現地の医療従事者が感染防止のために着る防護具の「迅速かつ確実な輸送」を要請。28日、岸田外相と協議した江渡防衛相は同日の防衛会議で「自衛隊部隊の派遣により、効果的な活動を行い得る」と判断し、自衛隊に派遣命令を出した。

エボラ出血熱への対応で自衛隊が西アフリカに派遣されるのは初めて。活動期間は11月28日から12月11日までの間を基準とし、臨機応変に対応する。

これを受けて防衛省では直ちに大臣直轄の「現地調整所」（吉浦健志1陸佐以下4人）と、航空支援集団司令官隷下にKC767空中給油・輸送機を運用する「西アフリカ国際緊急援助空輸隊」（1輸空隊司令の野中盛空将補以下10人）などを編成した。

空輸隊のKC767は6日に2万セット（約10トン）を搭載して小牧基地を出発後、モルジブのマレ、アフリカのジブチを経由してアクラまで空輸する。ガーナから、感染が広がっているリベリアとシエラレオネまでの輸送は国連が担う。

一方の現地調整所要員はアクラのUNMEER本部で外務省や国際協力機構（JICA）の職員と連携し、UNMEERや関係機関などとの調整に当たる。

エボラ出血熱は11月末現在、リベリア、シエラレオネ、ギニアの流行3カ国を中心に依然、猛威を振るっており、世界保健機関（WHO）によると、3カ国の感染者数は1万6000人以上、死者数は6900人を超えたという。

エボラ出血熱の致死率は50パーセント以上と極めて毒性が高く、エボラウイルスに感染すると1週間程度の潜伏期間の後、高熱を発して嘔吐（おうと）や下痢などの症状が表れ、最後は全身から出血して死に至る。

国連は今年9月、アクラにUNMEERを設立した。安倍首相は同月の国連総会の演説の中でエボラ熱対策支援を表明。日本政府が供与する約70万セットのうち、2万セットを空自機で早急に輸送し、残りの68万セットは民間機で輸送する。

日本が議長国に就任

インドネシアでアジア太平洋後方補給セミナー

成果・サービス部門で3年間 統幕首席後方補給官ら出席

米太平洋軍が主催する「アジア太平洋地域後方補給セミナー（PASOLS※）」が11月4日から6日まで、共催国のインドネシアで開かれ、日本から統幕首席後方補給官の大力政富海将補以下4人が出席した。

今年は英国、チリ、カンボジア、ネパールが新たに加わり、加盟国が31カ国に拡大する中、約100人が参加して今後の新たな活動の3本柱が示され、日本は「成果・サービス（Products & Services）」部門の議長国に立候補し、満場一致で承認された。

このほかの「教育（Education）」部門にはニュージーランド、「連絡調整（Networks）」部門には米国がそれぞれ議長国に決まった。任期は3年間。

日本はこれまで同セミナーで長年かけてつくり上げてきた成果物のひとつ「兵站ハンドブック」のアップデートや普及作業をはじめ、ASEAN諸国との連携を軸にウェブサイトを通じた教訓や知見などの情報共有の推進に取り組んでいく。

柱となる「兵站ハンドブック」は、PKO活動や国際緊急援助活動の際に多国間でスムーズな兵站協力ができるよう、情報共有や調整要領をはじめ、水や食料、輸送手段などの後方支援体制の在り方をマニュアル化したもの。

議長国の日本の下には三つの分科会が設けられ、既に豪とシンガポールが分科会議長国に決定。間もなくもう1カ国も決まる予定だ。

会議では陸幕装備部装備計画課後方計画班の新島光二2佐がスピーチし、昨年のフィリピン台風災害救援で多国間調整が有効に機能した理由として、平素からPASOLSに代表される多国間会議を通じた信頼醸成の成果を強調した。

期間中、日本は米豪やカナダなどとの2国間、3国間会談を8回にわたって実施。日米豪会談では、F35戦闘機の維持整備をはじめ、訓練時の後方支援、燃料の相互支援、共同輸送体制の効率化など後方分野の協力について認識を共有したほか、カナダとは物品役務相互提供協定（ACSA）締結促進を確認。ニュージーランドとはACSAの検討を含む今後の後方協力について話し合った。

大力首席後方補給官は「日本が掲げる積極的平和主義の観点から、今回、議長国に就任できたことは極めて意義深い。各国と緊密に連携してリーダーシップを発揮し、日本のプレゼンス向上に寄与したい」としている。

（※）Pacific Area Senior Officers Logistics Seminar

◇アジア太平洋地域後方補給セミナー　米太平洋軍が主導する多国間セミナー。各国の将官級の後方補給主務者が一堂に会し、相互理解を深めるのが目的。1971年に初めて開催され、今年で43回目。日本は95年に正式加盟。防衛省（庁）から内局、統幕、各幕が毎年参加しており、2010年からは統幕が主管。近年は加盟国が拡大し、米統合参謀本部の後方部長級が参加するなど、年々会議の重要度が高まっている。

議長国に立候補を表明する統幕首席後方補給官の大力政富海将補（壇上左）。壇上右は米太平洋軍J4部長のオニール陸軍准将＝11月4日、インドネシアで

法務支援機能の追加を

陸自「アジア太平洋地域多国間協力プログラム」

多国間調整の在り方討議

陸自主催の国際会議「第13回アジア太平洋地域多国間協力プログラム（MCAP2014）※1」が11月6日から11日まで、「人道支援・災害救援（HA／DR）における現地での多国間調整の在り方」をテーマに東京都内などで開催され、日本を含む過去最多の27カ国が参加した。

今年は各国の陸軍などから大佐、中佐級のほか、国連機関などから計約80人が出席し、10、11両日の本会議では多国間調整機能の重要性を確認。今後、多国間調整組織に追加するべき機能として、▽治安対策のための部隊防護を含む人事機能▽支援国軍間の通信調整機能▽入国手続きなどをめぐる法務支援機能――などの必要性を指摘した。

このほか、情報共有の重要性を改めて確認。共有リストの中に現地の治安情報、文化、経済、社会的背景、インフラ状況などを追加する必要性を話し合った。

討議に先立ち、フィリピン軍司令部J5副部長のラファエル・マリアノ海軍准将が基調講演。昨年、同国を襲った台風被害対応で多国間調整所部長を務めた経験を基に、▽平素からの準備▽作戦規定（SOP※2）の整備▽2国間・多国間訓練――などの必要性を訴えた。

最後に鈴木純治陸幕副長が総括し、多国間協力の枠組みを重視する陸自の姿勢を強調した上で、「MCAPをより価値の高いプログラムとして引き続き発展させ、アジア太平洋地域の平和と安定のために努力を続けていく所存だ」と述べた。

MCAPは非伝統的分野の共通課題に各国軍と国際機関、NGOが協力して取り組み、地域の平和と安定を図ることを目的とした陸自独自の会議で、2002年から毎年開かれている。今年は陸幕運用支援課長の鳥海誠司1佐が議長を、同国際防衛協力室長の野村悟1佐が事務局長を務めた。

（※1）MCAP＝Multinational Cooperation Program in the Asia－Pacific

（※2）SOP＝Standard Operating Procedure

各国の参加者を前に多国間協力の枠組みの重要性を強調する鈴木陸幕副長（左端）＝11月11日、東京都港区の三田共用会議所で

水陸両用作戦で、ボートを使い敵地へ潜入する西普連の隊員（11月12日、長崎県佐世保市で）

1万6500人が島嶼防衛を演練 鎮西26

陸幕長「昨年の倍の生地活用」

【健軍】西部方面隊が担任し10月26日から行われていた国内最大規模の実動訓練「方面隊実動演習（鎮西26）」が11月26日、終了した。

北方・東北方の「協同転地演習」や、「中央即応集団演習」と連接した同演習には、西方総監の番匠幸一郎陸将を統裁官に西方、中央即応集団、補統、2師団、東北方面特科隊などから人員約1万6500人が参加。「水陸両用作戦」や「兵站施設開設訓練」「対着上陸作戦」「対ゲリコマ作戦」などを演練し、各種対処能力の向上を図った。

また11月8日から19日にかけて、統幕による平成26年度の日米共同統合実動演習「キーン・ソード」も併せて行われ、陸海空自約3万700人と在日米軍約1万人が参加。島嶼侵攻への共同対処要領と統合後方補給などを演練した。

岩田清文陸幕長は11月27日の記者会見で、昨年の約2倍の生地を活用できたことを挙げ、「兵站施設の開設訓練を行い、島嶼防衛における補給品を輸送、集積、配分する訓練ができた」と成果を語った。

春夏秋冬

香港の山

田部井 淳子

2009年、私は20代から40代の自然に親しみたい女性のための山の会・MJリンクを立ち上げた。Mはマウンテン、Jは女性という意味である。

当時、百名山を目指す中高年の方たちが増して、一時は「山が白くなった」と言われた。白髪の人が多くなったということである。

かつて私自身が20代のころは海外の山に行った人は非常に少なく、上流社会のほんの数人がヨーロッパの山に登った経験をもっているにすぎなかった。

私たちにとっては雲の上の人で、とても自分から話しかけられる人たちではなかった。

私自身がその方たちと同じ年齢になった今、自分の方から若い人たちに近づき、自分の経験を伝えていこうと、私自身が「呼びかけ人」となった。40代で山の経験豊富な仲間にサポーターとして加わっていただき、年4～5回の山行を行っている。

同じ年代で異業種の環境で働いている女性たちが自然の中で触れられるこの山行は、参加した方たちに刺激と活力を与える場となった。一人ひとりがリーダーになれるように、というサポーターの下で力をつけていった。これが「山ガール」という言葉を生む素地になっていったと思う。そのMJリンクは年に一度海外の山も計画しており、かつてネパール、韓国の山を登ってきた。

今年の11月は香港の山を企画し、私も一緒に歩いてきた。

香港といえばビルの林立するイメージで、山はあるのかと思う人が多い。が、実は香港の面積は東京23区の約2倍で、その4割は自然公園なのだ。かつてイギリスの植民地だったところに自然の開発を制御する法律がつくられ、それが今も残されているのは素晴らしいと思う。

新界地域にある八仙嶺という山を私たちは縦走したが、町から40分で登山口に着き、森の中を登ると草原の稜線にたどり着く。左に中国が見え、右に海に浮かぶ島々の姿が見下ろせる素晴らしい眺めの山である。はるか下になった森林の一角に高層ビルがまるで積木のように建っているのが見え、この風景はまさに香港でしか見られないものであった。

しかも6時間しっかり歩く縦走にMJの若い女性たちは「来てみないと分からないですね。香港ってこんな素晴らしい山並みが続いているのですね。今までのイメージがすっかり変わりました」と言っていた。

香港に住む日本人の福島県人会の方たちが、東北の高校生の富士登山のために集まり、募金をしてくれたのには感激した。そのために走り回ってくれたのも若い女性で、三春小学校の同級生の娘さんだった、というのもうれしかった。

（たべい・じゅんこ＝登山家）

防衛省発令

▽南スーダン派遣施設隊（20普通科連隊長）　1陸佐　西村　修（11月[illegible]）
▽練習艦隊司令部（[illegible]学校）　1海佐　福山　崇（11月[illegible]）

朝雲寸言

論点をすり替えるとはこういうことを言うのだろう。韓国の朴槿恵大統領の名誉を毀損したとして、産経新聞の前ソウル支局長が訴えられた事件のことだ▼修学旅行の高校生ら300人を超す乗客が犠牲となった今年4月のセウォル号沈没事故。大惨事にもかかわらず、事故発生から7時間にわたり、最高指導者である朴大統領の所在があいまいになっていたとされる問題だ▼大統領の名誉が傷ついたとする記事は、問題の7時間について真偽不明のうわさなどをまとめたもので、決して良質な内容の記事とは思えない。裏付けのないうわさであれば、日本の裁判でも名誉毀損とされないだろう▼ただ問題の本質は、7時間に対するうわさや臆測ではなく、あれほどの事故にもかかわらず、大統領が7時間もの間、メディアを通して国民の前に姿を現さなかったことだ。大統領としての資質が問われなければならない▼もし日本で同じことが起きたらどうなるか。陣頭指揮しない首相に対し、メディアは厳しく批判するはずだ。事と次第によっては、退陣は必至かも知れない。危機に直面したとき、一国のリーダーには、それだけ大きな責任があるのだ▼お隣の国は、なぜそんなことに気がつかないのか。ソウル中央地裁で開かれた11月27日の初公判。「大統領に謝れ」と、反日団体らが卵を投げつけたが、それは「大統領に謝れ」の間違いだろう。

時の焦点

国内

頻繁なる選挙

政治の機動性奪わぬか

第1次安倍政権(2006~07年)のキャッチフレーズ「戦後レジームからの脱却」は、安全保障、教育、経済システムなど、さまざまな分野で改革を説いたものだった。その真意をめぐり、「戦前回帰だ」などと批判が出たために第2次政権では封印されたスローガンを、安倍晋三首相が捨てたわけではあるまい。

12月2日、第47回衆院選挙が公示された。その経緯を振り返ると、「戦後レジーム」からの脱却を目指す安倍氏が、「戦後レジーム」にしっかり搦め取られていたという皮肉な現象がみえる。戦後、5次2616日にわたって政権運営を担当した吉田茂首相の編み出した「レジーム」で、安倍氏がつまずき、一方で、大きな賭けに出ることができたという意味においてである。

まず、内閣改造だ。戦前、首相に選ばれた政治家は、組閣にあたってベストの布陣を組んだといわれる。内閣改造の例も少なかった。

ところが戦後、吉田首相は、内閣改造を多用し、与党の不満分子の取り込みを図った。

吉田氏の流れをくむ自民党政権もこの手法を踏襲し、毎年のように改造を行った。首相が当初はベストの布陣で組閣しても、改造はその布陣を崩すため、しばしば、政権不安定化の引き金となった。安倍氏もまた、そのリスクを知りながら、改造に走ってしまった。

「吉田レジーム」の第二は、憲法7条に基づく衆院解散である。

1952年に吉田首相が行った「抜き打ち解散」は、内閣不信任決議案可決などでの衆院解散を定めた憲法69条でなく、天皇の国事行為を列記した憲法7条を根拠にした初の解散例だ。違憲訴訟も起きたが、最高裁が判断を避け、7条解散が定着した。この「レジーム」なくして、今回の解散も不可能だった。

首相になると「伝家の宝刀」を抜く誘惑に駆られるようで、条件が緩くなった分、解散の頻度は増した。戦後、衆院議員が任期4年を全うして総選挙に突入した例は、一度しかない。三木武夫首相の時だ。

田中角栄首相の金脈問題による辞任を受け、椎名悦三郎・自民党副総裁の裁定で田中氏の後継の党総裁に三木氏が選ばれたのは、1974年のきょう、12月4日だ。

三木氏も解散を仕掛けようとはしたが、党内の抵抗で挫折し、76年12月5日投開票の衆院選で議席を減らし、退陣した。与党内での力が弱く、有権者の支持もなければ、「衆院解散は首相の専権事項」は空証文だ。その意味で今回、意表を突く解散を断行できたのは、安倍氏の力の表れだとも言えよう。

ただ、高度成長期ならともかく、グローバル時代にあって、頻繁な選挙と内閣改造が政治から機動性と長期的視野を奪っているとすれば、マイナス面が大きい。今回の選挙戦を機に、議論を深めてほしい点でもある。

東雲　次郎(政治評論家)

海外

域内の移民規制

英がEUルールに挑戦

キャメロン英首相は11月28日に行った政策演説で、他の欧州連合(EU)加盟国からの移民流入を規制するため、社会保障制度の適用を一定期間、凍結するなど具体的措置の導入を公表した。流入規制は「域内の人の移動の自由」を保証したEUの基本条約に抵触するが、首相は「条約改正をEUに求める。要請が拒否されれば、あらゆる選択があり得る」と述べ、EU離脱の可能性を否定しなかった。

首相演説は来年5月の下院選挙をにらみ、反EUを掲げ支持を伸ばしてきた新勢力の英国独立党(UKIP)に対抗するとともに、移民増に反対する国内保守派の票固めの色合いが濃い。だが、この自国中心の功利主義的な言動は他のEU諸国の反発を呼び、英の孤立を招く危うさをはらんでいる。

移民の流入規制は2010年のキャメロン政権発足時からの公約である。「増加する移民が雇用を奪い、社会保障制度を食い物にしている」とする国内保守派の批判を受け、政府は「年間の移民流入数を10万人未満に抑える」と宣言。移民増の8割を占めていた欧州外からの流入規制に力点を置き、学生ビザの給付要件の厳格化、国境警備と不法滞在取り締まりの強化を進めた。

だが、EU内からの流入規制導入を正式発表したのは今回が初めてである。背景には、英経済が13年1月以降、7四半期連続でプラス成長を達成する中、欧州外のみならず、中東欧を含むEU域内からの移民が急増している事実がある。今年6月までの1年間の移民増は約26万人に達し、「政府公約は破綻した」(メイ内相)状況にある。

首相は演説冒頭で「英国は開かれた国で、移民は経済発展に貢献してきた」と述べ、移民排斥ではないと断った。そのうえで、「移民政策は公平で国益に合致しなければならず、一定の規制は必要」と指摘し、「長期的な移民政策の提示は政府の義務」と強調した。

具体的な規制内容として、①就職から4年を経過するまで失業手当、税の減免、低家賃の社会住宅入居を認めない②英国外に住む子供は児童手当と税控除の対象にしない③入国から6カ月経過しても就職できない移民は出国させる④家族の呼び寄せを規制する⑤乞食や詐欺行為をした者は長期の再入国禁止とする⑥犯罪者は迅速に国外追放する――を示した。

そして前述したように、基本条約改正が拒まれればEU離脱もあり得ることを示唆した。

首相演説に対して、野党の労働党は「公約すら守れなかったキャメロン氏に移民問題を論ずる資格はない」と切り捨て、UKIPのファラージュ党首は「首相は移民対策で後手に回っただけ」と冷ややかだ。経済学者からは「社会保障の恩恵に預かるまで4年の勤務・納税義務を課すのは厳しすぎて、EUの支持を得るのは難しい」との異議が出ている。

留意すべきは、EUが英の貿易と資本取引の約5割のシェアを占め、シティ(金融街)を含め経済界はEU離脱に反対であることだ。移民規制策の成否の見極めは難しい。

小倉　春樹(外交評論家)

優秀11隊員を顕彰

海幕長「真摯な努力に敬意」

武居海幕長(前列左から6番目)とともに記念撮影を行う功労隊員らと配偶者(11月27日、海上幕僚監部で)

【海幕】永年にわたり海上自衛隊に勤続した予定者課程出身幹部、准海尉、海曹長、事務官などの中で勤務成績が優秀で特に著しい功績が認められた隊員を表彰する「平成26年度海上自衛隊永年勤続功労隊員に対する海上幕僚長顕彰」が11月27日、海上幕僚監部で行われ、全国から推挙された予定者課程出身幹部4人、准海尉4人、海曹長2人、防衛技官1人の計11人が武居海幕長から顕彰された。

海幕長は顕彰に当たり「諸君が入隊以来、我が国の防衛という崇高な任務にまい進し、それぞれの配置で真摯に努力した結果が実を結んだもの。これまでの労を多とするとともに、心から敬意を表したい」と述べ、一人一人に表彰状を手渡した。

また、「今後とも豊かな経験と優れた見識、実力をもって意欲的に任務にまい進してもらいたい」とした上で、後輩の育成に力を入れることで強い組織づくりに尽力することを要望した。

顕彰された隊員の氏名、階級、所属部隊は次の通り。

◇自衛官＝▽庭山政之2尉(横須賀衛生隊)▽萩昭男2尉(東京業務隊)▽仁田敏昭2尉(4空群司令部)▽古谷野克美2尉(硫黄島航空基地隊)▽杉本育生准尉(横須賀教育隊)▽岩城啓准尉(大湊造修補給所)▽坂恵和人准尉(あきづき)▽松本竹俊准尉(舞鶴地方総監部)▽佐藤雅昭曹長(誘導武器教育訓練隊兼海上訓練指導隊群司令部)▽村上法政曹長(呉地方総監部)

◇技官＝▽今泉孝幸技官(横須賀造修補給所)

最新衣服や糧食展示

需品学校でQMフェア　官民が情報交換

会場では陸自の最新装備や自衛隊向け製品が展示された「QMフェア」(11月26日、松戸駐屯地で)

陸自需品学校(松戸、学校長・今金元将補)で11月26日、需品に関する総合展示会・セミナー「QM(クォーターマスター＝需品科職種)フェア」が開催された。

今回は、同校のほか技術研究本部、補給統制本部、企業50社が参加、陸自隊員向けの最新の衣服や糧食などが出展され、官民合わせ約850人が来場した。

会場となった駐屯地厚生センターでは、民間企業がブースを設け、自衛隊向けの各種製品を紹介。一方、陸自側は、軽量化と操用性を向上させた「防弾チョッキ3型」や、内圧を高めて傘体が潰れない「13式空挺傘」などを展示した。

午後から行われたセミナーでは、需品学校研究課長の八戸敦司2佐が「水陸両用装備品に関する一考察」と題して発表。企業側に対し、「個人装備」と「補給」の2点で技術協力を呼びかけた。八戸2佐は「官民がウィンウィンの関係で情報交換ができる場は大変貴重。民間から自由なアイデアを募り、陸自の水陸両用作戦を支える新たな装備へとつなげたい」と話していた。

嘉手納の米軍機がグアムへ訓練移転

防衛省は11月26日、米軍再編に関する沖縄の嘉手納飛行場からグアムなどへの訓練移転計画の概要を発表した。

平成23年1月と10月の日米合同委員会合意に基づき、嘉手納飛行場で実施予定だった航空機による訓練をグアムなどへ移転するもので、今回で19回目。

訓練期間は12月3日から19日までで、米第18航空団(嘉手納)のF15戦闘機約18機、空中給油機2機、早期警戒管制機1機などと人員約400人が参加。グアム島のアンダーセン空軍基地と周辺区域で戦闘機戦闘訓練を行う。

三菱重工業など4グループ表彰

防衛基盤整備協会賞

平成26年度防衛基盤整備協会賞の贈呈式が11月25日、東京都新宿区のホテルグランドヒル市ヶ谷で行われ、防衛装備品の研究開発に功績があった三菱重工業(2事業部)、日立国際電気、日立製作所の4グループが同協会から表彰された。

式には防衛省などから山内正和装備施設本部長ら約80人が出席、同協会の宇田川新一理事長から代表に表彰状が授与された。

同賞は、防衛装備品の生産と調達に関連し、研究開発や生産技術の向上に特に優れた成果を挙げた民間グループまたは個人に授与される。表彰は昭和54年度に賞が創設されて以来、今回で37回目。

◇

受賞者の所属、名前、理由は以下の通り(敬称略)。

▽三菱重工業防衛・宇宙ドメイン誘導・推進事業部(日浦誠司、稲田隆、森知之)「12式地対艦誘導弾の開発」

▽日立国際電気(中野洋史、山本和弘、庄司智也)「洋上無線ルータORQ−2シリーズの開発」

▽三菱重工業防衛・宇宙ドメイン艦艇事業部(溝上栄美、松本充広)「敷設支援システムの開発」

▽日立製作所ディフェンスシステム社(小澤義幸、村上泰、高野正彦)「水上艦用魚雷防御システムの開発、装備化」

ソマリア沖

「たかなみ」今度はオランダ艦と訓練

海賊対処水上部隊19次隊としてソマリア沖・アデン湾に派遣されている護衛艦「たかなみ」(艦長・上田裕司2佐以下約170人)は11月22日、EU海上部隊に所属するオランダ海軍のフリゲート「ファン・スペイク」(満載排水量3340トン、艦長・エルソ・ジャンセン中佐)と共同訓練を行った。

2隻は通信訓練、ヘリ発着艦訓練、近接運動などを行った。

女性シンポジウムのDVDを限定配布

全国防衛協会連合会女性部会(江上栄子会長＝江上料理学院長)は、11月に都内で開催したシンポジウムのDVDを、12月上旬から全国34の女性部会など関係者に限定して無料配布する。

収録内容は「ウーマンパワーと国の守り」をテーマにしたパネル討論の約90分。NHKの島田敏男解説主幹の司会で、江上会長をはじめ、植木千可子早大教授、柏原敬子元空将補、寺井優子1陸佐、大谷三穂2海佐、吉田ゆかり2空佐が女性の活躍について話し合った。

問い合わせは、全国防衛協会連合会女性部会の谷口和代事務局長まで▽〒160−0001東京都新宿区片町1の11藤田ビル2階▽電話03(5919)8960。

露艦艇2隻が対馬海峡北上

11月28日午前9時ごろ、露海軍の「ウダロイI」級ミサイル巡洋艦(満載排水量8636トン、艦番号572「アドミラル・ヴィノグラドフ」)と「ソルム」級洋曳船(MB37)の2隻が長崎・下対馬の南西約90キロの対馬海峡を北東に向け航行しているのを、海自1空群(鹿屋)のP3C哨戒機が確認した。

共済組合だより

各種健診の利用助成　※補助金助成は年度内1人1回1コースに限ります。

続柄＼健診コース	日帰りドック(日帰り・1泊2日)	脳ドック・肺ドック PET・婦人科	生活習慣病健診A	生活習慣病健診B	生活C＋婦人科 子宮頸部細胞診およびマンモグラフィーまたは乳房エコーが含まれます	特定健診(当該年度において40歳以上74歳以下)
組合員本人	最大20,000円まで補助	最大20,000円まで補助	組合員本人は対象外ですので、医務室等の事業主健診(各駐屯地・基地の医務室等で実施する健診)をご受診ください			
任継組合員 被扶養配偶者	最大20,000円まで補助	最大20,000円まで補助	5,000円	0円	0円	0円
当該年度において40歳以上74歳以下の被扶養者(配偶者は除く)	7,600円を補助	×	17,400円	7,400円	12,400円	0円

※上記いずれの続柄でも、健診受診日に組合員資格がない方は助成対象になりません。
※人間ドック・脳ドック・肺ドック・PET・婦人科の自己負担額・検査項目・受診費用は健診機関により異なります。

組合員の被扶養者・任意継続組合員も「健診」を　共済組合が費用助成

防衛省共済組合では、組合員の被扶養者(配偶者以外は40歳以上74歳以下に限る)と任意継続組合員を対象に、「各種健診」の助成を行っています。

平成26年度の健診をまだお申し込みいただいていない方は、お早めにご予約下さい。

被扶養配偶者と任意継続組合員本人の場合、生活習慣病健診Aは自己負担金額5000円で、同B、C＋婦人科(マンモまたはエコー)、特定健診については無料となります(特定健診については当該年度対象者のみ)。

また、配偶者以外の被扶養者の場合、自己負担金額は生活習慣病健診Aが1万7400円、同Bが7400円、同C＋婦人科(マンモまたはエコー)が1万2400円で、特定健診は無料です。いずれも年度内に1回ご利用いただけます。

お申し込みは健診の受診希望日の1カ月前までに、次の方法で行ってください。受付期間は平成27年2月27日まで、受診実施期間は同3月31日までとなっています。

▽インターネット　えらべる倶楽部会員専用ホームページ(http://www.elavel-club.com/)からアクセスを。

▽FAX　利用ガイドの36ページに掲載している申込書を利用し、0120−988−450へ。

▽電話　0120−988−424へ(平日10~21時まで。年末年始休み)。

▽郵送　〒135−0001東京都江東区毛利1−19−10江間忠錦糸町ビル(一財)日本予防医学協会　防衛省共済組合健診サポートセンター宛に利用ガイド36ページの申込書に記入の上、ご送付ください。

申込方法の詳細や、ご利用可能な健診機関は、利用ガイドまたはえらべる倶楽部のホームページをご覧ください。

◇東京音楽隊第54回定期演奏会

▽日時＝平成27年2月15日(日)午後2時▽場所＝東京オペラシティコンサートホール(東京都新宿区)▽指揮＝隊長・手塚裕之2海佐▽入場料＝無料(整理券が必要。整理券1枚につき2人まで入場可)▽申し込み＝往復はがきに代表者と同行者の郵便番号・住所・氏名・年齢・性別・電話番号を明記、〒158−0098東京都世田谷区上用賀1の17の13海上自衛隊東京音楽隊「朝雲」係まで。1月13日必着。応募は1人につきはがき1枚までで、応募多数の場合は抽選となる。未就学児童の入場は不可。▽問い合わせ＝03(3700)0136まで。

◇中央音楽隊第144回定期演奏会

▽日時＝平成27年1月25日(日)午後2時▽場所＝すみだトリフォニーホール(東京都墨田区)▽指揮＝隊長・武田晃1陸佐▽曲目＝F・ティケリ「エンジェルス・イン・ジ・アーキテクチャー」、L・バーンスタイン『オン・ザ・タウン』より「3つのダンス・エピソード」など▽入場料＝無料(応募後抽選)▽申し込み＝往復はがきの往信面裏に、住所・氏名・年齢・電話番号・演奏会名を明記の上、〒178−8501東京都練馬区大泉学園町陸上自衛隊中央音楽隊「朝雲」係まで。1月6日(火)必着。往復はがき1枚につき1人。未就学児の入場は不可▽問い合わせ＝陸自中央音楽隊演奏班、電話048(460)1711内線3622まで。

海自遠洋航海部隊の156日間

13カ国で防衛交流果たす

カリブの国々やオセアニア諸国など13カ国を巡る航海を終了し、10月24日に帰国した海自の遠洋航海部隊。日本代表として各地で防衛交流の任務を全うしただけでなく、厚生労働省の「旧日本軍人の遺骨収集帰還事業」に協力し、ガタルカナル島で収集された戦没者の遺骨を練習艦「かしま」で日本まで輸送した。部隊の5カ月間を写真で振り返るとともに、防衛省、厚生労働省、外務省の枠を超えて同事業実現に尽力した、外務大臣政務官の宇都隆史参議院議員に寄稿してもらった。

遠洋航海部隊は練習艦隊司令官の湯浅秀樹海将補を指揮官に、練習艦「かしま」(艦長・森田哲哉1佐)と「せとゆき」(同・東良子2佐)、護衛艦「あさぎり」(同・川内健治2佐)で編成、実習幹部約170人が分乗した。訪問したのは13カ国15寄港地で、キューバ、ジャマイカ、ソロモン諸島は初訪問。各地でVIPを招いた艦上レセプションや街頭演奏会、実習幹部の研修などを行った。

部隊は5月22日に東京港・晴海ふ頭を出航すると、太平洋を横断し、米ハワイのパールハーバーに寄港。その後、サンディエゴを経て、パナマ運河を渡り、キューバ(ハバナ)を皮切りに、トリニダード・トバゴ(ポートオブスペイン)、ジャマイカ(キングストン)を訪問した。

今年は「日・カリブ交流年」であり、トリニダード・トバゴとジャマイカとは国交樹立50周年という節目の年。また、仙台藩主・伊達政宗の命によりローマを目指した支倉常長ら慶長遣欧使節がキューバを訪れて400年になる。

ソロモン平和祈念公苑に献花する隊員。宇都政務官と駐ソロモン大使も参列した(9月19日、ホニアラで。海上自衛隊提供)

部隊は再びパナマ運河を通り、メキシコ(アカプルコ)へ。有志で行った海岸清掃ボランティアが現地メディアに取り上げられ、大きな注目を集めた。

その後、仏領ポリネシア(パペーテ)、ニュージーランド(オークランド)、オーストラリア(シドニー)などのオセアニア諸国を巡り、太平洋戦争の激戦地であるソロモン諸島のガタルカナル島(ホニアラ)に9月19日に到着した。

ガタルカナル島で遺骨収集活動に協力

現地では民間の「ガダルカナル島未送還遺骨情報収集活動第4次自主派遣隊」が出迎え、収集した戦没者の遺骨の引き渡し式を実施。遺骨は「かしま」艦内に安置され、翌20日に現地を発った。

部隊はパプアニューギニア(ポートモレスビー)、インドネシア(ジャカルタ)、フィリピン(ビトゥン、マニラ)を経て、10月24日に日本に帰国、156日間に及ぶ航海を終えた。

現地引き渡し式で、戦没者の遺骨を「かしま」乗員に引き渡す民間の第4次自主派遣隊(9月19日、ホニアラで)

ソロモン民族舞踊を披露し、部隊を出迎える地元ダンサーと湯浅司令官(左)=9月19日、ホニアラで

(上)民族衣装の現地女性に出迎えられる湯浅司令官(10月10日、フィリピン・ビトゥンで)(下)岸壁のそばで開かれた演奏会には約450人の聴衆が訪れた(8月23日、仏領ポリネシア・パペーテで)

(上)入港岸壁近くのビーチ清掃を行う司令部と各艦の有志隊員(8月5日、アカプルコで)(右)第1次世界大戦で亡くなった兵士たちをしのんで建てられたギリシャ・ローマ風建築のオークランド美術館で絵画を鑑賞する実習幹部ら(9月4日、オークランドで)

パプアニューギニア国防軍主催の昼食会で用意されたごちそうを盛る実習幹部ら(9月24日、ポートモレスビー)

スポーツ交歓で、駐屯するフランス海軍とビーチバレーを行う隊員(8月23日、パペーテで)

寄　稿

自衛艦による遺骨の帰国を実現して

外務大臣政務官　参議院議員　宇都　隆史

戦後70年に向けて、何かシンボリックな事業を展開できないかと模索していたところ、旧知の全国ソロモン会の崎津寛光氏と遺骨収容をライフワークにしている笹幸恵女史から「ガダルカナル島で収容した遺骨を自衛隊の艦艇で運べないか」という要望を頂いた。

これまで、現地で収容した遺骨は、貨物として民間機に預けられ、帰還セレモニーもなく、人目を忍ぶように厚生労働省の安置所まで送られるというのである。自衛官が接する機会もほとんどない。国家の命により、我々子孫のために命を懸けた英霊に対し、あまりにひどい仕打ちである。

私は、河野克俊海上幕僚長(現統合幕僚長)に「護衛艦でガタルカナル島に寄港し、現地で慰霊祭を行うと同時に、自衛官の手で英霊を祖国へ連れ帰っていただけないか」と懇願した。偶然にも、平成26年度の海上自衛隊練習艦隊の遠洋航海航路が太平洋コース(ハワイ、フィリピン、マニラ、パプアニューギニアといった、かつての激戦地を巡るコース)であったことが功を奏し、厚労省、外務省、防衛省の綿密な計画策定と連携によって、事業は実現する運びとなったのである。

ガタルカナル島における遺骨の引き渡し式は、9月20日、現地時間の午後0時45分より爽やかな潮風の吹く日本晴れの空の下で行われた。前日は乾季にもかかわらず、季節外れの土砂降りの雨。きっと70年以上もの間、日本の艦艇の到着を待ちわびた英霊による涙雨であったのだろう。

ホニヤラ港に横付けされた練習艦「かしま」の前に、湯浅秀樹司令官以下艦長と乗員、音楽隊と儀仗隊、実習幹部がキッチリとプレスの利いた純白の第一種礼装に身を包み、「海ゆかば」が奏でられる中、式典は粛々と行われた。ちなみに、選曲については私の希望通りであった。

推計137柱の遺骨が白布をかぶせられた桐箱に納められ、練習艦乗員によってタラップをゆっくりと昇ってゆく。眼頭が熱くなり、こぼれ出る涙を抑えきれなかった。参加した全員が、ようやく自衛艦でお帰りいただける喜びと、まだ各地に眠り迎えを待つ英霊への申し訳なさを胸に、心から手を合わせていた。

遺骨は専用に設けられた安置室に、おろしたての国旗に覆われて安置され、祖国から持参した和菓子とお神酒が備えられた。後日談ではあるが、湯浅司令官の粋な計らいにより、遺骨安置室は停泊中の飲酒可能区域として指定され、若い実習幹部たちが代わる代わる来ては、英霊と杯を酌み交わしたと聞いている。

初めて尽くしの遺骨収容事業で、現場における遺骨の取り扱いに最も苦心したであろう練習艦「かしま」の山崎孝典先任伍長はじめ乗員各位には、この場を借りて改めて心からの御礼を申し上げたい。

西風東風

ロシア軍用機の探知倍増
――NATO事務総長

北大西洋条約機構(NATO)加盟国周辺で探知されたロシア軍用機は今年に入って約400機となり、前年に比べ倍増している。ストルテンベルグ事務総長がエストニア東部エマリ空軍基地で開かれているバルト海沿岸諸国との防衛協力会議で明らかにした。同事務総長は「何年も見られなかった状況。冷戦時代に逆戻りしたようだ」とした上で、「全体はひとつのために、ひとつは全体のために」との表現で、各加盟国をNATO全体として防衛するとの姿勢を強調した。

事務総長によると、探知されたロシア軍用機のほとんどが国際航空域だが、加盟国の空域に接近している上、民間機の飛行を妨害しているという。また、今年探知されたロシア軍用機のうち100機がバルト海周辺で、その数は3倍となっており、10月にはロシアの偵察機がエストニアのNATO空域に侵入していた。このほか、スウェーデン海域ではロシア軍潜水艦と推測される不審船の捜索が行われたが、特定には至らなかった。

さらにストルテンベルグ氏はエストニアに続いて訪れたラトビアで、ロシアがウクライナのNATO加盟に反対していることに言及。「ウクライナの独立と主権を尊重するべきだ。いずれの国も自国の防衛についての決定権を持っている」として、ロシアを非難した。

ウクライナ危機に伴うロシアとの軍事的な緊張が続く中、ロシアと地理的に近いバルト3国とポーランドに4月から駐留している約600人の米軍は、来年も引き続き各国にとどまる予定。さらに、他のNATO軍も軍事訓練の名目で数百人単位の部隊を展開、防空体制の強化を図っている。

10月にNATO事務総長に就任したストルテンベルグ氏は、ノルウェー首相としてロシアとの国境画定交渉をまとめるなどロシアを良く知る人物とされる。就任会見では「NATOの強化はロシアとの建設的な関係を築くこととは相反しない」などと対話に向けた可能性も示唆していたが、これまでのところ強硬な姿勢を堅持している。(ロンドン=加藤雅之)

海外補給基地20カ所建設へ
――中国がアフリカなどに

中国の海外情報サイト、参考消息網によると、中国がインド洋沿岸など各国の港湾に18~19カ所の「海外戦略補給基地」の建設を進めていることが、このほど分かった。

半数はアフリカにつくられる予定で、中国は関係各国と「互恵的な友好協定」の締結を通じて建設を進める方針。中国の報道は、米国式の軍事基地とは異なると強調している。

英ジェーンズ・ディフェンス・ウイークリー(電子版)はこのほど、中国はアフリカ西海岸のナミビア・ウォルビス湾に海軍の補給基地を建設する計画だと伝えた。ナミビア国防省報道官は「両国の指導者が話し合いを進めている」と述べ、計画があることを認めた。

中国はナミビアのほか、西海岸のナイジェリア・アラゴス、南西部のアンゴラ・ルアンダ、東海岸のケニア・モンバサ、タンザニア・ダルエスサラームでも補給基地の建設を目指している。このほか、既に補給施設があるアフリカ北東部のジブチ、南東部のモザンビーク・マプト、マダガスカル、セーシェルへの基地建設も計画している。

中国海軍は、ソマリアでの国際的な海賊討伐活動の一環として、インド洋北西部へ複数回にわたり艦船を派遣した実績があり、この時、セーシェルなどに補給基地を設置した。また、中国海軍の艦隊が南アフリカを含むアフリカ諸国に寄港したことがあり、タンザニア海軍司令部とは共同演習を実施している。

中国とアフリカ諸国は近年、経済面で関係が緊密化し、貿易が拡大を続けているほか、中国による鉱物資源の開発が盛んに行われている。

うちナミビアはアフリカでは中国と最も関係が緊密な国の一つで、ウォルビス湾スワコプムントには中国の人工衛星の追跡管制所がある。

中国は、アフリカ諸国への兵器販売にも積極的で、主に西海岸のカメルーン、中部のチャド、タンザニアへ輸出されている。また、ナイジェリア、大西洋岸のモーリタニア向けに、沿岸警備艇各1隻を建造した。(香港=中岡秀雄)

部隊だより

陸

富士　富士学校は11月12、13の両日、「第9回富士調査研究会同」を開催し、企業約120社と関係者約1200人が参加した。自衛隊からは技本、補統など14機関・部隊が参加。過去最大規模となった会同では、防衛関連品展示や企業プレゼンテーションなどを実施し、企業と学校が最新の科学技術と運用者のニーズについて意見を交わした。

高田　2普連は11月5～10日、12旅団が担任する関山演習場の整備に参加した。整備は毎年春と秋に行われ、今回、部隊は演習場飛び地などの整備を実施した。延べ620人の隊員は伐採機やチェーンソーなどで主要道路、戦闘射場、演習場境界線沿いに生い茂った草木の伐採を行い、来春の雪解け後、訓練が円滑にできるよう整備した。

木更津　駐屯地は11月16日、「木更津市民会館フェスティバル」を支援した。会場には、1ヘリコプター野整備隊がこの日のために磨き上げたOH6観測ヘリを展示。操縦席に座って写真を撮る親子連れなどで人気を集めた＝写真㊤。さらに館内では「忘れない3・11」と題した、自衛隊や消防などによる救助活動の様子を写したパネル展示が行われた。

千僧　3師団は11月8日、殉職隊員追悼式を厳かに実施した。式典には殉職隊員家族をはじめ京都府副知事や国会議員など約600人が参列。小林茂3師団長は「御霊の崇高な志を受け継ぎ、国家防衛の最後の砦として高い即応性を維持しつつ、より強く、よりたくましい部隊の育成にまい進して参ります」と追悼の辞を述べ、140柱の冥福を祈った。

伊丹　36普連は9月13日、久代基本射場で「陸曹候補生2次試験体力検定」合格者の基本射撃検定を行った。検定は今年度から実施している陸曹候補生2次試験の新規課目で、その練度を評価・判定して合格選考とするもの。試験当日、未来の陸曹たちは、いつも以上に緊張した表情を見せながらも、緊迫した状況のなか、全力で試験に臨んだ＝写真㊤。

前川原　幹候校は11月3日、明治天皇の玄孫（やしゃご）で作家の竹田恒泰氏による「開校60周年記念講演会」を実施した。講演は「我が国のお国柄」をテーマに行われ、聴講した隊員らは祖国のたくましさ、美しさ、素晴らしさを再認識。日本民族には「自然観、死生観、歴史観」があり、中でも「世のため、人のために」という社会貢献の重要性を理解した。

多賀城　22普連は10月12日、宮城県陸上競技協会と東日本放送主催の「がんばろう東北！第38回松島ハーフマラソン」を支援した。支援は、通信連絡、給水、カキ汁の炊き出し、審判車両の運行を行い、大会には部隊の隊員も選手として参加した。大会関係者や選手、多くの市民と親睦を深め、大会を通じて地域の復興や一体化に貢献した。

神町　6施設大隊はこのほど、新隊員特技課程と一般陸曹候補生課程の後期教育修了式を実施した。西山大隊長は式辞で「ここで教育を受けた隊員としての自覚と誇り、自信を持って訓練に臨み、苦しさや辛さにあらがい、部隊で活躍してほしい」と述べた。新たに誕生した施設科隊員36人は、各部隊での勤務への期待に胸を膨らませ、駐屯地を巣立った。

仙台　仙台市内探索の会「青友会」の8人は10月10日、駐屯地の「南目館跡」と「防衛館」の見学に訪れた＝写真㊨。南目館は、領主・国分氏が領内に構えた支城の一つ。広報班長から説明を受けた参加者は、地元領主に思いをはせた。防衛館の震災コーナーでは「テレビに向かって何度も『自衛隊ありがとう！』と叫びました」と当時の状況を語った。

35普連　名古屋まつり「郷土英傑行列」に出陣

豪華絢爛　時代絵巻

いざ出陣、みんなで名古屋を盛り上げるぞ！（写真中央の制服姿は連隊長の田丸正勝1佐）

実戦さながらの合戦シーンに、観客からは拍手喝采が

集まった観衆に笑顔で手を振る隊員

35普連は10月18、19の両日、第60回名古屋まつりの「郷土英傑行列」に参加、延べ400人の隊員を動員して名古屋の秋を彩った。英傑行列はまさに、まつりの〝華〟。槍隊、鉄砲隊のほか、宣教師や魚屋にまで扮した隊員は、沿道に集まった大勢の観客に笑顔で手を振り、写真撮影に応じるなど〝名古屋〟と一体となって祭りを盛り上げた。

郷土英傑行列は、昭和30年に始まった名古屋まつり最大の呼び物。織田信長、豊臣秀吉、徳川家康の愛知が誇る三英傑が鎧武者（よろいむしゃ）や足軽隊など約700人を従えて、市内中心部を練り歩く。

豪華絢爛（けんらん）な時代絵巻は陣羽織姿の「少年鼓笛隊」を先頭に、「シャチばやし隊」「織田信長隊」「豊臣秀吉隊」と続き、「徳川家康隊」が行列を締めくくる。

各武将に扮した隊員は勇壮かつ威厳に満ちあふれた表情で街を闊歩（かっぽ）。祭りの大きな見せ場である合戦の再現シーンでは、爽やかな行列からうって変わり、「鬼」のような戦闘シーンを敢行。日頃の厳しい訓練で培った体力と気力を見事に発揮し、怒涛（どとう）の合戦模様には盛大な歓声と喝采が沸き起こっていた。（守山）

出雲　第304施設隊はこのほど、第180期陸曹上級課程の履修前教育を実施した。隊員たちは20キロのラックサックマーチや体力検定を行い、さらに入校時に特に重視される戦術では小部隊指揮官に必要な戦術的思考を学び、状況判断などについて習得した。戦闘訓練では砂盤で戦闘予行を行い、上級曹長としての資質と識能を向上させた＝写真㊦。

久居　駐屯地はこのほど、近傍の小学校や保育園の授業の一環で行われている「虫捕り体験」を支援した。虫かごや網を持った園児らは、訓練場でバッタやコオロギを追いかけ＝写真㊤、虫の動きを予測して手分けをするチームプレーも見られた。虫捕り中に子供たちは、離陸した大型ヘリを見上げ大きく手を振るなど、駐屯地は元気な声と笑顔であふれた。

国分　鹿児島情報高校新聞部の生徒3人と教師1人は卒業生インタビューのため駐屯地を訪れた。同校卒業生の河野3曹（12普連）は休日を返上し、質問形式で約45分間の取材に協力。緊張気味の生徒たちに顧問教師が助け舟を出し、取材は和気あいあいと進んだ＝写真㊧。取材後、生徒らは先輩の案内で隊内や装備品を見学し、隊員食堂で喫食を体験した。

空

千歳　2空団は11月4日、基地体育館で「第2航空団課題論文」の表彰式を行った。2佐以下が審査対象で、幹部、曹、士ごとに課題を通達。約4カ月にわたり、それぞれの経験や考えを論文にまとめた。司令部と各群が推薦した代表論文93編の中から24編が優秀作品に選ばれ、執筆した隊員に小川能道団司令から賞状が授与された＝写真㊨。

小牧　基地は10月10～14日、今年度の第2回予備自衛官招集訓練を実施した。予備自衛官制度の説明、招集訓練（基本教練）の見学、航空機などの見学により、自衛隊へのさらなる理解を得ることができた。特に東日本大震災をはじめとする各種事態において、予備自衛官の役割が国防に直結し、期待が極めて高いことについて十分な理解を得た。

小松　「2014KOMATSU鉄人レース」が9月28日、全国から559人が出場して行われた。基地から「鉄人の部」に出場した修理隊所属の町田宣人2曹が見事2位入賞を果たした＝写真㊧。町田2曹は「普段の任務で培った妥協しない力が生きた。来年は優勝したい」と述べた。大会ボランティアとして基地からは86人の隊員も参加した。

海

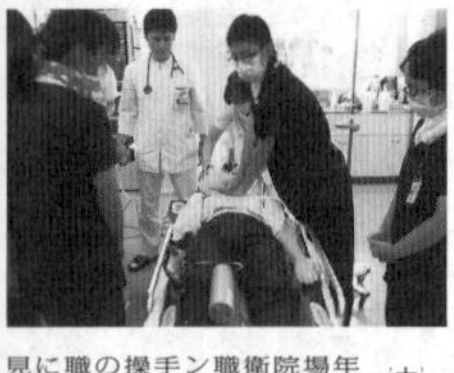

大湊　青森県むつ市立大平中学校の2年生4人はこのほど、「職場体験学習」のため大湊病院を訪れた。生徒たちは自衛隊の医療現場と各種医療職について説明を受け、コンニャクを心臓に見立てた手術体験や救急法、AED操作法などを体験。その後のコードブルー訓練では、職員の一員として心肺蘇生に参加し、習得した技能を見事に発揮した＝写真㊤。

横須賀　地方隊歴代先任伍長の27人は10月18日、田戸台分庁舎で親睦会を行った。大竹誠二初代先任伍長の呼び掛けで、現役11人、OB16人が参加。親睦会では関秀之先任伍長から制度の現状説明などが行われた。質疑応答では、昨年の砕氷艦「しらせ」の昭和基地接岸に関心が集まり、「しらせ」先任伍長へOBからエールが送られた。

呉　呉監は11月1日、平成26年度自衛隊記念行事を実施した。来賓約350人と隊員約400人が見守るなか、伊藤俊幸総監は「海外の実任務など無事に任務を果たし、国内外の評価を得たのは地元地域の皆様のご理解・ご支援のたまもの」とあいさつ。その後の祝賀会では、来賓にカレーや肉じゃがなど海自グルメをふるまい、親睦を深めた。

吉浦　呉造補所貯油所は10月下旬から期間限定で山口駐屯地へ車両燃料の補給支援を行っている＝写真㊤。貯油所タンクローリーを使った陸自への補給は初めてで、これに先立ち布施壮二所長以下6人は駐屯地で燃料受入施設などを確認。さらに、空自防府北・南両基地の燃料施設を訪れ、燃料支援が陸空部隊の活動に直結することを再認識した。

佐世保　佐世保教育隊は10月1日、第121期初任海曹課程の始業式を行った＝写真㊤。池田徳宏佐世保地方総監は「海曹としての自覚と誇りを強く持ち、全力で勉学・訓練に励むことを要望する」と訓示。真新しい純白の制服に身を包んだ学生105人は入隊当時の初心に帰り、服務の宣誓を行い、隊歌「海を行く」を斉唱、課程履修への意気込みを示した。

訓練

原発事故を想定　14普連

除染や避難遅延者の捜索
放射性物質の流出に即応

【金沢】14普連は11月2、3の両日、石川県羽咋郡志賀町の志賀原子力発電所で行われた平成26年度石川県・富山県原子力総合防災訓練に参加した。

「石川県内で震度6強の地震が発生、志賀原発の全電源が喪失して冷却機能が失われ、放射性物質が外部に流出した」との事故を想定し、訓練は行われた。

国と地域から150の関係機関が参加、原発30キロ圏内の住民ら約3700人も訓練に加わった。自衛隊からは中方、10師団をはじめ、実動部隊として14普連、10戦大、10特殊武器防護隊が参加し、オフサイトセンター（応急対策拠点）の運営、避難遅延者の捜索、スクリーニング（選別）、除染などを担当した。

原発オフサイトセンターに現地対策本部が設置され、最初に安倍首相はじめ関係閣僚、両県知事などが加わりテレビ会議を実施。

安倍首相による「原子力緊急事態宣言」を受け、14連隊は「PAZ（原発から半径5キロ以内）」圏内に人命救助部隊を急派し、隊員は集落を回って逃げ遅れた住民を捜索、4名を発見し、車両で避難所に輸送した。

また、スクリーニングポイント（県立看護大学）では施設作業小隊と特殊武器防護隊が車両の除染などを実施した。富山県内でも氷見市内の中学校で特殊武器防護隊が除染所を開設し、除染活動に従事した。

隊区内に6カ所の原発を持つ14普連では原子力災害に即応できるよう、常時、態勢を維持している。

逃げ遅れた住民の捜索と輸送活動に当たる14普連の隊員（中央）ら＝石川県・志賀原発の半径5キロ以内で

輸送ヘリに住民を誘導　2普連

【高田】2普連は11月11日、柏崎市と刈羽村で行われた26年度新潟県原子力防災訓練に参加した。

原発で災害が発生した際、県・自治体・関係機関が連携して対処するための訓練で、2連隊はオフサイトセンターに連絡幹部を派遣、また住民を避難させるため刈羽村源土運動公園に着陸した陸自CH47輸送ヘリに住民を誘導し、安全に搭乗させた。

原発災害で避難する住民をCH47輸送ヘリに誘導する2普連の隊員（手前）＝新潟県の刈羽村源土運動公園で

海自隊員らが医療活動
「ビッグレスキューかながわ」に参加

【横須賀】神奈川県などが主催する「ビッグレスキューかながわ」が小田原市で行われ、海自から横須賀衛生隊、輸送艇2号、4空群（厚木）のP3C哨戒機、21空群（館山）のSH60K哨戒ヘリが参加した。

訓練は「県西部で震度7の大地震が起きた」との想定で119機関から約7000人が参加。中央会場の酒匂川スポーツ広場では上空からP3Cが航空偵察、続いてSH60Kが負傷者を救出し、病院に搬送した。

地上では衛生隊員が陸自、在日米軍、DMATと連携して医療活動を行った。

また河口部では輸送艇2号が救出救助部隊の海上輸送を実施し、31普連、神奈川県警、救助犬チームなどを上陸させた。

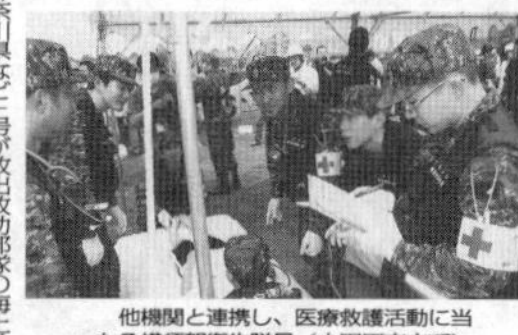

他機関と連携し、医療救護活動に当たる横須賀衛生隊員（小田原市内で）

高速道路の被害確認
NEXCO東日本と共同で　31普連

【武山】31普連は10月15日から22日まで、東日本高速道路（NEXCO東日本）との共同訓練を横浜横須賀道路で実施した。

陸自東方とNEXCO東日本は平成24年に「連携に関する協定」を締結、これを受けて神奈川県内で初の共同訓練を行ったもの。

31普連は県内に所在する2個実動部隊の一つで、首都直下地震では横浜・川崎地区で、南海トラフ地震では相模湾に面した地域で初動対処に当たる。

横浜横須賀道路は三浦半島突端の武山から県内各地に進出する幹線で、緊急道路にも指定。災害時にはNEXCOも被害確認が必要なことから、これを31普連が担い、会社にも通報することで迅速な復旧活動が可能となる。

訓練には連隊本部、情報小隊、通信小隊が加わり、道路の確認、NEXCOへの通報を演練した。最後には勉強会が行われ、これには神奈川県道路公社も参加、来年度以降は3者で訓練を行うことを決めた。

南海トラフ地震に対応
35普連

【守山】35普連は「南海トラフ大地震」を想定し、岐阜県庁と可児市で実施された総合防災訓練に参加した。

今回は可児市ふれあいパーク緑の丘に岐阜県初となる「広域防災拠点」が開設され、前線基地としての対処訓練を実施。連隊から派遣された4中隊は運営要領に臨み、撮影映像は県庁の災害対策本部に伝送された。

訓練終盤には中方ヘリ隊のUH1ヘリも空から訓練に加わり、空中に停止したヘリからレンジャー隊員がリペリングで降下、負傷者を救出する状況を展示した。

防油堤を土嚢で補強
コンビナートから原油流出　16普連

原油流出への対処で、土嚢を積み上げ、防油堤の補強を行う16普連の隊員（長崎県の上五島備蓄基地で）

【大村】16普連3中隊の隊員16人は長崎県新上五島町の上五島備蓄基地で行われた「長崎県石油コンビナート等総合防災訓練」に参加した。

訓練には陸・海自のほか、県警、消防、消防団、医療機関、上五島石油備蓄基地など12団体から約250人が参加。「大地震で石油コンビナートなど特別防災区域の原油送油管や配管敷防油堤に亀裂が生じて原油が流出した」との想定で訓練は開始された。

陸自隊員は新上五島町消防団、石油備蓄基地の自衛防災組織とともに破損した防油堤を約300個の土嚢で補強し、油の流出を止めた。

また火災への対処では消防署が発泡あわを散布して着火防止をし、併せてタスコム通信（部内回線電話）による情報伝達訓練も行った。

このほか救出救護、海中転落者の捜索救助、船舶火災消火訓練なども実施された。

800人分の応急給食行う
21普連

【秋田】21普連は横手市で行われた秋田県総合防災訓練に参加、3中隊を主力に情報収集、捜索救助、炊き出しを担任した。

捜索救助では2個班に分かれて捜索活動を実施、負傷者を発見すると直ちに救急処置を施して医療機関に搬送した。

また炊事班は空自33警戒隊（加茂）と協同し、800人分の応急給食を行った。9後支連（青森）は浄水セットを展示した。

被災者に対し、心肺蘇生法による救急処置を行う21普連の隊員（横手市で）

80機関が連携し人命救助に尽力
7普連

【福知山】7普連は木津川市で行われた京都府防災訓練に3中隊長以下38人で参加した。

訓練は緊急地震速報のアラームで開始、自衛隊、警察、消防、府職員や民間企業など関係80機関・団体が訓練に参加し、倒壊家屋やビルからの人命救助を演練した。

連隊は野外炊事車で炊き出しも行い、300食分のカレーを調理、提供した。

負傷者を担架で搬送する7普連隊員（京都府木津川市で）

迅速に負傷者搬送
旅客機の炎上を想定　40普連

【小倉】40普連は福岡県の北九州空港で実施された航空機事故対策総合訓練に参加した。

「旅客機が着陸に失敗して炎上した」との想定の下で関係機関が実施したもので、部隊は空港、警察、消防などと共同で訓練、救出した負傷者の搬送やトリアージを行った。

隊員は主に負傷者の担架による搬送を担任し、応急救護所に多数のけが人を迅速に搬送した。

航空機事故対策総合訓練で負傷者を機内から助け出す40普連隊員ら（北九州空港で）

機材活用して被災者を捜索
36普連

【伊丹】36普連は伊丹市下河原で池田市消防、日本レスキュー協会と共同の防災訓練を行った。

救助犬やファイバースコープなど機材を活用し、瓦礫の下の被災者を捜索、救出し、搬送するまでを共同で訓練した。

ファイバースコープを使い行方不明者の捜索を行う36普連隊員（伊丹市で）

米オスプレイが防災訓練に参加
和歌山

南海トラフ巨大地震を想定した和歌山県主催の津波災害対応実践訓練が10月19日、同県内で行われ、自衛隊は統合任務部隊を編成して陸海空自衛隊から約1500人と艦艇1隻、航空機11機、車両214両が参加した。米海兵隊のMV22オスプレイも参加し、串本町沖に停泊する海自護衛艦「いせ」にDMAT隊員らを輸送。艦内では傷病者の手当てが行われた。

海自護衛艦「いせ」に着艦した米海兵隊のオスプレイ（10月19日、和歌山県の潮岬沖で）

消防と連携強化
熊谷、深谷市の防災訓練に参加　熊谷基地

【熊谷】空自熊谷基地はこのほど、熊谷、深谷両市の防災訓練に参加した。

熊谷市総合防災訓練には4術校から15人が参加し、救助・救出訓練を受け持った。隊員は消防と連携して倒壊家屋から被災者を救出し、救急車に搬入するまでを演練した。

また深谷市総合防災訓練では人命救助システムII型を展示、その運用法を参加者に説明した。このほか赤十字奉仕団が行う炊き出しも支援、野外炊具を使ってカレーを調理し配食した。

倒壊家屋の中から被災者を救出する空自隊員（熊谷市内で）

募集・援護 特集

目指せ！未来の幹部自衛官

各地で防大・防医大の1次試験スタート

防大の「300人の募集枠」に1万4101人が殺到――。防大63期一般採用試験（前期）と防医大42期医学科学生採用試験が11月上旬、全国で行われた。自衛隊幹部への“登竜門”となる両試験で受験生の支援に当たる地本では、他大学も併願する合格者に対し「自衛官への道」を選んでもらおうと、OB隊員と懇談の場を設けるなど、優秀な人材の確保に全力を挙げている。

最後まで全力で集中
茨城 受験生の利便性配慮

【茨城】地本は11月8、9日の両日、水戸市内2カ所と霞ヶ浦、古河両駐屯地の計4カ所で防大（一般・前期）採用1次試験を実施した。

地本では受験者増と彼らの利便性をよくするため、前年より会場を2カ所増やして試験を行った。この結果、前年より200人以上増え、733人が受験した。

試験初日の朝、緊張気味の表情で会場入りした高校生らは、試験の直前までノートなどをチェックし、試験が始まると全力で取り組む姿が見られた。最後の小論文でも集中力は途切れず、受験生たちは回答用紙に自分の思いを書き込み、合格への熱意を示していた。

地本では一人でも多くの志の高い生徒が防大に最終合格できるよう、今後は1次突破者に対し2次試験に向けた支援を実施していく。

幹部自衛官を目指し、試験会場に集まった大勢の生徒ら（11月9日、水戸合同庁舎で）

広報官の努力で受験者200人増

126人が防医大受験
愛媛

【愛媛】地本は11月1、2の両日、防医大医学科学生採用1次試験を松山市の松山大学で実施した。

自衛隊医官を目指す防医大医学科は地本が担当する募集種目の中で最も合格が難しいコース。そのため地本では受験予定者をはじめ、高校3年生の担任教諭ら学校関係者にも働きかけ、受験しやすい環境を整えてきた。

広報官は年度当初から粘り強い学校訪問を行ったほか、高校との連絡会議や説明会なども開催。防医大と一般大医学系の相違点、受験に向けてケア、合格後のサポート体制などもPRし、受験者の拡大を図ってきた。

この結果、今年は126人が受験、防医大合格を目指した。地本では今後、合格者に対して自衛隊のOB、OG医官との懇談の機会なども設け、入校意思が固まるよう働きかけを行っていく。

自衛隊医官を目指し、真剣に試験問題に取り組む受験生（11月1日、松山大学で）

寒波の中 難関に挑戦
兵庫 県内4カ所で実施

【兵庫】地本は11月8、9の両日、神戸、西宮、姫路、豊岡の4市で防大採用1次試験を行った。部内1人を含む414人が難関に挑んだ。

豊岡会場は寒波の影響で肌寒い天候だったが、会場内は但馬地区の高校生18人の熱気に包まれた。但馬地区から防大への入校者は少ないこともあり、地本では一人でも多くの合格者を出すべく支援を行ってきた。

美方郡香美町出身の男子生徒は「筆記試験は数学が難しかった。小論文は自分の考えをまとめるのに苦労した。今後は2次試験（口述・身体検査）に備え、体調管理に気をつけたい」と話していた。

防大准教授が模擬講義
「集団的自衛権」テーマに
長野

【長野】地本は10月17日、佐久市の佐久長聖高校で防大国防論教育室准教授の倉石治一郎2陸佐の講義を支援した。

これは「大学模擬講義」として同校が部外から講師を招いて実施しているもので、今回は他に信州大、松本歯科大、国際医療福祉大、日本福祉大などから11人が講師として招かれた。自衛隊からの講師派遣は昨年に続き2回目で、前回の講義が非常に好評だったことから、今回は年度当初に同校から依頼を受け、自衛官の講義が実現した。

倉石2佐は「集団的自衛権を考える」をテーマに講義を2回受け持ち、計126人の生徒が受講した。高校生にはやや難しいテーマだったが、倉石2佐は身近な出来事を盛り込んで分かりやすく解説、生徒たちは終始熱心に聴講していた。

空自の仕事を紹介
先輩が母校を訪問
入間

【中警団＝入間】空自中警団施設隊の矢野義弘2曹は10月23日、母校・福岡県立武蔵台高校からの依頼で同校を訪問、生徒に対し空自の職域や任務などについて話した。

武蔵台高校は1年生を対象に各職業から専門家を招いて「キャリアワークショップ」を行っており、矢野2曹は21人の講師の一人として招かれた。

生徒26人が受講し、矢野2曹は広報パンフレット、パネル、DVDなどを使い航空機関連以外の職種も含めた空自の仕事を紹介。生徒からは入隊後の団体生活や災害派遣、さらに対空ミサイルPAC3に関する質問もあった。

また、矢野2曹が母校出身のパイロットや海外派遣隊員の近況などを伝えると、生徒たちは航空自衛隊をより身近に感じたようだった。

最後に生徒代表が矢野2曹に「（ニュースなどでは）見えない自衛隊の活動をたくさん知ることができました。ありがとうございました」と感謝の言葉を述べた。

パンフレットを手に、空自の業務を母校の生徒に説明する矢野2曹（10月23日、福岡県立武蔵台高校で）

専門学校生が体験学習
基本教練や10キロ行進など

【岩手】地本は11月10、12日、盛岡市にある盛岡公務員法律専門学校の依頼を受け、同校学生45人の体験学習を担当した。

同校の「総合実践」の一環で、学生たちは陸自の岩手駐屯地に到着後、被服を交付され、約10キロの行進をはじめ、救急法、基本教練などに汗を流した。

行進は冬化粧を前にした岩手山の雄姿を望みながら元気に歩き、最後はレンジャーの呼称をしながらゴール。また救急法では止血法、AED（自動体外式除細動器）の使い方、簡易担架の作り方などを学んだ。

最後の基本教練では予習課題をマスターしてきた学生が分隊長を務め、隊を指揮した。学生からは「駐屯地で貴重な体験ができた」「将来の選択肢に自衛隊が加わった」といった感想が聞かれた。

分隊を作り、整列した専門学校生ら（11月10日、岩手駐屯地で）

りくしかくん デビュー
奈良「くらし産業メッセ」で広報活動

【奈良】橿原地域事務所は11月8、9の両日、大和高田市で開かれた「くらし産業メッセ2014」で自衛隊広報ブースを開設、広報資料を配布したほか、自衛隊車両の展示やミニ制服試着を行った。

会場には約1万人が来場、地本ブースにも家族連れが詰め掛けた。子供たちはミニ制服に身を包み、装備品を背景に記念撮影を楽しんでいた。

また、11月3日の奈良地本創立60周年記念行事で発表・披露されたばかりの地本のゆるキャラ「りくしかくん」が初登場。子供たちから「かわいい」「一緒に写真を撮って」などと大歓声を受け、この日は地本キャラも大忙しだった。

子供たちと握手する奈良地本のマスコットキャラ「りくしかくん」（11月8日、大和高田市で）

徳島地本の「還暦」祝う
部員、新たな節目に誓い

【徳島】地本は11月15日、徳島グランヴィリオホテルで地本創立60周年記念行事を実施した。会場には国会議員、県議会議員、県内各首長、歴代地本長ら約110人が出席し、徳島地本の「還暦」を祝った。

来賓からも多数お祝いの言葉が寄せられ、地本部員は「60周年を新たな節目として、県民に対し自衛隊の本当の姿を紹介し、より一層の理解と協力を得るために精進していきたい」と決意を語っていた。

記念講話では女性自衛官として初の地本長を務め、現在は大阪府立狭山高校の校長・竹本三保さんが「新たなミッションへの挑戦～自衛官から学校長へ～」と題して講話を行った。

徳島地本創立60周年を祝い、式辞を述べる森地本長（壇上）＝11月15日、徳島グランヴィリオホテルで

体験コーナーで 児童がミニ制服

【秋田】地本は10月25、26日、大館市樹海ドームで行われた「大館圏域産業祭」に参加した。

会場には3万9000人が来場、地本は陸自21普連（秋田）の支援を受けて高機動車や偵察用オートバイを展示した。また、海自大湊総監部も船舶や航空機のペーパークラフト、ミニ制服試着コーナーを設置し、自衛隊広報を行った。

産業祭のイベント「子どもハローワーク」では地本も「体験できる職業」として参加。ミニ迷彩服を着た児童が中学生や高校生にリーフレットを配布し、そのかわいい姿に歓声が上がった。

高工校の制度や 待遇などを説明

【宮城】地本は10月26日と11月2、9日、「第26回進学情報展・進学情報CAN」に参加した。これは全国学習塾協会北海道・東北支部が主催する進学相談会で、大崎、仙台、石巻市の県内3カ所で開かれた。

地本は陸自高等工科学校の制度説明と志願者情報の獲得を目的に一昨年度から同イベントに参加している。

今回は地本ブースに保護者を含め106人が来場。中学生たちは高工校を初めて知る者も多く、広報官は詳しく同校の制度や待遇、進路などを話した。

来場者は「説明を受け自衛隊の高校に興味がわいた」「両親に相談し、進路決定時の選択肢の一つにしたい」などと語っていた。

新潟地本が移転

【新潟】地本は11月25日、募集・援護業務をより効率的に行うため移転した。新たな住所と電話番号は次の通り。

〒950－8627新潟市中央区美咲町1丁目1番1号 新潟美咲合同庁舎1号館7階 電話025（285）0515、FAX025（285）0510。専用線は8（466）426で従来と同じ。

平和を、仕事にする。
陸海空自衛官募集

ただいま募集中！
◇貸費学生（男女、技術）
◇高等工科学校生徒（男子、一般）
◇自衛官候補生（男子）
★詳細は最寄りの自衛隊地方協力本部へ

不発弾処理 3年で600ヘクタールを安全化

JMAS ラオスでの活動終える

西城元3尉に政府感謝状

アジアやアフリカなどで地雷・不発弾処理の支援を行っている自衛官OBでつくる認定NPO法人「日本地雷処理を支援する会」（JMAS、折木良一会長＝元統幕長）は11月14日、ラオス南部のサラワン、チャンパサック両県での3年間に及ぶ処理プロジェクトを終了した。現地で技術指導に当たってきたJMAS不発弾処理専門家の西城眞人さん（64）＝釧路・27普連出身、元3陸尉＝にラオス政府から感謝状が贈呈された。

現地スタッフと打ち合わせをするJMAS不発弾処理専門家の西城さん（左から2人目）＝11月25日、ラオスで

プロジェクトは2011年6月、漢方薬メーカー「ツムラ」の提案に基づき、外務省がODA施策「成長加速化のための民間連携パートナーシップ」の第1号案件として採用。同社の子会社で現地法人「ラオツムラ」が取得した土地の不発弾探査をJMASが担任した。

西城さんは現地の不発弾処理業者とともに、3年間にわたって地中2メートルまでをくまなく検査し、発見したクラスター爆弾などを処理。合計600ヘクタールを安全化した。

ラオス政府から感謝状を贈呈された西城さん（11月12日）

地域経済に貢献

新たに農場となった場所では、ラオツムラが日本への輸出用の生薬の栽培やその1次加工を開始し、現地住民の雇用を創出。付加価値が高い生薬栽培を産業化することで、地域の経済振興を促している。

帰国を前に、西城さんにはラオス政府の首相府大臣から感謝状が贈呈された。

同国のほかにも、カンボジアで6年半にわたって処理活動を行うなど、歴代のJMAS専門家でも最長の活動を続けてきた西城さんは業務終了に際し「定年直後からJMASに参加した。9年半の間、無事故で活動できたのはJMAS本部や関係者の支援のおかげ」と振り返り、中でも「ラオスやカンボジアの処理隊員と一緒に働いたことや、現地の人々、特に子供たちとの触れ合いが一番の思い出です」と語った。

JMASは北部シェンクワン県で5年間、南部アッタプー県などで4年間の不発弾処理を行ってきた。さらに11月12日から、首都ビエンチャン特別市郊外にある「ラオス不発弾機関（UXOLao）不発弾訓練センター」で技術移譲と教育改善支援、老朽化した同施設を建て替える3年計画のプロジェクトを新たに開始する。

濱田2曹が優勝

世界サンボ選手権 「柔道に生かしたい」

サンボ世界選手権・女子80キロ級を制した濱田2曹（左から2人目）＝11月22日

世界サンボ選手権が11月21〜23日、千葉県成田市の中台運動公園体育館で行われ、女子80キロ級で体校（朝霞）柔道班の濱田尚里2陸曹（24）＝柔道3段＝が優勝を果たした。

サンボは旧ソ連で生まれ、軍隊や警察の格闘訓練に用いられてきた。レスリング、柔道と共通性が高く、ロス五輪レスリング・グレコ57キロ級2位の江藤正基元2陸佐（体校）も世界選手権で優勝している。

山梨学院大時代に強化の一環でサンボを学んでいた濱田2曹は、その経歴も買われて出場。柔道技を駆使して勝ち上がった。

2回戦はウクライナ選手に、準決勝はカザフスタン選手にそれぞれ快勝。ブルガリア選手との決勝は内股で1点を奪取。終盤にも外掛けで1点を奪い、2—1で競り勝った。

世界王者に就いた濱田2曹は「（サンボで）立ち技から寝技、関節技につなぐ連接を学ぶことができた。柔道に生かしたい」と、柔道での〝世界制覇〟に向けて気持ちを切り替えていた。

空幕幹部が3キロ走

体力測定の資料を収集

空幕教育課の幹部自衛官らが11月28日、東京・市ヶ谷の防衛省グラウンドで体力測定Ⅰ（3種目）の資料収集に挑んだ＝写真。

空幕勤務の自衛官は現在、法規上体育訓練を実施できない。今回の取り組みは体力測定を所掌する課として、関連する資料の収集を目的に今年5月に続いて行った。小笠原卓人課長をはじめ教育課に勤務する約20人の幹部らが参加した。

参加者は準備運動の後、3人一組になって腕立て伏せと腹筋を実施。30分ほどの休息を取り、3キロ走に挑んだ。

一斉にスタートした参加者はグラウンド（1週約500メートル）を約6周力走。10分59秒の好タイムで走り終えた鈴木桂太郎2佐は「体力維持のため勤務前の朝、週末に月間400キロを目標に走り込んでいる。（今回は）ベストのタイムが出せた」と語った。

今回の結果は平均点79点、平均級5級（平均年齢45歳）で、1回目よりも向上が見られた。

収集は来年3月にも実施される。小笠原課長は「3回の収集で得られた結果を、空自部隊などが行う体力測定に関する施策に反映したい」と話している。

カレーグランプリが帰ってくる

12月7日・佐世保で開催

佐世保市と横須賀市で昨年12月と今年4月に開催され大好評を博した「護衛艦カレーナンバー1（GC1）グランプリ」が12月7日、再び佐世保市に帰ってくる。主催はさせぼ四ヶ町商店街協同組合。

今回は護衛艦「きりさめ」「あけぼの」「すずつき」「くらま」「しまかぜ」「こんごう」「ちょうかい」、多用途支援艦「あまくさ」、第2掃海隊が参加するほか、陸自相浦駐屯地も〝参戦〟する。

会場は佐世保市の島瀬公園で、午前11時にスタート。約3000食を配食する予定（要整理券）で、参加者は試食後、最もおいしかったカレーに投票する。ご飯は有料。

「生涯スポーツ功労者」表彰

83歳の元准尉、斎藤さん

【福島地本】陸自郡山・6特連の元隊員（元准尉）、斎藤三男さん（83）＝写真＝は文部科学省が制定する「生涯スポーツ功労者」の一人に選ばれ10月10日、東京都千代田区の同省で表彰された。

斎藤さんは昭和27年に入隊。1特群（北千歳）、6特連で勤務し57年に退官した。この間、郡山剣道スポーツ少年団で結成以来約50年にわたって指導するなど、青少年育成にも尽力してきた。斎藤さんは「剣道を通した人間形成の道を目指し、老骨にむちを打ってさらに努力まい進したい」と語っている。

F104戦闘機の雄姿再現

千歳2空団 〝職人技〟で修復

修復されたF104戦闘機の前に勢ぞろいした2空団整補群の隊員ら（千歳基地で）

【千歳】2空団整補群は10月29日、5月半ばから行ってきたF104展示機の修復作業を完了、同機を基地の第4格納庫から航空公園へ移動、設置した。

5月の作業開始から武田宜久司令をはじめとする整補群の幹部・隊員は、腐食し痛みが激しかった展示機をよみがえらせようと地道な作業を続けてきた。

細かい部分にもこだわる〝職人技〟で戦闘機として活躍していた往年の雄姿を忠実に再現。展示機として設置された当時の隊員、今回の作業に携わった隊員の名前も機体にマーキングされた。

来場者150万人達成記念イベント開く

りっくんランドにゆるキャラが集結

【千葉地本】陸自広報センター（りっくんランド、朝霞）は11月9日「（来場者）150万人達成記念祝賀イベント」を行い、千葉地本も支援した。イベントには約1800人が来場、ゆるキャラとの交流などを楽しんだ。

イベントの支援に「ピクルス王子とパセリちゃん」（防衛省・自衛隊）、「タクマくんとユウちゃん」（陸自）や、東部方面管内のマスコットキャラクターら15体が集結。会場を盛り上げた。

雨交じりの天気にもかかわらず、多くの人が入場開始前から並んでいるのを見た千葉地本キャラクターの「千葉3兄妹」は開場と同時に入り口で握手やハイタッチで来場者を出迎えた。

「3兄妹」はイベント中、他のキャラクターとともに来場者との記念撮影などに応じた。またキャラクターならではのコミカルな動きも披露。子供たちからは「可愛い」「面白い」という声が上がった。「3兄妹」は年配の来場者から「これからも（日本の防衛を）よろしくお願いしますね」と声を掛けられ、年齢を問わず親しまれていた。

陸自広報センターの来場者150万人達成イベントを支援したゆるキャラたち。前列左端からの3体が「千葉3兄妹」（11月9日、朝霞駐屯地で）

こちら 警務隊 ☎8・6・47625

一般有権者はOKでも自衛官の場合は違反に

隊員がウェブサイトなどで有権者に「選挙ではぜひ○○さんを当選させましょう」といった書き込みをすると、罪になりますか？

一般の有権者に認められている選挙運動でも隊員が行った場合、自衛隊法施行令第87条（政治的行為の定義）に抵触し、懲戒処分を受けることになります。

ここでいう「選挙運動」とは、候補者の当選を目的とし、ウェブサイト（掲示板、ライン、ツイッターなど）に投票を得または得させる内容を掲載・書き込みをする行為をいいます。

自衛官は、電子メールはもとより、このような行為をすると隊法違反となります。

（警本＝市ヶ谷・田口1曹）

小休止

▽…市ヶ谷台管弦楽団の「環境コンサート」が11月27日、防衛省講堂で開かれ、訪れた隊員がしばし癒やされた。

▽…コンサートは市ヶ谷地区などに勤務する隊員らでつくる同団（団員数約40人）が防衛省環境週間イベントとして実施、「環境」をテーマに演奏している。

▽…20回目を数えた今回は初めて2部で構成。そのうち1部には東京芸術大卒で空中音（立川）の新鋭クラリネット奏者、伊沼綾乃士長がゲスト出演し、澄んだ音色で会場を包んだ＝写真。（市ヶ谷）

朝雲・栃の芽俳壇

畠中草史　選

北鎮の隊歌で締める年忘　江別・陸OB　鎌田日出雄
北国のある部隊の忘年会。その部隊の隊歌を歌っておひらき。結束の固い部隊が窺える。

合掌す初冠雪の御嶽に　芦屋・一般　松尾　正夫
今年御嶽山の噴火により多くの死者を出し、行方不明者を残した。初冠雪に自ずと合掌。

ひと役の見得を切りゐる菊人形　大津・陸OB　丸岡　正勇

冷まじやいま月蝕の赤々と　熊谷・空OG　福元万理子

渓紅葉底に一筋水疾る　浦安・海OB　晴山　雅之

こほろぎのとぎれとぎれに夜の更けし　熊谷・空OG　塚本　恵玉

藪に灯をともしつらなる烏瓜　千葉・空OB　榎　利風

ヘリコプターの編隊飛行天高し　小牧・陸OB　松岡　魚青

運動会秩父音頭をもて終わる　熊谷・空OG　関田　絹江

佐渡金山掘りし跡とし秋澄めり　新座・陸OB　船田藤三郎

山茶花の垣を巡らす山家かな　浜松・空OB　宮本　立勇

早紅葉の景を抽き出で五重塔　大阪・空OB　高木　智念

職のなき身となり勤労感謝の日　仙台・陸OB　加川　師亭

レンジャーの凍傷負ひて戻り来る　善通寺・陸事務官　平田　文

自然薯を掘る赤子の手触るやに　青梅・一般　青柳　富也

黄落の並木の道に人を見ず　西東京・空OB　水島　孝雄

金木犀の香に不意に包まれし　熊谷・空OG　佐藤　玲美

鬼皮に夫婦でこずり栗ごはん　府中・空自衛官　村上　智樹

紅葉狩帰路渋滞のいろは坂　熊谷・空OB　明田　眞雅

秩父路の札所を巡る秋日和　熊谷・空OB　蓮佛志向子

秋探し一期一会の旅続く　今治・陸OB　嶋谷　白濤

忙しなく鉢片づけし野分けかな　熊谷・空OG　高橋ふみ子

秋の日の紙面賑はすノーベル賞　熊谷・空OG　関谷　桂子

秋晴の故山に佇ちて思ひふと　千葉・陸OB　川又　勝彦

選者作品
小流れに乗らざる落葉乗る落葉

投句歓迎！
▽郵便はがきの裏面に未発表の自作3句以内と氏名、年齢、職業（自衛官・事務官＝所属部隊＝、OB、家族、一般など）、住所、電話番号を記入▽締め切り毎月15日▽宛先＝〒162―8801東京都新宿区市谷本村町5の1防衛省D棟市ヶ谷記者クラブ朝雲俳句係☎03（5225）1750、専用線8・6・25515

詰碁

第1101回出題

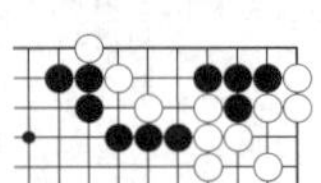

出題　日本棋院　九段　曲　励起

黒先
『攻め合いに勝って下さい』。5分で出来れば中級です。

▶詰碁、詰将棋の出題は隔週です◀

詰将棋

出題　日本将棋連盟　九段　石田　和雄

▽第685回の解答△

【正解】☗4六飛☖同歩☗6三角☖2六玉☗1七竜☖同玉☗2七角成までの七手詰め。

【解説】☗4六飛と捨てるのが意表をつく。☖同玉なら☗6八角☖3六玉☗2七竜までの早詰み。☖同歩に☗6三角と放して打つのが肝心で☖4五合駒なら☗2七竜まで。☖2六玉と逃げた時☗1七竜が決め手で☗2七角成まで解決。

みんなのページ

全社一丸で予備自を支援

サカコー社長　越智　明（香川県坂出市）

弊社は昭和43年に創業し、香川県坂出、丸亀市を拠点として主に造船・土木用の鋼材加工業、中継物流業を営んでいます。

従業員はほぼ全員が香川県出身で、第14旅団司令部が所在する善通寺駐屯地の近くに住む者など、自衛隊に対して親近感を持つ社員が多く、即応予備自衛官制度も会社として支援しています。

弊社では南海トラフ大地震による津波や地震被害を想定し、従業員だけでなく近隣住民の安全確保や地域の防災に寄与すべく検討しています。仮に地上の交通網が寸断された場合、海上交通・輸送は有効な救援ラインになると思います。弊社も自衛隊が担う災害救援活動の側面支援ができるのではないかと考えております。

さて、即応予備自衛官の訓練はまず「年間訓練日程案」として提示されるので、企業側はスケジュール調整を前もって行うことができます。弊社では人事部門が当該社員の「特別休暇措置」を計画し、また同社員の所属する部門では年間業務計画を策定し、事前に自衛隊への派遣準備を行うなど、全社的に「PDCA（計画・実行・評価・改善）」のサイクル管理が浸透しています。

今後とも自衛隊への協力・支援を通じて、国民の安全と平和の確保、そして地域社会に貢献できるよう努めて参りたいと思っております。

群馬県総合防災訓練に参加して
被災地は「人を救う戦場」

2陸尉　小竹　正彦（48普連4中・相馬原）

私は群馬県太田市で実施された「平成26年度群馬県総合防災訓練」に先遣小隊長として参加しました。自衛隊、警察、消防、自治会、公共機関などが連携して災害に対処する訓練で、我が48連隊は即応予備自衛官を含む編成で臨みました。

私自身、この10年間で新潟県の中越大震災、中越沖地震、そして東日本大震災など、多くの自然災害への対処に従事してきました。そこで目撃した倒壊家屋や犠牲となった方々の姿は今も生々しく脳裏に焼き付いています。そこで、ここではそれら経験を踏まえて私が感じたことを述べてみたいと思います。

群馬県総合防災訓練に参加、負傷者を自衛隊救急車に搬送する48普連の隊員

まず、被災地に入って最も重要となるのが「情報の獲得」です。災害現場は地元の人も分からないほどに景色が一変している場合が多いので、地図を使っての判断は困難で、詳細情報は現地の警察や消防、自治会などから入手することが必須です。

次に大事なのが「二次災害への配慮」です。隊員たちは被災地に入り、みな興奮しています。「救える命を一人でも多く救いたい」という強い意気込みですから、彼らをいかに抑え、作業を冷静に進めさせるかが大切です。

指揮官の判断ミスは隊員を二次災害に巻き込む危険があります。これを予防するため、現地では災害の特性を把握して注意を怠らず、地元の警察や消防と連携を図ることが重要です。

災害派遣の現場は、まさに「人を救うための戦場」なのです。戦場なのですから常に危険が伴います。我が48普連では、連隊長の統率方針「共に創造、共に挑戦」、要望事項「愛すること、守ること、戦うこと、考えること」を胸に、常備自衛官と即応予備自衛官が一体となり、日々訓練に汗を流しています。

（世界の切手・ドイツ）

侮（あなど）られる人間は強い。侮った瞬間に相手は武装を解いてるから何でもできる。
葉室　麟（作家）

研修で入隊の決意強まる

慶應大4年　高輪　美希（川崎市在住）

神奈川地本の採用予定者研修に参加し、陸自隊員から話を聞く高輪さん（中央）

私は自衛隊の一般幹部候補生陸上要員採用予定者として10月20日から2日間、福岡県にある陸自幹部候補生学校と第4師団司令部の研修に参加しました。

現地では駐屯地の装備品や施設の見学、幹部候補生学校の授業体験などを行いました。初級幹部の方々との懇談の機会もあり、入隊後の教育訓練や生活に関する不安をやわらげることができました。

最も印象深かったのは幹部候補生学校長と副師団長の講話でした。「陸自で戦力として認められるまでには5年以上を要するので、焦る必要はない」「自衛隊ではスキルアップを目指す上でさまざまな課程教育がある」「20年後、私たちが関わるであろう安全保障上の問題」などについてのお話は、目の前の入隊ばかりに囚われていた私たちに、幹部自衛官として歩むべき道筋を示してくれました。

これから入隊までの間しっかりと準備を整え、将来、国策に関わるような活動において、自分もその中枢で活躍できるような幹部自衛官を目指し、今回お世話になった方々にご恩返しができたらと考えています。

新春号の作品を募集

本紙では平成27年新春の「みんなのページ」を飾る読者の皆さまの作品を募集しています。

◇エッセー　新春にふさわしい内容のもの。テーマは自由。1編600字から1200字程度。

◇漫画・イラスト　はがき大の用紙に鉛筆かペンで。CGも可。

◇写真　各地の正月行事など新春にふさわしいもの。

締め切りは12月19日（金）。送付先は〒162―8801東京都新宿区市谷本村町5―1防衛省市ヶ谷記者クラブ　朝雲新聞社「新春作品」係まで。Eメールは朝雲編集局メールアドレス（editorial@asagumo-news.com）へ。

朝雲新聞社

新刊紹介

「兵器・武器―驚くべき話の事典」
博学こだわり倶楽部編

兵器や武器を見ても、実際に運用するところまではなかなか想像できない。一体全体何がどうすごいの？本書はそんな兵器オンチの標準的日本人に向けて書かれた入門書。

気になってもなかなか聞けない、「世界最強の戦闘機は?」「自衛隊の護衛艦と中国の潜水艦が一騎打ちになったら?」などの"どストレート"な疑問に答えてくれる。

1章で軍艦と潜水艦、2章で戦闘機、3章で戦車、4章でミサイルと特殊兵器、5章で陸上兵器、6章で拳銃を扱い、それぞれ基本的知識からトリビアまでを紹介する。

すべて分かりやすい兵器だからこそ、知らないことがこんなに多かったのかと思わされるはずだ。そういうショックもまた楽しい。

「彼を知り己を知れば百戦あやうからず」とは孫子の言葉だが、本書を通じ、大局的な立場から自国の装備品や他国の武器・兵器を考え、国防についてしっかりと見つめ直したい。

兵器・武器を「高いオモチャ」だと思っている方に手に取ってもらいたい一冊。もちろんうんちくのネタ本としてもドーゾ。（河出書房新社刊、1080円）

「吉田松陰の主著を読む」
北影　雄幸著

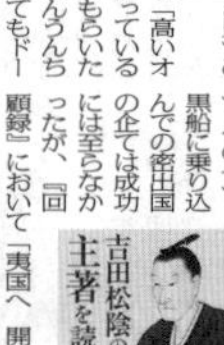

明治維新の先駆者、吉田松陰が記した20編の意見書、論稿を取り上げ、その思想と行動に光を当てた。

黒船来航とともに多くの名もなき志士が侵略の危機感を覚えた。松陰はいち早く『将及私言』で武備の必要などを藩庁に訴える。

「二十一回猛士」の号も用いた松陰は、21回の猛（過激な行動）を行うことも目指す。その一つ、黒船に乗り込んでの密出国の企ては成功には至らなかったが、『回顧録』において「異国へ渡りその情実を探知せん」ことが目的だったと吐露する。

弱腰の幕府と日和見の多くの諸侯を前に『愚論』では、「墨夷の撻伐（討伐）を仰せ出され」と、朝廷自らが攘夷の旗振り役になることを求める。

さらに時の老中、間部詮勝の襲撃を企て評定所の幕吏に対して自ら開陳。それにより死罪とされた松陰は最後の書『留魂録』で「天地神明照鑑上にあり」と詠み、従容として死地に就いた。

至純の滅私奉公の生き方は、自衛隊員をはじめとする公務員、公職に就く人たちの参考にもなる。姉妹書に『吉田松陰の愛読書を読む』がある。（勉誠出版刊、1944円）

OBがんばる

多田　道永さん　55
平成26年3月、函館地本の道南地域援護センター長を最後に定年退職（3陸佐）。北海道銀行に再就職し、函館支店で渉外係を務めている。

不安要素は早目に除去

私は平成26年3月に約33年間の自衛隊生活を終え、翌日から北海道銀行函館支店に勤務しております。再就職については地本で就職援護業務に携わり、理解しているつもりでしたが、実際その場に立つと「自分に勤まる会社はあるだろうか」「業種はどのようなものがいいのか」など不安もありました。幸い地本で得た知識や企業・自己分析を基に、当行に「渉外係」として再就職することができました。

当初は自衛隊との勤務環境の違いに戸惑いましたが、半年を経て強く感じることは、「お客様相手の商売ではミスは絶対に許されない」ということです。あいさつ、言葉遣い、身だしなみはもちろんのこと、お客様からの依頼や要望をうっかり忘れてしまうことはもってのほかです。企業としての信頼も失いかねません。一方で自衛官時代に培った規律心、協調性、業務に対する向上心などは大いに役立っています。

多田道永さん（右）

今日、雇用状況は改善してはいるものの、再就職は依然厳しい環境にあります。しかし、在職時の経験は必ずや糧となるはずです。皆様も健康管理に留意し、早めに不安要素の除去に努めてください。地本の援護センターはより良い再就職を実現するため全力を挙げています。雇用環境の把握、資格取得など相談したいことがあれば、どしどし聞きに行ってください。

誰かを助けられる自衛官になりたい

2陸士　田窪　紘之（7普連重迫中・福知山）

私は新隊員教育を終え、重迫撃砲中隊に配置されました。

3年前の東日本大震災で自衛隊の災害派遣活動をテレビや新聞で見て、私は被災者、国民、そして日本のために頑張っている自衛官に憧れ、入隊を志願しました。

念願かない陸上自衛官になれましたが、教育隊の訓練はとても大変でした。しかし自分の理想に近づくため、最後まで頑張ることができました。

現在、中隊に配置され、ようやく憧れの自衛官として先輩と一緒に仕事ができる立場になり、とても嬉しく思っています。ですが、まだスタートラインに立ったばかりです。自分に何ができるのかも分かりません。

これからは先輩の背中を見て、一日でも早く知識や技能を習得し、できる事を一つずつ増やし、いざという時に誰かを助けられる自衛官になれるよう努力していきたいと思います。

訂正　11月27日付12面の第685回「詰将棋」の出題で、盤上「☖6七竜」とあるのは、「☗6七竜」の誤りでした。訂正します。

エボラ対策

防護具に国連謝意

2万セット　空自機ガーナ到着

西アフリカで猛威を振るうエボラ出血熱への対応策として、日本政府が用意した医療従事者向けの個人防護具2万セットを搭載した空自のKC767空中給油・輸送機が12月8日、ガーナに到着した。空港では同国の首都アクラに本部を置く国連エボラ緊急対応ミッション（UNMEER）の代表者が出迎え、「日本の支援を歓迎する」と述べた。自衛隊の「西アフリカ国際緊急援助空輸隊」の隊長を務める1輸空隊司令の野中盛空将補は記者団に、「政府の活動の一環として国際社会に貢献できると信じている」と語った。

感染地域で大幅不足

同日、アクラのコトカ国際空港で行われた国連への防護具引き渡し式には、空自機で到着した防衛省職員や空自隊員をはじめ、日本の外務省や国際協力機構（JICA）の職員らが出席。報道陣を含む大勢の関係者が見守る中、大きな日の丸を付けた荷台が機体から降ろされた。

さっそく防護具入りの小箱を外務省職員から受け取ったUNMEERのバンベリー特別代表は「感染地域の診療所などでは防護服が大幅に不足している。自衛隊をはじめ、日本の貢献は素晴らしい」などと日本への感謝の言葉を述べた。

防護具はUNMEERを通じてリベリア、シエラレオネ、ギニアの流行3カ国などに届けられ、地方の診療所などで医療従事者の感染防止に役立てられる。

KC767は12月6日に小牧基地を出発し、モルジブのマレ、アフリカのジブチを経由して到着した。エボラ出血熱への対応で自衛隊が西アフリカに派遣されるのは初めて。

国際緊急援助空輸隊長の野中空将補は記者団に対し、「空自機が西アフリカまで来るのは初めてだが、皆さまの支援で無事に到着し、国連に防護具を渡すことができました」とほっとした表情で話した。同機は往路と同じ経由地を経て11日に小牧基地に帰国する。

これに先立ち、5日に防衛省からアクラのUNMEER本部に派遣され、現地で関係機関などとの調整に当たっていた現地調整所要員の吉浦健志1陸佐以下4人の隊員は9日に任務を終了し、帰国の途に就いた。

世界保健機関（WHO）によると、西アフリカではこれまでに330人以上の医療従事者がエボラウイルスで死亡している。このため、設備が整っていない地方の診療所などで働く医療従事者の防護が喫緊の課題となっている。

空自KC767の前で、防護具を受け取るUNMEERのバンベリー代表（右から3人目）。左端は防衛省の辰己昌良審議官。左から4人目は野中空輸隊長（12月8日、ガーナ・アクラで）＝防衛省提供

総隊司令官に杉山空将

大湊総監に坂田海将　12月15日付

政府は12月9日の閣議で、航空総隊司令官に南西航空混成団司令の杉山良行空将、大湊地方総監に教育航空集団司令官の坂田竜三海将を充てる人事を了承した。後任の教空団司令官には池太郎海自幹部候補生学校長、南混団司令には荒木淳一統幕総務部長がそれぞれ昇任して就任する。中島総隊司令官、槻木大湊総監、櫻木関東補給処長は勇退する。将には3人、将補には7人が昇任する。このほか、12月1日付で1佐職約160人が異動した。

（2面に1佐職異動、将補昇任者略歴は次号）

杉山総隊司令官

坂田大湊総監

池教空団司令官

荒木南混団司令

江口関東補給処長

防衛省発令

▽海将に昇任（海自幹部候補生学校長）海将補 池 太郎
▽空将に昇任（統幕総務部長）空将補 荒木 淳一
（以上12月15日）
▽陸将に昇任（東部方面総監部幕僚長兼朝霞駐屯地司令）陸将補 江口 直也
（12月19日）
▽海将補に昇任（海幕指揮通信課長）1海佐 白根 勉
（自衛艦隊作戦主任幕僚）同 眞鍋 浩司
（情報業務群司令）同 鉾形 義憲
（以上12月15日）
▽陸将補に昇任（防衛大防衛学教育学群統率・戦史教育室長）1陸佐 九鬼 東一
（陸幕総務課長）同 鬼頭 健司
（同警務管理官）同 佐々木 伸司
（東部方面総監部防衛部長）同 坂本 知司
（以上12月19日）
▽大湊地方総監（教育航空集団司令官）海将 坂田 竜三
▽教育航空集団司令官（海自幹部候補生学校長）同 池 太郎
▽航空総隊司令官（南西航空混成団司令）空将 杉山 良行
▽南西航空混成団司令（統幕総務部長）同 荒木 淳一
（以上12月15日）
▽陸自関東補給処長兼霞ヶ浦駐屯地司令（東部方面総監部幕僚長兼朝霞駐屯地司令）陸将 江口 直也
（12月19日）
▽防衛大訓練部長（練習艦隊司令官）海将補 湯浅 秀樹
▽統幕総務部長（阪神基地隊司令）同 髙島 辰彦

江口 直也（えぐち・なおや）陸将　防大26期。昭和57年陸自。平成8年2佐、13年1佐、20年将補。大阪地方協力本部長、陸幕監理部長などを経て、24年7月東部方面総監部幕僚長。大阪府出身。55歳。

池 太郎（いけ・たろう）海将　防大27期。昭和58年海自。平成9年2佐、14年1佐、20年将補。1空群司令、舞鶴地方総監部幕僚長などを経て、24年7月海自幹部候補生学校長。愛知県出身。54歳。

荒木 淳一（あらき・じゅんいち）空将　防大27期。昭和58年空自。平成10年2佐、14年1佐、21年将補。7空団司令、1輸空隊司令などを経て、25年3月統幕総務部長。宮崎県出身。53歳。

▽3護衛隊群司令（自衛艦隊作戦主任幕僚）同 眞鍋 浩司
▽4護衛隊群司令（防衛大訓練部長）同 伊藤 弘
▽21航空群司令（情報業務群司令）同 鉾形 義憲
▽阪神基地隊司令（4護衛隊群司令）同 佐藤 壽紀
▽練習艦隊司令官（3護衛隊群司令）同 中畑 康樹
▽海自幹部候補生学校長（防衛監察本部監察官）同 杉本 孝幸
▽空自2術科学校長（空自4補給処長）空将補 西谷 浩一
▽同2補給処長兼岐阜基地司令（同2術科学校長）同 松谷 淳一
▽同4補給処長（同2補給処長兼岐阜基地司令）同 山倉 幸也
▽防衛監察本部監察官（海幕指揮通信課長）海将補 白根 勉
（以上12月15日）
▽東部方面総監部幕僚長兼朝霞駐屯地司令（3師団副師団長兼千僧駐屯地司令）陸将補 岩谷 要
▽3師団副師団長兼千僧駐屯地司令（陸自小平学校副校長）同 亀山 慎二
▽8師団副師団長兼北熊本駐屯地司令（防衛大防衛学教育学群統率・戦史教育室長兼防衛大教授）同 九鬼 東一
▽中央即応集団副司令官（陸幕総務課長）同 鬼頭 健司
▽1施設団長兼古河駐屯地司令（中央即応集団副司令官）同 堀井 泰蔵
▽陸自幹部学校副校長（東部方面総監部防衛部長）同 坂本 知司
▽同航空学校副校長（8師団副師団長兼北熊本駐屯地司令）同 服部 正
▽同施設学校長兼勝田駐屯地司令（1施設団長兼古河駐屯地司令）同 小瀬 幹雄
▽同小平学校副校長（陸幕警務管理官）同 佐々木 伸司
▽同関東補給処副処長（陸自幹部学校副校長）同 小林 博史
（以上12月19日）
▽退職を承認
（大湊地方総監）海将 槻木 新二
（航空総隊司令官）空将 中島 邦祐
（以上12月15日）
（陸自関東補給処長兼霞ヶ浦駐屯地司令）陸将 櫻木 正朗
（12月19日）
（21航空群司令）海将補 日向 錦次郎
（12月15日）
（陸自航空学校副校長）陸将補 川口 博司
（同施設学校長兼勝田駐屯地司令）同 冨井 稔
（同関東補給処副処長）同 町田 英俊
（以上12月19日）
〈以上閣議承認人事〉

多国間兵站ハンドブック

2017年度 活用開始

陸軍兵站幕僚会議

陸幕装備部主催の多国間「陸軍兵站幕僚会議（MLST※1）」が11月25日から29日まで防衛省などで開かれ、日本を含む15カ国が参加。人道支援・災害救援（HA/DR）時の後方支援体制をマニュアル化した「多国間兵站ハンドブック」を3年以内に完成させ、2017年の拡大ASEAN国防相会議（ADMMプラス）に合わせて行われるHA/DR専門家会合の指揮所演習（CPX）で活用を開始することを決めた。

同ハンドブックは国際緊急援助活動などで現地入りした各国がスムーズに兵站協力できるよう、情報共有や調整要領、水、食糧、輸送手段などの後方支援体制をマニュアル化したもの。08年度の同会議で日本のリーダーシップにより作成を開始し、12年度に完成案が示され、昨年度は同案を基に情報共有の在り方などを議論した。

今年で18回目となる会議には各国の大佐、中佐級の実務者のほか、日本を含む計約50人が参加。「HA/DRにおける兵站協力」をテーマに、現地の多国間共同調整所で各国がそれぞれの兵站活動の状況を共有するための「兵站共同状況図」の在り方をめぐって討議した。

一例として、地理情報システム（GIS）を活用し、地図上に▽部隊の位置▽被災を免れた病院▽予備電源や重機の位置▽使用可能な道路▽ヘリの降着可能な場所▽航空機による物料投下が可能な場所――などの凡例を示すことや、一目で分かる記号化などについてアイデアを出し合った。

今年はミャンマーが初参加したほか、昨年のオブザーバーを経て正式参加したフランスからは、仏領ポリネシアとニューカレドニアから中佐各1人が参加した。

最後に、議長を務めた陸幕装備部装備計画課長の遠藤充1佐が総括し、主催者を代表して陸幕装備部長の湯浅悟郎将補が「この会議を通じて構築された人間関係を継続的に維持し、将来の多国間兵站協力を一層実効性のあるものにしてほしい」と締めくくった。

（※1）MLST＝Multilateral Logistics Staff Talks

各国の参加者に多国間兵站協力の重要性を強調する陸幕装備部長の湯浅将補（左端）＝11月27日、防衛省で

中国機相次ぎ宮古海峡往復

空自機が緊急発進

中国空軍のY9情報収集機型1機とH6大型爆撃機＝写真＝2機、中国海軍のY8早期警戒機型2機の計5機が12月6、7の両日、相次いで沖縄本島と宮古島間の宮古海峡の公海上を通過し、東シナ海と太平洋を往復飛行したため、空自南混団のF15戦闘機などが緊急発進して対応した。領空侵犯はなかった。

Y8は昨年7月に中国軍機として初めて第1列島線を越えて太平洋に進出。H6も昨年9月以降、今回と同様の飛行を繰り返している。Y9は今年10月に対領空侵犯措置任務の空自機によってY9が初視認されており、今回も「特異な長距離飛行」を行ったとして統幕は空自機が撮影した各機の写真と航跡図を公表した。

中国機の航跡図（12月6、7日）

AAV7に決定

陸自水陸両用車

防衛省は12月2日、平成27年度の概算要求に計上している陸自の水陸両用車の車種を、米国の海兵隊が使用する同国製「AAV7A1RAM/RS」に決定したと発表した。

25年度予算で米国から参考品として取得した水陸両用車について、①地上機動性②海上機動性③[illegible]性――などの各種検証を行った結果、陸自の要求性能を満たすことが確認されたことから、車種を決定。昨年末に策定した中期防では、30年度末までに陸自の水陸機動団の[illegible]52両を導入[illegible]ている。27年度[illegible]では30両（[illegible]円）の調達[illegible]米国政府から[illegible]有償軍事援助[illegible]予定だ。

春夏秋冬

オンマには勝てない

黒田 勝弘

韓国人は儒教の影響だろうが、今でも血縁の情がことのほか強い。特に母子の情がそうで、この春、内外で話題になった大型客船「セウォル号」沈没事件も、修学旅行の高校生が多数犠牲になったため、親の情に共感し国を挙げて大騒ぎとなった。

韓国も近年、少子化が進み一人息子が多い。そうなると母子の情は集中度が高まり、子供は過保護でママボーイが増える。徴兵制の韓国軍は最近、こうしたオンマ（お母ちゃん）たちの過保護に悩まされている。

筆者の知り合いのオンマも先ごろ、入隊している一人息子が失敗をやらかし〝営倉処分〟を受けて休暇延期になったため、部隊に出かけて抗議してきたという。小隊長などは部下たちのオンマから寄せられる息子を心配するこんな問い合わせや抗議、批判に頭が痛いという。

とくに入隊直後の〝新兵訓練〟の時期はオンマたちの息子への気遣いや心配は最高潮に達する。その結果、新兵訓練所の近くに寝泊まりまでして毎日、息子の様子をうかがったり、訓練所近くの食堂に通って出入りの将兵に息子の〝安否〟を尋ねたり、その過保護ぶりは尋常ではないと、先ごろ韓国の新聞の特集記事が伝えていた。

一方、息子は息子で、前線勤務の兵士がガマンし切れず「オンマに会いたいから」といって部隊長に休暇申請を出すなどという、ママボーイ症候群も目立つという。

志願制ではなく徴兵制なのでそこは難しいところだ。韓国軍としては兵士はもちろんだが、同じようにオンマ対策というか家族対策がきわめて重要になっているというわけだ。

ところで韓国には〝軍事大国〟なのに軍歌というのがあまりなくて、あっても人気はない。その代わり部隊生活を題材にした人気歌謡はある。

その人気ナツメロの一つである「前線夜曲」というのが、テレビのナツメロ番組によく登場する。歌の内容は前線部隊で夜、故郷に残した老母をしのぶというもので、最後は「白髪が目にしみいるオモニ（母）、アーアー抱きしめたい……」である。

韓国の男にとってオンマは最強かつ永遠なのだ。だから軍もオンマには勝てない?

（くろだ・かつひろ＝産経新聞ソウル駐在客員論説委員）

朝雲寸言

[illegible]マに12月3日、日本記者クラブで講演した[illegible]幕僚長の[illegible]時をそう[illegible]ちの間でも[illegible]なった1960年、[illegible]大学校1期生の[illegible]京・練馬の[illegible]属された[illegible]に遭遇する[illegible]は連日、20万人を超すデモ隊が警[illegible]治は自衛隊[illegible]に入れは[illegible]隊には外出[illegible]れ、いつで[illegible]ように小銃[illegible]分けし、機[illegible]くるんで[illegible]の下に隠[illegible]の証言だ[illegible]

主な記事

2面 厚木基地にC-130R初号機
3面 離島防衛テーマに「鎮西26」終了
4面 （厚生・共済）「さぽーと21」冬号発行
5面 座間駐が緊急登庁に備え保育研修
6面 （地方防衛局）米軍機事故想定し訓練
7面 徳島大雪で14旅団など災派
8面 （みんなのページ）御嶽山災派に参加

朝雲
発行所 朝雲新聞社
〒160-0002 東京都新宿区坂町26番地19 KKビル
電話 03(3225)3841
FAX 03(3225)3831
振替00190-4-17600番
定価一部140円、年間購読料9000円（税・送料込み）

時の焦点

国内

首相が見る風景

権力の座が危うくなるのは、身内から攻撃を受ける場合が多い。政界では、身内攻撃を「後ろから鉄砲を撃つ」などと言う。

自民党の首相なら、党内に不穏な動きがないかどうか、気になるものである。

消費税率10％への引き上げを延期すれば、財政再建を重視する党内の「消費増税派」の反発は避けられない。

安倍首相とすれば、増税先送りの判断について、衆院選で民意を問い、自民党の不満を抑え込む狙いもあったようだ。

テレビ番組でこう語っている。

「（財務省が）すごい勢いで（予定通りの引き上げで）根回しをしているから、党内全体がその雰囲気になっていて、この大きな船を方向転換するというのはそう簡単なことではない」「民意を問えば、党内、与党も含めて、そして役所もみんなでその方向に向かってちゃんと進んでいくということになる」

長期政権へ周到な布石

自民党は、首相の「1強」と言われる。外野からは、「反安倍」の気配は感じ取れないが、首相から見える自民党の風景は違うのかもしれない。

9月の内閣改造で、ポスト安倍の有力候補と目される石破氏を閣内に取り込んだ。

幹事長に起用した谷垣氏は消費増税派の代表格と目されてきた。その谷垣氏も今回、首相の判断に従った。

今回の衆院選で、好成績を収めれば、来年9月の自民党総裁選で首相の再選は動かないだろう。対抗馬が立たず、無投票になる可能性もある。

この時期に衆院選を行う理由について、総裁任期と衆院議員の任期をそろえるためではないか、との見方が出ている。

総裁に再選されれば、任期は2018年9月まで。衆院議員の任期は18年12月まで。

首相が望めば、18年9月までの3年9か月、政権選択の選挙である衆院選に悩まされず、政権運営に専念することができる。

もちろん、解散権を再び行使することも可能である。

たとえば、17年の終わりか18年の前半に、解散を断行し、勝利するとする。

自民党総裁は連続2期までとの定めがあるが、「特例として、総裁任期を延長したらどうか」という声が党内から上がるかもしれない。そして、2020年の東京五輪・パラリンピックを安倍首相が仕切る――。

もちろん、そこへ至るまでの道のりが楽でないことも確かだろう。デフレから脱却し、経済を成長軌道に乗せることができるかどうか。日中関係をいかにコントロールしていくか。

16年夏には、政権の中間評価としての参院選もある。

とはいえ、唐突に映った年内解散ではあるが、首相とその側近たちが、長期政権を視野に入れて、さまざまなシミュレーションを繰り返したことは間違いないようである。

風間 二郎（政治評論家）

海外

台湾と香港

「中華民族の偉大な復興」をスローガンに掲げる中国の習近平指導部は年末にかけて、足元の中華圏の一角である台湾、香港で手痛いしっぺ返しを受けたのではないか。

台湾では11月末の統一地方選で、中国との融和路線をとってきた馬英九総統が率いる与党・国民党が大敗を喫した。2008年の総統就任から進めてきた対中交渉にブレーキがかかる公算が大きく、中国当局も、2016年次期総統選の前哨戦と位置付けられた今回の統一地方選での国民党惨敗に衝撃を隠していない。

一方、1997年の中国への返還以降、「一国二制度」下にある香港では、特別行政区政府トップの行政長官選挙の制度改革に反発する民主派の学生らの抗議行動を力づくで押さえ込み、共産党一党支配の中国の強権姿勢を改めて内外に印象づけた。

中華圏周縁地域の反乱

日本でも報道された台湾の学生らによるヒマワリ運動、香港の若者らによる雨傘革命（運動）は、現時点では明暗を分けた形だが、いずれの民主化運動でも陰の敗者は中国指導部のように思われるのである。

中台関係に詳しい気鋭のジャーナリストの講演を聞く機会があった。

「台湾ヒマワリ運動から香港雨傘革命へ」と題した講演では、台湾で今年3月に起きた学生による立法院（議会）占拠と香港で続いた行政長官選挙の制度改革をめぐる若者らの街頭行動の共通点を挙げた上で、背景には台湾人としての、あるいは香港人としての「非中国人」的民族意識（アイデンティティー）の高まりに加え、「民主」「自由」「人権」といった普遍的価値観に対する支持、国力を増大させた一党支配の中国への同調（中国化）に対する不安、恐怖の感情があるとの指摘が印象に残った。

台湾のヒマワリ運動は、対中関係改善を進めた馬政権の下での性急な中台サービス貿易協定の締結に対する異議申し立てであり、香港の雨傘革命も返還時に約束された一国二制度下の「高度な自治」に反する中国主導の制度改変に対する反発が引き金だ。

講演したジャーナリストは中国の周辺地域で起きた二つの若者らの抗議行動は中国指導部には「誤算」と映っているはずだと分析。その上で、二つの抗議行動は「アジアでは珍しい学生運動の平和的勝利だ」と評価し、日本を含む国際社会はその政治的意味合いをくみ取るべきだとの見解を示していた。卓見である。

さて、東シナ海の尖閣諸島をめぐる日本との対立をはじめ、新疆とチベットで相次ぐテロと反対勢力の過激化、南シナ海におけるベトナムなどとの領有権紛争、台湾のヒマワリ運動とその後の中台関係悪化、香港の雨傘革命をめぐる民主派と中国との対立など、不安定化する中国の周辺情勢は習指導部の対外強硬・威圧政策と無縁ではない。

尖閣問題などで中国と関係が悪化した日本としても、台湾や香港での「非中国人」意識のトレンドを「自由」や「民主」などの価値観と関連づけて、強硬路線に揺れる中国の周辺国・地域、および民族への連携、支援を強化することも一考に値しよう。

伊藤 努（外交評論家）

YS11後継

C130R厚木に

佐藤空団司令官「能力の最大活用を」

【厚木】YS11輸送機の後継機として米海軍から海自に導入されたC130R輸送機初号機の受領セレモニーが11月14日、厚木航空基地で行われた。

午後1時半、実験航空部隊の51空と輸送航空部隊の61空を中心とする隊員約150人が待ち受ける中、スカイブルーに塗装されたC130Rが基地に着陸。初空輸に携わった米軍の搭乗員と、転換訓練指揮官の狩野光明2佐がタラップを降りてくると、隊員たちは花束と拍手で出迎えた。

機体の前で安全祈願を行った後、航空集団司令官の佐藤誠海将が訓示。「海上自衛隊の航空輸送の新しい扉を開く気概を持ってこれからの職務を完遂し、貪欲にC130Rの能力の最大活用を追求してほしい」と隊員に要望した。

C130Rは今後も米国から順次空輸され、年度末までに計6機が厚木航空基地に到着する予定。51空で性能試験や転換教育を行った後、61空に配備、運用される。

受領セレモニーには航空集団司令官の佐藤誠海将をはじめ、51空と61空の隊員が整列した（11月14日、厚木基地で）

12業務隊に2級賞状

福利厚生などで優れた功績

福利厚生業務や共済組合業務などで優れた功績を挙げた陸自の12駐屯地業務隊に12月8日、岩田陸幕長から2級賞状と副賞が授与された。

防衛省の陸幕会議室で行われた授与式には、各業務隊長が部隊を代表して臨み、陸幕の鈴木副長、高田人事部長、梅田厚生課長が立会した。

岩田陸幕長は「諸官たちの強いリーダーシップのもとで、地域との連携が進歩してきている。業務隊、共済支部の支援なくしては強靭な陸自はつくれない。部隊が即応性と持続性を持って任務が遂行できるよう、基盤をしっかりと支えてほしい」と訓示した。

◇受賞駐屯地業務隊とその功績の概要は次の通り（カッコ内は隊長名）。

▽幌別（村上喜良2佐）特定健康診査の該当者に対してダイレクトメールを配布し、受診率を向上▽留萌（板倉吉成2佐）自治体と協定を締結し、大規模災害時における留守家族に対する支援態勢の充実に寄与

▽北恵庭（樋口泰弘2佐）入居家族に対する防火教育や隊員の異動に伴う宿舎説明会を実施▽弘前（菅浩一2佐）年代別のライフプランセミナーを開催、延べ934人の隊員の生涯生活設計の作成や見直しに寄与

▽八戸（渡邊和好2佐）実動演習に合わせた家族連絡所の設置、官舎地区における防災態勢の強化などきめ細かな家族支援▽滝ヶ原（野村孝善1佐）委託売店と隊員との懇談会を四半期に一回実施し、組合員が利用しやすい環境を醸成▽板妻（三宅匠1佐）公共施設を利用した子供への面倒見の実施、緊急登庁支援の実効性の向上▽駒門（栄村佳之2佐）緊急登庁支援に関する施設の開設・運営訓練を通じ、災害などへの対処能力向上

▽高知（清水克洋2佐）委託売店と大規模災害発生時における協定を締結、共済組合従事者が商品の販売業務を代行できる態勢を確立▽湯布院（岡崎光洋2佐）日出生台演習場を使用する演習部隊のニーズや演習状況に合わせて売店を営業

▽玖珠（宇田弘志2佐）情報紙「厚生かわら版」、掲示板「とぴっ玖珠」で積極的に広報▽飯塚（熊本光洋2佐）宿舎の全入居者を対象とした現況把握調査などにより、生活環境を向上

「相乗と向上」「ニーズへの対応」をテーマに26年度開発業務など説明会

【開発集団＝府中】空自開発集団（司令官・岩成真一空将）主催による「平成26年度航空開発実験集団研究開発業務等説明会」が10月16日、入間市産業文化センターで行われた。同団が今年8月1日に埼玉県の入間基地から東京都の府中基地に移転後、初の公式行事となった。

説明会は航空装備品などの研究開発を担当する開発集団が、防衛関連企業との相互理解の促進と協力態勢の充実を目的に平成2年から毎年開催し、今回が25回目。今年度は昨年のテーマ「相乗と向上」に加え、サブテーマに「ニーズへの対応」を設定した。

岩成司令官は開会のあいさつで、「研究開発に携わっている皆さま（企業）は、我々の大切なチームメートであり、相互に理解を深めることが重要。忌憚のない意見を頂きたい。我々も蓄積しているデータや知見を可能な限り提供したい」と述べ、説明会の意義を強調した。

発表では、開発集団が「業務概要、多用途表示端末の調査研究成果」、飛行開発実験団（岐阜）が「F2戦闘機の技術的追認」、電子開発実験群（府中）が「衛星を活用した大容量情報伝送の調査研究」、航空医学実験隊（入間）が「加速度負荷中の意識モニター～失神防止対策～」について、それぞれ動画やスライドを使って説明した。

最後に、元2術校長の村木裕世氏が「せんとうき　現在・過去・未来『我が国の安全保障と航空機開発・生産能力の意義』」と題して特別講演を行った。会場には開発集団の研究状況を示したパネルも展示され、休憩時間などに多くの参加者が見学した。

不審船対処で海保庁と訓練

海自は12月4日、若狭湾で海保庁と不審船対処訓練を行った。

海自からミサイル艇「はやぶさ」「うみたか」とSH60K哨戒ヘリ1機が、海保庁から巡視船「きそ」「ほたか」がそれぞれ参加し、①情報共有②不審船の追跡、監視③ヘリの発着――の各訓練を行った。

今回は原子力発電所に対するテロへの対処訓練も併せて行われ、両者は連携を深めた。同訓練は今年で13回目。

訂正　11月27日付4面「射撃用掩蓋掩壕を構築」の記事で、参加部隊が「72施大」とあるのは「2施大」の誤りでした。訂正します。

防衛省発令

▽防衛大教授（装備実験隊副隊長）　1陸佐　長合　友造
（防衛大准教授）　2陸佐　佐野秀太郎
▽防衛研究所企画調整課国際交流企画官（沖縄防衛局防衛補佐官）　1空佐　柘植　竜也
▽同主任研究官（防衛大教授）　1陸佐　野村　佳正
▽統幕運用1課カウンターインテリジェンス室長（海幕情報課情報保全室長）　1海佐　松原　正意
▽統幕学校教育課研究室総括主任研究官（統幕学校教育課研究室主任研究官）　1陸佐　藤本　啓一
▽統幕指揮通信システム企画課統合通信システム研究班長（空幕副監理官）　1空佐　北村　克晶
▽同首席法務官付法務官（北部航空警戒管制団45警戒群司令兼当別分屯基地司令）　同　大藏　広幸
▽統幕学校教育課教務班長（統幕学校教育課）　1海佐　中川　哲男
▽同1教官室長（同1教官室教官）　同　田中　淳
▽同研究室主任研究官（中部航空方面隊防衛課長）　2空佐　田畑　健
▽陸幕運用支援課陸上連絡官（3師団司令部2部長）　2陸佐　松橋　徹弥
▽北部方面総監部地域連絡調整課長（7師団監察官）　1陸佐　日高　信行
▽札幌駐屯地業務隊長（北部方面混成団副団長）　同　石橋　勉
▽東北方面総監部監察官（青森駐屯地業務隊長）　同　安田　孝仁
▽同総監部法務官（陸幕運用支援課陸上連絡官）　同　横山　義明
▽同後方支援隊副隊長（駒門駐屯地業務隊長）　同　米山　則行
▽同衛生隊長（中央病院4外科）　同　小原　聖勇
▽青森駐屯地業務隊長（東北方面混成団副団長）　同　田中　強
▽岩手駐屯地業務隊長（近畿中部防衛局防衛補佐官）　同　梶　恒一郎
▽霞ヶ浦駐屯地業務隊長（武器学校）　同　武野　浩文
▽相馬原駐屯地業務隊長（北海道補給処総務部長）　同　高橋　弘典
▽練馬駐屯地業務隊長（富士学校普通科部副部長）　同　松戸　厚
▽駒門駐屯地業務隊長（中央即応連隊副連隊長）　2陸佐　榮村　佳之
▽中部方面総監部防衛課陸上連絡官（西部方面総監部防衛部）　同　川内　康孝
▽同総監部付（富士教導団本部高級幕僚）　1陸佐　坂野　佳彦
▽西部方面総監部地域連絡調整課長（陸自幹部学校）　2陸佐　野間　光二
▽同総監部付（西部方面総監部地域連絡調整課長）　1陸佐　渡邉　茂和
▽同後方支援隊副隊長（大分地方協力本部長）　同　黒丸　逸朗
▽北熊本駐屯地業務隊長（防衛大教授）　同　藤原　修
▽7師団監察官（会計監査隊北部方面分遣隊長）　同　小田　泰弘
▽1特科団副団長（山梨地方協力本部長）　同　石津　吉康
▽北部方面混成団副団長（38普通科連隊長）　同　大窪　俊秀
▽東北方面混成団副団長（研究本部主任研究開発官）　同　仲　司
▽4施設団本部高級幕僚（補給統制本部）　2陸佐　松井　一博
▽5施設団本部（研究本部）　同　西　正明
▽通信団本部高級幕僚（研究本部研究員）　1陸佐　森田　康弘
▽富士教導団本部高級幕僚（陸自幹部学校教官）　同　杉山　岳久
▽38普通科連隊長（宮城地方協力本部募集課長）　同　齋藤　豊文
▽2特科連隊長（情報本部）　同　前田　尚男
▽中央野外通信群長（通信団本部高級幕僚）　同　千頭　正明
▽1ヘリ野整備隊長（航空学校霞ヶ浦校）
▽中央業務支援隊付（東北方面後方支援隊副隊長）　2陸佐　重冨三津雄
▽研究本部付（研究本部研究員）　同　髙峰　康行
▽補給統制本部付（施設教導隊長）　同　神成　健一
▽北海道補給処総務部長（練馬駐屯地業務隊長）　同　橋本　功一
▽同装備計画部長（研究本部主任研究開発官）　同　井山　隆二
▽関東補給処火器車両部長（北海道補給処装備計画部長）　同　弓場　信行
▽同航空部長（1ヘリ野整備隊長）　同　塚本　秀幸
▽同補給処付（関東補給処航空部長）　同　佐々木秀一
▽同用賀付（同用賀支処総務部長）　同　棚橋　浩治
▽同古河支処施設部長（研究本部研究員）　同　後藤　一郎
▽同用賀支処総務部長（東北方面衛生隊長）　同　時　雅彦
▽九州補給処付（西部方面後方支援隊副隊長）　同　井手　篤
▽海幕人事計画課企画班長（海幕運用支援課）　1海佐　林　隆司
▽同補任課補任班長（同補任課）　同　兼本　貴祐
▽同援護業務課（技術研究本部航空機担当技術開発官付5開発室長）　同　三木　隆行
▽同指揮通信情報部（練習艦隊首席幕僚）　同　久保　健昭
▽同情報課情報班長（海幕情報課）　同　櫻井　真啓
▽同情報保全室長（同）　同　森下　治彦
▽護衛艦隊司令部（かしま艦長）　同　森田　哲哉
▽2護衛隊群司令部（海幕補任課補任班長）　同　髙橋　毅
▽4護衛隊群司令部（同人事計画課企画班長）　同　小牟田秀覚
▽かしま艦長（統幕学校教育課教務班長）　同　小沢　輝男
▽24航空隊司令（海自幹部学校運用教育研究部主任教官）　同　岡田　幸雄
▽厚木航空基地隊司令（福井地方協力本部長）　同　堀　博幸
▽1練習潜水隊司令（海幕情報課情報班長）　同　伊藤　拓也
▽情報業務群司令部（1練習潜水隊司令）　同　神　英司
▽海洋業務群司令（対潜資料隊司令）　同　永井　澄生
▽対潜資料隊司令（海洋業務群司令部）　同　佐藤　広憲
▽呉基地業務隊司令（潜水艦教育訓練隊学生隊長）　2海佐　岩崎　浩一
▽練習艦隊首席幕僚（練習艦隊司令部）　1海佐　福山　崇
▽東京業務隊付（情報保全隊情報保全官）　同　浅井　勝巳
（厚木航空基地隊司令）　同　花岡　崇文
▽海自幹部学校運用教育研究部主任教官（海自幹部学校）　同　杉山　義和
▽同4術科学校教育1部長（同補給本部企画課長）　同　木村　雅樹
▽同研究部長（艦船補給処管理部長）　同　南方　一顯
▽海自補給本部企画課長（海自4術科学校研究部長）　同　藤井　信光
▽艦船補給処管理部長（同教育1部長）　同　藤田　明宏
▽空幕援護業務課援護2班長（空幕援護業務課）　1空佐　松川　昭紀
▽同装備体系課装備体系2班長（同装備体系課）　同　荒田　真一
▽同施設課長（北部航空施設隊司令）　同　三上　吉孝
▽同施設課管理班長（空自幹部学校航空研究センター運用理論研究室長）　同　平井勇一郎
▽同情報課情報運用室長（情報本部）　同　山下　真司
▽同情報課（8航空団整備補給群司令）　同　鈴木　憲
▽同情報課付（航空教育集団司令部総務部人事課長）　同　依田　和彦
▽同装備課（空幕装備体系課）　同　金城　兵啓
▽同副監理官（西部航空警戒管制団13警戒群司令兼高畑山分屯基地司令）　2空佐　黒木　忠俊
▽同会計監査室長（南西航空混成団装備部長）　1空佐　宇多田信明
▽同首席衛生官付業務担当衛生官（中部航空警戒管制団）　2空佐　齋藤　和夫
▽解空幕首席衛生官付業務担当衛生官兼補空幕首席衛生官付次席兼歯科担当衛生官　1空佐　別宮　慎也
▽航空総隊計画課長（3航空団整備補給群司令）　同　德重　勇一
▽偵察航空隊副司令（航空戦術教導団企画部長）　2空佐　黒瀬　昌治
▽3航空団整備補給群司令（空幕援護業務課援護2班長）　1空佐　加畑　忠康
▽北部航空警戒管制団45警戒群司令兼当別分屯基地司令（航空教育隊基地業務群司令）　2空佐　新納肩一郎
▽北部航空施設隊司令（空自幹部学校計画課長）　1空佐　山川　勝
▽中部航空方面隊援護業務課長（3航空団監理部長）　2空佐　荒川富美子
▽同防衛課長（防衛研究所企画調整課国際交流企画官）　同　谷口　隆宏
▽中部航空警戒管制団付（偵察航空隊副司令）　1空佐　加藤伸一郎
（近畿中部防衛局装備課長）　同　伯川　孝明
▽中部航空方面隊支援飛行隊司令（南西航空混成団監理監察官）　同　黒田　雅彦
▽西部航空方面隊幕僚長（航空教育集団計画課長）　同　西村　弘文
▽同援護業務課長（空幕厚生課）　2空佐　日野　求一
▽8航空団整備補給群司令（同装備課調整班長）　1空佐　五十川　淳
▽西部航空警戒管制団13警戒群司令兼高畑山分屯基地司令（補給本部）　2空佐　田中　裕
▽同43警戒群司令兼背振山分屯基地司令（中部航空方面隊援護業務課長）　同　松村　和仁
▽南西航空混成団装備部長（航空総隊計画課長）　1空佐　鈴木　武則
▽同監理監察官（統幕首席法務官付法務官）　同　風間　賢一
▽南西航空警戒管制隊司令（空幕施設課長）　同　秋山圭太郎
▽航空支援集団防衛課長（1航空団基地業務群司令）　同　塩川　壮
▽同情報課長（情報本部）　2空佐　南　太郎
▽航空気象群中枢気象隊長（航空気象群横田気象隊長）　同　川端　隆志
▽航空教育集団人事課長（西部航空方面隊援護業務課長）　1空佐　八家　百合
▽同計画課長（空自幹部候補生学校教育部長）　同　近藤　健司
▽1航空団基地業務群司令（電子開発実験群司令）　同　辰井　一成
▽13飛行教育団副司令（空自4術科学校2教育部長）　同　引地　功
▽航空教育隊基地業務群司令（統幕学校教育課研究室総括主任研究官）　同　谷口　利彦
▽空自幹部候補生学校教育部長（航空支援集団防衛課長）　同　北村　靖二
▽同2術科学校副校長兼整備部長（13飛行教育団副司令）　同　中井　德浩
▽同4術科学校2教育部長（航空気象群中枢気象隊長）　2空佐　佐藤　敬子
▽同5術科学校1教育部長（西部航空警戒管制団43警戒群司令兼背振山分屯基地司令）　1空佐　朝倉　勝彦
▽兼飛行開発実験団総務部長　飛行開発実験団副司令　同　森末　浩史
▽電子開発実験群司令（情報本部）　同　山本　浩
▽航空中央業務隊付（中部航空方面隊支援飛行隊司令）　同　中西　弘
（空自2術科学校副校長兼整備部長）　同　東井　勇治
（情報保全隊中央情報保全隊長）　同　内山　隆弘
▽空自幹部学校人事課長（情報本部）　2空佐　若佐　博司
▽同計画課長（空幕会計監査室長）　1空佐　藤森　成利
▽同教育部長（南西航空警戒管制隊司令）　同　中村　俊一
▽同航空研究センター運用理論研究室長（空幕情報課情報運用室長）　同　河江　啓介
▽空自補給本部総務部長（空自幹部学校教育部長）　同　遠藤　智之
▽同補給本部（同4補給処資材計画部長）　同　橋爪　猛
▽同4補給処資材計画部長（空幕装備体系課装備体系2班長）　同　河野　順一
▽情報保全隊情報保全官（統幕運用1課カウンターインテリジェンス室長）　1海佐　上野　登
▽同中央情報保全隊長（航空支援集団情報課長）　1空佐　日高　道
▽仙台病院付（施設学校総務部長）　1陸佐　阿部　直道
▽宮城地方協力本部募集課長（中部方面総監部防衛課陸上連絡官）　同　佐藤　孝洋
▽福井地方協力本部長（24航空隊司令）　1海佐　今井　敬
▽山梨地方協力本部長（研究本部主任研究開発官）　1陸佐　中村　信也
▽島根地方協力本部長（陸自幹部学校教官）　同　堀　征己
▽大分地方協力本部長（研究本部主任研究開発官）　同　渡辺　展悟
▽近畿中部防衛局防衛補佐官（14旅団司令部4部長）　2陸佐　西田　康浩
▽同装備課長（航空総隊司令部）　1空佐　太田　勝
▽沖縄防衛局防衛補佐官（空幕施設課管理班長）　同　浅沼千代忠
（以上12月1日）

1万6500人、3900車両「鎮西26」終了

離島への緊急展開に磨き

「離島防衛」をテーマに九州各地で行われた国内最大規模の演習「鎮西26」が11月26日終了した。西部方面隊（総監・番匠幸一郎陸将）が担任し、約1カ月間にわたり実施された「鎮西26」では、西部方面隊実動演習、日米共同統合実動演習、協同転地演習、中央即応集団演習も組み込まれ、陸自のほか海・空自、在日米軍の部隊も加わり、規模は人員約1万6500人、車両約3900両、航空機約80機に及んだ。

この大演習で最も重視されたのが離島への緊急展開能力。今回は九州一円の自治体などの協力・支援も受け、展開地は前年の2倍以上の53カ所に及んだ。展開先は壱岐・対馬、奄美大島、徳之島、喜界島、沖永良部島、与論島、種子島、男女群島など多岐にわたり、各部隊は海路や空路を使って各島嶼に進出、そこで戦うノウハウを習得した。

ハイライトの「島嶼侵攻対処訓練」は、最新装備の機動戦闘車も加わった「長距離機動」に始まり、民間フェリーや海自輸送艦を使用した「統合輸送」、ヘリを多用した離島への「兵站施設開設」、さらに西普連や空挺団による「水陸両用作戦」などを長期にわたり、徹底して訓練した。

また連接して実施された日米共同統合実動演習「キーン・ソード」には在日米軍の兵士たちも加わり、自衛隊と共同で九州・沖縄の島嶼防衛能力を磨いた。

㊨奄美大島に向かう民間フェリーに搭載するため、岸壁に並べられた「鎮西26」参加部隊の車両。奥は桜島（11月7日、鹿児島港で）㊧敵が占領した離島に向かい、沖合からボートで接近し、上陸する西普連の隊員（11月16日、長崎県佐世保市で）

「キーン・ソード」を指揮した（左から）前原統幕運用部長、ブーザー在日米陸軍司令官、番匠西方総監、モイヤー第76任務部隊副司令（11月12日、佐世保基地で）

海自のヘリ搭載護衛艦「いせ」に搭載され、対地制圧任務に当たったＡＨ64Ｄ戦闘ヘリ。奥はＣＨ47輸送ヘリ（11月9日）

㊤長崎県の竹松駐屯地から大分港を目指し、大分自動車道を一般車に交じり走行する装備開発実験団の機動戦闘車。今回初めて奄美大島まで展開した（11月6日）㊦自衛隊がチャーターした民間船「はくおう」から卸下される東北方・4地対艦ミサイル連隊の車両（11月7日、鹿児島県の奄美大島で）

島に潜入した敵のコマンドを制圧するため、射撃姿勢をとる対馬警備隊の隊員（11月14日、長崎県の対馬市で）

㊤ＣＨ47輸送ヘリから下ろされたロープを使い、海岸に展開する空挺団の隊員（11月9日、鹿児島県の江仁屋離島で）㊦完全密封して伝染病患者の後送を訓練する自衛隊の医官。24普連の予備自衛官（医官）も参加した（11月12日、自衛隊福岡病院で）

西風東風

北朝鮮の平和的政権転覆促せ ――露専門家

北京大学国際戦略研究院と中国人民外交学会が共催する世界の紛争解決策について話し合うフォーラムが12月2、3の両日、北京大学で開かれ、ロシアの専門家が、北朝鮮の核は中ロ両国の脅威だと指摘、平和的手段による政権転覆を図るべきだと述べた。環球時報など中国の複数のメディアが伝えた。

セミナーにはオーストラリアのラッド前首相ら有力政治家や専門家が出席。北朝鮮やイランの核開発が世界の安全に対する主要な脅威だとの指摘が相次いだ。

ラッド前首相は「北朝鮮の核開発は地域の安全に大きな影響を与えている。北朝鮮は、核兵器製造に十分な量の材料蓄積を済ませ、核兵器保有量の拡大も続けている。このような大量殺傷兵器の危険性は余りに大きい」と語った。

ロシア科学アカデミー傘下のシンクタンク、世界経済国際関係研究所（ＩＭＥＭＯ）のミヘエフ副所長は「北朝鮮は憲法を改正して、核保有国を自称しており、中国とロシアを含む世界の安全にとって大きな脅威だ。国際社会は北朝鮮への働きかけを強めるべきだが、説得では問題が解決しない。平和的な手段による政権転覆策を実行し、北朝鮮を市場経済の国に変えない限り、核開発をやめることはない」と語った。

発言は大きな反響を呼び、ロシア政府の考えを反映したものかどうかに関心が集まった。ミヘエフ副所長は「政府の公式見解ではないが、モスクワでは官僚の一部と学者がこのような考えを持っている」と述べた。

ロシアのウラジオストクは北朝鮮から50キロしか離れておらず、政府も潜在的な危険性を感じている。北朝鮮のミサイルが、発射に失敗してロシア領海に落下した前例があり、次回は誤って都市に落ちる恐れもある。

中国のニュースサイト、前瞻網によると、フォーラムには日本の専門家も参加し、中国の軍事的な台頭が、日本の安全にとって長期的な脅威になるとの見方を示した。

中国の経済、外交、軍事的な勃興について、エジプトのファハミ元外相は「中東では中国の名声が高まっている。エジプトは、中国が政治、経済でさらに大きな役割を果たしてもらいたいと考えている」などと述べた。

（香港＝中岡秀雄）

米中戦争はネットワーク戦 ――米アナリスト

米シンクタンク、新アメリカ安全保障センター（ＣＮＡＳ）の著名アナリスト、エルブリッジ・コルビー氏がこのほど、ワシントンで西太平洋地域での米国と中国の軍事対立と、戦争に発展した場合、重要となる作戦行動などについて講演を行った。

コルビー氏は中国がアジアの海洋国家を威圧して西太平洋地域を支配するのを決して許してはならないと強調。そうした事態を回避するには、米国が力を発揮しなくてはならないと主張した。地域の各国が中国と対峙すべきだとの議論には、経済負担が大きく「米国以外は引き受ける能力はない」とし、中国経済が減速する中で、米国は長期にわたって中国との対峙を続けられるとの見通しを示した。

またコルビー氏は、米国の究極の目的は中国が行動を起こすのを抑止することであり、誰も米中間の戦争は望んでいないとしながらも、「戦争回避の最良の手段は、強大さを維持すること」として、仮に戦争が不可避となった場合には、中国が引き下がるくらいの大きなコストを投じる必要があると指摘した。

また、両国間の戦争はレーダー、衛星などのほかミサイル発射基地、飛行場といった互いの「ネットワーク」拠点をいかに攻撃するかの戦いになると予想。中国軍のこれら拠点は本土にあることから、「中国の主権域にある目標の攻撃にも備える必要がある」と主張し、攻撃のエスカレーションを支配できれば、中国は報復を抑制するとの楽観論を展開している。

米国は中国の台頭を背景に、アジア太平洋地域への「リバランス（再均衡）」戦略を進めているが、コルビー氏は米国にとってのアジア地域の重要性や米中軍事対立で予想される展開などを分かりやすく説明しており、米外交専門誌のナショナル・インタレストは、リバランス戦略への国民の支持を得るための貴重な人材と評価している。

（ロサンゼルス＝植木秀一）

厚生・共済 特集

SUPPORT 21
誰かのために頑張るあなたのために。
さぽーと21
2014 冬 WINTER
特集 よくわかる退職時の共済手続き

お待たせしました 冬号

内容充実でお届け！

退職時の手続きを分かりやすく解説

防衛省共済組合の広報誌『さぽーと21 2014冬号』が完成しました。

今号は巻頭で、「よくわかる退職時の共済手続き」を特集。自衛官・事務官等は退職日の翌日から共済組合の組合員でなくなるため、退職前に短期（医療）、長期（年金）、保健、貯金、貸付・物資、保険など各種手続きを済ませておくことが必要となります。

本誌では「退職時の共済手続き」を分かりやすく解説しています。

連載記事では、短期給付が「病気やけがで休業したとき」、共済ふろっぴいが「貯金事業」、栄養士の栄養指導が「食事でメタボ予防・改善」、スポーツの楽しみが「レッツ・トライ～伸びる子のコーディネーショントレーニング」です。

このほか、ホテルグランドヒル市ヶ谷の「お得な宿泊プラン」、ジェネリック医薬品の紹介、女性に対する「婦人科健診」、悩みのある人に向けた「あなたのさぽーとダイヤル」など盛りだくさんの内容です。

連載の平成25年度本部長表彰受賞支部は、今回は郡山、高知、別府、宮古島の4支部を紹介しています。

『さぽーと21』はご自宅に持ち帰り、ご家族でご覧ください。

あっせん販売商品のご案内

カタログギフト

お祝い、お歳暮 用途さまざま

防衛省共済組合では、あっせん販売商品としてリンベル株式会社（東京都中央区日本橋）のカタログギフト商品を取り扱っています。

商品は有名雑貨、グルメ、レストラン、老舗料亭、体験ギフトなどを対象とした2916円（税込）から4万8384円（同）の全13コース（掲載商品総点数1万8530点）があります。お中元、お歳暮、出産内祝、新入学・新生活の内祝、各種御礼など様々な用途にご利用頂けるギフトです。

例えば、「ギャロップコース」は通常価格4320円（税込）のところ、組合員は特別価格3834円（同）に。「ビオラコース」は通常価格6480円（同）のところ、特別価格5724円(同)となります。

組合員の皆様には12月中旬頃に申込書付ガイドを配布する予定ですので、ガイドをご覧の上ご利用ください。

「ギャロップコース」㊤と「ビオラコース」のパンフレット

「禁煙倶楽部」を開設

自分にあったコースでモチベーションを維持

喫煙者の皆さん、来年こそご自身の健康と家族のために「禁煙」にチャレンジしてみませんか。

禁煙をサポートするため、えらべる倶楽部では来年1月、ホームページに「禁煙倶楽部」を開設します。ホームページでエントリー登録すれば「禁煙倶楽部」に参加できますので、禁煙をしてみようかな？という方はぜひ参加してみてください。

「禁煙倶楽部」のトップページには「タバコの基礎知識」や「タバコQ&A」があり、ここでタバコの正体と害を知り、禁煙がなぜ必要なのか教えてくれます。

そしてエントリー後は「禁煙マイページ」から「禁煙コース」「禁煙プラン」に進めます。最初にご自身のニコチン依存度テストを行い、次に自分にあった禁煙コースを選択し、目標を立ててください。

禁煙開始日を設定後は、「1日の喫煙本数」「タバコ1箱の金額」「ごほうび」「ごほうび金額」などを入力していきます。その後、それら数値がデータ化され、知らず知らずのうちに禁煙のモチベーションが高まってきます。

ここまで来たら、もう禁煙まで射程圏内。日記をつけながら、禁煙達成までの日々を記録していってください。

愛煙家の皆さん、2015年は「禁煙倶楽部」にぜひご参加ください。

オンラインカラオケ大会

入賞者に豪華賞品

JTBベネフィットは、来年1月10日（土）から3月15日（日）までの間、「オンラインカラオケ大会」を開催します。

これは防衛省共済組合の組合員がオンラインを通じてカラオケの採点機能を使った得点を競い合うもので、出場資格は2015年3月31日時点での組合員とその被扶養者です。

大会の参加費は無料ですが、カラオケルーム利用時の室料や飲食代は個人の負担となります。

参加方法は全国のカラオケルームにある「うたスキJOY SOUND」で会員登録を行った後、「採点登録」を行ってください。これにより大会への参戦準備はOK。あとは歌うたび採点が行われ、上位入賞者にはJTBベネフィットから豪華景品が贈られます。職場や家族の皆さんでふるってご参加ください。

なお、「うたスキJOY SOUND」のあるカラオケルームの検索やサービス内容などはホームページ（http://lovesound./）でご確認ください。「うたスキ」登録方法などは1月に「えらべる倶楽部」のホームページでもお伝えします。

本イベントに関するご質問などはJTBベネフィットサービスセンター（フリーコール0120−924−022）までどうぞ。

年金Qアンド A

3歳未満の子を養育中の年金特例とは

養育前の標準報酬月額で算定

年金受取額の不利を避ける

Q 先月、子供を出産しました。産後休業終了後に育児休業を取得する予定です。3歳未満の子を養育しているときには、年金で何か特例があると聞きました。この特例とはどのようなものですか。

A 3歳に満たない子を養育する場合（同居していること）、平均標準報酬額の計算の特例があります。

退職共済年金等の年金計算は、標準報酬月額と標準期末手当等の額を基礎として計算されますが、この特例は、3歳未満の子を養育している期間における標準報酬月額が、子を養育することとなる前の標準報酬月額を下回った月については、年金計算上の特例として、子を養育する直前の標準報酬月額（以下「従前標準報酬月額」という。）を基礎に年金額の算定を行うというものです。

3歳未満の子を養育することにより組合員の標準報酬月額が下がったことで、将来の年金額計算で不利にならないよう、従前標準報酬月額をその期間の標準報酬月額とみなすというものです。この場合、掛金は下がった標準報酬月額により計算され徴収されます。

【例】出産後1歳到達まで育児休業を取得し、育児休業から復帰後に標準報酬月額が下がった場合

出産直前の標準報酬等級22級から育児休業等終了時改定により、20級になった場合、特例期間中（3歳到達まで）は22級が保障されます。（掛金は20級で徴収）なお、3歳到達までに従前標準報酬月額（22級）を上回った場合は、上回った標準報酬月額が適用されます。（掛金も上回った標準報酬月額をもとに計算）

この制度は、組合員の方の性別や、育児休業の取得の有無に関係なく受けることができます。

定時決定（随時改定）又は産前産後休業終了時改定、育児休業等終了時改定等で標準報酬月額が養育する前の標準報酬月額を下回った時には、「3歳未満の子を養育する旨の申出書」を提出することで、この特例が受けられます。

ただし、過去にさかのぼって特例を受ける場合には、申出が行われた月の前月までの過去2年間の標準報酬に限られることとなりますので、3歳未満の子を養育することになった場合には、お早めにご所属の共済組合支部年金担当へご相談ください。（本部年金班）

「児童の預かり方」を研修

座間業務隊

3隊員が民間保育園に　緊急登庁支援

安心して災害対処任務に当たれるように

【座間】座間駐屯地業務隊(隊長・椎名敏明1佐)は10月23日、大災害時に隊員の子供を駐屯地に受け入れ、隊員が安心して災害対処任務に当たれるよう、地元民間保育施設の研修を行った。担当隊員3人が一日を保育園で過ごし、プロの保育士から児童の預かり方を学んだ。

座間駐屯地には中央即応集団司令部や第4施設群などが所在し、大災害時、陸自の中核として大きな役割を担う。

このため非常呼集などで緊急登庁する際、隊員は幼い子供を同伴せざるを得ない場合がある。そこで駐屯地は一時的に子供を預かる「緊急登庁支援」体制を敷いており、現在、10人の子供が登録されている。

業務隊では厚生科隊員が保育施設を運営する計画となっていることから、今回、座間市役所の協力を得て初めて3人の男女隊員が地元の「あゆみ保育園」(高松一枝園長)を訪れ、児童の預かり法を研修した。

内容は食事、遊戯、就寝など生活面から子供の病気への対応、地震や火災発生時の避難など広範囲に及んだ。隊員は最初に保育上の注意点などについてレクチャーを受け、続いて実際に園児たちの中に入り、保育士から子供たちを安全に預かるノウハウを実地に学んだ。

「あゆみ保育園」の園児たちに紹介される隊員(10月23日)

参加隊員は「現場を見て駐屯地の保育施設の足りないところ、改善しなければならない点が良く分かった。今後、それらを見直し今後の訓練などに生かしていきたい」「有意義な研修だった。支援してくれた座間市役所とあゆみ保育園に感謝したい」といった声が聞かれた。

業務隊では「いざという時、駐屯地の緊急登庁支援施策が有効に機能し、隊員が安心して任務に専念できるよう、引き続き担当隊員の識能を高めていきたい」と話している。

高松園長や職員からレクチャーを受ける隊員

余暇を楽しむ

紹介者：
2陸尉　釜谷 実希
(自衛隊中央病院＝三宿)

三宿TRAILS

大自然走る解放感

陸自衛生学校の幹部初級課程(薬剤官・衛生官)の有志学生によってこのほど、トレイルランニング部「三宿TRAILS」が発足した。

トレイルランニングという言葉を初めて耳にする方もいるかもしれないが、トレイル(登山道や林道)を走って、登ったり下ったりする競技のことを指す。

部長の山口伸也3陸尉(西方衛)、斉藤匡則2陸尉(中央病院)、本荘龍輝2陸尉(同)の3人で構成するクラブで、約9カ月の長期入校を利用して、入校期間中の各種大会での入賞を目指して活動を続けている。

平日に初級幹部としての資質、識能を養いつつ、週末は皇居周辺などで、また月に1回は山へ赴いて走っている。課外時間や休日を利用して多いときで月に200キロを超えるランニングを実施し、走力の錬成に励んでいる。

9月14日には「奥多摩滝巡り」に挑戦。標高1266・5メートルの大岳山を含む六つの滝をメーンに巡るビギナー向けの約20キロのコースで、途中、滝つぼで〝水行〟を行いながら楽しく走り、新緑のマイナスイオンを全身で受け止めて大自然の偉大さを体感した。

また同20日には「第1回上州武尊山スカイビュー・ウルトラトレイル」に出場し、山口3尉が526人中24位(20代の部は6位)という成績を収めた。

「大会を通してさまざまな年齢層の参加者と競い、いつまでも挑戦することが大切だと実感することができたのは大きな収穫だった。足の皮がむけて悲惨なことになったのも良い思い出」と、山口3尉はレース後に語った。

山頂へたどり着けば広がる景色を前に大きな感動を得られるが、一方でこれから下らなければならないという絶望感も。ゴール後は、もう二度と行くまいと思いながら、自分の限界を超えることに挑戦すべくまた登ってしまうのがトレイルランニングである。

騒然とした都会から離れた大自然を走ることで、都会では味わえない解放感を得て、気分をリフレッシュできるのが最大の魅力ではないだろうか。

東京・奥多摩の大岳山山頂に駆け登った「三宿TRAILS」の(左から)本荘2尉、山口3尉、斉藤2尉(写真上)と、駆け下りる本荘2尉(写真左)

進路に明確な目標を

北千歳でライフプラン教育

【北千歳】北千歳駐屯地は9月8日から12日まで、教場で北千歳・美唄両駐屯地の1任期満了予定隊員22人に対するライフプラン教育を実施した。

今回の教育は、任期制隊員が自己分析に基づいた人生計画を確立し、職業選択・資格取得を適切に行うよう導くことが目的。企業が求める自衛官像を認識させ、隊務の中で身に付ける心構えを伝えた。

期間中は部外講師も招き、①OB講話②自己分析と職業興味検査③ライフプラン作成の考え方④コミュニケーション能力等の向上⑤接遇とマナー――の5項目について、しっかりとたたき込んだ。

受講者は「進路について明確な目標を持っていなかったが、選択するのは自分であり、その選択を実現するには努力が必要であることを学んだ。将来のことを本気で考えることができた」と話していた。

グループディスカッションの結果を発表する受講者

「ココイチ」がオープン

防衛省第1号　独自カレーの開発も

今　津

【今津】12月1日、今津駐屯地に人気カレーチェーン「カレーハウスCoCo壱番屋」が防衛省での第1号店としてオープンした。

前店が今年3月に撤退後、長らく空き店舗となっていたが、手を挙げてくれたのが「CoCo壱番屋」だった。カレー好きの隊員たちは12月のオープン日を心待ちにし、当日は久保敏造業務隊長と岡島洋介店長がそろってテープカット。クラッカーによる祝砲も鳴らされ、大勢の隊員たちを迎えた。

久保隊長は「ココイチが防衛省の施設に入るのは今津駐屯地が第1号。味もおいしく隊員たちも喜んでくれるだろう。これから利用が広がってくれればうれしい」と満面の笑みで話していた。

同店では今後アンケートなども実施し、隊員たちの要望を受け、今津駐屯地だけのカレーの開発にも取り組んでいく計画だ。

開店に当たり、テープカットを行う久保1佐(左手前)と岡島店長(その隣)(12月1日、今津駐屯地で)

家族を招き見学会

小郡　訓練の成果を披露

【小郡】9施設群は10月26日、隊員家族に訓練を見てもらい部隊への理解を深めてもらうとともに家族間の交流を促進する目的で、訓練見学会を日出生台演習場で行った。

この日は天候に恵まれ、家族のほかモニター、OBら約50人が参加。ヘルメットをかぶって演習場を訪れた家族らは隊員による70式地雷原爆破装置の投射訓練や炊事競技会を見学した。

参加した夫人らは「訓練を見学して夫が自衛隊でどのようなことをしているのか分かってよかった。次回もぜひ参加したい」と話していた。

隊員から説明を受けながら、訓練の様子を見学する参加者(10月26日、小郡駐屯地日出生台演習場で)

収穫にVサイン

24家族が芋堀り

【兵庫】兵庫地本は11月3日、兵庫県隊友会神戸東支部と共に神戸市内で「家族サービスDe芋ほり大会」を実施した。

地本から24家族58人が参加したほか、隊友会員や近畿中部防衛局、海自阪神基地隊からも多数の隊員・家族が参加した。

当日は晴天に恵まれ、絶好の〝芋掘り日和〟。子供たちは泥まみれになりながら一生懸命に土を掘り、掘り当てたサツマイモを掲げて大喜びだった。

隊員たちも久しぶりに家族サービスができ、みな笑顔で秋の収穫を満喫していた。地本では今後もこうした機会を通じ、部隊を問わず隊員・家族の絆を深めていく計画だ。

自らの収穫の結果に〝Vサイン〟の子供(11月3日、神戸市内で)

自慢の一品料理

紹介者：
小川香織さん(管理栄養官)
(小平学校糧食班)

陸自小平学校は情報や警務、会計、語学などの実務全般を扱う教育機関ということもあり、食堂を利用するのは9割が学生さんです。入校中は多い時で800人ほどになります。勉強漬けの日々を送っている学生さんのストレスを少しでも食事で軽減してもらおうと、糧食班ではさまざまなメニュー作りに挑戦しています。

小平駐屯地はイチョウ並木がとても有名で、校歌にも歌われています。そこで小平らしいメニューを作ろうと思い、考案したのが

銀杏と牛ゴボウの炊き込みご飯

この「銀杏と牛ゴボウの炊き込みご飯」です。

銀杏の苦く深い味わいとむっちりとした食感が牛ゴボウの旨みとよくマッチし、「口いっぱいに秋が広がる一品」です。銀杏は食べすぎると良くないので、盛り過ぎないよう注意を喚起しています。

また、サイドメニューではカラッと揚げた「秋鮭のフライ」が人気です。事前に骨抜きしており、甘い身が口の中でほどけ、銀杏ご飯にもぴったりです。

隊員の皆さんが好きなものばかり提供していては栄養が偏ってしまいます。健康のためには時として〝嫌いな食材〟も食べてもらう工夫が必要です。

今後とも強化食品に頼らない、食材から栄養を満たせるような献立を作っていきたいです。

恒例の野沢菜・大根漬けを実施

【松本】松本駐屯地業務隊は11月12日、駐屯地女性友の会の協力のもと、信州の伝統料理「野沢菜・大根漬け」作りを実施した。

これは昭和35年から続く駐屯地の初冬の恒例行事で、当日は友の会の丸山邦恵会長ら女性5人の指導のもと、糧食班と各部隊の代表6人が参加し、野沢菜150キロと大根200キロを漬け込んだ。

最初に野沢菜と大根をそれぞれ別の容器に一段ずつ詰め、調味料と糠を、大根にはさらに柿と茄子の葉を入れ、最後に落としぶたをして重石を乗せた。

約1カ月の熟成を経て出来上がった野沢菜・大根漬けは12月上旬から松本駐屯地の隊員たちに振る舞われている。

丹誠を込めて野沢菜を漬け込む白衣の隊員たち(11月12日、松本駐屯地で)

地方防衛局　特集

米軍機事故想定し訓練
リアルタイムで映像初伝送
航空事故連絡協議会も開催

東北局

「米軍航空機事故対処訓練」で緊急参集し、通報体制を確認する東北防衛局の職員ら。テーブル奥は指示を出す齋藤局長（11月10日、仙台市の東北局で）

【東北局】東北防衛局は11月10日、航空機事故などが万が一発生した場合の災害対処に万全を期すことを目的とした「米軍航空機事故対処訓練」を仙台市内の同局で実施した。併せて同21日には、三沢市内で平成26年度「三沢飛行場周辺航空事故連絡協議会」を開催した。

事故対処訓練には防衛省の本省、東北防衛局、三沢防衛事務所の職員約110人が参加し、「米空軍三沢基地所属のF16戦闘機1機が同基地へ帰投途中、部品を落下させ被害が発生した」との想定で行われた。

事故発生後、直ちに職員を現地に派遣するとともに、緊急対策本部を設置して関係職員を参集させ、通報体制が迅速かつ効果的に機能するかなどを確認した。

今回の訓練では初めて映像伝送装置を活用。現地から対策本部にリアルタイムで被害現場の映像を転送し、練度の向上に努めた。

訓練終了後、対策本部長を務めた東北防衛局の齋藤雅一局長が職員に訓示し、「訓練を繰り返すことによって経験知を増し、さらに練度を上げていく」「各人の業務分担はあるものの、非常時には所掌にかかわらず遺漏なく業務ができるように備える」――ことなどを要望した。

21日の連絡協議会は三沢市公会堂で開かれ、25の関係機関から約50人が参加した。

主催者を代表して東北防衛局の平松友和企画部長があいさつ。続いて、六ヶ所村企画防災部門原子力対策課の吉岡主悦課長補佐が「六ヶ所村地域防災計画に基づく航空災害対策について」、3空団防衛部長の上垣衛2空佐が「航空自衛隊における航空機事故対応について」と題してそれぞれ講話を行った。

最後に同局の畑中昌宏業務課長が「米軍航空機事故が発生した場合の通報訓練等の実施」について説明した。終了後、参加者は三沢基地の協力で同基地所属のF2戦闘機を見学した。

3市町長に感謝状
「積極的協力と多大な貢献」

北海道局

【北海道局】北海道防衛局は11月1日付で、北海道防衛局長からの感謝状贈呈を行い、業務の円滑な運営と防衛施設の安定的な使用に積極的な協力と多大な貢献があった中富良野町長ら3人に杉田宏一局長から感謝状が贈られた。

今年度の受賞者は、木佐剛三・中富良野町長、高橋定敏・留萌市長、米沢則寿・帯広市長。

これに先立ち、10月25日の自衛隊記念日に防衛省で行われた防衛大臣感謝状贈呈式では、北海道防衛局の業務に関わる防衛協力に功労があったとして、北広島市の上野正三市長に感謝状が贈られた。

来年2月に利用開始
池子　公園使用に許可書

南関東局

逗子市の平井市長（左）に一時使用許可書を手渡す南関東防衛局の丸井局長（11月27日、逗子市役所で）

【南関東局】逗子市が公園として使用するため申請していた池子住宅地区及び海軍補助施設の約40ヘクタールの土地などの共同使用が11月30日に開始された。

これに先立つ27日、南関東防衛局の丸井博局長は逗子市役所を訪問し、平井竜一市長に一時使用許可書を手交した。

平井市長は、南関東防衛局をはじめ防衛省の本省、米側などのこれまでの協力に感謝の意を表すとともに「今後の日米交流に資するような公園を目指したい」と述べた。

逗子市の公園開園については、来年1月31日にオープニングセレモニーが行われ、2月1日に市民利用を開始する予定だ。

防衛施設と首長さん
大分県佐伯市　西嶋　泰義市長

68歳。合併前の旧佐伯市議会議長などを経て、2005年4月新佐伯市発足時の市長選で初当選。現在3期目。

海自艦迎え岸壁完成祝う
自衛隊との関係を大切に

佐伯市は大分県の南東部に位置し、宮崎県との県境にある人口7万8000人の市です。平成17年に1市5町3村が合併し、903平方キロメートルと九州で一番広大な面積をもつ市となりました。市の東には「日豊海岸国定公園」に指定されている270キロに及ぶ美しいリアス式海岸線が続き、自然豊かなまちです。

江戸時代には「佐伯の殿様〝浦〟でもつ」と言われ、九十九〝浦〟とも呼ばれた漁村で営まれた沿岸漁業の収益により、藩の財政が大変潤ったそうです。戦中は軍港として栄え、真珠湾出撃の際には最後の演習地にもなりました。

戦後は臨海部に造船、鉄工、パルプ等の企業が立地し、工業都市として発展を遂げ、当市は常に海と深い関わりを持ってきました。

毎年「海の日」には式典を開き、海の恩恵に感謝し、海洋国日本とまちの繁栄を市民とともに祝っています。

「海の日」には、海上自衛隊佐伯基地分遣隊でも隊主催による「サマーフェスタinさいき」が開催されます。自衛隊車輌の展示や体験乗車など、終日、隊員の皆さん総出で各種催しを運営され、親子連れを中心に多くの市民でにぎわうイベントは、市民の楽しみの恒例行事となっています。

本年3月には海のまち佐伯にとって大変うれしいことがありました。念願の水深14メートルの新岸壁が約20年の工事を経て完成したのです。県内では大分市の港と並び最も水深のある公共岸壁で、5万トン級の船舶が入港できる施設となり、まさに海のまちにふさわしい玄関口が完成しました。

完成記念行事には護衛艦「こんごう」と潜水艦「ふゆしお」が寄港・接岸し、多くの市民とともに新港の完成を喜んだところです。港の完成記念に当市と関わりの深い自衛隊の艦船を迎えることができ、とても感激したところですが、まちにとって自衛官の皆さまはとても大切なお客様です。

毎年、多くの艦船が練習の合間に寄港し、乗組員の皆さまが休日のひと時を楽しんでいらっしゃいます。市内の飲食店や商店は日々、責任の重い大変な職務に励んでいる隊員の皆さまに心地良い時間を過ごし、英気を養っていただこうと、温かいおもてなしに努めています。また、呉や横須賀基地へも毎年訪問させていただき、自衛隊とまちの深い関係を大切にしてきました。

佐伯市には豊かな自然、落ち着いた街並み、そして何よりも豊富で新鮮な食材をふんだんに使った自慢の料理がたくさんございます。

これからも食をはじめとする資源とおもてなしに一層の磨きをかけ、皆さまに喜ばれるよう努めてまいります。多くの隊員の皆さまが佐伯にお越しになる機会を設けていただきますようお願いいたします。

岩国基地で「セーフティーブリーフィング」
事故防止に向け意識向上

中国四国局

英語で安全講話を行う中国四国防衛局の芹澤局長（壇上右）＝11月24日、山口県の米軍岩国基地で

【中国四国局】安全意識の向上を図ることを目的とした米海兵隊岩国航空基地主催の「セーフティーブリーフィング」が11月24日、同基地内のサクラシアターで開催され、中国四国防衛局の芹澤清局長と福田良彦岩国市長が、約1000人の海兵隊員に英語でブリーフィングを行った。

同ブリーフィングは基地所属の隊員を対象に、夏と冬の長期休暇を前に安全意識などの向上を図るために行われている。同局は平成20年度から、岩国市は21年度から年1回参加している。

開催に当たり、ロバートV・ブシェー基地司令官は「責任ある行動を取ること、基地の外では特にしっかりとした行動を取ること。岩国は地元と良好な関係を続けているが、事件、事故などがあれば良好な関係に影響を及ぼすことになる」と述べた。

芹澤局長は、日米の地勢的、文化的な違いをはじめ、米軍構成員による事件や事故などが発生した場合の地域社会に与える影響の大きさや信頼関係の大切さ、地域住民との交流の意義などについて説明した。

また、今年8月に岩国市と和木町で発生した土砂災害で岩国基地の関係者から受けたさまざまな復興支援活動に感謝の意を伝えた。最後に日本の名勝として地元岩国市の「錦帯橋」と、広島県の「厳島神社」などを紹介した。

一方、福田市長も土砂災害時の同基地関係者によるボランティア活動に改めて感謝の言葉を述べた上で、「基地と地域住民が友好的な関係を維持しながら、両国の安全保障政策上、岩国基地が安定的に運用されることが重要だ」と指摘。引き続き日米間の交流が促進されることに大きな期待感を示した。

築城基地の航空祭でパネル展示

九州局

【九州局】九州防衛局は11月30日、福岡県築上町の空自築城基地で行われた航空祭で、防衛省・自衛隊の施策をPRした＝写真。

同局は格納庫内の一角にブースを設け、写真パネルによる防衛白書の説明や防衛局の業務紹介、広報誌「きゅうしゅう」などの配布をはじめ、「わが国を守るために！～防衛省・自衛隊の国を守る任務と活動～」のDVD上映などを行った。

このほか、F2、F15の両戦闘機のペーパークラフトの展示や、クイズに正解した子供たちへのペーパークラフトのプレゼントを実施。基地には航空ファンや親子連れなど約4万人が訪れ、同局のブースで防衛省・自衛隊の活動などについて理解を深めた。

リレー随想
芹澤　清

充実の広島生活

10年前にギックリ腰をやって以来、慢性の腰痛に悩まされている。日々の生活に大きな支障はないのだが、長時間の立食パーティーとか、徒歩が多い出張では若干辛い思いをする。

7月末に広島に赴任した。お好み焼き屋が多いことは当然予想していたが、接骨院がこんなに多いとは思わなかった。とにかく住居から徒歩圏内だけで5カ所もあるし、移動中の車からもやたらと目につく（ような気がする）。

これまで接骨院などおよそ縁遠いところだと思っていたが、聞いてみると整体や矯正治療もやっていて、腰痛の治療もしてくれるという。しかも保険が利くらしい。

何事も経験、さっそく近くの接骨院に行ってみた。口コミでの評判は上々だし、現に繁盛していて閉店間際なのにお客さん（?）でいっぱいだ。今までの腰痛の経緯を一通り聞かれると、すぐに治療に入った。

まずは電極を背中と腰に当てて電気を通す。これが5分くらい。若干ムズムズするが、痛くも痒くも、そして気持ち良くもない。その後、背筋から腰にかけてマッサージしてくれる。これが最高に気持ちいい。「ここを押してほしい」というところをピンポイントで正確に突いてくる。さすがにプロだと思った。今日はこれだけでいいから30分くらいやってほしいな、と思ったところで残念ながらマッサージは終了だ。

で、「首も背骨もちょっとゆがんでいますね」と言われて、矯正治療をしたほうがいいと言う。これは保険が利かないそうだ。でも「あんたは首も背骨もゆがんでいる」と明言されて治療を断れる雰囲気でもなかったので、お願いすることにした。

矯正治療は初めての体験で、他人に聞いたこともなかったのだが、これには驚いた。若い男性が2人がかりで首、背骨、腰をボキボキやる。それも首が折れてそのままあの世に、あるいは背骨が折れて一生寝たきりになるのではないか、という勢いだ。

はやっていない寂れた接骨院だったら、怖くて逃げ帰っていたに違いない。そんな勢いだから、院内にもかかわらず思わず「あっ」とか「うっ」とか叫んでしまう。それでも「初めての人にしては従順ですね」と言われたから、そのくらいの叫びはささやかな抵抗の部類に入るのだろう。

字数の関係でここには書き切れないが、接骨院の体験に限らず広島での生活は新鮮で楽しい。これからもいろいろな発見をしつつ、充実した広島生活にしたいと思う。そして願わくは、この機会に腰痛を完治させてしまいたいものである（まだ矯正治療の効果は顕れていない）。

（中国四国防衛局長）

『こんごう』悲願の優勝

護衛艦カレーNo.1グランプリ

全国から佐世保にファン結集

佐世保地方隊に所属する艦艇の"うまか"カレーチャンピオンを競う「護衛艦カレーナンバー1（GC1）グランプリ」が12月7日、長崎県佐世保市の島瀬公園で開かれ、イージス護衛艦「こんごう」のカレーが優勝した。今年4月に横須賀で行われた同グランプリでは「市民賞」にとどまったが、今回悲願を果たした。

㊤優勝した「こんごう」、2位の「しまかぜ」、3位の「ちょうかい」の代表者ら。右から6人目はお忍びで来場した佐世保総監の池田徳宏海将㊧「どのカレーもおいしいね」（12月7日、長崎県佐世保市の島瀬公園で）

提供されたのは護衛艦「きりさめ」「あけぼの」「しまかぜ」「こんごう」「ちょうかい」、多用途支援艦「あまくさ」、第2掃海隊、陸自相浦駐屯地のカレー8種類。ごはんのみが有料で、試食後は一番おいしいと思った艦の投票箱にスプーンを入れる。

各艦艇では朝早くから調理員長を中心にカレーの準備を行い、どのチームも意気込みはバッチリ。陸自として初参戦した相浦駐屯地チームを率いる河野強曹長は「伝統あるGC1に参加できうれしく思う。その名に恥じないようなカレーを提供し、市民の方に喜んでもらえたら」と意気込みを話していた。

午前11時に配布がスタート。確実に提供できるよう整理券が事前配布されていたが、1時間前から並ぶ"ファン"の姿もあった。

先陣を切って入場した男性会社員の福島敏之さんは東京から来場。「海上自衛隊のカレーはいろいろな種類があるというのは有名ですが、実際にそれを食べ比べられる機会は他にないですからね」と満面の笑みでカレーを頬張っていた。家族で京都から訪れた大西尊君（9）は「どのカレーもおいしくて選べない～」とうれしそうだった。

隊員らは約4時間にわたりカレー約3000食を配布し続け、午後3時半に投票が終了。1位が「こんごう」、2位が「しまかぜ」、3位が「ちょうかい」という結果となった。

竹本慶三実行委員長からグランプリのプレートが授与されると、「こんごう」艦長の清水博史1佐は「この日を心待ちにし、絶対に勝つということで作戦を立ててきた。成果が出て非常にうれしい」と破顔一笑。また、カレーを作った調理員長の川前竹広1曹は「本当にありがとうございます」と感無量の様子だった。

猪木正道氏生誕百周年――

ゆかりの人々が集う

還暦を過ぎて、顔、性格のほか体型も似てきたと話し、会場の笑いを誘う真美子さん（11月30日、横須賀市のセントラルホテルで）

第3代防衛大学校長を務め、我が国の防衛政策に大きな足跡を残した故猪木正道氏の生誕百周年を記念する祝賀会が11月30日夕、神奈川県横須賀市のホテルで開かれ、ゆかりのある人たちが一堂に会し故人をしのんだ。

主催した日本防衛学会の五百旗頭真会長は冒頭のあいさつで、今年6月に創設された防衛・安全保障分野で優れた研究業績を上げた個人・グループを表彰する「猪木正道賞」への期待を語った。

続いて猪木氏の三女内田真美子さん（故内田勝久駐イスラエル大使夫人）が登壇。真美子さんが留学時代、しばしの父娘再会後、別れを悲しんでホテルの一室で父親が号泣したエピソードや、「ステーキ、ドストエフスキー、ゴッホ、ワーグナー」を愛した故人の素顔を語り、祝賀会は和やかに幕を閉じた。

また、猪木氏の著書『評伝吉田茂』の執筆の裏舞台をつづった研究論考（永澤勲雄・日本防衛学会事務局長著）を含む「平和と国防」の年報第1号も同日、併せて発刊された。

2隊員が「長期無事故」で受賞

海自東京業務隊

【東業】海自東京業務隊（司令・余座正一1佐）の車両科に所属する越崎典之3曹と五味真治3曹（現硫黄島）は11月26日、警視庁から「長期無事故運転者（銀章）」を受賞した。

警視庁は例年、春と秋に実施する全国交通安全運動後に、平素から交通安全に深い関心を寄せ、交通事故防止に貢献した団体や個人を表彰している。

今回2人が受賞したのは「輸送業務に従事する運転者で、10年以上の運転経験を有し、過去7年以上無事故無違反の者」を対象に贈られるもの。

表彰式は新宿区牛込警察署内で行われ、2人は署長から警視庁交通部長と東京交通安全協会会長の連名による「長期無事故運転者（銀章）」を伝達された。

越崎3曹は免許取得以来15年間、無事故無違反で、今年10月から海上幕僚長専用車両の操縦手として勤務している。「次は金章受賞を目指し、引き続き無事故無違反を継続し、職務にまい進したい」と五味3曹とともに瞳を輝かせていた。

（左から）余座業務隊長、越崎3曹、五味3曹、秋元業務隊副隊長

蒲池　猛夫氏（かまち・たけお＝ロサンゼルス五輪射撃金メダリスト）12月4日、脳梗塞のため千葉市内の病院で死去、78歳。葬儀は家族のみで行った。

満州（現中国東北部）生まれ。宮崎県高原中学卒業後、自衛隊に入隊。1962年、体育学校特体課程に第1期生として入校。ロサンゼルス五輪（84年）の射撃ラピッドファイアピストルで日本五輪史上最年長の48歳で金メダルを獲得。89年に2陸尉で定年退官した。

小休止

▽…岩手地本一関出張所は11月12日、同市の私立一関学院高校で行われた陸自9音楽隊（青森）の演奏会を支援した。

▽…約400人の生徒が会場となった体育館に集結。9音楽隊は若者に人気のゲーム「モンスターハンター」の『英雄の証』などを披露した。

▽…アンコールでは人気アイドルグループ「AKB48」の『恋するフォーチュンクッキー』を全員が合唱。踊りだした生徒にフルート奏者の風張未来3曹が振り付けを指南し＝写真＝、陸上自衛官と高校生の"制服ダンス"に会場はAKB劇場さながらに盛り上がった。（岩手地本）

徳島大雪

14旅団など250人投入

孤立住民を救助、道路啓開

大雪で孤立した世帯住民の救助に当たる陸自14飛行隊のUH1ヘリコプター（12月8日、徳島県東みよし町で）

四国の山間部は12月4日夜から大雪となり、徳島県三好市、東みよし町、つるぎ町、井川町では倒木で道路が寸断され、集落が孤立する事態となった。

これを受け徳島県は6日午後2時、陸自14旅団に道路啓開の災害派遣を要請。15普連（善通寺）から30人、14施設隊（徳島）から25人、中方通信群（伊丹）から10人が現地に急行し被害状況を確認した。

7日午前4時30分、増援50人も善通寺から出発、倒木による道路不通箇所でチェーンソーなどを使い、倒木の除去に当たった。また夜明けの5時40分ごろから中方航（八尾）、14飛行隊（北徳島）のUH1ヘリが一斉に離陸、孤立地域に隊員が降りて安否確認や孤立者の救助、緊急物資の輸送などを行った。8日現在、人員約250人、車両65両、航空機5機が投入され、道路啓開作業や民生支援活動に当たっている。

大雪で通行不能となった道路でチェーンソーを使って倒木を切断し、道路啓開に当たる15普連の隊員（12月7日、徳島県つるぎ町で）

築城基地の2頭が優勝

警備犬西部日本競技会　ゾル号は2冠

【築城】西日本地区の警察犬や警備犬などの技量を競う「第18回西部日本訓練チャンピオン決定競技会」が11月9日、宮崎市で行われた。自衛隊からは築城基地警備小隊犬舎分隊員と警備犬4頭が参加。「臭気選別の部」で河村慎吾3曹（29）とゾル号が5月の大会に続き2冠を達成し、中野慎也3曹（26）とフック号も「服従の部」で優勝した。

大会には16団体・6個人・約110頭の犬が参加し、「臭気選別の部」はプロとアマ混合の戦いとなった。仮想犯人の臭いの付いた布を犬に嗅がせ、10メートル離れた5カ所の選別台にある同じ臭いの布を3回持ってこさせて正確性を競う。河村3曹とゾル号は3連続で成功。プロを含む2チームも同様に成功したため、三つどもえの"プレーオフ"が行われることに。

最初の競技では一日かけて臭いを付けた布だったが、プレーオフでは難度を上げ、2時間だけ付けたものに変更。わずかな臭いに他の2ペアが苦戦する中、河村3曹らは確実に点数を重ね、優勝をもぎ取った。

一方、アマチュアのみ参加した「服従の部」は犬に命令や指示を出し、動作や行動の正確性を競う。中野3曹とフック号は「障害飛越」の種目で高い技術を見せ、優勝した。

連覇を達成した河村3曹は「ゾルとペアを組んで約2年になるが、多くの人の前での展示を積み重ねたことが優勝につながった」と喜んだ。服従の部を制した中野3曹は「今後は、応用訓練（爆発物捜索など）をさらに行い、現場で活躍できる警備犬を育成していきたい」と語った。

優勝した隊員と警備犬。左が中野3曹とフック号、右が河村3曹とゾル号（11月13日、築城基地で）

こちら警務隊

☎ 8・6・47625

環境汚染する罪は重大　5年以下の懲役と罰金も

近所の空き地に家庭ごみを捨てた人を見かけましたが、この行為は何罪になりますか。

この行為は、廃棄物を適正に処理し、生活環境の保全および公衆衛生の向上を図ることを目的とした「廃棄物の処理及び清掃に関する法律」に違反します。

違反した場合は、5年以下の懲役もしくは1000万円以下の罰金、またはこれらを併科（懲役刑と罰金刑を併せて科する）した刑罰に処されます。「これぐらい」「面倒だから」といった軽率な行動が招く結果は、環境汚染と罪は重大です。

ゴミは、各自治体で定められた時間、場所、要領に従って適正に処理をしましょう。（124地警＝福島・小口1曹）

みんなのページ

御嶽山噴火災害に出動して

ふるさとの平穏願う

3陸曹　瀬戸　大彦（13普連2中・松本）

9月27日に大噴火した御嶽山のふもと、長野県木曽郡王滝村は私が自衛隊に入隊するまでの18年間育ててもらった故郷です。

御嶽山は子供の頃からよく登っていて、私にとって大変親しみのある山でした。私は松本市の第13普通科連隊に所属しており、噴火災害発生の直後、現地に派遣されました。私は山頂部で行方不明者の捜索活動に当たりましたが、そこで見た火山灰に覆われた現場の惨状はすさまじく、非常に衝撃を受けました。

私たちは一人でも多くの人を救助すべく必死に捜索を行いましたが、御嶽山の噴火は継続中で、また台風の接近などもあり、幾度となく悪天候の影響により捜索活動は中断を余儀なくされました。

現場は標高3000メートル以上の高地で、かつ火山灰が雨の影響で泥濘化し、足元は非常に不安定でした。急斜面では5メートル進むのもやっとという場所もあって、そうした現場で私たちは捜索を続けました。しかし、残念ながら降雪前に行方不明者をすべて発見することはできず、ただただ自分たちの無力を感じました。

実は、私の父は王滝村の村長をしています。人口900人足らずの村ですが、王滝村は過去にもさまざまな問題に直面してきました。1979年の御嶽山噴火、84年の長野県西部地震、さらに財政問題、人口減少による過疎化の問題などに直面しています。

父は長らくこうした問題に関わり、今回の噴火災害でも地域の首長として昼夜なく対策に追われ、いまも苦労は絶えず、息子として心配もしています。

今回、日本において戦後最大の犠牲者を出した御嶽山の噴火災害がこの小さな村で起きたことは非常に深刻で、今後、地元の観光産業などにも大きな影響が出ることは必至です。

私たち13普連の隊員は、今回の噴火災害で犠牲になられた方々のご冥福を心からお祈りするとともに、残る不明者が一日でも早く発見されて家族の元に帰られることを望んでいます。

同時に御嶽山の入山規制が解除され、山が以前のように多くの登山者でにぎわうことを願っています。私も早期にそれが実現できるよう、父を支えていきたいと思っています。

御嶽山噴火災害に対処した（右から）後藤孝13普連長、瀬戸普王滝村長、その息子の瀬戸3曹

御嶽山噴火災害で行方不明者の捜索に当たる13普連の隊員

誇りに感じた父の姿

3陸曹　中野　拓真（13普連2中・松本）

御嶽山への災害派遣で、我々は標高3000メートルの高地で警察、消防と連携しながら行方不明者の捜索救助活動を実施しました。

そのような中、私は偶然にも父が所属する山梨県富士五湖消防隊と現地で活動することになりました。

父は54歳ですが、消防の小隊長として参加していました。火山灰が雨の影響で泥濘化した過酷な被災地で、まさか父と一緒に活動するとは思ってもみませんでした。

父は消防隊の部下を的確に指揮し、任務を遂行していました。その姿を見て、私は大変誇りに感じました。自分も自衛隊で父のように立派な指揮官になりたいと思いました。

御嶽山にはまだ行方不明者が残されています。今後、再び災害派遣の命令が下されてもいいように私も物心両面の準備をしていきたいと思います。

目標を定め 自ら努力

予備2陸佐　木下　誠悟（熊本地本）

私は第4回予備自衛官招集訓練（方面内転地訓練）に参加した。

定年となりまだ2年しか経っていないが、今回の訓練では微光暗視眼鏡、CAT（止血帯）、電動エアガンなど陸自新装備の普及教育が行われた。当然、予備自衛官である我々もその性能・諸元や注意事項を理解し、いざという時に備え習熟しておかねばならない。

よく「自衛隊マニア」とか「オタク」という言葉を聞くが、予備自衛官もある種、そのように新装備に関心を持つことが必要で、常に陸自が求める時代の変化にも対応して訓練に臨む姿勢が必要だと思った。

恥ずかしながら五十肩なのか、ここ1年ほど右肩の痛みが取れない。また毎日10時間近く立った姿勢で働き、万歩計も1万歩前後を示しているので、特に運動しなくとも大丈夫だろうと考えていたが、身体検査・体力検定の結果、体重・筋肉が落ちて体の柔軟性もなくなっていることが判明した。特に使わない筋肉は低下が著しい。朝の体操や散歩を継続し、慣れてきたらジョギングも始めようと思った。

予備自の訓練では、体力検定や射撃検定の目標をどこに設定するかがとても重要である。目標がなければ努力しないし、努力しなければ、得られる成果も少ない。予備校の先生ではないが、「いつやるか？ 今でしょ！」は我々にも当てはまる。

今回、私は自分の体力検定の配点表をコピーしてもらい、持ち帰った。自分なりの目標を設定するためだ。今回、最高の訓練環境を提供してくれた第40普通科連隊の皆様にも感謝を申し上げたい。

予備自衛官として体力錬成に励む木下誠悟・予備2陸佐

次こそ結果を出したい

ホーク部隊実射訓練に参加

3陸曹　斎藤　卓（5高特群322高中・八戸）

「ノーキル（要撃不成功）！」――。この結果をもって私の平成26年度ホーク部隊実射訓練検閲（ASP）は幕を閉じました。

昨年11月から始まったASP訓練。当初は出足好調とはいかず、対空ミサイル発射手順での操作ミスや連携ミスが多発し、問題がなかなか改善されずに時間だけが過ぎていきました。

そして迎えた「第1回群批指導」では結果もボロボロ。これを機にクルーの気持ちに火が付き、少しずつではありますが改善し、結果も付いて来るようになりました。

そしてクルーの気持ちが高まっていく中で米国での実射本番を迎えました。

慣れない環境と緊張からか、みな動きが固いようでした。それでも無難に1日目、2日目の日程をこなし、いよいよ3日目の実射の日がきました。各点検も無事に終え、あとはホークミサイルの発射だけです。初参加の隊員はもちろん、ベテランもこの時だけは緊張を隠しきれず、私も例外ではありませんでした。

私も冷静さを装い操作員3人の緊張を解こうとしましたが、その声が震えていたのを今でも覚えています。ついにカウントダウンが開始されました。ミサイル発射！

しかし、結果は「要撃不成功！」でした。頭の中が真っ白になり、その後のことはあまりよく覚えていません。

悔いがないと言えば嘘になりますが、精一杯やったという充実感があったせいか、涙は出ませんでした。準備はうまくいっても結果が伴わない……。良くも悪くも今回のASPは忘れられない経験となりました。この体験を生かし、次は結果が出るよう努力していきたいと思います。

米国でホーク対空ミサイルの実射訓練に臨む斎藤卓3曹

OBがんばる

人間関係と我慢が大切

竹村　浩行さん　54
平成26年3月、空自第1高射群（入間）整備補給隊を最後に定年退職（曹長）。埼玉県日高市にある太田鉄工に再就職し、鉄工製品の検査業務に当たっている。

私が再就職した太田鉄工は自宅のある狭山市から約10キロのところに所在し、秩父連山を望む田園風景の中にあります。

職場では工場長を長に、加治工、溶接工、塗装工さんが一体となって製品を製造しています。私は検査班に配属し、主に床上クレーン、トロッコ（運搬車）を使用して大小さまざまな製品を移動させ、点検仕上げを行っています。加工された柱や梁などの鉄工製品はその後、建設現場に運ばれ、大型ショッピングセンターの骨組みなどに活用されます。

私も入社して最初の1カ月くらいは「業界用語」に戸惑い、失敗の連続でした。会社は自衛隊のように、新人に手とり足とり教えてはくれませんから、分からない時は聞き直し、疑問点は翌日に残さないようにして少しずつ仕事を覚えました。

特にクレーンの操作では重量物を移動するため、吊り荷の重量に合った吊り具の選定が非常に重要で、そのような時はベテランの職人さんたちからいろいろアドバイスを頂いています。

再就職で大切なのは、第一に人間関係、第二に我慢です。新人は笑顔であいさつし、早く名前と顔を覚えてもらう（こちらも相手の名前と顔を覚える）ことが大事です。また「我慢」にはいろいろあるでしょうが、私は「石の上にも3年」の気持ちで頑張っています。

このため休日はゴルフやソフトボールでリフレッシュすると同時に健康維持にも努めています。再就職の日々は精神的・肉体的にもハードなので、早めに健康と体力の維持向上に努めておくことが大切です。

近傍火災発生！ 訓練の成果発揮

陸曹長　勝又　卓也（滝ヶ原駐屯地消防ポンプ班長）

我が消防ポンプ班は駐屯地近傍で発生した火災に出動しました。

火災は早朝4時54分ごろに発生しました。防災無線のサイレンで目が覚め、火災現場が駐屯地近傍であることを確認した私は、直ちに消防ポンプ班に連絡して出動準備を整えさせました。

その後、消防隊長である駐屯地当直司令の指示を仰いだ後、現場に急行し、本部から給水援助の指示を受け、消火活動を開始しました。

私にとってはポンプ班長としての初めての近傍火災への出動で、「落ち着け、落ち着け！」と自分に言い聞かせながら隊員を指揮しました。到着後、約30分で鎮火の連絡を受け、人員・車両に異常がないか確認した後に帰隊しました。

その後、消防ポンプ班の行動を振り返ってみると、班員が私の連絡から出動まで約5分間ですべて準備できたのは、日頃の訓練の成果であると改めて実感しました。

これらかも沈着冷静に対処できるよう、日々訓練を積み重ねていきたいと思います。

近傍火災への対処を指揮した勝又卓也曹長

詰将棋

第686回出題

出題　日本将棋連盟　九段　石田　和雄

先手　持駒　金銀

【ヒント】軽い銀捨てがトドメとなります。（十分で初段）

▶詰碁、詰将棋の出題は隔週です◀

詰碁

第1101回解答

出題　日本棋院　九段　曲　励起

【解答図】黒先、白死。黒❶白②は共に当然です、次の黒❸が先ず大切で白④の時黒❺が又大切です。白⑥黒❼で白を取れます。

（世界の切手・オーストリア）

借り物の外套（がいとう）は暖かくない。
アラビアのことわざ

朝雲ホームページ
www.asagumo-news.com
<会員制サイト>
Asagumo Archive
朝雲編集局メールアドレス
editorial@asagumo-news.com

新刊紹介

「ケネディを沈めた男」

星　亮一著

「昨日の敵は今日の友」と書き入れられたジョン・F・ケネディ元米大統領の顔写真と手紙が福島県塩川町（現喜多方市）の花見弘平のもとに送られてきたのは昭和27年。ケネディが上院議員選に勝利した直後のことだった。遡ること9年前、二人は魚雷艇「PT109」艇長と駆逐艦「天霧」艦長としてソロモン諸島で遭遇、「天霧」の体当たりを受け、ケネディの乗る魚雷艇はまっ二つに裂けて沈んだ。

後に下院議員として来日したケネディは「自分の乗っていた魚雷艇を撃沈した駆逐艦の艦長を探してほしい」と日本政府に依頼。直後から二人の交流が始まり、大統領選の折には元「天霧」乗組員が寄せ書きして激励するなど、新たな友情を育んだ。

著者は「福島民報社」の元記者。現役時代、ケネディ大統領誕生の折に花見を取材したことがあり、今回キャロライン・ケネディ駐日大使の赴任をきっかけに筆を執ったという。

「ケネディを沈めた男」花見弘平の"会津侍"としての生き様と平生を通し、日本人がこれから国防にどのように注力していけばいいかを問いかける一冊。（潮書房光人社刊、2052円）

「台南空戦闘日誌」

郡　義武著

世界的ベストセラー戦記「大空のサムライ」での坂井三郎1飛曹（当時）の活躍は有名だが、所属した「台南空」（台南海軍航空隊）」が米軍とどのように戦ったかを知る人は少ない。"最強零戦部隊"とされる台南空の330日にわたる全戦歴を克明に描いた一大戦記だ。

第1章の昭和16年12月から第11章の昭和17年10月まで、日単位で出撃した操縦員と被害、効（戦）果が記される。

防衛研究所保存の「行動調書」「編成調書」をもとにした作戦説明に加え、解説には米側の最新資料の抜粋を掲載。重要な戦いでは著者の解説が入り、現代から見た両軍の評価は辛口で鋭い。

資料から"真相"を推定することで、撃墜判定の難しさとともに、戦果を誇張して報告するなど、当時の実情が見えてくる。

日本軍の分単位の出撃状況や当時の写真から伝わる現実感は圧巻。「大空のサムライ」の引用もあり、当時のパイロットの心境をデータとともに想像することで、戦争の現実をより深く胸に刻み込むことができるだろう。（潮書房光人社刊、2484円）

朝雲

発行所 朝雲新聞社
〒160-0002 東京都新宿区坂町26番地19 KKビル
電話 03(3225)3841
FAX 03(3225)3831
振替00190-4-17600番
定価一部170円、年間購読料9000円（税・送料込み）

本号は10ページ

2面 日米法務ネットワークを拡大へ
3面 2014 朝雲10大ニュース
4面 イージス護衛艦「きりしま」乗艦記
5面 〈防衛技術〉陸海新ヘリ試作へ
6面 〈父兄会版〉全自父が地域協議会
7面 〈募集・援護〉自治体と災害対処訓練
8面 〈ひろば〉戦争映画でトークイベント
9面 「衆院選」海外派遣隊員が熱き一票
10面 〈みんなのページ〉念願の予備自に

日米豪幕僚会議

共同訓練さらに拡充

地域の平和と安定へ協力

連携強化で一致した日米豪スタッフトークスのメンバー。前列右から5人目は統幕防衛計画部長の山村海将補（11月25日、ハワイで）

ハワイの米太平洋軍で11月25日、第2回「日米豪スタッフトークス」と第8回「日豪スタッフトークス」が同時開催され、日本から統幕防衛計画部長の山村浩海将補が出席。米太平洋軍司令部第5部長のマイケル・ダナ海兵隊少将、豪国防軍統合作戦司令部副本部長のシェーン・コーヘイ陸軍少将と会談し、共同訓練の拡充や、拡大ASEAN国防相会議（ADMMプラス）などの多国間の枠組みを通じて日米豪の協力を一層強化していくことで一致した。山村部長は「さまざまな機会を捉えて緊密に協力したい」と話している。

両スタッフトークスは、ともに統合運用に関わる幕僚会議。昨年4月にハワイで初めて開かれた日米豪の会議では、日本でほぼ隔年実施されている日米共同統合実動演習「キーン・ソード」に初めてオーストラリアが参加することなどが決まり、今年11月に実現した。

今回の会談では「日米豪の緊密な協力がアジア・太平洋地域の平和と安定に不可欠だ」との認識で一致し、共同訓練のさらなる拡充をはじめ、多国間の枠組みにおける協力や、能力構築支援分野での協力などをさらに推進していくことを確認した。

3カ国による共同訓練ではこれまで、米海軍主催の環太平洋合同演習「リムパック」や米空軍主催の「コープ・ノース・グアム」をはじめ、最近では豪陸軍主催の日米豪射撃訓練「サザン・ジャッカルー」や豪海軍主催の多国間海上共同訓練「カカドゥ」など、その機会は拡大傾向にある。

今後は高難度の訓練を盛り込むなどして訓練内容をさらに充実させ、戦術技量と相互運用性の向上を図っていく考えだ。

また、日本は今年度から、ラオスとともに約3年間の任期でADMMプラスの「HA／DR（人道支援・災害救援）専門家会合」共同議長国に就任しており、日本のリーダーシップに対しても米豪からは期待感が示された。

一方、日豪幕僚会議は自衛隊と豪国防軍との相互理解の促進を目的に、2002年から統合幕僚会議（当時）と豪国防軍統合作戦司令部がほぼ隔年で実施。8回目となる今回は、日豪が「21世紀のための特別な戦略的パートナー」としてさらに関係を進展させていくことで一致した。

防衛省では関係強化を図るオーストラリアに今年7月、新たに防衛駐在官（1空佐）を増派しており、現在、当初から駐在している1海佐とともに2人体制となっている。将来的には陸自からも1佐が派遣され、3人体制となる見込みだ。

両者は南スーダンでの国連平和維持活動（PKO）など、これまでの日豪協力を再確認し、今後はあらゆる機会を捉えて関係強化のための取り組みを行っていくことで合意した。

陸自セミナー

「日米同盟」信頼が鍵

パネリスト5人が討論

陸上自衛隊セミナーで日米同盟をテーマに討議する有識者たち（12月11日、埼玉県和光市で）

自衛隊への理解の深化を目的に有識者60人を招いて討論を行う「陸上自衛隊セミナー」（陸幕防衛部主催）が12月11日、埼玉県和光市の「和光市民文化センターサンアゼリア」で開催された。昨年に始まり4回目の今回は「今後の日米同盟のあり方」をテーマに実施。5人のパネリストがディスカッションを行い、日米同盟の方向性について中国を念頭に活発な意見を交わした。

開会に当たり、岩田陸幕長が「陸自は創隊60年以来、規模的・時間的・内容的に最大の転換を迎える。我々独自の考えで歴史的な大改革を進める前に、有識者から意見を頂く機会が必要ではないかと考え企画した」とあいさつ。続いて、元駐米大使の加藤良三氏が基調講演を行った。

パネリストは加藤氏のほか、自民党政務調査会調査役の田村重信氏、元統幕学校長の林一也氏、元自衛艦隊司令官の香田洋二氏、元航空教育集団司令官の廣中雅之氏の5人。司会は日本経済新聞特別編集委員の伊奈久喜氏が務めた。

日米同盟の強化を図る上で、香田氏は「中国に対する自衛隊と米軍の脅威の認識のズレをいかに縮めるかが一つのポイント」と指摘。

また林氏は「相互信頼性を高めることが軍事面の最大の役目」と述べ、米軍は陸自に対して「ショルダー・トゥ・ショルダーで作戦を遂行するに足り得る覚悟や能力があるか見ている」と語った。

一方、廣中氏は「日米共同作戦を行う上で、日本はやるべきことをきちんとやる、ということを忘れてはならない」と述べ、さらに「同盟国が一度、『やる』と言ったことができなければ、米国は絶対に許してはくれない」と断言した。

さらに、米軍の高い自己完結能力を日本に関与させ続けるためには「一番のポイントは法整備」とし、「（日米防衛協力指針の実効性を）先ず国内法で担保しなければならない」と参加者に訴えた。

紛争下を想定した民軍連携をテーマにそれぞれの考えを述べるパネリスト＝12月5日、東京都新宿区のベルサール新宿で

紛争下の人道支援活動

民軍連携を討議

平和と安全シンポ

統合幕僚学校の国際平和協力センター主催による第4回「国際平和と安全シンポジウム」が12月5日、都内で開かれ、今回初めて「紛争下での人道支援活動」を想定した「複合緊急事態における民軍連携」をテーマに、国内外の有識者らがそれぞれの立場から民軍連携の重要性を訴えた。

パネル討議では、阪大副学長で同大大学院の星野俊也教授の司会で、土本英樹（内閣府国際平和協力本部事務局次長）、ジェレミー・ボダン（国境なき医師団日本事務局長）、ソフィー・ソロモン（国連人道問題調整事務所＝UNOCHA＝マリ事務所・民軍調整官）、山本理夏（ピースウィンズ・ジャパン海外事業部長）の各氏が、民軍連携の在り方や課題について発言した。

ボダン氏は「独立性」「中立性」「普遍性」を追求するNGOの立場から「（国家を代表する）軍事的組織との公式な連携は意図的に行わず、いかなる政治的課題や目標も支持しない」と原則を紹介。一方で「患者最優先」の観点から、活動地域の全武装勢力と何らかの関係を築くことで安全確保を図っているとした。

山本氏は紛争地での活動経験を踏まえ、派遣規模や活動内容・期間、立場などが全く異なる軍隊（自衛隊）とNGOが、お互いの組織文化の壁を乗り越え、スムーズに連携していくことの重要性を訴えた。

土本氏は、自衛隊が派遣されている南スーダンPKOを例に、国連機関やNGO、政府開発援助（ODA）など連携した日本の民軍協力の事例を紹介した。

これに先立ち、ソロモン氏が基調講演。民軍連携の成功例として、2013年のマリの国連ミッションを紹介し、早い段階での民軍関係者による関与と派遣、立場の共有が成功の要因だったと述べ、民軍調整の重要性を強調した。

最後に星野教授が総括し、国連の「オスロ・ガイドライン」など民軍連携の指針を継続的に刷新し、指針と「現場の現実」をつなぐ努力の必要性を指摘した。

第3次安倍内閣 24日発足へ

海外派遣部隊

――衆議院選挙――

1400人が不在者投票

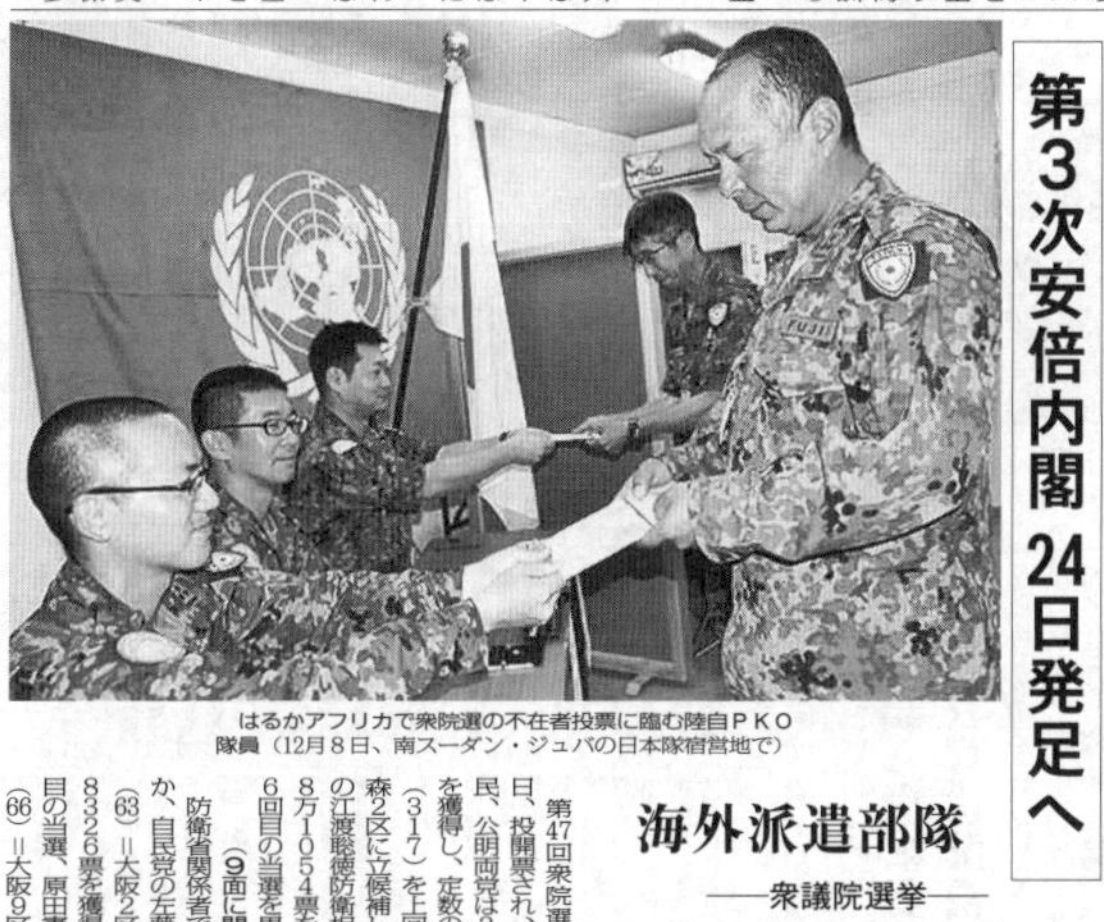

はるかアフリカで衆院選の不在者投票に臨む陸自PKO隊員（12月8日、南スーダン・ジュバの日本隊宿営地で）

第47回衆院選は12月14日、投開票され、与党の自民、公明両党は326議席を獲得し、定数の3分の2（317）を上回った。青森2区に立候補した自民党の江渡聡徳防衛相（59）は8万1054票を獲得し、6回目の当選を果たした。（9面に関連記事）

防衛省関係者ではこのほか、自民党の左藤章副大臣（63）＝大阪2区＝が7万8326票を獲得して4回目の当選、原田憲治政務官（66）＝大阪9区＝は9万5667票を獲得して3回目の当選を果たした。

安倍首相は24日に特別国会を召集し、第3次安倍内閣を発足させる。組閣に当たっては、第2次改造内閣の発足から3カ月余りしかたっていないことから、現内閣の全閣僚を再任する方針だ。

衆院選の実施に伴い、世界各地に派遣されている自衛隊の派遣部隊の隊員約1400人は12月上旬、それぞれの任務地で不在者投票を行った。

南スーダンでは陸自のPKO部隊、ジブチではソマリア沖・アデン湾の海賊対処に当たる海自の航空部隊と水上部隊、南極海では砕氷艦「しらせ」の乗員、さらにインド洋上ではアデン湾から帰国途中の水上部隊が、それぞれ12月8～10日にかけて投票を行った。

春夏秋冬

幕末のグローカリズム

童門 冬二

幕末の攘夷論者といえば、〝視野の狭い国粋主義者〟とみられがちだが、実際はちがう。逆に開国論者といえば、〝日本を洋化しようとする売国奴〟とみられがちだが、これもちがう。

たとえば純粋な攘夷論者である吉田松陰は、表層的開国論者である。松陰をそうさせたのは開国論者として名を高めていた佐久間象山だ。そしてその象山も根は攘夷論者なのである。

象山はその生地（長野市松代町）にいくと「しょうざん」ではなく「ぞうざん」と呼ばれている。かれの生家ちかくに小高い丘があり、象が臥せているようにみえるので、地域の人びとは「ぞうざん」と呼んでいた。だから正しく象山は「ぞうざん」なのだろうが、一般的には「しょうざん」のほうが定着してしまった。

松代町に「象山神社」がある。鳥居から本殿にいたる参道の両脇に、たくさんの石の標が並んでいる。象山のつくった漢詩などがきざみこまれている。その一本につぎのような感懐が彫られている（意訳）。

「わたしは二十歳の時に松代人であることをしり、三十歳の時に日本人であることをしった。そして四十歳の時に世界人であることをしった」

いまでいえばグローカリズム（グローバルとローカルの合成語）である。即ち日本人はすべて地方人・日本国民・国際人の三つの人格をもっている、という認識だ。象山は、

「攘夷活動をおこなうにしても、この認識をもたなければダメだ」と、同時代人の覚醒をうながしたのだ。

攘夷というのは〝夷（外国）をうちはらう〟という意味だ。象山は「たとえ外国と戦争するようになっても、相手国の実情をよく知らなければ、絶対に勝てない」というのである。古代中国の軍略家、孫子の「敵を知りおのれを知れば百戦危うからず」という言葉の実践だ。

松陰が下田港内でアメリカのペリーの乗艦に接触したのも、師象山のこの教えに従ったのだ。アメリカと戦うにしても、その実体（国力・軍事力など）を完全に把握しなければ手も足も出ない、負けてしまうという考えから実行したことで、決して猪突猛進ではない。

太平洋戦争開戦前の山本五十六さんの認識によく似ている。そしてこのグローカリズムは、日本人の誰にも必要な認識だ。

（どうもん・ふゆじ＝作家）

防衛省発令

▽海幕指揮通信課長（海幕指揮通信情報部）1海佐 江川 宏
▽自衛艦隊作戦主任幕僚（舞鶴地方総監部防衛部長）同 山崎 浩一
▽7護衛隊司令（護衛艦隊司令部）同 金刺 基幸
▽情報業務群司令（作戦情報支援隊司令）同 水間 貴勝
▽作戦情報支援隊司令（情報業務群司令部）同 神 英司
▽舞鶴地方総監部防衛部長（7護衛隊司令）同 清水 博文
▽自衛艦隊司令部（自衛艦隊司令部指揮通信主任幕僚）同 大野 敏弘
（以上12月15日）
▽防衛大防衛学教育学群統率・戦史教育室長兼防衛大教授（東北方面総監部装備部長）1陸佐 平栗 浩一
▽陸幕総務課長（10後方支援連隊長兼春日井駐屯地司令）同 柿野 正和
▽同人事計画課制度班長（陸幕防衛課）同 浅賀 政宏
▽同人事計画課予備自衛官室長（8特科連隊長）同 長谷川 敬
▽同武器・化学課総括班長（研究本部研究員）同 加藤 隆雄
▽同通信電子課総括班長（同企画調整官）同 井上 勝
▽同警務管理官（東北方面総監部情報部長）同 竹迫 退介
▽東北方面総監部情報部長（研究本部主任研究開発官）同 壁村 正照
▽同装備部長（中央輸送業務隊長兼横浜駐屯地司令）同 加治屋 裕一
▽東部方面総監部防衛部長（7師団幕僚長）同 石田 裕
▽東部方面後方支援隊東部方面輸送隊長（輸送学校研究部長）同 山口 和則
▽7師団幕僚長（陸幕人事計画課予備自衛官室長）同 吉武 辰明
▽8特科連隊長（同人事計画課制度班長）同 竹内 哲也
▽10後方支援連隊長兼春日井駐屯地司令（同武器・化学課総括班長）同 星指 吉見
▽12後方支援隊長兼新町駐屯地司令（陸自幹部学校教官）同 中川 博英
▽9施設群長（研究本部研究員）同 大西 昌弘
▽中央輸送業務隊長兼横浜駐屯地司令（東部方面後方支援隊東部方面輸送隊長）同 壇 雅昭
▽陸自幹部学校教官（12後方支援隊長兼新町駐屯地司令）同 塚本 義明
▽研究本部企画調整官（研究本部研究員）同 平田 高志
▽研究本部主任研究開発官（9施設群長）同 角 謙二
▽同研究員（陸幕通信電子課総括班長）同 岡 一博
▽関東補給処計画課長（関東補給処）同 刀根 啓太
▽関東補給処（陸自幹部学校教官）同 池ノ本 八郎
（以上12月19日）

朝雲寸言

「必要性は理解するが、深刻な問題点を抱えている」――。多くのメディアや有識者らが、口をそろえてそう批判する特定秘密保護法が、12月10日に施行された▼最大の問題点は「国の安全保障に支障を与える恐れがある」という理由さえつければ、政府や行政機関は、意のままに特定秘密を増やすことができるという指摘だろう▼背景にあるのは、何がどこまで秘密になるのか、という見解に個人差があるからだ。例えば、数年前に「南シナ海で中国潜水艦が火災を起こしている」との事故情報が漏れたことがある。米軍から提供された情報であり、新法でも「特定秘密」に該当するという▼仮に事故を起こしたのが原子力潜水艦であれば、深刻な海洋汚染を引き起こしかねない。戦時ならいざ知らず、平時であれば、監視していたことが露見するよりも、海難事故などの類は、積極的に公表すべきという解釈も成り立つだろう▼防衛省は今後、これまで防衛秘だった自衛隊の運用や装備品の性能などの情報約4万5000件を、新法に基づく「特定秘密」とする。この際、それに合わせて指定済みの防衛秘を見直してみたらいかがか▼防衛省幹部の多くは「精査すれば防衛秘は、今の3分の1程度にまでは減る」と話す。恣意的な運用が懸念されているだけに、省自らが率先して秘密の指定を解除し、その内容と理由を国民に説明すれば、無用な誤解は減らせるはずだ。期待したい。

時の焦点

国内　自民党圧勝

自らの内に自浄能力を

その権勢を称して「経世会（自民党竹下派）にあらずんば政治家にあらず」と言われた時代に、経世会は真っ二つに割れた。竹下登元首相が率いた巨大派閥から、後に首相となる羽田孜氏を担いで小沢一郎氏が実権を握った派中派とも言うべき「改革フォーラム21」が羽田派として独立したのは、1991年のきょう、12月18日のことだ。

経世会の分裂が引き金となって「政治改革」が一気に進み、現行の衆院小選挙区比例代表並立制度が導入された。

政権交代可能な二大政党制を標榜した現行制度の誕生から20年が経ち、今回の第47回衆院選が7度の総選挙となった。二大政党制は2009年の民主党政権誕生で実現したかにも見えたが、若干の議席減があったとはいえ、前回12年に続く今回の自民党の圧勝は、一党支配の「55年体制」復活だと見る向きもある。

もちろん、55年体制と違い、今は「安倍晋三政権のブレーキ役」を自任する連立与党の公明党が議席を伸ばし、政権内の影響力は増すだろう。また、小選挙区制は、政権の失政に対する「懲罰投票」のうねりで、一気に与野党逆転が起こることも、国民は一度ならず経験してきたから、一党支配への後戻りと考えるのは早計だろう。

ただ、09年衆院選の直前、野党だった民主党は115議席あり、12年衆院選の際の自民党の議席も119あった。一気の政権奪取に必要な「土台」は、三桁議席とみていい。その意味で、今回、野党第一党の民主党が73議席にとどまった意味は、重い。そもそも、衆院定数の過半数以上の候補者を擁立できなかったこと自体、55年体制の社会党と同じで、政権担当能力以前に真剣さを疑われる。野党勢力の立て直しには、まだ、時間がかかる。

無論、政権の長期安定は、国益にはプラスだ。例えば経済面では、効果が出るまで時間のかかる構造改革などに一貫して取り組める。外交・安全保障では、中国、北朝鮮、ロシアなど、国家指導者が長期に強い権限を持つ国々とも渡り合える。

心配なのは、強い政権が、少数意見や異論を排する政権運営になることだ。そのチェックをすべき野党の存在感が薄くなった時、与党が自らの内に抑止力や自浄能力を持つことが重要になる。

強い政権が長期に安定するとは限らない。政党も派閥も、大きくなり過ぎると、ポスト配分への不満などから遠心力が働くからだ。経世会の分裂は、その最たる例だ。遠心力を制御しつつ、いかに自浄能力を高めるか。その一点で、安倍首相の舵取りは、逆に難しくなったのかもしれない。

55年体制の絶頂期、自民党では非主流派がバランサーの役目を果たし、野党の主張も巧みに取り込み、長期安定政権を可能にした。良い意味で55年体制に学ぶことができるかどうかも、第3次安倍政権の行方を左右することになる。

東雲　次郎（政治評論家）

海外　不法移民問題

大統領権限で進展期す

オバマ米大統領は11月20日、就任時からの公約の移民制度改革に関し、共和党の反対で関連法案成立の見通しが立たないとして、「大統領権限」の行使を強行した。

米国内の不法移民は1140万人超とみられており、今回の措置は市民権付与には直結しないが、うち500万人に暫定的な滞在許可を与え、強制送還の対象外にする。

これに対し12月3日、17州が権限行使の差し止めを求める訴訟を起こし、4日には共和党が多数の連邦議会下院も、議会を無視した移民改革の実行を禁じる法案を可決した。大統領は署名を拒否する構えなので、対立の鮮明化は必至だ。

一連の動きを眺めていると、「移民に優しいオバマ」対「党利党略で攻撃する共和党」的トーンの報道が多いが、現実を無視した構図と言うよりない。

メキシコとの国境から不法入国者が、判明しているだけでも1140万人超と、東京都の人口（1335万）にほぼ匹敵する現状に驚かない方がどうかしている。

不法移民にまず「恩赦」を与えるようなオバマ大統領の案に「それより先にやることがある」と反発し、想像を絶する規模の不法入国を断つ国境警備の強化を最優先すべきだとの意見は真っ当だろう。

米税関・国境警備局（CBP）がこのほど公表した資料を読んで、その感を強くした。

それによると、昨年、米・メキシコ国境で不法入国を図り逮捕された者のうち、5063人は米国から遠く離れたイスラム過激派の活動が活発な国々からの人間だった。

例えば、アフガニスタン人が70人。アフガンは米軍が同国の反政府勢力タリバンと戦っている国。シリアからが72人。同国は過激組織「イスラム国」誕生の地だ。

スーダン人が168人。スーダンは米国務省のテロ支援国家リストに載っている国だ。同じくテロ支援国家に指定されているイランからも25人。国際テロ組織アルカイダから分派したイスラム過激組織「ボコ・ハラム」の本拠地ナイジェリアからも492人に上った。

同国境からの不法入国というと、メキシコやグアテマラ、ホンジュラスなど中南米からをまず想起するが、これが不法入国者問題の実態、深刻さである。

10月7日夜のFOX－TVのニュース解説番組「オン・ザ・レコード」で、ダンカン・ハンター下院議員（共和・カリフォルニア州）が、少なくとも10人の「イスラム国」戦闘員が国境で逮捕された情報を明らかにした。

国家安全保障局（DHS）は当初は否定したが、結局は4人が逮捕された事実が確認された。この「4人」も上記の「5063人」も「逮捕された」者の数でしかない。

世論調査機関ラスムセンの11月下旬の最新調査で、大統領が議会の承認を得ずに不法移民に恩赦を与えることに有権者の62％が反対していたのも、こうした現状への危機感を反映したものだろう。

草野　徹（外交評論家）

法務ネットワーク拡大へ
日米の連携強化を確認
統幕

日米法務部門の連携強化策を話し合う黒澤統幕首席法務官（中央奥左）ら両国の参加者（12月8日、防衛省で）

【統幕】統幕で12月8日、日米法務会同が開かれ、日本側から統幕首席法務官の黒澤聖二1海佐以下6人と、米側から在日米軍法務部長のスティーブン・シュルーズベリー空軍大佐以下7人が参加、両国の国内外における法務ネットワーク拡大に向けた話し合いを行った。

同会同は平成18年3月の統合幕僚監部の発足に伴い、日米法務官同士の交流が始まったのを機に、20年度に公式初会合が開催され、今回で12回目。相互理解の促進を目的に年2回、防衛省（統幕）と米軍横田基地で交互に開かれている。

参加者は両国の法務部門の連携強化を改めて確認。米太平洋軍が毎年主催し、アジア太平洋諸国から軍事作戦法規の専門家が集まって法的論点を議論する「軍事作戦法規国際会議（MILOPS）」の次回開催に向けた準備状況を確認したほか、年明けにもハワイの米太平洋軍で開催される「日米韓豪4カ国法務官等会議」のテーマや方向性について意見交換を行った。

このほか、日本側からは自衛隊が南スーダンでのPKO活動やソマリア沖・アデン湾での海賊対処活動といった国際任務に最大限貢献していることを紹介。

さらに、陸海空の各自衛隊が日米・日米豪間でさまざまな共同訓練・演習に参加していることなど、最新の活動状況について、法的観点を交えながら紹介した。

「ワッセナー・アレンジメント」の専門家会合議長を務めた経験を語る和爾企画官（壇上）＝11月14日、大阪大学大学院で

兵器の輸出管理で講演
「現状と課題」　阪大で和爾企画官

防衛省地方協力局防音対策課の和爾俊樹企画官が11月14日、大阪大学大学院のフォーラムに講師として招かれ、学生らを対象に「ワッセナー・アレンジメント／弾道ミサイルの拡散に立ち向かうためのハーグ行動規範――現状と課題」と題して講演した。同大学副学長で、同大学院国際公共政策研究科の星野俊也教授による個人的な招きで実現した。

和爾企画官は2011年から2年間、オーストリア・ウィーンの日本政府代表部参事官として、通常兵器や関連汎用品・技術の輸出管理に関する国際的な取り決めの一つ「ワッセナー・アレンジメント（WA）」（事務局ウィーン）の専門家会合議長を務めた経験がある。

WAは、かつての対共産圏輸出統制委員会「ココム」解消後の1996年に正式発足し、現在、日本を含む41カ国が参加している。いわゆる紳士協定のため法的拘束力を持たないが、通常兵器や関連汎用品・技術の過度の蓄積とテロリストなどによる取得防止を目的に、全ての国家と地域、テロリストなどの非国家主体を対象としているのが特徴で、参加国による地道な活動を通じて国際社会の安全と安定に寄与している。

和爾企画官は、毎年の専門家会合で規制リストの見直し作業が行われていることや、昨年からは長く見直しが行われてこなかった項目を洗い出す新たな検討作業が始まったことを紹介。

「規制リストは非常に重要な輸出管理の根拠となっている」と強調した上で、「技術の進歩を踏まえつつ、建設的な議論の上にリストの明確化、精緻化が求められている」と指摘した。

一方、「ミサイル技術管理レジーム（MTCR）」における検討などをベースにつくられた国際規範で、現在、日本を含む137カ国が参加する「弾道ミサイルの拡散に立ち向かうためのハーグ行動規範（HCOC）」についても紹介。

13年5月の年次総会で、北朝鮮による弾道ミサイル発射について言及がなされたことを挙げ、参加国による行動規範の履行促進や、ミサイル不拡散に対する国内外の意識向上が今後の課題だと述べた。

ニコルズ大佐と記念品を交換する齊藤空幕長（右）＝12月2日、米ミシシッピ州のコロンバス空軍基地で

空自F35A操縦員の米での教育状況視察
齊藤空幕長

齊藤空幕長は11月30日から12月5日まで米国を訪問し、米軍のF35A戦闘機部隊の新設準備状況などを視察した。併せてアリゾナ州のルーク空軍基地、ミシシッピ州のコロンバス空軍基地を訪問、米国に委託している新人操縦者課程などを確認した。

空幕長は1日に最初の訪問地、ルーク空軍基地に到着。F35A部隊の準備状況や空自要員の使用予定施設、訓練環境などを視察。

翌日はコロンバス空軍基地を訪れ、空自から留学中の新人操縦者10人の教育状況を視察。空自隊員の米国留学は平成3年から行われており、これまでに約215人が修了している。空幕長は米37飛行隊のフライトルームやT38練習機を視察し、14訓練空軍指揮官のニコルズ大佐とも会談した。

最後に、マクスウェル基地で開かれた外国空軍優秀卒業者名簿追加式（IHR）に出席。IHRは米空軍大学に留学した学生の中で、各国の空軍トップに就任した人を卒業生名簿に追加、たたえることなどを目的に開催。空軍大に留学した齊藤空幕長は殿堂入りし、各国の空軍参謀長らと交流を深めた。

空幕長は12日の記者会見で「空自やF35を運用する他国も同様に、ルーク基地内の施設を使っていくと聞いた。砂漠の土地なので天候も良く、天気による（フライト）キャンセルや課目の組み換えがないため、順調に（空自部隊新設の）準備ができると期待したい」と述べた。

将補昇任者略歴

九鬼　東一（くき・とういち）陸将補　防大30期。昭和61年陸自。平成12年2佐、17年1佐。幹校教官、幹校、陸幕訓練・演習班長、43普連長、幹校主任教官、1師団幕僚長などを経て、25年12月防大防衛学教育群統率・戦史教育室長。東京都出身。51歳。

鬼頭　健司（きとう・けんじ）陸将補　東大卒。昭和63年陸自。平成14年2佐、19年1佐。幹校、陸幕教育班長、33普連長などを経て、24年7月陸幕総務課長。愛知県出身。50歳。

佐々木　伸司（ささき・しんじ）陸将補　北大卒。昭和57年陸自。平成8年2佐、11年1佐。パキスタン防衛駐在官、統幕人事計画班長、幹校、陸幕副警務管理官、西方警務隊長、警務隊副長、東北方混成団長などを経て、24年12月陸幕警務管理官。千葉県出身。56歳。

坂本　知司（さかもと・ともじ）陸将補　防大29期。昭和60年陸自。平成11年2佐、16年1佐。陸幕教育訓練計画課、4師団3部長、27普連長、陸幕服務室長、熊本地本長などを経て、24年7月東方防衛部長。北海道出身。52歳。

鎌形　義憲（かまがた・よしのり）海将補　専修大卒。昭和58年海自。平成14年1佐。21航空群司令部、情本分析1課情報調整官、123航空隊司令、22航空群首席幕僚、情本人事教育課長、教育航空集団幕僚長、自衛艦隊司令部、情報業務群司令などを経て、26年12月21航空群司令。千葉県出身。55歳。

眞鍋　浩司（まなべ・こうじ）海将補　防大28期。昭和59年海自。平成16年1佐。1護衛隊群幕僚、海幕人事計画課制度班長兼要員班長、同人事計画調整官兼企画班長、3護衛隊司令、統幕運用1課運用調整官、佐世保総監部防衛部長、自衛艦隊主任幕僚などを経て、26年12月3護衛隊群司令。神奈川県出身。53歳。

白根　勉（しらね・つとむ）海将補　防大32期。昭和63年海自。平成19年1佐。統幕5室、同計画課、海幕指揮通信課、同指揮通信体系班長、掃海隊群幕僚、7護衛隊司令、海幕指揮通信課長などを経て、26年12月監察本部監察官。東京都出身。49歳。

人事異動
2、3海佐

▽横須賀教育隊教育2部長（横須賀教育隊）2佐　竹本直忠▽2術科学校教官（2術科学校）古井伸吾▽同教材課長（同）山上豊
（以上11月4日）
▽幹部学校研究部員（幹部学校）3佐　江口和宏
（11月10日）
▽館山航空基地隊副長（23航空隊）2佐　奥山克也▽231飛行隊長（同）齋藤一▽202電子整備隊長（東北防衛局）3佐　小座間隆
（以上11月20日）
▽せとゆき砲雷長（しらね）3佐　山中祥嗣
（11月21日）

共済組合だより
この冬の楽しみ方を大特集
『えらべる倶楽部NEWS！冬号』発行

組合員の生活をサポートする情報誌『えらべる倶楽部NEWS！冬号』が発行されました。

巻頭特集は「年末年始は気分上々！えらべる倶楽部、冬のお楽しみガイド！」。1年間頑張った自分へのご褒美として、リッチなお食事や「えらべるモール」で購入できる各種商品を紹介しているほか、忘年会・新年会で利用できる居酒屋やカラオケ店の情報を掲載しています。

特集第2弾は「えらべる倶楽部編集部がえらぶ！この冬おすすめの温泉宿」。国内にある温泉宿の中から「冬の絶景」「巨大風呂」「冬の味覚」「おもてなし」「美人の湯」の部門ごと、この冬、まったり過ごすのにぴったりの全国の温泉宿をご紹介しています。

このほか、JTBだけのお得なパッケージ旅行商品もご紹介。国内は大阪のユニバーサル・スタジオ・ジャパン、海外は今がベストシーズンのニュージーランドの旅を取り上げています。

また、3・4月の卒業・入学シーズンを前に、お引越し情報も特集。料金割引きがある1・2月は引越しのお得なシーズンなので、早めに計画を立てればいいこと尽くし。「えらべる倶楽部の引越しサービス」をぜひご利用ください。

露艦艇4隻が対馬海峡を北上

12月11日午後11時ごろ、露海軍の「スラバ」級ミサイル巡洋艦（満載排水量1万1674トン、艦番号011「ワリヤーグ」）など4隻が長崎県・下対馬の南西約110キロの対馬海峡を北東に向け航行しているのを海自1空群（鹿屋）のP3C哨戒機が確認した。

中国艦艇が相次ぎ宮古島周辺を航行

12月4日午前5時ごろ、中国海軍の「ジャンカイII」級フリゲート（満載排水量3963トン、艦番号53「煙台」、546「塩城」）など5隻が鹿児島県・屋久島の西方約140キロを東シナ海から太平洋に向け東航しているのを13護衛隊（佐世保）の「あさゆき」と1空群のP3Cが確認した。

艦隊は他に「ルージョウ」級ミサイル駆逐艦（7112トン、116「石家荘」）、「ルフ」級駆逐艦（4674トン、112「哈爾浜」）、「フチ」級補給艦（2万1750トン、889）で、大隅海峡を東に抜けた。

このうち「ルージョウ」級1隻は同15日午前1時ごろ、沖縄県・宮古島の北東約110キロに現れ、太平洋から東シナ海に向け航行していくのを4護衛隊（呉）の「さざなみ」と5空群のP3Cが確認した。

◇

同12日午後6時ごろ、中国海軍の「ジャンカイII」級（529「舟山」、548「益陽」）など6隻が宮古島の南東約120キロの宮古海峡を太平洋から東シナ海に向け北上しているのを3護隊（大湊）の「まきなみ」と5空群（那覇）のP3Cが確認した。

他は「ルーヤンII」級ミサイル駆逐艦（7112トン、151「鄭州」）、「ソブレメンヌイII」ミサイル駆逐艦（8067トン、138「泰州」）、「フチ」級（886）、「ドンディアオ」級情報収集艦（851）。

中国機5機が宮古海峡を往復

中国空軍のY9情報収集機1機とH6大型爆撃機2機、中国海軍のY8早期警戒機型2機の計5機が12月10、11日、相次いで沖縄本島と宮古島間の宮古海峡上空を通過し、東シナ海と太平洋を往復した。このため、空自南西混成団のF15戦闘機などが緊急発進して対応した。領空侵犯はなかった。6、7日にも同型機が同様の往復飛行を行った。

Y8は昨年7月に中国軍機として初めて第1列島線を越えて太平洋に進出。H6も昨年9月以降、今回と同様の飛行を繰り返している。Y9は今年10月に対領空侵犯措置によって初確認されている。

中国機の航跡図（12月11日）

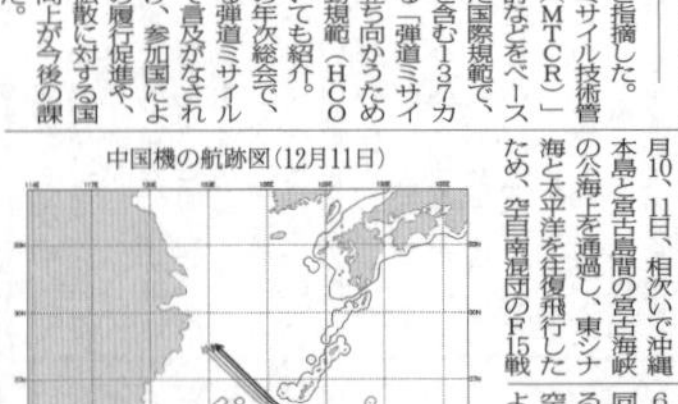

皇后さま乗せベルギー往復
政専機

空自特輸隊（千歳）のB747-400政府専用機は12月11日から13日まで、ベルギーのファビオラ元国王妃の国葬に参列する皇后さまを乗せて、羽田とベルギーの首都ブリュッセルを往復した。

2014 朝雲10大ニュース

『朝雲』に掲載された記事から編集局が2014年を振り返る恒例の「朝雲10大ニュース」。今年は、第2次安倍政権の下、防衛政策が大きく動いた年でもあり、7月の「集団的自衛権の限定行使を容認する閣議決定」がダントツで1位となった。

集団的自衛権は先の衆院選でも大きな争点となったほか、今年の流行語大賞にも選ばれた。紙面でも詳しく報じ、まさに〝別格〟の存在。来年以降も日米防衛協力のための指針（ガイドライン）の改定交渉とともに、安全保障政策の軸として幾たびか登場しそうだ。

防衛政策の転換では、これまでの武器輸出3原則に代わる「防衛装備移転3原則の閣議決定」も4位に入った。日本の防衛産業も〝手かせ足かせ〟からようやく解放されつつある。

2位には、御嶽山の噴火、広島の土砂災害、山梨・徳島の大雪被害などで活躍した「自衛隊の相次ぐ災派活動」が入った。東日本大震災以降、日本列島は災害列島になったという説もあるが、自衛隊への出動要請がひきもきらない1年だった。テレビ報道などでの自衛隊の露出も増え、災害救援における自衛隊の認知度はさらに上昇した。

世界の安全保障環境を俯瞰すれば、中国の傍若無人ぶりの一方で、米国の強さに影りが見えた年でもあった。日米同盟は日本の安全保障の「要石」であることに変わりはないが、オーストラリアとの防衛協力が際立ってきているのも事実。「日米豪の防衛協力進む」が3位となった。

3国による防衛相会談も開かれたほか、共同訓練や演習での一体化ぶりが顕著となってきた。11月の「みちのくALERT」では、日米豪共同調整所も初めて設けられた。豪州は日本の潜水艦技術にも大きな期待を寄せている。

5位には「スクランブル急増と中国機接近」など防衛環境の厳しさを実感させるニュースが入った。日中首脳会談の実現で、対中関係は戦後の最悪期を脱したとの論もあるが、来年も警戒監視活動は大きなウエイトを占めざるを得ないだろう。

国内の災害派遣にとどまらず、国際貢献でも自衛隊の力は世界に大きくアピールしている。「エボラで防護具空輸・マレーシア機捜索」が6位に。エボラ出血熱への対応では、空自機がガーナ入り。個人防護具2万セットを運んだ。マレーシア機捜索でも海空自機が活躍し、「日の丸フラッグ」が世界各所で存在感を示した。

一方、今年は自衛隊発足60周年（7位）。本紙でも特集を組んだが、白黒写真の多さや「援農」に時代を感じさせた。一部記念事業は衆院選の影響で中止になった。

音楽祭りも例年以上に盛大に行われ、「陸海空の〝歌姫〟3人がそろい踏み」（8位）した。CDデビューを果たした三宅由佳莉3海曹は今年もひっぱりだこ。海自は、カレーグランプリ（CG1）や写真集「国防男子」「国防女子」でも話題となった。

9位には我が国ハイテク技術の粋を結集、技術研究本部が威信を懸けて試作した「日の丸ステルス機」が入った。秋に韓国・仁川で開かれたアジア競技大会で自衛隊体育学校は「メダル10個を獲得する健闘」（10位）を見せ、2016年のリオ五輪に夢をつないだ。

②御嶽山噴火

台風後のぬかるんだ御嶽山の神社前で防護楯を装備し、不明者の捜索に向かう陸自隊員。左上は山頂（10月7日）

①集団的自衛権

パネルを使って集団的自衛権の限定行使について説明する安倍首相（5月15日、官邸で）＝官邸の公式Facebookから

2014朝雲10大ニュース

1位	集団的自衛権の限定行使容認
2位	御嶽山噴火など相次ぐ災派活動
3位	日米豪の防衛協力進む
4位	防衛装備移転3原則を閣議決定
5位	スクランブル急増と中国機接近
6位	エボラで防護具空輸・マレーシア機捜索
7位	自衛隊発足60周年
8位	陸海空〝歌姫〟そろい踏み
9位	日の丸ステルス機公開
10位	アジア大会でメダル10個

⑧歌姫

映画『アナと雪の女王』の主題歌「Let It Go」を熱唱する（左から）三宅由佳莉3海曹、松永美智子2陸士、青田真子3空曹の〝歌姫〟3人（11月14日、日本武道館で）

⑦自衛隊60周年

防衛省・自衛隊60周年を記念した航空観閲式では、空自T4練習機17機編隊が会場上空を「60」の文字を描いて航過した（10月26日、百里基地で）

⑤スクランブル急増

自衛隊機に異常接近し、翼下のミサイルを見せる中国軍のSu27戦闘機（6月11日、東シナ海上空で空自機撮影）＝防衛省提供

⑩アジア大会

韓国・仁川アジア大会で体育学校選手は10個のメダルを獲得。谷井孝行2空曹は唯一、50キロ競歩で金メダルを手にした（10月1日、仁川市で）

③日米豪協力

「みちのくALERT2014」の日米豪共同調整所で、調整業務を行う（右から）陸自、豪軍、米海兵隊、米陸軍の隊員（11月7日、仙台駐屯地で）

⑨ステルス機

ステルス戦闘機の国産開発を目指し、技本が試作した先進技術実証機。ハイテク技術のかたまりのため製作した三菱重工での一般公開はなく、完成機は技本ホームページで発表された

⑥エボラ対応とマレーシア機捜索

(上)空自KC767の前で、防護具を受け取るUNMEERのバンベリー代表（右から3人目）＝12月8日、ガーナの首都アクラで、防衛省提供(左)不明マレーシア機捜索のため、オーストラリアのピアース空軍基地に到着した海自P3C哨戒機。手前右（後ろ向き）は現地支援調整所長の杉本洋一1海佐（3月23日）

即応態勢 高い士気

イージス護衛艦「きりしま」乗艦記

今夏、ハワイ周辺で行われた米海軍主催の環太平洋合同演習「リムパック2014」に参加した海自のイージス護衛艦「きりしま」（7250トン、艦長・佐藤恭弘1佐）。弾道ミサイル防衛（BMD）の任務も受け持つ同艦は、ハワイ沖で対空ミサイル実射訓練にも臨み、高い即応能力を見せた。12月3日、ドック入りのため横須賀から横浜の造船所に向かう「きりしま」に同乗し、佐藤艦長以下の乗員にBMD艦に乗り組む思いを聞いた。（文と写真　若林祥子）

対空ミサイルを発射する「きりしま」。2010年11月にハワイ沖で行ったBMD試験では弾道ミサイルを大気圏外で迎撃することに成功した（海自ホームページから）

造船所に無事到着し、笑顔の佐藤艦長（中央）

ミサイル護衛艦（DDG）「きりしま」は海自初のイージス艦「こんごう」型の2番艦で、平成7年3月16日に就役。来年には20周年を迎える〝おばあちゃん艦〟（乗員）だ。

しかし、船体はぴかぴかでそんな歳とは思えず、艦首部から構造物を見ると、なんだかリスのような愛嬌のある顔立ちで、8角形のつぶらな瞳がこちらを見つめてくる。

この〝瞳〟がイージス・システムの核をなす多機能レーダーSPY1Dだ。覆域は数百キロ以上に及ぶ「千里眼」で、宇宙ゴミまで見ることができ、それが対空目標であれば10以上の航空機やミサイルに同時対処できるという。

この日は乗員の家族も同乗する「ファミリーデー」でもあった。後甲板では職務精励表彰式が行われ、艦長が受賞者に表彰状を手渡すと、見守る家族から大きな拍手が送られた。

「きりしま」の前後の甲板にはそれぞれ、さいの目状の垂直発射装置（VLS）があり、ここから対空ミサイルSM2、弾道ミサイル迎撃用のSM3、そして対潜水艦用のアスロックが発射されるのだ。

VLSの周囲には「立ち入り禁止」を示す赤いラインがあるが、乗員は戦闘時、この側にも立つという。「発射時には（熱風で）とても熱くなりますが、持ち場を離れるわけにはいかないので耐えます」と乗員が教えてくれる。

逸見岸壁に停泊するイージス護衛艦「きりしま」（12月3日、横須賀総監部で）

出航準備のため同乗者は艦内に移動する。艦内は急な階段と狭く入り組んだ通路が特徴で、自分がどこにいるのかが分からなくなる。階段を上って6層目の艦橋に到達すると、外に開けたウイング部は大混雑していた。家族や関連企業の社員、防衛モニター、大学生など300人以上が乗っていて、見晴らしのいい艦橋に集中していたのだ。中には幼い子供を抱いてニコニコ顔の〝パパ〟乗員の姿も。

「出航用意！」。号令とともにラッパが鳴りわたり、艦が動き出す。佐藤艦長以下は厳しい顔つきで周囲を見張っている。「岸壁38メーター、41メーター」「艦尾しもきた」などの言葉が飛び交う中、いつの間にか逸見岸壁から離れていた。乗客から「気づかなかった」という声が上がるほど静かな離岸だった。

対岸にある在日米海軍基地の前をゆっくりと通過していく。「こんごう」型のモデルとなった米海軍のイージス艦「アーレイ・バーク」級DDGが並んで停泊している。その先には原子力空母「ジョージ・ワシントン」がいた。その巨大な艦を前に「大きいなあ」と乗客から感嘆が漏れる。やがて基地は遠ざかり、「きりしま」は横須賀港を出た。

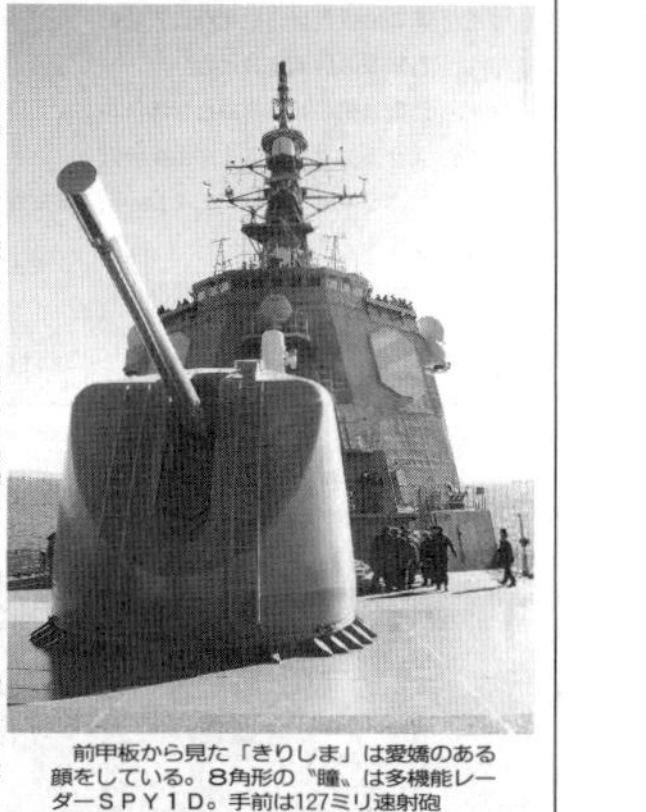
前甲板から見た「きりしま」は愛嬌のある顔をしている。8角形の〝瞳〟は多機能レーダーSPY1D。手前は127ミリ速射砲

この後は東京湾を北上し、ジャパンマリンユナイテッド磯子工場のある横浜港に向かう。風が冷たく、ワッチに立つ乗員の薄いジャンバーが寒々しい。聞けば「下にたくさん着込んでいるんで大丈夫です」という。「しかし、今日は海が少し荒れてますね」

途中、艦長から家族らに向けアナウンスが流れる。「厳しく長い航海に耐えている乗員を陰になり日なたになって支援していただき、ありがとうございます。乗員は横須賀唯一のBMD艦の誇りを胸に、それぞれの任務にまい進しており、艦長として誇らしく思います。本日は海を守る海上自衛官の働きぶりを見ていただくとともに、航海を楽しんでください」。家族から拍手が起きた。

㊤垂直発射装置（VLS）を見学する家族ら㊦幼い子供を抱いて、久々の家族水入らずの時間を過ごす乗員

「きりしま」は通常、年に180日間ほど航海に出ているという。その上、BMD対処のため、乗員は上陸中も24時間の即応態勢が強いられている。BMD長の矢崎政和3佐は「乗員の即応態勢に対する意識は高いです。すぐに出航できるよう、常に身の回りに必需品を置いています」と話す。

艦内を見学する。機関室や床屋、航海室、食堂、甲板、酒保などが公開されていた。戦闘を指揮する〝艦の頭脳〟CIC（戦闘情報室）を一目見たかったが、残念ながら扉は固く閉ざされていた。しかし、通路で見ていると時折扉が開き、中から光が漏れてきた。内側に並ぶ巨大モニターの様子に思いをはせる。

再び艦橋に上がった。東京港へと続く航路では船が縦横無尽に航行している。世界一交通量が激しいという。「きりしま」はゆっくりと横浜港に近づき、造船所が見えてくるとドックマスター（船渠長）がやってきた。いかにもベテラン職人といった感じだ。乗員と協力して艦橋でエンジン出力や舵の取り方を指示し、ドック入りを手伝う。やがて「ようそろー（直進）」「入港用意ー」という号令が飛び、造船所岸壁にぴったりと停泊した。家族から「すごーい」と驚きの声が上がる。

㊤「きりしま」の機関室㊦「こんごう」型のモデルとなった「アーレイ・バーク」級ミサイル駆逐艦の（手前から）「ハルゼイ」と「マスティン」

反対側では修理中の護衛艦「むらさめ」が停泊していた。奥には海保庁の最新鋭巡視船「いけま」（来年就役予定）が見え、日本を守る艦船の建造を一手に担っている造船所の規模の大きさを感じた。

「きりしま」は今後、来年7月まで定期検査に入る。佐藤艦長は「これから非稼働艦になります。稼働中の他の3隻で非常事態に対応しなければならず、とても厳しい状況だと言わざるを得ません」と神妙に話す。そして「必要とあらばもちろん出動します」ときっぱり。しかし、BMDのような一分一秒を争う局面ではすぐの対応は困難だ。過酷な任務環境だが「全員が前線で日本を守っているという自負がある」と佐藤艦長。乗員の士気は高く、いざという時、彼らは直ちに海に出てくれるだろう。

「4隻しかない貴重なBMD艦ですから、しっかりと整備して、何か（不穏な）兆候があればすぐに出て警戒活動を行う態勢にあります」

佐藤艦長の決意を秘めた表情に、国民が知らないところで日々戦うイージス艦「きりしま」乗員たちの覚悟を垣間見た気がした。

西風東風

予備役の年齢制限引き上げ ——募集割れで・英軍

英国陸軍は予備役への編入希望者の年齢制限について、退役軍人については43歳から52歳に、語学や医療などの専門職の市民は45歳から50歳にそれぞれ引き上げた。英軍の再編に伴う予備役募集が計画に達しないことへの対応策だが、今年1年間の増加率はわずか0・1%という惨憺たる状況のため、計画そのものを見直すべきだとの声も上がっている。

英軍では今年中のアフガニスタンからの全面撤退などに伴う、大幅なリストラ計画を進めており、2010年に10万2000人だった常備兵を17年までに8万2000人まで削減する一方で、予備役を1万5000人から18年までに3万人に増強するのが既定方針。今年に入ってからはテレビ、新聞、雑誌などを通じた、大規模な予備役募集のキャンペーンも展開した。

この結果、予備役に2130人が新たに加わったが、一方で退役も多く、差し引きでは20人増の1万9310人となったにすぎない。来年4月までに1万9900人を確保した上で、増加ペースを速めたい考えだが、日本の会計検査院に当たるナショナル・オーディット・オフィスは、現状では計画達成は25年になるとみている。

この現状を打開するため、年齢制限を緩和して「これまで対象外になっていた人たちの応募を期待する」（ジュリアン・ブレイザー予備役担当相）措置を打ち出したわけだが、「お父さんの軍隊」「生きていれば誰でも構わないのか」といった、揶揄や厳しい批判を浴びる結果となっている。

予備役については給与水準が低く、生活が安定しないといった理由で敬遠される傾向があり、当初から計画の実現性には疑問符が付けられていた。

国防省は「確かに出だしは良くなかったが、まだあわてる段階ではない」としているが、「常備兵の減少分を、予備役でカバーしようという計画に無理がある。10万人規模の常備兵を維持するほうが現実的」といった意見が次第に目立ってきている。

（ロンドン＝加藤雅之）

離島船艇部隊が猛訓練 ——座礁事故教訓に・中国

離島作戦で補給任務を担う陸軍の補給船艇部隊が、夜間や悪天候下での航行訓練を繰り返すなどの演習を重ね、実力を向上させている。2010年に、離島駐屯部隊への物資補給演習中、上陸用舟艇が座礁事故を起こしたことが、意識改革と厳しい訓練に踏み切るきっかけになった。中国軍網などが伝えた。

座礁事故は10年3月、山東省軍区船艇部隊による離島作戦の支援演習中に起き、上陸用舟艇2隻のうち1隻が座礁した。日ごろ熟知している海域での座礁事故は、部隊を管轄する山東省軍区の指導部に強い衝撃を与えた。

前年8月にも、済南軍区部隊が渤海湾で演習中、軍区所属の船艇部隊の上陸用舟艇6隻が味方部隊への物資補給任務中、「敵機」の突然の来襲に全く対応できず、高射機関砲を操作する兵員すらいないという事件が起きていた。

省軍区が調査したところ、船艇部隊の将兵には「海上戦闘の主人公は海軍。自分たちは輸送任務を果たせば十分」といった考えがまん延していた。

省軍区では船艇部隊将兵を対象に、同部隊が作戦部隊の一部であり、情報化時代の戦場では、前方、後方部隊の区別はないとの意識を持たせる教育を徹底して行った。

また、2010年の空軍実動演習の際、強風のため船艇部隊が、目的地に1時間遅れて到達する失態を演じた。これをきっかけに、天候に左右されない能力を向上させるため、厳しい実戦訓練が始まった。

今年5月の演習で、船艇部隊は連続7日間の海上訓練を実施し、突発事態への対応能力を養った。7日間に夜間航行を2回行ったほか、霧の中、狭い水路、島嶼・岩礁海域、強風下など各種の複雑な条件下での航行訓練を行った。実戦下の作戦海域での水文情報収集など特殊訓練も実施した。

しかし、霧の中を航行中、誤って水産養殖の海域に侵入するミスも起きた。その後、手書きメモ、暗算、目視などに頼る従来の航行方法を改めるため、情報・通信機器の操作訓練が始まった。

（香港＝中岡秀雄）

陸 新多用途 海 新哨戒 ヘリ試作へ

防衛技術

三菱重工業で初飛行の準備が進む先進技術実証機

技術研究本部はこのほど、平成27年度の研究開発計画をホームページ上で公表した。27年度は「ハード・ソフト両面で即応性、持続性、強靭性、連接性を重視した統合機動防衛力の構築に向けた研究開発」を重点項目に、陸自新多用途ヘリ、海自新哨戒ヘリの試作を計画。また空母など大型艦を1発で大破できるミサイル弾頭、敵の通信を一挙に無力化できる電磁パルス弾の研究にも着手する予定だ。

技本27年度研究開発計画を発表

技本の27年度研究開発（概算要求）では以下の事業が計画されている。

1　将来戦闘機

F2戦闘機の後継機開発を目指す先進技術実証機は試作機が完成し、飛行実証の段階に入った。27年度は戦闘機用エンジン、将来HMD（ヘッド・マウント・ディスプレー）、主翼前縁レドームの研究を実施する。

2　情報通信・サイバー対処・M&S（モデリング&シミュレーション）

◇通信妨害システム＝敵が運用する戦術データリンクや衛星測位システムを無力化するための広帯域・高出力の妨害波を研究。

◇将来データリンク＝個別に使用してきた狭帯域の周波数を複数使い多重化、データ通信を高速化するとともに共有化も図る。

◇野外系サイバー演習環境＝野外演習でサイバー攻撃対処を行う隊員の練度向上のため、野外系サイバー演習環境を構築する。

3　警戒監視能力

弾道ミサイル警戒監視用の航空機システム、ステルス機の探知が可能となる新型のMIMOレーダーに加え、水中脅威への対処能力を高める「水上艦艇用アクティブソーナー」を研究。

敵の通信機能を無力化できる電磁パルスを利用した「投射型電子機器阻害装備」のイメージ

サイバー攻撃の対処に当たる隊員の練度を向上させる野外系サイバー演習環境模擬技術

センサーや通信を無力化
「パルス弾」の研究にも着手

4　警戒監視・防空

◇衛星搭載型2波長赤外線センサー＝国産の先進光学衛星に搭載し、宇宙空間で実証と評価を行う。

◇国外無人機の国内運用適合調査＝滞空型無人機に関し、国内法への適合性、日本向け搭載機器への換装について調査。

◇国産大型機に早期警戒機能付与＝P1型機など国産機の上部に円盤型レドームの搭載が可能か調査。

◇弾道ミサイル、高速巡航ミサイルに対処できる対空ミサイルの研究。

◇ステルス機への対処が可能なレーダーと射撃管制システムの研究。

5　無人装備

◇無人潜水ロボットの長期運用を可能にするする燃料電池などの研究。

◇CBRN（化学・生物・放射性物質・核）環境下で情報収集や作業が行える遠隔操縦車両の研究。

6　車両・艦船・航空機

◇新多用途ヘリ＝陸自UH1の後継ヘリを国内・海外企業間で共同開発。

◇新哨戒ヘリ＝複数機が連携して敵の潜水艦を捜索・識別・追尾できる海自哨戒ヘリを開発。

◇静粛性を高めた潜水艦魚雷用の動力装置を研究。

◇陸自向けに装輪型155ミリ榴弾砲を試作。

7　先進性・即時性

◇艦艇の外板を貫徹して内部で起爆し、その爆風で空母なども1発で大破できるミサイル弾頭と、複数の装甲車両を個別に撃破できる弾頭を研究。

◇IED（即製爆弾）遠隔探知システム＝道路に仕掛けられたIEDを遠隔探知するシステムの研究。

◇高機動パワードスーツ＝重装備の隊員が不整地でも迅速・機敏に行動できるロボットスーツ。

◇ミサイルを無力化する高出力マイクロ波（HPM）＝ミサイルや航空機に向けてHPMを発射し、電子機器を破壊する研究。

◇ハイテク機器を無力化できる電磁パルス弾＝敵部隊の上空などで電磁パルスを発生させ、センサーや通信システムを無力化する電子阻害装備の研究。

◇電磁加速砲＝艦砲用に射程と威力を飛躍的に向上させた電磁加速砲の研究。

【研究用機器・施設】

◇ミサイル誘導性能を評価する「研究用シミュレーション演算装置」を換装。

◇ミサイル発射試験を行っている新島支所（東京都新島村）に誘導弾の組み立て・準備施設を整備。

世界の新兵器 472

空母「ジェラルド・フォード」〈米〉

電磁式のカタパルトを初搭載し、省人化

米海軍で「セオドア・ルーズベルト」級空母（艦番号71）は別名「改善型ニミッツ級」とも呼ばれ、「ジョージ・ブッシュ」（同77）まで7隻が連なる。その後は現在建造中の「ジェラルド・フォード」級（同78）に移行し、同艦は2009年に起工、昨年進水し、16年に完成予定である。同クラスは現在のところ3隻の建造が決まっている。

1番艦の「フォード」は08年度予算で123億ドル。満載排水量は10万1600トンと「ルーズベルト」よりも2000トン以上軽い。速力は30ノット以上、甲板は全長333×全幅41メートル（飛行甲板78×12・4メートル）で、搭載機はF／A18E／F戦闘機24機、F35C戦闘機20機、E2D早期警戒機4機、H60系ヘリ6機、C2A輸送機2機である。防御兵装としてファランクス・ブロック1B機関砲（CIWS）、RAM（RIM116）、ESSM（RIM162）の両対空ミサイルを装備する。

電磁式カタパルトを初搭載した米海軍の次期空母「ジェラルド・フォード」の完成予想図（米海軍HPから）

ほかにデュアル・バンド多機能レーダー（SPY3）、SPY4ボリューム捜索レーダー、SPS73水上捜索／航法レーダー、SLQ32(V)電子戦装置、Mk36SRBOCデコイ、SLQ25C曳航型魚雷回避装置など。

原子力推進機は加圧水型4軸で84万馬力。乗員は航空要員を含め4660名で、「ルーズベルト」級（6275名）より25%低減されている。このように多くの面で省人化が見られるが、最大の理由はカタパルトが従来の高圧蒸気式から「電磁式射出装置（EMALS）」に変わったことであろう。これはレールガンやリニアモーターカーとよく似た電磁力の応用で、蒸気を使用しないため「錆び落とし」作業がなくなり、人員が省けるようになった。

当初計画ではなかったが、中国の中距離対艦弾道ミサイル「DF21D」（別名「空母キラー」）に対処するため、マスト上に新設のプラットホームが新設されている。

小滝 國雄（防衛技術協会・客員研究員）

技術が光る 〉33〈

ソリトンシステムズ

映像中継システム「スマートテレキャスター」

自転車、スキー、パラグライダーなどスポーツを楽しみながら、そこで見た景色をそのまま撮影できるモバイルカメラ「アクションカム」がいま人気だ。

超小型のウェアラブルカメラをヘルメットなどに装着して撮影するため、ハンズフリーで迫力ある映像が撮れる。このアクションカムを使ったライブ中継システムがソリトンシステムズ（東京都新宿区）の「スマートテレキャスター」だ。

警察や消防がすでに導入、現場から映像の伝送で活用している。警察はパトカーや白バイに装備し、暴走車両の追跡状況を伝送、消防は火災現場から応援要請などに活用中だ。また、救急車の中から患者の容態を搬送先の病院に伝送するといった使い方もできる。

1度に12カ所からのライブ中継を受信
陸自災派にも有用

「スマートテレキャスター」は携帯電話回線でも、高画質な映像を送れるのが最大の特徴です。電波状態が悪くても自動的にチューニングするので、映像が途切れにくい機構になっています」と同社公共営業グループのマネジャー若月彩さん。

同システムは市販の各種カメラ、スマートフォン、タブレットPCなどを組み合わせて構成。送り手は携帯電話回線を使って映像を伝送し、受け手はBフレッツなど固定回線で受信、パソコンのモニターなどに表示する。このため大型機材やアンテナは必要なく、低予算で構成できる。

10月に都内で開かれたテロ対策特殊装備展にも出展され、超小型カメラを白バイのハンドルに装着して走行中に映像を伝送する方法が紹介された。

同システムでは送信者の位置がGPSにより映像に表示されるため、受け手は送信者の座標も即座に把握できる。さらに音声も双方向で送れるため、指揮官から現場に随時、音声で指示することも可能だ。

「スマートテレキャスター」は現在、陸自の東部方面隊でもご利用いただいています。災害時、音声だけでなく、現場の映像をリアルタイムで伝送できるので、部隊指揮官の迅速な判断にお役立ていただけると思います」と若月さん。

白バイのハンドルに取り付けられた小型カメラ。「スマートテレキャスター」を使えば走行中に撮影した映像を警察本部に中継できる（東京ビッグサイトで）

同システムの優れた点は、1度に最大12カ所からの映像を同時受信できること。このため部隊が広域展開した場合、各隊からの映像で指揮官が被災地の状況を総合判断し、増援部隊の派遣先を決めるといった使い方もできる。

同システムは衛星回線にも対応し、外国や洋上からの伝送も可能で、通信に関しては接続認証、暗号化（AES256bit）などによりセキュリティーも確保されている。

現在、国内では災害時にも回線が途切れない分散型地域無線ネットワーク「ナープネット」の整備が進められている。これに「スマートテレキャスター」を連接すれば、自衛隊、警察、消防などの初動部隊が現場からの映像を災害対策本部に一斉送信することもできるだろう。

夜間であれば同システムは赤外線カメラの映像にも対応する。今後、「スマートテレキャスター」は防災用ツールとして大きな役割を担うかもしれない。

防衛トピックス

無反動砲カール・グスタフ軽量化
重量6・7キロに

陸自にも導入されているスウェーデン製の携帯型84ミリ無反動砲カール・グスタフの最新型「M4」＝写真＝がこのほど本国で実用が開始された。

最大の改良点は素材にチタンと炭素繊維複合材を多用したこと。この結果、「M3」が10キロの重量だったのに対し、「M4」では6・7キロに軽量化。また全長が950ミリに短縮したほか、安全装置が付き、携行時の安全性も高まった。

技術屋のひとりごと

恩師の背中　柴田 昭市

どの分野にも平均値からかなり離れた御仁はいるものである。失礼ながら、若い頃に部外の大学院研修でお世話になったM教授はその典型であった。生涯を研究に捧げている方で、「君は税金で勉強に来てるんだから、24時間すべてを研究の時間に使ってくれ」と言われ、研究で良いアイデアがひらめくと昼夜別なく呼び出されて議論をし、国際学会参加で発表資料を飛行機の預け入れ荷物に入れたら「武士の魂をトランクなんかに入れて、途中で紛失したらどうするんだ」と一喝されたのも懐かしい思い出である。研究にかける情熱は凄まじいものがあり、「一生に一度でいいから一枚だけの美しい論文を書きたい」「死ぬまで一研究者として学会で発表し続けたい」というのが口癖であった。

一方、難解なテンソル計算で有名な先生の授業「マイクロメカニックス（微視力学）」では、大勢の学生が受講した場合に限ってのみ、「毎苦労迷禍荷苦痛」とのし紙に手書きした紅白饅頭を配るユーモアな一面もあった。退官後は英マンチェスター大で長く客員研究員をされ、齢八十近くになって昨年帰国された後は防衛大学校と共同研究を始められ、陸上自衛官の理工学研究科学生にも指導頂いていると聞いて奇縁を感じている。今年も一度お会いする機会があったが、恩師の背中には研究への変わらぬ情熱と執念を感じることができた。

陸上自衛隊は現在、創隊以来の大改革を断行中であり、装備開発は陸自の夢の実現の重要な柱の一つである。恩師から「今、陸自はどうかねえ?」と聞かれたら、「先生、心配ご無用、しっかりとやってますよ!」と胸を張って答えられるよう、今後の装備開発業務に励んでいきたいと思っている。

（陸上幕僚監部開発官、陸将補）

家族支援を重点的に

全自父が各地で地域協議会開催

支部の実情に応じて

今後の課題 部隊との調整など

全国自衛隊父兄会（全自父・伊藤康成会長）は7月から11月、全国各地で地域協議会を開催した。北海道、東北、北関東、南関東、東海・北陸、近畿、中国、四国、九州・沖縄の9ブロックで実施された地域協議会は、全自父事業の「家族支援」に重点が置かれ、各県の取り組みや進捗状況、今後の計画、課題などが報告された。大きく進展した地域がある一方、部隊との調整に困難を抱える地域があるなど、各県や地区の状況に「開き」がある結果となった。このほか、会員拡充への取り組みなどについても各県から発表があった。

各地域協議会では、全自父事業の柱となっている「家族支援」について各県が取り組みを発表。平成25年度末からこれまでに実施した①部隊からの支援要望事項の取りまとめ②父兄会による支援可能事項の取りまとめ（支援可能者リストの作成）③部隊から父兄会への情報提供──の進捗状況が報告された。

「部隊からの支援要望事項の取りまとめ」については、北関東地域協議会では群馬県が相馬原駐屯地との調整を終了し、新潟県が年内に具体的事項を部隊に提示する予定を報告した。東海・北陸地域協議会では、富山、石川、岐阜、三重の各県で調整を進め、四国地域協議会では、香川、徳島、愛媛、高知の4県が調整を完了した。

北海道地域協議会では、道東地区協議会が美幌駐屯地との協定を、帯広地本、隊友会美幌、北見、網走各支部と連名で締結。また、九州・沖縄地域協議会では、大分県が別府駐屯地と協定を結んだ。

中国地域協議会では、部隊へのアンケートを実施。非会員家族の理解と協力が希薄である現状が浮き彫りとなった。近畿地域協議会では、各県の進捗状況の報告を受け、支部の実情や事態の特性に合わせ、できることから実施していくことの重要性を確認した。

「父兄会による支援可能事項の取りまとめ」（支援可能者リストの作成）について、東北地域協議会では青森県が青森、弘前、八戸各駐屯地の部隊支援要望事項の受理を受け、リストの作成・拡充を実施。さらに、支援協力者の確保活動などを報告した。

南関東地域協議会では、埼玉と神奈川（武山）両県がリスト作成を完了。また、東京都は父兄会名簿をエクセルで統一して電子データ化し、リストに反映させる取り組みを行った。

「部隊から父兄会への情報提供」については、千葉、埼玉、東京、山梨、神奈川、静岡の1都5県が各駐屯地で「安否確認名簿」の提供を受領。ただし、一部駐屯地は非常時のみに限られるなどの課題が残った。

香川、徳島両県は名簿提供のための「個人情報に関する同意書」の作成を完了した。

各地域協議会共通の課題として、各県・地区や駐屯地によって進捗状況に開きがあるため、実情に応じた取り組みの検討が挙げられた。また、人事異動で部隊長などが交代し、手戻りが発生するなどの問題点が指摘された。

北関東地域協議会であいさつする伊藤全自父会長（9月7日、栃木県鹿沼市で）

地本が情報提供を依頼

婦人部研修会に130人参加

山形

【山形】山形県自衛隊父兄会婦人部は10月16、17の両日、山形地本の支援で研修会を実施した。

山形県には35市町村に婦人部の支部があり、全国でも婦人部の活動が活発な地域。研修会は毎年各地区が持ち回りで行い、20回目となる今年度は最上地区婦人部が担当し、約130人が参加した。

研修では、地本募集課長から今年度の募集現況説明が行われ、厳しい募集環境を踏まえ、会員へ情報提供の協力が依頼された。引き続き広報担当者が自衛隊と父兄会が連携する「留守家族支援」を説明。説明会当日は神町駐屯地で国連南スーダン共和国ミッション第7次要員の壮行行事があったために会員たちの関心を集め、皆真剣に耳を傾けていた。

「働く女性自衛官」をテーマにした鈴木伴子・新庄地域事務所長の講演では、女性自衛官のこれまでの歩みと多種多様な現場で働く女性自衛官をスライド写真とともに紹介。会員らは初めて聞く女性自衛官の話に興味深く聞き入った。

研修会には、来賓として高橋重美最上町長が臨席。山形地本からの説明や講話、父兄会婦人部の活動に感銘を受けていた様子だった。

山形県父兄会婦人部研修で講演する山形地本新庄地域事務所長の鈴木1陸尉

高工校生に慰問品贈呈

会長「勉強・訓練に励んで」

奈良

【奈良】自衛隊奈良県父兄会と全国生徒育成会連合会は11月4日、奈良地本の支援で陸自高等工科学校の2年生311人に慰問品を贈呈した。

贈呈は高工校の2年生が近畿現地訓練で奈良県を訪れたことから実現。贈呈式は奈良市内のホテルで行われ、奈良県父兄会の中野孝明会長はじめ奈良県出身学生の父兄などが生徒代表5人に贈呈品を手渡した。

中野会長は「自衛隊生徒としての誇りを持ち、一流の自衛官となるべく、日々の勉強・訓練に励んでほしい」と生徒を激励。当初生徒たちは、中野会長の話を緊張した面持ちで聞いていたが、大きな箱に詰められたたくさんのお菓子を受け取ると、皆うれしそうな表情を浮かべ、父兄会と生徒育成会連合会からの心のこもった暖かいおもてなしに感激していた。

贈呈式後は奈良県出身の生徒と家族が懇談。家族は凛々しく成長した我が子の制服姿に頼もしさを感じるとともに、日々の訓練や生活の様子などを聞き、高工校の健全で厳格な生徒育成に感心していた。

奈良地本は今後も父兄会などの活動を支援し、さらなる連携を図り、自衛隊への理解促進に努めていきたいとしている。

高工校の生徒（右）に贈呈品を手渡す中野奈良県父兄会長

女性部が那覇基地を訪問

熊本父兄会

【熊本】熊本県自衛隊父兄会女性部の森山喜美子女性部長以下32人は10月17日、部隊研修のため空自那覇基地を訪れた。研修は熊本地本の支援で行われた。

父兄会女性部は事業の一環として毎年自衛隊の部隊などを訪問。昭和54年の創部以来継続して行われており、会員の防衛意識の高揚を図っている。

那覇基地では、役員らが鈴木康彦83航空隊司令を表敬訪問。基地広報担当がブリーフィングルームで基地の概要や領空侵犯に備えた警戒と緊急発進（スクランブル）の状況、救難訓練や急患輸送などの説明を行った。

その後、参加者は格納庫周辺でF15戦闘機、U125A救難捜索機、UH60J救難ヘリを見学。戦闘機の特性や仕様などの説明では、熊本県出身のパイロットが体験談を交えて解説すると、会員たちは〝母の顔〟となり、興味深く聞き入っていた。

翌日は那覇市内の対馬丸記念館を研修。学童疎開船「対馬丸」は昭和19年、米軍の攻撃で沈没し、約1500人が犠牲となった。会員たちは生存者や遺族から聴取した当時の状況説明を受け館内を見学。約300人の遺影の前で足を止めて一人ひとりの顔を見つめ、犠牲者の冥福を祈った。

那覇基地を訪れF15戦闘機を前に記念撮影に収まる熊本県父兄会女性部の会員たち

13音楽隊の演奏会実施

広島

【広島】自衛隊父兄会世羅西支部（敷花睦三支部長）は11月14日、世羅西自衛隊OB会と共催で13音楽隊（海田市）の演奏会を実施した。

演奏会は広島地本三次地域事務所の支援により広島県世羅町のせらにしタウンセンターで実施。会場には地元のせらにし小学校、世羅西中学校の生徒と職員、父兄など約400人が訪れた。

ステージでは音楽隊と世羅西中学吹奏楽部の合同演奏が行われ、映画『アナと雪の女王』の主題歌『レット・イット・ゴー』では多くの来場者が演奏に合わせて口ずさみ、会場をにぎわせた。また、人気ゲーム「妖怪ウォッチ」の『ようかい体操第一』で、隊員と生徒が踊りを披露し、会場は大いに盛り上がった。

来場者からは「世羅地区で自衛隊の音楽隊の演奏を聴く機会がなく、このような音楽演奏は定期的にやってほしい」といった感想が聞かれた。

会場ロビーには広島土砂災害派遣で活躍した音楽隊の写真パネルが展示され、多くの来場者が足を止めて見入っていた。

演奏会で地元の世羅西中学吹奏楽部と合同演奏を行う13音楽隊

30普連と炊き出し支援

新潟 防災訓練で地域と交流

【新潟】新潟県五泉市自衛隊父兄会は10月26日、市内愛宕小学校で実施された「平成26年度五泉市地域防災訓練」で、30普通科連隊（新発田）とともに炊き出し支援を行った。

五泉市父兄会は今年4月に就任した石本剛会長を筆頭に、早朝から里芋汁（のっぺい）の食材切りを担当。隊員との手際良いコンビネーションで約400人分を予定時間より早く完成させた。調理後、隊員からは満足気な笑みがこぼれ、協同で作業を行うことで父兄会と部隊との絆がより一層強固なものとなった。

当日は天候に恵まれ、避難訓練もスムーズに進み、自治体関係者や地域住民などが炊き出しの里芋汁に舌鼓を打った。

父兄会は、今後も地域との交流を深め、自衛隊への理解促進を図っていきたいとしている。

30普連の隊員とともに里芋汁の炊き出し準備をする五泉市父兄会の会員たち

事務局だより

▽…自衛隊父兄会は、自衛隊が発足して間もない昭和31年末頃から結成されはじめ、41年に「全国自衛隊父兄会連合会」という任意団体になり、その後、社団法人としての認可を経て、平成24年4月に「公益社団法人全国自衛隊父兄会」となりました。

再来年の28年は、社団法人になって40年になります。

これをひとつの節目と捉え、あらゆる角度から父兄会の在り方を検討していますが、その一つに自衛隊が行う家族支援に父兄会として協力できるよう、その内容や要領などの具体化があります。こうした検討を通じて新しい時代にふさわしい父兄会のあるべき姿を模索しているところです。

▽…今年も7月から11月にかけて、全国で地域協議会を行いました。この会議は、毎年この時期に全国9ブロックに分かれて実施し、地域協議会が本部から地域担当委員の派遣を受けて、各県父兄会相互の情報交換や課題への対応について話し合っています。

また、自衛隊の各部隊長や地方協力本部長にも出席をお願いし、父兄会に対する理解を深めていただいています。

今年もまた「家族支援協力」を主なテーマとして、熱い討議が行われ、昨年よりさらに具体的な内容となりました。

▽…自衛隊父兄会は、隊員に最も身近な存在として、隊員と同じ目線で活動することが大きな役割と考えています。

ところで最近は、女性が幅広い分野で活躍することが期待されていますが、それは自衛隊父兄会でも全く同じです。

昨年度のデータによれば、全国自衛隊父兄会の正会員に占める女性会員の割合は約15％です。

母親が子供を思う愛情は、時に男性よりも熱く大きいことを考えれば、正会員はまだまだ少なく、正会員の半分くらいいてほしいと思っています。

ちなみに、全国51の自衛隊父兄会のうち、女性会員の占める割合が高いのは、山口県父兄会が約33％、山形県父兄会が約31％で、全国平均の倍以上です。

全国の各県父兄会もそうあってほしいものです。（父兄会事務局）

父兄会版

＜連絡先＞
〒162-0845 東京都新宿区市谷本村町5－1 公益社団法人全国自衛隊父兄会事務局
電話03-3268-3111・内線28863
直通03-5227-2468

わたくしたちの信条　全自父

一、自らの国は自ら守る防衛意識を高めよう
一、自衛隊員を子弟に持つことを誇りにしよう
一、自衛隊を正しく理解し隊員の心の支えとなろう
一、力をあわせ組織を拡充し活動力を高めよう
一、身近な実践活動として自衛隊員の募集及び就職援護に協力しよう

募集・援護 特集

平和を、仕事にする。

ただいま募集中！
◇貸費学生（男女、技術）
◇高等工科学校生徒（男子、一般）
◇自衛官候補生（男子）
★詳細は最寄りの自衛隊地方協力本部へ

各地で災害対処訓練

地本と自治体がタッグ

「大地震が発生した！直ちにLO（連絡幹部）を県庁に派遣せよ」――。11月に開かれた陸幕募集会議でも最重要課題の一つに挙げられた「地方公共団体との連携強化」。大災害発生時、自衛隊の救援活動は地元自治体との連携がなければスムーズに進まない。このため最前線に立つ地本では平素から防災訓練などに参加し、「いざという時」に備えている。さらに学校などでは自衛隊のサバイバル法を生徒たちに教育、「自助と共助」で共に被災地で生き抜き、地域を守る態勢の強化を進めている。

M8大地震を想定
神奈川　即応態勢の向上図る

黒岩知事を災害対策本部長とする会議に出席したLOの荒木賢治1陸尉（手前）＝11月14日、神奈川県庁で

【神奈川】地本は11月12日、大規模地震に備えた指揮所運営訓練を実施した。駿河湾沖を震源とするM（マグニチュード）8の大地震を想定し、県庁などへLOを派遣。隊員・家族、予備自、入隊予定者らの安否確認、県内被害状況の報告などの対処法を訓練した。

同時に県内12カ所の地本出張所から送られてきた被害状況を直ちに東方総監部（朝霞）、31普連（武山）、県庁に通報する訓練を行い、本部庁舎内では停電時の発電機を使った電源確保要領の手順も演練した。

ここで得られた教訓は翌々日の14日、神奈川県庁で実施された「災害対策本部訓練」に生かされ、地本部員は災害対策本部会議にも出席。県安全防災局と意見交換を行い、連携を深めた。

地本の防災担当者は「今回の訓練で地本と県の理解が進み、情報の収集・報告など、一連の行動についてイメージアップを図れた。今後も県内自治体との連携を深め、即応態勢の向上に努めていきたい」と話していた。

学校ではサバイバル法を〝伝授〟

高校で夜間防災訓練
兵庫

人命救助セットの展示説明をする大石哲司2陸曹（11月7日、龍野北高校で）

【兵庫】相生地域事務所は11月7日、県立龍野北高校（たつの市）で行われた地域連携型の夜間防災避難訓練に参加した。

同校は2008年、県の広域防災拠点に指定され、春は全日制、秋は定時制の生徒を対象に自治体や警察、消防などと連携した防災訓練を実施している。

今回、地本は初めて定時制の生徒を対象とした訓練に参加、人命救助セットの説明を行った。

午後6時半、「地震発生」の校内放送で訓練をスタート。生徒の避難、取り残された生徒の救出や避難所開設などが行われた。

訓練終了後、生徒たちは校長先生や消防隊員から講評を受け、その後、陸自の人命救助セットを研修。生徒たちは実物に触れ、地本の部員から使用法の説明を受けた。

生徒たちは「災害現場で何が必要なのかよく分かった」「さまざまな被災地で自衛官が活動をしているのに驚いた」といった感想が聞かれた。地本では「今後も地域と連携した取り組みを実施していく」としている。

緊急登庁訓練やLO派遣など
宮崎

【宮崎】地本は10月19日、地本総合防災訓練を実施した。県の総合防災訓練に連接したもので、「関係機関との協力態勢の確立、部員の識能の向上と危機管理意識の高揚」を目的に昨年から本格的に実施している。

訓練は「日向灘を震源とするM9・1の南海トラフ地震が発生した」との想定で開始。電話やメールによる部員の呼集伝達、徒歩・自転車・バイクによる緊急登庁、指揮所の開設・運営、県や市へのLO派遣などを訓練した。

地本の担当者は「今回の訓練で指揮所の開設・運営、情報収集要領の練度を大きく向上させることができた。機材の所要や通信系統など課題も明確になったため、今後改善していく。訓練を継続することで関係機関との関係も維持し、いざという時に備えたい」と話している。

山梨など4地本長が交代

12月1日付の定期異動で山梨、福井、島根、大分地本の本部長が交代した。新任本部長の略歴は次の通り。

中村 信也（なかむら・のぶや）1陸佐 山梨地本長。防大29期。昭和60年陸自。平成13年2佐、19年1佐。15普連長、統幕指揮通信システム運用課共管室長などを経て26年3月研本主任研究開発官。鹿児島県出身。52歳。

今井 敬（いまい・けい）1海佐 福井地本長。京都教育大卒。昭和60年海自。平成13年2佐、21年1佐。51航空隊513飛行隊長、21航空群首席幕僚、73航空隊司令などを経て24年8月、24航空隊司令。大阪府出身。53歳。

堀 征己（ほり・まさき）1陸佐 島根地本長。防大32期。昭和63年陸自。平成15年2佐、21年1佐。富士学校主任教官、北関東防衛局補佐官などを経て幹部学校教官。静岡県出身。48歳。

渡辺 辰悟（わたなべ・しんご）1陸佐 大分地本長。防大29期。昭和60年陸自。平成11年2佐、16年1佐。陸幕情報通信・研究課総括班長、研本研究員、1電子隊長などを経て23年4月、研本主任研究開発官。神奈川県出身。51歳。

「しずぽん」園児と交流
天竜産業観光まつり
御嶽山の災派活動もPR

兜をかぶり記念撮影に臨むイベント参加者。左端は地本のマスコットキャラ「しずぽん」＝11月3日、浜松市天竜区で

【静岡】浜北募集案内所は11月3日、天竜区二俣町で開かれた「第43回天竜産業観光まつり」に参加した。

これは江戸幕府を開いた徳川家康の長男信康が切腹した二俣町で、信康をしのぶ「信康武者行列」やクラシックカーフェスが開かれる天竜地区の一大イベント。

募集案内所では当日、会場に自衛隊広報ブースを設置し、御嶽山噴火での自衛隊の災害派遣活動をPRしたほか、子供向けに迷彩服試着体験コーナーを設けた。さらに地本マスコット「しずぽん」も登場し、「信康武者行列」では手作りの甲冑（かっちゅう）を身にまとった園児たちと記念撮影も行った。

厳冬期に備えタイヤを交換
愛媛

【愛媛】地本は11月25、26の両日、主要な官用車を冬用タイヤに交換した。

積雪や凍結とは無縁なイメージのある温暖な愛媛県だが、厳冬期、山間部では30センチ程度の降雪があり、冬用タイヤが必要となる。

このため今年も14後方支援隊2整備中隊（松山）の支援を受け、広報官用の車両を中心に32台中12台に冬用タイヤを装着した。

また、冬用タイヤでない車両は代わりにタイヤチェーンを準備し、すべての車両が厳冬期に向けた態勢を整えた。広報官からは「これで安心して山間部の広報活動ができる」との声が聞かれた。

愛媛地本は現在、「無事故走行距離37・4万キロ」を継続中で、地本は今後さらにその距離を延ばすべく、部員が一丸となっている。

地本の官用車のタイヤを冬用に交換する横田隼人2陸曹（11月26日、松山駐屯地で）

富山駅伝で車両支援
選手の力走をサポート

駅伝走者を支援する382施設中隊の73式小型トラック（11月9日、富山県で）

【富山】地本は11月9日、第32回富山県駅伝競走大会を支援した。

駅伝は富山県庁をスタートし、ゴールする42・5キロ・18区間の戦いで、12郡市対抗で行われた。地本は第1回大会から毎年支援を行っており、今回は382施設中隊（富山）の協力を得て、駅伝広報車、審判長車、監察車など計7台による車両支援を行った。

当日は朝から小雨が降る天候だったが、沿道には多くの県民が応援に詰めかけた。選手たちは思いの詰まったタスキをつなぎ、これを自衛隊員がサポートした。

京大生と防大生が安全保障で討論会
防衛フォーラム2014

「防衛フォーラム2014」で発表する京大4年の森大樹さん（11月8日、防衛大学校で）

【京都】地本は11月8日、神奈川県横須賀市の防衛大学校で実施された「防衛フォーラム2014」を支援した。同フォーラムは防大の開校祭に合わせて毎年、京大生と防大生が安全保障について意見交換をしているもの。

双方の学生は「日本の将来の安全保障」の在り方についてそれぞれの考えを真剣に主張し合い、熱い討論を繰り広げた。京大生はこの日のために地本の案内で陸・海・空の部隊を見学。指揮官との懇談などを通じて安全保障に関する知識・理解を深めてきた。

討論を終えた京大生たちは「防大生と二つの共通課題で意見交換でき、非常に有意義だった。この出会いを大切に、自分たちの将来と日本のために役立てていきたい」と語っていた。

薩南諸島で広報活動
「鎮西26」に合わせ実施

【鹿児島】地本は10月21日から約1カ月間、九州全域で行われた「西部方面隊実動演習（鎮西26）」に合わせ、広報活動を実施した。

薩南諸島では自衛隊に接する機会が少ないため、参加部隊の協力を得て各島で募集・一般広報施策を行った。

実施した島は徳之島、沖永良部島、与論島、喜界島、奄美大島、種子島の6島10市町村で、見学者総数は1万310人に及んだ。

徳之島駐在員事務所では11月6日、同島入港中の掃海艇「ししじま」を公開。徳之島で艦艇一般公開は5年ぶりということもあり、131人の見学者があった。岸壁では所員が募集広報ブースを開設し、自衛隊入隊への進路説明を実施した。

同9、12日には徳之島運動公園で陸自九州補給処（目達原）の部隊が車両、人命救助システムを展示、366人が見学した。

16日は天城町総合運動公園で2後方支援連隊（旭川）が装備品を展示、447人が集まった。見学者たちは北海道からはるばるやってきた陸自部隊の威容に感心しきりだった。

ラジオを通じて予備自など紹介
和歌山

【和歌山】地本は中方総監部が定める「第2回予備自衛官等制度普及強調期間」での広報活動として11月20日、「FMマザーシップ」（有田郡湯浅町）に出演、自衛隊の予備自と就職援護制度を広く地域に紹介した。

今回の出演は5月に続き2回目。予備自専門官の山崎功雄事務官と援護係の岩上彰孝2空曹が出演。同局パーソナリティーの質問に答える形で予備自、即応予備自、予備自補の各制度や退職自衛官の就職援護制度をリスナーに向けて紹介した。

同制度の運用では関係する企業の協力が不可欠であることから、2人はラジオを聴いている企業主らに向け、同制度に対する理解と協力を求めた。

熊本地本が移転

【熊本】地本は11月25日、利便性向上と防災拠点としての体制強化を目的に移転し、新庁舎で業務を開始した。新住所、電話番号は次の通り。

〒860―0047熊本市西区春日2丁目10番1号 熊本地方合同庁舎B棟3階

電話096（297）2050（総務課）、FAXは096（319）5151。

ひろば

睦月、霞染月、端月、上春、正月――1月。1日元旦、7日七草粥の日、11日鏡開き、12日成人の日、15日小正月、27日国旗制定記念日。

少林山七草大祭だるま市　少林山・達磨寺（群馬県高崎市）で開かれるだるま市。天明の飢きんの際、同寺の東嶽和尚が作った木型を基にしただるまを農民が売り評判になったのが起源とされる。　6、7日

三十三間堂大的大会　京都・東山の三十三間堂に全国から弓道をたしなむ新成人約2000人が振袖・袴姿で集まり、本堂西側の射程60メートルの射場で矢を放ち、当たり数を競う。通称「通し矢」。　18日

映画「クロッシング・ウォー」トークショー

〝交差〟するドイツ軍と自衛隊の未来

アフガニスタンに駐留するドイツ軍の現状を描いた「クロッシング・ウォー　決断の瞬間（とき）」（原題Zwischen Welten）が11月29日、公開された。母国と派遣国の狭間で孤軍奮闘するドイツ部隊の姿は自衛隊がたどるであろう未来と〝クロッシング（交差）〟する。同日、ヒューマントラストシネマ渋谷（東京都渋谷区）で桜林美佐さん、上杉隆さん、吉木誉絵さんの3人のジャーナリストが「集団的自衛権と戦争映画」と題してトークイベントを実施、日本の〝決断の瞬間〟を占った。

映画の印象

上杉　戦闘自体を美化することなく、戦争とは何か、戦いとは何か、組織とは何か、国とは何かということをこんなにも静かにかつ雄弁に語っている映画は初めてでした。

吉木　女性でも楽しめる戦争映画です。兵士の心情をとてもきめ細やかに描いていると感心しました。

桜林　私は見る前はもう少し暗い映画なのかなという気がしていたんですが、見る人に強烈に押し付けるようなものはなくて、考える余地を与えてくれるような映画だと思いました。

上杉　組織論としてもメチャクチャ面白いですよね。

吉木　私が思ったのは、ドイツと日本って非常に近いところがあるのかなど。第2次世界大戦で負けてしまった国であり、〝積極的平和〟を行使できない。日本では集団的自衛権の政府見解について賛否両論がありますが、そういったことを考えるきっかけになるのではないかと思いました。

日本のあいまいさ

上杉　僕は20年間ほど政治を取材しているんですが、日本は他の国と違って明確にこうですと規定はしない。そしてあいまいにごまかしながらやっているので、結果として現場の人が困惑するということが続いている。

安全保障「もっとリアリティ感じて」

桜林　日本の場合はポジティブリストと言ってやっていいことだけが定められている。普通、軍隊においてはネガティブリストと言って、「これだけはやっちゃいけないけどそれ以外はやっていい」というのがスタンダードなのですが、（日本は）非常にやりづらいルールの中でやっている。

吉木　それがこの映画でもドイツ軍を通して見えるのかなと思う。自衛隊もイラクのPKOの時に倒れているイギリスの兵士を助けようとしたら、「まて、これは助けていいのかどうか」となった。交通事故だったら助けていいんだけれど、もし戦闘で倒れているのであれば、助けただけで集団的自衛権の行使になるわけですよ。つまりバンドエイド一つ貼ってあげられないということで、そういった矛盾も含めて、現実的なロジックで考えた時にどうなのかと思いますね。

感覚の違い

上杉　戦地の取材に行かれたことは？

桜林、吉木　いいえ。

上杉　最近では2012年にシリア、レバノンにヒズボラの地域から入ってます。（戦地に）入っていくと、理屈が飛んでしまうんですよ。日本国内でいくら法的なものやルールを決めようが、現地に行った時の違いというものはある。その時々の判断というのは誰も教えてくれるものではないし、マニュアルがあるものではないです。

今回の映画もそうだけど、ちょっとした出来事が命取りになる。これがシビアな戦争と日本のようなぬるい空間の違いかなど。

吉木　危ないなと思うのは、そういったある意味ぬるい、ありがたい環境にある日本が、戦禍に包まれているような国と対峙することがあるかもしれないことです。今の感覚で捉えていて、安全保障や集団的自衛権の問題をどうするのかなど。もっともっとリアリティを感じてやっていかなければ、と思うんです。

政治の判断

上杉　集団的自衛権にしろなんにせよ、日本人って本当に議論しませんよね。まず人と対立することをジャーナリストや政治家が避ける。

桜林　国会の答弁もごまかしの答弁ばかりですよね。現場が判断を迫られることって、表に出ていないだけでかなりあると聞いています。

吉木　イラクのPKOの続きですけど、オランダ軍が駆けつけたんです。「何やっているんだ」と怒鳴って英国の兵士を搬送していった。

3人　情けない！

上杉　やるかやらないかを決めるのは政治なんで、政治家が選択をきちんとしないと。

桜林　本当にそうなんですけどね。国民から嫌われてしまうということもあって、政治家はなかなか安全保障を選挙のテーマにしませんよね。

吉木　票を取れるか取れないかというところを考えた時にやっぱり突っ込みたくないんでしょうね。

熱いトークを繰り広げる（左から）桜林美佐さん、上杉隆さん、吉木誉絵さん（11月29日、ヒューマントラストシネマ渋谷で）

決断の瞬間に

桜林　実は日本は海外に行く行かないを決める以前に、好むと好まざるに関わらず決断の時というのが来るのかもしれないですね。

吉木　逆に現実を見た上で法整備をしたほうが、命がちゃんと守られるんだと思うんです。今はどう考えても悪法というか悪文ですよね。だからちゃんと現実を見て、どうやって国民の命を守るのかということが前提であるべきです。誰も戦争したいなんて思っていないでしょう。

桜林　そうですね。自衛隊が一番戦争をしたくない人たちですよね。

クロッシング・ウォー

「何のための派兵なのか？」――。アフガニスタンの小さな村をタリバン兵から守る任務に当たるドイツ部隊。積極的攻撃ができない故に、必要とする時に手を貸すこともできず、現地の人に失望されている。目の前で起こる悲劇に対する個人としての感情とドイツ軍人としての任務の間で葛藤する部隊長のイェスパー。そんな中、彼らの現地人通訳タリクとその妹がタリバン兵に命を狙われてしまう。さらに追い打ちをかけるようにタリバン兵団が村を殲滅させようと進軍、イェスパーは決断を迫られる。気鋭の女監督フェオ・アラダグがドイツ軍と国際連合平和維持軍（PKF）の現状を鋭くえぐる問題作。

マイヘルス Q&A

皮脂欠乏性皮膚炎（湿疹）

皮膚機能が低下し乾燥

入浴後の保湿を心がけて

Q　毎年、冬になるとすねや腕の肌がカサカサしてかゆくなるのですが、皮膚の病気ですか。

A　それは皮脂欠乏性皮膚炎（湿疹）という皮膚の病気です。

Q　皮脂欠乏性皮膚炎（湿疹）について詳しく教えてください。

A　中高年の膝から下（下腿）や、腰からおしり（腰臀部）、肘から先（前腕）に好発し、冬期に多い皮膚炎です。症状は皮膚が乾燥し、表面がカサカサしたり、粉をふいたりしたような状態になります。

さらに進むと、亀甲模様の亀裂がみられ、強いかゆみを伴う場合もあります。かゆみによって皮膚を引っ掻いて、湿疹病変が形成され、皮膚が赤くなったり、ブツブツができたりすることもあります。

Q　皮脂欠乏性皮膚炎（湿疹）の原因は？

A　老化やその他の原因によって皮膚の機能が低下し、皮脂や角質層の細胞間脂質（セラミドなど）、天然保湿因子の分泌低下を伴い、皮膚の乾燥が生じることが原因となります。特に冬期は皮脂分泌が低下し、周囲の湿度が低下して皮膚が乾燥しやすくなるため、この症状を起こしやすくなります。

Q　どのような治療法がありますか。

A　冬期には、入浴後の保湿に心がけて下さい。できれば入浴後5分以内に、保湿剤を塗ると効果的です。乾燥が強い人は朝、起きた時にも外用します。皮膚科では尿素やヘパリン類似物質などを含んだ保湿剤を処方します。湿疹病変が形成されると必要に応じてステロイド外用薬を用います。かゆみが強い場合には、かゆみ止め（抗ヒスタミン薬・抗アレルギー薬）の内服も行います。

Q　生活上、注意することはありますか。

A　①空気の過度な乾燥を避ける（エアコンの設定温度を上げすぎない、加湿器を使うなど）。

②風呂やシャワーは熱すぎないようにし、短時間の入浴を心がける。

③入浴時は肌を擦り過ぎない（ナイロンたわしは使用しない）ようにし、刺激の少ない乾燥肌用のせっけんでやさしく洗ったり、せっけんを使う回数を減らしたりする。

④直接、皮膚に触れる下着や寝具は、肌触りが柔らかい素材を選ぶ――ことなどに注意してください。

自衛隊中央病院皮膚科　医官　堀之薗　弘

有名なあの商品をカスタマイズ

贈り物にオリジナルグッズを

日本人は贈り物が大好き。帰省や記念日、退職、お礼など、節目節目で土産やプレゼントを贈ったり貰ったりする機会は多い。「何をあげようかな」と考えるのは楽しいけれど、マンネリ化したり、ピンとくるものがなかったり――。そんなときには自分だけのオリジナルグッズで勝負したい。

皆に親しまれているあのお菓子を自分だけの仕様にできる？　エムアンドエムズが提供しているのはチョコ1粒1粒にイラストやメッセージをプリントできるサービスだ。好きな色を三つ選んで、サイトに写真やイラストをアップするだけ。見た目もお洒落で好評だという。

他にもキットカットやブラックサンダー、うまい棒、ビスコ、じゃがりこ、ハイチュウなどおなじみのお菓子が公式にカスタマイズできる。なんといっても安くて簡単にデザインでき、すぐに届くのが魅力的だ。

メッセージやイラストをプリントできるM&M'Sチョコレート（「my M&M'S」のHPより）

贈り物として性別や年齢を選ばないのはインスタントコーヒー。コーヒーメーカーの「ニコフス」では自分でコーヒー豆をブレンドし、パッケージをデザインすることができる。

また、田舎のお父さんにはオリジナルラベルのお酒がおすすめだ。「贈る酒ドットコム」では好きなお酒に名前やメッセージ、イラストを彫刻して送付できる。値段も5000円～とお手頃。

文具販売店の「ナガサワ」は自分でデザインできるお守りを扱う。大切な人やチームメイト、受験生へのプレゼントにしてはどうだろうか。

〝ガチ〟なデザインで他では手に入らない唯一無二の品を作りあげるもよし、受け狙いや素朴感に走るもよし、人に贈っても自分で使っても楽しいオンリーワングッズ。たまには時間と手間をかけてみては？

BOOK NOW

私が読んだ この一冊

井上靖著「補陀落渡海記　井上靖短篇名作集」（講談社文芸文庫）

陸上自衛隊高等工科学校教育部防衛教官（武山）　高見　暢　33

紀伊にある熊野補陀落寺には「補陀落渡海」というならわしがありました。

時の住職が61歳の11月に、観音浄土を目指して生きたまま海に出て流されていくというものです。

主人公の金光坊は「その日」が近づくにつれさまざまな葛藤を抱えます。人間としての生と死、僧としての信仰心、周囲からの期待と圧力……悩む金光坊は、まさに人間です。読者の心が揺さぶられること請け合いの一冊です。

渡辺佑基著「ペンギンが教えてくれた物理のはなし」（河出ブックス）

海上幕僚監部防衛部運用支援課（市ヶ谷）　竹林穣3海佐　50

著者は、南極をはじめ世界中の鳥や魚などの野生動物に記録機を取り付ける「バイオロギング」という手法で、人の目が届かない動物の行動の解明に挑んでいる。

ある鳥はなぜ地球規模で周回するのか、マグロは本当に時速数十キロで泳ぐのか、あるいはペンギンはなぜ海に潜れるのかなど、生物学の分野の話を定量的に表す物理学と捉えて面白く解説しており、思わず「へぇ～」と驚かずにはいられない。

石井公一郎監修「私たちの美しい日の丸・君が代」（明成社）

第1高射群指揮所運用隊（入間）　山下真一郎3空尉　37

母国日本の国旗と国歌に対して、私たちはどれほど正しい知識や認識を持っているでしょうか。

本書は国旗・国歌は国を識別する単なる標識ではなく、国の成り立ちや歴史、宗教、文化そして建国の理想や願いなどが込められていることを分かりやすく解説しています。心温まるエピソードも紹介され、国旗・国歌に対する知識や認識を新たにできる一冊です。

隊員愛読書ベスト5

＜入間基地・豊岡書房＞
- ❶救いたい　森川秀樹著、川村隆枝原案　PHP文芸文庫　￥691
- ❷音速の鷲　小森陽一著　集英社文庫　￥648
- ❸SAS・特殊部隊式図解最強トレーニングマニュアル　クリスマクナブ著　原書房　￥2052
- ❹囚われの日本軍機秘録　野原茂著　潮書房光人社　￥2376
- ❺図解戦闘機の戦い方　毒島刀也著　遊タイム出版　￥1620

＜防衛省・三陽堂＞
- ❶新・戦争論僕らのインテリジェンスの磨き方　池上彰・佐藤優著　文春新書　￥896
- ❷文藝春秋オピニオン2015年の論点100　文藝春秋　￥1458
- ❸自衛隊と防衛産業　桜林美佐著　並木書房　￥1620
- ❹ささらさや　加納朋子著　幻冬舎文庫　￥617
- ❺Defense of Japan2014　アーバン・コネクションズ　￥6480

＜神田・書泉グランデミリタリー部門＞
- ❶OMEGA7VOL.5　小林源文著　SBクリエイティブ　￥1026
- ❷世界の傑作機No.164　BAC TSR2　文林堂　￥1440
- ❸新・戦争論　池上彰・佐藤優著　文春新書　￥896
- ❹日韓戦争備えなければ憂いあり　中村秀樹著　光人社NF文庫　￥896
- ❺スクランブル警告射撃を実施せよ　田中石城著　光人社NF文庫　￥832

＜トーハン調べ11月期＞
- ❶新・人間革命26　池田大作著　聖教新聞社　￥1337
- ❷殉愛　百田尚樹著　幻冬舎　￥1728
- ❸ポケットモンスターオメガルビー・アルファサファイア公式ガイドブック完全ストーリー攻略ガイド　元宮秀介&ワンナップ著　オーバーラップ　￥1512
- ❹あたしンち20　けらえいこ著　KADOKAWA　￥922
- ❺フランス人は10着しか服を持たない　ジェニファー・L・スコット著、神崎朗子訳　大和書房　￥1512

衆院選

20歳隊員も熱き一票

海外派遣隊員が不在者投票

【統幕】「人生初めての選挙を海外で迎えるとは思いませんでした」「日本から遠く離れた地で選挙権を行使できる喜びをかみしめています」――。南スーダン、南極海、インド洋、ジブチの各地では、20歳の隊員を含む約1400人の海外派遣隊員が12月上旬、衆院選の不在者投票に臨み、熱き一票を投じた。各部隊から若者の声を含むホットな様子が届いた。

南スーダン、ジブチなどから「選挙できる喜び」

南極海を航行中の海自の砕氷艦「しらせ」（艦長・日高孝次1佐）の乗員約110人は8日、FAXによる不在者投票を行った。

1分隊（運用員）の前野秀治士長（20）は「昭和基地へ向かう艦内で初めての投票ができるとは思いもしませんでした。大切な選挙なのでよく考えて投票しました」と話していた。

アフリカのジブチでは9日、陸自部隊を含む海自の海賊対処行動支援隊2次隊（司令・飯塚祥平1佐）と、同航空隊17次隊（同・草野信也2佐）の計約180人が投票。陸自警備隊で共に20歳の菅原駿1士、橋研人1士、水野克哉1士は「社会人としての立場と責任を自覚し、自分なりに一生懸命考えて投票しました」などと口々に語った。

ジブチ港でも同日、海自の海賊対処行動水上部隊20次隊（護衛艦「はるさめ」「あまぎり」で編成、指揮官・柏原正俊1佐以下約400人）が、両艦内の食堂に設けられた投票所で投票を済ませた。「はるさめ」補給科の小林大瑚1士（20）は「緊張しましたが、説明をよく聞き、無事投票できました」とほっとした表情だった。

護衛艦「たかなみ」艦内の食堂に設けられた投票所で一票を投じる乗員（12月9日、インド洋上で）

インド洋ではアデン湾から帰国の途にある水上部隊19次隊（護衛艦「たかなみ」「おおなみ」で編成、指揮官・大川努1佐以下約380人）が9日、艦内で投票を実施した。

一方、国づくり支援のPKO活動のため南スーダンに派遣されている陸自派遣施設隊は、順次帰国を開始した6次隊（隊長・野村昌二1佐）と、現地入りを進める7次隊（同・西村修1佐）の計約310人が8～10日の間に投票を行った。

定年を前にした6次隊第2施設小隊長の藤井勝弘1尉（53）と、最先任上級陸曹の門間浩二准尉（53）は「現職自衛官として最後の国政選挙を外国で迎えた。将来に託す思いで投票にも力が入りました」などと話していた。

所沢と千歳でひと足早いXマス

サンタクロースの帽子をかぶり、演奏する1特団音楽隊（12月6日、市立千歳市民病院で）

中空音 60周年曲「蒼空」に観客酔う

1特団 サンタ姿で入院患者癒やす

【中空司令部＝入間、1特団＝北千歳】空自中部航空音楽隊（隊長・佐藤義政3佐）は12月11日、埼玉県所沢市の「ミューズ」アークホールでクリスマスコンサートを行った。また12月6日には陸自第1特科団音楽隊（隊長・傳野博之曹長）が市立千歳市民病院でサンタクロースに扮して演奏した。

中空音のコンサートには2000人の収容に対し9割を超える1842人が来場、席を埋め尽くした。

第1部は佐藤隊長の指揮のもと、クラシックを中心に構成され、齋藤桜1士によるフルートソロや、同隊員が作曲した作品を披露し、最後は歌劇「カルメン」で締めくくった。

第2部は豊浦裕基2尉の指揮で、ポップスを中心としたプログラム。「ジングルベル」などクリスマスシーズンにふさわしい曲を演奏し、観衆は一足早いクリスマスの雰囲気を堪能した。

また司会を務めたシンガーソングライター「Assy」こと芦沢みゆきさんが復興支援ソング「花は咲く」や、コンサートマスターの渡部哲哉1曹によるアレンジ曲「アナと雪の女王～ソングコレクション～」を熱唱。ホール中に美声が響き渡った。最後は、空自創設60周年記念曲「蒼空」が演奏された。

終演後、来場者からは「感動した、来年もぜひ来たい」「ソロ演奏が素晴らしかった」など隊員への温かい声が聞かれた。

一方、1特団音楽隊の演奏支援は、「入院されている患者と家族の日々の闘病に対する癒やしを提供してほしい」との千歳市からの依頼を受けて実現。計8人でクラリネット、ホルン、ユーフォニアムのアンサンブル、合同演奏を行った。

約120人の観客の前で、「クリスマスメドレー」や、子どもに大人気の「ようかい体操第一」など6曲を披露し、観客からは手拍子が沸き起こった。

患者らは「楽器を見るのも初めてで、素敵な演奏に感動した」などと大満足の様子だった。

見事チャンピオンガウンを勝ち取った大倉2曹・ベルチーム（左）と松元事務官・ピーロチーム（12月4日、広島市で）

お見事 年内最終戦で「チャンピオンガウン」勝ち取る

呉貯油所の警備犬2頭 日頃の訓練成果発揮

【呉造補所】呉造修補給所貯油所（所長・布施壮一2佐）に所属する警備犬のベル（メス4才）とピーロ（オス5才）は12月4日、広島市西区の河川敷で行われた「2014年度中国訓練チャンピオン決定競技会」に出場し、年内最後の競技会で見事チャンピオンガウンを勝ち取った。

日本警察犬協会広島支部が主催する同競技会には、海自のほか広島県警や県内の多くの民間団体から10頭が参加。今回は1部の「臭気選別の部」に大倉美祐子2曹（28）とベルが、2部の「警戒の部」に松元良一事務官（62）とピーロがそれぞれ参戦した。

条件的にも不利とされる雨の中の試験となったが、大倉2曹とベルは日頃の訓練成果を遺憾なく発揮し、見事、チャンピオングループに初入賞。大倉2曹は合格判定を聞くやいなや、「やったぁ！」と相棒のベルと抱き合い飛び跳ねて喜んでいた。

一方、昨年の競技会では惜しくも不合格だった若手のピーロは、ベテランハンドラーの松元事務官とタッグを組んでのリベンジ戦。ベテランの上手なリードの甲斐もあり、見事チャンピオンの座を射止めた。

年内最後の対外競技会を締めくくるにふさわしい好成績に、視察に訪れていた布施所長は思わずガッツポーズ。2頭と2人の労をねぎらった。

感謝状贈呈と餅つき大会支援

【千葉地本】地本は12月7日、千葉市のホテルプラザ菜の花で本部長感謝状贈呈式を行った後、本部で地本OB会「轟会」主催の年忘れ餅つき大会を支援した。

式では前田丈典本部長から個人・団体を含め17人に感謝状が贈られた。前田本部長はあいさつで、「日頃のご支援、ご協力に感謝します。防衛力整備などを支える基盤として、地本の業務は重要であると私も部員も（改めて）認識し、誠心誠意取り組んでいきます」と話した。

続いて行われた年忘れ餅つき大会には、日頃から地本に協力している功労者や近隣住民、隊員家族らが参加。高射教育直接支援中隊（下志津）の炊事車で餅米を炊き上げ、澄み切った空の下で、数回に分けて餅つきが行われた。

周囲からの「ヨイショー、ヨイショー」の掛け声に合わせて、腕自慢の男たちが杵を振り下ろした。

その後、つき上がった餅と豚汁が振る舞われると、参加者はおいしそうに味わっていた。

掛け声とともに、餅つきを行う轟会員ら（12月7日、千葉地本で）

犯罪撲滅呼びかけ 警戒パレード支援

小倉、飯塚駐

【40普連＝小倉】小倉駐屯地は12月1日、小倉南警察署の「年末特別警戒出発式」とパレードに参加し、沿道の市民に犯罪撲滅を呼びかけた＝写真。

パレードでは、警察官と小倉南防犯協会連合会などの団体が約1キロの道路を、演奏に合わせて行進。自衛隊からは小倉、飯塚両駐屯地音楽部の計24人が参加し、出発式でファンファーレなどの演奏を行った。

約150人による市街地行進の先頭には、1日警察署長でミス北九州市立大学の片山莉菜さんが立ち、注目を集めた。沿道で見守った市民は「自衛隊と警察が協力しているのは心強く思います」と語った。

参加した40普連重迫中隊の松永勇一3曹は「防犯パレードへの参加は、自衛官として社会の役に立つことで意義深い。今後も小倉南区と国に貢献できる演奏やパレードを実施していきたい」と話した。

機動施設隊員が 火災車両を消火

海自機動施設隊（八戸）の川原勝也3曹（32）と松本孝平士長（24）は11月28日、東北自動車道の鶴巣パーキングエリア（PA）で火災を起こしたトラックを発見し、消火に成功した。

2人の所属する第2施設隊は今年最後の派遣作業を終え、3日間かけて呉から八戸まで帰る途中だった。午後2時半ごろにPAに車を止めたところ、周囲からパチパチという音と焦げたような匂いがし、2台隣のトラックの荷台下から火の手が上がっているのを発見した。

運転手は不在だったが、川原3曹は自衛隊車両に備え付けられた消火器1本すべてを使い、松本士長とともに火を消し止めた。

トラックの周りには多くの車両が止まっていた上に、近くにガソリンタンクもあった。川原3曹は「火の勢いが強く、消せるかどうか不安だったが、うまく消えてくれてよかった」と話している。

小休止

▽…空自三沢基地准曹会など4准曹会の代表は11月21日、米海軍三沢海曹会主催の「ダイニング・イン（下士官交流会）」に参加、交友を深めた。

▽…ダイニング・インは米海軍創設以来続く伝統的な会食形式で、日米両国歌の吹奏などの後に実施される。会食には規則があり、違反した参加者は「グロック（さまざまな酒のミックス）」を飲まなければならない。

▽…会食の後半には違反者に加え、参加者の条件に一致した「緑の制服着用者」「金色のボタンを付けている者」が飲むことに。しかし米海軍のグロックはバーボンやスコッチなどのカクテルでおいしく、わざと違反する参加者が続出。結局全員でグロックを味わった＝写真。（三沢）

こちら警務隊 ☎8・6・47625

薬物など飲み運転事故 最高20年以下の懲役に

最近危険ドラッグを吸って運転し、人を死亡させたり、負傷させるといったニュースをテレビでよく見ますが、これは何罪に問われるのですか？

「自動車の運転により人を死傷させる行為等の処罰に関する法律違反（危険運転致死罪）」に問われ、最高20年以下の懲役に処されます。

ここでいう「危険運転」とは、薬物やアルコールはもちろん、幻覚や発作を伴う病気（そううつ病・てんかん・統合失調症など）の影響により正常な運転に支障が生じる恐れがある状態で運転することをいいます。

このような悪質な運転は、絶対にしてはいけません。

（警本＝市ケ谷・田口1曹）

（世界の切手・アメリカ）

人はどんな現実からでも幸福を掘り当てられる。
桜木 紫乃（作家）

みんなのページ

少しでも国防に尽くしたい

一般公募予備自衛官　佐々木　健
（社会福祉法人桜丘会「桜の園」介護課副主任、秋田市）

介護の仕事の傍ら、予備自衛官の訓練を続ける佐々木さん

私が自衛官になろうと思った時、既に応募資格の年齢を過ぎており愕然とした。諦めきれずに秋田地方協力本部に「年齢は過ぎてしまったが、やる気だけは誰にも負けない。どうにかならないか」と厚かましくも訴えた。

すると、「申し訳ないが、そればかりはどうにもならない。だが一般公募予備自衛官という制度がある。やってみないか」という回答。さらに翌日には私の自宅までご足労いただき、制度について懇切丁寧に説明を受けた。わたしは「少しでも国防に尽力したい」という思いから応募し、平成20年7月に予備自衛官補となった。

晴れて自衛隊の教育訓練に赴く前に、まず家族と職場の理解を得る必要があった。私の教育訓練は宮城県の多賀城駐屯地で実施され、「3年以内に50日の参加」という社会人には少々厳しい条件であった。幸い上司からご理解いただき、予備自衛官となった今も快く送り出してもらい、本当に感謝している。

自衛隊の営内生活は、学生時代にボート競技で団体生活を経験していたので割とすんなりなじめたが、やる事なす事すべて初体験のため、頭も体もフル稼働を要求された。当初苦戦したのは裁縫と作業服のアイロン掛けである。どちらも汗を流しながら必死に取り組んだのが昨日の事のように思い出される。

私が所属した中隊はいずれも精強で、中には私よりも若い隊員もいたが、行動・言動ともキビキビしていて美しく、自衛官とはこういうものかと感じた。そして父や兄のように厳しさの中にも優しさがあり、寛容で頼もしかった。私もそうありたいと願った。

共に頑張り抜いた同期も得難い財産である。共に笑い、共に汗を流しながら少しずつ予備自衛官に近づいていく互いの姿を励みに向上を目指した。自衛隊の動作や習慣が身に染みてきて、みんな自信に満ちた表情になっていた。

予備自補を無事修了し、平成21年11月、ようやく「一般公募予備自衛官」に歩を進める事ができた。年間5日間の招集訓練は日頃の錬成の評価期間であると私は捉えている。

有事はいつ起きるか分からず、常に備えておかなければならない。それが自衛官であり、我々予備自衛官もそうあるべきだと思う。何も起きないのが一番いいが、起きてしまってからでは遅い。「その時」、私も予備自衛官として国防に貢献できるよう、普段から錬成に努めていきたい。

良き伝統と技術を継承

308施設中隊60周年　OB会

元1陸佐　竹内　弘三（埼玉県狭山市）

私がかつて所属した第107施設大隊第1中隊（現・第5施設群第308施設中隊）は昭和29年に茨城県の勝田駐屯地で創隊し、同37年に新潟県の高田駐屯地に移駐し、今年で創隊60周年を迎えた。これを機に10月23日、OB会が盛大に開かれた。

自衛隊における部隊の統廃合が進む中にあっても308施設中隊は旧1中隊の良き伝統と技術力を脈々と継承し、併せてOB会も今日まで継承されている。今回のOB会には1中隊最後の、そして308中隊最初の中隊長である島崎興継会長以下50余名が全国から馳せ参じ、また現職の斉藤中隊長以下多くの隊員も参加して意義ある大会となった。

中でも遠く長崎県からも障害ある身でありながら嘉松一男OBが車いすで参加してくれた。1中隊の創設に参加した嘉松さんは81歳の今でも自衛隊魂、なかんずく施設魂を発揮して、全国各地の車いす障害者マラソンに出場し、活躍している武人である。

OB会では最後に全員で「高田の四季」を声高らかに熱唱、第一線で活躍する現職の後輩たちを激励しつつ、2年後の再会を約して解散した。

308施設中隊の60周年記念OB会に参加した現職とOBたち

新刊紹介

「米軍と人民解放軍」米国防総省の対中戦略

布施　哲著

米国と中国の軍事衝突はあり得るのか、あるとしたらいつ、どのような場合か——。米のシンクタンクなどが行ったシミュレーションを基に、日本をも巻き込んだ戦闘の推移を描く。著者は防大総合安全保障研究科修士課程を修了、米大学やシンクタンクで学んだ放送記者。

2030年、経済破綻をきっかけに起こった国内の政治的社会的混乱をそらすため、中国指導部は台湾侵攻を実行する。中国は「アクセス阻止・領域拒否（A2／AD）」と呼ばれる、米空母や戦闘機の接近をはねのけ、すでに近くにいる敵には自由な行動をさせないという戦略をとる。具体的には空母や戦闘機といった高価な兵器に対して、安価なミサイルとサイバー攻撃を駆使し、戦力の無力化を図ろうとする。

不意を衝かれた日米は苦戦を強いられ、自衛隊の航空戦力は70パーセントが損耗、護衛艦も80パーセントが失われる。著者自身、米中の軍事衝突を「非現実的」としながらも、こうしたシミュレーションの結果から、日本の防衛力の在り方は発想の根本的変更が迫られていると指摘する。

（講談社刊、950円）

「元航空自衛官が20年間国会議員秘書をやってみた」

島本　順光著

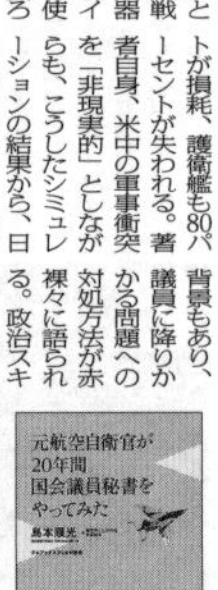

「一寸先は闇」という政治の世界。"マニュアル"など存在しない戦場のようだった——。元空将で後に参議院議員となる故田村秀昭氏の誘いを受けて航空自衛官から秘書に転身した著者が、政治の世界をざっくばらんに語る。

秘書を目指すためのノウハウをもとに執筆した背景もあり、議員に降りかかる問題への対処方法が赤裸々に語られる。政治スキャンダルから議員を守る方法や、マスコミ、陳情者への対応など具体的に事例を示し、明確な戦略を提示。さらに今年の都知事選や近年起きた政治資金規正法違反など、社会的に耳目を集めた問題の裏側も明かす。

秘書論にとどまらず、公設秘書と私設秘書の違いや"風"で1回当選しても2回目は落選する理由など素朴な政治の疑問を分かりやすく解説する。

単刀直入に議員と自分の失敗や成功事例を歯切れよく語るスタイルは、まさに迅速に任務を完遂した元自衛官ならでは。今だからこそ、本書を読むことで与党圧勝の理由の一端が見えてくるだろう。

（ワニブックス刊、896円）

私が自衛隊で感じたこと

保険外交員　古川　悦子（日本生命）

私は平成17年から保険の外交員として陸上自衛隊高田駐屯地で隊員の皆様に将来設計等をご提案させていただいております。

さて、長い上り坂を歩いている時、自衛隊式に「イッチニー、イッチニー！」と自分に号令を掛けていたことがあり、駐屯地通いをしているうち、自然と自衛官の習慣が身に付いてしまっていることに気づき、思わず苦笑いしてしまいました。

また娘の就職試験を前に自宅で面接の練習をした時、娘のあいさつの仕方に違和感があり、そこで自衛隊式のお辞儀やあいさつの仕方をアドバイスしたところ、娘は無事合格し、隊員の皆様には感謝しております。私にとって自衛官の姿はとても凛々しく、かっこよく見えます。

高田駐屯地を訪問して感じることは、自衛隊で身についた動作や躾は、一般の社会でも役立つことがたくさんあるということです。そんな潜在能力のある自衛隊と自衛官の皆様を私はこれからも応援していきたいと思います。

保険の外交員として高田駐屯地を応援している古川さん

OBがんばる

小田長　健一さん　56
平成25年6月、自衛隊山形地本を最後に定年退職（3陸佐）。東京海上日動火災保険に再就職し、交通事故に関する損害サービス業務を担当している。

再就職に三つの教訓

私は平成25年6月、自衛隊山形地方協力本部勤務を最後に陸上自衛隊を退職しました。いま思うことは「国を守る」という崇高な任務の下で素晴らしい組織に所属し、成長させていただいたことに対して感謝の念で一杯です。

再就職にあたっては援護センターのご尽力で東京海上日動火災に入社し、山形損害サービス課に配属されて1年余りが過ぎました。業務内容は交通事故における損害サービスに関する事故相談、損害の査定などです。

入社当初は右も左も分からず、環境の激変も相まって自衛隊入隊当時の思い（戸惑いと後悔の念）を30数年ぶりに味わいました。これら経験から再就職で重要と思うのは次の3点です。

第一は状況が変化していることへの認識と意識の切り替えです。再就職で任務・地位・役割が一変している事を認識し、それに合わせてリセットも必要です。そして現実を直視し、失敗を恐れず挑戦していくことが大事です。

第二は周囲の人と仲良くすることです。年齢は下でも先輩が多いことを認識し、業務に精通した人には尊敬の念を持って接して下さい。

第三は覚悟を決める事です。これが最も重要で、石の上にも3年、余計なことを考えず、与えられた仕事を工夫しながら希望を持って続けて下さい。

以上3点が私の教訓です。まだまだ未熟で経験不足ですが、希望や幸せは日々の当たり前の営みの延長線上にあるものと信じ、毎日を過ごしていきたいと考えております。皆様のますますのご健闘を祈念いたします。

機動展開演習でコンパスマン

3陸曹　岡村　一樹（37普連3中・信太山）

私は10月19日から3日間実施された連隊機動展開演習に参加しました。

私にとってこれほど大規模な災害対処訓練は初めてでした。訓練では津波による幹線道路の通行止めを想定し、山道を使った車両機動を行い、私は狭い道での運転にとても苦労しました。

このほか孤立地域への山地機動、負傷者の担架搬送、ヘリ誘導、隊区行進などがありました。山地機動ではコンパスマンを経験しましたが、位置の把握、示された経路の維持が非常に困難で、先輩方から助言を受けながら行進をしました。

今回得た教訓を次への糧とし、大災害発生時には的確に被災地に部隊を進出させられるよう技量を高めていきたいです。

87ATMの実弾射撃を行う48普連の隊員

48連隊初の87ATM実射

限られた期間で効率的に訓練

隊員のレベルが向上

1陸曹　加邉　稔（48普連3中・相馬原）

48普連は11月15、16の両日、関山演習場で連隊として初となる87式対戦車誘導弾（87ATM）の戦闘射撃を実施した。

ミサイル実射は戦闘間の一連の状況下において実施された。これまで常備自衛官と即応予備自衛官が一体となって練成してきた訓練成果を確認し、かつ今後につながる効果的な射撃となった。

本訓練を計画するに当たっては、即応予備自衛官の練度向上が不可欠だった。そこで各中隊は限られた出頭訓練期間を活用し、集中的にミサイル誘導と分隊行動について練成を実施した。

しかし出頭人員がその都度変わる即応予備自の部隊では、事前に射撃実施分隊を選定し、同じ隊員を集め訓練することは大変な苦労を伴った。それでも小隊員全員を戦闘射撃に対応できる練度まで引き上げることができたのは、効率的かつ効果的な訓練ができたからであろう。

今回得られたすべての教訓事項を、今後は即応予備自と共にあらゆる任務を遂行していく上での基礎としていきたい。そして48普連をより強い部隊にしていきたい。

詰碁

第1102回出題

出題　日本棋院　九段　曲　励起

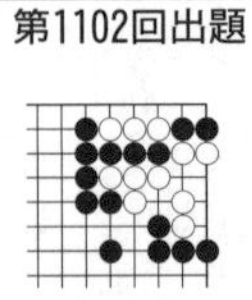

黒先

『白を取って下さい。黒は最初と三手目が大切です』。5分で出来れば中級です。

▶詰碁、詰将棋の出題は隔週です◀

詰将棋

出題　日本将棋連盟　九段　石田　和雄

≪第686回の解答≫

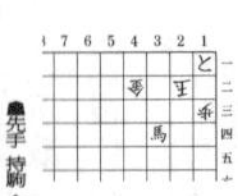

▲先手　持駒　金銀

【正解】▲2三銀△3一玉▲2二と△4一玉▲3二銀成△同玉▲3一金までの七手詰め。

【解説】▲2三銀は平凡過ぎて打ちにくい。▲1二とが手筋に映りますが△3一玉で手になりません。三手目の▲2二とから次の▲3二銀成が本題の主眼ともいうべき好手段。これでピッタリ。△3二同金なら▲5二金があります。

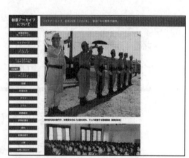

朝雲　縮刷版 2014

発　行　平成 27 年 2 月 25 日
編　著　朝雲新聞社編集局
発行所　朝雲新聞社
〒160-0002　東京都新宿区坂町 26-19KK ビル
TEL 03-3225-3841　FAX 03-3225-3831
振替　00190-4-17600
http://www.asagumo-news.com
表　紙　小池ゆり（design office K）
印　刷　東日印刷

乱丁、落丁本はお取り替え致します。
定価は表紙に表示してあります。
ISBN978-4-7509-9114-6